Biologie und Ökologie der Insekten

Ein Taschenlexikon

Begründet von Werner Jacobs

Fortgeführt von Maximilian Renner

Mit einem Geleitwort von Professor Dr. Karl von Frisch

2., überarbeitete Auflage

1201 Abbildungen

SEMPER BONIS ARTIBUS

Gustav Fischer Verlag · Stuttgart · 1988

Prof. Dr. Werner Jacobs, 1901–1972,
ehemals Professor für Zoologie am
Zoologischen Institut der Universität München

Prof. Dr. Maximilian Renner
Zoologisches Institut der Universität München
Luisenstr. 14, 8000 München 2

CIP-Kurztitelaufnahme der Deutschen Bibliothek

Jacobs, Werner:
Biologie und Ökologie der Insekten : e. Taschenlexikon / von Werner Jacobs u. Maximilian Renner. Mit e. Geleitw. von Karl v. Frisch. – 2. Aufl. – Stuttgart ; New York : Fischer, 1988.
(Gustav-Fischer-Taschenbücher)
1. Aufl. u.d.T.: Jacobs, Werner: Taschenlexikon zur Biologie der Insekten
ISBN 3-437-20352-5
NE: Renner, Maximilian:; HST

Satz: JW Filmsatz, Passau
Druck und Verarbeitung: Friedrich Pustet, Regensburg
Printed in Germany

ISBN 3-437-20352-5

Geleitwort

Wie glücklich wäre ich gewesen, wenn es in meiner Studienzeit ein solches Buch gegeben hätte! Wie froh können die Biologen heute sein, daß ihnen Werner Jacobs dieses Vermächtnis hinterlassen hat! Nicht nur den Studenten wird es gelegen kommen, auch den Herangereiften, den Lehrern, den Professoren, den Liebhabern, denn sie können sich einer wahren Fundgrube biologischen Wissens bedienen.

Werner Jacobs hat durch viele Jahrzehnte seines Lebens zoologische Lehrausflüge geleitet. Daß die Insekten dabei eine besondere Rolle spielten, ist bei ihrer Formenfülle und bei ihren vielseitigen Anpassungen verständlich. Sie geben am besten Gelegenheit zu eindrucksvollem Anschauungsunterricht im Gelände. Und Jacobs verstand es, die Möglichkeiten zu nutzen, den Neulingen die Augen zu öffnen, sie zum Beobachten anzuregen und wohl in manchem von ihnen die Liebe zur Natur erst zu wecken.

Aber was einem auf Exkursionen begegnet, sind immer nur Bruchstücke aus dem Reichtum des Vorhandenen. Wer Insekten sammelt oder sich in anderer Weise mit ihnen befaßt, will oft mehr über ihr Leben wissen, bald bei dieser, bald bei jener Art. Die Bestimmungsbücher geben da wenig Aufschluß. So wird durch dieses neue und neuartige Buch eine klaffende Lücke geschlossen.

Die alphabetische Anordnung nach den Tiernamen mag auf den ersten Blick etwas trocken anmuten, aber es soll ja kein Lesebuch sein, sondern ist als Hilfe beim Suchen nach Belehrung gedacht und hierfür aufs Beste angelegt. Ob man unter der Familie, der Gattung oder Art, unter dem lateinischen oder deutschen Namen nachschlägt, man wird durch sorgfältige Hinweise schnell auf die richtige Spur gebracht. Was man findet ist keine trockene Gelehrsamkeit, es sind gut geschriebene, bei aller Knappheit klare, oft fesselnde Schilderungen biologischer Kenntnisse. Daß diese so reichhaltig zusammengetragen wurden, ist eine bewundernswerte Arbeitsleistung. Daß aber die Darstellung zu voller Geltung kommen und zum richtigen Verständnis führen kann, dafür werden die ungemein zahlreichen, gut gewählten, vorzüglichen Abbildungen Sorge tragen.

Es war Jacobs nicht vergönnt, die Drucklegung des Taschenbuches zu erleben. Kein anderer wäre so geeignet gewesen wie Max Renner, das im wesentlichen abgeschlossene Manuskript seines Lehrmeisters noch zu ergänzen, wo es nötig war, und die Herausgabe zu überwachen. Er hat es mit Gewissenhaftigkeit und Hingabe getan und sich dadurch den Dank aller künftigen Benützer verdient.

Ein beängstigend großer Teil der heutigen Jugend ist der Natur entfremdet und steht ihr gleichgültig gegenüber. Da ist ein Buch wie dieses doppelt dankbar zu begrüßen. Man möchte ihm die weiteste Verbreitung wünschen.

München 31. März 1974 K. v. Frisch

gelesen 13.5.99
vor dem LK.-Abitur am 14.5.99
d.h. 25 Jahre zu spät

Vorwort zur 2. Auflage

Von den insgesamt 1,2 Millionen Tierarten, die bisher beschrieben und klassifiziert wurden, sind 900000 Insekten. Das ist, so schätzt man, höchstens ein Fünftel, vielleicht sogar nur ein Zehntel der oft außerordentlich individuenreichen Insektenarten. Der Mannigfaltigkeit der Formen entspricht die Vielfalt ihrer Lebens- und Fortpflanzungsweisen. Kaum ein Biotop, der nicht von ihnen besiedelt, kaum ein Nahrungsstoff, der nicht genutzt wird. Viele spielen für den Menschen eine Rolle als Nützlinge, Schädlinge, Krankheitsüberträger oder Parasiten. Der negative Aspekt scheint zu überwiegen, tatsächlich aber ist die Zahl unmittelbar (Honigbienen und Seidenspinner z. B.) oder mittelbar (Blütenbestäuber, Räuber und Parasiten von Schädlingen, Vertilger von Aas und Exkrementen z. B.) nützlicher Arten weit größer und von nicht leicht zu überschätzender Bedeutung. Vermehrtes Auftreten von Schädlingen und Parasiten einerseits und ein Schwund der Artenvielfalt und Individuenzahl bei den Nichtschädlingen andererseits, haben ihre Ursache häufig in Maßnahmen, die auf mangelnder Kenntnis biologischer Zusammenhänge beruhen. Derartige Kenntnisse zu vermitteln ist ein Anliegen dieses Buches.

Doch auch unabhängig von Nützlichkeitsstandpunkten, gilt den Insekten unsere Aufmerksamkeit und Neigung. Die phantastische, jedes Vorstellungsvermögen übertreffende Vielfalt von Form und Lebensweise, muß jeden aufgeschlossenen Menschen faszinieren. Viele Insekten sind schön, andere bizarr. Den technisch Bewanderten fesseln die genialen Konstruktionen ihrer Mundwerkzeuge und Fortbewegungsorgane, den Physiologen die Chemie und Wirksamkeit der Boten- und Abwehrstoffe. Nicht nur den Biologen jedoch, sondern allen interessierten Zeitgenossen modernes Wissen leicht und rasch zugänglich zu machen, Lehrenden und Studierenden Informationshilfe zu leisten und – nicht zuletzt – Unkundige zu motivieren, sich dem bestrickenden Zauberreich der Insekten zu öffnen, ist ein weiteres Anliegen dieses Werkes.

Die zur Thematik gehörenden wissenschaftlichen Veröffentlichungen, die seit dem Erscheinen der ersten Auflage publiziert wurden, sind Legion. Bei der Auswahl der zugänglichen war Beschränkung nicht zu vermeiden, sollte das Werk sein exkursionsfreundliches Format nicht einbüßen. Modernen Methoden entomologischer Forschung verdanken wir neue Erkenntnisse vornehmlich in den Bereichen der Biologie und der Chemie der Boten- und Abwehrstoffe, der Orientierung, der Sexual- und Fortpflanzungsbiologie und der Biotechnik. Die Reihe der Arten wurde vor allem durch nordmediterrane Formen erweitert. Auch einige, bisher unberücksichtigte, in Mitteleuropa sehr artenarme oder nicht heimische Familien wurden aufgenommen. Änderungen in der systematischen Einordnung, ebenso wie in der Bezeichnung höherer Taxa, habe ich nur dann vorgenommen, wenn die Neuerungen allgemein anerkannt waren. Die Gattungs- und Artnamen auf den neuesten Stand zu bringen, habe ich mich – babylonischer Wirrungen zum Trotz – bemüht. Synonyma wurden, wie schon bei der ersten Auflage, großzügig berücksichtigt. Viele Abbildungen wurden verbessert, ergänzt, etwa hundert neue kamen hinzu.

Bei der Breite der Thematik, die erstmals so kompakt und verständlich abzuhandeln das Verdienst von Prof. Werner Jacobs ist (s. Vorwort zur 1. Auflage), war mir bei der Bearbeitung der Neuauflage die Hilfe von Kollegen und Studierenden sehr wertvoll. Allen jenen, die mir mit Rat und Tat, durch Hinweise, Vorschläge, Kritik, Anregungen und bei der Literaturbeschaffung halfen, gilt mein Dank. Ganz besonders zu Dank verbunden bin ich außer den Kollegen der entomologischen Abteilungen der Zoologischen Sammlungen in München, den Herren Dr. H. Bellmann (Ulm), Dr. W. Bode (Bielefeld), Prof. Dr. M. Boppré (Freiburg i. Br.), Prof. Dr. A. Brauns (Hann. Münden), Prof. Dr. K. Dettner (Bayreuth), Prof. Dr. Th. Eisner (Ithaca, USA), Dr. F.P. Fischer (Garching), Prof. Dr. J. Galil (Tel-Aviv), Dr. A. Kaltenbach (Wien), Priv. Doz. Dr. Ch. Künast (Ludwigshafen), Dr. H. Kulike (Berlin), Dipl. Biol. G. Lawitzky (München), Prof. Dr. D. Matthes (Erlangen), Doz. Dr. B. Messner (Greifswald), Prof. Dr. F. Schremmer (Wien), Prof. Dr. St. Vogel (Mainz), Dr. K. Warncke (Dachau) und Prof. Dr. W. Wichard (Bonn). Die meisten der neuen Abbildungen zeichneten Frau Karin Heckel-Merz und mein Bruder

Robert, einige stellten die Kollegen Dr. H. Bürgis (Worms) und Dr. K. Peschke (Würzburg) zur Verfügung. Bei den Korrekturen halfen Frau I. Thomas und – mit großer Geduld und viel wertvoller Kritik – meine Frau. Auch ihnen allen danke ich herzlich, wie auch den Leitern und Mitarbeitern des Gustav Fischer Verlags für die gute Zusammenarbeit und für das bereitwillige Eingehen auf meine vielen Wünsche.

München, im November 1987 M. Renner

Vorwort zur 1. Auflage

Die Literatur über Insekten ist unübersehbar. Eine als Nachschlagewerk geeignete, handliche und – wenigstens was mitteleuropäische Arten anlangt – umfassende Insektenbiologie fehlte jedoch bisher. Das vorliegende Werk soll diese Lücke schließen. Die lexikalische Anordnung erlaubt rasche Information über biologische Daten einer Art oder einer systematischen Gruppe. Berücksichtigt wurden – nicht ausschließlich, jedoch vornehmlich – die häufigsten Arten eines geographischen Gebietes, das als »Mitteleuropa im engsten Sinne« bezeichnet werden kann, und alle die mitteleuropäischen Arten und Gattungen, die aus irgendwelchen Gründen, als Schädlinge, Parasiten oder Krankheitsüberträger etwa, oder auch wegen herausragender biologischer, physiologischer und morphologischer Eigenarten oder aus anderen wissenschaftlichen Aspekten von besonderer Bedeutung und besonderem Interesse sind. Detaillierte Angaben über die berücksichtigten Spezies finden sich fast durchwegs unter dem Stichwort der Familien-Bezeichnung. Die reiche Bebilderung soll biologische und morphologische Angaben veranschaulichen und das Bestimmen einer Auswahl von Arten erleichtern. Die Taschenbuchausgabe wurde gewählt, um einem breiteren Interessentenkreis die Beschaffung des Lexikons der Insektenbiologie zu ermöglichen, und um das Werk bei Exkursionen ohne besondere Belastung mitführen zu können.

Den Insekten mit ihrer unerschöpflichen Formenmannigfaltigkeit und mit ihrer alle Vorstellungen sprengenden und jegliche Phantasie übertreffenden Vielfalt an Lebens- und Fortpflanzungsweisen, galt das besondere Interesse und die besondere Zuneigung von Professor Werner Jacobs. Die beträchtliche Fülle der Fakten, die ihm zur Verfügung stand, hinderte ihn nicht daran, immer wieder aufs neue zu staunen, sich zu wundern und zu begeistern. In einer meisterhaften, in ihrer knappen und anschaulichen Form beispielgebenden Vorlesung über Insektenbiologie, die er viele Jahre lang im Rahmen der »Bestimmungsübungen« gelesen hat, gab er Wissen und Begeisterung weiter an Generationen von Studenten. Diese Vorlesung bildete die Basis für das Lexikon der Insektenbiologie. Jacobs hat über ein Jahrzehnt daran gearbeitet, immer wieder Wissenswertes, Neues und Aktuelles dem Manuskript eingefügt und viele, viele nächtliche Stunden an den Abbildungen gezeichnet, die – bis auf vereinzelte Ausnahmen – alle von seiner Hand nach den verschiedensten Vorlagen, auch nach Fotografien, neu entstanden. So hat er ein Werk geschaffen, das der überquellenden Mannigfaltigkeit und der Besonderheit des Insektendaseins in erstaunlichem Maße gerecht wird, das eine außergewöhnliche, unerwartete Fülle von oft sogar den Zoologen überraschenden und frappierenden biologischen Daten enthält, die – das Literaturverzeichnis zeugt davon – in nahezu 900, oft schwer zugänglichen wissenschaftlichen Originalarbeiten, Monographien und Büchern verstreut sind. Da auf alle Aspekte der Insektenbiologie eingegangen wird, dürfte der Wunsch Jacobs' in Erfüllung gehen, daß das Werk Hilfe und von Nutzen sein möge, nicht nur für spezielle Entomologen und Zoologen, sondern auch für angewandte Zoologen, Land- und Forstwirte, Parasitologen, Ökologen, Physiologen, vornehmlich Sinnesphysiologen, Ethologen, Abstammungsforscher, Blütenbiologen, Tier- und Humanmediziner und vor allem aber für Studierende und Lehrer an Schulen und Universitäten.

Das Manuskript war weitgehend fertiggestellt, als eine schwere Erkrankung Prof. Jacobs zwang, seine Arbeit abzubrechen. Als ich, auf seinen Wunsch hin, die Fertigstellung und Herausgabe des Taschenlexikons übernahm, geschah das in der Hoffnung, daß er das Erscheinen des Werkes noch erleben möge. Diese Hoffnung erfüllte sich leider nicht. Doch die Freude über die Gewißheit, daß das Manuskript seiner Bestimmung zugeführt werden wird, konnte ich ihm noch bereiten.

München, im März 1974 M. Renner

Abkürzungen und Zeichenerklärung

Flsp.	Flügelspannweite
g	a) Gramm; b) Erdbeschleunigung (9,81 $m \cdot sec^{-2}$).
M-Eur.i.e.S.	Mitteleuropa im engsten Sinne. Es umfaßt die folgenden Gebiete: Die Bundesrepublik Deutschland, die Deutsche Demokratische Republik, die angrenzenden Gebiete Österreichs, der Schweiz und der Beneluxländer, westliche Teile der Volksrepublik Polen sowie westliche Bereiche der CSSR.
nat. Gr.	natürliche Größe
±	mehr oder weniger
♂	Männchen
♀	Weibchen
☿	Bienen-, Wespen-, Hummel- oder Ameisenarbeiterin
I, II, III ... XII	Januar, Februar, März ... Dezember

A

Aasfliegen; → Calliphoridae.

Aasfliegenblumen; → Ekelblumen.

Aaskäfer; → Silphidae.

Abax; → Carabidae 12.

Abendpfauenauge, ***Smerinthus ocellata*** **L.;** → Sphingidae 3.

Abia; → Cimbicidae 1.

Ablattaria; → Silphidae 5.

Abortfliegen, Abtrittfliegen, ***Psychoda*** sp.; → Psychodidae.

Abraxas; → Geometridae 8.

Absteigender Rosentriebbohrer, ***Ardis brunniventris*** Htg.; → Tenthredinidae 7a.

Acanthaclisis; → Myrmeleonidae.

Acanthochermes; → Phylloxeridae.

Acanthocinus; → Cerambycidae 23.

Acantholyda; → Pamphiliidae 7, 8.

Acanthoscelides; → Bruchidae 6.

Acanthosoma; → Acanthosomatidae.

Acanthosomatidae; Fam. der Landwanzen (Heteroptera, Gymnocerata); mittelgroß, Schildchen (vorn zwischen den Vorderflügeln) recht groß, erreicht etwa die halbe Länge des Hinterleibs (ähnlich viele Schildwanzen, → Pentatomidae; Acanthos. mit 2, Pentatom. mit 3 Fußgliedern). In M-Eur.i.e.S. wohl nur 7 Arten; ***Acanthosoma haemorrhoidale*** **L.** (ca 16 mm), grün und rot, mit schwarzen Punkten; saugt gern, aber nicht ausschließlich an den roten Früchten des Weißdorns, ist gelegentlich durch Saugen an Birnenfrüchten schädlich geworden; Überwinterung als Imago; Symbionten im Gegensatz zu anderen Wanzen in 2 nur locker an den Darm angehängten → Mycetomen; Beschmieren der Eioberfläche mit Symbionten aus 2 Taschen, an denen das Ei beim Ablegen vorbeigleitet (Füllung dieser Taschen mit Symbionten noch nicht geklärt); Infektion der Junglarven durch Saugen an der Oberfläche der Eihülle. ***Elasmucha grisea*** **L.** (ca. 8 mm) saugt auf Birken und Erlen an Blättern und, was zur Eireifung erforderlich, an den reifenden Fruchtzäpfchen; das ♀ bewacht die Eier (erkennt sie am Geruch) und die Larven mindestens bis zum Ende des 1. Stadiums, bedeckt und schützt sie indem es die gepanzerte Oberseite des Körpers zum Angreifer hin neigt, bei höherer Erregung Körperzucken und Flügelschwirren und schließlich, in höchster Bedrängnis, Abgabe von Wehrsekret; die jungen Larven bleiben bis zum Ende des 3. Stadiums zusammen, Zusammenhalt gewährleistet durch einen auf die Unterlage abgegebenen Spurenstoff, dem Larven und Mutterwanze folgen können; bei Bedrohung freigesetztes Wehrsekret veranlaßt Mutterwanze zum Angriff mit Flügelschwirren, die Jungwanzen zur geordneten Flucht; sehr wirksam die Verteidigung der Eier vor Parasiten, weniger vor Räubern; Larven und Imagines häufig befallen von Tachiniden. In Vorkommen, Größe und Verhalten ähnlich: ***E. fieberi*** Kakov. (Buchner 1953; Jordan 1958; Maschwitz, Gutmann 1979; Melber, Schmidt 1975, 1984; Melber et al. 1980).

Acaroletes; → Itonidae a).

Acentria, Acentropus; → Pyralidae 24.

Acercaria; Gruppe der Ordgn.: → Psocoptera; → Phthiraptera; → Thysanoptera; → Auchenorrhyncha; → Sternorrhyncha; → Heteroptera. Kennzeichen: keine Cerci.

Acerentomidae, ***Acerentomon*****;** → Protura.

Achateule, ***Phlogophora meticulosa*** **L.;** → Noctuidae 49.

Acherontia; → Sphingidae 4.

Acheta; → Gryllidae 2.

Achorutes; → Hypogastruridae.

Achroia; → Pyralidae 3.

Achtzähniger Borkenkäfer, ***Ips typographus*** **L.;** → Scolytidae 14.

Achtzähniger Lärchenborkenkäfer, ***Ips cembrae*** Heer; → Scolytidae 18.

Acilius; → Dytiscidae 3.

Ackerhummel, ***Bombus pascuorum*** Scop.; → Apidae 1.

Ackerblasenfuß, ***Thrips angusticeps*** Uz.; → Thripidae.

Acrida; → Acrididae 5.

Acrididae, Feldheuschrecken; Fam. der Kurzfühlerschrecken (Caelifera); stellen das Hauptkontingent der im Sommer und Herbst auf Wiesen oft sehr häufigen mittelgroßen Heuhüpfer; etwa 40 Arten in M-Eur.i.e.S., z.T. mit sehr bestimmten Anforderungen an den Biotop manche nur auf sehr feuchtem, andere nur auf trockenem Gelände (wichtiger Faktor: Luftfeuchtigkeit). Unter ihnen einige Zwillingsbzw. Drillingsarten: sehr nahe verwandte, morphologisch einander sehr ähnliche Arten, Vermischung aber durch verschiedenste Isoliermechanismen vermieden: Beispiele: a) ***Chorthippus montanus*** Charp. und ***Ch. longicornis*** Latr. (= ***Ch. parallelus***

Zett.), erstere nur auf sehr feuchten, letztere auf mehr trockenen Wiesen, im Lebensraum also weitgehend getrennt, Gesänge der ♂♂ noch ähnlich, immerhin so deutlich verschieden, daß »man sich nicht mehr versteht«; b) ***Omocestus viridulus*** L. und ***O. ventralis*** Zett., auch hier erstere auf mehr feuchtem, letztere auf mehr trockenem Gelände, Gesänge der ♂♂ nicht sehr verschieden; c) ***Chorthippus brunneus*** Thunb., ***Ch. biguttulus*** L., ***Ch. mollis*** Charp., alle 3 Arten nicht selten nebeneinander, Gesänge der ♂♂ unverwechselbar verschieden; fruchtbare Bastardierung z. B. zwischen ***Ch. brunneus*** und ***Ch. biguttulus*** zwar noch möglich, im Freien jedoch weitgehend vermieden, weil die ♀♀ nur den Gesang des passenden ♂ »verstehen«. 2 U.-Fam. unterscheidbar: **A. Locustinae** (Oedipodinae); Lautapparat: Reihe massiver Zäpfchen auf der Vena intercalata im Mittelfeld der Vorderflügel, angestrichen mit einer scharfen Kante an der Innenseite der Hinterschenkel; kein sehr ausgeprägter artspezifischer Lockgesang der ♂♂; etwa 16 mitteleuropäische Arten, u. a.: **1.** Gattung ***Oedipoda,*** Ödlandschrecken, mit den beiden zuweilen nebeneinander vorkommenden Arten ***Oed. caerulescens*** L. (Hinterflügel blau mit schwarzer Binde) und ***Oed. germanica*** Latr. (Hinterflügel rot mit schwarzer Binde); vorerst ist unklar, welche Bedeutung die verschiedene Flügelfarbe für die gegenseitige Isolierung der beiden Arten hat; bezeichnend als Ausdrucksbewegung das oft wiederholte stumme Aufab der Hinterschenkel im Sitzen und Gehen; recht gute Flieger; oft frappante Übereinstimmung zwischen Helligkeit und Farbton von Untergrund und Körperzeichnung. **2.** ***Psophus stridulus*** L., Schnarrschrecke; häufig auf Waldwiesen und sonnigen Hängen; das fast schwarze ♂ schnarrt im Fliegen durch Fächern der dabei sehr auffallenden roten Hinterflügel; gelegentlich auch geräuschloser Flug; das plumpe ♀ anscheinend nicht flugfähig, kann aber im Sitzen schnarren, (wie übrigens auch das ♂); Bedeutung des Schnarrens noch weitgehend unklar. (Flugschnarren auch bei anderen Arten, z. B. bei ***Bryodema tuberculata*** F.). **3.** ***Mecostethus grossus*** L., Sumpfschrecke; nur in sehr nassen Wiesen und Sümpfen; Gesang des ♂: mehrmaliges »zick« durch Schienenschleudern, die nach hinten ausschlagende Schiene eines Hinterbeines streift mit dem Enddorn an den Flügeladern vorbei. Bei allen 3 (und weiteren) Gattungen können die ♂♂ vor dem ♀ auch zwitschernde Laute durch Anstreichen der Hinterschenkel an den Vorderflügeln hervorbringen. **4.** ***Locusta migratoria*** L., Europäische Wanderheuschrecke; sehr stattliche Art (–60 mm); mit mehreren Unterarten in Asien und Teilen Afrikas verbreitet; tritt dort in einer harmlosen solitären, seßhaften und einer für den Pflanzenwuchs verheerenden, zur Bildung riesiger Schwärme neigenden Wanderphase auf, die im Verlauf von mindestens zwei Generationen aus der seßhaften Phase entsteht, wenn eine bestimmte Populationsdichte überschritten wird; während der Wanderung schwarm- und nicht zielorientiert; es wird immer, aber nie direkt, gegen den Wind geflogen; Geschwindigkeit ca. 18 km/h, Flughöhe bis 1000 m; Stirnhaare der Antennen dienen als Luftströmungssinnesorgane der Regelung der Flugeigengeschwindigkeit, die Antennen außerdem als Beschleunigungssinnesorgane; in Süd- und Südosteuropa häufig, in Mitteleuropa nur mehr an wenigen Stellen, hier wie dort (fast) ausschließlich die seßhafte Phase. Bei der nach Größe und Aussehen ähnlichen afrikanischen Wüstenschrecke, ***Schistocerca gregaria*** Forsk. wurden Sprungleistungen gemessen: Gewicht und max. Sprungweite: ♂ 1,5–2 g, 0,95 m; ♀ 2,5–3,5 g, 0,7 m; Anfangsgeschwindigkeit beim Sprung und max. Beschleunigung: ♂ 3,2 m $\times$ sec^{-1}, 180 m $\times$ sec^{-2}. **B. Gomphocerinae** (Acridinae); Lautapparat: eine Reihe auf → Resilinbasen gelenkig eingesetzter Zäpfchen an der Innenseite der Hinterschenkel, angestrichen an der vorstehenden Radialader der Vorderflügel; sehr ausgeprägter artspezifischer Lockgesang der ♂♂, auf den das passende, begattungswillige ♀ antwortet, dadurch schnelles Sichfinden der Partner; neben den bereits genannten Vertretern der Gttgn. **Chorthippus** und **Omocestus** u. a. folgende Arten: **5.** ***Acrida hungarica*** Herbst, Turmschrecke, **[A-1]**, Nasenschrecke; Kopf auffallend kegelförmig verlängert; Süd- und Südosteuropa, auf niederen Pflanzen trockenwarmer Standorte. **6.** ***Chrysochraon dispar*** Germ., Große Goldschrecke, ♂ hellgrün, ♀ bräunlich, und **7.** ***Euthystira (Chrysochraon) brachyptera*** Ocskay., Kleine Goldschrecke, leuchtend grün mit meist deutlichem Goldschimmer; bei beiden Arten die Elytren der ♂♂ knapp kürzer als das Abdomen, die der ♀♀ schuppenförmig, (Hinter-)Flügel bei beiden Geschlechtern meist bis auf Reste reduziert, selten langflügelige ♀♀; ***Chrys.*** legt die Eier in abgebrochene, verholzte Pflanzenstengel ab, ***Euth.*** → Caelifera; beide Arten Bewohner feuchter sowohl als auch trockener Biotope. **8.** ***Myrmeleotettix maculatus*** Thunb., Gefleckte Keulenschrecke; auf heideartig trockenen Waldwiesen. **9.** ***Gomphocerus rufus*** L., Rote Keulenschrecke, häufig an mäßig trockenen Waldrändern, hier auch auf niederem Gebüsch; mit Fühlerschlagen, Kopfschütteln und Verbeugen verbundener, hochdifferenzierter, oft wiederholter Werbegesang des ♂ vor dem ♀; → Caelifera. **10.** ***Gomphocerus (Aeropus) sibiricus*** L., Sibirische Keulenschrecke; in Mitteleuropa Gebirgsform, oberhalb etwa 800 m, in der UdSSR auch in der Ebene; ♂ mit keulig »aufgeblasenen«, drüsenhaltigen Vorderschienen (Bedeutung unbekannt); eindrucksvoll der Chorgesang der ♂♂ auf einer besonnten Alpenwiese. **11.** ***Dociostaurus maroccanus*** Thunb., Marokkanische Wanderheuschrecke; Mittelmeergebiet bis Südostasien; zuweilen Massenauftreten, zumal in Nordafrika, fliegt bisweilen nach Mitteleuropa ein. (Baker et al. 1984; Bennet-Clark 1975b; Gewecke 1972, 1974; Gewecke, Heinzel 1980; Gewecke, Philippen 1978; Harz 1975; Jacobs 1953; Neumann L. 1985; Perdeck 1957; Renner 1952; Renner, Kremer 1980; Saager, Gewecke 1985; Schwenke 1972–86; Weis-Fogh 1956).

Acridinae; → Acrididae.

Acrobasis; → Pyralidae 6.

Acroceridae, ***Acrocera*;** → Cyrtidae.

Acrolepia; → Plutellidae 4.

Acronicta; → Noctuidae 7, 8.

Acrophylax; → Trichoptera.

Actenoptera; → Neottiophilidae.

Actia; → Tachinidae.

Aculeata; früher übliche Bezeichnung für diejenigen Hautflügler mit Wespentaille, bei denen die ♀♀ einen Giftstachel haben; → Hymenoptera.

Acyrthosiphon; → Aphididae 41.

Adalia; → Coccinellidae 3.

Adela; → Adelidae.

Adelges; → Adelgidae 1.

Adelgidae (Chermesidae), Tannenläuse, Fichtenläuse, Tannengalläuse; Fam. der

Abb. A-1: ***Acrida hungarica,*** Nasenschrecke. ♀, ca. 50 mm.

Blattläuse (Aphidina); kleine Läuse, ohne Rückenröhren, Ungeflügelte mit 3 Linsen an den Seitenaugen; Wachsdrüsen verbreitet; alle ♀♀-Formen eierlegend. Ausschließlich an Nadelhölzern, meist holozyklisch, wirtswechselnd, zweijährig; Hauptwirt: stets Fichte, ***Picea*;** Nebenwirt: andere Nadelbäume; Überwinterung am Hauptwirt nicht als Winterei, sondern als 1. Fundatrix-Larvenstadium; am Hauptwirt stets gallbildend; Gallen oft winzigen Ananasfrüchten ähnlich: Ananasgallen, entstehen an Jungtrieben mehr an der Basis oder als Knospengallen durch den Saugreiz der Fundatrix; Verbreiterung der Nadelbasis zu schuppenartigen Gebilden, unter jedem Schüppchen eine Kammer, in die die Nachkommen der Fundatrix (nicht die Fundatrix selbst) einwandern, dann oft als Cellares bezeichnet; Schüppchensäume zunächst fest aneinander liegend oder verwachsen, spreizen sich später ab, geben den Weg frei für die geflügelten Wanderformen zum Übersiedeln auf den Nebenwirt; hier ohne Gallbildung Überwintern ihrer Nachkommen als Junglarven; im nächsten Jahr Bildung geflügelter Sexuparae, fliegen auf den Hauptwirt zurück, bringen Sexuales hervor; Sexuales ♀ legt nur ein Ei, aus dem die überwinternde Fundatrix-Larve schlüpft. Bei manchen Arten Fortfall der zweigeschlechtlichen Fortpflanzung und anholozyklisch rein parthenogenetische Generationenfolge. In Mitteleuropa ca. 20 Arten, mehrere wichtig als Forstschädlinge; Auswahl: **1. *Adelges laricis*** Vall. (***Cnaphalodes strobilobius*** Kal.), Rote Fichtengallenlaus; Gallen an den Sproßspitzen, blaßgrün, höchstens haselnußgroß, später braun; Überfliegen der Fundatrix-Kinder auf die Lärche, Eiablage (20–50 Eier) auf den Lärchennadeln; die überwinterten Läuse (unter Wachswolle) saugen an den Nadeln; ihre Nachkommen: entweder geflügelte, auf den Hauptwirt zurückwandernde Sexuparae, oder Sistentes (erneut überwinternde Larven) oder Progredientes; diese entwickeln sich weiter, ergeben zum Hauptwirt zurückwandernde geflügelte Sexuparae oder flügellose Aestivales; aus den Eiern der letzteren wiederum Sistentes und Progredientes; also anholozyklische Generationsfolge auf der Lärche möglich. Anholozyklus anscheinend auch auf der Fichte: Teil der Geflügelten fliegt nicht ab, Eiablage auf Fichte, daraus überwinternde Larve und im Frühling Fundatrix-ähnliche gallenerzeugende Laus (Pseudofundatrix; von manchen Forschern wird die anholozyklisch auf der Fichte lebende Laus als eigene Art, ***A. tardus*** Dreyf. betrachtet). **2. *Sacchiphantes (Chermes) abietis*** L., Gelbe Fichtengallenlaus, und **3. *S. (Ch.) viridis*** Ratz., Grüne Fichtengallenlaus (wurden früher – bisweilen – fälschlich als 2 Formen ein und derselben Art betrachtet); Entwicklungsgang ähnlich wie bei 1; die Gallen beider Arten auf der Fichte am Grunde der Maitriebe, grün mit roten Schüppchenrändern, Schüppchen kurz behaart [**A-2**]; Hauptunterschiede: morphologisch: die junge Fundatrix und ihre Eier sowie die jungen Fundatrigenien (Virgines) sind bei ***S. viridis*** mehr grün, bei ***S. abietis*** mehr gelblich; biologisch: ***S. viridis*** holozyklisch wirtswechselnd Fichte ↔ Lärche, Hiemales auf Lärche kurzrüsselig; ***S. abietis*** anholozyklisch ausschließlich auf Fichte unter Bildung von Pseudofundatrices aus auffallend langrüsseligen Larven. **4. *Pineus pini*** L., Europäische Kiefernwollaus; ursprünglich offenbar Wirtswechsel ***Picea orientalis*** ↔ ***Pinus sylvestris***, (so heute noch im Osten); langgestreckte Ananasgallen an Maitrieben von ***P. or.***, Abwandern der Geflügelten auf ***Pinus***; in Westeuropa wohl ausschließlich anholozyklisch auf ***Pinus***; Läuse unter viel Wachswolle, Ausbreitung durch Geflügelte; im Frühling auftretende geflügelte Sexuparae wandern auf ***Picea excelsa*** ab, erzeugen jedoch ausschließlich ♀♀, daher keine Wintereier, keine Stammutter, keine Gallen. **5. *Pineus cembrae*** Chol., Zirbelkiefernwollaus; Wirtswechsel holozyklisch Fichte ↔ Zirbelkiefer; Gallen an den Maitrieben der Fichte 4–5 cm lang, Abwandern der sehr kleinen (ca. 1 mm) Geflügelten auf die Zirbelkiefer, Eiablage an den Nadeln, daraus Larven, die überwintern; deren Nachkommen teils Ungeflügelte, die sich weiterhin auf der Zirbelkiefer vermehren, teils geflügelte Sexuparae, die auf die Fichte zurückfliegen. **6. *Pineus strobi*** Htg., Strobenlaus; aus Nordamerika, in Mitteleuropa rein anholozyklisch parthenogenetisch unter reichlich Wachswolle auf der Rinde der Weymouthskiefer ***(Pinus strobus)***; noch auftretende geflügelte Sexuparae bedeutungslos. **7. *Pineus pineoides***

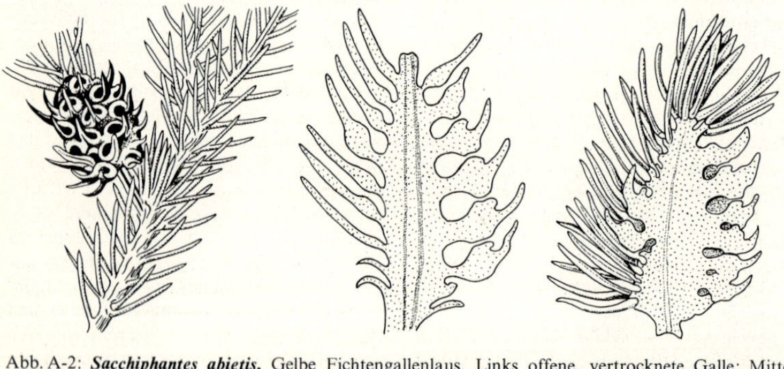

Abb. A-2: ***Sacchiphantes abietis***, Gelbe Fichtengallenlaus. Links offene, vertrocknete Galle; Mitte Längsschnitt durch junge, rechts durch ältere Galle. (Schneider-Orelli 1947; Eidmann 1941)

Chol., Weißwollige Fichtenstammlaus; ausschließlich Ungeflügelte anholozyklisch unter reichlich Wachswolle an Stämmen der Rotfichte, keine Geflügelten, keine Sexuales. **8. *Gilletteella cooleyi*** Gill., Douglasienlaus; aus Nordamerika (dort Wirtswechsel ***Picea***-Arten ↔ Douglasie); in Mitteleuropa viele Jahre ausschließlich anholozyklisch, also rein parthenogenetisch an Douglasie ***(Pseudotsuga)***; die Läuse saugen unter reichlich Wachswolle an den Nadeln; inzwischen Holozyklus über aus Amerika eingeführte Hauptwirte, z.B. Sitkafichte, mit Gallbildung auch in Mitteleuropa beobachtet, insbesondere im Küstenbereich. **9. *Dreyfusia nordmannianae*** Eckst. ***(Dr. nüsslini*** C.B.***)***, Gefährliche Weißtannenlaus, Tannentrieblaus, Gefährliche Tannenrindenlaus [**A-3**]: wahrscheinliche Heimat Kaukasus, dort holozyklisch wirtswechselnd: Hauptwirt (mit Galle): ***Picea orientalis*** ↔ Nebenwirt: ***Abies nordmanniana***; in Mitteleuropa Holozyklus nur über importierte ***P. orientalis*** möglich, Entwicklung also durchweg anholozyklisch (ev. auftretende geflügelte Sexuparae gehen zugrunde); gefürchteter Schädling an Weißtanne ***(Abies alba)***; dunkle flügellose Läuse unter reichlich weißer Wachswolle, teils an der Rinde von Stamm und Ästen (Hiemales, langrüsselig), teils an den Nadeln (Aestivales, kurzrüsselig), Übergangsformen kommen vor; Ausbreitung hauptsächlich durch Verschleppen mit Pflanzenmaterial. **10. *Dreyfusia piceae*** Ratz., Tannenstammlaus, Weißtannenstammlaus, Ungefährliche Weißtannenlaus, Stammrindenlaus; (nach Ansicht mancher Forscher nicht eindeutig von der vorigen Art zu trennen); anholozyklisch, rein parthenogenetische Generationsfolge auf der Weißtanne (und Verwandten), überwinternde Hiemales, im Gegensatz zur vorigen Art auch durch geflügelte Sommertiere (Aestivales) Ausbreitung möglich; Läuse unter weißer Wachswolle vor allem am Stamm und an den größeren Ästen; Schaden bei uns gering, in Nordamerika beträchtlich; Speichelwirkung: Anreicherung von Eiweiß im Rindenparenchym. (Brauns 1964; Günther 1968; Kloft 1957; F.P. Müller 1955, 1969; Steffan 1972).

Adelidae, Langhornmotten; Fam. der Schmetterlinge (Lepidoptera); die kaum mittelgroßen Falter mit gut entwickeltem Saugrüssel, Vorderflügel metallisch grün

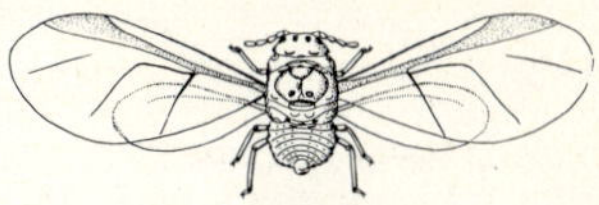

Abb. A-3: ***Dreyfusia nordmannianae***, Gefährliche Weißtannenlaus, Sexupara. Flsp. ca. 3 mm. (Brauns 1964)

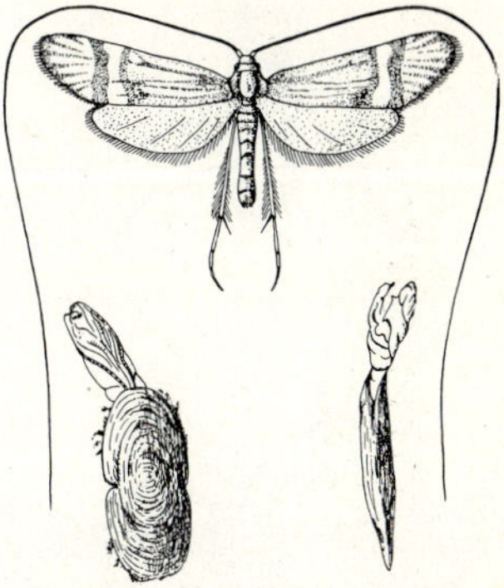

Abb. A-4: Oben ♂ von ***Adela degeerella.*** Flsp. ca. 22 mm; unten Raupensack mit vorgeschobener Puppenhaut von ***Nemotois auricellus*** ♀. ca. 12 mm. (Bourgogne in Grassé 1951)

oder messingfarben oder doch mit metallisch glänzenden Flecken, mit besonders beim ♂ sehr langen dünnen Fühlern [**A-4**], fliegen im Sommer gern stundenlang im Sonnenschein tanzend aufab (wohl Balzflug); Jungraupen zuerst minierend, dann in flachem Säckchen aus zusammengesponnenen Blattstückchen [**A-4**], am Boden an abgefallenen Blättern fressend, im Sack überwinternd. Beispiele: ***Adela viridella*** Zell., Vorderflügel metallisch-grün, an Eichen und Buchen; ***A. degeerella*** L., an Anemonen; ***Nemotois auricellus*** Ragen, an Betonie; ***N. metallicus*** Poda, Vorderflügel bronzefarben, häufig an Wiesen und Ackerrändern, Raupe erst in Skabiosenblüten, dann im Boden.

Adephaga; U.-Ordg. der → Coleoptera.

Aderhafte; → Ecdyonuridae.

Adlerfarneule, ***Eriopus juventina*** Cr.; → Noctuidae 29.

Adlerfarnspanner, ***Lozogramma chlorosata*** Scop.; → Geometridae.

Admiral, ***Vanessa atalanta*** L.; → Nymphalidae 3.

Adonislibelle, ***Pyrrhosoma nymphula*** Sulz.; → Coenagrionidae 2.

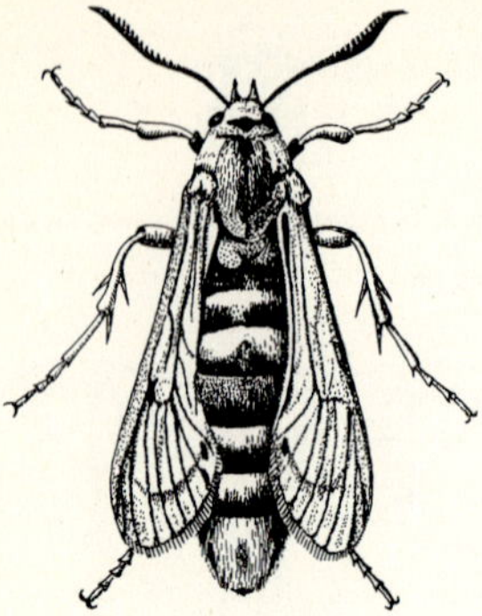

Abb. A-5: ***Aegeria apiformis***, Hornissenschwärmer. Flsp. ca. 31 mm. (Brauns 1964)

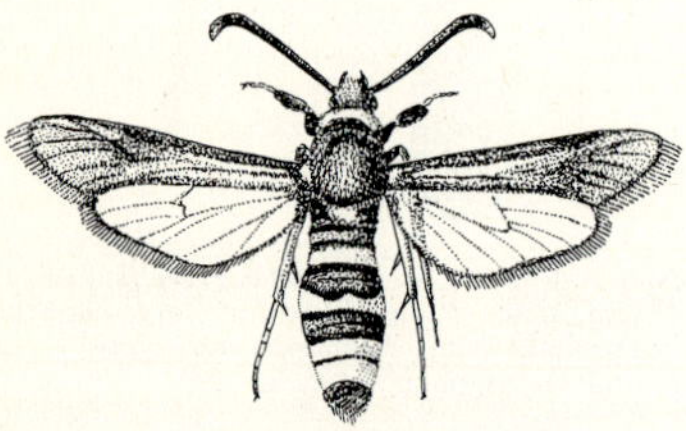

Abb. A-6: ***Paranthrene tabaniformis***, Kleiner Pappelglasflügler. Flsp. ca. 35 mm. (Forster, Wohlfahrt 1954/81)

Adopaea; → Hesperiidae 3.

Adoxus; → Chrysomelidae 7.

Adranes; → Pselaphidae, P-62.

Aëdes; → Culicidae.

Aegeria; → Aegeriidae 1.

Aegeriidae (Sesiidae), Glasflügler, Fam. der Schmetterlinge (Lepidoptera); Hauptkennzeichen der kleinen bis mittelgroßen, schmalflügeligen Falter ist das teilweise Fehlen der Beschuppung auf Vorder- und zumal Hinterflügeln; Hinterleibsende meist mit buschiger Behaarung [**A-10**]; Saugrüssel gut entwickelt, manche saugen nach Art der Schwärmer im Flug; Habitus zumal auch durch die oft lebhafte schwarzgelbe oder schwarz-rote Zeichnung wespen- oder schnakenartig (→ Mimikry); meist Tagflieger. Raupen schwach behaart, nur die 4 vorderen Bauchfußpaare mit geschlossenem Häkchenkranz, hinterstes Paar mit Halbkranz; einige fressen an Wurzeln von Kräutern, die meisten aber im Innern der Pflanzen, manchmal in Gallbildungen [**A-7**]. Hauptnahrung: Pflanzensäfte. Verpuppung in der Fraßpflanze oder im Boden (meist) in einem Gespinstkokon; die am Hinterleib mit Dornenkränzen versehene Puppe recht beweglich, windet sich vor dem Schlüpfen des Falters etwa zur Hälfte aus dem Kokon. Von den ca. 55 mitteleuropäischen Arten einige durch Raupenfraß zuweilen schädlich. **1.** ***Aegeria (Trochilium) apiformis*** Cl., Hornissenschwärmer, Bienenschwärmer, Großer Pappelglasflügler; stattlichste heimische Art (Flsp. –45 mm; [**A-5**]), nach Größe und Zeichnung und z.T. auch im Verhalten hornissenähnlich (träge, verlassen sich auf ihre »Warntracht«, Summen beim Flug); Eiablage V–VI an den unteren Teilen der Fraßbäume (vor allem Pappel, daneben Birke, Weide, Linde, Esche), nicht selten freies Fallenlassen der zahlreichen kleinen Eier; Eizeit etwa 4 Wochen; die Raupen dringen in die Rinde, fressen hier, überwintern, fressen dann im Holz; Kot ähnlich Sägespänen, aus einem Loch unten am Stamm ausgestoßen; der die Raupe bergende Stammteil zuweilen etwas verdickt; nochmalige Überwinterung; dann wird im Frühling ein Schlupfloch für den Falter genagt, dicht dahinter Verpuppung in einem, aus grobem Nagsel zusammengesponnenen etwa 2 cm langen Kokon; zuweilen auch Verpuppung frei im Boden, mit Erdteilchen im Kokon; manchmal schon im Herbst des 2. Jahres Bau des Kokons, in dem die Raupe überwintert; Schaden zuweilen beträchtlich, vor allem in Baumschulen. **2.** ***Paranthrene tabaniformis*** Rott., Kleiner Pappelglasflügler, Bremsenschwärmer [**A-6**]; kleiner als der vorige (Flsp. ca. 35 mm), Vorderflügel stärker beschuppt; Eiablage an die unteren Teile junger Stämme oder Zweige von Pappeln (auch Weiden); Raupen zunächst außen an der Rinde unter einem mit Kot durchsetzten Gespinst, dann im Innern, können gallenartige Auftreibungen verursachen; 2malige Überwinterung (zuweilen in von Pappelbocklarven stammenden Gängen; → Cerambycidae 26, 27); Verpuppung im Frühling des 3. Jahres ohne Gespinst in einem bis dicht unter die obere Rindenschicht führenden Gang; zuweilen schädlich. **3.** ***Synanthedon spheciformis*** Gern., Erlenglasflügler [**A-7**]; fliegt V–VI; Lebensweise ähnlich 2; Eiablage jedoch an dünne Erlenstämme (auch Birken), meist

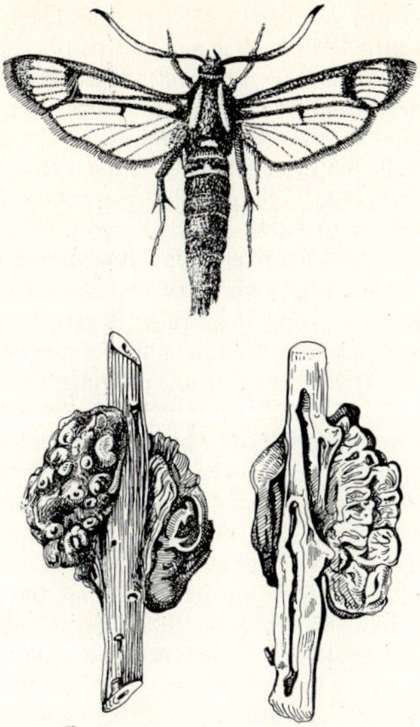

Abb. A-7: ***Synanthedon spheciformis,*** Erlenglasflügler. Falter. Flsp. ca. 30 mm, und durch die von der Raupe von ***S. formicaeformis*** erzeugte Galle auf Weide ***(Salix viminalis)***; links total; rechts Längsschnitt. (Grassé 1951)

einzeln; Raupen zunächst unter der Rinde, dann im Holz, Gang ca. 10 cm aufwärts; überwintert 2mal. **4. *Synanthedon myopaeformis*** Bkh., Apfelbaumglasflügler [**A-8**]; die Falter fliegen im Sommer; Eiablage hauptsächlich an Rindenwunden kränkelnder oder junger Apfelbäume (auch Birne, Pflaume, Quitte, Aprikose, Weißdorn); die Raupen meist zu mehreren unter der Rinde, auch im Holz, verursachen krebsige Rindenwucherungen [**A-9**]; meist einjährig, zuweilen 2jährig; Puppen dicht unter der Rindenoberfläche in einem schwachen, mit Rindenstückchen besetzten Kokon, schieben sich vor dem Schlüpfen des Falters halb aus der Schlüpföffnung vor; zuweilen schädlich. **5. *Synanthedon tipuliformis*** Cl., Johannisbeerglasflügler; kleine Art (Flsp. ca. 17 mm [**A-10**]), legt im Sommer die Eier einzeln meist dicht an die Knospen der Ruten von Johannisbeeren (aber auch anderer Pflanzen, z. B. Stachel-, Himbeeren, Haselnuß, Pfaffenhütchen); die Raupen fressen abwärts im Mark der Ruten, in jungen einzeln, in älteren zu mehreren; einmalige Überwinterung; Verpuppung im Fraßgang dicht unter der Rindenoberfläche; Schaden durch Absterben der Ruten. **6. *Bembecia hylaeiformis*** Lasp., Himbeerglasflügler, der verhältnismäßig dickleibige Falter [**A-10**] fliegt im Sommer; als Eiablageort wird teils der Boden, teils die Unterseite der Blätter angegeben; die Raupen fressen im Wurzelstock und im unteren Teil der Ruten, überwintern einmal; Puppe meist unten in den dann häufig etwas angeschwollenen

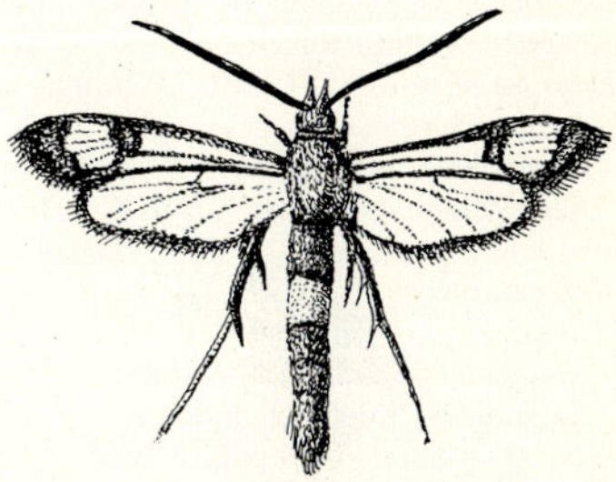

Abb. A-8: ***Synanthedon myopaeformis,*** Apfelbaumglasflügler. Flsp. 21 mm. (Forster, Wohlfahrt 1954/81)

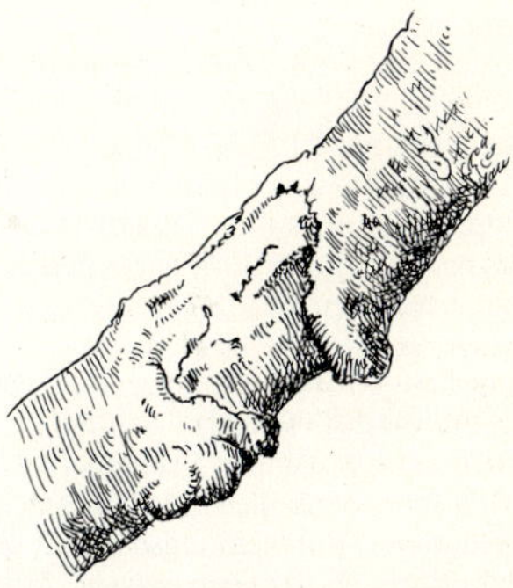

Abb. A-9: ***Synanthedon myopaeformis,*** Apfelbaumglasflügler. Krebsige Bildung durch Raupenfraß. (Lengerken 1932)

Abb. A-10: Links ***Synanthedon tipuliformis*** Johannisbeerglasflügler. Flsp. 18 mm; rechts ***Bembecia hylaeiformis,*** Himbeerglasflügler. Flsp. 27 mm. (Forster, Wohlfahrt 1954/81)

vorjährigen Ruten, schiebt sich vor dem Falterschlupf halb aus dem Fraßloch heraus; zuweilen beträchtlicher Schaden. (Dierl 1969; Forster, Wohlfahrt 1954/81; Hannemann 1968).

Ägyptische Heuschrecke, ***Anacridium aegyptium*** L.; → Catantopidae 3.

Aelia; → Pentatomidae.

Aenigmatias; → Phoridae.

Aeolothripidae; Fam. der Blasenfüße (Thysanoptera, Terebrantia); mit einer Reihe von räuberisch lebenden Arten, die u.a. Blattläuse, Schildläuse, Milben, auch andere Blasenfüße aussaugen; z.B. ***Aeolothrips fasciatus*** L. (1–1,5 mm); Nymphe in lockerem Gespinst.

Aëpophilus; → Saldidae.

Aequipalpia; U-Ordng. der Köcherfliegen; Kiefertaster bei ♂ und ♀ 5gliedrig; → Trichoptera.

Aesalus; → Lucanidae 5.

Aeshna (= Aeschna); → Aeshnidae 1.

Aeschnidae, Edellibellen; Fam. der Libellen (Odonata, Anisoptera); hierher die stattlichsten und buntesten heimischen Formen; hervorragende Flieger; ♀ mit Legeapparat, Eiablage in lebende oder tote Pflanzen; einige Arten gehen bis über den Polarkreis nach Norden; 12 Arten in M-Eur.i.e.S., u.a.: **1.** ***Aeshna grandis*** L., Braune Mosaikjungfer; mit goldbraunen Flügeln (Flsp. –10,5 cm); fliegt spät (VII–VIII), geht oft auch entfernt vom Wasser in Waldschneisen oder auf Waldwiesen auf Jagd; nach der in der Luft begonnenen, am Boden beendeten Paarung trennen sich die Partner; Eiablage in verschiedenste lebende oder abgestorbene Pflanzenteile **[O-9]**, auch in morsches Holz; Schlüpfen der Larve erst im folgenden Frühjahr; Larven im Pflanzenwuchs fließender und stehender Gewässer, Entwicklungsdauer 2, seltener 3 Jahre. **2.** ***Aeshna cyanea*** Müller, Blaugrüne Mosaikjungfer; bei uns häufigste ***Aeshna***-Art; nur wenig kleiner als ***A. grandis***; Körper des ♂ blau, grün und schwarz, des ♀ braun und grün; fliegt VII–X (XI); Larven vornehmlich in kleinen und kleinsten stehenden Gewässern, Jagdflug der Imagines jedoch oft weit ab vom Wasser, an Waldrändern, Hecken und in Gärten; paarungsbereite ♂♂ mehrmals täglich auf Patrouillenflug entlang der Ufer, dort auch ♀♀ auf der Suche nach Eiablageplätzen; die Paarung – das ♀ wird im Flug vom ♂ von oben hinten ergriffen – erfolgt sitzend; sie dauert 1 bis $2^1/_2$ Stdn. Die Eier werden VII–IX in feuchter Erde oberhalb der Wasserlinie abgelegt. Schlüpfen der Larven im Frühjahr; 10 Häutungen bis zur Reife im VII. **3.** ***Anax imperator*** Leach, Große Königslibelle; größte heimische Libelle (Flsp. –11 cm); Körper blau und schwarz; fliegt VI–VIII (IX) vor allem an kleineren Gewässern sehr ausdauernd im Sonnenschein, zumal das ♂; das ♀ wird im Flug vom ♂ ergriffen, sofort Begattung, im Sitzen beendet, Trennung der Partner nach etwa 10 Min.; wiederholte Paarung; Eier in Zeile in der Regel in lebende Pflanzen eingeschoben **[O-8]**; Larve sehr lebhaft, schwimmt bei Störung teils mit den Beinen, teils durch Rückstoß (Ausstoßen von Atemwasser aus dem After); schnelles Wachstum der Larven, erreichen eine Länge von etwa 55 mm; Entwicklungsdauer: ein Jahr (Kaiser 1974, 1985; Robert 1959).

Aestivales; die bei manchen Blattläusen auf dem Sommerwirt im rein parthenogenetischen Nebenzyklus auftretenden Formen; (→ Adelgidae).

Aethia; → Noctuidae.

Afrikanisierte Biene; → »Mörderbiene«.

Afterraupen; die raupenähnlichen Larven von Blattwespen i.w.S. → Tenthredinoidea.

Agabus; → Dytiscidae 6.

Agaonidae; Feigenwespen; Fam. der Hautflügler (Hymenoptera, Apocrita, Chalcidoidea); kleine Erzwespen, vermutlich mit mehreren hundert (in M-Eur.i.e.S. nicht heimischen) Arten, deren phytophage Larven (mit Ausnahme einzelner Spezies) sich in den Blütenständen von Feigen (***Ficus***-Arten) entwickeln und deren ♀♀ bei der Eiablage die Blüten bestäuben; die symbiontische Abhängigkeit von Feigen- und zugehöriger Bestäuberart ist meist vollständig: die Agaoniden-♀♀ werden nur von dem – artspezifischen – Duftstoff angelockt, der »ihrer« ***Ficus***-Art entströmt. Beispiele: **1.** ***Ceratosolen arabicus*** Mayr (1–2 mm) bei ***Ficus sycomorus*** L., der Sykomore oder Eselsfeige, die, in Ostafrika und Yemen heimisch, seit Jahrtausenden auch in Ägypten und Palästina angebaut wird; die sehr kleinen männlichen und weiblichen Blüten aller Feigenarten sitzen der (bei reifen Früchten fleischigen) Wand der ± krugförmigen und hohlen Blütenstände innen auf; der Hohlraum ist bis auf eine winzige, von ineinandergreifenden

Schuppenplättern umstellte Öffnung (Ostiole) verschlossen; die Blütenstände der Sykomore sind monözisch (einhäusig), die männlichen Blüten, sie reifen 2–3 Wochen nach den weiblichen, befinden sich in der Nähe der Ostiole, die weiblichen nehmen die übrige, weit größere Fläche der Wand des Kruges ein; von ihnen gibt es, in gemischter Anordnung, zwei Sorten, langgriffelige und kurzgriffelige; da die Fruchtknoten der langgriffeligen Blüten tiefer im Blütenboden sitzen als die kurzgriffeligen, befinden sich die Narben beider Typen – und das ist für die Bestäubung wichtig (s.u.) – auf gleichem Niveau; nur in den kurzgriffeligen, den sog. Gallenblüten, die dann keinen Samen bilden, entwickeln sich die Larven der Wespen; sie ernähren sich vom Endosperm, das unter der Wirkung von Stoffen wuchert, die bei der Eiablage injiziert wurden; die Entwicklung ist nach 2–3 Wochen abgeschlossen; die flügel- und darmlosen, kleinäugigen aber mit kräftigen Mandibeln ausgestatteten ♂♂ schlüpfen zuerst, nagen sich durch die harte Wand der eigenen Galle und beißen unmittelbar danach, offenbar chemisch angelockt, Löcher in die Gallen mit den ♀♀, begatten diese durch das Loch hindurch um dann im Bereich der männlichen Blüten (neben dem Ostium) meist in gemeinsamer Arbeit einige wenige Öffnungen in die Feigenwand zu nagen; dann sterben sie im Inneren des Blütenstandes; die ♀♀, sie haben wohlentwickelte Flügel, gut ausgebildete Komplexaugen am keilförmigen Kopf, je einen Kamm aus ca. 20 steifen Borsten an den Vordercoxen und zwei verschließbare Taschen ventrolateral am Mesothorax, befreien sich nun nach Erweiterung der Kopulationsöffnung aus den Gallen, wandern nach oben und verlassen durch die von den ♂♂ geschaffenen Tunells den Blütenstand; vorher jedoch, beim Passieren der jetzt reifen männlichen Blüten, füllen sie mit Hilfe der Tarsen und Kämme der Vorderbeine die beiden thorakalen Taschen prall mit 2000 bis 3000 Pollenkörnern; so beladen fliegen sie, durch die spezifischen Lockstoffe geleitet, junge Blütenstände (mit reifen weiblichen Blüten) an, dringen in sie ein, verlieren beim mühsamen Zwängen durch die engen Spalten des Ostienverschlusses die Flügel und meist auch die Flagellen der Fühler (die basalen Fühlerglieder sind in Vertiefungen

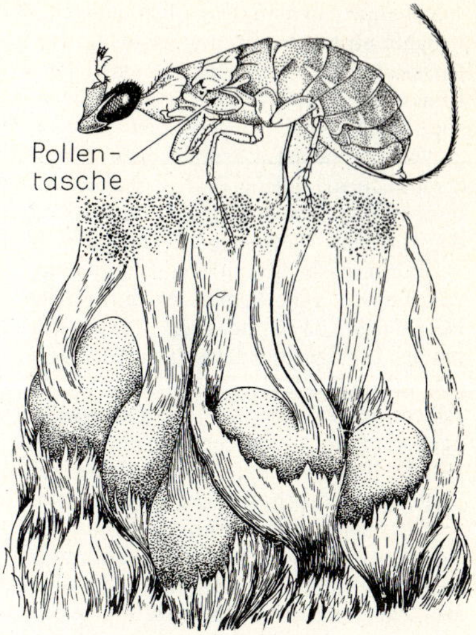

Abb. A-11: ***Ceratosolen arabicus***, Feigenwespe. ♀, bei der Eiablage in eine kurzgriffelige Blüte. (Galil 1977, verändert)

des Vorderkopfes geborgen), und versuchen schließlich, im Inneren des Blütenstandes angelangt, auf den Narben sitzend den Legestachel durch die dünnen Griffel schiebend, die Fruchtknoten mit je einem Ei zu belegen [**A-11**]; dies gelingt nur bei den kurzgriffeligen (Gallen-)Blüten, für die langgriffeligen Blüten ist die Legeröhre zu kurz; hier unterbleibt nach einem wenige sec dauernden Versuch die Ablage; knapp vor dem Herausziehen des Legestachels nach vollendeter Eiplazierung entnehmen die ***Ceratosolen***-♀♀ mit den Vordertarsen (wenige) Pollenkörner aus den thorakalen Taschen um sie auf den benachbarten Narben beider Blütentypen zu verteilen; alle nicht mit einem Ei belegten Blüten ergeben Samenansatz. In Ägypten, Israel und in anderen Gebieten der Levante kommt ***Ceratosolen arabicus*** (seltsamerweise) nicht vor; die dort angebauten Sykomoren werden daher nicht bestäubt und bilden keine Samen aus; eine Vermehrung der Pflanze ist nur über Stecklinge möglich. **2. *Blastophaga psenes*** L.(ca. 1 mm) bestäubt ***Ficus carica*** L., die in S-Eur. und in Nordafrika als Kulturpflanze von alters her angebaute (und häufig verwilderte) Eßfeige; die Bäume von ***Ficus carica*** sind von zweierlei Art, jene, von denen man die großen und süßen Früchte erntet, haben nur weibliche Blütenstände mit ausschließlich langgriffeligen Blüten, die Blütenstände der anderen, der sog. Bocks- oder Ziegenfeigen dagegen, entwickeln neben kurzgriffeligen weiblichen auch männliche Blüten; die Bestäubung erfolgt in beiden Fällen durch Pollen, der von den ***Blastophaga***-♀♀ mitgebracht wird; zur Eiablage und zur Entwicklung von Larven aber kommt es nur in den Bocksfeigen, da für die langgriffeligen Blüten der Eßfeigen der Legestachel der Wespen zu kurz ist; der Pollentransport geschieht passiv: die wie bei ***Ceratosolen*** nach dem Abstreifen der Puppenhülle begatteten ♀♀ haben nach dem Verlassen der Galle einen durch Wasseraufnahme prall gefüllten und gedehnten Hinterleib, an dem zwischen den Segmenten die entfalteten Intersegmentalhäute sichtbar sind; beim Weg nach außen wühlt sich die Wespe durch die reifen Antheren und bepudert sich über und über mit Blütenstaub, gleichzeitig schrumpft durch Wasserverlust das Abdomen, die Intersegmentalhäute falten sich zwischen den einander genäherten Segmenten ein, dabei dorsal und lateral Taschen bildend, die mit Blütenstaub angefüllt sind; der außen am Körper haftende Pollen wird nach dem Verlassen des Blütenstandes durch das (hier) leicht passierbare Ostium mit den Beinen sorgfältig entfernt; das Eindringen in die jungen Bocks- bzw. Eßfeigen geschieht wie bei ***Ceratosolen*** (Fühlergeißel und Flügel gehen verloren); in dem mit Wasserdampf gesättigten Binnenraum der jungen Blütenstände schwillt der Hinterleib erneut an, so daß die wiederum ausgestülpten und glatt gespannten Intersegmentalhäute den Pollen auswerfen, der bei den erfolgreichen (in den Bocksfeigen) oder vergeblichen (in den Eßfeigen) Versuchen der Eiablage auf die Narben der weiblichen Blüten gelangt; zur Sicherung der Bestäubung wurden früher – und werden bisweilen heute noch – zwischen die Eßfeigenbäume Bocksfeigen gepflanzt oder zu den Blütezeiten Bocksfeigenäste in die Kronen der Eßfeigen gehängt (Kaprifikation); ist heute nur noch bei den Smyrna-Feigen erforderlich, alle anderen kultivierten Varietäten der Eßfeige entwickeln sich ohne Befruchtung (Parthenokarpie). **3.** ***Blastophaga quadraticeps*** Mayr fungiert in Israel als Pollenvektor bei dem in Indien heimischen Pipalbaum, ***Ficus religiosa*** L.; Transport des Pollens in verschließbaren thorakalen Taschen; Aktivitätsbeginn der ♂♂ vor den ♀♀ bedingt durch hohen CO_2-Gehalt (ca. 10%) im Inneren der Blütenstände; sinkt nach der Perforation der Feigenwand durch die ♂♂ auf den der Außenluft, was die ♂♂ erlahmen, die ♀♀ aber nun aktiv werden läßt. Beförderung des Blütenstaubes bei anderen Agaoniden-Arten in offenen Taschen des Thorax oder in mit Borstenkämmen ausgestatteten »Körbchen« der Vorderbeine. **4.** Die parasitische Erzwespe ***Philotrypesis caricae*** L. (Torymidae) legt ihre Eier nur in bereits von ***Blastophaga psenes*** belegte Blüten; die Larve frißt das unter dem Einfluß von ***B. psenes*** gebildete Pflanzengewebe; die Erstlingslarve wird getötet oder verhungert. (Bachmaier 1969; Galil 1977; Galil, Eisikowitch 1974; Galil, Neeman 1977; Galil et al. 1973; Hill 1971; Küttamath 1958; Königsmann 1968; Ramirez 1970)

Agapanthia; → Cerambycidae 25.

Agapetes; → Satyridae 2.

Agapetus; → Rhyacophilidae.

Agathidium; → Liodidae.

Agathomyia; → Clythiidae.

Agelastica; → Chrysomelidae 17.

Aglais; → Nymphalidae 4.

Aglia; → Syssphingidae.

Aglossa; → Pyralidae 13.

Agonum; → Carabidae.

Agraylea; →Hydroptilidae.

Agria; → Calliphoridae 5

Agriidae; → Calopterygidae.

Agrilus; → Buprestidae 5.

Agrion, Agrionidae; → Coenagrionidae.

Agriopis; → Noctuidae 9.

Agriotes; → Elateridae 3.

Agriotypidae, Fam. der Hautflügler (Hymenoptera, Apocrita, Ichneumonoidea); in Europa nur ***Agriotypus armatus*** Walk. (3–9 mm [**A-12**]); das ♀ kriecht im Frühling an Wasserpflanzen oder Steinen in das Wasser, sucht ein Köcherfliegenhaus (bevorzugt Köcher von Goeridae und Odontoceridae), in dem sich eine Vorpuppe oder Puppe befindet (ein Köcher mit jüngeren Larven wird nach Tasten mit dem Legebohrer wieder verlassen), legt ein Ei meist an den Hinterleib des Wirtes; das ♀ läßt sich dann passiv wieder an die Oberfläche treiben; die Larve [**A-13**] frißt außen-, das 1. Stadium vielleicht innenparasitisch, verpuppt sich im Gehäuse der Köcherfliege, spinnt zuvor einen Kokon mit einem frei im Wasser flottierenden, vakuolisierten Gespinnstband von gut 1 mm Breite und bis zu 3 cm Länge (der Köcher mit diesem Band heißt »agriotypisiert«; [**A-14**]); das Band – es dient der Gasversorgung der Puppe – und der Kokon füllen sich nach der Fertigstellung mit Luft; die leicht gewölbte Oberseite des Bandes besteht aus glattem, fest verkittetem Seidengespinst, die Unterseite – mit medianer, seitlich von gerippten Wülsten begrenzter Furche – aus gleichwohl festem, jedoch lockerem, porenreichem Gespinst; im fließenden Wasser bilden sich an der Unterseite und den Rändern des Bandes Luftblasen, deren Entstehung noch nicht eindeutig geklärt ist (diskutiert werden: Ansammeln und Vereinigen von winzigen, im Wasser mitgeführten Luftblasen oder/und Entgasung des Wassers durch Unterdruck infolge Wirbelbildung am Band); nach einmal erfolgter Gasfüllung der Hohlräume des Bandes, funktioniert dieses als physikalische Kieme (→ Plastron); Entfernung des Bandes führt zum Absterben der Puppe; die Imago überwintert im Kokon. (Bachmaier 1969; Clausen 1940; Messner, Taschenberger 1981; Wesenberg-Lund 1943).

Agriotypus; → Agriotypidae.

Agrochola; → Noctuidae.

Agromyza; → Agromyzidae 3.

Agromyzidae, Minierfliegen; Fam. der cyclorrhaphen Fliegen (Diptera, Brachycera); meist sehr kleine Fliegen (ca. 2 mm), bis höchstens mittelgroß; ♀♀ meist mit Legebohrer; dieser mit zahlreichen Raspelzähnchen, geeignet zum Anstechen der Futterpflanzen der Larven bei der Eiablage (bei Blattminierern häufig auf der Blattunterseite, dabei austretender Saft vom ♀ aufgeleckt), aber auch zum Herstellen von Löchern ausschließlich zum Nahrungsgewinn; die ♀♀ vieler Arten benötigen zur Eireifung Nahrungsbrei ihrer Wirtspflanzen; ihr Abdomen ist oft prall mit grünem Zellsaft gefüllt; gerne aufgenommen wird auch Honigtau, auch von den ♂♂; ♀♀ ohne Legebohrer kleben die Eier außen an die Wirtspflanze, oft auf die Blattunterseite; bei einigen Arten ♂♂ und ♀♀ oder nur die ♂♂ mit Stridulationsorgan (Schrillplatte am 2. Abdominaltergit, Schrillkante am Hinterschenkel). Die meist → amphipneustischen Larven minieren in den verschie-

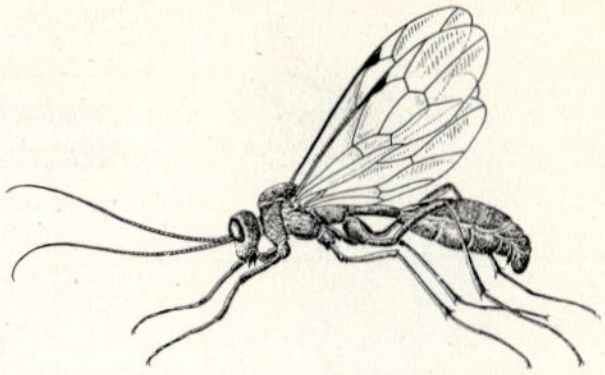

Abb. A-12: ***Agriotypus armatus.*** Flsp. 10 mm. (Engelhardt 1959)

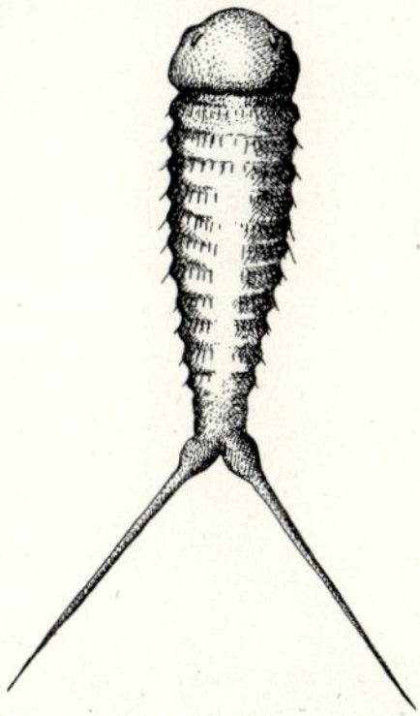

Abb. A-13: ***Agriotypus armatus.*** Junglarve. (Sedlag 1951)

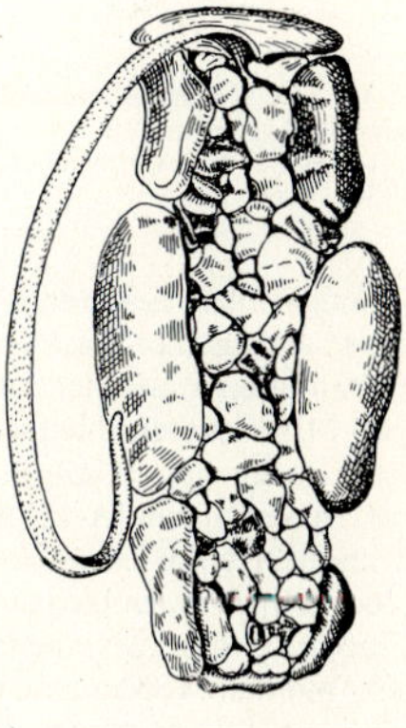

Abb. A-14: ***Agriotypus armatus.*** Puppengehäuse von ***Silo***, ca. 12 mm, mit ***Agriotypus***-Puppe. (Engelhardt 1955)

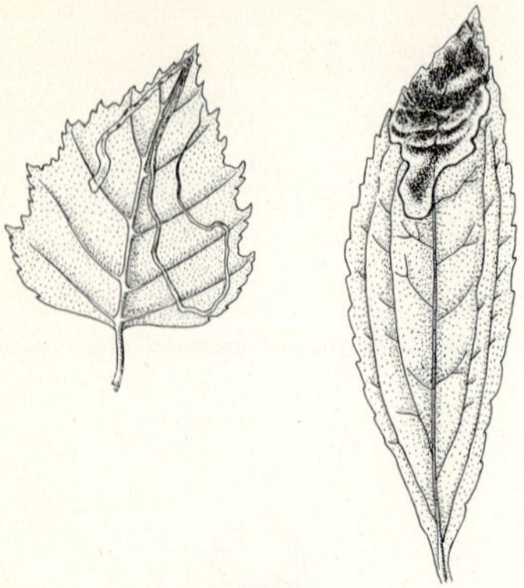

Abb. A-15: Links ***Agromyza alnibetulae***, Oberseitige Gangmine in Birkenblatt. Rechts ***Dizygomyza portica***, Platzmine in Goldrute, ***Solidago.*** (Brauns 1964)

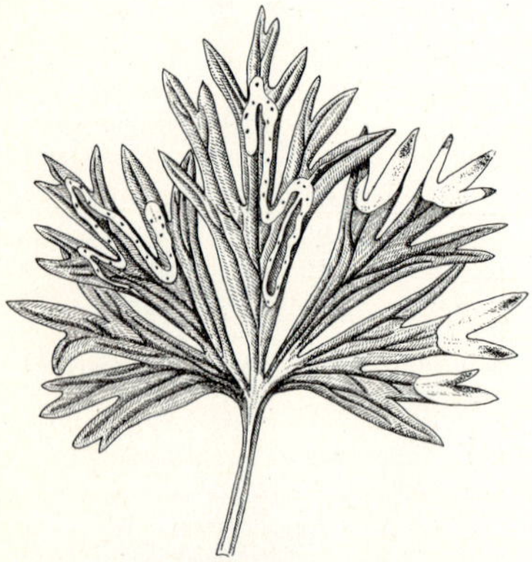

Abb. A-16: Links ***Phytomyza aconitella***, rechts ***Ph. aconitophila.*** Minen im Blatt von Eisenhut, ***Aconitum.*** Larven 2–3 mm. Puppe überwintert im Boden. (Bollow 1960)

densten Pflanzenteilen, besonders häufig in den Blättern, stellen hier als Parenchymfresser (im Palisaden- und/oder Schwammparenchym) Minen unterschiedlicher, artspezifischer Form her (Gang-, Spiral-, Platz- und Blasenminen [**A-15, 16, 17**]); nahe verwandte Arten u.U. in der gleichen Pflanze aber Minen verschiedener Form [**A-16**]. Freßweise: die Larve liegt auf der Seite, macht mit dem Vorderende und dem unpaaren oder den paarigen, kräftigen Mundhaken rhythmisch Bogen ventralwärts, schabt das Pflanzengewebe ab, bringt es direkt oder pumpend in den Mund, erzeugt so ein bezeichnendes bogiges Schabmuster; sie kann sich z.B. beim Herstellen einer Platzmine [**A-17**], dann auf die andere Seite legen und den gleichen Weg zurück fressen, eine weitere Gewebeschicht erfassend; der Kot liegt meist nahe am Rand der Mine; Entwicklung meist in vier Tagen beendet. Die Larven mancher Arten fressen im Stengel, in der Wurzel, in der Rinde holziger Pflanzen, im Kambium; Gallbildung kommt vor, z.B. Rindengallen an Pappel und Weide durch ***Melanagromyza schineri*** Gir., Wurzelgallen an Feldbeifuß durch ***Phytomyza clematidis*** Kalt., bei Waldrebe und Wiesenraute, andere in sich entwickelndem Samen, z.B. ***Phytomyza flavofemorata*** Strobl bei Wachtelweizen. Verpuppung teils im Boden (die Mine wird durch einen dafür hergestellten Schlitz verlassen) teils in der Mine; verschiedene Lage des Pupariums: frei in der Mine; oder mit Sekrettröpfchen bzw. -fäden befestigt; oder durch die nach außen durchgestoßenen → Prothorakalhörnchen an der Minenwand befestigt, wobei entweder die Dorsal- oder die Ventralseite

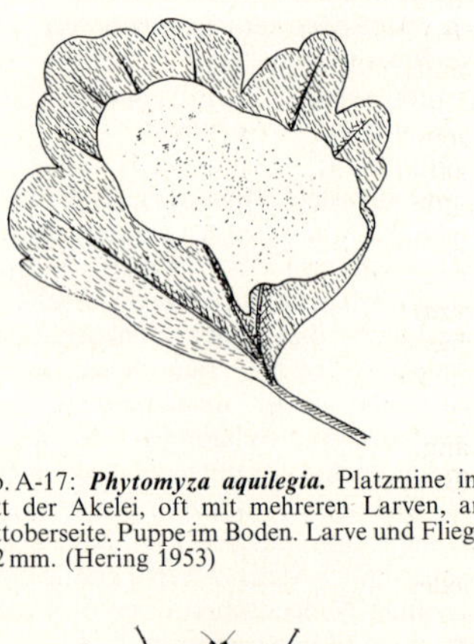

Abb. A-17: ***Phytomyza aquilegia.*** Platzmine im Blatt der Akelei, oft mit mehreren Larven, an Blattoberseite. Puppe im Boden. Larve und Fliege ca. 2 mm. (Hering 1953)

Abb. A-18: ***Phytomyza atricornis.*** 2 mm. (Séguy 1951)

der Minenwand anliegt (abzusprengende Pupariumkalotte entsprechend dorsal bzw. ventral gelegen). Neben extremer Polyphagie (z. B. ***Phytomyza atricornis*** Meig. = ***Ph. horticola*** Gour., Erbsenminierfliege, an Zier- und Gemüsepflanzen, bes. Erbsen und Bohnen [**A-18**]) ist Nahrungsspezialistentum nicht selten, erleichtert das Bestimmen oft besser als morphologische Merkmale; bei sehr polyphagen Arten ist Aufsplitterung in spezialisierte Populationen nicht auszuschließen. Hier (wie bei anderen Pflanzenparasiten) wirft z.B. das Auftreten mehrerer Arten beim gleichen Wirt, oder der gleichen Art bei mehreren Wirten die Frage nach der Bedeutung bestimmter Pflanzenstoffe für die Wirtswahl auf. Häufig 2, gelegentlich auch mehr Generationen im Jahr, besonders bei Arten, die an Gewächshauspflanzen auftreten; Überwinterung in der Regel als Puppe, in immergrünen Pflanzen auch als Larve. ♂♂ und ♀♀ der Gttgn. ***Agromyza*** und ***Liriomyza*** mit Stridulationsorganen; Schrillkante am Hinterfemur innen, Schrilleiste am Seitenrand der verschmolzenen Abdominaltergite 1 und 2 (***Agr.***) bzw. ventral davon in der Pleuralmembran (***Lir.***); Bedeutung unbekannt. Einige Arten können bei Massenauftreten an Kultur- oder Zierpflanzen schädlich werden, auch durch Minieren an Hölzern. Weltweit über 2000, etwa 350 europäische Arten (über die Hälfte der Gattung ***Phytomyza***); kleine Auswahl: **1.** Kambiumminierer, mehrere Arten der Gattung ***Phytobia (Dizygomyza)***; Eiablage in die Rinde verschiedener Hölzer, z.B. ***Ph. cambii*** Hend. und ***Ph. barnesi*** Hend. in Korbweide; ***Ph. betulae*** Kang., in Birke; ***Ph. tremulae*** Kang., in Zitterpappel; die Larve [**A-19**] frißt abwärts, verläßt die Mine, verpuppt sich im Boden; der kotgefüllte Minengang wird dann überwachsen; das ergibt bei wiederholtem Belegen des gleichen Stammes die qualitätsmindernde Braunfleckigkeit des Holzes [**A-20**]. **2.** ***Phytomyza ilicis*** Curt.; Eiablage im VI in die Mittelrippe junger ***Ilex***-Blätter; Mine zunächst in der Mittelrippe, dann blasig aufgetrieben in der Blattfläche; die Larve überwintert; Verpuppung im folgenden Frühling in der Mine; zuweilen, besonders in Nordamerika, in Kulturen schädlich; ***Napomyza lonicerella*** Hend., miniert in den Blättern von ***Lonicera***-Arten. **3.** Mehrere Arten minieren in Blättern von Gräsern, z. B. ***Phytobia incisa*** Meig., ***Agromyza ambigua*** Fall., ***A. nigrella*** Rond., ***Phytomyza nigra*** Meig., ***Ph. fuscula*** Zett.; zuweilen an Getreide schädlich. **4.** Einige weitere Spezialisten: ***Melanagromyza simplex*** Loew., Kleine Spargelminierfliege, ober- und unterirdisch im Stengelparenchym; ***Phytomyza flavicornis*** Fall., im Stengel von Brennessel ***Urtica dioica*** L.; ***Phytomyza orobanchia*** Kal., in den Samen von ***Orobanche***; ***Liriomyza virgo*** Zett., in der Stengelrinde von Schachtelhalmen. ***Liriomyza urophorina*** Mik., an Blütenknospen vom Türkenbund, ***Lilium martagon.*** (Bollow 1960; Brauns 1964; Escherich 1942; Hering 1957; Kühlhorn 1982; Rietschel 1969; Schumann 1968; Séguy 1951; Tschirnhaus 1971, 1981).

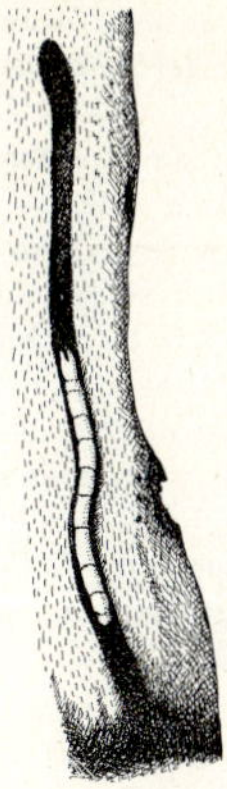

Abb. A-19: ***Phytobia barnesi.*** Larvengang mit Larve (ca. 25 mm) am geschälten Weidenstock. (Escherich 1942)

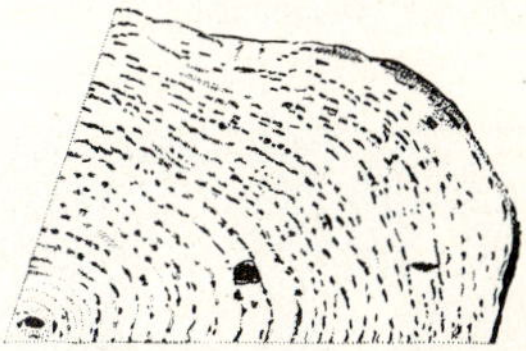

Abb. A-20: Querschnitt durch Birkenstamm. Braunfleckig durch Larvengänge von ***Phytobia.*** (Escherich 1942)

Agrotis; → Noctuidae 3, 25, 26, 32, 37.

Agrumenia; → Zygaenidae 3.

Ahornblattroller, *Chonostropheus tristis* F.; → Curculionidae 7.

Ahornblattwespen; → Tenthredinidae H.

Ahorneule; ***Acronicta aceris*** L.; → Noctuidae 7.

Ahornminiermotte, ***Stigmella (Nepticula) sericopeza*** Zell.; → Nepticulidae 1.

Ahornmotte, ***Gracilaria (Caloptilia) rufipennella*** Hb.; → Gracilariidae 1.

Ahornschmierlaus, ***Phenacoccus aceris*** Sign.; → Pseudococcidae 4.

Ahornzierläuse, ***Drepanosiphon acerinus*** Walk. und ***Dr. platanoides*** Schrk.; → Calaphididae 4.

Ailanthusspinner, ***Philosamia cynthia*** Drury; → Saturniidae.

Alarmstoffe; → Allomone; → Pheromone.

Alatae; die geflügelten Formen im Generationszyklus der Blattläuse; (→ Aphidina).

Aleochara; → Staphylinidae 4.

Aleurochiton; → Aleurodina.

Aleurodes, Aleurodidae; → Aleurodina.

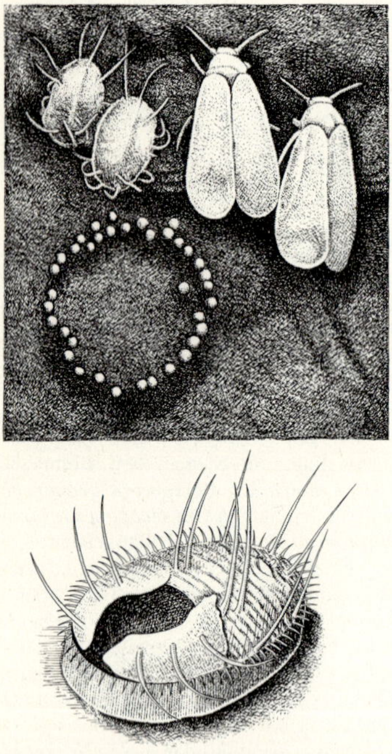

Abb. A-21: ***Trialeurodes vaporariorum.*** 2 Imagines (Körper 1,5 mm), 2 Puparien, kranzförmiges Eigelege und (unten, stärker vergrößert) leeres Puparium.

Aleurodina (Aleurodoidea), Mottenläuse, Mottenschildläuse, Schmetterlingsläuse, Schildmotten, Weiße Fliegen; Fam.-Gruppe (U.-Ordng.) der Pflanzenläuse (Sternorrhyncha); nur eine Fam.: **Aleurodidae** (Aleyrodidae), mit ca. 15 Arten in M-Eur.i.e.S.; (am besten untersucht: ***Trialeurodes***). Imago: sehr klein (1–2 mm); ♂ und ♀ geflügelt; Flügel in Ruhe dachförmig, keine Bindevorrichtung zwischen Hinter- und Vorderflügel, fliegen, soweit untersucht, tagsüber nicht selten; bei Störung Wegspringen, Hinterbeine = Sprungbeine, starke Sprungmuskeln aus dem Brustinneren zum Schenkelring; stets fein mit Wachsstaub überpudert, auch die Flügel (»Weiße Fliegen« [**A-21**]); flächenhafte Wachsdrüsen vorn-unten am Hinterleib, Verteilung des Wachses auf dem Körper durch die Beine. Pflanzensaftsauger an der Blattunterseite der Wirtspflanzen, vor allem die Larven in der Regel auf wenige Wirtspflanzen beschränkt; eine → Filterkammer ist vorhanden; der zuckerhaltige, klebrige Kot wird weggespritzt. Ein Paar orangefarbener → Mycetome mit symbiontischen Mikroorganismen bisher unbekannter Art gibt es bei Larven und Imagines; sie legen sich beim erwachsenen ♀ an die Ovarien; mehrere symbiontenhaltige Zellen dringen durch das Follikelepithel der Eiröhren in die Eizelle ein, die Symbionten werden während der Embryonalentwicklung von Zellen der neugebildeten Mycetome übernommen; bei den ♂♂ legen sich die Mycetome an die Hoden (Bedeutung unklar). Vor der Begattung findet oft ein langdauerndes Liebesspiel statt; das ♂ steht dicht neben dem vermutlich über den Geruchssinn gefundenen ♀, bestreicht mit einem Fühler den Brustrücken des ♀, trommelt mit dem anderen auf den ♀-Fühler, macht mit Flügelschlagen zuweilen Kopulationsversuche; schließlich wird der Penis in Stellung nebeneinander von unten eingeführt. Das ♀ sticht mit dem kurzen Legebohrer die Blattunterseite an, schiebt in diese Wunde den kurzen Eistiel, so mehrere Eier nebeneinander [**A-21**]; der Eistiel dient zugleich der Wasseraufnahme aus der Pflanze. Parthenogenese kommt wahrscheinlich bei vielen Arten gelegentlich (fakultativ) vor, wobei aus den unbesamten Eiern teils nur ♂♂ (Arrhenotokie), teils nur ♀♀ (Thelytokie) entstehen; Sonderfall von ***Trialeurodes***

vaporariorum Westw.: 2 Rassen: »amerikanische« Rasse mit Arrhenotokie (wie bei den Bienen), »englische« Rasse mit Thelytokie. Postembryonale Entwicklung (Hemimetabolie, u.z. Allometabolie): 4 Larvenstadien; 1. Stadium mit gut ausgebildeten Beinen, wandert zunächst (meist auf dem Geburtsblatt) umher, bleibt schließlich an passender Stelle nach Einstechen der Stechborsten für immer sitzen, Unterseite geschützt durch Kranz von Wachsfäden; am gleichen Platz meist die nächsten Häutungen, Beine des 2., 3. und 4. Stadiums stark rückgebildet; im Laufe des 4. Stadiums besonders starke, artspezifisch verschiedene Wachsausscheidung; so entsteht ein dosenförmiges »Puparium«, das in seiner Gestalt wichtig ist für das Bestimmen der Arten; es kann auch bei verschiedenen Generationen der gleichen Art in Größe, kutikularen und anatomischen Strukturen verschieden sein; dieser → Saison-Dimorphismus – er betrifft auch die aus diesen Puparien schlüpfenden Imagines – ist vorrangig von der Photoperiode induziert: Langtag führt zur Entstehung von Sommerpuparien, Kurztag zu Winterpuparien [**A-22**]; in der Haut des 4. Stadiums bildet sich die geflügelte Imago aus, die schließlich aus einem dorsalen, T-förmigen Spalt des »Pupariums« schlüpft [**A-21**]. Oft gibt es mehrere Generationen im Jahr; Überwinterung meist als »Puparium«. Manche Arten werden bei Massenvermehrung schädlich, hauptsächlich, weil die klebrigen Ausscheidungen (→ Honigtau) die Blätter der Wirtspflanzen überziehen; z.T. auch als Überträger von pflanzlichen Viruskrankheiten. Auswahl: ***Trialeurodes vaporariorum*** Westw. [**A-21**]; ursprüngliche Heimat wohl Mittelamerika, jetzt vor allem in Gewächshäusern weltweit verbreitet, an den verschiedensten Pflanzen. ***Dialeurodes chittendeni*** Laing; auch bei uns, u.a. an Rhododendron; nur eine Generation im Jahr. ***Aleurodes proletella*** L., kommt in mehreren Generationen im Jahr u.a. an verschiedenen Kohlsorten, auch an Tomaten vor. ***Aleurochiton complanatus*** Baer.; an Spitzahorn; oft viele Puparien an der Unterseite der Blätter; 2 Generationen im Jahr; Sommerpuparien grün; Winterpuparien dick mit weißem Wachs bedeckt, überdauern auf abgefallenen Blättern den Winter. ***Siphoninus phillyriae*** Hal. (= ***Aleyrodes fraxini*** Sig.);

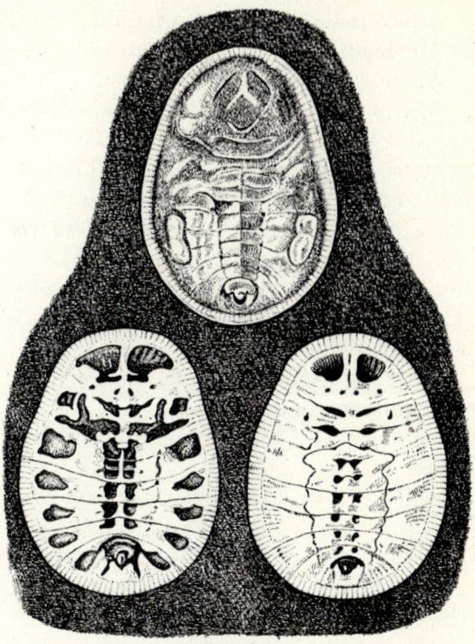

Abb. A-22: ***Aleurochiton complanatus*** auf Spitzahorn, ***Acer platanoides.*** Puparien, ca. 2 mm, oben Sommerpuparium, unten Winterpuparien. (Rietschel in Grzimek 1969)

polyphag auf Rosaceen, im Walde an Esche und Weißdorn. (Bährmann 1970, 1973, 1974, 1978; Buchner 1953; Günther 1968; Rietschel 1969; Strümpel 1983; Weber 1930; Zahradnik 1972).

Aleyrodidae; → Aleurodina.

Alienicolae; → Exsules.

alkalische Drüse; nicht mehr gebräuchliche Bezeichnung für → Dufoursche Drüse.

Allantus; → Tenthredinidae 15.

Allaptus; → Mymaridae.

Allarctaphis; → Chaitophoridae.

Alleculidae (Cistelidae), Pflanzenkäfer; von den über 2000 Arten dieser Fam. (Coleoptera, Polyphaga) etwa 25 in M-Eur. i.e.S. Imagines klein bis mittelgroß, viele Arten auf Blüten (z. B. der durch die schwefelgelbe Färbung auffallende Schwefelkäfer, ***Cteniopus sulphureus*** L. (7–9,5 mm) auf Blättern, auf und unter Rinde. Die Larven (oft ähnlich einem Mehlwurm) unter Rinde, in Baumschwämmen, in morschem, verpilztem Holz (manche ***Mycetochara***-Arten anscheinend regelmäßig in Gesellschaft von Ameisen), in der Erde an Wurzeln; ***Omophlus***-Arten gelegentlich durch oberirdischen Fraß der Käfer, durch unterirdischen der Larven an Kulturpflanzen schädlich.

Allochironomus; → Chironomidae.

Allodape; → Anthophoridae 9.

Allometabola; → Neometabola.

Allomone; intraspezifische → Botenstoffe; von Organismen produzierte oder angeeignete und genutzte chemische Substanzen, die das Verhalten oder physiologische Reaktionen anderer Arten so verändern, daß dem Allomonsender daraus ein Vorteil erwächst. Allomone können antagonistisch oder mutualistisch wirken. Antagonistische Allomone sind z. B. alle Warn-, Wehr- und Abwehrsekrete und die der Verteidigung und/oder dem Angriff dienenden Gifte. Die durch die mutualistischen Allomone bewirkten Reaktionen sind für Sender und Empfänger von Vorteil; Blütendüfte z. B. und der Nektar und alle Duftstoffe, die Symbiosepartner zueinander führen sind derartige Botenstoffe. (Brown et al. 1970).

Allophora; → Tachinidae.

Alpenapollo, ***Parnassius phoebus*** F.; → Papilionidae 6.

Alpenblattkäfer, ***Chrysochloa*** sp.; → Chrysomelidae 10.

Alpenbock, ***Rosalia alpina*** L.; → Cerambycidae 14.

Alpenschrecke, ***Pholidoptera aptera*** Fbr.; → Tettigoniidae 2.

Alphitobius; → Tenebrionidae 9.

Alsophila; → Geometridae 20.

Alticinae; → Erdflöhe.

Alucitidae; → Orneodidae.

Alydus; → Coreidae.

Alysson; → Sphecidae.

Amata, Amatidae; → Syntomididae.

Amaurosoma; → Cordyluridae 3.

Amazonenameise, ***Polyergus rufescens*** Latr.; → Formicidae 4.

Amblycera; Fam.-Gruppe der Läuslinge (→ Mallophaga).

Ambrosia, der die Wohnröhrenwand mancher im Holz lebender Käfer auskleidende Pilzrasen, dient zur Ernährung der Larven; vgl. → Lymexylonidae; → Platypodidae; → Scolytidae (Gleiche Bezeichnung für den Bewuchs der Pilzgärten von Termiten und Blattschneiderameisen).

Ameisen; → Formicoidea.

Ameisenbrot; → Formicoidea.

Ameisenartiger Buntkäfer, ***Thanasimus formicarius*** F.; → Cleridae 1.

Ameisengäste; → Formicoidea.

Ameisengrillen; → Myrmecophilidae.

Ameisenkäfer; mehr oder weniger zahlreiche Vertreter mehrerer Fam., die sich als Imagines und/oder Larven zeitweilig oder ständig in Ameisennestern aufhalten; → Chrysomelidae; → Clavigeridae; → Pselaphidae; → Scydmaenidae; → Staphylinidae.

Ameisenlöwen, Ameisenjungfern; → Myrmeleonidae.

Ameisenstutzkäfer, ***Hetaerius ferrugineus*** Oliv.; → Histeridae.

Ameisenwanze, ***Myrmecoris gracilis*** Shlb.; → Miridae 9.

Ameisenwespen; → Mutillidae.

Amerikanische (Groß-) Schabe, ***Periplaneta americana*** L.; → Blattidae 2.

Amerikanischer Reismehlkäfer, ***Tribolium confusum*** Du Val.; → Tenebrionidae 8.

Amerikanischer Webebär, ***Hyphantria cunea*** Dru.; → Arctiidae 13.

Ammophila; → Sphecidae 2.

Amorpha; → Sphingidae 2.

Amphidasis; → Geometridae 18.

Amphimallon; → Scarabaeidae 12.

amphipneustisch nennt man ein Insekt, bei dem nur das vorderste und hinterste Stigmenpaar (oder wenige hintere Paare) offen sind, alle anderen durch eine Stigmennarbe verschlossen; z. B. manche Dipteren-Larven.

Amphipogon; → Piophilidae.

Amphotis; → Nitidulidae.

Ampulex; → Sphecidae.

Anabolia; → Limnephilidae.

Anacridium; → Catantopidae 3.

Anaglyptus; → Cerambycidae 17.

Anagrus; → Mymaridae.

Ananasgallen; Zapfengallen; die für die Tannenläuse bezeichnenden, winzigen Tannenzapfen oder Ananasfrüchten ähnlichen Gallen an den Trieben von Nadelbäumen; → Adelgidae.

Anaphothrips; → Thysanoptera T-51.

Anarsia; → Gelechiidae 7.

Anarta; → Noctuidae 39.

Anaticola; → Mallophaga, Ischnocera.

Anatis; → Coccinellidae 1.

Anax; → Aeschnidae 2.

Ancylis; → Tortricidae 29.

Andrena; → Andrenidae 1.

Andrenidae; Fam. der Hautflügler (Hymenoptera, Apocrita, Apoidea); hauptsächlich mit den mehr oder weniger lang behaarten Hinterbeinen den Pollen eintragende Bienen (Beinsammler; → **[A-64]**); Zunge noch verhältnismäßig kurz; mehrere Gattungen in Mitteleuropa. **1.** ***Andrena,***

Sandbienen; etwa 125, meist bereits im Frühling fliegende, schwer unterscheidbare Arten sehr verschiedener Größe (6–20 mm) in M-Eur. i.e.S.; die mehrzelligen Nester meist in sandigem Boden (Name!), die Gangwand durch ein wasserabstoßendes Sekret der Dufourschen Drüse verfestigt, das außerdem einen wohl der Nestmarkierung dienenden Duftstoff enthält; der wenige cm bis über 1 m lange Hauptgang seitlich oder am Ende mit Zellen besetzt [**A-23**], das Ganze schließlich mit einem Sandpfropf verschlossen. Bezeichnend die starke Behaarung der ganzen Hinterbeine, Haarlocken auch auf Hüfte und Schenkelring; die ♂♂ zuweilen mit lebhafter gefärbter Gesamtbehaarung als die ♀♀. Beim Fortpflanzungsgeschehen sind bei beiden Geschlechtern die Sekrete der Mandibeldrüsen von Bedeutung: Die ♂♂ markieren damit für die Art charakteristische Geländeabschnitte, in die paarungsbereite ♀♀ einfliegen; die Sexualpheromone der ♀♀ wiederum wirken anlockend und erregungssteigernd auf die ♂♂; die ♀♀ erscheinen im Frühjahr 1–2 Wochen nach den ♂♂; sie werden bei einigen Arten an den Stellen, an denen sie sich aus dem Boden graben, von den – vermutlich olfaktorisch geleiteten ♂♂ – erwartet. Von Ophrysblüten (besonders von ***O. fusca*** und ***O. lutea***) sezernierte, den weiblichen Sexualpheromonen ähnliche Lockstoffe, lösen Anflug und, zusammen mit visuellen und taktilen Reizen, Kopulationsbewegungen der ♂♂ an den Lippen der Blüten aus; dabei Übertragung der Pollinien; kein Nektarangebot durch die Blüten! Die Puppen in einem dünnwandigen Gespinstkokon. Nicht selten parasitiert durch Fächerflügler (→ Strepsiptera), was sich als Verringerung der äußeren Geschlechtsunterschiede auswirken kann; häufige, auffallend rotrückige Art: ***A. fulva*** Schrnk. **2. *Melitturga*,** Schwebebienen; die ♂♂ schweben oft nach Art von Schwebfliegen über Blüten oder Nesteingang; bei uns nur ***M. clavicornis*** Latr. (–15 mm); nistet nach Sandbienenart im Boden; Pollenring um die Schiene beim Transport ins Nest. **3. *Panurgus*,** Zottelbienen, Trugbienen, nur 3 Arten in M-Eur. i.e.S., mit großen Pollenhöschen an den Hinterbeinen, bepudern außerdem, oft seitlich in den Blüten liegend, den ganzen Körper mit Pollen; Erdnester. ***P. banksianus*** Kirby: brütet an geeigneten Biotopen

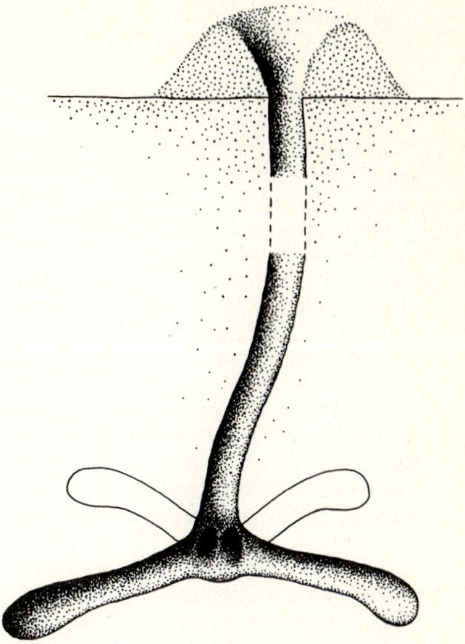

Abb. A-23: ***Andrena ovina*,** Nestanlage. (Malyshev 1935)

in kolonialem Verband, Nester werden morgens geöffnet und mittags, nach der Sammeltätigkeit wieder verschlossen; ♀♀, tätig nur bei Bodentemperaturen über 36 °C, fliegen bevorzugt gelbe Kompositenblüten an (Farbwahrnehmung nachgewiesen), dort häufig Anflug paarungssuchender ♂♂, für die dunkler Fleck auf gelbem Grund besonders attraktiv ist. Verbreitet: ***P. calcaratus*** Scopoli. Nur im Süden der BRD: ***P. dentipes*** Latr. Die Andrenidae werden häufig heimgesucht von Kuckucksbienen, zumal der Gttg. ***Nomada*** (→ Anthophoridae). (Cane 1981; Friese 1923; Königsmann 1968; Malyshev 1935; Markl 1969; Meyer-Holzapfel 1984; Priesner 1973a; Tengö 1979; Westrich 1984).

Andricus; → Cynipidae 4.

Androconien; → Duftschuppen.

Anechura; → Dermaptera.

Anergates; → Myrmicidae 4.

Aneurina; → Phoridae [**P-28**].

Angerona; → Geometridae 11.

Anholozyklie; bei Blattläusen die Bezeichnung dafür, daß ausschließlich parthenogenetisch sich fortpflanzende Generationen aufeinander folgen (aposexuelle Generationenfolge; → Aphidina).

Anisandrus; → Scolytidae 7.

Anisomorpha; → Phasmida.

Anisoplia; → Scarabaeidae 13.

Anisopodidae; → Phryneidae.

Anisops; → Notonectidae.

Anisoptera, Großlibellen, Drachenfliegen, Teufelsnadeln, Ungleichflügler; U.-Ordng. der Libellen; → Odonata.

Anisopteryx; → Geometridae 20.

Anobiidae, Pochkäfer, Nagekäfer, Bohrkäfer, Klopfkäfer (Coleoptera, Polyphaga); von den gut 1500 Arten dieser Fam. in M-Eur.i.e.S. etwa 70. Imagines klein (höchstens etwa 6 mm), düster, walzenförmig; Käfer und Larven (»Holzwürmer«, ähnlich kleinen Engerlingen, mit kurzen Beinen [**A-24**]) in Bohrgängen in Bauholz, Möbeln, Holzskulpturen, aber auch in Baumschwämmen, in Rinde oder Nadelholzzapfen; andere als Allesfresser in verschiedenem organischen Material, manche mehr oder weniger an bestimmte Pflanzen gebunden (für Annahme oder Ablehnung bestimmter Brutplätze vermutlich Inhaltsstoffe der betr. Pflanzen entscheidend); nicht wenige Arten durch die Bohrtätigkeit oder durch Befressen von Vorräten schädlich. Verpuppung meist in dem Material, in dem die Larve frißt. Lauterzeugung durch Aufschlagen des vorderen-unteren Kopfteils gegen die Unterlage bei gleichzeitigem Vorstoßen des ganzen Körpers [**A-25**], so besonders zur Fortpflanzungszeit im Frühling (gehört also wohl zum Balzgehabe) sicher nachgewiesen nur bei ***Xestobium rufovillosum***. Bei zahlreichen daraufhin untersuchten Arten hefeartige Mikroorganismen als Symbionten festgestellt, bei Larven und Imagines in Zellen von Ausstülpungen im vorderen Teil des Mitteldarms; Übertragung auf die Nachkommen: ♀ mit Taschen und langen Schläuchen (Einstülpungen von Intersegmentalhäuten) dicht am Legeapparat; werden schon beim Schlüpfen der Imago aus der Puppe mit Symbionten gefüllt; Eioberfläche bei der Ablage mit Symbionten beschmiert; Teile der Eischale werden von der schlüpfenden Larve gefressen, die sich so infiziert [**A-26**]; künstlich symbiontenfrei gemachte Larven von ***Sitodrepa*** sind nicht lebensfähig. Auswahl: **1. *Anobium punctatum*** Deg., Totenuhr, Klopfkäfer (3–4 mm), hauptsächlich in Laubholz. **2. *A. pertinax*** L., Trotzkopf (4,4–5 mm), vor allem in Kiefernholz [**A-27, A-28**]. **3. *Xestobium rufovillosum*** Deg. (= ***X. tesselatum*** F.), Scheckiger Pochkäfer, Bunter Klopfkäfer (5–6 mm), gern in Eichenholz; alle 3 Arten in Bauholz oder Möbeln schädlich. **4. *Ernobius abietis*** F., Fichtenzapfenklopfkäfer (3–4 mm); in der Basis und der Spindel von Fichtenzapfen, aus denen die Samen bereits herausgefallen sind (also kein Samenschädling [**A-29**]), Eiablage, vor allem im Frühling und Herbst, an bereits samenlose Zapfen. **5. *Lasioderma serricorne*** F., Tabakkäfer (2–4 mm), tropisch-subtropisch, bei uns in Tabakballen in warmen Lagerhäusern. **6. *Stegobium paniceum*** L. (= ***Sitodrepa panicea*** L.), Brotkäfer, Brotbohrer (2–3 mm); an verschiedenen Lebensmitteln; Puppe in einem aus Nahrungsteilchen und Kot zusammengesponnenen Kokon. (Buchner 1953; Brauns 1964; Hieke 1968; Weidner 1982).

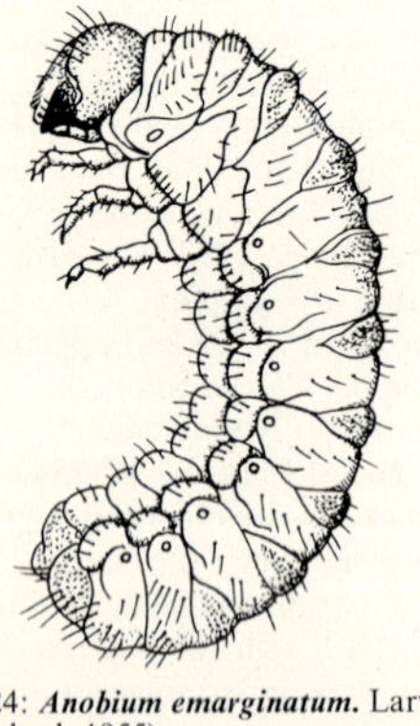

Abb. A-24: ***Anobium emarginatum.*** Larve, 5 mm. (Schmitscheck 1955)

Anobium; → Anobiidae 1, 2.

Anoecia; → Thelaxidae 5.

Anomala; → Scarabaeidae 15.

Anopheles; → Culicidae.

Anoplius; → Pompilidae.

Anoplura (Siphunculata), Läuse, Echte Läuse, Stechende Läuse; U-Ordng. der Tierläuse (Phthiraptera), zuweilen als eigene Ordng. aufgefaßt; Verwandlung unvollkommen. Kleine (–ca. 6 mm) flügellose [**A-30**] blutsaugende Außenparasiten bei Säugetieren; Lebensweise von Larven und Imagines gleich; die sehr zähe Kutikula ist reich beborstet; Komplexaugen ganz oder wechselnd stark rückgebildet, keine Ocellen; Kopfspitze kegelförmig, mit zum Anraspeln der Haut geeigneten Zähnchen; die

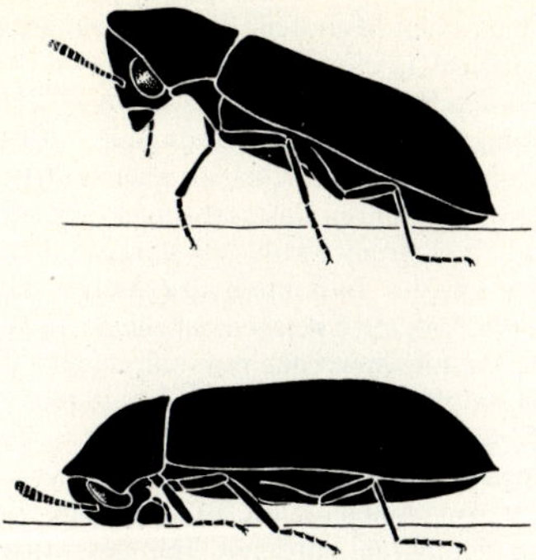

Abb. A-25: ***Xestobium rufovillosum.*** ♀, ca. 5 mm. Aufstoßen des Kopfes, 7–8mal pro sec. (Gahan in Dumortier 1964)

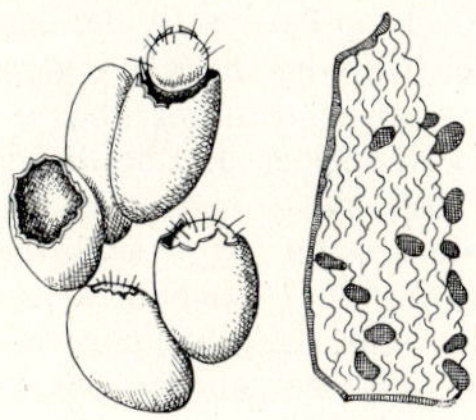

Abb. A-26: ***Sitodrepa panicea,*** Brotkäfer. Links Ausschlüpfen der Larven; rechts Eischale, außen behaftet mit Symbionten. (Buchner aus Eidmann 1941)

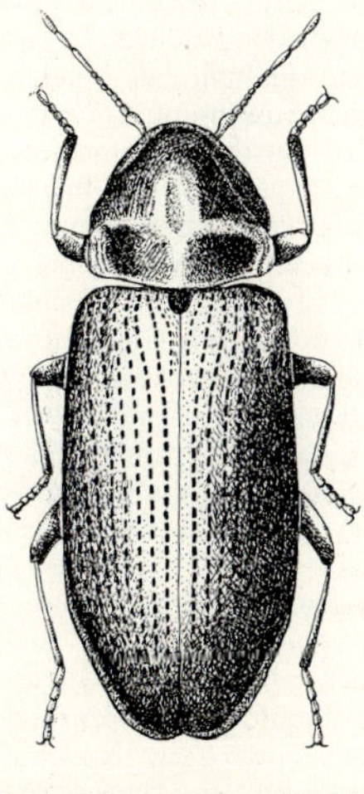

Abb. A-27: ***Anobium pertinax,*** Trotzkopf, ca. 5 mm. (Bechyné 1954)

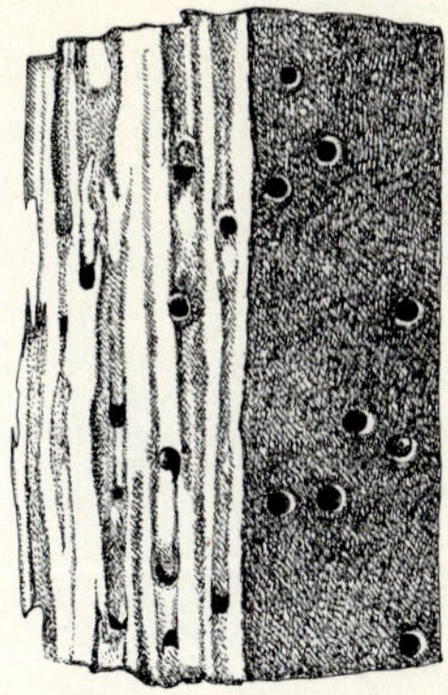

Abb. A-28: ***Anobium pertinax,*** Trotzkopf. Larvengänge und Ausfluglöcher. (Amann 1960)

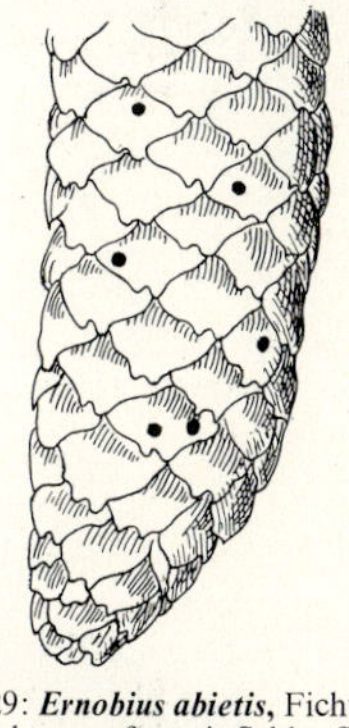

Abb. A-29: ***Ernobius abietis,*** Fichtenzapfenklopfkäfer. Fichtenzapfen mit Schlupflöchern des Käfers. (Brauns 1964)

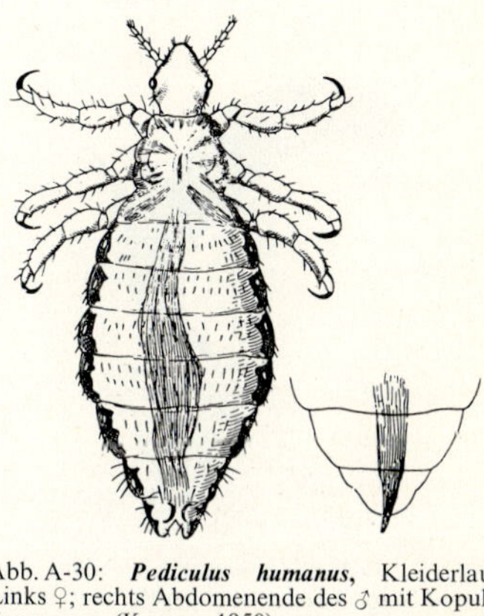

Abb. A-30: ***Pediculus humanus,*** Kleiderlaus. Links ♀; rechts Abdomenende des ♂ mit Kopulationsorgan. (Kemper 1950)

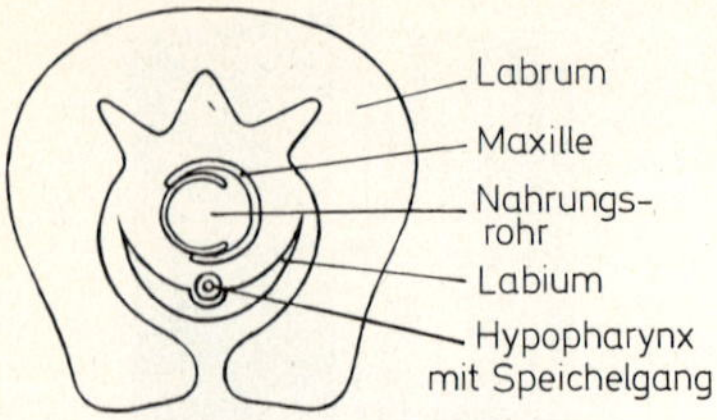

Abb. A-31: Querschnitt durch die Mundwerkzeuge einer Kleiderlaus. (Askew 1971)

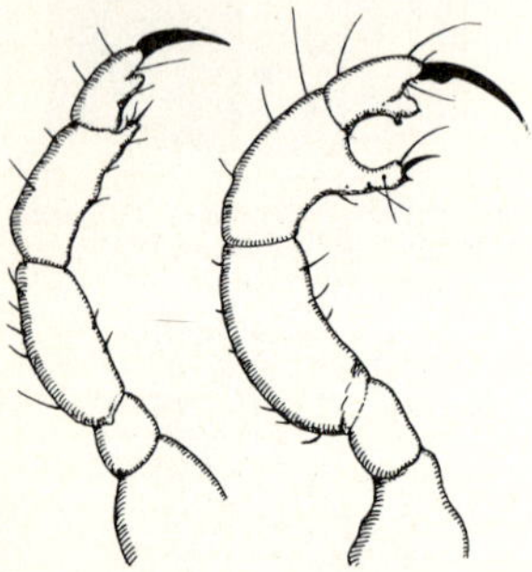

Abb. A-32: ***Pediculus humanus***, Kleiderlaus. 1. Beinpaar, links ♀, rechts ♂. (Hase in Schulze 1922ff.)

Abb. A-33: ***Pediculus humanus***, Kleiderlaus. Paarungsstellung, ♂ schwarz; oben Beginn. (Hase in Schulze 1922ff.)

eigentlichen Mundteile stechend-saugend: 3 Stilette, in eine Tasche rückziehbar, bilden den Saugstachel (Haustellum [**A-31**]); Homologie unsicher; 2 dorsale Stilette (Maxillen?) umschließen als aneinandergelegte Halbröhren das Nahrungsrohr; ventral ein 3. Stilett (wohl aus Vorkinn, Praementum des Labiums), dazwischen Hypopharynx mit Speichelrohr; keine Taster; die Mundteile werden nur zum Saugen (so bei Kopf- und Kleiderlaus; Saugdauer 8–15 Min.) oder auch für längere Zeit eingestochen (z. B. Filzlaus; saugt aber mit Unterbrechungen); die Blutnahrung wird im dehnbaren vorderen Teil des Mitteldarms gespeichert; Hunger wird auch bei niederer Temperatur nur wenige Tage ertragen. Die Beine sind einklauige Klammerbeine [**A-32**], zum Festhalten im Haarkleid, auch am Partner bei der Begattung; beim Zugriff wird die Klaue gegen einen Fortsatz der Schiene eingeklappt. Die ♂♂ sind meist kleiner als die ♀♀. Paarung ***(Pediculus)***: das ♀ besteigt das ♂, dieses umklammert mit den Vorderbeinen die Hinterbeine des ♀, beide nehmen schließlich eine senkrechte Stellung ein [**A-33**]; Dauer über eine Stunde. Gesamte Entwicklung am Wirt; die verhältnismäßig großen Eier (Nisse) werden meist mit Kitt am Haar (oder auch am Kleiderstoff) befestigt [**A-34**], sie sind bei verschiedenen Arten, zuweilen beim gleichen Individuum, verschieden groß; der Eideckel ist artspezifisch verschieden gestaltet; Dauer der Embryonalentwicklung bei Menschenläusen ca. 6 Tage; Ausschlüpfen: die Embryonalhülle wird mit dem Eizähnchen vorn am Kopf [**A-35**] geöffnet, der Eideckel durch Druck von innen aufgesprengt. 3 Larvenstadien [**A-36**]; sie werden bei der Menschenlaus in ca. 8 Tagen durchlaufen. Intracelluläre bakterienähnliche Symbionten, Lieferanten lebenswichtiger Wirkstoffe, sind verbreitet vorhanden, teils in Zellen (Mycetocyten) des Mitteldarms (z. B. bei ***Haematopinus***), teils in besonderen Organen (→ Mycetom), bei der Menschenlaus ***(Pediculus)*** z. B. als »Magenscheibe« ventral zwischen Darm und Haut; Übertragung auf die Nachkommen bei ***Pediculus*** (bei anderen Arten ähnlich): bei der alten ♀-Larve, unmittelbar vor der Häutung zum geschlechtsreifen Tier, Auswandern der Symbionten aus der Magenscheibe in die Zellen der Ovarialampullen (= Calycis,

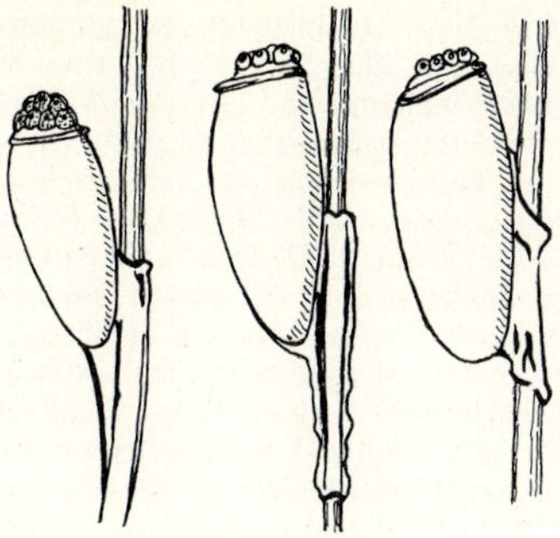

Abb. A-34: Eier von: 1) Schamlaus, 2) Kopflaus, 3) Kleiderlaus. Unterschiede a) im Deckel, b) Art der Ankittung und c) Embryo liegt bei 1) mit der Flanke, bei 2) und 3) mit dem Bauch zum Haar. (Sikora aus Martini 1952)

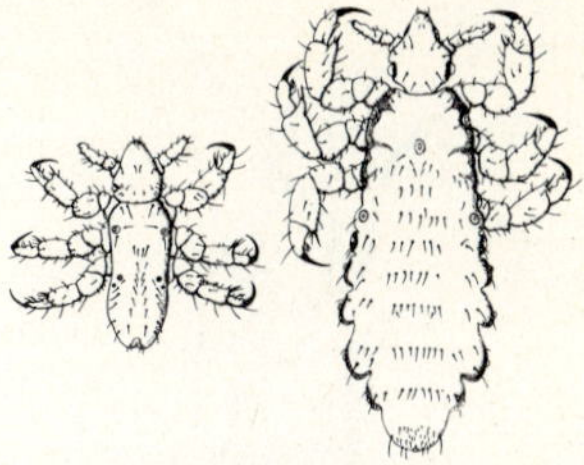

Abb. A-36: ***Pediculus capitis***, Kopflaus. Links erste Larve, ca. 0,5 mm, rechts Larve 3, ca. 1,1 mm. (Hase in Schulze 1922ff.)

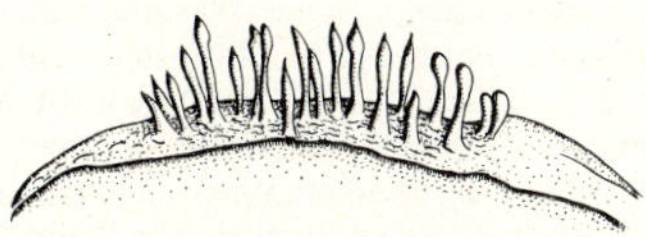

Abb. A-35: ***Haematopinus*** sp. Eizähnchen auf der Haut des Embryos. (Hase 1952)

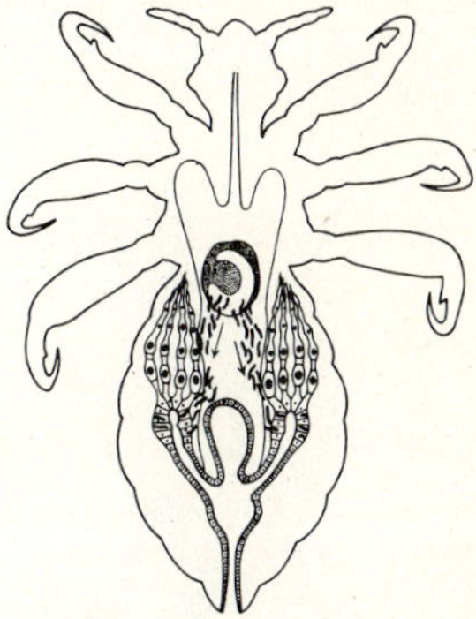

Abb. A-37: ***Pediculus humanus.*** Weg der Symbionten aus dem Mycetom in die Oviducte. (Ries 1931)

Anfangsteile der beiden Eileiter, in die die Eischläuche münden, **A-37**), von hier in die Eizellen, im Embryo schließlich in die vom Darm ventral abgeschnürte Magenscheibe; die Wanderung wird ausgelöst durch Häutungshormone, die allerdings nur am Mycetom der ♀- und nicht auch an dem der ♂-Larve wirksam werden; eine von den Ovarien abgegebene Locksubstanz bewirkt, daß die Symbionten auf dem kürzesten Weg zu den Ovarialampullen wandern. ***Haematopinus:*** ♀-Larve mit bereits embryonal angelegtem dorsalen Depotmycetom; bei der letzten Häutung Einwandern der in diesen bereitliegenden Symbionten in die Ovarialampullen auf dem Umweg über die Häutungsflüssigkeit in die äußere Geschlechtsöffnung. Wirtsspezifität meist sehr ausgeprägt; für die Wirtsfindung ist vermutlich vor allem der Temperatursinn (Wärmeabstrahlung vom Warmblüter) und (im Abstand von einigen cm) der Geruchssinn wichtig; Übertragung hauptsächlich durch körperliche Berührung (im Nest, bei Begattung, in der Herde, beim Menschen durch Kleidung), selten durch →Phoresie. Bisher sind insgesamt etwa 300 Arten bekannt, Einteilung in Fam. ist problematisch; ungleichmäßige Verteilung auf die in Frage kommenden Wirte; keine Läuse z. B. bei Kloaken- und Beuteltieren, bei Fledermäusen, Walen, Bären, Mardern, Katzen, Igeln; häufigste Wirte: Huf- und Nagetiere; in M-Eur.i.e.S. ca. 25 Arten (manche kosmopolitisch), 3 Fam. zugeordnet: →Echinophthiriidae; →Haematopinidae; →Pediculidae. (Askew 1971; Buchner 1953; Eberle u. McLean 1982; Frank 1976; Günther 1968; Hiepe 1982; Kéler 1964; Ludwig 1968; Ramcke 1966; Ries 1931; Rietschel 1969; Risler, El Awadi 1974).

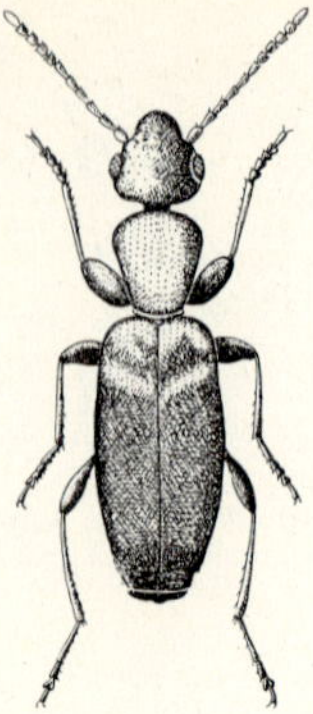

Abb. A-38: ***Anthicus floralis.*** 3 mm. (Bechyně 1954)

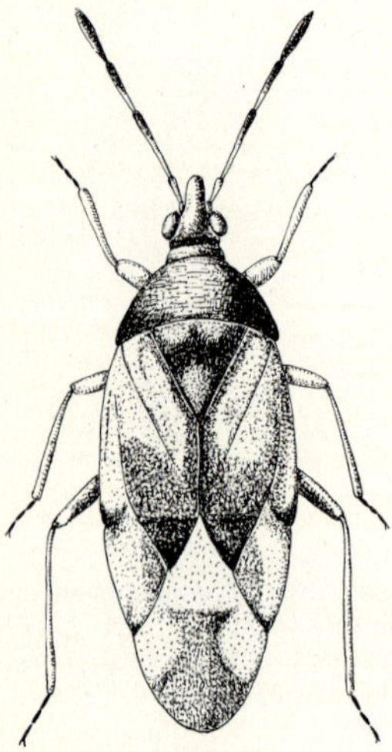

Abb. A-39: ***Anthocoris nemorum.*** 4 mm. (Hedicke 1935)

Anoxia; → Scarabaeidae 10.

Antarctoperlaria; U.-Ordg. der Steinfliegen; → Plecoptera.

Antennophorus; Gattung der Milben, von denen mehrere Arten mit Ameisen zusammenleben; → Formicoidea.

Anthaxia; → Buprestidae 4.

Antheraea; → Saturniidae.

Antherophagus; → Cryptophagidae.

Anthicidae, Blumenkäfer (Coleoptera, Polyphaga); von den über 1000 bekannten Arten etwa 30 meist kleine (1,5 bis 5 mm) in M-Eur.i.e.S. Die Imagines mancher, aber keineswegs aller Arten auf Blüten, die meisten im Genist am Ufer von Gewässern, unter verfaulenden Pflanzen, auch auf oder unter Baumrinde; manche ***Anthicus***-Arten im Küstensand in den Bauten von ***Bledius*** (→ Staphylinidae 6); Ernährung vermutlich räuberisch, die der Larven kaum bekannt. Vor allem ***Notoxus***- (Halsschild vorne hornartig verlängert) und ***Anthicus***-Arten fressen mit Vorliebe lebende und tote cantharidinhaltige Käfer; ***Notoxus monocerus*** L. bohrt mit dem Horn das Abdomen von Ölkäferarten an, um sich an der cantharidinhaltigen Nahrung zu laben; man kann sie in Massen mit Cantharidinpulver ködern. ***Anthicus floralis*** L. ist überall häufig [**A-38**]. (Kaszab 1969; Matthes 1982b).

Anthicus; → Anthicidae.

Anthidiellum; → Megachilidae 5.

Anthidium; → Megachilidae 5.

Anthobium; → Staphylinidae 5.

Anthocaris; → Pieridae 4.

Anthocoridae, Blumenwanzen, Blütenwanzen; Fam. der Landwanzen (Heteroptera, Geocorisae). Klein bis höchstens mittelgroß (die größte der etwa 35 in M-Eur.i.e.S. heimischen Arten höchstens 5 mm), oval, meist unscheinbar braun bis schwarz; bei manchen Arten Flügelverkürzung; die ♀♀ teils mit, teils ohne Legebohrer, Eiablage entsprechend teils in, teils an Pflanzen; Überwinterung in der Regel als Imago; die häufige Art ***Anthocoris nemorum*** L. (ebenso einige andere Arten) mit 2, bei günstiger Witterung wohl sogar mit 3 Generationen im Jahr. Leben durchweg räuberisch von kleinen Insekten, vereinzelt auch von Pflanzensäften (z.B. aus Pollenkörnern), saugen gelegentlich auch Blut am Menschen (z.B. ***Anthocoris nemorum*** L., ca. 4 mm [**A-39**]; ***Lyctocoris campestris*** F., ca. 3 mm); halten sich weniger auf Blüten als an Bäumen auf, an Blättern, auf oder unter der Rinde; manche Arten sind sehr polyphag, andere auf bestimmte Insekten an bestimmten Bäumen spezialisiert; z.B. ***Anthocoris gallarum-ulmi*** Deg. (ca. 4 mm), saugt häufig (aber nicht ausschließlich) die die Einrollung an Ulmenblättern bewirkenden Blattläuse ***(Schizoneura ulmi*** L.) aus; die ♀♀ legen ihre Eier vor der Gallenbildung neben saugende Ulmenblattläuse ab, so daß sie in die sich bildende Blattrandgalle mit eingeschlossen werden; ***An-***

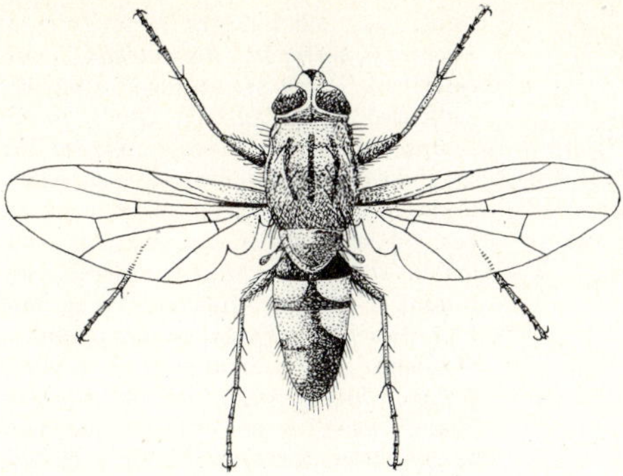

Abb. A-40: ***Fannia canicularis,*** Kleine Stubenfliege. 4–6 mm. Abdomen mit gelblichen Flecken. (Séguy 1951)

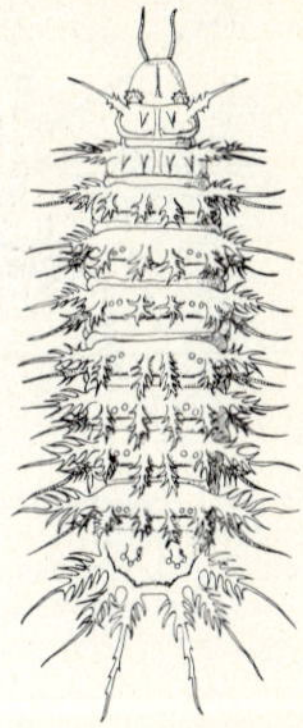

Abb. A-41: ***Fannia*** sp. Larve, ca. 6 mm. (Séguy 1951)

thocoris visci Dgl. (ca. 3 mm) macht Jagd auf kleine an Misteln lebende Insekten; ***Xylocoris formicetorum*** Boh. (ca. 1,7 mm) lebt in Ameisennestern, saugt vielleicht an pflanzlichem Nestmaterial. (Günther 1968; Jordan 1962, 1972; Melber, Schmidt 1984; Poisson 1951; Rietschel 1969).

Anthocoris; → Anthocoridae.

Anthomyia; → Anthomyiidae.

Anthomyiidae, Blumenfliegen; Fam. der cyclorrhaphen Fliegen (Diptera, Brachycera; von manchen Autoren nicht als eigene Fam., sondern als U.-Fam. der → Muscidae betrachtet). Klein bis mittelgroß, oft kräftig beborstet; meist unscheinbar gefärbt; der deutsche Gruppenname nicht günstig, da sich auch andere Fliegen gern auf Blüten herumtreiben (die auf Blüten häufige ***Anthomyia pluvialis*** L. läßt sich insbesondere in den Vormittagsstunden schon durch Spuren von Cantharidin anlocken; Bedeutung unklar). Auf den Blüten Aufnahme von Nektar und Pollen, Flüssigkeitsaufnahme aber auch häufig, wo sich nur die Gelegenheit bietet, z. B. an Jauche, an Schweiß, an aus Wunden fließendem Blut; die Imagines mehrerer Arten räuberisch, z. B. die Löffelfliegen, ***Lispa*** sp. (die nach vorn gestreckten Kiefertaster am Ende löffelartig verbreitert), machen Jagd auf kleine weichhäutige Insekten, gleiten dabei gern über die Oberfläche von Kleingewässern hin, in denen sich auch ihre Larven entwickeln können. Flüssige Nahrung, mit Speichel (Vorverdauung?) vermischt, nicht selten als Tropfen wieder vorgewürgt und eingesogen, so mehrere Male ([**A-44**] das gleiche sieht man auch bei Vertretern anderer Fam.). Die ♂♂ mancher Arten treten in größeren oder kleineren Schwarmflügen auf, z.T. auch im Innern von Häusern, z. B. ***Fannia canicularis*** L., Kleine Stubenfliege [**A-40**], fliegt in der Nähe der Zimmerdecke, oft in der Nähe von Lampenschirmen, ziemlich langsam horizontal, mit und ohne Zickzackflüge. Die Larven mancher Arten (z. B. ***Fannia*** [**A-41, A-42**]) mit faden- oder lappenförmigen Anhängen; entwickeln sich fast stets in feuchter Umgebung, zuweilen ***(Lispa)*** sogar im Wasser; teils in lebenden Pflanzen (einige schädlich an Kulturpflanzen; s. u.), teils in zerfallenden pflanzlichen oder tierischen Substanzen (z. B. ***Fannia*** gelegentlich im Enddarm oder in der Harnblase des Menschen); im angespülten Tang der Küsten oft in Massen

Abb. A-42: ***Fannia canicularis,*** Kleine Stubenfliege. Links Vorderende der Larve mit dem fingerförmigen Vorderstigma; rechts hinterer Atemfortsatz.

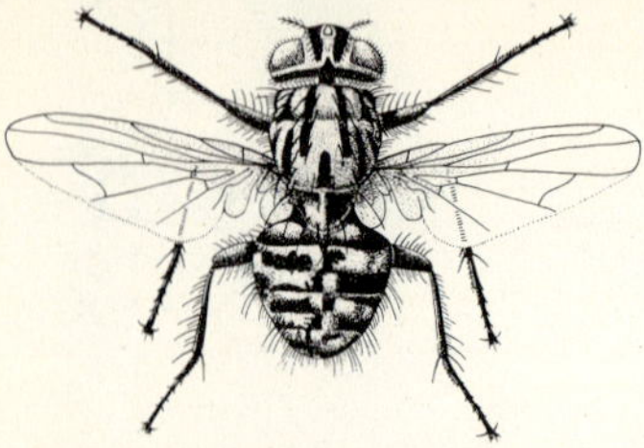

Abb. A-43: ***Polietes lardaria***, ♀, 9–12 mm. Name irreführend, nicht auf Speck, sondern auf Blüten, Gebüsch, Exkrementen; nicht in Häusern. Schneller Flug. Larven an Exkrementen, auch räuberisch. (Séguy 1951)

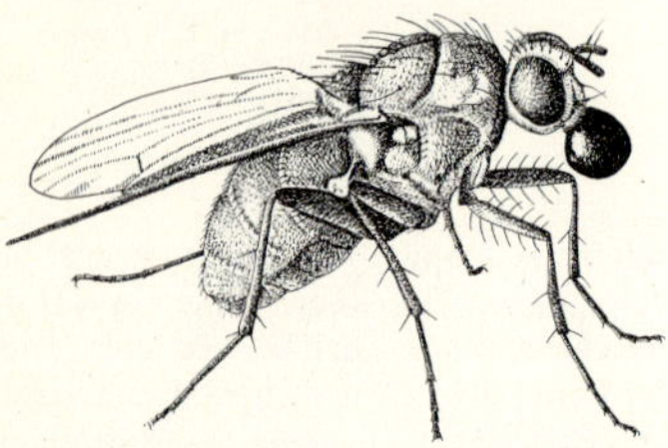

Abb. A-44: ***Phorbia coarctata***, Brachfliege. ♀, 5 mm. Nahrungstropfen am Rüssel wird, vermischt mit Speichel (Verdauung), des öfteren eingesaugt und vorgewürgt. (Sol 1968)

die Larven der Tangfliegen (z. B. ***Fucellia***-Arten); in Nestern von Wespen und solitären Bienen die Larven mehrerer Arten (z. B. ***Hammomyia, Hylephila***), verzehren dort vor allem die von den Nestbesitzern eingetragenen Vorräte oder den Abfall; manche Larven ernähren sich gelegentlich (z. B. ***Polietes*** [**A-43**]) oder ständig räuberisch (z. B. ***Lispa***); die Larven von ***Phaonia gobertii*** Mik., verzehren Borkenkäferbrut; einige sind Parasiten z. B. in Eigelegen von Heuschrecken, in Insektenlarven. Überwinterung in der Regel als Puppe im Boden. Mehrere hundert Arten in Europa; hier sind einige erwähnt, die durch Lebensweise oder ökonomische Bedeutung bemerkenswert sind: **1.** ***Phorbia (Delia, Pegohylemyia) phrenione*** Ség.; Nahrungsspezialist: Pilzmyzelfresser; das ♀ legt, vermutlich geruchlich angelockt, ein Ei auf das kolbenförmige Fruchtlager eines Pilzes ***(Epichloe)*** an der obersten Blattscheide von Gräsern; die Larve frißt das Myzel im Innern des Lagers, dann auch in der Blattscheide; auch die Imago frißt am Pilz, fördert vermutlich dessen Verbreitung. **2.** ***Phorbia (Chortophila, Botanophila) laricicola*** Karl, Lärchensamenfliege, Lärchenzapfenfliege; das aus der überwinterten Puppe schlüpfende ♀ schiebt im V die Eier unter die Schuppen junger Lärchenzapfen, in denen dann die Larven die Samenanlagen und die Zapfenspindel befressen; Schaden bisweilen beträchtlich; nur eine Generation. **3.** ***Phorbia (Hylemyia) coarctata*** Fall., Brachfliege [**A-44**]; Ablegen von ca. 40 Eiern VII–IX besonders in leichten lockeren Boden; die Eier überwintern; Schlüpfen der Larven II–III, dringen in die Jungpflanzen von Gräsern ein, auch von Getreide (ausgenommen offenbar Hafer), vernichten das Herzblatt, wandern über in neue Pflanzen, verpuppen sich Mitte V im Boden, machen zuweilen vorher einen Gang bis zur Oberfläche zum Ausschlüpfen. **4.** ***Phorbia (Hylemyia, Chortophila) antiqua*** Meig., Zwiebelfliege (6–7 mm); die Imago schlüpft im Frühling aus der im Boden überwinternden Puppe, besucht zunächst Blüten, legt dann Eier in die Blätter von Jungzwiebeln; die Larven fressen in den Stengeln und Zwiebeln, wandern auch auf neue Pflanzen über; die Larven der 2. (evtl. auch 3.) Generation fressen in den ausgewachsenen Zwiebeln. **5.** ***Phorbia (Chortophila) brassicae*** Bché., Kleine Kohlfliege (ca. 6 mm); die Larven in 2–3 Generationen an verschiedenen Senföl und Senfölglukoside enthaltenden Kreuzblütlern; Überwinterung als Puppe (auch als Imago?) im Boden oder in Kohlstrünken; Eiablage (ca. 100 Eier pro ♀) ab Ende IV; das ♀ findet die Futterpflanze optisch und olfaktorisch (Anlockung z. B. durch Kohlrüben-Preßsaft oder Sinigrin, ein Senfölglukosid), läuft zuerst auf den Blättern umher (vermutlich wichtig für die Chemorezeption durch die Tarsen), dann stengelabwärts bis auf den Boden, über die Bodenkrümel, Eiablage am Stengelgrund, Bodenteilchen werden herangescharrt; die Larven (bis 9 mm) fressen an oder in den Wurzeln, auch auf höheren Pflanzenteilen; ab und an beträchtlicher Schaden. **6.** ***Phorbia (Chortophila) floralis*** Fall., Große Kohlfliege; Lebensweise ähnlich wie bei der vorigen Art, jedoch nur eine Generation im Jahr; besonders an Radieschen und Rettich. **7.** ***Phorbia (Chortophila) gnava*** Meig., Lattichfliege, Salatfliege; Eier einzeln VII–Mitte IX an Salatblüten abgelegt;

die Larve frißt die Samen aus; die Puppe überwintert im Boden; eine Generation. **8.** ***Pegomyia hyoscyami*** Panz., Rübenfliege, Runkelfliege [**A-45**]; vielleicht 2 Rassen, eine an Solanaceen, eine, die hier gemeinte, an Chenopodiaceen, nach Überwinterung der Puppe im Boden und Eiablage an der Blattunterseite von Melde, Rübe, Spinat, Mangold minieren die Larven (bis 9 mm) in den Blättern [**A-46**], wobei eine Larve mehrere Blätter oder Pflanzen befallen kann, so in 3–4 Generationen. (Braun, Riehm 1957; Brauns 1954, 1964; Fey 1954; Görnitz 1937; Kohlmeyer 1956, 1960; Sol 1968; Sorauer 1953/57; Zohren 1968).

Anthonomus; → Curculionidae 17–21.

Anthophora; → Anthophoridae 4.

Anthophoridae; Fam. der Hautflügler (Hymenoptera, Apocrita, Apoidea); weltweit verbreitete, artenreiche Gruppe von Apoideae von unterschiedlicher Gestalt und Lebensweise; solitär bis primitiv eusozial; nicht wenige Arten sind Brutschmarotzer (Kuckucksbienen) bei anderen, oft verwandten Bienenarten; Auswahl aus den 12 heimischen Gttgn.: **1.** ***Nomada***, Wespenbienen; ca. 70 Arten in M-Eur.i.e.S.; schwach behaart, bunt (v.a. gelb + rot + schwarz); alle Arten Kuckucksbienen, häufig bei ***Anthophora***, aber auch bei ***Halictus***, ***Eucera*** u.a.; Wirtsnest wird olfaktorisch gefunden und auf Geeignetheit (Verproviantierung, An- bzw. Abwesenheit der Wirtsbiene und bereits stattgefundene Belegung durch andere Brutschmarotzer) überprüft. Beispiel: ***Nomada sexfasciata*** Panz.; V–VI, meist bei Langhornbienen ***(Eucera)***. **2.** ***Epeolus***, Schmuckbienen; 3 Arten in der BRD; Brutschmarotzer bei ***Colletes***. **3.** ***Epeoloides***; bei uns nur ***E. coecutiens*** F., Kuckucksbiene bei ***Macropis***-Arten, → Melittidae. **4.** ***Anthophora***, Pelzbienen; bei uns 12 Arten; meist stattlich, stark behaart, wie eine mittelgroße Hummel; Zunge fast so lang, z.T. sogar länger als bei den Hummeln; Hinterschienen und Fersenglieder zum Pollentransport stark behaart; auffallend die lang bewimperten Mittelfußglieder der ♂♂ (Bedeutung?). Nester zuweilen in morschem Holz; Beispiel: ***A. furcata*** Panz.; in einem zuweilen verzweigten Hauptgang mehrere Zellen hintereinander [**A-47**]. Nester in der Regel jedoch im Boden (Löß, Lehm, Sand), oft von einer senkrechten Wand aus eingegraben; an günstigen Nistplätzen zuweilen

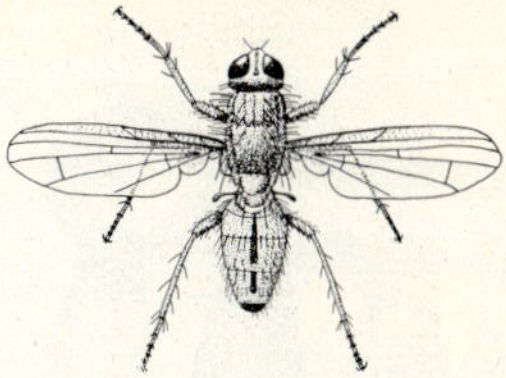

Abb. A-45: ***Pegomyia hyoscyami***, Rübenfliege. ♂, 5–6 mm. Hinterleib gelblich, Thorax grau. (Séguy 1951)

Abb. A-46: ***Pegomyia hyoscyami***, Rübenfliege. Minen im Rübenblatt. (Brandt 1957)

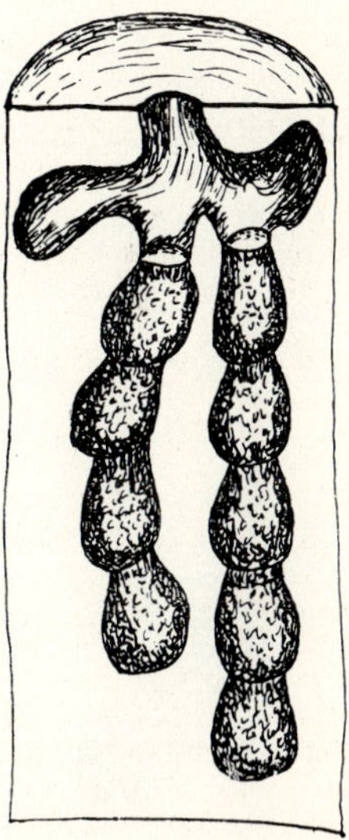

Abb. A-47: ***Anthophora furcata.*** Nestanlage in Holzpflock. (Friese 1923)

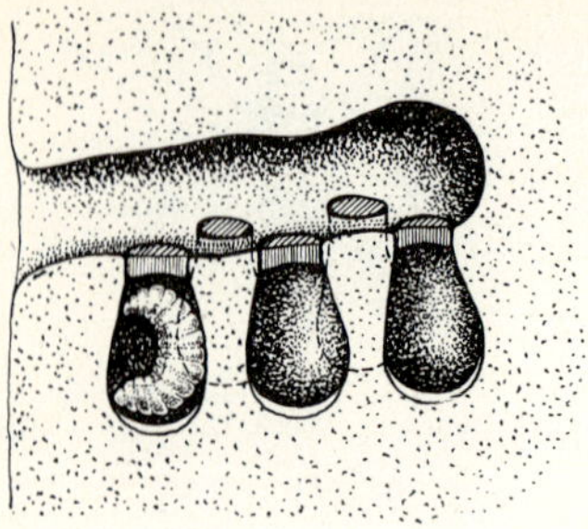

Abb. A-48: ***Anthophora fulvitarsis.*** Nest.

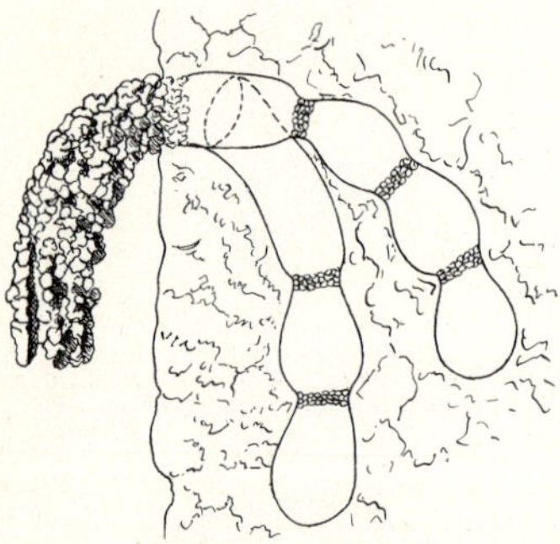

Abb. A-49: ***Anthophora parietina.*** Nestanlage, Schema. (Friese 1923)

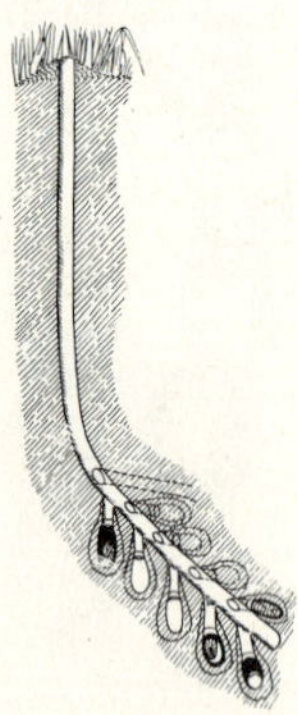

Abb. A-50: ***Eucera difficilis.*** Nest in tonhaltigem Boden, ca. 30 cm tief. (Friese 1923)

Häufung der im einzelnen artspezifisch verschiedenen Anlagen. Beispiele: ***A. fulvitarsis*** Brull.; von einem horizontalen Gang gehen nach unten die einzelnen Zellen ab, in etwa 2zeiliger Ordnung [**A-48**]; auf dem die Zelle zur Hälfte füllenden Futterbrei liegt das Ei; die voll versorgte Zelle ist mit einem Lehmdeckel verschlossen; Überwinterung als alte Larve, Verpuppung im Frühling. ***A. parietina*** F., einfachere Nestanlage, die Zellen hintereinander im Hauptgang; dessen Öffnung mit einem wie ein Wasserhahn nach unten gebogenen, freilich sehr hinfälligen Vorbau aus kleinen Klümpchen des beim Nestbau gewonnenen Materials [**A-49**], werden mit den Hinterbeinen am Nesteingang befestigt, schließlich wird auch der Eingang verschlossen; Überwinterung vermutlich als Puppe. **5. *Melecta,*** Trauerbienen, und **6. *Thyreus (Crocisa),*** mit je 2 Arten in der BRD, im Süden Europas artenreicher; schöne, auffallende (Abdomen seitlich mit grellweißen Haarflecken) Kuckucksbienen bei ***Anthophora.*** **7. *Eucera,*** Langhornbienen; Fühler bei den ♂♂ sehr lang, erreichen Körperlänge; Schienensammler, Pollen für den besseren Transport an den behaarten Hinterschienen – wie bei den Apiden – mit Nektar angefeuchtet; Bodennister, mehrere Zellen vom Ende des Hauptganges aus [**A-50**]. Die ♂♂ erscheinen im Frühjahr vor den ♀♀, fliegen dann – wie ♂♂ von → Andrenidae – bienenähnlich aussehende und wie der Sexuallockstoff ihrer ♀♀ riechende Ragwurz- (= Ophrys-) Blüten an; (Chemie der Ragwurzduftstoffe ist bekannt); auch hier führen die Kopulationsversuche der ♂♂ an den Blüten zur Übertragung der Pollinien (vgl. auch ***Gorytes;*** → Sphecidae 9). Nach Erscheinen der ♀♀ bei manchen ***Eucera***-Arten Massenhochzeit über den Nistplätzen der ♀♀. Den 3 in M-Eur.i.e.S. heimischen ***Eucera***-Arten sehr ähnlich die beiden Vertreter der **8.** Gttg., ***Tetralonia.*** **9. *Xylocopa,*** Holzbienen; in den wärmeren Gebieten der BRD nur ***Xylocopa violacea*** L. von der Größe eines Hummel-♀ (–28 mm) mit schwarzblauem Körper und Flügeln; schwach behaart, glänzend; Rüssel durch starke Sklerotisierung und Verfalzung der Galeae zu einem dolchartigen Stechorgan geworden, geeignet zum Anstechen von Blüten, deren Nektar für ***X.*** anders nicht zugänglich ist (Nektarraub); die 1. Tarsalglieder (Metatarsen) aller, bes.

aber die der Hinterbeine, behaart; nach Blütenbesuch ventral am Körper haftender Pollen wird mit den Hinterbeinen abgestreift und mit der metatarsalen Behaarung eingetragen, dorsal aufgeladener Blütenstaub dagegen wird mit den Metatarsen der Mittelbeine abgekehrt, an die Vorderbeine weitergegeben und anschließend mit dem speziell dafür an den Stipites der Maxillen vorhandenem Pollenabnehmerkamm abgestreift, verschluckt und im Kropf heimgebracht; die Nestanlage wird mit den kräftigen Kiefern in Holz genagt [**A-51**]; vom kurzen Hauptgang aus ± senkrechte Gänge, in ihnen liegen hinereinander die Zellen, durch Wände aus mit Speichel verfestigtem Nagsel voneinander getrennt; Rückkehr zur Nestanlage nach Trachtflug erst visuell, in der Nähe jedoch rein olfaktorisch geleitet. Verpuppung ohne Gespinstkokon; Überwinterung als Imago. (Bei ostafrikanischen ***Xylocopa***-Arten Bewachen der Brutzellen und Füttern der noch nicht ausgeflogenen Jungen durch die Mutter. Südafrikanische ***Allodape***-Arten mit verschiedenen Stufen sozialen Verhaltens, z.B. in der Form, daß das ♀ Tag für Tag jede Larve mit einem Futterballen versorgt, dabei unterstützt durch die ersten im Sommer geschlüpften ♀♀). **10. *Ceratina***, Keulhornbienen; die kurzen Fühler am Ende schwach verdickt; verhältnismäßig kleine, schwach behaarte, oft metallisch glänzende Arten, 3 in M-Eur. i.e.S.; nisten in hohlen oder ausgenagten Pflanzenstengeln, vor allem in Brombeeren; die Zellen hintereinander, durch Wände aus zernagtem Pflanzenmaterial und Speichel getrennt; ♂♂ und ♀♀ überwintern offenbar außerhalb der Geburtsstätte in hohlen Stengeln und dgl.; Kopulation im Frühling. (Anzenberger 1977, 1986; Barth 1982; Bertsch 1975; Cane 1983; Danesch 1975; Friese 1923; Kullenberg 1961, 1973; Kullenberg, Bergström 1975; Priesner 1973; Schremmer 1972b; Westrich 1984).

Anthracophaga; → Chloropidae.

Anthrax; → Bombyliidae.

Anthrenus; → Dermestidae 4.

Anthribidae, Breitrüßler; Fam. der Käfer (Coleoptera, Polyphaga); weltweit etwa 3000 Arten von eigenartiger Formenmannigfaltigkeit; die etwa 20 in M-Eur. i.e.S. vorkommenden Arten klein bis mittelgroß, mit gedrungenem Körper; Kopf vor den Augen breit nach vorn verlängert [**A-52**];

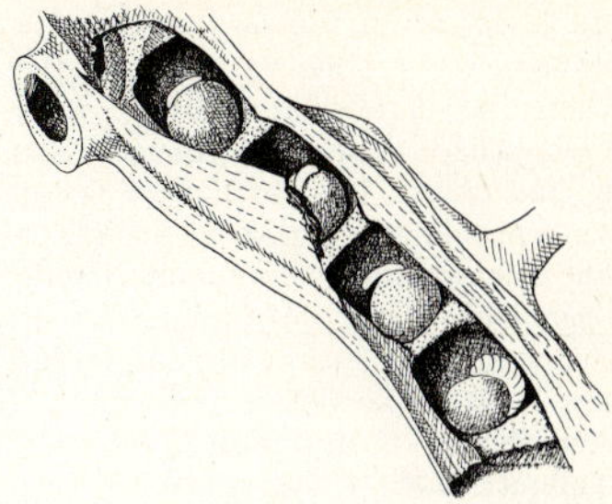

Abb. A-51: ***Xylocopa violacea***, Holzbiene. Abgestorbener Ast mit Nest. 4 Zellen mit 3 Eiern und einer Larve. Links oben Eingang. Zellen durch Nagselwände voneinander getrennt. (v. Frisch 1954)

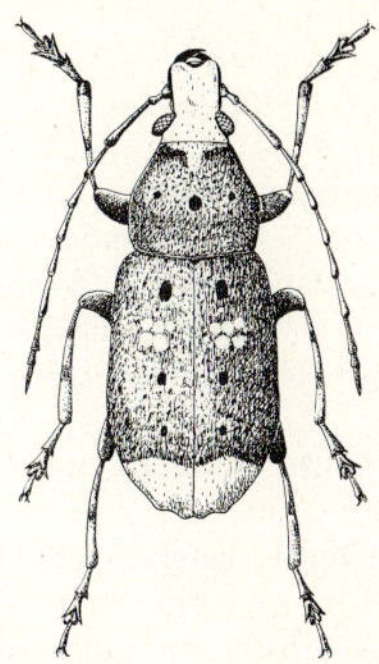

Abb. A-52: ***Anthribus albinus***. 4–10 mm. (Bechyně 1954)

Oft mit auffallenden Haarflecken oder Schuppen; die Imagines oft auf oder unter verpilzter Rinde (fressen dort), auch auf Blüten; die Larven der meisten Arten fressen unregelmäßige Gänge in Baumstümpfen und in abgestorbenen Ästen verschiedener Pflanzen, leben vor allem von Pilzfäden; Dauer des Larvenlebens bei manchen Arten über ein Jahr; Verpuppung in einer Puppenwiege in Rindennähe (z.B. ***Tropideres***-Arten). Auswahl: **1. *Platyrrhinus resinosus*** Scop., Schwammbreitrüßler (9–12 mm), Larve in verpilztem Holz verschiedener Laubbäume, vor allem auch in Baumschwämmen. **2. *Anthribus albinus*** L. (7–9 mm [**A-52**]), an verschiedenen Laubbäumen. **3. *Araecerus fasciculatus*** Deg., Kaffeebohnenkäfer (ca. 4 mm), bei uns aus Ostindien und Südamerika eingeschleppt;

die fußlosen Larven (5–6 mm) und die Käfer zerfressen Kaffeebohnen, ferner Cassia-Früchte, Ingwer, Muskatnüsse u. a.; zuweilen sehr schädlich. **4.** ***Brachytarsus***-Arten, Schildlausbreitrüßler; die Larven fressen unter dem Schild verschiedener Schildlaus-♀♀ die Eier, dort auch Verpuppung; häufig: ***B. nebulosus*** Forst. (4–5 mm), bei der Fichtenquirlschildlaus. (Brauns 1964; Friese 1981; Hieke 1968).

Anthribus; → Anthribidae 2, 4.

Anthroceridae; → Zygaenidae.

Anuraphis; → Aphididae 7.

Anisopteryx; → Geometridae 20.

Aonidia; → Diaspididae 6.

Apalus; → Meloidae 2.

Apamea; → Noctuidae 35.

Apanteles; → Braconidae 2, 3; → auch Eulophidae.

Apatele; → Noctuidae 7, 8.

Apatura; → Nymphalidae 1.

Apechthis; → Ichneumonidae.

Apfelbaumgespinstmotte, ***Yponomeuta malinellus*** Zell.; → Yponomeutidae 3.

Apfelbaumglasflügler, ***Synanthedon myopaeformis*** Bkh.; → Aegeriidae 4.

Apfelbaumzünsler, ***Phycita spissicella*** F.; → Pyralidae 7.

Apfelblattmotte, ***Simaethis pariana*** Cl.; → Glyphipterygidae.

Apfelblattsauger, Apfelsauger, Apfelfloh, ***Psylla mali*** L.; → Psyllina 1.

Apfelblütenstecher, ***Anthonomus pomorum*** L.; → Curculionidae 17.

Apfelläuse; → Aphididae 3, 4, 5.

Apfelmarkschabe, ***Blastodacna putripennella*** Zell.; → Momphidae 4.

Apfelmotte, ***Argyresthia conjugella*** Zell.; → Yponomeutidae 4.

Apfelsägewespe, ***Hoplocampa testudinea*** Klg.; → Tenthredinidae 10.

Apfelstecher, ***Rhynchites*** sp.; → Curculionidae 4.

Apfeltriebmotte; → Apfelmarkschabe.

Apfelwanze, ***Plesiocoris rugicollis*** Fall.; → Miridae 7.

Apfelwickler, ***Laspeyresia (Carpocapsa) pomonella*** L.; → Tortricidae 19.

Aphaniptera; → Siphonaptera.

Aphanisticus; → Buprestidae.

Aphelinidae; Fam. der Hautflügler (Hymenoptera, Apocrita, Chalcidoidea); kleine Schlupfwespen (Erzwespen); die Larven der meisten Arten leben als Außen- oder (häufiger) Innenparasiten bei Pflanzenläusen verschiedener Gruppen, z. B. bei Motten-, Blatt-, Schildläusen, bei Blattflöhen, einige Arten sind Eiparasiten bei Heuschrecken, Schmetterlingen und Wanzen; Nahrung der Imagines: Nektar, Honigtau und andere Süßstoffe; die ♀♀ decken ihren Eiweißbedarf durch Auflecken von Körpersäften des mit dem Legeapparat angestochenen Wirts, auch ohne daß Eiablage erfolgen muß; die Begattung hat, wie auch bei anderen kleinen Schlupfwespen, zuweilen fast den Charakter einer Vergewaltigung des gleichgültigen oder sogar abwehrenden ♀ durch das mit den Fühlern trillernde und flügelschlagende ♂; Fruchtbarkeit durch hohe Eizahl und schnelle Generationenfolge oft beträchtlich. Mehrere hundert Arten bekannt; einige Beispiele: ***Aphelinus mali*** Hald., bei der aus den USA eingeschleppten Blutlaus (***Eriosoma lanigerum*** Hausm.); der Parasit wurde zur Bekämpfung ebenfalls aus Amerika eingeführt. ***Encarsia formosa*** Gah. parasitiert bei der Weißen Fliege der Gewächshäuser (***Trialeurodes vaporariorum***; → Aleurodina). Bei vielen Arten der Gattungen ***Coccophagus*** und ***Encarsia*** entwickeln sich die ♀-Larven als primäre Entoparasiten, ***C.*** vor allem in Schildläusen, ***E.*** in Mottenläusen, die ♂-Larven als Hyperparasiten an den eigenen weiblichen, manchmal auch – als Tertiärparasiten – an den eigenen männlichen Larven im gleichen Wirt; bei manchen Arten gibt es Unterschiede im Eilegeverhalten des unbegatteten, ♂♂-liefernden bzw. des begatteten ♀♀-liefernden ♀: Eiablage an die in der Laus schmarotzenden Larve bzw. in die Blutflüssigkeit der Laus; das gleiche ♀ wird also zunächst angelockt durch bereits parasitierte, nach der Begattung durch nicht parasitierte Läuse. Manche Blattlausarten vermögen die in ihren Körper abgelegten Aphelinidae-Eier durch Umkapselung mit einem Belag (aus?) unschädlich zu machen. (Bachmaier 1969; Clausen 1940; Stüben 1949; Viggiani 1984; Wilbert 1967).

Aphelinus; → Aphelinidae.

Aphelocheiridae, Grundwanzen; Fam. der Wasserwanzen (Heteroptera, Hydrocorisae); in M-Eur.i.e.S. nur eine Art: ***Aphelocheirus aestivalis*** F. (ca. 10 mm [**A-53**]); dunkelbraun, gelb gezeichnet, sehr flach; Komplexaugen gut entwickelt; Vorderbeine keine Fangbeine, Hinterbeine mäßig ausgebildete Schwimmbeine, einseitig mit Haaren besetzt; in der Regel kurzflügelig, selten die Flügel voll ausgebildet; starke Rückbildung der indirekten Flugmuskulatur bei den kleinflügeligen Individuen; ventral am 2. Hinterleibsring ein Paar Organe, die, wie bei den → Nepidae, als Schweresinnesorgane Wahrnehmungen von Lageänderungen ermöglichen. Larven (5 Stadien) und Imagines leben ständig untergetaucht am Grunde fließender Gewässer (bis ca. 6 m Tiefe), bewegen sich langsam, mehr laufend als schwimmend; bei den Larven Hautatmung, Kutikula besonders an den Körperflanken reich mit Tracheengeflecht unterlegt; bei der Imago → Plastronatmung; insbesondere ventral die Körperoberfläche mit feinsten, in manchen Bereichen oben gleichsinnig hakenförmig abgebogenen, sonst geraden Haaren (ca. 4000000/mm^2) besetzt [**A-54**], halten eine Luftschicht fest, mit der die Hinterleibstracheen unter den verschlossenen (6 Paar) Stigmen durch rundum ausstrahlende, von Plastronhaaren umgrenzte, zentral die Kutikula durchsetzende Kanälchen (nach ihrer Anordnung »Rosetten« genannt) in Verbindung stehen [**A-55**]; Gasaustausch zwischen Wasser und der ständig im Plastron haftenden Luftschicht; außerdem vermutlich Bildung bzw. Einfangen von Luftbläschen an besonderen, die Wirbelbildung fördernde bzw. die Strömungsgeschwindigkeit verringernde Strukturen (wie Rosettenrinnen und haarfreie »Plastronlöcher«; vgl. z. B. → Agriotypidae; → Melusinidae); in enger Nachbarschaft der Stigmennarben des Hinterleibs sind zwischen die Plastronhaare schrägstehende Sinneshaare eingestreut, die in Abhängigkeit vom Wasserdruck gebeugt werden und so Lageveränderungen des Tieres und außerdem (vermutlich) auch den Gasdruck registrieren; Bildung des Plastrons erst nach der letzten Häutung, Herkunft der Luftschicht noch nicht eindeutig geklärt (aus dem Tracheensystem? durch Einfangen von Luftbläschen?); alle Stadien im Epithel der Körperdecke mit Chloridzellen, die dem Ionenaustausch und bei den Larven vermutlich auch der Atmung dienen. Halten sich zwischen Wasserpflanzen, auch gern unter Steinen auf; räuberisch, saugen mit dem langen dünnen Rüssel offenbar in erster Linie kleine Muscheln aus, durch den Spalt der Schalenklappen hindurch; Mundvorraum mit kräftiger Cibarialpumpe, Reusenhaaren und kutikula-

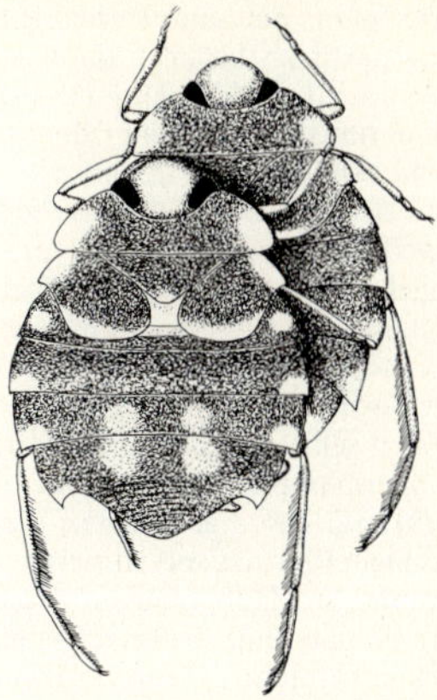

Abb. A-53: ***Aphelocheirus aestivalis.*** Kopula. ♂ auf ♀. (Wesenberg-Lund 1943)

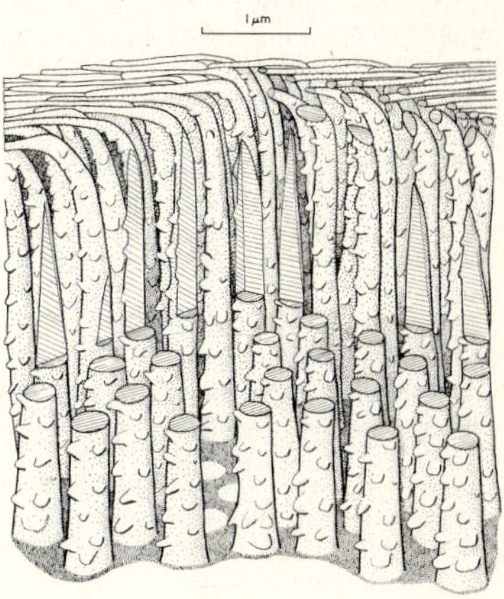

Abb. A-54: ***Aphelocheirus aestivalis.*** Plastronhaare; 4 Millionen pro mm^2. (Hinton 1976)

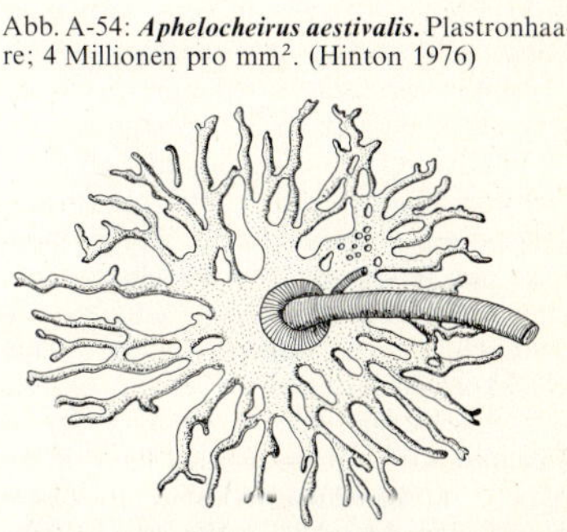

Abb. A-55: ***Aphelocheirus aestivalis.*** Rosette am 2. Hinterleibssegment, von innen. (Wesenberg-Lund 1943)

ren Strukturen, die zum Zermahlen von Nahrungspartikeln dienen. Führen von der Wassertemperatur abhängige jahreszeitliche Wanderungen durch, im Frühjahr Imagines und Altlarven zur Kopulation und Eiablage stromaufwärts in raschfließende Bereiche der Wasserläufe, im IX und X in der umgekehrten Richtung und Sammeln von Imagines und Larven zum Überwintern in steinigen Buchten mit geringer Fließgeschwindigkeit. Bei der Begattung (das ♂ sitzt schief auf dem ♀ [**A-53**]) wird eine Spermatophore in den Geschlechtskanal des ♀ geschoben; die Eier (mit zu einem Plastron spezialisierten Chorion) werden an Holz oder an Muscheln geklebt; Eischale mit Wülsten, hinter denen in einem Unterdruckbereich sich Luftblasen sammeln, die über Poren in weitverzweigte Lufträume der Eischale gelangen und so den Embryo mit O_2 versorgen. (Hinton 1976c; Jordan 1972; Larsén 1950; Messner 1982a; Messner et al. 1981, 1983, 1986; Parson, Hewson 1976; Wesenberg-Lund 1943).

Aphelocheirus; → Aphelocheiridae.

Aphididae, Röhrenläuse; sehr artenreiche Fam. der Blattläuse (Aphidina); Rückenröhren stets vorhanden, mäßig bis sehr lang; nur die Sexuales-♀♀ eierlegend, alle anderen ♀♀-Formen lebendgebärend; ohne oder mit Wirtswechsel; Wirtsspezifität mehr oder weniger ausgeprägt. Zahlreiche Arten durch Saftsaugen an Kulturpflanzen, mehr noch als Vektoren, d.h. als Überträger pflanzlicher Viruskrankheiten schädlich. In Mitteleuropa mehrere hundert Arten; hier eine Auswahl meist häufiger, z.T. schädlicher Arten. (Abkürzungen: hol = holozyklisch; anhol = anholozyklisch; mW = mit Wirtswechsel; oW = ohne Wirtswechsel; H = Hauptwirt, Winterwirt; N = Nebenwirt, Sommerwirt; F = Fundatrix; V = Virgines, hier als Sammelbezeichnung für alle parthenogenetischen Nachkommen der Fundatrix; bei Arten mit Wirtswechsel nennt man die Nachkommen der Fundatrix auf dem Hauptwirt Fundatrigenien, deren Nachkommen auf dem Nebenwirt Exsules oder Alienicolae; WE = Winterei; Sex = Sexuales; GP = Gynoparae; SP = Sexuparae). **A. An Bäumen:** Fichte: **1.** ***Elatobium (Liosomaphis) abietinum*** Walk., Fichtenröhrenlaus, Sitkalaus; meist hol, oW; grün, –2 mm, an der Nadelbasis; kann auf der aus N-Amerika eingeführten Sitka- u. der Blaufichte sehr schädlich werden. An Weiden (***Salix***-Arten): mehrere Arten, u.a. **2.** ***Aphis farinosa*** Gmel.; hol, oW; grün, an Blättern und Jungtrieben; Sex bräunlich, Eiablage bereits VII. Apfel: mehrere Arten, u.a.: **3.** ***Aphis pomi*** Deg., Grüne Apfellaus; oW; hol; gelegentlich auch an anderem Kernobst; grün, Rückenröhren dunkel; ohne Wachs; WE an Jungtrieben; Kolonien an Jungtrieben und Blattunterseite (Blätter meist an der Spitze eingerollt); Sex im Herbst; Ameisen-, zuweilen auch Bienenbesuch. **4.** ***Sappaphis mali*** Ferr., Rosige Apfellaus; mW; H: Apfel, N: Wegerich (***Plantago***-Arten); Larven rötlich, schwacher Wachspuder; starke Kräuselung der Apfelblätter, Verkümmerung der Früchte durch F und V; WE meist in Rindenritzen. **5.** ***Dysaphis***-Arten, z.B. ***D. radicola*** Mordv.; hol, mW; H: Apfel, N: Ampfer (***Rumex***-Arten); F und V in rot gefärbten Blattrollen; Ameisenbesuch. Birne: mehrere Arten, z.B. **6.** ***Geoktapia pyraria*** Pass., Braune Birnenlaus; mW; H: Birne, N: Gräser (***Poa, Brachypodium***; oberirdisch); F und V dunkelbraun, ohne Wachs, an Triebspitzen, später in nach unten eingerollten, gelblich verfärbten Blättern; Ameisenbesuch. **7.** ***Anuraphis farfarae*** Koch, Taschengallen-Birnenlaus; mW; H: Birne, N: Huflattich, Pestwurz (am Wurzelstock); F und V rötlichbraun (Larven gelbgrün), in gelblichen Taschengallen unten neben der Mittelrippe. **8.** ***Sappaphis piri*** Mats., Mehlige Birnenlaus; hol, mW; H: Birne, N: Labkraut (***Galium***-Arten; dicht über der Erde); Ameisenbesuch; V rötlich, mit Wachspuder, an der Unterseite längs eingerollter Blätter; WE in Rindenritzen. Kirsche: mehrere Arten, z.B. **9.** ***Myzus cerasi*** F., Schwarze Kirschenlaus, Sauerkirschenlaus; hol, mW; H: Kirsche, N: Labkraut (***Galium***-Arten) und Ehrenpreis (***Veronica***-Arten); F und V (glänzend schwarz) an Triebspitzen und an der Unterseite schwach abwärts gebogener Blätter; WE unter Rindenschuppen; stärkere Blattrollungen und -kräuselungen an Süßkirsche durch die Unterart ***M. c. prunarium*** CB., Schwarze Süßkirschenlaus. Weichselkirsche ***(Prunus mahaleb)***: u.a. **10.** ***Myzus lythri*** Schrk., Weichselkirschenlaus; hol, mW; H: Weichselkirsche, N: Weiderich (***Lythrum***, auch ***Epilobium, Fuchsia***; am Stengel); grün, an der Triebspitze an der Unterseite gewölbter Blätter; Ameisenbesuch. **11.** ***Roepkea marchali*** CB., ebenfalls an Weichselkirschen, grünlich-gelb, Rücken dunkel; in eingerollten, blasig aufgetriebenen gelblichen Blättern; wohl hol, mW, Sommerwirt noch unbekannt. Traubenkirsche ***(Prunus padua).*** **12.** ***Rhopalosiphon padi*** L., Traubenkirschenlaus, Haferlaus; hol, mW; H: Traubenkirsche, N: verschiedene Gräser (auch Getreide, Hafer, Gerste, Weizen, an Stengeln und Blättern, macht Weißährigkeit); F grün, V dunkelgrün mit weißgrauem Puder, in weiß bis gelblich gitterartig verfärbten Blattrollen; GP und Sex im Herbst auf der Unterseite von Traubenkirschenblättern. Pflaume: mehrere Arten, z. B. **13.** ***Brachycaudus cardui*** L., Große Pflaumenlaus; hol, mW; H: Pflaume, N: krautige Pflanzen (vor allem Kompositen und Boraginaceen; saugen meist oberirdisch); F grün, V mit großem dunklen Rückenfleck, in grünen Blattrollen. Ähnlich **14.** ***Br. helichrysi*** Kalt., Kleine Pflaumenlaus; oft Mischkolonien beider Arten. **15.** ***Hyalopterus pruni*** Geoffr., Mehlige Pflaumenlaus; hol, mW; H: Pflaume, N: meist Schilfrohr (***Phragmites***, auf den Blättern); F grün, V blaugrün, grauweiß bewachst, Rückenröhren sehr kurz; auf der Blattunterseite, das Blatt schwach gewölbt; kein Ameisenbesuch; V während des ganzen Sommers auf der Pflaume, bringen eierlegende ♀♀, jedoch keine ♂♂ hervor; GP und ♂♂ müssen von ***Phragmites*** kommen. Pfirsich: mehrere Arten, z. B.: **16.** ***Appelia schwartzi*** CB., Schwarzgefleckte Pfirsichlaus; zuweilen auch auf anderen ***Prunus***-Arten; hol, oW; Ungeflügelte graugrün mit dunklem Rückenfleck, auf der Unterseite eingerollter und gekräuselter, nicht verfärbter Blätter; Ameisenbesuch. **17.** ***Hyalopterus amygdali*** Blanch., Mehlige Pfirsichlaus; sehr ähnlich 15, jedoch anderer Hauptwirt; V auf der Blattunterseite, Blätter nicht verformt, aber zuweilen nach Gelb oder Rot verfärbt; trotz zuweilen starker Honigtaubildung anscheinend kein Ameisenbesuch. **18.** ***Myzus (Myzodes) persicae*** Sulz., Grüne Pfirsichlaus; hol, mW; H: Pfirsich, N: verschiedenste krautige Pflanzen (über 400 Sommerwirtarten bekannt); WE im Spalt zwischen Knospe und Stamm junger Winterzweige; F an Knospen, Blättern, Blüten; V an der Blattunterseite, die Blätter mehr oder weniger längsgerollt; schon in der ersten V-Generation viele Geflügelte, mehr noch in den späteren; Abwandern vor allem im Mai an die Sommerwirte; hier zahlreiche Generationen, zunächst ungeflügelt, später auch Geflügelte; Ausbreitung auf andere Sommerwirtpflanzen; Hauptmassenentwicklung bis Ende VII, dann Abnehmen des Befalls; Wiederzunahme gegen Herbst; Entstehung geflügelter ♂♂ und GP, fliegen über auf den Pfirsich, hier ungeflügelte Sex-♀♀, Begattung; 6–8 WE pro ♀; Überwinterung von Sommerformen in milden Wintern vor allem an Kohlgewächsen; außerordentlich schädliche Art, besonders als Überträger zahlreicher (über 85) pflanzlicher Viruskrankheiten, u. a. Blattrollkrankheit der Kartoffel, Vergilbungskrankheit der Rübe. **B. An Sträuchern:** Holunder: **19.** ***Aphis sambuci*** L., Schwarze Holunderlaus; hol, mW; H: Holunder, N: krautige Pflanzen (***Rumex***, Nelkengewächse; an Wurzeln und Wurzelhals); V-Kolonien vor allem an jungen Holunderzweigen; dunkelblaugrün mit schwarzen Beinen und Rückenröhren, Geflügelte fast schwarz; Überwinterung anhol an den Wurzeln sowohl des Sommerwirtes wie des Holunders möglich. Liguster: **20.** ***Myzodes ligustri*** Mosl., Ligusterlaus; hol, oW; kleine gelbe Läuse, Rückenröhren keulenförmig; Kolonien im Frühling an der Unterseite eingerollter Blätter, später kein Einrollen der Blätter. Berberitze: **21.** ***Liosomaphis berberidis*** Kalt., Gelbe Berberitzenlaus; hol, oW; Läuse gelblich oder rötlich, an Triebspitzen und Unterseite der Blätter. Goldregen: **22.** ***Pergandeida cytisorum*** Htg., Goldregenlaus; hol, oW; Läuse sehr dunkel, an der Unterseite der Blätter, auch an Blüten. Haselnuß: **23.** ***Corylobium avellanae*** Schrk., Haselnußlaus; hol, oW; Läuse hell gelbgrün, lang behaart, vor allem an Blattstielen und Zweigenden. Kreuzdorn ***(Rhamnus catharticus)***: **24.** ***Aphis nasturtii*** Kalt., Kreuzdornlaus; hol, mW; H: ***Rhamnus***-Arten, N: zahlreiche krautige Pflanzen (u. a. Kartoffel und andere Nutzpflanzen; Überträger verschiedener Viruskrankheiten); V am Kreuzdorn an eingerollten Blättern, Ungeflügelte gelblich mit Wachspuder, bei Geflügelten Kopf und Brust glänzend schwarz; WE an den Knospen und Triebenden. Johannisbeere: mehrere Arten, z. B. **25.** ***Aphis schneideri*** CB., Kleine Johannisbeerlaus; hol, oW; dunkelgrün mit schwacher Wachsbepuderung, an Triebspitzen und Blattstielen, Blätter nestartig zusammengekrümmt. **26. *Cryptomyzus ribis*** L., Johannisbeerblasenlaus; hol, mW; H: rote Johannisbeere, N: ***Stachys***-Arten (Blattunterseite, Triebspitzen); V-Kolonien auf der Blattunterseite, Bildung buckeliger, offenbleibender, gelblicher bis rötlicher Blasen auf den Blättern; Honigtau zuweilen von Bienen gesammelt, kein Ameisenbesuch; Rückwanderung auf den H durch geflügelte GP und ♂♂; WE an Rindenschuppen. **27. *Hyperomyzus lactucae*** L., Gänsedistellaus; hol, mW; H: schwarze Johannisbeere, N: Gänsedistel (vor allem ***Sonchus oleraceus)***; V auf der Blattunterseite der Johannisbeere, Blattadern aufgehellt. Stachelbeere: mehrere Arten, z. B. **28. *Aphis grossulariae*** Kalt., Kleine Stachelbeerlaus: hol, oW Aussehen und Lebensweise sehr ähnlich 25. Himbeere: **29. *Aphis idaei*** v.d.G., Kleine Himbeerlaus; hol, oW; kleine hellgrüne Läuse, Frühlingskolonien an Triebspitzen, Blüten, eingerollten Blättern, Blätter oft nestartig zusammengebogen; Ameisenbesuch. Rosen: mehrere Arten, u. a.: **30. *Longicaudus trirhodus*** Walk.; hol, mW; H: Rosen, N: Akelei; grünlich; Rückenröhren sehr kurz, doppelt so lang wie dick; V auf der Unterseite der Rosenblätter und an Blütenknospen. **31. *Macrosiphon rosae*** L., Große Rosenlaus; hol, mW; H: Rosen, N: Skabiosen ***(Knautia)***, Karden ***(Dipsacus)***; unter günstigen Bedingungen oW dauernd an Rosen, mit Sex im Herbst (♂♂ geflügelt oder ungeflügelt); Läuse groß (bis fast 4 mm), grünlich oder fleischfarben, Rückenröhren lang, dünn, schwarz. **32. *Metopolophium dirhodum*** Walk., Hol, mW; H: Rosen, N: verschiedenste Gräser; Rosenläuse blaßgrün mit helleren Rückenröhren, im Frühling an Triebspitzen und jungen Blättern. **C. An krautigen Pflanzen**: vgl. die Sommerwirte bereits genannter wirtswechselnder Arten; außerdem z. B. an Erdbeere: **33. *Cerosipha forbesi*** Weed., Kleine Erdbeerlaus; hol, oW; knapp 2 mm, satt dunkelgrün; vor allem am Grunde der Blattstiele und Blütenstengel, auch bis zu den Wurzeln herunter; Ameisenbesuch, Kolonien zuweilen von Ameisen mit Erde umbaut. Kohl: (vgl. ***Myzus persicae*** Sulz.; 18). **34. *Brevicoryne brassicae*** L., Mehlige Kohlblattlaus; hol, oW; vor allem an Kohl, auch an anderen Kreuzblütlern; blaugrün, mit Wachspuder, bis 2,5 mm; saugen im Frühling zunächst auf der Blattunterseite (Blattränder meist nach unten gerollt) dann überall; im IX SP; WE (ca. 4 pro ♀) vor allem an Blattstielen, Blattunterseiten, Blattachseln; Entwicklung in warmen Gebieten zuweilen anhol, ohne WE; nicht selten schädlich. Kartoffel: mehrere Arten (vgl. auch 18), u. a. **35. *Rhopalosiphoninus latysiphon*** Dav., Kellerlaus, Breitröhrige Kartoffelknollenlaus; Rückenröhren blasig aufgetrieben; stammt wohl aus Nordamerika, seit kurz nach 1930 in Europa; Ungeflügelte und Geflügelte vor allem an eingelagerten Kartoffeln, auch an verschiedenen anderen im Keller gelagerten Pflanzen; keine Sex bekannt, Entwicklung bei uns anhol. Hopfen: **36. *Phorodon humuli*** Schrk., Hopfenlaus; hol, mW; H: ***Prunus***-Arten (vor allem Schlehe), N: Hopfen; Abwanderung der V auf den Hopfen schon im Mai, hier vor allem auf der Blattunterseite; bei Massenvermehrung schädlich. Möhre: **37. *Semiaphis dauci*** F., Mehlige Möhrenlaus; hol, oW; hellgrün, brauner Kopf, weißer Wachspuder; an Blättern (gekräuselt, herabhängend), bei Massenvermehrung auch an Trieben und Blüten. Gurke: **38. *Cerosipha (Aphis) gossypii*** Glov., Gurkenlaus; in warmen Ländern an verschiedensten Pflanzen (z. B. auch Baumwolle), bei uns vor allem an Gurke; Ungeflügelte schmutzig gelbgrün, Geflügelte vorne dunkel; Überwinterung bei uns vor allem in Gewächshäusern an verschiedenen Pflanzen. Zwiebel, Lauch: **39. *Rhopalomyzus ascalonicus*** Donc., Zwiebellaus, Chalottenlaus; anhol, oW; blaugrün, Geflügelte fast schwarz; vor allem an gelagerten Zwiebeln und in Gewächshäusern an Schnittlauch, auch an einigen anderen Pflanzen; seit 1945 in Europa, Herkunft unbekannt. Gräser: **40. *Sitobium granarium*** Kirby, Getreidelaus; hol, oW; hellgrün, an verschiedenen Gräsern, auch an Getreide; Eiablage an Gräsern. Erbsen: **41. *Acyrthosiphon pisum*** Harr (= ***Onobrychis*** B.d.F.), Grüne Erbsenlaus; hol, oW; grün, im Sommer z.T. auch rötlich, bis ca. 3 mm; ♂♂ ungeflügelt; nicht selten schädlich an verschiedensten Schmetterlingsblütlern (z.B. Erbsen, Klee, Luzerne, Esparsette). Ackerbohne, Rüben: **42. *Aphis (Doralis) fabae*** Scop., Schwarze Bohnenlaus, Rübenlaus; hol, mW; H: Sträucher ***(Evonymus, Philadelphus, Viburnum*** u.a.**)**, N: Ackerbohne ***(Vicia faba)***, Rübe ***(Reta)*** und andere Krautpflanzen; Hauptschaden durch Massenvermehrung und Übertragung von Viruskrankheiten an den krautigen Sommerwirten; größerer Schaden durch von Ameisen besuchte Blattlauskolonien: die Ameisen wehren Blattlausfeinde ab; zeitweilige Koloniebildung der von den Winterwirten abwandernden Geflügelten auch auf noch grünen Trieben verschiedener Holzgewächse möglich; im Herbst Rückflug der GP und ♂♂ zum H. (Banks, Macaulay 1968; Braun, Riem 1957; Brauns 1964; Günther 1968; Hoffmann, Schmutterer 1983; F.P. Müller 1955, 1969; Rietschel 1968; Sorauer 1949–57; Steffan 1972).

Aphidiidae, Blattlauswespen; Fam. der Hautflügler (Hymenoptera, Apocrita, Ichneumonoidea; zuweilen als U-Fam. zu den Braconidae gestellt); kleine, meist 2–3 mm lange Schlupfwespen[**A-56**], ihre Larven anscheinend ausschließlich Innenparasiten von Blattläusen (vor allem der ungeflügelten Stadien), wohl stets nur eine Larve in einem Wirt; eine im 2. Stadium parasitierte Blattlaus erreicht die Reife in der Regel nicht, (in manchen Fällen sterben Wirt und Parasit vorzeitig); eine im 4. Stadium parasitierte kann u.U. noch einige Junge zur Welt bringen; der Parasit wird beim Übergang vom Haupt- zum Nebenwirt oft mitgenommen. ♂♂ erkennen ♀♀ am Duft; Parthenogenese nicht selten, aber keine Polyembryonie; bezeichnend ist die Haltung des ♀ beim Anstechen des Wirts: Der Hinterleib wird unter Brust und Kopf hindurch ventrad weit nach vorn umgeklappt und dann der Leib der Laus mit dem nach ventral gekrümmten Legestachel und zwei nach dorsal gebogenen, chitinigen Fortsätzen des letzten Abdomensegments umfaßt; die Krümmung des Stachels ermöglicht ein senkrecht zur Körperoberfläche geführtes Einstechen, das immer median zwischen den Eingelenkungen der Beine erfolgt [**A-57**]; aus dem in die Leibeshöhle des Wirts eingeschobenen Ei schlüpft, die Embryonalhüllen mit den Mandibeln aufreißend, Larve 1; mit ihr gelangen zahlreiche, unterschiedlich große Stücke der zerfallenden Serosa in die Leibeshöhle, runden sich dort ab und wachsen, mit nährstoffreichen Substanzen gefüllt, rasch heran. Sie dienen, wie das Blut und Gewebe des Wirts, der Parasitenlarve als Nahrung; Larven 1 und 2 ernähren sich

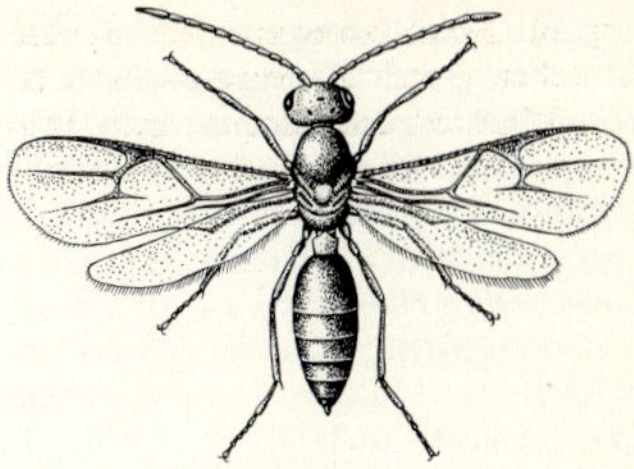

Abb. A-56: ***Lysiphlebus fabarum.*** ♀. (Tremblay 1964)

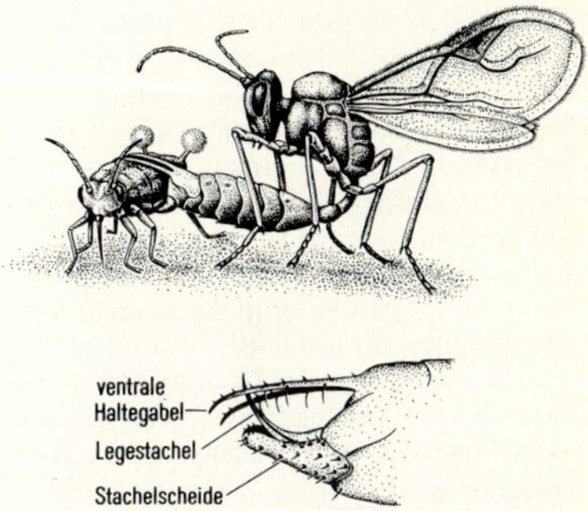

Abb. A-57: ***Trioxys angelicae***, ♀. Oben: bei der Eiablage in eine Grüne Apfellaus, ***Aphis pomi***; 14 ×. Unten: Abdomenende; wie bei der Eiablage um 180° gedreht; ca. 60 ×. (Eidmann 1924)

Abb. A-58: ***Praon*** sp. Kokon unter der Leiche des Wirts. (Bachmeier 1969)

von Blut und – nach Anstechen von Zellmembranen mit den Mandibeln – von Zellinhalt, Larve 3, ohne Mandibeln, nur von Körperflüssigkeit; Larve 4, wieder mit Mandibeln, frißt die Blattlaus innen völlig aus; bei Mehrfachbelegung des Wirts bleibt nach Kämpfen nur eine Parasitenlarve übrig; Verpuppung in der Regel in einem Kokon im mumifizierten, wie prall aufgeblasen aussehenden Wirt, bei ***Praon***-Arten außerhalb des Wirts, und zwar meist unter der Wirtsleiche [**A-58**]. Die Adulti lecken

Honigtau. Blattlauswespenlarven werden nicht selten durch Hyperparasiten (z.B. Erz- und Gallwespen) heimgesucht. In Mitteleuropa u.a. Vertreter der Gattungen ***Aphidius*** und ***Praon***; eine Wirtsspezifität ist zuweilen recht ausgeprägt; so bevorzugt ***Diaeretiella (Diaeretus) rapae*** McIntosh als Wirt die Mehlige Kohllaus (***Brevicoryne brassicae*** → Aphididae 34). (Bachmaier 1969; Broussal 1963; Clausen 1940; Cloutier et al. 1984; Eidmann 1924; Günther 1968; Starý 1970).

Aphidina (Aphidoidea), Blattläuse; U-Ordng. der Pflanzenläuse (Sternorrhyncha; vgl. auch → Homoptera); durchweg kleine Tiere (höchstens ca. 7 mm). Rüssel bei verschiedenen Arten, zuweilen auch bei verschiedenen Formen der gleichen Art, verschieden lang, bei manchen ist das Stechborstenbündel viel länger als der äußere Rüssel, in einer besonderen Tasche (Crumena) geborgen; Stichkanal der Stechborsten oft gewunden, mit erhärtendem Speichel ausgekleidet, erreicht (Parenchymsauger) einzelne Parenchymzellen der Wirtspflanze oder (Phloëmsauger) deren Siebröhren; der Druck in den Siebröhren läßt den Saft in dem haarfeinen Kanal zwischen dem inneren Stechborstenpaar aufsteigen. Komplexaugen stets vorhanden, jedoch bei den Ungeflügelten nicht selten kleiner als bei den Geflügelten; Punktaugen (Ocellen) fehlen stets den Ungeflügelten. Auch bei der gleichen Art treten in der Regel geflügelte und ungeflügelte Formen auf; Flügel zarthäutig, die stets kleineren Hinterflügel beim Flug durch einige Häkchen mit den Vorderflügeln verbunden; in Ruhe meist dachförmig auf dem Rücken, bei Tannen- und Zwergläusen flach. Körper der ungeflügelten Formen plumper als der der geflügelten; gelegentlich gibt es Zwischenformen zwischen Geflügelten und Ungeflügelten; das Auftreten der Geflügelten ist (immer?) umweltbedingt, und zwar offenbar durch die Art der Nahrung; der Wechsel in der Zusammensetzung des Pflanzensaftes, insbes. im Aminosäurengehalt scheint eine Rolle zu spielen; bei ***Aphis fabae*** Scop. vermag Farnesol (Ersatz für das Juvenilhormon Neotenin) das Entstehen Geflügelter zu hemmen. Die Beine sind häufig lang und dünn, verhältnismäßig kurz jedoch z.B. bei Tannen- und Zwergläusen. Wachsdrüsen sind weit verbreitet, je nach Art in wechselnder Zahl; zuweilen ist der ganze Körper von fädigen Wachsflocken bedeckt (z.B. bei der Blutlaus). Die meisten Arten haben ein Paar verschließbarer Spalten auf dem 5. oder 6. Hinterleibsring, häufig an der Spitze von 2 röhrenförmigen Gebilden (Rückenröhren, Siphonen, Siphunculi); hier wird bei Beunruhigung Körperflüssigkeit (Haemolymphe) durch Kontraktion abdominaler Muskeln ausgepreßt; sie ist reich an vakuolenreichen Fett(körper)zellen, durch deren Zerfall eine schnell erhärtende wachsartige Substanz (vorwiegend aus Triglyceriden und aliphatischen Sesquiterpenen) frei wird, die Angreifern Mundteile und Sinnesorgane verklebt; in vielen Fällen enthält diese Exsudatflüssigkeit außerdem Alarmpheromone (Schreckstoffe; wirksame Substanz Trans-β-Farnesen), die im Umkreis von 1–3 cm Abwandern oder Sichfallenlassen von Sauggenossen bewirken und zudem die die Läuse betreuenden Ameisen veranlassen, die Blattlausfeinde anzugreifen und zu vertreiben; bei anderen Arten werden Schreckstoffe erst nach Verletzung frei; bei einer Reihe von ostasiatischen Arten fand man jüngst eine Soldatenkaste: sterile ♀♀ bzw. ♀-Larven, die Feinde (z.B. Schwebfliegenlarven) mit dem Rüssel bzw. mit zwei Dornen des Kopfes totstechen; die Soldatinnen der Gttg. ***Astegopteryx*** können auch dem Menschen (stark juckende) Wunden beibringen. Darm bei manchen Arten mit, bei anderen ohne → Filterkammer; Zwergläuse (Phylloxeridae) ohne After. Malpighi-Gefäße (Exkretionsorgane) fehlen. Weit verbreitet sind Organe (Mycetome) mit symbiontenhaltigen Zellen (häufig 2, zuweilen 3 verschieden gestaltete Symbionten feststellbar); Übertragung auf die Wintereier durch Eindringen der Symbionten in die Eizellen im Ovar; bei parthenogenetischer Entwicklung Infektion bereits mehr oder weniger weit entwickelter Embryonen; bei der Reblaus und Verwandten wurden bisher keine Symbionten gefunden. Wohl wegen hohen Eiweißbedarfs wird viel Pflanzensaft aufgenommen, der Zuckerüberschuß wird zusammen mit einem geringen Gehalt an Aminosäuren aus dem After zumal bei Phloëmsaugern als → Honigtau abgegeben; dieser wird gerne von zahlreichen Insektenarten, insbesondere von Bienen (Waldhonig oder Tannenhonig: der von Honigbienen eingetragene Honigtau der Baumläuse, Lachnidae) und von vielen Ameisenarten aufgenommen (→ Formicoidea); bei Betrillern mit den Fühlern der Ameisen Abgabe eines Tröpfchens Honigtau, bei manchen Blattläusen wie auf dem Präsentierteller auf einem Härchenkranz rings um den After; die Gegenwart von Ameisen kann die Honigtauabgabe anregen; das einem Ameisenkopf ähnliche Hinterende (Hinterbeine nach Art von »Fühlern« angehoben) typischer Honigtauspender ist vielleicht der optische Auslöser für das »Futterbetteln« der Ameisen; der Überschuß von Honigtau wird von den Läusen weggespritzt; nicht alle Honigtauspender werden von Ameisen besucht; ein Beschützen der Blattläuse durch die Ameisen ist nicht selten deutlich ausgeprägt, so bei manchen weitgehend auf Honigtaunahrung angewiesenen ***Lasius***-Arten, die häufig zumal unterirdisch an Wurzeln saugende Blattläuse besuchen und durch ihren Schutz den von den Blattläusen angerichteten Schaden verstärken können; ***Lasius*** nimmt manche Läuse zum Überwintern mit ins Nest; sehr eng ist die Bindung zwischen der Blasenlaus ***Paracletus cimiciformis*** v. Heid. und der Rasenameise ***Tetramorium caespitum*** L., die Laus wird vermutlich zeitweise von der Ameise gefüttert; eine Selbstbeschmutzung wird bei vielen, besonders bei in Gallen lebenden Blattläusen dadurch verhindert, daß die klebrigen Ausscheidungen mit Wachspuder umhüllt sind. Sehr bezeichnend für Blattläuse ist die Aufeinanderfolge mehrerer Generationen im Jahr; dabei findet häufig ein obligatorischer Wechsel zwischen parthenogenetischer und (meist vor der kalten Jahreszeit) zweigeschlechtlicher Fortpflanzung statt (Heterogonie), nicht selten verbunden mit Wirtswechsel; hinzu kommt ein mehr oder weniger ausgeprägter Wechsel der Körperform in der Generationenfolge (Polymorphismus; Auftreten verschiedener Morphen), besonders deutlich im Vorhandensein oder Fehlen von Flügeln; die Parthenogenese ermöglicht schnelle und starke Vermehrung, das Auftreten von individuenreichen Kolonien. Die Hauptformen (Morphen) und ihre Bezeichnungen: **1. Fundatrix,** Stammutter, schlüpft meist im Frühling aus einem besamten überwinterten Ei (Winterei; selten Ausschlüpfen schon im Herbst und Überwintern als Larve; z.B. → Adelgidae), fast stets ungeflügelt, Fortpflanzung parthenogenetisch, eierlegend oder lebendgebärend [**A-59**]. **2. Virgines** (= Virginoparae) Jungfern, ganz allgemein parthenogenetisch entstandene und sich ebenso fortpflanzende ♀♀, geflügelt (Alatae) oder ungeflügelt (Apterae); Bezeichnung vor allem üblich bei Arten ohne Wirtswechsel. **3.** Die oft noch so genannten **Fundatrigeniae** (Virgines), bei wirtswechselnden Arten (insbes. bei den Aphididae) die auf dem Hauptwirt (Primärwirt, Winterwirt) parthenogenetisch entstandenen und sich (mit wechselnder Generationenzahl) ebenso fortpflanzenden Nachkommen der Fundatrix, eierlegend oder lebendgebärend, geflügelt oder (meist) ungeflügelt. **4. Migrantes,** parthenogenetisch entstandene geflügelte Nachkommen der Fundatrix zumal wirtswechselnder Arten, wandern vom Hauptwirt auf den Nebenwirt (Sekundärwirt, Sommerwirt) über; nach Erreichen des neuen Wirts bei den Geflügelten Rückbildung der Flugmuskeln. **5. Exsules** (Exules, Alienicolae, Colonici), die bei wirtswechselnden Arten (insbes. bei den Aphididae) auf dem Nebenwirt auftretenden, parthenogenetisch entstandenen und sich ebenso vermehrenden Formen, oft mehrere Generationen, geflügelt oder ungeflügelt, eierlegend oder lebendgebärend (früher, z.T. auch noch heute wenig glücklich als Virginogeniae bezeichnet). **6. Gynoparae,** parthenogenetisch entstandene Jungfern (Exsules), die – ebenfalls parthenogenetisch – der Begattung bedürftige ♀♀ erzeugen, geflügelt, fliegen zum Hauptwirt zurück. **7. Sexuparae,** bei wirtswechselnden Arten parthenogenetisch auf dem Nebenwirt entstandene, (fast stets) geflügelte Formen,

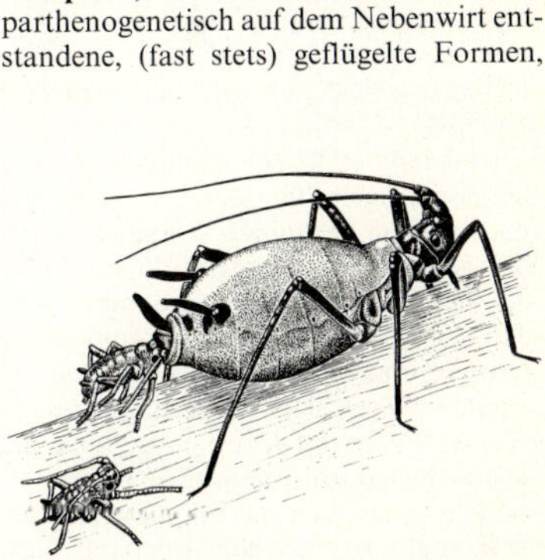

Abb. A-59: Gebärende Fundatrix einer Röhrenlaus. (Nach Foto eines unbekannten Autors)

fliegen auf den Hauptwirt zurück, bringen hier parthenogenetisch die später kopulierenden **8. Sexuales** hervor: ♂♂ (geflügelt oder ungeflügelt) und begattungsbedürftige eierlegende ♀♀ (meist ungeflügelt), Mundteile bisweilen rückgebildet. Artspezifisch verschieden die Beziehungen zwischen Virgines (bzw. Exsules) und Sexuales: a) die gleiche Virgo erzeugt Gynoparae und ♂♂; b) die gleiche Virgo erzeugt Virgines und Sexuparae; c) die gleiche Virgo erzeugt Virgines, ♂♂ und begattungsbedürftige ♀♀. Zahl der Generationen in einem Entwicklungszyklus bei verschiedenen Arten, z.T. auch bei der gleichen Art, sehr verschieden, teils durch Außenfaktoren bedingt, teils für die Art bezeichnend. Ein für eine Reihe von Arten nachgewiesener, den Übergang von ein- zu zweigeschlechtlicher Vermehrung bestimmender, oft erst bei den Nachkommen sich auswirkender Faktor: Leben unter Kurz- bzw. Langtagbedingungen; Langtag fördert das Auftreten von Virgines, Kurztag das von Sexuales, wobei auch Temperaturfaktoren hineinwirken können, teils während der Hell-, teils während der Dunkelphase; der – noch unbekannte – die Dauer der Hellphase registrierende Rezeptor liegt dorsal im Kopf im oder auf dem Gehirn (versenkte Ocellen?); in den Wirkungskreis eingeschaltet sind die neurosekretorischen Zellen der Pars intercerebralis des Vorderhirns: bei deren Ausschaltung keine Reaktion mehr auf den Kurztag-Langtag-Wechsel (bei ***Megoura viciae*** Bckt.); bei den im Dauerdunkel und bei nur wenig schwankender Temperatur an Wurzeln lebenden Blattläusen bestimmen von der Pflanze stammende, bisher unbekannte Faktoren die Entstehung der Sexuales: sie entwickeln sich immer dann, wenn die Ruhephase des Wirts beginnt; Virgines anderer, oberirdisch saugender Blattläuse, reagieren auf (ebenfalls unbekannte) Vorgänge ihrer Wirtspflanze zur Zeit des abklingenden Schoßwachstums mit der Bildung von Sexuales. Auch die Entstehung von Alatae bzw. Apterae ist von Außenfaktoren bestimmt: Wegen Übervölkerung häufiger Körperkontakt mit Artgenossen (nicht mit sie beschützenden Ameisen) führt zur Entstehung von geflügelten Formen, fehlt dieser Kontakt, so entstehen auch dann ungeflügelte Formen, wenn die Pflanze wegen zu starken Befalls geschädigt wurde; in (wenigen) anderen Fällen hat die Pflanze einen Einfluß auf das Auftreten von Alatae: bei der auf der Traubenkirsche lebenden ***Rhopalosiphon padi*** L. entstehen vermehrt Alatae nach Abschluß des Triebwachstums. Blattläuse können hinsichtlich der Generationenfolge sein: 1. holozyklisch: eine Serie parthenogenetisch sich fortpflanzender Generationen wird gegen Saisonende beendet durch das Auftreten der Sexuales, das begattete ♀ legt besamte, in der Regel überwinternde Eier; mit oder ohne Wirtswechsel; 2. anholozyklisch (aposexuell): keine Sexuales (z.B. unter günstigen klimatischen Bedingungen, oder bei Fehlen des Hauptwirts), Fortpflanzung ausschließlich parthenogenetisch; zuweilen tritt bei der gleichen Art je nach den Umständen Holozyklie oder Anholozyklie auf. Wirtsspezifität (Saugen an bestimmten Pflanzen) sehr verschieden ausgeprägt, besonders auffallend bei Arten mit obligatorischem Wirtswechsel, setzt Umstimmung der vom Haupt- auf den Nebenwirt überwandernden Formen voraus; Grade der Wirtsspezifität: manche Arten an verschiedensten Wirtspflanzen (polyphag), andere nur an wenigen (oligophag), andere an nur einer Wirtspflanze (monophag); Monophagie in ganz strengem Sinne ist wahrscheinlich selten; manchmal sind jedoch Unterarten nur durch die spezifische Wirtspflanze gekennzeichnet; Wirtsfindung durch die Wanderformen: nur in wenigen Fällen ist Genaueres bekannt; sicherlich treten große Verluste auf, tragbar durch die starke parthenogenetische Vermehrung; zwischen aktivem Start und aktiver Landung weitgehend passiver Transport durch Luftströmungen; manche Arten werden im Flug angelockt vor allem durch Gelb und Gelbgrün (wobei Ultraviolettbeimischung wichtig sein kann), werden aber dadurch kaum zu ihrem spezifischen Wirt geführt; Hauptprüfung (vermutlich durch den chemischen Sinn) offenbar durch Probestiche am Landeplatz; für die Kohllaus ***Brevicoryne brassicae*** L. ist z.B. das mit den Mundteilen wahrgenommene Senfölglykosid Sinigrin der Wirtspflanze ein positiver Reizfaktor, ebenso das Alkaloid Spartein des Besenginsters für ***Acyrtosiphon spartii*** Kock; in anderen Fällen ist das Spektrum bestimmter Aminosäuren und der pH-Wert entscheidend für die Attraktivität; auch der Entwicklungszustand der Pflanze oder eines Pflanzenteils kann wichtig sein für Annahme oder Ablehnung durch die Laus. Insbesondere die Fundatrix und ihre Nachkommen leben nicht selten in artspezifisch verschieden geformten Gallen, für deren Entstehung der im Speichel gallbildender Blattläuse nachgewiesene Pflanzenwuchsstoff IES (Indolyl-3-essigsäure) offenbar eine Rolle spielt. Die ökonomische Bedeutung vieler Blattlausarten ist beträchtlich, teils durch unmittelbare Schädigung der Pflanzen (Saftentzug bei starkem Läusebefall) teils mittelbar als Überträger (Vektoren) pflanzlicher Viruskrankheiten (s.a. → Honigtau). Haupt-Blattlausfeinde: verschiedene Schlupfwespen (z.B. → Aphidiidae), manche Grabwespen (→ Sphecidae; die ♀♀ mancher Arten tragen Blattläuse als Futter für ihre Larven ein); Larven und Imagines von Marienkäfern (→ Coccinellidae); die Larven gewisser Schwebfliegen (→ Syrphidae) und von Florfliegen (→ Chrysopidae). In Mitteleuropa etwa 850 Arten, deren Klassifikation nicht immer einheitlich gehandhabt ist; häufig werden 8 Fam. unterschieden: → Lachnidae; → Chaitophoridae; → Callaphididae; → Aphididae; → Thelaxidae; → Eriosomatidae (Pemphigidae); → Adelgidae (Chermesidae); → Phylloxeridae. (Aoki et al. 1981; Buchner 1953; Dahl 1971; v. Dehn 1963, 1967, 1969; Dixon 1976; Ehrhardt 1963; Foldi 1981; Günther 1968; Hornung 1974; Houk, Griffiths 1980; Johnson 1959; Kennedy 1958; Kloft 1960; Kunkel 1973; Kunkel, Mittler 1971; Moericke 1955, 1962; Mosbacher 1964 a, b; F.P. Müller 1955, 1969; Nault et al. 1973, 1976; Pesson 1951; Rietschel 1969; Schäller 1968; Strümpel 1983; Wynn, Boudreaux 1972; Zwölfer 1958).

Aphidius; → Aphidiidae.

Aphidoidea; → Aphidina.

Aphis; → Aphididae 2, 3, 19, 24, 25, 28, 29, 38, 42.

Aphodius; → Scarabaeidae 1.

Aphomia; → Pyralidae 4.

Aphrophora; → Cercopidae.

Aphthona; → Erdflöhe 4.

Apidae, Echte Bienen; Fam. der Hautflügler (Hymenoptera, Apocrita, Apoidea); beschränkt nunmehr auf die Unterfam. Bombinae und Apinae; in M-Eur.i.e.S. nur die Gttgn. ***Bombus***, ***Psithyrus*** und ***Apis*** mit 41 Arten; mit Ausnahme der Schmarotzerhummeln **(Psithyrus)** und den Königinnen von **Apis** Schienenkörbchensammler (→ Apoidea). **1.** ***Bombus***, Hummeln; 31 Arten in M-Eur.i.e.S., die bekannten, meist pelzig und oft bunt behaarten stattlichen Blütenbesucher; oft starke Variabilität der Färbung bei der gleichen Art, auch Farbunterschiede zwischen ♂♂ und ♀♀; mit ihrem recht langen Saugrüssel können sie auch Blüten mit verborgenem Nektar ausnutzen, Rüssellänge jedoch bei verschiedenen Arten verschieden; manche kurzrüsseligen Arten (z.B. ***B. terrestris*** L., Erdhummel) neigen dazu, Blüten mit tiefliegendem Nektar seitlich mit dem kräftigen Rüssel oder mit den Mandibeln (auf Grund von Erfahrung an günstiger Stelle) zu öffnen und so an den Nektar zu gelangen (→ Nektarraub); gelegentlich auch Einsammeln von Honigtau; der Pollen wird, wie bei der Honigbiene, im Schienenkörbchen heimgebracht (→ Apoidea), auch von der Königin; bei günstiger Witterung Trachtflüge auch nachts. Die im Herbst begatteten großen ♀♀ überwintern in Schlupfwinkeln, suchen an warmen Frühlingstagen nach einem geeigneten Nistplatz, wobei sie dunkle Stellen im Erdreich und Löcher anfliegen und genau untersuchen. Neststand artspezifisch verschieden, teils unterirdisch (z.B. ***B. lapidarius*** L., Steinhummel; ***B. terrestris*** L., Erdhummel; ***B. hortorum*** L., Gartenhummel), teils am Boden im Bewuchs oder auch darüber in alten Vogelnestern, Baumstubben u. dgl. (z.B. ***B. pratorum*** L., Wiesenhummel; ***B. pascuorum*** Scop. (= ***agrorum*** F.), Feldhummel; ***B. silvarum*** L., Waldhummel); Nest [**A-60**] in der Regel mit einer Hülle aus Moos, Pflanzenfasern, Tierhaaren, Laub und ähnlichem Material, deren inneres Dach mit einer von der Nestgründerin, später auch von den Arbeiterinnen erweiterten, wasserundurchlässigen Wachsschicht versehen wird; nicht selten, vor allem (nur?) bei Nestern, die vor einsickerndem Regenwasser geschützt sind, wird die Hülle aus verkrustendem Nektar und/oder Honig hergestellt; das Wachs wird von allen ♀♀ während der ganzen Brutsaison erzeugt; Wachsdrüsen dorsal und ventral an allen Hinterleibssegmenten, außer dem ersten; das Wachs wird oft mit Baumharz und Pollen vermischt verbaut. Die erste Brutanlage wird von der Königin allein besorgt: auf einem Klumpen

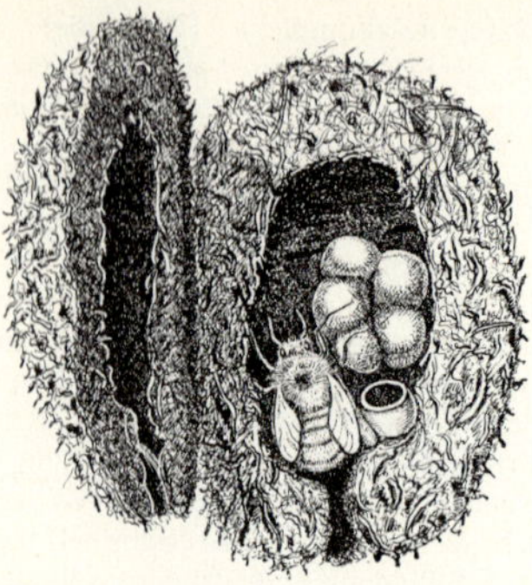

Abb. A-60: ***Bombus agrorum***, Feldhummel. Junges Nest; aufgeschnitten, nur Königin vorhanden; ein offener Honigtopf und fünf geschlossene Zellen mit sich entwickelnden Arbeiterinnen. (v. Frisch 1969)

»Bienenbrot« (Pollen und Nektar) werden mehrere Eier abgelegt, das Ganze wird mit einer Wachshaube zugedeckt; ferner wird gleich zu Beginn der Nestgründung nahe dem Eingang ein Wachsnapf mit Nektar zur Ernährung des ♀ bei schlechtem Wetter angelegt; Nachverproviantierung der geschlüpften Larven mit Bienenbrot, ferner durch ein Loch im Wachsdeckel mit Flüssigkeit aus dem Rüssel (Drüsensekret? Nektar?). Verpuppung der oft relativ klein bleibenden Larven (wenig Futter) in einem selbstgesponnenen Kokon; die daraus schlüpfenden sterilen Arbeiterinnen helfen weiterhin der Königin, die sich mehr und mehr auf das Eierlegen beschränkt; Vorräte von Pollen und Nektar in Wachstöpfen, auch in leeren Kokons, beigebracht von den immer zahlreicher und auch größer werdenden Arbeiterinnen (Zahl wechselnd, max. bis ca. 500). Eine Arbeitsteilung im Volk tritt in verschiedenen Formen auf, nicht nur zwischen Königin und Arbeiterinnen, auch in der Gruppe der Arbeiterinnen z.B. Wechsel zwischen Innen- und Außendienst; Wächterdienst des gleichen Individuums über mehrere Tage, Nestgenossen werden am Geruch erkannt; die biologische Bedeutung mannigfacher, durch Vibrationen der Thoraxmuskulatur (mit oder ohne Flügelbewegung) erzeugter Töne ist nicht eindeutig geklärt. Die Determination zur Arbeiterin, bzw. zur Königin erfolgt in den ersten 3–4 Lebenstagen der Larven auf unterschiedliche Weise: a) durch einen von der (jungen) Königin abgegebenen Stoff, der die Entwicklung fertiler ♀♀ hemmt, also zur Entstehung von Arbeiterinnen führt; diese sind immer deutlich kleiner als die Königinnen; fehlt dieser Determinator (bei älteren Königinnen der Fall), so dauert die Larvenentwicklung länger und führt zu (großen) Königinnen; Beispiel: ***Bombus terrestris.*** b) Die Determination erfolgt durch die Art der Futterversorgung der Larve: viel Futter in den ersten 4 Lebenstagen der Larve führt, wegen des darin in ausreichend großer Menge enthaltenen unbekannten Determinators, zur Entstehung von Königinnen; ihre endgültige Größe hängt, wie auch die der Arbeiterinnenlarven, von der Güte der weiteren Futterversorgung ab, was dazu führt, daß in dieser Gruppe (Beispiel: ***Bombus hypnorum***) die Größe nicht immer ein Unterscheidungsmerkmal für die beiden Kasten ist. Gelegentlich treten Nester mit mehreren Königinnen auf (Polygynie); bei Ausfall der Königin mehr oder weniger starke Entwicklung der Ovarien bei Arbeiterinnen, bis zur Ablage von (unbesamten) Eiern; Rangordnung: die Arbeiterin mit dem bestentwickelten Ovar dominiert über die anderen. Im Sommer Auftreten von ♂♂ und fertilen ♀♀, den zukünftigen Königinnen. Die ♂♂ fliegen im weiteren Nestbereich auf artspezifisch verschieden gestalteten geschlossenen Flugbahnen (manche Arten mehr in Bodennähe, andere in halber Höhe von Büschen oder Bäumen), wobei sie immer bestimmte Punkte anfliegen, sich auf der Vegetation niederlassen und Duftmarken aus dem Sekret der Mandibeldrüsen setzen [**A-61**]; im Sekret der Mandibeldrüsen von ***B. terrestris***-♂♂ wurde als Duftstoff Farnesol nachgewiesen, bei anderen Arten Isoprenoide und Fettsäuren; das Ausmaß solcher Flugbahnen erstreckt sich über einen Geländebereich von etwa 40 × 90 m; so stunden- und tagelang, wobei ein bestimmtes ♂ in der Regel seine bestimmte Bahn einhält und im gleichen Richtungssinn durchfliegt; an diesen Flugbahnen treffen sich die ♂♂ mit den begattungsreifen ♀♀; mehrmalige Begattung der ♀♀ ist möglich; diese werden dann allein in einem Versteck den Winter überdauern, die ♂♂ und Arbeiterinnen sterben ab. (Ähnliche Flugbahnen der ♂♂ sind auch bei einer Reihe solitärer Bienen nachgewiesen). Hummeln kommen bis in sehr hohe Breiten vor (Lappland, Grönland), hier zuweilen Ausfall der Arbeiterinnenkaste, also Rückfall in die solitäre Lebensweise. Besiedlung hoher Breiten möglich durch die dichte Behaarung fast des ganzen Körpers und die Fähigkeit zu differenzierter Regulation der Körpertemperatur, was den Hummeln ermöglicht, auch bei kaltem Wetter aktiv zu sein (noch bei 2 °C) bzw. eine konstante Temperatur im Nest (ca. 30 °C) aufrechtzuerhalten; Wärmeerzeugung durch die Flugmuskulatur (im Nest durch Kontraktionen ohne Flügelbewegung, »Zittern«); Temperatur im Thorax bei fliegenden und bei brutwärmenden Tieren 30–40 °C; beim Flug wird durch einen Gegenstrom-Wärmeaustausch zwischen dem in der Leibeshöhle und dem in der Aorta fließenden Blut die Temperatur im Abdomen und damit der Wärmeverlust niedrig gehalten; beim Wärmen der Brut dagegen wird dieser Mechanismus ausgeschaltet, so daß vom Thorax und von dem weit ausgestreckt die Brutzelle bedeckenden Abdomen gleichermaßen Wärme abfließen kann. Die Königinnen mancher Arten neigen dazu, sich im Frühling der Nester der gleichen Art oder sogar anderer Arten zu bemächtigen, dieses Nest nach Vertreiben der Gründerin zu übernehmen; die Nestgründungsphase wird dann also übersprungen, eine Stufe hin zum Brutschmarotzertum. Unter blühenden Linden, zumal (oder nur?) unter der Krimlinde ***(Tilia euchlora)*** findet man bisweilen viele flugunfähige und tote Hummeln, seltener Bienen; Ursache ist vermutlich eine Vergiftung mit Mannose, einem im Nektar (und Pollen?) dieser Blüten in geringer Menge enthaltenen Zucker, der von Hummeln und Bienen nicht abgebaut werden kann, sich im Körper anhäuft und dann den Zuckerstoffwechsel blockiert. **2.** ***Psithyrus***, Schmarotzerhummeln; ♂♂ und ♀♀ stattlich, den echten Hummeln sehr ähnlich, ♀♀ jedoch ohne Sammelapparat, eine Arbeiterinnenkaste fehlt; die ***Psith.***-Brut wird von den Arbeiterinnen der Wirtsart aufgezogen, nachdem das ***Psith.***-♀ in ein in der Entwicklung schon etwas fortgeschrittenes ***Bombus***-Nest eindrang; beim Eindringen der ***Psithyrus***-Königin große Aufregung, die Arbeiterinnen greifen dabei nicht nur die Schmarotzerhummel an, sondern attackieren und töten sich gegenseitig, schließlich Beruhigung; die ***Bombus***-Königin wird von der Wabe vertrieben (manchmal auch umgebracht); die Hemmung der Eibildung bei den ***Bombus***-Arbeiterinnen durch das ***Ps.***-♀ ist gegenüber vorher verringert, daher, ca. 3 Wochen nach der Okkupation Eiablage durch ***Bombus***-Arbeiterinnen; ***Bombus*** und ***Psithyrus***-Larven treten in Konkurrenz, bedingt Begrenzung der Zahl der ***Psithyrus***-Nachkommen (bei der amerikanischen ***Psith. variabilis*** Cress., die bei ***B. americanorum*** F. schmarotzt, dezimiert das ***Psith.***-♀ durch Aufreißen der Zellen, Fressen der Eier und Freilegen der Larven einen Teil der Wirtsbrut). Im Sommer Auftreten der neuen ***Psith.***-♂♂ und -♀♀; die ***Psith.***-♂♂ mit ganz ähnlichen Flugbahnen wie die der ***Bombus***-♂♂; Begattung; Überwintern der begatteten ♀♀. ***Psith.*** (in Deutschland 9 Arten) stammt sicher von ***Bombus*** ab; manche ***Psith.***-Arten schmarotzen nur bei bestimmten ***Bombus***-Arten, denen sie auch äußerlich ähneln können, andere haben ein breiteres Wirtsspektrum. **3.** ***Apis***, Honigbienen; in Europa nur mit der Art ***A. mellifica*** L. vertreten (zumal im angelsächsischen Schrifttum oft als ***A. mellifera*** L. bezeichnet, wenig glücklich, weil die Biene keinen Honig heimträgt, sondern Nektar,

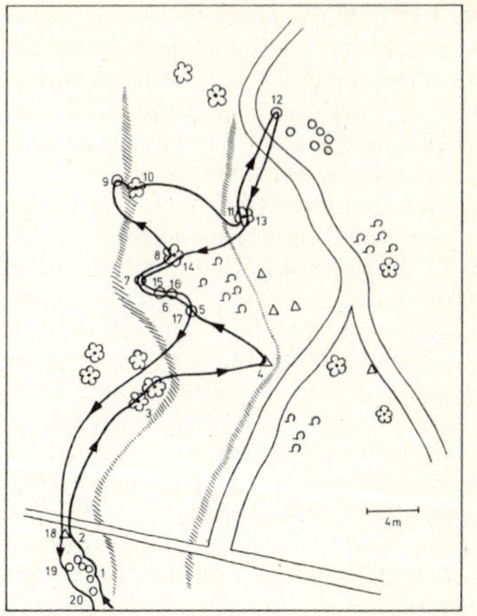

Abb. A-61: ***Bombus lapidarius***, Steinhummel. ♂. Flugbahn (am 12.8.1947. o = Buche, ▵ = Gemeine Kiefer ✿ = Eiche, ∩ = kleinere Sträucher, ✿ = Feldahorn, ⫽ = Steinhalden) mit 20 Gruppen von Anflugspunkten, an denen Duftmarken gesetzt wurden. Höchste Punkte 15–18 m hoch. (Haas 1949)

der erst im Stock durch Fermentation und Wasserentzug zu Honig wird); verbreitet vor allem die drei Rassen ***A.m. mellifica***, die Dunkle Biene, auch Nordrasse, ***A.m. carnica***, die Kärntner Biene und ***A.m. ligustica***, die Italiener Biene; alle drei Rassen in M.-Eur. nur mehr selten genetisch rein; weitere ***Apis***-Arten, teils domestiziert, teils wild, in Südafrika, Süd- und Ostasien. Bekanntester Vertreter sozialer Insekten; Vorfahren aus dem Bernstein bekannt; seit mindestens 5000 Jahren vom Menschen als Honig- und Wachslieferant in Pflege genommen und in den bekannten Kunstnestern (Beuten) gehalten; die ursprüngliche Wildform, heute noch gelegentlich verwilderte Völker (ausgerissene Schwärme) in Höhlen von Bäumen, Felsen oder Gebäuden. Die intensive Erforschung ihrer Lebensweise ist begünstigt einerseits durch das Halten als Haustier, offenbar ohne daß dadurch schwerwiegende Änderungen des Verhaltens durch Domestikation auftraten; andererseits durch das intensive Einsammeln von im Stock abgelagerten Futtervorräten durch die Arbeiterinnen, das ein Beobachten einzelner, passend gekennzeichneter Individuen über längere Zeit gestattet. Lebensweise und Leistungen der einzelnen Bienen und des Volkes (bis über 50000 Individuen, mit den bekannten Kasten: Königin, Arbeiterinnen, Drohnen) hier als in den Grundzügen bekannt vorausgesetzt; zum Pollensammelapparat vgl.

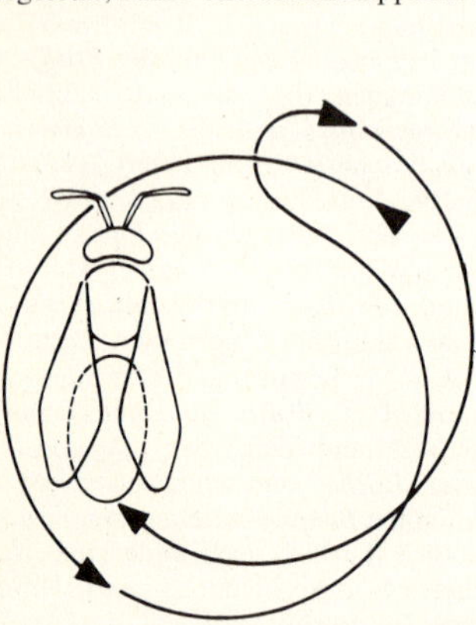

Abb. A-62: Beim Rundtanz durchläuft die alarmierende Biene enge Kreise links- und rechtsherum. Die alarmierten Stockgenossinen fliegen aus und suchen in der näheren Umgebung des Stockes nach der Trachtquelle.

→ Apoidea; hier nur Hinweise auf einige Probleme. **A.** Zur **Tanzsprache**, die den Sammlerinnen im Stock Informationen vor allem über eine gute Trachtquelle vermittelt; a) **Rundtanz** [**A-62**] bei Trachtquelle in Stocknähe (bis etwa 50, max. 100 m Abstand), veranlaßt die im Stock mit der Tänzerin in Berührung kommenden Sammlerinnen zum Ausfliegen und Suchen in allen Richtungen rings um den Stock nach dem Blütenduft, den die Tänzerin im Haarkleid und im Nektar bzw. im Pollen mit heimgebracht hatte. b) **Schwänzeltanz** [**A-63**] bei weiter entfernter Trachtquelle, vermittelt den dadurch angeregten Sammlerinnen im Stock über die Sonnenorientierung der Tänzerin folgende Daten: α) Richtung zur Trachtquelle; Schwänzellauf auf waagerechter Tanzfläche (z.B. auf dem Anflugbrett des Stockes) weist direkt in Richtung des Futterplatzes, auf der senkrecht hängenden Wabe im dunklen Stockinnern Transponieren auf die Schwerkraft (diese Transponierfähigkeit ist auch bei anderen Insekten bekannt); β) Entfernung des Futterplatzes vom Stock: Abnehmen des Tanztempos (Zahl der Schwänzelläufe pro Zeiteinheit) mit zunehmender Entfernung der Trachtquelle, Messen der dann in das Tanztempo übertragenen Weglänge am Kraftaufwand beim Hinflug zur Trachtquelle; γ) Art des Nektarspenders: durch den im mitgebrachten Nektar übermittelten Blütenduft. Auf eine bisher noch ungeklärte Weise hat auch das Erdmagnetfeld Einfluß auf die Richtungsangabe beim Schwänzeltanz. Lokalisierung der als Kompaß benutzten Sonne: bei klarem Himmel direkt, bei teilweise bedecktem Himmel nach einem Stückchen Himmelsblau über das Polarisationsmuster des blauen Himmelslichtes, bei nicht zu starker gleichmäßiger Bewölkung über Ultraviolettwahrnehmung. Der tägliche Sonnengang wird für die Richtung des Schwänzellaufes ständig mitverrechnet, d.h. Bienen sind fähig, den Ablauf der Zeit in Rechnung zu stellen (können auch z.B. auf eine bestimmte Futterzeit dressiert werden); der Mechanismus dieser Uhr ist unbekannt; nach neueren Untersuchungen scheint sie nicht (nur) endo- sondern (auch) exogen, durch rhythmische Veränderungen des Magnetfeldes der Erde gesteuert zu werden. Es gibt geringe, aber konstante Unterschiede in der Art der Tänze, z.B. des

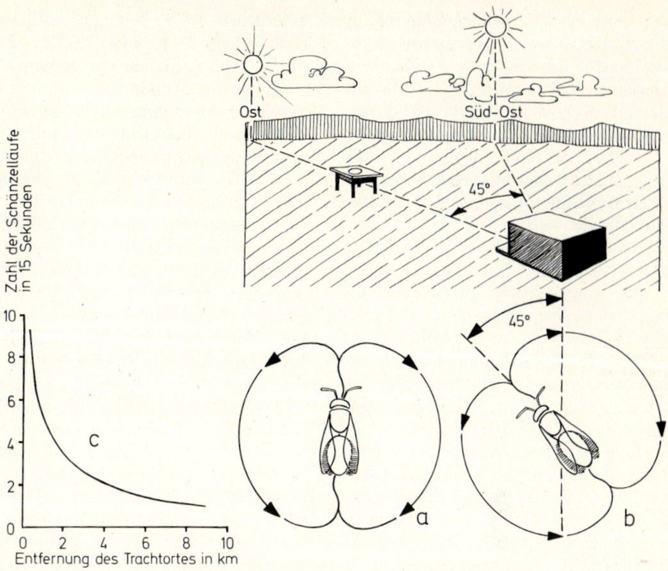

Abb. A-63: Beim Schwänzeltanz werden im dunklen Stock auf der senkrechten Wabe abwechselnd rechts- und linksherum halbkreisförmige Bögen durcheilt, die von geradlinigen Läufen unterbrochen sind, bei denen der Hinterleib rasch hin und her bewegt und ein schnarrendes Geräusch hervorgebracht wird. Die Richtung des geradlinigen Schwänzellaufes relativ zur Schwerelinie gibt die Richtung an, in der sich draußen die Trachtquelle relativ zur Richtung, in der die Sonne steht, befindet. Liegt die Tracht, oder – wie in der Abbildung – ein künstlicher Futterplatz, östlich vom Stock, so weist der Schwänzellauf um 6 Uhr früh (um diese Zeit steht die Sonne im Osten) senkrecht nach oben (a). Etwa 3 Stunden später steht die Sonne im Südosten, d. h. die Trachtquelle befindet sich nun 45° links von der Richtung zur Sonne. Dementsprechend ist der Schwänzellauf um 45° nach links aus der Senkrechten herausgedreht (b). Die Anzahl der in der Zeiteinheit durchlaufenen Tanzfiguren – Schwänzellauf-Halbkreis – ist ein Maß für die Entfernung des Sammelplatzes (c).

Tanztempos beim Schwänzeltanz, bei verschiedenen Bienenrassen. Zu erwarten, aber gleichwohl erstaunlich: die durch die Tänze aktivierten Stockbienen »verstehen« die übermittelten Informationsdaten genau und finden alsbald die Trachtquelle, »tanken« zuvor die für den Hinflug benötigte Menge »Treibstoff« (Honig). Tänze von »Spurbienen« auf der Schwarmtraube führen auf die gleiche Weise den Schwarm zu einem geeigneten Nistplatz, (wird durch den Imker durch vorzeitiges Einfangen des Schwarmes in der Regel verhindert). Regulation der Körpertemperatur erlaubt den Bienen sowohl bei niedriger (bis zu 10 °C) als auch bei hoher (46 °C) Umgebungstemperatur zu fliegen; Überhitzung wird verhindert durch Verdampfen von Wasser des Honigblaseninhalts, der tropfenweise hochgewürgt und mit der Zunge gehalten (Kühlung des Kopfes) oder zur Kühlung der Flugmuskulatur über den Thorax verschmiert wird. **B. Bedeutung einiger im Bienenkörper gebildeter Stoffe;** a) für die **Kastenbildung:** Drohnen entstehen in der Regel aus unbesamten Eiern (♂♂-Larven, die ausnahmsweise aus besamten Eiern entstehen können, werden alsbald von den Arbeiterinnen erkannt und vernichtet); die in den großen Weiselzellen zu Königinnen aufgezogenen Larven erhalten (neben Honig) ständig und im Überfluß Nahrung (Futtersaft) aus den Mandibeldrüsen und – vor allem – aus den beiden im Kopf liegenden, dicht hinter dem Mund ausmündenden Schlunddrüsen (Pharynxdrüsen, Futtersaftdrüsen; nur bei jungen Arbeiterinnen voll entwickelt); Arbeiterinnenlarven wird nur in den ersten 3 Tagen auch an Drüsensekreten reiches Futter angeboten, später wird der Diät zunehmend Honig und Pollen beigemischt; qualitativ zeigen beide Diäten überraschende Ähnlichkeit; sie bestehen neben Wasser und Invertzucker (Honig) aus Proteinen, Fettsäuren, Steroiden, Vitaminen und Aminosäuren; der Futtersaft der Königinnenlarven (Weiselfuttersaft) ist allerdings viel reicher an Biopterin, Neopterin und Pantothensäure als der für die Arbeiterinnenlarven, wird ihnen auch besonders oft von den Ammenbienen verabreicht; ausschlaggebend für die Entwicklung zur Königin ist jedoch die Beigabe eines spezifischen, in unvorstellbar geringer Menge wirksamen (5 Milliardstel g im Futtersaft einer Königinnenlarve!) Determinators, dessen chemische Natur immer noch unbekannt ist. b) Das **Duftorgan** (Nassonoffsche Drüse) der Arbeiterin; Ansammlung einzelner Drüsenzellen, die am Vorderende des letzten (7.) Hinterleibstergits münden; Freilegen des Mündungsfeldes bei gleichzeitigem Flügelschwirren beim »Sterzeln«, Hinterleib dabei angehoben; das fruchtig duftende Sekret enthält zumal bei älteren Bienen u.a. Geraniol, dient dem Anlocken von Arbeiterinnen z.B. an der Trachtquelle oder am Stockeingang. Der Lockstoff ist weder stock-, noch rassenspezifisch; der besondere Nestgeruch, der den Angehörigen eines Volkes im Haarkleid anhaftet und sie als solche kenntlich macht, ist bedingt durch Verschiedenheit z.B. im Duft der Wohnung und der eingetragenen Nahrung, Unterschiede, die ein Verfliegen der Bienen in einen falschen Stock zwar nicht vollständig, aber weitgehend verhindern. c) **Pheromone der Königin:** α) Die Königinsubstanz (Queen-substance), ein Gemisch von z.T. chemisch bekannten Stoffen (insbes. der 9-Oxodecensäure), abgesondert von den Mandibeldrüsen, und β) ein von abdominalen Hautdrüsen (den Tergittaschendrüsen) sezerniertes, an 4 bis 8 Tage alten Königinnen für uns wahrnehmbares und angenehm duftendes Pheromon; *Wirkungen im Stock:* Das Mandibeldrüsensekret zeigt den Arbeiterinnen die Anwesenheit der Königin an; es wirkt außerdem aus einer Distanz von mehreren Zentimetern anlockend auf die Pflegebienen, die den »Hofstaat« bilden, der dann durch das Sekret der Taschendrüsen, das nur über kurze Entfernungen wahrgenommen werden kann, stabilisiert wird; schließlich unterdrückt die Königinsubstanz die Entwicklung der Keimdrüsen der Arbeiterinnen (bei Ausfallen der Königin Entwickeln und Ablegen unbesamter Eier durch die Arbeiterinnen; Drohnenbrütigkeit!), und außerdem – solange sie in genügender Menge im Stock vorhanden ist – den Bau von Weiselzellen. *Wirkungen außerhalb des Stockes:* Beim Hochzeitsflug der Königin funktionieren beide Pheromone als Sexuallockstoffe; die jungfräuliche Königin wird (wegen einer übermäßigen Absonderung von Taschendrüsensekret?) – bei schönem Wetter am frühen Nachmittag – durch aggressives Verhalten der Arbeiterinnen aus dem Stock getrieben, fliegt aus; die Drohnen halten sich um diese Zeit an bestimmten Plätzen (in »Drohnenwarteräumen«) in 10 bis 20 m Höhe auf; die Königin fliegt diese Plätze an, wird am Mandibeldrüsensekret windabwärts schon aus ca. 50 m Entfernung von den Drohnen wahrgenommen und angeflogen; im Nahbereich der Königin überwiegt die Attraktivität des Taschendrüsenpheromons, es erhöht die Paarungsbereitschaft und führt zur Kopulation; mehrmalige Begattungen bei einem Ausflug der Königin; Hochzeitsflüge nicht selten an aufeinanderfolgenden Tagen wiederholt, dann zeitlebens keine weitere Verpaarung mehr; keine Artspezifität der Wirkung der Sexuallockstoffe: ***mellifica***-♂♂ werden auch durch die Lockstoffe der ost-asiatischen ***A. cerana*** F. und der indischen ***A. florea*** F. angelockt. Schließlich ist das Mandibeldrüsensekret (auch das Pheromon der Taschendrüsen?) für den Zusammenhalt des Schwarmes von Bedeutung. Wahrgenommen wird die Königinsubstanz außer durch den Geruchssinn (durch bestimmte Sinneszellen in den Porenplatten der Fühler) vielleicht auch durch direkten Kontakt mit Sensillen der Mundteile. d) **Gefahrenalarm** durch bedrohte Arbeiterinnen (dieses Verhalten fehlt der Königin und den Drohnen): Herumlaufen mit Flügelschwirren, angehobenem Hinterleib bei vorgestrecktem Stachel, an diesem bisweilen ein Gifttropfen sichtbar (»Giftsterzeln«); löst bei anderen Arbeiterinnen Alarm und Angriff auf den Feind aus; auslösender Faktor: ein im Stachelrinnenpolster gespeicherter Duftstoff (Bildungsort unbekannt), der dem Gift beigemischt wird; ein wirksamer Bestandteil ist Isoamylacetat; daneben eine

Reihe weiterer Acetate und aliphatischer Kohlenwasserstoffe; hinzu tritt das aus den Mandibeldrüsen stammende, nach Keton duftende, ebenfalls Alarm auslösende 2-Heptanon. e) **Bienengift:** Die Biene injiziert beim Stich ca. 0,3 Mikroliter Gift (ca. 0,1 mg Trockensubstanz); sein Hauptbestandteil (50% des Trockengewichts) ist das hämolytische und neben Histamin (1–3%) für die Schmerzwirkung verantwortliche Melittin; Histamin wird außerdem freigesetzt durch die Wirkung des sog. Mastzellen-degranulierenden Peptids (MCD-Peptid, 3%); die Enzyme Phospholipase A und Hyaluronidase (3%) haben als Antigene zumindest Anteil an der Resistenz von Imkern gegen Teile des Bienengiftes (gegen die Schmerzhaftigkeit des Stichs wird keine Immunität aufgebaut); ein weiteres Peptid, das Apamin (2–3%) ist ein Nervengift; gefährlich sind das Bienengift – und andere Hautflüglergifte (→ auch Vespidae 2) – nur für Menschen, die an einer Giftallergie leiden; bei letzteren kann schon ein Stich durch anaphylaktischen Schock zum Tod führen, für Gesunde sind vermutlich erst mehrere (viele?) hundert Stiche tödlich; (→ auch »Mörderbiene«); Apamin und das MCD-Peptid sind enzündungshemmend und darum von pharmakologischem Interesse; zwei Drüsen am Stachelapparat: die als langer, am Ende gegabelter Schlauch ausgebildete Hauptdrüse mündet in die als Speicher dienende Giftblase; Bedeutung der kleinen, sog. alkalischen (Dufourschen) Drüse bei der Biene nicht geklärt; Beginn der Giftsekretion bereits kurz vor dem Schlüpfen, Höhepunkt am 10.–16. Lebenstag; die Widerhaken an der Spitze der Stechborsten bewirken, daß bei der Bienenarbeiterin beim Stich in die faserige Säugetierhaut der Stachel hängen bleibt, und mit ihm der – im Gegensatz zu den Verhältnissen bei der Bienenkönigin, bei den Wespen und Hummeln (bei allen haben die Stechborsten Widerhaken) – nur schwach im Abdomen befestigte, gesamte Stachelapparat (einschließlich Giftblase und letztes Hinterleibsganglion) herausgerissen wird; das ist zwar für die Biene tödlich, der Stechvorgang (Bewegung der Stechborsten, Entleeren der Giftblase) läuft jedoch weiter, da die nervöse Versorgung durch das Ganglion gewährleistet ist; nach stanzendem Stich in eine Insektenkutikula (z.B. bei der Abwehr in den Stock eindringender Wespen oder fremder Bienen) wird der Stachel wieder herausgezogen; die entleerte Giftblase wird in 1–2 Tagen wieder gefüllt. Der schlechte Geschmack des Giftes bietet Schutz gegenüber manchen Kleinvögeln, nicht jedoch gegenüber Kohlmeisen und Bienenfressern. f) **Wachs und Wabenbau;** je ein Paar »Wachsspiegel« auf der vorderen Hälfte der 4 hinteren Hinterleibssternite, unterlegt von den in der Regel bei 10–20 Tage alten Arbeiterinnen besonders stark entwickelten Wachsdrüsen (jetzt Hauptbautätigkeit); das Wachs besteht aus einer großen Zahl (ca. 200) von Verbindungen, gesättigten und ungesättigten Kohlenwasserstoffen (mit 27–33 Kohlenstoffatomen = C_{27}–C_{33}) und Estern (C_{40}–C_{64}), freien Säuren (C_{24}–C_{28}) und freien Alkoholen; nur 4 dieser Verbindungen sind zu mehr als 5% im Wachs enthalten; die große Mannigfaltigkeit der Komponenten ist (wohl) die Ursache für die leichte Formbarkeit und für den niedrigen Schmelzpunkt des Bienenwachses, das, von den Drüsen bereitet, durch die Kutikula tritt und dann als Wachsschüppchen auf dem Wachsspiegel liegt; von dort wird es mit den Beinen abgenommen und an die Mandibeln weitergereicht, die es zu dem überaus exakt ausgeführten, vor allem an der Zellenbasis ausgeklügelt konstruierten Wabenbau mit 6-kantigen Zellen verarbeiten (ähnlicher, jedoch einfacher und anders angeordneter Wabenbau aus zerkautem Holz – bei manchen tropischen Formen auch aus Lehm – bei den sozialen Faltenwespen (→ Vespidae); die Orientierungs- und Meßleistungen beim Bau des so regelmäßigen, durch die Form der Zellen materialsparenden Wabenmusters z.T. noch nicht geklärt; wichtig ist das jederseits im Nacken liegende Polster von Sinneshaaren (Schweresinnesorgan), nach dessen Ausschalten ein Wabenbau unmöglich ist; fraglich, wie die 120°-Winkel so genau gemessen werden; Kontrolle der richtigen Zellwanddicke bei dem Bearbeiten mit den Mandibeln vermutlich über Sinnesorgane an den Fühlerspitzen. Bei der Anordnung (Richtung) der wie die Blätter eines Buches nebeneinander herabhängenden Waben, ist – haben die Bienen nur Gelegenheit, in einer leeren Höhle zu bauen – vermutlich Orientierung nach dem Magnetfeld der Erde im Spiel (kommt in der Kunstbeute mit eingehängten Rähmchen nicht zum Tragen). **C.** Bisher keine Wahrnehmung von **Luftschall** bei Bienen nachgewiesen, obwohl für das Ohr des Menschen, außer dem Flugton, durchaus wahrnehmbare Laute erzeugt werden: a) »Tüten« der Jungkönigin, antwortendes »Quaken« ihrer noch in den Weiselzellen wartenden, später von ihr abgestochenen Kolleginnen; Lauterzeugung durch die Flugmuskulatur: »Laufenlassen des Flugmotors« ohne Ausbreiten der Flügel (320–500 Hz); Wahrnehmung durch den sehr empfindlichen Vibrationssinn, wohl über Sinnesorgane in den Beinen; b) der (vermutlich ebenfalls mit der Flugmuskulatur erzeugte) Bettellaut einer der Tänzerin nachfolgenden Biene, veranlaßt die Tänzerin abrupt anzuhalten (zu »erstarren«) und eine Kostprobe des Sammelgutes abzugeben; Frequenz des Bettellautes 320 Hz, für den Menschen hörbar, wird wahrscheinlich mit dem Vibrationssinn wahrgenommen; c) der beim geradlinigen Lauf des Schwänzeltanzes von der Flugmuskulatur erzeugte Tanzlaut (280 Hz) dagegen, wird (vermutlich) nicht über den Vibrationssinn registriert; Art der Wahrnehmung ist unbekannt. (Alford 1975; Autrum, Kneitz 1959; Birr et al. 1979; Blum 1978; Free 1958; Free, Simpson 1968; Friese 1923; K.v. Frisch 1965, 1969, 1977, 1978; Gerken 1944; Haas 1949, 1960, 1965; Habermehl 1983; Heimbach 1983; Heinrich 1976 a, b, 1979 a, b, 1980 a, b; Hermann 1979/82; Honk et al. 1980, 1981; Jacobs-Jessen 1959; Jentsch 1968; Jung, Hoffmann 1966; Kaissling, Renner 1968; Königsmann 1968; Krüger 1951; Kugler 1943, 1970; Lercker et al. 1982; Liepelt 1963; Lindauer, Martin 1968; Markl 1969; Martin, Lindauer 1968, 1977; Martin et al. 1983; Maschwitz 1964, 1966; Medugorac, Lindauer 1967; Michelsen et al. 1986; Michener 1974; Plowright, Laverty 1984; Prince et al. 1985; Reinig 1981; Rembold 1973, 1975; Renner 1959, 1960; Renner, Baumann 1964; Renner, Vierling 1977; Röseler 1968, 1974, 1975; Röseler P.-F. und I. 1974; Ruttner, Kaissling 1968; Sakagami, Akahiri 1960; Schmidt, J.O. 1982; Schneider, P. 1972; Schneider, V. et al. 1986; Shearer, Boch 1965; Simpson 1964; Stein 1963 a, b; Svenson, Bergström 1977; Tulloch 1980; Vierling, Renner 1977; Wehner 1984; Weiss 1975; Wilson 1971).

Apis; → Apidae 3.

Apion; → Curculionidae 12.

apneustisch nennt man Insekten, bei denen Tracheen und Stigmen fehlen; Hautatmung.

Apocheima; → Geometridae 30.

Apocrita, U-Ordng. der Hautflügler; → Hymenoptera.

Apoda; → Cochlidiidae 1.

Apoderus; → Curculionidae 9.

Apoidea, Blumenwespen, Bienen (i. w. S.); Üb-Fam. der Hautflügler (Hymenoptera, Apocrita); klein bis stattlich, meist nach Art der Honigbiene stark behaart und unscheinbar gefärbt, selten bunt (Hummeln; manche der meist schwach behaarten, brutschmarotzenden Kuckucksbienen). Für die Üb-Fam. kennzeichnend: gefiederte Haare zumindest auf dem Mittelsegment. Die ausschließlich von den ♀♀ beigebrachte Hauptnahrung für die Imagines und die Larven: Pollen und Nektar (selten: Pollen und Öl, → Melittidae 3), für die Larven sozialer Arten zudem noch Speicheldrüsensekrete. Nektargewinnung mit den bald kürzeren, bald längeren leckend-saugenden Mundteilen (Saugrüssel), tief verborgener Nektar nur den langrüsseligen Arten zugänglich; Rüssel bei den langrüsseligen Arten in der Ruhe nach hinten umgeklappt; Nektartransport in dem im Hinterleib liegenden Kropf (»Honigmagen«, »sozialer Magen« der Honigbiene); Stapeln des Nektars als Futter für die Larven, bei sozialen Arten auch für die Imagines, in den Zellen der von den ♀♀ in den verschiedensten Substraten und in verschiedensten Formen hergestellten, oft mit Drüsensekreten ausgekleideten, ein- oder mehrzelligen Nestern (vgl. die Angaben bei den einzelnen Fam.); Nestwand, wenn erforderlich (z.B. in sandigem Boden), verfestigt mit Sekret der Dufourschen Drüse; enthält bisweilen flüchtige (der Nestmarkierung dienende) Substanzen; aus der Mandibeldrüse werden nicht selten fungi- und bakterizide Stoffe beigemischt; in den Zellen ebenfalls Stapeln des Pollens; Pollensammeln und vor allem Pollentransport in verschiedenen Gruppen sehr verschieden; beim Freimachen des Pollens werden sicher sehr oft die meist kräftigen Mandibeln benutzt; mehr oder weniger starke Bepuderung des behaarten Körpers, zumal auf der Bauchseite, mit dem Pollen, der dann durch besonders dazu geeignete Bewegungen den Pollentransportorganen (fehlen den ♂♂, den brutschmarotzenden

Kuckucksbienen, der Königin der Honigbiene) zugeführt wird. Nach der Art des Pollentransportes 3 Haupttypen unterscheidbar: 1. Kropfsammler: der verschluckte Pollen wird wie der Nektar im Kropf transportiert, im Nest ausgewürgt (z.B. ***Hylaeus*, *Xylocopa***). 2. Bauchsammler: die ♀♀ an der Unterseite des Hinterleibes mit einer dichten Bürste (Bauchbürste) schräg nach hinten gerichteter Haare [**A-64**]; (→ Megachilidae). 3. Beinsammler [**A-64**]: ausgezeichnet durch eine starke Behaarung besonders der Hinterbeine, an denen, was für alle Bienen gilt, das 1. Fußglied (Fersenglied [**A-65**]) mehr oder weniger stark verlängert und bisweilen auch stark verbreitert ist; oft Spezialbehaarung an bestimmten Beingliedern; nach der Art des bevorzugten Pollentransports sind oft deutlich Schenkel- und Schienensammler unterscheidbar; Sonderstellung der → Apidae als hochspezialisierte Schienenkörbchensammler [**A-66**]: der Pollen wird im Körbchen der blanken, von langen Haaren umstellten Außenseite der Hinterschienen transportiert; der mit Pollen bepuderte Körper wird zunächst mit den Mittel- und Hinterbeinen abgeputzt, dabei sammelt sich der Pollen in der aus regelmäßigen Haarreihen bestehenden Bürste an der Innenseite des Fersengliedes; beim »Höseln« (im Flug über der Blüte) kratzt der Pollenkamm an dem dem Körper zugewandten distalen Ende der Hinterschiene den Pollen aus der gegenseitigen Fersenbürste: der Pollen der rechten Ferse kommt an die linke Schiene und umgekehrt; durch den Druck des »Fersenhenkels« am proximalen Ende des Fersengliedes wird dann der – inzwischen mit Honigblaseninhalt (Honig oder Nektar) befeuchtete – Pollen an der Außenseite der Schiene von unten her in das Körbchen hineingedrückt und mit den Mittelbeinen festgeklopft; der zuerst gesammelte Pollen sitzt also im gefüllten Körbchen am weitesten

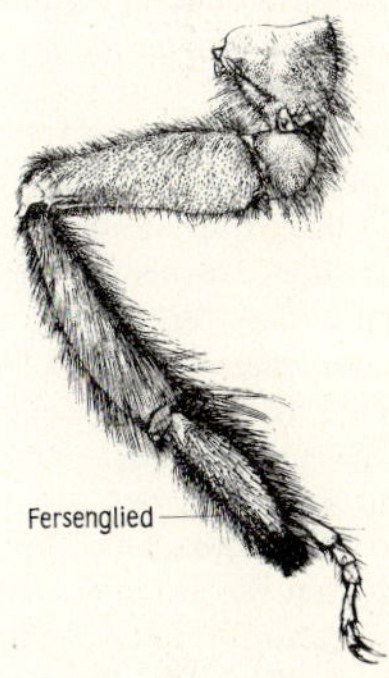

Abb. A-65: Hinterbein von ***Anthophora fulvitarsis*** ♀, einer Beinsammlerin. (Bischof 1922)

Abb. A-64: Bauchsammler (***Megachile*** sp., oben) und Beinsammler (***Dasypoda*** sp.).

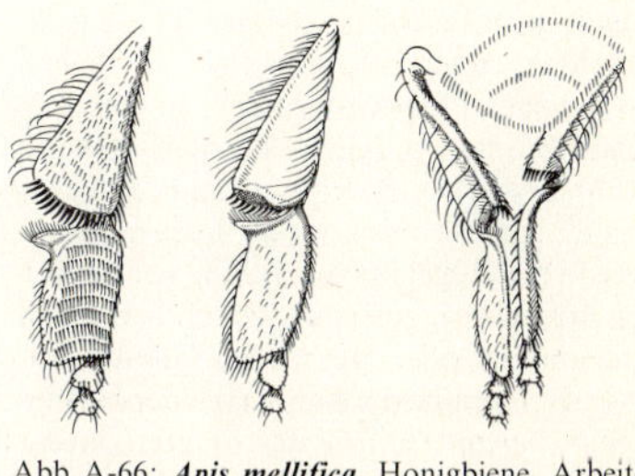

Abb. A-66: ***Apis mellifica***, Honigbiene, Arbeiterin. Hinterbein mit Sammelapparat, links von innen, Mitte von außen; rechts Hinterbeine beim Höseln von hinten.

proximal. Geschlechtsbestimmung (in der Regel) so, daß aus unbesamten Eiern ♂♂ (arrhenotoke Parthenogenese), aus besamten ♀♀ entstehen (Kastenbildung: → Apidae). Die meisten Arten leben solitär (»solitäre« Bienen), d.h. ein einziges ♀ sorgt für Nestbau und Verproviantierung; es bereitet für die Larven in jeder Zelle als Futter ein mehr oder weniger flüssiges Gemisch aus Pollen und Nektar, danach wird die Zelle verschlossen; meist eine, selten 2 oder 3 Generationen im Jahr; an günstigen Stellen oft Häufung von Nestern, kein Ausdruck sozialen Verhaltens. Engeren Kontakt haben die Bienen der sog. kommunalen (→ soziale Insekten) Kolonien, bei denen mehrere ♀♀ derselben Generation ihre Zellen in einem gemeinsamen Nistplatz unterbringen. In den immer individuenarmen quasisozialen Verbänden bauen und verproviantieren einge gleichaltrige ♀♀ gemeinsam die Zellen. Erst bei den semi-sozialen Kolonien kommt es zu einer Arbeitsteilung: nur einige der (wiederum) gleichaltrigen ♀♀ sind begattet und haben vollständig entwickelte Eierstöcke, während bei den übrigen (meist unverpaarten) ♀♀ keine Eientwicklung stattfindet; am Bau der einzelnen, nacheinander entstehenden Zellen und an ihrer Verproviantierung sind immer mehrere ♀♀ beteiligt, nie wird gleichzeitig an mehreren Zellen gearbeitet. Im Gegensatz zu diesen drei parasozialen Verbänden, bei denen alle adulten Bienen einer Generation angehören, sind bei den eusozialen Bienen zwei Generationen adulter Tiere im Verband vorhanden. Derartige soziale Gebilde, bei denen die Nestgründerin zeitweilig oder ständig mit ihren Nachkommen zusammenlebt, sind unabhängig voneinander mehrmals entstanden, bei den Furchenbienen (→ Halictidae), den Pelzbienenartigen (→ Anthophoridae) und bei den Echten Bienen (→ Apidae). Überwinterung ist in verschiedenen Stadien möglich: bei den früh im Frühjahr erscheinenden Arten durchweg als Imago, sonst wohl meist als Larve; Begattung in der Regel im neuen Jahr vor Beginn der Brutsaison, zuweilen jedoch bereits im Spätsommer oder Herbst des Geburtsjahres (z.B. Hummeln); Sonderfall der Honigbiene: → Apidae. Für das Sichfinden der Geschlechter sind wohl in der ganzen Gruppe Sexuallockstoffe von Bedeutung, sie sind jedoch nur in einzelnen Fällen genauer untersucht (→ Apidae; ***Macropis***, → Melittidae 3). Verbreitet ist das Auftreten von brutschmarotzenden Kukkucksbienen (immer ohne Sammelapparat), unabhängig voneinander in mehreren Fam; Kuckucksbienen schmuggeln ihre Eier in die Nester anderer, sicherlich häufig mit ihnen verwandter Bienen ein, ihre Larven entwickeln sich am Futtervorrat der Wirtsbiene. Die etwa 560 mitteleuropäischen Arten werden heute 7 Fam. zugeordnet: A. Kurzzungige (»niedere«) Bienen: → Andrenidae; → Colletidae; → Melittidae; B. Langzungige (»höhere«) Bienen: → Anthophoridae; → Apidae; → Halictidae; → Megachilidae. (Barth 1982; Bertsch 1975; Brian 1980; Cane 1981; Cane et al. 1983; Eickwort, Ginsberg 1980; Friese 1923; v. Frisch 1969; Königsmann 1968; Kugler 1970; Kullenberg 1956; Markl 1969; Menzel, Erber 1978; Michener 1974; Vogel 1974, 1981, 1986; Warncke 1977; Westrich 1984; Wilson 1971).

Apollo; ***Parnassius*** sp.; → Papilionidae 4, 5, 6.

Aporia; → Pieridae 1.

aposexuell; → Anholozyklie.

Appelia; → Aphididae 16.

Aprileule, ***Griposia aprilina*** L.; → Noctuidae 9.

Apterae; die ungeflügelten Formen im Generationenzyklus der Blattläuse.

Apterina; → Sphaeroceridae.

Apterygida; → Dermaptera.

Apterygota, Urinsekten; kleine bis höchstens mittelgroße, auch im geschlechtsreifen Zustand stets flügellose Insekten; die Flügellosigkeit gilt als ursprüngliches Merkmal; früher wurden sie aufgeteilt auf die 4 Gruppen: Diplura, Protura, Collembola und Thysanura und als primär ungeflügelte Insekten (Apterygota) den übrigen, primär geflügelten Insekten, den → Pterygota, gegenübergestellt. Die heute übliche Eingliederung in das System: a) **Entognatha,** mit den U-kln. → Diplura, → Protura, → Collembola; b) **Ectognatha,** mit den UKln. → Archaeognatha, → Zygentoma, → Pterygota. Archaeognatha und Zygentoma waren früher in der Gruppe der → Thysanura (s. oben) vereint, sind jedoch wegen eines wichtigen Merkmals zu trennen: Bei den Archaeognatha sind – wie bei allen Entognatha – die Mandibeln nur durch ein Gelenk (monokondyl) mit der Kopfkapsel verbunden, während bei den Zygentoma, wie bei allen pterygoten Insekten, die Mandibeln mit 2 Gelenken (dikondyl) an der Kopfkapsel inserieren.

Aptilotus; → Sphaeroceridae.

Aptinothrips; → Thripidae.

Arachnocampa; →Fungivoridae.

Aradidae, Rindenwanzen; Fam. der Landwanzen (Heteroptera, Geocorisae); klein bis mittelgroß (heimische Arten 4 bis 10 mm), sehr flach; Kurzflügeligkeit kommt vor; meist schwarz oder braun; vor allem unter Rinde, in Rindenspalten, zwischen den Lamellen von Baumschwämmen. Stechborstenbündel außerordentlich lang (bis zum 6fachen der Körperlänge), in Ruhe wie ein zusammengelegtes Schiffstau aufgerollt in einer Höhle des Vorderkopfes [**A-67**]; ermöglichen Anstechen und Aussaugen von Pilzfäden, weit entfernt vom Sitzplatz; Speichel befördert durch die Tätigkeit einer Speichelpumpe [**A-67**]; → auch Heteroptera; bei anderen Arten Saftsaugen an höheren Pflanzen; manche wohl auch räuberisch an kleinen Insekten saugend. Manche neotropische (auch einheimische?) Arten mit benetzbarer Körperoberfläche; wird, wenn befeuchtet, wie nasse Rinde dunkler, so daß die Tarnung durch Farbanpassung aufrechterhalten wird. In M-Eur. i.e.S. etwa 20 Arten der Gttg. ***Aradus***, u.a. ***A. cinnamomeus*** Panzer, Kiefernrindenwanze (2–5 mm [**A-68**]); bewirkt durch Saugen unter den Rindenschuppen Rindenrissigkeit, bei stärkerem Befall sogar Abfallen von Rinde und Nadeln; wichtiger, weltweit verbreiteter Primärschädling, vor allem an Kieferkulturen; Entwicklung zweijährig, Imagines und ältere Larven überwintern in der Bodenstreu; Paarungen von III bis V, Eiablage Ende IV bis VI. (Günther 1968; Hoberlandt 1972; Jordan 1962, 1972; Silberglied, Aiello 1980).

Aradus; → Aradidae.

Araecerus; → Anthribidae 3.

Araeopidae; *Araeopus*; → Delphacidae.

Araschnia; → Nymphalidae 8.

Arachnocampa; → Fungivoridae.

Archaeognatha (Microcoryphia); U.-Klasse der (ectognathen) Insekten, eine der primär flügellosen Gruppen (Urinsekten, → Apterygota; vgl. auch → Thysanura); im Vergleich zu den in mancher Hinsicht ähnlichen → Zygentoma ausgezeichnet durch nur einen Gelenkkopf an den Mandibeln und durch verhältnismäßig große,

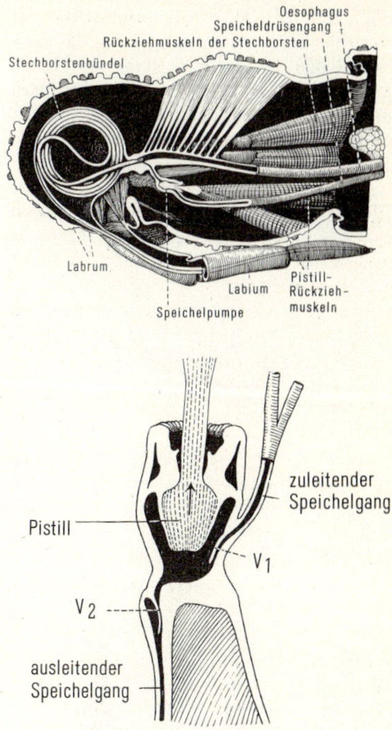

Abb. A-67: Oben: Vorderkörper einer Rindenwanze, *Aradus* sp.; längs geschnitten. Stechborstenbündel eingezogen und aufgerollt. Unten: Speichelpumpe von ***Palomena*** sp. (→ Pentatomidae), stärker vergrößert; V_1 und V_2 Ventile. (Weber 1933, verändert).

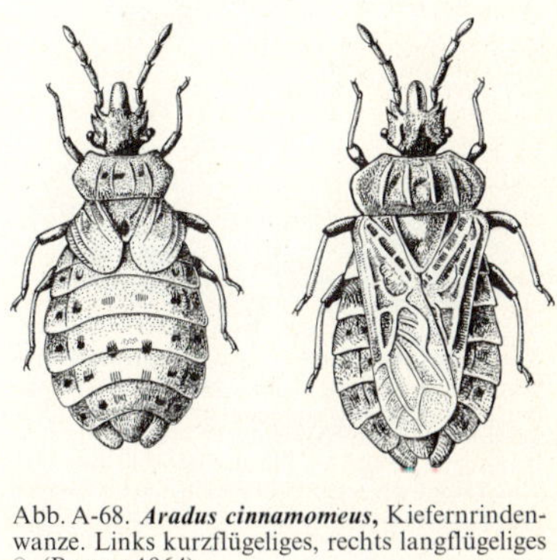

Abb. A-68. ***Aradus cinnamomeus***, Kiefernrindenwanze. Links kurzflügeliges, rechts langflügeliges ♀. (Brauns 1964)

oben auf dem Kopf oft sich berührende Komplexaugen sowie lange, fast extremitätenartige Unterkiefertaster; sog. Hüftgriffel (Styli) an Mittel- und Hinterbrust und an allen Hinterleibssegmenten, ferner an den meisten Segmenten paarige, durch Blutdruck ausstülpbare Coxalbläschen, deren Bedeutung noch nicht voll geklärt ist. Hierher nur die Fam. **Machilidae,** Felsenspringer [**A-69**]; von den insgesamt

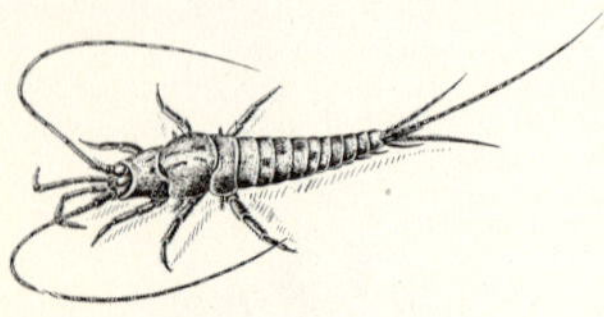

Abb. A-69: ***Machilis*** sp. Felsenspringer, Körper ca. 12 mm. (Schaller 1969)

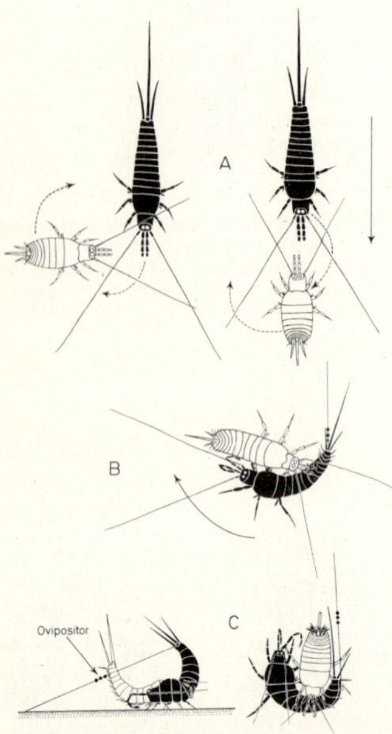

Abb. A-70: Paarung bei ***Machilis germanica,*** ♂ schwarz. A Stellung beim Anheften des Fadens durch das ♂, in Richtung des ausgezogenen Pfeiles, anschließend Bewegungen der Partner im Sinne der gestrichelten Pfeile. B das ♂ drückt das ♀ durch Wendung im Sinne des Pfeiles in die abgebildete Paarungsstellung. C rechts Paarungsstellung von oben, links von der Seite. (Sturm 1955, Schaller 1962)

etwa 150 bekannten Arten einige Vertreter mehrerer Gattungen in M-Eur.i.e.S.; Beispiel: ***Machilis germanica*** Jan.; an den Meeresküsten: ***Halomachilis maritimus*** Latr., Küstenspringer; mittelgroß (ca. 15 mm); Körper mit verschieden gefärbten, oft ein artspezifisches buntes Muster bildenden Schuppen bedeckt; halten sich, durch ihre Färbung gut getarnt, auf mehr oder weniger feuchtem Gestein (der Küstenspringer z. B. in der Spritzwasserzone), auch auf Baumrinde oder zwischen Moos auf, benagen mit den recht kräftigen Kiefern vor allem Algen und Flechten. Sehr bezeichnend das schnelle Wegspringen bei starker Störung; wahrscheinlicher Ablauf der Bewegung: unter Buckelbildung Abstoßen des Körpers mit den beiden vorderen Beinpaaren und dem Hinterende, wobei die 3 auffallenden hinteren Anhänge (2 Cerci und ein langer Endfaden) keine große Rolle spielen (Springen auch nach deren Amputation fast normal), beim Landen in der Regel Bauch nach unten. Zweigeschlechtliche Fortpflanzung mit indirekter Samenübertragung (auch bei anderen Urinsekten nachgewiesen, z. B. bei → Collembola und → Diplura); das paarungswillige ♂ trommelt mit den langen Unterkiefertastern auf den Boden oder auf den Körper eines angetroffenen ♀ (♀♀ trommeln fast nie); ein nicht paarungswilliges ♀ entfernt sich; ist es paarungswillig, so hebt es den Hinterleib an, wendet sich zum ♂, kommt näher; das sehr erregte ♂ tänzelt vor dem ♀ [**A-70A**], betrommelt es, beide gehen oft mehrere Male pendelnd vor und zurück; das ♂ drückt seinen (nicht als Begattungsorgan benutzten) Penis an einen Gegenstand, heftet hier einen dann durch Anheben des Hinterleibs ausgezogenen und 1–5 Spermatropfen tragenden Spinnfaden an [**A-70B**]; das ♂ packt das ♀ quer über dessen Leib mit den Kiefertastern, beide drehen sich so, daß unter zitternden Bewegungen das ♀ mit seinem mäßig langen Eilegeapparat die Spermatropfen abstreift; manchmal hilft das ♂ bei der Samenübertragung mit dem dem ♀ zugewandten Fühler; Paarungsdauer etwa 6 Minuten; am Sicherkennen der Partner vermutlich Gesichts-, Geruchs- und Tastsinn (Trommeln) beteiligt. Eier einzeln an das Substrat geklebt; zahlreiche Häutungen auch noch der geschlechtsreifen Tiere, dabei ist auch Regeneration verlorengegangener Körperanhänge möglich; Lebensdauer 2–3 Jahre. (Sturm 1955; Schaller 1954, 1962).

Archaeopsylla; → Siphonaptera.

Archanara; → Noctuidae.

Archiearis; → Geometridae 1.

Archimetabola; → Heterometabola.

Archips; → Tortricidae 9.

Archipterygota; diejenigen unter den geflügelten Insekten (Pterygota), bei denen sich auch ein flugfähiges Stadium (Subimago) noch zu häuten vermag; hierher nur die Eintagsfliegen (→ Ephemeroptera).

Arctia; → Arctiidae 9.

Arctiidae, Bärenspinner; Fam. der Schmetterlinge (Lepidoptera); Falter mittelgroß, die Flügel bei einem Teil der Arten recht bunt und auffallend gezeichnet, was bei diesen durchweg nachts fliegenden, tagsüber ruhenden Arten gewöhnlich im Sinne einer Auflösung der Körperform (Somatolyse) gedeutet wird [**A-81**]; Flügel in Ruhe flach dachförmig (wobei die zuweilen bunten Hinterflügel zugedeckt sind) oder eng an den Körper gelegt; Saugrüssel nicht selten mehr oder weniger stark verkümmert; jederseits ein metathorakales Tympanalorgan, das auf die Ultraschall-Ortungslaute der Fledermäuse anspricht und den Faltern ermöglicht, abrupt unvorhersehbare Ausweichmanöver auszuführen; manche Arten stoßen dabei gleichzeitig mit einer metathorakalen Kutikularplatte erzeugte, das Ortungssystem der Fledermäuse irritierende Ultraschallaute aus. Bei neuweltlichen Arten der Gttg. ***Uthetheisa*** spielen beim Paarungsverhalten sowohl weibliche als auch männliche Sexualpheromone eine Rolle: das Pheromon der ♀♀ ist ein Lockstoff (langkettige, ungesättigte Kohlenwasserstoffe), der das im Duftstrom gegen den Wind anfliegende ♂ zur Partnerin führt; in ♀-Nähe stülpt das ♂ am Abdomenende zwei große, puderquastenförmige Schuppenbüschel (Coremata) aus, von denen (aus feinsten Poren in den langgestielten Schuppen) ein Pheromon (Hydroxy-Danaidal, → Danaidal) freigesetzt wird, das beim ♀ Paarungsbereitschaft auslöst; dieses Pheromon kann von den Faltern nicht selbst synthetisiert werden, seine Vorstufen, für viele Tiere giftige Pyrrolizidin-Alkaloide, müssen mit dem Futter in den Körper der Raupen gelangen; die ♂♂ der südostasiatischen Gttg. ***Creatonotos*** haben 4 schlauchförmige, pneumatisch ausstülpbare Coremata [**A-71**]; das freigesetzte Pheromon lockt sowohl ♂♂ als auch ♀♀ an, die am Versammlungsort ihrerseits locken; in der Ansammlung viele Verpaarungen; auch hier funktioniert Hydroxy-Danaidal als ♂-Pheromon und auch hier werden Pyrrolizidin-Alkaloide als Vorstufen mit dem Futter aufgenommen; eigenartigerweise hängt die Größe der maximal über körperlangen Coremata von der Menge der von der Raupe aufgenommenen Pyrrolizidin-Alkaloide ab. Die bei manchen Arten stark und büschelig behaarten Raupen (Bärenraupen! [**A-72 A, B**]) gaben der ganzen

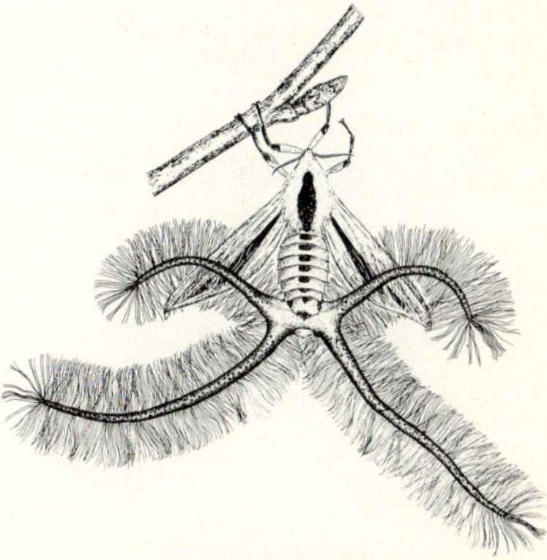

Abb. A-71: ***Creatonotos gangis***, ♂, mit ausgestülpten Coremata. Körperlänge 25 mm. (Boppré 1986)

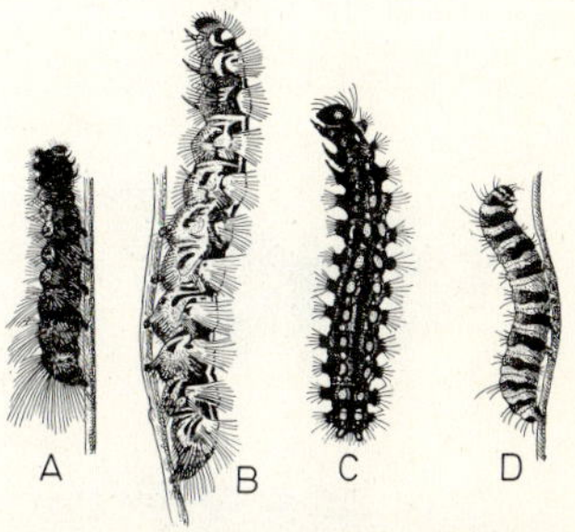

Abb. A-72: Raupen mit verschiedenen Haarkleidern; A ***Parasemia plantaginis***; B ***Rhyparia purpurata***, Purpurbär; C ***Eilemia complana***, Flechtenspinner; D ***Thyria jacobaea***, Jakobskreuzkrautbär. (Eckstein 1913/33)

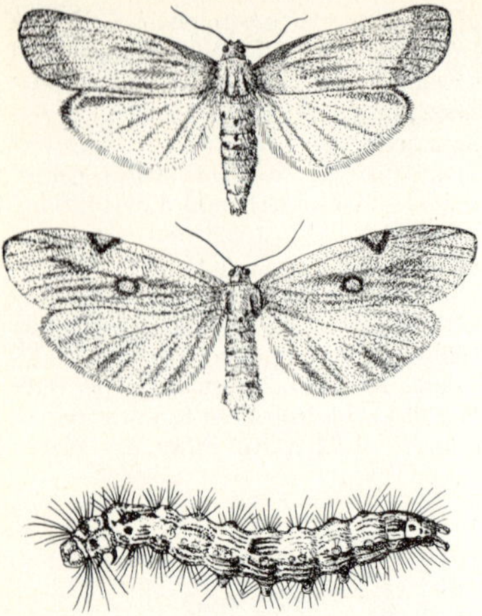

Abb. A-73: ***Lithosia quadra***, Vierpunktmotte. ♂ (oben) und ♀ (nat. Gr.) und Raupe, 40 mm. (Forster, Wohlfahrt 1954/81, Amann 1960)

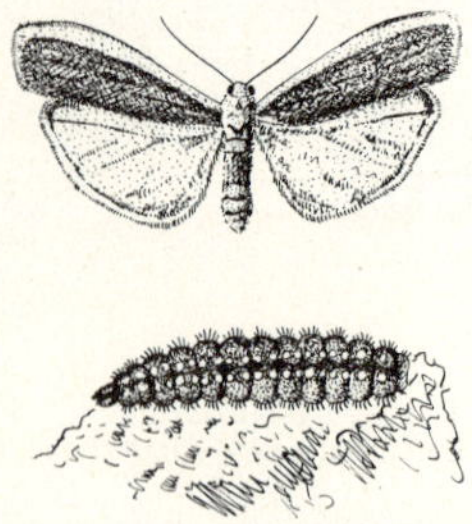

Abb. A-74: ***Eilema complana***, Flechtenspinner. ♀, nat. Gr. und Raupe, 30 mm. (Forster, Wohlfahrt 1954/81)

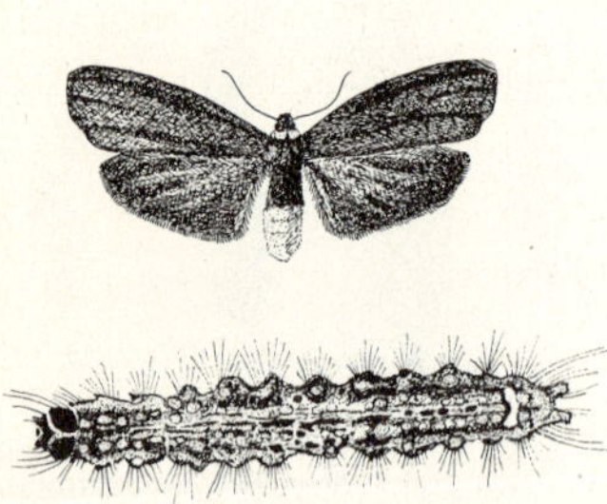

Abb. A-75: ***Atolmis rubricollis***, Rothals, ♀, nat. Gr., Raupe, 30 mm. (Forster, Wohlfahrt 1954/81)

Gruppe den Namen; doch gibt es auch Arten mit spärlich behaarten Raupen [**A-72 C, D**]; Hinterleib stets mit 5 gut ausgebildeten Beinpaaren; die meisten Raupen polyphag, besonders an krautigen Pflanzen; ausschließliche oder bevorzugte Nahrung bei einer Gruppe von Arten sind Baum- oder Steinflechten, z.T. auch Lebermoose (Flechtenbären); Überwinterung bei den mitteleuropäischen Arten meist als Raupe, seltener als Puppe, ausnahmsweise als Ei. Verpuppung in einem oft mit Raupenhaaren durchsetzten Gespinst, an oder unter Rinde, am Boden, unter Moos oder Steinen; die meisten Arten mit einer, manche mit 2 Generationen im Jahr. Von den etwa 8000 bekannten Arten dieser Fam. etwa 50 in Mitteleuropa, in der Regel keine an Nutzpflanzen schädlich, mit Ausnahme des aus Nordamerika nach Europa eingeschleppten Webebären. Aus der Gruppe der als Falter durchweg unscheinbaren gelblich bis gelblich-grau gefärbten Flechtenbären: **1. *Lithosia (Oeonistis) quadra*** L., Vierpunktmotte, Stahlmotte, Würfelmotte [**A-73**]; deutlicher Geschlechtsdimorphismus der Falter: Vorderflügel des ♂ gelbgrau, vorn an der Basis stahlblau, die des ♀ gelblich mit 2 stahlblauen, bräunlich umrandeten Flecken; Flugzeit VII–VIII; tagsüber auf Blättern im Unterholz mit eng angelegten Flügeln ruhend; Eier in zu kleinen Haufen vereinigten Reihen; die in manchen Jahren sehr häufigen, oft mit denen der Nonne (→ Lymantriidae) verwechselten Raupen, graubraun oder dunkler, mit hellem Rückenstreifen, daneben rote Warzen, büschelige Behaarung; sie fressen an Rindenflechten verschiedener Bäume ab IX, überwintern im Boden, fressen weiter bis VI, dann Verpuppung in weißgrauem Gespinst, meist in Spalten der Rinde. **2. *Eilema (Lithosia) complana*** L., Flechtenspinner ([**A-74**] als Beispiel für eine Reihe einander nach Aussehen und Lebensweise sehr ähnlichen Arten der gleichen Gattung); die kaum mittelgroßen, unscheinbar gelblichgrau gefärbten Falter fliegen nachts, ruhen tagsüber, die Flügel eng an den Körper gelegt; die verhältnismäßig kurz-büschelig behaarten Raupen [**A-74**] fressen und Überwintern wie bei der vorhergenannten Art an Baum- und Steinflechten, nehmen gelegentlich auch Blätter; graubraunes Verpuppungsgespinst zwischen den Flechten. **3. *Atolmis (Gnophria)***

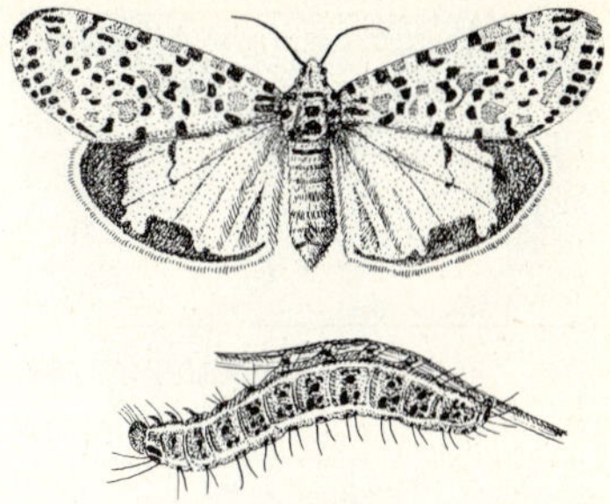

Abb. A-76: ***Utetheisa pulchella*****,** Harlekinbär. ♀ (rote Flecken punktiert) und Raupe; beide nat. Gr. (Eckstein 1913/33)

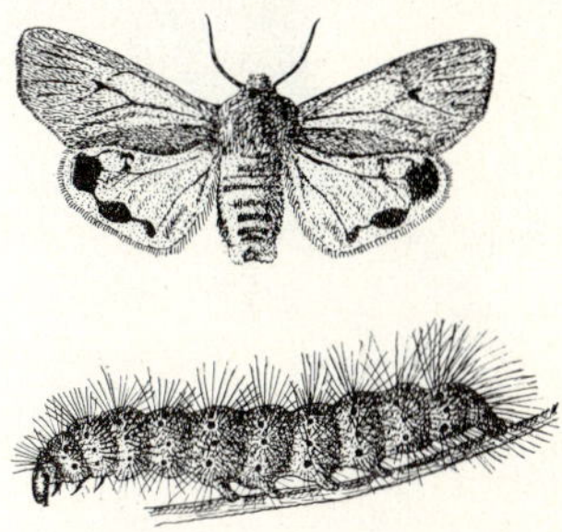

Abb. A-77: ***Phragmatobia fuliginosa*****,** Zimtbär ♀ und Raupe, beide nat. Gr. (Eckstein 1913/33)

Abb. A-78: ***Spilarctia lubricipeda*****,** Gelbe Tigermotte, Holunderbär. ♀. nat. Gr. (Forster, Wohlfahrt 1954/81)

rubricollis L., Rothals [**A-75**]; der kleine, fast einförmig düster schwarz-braun gefärbte Falter ausgezeichnet durch gelbes Hinterleibsende und roten Halskragen; Flugzeit V–VII; tagsüber ruhend, gern an Fichtenzweigen, an deren Flechten bevorzugt, wenn nicht ausschließlich, die büschelig behaarten Raupen fressen; Verpuppung im Herbst am Boden am Fuße der Baumstämme; die Puppe überwintert. Aus der Gruppe mit polyphagen Raupen: **4.** ***Utetheisa pulchella*** L., Punktbär, Prunkbär, Harlekinbär [**A-76**]; auffallende Zeichnung der Vorderflügel: kleine schwarze und rote Flecken auf weißgelbem Grund, Hinterflügel hellblau mit dunklem Saum; Heimat: die warmen Breiten der Alten Welt, fliegt, auch über das Mittelmeer hinweg, in manchen Jahren nach Mitteleuropa ein (→ Wanderfalter), u. U. bis Schweden und Finnland; im Süden 2 oder mehr Generationen, so bei günstigen Bedingungen auch im Zuwanderungsgebiet, übersteht hier aber wohl kaum den Winter (Überwinterungsstadium: Raupe); die Raupe (dunkle und rötliche Zeichnung auf gelbgrauem Grunde) frißt vor allem an rauhblättrigen Pflanzen (Boraginaceae), verpuppt sich in einem Gespinst zwischen den Blättern oder am Boden. **5.** ***Phragmatobia fuliginosa*** L., Rostbär, Zimtbär [**A-77**]; Vorderflügel oben etwa rost- oder zimtfarben, Hinterflügel mehr oder weniger ausgedehnt rötlich; 2 Generationen (Flugzeit: IV–VI, VII–VIII); Eier in Haufen an den Futterpflanzen; die lang und dicht rötlich behaarten Raupen an den verschiedensten Kräutern; Überwinterung: erwachsene Raupe der 2. Generation; Verpuppung im Frühling bodennah in bräunlichem Gespinst. Aus der Gruppe der auf hellem Grunde dunkel gefleckten »Tigermotten« (Saugrüssel stark rückgebildet): **6.** ***Spilarctia lubricipeda*** L. (= ***Sp. lutea*** Hufn.), Gelbe Tigermotte, Holunderbär; [**A-78**] Grundfarbe der Flügel gelblich, mit schrägem Punktstreifen (auf Helgoland und den benachbarten Küsten die stark verdunkelte Form ***zatima*** Gr.); Flugzeit V–VII, eine Generation (im Süden auch eine 2. Generation); Eier in Haufen an der Futterpflanze; die stark behaarten Raupen an verschiedensten Pflanzen, keineswegs nur an Holunder; Überwinterung als Puppe in grauem Gespinst zwischen Blättern oder am Boden. Sehr ähnlich, auch in der Lebensweise: **7.** ***Spilosoma menthastri*** Esp. (= ***Sp. lubricipeda*** L.), Weiße Tigermotte [**A-79**], Grundfarbe der Flügel weißlich; 5 Hinterleibssegmente gelb mit schwarzen Punkten; Raupe dunkelbraun mit scharfer, orangegelber Rückenlinie. **8.** ***Diacrisia san-***

nio L., Rotrandbär, Löwenzahnbär [**A-80**]; beide Flügel rot gesäumt; Geschlechtsdimorphismus; ♂: Grundfarbe der Flügel gelblich, Hinterflügel mit meist schwach ausgeprägter dunkler Zeichnung; ♀: Flügel mehr orangefarben, Hinterflügel oft stark verdunkelt; die ♀♀ fliegen ungern, die ♂♂ auch bei Tage; Rüssel rückgebildet; eine Generation (unter günstigen Bedingungen auch eine 2.); Flugzeit VI–VII; Eier häufchenweise an Blättern; die rötlich behaarten Raupen keineswegs nur an Löwenzahn, fressen nachts, verstecken sich tagsüber, überwintern, verpuppen sich im Frühling am Boden in einem grauen Kokon. **9. *Arctia caja*** L., Brauner Bär [**A-81**]; häufiger und bekannter Vertreter dieser Fam., obwohl man die Falter als Nachtflieger nicht oft zu Gesicht bekommt, eher schon abends, angelockt durch das Licht einer Lampe; auffallende somatolytische Zeichnung der flach dachförmig zurückgelegten Vorderflügel, die dann die roten, mit stahlblau glänzenden Flecken besetzten Hinterflügel zudecken; die Dornen der Hinterschienen sollen mit Giftdrüsen in Verbindung stehen, anscheinend sind auch die Nackendrüsen gifthaltig; der Saugrüssel ist rückgebildet; Flugzeit VII–VIII; Eihäufchen an der Blattunterseite; die Raupen sind lang schwarz-braun, an den Flanken rostrot behaart; sie fressen an den verschiedensten Futterpflanzen, sind im Herbst oft zu beobachten auf der Suche nach einem Überwinterungsplatz, fressen wieder im Frühling bis V; sie lassen sich bei Störung fallen, rollen sich ein, stellen sich tot; Verpuppung im Gespinst nahe dem Boden zwischen Stengeln oder direkt am Boden; meist nur eine Generation, in günstigen Jahren eine zweite. Mit ähnlicher

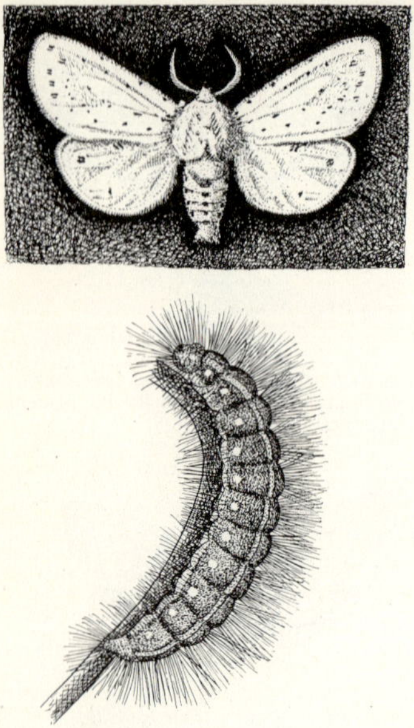

Abb. A-79: ***Spilosoma menthastri***, Weiße Tigermotte. ♂ und Raupe; nat. Gr. (Forster, Wohlfahrt 1954/81)

Abb. A-80: ***Diacrisia sannio***, Rotrandbär. ♂ (oben), ♀ und Raupe; nat. Gr. (Eckstein 1913/33)

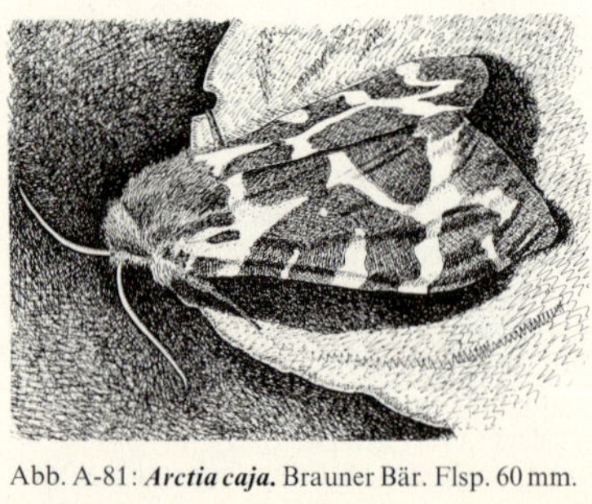

Abb. A-81: ***Arctia caja***. Brauner Bär. Flsp. 60 mm.

Färbung, Zeichnung und Ruhehaltung, auch sehr ähnlicher Lebensweise die beiden folgenden Arten: **10. *Callimorpha (Panaxia) dominula*** L., Jungfernbär, Schönbär [**A-82**]; **11. *Euplagia (Panaxia) quadripunctaria*** Pd., Spanische Flagge, Russischer Bär [**A-82**]. **12. *Thyria (Hipocrita) jacobaea*** L., Blutbär, Karminbär, Jakobskreuzkrautbär; kleiner als die Arten 9–11 (Flsp. knapp 40 mm); Hinterflügel rot mit dunklem Saum, Vorderflügel graubraun mit roten Abzeichen, Rüssel rückgebildet; Flugzeit V–VII; eine Generation (in den Südalpen 2); der Falter ist durch widerlichen Geschmack des Blutes gegenüber natürlichen Feinden bis zu einem gewissen Grade geschützt (geprüft an Säugern, Vögeln, Eidechsen, Fröschen und Kröten), wird nach Probieren, nicht auf Grund angeborenen »Wissens« um die Widrigkeit abgelehnt; vermag bei Störung aus einem Spalt jederseits zwischen Pro- und Mesothorax Hämolymphe mehrere cm weit auszuspritzen; auch alte Puppen werden abgelehnt, nicht dagegen junge, also allmähliche Entwicklung des bisher unbekannten Widrigkeitsfaktors im Blut; die spärlich behaarten, auffallend schwarz-gelb geringelten Raupen [**A-72**] VII–IX, zunächst gesellig, später sich zerstreuend, vor allem an Kreuzkrautarten (nicht nur an ***Senecio jacobaea*** L.), auch an Huflattich und Pestwurz; die Jungraupen fressen zunächst vor allem an den gelben Blütenständen des Kreuzkrautes, sind hier durch ihre Tracht optisch relativ geschützt, später, auf grünen Pflanzenteilen, ist ihre Tracht eine auffallende Warntracht: auch die Raupen werden, oft schon nach einmaliger Erfahrung, von natürlichen Feinden weitgehend abgelehnt (Ausnahme: »Spezialisten« wie z.B. der Wespenbussard); ein vermutlich chemischer Widerlichkeitsfaktor liegt in der Haut, nicht im Blut; Verpuppung im Herbst in einem dünnen Kokon am oder im Boden; die Puppe überwintert. **13. *Hyphantria cunea*** Dru., Amerikanischer Webebär, Weißer Bärenspinner [**A-83**]; Heimat: Nord-Amerika, eingeschleppt nach Südeuropa (zuerst: Ungarn), von dort schnelle Ausbreitung; 2 Falterformen: eine rein weiße Form (Tarsenspitzen dunkel) und eine mit dunkelgefleckten Vorderflügeln, beide Formen u. U. aus dem gleichen Gelege; 2 Generationen, Flugzeit IV–V und VIII–IX; Nachtflieger; bis zu 1000 Eier (im Durchschnitt ca. 500) in einem mit Haaren bedeckten Gelege an den Blättern der Futterpflanze (verschiedenste Kräuter, Büsche, Bäume); die lang behaarten Raupen zunächst gelblich, später gelbgrün mit stark verdunkeltem Rücken; Haarkleid gemischtfarbig, weiß, rötlich, schwarz; Ju-

Abb. A-82: A, B, D ***Callimorpha dominula***, Schönbär. ♂ und Raupe; C, E. ***Euplagia quadripunctaria***, Russischer Bär. ♂ und Raupe. A ca. nat. Gr. B–E 4/5 nat. Gr. (Forster, Wohlfahrt 1954/81; Eckstein 1913/33)

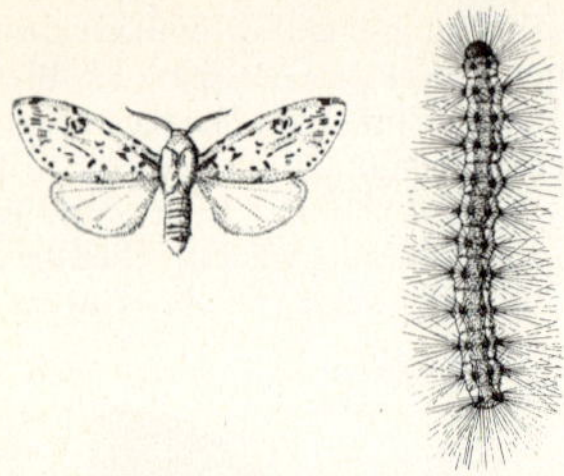

Abb. A-83: ***Hyphantria cunea***, Weißer Bärenspinner. ♂ und Raupe $^2/_3$ nat. Gr. (Forster, Wohlfahrt 1954/81)

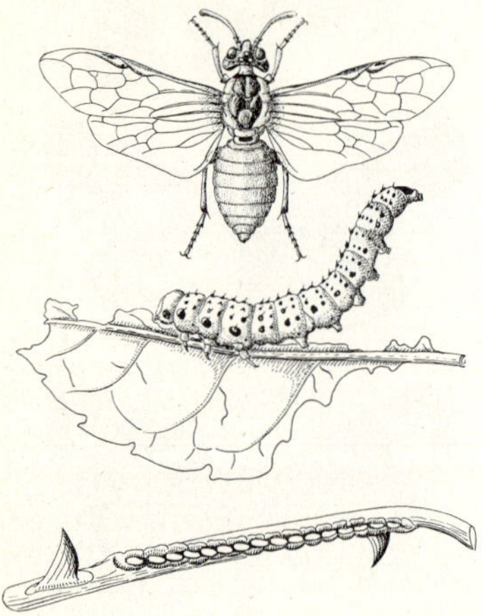

Abb. A-84: ***Arge rosae***, Gelbe Rosenbürstenhornwespe. Oben ♀, ca. 9 mm; Mitte Larve, 20 mm; unten Gelege. (Bollow 1960)

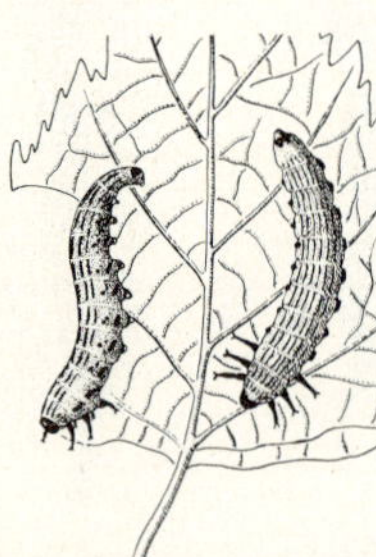

Abb. A-85: ***Arge pullata***, Blauschwarze Birkenblattwespe. Larven auf Birkenblatt, gelb, Zeichnung stahlblau. (Escherich 1923/42)

gendstadien gesellig in Gespinsten, die zuweilen wie ein Gewebe größere Teile der Fraßpflanze überziehen können; bei Massenauftreten schädlich, u. U. Kahlfraß; Verpuppung in verschiedensten Verstecken am oder über dem Boden; Kokon graubraun; Puppe der 2. Generation überwintert. (Boppré 1986 a, b; Boppré, Schneider 1985; Conner et al. 1981; Dierl 1969; Forster, Wohlfahrt 1954/81; Fullard 1979; Hannemann 1968; Schneider D. 1983; Windecker 1939).

Arctoperlaria; U.-Ordng. der Steinfliegen; → Plecoptera.

Ardis; → Tenthredinidae 7a.

Arge; → Argidae.

Argentinische Ameise, *Iridomyrmex humilis* Mayr; → Dolichoderidae 3.

Argidae, Bürstenhornblattwespen; Fam. der Hautflügler (Hymenoptera, Symphyta, Tenthredinoidea); kleine bis mittelgroße Blattwespen [**A-84**], ausgezeichnet durch Fühler mit nur 3 Gliedern (1. und 2. Glied kurz, 3. sehr lang, beim ♂ auf der Unterseite bürstenartig mit kurzen Haaren besetzt; bei den ♂♂ mancher Arten ist das 3. Fühlerglied stimmgabelförmig gespalten); die zuweilen recht bunten Larven (Afterraupen) mit 6–8 Paar Bauchfüßen am Hinterleib [**A-84, A-85**]; fressen frei auf den Futterpflanzen; Nahrungsspezifität zuweilen sehr ausgeprägt (z. B. ***Arge coeruleipennis*** Retz. an Weiden, ***A. berberidis*** Schrk., an Berberitzen, ***A. atrata*** Forst., an Eiche); Verpuppung an Zweigen oder im Boden in einem Gespinstkokon mit lockerer äußerer und seidigfester innerer Wand. Einige Arten werden gelegentlich durch Larvenfraß schädlich, z. B. **1. *Arge rosae*** L., Gelbe Rosenbürstenhornwespe (7–10 mm [**A-84**]); die Eier werden mit dem Legebohrer in Längszeile (16–18 Stück) in daraufhin verkümmernde Jungtriebe von Rosen kurz vor deren Spitze eingeschoben (»Nähfliege«); die Larven (mit 6 Paar Bauchfüßen) fressen an den Blättern; Verpuppung im Frühling in einem Kokon in den oberen Bodenschichten, hier auch Überwinterung der Larve; meist 2 Generationen im Jahr. Ähnliche Lebensweise an der Rose bei einigen anderen ***Arge***-Arten. **2. *Arge pullata*** Zadd., Blauschwarze Birkenblattwespe (10–12 mm); die Eier werden mit dem Legebohrer in Taschen am Blattrand eingeschoben, je ein Ei in jeden Blattzahn; die Larven (mit 8 Bauchfußpaaren [**A-85**]) fressen an den Blättern; zuweilen Kahlfraß ganzer, dann u.U. absterbender Bäume; der zähwandige Kokon ist an den Zweigen befestigt. (Bachmaier 1969; Bollow 1960; Escherich 1942; Königsmann 1968; Pschorn-Walcher 1982).

Argynnis; → Nymphalidae 10, 11, 12, 13.

Argyresthia; → Yponomeutidae 4, 5.

Argyroploce; → Tortricidae 22, 23.

Arista; borstenförmiger Anhang am großen 3. Glied (1. Geißelglied) des Fühlers bei cyclorrhaphen Fliegen; → Diptera; → [**D-23**].

Aromia; → Cerambycidae 13.

Arrhenotokie; diejenige Form parthenogenetischer Vermehrung, bei der alle Nachkommen ♂♂ sind.

Arthrocnodax; → Itonididae.

Arthropleona; U.-Ordng. der Springschwänze; (→ Collembola).

Ascalaphidae, Schmetterlingshafte; Fam. der Netzflügler i.e.S. (Planipennia), mit den Eigenschaften dieser Ordng.; von den etwa 300 bekannten Arten nur 3 Arten der Gattung ***Ascalaphus*** in M-Eur.i.e.S., z.B. ***A. libelluloides*** Schiff. (Körper etwa 25 mm, Flsp. bis knapp über 50 mm [**A-86**]); Körper der Imago weitgehend schwarz, pelzig behaart; deutscher Name nach der lebhaften, freilich nicht an Schuppen gebundenen gelb-schwarzen Färbung der Flügel; diese in Ruhe dachförmig zurückgelegt oder – nach dem Fliegen im Sonnenschein im Sommer – nach Art der Tagfalter gehalten; Fühler wie bei Tagfaltern am Ende keulig verdickt; machen im Flug Jagd auf Insekten; kräftige Kaukiefer; Komplexauge durch eine Furche in einen oberen und einen unteren Abschnitt geteilt, der erstere besonders empfindlich für kurzwelliges (auch für Ultraviolett), der letztere mehr für langwelliges Licht; für den Beutefang ist vor allem der obere Teil wichtig; Begattung: das ♂ packt im Flug mit 2 kräftigen Zangen am Körperende das Hinterleibsende des ♀, beide setzen sich an Pflanzenstengeln, Stellung schließlich so, daß die Köpfe in entgegengesetzte Richtung weisen; Eier ohne Stiel in Doppelreihe an Pflanzen, vor allem an dünne Stengel angeklebt [**A-87**]; die erdfarbene Larve ist einem Ameisenlöwen (→ Myrmeleonidae) ähnlich [**A-88**], besetzt mit Borsten verschiedener Gestalt, Körperringe mit Seitenwülsten, Beine kurz, am Kopf kräftige lange Saugzangen; sie leben, ohne Sandtrichter zu bauen, räuberisch am Boden.

Abb. A-87: ***Ascalaphus*** sp.; Gelege an Grashalm.

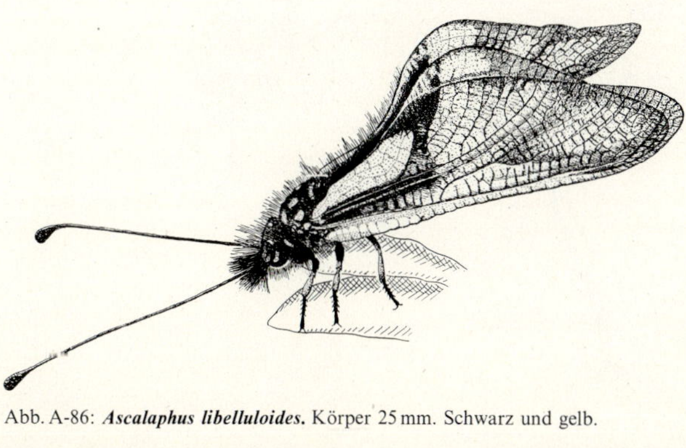

Abb. A-86: ***Ascalaphus libelluloides.*** Körper 25 mm. Schwarz und gelb.

neigen nicht zum Rückwärtslaufen, überwintern zweimal; Verpuppung im Frühsommer in einem an Pflanzen angehefteten Gespinstkokon (Sekret aus den Malpighigefäßen); alsbald Schlüpfen der Imago. (Berland-Grassé 1951; Gogala 1967; Stitz 1931).

Ascalaphus; → Ascalaphidae.

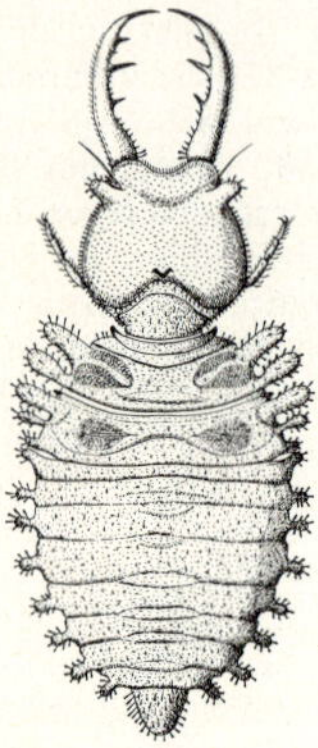

Abb. A-88: ***Ascalaphus*** sp. Larve, 3. Stadium, ca. 15 mm. (Aspöck 1964)

Aschiza; oft gebrauchte Bezeichnung für diejenigen cyclorrhaphen Fliegen, bei denen das Aufsprengen des Puppentönnchens nicht durch eine richtige Stirnblase geschieht, bei denen auf der Stirn also auch die Bogennaht (entstanden durch Einstülpen der Stirnblase) fehlt oder höchstens angedeutet ist; → Diptera.

Ascodipteron; → Streblidae.

Asemum; → Cerambycidae 4.

Asilidae, Raubfliegen, Jagdfliegen; Fam. der orthorrhaphen Fliegen (Diptera, Brachycera); räuberisch lebende Fliegen, mittelgroß bis sehr stattlich (z. B. ***Laphria,*** Mordfliegen, bis 30 mm [**A-89**]); manche sind libellenartig schlank (z. B. ***Leptogaster*** [**A-90**]; bezeichnend ist die Stirnfurche zwischen den Komplexaugen, dazwischen ein Höcker mit den 3 Punktaugen [**A-91**]; größere Arten mit »Knebelbart« im Gesicht; Stech-Saugrüssel etwa kopflang; mit den harten Stechborsten (Hypopharynx + Galeae [**A-91**]) vermag z. B. ***Laphria*** auch den Panzer von Pracht- und Rüsselkäfern zu durchbohren; der Speichel enthält vermutlich ein tötendes Gift und Verdauungsfermente; die Beute wird an sonnigen Tagen in der Regel im Stoßflug mit den bedornten Vorderbeinen ergriffen; Abflug oft von einer Warte (z. B. Baumstubben),

Abb. A-89: ***Laphria*** sp., saugt Käfer aus. (Lindner 1957)

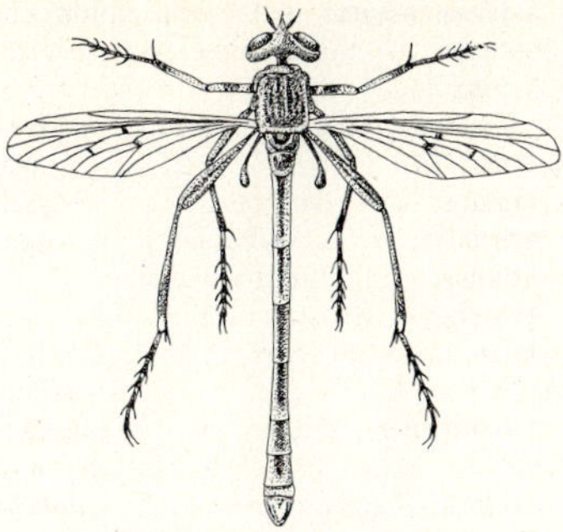

Abb. A-90: ***Leptogaster cylindrica.*** ♂, 9–11 mm (Séguy 1951)

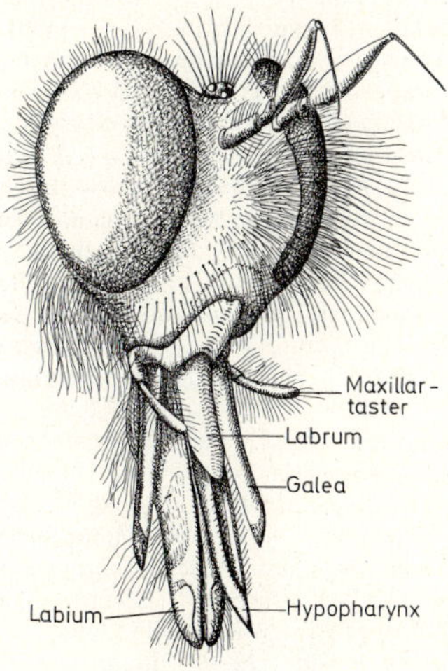

Abb. A-91: ***Pamponerus germanicus.*** Kopf mit der typischen Stirneindellung und dichtem Haarbüschel im Vordergesicht. (Séguy 1951)

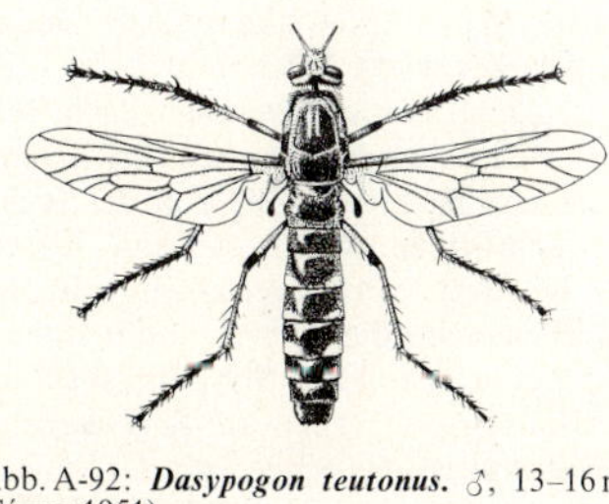

Abb. A-92: ***Dasypogon teutonus.*** ♂, 13–16 mm. (Séguy 1951)

von der aus die Beute offenbar optisch wahrgenommen und mit Kopfbewegungen fixiert wird; kein eindeutiges Beute-Spezialistentum; Wolfsfliegen (***Dasypogon*** sp. [**A-92**]) erjagen nicht selten Honigbienen. Begattung in der Luft (oder dort beginnend) oder am Boden; vorher evtl. Verfolgungsjagden der Partner oder (z. B. bei ***Heteropogon lautus*** Loew., ***Pycnopogon fasciculatus*** Loew.) Flugbalz des ♂ vor dem sitzenden ♀ unter Wedeln mit den weißbehaarten Tarsen. Sehr verschiedene Arten der Eiablage: Fallenlassen im Flug (z. B. ***Leptogaster***, ***Dioctria***); in Holz- und Rindenritzen (z. B. ***Laphria***); Eingraben in Sand mit der behaarten Legeröhrenspitze (z. B. ***Philonicus***); andere an Moos, an die Ähren ***(Dysmachus)*** oder hinter die Blattscheiden ***(Eutolmus)*** von Gräsern. Die teils schlanken, teils mehr gedrungenen, mit Kriechwarzen versehenen Larven [**A-93, A-94**] im Boden oder unter Rinde, auch in Larvengängen anderer Insekten, nähren sich wohl vor allem von zerfallendem pflanzlichen Material, vielleicht auch gelegentlich räuberisch; ihre Entwicklung kann mehrere Jahre dauern; die Puppen [**A-94**] beweglich, können sich mit Hilfe von Haken und Dornenkränzen aus dem

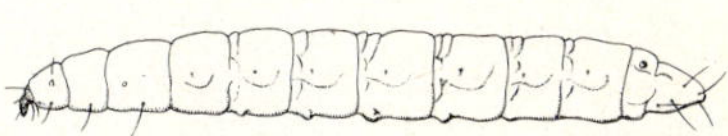

Abb. A-93: ***Dasymachus*** sp. Larve, ca. 15 mm. (Brauns 1964)

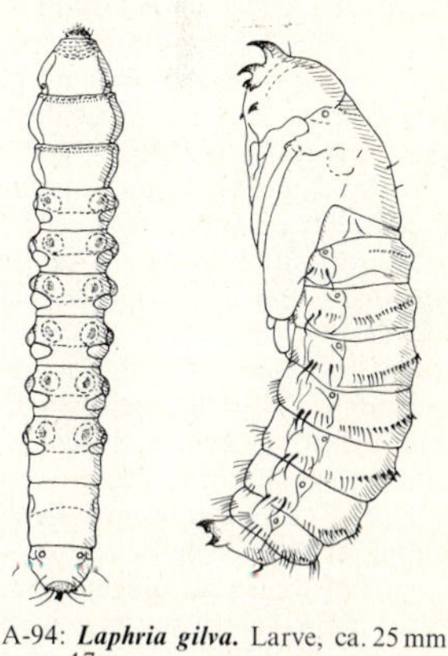

Abb. A-94: ***Laphria gilva.*** Larve, ca. 25 mm und Puppe, ca. 17 mm

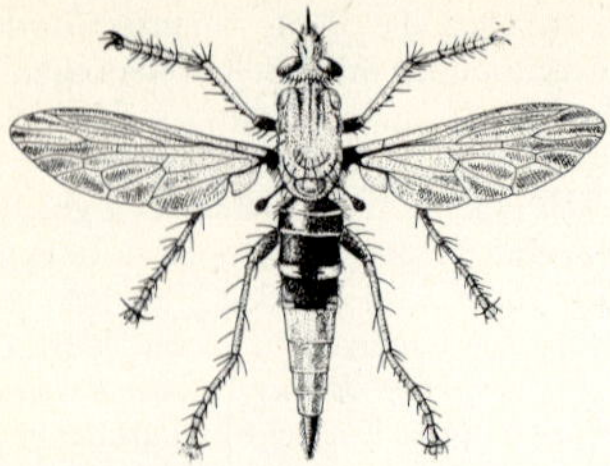

Abb. A-95: *Asilus crabroniformis*. ♀. 16 bis 30 mm. (Séguy 1951)

Substrat an die Oberfläche vorarbeiten. An 200 Arten in Mitteleuropa; sehr auffallend, besonders auf alten Kahlschlägen, die robusten ***Laphria***-Arten, auf sandigen Lichtungen die stattliche Hornissenraubfliege ***Asilus crabroniformis*** L. [**A-95**] mit schwarzgelbem Hinterleib und brauner Brust. (Brauns 1954, 1964; Linsley 1960; Mühlenberg 1975; Schumann 1968; Sèguy 1951).

Asilus; → Asilidae.

Aspenblattkäfer, ***Melasoma tremulae*** F.; → Chrysomelidae 11.

Aspidiotus; → Diaspididae 1.

Aspidoproctus; → Margarodidae.

Asselspinner; → Cochlidiidae.

Astata; → Sphecidae.

Astegopteryx; → Aphidina.

Asterolecaniidae, Pockenläuse; Fam. der Schildläuse (Coccina, zuweilen als U.-Fam. der Lecaniidae betrachtet); die ♀♀ (in schwächerem Ausmaß auch die Larven) unter einem ± durchsichtigen Schild aus Drüsensekret und Kot; unter diesem Schild findet auch die Eiablage statt, wobei zugleich der Körper des ♀ schrumpft; die Beine sind weitgehend oder ganz, die Fühler sehr stark rückgebildet; ♂♂ geflügelt, bei vielen Arten nicht bekannt. Hauptsächlich in wärmeren Ländern verbreitet; ca. 250 Arten; in Mitteleuropa z. B. ***Asterolecanium variolosum*** Ratz., Eichenpockenlaus; das erwachsene ♀ (ca. 2 mm) gelbgrün bis braun, mit einem Kranz von weißen Wachshaaren, sitzt an jüngeren Ästen, wobei wallartige Rindenwucherungen um die Laus herum entstehen; es überwintert; in M-Eur.i.e.S. eine Generation im Jahr; ♂♂ unbekannt, parthenogenetische Fortpflanzung; wird bisweilen an jüngeren Eichen schädlich. (Amann 1960; Pesson 1951; Schmutterer 1972; Weber 1930).

Asterolecanium; → Asterolecaniidae.

Astiodes; → Noctuidae 13.

Astomella; → Cyrtidae.

Astspanner, ***Biston betularia*** L.; → Geometridae 18.

Atelura; → Zygentoma 3.

Atemeles; → Staphylinidae 13.

Athalia; → Tenthredinidae 2.

Atherix; → Rhagionidae.

Atlas, ***Leucoma salicis*** L.; → Lymantriidae 3.

Atlasspinner, ***Attacus*** sp.; → Saturniidae.

Atolmis; →Arctiidae 3.

Atomaria; → Cryptophagidae.

Atrichopogon; → Heleidae.

Atropida; U.-Ordng. der Staubläuse; → Psocoptera.

Atta; → Formicoidea.

Attacus; → Saturniidae.

Attagenus; → Dermestidae 2.

Attelabus; → Curculionidae 10.

Auchenorrhyncha (Cicadina), Zikaden, Zirpen; Ordng. der hemimetabolen Insekten; (vgl. auch → Homoptera); meist klein bis mittelgroß, manche ausländische Singzikaden (Cicadidae) sehr groß (Kaiserzikade, ***Pomponia imperatoria*** Westw., ca. 6,5 cm, 18 cm Flsp.; Indomalaya); Mundteile stechend-saugend, Nahrung: Pflanzensäfte; Stichkanal im Pflanzengewebe meist gerade, bei manchen Arten auch gewunden; Fühler kurz, borstenförmig; Flügel meist gut ausgebildet, Vorderflügel meist größer als Hinterflügel, beide im Flug durch Bindevorrichtung miteinander verbunden: Häkchen am Hinterflügelvorderrand greifen hinter den Umschlagsrand am Vorderflügelhinterrand; oder die Vorderflügel sind hinten nach unten, die Hinterflügel vorn nach oben umgeschlagen, die Ränder greifen ineinander; Flügel meist dünnhäutig, zuweilen sind die Vorderflügel nach Art von Flügeldecken stärker sklerotisiert; mehr oder weniger starke Rückbildung der Flügel ist, zumal bei Kleinzikaden, nicht selten, zuweilen bei der gleichen Art in verschiedenem Ausmaß; Flügel in der Ruhe stets dachförmig auf dem Rücken. Tarsen stets 3gliedrig; Sprungvermögen mit den Hinterbeinen bei den Larven und Imagines meist gut ausgebildet; Springmuskeln in der Hinterbrust, greifen am Schenkelring an. Bekannt ist das Singen der Großzikaden-♂♂, jetzt auch bei vielen Kleinzikaden (auch bei manchen ♀♀) nachgewiesen. Einzigartig für Insekten sind die Lautorgane (Trommelorgane, Tymbalorgane): eine mehr oder weniger durch Rippen versteifte, nach außen gewölbte, zuweilen durch einen Deckel geschützte Kutikulaplatte jederseits dorsal-seitlich am ersten Hinterleibsring, an die von innen die Sehne eines kräftigen Singmuskels ansetzt; Geräusch durch knackendes Eindellen (Muskelzug) und Zurückspringen (Eigenelastizität) der Platte, die dadurch in Schwingungen versetzt wird (bei den daraufhin untersuchten Singzikaden zwischen ca. 1,5 und 8 kHz); Zahl der Kontraktionen des Singmuskels ca. 50 bis 480/sec; linker und rechter Singmuskel kontrahieren alternierend (meist) oder gleichzeitig; ein Nervenimpuls löst bei manchen Arten mehrere (10–12) Kontraktionen der Singmuskeln aus; Spannung der Singplatte und Stellung des Hinterleibs beim Singen und damit der Charakter des Gesangs (Frequenz, Lautstärke) durch besondere Muskeln verstellbar; in vielen Fällen dienen zur Schallverstärkung und Modifikation riesige abdominale Tracheenblasen. Die verschiedenen Arten singen ihr (meist) in bezeichnender Weise rhythmisch gegliedertes Lied; nicht wenige (auch viele Kleinzikaden) verfügen über verschiedene Gesänge (z.B. Normal- oder Lockgesang; Werbegesang vor dem ♀, Protestgesang bei taktiler Störung); am Aufbau des Gesanges meist mehrere Frequenzen beteiligt, selten (so z.B. beim Normalgesang der Siebzehnjahreszikade ***Magicicada septendecim***) nur ein reiner, leicht amplitudenmodulierter Ton. Ein bei Kleinzikaden vorkommender Wechselgesang zwischen ♂ und ♀ fördert das Sichfinden der Partner. Hörorgane (Tympanalorgane) der ♂♂ und ♀♀ der großen Singzikaden (→Cicadidae) liegen jederseits seitlich ventral am 1. Hinterleibssegment (also dicht neben den Trommelorganen), sind bedeckt mit einem von der Hinterbrust gebildeten Deckel; das ♂ wird beim Singen »schwerhörig«: Entspannen des Trommelfells durch einen besonderen Muskel (nachgewiesen an einer großen Singzikade aus Ceylon); kein Unterscheiden von Frequenzen, wohl aber von Rhythmen; bei Kleinzikaden Becherhaare als Schallschnellerezeptoren dorsal am Hinterrand des 10. Abdominalsegments; Signale der Artgenossen werden nach neueren Untersuchungen jedoch vielleicht (nur?) als Substratvibrationen wahrgenommen. Wachsdrüsen sind nicht selten vorhanden, besonders verbreitet unter den → Fulgoridae; Darm häufig mit → Filterkammer. Bei in Futtergemeinschaften an Blättern saugenden Nymphen und Imagines von nordamerikanischen Buckelzirpen (→Membracidae) wird (nur) nach Verletzung ein Schreckstoff (Alarmpheromon) frei, was zur zeitweiligen Auflösung der Aggregation führt. Intrazelluläre Mikroorganismen als Symbionten sind fast stets vorhanden, in Zellen des Fettkörpers (z.B. Ohrzikade), häufiger in besonderen Mycetomen; oft 2 oder mehr (bis 6 bekannt) Symbiontenformen in jeweils bestimmten Teilen der Mycetome; Übertragung auf die Nachkommen in der Regel durch Einwandern in den hinteren Pol der Eizelle bereits im Ovar, durch den hier gelegenen Ring von Follikelzellen hindurch. Kopulationsstellung: in der Regel sitzt das ♂ schief neben dem ♀, die Köpfe etwa in gleicher Richtung. Beim ♀ ist (fast stets) ein Legebohrer vorhanden; die Eier werden oft in Pflanzengewebe eingeschoben **[C-51]** oder auch in oder auf den Erdboden abgelegt **[C-104]**. Überwinterung meist als Ei, bei manchen Arten auch als Imago oder Larve. Verwandlung unvollkommen, 5 oder 6 Larvenstadien; Dauer des Larvenlebens sehr verschieden; bei manchen Arten treten mehrere Generationen im Jahr auf; andererseits ist bei den großen Singzikaden eine Entwicklungsdauer von mehreren Jahren bekannt (bei der nordamerikanischen ***Magicicada (Tibicen) septendecim*** L., der Siebzehnjahreszikade 17 Jahre); die Larven der Großzikaden (→Cicadidae), aber auch mancher Kleinzikaden (z.B. →Cercopidae) leben unterirdisch, saugen an Pflanzenwurzeln. Saisondimorphismus: Beispiel: ***Euscelis plebejus*** Fall (→Jassidae) 2 Generationen im Jahr: kleinere dunklere Frühlings- und größere hellere Sommergeneration; ausschlaggebend für das Auftreten der einen bzw. der anderen Form ist die Länge der Lichtphase pro Tag während der postembryonalen Entwicklung: unter Kurztagsbedingungen (wenige Stunden Licht pro Tag) entsteht die Frühlingsform, unter Langtagsbedingungen (viele Stunden Licht pro Tag) entsteht die Sommerform. Wirtsspezifität (Saugen an bestimmten Pflanzen) artspezifisch verschieden ausgeprägt, zuweilen bei Larven stärker als bei der Imago; nicht wenige Arten (insbesondere in wärmeren Ländern) werden bei Massenvermehrung schädlich durch Saftsaugen an Kulturpflanzen, durch die Einstiche für die Eigelege oder durch Übertragen pflanzlicher Viruskrankheiten. Die meisten der etwa 30000 bekannten Arten tropisch und subtropisch, in M-Eur.i.e.S. ca. 500 Arten mit Vertretern vor allem in folgenden Fam.: → Cicadidae; → Cercopidae; → Jassidae; → Ledridae; → Membracidae; → Fulgoridae; → Issidae; → Cixiidae; → Delphacidae (Araeopidae); → Tettigometridae. (Bennet-Clark 1975a; Buchner 1953; Dybas, Lloyd 1974; Franz 1978; Günther 1968; Haße 1974; Houk, Griffiths 1980; Josephson, Young 1981; Lehmann 1973; Michel 1975; Müller, H.J. 1972; Nault et al. 1974; Ossianilson 1949; Pesson 1951; Pringle 1953, 1954; Radcliffe 1982; Rietschel 1969; Schwartzkopff 1962; Simmons, Young 1978; Strübing 1960, 1977 a u. b; Strümpel 1983; Traue 1978; Tuxen 1967; Weber 1930; Young, Josephson 1983 a u. b).

Audeoudia; → Springbohnen.

Aufsteigender Rosentriebbohrer, ***Blennocampa elongatula*** Klg.; → Tenthredinidae 7b.

Augasma; → Heliodinidae 1.

Augenfalter; → Satyridae.

Augenfleckenbock, ***Mesosa curculionides*** L.; → Cerambycidae 22.

Augenfliegen; → Dorylaeidae; → Muscidae 2.

Augenspinner; → Saturniidae.

Augustmücke, (eine Eintagsfliege), ***Oligoneuriella rhenana*** Imh.; → Oligoneuriidae.

Aulacaspis; → Diaspididae 9.

Aulacidae; Fam. der Hautflügler (Hymenoptera, Apocrita, Evanioidea); Hinterleibsstiel weit oben an der Hinterbrust angesetzt; in M-Eur.i.e.S. etwa 6 Arten, ihre Larven parasitisch bei Larven von in Holz bohrenden Käfern; ferner bei den Larven von Holzwespen; z. B. ***Aulacus striatus*** Jur.

Aulacus; → Aulacidae.

Aupoplus; → Pompilidae.

Aurorafalter, ***Anthocaris cardamines*** L.; → Pieridae 4.

Außenparasitismus; der Parasit frißt außen am Wirt; → Parasitismus.

Ausrufungszeichen, ***Scotia (Agrotis) exclamationis*** L.; → Noctuidae 31.

Austernförmige Schildlaus, ***Quadraspidiotus ostreaeformis*** Curt.; → Diaspididae 3.

Austernschildläuse; → Diaspididae.

Australische (Groß-)Schabe, ***Periplaneta australasiae*** F., → Blattidae 3.

Australische Wollschildlaus, ***Icerya purchasi*** Mask.; → Margarodidae.

Australischer Marienkäfer, ***Rodolia cardinalis*** Muls.; → Coccinellidae.

Autographa; → Noctuidae 47.

Autoparasitismus; → Parasitismus 12.

Auwaldmücken; → Culicidae.

Axinotarsus; → Malachiidae.

Azaleenmotte, ***Gracilaria azaleella*** Brants.; → Gracilariidae 3.

Azurjungfern, ***Agrion*** sp.; → Coenagrionidae.

B

Bachhafte; → Osmylidae.

Bachläufer; → Veliidae.

Bacillus; → Phasmida.

Bäckerschabe, ***Blatta orientalis*** L.; → Blattidae 1.

Baëtidae, Glashafte; Fam. der Eintagsfliegen (Ephemeroptera); mehrere Gattungen und Arten; Flügeladerung reduziert, Hinterflügel mehr oder weniger, bei ***Cloëon*** ganz rückgebildet; Komplexaugen der ♂♂ zweiteilig, oberer Teil zylinderförmig (Turbanaugen [**E-23**]); Larven drehrund, mit 6–7 Paaren blattförmiger Kiemen; häufige Art: ***Cloëon dipterum*** L., Fliegenhaft (Körper ca. 9 mm, Schwanzborsten beim ♂ ca. 17 mm), an stehenden oder langsam fließenden Gewässern, die ♂♂ manchmal in riesigen Schwärmen; lebendgebärend (ovovivipar), d.h. das ♀ wirft erst 10–14 Tage nach der Begattung mehrere hundert Eier, aus denen sofort, innerhalb einer Minute die Larven schlüpfen, ins Wasser ab; die ***Baëtis***-♀♀ gehen zur Eiablage ins Wasser, kleben die Eier auf einem Stubstrat fest; die Larven in stehenden und fließenden Gewässern, recht schlank [**B-1**], können durch schlängelndes Aufab des Körpers schwimmen; mit 7 Paaren blattförmiger Tracheenkiemen am Hinterleib,

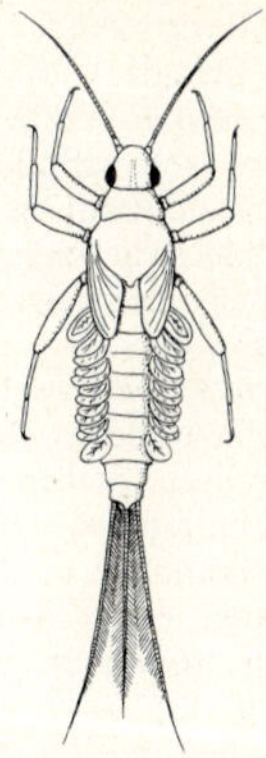

Abb. B-1: *Cloëon* sp. Larve. (Engelhardt 1955)

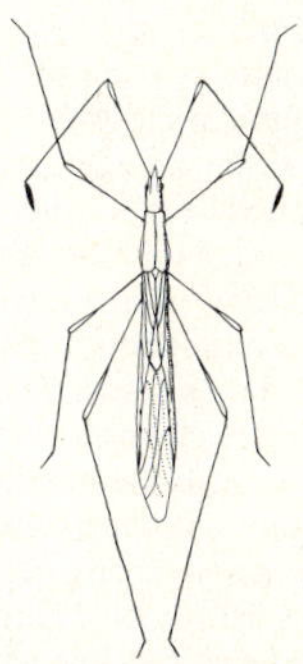

Abb. B-2: *Neides tipularius*, ca. 10 mm. (Hedicke 1935)

die 6 vorderen Paare verdoppelt; fressen Detritus und Fadenalgen.

Baëtis; → Baëtidae.

Bagous; → Curculionidae 29.

Balaninus; → Curculionidae 22–24.

Balkenbock, ***Hylotrupes bajulus*** L.; → Cerambycidae 16.

Balkenschröter, ***Dorcus parallelopipedus*** L.; → Lucanidae 2.

Banchus; → Noctuidae 1.

Bandeule; → Noctuidae 26.

Baratra; → Noctuidae 43.

Barbitistes; → Phaneropteridae 4.

Bärenraupen; Bärenspinner; → Arctiidae.

Bartmücken; → Heleidae.

Batozonellus; → Pompilidae.

Batrachedra; → Momphidae 1.

Bauchsammler; diejenige Gruppe der solitären Bienen, bei denen das ♀ den Pollen in der bürstenartigen Behaarung der Hinterleibsunterseite zum Nest bringt; → Apoidea [**A-64**]; → Megachilidae.

Baumhöhlenmücken; → Culicidae.

Baumläuse; → Lachnidae.

Baumschröter, ***Sinodendron cylindricum*** L.; → Lucanidae 6.

Baumschwammkäfer; → Mycetophagidae.

Baumwanzen; → Pentatomidae.

Baumweißling, ***Aporia crataegi*** L.; → Pieridae 1.

Bedeguar, Galle der Rosengallwespe; → Cynipidae 1.

Beerenkrautspanner, ***Boarmia bistorta*** Goeze; → Geometridae 19.

Beerenwanze, ***Dolycoris baccarum*** L.; → Pentatomidae.

Beinsammler; diejenige Gruppe der Bienen, bei denen das ♀ den Pollen vermittels einer Spezialbehaarung vor allem der Hinterbeine zum Nest bringt; → Apoidea [**A-64**].

Beintastler; → Protura.

Beißende Läuse; → Mallophaga.

Beißschrecken; → Tettigoniidae 3, 4.

Bekreuzter Traubenwickler, ***Lobesia (Polychrosis) botrana*** D. u. Sch.; → Tortricidae 27.

Bembecia; → Aegeriidae 6.

Bembecinus; → Sphecidae.

Bembidion; → Carabidae.

Bembix ***(Bembex, Epibembex)*****;** → Sphecidae 6.

Bena; → Noctuidae 4.

Beraeidae; Fam. der Köcherfliegen (Trichoptera); kaum ein halbes Dutzend kleine Arten in Mitteleuropa; die → eruciformen Larven in aus Sand gebautem Köcher, vor allem in fließendem Wasser; häufige Art: die ganz schwarze ***Beraeodes minuta*** L. (Flsp. ca. 10 mm).

Beraeodes; → Beraeidae.

Berberitzenlaus, ***Liosomaphis berberidis*** Kalt.; → Aphididae 21.

Berberitzenspanner; → Geometridae 9.

Berghexe, ***Chazara briseis*** L.; → Satyridae 5.

Bergweißling, ***Pieris bryoniae*** O.; → Pieridae 2.

Bergzikade, ***Cicadetta montana*** Scop.; → Cicadidae.

Beris; → Stratiomyidae.

Berosus; → Hydrophilidae 5.

Berytidae (Neididae), Stelzenwanzen, Stabwanzen; Fam. der Landwanzen (Heteroptera, Geocorisae); auffallend schlanke mittelgroße Arten mit langen dünnen Beinen, mückenähnlich; Schenkel sowie erstes und letztes Fühlerglied oft am Ende verdickt; in M-Eur.i.e.S. ca. ein Dutzend Arten; z. B. ***Neides tipularius*** L. (ca. 10 mm [**B-2**]), häufig in niederer Vegetation, an trockenen sonnigen Stellen; die Imago überwintert; Hinterflügel manchmal verkürzt; saugt vermutlich an Pflanzen wie auch an Insekten; einige Arten schädlich an Zuckerrohr. (Günther 1968; Jordan 1962, 1972).

Bethylidae; Fam. der Hautflügler (Hymenoptera, Apocrita, Bethyloidea); von den etwa 700 kleinen bis mittelgroßen Arten nicht wenige flügellos (bes. die ♀♀) und dann Ameisen nicht unähnlich; die Larven der meisten Arten oft zu mehreren außenparasitisch an Larven von Käfern und Schmetterlingen; fast stets wird die Wirtslarve durch Stiche des ♀ mit dem Giftstachel in die Nähe der Brustganglien paralysiert (wie bei Grabwespen), bei manchen Arten auch mit den Kiefern massiert; oft ernährt sich das ♀ von der Körperflüssigkeit des Opfers; Transport frei überfallener und paralysierter Beutetiere in geeignete Unterschlupfe kommt vor (wiederum ähnlich den Grabwespen); ***Bethylus fulvicornis*** Curt. z. B. stapelt kleine Räupchen in hohlen Stengeln. Eier je nach Art einzeln oder zu mehreren außen an die Beute abgelegt; höchst merkwürdig: ***Cephalonomia tarsalis*** Ashm., Parasit bei Käferlarven der Gattung ***Oryzaephilus***, legt 2 Eier am Wirt ab, eines auf der Vorderbrust, liefert ♀-Larve, eines auf der Mittelbrust, liefert ♂-Larve. Bei manchen Arten bleibt das ♀ lange Zeit bei seiner Brut (leckt sie ab?); die Entwicklung ist in wenigen Tagen (2–10) beendet. Verpuppung fast stets in einem selbstgesponnenen Kokon, Geschwisterkokons in der Regel beieinander; bei manchen Arten Inzucht dadurch, daß die zuerst schlüpfenden ♂♂ in die Kokons der Schwestern eindringen und diese begatten; Überwinterung als Altlarve oder Puppe im Kokon, oder als Imago in Verstecken. Einige Arten sind bemerkenswert als Parasiten von Schädlingen, z. B. ***Laelius***-Arten bei Speckkäfern, ***Cephalonomia gallicola*** Ashm. beim Brotkäfer ***(Stegobium paniceum*** L.***)***. ***Cephalonomia waterstoni*** Gah. ist Parasit bei verschiedenen ***Laemophloeus***-Arten (→ Cucujidae 2), wobei bestimmte Wirtsarten bevorzugt, also von anderen unterschieden werden; bei zeitweiligem Fehlen des Hauptwirtes ist ein Rückgriff auf sonst weniger beliebte Wirte möglich. (Clausen 1940; Finlayson 1950; Königsmann 1968; Rathmayer 1969).

Bethyloidea; Fam.-Gruppe der Hautflügler (Hymenoptera, Apocrita); mit den Fam.: → Chrysididae; → Cleptidae; → Dryinidae; → Bethylidae; → Embolemidae.

Bethylus; → Bethylidae.

Bettwanze, *Cimex lectularius* L.; → Cimicidae.

Beutelgallen; → Gallen; → Eriosomatidae 9, 10, 11.

Bezzia; → Heleidae.

Biberlaus, Biberkäfer, *Platypsyllus castoris* Rits.; → Platypsyllidae.

Bibio; → Bibionidae.

Bibionidae, Haarmücken; Fam. der Mücken (Diptera, Nematocera); recht robuste, fast fliegenähnliche, oft stark behaarte und düster gefärbte Mücken [**B-3, B-4**], als solche an der gleichmäßigen Gliederung der Fühler kenntlich; zuweilen auffallender Geschlechtsunterschied: ♂♂ mit sehr großen, behaarten, zweiteiligen, oben grob, unten fein facettierten, auf der Stirn zusammenstoßenden Augen; diese sind bei den ♀♀ kleiner, einteilig und unbehaart; ♀♀ mit Grabdorn an den Vorderschienen; bei manchen Arten unterschiedliche Färbung: ♂♂ schwarz, ♀♀ ausgedehnt rot- oder gelbbraun. Beispiel: ***Bibio hortulanus*** L., Gartenhaarmücke [**B-3**]; träge Flieger und meist auch langsam zu Fuß; im Frühling auffallend die oft massenhaft auftretende, etwa stubenfliegengroße schwarze ***Bibio marci*** L., Markusfliege [**B-4**] (fälschlich oft als Märzfliege bezeichnet): die ♀♀ meist auf Gebüsch sitzend, die ♂♂ fliegend, mit herabhängenden langen Hinterbeinen, im Frühjahr und im Herbst in lockeren Schwärmen über Grasland und Büschen; fliegende Objekte, die im dorsalen Augenteil abgebildet werden, werden angeflogen, attakiert oder, wenn ♀♀, zur Paarung ergriffen. Nahrung: Nektar und Honigtau; wichtige Bestäuber von Nutzpflanzen; ***Philia (Dilophus) febrilis*** L., Strahlenmücke, Bestäuber von Obstbäumen; Flügelverkürzung und damit Flugunfähigkeit z. B. bei

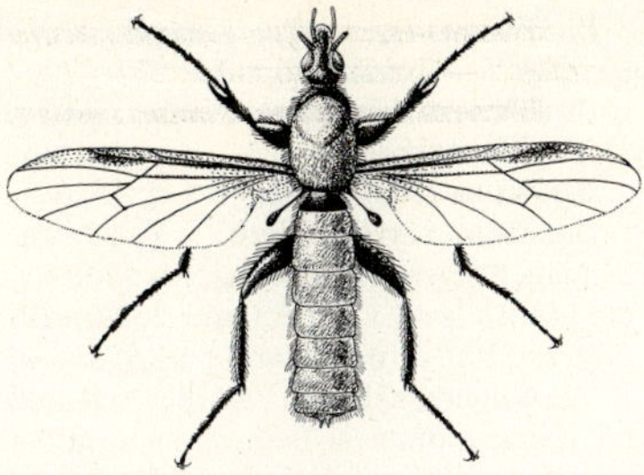

Abb. B-3: ***Bibio hortulanus***, Gartenhaarmücke. ♀. 9–11 mm, gelb und schwarz. (Séguy 1951)

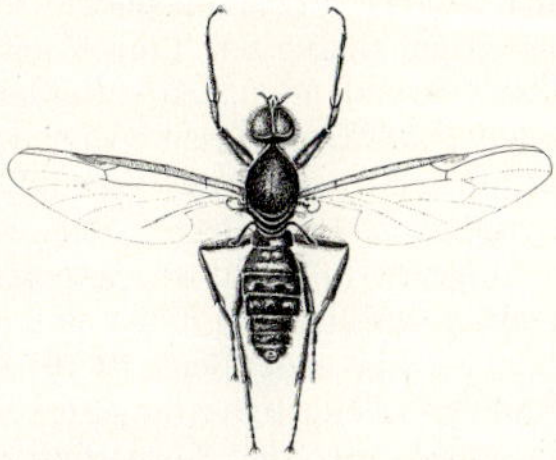

Abb. B-4: ***Bibio marci***, Markusfliege. ♂, ca. 11 mm. (Lindner 1923)

den Flormücken der Gattung ***Penthetria*** [**B-5**]. Stechen nicht. Die Kopula kann im Flug beginnen, endet am Boden. Gut gedüngter humoser Boden lockt die ♀♀ zur Eiablage (Duftanlockung?) am oder im Boden, Eier einzeln oder in Gelegen, pro ♀ bis zu 3000; das ♀ kann sich dabei in den Boden graben ***(Bibio, Philia)*** und in wenigen cm Tiefe in einer Höhle das Gelege absetzen. Die Larven sind raupenähnlich, die Junglarven ± stark behaart [**B-6**], die späteren Stadien mit kürzeren oder längeren stacheligen Fortsätzen [**B-7**], mit 10 Stigmenpaaren; oft gesellig, bisweilen in gewaltigen Massen in den oberen Bodenschichten, im Wald unter Fallaub oder in der Nähe von Stubben (***Penthetria holosericea*** Meig. z.B. insbesondere in Erlenbeständen [**B-8**]); Verzehrer faulender Pflanzenteile, wichtig als Humusbildner; greifen bei Massenauftreten (und Trockenheit?) auch die Wurzeln lebender Pflanzen an, werden dadurch bisweilen nach der Überwinterung schädlich; sie sind wenig kälteempfindlich; Beispiel: Johannishaarmücke ***Bibio johannis*** L., Stadium 2 überwintert auf oder wenige mm im Boden;

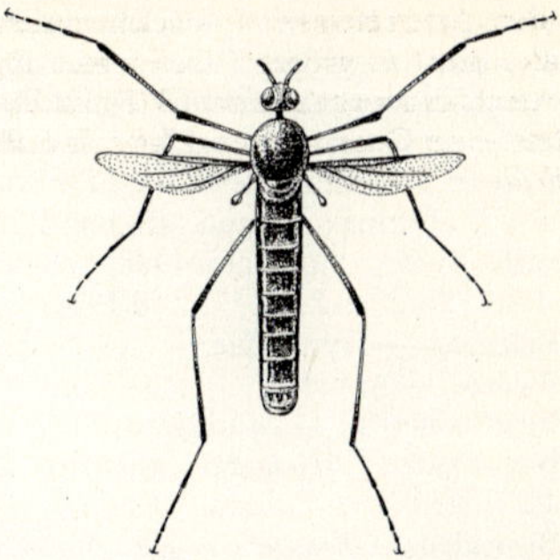

Abb. B-5: ***Penthetria funebris.*** ♂, 6–8 mm. Flügel beim ♂ oft mehr oder weniger zurückgebildet. Laven in zerfallenden pflanzlichen Stoffen. (Séguy 1951)

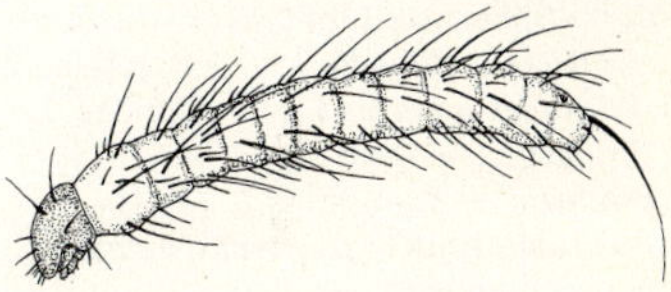

Abb. B-6: ***Bibio marci***, Markusfliege. Junglarve, ca. 1,6 mm (Brauns 1954)

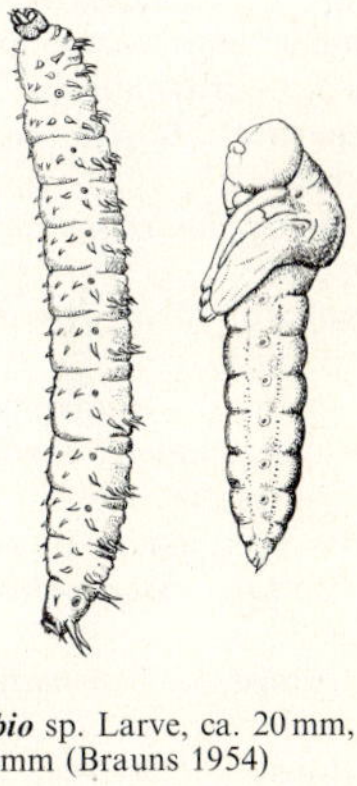

Abb. B-7: ***Bibio*** sp. Larve, ca. 20 mm, von links; Puppe ca. 14 mm (Brauns 1954)

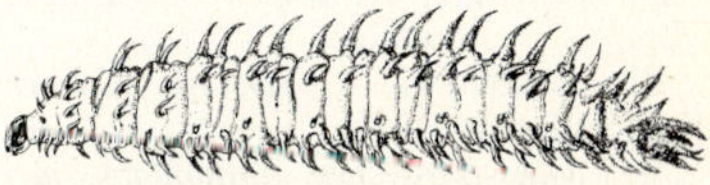

Abb. B-8: ***Penthetria holosericea.*** Larve, ca. 11 mm. (Brauns 1954)

andere Arten etwas tiefer, weichen aber vor Kälte nicht in größere Tiefen aus. Puppe (»Atemhörner« ganz kurz [**B-7**]) im Boden. Meist eine Generation im Jahr, bei ***Philia febrilis*** L. 2 Generationen. Gut 2 Dutzend Arten in Europa. (Braun, Riehm 1957; Downes 1969; Schuhmann 1968; Schwenke 1982; Sorauer 1949/57; Zeil 1983).

Bidessus; → Dytiscidae.

Bienen; → Apoidea.

Bienenameisen; → Mutillidae.

Bienenkäfer, *Trichodes apiarius* L., → Cleridae 4.

Bienenlaus, ***Braula coeca*** Nitzsch; → Braulidae.

Bienenschwärmer, *Aegeria apiformis* Cl.; → Aegeriidae 1.

Bienenwachs; → Apidae 3.

Bienenwolf; a) ***Philanthus triangulum*** Fbr.; → Sphecidae 1. b) Große Wachsmotte, ***Galleria mellonella*** L.; → Pyralidae 2. c) ***Trichodes apiarius*** L.; → Cleridae 4.

Biesfliege; → Oestridae.

Biorhiza; → Cynipidae 2.

Birkenblattroller, ***Deporaus betulae*** L.; → Curculionidae 8.

Birkenblattwespe, ***Cimbex femorata*** L.; → Cimbicidae 2.

Birkenblattwespen; → Tenthredinidae F.

Birkengallenwickler, ***Epinotia tetraquetrana*** Haw. → Tortricidae 4.

Birkenminiermotte, ***Eriocrania sparmanella*** Bosc.; → Eriocraniidae.

Birkenspanner, ***Biston betularia*** L.; → Geometridae 18.

Birkenspinner, ***Endromis versicolora*** L.; → Endromididae.

Birkenwollafter, ***Eriogaster lanestris*** L.; → Lasiocampidae 5.

Birkenzierläuse; → Callaphididae 3.

Birnbaumprachtkäfer, ***Agrilus sinuatus*** Oliv.; → Buprestidae 5.

Birnblattsauger, ***Psylla*** sp.; → Psyllina 2.

Birnblattwanze, ***Stephanitis piri*** F.; → Tingidae 3.

Birnblattwespe, ***Micronematus abbreviatus*** Htg.; → Tenthredinidae 11b.

Birnblattwespe, Gesellige, ***Neurotoma saltuum*** L.; → Pamphiliidae 3.

Birnenblutlaus, ***Schizoneura lanuginosa*** Htg.; → Eriosomatidae 9.

Birnengallmücke, ***Contarinia pirivora*** Ril.; → Itonididae 24.

Birnenknospenstecher, ***Anthonomus piri*** Kollar; → Curculionidae 18.

Birnenläuse; → Aphididae 6, 7, 8.

Birnensägewespe, ***Hoplocampa brevis*** Klg.; → Tenthredinidae 11a.

Birnentriebwespe, ***Janus compressus*** F.; → Cephidae 2.

Biston; → Geometridae 18.

Bittacidae, Mückenhafte; Fam. der Schnabelfliegen (Mecoptera); etwa 130 Arten, davon in M-Eur.i.e.S. nur 2: ***Bittacus italicus*** Müll. (etwa 13 mm) und ***B. hageni*** Brau. Schnakenähnlich, Körper schlank, mit langen dünnen Beinen, aber mit 4 schmalen, durchscheinenden Flügeln; die den Vertretern der Ordng. eigene schnabelartige Verlängerung des Vorderkopfes deutlich ausgeprägt; die Imagines an schattigen Plätzen, räuberisch, fangen teils im Flug, teils sitzend, oft an den Vorderbeinen aufgehängt, die Beute (kleine lebende Insekten, auch Spinnen) vor allem mit den Hinterbeinen [**B-9**]; das letzte (5.), nur eine Kralle tragende Fußglied ist klappmesserartig gegen das vorletzte Glied einschlagbar, zum Festhalten der Beute [**B-10**]; diese wird mit den stilettartig verlängerten Mandibeln angebohrt, die Körperflüssigkeit aufgesaugt. Begattung: das ♂ lockt durch Ausstülpen abdominaler Lockstoffdrüsen (dorsal zwischen 6. u. 7. bzw. 7. u. 8. Hinterleibssegment) ♀♀ aus bis zu 15 m Entfernung an; beide hängen schließlich an den Vorderbeinen die Bauchseiten einander zugewandt an einem Stengel [**B-11**] – das ♂ hat dabei sein Abdomen in der Längsachse um 180° verdreht – und saugen gemeinsam an einer Beute, die das ♂ mitbrachte; (eigenartige Parallele bei → Empidae); die Begattungsdauer (normalerweise etwa 30 min) hängt von der Größe und Güte des Brautgeschenkes ab; ist es zu klein oder – weil es vorher einer anderen Partnerin erst geboten und nach der Paarung wieder abgenommen worden war – schon weitgehend ausgesaugt, beendet das ♀ die Verbindung frühzeitig, u.U. bevor das Receptaculum seminis ausreichend mit Sperma gefüllt ist; die ♂♂ des nordamerikanischen ***Hylobittacus apicalis*** rauben nicht selten das Beutetier einem Hochzeitspaar oder einem einsamen Geschlechtsgenossen nach rüdem Anrempeln oder sie erschleichen die Beute, indem sie sich dem anderen gegenüber durch ihr Verhalten als ♀ ausgeben. Das ♀ läßt die Eier zu Boden fallen oder legt sie am Boden ab; die Eier überwintern; die Larven sind, ähnlich wie die der Skorpionsfliegen (→ Panorpidae),

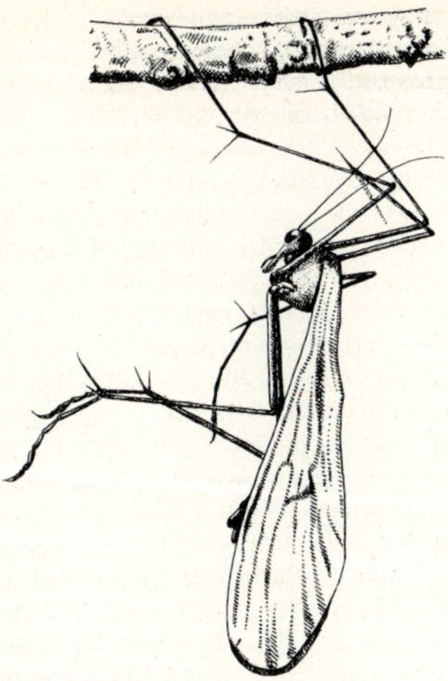

Abb. B-9: ***Bittacus*** sp. Fanghaltung

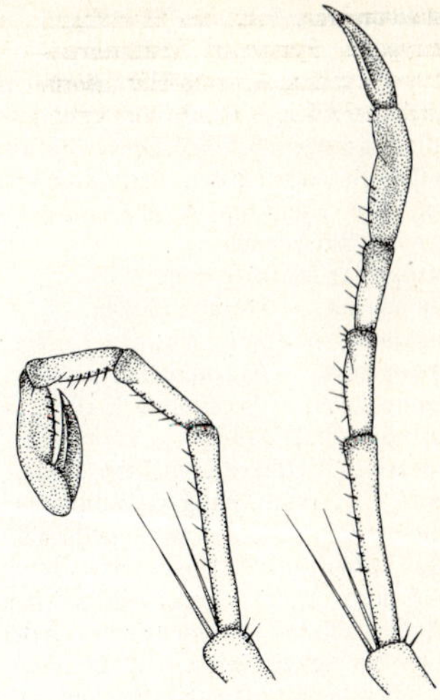

Abb. B-10: ***Hylobittacus apicalis.*** Greiffuß; Das letzte Fußglied kann gegen das vorletzte eingeschlagen werden. (Thornhill 1980)

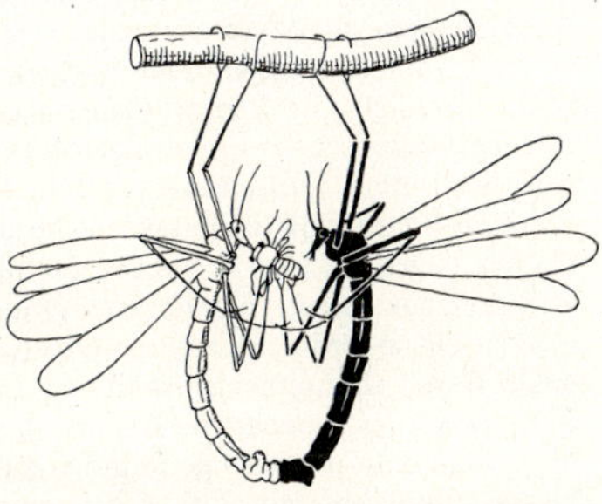

Abb. B-11: ***Bittacus tipularius.*** Kopula. ♂ schwarz. (Eidmann 1941)

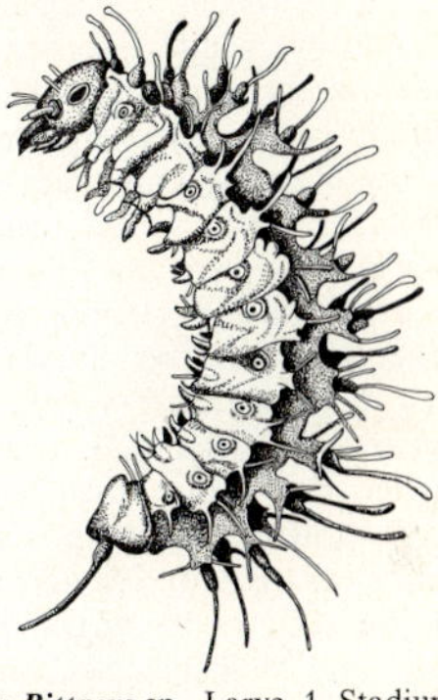

Abb. B-12: ***Bittacus*** sp., Larve, 1. Stadium, stark vergr. (Grassé 1951)

raupenförmig, düster braun, mit zahlreichen lang beborsteten Warzen [**B-12**]; sie können sich, wie die ***Panorpa***-Larven, mit aus dem After ausstülpbaren Haftlappen festheften, so besonders beim Rückwärtskriechen; sie leben auf der Bodenoberfläche wohl vor allem räuberisch, wobei die Körperoberfläche mit angeklebten Erdteilchen bedeckt sein kann; Verpuppung in einer Erdhöhle, entstanden durch windende Bewegungen der Larve; nach etwa 14 Tagen schlüpft im Sommer die Imago. (Byers, Thornhill 1983; Grassé 1951; Kaltenbach 1978; Mickoleit G. u. E. 1978; New, Kirk 1957; Stitz 1931; Thornhill 1980).

Bittacus; → Bittacidae.

Blacus; → Braconidae.

Blaesoxipha; → Calliphoridae 5.

Blaps; → Tenebrionidae 1.

Blasenfüße; → Thysanoptera.

Blasenkäfer; → Meloidae.

Blasenläuse; → Eriosomatidae.

Blasticotoma; → Blasticotomidae.

Blasticotomidae; Fam. der Hautflügler (Hymenoptera, Symphyta, Tenthredinoidea); nur eine seltene Art in M-Eur.: ***Blasticotoma filiceti*** Klug., 9 mm, Fühler 4gliedrig mit sehr langem 3. Glied. Die bauchfußlosen Larven fressen in den Blattstielen von Farnen, vor allem im Wald-Frauenfarn ***(Athyrium filix-femina).***

Blastesthia; → Tortricidae 7.

Blastodacna; → Momphidae 4.

Blastotere; → Yponomeutidae 7.

Blastophaga; → Agaonidae 2, 3.

Blastophagus; → Scolytidae 9, 10.

Blatta; → Blattidae 1.

Blattariae (Blattodea), Schaben; Ordng. der Insekten; Verwandlung unvollkommen (Hemimetabola); Fühler lang, peitschenförmig; Fühlerputzen: Basis meist durch das Vorderbein der Gegenseite zu den Mundteilen geführt, die den Fühler von der Basis bis zur Spitze bearbeiten; (***Ectobius***: keine Beinhilfe beim Fühlerputzen); Mundteile kauend. Reagieren sehr empfindlich auf Erschütterungen; auf den fühlerartig gegliederten Cerci sind auch lange, auf die Luftbewegung bei Schall (Schallschnelle) ansprechende »Hörhaare« nachgewiesen. Schaben sind sehr flinke Läufer; Autotomie: nicht selten Abwerfen eines Beines bei Reizung, zuweilen erst Tage nach dem Reiz; bevorzugte Bruchstellen: zwischen Schenkelring und Schenkel sowie zwischen Schiene und erstem Fußglied; das verlorene Bein wird bei Larven bei der nächsten Häutung fast vollständig neu gebildet; Regeneration z.B. auch an den Mundteilen und Cerci möglich. Schaben streben zum Ruhen und auf der Flucht gleichsam eine Rundumberührung ihres Körpers an, d.h., sie verbergen sich gerne in Ritzen und ähnlichen Schlupfwinkeln, was durch die Abflachung des Körpers erleichtert ist. Flügel: die Vorderflügel sind derb, fast nach Art von Flügeldecken, die Hinterflügel zarter, beide liegen in Ruhe flach auf dem Rücken; häufig sind die Flügel mehr oder weniger stark verkürzt, zumal bei den ♀♀; auch flugfähige Arten sind jedoch meist wenig zum Fliegen geneigt. Für ***Periplaneta americana*** L. (und auch für andere Arten) ist ein sehr ausgeprägter Aktivitätsrhythmus im Tagesablauf bezeichnend. Ernährung: die meisten Arten sind Allesfresser, zuweilen wird pflanzliche Nahrung bevorzugt. Jungfräuliche ♀♀ von ***Periplaneta americana*** L. (und von anderen Arten) sondern einen Sexuallockstoff ab, der schon in sehr geringer Konzentration die ♂♂ anlockt und zur Balz anregt; die Lockstoffbildung steht unter dem Einfluß der Corpora allata, nimmt nach der Begattung stark ab; Hauptbildungsort ist anscheinend die Haut im Kopfbereich; auf den isolierten Lockstoff sprechen die ♂♂ mit auf den Fühlern liegenden Sinnesorganen stärker an als die ♀♀. Weit verbreitet sind bei den ♂♂ taschenartige abdominale Rückendrüsen (***Ectobius***: 7. Segment; ***Blattella***: 7. u. 8. Segment); ihr Sekret lockt das ♀ zum Auflecken, wenn das ♂ sich beim Begattungsspiel mit angehobenen Flügeln von vorn unter das ♀ schiebt; Endstellung der Begattung: Köpfe der Partner voneinander abgewandt. Nicht selten sind bei beiden Geschlechtern der Abwehr dienende Stinkdrüsen vorhanden; sie liegen z.B. bei ***Blatta orientalis*** L. und ***Periplaneta americana*** L. ventral zwischen 6. und 7. Hinterleibsring sowie als 2 ausstülpbare Säckchen dorsal zwischen dem 5. und 6. Ring. Allgemein verbreitet sind Zellen mit symbiontischen Bakterien (Mycetocyten) im Fettkörper; Übertragung der Symbionten auf die Nachkommen: die Mycetocyten legen sich an die Eiröhren, die Symbionten wandern in die Eizellen. Die Eier werden stets in einem artspezifisch verschieden geformten, von erhärtetem Drüsensekret gebildeten Eikokon (Oothek [**B-13**]) abgelegt; in der Oothek liegen die Eier in 2 gegeneinander verschobenen Zeilen, einer linken (aus dem rechten Ovar) und einer rechten (aus dem linken Ovar); die Oothek entsteht im Laufe eines Tages, ist zunächst weiß, wird dann braun und entweder wenige Stunden nach Fertigstellung abgelegt (z.B. ***Blatta orientalis*** L.) oder, längere Zeit mit dem einen Ende in der Geschlechtsöffnung hängend herumgetragen, erst kurz vor dem Schlüpfen der Larven (z.B. ***Blattella germanica*** L.); manche in Mitteleuropa nicht heimische Arten sind »lebendgebärend«, d.h. die Oothek bleibt bis zum Schlüpfen der Larven in der Genitaltasche; bei manchen Arten wird die Oothek sorgfältig versteckt (z.B. ***Periplaneta americana*** L.). Vor dem Schlüpfen der Larven springt der Eikokon entlang der dorsalen Längsnaht auf. Die Zahl der Larvenstadien wechselt von Art zu Art, aber auch bei der gleichen Art, meist häutet sich das ♀ einmal mehr als das

♂; 9–13 Stadien bei ***P. americana***; Häutung: durch Luftaufnahme in den Kropf Dehnen und Sprengen der alten Cuticula [**B-14**]. Gesamtentwicklungsdauer (Ei–Imago) beträchtlich, bei der Küchenschabe (bei 22 °C) bis über ein Jahr; Herdenbildung bewirkt Entwicklungsbeschleunigung, sehr deutlich bei der besonders zur Bildung von Verbänden neigenden ***Blattella germanica*** L.; der Zusammenhalt ist bedingt durch ein Aggregations-Pheromon, das, im Enddarm aller Stadien gebildet und mit dem Kot abgegeben, über (Riech-?) Sinnesorgane auf den Fühlern wahrgenommen wird. Von den etwa 3500 bisher bekannten, besonders in den warmen Ländern verbreiteten Arten nur ca. ein Dutzend in M-Eur.i.e.S., einige von ihnen eingeschleppt und inzwischen weltweit verbreitet, gehören zu den Fam.: → Blattidae; → Blattellidae; → Ectobiidae. (Beier 1974; Bell, Tobin 1981; Boeckh u. Mitarb. 1963; Bohn 1965, 1970; Günther 1968; Harz, Kaltenbach 1976; Ishii, Kuwahara 1968; Jacobson 1965; Nicklaus 1965, 1967; Penzlin 1964; Schal et al. 1984; Stürkow, Bodenstein 1966).

Blattella; → Blattellidae 1.

Blattellidae; Fam. der Schaben (Blattariae); in M-Eur.i.e.S. nur 2 Arten: **1.** ***Blattella germanica*** L. [**B-15**] Deutsche Schabe (»Russen«, »Franzosen«; Lästiges = fremdartig oder gar feindlich; die Vulgärnamen vielleicht auch = Herkunftsdeutung); 9–13 mm; Cerci 11gliedrig; Flügel bei ♂ und ♀ gut entwickelt, aber wohl nur zur Unterstützung des Laufsprunges benutzt. Wärmeliebender Kosmopolit, Heimat unbekannt, bei uns fast ausschließlich in Häusern. Oft langdauernde Balz als Begattungsvorspiel: das ♂ verfolgt das ♀, betrillert es mit den Fühlern, hebt die Flügel, legt so die Rückendrüse frei, dreht sich um, drängt rückwärts; das ♀ ertastet die Rückengrube, beginnt zu lecken; das ♂ schiebt sich, weiter rückwärts gehend, unter das ♀, Kopulation. Das ♀ bildet 9–13 Tage nach der Begattung den Eikokon in knapp 24 Std., trägt ihn etwa 24 Tage am Hinterleibsende (Oothek dabei um 90° umgekippt, so daß die Dorsalseite zur Seite zeigt) bis kurz vor dem Schlüpfen der Larven; 5–7 Larvenstadien. Bei Massenauftreten lästig; verschleppt außerdem Infektionskrankheiten und Eier parasitischer Würmer. **2.** ***Supella longipalpa*** Fabr., Braunbandschabe [**B-16**], nur wenig größer als ***Blattella germanica***, aber gedrungener, Cerci 13gliedrig; ursprünglich in den Tropen beheimateter Kosmopolit; in der BRD erst seit 1954, nun verbreitet, jedoch selten; ausschließlich in Gebäuden; die ca. 5 mm langen, dorsal leicht konvexen Ootheken werden senkrecht in der Genitalkammer getragen, schließlich in Ritzen von Brettern und Möbeln eingeklebt. Siehe auch → Blattariae. (Günther

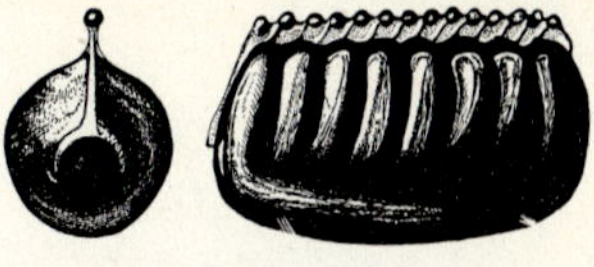

Abb. B-13: ***Periplaneta americana***, Amerikanische Küchenschabe. Eikapsel, links von vorn, rechts von der Seite; Länge ca. 8,5 mm. (Rietschel 1969)

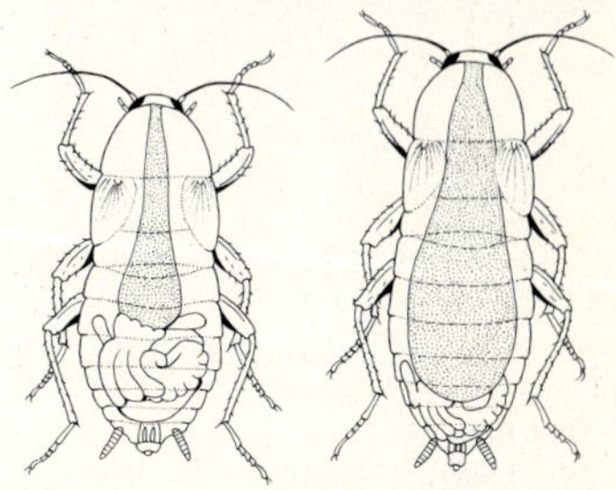

Abb. B-14: ***Blatta orientalis***, Küchenschabe. Kropf punktiert; links normal, rechts kurz nach Häutung stark mit Luft gefüllt zum Glätten der erhärtenden Kutikula. (Eidmann 1941)

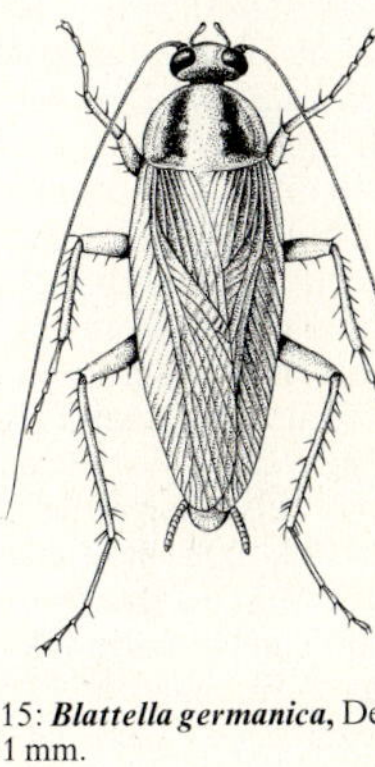

Abb. B-15: ***Blattella germanica***, Deutsche Schabe. ♂; ca. 11 mm.

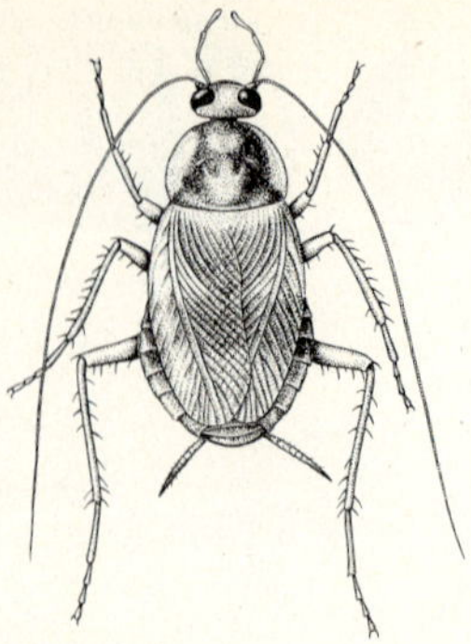

Abb. B-16: *Supella longipalpa.* ♀; 10–12 mm. (M.R.)

1968; Harz 1957, 1960; Harz, Kaltenbach 1976).

Blattflöhe; → Psyllina.

Blatthonig; → Honigtau.

Blatthornkäfer; → Lamellicornia.

Blattidae, Hausschaben (»Schwaben«); Fam. der Schaben (Blattariae); in M-Eur. i.e.S. nur 3 heute weltweit verbreitete, ursprünglich in subtropischen bis tropischen Gebieten heimische, eingeschleppte Arten. **1.** ***Blatta orientalis*** L., Orientalische Schabe, Küchenschabe, Bäckerschabe, Kakerlak; dunkelbraun (– ca. 25 mm); ♂ mit fast körperlangen Flügeln, ♀ mit kurzen Flügelstummeln; vermutlich schon vor langer Zeit aus Südrußland eingeschleppt; wärmeliebend, bei uns wohl ausschließlich in Häusern; dämmerungsaktiv; Balz ähnlich wie bei ***Blattella*** (→ Blattellidae), nicht selten langsames Anschleichen des ♂ an das ♀; ♀ trägt den Eikokon meist etwa einen Tag, manchmal wohl auch länger mit sich herum, läßt ihn einfach fallen oder bringt ihn – häufiger – in einem u.U. mit den Beinen ausgegrabenen, nach der Ablage wieder zugedeckten und mit einer aus dem Mund austretenden erhärtenden Flüssigkeit getränkten Versteck unter; 9–10 Larvenstadien. **2.** ***Periplaneta americana*** L., Amerikanische (Groß-) Schabe (– 30 mm); Aussehen ähnlich ***Blatta,*** jedoch beide Geschlechter mit über körperlangen Flügeln; im 17. Jhd. vermutlich aus Kuba mit Zuckerrohr eingeschleppt; Lebensweise ähnlich ***Blatta;*** bekanntes Versuchstier zum Nachweis des vom ♀ gebildeten, für das Sichfinden der Partner wichtigen Sexuallockstoffes. **3.** ***Periplaneta australasiae*** Fbr., Australische (Groß-) Schabe, Südliche (Groß-) Schabe (– 30 mm); beide Geschlechter ebenfalls mit über körperlangen Flügeln; aus tropischen Gebieten eingeschleppt. (Beier, 1967; Bell, Tobin 1981; Günther 1968; Harz 1957; Harz, Kaltenbach 1976; Schal et al. 1984).

Blattkäfer; → Chrysomelidae.

Blattläuse; → Aphidina.

Blattlausfliegen; → Chamaemyiidae.

Blattlauslöwen; → Chrysopidae; → Hemerobiidae.

Blattlauswespen; → Aphidiidae.

Blattminen, Hyponomien; → Minen.

Blattodea; → Blattariae.

Blattopteroidea; Üb-Ordng. der Insekten mit den Ordngn.: → Dermaptera; → Mantodea; → Blattariae; → Isoptera.

Blattrippenstecher, ***Rhynchites interpunctatus*** Steph.; → Curculionidae 2.

Blattschneiderameisen, ***Atta*** sp.; → Formicoidea.

Blattschneiderbienen; → Megachilidae 2.

Blatt-Tütenmotten; → Gracilariidae.

Blattwanzen; → Miridae.

Blattwespen; i.w.S. → Tenthredinoidea; i.e.S. → Tenthredinidae.

Blauäugiger Waldportier, ***Minois dryas*** Scop.; → Satyridae 6.

Blaubock, ***Gaurotes virginea*** L.; → Cerambycidae 10.

Blaue Fleischfliegen, ***Calliphora vomitoria*** L. und ***C. vicina*** R.-D.; → Calliphoridae 1.

Blauer Erlenblattkäfer, ***Agelastica alni*** L.; → Chrysomelidae 17.

Blauer Scheibenbock, ***Callidium violaceum*** L.; → Cerambycidae 15.

Blauer Weidenblattkäfer, ***Plagiodera versicolor*** Laich.; → Chrysomelidae 12.

Blaues Ordensband, ***Catocala fraxini*** L.; → Noctuidae 16.

Blaugrauer Kiefernspanner, ***Macraria liturata*** Cl.; → Geometridae 34.

Blaugrüne Mosaikjungfer, ***Aeshna cyanea*** Müller; → Aeschnidae 2.

Blaukernauge, ***Minois dryas*** Scop.; → Satyridae 6.

Blaukopf, ***Diloba caeruleocephala*** L.; → Noctuidae 12.

Bläulinge; → Lycaenidae.

Blaupfeile, ***Orthetrum*** sp.; → Libellulidae 3.

Blauschwarze Birkenblattwespe, ***Arge pullata*** Zadd.; → Argidae.

Blausieb, ***Zeuzera pyrina*** L.; → Cossidae 2.

Blau trüber Medien; eine (meist) mattblaue Strukturfarbe, bedingt durch diffuse Zerstreuung der auffallenden kurzwelligen Strahlen an einem oft von dunklem Pigment unterlagerten »Trübkörper« (»Blaustruktur«); unter den Insekten anscheinend nur bei Libellen (→ Odonata) nachgewiesen.

Bledius; → Staphylinidae 6.

Blennocampa; → Tenthredinidae 3, 7.

Blepharocera; → Blepharoceridae.

Blepharoceridae, Lidmücken, Netzmücken; Fam. der Mücken (Diptera, Nematocera); die Imagines etwa stechmückengroß, langbeinig, fast unbehaart [**B-17**]; Augen oft durch eine Brücke in oberen großfacettigen und unteren kleinfacettigen Abschnitt geteilt; Stechsaugrüssel gut ausgebildet, bei den ♀♀ oft auch mit Mandibeln; die ♂♂ stets, bisweilen auch die ♀♀ Nektarsauger, meist aber saugen die ♀♀ im Flug gefangene weichhäutige kleine Insekten aus; Flügel neben dem Geäder mit einem netzartigen System von Fältchen. Schwarmbildung der ♂♂ kommt vor; Kopula und Eiablage im Sommer; Eier in der Nähe der Wasseroberfläche an Steine in stark strömenden kalten Bächen geklebt. Die Larven [**B-18**] extrem an das Leben in sehr starker Strömung angepaßt; 7 Körperabschnitte: Kopf + Brust + 1. Hinterleibsring, dann 5 Ringe, Hinterabschnitt = 7.–9. Hinterleibsring; flach, dorsal schwach gewölbt; ventral mit 6 Saugnäpfen hintereinander, reine Bildungen der Kutikula, jedoch von sehr verwickeltem Bau, wirken ohne Mithilfe eines Klebesekrets ausschließlich nach dem Vakuumprinzip: der fein gezähnelte Saum wird an die steinerne Unterlage gepreßt, wobei das Wasser zunächst durch einen vorderen Randschlitz austritt; dann wird ein medianer Kolben durch einen Dorsoventralmuskel gehoben, bewirkt so ein festes Haften auch in stärkster Strömung; das Haften wird unterstützt durch feinste Härchen an der Saugnapffläche; Bewegung vom Ort: entweder ganz langsam durch Lösen und Haften der Saugnäpfe nacheinander; schneller: die vorderen Näpfe lösen sich, der Vorderkörper wird zur Seite geschwenkt, heftet sich an, anschließend ebenso der Hinterkörper; 4 Larvenstadien, also 3 Larvenhäutungen; soll die Larve nicht bei der Häutung von der Strömung weggerissen werden, müssen die neuen

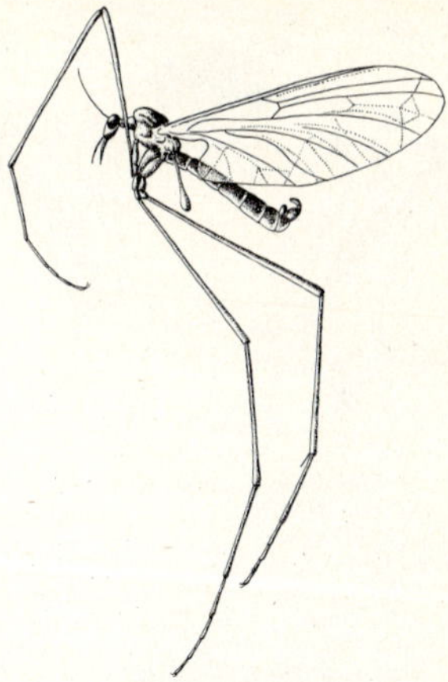

Abb. B-17: ***Cardiocrepis brevirostris.*** ♂. Körper ca. 7 mm. Flügelfalten punktiert. (Séguy 1951)

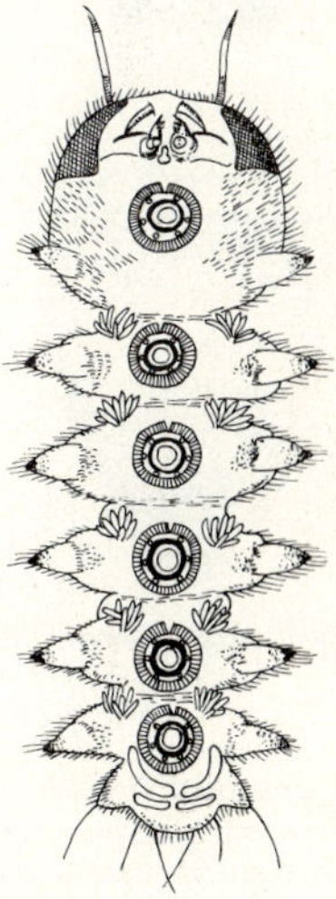

Abb. B-18: ***Blepharocera fasciata.*** Larve von ventral. (Lindner 1923ff.)

Saugnäpfe sofort arbeitsfähig sein, ermöglicht dadurch, daß der neue größere Saugnapf vor der Häutung schon vollkommen fertig bereit liegt [**B-19**] und bei der Häutung durch einen mit Drüsensekret vollgepumpten ringförmigen Hohlraum zum gebrauchsfähigen Zustand entfaltet wird. Atmung durch ventrale Schlauchkiemen, in

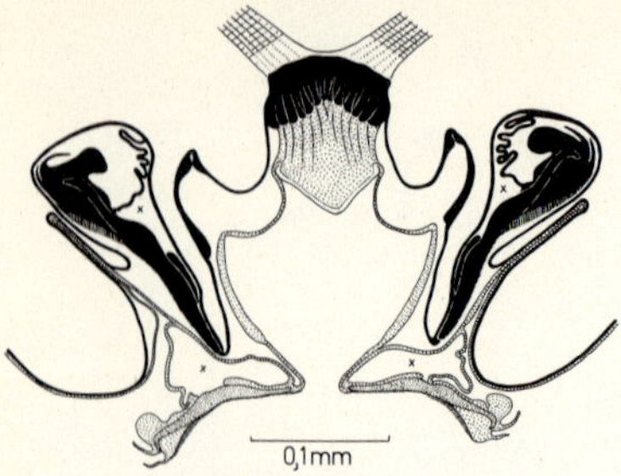

Abb. B-19: ***Liponeura cinerascens.*** Larve, 3. Stadium, vor der Häutung; Schnitt durch einen Bauchsaugnapf; außer dem Kolbenmuskel (oben) nur die kutikularen Saugnapfteile gezeichnet, die der Larve 3 punktiert, die bereits fertig angelegten der Larve 4 schwarz. × = Schwellkörperraum; bringt durch Füllung mit Sekret die neue Haftscheibe zum Ausbreiten. (Rietschel 1961)

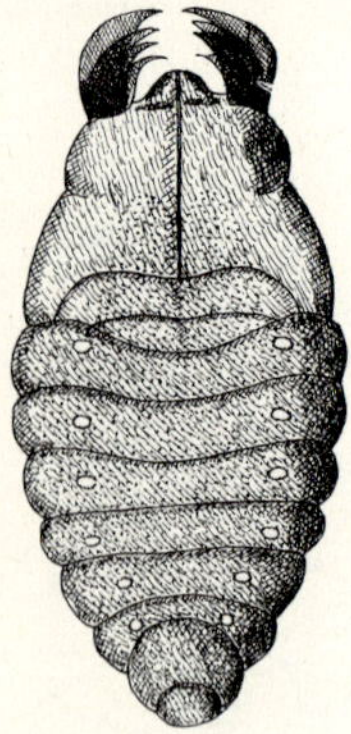

Abb. B-20: ***Liponeura cinerascens.*** Puppe, 7 mm. (Lindner 1923ff.)

Stad. 4 jederseits meist 7, in den früheren Stadien weniger; im 1. Stadium reine Hautatmung; Nahrung: mit den Kiefern abgeweideter Steinaufwuchs vor allem Kieselalgen, deren Abschwemmen durch starke Behaarung im Mundbereich verhindert wird. Puppe [**B-20**] ebenfalls am Stein im Wasser angeheftet, Vorderende gegen die Strömung; 2 lamellöse Atemhörnchen; eine feine Luftschicht auf den Lamellen (→ Plastron) ermöglicht Gasaustausch sowohl im Wasser, als auch bei Trockenfallen, in der Luft, Stigma am Hörnchengrund; Haften am Substrat vermutlich durch Sekretorgane an den 3 vorletzten Körperringen; ♂-Puppen sind kleiner als ♀-Puppen. Die Imago schlüpft unter Wasser (kritische Phase), erreicht, umgeben von einem Luftmantel, die Oberfläche des stets flachen Wassers mit den Vorderbeinen, breitet die Flügel, zieht die Hinterbeine aus den Scheiden, fliegt ab. Überwinterung als Larve; eine Generation im Jahr. Etwa ein Dutzend Arten in den Bergregionen Mitteleuropas; Beispiel: ***Liponeura cinerascens*** Loew. (Hynes 1970; Rietschel 1961, 1969; Schumann 1968; Seguy 1951; Wesenberg-Lund 1943).

Blinde Fliegen, ***Chrysozona*** sp.; ***Chrysops*** sp.; → Tabanidae.

Blindspringer; → Onychiuridae.

Blindwanzen; → Miridae.

Blissus; → Lygaeidae.

Blitophaga; → Silphidae 7.

Blitzwurm, Larve des Birnbaumprachtkäfers; → Buprestidae 5.

Blumeneule, ***Mamestra persicariae*** L.; → Noctuidae 45.

Blumenfliegen; → Anthomyiidae.

Blumenkäfer; → Anthicidae.

Blumenwanzen; → Anthocoridae.

Blumenwespen; → Apoidea.

Blutbienen, ***Sphecodes*** sp.; → Halictidae 5.

Blutbär, ***Thyria jacobaeae*** L.; → Arctiidae 12.

Blutbock, ***Purpuricenus kaehleri*** L.; → Cerambycidae 18.

Blütenböcke; → Cerambycidae.

Blütengrillen; → Oecanthidae.

Blütenkäfer, Zottiger, ***Tropinota hirta*** Poda; → Scarabaeidae 18.

Blütenspanner, ***Eupithecia*** sp.; → Geometridae.

Blütenstecher, ***Anthonomus*** sp. → Curculionidae 17–21.

Blütenwanzen; → Anthocoridae.

Blutlaus, ***Eriosoma lanigerum*** Hausm.; → Eriosomatidae.

Blutrote Raubameise, ***Formica sanguinea*** Latr.; → Formicidae 5a.

Blutrote Zikade, ***Tibicen haematodes*** Scop.; → Cicadidae.

Blutströpfchen; → Zygaenidae.

Blutzikaden, ***Cercopis*** sp.; → Cercopidae.

Boarmia; → Geometridae 19, 34.

Bockkäfer, Böcke; → Cerambycidae.

Bodenwanzen; → Lygaeidae.

Bohnenkäfer, ***Bruchus rufimanus*** Boh.; → Bruchidae 5.

Bohnenlaus, ***Aphis fabae*** Scop.; → Aphididae 42.

Bohrfliegen; → Trypetidae.

Bohrkäfer; → Lymexylonidae 2; → Anobiidae; → Bostrychidae.

Bohrmotten; → Ochsenheimeriidae.

Bolboceras; → Scarabaeidae 3.

Boletophagus; → Tenebrionidae 5.

Bolitophilidae; Bolitophila; Bolitophilella; → Fungivoridae.

Boloria; → Nymphalidae 9.

Bombardierkäfer, ***Brachynus*** sp.; → Carabidae 7.

Bombus; → Apidae 1.

Bombycidae, Seidenspinner; Fam. der Schmetterlinge (Lepidoptera); ohne Vertreter in Mitteleuropa, mehrere Arten in Afrika, besonders aber in Süd- und Ostasien. Allgemein bekannt: ***Bombyx mori*** L., Maulbeerseidenspinner, einerseits als wichtigster Lieferant der Naturseide (Seidenfaden: innen Fibroin, außen Sericin als Kitt für die Fibroinfäden), andererseits neuerdings als Versuchstier zur Untersuchung allgemeinbiologischer Fragen. Stammform: ***Theophila mandarina*** Moore, Ostasien, von der südlichen Mandschurei an nach Süden. Hauptnahrung der Raupen: die Blätter des Maulbeerbaums; sie enthalten Stoffe (u.a. Citral, Hexanol, Linalylacetat), die die Raupen zum Aufsuchen, Beißen und Schlucken veranlassen. Der Beginn der Domestizierung in China ist nicht genau zu bestimmen, er liegt vermutlich zwischen ca. 2000 und 1100 v. Chr.; Folgen der langen Domestizierung sind u.a.: Rassenbildung (nach Raupenfärbung; Blutfarbe; Nahrungsbedarf; Entwicklungsgeschwindigkeit, eine oder mehrere Generationen im Jahr; Farbe, Form und Gewicht des Kokons); Unfähigkeit der jungen Raupen, die Futterblätter anzuschneiden (das Futter muß fein zerschnitten werden); Flugunfähigkeit (nur noch Flügelschwirren möglich; Wild-♂♂ sind gute Flieger). Das ♀ hat 2 ausstülpbare Duftdrüsen am Hinterleibsende, sie sondern als Pheromon den auch synthetisch hergestellten Sexuallockstoff Bombykol ab, ein 10-trans-12-cis-Hexadekadienol ($CH_3–CH_2–CH_2–CH=CH–CH=CH–(CH_2)_8–CH_2OH$, manche künstliche Isomere sind stärker wirksam als der Naturstoff); der Duftstoffgehalt der Drüsen ist beim Schlüpfen am größten, nimmt dann ab, besonders rasch und stark nach der Kopulation; der Duftstoff

Abb. B-21: ***Bombylius discolor.*** ♂. Länge (ohne Rüssel ca. 14 mm. (Lindner 1923ff.)

bewirkt Aktivierung und Annäherung des ♂ an das ♀ entgegen dem mit Duftstoff beladenen Luftstrom und – dicht am ♀ – als Teil der Balz einen von Flügelschlagen begleiteten »Schwirrtanz«; dieser wird schon bei einer Bombykolkonzentration von 10^{-10} γ/ml Petroläther ausgelöst, d.h., da schon ein Duftstoffmolekül bei der dafür empfindlichen Sinneszelle einen Impuls bewirkt, genügt es, wenn 1% der etwa 25000 pro Antenne vorhandenen Bombykol-Sinneszellen erregt werden; (Vergleich: wenn man 100 Liter Bombykol im Wasser aller Weltmeere auflöste, vermöchte die Duftkonzentration den Schwirrtanz auszulösen); die Riechorgane des ♀ sprechen nicht auf den Duftstoff an. Die Naturseide wird gewonnen durch Abhaspeln des Kokonfadens, dessen Länge je nach Rasse stark variiert; bei Rassen mit nur einer Generation im Jahr ist die Spinnfadenlänge über 1000 m (davon ca 700 m verwertbar), bei Rassen mit mehreren Generationen bedeutend weniger; bei der Wildform 150–200 m. (Dierl 1969; Forster, Wohlfahrt 1954–81; Hannemann 1968; Jacobson 1965; Kaissling, Priesner 1970; Mell 1955; D. Schneider et al. 1967; Schwink 1954; Steinbrecht 1964).

Bombykol; → Bombycidae.

Bombyliidae, Wollschweber, Schweber, Hummelfliegen, Trauerschweber; Fam. der orthorrhaphen Fliegen (Diptera, Brachycera). Meist mittelgroß, manche hummelartig behaart [**B-21**], andere düster gefärbt und mit stark verdunkelten Flügeln [**B-22**], geschickte und schnelle Flieger, Hinterbeine im Flug nach hinten-oben gestreckt, Vorder- und Mittelbeine nach vorne; Rüs-

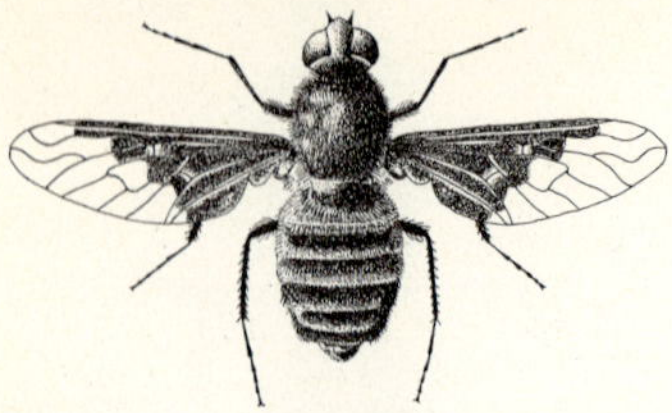

Abb. B-22: ***Hemipenthes morio.*** ♂. 4–12 mm. Larve parasitiert bei Hymenopteren und Dipteren. (Séguy 1951)

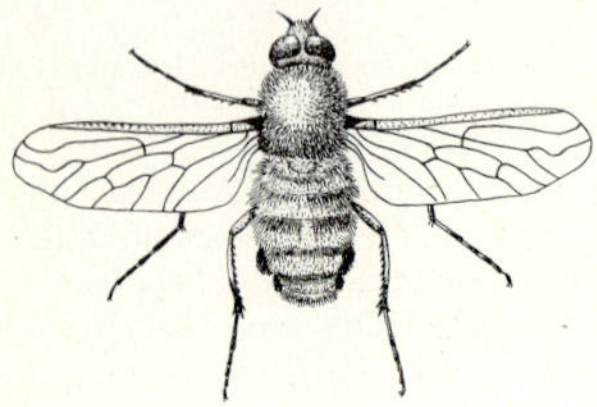

Abb. B-23: ***Villa hottentotta.*** ♂. 15 mm. (Séguy 1951)

sel bei einigen Arten verkümmert bzw. kurz, bei anderen lang [**B-21**], geeignet zum Nektarsaugen (bei ***Bombylius medius*** L. z. B. fast körperlang), wobei sie entweder nach Schwärmerart vor der Blüte rüttelnd stehen, sich oft mit den Vorderbeinen aufstützen oder auch richtig auf der Blüte Platz nehmen; manche Arten sind schon im Frühling z. B. beim Besuch von Traubenhyazinthen leicht zu beobachten; andere, z. B. die Trauerschweber der Gattung ***Anthrax***, sonnen sich im Sommer gern auf sandigem Boden. Finden der Geschlechter auf sehr verschiedene Weise, an bestimmten (Versammlungs-)Plätzen, an bestimmten Blüten, nach Verfolgungsflug (♂ verfolgt ♀) oder am Eiablageort des ♀. Die Larven entwickeln sich parasitisch, meist an bestimmten Wirten; das bedingt die oft merkwürdige, die Wirtsfindung vorwegnehmende Art der Eiablage: teils direkt oder nahe am zukünftigen Larvenfutter (z. B. ***Systoechus***-Arten an Eigelegen von Heuschrecken), teils durch gezieltes Abschießen der Eier aus dem Flug in oder dicht neben die Nesteingänge der Wirte (häufig solitäre Wespen und Bienen); Beispiel: ***Spongostylum tripunctatum*** Wied., Wirt: die Mörtelbiene ***Chalicodoma parietina*** F.; das ♀ nimmt zuvor mit dem Hinterleibsende in einem Härchenkranz etwas Sand auf, der an der klebrigen Oberfläche des herausgleitenden Eies hängen bleibt (Tarnung? Schutz gegen Sonne?); das so präparierte Ei wird nunmehr aus 2–3 cm Abstand auf das Wirtsnest geschossen; pro ♀ werden wohl an die 2–3 Tausend Eier abgelegt; die alsbald schlüpfende Larve dringt – so vorhanden – durch feine Haarrisse im Mauerbau der Mörtelbiene in eine Zelle ein; dort Ernährung vom Pollen-Honig-Brei der ***Chalicodoma*** Larve, die wohl ebenfalls verspeist wird; die bedornte Puppe arbeitet sich erst dann nach außen, wenn in benachbarten Zellen groß gewordene Mörtelbienen Gänge freigenagt haben; Schlüpfen der Imago, sobald die Puppe die Oberfläche erreicht hat; ***Bombylius vulpinus*** Wied. schießt ihre Eier auf die Nesteingänge der solitären Biene ***Panurgus calcaratus*** Scop.; ***Bomb. major*** L. weniger genau gezielt, auf das Nest z. B. der Sandbiene ***Andrena labialis*** Kirby; das Wirtsspektrum ist keineswegs immer eng; z. B. parasitiert ***Anthrax anthrax*** Schrank bei verschiedenen solitären Bienen, auch Kuckucksbienen; andere ***Anthrax***-Arten bei Heuschrecken und bei Raupen von Eulenfaltern; ***Villa hottentotta*** L. [**B-23**] ebenfalls bei Eulenraupen, andere ***Villa***-Arten bei Käferlarven. Bemerkenswert ist der Hyperparasitismus von ***Hemipenthes***-Arten ***(H. maurus*** L.; ***H. morio*** L., [**B-22**]), deren Larven die Puppen von Raupenparasiten ausfressen, z. B. von Schlupfwespen der Gattungen ***Banchus*** und ***Ophion***, der Raupenfliege ***Ernestia rudis*** Fall. (→ Tachinidae); das Abklingen von Forleulen- oder Nonnenkalamitäten kann durch starkes Auftreten von ***Hemipenthes*** verzögert werden. Entwicklung polymetabol [**B-24**]; die Erstlarve, die den Wirt aktiv aufsuchen muß, ist sehr beweglich, mit 5 Stummelfußpaaren, frißt, falls der Wirt eine solitäre Biene ist, zuerst den Futterbrei (Nektar + Pollen) für die Wirtslarve auf, geht dann, nach der Häutung madenartig gestaltet, an diese selbst, saugt sie von außen aus; Überwinterung als Larve; Puppe (der ein bewegliches »Vornymphenstadium« vorangehen kann) am Vorderende mit bezeichnender Dornenarmierung und mit Borsten am Hinterleib [**B-25**], Strukturen, die ihr, wenn die Wirte im Boden leben, das Sprengen des Wirtsnestes und das Sichhinaufarbeiten zur Oberfläche erleichtern. Von fast

3000 bekannten Arten über 100 in M-Eur. i.e.S. (Merle 1975; Mühlenberg 1973; Rietschel 1969; Schremmer 1964; Schumann 1968; Séguy 1951).

Bombylius; → Bombyliidae.

Bombyx; → Bombycidae.

Boophthora; → Melusinidae.

Borboridae; → Sphaeroceridae.

Boreidae, Winterhafte; Fam. der Schnabelfliegen (Mecoptera); nur etwa ein Dutzend Arten, davon 2 in M-Eur.i.e.S., am häufigsten ***Boreus hiemalis*** L., Gletschergast, Schnabelgrille, Schneefloh (etwa 3,5 mm; braun-bronzefarben, einer kleinen Grillen- oder Heuschreckenlarve nicht unähnlich; wie bei den übrigen Vertretern der Ordnung Vorderkopf schnabelartig verlängert; Mundteile, außer den Kaumandibeln, zart; die verhältnismäßig langen Hinterbeine ermöglichen auch Fortbewegung durch Springen; Flügel stark rückgebildet, beim ♂ zu 4 pfriemenartigen, am Ende gebogenen Gebilden, beim ♀ zu kurzen Schüppchen; Hinterleib der ♀♀ zu einem legebohrerartigen Gebilde verlängert, vor allem durch 2 lange, z.T. miteinander verschmolzene Stücke am Bauchteil des 9. Segments; ♂ am Genitalsegment mit 2 nach dorsal zangenartig einschlagbaren Genitalhaken; die Imagines sind ab Herbst bis in den Frühling an windgeschützten, sonnenbeschienenen Waldlichtungen und Waldrändern zu finden; bei Tauwetter auch auf Schnee; sie sind wenig kälteempfindlich; Nahrung überwiegend pflanzlich (Moos), bei Nahrungsmangel werden auch tote Collembolen und wohl auch noch andere zerfallende tierische Substanzen verzehrt; Verdauung (zumindest größtenteils) vor dem Munde. Begattung im Herbst und Winter: das ♂ sucht nach dem ♀, nähert sich ihm, meidet zunächst seine Berührung, z.B. mit den Fühlern (das ♀ springt leicht weg), springt auf das ♀ los, packt es mit den Genitalzangen an einem Bein, zerrt es näher an sich heran (♂ unter ♀) und klemmt es zwischen den sichelförmigen Flügelstummeln und dem Abdomen ein, wobei 2 dorsale Fortsätze (Tergalapophysen) der Hinterleibssegmente 2 und 3 ein Herausgleiten des ♀ verhindern [**B-26**]; nun wird der Zangengriff um das Bein gelöst, dann Vereinigung der Geschlechtsteile und Freigabe der Flügelfessel; schließlich hält das ♂ sein Abdomenende mit dem angekoppelten ♀ so, daß das ♀ sich längs über seinem

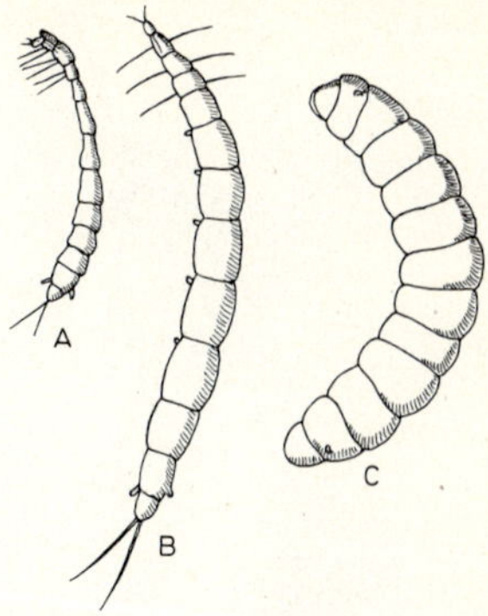

Abb. B-24: ***Bombylius minor.*** A und B metapneustische Junglarven; A ca. 1,5 mm, vorn mehr seitlich; B ca. 2,5 mm, nach Verzehren des Pollenvorrates von ***Colletes daviesanus***; hinten mehr seitlich. C letztes Stadium, amphipneustisch, Vorder- und Hinterstigmen eingezeichnet. (Lindner 1923 ff.)

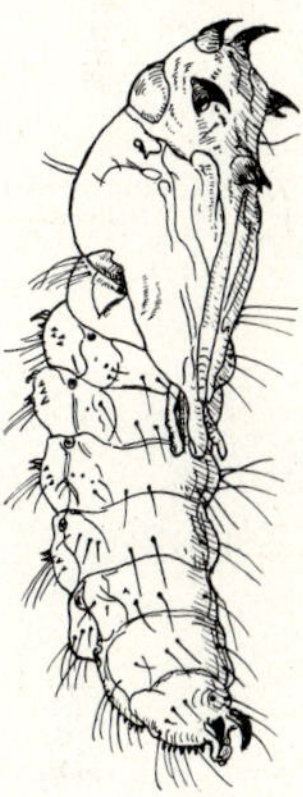

Abb. B-25: ***Bombylius*** sp. Puppe ca. 12 mm. (Lindner 1923 ff.)

Rücken befindet [**B-26**]; die Flügelhaken des ♂ können dabei hinter ein ♀-Bein greifen; die Vereinigung ist sehr fest, dauert u.U. tagelang, das ♂ läuft mit der ♀-Fracht herum. Die Eier werden einzeln in die oberste Bodenschicht abgelegt, überwintern hier. Die Larve schlüpft im Frühling; sie ist raupenähnlich, mit Brustfüßen, aber ohne Bauchfüße am Hinterleib, erwachsen etwa 7 mm; Hauptnahrung: Moos und Mooswürzelchen; Entwicklung 2jährig, die Larve überwintert einmal. Verpuppung

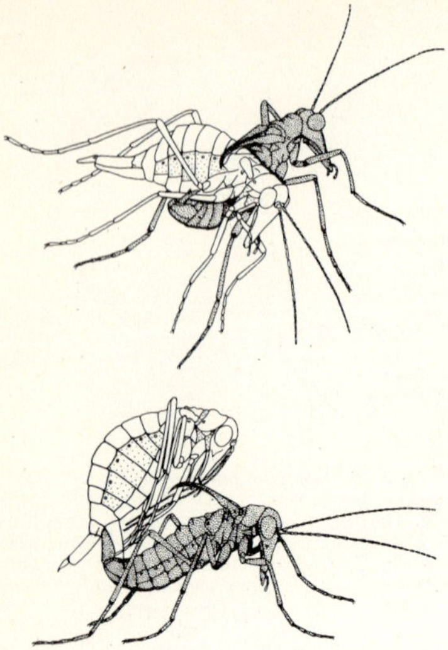

Abb. B-26: ***Boreus westwoodi,*** Winterhaft. Zwei Phasen der Kopulation. Oben: Das ♂ hat mit der Flügel-Abdominalzange das ♀ ergriffen. Unten: Kopulationsstellung; das ♂, dunkel, hält mit den Flügelrudimenten die Vorderschenkel des ♀ fest. (G. u. E. Mickoleit 1976)

Abb. B-27: ***Boreus westwoodi,*** Winterhaft. ♀; 5 mm. (Original: Bürgis 1986)

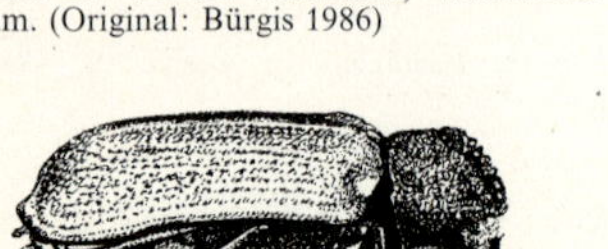

Abb. B-28: ***Bostrychus capucinus,*** Kapuzinerkäfer. 8–14 mm.

VII–IX in einer Erdkammer dicht unter der Oberfläche; die Kammer ist mit einer dünnen Spinnfadenschicht ausgekleidet; die Spinnseide stammt vermutlich aus Spinndrüsen, die auf der Unterlippe münden. Ähnlich ***Boreus westwoodi*** Hag., [**B-27**]. (Bellmann 1981a; Grassé 1951; Günther 1968; Kaltenbach 1978; Mickoleit G. u. E. 1976; Steiner 1937; Stitz 1931; Strübing 1958a).

Boreus; → Boreidae.

Borkenkäfer; → Scolytidae.

Borkenkäferfresser, ***Thanasimus formicarius*** L.; → Cleridae 1.

Borkenhausenia; → Oecophoridae 2.

Borophaga; → Phoridae.

Borstenläuse; → Chaitophoridae.

Borstenschwänze; → Thysanura.

Bostrychidae, Holzbohrkäfer, Bohrkäfer; Fam. der Käfer (Coleoptera, Polyphaga); von etwa 500 Arten (Hauptverbreitung das tropische Afrika, Südasien und Amerika) kaum ein Dutzend in M-Eur.i.e.S.; Importe von Holz und Waren führen allerdings immer wieder zur Einschleppung außereuropäischer Arten; Gefahr für dauernde Einbürgerung in Gebieten mit milden Wintern; klein bis mittelgroß, gestreckt-zylindrischer Körper, Kopf von oben kaum sichtbar, unter dem Halsschild verborgen; Käfer und Larven (diese ähnlich kleinen Engerlingen mit kurzen Beinen) bohren ähnlich wie die Pochkäfer (→ Anobiidae) in Holz, meist in trockenem, seltener (dann vor allem die Jungkäfer) in frischem; manche Arten werden dadurch an Kulturpflanzen schädlich, oder auch am Getreide, Früchten und dgl.; Eier einzeln abgelegt, in den Fraßgängen oder außen am Holz; 4–5 Larvenstadien, die beiden ersten noch relativ schlank; Verpuppung im befressenen Material. Symbiontische Mikroorganismen vorhanden, bei Larven und Imagines in 2 Mycetomen jederseits vom Darm; Übertragung durch Einwandern in die Eizellen noch im Ovar. Auswahl: **1.** ***Bostrychus capucinus*** L., Kapuzinerkäfer (8–14 mm; [**B-28**]); Larven in Hartholz, vor allem in Eichenholz; an gelagertem Eichenholz zuweilen sehr schädlich; das ♂ steht bei der Balz dicht hinter dem ♀, betrommelt dessen Flügeldecken hinten mit den Vorderfüßen; manchmal Kämpfe der ♂♂ miteinander. **2.** ***Rhizopertha dominica*** F., Getreidekapuziner (2,5–3 mm); Heimat: warme Länder, heute weltweit verbreitet; schädlich an Getreide, Reis und anderen Vorräten. (Bollow 1958; Cymorek 1969, 1974; Hieke 1968).

Bostrychus; → Bostrychidae 1.

Botanophila; → Anthomyiidae.

Botenstoffe, Signalstoffe, engl. semiochemicals (von griech. semaion, Signal, Zeichen); zusammenfassende Bezeichnung für die interspezifischen → Allomone und → Kairomone und für die intraspezifischen → Pheromone. (Law, Regnier 1971; Whittaker, Feeny 1971).

Bothrideres; → Colydiidae 3.

Bothynoderes; → Curculionidae 16.

Bovicolidae, Bovicola; → Mallophaga, Ischnocera.

Brachfliege, ***Phorbia coarctata*** Fall.; → Anthomyiidae 3.

Brachionycha; → Noctuidae.

Brachistes; → Braconidae 4.

Brachkäfer, ***Rhizotrogus aestivus*** Oliv.; → Scarabaeidae 12.

Brachycaudus; → Aphididae 13, 14.

Brachycentrus; → Trichoptera.

Brachycera, Fliegen; U-Ordnung der Zweiflügler; → Diptera.

Brachyderes; → Curculionidae 15.

Brachynus; → Carabidae 7.

Brachyopa; → Syrphidae.

Brachypelta; → Cydnidae.

Brachyptera; → Taeniopterygidae.

Brachytarsus; → Anthribidae.

Brackwespen; → Braconidae.

Bracon; → Braconidae.

Braconidae, Brackwespen; Fam. der Hautflügler (Hymenoptera, Apocrita, Ichneumonoidea); meist kleine, höchstens mittelgroße, in ihren Bewegungen recht träge Schlupfwespen; jedoch im Schwarm tanzende ♂♂, ähnlich einem Mückenschwarm, z.B. bei ***Blacus ruficornis*** Nees; die Larven leben stets als primäre Innen- oder Außenparasiten bei verschiedenen Insekten, zumal bei Schmetterlingen, Käfern, auch Wanzen und Fliegen (oft viele Larven in oder an einem Wirt); bei Arten mit mehreren Generationen im Jahr zuweilen verschiedene Generationen in verschiedenen Wirten; Verpuppung häufig in einem Gespinst auf oder neben dem Wirtstier. Unter den gut 5000 Arten einige sehr bekannte und häufige in M-Eur.i.e.S. heimisch, z.T. wichtige Helfer beim Kurzhalten von Schadinsekten; z.B.: **1.** ***Bracon hebetor*** Say (= ***Habrobracon juglandis*** Ashm), außenparasitisch an Raupen von Mehl- und Wachsmotten; große Bedeutung des Geruchssinnes für das Auffinden des Geschlechtspartners und des Wirtes; das ♂ (auch ein geblendetes) wird in der Nähe eines ♀ oder auch nur eines Gegenstandes, mit dem ein ♀ in Berührung war, stark erregt; es steigt, trifft es auf ein ♀, sofort zur Begattung auf, betrommelt dabei unter gleichzeitigem Flügelzucken mit den Fühlern die Flanken des ♀; das ♀ belegt vor allem ältere Wirtsraupen, durchbeißt, um zu ihnen zu gelangen, die Wirtsgespinste, u.U. sogar den Verpuppungskokon, sofern die Raupe darin sich noch nicht verpuppt hat, sticht den Wirt mehrere Male an (Lähmung), leckt ausgetretene Körpersäfte des Wirts auf, befestigt das Ei jedoch stets außen am Wirt, auch dann, wenn bereits ein anderes Parasiten-♀ am Werke war; Einnehmen der Stechstellung bereits in Gegenwart von Raupenduft oder vor einer mit Raupenblut bestrichenen Attrappe, aber niemals Eiablage an eine solche Attrappe, da die Entscheidung dazu offenbar über Sinnesorgane am Legestachel gesteuert wird. **2.** ***Apanteles (Microgaster) glomeratus*** L.; zahlreiche Larven, manchmal von mehreren Eiablagen, vor allem in Raupen von Weißlingen, parasitiert jedoch bei etwa 50 verschiedenen Schmetterlingsarten; die erwachsenen Larven verlassen den Wirt, verpuppen sich in der Regel in gelblichen Kokons auf der Raupe; bei einer verwandten Art, einem Parasiten des Rübenweißlings (→ Pieridae 2), sucht das ♀ (optisch?, geruchlich?) zunächst den Kohlbestand, dann hier die Wirtsraupe. **3.** Arten der Gattungen ***Perilitus (Dinocampus)***, ***Microtonus***, ***Bracon*** und ***Meteorus*** in Larven oder Imagines verschiedener Käfer; einige ***Apanteles***-Arten sowie z.B. ***Meteorus versicolor*** Wesm. Schmarotzer bei Raupen von Kiefernspinner und Nonne. **4.** ***Brachistes atricornis*** Ratz., Parasit bei dem Rüsselkäfer ***Pissodes piceae*** Ill.; das ♀ belegt das in einer Rindengrube verborgene Wirtsei; Parasitenkokon in der Puppenwiege des Wirts; zuerst schlüpfen die ♂♂, beißen sich nach außen durch, suchen, vermutlich vom Geruchssinn geleitet, am Stamm nach den Puppen von ♀♀. **5.** ***Syntretus splendidus*** Marschall; Larven zu mehreren im Abdomen adulter Hummeln; wie bei anderen parasitischen Hymenopteren überleben die Zellen der Eihülle nach dem Schlüpfen der Erstlarve in der Leibeshöhle des Wirts; sie speichern der Hämolymphe entnommenes Fett und dienen ihrerseits den Parasitenlarven als Hauptnahrung. (Alford 1968; Bachmaier 1969; Clausen 1940; Gruhl 1967; Haeselbarth 1962;

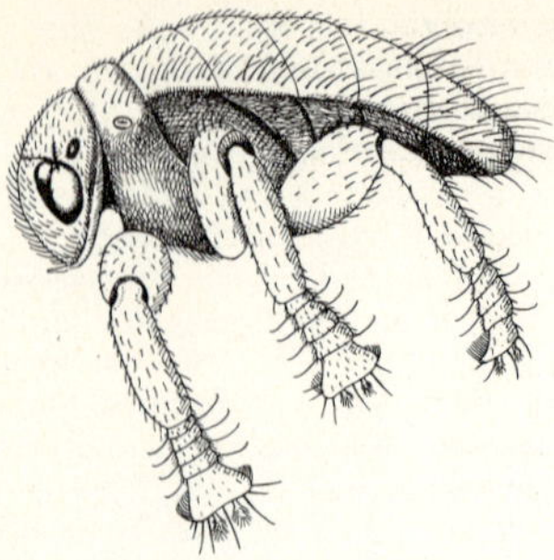

Abb. B-29: ***Braula coeca***, Bienenlaus, 1 bis 1,5 mm. (Hendel 1936/38)

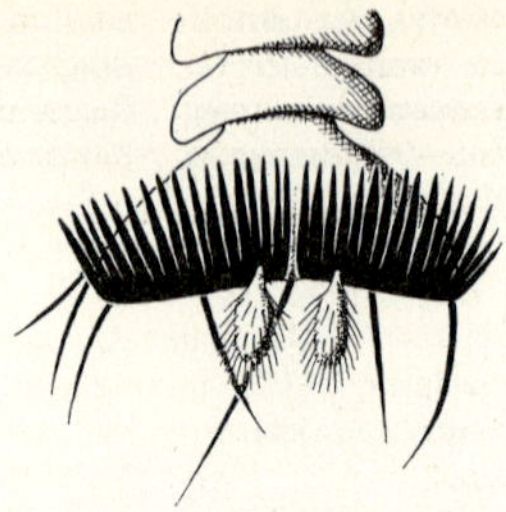

Abb. B-31: ***Braula coeca***, Bienenlaus. Distale Tarsenglieder; Borstenkämme schwarz; die 2 Pulvillen behaart. (Lindner 1923 ff.)

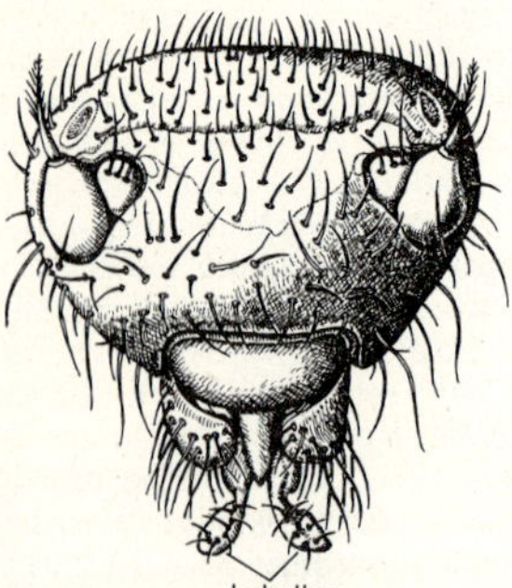

Abb. B-30: ***Braula coeca***, Bienenlaus. Kopf von vorn, jederseits vom kegelförmigen Labrum die sich verbreiternden Maxillartaster. (Lindner 1923 ff.)

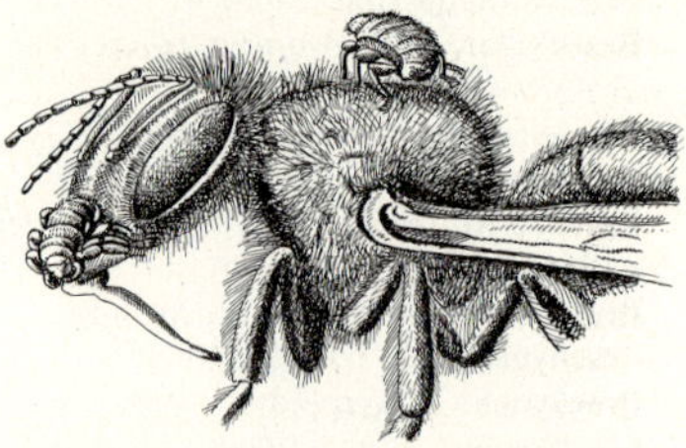

Abb. B-32: ***Braula coeca***, Bienenlaus. 2 Tiere auf einer Bienenarbeiterin, das eine um Futter bettelnd. (v. Frisch 1969)

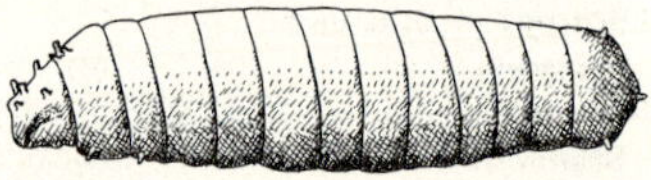

Abb. B-33: ***Braula coeca***, Bienenlaus. Larve, bis 2,3 mm. Zapfen = Sinnesorganträger; metapneustisch, Stigmen nicht zu sehen. (Hendel 1936/38)

Hase 1923; Königsmann 1968; Murr, Danielczick 1930).

branchiopneustisch nennt man ein Insekt (z. B. in Wasser lebende Larven), bei dem alle Stigmen durch eine Stigmennarbe verschlossen sind; statt dessen Ausbildung von Tracheenkiemen.

Braula; → Braulidae.

Braulidae, Bienenläuse; Fam. der cyclorrhaphen Fliegen (Diptera, Brachycera); winzige (1–1,5 mm), extrem dem Aufenthalt im Haarkleid von Honigbienen (und verwandten Hautflüglern) angepaßte Fliegen; nur 2 (oder 3) Arten bekannt; in Mitteleuropa: ***Braula coeca*** Nitzsch [**B-29**]; der behaarte Körper flach, geschlossen (ohne Hals und Taille), keine Flügel, keine Halteren; Kopf ohne Punktaugen, mit rudimentären Komplexaugen; Mundteile [**B-30**] kurz, nicht stechend, nur zum Aufnehmen der von den Bienen ausgewürgten flüssigen Nahrung geeignet; Beine kräftig, Fußglieder kurz und breit, das letzte stark verbreitert, mit Borstenkamm statt der Krallen und mit 2 behaarten Pulvillen [**B-31**]; halten sich vor allem oft zu mehreren, auf der Königin und mehr auf jungen als auf alten Arbeiterinnen auf, fressen mit beim Futteraustausch und wenn die Königin von den Arbeiterinnen gefüttert wird; betteln auch selbständig die Arbeiterinnen an [**B-32**]; Hauptfortpflanzungszeit V–IX; Eier oft an die Innenseite der (dann noch nicht ganz geschlossenen?) Deckel der Honigzellen gelegt. Die metapneustischen, erwachsen gut 2 mm langen Larven [**B-33**] fressen minenartige Gänge in den Zelldeckeln und -wänden; Hauptnahrung wahrscheinlich der dem Wachs beigemischte oder an den Wänden haftende Pollen und Honig; Fähigkeit, Wachs zu verdauen fraglich; vielleicht Symbionten in den Zellen des vorderen Darmteiles. Verpuppung im Stock. Bei starkem Befall Legeleistung der Königin beeinträchtigt. (v. Frisch 1969; Hendel 1936/38; Lindner 1923ff.; Smith, Caron 1984).

Braunauge, ***Dira maera*** L.; → Satyridae 7.

Braunbandschabe, ***Supella longipalpa*** Fabr.; → Blattellidae 2.

Braune Alpenschrecke, ***Pholidoptera aptera*** F.; → Tettigoniidae 2.

Braune Birnenlaus, ***Geoktapia pyraria*** Pass.; → Aphididae 6.

Brauner Bär, ***Arctia caja*** L.; → Arctiidae 9.

Brauner Mönch, ***Cucullia verbasci*** L.; → Noctuidae 40.

Braune Mosaikjungfer, ***Aeshna grandis*** L.; → Aeschnidae 1.

Brauner Rübenaaskäfer, ***Blitophaga opaca*** L.; → Silphidae 6.

Braunes Ordensband, ***Minacia lunaris*** Schiff.; → Noctuidae 15.

Braunwidderchen, ***Dysauxes ancilla*** L.; → Syntomididae 2.

Braunwurzschaber, ***Cionus*** sp.; → Curculionidae 35.

Breitbauchwanzen, ***Eurygaster*** sp.; → Pentatomidae.

Breitröhrige Kartoffelknollenlaus, ***Rhopalosiphoninus latysiphon*** Dav.; → Aphididae 35.

Breitrüßler; → Anthribidae.

Bremsen; → Tabanidae.

Bremsenschwärmer, ***Paranthrene tabaniformis*** Rott.; → Aegeriidae 2.

Brenner, ***Anthonomus pomorum*** L.; → Curculionidae 17.

Brennesselröhrenschildlaus, ***Orthezia urticae*** L.; → Ortheziidae.

Brennhaare; → Lymantriidae.

Brephos; → Geometridae 1.

Brevicoryne; → Aphididae 34.

Brintesia; → Satyridae 3.

Brombeerblattgallmücke, ***Dasineura plicatrix*** H.Lw.; → Itonididae 18.

Brombeereule, ***Thyatira batis*** L.; → Thyatiridae 2.

Brombeersaummücke, ***Lasioptera rubi*** Heeg.; → Itonididae 17.

Brombeerspinner, ***Macrothylacia rubi*** L.; → Lasiocampidae 7.

Brombeer(zipfel)falter, ***Callophrys rubi*** L.; → Lycaenidae 3.

Bromius; → Chrysomelidae 7.

Broscus; → Carabidae 6.

Brotkäfer, Brotbohrer, ***Sitodrepa panicea*** L.; → Anobiidae 6.

Brotolomia; → Noctuidae 49.

Bruchidae, Samenkäfer; Fam. der Käfer (Coleoptera, Polyphaga); klein, höchstens etwa 5 mm, meist graubraun, oft mit weißen Flecken; etwa 1300 Arten, in M-Eur. i.e.S. 46, 20 davon eingeschleppt; dementsprechend 2 Gruppen: die einheimischen sind Vegetationsschädlinge, fliegen gern, legen ihre Eier an die jungen Hülsen oder Fruchtknoten von Leguminosen auf Feld und Wiese, die eingeschleppten dagegen sind Speicherschädlinge, sie legen ihre Eier in reife, auch in bereits geerntete Samen; Schaden bisweilen nicht unbeträchtlich. Bei manchen Arten das erste Larvenstadium mit Beinen, einer Chrysomelidenlarve ähnlich, bei anderen Arten alle Stadien beinlos oder höchstens mit Beinstummeln. Entwicklung der Gruppenzugehörigkeit entsprechend in heranwachsenden oder in bereits reifen Samen von Hülsenfrüchten; Nahrungsspezifität mehr oder weniger ausgeprägt. Verpuppung (innerhalb einer aus erhärtendem Sekret der Malpighischen Drüsen hergestellten Pup-

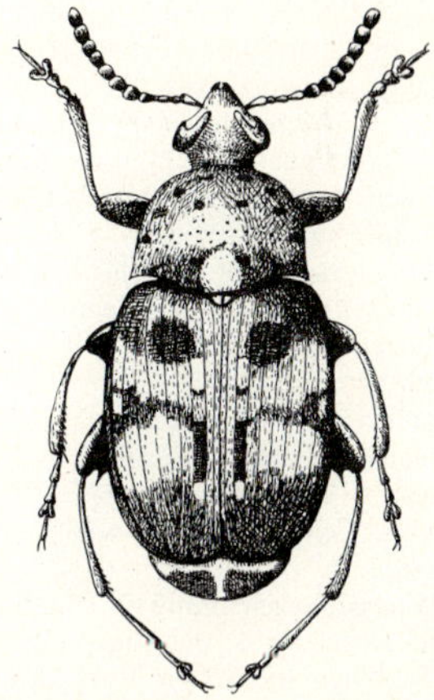

Abb. B-34: ***Bruchus pisorum***, Erbsenkäfer. 4 mm. (Bechyně 1954)

penwiege) in den zuvor bei manchen Arten als Schlüpfvorbereitung von innen rund angenagten Samen; Deckel von der schlüpfenden Imago abgesprengt. Bei heimischen Arten meist eine Generation im Jahr, in wärmeren Ländern oder an gelagerten Samen oft mehrere. Einige Beispiele: **1.** ***Bruchidius fasciatus*** Ol., Ginstersamenkäfer (2–3 mm), an Ginster und Robinien. **2.** ***Bruchus atomarius*** L., Wickensamenkäfer (2–3 mm), an Wicken und Verwandten. **3.** ***Bruchus lentis*** Fröl., Linsenkäfer (ca. 3 mm), vor allem an Linsen. **4.** ***Bruchus pisorum*** L., Erbsenkäfer (ca. 4 mm [**B-34**]), Eiablage an die jungen Hülsen, die Erstlarven (mit Beinen) wandern in die jungen Samen (eine Larve pro Same, dringen mehrere ein, so gehen alle bis auf eine zugrunde), ab. 2. Larvenstadium ohne Beine; Verpuppung und meist auch Überwinterung im Samen. **5.** ***Bruchus rufimanus*** Boh., Bohnenkäfer, Saubohnenkäfer (4–5 mm), ähnlich dem Vorigen, aber meist mehrere Larven in einer Bohne, Überwinterung des Käfers außerhalb der Bohne. **6.** ***Acanthoscelides obtectus*** Say, Speisebohnenkäfer (3–4 mm), vor allem in gestapelten Bohnensamen, weltweit verbreitet, Urheimat vermutlich Südamerika; ♀ beißt Loch in reife Schoten, ertastet durch das Loch hindurch die Samen mit der Legeröhre (Sinnesborsten an deren Ende); die Ablage auslösender Reiz ist: runder Körper auf flacher Unterlage; es werden alle Eier auf einmal abgelegt; die langbeinigen Erstlarven dringen immer zu mehreren in einen Samen ein; dort auch Verpuppung. Schaden (zur Zeit) unbeträchtlich. **7.** ***Callosobruchus (Bruchus) chinensis*** L., Kundekäfer (2–3 mm), Heimat Ostasien, jetzt weltweit verbreitet, wird immer wieder mit verschiedenen Hülsenfrüchten eingeschleppt. (Bollow 1956; Brandl 1981; Hoffmann, Schmutterer 1983; Pouzat 1975; Southgate 1979; Zahradnik 1985).

Bruchidius; → Bruchidae 1.

Bruchophagus; → Eurytomidae.

Bruchus; → Bruchidae 2, 3, 4, 5.

Brummer, ***Calliphora vomitoria*** L.; → Calliphoridae 1.

Brutfürsorge; Bezeichnung für Handlungen, in der Regel der ♀♀, die, abgeschlossen mit der Eiablage, die weitere Entwicklung weitgehend sichern; z. B. Schutz des Geleges durch Drüsensekrete, Eiablage am oder dicht beim Nährsubstrat der Larven, Vorbereiten oder Einsammeln der Larvennahrung.

Brutparasitismus, Brutschmarotzertum; eine Art nutzt die Brutfürsorge oder Brutpflege einer anderen Art für das eigene Fortkommen aus; Beispiele: Kuckucksbienen (→ Apoidea); Kuckuckswespen (→ Vespidae; → Pompilidae); Kuckucksrüßler (→ Curculionidae 11).

Brutpflege; Bezeichung für Handlungen, in der Regel der ♀♀, die, im Anschluß an die Eiablage ausgeführt, die weitere Entwicklung weitgehend sichern; z.B. Pflege und Verteidigung der Eier, oft auch der Larven; besonders ausgeprägt bei sozialen Insekten. Abgrenzung gegen Brutfürsorge bisweilen schwierig.

Brychius; → Haliplidae.

Bryodema; → Acrididae 2.

Bryophaenocladius; → Chironomidae.

Bryophila; → Noctuidae 28.

Buchdrucker, ***Ips typographus*** L.; → Scolytidae 14.

Buchenblattbaumlaus; → Callaphididae 1.

Buchen(blatt)gallmücke, ***Mikiola fagi*** Htg.; → Itonididae 27.

Buchenblattwespe, ***Cimbex fagi*** Zadd.; → Cimbicidae 2.

Buchenfrostspanner, ***Operophthera fagata*** Scharf.; → Geometridae 21.

Buchenkahneule, ***Bena prasinana*** L.; → Noctuidae 4.

Buchenmotte, ***Chimabacche fagella*** F.; → Oecophoridae 4.

Buchennutzholzborkenkäfer, ***Xyloterus domesticus*** L.; → Scolytidae 2.

Buchenprachtkäfer, ***Agrilus viridis*** L.; → Buprestidae 5.

Buchenrindenlaus, ***Schizodrybius*** sp.; → Lachnidae.

Buchenschildlaus, ***Cryptococcus fagi*** Bär.; → Pseudococcidae 1.

Buchenspießbock, ***Cerambyx scopolii*** Laich.; → Cerambycidae 7.

Buchenspinner; ***Stauropus fagi*** L.; → Notodontidae 4.

Buchenspringrüßler, ***Rhynchaenus fagi*** L.; → Curculionidae 36.

Buchenwerftkäfer, ***Hylecoetus dermestoides*** L.; → Lymexylonidae.

Buchenwickler, ***Laspeyresia fagiglandana*** Zell.; → Tortricidae 3.

Buchenwollaus, ***Cryptococcus fagi*** Bär.; → Pseudococcidae 1.

Buchenzierlaus, ***Phyllaphis fagi*** L.; → Callaphididae 1.

Bücherläuse; → Troctidae; → Liposcelidae.

Buchfinkenfederling; → Mallophaga.

Buchneria; → Lachnidae.

Buchsbaumblattfloh, ***Psylla buxi*** Geoffr.; → Psyllina 3.

Büchsenroller; → Curculionidae.

Buckelfliegen; → Phoridae.

Buckelkäfer, ***Gibbium psylloides*** Czemp.; → Ptinidae 1.

Buckelschrecken; → Rhaphidophoridae.

Buckelzirpen; → Membracidae.

Buenoa; → Notonectidae.

Büffelzikade, ***Stictocephala bisonia*** Kopp u. Yonke; → Membracidae 3.

Bunter Klopfkäfer, ***Xestobium rufovillosum*** Deg.; → Anobiidae 3.

Bunter Traubenwickler, ***Lobesia botrana*** D. u. Sch.; → Tortricidae 27.

Buntkäfer; → Cleridae.

Bupalus; → Geometridae 35.

Buprestidae, Prachtkäfer; Fam. der Käfer (Coleoptera, Polyphaga); im Habitus den Schnellkäfern (→ Elateridae) ähnlich, jedoch ohne Schnellvermögen; von den etwa 16000 Arten die meisten in den Tropen, viele prachtvoll metallisch gefärbt; in M-Eur.i.e.S. etwa 90 Arten, klein bis stattlich. Die Imagines an Baumstämmen, an Holz und auf Blüten, wärmeliebend, fliegen gern im Sonnenschein; fressen hauptsächlich an Blättern, oft auch Pollen; Eiablage im Frühling und Sommer, meist einzeln in Rindenritzen. Larven [**B-35**] nackt, weißlich, ohne Augen und Beine; mit kräftigen, nach vorn gerichteten Kiefern; mehr oder weniger flach, bei manchen Arten (z.B. ***Buprestis***) sehr flach, schlank mit stark verbreitertem Brustabschnitt; bei anderen (z.B. ***Agrilus***) rundlich im Querschnitt, vorn nicht verbreitert, Hinterende mit 2 zangenartigen Gebilden (zum Erfassen und Wegschaffen von Kotballen); fressen selten in krautigen Pflanzen, z.B. ***Aphanisticus***-Arten in Stengeln von Gräsern oder Binsen; die Larven der etwa 3 mm langen ***Trachys***-Arten minierend in den Blättern verschiedener Pflanzen, ***T. fragariae*** Bris. z.B. bei Erdbeeren. Die meisten Larven unter der Rinde und z.T. im Holz von schon nicht mehr ganz gesunden Holzgewächsen; Nahrungsspezialistentum zuweilen sehr ausgeprägt; Larvenfraßgänge meist flach, geschlängelt, breiter werdend

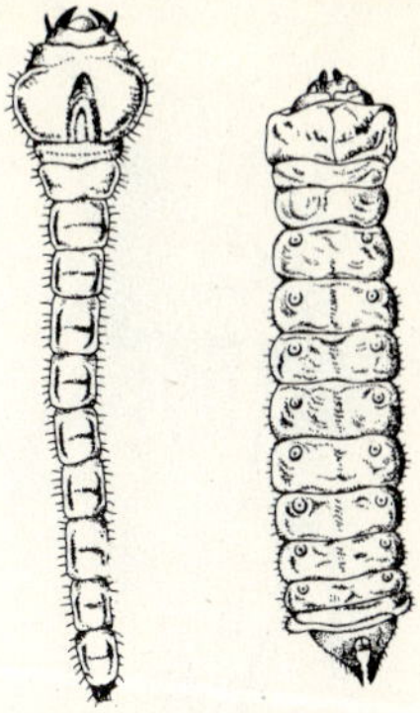

Abb. B-35: Prachtkäferlarven. Links von ***Buprestis novemmaculatus***; rechts von ***Agrilus auricollis***. Beide ca. 30 mm. (Escherich 1923)

[**B-38**], das Bohrmehl zu »wolligen« Figuren zusammengepreßt. Puppenwiege im Holz teils so (***Buprestis***-Typ), daß die Larve sich vor der Verpuppung umdreht, Kopf zum Eingangsloch, das dann zugleich Ausschlüpfloch für den Käfer ist; teils so (***Agrilus***-Typ), daß die Larve sich vor der Verpuppung nicht umdreht, in Fraßrichtung ein zweites Auschlüpfloch anlegt, aus dem sich dann der Käfer herausarbeitet. Überwinterung wohl meist als alte Larve, Verpuppung im Frühling, alsbald Schlüpfen der Imago. Der amerikanische Bupreštide ***Melanophila acuminata*** De Geer mit Infrarotsinnesorganen an den Coxen der Mittelbeine; ermöglicht ihm vor Waldbränden zu fliehen. Sieben der heimischen Arten mehr oder weniger schädlich an Wald- und Obstbäumen; alle anderen Arten sind geschützt. Auswahl: **1.** ***Chalcophora mariana*** L., Kiefernprachtkäfer, Marienprachtkäfer (24–30 mm [**B-36**]), größte heimische Art, düster kupferglänzend; Larve vor allem in Kieferstöcken, die sie bis zum Zerfall aufarbeiten. **2.** Gattung ***Dicerca***, mit mehreren Arten; die Larven von ***D. berolinensis*** Hrbst. z.B. in anbrüchigen Buchen und Erlen. **3.** ***Lampra rutilans*** F., Lindenprachtkäfer (12–15 mm) sehr schön smaragdgrün und kupferrot; Larven vor allem in Linden (Abfallen der Rinde, Astdürre); zweimalige Überwinterung? **4.** ***Anthaxia quadripunctata*** L., Vierpunktprachtkäfer (5–7 mm), düstergrünlich,

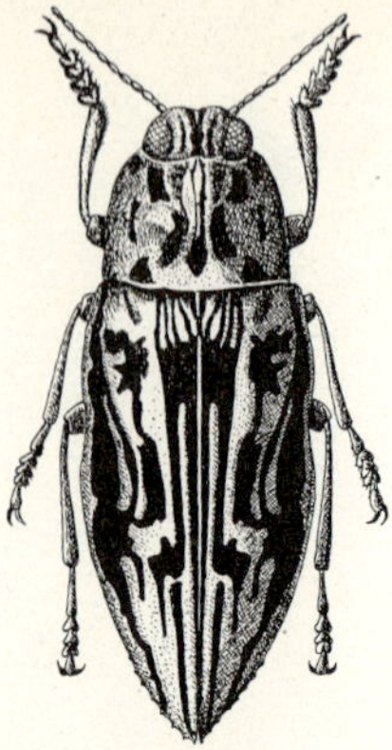

Abb. B-36: ***Chalcophora mariana***, Kiefernprachtkäfer. 24–30 mm. (Bechyně 1954)

Abb. B-37: ***Agrilus viridis***, Grüner Prachtkäfer. 6–9 mm. (Brauns 1964)

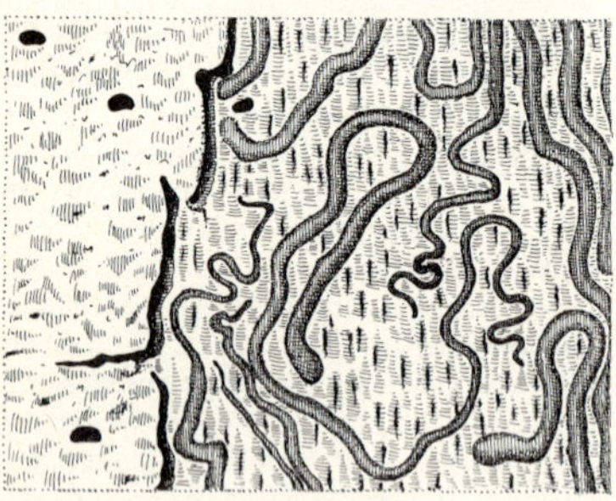

Abb. B-38: ***Agrilus viridis***, Grüner Prachtkäfer. Larvenfraßgänge unter der Rinde. Links Rinde erhalten mit Schlupflöchern der Käfer. (Brauns 1964)

Halsschild mit 4 Grübchen; häufig; Käfer im Frühsommer vor allem gern auf gelben Blüten; Larve an Nadelholz, hauptsächlich Jungkiefern. **5.** Gattung ***Agrilus*** mit zahlreichen Arten; a) ***A. sinuatus*** Oliv., Gebuchteter Birnbaumprachtkäfer (10–11 mm), schlank, kupferrot; Eiablage in Rindenrisse; Larve vor allem an Birnbäumen, Zickzackgänge von oben nach unten unter der Rinde (»Zickzackwurm«, »Blitzwurm« in der Pfalz); Larve überwintert zweimal; Platzen der Rinde über den Larvengängen, Saftfluß; Schäden zuweilen beträchtlich; Verpuppung im III des 3. Jahres. b) ***A. viridis*** L., Buchenprachtkäfer, Grüner Prachtkäfer (6–9 mm [**B-37**]), schlank, metallisch grün; an verschiedenen Laubhölzern, mit anscheinend auf verschiedene Fraßpflanzen spezialisierten Rassen, davon eine auf Rotbuche, wird hier zuweilen schädlich; die Larve überwintert einmal. Larvenfraßgänge [**B-38**]. ***A. integerrimus*** Ratz., Seidelbastprachtkäfer (7 mm), bronzefarben; die Larven anscheinend ausschließlich an Seidelbast (***Daphne mezereum*** L.), vor allem in den unteren saftigen Teilen, bewirken Absterben. (Amann 1960; Brauns 1964; Evans 1966 a, b; Harde 1979; Hieke 1968; Horion 1949; Schönherr 1974).

Buprestis; → Buprestidae.

Bürstenbinder, ***Orgyia recens*** Hbn.; → Lymantriidae 2.

Bürstenhornblattwespen; → Argidae.

Büschelhafte; → Oligoneuriidae.

Büschelkäfer; bei Ameisen lebende Kurzflügler; → Staphylinidae 13.

Büschelmücken, Büschelhornmücken, ***Chaoborus*** sp.; → Culicidae.

Buschhornblattwespen; → Diprionidae.

Byctiscus; → Curculionidae 5, 6.

Byrrhidae, Pillenkäfer; Fam. der Käfer (Coleoptera, Polyphaga); von insgesamt fast 800 bekannten Arten in M-Eur.i.e.S. etwa 30, diese sehr klein bis mittelgroß; häufig: ***Byrrhus pilula*** L. (7–11 mm); unscheinbar heller oder dunkler braun, hochgewölbt, fast kugelig; stellt sich bei Störung tot; die Beine werden dabei in genau passende Vertiefungen an der Bauchseite gelegt, so daß der Käfer wie eine unscheinbare Pille ohne jeden Vorsprung aussieht; die Imagines und die kleinen, Engerlingen ähnlichen, am Boden lebenden Larven sind Moosfresser. (Paulus 1979).

Byrrhus; → Byrrhidae.

Byrsocrypta; → Eriosomatidae.

Bythinus; → Pselaphidae 1.

Byturidae, Himbeerkäfer; Fam. der Käfer (Coleoptera, Polyphaga), mit nur wenigen Arten, davon 2 in M-Eur.i.e.S.: ***Byturus aestivus*** L. (= ***fumatus*** F.) (4–5 mm) und ***B. tomentosus*** F. (3,8–4,3 mm), beide einander sehr ähnlich in Aussehen und Lebensweise; Käfer im Frühling und Sommer an Blüten, oft an Apfel, Himbeere und Brombeere, fressen die Blüten aus; Eier an jungen Früchten von Himbeeren und Brombeeren; Larven (bis 6 mm; Himbeermade, Himbeerwurm) im Fruchtboden und in den Teilfrüchten; Verpuppung mit Gespinst in Rinden- oder Holzritzen, auch an der Erde; Überwinterung anscheinend als Larve, Puppe oder Imago möglich; Schaden zuweilen beträchtlich. (Vogt 1967).

Byturus; → Byturidae.

C

Cacoecia; → Tortricidae 9, 10, 16.

Cacoxenus; → Drosophilidae 4.

Caeciliidae; Fam. der Staubläuse (Psocoptera, Psocida); hierher u.a. die besonders artenreiche Gattung ***Caecilius*** mit 9 geflügelten Arten in M-Eur.i.e.S.; häufigste Art: ***C. flavidus*** Steph. (ca. 3 mm), auf den Blättern von Laubholz; mehrere Arten bevorzugen Nadelholz.

Caecilius; → Caeciliidae.

Caelifera, Kurzfühlerschrecken, Feldheuschrecken; Ordng. der Insekten (vgl. auch → Saltatoria); hierher die im Spätsommer und Herbst oft so zahlreichen mittelgroßen Heuhüpfer. Fühler unter Körperlänge, gegen Ende nicht oder kaum verjüngt, manchmal keulenförmig verdickt; Flügel oft gut ausgebildet (Hinterflügel bei manchen Arten lebhaft rot oder blau gefärbt), ab und an jedoch mehr oder weniger stark verkürzt; bei manchen Arten neben normal kurzflügeligen auch langflügelige Exemplare; Färbung auch bei der gleichen Art (insbesondere bei den ♀♀) oft sehr variabel, zuweilen der Umgebung vorzüglich angepaßt; wird ermöglicht durch den bei den Larven mancher Arten nachgewiesenen, nach der Häutung sichtbar werdenden Farbwechsel; auch bei den Imagines einiger Arten ist ein Farbwechsel und bevorzugte Wahl des zum Farbkleid passenden Untergrunds nachgewiesen. Hörorgane (Tympanalorgane), falls vorhanden, jederseits am 1. Hinterleibssegment; ♀ ohne langgestreckten Legebohrer, mit einem oberen und einem unteren Paar kräftiger Legeklappen, mit denen durch schnappende Bewegungen unter starker Streckung des Hinterleibs die Eier tief in das Substrat (meist Boden, zuweilen Pflanzengewebe) eingeschoben werden können; nicht selten wird nach Eiablage im Boden zum Schluß das Bohrloch durch Kratzen mit den Hinterbeinen verschlossen; selten wird das von erstarrtem schaumigen Sekret umschlossene Eipaket zwischen Grasblätter geklebt, z.B. bei ***Euthystira brachyptera*** Ocsk. Bei den meisten Arten sind vor allem die ♂♂ fähig zu Lautäußerungen, die, manchmal auch bei der gleichen Art, auf sehr verschiedene Weise entstehen können: 1. Weit verbreitet (***Stenobothrus***-Typ): eine Reihe von kräftigen kurzen, auf → Resilinpolstern sitzenden Zäpfchen (umgewandelte Haare) an der Innenseite der Hinterschenkel wird durch Aufab der Schenkel angestrichen an der vorstehenden Radialader der Vorderflügel; meist werden beide Hinterbeine (also beide Singgarnituren) gleichzeitig und gleichsinnig bewegt, bei manchen Liedern wird nur ein Schenkel betätigt; selten werden beide Hinterbeine gleichzeitig, aber verschiedenartig bewegt (***Chorthippus mollis*** Charp., gewöhnlicher Gesang); bei den ♀♀ ist der gleiche Apparat vorhanden, aber meist mit kleineren Zäpfchen. 2. Ein ähnlicher, aber spiegelbildlicher Apparat (***Oedipoda***-Typ) ist ausgebildet z.B. bei Vertretern der Gattungen ***Oedipoda, Psophus, Mecostethus***: ein kammartiges Gebilde auf der vorstehenden Vena intercalata im Mittelfeld der Vorderflügel wird angestrichen von einer scharfen Kante an der Innenseite der Hinterschenkel; Singbewegungen wie bei Typ 1. 3. Lautes schnarrendes Geräusch beim Flug (Flugschnarren; z.B. bei ***Psophus***, Schnarrschrecke), entsteht durch fächerartiges Spreizen der spezifisch geäderten und gestalteten Hinterflügel. 4. Schienenschleudern: die heftig nach hinten geschleuderten Hinterschienen streifen mit den Dornen über das Geäder der Vorderflügel (»Zick«), z. B. bei der Sumpfschrecke ***Mecostethus grossus*** L. 5. Mandibellaute, durch Aneinanderreiben der Mandibeln (»Zähneknirschen«), bei manchen Arten bekannt, insbesondere bei Vertretern der Fam. → Catantopidae. 6. Auftrommeln der Hintertarsen auf die Unterlage, kommt recht regelmäßig bei einigen Arten vor, wird vielleicht über den Erschütterungssinn wahrgenommen. 7. Rascheln durch Aufeinanderschlagen der an einigen äußeren Gliedern lappenartig verbreiteten Fühler. Die auf so verschiedene Weise erzeugten Laute haben durchweg Geräuschcharakter, d.h. es wird ein breites Frequenzband abgestrahlt, zuweilen bis in den Ultraschallbereich hinein; ein bei manchen Arten vielleicht schwach ausgeprägtes Frequenzunterscheidungsvermögen dürfte praktisch bedeutungslos sein. Das ♂ verfügt häufig über mehrere situations- und stimmungsgebundene Liedformen, z. B.: a) gewöhnlicher Gesang, Lockgesang: ein kopulationswilliges ♂ singt allein; b) Rivalengesang: ♂♂ der gleichen Art reagieren mit spezifischen Gesangsformen aufeinander; c) Werbegesang: das ♂ singt oft lange Zeit vor dem ♀, und zwar nicht selten in einer vom Lockgesang stark abweichenden Form; Beispiel: an dem sehr verwickelten Werbegesang des ♂ von ***Gomphocerus rufus*** L., bei dem das ♂ eine bestimmte Position relativ zum ♀ einnimmt, sind, im Gegensatz zum Lockgesang, außer den Hinterbeinen auch Fühler, Taster, der Kopf für sich (langsames und schnelles Kopfschütteln), ja der ganze Körper (Hochreißen, Verbeugung) mit koordinierten rhythmischen Bewegungen beteiligt; das ganze Bewegungssystem ist offenbar zentralnervös vorprogrammiert, wird zugleich durch im Bewegungsablauf erregte periphere Sinnesorgane gesteuert; wichtige Kommando- bzw. Schaltstellen sind die Pilzkörper und der Zentralkörper im Vorderhirn: kein Singen nach ihrer Ausschaltung; auch ein lange karent gehaltenes, also schwellenerniedrigtes ***G. rufus***-♂ kann den ganzen Werbegesang für sich allein vorführen. Jede Art hat ihr bezeichnendes Lied, auf das das ♀ auf Grund angeborenen »Verstehens« reagiert; bei vielen Arten antwortet das ♀ auf den ♂-Gesang, so werden beide aktiviert und finden sich alsbald zur Kopulation; ausschlaggebend für das Antworten des ♀ ist die rhythmische Gliederung des ♂-Gesangs, bei dem daraufhin genauer untersuchten ***Chorthippus biguttulus*** L., weitgehend unabhängig von der Temperatur ist das Verhältnis von Silbenlänge und Pausen zwischen den Silben innerhalb der Verse (bei dieser Art meist 2–4). Die Bereitschaft zum Kopulieren hängt beim ♀ mancher Arten von dem jeweiligen, hormonal regulierten (Corpora allata) Entwicklungszustand der Ovarien ab: Ablehnung des ♂ durch das ♀ ab einer bestimmten Entwicklungsphase vor der Eiablage (z. B. ***Euthystira brachyptera*** Ocsk.); bei anderen Arten (z. B. ***G. rufus*** L.) ist es der Begattungsakt selber, der gewisse Phasen des (ebenfalls weithin hormonabhängigen) Verhaltens des ♀ bestimmt: Abwehr nach der Kopula. Die Kopulation kann bei zufälligem oder optisch gesteuertem Sichtreffen auch ohne Singen zustande kommen (so natürlich bei stummen Arten); das Zusammenfinden der richtigen Partner wird aber durch den artspezfisichen Gesang wesentlich gefördert; er ist zudem für nahe verwandte sympatrische Arten die wichtigste Schranke, die Fehlkopulationen verhindert. Bei der Kopulation sitzt das ♂ schief links oder rechts auf dem ♀; mehrmalige Kopulation beider Geschlechter. Ernährung vegetarisch (sehr selten Kannibalismus), wobei manche Arten bestimmte Futterpflanzen (Prüfung mit den Maxillarpalpen) bevorzugen; die Nahrung deckt weitgehend auch den Wasserbedarf; es gibt auf den Fühlern (***Locusta migratoria*** L.) Sinnesorgane, deren Zellen auf bestimmte in Gräsern vorhandene Duftstoffe (z. B. Hexanal) ansprechen; bekannt sind die Verheerungen durch die Schwärme der → Wanderheuschrecken, die in diese Ordng. gehören. Feldheuschrecken sind durchweg wärmeliebend; gleichwohl sind die jeweils bevorzugten Biotope bei verschiedenen Arten auffallend verschieden, zumal hinsichtlich der Ansprüche an Feuchtigkeit; Bewohnern ausgesprochen trockener Böden (z. B. ***Chorthippus brunneus*** Thunb., ***Oedipoda caerulescens*** L.) stehen andere mit Vorliebe für sehr feuchtes Gelände gegenüber (z. B. ***Mecostethus grossus*** L., ***Chorthippus montanus*** Charp.), dazwischen alle Übergänge; wichtig für das Leben im jeweils bevorzugten Biotop ist die Fähigkeit, durch das Spiel der Stigmen die Transpiration zu regeln. Überwinterung der heimischen Arten meist als Ei (Ausnahme: Tetrigidae); die Eier werden zu mehreren als Eipaket abgelegt, zusammengehalten durch ein erhärtendes, durch Bewegungen der Legeklappen zu einem Schaum geschlagenes Sekret von Anhangsdrüsen des Geschlechtsapparates (und/oder vom Eileiterepithel?); mehrmalige Eiablage, wobei nicht selten jedesmal ein der Zahl der Eischläuche entsprechender Satz von Eiern entsteht. Häufig 5 Larvenstadien (außer der aus dem Ei schlüpfenden, von einer dünnen, ungegliederten Hülle umgebenen und sich sofort häutenden vermiformen Larve), jedoch ist ihre Zahl sogar bei der gleichen Art oft verschieden, z. B. beim ♀ 5, beim ♂ 4 Häutungen. Von den über 10000 bisher bekannten Arten in Mitteleuropa kaum 80, in M-Eur.i.e.S. etwa 40, zugeordnet den Fam.: → Tridactylidae; → Tetrigidae; → Catantopidae; → Acrididae; → Pamphagidae. (Autrum 1975; Boeckh 1967; Blaney, Chapman 1970; Dumortier 1964; Elsner, Huber 1969, 1973; Ergene 1957; Faber 1953b; Gewecke, Heinzel 1980; Harz 1957, 1975; Harz, Kaltenbach 1976; v. Helversen 1972; Huber 1955; Jacobs 1953; Jakovlev 1959; Kaufmann 1965; Loher 1966; Loher, Huber 1964; Perdeck 1957; Renner 1952; Renner, Kremer 1980; Riede, Huber 1979; Uhrig 1970).

Caenidae, Wimperhafte; Fam. der Eintagsfliegen (Ephemeroptera); mehrere Arten, z.B. der Gattung ***Caenis***; sehr klein (Körper 3–5 mm, Schwanzborsten 10–18 mm). Vorderflügel hinten bewimpert, Hinterflügel fehlen; Ocellen von halber Augengröße; Larven in stehenden und Fließgewässern; Körper flach, Hinterrand der Abdominalsegmente beidseits spitz ausgezogen; von den 6 Tracheenkiemenpaaren am Hinterleib das 1. sehr klein, das 2. sehr groß, schuppenförmig, die hinteren bedeckend [**C-1**].

Caenis; → Caenidae.

Caenoptera; → Cerambycidae 12.

Calandra; → Curculionidae 30, 31.

Caliroa; → Tenthredinidae 6, 16, 25.

Callaphididae (Drepanosiphonidae), Zierläuse; Fam. der Blattläuse (Aphidina); kein Wirtswechsel; mehr oder weniger wirtsspezifisch an Laubbäumen, Schmetterlingsblütlern oder Gräsern; bei manchen Arten alle Jungfern geflügelt; Rükkenröhren teils kaum ausgebildet, teils lang-röhrenförmig; einige Arten mit starker Wachsabsonderung, manche auch mit gutem Springvermögen. Auswahl: **1. *Phyllaphis fagi*** L., Wollige Buchenlaus, Buchenzierlaus, Buchenblattbaumlaus; kein Wirtswechsel; auf der Unterseite von Buchenblättern, mit dicker Wachswolle bedeckt [**C-2**]; Rückenröhren knopfförmig;

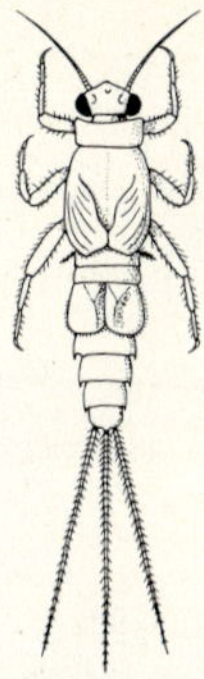

Abb. C-1: ***Caenis*** sp. Larve. (Engelhardt 1955)

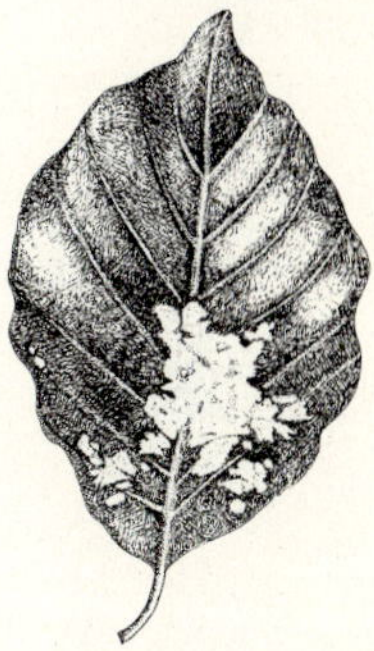

Abb. C-2: ***Phyllaphis fagi***, Wollige Buchenlaus. Kolonie mit Wachswolle auf Buchenblatt. (Amann 1960)

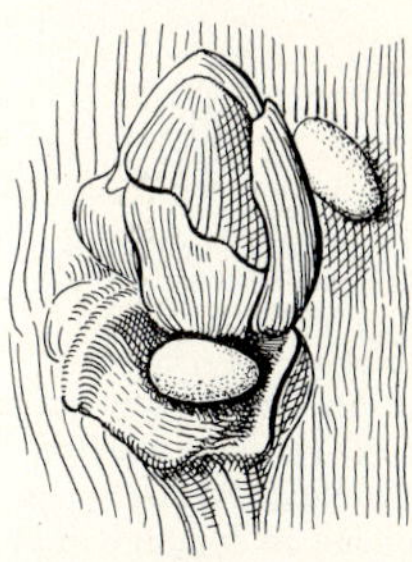

Abb. C-3: ***Phyllaphis fagi***, Wollige Buchenlaus. Zwei Wintereier an Knospe. (Brauns 1964)

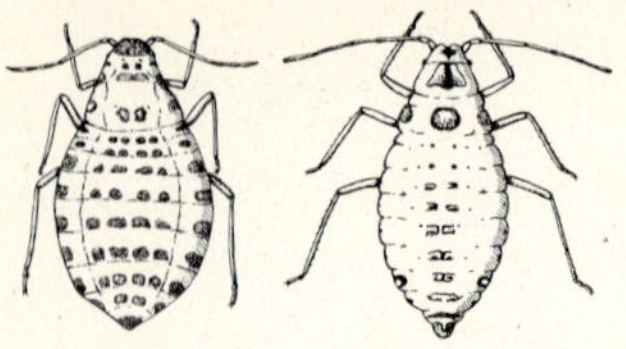

Abb. C-4: ***Phyllaphis fagi*****,** Wollige Buchenlaus. Links Fundatrix, ca. 2 mm; rechts Geschlechtsweibchen, ca. 2 mm. (Schmutterer 1952)

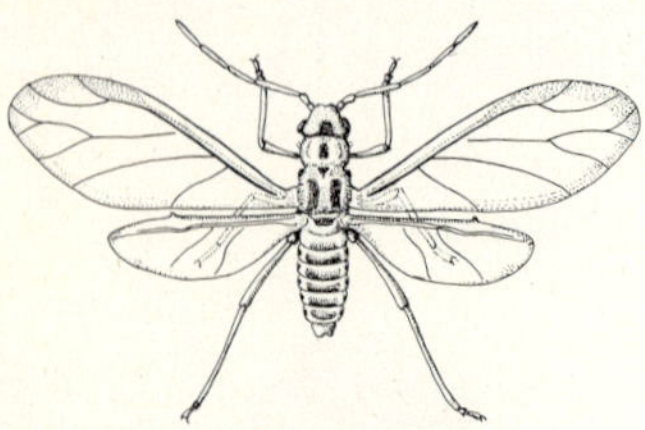

Abb. C-5: ***Phyllaphis fagi*****,** Wollige Buchenlaus, ♂, Körperlänge ca. 1,7 mm. Brauns 1964.

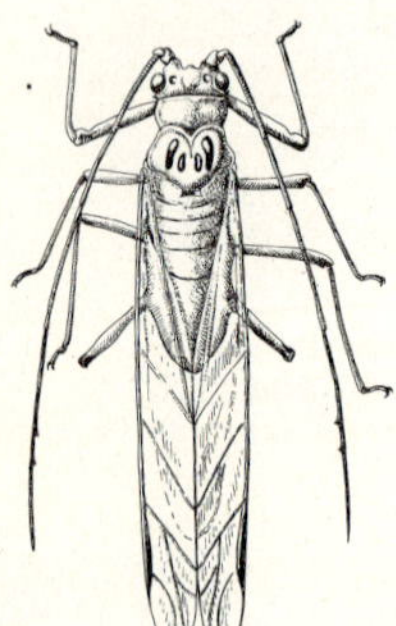

Abb. C-6: ***Drepanosiphon platanoides*****,** Ahornzierlaus. Körper 3 mm. (Rietschel 1969)

die Wintereier überwintern an Knospenschuppen [**C-3**]; die Fundatrix [**C-4**] gebiert im Frühling lebende Junge; mehrere Generationen von Jungfern, im Frühsommer viele geflügelte Ausbreitungsformen; der Honigtau wird nicht von Ameisen, gelegentlich von Bienen gesammelt; im Sommer geringere Vermehrung; im Herbst kommen aus den Sexuparae ungeflügelte Geschlechts-♀♀ [**C-4**] und geflügelte ♂♂ [**C-5**], Begattung; die Laus ist hauptsächlich an Buchenkeimlingen schädlich. **2.** An jungen Birkenzweigen leben Kolonien von ***Symydobius oblongus*** v. Heyd., ca. 4 mm, braun, Rückenröhren kurz; Geflügelte sind häufig. **3.** ***Euceraphis punctipennis*** Zett., Gemeine Birkenzierlaus; lebt ohne Koloniebildung auf der Unterseite von Birkenblättern; gelblich-grün, nur die Geschlechts-♀♀ ungeflügelt; lassen sich bei Störung fallen. **4.** An Ahorn: ***Drepanosiphon acerinus*** Walk. und ***Dr. platanoides*** Schrk., Ahornzierlaus [**C-6**]; über 4 mm, gelblich bis grünlich, auf der Blattunterseite; starke Honigtaubildung, aber kein Ameisenbesuch; ebenfalls alle Formen außer den Geschlechts-♀♀ geflügelt. **5.** ***Callaphis juglandis*** Goeze, Gestreifte Walnußzierlaus, gelblich mit dunkler Querzeichnung auf dem Rücken, meist geflügelt; auf der Oberseite der Walnußblätter, längs der Mittelrippe. **6.** An Linden auf der Blattunterseite ***Eucallipterus tiliae*** L., Lindenzierlaus, gelb mit dunklen Längsstreifen und Flecken; fast alle Formen geflügelt, außer den Geschlechts-♀♀; bei Massenbefall starke Honigtaubildung. **7.** ***Therioaphis trifolii*** Monell, Gefleckte Kleezierlaus, bis 2 mm, gelblich, mit dunklen Rückenflecken; Geflügelte sind häufig; springen bei Störung weg; an Klee und Luzerne zuweilen schädlich. (Amann 1960; Brauns 1964; F.P. Müller 1955; Rietschel 1969).

Callaphis; → Callaphididae 5.

Callidium; → Cerambycidae 15.

Calligypona; → Delphacidae; → Dorylaeidae.

Callimomidae; → Torymidae.

Callimorpha; → Arctiidae 10, 11.

Calliphora; → Calliphoridae 1.

Calliphoridae, Aasfliegen, Schmeißfliegen, Fleischfliegen; Fam. der cyclorrhaphen Fliegen (Diptera, Brachycera); artenreiche Gruppe, systematische Stellung und Umfang verschieden beurteilt (bisweilen als U-Fam. der → Tachinidae aufgefaßt, oder ein Teil der → Oestridae mit einbezogen). Von sehr verschiedener Größe (z.T. stattlich) und Färbung, auffallend und allgemein bekannt die metallisch goldgrün gefärbten Goldfliegen (z.B. ***Lucilia*** sp.); die leckenden Mundteile, die Augen, Flügel und Flugvermögen gut ausgebildet. Die Imagines in den verschiedensten Biotopen, häufig auf Blüten, zumal Dolden, nehmen hier Nektar und Pollen auf, gegebenenfalls auch Honigtau (Schmecksinnesorgane an den Tarsen), suchen zum Auflecken von Säften und zur Eiablage, bzw. zum Absetzen von lebend geborenen Larven zerfallende organische Substrate verschiedenster Herkunft auf, in erster Linie offenbar angelockt durch die bei der bakteriellen Zersetzung von Eiweiß auftretenden Duftstoffe (z.B. Äthylmerkaptan, Indol, Skatol, verschiedene Amine, Ammoniumkarbonat); verschiedene Arten können verschiedenen Duft bevorzugen (Äthylmerkaptan wirkt stark auf ***Lucilia***-Arten, schwach auf ***Calliphora***), wobei u.U. ein Mischduft stärker anlockt als ein Einzelduft; für verschiedene Fleisch- und Blumendüfte spezifische Geruchssinnesorgane auf den Fühlern; der gleiche Duftstoff kann je nach Konzentration anlockend oder abweisend sein; wechselnd ist auch das Verhalten bei Vertretern der gleichen Art je nach Alter, Geschlecht und gerade vorherrschender Trieblage (Ernährung, insbesondere Kohlehydratreserven, bzw. Eiablage); häufig sitzen Fliegen auf nach Aas duftenden Blüten oder Pilzen, z.B. auf Stinkmorchel (***Phallus impudicus*** L., hat als »nachahmenden« Hauptduftstoff Phenylacetaldehyd, der beim Zersetzen von Fleisch nicht auftritt), bei dem sie den sporenhaltigen Schleim fressen und durch Abgeben der unverdauten Sporen für deren Verbreitung sorgen. Das ♂ kann (nachgewiesen bei ***Protophormia terraenovae*** R.-D.) durch Betasten mit den Beinen (durch Schmeckorgane an den Tarsen?) das Geschlecht des Partners erkennen; nicht kopulationsbereite ♀♀ wehren durch Flügelvibrieren ab. Eihülle (Chorion) von einem System feinster Luftröhrchen (Plastron) durchzogen, wichtig für die Atmung. Die vom 3. Stadium an amphipneustischen, madenartigen Larven an den verschiedensten zerfallenden organischen Stoffen pflanzlicher oder tierischer Herkunft, an Leichen, auch an Exkrementen; bei manchen vermutlich extraintestinale Verdauung (vor dem Munde); diverse Arten außen- oder innenparasitisch an Wirbellosen und Wirbeltieren, einige auch gelegentlich beim Menschen, in Wunden oder unter der Haut (z.B. ***Cordylobia-***, ***Lucilia-***, ***Sarcophaga-***, ***Phormia***-Larven; die Larven von ***Lucilia sericata*** Meig. wurden zeitweilig bei der Wundheilung benutzt: Wegfressen nekrotischen Gewebes). Puparien in der Regel am oder im Boden, in den Nestern der Wirtstiere; bei Innenparasiten auch im abgestorbenen Wirt. Einige hundert Arten in Europa. Beispiele: **1.** ***Calliphora vomitoria*** L. (11–14 mm) und

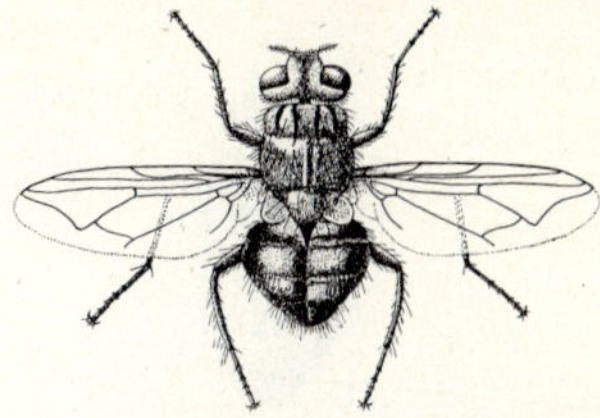

Abb. C-7: ***Calliphora vicina (erythrocephala)***, Blaue Fleischfliege. ♀, 8–12 mm. (Seguy 1951)

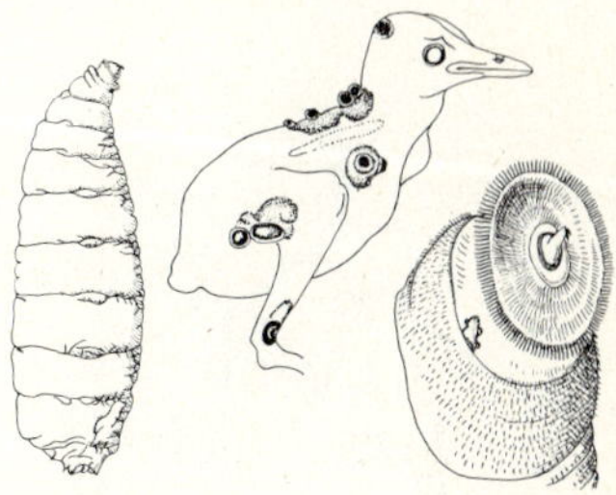

Abb. C-8: ***Protocalliphora falcozi***, Vogelblutfliege. Links erwachsene Larve, ca. 13 mm; rechts Vorderende der Larve, ca. 1,1 mm. Mitte junger Wiesenpieper mit durch die Larve hervorgerufenen Wunden. (Séguy 1951)

C. vicina R.-D. (***erythrocephala*** Meig.; –12 mm), Blaue Fleischfliegen, Brummer [**C-7**]; Lebensweise wohl bei beiden Arten gleich; Eiablage und Larven an den verschiedensten Substraten, häufig an Kadavern, gelegentlich auch an Wunden bei Tier und Mensch, aber auch an zerfallenden Pflanzenteilen. Mit ähnlicher Lebensweise: ***Phormia regina*** Meig. (7–8 mm); »tanzen« zu Fuß in Spiraltouren wobei sie häufig den Rüssel ausstrecken, wenn sie nach einer zuckerfreien Diät mit ihren tarsalen Geschmackssinnesorganen Zucker, Wasser oder rohe Eiweißstoffe wahrnehmen; Bedeutung des »Tanzes« für die Regulation der Futteraufnahme wird diskutiert. **2.** ***Protocalliphora***, Vogelblutfliegen (z.B. ***P. falcozi*** Ség. [**C-8**]); Larven in Vogelnestern, zapfen, meist von außen, besonders den Jungvögeln Blut ab; die Larven mancher Arten leben sogar als Innenparasiten unter der Haut der Wirtstiere, für die der Befall bisweilen tödlich ist. **3.** ***Lucilia***, Goldfliegen; mehrere Arten; die metallisch goldgrün oder blau glänzenden Imagines häufig auf Blüten, auf faulenden Stoffen, an

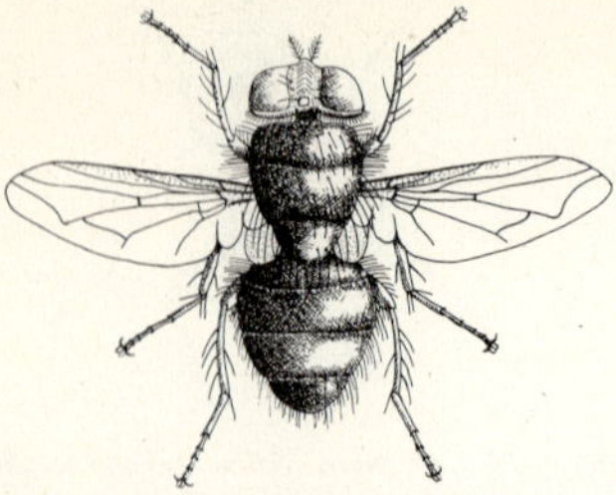

Abb. C-9: ***Lucilia sericata.*** ♀, 7–10 mm (Séguy 1951)

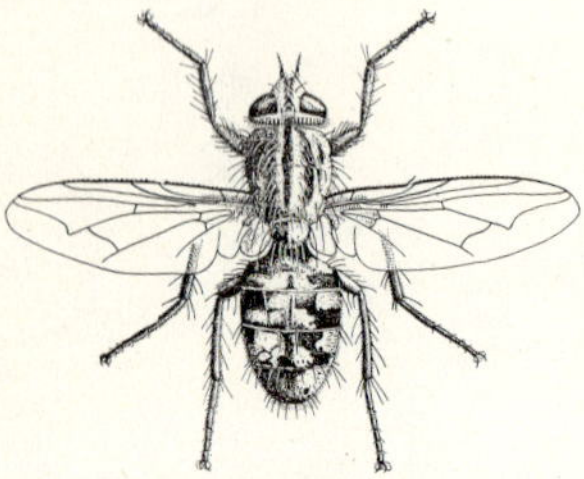

Abb. C-10: ***Sarcophaga carnaria,*** Graue Fleischfliege. ♀, 7–20 mm. Typisch das Schachbrettmuster auf dem Hinterleib. (Séguy 1951)

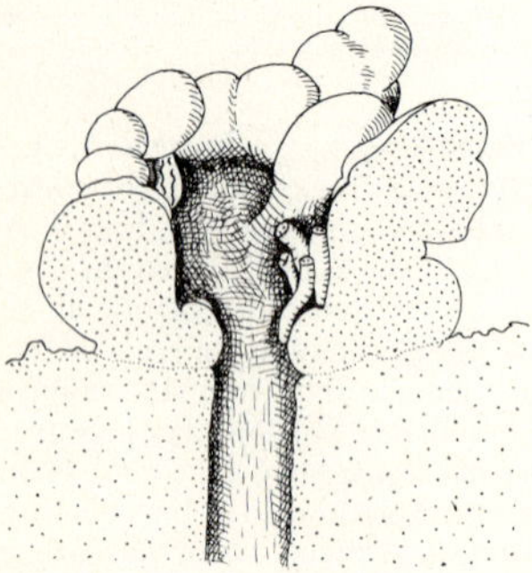

Abb. C-11: ***Sarcophaga carnaria,*** Graue Fleischfliege. Längsschnitt durch eine Regenwurmröhrenmündung mit Kothäufchen und mit einer Gruppe frisch abgesetzter Larven. Links oben am Eingang die leeren Eihüllen. (Eberhardt 1955)

Abb. C-12: ***Sarcophaga carnaria,*** Graue Fleischfliege. Gruppe von Junglarven auf dem Clitellum eines Regenwurmes. (Eberhardt-Steiner 1952)

Stinkmorcheln; Eiablage artspezifisch verschieden, teils an zerfallendem toten Material, teils an lebenden Tieren bei parasitischer Lebensweise der oft schnell heranwachsenden Larven. ***L. bufonivora*** Mon., Krötenfliege: Eiablage an der Haut verschiedener Amphibien, insbesondere der Kröten; die Larven wandern in die Nasenlöcher ein, beginnen von hier aus erst die Weichteile des Kopfes und dann das ganze Tier bei lebendigem Leib aufzufressen. ***L. sericata*** Meig. [**C-9**]; Larven in verschiedensten faulenden Stoffen, gelegentlich auch beim Menschen in Wunden; die ♀♀ belegen in manchen Bereichen, geruchlich angelockt, auch gesunde Schafe, besonders in Afternähe, von wo aus die Larven in die Haut eindringen. Die Larven der häufigen ***L. caesar*** L. bevorzugt in faulenden Stoffen, gelegentlich auch Wundparasit beim Menschen. **3. *Sarcophaga carnaria*** L., Graue Fleischfliege (manchmal auch einer eigenen Fam. Sarcophagidae zugeordnet); ungemein häufig; die blütenbesuchenden Imagines ausgezeichnet durch die schachbrettartige Zeichnung des Hinterleibes [**C-10**]; äußerlich sehr ähnlich mehrere verwandte Arten; das ♀ legt Eier mit reifen, schnell ausschlüpfenden Larven ab, und zwar (in allen Bereichen des Vorkommens?) in den Eingängen von Regenwurmlöchern oder auch Kothaufen von Regenwürmern [**C-11**], die dann von den vermutlich geruchlich geleiteten Eilarven aktiv aufgesucht werden; Eindringen der Larven häufig am Clitellum [**C-12**], sie sind in wenigen Tagen erwachsen, der Wirt geht zugrunde; mehrere Generationen im Jahr; Überwinterung als Imago oder Puppe. Die Larven anderer am gleichen Platz vorkommender ***Sarcophaga***-Arten an Aas oder Kot. **5.** Andere bei Wirbellosen schmarotzende oder nutznießende Arten: ***Pollenia***-Arten ebenfalls, soweit bekannt, bei Regenwürmern (z. B. ***P. rudis*** F. [**C-13**]). ***Melinda***-Arten in Schnecken, z. B. ***M. caerulea*** Meig.; Ablage von 1–3 Eiern in die Mantelhöhle verschiedener Schnecken, der Wirt stirbt kurz vor der Verpuppung der stets nur einen heranwachsenden Larve. ***Stomorhina lunata*** F. [**C-14**], besonders in Südeuropa; das ♀ gräbt, den Heuschrecken folgend, die Erde auf, belegt deren Eipakete, in denen sich die Larven entwickeln. ***Blaesoxipha laticornis,*** innenparasitisch bei Feldheuschrecken, mehrere andere Ar-

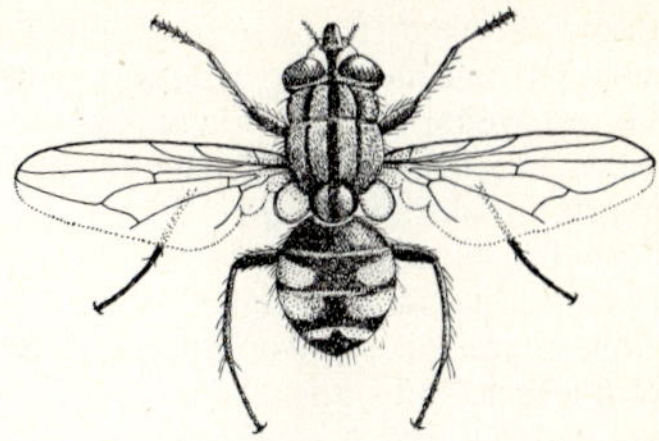

Abb. C-13: ***Pollenia rudis.*** ♀, 6–10 mm. (Séguy 1951)

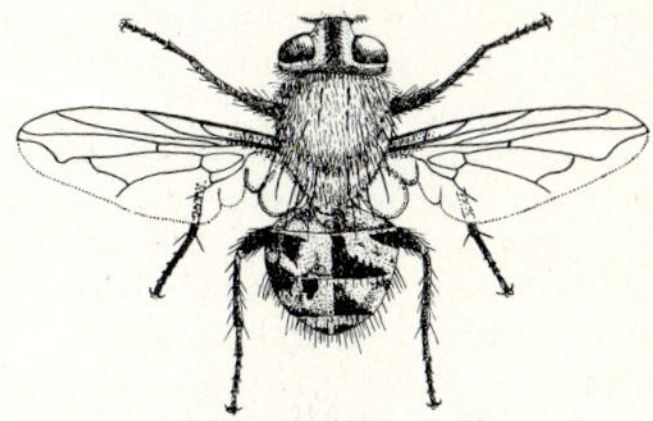

Abb. C-14: ***Stomorhina lunata.*** ♂, 5–7 mm. Besonders im südlichen Mitteleuropa häufig; folgen den Heuschrecken. ♀ gräbt Erde auf, legt Eier an den Heuschreckengelegen ab. (Séguy 1951)

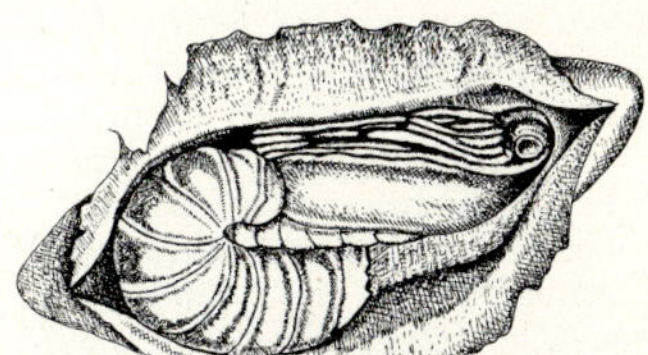

Abb. C-15: ***Agria mamillata.*** Larve beim Angriff auf die Puppe von ***Yponomeuta padellus.*** Puppenkokon (18 mm) aufgeschnitten. (Séguy 1951)

ten innenparasitisch bei Asseln (z. B. ***Melanophora roralis*** L.); andere außenparasitisch an Insekten (z. B. ***Agria mamillata*** Pand. [**C-15**]); andere, meist kleine Arten in Nestern solitärer Wespen und Bienen, verzehren den eingetragenen Vorrat an paralysierten Insekten bzw. von Pollen und Nektar (z. B. ***Miltogramma***-Arten). **6.** Als »Trabantenfliegen« bezeichnet man die Arten ***Senotainia (Sphegapata) albifrons*** Rondani, ***S. conica*** Fall. und ***Metopia leucocephala*** Rossi; sie lauern Grabwespen am Nest auf, wenn sie mit paralysierter Beute als Larvenfutter ankommen, folgen ihnen beharrlich und versuchen, noch während des Transportes oder sogar noch im Nest, ein Ei an der Grabwespenbeute anzubringen; → Sphecidae 1. (Eberhardt 1955; Eberhardt, Steiner 1952; Kaib 1974; Lindner 1923ff.; Nelson 1977; Olberg 1952, 1959; Parker 1968; Rachmann 1980; Rietschel 1969; Schneider, P. 1965; Schremmer 1963; Schumann 1968; Steiner 1942; Wickler 1968).

Calliptamus; → Catantopidae 1.

Callophrys; → Lycaenidae 3.

Callopistria; → Noctuidae 29.

Callosobruchus; → Bruchidae 7.

Calobaea; → Sciomyzidae.

Calocalpe; → Geometridae 6.

Calocampa; → Noctuidae 27.

Calocoris; → Miridae 5, 6.

Calomyia; → Clythiidae.

Calophasia; → Noctuidae.

Calopterygidae (Agriidae), Prachtlibellen; Fam. der Libellen (Odonata, Zygoptera); in M-Eur.i.e.S. 2 Arten nicht selten am gleichen Platz nebeneinander: ***Calopteryx virgo*** L.: Flügel des ♂ ganz blau, die des ♀ hellbräunlich; ***C. splendens*** Harr.: Flügel des ♂ mit breiter blauer Binde, die des ♀ blaßgrün; Körper bei beiden metallisch blaugrün. Die Larven nur in Fließgewässern im Pflanzen- und Wurzelgestrüpp, optimale Strömungsgeschwindigkeit 3–30 cm/sec; nur hier ist die für die Art in ihrem Ausmaß bezeichnende Versorgung mit O_2 möglich; die Schwanzblätter sind bei ungünstigen Atembedingungen für den Gasaustausch wichtig; die bisher als zusätzliche Kiemen gedeuteten Polster hochdifferenzierten Epithels im Enddarm dienen der Ionenregulation (→ Odonata); die Larven von ***C. virgo*** sind gegen O_2-Mangel empfindlicher als die von ***C. splendens.*** Beutefang der Larve ***(C. splendens):*** die Beute wird optisch und auch durch Wahrnehmen von Wasserschwingungen, die von sich bewegenden Beutetieren ausgehen, wahrgenommen, durch Ausrichten des Körpers angepeilt, angeschlichen, mit den Fühlern eingegabelt, die Fangmaske schnellt vor; sie wird nach dem Verzehren der Beute mit den Vorderschienen geputzt. Die Entwicklungsdauer wird meist als 2jährig angegeben, ist vielleicht manchmal auch einjährig; Imaginalhäutung an Pflanzen, 10–40 cm über dem Wasser in den Morgenstunden. Imagines: Ruheplätze nachts und bei schlechtem Wetter einige dm abseits vom Ufer, bei Regen unter Blättern; das ♂

besetzt nach einer Reifezeit von 2–10 Tagen, in der auch die Ausfärbung erfolgt, bei schönem Wetter am Ufer ein je nach den lokalen Gegebenheiten und nach Bevölkerungsdichte wechselnd großes Revier; dies muß haben: einen geeigneten Sitzplatz für das ♂, eine gewisse Abgegrenztheit, und für Eiablage geeignete Wasserpflanzen; das gleiche Revier wird von einem ♂ für 2–10 Tage bezogen, durch einen speziellen Revierflug markiert und gegen artgleiche ♂♂ verteidigt: Flügelspreizen, Abdomenheben, Anfliegen, zuweilen Kommentkämpfe ohne Verletzungen; der Stärkere siegt; artgleiche ♂♂ werden vermutlich an der Flügelfarbe erkannt. Paarungswillige ♀♀ fliegen einzeln die Ufer entlang; das ♂ reagiert, sobald ein ♀ in sein Revier einfliegt: es spreizt weit und deutlich die Flügel, fliegt dem ♀ entgegen, wendet unmittelbar vor ihm und geleitet es so in langsamem Flatterflug mit weit nach vorn oben erhobenem Abdomenende (wobei die auffälligen, bei ***splendens*** weißen, bei ***virgo*** rosafarbenen Unterseiten der drei letzten Abdomensegmente als Signale wirken) zu dem von ihm erwählten Eiablageplatz. Das ♀ setzt sich auf ein schwimmendes Blatt, Blattstiel u.dgl., das ♂ rutscht (bei beiden Arten im Detail etwas verschieden) mit dem weiterhin erhobenen Abdomenende winkend vor der Erwählten mehrere sec auf dem Wasser hin und her; darauf folgt der sog. Werbeflug, bei dem das ♂ nun mit zum ♀ gewandten Kopf im Schwirrflug halbkreisförmig vor der Partnerin hin und her pendelt, wobei die weit gespreizten Hinterflügel – im Gegensatz zu den schnell schwirrenden Vorderflügeln – fast unbewegt nach hinten herunterhängen; das ♂ nähert sich so dem ♀; bleibt dieses ruhig mit zusammengelegten Flügeln sitzen, landet es auf dessen Flügelspitzen, läuft dann sehr schnell entlang der Flügelvorderkante zum Thorax, krümmt seinen Hinterleib nach vorn und verankert die Hinterleibszangen in den Vorderbrustgrübchen des ♀; gleich darauf sekundenlanger Tandemflug im Revier und erneute Landung; nur das ♂ sitzt und krümmt nun sein Abdomen weit nach vorn, stößt den Kopf des ♀ einigemale an sein Kopulationsorgan (im 2. Abdominalsegment) und füllt letzteres schließlich aus der Geschlechtsöffnung, die sich im 9. Abdominalsegment befindet, mit Sperma, dabei Flügelschlagen; Dauer ca. 10 sec; danach Strecken des Abdomens; ziehende Bewegungen des ♂ veranlassen nun das ♀ sein Abdomen zur Bildung des Kopulationsrades herumzuschlagen (→ Odonata). Nach der Kopulation (ca. 90 sec) wird der Zangengriff gelöst; alsbald Eiablage in Wasserpflanzen im Revier des ♂, das vorher schon durch Anflüge auf günstige Ablageplätze hingewiesen hat und das während der Ablage in Nähe des ♀ sitzend dieses behütet und bewacht. Bei fehlender Paarungsbereitschaft wehren die ♀♀ das anfliegende ♂ durch Abdomenrecken und Flügelspreizen ab; dabei kommt (aus feinen weißen Schuppen bestehenden), fluoreszierenden und bei Sonne weithin sichtbaren Flügelmalen Signalfunktion zu. Das artgleiche ♀ wird wohl an der Bewegungsweise, Größe, Farbe und Durchsichtigkeit der Flügel vom ♂, dieses an der artspezifischen Flügelfärbung vom ♀ erkannt. Die Imagines sind wenig flugaktiv, bleiben in der Regel in der Nähe des Schlüpfortes; auch die Larven wandern nur wenig. Lebensdauer der Imagines ca. 30 Tage. (Buchholz 1951, 1962; Harnisch 1958; Heymer 1974; Pajunen 1966; Robert 1959; Rüppel 1985; Zahner 1959).

Calopteryx; → Calopterygidae.

Caloptilia; → Gracilariidae 1.

Calopus; → Oedemeridae.

Calosoma; → Carabidae 2, 3.

Calospilos; → Geometridae 8.

Calotaenia; → Noctuidae 23.

Calotermes; → Isoptera.

Calymnia; → Noctuidae 11.

campodeid; Bezeichnung für die meist nicht köchertragenden Larven der Köcherfliegen, bei denen die Mundteile nach vorn zeigen; (→ Trichoptera).

Campodeidae, Campodea; → Diplura.

Camponotus; → Formicidae 2.

Camptocladius; → Chironomidae.

Camptoptera; Gttg. der → Mymaridae.

Camptozygum; → Miridae.

Canaceidae; Fam. der cyclorrhaphen Fliegen (Diptera, Brachycera); wenige Arten, Bewohner des Meeresstrandes, wo die Larven den Algenaufwuchs abweiden; Beispiel: ***Dinomyia (Xanthocanace) ranula*** Loew. (ca. 2,5 mm); die Imago bewegt sich im Fluge wie tanzend schnell dicht über der Oberfläche von Salzwasserlachen, nimmt hier, was der Nachprüfung wert wäre, mit einem Strudelapparat am Rüssel Kleinstlebewesen von der Wasseroberfläche auf.

Cantharidae, Weichkäfer; Fam. der Käfer (Coleoptera, Polyphaga); meist mittelgroß; Kutikula, insbes. der Flügeldecken, schwach sklerotisiert, weich; Farbmuster, bes. am Halsschild, artspezifisch verschieden (»Soldatenkäfer«); die Imagines häufig auf Blüten, meist räuberisch, manche Arten auch zuweilen an Pflanzen (z.B. Eichen) durch Fressen an Jungtrieben oder auch Obstbaumblüten schädlich; Larven oft düster, sehr fein samtartig behaart, ebenfalls räuberisch (Insektenlarven, kleine Schnecken) am oder im Boden, überwinternd; kälteresistent, an warmen Winter- oder Vorfrühlingstagen, wohl durch Nässe, bisweilen an die Oberfläche getrieben und dann auf Schnee sehr auffallend (»Schneewürmer«); Puppenlager im Frühling in der oberen Bodenschicht. Etwa 80 Arten in M-Eur.i.e.S.; häufig: **1. *Cantharis fusca*** L. (10–14 mm, Halsschild rötlich, Flügeldecken schwärzlich), im Frühsommer häufig auf Büschen und Blüten; 6 Larvenstadien. **2. *Cantharis obscura*** L., Eichenweichkäfer; die Imago befrißt nicht selten Eichentriebe. **3. *Rhagonycha fulva*** Scop. (7–10 mm; gelbrot, Flügeldeckenspitzen dunkel [**C-16**]), im Sommer sehr häufig, besonders auf Dolden; oft verpaart; einer der häufigsten einheimischen Käfer; 7 Larvenstadien. **4. *Malthodes*-**Arten; die Flügeldecken lassen einen Teil der Hinterflügel frei [**C-17**]; bei manchen Arten sind die Hinterflügel in beiden Geschlechtern, bei anderen nur beim ♀ verkürzt; das ♂ besteigt, im Gegensatz zu anderen Weichkäfern, das ♀ zur Begattung nicht, ergreift vielmehr mit seinen Klammerorganen (Umbildungen an den letzten 2–3 Hinterleibssegmenten) das Abdomenende des ♀, die Köpfe der Partner sind dabei voneinander abgewandt. (Hieke 1968; Horion 1949).

Cantharidin; Gift; im Blut von → Meloidae: → auch Anthomyiidae und → Anthicidae.

Cantharis; → Cantharidae 1.

Capnia; → Capniidae.

Capniidae; Fam. der Steinfliegen (Plecoptera, Arctoperlaria-Euholognatha); 6 kleine, düster gefärbte Arten in M-Eur. i.e.S.; bei einigen neigen nicht nur die ♂♂, sondern auch die ♀♀, wenigstens regional, zum Verkürzen der Flügel; Beispiel: ***Capnia bifrons*** Newm. (5–9 mm); ♂ kurz-, ♀ normalflügelig.

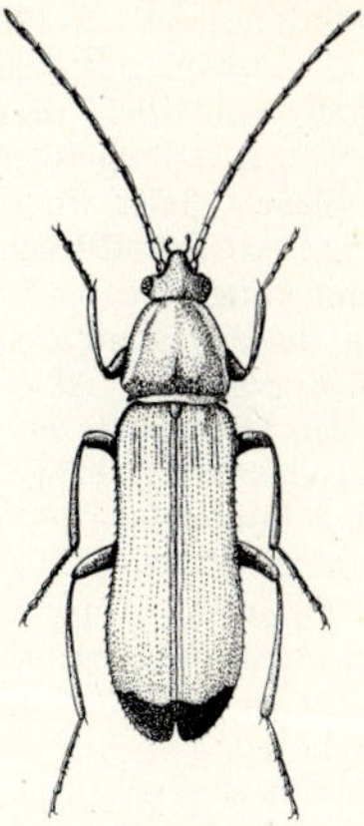

Abb. C-16: ***Rhagonycha fulva.*** 7–10 mm. (Bechyně 1954)

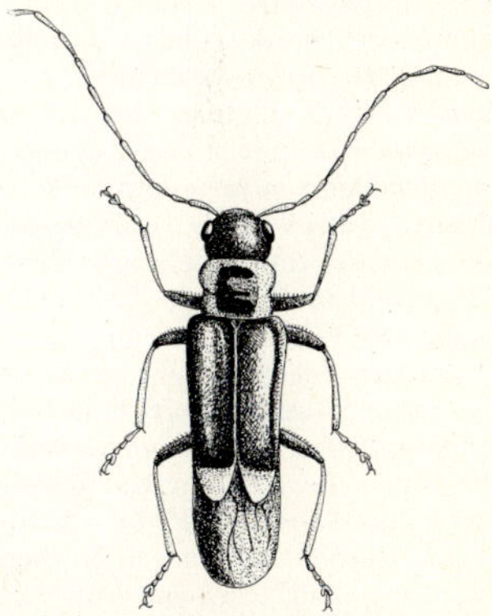

Abb. C-17: ***Malthodes minimus.*** 4 mm. (Reitter 1908–1916)

Capsidae; → Miridae.

Carabidae, Laufkäfer; sehr artenreiche Fam. der Käfer (Coleoptera, Adephaga); insges. ca. 25000 Arten bekannt, davon in M-Eur.i.e.S. etwa 500 (von manchen Forschern in mehrere Einzelfamilien aufgeteilt); sehr verschieden groß, wenige mm bis mehrere cm (größte heimische Art: ***Carabus coriaceus*** L., Lederlaufkäfer, ca. 4 cm); meist ± schlanke, gute Läufer mit kräftigen, langen Laufbeinen; Flugvermögen meist schwach ausgeprägt, Flügel und Flugmuskeln nicht selten mehr oder weniger stark rückgebildet, z. B. bei den großen ***Carabus*-**Arten (ab und an auch bei der gleichen Art in verschiedenem Ausmaß); Berührungsnaht der Flügeldecken dann u. U. verlötet. Geschlechtsunterschied: fast stets sind beim ♂ die Fußglieder der Vorderbeine verbreitert und tragen unten Hafthaare (freies Ende scheibenförmig). Viele Arten sind feuchtigkeitsliebende Dämmerungstiere, bei Tage verborgen, oft mit ausgeprägtem artspezifischen 24-stundenperiodischen Aktivitätsrhythmus, manche Arten auch zeitweilig oder ständig tagsüber aktiv; einige sind gute Gräber, ihre Vorderbeine als Grabbeine verbreitert (z. B. s. u. Nr. 5). In Afternähe mündende Pygidialdrüsen (Wehrdrüsen, Stinkdrüsen) sind stets vorhanden; ihr Sekret kann bei manchen Arten gezielt auf einen Störenfried gespritzt werden; das Sekret ist art- bzw. gruppenspezifisch verschieden zusammengesetzt, enthält z. B. bei ***Omophron*** Isovalerian- und Isobuttersäure, bei ***Carabus***-Arten Metacryl- und Tiglinsäure, bei ***Calosoma*** zudem noch Salycilaldehyd; bei ***Clivina***-Arten m-Kresol, bei ***Chlaenius***-Arten Chinone, bei ***Agonum sexpunctatum*** L. Ameisensäure und Alkane, bei ***Bembidion quadriguttatum*** F. Salicylaldehyd, bei ***Lebia chlorocephala*** Hoffm. Ameisensäure; hochspezialisiert ist der Pygidialdrüsenapparat der Bombardierkäfer (Nr. 7). Die Ernährung der Imagines und der schlanken, sehr beweglichen Larven ist durchweg räuberisch, insbesondere die größeren Arten sind wesentliche Helfer bei der Bekämpfung von Schädlingen (z. B. des Kartoffelkäfers), verzehren bis zum 3-fachen des eigenen Körpergewichts pro Tag, fressen aber auch Schnecken und Regenwürmer; verdaut wird häufig durch Ausspucken von Verdauungssaft vor dem Munde (extraintestinale Verdauung); der Verdauungssaft wird auch bei Störung abgegeben, kann z. B. vom Lederlaufkäfer bis 1 m weit gespritzt werden; zuweilen Nahrungsspezialistentum (z. B. Nr. 4, 5, 11); manche Arten sind auch oder in erster Linie Vegetarier (Nr. 8, 9) und dann zuweilen schädlich. Überwinterung der Großlaufkäfer (***Carabus***-Arten) als Imago; mehrmalige Begattung dann im Frühling und Frühsommer, ohne ausgeprägte Balz; das ♂ sitzt dabei schief auf dem ♀, hält sich mit den Hafthaaren der Vorderfüße an dessen Halsschild fest, Dauer $^1/_2$–$^3/_4$ Std., das ♀ frißt dabei u. U. ruhig weiter; im Laufe mehrerer Wochen werden 20–60 Eier (meist) einzeln in kleine Erdhöhlen abgelegt, wobei das Hinterleibsende fernrohrartig ausgezogen ist; die Höhlenöffnung wird dann bei manchen Arten zugescharrt; nach einigen Tagen schlüpfen die Larven (ebenfalls extraintestinale Verdauung), 3 Larvenstadien entwickeln sich in 8 bis 10 Wochen; Verpuppung in einer Erdhöhle in ca. 20 cm Tiefe, die Imago schlüpft nach 8–10 Tagen; bei manchen Arten überwintert der Jungkäfer in der Puppenhöhle, oder er kommt an die Oberfläche, frißt, sucht sich dann ein Winterversteck. Die vergleichende Untersuchung verschiedener Laufkäferarten ergab artspezifisch verschiedene Ansprüche gegenüber den Umweltbedingungen (Licht, Temperatur, Feuchtigkeit, Kurz- bzw. Langtag) so z. B. bei Feldbewohnern einerseits, bei Waldbewohnern andererseits; manche insbes. südeuropäische ***Trechus***-Arten sind augenlose Höhlenbewohner; zuweilen ist der Einfluß der Tageslänge auf die Ovarentwicklung deutlich, z. B. bei ***Pterostichus nigrita*** F.; Beginn der Ovarentwicklung bei Kurztag, volle, hormonal gesteuerte Reifung erst bei Langtag. Allgemein sind 2 Fortpflanzungstypen unterscheidbar: Herbsttiere: die Larve überwintert, Fortpflanzung im Spätsommer bis Herbst; Frühlingstiere: die Imago überwintert, Fortpflanzung im Frühling; bei einer hochnordischen ***Pterostichus***-Art wurde als Kälteschutz im Blut Glyzerin festgestellt. Auswahl: **1.** Als Vertreter der Gattung ***Carabus*** (in M-Eur. i.e.S. ca. 25 Arten, viele nur in bestimmten Gebieten; meist 2–3 cm lang): ***C. auratus*** L., Goldlaufkäfer, Goldschmied (oben sehr schön goldgrün, Flügeldecken mit abgerundeten Längsleisten); ***C. cancellatus*** Ill., Körnerwarze (oben kupferfarben, Flügeldecken mit scharfen Längsleisten, dazwischen Reihen von Körnerwarzen, 1. Fühlerglied rotbraun). **2. *Calosoma sycophanta*** L., Puppenräuber, Großer Kletterlaufkäfer (2,5–3 cm); Flügeldecken mit parallelen Seitenkanten, metallisch grün, kupferig glänzend; jagt als Larve und Käfer, auch tagsüber, gern auf Büschen und Bäumen; eifriger Vertilger von Insekten, insbesondere auch von Forstschädlingen (vor allem zur Schwammspinnerbekämpfung nach Nord-Amerika eingeführt und dort heute eingebürgert); Entwicklung ähnlich wie bei ***Carabus***; Dauer des Larvenlebens 2–3 Wochen [**C-18**]; jedoch Lebensdauer des Kä-

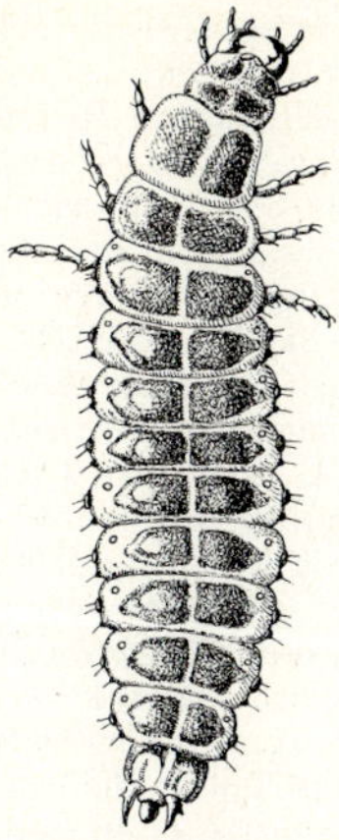

Abb. C-18: ***Calosoma sycophanta***, Puppenräuber. Larve, 38 mm. (Reitter 1908/16)

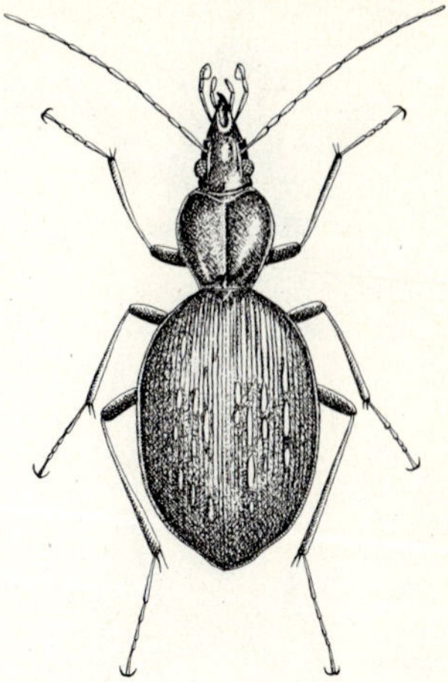

Abb. C-20: ***Cychrus attenuatus.*** 13–16 mm. (Bechyně 1954)

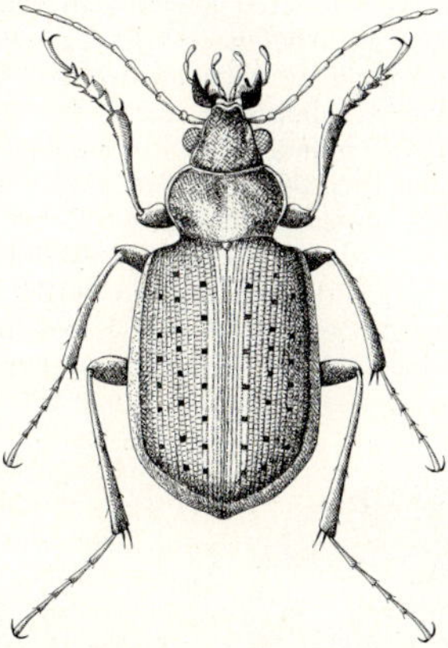

Abb. C-19: ***Calosoma inquisitor***, Kleiner Kletterlaufkäfer. 16–20 mm. (Bechyně 1954)

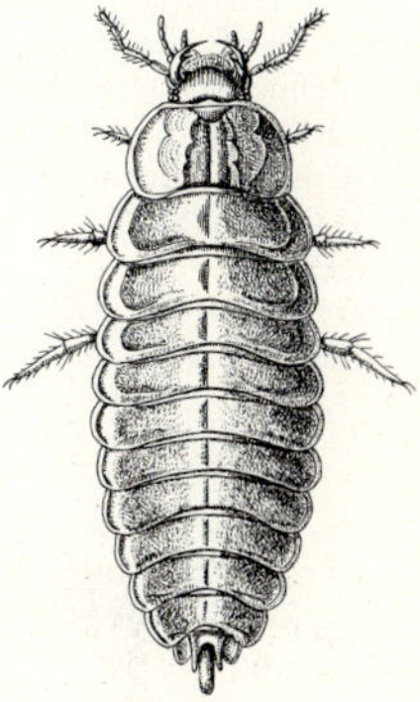

Abb. C-21: ***Cychrus rostratus.*** Larve, 16 mm. (Reitter 1908/16)

fers 2–3, ausnahmsweise auch 4 Jahre, in jedem Sommer Eiablage; Futterbedarf: Larve etwa 40 Raupen, Käfer pro Jahr bis 400 Raupen; der Käfer frißt, im Gegensatz zu ***Carabus***-Arten, keine Regenwürmer. **3.** ***Calosoma inquisitor*** L., Kleiner Kletterlaufkäfer [**C-19**], oben kupferfarben; Lebensweise ähnlich wie beim vorigen; bemerkenswert als Vertilger u.a. von Frostspannerraupen. **4.** Gattung ***Cychrus***, Schaufelläufer (z. B. ***C. attenuatus*** F.); Käfer [**C-20**] mit auffallend schmalem, gut beweglichen Kopf und schlanker Vorderbrust; Flügeldecken gut ausgebildet, hochgewölbt, Hinterflügel jedoch rückgebildet; zirpen in Streßsituationen (auch sonst?) indem sie die Seitenkanten des letzten Hinterleibsegments an den Spitzen der Flügeldecken reiben; spezialisierte Fresser von Gehäuseschnecken, in die sie mit dem schmalen Vorderkörper weit eindringen können; Verschmälerung des Vorderkörpers = Cychrisierung, kommt auch bei einigen anderen Schneckenfressern vor (→ Silphidae); die Seitenränder der Flügeldecken greifen auf die Unterseite des Hin-

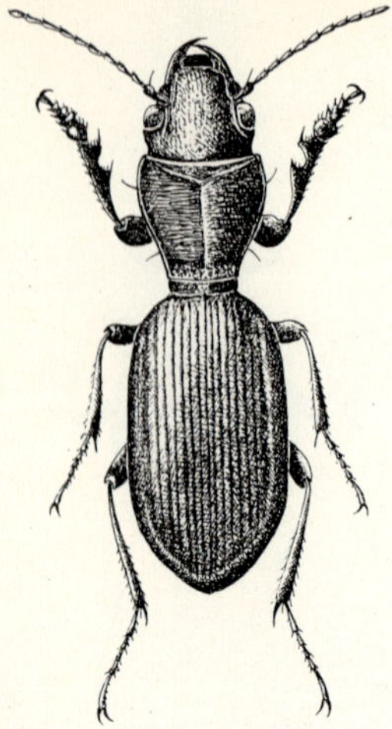

Abb. C-22: ***Broscus cephalotes***, Kopfkäfer. 20 mm. (Bechyně 1954)

terleibs über, dadurch Schutz der Stigmen vor Verschmutzung mit Schneckenschleim; Luftvorrat unter den gewölbten Flügeldecken; die gebissene Schnecke (durch den Geruchsinn gefunden?) zieht sich zurück, der Käfer rückt nach, die Schnecke stirbt alsbald (wohl Giftbißwirkung), wird mit Außenverdauung verzehrt; auch die Larven [**C-21**] fressen vor allem Schnecken. **5.** Anderes Nahrungsspezialistentum: bei Vertretern der Gattung ***Dyschirius*** (in M-Eur.i.e.S. etwa 2 Dutzend Arten) sind die Vorderbeine als Grabbeine verbreitert; manche Arten sind spezialisert auf Vertilgen von Kurzflüglerkäfern der Gattung ***Bledius*** (→ Staphylinidae), die Höhlen im Sande bauen; bestimmte ***Dysch.***-Arten jagen bestimmte ***Bledius***-Arten. **6. *Broscus cephalotes*** L., Kopfkäfer [**C-22**], schwarz, mit dickem Kopf; gräbt mit den Mundteilen Höhlen in den Sand, jagt nachts auf der Oberfläche; das ♀ gräbt einen Stollen, von ihm aus mehrere Seitengänge mit Eikammer, füllt nach Eiablage die Gänge mit Sand; die Larven graben ebenfalls mit den Mundteilen. **7.** Bombardierkäfer, z. B. ***Brachynus crepitans*** L. (7–10 mm), ***Br. explodens*** Dft. (ca. 5 mm), bunt (schwarz + rotbraun, Flügeldecken blau bis grün), meist gesellig unter Steinen; im hinteren Bereich des Abdomens befinden sich ein Paar kompliziert gebauter drüsiger Hohlorgane (»Knalldrüsen«), die an der Hinterleibsspitze münden; bei Störung wird daraus mit leichtem Knall eine stechend riechende, als feiner Dunst sichtbare Gaswolke gezielt (durch Abbiegen des Abdomens) auf Angreifer abgeschossen [**C-23**]; das Organ ist dreiteilig [**C-24**]; es besteht: a) aus einer Drüse mit Ausführgang, b) einem

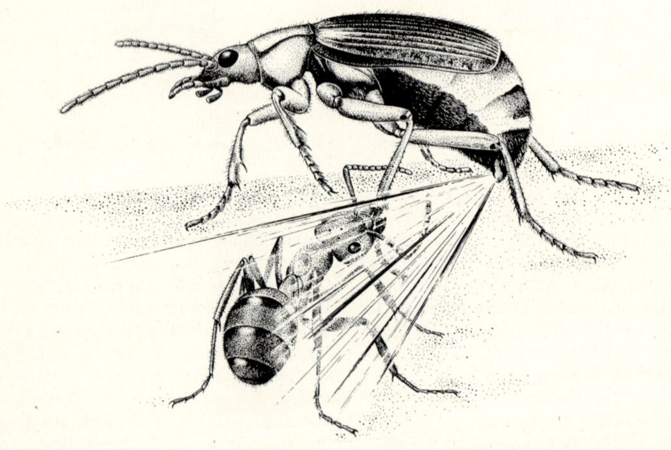

Abb. C-23: ***Brachynus*** sp., Bombardierkäfer, feuert auf angreifende Ameise. (Gezeichnet unter Verwendung eines Fotos von T. Eisner)

verschließbaren Reservoir, und c) der sich nach außen öffnenden, von Drüsenepithel umkleideten Brennkammer; im Reservoir befindet sich ein Gemisch aus Hydrochinon, Methylhydrochinon und Wasserstoffperoxid, in der Brennkammer eine Mischung aus den Enzymen Katalase und Peroxidase; zur Auslösung einer Entladung wird etwas Reservoirflüssigkeit in die Brennkammer gespritzt, was dort zu einer explosionsartig ablaufenden chemischen Reaktion führt: die Katalase setzt aus dem Wasserstoffperoxyd Sauerstoff frei, der – durch die Peroxidase beschleunigt – mit den Hydrochinonen reagiert; die entstehenden gelb gefärbten Chinone werden unter dem Druck des Sauerstoffs und ca. 100 °C heiß ausgetrieben; sie sind äußerst wirksame chemische Abwehrwaffen; mehr als 20 Entladungen hintereinander sind möglich; jede Entladung (Dauer ca. 15 msec) besteht aus 10–20 Einzelexplosionen, zu denen es – vermutlich – durch passive Oszillationen des Verschlußmechanismus zwischen Reservoir und Brennkammer kommt; deutliche Abwehrwirkung auf kleine Feinde (Ameisen, Laufkäfer u.a.); Wirkung auf Bombardierkäfer erbeutende Kröten unterschiedlich: von den beiden getesteten amerikanischen Arten spuckt ***Bufo americanus*** die Käfer wieder aus, während ***B. marinus*** sie nicht erbricht. **8.** ***Zabrus tenebrioides*** Goeze, Getreidelaufkäfer [**C-25**], schwarzbraun, Fühler und Enden der Beine rotbraun; Käfer und Larve fast ausschießlich Pflanzenfresser, bisweilen an Getreide schädlich; der Käfer frißt im Frühsommer die unreifen Getreidekörner, nach der Sommerruhe im Boden im Herbst und ev. Frühling die jungen Getreidepflanzen; Eiablage im Sommer bis Herbst im Boden; Larven in bis zu 40 cm tiefen, senkrechten Erdröhren, in die sie die jungen Getreidepflanzen ziehen; Überwinterung als Larve, nicht selten auch als Imago, manchmal als Ei. **9.** Mehr oder weniger vegetarische Ernährung bei einer Reihe weiterer Arten, z.B. ***Pterostichus vulgaris*** L. (frißt Löcher in die Erdbeeren) oder ***Harpalus rufipes*** Deg. (frißt die Samen von den Erbeeren), nehmen jedoch auch andere pflanzliche und tierische Nahrung; ebenso noch eine Reihe anderer Arten. **10.** ***Omophron limbatum*** F. [**C-26**], in der Körperform nicht laufkäferartig; oval, recht hoch gewölbt,

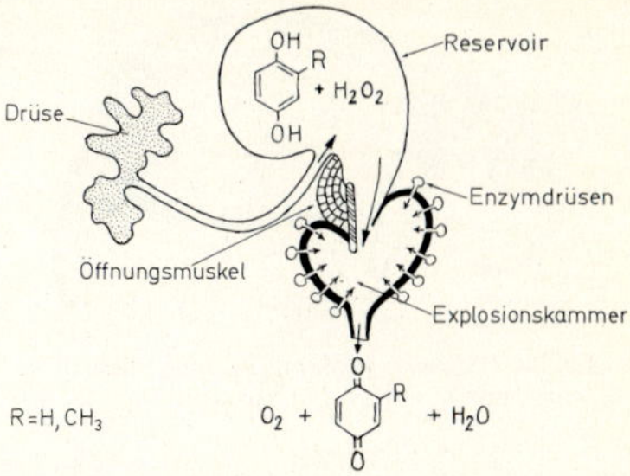

Abb. C-24: Bombardierkäfer. System der Pygidialdrüsenfunktion. (Schildknecht 1969)

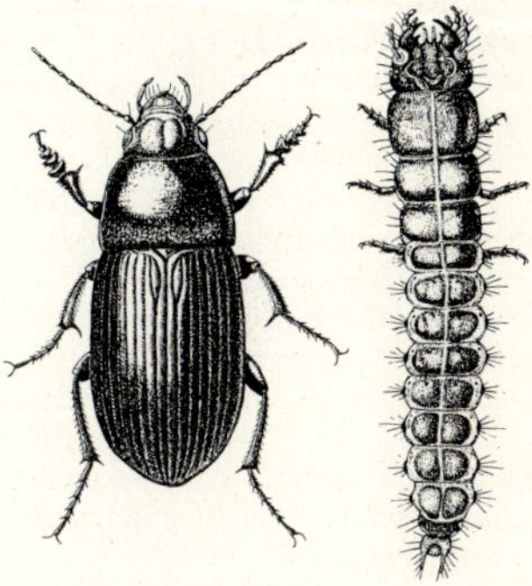

Abb. C-25: ***Zabrus tenebrioides***, Getreidelaufkäfer. Käfer 15 mm, Larve 20 mm.

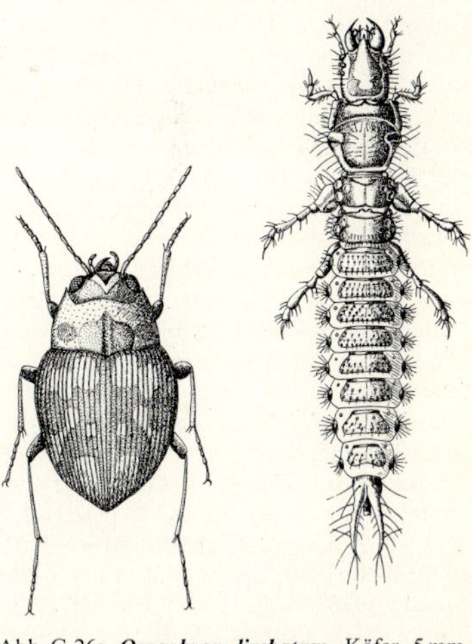

Abb. C-26: ***Omophron limbatum.*** Käfer 5 mm, Larve ca. 8 mm. (Reitter 1908/16, Bechyně 1954)

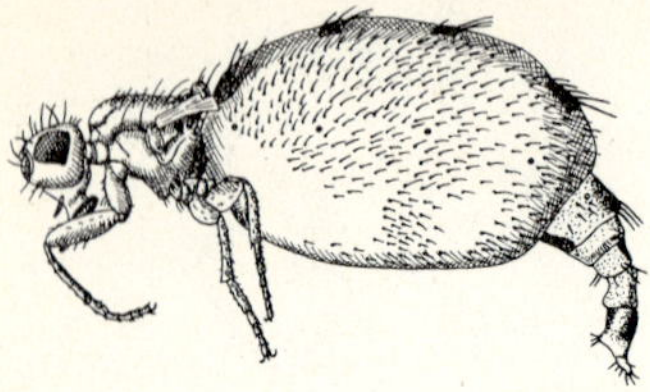

Abb. C-27: *Carnus hemapterus*, Falkenlausfliege. ♀, ca. 2 mm. (Lindner 1923ff.)

gelbbraun mit grüner Zeichnung (fast ähnlich einem Marienkäfer); lebt eingegraben im Boden in der Nähe von Gewässern, ist aufgescheucht ein sehr schneller Läufer. **11.** ***Lebia scapularis*** Geoffr. (ca. 5 mm), schwarz, Vorderbrust, Fühler und Beine gelbrot, ein Fleck vorn-außen auf den Flügeldecken gelbrot; bemerkenswert durch die Vielgestaltigkeit der Larve (Polymetabolie); die überwinterte Imago frißt Eier und Larven des Ulmenblattkäfers (***Galerucella luteola*** Müll.); das ♀ legt im VI Eier, daraus schlüpft eine sehr bewegliche schlanke Larve, sucht am Fuß und unter der Rinde der Ulme nach der Puppe des Blattkäfers, verzehrt sie, wird dadurch dick und schwerbeweglich, spinnt sich in einem Kokon aus dem Sekret der malpighischen Gefäße ein; häutet sich zu einer anders geformten Larve (Beine, Fühler und Mundteile verkürzt), die nicht frißt, sondern sich im Kokon verpuppt; daraus schlüpft nach 2–3 Wochen der Jungkäfer (in Südeuropa mehrere Generationen im Jahr). **12.** ***Abax parallelus*** Dftsch. (–17 mm); Brutpflege: das ♀ baut einige Tage vor der Eiablage im Boden eine Brutkammer (ca. 2 cm Durchmesser) mit durch Anpressen geglätteten Wänden, legt hier etwa 16 Eier ab, bewacht sie bis die Larven schlüpfen; ähnlich ***A. ovalis*** Dftsch. (–15 mm), in Gebirgswäldern. **13.** Gttg. ***Elaphrus***, Raschkäfer; 5 einheimische, 6,5–9 mm große, dunkelgrün–grünblau gefärbte Arten, Elytren mit relativ großen grubenförmigen Vertiefungen; visuell jagende Räuber auf kahlen oder spärlich bewachsenen Flächen in Gewässernähe; häufigste Art: ***E. riparius*** L. (Aneshansley et al. 1969; Bauer 1973; 1976; Bauer, Bath 1976; Dean 1980; Eisner 1959, 1980, 1986; Freude 1976; Hieke 1968; Jeannel 1949; Lampe 1975; Löser 1968; Scherney 1959; Schildknecht, Koloubek 1961; Schildknecht et al. 1968; Thiele 1966, 1969; Tietze 1963; F. Weber 1966).

Carabus; →Carabidae.

Carausius; → Phasmida.

Carnidae; Fam. der cyclorrhaphen Fliegen (Diptera, Brachycera); in Mitteleuropa nur mit wenigen Arten vertretene kleine Fliegen (1–2 mm), manche nicht selten auf Blüten oder zuweilen ***(Meoneura)*** in Wohnungen an den Fenstern; die Larven in organischen Abfällen verschiedenster Art. Bemerkenswert: ***Carnus hemapterus*** Nietzsch, Gefiederfliege, Falkenlausfliege [**C-27**] (ca. 2 mm); die Imago schlüpft geflügelt aus der Puppe, sucht verschiedenste Vögel, bevorzugt Höhlenbrüter (keineswegs nur Falken) auf, wirft dann an vorgebildeten Bruchstellen nahe der Basis die Flügel ab, hält sich am Wirt (bes. unter den Flügeln) oder in seiner Nähe auf, saugt Blut am Wirt, mehr noch an den Nestlingen; der Hinterleib schwillt vor allem beim ♀ an; die Larven halten sich mehr in den peripheren Nestteilen auf. (Lindner, Rietschel 1969; Schumann 1968).

Carnus; → Carnidae.

Carpocapsa; → Springbohnen.

Carpocoris; → Pentatomidae.

Carpolonchaea; → Lonchaeidae.

Carpophilus; → Nitidulidae 1.

Carsia; → Geometridae.

Carterocephalus; → Hesperiidae.

Cartodere; → Lathridiidae 1.

Carulaspis; → Diaspididae 8.

Cassida; → Chrysomelidae 20.

Cataclysta; → Pyralidae 22.

Catantopidae, Knarrschrecken; Fam. der Kurzfühlerschrecken (Caelifera); in Mitteleuropa nur etwa 15 meist mittelgroße Arten; Vorderbrust unten mit zapfenartigem Höcker, Flügel bei manchen Arten voll ausgebildet, bei anderen mehr oder weniger stark verkümmert; die für die meisten Feldheuschrecken bezeichnenden Lautapparate fehlen, dafür ist in dieser Gruppe weit verbreitet Lauterzeugung durch Aneinanderreiben der Mandibeln (Mandibellaute, »Zähneknirschen«), zuweilen begleitet von zuckenden Bewegungen der Hinterschenkel (Reste der bei vielen Feldheuschrecken üblichen Singbewegungen?). Auswahl: **1.** ***Calliptamus italicus*** L., Schönschrecke, in M-Eur.i.e.S. nur an einigen besonders warmen und trockenen Stellen; Flügel gut entwickelt, Hinterflügel hellrot; 9. und 10.

Hinterleibstergit vergrößert, wie aufgeblasen, Cerci des ♂ lang, kräftig und gebogen, hochklappbar; das Hinterleibsende ist um eine senkrechte Achse abknickbar; Mandibellaute je nach Situation und Stimmung verschieden (analog den Gesängen der → Acrididae), etwa 50 cm weit hörbar; das ♂ überfällt das ♀ rasch oder (häufiger) schleicht sich sehr langsam an, um schließlich mit rasantem Angriff anzuspringen, dabei das Hinterleibsende des ♀ mit den Cerci umklammernd, so daß die Begattung fast einer Vergewaltigung ähnelt; bei Massenauftreten (Flügel dann etwas verlängert, wie bei Wanderheuschrecken vielleicht als »Wanderphase« zu deuten); früher bisweilen schädlich, heute selten; geschützt. **2.** Gebirgsschrecken, in M-Eur.i.e.S. 2 Arten: ***Podisma pedestris*** L., mehr im Mittelgebirge, Grundfarbe bräunlich, gelb und schwarz gezeichnet; ***Miramella alpina*** Koll., alpin, Grundfarbe grün, schwarze Zeichnung; Flügel bei beiden Arten meist kurz schuppenförmig, doch treten auch Formen mit längeren Flügeln auf; Kopulationsverhalten ähnlich wie bei ***Calliptamus***, jedoch sind die Cerci der ♂♂ nicht zu so starken und sehr beweglichen Klammerorganen verlängert. **3.** ***Anacridium aegyptium*** L., Ägyptische Heuschrecke; sehr stattliche, im Mittelmeergebiet verbreitete Art (♂ bis 45 mm, ♀ bis 65 mm), guter Flieger; gelangt oft mit Obsttransporten nach M-Eur.i.e.S.; Mandibellaute bei Larven und Imagines; lebt meist auf Büschen und Bäumen; die Altlarven überwintern. (Harz 1957, 1975; Pichler 1952).

Cataplectica; → Epermeniidae.

Catocala; → Noctuidae 13, 14, 16–21.

Catopidae, Nestkäfer; Fam. der Käfer (Coleoptera, Polyphaga); klein bis mittelgroß [**C-28**]; viele südeuropäische Höhlenformen blind; manche Arten nicht selten in Nestern von Säugern (Mäuse, Hamster, Kaninchen; ***Catops joffrei*** Dev. in Murmeltierbauten), andere in Nestern von Vögeln, Wespen, Hummeln, Ameisen; Nahrung: zerfallende organische Stoffe, Aas; eine vermutlich als Unterart der oberirdisch lebenden ***Choleva agilis*** Illig. anzusprechende Form (ca. 5 mm) in einer Höhle bei Bad Segeberg (Holstein) gefunden, Augen noch vorhanden (Hieke 1968; Horion 1949; Szymczakowski 1971).

Catops; → Catopidae.

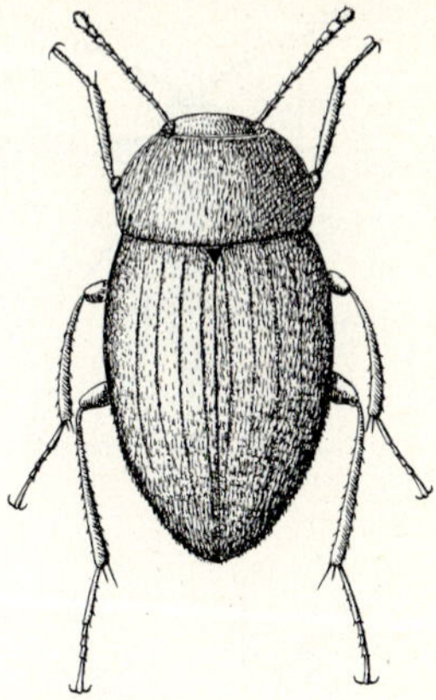

Abb. C-28: ***Catops fuscus***, Nestkäfer: ca. 5 mm. (Bechyně 1954)

Caulomyia; → Itonididae 5.

Cecidien; → Gallen.

Cecidomyia; → Itonididae 34, 35.

Cecidomyiidae; → Itonididae.

Celerio; → Sphingidae 8, 13.

Cellares; bei Fichtengallenläusen diejenigen Formen, die in den Kämmerchen der Ananasgallen leben (→ Adelgidae).

Celonites; → Masaridae.

Centrotus; → Membracidae 1.

Cephaleia; → Pamphiliidae 5, 6.

Cephalonomia; → Bethylidae.

Cephennium; → Scydmaenidae.

Cephenomyia; → Oestridae 3–6.

Cephidae, Halmwespen; Fam. der Hautflügler (Hymenoptera, Symphyta, Cephoidea); artenarme (ca. 100 Arten) Fam., die Imagines schlank, mittelgroß, Hinterleib seitlich zusammengedrückt, Legebohrer des ♀ nur schwach vorragend; Larven mit sehr kleinen Brustbeinen, keine Bauchfüße an den Hinterleibsringen, im Innern von Pflanzen; in M-Eur.i.e.S. kaum 2 Dutzend Arten, einige durch Larvenfraß an Kulturpflanzen schädlich; z.B.: **1.** ***Hartigia nigra*** Harr. (11–15 mm), Larve im Innern von Brombeerranken. **2.** ***Janus compressus*** F., Birnentriebwespe (6–8 mm; Hinterleib z.T. rötlich); das ♀ legt im Frühling und Frühsommer meist ein einzelnes Ei in das Mark der Jungtriebe (vor allem bei Birne, auch bei Apfel und Weißdorn), nachdem es zuvor unterhalb der Ablagestelle den Trieb durch mehrere spiralig geordnete Einstiche

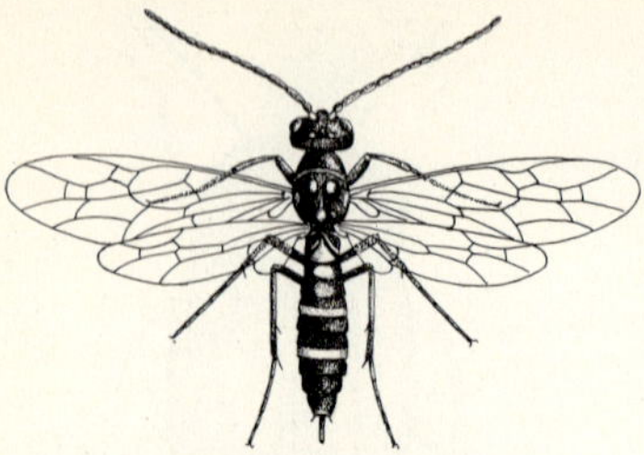

Abb. C-29: ***Cephus pygmaeus,*** Getreidehalmwespe. 4 mm. (Braun, Riehm 1957)

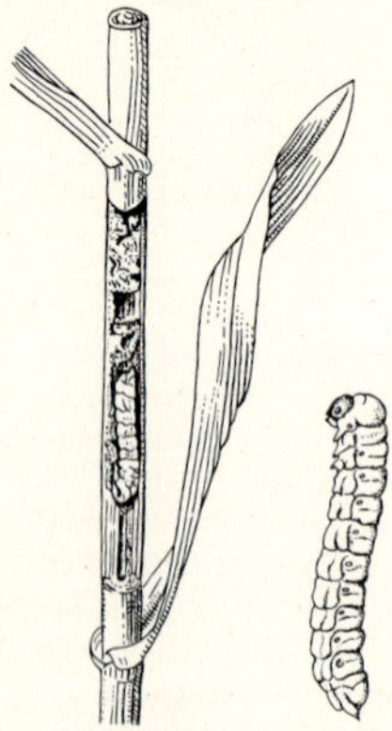

Abb. C-30: ***Cephus pygmaeus,*** Getreidehalmwespe. Larve, etwa 8 mm, links im Halm. (Brandt 1957)

»geringelt« hat; die Larve frißt im Mark des dann verdorrenden Triebs bis etwa 25 cm abwärts, nagt im Herbst am Unterende des Fraßganges das spätere Schlupfloch aus, überwintert dann in einer Gespinsthülle, verpuppt sich im Frühling; Schlüpfen der Imago ab Mitte V. **3.** ***Cephus pygmaeus*** L., Getreidehalmwespe (6–8 mm [**C-29**]; schwarz und gelb); schädlich vor allem an Weizen und Roggen, auch an Gerste; das ♀ legt im Frühsommer ein einzelnes Ei in den oberen Halmteil, die Larve frißt im Halm abwärts einen mit Bohrmehl gefüllten Gang [**C-30**], überwintert im unteren Gangteil (beim Getreide also in den Stoppeln), nachdem sie dicht darüber eine Ringfurche in die Halmwand nagte, wodurch der Halm leicht abbricht; Verpuppung im kommenden Frühling; keine oder kümmerliche Kornbildung in der Ähre des befallenen Halmes. (Bachmaier 1969; Braun, Riehm 1957; Königsmann 1968).

Cephoidea; Fam.-Gruppe der Hautflügler (Hymenoptera, Symphyta); einzige Fam. → Cephidae.

Cephus; → Cephidae 3.

Cerambycidae, Bockkäfer, Böcke; artenreiche Fam. (Coleoptera, Polyphaga), von den etwa 26000 Arten etwa 200 in M-Eur. i.e.S.; hierher gehört auch der wohl größte bekannte Käfer: ***Titanus giganteus*** M. Edw., Brasilien, Körperlänge bis 16 cm; die heimischen Arten sind meist mittelgroß bis stattlich, mit beträchtlichen individuellen Größenunterschieden innerhalb der Arten; variabel auch die nicht selten bunten oder prächtig erzschillernden Farbkleider. Kennzeichen für viele sind die häufig über körperlangen, ziegenhornartig gebogenen, nach vorn oder nach der Seite getragenen Fühler; manche benutzen sie als Hebel beim Umdrehen aus der Rückenlage. Ernährung der Imagines, sofern sie überhaupt fressen, meist rein pflanzlich; viele »Blütenböcke« sind Pollenfresser auf Blüten, andere nagen an grünen oder an Blütenblättern oder an Baumrinde oder lecken an Rindensaftflüssen; Weberböcke, Grasböcke und Verwandte nehmen als Imago keine Nahrung auf. Aus den USA sind neuerdings Bockkäfer (Gattung ***Elytroleptus***) bekannt geworden, die regelmäßig ihnen sehr ähnliche, durch Ekelgeschmack vor natürlichen Feinden relativ geschützte Käfer der Fam. Lycidae anfressen und vielleicht auf diese Weise ebenfalls Ekelgeschmack gewinnen. Weit verbreitet ist bei beiden Geschlechtern die Fähigkeit zur Lauterzeugung, am häufigsten durch nickende Bewegung der Vorder- gegen die Mittelbrust; eine scharfe Kante am Hinterende des Halsschildes gleitet dabei über ein quergerieftes Feld vorn oben auf der Mittelbrust; über die Bedeutung der zumal bei Störung vorgebrachten Laute und über das Hörvermögen ist nichts Sicheres bekannt; bei ***Cerambyx cerdo*** L. ist das Stridulieren mit der täglichen Aktivitätsperiodik gekoppelt, Hauptaktivität nachts. Merkwürdig ist die Art der Lauterzeugung der bei uns seltenen ***Notorhina muricata*** Dam. (7–12mm): sie klemmt sich an Kiefern in eine Rindenritze von geeigneter Breite, macht rüttelnde Bewegungen mit dem ganzen Körper, der dabei mit einem in bestimmtem Rhythmus wiederholten schnurrenden

Geräusch gegen die Rinde schlägt; alternierendes Aufeinanderantworten zweier Käfer kommt vor. Die wenig ausgeprägte Balz wurde bei 16 Vertretern der sog. Schmalböcke (U.-Fam. Lepturinae) vergleichend untersucht; die Partner treffen sich offenbar meist zufällig; das ♂ steigt sofort auf, packt in manchen Fällen (z.B. bei ***Strangalia maculata*** Poda) die Fühlerbasis des ♀ mit den Kiefern; Belecken des ♀-Rückens vor und während der Begattung scheint das ♀ zu beruhigen; am Ende der Kopula wird das ♂ in der Regel vom ♀ mit den Beinen abgeworfen. Eiablage meist in oder an die Nahrungspflanze der Larven. Diese sind stets Pflanzenfresser, unter der Rinde, auch in frischem bzw. bereits verrottetem Holz, seltener im Innern krautiger Pflanzen; manchmal werden bei Aufenthalt im Boden Wurzeln von außen angefressen; die Larven sind madenartig, flach (bei Aufenthalt unter Rinde) oder mehr zylindrisch (bei Holzbohrern), mit kräftigen Mundteilen; die Brustbeine sind sehr kurz, können auch ganz fehlen, Stemmwülste an den Körperringen mehr oder weniger ausgeprägt; die Larvengänge sind mit Bohrmehl gefüllt; die Dauer des Larvenlebens ist artspezifisch verschieden; unter der Rinde lebende Larven werden eifrig von Spechten verfolgt. Bei den Larven vieler, freilich nicht aller Arten sind symbiontische hefeartige Mikroorganismen vorhanden, und zwar in den Zellen von kryptenartigen Ausstülpungen am Vorderende des Mitteldarms, so bei ***Oxymirus cursor*** L., ***Leptura rubra*** L., ***Rhagium***-Arten, ***Spondylis buprestoides*** L.; kurz vor der Verpuppung werden die Darmausstülpungen rückgebildet, die Symbionten in den Darm ausgestoßen; sie verschwinden beim ♂ ganz, werden beim ♀ in schlauchartige Taschen am Legeapparat aufgenommen; bei der Eiablage wird die Eischale außen mit Symbionten beschmiert, die ausschlüpfende Larve frißt einen Teil der Eischale, nimmt so die Symbionten auf. Verpuppung in Puppenwiegen (»Nest« aus Nagespänen) unter der Rinde, oder in besonderen Verpuppungsgängen im Holz; die Jungkäfer nagen das Ausschlüpfloch. Überwinterung in der Regel als Larve, seltener als Imago. Mehrere Arten werden durch den Fraß der Larven, seltener durch den der Imagines schädlich. Auswahl: **1.** ***Prionus coriarius*** L., Sägebock, Gerberbock [**C-31**]; Eiablage im Sommer in Rindenritzen verschiedener Laub- (auch Obst-) und Nadelbäume; Junglarve unter der Rinde, später zu den Wurzeln absteigend, in den Wurzeln oder von außen an den Wurzeln fressend, durch die Erde zu anderen Wurzeln wandernd; etwa 14 Larvenstadien; Verpuppung in einer Erdhöhle oder in den Wurzeln; Entwicklungsdauer mindestens 3 Jahre. **2.** ***Ergates faber*** L., Mulmbock (30–50 mm); Larven vor allem in vermodernden Nadelholzstümpfen, aber auch in Pfosten und Leitungsmasten, fressen im Holz selbst; hier auch Verpuppung dicht unter der Oberfläche; Generationsdauer 3–4 Jahre. **3.** ***Spondylis buprestoides*** L., Waldbock, Rollenschröter (12–22 mm); Fühler auffallend kurz; Larve in vermulmten Nadelholzstubben, bis tief in die Wurzeln; Generationsdauer mindestens 2 Jahre. **4.** ***Asemum striatum*** L., Düsterbock (10–18 mm) und ***Criocephalus rusticus*** L., Grubenhalsbock, Halsgrubenbock, Feldbock (13–25 mm); beider Larven in frischen Kiefernstubben oder in frischen Stämmen, auch in bereits verbautem Bauholz, aus dem sich dann u. U. noch 2 Jahre nach Baubeginn die Käfer herausnagen. **5.** Gattung ***Tetropium***, Fichtenböcke, mit den Arten ***T. castaneum (luridum)*** L. und ***T. fuscum*** F.; die Larve vor allem in Fichten, in Stubben, aber auch in gesunden Stämmen, unter Rinde, frißt im Herbst einen hakenförmigen Gang nach unten ins Holz als Puppengang [**C-32**], überwintert hier; Verpuppung im Frühling; Generation wohl meist einjährig; durch Larvenfraß in Stämmen recht schädlich. **6.** ***Cerambyx cerdo*** L., Großer

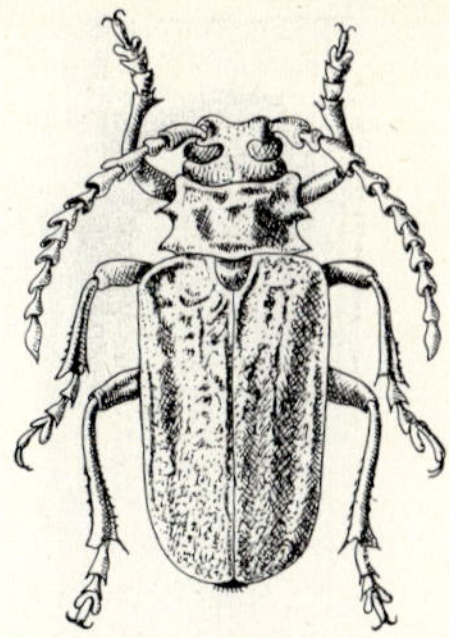

Abb. C-31: ***Prionus coriarius.*** Sägebock. 24 bis 42 mm. (Brauns 1964)

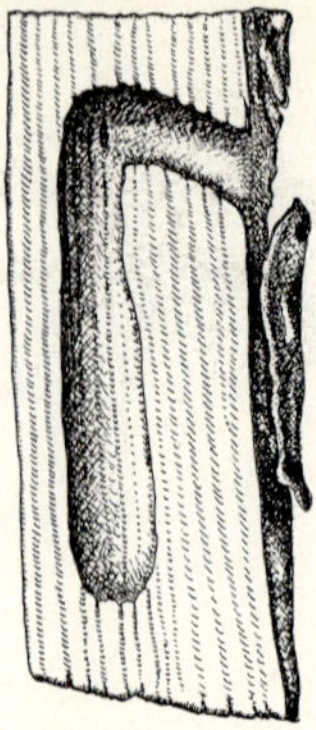

Abb. C-32: ***Tetropium castaneum,*** Fichtenbock. Hakengang zur Verpuppung in Fichte. (Amann 1960)

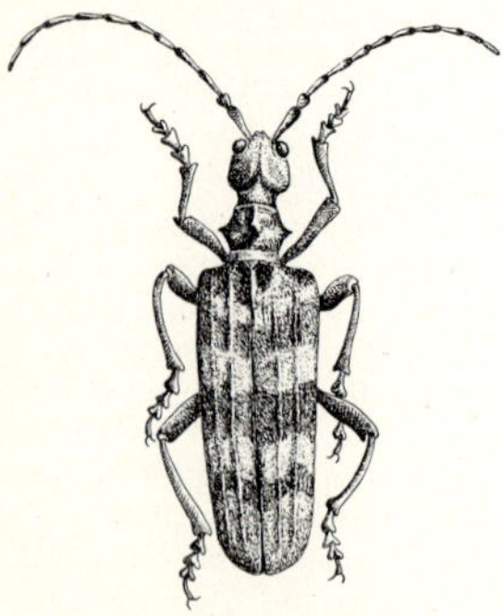

Abb. C-33: ***Rhagium sycophanta.*** Etwa 18 mm. (Amann 1960)

Abb. C-34: ***Rhagium inquisitor.*** Puppe in Puppenwiege. (Amann 1960)

Eichenbock, Riesenbock, Spießbock, Heldbock (30–50 mm), sehr stattlich, mit typischem Bockkäferhabitus, vor allem in der Dämmerung und nachts mobil; Eiablage im Sommer in Rindenritzen an verschiedenen Laubbäumen, hauptsächlich aber an alten, häufig etwas kränkelnden Eichen; die Larve bohrt Gänge, zuerst im Splint, dann im Kernholz, erwachsen (nach 3–5 Jahren) ca. 9 cm; Verpuppung im Herbst; Schlüpfen des Jungkäfers wohl schon im Winter, verläßt im Frühling die Puppenwiege; Käfer bleiben meist auf dem Geburtsbaum; Finden und Erkennen des ♀ vermutlich olfaktorisch (durch Sexualpheromon des ♀?); vorher oft Rivalenkämpfe der ♂♂ mit Gezirpe aber ohne Verletzung des Gegners; der Schwächere gibt schließlich nach, flieht. Bei der Kopulation sitzt das ♂ rittlings auf dem ♀; Dauer: 45–60 sec, mehrere Kopulationen hintereinander ohne zwischenzeitliches Absteigen des ♂ wohl die Regel. Nahrung der Imagines zur Hauptsache an verletzten Stellen ausfließender Saft von Eichen, aber auch (zumindest in Gefangenschaft) Obst und süße Säfte. Die Larve durch ihre Fraßgänge beachtlicher Eichenschädling. **7. *Cerambyx scopolii*** Laich., Buchenspießbock, Runzelbock (18–28 mm); der kleinere schwarze Vetter des Heldbockes; Larve in verschiedenen Laubbäumen, vor allem auch in Buchen und Obstbäumen; Entwicklung zweijährig. **8. *Gracilia minuta*** F., Kleinbock, Weidenböckchen (4,5–6 mm), braun; Eiablage an bereits abgestorbene Zweige verschiedener Laubbäume und -sträucher, oft an Weiden; Larven in Rinde und Holz; Entwicklung ein- bis zweijährig; bisweilen großer Schaden an aus ungeschälten Weidenruten hergestellten Geflechten. **9.** Gattung ***Rhagium***, Zangenböcke, mehrere mittelgroße Arten [**C-33**]; Larven unter der oft schon etwas gelockerten Rinde anbrüchiger Stämme, auch in Stubben, wobei manche Arten (z. B. ***Rh. bifasciatum*** F., ***Rh. inquisitor*** L.) Nadelhölzer, andere (z. B. ***Rh. mordax*** Deg.) Laubhölzer bevorzugen; unter der Rinde auch die ovale, von Nagespänen umgebene Puppe [**C-34**], überwintert hier, liegt mit dem Rücken nach außen; Entwicklung meist zweijährig. **10. *Gaurotes virginea*** L., Blaubock (9–12 mm), oben metallisch blau; mehr in Gebirgsgegenden auf Blüten; Larven in Fichten; Puppe im

Boden. **11.** Gattungen ***Leptura***, Halsböcke und ***Strangalia***, Schmalböcke; zahlreiche mittelgroße Arten, die Käfer häufig auf Blüten, vor allem Dolden. ***Leptura rubra*** L. [**C-35**]; ♂: Halsschild schwarz, Flügeldecken gelbbraun, ♀: Halsschild und Flügeldecken rötlich; Larven unter der Rinde von verrottenden Nadelholzstubben. ***Strangalia maculata*** Poda; Halsschild schwarz, Flügeldecken gelblich mit schwarzen Flecken; Larven in verschiedenen Laubbäumen (Weiden, Birken, Pappeln, Ulmen). **12.** Wespenböcke, Kurzdeckenböcke der Gattungen ***Necydalis*** und ***Caenoptera*** (nicht näher miteinander verwandt); schlank, Flügeldecken kurz, lassen die langen Flugflügel weitgehend frei. ***Necydalis major*** L., Großer Wespenbock (22–32 mm); Larven in älteren kränkelnden Laubbäumen (z. B. Pappeln, Weiden). ***Caenoptera minor*** L., Kleiner Wespenbock, Kurzdeckenbock [**C-36**]; auf den kurzen braunen Flügeldecken eine weißliche Schrägmakel; Käfer nicht selten auf Blüten (Dolden); Larven in Rinde und Splintholz abgestorbener Äste besonders der Fichte [**C-37**]; die Larve überwintert, verpuppt sich in einem bogenförmig ins Holz führenden Gang. **13.** ***Aromia moschata*** L., Moschusbock (22–32 mm); metallisch grün, mit Moschusgeruch (Sekret aus Drüsen ventral an der Hinterbrust, enthält aus der Futterpflanze vier Monoterpenoide); Käfer an Baumfluß (z. B. Ahorn, Birke), ferner an Weiden, in denen die Larve lebt, mit Bohrgängen bis ins Zentrum, auch an dünneren Zweigen; Entwicklung mehrjährig. **14.** ***Rosalia alpina*** L., Alpenbock [**C-38**], einer unserer schönsten Bockkäfer, oben bläulich mit schwarzer Zeichnung; vor allem im Alpen- und Voralpengebiet, an geschlagenem Buchenholz; Larven unter der Rinde von Buchenstubben und kränkelnden Stämmen, Entwicklung mehrjährig; gesetzlich geschützt. **15.** Gattung ***Callidium***, Scheibenböcke; Körper flach; mehrere Arten, Larven in Holz teils von Laub-, teils von Nadelbäumen. ***Cal. violaceum*** L., Blauer Scheibenbock (8–16 mm), metallisch blau; Larven ähnlich wie die des Hausbocks im Balkenwerk der Häuser (Nadelholz), vor allem aber unter Rinde; andere Arten unter der Rinde von Laubbäumen. **16.** ***Hylotrupes bajulus*** L., Hausbock, Balkenbock [**C-39**]; düster, hellgrau behaart, ziemlich flach; Larve in

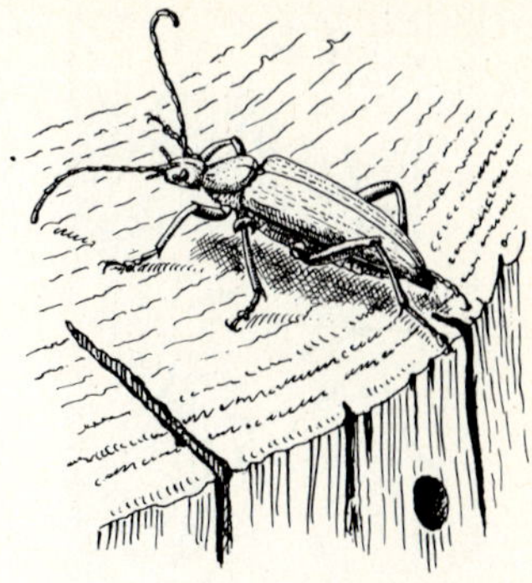

Abb. C-35: ***Leptura rubra.*** 12–18 mm. (Brauns 1964)

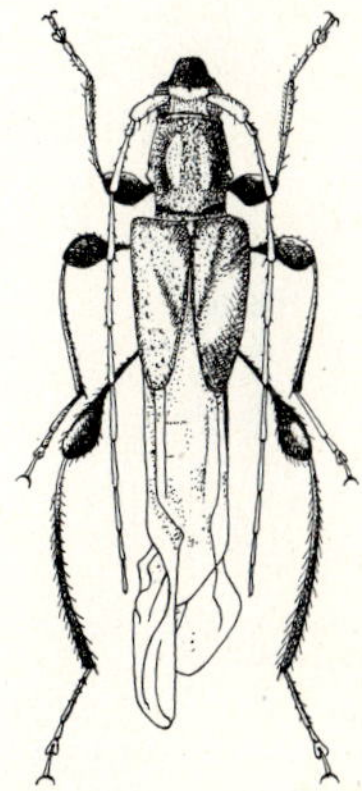

Abb. C-36: ***Caenoptera minor***, Kurzdeckenbock. 8–13 mm. (Bechyně)

totem, schon recht trockenem Nadelholz, vor allem auch in bereits verbautem, in Balken, Leitungsmasten; Dauer des Larvenlebens in Abhängigkeit vom Alter des Holzes 2 bis über 10, meist 4–5 Jahre; Verpuppung dicht unter der Oberfläche; der Käfer frißt sich mit einem ovalen Ausflugloch durch; Eiablage mit langer Legeröhre in Spalten des Holzes, im Ganzen etwa 200 Eier; das ♀ wählt die geeignete Spaltenbreite (0,3–0,6 mm), wird zudem noch angelockt durch den Duft von in Nadelholz vorhandenen ätherischen Ölen (Terpentinöl, wirksam insbesondere das darin enthaltene Pinen); Schaden durch

Abb. C-37: ***Caenoptera minor***, Kurzdeckenbock. Fraßbild in Nadelholzstangen. Nat. Gr. (Brauns 1964)

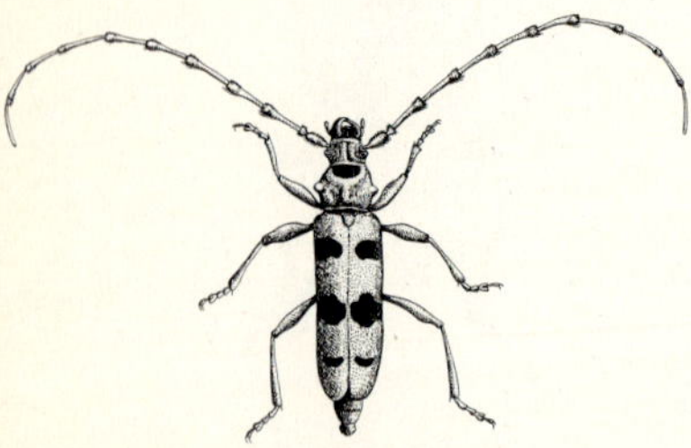

Abb. C-38: ***Rosalia alpina***, Alpenbock. 22 bis 36 mm. (Reitter 1908/16)

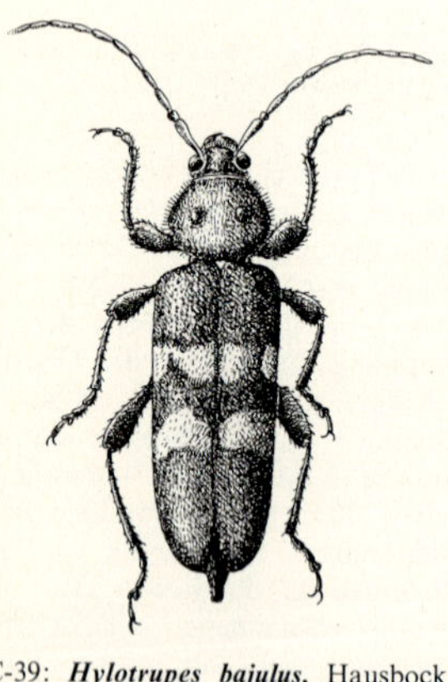

Abb. C-39: ***Hylotrupes bajulus***, Hausbock. 8–20 mm. (Amann 1960)

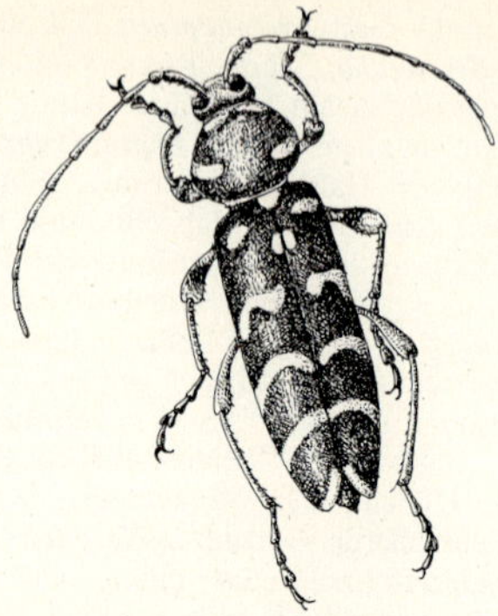

Abb. C-40: ***Plagionotus arcuatus***, Eichenwidderbock. 9–20 mm. (Amann 1960)

Larvenfraß außerordentlich groß; natürlicher Feind der Hausbocklarven: Hausbuntkäfer der Gattung ***Opilo*** (→ Cleridae 3). **17.** Mehr oder weniger deutlich schwarz-gelb gezeichnete Wespen- oder Widderböcke der Gattungen ***Clytus***, ***Xylotrechus***, ***Plagionotus***, ***Chlorophorus (Clytanthus)***, ***Anaglyptus***; (unklar, ob es sich bei der bei manchen Arten auffallend wespenähnlichen Zeichnung um eine Wespenmimikry handelt); die Larven unter der Rinde oder in Holz von Laubbäumen; z. B. ***Clytus arietis*** L. (10–12 mm) außer an Waldlaubbäumen auch an Obstbäumen mit viel dürrem Holz, ***Plagionotus arcuatus*** L., Eichenwidderbock, Parkettkäfer [**C-40**], vor allem in Eiche; Eiablage in Rindenritzen kränkelnder oder frisch geschlagener Eichen; die Larven unter der Rinde und im Holz [**C-41**], Verpuppung im Holz; Überwinterung anscheinend als Altlarve, Puppe oder Jungkäfer möglich; Generation ein- oder zweijährig; Schadenwirkung, u. U. auch an bereits verbautem Holz, manchmal beträchtlich. **18.** ***Purpuricenus kaehleri*** L., Purpurbock, Blutbock (14–20 mm); sehr schöner Käfer (Flügeldecken rot, in der Mitte schwarz), mehr im Süden zuhause, höchstens in wärmeren Teilen Süddeutschlands, z. B. im Kaiserstuhl; Larve in verschiedenen Laubbäumen, auch in Obstbäumen, vor allem Pfirsich und Aprikose. **19.** Gattung ***Dorcadion***, Grasböcke, Erdböcke; Käfer nicht flugfähig, Flugflügel weitgehend rückgebildet, laufen träge auf dem Boden zwischen Gras; bemerkens-

Abb. C-41: ***Plagionotus arcuatus***, Eichenwidderbock. Fraßbild auf einem 15 cm langen Holzstück. Eingang zur Puppenwiege. (Brauns 1964)

Abb. C-42: ***Monochamus sartor***, Schneiderbock. bzw. ***M. sutor***, Schusterbock. Pflanzenfraß von Larven, die in den schwarzen, ovalen Löchern eindringen. $^{7}/_{10}$ der nat. Gr. (Brauns 1964)

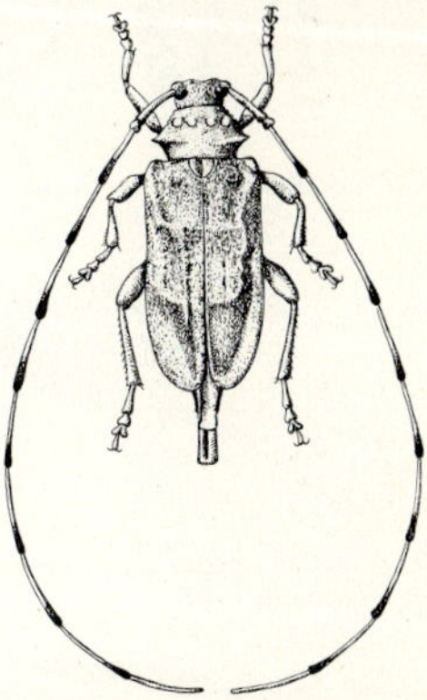

Abb. C-43: ***Acanthocinus aedilis***, Zimmermannsbock. ♀, 13–19 mm. (Brauns 1964)

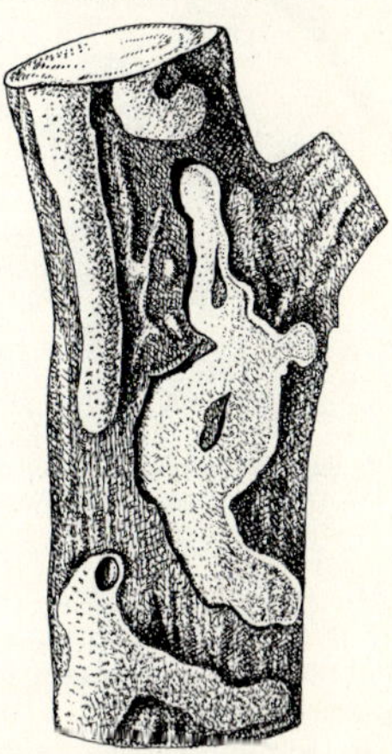

Abb. C-44: ***Pogonochaerus fasciculatus***, Kiefernzweigbock. Fraßgänge der Larve in Kiefer. (Amann 1960)

wert die von dem sonst bei Bockkäfern üblichen abweichende Lebensweise der Larven: leben frei im Boden, fressen (wie auch die Imagines) an Wurzeln von Gräsern (an Getreide ab und an schädlich); in M-Eur. i.e.S. vor allem ***D. fuliginator*** L., Grauer Erdbock (13–15 mm), Flügeldecken grauweiß behaart. **20.** ***Lamia textor*** L., Weberbock (14–20 mm; dieser und die weiterhin genannten Arten mit vorn steil abfallendem Kopf, Mundteile nach unten gerichtet); Larven vor allem im Holz lebender Weiden, auch Pappeln, zumal in den Wurzeln; können die Schosse zum Absterben bringen; Generation mindestens 2jährig. **21.** Gattung ***Monochamus***, Langhornböcke; stattlich mit recht langen Fühlern; in M-Eur.i.e.S. vor allem 2 Arten nicht selten: ***M. sartor*** F., Schneiderbock (26–32 mm) und ***M. sutor*** L., Schusterbock (26–32 mm); beide Arten an Nadelbäumen (vor allem Fichte und Kiefer); Eiablage im Sommer: das ♀ nagt einen »Eitrichter«, darin wird meist ein Ei abgelegt; die Larve frißt zunächst unter der Rinde, dann im Holz [**C-42**], überwintert (vermutlich 2mal); Verpuppung im Frühling im Holz in Oberflächennähe; der Käfer nagt sich bald darauf nach außen durch; das Ausflugloch ist kreisrund; stellenweise recht schädlich; die Larve wird von Schlupfwespen der Gattungen ***Rhyssa*** und ***Ephialtes*** angesto-

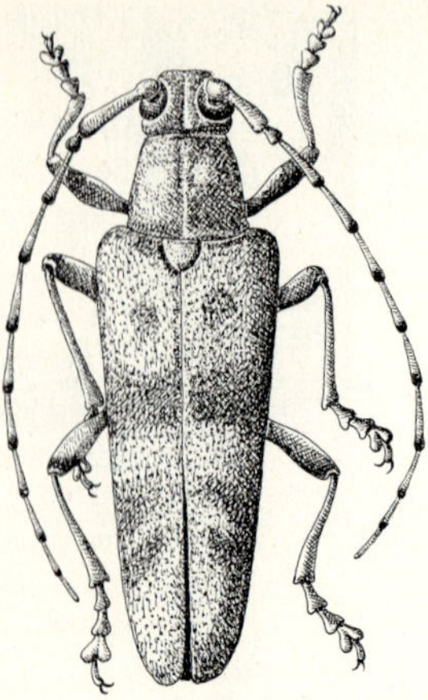

Abb. C-45: ***Saperda carcharias***, Großer Pappelbock. 20–30 mm. (Amann 1960)

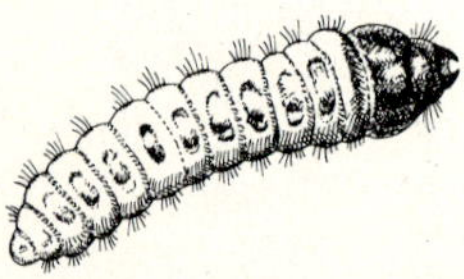

Abb. C-46: ***Saperda carcharias***, Großer Pappelbock, Larve. (Amann 1960)

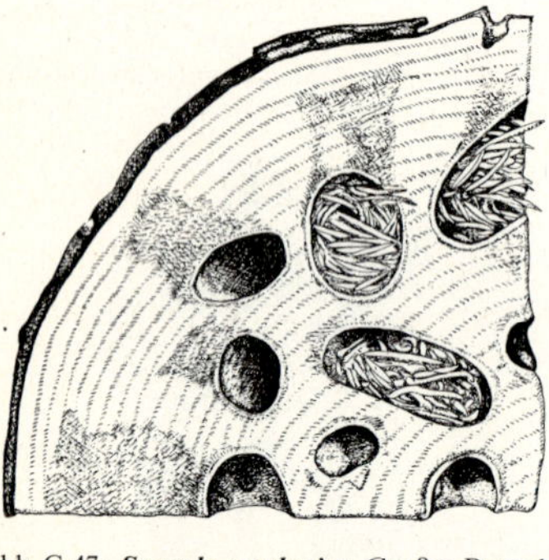

Abb. C-47: ***Saperda carcharias***, Großer Pappelbock. Larvengänge in Pappelholz. (Amann 1960)

chen. **22.** Auffallend durch rundliche schwarze, gelb gesäumte Flecken auf Halsschild und Flügeldecken: ***Mesosa curculionides*** L., Augenfleckbock (10–17 mm); die Larven im Holz anbrüchiger Laubbäume. **23.** ***Acanthocinus aedilis*** L., Zimmermannsbock [**C-43**]; Fühler des ♂ 4–5, die des ♀ etwa 2mal so lang wie der Körper; Eiablage in Rindenritzen (♀ mit langer vorstreckbarer Legeröhre) im zeitigen Frühling, vor allem an Kiefernstubben und Scheiten; die Larve unter der Rinde oder in der obersten Holzschicht; ebendort Verpuppung in einer mit Nagespänen ausgelegten Puppenwiege; gelegentlich sollen 2 Generationen im Jahr auftreten; Fühlerscheide der ♂-Puppe in bezeichnender Weise um den Körper geschlungen. **24.** ***Pogonochaerus fasciculatus*** Deg., Kiefernzweigbock, Wimperbock (5–6,5 mm); bräunlich mit heller Querbinde über den Flügeldecken, Fühler mit langen Wimperhaaren; die Larve hauptsächlich in den äußeren Holzschichten von mäßig dicken (bis etwa 6 cm [**C-44**]) Kiefernästen (aber auch zuweilen in Edelkastanien); Verpuppung in einem hakenförmigen Gang im Holz; die Entwicklung 1-, selten 2jährig; Schadwirkung zuweilen beachtlich. **25.** Gattung ***Agapanthia***, Scheckhornböcke; Fühler dunkel geringelt; Käfer oft auf Blüten, z. B. auf Disteln; die Larven in krautigen Pflanzen, manche Arten dadurch in wärmeren Ländern an Kulturpflanzen (z. B. Sonnenblumen, Artischocken) schädlich; in M-Eur.i.e.S. an Disteln nicht selten ***A. villosoviridescens*** Deg. (13–18 mm). **26.** ***Saperda carcharias*** L., Großer Pappelbock, Walzenbock [**C-45**]; der Käfer frißt im Sommer an Blättern und an junger Rinde vor allem von Pappeln, auch an Weiden; frißt ± große Löcher in die Blätter; verrät dadurch oft seine Anwesenheit; Eiablage an Stämmen mit nicht zu dicker Rinde dicht über dem Boden, in mit den Kiefern genagte Löcher, die Eier überwintern (überall im Verbreitungsgebiet?); die Larve [**C-46**] frißt zunächst unter der Rinde, dann im Holz, Gangquerschnitt oval, schiebt Nagespäne aus dem Einbohrloch [**C-47**]; Entwicklung 2jährig, zuweilen 3jährig; Verpuppung kopfunter in einer Puppenwiege im Larvengang [**C-48**]; insbesondere an jüngeren Bäumen schädlich. **27.** ***Saperda populnea*** L., Kleiner Pappelbock, Kleiner Espenbock (9–14 mm); eigentümliches Verhalten des ♀ bei der Eiablage an jungen, höchstens etwa 2 cm dicken Zweigen von Pappeln und Weiden, besonders von Zitterpappeln: zuerst werden (bei Tageslicht kopfabwärts) einige Querfurchen in die Rinde genagt, dann dicht darunter ein tieferes Eiloch, von dort oberflächlich ein

Bogen zuerst nach der einen, dann nach der anderen Seite, so daß ein hufeisenförmiger Rindenschnitt entsteht [**C-49**], die Öffnung des Hufeisens zeigt nach oben (bei Nagen im Dunkeln oder bei anderem Lichteinfall ist die Hufeisenöffnung anders orientiert); Ertasten des Eiloches mit der halbausgestreckten Legeröhre; diese wird dann tief unter die Rinde geschoben, ein Ei wird abgelegt; Einziehen der Legeröhre, Eiloch durch eine gallertige Substanz, die Absterben des Pflanzengewebes um das Ei herum bewirkt, verschlossen; Dauer des ganzen Vorgangs $^1/_4$ bis knapp $^1/_2$ Stunde; anschließend dasselbe an einer anderen Zweigstelle; u.U. entlang 50 cm über 25 Hufeisen. Durch die Nagetätigkeit des ♀ Bildung von Kallusgewebe, das (wenn es nicht bei ungünstigem Wetter den Embryo überwuchert) zuerst von der Larve gefressen wird; die Larve frißt sich dann ins Holz, überwintert, dringt ins Mark, frißt hier, bewirkt meist ein gallenartiges Anschwellen des Zweiges [**C-49**]; die Altlarve überwintert; im Frühling Verpuppung kopfüber; der Käfer beißt sich mit einem kreisrunden Loch nach außen; Entwicklung also 2jährig; Schadwirkung zuweilen beträchtlich. **28.** Gattung ***Oberea*,** Linienböcke; schlanke, mittelgroße Käfer; in M-Eur.i.e.S. 2 häufigere Arten: a) ***O. linearis*** L., Haselbock (11–14,5 mm); die Larve in Jungtrieben verschiedener Laubhölzer, häufig in Haselnuß; Eiablage: das ♀ »ringelt« grüne Jungtriebe durch eine Ring- oder Spiralfurche (Nagen mit Kopf nach oben), nagt darunter kurze Querfurchen, dicht darunter ein Eiloch, in das mit der Legeröhre ein Ei eingeschoben wird; die Larve frißt sich ins Stengelmark hinein; Entwicklung meist 2jährig; vermutliche Bedeutung der »Ringelung«: der Zweig bricht durch Windwirkung an der Ringelungsstelle leicht ab, also nicht weiter unten im Bereich des Fraßganges der Larve, die somit geschützt bleibt, auch ein durch das Abbrechen der Spitze offenbar günstig verändertes Futtersubstrat vorfindet; b) ***O. oculata*** L., Rothalsiger Weidenbock (16–20 mm); Larve häufig, aber nicht ausschließlich in Weiden; das ♀ »ringelt« vor der Eiablage nicht, nagt aber kurze Querfurchen (bewirkt Bildung des für die Ernährung wichtigen Kallusgewebes), dicht darunter dann das Eiloch; Entwicklung 1–2jährig, Verpuppung im Frühling

Abb. C-48: ***Saperda carcharias*,** Großer Pappelbock. Puppe. (Amann 1960)

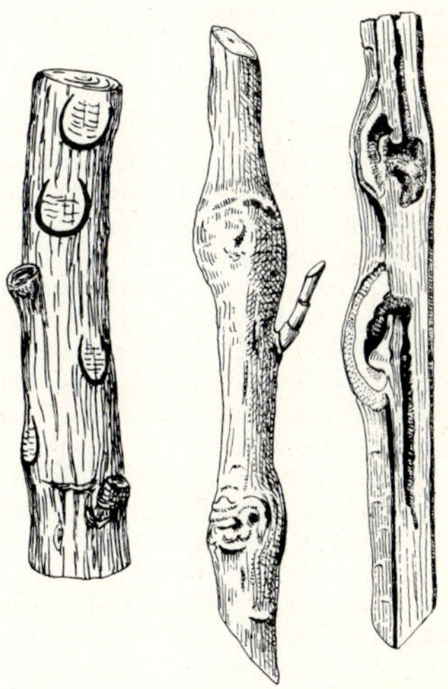

Abb. C-49: ***Saperda populnea*,** Kleiner Pappelbock. An Zitterpappel, links zwei Eiablagen, Mitte zwei Gallen, rechts Zweig aufgeschnitten. Länge des mittleren Zweigstücks 9 cm. (Brauns 1964, Hellrigl 1974)

nach der Überwinterung. Beide Arten zuweilen schädlich. **29.** Gattung ***Phytoecia*,** Walzenhalsböcke; mehrere Arten in M-Eur.i.e.S.; die Larven fressen im Innern krautiger Pflanzen, in die das ♀ für das Ablegen je eines Eies einen Spalt nagt; z. B.

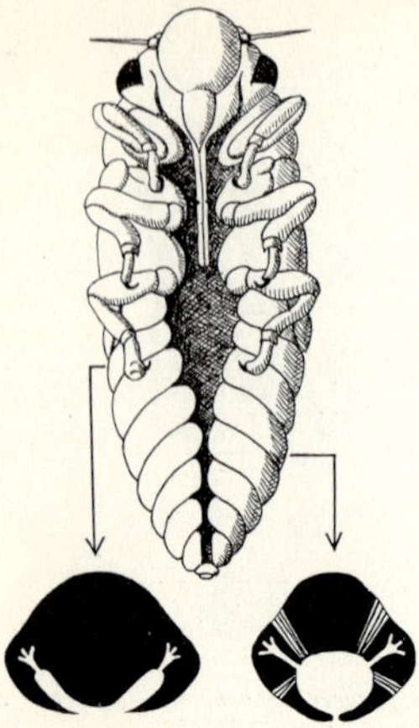

Abb. C-50: ***Aphrophora salicina***, Weidenschaumzikade. Larve von ventral. Unten schematische Querschnitte auf angegebenem Niveau. (Rietschel 1969)

Ph. nigricornis F. (6–12 mm) an verschiedenen Korbblütlern; ***Ph. coerulescens*** Scop. (9–14 mm) u.a. an Hundszunge und Natternkopf; ***Ph. cylindrica*** L. (9–10 mm) vor allem in Doldengewächsen, manchmal an Möhren schädlich. **30.** ***Tetrops praeusta*** L., Pflaumenbock (3,5–4,5 mm); die Larven in absterbenden Zweigen verschiedener Laubbäume, nicht nur der Pflaumenbäume; das ♀ nagt zum Einschieben eines Eies eine Querrille in die Rinde; Verpuppung in einem in das Holz genagten hakenförmigen Gang. (Brauns 1964; Buchner 1953; v. Demelt 1966; Faber 1953a; Funke 1957; Fürsch 1951; Gräbner 1954; Harde 1966; Hellrigl 1974; Jeannel 1949; Klausnitzer, Sander 1978; v. Lengerken 1954; Michelsen 1963; Neumann V. 1985; Tembrock 1960; Vidari et al. 1973; Wickler 1968).

Cerambyx; → Cerambycidae 6 und 7.

Ceraphron; → Ceraphronidae.

Ceraphronidae; Fam. der Hautflügler (Hymenoptera, Apocrita, Proctotrupoidea); kleine, z.T. flügellose Wespen; ihre Larven, soweit bekannt, häufig als hyperparasitische Außenparasiten z.B. von Schlupfwespenlarven in Blatt- und Schildläusen; häufig auch in Larven von Schwebfliegen; Beispiele: Vertreter der Gattungen ***Ceraphron*** und ***Lygocerus***, letztere Parasiten von ***Aphidius*** (→ Aphidiidae) in Blattläusen. (Bachmaier 1969; Clausen 1940).

Cerapteryx; → Noctuidae 33.

Ceratina; → Anthophoridae 10.

Ceratitis; → Trypetidae 1.

Ceratocolus; → Sphecidae.

Ceratophyllus; → Siphonaptera.

Ceratopogonidae; → Heleidae.

Ceratosolen; → Agaonidae.

Cerceris; → Sphecidae 8.

Cerci; → Raife.

Cercopidae, Schaumzikaden; Fam. der Zikaden (Auchenorrhyncha); bezeichnend für die Pflanzensäfte saugenden Larven wohl der meisten Arten ist der Aufenthalt in einer schaumigen Flüssigkeit (Kukkucksspeichel); Larve am Bauch mit Atemhöhle (durch Seitenfalten der Hinterleibsringe), in die die Stigmen münden [**C-50**]; Schaumbildung: Einpumpen von Luftbläschen aus der Atemhöhle in eine aus dem After austretende Flüssigkeit, für deren geringe Oberflächenspannung tierische, also aus der Larve stammende Proteine und/oder saure, in proximalen Abschnitten der Malpighischen Gefäße gebildete Mucopolysaccharide verantwortlich gemacht werden; Atmung: Luftschöpfen mit der Hinterleibsspitze an der Schaumoberfläche; vermutliche Bedeutung des Schaums: Schutz gegen Austrocknen und gegen Feinde; die Larven mancher Arten leben unterirdisch, in Schaum oder in kalkigen Röhren. Häufige Arten: ***Cercopis (Triecphora) sanguinea*** Geoffr. und ***C. sanguinolenta*** Scop., Blutzikaden, schwarz mit roten Flecken, mittelgroß (8–10 mm), Larven in Schaum unterirdisch an den Wurzeln krautiger Pflanzen, auch an Weinrebe. ***Aphrophora salicina*** Goeze, Weidenschaumzikade (ca. 10 mm), Larven vor allem an Weiden und Pappeln, zuweilen in Massen mit viel Schaum, von dem das Wasser tropft. ***Philaenus spumarius*** L., Wiesenschaumzikade (5–6 mm), weltweit verbreitet, Larven vor allem an verschiedensten krautigen Pflanzen, zuweilen durch Saugen an Kulturpflanzen schädlich; eine Generation im Jahr; Eier in Rissen und Spalten von Pflanzen [**C-51**], mit weißem, durch die Gonapophysenbewegungen schaumig geschlagenen Sekret von Anhangsdrüsen des Geschlechtsapparates bedeckt, überwintern. ***Neophilaenus***, vor allem an Gräsern. (Braasch 1960; Marshall 1966; Müller, H.J. 1972; Weber 1930; Ziegler 1958).

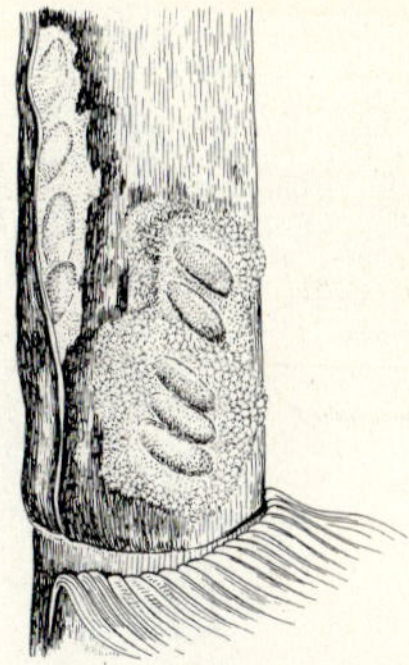

Abb. C-51: ***Philaenus spumarius*****,** Wiesenschaumzikade. Gelege an Grastrieb. (Müller, H.J., 1942)

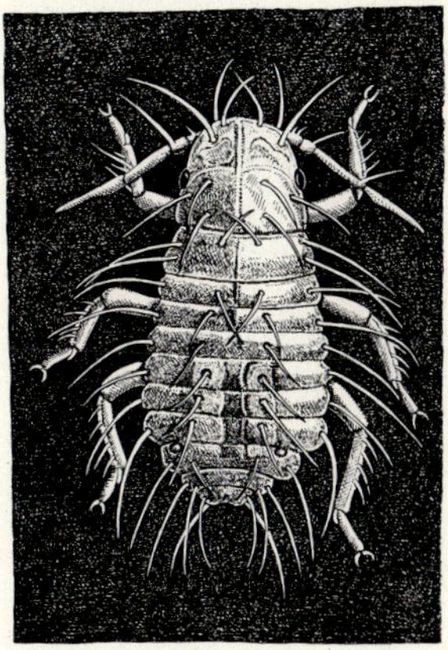

Abb. C-52: ***Periphyllus acericola*****.** Ruhende Sommerlarve; etwa 0,65 mm. (Rietschel 1969)

Cercopis; → Cercopidae.

Cercyon; → Hydrophilidae.

Ceresa; → Membracidae.

Cerioides; → Syrphidae.

Cerobasis; → Trogiidae 2.

Cerocoma; → Meloidae 4.

Ceromasia; → Tachinidae 2.

Ceropales; → Ceropalidae.

Ceropalidae; Fam. der Hautflügler (Hymenoptera, Apocrita, Pompiloidea); in M-Eur.i.e.S. nur 4 Arten der Gattung ***Ceropales*** (z.B. ***C. maculatus*** F., ca. 10 mm); früher zur Fam. der Wegwespen (→Pompilidae) gestellt, von diesen vor allem durch ihre Lebensweise als regelmäßige und hochdifferenzierte Brutschmarotzer verschieden; das ***Ceropales***-♀ belauert eine Wegwespe beim Spinnentransport oder wenn die Spinne beim Nestbau abgelegt ist, legt sehr schnell, in wenigen Sekunden, ein Ei in den Schlitz der linken oder rechten Tracheenlunge, wodurch ein Abstreifen des Eies während des Transports der Spinne durch die Besitzerin vermieden ist; diese sucht das ***Ceropales***-♀ abzuwerfen, zu vertreiben, greift an, ohne ihre Spinne loszulassen; der Schmarotzer weicht aus, wartet, immer wieder näher kommend, eine günstige Gelegenheit ab; auch der Wirt legt ein Ei an die Spinne, seine Larve wird jedoch von der schneller sich entwickelnden Schmarotzerlarve getötet. (Königsmann 1968; Ohlberg 1959; Rathmayer 1969).

Ceroplatidae; Ceroplatus; → Fungivoridae.

Ceroptera; → Sphaeroceridae.

Cerosipha; → Aphididae 33, 38.

Cerostoma; → Plutellidae 3.

Ceruchus; → Lucanidae 4.

Cerura; → Notodontidae 1, 2, 3.

Cervicola; → Mallophaga, Ischnocera.

Cervophthirius; → Haematopinidae.

Cetonia; → Scarabaeidae 18.

Ceutorhynchus; → Curculionidae 32–34.

C-Falter, C-Fuchs; *Polygonia c-album* L.; →Nymphalidae 7.

Chaerocampa; → Sphingidae 13.

Chaetocnema; → Erdflöhe 3.

Chaitophorella; → Chaitophoridae.

Chaitophoridae, Borstenläuse; Fam. der Blattläuse (Aphidina); klein bis mittelgroß, meist lang beborstet [**C-52**], Rückenröhren kurz; ohne Wachsabscheidung; ohne Wirtswechsel, Wirtsspezifität z.T. sehr ausgeprägt; manche Arten auf Laubbäumen (Ahorn, Pappel, Weiden), andere an Gräsern. An Pappel u.a. Arten der Gattungen ***Allarctaphis*, *Chaitophorus*, *Eichochaitophorus***, z.B. ***Allarctaphis nassonovi*** Mordv., an noch grünen Zweigen, vor allem am Grunde der Blattstiele, heller oder dunkler braun, von Ameisen besucht. Mehrere Arten an Ahorn, z.B. ***Periphyllus villosus*** Htg., teils grün, teils dunkel; leben im Frühling in Kolonien an Jungtrieben, Blättern, Blüten (die Fundatrix hat umherwandernd an mehreren Knospen Larven abgesetzt); ab Mai auch Geflügelte; im Sommer keine Kolonien, sondern flache, am Rande mit verbreiterten »Haaren« besetzte Ruhelarven einzeln auf der Blattun-

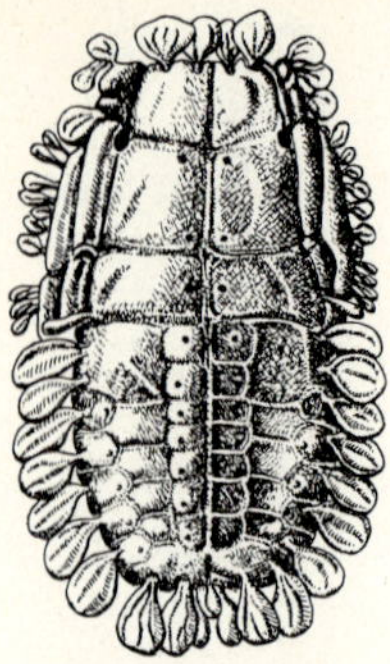

Abb. C-53: ***Periphyllus villosus.*** Ruhende Sommerlarve; ca. 0,75 mm. (Rietschel 1969)

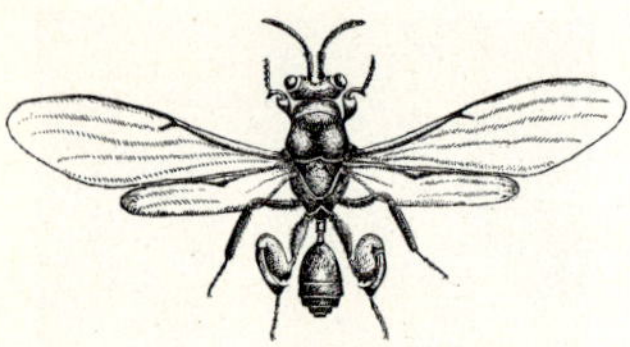

Abb. C-54: ***Chalcis*** sp. ♀. Schenkelwespe. Etwa 8 mm. (Bachmaier 1969)

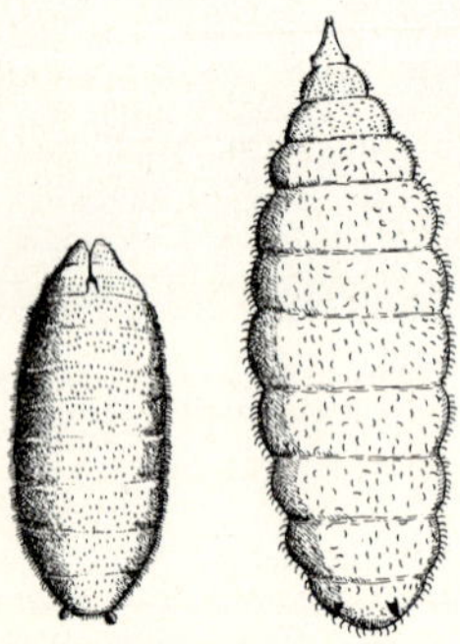

Abb. C-55: ***Leucopomyia obscura.*** Links Larve, 3,5 mm; rechts Puparium. (Escherich 1923/42)

terseite [**C-53**]; Ruhezeit 2–3 Monate, ergeben nach mehreren Häutungen ungeflügelte Sexuparae; bemerkenswert durch zuweilen sehr starke Honigtauerzeugung. Ebenfalls an Ahorn: ***Chaitophorella aceris*** L., gelblich mit wechselnd starker dunkler Rückenzeichnung. Häufig an Weiden (Blattunterseite, Zweigspitzen) z. B. ***Pseudomicrella vitellinae*** Schrk., grün, Rücken dunkel mit hellem Mittelstreifen, von Ameisen besucht. Vertreter mehrerer Gattungen an verschiedenen Gräsern, manchmal schädlich.

Chaitophorus; → Chaitophoridae.

Chalcididae; Fam. der Hautflügler (Hymenoptera, Apocrita, Chalcidoidea); kleine bis mittelgroße Schlupfwespen, Erzwespen; meist schwarz-gelb oder schwarz-rot gefärbt, Hinterschenkel verdickt und oft gezähnt [**C-54**]; die Larven vieler Arten leben als Primärparasiten bei Schmetterlingsraupen und -puppen, bei Fliegenlarven und -puppen (manche ***Chalcis***-Arten z. B. bei ***Stratiomys***-Larven); andere sind Hyperparasiten bei anderen Schlupfwespen oder bei Raupenfliegen (Tachinidae); Beispiel: ***Brachymeria dalmani*** Thoms.: das ♀ legt sein Ei in die bei Wanderheuschrecken ***(Locusta migratoria*** L.***)*** parasitierenden Fliegenlarven. (Bachmaier 1969; Clausen 1940; Sellenschlo, Wall 1984).

Chalcidoidea, Erzwespen und Zehrwespen; → Hymenoptera 11.

Chalcis; → Chalcididae.

Chalcophora; → Buprestidae 1.

Chalicodoma; → Megachilidae 3.

Chalottenlaus, *Rhopalomyzus ascalonicus* Donc.; → Aphididae 39.

Chamäleonfliege, *Stratiomys chamaeleon* L.; → Stratiomyidae.

Chamaemyiidae (Ochthiphilidae), Blattlausfliegen; Fam. der cyclorrhaphen Fliegen (Diptera, Brachycera); nur wenige kleine Arten in Mitteleuropa; die Imagines mancher Arten erbetteln durch Betrillern von Blattläusen Honigtau; die nach Art von Blutegeln oder Spannerraupen sehr beweglichen Larven [**C-55**] leben, ähnlich wie die mancher Schwebfliegen (→ Syrphidae), räuberisch von Blatt- und Schildläusen; Beispiel: ***Leucopomyia (Leucopis) obscura*** Hal., bisweilen zahlreich in den Kolonien der Weißtannenstammlaus ***Dreyfusia piceae*** Ratz. (→ Adelgidae 10); Puparien [**C-55**] durch dunkles Sekret aus dem After der Larve an der Unterlage befestigt. (Von manchen Autoren werden hierher die ***Cryptochaetum***-Arten gestellt; → Cryptochaetidae).

Chaoboridae; Chaoborus; → Culicidae.

Charaeas; → Noctuidae 33.

Chazara; → Satyridae 5.

Cheilosia; → Syrphidae.

Cheimatobia; → Geometridae 21, 22.

Cheleutoptera; → Phasmida.

Chelidurella; → Dermaptera 3.

Chelostoma; → Megachilidae 4.

Chermes; Chermestidae; → Adelgidae.

Chiasmia; → Geometridae 17.

Chilocorus; → Coccinellidae 4.

Chimabacche; → Oecophoridae 4.

Chimarrha; → Philopotamidae.

Chinesische Gottesanbeterin, ***Tenodera aridifolia sinensis***; → Mantodea.

Chinone; → Abwehrstoffe.

Chionaspis; → Diaspididae 10.

Chionea; → Limoniidae.

Chironomidae (Tendipedidae), Zuckmücken, Tanzmücken, Schwarmmücken; Fam. der Zweiflügler (Diptera, Nematocera); **Imagines** klein bis mittelgroß (2 bis 14 mm), zartleibig mit weicher Kutikula; meist ständig zuckende Bewegungen der beim Sitzen frei nach vorn gehaltenen Vorderbeine (Bedeutung?), wobei die Flügel schwach dachförmig zurückgelegt sind; wo die Larven der betreffenden Art günstige Entwicklungsbedingungen finden, gelegentlich Auftreten von Riesenschwärmen, die aus der Ferne aufsteigende Rauchschwaden simulieren können; (durch solche Schwärme ausgelöstes Ausrücken der Feuerwehr ist mehrfach belegt); ungemein artenreiche Gruppe (in Mitteleuropa über 1000 Arten); Systematik schwierig, nur vom Spezialisten zu bewältigen; heute ist auch die für eine Reihe von Arten bekannte Struktur der Riesenchromosomen in den Speicheldrüsenzellen für die Klärung der Systematik wichtig. Mundteile kurz, z.T. rückgebildet (Mandibeln fehlen), zum Stechen und Blutsaugen ungeeignet; keine Nahrungsaufnahme. Fühler der ♂♂ [**C-56 C**] lang wirtelig behaart, offenbar (wie bei den → Culicidae) zur Aufnahme von dann über das Johnstonsche Organ wahrgenommenen Schwingungen. Brust hochgewölbt; Flügel in der Regel gut ausgebildet, bei manchen Arten jedoch in einem oder in beiden Geschlechtern mehr oder weniger weitgehend rückgebildet (s. unten: ***Clunio***). Die Schwärme bestehen ausschließlich oder vorwiegend aus ♂♂, treten bei manchen Arten nur tagsüber, bei anderen gegen Nachmittag und Abend auf, bei Windstille oder sehr schwachem Wind, dann alle Individuen mit dem Kopf gegen den Wind; die Einzeltiere oder auch der Schwarm als Ganzes können längere Zeit am Platz bleiben, oder seitwärts schwenken, oder zurück und wieder vor, oder abwärts und wieder aufwärts; manchmal gleichzeitiges Schwärmen mehrerer Arten, aber jede Art für sich, z.B. in verschiedener Höhe über dem Boden: unten meist kleinere, darüber größere Arten; fraglich, wieweit das Sichfinden zum Schwarm optisch, akustisch und/oder durch Umweltfaktoren bedingt ist; zum mindesten bei manchen Arten wirkt aus Sümpfen aufsteigendes Methangas anlockend auf die Schwärme. Isolierung der Arten gegeneinander am gleichen Platz auch durch jahreszeitlich verschiedenes Auftreten der Imagines; am Plöner See: Vorfrühlingsarten (II/III: z.B. ***Dyscamptocladius*** sp.; III/IV: z.B. ***Trissocladius grandis*** K.); Frühlingsarten (IV/V: z.B. ***Allochironomus crassiforceps*** K., ***Microtendipes pedellus*** Deg.); Sommerarten (VI/VIII: z.B. ***Psectrocladius sardidellus*** Zett. und viele andere; Hauptschlüpfzeit); Herbstarten (IX/X: z.B. ***Chironomus plumosus*** L.). Auch nach der Tageszeit ist das Schlüpfen aus der Puppe artspezifisch verschieden; Tagesschlüpfer: z.B. ***Chir. thummi*** K.; Abendschlüpfer: z.B. ***Chir. plumosus*** L. Auch die Individuenzahlen in den Schwärmen ist je nach Art, oft aber auch bei der gleichen Art verschieden, entsprechend den Entwicklungsbedingungen der Larven. Das Schwärmen wird durchweg als Hochzeitsflug gedeutet; Beobachtung an einer Reihe von Arten: das ♀ fliegt den Schwarm an, starke Erregung der ♂♂, ein ♂ packt das ♀ von oben mit den Vorderbeinen, Vereinigung der Geschlechtsteile, das Paar geht zu Boden, Endstellung: Köpfe der Partner voneinander abgewandt; artspezifische Verschiedenheiten des Kopula-

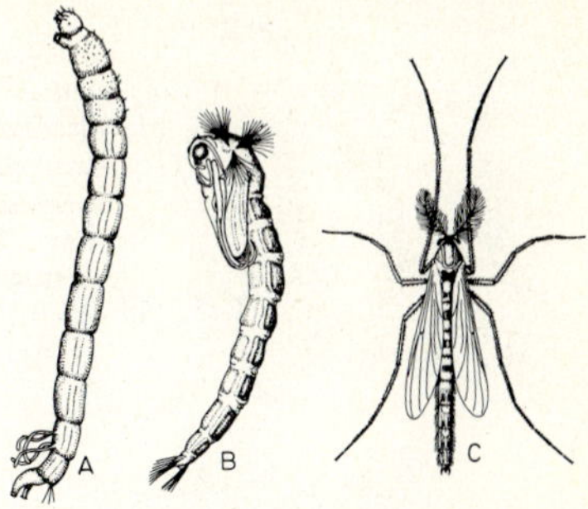

Abb. C-56: ***Chironomus*** sp. A Larve, ca. 20 mm, B Puppe 11 mm, C Imago, ♂, 7 mm. (Engelhardt 1955)

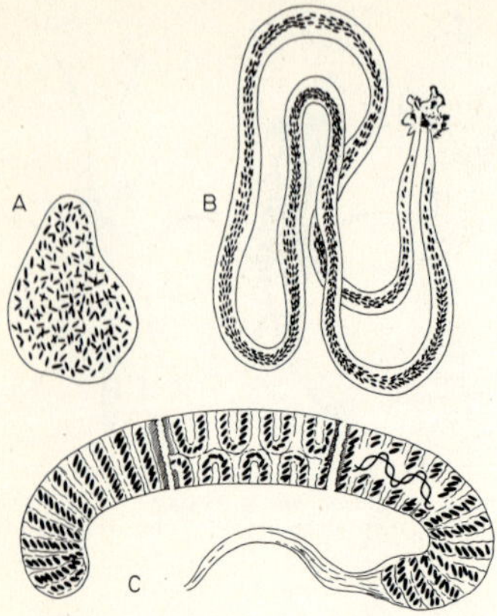

Abb. C-57: Chironomidae: Gelegeformen von Vertretern verschiedener Gruppen. Eier schwarz, in Gallerte. A = ca. 4 mm; B = ca. 12 mm; C = ca. 8 mm, mit Fäden in der Gelegegallerte. (Wesenberg-Lund 1943)

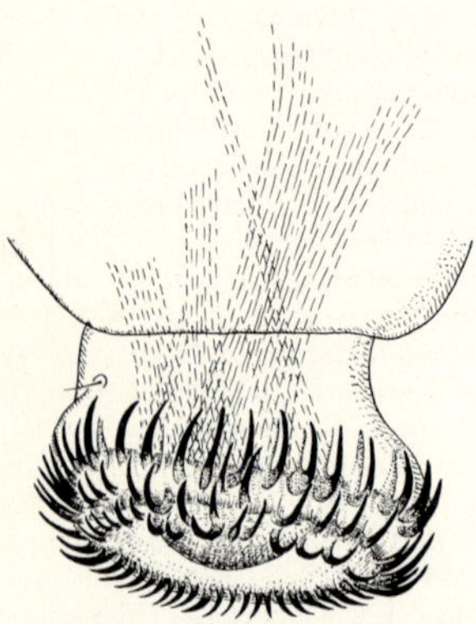

Abb. C-58: ***Heptagyia punctulata.*** Nachschieber der Larve, mit Saugnapf; Muskeln gestrichelt angedeutet. (Thienemann 1954)

tionsgebarens kommen vor, z.B. Kopula im Flug oder auf Substrat; bei dem bisweilen wahllosen Anflug der ♀♀ auf einen Schwarm ist die richtige Kopulation dadurch gesichert, daß nur die Genitalien der Artgenossen nach dem Schlüssel-Schloß-Prinzip zueinander passen; Schwärmen zu verschiedenen Tageszeiten, bedingt durch verschiedene Lichtansprüche, ist als Isoliermechanismus zwischen kreuzbaren Arten oder Unterarten durchaus möglich; Lebensdauer der Imagines höchstens einige Tage. Beginn der Eiablage sofort nach der Kopulation; bei einigen Arten ist thelytoke Parthenogenese nachgewiesen, gelegentlich oder als Regel, d.h., die Nachkommen sind stets ♀♀; Beispiel: ***Bryophaenocladius virgo*** Th. Eiablage in der Regel in der Dämmerung oder nachts, auf sehr verschiedene Weise; bei ***Chir. plumosus*** L. und ***Chir. anthracinus*** Zett. (Larven in tiefem Wasser) durch Abstreifen oder Abwerfen eines Eiballens auf der freien Wasserfläche; bei anderen durch Anheften an irgendwelche Gegenstände am Wasserspiegel, am Ufer von stehenden oder fließenden Gewässern, auch auf feuchtem Substrat außerhalb des Wassers, entsprechend dem Lebensraum der Larven; das starke Aufquellen der Gallerthülle der Eier im Wasser führt zur Bildung bezeichnender Gelege [**C-57**], die zuweilen in Massen beisammen liegen. Die **Larven** (durchweg wohl 4 Stadien) sind trotz der Vielzahl der Arten und der sehr verschiedenartigen Lebensweise im Habitus recht gleichförmig [**C-56A**]: schlank wurmförmig, eucephal, mit artspezifisch unterschiedlichen Mundteilen (besonders in Gestalt des Labiums), mit kräftigen Mandibeln; 1–3, häufig 2 Augenfleckenpaare; 3 Brust-, 9 Hinterleibs- = 12 Körpersegmente, das vorderste ventral mit einem Paar Stummelfüßen [**C-56 A**]; sie sind bei manchen Arten rückziehbar, am Ende mit Borsten oder Häkchen, bei einigen terrestrischen Larven zu einem unpaaren Wulst rückgebildet; am letzten Segment ein Paar ebenfalls mit Häkchen besetzte Nachschieber [**C-56 A**]; diese sind bei den in der Spritzzone von Gebirgsbächen lebenden Larven von ***Heptagyia punctulata*** K. mit einem medianen Saugnapf ausgestattet [**C-58**]; Füßchen und Nachschieber ermöglichen eine mäßig schnelle, manchmal spannerartige Fortbewegung; Reduktion der Nachschieber kommt vor. Tracheensystem stets geschlossen, sehr verschieden gut ausgebildet; O_2-Gewinnung durch Hautatmung; oft unterstützt durch periodische, schlängelnde Körperbewegungen zur Erzeugung eines Wasserstromes; Dauer der Schlängelphasen vom O_2-Druck, ihre Häufigkeit von der Temperatur abhängig; bei einigen in O_2-armem Medium (Schlamm) lebenden Formen ist die O_2-Speicherung unterstützt durch in der Blutflüssigkeit gelöstes Hämoglobin; das Tracheensystem ist um so besser ausgebildet, je weniger Hämoglobin vorhanden ist und umgekehrt. Am 11. Segment liegen bei Vertretern der ***Chironomus plumosus***- und der ***Chironomus thummi***-Gruppe rund um den After zwei Paare von Tubuli (Analschläuche; [**C-59**]), zuweilen ein weiteres Paar am 10. Segment; sie sind – auch innerhalb dieser Gruppen – sehr verschieden lang, können sogar ganz fehlen; ihre Funktion war lange Zeit umstritten, meist hielt man sie für Atemorgane; tatsächlich dienen sie als osmoregulatorische Organe der Ionenaufnahme aus dem Wasser. Manche Larven (z. B. ***Chironomus thummi***) sind zu zeitweiliger Anaerobiose fähig. Nach dem Lebensraum kann man 2 Hauptgruppen von Larven unterscheiden: **A. Wasserbewohner;** hierher die meisten Arten; erstaunliche Anpassungsfähigkeit, gespiegelt in der Verteilung der Arten: in Süß- und Salzwasser (bis 28,5 % Salzgehalt) in der Seentiefe und am Ufersaum, in Gletscherseen und in Thermen (bis 51°), in Mineralquellen ebenso wie in winzigen Regenwasseransammlungen an Blattachseln von Pflanzen; manche Larven ertragen längeres Eintrocknen oder Einfrieren. Halten sich stets auf einem Substrat (Boden, Pflanzen) auf, höchstens sehr kurzfristig durch Schnell- oder Schlängelbewegung im Wasserraum. Einige Arten bewegen sich frei auf oder im Substrat (z. B. Schlamm), die meisten jedoch in Gespinströhren (aus dem Sekret der gut ausgebildeten Speicheldrüsen), die verschiedenste Gestalt und Anordnung zeigen, oft auch, ähnlich wie bei den Larven der Köcherfliegen, mit Fremdkörpern besetzt [**C-60**] oder auch mit fadenartigen Strukturen versteift sind [**C-61**]. In kalkreichen Gebirgsbächen findet man zuweilen in Massen die Larven von ***Lithotanytarsus emarginatus*** Goetgh.; sie leben in durch die Tätigkeit von Kalk absondernden Algen mit Kalk inkrustierten Röhren (»Chironomiden-Tuff«). Sehr unterschiedlich ist die Art des Nahrungserwerbs; am verbreitetsten ist die Aufnahme von Detritus und Algen, oft unter Verwendung eines Fangnetzes [**C-62**], an dem sich, u. U. durch den mit Körperschlängeln erzeugten Atemwasserstrom herbeigeführt [**C-63, C-64**], die Teilchen verfangen; darauf wird das ganze Netz verzehrt und alsbald neu hergestellt; bei ***Ch. plumosus*** etwa alle 2 min; andere weiden den Algen-, vor allem Diatomeenwuchs ihrer Wohnröhre ab; Nahrungsspezialistentum bei einigen ***Psectrocladius***-Arten: sie fressen Fadenalgen ***(Spirogyra)***, zwischen denen sie in ihrem Gehäuse leben. Aufnahme

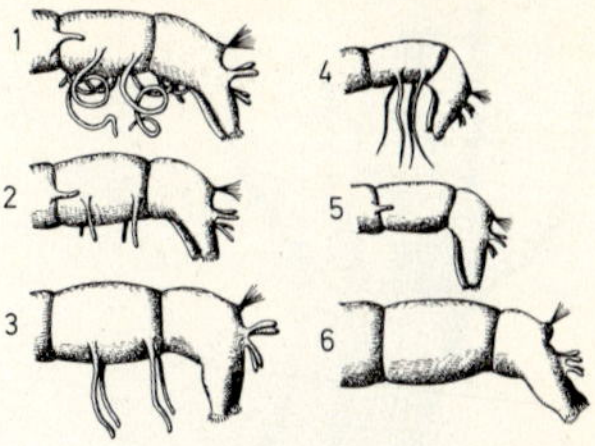

Abb. C-59: Verschiedene Ausbildung der Tubuli bei den Larven. Alle Formen mit 4 Analschläuchen. 1, 2, 5 ***Chironomus plumosus***; 3, 4 ***Ch. thummi***; 6 ***Ch. salinarius.*** (Thienemann 1954)

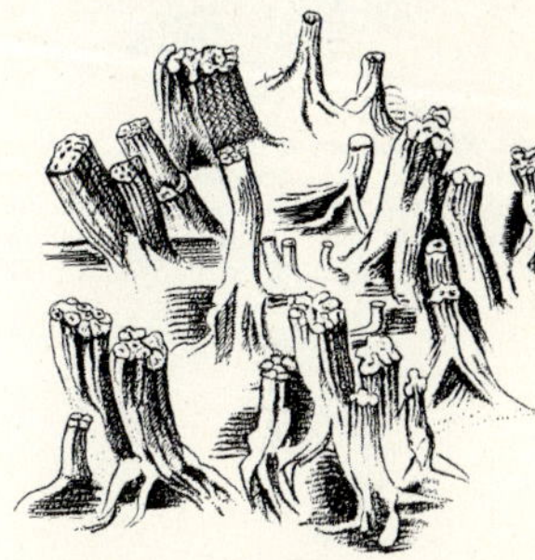

Abb. C-60: ***Lundstroemia roseiventris.*** Baumstumpfartige Röhrenbündel (von ca. 8 mm Höhe) aus Gespinstseide und Schlamm der Larven am Grunde eines sehr flachen, schlammigen Waldtümpels. (Thienemann 1954)

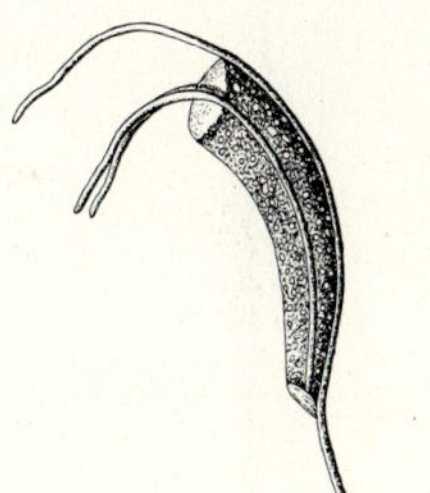

Abb. C-61: ***Rheotanytarsus*** sp. Gestieltes Gehäuse mit drei Endfäden. (Thienemann 1954)

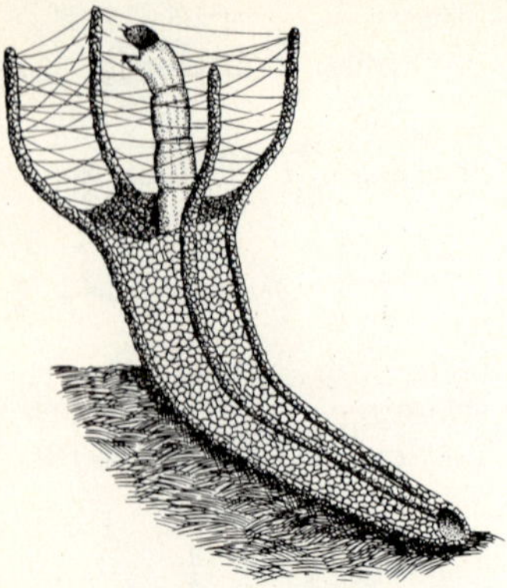

Abb. C-62: ***Rheotanytarsus*** sp. Gehäuse aus Sandteilen; 4 Fangfäden; zwischen den Fäden schleimiges Gespinst, das von Zeit zu Zeit mit den hängengebliebenen Nahrungsteilchen gefressen und dann erneuert wird. (Merritt, Wallace 1981, verändert)

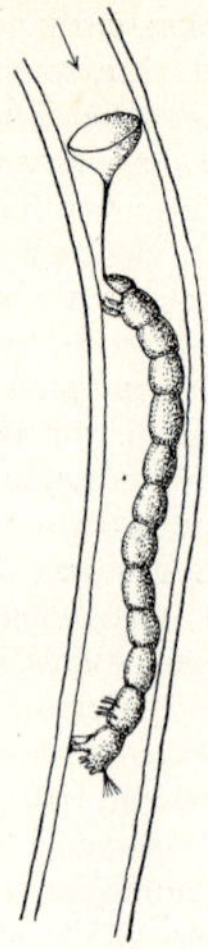

Abb. C-64: ***Chironomus plumosus.*** Larve in ihrer Schlammröhre mit Fangnetz. Trichter wird alle $1^1/_2$ min. gefressen und neu gebildet. (Thienemann 1954)

Abb. C-63: ***Pentapedilum*** sp. Larve mit Fangnetz in der Mine, in der Pumpstellung beim Netzfüllen. Mine ca. 2 mm. (Thienemann 1954)

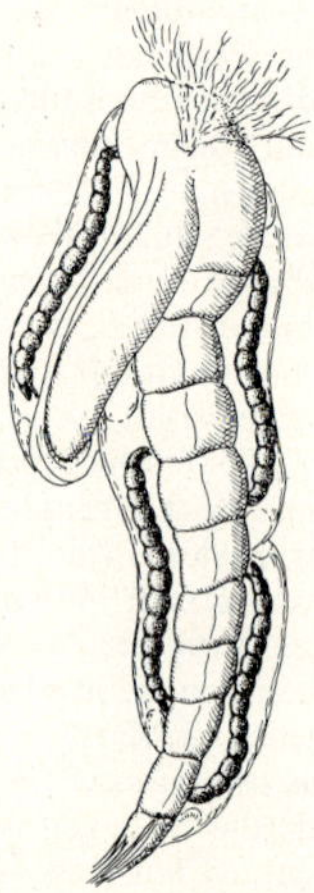

Abb. C-65: Vier Larven von ***Parachironomus bacilliger*** mit ihren Gallertröhren an einer toten Puppe von ***Chironomus plumosus.*** (Thienemann 1954)

frischen Pflanzengewebes durch die zuweilen in Massen in den Schwimmblättern von ***Potamogeton natans*** L. minierenden kleinen Larven von ***Eucricotopus brevipalpis*** K. (Minengänge mit Luft gefüllt); die Larve der verwandten ***E. trifasciatus*** Pz. dagegen frißt als »Halbminierer« in die Oberfläche der Schwimmblätter verschiedener Wasserpflanzen Rinnen; aus irgendeinem Grunde abgestorbene ***Chironomus***-Puppen werden von den Larven von ***Parachironomus bacilliger*** K. verwertet [**C-65**]. Damit Übergang zu räuberischen und parasitischen Arten; einige Beispiele: Larven von

Tanypus und Verwandten machen ohne Gehäuse oder Wohnräume Jagd auf andere Insektenlarven; vom Gewebe von Süßwasserschwämmen nähren sich z. B. die Larven von ***Xenochironomus xenolabis*** K. und einigen weiteren Arten; auf dem Haus der Blasenschnecke ***Physa fontinalis*** L. legt die Larve von ***Parachironomus varus*** Goetgh. ihre Wohnröhre an [**C-66**], befrißt das Schneckengewebe, kann durch Zuspinnen der Schalenöffnung die Schnecke zum Absterben bringen; ***Symbiocladius rhitrogenae*** Zavr.: Eiablage im Bach, die Larve sucht eine Eintagsfliegenlarve auf, setzt sich unter deren Flügelscheiden fest [**C-67**], zapft den Wirt an, ernährt sich von dessen Blut, am gleichen Platz Verpuppung. **B. Terrestrische Larven,** ausschließlich der U-Fam. Orthocladiinae angehörende Arten; Feuchtigkeitsansprüche recht verschieden; Wohnbereiche: feuchte, gelegentlich sogar überschwemmte Moospolster (z. B. ***Pseudosmittia virgo*** Str.; ***Bryophaenocladius subvernalis*** Edw.), Spülsäume, Uferwiesen (z. B. ***Paraphaenocladius impensus*** Walk.), trockene Moospolster, etwa Dächer, Ritzen im Straßenpflaster (z. B. ***Bryophaenocladius muscicola*** K.); humusreicher Wiesen- und Waldboden (z. B. mehrere Arten der Gattung ***Pseudosmittia*** und ***Parasmittia***), auch in Dung (z. B. ***Camptocladius stercorarius*** Deg.); bezeichnend für mehrere Arten ist die Verkürzung der Fühler, ferner die teilweise Rückbildung der vorderen Stummelfüßchen zu einem unpaaren bedornten Wulst, ebenso der Nachschieber, Tubuli und Analschläuche; Nahrung: organische Teilchen verschiedenster Art, untermischt mit Sandkörnchen; der Übergang zum Landleben ist sicherlich mehrfach erfolgt, sekundäre Rückkehr ins Wasser vermutlich bei ***Pseudosmittia ruttneri*** Str. **Puppe** [**C-56B**] mit sehr verschieden gestalteten Prothorakalhörnern als Atemorgane; sie fehlen bei einigen Arten ganz, z. B. bei manchen Bewohnern O_2-reichen Wassers, auch bei in Meerwasser lebenden Arten (z. B. ***Clunio***), sowie bei vielen terrestrischen Puppen; 2 Hauptgruppen: **A:** frei bewegliche Puppen, Atemhörner mit offener Verbindung zum Stigma, hängen sich zum Atmen an die Wasseroberfläche, gehen bei Störung purzelnd in die Tiefe; Schwimmorgan: Haarfächer am letzten Hinterleibssegment; hierher vor allem Vertreter der U-Fam. Tanypodinae. **B:** Puppen in Gehäusen: Atemhörnchen einfach oder wie Tracheenkiemen zerschlissen, stets geschlossen. Verpuppung in der mehr oder weniger umgewandelten Wohnröhre der Larve; diese dabei oft verkürzt und etwas erweitert, bei manchen Arten mit siebartigem Deckel versehen, der das Atemwasser durchläßt; Wasserzufuhr durch rhythmische dorsoventrale Schwingungen des Abdomens, das sich dabei mit einem Borstenfeld dorsal am 2. Segment am Gehäuse abstützt; die Puppe verläßt vor dem Schlüpfen der Imago das Gehäuse, unterstützt durch die Borstenbewegung des Hinterleibsendes, wird in Fließwasser ans Ufer getragen, gelangt

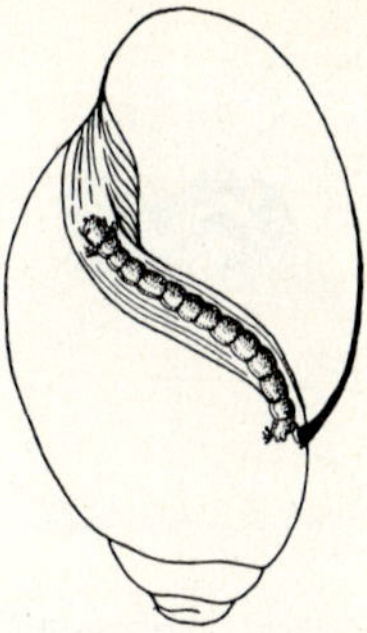

Abb. C-66: Larve von ***Parachironomus varus*** auf einem Gehäuse von ***Physa.*** (Thienemann 1954)

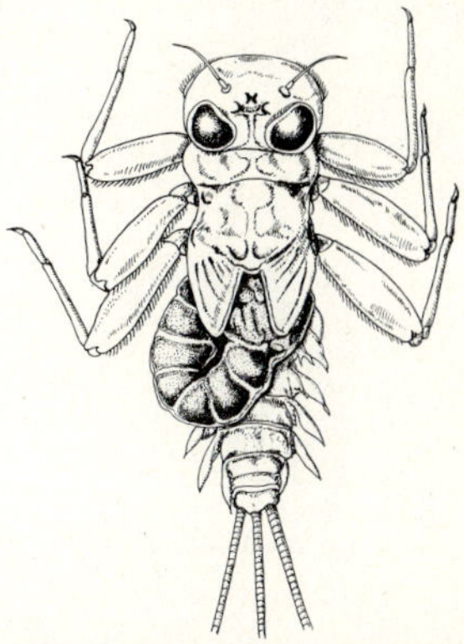

Abb. C-67: Larve von ***Symbiocladius rhitrogenae*** unter den Flügelscheiden der Eintagsfliegenlarve ***Heptagenia lateralis.*** Hier auch Verpuppung. (Thienemann 1954)

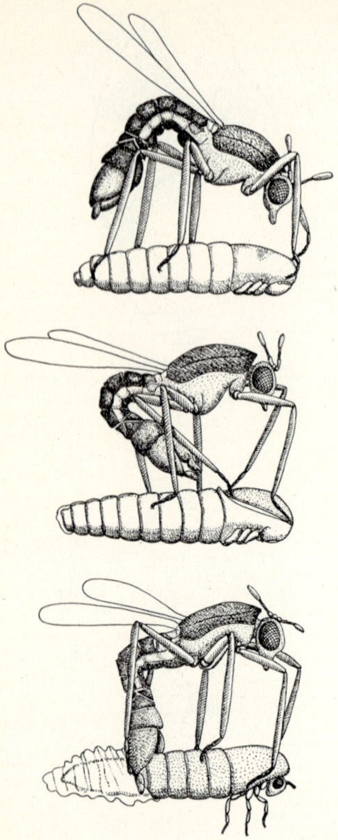

Abb. C-68: ***Clunio aquilonius.*** Japan. ♂ (geflügelt) befreit ♀ aus der Puppenhaut. (Hashimoto 1957)

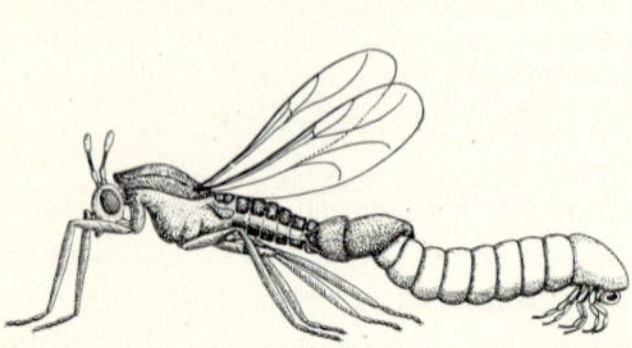

Abb. C-69: ***Clunio aquilonius.*** Japan, Kopula; ♂ geflügelt. (Hashimoto 1957)

in stehendem Wasser durch Schwimmbewegung (nicht der Beine sondern des Schwimmfächers) an die Oberfläche; bei Fehlen eines Schwimmfächers passives Aufsteigen durch Luftansammlung zwischen Puppenhaut und Imago; diese schlüpft in wenigen Sekunden und fliegt davon. Schlüpfen aus terrestrischen Puppen ohne besondere Schwierigkeiten. Generationsfolge: bei den meisten Arten eine Generation im Jahr, wobei nur wenige Tage auf das Puppen- und Imago-Stadium fallen; Überwinterung als Larve; bei manchen Arten mehrere Generationen im Jahr. In verschiedener Hinsicht bemerkenswert ist das Verhalten bei den sich zumeist im Meerwasser entwickelnden Vertretern der Gattung ***Clunio*** (und Verwandte); die meisten Arten leben in außereuropäischen Gewässern, vor allem im Pazifik, an unseren Küsten (westliche Ostsee, Nordsee) ***Cl. marinus*** Hal. (2,5–3 mm; Larve maximal 5,7 mm); Wohnröhren der Larven auf Fels- oder Sandboden der unteren Gezeitenzone; ♂ geflügelt, ♀ ungeflügelt; (bei anderen Arten auch die Flügel des ♂ mehr oder weniger rückgebildet); ♂ mit großen Genitalzangen, mit denen es das ♀ bei der Begattung packt und umherzerren kann; Verhalten der japanischen Art ***Clunio aquilonius*** Tokun.: vor dem Schlüpfen Gasbildung unter der Puppenkutikula; die Puppe arbeitet sich aus dem Puppenlager heraus, steigt passiv an die Oberfläche, das ♂ schlüpft sofort, dreht das Hinterleibsende (Hypopygium) um 180°, ist kopulationsbereit, sucht auf der Wasseroberfläche gleitend eine ♀-Puppe auf, die sich nur mit Hilfe des ♂ zur Imago häuten kann: das ♂ berührt die ♀-Puppe mit den Vorderfüßen, die Puppenhaut platzt vorn-oben, wird nun in wenigen sec vom ♂ mit den Hinterfüßen und Genitalzangen nach hinten gestreift, wobei das ♀ passiv bleibt; sofort anschließend Begattung [**C-68, C-69**] und daran anschließend Eiablage; das ♀ stirbt auf dem Gelege (Eier in einem Gallertschlauch); Notwendigkeit des schnellen Sichfindens: schon 20 Min. nach Ankunft an der Wasseroberfläche reagiert die ♀-Puppe nicht mehr auf die Berührung durch das ♂. Das Verhalten von ***Cl. marinus*** ist ähnlich wie bei der japanischen Art, jedoch kann das ♀, wenn auch mühsam, ohne Hilfe des ♂ schlüpfen. Fortpflanzung nur während einer Zeitspanne von etwa 2 Stunden gesichert. Schnelles Sichtreffen der Imagines zur für Kopula und Eiablage günstigen Zeit durch die Lunarperiodizität der Verpuppung und der Tagesperiodizität des Schlüpfens gewährleistet: Schlüpfen nur bei oder an den Tagen unmittelbar nach Voll- bzw. Neumond zur Zeit des abendlichen Niedrigwassers, die ♂♂ etwas vor den ♀♀; Populationen von Küsten mit anderer Gezeitenperiodik sind in ihrem Schlüpfrhythmus den örtlichen Gegebenheiten angepaßt; an Küsten mit schwachen oder ohne Gezeiten ist auch der Schlüpfrhythmus ein anderer, z.T. durch lokale Sonderbedingungen oder durch im Tier gelegene Faktoren bestimmt; da das Larvenleben lange, die Puppenzeit aber nur wenige Tage dauert, liegt offenbar ein angeborener Metamorphoserhythmus zu Grunde, der durch Außenreize (Mondlicht, täglicher Hell-Dunkel-Wechsel) mit den für die Fortpflanzung günstigen jeweiligen lokalen Gegebenheiten synchronisiert wird; in Kulturen kann in der Tat durch künstliches Mondlicht bei manchen Stämmen eine nachwirkende lunare, durch täglichen Hell-Dunkel-Wechsel eine Tages-Periodik induziert werden. Chironomidenlarven spielen wegen ihres zuweilen massenhaften Auftretens eine bedeutende Rolle als Fischnahrung. (Dordel 1973; Fittkau, Reiss 1978; Haas, H. 1957; Hantge 1962; Hashimoto 1957; Keyl 1962; Leuchs, Neumann 1985; Murray 1980; Nachtigall 1961a; Neumann 1966, 1969; Pinder 1986; Schumann 1968; Thienemann 1954; Wesenberg-Lund 1943).

Chironomus; → Chironomidae.

Chirotonetes; → Siphlonuridae.

Chlaenius; → Carabidae.

Chloridepithel, Chloridzellen; der aktiven Aufnahme von (vor allem Na^+- und Cl^--)Ionen dienende Epithelien bzw. Einzelzellen im Darm (z. B. bei Larven von → Dytiscidae, → Melusinidae, → Zygoptera) oder im Integument (z. B. bei Larven von → Ephemeroptera, → Plecoptera, → Tabanidae, → Trichoptera, und bei Wasserwanzen) von Süßwasserformen. (Komnick 1977).

Chloroperla; → Chloroperlidae.

Chloroperlidae; Fam. der Steinfliegen (Plecoptera, Arctoperlaria-Systellognatha); in M-Eur.i.e.S. 7 gelbgrüne, kleine bis mittelgroße, langflügelige, z.T. alpine Arten; häufig: ***Chloroperla tripunctata*** Scop. (7–10 mm), fliegt IV–IX vor allem im Bergland, wo die Larven in den Bächen und Flüssen leben.

Chlorophorus; → Cerambycidae 17.

Chloropidae, Halmfliegen; Fam. der cyclorrhaphen Fliegen (Diptera, Brachycera); meist klein (ca. 2 mm), höchstens mittelgroß; Mundteile, manchmal auch die Flügel [**C-70**] oder sogar die Halteren stark

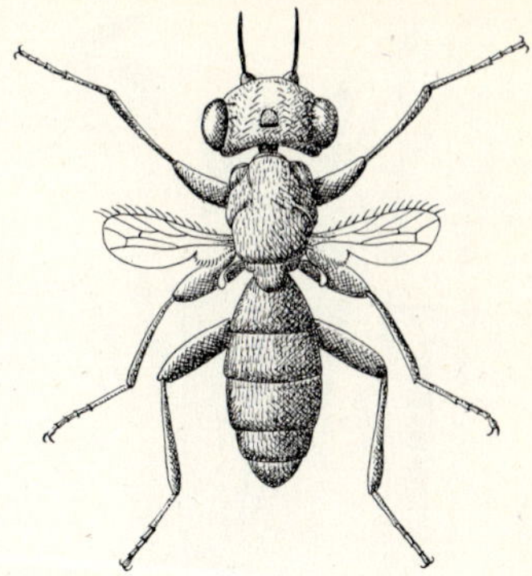

Abb. C-70: ***Elachiptera brevipennis.*** ♂ 2,5 mm. (Séguy 1951)

Abb. C-71; ***Anthracophaga strigula.*** Galle an dem Gras ***Brachypodium sylvaticum.*** Galle 18 mm. (Séguy 1951)

verkümmert; flugträge, aber gut zu Fuß; vor allem auf Wiesen; gerne an süßen Säften (Nektar, Honigtau); manche Arten treten besonders im Herbst in Massen auf, wandern umher, werden dann gelegentlich auch im Innern von Häusern lästig, z. B. ***Thaumatomyia notata*** Meig. (schwarz-gelb gezeichnet; 2 mm); bei manchen Arten deutlicher Geschlechtsunterschied: Vorderbeine des ♂ mit verdicktem 1. Fußglied, lange Behaarung der Vorder- und Mittelschienen, vermutlich von Bedeutung bei der Begattung. Larven meist im Innern von lebenden Pflanzen, an Gräsern vor allem, bisweilen Gallen bildend [**C-71**]; auch an

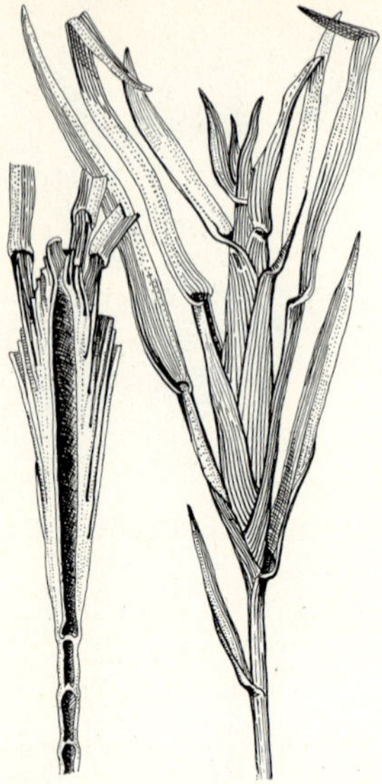

Abb. C-72: Gallen von ***Lipara lucens***, Zigarrenfliege. (Buhr 1964/65)

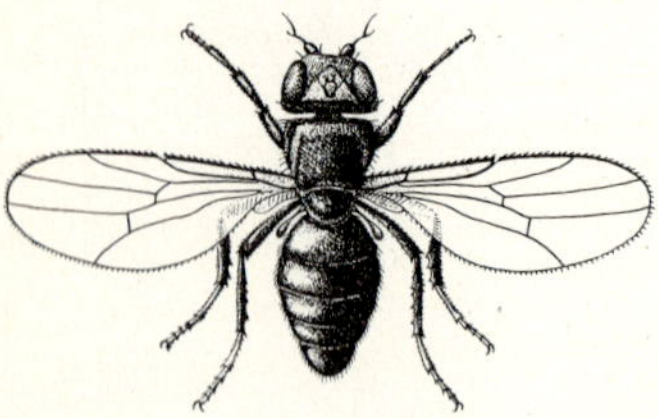

Abb. C-73: ***Oscinella frit***, Fritfliege. 2–3 mm. (Brandt 1957)

Blüten oder Früchten und Pilzen; andere an zerfallenden organischen Stoffen (z. B. an bereits von anderen Arten befallenen Gräsern oder kotfressend in deren Gallen) oder sogar räuberisch; die Larven von ***Thaumatomyia notata*** Meig. frißt (ausschließlich?) gallenbewohnende Blattläuse; andere räuberisch in Gelegen von Spinnen ***(Siphorella)*** oder Heuschrecken ***(Goniopsita)***. Mehrere Arten an Getreide u.U. außerordentlich schädlich, z.T. sehr polyphag, auch an Wildgräsern (wichtig als Populationsreserve); Monophagie z. B. bei ***Lipara*** (am Schilfrohr); Generationszahl je nach Art wechselnd, ebenso Überwinterungsstadium (Larve, Puppe oder Imago).

Von insgesamt etwa 1200 Arten ca. 300 in Europa. Auswahl: **1. *Lipara lucens*** Meig., Zigarrenfliege (und mehrere verwandte Arten; ca. 7 mm); Larve in der Sproßspitze des Schilfrohrs ***(Phragmites communis)***, zerstört Vegetationskegel und induziert Gallenbildung: Das Längenwachstum des Sprosses hört auf, es kommt zur Stauchung, Verdickung und Verholzung von 10–15 Internodien mit starker Entwicklung der Blattscheiden; die 15 mm dicke und bis 25 cm lange Galle ist einer Zigarre nicht unähnlich [**C-72**]; die erwachsene Larve (10 mm) überwintert in der Galle, dort auch Verpuppung im Frühling; Schlüpfen der Imagines Ende V, Anfang VI; bald danach Paarung; Finden der Partner durch substratübertragene Vibrationen; jungfräuliche ♀♀ (nur solche) erzeugen (wie?) spontan auf Blatt oder Halm sitzend 1 bis 2 mal in 10 min etwa 8 sec dauernde Vibrationsstöße; auf derselben Pflanze landendes ♂ reagiert darauf mit ähnlichen Signalen, auf die das ♀ sofort und jedesmal antwortet; das ♂ sucht – immer wieder »rufend« – zu Fuß das ♀; ♀-»Rufe« verschiedener Arten einander ähnlich, die der ♂♂ sehr verschieden; in den verlassenen Gallen oft kotfressende Larven anderer Arten als Einmieter, aber auch z. B. Grabwespen (→ Sphecidae), deren ♀♀ hier Blattläuse als Larvenfutter eintragen, oder Bienen, die hier ihre Brut unterbringen. **2. *Oscinella frit*** L., Fritfliege ([**C-73**]; Name aus dem Lateinischen = verkümmerte Körner); schwarz, Füße gelblich, Augen rot; bei uns meist 3 Generationen; Überwinterung meist als Larve; Frühlingsfliegen auf Blüten (Löwenzahn, Winterraps); Ernährung wichtig für die Reifung der ♀♀; das ♀ fliegt dann, vor allem optisch geleitet (im Versuch wird z. B. ein grünes senkrechtes Streifenmuster bevorzugt), in der Nähe auch olfaktorisch, sprießende Gräser an, besonders Hafer, Gerste, Mais; durch Herumlaufen auf der Pflanze und Betupfen genaues Prüfen auf Eignung; Ablage mehrerer Eier, häufig entlang den Blattscheiden; nach einigen Tagen Schlüpfen der Larven, dringen in das Herz ein, das Herzblatt welkt [**C-74**], die erwachsene Larve [**C-75**] verpuppt sich am Freßplatz; ab Ende VI Fliegen der 2. Generation, befliegen vor allem Hafer (im Laborversuch Rispen vor Ähren bevorzugt), legen die Eier meist lose an die Rispen; der Fraß der

Abb. C-74: ***Oscinella frit***, Fritfliege. Von Larven befallene junge Getreidepflanze; Herzblatt gelbrot verfärbt, abgestorben. (Brandt 1957)

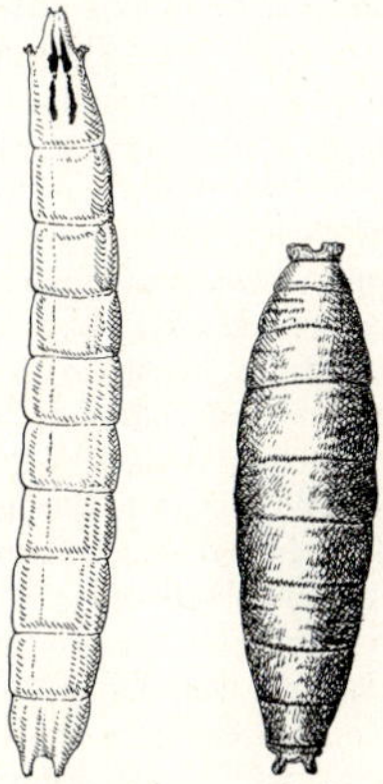

Abb. C-75: ***Oscinella frit***, Fritfliege. Larve 3 bis 4 mm, Tönnchen 2,5 mm. (Brandt 1957)

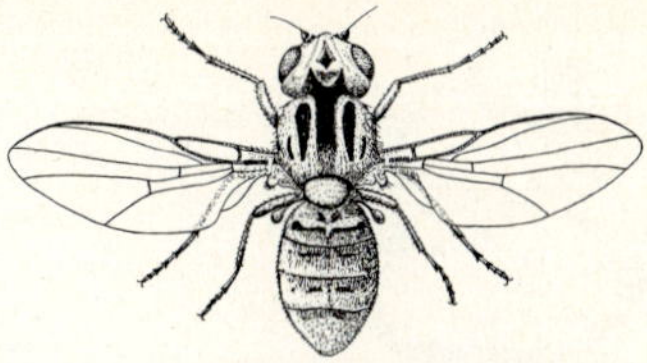

Abb. C-76: ***Chlorops pumilionis***, Gelbe Weizenhalmfliege. 3–4 mm. (Braun, Riehm 1957)

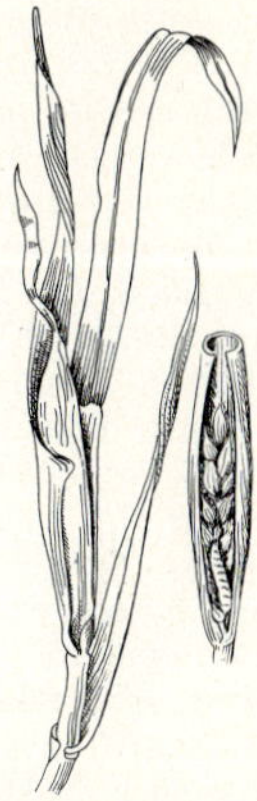

Abb. C-77: ***Chlorops pumilionis***, Gelbe Weizenhalmfliege. Befallene Getreidepflanze. Larve (6 bis 8 mm), in der Ähre. (Brandt 1957)

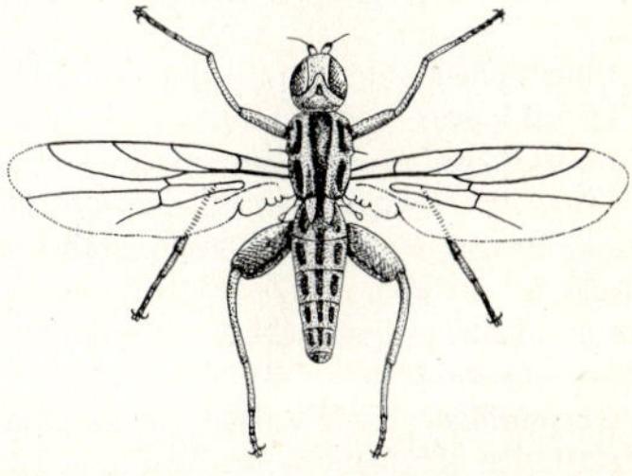

Abb. C-78: ***Meromyza saltatrix***, Russische Halmfliege. ♂, 3–6 mm. Larven im Stengel von Gramineen. Bewirkt Mißbildung der Ähren. (Séguy 1951)

Larven bewirkt teilweise oder vollständige »Weißährigkeit« (bleiche Spelzen) und Verkümmern der Körner; Fliegen der 3. Generation im VIII und IX, belegen vor allem Wildgräser; sehr polyphage Art, etwa 60 Wirtsgräser bekannt. **3. *Chlorops pumilionis*** Bjork., Gelbe (Weizen-)Halmfliege [**C-76**]; ebenfalls an verschiedenen Gräsern, von Getreide, besonders Weizen und Gerste befallen; 2 Generationen; die im V geschlüpften Fliegen belegen die oberen Pflanzenteile; die Larven fressen abwärts zur Ähre, benagen sie, fressen weiter nach unten bis zum Halmknoten [**C-77**], hier Verpuppung; die 2. Generation fliegt VII–IX, belegt die Wintersaat von Getreide oder andere Gräser (häufig die Quecke); hier Überwinterung der Larve nahe dem Wurzelhals. **4. *Meromyza saltatrix*** L., Russische Halmfliege [**C-78**], Schenkelflie-

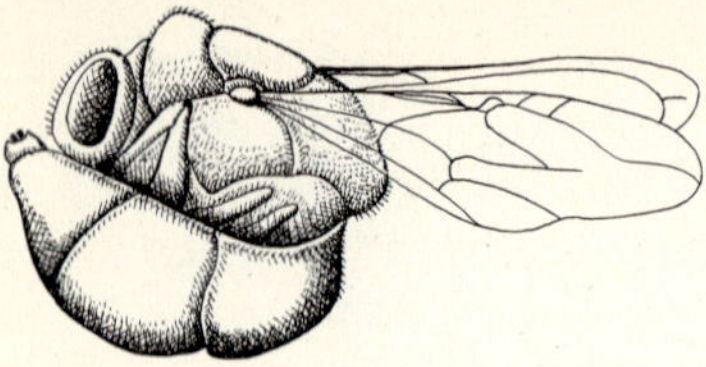

Abb. C-79: *Chrysis* sp. Einrollen bei Störung als Schutz. (Rathmayer 1969)

ge; ähnliche Lebensweise und ähnlicher Wirtskreis wie die vorige Art; bemerkenswert die verdickten Hinterschenkel, deren Muskulatur ein Hüpfen ermöglicht; Puparien mit Spinnfäden an den Blattscheiden befestigt. (Braun, Riehm 1957; Chvala et al. 1974; Hoffmann, Schmutterer 1983; Mayer 1969; Mook, Bruggemann 1968; Oschmann 1974; Sanders 1960; Schumann 1968; Sorauer 1949/57; Tschirnhaus 1981; Vogel M. 1984).

Chlorops; → Chloropidae 3.

Choleva; → Catopidae.

Chonocephalus; → Phoridae [**P-29**].

Chonostropheus; → Curculionidae 7.

Chorion; die vom Follikelepithel abgeschiedene Eischale. Bietet Schutz gegen Verletzungen und Wasserverlust, gestattet aber Atmung; (nicht selten mit → Plastron).

Choristoneura; → Tortricidae 16.

Chorthippus; → Acrididae.

Chortophila; → Anthomyiidae 2, 4–7.

Chrysalis; wenig gebräuchliche Bezeichnung für die Puppe der holometabolen Insekten; → Pupa.

Chrysanthemengallmücke, ***Diarthronomyia chrysanthemi*****;** → Itonididae 16.

Chrysididae, Goldwespen; Fam. der Hautflügler (Hymenoptera, Apocrita, Bethyloidea); von gut 2000 Arten etwa 60 in M-Eur.i.e.S.; klein bis mittelgroß, die wenig behaarte Kutikula oft in den herrlichsten Metallfarben glänzend (Interferenzfarben); ♀ mit Giftstachel (bei manchen Arten rückgebildet), die verschmälerten letzten Hinterleibsringe als Legeröhre vorstülpbar; Hinterleib oben konvex (meist nur 3 oder 4 Ringe sichtbar), unten konkav, wird bei Beunruhigung unter die Brust eingeschlagen, so daß der Körper abkugelt und kaum angreifbar ist [**C-79**]; die Imagines fliegen im warmen Sonnenschein, lecken gern freiliegenden Nektar, z.B. auf Doldenblütlern, auch Honigtau, suchen nach Nesteingängen solitärer Bienen und Wespen, in die das ♀ zur Eiablage eindringt; Wirtsspezifität wohl bei den meisten Arten wenig ausgeprägt, fraglich, wie überhaupt der Wirt bzw. gegebenenfalls ein Vorzugswirt erkannt wird; bei manchen Arten öffnet das ♀ das bereits verschlossene Nest des Wirtstieres, macht es nach der Eiablage wieder zu; in der Regel werden mehrere Eier in die noch offene oder mit den Kiefern bzw. dem Legebohrer geöffnete Wirtszelle abgelegt, jedoch kommt wohl immer nur eine Larve, die Siegerin im Kampf mit den Geschwistern, zur Entwicklung; Eiablage bei vielen Arten in Zellen mit ausgewachsener Wirtslarve oder mit Vorpuppe, von denen sich die Goldwespenlarve in der Regel als Außenparasit ernährt; bei manchen Arten jedoch wird die Wirtszelle noch vor oder kurz nach dem Ablegen des Wirtseies belegt; Verpuppung in selbstgesponnenem Kokon, zuweilen in dem des Wirts; Überwinterung als alte Larve im Kokon; vielleicht bei manchen Arten mehr als eine Generation im Jahr. Einige Beispiele: **1.** ***Chrysis dichroa*** Dahlb.: das ♀ legt das Ei in die gerade noch nicht geschlossene, mit Futterbrei aus Pollen und Nektar versehene Zelle der in leeren Schneckenhäusern nistenden Mauerbiene ***Osmia rufohirta*** Latr., das Wirtsei in der einen, das Schmarotzerei in der anderen Ecke; beide Larven schlüpfen zugleich; die ***Osmia***-Larve frißt zunächst vom Futterbrei, die ***Chrysis***-Larve »wartet«, bis die Wirtslarve größer ist, frißt sie dann auf. **2.** ***Chrysis lusca*** Grib. (von der Insel Reunion); Wirt: paralysierte Spinnen, eingetragen von Grabwespen der Gattung ***Sceliphron***; das ***Chrysis***-Ei wird kurz nach dem ***Sceliphron***-Ei abgelegt; beide Junglarven kämpfen miteinander, ist ***Chrysis*** Sieger, verzehrt sie die Wirtslarve und darauf die eingetragenen Spinnen. **3.** Die häufigen einheimischen ***Chrysis ignita*** L. und ***Chr. cyanea*** L. schmarotzen bei verschiedenen solitären Bienen, Grabwespen und solitären Faltenwespen; ihre Larven fressen zunächst die Wirtslarve, gelegentlich auch von den vom Wirt als Larvennahrung eingetragenen paralysierten Insekten. **4.** ***Pseudochrysis neglecta*** Shuck.; einziger bisher bekannt gewordener Fall von Innenparasitismus bei Goldwespen; die Larve frißt in der Larve der Mauerbiene ***Osmia***

villosa Schck. **5.** ***Hedychrum intermedium*** Dhlb., Rötliche Goldwespe; Brutparasit beim Bienenwolf, → Sphecidae 1. (Königsmann, 1968; Rathmayer 1969).

Chrysis; → Chrysididae 1, 2, 3.

Chrysochloa; → Chrysomelidae 10.

Chrysochraon; → Acrididae 6.

Chrysogaster; → Syrphidae.

Chrysomela; → Chrysomelidae 9.

Chrysomelidae, Blattkäfer, Laubkäfer; sehr artenreiche Fam. (Coleoptera, Polyphaga); von den fast 35000 Arten etwa 500 in M-Eur.i.e.S.; die heimischen Arten höchstens mittelgroß, oft mit metallischen Farben (Interferenzfarben), flach bis hochgewölbt. Imagines und Larven (fast) ausschließlich Pflanzenfresser; soweit die Nährpflanzen überhaupt bekannt sind, mehr oder weniger auf bestimmte Pflanzengruppen eingestellt, seltener monophag auf eine einzige Pflanze; fressen je nach Art und Stadium an verschiedenen Pflanzenteilen, z.T. auch minierend im Innern von Pflanzen; Fraß an Blättern teils vom Rande her, teils auf der Fläche unter Bildung von Löchern (Lochfraß), teils von einer Blattseite aus so, daß ein dünnes Häutchen auf der anderen Seite stehen bleibt (Fensterfraß). Nicht wenige Arten mit Wehrdrüsen, die in Gruben des Halsschildes und der Elytren münden; produzieren vor allem Herzglykoside. Eiablage oft ohne besondere Fürsorge in die Erde, an die oder in die Nähe der Futterpflanze, bei manchen Arten mit Sekret von Anhangsdrüsen des Geschlechtsapparates oder mit Kot bedeckt; zuweilen in in die Pflanze genagte Löcher. Ovoviviparie (Schlüpfen der Larven wenige Minuten vor oder nach der Eiablage), kommt vor, z.B. bei ***Chrysomela varians*** Schall., ***Phytodecta viminalis*** L.; ***Chrysochloa***-Arten; selten auch Parthenogenese, z.B. bei ***Adoxus obscurus*** L., angedeutet auch bei ***Gastroidea viridula*** Deg. (parthenogenetisch entstandene Larven entwickeln sich selten zu Imagines). Larven zahlreicher Arten der U-Fam. Chrysomelinae mit segmentalen Wehrdrüsen in Thorax und Abdomen; Sekrete sowohl gegen räuberische Insekten als auch gegen Artgenossen gerichtet; Larven, die an krautigen Pflanzen fressen, synthetisieren verschiedene Terpene; an Weiden fressende Larven nutzen das giftige Glukosid Salicin der Pflanze, indem sie daraus einen eigenen Abwehrstoff (Salicylaldehyd) herstellen; der Salicingehalt der Weiden variiert, je mehr Giftstoff die Pflanze produziert, um Pflanzenfresser abzuschrecken, umso größer sind die Blattschäden durch Chrysomelinenlarven. Meist freie Puppe (Pupa libra), selten Pupa obtecta (→ Pupa); bleibt oft mit dem Hinterende in der letzten Larvenhaut; bisweilen (z.B. bei ***Melasoma***-Arten) Stürzpuppe; Hinterende der Puppe festgeheftet in der mit dem Hinterende am Substrat befestigten letzten Larvenhaut. Symbiontische Mikroorganismen bisher nur in wenigen Fällen bekannt: bei ***Cassida***-Arten, bei ***Adoxus obscurus*** L. und bei Schilfkäfern der Gattungen ***Donacia*** und ***Plateumaris***; Symbionten bei Larven und Imagines untergebracht in Anhängen des Mitteldarms, bisweilen außerdem in allen ***(Adoxus)*** oder in bestimmten (Schilfkäfer) Malpighi-Gefäßen; Übertragung auf die Nachkommen durch Fressen der ganz oder nur in bestimmten Teilen mit Symbionten besetzten Eihüllen durch die Larve. Überwinterung häufig als Imago, manchmal auch als Larve oder Puppe, selten als Ei. Viele Arten durch Fraß von Larven und Käfern an Kulturpflanzen schädlich. Auswahl: **1.** Schilfkäfer, Rohrkäfer, Gattungen ***Donacia*** **[C-80]**, ***Plateumaris*** und ***Macroplea (Haemonia)***; nach Habitus (schlank, flach, etwa 10 mm, einem kleinen Bockkäfer ähnlich) und Lebensweise (an bzw. – ***Macroplea*** – im Wasser, manche ***Macroplea***-Arten auch in Brack- und Meerwasser) von den übrigen Blattkäfern abweichend. Die

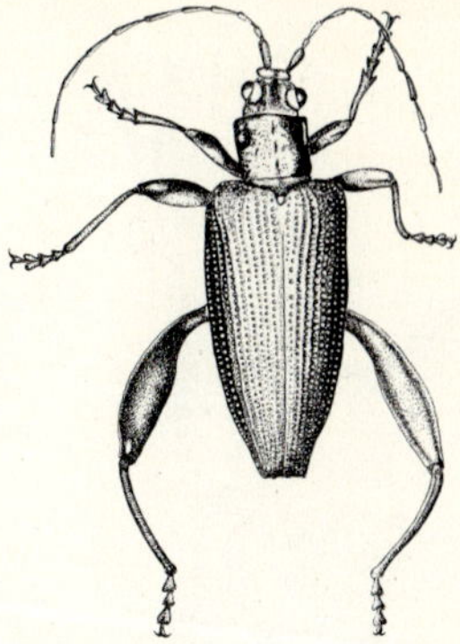

Abb. C-80: ***Donacia*** sp. Schilfkäfer 10 mm. (Hieke 1969)

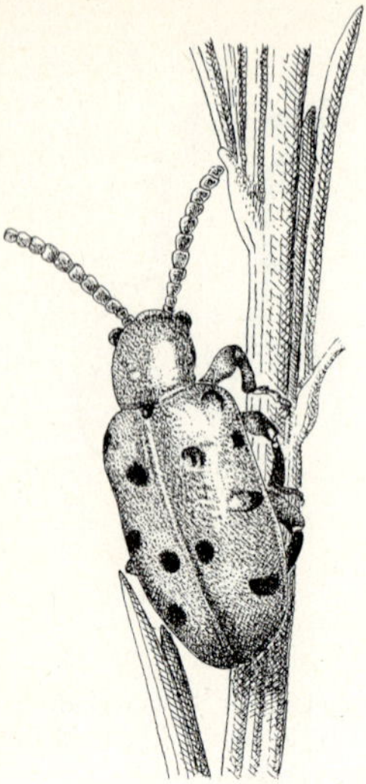

Abb. C-81: ***Crioceris duodecimpunctata***, Spargelhähnchen. Etwa 6 mm, gelbrot mit schwarzen Flecken. (Hieke 1969)

Imagines von ***Donacia*** und ***Plateumaris*** im Sommer auf, an oder in Süßwasser stehenden Pflanzen, fressen an den über das Wasser ragenden Teilen; meist bestimmte Arten (in M-Eur.i.e.S. etwa 25) an bestimmten Pflanzen (z. B. ***Donacia crassipes*** F. auf Seerosen, ***D. bidens*** Ol. auf schwimmendem Laichkraut, ***D. dentata*** Hoppe an Pfeilkraut und ***Alisma***, ***Plateumaris***-Arten vor allem an Seggen und Schilfrohr). Die Imagines von ***Macroplea*** (in M-Eur. ***M. appendiculata*** Panz. und ***M. mutica*** F.) bleiben ständig untergetaucht, möglich durch → Plastronatmung; Plastron aus schrägstehenden Haaren; zuweilen werden Assimilationsblasen an den Pflanzen mit den Fühlern dem Gasmantel eingefügt; fressen an ***Myriophyllum*** und an ***Potamogeton***- und ***Zostera***-Arten. Eiablage wohl meist unter dem Wasserspiegel an die Wasserpflanzen, an denen die betr. Art hauptsächlich lebt. Die ***Donacia***-Larven leben an den untergetauchten Teilen der Wasserpflanzen, die sie befressen; Atmung: sie bohren mit 2 hakenartigen Gebilden am Hinterleibsende das Luftkanalsystem der Pflanze an, nehmen diese Luft direkt mit dem hinteren Stigmenpaar auf; Verpuppung unter Wasser in einem an der Pflanze befestigten, mit Luft aus der Pflanze gefüllten Kokon (anscheinend erhärtetes Sekret aus Hautdrüsen); der Jungkäfer schlüpft wohl in der Regel im Herbst, überwintert im Kokon, kommt im Spätfrühling zum Vorschein. **2. *Lilioceris (Crioceris) lilii*** Scop. und ***L. merdigera*** L., Lilienhähnchen (ca. 7 mm); Flügeldecken stets einfarbig rotgelb; Käfer und Larven auf Liliengewächsen, mäßig schädlich; auffallend die wohl vor allem bei Störung vorgebrachten Zirplaute; bei ♂ und ♀ 2 quergeriefte Felder oben auf dem letzten Hinterleibsring, angestrichen gegen die Flügeldeckenkante; über Hörvermögen und Bedeutung des Zirpens nichts Sicheres bekannt; die rötlichen Eier werden in Gruppen auf der Blattunterseite abgelegt, von einer sekretartigen Masse (Kot?) bedeckt; der dorsal verschobene After ermöglicht die Bildung eines die Larve alsbald weitgehend bedeckenden Kotmantels; Verpuppung in der Erde (nach Abstreifen der Kothülle) in einem aus schaumigem erhärteten Sekret gebildeten Kokon; Überwinterung als Puppe oder Imago; 1–3 Generationen im Jahr. **3. *Crioceris asparagi*** L. und ***C. duodecimpunctata*** L., Spargelhähnchen, Spargelkäfer [**C-81**]; Flügeldecken mehrfarbig, sehr variabel gemustert, teils mit Streifen, teils mit Punktzeichnungen; Futterpflanze: Spargel, durch Befressen der oberirdischen Teile (dadurch Schwächung der Wurzel) ab und zu beträchtlicher Schaden; Lebensweise sehr ähnlich wie bei den Lilienhähnchen (2); in M-Eur.i.e.S. 2 Generationen. **4. *Lema lichenis*** Voet und ***L. melanopus*** L., Getreidehähnchen (ca. 4 mm); Käfer und Larven fressen an Gräsern, zuweilen vor allem an Sommergetreide schädlich; Eier in Gruppen an den Blättern; Larve von Kothülle bedeckt, streifenförmige Fraßspur; Verpuppung bei ***L. lichenis*** oberirdisch an der Pflanze in erhärtetem Schaumkokon, bei ***L. melanopus*** im Boden; bei uns nur eine Generation, Überwinterung als Imago. **5. *Clytra quadripunctata*** L. (7–11 mm); der Käfer auf Gebüsch, vor allem in der Nähe von Nestern der Roten Waldameise; Eiablage: das ♀ nimmt das längliche Ei zwischen die Hintertarsen, drückt einen Pol in eine Vertiefung am Hinterleibsende, dreht es, klebt mehrere Kotballen mit dem Sekret einer besonderen Drüse daran; das Ei ist so schließlich von einer tannenzap-

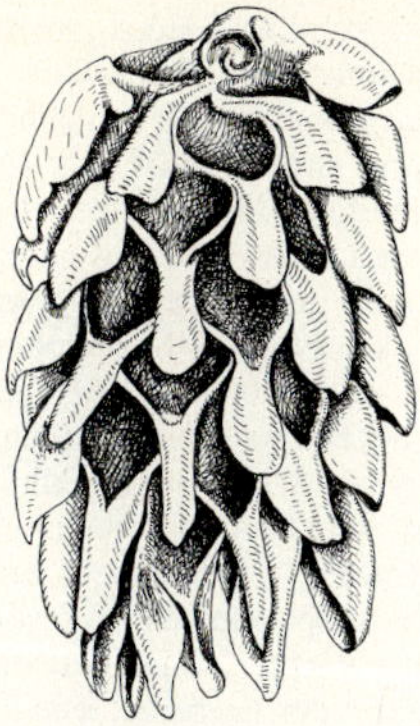

Abb. C-82: ***Clytra quadripunctata.*** Eihülle, ca. 2 mm. (Erber 1968)

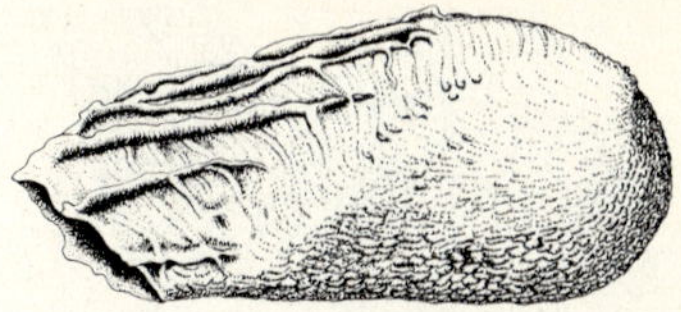

Abb. C-83: ***Clytra quadripunctata.*** Kothülle (ca. 13 mm) der erwachsenen Larve, von links. (Erber 1968)

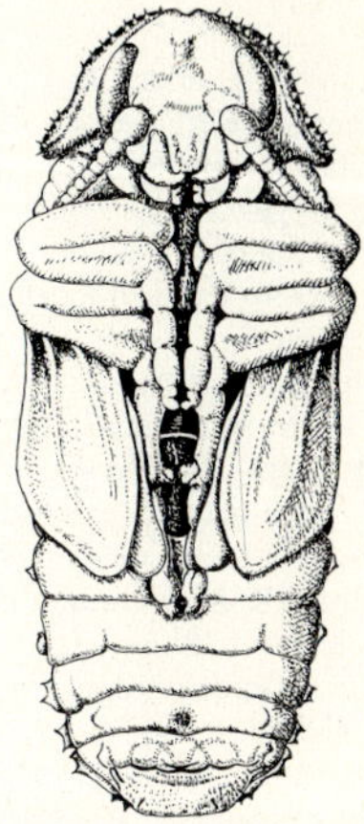

Abb. C-84: ***Clytra quadripunctata.*** Puppe, ventral, 10 mm. (Erber 1968)

fenartigen Kothülle umgeben (Skatoconche; [**C-82**]), wird direkt auf den Ameisenhaufen abgelegt oder fällt vom Gebüsch auf das Nest, wird von den Ameisen ins Nest getragen; die Larve schlüpft an der Basis des »Zapfens«, verläßt ihn aber nicht, bleibt zeitlebens in dem weiterhin ergänzten Kotsack [**C-83**], lebt in dem Ameisennest, frißt Reste von toten Tieren, gelegentlich auch Ameiseneier, überwintert in dem mit Sand verschlossenen Kotsack, manchmal mehrmals (Entwicklungszeit: 2–4 Jahre); ohne Kotsack ist die Larve verloren; Verpuppung ebenfalls im Kotsack [**C-84**]; die Imago erscheint im Frühling. Nach Gestalt und Lebensweise sehr ähnlich: ***Cl. laeviuscula*** F. **6.** Gattung ***Cryptocephalus***, Fallkäfer (in M-Eur.i.e.S. etwa 65 meist etwa 4–6 mm große Arten); Kopf von oben kaum sichtbar, unter dem Halsschild verborgen; lassen sich bei Störung sofort fallen (so übrigens auch viele andere Käfer). Eier wie bei ***Clytra*** (5) von einer bei verschiedenen Arten etwas verschieden gestalteten Kothülle umgeben [**C-85**] in der auch die Larve bleibt; Entwicklung wohl mehrjährig; auf Kiefern zuweilen durch Fraß des Käfers an den Nadeln und Triebspitzen schädlich: ***Cr. pini*** L., Gelber Kiefernblattkäfer; Eiablage am Boden oder am Trieb in einer Hülle aus Kotlamellen, Larve in vorne eingeengtem Kotsack am Boden, Futter nicht bekannt; Verpuppung im Sommer im Kotsack in Rindenritzen. **7. *Adoxus (Bromius) obscurus*** L. (5–6 mm); Käfer (oberirdisch) und Larven

Abb. C-85: ***Cryptocephalus aureolus.*** Eihülle mit Eilarve; oben deren Kopfplatte punktiert; ca. 1,2 mm. (Erber 1968)

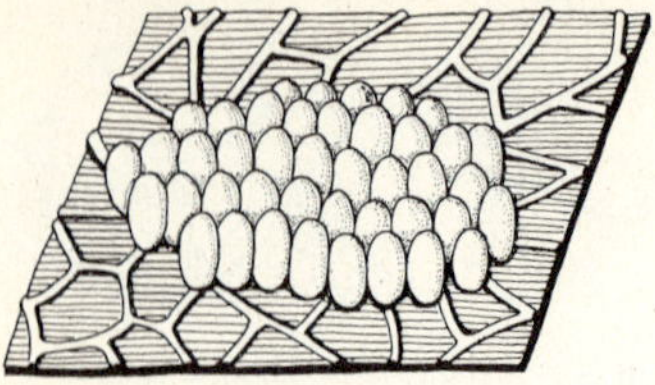

Abb. C-86: ***Leptinotarsa decemlineata***, Kartoffelkäfer. Gelege auf Unterseite von Kartoffelblatt. (Eidmann 1941)

(unterirdisch) vor allem an Weidenröschen; bemerkenswert jedoch die Abart ***villosulus*** Schr., Rebenfallkäfer, Schreiber: in warmen Gegenden spezialisiert auf die Rebe als Futterpflanze und bisweilen schädlich; Eier an Rinde oder Blättern; die Larven fressen im Boden an Wurzeln; Verpuppung im Boden; Fraß des Käfers, ähnlich Schriftzeichen, an Blättern, Stielen und Beeren; seit Einführung amerikanischer Unterlagen seltener geworden, da die Larven die Wurzeln dieser Weinstöcke nicht annagen. **8. *Leptinotarsa decemlineata*** Say, Kartoffelkäfer, Coloradokäfer (ca. 10 mm); stammt aus dem mittleren und südlichen Nordamerika; 1874 zum ersten Mal in Europa, 1877 in Deutschland aufgefunden, in stärkerem Ausmaß erst im 20. Jhdt., vor allem ab 1936; frißt an verschiedenen Solanaceen, insbesondere an Kartoffeln; Wirkung bestimmter Inhaltsstoffe des Futters auf Riech- bzw. Schmeckorgane (letztere u.a. am Praetarsus); die Kartoffelpflanze wird teils optisch, aus der Nähe geruchlich gefunden; Acetaldehyd und seine Derivate in der Pflanze wirken als Freßstoff, damit versetzte Gelatine wird gefressen; die Imago überwintert im Boden (geht bis in 1 m Tiefe), Diapause ausgelöst durch Kurztagbedingungen; befällt im Frühling die austreibenden Kartoffelpflanzen, frißt; Begattung (nicht selten schon im Herbst vorher); Beginn der Eiablage, meist in Haufen an die Unterseite der Blätter [**C-86**], so über längere Zeit (das ♀ kann 2 Jahre alt werden, kann bis 2400 Eier legen); Schlüpfen der ziegelroten Larven nach 5–12 Tagen, Fraß an Blättern; fressen zuerst die Eischale, dann schabend auf der Blattfläche, schließlich auf dem Blattrand reitend; bestimmte ***Solanum***-Arten werden verschmäht wegen des Gehalts an bestimmten, abschreckend wirkenden, mit den Tarsen wahrgenommenen Alkaloiden; 3 Häutungen; Verpuppung nach (je nach Wetter) 10–30 Tagen; nach etwa 24 Tagen Schlüpfen der Imago, frißt (Reifungsfraß); im Langtag nach 7, im Kurztag nach 10–14 Tagen geschlechtsreif; reife ♂♂ erkennen die ♀♀ olfaktorisch am Sexualpheromon, das sie an das ♀ bindet; aufsteigen zur Paarung aber erst nach eingehendem Betasten der Elytren des ♀ mit den Fühlern und Palpen (♀♀ ohne Elytren, obwohl gleichermaßen attraktiv, werden nicht begattet); bis zu vier Verpaarungen hintereinander der gleichen Partner. ♀ beginnt nach der Begattung mit der Eiablage; eine 2. Generation nur in warmen Sommern, selten Ansatz zu einer 3.; in der Regel gehen die Nachkommen der überwinterten Imagines im Spätsommer oder Herbst zur Überwinterung in den Boden; Vertilger: viele Vögel, Raubinsekten; ein toxisches Dipeptid, bei Störung von Drüsen des Prothorax und der Elytren abgesondert, schützt (nur?) vor Ameisen; **9.** Gattung ***Chrysomela,*** etwa 50 Arten; Flügeldecken meist metallisch glänzend auffallend blau, blaugrün, blauviolett, bisweilen auch kupferfarben; Larven und Imagines mehr oder weniger ausgeprägt auf bestimmte Gruppen von Futterpflanzen (bes. häufig Lippenblütler: Minze, Salbei u.a.) eingestellt; einige Arten, z.B. ***Chr. hyperici*** Forst. an ***Hypericum perforatum,*** mit Erfolg nach Australien eingeführt zum Vernichten der dorthin verschleppten und als Unkraut lästig gewordenen Futterpflanze. **10.** Gattung ***Chrysochloa,*** Alpenblattkäfer (meist ca. 10 mm); die etwa 2 Dutzend in M-Eur.i.e.S. vorkommenden Arten nur in Höhenlagen über etwa 800 m, ausgezeichnet durch prächtige, metallisch glänzende Färbung, ferner durch Ovoviviparie: die Larven sind bei der Eiablage fertig, schlüpfen kurze Zeit nach der Ablage; fressen meist an großblättrigen Schattenpflanzen. **11. *Melasoma populi*** L., Pappelblattkäfer (10–12 mm), die gelbroten Flügeldecken hinten an der Naht mit schwarzer Spitze; der unter Laub im Boden überwinterte Käfer legt im Frühling Eier an die Blattunterseite von Pappeln und Weiden; Larvenfraß bis auf die Rippen; Verpuppung an der Pflanze als Stürzpuppe, kopfunter; im gleichen Jahr eine 2. Generation, deren Imagines überwintern; die Larven jederseits auf den

Hinterleibsringen mit einer Drüse, lassen bei Störung aus der Drüsenöffnung einen intensiv riechenden Sekrettropfen austreten (Salicylaldehyd aus der Futterpflanze), der nach Beruhigung wieder in den Vorratsraum der Drüse zurückgesogen wird; Schutzwirkung (wie immer in solchen Fällen) nur begrenzt. Sehr ähnlich: ***M. tremulae*** F., Aspenblattkäfer (6–9 mm) und ***M. saliceti*** Wse. (6–9 mm), an den gleichen Pflanzen. **12. *Plagiodera versicolor*** Laich., Blauer Weidenblattkäfer (3–4,5 mm), oben blaugrün; Käfer und Larven vor allem an Weiden, Eier und Larven an der Blattunterseite; Puppe, hinten befestigt, ebenfalls an den Blättern; 2–3 Generationen im Jahr; die Imago überwintert hinter Rinde, zwischen Blättern am Boden oder ähnlich; zuweilen an Weiden, deren Blätter von den Larven skelettiert werden, sehr schädlich. **13.** Dem vorigen sehr ähnlich, auch in der Lebensweise: ***Phyllodecta vitellinae*** L., Kleiner Weidenblattkäfer und ***Ph. vulgatissima*** L. (beide 4–5 mm); jedoch Verpuppung in der Erde. **14. *Galeruca tanaceti*** L., Rainfarnblattkäfer (6–12 mm; schwarz); die mit Sekret aus den Eigängen bedeckten Eiballen (deren mehrere mit je 20–30 Eiern) werden im Herbst an oberirdischen Pflanzenteilen abgelegt, die Eier überwintern in der mit DOPA-Oxidase gehärteten Sekrethülle; die Larven im Frühling, die Käfer im Sommer bis Herbst; gewöhnlich harmlos an Rainfarn, Schafgarbe und anderen Pflanzen; hin und wieder Massenvermehrung und dann schädlich an verschiedensten Kulturpflanzen (Kartoffeln, Rüben, Kohl, Klee, Hafer, Jungkiefern u. and.). **15. *Pyrrhalta (Galerucella) viburni*** Payk., Schneeballblattkäfer (4,5–6,5 mm; länglich, hellgelb); Eiablage Spätsommer bis Herbst: das ♀ nagt in dünne Zweige (oft diesjährige Triebe) ein längsovales Loch (ca. 1,8 × 0,8 mm), dabei Auffasern des Holzes der Seitenwände, legt in die Höhle 4–12 Eier, bedeckt sie mit einem Deckel aus Kot, Drüsensekret und Holzfäserchen; Herstellen des so geschützten Geleges in etwa 2–4 Stunden; so im Durchschnitt etwa 50 Gelege, oft in Reihe dicht beisammen; die Eier überwintern; die Larven (5–6 mm) fressen im Frühling auf der Blattunterseite; Verpuppung im Boden; der Käfer frißt im Sommer an Blättern und Blüten. **16. *Hydrogaleruca nymphaeae*** L., Erdbeerkäfer (6–8 mm; länglich, gelbbraun);

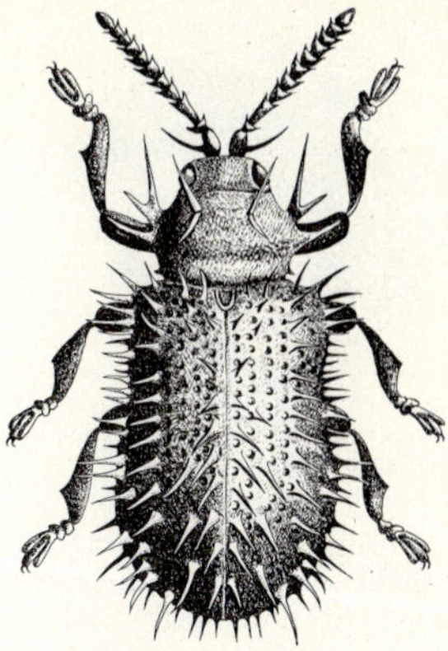

Abb. C-87: ***Hispella atra***, Igelkäfer. 3–4 mm. (Bechyně 1954)

gewöhnlich an Seerosen und anderen Wasserpflanzen; Eiablage ohne besondere Vorkehrungen auf die Blattoberseite, hier auch die Larven und Puppen; zuweilen aber Nahrungswechsel, z. B. auf Erdbeere (Vierlande bei Hamburg, sehr schädlich), Entwicklung dann auf der Blattunterseite. **17. *Agelastica alni*** L., Blauer Erlenblattkäfer (6–7 mm); die Imago überwintert, im Frühling Ablage der dottergelben Eier in Haufen an die Blätter vor allem von Erle; hier Fraß der tiefschwarzen Larven (3 Stadien); Verpuppung in der Erde; die Jungkäfer fressen im Sommer, überwintern dann; außer an Erle (u. U. Kahlfraß) auch an vielen anderen Pflanzen, manchmal an Obstbäumen durch Blatt- und Blütenfraß sehr schädlich. → Histeridae, ***Hister helluo***. **18. *Lochmaea suturalis*** Thoms., Heideblattkäfer (5–6 mm; gelbbraun); scheint ausschließlich an Heidekraut ***(Calluna vulgaris)*** zu fressen; der Käfer überwintert im Wurzelwerk, frißt im Frühling; Eiablage am Boden; gerne in Moospolstern; Larvenfraß im Sommer; Verpuppung oberflächlich am Boden; kann ganze Heideflächen vernichten, dadurch z. B. geringerer Honigertrag. **19.** Stachelkäfer, Igelkäfer, mit zahlreichen Arten in warmen Ländern, ausgezeichnet durch den oft bizarr bedornten Körper; in M-Eur.i.e.S. nur ***Hispella atra*** L. (3–4 mm; matt schwarz; [**C-87**]); wackelt bei Störung heftig hin und her; die Larve miniert in den Blättern von Gräsern. **20.** Gattung ***Cassida***, Schildkäfer,

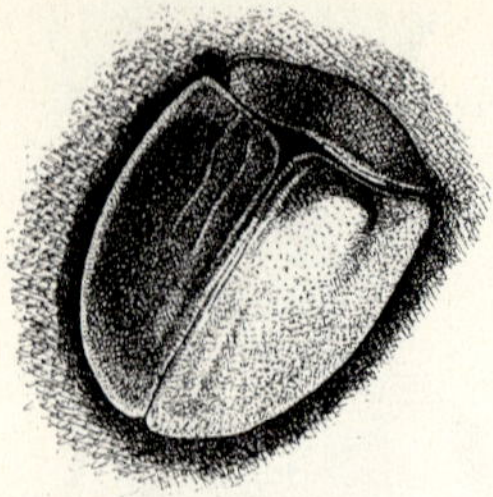

Abb. 88-C: ***Cassida viridis***, Grüner Schildkäfer. 5–9 mm. (Hieke 1969)

in M-Eur.i.e.S. etwa 25 Arten; Flügeldecken und Halsschild sehr flach, verbreitert, Kopf von oben nicht sichtbar. ***C. nebulosa*** L., Nebliger Schildkäfer (5–7,5 mm; rötlich bis grünlich bis bräunlich); hauptsächlich an ***Chenopodium***, Gänsefuß (bes. ***Ch. album***, Melde); die Imago überwintert in der Bodenstreu, Eiablage im Frühling an Melde auf die Blattunterseite; Gelege: etwa 5–15 Eier, jedes Ei einzeln, zuletzt das ganze Gelege von einem sich bräunenden Drüsensekret bedeckt, so meist über 60 Gelege pro ♀; Larven (5 Stadien) flach, mit stacheligen Fortsätzen; am letzten Hinterleibsring 2 längere Fortsätze, auf ihnen die Larvenhäute, nacheinander aufgereiht und aus dem rüsselartig weit vorstülpbaren und überraschend beweglichen Enddarm dick mit Kot beschmiert; Kotmaske, Bedeutung: offenbar wirksamer Schutz gegen kleine Feinde, z.B. Ameisen, denen die Maske durch Bewegungen des Hinterleibs mit Abwehrerfolg entgegengehalten wird; Verpuppung meist an der Unterseite der Blätter, Puppe hinten festgeheftet; eine, selten vielleicht 2 Generationen im Jahr; zuweilen Abwandern der Larven auf andere Pflanzen, auch Kulturpflanzen (z.B. Rüben) und dort recht schädlich; Eiablage jedoch niemals an Rübe. Ähnliche Lebensweise: ***C. viridis*** L., Grüner Schildkäfer [**C-88**]; grasgrün; vor allem auf Lippenblütlern, z.B. Minze. ***C. vibex*** L. (5,5–7 mm), Oberseite einheitlich grün; Imago und Larve häufig an Kohldistel, aber auch an Distel- und Kletten-Arten. **21.** An verschiedenen Kulturpflanzen bisweilen schädlich, kleine, durch Springvermögen ausgezeichnete Vertreter mehrerer Gttgn.: → Erdflöhe (Halticinae). **22.** Gattung ***Timarcha***, Labkrautblattkäfer; in M-Eur.i.e.S. 3 Arten, darunter die für einen Blattkäfer stattliche Art ***T. tenebricosa*** F. (–18 mm); nicht flugfähig, Flügeldecken meist verwachsen; Tarsenglieder auffallend breit; Eiablage und Verpuppung im Boden; Überwinterung teils als Imago, teils als Ei; Imagines und Larven fressen vor allem an Labkraut ***(Galium)***. (Buchner 1953; Daloze et al. 1986; Dettner 1987; Ebner 1969; Eisner et al. 1967; Engel 1935; Erber 1968; Hieke 1968; Hinton 1976c; Jermy 1958; v. Lengerken 1954; Levinson et al. 1979; Maisner 1974; Messner 1983; Pasteels et al. 1983; Schanz 1953; Smiley et al. 1985; Sorauer 1949/57; Stürkow 1959; Stürkow, Quadbeck 1958; Wesenberg-Lund 1943; de Wilde 1960).

Chrysopa; → Chrysopidae.

Chrysophanus; → Lycaenidae 4, 5.

Chrysopidae, Florfliegen, Goldaugen, Stinkfliegen, Blattlauslöwen; Fam. der Netzflügler (Planipennia), mit den Merkmalen dieser Ordnung; von den etwa 2000 bekannten Arten 22 in M-Eur.i.e.S.; häufige Arten: ***Chrysopa perla*** L., ***Chrysopa (Anisochrysa) carnea*** Stephens (= ***Ch. vulgaris*** Schneider), Körper etwa 10, Flsp. etwa 30 mm. Die großflügeligen (Flügel in Ruhe dachförmig auf dem Rücken), goldäugigen, oft gelblich oder grünlich gefärbten Imagines allgemein bekannt, in der Dämmerung und nachts aktiv, fliegen abends gern ans Licht; das reiche Flügelgeäder oft ebenfalls grünlich, die Flügelmembran bisweilen irisierend; manche Arten an der Basis der Vorderflügel in der Radialader mit einem auf Ultraschall ansprechenden Tympanalorgan; reagieren auf Ortungslaute der Fledermäuse (15–140 kHz) mit Sturzflug; jederseits an der Vorderbrust bei ♂♂ und ♀♀ vieler Arten Ausmündung einer Wehrsekret absondernden Drüse (Hauptkomponente Skatol, daneben Tridecen); Nahrung der Imagines: kleine Insekten, vor allem Blattläuse in beträchtlichen Mengen (kräftige Kaukiefer); manche Arten jagen auf Laub-, andere auf Nadelbäumen, andere auf beiden, ***Chrysopa carnea*** ernährt sich (auch oder ausschließlich?) von Pollen, Nektar und Honigtau. Beim Paarungsverhalten von ***Ch. carnea*** (und anderer Arten) spielen Ultraschallaute eine wichtige Rolle; sie werden erzeugt durch Vibrationen und Zuckungen des Abdomens wobei (vermutlich) Borstenfelder an der Basis der Vorderflügel gegen ein erhabenes Borstenfeld am Metathoraxrücken reiben; nicht die visuell auffälligen Aufabbewegungen des Abdomens, sondern die Ultraschallaute sind für die Kommunikation der Geschlechter von Bedeutung; die ♂♂ vibrieren häufiger als die ♀♀; vor der Paarung Kontakt der Fühler und Mundteile; das ♂ stellt sich schließlich neben das ♀, Köpfe gleichgerichtet, dann Vereinigung (bis etwa $^1/_2$ Std.); das ♂ setzt bei der Begattung eine Spermatophore an der Geschlechtsöffnung des ♀ ab. Eier meist in Gruppen an Blättern abgelegt, nicht selten (immer?) in Nähe von Blattlauskolonien, befestigt an der Spitze eines langen Fadens = erstarrtes Sekret von Anhangsdrüsen des Geschlechtsapparates [**C-89**]; das ♀ setzt die Geschlechtsöffnung auf das Substrat, zieht durch Heben des Hinterleibs den schnell erstarrenden Sekretfaden aus, dann Austreten des Eies. Die Larven befreien sich mit einem Eizahn aus der Eihaut, sind langgestreckt, je nach Art mit zahlreichen kürzeren oder längeren, zuweilen am Ende hakig gekrümmten Borsten besetzt; mit schlanken, langen Saugzangen am Mund (→ Planipennia); sie können sich durch Ausstülpen des Enddarmes mit dem Hinterleibsende festheften; sie sind, neben den Larven von Marienkäfern und gewissen Schwebfliegen, besonders eifrige Vertilger von Blattläusen [**C-90**] und anderen kleinen Insekten (gelegentlich Kannibalismus); die mit Hakenborsten [**C-91**] versehenen Larven mancher Arten (z.B. ***Chr. albolineata*** Kill., ***Chr. flavifrons*** Br., ***Chr. ventralis*** Curt.) tarnen sich mit leeren Blattlaushäuten, Rindenstückchen u. dgl., die mit den Saugzangen auf den Rücken gebracht werden; die Larven einiger Arten verwenden dazu die von den Schmierläusen (→ Pseudococcidae), von denen sie sich ausschließlich ernähren, ausgeschiedene Wachswolle; sie werden, wenn (im Experiment) ihres »Schafspelzes« beraubt, von den die Blattläuse hütenden Ameisen als Räuber erkannt und aus den Kolonien entfernt (erstmals nachgewiesen an der nordamerikanischen Art ***Ch. slossonae***, die sich von der Erlenwollaus ***Prociphilus tesselatus*** ernährt). Verpuppung in einem geeigneten Versteck (z.B. Rindenritze, zwischen Pflanzenteilen) in einem Gespinstkokon (Sekret aus den Malpighi-Gefäßen; [**C-92**]); die Puppe (Pupa dectica) verläßt mit Hilfe ihrer beißfähigen Ober-

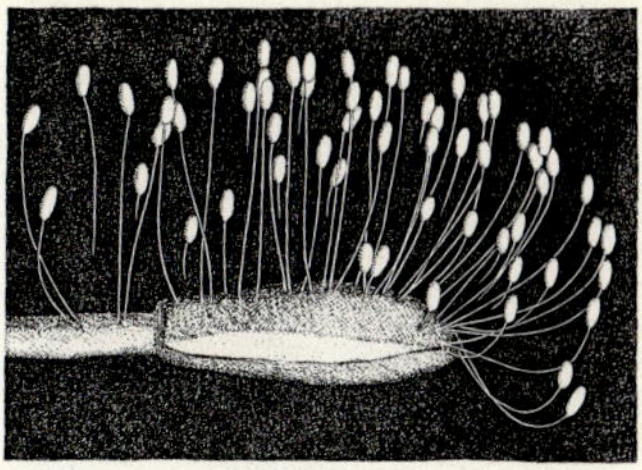

Abb. C-89: ***Chrysopa*** sp. Gelege. Beachte die verschiedene Länge der (nicht überall durchgezeichneten) Eisticle. (Klots 1959)

Abb. C-90: ***Chrysopa*** sp. Larve (15 mm) eine Blattlaus aussaugend. (Wundt 1969)

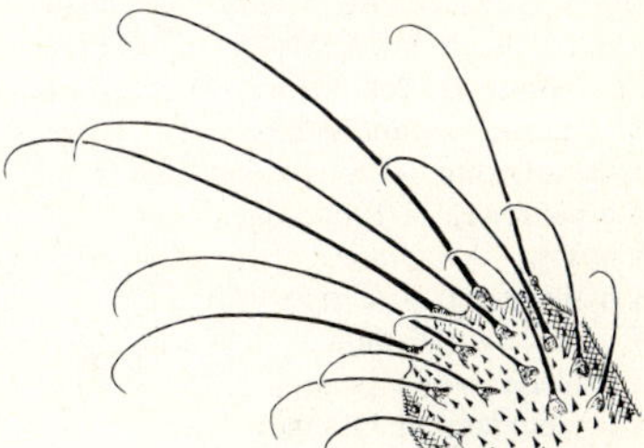

Abb. C-91: ***Chrysopa prasina.*** Larve, Borstenhöker mit Angelhaaren zum Festhalten der Tarngegenstände (Stitz 1931)

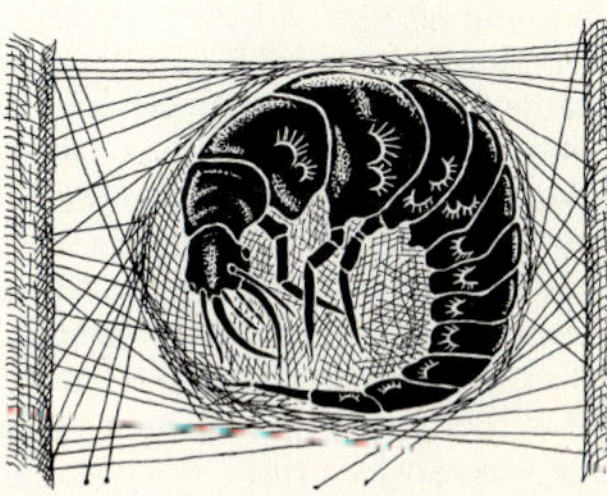

Abb. C-92: ***Chrysopa*** sp. Puppe in zwischen Pflanzenteilen aufgehängtem Kokon. (Wundt 1969)

Abb. C-93: ***Cicada plebejy***, Gemeine Zikade. Exuvie des letzten Larvenstadiums an Pflanzenstengel. Nat. Gr. (M.R.)

kiefer (Mandibeln) aktiv den Kokon, häutet sich dann zur Imago. Entwicklung bei den meisten Arten einjährig; Überwinterung artspezifisch verschieden als Larve, als verpuppungsreife Larve oder als Imago; ***Chrysopa carnea*** Stephens: 2 Generationen im Jahr, überwintert als Imago (Flügel im Herbst grünlich, nach Überwintern gelblich). (Aspöck 1969; Aspöck H.u.U. 1964, 1969; Bäusch 1964; Blum, Wallace 1973; Canard et al. 1984; Eisner et al. 1978; Günther 1969; Henry 1979; Ickert 1968; Keilbach 1954; Miller 1970, 1975; Miller, McLeod 1966; Miller, Olesen 1979).

Chrysops; → Tabanidae.

Chrysotoxum; → Syrphidae.

Chrysozona; → Tabanidae.

Chyliza; → Psilidae.

Chylizosoma; → Cordyluridae 2.

Cicada; → Cicadidae.

Cicadella; → Jassidae 1.

Cicadellidae; → Jassidae.

Cicadetta; → Cicadidae.

Cicadidae, Singzikaden; Fam. der Zikaden (Auchenorrhyncha); hierher gehören vor allem die in warmen Gebieten verhältnismäßig artenreich vertretenen mittelgroßen bis sehr großen Zikaden, deren ♂♂ tagsüber durch den zuweilen außerordentlich lauten artspezifischen Gesang imponieren (→ Auchenorrhyncha). Die Bezeichnung »Singzikaden« ist insofern irreführend, als heute bekannt ist, daß auch viele der so artenreichen Kleinzikaden singen können, wenn auch für das menschliche Ohr kaum hörbar. Die großen häutigen Flügel werden in Ruhe dachförmig gehalten, sie ermöglichen einen raschen Flug; Eiablage in Pflanzenteile; die Larven fallen nach dem Schlüpfen zu Boden, graben sich mit den zu kräftigen Grabinstrumenten umgewandelten Vorderbeinen in den Boden, saugen an Pflanzenwurzeln; 6 (5?) Larvenstadien; Dauer des Larvenlebens bei europäischen Arten einige Jahre (bei der nordamerikanischen ***Magicicada septendecim*** L. 17 Jahre); letzte Häutung über dem Boden, meist an Pflanzenstengeln, an denen die Exuvie hängen bleibt [**C-93**]; die zur Imaginalhäutung hochwandernde Larve mancher südamerikanischer Arten baut vor dem Schlüpfen einen bis 50 cm hohen, senkrecht aufragenden, innen glattwandigen Erdkamin (unbekannter Bedeutung), der erst unmittelbar vor der Verwandlung verlassen wird. In S-Eur. häufig: ***Cicada (Tibicen) plebeja*** Scop., Gemeine Zikade; Gesang untertags, laut, in meist 11, selten bis 33 sec dauernden Strophen vorgetragen, die stürmisch beginnen, von der 5. sec an abschwellen und mit einem, an eine auslaufende Maschine erinnernden, tiefer und leiser werdenden Schwirren enden; die ♀♀ lassen sich, vom Gesang der ♂♂ angelockt, in deren (nicht unmittelbaren) Nähe nieder und verharren dort; kopulationsbereite ♂♂ marschieren mit Unterbrechungen, jedoch stets singend, am Ast oder Stamm abwechselnd vorwärts und rückwärts schreitend umher, bis sie auf ein ♀ treffen, das erst aus einer Entfernung von 5 bis 10 cm erkannt und dann gerichtet angesteuert wird; b) ***Tettigia orni*** L., Mannazikade, Eschenzikade; schwer zu beobachten, weil sehr flüchtig; singt zudem meist hoch oben im Geäst ihren an Laubfroschgeschrei erinnernden quäkenden »Gesang«, dessen einzelne Quäklaute in der Minute bis zu 200mal wiederholt werden, ohne Unterbrechung viertel-, halbstunden- oder auch stundenlang. In M-Eur.i.e.S. 2 Arten: ***Tibicen haematodes*** Scop., Lauer, Weinzwirner, Blutrote Zikade (bis ca. 38 mm), rötliche Zeichnung an Brust und Flügeln; saugt auch an Rebtrieben; vereinzelt noch in der Gegend von Würzburg, im Neckar- und in Teilen des Rheingebietes, singt z.Zt. der Weinblüte; Gesang eine Folge von »scherenschleiferartig« scharfen Versen von ca. 15 sec Dauer; Eiablage in Schlehenrinde; ***Cicadetta montana*** Scop., Bergzikade 8 bis ca. 20 mm), stellenweise in der BRD und in der südl. DDR; leiser summender Gesang; in O-Eur. bisweilen an Linden und anderen Laubbäumen schädlich. (Günther 1968; Müller H.J.

1972; Schremmer 1957, 1960; Strümpel 1983).

Cicadina; → Auchenorrhyncha.

Cicadula; → Jassidae 4.

Cicindela; → Cicindelidae.

Cicindelidae, Sandlaufkäfer, Tigerkäfer; Fam. der Käfer (Coleoptera, Adephaga); in M-Eur.i.e.S. 8 Arten; mittelgroß (10–15 mm), metallisch grün bis kupferfarben, Flügeldecken von bezaubernder, farbiger Feinstruktur mit wenigen rahmweißen Flecken; die gezähnten, sichelförmigen Mandibeln vorspringend; auf sandigem oder sandig-lehmigem, an Küsten auch auf felsigem Gelände; laufen bei Sonnenschein flink (***Cicindela hybrida*** L. bis 580 mm pro sec), fliegen abrupt hoch; Flügeldecken beim Flug abgespreizt und durch ein seitlich ausgestrecktes Beinpaar festgehalten; leben räuberisch, überfallen die optisch wahrgenommene Beute blitzschnell. Häufige Art, vor allem auf Wald- und Wiesenwegen: ***Cicindela campestris*** L., Feld- oder Sandlaufkäfer [**C-94**]; überwintert als Jungkäfer im Boden; das ♂ springt das ♀ ohne besondere Balz an, sofort Kopula (7–10 min), wird manchmal von den gleichen Partnern wiederholt; zur sofort anschließenden Eiablage (im Mai) bohrt das ♀ den Hinterleib ca. 5 mm in den Boden, das Eigrübchen wird dann durch wischende Bewegungen mit dem Hinterleib verschlossen. 3 Larvenstadien; die Larve lebt in einer selbstgegrabenen, meist senkrechten Erdröhre; der gelockerte Sand wird durch Kopfbewegung weggeschleudert, ebenso kleine Gegenstände rund um die kreisrunde Röhrenöffnung, so daß die Sicht vollkommen frei ist; die Larve lauert am Eingang auf Beute [**C-95**], das Loch mit Kopfoberseite und Halsschild verschließend, Fühler und weitgespreizte Kiefer nach oben gerichtet; häkchenbewährte Zapfen auf dem Rücken des 5. Hinterleibsringes dienen zum Feststemmen in der Röhre; die Beute wird optisch wahrgenommen, die Stellung der 6 Einzelaugen sichert ein weites Gesichtsfeld [**C-96**]; der Ansprung gelingt am besten, wenn die Beute von hinten oder von der Seite kommt; diese wird in der Tiefe der Röhre verzehrt, Nahrungsreste und Kot werden entfernt. Die Larve überwintert meist im 2. Stadium in der verschlossenen Wohnröhre (zuweilen 2–3-malige Überwinterung); zur Verpuppung (im VII) wird die Röhre ebenfalls verschlossen und ein schräg aufwärts führender Verpuppungsgang gegraben; Puppenzeit knapp 3 Wochen; Schlupfen des Jungkäfers im Spätsommer. ***Cic. maritima*** Dej. kommt vor allem an Meeresküsten

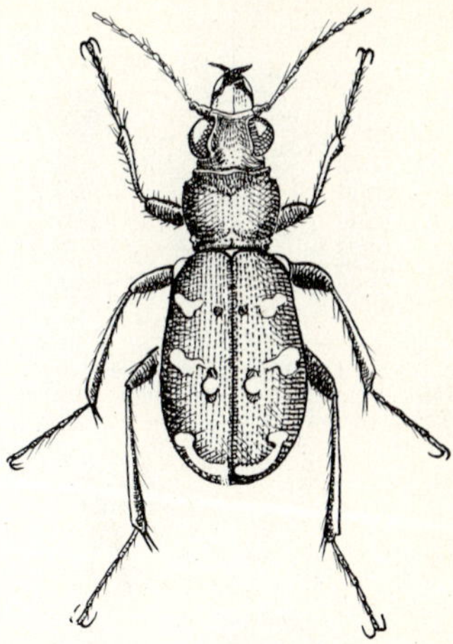

Abb. C-94: ***Cicindela campestris***, Feldlaufkäfer. Etwa 15 mm. (Bechyně 1954)

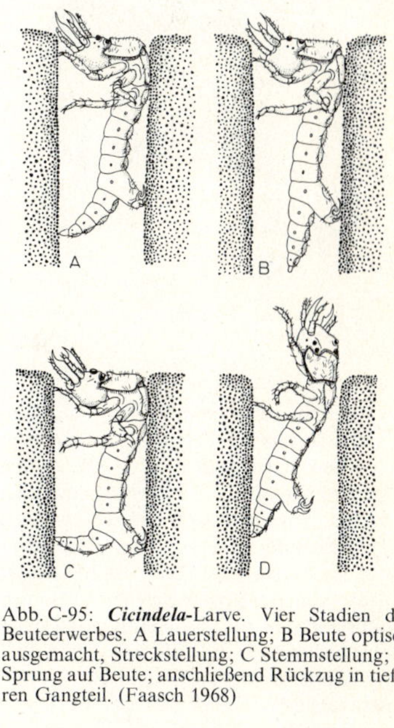

Abb. C-95: ***Cicindela***-Larve. Vier Stadien des Beuteerwerbes. A Lauerstellung; B Beute optisch ausgemacht, Streckstellung; C Stemmstellung; D Sprung auf Beute; anschließend Rückzug in tieferen Gangteil. (Faasch 1968)

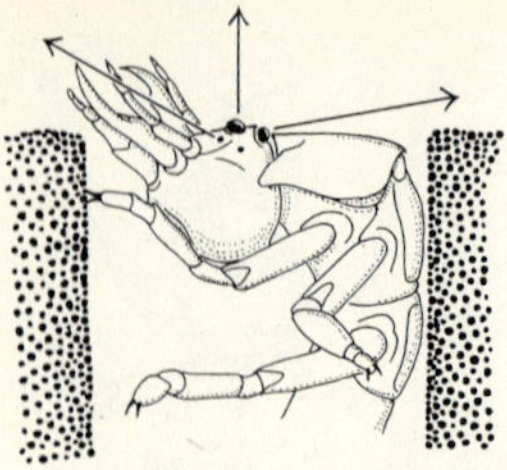

Abb. C-96: ***Cicindela*-Larve.** Vorderkörper, in Lauerstellung. Achsen der Einzelaugen eingezeichnet. (Faasch 1968)

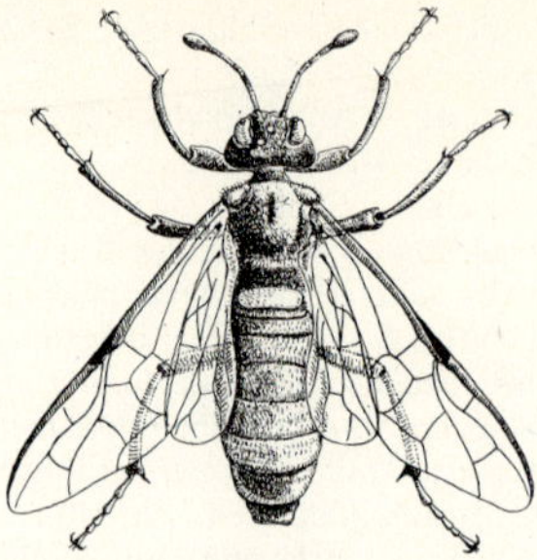

Abb. C-97: ***Cimbex femorata*,** Große Birkenblattwespe. Ca. 25 mm. (Brauns 1964)

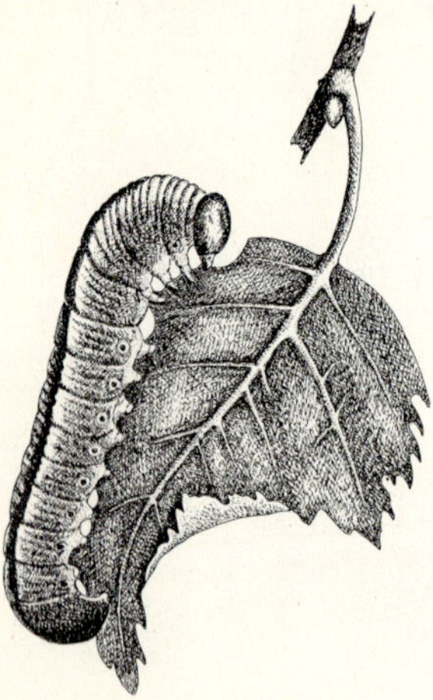

Abb. C-98: ***Cimbex femorata*.** Große Birkenblattwespe. Larve (bis 45 mm) an Birkenblatt. (Amann 1960)

Abb. C-99: ***Trichiosoma lucorum*,** Große Pelzblattwespe. Kokon nach dem Schlüpfen; 30 mm. (Escherich 1942)

vor; durch Flughemmung bei starkem Wind wird ein Verschlagen auf das Meer vermieden. ***Cic. gallica*** Brul. ist in den Alpen verbreitet. Die Larven von ***Cic. silvicola*** Dej. bewohnen schräge bis steile Lehmböschungen; das mündungsnahe Anfangsstück der Wohnröhre ist nur leicht abwärts geneigt, steht mit seiner Achse also nicht senkrecht zum Böschungswinkel; um zu erreichen, daß die Öffnung – dem Verschlußapparat aus Kopf und Brustschild entsprechend – kreisrund ist, wird von einer »Baugrube« unmittelbar unter der Röhre Lehm entnommen und um und über dem Eingang als »Überbau« aufgetragen; nur oben befindliche Beutetiere werden gesehen, im blitzschnellen Vorstoß gefangen, in die Röhre gezerrt und vor dem Munde verdaut. Hauptfeind der Larven: das ♀ von ***Methocha ichneumonides*** Latr. (→ Methochidae). (Burmeister 1964; Evans 1977; Faasch 1968; Hieke 1968; Moore, Brown 1971; Schremmer 1979).

Cimbex; → Cimbicidae 2.

Cimbicidae, Knopfhornblattwespen, Keulenhornblattwespen; Fam. der Hautflügler (Hymenoptera, Symphyta, Tenthredinoidea); die z.T. sehr stattlichen, plumpen Imagines sind ausgezeichnet durch die am Ende keulig verdickten mittellangen Fühler [**C-97**]; die raupenähnlichen Larven (häufig grün, oft mit weißlichem Wachspuder bedeckt) mit 3 Brustbein- und 8 Bauchfußpaaren (Afterraupen; [**C-98**]); fressen vor allem abends und nachts frei an den Blättern der Nährpflanze (Laubgewächse), auf dem Blattrand reitend, bis zur Mittelrippe, ruhen zusammengerollt auf den Blättern; bei Störung Austretenlassen oder Ausspritzen von Blut durch Poren dicht über den Stigmen; die erwachsene Larve wird bei den großen Arten 4–5 cm lang, sie überwintert in einem dichten Gespinstkokon [**C-99**] im Boden oder an der Fraßpflanze; Verpuppung meist erst im übernächsten Frühling (meist 2-jährige Generation). Die Eier werden im Spätfrühling und Sommer einzeln (z.B. ***Cimbex***) oder zu mehreren (z.B. ***Pseudoclavellaria***) in eine mit dem Legebohrer auf der Blattober- oder -unterseite eingeschnittene Tasche abgelegt; thelytoke Parthenogenese ist nicht selten. Eigenartig ist das Nagen von Ring- oder Spiralfurchen an Trieben durch die Imagines der großen Arten, vielleicht, um Saft zu lecken [**C-100**]; kein großer Schaden durch Ringeln oder Larvenfraß. In M-Eur.i.e.S. etwa 2 Dutzend Arten, die Larven mehr oder weniger auf bestimmte Fraßpflanzen angewiesen. **1.** Gattung ***Abia*;** Imagines mittelgroß (etwa 10 mm), Körper häufig metallisch blau oder grün glänzend; mehrere Arten, die Larven auf ***Lonicera*** und verschiedenen krautigen Pflanzen. **2.** Gattung ***Cimbex*,** mit mehreren stattlichen Arten (15–20 mm), Larven stark wirtsspezifisch, z.B. ***C. fagi*** Zadd., Buchenblattwespe, an Buche; ***C. femorata*** L., Große Birkenblattwespe, an Birke; ***C. connata*** Schrk., an Erle; ***C. lutea*** L. an Weide und Pappel; ***C. quadrimaculata*** Müll. an Birnen, Aprikosen, Pfirsich, ***Crataegus*. 3. *Pseudoclavellaria (Clavellaria) americana*** L. (16–21 mm); Larve an Weide und Pappel, Wand des Puppenkokons gitterförmig. **4.** Gattung ***Trichiosoma*,** mehrere stark behaarte Arten, z.B. ***T. lucorum*** L., Große Pelzblattwespe (16–22 mm), Larve vor allem an Birke; ***T. sorbi*** Htg. (14–18 mm), Larve an Eberesche; die Larven anderer Arten an Pappel und Weide. (Bachmaier 1969; Brauns 1964; Escherich 1942; Pschorn-Walcher 1982).

Cimex; → Cimicidae.

Cimicidae, Plattwanzen; Fam. der Landwanzen (Heteroptera, Geocorisae); kaum mittelgroß (3–6 mm), oval; Hinterflügel ganz, Vorderflügel zu kleinen Schüppchen rückgebildet; Larven und Imagines Blutsauger an Säugetieren und Vögeln; in M-Eur.i.e.S. 4–5 der insgesamt etwa 20 bekannten Arten; Beispiele: ***Oeciacus hirundinis*** Jen., Schwalbenwanze (ca. 4 mm), an Schwalben, Mauerseglern und einigen anderen Kleinvögeln; ***Cimex pipistrelli*** Jen., Fledermauswanze (ca. 5 mm), an Fledermäusen; ***C. columbarius*** Jen., Taubenwanze (ca. 4 mm), an Tauben, Hühnern. Am bekanntesten: ***C. lectularius*** L., Bettwanze [**C-101**], am Menschen, auch an verschiedensten anderen Säugetieren und Vögeln; Bett- und Taubenwanze werden zuweilen als Unterarten der gleichen Art betrachtet: ***C. lect. lectularius*** L., Bettwanze, ***C. lect. columbarius*** Jen., Taubenwanze; beide sind fruchtbar miteinander kreuzbar, ihre Wirte austauschbar. Bemerkenswert die Art der Samenübertragung: ♂ mit säbelförmigem, nach links gerichtetem, penisartigem Organ (kein echter Penis), ist in Ruhe in eine

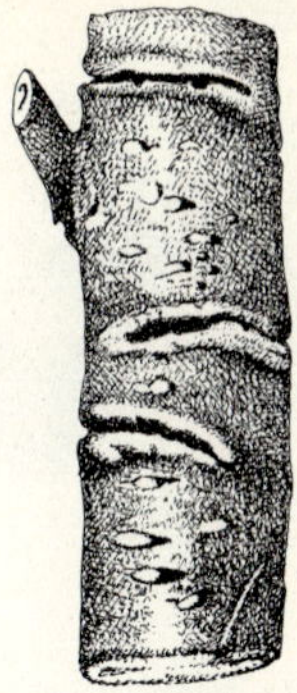

Abb. C-100: ***Cimbex femorata*.** Durch die Imago hervorgerufene, ± überwallte Schälwunde an einem Birkenzweig. (Amann 1960)

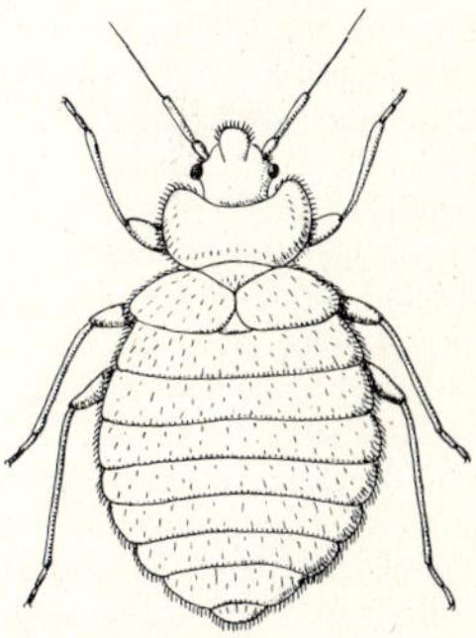

Abb. C-101: ***Cimex lectularius*,** Bettwanze. 5 bis 8 mm. (Hedicke 1935)

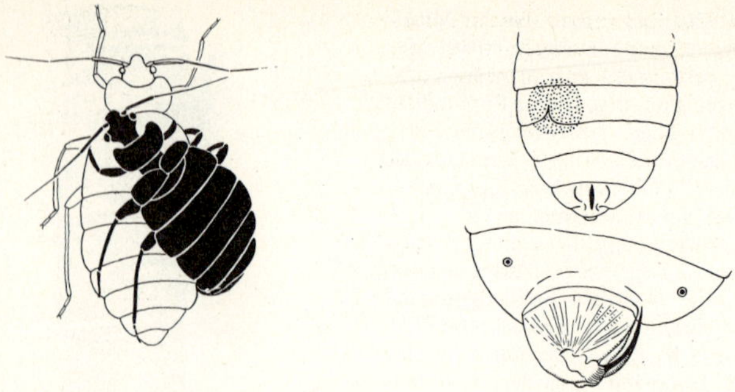

Abb. C-102: ***Cimex lectularius***, Bettwanze. Links Kopulationsstellung; ♂ schwarz; rechts oben ♀-Hinterleibsende von unten, punktiert das Ribagasche Organ; rechts unten ♂-Hinterleibsende, Penis am 8. Abdominalsegment. (Weber 1929/35)

Rinne eingeklappt [**C-102**]; das ♂ sitzt bei der Begattung schief-rechts auf dem ♀, der »Penis« wird nicht in die Vagina eingeführt, sondern in eine Tasche, das Ribagasche Organ; (das gleiche Organ gibt es auch bei einigen anderen Wanzen, z.B. bei einigen → Anthocoridae); es liegt rechts-hinten am 4. Hinterleibsring; seine Wand wird bei der Begattung durchstoßen, Wanderung der Samenfäden durch die Leibeshöhle in etwa 12 Std. zum Samenbehälter des ♀ (bei manchen Arten auch wohl z.T. direkt in die Eiröhren); bei primitiven Arten der Plattwanzen fehlt noch das Ribagasche Organ, das Sperma wird durch die Haut hindurch direkt in die Leibeshöhle injiziert; ein Überschuß des Samens wird teils von amöbenartigen Zellen aufgenommen und verdaut, teils aus dem Ribagaschen Organ ausgestoßen. Intrazelluläre Symbionten liegen bei ♂ und ♀ in paarigen Mycetomen im Hinterleib; Übertragung auf die Nachkommen: schon bei jungen ♀-Larven Einwandern der Symbionten in die Nährzellen im Endfach der telotrophen Eiröhren, von hier durch die Nährstränge (Verbindung zwischen Nährzellen und Eizellen) in die Eizellen. Lebensweise: kein ständiger Aufenthalt am Blutspender; Bettwanzen sind vor allem nachts aktiv, tagsüber halten sie sich, oft gesellig, in Verstecken auf; ein von beiden Geschlechtern abgesonderter Lockstoff fördert die Entstehung und stabilisiert diese Ruhegemeinschaften; können etwa 6 Monate hungern; für die Wirtsfindung sind Geruchs- und Temperatursinn wichtig; Stiche wenig schmerzhaft, jedoch Quaddelbildung; Blutbedarf der ♀♀ etwa 5mal größer als der der ♂♂; die Eier werden an die verschiedensten Gegenstände geklebt, die Embryonalentwicklung ist bei der Ablage schon mehr oder weniger weit fortgeschritten; 5 Larvenstadien, mindestens eine Blutnahrung ist zwischen den Häutungen notwendig; Entwicklungsdauer temperatur- und futterabhängig, Larvenzeit bei Zimmertemperatur und guter Ernährung 6–8 Wochen; das Alarm-Wehrsekret (Hexenal und Octenal), von Imagines und Larven bei Störung abgesondert, irritiert oder vertreibt Feinde (z.B. Ameisen) und bewirkt bei Artgenossen, je nach Menge, Erhöhung der Alarmbereitschaft bis zur Flucht und Zerstreuung von in Schlupfwinkeln aggregierten Individuen. Lebensdauer der Imagines u.U. über ein Jahr; Verbreitung durch den Menschen weltweit; auch Tauben-, Schwalben- und Fledermauswanzen sind gelegentlich lästig für den Menschen. (Davis 1964; Günther 1968; Jordan 1962, 1972; Levinson, Bar Ilan 1971; Levinson et al. 1974).

Cinara, Cinarinae; → Lachnidae.

Cinaria; → Honigtau; → Lachnidae.

Cionaspis; → Diaspididae 10.

Cionus; → Curculionidae 35.

Cirrhia; → Noctuidae.

Cis; → Cisidae.

Cisidae, Schwammfresser; Fam. der Käfer (Coleoptera, Polyphaga); von den über 400 Arten etwa 30 in M-Eur.i.e.S.; kleine (meist unter 4 mm) düsterbraune Käfer, die samt ihren Larven manchmal in beträchtlichen Mengen in Baumschwämmen oder in von Pilzmyzelien durchsetztem Holz leben; manche sind anscheinend auf Schwämme an bestimmten Baumarten angewiesen; häufige Art: ***Cis boleti*** Scop. (2,8–3,5 mm); ***Cis nitidus*** Hrbst. vor allem im echten Zunderschwamm (***Fomes fomentarius*** Fr.).

Cistelidae; → Alleculidae.

Cixiidae; Fam. der Zikaden (Auchenorrhyncha); die meisten Arten tropisch, in Mitteleuropa nicht sehr zahlreich vertreten; häufig sind: ***Cixius nervosus*** L. und ***C. pilosus*** Ol. (6–8 mm; [**C-103**]); Flügel in Ruhe fast flach, mit reichem Geäder und dunklen Randflecken; auf Bäumen (z.B. Pappel, Esche u.a.); die Larven haben am Hinterleibsende über dem After Wachsdrüsen, sondern das Wachs als mittellange Fäden ab; auch Eier mit Wachsfäden [**C-104**].

Cixius; → Cixiidae.

Cladius; → Tenthredinidae 7d.

Clambidae, Punktkäfer; Fam. der Käfer (Coleoptera, Polyphaga); von den insgesamt gut 5 Dutzend Arten nur 6 in M-Eur.i.e.S.; sehr klein (0,5–1,5 mm), hochgewölbt; bemerkenswert durch die Fähigkeit, sich durch Einklappen von Kopf und Halsschild nach unten und Anziehen der Beine zu einer winzigen, schwer auffindbaren Kugel einzurollen; Larven und Imagines in zerfallenden Pflanzenteilen, auch in Baumschwämmen und unter Rinde, fressen offenbar vor allem Pilzmyzel; Beispiel: ***Clambus punctulum*** Beck. (0,5–0,7 mm). (Endrödy-Yonga 1971).

Clambus; → Clambidae.

Clavellaria; → Cimbicidae 3.

Claviger; → Pselaphidae 2.

Clavigeridae, Keulenkäfer; früher Fam. der Käfer (Coleoptera, Polyphaga), nun U-Fam. Claphigerinae der → Pselaphidae.

Cleonus; → Curculionidae 16.

Cleorodus; → Geometridae.

Cleptes; → Cleptidae.

Cleptidae, Diebswespen; Fam. der Hautflügler (Hymenoptera, Apocrita, Bethyloidea); von den etwa 50 Arten nur 2 in M-Eur.i.e.S., mit metallisch glänzender Kutikula, sehr ähnlich den Goldwespen (→ Chrysididae); mit Giftstachel; letzte Hinterleibsglieder des ♀ als Legeröhre vorstülpbar; über Lebensweise wenig bekannt, die Larven der heimischen Arten (z.B. ***Cleptes semiauratus*** L.; 6–7 mm) parasitisch bei Altlarven verschiedener Blattwespen (z.B. von ***Pristiphora***- und ***Pteronidea***-Arten); folgen den einen Verpuppungsplatz suchenden Altlarven, beißen u.U. deren Kokon auf zur Eiablage, Öffnung dann mit Speichel verschlossen. (Clausen 1940; Rathmayer 1969).

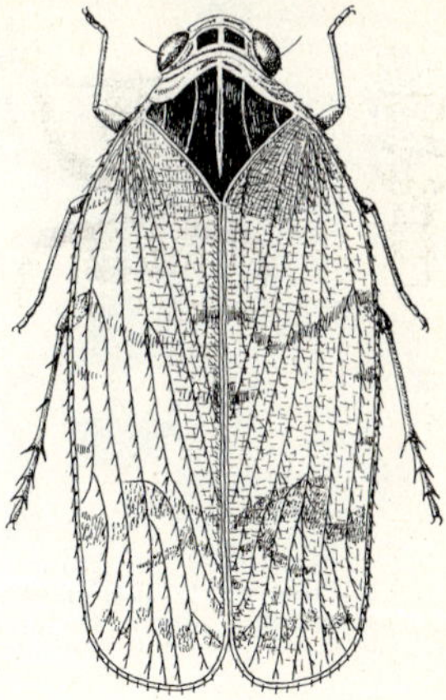

Abb. C-103: ***Cixius pilosus.*** 5–6 mm. (Haupt 1935)

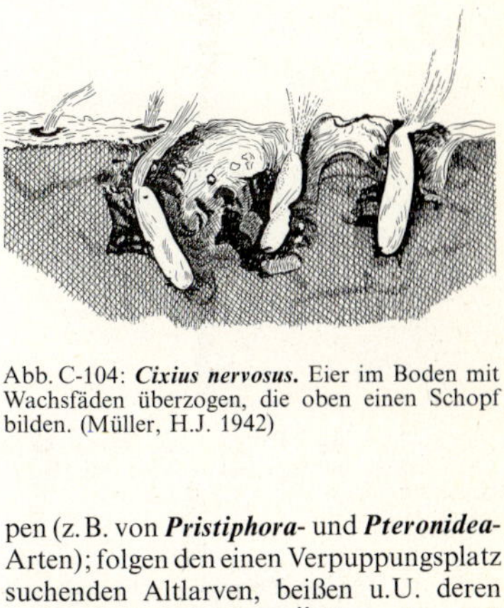

Abb. C-104: ***Cixius nervosus.*** Eier im Boden mit Wachsfäden überzogen, die oben einen Schopf bilden. (Müller, H.J. 1942)

Cleridae, Buntkäfer; Fam. der Käfer (Coleoptera, Polyphaga) mit über 3600 oft sehr bunt gezeichneten Arten, davon in M-Eur.i.e.S. nur etwa 18; die Imagines meist mittelgroß, manche Arten nicht selten auf Blüten, oder auf und unter Baumrinden, wo sie, wie auch ihre Larven, räuberisch von anderen Holzinsekten und ihren Larven leben; die Käfer flinke Läufer, gute Flieger, mit kräftigen Mandibeln. Auswahl: **1. *Thanasimus (Clerus) formicarius*** F., Ameisenartiger Buntkäfer, Borkenkä-

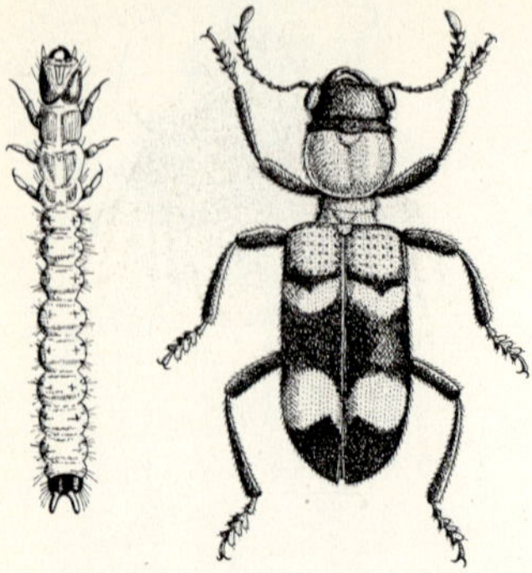

Abb. C-105: ***Thanasimus formicarius*,** Ameisenartiger Buntkäfer. Käfer 7–10 mm; Larve von dorsal, 13 mm. (Reitter 1908/16, Brauns 1964)

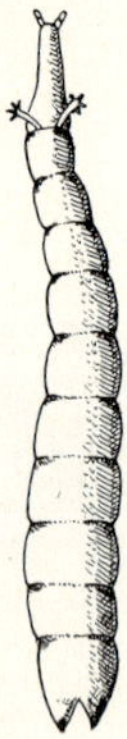

Abb. C-106: ***Clusiodes albimana*,** Larve, 5 bis 6 mm; vorne 2gliedrige Fühler, Vorderstigmen 4-lappig. (Lindner 1923)

ferfresser [**C-105**], nach Zeichnung und Gestalt entfernt ameisenähnlich (Färbung schwarz und rotbraun, 2 helle Querbinden auf den Flügeldecken), zylindrischer Körper; stellt auf der Rinde insbesondere von Nadelbäumen vor allem den Borkenkäfern nach; reagiert auf deren Aggregationspheromon ebenso empfindlich wie die Borkenkäfer selbst; Eiablage III–V unter Rindenschuppen; die stark behaarten Junglarven zunächst Detritusfresser, später Vertilger vor allem von Borkenkäferlarven; erwachsene Larven [**C-105**] rosenrot; Verpuppung meist im Herbst unter Rinde, jedoch Überwinterung außer als Puppe auch als alte Larve oder Imago möglich. **2.** ***Pseudoclerops (Clerus) mutillarius*** F., Eichenbuntkäfer (11 bis 15 mm); die Imagines vor allem an gefällten Eichen, sie ähneln sehr den Spinnenameisen der Gattung ***Mutilla*** (→ Mutillidae); Imago und Larve ebenfalls Borkenkäferjäger. **3.** Gattung ***Opilo*,** mit mehreren bräunlichen, gelb gezeichneten Arten, z. B. ***O. domesticus*** Strm., Hausbuntkäfer (7–12 mm), tritt auch in Häusern auf, wo seine Larve u. a. den Larven von Pochkäfern (→ Anobiidae) und vom Hausbock (→ Cerambycidae 16) nachstellt; die Larven von ***O. mollis*** L. machen unter Baumrinde Jagd auf die Larven von Borken- und Rüsselkäfern. **4.** ***Trichodes apiarius*** L., Immenkäfer, Bienenkäfer, Bienenwolf (10–16 mm; sehr ähnlich: ***Tr. alvearius*** F.); die metallisch blauen, rot gezeichneten Imagines im Sommer auf Blüten, vor allem Dolden, häufig in der Nähe menschlicher Siedlungen; die Larven in Bienenstöcken, vor allem aber in den Nestern solitärer Bienen (Megachilidae, Colletidae) und Grabwespen (Sphecidae); fressen 4–10 Larven und Puppen; Entwicklungsdauer variabel, mindestens 1 Jahr bei ***T. apiarius*** und 2 Jahre bei ***T. alvearius*** (vgl. → Korynetidae, die bisweilen als U-Fam. der Cleridae aufgefaßt werden). (Carré 1980, Hansen 1983; Hieke 1968; Winkler 1961).

Clerus; → Cleridae 1.

Clidogastra; → Cordyluridae 2.

Clivina; → Carabidae.

Cloëon; → Baëtidae.

Clostera; → Notodontidae 9.

Clunio; → Chironomidae.

Clusiidae; Fam. der cyclorrhaphen Fliegen (Diptera, Brachycera); in Europa nur mit etwa einem Dutzend gelb, braun oder schwarz gefärbten kleinen (6–7 mm) Arten vertreten, die sich vor allem in Wäldern auf Gebüsch, Stubben, Pilzen, auch Aas aufhalten; die Larven [**C-106**] in zerfallenden Stubben, unter Rinde, an zerfallenden Pilzen, an Aas; einige (z. B. die von ***Clusiodes albimana*** Meig.; [**C-106**]; Vorderstigmen 4-lappig, Hinterstigmen unter den dunklen Zapfen am Hinterleibsende) in den Bohrgängen von Käfern; bemerkenswert das Springvermögen der Larven mancher Arten, Wegschnellen aus der gekrümmten und dadurch gespannten Körperhaltung, ähnlich den Larven mancher → Piophilidae.

Clusiodes; → Clusiidae.

Clysia; → Tortricidae 26.

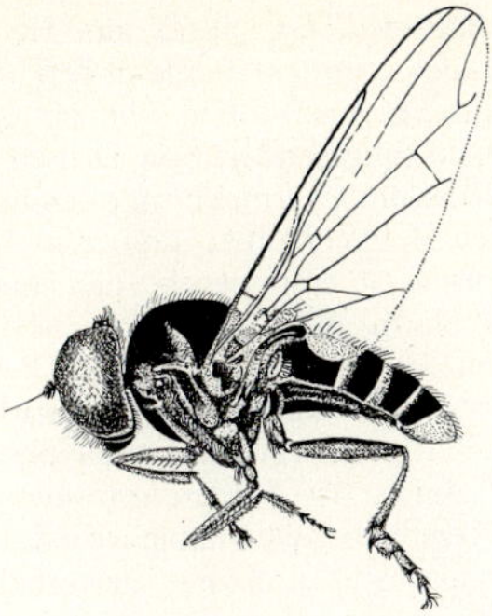

Abb. C-107: ***Clythia fasciata.*** ♂, Länge 4 mm. (Lindner 1923)

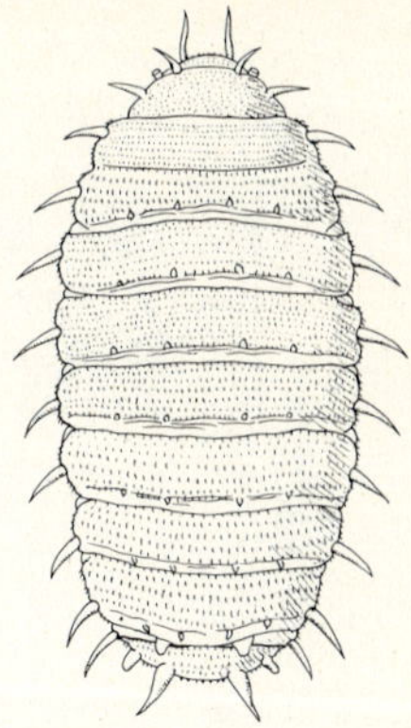

Abb. C-108: ***Clythia*** sp. Larve, ca. 3,5 mm. (Brauns 1964)

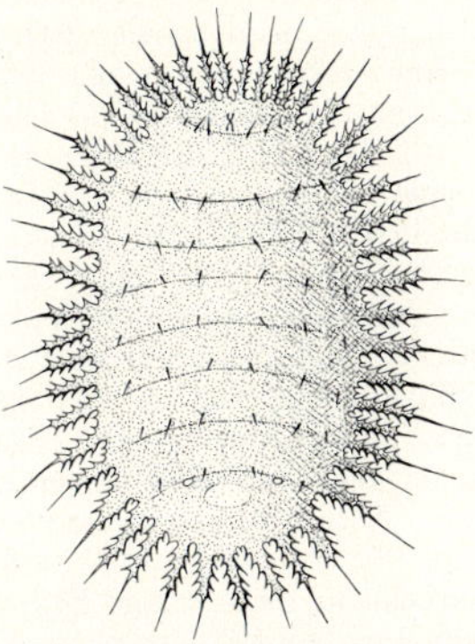

Abb. C-109: ***Calomyia amoena.*** Larve, 5 mm. (Lindner 1923)

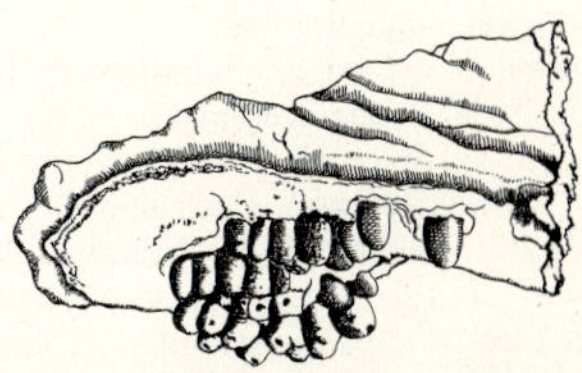

Abb. C-110: ***Agathomyia wankowiczi.*** Zapfengallen; Zapfenlänge ca. 6 mm. (Brauns 1964)

Clytanthus; → Cerambycidae 17.

Clythia; → Clythiidae.

Clythiidae (Platypezidae), Tummelfliegen, Rollfliegen, Plattfüßer, Sohlenfliegen; Fam. der cyclorrhaphen Fliegen (Diptera, Brachycera); die Imagines klein (meist 2–4 mm), die ♂♂ oft düsterer gefärbt als die ♀♀ und mit größeren Komplexaugen; die Tarsen des 3. Beinpaares oft mehr oder weniger verbreitert [**C-107**] oder auch (Beobachtungen an Arten in den USA) bei den ♂♂ mit besonderen Anhangsgebilden; die ♂♂ fliegen in Schwärmen aufab, lassen dabei die Beine hängen, vielleicht ein Signal für die anfliegenden ♀♀; tummeln sich gern lebhaft auf beschatteten Blättern. Die Larven ([**C-108, C-109**]; erwachsen 4–5 mm) sind oft asselförmig, gelblichweiß bis lederfarben, mit artspezifisch verschieden geformten Anhängen, → amphipneustisch, fressen an oder in Pilzen, vor allem Baumpilzen, häufig auch in zerfallenden Laubholzstöcken; Puparien im Boden, oft in einem »Kokon« aus Pilzresten; vermutlich 2 Generationen im Jahr, die Larven der 2. Generation überwinternd. In Europa etwa 3 Dutzend Arten, z. B. der Gattungen ***Clythia (Platypeza)***, ***Calomyia***; bemerkenswert: ***Agathomyia wankowiczi*** Schnabl.: die Larven in zapfenförmigen Zitzengallen an der Unterseite anscheinend ausschließlich des Baumschwammes ***Ganoderma applanatum*** Patouil. (= ***Polyporus applanatus*** Walr.); die Larve verläßt die Galle durch ein Loch an der Spitze [**C-110**]; Verpuppung am oder im Boden. (Brauns 1954, 1964; Weidner, Schremmer 1962).

Clytra; → Chrysomelidae 5.

Clytus; → Cerambycidae 17.

Cnaphalodes; → Adelgidae 1.

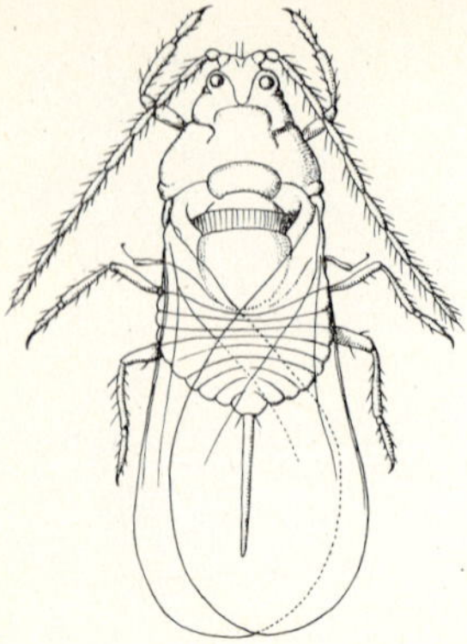

Abb. C-111: *Aspidiotus* sp. ♂. (Weber 1929/1935)

Cnemidotus; → Haliplidae.
Cnemodon; → Syrphidae.
Cnemopogon; → Cordyluridae.
Cnethocampa; → Thaumetopoeidae.
Coccidae; → Lecaniidae.

Coccina (Coccoidea), Schildläuse; U.-Ordng. der Pflanzenläuse (Sternorrhyncha; vgl. auch → Homoptera); meist klein (1– wenige mm), höchstens mittelgroß (größte bekannte Art, ***Aspidoproctus maximus*** Lounsb., Südafrika, ca. 35 mm); großer Geschlechtsunterschied; ♂♂: meist geflügelt, Vorderflügel groß, Hinterflügel nur kurze Stummel oder ganz fehlend; Mundteile und Darm weitgehend oder ganz rückgebildet, keine Nahrungsaufnahme; Komplexaugen, zuweilen auch Ocellen vorhanden, ebenso ein Begattungsorgan, entweder ein echter Penis, oder ein schwertförmiges Organ ähnlicher Funktion [**C-111**]; ♀♀: stets ungeflügelt, Fühler und Beine meist kurz oder ganz fehlend; keine Komplexaugen, Einzelaugen bisweilen vorhanden; Stechborsten stets gut ausgebildet, oft sehr lang und dann zurückgezogen in einer besonderen Tasche (→ Crumena) untergebracht; Stichkanal meist gewunden, meist quer durch die Zellen, mit einer Scheide aus Speichel, endigt in Zellen oder im Gefäßbündel; Körpergliederung zuweilen nur noch schwach erkennbar; Körper meist von Schutzhüllen wie von einem Schild bedeckt; Schutzhüllen je nach Art aus verschiedenen Stoffen: aus Wachs (Wachsdrüsen meist schon bei Larven vorhanden); aus lackartigen, vor allem aus Harzen bestehenden Stoffen (abgesondert von Lackdrüsen); aus Stoffen ähnlich einer Spinnseide (abgesondert von Drüsen am Hinterleibsende), vermischt mit den abgeworfenen Larvenhäuten und mit Kot, schildförmig (so besonders bei den Diaspididae); Darm mit → Filterkammer; in manchen Gruppen (z. B. Coccidae, Diaspididae) ist die Verbindung zwischen Vorder- und Enddarm unterbrochen, die Nahrung gelangt durch die Vorderdarmwand ins Blut, Exkrete über die Malpighi-Gefäße in den Enddarm; Kot häufig zuckerhaltig, wird bei vielen Arten weggespritzt oder zuweilen durch eine längere Wachsröhre (Tauröhre; Wachsdrüsen rings um den After) abgeleitet, wird bei manchen Arten gern von Ameisen, manchmal auch von Honigbienen genommen (→ Honigtau, wie bei Blattläusen; die ♀♀ der Ameisengattung ***Rhizomyrma***, Südamerika, tragen beim Hochzeitsflug zwischen den Kiefern das ♀ einer Wurzelschildlaus mit); zuweilen Schutz durch die Ameisen: Vertreiben parasitischer Hymenopteren; oder Schildlauskolonien am Fuß der Wirtspflanze werden von den Ameisen mit Erdgalerien überbaut; manche Schildläuse sind Gäste in unterirdischen Ameisennestern, saugen hier an Pflanzenwurzeln; (→ Manna = eingetrocknete zuckerhaltige Exkremente verschiedener vorderasiatischer Schildläuse der Pseudococcidae; biblisches Manna wohl von ***Naiococcus***-Arten). Symbiontische Mikroorganismen wohl stets vorhanden, zuweilen frei im Blut, oft in besonderen in den Fettkörper eingebetteten Zellen (Mycetocyten), bei den Pseudococcidae in einem unpaaren Organ (Mycetom) ventral vom Darm; Übertragung auf die Nachkommen stets durch Infektion der Eizellen, teils am oberen, teils am unteren Eipol; die Symbionten von ***Pseudococcus*** sind imstande, Luftstickstoff für den Aufbau von Eiweiß zu binden. Schildläuse sind fast stets getrenntgeschlechtlich; zwittrig jedoch ist die Orangenschildlaus ***Icerya purchasi*** Mask.: die seltenen ♂♂ sind haploid; die zwittrigen »♀♀« bilden Samenfäden und Eier, Selbstbefruchtung. Meist zweigeschlechtliche Fortpflanzung (das ♂ führt bei der Begattung den Penis unter den Hinterrand des ♀-Schildes) jedoch ist Parthenogenese nicht selten, zuweilen arrhenotok (haploide ♂♂ aus unbesamten

Eiern, so bei *Icerya*-Arten), meist thelytok (♀♀ aus unbesamten Eiern); bei manchen Arten sind ♂♂ nicht bekannt, ausschließlich thelytoke Parthenogenese; bei der Kommaschildlaus ***Lepidosaphes ulmi*** L. (→ Diaspididae 7) 2 Rassen, eine mit zweigeschlechtlicher, eine mit rein parthenogenetischer Fortpflanzung; Generationswechsel, d.h. regelmäßiger Wechsel von zweigeschlechtlicher und parthenogenetischer Fortpflanzung fehlt bei Schildläusen. Meist Ablage von Eiern (Oviparie; [**C-112**]), selten Lebendgebären (Viviparie; viele Diaspididae) oder Schlüpfen der Larven kurz nach der Eiablage (Ovoviviparie); Eihaufen hinter dem ♀ mit Wachswolle oder Wachsplatten bedeckt; oder ♀ mit Bruttasche für die Eier nahe der Geschlechtsöffnung; oder Eier geschützt unter dem hinteren Teil des Schildes oder unter dem hochgewölbten Körper des lebenden oder toten ♀. Verwandlung unvollkommen, bei ♂♂ und ♀♀ etwas verschieden; ♂♂ (Parametabolie): 4 oder 5 Larvenstadien; Stad. 1 beweglich, Stad. 2 (und evtl. 3) beweglich oder unbeweglich (dann zuweilen Beine rückgebildet); dann Pronymphe, mit äußeren Flügel- und Beinanlagen, beweglich oder unbeweglich; dann Nymphe, mit größeren Flügel- und Beinanlagen, beweglich oder unbeweglich; dann Imago; ♀♀ (Paurometabolie): 2, 3, oder 4 Larvenstadien, aber stets 1 oder 2 Larvenstadien weniger als beim ♂ der betreffenden Art, niemals ein Pronymphen- oder Nymphen-Stadium; 1. Stad. stets beweglich (Wanderlarve), zuweilen auch noch das 2. und (falls vorhanden) das 3. (dieses jedoch bei manchen Arten beinlos und unbeweglich); die mehr oder weniger larvenähnliche ♀-Imago kann als geschlechtsreif gewordene Larve aufgefaßt werden (Neotenie). Meist eine Generation im Jahr, manchmal auch 2 oder mehr (Wettereinfluß); Überwinterung je nach Art verschieden, z.T. auch bei der gleichen Art als Ei, als Larve oder als Imago. Die meisten Arten saugen polyphag an verschiedenen Wirtspflanzen, andere sind (oligophag) auf wenige, selten (monophag) auf nur eine Wirtspflanze eingestellt; nicht selten ist die gleiche Art am einen Platz mono-, am andern polyphag. Sitz beim Saugen meist frei an der Pflanze, seltener in die Rinde eingebohrt oder (gewisse australische Arten) in Gallen; einige Arten waren

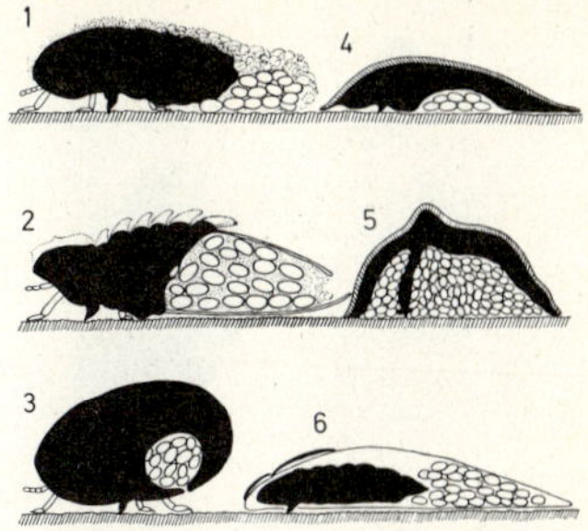

Abb. C-112: Coccina: Art der Eiablage bei verschiedenen ♀♀; Körper schwarz; schematisch. 1 ***Pseudococcus***, ♀ mit Wachsflocken bedeckt. 2 ***Orthezia***, ♀ und Eier unter Wachsplatten. 3 ***Pseudaspidoproctus***, ♀ mit Bruttasche (Marsupium). 4 ***Lecanium hesperidum***; 5 ***Lecanium oleae***, beide mit Brutraum. 6 ***Lepidosaphes***.

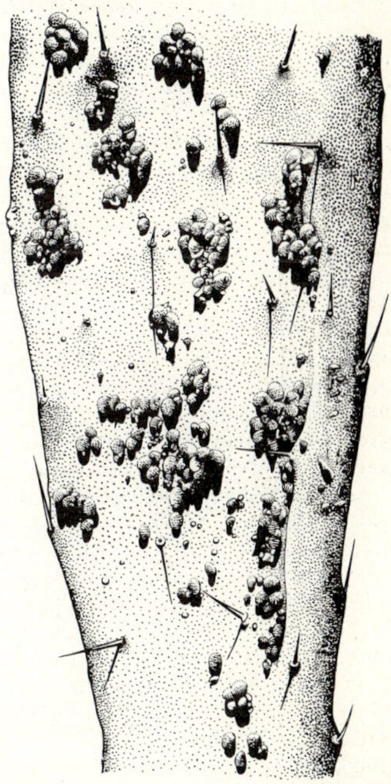

Abb. C-113: ***Dactylopius coccus***. Cochenilleschildläuse an Opuntie.

früher, sind z.T. noch heute wichtig als Lieferanten für den Menschen wertvoller Stoffe; Beispiele: ***Dactylopius coccus*** Costa (= ***Coccus cacti***), Echte Cochenilleschildlaus (zu Dactylopiidae; [**C-113**]); Heimat:

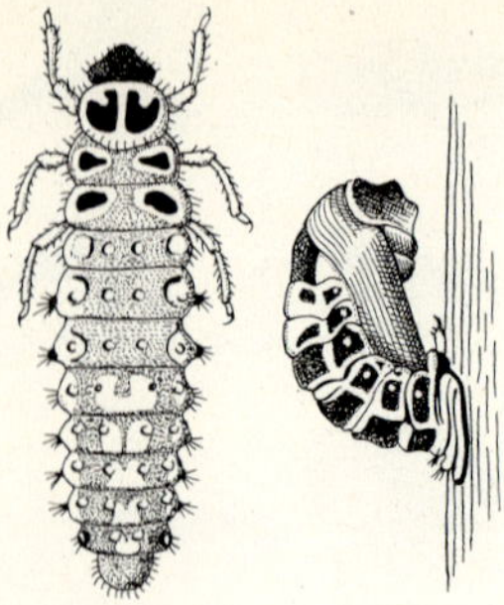

Abb. C-114: ***Coccinella*** sp. Larve und Puppe. (Weber 1929/35)

Mittelamerika; seit 1826 auf den Kanarischen Inseln eingebürgert, saugt am Feigenkaktus ***(Opuntia ficus indica*** und ***O. filifera)***, Blut enthält den roten Farbstoff Karmin (= Cochenille); jährliche Ernten früher ca. 300 t, seit Entdeckung der Anilinfarben nur mehr ca. 100 kg, jetzt vornehmlich für Kosmetik verwendet; Kermeslaus (***Kermes vermilio***, Kermidae), Mittelmeerländer, saugt an Eichen, zumal an der Kermes-Eiche, viele Jahrhunderte lang ebenfalls für roten Farbstoff (Kermes, Grana) und für Drogen verwertet; Rohprodukt beider Farbstoffe: getrocknete Läuse. Lackschildläuse (Lacciferidae), Ostasien, z.B. ***Laccifer (Tachardia) lacca*** Kerr., Hautsekret für Schellackgewinnung; Wachsgewinnung vor allem von den ♂-Larven von ***Ericerus pela*** Chaw. (zu Lecaniidae), China. Zahlreiche Arten schädlich an Kulturpflanzen, durch Saftentzug, durch Giftwirkung des Speichels, durch Bildung von Rußtaupilzen auf den zuckerhaltigen Exkrementen, durch Übertragen von pflanzlichen Viruskrankheiten. Systematik der etwa 4000 bisher bekannten Arten (in M-Eur.i.e.S. etwa 180) schwierig, etwa 15 Fam. zugeordnet. Auswahl: → Ortheziidae; → Margarodidae; → Pseudococcidae; → Kermidae; → Lecaniidae (Coccidae); → Asterolecaniidae; → Diaspididae. (Buchner 1953; Günther 1968; Rietschel 1969; Schimitschek 1968; Schmutterer 1972; Strümpel 1983; Weber 1930; Zahradnik 1968).

Coccinella; → Coccinellidae 2.

Coccinellidae, Marienkäfer, Glückskäfer, Sonnenkälbchen; allgemein bekannte Fam. der Käfer (Coleoptera, Polyphaga), mit etwa 4000 Arten, davon etwa 70 in M-Eur.i.e.S. Klein bis mittelgroß, hochgewölbter halbkugeliger Körper; durchweg gutes Flugvermögen; Oberseite meist mit lebhafter Fleckenzeichnung, auch bei der gleichen Art Zeichnung oft stark variierend; Grad der Pigmentierung temperaturabhängig; in feuchteren, kühleren Gebieten herrscht stärkere, in trockenen, warmen Regionen, schwächere Pigmentierung vor; lassen sich bei Störung fallen; Umdrehen aus der Rückenlage durch Lupfen der Flügeldecken, da die kurzen Beine meist keinen Halt finden; allgemein verbreitet bei starker Störung das Sichtotstellen und das Austreten von gelber Blutflüssigkeit (enthält zahlreiche giftige Alkaloide – Coccinellin, Adalin u.a. –, die von den Tieren selbst synthetisiert werden) aus feinen Poren, meist an der Gelenkhaut zwischen Schenkel und Schiene, wohl zur Abwehr gegen Feinde; Ameisen, die mit dem Blut in Berührung kommen, fliehen, putzen sich intensiv; der Schutzwert des Reflexblutens ist jedoch nur begrenzt; Raubinsekten und manche Vögel verzehren Marienkäfer. Überwinterung als Imago, zuweilen (besonders in Höhenlagen) viele, bisweilen hunderttausende Individuen beieinander, oft im Bereich auffallender Geländemarken (Bäume, Felsen, kahle Gipfel). Im Frühling Ablegen der Eier, einzeln oder zu mehreren (20–40) meist an der Unter-seltener an der Oberseite der Blätter oder in Rindenritzen und ähnlichen Verstecken. Larven [**C-114**] weichhäutig, schlank (nur die von ***Platynaspis luteorubra*** Goeze breitoval), sehr beweglich, nicht selten mit dornigen Fortsätzen; oft bunt gezeichnet, gelbe bis rote Flecken auf dunkelgrauem, oder dunkle Flecken auf gelbem bis orangefarbenem Grund; 4 Larvenstadien; die Larven z.B. von ***Scymnus***-Arten sind von feinen Wachsfäden bedeckt (werden nach Abreiben neu gebildet; Funktion unbekannt). Verpuppung als Stürzpuppe: die letzte Larve befestigt ihr Hinterende mit einem in Afternähe austretenden Sekret auf einem Substrat, dann Häutung zu der oft bunt gefärbten Mumienpuppe [**C-114**], die in der am Rücken lediglich aufgeplätzten oder auch bis zum Hinterende zurückgeschobenen Larvenhaut hängen bleibt. Gesamtentwicklungsdauer 30–60 Tage (abhängig vom Wetter und Futter); ***Adalia bipunctata*** und ***A. variegata*** bisweilen mit

2, alle anderen heimischen Arten mit nur 1 Generation im Jahr. Ernährung: bei den meisten Arten sind die Larven und die Imagines räuberisch, vertilgen kleine Insekten, die sie meist erst bei direktem Kontakt erkennen, in erster Linie Blatt- und Schildläuse, sind dadurch in Wald und Garten sehr nützlich; jedoch sind nicht alle Blattläuse als Nahrung gleich gut geeignet; Eiablage meist in der Nähe von Blattlauskolonien, wodurch das Finden der Nahrung erleichtert wird; gegebenenfalls sucht die Larve eine Pflanze systematisch ab, wobei sich negativ und positiv geotaktische Orientierung sinnvoll abwechseln. Einige Arten mit vegetarischer Ernährung werden vor allem in wärmeren Ländern zuweilen an Kulturpflanzen schädlich; wiederum andere sind Mehltau- und Schimmelpilzfresser; die Form der Kiefer ist bei Räubern bzw. Pflanzen- und Pilzfressern bezeichnend verschieden, der Art der Nahrung angepaßt. Auswahl: **1.** ***Anatis ocellata*** L. [**C-115**], größte heimische Art, die schwarzen Flecken auf den rötlichgelben Flügeldecken hell umsäumt; räuberisch auf Nadelholz; erkennt ihre Beute aus 2–3 cm Entfernung visuell. **2.** ***Coccinella septempunctata*** L., Siebenpunkt (5,5–8 mm), häufigste und bekannteste Art; räuberisch, eine Larve verzehrt insgesamt über 600 Blattläuse; ungeeignet als Futter ist z. B. die Schwarze Holunderlaus (***Aphis sambuci*** L.); sie wird zwar gefressen, jedoch hat das den vorzeitigen Tod des Räubers zur Folge; ***Adalia bipunctata*** L. hingegen bekommt das gleiche Beutetier gut; bei massenhaftem Auftreten (ein ♀ legt bis 800 Eier ab) gelegentlich auch an Pflanzenteilen nagend; jedoch Konkurrenz zwischen Artgenossen: die zuerst aus einem Gelege geschlüpfte Larve verzehrt benachbarte Eier. **3.** ***Adalia bipunctata*** L., Zweipunkt (3,5–5,5 mm), ebenfalls sehr häufig; räuberisch, ausnahmsweise an Pflanzen nagend; bemerkenswert durch die starke Variation der Färbung: Flügeldecken gelbrot mit je einem schwarzen Punkt bis Flügeldecken ganz schwarz, dazwischen alle Übergänge mit wechselnder Ausdehnung des Schwarz. **4.** ***Chilocorus bipustulatus*** L. (3–4 mm), räuberisch auf Nadelbäumen; Larven mit bedornten Fortsätzen, die Puppe ruht in der dorsal aufgeplatzten letzten Larvenhaut. **5.** Schimmelpilz- bzw. Mehltaufresser (als Larve und Imago): ***Halycia sedecimguttata*** L. und ***Thea vigintiduopunctata*** L. **6.** ***Subcoccinella vigintiquattuorpunctata*** L., Luzernenmarienkäfer (3–4 mm); Eier aufrechtstehend in Gruppen auf Stengel und Blätter der Futterpflanzen abgelegt; Larve (mit Dornborsten) und Imago als Pflanzenfresser u. U. schädlich an verschiedenen Kulturpflanzen, insbesondere an Luzerne und Klee; Blattoberfläche in Streifen an-, nicht durchgenagt; Puppe auf der Blattunterseite. **7.** ***Epilachna argus*** Geoffr. (6–8 mm), ebenfalls Pflanzenfresser, in M-Eur. i. e. S. an Zaunrübe ***(Bryonia)***, in Südeuropa an Melonen; Larve mit Dornborsten. ***Epilachna varivestis*** ist in Mittel- und Nordamerika Großschädling an Bohnen, Luzernen und Erdnüssen. **8.** ***Stethorus punctillum*** Weise (1,2–1,5 mm), stellenweise häufig; stellt auf der Unterseite von Blättern, bevorzugt der Linde, neben kleineren Blattläusen vor allem Spinnmilben (***Tetranychus***-Arten) nach. **9.** Berühmtes Beispiel für biologische Schädlingsbekämpfung: die aus Australien stammende Orangenschildlaus ***Icerya purchasi*** Mask., Großschädling z. B. in Kalifornien, wurde erfolgreich bekämpft durch den dann ebenfalls aus Australien eingeführten Marienkäfer ***Rodolia cardinalis*** Muls. (Banks 1957; Blackman 1967; Dixon 1959; Fürsch 1951, 1967; Happ, Eisner 1961; Hieke 1968; Hodek 1973; Keilbach 1954; Klausnitzer 1972; Wratten 1973).

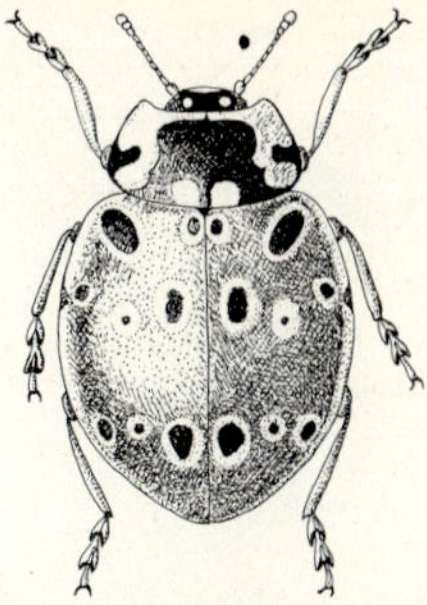

Abb. C-115: ***Anatis ocellata.*** 8–12 mm. (Bechyně 1954)

Coccoidea; → Coccina.

Coccophagus; → Aphelinidae.

Coccus; → Lecaniidae 4.

Cochenilleschildlaus, *Dactylopius coccus* Costa; → Coccina.

Cochlidiidae (Limacodidae), Asselspinner, Schildmotten; Fam. der Schmetterlin-

Abb. C-116: ***Apoda limacodes***, Große Schildmotte. ♂, Flsp. 23 mm. (Forster, Wohlfahrt 1954/81)

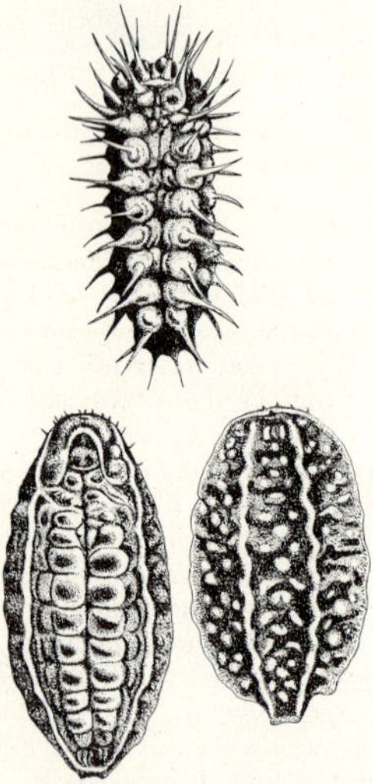

Abb. C-117: ***Apoda limacodes***, Große Schildmotte. Oben »Igelraupe«, frisch aus dem Ei, stark vergr.; unten erwachsene Raupe, links von oben, rechts von unten, 18 mm. (Sorauer 1949/57)

ge (Lepidoptera); kleine bis mittelgroße, meist nachts fliegende Falter; Saugrüssel stark rückgebildet, Flügel in Ruhe dachförmig zurückgelegt. Bemerkenswert die assel- oder nacktschneckenförmigen Raupen [**C-117**]; Kopf sehr klein, Brustbeine kurz-stummelförmig, die fehlenden Abdominalbeine ersetzt durch nackte Wülste, die ein Ansaugen an die Unterlage ermöglichen; Verpuppung in einem derben Kokon, an dem sich beim Schlüpfen ein vorgebildeter Deckel öffnet. Die meisten Arten in den Tropen; in M-Eur.i.e.S. nur: **1.** ***Apoda (Cochlidion) limacodes*** Hufn., Große Schildmotte [**C-116**]; die Raupe gelbgrün, mit 4 gelben Längslinien und glänzenden Warzen dazwischen; die winzigen, eben aus dem Ei geschlüpften Räupchen (ca. 1,4 mm) mit Fortsätzen, »igelartig« [**C-117**], ebenso die des 2. Stadiums; vor allem an Eichen und Buchen; die erwachsene Raupe überwintert auf den Blättern am Boden bereits im Kokon, in dem sie sich im Frühling verpuppt. **2.** ***Heterogenea asella*** Schiff., Kleine Schildmotte (Flsp. des Falters nur ca. 16 mm); Raupe grün bis gelblich, mit bräunlich-gelbem Rückenfleck, vor allem an Buchen; im Herbst wird ein bräunlicher Kokon an Blättern oder in einer Astgabel hergestellt, in ihm findet die Verpuppung entweder schon im Herbst oder erst im Frühling statt. (Dierl 1969; Forster, Wohlfahrt 1954/81; Hannemann 1968).

Cochlidion; → Cochlidiidae 1.

Cochliotheca; → Psychidae 1.

Coelioxys; → Megachilidae 7.

Coelopa; → Coelopidae.

Coelopidae; Tangfliegen; Fam. der cyclorrhaphen Fliegen (Diptera, Brachycera), etwa ein Dutzend Arten ausschließlich an den Meeresküsten Europas; Beispiel: ***Coelopa pilipes*** Hal. (4–6 mm), an Nord- und Ostsee; Entwicklung der Larven in den Tangauswürfen nahe der Flutgrenze; die düster gefärbten, an den Beinen stark behaarten Imagines nach Körperbau und Verhalten gut an den stark durchwehten Lebensraum angepaßt; Körper flach, Flügel bei Winddruck nicht hochgestellt, Klauen kräftig; drücken sich bei Wind an das Substrat oder graben sich ein. (Remmert 1961).

Coenagrionidae (Agrionidae), Schlanklibellen; Fam. der Libellen (Odonata, Zygoptera); hierher die Mehrzahl der heimischen zarten Wasserjungfern (in M-Eur. i.e.S. 18 Arten); Gesamtentwicklungszeit ein Jahr, Überwinterung, soweit bekannt, als Larve; die Larven in stehenden, z.T. auch in fließenden Gewässern. Eier mit Legeapparat in Wasserpflanzen eingestochen, das ♂ hält dabei bei den meisten Arten das ♀ im Zangengriff (→ [**O-5**]). Einige häufige oder bemerkenswerte Arten: **1.** Gattung ***Coenagrion (Agrion)***, Azurjungfern (zumal die ♂♂ mit viel Blau), in M-Eur.i.e.S. allein 9 Arten, die ♂♂ unterscheidbar an den artspezifisch schwarzen Zeichnungen auf den Hinterleibsringen; bes. häufig: ***Coenagrion (Agrion) puella*** L.; fast in ganz Europa, fliegt V–VIII; Begattung und Eiablage ähnlich wie bei ***Platycnemis***, in die verschiedensten Wasserpflanzen, das ♀ kann dabei ganz untertauchen; Schlüpfen der Larven nach 2–5 Wochen, halten sich meist auf Pflanzen auf, entschließen sich gelegentlich zum Schwimmen. **2.** ***Pyrrhosoma nymphula*** Sulz. Adonislibelle; fliegt zuweilen schon Ende IV, bis VII; Hinterleib z.T. auch Brust insbesondere beim ♂ leuchtend rot; zur Eiablage in verschiedene Wasserpflanzen taucht das Paar bis etwa $^1/_2$ Stunde ganz unter Wasser; Larven frei an Pflanzen, fliehen bei Störung schwimmend. **3.** ***Nehalennia speciosa*** Charp., Zwerglibelle, kleinste Libelle Mitteleuropas (Länge ca. 20 mm, Flsp. ca. 25 mm), in Sümpfen, selten, fliegt V–VII; Lebensweise kaum bekannt. **4.** ***Ischnura elegans*** Vand., Große Pechlibelle: Hinterleib oben pechschwarz, jedoch der 8. Hinterleibsring auffallend hellblau, Hauptsignal (neben der Körpergröße), an dem das ♂ den Artgenossen erkennt; nach der Färbung sind 2 ♀-Formen unterscheidbar, eine homoiochrome, d.h. ♂-ähnliche, eine heterochrome, in der Färbung vom ♂ etwas abweichende Form, beide werden gleichgut vom ♂ als Partner angenommen; Eiablage in verschiedene Wasserpflanzen ohne begleitendes ♂; die sehr gefräßigen Larven meist an Pflanzen; Nahrung vorwiegend Chironomidenlarven Verhalten der kleineren und selteneren Kleinen Pechlibelle, ***Ischnura pumilio*** Charp. ähnlich. (Krieger, Krieger-Loibl 1958; Robert 1959).

Coenomyia; → Erinnidae.

Coenonympha; → Satyridae 9.

Coenorrhinus; → Curculionidae 1, 2.

Coleophora; → Coleophoridae.

Coleophoridae, Sackmotten, Futteralmotten; Fam. der Schmetterlinge (Lepidoptera); Falter klein (Flsp. meist 9–14, selten bis etwa 20 mm); Saugrüssel vorhanden; Flügel spitz, mit langen Fransen [**C-118**], häufig einfarbig und mit Metallglanz, in Ruhe dachförmig; Flugzeit häufig etwa V–VII; Eier meist einzeln an die Unterseite der Blätter der Futterpflanze abgelegt; sehr bezeichnend die Lebensweise der Raupen bei den meisten Arten: zunächst minierend, in den Blättern bzw. Nadeln, auch in Samenkapseln; dann in einem Sack von artspezifisch verschiedenem Baumaterial und verschiedener Form (fehlt nur bei wenigen Arten); von dem mit der vorderen Öffnung an der Fraßstelle festgesponnenen Sack aus in der Regel Minierfraß in dem

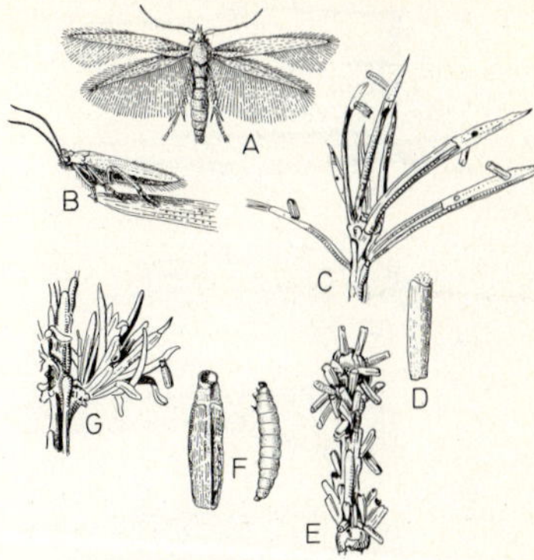

Abb. C-118: ***Coleophora laricella,*** Lärchenminiermotte. A Falter, Flsp. 9 mm; B typische Haltung an der Nadelspitze; C Fraßbild im Sommer; D erster Raupensack; E überwinternde Raupen im Säckchen; F zweites Raupensäckchen und Raupe im Frühling; G Fraßbild im Frühling. (Brauns 1964)

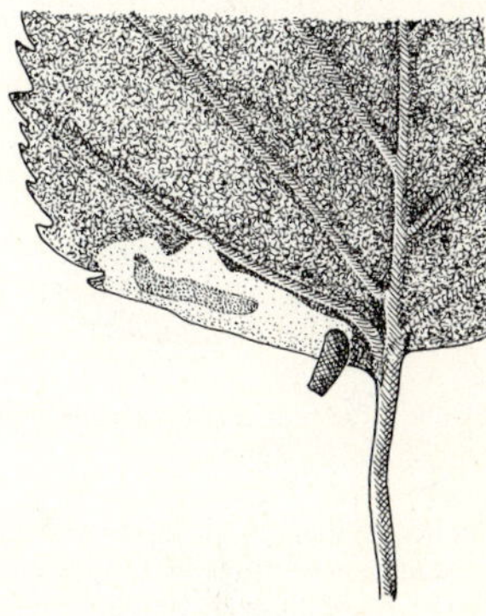

Abb. C-119: ***Coleophora fuscedinella.*** Larve hat den ersten Sack ans Blatt geheftet, miniert und schneidet dann neuen Sack aus der Mine aus. (Escherich 1923/42)

betr. Pflanzenteil [**C-119**]; diese Mine ausgezeichnet durch ein Eingangsloch für die Raupe, durch die Gestalt (ein mehr oder weniger ausgedehnter »Platz«, kein schmaler Gang) und durch das Fehlen von Kot, der am Hinterende des Sacks ausgestoßen wird; bei manchen Arten kein Minier-, sondern Lochfraß; offenbar in Zusammenhang mit dem Leben im Sack, der beim Fressen selten ganz verlassen wird, sind die Abdominalfüße (5 bzw. 4 Paare; das letzte Paar kann fehlen) mehr oder weniger stark

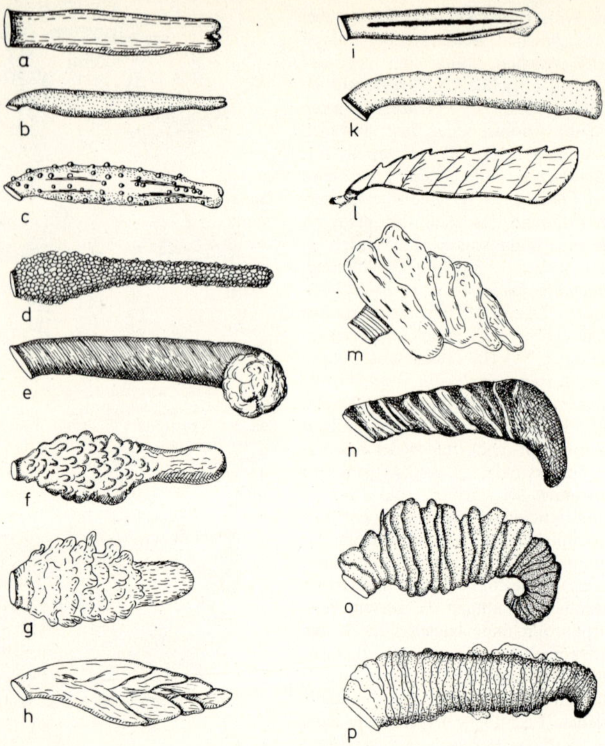

Abb. C-120: Säcke verschiedener ***Coleophora***-Arten. Namen siehe Text unter 1. (Hering 1926)

rückgebildet; Überwinterung der halb oder ganz erwachsenen Raupe im festgesponnenen Sack; Frühlingsfraß häufig zunächst an den Knospen, weiterhin meist an den Blättern von der Unterseite her, manchmal auch an Blüten oder Früchten bzw. Samen. Verpuppung im Frühling bzw. Frühsommer im dann meist an Zweigen festgesponnenen Sack; die Raupe dreht sich vor der Puppenhäutung um, der Falter verläßt den Sack durch die hintere Öffnung. Sackmaterial: häufig mehr oder weniger stark zerkleinertes Material von der Futterpflanze (z. B. Stücke von Blättern, von Samenkapseln), durch Gespinst, das auch das Innere des Sacks auskleidet, zusammengehalten [**C-120a**]; seltener Verwendung von Sandkörnchen [**C-120d**]; zuweilen mit einer Art von Sekret durchtränkte reine Gespinstsäcke; Sackform artspezifisch verschieden, bisweilen auch bei der gleichen Art je nach Altersstufe; Ebene der Sackmündung senkrecht [**C-120a, f**], schräg [**C-120c, h-p**], oder parallel [**C-120b**] zur Längsachse des Sackes; demgemäß beim Fressen senkrecht, schief oder parallel zur Oberfläche des befressenen Pflanzenteils stehend; hintere Sacköffnung mit 2 oder 3 klappenartigen Lappen, dient zum Ausstoßen des Kotes, später zum Schlüpfen des Falters; Sack im Querschnitt drehrund oder mehr oder weniger seitlich zusammengedrückt und dann u.U. dorsal und ventral gekielt. Einige für bestimmte Sackformen übliche Bezeichnungen: a) Röhrensäcke, (pergamentartig, gerade, zylindrisch, hinten 3klappig); hinten 2-klappig sind: b) Pistolensäcke (pergamentartig, hinten stark abwärts gebogen, im Querschnitt rund); c) Scheidensäcke (pergamentartig, stark seitlich zusammengedrückt, hinten verschmälert); d) Blattsäcke (aus länglichen, parallel zur Sacklängsachse geordneten Blattstücken); e) Lappensäcke (Blattstücke mehr oder weniger quer zur Sacklängsachse gestellt, mehr oder weniger lappenartig abstehend); die Fülle der Formen ist damit keineswegs erschöpft, zumal Herbst- und Frühlingssäcke bei der gleichen Art verschiedene Gestalt haben können; mit dem Wachsen der Raupen Vergrößerung des Sackes durch Anbauen weiteren Materials oder auch durch Umziehen in einen ganz neu hergestellten Sack. In M-Eur.i.e.S. weit über 100 meistens zur Gattung ***Coleophora*** gehörende Arten, unterschieden in erster Linie nach der Form des Sackes und nach der Fraßpflanze; einige bei Massenauftreten schädlich. **1.** Beispiele für verschiedenen Sackbau bei Arten der Gattung ***Coleophora*** [**C-120**]: a) ***Col. hemerobiella*** Sc., zweimalige Überwinterung der Raupe im hakenartig gekrümmten Sack, dann Umziehen in den hier abgebildeten geraden, hinten 3klappigen, senkrecht vom Blatt abstehenden, rotbraunen bis schwarzen Röhrensack; an verschiedenen Obstbäumen (Apfel, Birne) und Eberesche zuweilen schädlich. b) ***Col. inulae*** Hein., vor allem an ***Inula***, auch an ***Eupatorium*** und ***Pulicaria***; vorn graubrauner, hinten gelbbrauner, aus Gespinst gefertigter Röhrensack, Stellung parallel zur Blattfläche, bis über 10 mm. c) ***Col. odovariella*** Mühl., an ***Jurinea***, ***Serratula***, bis 13 mm langer, mit einzelnen Sandkörnchen besetzter Röhrensack. d) ***Col. mühligella*** Wck., an ***Gypsophila***, Sack dicht mit Sandkörnchen besetzt, Raupe überwintert im Boden. e) ***Col. vibicella*** Hbn., an ***Genista***, selten an ***Vicia***, Sack ausschließlich aus Gespinst, vorn schwarz, hinten »schaumig« gelbbraun, ca. 17 mm, ähnlich den reifen Hülsen des Ginsters. f) ***Col. ochripennella*** ***Z.***, an ***Lamium***, ***Glechoma***, ***Ballota***, ***Stachys***; bräunlicher, vorn mit grünlichen Blattlappen besetzter Gespinstsack. g) ***Col. lineola*** Hw., an den gleichen Pflanzen wie f), auch Sack sehr ähnlich, jedoch reichen die Blattlappen bis über die Sackhälfte nach hinten. h) ***Col. genista*** St., an ***Genista*** (auch ***Vicia***); der aus schräg angeordneten Blattstücken hergestellte Sack ist hinten bräunlich, vorn gelblich-grün. i) ***Col. saponariella*** Haag., an ***Saponaria*** (auch ***Agrostemma***); der aus dem minierten Blatt herausgeschnittene weißliche Sack hat schwarze Längsstreifen. k) ***Col. milvipennis Z.***, an Birke; der Sack besteht aus einer gleichförmigen Masse. l) ***Col. gryphipennella*** Bché., Rosenschabe, an ***Rosa***; bräunlicher, seitlich zusammengedrückter Sack, oben oft mit Zähnchen vom Rand des ausgeschnittenen Blattstückes; die Raupe miniert zunächst ohne Sack im Blatt (kleine gelbliche Flecken), stellt dann aus einem Blattausschnitt den Sack her, miniert von ihm aus im Spätsommer – Herbst und, nach Überwinterung im Sack, wieder im Frühling große Flecken im Blatt; der Falter (ca. 12 mm Flsp.) fliegt V–VI, Eiablage an die Blätter; bei Massenauftreten schädlich. m) ***Col. serenella Z.***, an verschiedenen Schmetterlingsblütlern, vor allem an ***Astragalus***; Sack mit großen weißlichen Blattstücken. n) ***Col. discordella*** Stt., an ***Lotus*** und anderen Schmetterlingsblütlern; Sack dunkelbraun, aus schräg aneinandergesetzten Blattstücken, besonders hinten stark seitlich zusammengedrückt. o) ***Col. cornuta*** Stt., an Birke; Sack braun mit quer gestellten Blattstücken. **2.** ***Coleophora laricella*** Hbn., Lärchenminiermotte [**C-118**]; an Lärche; Falter (Flsp. 9 mm) fliegt tags V–VI, legt Eier einzeln an die Nadeln; die Raupe (Larvenstadium 1 und 2) miniert zunächst in der Nadel, schneidet dann im IX (L.3, selten schon L.2) ein Stück der ausgehöhlten Nadel zum ersten sich braun verfärbenden Sack ab [**C-118D**], hinten mit Öffnung zum Kotausstoßen, überwintert im Sack vor allem an den Knospen der Kurztriebe, auch an der Rinde von Ästen und Stamm, befrißt im Frühling (nach der Häutung zum L.4) ab IV, vom Sack aus minierend, die jungen Nadeln (mehrere), häufig auch an weiblichen Blüten und an jungen Zapfenschuppen; dann Vergrößern des Sackes: ausgehöhlte Nadel quer abgeschnitten, der Länge nach mit dem alten Sack verbunden, Nadel des alten Sackes und neue Nadel an der Berührungsstelle aufgeschlitzt und fest aneinander gesponnen; Sackvergrößerung zunächst zuweilen auch nur mit Gespinst und kleinen Nadelteilchen; Verpuppung IV– Anfang V im an einer Nadel festgesponnenen Sack; bei Massenauftreten beachtlicher Schaden. **3.** ***Coleophora fuscedinella*** Z., vor allem an Erle und Birke, bei Massenfraß schädlich; Überwinterung der Raupe in einem ersten, aus Blatteilchen zusammengesponnenen, schwach gekrümmten Sack; im Frühling neuer Sack: alter Sack am Blatt (oft am Rand, [**C-119**]) festgeheftet, die Raupe miniert einen Platz aus, spinnt die Ränder zusammen, schneidet das so schon sackförmige Stück aus dem Blatt heraus; geschah das am gezähnten Blattrand, ist der Sack am Rücken gezähnt; Verpuppung im am Blatt, Zweig oder Stamm festgesponnenen Sack, die Raupe dreht sich zuvor um, Kopf zur hinteren Sacköffnung. (Brauns 1964; Eichhorn 1978; Escherich 1923/42; Hannemann 1968; Hering 1953, 1957).

Coleoptera, Käfer, Ordng. der Insekten; Verwandlung vollkommen (Holometabola; von vielen Forschern mit den Fächerflüglern, Strepsiptera, in der Überordnung Coleopteroidea vereinigt). Außerordentlich artenreiche Gruppe (z.Z. ca. 350000 Arten bekannt, davon etwa 5600 in M-Eur.i.e.S.), winzig (0,25 mm ein nordamerikanischer Vertreter der Ptiliidae) bis stattlich (***Titanus giganteus*** L., ein südamerikanischer Bockkäfer, bis etwa 16 cm); sehr mannigfaltig nach Form und Lebensweise (vgl. die einzelnen Fam.). **Larve:** häufig schlank, mit gut entwickelten Laufbeinen an den 3 Brustringen, oder madenartig mit mehr oder weniger verkümmerten, selten ganz fehlenden Brustbeinen; Mundteile meist beißend, seltener (z.B. Dytiscidae) stechend-saugend; Lebensweise (Aufenthaltsort, Ernährung) nicht minder vielfältig als die der Imagines: räuberisch oder an bzw. in verschiedensten Pflanzenteilen, wobei bestimmte Inhaltsstoffe der Nährpflanzen für deren Wahl bestimmend sein können; an Wurzeln fressende Larven verschiedener Arten werden schon durch die von den Wurzeln abgegebenen geringen CO_2-Mengen angelockt (auf CO_2 ansprechende Sinnesorgane sind bei verschiedenen Insekten bekannt); bei manchen im Wasser lebenden Larven (z.B. Gyrinidae) mit Tracheenkiemen an den Hinterleibsringen; häufig gibt es 3 Larvenstadien, in manchen Gruppen jedoch mehr und zuweilen von verschiedener Gestalt (Polymetabolie; Hypermetabolie; → z.B. Meloidae). **Puppe:** meist frei (Pupa libera, → Pupa 2aa), selten (z.B. Coccinellidae) der Körperoberfläche fest anliegend (Pupa obtecta, → Pupa 2b); Verpuppung häufig in einer aus verschiedensten Stoffen (Nagsel, Erde, Kot, Drüsensekreten) bestehenden Puppenwiege. **Imago:** bezeichnend die zu stark sklerotisierten Flügeldecken (Elytren) umgebildeten Vorderflügel; unter ihnen liegen die häutigen Flugflügel; sie sind meist länger als die Deckflügel und daher in Ruhe in oft kunstvoller Weise zusammengefaltet; ermöglicht wird das durch auf der Flügelfläche vorgebildete Falten, gelenkartige Unterbrechungen der kräftigen Längsadern, Tätigkeit eines Rücklegemuskels (greift am 3. Axillare des Fluggelenkes an); unterstützend wirken, bei verschiedenen Arten in verschiedener Weise, schiebende und haltende Bewegungen der Elytren, oft auch durch spezifische Behaarung unterstützte Bewegungen der Hinterleibsringe; sie halten und zwingen vor allem solche Flügel, bei denen gemäß der Elastizität der Adergelenke Entfaltung angestrebt wird, in der gefalteten Lage unter den Elytren; bei den sehr kleinen Federflüglern (Ptiliidae) sind die schmalen Hinterflügel mit langen Haaren besetzt. Die Flügeldecken sind im Flug in der Regel abgespreizt, seltener wie in der Ruhelage auf dem Rücken (z.B. Rosenkäfer); die abgespreizten Elytren sind am Auftrieb beteiligt (bei Cicindelidae z.B. mit ca. 16%); Verkürzung der Flügeldecken (z.B. Staphylinidae: besonders komplizierte Faltung der langen Flugflügel unter den kurzen Deckflügeln) und, oft unabhängig davon, mehr oder weniger starke Rückbildung der Flugflügel bis zur Flugunfähigkeit ist in manchen Gruppen verbreitet. Fühler sehr verschieden gestaltet, häufig 11gliedrig. Mundteile meist kauend, besonders die Mandibeln oft kräftig, die unteren Teile (Maxillen, Unterlippe) bisweilen zum Auflecken von Säften geeignet. Komplexaugen meist gut ausgebildet, bei Höhlenbewohnern zuweilen bis zu vollkommenem Schwund rückgebildet. Beine in der Regel als Laufbeine ausgebildet, in manchen Gruppen jedoch Spezialisierungen (z.B. Grabbeine bei Mistkäfern, Schwimmbeine bei Wasserkäfern). Schrill-(→ Stridulations-)organe verbreitet (auch bei manchen Larven), an sehr verschiedenen Körperstellen, oft bei beiden Geschlechtern; Lauterzeugung häufig als Abwehr-, seltener als Teil des Sexualverhaltens, in Verbindung mit Wehrdrüsen für erfahrene Räuber Warnsignal (Achtung, ich bin ungenießbar!), oft Bedeutung der Laute unbekannt; Vibrationssinnesorgane ermöglichen die Wahrnehmung von Substratschwingungen; bisher kein eindeutiger Nachweis der

Wahrnehmung von Luftschall; keine Tympanalorgane; insgesamt wenig über Gehörsinn bekannt; die Lautorgane arbeiten fast stets nach dem Prinzip: eine scharfe Kante (oder eine Borstenreihe) streicht über eine geriefte Fläche des Chitinpanzers. In manchen Gruppen sind Leuchtorgane vorhanden (z.B. → Lampyridae). Hautdrüsen als (Sexual-)Lock- oder Abwehrstoffe liefernde Organe sind verbreitet, häufig als in Afternähe ausmündende Pygidialdrüsen. Bei Formen mit zellulosereicher Nahrung sind symbiontische Mikroorganismen vorhanden, teils in Erweiterungen des Darmlumens, teils im Innern von Darmzellen oder auch in besonderen Organen unabhängig vom Darm (Einzelheiten bei den betr. Gruppen). Ernährung sehr mannigfaltig; viele Arten leben räuberisch, dann zuweilen mit Verdauung vor dem Munde (extraintestinale Verdauung; z.B. manche Carabidae); andere sind reine Pflanzenfresser; Spezialistentum ist nicht selten, Beispiele: Blatt- und Schildlausfresser (viele Coccinellidae), Schneckenfresser (manche Lauf- und Aaskäfer, Drilidae, Lampyridae); Dungfresser (Scarabaeidae; manche von ihnen bevorzugt an bestimmten Dungsorten); viele Pflanzenfresser sind eingeschworen auf bestimmte Nahrungspflanzen, oder auf Teile von Nahrungspflanzen; Pilzzüchterei bei manchen in Holz bohrenden Arten (Scolytidae, Platypodidae, Lymexylonidae); zahlreich auch die Käferarten, die als Kommensalen, Symbionten oder Räuber in den Nestern staatenbildender Hautflügler (bes. bei Ameisen) und bei Termiten leben (z.B. Staphylinidae, Meloidae); die Biberlaus (***Platypsyllus***; → Platypsyllidae) im Pelz des Bibers. Fortpflanzung fast stets zweigeschlechtlich: beim Finden der Geschlechter spielen häufig Sexuallockstoffe eine Rolle; Parthenogenese (thelytok) bei einigen Rüssel-, Blatt- und Speckkäfern; meist Ablegen von Eiern, Schlüpfen der Larven zuweilen kurz nach oder bei der Eiablage (Ovoviviparie; manche Blattkäfer); Gebären lebender Larven selten (bei einigen Termiten- und Ameisengästen unter den Kurzflüglern). In manchen Gruppen hochentwickelte Brutfürsorge und Brutpflege (z.B. einige Staphylinidae, Scarabaeidae, Silphidae, Curculionidae). Zahlreiche Arten werden schädlich als Larven und/oder Imagines durch Fraß an Kulturpflanzen in Garten, Feld und Wald, werden aber u.U. selber wieder dezimiert durch andere Käfer, z.B. Kartoffelkäferlarven durch Laufkäfer; gelegentlich sind Käfer Überträger von parasitischen Würmern auf Säugetiere, auch auf den Menschen (z.B. Bandwurm ***Hymenolepis nana*** Sieb. durch den Mehlkäfer ***Tenebrio molitor*** L.). Gliederung der Ordng. in U.-Ordngn., Fam.-Gruppen und Fam. durchaus nicht einheitlich gehandhabt; hier eine Auswahl der für Mitteleuropa wichtigen Fam.: **U.-Ordng. Adephaga:** → Cicindelidae; → Carabidae; → Paussidae; → Hygrobiidae; → Haliplidae; → Dytiscidae; → Gyrinidae. **U.-Ordng. Polyphaga:** → Hydraenidae; → Georyssidae; → Spercheidae; → Hydrophilidae; → Sphaeriidae; → Histeridae; → Silphidae; → Leptinidae; → Ptiliidae; → Scydmaenidae; → Scaphidiidae (Scaphiidae); → Pselaphidae; → Staphylinidae; → Liodidae; → Clambidae; → Catopidae; → Lucanidae; → Scarabaeidae; → Dascillidae; → Helodidae; → Dryopidae; → Heteroceridae; → Nosodendridae; → Byrrhidae; → Ostomidae (Trogositidae, Temnochilidae); → Throscidae; → Drilidae; → Lampyridae; → Cantharidae; → Lycidae; → Dermestidae; → Anobiidae; → Ptinidae; → Bostrychidae; → Lyctidae; → Cleridae; → Malachiidae; → Melyridae (Dasytidae); → Korynetidae; → Derodontidae; → Lymexylonidae; → Elateridae; → Nitidulidae; → Buprestidae; → Rhizophagidae; → Cucujidae; → Cryptophagidae; → Byturidae; → Erotylidae; → Phalacridae; → Cisidae; → Coccinellidae; → Endomychidae; → Lathridiidae; → Colydiidae; → Orthoperidae; → Mycetophagidae; → Tenebrionidae; → Lagriidae; → Alleculidae; → Pythidae; → Pyrochroidae; → Serropalpidae (Melandryidae); → Scraptiidae; → Mordellidae; → Rhipiphoridae; → Meloidae; → Oedemeridae; → Anthicidae; → Cerambycidae; → Bruchidae; → Chrysomelidae; → Anthribidae; → Curculionidae; → Scolytidae (Ipidae); → Platypodidae. (Aiken 1985; Autrum 1975; Bauer 1973, 1976; Crowson 1981; Dettner 1987; Eisner 1980; Freude, Harde, Lohse 1965/83; Hieke 1968; Jeannel 1949; Imms et al. 1960; Kaufmann 1960; Kistner 1982; Klingler 1958; v. Lengerken 1925, 1954; Nachtigall 1965b; Roth, Eisner 1962; Schildknecht 1963; Schneider, Hermes 1976, 1977; z. Strassen 1969).

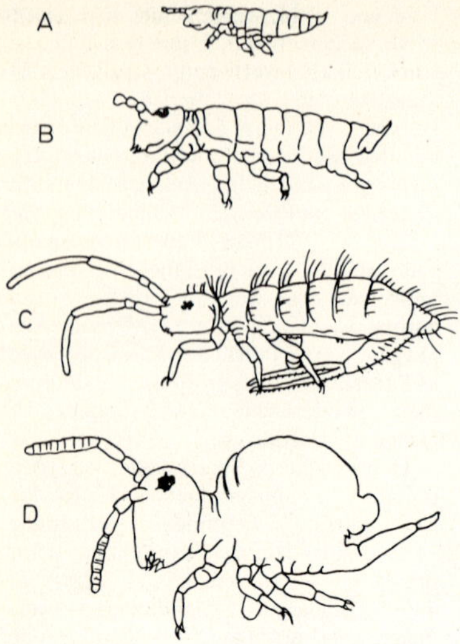

Abb. C-121: A *Tullbergia* sp., Tiefen-Tier; B *Hypogastrura* sp.; C *Orchesella* sp.; D *Sminthurides* sp. (Schaller 1958)

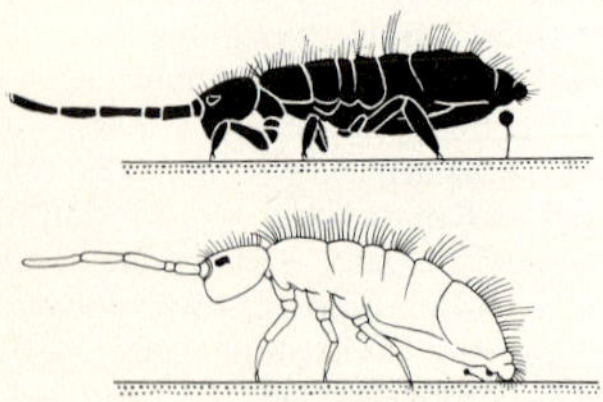

Abb. C-122: *Orchesella* sp. Oben ♂ setzt Spermatophore ab; unten ♀ streift Sperma ab. (Schaller 1954)

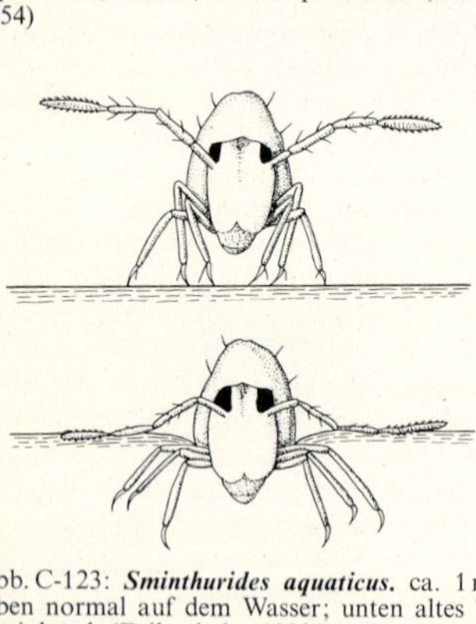

Abb. C-123: *Sminthurides aquaticus.* ca. 1 mm. Oben normal auf dem Wasser; unten altes Tier einsinkend. (Falkenhahn 1932)

Coleopteroidea; zuweilen verwendete Bezeichnung für eine Üb.-Ordng. der Insekten, mit den Ordngn.: → Coleoptera, Käfer und → Strepsiptera, Fächerflügler.

Coleorrhyncha; → Homoptera.

Colias; → Pieridae 6.

Collembola, Springschwänze; U.-Klasse der Insekten, und zwar der Sackkiefler (Entognatha); Gruppe der primär ungeflügelten sog. Urinsekten (Apterygota); klein (0,25–10 mm, meist 1–2 mm; [**C-121**]), oft dunkel pigmentiert; Körperdecke schwach sklerotisiert, meist mit zahlreichen, winzigen (ca. 0,3 μm), unbenetzbaren, epikutikularen »Warzen« (Mikrotuberkel); Mundteile kauend oder stechend-saugend; Antennen 4gliedrig; Komplexaugen aus max. 8 Ommatidien, oft fehlend, dann antennale und postantennale mechanische Sinnesorgane an Antennen bzw. Kopf; die über den ganzen Körper sprunggabelloser Arten verstreuten Pseudocellen sind Wehrsekrete absondernde Drüsenorgane; Hinterleib mit nur 6 Segmenten, mit extremitätenhomologen Anhängen: am 1. Segment unten der sehr dünnwandige, ausstülpbare, komplex gebaute Ventraltubus, ein Organ zur Wasser- und Ionenaufnahme (mit entsprechenden Sinnesorganen), dient außerdem bisweilen als Haft- und/oder Atemorgan, selten als Putzapparat; hinten ventral am 4. Segment mit Springgabel (fehlt insbes. kleinen Bewohnern tieferer Bodenschichten), in Ruhe nach vorn unter den Bauch geklappt, durch den Gabelhalter (Retinaculum) im 3. Segment festgehalten, bei Beunruhigung wird die Gabel durch plötzliche Muskelkontraktion (nicht durch hydraulischen Druck) nach hinten geschlagen, unterstützt durch einen Klickmechanismus, durch den sie ab einem bestimmten Winkel »von selbst« in die Strecklage schnappt; Sprung manchmal mehrere cm weit, verbunden mit Salto; bei auf dem Wasser lebenden Formen Gabelende verbreitert, dadurch flächige Verteilung der Aufschlagskraft auf dem Wasseroberflächenhäutchen; ungestört bedient man sich der 3 Beinpaare zum Laufen. Die Körperanhänge werden mit den Mundteilen geputzt, werden zuweilen (z.B. bei ***Sminthurides***) mit einem aus dem Mund austretenden und schließlich auch wieder aufgenommenen Flüssigkeitstropfen geradezu gewaschen. Einfaches Tracheensystem bei Symphypleona, sonst nur Hautatmung, bei Bodenlückenbewohnern auch über ein → Plastron. Keine Begattung, vielmehr indirekte Samenübertragung. Arthropleona: das ♂ setzt zahlreiche Samentröpfchen auf je einem Stiel ab (Spermatophore; Höhe ca. 0,5 mm, [**C-122**]), diese werden vom geschlechtsreifen ♀ durch Berühren mit der Geschlechtsöffnung abgestreift [**C-122, C-125**]; bald darauf Eiablage; keine Paarbildung; Absetzen bzw. Abstreifen der Spermatophoren auch ohne Anwesenheit eines Geschlechtspartners; zu alte Spermatophoren (bei ***Orchesella villosa*** L. mehr als 8 Std. alt) werden vom ♂ gefressen und sofort durch neue ersetzt. Symphypleona: Beispiel: ***Dicyrtomina minuta*** F., in Wäldern, auf Laub und Bäumen: das ♂ sucht optisch geleitet ein ♀ auf, begleitet es, umgibt es schließlich mit einem Zaun von Spermatophoren, von dem das ♀ das Sperma aufnimmt. Beispiel: ***Sminthurides aquaticus*** Bourl. [**C-123**], auf der Wasseroberfläche (Lachen, Teiche), ♂ mit Klammerantennen, packt damit die Fühler des größeren ♀ [**C-124**], läßt sich vom ♀ tragen, setzt schließlich eine Spermatophore ab, zerrt das ♀ im Rückwärtsgang oder durch Drehen auf der Stelle um 180° darüber zur Spermaaufnahme. Fortpflanzung stets durch Ablegen von Eiern, meist wenige zum Ballen verklebt; postembryonale Entwicklung: keine richtige Metamorphose, zahlreiche (z.T. bis über 40) Häutungen, auch der geschlechtsreifen Tiere. Springschwänze sind mit beträchtlicher Arten- und zuweilen außerordentlich hoher Individuenzahl wohl die häufigsten Insekten, wegen ihres dünnhäutigen Körpers fast stets in Bereichen mit hoher Luftfeuchtigkeit; überall auf und im Boden (zumal in der oberen 10-cm-Schicht), manche Arten auf der Wasseroberfläche, z.B. ***Sminthurides***-Arten, ***Podura aquatica*** L. [**C-125**], andere auf Schnee oder Gletschereis: ***Isotoma saltans*** Nic., Gletscherfloh → Isotomidae; ähnlich: ***Isotoma nivalis*** Carl, Schneefloh, mehr Moosbewohner. Viele Springschwänze sind Allesfresser, nähren sich von zerfallenden pflanzlichen und tierischen Stoffen, sind durch Zerfressen von Fallaub wesentlich an der Humusbildung beteiligt, wobei es eine Rolle spielen mag, daß gerade im Boden lebende Arten durch bei der bakteriellen Zersetzung organischer Stoffe entstehendes CO_2 angelockt werden; in einem Liter humösen Waldbodens

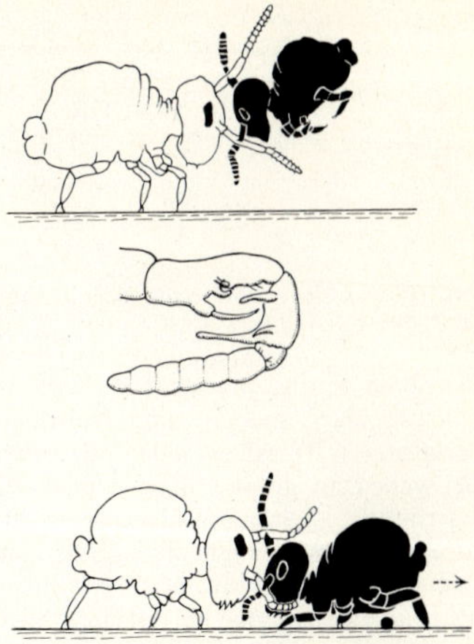

Abb. C-124: ***Sminthurides aquaticus.*** Oben ♀ (weiß, ca. 1 mm) trägt ♂ (schwarz); Mitte ♂, Klammerantenne; unten Pärchen, ♀ kurz vor Aufnahme des Spermatropfens. (Schaller 1958)

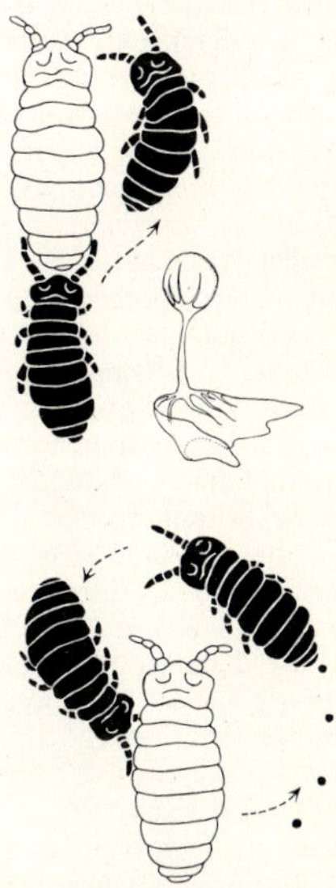

Abb. C-125: ***Podura aquatica,*** Schwarzer Wasserspringer. Paarung; ♂ schwarz, ♀ hell; Mitte rechts Spermatophore, stark vergrößert; unten ♂ hat 4 Spermatophoren abgesetzt. (Schaller 1964)

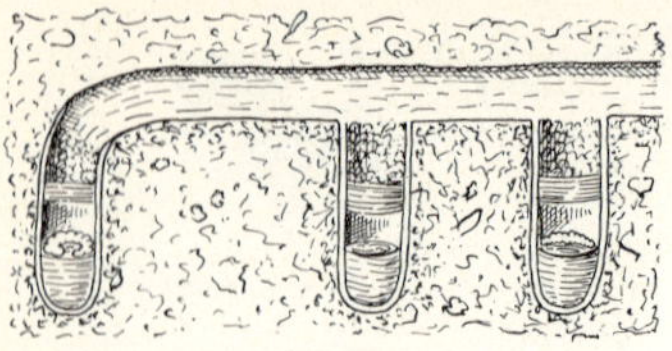

Abb. C-126: ***Colletes succinctus.*** Schnitt durch eine Nestanlage. (Grassé 1951)

etwa 2000 Springschwänze, in lehmigen Böden weniger; manche sind Nahrungsspezialisten, z.B. Algen- oder Pilzfresser, oder gehen an grüne Pflanzen (z.B. der Luzernefloh; → Sminthuridae); die größeren, oft recht bunten, gut springenden und laufenden, mit Punktaugen ausgestatteten Arten an der Oberfläche, kleinere, nicht selten blinde Arten in den tieferen Schichten [**C-121 A**]; einige Arten regelmäßig als harmlose Mitbewohner in Ameisennestern. Fortpflanzung bei vielen Arten fast während des ganzen Jahres; Überwinterung meist als Ei; Vermehrungsrate unter günstigen Bedingungen bei manchen Arten hoch, kann lokal zu phantastischem Massenauftreten führen; bei ***Hypogastrura viatica*** (→ Hypogastruridae) ein Aggregationspheromon nachgewiesen. Nur 1 Ordg.; von den insgesamt über 3500 bekannten Arten ca. 300 in M-Eur.; mehrere Fam. in 2 U.-Ordngn.: **1. Arthropleona:** Körper gestreckt, deutlich segmentiert; hierher die Mehrzahl aller Arten, u.a. die Fam.: → Poduridae; → Hypogastruridae; → Onychiuridae; → Isotomidae; → Tomoceridae; → Entomobryidae; **2. Symphypleona:** Körper gedrungen, oft fast kugelförmig, Segmentgrenzen höchstens hinten noch deutlich; u.a. die Fam.: → Neelidae; → Dicyrtomidae; → Sminthuridae. (Altner, Thies 1976; Betsch-Pinot 1976; Christian 1979; Eisenbeis 1982; Eisenbeis, Ulmer 1978; Eisenbeis, Wichard 1975a, b, 1985; Günther 1968; Kühnelt 1950; Lau 1963; Mertens, Bourgoignie 1977; Palissa, Sedlag 1964; Schaller 1962, 1969, 1970; Sedlag 1953).

Colletes; → Colletidae.

Colletidae, Seidenbienen und Verw.; Fam. der Hautflügler (Hymenoptera, Apocrita, Apoidea); solitäre Bienen mit verhältnismäßig kurzem Saugrüssel, besuchen Blüten mit wenig verborgenem Nektar; gelten nach dem Bau ihres Rüssels als primitive Formen (»Urbienen«); kleiden ihre Nester mit einer durchscheinenden, seidig glänzenden und völlig wasserdichten, cellophanartigen Membran aus; das Material dazu wird von der (sehr großen) Dufourschen Drüse geliefert, in Form von Tropfen abgeschieden und dann mit der Zunge verschmiert, dabei Zugabe von (Prothoraxdrüsen-)Speichel, der die rasche Polymerisation des Sekrets der Dufourschen Drüse bewirkt; Hauptkomponenten dieses Sekrets sind Laktone und Mono- und Dikarbonylsäuren, in der Membran enthalten außerdem Glutaminsäure und Alanin. In M-Eur. 2 Gttgn.: 1. ***Colletes,*** Seidenbienen (13 Arten); Schienensammler; mehrzellige Nester in Sand- und Lehmboden, bei manchen Arten in regelmäßig überschwemmten Gebieten; auch die Wände zwischen den Zellen und (in dickerer Lage) der Zellverschluß aus der cellophanartigen Membran; Nest → [**C-126**]. Häufig, und schon im Frühjahr fliegend: ***C. cunicularius*** L. (15 mm), besucht Weidenkätzchen; die ♂♂ entdecken, von Sexuallockstoffen geleitet, häufig die jungfräulichen ♀♀ noch im Boden und graben sie aus; ***C. daviesanus*** Sm., nistet in Steilwandbiotopen, auch in Sandstein und Mörtel, daher bisweilen Gebäudeschädling. Kuckucksbienen bei ***Colletes:*** Schmuckbienen der Gttg. ***Epeolus*** (→ Anthophoridae). 2. ***Hylaeus (Prosopis),*** Maskenbienen; 30 Arten in M-Eur.i.e.S.; 4–8 mm; deutscher Name: insbesondere die ♂♂ mit maskenartiger heller Zeichnung im Gesicht; mäßig behaart, tragen den verschluckten Pollen zusammen mit Nektar im Kropf ein; Nestanlage mit mehreren hintereinander liegenden, membranumkleideten Zellen, selten im Boden, meist in hohlen Stengeln, in Höhlen im morschen Holz, auch in verlassenen Gallen z.B. der Zigarrenfliege ***Lipara*** (→ Chloropidae 1); häufige Art: ***H. annularis*** Kirby (bis 8 mm). (Albans et al. 1980; Batra 1984; Cane, Tengö 1981; Scheloske 1973).

Colobopsis; → Formicidae 1.

Colocasia; → Noctuidae 6.

Colonici; bei manchen Blattläusen mit Wirtswechsel (z.B. → Adelgidae) zuweilen gebrauchte Bezeichnung für die auf dem Sommerwirt lebenden Formen; → Aphidina.

Coloradokäfer, ***Leptinotarsa decemlineata*** Say, → Chrysomelidae 8.

Colpocephalum; → Mallophaga, Amblycera.

Columbicola; → Mallophaga, Ischnocera.

Colydiidae, Rindenkäfer; artenreiche Käferfam. (Coleoptera, Polyphaga), mit etwa 1400 Arten, die meisten in warmen Ländern; in M-Eur.i.e.S. etwa 30 meist kleine Arten, nur wenige bis 7 mm Länge; unter Rinde, in faulendem Holz, in den Fraßgängen anderer Holzbewohner, an Getreidevorräten und dgl.; nicht wenige Arten unterirdisch, augenlos (z. B. ***Langelandia anophthalma*** Aubé; ca. 3 mm); einige in Ameisennestern z. B. ***Myrmecoxenus subterraneus*** Chevrl.; 1,3 bis 1,6 mm); Nahrungserwerb recht verschiedenartig; gelegentlich Vorratsschädling in Häusern (an Getreide, Reis und dgl.): ***Murmidius ovalis*** Beck., Kosmopolit, (1,2 bis 1,4 mm), mit allen Stadien zu jeder Jahreszeit; sicherlich viele Arten räuberisch, Vertilger anderer holzbewohnender Insekten und ihrer Larven, z. B. Arten der Gattung ***Colydium***, Fadenkäfer, sehr lang gestreckt (z. B. ***C. elongatum*** F.; 5–7 mm), in den Gängen von Borken- oder Pochkäfern; die Larven von ***Bothrideres***-Arten außenparasitisch an Bock- und Prachtkäferlarven, nehmen dabei im Laufe der Häutungen die Form eines Sackes mit rückgebildeten Gliedmaßen an. (Vogt 1967).

Colydium; → Colydiidae.

Colymbetes; → Dytiscidae 4.

Compsilura; → Tachinidae.

Condylognatha; Gruppe folgender Ordngn.: → Thysanoptera; → Auchenorrhyncha; → Sternorrhyncha; → Heteroptera.

Conicera; → Phoridae.

Coniopterygidae, Staubhafte; Fam. der Netzflügler (Planipennia); die kleinen bräunlichen Imagines auf Bäumen, mit recht großen, oft irisierenden, mäßig geäderten Flügeln; Körper und Flügel von feinstem Wachsstaub bedeckt, aus paarigen Wachsdrüsen, vor allem oben-seitlich und unten-seitlich auf den Hinterleibsringen, sondern später zerfallende Wachsfädchen ab, Wachsstaub mit den Hinterbeinen auf dem Körper verteilt; fliegen wenig; Ernährung (kauende Mundteile): kleine, weichhäutige Insekten (daneben Honigtau?); Eier einzeln oder in Gruppen an Blätter oder Rinde abgelegt; Larven [**C-127**] meist bunt, rötlich mit dunkler Zeichnung, machen auf den Bäumen lebhaft Jagd auf kleine Insekten (z. B. Blattläuse, Schildläuse, Insekten- und Spinneneier u. dergl.), saugen sie mit den Saugzangen aus; Verpuppung an Blättern, Kiefernnadeln oder Baumrinde in einem Gespinstkokon (Spinnseide aus den Malpighischen Gefäßen), durch den sich die schlüpfende Imago mit den Kiefern durchbeißt; 2 Generationen im Jahr (alle Arten?); Überwinterung der 2. Generation als verpuppungsreife Larve in Gespinst. Von den bisher etwa 100 bekannten Arten knapp 20 in M-Eur.i.e.S.; relativ häufig z. B. ***Conwentzia psociformis*** Curt. (Flsp.: 5,2 mm), an Eichen und anderen Laubgehölzen, auch in Großstädten; kleinste heimische Art: ***Coniopteryx pygmaea*** End. (2 mm, Flsp. 5,2 mm), ausschließlich und oft massenhaft an Nadelbäumen; ***Semidalis aleyrodiformis*** Steph., (Flsp. ca. 6 mm); an Laubhölzern, bisweilen in großen Populationen. (Aspöck H.u.U. 1964, 1969; Günther 1968, Stitz 1931).

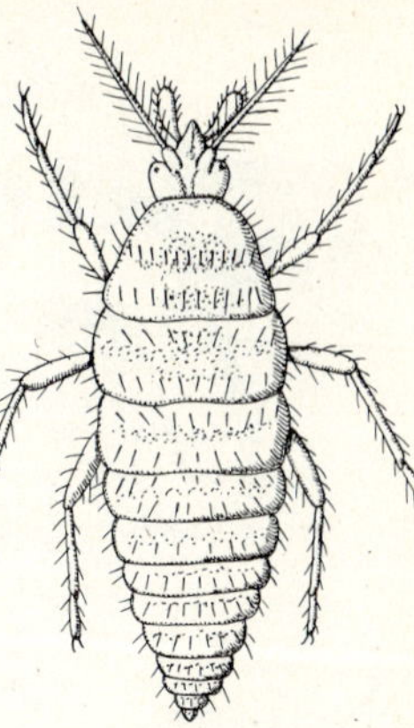

Abb. C-127: ***Coniopteryx*** sp. Larve, 3. Stadium; 5 mm. Endglied der Maxillartaster verbreitert, Fühler ungegliedert, Tarsus eingliedrig. (Aspöck 1964)

Coniopteryx; → Coniopterygidae.

Conistra; → Noctuidae.

Conocephalidae, Schwertschrecken, Kegelköpfe; Fam. der Langfühlerschrecken (Ensifera); in M-Eur.i.e.S. nur 3 Arten; die ♀♀ ausgezeichnet durch einen nur schwach gebogenen, fast körperlangen Legebohrer; Kopfprofil spitz, mit vorspringender Stirnpartie; Gesänge der ***Conocephalus***-Arten recht leise, sirrend oder perlend; Nahrung:

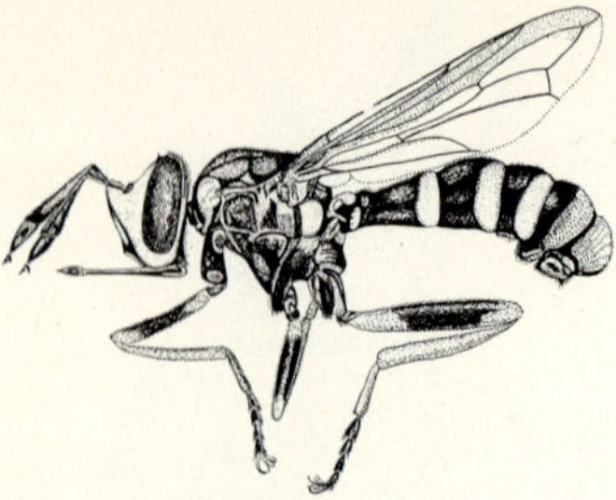

Abb. C-128: ***Conops flavipes***, ♀; Länge 11 mm. (Lindner 1923)

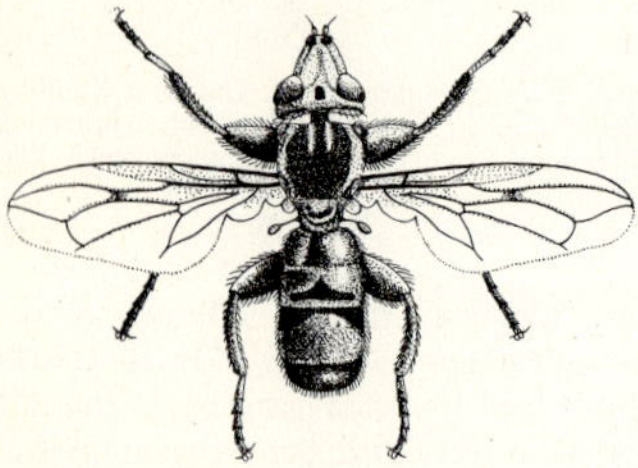

Abb. C-129: ***Myopa testacea***, ♂; 6–10 mm. Larve parasitiert bei Hummeln und Wespen. (Séguy 1951)

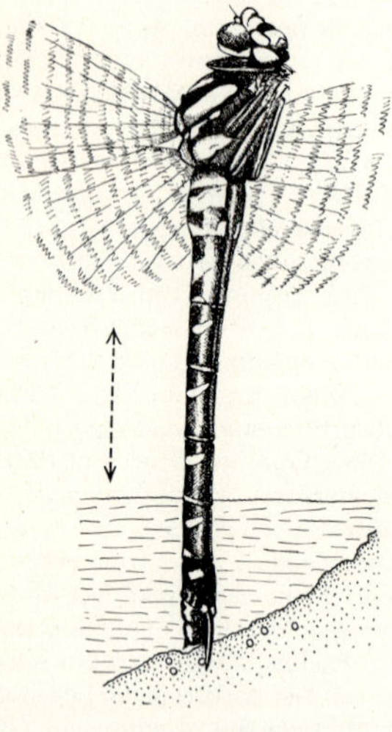

Abb. C-130: ***Cordulegaster annulatus***, Zweigestreifte Quelljungfer. Eiablage in schlammigen Boden des Gewässers. ♀ ca. 62 mm. (Robert 1959)

Insekten und Pflanzen; bevorzugen feuchtes Gelände. Beispiel: **1. *Conocephalus discolor*** Thbg. (***fuscus*** F.; –20 mm), mit über körperlangen Flügeln; Eiablage in den Blattscheiden von Sauergräsern, in die – vor dem Einschieben des Legebohrers – nicht selten ein Loch gebissen wird. **2. *Conocephalus dorsalis***, kurzflügelig; im Norden unseres Gebietes häufiger als im Süden. **3. *Ruspolia nitidula*** (= ***Homorocoryphus nitidulus*** Scop.), Schiefkopfschrecke (–29 mm); nachts aktiv, meist recht lauter Gesang des ♂; Eiablage in den Boden.

Conocephalus; → Conocephalidae.

Conopidae Dickkopffliegen; Fam. der cyclorrhaphen Fliegen (Diptera, Brachycera); kleine bis stattliche (bis fast 30 mm), nicht selten bunt oder wespenartig gezeichnete Fliegen, mit großem und oft vorn oder (und) seitlich etwas aufgeblasenem Kopf und oft lang vorstehenden Fühlern, mit recht langem Saugrüssel [**C-128**]; Tarsen zuweilen flach und breit; eifrige Blütenbesucher, manche Arten anscheinend auf bestimmte Pflanzengruppen eingeschworen, z.B. auf Kompositen; ♀♀ oft in der Nähe der Nester solitärer und sozialer Wespen und Bienen (den Wirten der als Innenparasiten lebenden Larven), verfolgen die Wirtstiere, klammern sich fest und schieben ein Ei zwischen 2 Hinterleibsringe; einige Arten parasitisch bei Heuschrecken, z.B. bei ***Sphingonotus***; Wirtsspezifität scheint wenig ausgeprägt; Larve amphipneustisch; Anschluß an das Tracheensystem des Wirtes zum Gewinnen von Atemluft! Leben im Hinterleib des Wirtes, können mit dem verjüngten Vorderende durch die Wespentaille der Biene oder Wespe deren Brustorgane erreichen und verzehren; Puparium überwintert in der Resthaut des Wirtes. In Europa etwa 80 Arten, z.B. der Gattungen ***Conops*** und ***Myopa*** [**C-128, C-129**]; insgesamt über 500 Arten bekannt. (Rietschel 1969; Schumann 1968).

Conocephalus; → Conocephalidae.

Conops; → Conopidae.

Contarinia; → Itonididae 2, 6, 11, 12, 15, 24, 25.

Conwentzia; → Coniopterygidae.

Coparasitismus; Multiparasitismus; → Parasitismus 9.

Copeognatha; → Psocoptera.

Copium; → Tingidae 1.

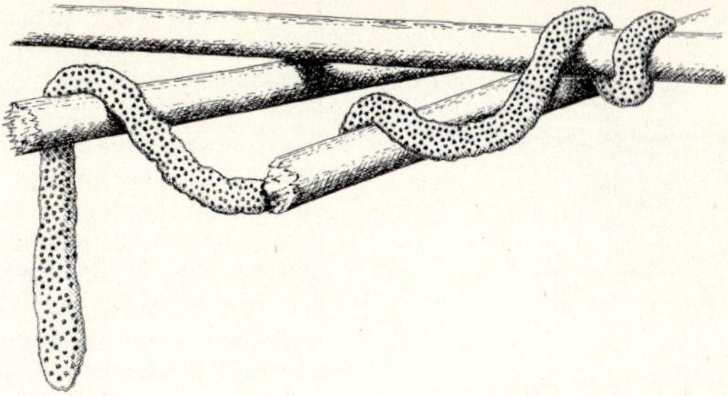

Abb. C-131: ***Epitheca bimaculata***, Zweifleck. Eistrang, ca. 17 mm. (Robert 1959)

Copris; → Scarabaeidae 8.

Coptosoma; → Plataspidae.

Cordulegaster; → Cordulegasteridae.

Cordulegasteridae, Quelljungfern; Fam. der Libellen (Odonata, Anisoptera); sehr stattliche, auffallend schwarz-gelb gezeichnete Libellen; Legebohrer des ♀ stilettförmig, überragt das Hinterleibsende; ♂♂ mit »Öhrchen« am 2. Abdominalsegment; nur 2 Arten in M-Eur.i.e.S., die häufigere Art: ***Cordulegaster boltoni*** Don. (= ***annulatus*** Latr.), Zweigestreifte Quelljungfer; Flsp. bis 10,5 cm, fliegt VI–IX an Quellen und Gebirgsbächen; Eiablage: das ♀ fliegt in senkrechter Haltung dicht über flachem Wasser rhythmisch aufab, stößt den Legebohrer in den Schlamm [**C-130**]; hier leben, durch Aufab-Bewegungen des Körpers sich in den Schlamm versenkend, auch die Larven; sind erwachsen etwa 45 mm lang; Entwicklungsdauer vermutlich 3–5 Jahre. (Robert 1958).

Cordulia; → Corduliidae 1.

Corduliidae, Falkenlibellen; Fam. der Libellen (Odonata, Anisoptera; früher als U-Fam. der → Libellulidae betrachtet); 7 Arten in M-Eur.i.e.S.; ausgezeichnet durch den schnellen »falkenähnlichen« Flug, die langen Beine und die oft metallische Färbung (Smaragdlibellen der Gattungen ***Cordulia*** und ***Somatochlora*** weitgehend metallisch-grün); Ruhehaltung der Flügel: nach der Seite, wie bei anderen Großlibellen; Legeapparat der ♀♀ reduziert; das ♂ ergreift das ♀ im Flug, Ende der Begattung im Sitzen; Ablegen der Eier durch das nicht vom ♂ begleitete ♀ zumeist im Aufab-Flug durch Auftupfen des Hinterleibsendes auf die Wasseroberfläche oder auch auf Uferschlamm; die trägen Larven halten sich, nicht selten im Schlamm verborgen, am Grunde zumeist von stehenden oder langsam fließenden Gewässern auf; bei manchen Arten sind 12 oder mehr Larvenstadien bekannt; Entwicklungsdauer meist 2–3 Jahre. Häufige Arten: **1. *Cordulia aenea*** L., Gemeine Smaragdlibelle; (Flsp. – 7,5 cm), mit metallisch-grünem Körper; Eier auf Blätter [**O-12**]. **2. *Somatochlora metallica*** v.d.L., Glänzende Smaragdlibelle; Größe und Färbung ähnlich der der vorigen Art; das ♀ läßt im Aufab-Rüttelflug die Eier mehr im Uferbereich fallen [**O-10**]. **3. *Epitheca bimaculata*** Charp., Zweifleck; Färbung bräunlich, kaum metallisch, Basis der Hinterflügel schwarz; bevorzugt an größeren Gewässern; Gelege: zahlreiche Eier in einer bis 50 cm langen Gallertschnur, oft (vom ♀?) an Pflanzenteilen befestigt, auch frei flottierend [**C-131**]. Larve [**O-3**]. (Robert 1959; Schiemenz 1953).

Cordylobia; → Calliphoridae.

Cordyluridae (Scatophagidae), Kotfliegen, Dungfliegen, Mistfliegen; Fam. der cyclorrhaphen Fliegen (Diptera, Brachycera); in Europa mit über 100 kleinen bis mittelgroßen Arten vertreten, manche ungemein häufig, insbesondere auf Exkrementen; einige in der Nähe von Gewässern oder am Meeresstrand auf Tang (z.B. ***Scatomyza litorea*** Fall.; 6 mm); die Imagines nicht selten räuberisch, machen Jagd auf kleine weichhäutige Insekten, oder nippen an jauchigen Flüssigkeiten; sehr verschiedenartig die Lebensweise der hinten oft mit zapfenartigen Fortsätzen versehenen Larven [**C-132**], in Dung, Exkrementen (manche hier andere Insektenlarven jagend), in Pflanzen minierend, in von anderen Insek-

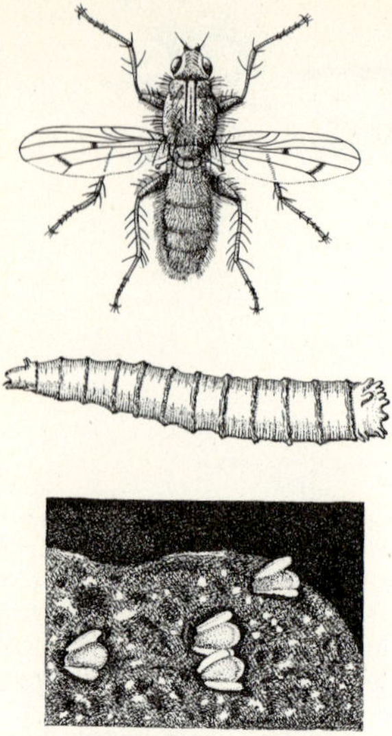

Abb. C-132: ***Scatophaga stercoraria***, Dungfliege. Gelb behaart. ♂, 5–12 mm; Larve ca. 10 mm; 4 Eier an der Dungoberfläche, Vorderende ragt heraus, mit flügelartigen (der Atmung dienenden) Fortsätzen. (Schumann 1969)

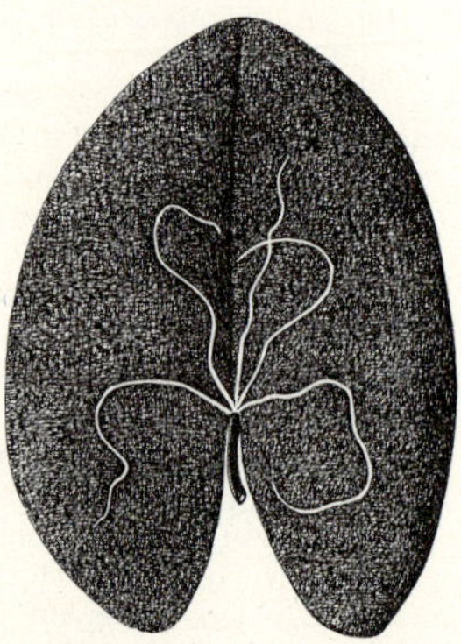

Abb. C-133: ***Hydromyza livens.*** Minen im Blatt von ***Nuphar***, Gelbe Teichrose. (Wesenberg-Lund 1943)

tenlarven erzeugten Gallen, z.B. ***Cnemopogon apicalis*** Meig. (parasitisch?) in den von ***Lipara***-Larven erzeugten Gallen am Schilfrohr (→ Chloropidae); Puparien wohl der meisten Arten im Boden. Beispiele: **1. *Scatophaga (Scopeuma) stercoraria*** L. (und verwandte Arten; [**C-132**]), die ungemein häufige, pelziggelb behaarte Dungfliege, stellt sich, geruchlich angelockt, sehr schnell auf frischem Kot (z.B. von Rindern, vom Menschen) ein, leckt Saft, jagt Kleininsekten, hier auch Eiablage und Lebensraum der Larven; Paarungseinleitung auf frischen Kuhfladen, Begattung im Gras nahebei; das Pärchen geht dann zum Fladen, das ♂ bleibt auch nach dem Lösen der Kopula auf dem ♀, wehrt andere ♂♂ meist erfolgreich ab, während das ♀ Eier ablegt; nach etwa 30 min fliegt zuerst das ♂, dann das ♀ ab; die Eier mit seitlichen, der Atmung dienenden Anhängen (Plastron?) [**C-132**]. **2. *Hydromyza livens*** Fall., die Larven minieren in den Blättern der gelben Seerose oder der Sumpfdotterblume [**C-133**]; Eiablage: das durch dichte Behaarung unbenetzbare ♀ kriecht unter den Blattrand, versenkt das Ei etwa zur Hälfte in das Gewebe, oft nahe der Blattmitte; die walzenförmige Larve (erwachsen ca. 13 mm) frißt im Blattgewebe meist zunächst zum Blattrand hin, dann im Bogen zurück zum Ansatz des Stieles, in dem stets die Verpuppung stattfindet, im Quergang, der bis dicht unter die Stielepidermis reicht (unbekannt, woran die Larve die Lage des Stielansatzes kennt); in der Regel wohl 2 Generationen; Puppe der 2. Generation überwintert, schwimmt oft aus dem faulenden Stengel freiwerdend, Bauch nach unten auf der Wasseroberfläche; Wand des Wintertönnchens etwa 8 mal so dick wie die des Sommertönnchens. Weitere Minierer: Vertreter z.B. der Gattungen ***Phrosia, Clidogastra, Chylozosoma.*** **3. *Amaurosoma flavipes*** Fall. und ***A. armillatum*** Zett., Lieschgrasfliegen, beide ähnlich in Gestalt (4–5 mm) und Lebensweise; das ♀ legt im Frühling (V–VI) die Eier einzeln auf die Blattoberseite des Lieschgrases (***Phleum pratense*** L.), aber auch an andere Wildgräser und Getreide; die Larven schlüpfen nach 4–6 Tagen, wandern in die Jungähren, zerstören die Blüten [**C-134**], dadurch u.U. empfindlicher Samenverlust; Verpuppung nach 3–4 Wochen im Boden, wo die Puppe überwintert. (Brandt 1957; Forster 1967; Lindner 1923ff.; Schumann 1968).

Coreidae, Randwanzen, Lederwanzen; Fam. der Landwanzen (Heteroptera, Geocorisae); meist mittelgroß (bis ca. 15 mm), Färbung häufig braun, lederartig; die Seiten des Hinterleibs mehr oder weniger verbreitert zu einem vortretenden flachen Randsaum; keine Lautorgane bekannt; Flügel meist gut entwickelt; kurzflügelige Formen kommen vor; Nahrung wohl ausschließlich Pflanzensäfte (mehrere Arten in warmen Ländern an Kulturpflanzen schädlich); Überwinterung meist als Imago, seltener als Ei. In M-Eur.i.e.S. 35–40 Arten; häufig z.B. ***Syromastus rhombeus*** L. [**C-135**] und ***Mesocerus marginatus*** L., bei dem schlanken ***Coriscus (Alydus) calcaratus*** L. die Larvenstadien sehr ameisenähnlich, auch zuweilen in Ameisennestern gefunden, jedoch Pflanzensaftsauger.

Corema, (Plural: Coremata); nicht selten große bis sehr große, bisweilen leuchtend gefärbte, am Abdomen oder anderen Körperteilen mechanisch, pneumatisch oder hydraulisch ausstülpbare Duftorgane der ♂♂ mancher Schmetterlingsarten. → Arctiidae; → Danaidae.

Corethra; → Culicidae.

Coriscus; → Coreidae.

Corixa; → Corixidae.

Corixidae, Ruderwanzen, Wasserzikaden; Fam. der Wasserwanzen (Heteroptera, Hydrocorisae); [**C-136**]; von den über 200 bekannten Arten in M-Eur.i.e.S. etwa 35 in mehreren Gattungen; bewohnen in der Regel stehende Gewässer. Sehr klein (z.B. ***Micronecta minutissima*** L.: kaum 2 mm) bis mittelgroß (z.B. ***Cymatia coleoptrata*** F.: 3–4 mm; ***Sigara striata*** L.: ca. 6 mm; ***Corixa punctata*** Ill.: ca. 14 mm); häufig dunkel quergestreift; Körper flachbootförmig; sehr geschickte Schwimmer (Rücken meist nach oben) mit dem mit Haarsäumen besetzten langen Hinterbeinen; klammern sich unter Wasser mit den lang bekrallten Mittelbeinen fest, ist notwendig, da die Tierchen wegen des Luftvorrates am Körper in der Regel leichter sind als Wasser; Vorderbeine sehr kurz, mit einem meist schaufelförmigen Tarsenglied (Pala), mit dem als Hauptnahrung Algen, aber auch pflanzlicher und tierischer Detritus herbeigeschaufelt, dann mit dem sehr kurzen Schnabel ausgesogen werden; daneben (immer?) Ernährung auch räuberisch von kleinen Insektenlarven, Würmern u.a.; ausschließlich karnivor von kleinen Wasserinsekten ernährt sich ***Cymatia coleoptrata*** F. Zusammensetzung des Sekrets der bei beiden Geschlechtern vorhandenen Stinkdrüsen ähnlich wie bei den Landwanzen. Luftschöpfen: blitzschnelles

Abb. C-134: ***Amaurosoma*** sp. Fraßbild der Larven an der Ähre des Lieschgrases. (Brandt 1957)

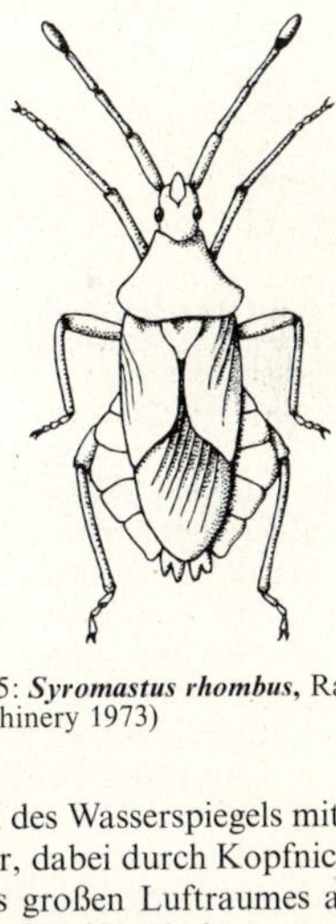

Abb. C-135: ***Syromastus rhombus***, Rautenwanze. 20 mm. (Chinery 1973)

Berühren des Wasserspiegels mit dem Vorderkörper, dabei durch Kopfnicken Ventilieren des großen Luftraumes außen zwischen Kopf und Vorderbrust, von dem Luft in die Reservoire unter dem Halsschild und unter den Flügeln gelangt; Gasaustausch zwischen dem Luftmantel am Körper und

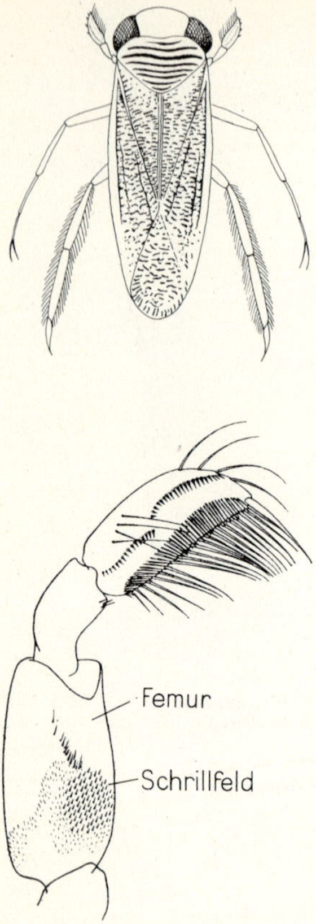

Abb. C-136: Oben ***Sigara hieroglyphica.*** 6 mm. Unten ***Sigara striata,*** ♂, Vorderbein mit Schrillfeld auf dem Femur zum Singen. (Hedicke 1935, Mitis 1936)

dem Wasser gefördert durch streichende Bewegungen der Hinterbeine entlang den Körperflanken (Luftschicht als physikalische Kieme). Der Osmoregulation dienende → Chloridzellen bei Larven über den Körper verstreut, bei Imagines nur noch am Kopf (seitlich unter den Augen) und an den Beinen. Normale Schwimmlage: Rücken oben: (andere Luftverteilung als beim Rückenschwimmer; → Notonectidae). Flügel durchweg gut ausgebildet (Ausnahme: bei ***Cymatia*** voll geflügelte Individuen selten); fliegen gern, tagsüber und auch nachts, können blitzschnell, die Wasseroberfläche durchstoßend, zum Fluge starten und, bei bestimmter Wetterlage beachtliche Entfernungen zurücklegen. Leben zuweilen in individuenreichen Scharen beisammen. ♂♂ bzw. ♂♂ und ♀♀ mancher Arten fähig zu Lautäußerungen, vor allem zur Fortpflanzungszeit, oft gegen Abend; die Imagines (nicht die Larven) in beiden Geschlechtern mit Hörorganen (Tympanalorganen) jederseits an der Mittelbrust, bedeckt von Atemluft, so daß das Gehörorgan auch bei abgetauchten Tieren nicht mit dem Wasser in Kontakt kommt; Schallwellen im Wasser werden durch die Atemluftblase, deren Resonanzfrequenz in Abhängigkeit von ihrer Größe innerhalb bestimmter Grenzen (bei ***Corixa punctata*** Ill. zwischen 1,35 und 3,35 kHz) schwankt, in Luftschall transformiert; am meisten verbreitete Art der Lauterzeugung: ein mit bis zu 20 Reihen von kurzen, an der Basis verdickten Borsten besetztes (Schrill-)Feld (pars stridens) am Schenkel der Vorderbeine [**C-136**] wird über die seitliche (als Plectrum funktionierende) Kopfkante gestrichen; dabei gerät der Kopf in Schwingungen, durch die die angrenzende Atemluftblase zu Volumenpulsationen in ihrer Eigenfrequenz angeregt wird und so als Schallabstrahler fungiert; beim Singen bewegen der Vorderbeine alternierend mit gleicher oder unterschiedlicher Geschwindigkeit oder gleichsinnig; dann wohl zur Vermeidung von Interferenzen Anstreichen nur eines der beiden Borstenfelder; Gesänge (Spontan-, Werbe- und Rivalengesänge kommen vor, daneben Laute vor und während der Paarung) art- und geschlechtsspezifisch; zur Unterscheidung wichtig nicht die Frequenzen, sondern die zeitliche Aufeinanderfolge und die Lautstärke der Signale; Rivalengesänge dienen zum Fernhalten von Nebenbuhlern, werden geäußert und beantwortet von art- und sogar gattungsverschiedenen ♂♂; der oft in vielstimmigem Chor vorgetragene Werbegesang erleichtert die Paarbildung; die ♀♀ reagieren nur auf den Gesang der arteigenen ♂♂; nur ein Gesangstyp z. B. bei ***C. punctata,*** beim ♂ von ***C. dentipes*** dagegen vier Gesangstypen; bei ***Sigara striata*** L. löst der ♂-Gesang bei den ♀♀ ruckartiges Schwimmen im Kreise aus; jungfräuliche paarungswillige ♀♀ von ***C. dentipes*** antworten mit (leisem) Einwilligungsgesang auf das Stridulieren der ♂♂; werden darauf von den ♂♂ gerichtet angeschwommen, diese antworten ihrerseits den ♀♀, es entwickelt sich ein Wechselgesang zwischen beiden Partnern, dann Kopulation; reguläre, bis zu 1 Sdt. dauernde Verpaarung mit Spermaübertragung ist nur nach vorausgegangenem Wechselsingen möglich; ***C. punctata***-♂♂ stridulieren auch im Winter unter einer geschlossenen Eisdecke noch bei 2°C. ***Micronecta***-Arten (Zwergruderwanzen): häufig gemeinsames Singen zahlreicher ♂♂; Schrillapparat dorsal am zweigeteilten 8. Hinterleibsring; Hinterleibsringe bei allen ***Corixiden***-♂♂ unsymmetrisch; bei manchen Arten (z. B. ***Corixa***) links-, bei anderen (z. B. ***Sigara***) rechtsseitig abgewandelt; links (bzw. rechts) ein Spalt zwischen 5. und dem 6. Segment; das ♂ hält das ♀ mit den Vorderbeinen, schiebt seinen Hinterleib so von rechts (bzw. von links) an den des ♀, daß dessen rechte (bzw. linke) Kante in den Hinterleibsspalt des ♂ aufgenommen wird; dann liegt das 6. Segment des ♂ unten, das 5. über dem Hinterleib des ♀; bei manchen Arten besondere Haltevorrichtung des ♂: eine rauhe ovale Platte (Striegel) links (bzw. rechts) am 6. Segment klemmt den Hinterleib des ♀ von unten, eine kleinere Gegenrauhigkeit (Praestriegel) am 5. Segment von oben fest; Einführung des Begattungsorgans von unten. Eier an Wasserpflanzen geklebt [**C-137**]. 5 Larvenstadien; je nach Art und Temperaturverhältnissen 1 oder 2 Generationen im Jahr; Überwinterung bei den meisten Arten als Imago, bei wenigen als Larve ***(Micronecta)*** oder auch vielleicht als Ei. (Aiken 1982, 1985; Bailey 1983; Finke 1958; Günther 1968; Jansson 1973, 1979; Jordan 1950, 1972; v. Mitis 1936; Pinder, Staddon 1965; Popham 1964; Prager 1976; Prager, Streng 1982; Schaller 1951; Theiss 1982, 1983; Theiss, Prager 1984; Theiss, Streng 1985; Theiss et al. 1983; Weber 1930; Wesenberg-Lund 1943).

Corrodentia; → Psocoptera.

Corticaria; → Lathridiidae 3.

Corylobium; → Aphididae 23.

Corylophidae; → Orthoperidae.

Corymbites; → Elateridae 2.

Corynetes, Corynetidae; → Korynetidae.

Cosmia; → Noctuidae 11.

Cosmopteryx; → Momphidae 2.

Cossidae, Holzbohrer, Fam. der Schmetterlinge (Lepidoptera); Falter mittelgroß bis groß, Saugrüssel verkümmert; die nackten, mit Kranzfüßen versehenen Raupen mit sehr kräftigen nach vorne stehenden Mandibeln, fressen im Innern von Holzgewächsen; die recht beweglichen Puppen mit bedorntem Hinterleib (Pupa semilibera); hierher einige auch bei uns zuweilen schädliche Arten. **1. *Cossus cossus*** L., Weidenbohrer [**C-138**]; der große (Flsp. bis über 10 cm), dickleibige träge Falter in Ruhe mit dachförmig auf den Rücken gelegten Flügeln auf der Baumrinde, durch rindenähnliche Zeichnung optisch geschützt; Eiablage im Sommer (VI–VIII) in mehreren Häufchen in Rindenritzen verschiedenster Laubbäume, häufig an Weide und Pappel, auch an Obstbäume; die Jungraupen fressen gemeinsam unter Rinde,

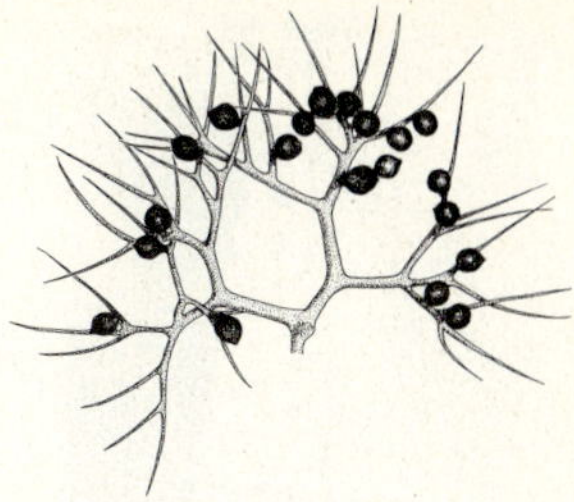

Abb. C-137: ***Corixa geoffroyi.*** Eier an Blättern vom Wasserhahnenfuß. (Wesenberg-Lund 1943)

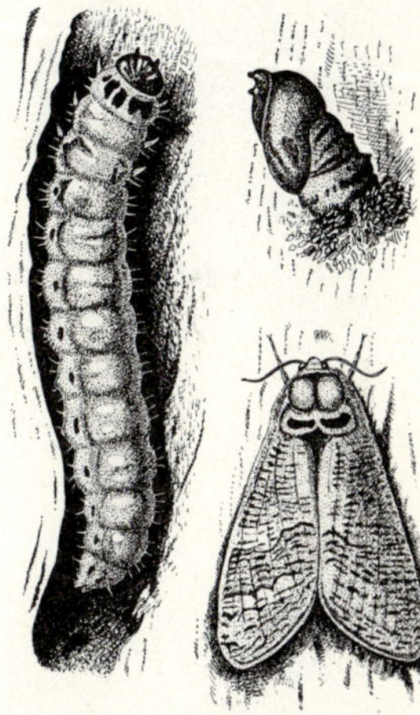

Abb. C-138: ***Cossus cossus,*** Weidenbohrer. Raupe in Weidenholz, bis 10 cm; Puppe, die sich vorgeschoben hat; Falter, Flsp. bis über 10 cm (Brandt 1953)

Abb. C-139: ***Zeuzera pyrina*,** Blausieb. Etwa 1,5 ×. (Escherich 1923/42)

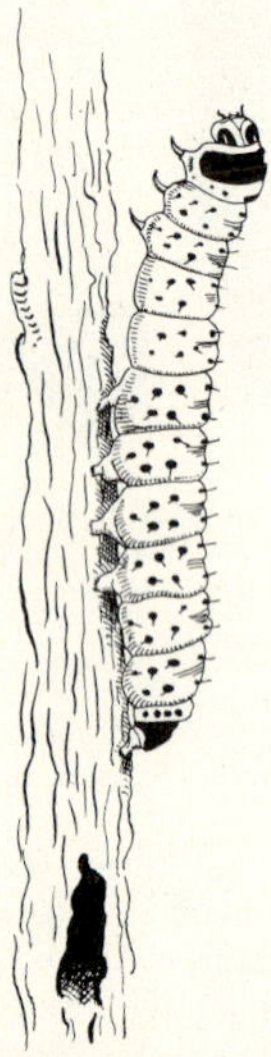

Abb. C-140: ***Zeuzera pyrina*,** Blausieb. Raupe. (Escherich 1923/42)

überwintern; im nächsten Jahr Einzelfraß meist aufwärts in gesundem Holz, Nagsel und Kot durch eine untere Öffnung des Ganges nach außen gestossen; die Raupe sondert aus den Mandibeldrüsen ein stark duftendes Sekret ab, das z. B. auf Ameisen bei Berührung schädigend wirkt (Holzessiggeruch der Raupe und Exkremente); bei Nahrungsmangel Überwandern in neuen Stamm; die fast erwachsene Raupe überwintert nochmal (vielleicht gelegentlich sogar noch 2-mal), frißt dann nur noch wenig; sehr stattlich, bis 10 cm lang, rotbraun; nagt zur Verpuppung einen Gang bis an die Rindenoberfläche, verstopft ihn mit Holzspänen, fertigt dahinter den Puppenkokon aus Gespinst und abgenagtem Holz an; zuweilen Verpuppung im Boden; meist nach 3–4 Wochen Schlüpfen des Falters, nachdem sich die Puppe etwa zur Hälfte aus dem Kokon hervorzwängte; Raupenfraß gelegentlich schädlich, da meist viele Raupen in einem Stamm fressen. **2. *Zeuzera pyrina*** L., Blausieb, Roßkastanienbohrer [**C-139**]; Falter mit zahlreichen stahlblauen Flecken auf den weißen Flügeln; ♀ bedeutend größer als ♂, Flsp. bis ca. 7 cm; die Falter fliegen im VI; das ♀ legt meist nachts mit der langen Legeröhre Eier in der Regel einzeln an die Blattstiele oder Knospen oder Blattwinkel der Futterpflanze (verschiedenste Laubbäume, keineswegs nur Roßkastanie); die Jungraupe dringt in das Zweigmark ein, frißt weiterhin, sich meist in dünneren Zweigen oder Ästen aufhaltend, teils unter der Rinde (meist wird ein größerer Platz ausgefressen, dadurch Unterbrechung der Leitgefäße, Absterben oberer Schößlingsteile), teils mehr im Mark; Kot und Nagespäne werden durch eine zeitweilig mit Gespinst verschlossene Öffnung im unteren Teil des Gangsystems ausgestoßen; überwintert 2-mal, meist im durch zusammengesponnenes Nagsel abgesperrten blinden Ende des Ganges [**C-140**]. Verpuppung im 3. Jahr in der Nähe der dann mit Nagsel verstopften Kotausstoßöffnung; Puppe schlank (bis 4 cm), schiebt sich vor dem Schlüpfen des Falters ein Stück aus dem Rindenloch heraus; Schaden durch Raupenfraß vor allem an Jungholz (Obstbäumen) nicht selten groß. Außer den genannten, 3 weitere Arten in M-Eur.i.e.S., die meisten jedoch, insgesamt über 800, in wärmeren Bereichen. (Dierl 1969; Forster, Wohlfahrt 1954/81; Hannemann 1968; Postner 1978; Sorauer 1949/57; Trave et al. 1960).

Cossus; → Cossidae 1.

Cosymbia; → Geometridae 4.

Cothonaspis; → Eucoilidae.

Crabro; → Sphecidae 7.

Crambus; → Pyrilidae 5.

Crataerhina; → Hippoboscidae 5.

Cremaster, Kremaster; ein vermutlich aus der oberen Analklappe (Epiproct) der Raupe entstandenes, für die Puppen vieler Schmetterlinge bezeichnendes Organ am Hinterleibsende, besetzt mit Dornen oder Häkchen, kann zum Festhaken im Kokon oder in einem Gespinstpolster dienen; nach Gestalt und Anordnung der Borsten und Häkchen durchaus artspezifisch, also zum Bestimmen brauchbar; (→ Lepidoptera, [**L-24**]; → Gürtelpuppe; → Stürzpuppe).

Cremastogaster; → Formicoidea.

Crepidodera; → Erdflöhe 3.

Criocephalus; → Cerambycidae 4.

Crioceris; → Chrysomelidae 2, 3.

Crocisa; → Anthophoridae 6.

Croesus; → Tenthredinidae 22.

Crossocerus; → Sphecidae.

Crumena; beutelförmige, bis in den Kopf oder Prothorax reichende Einstülpung an der Basis der Unterlippe bei manchen Schildläusen, vielen Blattläusen und manchen Wanzen; dient zur Aufnahme des sehr langen, in der Ruhe in Schlingen gelegten Stechborstenbündels. → Aradidae [**A-67**]; → Coccina; → Heteroptera.

Cryphalus; → Scolytidae 17.

Cryphia; → Noctuidae 28.

Cryptocephalus; → Chrysomelidae 6.

Cryptocerata (Hydrocorisae), Wasserwanzen; → Heteroptera.

Cryptochaetidae; Fam. der cyclorrhaphen Fliegen (Diptera, Brachycera); kleine Fliegen [**C-141**]; bemerkenswert die innenparasitische Lebensweise der Larven; das ♀ bohrt zur Eiablage mit dem Legebohrer Schildläuse an; die Larve [**C-142**] ist mit 2 hinteren Dornen an eine Haupttrachee des Wirts angeschlossen; Bedeutung der zum Schluß schrumpfenden langen, schlauchartigen Anhänge unklar (Nahrungsaufnahme?); Puparium [**C-143**] im abgestorbenen Wirt; bei uns ***Cryptochaetum buccatum*** Hend.

Cryptochaetum; → Cryptochaetidae.

Cryptococcus; → Pseudococcidae.

Cryptometabola; Insekten mit vollkommener Verwandlung (Holometabola), bei denen die Larvenentwicklung fast vollständig im Ei abläuft, die aus dem großen Ei schlüpfende Larve sich sofort verpuppt; hierher lediglich die oft als U.-Fam. der Buckelfliegen (→ Phoridae) betrachteten Termitoxeniidae, flügellose, zuerst eine männliche, dann eine dickbäuchige weibliche Phase durchlaufende Gäste bei tropischen Termiten, deren Eier sie verzehren.

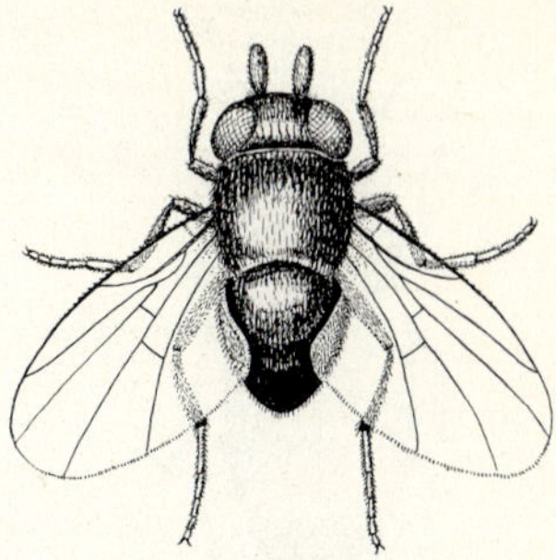

Abb. C-141: ***Cryptochaetum grandicorne.*** 2 mm. (Lindner 1923)

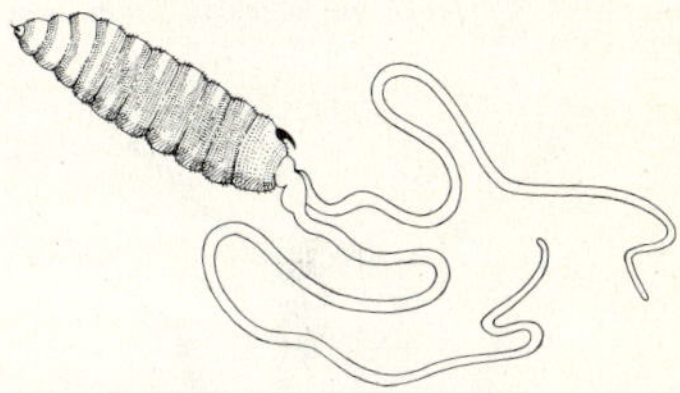

Abb. C-142: ***Cryptochaetum grandicorne.*** Letztes Larvenstadium, kurz nach der Häutung. Körper 1,6 mm. (Lindner 1923)

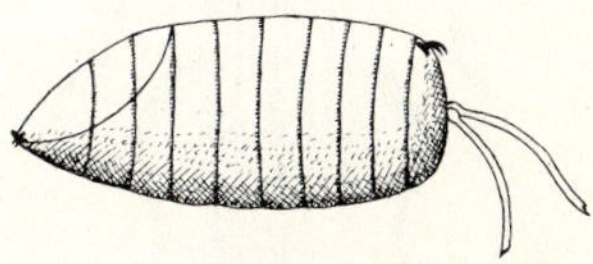

Abb. C-143: ***Cryptochaetum grandicorne.*** Puparium; 2,3 mm. (Lindner 1923)

Cryptomyzus; → Aphididae 26.

Cryptophagidae, Schimmelkäfer; Fam. der Käfer (Coleoptera, Polyphaga), von den etwa 800 Arten über 100 in M-Eur.i.e.S.; die durchweg kleinen Käfer (meist 1–3 mm) und ihre Larven keineswegs ausschließlich Schimmelpilzfresser, vertilgen verschiedenste zerfallende organische Stoffe, auch Kot von Insekten, Säugern und Vögeln, daher manche Arten in den Nestern ihrer Nahrungslieferanten; einige auch in Häusern lästig an Vorräten

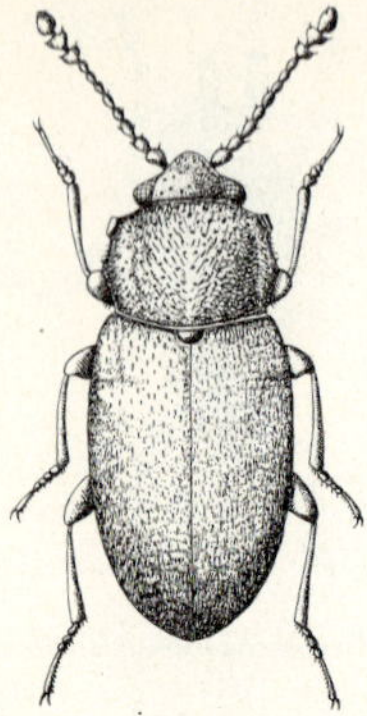

Abb. C-144: ***Cryptophagus scanicus.*** 2 mm. (Bechyně 1954)

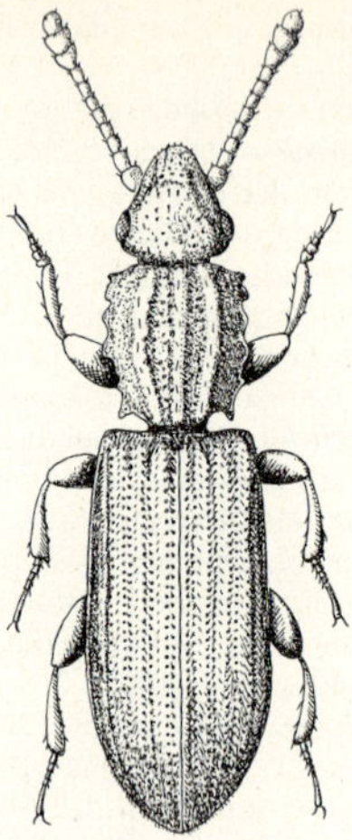

Abb. C-146: ***Oryzaephilus surinamensis.*** Getreideplattkäfer. 2,5–3,5 mm. (Bechyně 1954)

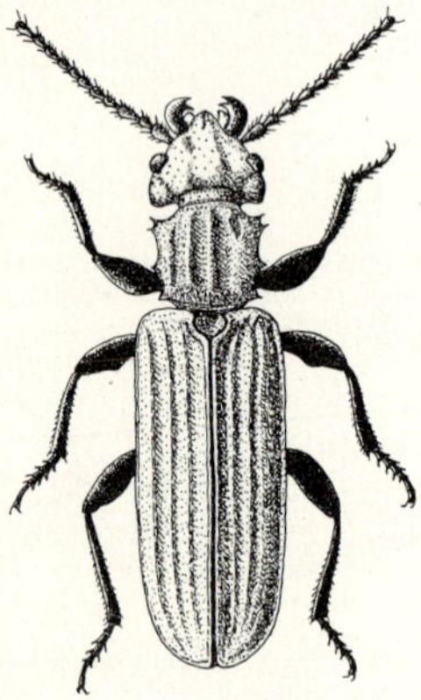

Abb. C-145: ***Cucujus cinnaberinus,*** Scharlachkäfer. ♀, 11–15 mm. (Reitter 1954)

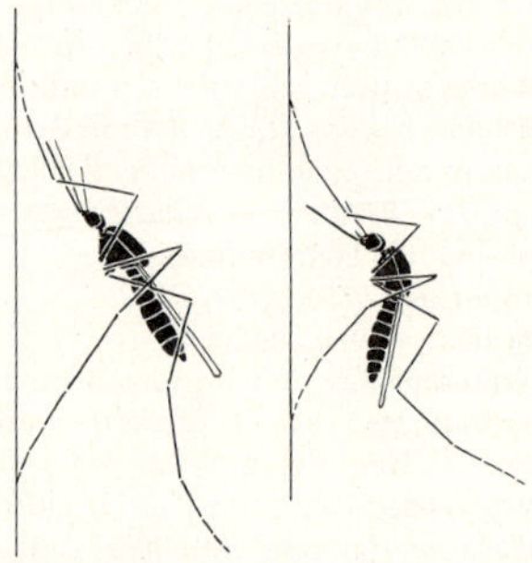

Abb. C-147: Culicidae, Ruhehaltung, links ***Anopheles,*** rechts ***Culex.*** (Peus 1951)

z. B. mehrere ***Cryptophagus***-Arten; [**C-144**]; manche auf bestimmte Pflanzen angewiesen, z. B. ***Telmatophilus***-Arten auf ***Typha*** (Rohrkolben) und ***Sparganium*** (Igelkolben); mehrere Arten in Ameisennestern; ***Antherophagus***-Imagines auf Blüten, lassen sich von Hummeln, an denen sie sich festklammern, in deren Nester tragen, wo sie von Kot und Abfällen leben; ***Atomaria linearis*** Steph., Moosknopfkäfer (1–1,5 mm), durch Fraß der überwinterten Imagines an jungen Rübenpflanzen (ober- und unterirdisch) bisweilen schädlich.

Cryptophagus; → Cryptophagidae.

Cryptostemmadidae; → Dipsocoridae.

Cryptotermes; → Isoptera 4.

Ctenioppus; → Alleculidae.

Ctenocephalides; → Siphonaptera.

Ctenophora; → Tipulidae.

Ctenophthalmus; → Siphonaptera.

Ctenulus; → Sciomyzidae.

Cucujidae, Plattkäfer; von den über 1000 Arten dieser Käferfam. (Coleoptera, Polyphaga) etwa 50 in M-Eur. i. e. S.; die meisten heimischen Arten klein (etwa 2–5 mm), die ***Cucujus***-Arten bis 17 mm; Körper meist flach, geeignet für den für viele Arten bezeichnenden Aufenthalt unter Baumrinde; ernähren sich hier, wie auch die Larven, teils von zerfallendem pflanzlichen Material, teils räuberisch von anderen Rindeninsekten; einige Arten an Vorräten verschiedenster Art, heute z.T. weltweit verbreitet; andere (z.B. ***Monotoma***-Arten) regelmäßig in Ameisennestern. **1.** Gattung ***Cucujus,*** Scharlachkäfer, z.B. ***C. cinnaberinus*** Scop. [**C-145**]; oben scharlachrot; die flachen Käfer und die ebenfalls flachen Larven unter Rinde zumal von Laubbäumen, vermutlich weitgehend räuberisch. **2.** Gattung ***Laemophloeus*** mit einer Reihe kleiner, schlanker, unter Rinde lebender Arten, stellen hier wahrscheinlich räuberisch z.B. den Borkenkäfern nach. **3.** ***Oryzaephilus surinamensis*** L., Getreideplattkäfer [**C-146**], kosmopolitisch an Getreidevorräten u. dgl., in Magazinen (bisweilen einer eigenen Fam. Silvanidae zugeordnet); soll normalerweise Tote und Abfälle von anderen Insekten verzehren, läßt sich im Experiment rein vegetarisch ernähren, kann jedoch nur bereits vom Kornkäfer (***Calandra granaria*** L., → Curculionidae 30) zerstörte Getreidekörner angreifen; bemerkenswert ist die für Pflanzenfresser bezeichnende Ausstattung mit symbiontischen Mikroorganismen; diese liegen bei Larve und Imago in zwei Paaren von Mycetomen in der Leibeshöhle, das eine dorsal, das zweite ventral vom Darm; Mycetome des ♀ vor der Eiablage stark vergrößert, Übertragung der Symbionten auf die Nachkommen durch Infektion der Ovarialeier an deren hinterem Pol zwischen den Follikelzellen hindurch; während der Embryonalentwicklung Aufnahme der Symbionten zunächst in ein provisorisches Mycetom, später in die dann auftretenden endgültigen Mycetome; verwandte Formen ohne Symbionten. (Bollow 1958; Buchner 1953; Hieke 1968; Jeannel 1949).

Cucujus; → Cucujidae 1.

Cucullia; → Noctuidae 40.

Cuculligera; → Pamphagidae.

Culex; → Culicidae.

Culicella; → Culicidae.

Culicidae, Stechmücken; Fam. der Mükken (Diptera, Nematocera); die zuweilen eigenen Fam. (Chaoboridae = Corethridae, Büschelmücken, Büschelhornmücken und Dixidae, Tastermücken) zugeordneten Vertreter der Gattungen ***Chaoborus***, ***Sayomyia*** und Verwandte sowie ***Dixa*** sind hier mitbehandelt. Die zarten langbeinigen, höchstens mittelgroßen **Imagines** (Ruhehaltung nicht selten art- bzw. gruppenspezifisch verschieden; [**C-147**]), insbesondere die ♀♀ vieler Arten sind als blutsaugende Plagegeister für Mensch und Tier wohlbekannt und berüchtigt, jedoch ist die Vorliebe für den Menschen als Blutspender artspezifisch verschieden; die Arten um ***Chaoborus*** und ***Dixa*** sind keine Blutsauger; entsprechend verschieden ausgebildet ist der Rüssel, bei ***Chaoborus*** und ***Dixa*** kurz, bei den eigentlichen Stechmücken lang [**C-148**]; das Bündel der Stechborsten (Labrum, Mandibeln, Maxillen und Hypopharynx, die beiden letzteren sind gezähnt) ist bei den allein blutsaugenden ♀♀ in eine vordere Rinne des beim Stechen zurückgeschobenen und gewinkelten, weichhäutigen Labiums gebettet; der Rüssel der ♂♂ ist zwar auch lang, aber durch Verkürzung der eigentlichen Stechborsten (Mandibeln, Maxillen) nicht zum Stechen geeignet, wohl aber zum Aufsaugen freiliegender Flüssigkeiten, z.B. Nektar (auf Blütenduft sprechen Sinnesorgane des ♂-Fühlers an) und Wasser (sofern überhaupt eine Stoffaufnahme erfolgt). Stechvorgang: Nach dem Landen werden die mit Sinnesorganen besetzten Labellen auf die Haut aufgesetzt und dann das Stechborstenbündel durch sehr rasche Auf-Abbewegungen der ge-

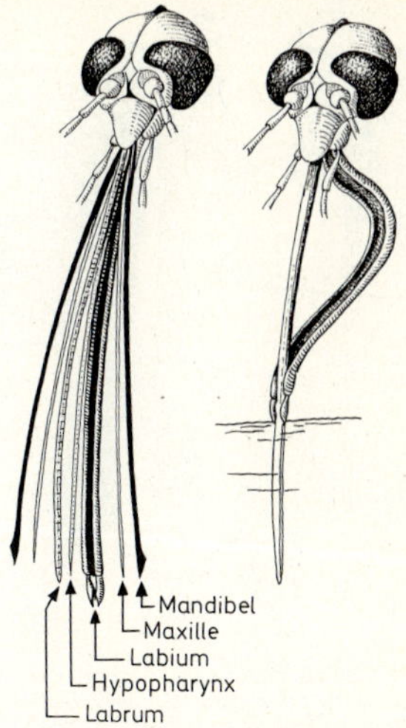

Abb. C-148: ***Culex*** sp. ♀, Mundteile auseinandergelegt (links), beim Einstechen (rechts); nur das Bündel der Stechborsten dringt ein, nicht das Labium. (Weber 1933)

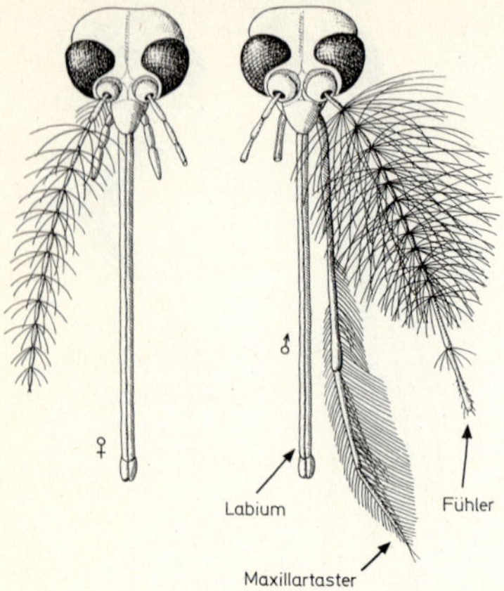

Abb. C-149: ***Culex*** sp. Kopf von vorne, links ♀, rechts ♂; starker Geschlechtsunterschied in der Ausbildung der Fühler und Taster. (Grassé 1951)

zähnten Maxillen – der Kopf nähert sich dabei der Haut – innerhalb von 50 sec bis auf ca. halbe Länge eingesenkt; Borstenbündel u.U. in der Haut abgebogen, Probieren der Spitze durch Speichelabgabe, bis eine Kapillare gefunden ist; oder auch Durchstechen einer Kapillare und dann langsameres Saugen aus dem so entstandenen Blutsumpf; das Stechborstenbündel ist an der Einstichstelle von den Labellen umfaßt, im übrigen jedoch aus dem rinnenförmigen und nun abgeknickten Labium (= Stechborstenscheide) ausgetreten [**C-148**], Saugdauer 2–3 min, danach rasches Herausziehen durch Kopfzug und Beindruck und wieder Einlegen des Borstenbündels in die Labialrinne; Blut in dem als Magen bezeichneten Teil des Mitteldarmes gespeichert (Zuckerlösung dagegen in den kropfartigen Anhängen des Mitteldarmes); Blutfüllung (bis zum Zweifachen des Eigengewichts) wird über abdominale Streckrezeptoren vom Bauchmark kontrolliert; bei den meisten (allen?) Blutsaugern wird während des Saugvorganges Speichel injiziert, der die Blutgerinnung hemmt und außerdem die Serumdurchlässigkeit der Wände der Kapillaren erhöht. Saugen von Blut jedoch auch nach Durchtrennung des Speicheldrüsenausführganges möglich. Das Jucken (es beginnt ca. 3 min nach dem Stich) vermutlich verursacht durch im Speichel enthaltenes Histamin und durch Histamin, das durch die Wirkung von Speichelstoffen aus weißen Blutkörperchen frei wird. Das Gesicht [**C-49**] ist außer durch die stattlichen Komplexaugen (Ocellen fehlen) geprägt durch die nach Art und Geschlecht verschieden gestalteten Fühler und Kiefertaster. ***Anopheles:*** Taster bei ♂ und ♀ etwa so lang wie der Rüssel, Endglieder beim ♂ verdickt; ***Culex*** und ***Aëdes:*** Taster beim ♀ kurz [**C-149**], beim ♂ etwa so lang wie der Rüssel, Endglieder stark behaart; auf den Tastern des ♂ der Gelbfiebermücke (***Aëdes (Stegomyia) aegypti*** Meig.) liegen Sinnesorgane zum Wahrnehmen von CO_2. Sehr auffallend ist der Geschlechtsunterschied bei den Fühlern [**C-149**]; sie sind beim ♀ schwach, beim ♂ sehr stark und lang wirtelig behaart; die Behaarung ist wichtig für die Funktion des im 2. kugeligen Fühlerglied gelegenen, bei den ♂♂ besonders gut ausgebildeten Johnstonschen Organs, das reich mit auf Zug ansprechenden stiftführenden Sinnesorganen (Scolopidien) ausgestattet ist (ca. 30000) und das als Schwere- und Strömungssinnesorgan dient (Regelung der Fluggeschwindigkeit), bei den ♂♂ zudem als Hörorgan zum Wahrnehmen des anlockend wirkenden Flugtons der ♀♀; Hauptempfindlichkeit des Organs bei der etwa dem ♀-Flugton entsprechenden Frequenz (bei ***Culex pipiens*** z.B. ca. 350 Hz, bei einigen anderen ähnlich; die Flugfrequenz der ♂♂ liegt höher, über 500 Hz), bedingt durch die etwa gleiche Resonanzfrequenz der stark behaarten Fühlergeißel; bereits ein Fühler genügt zur Richtungswahrnehmung des Schalls; der ♀-Flugton ist temperaturabhängig, in gleicher Richtung und gleichem Ausmaß auch die Resonanzfrequenz des ♂-Fühlers, d.h. das ♂ »versteht« den ♀-Flugton bei verschiedenen Temperaturen; trotz ähnlich gebautem Johnstonschen Organ ist bei den ♀♀ bisher kein Hörvermögen nachgewiesen. Bekannt ist die Bildung von Schwärmen, meist nur der ♂♂, bei wenigen Arten auch der ♀♀ (vgl. → Chironomidae); Neigung zu Schwarmbildung artspezifisch verschieden, ebenso die Art des Schwärmens selber; es beginnt bei vielen Arten in der Dämmerung, (vor allem abends, z.T. auch morgens), in Abhängigkeit wohl von der Helligkeit teils früh (z.B. ***Aëdes communis*** Deg.), teils spät (z.B. ***Aëdes cyprius*** Ludl.); bei ***Anopheles superpictus*** Grassi wird der

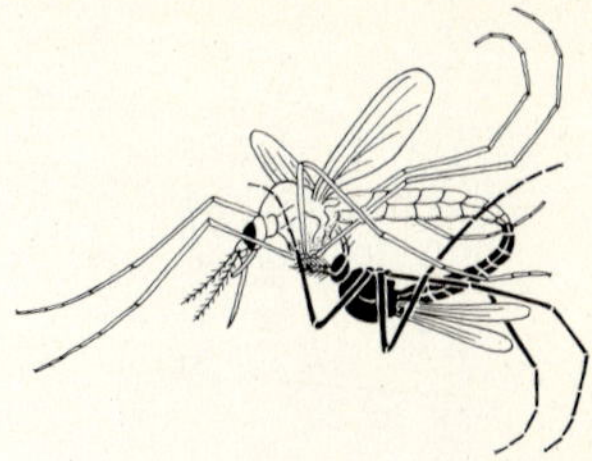

Abb. C-150: ***Aëdes aegypti.*** ♂ schwarz. Kopula im Fliegen. (Eidmann 1941)

Schwarmrhythmus auch bei Dauerdämmerung längere Zeit beibehalten, hier ist also wohl eine »innere Uhr« im Spiel. Artspezifisch verschieden ist auch der Abstand des Schwarms vom Boden, er ist je nach dem Entwicklungsgang auch jahreszeitlich verschieden. Der Schwarmort ist zunächst bedingt durch den Lebensraum der Mücken bzw. ihrer Larven (Wald-, Wiesen-, Moor-, Salzwassermücken), am Platz dann wohl vor allem durch optische Marken; z. B. an herausragenden Punkten, auch neben einem Menschen (Schwarm geht mit diesem mit), über einem mit der Umgebung kontrastierenden hellen oder dunklen Fleck; bestimmend für das Schwärmen sind außer verschiedenen Umweltfaktoren (kein Schwärmen z. B. bei starkem Wind; Tagesrhythmus einer Art durch Ändern des Beleuchtungsrhythmus verstellbar) auch innere Faktoren; nicht alle ♂♂ einer Art sind in einem bestimmten Wohnbereich zum Schwärmen bereit, die »Schwärmstimmung« wechselt also stark (Ursachen?); manchmal sieht man in naher Nachbarschaft Schwärme verschiedener Arten, meist streng nach Arten getrennt; Mischschwärme sind selten. Unklar ist, was die ♂♂ einer Art zum Schwarm zusammenführt; wenigstens bei manchen Arten liegt der eigene Flugton oberhalb ihres Hörbereichs; fraglich ist auch, ob bzw. wie Kommunikation zwischen den Individuen eines Schwarms besteht; die Bedeutung des Schwärmens der ♂♂ für die Fortpflanzung oder für bestimmte Phasen des Fortpflanzungsverhaltens ist verschieden; bei manchen Arten wird das Sichfinden der Partner durch die Schwarmbildung gefördert. Die Kopula beginnt wohl bei den meisten Arten im Flug, bei anderen im Sitzen (aber auch je nach Situation u. U. verschiedenes Verhalten bei der gleichen Art); das ♂ ergreift das ♀ mit den Beinen, Endstellung: entweder Bauch gegen Bauch [**C-150**], oder das ♂ hängt frei hinten am ♀; Ende der meist nur einige sec dauernden Kopula (***Aëdes (Stegomyia) aegypti*** Meig.: im Mittel 16 sec) teils im Flug, teils am Boden; bei der Begattung Absetzen einer Spermatophore, die sich bald auflöst, so das Eintreten der Samenzellen in den oder die Samenbehälter (bei ***Anopheles*** 1, bei ***Mansonia*** 2 und bei ***Culex*** 3) ermöglichend. Eibildung bei blutsaugenden Arten weitgehend von der Blutmahlzeit abhängig; aber bei manchen Rassen von ***Culex pipiens*** entsteht das erste Gelege auch ohne Blutsaugen; die Stechneigung ist außer von Außenfaktoren (Wetter) auch von inneren Bedingungen abhängig; meist kein Stechen während der Entwicklung des Eisatzes; das von den Ovarien produzierte Hormon Ecdyson hemmt die Stechaktivität, das von den Corpora allata gelieferte Juvenilhormon induziert sie; je nach Art werden verschiedene Tageszeiten zum Stechen bevorzugt: manche ***Aëdes***-Arten stechen vor allem tags, ***Culex pipiens*** L., ***Anopheles maculipennis*** Meig. und die Ringelschnake, ***Culiseta (Theobaldia) annulata*** Schr. vor allem nachts, ***Mansonia richardii*** Fic. tags und nachts; Blutlieferanten: meist Warmblütler, Vögel und Säugetiere; aber auch Amphibien und Reptilien (unter den in M-Eur.i.e.S. heimischen vermutlich manche ***Culiseta-***, ***Culicella-*** und ***Culex***-Arten); nach neueren Beobachtungen auch Insektenlarven, z. B. Raupen; Wirtsspezifität wohl nicht sehr ausgeprägt, zuweilen jedoch Bevorzugung deutlich, z. B. Großvieh durch ***Anopheles maculipennis*** Meig., Geflügel durch ***Culex pipiens*** L. in manchen Teilen des Verbreitungsgebietes; bei der Wirtsfindung sind verschiedenste Faktoren im Spiel, wirksam auf weite oder nahe Distanz, teils aktivierend, teils orientierend; ihre Kombination ist auch bestimmt durch den Aktivitätsrhythmus der Art; bei tagaktiven Arten sind optische Faktoren bedeutungsvoll: Bevorzugung sich bewegender dunkler Objekte; ferner, sicherlich mehr aus der Nähe: wo schon Mücken sitzen, finden sich weitere ein; andere vor allem auch im Dunkeln wirksame Faktoren: Wärme (Wahrnehmung sehr geringer Temperaturunterschiede erwiesen, vermittelt durch Konvektion, nicht durch Strah-

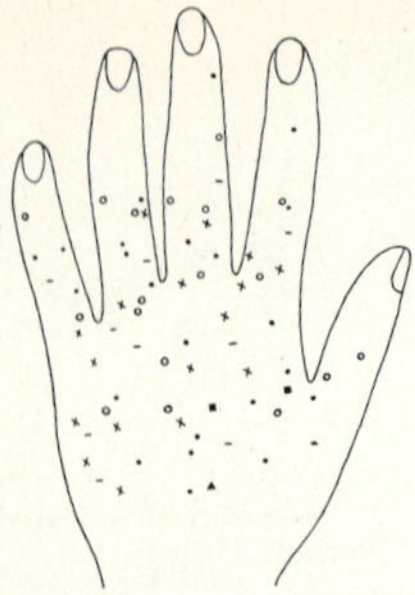

Abb. C-151: Bei schwülem Wetter stachen in 17 Minuten: ○ *Aëdes maculatus*, ● *Aëdes vexans*, × *Aëdes sticticus*, – *Aëdes cinereus*, ■ *Mansonia richardii*, ▲ *Aëdes geniculatus*. Im Waldpark bei Mannheim, Nähe des Rheins. (Eckstein 1920)

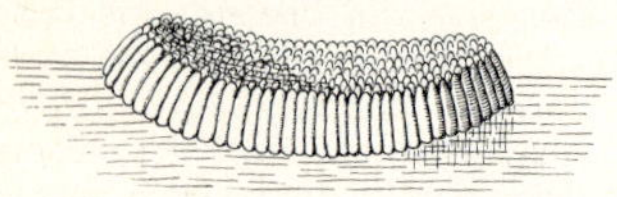

Abb. C-152: ***Culex quinquefasciatus***. Gelege. (Eidmann 1941)

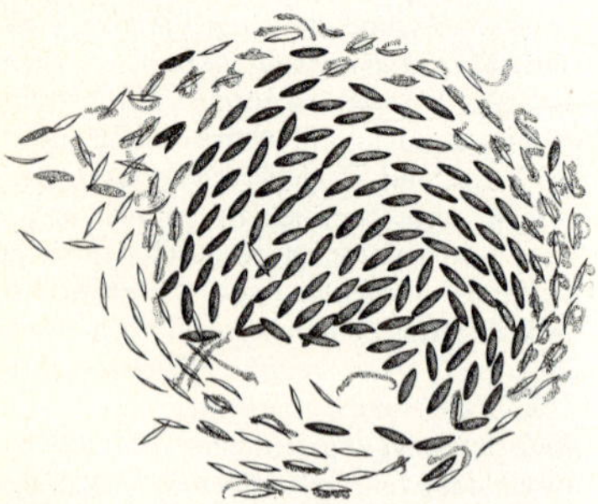

Abb. C-153: ***Chaoborus flavicans***. Gelege, Ei ca. 0,4 mm. Im Randteil des Geleges Larven z.T. geschlüpft. (Berg 1937)

lung). Feuchte Luft (trockene Luft wirkt abstoßend; ***Aëdes aegypti*** kann stark und schwach schwitzende Hand unterscheiden); CO_2 wirkt u.U. aktivierend, ebenso vor allem verschiedene von der Haut abgegebene Stoffe, die als Duftstoffe oder ähnlich wirken, aus dem Schweiß und Harn, z.T. aber aus dem Blut des Wirts stammen, z.B. bestimmte Aminosäuren (u.a. Tyrosin), Milchsäure (bes. die linksdrehende), weibliche Geschlechtshormone, Hämoglobin; Einstechen und Saugen, auch Speichelabgabe wird ausgelöst durch unmittelbaren Kontakt von Sinnesorganen an der Rüsselspitze mit bestimmten Stoffen, z.B. Butter-, Essig-, Propion-, Brenztraubensäure (Stechen), Glukose (Saugen); die bei verschiedenen Wirtsarten, auch bei verschiedenen Individuen der gleichen Art wechselnden Faktorenkombinationen können zu ständiger oder zeitweiliger Bevorzugung bestimmter Wirtsgruppen (auch durch Gewöhnung über Generationen) führen (***Aëdes aegypti*** bevorzugt Männer vor Frauen), → **[C.151]**. Eiablage auf dem Wasser oder in Wassernähe, bevorzugt werden stehende Gewässer, auch sehr kleine aufgesucht. Nach den Ansprüchen sind z.B. unterscheidbar: Waldmücken (z.B. ***Aëdes communis*** Deg.); Wiesenmücken (z.B. ***Aëdes vexans*** Meig., ***A. caspicus*** Pall.); Auwaldmücken (z.B. ***Aëdes sticticus*** Meig., ***A. vexans*** Meig.); Hausmücken suchen Wasseransammlungen verschiedenster Art, auch Jauchegruben, in Hausnähe auf z.B. ***Culex pipiens*** L., ***Culiseta (Theobaldia) annulata*** Schr.; Salzwassermücken (z.B. ***Aëdes detritus*** Hal., ***A. dorsalis*** Meig.); Baumhöhlenmücken (z.B. ***Aëdes geniculatus*** Oliv., ***Anopheles plumbeus*** Steph.); Arten in mit Spritzwasser versorgten Felsmulden (z.B. ***Culex torrentium*** Mart.,***Culiseta glaphyroptera*** Schin.); am Finden der passenden Gewässer ist zum mindesten bei manchen Arten der Geruchssinn beteiligt. Ablegen der Eier teils einzeln (***Aëdes***-Arten: am Boden dicht unter dem Wasserspiegel; ***Anopheles***: auf der Wasseroberfläche), teils in Gelegen von bezeichnender Gestalt: als auf der Oberfläche schwimmende Eischiffchen (Eier zwischen den Hinterbeinen zum Schiffchen zusammengeklebt, Luftpolster am unteren Eipol, z.B. ***Mansonia, Culex***; **[C-152]**) oder in Gallerte eingehüllt (z.B. ***Chaoborus***; **[C-153]**); mit Gallerte an Steine angeklebt ***(Dixa)***. Besonderheit der einzeln auf der Wasseroberfläche abgelegten, sich manchmal gelegeartig zusammenschließenden Eiern von ***Anopheles*** **[C-154]**: die Schwimmfähigkeit ist meist bedingt durch einen luftgefüllten Schwimmsaum und durch Schwimmkammern **[C-155]**, deren Form und Zahl je nach Art verschieden ist **[C-156]**; auch variiert die Pigmentierung z.B. bei den (oft als eigene Arten bezeichneten) Rassen von ***A. maculipennis*** Meig. **[C-**

Abb. C-154: ***Anopheles maculipennis.*** Typische Form einer Gruppe von Eiern; auch andere Anordnung möglich. (Weyer 1942)

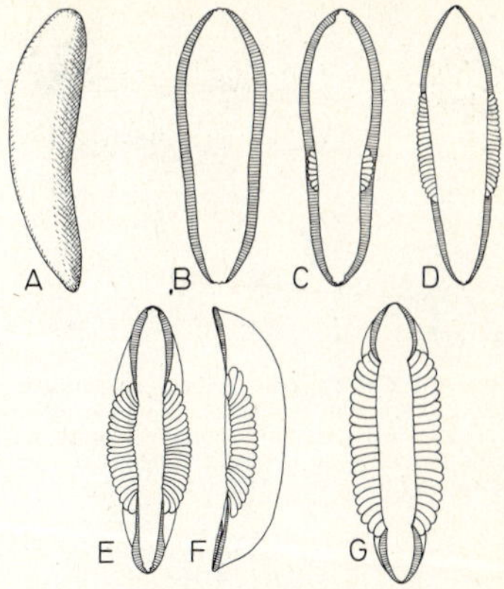

Abb. C-156: ***Anopheles.*** Eier verschiedener Arten. A ***A. italicus,*** ohne Schwimmsaum und Schwimmkammern; B, C, D ***A. elutus,*** mit Schwimmsaum und verschiedener Ausbildung der Schwimmkammern; E und F ***A. bifurcatus,*** Ansicht von oben und von der Seite; G ***A. marteri.*** (Peus 1942)

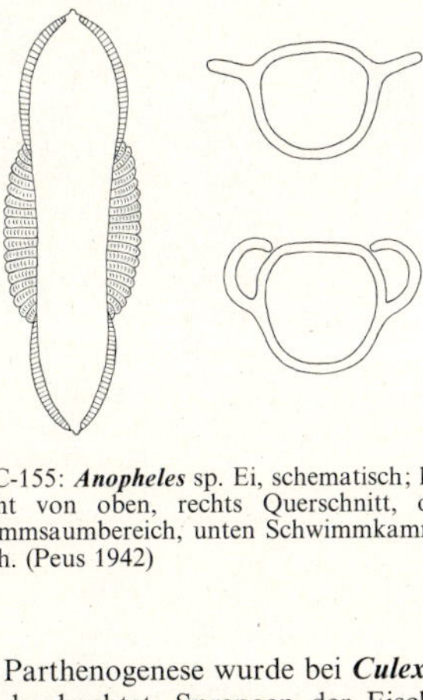

Abb. C-155: ***Anopheles*** sp. Ei, schematisch; links Ansicht von oben, rechts Querschnitt, oben Schwimmsaumbereich, unten Schwimmkammerbereich. (Peus 1942)

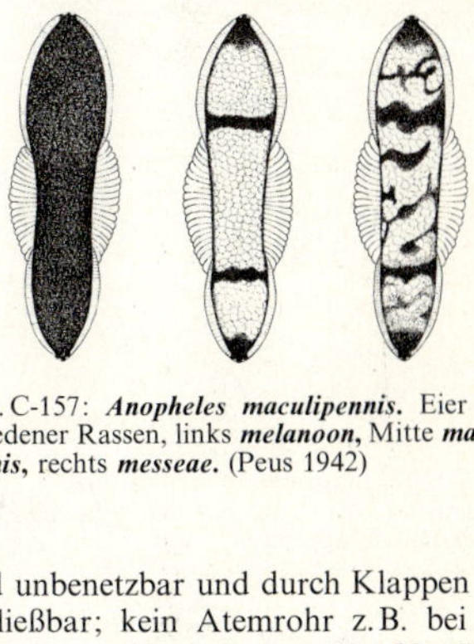

Abb. C-157: ***Anopheles maculipennis.*** Eier verschiedener Rassen, links ***melanoon,*** Mitte ***maculipennis,*** rechts ***messeae.*** (Peus 1942)

157]. Parthenogenese wurde bei ***Culex pipiens*** beobachtet. Sprengen der Eischale durch Druck von innen, bei ***Culex*** durch einen auf dem Kopf der Junglarve sitzenden Eizahn [**C-158**]. Die **Larven** (4 Larvenstadien; [**C-159, C-160, C-161, C-162**]) sind ausschließlich Wasserbewohner, mit sehr verschiedenen Ansprüchen an die Art des Gewässers, gesichert wohl ausschließlich durch die Auswahl des ablegenden ♀ (s.o.); in der Regel mit langen, bisweilen gefiederten Haaren besetzt [**C-159**]; deren Anordnung ist wichtiges Bestimmungsmerkmal, ihre Bedeutung jedoch unklar (Wahrnehmen von Wasserströmungen?); Atmung in der Regel durch das allein offene hinterste Stigmenpaar, meist am Ende eines Atemrohrs gelegen [**C-160, C-166**], das Stigmenfeld unbenetzbar und durch Klappen verschließbar; kein Atemrohr z.B. bei den Larven von ***Anopheles*** und ***Dixa*** [**C-159, C-161**]; Luftschöpfen in der Regel an der Wasseroberfläche, dabei bezeichnend verschieden die Haltung z.B. der Larven von ***Culex*** und ***Anopheles*** [**C-163**]; die horizontale Haltung der ***Anopheles***-Larven am Wasserspiegel ist ermöglicht durch paarige dorsale Aufhängeorgane: ausstülpbare »Achselklappen« auf dem Prothorax und »palmförmige Haare« auf den Hinterleibsringen [**C-164**]: eigenartig die U-förmige Ruhehaltung der ***Dixa***-Larve [**C-161**], auf dem Grund am Wassersaum, Kopf im Wasser, das unbenetzbare Stigmenfeld am Oberflächenhäutchen, der meist von einem Wasserfilm überzogene gekrümmte mittle-

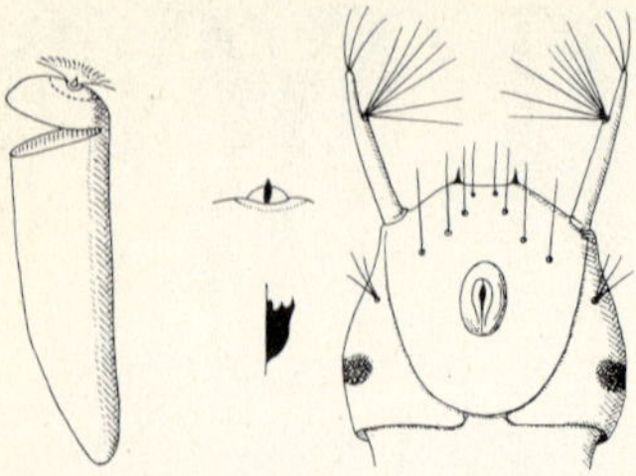

Abb. C-158: ***Culex pipiens***, Gemeine Stechmücke. Links Ei nach dem Schlüpfen der Larve; rechts Kopf der eben geschlüpften Larve, dorsal mit Eizahn (schwarz); in der Mitte Eizahn von vorn und von der Seite. (Séguy 1951)

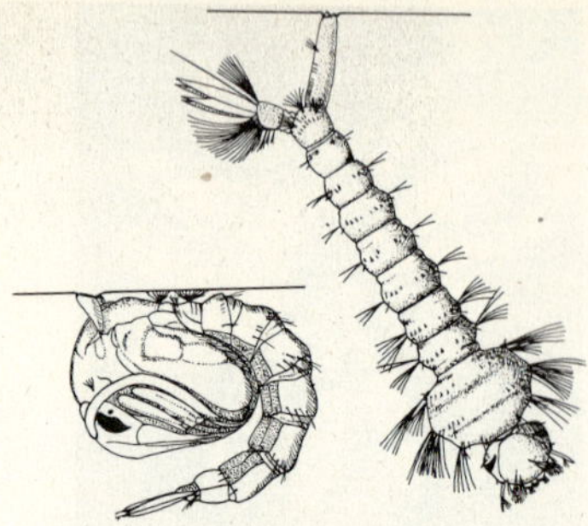

Abb. C-160: ***Aëdes vexans.*** Larve (am Atemrohr) und Puppe in natürlicher Haltung am Oberflächenhäutchen des Wassers hängend. (Peus 1951)

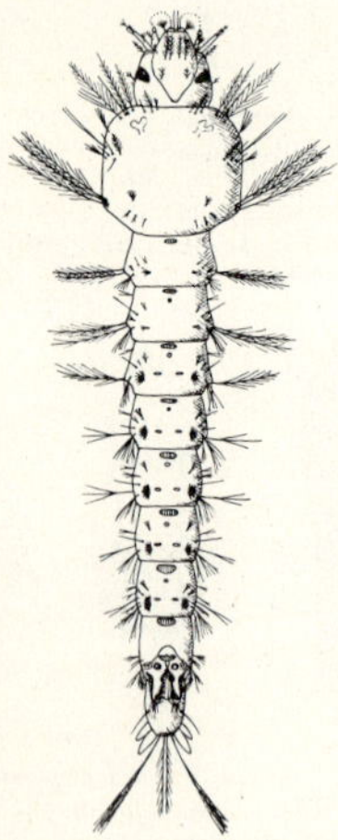

Abb. C-159: ***Anopheles*** sp. Larve dorsal; etwas schematisiert; vorne auf der Brust die ausstülpbaren »Achselklappen«.

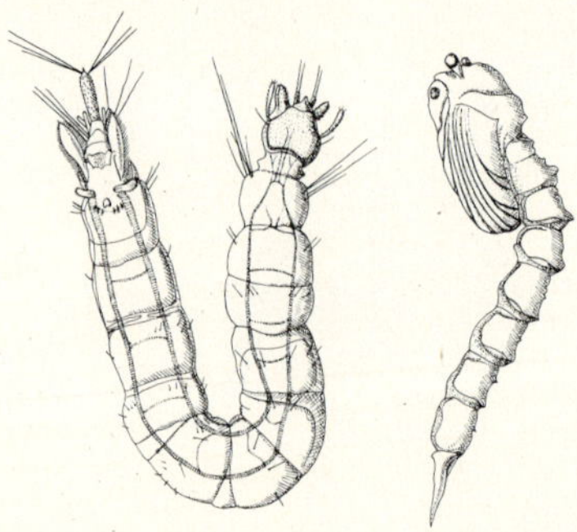

Abb. C-161: ***Dixa*** sp. Larve (8–10 mm) und Puppe. (Lindner 1923)

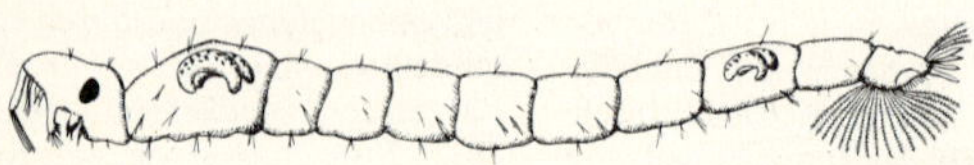

Abb. C-162: ***Chaoborus*** sp. Larve, ca. 13 mm, mit den beiden Paaren von Tracheenblasen.

Abb. C-163: Larven von ***Anopheles*** (links) und ***Culex*** in natürlicher Lage an der Wasseroberfläche. (Peus 1951)

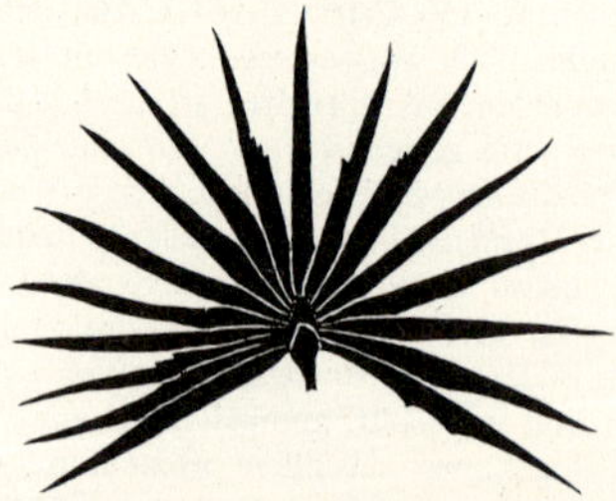

Abb. C-164: ***Anopheles maculipennis.*** Larve; eines der abdominalen Palmhaare. (Séguy 1951)

re Körperabschnitt außerhalb des Wassers; mehrere auf Luftaufnahme angewiesene Larven sind zeitweilig oder ganz unabhängig von der Wasseroberfläche: ***Cullicella morsitans*** Theob. nimmt im Pflanzengewirr unter Wasser die von den Pflanzen abgeschiedenen Gasbläschen auf; ***Mansonia**:* Ende des Atemrohrs mit Zähnen bewehrt, geeignet zum Anbohren von Pflanzengewebe [**C-165**], Luftaufnahme aus den Interzellularräumen der Pflanze. Durch Hautatmung weitgehend bzw. ganz von der Luftaufnahme unabhängig sind die Larven von ***Mochlonyx*** bzw. ***Chaoborus*** [**C-166**], bei denen sich die beiden Haupttracheenstämme (bei im übrigen mehr oder weniger stark rückgebildetem Tracheensystem) im Vorder- und Hinterkörper zu je einem Paar hydrostatisch wirkender Tracheenblasen erweitert haben; sie gestatten ein freies Schweben (s. u.); Hautatmung ist vermutlich auch allgemein für die jüngsten Larvenstadien wichtig. Im Afterbereich 4 Analpapillen [**C.165, C-166**], dienen vor allem der Osmoregulation, daneben vielleicht auch dem Gasaustausch. Ein aus einer Haarreihe bestehender ventraler Schwimmfächer am letzten Hinterleibsring fördert die Fortbewegung wesentlich bei den schlängelnden Schwimmbewegungen der Larven, wobei z. B. bei ***Aëdes*** und ***Culex*** stets das Hinterleibsende vorangeht; blitzschnelle Wendung der kopfunter am Wasserspiegel hängenden Larve, wenn sie bei Störung (z. B. Beschattung oder Oberflächenwellen zwischen 5–100 Hz) zum Schwimmen übergeht; die Trennung vom Oberflächenhäutchen ist immer aktiv, unter Wasser ist auch passives Absinken bzw. Aufsteigen möglich, wenn die Larve schwerer bzw. leichter ist als Wasser (hydrostatische Bedeutung der Luft in den beiden Tracheenlängsstämmen); das Schlängeln der ***Anopheles***-Larven fördert hauptsächlich in der Horizontalen; eigenartig ist die Ortsbewegung der haarnadelförmig geknickten ***Dixa***-Larve [**C-161**]: Durch abwechselndes Zusammenschieben der Segmente des Vorder- und Hinterkörpers Fortbewegung mit der Biegung voran. Einzigartig die mit Hilfe der beiden Tracheenblasenpaare frei im Wasser schwebende Larve von ***Mochlonyx*** und ***Chaoborus***; steht niemals vollkommen still, stets ganz langsames Ab- oder Aufsteigen, durch blitzschnelle Sprungbewegungen Rück-

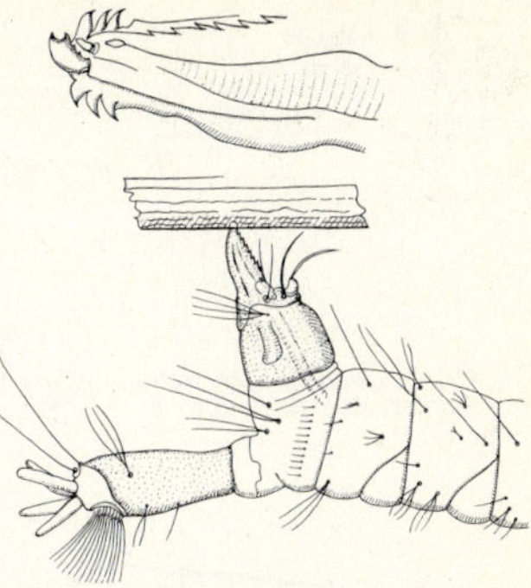

Abb. C-165: ***Mansonia richardii.*** Unten Hinterende der Larve (Larve 6 mm), Atemrohr in eine Pflanze eingebohrt (Haarfächer unterhalb der Kiemenschläuche verkürzt gezeichnet); oben Ende des Atemrohres mit der Bewehrung zum Haften im Pflanzengewebe. (Séguy 1951)

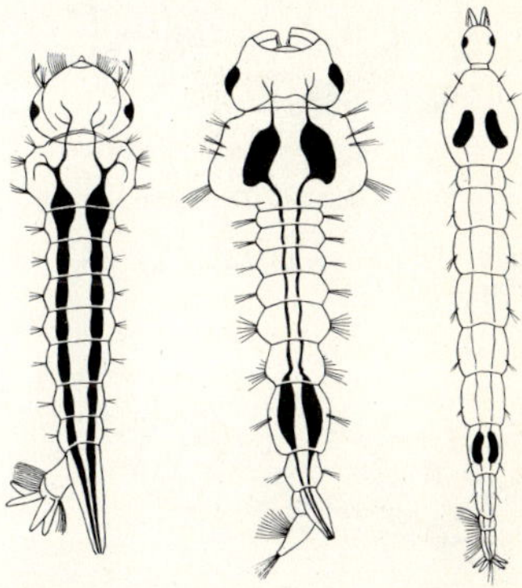

Abb. C-166: Haupttracheenäste (von links nach rechts) der Larven von ***Culex, Mochlonyx*** und ***Chaoborus***; verschiedene Ausbildung der Tracheenblasen.

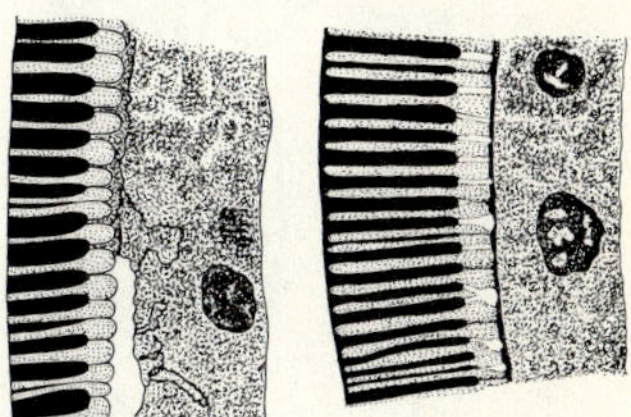

Abb. C-167. ***Chaoborus (Chorethra) plumicornis.*** Schnitte durch die Wand der Tracheenblase, links Teichform, rechts Seeform. (Wesenberg-Lund 1943)

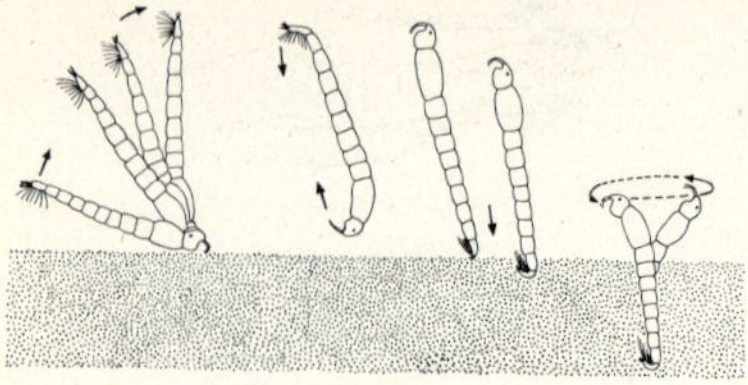

Abb. C-168: ***Chaoborus crystallinus.*** Larve bohrt sich, Hinterleibsende voran, in den Schlamm. (Duhr 1955)

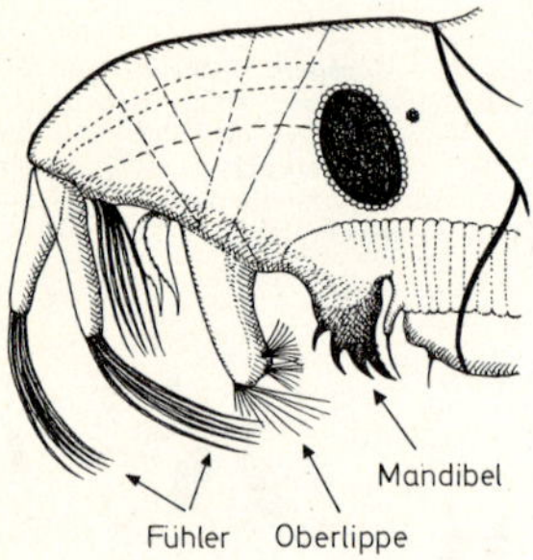

Abb. C-169: ***Chaoborus plumicornis.*** Kopf. (Wesenberg-Lund 1943)

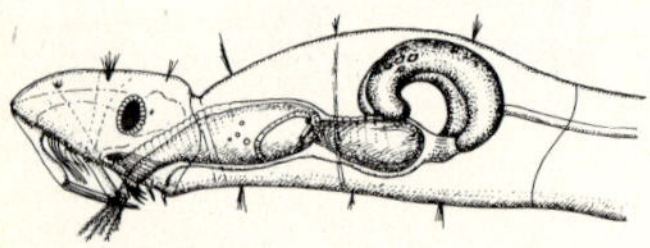

Abb. C-170: ***Chaoborus*** sp. Larve, Vorderende; hat 2 ***Cyclops*** verschlungen. (Berg 1937)

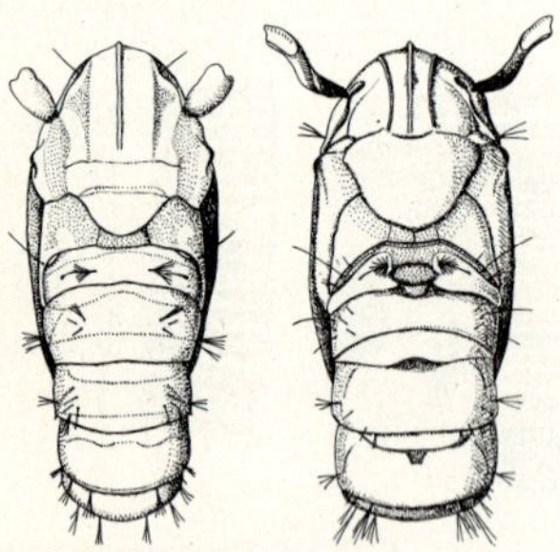

Abb. C-171: An der Wasseroberfläche hängende Puppen, Ansicht von oben; links ***Anopheles,*** rechts ***Culex***. (Peus 1951)

kehr in das frühere Wasserniveau, das für einige Zeit bevorzugt wird; die Wand der Blasen ist gegen Druck widerstandsfähig, ist bei Larven aus Tiefenwasser bedeutend dicker als bei denen aus Flachwasser [**C-167**]; gleichwohl ist eine verhältnismäßig schnelle Änderung des Tracheenblasenvolumens als Anpassung an wechselnden Wasserdruck, auch an wechselndes Körpergewicht möglich, vielleicht über einen Quellmechanismus der Blasenwand; die Bevorzugung bestimmter Wassertiefen wechselt tagesperiodisch; die Larven ziehen sich, deutlich negativ phototaktisch, zeitweilig in den Bodenschlamm zurück (große Widerstandsfähigkeit gegen O_2-Mangel), in den sie, das Hinterende voran, eindringen [**C-168**]; die Bedeutung der unter hormonaler Kontrolle wechselnd starken Bedeckung der Tracheenblasen mit dunklen Pigmentzellen ist nicht voll geklärt, (Anpassung an Aufenthalt über hellem bzw. dunklem Untergrund möglich); nach dem Schlüpfen der Larven Erstfüllung der Blasen mit Luft am Wasserspiegel, das Tracheensystem ist also dann hinten noch offen; bei den Häutungen wird die alte Blasenkutikula offenbar ganz aufgelöst. Nahrung der Mückenlarven: in den meisten Fällen kleine Partikel (Detritus, Kleinplankton), werden während des Hängens am Wasserspiegel (z. B. ***Culex, Aëdes; Anopheles***: Kopf bei der Nahrungsaufnahme um 180° gedreht, so daß seine Ventralseite zum Wasserspiegel zeigt), oder an einer Wasserpflanze (z. B. ***Culiseta***) durch den rhythmischen Schlag (Schlagfolge im Sommer ca. 240/min) der stark und lang behaarten Pinselorgane an der Oberlippe wahllos in Richtung Mundöffnung herbeigestrudelt, abfiltriert und ***(Anopheles)*** durch eine besondere Vorrichtung in den Schlund gestopft; evtl. Zerkleinerung durch die kräftigen Mandibeln [**C-169**]. Bei mehreren Arten räuberische Ernährung der Larven durch Fang von Planktonkrebsen und dgl., z. B. bei ***Mochlonyx*** und ***Chaoborus*** [**C-170**]; ***Chaoborus***-Larven sprechen auf die Vibrationen (von ca. 1200 Hz) an, die von Kleinkrebsen erzeugt werden; Hauptgreiforgan dieser glasklar durchsichtigen Lauerjäger (Komplexaugen gut ausgebildet) sind die Antennen, an die sich haar- und sichelförmige Gebilde, ein fingerförmiges, bewegliches Labrum und die kräftigen Kaumandibeln anschließen;

Verdauung der Beute bereits im Schlund [**C-170**], Unverdauliches ausgespuckt. Die **Puppen** [**C-171, C-172**], durch einen luftgefüllten Raum unter den Scheiden der Flügel und Beine meist leichter als Wasser, treiben, in Ruhe gelassen, in der Regel an der Oberfläche, den Wasserspiegel mit den beiden prothorakalen Atemhörnchen und (***Culex***, ***Aëdes***, ***Anopheles***; [**C-171**]) mit sternförmigen Haargebilden berührend (***Dixa***-Puppe oft in Seitenlage), wobei der Hinterleib meist ventral eingeschlagen ist; Ausnahme von dieser Regel: ***Mansonia***: die am Ende mit Zähnchen besetzten Atemhörnchen sind, ähnlich wie das Atemrohr der Larve, in Pflanzengewebe eingebohrt [**C-173**] und beziehen von dort Sauerstoff; die Puppe bohrt sofort die Atemhörnchen ein, solange das noch nicht gehäutete Hinterende der Larve noch in der Pflanze fixiert ist; die ***Chaoborus***-Puppe vermag mit gestrecktem Hinterleib frei im Wasser zu schweben und ohne äußerlich sichtbare Bewegung auf und ab zu steigen (wechselnder Druck auf den Luftvorrat im Brustbereich?); bei Störung, z. B. Beschattung der Wasseroberfläche (die durchschimmernden imaginalen Augen sind bereits lichtempfindlich) können Mückenpuppen blitzschnell und gezielt in die Tiefe schwimmen, auch aktiv oder passiv auftauchen; die Kontraktion der Hinterleibslängsmuskeln wird sehr effektiv durch das Paar fester Ruderblättchen am Hinterleibsende [**C-174**]; die Puppenruhe ist stets nur kurz, wenige Tage; kurz vor dem Schlüpfen Strecken des Hinterleibs und Auftreten von Luft (unklarer Herkunft) zwischen der Haut von Puppe und Imago, bisweilen durch Luftschlucken auch in deren Darm; dorsaler Riß in der Puppenhaut, die Imago macht sich in wenigen Minuten frei [**C-175**], ist in ca. 1 Stunde flugfähig; ***Mansonia***: die in die Pflanze eingebohrten Enden der Atemhörnchen brechen an vorgebildeter Stelle ab, die Puppe steigt zum Schlüpfen an den Wasserspiegel. Bei manchen Arten Bevorzugung bestimmter Schlüpfzeiten im Tageslauf; die ♂♂ schlüpfen oft früher als die ♀♀, sind erst in 1–2 Tagen, nach Drehung des Körperendsegments um 180°, begattungsfähig, obwohl die Samenzellen schon beim Schlüpfen reif sind; die Eireifung (s. S. 157) ist bei vielen Arten von der Blutmahlzeit abhängig. Zahl der Generationen pro Jahr artspezifisch verschieden, nur eine z. B. bei ***Mansonia richardii*** Fic. und bei mehreren ***Aëdes***-Arten, bei anderen 2 oder mehr Generationen je nach äußeren Bedingungen, bei »Hausmücken« (z. B. ***Culex pipiens*** L.) u. U. Generationenfolge das ganze Jahr hindurch; Überwinterung in unseren Breiten in allen Stadien möglich, außer in dem stets nur wenige Tage dauernden Puppenstadium, aber in der Regel für die Art

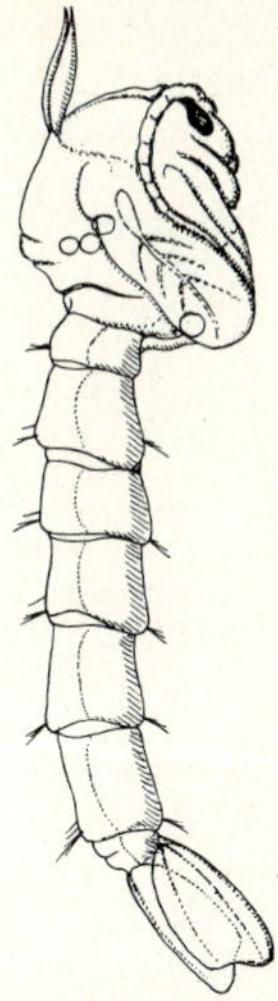

Abb. C-172: ***Chaoborus plumicornis.*** Puppe, 12 mm. (Wesenberg-Lund 1943)

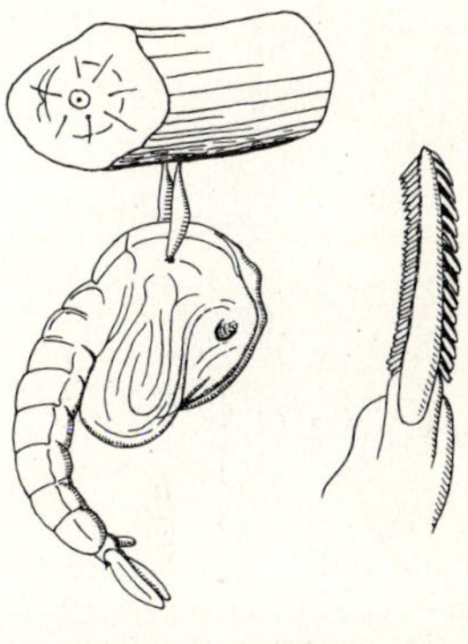

Abb. C-173: ***Mansonia richardii.*** Puppe, ca. 4 mm, mit den Atemröhren in Pflanzengewebe eingebohrt. Rechts Ende des Atemrohres. (Séguy 1951)

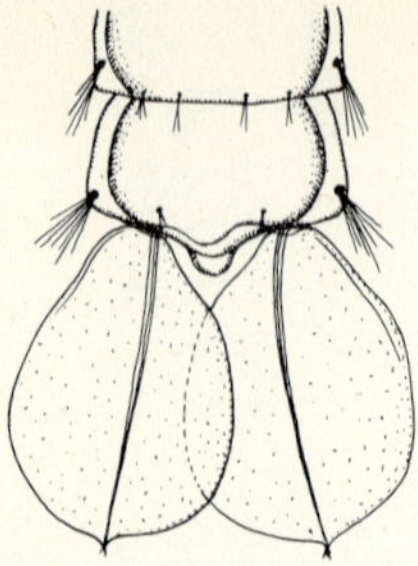

Abb. C-174: ***Culex*** sp. Hinterende der Puppe mit Ruderblättchen. (Nachtigall 1962)

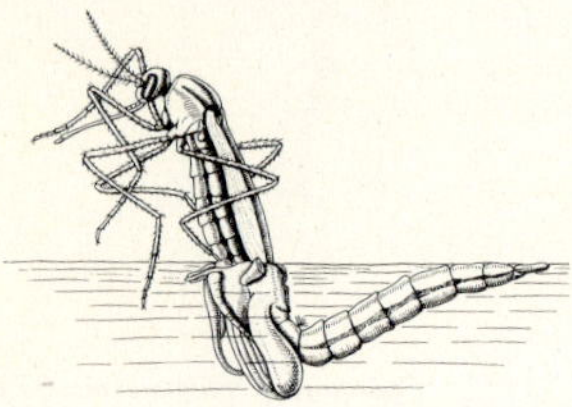

Abb. C-175: Stechmücke schlüpft aus der Puppe. (Burnett, Eisner 1966)

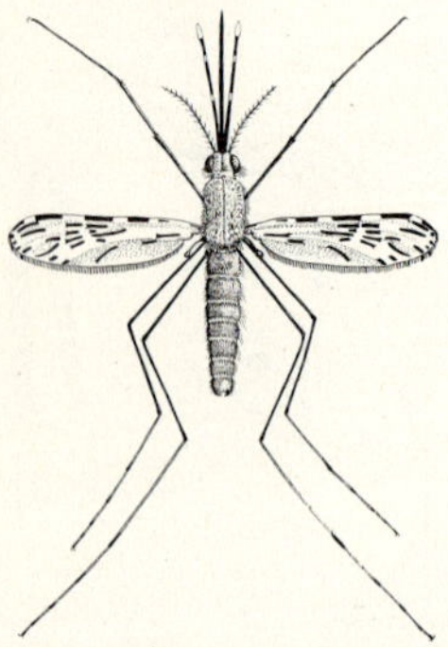

Abb. C-176: ***Anopheles superpictus.*** Körperlänge 6 mm. Malariaüberträger im Mittelmeerraum. (Weyer 1942)

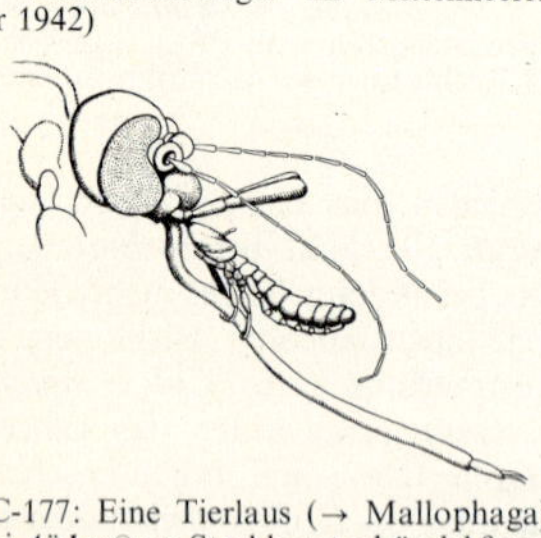

Abb. C-177: Eine Tierlaus (→ Mallophaga) hat sich bei ***Aëdes***-♀ am Stechborstenbündel festgebissen; kann so einen anderen Wirt erreichen (Peus 1951)

bezeichnend; ***Aëdes, Mochlonyx,*** manche ***Chaoborus***-Arten als Ei; ***Mansonia, Dixa,*** manche ***Chaoborus***-Arten, auch ***Anopheles bifurcatus*** Meig. als Larve; andere ***Anopheles***-Arten, ***Culex, Culiseta*** als Imago, und zwar als begattetes ♀ (♂♂ sterben im Herbst), an geschützten Stellen, ***Culex*** z. B. in Kellern und ähnlichen Räumen, ***Anopheles*** vor allem in Viehställen; Nahrungsaufnahme im Winter in der Regel eingestellt. In Europa an 100 Arten (ca. 85% der bisher bekannten Arten in den Tropen), viele Blutsauger unter ihnen, für den Menschen zeitweilig oder stellenweise sehr lästig; die nicht selten außerordentliche Plage im hohen Norden ist bedingt durch Massenvermehrung einiger ***Aëdes***-Arten, Entwicklung der Larven in den auf Dauerfrostboden nicht abfließenden, im Sonnenschein schnell erwärmten Schmelzwassertümpeln, Blutspender vor allem Lemminge und Verwandte (auch Insektenlarven, z. B. Raupen?). Eine Reihe von Arten besonders in wärmeren Ländern, bekannt als Krankheitsüberträger auf Tier und Mensch: Elephantiasis, Wurmerkrankung; die Parasiten (Nematoden) in Lymphbahnen und Lymphdrüsen; Überträger: ***Anopheles, Aëdes, Culex;*** Gelbfieber, eine Virus-Krankheit, durch ***Aëdes (Stegomyia) aegypti*** Meig., die Gelbfiebermücke (Blutspender außer Mensch vermutlich Urwaldaffen); Vogelmalaria durch ***Culex***- und ***Aëdes***-Arten; Menschenmalaria durch verschiedene ***Anopheles***-Arten [**C-147, C-176**], Fiebermücken, Gabelmücken (die langen Kiefertaster bilden mit dem Rüssel eine dreizinkige Gabel); die früher in einigen Gebieten der nordwestl. BRD heimischen Malariaherde sind durch Änderung der Entwicklungsbedingungen des Erregers heute erloschen, obwohl ***Anopheles maculipennis*** Meig. auch heute in M-Eur. i. e. S. weit verbreitet ist. Hauptplagegeister des Menschen in unserer Heimat: ***Culex pipiens*** und die Ringelschnake ***Culiseta annulata*** Schr. (Fußglieder schwarzweiß geringelt), vor allem nachts in den Wohnungen; in Wäldern: ***Aëdes communis*** Deg., ***A. maculatus*** Meig., ***A. annulipes*** Meig., ***A. punctor*** Kirby; mehr in Auwäldern und Wiesen: ***Aëdes cinereus*** Meig., ***A. excrucians*** Walk., ***A. sticticus*** Meig., ***A. vexans*** Meig. (die beiden letzteren die sog. Rheinschnaken), ***Mansonia richardii*** Fic.; gelegentlich werden andere Kleininsekten durch Mücken verschleppt, z. B. → Mallophagen [C-177]. Mückenbekämpfung heute möglich durch Aussetzen künstlich sterilisierter oder einen Letalfaktor übertragender ♂♂. Etwa 3000 Arten, in M-Eur. 100. (Autrum 1964; Bässler 1958; Beach 1979; Clements 1963; Davis 1977, 1984; Duhr 1955; Garrett, Bradley 1984; Gersch 1956; Giguère 1979; Hudson 1978; Jacobs 1943; Jones, Pilitt 1973; Keppler 1958; Lee, Craig 1983; Meola, Petrall 1980; Merritt, Wallace 1981; Mohrig 1969; Müller 1968; Nachtigall 1962b, 1963; Nielsen, Nielsen 1963; Peus 1951a, b, 1975; Risler 1955; Schremmer 1949; Schumann 1968; Séguy 1951; Shlenova 1956; Swift, Forward 1982; Templis 1975; Wesenberg-Lund 1943)

Culicoides; → Heleidae.

Culiseta; → Culicidae.

Cuphopterus; → Sphecidae.

Cupido; → Lycaenidae 6.

Curculio; → Curculionidae 22–24.

Curculionidae, Rüsselkäfer, Rüßler; mit 50000 Arten die größte Käferfam. (Coleoptera, Polyphaga), fast 900 Arten in Deutschland. Die Imagines (1,3–20 mm, meist kleiner als 5 mm) ausgezeichnet durch den vorn mehr oder weniger stark rüsselartig vorgezogenen Kopf, am Rüsselende die kurzen kauenden Mundteile; in vielen Fällen sind die Fühler gekniet, mit stark verlängertem ersten Glied (Schaft), daran gewinkelt angesetzt die mehrgliedrige Fühlergeißel; »Langrüßler«: Rüssel oft lang, dünn und gebogen, im Querschnitt fast drehrund; »Kurzrüßler«: Rüssel kurz, dick und mehr oder weniger abgeflacht; die Kutikula ist oft sehr hart; schwarze und dunkelbraune Färbung herrscht vor, manche mit Metallglanz; Flügeldecken und Körper bei nicht wenigen Arten bedeckt mit durch Pigmente gefärbte oder aufgrund optischer Effekte farbige, bisweilen metallisch glänzende oder in allen Regenbogenfarben schillernde Schuppen; (besonders prächtig der südamerikanische Diamantkäfer ***Entimus imperialis***). Die Neigung zum Fliegen ist im allgemeinen schwach; manchmal sind die Flügel bei der gleichen Art unterschiedlich ausgebildet; bei flügellosen Arten Flügeldecken nicht selten verwachsen. Ernährung bei den einheimischen Arten bei Larve und Imago ausschließlich vegetarisch; Nahrungsspezialistentum zuweilen sehr ausgeprägt; bei manchen Arten regionale Unterschiede in der Wahl der Futterpflanze. (Vom Üblichen abweichende Ernährungsweisen bei einigen ausländischen Arten: ***Tentegia*** sp., Australien: das ♀ sammelt Kot von Beuteltieren in selbstgegrabenen Erdhöhlen, als Futter für die Larve; ***Ludovix*** sp., Amazonasgebiet: Imagines und Larven verzehren die in Wasserhyazinthen deponierten Eigelege einer Heuschrecke). Eiablage teils in den Boden, teils an oder in Pflanzengewebe, häufig in mit dem Rüssel hergestellte Löcher [**C-187**]; ab und an Brutfürsorge durch besondere Unterbringung der Eier oder/und Vorbehandlung des Larvenfutters, z. B. durch Unterbinden des Saftflusses, dadurch Welken des betr. Pflanzenteils. Larven madenförmig, Beine höchstens als Stummel angedeutet; an oder in Pflanzengewebe auch in Gallen oder minierend. Verpuppung in der Erde oder an bzw. in der Futterpflanze. Parthenogenese bei manchen, dann nicht selten polyploiden ***Otiorhynchus***-Arten. Überwinterung ist, je nach Art, in verschiedenen Stadien möglich; meist eine, bisweilen 2 Generationen im Jahr. Symbiontische Mikroorganismen sind bei einer Reihe von Arten bekannt, ihre Unterbringung ist sehr verschieden: a) in Zellen von Mitteldarmausstülpungen, z. B. bei ***Cleonus***-Larven; verschwinden beim ♂ ganz; Übertragung durch Beschmieren der Eioberfläche, Beschmierorgane am Legeapparat des ♀; b) in besonderen Symbiontenorganen (Mycetomen); Beispiel: ringförmiges Mycetom um das Vorderende des Mitteldarms bei ***Hylobius***-Larven; bei der Imago einzelne Symbiontenzellen im Darmepithel, verschwinden mehr und mehr; Übertragung durch Einwandern der Symbionten zunächst in Nährzellen, von dort in junge Eizellen; c) in 2 der im ganzen 6 Malpighi-Gefäßen, so bei manchen ***Apion***-Arten; Übertragung über die Nähr- in die Eizellen. Zahlreiche Arten werden durch Fraß der Larven oder/und Käfer in Wald und Garten, auch an Vorräten schädlich. Auswahl: **Gruppe der Stecher und Roller** (Nr. 1–11); nach den Verfahrensweisen bei der Brutfürsorge sind unterscheidbar: Stecher: Substrat für das Ei lediglich mit dem Rüssel angestochen; Roller: Herstellen von Blattrollen für die abzulegenden Eier; und zwar: Längsroller: Blatt der Länge nach eingerollt, mit (Trichterroller) oder ohne (Zapfenroller) Schnitt durch die Blattfläche; Querroller: Teil des

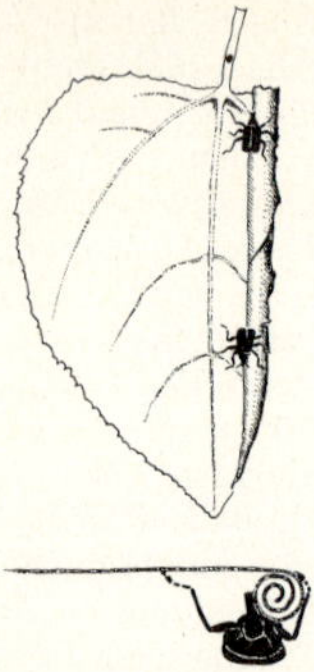

Abb. C-178: ***Byctiscus populi***, Pappelblattroller. Oben ♀ und ♂ rollen gemeinsam an Zitterpappelblatt (mal Ober- mal Unterseite). Unten ♀ beim Einrollen, mit den Vorderbeinen. (Daanje 1964)

zusammengeklappten Blattes quer zur Längsachse aufgerollt (Büchsenroller); Welken der Rollen durch Unterbrechen der Saftzufuhr, günstig für die Arbeit beim Rollen und offenbar für die Entwicklung der Larven; mehrere Gattungen, mit oft hoch spezialisierter Brutfürsorge; Fühler nicht gekniet. **1. *Rhynchites (Coenorrhinus) aeneovirens*** Mrsh., Eichenknospenstecher (1,8–3 mm; dunkel blaugrün); das überwinterte ♀ nagt im Frühling Eichenknospen an der Basis an (Unterbrechen des Saftflusses), nagt dann ein Loch in die Knospe, legt ein Ei ab, das mit dem Rüssel tiefer in das Loch geschoben wird; manchmal 2 Eier im Eiloch; die Larve frißt in der Knospe; Verpuppung in der Erde; geht merkwürdigerweise auch an Erdbeere, Eiablage in Blattstiel und Blütenschaft. **2. *Rhynchites (Coenorrhinus) interpunctatus*** Steph., Blattrippenstecher, Erdbeerrippenstecher (2,5 bis 3 mm; blau); an verschiedenen Laubbäumen, auch an Obstbäumen, Erdbeeren; das ♀ nagt an der Blattbasis in die Hauptrippe ein Loch für meist 2 Eier; die Larve miniert in der Hauptrippe; Verpuppung im Boden nach Abfallen des Blattes. Ähnlich ***Rh. pauxillus*** Germ., Obstbaumblattrippenstecher (2–3 mm), vor allem an Obstbäumen. **3. *Rhynchites coeruleus*** Deg., Triebstecher, Obstbaumzweigabstecher (2,5–3,5 mm; blaugrün); an verschiedenen Laub-, inbes. Obstbäumen; das ♀ nagt nach der Überwinterung im Frühling mehrere Löcher für je ein Ei in sehr junge Triebe, schneidet dann den Trieb darunter fast ganz durch; die Larven im Mark des welkenden Triebes; Verpuppung im Boden. **4. *Rhynchites cupreus*** L., Fruchtstecher, Kupferroter Pflaumenstecher (3,5–4,5 mm); an verschiedenen Obstbäumen, bei uns vor allem an Pflaumen; der Käfer frißt im Herbst an Blättern, nach dem Überwintern an Knospen, Blüten, jungen Früchten; das ♀ nagt ein Loch in die junge Frucht, schiebt ein Ei hinein (1–4 Eier in einer Frucht; wohl von verschiedenen ♀♀), nagt den Fruchtstiel weitgehend durch; die Frucht fällt bald ab, in ihr erfolgt dann die Entwicklung der Larven; Verpuppung in einer Erdhöhle; Entwicklung einjährig. Ähnlich ***Rh. auratus*** L. und ***Rh. bacchus*** L.; gerne an Äpfeln (Apfelstecher; Larve im Fruchtfleisch und Kerngehäuse) und Kirschen (Larve im Kern); bei beiden dauert die Larvenzeit über ein Jahr. **5. *Byctiscus betulae*** L., Rebenstecher, Zigarrenwickler (5,5 bis 9,5 mm; metallisch grün bis blau); an verschiedenen Laubbäumen, an Reben ab und zu schädlich; die Imago überwintert, befrißt im Frühling Knospen und Blätter (Reifungsfraß); das ♀ bohrt den Blattstiel an, höhlt ihn aus, unterbricht die Arbeit, frißt oder sticht andere Blattstiele an, rollt das inzwischen welkende Blatt als Ganzes zu einer etwa zigarrenförmigen Längsrolle zusammen, Blattunterseite nach außen; Ablegen der Eier (meist 4–6) in der Regel während des Wickelns lose zwischen die Umgänge; Zusammenleimen des Wikkels mit Analdrüsensekret; pro Tag werden etwa 2, im ganzen 20–30 Wickel hergestellt; Larvenentwicklung in der abgefallenen, sich zersetzenden Rolle; Verpuppung im Boden; der im Herbst schlüpfende Jungkäfer überwintert. Abwandlungen: nicht selten mehrere Blätter (anscheinend vor allem härtere) in einem Wickel, dann jeder Blattstiel einzeln oder die ganze Triebspitze angenagt; Wickel u.U. von einem ♀ begonnen, von einem anderen fertiggemacht, manchmal mehrere ♀♀ zugleich an einem Wickel, aber niemals Zusammenarbeit; Eiablage auch noch am fertigen Wickel möglich in ein mit dem Rüssel gebohrtes Loch; bisweilen über ein Dutzend Eier im Wickel, stammen wohl von mehreren ♀♀. **6. *Byctiscus populi*** L., Pappelblattroller (4,5–6 mm; metallisch grün); Wickel ähnlich dem des Rebenstechers, aber vor allem an Zitterpappeln, immer nur ein Ei im Wickel [**C-178**]. **7. *Chonostropheus (Deporaus) tristis***

F., Ahornblattroller (3,5 bis 4 mm; schwarz mit bläulichen Flügeldecken); bei uns Gebirgstier, Blattrolle anscheinend ausschließlich an Bergahorn, jedoch wird nur ein Teil des Blattes verwendet; das ♀ macht mit dem Rüssel einen Schnitt, am stielnahen Rand beginnend, bis über die Mittelrippe weg; dann Einrollen des distalen Blatteils vom Schnittanfang her, Unterseite nach innen; Eier (1–4) beim Einrollen nacheinander lose zwischen die Windungen gelegt; Wickel mit Analdrüsensekret verfestigt; mit dem Rüssel wird eine Lochreihe quer über die nicht durchschnittene Blattfläche hergestellt, wohl zur Unterbrechung des Saftstromes; Ergebnis: seitenständige Längsrolle. **8.** ***Deporaus betulae*** L., Birkenblattroller, Trichterwickler (2,5–4 mm; schwarz); an verschiedenen Laubbäumen, häufig an Birke; das ♀ macht eine mittelständige Längsrolle aus dem distalen Teil des Blattes, aber mit Doppelschnitt; Beginn am Rand auf der Blattoberseite (Orientierungsproblem nicht voll geklärt), Schnitt in S-Kurve bis zur Mittelrippe, Kerbung der Mittelrippe ein kurzes Stück stielwärts, Schnitt weiter geführt in flacher S-Kurve bis zum anderen Rand; das ♀ geht zurück zum Schnittbeginn, geht auf die Unterseite, beginnt mit dem Einrollen (Blattunterseite nach innen; [**C-179**]) im Seitwärtsgang, so bis zur Mittelrippe; somit entsteht ein Innentrichter, um den die andere Blatthälfte als Außentrichter herumgewickelt wird; Verfestigung der Rolle nach Hineinkriechen durch Arbeit von innen, dabei Eiablage (1–6 Eier) in mit dem Rüssel hergestellte Taschen unter der Blattepidermis [**C-180**]; schließlich Umklappen der Blattspitze und Befestigen der äußeren Umgänge und der Spitzenklappe durch »Nähen« mit Rüsseleinstichen (kein Klebesekret verwendet); verschiedene Abwandlungen möglich [**C-181**]; die Trichter fallen meist ab; Verpuppung im Boden; die Puppe überwintert. Niemals Zusammenarbeit der ♀♀, falls sich einmal mehrere am Trichter finden; niemals Mithilfe der ♂♂; oft aber Kämpfe der ♂♂ gegeneinander [**C-182**]; in der Regel nur in Gegenwart eines ♀. **9.** ***Apoderus coryli*** L., Haselblattroller ([**C-183**]; schwarz, Flügeldecken und z.T. auch Halsschild rot); an verschiedenen Laubbäumen, oft an Haselnuß; Herstellen einer seitenständigen Querrolle: das ♀ macht mit dem Rüssel einen Schnitt vom Seitenrand

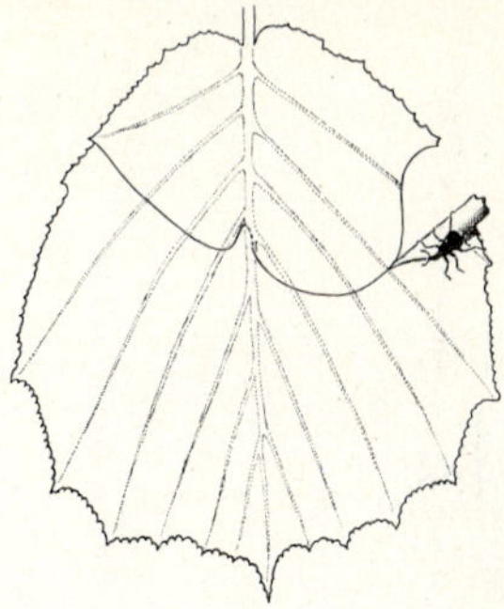

Abb. C-179: ***Deporaus betulae***, Birkenblattroller. ♀ beginnt zu rollen; die Unterseite des Blattes gelangt nach innen. (Daanje 1964)

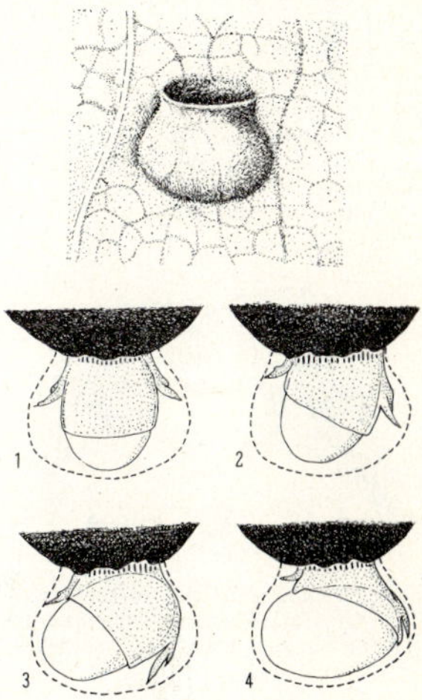

Abb. C-180: ***Deporaus betulae***, Birkenblattroller. Oben Eitasche, unten Ablage und Wenden des Eies mit der vorgestülpten Scheide; schematisiert. (Daanje 1964)

des Blattes bis etwas über die Mittelrippe hinaus; bei dickeren Blättern wird ein Doppelschnitt gemacht: vom Blattrand bis zur Mittelrippe, diese wird zunächst übersprungen, von der Mittelrippe weiter bis zum anderen Blattrand; die Mittelrippe wird dann am Berührungspunkt der beiden Schnitte tief eingekerbt; nach Einkerben der Mittel- und Seitenrippen im distalen Teil des Blattes (Unterseite) wird dann

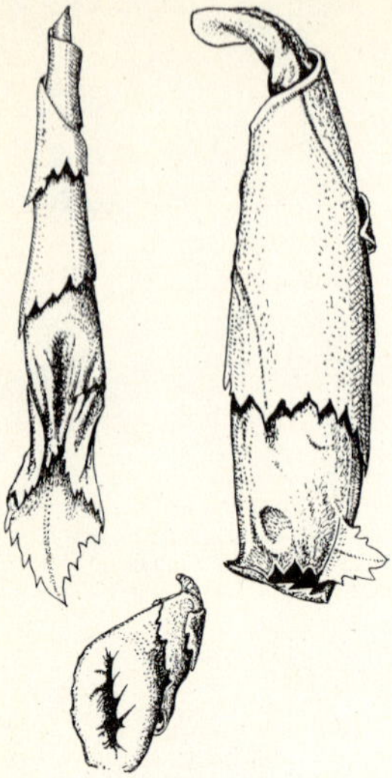

Abb. C-181: ***Deporaus betulae***, Birkenblattroller. Drei unten auf verschiedene Weise zugedrückte Blattrollen. Links Hainbuche, rechts Hasel, unten Erle (von unten). (Daanje 1964)

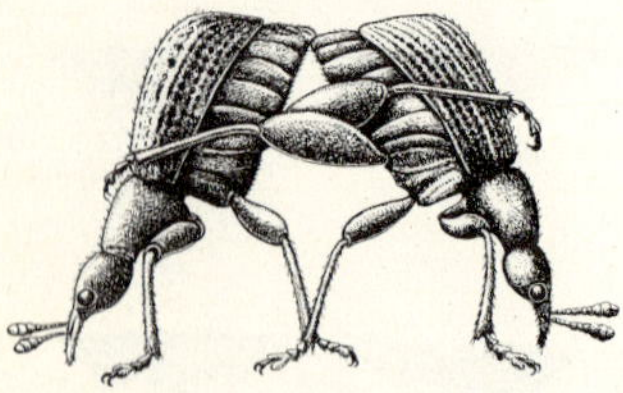

Abb. C-182: ***Deporaus betulae***, Birkenblattroller. Kampf der ♂♂. Umarmung mit den Hinterbeinen (nur die Beine der einen Seite gezeichnet). (Daanje 1964)

dessen eine Hälfte um die Mittelrippe als Scharnier auf die andere geklappt, Oberseite gegen Oberseite; Quereinrollen dieser Doppellamelle von der Blattspitze her, wobei der Käfer bald innen, bald außen ist; dabei werden 1 bis 2 Eier lose zwischen die Lamellen gelegt; Verschluß unten durch Einschlagen von Blattzipfeln, Verschluß oben (Blattstielnähe) durch mit Rüsselstichen befestigte Blattfalten; die fertige Doppelrolle wird später vom ♀ abgeschnitten, fällt zu Boden; die Einfachschnittrolle bleibt hängen; Larvenfraß und Verpuppung im Innern des Wickels; der Jungkäfer erscheint im Sommer, macht neue Wickel; Überwinterung der Larven dieser neuen Generation in den abgefallenen Wickeln, Verpuppung im Frühling. **10.** ***Attelabus nitens*** Scop., Eichenkugelrüßler, Eichenblattroller [**C-184**]; Körper stark gewölbt, oben rotbraun; meist an Eichen, auch an Eßkastanien; Herstellen einer mittelständigen, büchsenförmigen Querrolle: das ♀ geht im Frühling an junge Eichenblätter, macht 6–7 cm von der Blattspitze entfernt (unabhängig von der Blattlänge; Meßtechnik?) einen Schnitt vom Rand bis zur Mittelrippe, dann vom gegenüberliegenden Rand auch bis zur Mittelrippe; Annagen der Mittelrippe dicht über dem Treffpunkt beider Schnitte; Kerben in Haupt- und Nebenrippen im distalen Teil des Blattes, Blattfläche oben und unten angeritzt; nach Pause (Blatt erschlafft) werden die Blatthälften über die Mittelrippe aufeinander geklappt, Oberseite auf Oberseite; Queraufrollen der Doppellamelle von der Spitze her, Befestigung fortlaufend durch Rüsselstiche (»Nähen«), Seitenlappen eingeklappt und ebenfalls festgenäht; bei der Rollarbeit werden 1–3 Eier lose mit eingerollt; die fertige Rolle wird oft vom ♀ abgeschnitten; die Larven überwintern im abgefallenen Wickel; Verpuppung in der Erde, die Jungkäfer schlüpfen alsbald. **11.** ***Rhynchites (Lasiorhynchites) sericeus*** Hrbst., Kuckucksrüßler (6 bis 7,5 mm; oben blau); bemerkenswerter Brutparasitismus: das ♀ legt ein Ei in die Rolle von ***Attelabus nitens*** Scop., entweder beim Herstellen der Rolle oder in die bereits fertige Rolle; das Ei wird in ein mit dem Rüssel gebohrtes Loch eingeschoben; Wirts- und Kuckuckslarven wachsen nebeneinander auf; (von amerikanischen Kuckucksrüßlern ist bekannt, daß sie die Wirtseier verzehren). **12.** Gattung ***Apion***, Spitzmäuschen, in M-Eur.i.e.S. über 100 Arten; klein (meist 2 bis 3 mm); Körper in der hinteren Hälfte am breitesten, nach vorn ziemlich gleichmäßig und stark verschmälert, Fühler nicht gekniet; meist düster schwarz oder metallisch blau oder auch gelbrot; Überwinterung oft als Imago, die dann an verschiedenen Pflanzenteilen frißt, häufig an Knospen und Blüten; Eiablage je nach Art in die Blüten, in den Stengel oder die Wurzel; Nahrungsspezialistentum oft sehr ausgeprägt, viele Arten an Schmetterlingsblütlern; die Larven verursachen nicht selten gallenartige Anschwellungen der befressenen Pflanzenteile; Verpuppung am

Fraßort der Larve. Mehrere Arten können am Klee schädlich werden, z. B. ***Ap. apricans*** Hrbst. (3–3,5 mm; fast schwarz); die Larven fressen die unreifen Samenanlagen, Puppe in Blütengrund, bei uns wohl 2 Generationen; ***Ap. flavipes*** Payk. (2,5 bis 3 mm), die Imago frißt an verschiedenen Pflanzen, Entwicklung der Larven ist jedoch nur an Klee möglich; ***Ap. pisi*** F. (2,5–3,5 mm; schwarzblau), außer an Klee auch an Erbsen, Wicken, Luzerne u. a., Larve in den Sproßknospen; ***Ap. virens*** Hrbst. (2,3–3,5 mm; grün), Larven in Stengeln von Rot- und Weißklee, fressen meist zuerst abwärts, dann aufwärts, Verpuppung am Wurzelansatz; der Käfer frißt im Sommer, dann im Herbst, schließlich nach Überwintern im Frühling an den Blättern. Die Larven mancher auf Klee eingestellter Arten wandern zum Überwintern von den Kleefeldern ab. Andere Arten entwickeln sich an Wicken, z. B. ***Ap. (Oxystoma) pomonae*** F. (2,5–4 mm; blau), oder an Malven, z. B. ***Ap. aeneum*** F. (3,4–4,3 mm; erzgrün), Larve in Malvenstengeln. Die Larven von ***Ap. striatum*** Kirby verwandeln die Blütenhüllen des Färberginsters in kugelige Gallen, die sie nach dem Abfallen durch schnellende Bewegungen nach Art von → Springbohnen an günstige Bodenstellen bringen. **13.** Gattung ***Otiorhynchus***, Lappenrüßler, Dickmaulrüßler; der kurze dicke Rüssel vorn beidseits lappenartig verbreitert; in M-Eur. i. e. S. über 50 Arten; meist düster, hochgewölbt, Flügeldecken manchmal (z. B. bei ***Ot. gemmatus*** Scop., 8–10 mm) mit metallisch glänzenden Flekken (Gruppe von Schillerschuppen); Flügel bei manchen Arten rückgebildet; Eiablage am oder im Boden; es gibt Arten mit parthenogenetischer Vermehrung, ♂♂ z. T. überhaupt nicht oder nur aus bestimmten Teilen des Verbreitungsgebietes bekannt; die Larven fressen an Wurzeln; Verpuppung im Boden; Überwinterung als Larve oder Jungkäfer, wenn die Imagines mehrere Jahre alt werden, auch als Altkäfer (z. B. ***Ot. niger*** F.); die Imagines sind vor allem nachts aktiv, am Tage verborgen; zuweilen Schäden durch Fraß der Larven und Imagines. Beispiele: ***Ot. niger*** F. [**C-185**], vor allem an Fichte, aber auch an Laubbäumen; ***Ot. sulcatus*** F., Gefurchter Lappenrüßler (9 bis 10,5 mm), an verschiedensten Pflanzen, stellenweise an Reben, bisweilen auch an Topfpflanzen (die lang-

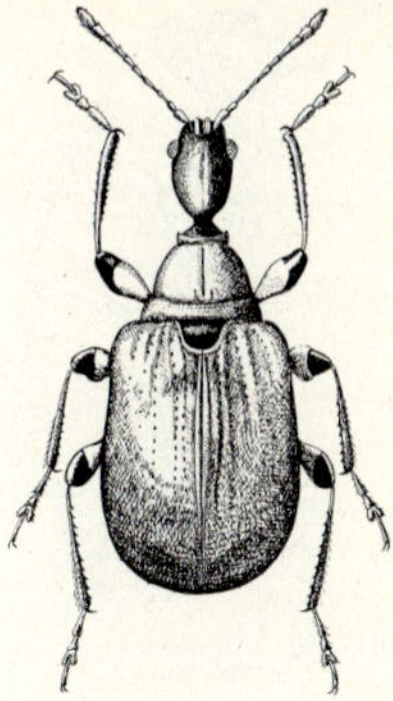

Abb. C-183: ***Apoderus coryli***, Haselblattroller. 4–7 mm. (Bechyně 1954)

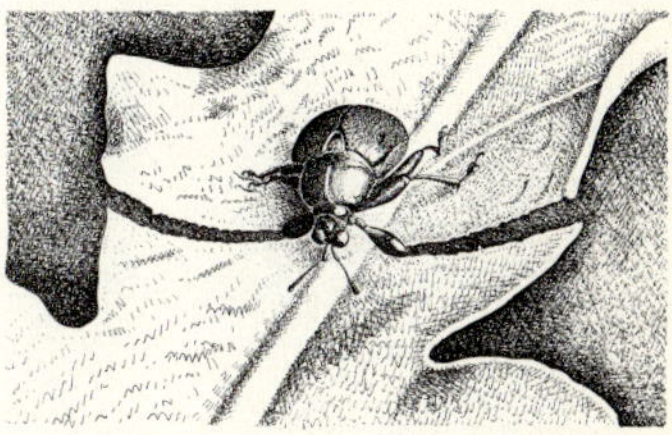

Abb. C-184: ***Attelabus nitens***, Eichblattroller. 4–6 mm. ♀ auf Eichenblatt; schneidet die Mittelrippe an nach Herstellen der Halbschnitte durch die Blattfläche. (Fath 1957)

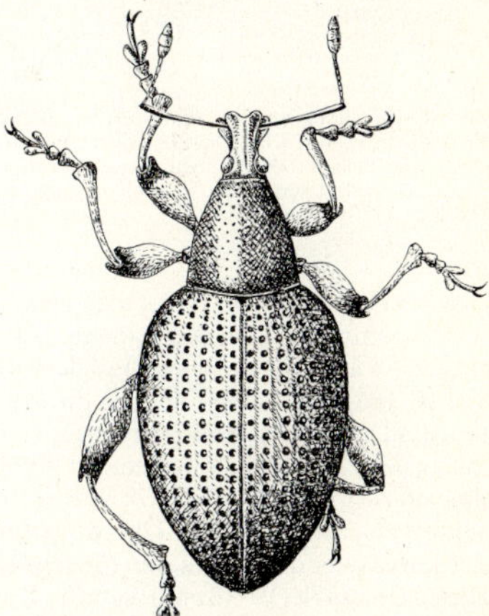

Abb. C-185: ***Otiorhynchus niger***. 7–12 mm. (Bechyně 1954)

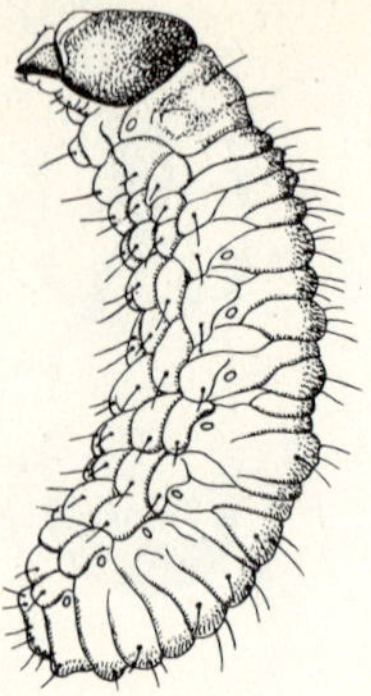

Abb. C-186: ***Otiorhynchus niger.*** Larve, ca. 15 mm. (Schimitschek 1957)

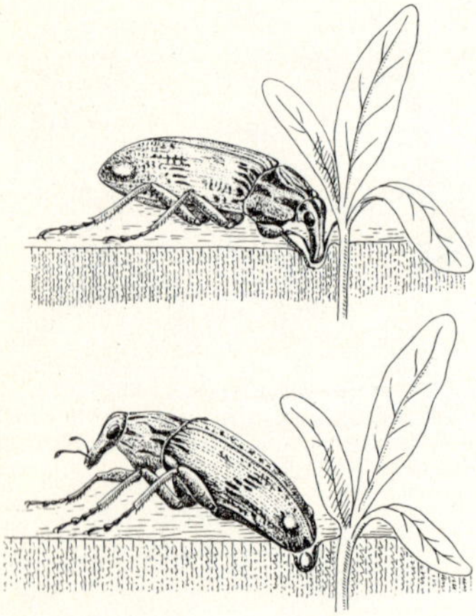

Abb. C-187: ***Bothynoderes punctiventris,*** Rübenderbrüßler. 12 mm. ♀ bei Eiablage. Zuerst wird mit dem Rüssel nahe der Rübenpflanze ein Loch hergestellt, dann wird in dieses Loch ein Ei gelegt. (Eichler 1955)

sam kriechenden Käfer findet man dann in den Wohnungen) schädlich, durch Blattfraß der Käfer, durch Wurzelfraß der Larven [**C-186**]; die Larven können die Wurzeln auf Distanz von mehreren cm gerichtet aufsuchen, angelockt anscheinend durch die von den Wurzeln abgegebene Kohlensäure; zuweilen 2malige Überwinterung der Larve oder des Käfers; ***Ot. ligustici*** L., Kleeluzernerüßler (9–12 mm), kann an Rotklee und Luzerne schädlich werden. **14.** Gattung ***Phyllobius,*** Grünrüßler; bei manchen häufigen Arten ist der Körper mit metallisch grün glänzenden Schillerschuppen bedeckt; ***Phyll. arborator*** Hrbst. (6–8 mm) frißt, wie viele andere Arten auch, an Blättern der verschiedensten Pflanzen, vor allem an Laubbäumen (Befressen der Blätter vom Rande her); Eiablage in den Boden; die Larve frißt an den Wurzeln. **15.** ***Brachyderes incanus*** L., Kiefernnadelrüsselkäfer, Grauer Tannenrüsselkäfer (7–11 mm); die Imago überwintert im Boden, unter Streu, unter Rindenschuppen, frißt an verschiedensten Bäumen, vor allem an den Nadeln junger Kiefern (Harzaustritt am Wundrand); Eiablage in den Boden, Larven an den Wurzeln, vor allem von Kiefern, auch von Heidekraut; Verpuppung im Boden; Hauptschaden durch den Fraß des Käfers. **16.** ***Bothynoderes (Cleonus) punctiventris*** Germ., Rübenderbrüßler (10–12 mm; grauweiß mit dunklen Abzeichen); der im Boden überwinternde Käfer befrißt im Frühling vor allem junge Rübenpflanzen, und zwar die Blätter vom Rande her; Eiablage in den Boden, dicht neben die Futterpflanze [**C-187**]; Larven an den Wurzeln; Verpuppung im Boden (ca. 30 cm tief); Jungkäfer im Herbst, überwintern meist in der Puppenhöhle (bisweilen 2 Winter); an Rüben ab und zu sehr schädlich. – Gattung ***Anthonomus,*** Blütenstecher; kleine, ziemlich langrüsselige Käfer; über ein Dutzend Arten in M-Eur. i.e.S., eine Reihe von ihnen an Kulturpflanzen sehr schädlich. Beispiele: **17.** ***Anthonomus pomorum*** L., Apfelblütenstecher, Brenner (3,5–4,5 mm); der Käfer überwintert, oft in Rindenritzen (nicht nur an Apfelbäumen), auch an anderen geschützten Stellen; im Frühling Begattung nach Reifungsfraß des ♀ an Knospen vor allem von Apfel und Birne; das ♀ bringt je ein Ei in einer Blütenknospe unter; die Larve (»Kaiwurm«) frißt im Innern der Knospe Staubgefäße, Stempel, Teile der Kronblätter, die sich dann bräunen; Verpuppung in der nicht abfallenden Blütenknospe; der Jungkäfer schlüpft im Sommer (VI, VII), frißt etwas an den Blättern; Sommerruhe, etwas Herbstfraß, dann Winterruhe; bei Massenbefall sehr schädlich. **18.** ***Anthonomus piri*** Kollar (***cinctus*** Redt.) Birnenknospenstecher (4 mm); der Käfer schlüpft im Frühling aus der Puppe, macht Reifungsfraß vor allem an den Triebspitzen und Blattstielen der Birne, dann Sommerruhe; erneuter Fraß im Spätsommer–Herbst an

Knospen; Eiablage im Herbst (vor allem X), je ein Ei in eine Knospe; Überwinterung in der Regel als Ei (bisweilen als Larve); die Larve frißt im Frühling die Knospe aus, verpuppt sich dann in ihr; Schaden manchmal sehr groß. **19. *Anthonomus rubi*** Hrbst., Erdbeerblütenstecher, Himbeerblütenstecher (2–3 mm); der Käfer überwintert, legt im Frühling je ein Ei in eine Blütenknospe von Himbeeren, Erdbeeren, auch Brombeeren und Rosen, nagt den Knospenstiel an; die Knospe welkt, knickt um (»Nackenstecher«); Verpuppung in der oft abfallenden Knospe; Jungkäfer im Frühsommer, frißt an Blättern, geht im Herbst in die Überwinterung. **20. *Anthonomus varians*** Payk., Kiefernblütenstecher (2,5–3 mm); der Käfer überwintert am Boden, frißt im Frühling an Kiefernnadeln; im V Eiablage in die männlichen Blütenkätzchen; die Larven fressen Blütenstaub; Verpuppung in den Kätzchen in einer mit Drüsensekret ausgestrichenen Höhle; Jungkäfer im Sommer, frißt wieder an Nadeln, geht ins Winterlager. **21. *Anthonomus (Furcipes) rectirostris*** L., Kirschkernstecher (4–4,5 mm); der überwinterte Käfer frißt im Frühling an Blättern und Früchten vor allem an Kirsche; das ♀ legt ein Ei in junge, etwas zurückgebliebene Früchte, die Larve frißt im Kern. – Gattung ***Curculio (Balaninus)***, Nußbohrer; knapp mittelgroß, mit sehr langem, dünnen Rüssel. **22. *Curculio nucum*** L., Haselnußbohrer [**C-188**]; der Käfer schlüpft im Frühling aus der in der Erde ruhenden Puppe, frißt an verschiedensten Bäumen; erfolgreiche Fortpflanzung anscheinend nur an Hasel; das ♀ sticht V/VI mit dem Rüssel Jungnüsse an, schiebt ein Ei hinein, die Larve frißt im Innern der sich weiter entwickelnden, aber verfrüht abfallenden Nüsse; die Altlarve verläßt die Nuß, überwintert in einer Höhle im Boden, (kann bis 3 Jahre überliegen); hier im Frühling Verpuppung. **23. *Curculio glandium*** Marsh., Eichelbohrer (4–8 mm); Lebensweise ähnlich wie beim Haselnußbohrer, Larvenentwicklung jedoch in Eicheln (bisweilen in Haselnüssen); das ♀ stirbt im Frühling, gleich nach der Eiablage. **24. *Curculio villosus*** F., Eichengallrüßler (4–5 mm); Freßplatz der Larven: die durch die Gallwespe ***Biorhiza pallida*** Ol. (→ Cynipidae 2) hervorgerufenen apfel- bis faustgroßen Knospengallen an Eichen. – Gattung ***Pissodes***, mehrere Arten in M-

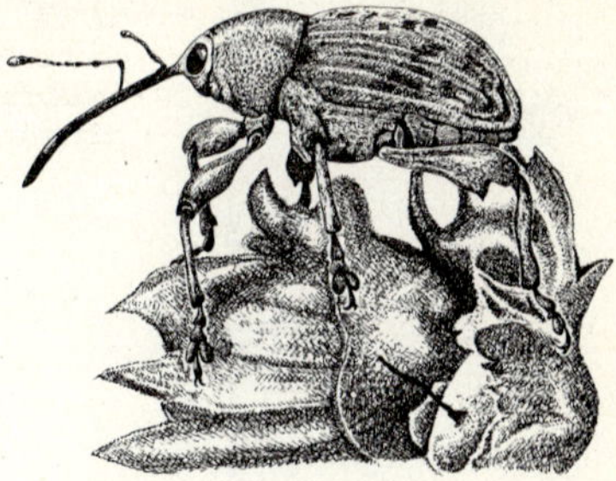

Abb. C-188: ***Curculio nucum***, Haselnußbohrer. 6–9 mm. (zur Srassen 1969)

Eur.i.e.S., ausschließlich an Nadelbäumen; bemerkenswert ist die lange Lebensdauer der fast ständig fortpflanzungsfähigen Imagines, können 2–3mal überwintern; machen immer neue Bruten, so daß immer alle Stadien vorhanden sind; die Larven fressen unter der Rinde lebender Bäume, können dadurch sehr schädlich werden; (vgl. ***Hylobius***; Nr. 28); Beispiele: **25.** Hauptsächlich an Kiefer: ***Pissodes notatus*** F., Kiefernkulturrüßler (5–7 mm), befällt vor allem bis etwa 15 Jahre alte Bäume; Larvenfraßgänge unter der Rinde, hier auch die Puppenwiegen aus Nagespänen. ***Pissodes validirostris*** Gyll., Kiefernzapfenrüßler (5–6 mm); die Larven fressen in Kiefernzapfen, 1–3 Stück pro Zapfen. **26.** An Fichte: ***Pissodes harcyniae*** Hrbst., Harzrüsselkäfer (5–6 mm; Name nach einem früheren Massenauftreten im Harz); nach dem Überwintern bohrt der Käfer zum Fressen und zum Eierlegen tiefe Löcher in die Rinde, verursacht so Harzausfluß (sieht nach dem Eintrocknen weiß aus); gewundene Larvengänge in der Rinde, an ihrem Ende die Puppenwiege aus Nagespänen. **27. *Pissodes piceae*** Ill., Weißtannenrüßler (7–10 mm), ausschließlich an etwas kränkelnden Weißtannen, bisweilen recht schädlich; Entwicklung wie bei den anderen ***Pissodes***-Arten. **28. *Hylobius abietis*** L., Großer brauner Rüsselkäfer (8 bis 14 mm); die Käfer (meist überwinterte Jungkäfer) suchen im Frühling zu Fuß, seltener fliegend, Jungkulturen hauptsächlich von Kiefer und Fichte auf (auch Laubbäume), zu und an den Futterpflanzen geleitet durch in den Pflanzen vorhandene Lockstoffe (z.B. Linolensäure-Methylester, Monoterpenalko-

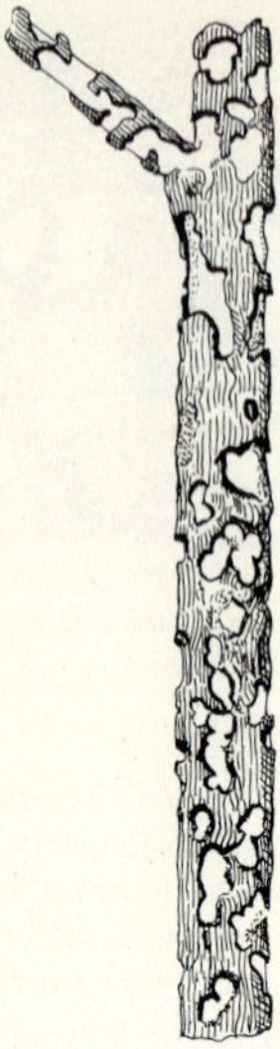

Abb. C-189: ***Hylobius abietis,*** Großer, brauner Rüsselkäfer. Fraß des Käfers an der Rinde eines Nadelholztriebes. (Schimitschek 1957)

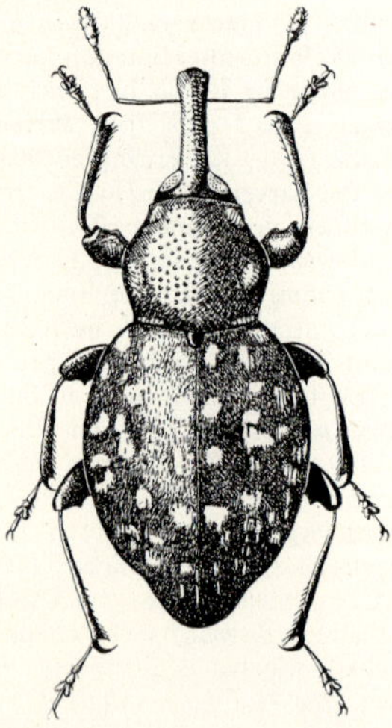

Abb. C-190: ***Liparus germanus.*** 13–16 mm. (Bechyně 1954)

hole) und durch Pheromone von Borkenkäfern; fressen bis in den Herbst trichterförmige »Pockennarben« in die Rinde [**C-189**]; Begattung zuweilen auch unterirdisch; Eiablage im Frühling und Sommer vor allem an den horizontalen Wurzeln von Nadelholzstubben, meist mehrere Eier in einem Rüsselbohrloch, mit dem Rüssel wird nachgeschoben. Larvengänge unter der Rinde bis in die äußeren Splintschichten; die Larve überwintert, Verpuppung im nächsten Sommer; in der Regel 5 Larvenstadien; in M-Eur.i.e.S. meist 2jährig, in nördlichen Bereichen bis zu 5jährige Entwicklung; Larvenfraß wirtschaftlich belanglos, Käferfraß u.U. sehr schädlich. Mit ähnlicher Lebensweise: ***Hyl. pinastri*** Gyll., Kleiner brauner Rüsselkäfer (6–9 mm). **29.** Gattung ***Liparus***; in Gebirgsgegenden nicht selten ***Lip. germanus*** L. [**C-190**] und ***Lip. glabrirostris*** Küst. (17–21 mm), letzterer der größte heimische Rüsselkäfer; die Käfer findet man nicht selten an Bergbächen auf den großen Blättern z.B. von Huflattich und Pestwurz, die Larven in den Wurzelstöcken vor allem von Pestwurz. – Gattung ***Sitophilus,*** mit mehreren als Vorratsschädlinge weltweit verbreiteten Arten. **30. *Sitophilus granarius*** L. (= ***Calandra granaria*** L.), Kornkäfer, Schwarzer Kornwurm [**C-191**]; flugunfähig; vor allem an Getreide; das ♀ bohrt mit dem Rüssel ein Getreidekorn an, legt ein Ei hinein, verschließt das Loch mit Sekret; die Larve frißt im Innern des Korns, hier auch die Verpuppung; Gesamtentwicklungsdauer 2–3 Monate, in geschlossenen Speichern fortlaufend Generationen; in unsauberen Speichern u.U. außerordentlich schädlich; die Imago kann lange hungern, was die Ausrottung erschwert; Nachfolgeschädling an den vom Kornkäfer beschädigten Körnern: ***Oryzaephilus surinamensis*** L. (→ Cucujidae 3). **31.** Von ähnlicher Lebensweise und Schädlichkeit (nicht nur an der namengebenden Pflanze) ***Sitophilus (Calandra) oryzae*** L., Reiskäfer (2,3–3,5 mm) und ***Sitophilus (Calandra) zeamais*** Motsch., Maiskäfer (3,3–4,5 mm). – Gattung ***Ceutorhynchus,*** Verborgenrüßler; der ziemlich lange Rüssel kann nach unten in eine Rinne der Vorderbrust eingeklappt werden, ist dann von oben nicht sichtbar; sehr artenreiche Gattung kleiner Rüßler; die Larven im Innern von krautigen Pflanzen, manchmal gallenbildend; manche Arten an Kulturpflanzen schädlich. Beispiel: **32. *Ceutorhynchus pleurostigma*** Marsh., Kohlgallenrüßler (2–3 mm); an Kohl, Raps und Verw.; die Imago überwintert; im

Frühling werden die Eier einzeln an den Wurzelhals junger Pflanzen abgelegt (Rüsselbohrloch, Ei mit Rüssel nachgeschoben), Entwicklung einer Galle von Erbsengröße, darin die Larve; mehrere Gallen an einer Pflanze; Verpuppung nach Auswandern der Larve in einem Kokon in der Erde. (Aus England ist ein »kaltbrütender Stamm« bekannt: Eiablage im Herbst, die Larve überwintert). **33.** ***Ceutorhynchus napi*** Gyll., Großer Kohltriebrüßler (2,3–2,8 mm); an den gleichen Pflanzen wie die vorige Art; Eiablage im Frühsommer, bei Kohl dicht unter dem Herz, bei Raps an den Triebspitzen; die Larven im Herzen des Kohls bzw. in den Rapsstengeln, verursachen Drehungen und Stauchungen; Verpuppung im Boden; die Imago überwintert. **34.** ***Ceutorhynchus assimilis*** Payk., Kohlschotenrüßler (2,2–3 mm); ähnliche Lebensweise wie die beiden vorigen Arten, jedoch Eiablage in die Schote, (meist ein Ei pro Schote); die Larven fressen die Samen; besonders an Raps schädlich, auch dadurch, daß die Kohlschotengallmücke (***Dasyneura brassicae*** Winn.) die Einstichstelle des Käfers zur Eiablage benützt. **35.** Gattung ***Cionus***, Braunwurzschaber; kleine, fast kugelige Käfer, mitten auf dem Rükken mit samtschwarzem Fleck, vor allem auf Braunwurz ***(Scrophularia)***, auch auf Königskerze ***(Verbascum)***; mehrere Arten, z. B. ***Cionus scrophulariae*** L. (4 bis 5 mm); die fußlosen Larven frei auf den Blättern der Fraßpflanze, mit einer aus dem After ausgeschiedenen, wohl aus dem Mitteldarm stammenden Gallertmasse bedeckt, dadurch winzigen Nacktschnecken ähnlich; kriechen zur Verpuppung aufwärts in den Blüten- bzw. Fruchtstand; hier Verpuppung in an die Stengel angeklebten Kokons aus erhärtender, bräunlich durchscheinender Gallertmasse (ebenfalls aus dem Mitteldarm); die Kokons sind den Samenkapseln der Braunwurz auffallend ähnlich. – Gattung ***Rhynchaenus (Orchestes)***, Springrüßler; kleine ausschließlich an Laubbäumen lebende Rüßler, vermögen zu springen. **36.** ***Rhynch. fagi*** L., Buchenspringrüßler (2–2,5 mm) an Rotbuche; der Käfer überwintert im Boden, in Rindenritzen, frißt im Frühling an verschiedenen Organen, vor allem an den Blättern der Buche (bisweilen auch anderer Laubbäume, [**C-192**]); das ♀ nagt die Mittelrippe auf der Blattunterseite an, schiebt ein Ei hinein; die minierende Larve frißt zuerst in einem schmalen Gang, der sich dann zum Blattrand hin stark verbreitert [**C-193**]; Freßzeit etwa 3 Wochen; die Epidermis über der Mine wird braun; Verpuppung in einem Kokon in der Mine nahe dem Blattrand; Kokon gesponnen aus einem Chitinfaden, der in einem bei spinnenden Larven besonders differenzierten Mitteldarmabschnitt (Spinndarm) aus der peritrophischen Membran geformt wird; im folgenden Darmabschnitt Speicherung von bis zu 30 cm Faden; Puppenzeit etwa 14 Tage; der Jungkäfer frißt, geht dann in die Überwinterung; beachtlicher Schaden bei Massenauftreten. **37.** ***Rhynchaenus quercus*** L., Eichenspringrüßler (2,5–3,5 mm); Le-

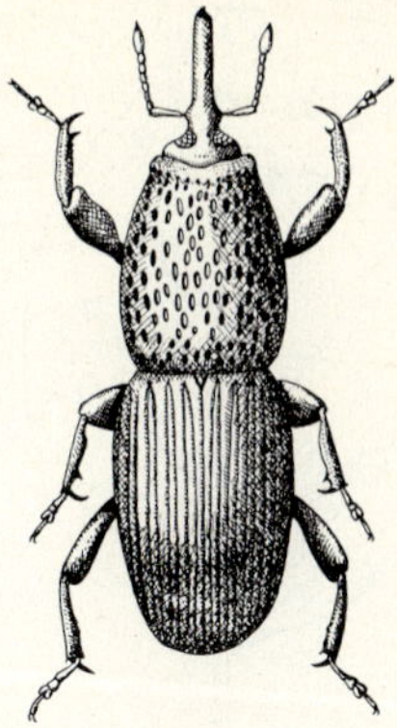

Abb. C-191: ***Sitophilus granaria***, Kornkäfer. 2,5 bis 4,5 mm. (Bechyně 1954)

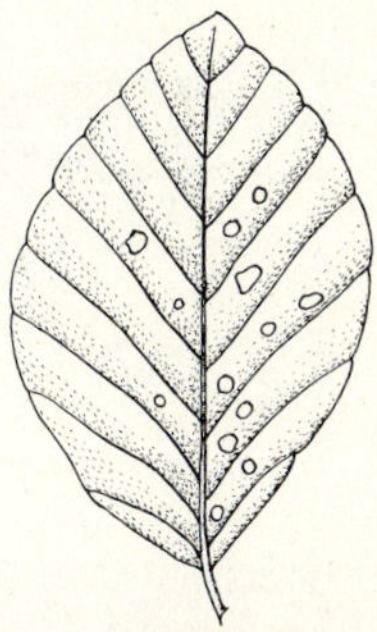

Abb. C-192: ***Rhynchaenus fagi***, Buchenspringrüßler. Löcherfraß an Buchenblatt durch Imago. (Eidmann 1941)

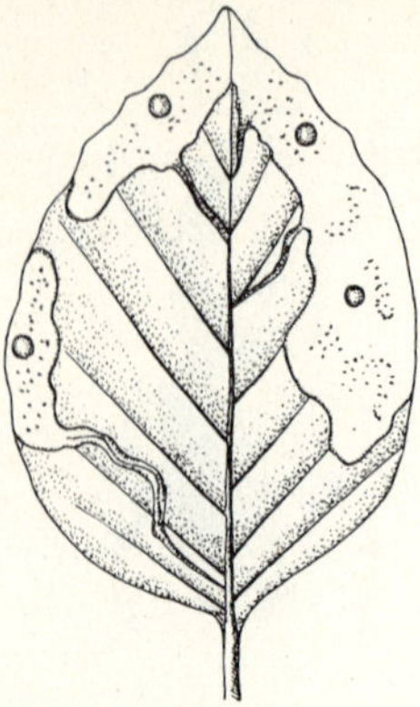

Abb. C-193: ***Rhynchaenus fagi***, Buchenspringrüßler. 4 zum Teil zusammenfließende Minen in Buchenblatt. (Hering 1957)

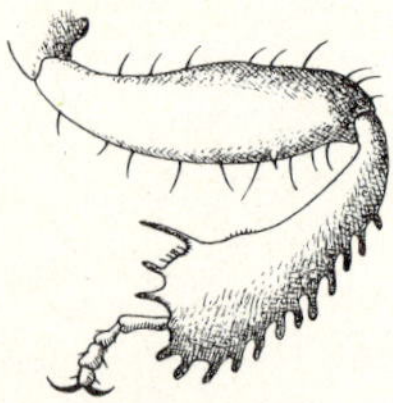

Abb. C-194: ***Cydnus aterrimus.*** Vorderbein-Grabbein. (Schorr 1957)

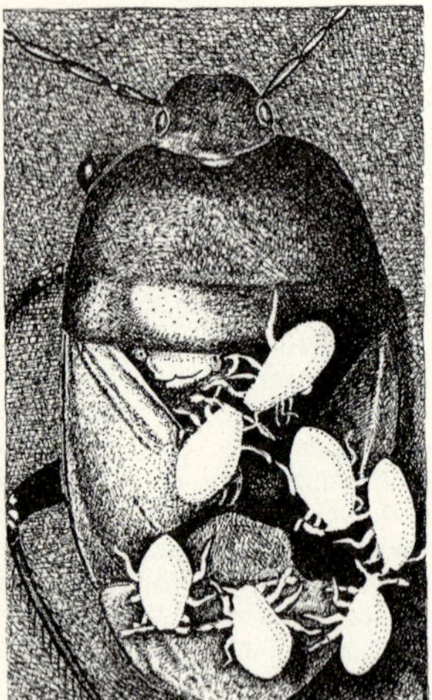

Abb. C-195: ***Cydnus aterrimus.*** ca 13 mm. ♀ mit Jungen. (Schorr 1957)

bensweise ähnlich Nr. 36, jedoch an bzw. in Eichenblättern. **38.** ***Eubrychius velutus*** Becker (2,4–2,9 mm), und die Arten der Gttg. ***Bagous*** leben im Sommer ständig untergetaucht an Wasserpflanzen; Sauerstoffversorgung gesichert durch Luftblasen, die am Kopf und Thorax an büschelförmig verzweigten Haaren haften und durch ein Plastron, das von dichtstehenden pilzförmigen Borsten auf dem gesamten Dorsalbereich des Körpers und der Abdomenunterseite festgehalten wird; beide Gasräume stehen in Verbindung mit dem subelytralen Luftraum, in den sich die Stigmen öffnen; Larven fressen im Inneren von verschiedenen Wasserpflanzen. (Brauns 1964; Buchner 1953; Buck 1952; Daanje 1957, 1964; Eichler 1955; Freeman 1965; Gaumont 1964; Hesse et al. 1955; Jeannel 1949; Klein 1971; Klingler 1958; Langer, Messner 1984; v. Lengerken 1954; Lohse 1983; Mustaparta 1974; Seiler 1947; Selander et al. 1974; Stein 1965; Streng 1973; Tielecke 1956; Zwölfer 1970).

Cyaniris; → Lycaenidae 7c.

Cybister; → Dytiscidae 2.

Cychrisierung; Verschmälerung des Vorderkörpers bei Gehäuseschnecken fressenden Käfern, z. B. der Gattung ***Cychrus***; → Carabidae 4; vgl. auch → Silphidae 4.

Cychrus; → Carabidae 4.

Cyclophora; → Geometridae 4.

Cyclopoide Larve; bei manchen Schlupfwespen (z. B. → Proctotrupoidea) auftretendes 1. Larvenstadium, gekennzeichnet durch die Cyclops- oder kaulquappenähnliche Gestalt; Vorderkörper verdickt, Hinterkörper schmal, Segmentzahl noch unvollständig.

Cyclorrhapha, Deckelschlüpfer; oft gebrauchte Bezeichnung für die Gruppe höherer Fliegen (Diptera, Brachycera), die sich in einem Tönnchen (erhärtete Larvenhaut) verpuppen (→ Pupa coarctata) und beim Schlüpfen durch Druck der später in die Stirnspalte zurückgezogenen Kopfblase entlang vorgebildeter Bruchstellen einen Deckel vom Tönnchen absprengen; zuweilen als eigene U.-Ordng. der Fliegen gewertet.

Cydia; → Tortricidae 32.

Cydnidae, Erdwanzen; Fam. der Landwanzen (Heteroptera, Geocorisae); klein bis mittelgroß, meist düster gefärbt; alle bisher untersuchten Arten mit Lautorganen: Zähnchenreihe auf der Unterseite der vorderen Cubitalader der Hinterflügel, angestrichen an einer Kante oben auf dem 1. Hinterleibsring; die Zäpfchen drücken sich durch das in Ruhelage eingeklappte Analfeld der Hinterflügel durch; daneben vermutlich noch ein weiteres tymbanales Lautorgan; ♂♂ und ♀♀ äußern nicht art- aber geschlechtsspezifische Störungslaute, die ♂♂ zwei Werbe- und einen Rivalen-, die ♀♀ einen Einwilligungsgesang; alle Gesänge artspezifisch; Paarung erst nach einem Wechselgesang der Geschlechtspartner; alle Laute werden über Substratschwingungen wahrgenommen; Sinnesorgane (vermutlich) in den Beinen, jedoch nicht in den Tarsen; treiben sich auf dem Boden oder in den oberen Bodenschichten herum (Vorderbeine bei manchen Arten als Grabbeine ausgebildet; [**C-194**]); Pflanzensaftsauger, oft an den Wurzeln, bisweilen schädlich; manche Arten auch Sauger von tierischen Säften; in M-Eur.i.e.S. etwa 15 Arten; u.a.: ***Cydnus (Brachypelta) aterrimus*** Forst. (8–13 mm; [**C-195**]), schwarz, äußerer Abschnitt der Vorderflügel milchweiß; Überwinterung als Imago in Sand eingegraben; saugt gern an Wolfsmilch; Kopulation: ♂ unter ♀, stehen nach der Vereinigung meist im spitzen Winkel zueinander; Brutpflege: Eiablage in lockerem Sand, das ♀ bewacht die Eier, erkennt sie visuell; Junglarven bleiben 8–9 Tage beim ♀ [**C-195**], bis etwa zur 2. Häutung; dann Trennung von der Mutter, saugen aus dem After der Mutter austretende Tröpfchen auf, infizieren sich auf diese Weise mit aus den Mitteldarmkrypten der Mutter stammenden symbiontischen Bakterien; die Larven [**C-196**] bilden nach Trennung von der Mutter noch bis gegen Ende des 4. Stadiums einen geselligen Verband. ***Sehirus bicolor*** L., Schwarzweiße Erdwanze (ca. 7 mm); Überwinterung als Imago bisweilen gesellig; Eiablage in eine selbstgegrabene Erdhöhle, das ♀ bleibt beim Gelege, auch (immer?) bei den Junglarven; 5 Larvenstadien; bisweilen schädlich an strauchigen und krautigen Gartenpflanzen. (Buchner 1953; Gogala 1969, 1970; Gogala et al. 1974; Jordan 1962, 1972; Schorr 1957, Weber 1930).

Cydnus; → Cydnidae.

Cylindronotus; → Tenebrionidae 6.

Cylindrotoma; → Cylindrotomidae.

Cylindrotomidae, Moosmücken; Fam. der Mücken (Diptera, Nematocera; bisweilen als U-Fam. der → Limoniidae betrachtet); Habitus ähnlich einer kleinen Schnake ([**C-197**]; → Tipulidae); keine Blutsauger, lecken nach Schnakenart Pflanzensäfte auf, fliegen gern gegen Abend in Gewässernähe; Eier teils einzeln am Boden oder an Pflanzen abgelegt (***Phalacrocera***: an aus dem Wasser ragenden Moospflänzchen in die Blattachseln geklebt), teils (***Cylindrotoma = Liogma***) mit sägeförmigen Hinterleibsanhängen zu mehreren in Pflanzengewebe eingeschoben; die Larven vieler Ar-

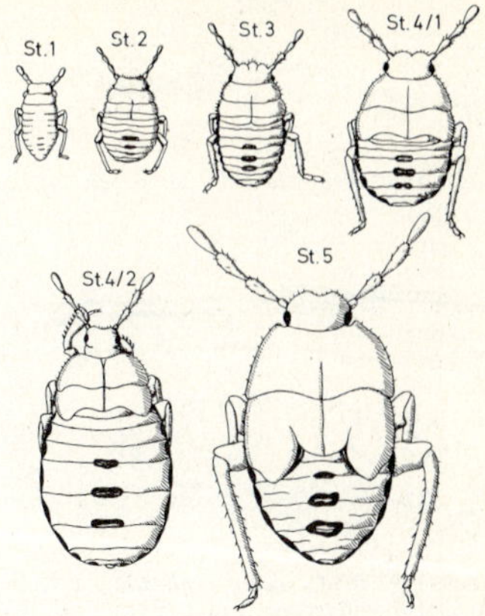

Abb. C-196: ***Cydnus aterrimus.*** Die 5 Larvenstadien. St. 1 = ca. 1,5 mm; St. 5 = 7 mm. (Schorr 1957)

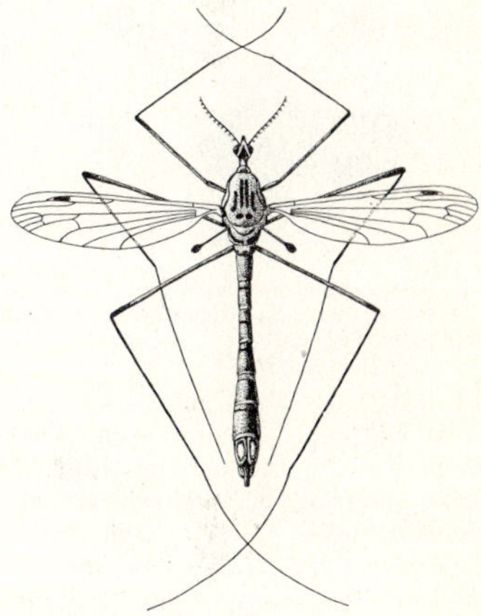

Abb. C-197: ***Cylindrotoma distinctissima,*** ♂. Körperlänge 13 mm. (Séguy 1951)

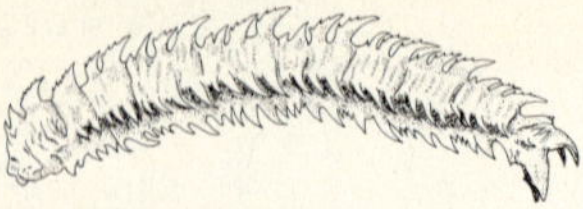

Abb. C-198: ***Triogma*** sp. Larve, ca. 12 mm. (Brauns 1954)

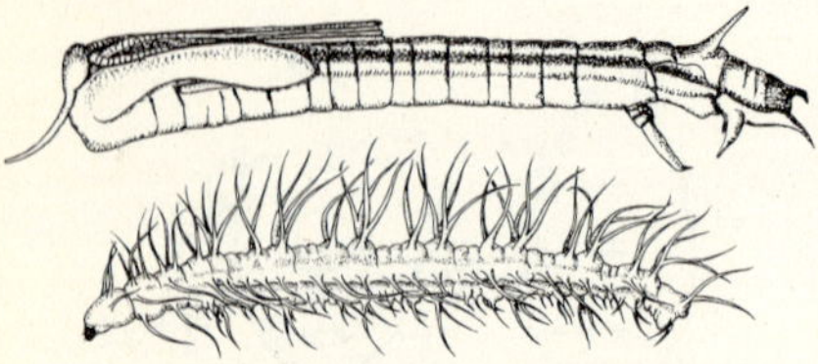

Abb. C-199: ***Phalacrocera replicata.*** Larve (unten) 30 mm, und Puppe 25 mm. (Engelhardt 1955; Wesenberg-Lund 1943)

Abb. C-200: ***Diplolepis rosae***, Gemeine Rosengallwespe. ♂ (oben) ca. 3 mm und ♀, ca. 4 mm. (Bachmaier 1969)

ten mit blatt- oder fadenförmigen, tarnenden, sicher der Hautatmung dienenden Anhängen (***Triogma***, ***Phalacrocera***, ***Cylindrotoma***; [**C-198, C-199**]), Kopf einziehbar, fressen träge an Moos (die ***Phalacrocera***-Larve vor allem an ***Fontinalis***, auf dem sie auch unter Wasser überwintert), dem sie nach Gestalt und Färbung außerordentlich ähneln, im Sitzen oft um ein Mooszweiglein gewunden und dadurch auch gegen Abgespültwerden geschützt; die Larven mancher Arten am Boden an Fallaub; Atmung außer durch die Haut an der Wasseroberfläche oder an Land auch durch die beiden offenen Hinterstigmen möglich; Verpuppung am Freßplatz der Larve; die ***Phalacrocera***-Puppe [**C-199**] liegt an der Oberfläche des Quellmoosrasens, horizontal, vorn mit den beiden Atemhörnern, hinten mit 3 Fortsatzpaaren verankert; die ***Cylindrotoma***-Puppe ist wie eine Stürzpuppe am Hinterende aufgehängt. (Brauns 1954; Engelhardt 1955; Frankenberg 1942; Peus 1952; Séguy 1951; Wesenberg-Lund 1943).

Cymatia; → Corixidae.

Cymatophoridae; → Thyatiridae.

Cynipidae, Gallwespen; Fam. der Hautflügler (Hymenoptera, Apocrita, Cynipoidea); kleine Formen, meist 1–3 mm; von den gut 1600 bisher bekannten Arten lebt ein großer Teil parasitisch oder hyperparasitisch bei anderen Insekten; bekannter sind die Arten, deren Larven in den nach der Eiablage in die Pflanze sich entwickelnden → Gallen leben, sich hier von dem Gallengewebe ernähren, relativ geschützt gegen Umwelteinflüsse, nicht freilich gegen Parasiten; Wirtspflanze und Gallenform artspezifisch verschieden, über 80 % aller Arten an Eiche, bei der die Gallen an Wurzeln, Knospen, Triebspitzen, Sproßachsen, Blättern, männlichen Blütenständen und Fruchtbechern entstehen können; andere an Ahorn und Rosen; einige Arten leben als Einmieter (Inquilinen) in den Gallen anderer Gallwespen. Fortpflanzung teils rein zweigeschlechtlich, teils rein parthenogenetisch (♂♂ unbekannt), oft aber in Form eines Generationswechsels (Heterogonie): zweigeschlechtliche Generation im Sommer; aus ihr entsteht die agam (parthenogenetisch) sich fortpflanzende Generation, deren Larven in der Regel überwintern und wiederum die ♂♂ und ♀♀ der zweigeschlechtlichen Generation ergeben; oft Unterschiede zwischen beiden Generationen nach Körperform und Größe, Fehlen oder Vorhandensein der Flügel, Gestalt und Entstehungsort der Gallen. Die Gallen mehrerer, vor allem mediterraner Arten wurden früher zum Gewinnen von Gerbstoff verwendet. Auswahl: **1.** ***Diplolepis (Rhodites) rosae*** L., Gemeine Rosengallwespe [**C-200**]; ohne Generationswechsel; ihre Gallen sind die bekannten, mit haarartigen Auswüchsen versehenen, an den Sprossenden stehenden Schlafäpfel (Bedeguare; bis 5 cm Durchmesser; sollen, unter das Kopfkissen gelegt, den Schlaf fördern), in ihnen sind die Kammern für die Larven; eine Larve in jeder Kammer, in der sie sich auch verpuppt; die Imagines schlüpfen im nächsten Jahr; Fortpflanzung weitgehend parthenogenetisch, ♂♂ in unserem Bereich selten. **2.** ***Biorhiza pallida*** Ol.; von dieser Art ist am bekanntesten die »Kartoffelgalle« oder der »Eichapfel« (bis 4 cm Durchmesser), meist entstanden an einer Endknospe; in ihr leben in mehreren Kammern die Larven, verpuppen sich hier, ergeben im Sommer geflügelte ♂♂ und kleine, teils ungeflügelte, teils mit kürzeren oder längeren Flügeln versehene ♀♀; Begattung; die ♀♀ gehen dann in die Erde, Eiablage an Eichenwurzeln; die Larven entwickeln sich in mehreren Kammern in Wurzelgallen, überwintern hier; Ausschlüpfen relativ großer flügelloser ♀♀ im Winter darauf, stechen noch im Spätwinter oberirdisch die Knospen an; daraus entsteht dann wieder die Kartoffelgalle [**C-201**]. **3.** ***Cynips (Diplolepis) quercus folii*** L.; ihre bekannteste Gallenform ist der kugelige Eichengallapfel (bis über 2 cm Durchmesser) auf der Blattunterseite; in ihm ist eine Kammer mit einer Larve, Verpuppung im Herbst in der Galle; daraus schlüpft im Winter ein relativ großes geflügeltes ♀, frißt einen Gang bis zur Gallenoberfläche, schlüpft zur günstigen Zeit ins Freie, legt je ein Ei an eine noch schlafende Knospe auf den Vegetationspunkt; dort entsteht bei der Larvenentwicklung eine unauffällige Knospengalle; daraus kommen im V–VI die kleineren ♂♂ und ♀♀; nach Begattung Eiablage auf die Blattunterseite in die Blattnerven. **4.** Regelmäßig von Einmietern (Inquilinen) aus den verschiedensten Arthropodengruppen (Asseln, Milben, Spinnen, Grabwespen, Ameisen, Bienen nebst zugehörigen Primär- und Sekundärparasiten) bewohnt werden die 30–40 mm großen, hartschaligen, jahrelang an den Bäumen (Eichenarten) verbleibenden Gallen von ***Cynips (Andricus) kollari*** Htg. und ***C. (A.) quercus tozae*** Bosc.; beide in einem zentralen Hohlraum mit Innengalle, in der die Larve frißt, [**C-202**]. **5.** ***Neuroterus quercus baccarum*** L.; linsenförmige Gallen auf der Unterseite von Eichenblättern; fallen im Herbst mit den Blättern zu Boden, die Larven überwintern darin, fressen dann weiter; die Galle wächst, wird etwas dicker, ein winterliches Wachstum also, das im Versuch statt durch die Larve auch durch eine passende Dosis Heteroauxin bewirkt werden kann; Verpuppung in der Galle; im März schlüpft ein ♀; Eiablage in Eichenknospen; es bilden sich, meist an den Blättern, auch an männlichen Blütenständen, schnell wachsende, kugelige, etwas durchscheinende Gallen von Weinbeergröße, jede mit einer Larve; Puppe in der Galle; im Sommer schlüpfen daraus ♂♂ und ♀♀; Begattung; Eiablage in junge Blätter, es entstehen wieder die Linsengallen. **6.** ***Cynips (Diplolepis) longiventris*** Htg.; auffallend die Galle auf der Unterseite von Eichenblättern; kugelig, gelblich, meist mit unregelmäßigen roten Streifen,

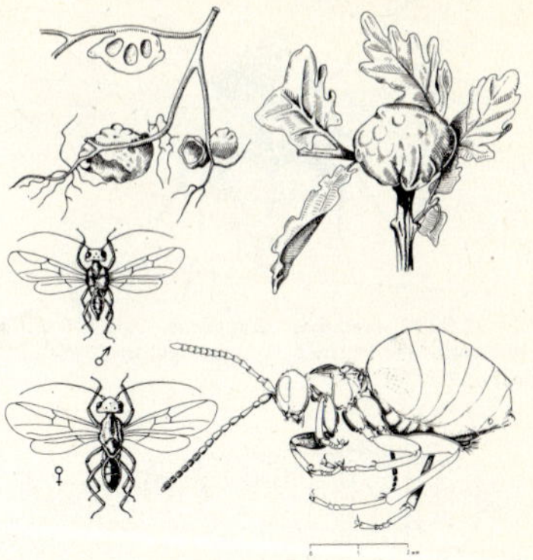

Abb. C-201: Heterogonie von ***Biorhiza pallida.*** An Eiche. Links ♂ und ♀ mit den durch sie erzeugten Wurzelgallen; daraus (rechts) die agame Generation mit der von ihr erzeugten Triebgalle. (Eidmann 1941; das agame ♀ Original Bürgis)

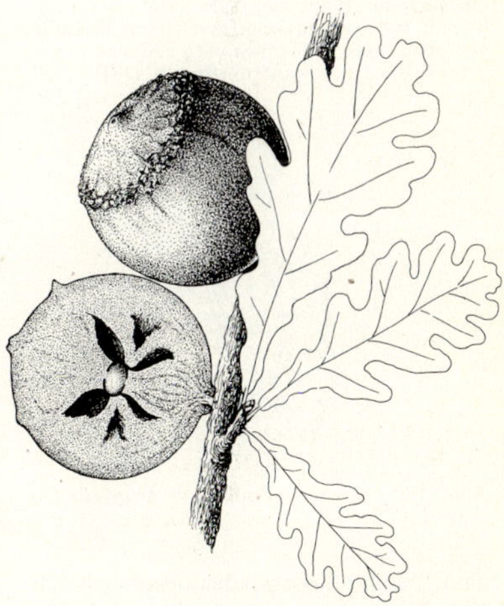

Abb. C-202: Gallen von ***Cynips quercus tozae*** an Eiche. Untere Galle aufgeschnitten; im Zentrum die eiförmige Innengalle, in der die Gallwespenlarve frißt. (M.R.)

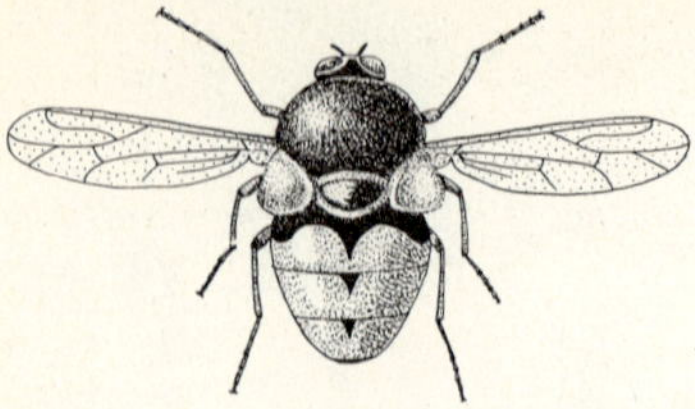

Abb. C-203: ***Acrocera sanguinea.*** ♂, 3–6 mm. Hinterleib mehr oder weniger gelbrot. (Séguy 1951)

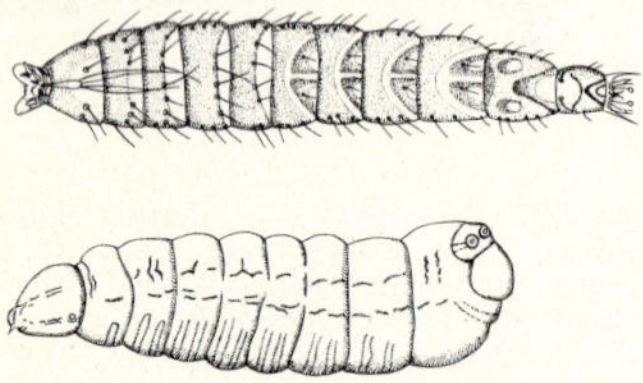

Abb. C-204: Polymetabolie bei den Larven von ***Oncodes*** sp. (Cyrtidae). Oben Junglarve, ca. 0,4 mm. Unten erwachsene Larve, ca. 5 mm, schräg von oben gesehen; Stigmen vorn und hinten; mit beborsteten Kriechwülsten. (Brauns 1954)

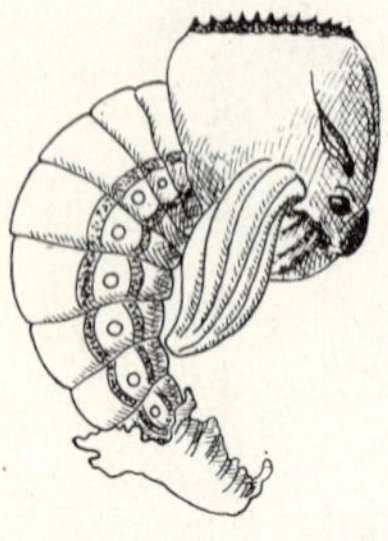

Abb. C-205: Cyrtidae. Puppe von ***Astomella lindeni.*** (Lindner 1923 ff.)

daraus schlüpft das parthenogenetisch sich fortpflanzende ♀; ♂♂ und ♀♀ kommen aus Knospengallen. **7.** Die Larven mehrerer Arten, vor allem der Gattung ***Synergus***, leben als Einmieter in den Gallen anderer Gallwespen, wobei u.U. die Larve der Gallenerzeugerin zugrunde geht. (Bachmaier 1969; Buhr 1965; Gauss 1977; Königsmann 1968; Schildknecht 1976a; Schnetzler et al. 1962; Schremmer 1985; Torossian 1971).

Cynipoidea; Fam.-Gruppe der Hautflügler (Hymenoptera, Apocrita), mit den Fam.: → Cynipidae; → Ibaliidae; → Eucoilidae.

Cynips; → Cynipidae 3, 4, 6.

Cyphon; → Helodidae.

Cypselidae; → Sphaeroceridae.

Cyrnus; → Polycentropidae.

Cyrtidae, (Acroceridae, Henopidae, Oncodidae), Kugelfliegen, Spinnenfliegen; Fam. der orthorrhaphen Fliegen (Diptera, Brachycera); Imagines mittelgroß, sehr gedrungen, fast kugelig, mit großen, die Schwingkölbchen bedeckenden Thorakalschüppchen [**C-203**], oft fein-pelzig behaart; der bei manchen Arten recht lange Saugrüssel in Ruhe unter dem Bauch, beim Nektarsaugen (manchmal im fast geräuschlosen Rüttelflug vor der Blüte) vorgestreckt; bei sehr kurzrüsseligen Arten (z.B. ***Acrocera sanguinea*** Fbr.; [**C-203**]) vermutlich keine Nahrungsaufnahme; Ablage der Eier (einzeln oder mehrere zu einem Gelege vereinigt) oft an der Spitze dürrer Zweige oder an Rinde; Eiproduktion groß, meist fast 1000, im Einzelfall bis 5000 pro ♀, hängt mit der parasitischen Lebensweise der Larven zusammen, die aktiv ihren Wirt (Spinnen oder Spinnengelege) aufsuchen müssen. Die Larvenstadien von verschiedener Gestalt (Polymetabolie); Junglarven winzig, schlank, hinten mit Haftapparat [**C-204**], der ihr aufrechte Haltung gestattet, bei Störung auch egel- oder spannerraupenartige Bewegung; springt eine sich nähernde Spinne an, dringt durch eine Gelenkhaut ein; das sicher nicht seltene Verfehlen des richtigen Wirts führt zum Tod der Larve; Gestaltänderung bei Häutung [**C-204**]: nunmehr gedrungene Gestalt, die Hinterstigmen auf einem Wulst, stehen mit den Fächerlungen des Wirtes in Verbindung; der Wirt wird, nachdem zuvor dessen lebenswichtige Organe geschont werden, gegen Ende des Larvenlebens sehr schnell gänzlich ausgefressen, seine leere Haut zum Überwintern benutzt und schließlich zur Verpuppung verlassen; Puppen »buckelig«, bei manchen Arten mit dorsalem »Hahnenkamm« [**C-205**]. Nur wenige Arten in M-Eur.i.e.S. (Brauns 1954; Lindner 1923; Séguy 1951).

D

Dactylopiidae, Dactylopius; → Coccina.

Dactylosphaera; → Phylloxeridae.

Dacus; → Trypetidae 6.

Damenbrett, ***Agapetes galathea*** L.; → Satyridae.

Danaidae, Monarchfalter; artenreiche Fam. der Schmetterlinge (Lepidoptera), (neuerdings meist als U-Fam. Danainae der Nymphalidae behandelt), überwiegend in den Tropen und Subtropen der Alten und Neuen Welt; mittelgroß bis sehr groß; eine in mancherlei Beziehung interessante Gruppe; Imagines, Puppen (→ Lepidoptera) und Raupen oft von auffallender Färbung; Raupennahrung sind ausschließlich Asclepiadaceen (Schwalbenwurzgewächse) oder Apocynaceen (Hundsgiftgewächse), die oft Herzgifte (digitalisähnliche Glycoside) enthalten; die Gifte werden (mindestens bei der Gttg. ***Danaus***) nicht abgebaut, sondern gespeichert und machen – wenn in genügender Menge aufgenommen – Raupen, Puppen und Falter für Freßfeinde ungenießbar (»erzeugen auf der menschlichen Zunge ein widriges, brennendes Gefühl«); ♂♂ mit großen, durch Haemolymphdruck ausstülpbaren und aufzufächernden Haarpinseln am Abdomenende und mit Drüsenzellen ausgestatteten Bezirken an den Hinterflügeln; bei der Balz (das ♀ wird vermutlich rein optisch angeflogen) gelangen von den Haarpinseln Pheromone auf die Fühler des ♀ und machen es paarungsbereit; keine Verpaarung ohne dieses Pheromonbukett, das bei vielen Arten an nur wenige µm großen Transfer-Partikeln haftet; sexualbiologisch besonders wichtige Bestandteile des Pheromonbuketts sind Dihydropyrrolizine (Danaidon, Danaidal und Hydroxydanaidal); sie werden vom Falter aus für Wirbeltiere hochgiftigen Pyrrolizidin-Alkaloiden synthetisiert, die aktiv mit dem Rüssel aus welkenden oder trockenen, an diesen Stoffen reichen Pflanzen (Boraginaceen, Asteraceen, Fabaceen) aufgenommen und auch als Giftstoffe zum Schutz der Falter gespeichert werden (→ Pharmakophagie). Außer diesen Pheromonvorstufen sind (bes. bei ***D. chrysippus*** u.a.) Kontakte zwischen abdominalen und alaren Drüsen für die Biosynthese der Dihydropyrrolizine erforderlich. Besonders genau untersucht: ***Danaus chrysippus*** L. und ***Amauris***-Arten. ***Danaus plexippus*** L., Monarch; oft in sehr individuenreichen Ansammlungen im Süden der USA überwinternder → Wanderfalter Nordamerikas. (Ackery, Vane-Wright 1984; Boppré 1983, 1984b, 1986a; Boppré, Schneider 1985; Pliske, Eisner 1969; Schneider D. 1983, 1984; Seitz 1909).

Danaidal, Danaidon; heterocyclische Dihydropyrrolizine; männliche Sexualpheromone mancher Schmetterlinge; können vom Falter nur dann synthetisiert werden, wenn Pyrrolizidin-Alkaloide als Vorstufen der Pheromone aus Pflanzen aufgenommen werden. → Arctiidae; → Danaidae; → Pharmakophagie.

Daphnis; → Sphingidae 13.

Dascillidae; Fam. der Käfer (Coleoptera, Polyphaga); von den etwa 450 bekannten Arten nur 2 in M-Eur.i.e.S.; z.B. ***Dascillus cervinus*** L., Moorweichkäfer (etwa 11 mm); Kopf und Halsschild dunkel, die nicht sehr harten Flügeldecken (daher die falsche Bezeichnung »Weichkäfer«) dicht grau oder gelbbraun behaart; Imagines oft auf Doldenblüten (räuberisch?); die flachen breiten Larven im Boden nicht zu feuchter Moorwiesen dicht unter der Oberfläche, fressen an Pflanzenwurzeln, vor allem an Gräsern, werden gelegentlich schädlich. (Lohse 1979).

Dascillus; → Dascillidae.

Dasineura (Dasyneura); → Itonididae 7, 9, 10, 13, 14, 18, 26, 32.

Das Mäuschen, ***Minoa murinata*** Scop.; → Geometridae 5.

Dasselfliegen; → Oestridae.

Dasychira; → Lymantriidae 1.

Dasyhelea; → Heleidae.

Dasypoda; → Melittidae 2.

Dasypolia; → Noctuidae 2.

Dattelmotte, ***Ephestia cautella*** Walk,; → Pyralidae 11.

Deckelschildläuse; → Diaspididae.

Deckelschlüpfer; → Cyclorrhapha.

Decticus; → Tettigoniidae 3.

Degeeria; → Tachinidae.

Deilephila; → Sphingidae 8, 9, 10, 13.

Delia; → Anthomyiidae 1.

Delopsis; → Fungivoridae.

Delphacidae (Araeopidae); Fam. der Zikaden (Auchenorrhyncha); über 1300 meist kleine Arten, vor allem in den wärmeren Ländern, auch in Mitteleuropa etwa 90 Arten; beweglicher Dorn innen am distalen Ende der Hinterschienen; die 3 ersten Fühlerglieder auffallend stark, distaler Teil bor-

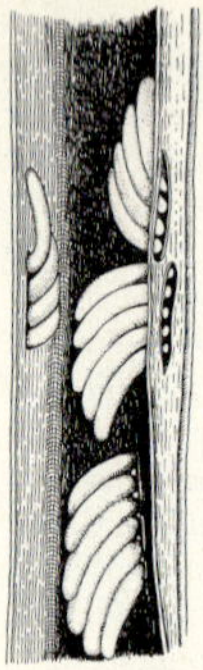

Abb. D-1: ***Liburnia sordidula.*** Gelege in Stengel von ***Galium mollugo.*** (Müller, H.J. 1942)

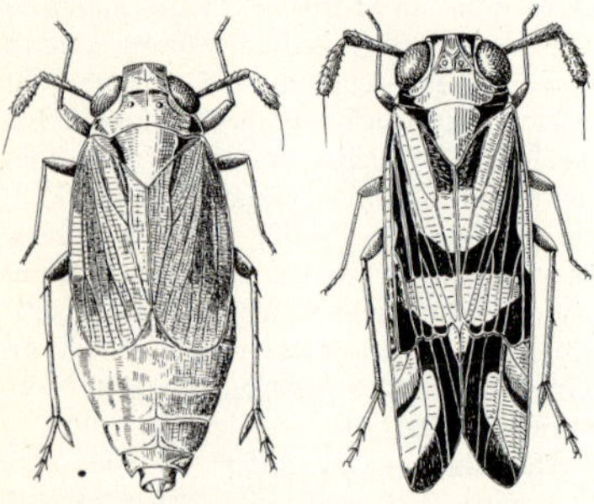

Abb. D-2: ***Delphax crassicornis.*** 6 mm. Links ♀, rechts ♂. (Brohmer 1935)

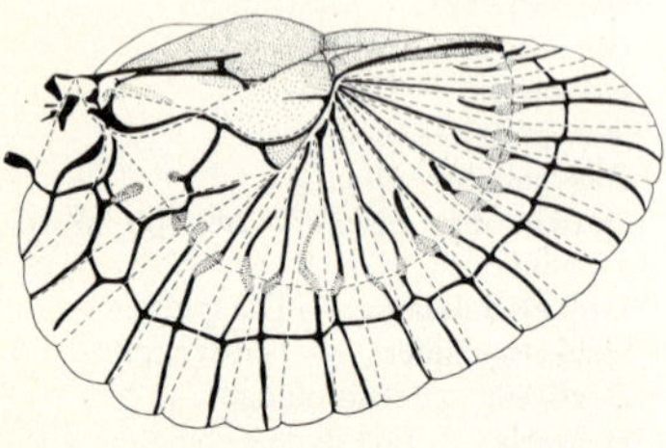

Abb. D-3: ***Forficula auricularia,*** Gemeiner Ohrwurm. Linker Hinterflügel; stärker sklerotisierte Teile punktiert, Faltlinien gestrichelt; Flügellänge 10 mm. (Kleinow 1966)

stenförmig; Geschlechtsunterschiede (hinsichtlich Flügellänge oder Färbung) nicht selten; zuweilen bei der gleichen Art kurz- und langflügelige Formen auch unabhängig vom Geschlecht; Eier entweder ohne Schutzsekret in Pflanzengewebe geschoben (z.B. [**D-1**]; ***Stenocranus***) oder Gelege mit erhärtendem Sekret überzogen (z.B. ***Delphax***). Kleine Auswahl: ***Delphax (Araeopus) crassicornis*** Panz. (ca. 6 mm; [**D-2**]), ♂ mit langen, ♀ mit halblangen Flügeln, auf Schilfrohr. ***Perkinsiella saccharicida*** Kirk., Zuckerrohrzikade, gefürchteter Zuckerrohrschädling, Überträger einer Viruskrankheit des Zuckerrohrs. Arten der Gttg. ***Calligypona*** in Europa bisweilen an Hafer und anderen Getreidearten mäßig, in Japan an Reis oft sehr schädlich. (Haupt 1935; H.J. Müller 1942; Strübing 1958b).

Delphax; → Delphacidae.

Deltocephalus; → Jassidae 5.

Deltochilum; → Scarabaeidae 5.

Demas; → Noctuidae 6.

Dendroctonus; → Scolytidae 13.

Dendroleon; → Myrmeleonidae.

Dendrolimus; → Lasiocampidae 10.

Deporaus; → Curculionidae 7, 8.

Depressaria; → Oecophoridae 3.

Derephysia; → Tingidae 2.

Dermaptera, Ohrwürmer; Ordng. der Insekten; Verwandlung unvollkommen (Hemimetabola); heimische Arten klein (***Labia minor*** L., ca. 5 mm) bis mittelgroß (***Labidura riparia*** Pall., ca. 25 mm ohne Zangen), heller oder dunkler braun; Mundteile kauend; Flügel häufig vorhanden; Vorderflügel sehr kurz, stark sklerotisiert, bedekken als Deckflügel (Elytren) die zarthäutigen, in Ruhe höchst verwickelt zusammengefalteten Hinterflügel, deren »Paket« die Elytren mehr oder weniger weit überragt; Faltungsprinzip der reich geäderten, vorne sklerotisierten Flugflügel [**D-3**]: sie werden wie ein Fächer zusammengelegt, zugleich quer zur Längsachse im Mittelgelenk nach unten, in der Ringfalte nach oben umgeklappt; Entfalten zum Flug: Elytren und Flügelpaket werden hochgestellt, ein Flügel nach dem anderen wird mit Hilfe der Hinterleibszangen entfaltet, wobei Einrasten einer Sperre im Mittelgelenk und Durchdrücken einer Längsfalte an der Flügelbasis das Wiedereinfalten des Flügels verhindern; Ausrasten der Sperre beim Einfalten zur Ruhe ohne Zangenhilfe, vermutlich vom basalen Flügelgelenk her; Flugfähigkeit und Neigung zum Fliegen artspezifisch verschieden; heimische Arten: ein guter Flieger ist ***Labia minor*** L.; bei ***Labidura riparia*** Pall., ***Anechura bipunctata*** F. und ***Forficula auricularia*** L. sind zwar die äußeren Flugorgane gut ausgebildet, aber nur bei einzelnen Stücken der letzten Art wurde, falls die sonst oft stark rückgebildete Flugmuskulatur noch gut entwikkelt war, Fliegen beobachtet; ***Apterygida media*** Hgb. hat nur winzige Flügelstummeln unter den noch gut ausgebildeten Elytren; bei ***Chelidurella acanthopygia*** Gené fehlen die Flügel ganz und sind nur noch Reste der Elytren vorhanden, bei manchen Exoten fehlen auch diese. Bezeichnend für die meisten Ohrwürmer sind die kräftigen Zangen am Hinterleibsende, umgebildete Cerci, die beim ♂ meist stärker und kräftiger sind als beim ♀; ihre Aufgabe ist sehr verschiedenartig: Schlagen und Greifen bei Angriff und Abwehr von Artgenossen und anderen Insekten; Ergreifen lebender Beute; bei guten Fliegern Hilfe beim Ausbreiten der gefalteten Flugflügel; dienen dem ♂ zum Hochwuchten des ♀-Abdomens vor der Kopulation (***Forficula auricularia*** L.: Kopulation nach Abschneiden der Zangen unmöglich). Weit verbreitet ist je ein Drüsenpaar im Rückenteil des 3. und 4. Hinterleibssegments; aus ihm kann ein Benzochinone enthaltendes Sekret gezielt auf die Störungsstelle versprüht werden, verbunden mit Hinwenden der Zangen. Ohrwürmer sind hauptsächlich in der Dämmerung und nachts mobil; sie kriechen gern in dunkle Schlupfwinkel (ins Ohr?), bilden an geeigneten Plätzen bisweilen Massenansammlungen. Die Nahrung, bei Larven und Imagines weitgehend gleich, ist gemischt, pflanzlich und tierisch; manche werden gelegentlich an Jungpflanzen schädlich, andere bevorzugen tierische Nahrung. Für die Paarung ist Gleichstimmigkeit der Partner wichtig; ein nicht paarungswilliger Partner wird vom anderen durch Betasten oder auch heftigen Angriff animiert; das ♂ schiebt schließlich das um 180° gedrehte Hinterleibsende unter das des ♀, wuchtet dies mit den Zangen hoch und führt den Penis ein; Endstellung mit abgewandten Köpfen [**D-4**], Dauer: wenige Minuten bis einige Stunden; mehrere Begattungen sind möglich. Wohl allgemein verbreitet ist die Fürsorge des ♀ für die Eier, manchmal auch für die Brut; so durch Herstellen einer Höhle für die Eier (bei ***Forf. auric.*** bis etwa 50 Stück, Gelege im Herbst und im Frühling), die durch Umschichten und Belecken betreut und gegen Feinde verteidigt werden; das Gelege geht

Abb. D-4: ***Labidura riparia.*** Kopula, ♂ schwarz. (Weidner 1969)

ohne diese Pflege zugrunde; ein ♀ kann hintereinander mehrere Gelege aufziehen. ***Anechura bipunctata*** F.: das ♀ stapelt bei den Eiern Nahrung (z. B. Blüten, Blättchen) für die Larven, betreut diese auch noch einige Zeit. Meist 5, bei manchen Arten 4 Larvenstadien; Überwinterung in der Regel als Imago, aber auch als Ei oder Larve. Von den etwa 1300 bekannten Arten die meisten in warmen Ländern, in M-Eur.i.e.S. nur 7 z. T. kosmopolitische Arten, mehreren Fam. zugeordnet; Beispiele: **1.** Fam. **Labiduridae;** hier und da in sandigen Bereichen ***Labidura riparia*** Pall., Sandohrwurm (– 26 mm), legt Wohnröhren in feuchtem Sand an, hier auch Überwinterung in größerer Tiefe; tierische Nahrung überwiegt. **2.** Fam. **Labiidae;** mit ***Labia minor*** L., Kleiner Ohrwurm (ca. 5 mm); verhältnismäßig flugfreudig, tagsüber ebenso wie abends und nachts; gerne an Komposthaufen, die wohl wegen der Wärmeentwicklung gute Überwinterungsmöglichkeiten bieten. **3.** Fam. **Forficulidae;** mit der allgemein bekannten Art ***Forficula auricularia*** L., Gemeiner Ohrwurm (–16 mm); Nahrung vorwiegend pflanzlich, dadurch bei Massenauftreten bisweilen in Feld und Garten schädlich; Überwinterung in Verstecken oder auch in selbstgegrabenen Röhren im Boden. Mehr lokal ***Anechura bipunctata*** F., Zweipunktohrwurm (–17 mm), mit gelblichem Fleck auf den Elytren; Fürsorge des ♀ für die Larven durch Beibringen von Futter besonders ausgeprägt. Durch die obenerwähnte Rückbildung des Flugapparates bemerkenswert: ***Chelidurella acanthopygia*** Gené, Waldohrwurm (–13 mm) und ***Apterygida media*** Hgb., Gebüschohrwurm (–11 mm). (Günther 1968; Harz 1957; Herter 1963, 1965; Kleinow 1966; Rietschel 1969; Schildknecht, Krämer 1962).

Dermestes; → Dermestidae 1.

Dermestidae, Speck- und Pelzkäfer; Fam. der Käfer (Coleoptera, Polyphaga); von den fast 900 Arten nur etwa 3 Dutzend in M-Eur.i.e.S.; die Käfer klein bis höchstens mittelgroß, lang-oval oder kugelig; klei-

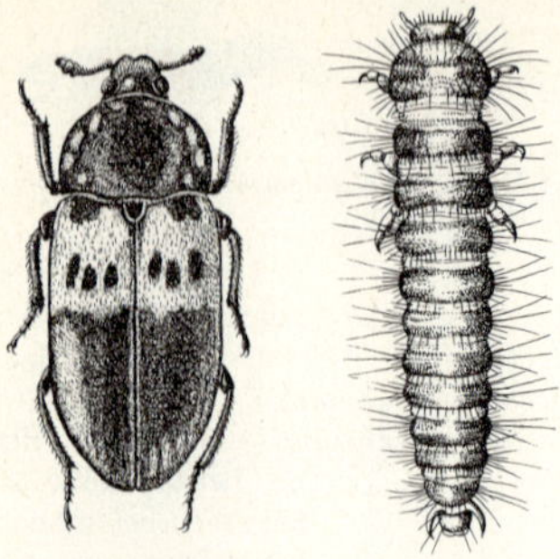

Abb. D-5: ***Dermestes lardarius***, Gemeiner Speckkäfer. Käfer 7–9 mm, Larve 11 mm. (Bollow 1958; zur Strassen 1969)

nere Arten (z. B. ***Anthrenus***) nicht selten auf Blüten, fressen Pollen und Nektar; andere (z. B. ***Dermestes***) als Vertilger verschiedenster, mit Hilfe des Geruchssinnes gefundener Stoffe tierischer (auch pflanzlicher) Herkunft bisweilen in Häusern sehr lästig; Larven: oft mit langen, an der Spitze verschiedenartig geformten, beweglichen und vermutlich giftigen Haaren; meist 5–7, bei ungünstigen Bedingungen zuweilen bedeutend mehr Häutungen; die meisten Arten ebenfalls an vielerlei Stoffen tierischer Herkunft (Fleisch, Trockenfisch, Häuten, Fellen, Knochen, Horn, Seide, Federn, Insektensammlungen) lästig oder schädlich, andere in Vogelnestern (***Dermestes murinus*** L. und ***D. lardarius*** L. z. B.) oder in Gespinsten von Schmetterlingsraupen oder Spinnen als Verzehrer der Raupenhäute bzw. Insektenreste; Verpuppung in der letzten Larvenhaut. Einige Arten weit verschleppt und heute weltweit verbreitet. **1.** Gattung ***Dermestes***, Speckkäfer, über ein Dutzend Arten in M-Eur.i.e.S.; geschlechtsreife ♂♂ mancher Arten sondern aus einer oder aus zwei, ventral am 4. oder 4. und 5. Hinterleibssegment gelegenen, steif behaarten Grube Pheromone (verschiedene Isopropylester) ab, die anlockend wirken auf ♀♀ sowohl als auch auf ♂♂, und zur Ansammlung an ergiebigen Nahrungsquellen und zum Treffen der Geschlechter führen; aggregierend auf alle Artgenossen wirken außerdem im Kot enthaltene Verbindungen (Linolsäure, Ölsäure); a) ***Dermestes lardarius*** L., Gemeiner Speckkäfer (7–9 mm), graue Haarbinde vorn quer über die Flügeldecken; [**D-5**]); Überwinterung als Larve, Verpuppung in Verstecken in Holz, Kork u. dgl.; Larven [**D-5**] und Käfer durch Fraß an verschiedenen tierischen Produkten bisweilen schädlich; Futter offenbar durch Geruchssinn gefunden; die Vorliebe der Larven und Imagines für relativ trockene fleischliche Kost macht sie geeignet zum sauberen und schonenden Skelettieren von Gerippen kleiner Vögel und Säuger. b) von ähnlicher Lebensweise ***Dermestes maculatus*** Deg. (= ***vulpinus*** F.), Dornspeckkäfer (6–10 mm); Käfer düster, Flügeldecken nahe der Naht in kleine Spitze ausgezogen. c) ***Dermestes aurichalceus*** Küster, mehr südliche Art, in den Nestern von Prozessionsspinnern. **2.** ***Attagenus pellio*** L. Pelzkäfer, Gefleckter Pelzkäfer (4–5 mm), Käfer düster, auf jeder Flügeldecke ein weißer Fleck; Imagines auf Blüten; Pollen- und Nektarfresser; Eiablage auf Stoffe tierischer Herkunft vor allem in Häusern; Larven goldgelb, hinten mit langem Haarschopf, bis 12 mm; an Pelzen und Wollstoffen bisweilen sehr schädlich. **3.** ***Trogoderma granarium*** Ev., Khaprakäfer (2–3 mm), Heimat Indien, heute weltweit verbreitet; ♀♀ entlassen ein Sexualpheromon (14-methyl-8-hexadecenal), das ♂♂ anlockt; ein anderes Pheromon, das von den Larven in der Häutungsphase, bei Verletzung und mit dem Kot ausgeschieden wird, wirkt dagegen stark abstoßend auf Larven und Imagines und schützt so vor Kannibalismus, vielleicht hat es auch Bedeutung als Alarmpheromon und als Regulans bei zu hohen Populationsdichten; Käfer und Larve durch Fraß an Getreidekörnern schädlich. **4.** Gattung ***Anthrenus***, Kabinettkäfer; kleine bunt gefleckte fast kugelige Käfer, im Sommer häufig auf Blüten als Pollen- und Nektarfresser; Eiablage an Stoffe tierischer Herkunft, an denen die Larven mancher Arten erheblichen Schaden anrichten können; Überwinterung als Larve; Verpuppung in der oben aufgeplatzten letzten Larvenhaut, ursprünglicher Fortpflanzungsrhythmus bei Bewohnern menschlicher Behausungen weitgehend gestört, erstreckt sich gleichmäßig über das ganze Jahr. a) ***Anthr. scrophulariae*** L., Teppichkäfer [**D-6**]; b) ***Anthr. verbasci*** L., Wollkrautblütenkäfer (1,8–3,2 mm); c) ***Anthr. museorum*** L., Museumskäfer (2–3 mm); alle 3 Arten gefürchtet auch als Zerstörer von Insektensammlungen; die behaarten Larven mit eigenartigen, oft in Gruppen beisammenstehenden (s. oben) Pfeilhaaren, mit pfeilförmiger, leicht abbrechender Spitze, Haarbüschel bei Störung gespreizt, bieten einen gewissen Schutz gegen kleine Feinde. (Bollow 1958; Hieke 1968; Horion 1949; Levinson A.R., Francke 1981; Levinson H.Z., Francke 1980; Levinson H.Z., Mori 1980; Levinson H.Z. et al. 1978; Melchers 1986; z. Strassen 1969; Tannert, Hien 1976).

Derodontidae; Fam. der Käfer (Coleoptera, Polyphaga); nur ein gutes Dutzend Arten bekannt, davon 2 in M-Eur.i.e.S.; bemerkenswert ***Laricobius erichsoni*** Ros., Lärchenkäfer (2–3 mm; braun), der auf Lärchen und anderen Nadelbäumen den Eiern von Tannenläusen nachstellt und daher als Helfer des Forstmannes wichtig ist.

Desmometopa; → Milichiidae.

Deuteragenia; → Pompilidae.

Deuteronomos; → Geometridae 16.

Deutsche Schabe, ***Blattella germanica*** L.; → Blattellidae.

Dexia; → Tachinidae.

Diacrisia; → Arctiidae 8.

Diaeretiella; → Aphidiidae.

Diaeretus; → Aphidiidae.

Dialeurodes; → Aleurodina.

Diamantkäfer; → Curculionidae.

Dianthoecia; → Noctuidae 38.

Diapause; → Dormanz 1.

Diapria; → Diapriidae.

Diapriidae; Fam. der Hautflügler (Hymenoptera, Apocrita, Proctotrupoidea); kleine Wespen, deren Larven parasitisch in Larven und Puppen vor allem von Fliegen, aber auch in Käferlarven leben, manchmal über 100 in einem Wirt; Beispiel: ***Diapria conica*** F., oft in Puppen von Schlammfliegen (***Eristalis***; → Syrphidae 3).

Diarthronomyia; → Itonididae 16.

Diaspididae, Deckelschildläuse, Austernschildläuse; artenreichste (ca. 1400 Arten) und am höchsten spezialisierte Fam. der Schildläuse (Coccina); Darm mit Filterkammer; die ♀♀ flach, klein (meist 1–1,5 mm), unter einem abhebbaren Schild aus Drüsensekreten, Kot und meist 2 Larvenhäuten (deren dorsale Teile); Fühler, Beine und Augen weitgehend oder ganz rückgebildet; meist auch ein schwacher Bauchschild aus Drüsensekret, bisweilen mit eingebautem ventralem Teil der Larvenhaut vorhanden; bei einigen Arten wird die kräftige Haut der 2. Larve nicht

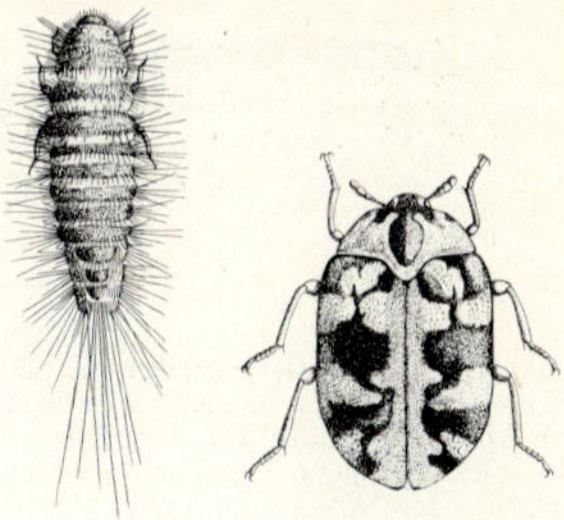

Abb. D-6: ***Anthrenus scrophulariae***, Teppichkäfer. Käfer 3–4,5 mm, Larve 6 mm. (Bollow 1958)

gesprengt, das ♀ bleibt in ihr liegen; die ♂♂ meist geflügelt; neben zweigeschlechtlicher Fortpflanzung nicht selten Parthenogenese; Schlüpfen der Junglarven zuweilen sehr bald nach der Eiablage (Ovoviviparie); bei manchen Arten Gebären lebender Junglarven; nur das 1. Larvenstadium beweglich, sucht einen Einstichplatz, setzt sich fest, bildet dann den ersten Schild; bei Häutung wird der dorsale Teil der Larvenhaut dem Dorsalschild eingefügt; ♂- und ♀-Schild nicht selten verschieden; einschließlich Imago beim ♀ 3, beim ♂ 5 Entwicklungsstadien; in M-Eur.i.e.S. etwa 60 Arten; Auswahl: **1.** ***Aspidiotus hederae*** Vall., Oleanderschildlaus; subtropische Art (Heimat Südafrika?), bei uns in Gewächshäusern an verschiedensten Pflanzen, auch Zimmerpflanzen; ♀ gelb, Schild gelblichweiß, rundlich; mit einer zweigeschlechtlich und einer rein parthenogenetisch sich fortpflanzenden Rasse. **2.** ***Dynaspidiotus abietis*** Schrk.; hauptsächlich an den Nadeln der Kiefer, aber auch an anderen Nadelhölzern; Körper gelb, Schild schwarzgrau mit hellerem Rand; überwintert im 2. Larvenstadium; zweigeschlechtliche Fortpflanzung; eine Generation im Jahr. **3.** ***Quadraspidiotus ostreaeformis*** Curt., Austernförmige Schildlaus, Zitronenfarbene Austernschildlaus; an verschiedensten Holzgewächsen, häufig und hin und wieder schädlich an Obstbäumen, hier an allen Teilen über der Erde; Schild dunkelgrau (2 bis 3 mm), Tier meist gelbgrün; eine Generation im Jahr; Fortpflanzung zweigeschlechtlich; überwintert im 2. Larvenstadium. **4.** ***Quadraspidiotus piri*** Licht., Pirus-Austernschildlaus, Pseudo-San-José-Schildlaus, Nördliche gelbe Obstbaum-

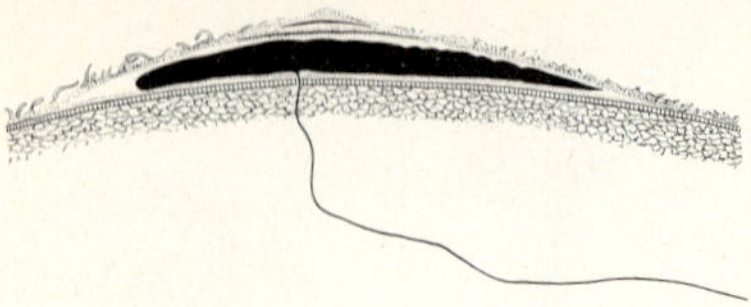

Abb. D-7: ***Quadraspidiotus perniciosus***, San-José-Schildlaus. ♀ (= Stad. 3) unter dem Schild auf einem Apfel; schematischer Längsschnitt. Körper schwarz (ca. 0,9 mm), ein wenig unter die Korkzellenschicht des Apfels geschoben; im Schild schwarz die erste und zweite Larvenhaut. (Krause 1950)

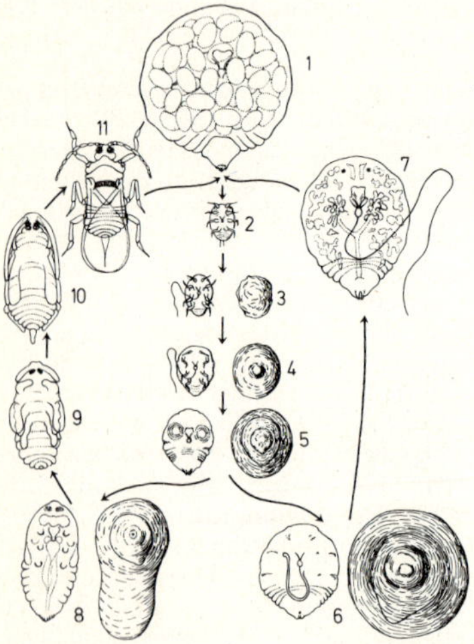

Abb. D-8: ***Quadraspidiotus perniciosus***, San-José-Schildlaus. Entwicklungsgang. Nach der Paarung des ♂ (11) mit dem ♀ (7 = 3. Larvenstadium) entläßt die Mutterlaus (1) die Jungen (2), die zunächst wandern, sich dann festsetzen und einen Schild bilden (3, 4), sich dann häuten zur Larve 2 (5); dann verschiedene Entwicklung für ♂ und ♀; ♀: Larve 2 wächst (6), häutet sich zum begattungsfähigen Stadium (7 = Larve 3); ♂: Larve 2 wächst, baut einen Langschild (8), häutet sich alsbald zur Larve 3 (9 = Vorpuppe), dann zur Puppe (10), aus der das geflügelte ♂ schlüpft (11). (Krause 1950)

schildlaus; sehr ähnlich der vorigen Art, ebenfalls an vielen Holzgewächsen; aber: Tier mehr orangegelb, überwintert im 2. Larvenstadium oder als begattetes ♀. **5.** ***Quadraspidiotus perniciosus*** Comst., San-José-Schildlaus, Kalifornische Schildlaus [**D-7**]; Heimat wahrscheinlich Amur-Gebiet, von dort Verbreitung über Asien, dann nach Kalifornien (bei San José), weiterhin weltweit verbreitet; 1946 in der BRD entdeckt, aber wohl schon früher vorhanden; mehrere Hundert Wirtspflanzen bekannt, an manchen Obstbäumen außerordentlich schädlich; Schild (erwachsen) grau, bei ♀ rund, bei ♂ oval, Tier gelblich; bei uns 2–3 Generationen im Jahr [**D-8**]; Fortpflanzung zweigeschlechtlich; lebend gebärend, aber Übergänge zu → Ovoviviparie; überwintert im 1. Larvenstadium. **6.** ***Aonidia lauri*** Bché., Lorbeerschildlaus; Heimat: Mittelmeergebiet, bei uns jedoch häufig auf eingekübeltem Lorbeer, am Stamm, Zweigen und Blättern; 2–3 Generationen im Jahr; ♀ in der glänzend braunen gewölbten Haut des 2. Larvenstadiums (ca. 1 mm lang, 0,5 mm breit). **7.** ***Lepidosaphes ulmi*** L., Gemeine Kommaschildlaus, Obstbaumkommaschildlaus [**D-9**]; Schild miesmuschelförmig, meist schwarzbraun, bis ca. 4 mm lang; ♀ gelblichweiß, hinten goldgelb; an verschiedensten Pflanzen, an Obstbäumen bisweilen schädlich; überwintert als Ei unter dem ♀-Schild; kommt in einer rein parthenogenetisch und in einer zweigeschlechtlich sich vermehrenden Rasse vor (letztere mit geringerer Zahl von Wirtspflanzen); eine Generation im Jahr. **8.** ***Diaspis (Carulaspis) visci*** Schrk., hauptsächlich auf Wacholder und Lebensbaum; Schild weißlich, 1–2 mm; Tier gelblich bis bräunlich; begattetes ♀ überwintert; eine Generation im Jahr. **9.** ***Aulacaspis rosae*** Bché., Kleine Rosenschildlaus; ♀-Schild weißlich, rund, 2–3 mm, Tier rötlich; ♂-Schild länglich (ca. 1 mm); mehr in wärmeren Gebieten (auch in Gewächshäusern) an Rosen, Himbeeren, Brombeeren, hauptsächlich an den verholzten Teilen. **10.** ***Chionaspis salicis*** L., Weidenschildlaus; an Weiden, Pappeln, Erlen und anderen Laubbäumen und Sträuchern, an den verholzten Teilen; ♀-Schild weißlich, 2,5–3 mm, Schinkenform; Überwinterung als Ei; ♂♂ teils mit, teils ohne Flügel; eine Generation im Jahr. (Günther 1968; Krause 1950; v. Lengerken 1932; Pesson 1951; Rietschel 1969; Strümpel 1983; Weber 1922ff., 1930; Zahradnik 1968).

Diaspis; → Diaspididae 8.

Dibrachys; → Pteromalidae; → Eulophidae.

Dicera; → Buprestidae 2.

Dickköpfe; → Hesperiidae.

Dickkopffliegen; → Conopidae; → Dorylaeidae.

Dickmaulrüßler, ***Otiorhynchus*** sp.; → Curculionidae 13.

Dicondylia; diejenigen Insekten, deren Mandibeln durch 2 Höcker mit der Kopfkapsel gelenkig verbunden sind; hierher die Silberfischchen (→ Zygentoma) und alle geflügelten Insekten (→ Pterygota), (→ Insecta).

Dicranomya; → Limoniidae.

Dicranota; → Limoniidae.

Dicranura; → Notodontidae 1, 2.

Dicrobezzia; → Heleidae.

Dictyophara; → Fulgoridae.

Dictyopterus; → Lycidae.

Dicyrtoma (Dicyrtomina); → Dicyrtomidae.

Dicyrtomidae, Spinnenspringer; Fam. der Springschwänze (Collembola, Symphypleona); hierher u. a. ***Dicyrtoma (Dicyrtomina) minuta*** F. (ca. 2,5 mm), verhältnismäßig langbeinig; lebt vor allem in Wäldern auf Bäumen und Gräsern; Andeutung von Paarbildung; → Collembola.

Didineus; → Sphecidae.

Diebsameise, ***Solenopsis fugax*** Latr.; → Myrmicidae 5.

Diebskäfer; → Ptinidae.

Diebswespen; → Cleptidae.

Dilina; → Sphingidae 1.

Diloba; → Noctuidae 12.

Dilophus; → Bibionidae.

Dinarda; → Staphylinidae 9.

Dinetus; → Sphecidae.

Dinocampus; → Braconidae 3.

Dinocras; → Plecoptera.

Dinomyia; → Canaceidae.

Dioctria; → Asilidae.

Diodontus; → Sphecidae.

Dioryctria; → Pyralidae 8, 9.

Diplazon; → Ichneumonidae.

Diplojapyx; → Diplura.

Diplolepis; → Cynipidae 1, 5.

Diplorhoptrum; → Myrmicidae.

Diplura, Doppelschwänze; U.-Klasse der Insekten; Gruppe der primär flügellosen Urinsekten (Apterygota, Entognatha); meist klein (ca. 2 mm; selten bis fast 5 cm: ***Heterojapyx***, Australien) und zart, augenlos, mit in einem Sack zurückgezogenen, schabenden oder stechenden Mundteilen; 11 Hinterleibssegmente, die beiden letzten miteinander verwachsen, meist mit gegliederten, fühlerartigen Cerci (→ Raife; [**D-10**]), sind bei den Japygidae kurzzangenförmig; paarige, austülpbare Bläschen ventral am Hinterrand der

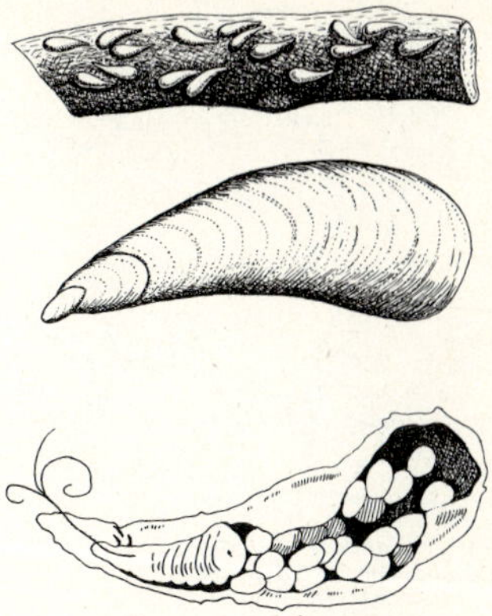

Abb. D-9: ***Lepidosaphes ulmi***, Gemeine Kommaschildlaus. ♀, bis 4 mm lang. Oben Zweig mit Kommaläusen; Mitte einzelne Schildlaus; unten einzelne Schildlaus von unten mit Eiern. (Krause 1950; Lengerken 1932)

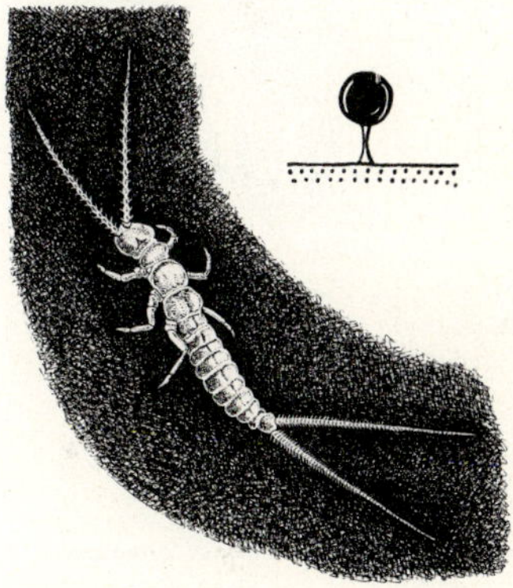

Abb. D-10: ***Campodea*** sp. Körperlänge ca. 4 mm; oben rechts: Spermatröpfchen auf Stiel. (Schaller 1954, 1969)

Abdominalsegmente dienen der Wasseraufnahme und dem Ionentransport; Lebensweise wenig bekannt; feuchtigkeitsliebende Bewohner von Bodenspalten, zwischen Moos, unter Rinde, drücken sich gern in Spalten, ernähren sich von organischen Teilchen, Pilzfäden, Insektenlarven, Würmern (Campodeidae), teils rein räuberisch von kleinen Insekten, ***Japyx***-Arten vor allem von Springschwänzen, die sie mit den Mundteilen oder auch den Hinterleibs-

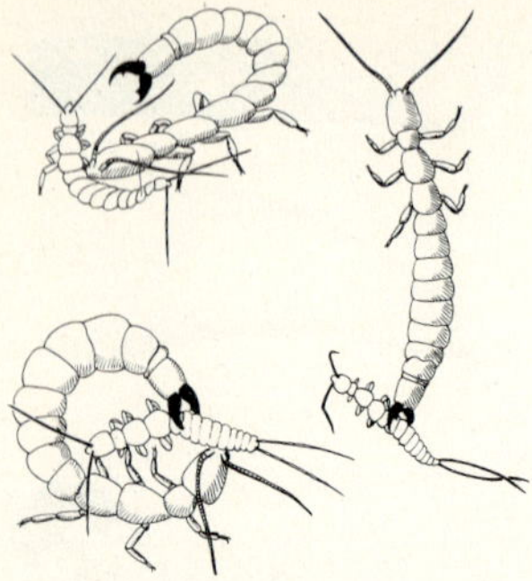

Abb. D-11: ***Japyx*** sp. Zangenschwanz, fängt und frißt ***Campodea.*** (Schaller 1969)

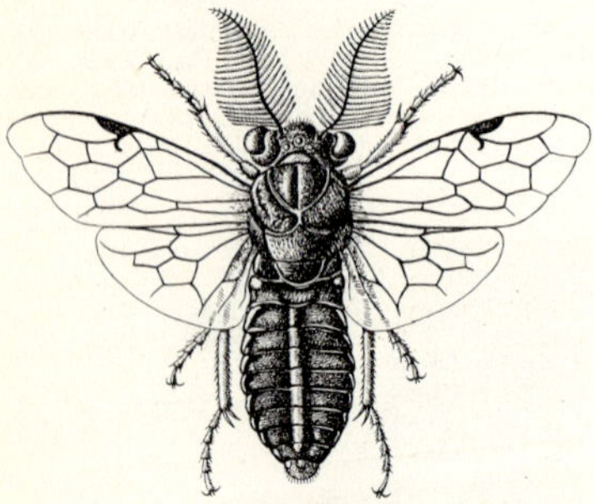

Abb. D-12: ***Diprion pini***, Gemeine Kiefernbuschhornblattwespe. ♂, ca. 6 mm. (Bachmaier 1969)

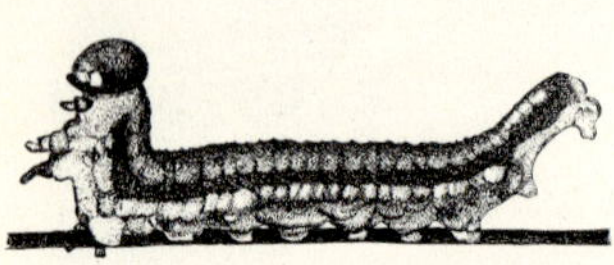

Abb. D-13: ***Diprion sertifer***, Rote Kiefernbuschhornblattwespe. 25 mm. Larve beim »Schnippen«; Vorder- und Hinterende gleichzeitig hochschlagend (Escherich 1942)

zangen ergreifen [**D-11**]. Indirekte Samenübertragung bei ***Campodea*** ganz ähnlich wie bei den → Collembola: das ♂ setzt, angeregt durch die Gegenwart eines ♀, eine kurzgestielte Spermatophore (Höhe ca. 0,1 mm, Spermatropfen auf dem erstarrten Sekretfaden, [**D-10**] ab, in ♀-Nähe oder wo gerade ein ♀ war, Sperma vom ♀ abgestreift. Eiablage (mehrere Male wiederholt) in der warmen Jahreszeit in kleinen Erdhöhlen, mehrere Eier zum Ballen vereinigt; Eiballen von ***Campodea*** an Faden aufgehängt; das ***Japyx***-♀ bewacht Eiballen und Junge; Zahl der Häutungen nicht genau bekannt, bei den Häutungen nur geringe gestaltliche Veränderungen; die Exuvie ist wichtige Nahrung für die ***Campodea***-Larve; Regeneration verlorener Körperanhänge kommt vor, nach Reizung auch z. B. Abwerfen der Cerci (Autotomie). Die meisten Arten in wärmeren Ländern (dabei einige spezifische Höhlenbewohner); in Mitteleuropa wenige Arten, u. z. Vertreter der Fam. **Campodeidae;** mit gegliederten Cerci; z. B. ***Campodea staphylinus*** Westw. (ca. 3 mm) und der mehr im Süden vorkommenden Fam. **Japygidae;** Cerci kurz, zangenförmig, z. B. Gttg. ***Japyx;*** in M-Eur.i.e.S. bisher nur ***Metajapyx leruthi*** Silv. gefunden; lebt räuberisch in der Bodenstreu, unter Steinen; Beute mit den Fühlern ertastet, mit den Cerci erfaßt und durch Krümmen des Körpers zum Munde geführt [**D-11**]; bei dem z. B. in Südfrankreich vorkommenden ***Diplojapyx humberti*** Grassi bewohnt jedes Individuum ein durch Barrieren abgegrenztes, vielleicht duftmarkiertes Territorium, das Nest mit mehreren durch Gänge verbundenen Kammern, deren eine immer zum Ruhen benutzt wird; auch die Eier werden in einer Kammer, an einem Stielchen an der Wand befestigt und bewacht, die ausgeschlüpfte junge Brut wird gepflegt und betreut. (Eisenbeis 1976; Eisenbeis, Wichard 1985; Pages 1967, 1978; Schaller 1954, 1969).

Diprion; → Diprionidae 2.

Diprionidae (Lophyridae), Buschhornblattwespen; Fam. der Hautflügler (Hymenoptera, Symphyta, Tenthredinoidea); Fühler beim ♀ sägezähnig, beim ♂ mehr oder weniger stark, 1- oder 2zeilig gekämmt (deutscher Name! [**D-12**]; ♀ größer als ♂, beide nicht selten in Färbung und Zeichnung verschieden. Die Larven raupenähnlich (Afterraupen), mit 3 Brustbeinpaaren und 8 Bauchfußpaaren am Hinterleib [**D-13**] und 3gliedrigen Antennen; fressen frei an Nadelbäumen (in Eur. an ***Pinus-***, ***Picea-*** und ***Juniperus***-Arten) und zwar fast ausschließlich an den Nadeln, seltener an Rinde; Kopf der Larve beim Fressen stets zur Nadelspitze; übrig bleibt die schmale Mittelrippe der Nadel oder ein kurzer Stumpf; (***Neodiprion***-Larven: Polarisation des Himmelslichtes wichtig für Orientierung); die erwachsene Larve frißt pro Tag

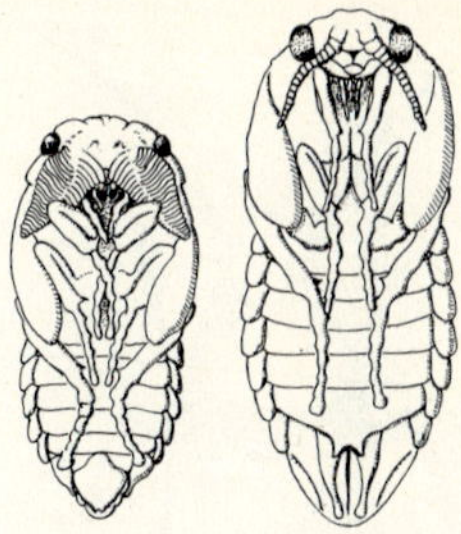

Abb. D-14: ***Diprion pini***, Gemeine Kiefernbuschhornblattwespe. Puppe. Links ♂ (8 mm), rechts ♀. (Escherich 1923/42)

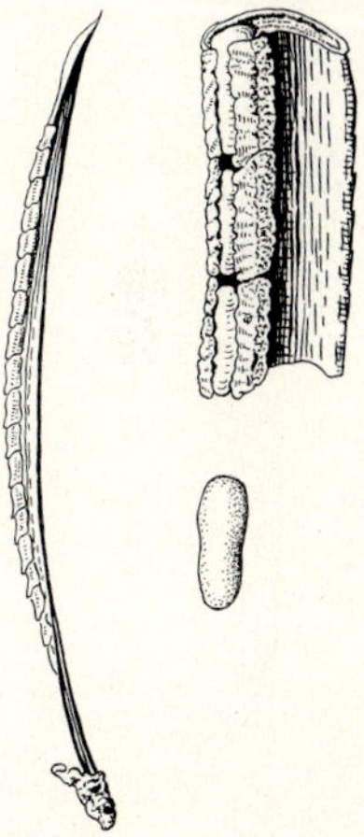

Abb. D-15: ***Diprion pini***, Gemeine Kiefernbuschhornblattwespe. Links in die Nadelkante eingeschobene Eizeile (ca. 2,5 mm), rechts oben Ausschnitt aus der Eizeile (ca. 2,5 mm), rechts unten Ei. (Brauns 1964)

6–12 Nadeln; bei im allgemeinen trägen Bewegungen charakteristisch das als »Schnippen« bezeichnete Abwehrverhalten: Simultanes Hochschlagen von Vorder- und Hinterende bei gleichzeitigem Austreten eines Tropfens einer harzigen Flüssigkeit aus dem Mund, eine Mischung aus von der Wirtspflanze stammenden Terpenoiden; ♂ 4–5, ♀ 5–6 Häutungen; auf dem Labium mündende Spinndrüsen vorhanden, treten jedoch erst gegen Ende des Larvenlebens in Tätigkeit; das letzte Larvenstadium (Einspinnstadium) frißt nicht mehr, spinnt ober- oder unterirdisch einen sehr zähwandigen Kokon; Wahl des Kokonortes mehr oder weniger von der Temperatur abhängig, z. B. so, daß bei manchen Arten mit 2 Generationen im Jahr der Kokon der 1. Generation oberirdisch ist, der der 2. Generation im Boden; ♂-Larve spinnt kleineren Kokon als ♀-Larve; bis zu 4jähriges Überliegen der fast stets überwinternden verpuppungsreifen Larve im Kokon kommt bei manchen Arten vor; Puppenzeit selber 1–2 Wochen [**D-14**]. Die Imago verläßt den Kokon nach Abnagen des Deckels; ♀♀ wenig flugfreudig; jungfräuliche ♀♀ geben einen stark wirksamen Sexuallockstoff (Acetate und Proprionate eines Alkohols, des 3,7-Dimethylpentadecan-2-ol) ab; lockt ♂♂ noch aus 200 m Entfernung an, nachgewiesen bei ***Diprion simile*** Htg.; Begattung in End-zu-Endstellung, Köpfe abgewandt; Parthenogenese nicht selten, teils thelytok, teils arrhenotok; Eier mit dem kurzen Legebohrer in die Nadelkante eingeschoben, bei gesellig lebenden Arten mehrere Eier in Zeile dicht hintereinander ([**D-15**]; Gelege z. B. bei ***Diprion pini*** L. mit schaumigem Sekret bedeckt), bei einzellebenden nur je ein Ei in eine Nadel; Wahl des Einstichs in der Länge der Nadel artspezifisch verschieden. Generationsdauer recht verschieden, 1–4 Jahre; bei manchen Arten je nach Außenbedingungen 1 oder 2 Generationen im Jahr. In M-Eur. i.e.S. gut 20 Arten. **1.** Gattung ***Monoctenus*** (Fühler des ♂ nur einzeilig gekämmt), mit 2 Arten, ***M. juniperi*** L. (5–6 mm) und ***M. obscuratus*** Htg.; Larven auf Wacholder; forstlich bedeutungslos. **2.** Sammelgattg. ***Diprion (Lophyrus)***, heute in mehrere Gttgn. aufgeteilt, etwa 20 Arten in M-Eur.i.e.S.; Larven ausschließlich an Fichte oder Kiefer, darunter einige zu Massenvermehrung neigend und dann bisweilen schädlich; wichtigste Helfer im Kampf gegen den Schädling: Vögel, Bakterien und Viren, zahlreiche Schlupfwespen (befallen teils Eier, teils Larven, teils Kokon), mehrere Schmarotzerfliegen (→ Tachinidae; befallen die Larven). **A. An Fichte:** a) ***Gilpinia (Diprion) polytoma*** Htg. und ***G. hercyniae*** Htg. (6–8 mm); je ein Ei in eine Nadel abgelegt; Larven grün mit 3 weißen Längsstreifen, fressen einzeln; Kokon oberirdisch; teils eine, teils 2 Generationen im Jahr, durch Überliegen auch mehrjährig; ***G. polytoma,*** (wie auch ***G. hercyniae*** in Eur. als Forst-

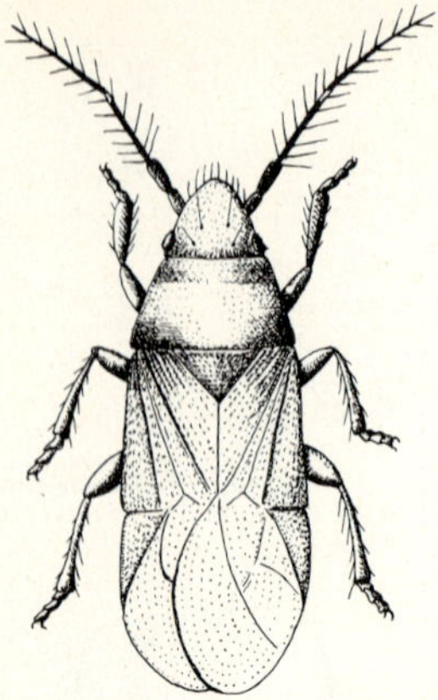

Abb. D-16: ***Pachycoleus waltli.*** Langflügeliges ♂; 1,5 mm. (Jordan 1962)

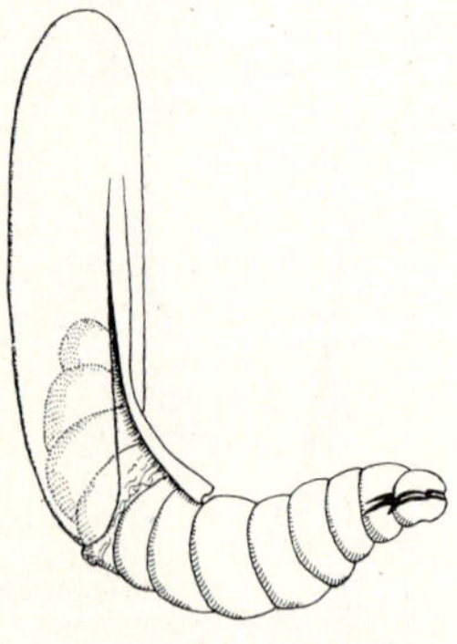

Abb. D-17: ***Lucilia sericata.*** Schlüpfende Larve durch vorgebildete Bruchlinie im Chorion, zugleich Sprengen der Dotterhaut. (Weber 1933)

schädling harmlos), wurde diese Art, nach Nordamerika verschleppt, dort wegen Fehlens der natürlichen Feinde außerordentlich schädlich; biologische Bekämpfung durch Nachliefern der Parasiten aus Europa. **B.** Die Mehrzahl der Arten **an Kiefer;** am häufigsten und am gefährlichsten: b) ***Diprion pini*** L. Gemeine Kiefernbuschhornblattwespe (♂: [**D-12**]; ♀: –10 mm); Eier in Reihe dicht hintereinander, mit schaumigem Sekret bedeckt [**D-15**]; Larven fressen gesellig; Generation: teils eine (in kühlen Gebieten), teils 2 im Jahr, auch mehrjährig durch Überliegen; Kokon meist an den Nadeln, die einer 2. Generation in der Bodenstreu oder an den untersten Stammteilen; die Imago [**D-12**] beißt vor dem Schlüpfen kreisrunden Deckel ab. c) ***Neodiprion (Diprion) sertifer*** Geoffr., Rote Kiefernbuschhornblattwespe (6–9 mm; ♂ am Bauch, ♀ fast ganz gelbbraun bis rötlich); Eier im Herbst in Reihe abgelegt, von Ei zu Ei Abstand von gut 1 mm, Überwinterung in der Regel als Ei; die Larven fressen gesellig; Kokon (Spätsommer) im Boden oder an Bodenpflanzen; Generation meist einjährig, durch Überliegen auch mehrjährig (Bachmaier 1969; Brauns 1964; Eisner et al. 1974; Escherich 1942; Jacobson 1965; Jewett et al. 1976; Mallach 1973; Pschorn-Walcher 1982; Schimitschek 1955; Wellington et al. 1951).

Dipsocoridae, (Cryptostemmatidae); Fam. der Landwanzen (Heteroptera, Geocorisae); winzig (höchstens ca. 3 mm), unscheinbar-bräunlich; Fühler mit Wimperhaaren; Kurz- und Langflügeligkeit hin und wieder bei der gleichen Art; Lebensweise kaum bekannt; vor allem am Boden zwischen Laub und feuchtem Moos, unter Steinen, manche Arten auch in Ameisennestern; wahrscheinlich räuberisch. Wenige Arten; Beispiel: ***Pachycoleus waltli*** Fieb. (1,8 mm; [**D-16**]).

Diptera, Zweiflügler; Ordng. der Insekten; Verwandlung vollkommen (Euholometabola; selten Polymetabola, z. B. Cyrtidae); hervorstechendes Merkmal der Imagines: nur die Vorderflügel gut ausgebildet, Hinterflügel umgewandelt zu den stark verkürzten Schwingkölbchen (Halteren; s. u.). Entwicklungsbeginn meist aus einzelnen oder in bezeichnend geformten Gelegen (z. B. [**C-152, C-153**]) im, am oder nahe dem Wohn- oder Nährsubstrat der Larven abgelegten **Eiern;** zuweilen Massengelege zahlreicher ♀♀ (z. B. Simuliidae; Rhagionidae); Eier meist langgestreckt, bisweilen mit fädigen, der Atmung dienenden Anhängen (z. B. → Drosophilidae), oder, bei Ablage in Wasser oder feuchte Substrate, mit zu einem komplexen → Plastron differenzierten Chorion; bei Ablage auf Wasser, mit Schwimmvorrichtungen (z. B. Culicidae; [**C-155**]); Schlüpfen der Larve oft unterstützt durch vorgebildete Bruchlinien im Chorion [**D-17**]; seltener durch einen larvalen Eizahn (z. B. Culicidae; [**C-158**]); in verschiedenen Gruppen, zumal bei höheren Fliegen, gibt es lebendgebärende Arten oder die Larven schlüpfen unmittelbar nach der Eiablage (Viviparie bzw. Ovoviviparie); es kommt vor, daß eine Art im nördlichen Teil des Wohngebietes eierlegend, weiter südlich lebendgebärend ist; verpuppungsreife Larven werden bei den oft als Pupipara zusammengefaßten Fam. und bei den Tsetsefliegen (*Glossina* sp.) abgesetzt. – Groß ist die Mannigfaltigkeit der **Larven** nach Körperform und Lebensweise; stets fehlen echte gegliederte Extremitäten, nicht selten jedoch sind stummel-, warzen- oder höckerartige, oft mit Borsten oder Häkchen besetzte Ersatzorgane vorhanden, gelegentlich (z.B. Blepharoceridae) auch saugscheibenartige Gebilde, die teils dem Haften am Substrat, teils der Fortbewegung dienen. Nach der Ausbildung der Kopfregion kann man unterscheiden: a) eucephale Larven: Kopf gut ausgebildet, mit mehr oder weniger vollständigen, oft spezifisch auf eine bestimmte Art des Nahrungserwerbs angepaßten Mundteilen, mit Antennen ([**C-169**]; die meisten Nematocera, Mücken); b) hemicephale Larven: Kopfkapsel von hinten mehr oder weniger aufgelöst und in den Prothorax eingesenkt, Mundteile sehr verschiedenartig ausgebildet (manche Nematocera, Brachycera – Orthorrhapha); c) acephale Larven: Kopfkapsel verschwunden, Kopf ganz in den Thorax eingezogen, Mundteile teils stark rückgebildet, teils einbezogen in ein bezeichnendes, dunkel pigmentiertes Cephalopharynxskelett, vorn mit einem Paar meist kräftiger Mundhaken (Schlundhaken; [**D-18**]); meist als Mandibeln gedeutet, nach neueren Untersuchungen jedoch ganz oder teilweise vom Maxillensegment gebildet; sie werden vorgestoßen und vermögen, nach vorn-unten hakelnd, die Nahrung zu zerkleinern und in den Schlund zu schaffen (Brachycera-Cyclorrhapha; die Larven = typische Maden); Segmentierung mehr oder weniger deutlich; Segmentzahl ab und an durch zusätzliche Einschnürungen scheinbar vergrößert. Nahrung und Art des Nahrungserwerbs äußerst verschiedenartig, gemäß den Besonderheiten des Lebensraumes; viele Arten sind Detritusfresser; Wasserbewohner z.T. mit der Fähigkeit, die Nahrungsteilchen mit Spezialapparaten herbeizustrudeln (z.B. → Melusinidae; → Culicidae); sehr häufig an zerfallendem pflanzlichen oder tierischen Material; andere an oder in

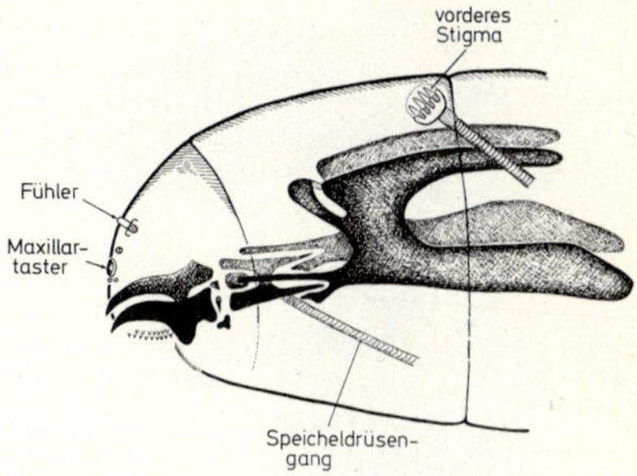

Abb. D-18: Schema des Schlundgerüstes bei cyclorrhaphen Larven, vorn die beiden Schlundhaken. (Brauns 1954)

lebenden Pflanzenteilen, z.T. minierend oder gallbildend; räuberische Larven gibt es in den verschiedensten Gruppen, ebenso gelegentlichen oder obligatorischen (teils Außen-, teils Innen-)Parasitismus; besonders die Raupenfliegen (Tachinidae) sind, wie die Schlupfwespen, wichtig als Helfer beim Niederhalten von Schadinsekten; Larven von Vertretern verschiedener Gruppen leben mehr oder weniger regelmäßig in den Nestern von sozialen Insekten, von Vögeln und Säugetieren, teils als harmlose Mitbewohner, die vom Abfall leben, teils als Räuber und Parasiten. Atmung bei im Wasser lebenden Larven entweder einfach durch die Haut ([**C-166**]; Tracheensystem mehr oder weniger rückgebildet), oder mit Schlauch- oder Tracheenkiemen [**M-34, B-18**]; oder durch offene Stigmen, dann meist an der Wasseroberfläche, seltener (z.B. ***Mansonia***, → Culicidae) aus den Lufträumen angebohrter Wasserpflanzen; häufig → amphipneustisch oder → metapneustisch, das einzige Stigmenpaar dann nicht selten an der Spitze einer mehr oder weniger langen Atemröhre; [**S-116**]; die Atmung innenparasitischer Larven ist vergleichbar mit der der Wasserbewohner; ist der Wirt ein Insekt, so findet der Parasit mit dem Hinterende häufig Anschluß an das Tracheensystem des Wirtes [**T-16**]; die in manchen Gruppen (z.B. → Chironomidae, → Culicidae) in Afternähe ausgebildeten schlauchförmigen blutgefüllten Analschläuche (»Blutkiemen«; [**C-59**]) dienen als osmoregulatorische Organe der Ionenaufnahme aus dem Wasser; bei den terrestrisch leben-

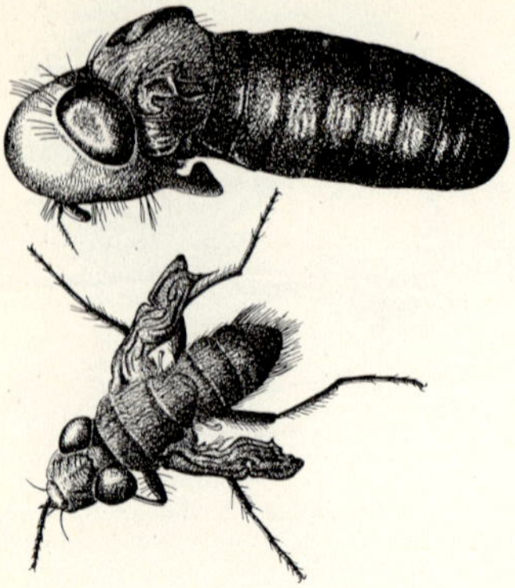

Abb. D-19: Oben: Eine cyclorrhaphe Fliege sprengt mit der vorgestülpten Stirnblase das Puparium. Unten: Die Fliege ist gerade geschlüpft, Flügel noch nicht voll entfaltet, Hinterleib noch klein. (Schumann 1969)

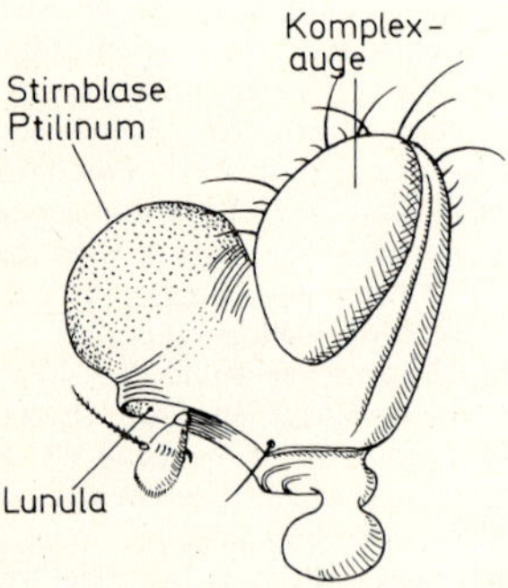

Abb. D-20: Seitenansicht des Kopfes einer cyclorrhaphen Fliege ***(Phytomyza angelicae)*** im Augenblick des Schlüpfens; Stirnblase ausgestülpt, wird später eingezogen und schrumpft; äußeres Zeichen: Bogennaht über den Fühlern; → [**D-21**]. (Hendel 1964)

den Larven verschiedenste Formen des Atmungssystems, vom → holopneustischen (z. B. Bibionidae) bis zum → apneustischen Zustand (z. B. Macroceridae); Junglarven atmen bei manchen Arten anders als Altlarven (z. B. Bibionidae: Erstlarven sind metapneustisch). Gut ausgebildet sind in der Regel die Labial-Speicheldrüsen, bei manchen Mückenlarven umgebildet zu Spinndrüsen; Kerne der Speicheldrüsenzellen wenigstens in manchen Gruppen (z. B. Chironomidae; Drosophilidae) mit den für die Vererbungsforschung so bedeutungsvoll gewordenen Riesenchromosomen; bei den »roten Larven« mancher Chironomidae ist im Blut ein hämoglobinartiger, O_2-bindender Farbstoff gelöst. Zahl der Larvenstadien bei den höheren (cyclorrhaphen) Fliegen 3, bei den niederen Formen bis zu 8, bei den Mücken meist 4. – Die **Puppe** ist bei den Mücken und den meisten niederen Fliegen eine → Mumienpuppe [**C-160, C-161**], ist zuweilen sehr beweglich, freischwimmend (z. B. Puppen der Culicidae); die höheren (cyclorrhaphen) und einige orthorrhaphe Fliegen bilden die so bezeichnende Tönnchenpuppe (Pupa coarctata): das letzte Larvenstadium verpuppt sich zu einer freien Puppe in der zu einem harten, dunkel gefärbten Gebilde (Puparium, Tönnchen) umgebildeten Haut des vorletzten oder letzten Stadiums, in die bei manchen Arten (Ecdyson gesteuert) Kalk eingelagert wird; bei vielen terrestrischen Mumienpuppen sind ein prothorakales und 7 abdominale Stigmenpaare vorhanden; viele, vor allem die im Wasser lebenden Mückenpuppen, haben lediglich prothorakale, sehr verschieden gestaltete Atemhörner oder »Röhrenkiemen« (z. B. Melusinidae; [**M-32**]); sie sind mit Luft gefüllt, in Verbindung mit den prothorakalen Stigmen, nach außen offen oder geschlossen; das Eindringen von Wasser in offene Hörner ist verhindert durch filzige Behaarung ihrer Innenwand; sie dienen entweder der direkten Luftaufnahme an der Wasseroberfläche oder dem Gasaustausch mit dem Wasser; bei den Tönnchenpuppen sind Reste der larvalen Stigmen am Tönnchen noch sichtbar; die Puppe selber atmet durch modifizierte prothorakale Stigmen, die an dem Puparium als verschiedenste, zuweilen hörnchenartige Gebilde in Erscheinung treten. Schlüpfen der Imago: bei den Mumienpuppen aus einem vorgebildeten, T-förmigen Spalt vorn-dorsal (Mücken und niedere Fliegen, früher häufig als Orthorrhapha zusammengefaßt; bisweilen ist die Puppe von der letzten Larvenhaut ähnlich einem Puparium umhüllt); bei den höheren Fliegen, den cyclorrhaphen Brachycera, mit richtigen Tönnchenpuppen in typischem Fall aus dem Vorderteil des Tönnchens, das durch den Druck der beim Schlüpfvorgang ausgestülpten Stirnblase [**D-19, D-20**] in einer Ring- und Längsnaht 2teilig abgesprengt wird; die Stirnblase wird anschließend in den Kopf zurückgezogen, äußeres Zeichen: die deutliche, etwa hufeisenförmige Bogennaht im Stirnbereich der Imago dicht über den Fühlern ([**D-21**]; die hierher gehörenden Fam. werden oft als Cyclorrhapha-Schizophora zusammengefaßt); bei einigen Gruppen (z.B. Phoridae; Syrphidae) ist die Stirnblase schwach oder fehlt überhaupt, entsprechend schwach ist auch die Bogennaht ausgebildet; das Tönnchen wird gesprengt durch Druck zumal des unteren Gesichtsteils (manchmal gebrauchte Gruppenbezeichnung: Cyclorrhapha – Aschiza); im einzelnen herrscht große Mannigfaltigkeit in der Form der Sprengnähte am Puparium [**D-22**]. – Die **Imagines** variieren stark nach Größe und Gestalt; zu den größten Arten gehören die tropischen und subtropischen ***Mydas***-Fliegen (Fam. Mydaidae), z.B. ***Mydas heros*** P., sie erreicht eine Körperlänge von fast 8 cm und 10 cm Flsp.; Größenbereich der heimischen Arten etwa zwischen 1 und 25 mm Körperlänge; nach dem Bau der **Fühler** 2 Hauptgruppen: **Nematocera,** Mücken: Fühler fadenförmig, nicht selten recht lang, mit 6 oder mehr gleich gestalteten Gliedern [**C-149, F-17**]; **Brachycera,** Fliegen: Fühler kurz, mit einer wechselnden Zahl von Gliedern verschiedener Gestalt [**C-141, D-23**]; bezeichnend für die höheren Fliegen (Cyclorrhapha) der dreigliedrige Fühler [**D-23**], auf dem keulenförmigen 1. Geißelglied die oft gefiederte Arista als Rest weiterer Glieder; im Flug wird die Ablenkung der Fühler durch den Fahrtwind (zumal durch Druck auf die Arista) im Gelenk zwischen dem 2. und 3. Glied registriert, vor allem durch die Sinneszellen des im 2. Glied liegenden → Johnstonschen Organs; dient über Nervensystem und Flugmuskeln der Flugsteuerung; das Johnstonsche Organ ist bei den ♂♂ der Culicidae umgebildet zu einem hochdifferenzierten Hörorgan, zum Wahrnehmen des Flugtons der ♀♀. Die Imagines nehmen, wenn überhaupt, ausschließlich flüssige oder durch Speichel verflüssigte Nahrung auf, teils frei gebotene (z.B. Nektar), teils durch Stich mit den Mundteilen gewonnene (Blut von räuberisch erbeuteten anderen Insekten oder von Wirbeltieren); Blutnahrung ist in manchen Gruppen (z.B. Culicidae) bei den ♀♀ notwendig für die Eibildung in den Ovarien; die oft stark verlängerten

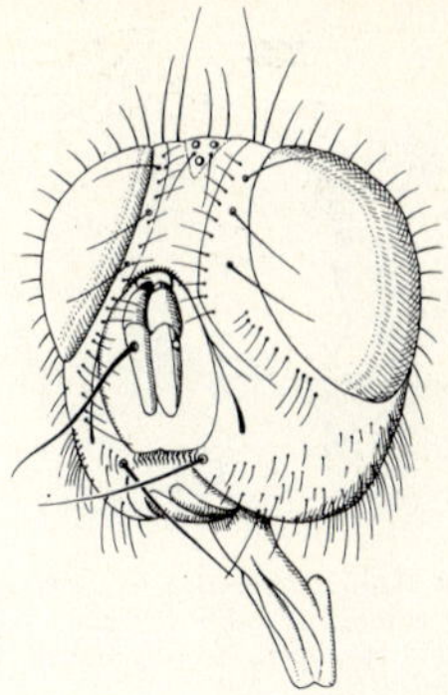

Abb. D-21: Schema des Kopfes einer cyclorrhaphen Fliege (Calliphoridae). Bogennaht über der Fühlerbasis; nur ein Teil der Borsten und Haare eingezeichnet; linke Arista weggelassen. (Séguy 1951)

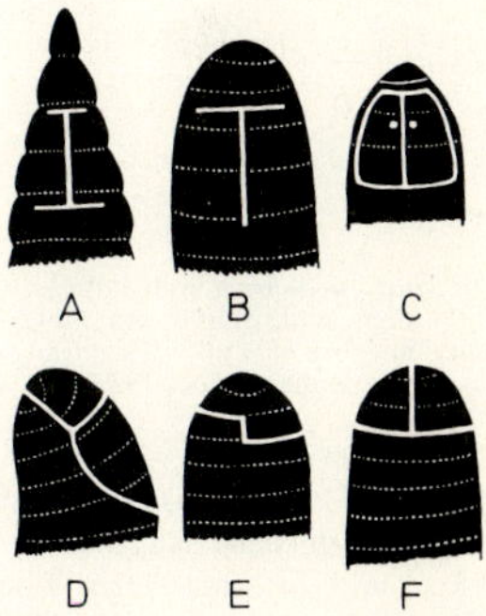

Abb. D-22: Sprenglinien der Puppenhaut bzw. des Pupariums bei verschiedenen Fliegen. A ***Stratiomyia*** (Orthorrapha); B ***Lonchoptera***; C ***Phora***; D ***Pipunculus***; E ***Clythia***; F ***Musca.*** B–F Cyclorrhapha. (Séguy 1951)

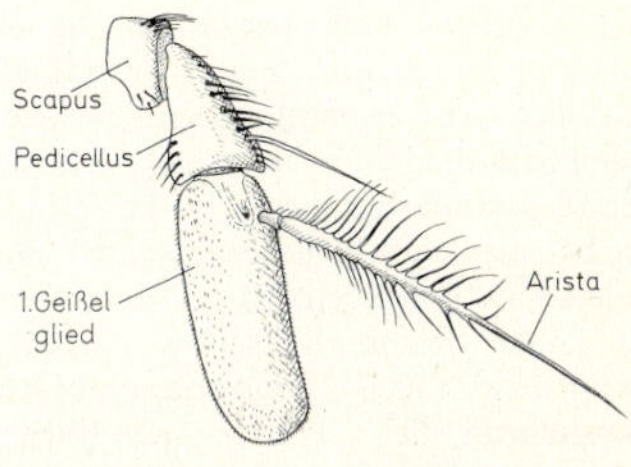

Abb. D-23: Fühler von ***Calliphora vicina,*** Blaue Fleischfliege. Scapus = 1., Pedicellus = 2. und 1. Geißelglied = 3. Fühlerglied.

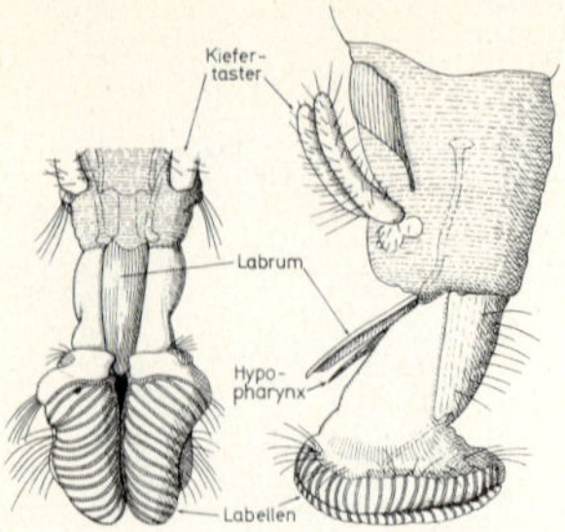

Abb. D-24: ***Musca domestica***, Stubenfliege. Rüssel: Links von vorn; rechts von der linken Seite. Labrum und Hypopharynx abgehoben. Labellen mit Pseudotracheen. (Weber 1933)

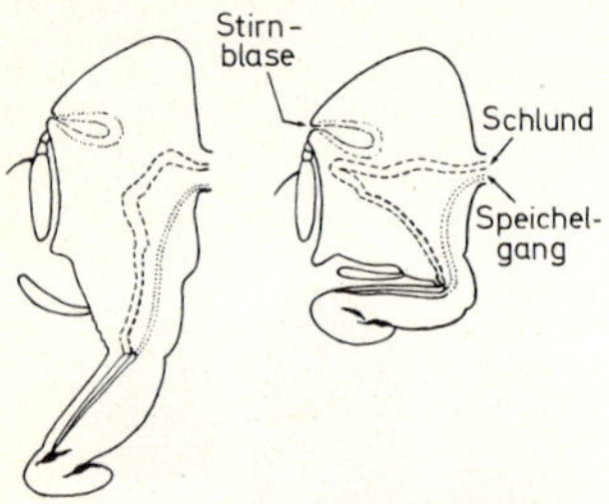

Abb. D-25: ***Musca domestica***, Stubenfliege. Schematisierter Längsschnitt durch den Kopf (mit eingezogener Stirnblase). Links Rüssel in Saugstellung; rechts in Ruhe. (Weber 1933)

Mundteile sind hochspezialisiert; 3 Haupttypen: a) **primär stechend-saugend,** bei vielen Mücken und orthorrhaphen Fliegen (z.B. Tabanidae); Ausstattung noch fast vollständig [**T-4**]; 1–4gliedrige Kiefertaster (Maxillarpalpen) stets vorhanden, bisweilen bei ♂ und ♀ verschieden ausgebildet; Lippentaster (Labialpalpen) umgewandelt zu den Labellen an der Spitze des nicht selten stark sklerotisierten Labiums [**C-148**]; bei unterschiedlicher Ernährung der Geschlechter (z.B. nur ♀ blutsaugend) auch mehr oder weniger deutliche Unterschiede an den Mundteilen; in manchen Gruppen Fortfall bestimmter Teile z.B. der Mandibeln bei den an erbeuteten Insekten saugenden Raubfliegen ([**A-91**], Asilidae); extrem langer dünner Rüssel bei manchen Nektarsaugern (z.B. Bombyliidae); b) **lekkend-saugend,** bei cyclorrhaphen Fliegen [**D-24**]; Mandibeln und Maxillen weitgehend oder ganz rückgebildet, nur die Maxillartaster erhalten; unterer Kopfteil zu einem Rostrum vorgezogen, trägt den einklappbaren verlängerten Saugrüssel [**D-24, D-25**], bestehend hauptsächlich aus dem weichhäutigen Labium; dieses vorn mit eingesenkter Rinne, zugedeckt durch das Labrum, unter diesem der verlängerte, vom Speichelkanal durchzogene Hypopharynx; am Ende des Labiums die polsterförmigen Labellen, an der Oberfläche mit einem System spantenartig versteifter, mit einem Schlitz nach außen offenen Röhrchen (Pseudotracheen), die die flüssige Nahrung kapillar ansaugen; Weitertransport durch die Schlundpumpe zur Labellenbasis und in das Nahrungsrohr des Rüssels zwischen Labrum und Hypopharynx; Zähnchen an den Pseudotracheen ermöglichen durch Raspelbewegung eine gewisse Zerkleinerung fester Substanzen und deren Aufnahme in den Speichel; ähnlicher Rüsselbau bereits bei manchen Mücken, z.B. bei den Schnaken (Tipulidae; [**T-60**]): stark verlängertes Rostrum, außer Mandibeln und Maxillen auch Labrum und Hypopharynx rückgebildet; von diesem Typ abgeleitet die c) **sekundär stechend-saugenden** Mundteile mancher höherer Fliegen; Beispiel: Tsetse-Fliegen ***(Glossina)***; Wadenstecher (***Stomoxys***; [**M-46**]): Labium lang, schmal, stark sklerotisiert; Raspelbewegung der kleinen Labellen ermöglicht Einstechen zum Erlangen von Blutnahrung; Rückbildung aller Mundteile bis zu vollständigem Schwund kommt in einigen Gruppen vor (z.B. Oestridae); Maxillartaster jedoch fast stets vorhanden, fehlen bei einigen Gallmücken (Cecidomyiidae). **Ocellen** fast stets vorhanden, meist 3, seltener 1 oder 2, fehlen bei manchen Mücken; **Komplexaugen** zuweilen durch selektive Lichtreflexion sehr farbenprächtig (z.B. Tabanidae). Bei dem stark ausgeprägten Gesichtssinn ist es verständlich, daß die meisten Dipteren tagaktiv sind, nur wenige (z.B. manche Stechmücken) in der Dämmerung oder nachts; reger Blütenbesuch vieler Fliegen, wichtig für Bestäubung; Farbtüchtigkeit (auch UV-Empfindlichkeit eines Teils der Ommatidien) und eine gewisse Blütenstetigkeit ist für eine Reihe von Arten nachgewiesen (z.B. bei den Bombyliidae, Syrphidae, Calliphoridae), häufig mit Bevorzugung von Gelb, zumal bei gleichzeitig gebotenem Blütenduft; Bevorzugung von Braun und Purpurn (häufig bei »Aasblumen«; → Ekelblumen) durch gewisse Arten, deren Larven sich in Aas entwickeln, bei gleichzeitigem, als Lockmittel dominierenden Aasduft. Die **Beine** sind meist gut entwickelt, bei manchen Mücken auffallend lang und dünn (z.B. Tipulidae); die Neigung, sich der Beine zum ausgedehnten Laufen zu bedienen, meist mäßig ausgeprägt (Ausnahme z.B. Phoridae, Rennfliegen); meist 5 Tarsenglieder, selten 4, 3 oder 2 (z.B. einige Heteropezidae); gute Ausstattung des letzten Tarsengliedes mit Haftapparaten (Krallen, Arolium, Pulvillen, [**D-26**]; die Sohlen der Pulvillen vieler brachycerer Fliegen sind jeweils mit einigen Tausend (5000 bei ***Calliphora***) 10–15 μm langen und 1 μm dicken, am freien Ende ± stark winkelig abgebogenen Hafthaaren besetzt [**D-27**]; zusammen mit einem Lipid-Sekret, das von Drüsenzellen in den Pulvillen sezerniert wird, ermöglichen sie das Haften an und Laufen auf sehr glatten Flächen; vergleichsweise selten ist Spezialisierung auf bestimmte Funktionen hin; z.B. starke Fußklauen bei den am Feder- bzw. Haarkleid von Vögeln und Säugetieren lebenden Lausfliegen (Hippoboscidae, Streblidae, Nycteribiidae), ein rechenartiger Borstenkamm statt Klauen bei den Bienenläusen (→ Braulidae, [**B-31**]); starke Bedornung bei den Insekten jagenden Raubfliegen (Asilidae); Vorderbeine zu Fangbeinen umgebildet bei ***Ochthera mantis*** Deg. (Ephydridae; [**E-25**]); manchmal treten Geschlechtsunterschiede in der Ausbildung der Beine auf; Beispiel: das 1. Vordertarsenglied bei den ♂♂ von ***Hilara*** ist verdickt, es enthält Spinndrüsen für das »Hochzeitsgeschenk« (→ Empididae). Tarsale Geschmacksorgane sind bei mehreren Arten nachgewiesen; typische Reaktion: Ausstrecken des Saugrüssels, wenn die Füße auf etwas Süßes treten. Das allein vorhandene vordere **Flügel**paar ist meist gut ausgebildet, es ermöglicht zumal den größeren Fliegen einen schnellen, vorzüglich ausgesteuerten Flug; an der Steuerung sind wesentlich beteiligt (außer den Fühlern und vielleicht Augenborsten) die für die Zweiflügler so bezeichnenden **Schwingkölbchen** (→ Halteren), entstanden aus den hier zu einem hochdifferenzierten Spezialorgan umgebildeten hinteren Flügelpaar (gelegentliche Mutation bei ***Drosophila***: Flügel statt Schwingkölbchen; [**D-40**]); die Halteren schwingen in der Regel im glei-

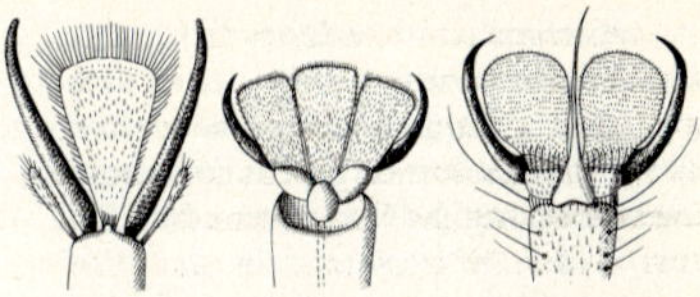

Abb. D-26: Haftapparate an den Endgliedern der Füße: Links ***Contarinia***; Mitte ***Rhagio***; rechts ***Sarcophaga.*** Zwischen den Krallen ein unpaares Arolium, bzw. borstenförmiges Empodium, oder paarige Pulvilli. (Séguy 1951)

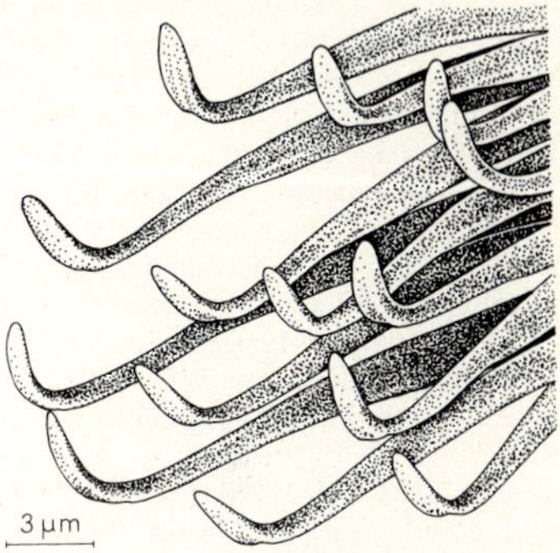

Abb. D-27: Hafthaare an den Pulvillen von ***Calliphora vicina.*** (Bauchhenß, Renner 1977)

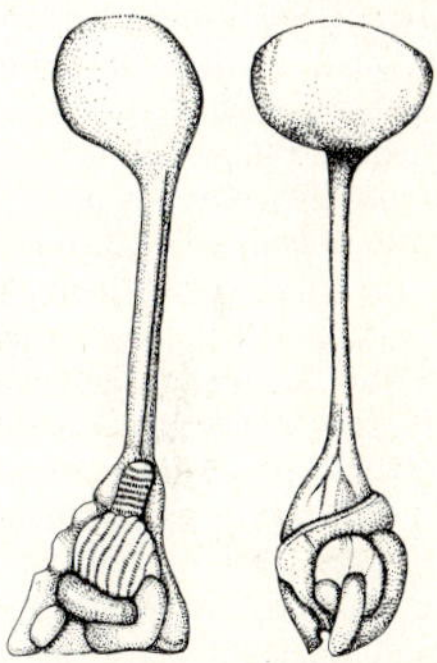

Abb. D-28: ***Calliphora vicina,*** Blaue Fleischfliege. Linke Halteren: Links von oben, mit Feldern von Sinnesorganen; rechts von hinten. (Schneider, G., 1953)

chen Rhythmus (aber gegensinnig) wie die Flügel; sie wirken einerseits rein mechanisch stabilisierend als schwingendes System, andererseits (als Organe der Rezeption von Winkelbeschleunigungen während des Fluges) über Gruppen von Sinneszellen an ihrer Basis [**D-28**], die durch die bei Drehungen auftretenden Schwingungsabweichungen erregt werden, diese Erregung dem Zentralnervensystem melden, das daraufhin sofort die jeweils notwendige Gegensteuerung der Flügel veranlaßt. Die meist zarten Mücken sind in der Regel langsame Flieger, durch Wind leicht verfrachtbar; die Schlagfrequenz steigt mit Abnahme der Körpergröße, beträgt ca. 50/sec bei den großen Schnaken (Tipulidae), 300–500/sec bei Stechmücken (Culicidae); wahre Flugkünstler sind manche Vertreter der größeren Fliegen: schneller Wechsel der Flugrichtungen und -geschwindigkeiten, Flug am Ort, Landen in jeder Körperlage; sehr verschieden sind die mittleren Fluggeschwindigkeiten; Beispiele: Hausfliege 6,4, Rinderbremse 22,4, Hirschbremse 40 km/h; bekannt ist die Neigung zum Bilden von Flugschwärmen der ♂♂ bei manchen Fliegen und vor allem Mücken (z.B. Empididae; Bibionidae; Culicidae; Chironomidae), aus denen heraus anfliegende ♀♀ zur Begattung ergriffen werden. Mehr oder weniger starke Rückbildung der Flügel kommt bei Vertretern verschiedenster Gruppen vor, bis zu vollkommenem Schwund (z.B. Braulidae; Nycteribiidae), oft in Zusammenhang mit parasitischer Lebensweise; in manchen Fällen werden die Flügel nach Erreichen des Wirtes abgeworfen (Carnidae; manche Hippoboscidae); Flügelrückbildung gibt es ferner bei manchen Strand- und Gebirgsformen (z.B. ***Clunio***, → Chironomidae); bei Arten mit Flügelrückbildung können auch die Halteren fehlen. Als Vorbereitung zur Kopulation kommt es, außer den bereits erwähnten Schwärmen, zu einer artspezifischen Balz der Partner, zumal des ♂ vor dem ♀ (z.B. Drosophilidae), wobei in manchen Fällen dem ♀ vom ♂ Futter überreicht wird: ein ausgewürgter Nahrungstropfen oder ein (evtl. in Gespinst verpacktes) Beuteinsekt (z.B. Empididae); Kopulation im Flug oder am Boden oder auch an der Wasseroberfläche, mit artspezifisch verschiedener Stellung der Partner zueinander (z.B.: [**C-69, C-150, D-41**]); bei manchen Arten und in bestimmten Phasen der Balz spielen offenbar auch Duftstoffe für das Sichfinden der Partner eine Rolle (z.B. Trypetidae; Drosophilidae); die Deutung mancher Drüsen als Duftdrüsen bleibt vorerst fraglich (Phoridae); der Kopulationsapparat des ♂ ist in manchen Gruppen durch Drehung des Hinterleibsendes um 180° oder mehr invers oder asymmetrisch; häufig sind zangenförmige Cerci oder/und Gonopoden zum Festhalten des ♀ vorhanden; in der Regel zweigeschlechtliche Vermehrung, in mehreren Gruppen auch Parthenogenese, bei manchen → Pädogenese (Heteropezidae). Ablegeplatz für Eier bzw. Larven optisch und/oder geruchlich gefunden; ♀ in der Regel mit gut ausgebildetem Eilegeapparat, häufig in der Form, daß die stark verengten letzten Hinterleibsringe teleskopartig vorgestülpt und zurückgezogen werden können; Verhärtung und Bewehrung des Legeapparates mit zähnchenartigen Gebilden kommt vor und ermöglicht Eiablage in pflanzliches und tierisches Substrat (Parasiten). Symbiose mit Bakterien findet sich: a) bei einigen Zellulosefressern; Bakterien frei im Darm bei den Larven einiger Blumenfliegen (Anthomyiidae; z.B. ***Phorbia fuscipes*** Macq.; Eioberfläche mit Bakterien (***Erwinia atroseptica*** Jenn.) beschmiert, die zugleich die Schwarzbeinigkeit der Kartoffel verursachen); bei manchen Bohrfliegen (Trypetidae; z.B. Olivenfliege ***Dacus oleae*** Gmel.) Bakterien bei Larve und Imago in Darmaussackungen; Eioberfläche beim Ablegen beschmiert; bei einigen Heleidae Bakterien in besonderen Mycetomen; b) bei Arten, die lebenslang Blut saugen, Symbionten teils im Darm oder in Darmzellen (z.B. Hippoboscidae), teils in vom Darm unabhängigen Mycetomen (einige Nycteribiidae); Infektion der Nachkommen wohl durch das Sekret der »Milchdrüsen«, die Nahrung für die im Uterus sich entwickelnden, verpuppungsreif abgesetzten Larven. Das eifrige Sichputzen, das man vor allem bei der Stubenfliege leicht beobachten kann, geschieht in ganz bestimmten, in verschiedener Weise kombinierten und koordinierten Bewegungsfolgen; es gibt beachtliche Unterschiede zwischen den Gruppen, sowohl in den Bewegungskoordinationen als auch in der Putzfreudigkeit (vgl. Muscidae). Große Unterschiede gibt es in der Zahl der Generationen im Jahr; Überwinterungsstadium kann je nach Art oder Gruppe Ei, Larve, Puppe oder Imago sein. Von den 85000 bekannten Zweiflüglerarten kommen in M-Eur.i.e.S. 7000–8000 vor; viele von ihnen sind für den Menschen bemerkenswert, teils als Schädlinge, z.B. durch Fraß der

Larven an Kulturpflanzen, als lästige Blutsauger, als Krankheitsüberträger, als Krankheitserreger durch bei Säugetieren, gelegentlich auch beim Menschen parasitierende Larven, teils als Nützlinge (Larven z.B. der Raupenfliegen, Tachinidae: Parasiten bei anderen an Kulturpflanzen schädlichen Insekten). Das System ist noch keineswegs abgeklärt; hier hauptsächlich nach Hennig; Auswahl aus den dort aufgeführten etwa 100 Fam., von denen durchaus nicht alle in unserer Heimat oder Mitteleuropa vertreten sind. **U.-Ordng.: Nematocera,** Mücken; → Phryneidae (Rhyphidae, Anisopodidae); → Bibionidae; → Scatopsidae; → Sciophilidae; → Fungivoridae (Mycetophilidae); → Macroceridae; → Lycoriidae (Sciaridae); → Heteropezidae; → Itonididae (Cecidomyiidae); → Petauristidae (Trichoceridae); → Liriopidae (Ptychopteridae); → Psychodidae; → Blepharoceridae; → Culicidae; → Thaumaleidae (Orphnephilidae); → Heleidae (Ceratopogonidae); → Chironomidae (Tendipedidae); → Melusinidae (Simuliidae); → Tipulidae; → Cylindrotomidae; → Limoniidae (Limnobiidae). **U.-Ordng.: Brachycera,** Fliegen; a) orthorrhaphe Brachycera, »niedere Fliegen«; → Erinnidae (Xylophagidae); → Omphralidae (Scenopinidae); → Rhagionidae (Leptidae); → Tabanidae; → Stratiomyidae; → Therevidae; → Asilidae; → Nemestrinidae; → Cyrtidae (Acroceridae, Henopidae, Oncodidae); → Bombyliidae; → Empididae; → Dolichopodidae; b) cyclorrhaphe Brachycera, »höhere Fliegen«; → Lonchopteridae (Musidoridae); → Clythiidae (Platypezidae); → Phoridae; → Dorylaeidae (Pipunculidae); → Syrphidae; → Conopidae; → Platystomidae; → Trypetidae; → Otitidae (Ortalididae); → Tylidae (Micropezidae); → Clusiidae; → Psilidae; → Sepsidae; → Piophilidae; → Sciomyzidae (Tetanoceridae); → Coelopidae; → Lauxaniidae (Sapromyzidae); → Neottiophilidae; → Helomyzidae; → Lonchaeidae; → Chamaemyiidae (Ochthiphilidae); → Opomyzidae; → Chloropidae; → Milichidae; → Agromyzidae; → Carnidae; → Sphaeroceridae (Cypselidae); → Braulidae; → Drosophilidae; → Cryptochaetidae; → Ephydridae; → Canaceidae; → Cordyluridae (Scatophagidae); → Muscidae; → Anthomyiidae; (die folgenden 3 Fam. auch als Pupipara zusammengefaßt); → Hippoboscidae; → Nycteribiidae; → Streblidae; → Gasterophilidae; → Calliphoridae; → Oestridae; → Tachinidae (Larvaevoridae). (Bauchhenß, Renner 1977; Brauns 1954; Buchner 1953; Clausen 1940; Downes 1969; Gewecke 1967; Gruhl 1924; Hackmann 1964; Heinz 1948; Hendel, Beier 1936/38; Hennig 1948, 1952, 1973; Heran 1969; Kugler 1950, 1952, 1956; Lindner 1923ff.; Markl 1974; Menees 1962; Nachtigall 1968; Rietschel 1969; G. Schneider 1953; Schoeller 1962; Schumann 1968; Stein 1976; Wesenberg-Lund 1943).

Dipylidium; → Mallophaga-Ischnocera; → Siphonaptera.

Dira; → Satyridae 7.

Discolia; → Scoliidae.

Discomyza; → Ephydridae 4.

Distelfalter, ***Vanessa cardui*** L.; → Nymphalidae 3.

Distoleon; → Myrmeleonidae.

Diurna; Bezeichnung für die biol. Gruppe der tagsüber fliegenden Schmetterlinge, d.s. die Echten Tagfalter (→ Papilionoidea, früher; Rhopalocera) und die Dickköpfe (Hesperiidae).

Diversinervus; → Parasitismus 6.

Dixa; ***Dixidae;*** → Culicidae.

Dizygomyza; → Agromyzidae.

Dociostaurus; → Acrididae 11.

Dolchwespen; → Scoliidae.

Dolichoderidae, Drüsenameisen; Fam. der Hautflügler (Hymenoptera, Apocrita, Formicoidea); Schuppe auf dem Hinterleibsstiel oft nur mäßig hoch; Stachel mehr oder weniger rückgebildet; in einem Paar gut entwickelter Analdrüsen wird ein Duftstoffe enthaltendes Sekret gebildet (bei ***Iridomyrmex*** z.B. mit Methyl-n-Amylketon), das bei Artgenossen Gefahrenalarm auslöst; die meisten Arten in warmen Ländern, in M-Eur.i.S. nur 3 Arten: **1.** ***Dolichoderus quadripunctatus*** L.; 1. und 2. Segment hinter dem Hinterleibsstiel oben mit je 2 gelben Flecken; Vorkommen nur stellenweise; Nest in Zweigen oder in der Rinde von Bäumen (vor allem von Nußbäumen), vermutlich in schon vorher vorhandenen Hohlräumen, Nebennester als Ableger; Nahrung: manchmal Nektar, Honigtau und kleine, meist tote Insekten. **2.** ***Tapinoma erraticum*** Latr.; vor allem im Mittelmeergebiet häufig; in M-Eur.i.e.S. hier und da in warmen trockenen Bereichen; Erdnest oft unter flachen Steinen, manchmal auch mit kleinen oberirdischen

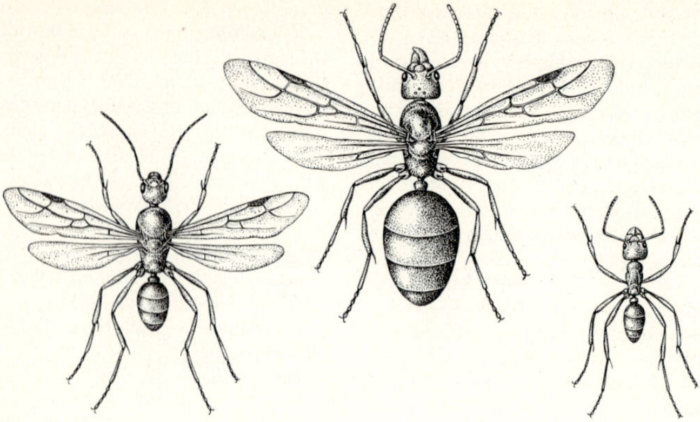

Abb. D-29: ***Iridomyrmex humilis***, Argentinische Ameise. Links ♂, 2,1 mm; Mitte ♀, 4,8 mm rechts Arbeiterin, 2,5 mm. (Bernard 1968)

Hügeln aus Erde und Pflanzenteilen; nicht selten Umzug zu neuem Nestplatz, wobei sich am Bruttransport auch geflügelte Geschlechtstiere beteiligen können (dabei u.U. Kopulation); starke Alarmwirkung des von den Analdrüsen abgegebenen Sekrets, das anscheinend auch schädigend auf Feinde (z. B. andere Ameisen) wirkt; Koloniegründung vermutlich selbständig, vielleicht durch mehrere ♀♀; zahlreiche ♀♀ im Nest.
3. *Iridomyrmex humilis* Mayr, Argentinische Ameise [**D-29**]; kleine (☿☿ ca 2,5 mm), ziemlich schlanke, braune, aus Südamerika stammende, heute durch Verschleppung weit verbreitete Art; bei uns vor allem in Gewächshäusern, dort u.U. an Pflanzen schädlich, nimmt aber auch tierische Nahrung und Honigtau; Nest in Baumhöhlen oder in der Erde; das ♀ (oft mehrere im Nest) soll sich an der Brutpflege beteiligen. (Blum et al. 1963, 1966; Königsmann 1968; Markl 1969; Maschwitz 1964; Stumper 1953).

Dolichoderus; → Dolichoderidae 1.

Dolichopodidae, Langbeinfliegen; Fam. der orthorrhaphen Fliegen (Diptera, Brachycera); klein (ca. 5 mm), oft bunt und metallisch glänzend, sehr langbeinig [**D-30**]; ziemlich flugträge, dagegen geschickte Läufer und sogar Springer; ***Medetera***-Arten laufen an Baumstämmen, stets aufwärts, die Körperlängsachse dabei wie ein Hund oder eine Strandkrabbe schief zur Laufrichtung; sie machen vor allem in Wassernähe (auch im Küstenbereich) auf der Vegetation, manche Arten auch auf der Wasseroberfläche wie gleitend Jagd auf kleine Insekten, ziehen auch Insektenlarven und kleine Würmer aus dem Wasser oder Boden, öffnen sie mit Zähnchen auf der Unterseite der sehr beweglichen Oberlippe und mit den bei manchen Arten fast kieferartig gegeneinander wirkenden Labellen der Unterlippe und saugen sie aus; andere sind als Blütenbesucher auch Nektarlecker; Geschlechtsunterschied oft sehr ausgeprägt [**D-31**]; ♂ mit auffallendem, oft bizarr behaartem Klammerapparat am Hinterleibsende, manchmal besondere Fühlerform und mit spezifischer Behaarung oder Form einzelner Beinpaare [**D-31**], die bei der Balz dem ♀ mit bestimmter Bewegung und Haltung demonstriert werden, dabei bei manchen Arten auch Flügelschwirren; Eier einzeln an die verschiedensten Substrate abgelegt, gemäß dem Wohnort der Larven, bei einigen Arten auch ins Wasser; das mit einem Legebohrer ausgestattete ♀ von ***Thrypticus*** schiebt die Eier in Schilfrohrgewebe, in dem die Larven fressen und in deren Wurzelstock sie auch überwintern; bei den meisten Arten jedoch sind die Larven ([**D-32**]; von denen der → Empididae, Tanzfliegen kaum zu unterscheiden) Räuber, in der Regel wohl wenig spezialisiert; die Larven von ***Medetera***-Arten stellen unter der Rinde den Larven und Puppen von Borkenkäfern nach; Verpuppungen (immer?) im oder nahe dem Lebensraum der Larve; die mit langen Atemröhren versehene Puppe bei manchen Arten in einem oft mit Substratteilchen inkrustierten Kokon aus Spinnseide [**D-33**]. Mehrere hundert Arten in Europa; Beispiele: ***Dolichopus popularis*** Wied., Langbeinfliege [**D-30**]; ***D. praedator*** Wheeler [**D-33**]; ***Ludovicius eucerus*** Loew. [**D-31**]. (Brauns 1954; Hendel, Beier 1936/38; Schumann 1968; Séguy 1951).

Dolichopus; → Dolichopodidae.

Dolichovespula; → Vespidae 3.

Dolichurus; → Sphecidae.

Dolycoris; → Pentatomidae.

Donacia; → Chrysomelidae 1.

Doppelschwänze; → Diplura.

Doralis; → Aphididae 42.

Dorcadion; → Cerambycidae 19.

Dorcus; → Lucanidae 2.

Dormanz; Bezeichnung für alle Formen der Entwicklungshemmung, die teils lediglich durch verschiedenste Außenfaktoren bedingt, oft aber auch genetisch fixiert sein können; Hauptkennzeichen: stark herabgesetzter Stoffumsatz; sie kann, artspezifisch verschieden, alle Entwicklungsstadien treffen, kann auch bei der gleichen Art sehr verschieden lange dauern (Beispiel: Überliegen von Schmetterlingspuppen über eine wechselnde Zahl von Jahren). 2 Hauptformen der Dormanz: **1. Konsekutive Dormanz, Quieszenz:** die Entwicklungskurve folgt mit mehr oder weniger ausgeprägter Verzögerung, im typischen Falle sofort der Veränderung des ausschlaggebenden Außenfaktors (z. B. Temperatur), schließlich bis zum Entwicklungsstillstand; dieser kann in jedem Stadium auftreten, kann sich mit dem auslösenden Faktor wiederholen. **2. Prospektive Dormanz, Diapause:** während der stammesgeschichtlichen Entwicklung genetisch festgelegte Vorwegeinstellung auf eine normalerweise auftretende Änderung eines Außenfaktors, also obligatorischer und zeitlich vorgezogener Beginn der Entwicklungshemmung in einem für die Art festliegenden Stadium; auslösender bzw. bestimmender Faktor ist häufig die Photoperiode, d. h. Kurz- bzw. Langtagbedingung. Die in verschiedener Ausprägung vorhandenen Dormanzerscheinungen gewährleisten normalerweise ein Überleben bei periodisch sich ändernden Umweltbedingungen. (H.J. Müller 1970).

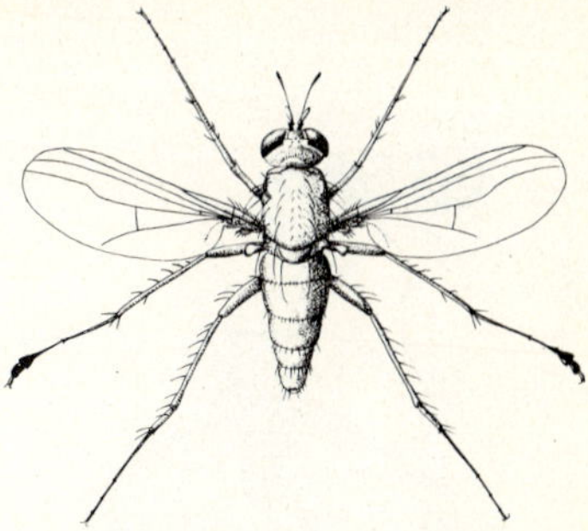

Abb. D-30: ***Dolichopus popularis***, Langbeinfliege. ♂, ca. 5 mm. (Hendel und Beier 1936/38)

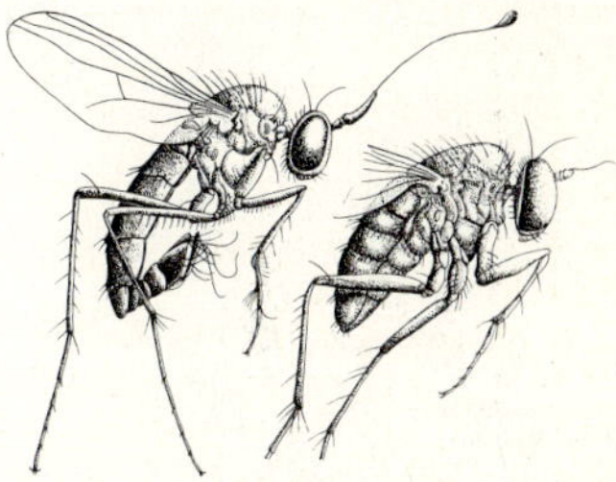

Abb. D-31: ***Ludovicius eucerus.*** 5 mm. Links ♂, rechts ♀. Nur die Beine der rechten Körperseite gezeichnet. (Séguy 1951)

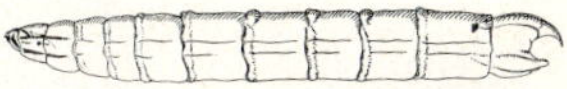

Abb. D-32: Larve einer nicht bestimmten Dolichopodidae, 8 mm. (Brauns 1954)

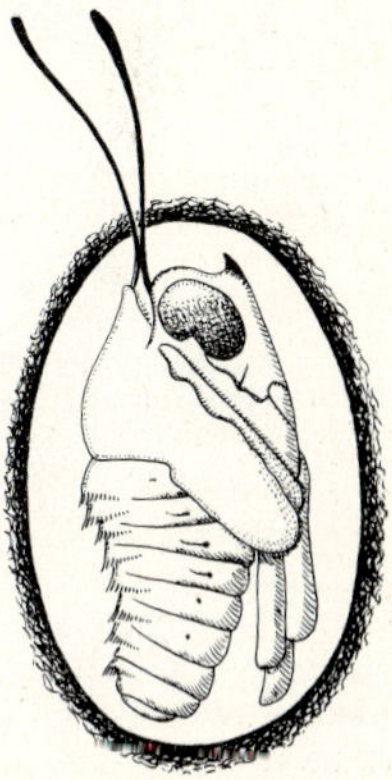

Abb. D-33: ***Dolichopus praedator.*** Kokon ca. 3,5 mm. (Séguy 1951)

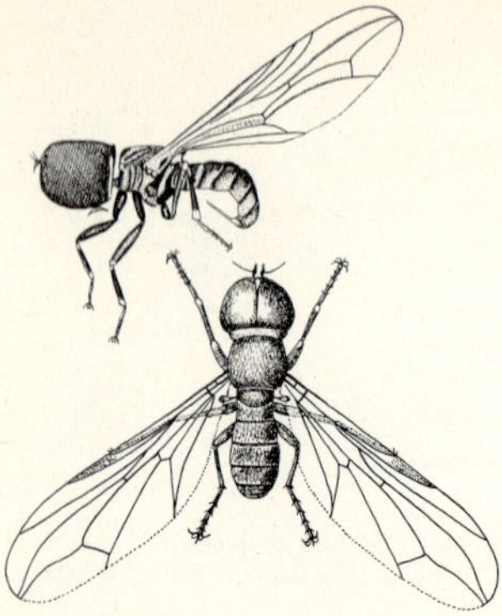

Abb. D-34: Oben ***Dorylas roseri***, Dickkopffliege, 3 mm. Unten ***D. ater***, 3–4 mm. (Lindner 1949)

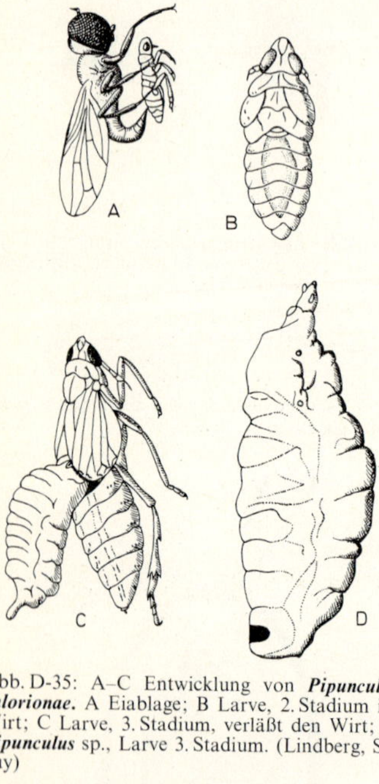

Abb. D-35: A–C Entwicklung von ***Pipunculus chlorionae***. A Eiablage; B Larve, 2. Stadium im Wirt; C Larve, 3. Stadium, verläßt den Wirt; D ***Pipunculus*** sp., Larve 3. Stadium. (Lindberg, Séguy)

Dornraupen; → Nymphalidae.

Dornschrecken; → Tetrigidae.

Dornspeckkäfer, ***Dermestes vulpinus*** Fbr.; → Dermestidae 1b.

Dornzikade, ***Centrotus cornutus*** L.; → Membracidae.

Dörrobstmotten; → Pyralidae 11, 12.

Dorylas; → Dorylaeidae.

Dorylaeidae (Pipunculidae), Augenfliegen, Dickkopffliegen; Fam. der cyclorraphen Fliegen (Diptera, Brachycera); die fast nackten, meist düster gefärbten kleinen Imagines (heimische Arten selten über 5 mm) ausgezeichnet durch den auffallend großen Kopf, bedingt durch die riesigen Komplexaugen [**D-34**], vermutlich das führende Organ beim Finden der Wirtstiere für die Larven, das sind in der Regel Larven von Kleinzikaden; sie fliegen dabei recht langsam vor allem in der Nähe von Bächen; ♀ mit kräftigem, fast säbelförmigem Legebohrer; Laborbeobachtung an einer noch nicht bestimmten Art: die Fliegen lecken den Honigtau ihres in Zucht gehaltenen Wirtes ***Calligypona lugubrina*** Boh. (zu → Delphacidae); die Kopulation beginnt im Flug, das ♂ ergreift das ♀, hält es mit den Beinen, hindert dadurch das ♀ am Fliegen, das ♀ biegt das Hinterleibsende hoch; das Paar setzt sich auf Pflanzen, wobei nur das ♀ auf dem Substrat steht; die Kopula (ca. 40 min) wird fliegend beendet; Eiablage: das ♀ sucht fliegend nach einer Larve (1. oder 2. Stadium) des Wirtes, ergreift sie, belegt sie im Schwebeflug blitzschnell, mit der spitzen Legeröhre einstechend [**D-35A**], läßt dann die Larve fallen; meist werden die Larven von Kleinzikaden, vor allem Jassidae, auch Cercopidae, Delphacidae angestochen, seltener (***Pipunculus fuscipes*** Zett.) Tigerlaufkäfer der Gattung ***Cicindela***; Entwicklung der amphipneustischen Larve (vorderstes und hinterstes Stigmenpaar offen; Anschluß an das Tracheensystem des Wirtes?) im Abdomen des Wirtes, das der Parasit zur Verpuppung verläßt [**D-35B bis D**]; Puppe (Überwinterungsstadium?) am Boden; beim Schlüpfen wird am Puparium in der Regel ein dorsaler und ein ventraler Deckel abgesprengt; Puparien nicht selten am Spülsaum von Bächen; bei manchen Arten 2 Generationen im Jahr (z. B. ***Pipunculus semifumosus*** Kow.), dann Überwinterung als Larve im Winterwirt, Entwicklung der Sommergeneration in einer anderen Wirtsart; sonst kaum Angaben über Wirtsspezifität. In Europa ca. 70 Arten; sehr häufig: ***Dorylas (Pipunculus) ater*** Meig. (Clausen 1940; Lindner 1923 ff.; Rotschild 1964; Schumann 1968; Séguy 1951; Strübing 1957b).

Douglasia; → Douglasiidae.

Douglasienlaus, ***Gilletteella cooleyi*** Gill.; → Adelgidae 8.

Douglasiidae; Fam. der Schmetterlinge (Lepidoptera; bisweilen als Unterfam. den → Glyphipterygidae zugeordnet); wenige Arten in M-Eur.i.e.S.; die Falter wippen beim Sitzen mit den Flügeln; die Raupen teils in Blättern minierend (z. B. ***Tinagma perdicellum*** Z., an Erdbeere, Fingerkraut), teils zwischen Blüten (z. B. ***Douglasia balteolella*** Fr., an ***Echium***), teils im Stengel (z. B. ***Douglasia ocnerostomella*** Stt., bei ***Echium***; auch die Puppe im Stengel).

Drachenfliegen; → Odonata – Anisoptera.

Drahtwurm; → Elateridae; → Phryneidae; → Therevidae.

Drapetes; → Throscidae.

Drehkrankheit, falsche; → Oestridae.

Dreihornmistkäfer, ***Typhoeus typhoeus*** L.; → Scarabaeidae 3.

Dreiklauer; → Triungulinus.

Dreizehenschrecken; → Tridactylidae.

Drepana; → Drepanidae.

Drepanidae, Sichelflügler; Fam. der Schmetterlinge (Lepidoptera); die mittelgroßen, im Habitus den Spannern (Geometridae) ähnlichen Falter ausgezeichnet durch die mehr oder weniger stark sichelförmig vorgezogene Spitze der Vorderflügel [**D-36**]; Rüssel klein oder ganz fehlend; Dämmerungsflieger, bei uns meist in 2 Generationen; Raupen [**D-36**] schwach behaart, mit nur 4 Abdominalfußpaaren, ohne Nachschieber, Hinterleib in eine Spitze auslaufend; fressen an verschiedenen Laubhölzern, verpuppen sich in einem lockeren Gespinst am Blatt oder zwischen Blättern; Überwinterung als Puppe. In M-Eur.i.e.S. 5 Arten; häufige Art: ***Drepana falcataria*** L. [**D-36**]; Eier in Reihe an die Blattunterseite abgelegt; Raupe vor allem an Birken und Erlen, meist zwischen zusammengesponnenen Blättern; Puppengespinst an der Blattunterseite, von den herabgebogenen Blatträndern bedeckt; ohne ökonomische Bedeutung. (Amann 1960; Brauns 1964; Eckstein 1913/33; Forster, Wohlfahrt 1954/81).

Drepanopteryx; → Hemerobiidae.

Drepanosiphon, Drepanosiphonidae; → Callaphididae 4.

Dreyfusia; → Adelgidae 9, 10.

Drilidae, Schneckenräuber; Fam. der Käfer (Coleoptera, Polyphaga), in M-Eur.i.e.S. nur mit 2 Arten der Gattung **Drilus** vertreten (***D. concolor*** Ahr. und ***D. flavescens*** Oliv.; [**D-37**]; nahe verwandt mit den Leuchtkäfern (→ Lampyridae); starker Geschlechtsunterschied: ♂♂ geflügelt und flugfähig, auf Blüten und Gebüsch; ♀♀ ungeflügelt, larvenähnlich, am Boden unter Steinen und in leeren Schneckenschalen, scheinen die ♂♂ mit einem Duftstoff anzulocken; die Larven fressen Gehäuseschnecken; Jagdmethode: die stark behaarte Larve steigt auf das Schneckenhaus (Schnecke über deren Schleimspur gefunden?), hält sich mit einem nachschieberartigen Gebilde fest, tötet die Schnecke durch Giftbisse, vor allem in die Fühler, schleppt mit dem Nachschieber die Schnecke in ein Versteck, räumt

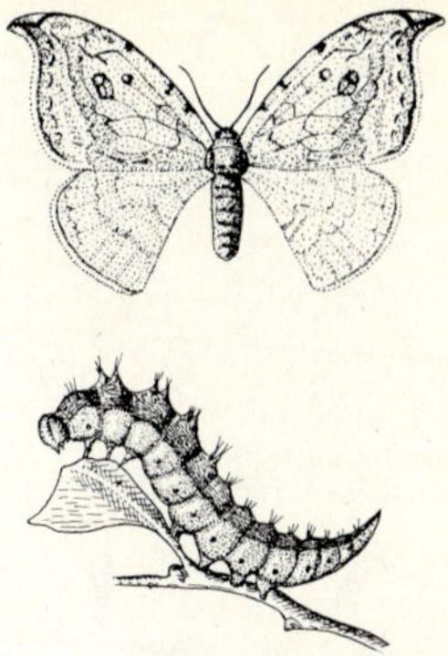

Abb. D-36: ***Drepana falcataria,*** Sichelflügler. ♀ und Raupe; nat. Gr. (Forster, Wohlfahrt 1954/81)

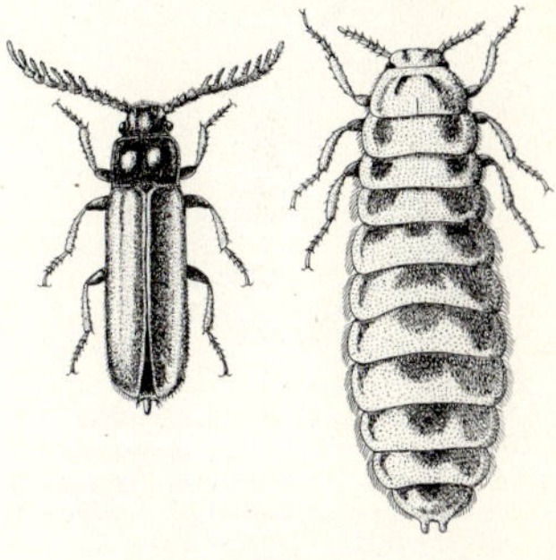

Abb. D-37: ***Drilus flavescens,*** Schneckenräuber. Links ♂, 6 mm; rechts ♀, 11 mm. (Amann 1960; Reitter 1908/16)

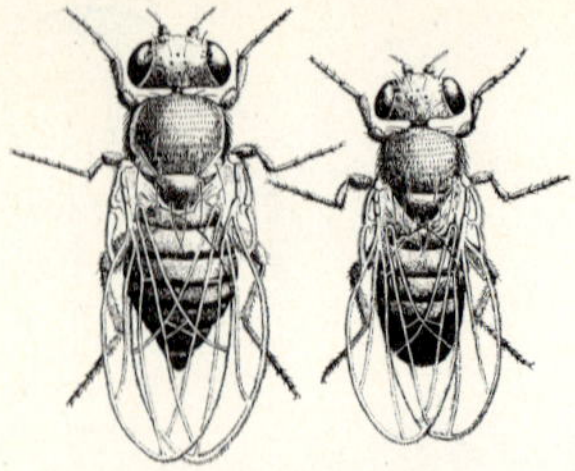

Abb. D-38: ***Drosophila melanogaster***, Taufliege. ca. 2,5 mm. Links ♂; rechts ♀. (Strickberger 1962)

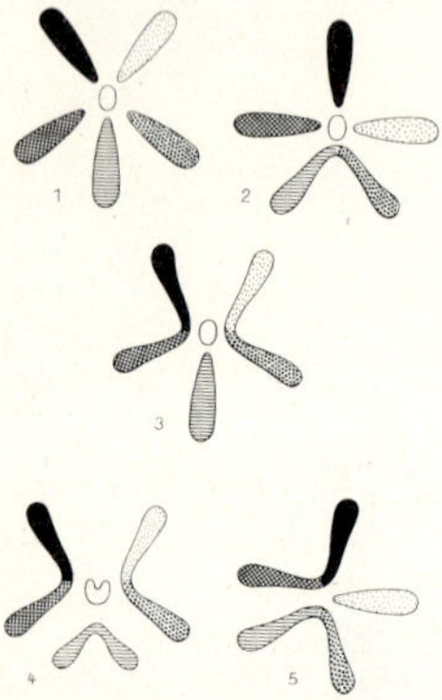

Abb. D-39: Haploide Chromosomensätze von ***Drosophila***-Arten. Homologe Chromosomenarme gleichartig markiert. 1 ***subobscura***, 2 ***pseudoobscura***, 3 ***melanogaster***, 4 ***ananassae***, 5 ***willistoni.*** (Nach Czihak, Langer, Ziegler 1981)

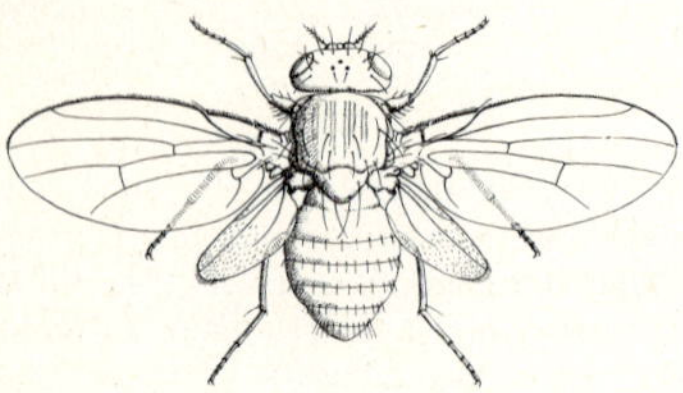

Abb. D-40: ***Drosophila melanogaster***, Taufliege. Vierflügelige Mutante. (Séguy 1951)

durch Wälzbewegungen den Schleim aus dem Schneckenhaus (Stigmen durch Behaarung vor Verschmutzen geschützt), verzehrt die Beute, dabei vermutlich Verdauung vor dem Munde; verschiedene Gestalt der Larvenstadien (Polymetabolie): 1. Stadium (schlüpft im Sommer) stark sklerotisiert, stark behaart, sehr beweglich mit gut ausgebildeten Beinen, sucht zunächst kleine Gehäuseschnecken (z. B. ***Clausilia***-Arten), frißt mehrere; im Herbst Häutung zu einer kaum beweglichen, fast nackten Larve, mit stark verkürzten Körperanhängen, überwintert im mit der abgestoßenen Haut verstopften Schneckenhaus von passender Größe; im nächsten Frühling wohl in der Regel erneut Häutung zur beweglichen Larvenform und Überwinterung wie im Vorjahr; erst dann Verpuppung im leeren Schneckenhaus und Schlüpfen der Imago; (vielleicht dauert die Entwicklung des ♀ noch ein Jahr länger).(Geisthardt 1979; Hieke 1968; Horion 1949; Jeannel 1949; Reitter 1908/16).

Drilus; → Drilidae.

Drohnenbrütigkeit; → Apidae 3.

Drosophila; → Drosophilidae.

Drosophilidae, Obst-, Essig-, Taufliegen; Fam. der cyclorrhaphen Fliegen (Diptera, Brachycera); deutsche Namen: viele Arten angelockt durch zerfallendes Obst, gärende Säfte (evtl. mit Essiggärung), hier auch Entwicklung der Larven; alte Beobachtung: die Imagines trinken an Tautropfen. Kleine bis höchstens mittelgroße Fliegen (1–6 mm); einige Arten (besonders die weltweit verbreitete ***Drosophila melanogaster*** Meig. = ***D. fascinata*** Meig.; [**D-38**]) berühmt als Versuchstier für Fragen der Genetik, Cytogenetik und Entwicklungsphysiologie: schnelle und starke Vermehrung (bis 400 Eier pro ♀; Generationsdauer unter günstigen Bedingungen ca. 14 Tage), geringe Chromosomenzahl (***D. melanogaster*** diploid 8; verwandte Arten z. B. 6, 10 oder 12; [**D-39**]); Riesenchromosomen in den Speicheldrüsenzellen; in den Zuchten Auftreten zahlreicher Mutationen (u.a. einer 4flügeligen Form, bei der die Halteren wieder zu Flügeln wurden; [**D-40**]. Bezeichnend die Balz, die bei ***D. mel.*** im typischen Fall in mehreren einander folgenden, u. U. ineinander geschobenen Phasen abläuft [**D-41**]; Beginn meist mit »Tappen«: das ♂ berührt das ♀ mit den Vorderfüßen, dabei vermutlich über den chemischen Sinn Erkennen des richtigen ♀; (in der Regel Abwenden nach Berühren des ♀ einer anderen Art); dann aufeinander folgend: 1. Orientierungsphase: das ♂ läuft, Kopf zum ♀, um dieses herum, auch hinter ihm her, offenbar optisch geleitet; (optische Orientierung aber wohl nicht wesentlich für den Erfolg, da Kopulation auch im Dunkeln möglich; bei anderen Arten dagegen nicht); 2. scherendes langsames Öffnen und Schließen der Flügel (bei ***D. mel.***

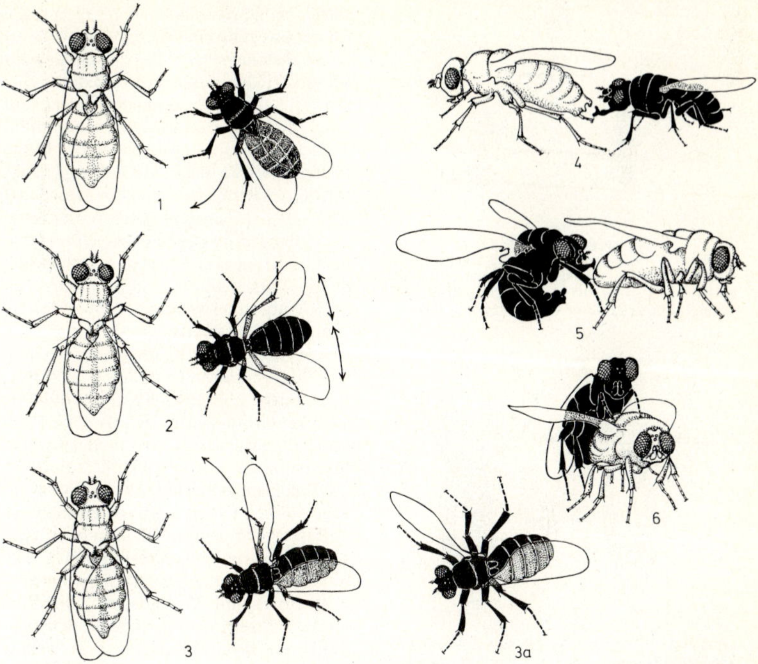

Abb. D-41: ***Drosophila melanogaster.*** Hauptelemente der Balz. ♂ dunkel. 1) Orientierung zum ♀, optisch; u. U. dem ♀ folgend. 2) scissoring = scherendes Flügelspreizen; bei ***Dr. melanogaster*** selten, 3) Vibrieren des seitwärts gestreckten Flügels in der Senkrechten. 3a) dasselbe bei ***Dr. obscura:*** Flügel weiter vorgezogen. 4) Lecken. 5) Kopulationsversuch. 6) Paar in Kopula. (Manning 1965)

selten, bei anderen Arten häufiger); 3. Vibrieren mit dem, dem Kopf des ♀-nahen, senkrecht abgespreizten Flügel, dabei weiter umkreisen des ♀; wichtig für das Stimulieren des ♀ ist der dabei erzeugte Luftstrom und Vibrierlaut, wird vom ♀ mit dem Johnstonschen Organ im Fühler wahrgenommen (bei einigen Arten antworten die ♀♀ auf den ♂-Gesang und erleichtern so das Erkennen des arteigenen Partners); 4. Lecken: das ♂ berührt, oft schon während 1 und 3, ganz kurz mit dem Rüssel die Geschlechtsregion des ♀; 5. Kopulationsversuch: das ♂ sucht von hinten auf das ♀ zu steigen, wird aber vom nicht begattungswilligen ♀ abgewehrt (oder das ♀ flieht), zu Beginn des Balzspiels oft zunächst sogar vom begattungswilligen; dann erneut Phase 1 usw.; so oft längere Zeit, bis es endlich 6. zur Kopulation kommt; außerdem spielen – artspezifisch in unterschiedlichem Ausmaß – flüchtige Pheromone eine Rolle; sicher nachgewiesen ist die Existenz eines von den ♀♀, insbesonders von jungfräulichen ♀♀ produzierten, nur über sehr kurze Strecken wirksamen, das Paarungsverhalten der ♂♂ stimulierenden Sexualhormons, während die Existenz anderer Pheromone, die beim Fortpflanzungsgeschehen eine Rolle spielen sollen, (wie z.B. ein von älteren, begatteten ♀♀ produziertes Pheromon, das die männliche Sexualaktivität hemmen soll) noch nicht zweifelsfrei nachgewiesen wurde; wichtig ist auch das Wahlvermögen des ♀, das sich ebenfalls durch »Tappen« des richtigen Partners vergewissern kann; diese Entscheidung mit Organen des chemischen Sinnes (auch über Duftstoffe?) ist vermutlich wichtiger als art- oder rassenspezifische Unterschiede im Ablauf der Balz, etwa hinsichtlich Dauer oder Form bestimmter Balzphasen; Bei-

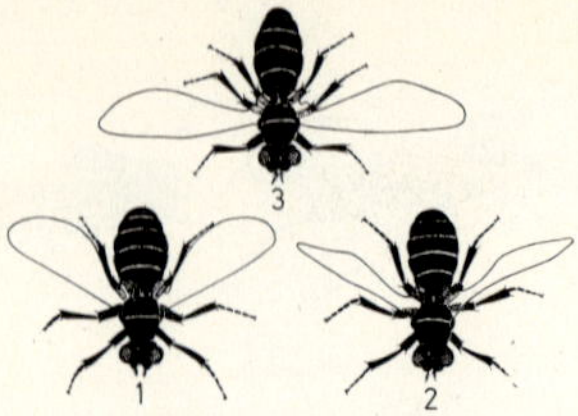

Abb. D-42: 1) ***Drosophila melanogaster*** ♂; 2) ***Dr. simulans*** ♂; 3) ***Dr. suzukii*** ♂. Balz, scissoring = scherendes Flügelspreizen. Maximale Spreizstellung bei drei Arten; bei 1 und 3 Flügel flach, bei 2 geneigt, Hinterkante gesenkt. (Manning 1965)

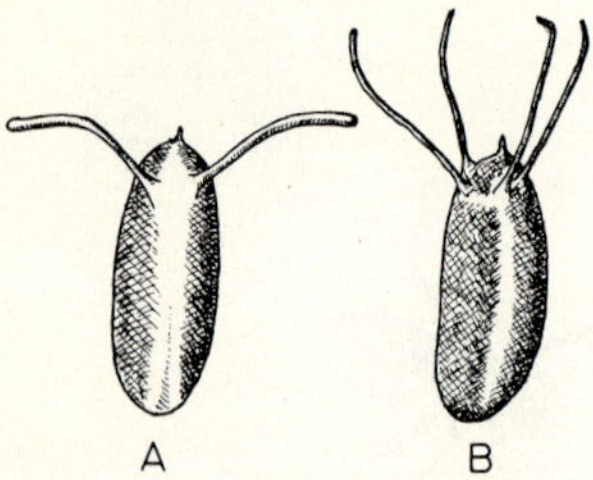

Abb. D-43: Eier mit Atemanhängen, A von ***Drosophila melanogaster***, 0,5 mm, B von ***Dr. funebris***, 0,6 mm. (Sturtevant 1921)

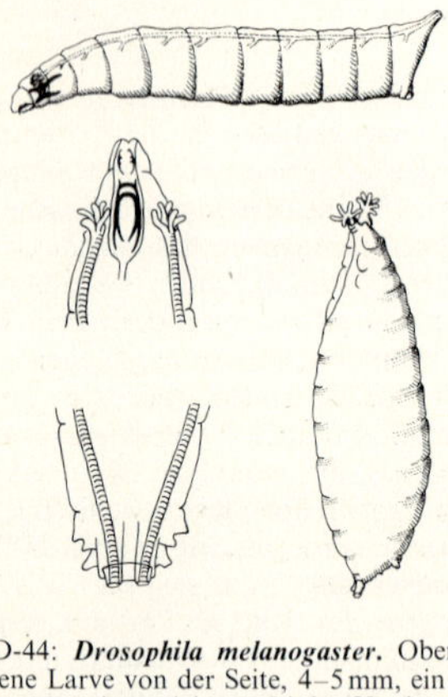

Abb. D-44: ***Drosophila melanogaster.*** Oben erwachsene Larve von der Seite, 4–5 mm, ein Tracheenstamm eingezeichnet. Links Vorder- und Hinterende der Larve mit Vorder- und Hinterstigmen und 2 Haupttracheen. Rechts Puparium (seitlich) = Haut des 3. Stadiums, mit den Tuben der Vorder- und Hinterstigmen; ca. 4 mm, zuerst weiß, dann bräunlich. (Mainx 1949)

spiele: bei ***D. simulans*** spielt die scherende Flügelbewegung eine viel größere Rolle als bei ***D. melanogaster***; diese Bewegung wird bei verschiedenen Arten verschieden ausgeführt [**D-42**]; auch kann der Balzverlauf durch die Aktivität des ♀ stark beeinflußt werden; intensiver werbende ♂♂ haben häufiger, solche, die wiederholt Aggressionen von Geschlechtsgenossen ausgesetzt sind, seltener Paarungserfolg; für die sexuelle Isolierung im gleichen Bereich vorkommender Arten sind ferner u.U. Unterschiede im Tagesrhythmus und in Ansprüchen an Kleinbiotope wichtig. ♀♀ in Eierlegestimmung lehnen das ♂ ab, suchen ein geeignetes Substrat auf, das sind oft gärende Pflanzensäfte (zerfallende Früchte, Baumflüsse, aber auch Kot), wobei Düfte anlockend wirken können (z. B. nach Alkohol oder Essigsäure; Gewöhnung möglich: Nachkommen von Larven, die in Substrat mit Pfefferminzduft heranwuchsen, bevorzugen diesen Duft); einige Arten minieren in Pilzen oder grünen Pflanzen oder leben sogar parasitisch in anderen Insekten. Eier mit komplex gebautem Chorion und mit nach Form und Zahl artspezifischen, mit einem → Plastron ausgestatteten Atmungsanhängen [**D-43**]. 3 Larvenstadien; 1. Stad. meta-, 2. und 3. Stadium amphipneustisch [**D-44**]; Hauptnahrung der mit feinen Dörnchen besetzten Larven: die sich in dem Substrat entwickelnden Bakterien und Hefen; Verschleppen von Hefe möglich; Puparien [**D-44**] mit Prothorakalhörnchen, je nach Art von wechselnder Länge; oft mehrere Generationen im Jahr; Überwinterung in der Regel wohl als Puppe. Von den etwa 50 europäischen Arten hier genannt: **1. *Drosophila melanogaster*** Meig. (= ***D. fasciata*** Meig.), Kleine Essigfliege (2 mm); **2. *D. funebris*** F., Große Essigfliege (3–4 mm); beide mit ähnlicher Lebensweise; **3. *D. transversa*** Fall., Larve in Baumschwämmen; **4. *Cacoxenus indagater*** Loew, die Larve frißt in den Nestern solitärer Bienen (z.B. ***Osmia***) am Nektar-Pollenvorrat; **5.** mehrere Arten, deren Larven in den Blättern grüner Pflanzen minieren (gelegentlich oder regelmäßig) und dadurch an Kulturpflanzen lästig werden können, z.B. ***D. (Scaptomyza) flava*** Fall., vor allem in Kreuzblütlern. Von manchen Autoren werden hierher die Arten der Gattung ***Cryptochaetum*** gestellt (→ Cryptochaetidae). (Antony, Jallon 1982; Lindner 1923ff.;

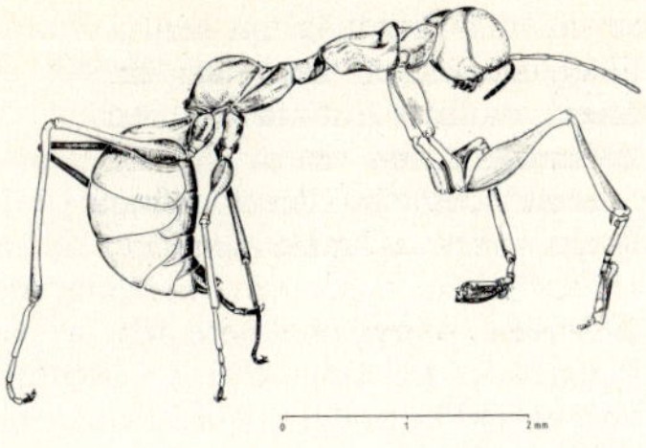

Abb. D-45: ***Gonatopus*** sp., ♀. (Original Bürgis 1985)

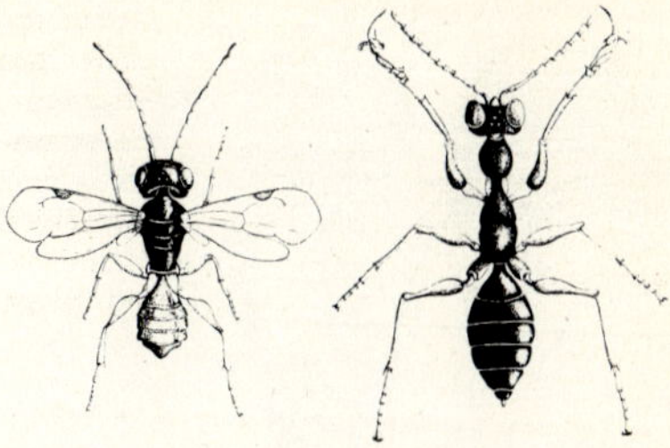

Abb. D-47: ***Neogonatopus ombrodes***, Zikadenwespe. Rechts ♀, 3 mm, links (wahrscheinlich) ♂ dieser Art 2,5 mm. (Strübing 1956)

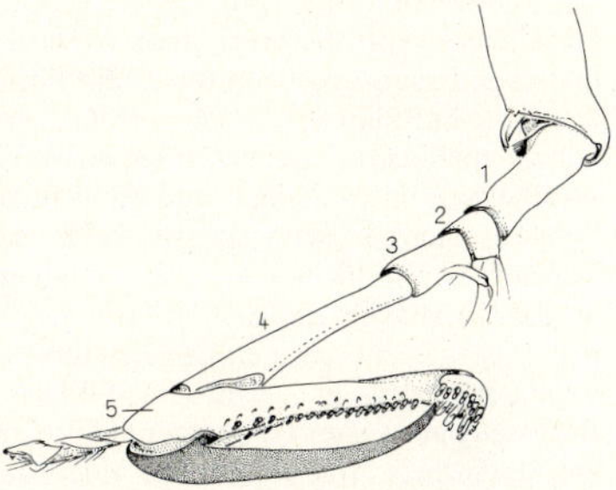

Abb. D-46: ***Gonatopus*** sp., Zikadenwespe. ♀. Linker Vordertarsus. Die eine, sehr große Klaue (dunkel) ist gegen das verlängerte 5. Fußglied einschlagbar. 1–5, 1. bis 5. Fußglied. (Original Bürgis 1985)

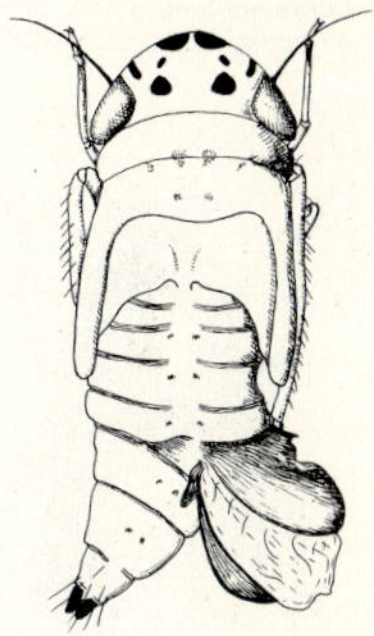

Abb. D-48: ***Macrosteles***-Larve. Zwergzikade mit schlüpfreifem Dryinidenbeutel. (Strübing 1956)

Mainx 1949; Margaritis 1985; Ringo et al. 1983; Schumann 1968; Séguy 1951; Skrzipek et al. 1979; Spieth 1974; Strickberger 1962; Tomkins, Hall 1981).

Drüsenameisen; → Dolichoderidae.

Drüsensoldaten; → Isoptera.

Drusus; → Trichoptera.

Dryinidae; Zikadenwespen; Fam. der Hautflügler (Hymenoptera, Apocrita, Bethyloidea); mit gut 400 kleinen bis mittelgroßen, im weiblichen Geschlecht oft flügellosen Arten [**D-45**]; das 5. Fußglied der auch in Coxa und Trochanter langgestreckten Vorderbeine bei den ♀♀ der meisten Arten auf einzigartige Weise zu einem Greifapparat umgebildet [**D-46**], zum Festhalten des Wirtstieres (ausschließlich Zikaden und Zikadenlarven der Fam. Fulgoridae, Jassidae, Membracidae), das dem ♀ als Nahrung oder zum Anbringen eines Eies dient; eine der beiden Prätarsalklauen ist enorm vergrößert und kann gegen das ebenfalls langgestreckte, bedornte und am Ende löffelartig vertiefte fünfte Fußglied eingeschlagen werden; beim Laufen wird dieser Greifapparat gegen die Fußglieder 3 und 4 zurückgeschlagen (Einrastzapfen am T. 3); als Laufkralle dient die 2. Klaue des Prätarsus. Beispiel: ***Neogonatopus ombrodes*** Perk. [**D-47**], Parasit bei der Zwergzikade ***Macrosteles laevis*** Rib.; Legebohrer kurz, das Ei wird in der Regel an der Hinterleibsflanke oder unter dem Flügelgelenk der durch Stich meist nur für kurze Zeit schwach betäubten Larve in den Wirt geschoben; die Larve lebt zunächst als Innenparasit, tritt aber alsbald, bedeckt von alten Häuten, durch ein Loch in der Intersegmentalhaut bruchsackartig nach außen vor, das Vorderende bleibt im Wirt [**D-48**]; selten Entwicklung ganz als Innenparasit; in der Regel 5 Larvenstadien;

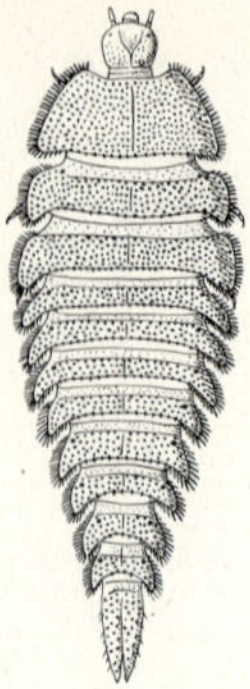

Abb. D-49: ***Elmis maugei.*** Larve eines Hakenkäfers. 3 mm. (Wesenburg-Lund 1943)

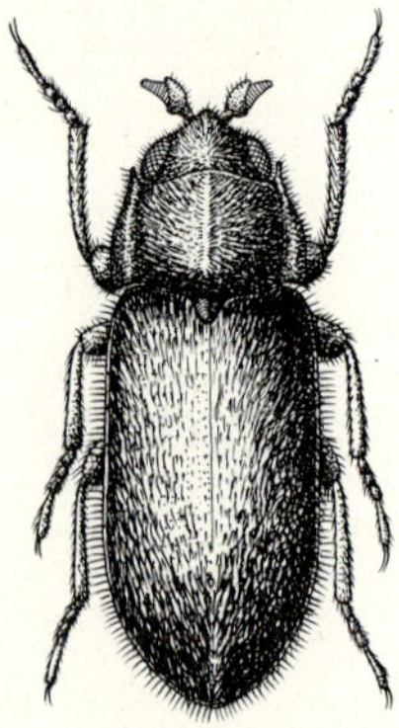

Abb. D-50: ***Dryops auriculatus***, Hakenkäfer. (Bechyně 1954)

gelegentlich 2 oder 3 Larven in einem Wirtstier; Verpuppung außerhalb des Wirts in einem Kokon am Boden; bei einigen Arten Parthenogenese und Polyembryonie; meist 2 Generationen im Jahr; Überwinterung im Kokon als alte Larve, Vorpuppe oder Puppe; Keimdrüsen der Wirtslarve weitgehend rückgebildet, ihre Häutungen unterbunden. (Bürgis 1985; Clausen 1940; Königsmann 1968; Rathmayer 1969; Strübing 1956).

Dryopidae, Hakenkäfer, Klauenkäfer; Fam. der Käfer (Coleoptera, Polyphaga); Imagines klein (meist 1–5 mm), an oder in fließenden oder stehenden Gewässern; weltweit 1000, in M-Eur.i.e.S. etwa 40 Arten; Körper ganz oder teilweise bedeckt mit einem → Plastron; Luftschicht des Plastrons in Verbindung mit dem Luftraum unter den Flügeldecken, in den sich die Stigmen öffnen; in die Luftschicht des Plastrons diffundiert aus dem Wasser Sauerstoff, sobald der O_2-Druck unter den des Wassers sinkt; außerdem gelangt Luft bei den in nicht zu schnell strömenden Gewässern lebenden Arten, wie bei den Puppen der Kriebelmücken (→ Melusinidae) in das Plastron; so dauernder Aufenthalt unter Wasser möglich; bei Arten, die in langsam fließenden Gewässern leben, kommt es zeitweise zur Bildung einer relativ großen, flottierenden Luftblase, die am Abdomenende von den Hinterschenkeln seitlich begrenzt und gehalten und – zur Oberflächenvergrößerung – massiert wird; bisweilen Ergänzung der Luftschicht auch durch die Luftbläschen an Wasserpflanzen. Schwimmen nicht, kriechen träge an Wasserpflanzen, unter Steinen und ähnlichem Substrat, steigen, wenn sie sich loslassen, wegen der Luftschicht passiv wie ein Ballon an die Oberfläche, die sie dann durchstoßen; fliegen nachts gern umher; Ernährung vegetarisch (Algen, verrottendes Holz); Begattung im Wasser oder in der Luft; Eier an (auch in?) Wasserpflanzen oder an Steinen befestigt (immer unter Wasser?); Larven stark sklerotisiert, teils schlank (ähnlich winzigen Mehlwürmern), teils flach und etwas verbreitert (z. B. bei ***Elmis***-Arten; [**D-49**]); bei den Junglarven Atmung mit büscheligen Tracheenkiemen, die aus einem durch einen Deckel geschützten Hohlraum um den After herum ausgestülpt werden können; ältere Larven mit offenen Stigmen, Luftaufnahme an der Wasseroberfläche; Ernährung wie bei den Imagines: Algen, zerfallendes Holz, in dem die Larven mancher Arten Gänge graben; Verpuppung außerhalb des Wassers in Sand oder in Holz. Häufige Arten: ***Dryops auriculatus*** Geoffr. [**D-50**]; ***Elmis (Helmis) maugei*** Bed. (Hieke 1965; Klausnitzer 1984; Messner 1982b; Wesenberg-Lund 1943).

Dryops; → Dryopidae.

Dufourea; → Halictidae 1.

Dufoursche Drüse; (nicht mehr gebräuchliche Bezeichnung: Alkalische Drüse); unpaare Drüse mit Ausmündung an der Basis des Wehrstachels von Hymenopteren, unterschiedlicher, nicht immer geklärter Funktion; → Apidae; → Andrenidae; → Vespidae; → Formicoidea.

Duftbeine; mit Duftorganen (Drüsenzellen und Haarbüschel zum Vergrößern der Verdunstungsoberfläche) besetzte Beine der ♂♂ mancher Schmetterlinge, auf einem oder mehreren Beingliedern; an den Vorderbeinen einiger Eulenfalter; am häufigsten an den mehr oder weniger verdickten Schienen der Hinterbeine, an denen dann die Fußglieder bisweilen ganz rückgebildet sind. Der wohl meist im Flug dargebotene Duft dient offenbar der Anlockung oder Erregung des ♀. So konvergent bei Vertretern verschiedener Fam., z.B. der Dickköpfe (Hesperiidae), Eulen (Noctuidae), Spanner (Geometridae, [**D-51**]), Wurzelbohrer (Hepialidae).

Duftschuppen, Androconien; vor allem bei Schmetterlingen (z.B. → Lycaenidae, → Pieridae) an den Flügeln und an anderen Körperstellen auftretende, besonders gestaltete Schuppen, bei denen aus Öffnungen der Oberfläche oder am aufgespleißten Ende das Sekret Sexualpheromone produzierender Drüsen austritt.

Dukatenfalter, ***Heodes virgaureae*** L.; → Lycaenidae 4.

Dungfliegen; → Sphaeroceridae; → Cordyluridae.

Dungkäfer, ***Aphodius*** sp.; → Scarabaeidae 1.

Dungmücken; → Scatopsidae.

Dunkelkäfer; → Tenebrionidae.

Dunkelmücken; → Thaumaleidae.

Düsterbienen, ***Stelis*** sp.; → Megachilidae 7.

Düsterbock, ***Asemum striatum*** L.; → Cerambycidae 4.

Düsterer Humusschnellkäfer, ***Agriotes obscurus*** L.; → Elateridae 3.

Düsterkäfer; → Serropalpidae.

Dynaspidiotus; → Diaspididae 2.

Dynastes; Dynastinae; → Scarabaeidae 9.

Dysaphis; → Aphididae 5.

Dysauxes; → Syntomididae.

Dysclamptocladius; → Chironomidae.

Dyschirius; → Carabidae 5.

Dysiderus; → Pyrrhocoridae.

Dysmachus; → Asilidae.

Dytiscidae, Schwimmkäfer, Echte Schwimmkäfer; Fam. der Käfer (Coleoptera, Adephaga); nahe verwandt mit den Laufkäfern (Carabidae); von den über 3000 bekannten Arten in M-Eur.i.e.S. etwa 150, von sehr verschiedener Größe, von ca. 2 mm (z.B. ***Bidessus*** sp.) bis fast 50 mm

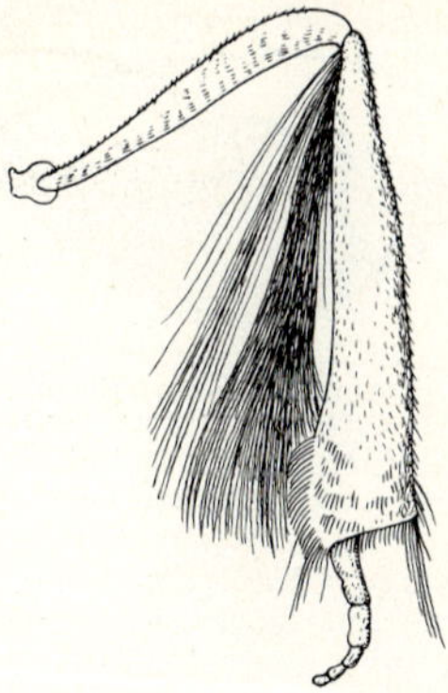

Abb. D-51: ***Sterrha aversata***, ♂. (Geometridae). Die stark vergrößerte und verdickte Schiene mit Haarbüschel. (Bourgogne 1951)

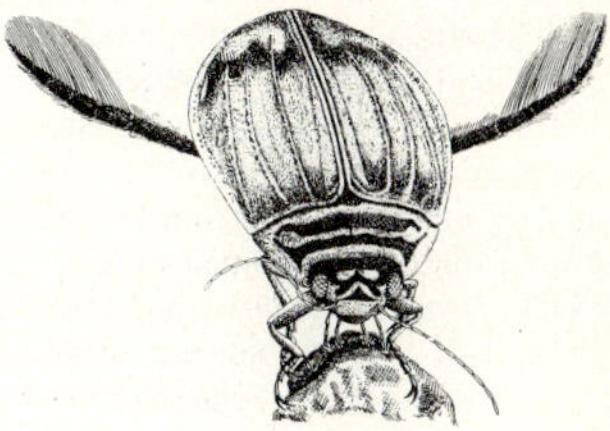

Abb. D-52: ***Acilius sulcatus***, Furchenschwimmer. ♀, 16–18 mm.

(***Dytiscus latissimus*** L.). **Imago:** Mittel-, insbesondere Hinterbeine als Schwimmbeine ausgebildet: abgeflacht, an der Schiene, vor allem aber an den 5 Fußgliedern mit automatisch beim Ruderschlag sich abspreizenden Haaren besetzt [**D-52**], bei verschiedenen Arten in verschiedenem Ausmaß; Beine beim Ruderschlag gestreckt, mit breiter Fläche gegen das Wasser, bei der Rückbewegung abgewinkelt und Kante voran; beim zügigen Rudern werden die Beine eines Paares syndrom bewegt, bei den großen Formen so, daß bei schnellem Schwimmen nur die Hinterbeine, bei gemächlichem Schwimmen Mittel- und Hinterbeine benutzt werden, wobei das eine Paar alternierend zum andern schlägt; Hauptschub durch die Tarsenbehaarung der Hinterbeine; Schlagfrequenz bei kleinen Arten höher als bei großen, z.B. beim normal schwimmenden ***Dytiscus***

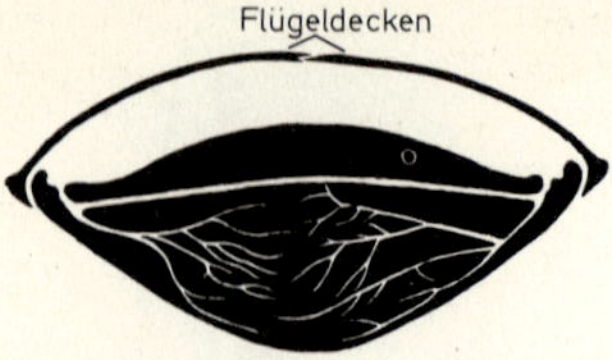

Abb. D-53: ***Dytiscus marginalis***, Gelbrand. Schematischer Querschnitt durch den Hinterleib; nur Tracheen eingezeichnet. (Naumann 1955)

(35 mm) ca. 2, ***Ilybius*** (17 mm) ca. 7, ***Hydroporus*** (2,7 mm) ca. 16 Schläge/sec; Körper mehr oder weniger abgeflacht, geschlossen, dem Wasser wenig Widerstand bietend; von Art zu Art jedoch beträchtliche Unterschiede; so ist der Rumpf von ***Acilius*** (fast ständig schwimmender Suchjäger) bezüglich des Wasserwiderstandes günstiger gebaut als der von ***Dytiscus*** (häufig ruhender Lauerjäger), der jedoch zu plötzlichen sehr schnellen Schwimmstößen befähigt ist; die besten und ausdauerndsten Schwimmer sind nicht die großen, sondern die mittelgroßen und kleinen Arten, obwohl die kleinen z.T. einen weniger schnittig gebauten Körper haben; ein ***Bidessus*** (2 mm) legt bei längerem Schwimmen etwa 8 mal so oft seine eigene Körperlänge zurück als ***Dytiscus*** (35 mm). Steuerung des Schwimmverhaltens (Geschwindigkeit, Beinschlagfrequenz) durch Sinnesorgane der Antennen. Die Käfer gehen zum Luftschöpfen mit dem Hinterleibsende an die Wasseroberfläche, nehmen Luft wohl vor allem in die kurz zuvor entlüfteten Tracheenstämme auf, während in den Raum unter den Flügeldecken, in den 8 abdominale und 2 thorakale Stigmenpaare münden [**D-53**], vielleicht zugleich atmosphärische und weitere durch die Stigmen ausgeatmete Luft eintritt; manche kleine Formen (z.B. ***Bidessus***) verwerten auch an Pflanzen haftende Gasbläschen. Der O_2-Gehalt der Luft unter den Flügeldecken nimmt während des Tauchens ab; die kleineren Arten sind durch die mitgenommene Luftmenge meist überkompensiert, also leichter als das Wasser; bei den größeren Formen ist die Menge der mitgenommenen Luft so eingestellt, daß der Körper annähernd das spezifische Gewicht des Wassers hat; bei in Grenzen gehaltener künstlicher Be- oder Entlastung wird die Luftmenge am Körper entsprechend vermehrt oder verringert, Regelung vermutlich über das Wahrnehmen des Auftriebes; wichtig für die Regelung des Auftriebs ist, vor allem beim Übergang von Wasser zu Luft und umgekehrt, das Ausmaß der Wasserfüllung eines Enddarmblindsacks (Rectalampulle). Flugvermögen durchweg gut; mittlere Fluggeschwindigkeit von ***Dytiscus marginalis*** 3 m/sec, beim Flug Mittelbeine unter die seitlich weggestreckten Flügeldecken angehoben, Flugmuskeln myogen erregt, Fluggeschwindigkeit durch mechanische Sinnesorgane der Antennen kontrolliert. Ernährung räuberisch; die Beute wird in erster Linie durch den chemischen Sinn (Riechen), wahrgenommen, daneben sind Auge, Tast- und Erschütterungssinn beteiligt; die Nahrung wird mit den kauenden Mundteilen zerkleinert, verschlungen und im Kropf bzw. Mitteldarm verdaut. In der Vorderbrust vieler und im Hinterleib aller Dytisciden paarige, oft sehr große, komplexe Drüsen; die der Vorderbrust (Mündung seitlich hinter dem Vorderrand des Prothorax) produzieren wirksame Wehrstoffe (Allomone), die toxisch und lähmend auch auf Wirbeltiere (Fische, Amphibien) wirken; neben Steroiden (u.a. Cortexon, ein Hormon der Nebennierenrinde) und Sesquiterpenen auch ein Alkaloid und ein Nukleoproteid nachgewiesen; im meist weißen oder gelben, kremigen Sekret der nahe dem Körperende mündenden Hinterleibsdrüsen (Pygidialdrüsen) mindestens 12 Verbindungen, artspezifisch in unterschiedlicher Kombination; häufig: Benzoesäure, p-Hydrobenzoesäuremethylester, p-Hydroxybenzaldehyd, Hydrochinon, Phenylessigsäure, 3-Indolylessigsäure; daneben Proteine; das Sekret wird regelmäßig – außerhalb des Wassers – mit den Beinen sorgfältig auf der Körperoberfläche verteilt, bietet Schutz gegen Mikroorganismen (Bakterien, Algen, Flagellaten, Ciliaten und Pilze); die bei ***Laccophilus*** nachgewiesenen β-Hydroxykarbonsäuren sind stark fungizid; außerdem erhöht die feine Sekretschicht die Benetzbarkeit der Körperoberfläche, erleichtert so das Abtauchen, was wichtig ist vor allem für kleine Formen, die, unbenetzbar, das Wasseroberflächenhäutchen nicht oder schwierig durchstoßen könnten. Geschlechtsunterschiede: ♂♂: die 3 ersten Vorderfußglieder bei vielen Formen stark

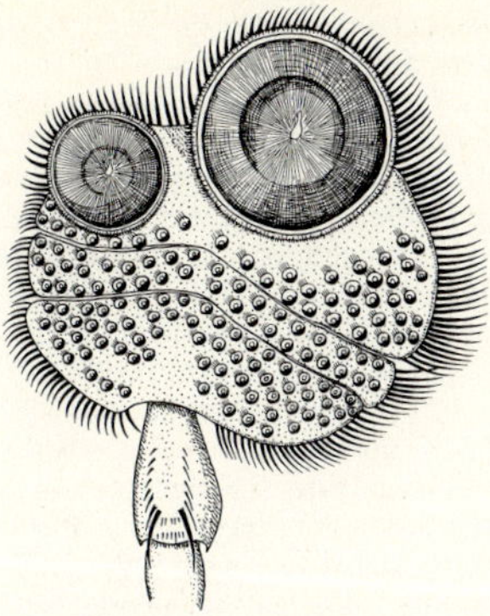

Abb. D-54: ***Dytiscus marginalis***, Gelbrand, ♂. Die drei proximalen, mit Saugnapfhaaren besetzten Fußglieder des rechten Vorderbeines. (Wesenberg-Lund 1943)

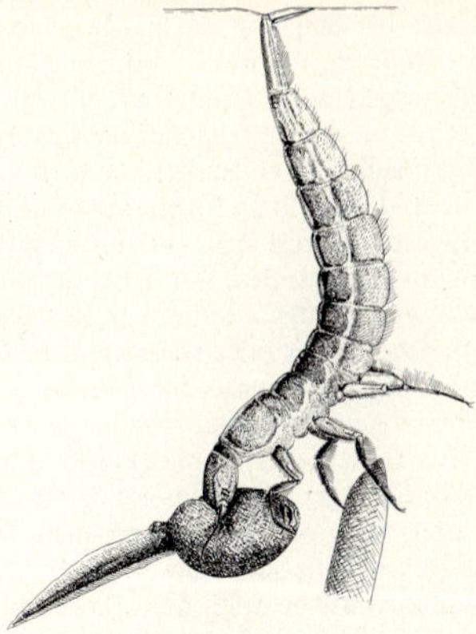

Abb. D-56: ***Dytiscus marginalis***, Gelbrand. Larve an Wasseroberfläche hängend, verzehrt Kaulquappe.

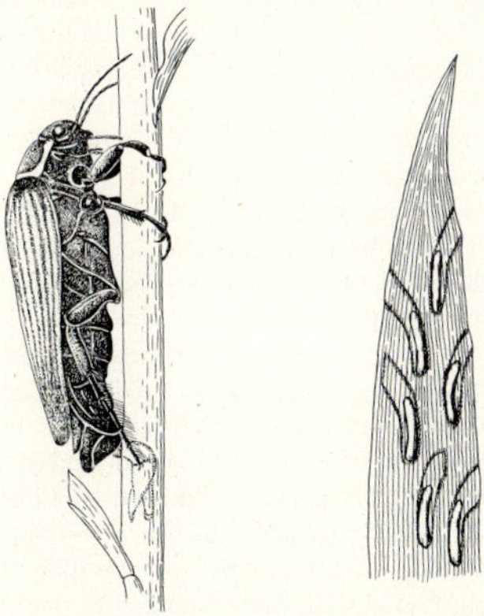

Abb. D-55: Links ***Dytiscus marginalis***, Gelbrand. ♀ bei der Eiablage an Pflanzenstengel; rechts Eier dieser Art in Wasserpflanze. Eilänge 7 mm. (Naumann 1955)

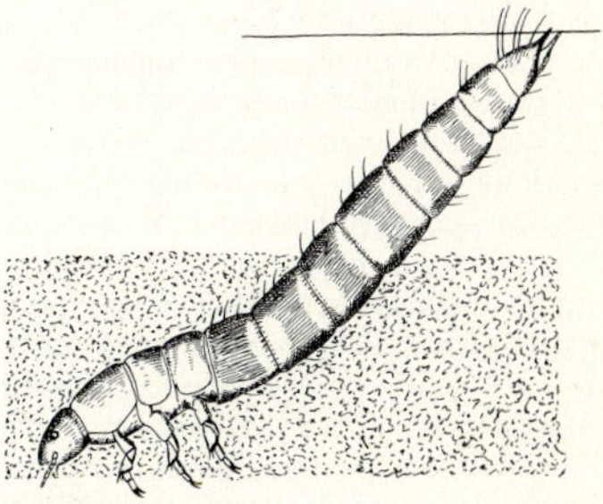

Abb. D-57: ***Noterus*** sp. Larve, z. T. im Schlamm. 6 mm. (Wesenberg-Lund 1943)

verbreitert, unterseits mit Saugnapfhaaren besetzt, bilden zusammen die Saugscheibe [**D-54**] zum Haften des ♂ bei der Begattung an den glatten Seiten (Episterna) der Mittelbrust des ♀; wahrscheinlich Kombination von Ansaugen und Kleben durch Drüsensekret; ♀♀: Flügeldecken bei vielen Arten mit Längsriefen (beim ♂ glatt); bisweilen treten bei der gleichen Art 2 ♀-Formen auf, solche mit, und solche ohne Längsriefen (z. B. bei ***Dytiscus***); Bedeutung der Längsriefen unklar; Begattung wohl stets im Wasser. 3 Hauptverfahren bei der Eiablage: die Eier werden unter Wasser an pflanzliches Substrat geklebt (z. B. ***Colymbetes***) oder mit einem kurzen Legeapparat oberflächlich in das Pflanzengewebe geschoben (z. B. ***Agabus***); oder sie werden mit dem kräftigen Legebohrer tiefer in die Pflanze versenkt (z. B. ***Dytiscus***; [**D-55**]), oder es werden mit einem langen, dünnen Legeapparat Eihäufchen außerhalb des Wassers in Ritzen und Spalten abgelegt (z. B. ***Acilius***). Die **Larven** leben stets im Wasser, berühren zum Luftschöpfen mit dem Hinterende den Wasserspiegel [**D-56**], Luftaufnahme durch das offene hintere Stigmenpaar in die großen Tracheenlängsstämme; bei den Larven mancher Arten (z.B. ***Rhantus***, ***Agabus***) wahrscheinlich auch ausgedehnte Hautatmung, steigen nur selten an die Oberfläche; Ionenverlust im hypoosmotischen Süßwasser wird ausgeglichen durch aktive Ionenaufnahme aus Trinkwasser durch das → Chloridepithel im Ileum des Darmes; Beine bei den zum Schwimmen fähigen Larven (z.B. ***Dytiscus***, ***Acilius***) mehr oder weniger stark mit Haaren besetzt, ebenso die Flanken der beiden letzten Hinterleibsglieder, so daß ein Schwimmfächer gebildet ist; durch Auf-Ab-Schlagen des Hinterleibs ist teils Bremsen, teils Vorschnellen möglich; Bewegungskoordination der Beine beim Schwimmen wie beim Laufen von Insekten auf dem Boden (z.B. I_L-III_L-II_R nach vorn, zugleich I_R-III_R-II_L nach hinten); die Larven schwimmen weniger fördernd und weniger geschickt als die Imagines; kein Haarbesatz bei den im Schlamm wühlenden Larven mancher Arten (z.B. ***Noterus***; [**D-57**]). Ernährung räuberisch; Mundteile z.T. hochspezialisiert; Kopf flach, Mund vorn durch Verfalzung oder Aufeinanderpressen der Ränder weitgehend verschlossen; die seitlich ansetzenden Mandibeln meist lang, gebogen-dolchförmig, mit mehr oder weniger geschlossener Längsrinne oder (z.B. bei ***Dytiscus***) mit ganz geschlossenem Kanal durchsetzt; Beutefang artspezifisch verschieden, schwimmend (z.B. ***Rhantus***), bewegungslos lauernd zwischen Wasserpflanzen oder am Wasserspiegel hängend (z.B. ***Cybister***, ***Dytiscus***); Dolchmandibeln tief in die Beute geschlagen, ein lähmendes Gift und Verdauungssaft hineingespuckt, Verdautes aufgesogen (Schlundpumpe); die ***Noterus***-Larve gräbt im Schlamm, Mandibeln kurz, ohne Längskanal, offenbar zum Zerkleinern von Beute geeignet; 3 Larvenstadien. **Verpuppung** an Land, meist in selbstgegrabener Erdhöhle, oder unter Laub u. dgl.. Wohngebiete: Gewässer verschiedener Art, stets aber nur in der pflanzenreichen Uferzone; ***Agabus conspersus*** Mrsh. vielleicht nur (oder auch) in salzhaltigen Küstengewässern; viele können eine Trockenzeit im Boden austrocknender Gewässer überdauern (»Sommerschlaf«). Überwinterung artspezifisch verschieden, als Larve oder Imago (z.B. ***Ilybius***, ***Agabus***); oder ausschließlich als Imago, wohl meist unter Eis im Wasser, gerne in leeren Schneckenhäusern (ausnahmsweise auch als Ei? z.B. ***Dytiscus***, ***Acilius***, ***Colymbetes***); bisweilen Verschiedenheit bei nahen Verwandten; Lebensdauer großer Schwimmkäfer mehrere, gelegentlich bis zu 5 Jahre. Auswahl: **1.** Gattung ***Dytiscus***, häufige Art: ***D. marginalis*** L., Gelbrand (30–35 mm; Halsschild ringsum und Seiten der Flügeldecken breit gelb gesäumt); langsamer Schwimmer; Hauptbegattungszeit im Herbst, auch im Frühling; ♂ oft 2–3 Tage auf dem ♀, festgehalten durch Klammergriff der Vorderbeine um den Halsschild des ♀, Saugnäpfe angepreßt an die Seiten (Episterna) der Mittelbrust; Paarung gelingt auch nach Amputation der Saugnäpfe; die Begattung selbst dauert nur ca. 15 Min., dabei wird ein in Drüsensekret eingeschlossenes Samenpaket (Spermatophore) vom ♂ in den Begattungskanal des ♀ eingeschoben; die Spermien wandern dann in den Samenbehälter des ♀, die entleerte Spermatophore wird nach einigen Stunden ausgestoßen; Eiablage: Frühling bis Sommer; die ca. 7 mm langen Eier unter Wasser einzeln mit dem Legeapparat in Pflanzengewebe eingestochen [**D-55**] nachdem durch Probebiß festgestellt wurde, daß die Pflanze lebt (zur Sicherung der Sauerstoffversorgung der Eier); Schlüpfen der Larven im Frühsommer; 3 Häutungen in (je nach Wassertemperatur) 4–12 Wochen, Dehnen der neuen Haut durch Wasseraufnahme in den Darm; Larven hinten mit Cerci; letztes Larvenstadium 6–8 cm lang; die Larven steigen zur Verpuppung an Land; Fortbewegung: Festbeißen der Mandibeln im Boden, Nachziehen des Körpers; Häutung zur Puppe in einer Erdhöhle, in der die Puppe nur mit dem Vorder- und Hinterende aufgestützt ruht; wieder in Abhängigkeit von der Temperatur in 2–5 Wochen Schlüpfen der dann überwinternden Imago; die Wehrdrüsen der Vorderbrust geben bei Störung ein milchiges Sekret ab; es enthält (neben anderen Stoffen) pro Gelbrand mehr Cortexon (11-Desoxycorticosteron) als 1000 Rindernebennieren; auch die Pygidialdrüsen gut entwickelt; größte heimische Art: ***Dytiscus latissimus*** L. (36–44 mm), auffallend breit durch den vorgezogenen Seitenrand der Flügeldecken; mehr in größeren Fischteichen. **2.** Ähnlich den ***Dytiscus***-Arten, aber mit besonders schnittiger Körperform der dunkelolivgrüne ***Cybister lateralimarginalis*** Deg., Gaukler; Larve schlank (bis 8 cm), hinten ohne Cerci, hängt nicht lauernd an der Wasseroberfläche, sondern zwischen Wasserpflanzen. **3.** ***Acilius sulcatus*** L., Furchenschwimmer (16–18 mm; [**D-52**]); ♀ mit 4 bräunlich behaarten Längsfurchen auf den Flügeldecken; Larve spindelförmig, vorn auffallend schmal, schwimmt lauernd, stoppt vor der erspähten Beute, krümmt den Hinterleib hoch, schnellt sich durch Abwärtsschlagen des Hinterleibs voran auf die Beute. **4.** Gattung ***Colymbetes***, Teichschwimmer; recht häufig: ***C. fuscus*** L. (16–17 mm); oben düster schwarzbraun; vor allem in kleinen, im Sommer sogar austrocknenden Tümpeln; die dunklen Larven meist auf den Wasserpflanzen kriechend, selten schwimmend. **5.** Gattung ***Ilybius***, Schlammschwimmer; ***I. fenestratus*** F. (ca. 11 mm), oben bronzefarben oder rotbraun; auch in größeren Gewässern in ***Potamogeton***-Beständen; Larven mit weißlichen Flecken auf dunklem Grund, schwimmen nicht selten; im Sekret der riesigen prothorakalen Wehrdrüsen das Sexualhormon Testosteron (sehr wirksam gegen Frösche und Kröten; verschluckte Käfer werden erbrochen, nach zweimaliger Erfahrung nicht mehr gefressen). **6.** Gattung ***Agabus***, Schnellschwimmer; ***A. bipustulatus*** L. (ca. 10 mm), schwarz; vor allem in Gewässern mit klarem, kaltem Wasser; Larve ohne Schwimmhaare an den Beinen, Kriecher; Verpuppung an Land in Erdkokon: die Larve bricht mit den Kiefern Erdbrocken los, baut zuerst einen umwallten Napf, darüber ein Erddach, das Ganze wird schließlich ausgebaut zu einer runden, hohlen, etwa kirschgroßen Kugel, die (fast) frei in einer Bodendelle liegt. **7.** Gattung ***Laccophilus***, Grundschwimmer; 3 sehr häufige Arten; gute Flieger, starten direkt aus dem Wasser; im Blut gelöst Carotinoide und Gallenfarbstoffe; ***L. hyalinus*** Deg. (knapp 5 mm), gelbbraun mit dunkler, brauner Zeichnung; beachtliches Springvermögen der Käfer an Land. **8.** Sammelgattung ***Hydroporus***, Zwergschwimmer; klein (2,5–5 mm), in M-Eur.i.e.S. über 3 Dutzend Arten, häufig gelblichbraun mit dunkler Zeichnung oder düster mit hellerer Zeichnung; teils in stehenden, teils in fließenden Gewässern; Larven am Boden oder auf Wasserpflanzen kriechend. Im Pygidialdrüsensekret das Pflanzenhormon 3-Indolessigsäure (biol. Bedeutung unbekannt) und als Wehrstoff Phenylessigsäure. **9.** Gttg. ***Hyphydrus***, Kugelschwimmer; z.B. ***H. ovatus*** L. (5 mm), kurz-oval, rotbraun, sehr hoch gewölbt; in Kleingewässern; am Hinterende stets mit Luftblase wechselnder Größe; Larve (7–8 mm) düster, vorn, in der Mitte und hinten mit heller Querbinde, schwimmt recht gut. **10.** Gattung ***Bidessus***, mit den kleinsten Vertretern dieser Fam. (1,5–2,5 mm), z.B. ***B. unistriatus*** Illig.; eine norditalienische Art in Thermalwasser von über 40° C. **11.** Die 14–15 mm großen Arten der Gttg. ***Graphoderes*** mit sessilen peritrichen Ciliaten im Mundraum und im Ösophagus. (Adis 1974; Bauer, Gewecke 1985; Dettner 1985, 1987; Forsyth 1968; Gewecke 1980, 1985; Gewecke, Bauer 1984; Heumann 1948; Hieke 1968; Jeannel 1949; Klausnitzer 1984; Komnick 1977; Matthes 1974; Nachtigall 1960, 1962a, 1964b; Nachtigall, Bilo 1965; Naumann 1955; Schildknecht 1970a, 1976b, 1977; Schildknecht, Weis 1962b; Schildknecht et al. 1966, 1969, 1983).

E

Earias; → Noctuidae 5.

Earomya; → Lonchaeidae 1, 2.

Ebereschenmotte, ***Argyresthia conjugella*** Zell.; → Yponomeutidae 4.

Eccoptogaster; → Scolytidae 3, 4, 6.

Ecdyonuridae, (Heptageniidae), Aderhafte; Fam. der Eintagsfliegen (Ephemeroptera); mehrere Gattungen und Arten, z.B. die Gattungen ***Ecdyonurus***, ***Heptagenia*** und ***Rhithrogena***; mittelgroße, an Fließgewässer gebundene Arten; Eiablage im Flug über Wasser oder durch Tupfen auf die Wasseroberfläche; Larven als Anpassung an das Leben in Fließgewässern sehr flach, auf Steinen [**E-1, E-2, C-67**].

Ecdyonurus; → Ecdyonuridae.

Ecdyson; → Metamorphose 2b.

Echidnophaga; → Siphonaptera.

Echidnophora; → Phoridae.

Echinomyia; → Tachinidae.

Echinophthiriidae; Fam. der Läuse (Anoplura); blutsaugende Außenparasiten ausschließlich auf Meeressäugetieren; Körper mit zahlreichen schuppenartigen Haa-

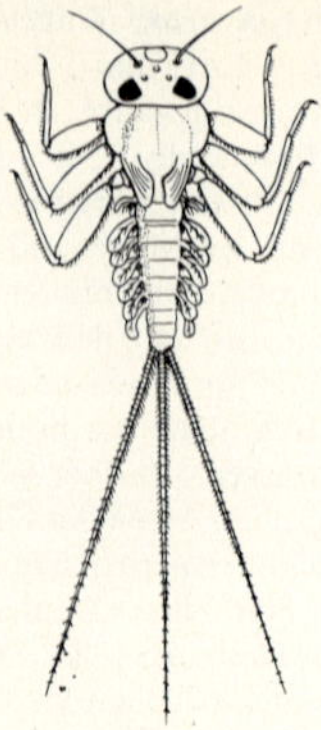

Abb. E-1: ***Ecdyonurus*** sp. Larve eines Aderhaftes. (Engelhardt 1955)

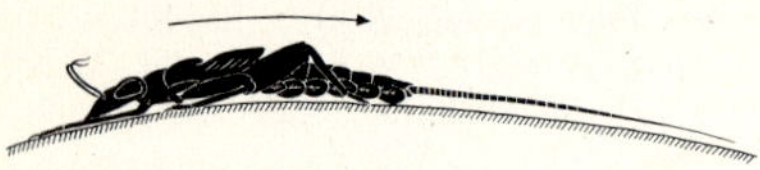

Abb. E-2: ***Ecdyonurus venosus.*** Larve in starker Strömung flach an einen Stein gedrückt. (Schwoerbel 1969)

Abb. E-3: ***Ectobius silvestris*****,** Podas Waldschabe. ♀, bis 14 mm lang. Fühler nur zum Teil gezeichnet. (Harz 1960)

ren besetzt, halten Luftmantel fest während des Tauchens des Wirtes; z. B. ***Echinophthirius horridus*** Olf. auf Seehund (ca. 3,3 mm).

Echinophthirius; → Echinophthiriidae.

Echte Bienen; → Apidae.

Echte Blattwespen; → Tenthredinidae.

Echte Fliegen; → Muscidae.

Echte Läuse; → Anoplura.

Echte Motten; → Tineidae.

Echte Schlupfwespen; → Ichneumonidae.

Echte Schwimmkäfer; → Dytiscidae.

Eckenfalter; → Nymphalidae 3–8.

Ectobiidae, Waldschaben, Kleinschaben; Fam. der Schaben (Blattariae); kleine bis mittelgroße freilebende Schaben, 12 Arten in Mitteleuropa; die ♀♀ durchweg etwas kleiner als die ♂♂, letztere mit Rückendrüse; alle wohl mit etwa gleicher Lebensweise; Eikokon (mit der Naht nach oben getragen) bei manchen Arten vom ♀ vergraben; überwintern als Larve. Auswahl: **1. *Ectobius lapponicus*** L., Gemeine Waldschabe, Lapplandschabe (–13 mm); die ♂♂ mit gut ausgebildeten Deck- und Flugflügeln, von denen sie auch gerne Gebrauch machen; bei den ♀♀ die Deckflügel etwas verkürzt, aber den Hinterleib noch bedeckend, die Flugflügel stark verkümmert; zur Begattung nähert sich das ♂ rückwärts gehend mit angehobenen Flügeln von hinten (!) dem ♀; überall in Europa, bis Lappland, in Wald- und Heidegebieten, die ♂♂ mehr auf der niederen Vegetation, die ♀♀ mehr am Boden. **2. *Ectobius silvestris*** Poda, Podas Waldschabe [**E-3**]; Flügel des ♂ beide gut ausgebildet, Flügeldecken des ♀ nur halb so lang wie der Hinterleib; Verbreitung und Lebensweise wie bei 1. **3. *Ectobius panzeri*** Steph., Küstenwaldschabe, Heideschabe (–8 mm); Flügel des ♂ vollständig ausgebildet, die des ♀ stark verkümmert; Vorkommen vor allem im Küstengebiet der Nordsee, im Dünengelände, seltener im Binnenland. **4.** Kleinschaben der Gattung ***Hololampra*****,** z. B. ***H. maculata*** Schreb. (ca. 6,5 mm); Flugflügel mehr oder weniger verkümmert oder fehlend, Deckflügel vorhanden, beim ♂ körperlang, beim ♀ verkürzt. (Harz, 1957; Harz, Kaltenbach 1976).

Ectobius; → Ectobiidae 1, 2, 3.

Ectognatha (Ectotropha), Freikiefler, zusammenfassende Bezeichnung für jene Insekten, deren Mundteile außen frei am Vorderteil der Kopfkapsel eingelenkt sind, und die Geißelantennen (Muskeln nur im Grundglied) besitzen; hierher alle Insekten außer den Entognatha.

Ectotropha; → Ectognatha.

Ectropis: → Geometridae 19.

Edelfalter; → Nymphalidae.

Edellibellen; → Aeschnidae.

Eibengallmücke, ***Taxomyia taxi*** Inchb.; → Itonididae 30.

Eichapfel, Galle von ***Biorhiza pallida*** O.; → Cynipidae 2.

Eichelbohrer, ***Curculio glandium*** Marsh.; → Curculionidae 23.

Eichelwickler, ***Laspeyresia splendana*** Hbn.; → Tortricidae 2.

Eichenblattroller, ***Attelabus nitens*** Scop.; → Curculionidae 10.

Eichenblattwespen; → Tenthredinidae E.

Eichenbock, ***Cerambyx cerdo*** L., → Cerambycidae 6.

Eichenbuntkäfer, ***Pseudoclerops mutillarius*** Fbr.; → Cleridae 2.

Eichenerdfloh, ***Haltica quercetorum*** Foudr.; → Erdflöhe 7.

Eicheneule, Grüne, ***Griposia aprilina*** L.; → Noctuidae 9.

Eichengallapfel, Galle von ***Cynips (Diplolepis) quercus-folii*** L.; → Cynipidae 3.

Eichengallenrüßler, ***Curculio villosus*** F.; → Curculionidae 24.

Eichenholzbohrer, ***Xyleborus monographus*** F.; → Scolytidae 1.

Eichenkarmin, ***Astiodes*** und ***Catocala*** sp. → Noctuidae 13, 14.

Eichenkernkäfer, ***Platypus cylindrus*** F.; → Platypodidae.

Eichenknospenstecher, ***Rhynchites aeneovirens*** Mrsh.; → Curculionidae 1.

Eichenkugelrüßler, ***Attelabus nitens*** Scop.; → Curculionidae 10.

Eichenmaskenlaus, ***Thelaxes dryophila*** Schrk.; → Thelaxidae 4.

Eichenminiermotte, ***Tischeria complanella*** Hb.; → Tischeriidae.

Eichenpockenlaus, ***Asterolecanium variolosum*** Ratz.; → Asterolecaniidae.

Eichenprozessionsspinner, ***Thaumetopoea processionea*** L.; → Thaumetopoeidae 2.

Eichenrindenminiermotte, ***Eutrichocnemis simploniella*** F.R.; → Gracilariidae 5.

Eichenschildlaus, ***Kermes quercus*** L.; → Kermidae.

Eichenschrecke, ***Meconema thalassinum*** Deg.; → Meconemidae.

Eichenspinner, ***Lasiocampa quercus*** L.; → Lasiocampidae 6.

Eichensplintkäfer, ***Scolytus intricatus*** Ratz.; → Scolytidae 3.

Eichenspringrüßler, ***Rhynchaenus quercus*** L.; → Curculionidae 37.

Eichentriebmotte, ***Stenolechia gemmella*** L.; → Gelechiidae 2.

Eichentriebzünsler, ***Acrobasis*** sp.; → Pyralidae 6.

Eichenweichkäfer, ***Cantharis obscura*** L.; → Cantharidae 2.

Eichenwickler, ***Tortrix viridana*** L.; → Tortricidae 1.

Eichenwidderbock, ***Plagionotus arcuatus*** L.; → Cerambycidae 17.

Eichenzipfelfalter, ***Thecla quercus*** L.; → Lycaenidae 1.

Eichenzwerglaus, ***Phylloxera coccinea*** v. Heyd.; → Phylloxeridae 2.

Eichochaitophorus; → Chaitophoridae.

Ei-Larven-Parasitismus; die Entwicklung des Parasiten beginnt im Ei, wird vollendet in der Larve (manchmal erst in der Puppe) des Wirts; → Parasitismus 3.

Eilema; → Arctiidae 2.

Einbindiger Traubenwickler, ***Eupoecilia ambiguella*** Hbn.; → Tortricidae 26.

Einmieter; → Inquilinen.

Eintagsfliegen; → Ephemeroptera.

Eiparasitismus; der Parasit frißt im oder am Wirtsei; → Parasitismus 3.

Eisenmadigkeit; → Psilidae.

Eisvogel, ***Limenitis*** sp.; → Nymphalidae 2.

Ekelblumen; Blüten mit freiliegendem oder halbverborgenem Nektar oder Blüten mit hochdifferenzierten Klemm- oder Gleitfallen, denen ein intensiver, unangenehmer, oft fauliger, harn-, kot- oder aasartiger Geruch entströmt, durch den Insekten angelockt werden, die von verwesenden Substraten oder von Kot leben oder/und dort ihre Eier ablegen. → Calliphoridae; → Fungivoridae; → Lycoriidae; → Pilzmückenblumen; → Silphidae; → Staphylinidae. (Kirchner 1911; Kugler 1970).

Ektadenien; Anhangsdrüsen am ektodermalen Anteil der Geschlechtswege.

Ektoparasitismus; → Parasitismus 1.

Elachiptera; → Chloropidae.

Elachista; → Elachistidae.

Elachistidae, Grasminiermotten; Fam. der Schmetterlinge (Lepidoptera); Falter klein (Flsp. meist 7–10 mm, selten größer), fliegen meist abends; Flügel in Ruhe dachförmig; Rüssel mehr oder weniger stark verkürzt oder rückgebildet; Raupen mit 5 Abdominalfußpaaren, flachköpfig, minieren vor allem in Gräsern, meist in den Blättern, bisweilen bis in den Stengel hinein; oft Blattwechsel; bei vielen Arten

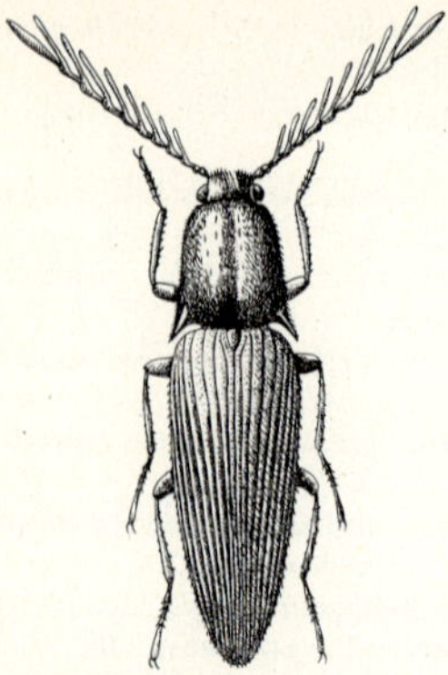

Abb. E-4: *Ctenicera pectinicornis*, Rindenschnellkäfer. 17 mm. (Bechyně 1954)

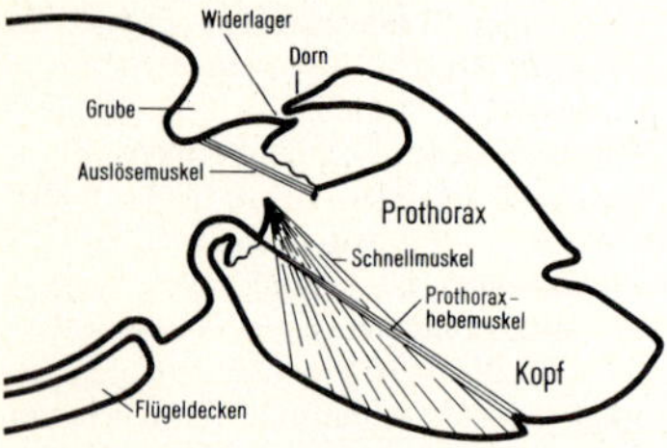

Abb. E-5: Schnellkäfer. Schnellmechanismus. Längsschnitt durch Vorderbrust (rechts) und vorderen Teil der Mittelbrust; Rückenlage. Der Prothoraxhebemuskel macht »Hohlkreuz«. Weitere Erklärungen siehe Text. (Nach versch. Autoren)

überwintert die Raupe in der Mine und frißt im Frühling noch weiter; Verpuppung selten in der Mine, meist außerhalb, mit Gespinstkokon oder frei mit dem Cremaster befestigt; manchmal Gürtelpuppe; hierher u.a. zahlreiche Arten der Gttg. ***Elachista***, manche gelegentlich an Gräsern schädlich, z.B. die polyphage Art ***Elachista albifrontella*** Hb.

Elaiophor; den Nektarien analoge und nur selten mit ihnen zusammen auftretende Drüsen in Blüten von Pflanzen unterschiedlichster taxonomischer Zugehörigkeit; sondern ein fettes Öl (vorwiegend Gemische von Glycerolestern 3-(β)-substituierter Hydroxyfettsäuren) ab, das Bienen (→ Melittidae), die diese Blüten bestäuben, sammeln, und – mit Pollen vermischt – als Futter für ihre Brut verwenden. (Vogel 1974, 1976, 1981, 1986).

Elaiosom; → Myrmekochorie.

Elaphrus; → Carabidae 13.

Elasmucha; → Acanthosomatidae.

Elateridae; Schnellkäfer, Schmiede; Fam. der Käfer (Coleoptera, Polyphaga); über 8000 Arten, in M-Eur.i.e.S. ca. 150; die Käfer mittelgroß, verhältnismäßig kurzbeinig, oft schlank, etwas abgeflacht, mit hartem Panzer; bei manchen Arten die Fühler kammförmig [**E-4**]; bemerkenswert und weithin bekannt, ihre Fähigkeit, sich aus der Rückenlage durch ein plötzliches, von dorsal nach ventral verlaufendes Abknicken der Vorderbrust hochzuschnellen; Schnellapparat zwischen Vorder- und Mittelbrust, beide gegeneinander auf-ab beweglich in einem sehr verwickelt gebauten Gelenk mit Vorsprüngen am Hinterende der Vorderbrust (»Schnapper«, »Knipser«) und entsprechenden Vertiefungen am Vorderende der Mittelbrust; ihre Bedeutung für das Hochschnellen vorerst undurchsichtig; auffallendste Teile des Schnellapparates [**E-5**]: a) ein nach hinten ragender Dorn ventral am Ende der Vorderbrust und b) eine längliche Grube vorn-ventral auf der Mittelbrust mit dem sog. Widerlager an ihrem Vorderende; vor dem Hochschnellen aus der Rückenlage »Hohlkreuz« durch Rückwärtsbeugen der Vorderbrust (durch den Vorderbrusthebe-Muskel) und Einrasten und Arretieren des Dornes im Widerlager; nun Kontraktion des mächtigen, im Prothorax gelegenen Vorderbrustbeugers (Schnellmuskel); ein Abknicken der Vorderbrust zunächst jedoch nicht möglich wegen der Arretierung des Dornes im Widerlager; im Schnellmuskel hohe Anspannung und Speicherung von Energie; wird nun durch Kontraktion des kleinen, paarigen Auslösemuskels die Arretierung aufgehoben, so daß der Dorn in die Mittelbrustgrube einschnappen kann, klappt die Vorderbrust fast explosionsartig schnell nach ventral, dadurch Verlagerung des Gesamtschwerpunktes (der Hinterkörper rollt ein Stück in Richtung Kopf ab) und Entstehung einer Gegenkraft, die den Körper hochschleudert; die Beschleunigung, die der Käfer dabei im Verlauf von weniger als 1 ms erfährt, ist enorm, sie erreicht bei manchen Arten das 700fache der Erdbeschleunigung; beim Sprung mehrmaliges Umdrehen in der Luft um die Querachse Kopf über Abdomen; Landen – keineswegs immer auf den Beinen – kopfwärts von der Absprungstelle; nach Entfernen der Flügeldecken ist kein Schnellen mehr möglich; die Sprunghöhe ist artspezifisch verschieden, ebenso die Neigung zum Schnellen; manche (z. B. der häufige ***Lacon murinus*** L.) schnellen fast nie, andere häufig und auch aus der Bauchlage heraus, vor allem nach dem in dieser Käfergruppe sehr ausgeprägten Sichtotstellen; bei zufällig auftretender Rückenlage versucht der Käfer gewöhnlich zunächst, sich mit Hilfe der Beine umzudrehen, spreizt dabei gelegentlich auch die Flügel, im Pflanzengewirr des Bodens meist mit Erfolg; andererseits tritt das Schnellen auch auf bei dem Versuch des Käfers, sich aus einer Zwangslage zu befreien, z. B. beim Herausarbeiten aus dem Puppenlager, oder wenn von einem Feind gepackt, oder auch, wenn man ihn am Abdomen zwischen Daumen und Zeigefinger hält. Daher rührt wohl die Bezeichnung »Gutentagsager«. Die Käfer treiben sich auf Gebüsch, auf Blüten, an Baumstämmen herum, fressen wohl meist an Pflanzen (werden hier bisweilen schädlich) oder auch kleine Tiere; Fortpflanzung meist im Frühsommer; Eier einzeln oder in Gruppen in den Boden oder in Holzmulm abgelegt, bei manchen Arten auch in Mist. Larven mehr oder weniger langgestreckt und dünn, ebenfalls mit hartem Panzer (Drahtwürmer), mit kurzen Beinen [**E-6**]; in Holzmulm oder in humösen Böden, jede Art mit besonderen Ansprüchen z. B. hinsichtlich Feuchtigkeit; Ernährung: bei vielen Arten Fressen von Humusstoffen, von zerfallenden Pflanzen; einige dann u. U. sehr schädliche Arten an lebenden Pflanzen; Mulmbewohner in der Regel räuberisch; einige Arten auch an Aas. Dauer des Larvenlebens von Art zu Art, wahrscheinlich (je nach Ernährungsbedingungen) auch bei der gleichen Art recht verschieden, knapp ein Jahr bis zu 5 oder 6 Jahren; vermutlich eine beträchtliche Zahl von Häutungen; Verpuppung ohne besondere Vorbereitungen am Fraßplatz der Larven, meist im Spätsommer, seltener im Frühling; Jungkäfer und (bei mehrjähriger Entwicklung) Larven überwintern. Gewisse amerikanische Arten mit Leuchtorganen an der Vorderbrust. Auswahl: **1.** ***Adelocera (Lacon) murina*** L., Mausgrauer Sandschnellkäfer (12–17 mm); sehr häufig; stellt sich bei Beunruhigung hartnäckig tot, springt nicht, verläßt sich auf seine Wehr-

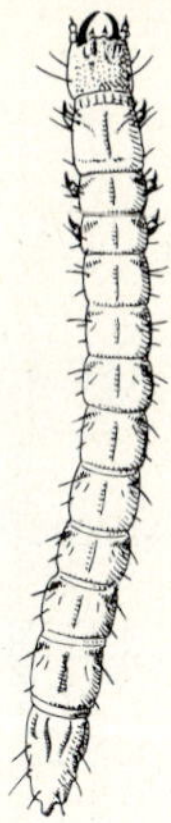

Abb. E-6: ***Melanotus*** sp. Schnellkäferlarve = Drahtwurm, 25 mm. (Schimitschek 1955)

drüsen (Geruch nach Aas und Moschus), werden als 2 Schläuche zwischen dem vorletzten und letzten Hinterleibsring vorgestülpt; Käfer bisweilen durch Fraß an Pflanzenteilen schädlich, Larven leben von Insektenlarven und Würmern; eine Generation im Jahr. **2.** Gttg. ***Ctenicera (Corymbites)***, Rindenschnellkäfer; bei manchen Arten (z. B. ***C. pectinicornis*** L., 15–18 mm) die Fühler des ♂ kammförmig [**E-4**]; die Larven von ***C. aeneus*** L. (10–15 mm; Käfer mit Metallglanz) vor allem in nicht sehr feuchtem sandigen Boden auf niederer Vegetation, bisweilen an verschiedenen Kulturpflanzen schädlich; Generation wahrscheinlich 2jährig. **3.** Gttg. ***Agriotes***, Humusschnellkäfer, Saatschnellkäfer (6,5–10 mm), an den verschiedensten Pflanzen, fast an allen Kultur- und vielen Zierpflanzen schädlich; fressen bevorzugt an unterirdischen, manchmal jedoch auch (z. B. bei Erdbeeren und jungem Getreide) an bodennahen Pflanzenteilen; zuweilen auch Humusfresser und Räuber; ***A. obscurus*** L., Düsterer Humusschnellkäfer (7–9 mm), sehr häufig, vor allem auf leichteren Böden; ***A. sputator*** L., Gartenhumusschnellkäfer, Salatschnellkäfer (6,5–8,5 mm); Larven ebenfalls an vielen Pflanzen, nicht nur im Garten. Drahtwürmer finden die Wurzeln wohl durch dort abgegebenes CO_2 und durch Duftstoffe aus absterbenden Pflanzenteilen. (Evans 1972, 1973; Fürsch 1951; Hieke 1969; Hoffmann, Schmutterer

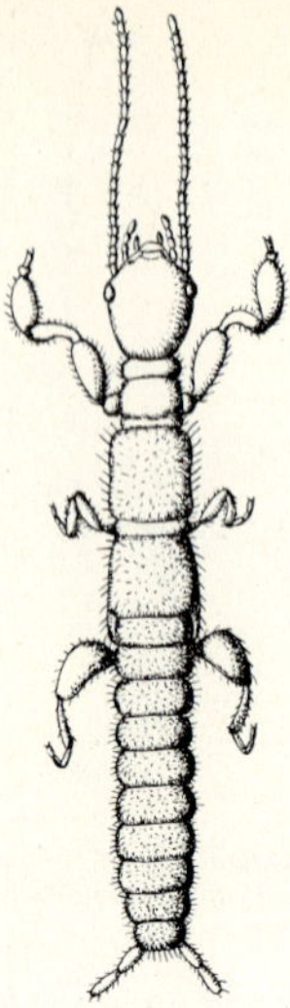

Abb. E-7: ***Monotylota ramburi.*** ♀, 13 mm. Mittelmeergebiet. (Friedrichs 1934)

Abb. E-8: ***Monotylota ramburi.*** Kopula. ♂ schwarz. (Friedrichs 1934)

1983; Horion 1949; Kaschek 1984; Lohse 1979; Mitterling 1950; Rudolph 1974; Sorauer 1949/57).

Elatobium; → Aphididae 1.

Elchrachenbremse, *Cephenomyia ulrichi* Br.; → Oestridae 5.

Elefantenschrecken; → Pamphagidae.

Elenchidae, Elenchus; → Strepsiptera 2.

Eleodes; → Tenebrionidae.

Elmis; → Dryopidae.

Elytren; die stark sklerotisierten Vorderflügel mancher Insekten, insbesondere der Ohrwürmer und Käfer, bedecken in Ruhelage die in verschiedenem Ausmaß gefalteten hinteren Flugflügel; am aktiven Flug nicht beteiligt.

Elytroleptus; → Cerambycidae.

Embia, Embien; → Embioptera.

Embioptera (Embiodea), Embien, Fersenspinner, Fußspinner, Spinnfüßler; Ordng. der Insekten; Verwandlung unvollkommen (Hemimetabola); Imagines schlank, bis ca. 20 mm lang; ♀♀ niemals, ♂♂ der meisten Arten geflügelt; Vorder- und Hinterflügel nicht miteinander gekoppelt; die ♂♂ fliegen in der Dämmerung und nachts, Flügel in Ruhe flach auf dem Rücken; fehlen in der BRD und DDR, kommen aber schon in den Mittelmeerländern vor, z.B. ***Haploembia solieri*** Ramb. und ***Monotylota ramburi*** R.-K. (bei beiden auch die ♂♂ ohne Flügel; [**E-7**]) und ***Embia amadorae*** Ross (mit geflügelten ♂♂). Gelegentlich treten Embien (mit Früchten oder Pflanzen eingeschleppt) in Lagerhallen und Gewächshäusern auf. Leben verborgen (z.B. unter Rinde und Steinen) in Gespinströhren, die sie nur nachts zur Nahrungsaufnahme verlassen; Zahlreiche Spinndrüsen bei ♂♂, ♀♀ und Larven im 1. Tarsenglied der Vorderbeine (1. Glied der 3gliedrigen Tarsen = Ferse), münden auf der Sohle des 1. und 2. Tarsengliedes an der Spitze hohler Härchen aus; die beiden ersten Tarsenglieder der Mittel- und Hinterbeine mit an glatter Unterlage haftenden Sohlenbläschen; Vorderbeine beim Herstellen der gewöhnlich unter Steinen angebrachten Röhren- oder flächenförmigen Wohngespinste schnell nach verschiedenen Richtungen bewegt, wobei die Spinnfäden durch Auftupfen am Substrat befestigt werden; Ernährung: bei den ♀♀ (kurze Kaumandibeln) und Larven vegetarisch, bei den ♂♂ (deren längere, schlanke Mandibeln vermutlich nur zum Festhalten des ♀ bei der Paarung dienen) nicht sicher bekannt, die von ***M. ramburi*** (möglicherweise auch die der anderen Arten) nehmen keine Nahrung auf; das ♂ wirbt durch Fühlertrillern vor dem ♀, sitzt bei der Begattung auf oder neben dem ♀, wobei es bei manchen Arten den Kopf des ♀ mit den Kiefern hält [**E-8**]; Eiablage im Wohngespinst, bis über 200 Eier, teils einzeln, teils in Ballen; Eier bei manchen Arten vom ♀ durch Belecken und Bewachen gepflegt, in der Umgebung Nahrung gestapelt als Futter für die (nach etwa 3 Wochen schlüpfenden) Larven, die im Nest bleiben, dann ebenfalls vom ♀ behütet; in diesen Fällen gibt es also eine Wohngemeinschaft, in der die ♂♂ nur zeitweilig auftauchen, jedoch ist isolierte

Aufzucht im Versuch möglich; 4 Larvenhäutungen. Dauer der Larvenentwicklung von ***M. ramburi*** 10 Monate; letztes Larvenstadium überwintert, ♀♀ leben nach der Eiablage 5–6 Monate, die ♂♂ werden nur 2–3 Wochen alt. Die 200 bisher bekannten Arten 8 Fam. zugeordnet. (Friedrichs 1934; Günther 1974; Kaltenbach 1968; Ledoux 1959; Michieli 1958; Ross 1966).

Embolemidae; artenarme Fam. der Hautflügler (Hymenoptera, Apocrita, Bethyloidea); in M-Eur. nur 2 sehr selten gefundene Arten: ***Embolemus ruddii*** Westw. und ***E. antennalis*** Kiefer, [**E-9**]; klein (ca. 3 mm), im weiblichen Geschlecht flügellos, Kopf in Seitenansicht auffällig dreieckig, mit fast körperlangen, 10gliedrigen, relativ dicken Fühlern; über die Biologie dieser sich (vermutlich) parasitisch entwickelnden Hymenopteren ist so gut wie nichts bekannt. (Bürgis 1987).

Embolemus; → Embolemidae.

Emphytus; → Tenthredinidae 7d, 15.

Empicoris; → Reduviidae 3.

Empididae, Tanzfliegen, Rennfliegen; Fam. der orthorrhaphen Fliegen (Diptera, Brachycera); sehr klein bis mittelgroß, meist unscheinbar bräunlich; Kopf rundlich, besonders bei den ♂♂ mit großen Komplexaugen [**E-10**]; Rüssel von verschiedener Länge, manchmal sehr lang und zum Anstechen (langer und spitzer Hypopharynx) und Aussaugen von Beutetieren geeignet; Beine verhältnismäßig lang; viele Arten auf Blüten zum Nektarsaugen oder als Räuber; vor allem die ♂♂, seltener auch die ♀♀, fangen die zuweilen die eigene Körpergröße übersteigende Beute (verschiedene Insekten, [**E-11**], gelegentlich Kannibalismus) meist im Fluge mit den Beinen, seltener (z. B. ***Tachydromia***, ***Tachypeza***) in raschem Lauf; die kleine ***Hilara bivittata*** Strobl fängt ihre winzigen Beutetiere über Doldenblüten; die Beute dient teils zur eigenen Ernährung, bei einer Reihe von Arten, vor allem der Gattungen ***Empis***, ***Hilara***, ***Rhamphomyia*** als »Hochzeitsgeschenk« des ♂ an das ♀ (vgl. → Bittacidae); Besonderheit von ***Hilara***-♂♂: sie besitzen einzellige Spinndrüsen im verbreiterten 1. Tarsenglied der Vorderbeine auf der Ventralseite, die in stachelartige Röhrchen ausmünden; so ist bei manchen ***Hilara***-Arten das Hochzeitsgeschenk ein in Spinnfäden eingehülltes Beuteinsekt, das bei der Kopula vom ♀ ausgesaugt wird [**E-12**]; nicht

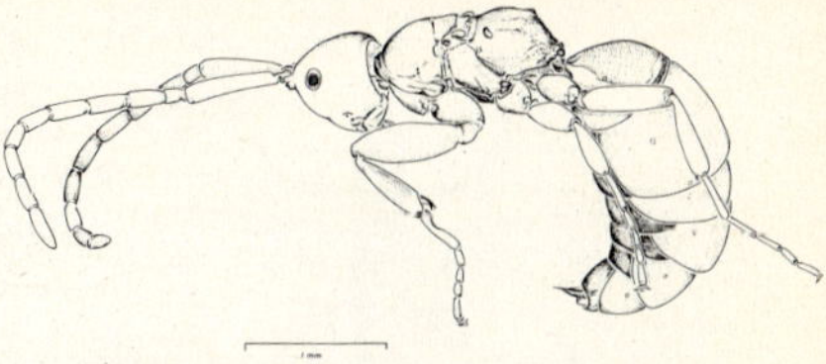

Abb. E-9: ***Embolemus antennalis.*** ♀. (Original Bürgis 1985)

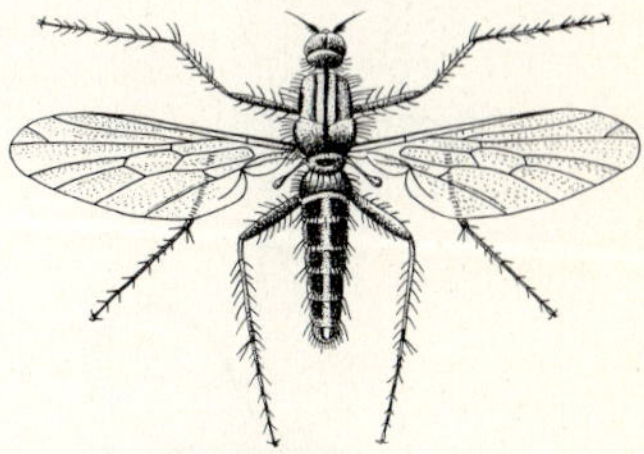

Abb. E-10: ***Empis tesselata***, Tanzfliege. ♂, Körper 13 mm. (Séguy 1951)

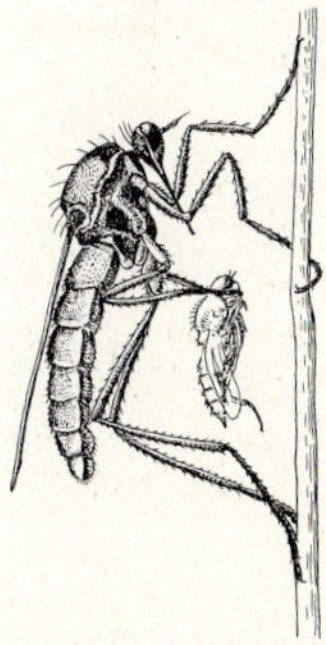

Abb. E-11: ***Empis*** sp. Tanzfliege. ♂, mit Beutetier. Körper 7 mm. (Brauns 1964)

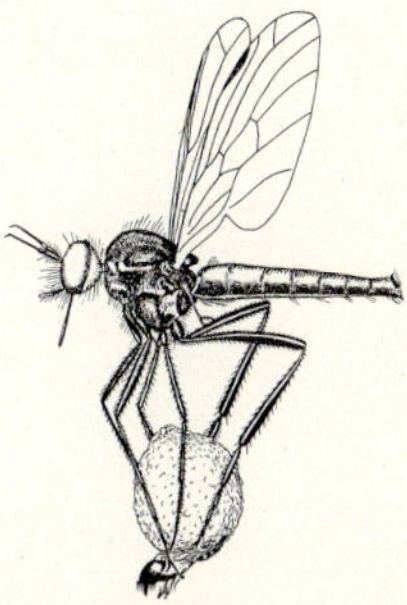

Abb. E-12: ***Empimorpha geneatis***, Tanzfliege. Nordamerika. ♂ mit Ballon und Geschenk für das Weibchen. (Lindner 1957)

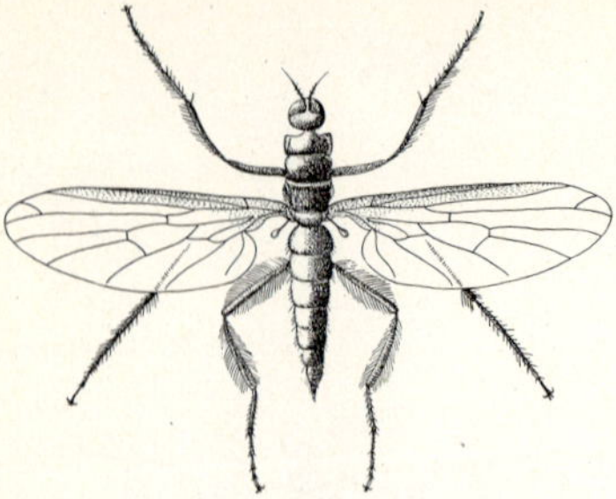

Abb. E-13: ***Pterempis pennipes,*** Tanzfliege. ♀, Körperlänge 4 mm. (Séguy 1951)

Abb. E-14: ***Empis opaca,*** Tanzfliegen. Kopula, ♂ schwarz, ♀ hell, saugt dabei an einer vom ♂ überreichten Fliege. (Séguy 1951)

Abb. E-15: ***Empididae.*** Larve, 8 mm. (Brauns 1954)

selten hat es nur symbolischen Charakter, wirkt aber vermutlich stimulierend: das Beutetier wird vom ♀ zwar angenommen, aber nicht ausgenutzt; oder es wird überhaupt nur ein leeres Gespinst oder irgend ein Pflanzenteilchen übergeben. Bei manchen Arten bilden sich als Vorspiel zur Kopula »Tanzgruppen«, in denen auf engem Raum oft zahlreiche Individuen in Zickzack- oder Kurvenflügen sich mehr horizontal oder auf-ab tummeln (starker Einfluß von Wind oder bei Wärme aufsteigender Luft); die Tanzgruppen können aus ♂♂ oder aus ♀♀ bestehen, werden dann von ♀♀ bzw. ♂♂ angeflogen (Anlockung optisch und/oder akustisch?); das ♂ von ***Hilara sartor*** Beck. hält beim Tanz ein während des Fliegens hergestelltes, in der Sonne glänzendes leeres Schleierchen (maximal 3 × 5 mm) aus Seide mit den Beinen als offenbar optisches Signal; das anfliegende ♀ wird vom ♂ unterflogen, das ♀ läßt sich auf das ♂ fallen, Kopula im Fluge, dabei Stellungswechsel: das ♂ auf dem mit den Beinen gehaltenen ♀; das Schleierchen wird nicht übergeben, sinkt ab. ♀♀-Tanzgruppen bei mehreren ***Empis-, Hilara-*** und ***Rhamphomyia***-Arten; in diesen Fällen sind die ♀♀ ausgezeichnet durch Fiederbehaarung [**E-13**] an allen oder einigen Beinen oder/und durch vergrößerte Flügel, was teils Signal-, teils aerodynamischen Wert haben mag; Annäherung des ♂ an das ♀ wiederum von unten; Beginn der Kopula nach Geschenkübergabe in der Regel hängend oder sitzend [**E-14**]; manchmal nimmt das ♂ nach der Begattung sein »Geschenk« wieder mit für ein weiteres ♀ (z. B. ***Empis opaca*** Meig.); bei manchen Arten reibt man sich bei der Balz gegenseitig die Tarsen. Über Eiablage kaum etwas bekannt, wenig auch über die vermutlich vor allem räuberische Lebensweise der langgestreckten, → amphipneustischen Larven [**E-15**], die bei einigen Arten im Wasser oder in überrieseltem Boden leben; im Boden auch die Puppen. Mehrere hundert Arten in Europa. (Brauns 1954, 1964; Gruhl 1962, 1963, 1964, 1968; Lindner 1957; Schumann 1968; Séguy 1951; Tuomikoski 1939; Wagner 1982).

Empis; → Empididae.

Empusidae, Empusa; → Mantodea.

Emus; → Staphylinidae 2.

Enarmonia; → Tortricidae 20.

Encarsia; → Aphelinidae.

Encyrtidae; Fam. der Hautflügler (Hymenoptera, Apocrita, Chalcidoidea); meist kleine, z.T. sehr bunte oder metallisch glänzende Schlupfwespen (Erzwespen), manche mit absonderlich gestalteten Fühlern (z.B. ***Mira macrocera***) oder verkürzten Flügeln; ein Teil der Arten fähig zur Polyembryonie (mehrere Individuen, zuweilen einige tausend, entstehen aus einem Ei; [**E-16**]; ihre Larven als Primär- oder auch Hyperparasiten bei verschiedensten anderen Insekten, bes. häufig bei Pflanzenläusen (vor allem Schildläusen) und Schmetterlingen, in der Regel innenparasitisch; durch die Polyembryonie bisweilen eine Massenentwicklung im dann schließlich u.U. stark aufgeblähten Wirtskörper (z.B. über 2000 Exemplare von ***Litomastix truncatellus*** Dalm, in der Raupe der Gammaeule [**E-16**]); das Parasiten-♀ legt das Ei in den sich im Wirtsei entwickelnden Embryo, manchmal auch mehrere Eier; ***Oencyrtus***-Arten schmarotzen in Eiern von Schmetterlingen und Wanzen. (Bachmaier 1969; Clausen 1940).

Endaphis; → Itonididae.

Endomychidae; Fam. der Käfer (Coleoptera, Polyphaga); fast 1000 Arten bekannt, nur ein gutes Dutzend in M-Eur. i.e.S.; die einheimischen Arten sehr klein, bis höchstens 6 mm, im Habitus zuweilen an lang-ovale Marienkäferchen erinnernd; die meisten fressen als Larve und Imago an und in Baumschwämmen (z.B. ***Endomychus coccineus*** L.; [**E-17**]; Käfer oben rot mit 2 schwarzen Flecken auf jeder Flügeldecke), in Bovisten (z.B. ***Lycoperdina***-Arten), an Pilzfäden unter Baumrinde, manche hier in Gesellschaft von Ameisen, an pflanzlichen Stoffen verschiedener Art; der Pilzkäfer, ***Mycetaea hirta*** Marsh. (1,5 bis 1,8 mm) zuweilen häufig in Häusern und Magazinen an schimmelnden Stoffen; Larven, soweit bekannt, verhältnismäßig breit und flach, oft asselähnlich.

Endomychus; → Endomychidae.

Endopsylla; → Itonididae.

Endromididae, Frühlingsspinner, Birkenspinner; Fam. der Schmetterlinge (Lepidoptera); die ganze Fam. umfaßt überhaupt nur eine Art: ***Endromis versicolora*** L., Birkenspinner; das ♂ fliegt im Frühling tagsüber, das größere und etwas hellere ♀ gegen Abend; auffallend die hellen dreieckigen Flecken an der Vorderflügelspitze ([**E-18**]; Flsp.: ♂ 5, ♀ 7 cm); Rüssel

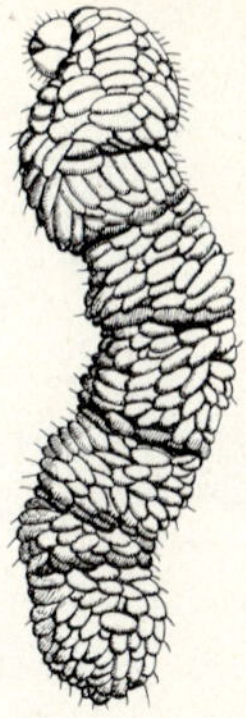

Abb. E-16: ***Litomastix truncatellus.*** Puppenkokons an der parasitierten Raupe der Gammaeule. Durch Polyembryonie können aus einem Ei bis zu 2000 Nachkommen entstehen. (Bachmaier 1969)

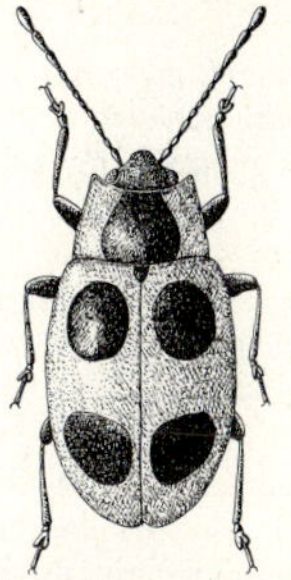

Abb. E-17: ***Endomychus coccineus.*** 4–6 mm. Rot und schwarz. (Bechyně 1954)

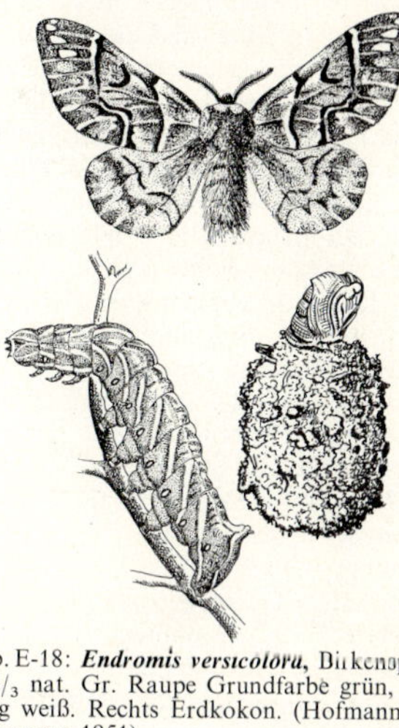

Abb. E-18: ***Endromis versicolora,*** Birkenspinner ♂, $^2/_3$ nat. Gr. Raupe Grundfarbe grün, Zeichnung weiß. Rechts Erdkokon. (Hofmann 1894; Bourgogne 1951)

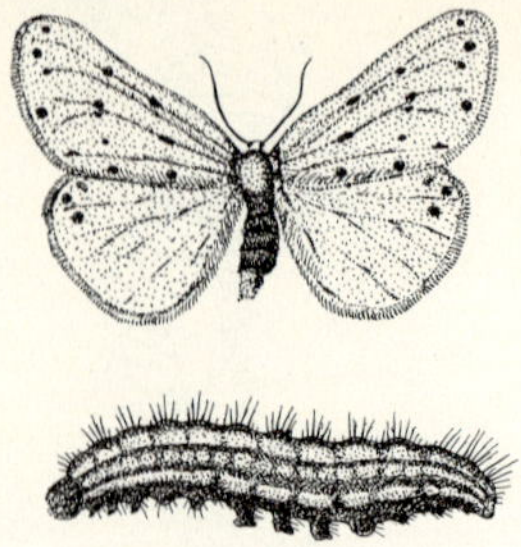

Abb. E-19: ***Philea irrorella,*** Steinflechtenbärchen. ♂ nat Größe, Raupe $^5/_4$ nat. Größe. (Forster, Wohlfahrt 1954/81; Koch 1961)

stark rückgebildet; Eier reihenweise vor allem an die Zweigspitzen von Birken abgelegt. Raupen (außer an Birke manchmal auch an Erle, Hainbuche, Hasel) in der Jugend schwarz behaart, erwachsen [**E-18**] grünlich mit hellen Schräg- und Längsstreifen; Verpuppung am Boden in einem lockeren Gespinst; die Puppe überliegt 1–3 Winter, schiebt sich vor dem Schlüpfen des Falters aus dem Gespinst [**E-18**].

Endromis; → Endromididae.

Endrosidae, Flechtenbären; Fam. der Schmetterlinge (Lepidoptera); höchstens mittelgroße Falter, Flügel auf Ober- und Unterseite gelblich, mit dunklen Flecken oder Streifen; mit metathorakalem Tympanalorgan; die Falter fliegen meist in der Dämmerung, in Ruhe sind die Flügel auf den Rücken zurückgelegt; meist eine Generation im Jahr, bei manchen südlichen Arten z.T. auch zwei; die gedrungenen Raupen sind büschelig behaart [**E-19**], fressen hauptsächlich an Baum- und Steinflechten; bei manchen hochalpinen Arten ist die Entwicklung wohl mehrjährig; Puppen am Boden, in Rindenritzen, zwischen Blättern, in einem mit Haaren durchsetzten schwachen Gespinst. Nahe verwandt mit den Bärenspinnern (→ Arctiidae). In Mitteleuropa ein Dutzend Arten; Beispiel: ***Philea irrorella*** Cl., Steinflechtenbärchen, Falter Mitte V bis Mitte VIII [**E-19**].

Endrosis; → Oecophoridae 5.

Enicmus; → Lathridiidae 3.

Ennomos; → Geometridae 16.

Enochrus; → Hydrophilidae.

Enoicyla; → Limnephilidae.

Ensifera (Locustoidea), Langfühlerschrecken; Ordng. der Insekten (vgl. auch → Saltatoria); Verwandlung unvollkommen (Hemimetabola); Fühler in der Regel wenigstens körperlang, oft länger; Hörorgane (Tympanalorgane), falls vorhanden, im körpernahen Ende der Vorderschienen, bisweilen mit nur einem (z.B. ***Nemobius***), meist mit 2 offenen oder verdeckten Trommelfellen; ♀♀ mit oft recht langem Legeapparat, der im typischen Fall aus 3 Paaren von Anhängen des 8. (1 Paar) und 9. (2 Paare) Hinterleibssegments besteht (→ Gonapophysen) und dem Versenken der Eier in ein Substrat dient; Lautapparate in der Regel vorhanden, meist nur beim ♂, selten bei beiden Geschlechtern (z.B. ***Gryllotalpa, Ephippiger***), liegen am spezifisch umgestalteten körpernahen Ende der Vorderflügel (Elytren), die beim Singen aneinandergerieben werden; Sinnesorgane auf den Flügeldecken sind für deren Singstellung, jedoch nicht für den Rhythmus des Gesanges von Bedeutung; 1. Beispiel: ***Gryllus campestris*** L., Feldgrille; Unterseite jedes Vorderflügels mit gut ausgebildeter kammartiger Schrilleiste auf einer starken Querader; ebenso an beiden Vorderflügeln nahe am Gelenk eine scharfe Schrillkante; in der Regel liegt der rechte Flügel über dem linken, so daß der rechte Schrillkamm und die linke Schrillkante benutzt werden; die andere gleich gut ausgebildete Singgarnitur bleibt unbenutzt; Umlegen der Vorderflügel wird in der Regel sofort korrigiert. 2. Beispiel: Laubheuschrecken; ebenfalls 2 Singgarnituren vorhanden; stets liegt der linke Vorderflügel oben, stets ist die nicht benutzte Garnitur schwächer ausgebildet als die andere; Verkürzung der Flügel in verschiedenem Ausmaß insbesondere bei den Laubheuschrecken nicht selten, bei den ♂♂ ist dann oft nur noch der körpernahe Teil mit dem Singapparat vorhanden. Die Lieder sind in ihrem ererbten Rhythmus artspezifisch verschieden; oft regen sich die ♂♂ gegenseitig zum Singen an, singen bei manchen Arten in metrisch genau fixiertem Wechselgesang miteinander (z.B. bei ***Pholidoptera aptera*** Fbr.; → Tettigoniidae 2); Hauptbedeutung des ♂-Liedes: Anlocken des ♀, das, ist es in Kopulationsstimmung, gerichtet das ♂ anläuft; auch das Erkennen des Artgesangs durch den Artgenossen ist angeboren; die Neigung zum Singen ist stark abhängig von Außenfaktoren (Strahlung, Temperatur, Licht), ist z.T. tageszeitlich gebunden; so singt der Warzenbeißer (***Decticus***) nur bei strahlender Sonne um die Mittagszeit, ***Oecanthus*** nur abends und nachts; sehr bezeichnend sind Balzspiele vor der Kopulation mit abgewandeltem Gesang. Die Kopulationsstellung ist verschieden bei Grillen und Laubheuschrecken; Laubheuschrecken (z.B. ***Decticus***): das ♂ hängt unter dem ♀, setzt am ♀ eine Spermatophore ab mit großem Sekretballen (Spermatophylax), dieser wird nach der Kopulation vom ♀ gefressen, während der Freßzeit Einwandern der Spermien in die Samenbehälter (→ Receptaculum seminis) des ♀; Grillen (z.B. Feldgrille): das ♂ schiebt sich am Ende des Balzspieles rückwärtsschreitend von vorn unter das ♀, erreicht die Geschlechtsöffnung des ♀ von unten, schiebt eine Spermatophore ein, das ♀ steigt ab, das ♂ bleibt noch mit Fühlerspiel in ♀-Nähe; das ♀ entfernt nach einiger Zeit die inzwischen entleerte Spermatophore, frißt sie häufig auf; Eiablage artspezifisch verschieden, in den Boden [**T-34**] oder in pflanzliches Substrat, häufig einzeln, seltener (z.B. ***Gryllotalpa***) in Form eines Eihaufens; meist 5–7 Häutungen, manchmal (z.B. ***Gryllus***) mehr. Nahrung: pflanzliche und tierische Stoffe; manche Laubheuschrecken leben rein räuberisch von lebenden Insekten; Überwinterung in der Regel als Ei, seltener (z.B. ***Gryllus***) als Larve. Von den bisher etwa 7000 bekannten Arten in Mitteleuropa nur verhältnismäßig wenige (ca. 90), zugeordnet 3 Fam.-Gruppen: A. **Tettigonoidea,** Laubheuschrecken: → Meconemidae; → Tettigoniidae; → Ephippigeridae; → Phaneropteridae; → Conocephalidae; → Sagidae; B. **Gryllacridoidea,** Grillenartige, Grillenschrecken: → Rhaphidophoridae; C. **Grylloidea,** Grillen, Grabschrecken: → Gryllidae; → Myrmecophilidae; → Oecanthidae; → Gryllotalpidae; → Trigonidiidae. (Chopard 1951; Harz 1957, 1969; Möss 1971).

Entimus; → Curculionidae.

Entognatha (Entotropha), Sackkiefler; zusammenfassende Bezeichnung für jene Insekten, deren Mundteile (Mandibeln und Maxillen) in einer Tasche verborgen liegen, deren Wand von den Wangen und dem Labium gebildet ist, und die Gliederantennen (alle Glieder außer das letzte mit Muskeln) besitzen; hierher lediglich die drei Unterklassen → Diplura, → Protura und → Collembola.

Entomobrya; → Entomobryidae.

Entomobryidae, Laufspringer; Fam. der Springschwänze (Collembola, Arthropleona); hierher u.a. verhältnismäßig große, dunkel gemusterte Arten mit etwa körperlangen Fühlern; häufig in Wäldern: ***Orchesella flavescens*** Bourl. (–5 mm) und ***Entomobrya muscorum*** Nic. (–3,5 mm), letztere sehr lebhaft, laufen und springen.

Entomophthora muscaedomesticae, Fliegenschimmel; Jochpilz; tötet im Spätsommer und Herbst einen Großteil der Stubenfliegen.

Entoparasitismus; → Parasitismus 2.

Entotropha; → Entognatha.

Entspannungsschwimmen; → Staphylinidae 7.

Eoholometabola; Insekten mit vollkommener Verwandlung (Holometabola), bei denen die Larven (abgesehen vom Fehlen der Flügel) verhältnismäßig imagoähnlich sind; Beispiel: → Megaloptera.

Eosentomidae, *Eosentomon*; → Protura.

Eoxenos; → Strepsiptera 1.

Epeoloides; → Anthophoridae 3; → Melittidae.

Epeolus; → Anthophoridae 2; → Colletidae.

Epermenia; → Epermeniidae.

Epermeniidae; Fam. der Schmetterlinge (Lepidoptera; meist in die Nähe der → Yponomeutidae gestellt); Falter klein, mit Saugrüssel; Raupen vor allem an Doldengewächsen, anfangs bisweilen minierend, oft in Gespinsten zwischen Blättern oder in den Dolden, auch im Samen (z.B. Arten der Gattung ***Cataplectica***); in M-Eur.i.e.S. etwa ein Dutzend Arten. Beispiel: ***Epermenia chaerophyllella*** Goeze, an verschiedenen Doldengewächsen; 2 Generationen, Falter überwintert; Raupen zuerst in den Blättern minierend, dann in größeren Gruppen beisammen an der Blattunterseite, zuletzt zwischen zusammengesponnenen Blättern oder Samen; zuweilen an Möhren schädlich.

Ephemera; → Ephemeridae.

Ephemerella; → Ephemerellidae.

Ephemerellidae; Fam. der Eintagsfliegen (Ephemeroptera); mehrere Gattungen und Arten, z.B. ***Ephemerella ignita*** Poda, V–IX, vor allem an Fließgewässern; klein (Körper ca. 8 mm, Schwanzborsten ca. 10 mm); Eiablage durch Abwerfen der Eier im Flug über Wasser; Larven in Fließgewässern, häufig; kriechen am Boden und

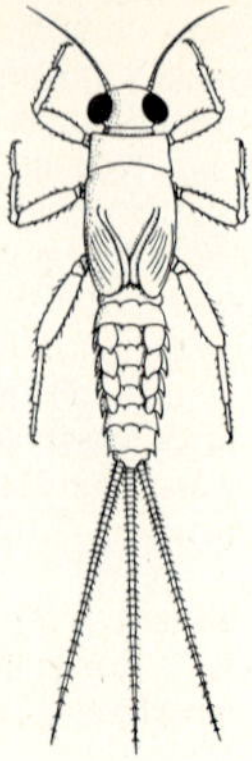

Abb. E-20: *Ephemerella* sp. Larve, 11 mm. (Engelhardt 1955)

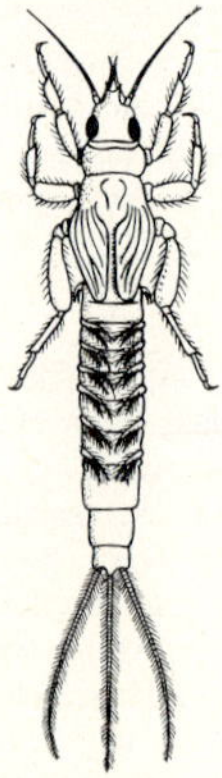

Abb. E-21: ***Ephemera vulgata***, Gemeine Eintagsfliege. Larve, 22 mm. (Engelhardt 1955)

zwischen Wasserpflanzen; ***Ephemerella***-Larven mit 5 Paaren von Tracheenkiemen (nur 4 Paar sichtbar) am, und (meist) mit Tuberkeln oder Dornenreihen auf dem Rücken des Hinterleibs [**E-20**].

Ephemeridae; Fam. der Eintagsfliegen (Ephemeroptera); mehrere Arten; häufig: ***Ephemera vulgata*** L. [**E-22**] Flügel dunkelbraun gefleckt, Körper ca. 20 mm, Schwanzborsten bei den ♂♂ bis 35 mm; V–VIII, vor allem an langsam fließenden Gewässern, in großen Schwärmen; Schwarmflug der ♂♂: fliegen aktiv einige Meter hoch, lassen sich mit schräg nach oben gehaltenen Flügeln und Schwanzborsten passiv absinken, steigen wieder hoch, usw.; die ♀♀ fliegen in den Schwarm ein, werden vom ♂ ergriffen, Begattung; gleich darauf Eiablage durch öfteres Auftupfen des Hinterleibsendes auf das Wasser; die Subimago fliegt 24–30 Stunden, die Imago 2–3 Tage; die Larven mit gefiederten, auf den Rücken des Hinterleibs geschlagenen Tracheenkiemen [**E-21**], 7 Paare, das 1. Paar verkürzt; mit als Grabwerkzeuge dienenden, langen, zugespitzten Mandibelfortsätzen; in selbstgegrabenen U-förmigen Röhren im ufernahen Sand; fressen kleine organische Teilchen oder Kleinlebewesen; Dauer des Larvenlebens: 2 Jahre. (Illies 1968).

Ephemeroptera (Ephemerida), Eintagsfliegen, Hafte; Ordng. der Insekten; Verwandlung unvollkommen (Hemimetabola) recht altertümlich, schon aus dem Karbon bekannt. **Larven** [**E-20, E-21**]: die heimischen Arten alle in stehendem oder fließendem Süßwasser; am Hinterleibsende 3 (meist) oder 2 mehr oder weniger lange gegliederte und behaarte Schwanzborsten, seitlich die Cerci (→ Raife), dazwischen ein Mittelfaden (Terminalfaden); der Mittelfaden fehlt dem soeben aus dem Ei geschlüpften 1. Larvenstadium, bei manchen Arten auch den älteren Stadien; Atmung durch Tracheenkiemen, seitliche Anhänge an einer bei verschiedenen Gruppen wechselnden Zahl von Hinterleibsringen, je ein Paar an jedem Ring, blattförmig oder verästelt, einfach oder zweiteilig, nach neuerer Meinung nicht von Extremitäten ableitbar, sondern paratergale Strukturen; die Kiemen werden häufig rhythmisch bewegt zum Erzeugen eines Atemwasserstromes; bei einigen Arten auch büschelige Tracheenkiemen an den Maxillen, unten am Kopf (z. B. bei ***Oligoneuriella***; ***Isonychia***); die Larve der seltenen ***Prosopistoma*** ist schildförmig, ihre Kiemen sind verdeckt (→ Prosopistomatidae); das 1. Larvenstadium ist meist noch ohne Tracheenkiemen, Hautatmung; über den Körper verstreut, besonders dicht auf den Kiemen, osmoregulatorisch tätige, Ionen absorbierende → Chloridzellen. Ernährung (kauende Mundteile) meist durch pflanzlichen oder tierischen Detritus; Abweiden von Aufwuchs auf Steinen; bei grabenden Formen wird oft das Kleinlebewesen enthaltende Bodensubstrat verzehrt; seltener (z. B. bei ***Isonychia***-Arten; → Siphlonuridae) kommt Herausfiltrieren von Kleinlebewe-

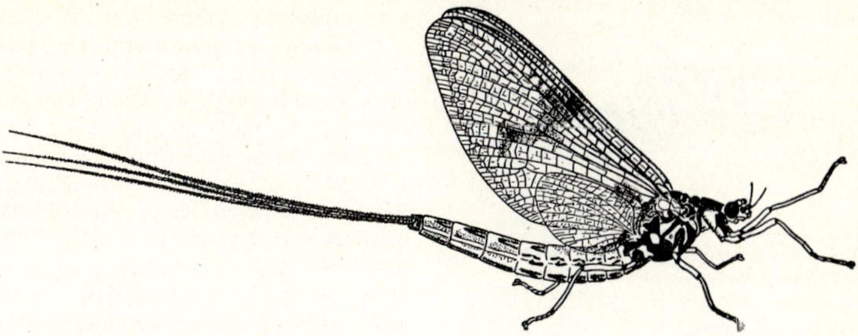

Abb. E-22: ***Ephemera vulgata***, Gemeine Eintagsfliege. Imago. ♂, 20 mm. (Engelhardt 1955)

sen aus fließendem Wasser (Stellung gegen den Strom) mit den lang behaarten Vorderbeinen vor; räuberisch (z.B. von Chironomidenlarven) leben nur relativ wenige fremdländische Arten; Bewegung je nach Aufenthaltsort verschieden; Schwimmen in stehendem, seltener in fließendem Wasser durch schlängelndes Aufab des Hinterleibs, Körper dann meist schlank, und die Schwanzfäden lang behaart, bilden so einen Schwimmfächer (z.B. Baëtidae, Siphlonuridae); hüpfendes Schwimmen durch intermittierende Schlagfolge, bisweilen unterstützt durch Schlagen der Kiemenblätter oder ***(Cloëon)*** durch Ausstoßen von Wasser aus dem Enddarm; Kriechen am Boden oder zwischen Wasserpflanzen; bei Arten in stark strömenden Gewässern ist der Körper mehr oder weniger abgeflacht, festgeklammert und angedrückt auf oder unter Steinen ([**E-2**]; z.B. bei ***Ecdyonurus***), laufen geschickt, auch seitwärts; grabend im Boden oder in den Uferwänden, Vorderbeine dann zu mehr oder weniger verbreiterten kräftigen Grabbeinen umgebildet (z.B. bei ***Palingenia, Polymitarcys, Ephemera***); zahlreiche Häutungen, ca. 12, z.T. über 20, ihre Zahl zuweilen auch bei der gleichen Art verschieden; Lebensdauer als Larve meist ein Jahr, bei manchen kleinen Arten kürzer (bei einer ***Baëtis***-Art 3 Generationen in 2 Jahren beobachtet), bei ***Ephemera***-Arten 2 Jahre, bei ***Palingenia longicauda*** Ol. 3 Jahre. **Subimago**: flugfähige Form, schlüpft (häufig abends oder nachts) in wenigen Sekunden oder Minuten aus dem letzten Larvenstadium an der Wasseroberfläche oder nach dem Heraussteigen aus dem Wasser an Land; Flügel etwas getrübt, Schwanzborsten noch recht kurz, häutet sich, je nach Art nach Minuten oder Stunden, nach einem Tag oder später zur Imago; diese Häutung einer flugfähigen Form ist einzigartig unter den Insekten. **Imago**: [**E-22**]: stets geflügelt. Hinterflügel kleiner als Vorderflügel, nicht selten (z.B. ***Cloëon***) rückgebildet; die Flügel sind in Ruhe über dem Rücken hochgeschlagen, wie bei Tagfaltern; meist 3, besonders bei den ♂♂ oft sehr lange Schwanzborsten vorhanden, wie bei den Larven, der Mittelfaden kann fehlen; Mundteile rückgebildet, keine Nahrungsaufnahme, der Darm ist wie ein wurstförmiger Luftballon prall mit Luft gefüllt (Druck?); dieses Turgorskelett verschafft dem weichen Körper die für Flug und Paarung erforderliche elastische Festigkeit; Komplexaugen besonders der ♂♂ groß, zuweilen der obere Teil mit vergrößerten Facetten oder als besonderer Augenteil zylinderartig abgegliedert ([**E-23**]; Turbanaugen der ♂♂ der → Baëtidae); häufig Bildung von Flugschwärmen, bestehen vor allem aus ♂♂ (→ Ephemeridae); die ♀♀ fliegen in den Schwarm ein, werden bei manchen Arten auch im Sitzen aktiv durch die ♂♂ aufgesucht; das ♀ wird mit der Hinterleibszange (Gonopodenpaar) und den verhältnismäßig langen Vorderbeinen ergriffen, wohl meist von unten, ♂-

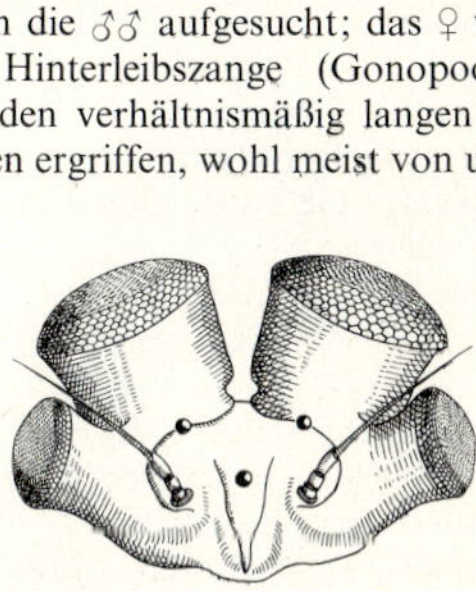

Abb. E-23: ***Cloëon dipterum***. ♂, Doppelaugen. (Eidmann 1941)

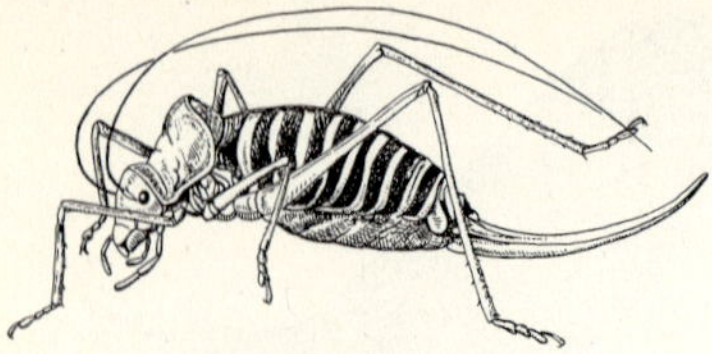

Abb. E-24: ***Ephippiger ephippiger***, Gemeine Sattelschrecke. ♀, 30 mm. (Chopard 1951)

Rücken gegen ♀-Bauch; bei manchen Arten ist auch Bauch gegen Bauch-Kopulation beschrieben; Kopulation meist im Flug, bisweilen auch im Sitzen; vielleicht gelegentlich schon Begattung der Subimago; Begattungsdauer wenige Sekunden oder Minuten; anschließend Eiablage; die Eier werden häufig im Flug über Wasser abgeworfen, oder beim Eintupfen des Hinterleibsendes ins Wasser, einzeln oder in Klumpen; bei manchen Arten (z.B. ***Baëtis***) kriecht das ♀ ins Wasser, klebt die Eier an das Substrat; Lebendgebären bei ***Cloëon dipterum*** L. (→ Baëtidae); Lebensdauer der Imagines je nach Art verschieden, kaum 1 Stunde bis einige Tage. Von ca. 2000 bekannten Arten in M-Eur.i.e.S. kaum 70; Auswahl der Fam.: → Palingeniidae; → Polymitarcidae; → Ephemeridae; → Potamanthidae; → Oligoneuriidae; → Ecdyonuridae; → Siphlonuridae; → Baëtidae; → Leptophlebiidae; → Ephemerellidae; → Caenidae; → Prosopistomatidae. (Brittain 1982; Cummins 1979; Despax 1951; Engelhardt 1955; Gleiß 1954; Günther 1968; Illies 1968; Nachtigall 1964b; Rietschel 1969; Schoenemund 1930; Schwoerbel 1969; Wallace, Merritt 1980; Wesenberg-Lund 1943; Wichard, Komnick 1971, 1973a).

Ephesia; → Noctuidae 21.

Ephestia; → Pyralidae 11.

Ephialtes; → Ichneumonidae.

Ephippiger, Gemeine Sattelschrecke; → Ephippigeridae.

Ephippigeridae, Sattelschrecken; Fam. der Langfühlerschrecken (Ensifera, Tettigonioidea); in M-Eur.i.e.S. (nur im Westen) die Art ***Ephippiger ephippiger*** Fieb. Steppensattelschrecke; Vorderbrust, wie bei allen Sattelschrecken, oben sattelförmig [**E-24**]; stattlich (bis 30 mm); Flügel stark verkürzt, die Vorderflügel bei ♂ und ♀ mit Lautapparat, jedoch liegt beim ♂ die mit dem besseren Lautapparat ausgestattete rechte, beim ♀ die linke Elytre oben; beide Geschlechter singen, das ♂ zum Anlocken des ♀, das ♀ bei starker Störung, aber auch während der Balz; Singzeit tageszeitlich gebunden, etwa von Mitternacht bis 14 Uhr (Südfrankreich), der Tagesrhythmus ist durch anderen Hell-Dunkel-Wechsel modifizierbar; Unterschiede in den Gesängen verschiedener ***Eph.***-Arten, sogar bei Lokalformen der gleichen Art (z.B. bei ***Eph. bitterensis*** Fin. in Südfrankreich); die ♀♀ sprechen im Laborversuch bis zu einem gewissen Grade auch auf den Gesang artfremder ♂♂ an, doch wird in der Regel der des – im Freien praktisch stets gegenwärtigen – arteigenen ♂ bevorzugt; Vorkommen: in waldfreiem, steppenartigem Gelände, hier auf höheren krautigen Pflanzen und auf Büschen; Ernährung teils räuberisch, teils pflanzlich, wird gelegentlich an Rebenkulturen schädlich; Eiablage wohl vor allem im Boden. (Bellmann 1985; M.C. Busnel 1967; Busnel et al. 1956; Dumortier et al. 1957; Chopard 1951; Dumortier 1964; Dumortier, Brien, Pasquinelli 1957; Harz 1957, 1969).

Ephoron; → Polymitarcidae.

Ephydra; → Ephydridae 3.

Ephydridae, Sumpffliegen, Salzfliegen, Salzseefliegen; Fam. der cyclorrhaphen Fliegen (Diptera, Brachycera), allein in Europa mit über 200 Arten vertreten; meist kleine, z.T. sehr kleine, unscheinbar gefärbte Fliegen, viele Arten (nicht alle) mehr oder weniger stark an das Wasser gebunden, da die Larven im Wasser (keineswegs nur im Salzwasser) oder in Wasserpflanzen leben; manche (z.B. ***Ephydra***-Arten) bewegen sich träge am Wassersaum oder auf der Wasseroberfläche, nehmen hier mit dem Rüssel Detritus oder Kleinstlebewesen auf; bemerkenswert: ***Ochthera mantis*** Deg., Sumpffliege [**E-25**]: die Vorderbeine zu typischen Fangbeinen umgebildet, macht auf Wasserpflanzen in Ufernähe Jagd auf Kleintiere. Die Larven vieler Arten minieren in Land- oder Wasserpflanzen, oder leben frei im Wasser; manche können mit den stachelig bewehrten abdominalen Atemröhren Wasserpflanzen zur Luftgewinnung anstechen; Eiablage frei auf der Wasseroberfläche, an oder in Wasserpflanzen, auch unter Wasser. Einige Beispiele: **1.** ***Hydrellia griseola*** Fall., Graue Gerstenminierfliege (ca. 2,5 mm); das ♀ legt im Früh-

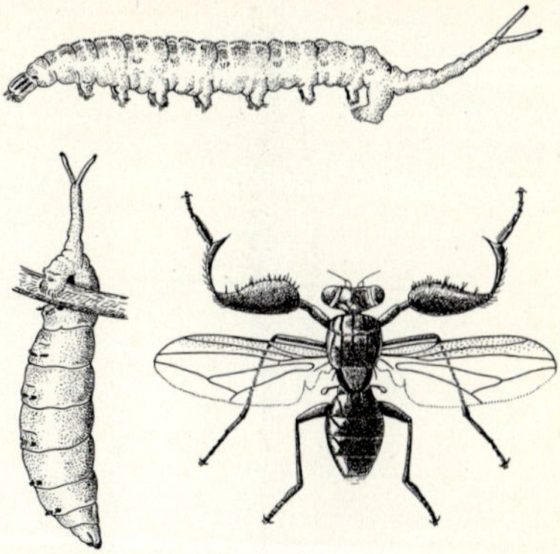

Abb. E-25: ***Ochthera mantis***, Sumpffliege. Rechts Imago, räuberisch, auf Wasserpflanzen; 3,5–5 mm; kann mit den Vorderbeinen Wassertropfen aufnehmen. Oben ***Ephydra*** sp. Larve, 12–15 mm. Links Puparium, 8–10 mm. (Engelhardt 1955; Séguy 1951)

Abb. E-26: ***Hydrellia griseola***, Graue Gerstenminierfliege. Minen im Gerstenblatt. (Brandt 1957)

ling (V–VI) Eier auf Blätter und Stengel, keineswegs nur von Gerste, auch an Weizen und Hafer und div. andere Pflanzen; die Larve dringt ein, frißt eine sich verbreiternde Mine aus [**E-26**], die erwachsene Larve erreicht ca. 5 mm; bis 40 Larven in einem Blatt, das dann verwelkt; Puparium im Blatt, selten im Boden; oft zum Verpuppen Auswandern in eine andere Pflanze, hier Herstellen einer »Verpuppungsmine«; Puppenruhe, Schlüpfen der Imago, Eiablage; die nächste Generation (so wohl die Regel) fliegt VIII–IX, Eiablage. Überwinterung meist als Larve, seltener als Puppe im Boden; Schaden manchmal beträchtlich. **2.** Minierer in Sumpf- und Wasserpflanzen: ***Hydrellia ranunculi*** Hal. in Brunnenkresse; ***Hydrellia modesta*** Loew in schwimmendem Laichkraut; (das mit Luft gefüllte Puparium treibt vor dem Schlüpfen der Imago an die Wasseroberfläche); ***Lemnaphila scotlandae*** Cr. in der kleinen Wasserlinse; (Wirtsspezifität immer sehr ausgeprägt?). **3.** Larven frei im Wasser; z. B. Arten der Gattung ***Ephydra***; die gestreckten Larven [**E-25**] mit 8 bedornten Kriechwarzenpaaren; → amphipneustisch, das hintere Stigmenpaar auf einer gegabelten Atemröhre, schöpfen damit, zuweilen auch an der Wasseroberfläche hängend, Luft, wobei sich 4 feine Verschlußmembranen um jedes Stigma ausbreiten; fressen träge kriechend den Algenbelag von Wasserpflanzen ab oder nehmen in Hängelage Kleinplankton auf; stets im Flachwasser der Uferzone, nicht selten in beträchtlichen Mengen; erstaunlich widerstandsfähig, vermögen noch in hochkonzentriertem Salzwasser (Salinen) und Thermalwasser von 40 °C zu leben; die mit den hintersten beiden Kriechwulstpaaren an Grashalmen und dgl. festgehefteten Puparien [**E-25**] außerhalb des Wassers; Überwinterung meist als Larve, seltener als Puppe; die wenig fluglustigen Imagines halten sich zumeist auf der Wasseroberfläche auf, fressen Kleinstlebewesen; das ♀ legt die dann alsbald absinkenden Eier einzeln auf die Wasseroberfläche. Extreme Lebensbedingungen auch bei anderen Arten, z. B.: **4.** ***Tichomyza (Teichomyza) fusca*** Macq.; die graubraunen Imagines (ca. 5 mm) oft in Massen in Häusern mit unsauberen Aborten; die Larven [**E-27**] in menschlichem Urin, gelangen gelegentlich in den Darmkanal des Menschen (harmlose Myiasis); die Larven von ***Discomyza incurva*** Fall. in verjauchten Kadavern von Weinbergschnecken, im Schneckenhaus; ***Trimerina***-Larven schmarotzen in Eigelegen von Spinnen; wohl extremster Fall: ***Psilopa petrolei*** Coq., Petroleumfliege, Kalifornien; die Larve in Petroleumlachen, Luftaufnahme wie bei ***Ephydra***, frißt tote Insekten; das Petroleum dringt weder von außen noch durch das durch eine peritrophische Membran geschützte Darmepithel

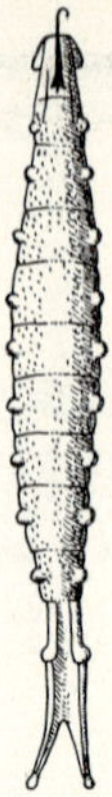

Abb. E-27: ***Tichomyza fusca.*** Larve, 13 mm; grau. Hinterstigmen am Ende der Gabel. (Lindner 1923)

in den Körper ein; fraglich, wie die mit Petroleum durchtränkte Nahrung verdaut wird. (Brandt 1957; Dahl 1967; Engelhardt 1955; Lindner 1923ff.; Rietschel 1969; Schumann 1968; Séguy 1951; Wesenberg-Lund 1943).

Ephyra; → Geometridae 4.

Epibembex *(Bembix)*; → Sphecidae 6.

Epiblema; → Tortricidae 4, 13, 14, 25.

Epicauta; → Meloidae 5.

Epidapus; → Lycoriidae.

Epilachna; → Coccinellidae 7.

Epimetabola; → Palaeometabola.

Epinephele; → Satyridae 8.

Epinotia; → Tortricidae 4, 13, 14, 15, 25, 30.

Episema; → Noctuidae 12.

Epistrophe; → Syrphidae.

Episyron; → Pompilidae.

Epitheca; → Corduliidae 3.

Epizeuxis; → Noctuidae.

Epurea; → Nitidulidae.

Erannis; → Geometridae 23–27.

Erbsenblasenfuß, ***Kakothrips robustus*** Uz.; → Thripidae.

Erbseneule, ***Mamestra pisi*** L.; → Noctuidae 44.

Erbsengallmücke, ***Contarinia pisi*** Winn.; → Itonididae 12.

Erbsenkäfer, ***Bruchus pisorum*** L.; → Bruchidae 4.

Erbsenlaus, ***Acyrthosiphon pisum*** Harr.; → Aphididae 41.

Erbsenminierfliege, ***Phytomyza atricornis*** Meig.; → Agromyzidae.

Erbsenwickler, ***Laspeyresia*** sp., ***Grapholitha*** sp.; → Tortricidae 32, 33.

Erdbeerblattwespe, ***Blennocampa geniculata*** Steph.; → Tenthredinidae 3.

Erdbeerblütenstecher, ***Anthonomus rubi*** Hrbst.; → Curculionidae 19.

Erdbeerkäfer, ***Hydrogaleruca nymphaeae*** L.; → Chrysomelidae 16.

Erdbeerlaus, ***Cerosipha forbesi*** Weed.; → Aphididae 33.

Erdbeerrippenstecher, ***Rhynchites interpunctatus*** Steph.; → Curculionidae 2.

Erdbeerwickler, ***Ancylis comptana*** Fröl.; → Tortricidae 29.

Erdböcke, ***Dorcadion*** sp.; → Cerambycidae 19.

Erdeule; → Noctuidae 37.

Erdflöhe, Halticinae (= Alticinae); artenreichste U-Fam. der Blattkäfer (Chrysomelidae); kleine, durch Sprungvermögen ausgestattete Käfer; Hinterschenkel verdickt, im Bereich der Schieneneingelenkung mit komplexer endoskelettaler Bildung (Sprungorgan, Mauliksches Organ); Mechanismus des Sprunges noch nicht voll geklärt; nicht wenige Arten gefürchtete Schädlinge an Kulturpflanzen; Fraß der Käfer hauptsächlich an Blättern, seltener an Knospen, Blüten, Stengeln, Fraß der Larven häufig im Innern der ober- und unterirdischen Teile der Pflanzen, oft in Blättern minierend; Nahrungsspezialistentum je nach Käferart von sehr verschiedenen Graden; Schadwirkung durch Fraß der Larven oder/und der Käfer; Überwinterung allgemein als Imago. **1.** Gattung ***Phyllotreta***, Kohlerdflöhe, mehrere, z.T. sehr häufige Arten, teils einfarbig dunkel, teils mit gelblicher Zeichnung auf den Flügeldecken; die meisten an Kreuzblütlern, z.T. auch an ***Reseda*** und ***Tropaeolum***; Preßsaft von Kreuzblütlern wirkt anlockend (Senföle?); die Käfer befressen Keimpflanzen (in Gärtnereien) und größere Blätter; Eiablage (Frühling und Sommer) bei Arten, deren Larven frei an Wurzeln fressen, im Boden, z.B. ***Ph. atra*** F., Schwarzer Kohlerdfloh (1,9–2,5 mm), ***Ph. nigripes*** F. (2–2,6 mm), blaugrün, ***Ph. undulata*** Kutsch. [**E-28**], Flügeldecken mit gelbem Streifen. Bei ***Ph. nemorum*** L. (2,5–3 mm; ähnlich ***undulata***) Ablage an oberirdischen Pflanzenteilen, meist an der Blattunterseite; die Larven in Blattminen, 3 Larvenstadien; Verpuppung stets im Boden; Jungkäfer im Sommer, fressen, gehen dann zur Überwinterung unter Laub, in Erd- und Mauerspalten, unter Rinde; eine Generation im Jahr. **2.** ***Phyllotreta vittula*** Redt., Getreideerdfloh (1,5–1,8 mm; Flügeldecken mit gelbem Streifen); an Gräsern, auch an Getreide; die Larven fressen frei an den Wurzeln, die Käfer an den Blättern. **3.** Weitere Arten an Getreide: ***Crepidodera ferruginea*** Scop., Rotbrauner Getreideerdfloh (3–4 mm; rotbraun) und ***Chaetocnema aridula*** Gyll., Halmerdfloh; die Larven beider Arten in der Stengelbasis; Überwinterung bei ***Ch. arid.*** als Imago, bei ***Cr. ferr.*** als Larve (wohl 2. Stad.); Verpuppung V–VI. **4.** An Flachs bisweilen schädlich die Flachserdflöhe ***Aphthona euphorbiae*** Schrk. (1,5–2 mm) und ***Longitarsus parvulus*** Payk. (1,3–1,6 mm; beide Arten einfarbig dunkel); Eiablage an den Wurzelhals; die Larven fressen an den Wurzeln, die Käfer an Blättern (Altkäfer) und Stengeln (Jungkäfer). **5.** ***Psylliodes affinis*** Payk., Kartoffelerdfloh (2–2,8 mm; oben gelbrot); Eiablage im Frühling im Boden; die Larven fressen zuerst im Innern der Wurzeln, dann außen; an verschiedenen Solanaceen. **6.** ***Psylliodes chrysocephala*** L., Rapserdfloh (3–4,5 mm; metallisch blaugrün, Kopf vorne gelbrot); Eiablage im Herbst und u.U. wieder im Frühling in den Boden; Überwinterung wohl meist als Larve, aber in verschiedenen Stadien, auch als Ei möglich; die Larve dringt in die Basis der Blattstiele verschiedener Kreuzblütler ein, offenbar angelockt durch von den Pflanzen ausgehende Duftstoffe, miniert in den Blattstielen, bis in die Blattrippen, im letzten (3.) Stadium abwärts in den Schaft; Verpuppung in der Erde im Frühling; Jungkäfer im Frühsommer, fressen, dann Sommerruhe, dann Reifungsfraß und Beginn der Eiablage im Herbst; an Raps mitunter schädlich. **7.** ***Haltica quercetorum*** Foudr., Eichenerdfloh (4 bis 5 mm; blaugrün); die Imago überwintert am Boden oder in Rindenritzen; Eiablage im Frühling an die Blattunterseite, vor allem von Eichen; die Larven skelettieren die Blätter; Verpuppung im Sommer im Boden, auch in Rindenritzen; die Jungkäfer fressen an den Blättern bis zur Überwinterung **8.** ***Haltica oleracea*** L., Falscher Kohlerdfloh (3–4 mm; blaugrün); frißt an den verschiedensten Pflanzen, aber nicht an Kreuzblütlern, ist also kein Kohlschädling. (Bechyně 1954; Brandt 1957; Braun, Riehm 1957; Furth 1982; Lengerken 1932; Mohr 1966; Sorauer 1949/57).

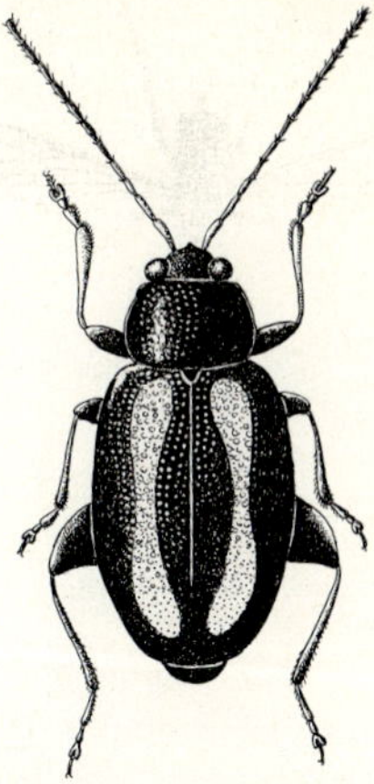

Abb. E-28: ***Phyllotreta undulata***, Kohlerdfloh. ca. 2 mm. (Bechyně 1954)

Erdholztermite, *Reticulitermes lucifugus* Rossi; → Isoptera 2.

Erdhummel, *Bombus terrestris* L.; → Apidae 1.

Erdraupe; → Noctuidae 37.

Erdwanzen; → Cydnidae.

Erebia; → Satyridae 1.

Eremobia; → Pamphagidae.

Ergates; → Cerambycidae 2.

ergatogyn, ergatomorph, ergatoid; Bezeichnung für die bei manchen Ameisen auftretenden, Arbeiterinnen ähnlichen flügellosen ♀♀; (→ Formicoidea).

Ericerus; → Coccina.

Erinna; → Erinnidae.

Erinnidae (Xylophagidae), Holzfliegen; Fam. der cyclorrhaphen Fliegen (Diptera, Brachycera); nur etwa ein halbes Dutzend Arten in M-Eur.i.e.S.; meist schlank (z.B. ***Erinna***; [**E-29**]), einer Schlupfwespe ähnlich; fliegen in lichten Laubwäldern wie tanzend an den Stämmen auf und ab (Balz?); lecken wohl Säfte an Baumwunden auf, an die sie gerne gehen; die schlanken Larven [**E-30**] unter Rinde und in vermoderndem Holz von Stubben, wo sie räuberisch verschiedenen Insektenlarven, auch Würmern, nachjagen; Überwinterung als Larve (immer?). Puppe [**E-31**]. Von gedrungenem Habitus die bis über 20 mm lange, braune (zuweilen einer eige-

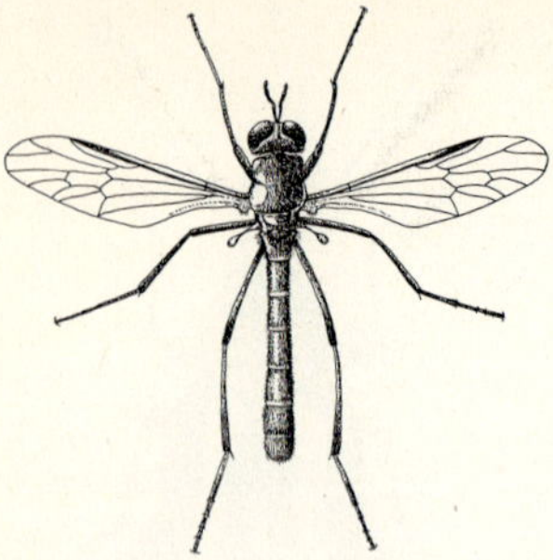

Abb. E-29: ***Erinna ater***, Holzfliege. ♂, 6 mm. (Hendel und Beier 1936/38)

Abb. E-30: ***Erinna*** sp. Holzfliege. Larve. 3 mm. Stigma vorn (Prothorax) und hinten. (Brauns 1954)

Abb. E-31: ***Erinna lugens.*** Puppe. (Hendel und Beier 1936/38)

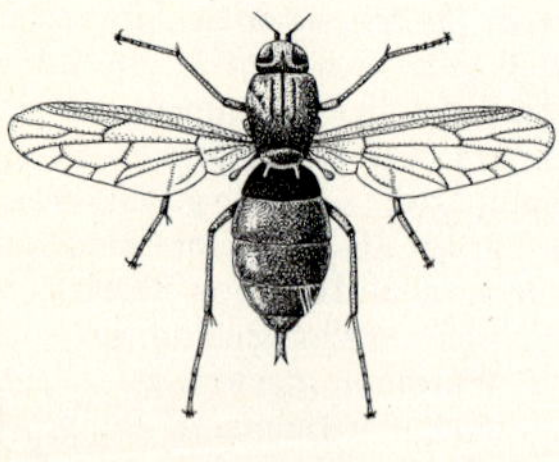

Abb. E-32: ***Coenomyia ferruginea.*** ♀, Stinkfliege, Käsefliege. 20 mm. (Séguy 1951)

nen Fam. zugeordnete) ***Coenomyia ferruginea*** Scop., Stink- oder Käsefliege [**E-32**]; duftet etwa wie Kräuterkäse, sitzt meist träge in Bachnähe auf Blättern; die Larven weniger in anbrüchigem Holz als im Boden. (Brauns 1954; Hendel, Beier 1936/38; Séguy 1951).

Eriocampa; → Tenthredinidae 20.

Eriocampoides; → Tenthredinidae 7d, 8.

Eriococcus; → Pseudococcidae 2.

Eriocrania; → Eriocraniidae.

Eriocraniidae, Trugmotten; Fam. der Schmetterlinge (Lepidoptera); 9 Arten in M-Eur.i.e.S.; kleine Falter mit kurzem Saugrüssel, schwache Mandibeln noch vorhanden; Dämmerungsflieger; die fußlosen Räupchen in Blättern minierend; Puppe mit beweglichen Mandibeln (ermöglichen Befreiung der Puppe aus dem Kokon und Hervorarbeiten aus dem Boden), die Scheiden der Körperanhänge frei vom Rumpf (Pupa dectica). ***Eriocrania sparmannella*** Bosc., Birkenminiermotte; Falter (ca. 10 mm Flsp.) mit goldgelben, blauviolett gegitterten Vorderflügeln; im Frühling; Eiablage an die Blattknospen; die Raupe miniert von der Mittelrippe weg, frißt dann das Blatt weitgehend aus, läßt sich im VI zur Verpuppung zum Boden herab; gelegentlich schädlich. (Dierl 1978).

Eriogaster; → Lasiocampidae 5.

Eriopus; → Noctuidae 29.

Eriosoma; → Eriosomatidae 1.

Eriosomatidae (Pemphigidae), Blasenläuse; Fam. der Blattläuse (Aphidina); Rückenröhren fehlend oder stark verkümmert; Wachsdrüsen meist vorhanden, manchmal Abscheiden von vielfädiger Wachswolle; einige Arten anholozyklisch, ohne Wirtswechsel, ohne Sexuales und Fundatrix; die meisten Arten jedoch holozyklisch mit Wirtswechsel; Hauptwirt (Winterwirt): Holzgewächse, hier Fundatrix und Virgines meist in blasenförmigen Gallen; (bei ***Pemphigus betae***, einer amerikanischen Art, Konkurrenzkämpfe der Fundatrices – Hinterende gegen Hinterende, Stoßen mit den Hinterbeinen [**E-33**] – um für die Gallenbildung günstigste Anstichstelle auf den jungen Blättern); Nebenwirt (Sommerwirt): Wurzeln verschiedener Pflanzen. Auswahl: 1. ***Eriosoma lanigerum*** Hausm., Blutlaus; an Kernobst, vor allem an Apfel ab und zu sehr schädlich; Heimat: Nordamerika; bei uns anholozyklisch: keine Sexuales, Generationenfolge rein parthenogenetisch [E-34]; mit viel weißer Wachswolle bedeckt, Körper und Blut rotbraun; Ausbreitung im Sommer durch Geflügelte; Rindenwucherungen als Stichfolge; Überwinterung an der Rinde des Apfelbaumes, auch an den oberen Wurzeln; in Europa gelegentlich auftretende ♂♂ und ♀♀ ohne Bedeutung, da die Wintereier bzw. Fundatrices sich nicht entwickeln. An Pappel mehrere durch Gallenbildung auffallende Arten, z.B.: **2. *Pemphigus spirothecae*** Pass., Spiralgallenlaus; vor allem an der Pyramidenform der Schwarzpappel; Fundatrix in einer spiralig gedrehten Galle der Blattstiele [E-35A]; die Fundatrix-Larve saugt am Stiel, dadurch stärkeres Wachstum der Gegenseite, der Stiel knickt ein, richtet sich mit Spiraldrehung wieder auf, die Larve ist in der so gebildeten Höhle eingeschlossen; die Fundatrix ist im VI erwachsen, ihre Kinder ungeflügelt; deren Nachkommen sind geflügelte oder ungeflügelte Sexuparae, verlassen die Galle durch einen Spalt (die Ränder klaffen), setzen die kleinen Sexuales (♂♂ und ♀♀) auf der Pappelrinde ab, hier auch die Wintereier. **3. *Pemphigus protospirae*** Lichtst.; Gallen ganz ähnlich; die Fundatrix-Nachkommen alle geflügelt, wandern auf einen bisher unbekannten Nebenwirt ab. **4. *Pemphigus bursarius*** L., Salatwurzellaus; die Fundatrix (mit Wachswolle) in einer beutelförmigen Galle seitlich am Blattstiel, mit einem zunächst geschlossenen Spalt an der Spitze [E-35C]; die gelblichen Nachkommen der Fundatrix geflügelt, wandern durch den nun klaffenden Spalt ab an den Sommerwirt: krautige Pflanzen (verschiedene Kompositen, z.B. auch Salat), setzen hier oberirdisch Junge ab, die an die Wurzeln wandern; Überwinterung der Wurzelläuse möglich (2-jähriger Entwicklungszyklus?); im Herbst Rückflug der Sexuparae an den Hauptwirt. **5. *Pemphigus pyriformis*** Lichtst.; Läuse grünlich; Gallen und Entwicklung ganz ähnlich wie bei der vorigen Art, Sommerwirt nicht bekannt. **6. *Pemphigus filaginis*** B.d.F. (***populinigrae*** Schrk.); Fundatrix-Galle ([E-35B]; 1–2 cm) auf der Blattunterseite neben der Mittelrippe, mit seitlichem Spalt; Abwandern der geflügelten Fundatrix-Nachkommen auf bestimmte Korbblütler ***(Filago, Gnaphalium)***, sitzen hier zwischen den Blütenköpfen unter Wachswolle; Rückwanderung

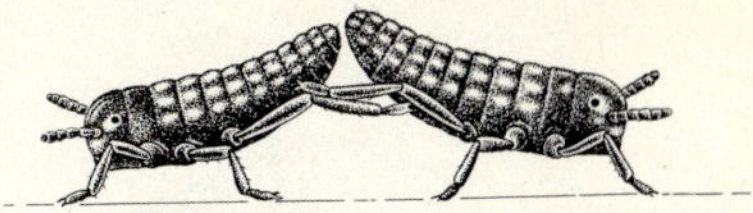

Abb. E-33: ***Pemphigus betae.*** Kampf zweier Fundatrices um die günstigste Anstichstelle an einem jungen Blatt. (Witham 1979)

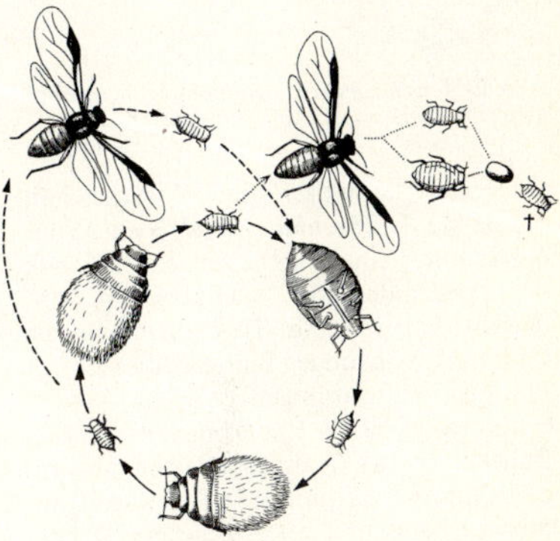

Abb. E-34: ***Eriosoma lanigerum***, Blutlaus. Entwicklungszyklus in Europa. (Weber 1930)

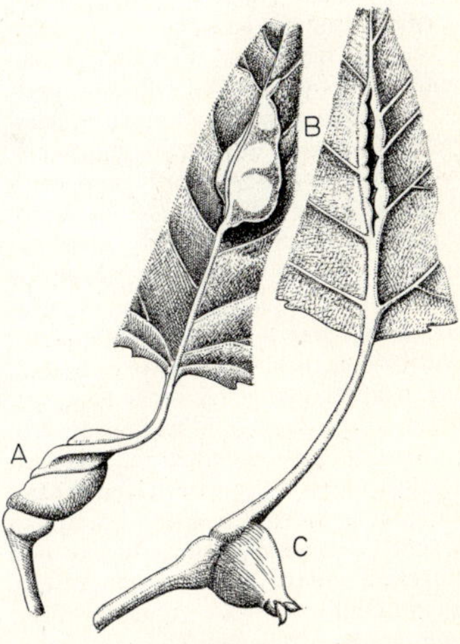

Abb. E-35: Ausschnitt aus Pappelblättern. Links Oberseite, rechts Unterseite. Gallen A von ***Pemphigus spirothecae***; B von ***P. filaginis***; C von ***P. bursarius.*** (Ross, Hedicke 1927)

Abb. E-36: ***Schizoneura lanuginosa***, Ulmenbeutelgallenlaus. Blasengalle an Feldulme. (M.R.)

der Sexuparae an die Pappel, Wintereier an der Rinde. **7.** ***Thecabius affinis*** Kalt.; Fundatrix unter einem umgeschlagenen Stück des Blattrandes; ihre Nachkommen wandern als Larven an die Triebspitzen auf die Unterseite von jungen Blättern, die sich mit blasigen Auftreibungen (rötliche Verfärbung) taschenartig einrollen; ergeben Geflügelte, die an Hahnenfußarten abwandern; ihre Nachkommen (z.T. geflügelt) am Stengelgrund und an Ausläufern; Rückflug der Sexuparae im Herbst an die Pappel. An Esche: **8.** ***Prociphilus fraxini*** Htg., Eschenblattnestlaus, Tannenwurzellaus; braune Fundatrix (mit Wachshülle) saugt an Jungtrieben, dadurch Verbiegen der Blattstiele, Bildung eines gut faustgroßen Blattnestes, hierin die Fundatrix-Nachkommen unter weißen Wachsflocken, ergeben Geflügelte, die an Tannen (***Abies***-Arten) abwandern; ihre Nachkommen hier an den Wurzeln (Überwinterung möglich); Rückwanderung der Sexuparae im Herbst an die Esche. (Sehr ähnlich, aber mit stärkeren Wachsdrüsen: ***P. bumeliae*** Schrk.). An Ulmen mehrere Arten: **9.** ***Schizoneura lanuginosa*** Htg., Birnenblutlaus, Ulmenbeutelgallenlaus; wirtswechselnd; Fundatrix (blauschwarz, weiß bepudert, 3,5 mm) an Feldulmen in bis faustgroßen, aus Blattknospen entstandenen blasigen Gallen mit höckeriger Oberfläche **[E-36]**; anfangs grün bis rötlich, später braun und trocken; in den Gallen ungeflügelte und geflügelte Fundatrigenien und mit Wachspuder umhüllter, erst tropfenförmiger, später die Blase zum Teil füllender Honigtau; die Wachsumhüllung verhindert ein Benetzen der Tiere; im Spätsommer Abwandern der geflügelten Läuse durch in der Gallenwand entstandene Risse auf den Birnbaum (Sommerwirt); ihre Nachkommen (gelborange, mit viel Wachswolle, blutlausähnlich) saugen an den Wurzeln, ein Teil kann hier überwintern (= Hiemales); im Herbst Rückwandern der geflügelten Sexuparae an die Ulme; Wintereier an der Rinde; die vertrockneten Gallen bleiben im Winter an der Ulme. **10.** ***Schizoneura ulmi*** L., Ulmenblattrollenlaus; Fundatrix grün, mit Wachswolle, bisweilen zu mehreren in eingerollten, blasig aufgetriebenen Blattgallen, erzeugen Geflügelte, die abwandern; deren Junge abgesetzt am Grunde von Johannis- und Stachelbeerbüschen, saugen an den Wurzeln; (hier Überwintern eines Teils ihrer Nachkommen als Hiemales möglich); Rückflug der Sexuparae im Herbst an die Ulme. **11.** ***Byrsocrypta (Tetraneura) ulmi*** L., Ulmenblattgallenlaus, Ulmenblasenlaus, Rüsternblasenlaus; Fundatrix (dunkelgraugrün; auch die Fundatrigenien) in länglichen, blasenförmigen Gallen der Blattoberseite; Beginn des Saugens an der Blattunterseite junger Blätter, von hier aus Wachstum der Galle; die geflügelten Nachkommen verlassen die Galle durch einen seitlichen Längsspalt nahe der Basis; Sommerwirt: Wurzeln verschiedener Gräser; im Herbst Rückflug der Sexuparae an die Ulme. **12.** ***Byrsocrypta personata*** C.B.; sehr ähnlich der vorangegangenen Art, Fundatrigenien jedoch rötlich; Sommerwirte auch Getreidearten. **13.** ***Paracletus cimiciformis*** v. Heyd., lebt an Gräserwurzeln in enger Gemeinschaft vor allem mit der Rasenameise ***Tetramorium caespitum*** L., wird anscheinend zeitweilig sogar von den Ameisen gefüttert. (Brauns 1964; Gäbler 1955; Günther 1968; F.P. Müller 1955; Pesson 1951; Rietschel 1969; Ross, Hedicke 1927; Steffan 1972; Weber 1930; Whitham 1979).

Eristalis, Eristalomyia; → Syrphidae 3.

Erlenblattkäfer, Blauer, ***Agelastica alni*** L.; → Chrysomelidae 17; vgl. auch → Histeridae.

Erlenblattwespen; → Tenthredinidae G.

Erleneule, ***Acronicta alni*** L.; → Noctuidae 8.

Erlenglasflügler, ***Synanthedon spheciformis*** Gern.; → Aegeriidae 3.

Erlenspanner, ***Ennomos alniaria*** L.; → Geometridae 16.

Ernestia; → Noctuidae 1; → Tachinidae.

Ernobius; → Anobiidae 4.

Ernteameise, ***Messor barbarus*** L.; → Myrmicidae 3.

Erotylidae; artenreiche Fam. der Käfer (Coleoptera, Polyphaga); über 2000 Arten, die meisten tropisch-südamerikanisch; in M-Eur.i.e.S. kaum 20 Arten; kaum mittelgroß (3–7 mm), die Käfer und Larven meist an und in Baumschwämmen, unter Rinde mit Pilzbelag, oder an zerfallendem pflanzlichen Material, z.B. Mist; häufige Art: ***Triplax rustica*** L. (ca. 5 mm).

Erpelschwanz, ***Clostera curtula*** L.; → Notodontidae 9.

Ersatzgeschlechtstiere; → Isoptera.

eruciform; Bezeichnung für die raupenförmigen Larven von Köcherfliegen, bei denen die Mundteile nach unten zeigen; → Trichoptera-Larventypen.

Erycinidae; → Riodinidae.

Erynnis; → Hesperiidae 1.

Erzglanzmotten; → Heliozelidae.

Erzwespen; → Chalcidoidea.

Eschenbastkäfer, ***Hylesinus varius*** Fbr. (***fraxini*** Panz.); → Scolytidae 5.

Eschenblattnestlaus, ***Prociphilus fraxini*** Htg.; → Eriosomatidae 8.

Eschenrose; → Scolytidae 5.

Eschenwollaus, ***Fonscolombia fraxini*** Kalt.; → Pseudococcidae.

Eschenzikade, ***Tettigia orni*** L.; → Cicadidae.

Eschenzwieselmotte, ***Prays curtisellus*** Dup.; → Yponomeutidae.

Esellaus, ***Haematopinus asini*** L.; → Haematopinidae.

Esparsettenwidderchen, ***Agrumenia carniolica*** Sc.; → Zygaenidae 3.

Espenbock, ***Saperda populnea*** L.; → Cerambycidae 27.

Essigfliegen; → Drosophilidae.

Eubrychius; → Curculionidae 29.

Eucallipterus; → Callaphididae 6.

Eucera; → Anthophoridae 7.

Euceraphis; → Callaphididae 3.

Eucharis; → Eucharitidae.

Eucharitidae; Fam. der Hautflügler (Hymenoptera, Apocrita, Chalcidoidea); die Imagines oft erzglänzend und mit einem Fortsatz am Schildchen oben auf der Brust; soweit bekannt (vor allem bei außereuropäischen Arten) ausschließlich parasitisch bei verschiedenen Ameisenarten; das ♀ setzt die winzigen Eier (bei manchen Arten in riesiger Zahl, bis über 15000) in Knospen oder in bzw. auf Blätter ab; die Erstlarve ist ein bewegliches Planidium,

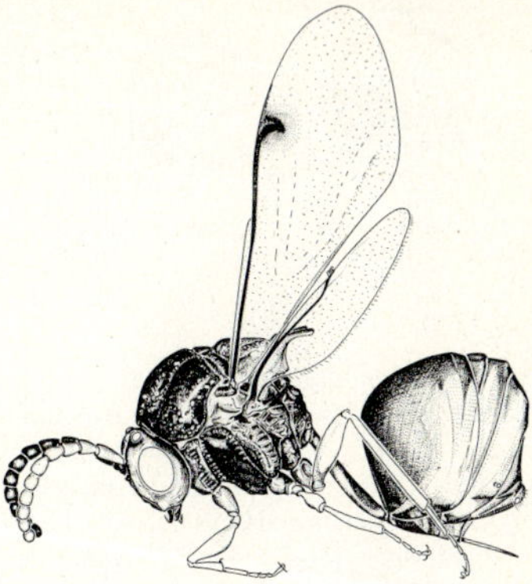

Abb. E-37: ***Eucharis*** sp. ♀, 4 mm. (Original Bürgis 1987)

das sich bei sich bietender Chance an einer Ameise festsetzt und sich so ins Nest tragen läßt und hier vor allem Vorpuppen und Puppen befällt, meist als Außen-, seltener als Innenparasit; Verpuppung entweder im Kokon der Wirtspuppe oder frei; die Parasitenpuppe wird im letzteren Fall von den Ameisen beleckt (Verdacht auf Lock-Pheromone); die Imagines schwärmen zuweilen in beträchtlicher Zahl über dem Wirtsnest. Beispiel: ***Schizaspidia tenuicornis*** Ashm. [**H-49A**] bei ***Camponotus. Eucharis adscendens*** F., [**E-37**]. (Clausen 1940).

Eucnemidae; Fam. der Käfer (Coleoptera, Polyphaga); in M-Eur.i.e.S. mit nur etwa 15 Arten vertreten; die Imagines von Gestalt den Schnellkäfern ähnlich, auch nahe mit ihnen verwandt; mit Zapfen unten-hinten an der Vorderbrust, einige Arten auch mit schwachem Schnellvermögen (→ Elateridae); die Larven flach, beinlos, fressen in anbrüchigem, manchmal auch in frischem Holz. ***Melasis buprestoides*** L. (6–9 mm; schwarz); die Larve vorn etwas verbreitert; frißt in verschiedenen anbrüchigen Laubhölzern horizontale gewundene Gänge.

Eucnemidophorus; → Pterophoridae 4.

Eucoila; → Eucoilidae.

Eucoilidae; Fam. der Hautflügler (Hymenoptera, Apocrita, Cynipoidea); Verwandte der Gallwespen, Parasiten bei Fliegenlarven. Beispiel: ***Cothonaspis rapae*** Westw., Parasit der Kleinen Kohlfliege (***Phorbia brassicae*** Bché.; → Anthomyiidae 5); Eiablage vor allem in der Dämme-

Abb. E-38: ***Eumenes*** sp., Pillenwespe. Zelle, links im Schnitt, rechts total. (Berland 1951; Bischoff 1922)

rung in die jungen Wirtslarven, wobei offenbar deren Einbohrloch in die Nährpflanze anlockend wirkt; Entwicklungsdauer etwa 3 Monate; 2 Generationen im Jahr; Überwinterung als erwachsene Larve. Junglarven s. [**H-49**]. Eine ***Eucoila***-Art ist Parasit der Fritfliege (→ Chloropidae 2). (Clausen 1940).

Eucosma; → Tortricidae 31.

Eucosmia; → Geometridae 6, 9.

Eucricotopus; → Chironomidae.

Eudia; → Saturniidae 1.

Euglenophycea; → Odonata.

Euholognatha; Fam.-Gr. der Arctoperlaria; → Plecoptera.

Euholometabola; Insekten mit vollkommener Verwandlung (Holometabola), bei denen die sehr verschieden gestalteten Larven oft mit spezifischen Organen ausgestattet sind; hierher alle Gruppen mit Ausnahme der → Eoholometabola, → Polymetabola, → Hypermetabola und → Cryptometabola.

Eulecanium; → Lecaniidae 1, 2.

Eulen; → Noctuidae.

Eulenspinner; → Thyatiridae.

Eulophidae; Fam. der Hautflügler (Hymenoptera, Apocrita, Chalcidoidea); kleine bis höchstens mittelgroße, z. T. glänzend metallisch-gefärbte Schlupfwespen (Erzwespen), ihre Larven als Außen- oder Innenparasiten bei verschiedensten Insekten, manche als Eiparasiten, andere auch als Hyperparasiten; der Wirt wird durch Anstechen mit dem Legebohrer oft mehr oder weniger stark paralysiert. Beispiele: ***Microplectron fuscipennis*** Zett.; die Larve ist Außenparasit von Buschhornblattwespen (→ Diprionidae); das ♀ legt 20 und mehr Eier in die Kokons mit Altlarven, Vorpuppen oder Puppen. ***Melittobia acasta*** Walk.; primärer Außen- oder auch Hyperparasit vor allem bei solitären Bienen und Wespen; Geschlechtsunterschied: ♀ normal geflügelt, ♂ (kaum 5% aller Individuen) blind und mit stark verkürzten Flügeln; das jungfräuliche ♀ belegt die durch Stich bewegungslos gemachte erwachsene Wirtslarve mit wenigen Eiern, die ausschließlich ♂♂ ergeben; die Mutter kümmert sich mit Fühlerstreichen um diese Nachkommenschaft, legt keine weiteren Eier, ehe sie nicht, u. U. von den eigenen Söhnen, begattet ist; weiterhin dann sehr hohe Eiproduktion (über 1000). ***Eulophus***-Arten mit Mumienpuppe, diese bisweilen in Anzahl neben der Wirtsleiche. ***Kratochviliana gemma*** Walk.; die Larve ektoparasitisch an den in ***Lonicera***-Blättern minierenden Larven von ***Napomyza lonicerella*** Hend. (Agromyzidae), baut vor der Verpuppung Säulchen aus dem Wirtskot zwischen der oberen und unteren Blattepidermis, gewinnt so Platz für die Puppenhäutung und zum Schlüpfen. Tertiärparasitismus bei ***Pleurotropis tarsalis*** Ashm. über die Wirtsreihe: ***Pl. tarsalis*** bei ***Dibrachys cavus*** Walk. (Pteromalidae), diese bei ***Apanteles*** sp. (Braconidae), diese bei ***Lymantria dispar*** L., Schwammspinner. (Bachmaier 1969; Clausen 1940; Escherich 1923/42; Viggiani 1964).

Eulophus; → Eulophidae.

Eulype; → Geometridae 10.

Eumenes; → Eumenidae 1.

Eumenidae; Fam. der Hautflügler (Hymenoptera, Apocrita, Vespoidea); früher zu den Vespidae gestellt; Flügel wie bei diesen in Ruhe der Länge nach gefaltet, erscheinen daher sehr schmal; schwarzgelbe Wespenzeichnung; Lebensweise ähnlich der der Grabwespen (Sphecidae); das ♀ baut das Nest, legt ein Ei ab (es ist meist an einem Faden an der Decke der Zelle aufgehängt), geht dann auf Jagd, trägt die durch Stich paralysierte Beute (Schmetterlingsraupen oder ähnlich geformte Insektenlarven) fliegend zum Nest; Vollverproviantierung mit (meist) mehreren Beutetieren in einem Zuge, dann Zellverschluß; mehrere z. T. sehr artenreiche Gattungen. **1.** Gattung ***Eumenes***, Pillenwespen; Baumaterial: feuchter Lehm (u. U. am Fundort durch ausgespucktes Wasser aufgeweicht), als Lehmkügelchen zum Nistplatz gebracht, hier zu einer zunächst napfförmigen, dann bis auf einen engen trichterförmigen Eingang geschlossenen Zelle mit Mandibeln und Vordertarsen verbaut [**E-38**]; Eiablage; Verproviantierung mit paralysierten Raupen, dann Verschluß; oft mehrere der urnenförmigen, bei verschiedenen Arten etwas verschieden gestalteten Zellen zu einer Gruppe vereinigt. **2.** Gattung ***Odynerus***, Lehmwespen; Sammelgattung mit zahlreichen schwer unterscheidbaren Arten; Nester häufig in Lehm (auch in Pflanzenmark oder Sand- und Lößwänden) angelegt; bemerkenswert die Neigung, den aus der Neströhre herausgeschafften Lehm in Klümpchen zu einem abwärtsgebogenen, sehr hinfälligen Röhrchen am Nesteingang zu verbauen, so besonders an senkrechten Lehmwänden [**E-39**], gelegentlich auch an waagrechtem Standort; Bedeutung unklar; (vgl. das ganz ähnliche Gebaren der Pelzbiene ***Anthophora parietina*** F.; → Anthophoridae 4); Beutetiere bei ***Od. (Oplomerus) spinipes*** L. und ***Od. reniformis*** Gmel. die raupenähnlichen Larven von Rüsselkäfern der Gattung ***Phytonomus.*** (Berland, Grassé 1951; Bischoff 1922; Königsmann 1968; Miotk 1979; Olberg 1959; Rathmayer 1969; Schremmer 1972a).

Eumerus; → Syrphidae 2.

Eumetabola; bisweilen so bezeichnete Gruppe von Insekten, denen gewisse Merkmale der Verwandlung gemeinsam sind; hierher die von Hennig (1964) als Parametabola bezeichneten Gruppen (→ Neometabola), sowie alle Insekten mit vollkommener Verwandlung (→ Holometabola).

Euphasiopteryx; → Tachinidae.

Euphydryas; → Nymphalidae 9.

Eupitheccia; → Geometridae 33.

Euplectus; → Pselaphidae.

Euplocamidae, Holzmotten; Fam. der Schmetterlinge (Lepidoptera); kleine Falter, nach Gestalt und Lebensweise sehr ähnlich den echten Motten (→ Tineidae); Beispiel: ***Euplocamus anthracinalis*** Scop.; die Raupen fressen in faulendem Holz vor allem von Eichen, Buchen, Weißdorn; das ♀ deckt die Eier mit Haaren des Hinterleibsendes zu.

Euplocamus; → Euplocamidae.

Euploea; → Lepidoptera.

Eupoecilia; → Tortricidae 26.

Euproctis; → Lymantriidae 6.

Eupsilia; → Noctuidae.

Euroleon; → Myrmeleonidae.

Europäische Kiefernwollaus, ***Pineus pini*** L.; → Adelgidae 4.

Europäischer Laternenträger, ***Fulgora europaea*** L.; → Fulgoridae.

Europäische Wanderheuschrecke, ***Locusta migratoria*** L.; → Acrididae 4.

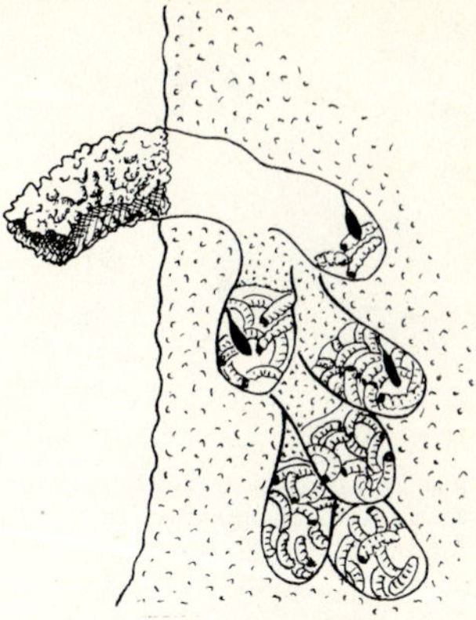

Abb. E-39: ***Odynerus spinipes***, Lehmwespe. Nest. (Berland 1951)

Eurydema; → Pentatomidae.

Eurygaster; → Pentatomidae.

Eurymene; → Geometridae 13.

Eurytoma; → Eurytomidae.

Eurytomidae; Fam. der Hautflügler (Hymenoptera, Apocrita, Chalcidoidea); nur bei einem Teil dieser kleinen Erzwespen leben die Larven parasitisch oder hyperparasitisch nach Art typischer Schlupfwespen, u.a. auch bei Gallenbewohnern; Orientierung beim Suchen zunächst nach der Gallenpflanze, erst dann nach dem als Wirtstier dienenden Gallenbewohner; bei anderen als Pflanzenfresser in verschiedenen Pflanzenteilen; zuweilen an Kulturpflanzen schädlich. ***Eurytoma oophaga*** Silv.: die Larve verzehrt das Ei der Grille ***Oecanthus pellucens*** Scop. ***E. appendigaster*** Dalm.: Hyperparasit bei Schlupfwespen von Schmetterlingen, auch bei Raupenfliegen. ***E. parva*** Gir.: Larve zuerst außenparasitisch bei ***Harmolita tritici*** Fich. (gleiche Fam., Larve im Weizenhalm), frißt anschließend selbst vom Halmgewebe. ***E. amygdalis*** End., Steinobstsamenwespe, Larve frißt im Kern von ***Prunus***-Arten und Mandeln. ***Bruchophagus gibbus*** Boh., Kleesamenwespe; Eiablage in die jungen Samen von Klee und Verwandten, Samen von der Larve ausgefressen, Verpuppung im Samen; je nach Lage 1–3 Generationen. (Clausen 1940).

Euscelis; → Auchenorrhyncha; → Jassidae.

Eusoziale Insekten; → Soziale Insekten; → Apoidea.

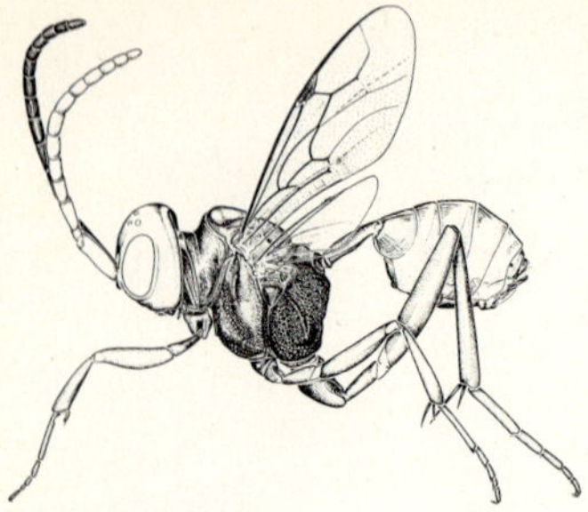

Abb. E-40: ***Evania dinarica***, Schlett, ♀; 5,5 mm; eine südeuropäische Hungerwespe. (Original Bürgis 1987)

Eustaintonia; → Momphidae 3.

Euthystira; → Acrididae 7.

Eutolmus; → Asilidae.

Eutrichocnemis; → Gracilariidae 5.

Euura; → Tenthredinidae 13.

Euxoa; → Noctuidae 32.

Evania; → Evaniidae.

Evaniidae, Hungerwespen; Fam. der Hautflügler (Hymenoptera, Apocrita, Evanioidea); Hinterleibsstiel oben an der Hinterbrust ansetzend [**E-40**]; nur 3 Arten in M-Eur.: ***Evania appendigaster*** L., 8–9 mm; ***Brachygaster minuta*** Olivier (= ***B. fulvipes*** Curtis) 3–4 mm, häufigste Art; ***Prosevania fuscipes*** Illiger (= ***P. punctata*** Brullé); ihre Larven parasitisch in den Eikokons von Schaben, vermutlich immer nur eine Parasitenlarve pro Kokon. (Jansen 1987; Oehlke 1984).

Evanioidea; Fam.-Gruppe der Hautflügler (Hymenoptera, Apocrita); mit den Fam.: → Evaniidae; → Aulacidae; → Gasteruptiidae.

Evergestis; → Pyralidae 16, 17.

Evylaeus; → Halictidae 4

Excitatoren; Drüsenorgane bei Zipfelkäfern; → Malachiidae.

Exochilum; → Ichneumonidae.

Exoteleia; → Gelechiidae 3.

Exsules, Alienicolae; bei Blattläusen mit Wirtswechsel (insbesondere Aphididae) die geflügelten oder ungeflügelten, parthenogenetisch entstandenen und sich ebenso fortpflanzenden Formen, die auf dem Sommerwirt leben; → Aphidina).

F

Fabriciana; → Nymphalidae 11.

Fächerflügler; → Strepsiptera.

Fächerkäfer; → Rhipiphoridae.

Fadenkäfer; → Colydiidae 2.

Fadenwürmer; → Tenebrionidae 2.

Falkenlausfliege, ***Carnus hemapterus*** Nietzsch; → Carnidae.

Falkenlibellen; → Corduliidae.

Fallenia; → Nemestrinidae.

Fallkäfer, ***Cryptocephalus*** sp.; → Chrysomelidae 6.

Falscher Kohlerdfloh, ***Haltica oleracea*** L.; → Erdflöhe 8.

Faltenmücken; → Liriopidae.

Faltenwespen; → Eumenidae; → Vespidae.

Fanghafte; → Mantispidae.

Fangschrecken; → Mantodea.

Fannia; → Anthomyiidae.

Färbung; bei Insekten von außerordentlicher Mannigfaltigkeit; hervorgerufen durch Pigmente oder/und Strukturfarben. Die Pigmente in Teilen der Körperdecke (Kutikula, Epidermis), seltener, bei durchsichtiger Körperwand, in tiefer liegenden Geweben oder im Blut gelöst oder in Form von Granula vorhanden, sehr selten in Chromatophoren (→ Culicidae); ihr chemischer Aufbau sehr unterschiedlich (Melanine, Pterine, Ommatine, Ommine, Carotinoide u.a.). Die Strukturfarben beruhen auf physikalischen Effekten, hervorgerufen durch Feinstrukturen von Kutikula oder kutikularen Bildungen (Schuppen, Haare); können auftreten als Interferenzfarben, dann ausgezeichnet durch (Metall-) Glanz und hohe Leuchtkraft, oder, als (meist mattes) »Blau trüber Medien« durch diffuse Zerstreuung der kurzwelligen Anteile des Spektrums an feinkörnigem Trübkörper (»Blaustruktur«) und Absorption des langwelligen Teils durch hinterlagerte dunkle Pigmente. Samtfarben hervorgerufen durch Samtstruktur: senkrecht von der Kutikula abstehende, sehr feine und dichte Behaarung.

Farbwechsel; nur in wenigen Gruppen verbreitet, meist als a) morphologischer Farbwechsel: Veränderungen durch vermehrte Bildung und Ablagerung oder Abbau und Abtransport von Pigmenten, in der Regel im Verlauf von Häutungen oder – bei Insekten selten – als b) physiologischer Farbwechsel: Verlagerung von Pigmenten innerhalb von Epidermiszellen (z. B. bei der Stabschrecke, → Phasmida) oder innerhalb von Chromatophoren (→ Culicidae).

Farnesol; ein in manchen Pflanzen (z. B. in Lindenblüten) als Duftstoff auftretender ungesättigter Alkohol; nachgewiesen im Mandibeldrüsensekret von Hummel-♂♂, das zum Markieren der Flugbahnen an Pflanzen abgesetzt wird (→ Apidae 1); kann auch wie Juvenilhormon wirken, z. B. bei Blattläusen das Auftreten von geflügelten Adulti verhindern (→ Aphidina).

Farnkrautblattwespe, ***Strongylogaster lineata*** Chr.; → Tenthredinidae 5.

Faulbaumgespinstmotte, ***Yponomeuta evonymella*** L.; → Yponomeutidae 3c.

Faulholzkäfer; → Orthoperidae.

Faulholzmotten; → Oecophoridae.

Federflügler; → Ptiliidae.

Federlibelle, ***Platycnemis pennipes*** Pall.; → Platycnemidae.

Federlinge; → Mallophaga.

Federmotten; → Pterophoridae.

Feigenblattfloh; → Psyllina 5.

Feigenfliege, Schwarze, ***Carpolonchaea aristella*** Beck.; → Lonchaeidae.

Feigenwespen; → Agaonidae.

Feldbock, ***Criocephalus rusticus*** L.; → Cerambycidae 4.

Feldgrille, ***Gryllus campestris*** L.; → Gryllidae 1.

Feldheuschrecken; → Caelifera.

Feldhummel, ***Bombus pascuorum*** Scop.; → Apidae 1.

Feldhumusschnellkäfer, ***Agriotes lineatus*** L.; → Elateridae 3.

Feldmaikäfer, ***Melolontha melolontha*** L.; → Scarabaeidae 10.

Feldsandlaufkäfer, ***Cicindela campestris*** L.; → Cicindelidae.

Feldwespen, ***Polistes*** sp.; → Vespidae 1.

Felicola; → Mallophaga, Ischnocera.

Fellkäfer, ***Korynetes coeruleus*** Deg.; → Korynetidae 1.

Fellmotte, ***Monopis rusticella*** Hbn.; → Tineidae 5.

Felsenspringer, Machilidae; → Archaeognatha.

Fensterfliegen; → Omphralidae.

Fensterfraß; Fraßspur an Blättern, die durchscheinende Oberhaut der einen Seite bleibt stehen; z. B. → Chrysomelidae.

Fenstermücken; → Phryneidae.

Fensterschwärmer; → Thyrididae.

Fenusa; → Tenthredinidae 19.

Ferdinandea; → Syrphidae.

Fersenspinner; → Embioptera.

Fetischwespen, ***Gorytes*** sp.; → Sphecidae 9.

Fettzünsler, ***Aglossa pinguinalis*** L.; → Pyralidae 13.

Feuchtkäfer; → Hygrobiidae.

Feuerfalter, Feuervogel, ***Heodes*** bzw. ***Lycaena*** sp.; → Lycaenidae 4, 5.

Feuerfliegen, Feuerkäfer; → Pyrochroidae.

Feuerwanze, ***Pyrrhocoris apterus*** L.; → Pyrrhocoridae.

Fichtenblattwespe, Kleine, ***Pristiphora abietina*** Christ; → Tenthredinidae 28.

Fichtenböcke, ***Tetropium*** sp.; → Cerambycidae 5.

Fichtenborkenkäfer; → Scolytidae 13, 14, 15.

Fichtengallenläuse, ***Adelges*** bzw. ***Sacchiphantes*** sp.; → Adelgidae 1, 2, 3.

Fichtengespinstblattwespe, Gemeine, ***Cephaleia abietis*** L.; → Pamphilidae 5.

Fichtenharzfliege, ***Cheilosia morio*** Zett.; → Syrphidae.

Fichtenläuse; → Adelgidae.

Fichtennapfschildlaus, ***Physokermes piceae*** Schrk.; → Lecaniidae 6.

Fichtennestwickler, ***Epinotia tedella*** Cl.; → Tortricidae 13.

Fichtenquirlschildläuse, ***Physokermes*** sp.; → Lecaniidae 5, 6; → Anthribidae.

Fichtenrindenwickler, ***Laspeyresia pactolana*** Zell.; → Tortricidae 11.

Fichtenröhrenlaus, ***Elatobium abietinum*** Walk.; → Aphididae 1.

Fichtensamengallmücke, ***Plemeliella abietina*** Seitn.; → Itonididae 33.

Fichtenstammlaus, ***Pineus pineoides*** Chol.; → Adelgidae 7.

Fichtentriebwickler, ***Parasyndemis histrionana*** Fröl.; → Tortricidae 10.

Fichtentriebzünsler, ***Dioryctria abietella*** D. u. Sch.; → Pyralidae 8.

Fichtenzapfenklopfkäfer, ***Ernobius abietis*** Fbr.; → Anobiidae 4.

Fichtenzapfenschuppengallmücke, ***Kaltenbachiola strobi*** Winn.; → Itonididae 33.

Fichtenzapfenspanner, ***Eupithecia*** sp.; → Geometridae 33.

Fichtenzapfenwickler, ***Laspeyresia strobilella*** L.; → Tortricidae 12.

Fichtenzapfenzünsler, ***Dioryctria abietella*** D. u. Sch.; → Pyralididae 8.

Fiebermücken, ***Anopheles*** sp.; → Culicidae.

Filipalpia; → Plecoptera.

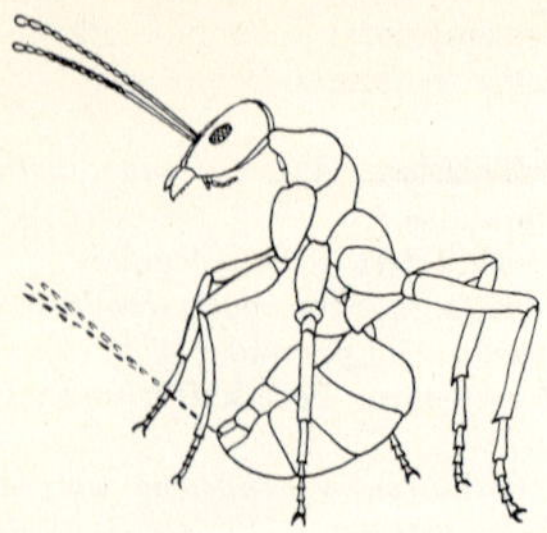

Abb. F-1: ***Formica polyctena.*** Alarmierungs- und Abwehrstellung, spritzt Giftsekret aus. (Maschwitz 1970)

Filterkammer; eine bei manchen Pflanzensaugern (Zikaden, Schildläuse, manche Blattläuse) vorhandene Einrichtung zur Entlastung des Mitteldarms von zu großen Flüssigkeitsmengen; Grundaufbau: das Ende des Mittel- und/oder der Anfang des Enddarms legt sich rücklaufend eng an das Vorderende des Mitteldarms; an der Berührungsstelle Verdünnung der Epithelien, so daß Flüssigkeit aus dem vorderen Darmabschnitt sofort in den Enddarm übertreten kann und in den Mitteldarm angereicherte Nahrung gelangt; bei manchen Schildläusen ist die Filterkammer in naher Berührung mit einer Erweiterung des Enddarms (Rectalampulle); extreme Entwicklung bei manchen Deckelschildläusen: keine offene Verbindung zwischen Mittel- und Enddarm, keine Filterkammer, Stoffaustritt aus dem Mitteldarm in das Blut, Ausscheidung von hier über die Malpighischen Gefäße und den Enddarm. (Weber 1930).

Filzlaus, *Phthirus pubis* L.; → Pediculidae 1; → Anoplura.

Fischchen, Lepismatidae; → Zygentoma.

Fischersche Membran; verhindert das Herabfallen der → Stürzpuppe bei der Häutung zur Puppe bei manchen Tagfaltern.

Flachkäfer; → Ostomidae.

Flachserdflöhe; → Erdflöhe 4.

Flachzikade, *Tettigometra obliqua* Panz.; → Tettigometridae.

Flechtenbären; → Arctiidae 1–3; → Endrosidae.

Flechteneulen; → Noctuidae 28.

Flechtenspinner; *Eilema complana* L.; → Arctiidae 2.

Flechtlinge; → Psocoptera.

Fleckenbienen, *Thyreus (Crocisa)* sp.; → Anthophoridae 6.

Fleckenfalter; → Nymphalidae.

Fleckenschwärmerchen; → Syntomidae.

Fleckenspanner, *Pseudopanthera macularia* L.; → Geometridae 15.

Fledermausfliegen; → Nycteribiidae; → Streblidae.

Fledermausflöhe; → Siphonaptera.

Fledermauswanze, *Cimex pipistrelli* Jen.; → Cimicidae.

Fleischfliegen; → Calliphoridae.

Fliedermotte, *Gracilaria syringella* Fbr.; → Gracilariidae 2.

Fliegen; → Diptera, Brachycera.

Fliegenhaft, *Cloëon dipterum* L.; → Baëtidae.

Fliegenschimmel; → ***Entomophthora.***

Fliegenspießwespen, *Oxybelus* sp.; → Sphecidae.

Flöhe; → Siphonaptera.

Flohkrauteule, *Mamestra persicariae* L.; → Noctuidae 45.

Florfliegen; → Chrysopidae.

Flormücke, *Penthetria* sp.; → Bibionidae.

Fluginsekten; → Pterygota.

Flußjungfern; → Gomphidae.

Folsomia; → Isotomidae.

Fonscolombia; → Pseudococcidae 3.

Forcipomyia; → Heleidae.

Forficula, Forficulidae; → Dermaptera 3.

Forleule, *Panolis flammea* Schiff.; → Noctuidae 1.

Formica; → Formicidae; → Formicoidea.

Formicaleon; → Myrmeleonidae.

Formicidae, Schuppenameisen; Fam. der Ameisen (Formicoidea); der eingliedrige Hinterleibsstiel schuppenartig nach oben verbreitert [**F-14d**]; Stachel weitgehend rückgebildet, jedoch Giftdrüsen vorhanden, deren Sekret (vornehmlich Ameisensäure) bei manchen Arten (so bei ***Formica rufa***) zusammen mit Sekreten der Dufourschen Drüse (39 versch. Substanzen, die wirksamsten sind aliphatische gesättigte Kohlenwasserstoffe) ausgespritzt wird und der Feindabwehr und als Alarmstoff dient [**F-1**]; in M-Eur.i.e.S. mit fast 30 Arten vertreten; Auswahl: **1. *Colobopsis (Camponotus) struncatus*** Spin.; Nest in passend hergerichteten Hohlräumen in Ästen verschiedenen Kalibers, gern in

Nußbäumen; Verschluß der wenigen Eingänge durch je einen »Soldaten« (große ☿☿, 5–6 mm) mit dessen besonders klobigem Kopf [**F-2**], die übrigen »Soldaten« tun ☿☿-Dienst; Nahrung teils tierisch, teils pflanzlich; Puppen frei, ohne Kokon. **2.** Gattung ***Camponotus*****,** Roßameisen, mit mehreren Arten, am häufigsten ***C. ligniperda*** Latr., Riesenameise, und ***C. herculeanus*** L., Große Holzameise; beide düster schwarz und braun gezeichnet, auffallend durch ihre Größe (☿☿ bis 14 mm, ♀ bis 18 mm, ♂ bis 12 mm); Nest bei ***C. herculeanus*** fast stets im Holz lebender Bäume, bei ***C. ligniperda*** in morschem Holz, z. B. von Baumstubben; auch in der Erde im Wurzelbereich von Bäumen; Holznester häufiger in Nadel- als in Laubholz; Kammern den Jahresringen folgend, vor allem in Sommerholz ausgenagt [**F-3**], vertikale und horizontale Zwischenwände im Nestinnern oft papierdünn; ein Nestbereich z. B. von ***C. herculeanus*** kann sich sogar über mehrere Stämme erstrecken; Nahrung: vor allem süße Pflanzensäfte und Honigtau, daneben auch tierisch (gelegentlicher Puppenraub bei anderen Arten); bei beiden Arten als Beute- und Gefahrenalarm (außerhalb des Nestes) und bei Erregung durch Störreize: Alternierendes Beklopfen der Unterlage mit Mandibeln und Gaster; geflügelte Geschlechtstiere z. T. schon im IV; die ♂♂ überwintern stets im Mutternest, u. U. zweimal, sind am Futteraustausch zwischen den Nestinsassen beteiligt; die ♀♀ werden durch das Mandibeldrüsensekret (Duftstoff) der ♂♂ zum Ausfliegen stimuliert; das Pheromon ist offenbar bei beiden Arten identisch, gleichwohl sind beide Arten dadurch gegeneinander isoliert, daß sie zu verschiedenen Jahres- und Tageszeiten schwärmen; unabhängige Koloniegründung, (meist) durch ein einzelnes begattetes ♀, das etwa ein Jahr lang auf Kosten von Fettkörper und Flugmuskulatur ohne Nahrungsaufnahme auskommt; in größeren Nestern gibt es manchmal mehrere ♀♀, doch hat dann jedes seinen eigenen Bereich; (bei ***C. ligniperda*** kommt abhängige Koloniegründung mit Hilfe von aus Puppen aufgezogenen ***Formica***-☿☿ vor); gelegentlich Schaden an Nutzholz durch ***C. herculeanus*****,** z. T. durch Spechteinschlag an den besiedelten Stämmen. **3.** Gattung ***Lasius*****,** mehrere Arten, z. B. a) ***L. (Dendrolasius) fuliginosus*** Latr., Schwarze Holzameise; ☿☿ ca. 5 mm; baut meist in durch neu hergestellte Wände aufgeteilten Hohlräumen in altem Holz (z. B. Weiden, Pappeln, am Fuß anbrüchiger Bäume); die kartonartigen Kammerwände bestehen aus Holzteilchen, vermischt mit ausgewürgtem, zuckerhaltigem Material (vor allem Honigtau); bisweilen wird Erde beigemischt; der im Baumaterial vorhandene Zucker ermöglicht in den Wänden das Wachstum eines anscheinend nur in den Nestern dieser Art auftretenden Pilzes ***(Cladosporium myrmecophilum)*****,** dessen Hyphen die Festigkeit der Wände erhöhen; reine Erdnester sind selten. Nahrung: teils tierisch (nicht selten Überfall auf andere Ameisennester), teils Honigtau, vor allem von oberirdischen Blattläusen. Allgemein ist bei ***Lasius***-Arten das Legen von Duftspuren üblich durch Auftupfen des Hinterleibsendes, wobei aus der Rektalblase, bei verschiedenen ***Lasius***-Arten etwas verschieden zusammengesetzte Sekrete abgesetzt werden (Hauptbestandteil: Fettsäu-

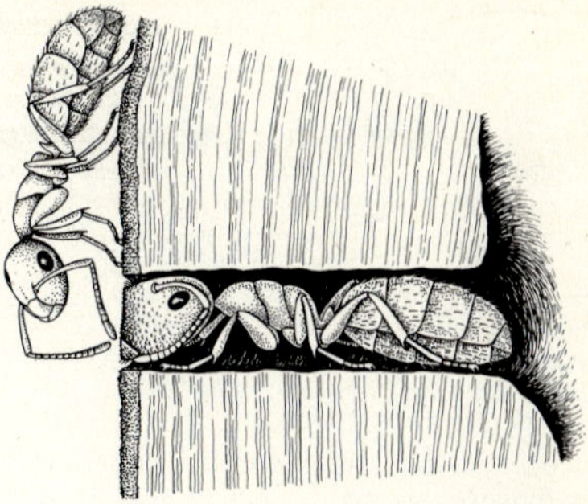

Abb. F-2: ***Colobopsis truncata.*** Soldat versperrt mit dem dicken Kopf den Nesteingang. (Wilson 1971)

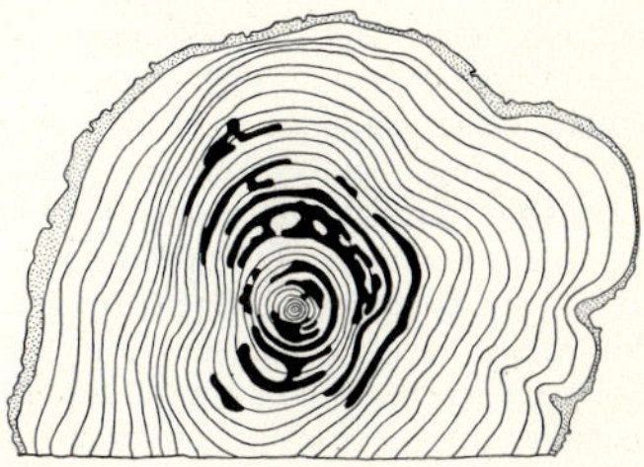

Abb. F-3: ***Camponotus herculeanus*****,** Roßameise. Querschnitt durch einen Baum mit Nestgängen (schwarz). (Goetsch 1953)

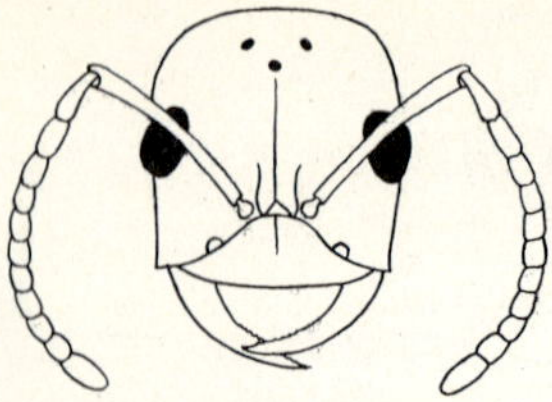

Abb. F-4: ***Polyergus rufescens***, Amazonenameise. Arbeiterin. Kopf von vorn. (Stitz 1939)

ren); zur Artspezifität von Spurstoffen: ***L. fuliginosus*** »versteht« auch Spurstoffe anderer Arten, diese dagegen nicht die von ***L. fuliginosus.*** Hochzeitsflug VI–VII; das begattete ♀ dringt in das Nest der eigenen oder einer anderen Art (z.B. ***L. umbratus*** Nyl.) ein, tötet dann das Hilfsameisen-♀, die zeitweilig gemischte Kolonie wird allmählich reine ***fuliginosus***-Kolonie. b) ***L. niger*** L., Schwarzgraue Wegameise [**F-7**]; ☿☿ ca. 4 mm; häufigste heimische Ameisenart, in sehr verschiedenem Gelände; Nest meist in der Erde, unter Steinen; auf grasigem Boden meist überdeckt von einem gekammerten Erdoberbau von zuweilen beachtlicher Höhe; auch unter Rinde oder in Baumstubben u. dgl. und dann gelegentlich mit kartonartigem Baumaterial; Hauptnahrung: Honigtau von Schild- und Blattläusen, offene oder überdeckte Straßen dorthin; die Läuse werden gegen Feinde verteidigt; V–VII manchmal große Schwärme von Geschlechtstieren; unabhängige Koloniegründung; das ♀ überwintert in einer Höhle, legt im Frühling die ersten Eier, bei günstigen Umständen im Flugjahr; meist nur ein ♀ im Nest, u. U. erst nach Kampf mit anderen zunächst im Nest anwesenden ♀♀. c) ***L. flavus*** Deg., gelbe Wiesenameise; ☿☿ meist blaßgelb, 2–4,5 mm; meist Erdnester mit bis über 20000 Einzeltieren, auch in feuchtem Boden, und dann mit von Gras durchwachsener Erdkuppel von etwa Maulwurfshaufengröße oder darüber; in Mooren auch Moosnester; innerhalb eines größeren Areals oft zahlreiche Nester zu einer Kolonie miteinander verbunden; Nahrung: hauptsächlich Honigtau von Wurzelläusen; die Wintereier der Läuse werden im Nest aufbewahrt, die im Frühling geschlüpften Läuse an die Wurzeln gebracht; Hochzeitsflug im Sommer; Koloniegründung unabhängig, meist durch ein einzelnes ♀. d) ***L. umbratus*** Nyl.; bemerkenswert durch abhängige Koloniegründung: das ***umbratus***-♀ dringt in eine Kolonie von ***L. niger*** ein, wird trotz (oder gerade wegen?) ihres Körperduftes von den ***niger***-☿☿ nicht angegriffen, sondern beleckt, streichelt diese mit den Antennen, nach und nach nehmen immer mehr der Wirtsarbeiterinnen den Duft der fremden Königin an, betreuen sie auf Kosten der eigenen Königin, die vernachlässigt und schließlich getötet wird; die dann zunächst gemischte Kolonie wird im Laufe einiger Jahre (***niger***-☿☿ sind sehr langlebig) reine ***umbratus***-Kolonie. **4. *Polyergus rufescens*** Latr., Amazonenameise; auffallend die sichelförmigen, bei ♀ und ☿ am Innenrand mit winzigen Zähnchen besetzten Mandibeln [**F-4**], gefährliche Waffen; gering dagegen der Ameisensäuregehalt des Giftes; Koloniegründung abhängig: das ♀ dringt in das Nest der Hilfsameise ein (meistens ***Formica fusca*** L. oder ***F. rufibarbis*** Fbr.), tötet deren ♀, läßt seine Brut von den Hilfsameisen aufziehen; die ☿☿ der Amazonenameise sind ganz auf die Tätigkeit der Hilfsameisen angewiesen, werden von ihnen gefüttert, beteiligen sich nicht an Nestbau und Nahrungsbeschaffung, helfen höchstens gelegentlich etwas mit bei der Brutpflege; stark ausgeprägt ist jedoch ihr Kampf- und Raubtrieb: Puppenraub der Amazonen-☿☿, Raubzug ausgelöst durch Auslaufen und schließlich in einer Richtung vorpreschender »Aktivisten«, denen dann die Masse folgt, bis schließlich ein zum Ausrauben geeignetes, dann mehrere Male heimgesuchtes Nest gefunden wird; Raubzüge meist in Begleitung der Hilfsameise, mehrmals im Sommer (Beispiel: in 33 Tagen 41 Raubzüge), Eindringen in ein Nest der Hilfsameise (meist der gleichen Art, bisweilen beider Arten), viele der Überfallenen werden durch Biß in Kopf oder Nacken getötet, die Puppen geraubt und heimgebracht, so ständige Ergänzung der Sklaven; durch Raub also wenigstens zeitweise mehrfach gemischte Nester; bei notwendig werdendem Nestwechsel werden meist die Amazonen von den Sklaven getragen. **5.** Gattung ***Formica***, mit einer Reihe z.T. schwer unterscheidbarer Arten. a) ***F. (Raptiformica) sanguinea*** Latr., Blutrote Raubameise; Erd- oder oft an Baumstubben angelehnte niedrige Hügelnester; bei großen Kolonien oft Bildung von Ablegern; Geschlechtstiere im Sommer (VI–

VIII); sehr verschiedenartig die stets abhängige Koloniegründung: durch Adoption bei der eigenen Art oder in einer fremden Art (meist ***F. fusca*** L. oder ***F. rufibarbis*** Fbr.); oder Anschluß an das ♀ der Hilfsameise, das dann beide Bruten hochzieht; oder durch Raub von Hilfsameisen-Puppen, aus denen dann die Helfer schlüpfen; vermutlich auch durch Erobern eines Hilfsameisennestes, dessen Insassen zum größeren Teil vertrieben und getötet werden; meist entsteht also eine gemischte Kolonie; im Spätsommer ab und zu Überfälle auf andere zufällig gefundene Hilfsameisennester, aus denen die Puppen heimgetragen werden (Ergänzung der Hilfsameisen); dadurch können aus mehreren Arten gemischte Nester entstehen; in sehr großen ***sanguinea***-Nestern fehlen zuweilen Hilfsameisen; die von den Sklavenhaltern ***(F. sanguinea*; *Polyergus rufescens)*** und ihren Hilfsameisen in Anhangsdrüsen des Stachelapparates (Dufoursche Drüsen) gebildeten Duftstoffe sind z.T. identisch. b) ***F. (Serviformica) fusca*** L., Grauschwarze Sklavenameise; Erdnester, oft unter Steinen, manchmal auch mit Erdkuppel, auch in Holz; polygyn; gehen gern an Blattläuse; Koloniegründung unabhängig durch ein ♀, vielleicht aber auch Adoption von ♀♀ in Nestern der gleichen Art; ist oft Hilfs- oder Sklavenameise für andere Arten. c) ***F. (Serviformica) picea*** Nyl., Schwarze Moorameise; sehr selten, Eiszeitrelikt; bei uns Nester fast ausschließlich in Hoch- oder Flachmooren, meist als Kuppelbau aus zerbissenem Moos u. dgl.; polygyn; außer Insektennahrung Honigtau; Koloniegründung unabhängig (auch Aufnahme von ♀♀ in – weisellose? – Kolonien der gleichen Art?). d) **Rote Waldameisen;** Gruppe von mehreren Arten, vor allem ***F. rufa*** L., ***F. polyctena*** Först. **[F-5]** und ***F. pratensis*** Retz., morphologisch schwer unterscheidbar; Nest teils unter- teils oberirdisch in Form der bekannten, aus verschiedenem pflanzlichen Material erbauten Ameisenhaufen (oft um einen Baumstubben herum), die bisweilen beträchtliche Ausmaße erreichen und die durch Ausnutzen der Sonneneinstrahlung und den jeweiligen Umständen angepaßtes Öffnen und Schließen der Nestpforten eine gute Temperaturregelung im Nestinnern gestatten, überhaupt ständig umgebaut werden; Nester von ***F. polyctena*** sind fast stets polygyn, die von ***F. rufa*** teils mono-, teils polygyn; Artduft vermutlich verschieden, da häufig Kämpfe zwischen beiden Arten. Überwinterung im Bodenteil des Nestes, bisweilen in beachtlicher Tiefe; meist schon im III Beginn der Eiablage; monogyne ♀♀ mit mehr Ovariolen, legen täglich viel mehr Eier als polygyne ♀♀; die ersten Eier sind größer als die späteren, liefern, verbunden mit starker Ernährung durch das Sekret der Unterlippenspeicheldrüsen (liegen im Thorax), hauptsächlich Geschlechtstiere; (Bestimmbarkeit einer Larve in Richtung Königin durch Speicheldrüsensekret nur etwa während der 3 ersten Larventage möglich); aus Nestern in kühler Schattenlage kommen vorwiegend ♂♂. Aus Eiern unbegatteter ♀♀ können außer ♂♂ auch ☿☿ und ♀♀ entstehen, aus bei Weisellosigkeit von jungen ☿☿ gelegten Eiern wohl immer nur ♂♂. Koloniegründung bei polygynen Formen wohl ausschließlich durch Adoption der begatteten ♀♀ in ein Volk gleicher Art, dabei große Verluste durch das oft feindliche Verhalten der Nestinsassen; bei großen Nestern oft Bildung von Ablegern (Gruppe von einigen ☿☿ und einigen ♀♀), die längere Zeit mit dem Mutternest in Verbindung bleiben können; polygyne Völker sind praktisch unsterblich; die Königin kann ein Alter von 20 Jahren erreichen; ein mittelstarkes Volk enthält 500000–800000 Individuen. Monogyne Formen: keine Ablegerbildung möglich; das ♀ dringt u.U. mit Gewalt in das Nest einer Hilfsameise (z.B. ***F. fusca*** L. oder ***F. gagates*** Latr.) ein, tötet das ♀ des Hilfsvolks; die Kolonie ist also zunächst gemischt, wird allmählich rein; Lebensdauer des Volkes etwa 15 Jahre. Hauptnahrung: Insekten und ähnliche Kleintiere, ferner in ausgedehntem Maße Honigtau von Blatt- und Schildläusen, auch von Zikadenlarven; (ein stattliches Volk kann pro Jahr bis zu 500 kg Honigtau eintragen); daneben Nektar, Pflanzensamen u. dgl.; Schutz der Honigtaulieferanten durch Verjagen derer Raubfeinde, jedoch kaum Schutz gegen deren Parasiten. Ein guter Waldameisenbestand kann durch Vertilgen mancher den Ameisen zugänglicher Forstschädlinge von beträchtlichem Nutzen sein; eventueller Schaden an Baumzuwachs durch Förderung des Blattlausbestandes und der Saugtätigkeit der Blattläuse bleibt demgegenüber gering. Waldameisennester sind gesetzlich ge-

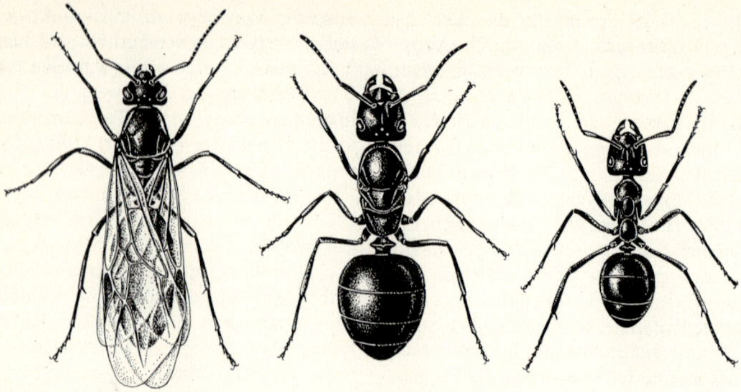

Abb. F-5: ***Formica polyctena***, Kleine rote Waldameise. Links ♂, Mitte ♀ nach Abwurf der Flügel, rechts Arbeiterin 3 × nat. Gr. (Von Frisch 1974)

schützt; Schutz der Nester gegen natürliche Feinde (vor allem Spechte) durch Drahtgitter; Besatzförderung durch künstliche Ableger. (Bergström, Löfquist 1968, 1970; Dobrzanska 1960; Hangartner 1967; Hölldobler 1962, 1966, 1974; Hölldobler, Maschwitz 1965; Kloft, Hölldobler, Haisch 1965; Königsmann 1968; Löfquist 1976; Marikovski 1965; Markl 1969; Markl, Fuchs 1972; Machwitz, Hölldobler 1970; Möglich, Hölldobler 1975; Otto 1962).

Formicoidea, Ameisen; Fam.-Gruppe der Hautflügler (Hymenoptera, Apocrita); bereits aus der Kreidezeit bekannt; klein bis mittelgroß; der Tergit des 1. Abdominalsegments mit dem Metathorax verschmolzen, das 2. (als Petiolus bezeichnete) oder das 2. und das 3. (Postpetiolus) Abdominalsegment knoten- oder schuppenförmig verschmälert; daran anschließend der aufgetriebene, Kropf, Darm und Gonaden enthaltende Teil des Hinterleibs (= Gaster; [**F-14**]); charakteristisch außerdem der lange Schaft der geknieten Fühler. Bezeichnend die Fähigkeit zur Bildung individuenreicher sozialer Gemeinschaften, verbunden mit mehr oder weniger stark ausgeprägtem Polymorphismus; fast stets sind mindestens 3 Formen (Morphen, Kasten) erkennbar [**F-5**]: a) ♂♂: meist mit gut ausgebildeten Komplexaugen und Ocellen, (fast stets) geflügelt; b) ♀♀ (Voll-♀♀ = Königinnen), mit mehr oder weniger gut ausgebildeten Komplexaugen und Ocellen, (fast stets) zeitweilig geflügelt; nach Hochzeitsflug und Begattung werden die Flügel an einer vorgebildeten Bruchstelle abgeworfen und die Flugmuskeln abgebaut; Keimdrüsen und Receptaculum seminis gut entwickelt; oft nur ein ♀ im Nest (Monogynie, Haplometrose), jedoch bei manchen Arten mehrere bis zahlreiche ♀♀ (Polygynie, Pleometrose); bei manchen Arten treten auffallend kleine geflügelte Zwergweibchen (Mikrogynen) auf (z.B. bei manchen ***Myrmica-***, ***Leptothorax-*** und ***Formica-***Arten), bei anderen flügellose ♀♀ (ergatogyne, ergatomorphe, ergatoide ♀♀; z.B. bei ***Polyergus rufescens***); Pseudogynen: krüppelhafte, weitgehend arbeiterähnliche, höchstens mit Flügelstummeln versehene ♀♀ (bes. bei ***Formica sanguinea***), wohl bedingt durch die Anwesenheit gewisser Ameisengäste (***Lomechusa***, ***Atemeles***; s.u.). c) ☿☿ (= Arbeiterinnen), das sind ♀♀ mit schwach entwickelten Keimdrüsen und ± rückgebildetem Receptaculum; stets flügellos; in der Regel bedeutend kleiner als die ♀♀ [**D-29, F-5**]; bei manchen Arten zusätzlich Polymorphismus innerhalb der ☿☿-Kaste, teils nach der Gesamtkörpergröße, teils nach Größe und Gestalt zumal des Kopfes [**F-6**]; die großköpfigen Individuen in der Regel (wenig zutreffend) als Soldaten bezeichnet; Eiablage durch (dann gynaekoid bezeichnete) ☿☿ ist nach Verlust der Königin bei vielen Arten durchaus möglich, wenn die Eierstöcke der ☿☿ nicht zu schwach entwickelt sind und die betr. Individuen in besonderer Weise gepflegt und ernährt werden; aus solchen unbesamten Eiern entstehen zumeist ♂♂, zuweilen aber auch ♀♀ und ☿☿; beobachtet z.B. bei manchen ***Lasius-***Arten und bei ***Formica***

polyctena Först.; in der Regel hemmt die Anwesenheit von Königin und Larven auf eine noch nicht voll geklärte Weise die Eiproduktion der ☿☿. Giftdrüse bei den ♀♀ und den ☿☿ stets vorhanden, fast immer auch die Dufoursche Drüse, daneben bei den verschiedenen Gruppen in variierender Zahl und Kombination von nach Lage und Funktion unterschiedliche Wehr- oder/und Pheromondrüsen; Stachelapparat nur in manchen Gruppen gut ausgebildet und wirksam benutzt (z.B. Myrmicidae, Poneridae), in anderen Gruppen in verschiedenem Ausmaß zurückgebildet, bei den Formicidae praktisch vollkommen; das Drüsensekret wird bei manchen Arten in bezeichnender Haltung zur Abwehr nach vorn ausgespritzt [**F-1**]. Das von den Drüsen des Stachelapparates gebildete, gegenüber anderen oft sehr wirksame Gift ist in verschiedenen Gruppen sehr verschieden zusammengesetzt, enthält bei den stechenden Ameisen keine Ameisensäure, wohl aber bei den Formicidae; die große Giftblase von ***Formica polyctena*** Först. faßt ca. 6 mm^3, davon ca. 60% Ameisensäure; Ameisensäuredampf wirkt als Atemgift auf Kleintiere tödlich; die südostasiatische Poneride ***Pachycondyla tridentata*** schäumt das Sekret der Giftdrüse mit Atemluft auf und sprüht es auf Angreifer, die durch den klebrigen Schaum bewegungsunfähig werden; nicht selten zum Gift Beimischungen von Duftstoffen mit Pheromonwirkung. Das Sekret von Gift- und anderen Drüsen kann bei ♀♀ und ☿☿ auch dem Alarmieren bei Gefahr (bisweilen auch als Beutealarm) dienen, so bei Myrmiciden dem Gift beigemischte flüchtige Stoffe, sowie das Sekret der Mandibeldrüsen, bei Formiciden neben dem Mandibeldrüsensekret ein in der Dufourschen Drüse gebildeter Stoff, bei ***Formica*** außerdem die im Gift enthaltene Ameisensäure, und bei der südostasiatischen ***Cremastogaster inflata*** ein dem äußerst klebrigen Alarm-Abwehr-Sekret der Metathoraxdrüse beigemischter Stoff; bei der Alarmstellung von ***Lasius*** [**F-7**] tritt an der Spitze des angehobenen Hinterleibs auf einer Härchenbürste ein Sekrettropfen aus; bei Dolichoderiden und bei manchen Myrmiciden (***Pheidole***, ***Messor*** u.a.) wird der Alarm- und – zumindest bei ***Tapinoma*** zugleich – Abwehrstoff geliefert von abdominalen Tergitdrüsen (Pygidialdrüsen); Königinnen können zwar alarmieren, greifen

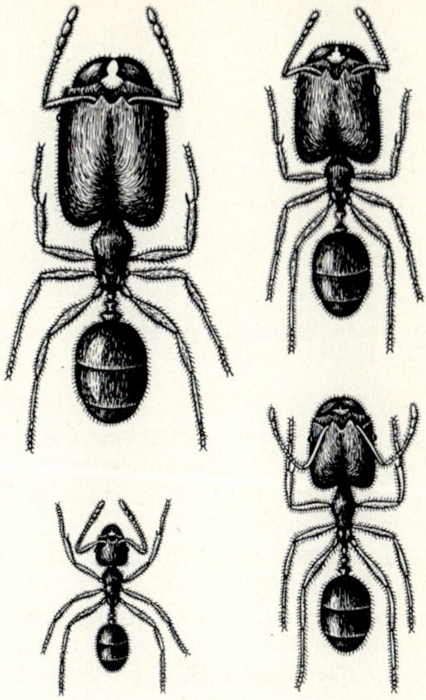

Abb. F-6: ***Pheidole instabilis.*** Mexiko. 3 Soldaten und (unten links) Arbeiterin. (Wheeler 1910)

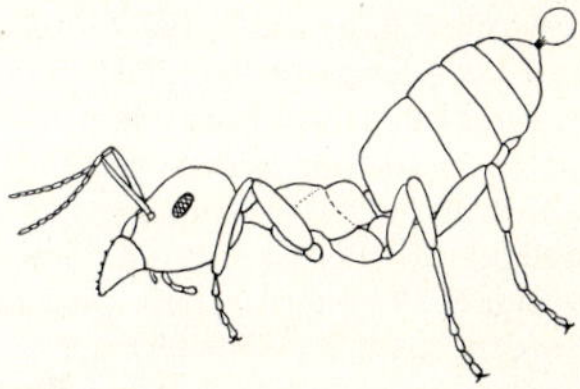

Abb. F-7: ***Lasius niger,*** Wegameise. Alarmstellung; »Giftsterzeln«. (Maschwitz 1970)

aber nicht an; die ♂♂ von ***Tapinoma*** (auch die anderer Arten?) haben keine Alarmstoffe. Bei vielen Arten können Nestgenossinnen zum Ausbeuten neuentdeckter Nahrungsquellen angeworben werden; die Rekrutierungsmodi sind sehr mannigfaltig; allgemein: zunächst legen einer Duftspur von der Beute zum Nest; die Spurenstoffe entstammen verschiedenen Quellen, der Dufourschen Drüse (z.B. bei ***Messor***), der Pygidialdrüse (bei Poneridae; die Verteilung des Sekrets perfektioniert durch eine komplexe Oberflächenstruktur der Kutikula des Pygidiums), der Giftdrüse ***(Myrmica)*** oder der Rektalblase (Formicidae); Chemie dieser Pheromone weitgehend bekannt. Im Nest dann Alarmierung

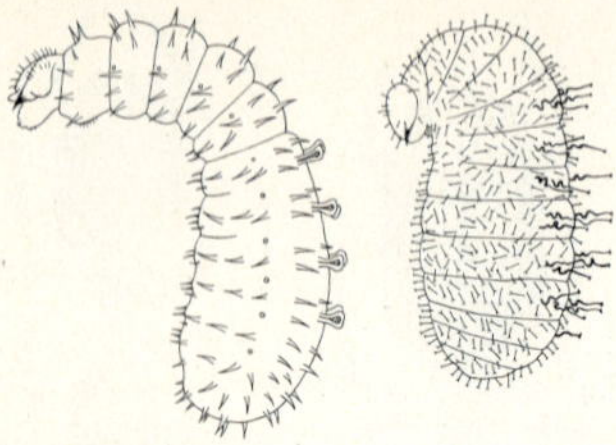

Abb. F-8: Ameisenlarven. Links ***Ponera coarctata***; rechts ***Solenopsis geminata.*** (Escherich 1923/42)

durch Werbeverhalten unterschiedlicher Art (Futteranbieten, z.B. bei ***Formica fusca***), meist kombiniert mit anderen Verhaltensweisen: Fühlertrillern (verbreitet), Zerren mit den Mandibeln (manche tropische Poneridae), Wackellauf (z.B. ***Formica fusca, Messor***), Beklopfen der Unterlage mit Mandibeln und Gaster (***Camponotus***, → Formicidae); die angeworbenen Arbeiterinnen (Neulinge) werden von der Werberin im sog. Tandemlauf einzeln (gilt als ursprünglich; z.B. ***Harpagoxenus***) oder zu mehreren geführt, wobei der Zusammenhalt taktil und olfaktorisch (durch Körperoberflächenpheromone, z.B. bei ***Camponotus sericeus***, oder durch Pygidialdrüsensekret, so bei manchen Poneridae) aufrechterhalten wird, oder sie suchen nach der Alarmierung allein entlang der Duftspur laufend die Beute auf; vgl. auch → Formicidae. Bei vielen Arten wird in Metathorakaldrüsen der Arbeiterinnen ein antiseptisches, das Wachstum von Bakterien und Pilzen hemmendes Sekret produziert; es enthält bei den tropischen bzw. subtropischen, Pilzgärten anlegenden Blattschneiderameisen (***Atta*** sp.) Phenylessigsäure, β-Indolessigsäure und β-Hydroxy-hexan-, -octan-, und -decansäure; zwei der von den ***Atta*** sezernierte Substanzen (Phenyl- und Indolessigsäure) fördern zudem das Wachstum des Speisepilzes. – Die für jegliche Betätigung notwendige Wahrnehmung der Lage im Raum ist ermöglicht durch Schweresinnesorgane: Polster von Sinneshärchen in der Nähe von Gelenken (z.B. Nacken, Hüften, Hinterleibsstiel), die je nach Körperstellung auf verschiedene Weise abgebogen werden. – Entwicklung: die Eier werden von den ☿☿ eifrig beleckt, bisweilen in besonderen Kammern aufbewahrt. Die Larven sind madenförmig, ohne Beine und Augen, selten mit winzigen Fühlern; Mundteile stark verkürzt und meist weichhäutig, Mandibeln jedoch manchmal stärker sklerotisiert [**F-8**]; Segmentierung zuweilen undeutlich; Körperoberfläche oft mit Papillen oder sehr verschieden gestalteten haarartigen Anhängen [**F-8**], werden meist als Schutz- oder Haftorgane gedeutet; Ernährung ausschließlich durch die ☿☿ (bei der Nestgründung zeitweilig durch das ♀), meist mit flüssiger Nahrung aus dem Kropf, z.T. (s.u.) auch mit Speicheldrüsensekret (aus Schlund- und Labialdrüsen), bei Arten mit gut bekieferten Larven (insbes. Poneridae) in wechselndem Ausmaß auch mit fester Nahrung, z.B. zerkauten Insekten; die Larven werden von den ☿☿ bisweilen nach Größenklassen auf verschiedene Nestkammern verteilt, offenbar entsprechend den jeweiligen Anforderungen der Larven an Temperatur und Feuchtigkeit; wahrscheinlich 4–5 Häutungen; Entwicklungsdauer je nach Art und Jahreszeit verschieden lang. Verpuppung bei den niederen Gruppen und bei den Formiciden in einem aus Labialspinndrüsensekret hergestellten Kokon (»Ameiseneier«), bei anderen ohne Kokon; Ausschlüpfen teils ohne, teils (Formicidae) mit Hilfe der ☿☿. Geschlechtsbestimmung: ♂♂ aus unbesamten, ♀♀ und ☿☿ (meist) aus besamten Eiern; die Bestimmung zu ☿☿ bzw. ♀♀ ist offenbar vor allem umweltbedingt, und zwar entstehen (z.B. bei den roten Waldameisen) aus Larven, die kein oder nur wenig Sekret aus den im Thorax liegenden Unterlippenspeicheldrüsen erhalten, ☿☿, aus solchen die viel Sekret bekommen, ♀♀; (eine gewisse Vorbestimmung ist bei ***Formica rufa*** insofern gegeben, als aus den größeren Frühjahrseiern ♀♀ und ☿☿, aus den kleineren Sommereiern wohl ausschließlich ☿☿ entstehen). Nahrung der Imagines: bei vielen Arten vor allem räuberisch erbeutete Insekten und ähnliche Kleintiere; (bei ***Camponotus*** sind Kohlenhydrate verdauende Fermente in dem auf die Beute gespuckten Kropfsaft nachgewiesen); manche ***Formica***-Arten sind als Vertilger von Waldschädlingen von beachtlicher forstlicher Bedeutung. Bei manchen Arten werden bevorzugt (z.B. ***Messor***) oder gelegentlich (z.B. ***Tetramorium***) entspelzte Pflanzensamen eingesammelt, die in besonderen Nestkammern gespeichert, gepflegt (z.B. Transport zum Trockenplatz außerhalb des Nestes und zurück), zu einer Art Ameisenbrot zerkaut und schließlich verzehrt werden; begehrt sind oft die ölhaltigen Anhängsel von manchen Pflanzensamen. (Pilzzucht, wie bei den südamerikanischen Blattschneiderameisen, fehlt bei den mitteleuropäischen Arten). Groß ist die Vorliebe für süße Säfte, Blütennektar (soweit für Ameisen zugänglich), vor allem aber für die zuckerhaltigen Ausscheidungen (→ Honigtau) Siebröhrensaft saugender Blatt- und Schildläuse, auch gewisser Zikaden (→ Trophobiose) und Bläulingsraupen (→ Lycaenidae); lebhafter Ameisenverkehr an Baumstämmen und Büschen läßt Blattlausbesuch vermuten; manche Arten (z. B. der Gattungen ***Lasius***, ***Camponotus***, ***Cremastogaster***, ***Myrmica***) sind weitgehend auf Honigtaunahrung angewiesen; teils von unterirdischen Wurzelläusen, die in unmittelbarer Nähe der Nester von Ameisen ständig gepflegt (Schutz der Eier und Brut gegen Feinde) und besucht werden (***Lasius flavus*** Deg. z. B. lebt mit Wurzelläusen fast ganz unterirdisch); teils von Läusen, die an Rinde oder an den Blättern saugen; die Ameisen schützen die Blattläuse bis zu einem gewissen Grade vor Raubfeinden. Intensiver Austausch der zeitweilig im Kropf gespeicherten Nahrung zwischen den Nestbewohnern; (bekannt die »Honigtöpfe« der nordamerikanischen Wüstenameise ***Myrmecocystus***, als Dauerspeicher dienende ☿☿ mit gewaltig aufgetriebenem Hinterleib; ähnlich bei der paläarktischen ***Proformica nasuta*** Nyl.); ♂♂ und ♀♀ werden ebenfalls weitgehend von den ☿☿ gefüttert. Trophallaxis (im engen Sinne): Nahrungsaustausch zwischen ☿☿ und Larven; die Larven erhalten Nahrung von den ☿☿, geben ihrerseits nicht selten Flüssigkeitstropfen aus dem Mund ab, die von den ☿☿ aufgenommen werden (Bedeutung?). Gegenseitiger Nahrungsaustausch der Nestinsassen (Trophallaxis im weiten Sinne) ist ein wesentliches Kennzeichen sozialen Verhaltens; dabei unterscheidbar: Anbieten: Fühler hinten seitlich, Mundteile geöffnet nach vorn; Betteln: Fühler, u.U. auch Vorderbeine betrillern den Partner. Häufig ist auch individuelle und soziale Körperpflege. Arbeitsteilung: die vielfältigen zur Erhaltung des Volkes nötigen Arbeiten innerhalb und außerhalb des Nestes sind fast ausschließlich Sache der ☿☿; die ♂♂ verlassen bei manchen Arten (z. B. ***Formica***) bald nach dem Schlüpfen das Nest zum Hochzeitsflug, falls sie jedoch lange im Nest bleiben (z. B. bei ***Camponotus***), sind sie ebenfalls am Futteraustausch beteiligt; die ♀♀ (Königinnen) sind fast ausschließlich Eierlegerinnen, die von den ☿☿ versorgt werden; zum mindesten bei manchen Arten gibt die Königin einen Stoff ab, der auf die Pflege-☿☿ anlockend wirkt; bei der unabhängigen Nestgründung (s. unten) ist jedoch die Königin zeitweilig Brutpflegerin. ☿☿: alle können alle notwendigen Arbeiten verrichten, jedoch sind i. a. die jungen mehr im Innen-, die älteren mehr im Außendienst tätig (z. B. bei den Roten Waldameisen); Futtersaftdrüsen sind bei den jüngeren Innendiensttieren gut entwickelt, Ovarien bei den älteren Außendiensttieren stark rückgebildet; die Bedeutung des Alters ist jedoch für die Arbeitsteilung im einzelnen nicht groß, Gleichaltrige tun durchaus nicht das Gleiche. Bei Arten mit großköpfigen Soldaten sind diese meist mehr im Außendienst tätig; einzelne Individuen können mehr oder weniger lange auf eine bestimmte Tätigkeit spezialisiert sein, können z. B. (Ortstreue) die gleiche Straße benutzen, die gleiche Blattlauskolonie auf einem bestimmten Blatt besuchen. Die Summe der Tätigkeiten ist durchweg in erstaunlicher Weise den Bedürfnissen des Volkes angepaßt (Regelung?). – Die vielkammerigen Nester sind bei den meisten einheimischen Arten unterirdisch, (z. B. ***Messor***, mit Kraterwall um den Nesteingang); sehr häufig unter Steinen (viele Arten); bisweilen wird die aus der Tiefe herausgeschaffte Erde zu einem gekammerten oberirdischen Bau verwendet (z. B. ***Lasius niger*** L.); kombinierte unter- und oberirdische Nester bei den Roten Waldameisen der Gattung ***Formica***: über dem unterirdischen Teil ein oft beträchtlicher, aus gröberem und feinerem Pflanzenmaterial zusammengetragener oberirdischer Haufen, gestattet in der warmen Jahreszeit durch das Ausnutzen der Sonneneinstrahlung und das den jeweiligen Außenbedingungen angepaßte Schließen und Öffnen der Eingänge eine beachtliche Temperatur- und Feuchtigkeitsregulierung im Nestinnern. In mehr oder weniger anbrüchigem Holz ausgenagt die Nester von ***Camponotus***-Arten und von ***Colobopsis truncatus*** Spin. **[F-2, F-3]**. ***Lasius fuliginosus*** Latr. baut meist in hohlen Baumstämmen ein

Kartonnest aus zerkautem Holz und ausgewürgter zuckerhaltiger Nahrung (→ Formicidae 3a). Von den Nestern aus gehen häufig (so bei den roten Waldameisen) die oft jahrelang begangenen Ameisenstraßen zu den Jagd- bzw. Blattlausgründen. Die Orientierung auf dem Marsch vom und zum Nest ist bei verschiedenen Arten verschieden; in neuer Umgebung, auch nach der Winterruhe, macht man zunächst Orientierungsgänge, die allmählich in immer weitere Entfernungen führen und dem Einprägen der Nestumgebung dienen; das Orientiertsein ist weithin Gedächtnisleistung; dabei Führung durch verschiedene Sinnesorgane; wichtig ist z. B. der Tastsinn bei Straßen entlang einer Geländemarke, z. B. einer Bordsteinkante; viele Arten legen Duftspuren (s. oben und → Formicidae); optische Orientierung nach dem Silhouettenmuster des Laubdaches bei waldbewohnenden afrikanischen Poneridae; weitgehend optische Orientierung z. B. bei den Roten Waldameisen, die sich über die bei ihnen besonders gut ausgebildeten Komplexaugen nach auffallenden Geländemarken, zumal aber auch nach der Sonne richten: Einhalten eines bestimmten Winkels zur Sonne bzw., wie bei den Honigbienen nach dem Polarisationsmuster des Himmelslichtes, wobei sie es lernen, die Änderung des Sonnenstandes zu verrechnen. Sehr häufig die Fähigkeit durch Stridulieren Laute zu erzeugen; Stridulationsorgane im Prinzip gleichartig; Beispiel Myrmicidae: Ein waschbrettartig gerieftes (Rippen-)Feld auf dem 1. Gastersegment wird durch Auf- und Abbewegen des angehobenen Hinterleibs an einer Kante des Postpetiolus gerieben; die Laute haben einen hohen Ultraschallanteil; die niederen Frequenzen (8000–15000 Hz) bei großen Arten für den Menschen hörbar; Hörvermögen über die durch die Schallschnelle bewegten Sinneshaare auf den Fühlern nachgewiesen; Reaktionen auf die Stridulation bisher jedoch nur dann beobachtet, wenn die Schwingungen als Substratvibrationen mit den äußerst empfindlichen (tibialen, bzw. trochanter-femuralen) Organen des Erschütterungssinnes wahrgenommen werden können; striduliert wird immer, wenn die Tiere an der freien Fortbewegung gehindert werden; die Bedeutung der Lautäußerungen bisher nur teilweise bekannt; bei Blattschneiderameisen ***(Atta)*** wirken die Vibrationen anlockend auf andere ☿☿; verschüttete »schreiende« Genossinnen werden ausgegraben. – Überwinterung des Volkes in unseren Breiten in Kältestarre, bei Erd- oder kombinierten Nestern in den geschützten unteren Teilen, mit (manche Myrmiciden) oder ohne Larven; Stoffwechsel radikal herabgesetzt; Erwachen im Frühling: zuerst steigen einige weniger empfindliche Individuen auf, gehen wieder in die Tiefe, ermuntern, falls sie oben günstige Bedingungen fanden, weitere zum Aufsteigen. Neugründung eines Volkes: Auftreten der meist geflügelten Geschlechtstiere im Laufe des Sommers, verlassen bei starken Völkern oft in Schwärmen das Nest, sammeln sich gerne an hochragenden Geländepunkten; gemeinsamer Ausflug der überwinterten ♂♂ und ♀♀ von ***Camponotus herculeanus*** L. im Frühling dadurch koordiniert, daß die zuerst aus dem Flugloch kommenden ♂♂ das Duftsekret ihrer Mandibeldrüsen verspritzen und dadurch die ♀♀ zum Ausfliegen animieren; ähnlich wirkendes Mandibeldrüsensekret (enthält Terpene und Terpenderivate) auch bei ***Lasius***-Arten festgestellt; häufig wird das ♂ angelockt, erregt und schließlich zur Paarung stimuliert durch in der Gift- oder der Dufourschen Drüse des ♀ produzierte Sexualpheromone. Begattung des ♀ beim Hochzeitsflug oder auch am Boden, oft mit mehreren ♂♂. Verhalten des begatteten ♀, das alsbald die Flügel abwirft, bei der **Nestgründung** je nach Art verschieden. 1. **Unabhängige Nestgründung** (häufigste Form): a) Das einzelne ♀ sucht einen Schlupfwinkel, schließt ihn gegen außen ab, legt Eier, pflegt sie und die schlüpfenden Larven, füttert sie aus dem Mund, frißt oft selber einen Teil der Eier und Larven; Nahrungsreserve ferner im Fettkörper und in der degenerierenden Flugmuskulatur; so, bis die ersten ☿☿ schlüpfen. Bei primitiven Formen muß das ♀ das Nest regelmäßig zur Nahrungssuche verlassen. b) Mehrere ♀♀ ziehen zusammen die ersten ☿☿ auf. 2. **Abhängige Nestgründung** bei Arten, deren ♀ nicht mehr allein die erste Brut aufziehen kann; mehrere Varianten, bisweilen bei der gleichen Art: a) Das abhängige ♀ schließt sich an ein unabhängiges ♀ einer anderen Art an, letzteres zieht beide Bruten hoch; Ergebnis: ein gemischtes Volk, entweder dauernd, oder solange, bis das abhängige ♀

das unabhängige ♀ tötet; Beispiel: ***Strongylognathus testaceus*** Schk. bei ***Tetramorium caespitum*** L. [**F-9**], Volk dauernd gemischt; ***Formica sanguinea*** Latr. bei ***F. fusca*** Latr., sowie die monogyne Form von ***F. rufa*** L. ebenfalls bei ***F. fusca***; Völker zeitweilig gemischt. b) Das abhängige ♀ läßt sich von einem Volk der gleichen Art adoptieren; Beispiel: polygyne Formen von ***Formica rufa*** L. c) Das abhängige ♀ dringt in ein weiselloses oder mit einem ♀ versehenes Volk einer anderen Art ein, tötet gegebenenfalls die Nestkönigin; Ergebnis: zeitweilig gemischtes Volk; Beispiel: ***Formica sanguinea*** bei ***F. fusca***; ähnlich in der Gattung ***Lasius***. d) Das abhängige ♀ raubt Puppen einer anderen Art, benutzt die daraus schlüpfenden ☿☿ als zeitweilige Helfer; Beispiel: ***Formica sanguinea*** bei ***F. fusca***. e) Das abhängige ♀ dringt in ein Fremdnest ein, tötet alles außer den Puppen (und z.T. Larven), bedient sich der daraus schlüpfenden ☿☿; Beispiel: ***Harpagoxenus sublaevis*** (Myrmicidae) bei ***Leptothorax***; in solchen Fällen entsteht durch dauerndes Zurauben von Puppen u.U. ein dauernd gemischtes Volk; die Rekrutierung zum Raubzug erfolgt durch Tandem-Laufen. f) Das abhängige ♀ dringt in Fremdnest ein, tötet dessen ♀, wird angenommen, seine Brut wird gepflegt; also gemischte Kolonie, die später durch Zuraub von Puppen aus überfallenen anderen Nestern erhalten bleibt; Beispiel: Amazonenameise ***Polyergus fufescens*** Latr., hauptsächlich bei ***Formica fusca*** L. und ***F. rufibarbis*** Fbr.; alle Kasten der Amazonenameise sind durchaus auf die Hilfsameisen angewiesen, haben dolchförmige Kiefer (Mandibel), geeignet zum Töten bei den Raubüberfällen, nicht dagegen für die Nestbau- und Brutpflegearbeiten [**F-9**]. g) Ausgeprägter Brutparasitismus (Sozialparasitismus), unter Fortfall der ☿-Kaste beim Parasiten; so bei mehreren Arten, am bekanntesten der Fall von ***Anergates atratulus*** Schenk. (→ Myrmicidae 4). 3. **Bildung von Tochterkolonien** (Ablegern) bei volkreichen polygynen Arten; ein kleinerer Volksteil mit ♀♀ sondert sich ab, kann mehr oder weniger lange durch eine Straße mit dem Muttervolk in Verbindung sein; beim Umzug wird nicht selten eine ☿ von einer anderen getragen, wobei die Getragene eine bestimmte eingekrümmte Haltung einnimmt; bei großen

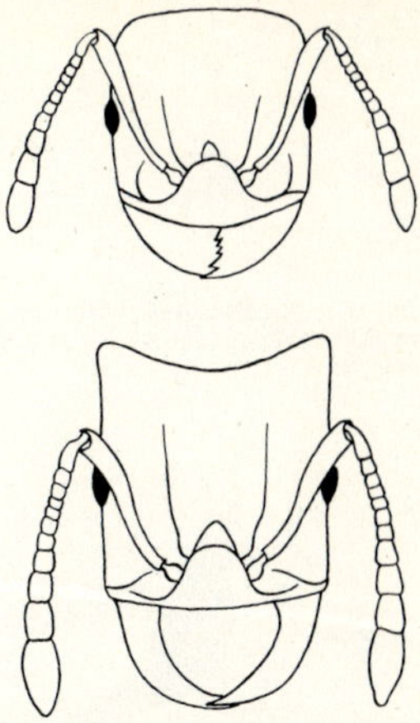

Abb. F-9: Kopf und Mandibeln. Arbeiterin oben von ***Tetramorium caespitum*** (Rasenameise), unten von ***Strongylognathus testaceus*** (Säbelameise). (Stitz 1939)

Völkern der Roten Waldameisen manchmal bis zu 100 und mehr Ableger. – **Ameisengäste:** mehr oder weniger harmlose bzw. schädliche Mitbewohner von Ameisennestern, in erster Linie (dann als myrmecophil bezeichnete) Insekten, verschiedensten Ordnungen angehörig, leben ständig oder nur in bestimmten Stadien bei den Ameisen; etwa 3000 Arten bekannt; manche sind nach Größe und Gestalt ameisenähnlich (Ameisenmimikry); das Zusammenleben wird oft dadurch gefördert, daß die Gäste den Ameisen Drüsensekrete als offenbar höchst begehrte und gern aufgeleckte »Leckerbissen« bieten (z.B. Büschelkäfer; → Staphylinidae 10). Nach der Art der Beziehungen zwischen Gast und Wirt (ohne genaue Abgrenzung) unterscheidbar: a) **Synechthrie** (Syllestium): der »Gast« lebt räuberisch, frißt Brut und Imagines des Wirtes, wird von diesem feindlich behandelt; verschiedene Kurzflügelkäfer, z.B. ***Myrmedonia funesta*** Grav. bei ***Lasius fuliginosus***, können die Kolonie empfindlich schädigen (→ Staphylinidae 8). b) **Synökie:** Beziehungen mehr oder weniger indifferent, Gäste nicht feindlich behandelt, schädigen in der Regel den Wirt kaum oder gar nicht, verzehren Abfälle verschiedenster Art, oder fressen mit von der eingebrachten Insektennahrung oder wenn die Ameisen sich gegenseitig füttern, rauben nur selten

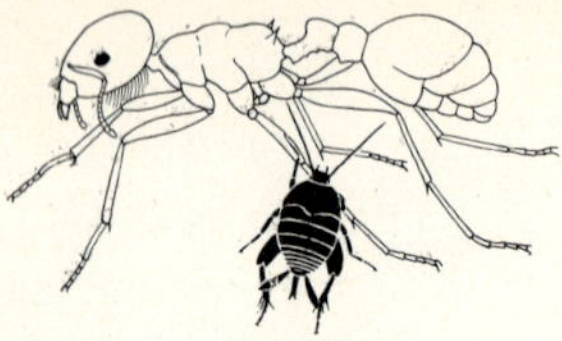

Abb. F-10: Die Ameisengrille ***Myrmecophila acervorum*** (schwarz) nagt am Bein einer Ameise. (Wheeler 1960)

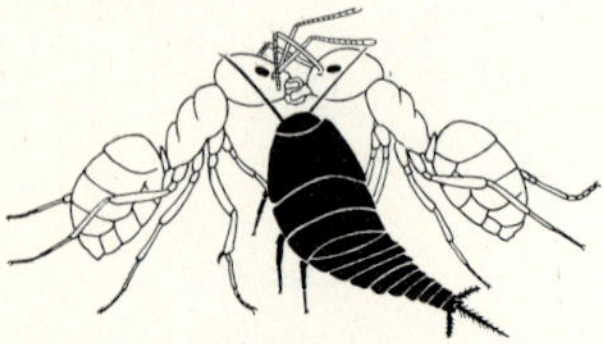

Abb. F-11: Ein Silberfischchen ***(Atelura*** sp.***),*** schwarz, nascht bei gegenseitiger Fütterung zweier Ameisen ***(Lasius).*** (Denis 1949)

Abb. F-12: ***Atemeles*** sp. verlangt Futter von ***Myrmica*** sp. (Wasmann 1898)

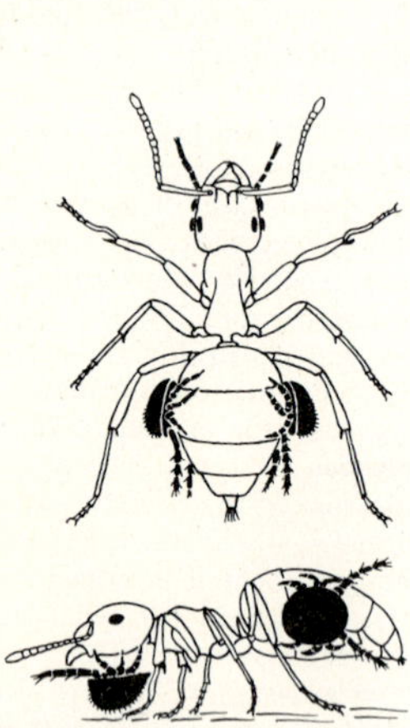

Abb. F-13: Milbe ***Antennophorus pubescens,*** schwarz, auf ***Lasius mixtus.*** (Janet)

Ameisenbrut; einige Beispiele: verschiedene Springschwänze, wegen Kleinheit vom Wirt vielleicht nicht bemerkt (→ Collembola); Larven von Schwebfliegen der Gattung ***Microdon*** (→ Syrphidae) bei ***Formica***-Arten; Larven von Blattkäfern der Gattung ***Clytra*** vor allem bei ***Formica***-Arten, durch Eier- oder Brutfraß zuweilen schädlich (→ Chrysomelidae 5); als Abfallfresser in den Randbezirken von ***Formica***-Nestern oft die engerlingsartigen Larven von Rosenkäfern (→ Scarabaeidae 18); kleine flügellose Grillen der Gattung ***Myrmecophila*** ([**F-10**]; → auch Myrmecophilidae, [**M-52**]); Silberfischchen der Gattung ***Atelura*** (→ Zygentoma 3, [**F-11**]); Kurzflügelkäfer der Gattung ***Dinarda*** (→ Staphylinidae 9). c) **Symphilie:** Gäste von den Ameisen nicht nur geduldet, sondern beschützt und manchmal auch ernährt, bieten dem Wirt begehrte, Pflegeverhalten auslösende Drüsensekrete; einige Beispiele: Kurzflügelkäfer der Gattung ***Lomechusa*** und ***Atemeles,*** ([**F-12**]; → Staphylinidae 10); Keulenkäfer der Gattung ***Claviger*** (→ Pselaphidae [**P-63**]); Raupen mancher Bläulinge (→ Lycaenidae); vgl. hierzu auch die oben erwähnten Beziehungen zu Honigtaulieferanten. d) **Parasitismus:** Vorteil ausschließlich bei dem »Gast«; einige Beispiele: offenbar noch harmlose Kommensalen sind Milben der Gattung ***Antennophorus,*** ausschließlich an ***Lasius***-Arten [**F-13**], fressen an ausgewürgten Futtertropfen mit, einzeln oder zu mehreren an einem Arbeiter; eine einzelne Milbe sitzt stets an der Kehle, benutzt u. U. das vordere Beinpaar antennenartig, um Auswürgen von Futter zu provozieren; mehrere Milben sind symmetrisch auf dem Ameisenkörper verteilt (gleichmäßige Gewichtsverteilung?), stets zum Hinterende des Trägers gewandt, kennen sich also genau auf dem Ameisenkörper aus, fressen bei Nachbarameisen mit; die Milbe ***Laelaps oophilus*** Wasm. auf Eiballen von ***Formica,*** wird von den eipflegenden ☿☿ mitgefüttert; zahlreiche weitere Milbenarten als Blutsauger. Innenparasiten: Larven verschiedener Schlupfwespen (→ Eucharitidae) und Fliegen, ferner Fadenwürmer der ***Mermis***-Gruppe. Vom Zwischenwirt (Landschnecken) ausgestoßene, als Nahrung aufgenommene Cercarien des kleinen Leberegels gelangen durch die Kropfwand in die Leibeshöhle der Ameise (besonders bei ***Formica***-Arten);

eine der Wurmlarven (der »Hirnwurm«) wandert in das Unterschlundganglion, bewirkt Verhaltensänderung des Trägers: die so infizierte Ameise klettert auf die Spitze einer Pflanze, beißt sich hier fest und verharrt eine gewisse Zeit, kann jetzt vom weidenden Rind oder Schaf gefressen werden, womit die Wurmlarven in den Endwirt gelangt sind. Die ameisenähnlichen ♀♀ der Wanze ***Systellonotus triguttatus*** L. saugen die Puppen von ***Lasius flavus*** L. aus. Bekannte Räuberfeinde: Ameisenlöwen (→ Myrmeleonidae) und Erdspechte (Grau- und Grünspecht). Beachtlich ist die Bedeutung der fast überall vorkommenden Ameisen für den Haushalt der Natur, vor allem als Insektenvertilger, im Wald vor allem die Roten Waldameisen der Gattung ***Formica*** (→ Formicidae); manche Arten auch als Verbreiter von Pflanzensamen. Einige z.T. weltweit verschleppte Arten werden für den Menschen lästig: als Holzzerstörer (z.B. ***Camponotus***-Arten; ***Colobopsis truncatus*** Spin., nistet in kleinen, meist abgestorbenen Zweigen von Nußbäumen; da heute sehr selten, Schaden vernachlässigbar); im Garten durch ihre Nester, durch Beschädigung an Pflanzen, als »Blattlauszüchter« ***(Lasius***-Arten, ***Tetramorium)***; im Haus als Näscher an Lebensmitteln (div. Arten). Von den etwa 6000 bisher bekannten Arten nur etwa 200 in Europa; aufgeteilt auf 4 Fam.: → Myrmicidae; → Poneridae; → Dolichoderidae; → Formicidae [**F-14**]. (Autrum 1936; Ayre 1963; Banks 1962; Beattie 1985; Bergström, Löfquist 1968/70; Bernard 1951, 1968; Billen 1984, 1986; Billen et al. 1986; Brian 1980; Buschinger 1975, 1986; Buschinger, Maschwitz 1984; Buschinger, Winter 1977; Cammaerts et al. 1978; Dumpert 1978 Gößwald 1985; Habermehl 1983; Hohorst, Lämml 1962; Hölldobler 1966, 1976, 1980; Hölldobler, Engel 1978; Hölldobler, Maschwitz 1965; Hölldobler, Traniello 1980; Jander 1957; Kistner 1982; Kloft 1959; Königsmann 1968; Kutter 1950, 1956, 1977; Leuthold 1968; Löfquist 1976; Mamsch 1967; Markl, Hölldobler 1978; Markl et al. 1977; Maschwitz 1964, 1974, 1975; Maschwitz et al. 1974a, b, 1975, 1981; Möglich, Hölldobler 1975; Möglich et al. 1974; Nachtwey 1963; Otto 1962; Schildknecht, Koob 1971; Schildknecht et al. 1973; Stitz 1939; Stumper 1956, 1960, 1961, 1964; Weir 1958; Wheeler 1960).

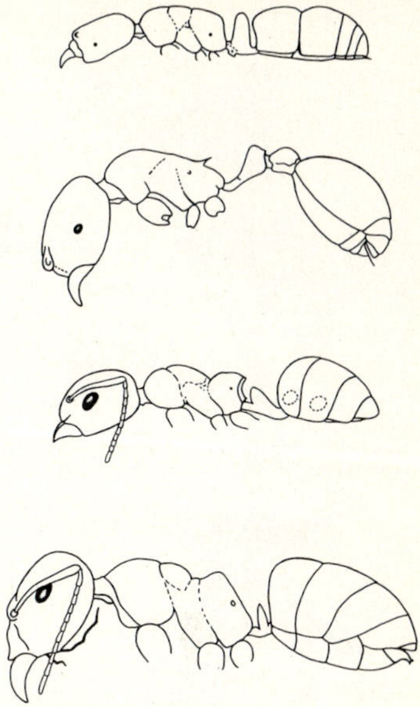

Abb. F-14: Charakteristische Merkmale der 4 Ameisenfamilien. Seitenansicht der Arbeiterinnen von a Poneridae ***(Ponera coarctata)***, b Myrmicidae ***(Stenamma westwoodi)***, c Dolichoderidae ***(Dolichoderus quadripunctatus)***, d Formicidae ***(Lasius niger)***. (Nach verschiedenen Autoren)

Formicoxenus; → Myrmicidae 7.

Fossa spongiosa; → Reduviidae.

Fransenflügler; → Thysanoptera.

Fransenmotten; → Momphidae.

Französische Kornmotte, ***Sitotroga cerealella*** Oliv.; → Gelechiidae 1.

Freie Puppe, Pupa libera; → Pupa 2a.

Freikiefler; → Ectognatha.

Frenatae, Frenulum; → Lepidoptera.

Fritfliege, ***Oscinella frit*** L.; → Chloropidae 2; → Eucoilidae.

Frontaldrüse; → Isoptera.

Frostspanner; → Geometridae 20–32.

Fruchtfliegen; → Trypetidae.

Fruchtstecher, ***Rhynchites cupreus*** L.; → Curculionidae 4.

Frühlingsfliegen; → Trichoptera.

Frühlingsmistkäfer, ***Geotrupes vernalis*** L.; → Scarabaeidae 2.

Frühlingsscheckenfalter, ***Nemeobius lucina*** L.; → Riodinidae.

Frühlingsspinner; → Endromididae.

Fucellia; → Anthomyiidae.

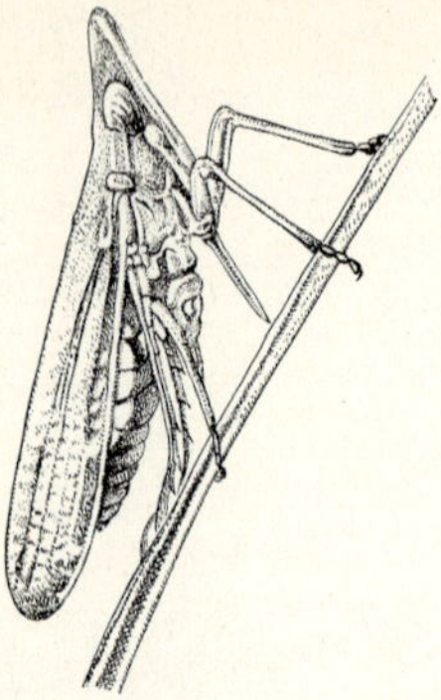

Abb. F-15: ***Fulgora europaea***, Europäischer Laternenträger. 13–14 mm. (Günther 1969)

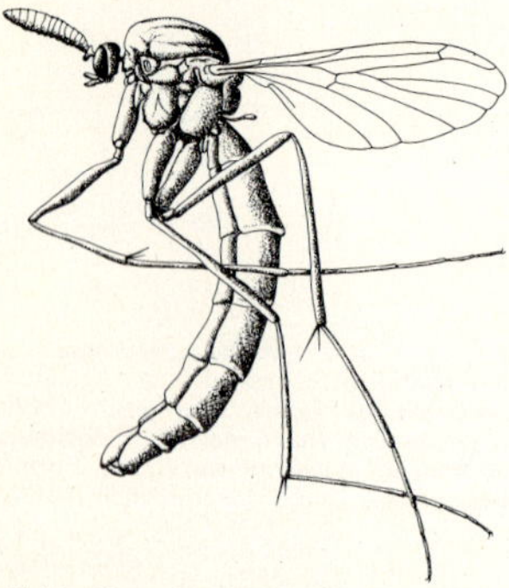

Abb. F-16: ***Ceroplatus sesiodes***, Pilzmücke. ♂. Körper 16 mm. (Séguy 1951)

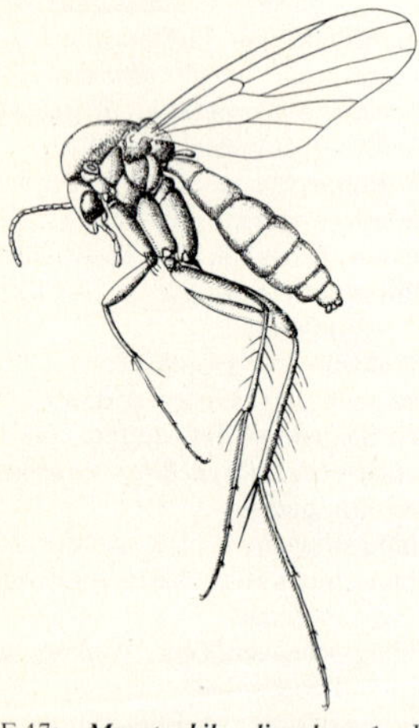

Abb. F-17: ***Mycetophila lineola.*** ♂. Körper 4,5 mm. (Séguy 1951)

Fuchsschwanzgallmücken; → Itonididae 6, 7.

Fulgora; → Fulgoridae.

Fulgoridae, Laternenträger, Leuchtzirpen; Fam. der Zikaden (Auchenorrhyncha); mit zahlreichen (über 650) z. T. sehr stattlichen Arten in den warmen Ländern; mit oft großen und auffallenden Verlängerungen des Stirnbereichs nach vorn; (deutscher Name irreführend, beruht auf der falschen Meinung, im Stirnfortsatz säßen Leuchtorgane); in Mitteleuropa: ***Fulgora (Dictyophara) europaea*** L., Europäischer Laternenträger [**F-15**]; grünlich, die Stirn kegelförmig nach vorn verlängert; Vorderflügel mit netzartigem grünlichen Geäder; auf niederen Pflanzen; in der Ukraine bisweilen schädlich, z. B. an Wassermelonen; (diese Art wird von manchen Autoren einer eigenen Fam. Dictyopharidae zugeordnet).

Fumea; → Psychidae 4.

Fundatrigeniae; bei Blattläusen mit Wirtswechsel (insbes. Aphididae) die auf dem Hauptwirt parthenogenetisch entstandenen und sich ebenso fortpflanzenden Nachkommen der Stammutter (Fundatrix); bessere Bezeichnung; Virgines; → Aphididae; → Aphidina.

Fundatrix, Stammutter; Ausgangsform im Jahreszyklus der Blattläuse, meist im Frühling aus einem besamten überwinternden Ei (Winterei) geschlüpft, pflanzt sich parthenogenetisch fort; → Aphidina.

Fungivoridae, (Mycetophilidae), Pilzmücken [**F-16; F-17**]; Fam. der Mücken (Diptera, Nematocera; hier einbezogen auch einige Vertreter, die bisweilen eigenen Fam. zugeordnet werden, z. B. ***Ceroplatus*** [**F-16**], zu Zelmiridae (= Platyuridae = Ceroplatidae; ***Bolitophila***, ***Bolitophilella***, zu Bolitophilidae); durchweg kleine, zarte, Schatten und Feuchtigkeit liebende, an passenden Stellen oft massenhaft auftretende Mücken, besonders im Frühling und Herbst; stechen nicht; Mundwerkzeuge meist reduziert; vermutlich keine Nahrungsaufnahme, allenfalls Nektar; ihr Auftreten besonders in Wäldern bedingt durch den Lebensraum der Larven, die bei vielen, aber keineswegs allen Arten (meist polyphag, seltener oligophag) in Pilzen, auch in für den Menschen giftigen fressen; ferner oft in der Fallaubschicht des Waldbodens, fressen hier zerfallende Pflanzenstoffe, vielleicht auch Hefe und Pilzmyzelien; Treffen der Geschlechter in Balzflügen über oder auch auf dem Nahrungssubstrat der Larven; Kopula im Flug oder sitzend, danach Eiablage; dazu werden Pilze und modrig riechende Objekte aufgesucht und somit auch die ähnlich duftenden, und in Teilen dem Fruchtkörpergewebe von Pilzen ähnlichen Blüten von → Pilzmückenblumen, deren Bestäubung dadurch zustandekommt, an denen sich die Larven jedoch nicht entwickeln können; die eucephalen Larven [**F-18**] mit 8 offenen Stigmenpaaren, teils schlank, teils gedrungen, mit Kriechwülsten; die gedrungenen, ähnlich winzigen Nacktschnecken (z.B. ***Phronia***; [**F-19**]), bedeckt mit einer »Maske« aus Schleim und Kot, hinterlassen beim Kriechen eine Schleimspur; viele Larven fertigen mehr oder weniger ausgedehnte Gespinste, einige bauen sich aus Kotteilchen einen Köcher, in dem auch die Verpuppung stattfindet; Puppen allgemein im oder in Nähe vom Fraßort der Larven; Entwicklungsdauer ca. 15, Lebensdauer der Imagines 10–20 Tage; Beispiel: ***Delopsis aterrima*** Zett., Larven leben in modrigem Holz und in Pilzen in einem aus Exkrementen gefertigten, klebrigen grauen Sack; vor der Verpuppung wird er zu einem schwarzen, hartschaligen und mit einem Deckel versehenen Kokon umgebaut; bemerkenswert das Leuchtvermögen der Larven (und Puppen, evtl. auch das der frisch geschlüpften Imago) mehrerer Arten, unter den mitteleuropäischen z.B. bei ***Ceroplatus testaceus*** Dalm., deren Larve an der Unterseite verschiedener Baumschwämme lebt, in einem schleimigen Gespinst, auf einer Schleimspur kriechend, Pilzsporen fressend; hier auch Verpuppung in einem mit Deckel versehenen Kokon; schwaches Leuchten am ganzen Körper, gebunden an den Fettkörper, anscheinend kein bakterielles Leuchten; Bedeutung unbekannt. (Berühmt das Leuchten von ***Bolitophila (Arachnocampa) luminosa*** Hutt., einer neuseeländischen Art; Leuchtorgane am Ende der 4 Malpighischen Gefäße, hinterlagert mit Tracheolen-Reflektor; lassen Fäden leuchtenden Sekrets herab, an denen sich z.B. kleine Mücken fangen, Nahrung für die räuberischen Larven). Mehrere hundert Arten in Mitteleuropa. (Brauns 1954, 1964; Scherf 1970; Schumann 1968; Séguy 1951; Vogel 1978; Zahl 1971).

Furchenbienen; → Halictidae 4.

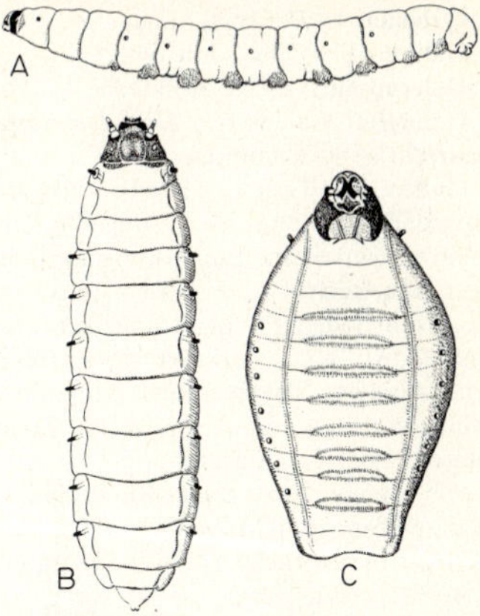

Abb. F-18: Larven von Pilzmücken. A ***Genus*** sp., 8 mm, von links; B ***Bolitophilella*** sp., 3,5 mm, von dorsal, in Pilzen; schwarze Punkte = Stigmen; C ***Phronia strenua***, 5 mm, von ventral; mit Kriechwülsten. (Brauns 1964)

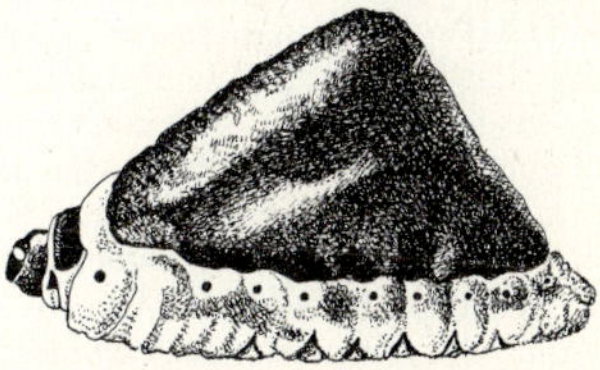

Abb. F-19: ***Phronia*** sp. Larve, 5 mm, trägt Schild aus Kot und Schleim. (Brauns 1964)

Furchenschwimmer, ***Acilius sulcatus*** L.; → Dytiscidae 3.

Furcipes; → Curculionidae 21.

Fußspinner; → Embioptera.

Futteralmotten; → Coleophoridae.

Futtersaftdrüsen; → Formicoidea; → Apidae 3.

Futterwanze, ***Lygus pabulinus*** L.; → Miridae 4.

G

Gabelmücken, ***Anopheles*** sp.; → Culicidae.

Gabelschwanz; Gabelschwanzraupen; → Notodontidae 1–3.

Gabonia; → Pharmakophagie.

Galeruca; → Chrysomelidae 14.

Galerucella; → Chrysomelidae 15, 16.

Galläpfel; Gallen von ***Diplolepis quercus-folii*** L.; → Cynipidae 3.

Gallen, Cecidien; »... alle Produkte abnormen Wachstums, die an irgendwelchen Pflanzen unter der Einwirkung tierischer oder pflanzlicher Parasiten entstehen und den Nährboden für diese abgeben« (Küster 1953); nach der Art des Erregers unterschieden: **Phytocecidien,** erregt durch Pflanzen (Bakterien, Algen, Pilze); **Zoocecidien,** erregt durch Tiere, und zwar außer durch wenige Protozoen, Rädertierchen, Fadenwürmer und Milben, vor allem durch Vertreter verschiedener Insektengruppen, keineswegs nur durch die im Namen gekennzeichneten »Gallwespen« und »Gallmücken«, von denen zudem nicht alle Gallbildner sind (→ Cynipidae; → Itonididae); ± zahlreiche Gallbildner z. B. auch unter den Blasenfüßern (→ Thysanoptera), Blattflöhen (→ Psyllina), Blattläusen (→ Aphidina), Blattwespen (→ Tenthredinidae), manchen Käfern (z.B. → Cerambycidae; → Curculionidae), manchen Schmetterlingen (z.B. → Gelechiidae; → Pterophoridae; → Aegeriidae; → Tortricidae; → Heliodinidae 1), Bohrfliegen (→ Trypetidae), Halmfliegen (→ Chloropidae), Minierfliegen (→ Agromyzidae). (→ auch Agaonidae). Gallbildung manchmal nur fakultativ. Nach dem Aufbau der Gallen oft unterschieden: 1. **histoide Gallen,** wobei nur bestimmte Pflanzengewebe in die Wachstumsänderungen einbezogen sind, z.B. bei der verdickten Einrollung von Blatträndern unter dem Einfluß von Blattläusen; 2. **organoide Gallen,** wobei ganze Pflanzenorgane in die Gallenbildung einbezogen sind, z.B. bei den ebenfalls durch Blattläuse bedingten Ananasgallen an Fichten (→ Adelgidae); häufig Übergänge zwischen beiden Typen. Nach den räumlichen Beziehungen zwischen Parasit und Wirt unterscheidbar Umwachsungs- oder Beutelgallen, bei denen der Parasit stets außerhalb des Wirtsgewebes bleibt, nur von ihm umwachsen wird (Beispiele: → Eriosomatidae; → Itonididae 27); Markgallen, bei denen bereits das Ei vom Parasiten-♀ in das Pflanzengewebe versenkt wird, der daraus sich entwickelnde Parasit in der Gallenkammer rings vom Pflanzengewebe umgeben ist und sich u.U. mit beachtlichen Anstrengungen herausarbeiten muß (Beispiel: → Cynipidae 3). Spezialistentum der Gallenerreger oft sehr ausgeprägt, in zweierlei Hinsicht: Befall einer bestimmten oder nur weniger Wirtspflanzen; ferner bestimmter Organe auf diesen Pflanzen, z.B. Gallen spezifisch an Wurzeln, Knospen, Blattstielen, Blättern; (Bestimmungsbücher für Gallen daher in der Regel nach Wirtspflanzen und deren befallenen Teilen geordnet); manche Gruppen von Gallenbildnern bevorzugen bestimmte Pflanzen; bekanntestes Beispiel: Gallwespen besonders häufig an Eichen, an denen Arten mit Generationswechsel (Heterogonie) je nach Generation verschiedene Teile der gleichen Pflanze befallen können (→ Cynipidae; vgl. auch Reblaus: → Phylloxeridae 3). Gallbildung ist nur möglich an noch teilungsfähigem Gewebe der Pflanze; der Anstoß erfolgt vom Gallenerreger, evtl. bereits durch Einstich bei der Eiablage, durch das Ei selber oder/und durch das Fressen bzw. Saugen des Parasiten, u. zw. über vom Gallenerzeuger abgegebene Stoffe, oft pflanzliche Hormone (Auxine, Cytokinine) oder Stoffe, die die Wirksamkeit pflanzeneigener Hormone verändern oder deren Produktion erhöhen; außerdem spielen von den Gallenerzeugern abgegebene Enzyme und Aminosäuren eine Rolle bei der Gallbildung; die Wechselwirkung zwischen Parasit und Wirt (Auftreten von oft polyploidem fett- und eiweißreichem Nährgewebe für den Parasiten) ist künstlich, durch Zugabe von Pflanzenhormonen oder Extrakten aus den Parasiten nicht auszulösen; in nicht wenigen Fällen sind die Gallen nicht die Ergebnisse ± einfacher Veränderungen von Wachstumsprozessen, sondern – zumindest zum Teil – komplizierte, pflanzenuntypische Bildungen (z.B. die Innengalle von ***Cynips quercus tozae***; → Cynipidae 4). Beispiel für das ständige Mit- und Gegeneinander von Wirt und Parasit: Regeneration von Verletzungen an manchen Gallen, sofern der Gallenerreger vorhanden ist; ist er verlorengegangen, wird die Galle abgestoßen; frühzeitiges Auftreten von Trennschichten, die meist auch bei normaler Entwicklung das Abfallen der Galle gewährleisten. Trotz einiger Erkenntnisse über die Beteiligung bestimmter, vom Parasiten kommender, die Gallbildung einleitender und sicherlich auch dauernd weiterwirkender Stoffe bleibt das Problem der artspezifischen Gallenform und -struktur vorerst ungelöst; demonstratives Beispiel: verschiedene Gallwespengallen auf dem gleichen Eichenblatt; zu klären bleibt weiterhin: Spezifität bzw. Nichtspezifität der gallenerregenden Stoffe, der Reaktion verschiedener Pflanzengewebe, das Verhalten des Parasiten. (Beiderbeck, Koevoet 1979; Buhr 1964, 1965; Mandl 1958; Mani 1964; Ross, Hedicke 1927; Schäller 1968; Schildknecht 1976a).

Galleria; → Pyralidae 2.

Gallicolae; die in Blattgallen der Rebe lebenden Formen der Reblaus; → Phylloxeridae 3.

Gallmücken; → Itonididae.

Gallwespen; → Cynipidae.

Gammaeule, ***Autographa (Phytometra, Plusia) gamma*** L.; → Noctuidae 47.

Gänsedistellaus, ***Hyperomyzus lactucae*** L.; → Aphididae 27.

Gänsefederlinge; → Mallophaga.

Gargara; → Membracidae 2.

Garteneule, Schwarze, ***Mamestra persicariae*** L.; → Noctuidae 45.

Gartenhaarmücke, ***Bibio hortulanus*** L.; → Bibionidae.

Gartenhummel, ***Bombus hortorum*** L.; → Apidae 1.

Gartenhumusschnellkäfer, ***Agriotes sputator*** L.; → Elateridae 3.

Gartenlaubkäfer, ***Phyllopertha horticola*** L.; → Scarabaeidae 16.

Gastameise, Glänzende, ***Formicoxenus nitidulus*** Nyl.; → Myrmicidae 7.

Gaster; der an die Wespentaille (Hinterleibsstiel) anschließende Teil des Hinterleibs bei den Apocrita unter den Hautflüglern, insbesondere bei den Ameisen; (→ Hymenoptera; → Formicoidea).

Gasterophilidae, Magenfliegen, Magenbremsen, Magendasseln; Fam. der cyclorrhaphen Fliegen (Diptera, Brachycera); bisweilen als U.-Fam. zu den → Oestridae gestellt; mittelgroß, gute Flieger mit bezeichnendem brummenden Flugton, der bei Pferden und anderen Einhufern, den Larven-Wirtstieren der meisten Arten, wilde Flucht auslösen kann (angeborenes Verhalten?); Mundteile der Imagines rückgebildet, keine Nahrungsaufnahme; die meist im Sommer fliegenden Imagines daher kurzlebig (1–7 Tage), aber bereits gleich nach dem Schlüpfen geschlechtsreif; die ♀♀ der meisten in Europa heimischen Arten (Gattung ***Gasterophilus***; [**G-1**]) legen mit

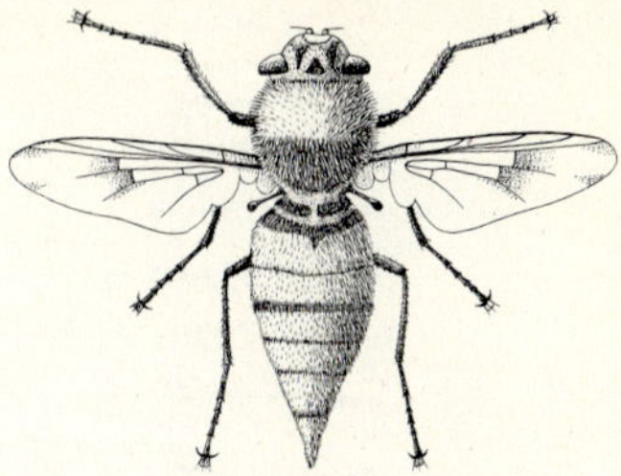

Abb. G-1: ***Gasterophilus intestinalis***, Pferdemagenbremse. ♀, 15 mm. (Séguy 1951)

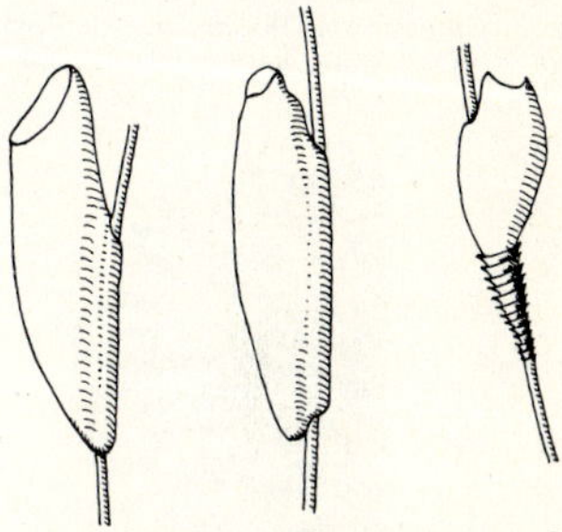

A B C

Abb. G-2: Eier von: A ***Gasterophilus intestinalis***, Pferdemagenbremse. 0,4 mm; B ***G. pecorum***, 0,4 mm; C ***G. haemorrhoidalis***, 0,3 mm. (Séguy 1951)

der langen, recht harten Legeröhre die Eier im Flug an das Haarkleid des optisch und/oder geruchlich gefundenen Larvenwirtes ab, bei dem häufigen ***Gasterophilus intestinalis*** Deg., Pferdemagenbremse, vor allem im Brust- und Bauchbereich und an den Beinen, bei anderen Arten im Bereich des Mundes, oder auch (***G. pecorum*** Fbr.) an Gegenständen in Wirtsnähe; Eizahl meist hoch, bei manchen Arten bis zu 5000 je ♀, bei anderen bedeutend weniger, vor allem bei solchen, die den Mundbereich des Wirtes zum Ablegen bevorzugen; Anheftungsweise der Eier artspezifisch verschieden [**G-2**]; die Larve ist nach etwa einer Woche schlüpfreif, schlüpft entweder spontan oder (***G. intestinalis*** Deg.) erst nach Berührung mit dem Speichel des Wirtstieres und/oder durch mechanische Reize beim Lecken und Knabbern mit den Zähnen; die Junglarve dringt mit Hilfe kräftiger Mundhaken in die Schleimhaut von Zunge oder Wange ein, wandert zum Schlund, setzt sich hier besonders unter dem Kehldeckel

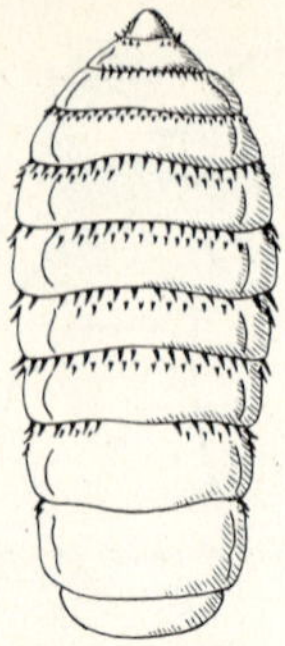

Abb. G-3: ***Gasterophilus intestinalis***, Pferdemagenbremse. Erwachsene Larve, 10 mm. (Séguy 1951)

Abb. G-4: ***Gasterophilus intestinalis***, Pferdemagenbremse. Teil einer Gruppe von Larven aus dem Magen eines Pferdes.

tief in der Haut fest, geht über zur Blutnahrung (2. Larvenstadium); dann Wanderung in den Darmkanal, wo sich die Larven (3. Stadium; [**G-3**]), ausgerüstet mit Dornenkränzen, vor allem im Magen ***(G. intestinalis)***, bei anderen Arten auch oder ausschließlich in hinteren Darmabschnitten ansiedeln, mitunter in beträchtlichen Mengen [**G-4**]; bezeichnend für die Larven der Magenbremsen die beiden »roten Körper«, Gruppen von spezialisierten, hämoglobinhaltigen Zellen des Fettkörpers, die von zahlreichen feinsten, zu den Hinterstigmen (die Larve ist amphipneustisch) in Beziehung stehenden Tracheenästchen um- und durchzogen sind; Funktion: bei Anwesenheit von Luftblasen im Darm Speicherung von O_2 über den augenblicklichen Bedarf hinaus; die Larven sind zudem zur Anoxybiose fähig; Gewinnung von O_2 durch Umwandeln von Glykogen in Fett; die erwachsene Larve verläßt den Darm durch den After, Verpuppung am Boden; Überwinterung als Larve im Wirt. Von den gut 2 Dutzend überhaupt bekannten Arten etwa 10 in Europa, ausschließlich Einhuferparasiten (Pferd, Esel, Maultier), können bei starkem Befall krankhafte Erscheinungen auslösen; gelegentliches Auftreten auch bei anderen Tieren, z. B. bei verschiedenen Raubtieren, auch beim Hund; »Hautmaulwurf« beim Menschen: die Junglarven bohren sich in die Haut, fressen darunter einen Gang, Entwicklung jedoch nur bis zum 2. Larvenstadium, tritt gelegentlich bei intensivem Umgehen mit Pferden auf. (***Gyrostigma***-Arten bei Nashörnern). (Schuhmann 1968; Séguy 1951).

Gasterophilus; → Gasterophilidae.

Gasteruptiidae, Gichtwespen; Fam. der Hautflügler (Hymenoptera, Apocrita, Evanioidea); Hinterleibsstiel oben an der Hinterbrust ansetzend; in M-Eur.i.e.S. kaum 2 Dutzend Arten der Gattung ***Gasteruption***; ihre Larven außenparasitisch vor allem bei solitären Bienen (z. B. ***G. assectator*** Fbr. bei Bienen der Gattung ***Hylaeus***), fressen auch am Pollen-Nektar-Vorrat des Wirts.

Gasteruption; → Gasteruptiidae.

Gastrodes; → Lygaeidae 3.

Gastroidea; → Chrysomelidae.

Gastropacha; → Lasiocampidae 9.

Gaukler, *Cybister lateralimarginalis* Deg.; → Dytiscidae 2.

Gaurotes; → Cerambycidae 10.

Gebänderte Heidelibelle, *Sympetrum pedemontanum* All.; → Libellulidae 4.

Gebirgsschrecken; → Catantopidae 2.

Gebuchteter Birnbaumprachtkäfer, *Agrilus sinuatus* Oliv.; → Buprestidae 5.

Gebüschohrwurm, *Apterygida media* Hgb.; → Dermaptera 3.

Gefahrenalarm; ein bei sozialen Insekten verbreitetes Verhalten einzelner gestörter oder gefährdeter Individuen, durch das andere zum gleichen Verhalten und/oder zur Hilfeleistung alarmiert werden. Beispiele: Mit Geräusch verbundenes Aufschlagen mit dem Kopf auf das Substrat bei den Soldaten mancher Termitenarten, kann Sichverstecken der Nestgenossen auslösen; (→ Isoptera). Feldwespe ***Polistes***: Umherlaufen mit Flügelschwirren auf dem Nest; (→ Vespidae). Hummeln (***Bombus*** sp.): der mit Flügelschwirren summend umherlaufende »Trompeter« (vermutete

Funktionen: Ventilieren des Nestes? Wekken in der Früh?) kann so bei Gefahr auch Alarm auslösen. Gefahrenalarm durch Absonderung von Alarmpheromonen festgestellt bei verschiedenen sozialen Gruppen der Hautflügler, Entstehungsort der Pheromone durchaus verschieden, manchmal auch 2 Drüsen an ihrer Bildung beteiligt; Beispiele: *Vespa*: in der Giftdrüse, dem Gift beigemischt (→ Vespidae 2); *Formica*: in der Mandibeldrüse und in der Giftdrüse (Ameisensäure); andere Ameisen: teils in der Giftdrüse, teils in anderen Drüsen des Hinterleibs (→ Formicoidea); Honigbiene (*Apis*): der Alarmstoff wird in einem bisher noch nicht bekannten Teil des Stechapparates gebildet und dem Gift beigemischt, daneben ein Stoff aus der Mandibeldrüse (→ Apidae); der Alarmstoff wird oft mit bestimmten Bewegungs- und Haltungsweisen verbreitet, löst je nach Art Angriff oder Flucht aus, ist nur weiblichen Tieren eigen (nicht der Bienenkönigin). (Buschinger, Maschwitz 1984; Haas 1961; Hölldobler 1976; Hölldobler, Engel 1978; Maschwitz 1964, 1984).

Gefährliche Tannenrindenlaus, Gef. Weißtannenlaus, ***Dreyfusia nordmannianae*** Eckst.; → Adelgidae 9.

Gefiederfliege, ***Carnus hemapterus*** Nietzsch; → Carnidae.

Gefleckter Birnblattsauger, ***Psylla piricola*** Först; → Psyllina 2.

Gefleckte Kleezierlaus, ***Pterocallidium trifolii*** Monell; → Callaphididae 7.

Gefleckte Lärchenrindenlaus, ***Cinaria laricis*** Walk.; → Lachnidae; → Honigtau.

Gefleckter Pelzkäfer, ***Attagenus pellio*** L.; → Dermestidae 2.

Gefurchter Lappenrüßler, ***Otiorhynchus sulcatus*** Fbr.; → Curculionidae 13.

Gefurchter Waldgärtner, ***Blastophagus piniperda*** L.; → Scolytidae 9.

Gegenschattierung; diejenige Form einer Schutztracht, bei der ein ruhender, etwa zylindrischer Körper durch eine zum einfallenden Licht gegensinnige Pigmentverteilung nicht körper-, sondern flächenhaft erscheint; Beispiel: stärkere Pigmentierung am Rücken, schwächere am Bauch (bzw. umgekehrt), wenn der Rücken (bzw. Bauch) dem Licht zugewandt ist; **[L-21]**. Nicht selten verwirklicht bei Raupen und Puppen mancher Schmetterlinge, stets gekoppelt mit der zur Pigmentverteilung passenden Einstellung zum Licht. Doppelte Gegenschattierung: durch eine der Lichteinstellung entsprechende Pigmentverteilung jederseits einer Seitenlinie entsteht der Eindruck eines zweiflächigen Gebildes. Schutzwirkung gegenüber manchen natürlichen Feinden, z.B. Vögeln, ist in einzelnen Fällen nachgewiesen; Beispiele: → Pieridae 5, 6d; → Notodontidae 1. (de Ruiter 1956; Süffert 1932).

Geißblattgeistchen, ***Orneodes hexadactyla*** L.; → Orneodidae.

Geistchen; → Orneodidae; → Pterophoridae.

Gelbe Acht, ***Colias hyale*** L.; → Pieridae 6b.

Gelbe Bandeule, ***Noctua fimbriata*** Schreb.; → Noctuidae 26.

Gelbe Berberitzenlaus, ***Liosomaphis berberidis*** Kalt.; → Aphididae 21.

Gelber Buchenspanner, ***Cyclophora linearia*** Hbn.; → Geometridae 4.

Gelbe Fichtengallenlaus, ***Sacchiphantes abietis*** L.; → Adelgidae 2.

Gelbe Fuchsschwanzgallmücke, ***Contarinia merceri*** Barn.; → Itonididae 6.

Gelbe Grasfliege, ***Opomyza florum*** Fall.; → Opomyzidae 1.

Gelbe Halmfliege, ***Chlorops pumilionis*** Bjerk.; → Chloropidae 3.

Gelber Kiefernblattkäfer, ***Cryptocephalus pini*** L.; → Chrysomelidae 6.

Gelbe Luzernensproßgallmücke, ***Dasyneura lupulina*** Kieff.; → Itonididae 10.

Gelbes Ordensband, ***Ephesia fulminea*** Scop.; → Noctuidae 21.

Gelbe Pflaumensägewespe, ***Hoplocampa flava*** L.; → Tenthredinidae 9.

Gelbe Rosenbürsthornwespe, ***Argae rosae*** L.; → Argidae 1.

Gelbe Stachelbeerblattwespe, ***Pteronidea ribesii*** Scop.; → Tenthredinidae 6.

Gelbe Tigermotte, ***Spilarctia lubricipeda*** L.; → Arctiidae 6.

Gelbe Weizengallmücke, ***Contarinia tritici*** Kirby; → Itonididae 2.

Gelbe Weizenhalmfliege, ***Chlorops pumilionis*** Bjerk.; → Chloropidae.

Gelbe Wiesenameise, ***Lasius flavus*** Fbr.; → Formicidae 3c.

Gelbfieber; Gelbfiebermücke, ***Aedes aegypti*** Meig.; → Culicidae.

Gelbfußtermite, ***Reticulitermes flavipes*** Koll.; → Isoptera 3.

Gelbhafte; → Potamanthidae.

Gelbhalstermite, ***Calotermes flavicollis*** Fbr.; → Isoptera 1.

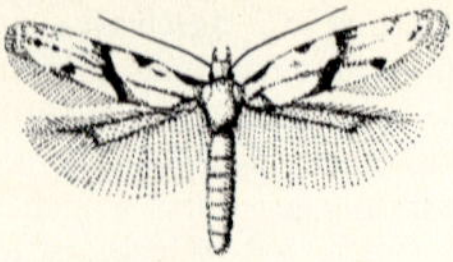

Abb. G-5: ***Stenolechia gemmella***, Eichentriebmotte. Flsp. ca. 10 mm. (Escherich 1923/42)

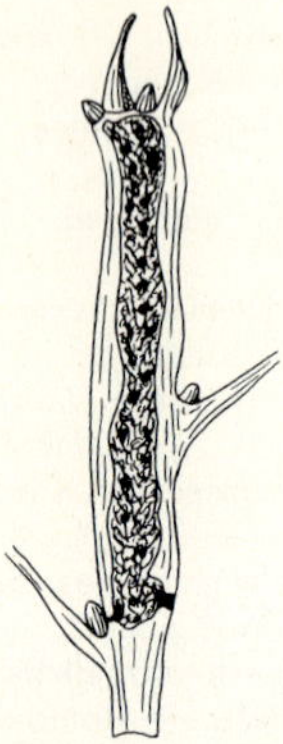

Abb. G-6: ***Stenolechia gemmella***, Eichentriebmotte. Längsschnitt durch Fraßgang in einem Trieb, mit Kot; unten rechts Ausflugloch. (Escherich 1923/42)

Gelbköpfiger Wurm; Raupe des Bekreuzten Traubenwicklers, ***Lobesia (Polychrosis) botrana*** D. u. Sch.; → Tortricidae 27.

Gelblinge; → Pieridae 6.

Gelbrandkäfer, ***Dytiscus marginalis*** L.; → Dytiscidae 1.

Gelbspanner, ***Opisthograptis luteolata*** L.; → Geometridae 14.

Gelechia; → Gelechiidae 4, 5.

Gelechiidae, Palpenmotten; Fam. der Schmetterlinge (Lepidoptera); die Falter klein, 20 mm Flsp. selten überschreitend, meist mit langen, nach vorn oder vornoben stehenden Palpen (Lippentastern); Hinterflügel verhältnismäßig breit; Lebensweise der meist 16-füßigen Raupen (5 Abdominalfußpaare; Rückbildungen der Füße kommen vor) sehr verschiedenartig, minierend, in Samen oder Früchten, an oder zwischen zusammengesponnenen Blättern, im Innern von Trieben, in Blüten; Verpuppung meist in einem Kokon. Zahlreiche Arten, über 200 in M-Eur.i.e.S., insbesondere der Gattung ***Gelechia.*** Auswahl: **1.** ***Sitotroga cerealella*** Oliv., Getreidemotte, Weißer Kornwurm, Französische Kornmotte; stammt aus Nordamerika, heute weltweit verbreitet; in Europa eine, in warmen Ländern oder auf warmen Speichern mehrere Generationen im Jahr; Eier einzeln in die gelagerten oder (im Freien) milchreifen Körner gelegt; Raupe weiß, gedrungen, mit gelbem Kopf, Beine an der sehr beweglichen Eiraupe noch gut entwickelt, bei den kaum beweglichen älteren Stadien Abdominalfüße rückgebildet; bohrt sich in das Korn ein, frißt es aus, Kot in der Fraßhöhle; Verpuppung im ausgefressenen Korn; bisweilen sehr schädlich, vor allem an Mais und Weizen. **2.** ***Stenolechia gemmella*** L., Eichentriebmotte [**G-5**]; Vorderflügel weiß mit dunkler Zeichnung (Flsp. ca. 10 mm); Falter während des ganzen Sommers, wohl 2 Generationen; Eiablage an junge Triebe, die Raupe bohrt sich ein, frißt den dann oft leicht angeschwollenen Trieb aus [**G-6**], die Blätter fallen vergilbt ab; Verpuppung teils im Trieb, teils am Stamm in einem schwachen Gespinstkokon. **3.** ***Exoteleia (Heringia) dodecella*** L., Kiefernknospentriebmotte; der Falter fliegt im Frühsommer, bis VII; Jungraupe dringt in die Spitze der Nadel ein, die sie bis zum Herbst ausfrißt, das Innere der Mine mit feinem Gespinst überzogen, Kot aus einem unteren Loch ausgeworfen, Überwinterung in der Mine; im Frühling von einer weißen Gespinströhre aus Eindringen in bis zu 3 Knospen nacheinander, die ausgefressen werden; Verpuppung am Fraßplatz; Schaden kann beträchtlich sein. **4.** ***Gelechia (Platyedra) malvella*** Hb.; die Raupen (oft zusammen 3 oder 4) fressen im Spätsommer in den Samenkapseln von Malven, überwintern in besonderem Gehäuse; Verpuppung im Frühling in einem Kokon im Boden. **5.** ***Scrobipalpa (Gelechia, Phthorimaea) ocellatella*** Boyd., Rübenmotte; 2–3 Generationen jährlich; Raupe an Rüben, an Zuckerrüben nicht selten sehr schädlich, miniert zuerst in den äußeren Blättern, frißt dann an den Blättern (auch an den Herzblättern) und an der Rübe, die dann fault; Puppe meist im Boden. **6.** ***Gnorimoschema (Phthorimaea) operculella*** Zell., Kartoffelmotte; Herkunft vermutlich feucht-subtropisches Südamerika, heute durch Verschleppung weltweit verbreitet; in wärmeren Ländern auch im Freiland, bei uns wohl nur in Kartoffelspeichern;

Eiablage vor allem an die Augen der Kartoffelknollen; die Raupen fressen meist unter der Schale, aber auch an der Oberfläche; Puppe in Gespinstkokon an den Knollen, an Säcken u. dgl.; dient z. B. in USA als Wirt zur Zucht von parasitischen Insekten zur Bekämpfung anderer Schädlinge. **7.** ***Anarsia lineatella*** Zell., Pfirsichmotte; 2 Generationen im Jahr, die sich verschieden verhalten; Sommergeneration: Eiablage meist an die Rinde von Pfirsich, Aprikose und anderen Steinfrüchten; die Jungraupe überwintert unter einem mit Kot und Nagsel getarnten Gespinst, dringt im Frühling in eine Knospe oder einen Kurztrieb ein, zerstört so nacheinander mehrere Triebe; Verpuppung Ende IV an der Rinde in einem Gespinstkokon; Falter im V, Eiablage jetzt an Blätter oder Jungtriebe; die Jungraupe wandert umher, bohrt sich nacheinander in mehrere Längstriebe ein, die sie zerstört, geht schließlich meist vom Stiel aus in unreife Früchte, frißt in ihnen eine Höhle aus, verpuppt sich dann in der Regel in der Stielgrube oder der Stielnaht; daraus dann die Falter der Sommergeneration. (Bourgogne 1951; Brandt 1957; Escherich 1923/42; Hannemann 1968; Radcliffe 1982; Sorauer 1949/57).

Gelis; → Ichneumonidae.

Gemeine Birkenzierlaus, ***Euceraphis punctipennis*** Zett.; → Callaphididae 3.

Gemeines Blutströpfchen, ***Zygaena filipendulae*** L.; → Zygaenidae 4.

Gemeine Fichtengespinstblattwespe, ***Cephaleia abietis*** L.; → Pamphiliidae 5.

Gemeiner Frostspanner, ***Operophthera brumata*** L.; → Geometridae 22.

Gemeine Gelbeule, ***Cosmia fulvago*** L.; → Noctuidae.

Gemeine Graseule, ***Scotia exclamationis*** L.; → Noctuidae 31.

Gemeines Grünwidderchen, ***Procris statices*** L.; → Zygaenidae 1.

Gemeiner Heufalter, ***Colias hyale*** L.; → Pieridae 6b.

Gemeine Holzwespe, ***Paururus juvencus*** L., → Siricidae.

Gemeine Keiljungfer, ***Gomphus vulgatissimus*** L.; → Gomphidae.

Gemeine Kiefernbuschhornblattwespe, ***Diprion pini*** L.; → Diprionidae 2b.

Gemeiner Kiefernspanner, ***Bupalus piniarius*** L.; → Geometridae 35.

Gemeine Kommaschildlaus, ***Lepidosaphes ulmi*** L.; → Diaspididae 7.

Gemeines Moderholz, ***Xylena exsoleta*** L.; → Noctuidae 27.

Gemeine Napfschildlaus, ***Eulecanium corni*** Bché.; → Lecaniidae 1.

Gemeiner Ohrwurm, ***Forficula auricularia*** L.; → Dermaptera 3.

Gemeine Rosengallwespe, ***Diplolepis rosae*** L.; → Cynipidae 1.

Gemeiner Rosenkäfer, ***Cetonia aurata*** L.; → Scarabaeidae 18.

Gemeine Sattelschrecke, ***Ephippiger ephippiger*** Fieb.; → Ephippigeridae.

Gemeine Schilfeule, ***Nonagria typhae*** Thnbg.; → Noctuidae 30.

Gemeine Schmierlaus, ***Phenacoccus aceris*** Sign.; → Pseudococcidae.

Gemeine Sichelschrecke, ***Phaneroptera falcata*** Poda; → Phaneropteridae 1.

Gemeine Smaragdlibelle, ***Cordulia aenea*** L.; → Corduliidae 1.

Gemeiner Speckkäfer, ***Dermestes lardarius*** L.; → Dermestidae 1.

Gemeiner Staubkäfer, ***Opatrum sabulosum*** L.; → Tenebrionidae 3.

Gemeine Stechmücke, ***Culex pipiens*** L.; → Culicidae.

Gemeine Waldschabe, ***Ectobius lapponicus*** L.; → Ectobiidae 1.

Gemeine Wiesenwanze, ***Lygus pratensis*** L.; → Miridae 3.

Gemeine Zikade, ***Cicada (Tibicen) plebeja*** Scop.; → Cicadidae.

Gemsenlaus, ***Linognathus stenopsis*** Burm.; → Haematopinidae.

Gemsenlausfliege, ***Melophagus ruficaprinus*** Rond.; → Hippoboscidae 4.

Gemüseeule, ***Mamestra oleracea*** L.; → Noctuidae 46.

Geocoris; → Lygaeidae 2.

Geocorisae, (Gymnocerata), Landwanzen; U.-Ordng. der Wanzen; → Heteroptera.

Geoktapia; → Aphididae 6.

Geometra; → Geometridae 3.

Geometridae, Spanner; Fam. der Schmetterlinge (Lepidoptera); beide Namen hergeleitet von der »spannenden« Bewegung der Raupen, bei denen außer den 3 Brustbeinpaaren meist nur die beiden hinteren Abdominalfußpaare vorhanden sind **[G-7]**; nächst den Eulenfaltern (→ Noctuidae) die artenreichste Schmetterlingsfam., von insgesamt etwa 15000 Arten ca. 400 in M-Eur.i.e.S.; meist mittelgroß, etwa zwischen 13 und 50 mm Flsp.; Körper meist schlank (Ausnahme: einige spinnerartig

Abb. G-7: Kriechbewegung von Raupen. Links Raupe mit 5 Abdominalfußpaaren, rechts Spannerraupe. (Weber 1954)

Abb. G-8: ***Cidaria furcata.*** Einige Varianten des Vorderflügelmusters. (Henke 1928)

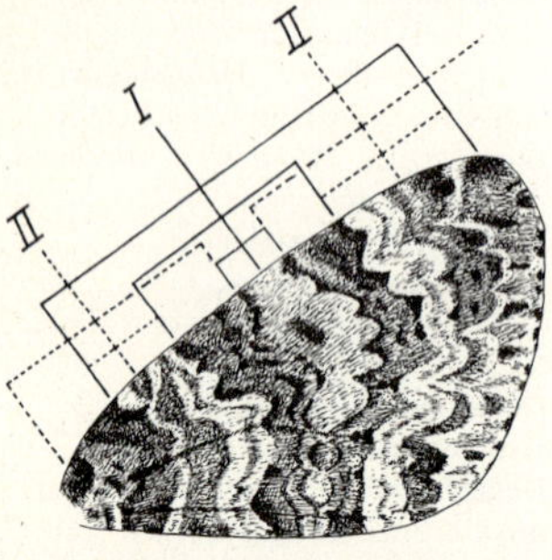

Abb. G-9: ***Cidaria miata.*** Primäres (I; ausgezogene Linien) und sekundäres (II; gestrichelte Linien) Symmetriesystem der Querbinden auf der Oberseite des Vorderflügels. (Süffert 1924)

dickleibige Arten z. B. der Gattung ***Biston***); Rüssel nicht selten mehr oder weniger stark rückgebildet; alle 3 Beinpaare gut entwickelt und verhältnismäßig lang; Tympanalorgane jederseits am 1. Hinterleibsring, ermöglichen das Wahrnehmen der von Fledermäusen ausgestoßenen Ultraschall-Peillaute und dadurch ausgelöste Flucht; Flügel verhältnismäßig breit (z. B. [**G-19**]), liegen in der Ruhe meist flach zur Seite, wobei die Hinterflügel mehr oder weniger frei bleiben [**G-11, G-12**], seltener nach Eulenart dachförmig; bisweilen auch eng an den Leib geschmiegt, oder fast nach Tagfalterart über den Rücken hochgeklappt (Beispiel: Kiefernspanner, [**G-27**]). Einige bezeichnende, bei manchen Arten sehr variable Flügelmuster [**G-8**]: z. B. eine mehr oder weniger feine dunkle Rieselung auf hellem Grunde [**G-13**]; verbreitet ein Querbindenmuster, das sich besonders auf der Vorderflügeloberseite zu einem primären oder gar sekundären Symmetriesystem jederseits der Flügelmitte ordnet [**G-9**]; zuweilen Fortsetzung des Bindensystems auf der Hinterflügeloberseite so, daß sich bei der normalen Ruhehaltung ein einheitliches Gesamtsystem ergibt (z. B. [**G-11, G-12**]); Hinterflügel sonst meist schwächer gezeichnet als Vorderflügel, selten bunter (Gattung ***Archiearis***); das Muster hat auf dem gewöhnlich gewählten Ruheplatz (z. B. Baumrinde) nicht selten den Charakter einer Verbergtracht (Schutzwirkung im Einzelfall nachgewiesen; vgl. Birkenspanner, Nr. 18). Meist Dämmerungs- und Nachtflieger, einzelne Arten auch Tagflieger (Beispiel: Kiefernspanner, Nr. 35); Flug meist weder schnell noch ausdauernd; aber immerhin treten zwei in Südeuropa heimische Arten bei uns mehr oder weniger regelmäßig als Wanderfalter auf, ohne jedoch den Winter hier überdauern zu können: ***Rhodometra sacraria*** L. und ***Nycterosea (Cidaria) obstipata*** F. Geschlechtsunterschied bisweilen beträchtlich, nach verschiedenen Merkmalen: a) in Gesamtmuster oder Färbung; Beispiel: Kiefernspanner; b) das ♂ mit mehr oder weniger stark gekämmten, das ♀ mit borstenförmigen Fühlern; zahlreiche Beispiele (u. a. Kiefernspanner); Abgabe von Sexuallockstoffen durch das ♀, erleichtern das Sichfinden der Geschlechter; c) unabhängig voneinander bei verschiedenen Gattungen mehr oder weniger starke Verkürzung der Flügel bei den ♀♀, bis zum vollkommenen Schwund [**G-23, G-24**]; Laufvermögen gut entwickelt; evolutionistischer Vorteil der Flügelreduktion vorerst noch unklar. Eier meist ziemlich flach, einzeln, in Häufchen oder auch in Zeile [**G-28**] abgelegt. Raupen meist zehnfüßig [**G-7**]; zuweilen jedoch stummelförmige Reste der vorderen Bauchfußpaare vorhanden (Beispiel: ***Archiearis***-Arten; ***Opisthograptis luteolata*** L.); bei vielen Arten eine sehr bezeichnende Ruhehaltung: Körper nur von den 2 Bauchfußpaaren gehalten, schräg abgespreizt von der Unterlage, seltener knieförmig gekrümmt, häufiger gerade gestreckt, ohne oder mit Haltefaden von der Spinndrüsenöffnung zum Substrat, nach Färbung, Zeichnung und Bildung von Hökkern oft erstaunlich ähnlich den tagsüber als Ruheplatz gewählten Pflanzenteilen (Freßzeit dann meist nachts), z.B. einer Kiefernnadel (Kiefernspanner; [**G-29**]) oder einem abgebrochenen Zweiglein [**G-10, G-21**], daher auch für das geübte Auge oft schwer auszumachen; relativer Schutz der Verbergtracht, verbunden mit dem dazupassenden Verhalten, gegenüber manchen natürlichen Feinden (Vögel) experimentell erwiesen; Färbung und Tracht können auch bei der gleichen Art je nach Stadium, manchmal auch im gleichen Stadium verschieden sein. Nahrung der Raupen: krautige Pflanzen werden gegenüber holzigen leicht bevorzugt, Polyphagie ist häufiger als Oligo- oder gar Monophagie, selten Fraß an Nadelhölzern; zuweilen deutliche Spezialisierung, etwa auf Blüten bei den sog. Blütenspannern der Gattung ***Eupithecia*** (z.B. ***Eu. puchellata*** Steph. in den Blüten des roten Fingerhutes); auf Samen und Samenanlagen (z.B. ***Perizoma (Cidaria) affiniata*** Steph. in den Samenkapseln von Lichtnelken; vgl. das gleiche Verhalten gewisser Eulenraupen; → Noctuidae); ***Eupithecia***-Arten im Innern von Fichtenzapfen (s. unten); ***Eupithecia immundata*** Zell. in den Beeren des Christophskrautes ***Actaea spicata*** L.; ***Eu. tenuiata*** Hbn. im Innern von Salweidenkätzchen, bes. von männlichen; Bevorzugen von dürren Pflanzenteilen und Moosen bei mehreren ***Sterrha***-Arten; ***Cleorodes (Boarmia) lichenaria*** Hufn. an Flechten. Anscheinend monophage Arten (Auswahl): ***Minoa murinata*** Scop. an Zypressenwolfsmilch; ***Carsia sororiata*** Hbn. an Moosbeere, ***Vaccinium oxycoccus*** L.; ***Coenotephria (Cidaria) berberata*** Schiff., Berberitzenspanner, an Berberitze; ***Thera (Cidaria) juniperata*** L., an Wacholder; ***Lozogramma (Lithina) chlorosata*** Scop., Adlerfarnspanner, an

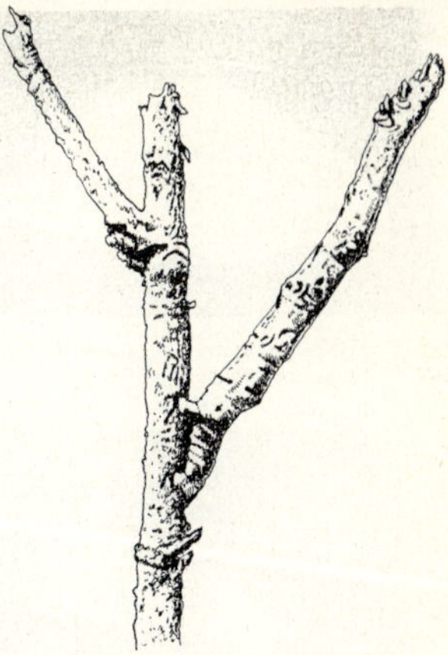

Abb. G-10: Zweigähnliche Spannerraupe.

Adler- (und Wurm-?)Farn. Verpuppung in der Regel in einem leichten Gespinst, oberirdisch oder im Boden; bei einigen Arten als Gürtelpuppe. Überwinterung meist als Puppe (ca. 54% der deutschen Arten), aber auch nicht selten als Raupe (30%) oder als Ei (15%), sehr selten als Falter (z.B. ***Triphosa dubitata*** L., Höhlenspanner, Kellerspanner, in entsprechenden Räumen zu finden; Paarung nach dem Überwintern); bei manchen Arten ist Überwintern in verschiedenen Stadien möglich, beim Rotbandspanner ***Rhodostrophia vibicaria*** Cl. z.B. als Ei, Raupe und Puppe, beim Wacholderspanner ***Thera (Cidaria) juniperata*** L. als Ei oder kleine Raupe; Überliegen der Puppe über 2 oder mehrere Winter kommt bei manchen Arten vor; artspezifisch verschieden ist auch die Zahl der Generationen im Jahr, häufig nur eine, aber auch, z.T. klimatisch bedingt, 2 oder gar 3. Trotz der großen Artenzahl ist die Zahl der Schädlinge an Kulturpflanzen oder Waldbäumen gering (vgl. Frostspanner; Kiefernspanner); Auswahl einiger durch Häufigkeit, Färbung, Schädlichkeit oder sonstwie bemerkenswerter Arten (Nomenklatur nach Forster, Wohlfahrt 1954–81). **1. *Archiearis (Brephos) parthenias*** L., Großes Jungfernkind, Jungfernsohn (Flsp. ca. 30 mm); Hinterflügel auffallend gezeichnet: gelbe Querbinde auf dunklem Grund; Tagflieger im zeitigen Frühjahr (III–IV) aus der überwinterten

Abb. G-11: ***Hipparchus papilionaria.*** Grünes Blatt. Grundfarbe grün. (Forster 1968)

Abb. G-12: ***Cyclophora linearia.*** Flsp. 30 mm, auf Rinde. (Brauns 1964)

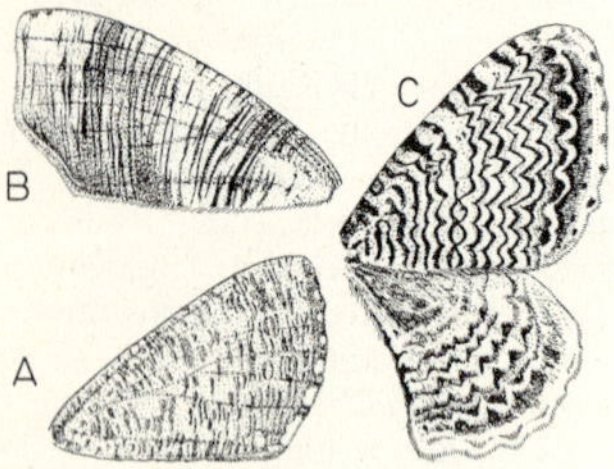

Abb. G-13: Rieselungsmuster auf den Flügeln einiger Spannerarten. A ***Agerona prunaria***, Schlehenspanner; B ***Plagodis dolabraria***; C ***Calocalpe undulata***, Wellenspanner. (Süffert 1929)

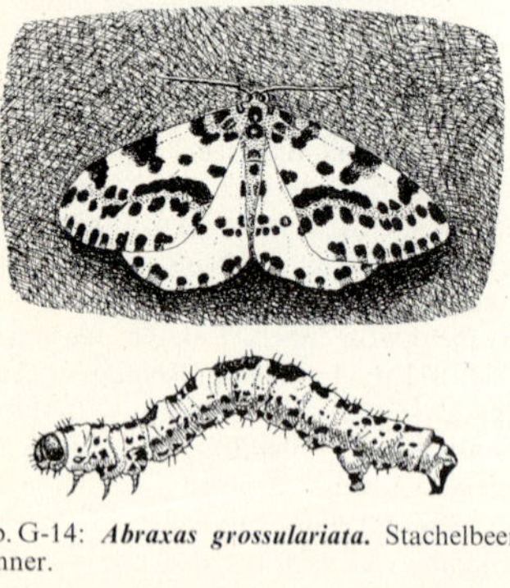

Abb. G-14: ***Abraxas grossulariata.*** Stachelbeerspanner.

Puppe; bei der grünen, zart gelb gestreiften Raupe (an Birke und Buche) die 3 vorderen Bauchfußpaare noch deutlich entwickelt (bisweilen den Eulenfaltern zugeordnete Art). **2. *Odezia atrata*** L., Schwarzspanner, Kälberkropfspanner; schwarz, nur die Spitze der Vorderflügel und die Randfransen weiß (Flsp. ca. 20 mm); Tagflieger V–VII, Flügel in Ruhe tagfalterähnlich hochgeklappt; die aus dem überwinternden Ei schlüpfende grüne oder braune Raupe frißt vor allem an Kälberkropf, auch an Kerbel. **3. *Geometra (Hipparchus) papilionaria*** L., Grünes Blatt, Grünling; stattliche Art (Flsp. ca. 40 mm; [**G-11**]), Flügel grün, in der Regel mit nur schwach angedeuteten dunklen Querbinden; Dämmerungs- und Nachtflieger VI–VIII; Raupe überwinternd an Birke und anderen Laubbäumen, zunächst braun, ältere Stadien grün; die weitgehend grüne Puppe in einem durchscheinenden, weißlichen Gespinst. **4. *Cyclophora (Cosymbia, Ephyra) linearia*** Hbn., Gelber Buchenspanner; aus der überwinterten Puppe entwickeln sich 2 Generationen (IV–VI und VII–VIII; Flsp. ca. 30 mm); bezeichnende breit gefächerte Ruhehaltung auf Baumrinde [**G-12**]; die grüne oder braune Raupe an Buche und anderen Laubbäumen, auch an Heidelbeere; bemerkenswert: Gürtelpuppe frei am Blatt. **5. *Minoa murinata*** Scop., Mausspanner, das Mäuschen (Flsp. ca. 16 mm); Flügel ohne Zeichnung, in verschiedenen Schattierungen etwa mausgrau gefärbt; aus der (gelegentlich zweimal) überwinternden Puppe (in Gespinst am Boden) entwickeln sich 2 Generationen (Flugzeit: IV–VI und VII–IX); fliegt auch am Tage; die grünliche oder bräunliche Raupe anscheinend ausschließlich an Zypressenwolfsmilch. **6. *Calocalpe (Eucosmia) undulata*** L., Wellenspanner (Flsp. ca. 24 mm); bemerkenswert durch das zierliche Wellenmuster auf beiden Flügelpaaren [**G-13**]; Flugzeit V–VII, aus der im Boden überwinternden Puppe; die grünliche, fein hell gestreifte Raupe zwischen zusammengesponnenen Blättern vor allem an Salweiden, auch an Pappel und Heidelbeere. **7. *Lygris prunata*** L. (Flsp. ca. 28 mm); gelegentlich als Schlehdornspanner bezeichnet, die Raupe (braun oder grün) aber auch z.B. an Stachel- und Johannisbeere, an Weißdorn u.a., zwischen zusammengesponnenen Blättern; eine Generation aus dem überwinterten Ei, Flugzeit VI–IX; auch die Puppe zwischen Blättern. **8. *Abraxas grossulariata*** L., Stachelbeerspanner, Harlekin; auffallend dunkle und gelbe Zeichnung bei Raupe und Falter ([**G-14**]; Warnzeichnung?); Falter VI–VIII (Flsp. ca. 40 mm); Überwinterung als junge Raupe am Boden, Schutz durch Einspinnen in einem Blatt, frißt im Frühling an Stachel- und Johannisbeere, auch an Pflaume, Schlehe und anderen Bäumen und Sträuchern, früher durch Massenauftreten in Gärten manchmal schädlich, heute seltener geworden; Puppe zwischen wenigen Spinnfäden [**G-15**] an Blättern und Ästchen. Die Raupe des nahe verwandten, in lichten Wäldern häufigen ***Calospilos (Abraxas) sylvata*** Scop. frißt an verschiedenen Laubbäumen. **9.** Berberitzenspanner, 2 häufige Arten, deren Raupen auf Berberitzen fressen: ***Calocalpe cervinalis*** Scop. (= ***Eucosmia certata*** Hbn.; Flsp. ca. 30 mm) und ***Coenotephria berberata*** Schiff. (Flsp. ca. 25 mm); aus der im (erstere) oder am Boden (letztere) überwinterten Puppe eine (erstere) oder 2 Generationen (letztere). **10.** Nahe verwandt die beiden in lichten Wäldern, auch Ufergebieten u. dgl., in der Flügelzeichnung sehr verschiedenen Arten ***Mesoleuca albicillata*** L., Himbeerspanner [**G-16**] und ***Eulype (Cidaria) hastata*** L. [**G-17**]; aus der im bzw. am Boden überwinterten Puppe der Falter etwa V–VI; Raupe von ***M. alb.*** an Him- und Brombeere, frei auf dem Blatt, von ***E. hast.*** an Birke, Blätter tütenartig zusammengesponnen, von innen oberflächlich benagt. **11. *Angerona prunaria*** L., Schlehenspanner, Pflaumenspanner (Flsp. 40–45 mm); die dunkel gerieselten Flügel [**G-13**] beim ♂ orangerot, beim ♀ blaßgelb, Fühlerdimorphismus deutlich: beim ♂ gekämmt, beim ♀ borstenförmig; die zweigähnliche überwinternde Raupe keineswegs nur an Schlehen, polyphag, auch an niederen Pflanzen wie Besenginster oder Heidelbeere; Puppe zwischen zusammengesponnenen Blättern. **12. *Ourapteryx sambucaria*** L. Holunderspanner, Nachtschwalbenschwanz; einer der stattlichsten heimischen Spanner (Flsp. ca. 45 mm), gelblich-weiß, Außenrand der Hinterflügel in der Mitte mit verzogenem Zipfel [**G-18**]; die schlanke, bräunliche, fein hell längsgestreifte Raupe mit einigen Höckern, zweigähnlich, überwintert; Puppengespinst zwischen Blättern. **13. *Plago-***

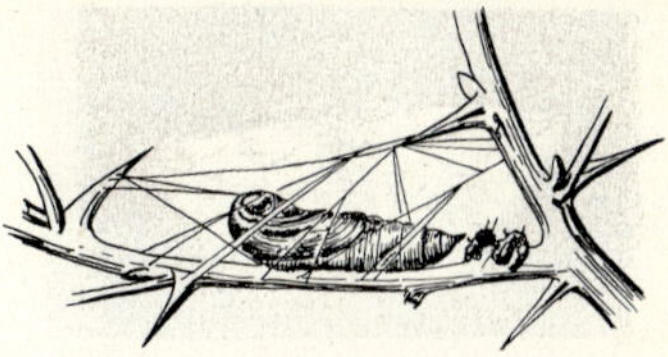

Abb. G-15: ***Abraxas grossulariata***, Stachelbeerspanner. Puppe in lockerem Gespinst an der Fraßpflanze. (Lengerken 1954)

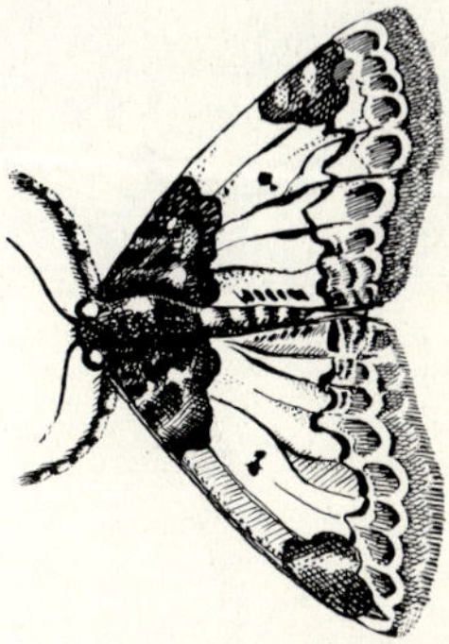

Abb. G-16: ***Mesoleuca albicillata***, Himbeerspanner. (Brauns 1964)

Abb. G-17: ***Eulype hastata.*** (Forster 1968)

Abb. G-18: ***Ourapteryx sambucaria.*** Nachtschwalbenschwanz, gelbweiß. (Forster 1968)

Abb. G-19: ***Opisthograptis luteolata.*** Gelbspanner. Schwefelgelb. (Forster 1968)

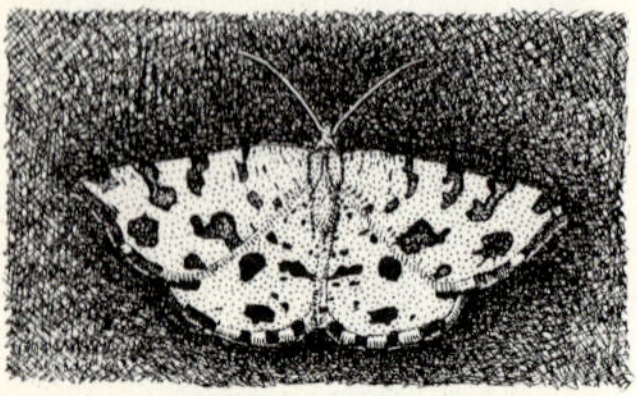

Abb. G-20: ***Pseudopanthera macularia,*** Fleckenspanner. Flsp. 33 mm.

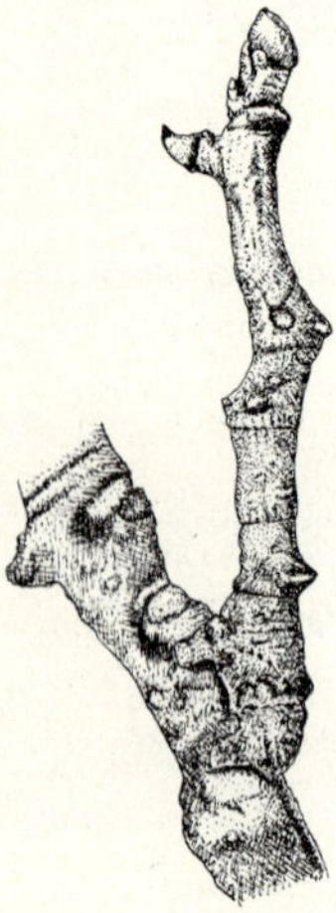

Abb. G-21: ***Ennomos quercinaria.*** Raupe in Ruhe an einem Eichenzweig. (de Ruiter 1952)

dis (Eurymene) dolabraria L. (Flsp. ca. 28 mm); dunkle, z. T. bindenartige Querriesel auf den weißgrauen Flügeln [**G-13**]; Falter (IV)V–VII aus der überwinterten Puppe; deutlicher Fühlerdimorphismus; Raupen bräunlich, zweigähnlich, polyphag an verschiedenen Laubbäumen. **14.** ***Opisthograptis luteolata*** L., Gelbspanner, Weißdornspanner (Flsp. ca. 30 mm, [**G-19**]); Flügel schwefelgelb, Vorderflügel vorn mit 2 braunen Makeln; Flugzeit aus der in der Bodenstreu überwinterten Puppe V–VII; Raupe braun oder grün, in Ruhehaltung knieförmig geknickt, polyphag, außer an Weißdorn auch an anderen Laubbäumen und Sträuchern; unter günstigen Bedingungen eine 2. Generation im Herbst, deren Raupen vielleicht überwintern. **15.** ***Pseudopanthera (Venilia) macularia*** L., Fleckenspanner ([**G-20**]; Flsp. ca. 30 mm); dunkle Flecken auf gelbem Grund, Flugzeit (IV) V–VII, die grünen Raupen an verschiedenen Lippenblütlern, z. B. Taubnessel, Ziest, Minze. **16.** ***Gattung Ennomos,*** mehrere Arten, bei deren an verschiedenen Laubbäumen fressenden Raupen die Zweigähnlichkeit besonders gut ausgebildet ist [**G-21**]; Überwinterung als Ei; Flugzeit der Falter VII–X, ihre Flügelaußenränder mehr oder weniger deutlich gezackt; hierher u. a. die Arten ***E. autumnaria*** Wernb., Zackenspanner, Herbstspanner (Flsp. ca. 44 mm); ***E. quercinaria*** Hufn. (Flsp. ca. 40 mm); und ***E. (Deuteronomos) alniaria*** L., Erlenspanner (Flsp. ca. 36 mm). **17.** ***Chiasmia (Semiothisa, Phasiane) clathrata*** L., Gitterspanner (Flsp. ca. 25 mm); aus der im Boden überwinternden Puppe der Falter der Frühjahrsgeneration (IV–VI); die grünen Raupen an Kleearten und Luzerne; je nach den Bedingungen eine 2. Generation (VI–VIII); fliegt auch tagsüber. **18.** ***Biston (Amphidasis) betularia*** L., Birkenspanner, Großer Birkenspanner, Astspanner (Flsp. 35–45 mm); aus der in einem sehr schwachen Gespinst im Boden überwinternden Puppe der in der Normalform sehr helle, in Ruhehaltung auf Birkenrinde oder Baumflechten gut getarnte Falter [**G-22**]; Fühler des ♂ kammzähnig; Raupe sehr variabel, Grundfarbe bräunlich, grau oder gelbgrün, Zweigähnlichkeit sehr ausgeprägt, polyphag, außer an Birke auch an anderen Laubbäumen, gelegentlich sogar an Lärche; Färbung des Falters sehr variabel; seit 1848 im mittelenglischen Industriegebiet eine dunkle Mutante beobachtet (forma ***carbonaria*** Jord.), erblich dominant gegenüber der Normalform (forma ***typica***), seit 1867 auch in Europa, seit 1886 in deutschen Gebieten; hat sich mehr und mehr ausgebreitet und stellenweise die typische helle Form verdrängt; Selektionswert der verschiedenen Färbung im Versuch erwiesen: größere Überlebenschance gegenüber Vögeln bei hellen Faltern auf heller bzw. bei dunklen Faltern auf (z.B. durch Industrierauch) dunkler Rinde; aber auch im ***carbonaria***-Gebiet überleben immer noch einige ***typica***-Falter; ebenfalls stark verdunkelt die seltenere forma ***insularia*** Th. M. Nahe verwandt der sehr ähnliche ***Biston strataria*** Hufn., Pappelspanner, fliegt schon im zeitigen Frühjahr (III–V); Raupe ebenfalls polyphag, keineswegs nur an Pappel. **19.** ***Ectropis (Boarmia) bistortata*** Goeze, Lärchen-, Beerenkraut-, Heidelbeer-, Tannen-, Pflaumenspanner; (sehr ähnlich: ***E. (B.) crepuscularia*** Hbn.); die zahlreichen Vulgärnamen sind hinweis auf die Polyphagie der Raupen, die zum mindesten regional Lärche und Heidelbeere bevorzugen und daran gelegentlich schädlich werden können; aus der in der oberen Bodenschicht (manchmal auch zweimal) überwinternden Puppe (der Falter ist in ihr bereits voll entwickelt) 2 Generationen (III–V; VI–VIII); bezeichnende Ruhehaltung des Falters: Körperlängsachse senkrecht zur Längsachse des Baumstammes; Eier in Häufchen an die Futterpflanze abgelegt, mit fädigem Sekret bedeckt; ähnlich die Lebensweise weiterer, z.T. ebenfalls häufiger Arten dieser und verwandter Gattungen. **20–32.** Gruppe der sog. **Frostspanner;** keine systematisch einheitliche Gruppe, fliegen in der kalten Jahreszeit (noch bei einer Thoraxtemperatur von 0 °C), entweder Spätherbst-Winter (dann Überwinterung als Ei), oder Winterausgang bis Frühling (dann Überwinterung als Puppe); diese Unterschiede in der Lebensweise kommen auch bei nahe verwandten Arten vor; bei allen hier genannten Arten haben die ♀♀ mehr oder weniger stark verkürzte Flügel; bei einigen sind sie ganz verschwunden; das gilt auch für manche im Frühling fliegende Arten, die also kaum noch als Frostspanner zu bezeichnen sind; (vgl. Tabelle 1). Zu einzelnen Arten: **20.** ***Alsophila (Anisopteryx) aescularia*** Schiff; in Ruhestellung beim ♂ die Vorderflügel überkreuzt; Raupen an verschiedenen Laubbäumen; **21.** ***Operophthera (Cheimatobia) fagata*** Scharf., Buchenfrostspanner; das ♀ klettert zur Eiablage bis in die Baumkrone (Buche, Birke), Eier einzeln angeklebt; die Raupen fressen im Frühjahr an Knospen und Blättern, sondern eifrig Spinnfäden ab; gelegentlich schädlich. **22.** ***Operophthera (Cheimatobia) brumata*** L., Gemeiner Frostspanner; [**G-23**]; Lebensweise ähnlich; die Raupe vor allem an Obstbäumen, bei Massenauftreten schädlich durch Kahlfraß; die Raupen der übrigen Arten meist an verschiedenen Laubbäumen. **26.** an Sträuchern (z.B. Liguster, Weißdorn) **27–32.** auch an krautigen Pflanzen, ohne besondere ökonomische Bedeutung, mit einer Ausnahme: **27.** ***Erannis defoliaria*** Cl., [**G-24**]; der Große Frostspanner, dessen Raupe bei Obstbäumen durch Fressen an Knospen, Blüten, Blättern und Früchten beachtlichen Schaden anrichten kann. **33–35.** Gruppe von (nicht näher miteinander verwandten) Arten, deren Raupen ausschließ-

Abb. G-22: ***Biston betularia***, Birkenspanner, auf Birke. Nat. Gr. (Aubert)

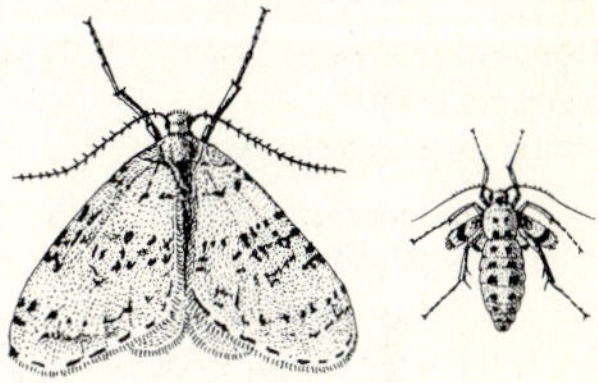

Abb. G-23: ***Operophthera brumata***, Gemeiner kleiner Frostspanner. Links ♂, rechts ♀. 1,2 ×. (Brauns 1964)

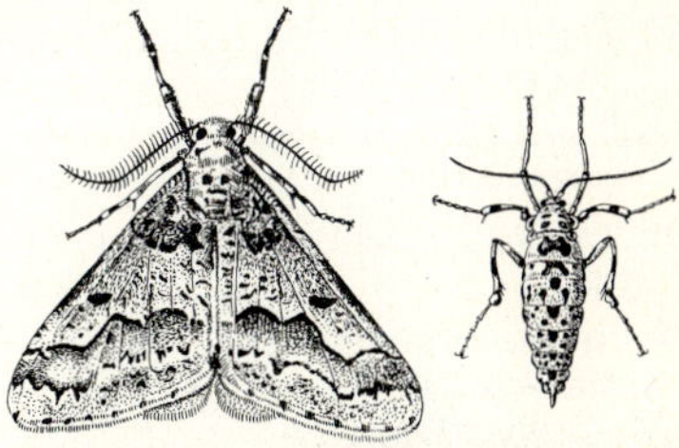

Abb. G-24: ***Erannis defoliaria***, Großer Frostspanner. Links ♂, rechts ♀. Etwa nat. Gr. (Brauns 1964)

Tabelle 1. **Frostspanner**

Name	Flugzeit	überwint. als	Flsp.♂	♀-Flügel
20. ***Alsophila (Anisopteryx) aescularia*** Schiff., Roßkastanienfrostspanner, Kreuzflügel	II–IV	Puppe	ca. 26 mm	Reste
21. ***Operophthera fagata*** Scharf. ***(Cheimatobia boreata*** Hbn.***)***, Buchenfrostspanner	X–XI	Ei	ca. 26 mm	4–5 mm
22. ***Op. (Cheimat.) brumata*** L., Obstbaumfrostspanner, Gemeiner Frostspanner	X–XII	Ei	ca. 23 mm	Reste wechs. Länge
23. ***Erannis (Hibernia) leucophaearia*** Schiff., Weißgrauer Frostspanner	II–IV	Puppe	ca. 25 mm	Stummel
24. ***Er. (Hib.) aurantiaria*** Hbn., Pomeranzenfarbiger Frostspanner	X–XI	Ei	ca. 32 mm	Stummel
25. ***Er. (Hib.) marginaria*** Bkh.	II–V	Puppe	ca. 28 mm	ca. 5 mm Hfl. länger als Vfl.
26. ***Er. (Hib.) bajaria*** Schiff.	X–XI	Ei	ca. 26 mm	Stummel
27. ***Er. (Hib.) defoliaria*** Cl., Großer Frostspanner	IX–XII	Ei	ca. 40 mm	fehlen
28. ***Theria (Hibernia) rupicapraria*** Hbn.	II–IV	Puppe	ca. 28 mm	3–4 mm
29. ***Phigalia pedaria*** F., Schneespanner	II–IV	Puppe	ca. 42 mm	kurze Stummel
30. ***Apocheima (Biston) hispidaria*** Schiff.	III–V	Puppe	ca. 32 mm	sehr kurze Stummel
31. ***Poecilopsis (Biston) pomonaria*** Hbn.	III–V	Puppe	ca. 32 mm	Stummel
32. ***Nyssia (Biston) zonoria*** Schiff.	III–V	Puppe	ca. 27 mm	sehr kurze Stummel

lich an Nadelhölzern fressen, freilich nicht alle an den Nadeln; **33.** ***Eupithecia pini*** Retz. (***abietaria*** Goeze) und ***Eup. bilunulata*** Hbn. (***strobilata*** Hbn.), beide Fichtenzapfenspanner, Zapfenspanner (Flsp. 25–30 mm); aus der im Boden überwinterten Puppe kommen etwa V–VII die Falter; die rötlichgelben kurzen dicken Raupen befressen an den Fichtenzapfen zuerst die Schuppen von außen, dringen dann ins Innere bis zu den Samen; Befall kenntlich am ausgestoßenen Kot, der bei beiden Arten verschieden angeordnet ist [**G-25**]; die Zapfen fallen meist zeitig ab; die Raupen von ***Eup. bilunulata*** Hbn. manchmal auch in den Ananasgallen der ***Chermes***-Blattläuse. **34.** Von geringer ökonomischer Bedeutung: ***Macaria (Semiothisa) liturata*** Cl., Veilgrauer (Blaugrauer) Kiefernspanner; häufig in Gemeinschaft mit ***Bupalus*** (s. unten) schädlich; (Puppe überwintert, Flugzeit IV–VII; Flsp. ca. 25 mm) und ***Boarmia secundaria*** Esp., Weißlicher Kiefernspanner (Raupe überwintert, Flug-

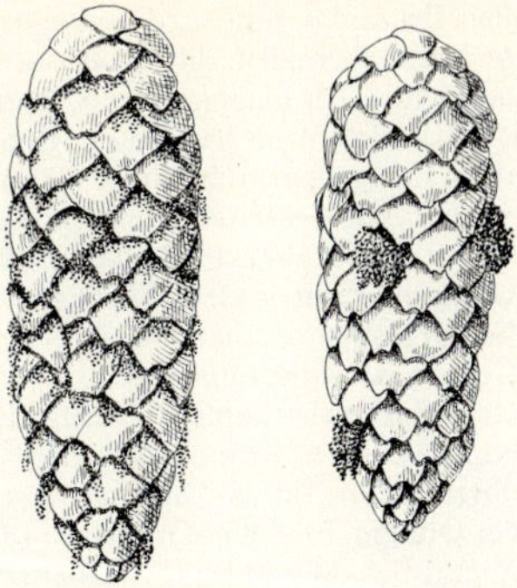

Abb. G-25: Befallskennzeichen an Fichtenzapfen, links von ***Eupithecia bilunulata*** (zahlreiche Kothäufchen), rechts von ***Eupithecia pini*** (wenige Kothäufchen). (Escherich 1923/42; Brauns 1964)

Abb. G-27: ***Bupalus piniarius***, Gemeiner Kiefernspanner. ♂, Ruhehaltung. (Amann 1960)

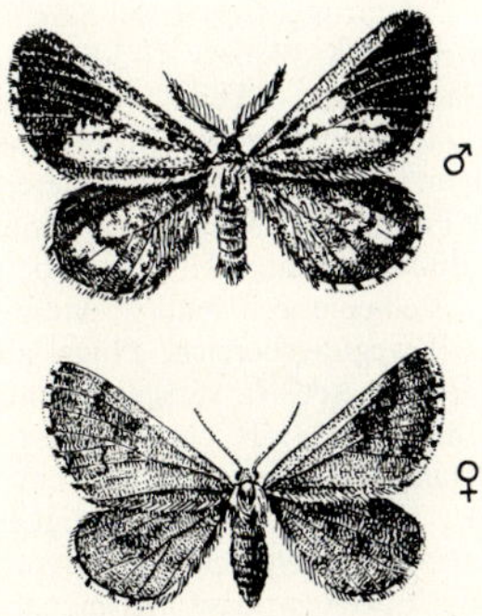

Abb. G-26: ***Bupalus piniarius***, Gemeiner Kiefernspanner. (Brauns 1964)

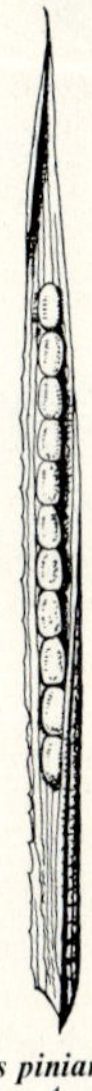

Abb. G-28: ***Bupalus piniarius***, Gemeiner Kiefernspanner. Eierzeile (ca. 1 cm) auf einer Kiefernnadel. (Brauns 1964)

zeit VI–IX; Flsp. ca. 30 mm); die Raupen befressen die Nadeln verschiedener Nadelbäume. **35.** ***Bupalus piniarius*** L., Gemeiner Kiefernspanner; da unter gegebenen Bedingungen zur Massenvermehrung neigend, die ökonomisch weitaus wichtigste Spannerart; große Schadensfälle in Kiefernbeständen; Geschlechtsdimorphismus sehr ausgeprägt, sowohl in Färbung und Zeichnung der Flügel (♂: schwarzbraun mit heller Zeichnung; ♀: heller braun mit verwaschener Zeichnung; [**G-26**]; Flsp. 30–40 mm), als auch bei den Fühlern (♂: gekämmt; ♀: borstenförmig); Flugzeit IV–VII, Tagflieger; die ♂♂ erscheinen etwas früher als die träger fliegenden ♀♀, die sich vor allem im Baumkronenbereich aufhalten; Ruhehaltung der Flügel tagfalterähnlich [**G-27**]; Eier in Zeile an alten Nadeln abgelegt [**G-28**]; Die Raupen [**G-29**] grün mit hellen Längsstreifen, in der gestreckten Ruhehaltung im Nadelgewirr optisch gut getarnt, fressen fast ausschließlich an Kiefern, ausnahmsweise auch an anderen Nadelbäumen; Puppe zuerst grün, dann bräunlich, ohne Gespinst in Stammritzen oder im Boden, überwintert. (Brauns 1964; Clarke, Sheppard 1964; Cleve 1968; Dierl 1969; Escherich 1923/42; Forster, Wohlfahrt 1954/81; Hannemann 1968; Hein-

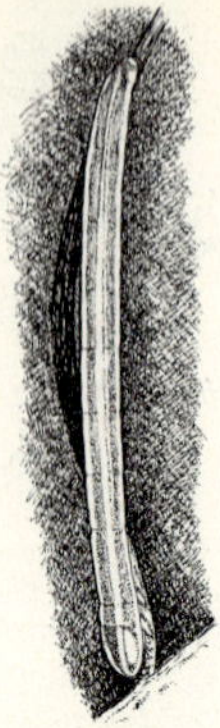

Abb. G-29: ***Bupalus piniarius***, Gemeiner Kiefernspanner. Erwachsene Raupe; ca. 30 mm, auf Nadel; grün mit weißen Streifen. (Herrebout et al. 1963)

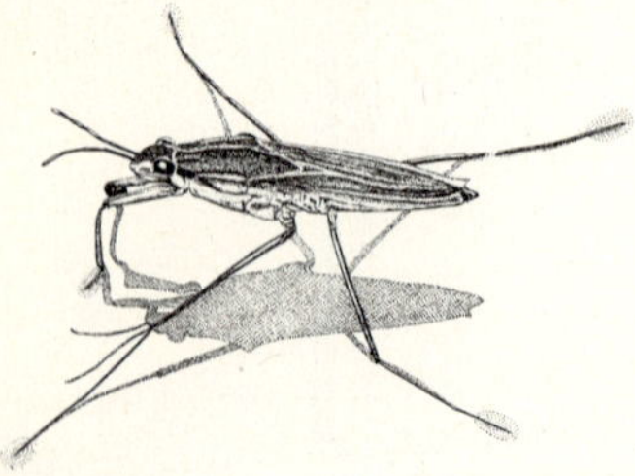

Abb. G-30: ***Gerris*** sp., Wasserläufer. Auf Wasseroberfläche mit Schattenbild; ca. 15 mm. (Eisenbeis 1963)

rich, Mommsen 1987; Henke 1928; Herrebout, Kuyten, Ruiter 1963; Kettlewell 1958; M. Koch 1961; Kudler 1978; de Ruiter 1952a; Schimitschek 1957; Steiniger 1937; Tinbergen 1961; Wickler 1968).

Georissidae (Georyssidae), Schlammkäfer; Fam. der Käfer (Coleoptera, Polyphaga), weltweit verbreitet, aber insgesamt nur knapp 50, in M-Eur. 5 Arten; durchwegs klein (1–2 mm), meist rundlich; Flügel der heimischen Arten reduziert; Imagines leben – oft in Massen – an sandigen oder schlammigen Ufern der Gewässer; Körperoberseite meist getarnt mit aufgeklebter, dicker Erdkruste; Klebesekret (saure Mucopolysaccharide) geliefert von Drüsen in längsverlaufenden Hohlräumen der Elytren. Fressen wahllos in großen Mengen den an Algen und/oder anderen organischen Stoffen reichen Schlamm; bewegen sich nur langsam, bei Störung Totstellen. Bei der Paarung wird das kleinere ♂ vom ♀ herumgetragen; die Erdkruste stört dabei nicht. Über Eiablage nichts, über die Larven, die wohl im Sand und Schlamm graben, wenig Sicheres bekannt. Häufigste heimische Art: ***Georissus crenulatus*** Rossi. (Messner 1964b, 1972, 1983; Steffan 1979).

Georissus, Georyssus; → Georissidae.

Geosargus; → Stratiomyidae.

Geotrupes; → Scarabaeidae 2.

Geradflügler (Orthoptera); wenig glückliche, aber immer noch oft benutzte Sammelbezeichnung für die Vertreter verschiedener Ordngn. bzw. Üb.-Ordngn.: → Dermaptera; → Mantodea; → Blattariae; → Isoptera; → Orthopteroidea.

Gerberbock, *Prionus coriarius* L.; → Cerambycidae 1.

Gerridae, Wasserläufer, Wasserschneider; Fam. der Landwanzen (Heteroptera, Geocorisae); in M-Eur.i.e.S. etwa 10 durchaus nicht leicht unterscheidbare Arten der Gattung ***Gerris***, häufige Art: ***G. lacustris*** L. (8–10 mm; [**G-30**]); schlanker als Bachläufer (→ Veliidae); Komplexaugen gut ausgebildet; Vorderbeine kurz (Fangen und Halten der Beutetiere, jedoch keine Fangbeine), Mittel- und Hinterbeine sehr dünn und lang, Hüften insbesondere der Mittelbeine weit seitlich, dadurch größerer Bewegungsbereich; Flügel auch bei der gleichen Art sehr verschieden ausgebildet, manchmal (z. B. bei ***G. lacustris***) alle Übergänge zwischen vollkommenem Fehlen der Flügel und Langflügeligkeit; verschiedene Flügellänge wohl vor allem durch Umwelteinflüsse, bei manchen Arten auch genetisch bedingt; Vorderflügel der Langflügeligen gleichmäßig sklerotisiert; nur die Langflügeligen mit zugleich gut ausgebildeten Hinterflügeln flugfähig und mit gut ausgebildeter Flugmuskulatur; Körper (insbes. unten) und Beine sehr fein wasserabstoßend behaart, die Beine werden häufig geputzt und dabei vielleicht mit einem an der Rüsselspitze austretenden Sekret eingefettet; Unbenetzbarkeit wichtig für den Aufenthalt an der Wasseroberfläche; stehende Gewässer bevorzugt, hier meist gesellig; Bewegung auf der Wasseroberfläche sehr geschickt, Körper nur auf den Spitzen der Mittel- und Hinterbeine ruhend, getragen von der Oberflächenspannung; die Krallen nicht am Fußende, sondern in einer Bucht etwas davor; Fortbewegung durch gleichsinnigen Ruderschlag vor allem der Mittelbeine, Hinterbeine in erster Linie Steuerorgane; können bis 10 cm von der Wasseroberfläche hochspringen, Flucht in flachen Sprüngen; halten sich bei starkem Wind oder Regen meist auf einem festen Gegenstand oder am Ufer auf; Bewegung auf dem Lande sehr ungeschickt, mehr oder weniger springend, keine für Landinsekten bezeichnende alternierende Beinbewegung. Räuberische Lebensweise; erbeutet werden in erster Linie auf das Wasser gefallene kleine Insekten; von der zappelnden Beute ausgehende Oberflächenwellen, wahrgenommen mit (distal der Tibiotarsalgelenke) in den Beinen lokalisierten, sehr empfindlichen Vibrationssinnesorganen, lösen orientiertes Wenden zur Beute aus, und zwar in die Richtung des Beines, das dem Wellenzentrum am nächsten war; in Beutenähe Orientierung wohl auch optisch; Paarungszeit im Frühling und Frühsommer; das ♂ auf dem Rücken des ♀ oft (vor oder nach der Kopulation? Dauer der Kopulation?) tagelang herumgetragen; bei australischen und japanischen Arten Kommunikation der Geschlechtspartner und gegenseitiges Erkennen durch Oberflächenwellen, die mit den Beinen erzeugt werden, und außerdem territoriales Verhalten der ♂♂ nachgewiesen. Eier über Monate hin teils einzeln, teils gereiht mit gallertigem Sekret an Wasserpflanzen oder ein anderes Substrat zumeist dicht unter dem Wasserspiegel angeheftet; die Junglarve sinkt zunächst ab, schwimmt dann an die Wasseroberfläche; 5 Larvenstadien; manche ***Gerris***-Arten mit einer, andere (z. B. ***G. lacustris***) mit 2 Generationen im Jahr; Überwinterung als Imago an Land; Verwandte: Vertreter der U-Fam. Halobatinae, Meereswasserläufer; Gttg. ***Halobates***, 44 Arten, alle flügellos; ganzer Lebenslauf auf der Meeresoberfläche; die meisten Arten in Küstennähe, 5 Arten (als einzige Insekten) auf der Hochsee; Eiablage der Küstenformen an Substraten in Strandnähe, der Hochseearten an schwimmende Gegenstände, Tange, Vogelfedern u. a. (Brinkhurst 1959; Cheng 1985; Günther 1968; Hayashi 1985; Jordan 1952; Murphey 1971; Rensing 1962; Tamanini 1979; Wesenberg-Lund 1943; Wiese 1969; Wilcox 1972, 1979).

Gerris; → Gerridae.

Gerstenminierfliege, Graue; ***Hydrellia griseola*** Fall.; → Ephydriidae 1.

Geschützte Insekten. Nach dem Bundesnaturschutzgesetz in der Fassung vom 12. März 1987, § 20 d ist es – ganz allgemein – »verboten, wildlebende Tiere mutwillig zu beunruhigen oder ohne vernünftigen Grund zu fangen, zu verletzen oder zu töten«. Bestimmte Arten genießen besonderen Schutz; laut § 20e ist es verboten, ihnen nachzustellen, sie zu fangen, zu verletzen, zu töten, oder ihre Eier, Larven oder Puppen oder sonstige Entwicklungsformen wegzunehmen, zu zerstören, zu beschädigen oder zu stören. Besonders geschützt sind die im folgenden aufgeführten einheimischen oder europäischen Insekten. (Vom Aussterben bedrohte Arten in Fettdruck. Die deutschen Namen stimmen nicht immer mit den im Text genannten überein).

Odonata	**Libellen**
Aeshna coerulea	**Alpen-Mosaikjungfer**
Aeshna viridis	**Grüne Mosaikjungfer**
Ceriagrion tenellum	**Späte Adonislibelle**
Coenagrion armatum	**Hauben-Azurjungfer**
Coenagrion hylas	**Sibirische Azurjungfer**
Coenagrion mercuriale	**Helm-Azurjungfer**
Coenagrion ornatum	**Vogel-Azurjungfer**
Cordulegaster bidentatus	**Gestreifte Quelljungfer**
Epitheca bimaculata	**Zweifleck**
Gomphus flavipes	**Asiatische Keiljungfer**
Gomphus simillimus	**Gelbe Keiljungfer**
Gomphus vulgatissimus	**Gemeine Keiljungfer**
Leucorrhinia albifrons	**Östliche Moosjungfer**
Leucorrhinia caudalis	**Zierliche Moosjungfer**
Onychogomphus uncatus	**Große Zangenlibelle**
Ophiogomphus serpentinus	**Grüne Keiljungfer**

Orthetrum brunneum	**Südlicher Blaupfeil**
Odonata spp.	Libellen – alle heimischen Arten, soweit nicht im einzelnen aufgeführt

Mantodea — Fangschrecken

Mantis religiosa	**Gottesanbeterin**

Saltatoria — Springschrecken

Aiolopus thalassinus	**Grüne Strandschrecke**
Arcyptera fusca	**Pallas' Höckerschrecke**
Arcyptera microptera	**Kleine Höckerschrecke**
Bryodema tuberculata	**Gefleckte Schnarrschrecke**
Calliptamus italicus	**Italienische Schönschrecke**
Ephippiger ephippiger	**Steppensattelschrecke**
Gampsocleis glabra	**Heideschrecke**
Metrioptera saussureina	**Gebirgsbeißschrecke**
Oecanthus pellucens	Weinhähnchen
Oedipoda caerulescens	Blauflügelige Ödlandschrecke
Oedipoda germanica	Rotflügelige Ödlandschrecke
Platycleis tesselata	**Braunfleckige Beißschrecke**
Psophus stridulus	Rotflügelige Schnarrschrecke
Ruspolia nitidula	**Gemeine Schiefkopfschrecke**
Sphingonotus caerulans	Blauflügelige Sandschrecke

Auchenorrhyncha — Zikaden

Cicadetta montana	Bergzikade
Tibicen haematodes	Blutrote Singzikade

Planipennia — Netzflügler i.e.S.

Ascalaphidae spp.	Schmetterlingshafte – alle europäischen Arten, soweit nicht im einzelnen aufgeführt
Distoleon tetragrammicus	**Langfühlerige Ameisenjungfer**
Dendroleon pantherinus	**Panther-Ameisenjungfer**
Ascalaphus libelluloides	**Libellen-Schmetterlingshaft**
Ascalaphus longicornis	**Langfühleriger Schmetterlingshaft**
Mantispa styriaca	**Steirischer Fanghaft**
Myrmeleon bore	**Dünen-Ameisenjungfer**
Myrmeleonidae spp.	Ameisenjungfern – alle europäischen Arten, soweit nicht im einzelnen aufgeführt

Coleoptera — Käfer

Acmaeodera degener	**Achtzehnfleckiger Ohnschild-Prachtkäfer**
Aesalus scarabaeoides	**Kurzschröter**
Aromia moschata	Moschusbock
Buprestidae spp.	Prachtkäfer – alle europäischen Arten, soweit nicht im einzelnen aufgeführt
excl.	mit Ausnahme von

Agrilus ater (sexguttatus)	*Pappelprachtkäfer*
Agrilus biguttatus	*Zweipunktiger Eichenprachtkäfer*
Agrilus viridis	*Buchenprachtkäfer (Laubholzprachtkäfer)*
Anthaxia quadripunctata	*Vierpunkt-Kiefernprachtkäfer*
Chrysobothris affinis	*Goldgruben-Eichenprachtkäfer*
Phaenops cyanea	*Blauer Kiefernprachtkäfer*
Buprestis novemmaculata	**Gefleckter Nadelholzprachtkäfer**
Buprestis splendens	**Goldstreifiger Prachtkäfer**
Calosoma auropunctatum	**Goldpunkt-Puppenräuber**
Calosoma reticulatum	**Smaragdgrüner Puppenräuber**
Calosoma spp.	Puppenräuber – alle europäischen Arten, soweit nicht im einzelnen aufgeführt
Carabus clathratus	**Ufer-Laufkäfer**
Carabus menetriesi	**Waldmoor-Laufkäfer**
Carabus nitens	**Heide-Laufkäfer**
Carabus variolosus	**Schwarzer Grubenkäfer**
Carabus spp.	Großlaufkäfer – alle heimischen Arten, soweit nicht im einzelnen aufgeführt
Cerambyx cerdo	**Heldbock (Großer Eichenbock)**
Cerambyx scopolii	Kleiner Eichenbock
Cetonia aurata	Rosenkäfer
Cicindela arenaria	**Wiener Sandlaufkäfer**
Cicindela spp.	Sandlaufkäfer – alle europäischen Arten, soweit nicht im einzelnen aufgeführt
Clerus mutillarius	**Eichen-Buntkäfer**
Copris lunaris	Mondhornkäfer
Dicerca furcata (acuminata)	**Scharfzähniger Zahnflügelprachtkäfer**
Dicerca moesta	**Linienhalsiger Zahnflügelprachtkäfer**
Dorcadion fuliginator	Erdbock
Dytiscus latissimus	**Breitrand**
Ergates faber	Mulmbock
Eurythyrea austriaca	**Grünglänzender Glanz-Prachtkäfer**
Eurythyrea quercus	**Eckschild-Glanz-Prachtkäfer**
Gaurotes excellens	Geißblattbock
Gnorimus nobilis	Grüner Edelscharrkäfer
Gnorimus octopunctatus	**Veränderlicher Edelscharrkäfer**
Hydrous spp.	Kolbenwasserkäfer – alle heimischen Arten
Lamia textor	Schwarzer Weberbock
Liocola lugubris	Marmorierter Goldkäfer
Lucanidea spp.	Hirschkäfer – alle europäischen Arten, soweit nicht im einzelnen aufgeführt
Megopis scabricornis	**Körnerbock**
Melanophila picta	**Gefleckter Zahnrand-Prachtkäfer**
Meloë autumnalis	**Blauschimmernder Maiwurmkäfer**
Meloë ciratricosus	**Narbiger Maiwurmkäfer**
Meloë coriarius	**Glänzendschwarzer Maiwurmkäfer**
Meloë decorus	**Violetthalsiger Maiwurmkäfer**
Meloë hungarus	**Gelbrandiger Maiwurmkäfer**
Meloë rugosus	**Mattschwarzer Maiwurmkäfer**
Meloë variegatus	**Bunter Ölkäfer**

Meloë spp.	Ölkäfer – alle heimischen Arten, soweit nicht im einzelnen aufgeführt
Necydalis major	**Großer Wespenbock**
Oryctes nasicornis	Nashornkäfer
Osmoderma eremita	Eremit
Phytoecia nigripes	**Schwarzfüßiger Walzenhalsbock**
Phytoecia rubropunctata	**Rotpunktierter Walzenhalsbock**
Phytoecia uncinata	**Wachsblumenböckchen**
Phytoecia spp.	Walzenhalsböcke – alle europäischen Arten, soweit nicht im einzelnen aufgeführt
Polyphylla fullo	Walker
Potosia aeruginosa	**Großer Goldkäfer**
Potosia spp.	Goldkäfer – alle europäischen Arten, soweit nicht im einzelnen aufgeführt
Purpuricenus kaehleri	**Purpurbock**
Rosalia alpina	**Alpenbock**
Sitaris muralis	Schmalflügeliger Pelzbienenölkäfer
Tragosoma depsarium	**Zottelbock**
Trichodes alvearius	Zottiger Bienenkäfer
Trichodes apiarius	Gemeiner Bienenkäfer
Trichodes ircutensis	**Sibirischer Bienenkäfer**
Typhoeus typhoeus	Stierkäfer

Hymenoptera — Hautflügler

Apoidae spp.	Bienen und Hummeln – alle heimischen Arten
Bembix integra	**Kurzflügelige Kreiselwespe**
Bembix spp.	Kreiselwespen – alle heimischen Arten, soweit nicht im einzelnen aufgeführt
Cimbex quadrimaculata	**Weißdorn-Keulhornblattwespe**
Cimbex spp.	Knopfhornwespen – alle heimischen Arten, soweit nicht im einzelnen aufgeführt
Formica aquilonia	Alpenwaldameise
Formica exsecta	Große Kerbameise
Formica foreli	
Formica lugubris	Gebirgs-Waldameise
Formica nigricans	
Formica polyctena	Kahlrückige Waldameise
Formica pratensis	
Formica pressilabris	Furchenlippige Kerbameise
Formica rufa	Rote Waldameise
Formica sanguinea	Blutrote Raubameise
Formica truncorum	Strunkameise
Formica uralensis	Uralameise
Scolia quadripunctata	**Vierfleck-Dolchwespe**
Vespa crabro	Hornisse

Lepidoptera — Schmetterlinge

Abraxas sylvata	Ulmen-Fleckenspanner
Acanthobrahmaea europaea	**Europäischer Brahmaeaspinner**

Acosmetia caliginosa	**Scharteneule**
Aedia funesta	Windeneule
Aglia tau	Nagelfleck
Agrochola laevis	**Graue Wollschenkeleule**
Agrotis ripae	Strand-Erdeule
Agrotis trux	**Steppenheiden-Erdeule**
Allancastria cerisyi	Östlicher Osterluzeifalter
Ammobiota festiva	**Englischer Bär**
Ammoconia senex	Mittelrheintal-Graseule
Amphipyra livida	**Schwarze Hochglanzeule**
Amphipyra perflua	Gesäumte Glanzeule
Anarta cordigera	Moorbunteule
Anarta myrtilli	Heidekrauteulchen
Anthocharis cardamines	Aurorafalter
Anthocharis damone	Goldfleck-Aurorafalter
Apatura spp.	Schillerfalter – alle europäischen Arten
Apamea aquila	**Pfeifengras-Trauereule**
Apamea oblonga	Auen-Graswurzeleule
Apamea pabulatricula	**Weißgraue Graseule**
Apamea platinea	Platineule
Apamea rubrirena	Hartgraseule
Apeira syringaria	Geißblatt-Buntspanner
Apharitis acamas	Goldflügel-Feuerfalter
Apharitis maxima	
Aporophyla lueneburgensis	**Hellgraue Heideblumeneule**
Aporophyla lutulenta	Graue Glattrückeneule
Aporophyla nigra	Schwarze Glattrückeneule
Archiearis notha	Mittleres Jungfernkind
Archiearis parthenias	Großes Jungfernkind
Archon apollinus	Insel-Apollo
Arctia villica	**Schwarzer Bär**
Arctia spp.	Bären – alle europäischen Arten, soweit nicht im einzelnen aufgeführt
Arethusana arethusa	**Rotbindiger Samtfalter**
Argynnis paphia	Kaisermantel, Silberstrich
Argyronome laodice	Grünlicher Perlmutterfalter
Arichanna melanaria	Rauschbeeren-Fleckenspanner
Aricia crassipuncta	
Aricia taberdiana	
Artiora evonymaria	**Pfaffenhütchen-Wellrandspanner**
Artogeia ergane	Berg-Weißling
Artogeia krueperi	Krüpers Weißling
Artogeia manni	Mannis Weißling
Aspilates formosaria	Wiesenmoor-Buntspanner
Baptria tibiale	Trauerspanner
Boloria aquilonaris	**Moosbeeren-Scheckenfalter**
Boloria spp.	Perlmutterfalter – alle europäischen Arten, soweit nicht im einzelnen aufgeführt
Brenthis daphne	**Brombeer-Perlmutterfalter**
Brenthis hecate	Saumfleck-Perlmutterfalter
Brenthis ino	Feuchtwiesen-Perlmutterfalter
Brintesia circe	Weißer Waldportier
Calamia tridens	Grüneule

Callimorpha spp.	Schönbär und Spanische Flagge – alle europäischen Arten
Callophrys mystaphia	
Callophrys suaveola	
Callopistria juventina	**Adlerfarneule**
Carcharodus alceae	Kleiner Malvendickkopffalter
Carcharodus boeticus	Andorn-Dickkopffalter
Carcharodus flocciferus	**Eibischfalter**
Carcharodus lavatherae	**Ziest-Dickkopffalter**
Carsia sororiata	**Moosbeeren-Grauspanner**
Carterocephalus silvicolus	**Schwarzfleckiger Golddickkopf**
Celaena haworthii	Haworths Wieseneule
Catocala pacta	**Bruchweidenkarmin**
Catocala spp.	Ordensbänder – alle europäischen Arten, soweit nicht im einzelnen aufgeführt
Catephia alchymista	Weißes Ordensband
Cerura spp.	Hermelinspinner und Großer Gabelschwanz – alle europäischen Arten
Charaxes jasius	Erdbeerbaumfalter
Chazara bischoffi	Bischoffs-Augenfalter
Chazara briseis	Blaugras-Augenfalter
Chazara persephone	
Chelis maculosa	**Fleckenbär**
Chondrosoma fiduciaria	
Clossiana spp.	Perlmutterfalter – alle europäischen Arten
Coenonympha oedippus	**Moor-Wiesenvögelchen**
Coenonympha spp.	Wiesenvögelchen – alle europäischen Arten, soweit nicht im einzelnen aufgeführt
Colias palaeno	**Hochmoorgelbling**
Colias spp.	Heufalter und Moorgelbling – alle europäischen Arten, soweit nicht im einzelnen aufgeführt
Conistra fragariae	**Erdbeereule**
Conistra veronicae	**Rotbraune Wintereule**
Coscinia cribraria	**Weißer Grasbär**
Cosmia diffinis	Weißflecken-Ulmeneule
Crocallis tusciaria	**Waldreben-Schmuckspanner**
Cucullia argentea	**Silbermönche**
Cuculia thapsiphaga	**Königskerzen-Braunmönch**
Cucullia spp.	Möncheulenfalter – alle europäischen Arten, soweit nicht im einzelnen aufgeführt
Cymbalophora spp.	– alle europäischen Arten
Dasychira abietis	**Tannenstreckfuß**
Dasypolia templi	Graugelbe Rauhhaareule
Deltote candidula	**Ampfer-Grasmotteneulchen**
Diachrysia chryson	Goldfleck-Wasserdosteule
Diacrisia metelkana	**Metelkanabär**
Diarsia dahlii	Dahls Moorheideneule
Dicycla **00**	**Eichen-Nulleneule**
Dolbina elegans	
Drymonia spp.	Eichenbuschspinner – alle europäischen Arten

Dysauxes ancilla	Braunes Fleckwidderchen
Dyscia fagaria	**Heidekraut-Fleckenspanner**
Dyscia spp.	– alle europäischen Arten, soweit nicht im einzelnen aufgeführt
Dyspessa ulula	Lauchzwiebelbohrer
Elphinstonia charlonia	Gelber Aurorafalter
Endromis versicolora	Scheckflügel, Frühlings-Birkenspinner
Ephesia fulminea	Gelbes Ordensband
Epilecta linogrisea	Silbergraue Bandeule
Episema glaucina	Graslilien-Zwiebeleule
Epirranthis diversata	**Bunter Espen-Frühlingsspanner**
Erebia phegea	
Erebia spp.	Mohrenfalter – alle europäischen Arten, soweit nicht im einzelnen aufgeführt
Eremobia ochroleuca	Ockerfarbene Queckeneule
Eriogaster catax	**Heckenwollafter**
Eriogaster rimicola	**Eichenwollafter**
Eriopygodes imbecilla	Braune Berggraseule
Euapatura mirza	
Eucarta amethystina	Amethysteule
Euchalcia modesta	Lungenkraut-Silbereule
Euchalcia variabilis	Olivengrüne Eisenhut-Höckereule
Eucharia casta (deserta)	Labkrautbär
Euchloe charlonia	
Eudia pavonia	Kleines Nachtpfauenauge
Eumera regina	
Eugraphe subrosea	Rotbraune Torfmooreule
Eupithecia breviculata	Haarstrang-Blütenspanner
Eupithecia impurata	Gebänderter Glockenblumen-Blütenspanner
Eurodryas aurinia	Skabiosen-Scheckenfalter
Eurodryas desfontainii	Knautien-Scheckenfalter
Euxoa lidia	**Schwärzliche Erdeule**
Euxoa vitta	Sandrasen-Erdeule
Exaereta ulmi	Ulmenspinner
Fabriciana spp.	Perlmutterfalterarten – alle europäischen Arten
Fagivorina arenaria	**Rotbuchen-Rindenflechtenspanner**
Fixsenia lederi	
Furcula spp.	Gabelschwanzarten – alle europäischen Arten
Gastropacha spp.	Kupferglucke und Pappelglucke
Gonepteryx cleopatra cleobule	Kanarischer Zitronenfalter
Gonepteryx cleopatra palmae	Las Palmas-Zitronenfalter
Gonepteryx farinosa	Balkan-Zitronenfalter
Gortyna borelii	**Haarstrangwurzeleule**
Graellsia isabellae	**Isabellaspinner**
Grammia cervini	Matterhornbär
Grammia quenselii	Quenselis Alpenbär
Griposia aeruginea	**Dunkelgraue Eicheneule**
Griposia aprilina	Aprileule (Grüne Eicheneule)
Gynaephora selenitica	Mondfleck-Bürstenspinner
Hadena irregularis	Gipskraut-Kapseleule
Hamearis lucina	Perlbinde (Brauner Würfelfalter)
Heliophobus texturata	Tragant-Steppenheideneule

Heliothis maritima	**Schuppenmieren-Blüteneule**
Hemaris spp.	Schwärmer – alle europäischen Arten
Heteropterus morpheus	Spiegelfleck-Dickkopffalter
Hipparchia alcyone	**Kleiner Waldportier**
Hipparchia statilinus	**Eisenfarbener Samtfalter**
Hipparchia spp.	Samtfalter, Waldportier – alle europäischen Arten, soweit nicht im einzelnen aufgeführt
Hyboma strigosa	Laubgebüsch-Striemeneule
Hyles spp.	Schwärmer – alle europäischen Arten
Hyphoraia spp.	Hofdame, Bärenspinner – alle europäischen Arten
Hpodryas maturna	Kleiner Maivogel
Hypogymna morio	**Trauerspinner**
Hyponephele kocaki	Kocaks Ochsenauge
Hyponephele lycaon	Kleines Ochsenauge
Iphiclides podalirius	Segelfalter
Issoria lathonia	Kleiner Perlmutterfalter
Jodia croceago	Eichen-Safraneule
Jordanita chloros	**Kupferglanz-Grünwidderchen**
Kirinia climene	
Kirinia roxelana	
Kretania eurypilus	
Kretania psylorita	Kretischer Bläuling
Laelia coenosa	**Gelbbein**
Lamprosticta culta	Obsthaineule
Lamprotes c-aureum	Goldenes C, Wiesenrauten-C-Eule
Lasiommata spp.	Braunauge, Mauerfuchs – alle europäischen Arten
Lemonia taraxaci	**Löwenzahnspinner**
Lemonia spp.	– alle europäischen Arten, soweit nicht im einzelnen aufgeführt
Leptidea morsei	**Fentons Weißling**
Leptidea sinapis	Senfweißling
Libythea celtis	Zürgelbaum-Schnauzenfalter
Limenitis spp.	Eisvögel – alle europäischen Arten
Lithophane lamda	**Sumpfporst-Rindeneule**
Lithophane spp.	Rindeneulen – alle europäischen Arten, soweit nicht im einzelnen aufgeführt
Lopinga achine	Gelbringfalter
Luperina nickerlii	Nickerlis Graswurzeleule
Luperina pozzi	Pozzis Graswurzeleule
Lycaena dispar	**Flußampfer-Dukatenfalter**
Lycaena helle	**Blauschillernder Feuerfalter**
Lycaenidae spp.	Bläulinge – alle europäischen Arten, soweit nicht im einzelnen aufgeführt
Lycia isabellae	**Isabellaspanner**
Lycia zonaria	Trockenrasen-Spinnerspanner
Lycophotia molothina	Graue Besenheideeule
Lysandra caucasica	Kaukasus-Bläuling
Lythria purpuraria	Vogelknöterich-Purpurbindenspanner

Maculinea alcon	**Kleiner Moorbläuling**
Maculinea arion	**Schwarzfleckiger Bläuling**
Maculinea nausithous	**Schwarzblauer Moorbläuling**
Maculinea rebeli	**Rebels Enzianbläuling**
Macroglossum croaticum	Kroatischer Taubenschwanz
Malacosoma franconica	**Frankfurter Ringelspinner**
Mamestra splendens	Rote Mooreule
Maniola nurag	Sardisches Ochsenauge
Meganephria bimaculosa	**Zweifleckige Plumpeule**
Melanargia spp.	Schachbrettfalter – alle europäischen Arten
Melitaea spp.	Scheckenfalter – alle europäischen Arten
Mellicta spp.	Scheckenfalter – alle europäischen Arten
Menophra abruptaria	**Lederbrauner Fliederspanner**
Mesoacidalia aglaja	Großer Perlmutterfalter
Mesogona acetosellae	Eichenbuschwald-Winkeleule
Mesogona oxalina	Auenwald-Winkeleule
Minois dryas	Blauäugiger Waldportier
Minucia lunaris	Mondeule, Braunes Ordensband
Mormo maura	Schwarzes Ordensband
Muschampia cribrellum	**Steppen-Dickkopffalter**
Muschampia tessellum	**Schachbrett-Dickkopffalter**
Mythimna favicolor	Salzwiesen-Graseule
Narraga fasciolaria	**Beifuß-Bänderspanner**
Neolysandra coelestina	Coelestin-Bläuling
Neptis sappho	Schwarzbrauner Trauerfalter
Nordmannia armena	Armenischer Zipfelfalter
Nordmannia marcidus	
Nordmannia sassanides	
Nymphalis spp.	– alle europäischen Arten
Ochropleura praecox	**Grüne Beifuß-Erdeule**
Ocneria detrita	**Rußspinner**
Ocneria rubes	**Rostspinner**
Ocnogyna spp.	– alle europäischen Arten
Odonestis pruni	Pflaumenglucke, Feuerglucke
Odontognophos dumetata	**Kreuzdorn-Großspanner**
Oeneis glacialis	Alpensamtfalter
Orgyia ericae	**Heidebürstenspinner**
Orgyia gonostigma	Eckfleck
Orthosia opima	Moorheiden-Frühlingseule
Pachypasa otus	Ohreulen-Glucke
Papilio alexanor	**Alexanor-Schwalbenschwanz**
Papilio hospiton	**Korsischer Schwalbenschwanz**
Papilio machaon	Schwalbenschwanz
Paradiarsia punicea	Rotbraune Moorheiden-Erdeule
Pararge xiphia	Madeira-Brettspiel
Pararge xiphioides	Kanaren-Brettspiel
Parasemia plantaginis	Wegerichbär
Parnassius mnemosyne	**Schwarzer Apollofalter**
Parnassius phoebus	**Alpen-Apollofalter**
Pechipogo plumigeralis	**Steppenheiden-Spannereule**
Pericallia matronula	**Augsburger Bär**
Periphanes delphinii	**Rittersporneule**
Perisomena caecigena	Ockerfarbener Pfauenspinner

Perizoma sagittata	**Wiesenrauten-Blattspanner**
Pharetra cinerea	Sandheiden-Rindeneule
Phlogophora scita	Waldfarn-Smaragdeule
Photedes captiuncula	Grashalden-Haineulchen
Phragmatobia caesarea	Kaiserbär
Phragmitiphila nexa	Wasserschwaden-Röhrichteule
Phyllodesma ilicifolia	**Weidenglucke**
Phyllodesma tremulifolia	Eichenglucke
Pieris cheiranthi	Kanarischer Kohlweißling
Plebejus loewii	Loews-Bläuling
Plusia spp.	Goldeulen – alle europäischen Arten
Polychrysia moneta	Goldige Eisenhut-Höckereule
Polygonia c-album	C-Falter
Polymixis flavicincta	Gelbliche Steineule
Polymixis polymita	**Olivbraune Steineule**
Polyphaenis sericata	Bunte Ligustereule
Pontia callidice	Alpenweißling
Pontia chloridice	
Porphyrinia noctualis	**Zwergeulchen**
Problepsis ocellata	
Proclossiana eunomia	Randring-Perlmutterfalter
Proserpinus proserpina	Nachtkerzenschwärmer
Pseudochazara spp.	– alle europäischen Arten
Pseudophilotes bavius	Bavius Bläuling
Pseudotergumia wyssii	
Pyrgus accretus	**Veritys Würfelfalter**
Pyrgus armoricanus	**Oberthürs Würfelfalter**
Pyrgus cirsii	**Ramburs Würfelfalter**
Pyrgus trebevicensis	**Warrens Würfelfalter**
Pyrgus spp.	Würfelfalter – alle europäischen Arten, soweit nicht im einzelnen aufgeführt
Pyrois cinnamomea	**Glanz-Zimteule**
Pyronia tithonus	Rotbraunes Ochsenauge
Rethera komarovi	
Rhodostrophia spp.	Rotbandspanner – alle europäischen Arten
Rhyacia lucipeta	Glänzende Erdeule
Rhyparia purpurata	Purpurbär
Saturnia pyri	Wiener Nachtpfauenauge
Scopula decorata	Thymian-Steppenrasenspanner
Scotopteryx coarctaria	Ginsterheiden-Wellenstriemenspanner
Sedina buettneri	Büttners Schrägflügeleule
Selidosema brunnearia	Purpurgrauer Hornklee-Tagspanner
Semiothisa carbonaria	**Bärentrauben-Bänderspanner**
Senta flammea	Striemen-Schilfeule
Simyra albovenosa	Goezes Röhrichteule
Simyra nervosa	Weißgraue Schrägflügeleule
Smerinthus ocellata	Abendpfauenauge
Spatalia argentina	Silberfleckenspinner
Sphinx ligustri	Ligusterschwärmer
Spialia sertorius	Roter Würfelfalter
Spiris striata	Gestreifter Grasbär
Standfussiana lucernea	Standfuß' Zackenbindeneule
Staurophora celsia	Malachiteule

Sublysandra myrrha	
Sublysandra myrrhina	
Syngrapha interrogationis	Rauschbeeren-Silbereule
Synopsia sociaria	**Heidekraut-Buntstreifenspanner**
Syntomis phegea	Weißfleck-Widderchen
Synvaleria jaspidea	Schlehen-Jaspiseule
Synvaleria oleagina	Olivgrüne Schmuckeule
Thetidia smaragdaria	Smaragdgrüner Schafgarbenspanner
Thyria jacobaeae	Blutbär
Tomares callimachus	
Tomares romanovi	
Trichosea ludifica	Gelber Hermelin
Vacciniina optilete	**Moosbeerenbläuling**
Vanessa indica vulcanica	Indischer Admiral
Xestia agathina	Heidekraut-Bodeneule
Xestia castanea	**Ginsterheiden-Bodeneule**
Xestia collina	Hügel-Erdeule
Xestia sincera	**Hochmoor-Fichteneule**
Xylena exsoleta	Fahlgraue Moderholzeule
Xylena vetusta	Braune Moderholzeule
Zegris eupheme	Rotfleck-Aurorafalter
Zerynthia polyxena	Osterluzeifalter
Zerynthia rumina	**Spanischer Osterluzeifalter**
Zygaena cynarae	**Haarstrang-Widderchen**
Zygaenidae spp.	Widderchen – alle europäischen Arten, soweit nicht im einzelnen aufgeführt

---

Gesellige Birnblattwespe, ***Neurotoma saltuum*** L.; → Pamphiliidae.

Gesichtsfliege, ***Musca autumnalis*** Deg.; → Muscidae 2.

Gespenstschrecken; → Phasmida.

Gespinstblattwespen; → Pamphiliidae.

Gespinstmotten; → Yponomeutidae.

Gestreifte Grasfliege, ***Opomyza germinationis*** L., → Opomyzidae 2.

Gestreifte Walnußzierlaus, ***Callaphis juglandis*** Goeze; → Callaphididae 5.

Gestreifte Zartschrecke, ***Leptophyes albovittata*****;** → Phaneropteridae 2.

Getreideameise, ***Messor barbarus*** L., → Myrmicidae 3.

Getreideblasenfuß, ***Limothrips cerealium*** Hal.; → Thripidae.

Getreidebohrmotte, ***Ochsenheimeria taurella*** Schiff.; → Ochsenheimeridae.

Getreideerdflöhe; → Erdflöhe 2, 3.

Getreidehähnchen, ***Lema*** sp.; → Chrysomelidae 4.

Getreidehalmwespe, ***Cephus pygmaeus*** L.; → Cephidae 3.

Getreidekapuziner, ***Rhizopertha dominica*** Fbr.; → Bostrychidae 2.

Getreidelaubkäfer, ***Anisoplia segetum*** Hbst.; → Scarabaeidae 13.

Getreidelaufkäfer, ***Zabrus tenebrioides*** Goeze; → Carabidae 8.

Getreidelaus, ***Sitobium granarium*** Kirby; → Aphididae 40.

Getreidemotte, ***Sitotroga cerealella*** Oliv.; → Gelechiidae 1.

Getreidenager, ***Tenebrioides mauritanicus*** L.; → Ostomidae 2.

Getreideplattkäfer, ***Oryzaephilus surinamensis*** L.; → Cucujidae 3.

Getreideschimmelkäfer, ***Alphitobius*** sp.; → Tenebrionidae 9.

Getreidespitzwanze, ***Aëlia acuminata*** L.; → Pentatomidae.

Getreidewurzeleule, ***Mesapamea secalis*** L.; → Noctuidae 34.

Gewächshausblasenfuß, ***Heliothrips haemorrhoidalis*** Bau.; → Thripidae.

Gewächshausröhrenschildlaus, ***Orthezia insignis*** Browne; → Ortheziidae 2.

Gewächshausschmierlaus, ***Pseudococcus citri*** Risso; → Pseudococcidae 6.

Gewächshausschrecke, ***Tachycines asynamorus*** Adel.; → Rhaphidophoridae.

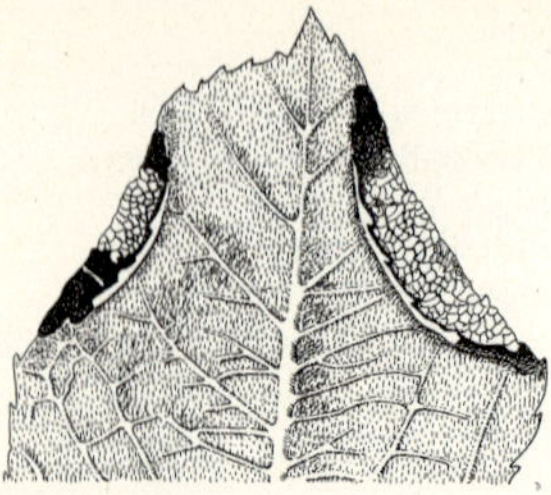

Abb. G-31: ***Simaethis pariana***, Apfelblattmotte. Fraßbild an Apfelblatt. (Sorauer 1949/57)

Gewitterfliege, ***Chrysozona pluvialis*** L., → Tabanidae; ***Limothrips cerealium*** Hal., → Thripidae.

Gibbium; → Ptinidae 1.

Gichtwespen; → Gasteruptiidae.

Giftsterzeln; → Apidae 3.

Gilletteella; → Adelgidae 8.

Gilpinia; → Diprionidae 2a.

Ginstersamenkäfer, ***Bruchidius fasciatus*** Ol.; → Bruchidae 1.

Gitterfalter, ***Araschnia levana*** L.; → Nymphalidae 8.

Gitterspanner, ***Chiasmia clathrata*** L.; → Geometridae 17.

Gitterwanzen; → Tingidae.

Glanzbienen, ***Dufourea*** sp.; → Halictidae 1.

Glänzende Gartenameise, ***Formicoxenus nitidulus*** Nyl.; → Myrmicidae.

Glänzende Smaragdlibelle, ***Somatochlora metallica*** v.d.L.; → Corduliidae 2.

Glanzkäfer; → Nitidulidae.

Glasflügler; → Aegeriidae.

Glashafte; → Baëtidae.

Glattkäfer; → Phalacridae.

Gleichflügler; U.-Ordng. Zygoptera der Libellen; → Odonata.

Gleichringler; → Isotomidae.

Gletscherfloh, ***Isotoma saltans*** Nic.; → Isotomidae.

Gletschergast, ***Boreus hiemalis*** L.; → Boreidae.

Gliedwurm, Raupe des Maiszünslers, ***Ostrinia nubilalis*** Hbn.; → Pyralidae 18.

Gliricolidae, Gliricola; → Mallophaga, Amblycera.

Glossina; → Diptera.

Glossosoma; → Rhyacophilidae.

Glucken; → Lasiocampidae.

Glückskäfer; → Coccinellidae.

Glühwürmchen; → Lampyridae.

Glyphina; → Thelaxidae 3a.

Glyphipterygidae, Rundstirnmotten; Fam. der Schmetterlinge (Lepidoptera); kleine Falter mit relativ dickem Kopf, nicht selten mit metallisch glänzenden Flecken auf den Flügeln; fliegen meist am Tage; Arten der Gattungen ***Glyphipteryx*** wippen im Sitzen mit den Flügeln; Raupen mit 5 Abdominalfußpaaren, teils minierend, teils an oder zwischen besponnenen bzw. zusammengesponnenen Blättern, zuweilen nur die frühen Stadien minierend; Verpuppung in den Minen oder an bzw. zwischen den Blättern, manchmal auch am Boden, in Gespinst; etwa 2 Dutzend Arten im M-Eur. i.e.S. Beispiel: ***Simaethis pariana*** Cl., Apfelblattmotte; die relativ breitflügeligen Falter (ca. 12 mm Flsp.) der 2. Generation überwintern; Eier einzeln an der Blattunterseite von Apfel- und verschied. anderen Laubbäumen (z.B. Kirsche, Weißdorn, Pfirsich, Birne); Raupe zunächst unter Gespinst auf der Blattunterseite, frißt meist vom umgebogenen Blattrand aus [**G-31**]; ältere Raupen machen oft zu mehreren Skelettierfraß auf der Blattoberseite, oft werden mehrere Blätter versponnen, auch zu Tüten eingerollt; Puppe auf der Blattoberseite (auch am Boden) in weißem Kokon; 2 Generationen; Raupen der 2. Generation im Spätsommer zuweilen sehr schädlich. ***Glyphipteryx equitella*** Scop. (Flsp. ca. 13 mm); Raupe miniert in ***Sedum.*** (Sorauer 1949/57).

Glyphipteryx; → Glyphipterygidae.

Glyphotaelius; → Trichoptera.

Gnathocerus; → Tenebrionidae 7.

Gnitzen; → Heleidae; → Melusinidae.

Gnophria; → Arctiidae 3.

Gnorimoschema; → Gelechiidae 6.

Gnorimus; → Scarabaeidae 19.

Goeridae; Fam. der Köcherfliegen (Trichoptera); weltweit verbreitet, in M-Eur. nur wenige Arten; Larven in rasch fließenden Gewässern; Köcher aus Sandkörnern, oft seitlich besetzt mit größeren Belastungssteinchen, so z.B. bei ***Silo*** [**T-95.1**]; häufig u.a. ***Silo pallipes*** Fbr. (Flsp. –20 mm). (Malicky 1968ff.; Ulmer 1925; Wesenberg-Lund 1943).

Goldafter, ***Euproctis chrysorrhoea*** L.; → Lymantriidae 6b.

Goldaugen; → Chrysopidae.

Goldene Acht, ***Colias hyale*** L.; → Pieridae 6.

Goldeulen; → Noctuidae.

Goldfliegen, ***Lucilia*** sp.; → Calliphoridae 3.

Goldkäfer, ***Cetonia aurata*** L.; → Scarabaeidae 18.

Goldlaufkäfer, ***Carabus auratus*** L., → Carabidae 1.

Goldregenlaus, ***Pergandeida cytisorum*** Htg.; → Aphididae 22.

Goldschmied, ***Carabus auratus*** L.; → Carabidae 1.

Goldschrecken; → Acrididae 6, 7.

Goldwespen; → Chrysididae.

Gomphidae, Flußjungfern; Fam. der Libellen (Odonata, Anisoptera); Imagines mittelgroß, Komplexaugen stoßen auf dem Scheitel nicht aneinander; ♂♂ mit »Öhrchen« am 2. Segment; fliegen sehr schnell, vor allem an klaren Bächen, Flüssen, am Rande größerer Seen, aber auch abseits vom Wasser, oft auf Waldwegen; das ♀ tupft bei Eiablage das Hinterleibsende, an dem ein Eiballen vorquillt, rhythmisch ins Wasser (wie ***Somatochlora*** → [**O-10**]), wird nicht vom ♂ begleitet; die Eier können auch durch Gallerte an einem Stein haften [**G-32**]; Larven: gedrungen, dicht behaart, tagsüber in Sand oder Schlamm eingegraben, kommen nachts hervor, fressen vor allem Mückenlarven und Oligochaeten; in Flüssen oder in der Brandungszone größerer Seen; Entwicklungsdauer 3–4 Jahre; Schlüpfen der Imago auch bei fast waagerechter Bauchlage der Larve möglich. In M-Eur.i.e.S. 6 Arten; häufig: ***Gomphus vulgatissimus*** L: Gemeine Keiljungfer (Hinterleib des ♂ keilförmig); bei den Zangenlibellen (***Onychogomphus*** sp.) sind die zangenförmigen Gebilde am Abdomenende der ♂♂ zum Halten des ♀ besonders stark ausgebildet. (Robert 1959; Schiemenz 1953).

Gomphocerinae; → Acrididae B.

Gomphocerus; → Acrididae 9, 10.

Gomphus; → Gomphidae.

Gonapophysen, Valven; Anhänge der Genitalsegmente des Abdomens; nicht oder nur zum Teil von echten Extremitäten ableitbar; bei den ♀♀ mehrerer Ordngn. bilden 3, seltener 2 Paare den (orthopteroiden) Legeapparat, bei den ♀♀ der → Aculeata bilden sie den Giftstachel.

Gonepteryx; → Pieridae 5.

Goniodidae, Goniodes; → Mallophaga – Ischnocera.

Goniopsita; → Chloropidae.

Gonopoden; extremitätenhomologe Hilfsorgane der Begattung; bei ♂♂ des 9. und 11., bei ♀♀ des 8. und 9. Segments.

Abb. G-32: ***Gomphus pulchellus.*** Eier mit Gallertbasis auf einem Stein. Eilänge 0,5 mm. (Robert 1959)

Abb. G-33: ***Caloptilia alchimiella.*** Ruhehaltung. 7 mm. (Bourgogne 1951)

Gortyna; → Noctuidae.

Gorytes; → Sphecidae 9.

Gossyparia; → Pseudococcidae 2.

Gottesanbeterin, ***Mantis religiosa*** L.; ***Tenodera aridifolia sinensis*** (Chinesische G.); → Mantodea.

Gottesanbeterin-Parasit, ***Rielia;*** → Scelionidae.

Gräberfauna; → Phoridae.

Grabschrecken; → Grylloidea.

Grabwespen; → Sphecidae.

Gracilaria; → Gracilariidae.

Gracilariidae (Lithocolletidae), Blatttütenmotten, Miniermotten; Fam. der Schmetterlinge (Lepidoptera); Falter klein bis sehr klein, Saugrüssel gut ausgebildet; Dämmerungsflieger; Ruhestellung oft mit stark angehobenem Vorderkörper [**G-33**]; die Raupen mit 3 Abdominalfußpaaren (4. Paar fehlt), meist minierend, dann sehr flach mit nach vorne gestellten Kiefern; jüngstes Stadium oft mit spezialisierten Mundteilen zum Anschneiden von Zellen und Aufsaugen des Zellsaftes, in späteren Stadien Änderung der Mundteile, der Freßweise und auch der Körperform (Polymetabolie; [**G-36**]); die Altraupen mancher

Abb. G-34: ***Gracilaria rufipenella,*** Ahornmotte. Blattrolle an einem Ahornblatt. (Escherich 1923–42)

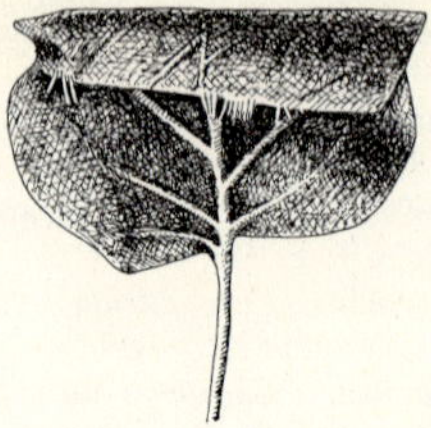

Abb. G-37: ***Gracilaria syringella,*** Fliedermotte. Blattrolle an Flieder. (Sorauer 1949/57)

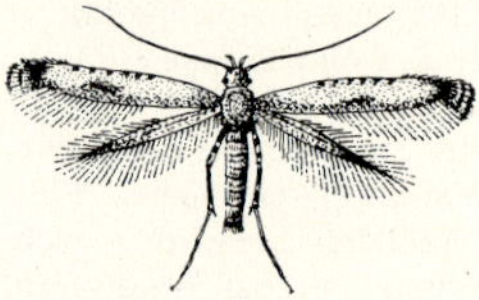

Abb. G-38: ***Gracilaria azaleella.*** Azaleenmotte. Flsp. 18 mm. (Bollow 1960)

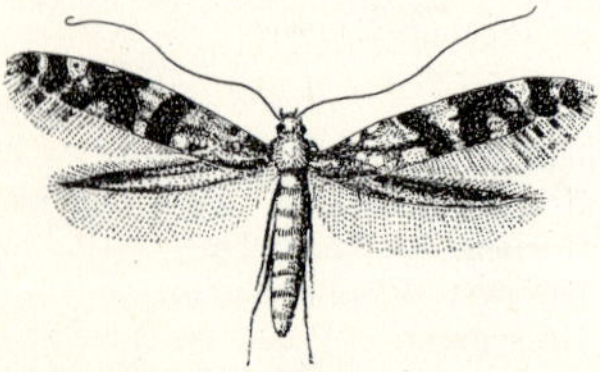

Abb. G-35: ***Gracilaria syringella,*** Fliedermotte. Flsp. 16 mm. (Escherich 1923/42)

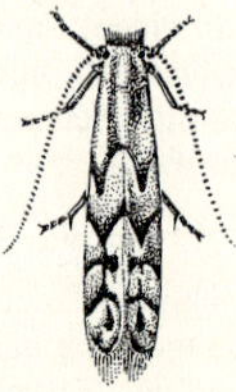

Abb. G-39: ***Lithocolletis faginella.*** 6 mm. Ruhehaltung. (Brauns 1964)

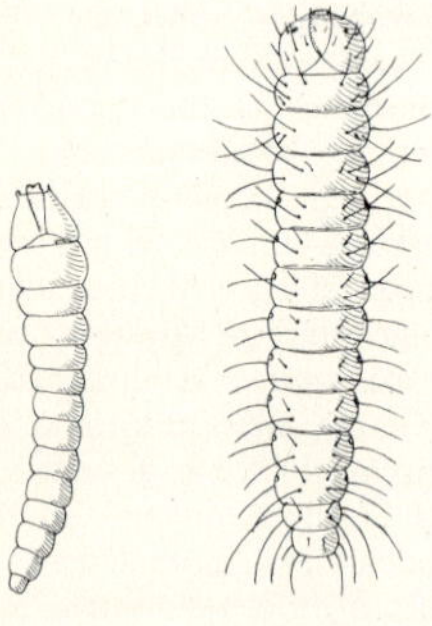

Abb. G-36: ***Gracilaria syringella,*** Fliedermotte. Junge, minierende (links) und erwachsene, freilebende Raupe. (Escherich 1923/42)

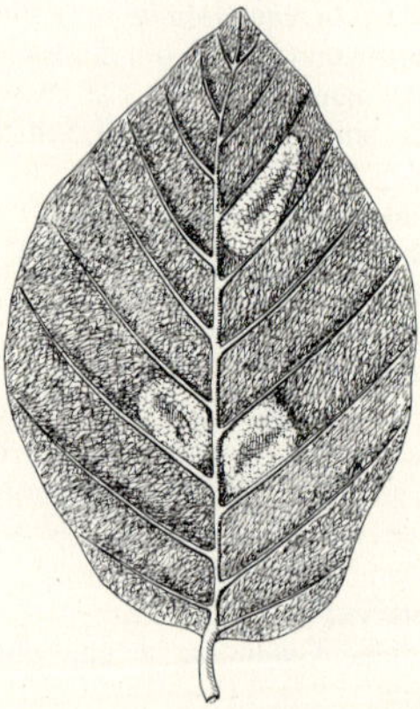

Abb. G-40: ***Lithocolletis faginella.*** Drei Faltenminen am Buchenblatt. (Escherich 1923/42)

Arten in durch Einrollen vom Blattrand her entstandenen Tüten, deren Innenseite sie benagen. Auswahl: **1.** ***Gracilaria (Caloptilia) rufipenella*** Hb., Ahornmotte; der Falter auffallend durch die zimtroten Vorderflügel (Flsp. ca. 12 mm), fliegt im Sommer; die Raupen vor allem an Bergahorn, minieren anfangs im Blatt, fressen dann in einer tütenförmigen Rolle, entstanden durch Einrollen eines Blattzipfels nach unten [**G-34**]. **2.** ***Gracilaria (Xanthospilapteryx) syringella*** Fbr., Fliedermotte [**G-35**]; sehr häufig; Falterflug im V abends um die Futterpflanze (Flieder, Esche, Liguster); Eier in Reihe auf der Blattunterseite entlang der Rippen; Raupen [**G-36**] dringen durch den Eiboden in das Blatt, fressen meist in Gesellschaft eine große Mine aus, gehen dann (nachts oder frühmorgens) auf ein frisches Blatt, nagen die Mittelrippe an, rollen das Blatt gemeinsam ein, Unterseite innen, Befestigung mit Spinnfäden, die sich beim Eintrocknen verkürzen, wobei auch die Seitenöffnungen weitgehend verschlossen werden [**G-37**]; in dem Wickel gemeinsamer Fraß; mehrmals werden neue Wickel gemeinsam hergestellt; Verpuppung teils im Wickel, teils außerhalb, oft am Boden, in einem weißen Gespinst; 2(–3) Generationen im Jahr; Überwinterung als Puppe; bei Massenauftreten schädlich. **3.** ***Gracilaria azaleella*** Brants., Azaleenmotte [**G-38**], aus Japan stammend, heute weltweit verbreitet, bes. in Gewächshäusern, zuweilen schädlich; Eier einzeln oder in kleinen Gruppen an der Blattunterseite, meist an den Nerven; die Jungraupen minierend, zuerst in einem Gang, dann in einem größeren blasigen Platz; die älteren Stadien im nach unten umgerollten und mit Spinnfäden befestigten Blattrand (auch Blattspitze); ein- oder zweimal Blattwechsel; Verpuppung in der Rolle, Gespinstkokon mit Blatthaaren durchsetzt; in Gewächshäusern mehrere sich überschneidende Generationen. **4.** ***Lithocolletis faginella*** Zell. [**G-39**] sehr häufig; Mine an Buchenblättern (Unterholz, untere Zweige), zwischen 2 Seitenrippen [**G-40**], durch Fadenzug von innen gefaltet, in der Mitte dunkle Kotansammlung; Verpuppung in der Mine in einem weißen Gespinst; 2 Generationen im Jahr; die Puppe überwintert. **5.** ***Eutrichocnemis (Gracilaria) simploniella*** F.R., Eichenrindenminiermotte [**G-41**]; Falter klein, fliegt VI–VII; die in der Rinde von

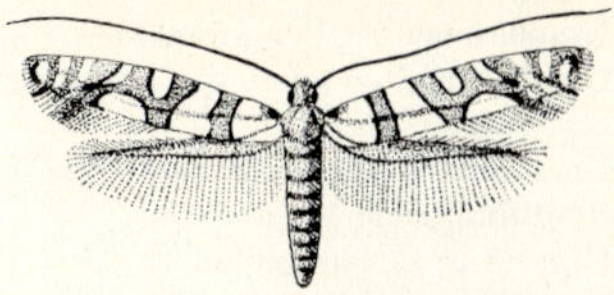

Abb. G-41: ***Eutrichocnemis simploniella***, Eichenrindenminiermotte. Flsp. 10 mm. (Escherich 1923/42)

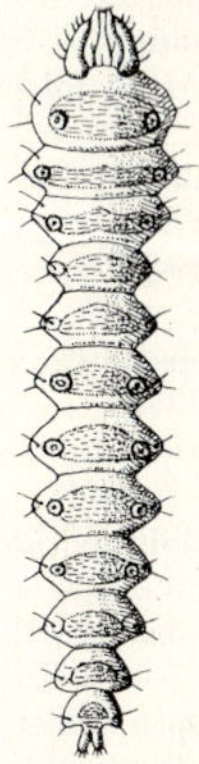

Abb. G-42: ***Eutrichocnemis simploniella***, Eichenrindenminiermotte. Erwachsene Raupe von ventral. (Escherich 1923/42)

Jungeichen minierenden Räupchen sehr flach, die Brust- und Hinterleibsbeine zu winzigen Warzen und Wülsten rückgebildet [**G-42**], die Segmente dorsal und ventral mit rauhen »Kriechplatten«; minieren in der Rinde zunächst in einem stark geschlängelten Gang, der sich schließlich zu einem größeren blasenartigen Platz erweitert; Überwinterung als Raupe; Verpuppung an der Decke der Blase unter einem weißen Gespinst; die Decke der Blase platzt beim Eintrocknen auf (Weg für den Falter); bisweilen beachtliche Schäden an Jungeichen. (Bollow 1960; Bourgogne 1951; Brauns 1964; Escherich 1923/42; Kiziroglu 1976; Skatulla 1978; Sorauer 1949/57).

Gracilia; → Cerambycidae 8.

Grana; Farbstoff der Kermeslaus; → Coccina.

Graphium ulmi, der das Ulmensterben bedingende Pilz, übertragen durch den großen Ulmensplintkäfer; → Scolytidae 6.

Grapholitha; → Tortricidae 24, 33.

Graphosoma; → Pentatomidae.
Grasböcke, ***Dorcadion*** sp.; → Cerambycidae 19.
Gräserblattwespe, ***Selandria serva*** Fbr. → Tenthredinidae 1.
Graseulen; → Noctuidae 31, 33.
Grasfliegen; → Opomyzidae.
Grasglucke, ***Philudoria potatoria*** L.; → Lasiocampidae 8.
Graslaubkäfer, ***Hoplia graminicola*** Fbr.; → Scarabaeidae 14.
Grasminiermotten; → Elachistidae.
Graswanze, ***Miris dolobratus*** L.; → Miridae 1.
Graswurzeleule, ***Agrotis segetum*** Schiff.; → Noctuidae 37.
Graswurzellaus, ***Anoecia corni*** F.; → Thelaxidae 5.
Graue Dörrobstmotte, ***Ephestia elutella*** Hbn.; → Pyralidae 11.
Grauer Erdbock, ***Dorcadion fuliginator*** L.; → Cerambycidae 19.
Graue Fleischfliege, ***Sarcophaga carnaria*** L.; → Calliphoridae 4.
Graue Gerstenminierfliege, ***Hydrellia griseola*** Fall.; → Ephydridae 1.
Grauer Knospenwickler, ***Hedya nubiferana*** Haw.; → Tortricidae 22.
Grauer Lärchenwickler, ***Zeiraphera diniana*** Guen.; → Tortricidae 18.
Grauer Salatsamenwickler, ***Eucosma conterminana*** H.S.; → Tortricidae 31.
Grauer Tannenrüsselkäfer, ***Brachyderes incanus*** L.; → Curculionidae 15.
Grauschwarze Sklavenameise, ***Formica fusca*** L.; → Formicidae 5b.
Gregärparasitismus; → Parasitismus 6.
Grillen; → Grylloidea.
Grillenartige, Grillenschrecken; → Gryllacridoidea.
Griposia; → Noctuidae 9.
Griselda; → Torticidae 30.
Großer achtzähniger Borkenkäfer, ***Ips typographus*** L.; → Scolytidae 14.
Große Birkenblattwespe, ***Cimbex femorata*** L.; → Cimbicidae 2.
Großer Birkenspanner, ***Biston betularia*** L.; → Geometridae 18.
Großer Blaupfeil, ***Orthetrum cancellatum*** L.; → Libellulidae 3.
Großer brauner Rüsselkäfer, ***Hylobius abietis*** L.; → Curculionidae 28.
Großer Eichenbock, ***Cerambyx cerdo*** L.; → Cerambycidae 6.
Großer Eichenkarmin, ***Astiodes sponsa*** L.; → Noctuidae 13.
Großer Eisvogel, ***Limenitis populi*** L.; → Nymphalidae 2.
Große Essigfliege, ***Drosophila funebris*** Fbr.; → Drosophilidae 2.
Großer Feuerfalter, ***Heodes virgaureae*** L.; → Lycaenidae 4.
Große Fichtenquirlschildlaus, ***Physokermes piceae*** Schrk.; → Lecaniidae 6.
Großer Frostspanner, ***Erannis defoliaria*** Cl.; → Geometridae 27.
Großer Fuchs, ***Nymphalis polychloros*** L.; → Nymphalidae 6.
Großer Gabelschwanz, ***Cerura vinula*** L.; → Notodontidae 1.
Großes grünes Heupferd, ***Tettigonia viridissima*** L.; → Tettigoniidae 1.
Großer Heufalter, ***Coenonympha tullia*** Müll.; → Satyridae 9.
Große Holzameise, ***Camponotus herculeanus*** L.; → Formicidae 2.
Großes Johanniswürmchen, ***Lampyris noctiluca*** L.; → Lampyridae 2.
Großes Jungfernkind, ***Archiearis parthenias*** L.; → Geometridae 1.
Großer Kiefernborkenkäfer, ***Ips sexdentatus*** Boern.; → Scolytidae 11.
Große Kieferngespinstblattwespe, ***Acantholyda posticalis*** Mats.; → Pamphiliidae 7.
Großer Kletterlaufkäfer, ***Calosoma sycophanta*** L.; → Carabidae 2.
Große Köcherfliege, ***Phryganea grandis*** L.; → Phryganeidae; → Trichoptera.
Große Kohlfliege, ***Phorbia floralis*** Fall.; → Anthomyiidae 6.
Großer Kohltriebrüßler, ***Ceutorhynchus napi*** Gyll.; → Curculionidae 33.
Großer Kohlweißling, ***Pieris brassicae*** L.; → Pieridae 2.
Große Königslibelle, ***Anax imperator*** Leach; → Aeschnidae 2.
Große kugelige Napfschildlaus, ***Eulecanium coryli*** L.; → Lecaniidae 2.
Große Lärchenblattwespe, ***Pristiphora erichsoni*** Htg.; → Tenthredinidae 26.
Großer Lärchenborkenkäfer, ***Ips cembrae*** Heer; → Scolytidae 18.
Große Narzissenfliege, ***Lampetia equestris*** Fbr.; → Syrphidae 2.
Großer Obstbaumsplintkäfer, ***Scolytus mali*** Bechst.; → Scolytidae 4.
Großes Ochsenauge, ***Maniola jurtina*** L.; → Satyridae 8.
Großer Pappelbock, ***Saperda carcharias*** L.; → Cerambycidae 26.
Großer Pappelglasflügler, ***Aegeria apiformis*** Cl.; → Aegeriidae 1.

Große Pelzblattwespe, ***Trichiosoma lucorum*** L.; → Cimbicidae 4.

Großer Perlmutterfalter, ***Mesoacidalia aglaia*** L.; → Nymphalidae 10.

Große Pflaumenlaus, ***Brachycaudus cardui*** L.; → Aphididae 13.

Große Raubwanze, ***Reduvius personatus*** L.; → Reduviidae 1.

Große Rosenlaus, ***Macrosiphon rosae*** L.; → Aphididae 31.

Große Schildmotte, ***Apoda limacodes*** Hufn.; → Cochlidiidae 1.

Großer Schillerfalter, ***Apatura iris*** L.; → Nymphalidae 1.

Großer Schwamm; Gelege des Schwammspinners; → Lymantriidae 4.

Großer schwarzer Kolbenwasserkäfer, ***Hydrous piceus*** L.; → Hydrophilidae 1.

Große Stubenfliege, ***Musca domestica*** L.; → Muscidae 1.

Großer Ulmensplintkäfer, ***Scolytus scolytus*** Fbr.; → Scolytidae 6.

Große Wachsmotte, ***Galleria mellonella*** L.; → Pyralidae 2.

Großer Waldgärtner, ***Blastophagus piniperda*** L.; → Scolytidae 9.

Großer Waldportier, ***Hipparchia fagi*** Scop.; → Satyridae 3.

Großer Weinschwärmer, ***Hippotion celerio*** L.; → Sphingidae 13.

Großer Wespenbock, ***Necydalis major*** L.; → Cerambycidae 12.

Großes Wiener Nachtpfauenauge, ***Saturnia pyri*** Schiff.; → Saturniidae 2.

Großflügler; → Megaloptera.

Großlibellen; → Odonata, Anisoptera.

Großschaben; → Blattidae 2, 3.

Großzikaden; oft gebrauchte Bezeichnung für die größeren Vertreter der Zikaden, insbesondere für die Singzikaden; → Cicadidae.

Grotea; → Ichneumonidae.

Grubenhalsbock, ***Criocephalus rusticus*** L.; → Cerambycidae 4.

Grünaderweißling, ***Pieris napi*** L.; → Pieridae 2c.

Grundschwimmer, ***Laccophilus*** sp.; → Dytiscidae 7.

Grundwanzen; → Aphelocheiridae.

Grüne Apfellaus, ***Aphis pomi*** Deg.; → Aphididae 3.

Grüne Apfelwanze, ***Plesiocoris rugicollis*** Fall.; → Miridae 7.

Grünes Blatt, Grünling, ***Geometra papilionaria*** L.; → Geometridae 3.

Grüne Blattwespe, ***Rhogogaster viridis*** L.; → Tenthredinidae.

Abb. G-43: *Gryllus campestris*, Feldgrille. ♂, singend. (Beier 1922ff.)

Grüne Eicheneule, ***Griposia aprilina*** L.; → Noctuidae 9.

Grüner Eichenwickler, ***Tortrix viridana*** L.; → Tortricidae 1.

Grüne Erbsenlaus, ***Acyrtosiphon onobrychis*** B.d.F.; → Aphididae 41.

Grüne Fichtengallenlaus, ***Sacchiphantes viridis*** Ratz.; → Adelgidae 3.

Grüne Futterwanze, ***Lygus pabulinus*** L.; → Miridae 4.

Grüne Graswurzellaus, ***Anoecia corni*** F.; → Thelaxidae 5.

Grünes Heupferd, ***Tettigonia viridissima*** L.; → Tettigoniidae 1.

Grüne Pfirsichlaus, ***Myzus persicae*** Sulz.; → Aphididae 18.

Grüner Prachtkäfer, ***Agrilus viridis*** L.; → Buprestidae 5.

Grüner Schildkäfer, ***Cassida viridis*** L.; → Chrysomelidae 20.

Grüne Stinkwanze, ***Palomena prasina*** L.; → Pentatomidae.

Grüner Tannenwickler, ***Choristoneura murinana*** Hbn.; → Tortricidae 16.

Grünes Blatt, ***Geometra papilionaria*** L.; → Geometridae 3.

Grünrüßler, ***Phyllobius*** sp.; → Curculionidae 14.

Grünwanze, ***Calocoris norvegicus*** Gmel.; → Miridae 6.

Grünwidderchen; → Zygaenidae 1.

Gryllacridoidea, Grillenartige, Grillenschrecken; Fam.-Gruppe der Langfühlerschrecken; → Ensifera.

Gryllidae, Grillen; Fam. der Langfühlerschrecken (Ensifera, Grylloidea); von etwa 1200 Arten die meisten in warmen Gebieten, in M-Eur.i.e.S. nur 3 stellenweise häufige Arten, 2 weitere nur lokal und selten; bekannter Vertreter: **1.** ***Gryllus campestris*** L., Feldgrille [**G-43**]; walzenförmig (–26 mm), dicker Kopf; die Imagines (V–VII) in selbstgegrabenen Erdröhren (30–40 cm),

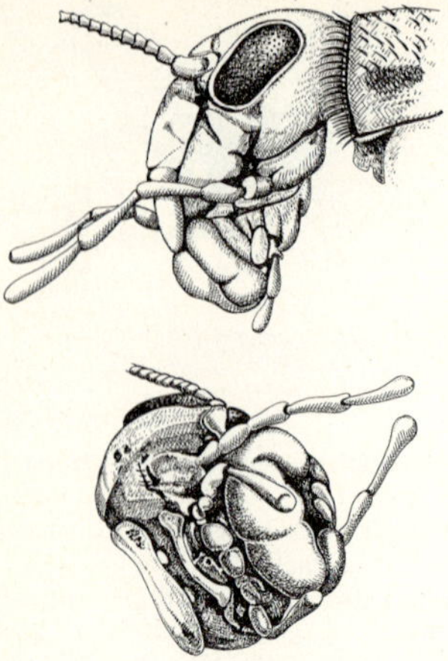

Abb. G-44: ***Acheta domesticus*,** Heimchen. Oben Kopf von links, Tupfrüssel ausgestülpt; unten Ansicht von rechts unten. (Rietschel 1969)

jedes für sich; die Hinterbeine selten zum Springen benutzt; das ♂ singt am Röhreneingang den »gewöhnlichen Gesang«; (Singapparat: → Ensifera), die Vorderflügel sind dabei angehoben [**G-43**], ihre genaue Einstellung zueinander wird durch Sinnesorgane, die sich auf ihnen befinden, kontrolliert; lauthaft ist nur die Einwärtsbewegung der Elytren; beim Singen sind allein 28 Mittelbrustmuskeln beteiligt, das Muster ihres koordinierten Arbeitens ist schon im Mittelbrust-Ganglion vorgegeben, da auch Grillen ohne Gehirn spontan oder nach Reizung der vorderen Nervenstümpfe singen können; übergeordnete Kontrolle des Gehirns: durch Reizen bestimmter Hirnteile können verwickelte Verhaltensweisen (z.B. Kampfverhalten mit den entsprechenden Lauten) ausgelöst oder auch gehemmt werden; bei günstigen Außenbedingungen folgender Tagesrhythmus des Singens (gewöhnlicher Lockgesang): Beginn Mitte Vormittag, häufig Pause in den warmen Mittagsstunden, dann manchmal ununterbrochen, öfter mit Pausen bis nach Mitternacht, wobei das Singen gegen Abend besonders regelmäßig wird; bei Annäherung eines beliebigen Artgenossen macht der Röhrenbesitzer einen schrillen »Warngesang«; ein ankommendes ♂ flieht dann, oder nimmt den Kampf auf (nach Fühlerpeitschen; zugleich dem Warngesang ähnlicher »Rivalengesang«); ein ankommendes ♀ (oft durch den ♂-Gesang angelockt; orientiertes Annähern der ♀♀ nur möglich, wenn die beiden tibialen Gehörorgane intakt sind) kann auch fliehen, oder es bleibt still sitzen, wird vom ♂ mit den Fühlern betastet, dann Balz des ♂ vor dem ♀ mit leisem »Werbegesang«; das ♂ dreht sich schließlich um, so daß sein Hinterleibsende zum Kopf des ♀ zeigt; ist dieses kopulationswillig, so steigt es auf das ♂, dieses schiebt sich zugleich rückwärts unter das ♀, Kopulation; anschließend »Nachbalz«: das ♂ bleibt am ♀, bildet eine neue Spermatophore; das ♀ entfernt die bei der Kopulation abgesetzte und entleerte Spermatophore $^1/_2$ bis 2 Stdn. nach der Kopulation; mehrere Paarungen. (Bei der australischen Feldgrille, ***Teleogryllus commodus*** Walker, spielen von den Antennen der ♀♀ und ♂♂ abgesonderte Pheromone für das Erkennen der Geschlechter eine Rolle). Kopulationsbereitschaft der ♀♀ und deren Annäherung an das singende ♂ wechseln periodisch ab mit Phasen, bei denen keine Annäherung erfolgt und Kopulationsversuche des ♂ strickt abgelehnt werden; Steuerung dieses Verhaltenswechsels durch Hormone der Corpora allata; mehrere Eiablagen mit dem Legebohrer in den Boden. Die Larven schlüpfen nach 2–3 Wochen; ca. 10 Häutungen (bei ungünstigen Bedingungen mehr); die ersten Stadien frei vagabundierend, oft gesellig in natürlichen kleinen Höhlen; Überwinterung (echte Diapause; niedere Temperatur notwendig für die weitere Entwicklung) in einem selbstgegrabenen Gang im zweit- oder drittletzten Stadium; selten treten schon im Herbst Imagines auf, fraglich, ob ihnen das Überwintern gelingt. Nahrung teils pflanzlich (nicht selten werden Frischpflanzen in den Gang gebracht, zum Welken, dann verzehrt), teils tierisch; das Auftupfen flüssiger Nahrung ist möglich mit einem durch Blutdruck ausstülpbaren Tupfrüssel ([**G-44**]; Teil des Hypopharynx), der an seiner Oberfläche mit »Pseudotracheen« versehen ist, wie der Tupfrüssel der höheren Fliegen (→ Diptera). **2. *Acheta domesticus*** L., Hausgrille, Heimchen; wärmeliebend, in Häusern stellenweise nicht selten; Färbung meist gelblich; ♂-Gesang leiser als bei der Feldgrille, Balz ähnlich wie bei dieser; Fortpflanzung während des ganzen Jahres; 12–16 Larvenstadien. Halten sich in natürlichen, dunklen, relativ feuchten Schlupfwinkeln auf, gerne in Ritzen und Spalten; Orientierungshilfe durch die fühlerartigen, ungegliederten, mit Tasthaaren besetzten Cerci; diese tragen zudem noch Hörhaare und dem Wahrnehmen der Schwerkraft dienende Kolbenhaare; zum mindesten bei jüngeren Larven können verlorengegangene Cerci voll regeneriert werden, sofern Verbindung zwischen Regenerationsort und Zentralnervensystem besteht. Heimchen sind vor allem nachts mobil, können bei Massenvermehrung lästig werden. **3.** ***Nemobius silvestris*** Bosc., Waldgrille; Vorderflügel verkürzt, Hinterflügel fehlen; klein (–10 mm), dunkelbraun, in lichten Wäldern, an Waldrändern, gerne unter Fallaub; ortstreu; orientieren sich beim wenig ausgedehnten Umherwandern nach Baumstämmen und nach dem Himmel. Gesang leise, schwer zu lokalisieren, besteht aus schnurrenden Silben wechselnder Länge; Balz (mit lautem Lock- und leisem Werbegesang vor dem ♀) und Begattung ähnlich wie bei der Feldgrille; während einer Nachbalz steigt das ♀ noch einmal auf das ♂ und beknabbert dessen Elytren; Überwinterung als Larve (auch als Ei?); in England stellenweise 2-jähriger Zyklus, erste Überwinterung als Ei, zweite als Larve. (Boyd, Lewis, 1983; Campon, Gautier 1975; Chopard 1951; Fuzeau, Braesch 1965; Gabutt 1959; Harz 1957, 1969; Hill, Boyan 1976; Hörman-Heck 1957; Horn, Bischof 1983; Huber 1960, 1965, 1975a, b; Kieruzel 1976; Möss 1971; Otto 1968; Rence, Loher 1977; Rummel 1970; Wendler et al. 1980; Zippelius 1949).

Grylloblatta; Grylloblattidae; Grylloblattoidea; → Notoptera.

Grylloidea, Grillen, Grabschrecken; Fam.-Gruppe der Langfühlerschrecken; → Ensifera.

Gryllotalpa; → Gryllotalpidae.

Gryllotalpidae; Fam. der Langfühlerschrecken (Ensifera, Grylloidea); von etwa 5 Dutzend bekannten Arten in M-Eur.i.e.S. nur ***Gryllotalpa gryllotalpa*** L., Maulwurfsgrille, Werre; stattlich (–50 mm), bräunlich und gelblich, fein behaart; Fühler nur halb so lang wie das Brustschild (Pronotum); Vorderbeine zu sehr kräftigen und breiten, technisch »ausgefeilt durchkonstruierten« Grabinstrumenten umgebildet [**G-45**], mit Fortsatz am Schenkelring, 4 kräftigen Spitzen an der Schiene, je einem Fortsatz am 1. und 2. der insgesamt 3 Fußglieder; leben unterirdisch in selbstgegrabenen Gängen, können sich in ihnen, aber auch im Freien, vorwärts und rückwärts laufend, geschickt bewegen; kein Springvermögen; Elytren kurz, nach hinten überragt von den in Ruhe der Länge nach eingerollten Hinterflügeln, die durchaus ein Fliegen ermöglichen; Nahrung hauptsächlich tierisch, durch Wurzelfraß und Unterwühlen an Jungpflanzen manchmal schädlich; Lautapparat an den Elytren ähnlich dem der Feldgrille, bei ♂ und ♀, beim ♀ schwächer ausgebildet; häufig, jedoch nicht immer liegt die rechte Elytre über der linken; der trillernde Gesang des ♂ aus dem Boden heraus ist schwer lokalisierbar; auch die ♀♀ können, erschreckt, Laute von sich geben. Fortpflanzung im Sommer; nach einer Balz mit besonders leisem Balzgesang des ♂ steigt das ♀ zur Kopulation auf das ♂; Begattung in der Regel unterirdisch; die Spermatophore wird vom ♀ etwa 30 Min. nach der Kopulation meist durch Hinterleibsbewegungen abgestoßen; ♀ ohne Legeröhre; Ablage der Eier in einer vom ♀ gegrabenen, etwa hühnereigroßen Höhle mit durch erhärtendem Speichel verfestigter Wand in 5–25 cm Tiefe; so im Laufe von 3–4 Monaten mehrere Nester, insgesamt über 500 Eier; Eiablage nur, wenn das ♀ selber gebaut hat, Bauen und Ablegen offenbar gekoppelt; Beschädigung des Nestes nach Beginn des Eierlegens: kein Ausbessern; vor dem Eierlegen: neues Nest. Eier, vielleicht auch die Junglarven, vom ♀ bewacht und durch Belecken betreut; Erstlarve noch ohne Grabbeine, keine Nahrungsaufnahme; nach wenigen Stunden Häutung zum 2. Stadium, das alsbald das Nest verläßt; Kannibalismus dadurch weitgehend vermieden; Entwicklungsdauer regional verschieden, in M-Eur. meist 2 Jah-

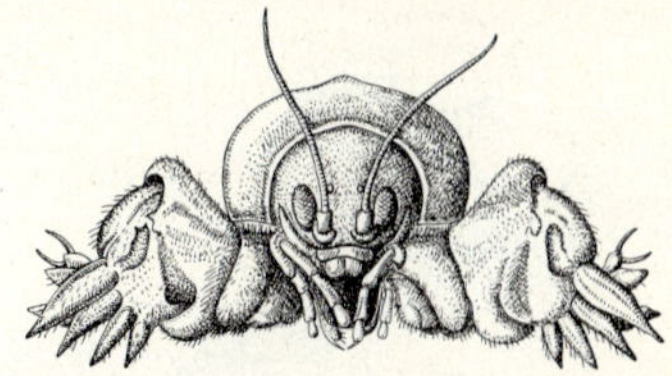

Abb. G-45: ***Gryllotalpa gryllotalpa***, Maulwurfsgrille, Werre. Ansicht von vorn; Grabbeine. (Schaller 1962)

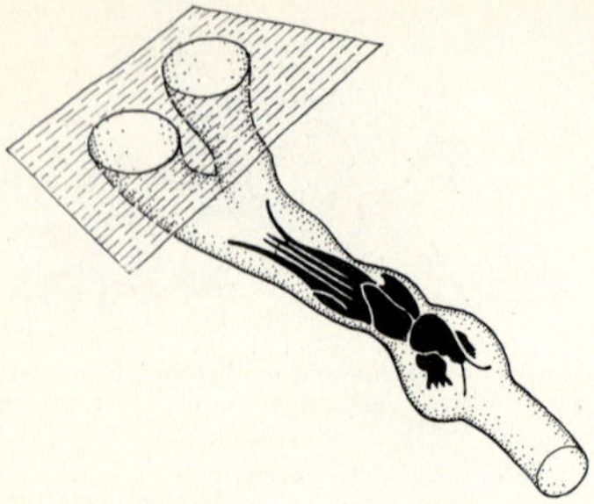

Abb. G-46: ***Gryllotalpa vinaea,*** Maulwurfsgrille in Stridulationshöhle. (Bennet-Clark 1970)

re; Überwinterung als 3. Larve, dann als Imago (oder auch als Altlarve?); unterschiedliche Angaben über die Zahl der Häutungen, 5–10. ***Gryllotalpa vinaea*** Be.-Cl. (Frankreich): besonders lauter Gesang des ♂ ab ca. $^1/_2$ Std. nach Sonnenuntergang (Hauptton ca. 3500 Hz, bei Windstille ca. $^1/_2$ km weit hörbar; das ♂ sitzt dabei in einer bestimmten Position [**G-46**] in einer glattwandigen, von ihm selbst gegrabenen Höhle mit 2 schalltrichterartigen Öffnungen; vorbeifliegende ♀♀ werden angelockt. (Bennet-Clark 1970b; Chopard 1951; Godan 1966; Harz 1957, 1969).

Gryllus; → Ensifera; → Gryllidae 1.

Gummiwickler, *Enarmonia formosana* Scop.; → Tortricidae 20.

Gurkenkernbandwurm; → Mallophaga-Ischnocera; → Siphonaptera.

Gurkenlaus, *Cerosipha gossypii* Glov.; → Aphididae 38.

Gürtelpuppe, Pupa cingulata; die für einige Gruppen von Tagfaltern bezeichnende Puppenform: die Puppe ist am Hinterleibsende mit dem Cremaster in einem auf dem Substrat befestigten Gespinstpolster verankert, ihr Körper ist, die Bauchseite der Unterlage zugewendet, (meist) schräg aufwärts gerichtet, in dieser Lage durch einen Gürtel aus Spinnfäden gehalten [**L-24**]. Vorkommen: → Papilionidae (z.T.), → Pieridae, → Lycaenidae (z.T.), → Riodinidae; Vorbereitung zum Verpuppen bei Lycaeniden etwas anders als bei Papilioniden und Pieriden. Beispiel: Zitronenfalter (***Gonepteryx rhamni*** L.; → Pieridae): die Raupe macht nach der Darmentleerung auf dem Substrat (z.B. Zweig), Kopf nach oben gerichtet, eine schwache Gespinstunterlage, ruht, (gibt dann wohl die letzten Kotballen ab), wendet sich um, fertigt, nun also kopfabwärts, ein Gespinstpolster an (kurze Fadenschleifen), wendet sich erneut (Kopf nach oben), kriecht langsam hoch, macht Suchbewegungen mit dem Hinterleibsende, verankert sich mit den Nachschiebern in dem Polster; bei Verpassen des Polsters Wiederholung: Wendung, Kopf sucht Polster, Wendung, Hochkriechen; nach dem Verankern der Nachschieber im Polster kurze Ruhepause, dann Gürtelbau: Vorderkörper vom Substrat abgehoben (Brustfüße frei), seitwärts gewandt, Spinndüse etwa vor dem 1. Abdominalfußpaar an das Substrat gedrückt, Spinnfaden durch Aufrichten und Rückwärtsbeugen des Vorderkörpers ausgezogen, Wendung zur anderen Seite, Andrücken der Spinndüse am gleichen Punkt wie vorhin; von hier aus anschließend neuer Gürtelfaden zur Gegenseite, bis ein Fadenbündel von meist 6–8 Fäden entstanden ist, das zwischen »Kinn« und 1. Brustbeinpaar liegt; anschließend schlüpft die Raupe mit einer seitlichen Kopfbewegung durch die Gürtelschleife, biegt den Körper stark rückwärts, so daß der Gürtel am Rücken zwischen dem 5. und 6. Segment liegt; dann Ablösen der 4 vorderen Bauchfußpaare vom Substrat, schließlich Häutung zur Puppe: hinter dem Kopf dorsaler Längsspalt, durch kräftige Bewegungen Zurückschieben der Raupenhaut, Verankerung des aus der Raupenhaut-»Tüte« herausgezogenen Cremasters im Gespinstpolster, Abfallen der Raupenhaut; ein kurz nach Vollendung zerstörter Gürtel kann ein 2. Mal, nicht jedoch ein 3. Mal hergestellt werden; Verpuppung und Schlüpfen des Falters auch ohne Gürtel möglich, nach spätem Durchschneiden des Gürtels bleibt die Puppe als künstliche »Stürzpuppe« im Polster verankert. Der Vorgang ist grundsätzlich ähnlich z.B. bei Kohlweißlingen und beim Segelfalter; Unterschiede (auch individuelle) z.B. in der Zahl der Einzelfäden im Gürtel (***Pieris brassicae*** L.: 29–49; ***P. rapae*** L.: 14–40; Segelfalter: 7–16, manchmal bis fast 40). Lycaenidae: Gürtelpuppen z.B. bei Arten der Gattung ***Strymonidia,*** Zipfelfalter; Beispiel: ***Str. pruni*** L.; Hauptunterschied gegenüber den Weißlingen und Ritterfaltern: durch sehr starkes Rückwärtsbiegen von Kopf und Vorderkörper liegt der Gürtel (8–17 Fäden) gleich anfangs dicht hinter dem Kopf, ein nachträgliches Durchschlüpfen erübrigt sich. (Söllner 1951; Held 1955).

Gymnocerata; → Geocorisae.

Gymnopleurus; → Scarabaeidae 7.

Gymnoptera; → Phoridae.

Gymnosoma; → Tachinidae.

gynaekoid; bei sozialen Hymenopteren (z.B. Ameisen; → Formicoidea) Bezeichnung für eierlegende Arbeiter.

Gynoparae; → Aphidina 6.

Gyrinidae, Taumelkäfer, Kreiselkäfer [**G-47**]; Fam. der Käfer (Coleoptera, Adephaga); mittelgroße Wasserkäfer (meist 5–7 mm); von über 800 bekannten Arten in M-Eur.i.e.S. nur 12; sehr häufig: ***Gyrinus natator*** L. Die Imagines meist glänzend schwarz, lang-oval, bekannt für ihre Vorliebe, untertags, besonders bei Sonnenschein oft in Scharen auf der Wasseroberfläche (Körper unbenetzbar) sehr schnell kreisend zu schwimmen; Bedeutung noch nicht eindeutig geklärt, dient vermutlich nicht der Paarbildung, wird als Schutzverhalten vor Freßfeinden gedeutet; bei Verfolgungsjagden, meist ♂ hinter ♀, werden Geschwindigkeiten bis 50 cm/sec erreicht; Nahrungsaufnahme erfolgt nachts und entfernt von den ortsbeständigen Versammlungsplätzen, die gewechselt werden und in denen häufig Imagines verschiedener Arten kreisen; schwimmen nicht minder geschickt untergetaucht, sind dabei durch unter den Flügeldecken mitgenommene Luft zu leicht, müssen sich anklammern, um nicht passiv aufzusteigen; durch die geschlossene Körperform (geringer Widerstand), vor allem aber durch die Ausgestaltung der beiden hinteren Beinpaare als Ruderbeine hervorragend an die Bewegung im Wasser angepaßt; alle Teile der Beine flach, die 3 ersten Fußglieder einseitig flächenförmig verbreitert, die Schiene und das 4. Tarsenglied mit flachen Schwimmblättchen besetzt, die sich bei Beginn des Ruderschlags durch den Gegendruck des Wassers automatisch und blitzschnell abspreizen; beim Vorziehen in die Ausgangslage schieben sich die Teile wie ein Fächer ineinander, die Schwimmblättchen werden automatisch angeklappt; Hauptruder mit besonders vielen Schwimmblättchen sind die Hinterbeine [**G-48**]; sie schlagen rasant, 50–60 Schläge pro sec, die Mittelbeine stets halb so schnell; der Wirkungsgrad ist besser als bei jedem anderen bisher bekannten

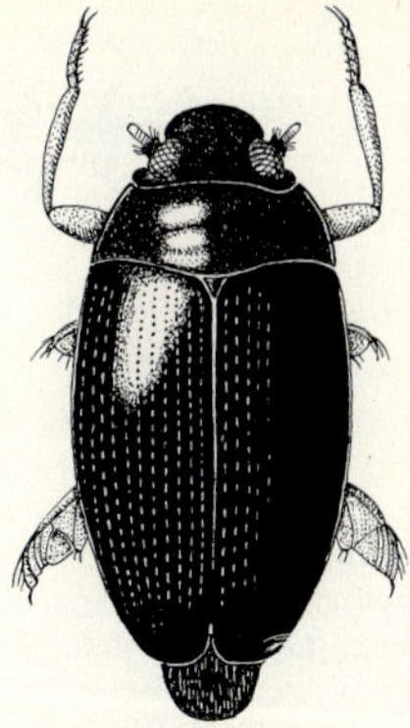

Abb. G-47: ***Gyrinus marinus,*** Taumelkäfer. 5–7 mm. (Bechyně 1951)

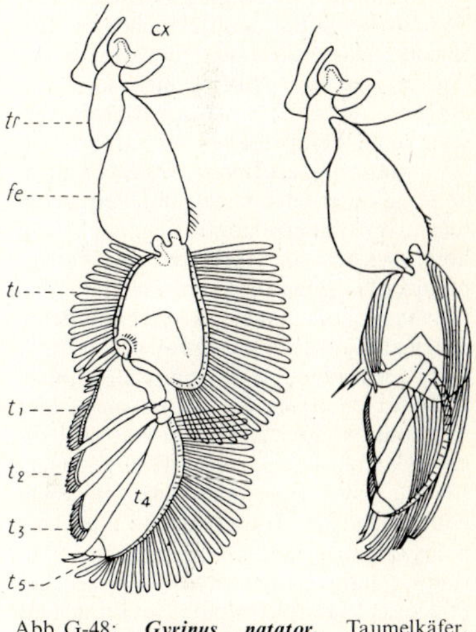

Abb. G-48: ***Gyrinus natator,*** Taumelkäfer, Schwimmbein, links mit abgespreizten, rechts mit angeklappten Ruderplättchen Cx Coxa; tr Trochanter; fe Femur; ti Tibia; t_{1-5} 1.–5. Tarsalglied. (Eidmann 1941)

Ruderapparat eines Wasserinsekts. Komplexaugen durch die Fühler vollkommen in eine obere und untere Hälfte, d.h. beim Schwimmen an der Wasseroberfläche in ein Überwasser- und ein Unterwasserauge getrennt; das Dorsalauge vermutlich geeignet zum Erkennen des Polarisationsmusters des Himmels; beim kreisenden Schwimmen Wahrnehmen feinster Erschütterungen der Wasseroberfläche mit Hilfe der

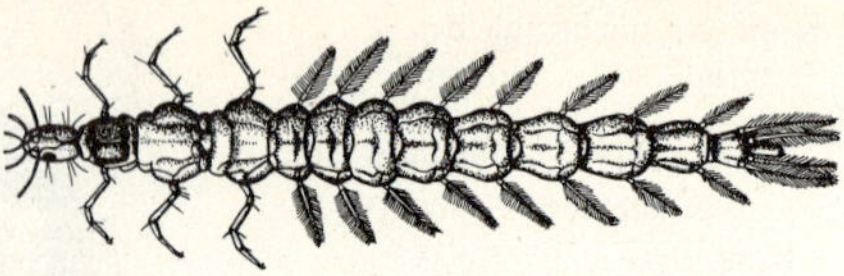

Abb. G-49: *Gyrinus* sp., Taumelkäfer. Larve 18 mm. (Wesenberg-Lund 1943)

→ Johnstonschen Organe und dadurch Vermeiden von Hindernissen und Orten von Beute und Artgenossen möglich; gute Flieger. Nahrung: lebende und tote Tiere, zumal Insekten, mit den langen dünnen Vorderbeinen [**G-47**] ergriffen, hauptsächlich an der Wasseroberfläche. In der Präoralhöhle vieler Arten leben sessile peritriche Ciliaten; im Sekret der Pygidialdrüsen (→ Dytiscidae) neben den gegen Mikroorganismen wirksamen Substanzen, als Wehrstoffe, giftige und lähmende Sesquiterpene; das Sekret wird außerhalb des Wassers mit den Hinterbeinen sorgfältig auf der trockenen Körperoberfläche verteilt; keine Wehrdrüsen in der Vorderbrust. Überwinterung als Imago, wohl vor allem an Land unter Ufersteinen, in Überwasserteilen von Wasserpflanzen, aber auch wohl unter Wasser (in Gasblasen an Wasserpflanzen?). Begattung im Frühling, bei ***Gyrinus*** auf oder unter Wasser, bei anderen Arten an Land; die Vorderfußglieder des ♂ unten mit winzigen Saugnäpfen (ähnlich → Dytiscidae) zum Festhalten am ♀; Eier in Schnüren unter Wasser an Wasserpflanzen geklebt. Die Larven [**G-49**] langgestreckt, jeder Hinterleibsring mit einem Paar behaarter Tracheenkiemen als Atmungsorgane; räuberisch, Art der Nahrungsaufnahme umstritten; ein an der Spitze der Mandibel mündender Kanal teils als Mündungsgang einer Giftdrüse, teils als Saugkanal zum Aufsaugen der vor dem Mund verdauten Nahrung gedeutet; Verpuppung im Sommer an Land oder über dem Wasserspiegel an Wasserpflanzen, nach Wesenberg-Lund in einem Kokon aus einer gelatinösen Substanz, vermischt mit Pflanzenteilen und Erde, nach Bott in einem ausschließlich aus Erdteilchen geformten Kokon; Schlüpfen des Jungkäfers im Frühherbst. In Fließwasser, auch in der Brandungszone von Seen der oberseits fein behaarte, hauptsächlich im Dunkeln aktive ***Orectochilus villosus*** O. Müll. (ca. 6 mm); die Larve schwimmfähig durch schlängelndes Aufab des Körpers. (Bendele 1985; Bott 1928; Benefield 1972; Dettner 1985; Heinrich, Vogt 1980; Matthes, Guhl 1973; Meinwald et al. 1972; Nachtigall 1961b; Rudolph 1967; Schildknecht 1976; Wachmann, Schröer 1975; Wesenberg-Lund 1943).

Gyrophaena; → Staphylinidae.

Gyropidae, Gyropus; → Mallophaga, Amblycera.

Gyrostigma; → Gasterophilidae.

H

Haarflügler; → Trichoptera.

Haarlinge; → Mallophaga.

Haarmücken; → Bibionidae.

Haarwürmer; die sehr dünnen Junglarven des Schiffswerftkäfers; → Lymexylonidae 1.

Habichtskrautspinner, *Lemonia dumi* L.; → Lemoniidae.

Habrobracon; → Braconidae 1.

Habroleptoides; → Leptophlebiidae.

Habrosyne; → Thyatiridae 1.

Hadena; → Noctuidae 35, 38.

Haematobia; → Muscidae 6.

Haematopinidae; Fam. der Läuse (Anoplura); blutsaugende Außenparasiten auf Landsäugetieren (Größe meistens 2–3 mm, selten größer); zahlreiche Gattungen und Arten, davon etwa 20 in M-Eur.i.e.S., einige durch ihre Wirte weltweit verbreitet; Auswahl: ***Polyplax serrata*** Burm. auf Mäusen (z.B. Waldmaus); ***Pol. reclinata*** Ni. auf Spitzmäusen; ***Pol. spinulosa*** Burm. auf Ratten; ***Holopleura acanthopus*** Burm. auf versch. Mäusen; ***Haemodipsus lyriocephalus*** Burm., Hasenlaus, auf Feldhase; ***Haem. ventricosus*** Den. auf Kaninchen; ***Linognathus setosus*** Olf. auf Hund; ***Lin.***

stenopsis Burm. auf Ziegen und Gemsen; ***Lin. vituli*** L. auf Rindern; ***Haematopinus eurysternus*** Ni. auf Rindern; ***H. asini*** L. auf Pferd und Esel; ***H. suis*** L. auf Schwein [**H-1**]; ***Cervophthirius crassicornis*** Ni. auf Rothirsch. (Frank 1976; Hiepe, Ribbeck 1982).

Haematopinus; → Haematopinidae; → Anoplura.

Haematopota; → Tabanidae.

Haemodipsus; → Haematopinidae.

Haemonia; → Chrysomelidae 1.

Haemoproteus; → Hippoboscidae.

Haemorrhagia; → Sphingidae 12.

Haferlaus, ***Rhopalosiphon padi*** L.; → Aphididae 12.

Hafte; bisweilen gebrauchte Bezeichnung für Eintagsfliegen (→ Ephemerida), Steinfliegen (→ Plecoptera), Netzflügler i.e.S. (→ Planipennia) und Schnabelfliegen (→ Mecoptera).

Hagebuttenfliege, ***Rhagoletis alternata*** Fall.; → Trypetidae 3.

Hakenkäfer; → Dryopidae.

Hakenzähniger Kiefernborkenkäfer, ***Pityogenes bidentatus*** Hrbst.; → Scolytidae 12.

Halictidae, Schmalbienen; Fam. der Hautflügler (Hymenoptera, Apocrita, Apoidea); sehr artenreiche Gruppe, mehrere Gattungen; Beinsammler, jedoch Behaarung der Sammelbeine bei Vertretern verschiedener Gattungen etwas verschieden; die meisten der durchweg kleinen bis mittelgroßen schlanken Arten sind solitäre Bodenbrüter, in mehreren Gttgn. jedoch, besonders bei ***Halictus,*** sind quasi-, semi- und vor allem primitiv eusoziale Arten (→ Apoidea) nicht selten; Auswahl aus den etwa 150 mittel- und westeuropäischen Spezies (i.d.BRD 118): **1.** ***Dufourea,*** Glanzbienen; 5 Arten in M-Eur.i.e.S., z.B. ***D. vulgaris*** Schck. (–6 mm), mit glänzend blauschwarzem, schwach behaartem Körper; Schenkelsammler, Hinterschenkel stark behaart; Nester im Boden. **2.** ***Nomia;*** in M-Eur.i.e.S. wohl nur die seltene Art ***N. femoralis*** Pall.; das ♂ mit stark verdickten Hinterschenkeln; Schienensammler, die Hinterschienen und -fersen entsprechend behaart; Bodennister, die Zellwände wie bei den Seidenbienen mit einem sich zu einer Membran verfestigenden Sekret (der Dufourschen Drüse?) bestrichen. **3.** ***Systropha,*** Spiralhornbienen; die Fühler der ♂♂ am Ende eckig eingerollt; nur 2 Arten

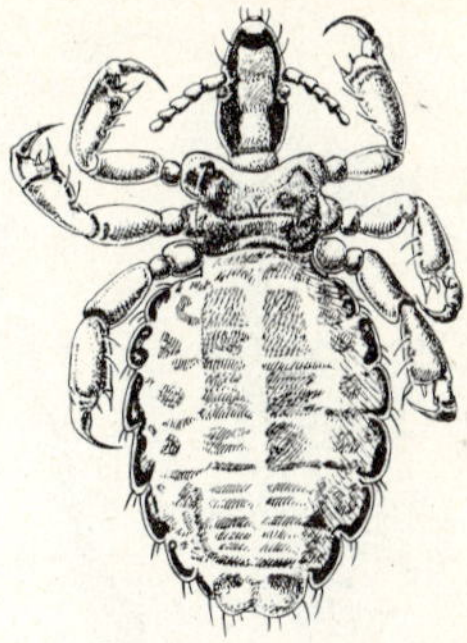

Abb. H-1: ***Haematopinus suis,*** Schweinelaus 5 mm. (Rietschel 1969)

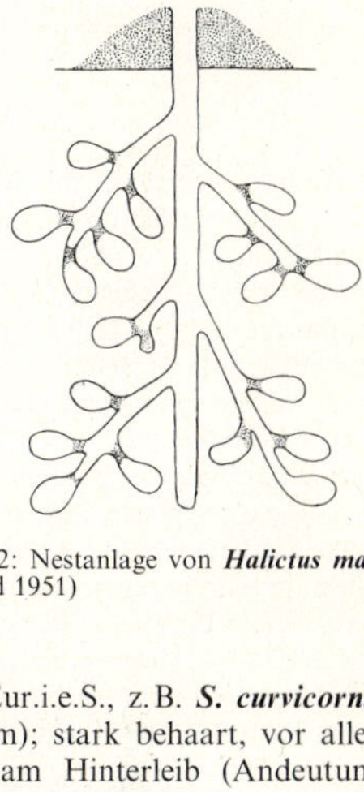

Abb. H-2: Nestanlage von ***Halictus malachurus.*** (Bernard 1951)

in M-Eur.i.e.S., z.B. ***S. curvicornis*** Scop. (–10 mm); stark behaart, vor allem auch unten am Hinterleib (Andeutung einer Bauchbürste); Bodennister. **4.** ***Halictus,*** Furchenbienen; die ♀♀ dorsal auf dem letzten Hinterleibsring mit einer blanken Furche, vielleicht hilfreich für das Hinausschieben von Sand beim Nestbau im Boden (?); klein bis mittelgroß (meist 3 bis 11 mm), selten bis über Honigbienengröße; alle Beine stark behaart, am stärksten die Hinterbeine in der ganzen Länge oder besonders an den Schienen. Die weitaus artenreichste Gattung, allein in Europa etwa 120 Arten; (die Gttg. neuerdings aufgeteilt auf die Gttgn. ***Halictus*** und ***Lasioglossum;*** hier alte Gliederung beibehalten); die meisten solitäre Bodennister mit bisweilen umfangreichen Nestern [**H-2**]; die Zellwände mit wasserabstoßendem Sekret der Dufour-

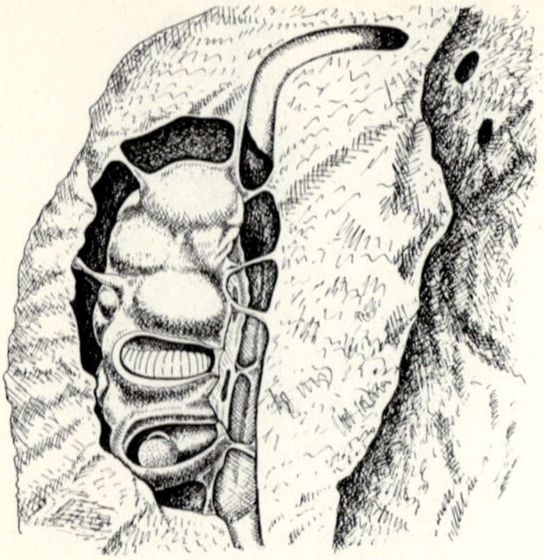

Abb. H-3: ***Halictus quadricinctus***, Furchenbiene. Nestanlage in einer Lehmwand, teilweise freigelegt. Zwei Zellen aufgebrochen; in der einen Larve, in der Zelle darunter Futterballen mit Ei. (v. Frisch 1955)

schen Drüse imprägniert und mit den Mandibeln glatt gehobelt; häufig Beimischung eines leichtflüchtigen, ebenfalls von der Dufourschen Drüse gelieferten Duftstoffes (zur Nestmarkierung?); Zellverband bisweilen wabenartig [**H-3**]; selten Nestbau in altem Holz. Auch bei mehreren heimischen Arten soziale Verbände: die Nestgründerin lernt ihre Nachkommen kennen, diese können u.U. sogar als typische Arbeiterinnen Hilfsdienste leisten; fremde Artgenossinnen werden am Körpergeruch erkannt und vertrieben. Einige Beispiele: ***H. scabiosae*** Rossi; die ersten Nachkommen der Gründerin sind kleine ♀♀ mit verkümmertem Ovar, Arbeiterinnen; das Gründer-♀ beschränkt sich dann auf Eierlegen und Nestbewachen; seine späteren Kinder sind ♂♂ und Voll-♀♀, die begattet werden und überwintern; die Sozietät ist also einjährig. Ähnlich verhält sich ***Halictus malachurus*** Kirby ***(= Lasioglossum malachurum)***, also analog einem Hummelstaat. ***H. marginatus*** Brullé ***(= L. marginatum)***, (südliche Art): das begattete, im Geburtsnest überwinternde ♀ gründet im Frühling ein neues Nest im Boden, versorgt die 2–6 Zellen mit Pollen-Nektar-Brei, legt Eier, verschließt das Nest; die Nachkommen (1. Generation), ♀♀ wie die Gründerin, jedoch unfruchtbar, erscheinen im Sommer, bleiben mit der Gründerin (Königin) im verschlossenen Nest, öffnen es im Frühling, bauen und versorgen neue Zellen, die Königin belegt die Zellen; Nestverschluß im V; die neue (2.) Arbeiterinnen-Generation (6–17 Individuen) im VIII; die 1. Arbeiterinnen-Generation stirbt; Wiederholung im 3. Jahr mit einer 3. (15–39 Individuen), im 4. Jahr mit einer 4. (ca. 130 Individuen) Arbeiterinnen-Generation; das 5. (oder 6.) Jahr ist dann das letzte Jahr dieses Familienstaates, immer noch mit der alten Königin und bis zu 600 Arbeiterinnen; jetzt entstehen bis zum Herbst ♂♂ und begattungsfähige ♀♀ (♂♂:♀♀ = 3:1); Öffnen des Nestes im Herbst; die ♂♂ verlassen es, dringen in andere offene, also gleichaltrige Nester ein, begatten die ♀♀, die dann im Nest überwintern und im Frühling ein neues Nest gründen. **5. *Sphecodes*,** Blutbienen; schwach behaart, Hinterleib mehr oder weniger ausgedehnt rotbraun; in M-Eur.i.e.S. 24 schwierig unterscheidbare Arten; ausschließlich **Kuckucksbienen,** vor allem bei ***Halictus*;** das ♀, von ***Halictus*** als Feind behandelt, sucht unentwegt in das Wirtsnest einzudringen, wobei im Kampf u.U. das Wirts-♀ abgestochen und eine bereits voll verproviantierte Wirtszelle belegt und verschlossen wird (Rest von Bauverhalten); die Schmarotzerlarve frißt außer den Pollen-Nektar-Vorrat vielleicht auch Ei- bzw. Junglarve des Wirtes. (Bell et al. 1974; Cane 1981; Friese 1923; Königsmann 1968; Markl 1969; May 1974; Plateaux, Quénu 1959).

Halictoxenos; → Strepsiptera 2.

Halictus; → Halictidae 4.

Halidayella; → Lauxaniidae.

Haliplidae, Wassertreter; Fam. der Käfer (Coleoptera, Adephaga); kleine, ± tropfenförmige Wasserkäfer (2–3 mm, selten größer) von gelber bis rotbrauner Grundfarbe mit schwarzen Flecken; 20 Arten (meist Gttg. ***Haliplus*;** [**H-4**]); in kleinen stehenden oder schwach fließenden Süßgewässern und in der Uferregion von Seen; schwimmen mit linksrechts alternierenden Bewegungen der besonders an den Fußgliedern stärker behaarten, aber nicht zu typischen Schwimmbeinen umgebildeten Beine (vor allem Hinterbeine), kriechen mehr durch den Pflanzenbewuchs; Atmung: Luftvorrat unter den Flügeldecken, erneuert mit dem Hinterleibsende an der Wasseroberfläche, kommen jedoch meist nur selten an die Oberfläche; Luft auch unter den plattenförmigen Hinterhüften (kann hier auch gelegentlich an der Wasseroberfläche erneuert werden), berührt frei das Wasser, nimmt wahrscheinlich als → physikalische Kieme Sauerstoff aus dem Wasser auf; häufigeres Luftschöpfen an der Oberfläche bei höherer Temperatur und starker Aktivität; Nahrung: neben Algen (20–80% der Gesamtnahrung), Kleinkrebse, Würmer u.a.; Begattung: das ♂ ergreift ein zufällig getroffenes ♀ mit den Vorder- und Mittelbeinen, Bedeutung eines dann vom ♂ hervorgebrachten Zirp- oder Kratzlautes unklar, kräftiges Schlagen des ♂ mit den Mittel- und Hinterbeinen, das den Körper beider Partner vibrieren läßt und schließlich das ♀ gefügig macht; die Begattung kann wiederholt werden; Eiablage auf oder in Algenfäden; Larven ([**H-5**]; erwachsen bis ca. 10 mm) sehr schlank, recht träge, im Wasser oder auch am Ufer unmittelbar am Wassersaum; die Larven der Gttgn. ***Brychius*** und ***Haliplus*** mit zahlreichen sehr dünnen und nur 25–55 µm langen, schlauchförmigen, der Atmung dienenden Mikro-Tracheenkiemen oben und seitlich auf jedem Körperring; hinten mit Cerci; saugen mit den von einem Längskanal durchbohrten Mandibeln Algenzellen aus; Entwicklungsdauer bisweilen 2 Jahre; Überwinterung als Larve und Imago; Verpuppung in einer Erdhöhle an Land. Häufig: ***Peltodytes (Cnemidotus) caesus*** Panz. (ca 3,5 mm) und der ähnliche ***Haliplus ruficollis*** Deg. (ca. 2,7 mm). ***Brychius elevatus*** Thoms., in langsam fließenden Gewässern. (Hieke 1968; Klausnitzer 1984; Seeger 1971; Wesenberg-Lund 1943).

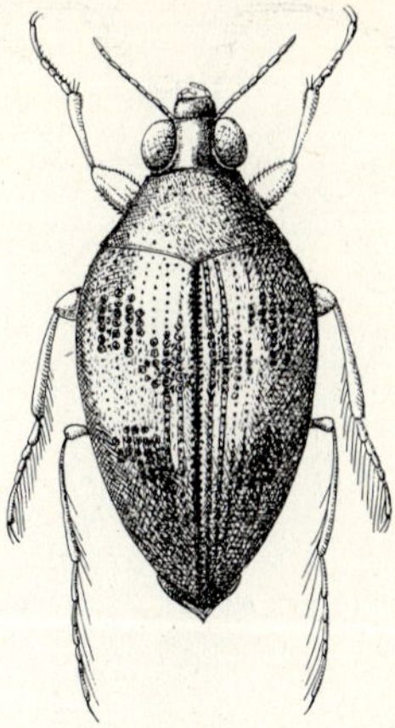

Abb. H-4: ***Haliplus ruficollis***, Wassertreter. ca. 2,5 mm. (Bechyně 1954)

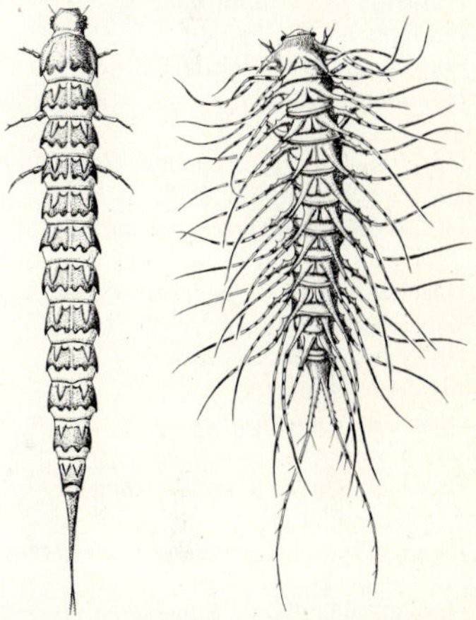

Abb. H-5: Larven von: links ***Haliplus ruficollis***, 8 mm; rechts ***Peltodytes caesus***, 5 mm. (Wesenberg-Lund 1943)

Haliplus; → Haliplidae.

Halmerdfloh, *Chaetocnema aridula* Gyll.; → Erdflöhe 3.

Halmfliegen; → Chloropidae.

Halmwespen; → Cephidae.

Halobates; → Gerridae.

Halomachilis; → Archaeognatha.

Halsböcke, *Leptura* sp.; → Cerambycidae 11.

Haltica; → Erdflöhe 7, 8.

Halticinae; → Erdflöhe.

Halticus; → Miridae 8.

Halycia; → Coccinellidae 5.

Hamearis; → Riodinidae.

Hammomyia; → Anthomyiidae.

Hancocksches Organ; Drüsengrube auf dem Rücken des ♂ beim Weinhähnchen, ***Oecanthus pellucens*** Scop.; → Oecanthidae.

Haplodiplosis; → Itonididae 8.

Haploembia; → Embioptera.

Haplometrose; → Monogynie.

Haplothrips; → Phlaeothripidae.

Harlekin, *Abraxas grossulariata* L.; → Geometridae 8.

Harlekinbär, *Utetheisa pulchella* L.; → Arctiidae 4.

Harmodia; → Noctuidae 38.

Harmolita; → Eurytomidae.

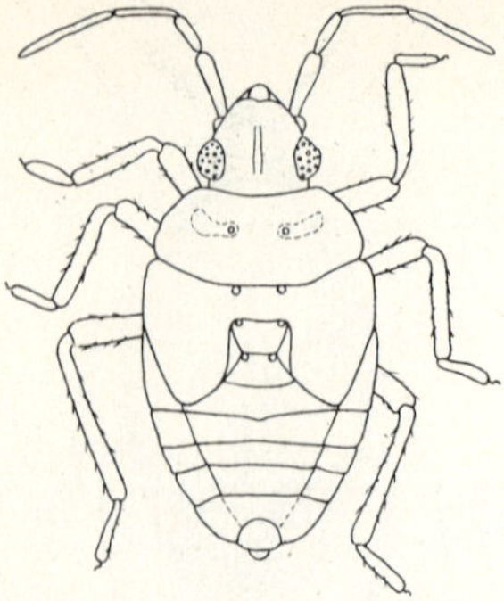

Abb. H-6: *Hebrus pusillus*, Zwergwasserläufer. (Tamanini 1979)

Harpactor; → Reduviidae 2.

Harpagoxenus; → Formicoidea.

Harpalus; → Carabidae 9.

Harpyia; → Notodontidae 3.

Hartigia; → Cephidae 1.

Hartigiola; → Itonididae 28.

Harzbienen, ***Anthidium*** sp.; → Megachilidae 5.

Harzrüsselkäfer, ***Pissodes harcyniae*** Hrbst.; → Curculionidae 26.

Harzzünsler, ***Dioryctria splendidella*** H.-S.; → Pyralidae 9.

Haselblattroller, ***Apoderes coryli*** L.; → Curculionidae 9.

Haselbock, ***Oberea linearis*** L.; → Cerambycidae 28a.

Haseleule, ***Colocasia coryli*** L.; → Noctuidae 6.

Haselnußbohrer, ***Curculio nucum*** L.; → Curculionidae 22.

Haselnußlaus, ***Corylobium avellanae*** Schrk.; → Aphididae 23.

Haselnußschildlaus, ***Eulecanium coryli*** L.; → Lecaniidae 2.

Haselnußwickler, ***Epinotia tenerana*** D. u. Sch.; → Tortricidae 25.

Hasenlaus, ***Haemodipsus lyriocephalus*** Burm.; → Haematopinidae.

Hauhechelbläuling, ***Polyommatus icarus*** Rott.: → Lycaenidae 7b.

Hauptwirt; → Primärwirt.

Hausbock, ***Hylotrupes bajulus*** L.; → Cerambycidae 16.

Hausbuntkäfer, ***Opilo domesticus*** Strm. → Cleridae 3.

Hausfliege, ***Muscina stabulans*** Fall.; → Muscidae 3.

Hausgrille, ***Acheta domesticus*** L.; → Gryllidae 2.

Hausmücken; → Culicidae.

Hausmutter, ***Noctua pronuba*** L. → Noctuidae 25.

Hausschaben; → Blattidae.

Hausschwalbenfloh, ***Ceratophyllus hirundinis*** Curt.; → Siphonaptera.

Hautbremsen, Hautdasseln; → Oestridae C.

Hautflügler; → Hymenoptera.

Hautmaulwurf; → Gasterophilidae.

Hebridae, Zwergwasserläufer; Fam. der Landwanzen (Heteroptera, Geocorisae); in M-Eur.i.e.S. nur 2 Arten; ***Hebrus (Naeogeus) pusillus*** Fall. ([**H-6**]; teils kurz-, teils langflügelig) und ***H. ruficeps*** Thoms. (fast stets sehr kurzflügelig); beide sehr klein (kaum 2 mm); rotbraun; Rüssel in Ruhe unter dem Kopf nach hinten geklappt; Tarsen 2-gliedrig; treiben sich an den Rändern stehender Gewässer zwischen dem Pflanzenwuchs (häufig in Torfmoos, Sphagnum) herum, gehen auch auf die freie Wasserfläche, laufen hier wie Landinsekten mit alternierenden Beinbewegungen (Krallen beim Laufen auf dem Wasser angehoben); unbenetzbar durch feinste Behaarung; Überwinterung als Imago (vermutlich eingefroren) im Pflanzengewirr; Ablage der verhältnismäßig sehr großen Eier (jeweils nur ein reifes Ei im ♀) vermutlich an oder zwischen Blättern von Moos oder Wasserlinsen; 5 Larvenstadien. Art der Ernährung (räuberisch oder an Pflanzen saugend?) umstritten. (Tamanini 1979; Wesenberg-Lund 1943).

Hebrus; → Hebridae.

Heckenweißling, ***Pieris napi*** L.; → Pieridae 2.

Hedya; → Tortricidae 22, 23.

Hedychrum; → Chrysididae 5; → Sphecidae 1.

Heerwurm; → Lycoriidae.

Hefekäfer, ***Cartodere*** sp.; → Lathridiidae 1.

Heideblattkäfer, ***Lochmaea suturalis*** Thoms.; → Chrysomelidae 18.

Heidefalter, ***Hipparchia semele*** L.; → Satyridae 4.

Heidekrauteule, ***Anarta myrtilli*** L.; → Noctuidae 39.

Heidekrautwurzelbohrer, ***Hepialus hecta*** L.; → Hepialidae 2.

Heidelbeerspanner, ***Ectropis bistorta*** Goeze; → Geometridae 19.

Heidelbeerwickler, ***Griselda myrtillana*** Westw.; → Tortricidae 30.

Heidelibellen, ***Sympetrum*** sp.; → Libellulidae 4.

Heideschabe, ***Ectobius panzeri*** Steph.; → Ectobiidae 3.

Heiliger Pillendreher, ***Scarabaeus sacer*** L.; → Scarabaeidae 6.

Heimchen, ***Acheta domesticus*** L.; → Gryllidae 2.

Heldbock, ***Cerambyx cerdo*** L.; → Cerambycidae 6.

Heleidae (Ceratopogonidae), Gnitzen, Bartmücken; Fam. der Mücken (Diptera, Nematocera); kleine, selten über 2 mm lange Mücken [**H-7**], Brust dorsal gewölbt, Flügel bisweilen behaart; gut ausgebildete stechend-saugende Mundteile, dienen bei den ♂♂ und auch bei den ♀♀ einiger Arten zum Aufnehmen von Pflanzensäften; die ♀♀ der meisten Arten jedoch sind Blutsauger, entweder an anderen Insekten (z. B. ***Atrichopogon*** sp., ***Serromyia*** sp.) oder an Vögeln, Säugern und am Menschen, können durch schmerzhafte quaddelbildende Stiche, wobei sie den Kopf tief in die Haut senken, ungemein lästig werden (z. B. ***Culicoides pulicaris*** L.; [**H-7**]); sind vor allem abends und nachts stechlustig, bevorzugen die Hautteile an den Rändern von Kleidungsstücken; an der Wirtsfindung offenbar der Geruchssinn beteiligt; ***Culicoides***-♀♀ z. B. oft in Massen in ***Arum***-Blüten (riechen nach Harn; Duftstoff mit Aminen); die an Insekten saugende ***Atrichopogon oedemerarum*** Stora wird durch Cantharidin-Duft angelockt, die ♀♀ fliegen Insekten mit Cantharidin im Blut an, werden auch durch Cantharidin-Duft zur Bildung von Schwärmen als Treffpunkt mit den ♂♂ angeregt; das Saugen an Insekten tritt gelegentlich als Kannibalismus auf: das ♀ von ***Bezzia annulipes*** Meig. und auch das von ***Serromyia femorata*** Meig. saugt nach der Begattung das ♂ aus; werden bisweilen nützlich durch Abtöten von Pflanzenschädlingen; nehmen manchmal auch Säugerblut aus anderen blutsaugenden Insekten auf. Manche fremdländische Arten mit kompliziert gebauten Haftvorrichtungen an den Tarsen zum Festhalten an den Flügeln von Libellen; Mundwerkzeuge nach Zeckenart in den Flügeladern befestigt. Sexualpheromone, vor allem jungfräulicher ♀♀, wirken auf ♂♂ anlockend und paarungsauslösend; die Paarungsbereitschaft der ♀♀ erhöht sich mit der Zeit, die seit der letzten Kopulation vergangen ist, während die Empfindlichkeit der ♂♂ für die Abwehrbewegungen des ♀ während der Paarung ansteigt, gleich danach am größten ist und dann allmählich wieder abflaut. Eier teils an Land, teils am Ufer oder im Wasser abgelegt, einzeln (z. B. ***Culicoides***) oder als in Gallerte gehüllte Rosetten, Haufen oder Bänder; zuweilen liegen auf Algenrasen viele Gelege beisammen; oder die Laichschnur wird im Flug über dem Wasser abgegeben (***Dicrobezzia*** sp.), manchmal Auftupfen auf die Wasseroberfläche und Abstreifen mit den Beinen; bei manchen Arten Eiablage unter Wasser. Die Larven teils auf dem Lande, teils im Wasser [**H-8**], mit oder ohne Häkchen versehenen vorderen, oft gespaltenen Fußstummeln und Nachschiebern; Nahrung der Landformen (in humösem Boden, in Stubben, unter Rinde, auch in Kuhfladen oder Ameisenhaufen) zerfallende pflanzliche Stoffe, so auch bei einigen im Wasser lebenden Arten ***(Dasyhelea)***; die schlanken, fußlosen, zu mäßig fördernden schlängelnden Schwimmbewegungen fähigen Wasserlarven räuberisch, auf andere Insektenlarven oder ektoparasitisch auf Insektenlarven und anderen Wirbellosen. Die

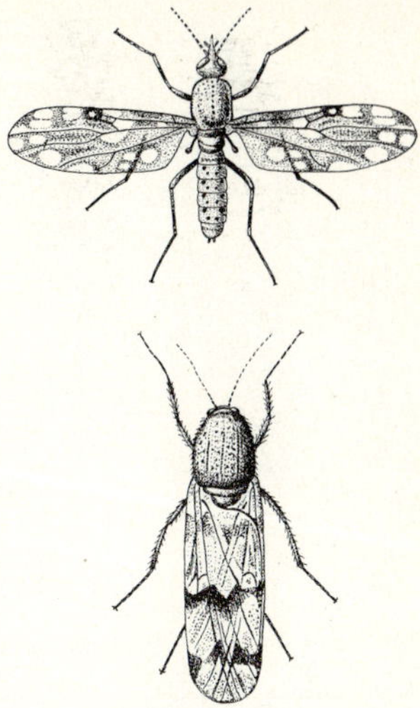

Abb. H-7: ***Culicoides pulicaris***, Gnitzen. ♂, 2 mm. Unten Ruhehaltung. (Martini 1952; Séguy 1951)

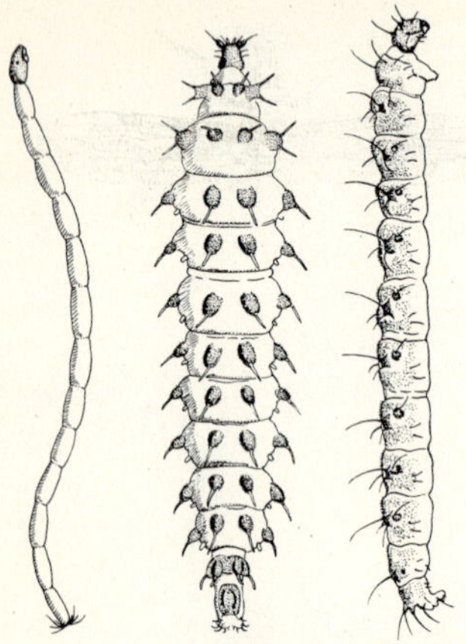

Abb. H-8: Larven von ***Heleidae***; links ***Bezzia*** sp., 7 mm, lateral; Mitte ***Kempia*** sp., von dorsal, 3,5 mm, im Schlamm, auch unter feuchtem, moderndem Laub; rechts ***Forcipomyia*** sp., lateral, 4 mm, unter Rinde. (Brauns 1954)

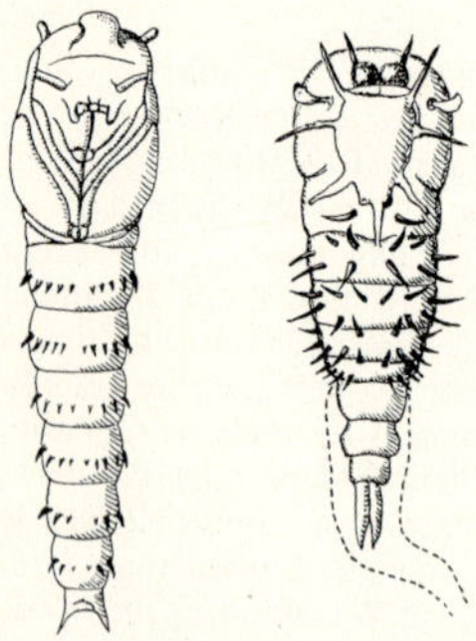

Abb. H-9: ***Heleidae***; links Puppe aus dem Wasser, 2,7 mm; rechts Puppe einer Landform, 2 mm. (Martini 1952)

Abb. H-10: Galle von ***Augasma aeratellum*** an ***Polygonum aviculare.*** (Buhr 1964/65)

Puppen [**H-9**] im Boden, am Freßort der Larven, bei den Wasserformen im Schlamm oder auch an der Wasseroberfläche treibend und im Ufergenist, mit kurzen offenen Atemhörnchen; Überwinterung wohl meist (immer?) als Larve; bei manchen Arten 2 Generationen im Jahr. Einige Hundert Arten in Europa. (Linley 1980; Linley, Carlson 1978; Linley, Mook 1975; Mayer 1962; Nachtigall 1961a; v. Neindorff 1960; Rietschel 1969; Schumann 1968; Wesenberg-Lund 1943).

Helicomyia; → Itonididae 23.

Helicopsyche; → Sericostomatidae.

Heliococcus; → Pseudococcidae 5.

Heliodines; → Heliodinidae 2.

Heliodinidae, Sonnenmotten; Fam. der Schmetterlinge (Lepidoptera); die Falter klein, mit Saugrüssel, halten manchmal die Hinterbeine hoch über den Rücken; in M-Eur.i.e.S. nur 2 Arten: **1.** ***Augasma aeratellum*** Z.; Raupe bei Knöterich-***(Polygonum)***-Arten in gallenartigen Anschwellungen der Blüten oder der Haupt- und Seitensprosse [**H-10**] überwintert; Verpuppung im V in der Galle in einem Kokon. **2.** ***Heliodines roesella*** L., Spinatmotte; die Raupen fressen in 2 Generationen gesellig im Gespinst auf den Blättern von Spinat und anderen Gänsefußgewächsen; der Falter überwintert. (Die Raupen mancher ***Stathmopoda***-Arten in Südostasien fressen Schildläuse). (Buhr 1964/65; Eckstein 1933; Sorauer 1949/57).

Heliothrips; → Thripidae.

Heliozela; → Heliozelidae.

Heliozelidae, Erzglanzmotten; Fam. der Schmetterlinge (Lepidoptera); kleine Falter, Zeichnung der Vorderflügel oft mit Metallglanz; Raupen minierend. Beispiel: ***Heliozela betulae*** Stt.; die Raupe frißt an Birke vom Mark der Zweige aus in den Stiel und die Mittelrippe des Blattes, dann in die Blattfläche, schneidet hier als Kokon ein ovales, zu Boden fallendes Stück heraus [**H-11**]; in ihm findet die Verpuppung statt. (Hering 1957).

Helmis = Elmis; → Dryopidae.

Helochares; → Hydrophilidae 4.

Helodes; → Helodidae.

Helodidae, Jochkäfer; Fam. der Käfer (Coleoptera, Polyphaga); kleine Käfer (2–6 mm); 2000, in M-Eur.i.e.S. 25 Arten, oval, dicht und fein behaart [**H-12**]; die Imagines (fast immer) an Land, meist in Wassernähe, manche unter Rinde und in Mulm; die mei-

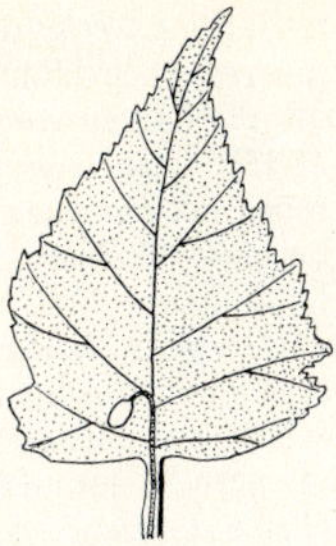

Abb. H-11: ***Heliozela betulae.*** Mine in Birkenblatt. (Hering 1953)

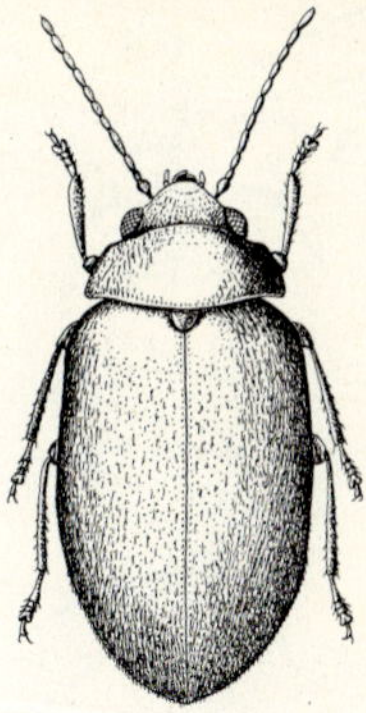

Abb. H-12: ***Cyphon variabilis***, Jochkäfer. 3 mm. (Bechyně 1954)

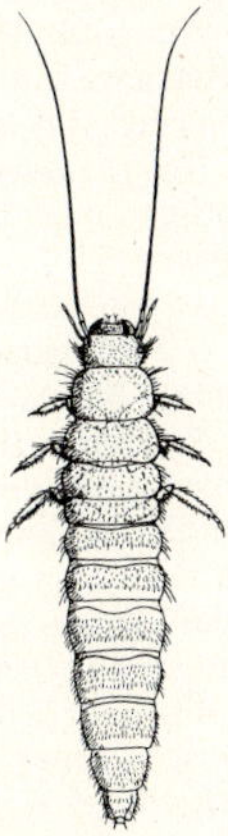

Abb. H-13: ***Cyphon*** sp. Larve eines Jochkäfers. 5,5 mm. (Wesenberg-Lund 1943)

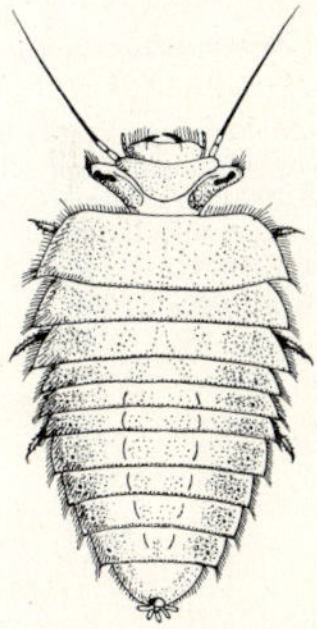

Abb. H-14: Larve von ***Helodes minuta***, Jochkäfer. 6 mm. (Wesenberg-Lund 1943)

sten vermutlich Räuber; die Larven (5 Stadien) im Wasser, auch in kleinsten Wasseransammlungen (z. B. ausgefaulte Baumstubben, Astlöchern), schlank oder mehr gedrungen, mit auffallend langen Fühlern [**H-13, H-14**], schwimmen nicht, kriechen oder klettern nur, auch zur Luftaufnahme an die Wasseroberfläche (mit dem offenen Stigmenpaar am 8. Hinterleibssegment); aus dem After ausstülpbare, mit Sinneszellen ausgestattete, fingerförmige Schläuche dienen der Zusatzatmung (CO_2-Abgabe und dem Aufsuchen der O_2-reichen Wasseroberfläche); die Larven mancher Arten vermögen in Rückenlage am Oberflächenhäutchen herumzukriechen; Nahrung: lokkere, mit dem für diesen Zweck speziell gestalteten Hypopharynx zusammengefegte und aufgenommene Sinkstoffe; enthalten wenig Verwertbares, daher großer Nahrungsbedarf; Verpuppung in Pflanzenstengeln oder im Boden in Ufernähe; die Puppe des ausschließlich sich in Kleinstgewässern entwickelnden ***Hydrocyphon serricornis*** Müller findet sich wie die Larve im Wasser unter Steinen, umgeben von einer Luftblase. (Bechyně 1954; Hieke 1968; Klausnitzer 1984; Wesenberg-Lund 1943).

Helomyza; → Helomyzidae.

Helomyzidae; Fam. der cyclorrhaphen Fliegen (Diptera, Brachycera); kleine bis mittelgroße, häufig gelbrot gefärbte Fliegen, auf dem Kopf mit starken Tastborsten; die Imagines vor allem auf der Vegetation an schattigen Plätzen, an Exkrementen, an Aas, an frischen Baumwunden, aber auch auf Blüten, vor allem Dolden; manche Arten auch in Wohnungen (z. B. im

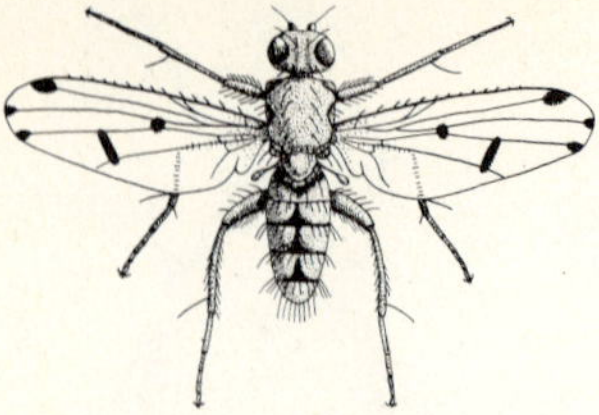

Abb. H-15: ***Suillia similis.*** 5–6 mm. (Séguy 1951)

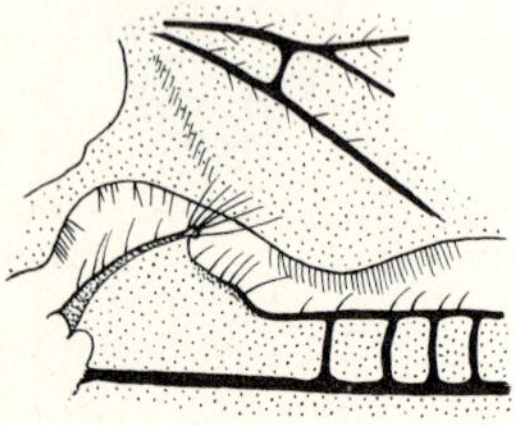

Abb. H-16: ***Hemerobius fenestratus,*** Blattlauslöwe. Bindevorrichtung der Flügel. Oben Vorderflügel, hinten mit behaartem Jugallappen; unten Hinterflügel, vorn mit Humerallappen, der das beborstete Frenulum trägt, das sich auf den Jugallappen stützt. (Aspöck 1964)

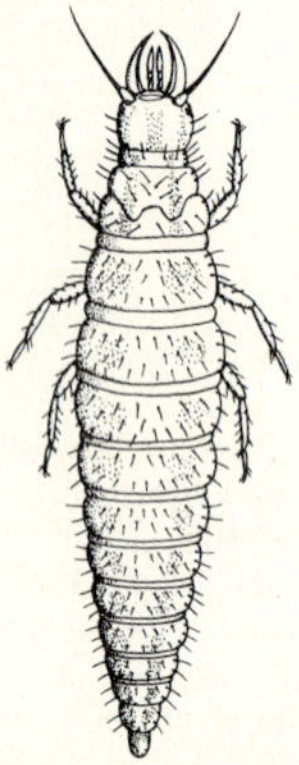

Abb. H-17: Larve von ***Hemerobius pini.*** Blattlauslöwe. ca. 10 mm. (Stitz 1931)

Winter am Fenster) und Ställen, andere bevorzugt in Höhlen, z.T. auch im Winter; die sehr beweglichen Larven (ventral mit bedornten Kriechwülsten) teils in sich zersetzenden pflanzlichen oder tierischen Stoffen (an Aas von Kleinsäugern, an Exkrementen; bei manchen Höhlenbewohnern in Kaninchen- oder Fledermauskot, z.B. bei Arten der Gattung ***Leria***; die Larven von ***Helomyza serrata*** L. in Hühnerkot), teils in Pilzen (z.B. die Larven von ***Suillia similis*** Meig.; [**H-15**]); Nahrungsspezialistentum also offenbar bei manchen Arten ausgeprägt. Beispiel: ***Helomyza tuberiperda*** Rond., Trüffelfliege; das ♀ sucht und findet, vermutlich geruchlich geleitet, die unterirdische Larvennahrung zur Eiablage, sein Suchverhalten wird gelegentlich von Trüffelsammlern ausgenutzt. In M-Eur. i.e.S. mehrere Dutzend Arten. (Janvier 1963; Séguy 1951).

Helophorus; → Hydraenidae.

Heloridae; Fam. der Hautflügler (Hymenoptera, Apocrita, Proctotrupoidea); nur wenige Arten, gestaltlich gekennzeichnet durch den lang gestielten Hinterleib; in M-Eur.i.e.S. ***Helorus anomalipes*** Panz., die Larve parasitisch in den Larven von Florfliegen. (Clausen 1940).

Helorus; → Heloridae.

Hemaris; → Sphingidae 12.

Hemerobiidae, Blattlauslöwen, Taghafte; Fam. der Netzflügler (Planipennia), mit den Merkmalen dieser Ordnung; von den mehrere Hundert bekannten Arten 42 in Mitteleuropa, etwa 25 in M-Eur.i.e.S.; klein (***Sympherobius elegans*** Steph., ca. 7 mm Flsp.) bis mittelgroß (***Drepanopteryx phalaenoides*** L., Flsp. ca. 30 mm, Vorderflügel mit etwas ausgezogener Spitze, dahinter eingebuchtet); Flügel glashell, grau oder braun, mit Bindevorrichtung: kräftige Borsten auf einem Fortsatz (Frenulum) am Vorderrand des Hinterflügels stützen sich auf einen ähnlichen Fortsatz (Jugallobus) am Hinterrand des Vorderflügels [**H-16**]. Die recht trägen Imagines und die lebhaften Larven nach Aussehen und Lebensweise den Florfliegen (Chrysopidae) recht ähnlich, machen Jagd vor allem auf Blattläuse; Unterschiede gegenüber den Florfliegen (außer z.B. im Flügelgeäder): Eier ohne oder höchstens mit sehr kurzem Sekretstiel; die Larven [**H-17**] etwas schlanker, weniger stark beborstet; Überwinterung vermutlich meist als verpuppungsreife Larve im Kokon; bei manchen Arten 2 (oder mehr?) Generationen im Jahr; ***Drepanopteryx*** bevorzugt Laubholz als Aufenthaltsort, andere Arten dagegen Nadelholz, andere (z.B. der häufige ***Hemerobius humulinus*** L.) sind diesbezüglich nicht festgelegt. (Aspöck H.u.U. 1964, 1969; Stitz 1931).

Hemerobius; → Hemerobiidae.

hemicephal; Bezeichnung von Larven, bei denen hintere Teile der Kopfkapsel rückgebildet und in den Prothorax einbezogen sind; z. B. bei Larven von Schnaken (→ Tipulidae) und manchen Fliegen.

Hemichroa; → Tenthredinidae 21.

Hemimetabola; Insekten mit sog. unvollkommener Verwandlung; kein Puppenstadium zwischen dem letzten Larvenstadium und der Imago; im Laufe mehrerer Häutungen mehr oder weniger deutlich, allmähliche Näherung an den imaginalen Zustand, besonders in der Ausbildung der Flügel; die Larven nicht selten mit spezifischen larvalen Organen (→ Metamorphose). Je nach dem Ablauf unterscheidbar: → Palaeometabola; → Heterometabola; → Neometabola. Zu den Hemimetabola gehören die Ordnungen: → Diplura; → Protura; → Collembola; → Archaeognatha; → Zygentoma; → Ephemeroptera; → Odonata; → Plecoptera; → Embioptera; → Dermaptera; → Mantodea; → Blattariae; → Isoptera; → Notoptera; → Phasmida; → Ensifera; → Caelifera; → Zoraptera; → Psocoptera; → Phthiraptera; → Thysanoptera; → Auchenorrhyncha; → Sternorrhyncha; → Heteroptera. (Heute zuweilen andere Bezeichnungen: Heterometabola statt Hemimetabola; Hemimetabola = Archimetabola, Steinfliegen und Libellen; vgl. → Heterometabola).

Hemipenthes; → Bombyliidae.

hemipneustisch; Bezeichnung für ein Insekt, bei dem zwar ursprünglich alle 10 Stigmenpaare angelegt werden, eine wechselnde Zahl aber nachträglich durch eine Stigmennarbe verschlossen wird.

Hemiptera; → Hemipteroidea.

Hemipteroidea (Hemiptera, Rhynchota), Schnabelkerfe; Üb.-Ordng. der Insekten, mit den Ordngn.: → Heteroptera, → Auchenorrhyncha, → Sternorrhyncha; (die beiden letzten früher als → Homoptera in einer Ordng. zusammengefaßt).

Henopidae; → Cyrtidae.

Heodes; → Lycaenidae 4.

Hepialidae, Wurzelbohrer; Fam. der Schmetterlinge (Lepidoptera); die Raupen mit Kranzfüßen, meist im Innern von Pflanzen, oft in den Wurzeln; die Puppen auffallend langgestreckt, bedornt, recht beweglich, im Boden in einem leichten Gespinst; die Falter z. T. recht stattlich. Vorderflügel mit Jugum, Frenulum fehlt;

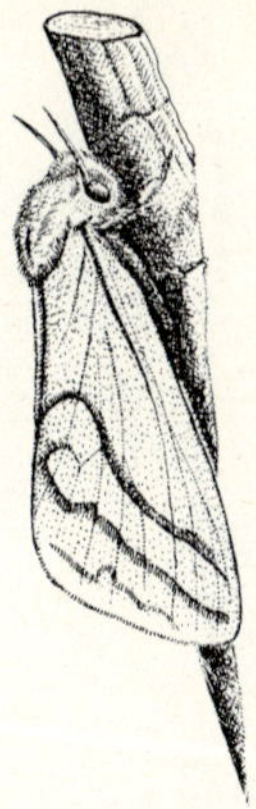

Abb. H-18: ***Hepialus humuli***, Hopfenwurzelbohrer. ♀, Flsp. 6 mm. (Brandt 1957)

Mundteile rückgebildet, Fühler auffallend kurz; bei den ♂♂ mancher Arten die Hinterbeine zu »Duftbeinen« umgebildet: die Tarsen verkümmert, die Schienen keulenförmig verdickt, mit Drüsenzellen und Büscheln von langen haarförmigen Duftschuppen [**H-19**]; der Duft dient, vom ♂ im Flug verbreitet, offenbar zum Stimulieren der ♀♀; fliegen meist in der Dämmerung; die ♀♀ lassen nach der Begattung im Flug die Eier auf den Boden fallen; Eiproduktion bei manchen tropischen Arten gewaltig, bis zu 30000 pro ♀; die Jungraupen dringen in den Boden, dann in die Wurzeln ein. In M.Eur.i.e.S. etwa 6 Arten; Beispiele: **1. *Hepialus humuli*** L., Hopfenwurzelbohrer; ♂ mit weißlichen, ♀ mit gelbbraunen Flügeln ([**H-18**]; Flsp. – 60 mm); fliegen V–VII; die Raupen (erwachsen ca. 50 mm) in den Wurzeln verschiedener Pflanzen, z. B. Ampfer, Löwenzahn, Hopfen (hier bisweilen schädlich), überwintert; Puppe im Boden in einer mit Gespinst ausgekleideten Erdröhre. **2. *Hepialus hecta*** L., Heidekrautwurzelbohrer; die ♂♂ fliegen pendelnd in der Abenddämmerung, lassen dabei die sonst in seitlichen Nischen des Hinterleibs geborgenen Duftbeine [**H-19**] hängen, locken so mit einem fruchtigen Duft die ♀♀; die Raupen in den Wurzeln verschiedener Pflanzen, z. B. Heidekraut ***(Calluna)***, Adlerfarn, überwintern hier. (Bourgogne 1951; Brandt 1957; Dierl 1969; Forster, Wohlfahrt 1954/81; Hanne-

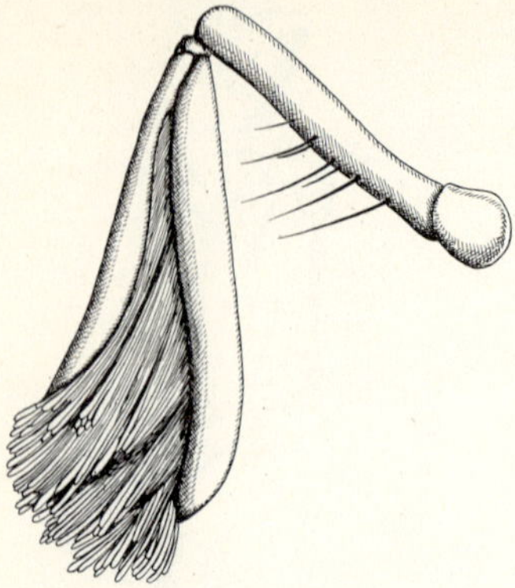

Abb. H-19: ***Hepialus*** hecta, Heidekrautwurzelbohrer. ♂. Duftbein. (Hering 1926)

Abb. H-20: ***Carterocephalus palaemon***, ein Dickkopffalter mit typischer Flügelhaltung.

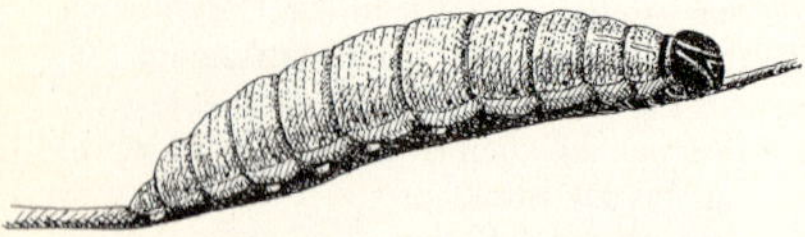

Abb. H-21: ***Hesperia comma***, Kommafalter; Raupe, schwarzgrau. (Eckstein 1913/33)

mann 1968; Hering 1926; Stresemann 1976/78).

Hepialus; → Hepialidae.

Heptagenia, Heptageniidae; → Ecdyonuridae.

Heptagyia; → Chironomidae.

Herbstspanner, ***Ennomos autumnaria*** Hufn.; → Geometridae 16.

Heriades; → Megachilidae 4.

Heringia; → Gelechiidae 3.

Herkuleskäfer, ***Dynastes herculeus*** L.; → Scarabaeidae 9.

Hermelinspinner, ***Cerura erminea*** Esp.; → Notodontidae 2.

Herminia; → Noctuidae.

Hermione; → Stratiomyidae.

Herse; → Sphingidae 5.

Herzeule, ***Mamestra brassicae*** L.; → Noctuidae 43.

Herzwurm; Raupe der → Herzeule.

Hesperia; → Hesperiidae 2, 4.

Hesperiidae, Dickköpfe; Fam. der Schmetterlinge (Lepidoptera); kaum mittelgroße Falter mit auffallend dickem Kopf und keulig verdicktem Fühlerende; fliegen tagsüber, wie die echten Tagfalter (Rhopalocera), sind mit diesen jedoch nicht näher verwandt, sind vielmehr in die Nähe der → Thyrididae, → Pterophoridae und → Pyralidae zu stellen; Flug schwirrend, Flügel in Ruhe schräg nach hinten und etwas klaffend [**H-20**] oder auch nach Nachtfalterart flach dachförmig; die ♂♂ bei vielen Arten mit als Duftorgan gedeuteter Ansammlung von Duftschuppen, teils in einer etwa kommaförmigen Schrägfalte auf der Oberseite des Vorderflügels, teils in dem nach oben taschenartig umgeschlagenen Vorderrand des Vorderflügels (Costalfalte, [**H-22**] oben); die oft spindelförmigen Raupen [**H-21**] ausgezeichnet durch den mehr oder weniger deutlich nackenschild- oder halsartig abgesetzten 1. Brustring; leben in der Regel zwischen zusammengesponnenen Blättern der Futterpflanze; je nach Art eine oder 2 Generationen im Jahr; Überwinterung oft als schon fast erwachsene Raupe, bei manchen Arten auch als Puppe; diese in einem oft mit Teilen der Futterpflanze besetzten lockeren Gespinstkokon, darin durch einen Gürtelfaden aufrecht gehalten. In M-Eur.i.e.S. etwa 20 Arten; sehr häufig z.B.: **1.** ***Erynnis (Thanaos) tages*** L. [**H-22**]; Raupe an ***Lotus, Eryngium, Coronilla.*** **2.** ***Pyrgus (Hesperia) malvae*** L., Malvendickkopf [**H-22**]; Raupe an ***Comarum, Potentilla, Rubus, Fragaria, Agrimonia.*** **3.** ***Adopaea silvester*** Poda; Raupe an Gräsern. **4.** ***Hesperia comma*** L., Kommafalter [**H-22**]; Raupe [**H-21**] an Gräsern. (Bourgogne 1951; Dierl 1969; Eckstein 1913/33; Forster, Wohlfahrt 1954/81; Hannemann 1968).

Hessenfliege, Hessenmücke, ***Mayetiola destructor*** Say.; → Itonididae 4.

Heterocera; Alte Überordg. der Schmetterlinge (Lepidoptera); umfaßte die sog. Nachtfalter (Schwärmer, Spanner, Bärenspinner u.a.).

Heteroceridae, Sägekäfer; Fam. der Käfer (Coleoptera, Polyphaga); weltweit 180, in M-Eur.i.e.S. 13 Arten; 1,5–7,5 mm; behaart, selten einfarbig dunkelbraun, meist mit 3 Gruppen gelber Flecken auf den Elytren; Käfer und Larven graben an den Ufern fast aller Gewässer, auch an den Küsten, im nassen, feinkörnigen Sand und Schlamm charakteristische, oberflächennahe Gänge und Gangsysteme, deren Dekken sich etwas über das Bodenniveau erheben; Nahrung: Kleinorganismen (Grün- und Kieselalgen, Protozoen, Detritus), die mitsamt dem Schlamm aufgenommen werden, Larven auch räuberisch an Nematoden. Eier abgelegt und vom ♀♀ bewacht in Bruthöhlen, die senkrecht unter den Fraßgängen liegen; Puppenwiege in über das Bodenniveau kuppelartig hochgewölbter Kammer mit (durch ein Sekret von Hautdrüsen?) verfestigter Wand; Puppenruhe 2, höchstens 3 Tage. Manche Arten häufig, Auftreten nicht selten massenhaft. Beispiel: ***Heterocerus marginatus*** F., 3,5–4,3 mm; ***H. fenestratus*** Thunb., 3–4,5 mm, die häufigste heimische Art; ***H. maritimus*** Guérin und ***H. obsoletus*** Curt. sind halophil. (Drechsel 1979; Klunzinger 1906; Messner 1973).

Heterocerus; → Heteroceridae.

Heterogenea; → Cochlidiidae 2.

Heterogynidae, Mottenspinner; Fam. der Schmetterlinge (Lepidoptera) nur wenige Arten der Gattung ***Heterogynis*** im Mittelmeergebiet; bis Elsaß und Nordschweiz ***H. penella*** Hbn., vielleicht also gelegentlich auch im Südwesten der BRD; starker Geschlechtsunterschied [**H-23**]: ♂ geflügelt, ♀ ungeflügelt, Rüssel bei beiden rückgebildet; das ♀ setzt sich auf sein Verpuppungsgespinst, wird hier vom vermutlich durch Duftstoff angelockten ♂ begattet, geht in das Gespinst zurück, legt hier die Eier ab, stirbt; die Raupen (gelblich, schwarz gepunktet und gestreift, mit langen schwarzen Haaren) verzehren zunächst die Reste der Mutter und die Eischalen, fressen weiterhin an der Trägerpflanze des Puppenkokons (***Genista***-Arten), überwintern im eigenen Gespinst, verpuppen sich im Frühling in einem weißlichen Kokon an der Futterpflanze (♀-Kokon viel größer als ♂-Kokon); die kleinere ♂-Puppe schiebt sich vor dem Schlüpfen des Falters aus dem Kokon. Das Blut der Imagines enthält das Nervengift β Cyanalanin. (Forster, Wohlfahrt 1954/81; Hannemann 1968; Witthohn, Naumann 1984).

Heterogynis; → Heterogynidae.

Heterojapyx; → Diplura.

Abb. H-22: Oben ***Erynnis tages,*** ♂. Mitte ***Pyrgus malvae,*** Malvendickkopf, ♂. Unten ***Hesperia comma,*** Kommafalter, ♂. (Forster, Wohlfahrt 1954/81)

Abb. H-23: ***Heterogynis penella.*** Links ♂, rechts ♀; nat. Gr. (Forster, Wohlfahrt 1954/81)

Heterometabola; ein Teil der Insekten mit sog. unvollkommener Verwandlung; (vgl. → Hemimetabola); oft werden 2 Gruppen unterschieden: **1.** Archimetabola; Larven im Wasser; hierher die Steinfliegen und Libellen; **2.** Paurometabola; durchweg Landbewohner, höchstens sekundär im Wasser (z. B. Wasserwanzen); hierher die meisten Hemimetabola, mit Ausnahme der oft als → Palaeometabola und → Neome-

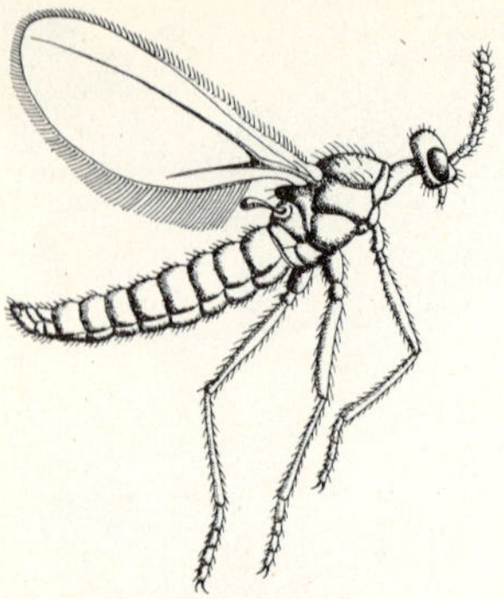

Abb. H-24: ***Miastor metraloas.*** ♂; 2–3 mm. (Séguy 1951)

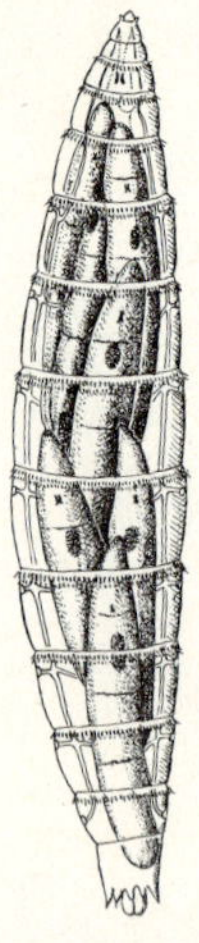

Abb. H-25: ***Miastor metraloas.*** Larve (6 mm) mit Tochterlarven. (Séguy 1951)

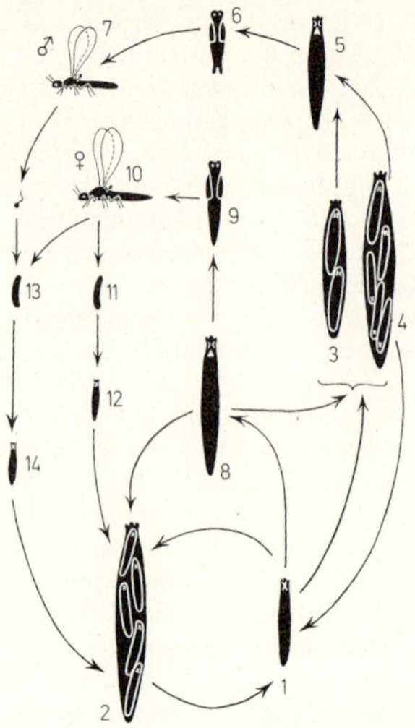

Abb. H-26: ***Heteropeza pygmaea.*** Schema des Generationswechsels. 1) = pädogam entstandene Tochterlarve (1,3 mm), keine Brustgräte, Augen dicht nebeneinander, zusammen ×-förmig; kann werden zu: 2) = Weibchenmutter (gebiert nur weibliche Larven); oder 3) = Männchenmutter (erzeugt nur männliche Larven); oder 4) = Männchen-Weibchen-Mutter (erzeugt männliche und weibliche Larven); aus 3) und 4): 5) = männliche Imago-Larven, ca. 1,8 mm (Augen auseinander, Brustgräte); 6) = Männchen-Puppe; 7) = männliche Imago (0,8 mm); 8) = weibliche Imago-Larve, ca. 2 mm (Augen auseinander, Brustgräte; kann noch eine zeitlang zu 2) umkehren; 9) weibliche Puppe: 10) weibliche Imago (ca. 1 mm); Weibchen kann (wenigstens bei bestimmten Stämmen) 11) = Eier legen, die sich parthenogenetisch entwickeln und 12) Larven geben, die zu Weibchenmüttern werden; oder es kommt zur Kopula, die Eier werden besamt 13) und ergeben 14) ebenfalls Larven, die Weibchenmütter werden. (Ulrich 1962)

tabola zusammengefaßten Gruppen. (Heute mitunter andere Bezeichnungen: Heterometabola statt Hemimetabola; Hemimetabola statt Archimetabola).

Heteropeza; → Heteropezidae.

Heteropezidae, Moosmücken; Fam. der Mücken (Diptera, Nematocera); zuweilen auch heute noch bzw. wieder als U.-Fam. der nahe verwandten Gallmücken (→ Itonididae) betrachtet; die Imagines klein [**H-24**]; nur etwa 15 Arten in Europa; ausgezeichnet (und insofern schon lange bekannt) durch einen mit Paedogenese verbundenen Generationswechsel, d.h.: die Larve bringt parthenogenetisch Larven hervor, die auf Kosten mütterlichen Gewebes heranwachsen; z.B. ***Miastor metraloas*** Mein. [**H-24, H-25**], ***Heteropeza pygmaea*** Winn. (= ***Oligarces paradoxus*** Mein.); die Larven mit oder ohne Brustgräte (→ Itonididae u. [**I–13**]), meist Pilzmyzelfresser unter Rinde, in vermulmtem Holz; manche in Pflanzenmulm, unter Moos und dgl.; entnehmen dem Pilz als Energiequelle vor allem auch Glykogen; Wirtsspezifität hinsichtlich Pilzarten bzw. Mutterboden des Pilzes höchstens schwach ausgeprägt; am besten untersuchtes Beispiel: ***Heteropeza pygmaea*** Winn.; Möglichkeiten der Entwicklung s. [**H-26**]; die Zucht auf konstan-

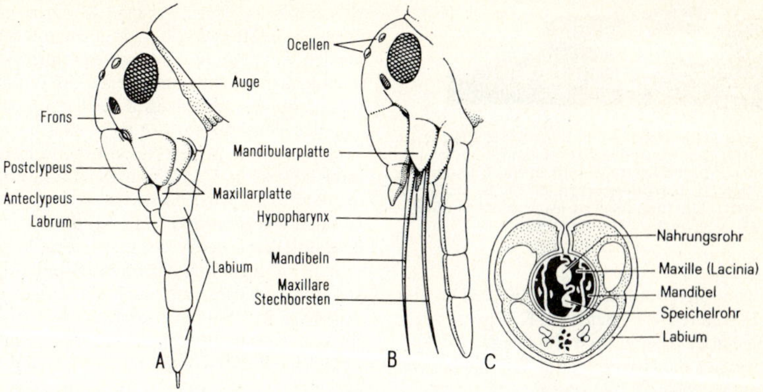

Abb. H-27: Kopf und Mundwerkzeuge einer Wanze. A Normallage; B Mundwerkzeuge auseinandergespreizt, mandibulare und maxillare Stechborsten nur einmal gezeichnet; C Querschnitt durch den Rüssel, Labium verhältnismäßig zu klein dargestellt. (Renner 1984)

tem oder abgewandeltem Nährboden ergab, daß der Wechsel der Fortpflanzungsform umweltbedingt ist, in erster Linie vom Futter abhängt; unter bestimmten günstigen Nahrungsbedingungen ist ständige pädogenetische Vermehrung ohne Auftreten von Imagines möglich; unter anderen Nahrungsbedingungen können sich in einer ♀-Larve pädogenetisch kleine, nicht reduzierte ♀-Eier und große reduzierte ♂-Eier entwickeln, die Richtung der Geschlechtsbestimmung ist damit eingeleitet; in die Steuerung der Eibildung sind Hormone eingeschaltet: Faktor 1 (Juvenilhormon?) bewirkt Entwicklung von Larveneiern, Faktor 2 (Ecdyson?) die von Imago-Eiern; möglicherweise verhalten sich Stämme von verschiedenen Fundorten verschieden; Paedogenese auch bei manchen Gallmücken; ***Miastor***-Larven sind gelegentlich schädlich in Pilzkulturen. (Hauschtek 1962; Kaiser 1970; Nikolei 1961; Pohlhammer 1968, 1969; Reitberger 1940; Séguy 1951; Ulrich 1962; Went 1972).

Heteropogon; → Asilidae.

Heteroptera, Wanzen; Ordnung der Insekten (vgl. Hemipteroidea); Verwandlung unvollkommen (Hemimetabola, Paurometabola); Verhalten von Larven und Imagines weitgehend gleich; teils Land-, teils Wasserinsekten sehr verschiedener Größe (1 mm bis 10 cm), Gestalt, Färbung und Lebensweise. Kopf mit schnabelartigem Rüssel (»Schnabelkerfe«; [**H-27**]), mit stechend-saugenden Mundteilen; in einer vorderen Längsrinne des weichen, gegliederten, (meist) nicht mit eingestochenen Labiums das Bündel von 4 harten, dünnen Stechborsten: 2 am Ende fein gezähnelte Mandibeln, 2 Maxillen, u. zw. deren Innenladen (Lacinien); die Lacinien miteinander verfalzt [**H-27**], umschließen das Nahrungsrohr (für aufgesaugte flüssige Nahrung) und das Speichelrohr (für Speichelabfluß); die Ausführgänge der paarigen Speicheldrüsen münden in eine nach dem Prinzip der Kolbenpumpe arbeitenden Speichelpumpe, die das Sekret ansaugt und dann in das Speichelrohr spritzt [**A-67**]; Heben des Pumpenkolbens (Pistill) durch Muskeln, Senken durch die Elastizität von proximalen Teilen des Pumpenzylinders (aus → Resilin); Stechvorgang: alternierendes, rhythmisches Vorstoßen der längs gegeneinander verschiebbaren Stechborsten durch an deren Basis im Kopf angreifende Muskeln; Stechborstenbündel bisweilen bedeutend länger als der Schnabel, dann in Ruhe als Schleife in einer besonderen Tasche (Crumena) im Vorderkörper (bei den Aradidae im Kopf; [**A-67**]) gelegen; Rückziehmuskeln ebenfalls an der Basis der Stechborsten angreifend. Nahrung: tierische oder pflanzliche Säfte; Komplexaugen und 2 Ocellen meist vorhanden. Beine in der Regel als Schreitbeine gut entwickelt; einige Gruppen mit Springvermögen (z. B. Saldidae); bei Räubern nicht selten die Vorder-

Abb. H-28: Heteroptera. Bindevorrichtung in der Mitte des Vorderflügel-Hinterrandes im Schnitt; oben Vorderflügel, unten Hinterflügel, dessen wulstiger Vorderrand druckknopfartig beim Fliegen in die Halterung auf der Unterseite des Vorderflügels eingefügt ist. (Weber 1930)

beine als Raubbeine zum Ergreifen und Festhalten der Beute (z. B. Phymatidae; Nepidae); bei gut schwimmenden Wasserwanzen die Hinterbeine als Schwimmbeine entwickelt (z. B. Notonectidae; Corixidae). Beide Flügelpaare meist gut ausgebildet; Vorderflügel = Halbdecken (Hemielytren), stark sklerotisiert mit Ausnahme des dünnhäutigen körperfernen Drittels ([**P-19, P-32**]; bisweilen, z. B. bei den Gerridae, Vorderflügel einheitlich mäßig stark sklerotisiert); im Flug die Hinterflügel durch eine Bindevorrichtung mit den Vorderflügeln verbunden [**H-28**]. Flügelrückbildung verschiedenster Grade nicht selten, manchmal bei der gleichen Art kurz- und langflügelige Formen; Ruhelage: Vorderflügel flach auf den Rücken zurückgelegt, überdecken sich mehr oder weniger, darunter längsgefaltet die zarten Hinterflügel; Neigung zum Fliegen auch bei langflügeligen Formen sehr verschieden; dreieckiges Schildchen zwischen den Basen der Vorderflügel meist sehr deutlich, bei den Schildwanzen (Pentatomidae) zuweilen fast den ganzen Rücken bedeckend. Lauterzeugung durch Schrillorgane nicht selten; die Lautorgane bei Vertretern verschiedener Gruppen an verschiedenen Körperstellen (→ Corixidae, [**C-136**]; → Nabidae; → Nepidae, [**N-8**]; → Pleidae, [**P-51**]; → Reduviidae, [**R-2**]), also mehrere Male unabhängig entstanden, teils bei beiden Geschlechtern (z. T. schon bei den Larven), teils nur bei den Imagines (z. B. Nabidae); über die Bedeutung der Laute Genaueres bisher nur bei den → Corixidae bekannt. Typische, jederseits im Meso- und Metathorax gelegene Hörorgane (Tympanalorgane) nur bei einigen Wasserwanzen mit Zirpvermögen (→ Corixidae) bekannt; bei anderen Gruppen Hören vielleicht durch Hörhaare. Der bekannte Wanzengeruch ist bedingt durch die bei den meisten Gruppen vorhandenen »Stinkdrüsen«; bei Larven 1–3 Drüsen dorsal im Hinterleib (4.–6. Segment), fehlen den Wasserläufern, Mündung intersegmental; bei den Imagines liegen die Drüsenmündungen seitlich im Bereich der Coxen der Hinterbeine, die meist paarigen Drüsen ventral in der Hinterbrust, meist mit Reservoir und Verschlußeinrichtung an der Mündung; bei manchen Arten die larvalen Rückendrüsen auch bei den Imagines erhalten; das Sekret immer eine Mischung aus mehreren kurzen bis mittellangen, unverzweigten aliphatischen Kohlenwasserstoffen (Säuren, Aldehyde, Ketoaldehyde, Ketone, Alkohole und Ester) in unterschiedlicher Kombination; Funktion: a) Wehrsekrete von starker Wirkung; schädigen als Kontaktgifte andere Insekten (z. B. Käfer, Ameisen) bis zur Paralyse; bei manchen Arten (z. T. auch bei Larven) gezieltes Spritzen des Sekretes auf den Angreifer, häufiger Übertragen mit den Beinen oder Benetzen des eigenen Körpers; die Wanzen sind gegen das eigene Gift nicht immun, immer aber geschützt durch für das Gift undurchdringliche (an → Plastronräume erinnernde) kutikulare Bildungen sowie durch besondere, ebenfalls kutikulare Strukturen an den Stigmen, die ein Eindringen des Giftes in die Tracheen verhindern; b) bei Wasserwanzen Freihalten der Körperoberfläche von Mikroorganismen; c) bei zeitweilig oder dauernd in subsozialen Verbänden (Aggregationen) lebenden Arten fungieren die Sekrete der verschiedenen Drüsen als Alarmpheromone (z. B. → Cimicidae), bzw. als Aggregationspheromone (z. B. → Cimicidae, → Pyrrhocoridae); Sexuallockstoff sicher nachgewiesen bisher nur bei → Pyrrhocoridae; Sichtotstellen und/oder Sichfallenlassen nach störenden Reizen ist in manchen Gruppen sehr ausgeprägt. Insbesondere bei Pflanzensäfte saugenden Formen finden sich Blindsäcke in wechselnder Zahl am hinteren Teil des Mitteldarms; ihre Lumina, z. T. auch die Zellen sind gefüllt mit symbiontischen Bakterien; bisweilen (z. B. bei ***Acanthosoma***) sind die Symbiontenkrypten nicht mehr in Verbindung mit dem Darm; Übertragung der Symbionten meist durch Beschmieren der Eier bei der Ablage, bei manchen Arten (***Coptosoma***; → Plataspidae) Ablegen besonderer Symbiontenpakete zwischen den Eiern, Aufsaugen der Symbionten durch die Junglarven mit dem Rüssel; in manchen Fällen (z. B. auch Bettwanzen) von besonderen symbiontenhaltigen Organen (Mycetomen) aus schon frühzeitige Infektion der Eizellen. Begattungsstellung bei verschiedenen Arten sehr verschieden: ♂ gerade oder schief auf dem Rücken des ♀ (z. B. Cimicidae; [**C-102**]), zuweilen auch schief unter dem ♀, oder End-gegen-End-Stellung mit abgewandten Köpfen; für das Sichfinden der Geschlechter ist (soweit bekannt) teils der Gesichtssinn, in der Nähe wohl auch der Geruchssinn, bei manchen zirpenden Arten auch der Gehörsinn wichtig. Fast stets Ablegen von Eiern; (Viviparie bei den Polyctenidae, Außenparasiten bei Fledermäusen in Afrika, Amerika, Indien); ein Legeapparat nach dem Orthopteren-Typ ist oft vorhanden (Eier dann nicht selten in ein Substrat eingeschoben), manchmal stark rückgebildet oder ganz fehlend; Brutpflege in einigen Gruppen sehr ausgeprägt. In der Regel 5 Larvenstadien; Überwinterung häufig als Imago oder Ei, seltener als Larve; meist eine Generation im Jahr. Färbung und Zeichnung teils gut in die Umgebung passend (Verbergtracht), teils sehr auffallend (z. B. schwarz-rot; Warntracht?); nicht wenige Arten ameisenähnlich (z. B. ***Myrmecoris***; → Miridae) nach Körperform, Färbung und Verhalten, zuweilen nur als Larven; manche so gestaltete Arten räuberisch in Ameisennestern, andere an Blatt- und Schildlauskolonien, saugen die Läuse aus. Von 40000 bekannten Arten etwa 800 in M-Eur.i.e.S. 1. U.-Ordng.: **Hydrocorisae** (Cryptocerata), Wasserwanzen; Fühler kurz (1–4 Glieder), kürzer als Kopfbreite; in Atmung und Bewegung oft hochspezialisiert an den Aufenthalt im Wasser angepaßt, Luftschöpfen meist jedoch an der Wasseroberfläche; die Imagines können in der Regel das Wasser verlassen; mehrere Fam., u. a.: → Corixidae; → Notonectidae; → Pleidae; → Naucoridae; → Aphelocheiridae; → Nepidae. 2. U.-Ordng.: **Geocorisae** (Gymnocerata), Landwanzen; Fühler (4–5 Glieder) meist viel länger als Kopfbreite; leben an Land oder auf der Wasseroberfläche (Wasserläufer); zahlreiche Fam., u. a.: → Saldidae; → Nabidae; → Reduviidae; → Phymatidae (Macrocephalidae); → Anthocoridae; → Loriculidae (Microphysidae); → Cimicidae; → Miridae (Capsidae); → Dipsocoridae (Cryptostemmatidae); → Aradidae; → Tingidae; → Lygaeidae (Myodochidae); → Pyrrhocoridae; → Piesmidae; → Berytidae (Neididae); → Coreidae; → Acanthosomatidae; → Pentatomidae; → Cydnidae; → Plataspidae; → Gerridae; → Hebridae; → Mesoveliidae; → Veliidae; → Hydrometridae. (Beroza 1970; Dadd 1970; Günther 1968; Howard, Wiemer 1983; Jordan 1950, 1952, 1958, 1962, 1964, 1972; Markl 1983; Melber, Schmidt 1975, 1984; Miller 1971; Poisson 1951; Remold 1962; Rietschel 1969; Schildknecht 1970; Staddon 1979; Weber 1930).

heteroxen; → Parasitismus 4f.

Heufalter; ***Colias*** sp.; → Pieridae 6; ***Coenonympha*** sp.; → Satyridae 9.

Heumotte; ***Ephestia elutella*** Hbn.; → Pyralidae 11.

Heupferde; → Tettigoniidae.

Heuschrecken; vielfach übliche, wenn auch keineswegs sehr treffende Bezeichnung für viele → Phasmida, → Mantodea, insbesondere aber → Ensifera und → Caelifera (→ Saltatoria).

heuschreckenartige Geradflügler; → Orthopteroidea.

Heuschreckensandwespe, ***Sphex maxillosus*** L.; → Sphecidae 4.

Heuwurm; Raupe der 1. Generation der Traubenwickler; → Tortricidae 26, 27.

Heuzünsler, ***Hypsopygia costalis*** Fbr.; → Pyralidae 15.

Hexapoda; → Insecta.

Hibernia; → Geometridae 23–28.

Hiemales; die bei manchen Blattläusen auf dem Nebenwirt auftretenden überwinternden Larven; (z. B. → Adelgidae 2, 9, 10).

Hilara; → Empididae.

Himbeerblütenstecher, ***Anthonomus rubi*** Hrbst.; → Curculionidae 19.

Himbeergallmücke, ***Lasioptera rubi*** Heeg.; → Itonididae 17.

Himbeerglasflügler, ***Bembecia hylaeiformis*** Lasp.; → Aegeriidae 6.

Himbeerkäfer, Himbeermade, Himbeerwurm; → Byturidae.

Himbeerlaus, ***Aphis idaei*** v.d.G.; → Aphididae 29.

Himbeermotte, Himbeerschabe, ***Incurvaria rubiella*** Bjk.; → Incurvariidae 2.

Himbeerutengallmücke, ***Thomasiniana theobaldi*** Barn; → Itonididae 19.

Himbeerspanner, ***Mesoleuca albicillata*** L.; → Geometridae 10.

Hipocrita; → Arctiidae.

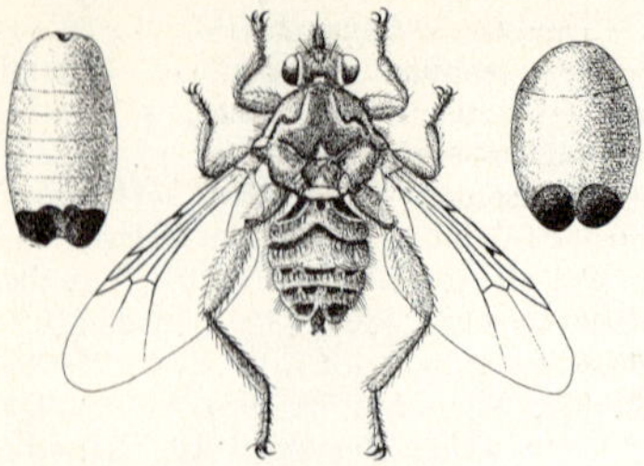

Abb. H-29: ***Hippobosca equina*,** Pferdelausfliege. ♀, 7–8 mm; links oben Larve, 5 mm, rechts oben Puparium, 4,5 mm. (Reichert 1939)

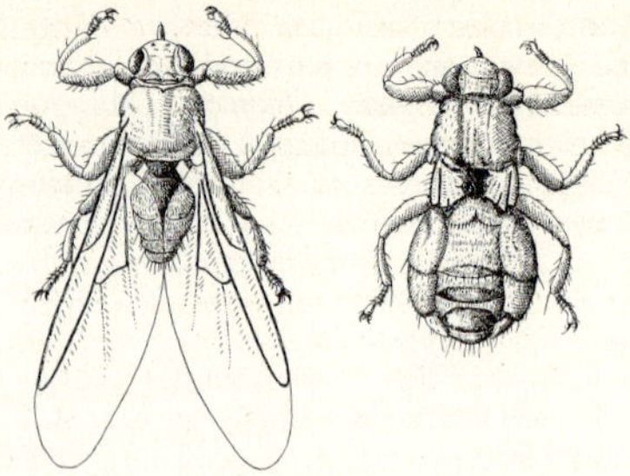

Abb. H-30: ***Lipoptena cervi*,** Hirschlausfliege. 4–6 mm. Links mit Flügeln, rechts nach Abwerfen der Flügel. (Escherich 1923/42)

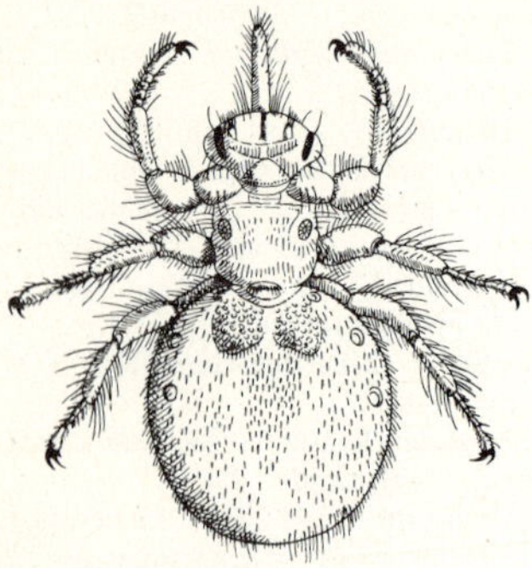

Abb. H-31: ***Melophagus ovinus*,** Schaflausfliege. ♂, 5–6 mm. (Séguy 1951)

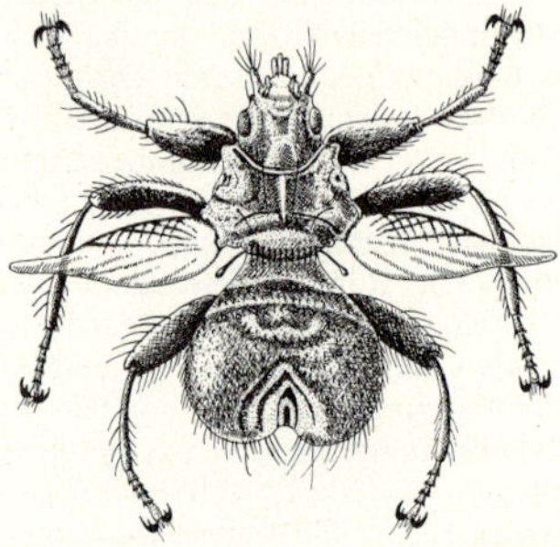

Abb. H-32: ***Crataerhina pallida*,** Mauerseglerlausfliege. ♂, 6–9 mm; bei Mauersegler, auch bei Schwalben. (Séguy 1951)

Hipparchia; → Satyridae 3, 4.

Hipparchus; → Geometridae 3.

Hippobosca; → Hippoboscidae.

Hippoboscidae, Lausfliegen (i.e.S.); Fam. der cyclorrhaphen Fliegen (Diptera, Brachycera); gehören mit den → Streblidae und → Nycteribiidae zu der meist als Lausfliegen (i.w.S.; Pupipara) bezeichneten Gruppe, bei denen die ♀♀ verpuppungsreife Larven zur Welt bringen; kleine bis höchstens mittelgroße, bräunlich gefärbte, blutsaugende Außenparasiten bei Säugetieren und Vögeln [**H-29**–**H-32**]; Saugen am Menschen und gegenseitiges Anzapfen kommt gelegentlich vor; Haften im Haar- bzw. Federkleid des Wirtes durch kräftige Krallen und starke, artspezifisch verschiedene Beborstung des flachen Körpers erleichtert; zäh-lederartige Kutikula; Ausbildung der Flügel und Flugfähigkeit sehr verschieden; alle Übergänge von Normalflügeligkeit (z.B. Pferdelausfliege, [**H-29**]); Flügel in Ruhe flach auf dem Rücken) zu mehr oder weniger starker Rückbildung der Flügel, beginnend in deren hinterem Bereich (z.B. Mauerseglerlausfliege; [**H-32**]), wobei ein Flugvermögen noch vorhanden sein oder fehlen kann, bis zu (fast) vollkommenem Flügelverlust (z.B. Schaflausfliege; [**H-31**]); bei der Hirschlausfliege [**H-30**] Abwerfen der Flügel nach Erreichen des Wirtes; Halteren meist vorhanden, Reduktion z.B. bei der von vornherein flügellosen Schaflausfliege; Augen gut ausgebildet bei den voll flugfähigen Arten, mehr oder weniger starke Rückbildung etwa parallel zu der der Flugfähigkeit; der Wirt wird bei den flugunfähigen Arten zu Fuß erreicht, oft durch unmittelbaren Kontakt (z.B. Übergang vom Beutevogel auf den Greifvogel). Wirtsspezifität sehr verschieden ausgeprägt, bei Säugerparasiten stärker als bei Vogelparasiten, bei flugunfähigen stärker als bei flugfähigen; Darm als Blutspeicher nicht geeignet, daher öftere Blutmahlzeit notwendig; symbiontische Mikroorganismen in → Mycetocyten des Mitteldarmes liefern lebenswichtige Stoffe; die Bedeutung weiterer, extrazellulärer Symbionten ist unbekannt; Kopula zum mindesten bei manchen Arten auf dem Wirt (z.B. bei der Pferdelausfliege, hier anscheinend verbunden mit Flugspielen der Partner); von den beiden Ovarien wird jeweils nur ein reifes Ei in den als Uterus funktionierenden Eileiter befördert; dort Entwicklung der Larve; 2 Häutungen; Ernährung durch das Sekret der Milchdrüsen (H_2O 57%, Proteine 18%, Lipide 25%), dabei Infektion mit den Symbionten, die während der Puppenruhe auch die das Nährsekret liefernden Zellen besiedelten; Darm der Larve nicht durchgängig; Verpuppung unmittelbar nach dem Verlassen der Mutter; die Zahl der Larvengeburten ist artspezifisch verschieden, die Fruchtbarkeit ist jedoch relativ gering (Pferdelausfliege ca. 5, Schaflausfliege ca. 12 Larven); Larven [**H-29**] und Puparien meist am Boden, seltener (z.B. Schaflausfliege) im Haarkleid des Wirtes; im nördlichen Verbreitungsgebiet der Gruppe meist nur eine Generation; Überwinterung als Puparium. Von den insgesamt etwa 120 bekannten Arten ca. 25 in Europa; Auswahl: **1.** ***Hippobosca equina*** L., Pferdelausfliege [**H-29**]; außer auf Einhufern vor allem auch auf Rindern, gelegentlich auch auf Hunden. **2.** ***Lipoptena cervi*** L., Hirschlausfliege [**H-30**], auf Reh, Rothirsch, Damhirsch, Elch, aber auch auf anderen Wiederkäuern, gelegentlich auf Wildschwein, Fuchs, Dachs, fliegt auch zuweilen den Menschen an; nach Erreichen des Wirts werden die Flügel nahe der Basis abgeworfen; die Puparien zunächst oft im Fell, fallen leicht ab. **3.** ***Melophagus ovinus*** L. [**H-31**], Schaflausfliege; auf Schafen, mit diesen weltweit verbreitet; Gesamtzyklus auf dem Schaf, da die Puparien an den Haaren angeklebt sind; (gelegentlich fälschlich als »Schafzecke« bezeichnet); Lebensdauer der ♀♀ 4–6 Monate; **4.** ***Melophagus ruficaprinus*** Rond. (ca. 3 mm), Gemsenlausfliege; außer auf Gemse auch auf Steinbock; ähnlich der Schaflausfliege. **5.** ***Crataerhina pallida*** Latr., Mauerseglerlausfliege [**H-32**]; auf Mauersegler und Schwalben; der sehr große Parasit schädigt besonders die Bruttiere und die Jungvögel. **6.** ***Stenopteryx hirundinis*** L., Schwalbenlausfliege (ca. 5 mm); Flügel noch etwas schmäler als bei der vorigen Art, nicht mehr flugfähig; dringt aus den Schwalbennestern gelegentlich in die Wohnungen ein und sticht den Menschen. **7.** ***Ornithomyia avicularia*** L. (ca. 6 mm); Flügel gut entwickelt; auf Vögeln, aber breites Wirtsspektrum, vor allem auf Sperlingsvögeln, aber auch auf deren Konsumenten, den Greifvögeln. **8.** ***Lynchia (Pseudolynchia) maura*** Big., Taubenlausfliege (5–6 mm); Flügel gut ausgebildet; anscheinend nur auf Tauben, bes. in den wärmeren Teilen Europas, Überträger von ***Haemoproteus columbae***, einem malariaähnlichen Blutparasiten der Tauben. Die Beeinträchtigung der von Lausfliegen befallenen Säuger und Vögel ist bisweilen beträchtlich. Flugfähige Lausfliegen fungieren nicht selten als Transporteure für ungeflügelte Ektoparasiten (→ Phoresie). (Escherich 1923/42; Lenoble, Denlinger 1982; Schumann 1968; Séguy 1951; Sellenschlo 1984).

Hippotion; → Sphingidae 13.

Hirmoneura; → Nemestrinidae.

Hirschdasselfliege, ***Hypoderma actaeon*** Br.; → Oestridae 12.

Hirschkäfer, ***Lucanus cervus*** L.; → Lucanidae 1.

Hirschlaus, ***Cervophthirius crassicornis*** Ni.; → Haematopinidae.

Hirschlausfliege, ***Lipoptena cervi*** L.; → Hippoboscidae 2.

Hirschrachenbremse, ***Cephenomyia auribarbis*** Meig.; → Oestridae 6.

Hirsezünsler, ***Ostrinia nubilalis*** Hbn.; → Pyralidae 18.

Hispella; → Chrysomelidae 19.

Hister; → Histeridae.

Histeridae, Stutzkäfer; Fam. der Käfer (Coleoptera, Polyphaga); die einheimischen Arten meist mittelgroß, flach gewölbt, mit sehr harter Kutikula; Kopf in einen Ausschnitt der Vorderbrust zurückziehbar, Beine beim Sichtotstellen dicht an den Körper gepreßt; die Flügeldecken lassen das Hinterleibsende frei [**H-33**]. Larven [**H-34**] und Imagines meist räuberisch, stellen an zerfallenden tierischen oder pflanzlichen Stoffen anderen Insekten nach; z.T. auch Aasfresser; nach Balz und Kopula Eier einzeln in den Boden abgelegt; Puppe in einer Erdhöhle, deren Wand durch ein Sekret aus dem After der Larve verfestigt ist; die Imago kann 2–3 Jahre leben, sich auch mehrere Male fortpflanzen. Von über 3700 bekannten Arten etwa 80 in M-Eur.i.e.S.; Auswahl: Sehr häufig der glän-

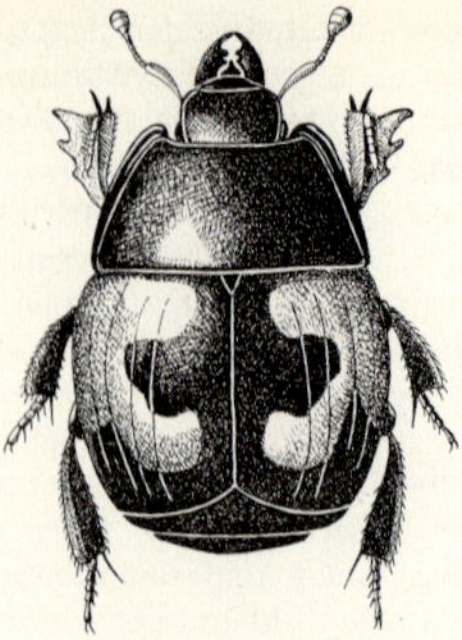

Abb. H-33: ***Hister quadrimaculatus***, Stutzkäfer. Bis 11 mm. (Bechyně 1954)

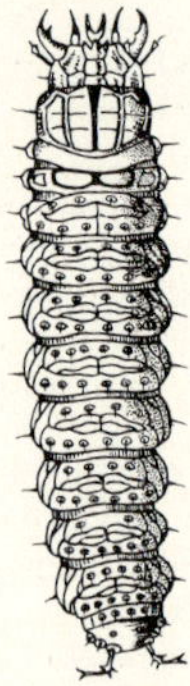

Abb. H-34: ***Hister unicolor.*** Larve. (Reitter 1908/16)

zend schwarze ***Hister cadaverinus*** Hoffm. (6–9 mm); Spezialisten: ***Hister helluo*** Tru., vernichtet auf Erlen die Eier und Larven des Blauen Erlenblattkäfers ***Agelastica alni*** L. (→ Chrysomelidae 17); einige unter Rinde lebende auffallend flache Arten sind Feinde von Borkenkäfern; einige in Nestern von Vögeln und Säugetieren, z.B. ***Hister marginatus*** Er. beim Maulwurf. Nicht wenige fremdländische Arten in Nestern von Ameisen und Termiten; der heimische Ameisenstutzkäfer ***Hetaerius ferrugineus*** Oliv. (braun; 1,3–2 mm) frißt in Ameisennestern ***(Lasius, Formica)*** tote und verletzte Ameisen. ***Hister unicolor*** L. und andere Stutzkäfer vermögen aus der Rückenlage, aus der sie sich mit Hilfe der Beine nicht umdrehen können, 0,5–2 cm hoch zu springen (meist landen sie dann auf den Beinen) indem sie die Flügeldecken erst leicht seitwärts anheben und dann mit einem Klick schließen. (Frantsevich 1981; Hieke 1968; Horion 1949; Lindner 1947).

Hochmoorgelbling, *Colias palaeno* L.; → Pieridae 6a.

Hochzeitsflug; → Formicoidea; → Apidae 3; → Chironomidae; → Isoptera.

Hofmannophila; → Oecophoridae 2.

Höhlenschrecken, *Troglophilus cavicola* Koll. und ***Tr. neglectus*** Kr. → Rhaphidophoridae.

Höhlenspanner, *Triphosa dubitata* L.; → Geometridae.

Hohlnadelwickler, *Epinotia tedella* Cl; → Tortricidae 13.

Holocera; → Oecophoridae.

Holcocneme; → Tenthredinidae 26.

Holocentropus; → Polycentropidae.

Hololampra; → Ectobiidae 4.

Holometabola; Insekten mit sog. vollkommener Verwandlung, bei denen zwischen dem letzten Larvenstadium und der Imago das Puppenstadium (→ Pupa) eingeschaltet ist; die Puppe manchmal mit eigenen pupalen Organen ausgestattet; schon vor der eigentlichen Puppenhäutung werden die oft weitgehend versenkten Anlagen der Körperanhänge (z.B. Fühler, Flügel, Beine) ausgestülpt; während der Puppenzeit meist radikaler Umbau der inneren Larvenorgane; Länge der Puppenruhe je nach Art, z.T. auch individuell äußerst verschieden (Überliegen überwinternder Puppen bisweilen 2 oder mehrere Winter); schließlich letzte Häutung zur Imago. Hierher folgende Ordnungen: → Megaloptera; → Raphidioptera; → Planipennia; → Coleoptera; → Strepsiptera; → Hymenoptera; → Siphonaptera; → Trichoptera; → Lepidoptera; → Mecoptera; → Diptera. (→ Metamorphose).

Holoparamecus; → Lathridiidae 2.

Holoplagia; → Scatopsidae.

Holopleura; → Haematopinidae.

holopneustisch nennt man ein Insekt, bei dem die dem Bauplan entsprechenden 10 Stigmenpaare vorhanden sind, je eines im Meso- und Metathorax, 8 in den ersten 8 Hinterleibssegmenten.

Holozyklie; bei Blattläusen die Bezeichnung dafür, daß in dem Generationenzyklus außer Parthenogenese auch zweigeschlechtliche Fortpflanzung auftritt; → Aphidina.

Holunderbär, *Spilarctia lubricipeda* L.; → Arctiidae 6.

Holunderlaus, ***Aphis sambuci*** L.; → Aphididae 19.

Holunderspanner, ***Ourapteryx sambucaria*** L.; → Geometridae 12.

Holzameise, Schwarze, ***Lasius fuliginosus*** Latr.; → Formicidae 3a.

Holzbienen, ***Xylocopa*** sp.; → Anthophoridae 9.

Holzbohrer; ***Xyleborus*** sp., → Scolytidae; → Cossidae.

Holzbohrkäfer; → Bostrychidae.

Holzborkenkäfer, ***Anisandrus dispar*** Fbr.; → Scolytidae 7.

Holzbrüter; die im Holz der Fraßbäume brütenden Borkenkäfer; → Scolytidae.

Holzfliegen; → Erinnidae.

Holzmehlkäfer; → Lyctidae.

Holzmotten; → Euplocamidae.

Holzschlupfwespe, ***Rhyssa persuasoria*** L.; → Ichneumonidae.

Holzwespen; → Siricidae; → Xiphydridae.

Holzwürmer; Larven der Pochkäfer; → Anobiidae.

Homometabola; → Neometabola.

Homoptera, Pflanzensauger; allen (zugleich mit den Wanzen, → Heteroptera) gemeinsam der Besitz eines Saugrüssels (→ Hemipteroidea), hier ausschließlich benutzt zum Aufsaugen von Pflanzensäften; Flügel, wenn vorhanden, oft dünnhäutig, in sich gleichmäßig sklerotisiert (»Homoptera«), zuweilen die Vorderflügel stärker als die Hinterflügel, in Ruhe meist dachförmig auf dem Rücken. Früher oft als eigene Ordng. betrachtet; heute in der Regel aufgeteilt auf die Ordngn.; → Auchenorrhyncha; → Sternorrhyncha; (Coleorrhyncha, mit nur wenigen Arten in Südamerika, Australien und Neuseeland, hier nicht behandelt).

Homorocoryphus; → Conocephalidae.

Homotoma; → Psyllina.

Honigbiene, ***Apis mellifica*** L. (***A. mellifera*** L.); → Apidae 3.

Honigtau; die zuckerhaltigen Ausscheidungen von Siebröhrensaft saugenden Schnabelkerfen (Blattläusen, → Aphidina; Schildläusen, → Coccina; Blattflöhen, → Psyllina; Mottenschildläusen, → Aleurodina; Zikaden, → Auchenorrhyncha), gerne verzehrt von einer Vielzahl von Insektenarten (aus 9 Ordngn.), oft als Beikost, zumal von Imagines parasitoider Insekten, auch eingesammelt von Ameisen und Honigbienen; von den Ameisen häufig direkt von Honigtau liefernden Blattläusen erbettelt, von den übrigen Insekten meist von den Nadeln, Blättern und Zweigen aufgeleckt, auf die er bei starkem Blattlausbefall geradezu regnet und die er als klebriger »Tau« überzieht; der frisch wasserklare Honigtau ist reich an Zuckern (Frucht-, Trauben- und Rohrzucker, daneben, meist in viel geringerer Menge, Maltose, Fructomaltose und Melezitose und unbedeutende Mengen weiterer Oligosaccharide); stets enthält er außerdem Fermente, organische Säuren, Vitamine und Adenosinphosphate. Das Rohprodukt der sog. Blatt-, Tannen- oder Waldhonige besteht, zumindest zum größten Teil, aus Honigtau; Farbe und Aroma dieser Honige variieren je nach Herkunft; besonders aromatisch sind die von Tannen und Fichten stammenden Waldhonige (meist von → Lachnidae); ein hoher Gehalt an Melezitose (aus Honigtau z.B. der Gefleckten Lärchenrindenlaus, ***Cinaria laricis*** Walk.) läßt den Honig rasch, noch in den Waben, kandieren, so daß er nicht mehr geschleudert werden kann. Der wirtschaftliche Nutzen der Honigtauproduzenten überwiegt bei weitem ihren Schaden; die Tannenhonigtracht im Schwarzwald z.B. beträgt pro Jahr mehr als 6000 Tonnen. (Kloft et al. 1965; Lampel 1977; Steffan 1972; Wilbert 1977; Ziegler, Penth 1977).

Honigtöpfe; → Formicoidea.

Hopfeneule, ***Hypena rostralis*** L.; → Noctuidae 41.

Hopfenlaus, ***Phorodon humuli*** Schrk.; → Aphididae 36.

Hopfenminiermotte, ***Cosmopteryx eximia*** Haw.; → Momphidae 2.

Hopfenwanze, ***Calocoris fulvomaculatus*** Deg.; → Miridae 5.

Hopfenwurzelbohrer, ***Hepialus humuli*** L.; → Hepialidae 1.

Hoplia; → Scarabaeidae 14.

Hoplocampa; → Tenthredinidae 9, 10, 11a.

Hormaphidula; → Thelaxidae.

Hornfliegen; → Sciomycidae; → Muscidae, ***Siphona*** sp.

Hornisse, ***Vespa crabro*** L.; → Vespidae 2.

Hornissenkurzflügler, ***Velleius dilatatus*** Fbr.; → Staphylinidae 3.

Hornissenraubfliege, ***Asilus crabroniformis*** L.; → Asilidae.

Hornissenschwärmer, ***Aegeria apiformis*** Cl.; → Aegeriidae 1.

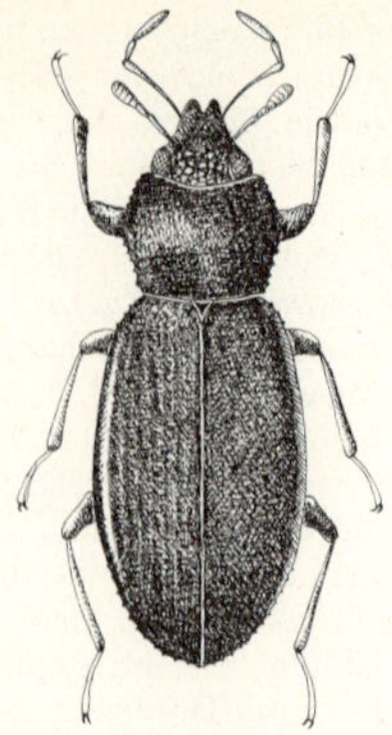

Abb. H-35: ***Hydraena riparia.*** 2–4 mm. (Bechyně 1954)

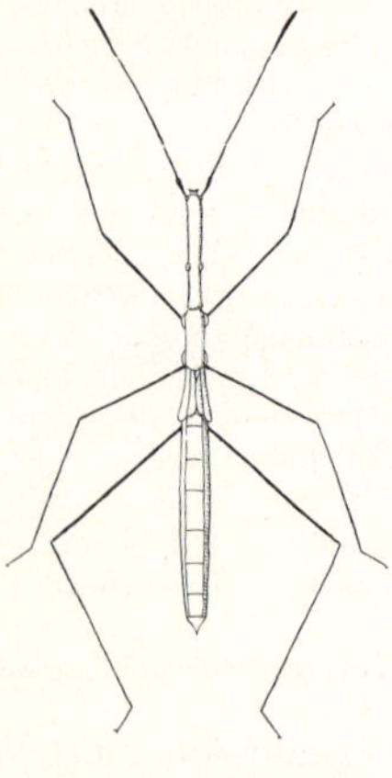

Abb. H-36: ***Hydrometra stagnorum,*** Teichwasserläufer. 9–12 mm. (Hedicke 1935)

Höseln; → Apoidea.

Hosenbienen, *Dasypoda* sp.; → Melittidae 2.

Hottentottenwanze, *Eurygaster austriaca* Schrk.; → Pentatomidae.

Hüftwasserläufer; → Mesoveliidae.

Hühnerfederlinge; → Mallophaga.

Hühnerkammfloh, *Echidnophaga gallinacea* Westwood; → Siphonaptera.

Hummelfliege, *Volucella bombylans* L.; → Syrphidae 1.

Hummeln, *Bombus* sp.; → Apidae 1.

Hummelnestmotte, *Aphomia sociella* L.; → Pyralididae 4.

Hummelschwärmer, *Hemaris fuciformis* L.; → Sphingidae 12.

Hummelsterben; → Apidae 1.

Humusschnellkäfer, *Agriotes* sp.; → Elateridae 3.

Hundefloh, *Ctenocephalides canis* Curt.; → Siphonaptera.

Hundehaarling, *Trichodectes canis* Deg.; → Mallophaga.

Hundelaus, *Linognathus setosus* Olf.; → Haematopinidae.

Hungerwespen; → Evaniidae.

Hupfbohnen; → Springbohnen.

Hüpfkäfer; → Throscidae.

Hyalopterus; → Aphididae 15, 17.

Hybothorax; → Myrmeleonidae.

Hydraecia; → Noctuidae 42.

Hydradephaga; bisweilen gebrauchte Sammelbezeichnung für die adephagen Wasserkäfer; → Hygrobiidae, → Haliplidae, → Dytiscidae, → Gyrinidae.

Hydraenidae; Fam. der Käfer (Coleoptera, Polyphaga); in M-Eur.i.e.S. etwa 95 Arten der Gttgn. ***Hydraena*** **[H-35]**, ***Ochthebius, Helophorus, Hydrochus*** und ***Limnebius;*** (früher zu den Hydrophilidae gestellt); meist kleine (etwa 1,5–2,5 mm), düstere Käfer, an oder in stehenden und fließenden Gewässern, zuweilen auch im Ufersand eingegraben, einige Arten wasserfern an Land, manche ***Ochthebius***-Arten auch in Salzwasserlachen an Meeresküsten; ausgedehnte Luftschicht auf der Ventralseite, Luftzufuhr über die Fühler, ähnlich wie die Hydrophilidae; bewegen sich stets nur kriechend, nicht schwimmend; Nahrung: Algen; ***Helophorus***-Arten mit Stridulationsorganen, Lauterzeugung jedoch noch nicht nachgewiesen; manche Arten häufig mit Aufwuchs von Suktorien; Eier einzeln abgelegt, teils ohne, teils mit lockerer Gespinsthülle (Spinnapparat vermutlich wie Hydrophilidae); die schlanken düsteren Larven offenbar mit offenen Stigmen, bei manchen Arten mehr auf dem Lande, auch wenn die Imago im Wasser lebt, ernähren sich ebenfalls von Algen; manche in Ackerböden lebende ***Helophorus***-Larven bisweilen an Getreide schädlich; Verpuppung an Land in Ufernähe, in einem aus Schlamm gebauten kokonartigen Gebilde ***(Ochthebius).*** (Beier, Pomeisl 1959; Klausnitzer 1984; v. Lengerken 1954; Matthes, Plachter 1975; Wesenberg-Lund 1943).

Hydrellia; → Ephydridae 1, 2.

Hydrocampa; → Pyralididae 20, 21.

Hydrochus; → Hydraenidae.

Hydrocorisae (Cryptocerata), Wasserwanzen; U.-Ordng. der Wanzen; → Heteroptera.

Hydrocyphon; → Helodidae.

Hydrometra; → Hydrometridae.

Hydrometridae, Teichläufer; Fam. der Landwanzen (Heteroptera, Geocorisae); in M-Eur.i.e.S. 2 Arten: ***Hydrometra gracilenta*** Horv. (8–9 mm; seltener) und ***H. stagnorum*** L. (9–12 mm; häufig); außerordentlich schlank, Beine lang und dünn [**H-36**]; Unterseiten von Körper und Beinen fein wasserabstoßend behaart; in der Regel kurzflügelig, selten langflügelig; Kurzflügeligkeit soll erblich dominant über Langflügeligkeit sein; laufen langsam nach Art von Landinsekten (alternierende Beinbewegung) am Ufer stehender Gewässer, auf Wasserpflanzen und auf der freien Wasserfläche; Aktivität zu Beginn der Abenddämmerung besonders groß; Ausruhen meist auf fester Unterlage; bei Störung häufig Starrezustand (Sichtotstellen): die beiden vorderen Beinpaare nach vorn, die Hinterbeine nach hinten gestreckt; Nahrung: verschiedenste, oft bereits geschwächte Insekten, aber auch z. B. Mükkenlarven, die zum Atmen aus der Tiefe aufsteigen; Vorderbeine nicht zum Beutefang benutzt; für das Finden der Beute anscheinend der Geruchssinn (und Lichtsinn?) von großer, der Erschütterungssinn von geringer Bedeutung; die Beute wird meist auf fester Unterlage ausgesogen; Überwinterung an Land als Imago; Paarung im Frühling; die ziemlich langen spindelförmigen Eier (ca. 1,7 mm bei ***H. stagnorum***) einzeln mit Haftscheibe und kurzem Stielchen am einen Ende an Pflanzen geklebt, meist an Landpflanzen nahe dem Ufer; 5 Larvenstadien; meist wohl nur eine Generation im Jahr. (Jordan 1952; Rensing 1962; Wesenberg-Lund 1943).

Hydromyza; → Cordyluridae.

Hydrophilidae, Wasserkäfer; Fam. der Käfer (Coleoptera, Polyphaga); in Mitteleuropa ca. 70 Arten, keineswegs alle wirklich im Wasser lebend, etwa ein Drittel mehr oder weniger am Gewässerrand, in Genist, manche, z. B. Vertreter der Gattungen ***Sphaeridium*** [**H-37**], ***Cercyon*** häufig in Dung. Die Imagines, insbesondere die im Wasser lebenden Arten, meist Pflanzen- oder auch Detritusfresser; Körper meist

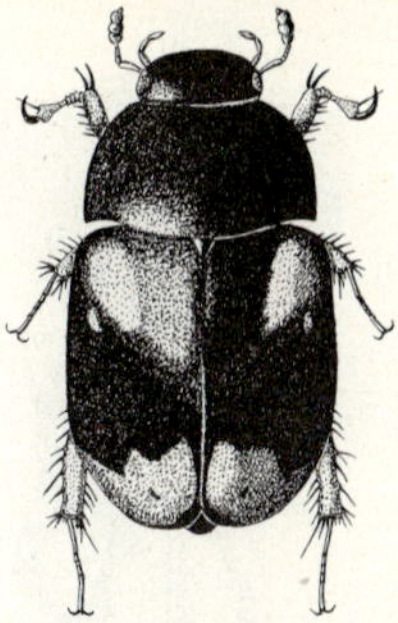

Abb. H-37: ***Sphaeridium scarabaeoides.*** 5–7 mm. (Bychně 1954)

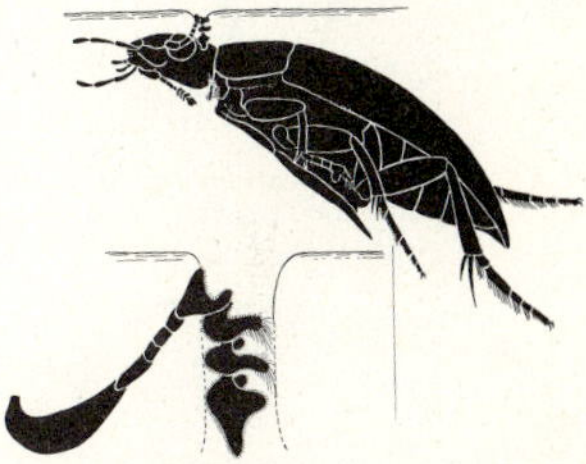

Abb. H-38: ***Hydrous piceus,*** Kolbenwasserkäfer. Oben an der Wasseroberfläche mit dem linken Fühler Luft schöpfend; unten Fühlerstellung beim Luftschöpfen. (Wesenberg-Lund 1943)

verhältnismäßig hoch gewölbt, nur selten (z. B. bei ***Hydrous***) mit ähnlich geschlossener Schwimmform wie bei den echten Schwimmkäfern (→ Dytiscidae); Schwimmhaare an Mittel- und Hinterbeinen meist nur mäßig ausgebildet, Hinterbeine beim Schwimmen nicht gleichzeitig nach hinten gestoßen, sondern alternierend bewegt (wie beim Laufen auf dem Lande). Luftschöpfen an der Wasseroberfläche ganz anders als bei den Dytisciden: der Käfer berührt die Wasseroberfläche mit der linken oder rechten Kopfseite [**H-38**], zuweilen kurz hintereinander die Seite wechselnd; der kurze, etwa kolbenförmige Fühler (die letzten 3–5 Glieder löffelartig verbreitert und sehr fein behaart) der betr. Seite wird an die Wasseroberfläche gelegt, an ihm entlang wird die Luft mit Fühlervibrieren über eine von den herabgeklappten letzten Fühlergliedern bedeckte, feine Haarrinne an der Kopfseite zur Vorderbrust geleitet, dort vermutlich Eintritt in das Stigma; Luftspeicher ferner unter den

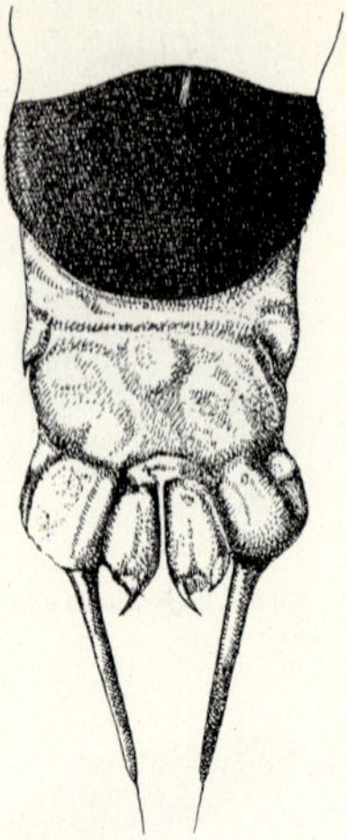

Abb. H-39: ***Hydrophilus caraboides***, Stachelwasserkäfer. ♀, Spinnapparat, Ventralansicht. (v. Lengerken 1954)

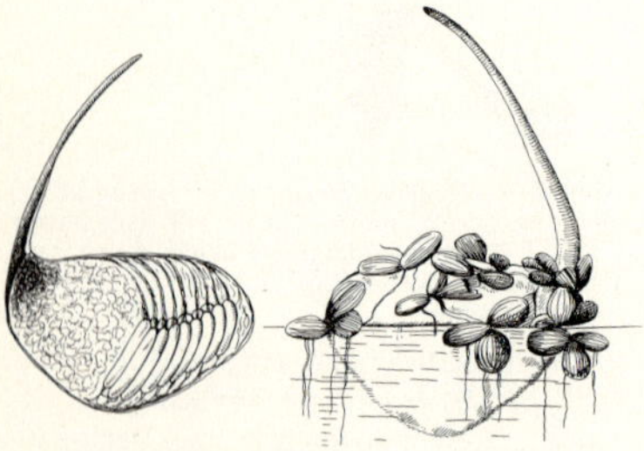

Abb. H-40: ***Hydrous aterrimus.*** Eikokon, links im Schnitt, rechts total, mit Wasserlinsen, schwimmend. (v. Lengerken 1954)

Flügeldecken und vor allem in der feinen, wasserabstoßenden Behaarung der Bauchseite, Bewegung daher oft in Rückenlage; die Fühler sind also in den Dienst der Atmung getreten; sie sind als Träger vor allem von Riech- und Schmeckorganen ersetzt durch die Kiefertaster (Maxillartaster), die meist länger sind als die Fühler. Die ♀♀ zum mindesten vieler (aller?) Arten sind im Besitz eines Spinnapparates am Hinterleibsende: Anhangsdrüsen der Geschlechtsorgane bilden ein Spinnsekret, das aus der Vagina austritt (die hintersten Körpersegmente beim Spinnen etwas vorgestülpt); das Sekret gleitet an 2 in feinste Spitzen auslaufenden »Spinnstäben« entlang [**H-39**], die sich mit den Spitzen aneinanderlegen und den Spinnfaden durch ihre Bewegung führen können; Spinnapparat in Ruhe zurückgezogen; das Gespinst wird verwendet zum Herstellen artspezifisch gestalteter Schutzhüllen für die Eier. Alle heimischen Hydrophiliden in beiden Geschlechtern mit Stridulationsorganen, Laute – bisher allerdings nur bei einem Teil der Gattungen wahrgenommen – werden erzeugt durch Reiben eines Riefen- oder auch Höckerfeldes auf den Seiten des 3. Abdominalsegments an einem Höckerfeld auf der Unterseite der Flügeldecken; striduliert wird zur Abwehr und bei der Balz. Die Larven der meisten Arten, insbesondere die der Wasserbewohner, räuberisch, mit extraintestinaler Verdauung (vor dem Mund); Mandibeln jedoch nicht mit einem Kanal durchbohrt, höchstens mit offener Längsrinne (vgl. → Dytiscidae); bei manchen Arten wird die Beute beim Verzehren über die Wasseroberfläche hinausgehalten, so daß der ausgespuckte Verdauungssaft nicht verdünnt wird; die Larven einiger Arten sind Pflanzenfresser. Bei vielen kleinen, im Wasser lebenden Larven wohl Hautatmung; selten Tracheenkiemen als paarige Anhänge der Hinterleibsringe vorhanden (z.B. bei ***Berosus***-Larven; [**H-45**]); die Larven der großen Arten (z.B. ***Hydrous***) schöpfen mit dem, am letzten Hinterleibssegment sich in eine verschließbare Atemkammer öffnenden Stigmenpaar an der Wasseroberfläche Luft (daneben wohl Hautatmung); Bewegung der Larven meist kriechend, Beine relativ kurz, bei den vor allem in Dung lebenden ***Sphaeridium***-Larven stummelförmig; nicht selten Stemmzapfen unten an den Hinterleibsringen; Schwimmen ist selten, meist mit Schlängelbewegungen des ganzen Körpers. Verpuppung in der Regel an Land. Auswahl: **1. *Hydrous piceus*** L., Großer schwarzer Kolbenwasserkäfer (bis fast 50 mm; sehr ähnlich der etwas kleinere ***H. aterrimus*** Esch.); oben glänzend schwarz; Eikokon (ca. 2 cm lang, 1 cm hoch und breit) meist unter einem Wasserpflanzenblatt an der Oberfläche schwimmend, mit einem bis zu 3 cm langen in die Luft ragenden, mit einer luftgefüllten Längsrinne versehenen Mast (»Schornstein«; [**H-40**]), aus schwammigem Gespinst; zuerst Fertigung der Deckplatte (♀: Bauch nach oben), dann Abstreifen von Luft darunter, dann (Rücken nach oben) Fertigung von Boden und Seiten,

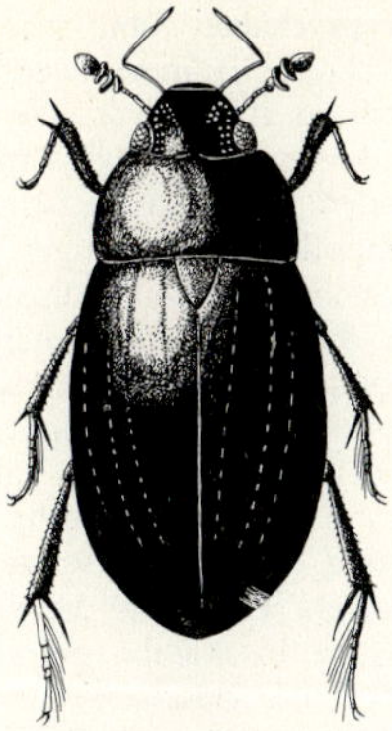

Abb. H-41: ***Hydrophilus caraboides*,** Stachelwasserkäfer. Bis 18 mm. (Bechyně 1954)

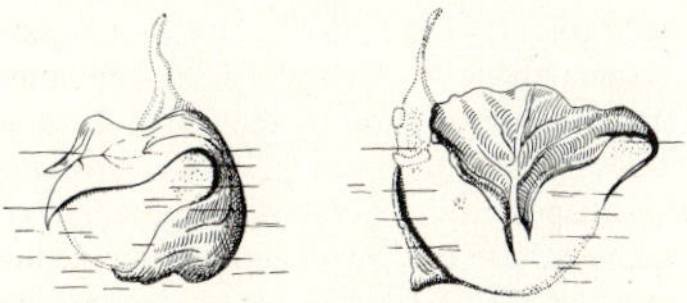

Abb. H-42: ***Hydrophilus caraboides*,** Stachelwasserkäfer. Eierschiff in ***Lysimachia***-Blatt. (v. Lengerken 1954)

Abb. H-43: ***Philydrus quadripunctatus*.** ♀, Bau des Einapfes. (v. Lengerken 1954)

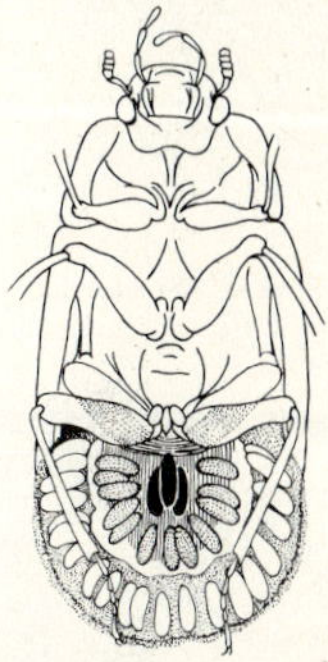

Abb. H-44: ***Helochares griseus*,** ♀, mit Eiern; schwarz Zentraleier; punktiert mittlere Eier; weiß: Hauptreihe, wird später übersponnen. (v. Lengerken 1954)

Ablegen der Eier (ca. 50 Stück, senkrecht nebeneinander) in die untere Kokonhälfte, obere Hälfte mit lockerem Gespinst gefüllt; so ist die stabile Schwimmlage des Kokons gewährleistet; das ♀ baut mehrere Kokons; der intakte Mast ist wichtig für die Luftzufuhr zum Gelege, nach Beschädigung sinkt alsbald der O_2-Gehalt im Kokon auf Null und Wasser sickert ein. Die Larven fressen vor allem Schnecken, sind im Spätsommer erwachsen; Verpuppung in einer Erdhöhle an Land; die Imago schlüpft im Herbst, überwintert, vermutlich im Wasser (Luftschicht an der Bauchseite = physikalische Kieme). **2. *Hydrophilus caraboides*** L., Stachelwasserkäfer (14–18 mm; [**H-41**]), schwarz, ziemlich hoch gewölbt, Vorderbrust unten-hinten mit spitzem Stachel; Eikokon ähnlich dem von ***Hydrous*,** Decke durch das tütenförmig gebogene Stück eines Blattes gebildet [**H-42**]; die Larve fast ständig an der Wasseroberfläche im Pflanzenbewuchs, Kopf beim Fressen (z. B. kleine Krebschen) über Wasser; schwimmt selten frei, dabei jedoch die Beine jedes Paares syndrom bewegt, beim Ruderschlag Paar 3, 2 und 1 nacheinander, dann alle 3 Paare gemeinsam vorgezogen. **3.** Gattung ***Enochrus (Philydrus)*,** 8 Arten in M-Eur.i.e.S.; z. B. ***E. quadripunctatus*** Hrbst. (4–5 mm; oben weitgehend gelbbraun); in stehenden Gewässern häufig; Eikokon napfförmig (2 bis 4 mm breit und tief), mit etwa 30 Eiern, hängt an der Wasseroberfläche an einem Teppich versponnener Wasserpflanzen (z. B. Wasserlinsen; [**H-43**]). **4.** Gattung ***Helochares*** (in M-Eur.i.e.S. 2 Arten), z. B. ***H. griseus*** Fbr. (4,5–6,5 mm; gelbbraun); in stehenden Gewässern, Wasserlachen, häufig; das ♀ spinnt einen Eisack für meist 60–70 in strenger Ordnung liegende Eier, den es, ähnlich wie ***Spercheus*** (→ Spercheidae), unter dem Hinterleib, festgesponnen an einem Teil der Hinterschenkel und an den Hinterhüften, ständig mit sich trägt, bis die Larven schlüpfen [**H-44**]. **5.** Gattung ***Bero-***

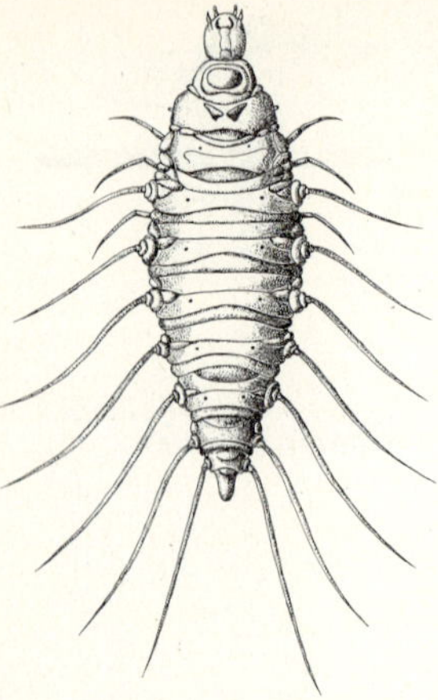

Abb. H-45: ***Berosus spinosus.*** Larve, 8 mm. (Wesenberg-Lund 1943)

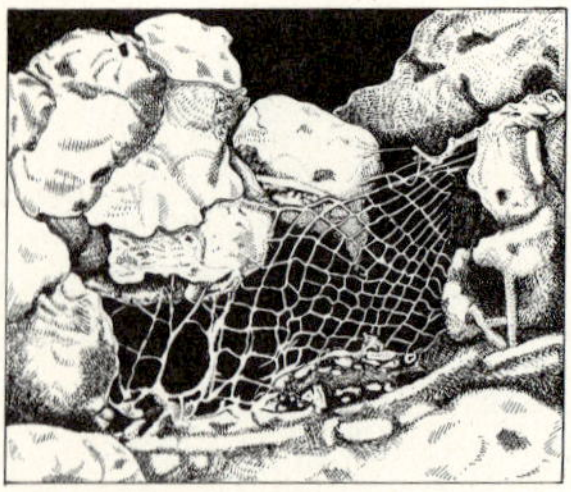

Abb. H-46: ***Hydropsyche*** sp. Fangnetz einer Larve; an Steinchen befestigt. Netzgröße 1–2 cm². Larve (erwachsen ca. 20 mm) nicht sichtbar. (Farb 1966)

sus (in M-Eur.i.e.S. 4 oder 5 Arten), z. B. ***B. luridus*** L. (3,5–5 mm; gelbbraun mit dunklen Flecken); guter und schneller Schwimmer, Hinterschienen mit Schwimmhaaren, aber Hinterbeine alternierend bewegt; Gelege mit 2–3 Eiern an Steine, Holz oder dergl. geklebt, mit etwas Gespinst bedeckt; Larven mit 7 Paaren fädiger Tracheenkiemen am Hinterleib [**H-45**]. (Balfour-Browne 1959; Hieke 1968; Klausnitzer 1984; Laabs 1940; Lengerken 1954; Nachtigall 1964a; Richmond 1920; Scheloske 1974; Viasblom, Wolvecamp 1957; Wesenberg-Lund 1943).

Hydrophilus; → Hydrophilidae 2.

Hydroporus; → Dytiscidae 8.

Hydropsyche; → Hydropsychidae.

Hydropsychidae; Fam. der Köcherfliegen (Trichoptera); in Mitteleuropa ein gutes Dutzend Arten, vor allem vertreten durch die in Fließgewässern sich entwickelnden ***Hydropsyche***-Arten; die Larven campodeid, mit kräftigen, 2gliedrigen Nachschiebern und büscheligen Tracheenkiemen; bauen sich zwischen Steinchen eine Wohnröhre mit winkelig anschließendem Vorhof, in den das Wasser hineinwirbelt; in der Vorhofwand ein Fenster mit aus kräftigen Gespinstfäden sehr regelmäßig gebildetem, schief zum Wasserstrom stehenden Netz [**H-46**], das die Nahrung (vor allem kleine Insektenlarven) abfängt, und das mit Hilfe büscheliger Bürsten (der Vorderbeine und Mundteile) gereinigt und nach Bedarf ausgebessert wird; Larvenwohnung oft mit Pflanzenteilen kaschiert; nur im Sommer Bau eines solchen Netzfensters; die Besiedlung der Fließgewässer durch die Hydropsychidenlarven ist oft sehr dicht; dann häufig inner- und zwischenartliche Auseinandersetzungen um geeignete, meist schon besetzte Wohnröhren; dabei wird – insbesondere vom Verteidiger – heftig striduliert, was dessen Siegeschancen erhöht; die hochfrequenten Stridulationslaute (64–100 kHz) erzeugt durch Reiben spezieller Erhebungen am Femur des Vorderbeines gegen ein gerieftes Feld an der Kopfseite; Wahrnehmung nur über Substratvibrationen; Sinnesorgane vermutlich an den (Vorder-)Beinen. Puppe in einem durchlöcherten Kokon, der in einem Steinköcher befestigt ist. Häufige Art: ***Hydropsyche pellucidula*** Curt. (Flsp. –37 mm). (Günther 1968; Jansson, Vuoristo 1979; Sattler 1958; Silver, Halls 1980; Wesenberg-Lund 1943).

Hydroptila; → Hydroptilidae.

Hydroptilidae; Fam. der Köcherfliegen (Trichoptera); kaum 30 Arten in Mitteleuropa; klein bis sehr klein (***Microptila minutissima*** Ris., Flsp. 3–4 mm), fliegen und laufen schnell, manchmal in Sprüngen; die campodeiden, kiemenlosen, räuberischen Larven teils in stehenden, teils in Fließgewässern; Köcher zuweilen aus reinem Gespinst (z. B. bei ***Oxyethira*** und ***Ithytrichia***), bei manchen Arten pflanzliches Material (z. B. Algenfäden bei ***Agraylea***; Moosblättchen bei ***Ptilocolepus grannulatus*** Pict. [**T-90**], in Gebirgsbächen, Köcher dorsoventral abgeflacht), oder Sandkörnchen eingebaut (z. B. ***Hydroptila***; [**H-**

47]; der seitlich zusammengedrückte Köcher merkwürdigerweise mit Kante nach unten getragen; Köcher vor der Verpuppung am Substrat befestigt und hinten und vorn geschlossen). Häufige Arten: ***Hydroptila sparsa*** Curt. (Flsp. –7 mm); ***Oxyethira costalis*** Curt. (Flsp. –8 mm). (Engelhardt 1955; Wesenberg-Lund 1943).

Hydrous; → Hydrophilidae 1.

Hygrobia; → Hygrobiidae.

Hygrobiidae, Schlammschwimmer, Feuchtkäfer; Fam. der Käfer (Coleoptera, Adephaga); in M-Eur.i.e.S. nur eine Art: ***Hygrobia tarda*** Hbst. (ca. 9 mm), gelbbraun, Flügeldecken über die Naht weg mit großem dunklen Fleck [**H-48**]; Schienen und Füße insbesondere der Hinterbeine (»Schwimmbeine«) mit Härchenzeilen besetzt; bewegt sich vor allem kriechend in Tümpeln und Teichen, schwimmt, wenn überhaupt, mit links-rechts alternierenden Bewegungen der Schwimmbeine (mäßige Anpassung an die Bewegung im Wasser); Luftvorrat unter den Flügeldecken an der Oberfläche erneuert; lebt räuberisch vor allem von in Schlamm hausenden Würmern ***(Tubifex)*** und Mückenlarven; beide Geschlechter stridulieren eifrig durch Reiben des letzten Hinterleibsringes gegen den hinteren Flügeldeckenrand (Bedeutung?); bei Beunruhigung Flucht in den heftig aufgewühlten Schlamm; prothorakale Wehr- und Pygidialdrüsen (→ Dytiscidae) vorhanden; Eiablage an Wasserpflanzen, Eier mit Gallerte bedeckt; Larve [**H-48**] im Wasser, mit auffallend dickem Vorderkörper, hinten mit 3 Anhängen (Analfaden und 2 Cerci), atmet trotz gut ausgebildeter Stigmen mit schlauchförmigen Tracheenkiemen, ventral an den Brust- und den 3 ersten Hinterleibsringen; graben sich zur Verpuppung [**H-48**] an Land eine Höhle im Boden. (Crowson 1981; Dettner 1985).

Hylaeus; → Colletidae 2.

Hylaster; → Scolytidae.

Hylastinus; → Scolytidae 19.

Hylecoetus; → Lymexylonidae 2.

Hylecthridae, Hylecthrus; → Strepsiptera.

Hylemyia; → Anthomyiidae.

Hylephila; → Anthomyiidae 3.

Hylesinus; → Scolytidae 5.

Hylobius; → Curculionidae 28.

Hyloicus; → Sphingidae 7.

Hylophila; → Noctuidae 4.

Hylotrupes; → Cerambycidae 16.

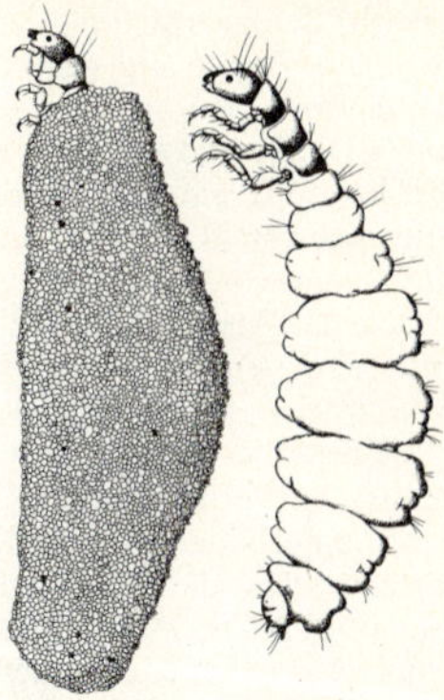

Abb. H-47: ***Hydroptila*** sp. Larve mit und ohne Köcher; beide seitlich zusammengedrückt. Köcher 5 mm, Larve 3–4 mm. (Engelhardt 1955)

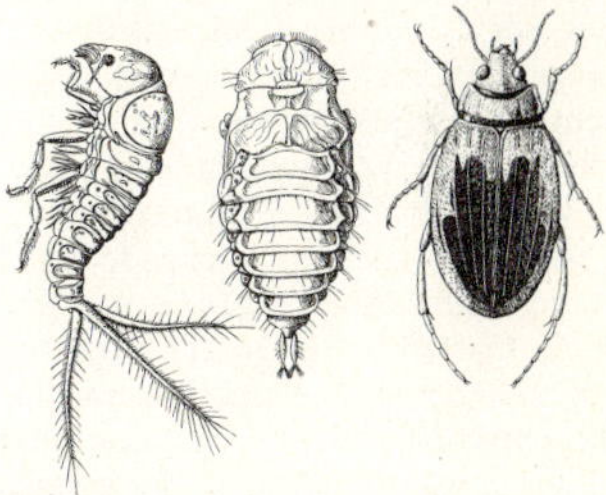

Abb. H-48: ***Hygrobia tarda***, Schlammschwimmer. Larve, Puppe und Imago. Imago 9 mm. (Reitter 1908/16)

Hylurgops; → Scolytidae.

Hymenolepis; → Muscidae 5; → Tenebrionidae 2.

Hymenoptera, Hautflügler; Ordnung der holometabolen Insekten; Imagines winzig bis stattlich (kleinste bisher bekannte Insekten zur Fam. Zwergwespen, → Mymaridae, etwas über 0,2 mm; größte Arten etwa 50 mm). Körper bei manchen Schlupfwespen, vor allem bei den Goldwespen (Chrysididae) lebhaft metallisch glänzend (Schillerfarben), bei den Bienen (Apoidea) im Zusammenhang mit dem Pollensammeln oft stark behaart; Oberkiefer (Mandibeln) stets kräftig, gezähnt oder zangenförmig, die übrigen Mundteile teils kurz, leckend, teils (Apoidea) verlängert, leckend-saugend, geeignet zum Aufsaugen von Nektar; Fühler mit sehr verschiedener Gliederzahl. Meist 2 häutige Flügelpaare, Vorderflügel in der Regel die größeren, beide Paare im

Flug durch Bindevorrichtung gekoppelt (Häkchen am Vorderrand des Hinterflügels greifen hinter den nach unten umgeschlagenen Hinterrand des Vorderflügels); Flügelrückbildung bis zu vollkommenem Schwund, manchmal nur bei einem Geschlecht, kommt vor. Mittel- und vor allem Hinterbeine der Bienen-♀♀ bzw. ☿☿ mit oft hoch differenzierten Pollensammelapparaten; Vorderbeine mit Fühlerputzscharte am 1. Fußglied; bei den ♀♀ der → Dryinidae die distalen Vorderfußglieder zu einer Greifzange umgebildet; Hinterleib bei den Symphyta breit an die Hinterbrust angeschlossen (z.B. [**C-29, P-3, S-58**]); bei den Apocrita Hinterleib mit mehr oder weniger verdünntem Stiel an die Brust angesetzt, d.h. Ausbildung einer Wespentaille (z.B. [**I-4**]): Bauchstück des 1. Hinterleibsringes rückgebildet, Rückenstück als »Mittelsegment« der Hinterbrust angegliedert; die Wespentaille liegt also, entwicklungsgeschichtlich gesehen, zwischen dem 1. und 2. Hinterleibsring; (Zählung in der Praxis: 1. Stielglied = 1. Hinterleibsglied); der an den Hinterleibsstiel anschließende Teil des Hinterleibs oft (insbesondere bei den Ameisen) als Gaster bezeichnet; ♀♀ der Symphyta und mancher Apocrita mit einem bisweilen sehr langen Legeapparat, geeignet, Eier in ein pflanzliches oder tierisches Substrat abzulegen; Legeapparat gebaut nach dem Geradflüglertyp = orthopteroider Legeapparat, aus ventralen Anhängen (Gonapophysen) des 8. und 9. Hinterleibsringes; Gonapophysen 8: Stechborsten; mittlere Gonapophysen 9 miteinander verwachsen zur Stachelrinne für die Führung der vorstoß- und rückziehbaren Stechborsten; seitliche Gonapophysen 9: niemals mit eingestochene Stachelscheide; am Grunde des Legeapparates stets Ausmündung von Anhangsdrüsen des Geschlechtsapparates, deren Sekret häufig Giftwirkung hat; bei vielen Apocrita Umbildung des Legeapparates zum kurzen Giftstachel, dient nicht mehr unmittelbar der Eiablage, sondern zum Paralysieren von Beutetieren (Spinnen, Insekten) für die Ernährung der Larven oder als Wehrstachel zur Verteidigung gegen Feinde; (die Gruppen mit kurzem Giftstachel früher als Aculeata zusammengefaßt; Giftwirkung des Stiches aber auch bei vielen anderen Arten, bei denen der Stachel noch wirklich Eilegeapparat ist). Fortpflanzung stets durch Ablegen von Eiern; meistens zweigeschlechtlich, in manchen Gruppen jedoch auch Parthenogenese verbreitet; bei manchen Gallwespen (→ Cynipidae) regelmäßiger Wechsel zwischen zweigeschlechtlicher und parthenogenetischer Fortpflanzung (Generationswechsel als Heterogonie); Parthenogenese kann sein: arrhenotok (♂♂ aus unbesamten Eiern; so z.B. häufig bei Bienen), telytok (nur ♀♀) bzw. amphitok (♂♂ und ♀♀); in einigen Fällen Entwicklung mehrerer Individuen aus einem Ei (→ Polyembryonie); Brutfürsorge in manchen Gruppen sehr ausgeprägt; hochentwickelte Brutpflege bei den sozialen Formen mit Familienstaaten, bei den Ameisen (Formicoidea), bei einem Teil der Bienen (Halictidae, Apidae) und Faltenwespen (Vespidae). **Larven:** teils (meiste Symphyta) raupenförmig, mit gut ausgebildeter Kopfkapsel, gut ausgebildeten beißenden Mundteilen; meist je ein Punktauge jederseits, mit 3 Brustbeinpaaren und meist auch mit (bis zu 8) Bauchfußpaaren am Hinterleib (Afterraupen); teils (Apocrita) madenförmig, mit schwach ausgebildeten Mundteilen an mehr oder weniger stark rückgebildeter Kopfkapsel, ohne Augen und in der Regel ohne Beine; bei einer Reihe parasitisch sich entwickelnder Formen Polymetabolie: erstes Larvenstadium von anderer Gestalt als die madenförmigen späteren Stadien ([**H-49**]; z.B. Planidium-Larve der Perilampidae und Eucharitidae; Cyclopoidlarven der Platygasteridae); Ernährung der Larven außerordentlich verschieden, bei den meisten Symphyta pflanzlich; für die Ernährung wichtige symbiontische Pilze sind bei Holzwespen (Siricidae; Xiphydriidae) nachgewiesen; bei den Apocrita selten pflanzlich (Larven vieler Gallwespen; Pollen-Nektar-Nahrung bei Bienenlarven), meist tierisch; die Larven großer Gruppen leben als Innen- oder Außenparasiten bei anderen Insekten (vor allem deren Larven) und Spinnen; Atmung der innenparasitischen Larven: teils Hautatmung bei geschlossenem oder gar fehlendem Tracheensystem; teils (so insbesondere ältere Stadien) in Verbindung mit dem Tracheensystem des Wirtes oder, durch eine Öffnung in der Wirtskutikula, direkt mit der atmosphärischen Luft; von der Mutter beigebrachte paralysierte Insekten oder Spinnen als Larvennahrung bei Wegwespen (→ Pompilidae), Grabwespen (→ Sphecidae) und Faltenwespen

(→ Vespidae); meist 5, zuweilen nur 4 Larvenstadien. Verpuppung als freie **Puppe** (Pupa libera), meist in einem Kokon aus Spinnsekret (Spinndrüsen = umgewandelte Unterlippenspeicheldrüsen); keine Kokonbildung bei Gespinstblattwespen, Gall- und Erzwespen. Zahl der bisher bekannten heute lebenden Hautflüglerarten über 100000, sicherlich besonders unter den parasitisch lebenden bei weitem noch nicht alle Arten erfaßt. Systematische Gliederung durchaus nicht einheitlich gehandhabt (hier weitgehend nach Imms); die zahlreichen Fam. werden meist zu Fam.-Gruppen (bzw. Üb.-Fam.) zusammengefaßt; die Fam.-Gruppen sind in der folgenden Aufstellung durchnummeriert, mit Angabe der im einzelnen behandelten Fam. A) U.-Ordng. **Symphyta,** Pflanzenwespen; Hinterleib breit an der Hinterbrust ansetzend, ohne Wespentaille; Larven fast stets Pflanzenfresser, Wirtsspezifität zuweilen sehr ausgeprägt; häufig raupenähnlich, mit 6–8 Bauchfußpaaren am Hinterleib (Afterraupen); Legeapparat der ♀♀ zum Ablegen der Eier in pflanzliches Gewebe geeignet; 1. Xyeloidea: → Xyelidae; 2. Megalodontoidea: → Pamphiliidae (Lydidae); → Megalodontidae; 3. Siricoidea: → Siricidae; → Xiphydriidae; 4. Orussoidea: → Orussidae; 5. Cepholidea: → Cephidae; 6. Tenthredinoidea: → Argidae; → Cimbicidae; → Blasticotomidae; → Diprionidae (Lophyridae); → Tenthredinidae. B) U.-Ordng. **Apocrita;** mit Wespentaille; die ♀♀ teils noch mit funktionierendem Legeapparat, teils mit verkürztem Gift-(Wehr-)stachel; (die frühere Unterteilung in Terebrantes, mit Legeapparat, und Aculeata, mit Giftstachel, ist heute aufgegeben); Larven madenartig, leben häufig parasitisch; 7. Trigonaloidea: → Trigonalidae; 8. Ichneumonoidea: → Ichneumonidae; → Braconidae; → Aphidiidae; → Agriotypidae; 9. Evanioidea: → Evaniidae; → Aulacidae; → Gasteruptiidae; 10. Cynipoidea: → Cynipidae; → Ibaliidae; → Eucoilidae; 11. Chalcidoidea: → Agaonidae; → Torymidae (Callimomidae); → Leucospididae; → Chalcididae; → Eurytomidae; → Perilampidae; → Pteromalidae; → Encyrtidae; → Aphelinidae; → Eulophidae; → Trichogrammatidae; → Mymaridae; → Eucharitidae; 12. Proctotrupoidea: → Scelionidae; → Heloridae; → Proctotrupidae; → Diapriidae; → Ceraphronidae; → Platygasteridae; 13. Bethyloidea: → Dryinidae; → Bethylidae; → Cleptidae; → Chrysididae; → Embolemidae; 14. Scolioidea: → Scoliidae; → Tiphiidae; → Mutillidae; → Methochidae; 15. Formicoidea: → Myrmicidae; → Poneridae; → Dolichoderidae; → Formicidae; 16. Vespoidea: → Vespidae; → Masaridae; → Sapygidae; → Eumenidae; 17. Pompiloidea: → Pompilidae; → Ceropalidae; 18. Sphecoidea: → Sphecidae; 19. Apoidea: → Andrenidae; → Colletidae; → Melittidae; → Anthophoridae; → Apidae; → Halictidae; → Megachilidae. (Bachmeier 1969; Berland, Bernard 1951; Hermann 1979/82; Königsmann 1968; Markl 1969; Rathmayer 1969; Richards, Davies 1977; Weber 1954; Wilson 1971).

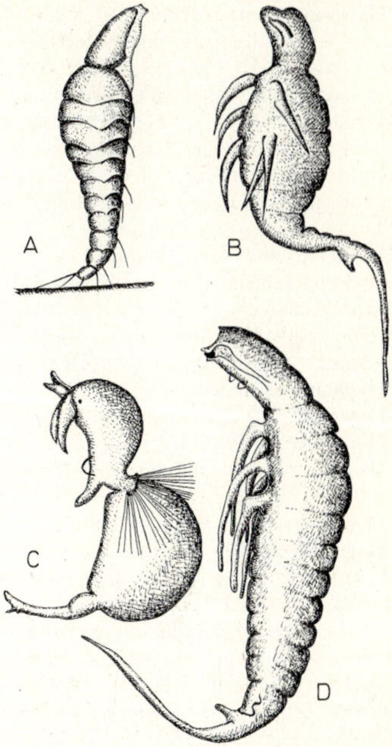

Abb. H-49: Junglarven von: A ***Schizaspidia*** (Eucharitidae); Planidiumlarve, wartet »stehend« auf dem Blatt; B ***Eucoila*** (Eucoilidae); C ***Scelio*** (Scelionidae); D ***Cotonaspis*** (Eucoilidae).

Hymenopteroidea; von manchen Autoren so benannte Überordnung der Insekten; einzige Ordnung: → Hymenoptera, Hautflügler.

Hypaspistomyia; → Milichidae.

Hypena; → Noctuidae 41.

Hypermetabola; Insekten mit vollkommener Verwandlung (Holometabola), bei denen, wie bei den Polymetabola, Larvenformen von sehr verschiedener Gestalt und Lebensweise auftreten, die jedoch dabei, in der Regel als vorletztes Stadium, eine Ruhelarve als »Scheinpuppe« haben; (Hypermetamorphose). Beispiele: → Meloidae; → Drilidae.

Hyperomyzus; → Aphididae 27.

Hyperparasitismus; → Parasitismus 11.

hyperpneustisch nennt man ein Insekt, bei dem überzählige Stigmenpaare vorhanden sind; z.B. bei ***Japyx*** (→ Diplura).

Hyphantria; → Arctiidae 13.

Hyphydrus; → Dytiscidae 9.

Hypocera; → Phoridae.

Hypoderma, Hypoderminae; → Oestridae C.

Hypogastrura; → Hypogastruridae.

Hypogastruridae, Kurzspringer; Fam. der Springschwänze (Collembola, Arthropleona); mit kurzer, bisweilen rückgebildeter Springgabel. Beispiel: ***Hypogastrura (Achorutes) assimilis*** Krausb. (–1,2 mm; [**C-121B**]), häufig in Stallmist; ***H. viatica*** Tullberg oft in sich rasch zersetzendem Substrat wie im Gespülsel der Küsten und in Kläranlagen.

Hyponephele; → Satyridae 8.

Hyponera; → Poneridae.

Hyponomeuta; Hyponomeutidae; → Yponomeutidae.

Hyponomien; Blattminen; → Minen.

Hypophloeus; → Tenebrionidae 10.

hypopneustisch nennt man ein Insekt, bei dem von vornherein bestimmte Stigmenpaare nicht angelegt werden.

Hypsopygia; → Pyralidae 15.

Hyria; → Tachinidae.

Hystrichopsylla; → Siphonaptera.

I

Ibalia; → Ibaliidae.

Ibaliidae; Fam. der Hautflügler (Hymenoptera, Apocrita, Cynipoidea); artenreiche Gruppe parasitischer Formen, verwandt mit den Gallwespen; bemerkenswert als Parasit von Holzwespenlarven (***Urocerus*** → Siricidae) ***Ibalia leucospoides*** Hochenw. (Hinterleib seitlich sehr stark zusammengedrückt; Legebohrer sehr dünn, kaum den Hinterleib überragend, [**I-1**]); das ♀ sucht den Einstichkanal des Holzwespen-♀ (durch Geruchssinn?), führt hier den Legebohrer ein, legt ein Ei in die ganz junge Holzwespenlarve (kurz vor oder kurz nach deren Ausschlüpfen aus dem Ei; [**I-2**]); Entwicklungsdauer 2–3 Jahre; Erstlarve polypod: mit 12 Paaren beinstummelartiger Anhänge [**I-3**], die ersten Larvenstadien [**I-3**] innen-, das letzte außenparasitisch; Verpuppung im Holz in Nähe der Stammoberfläche (parasitierte Holzwespenlarven bleiben in den äußeren Stammschichten); Imago frißt sich nach außen durch; (→ Schlupfwespen). (Bachmaier 1969; Clausen 1940).

Ibisfliege, *Atherix ibis* Fbr.; → Rhagionidae.

Icerya; → Coccina; → Margarodidae; → Coccinellidae 9.

Ichneumon; → Ichneumonidae.

Ichneumonidae, sog. Echte Schlupfwespen; außerordentlich artenreiche Fam. der Hautflügler (Hymenoptera, Apocrita, Ichneumonoidea), von vermutlich weit über 30000 Arten, allein in Mitteleuropa etwa 3000, aufgeteilt auf eine Reihe von U.-Fam.; klein bis recht stattlich, meist schlank [**I-4**], nicht selten ♂ und ♀ nach Färbung und Gestalt verschieden; die Imagines als Nektarlecker und vermutlich auch Bestäuber oft auf Blüten insbesondere von Doldengewächsen; auch Honigtau von Blattläusen wird gern genommen; die ♀♀ mancher Arten lecken Körpersäfte der manch-

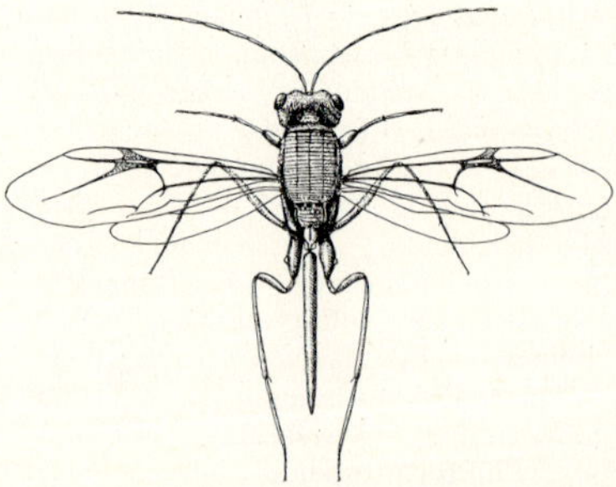

Abb. I-1: ***Ibalia leucospoides.*** Bis 16 mm. (Escherich 1923/42)

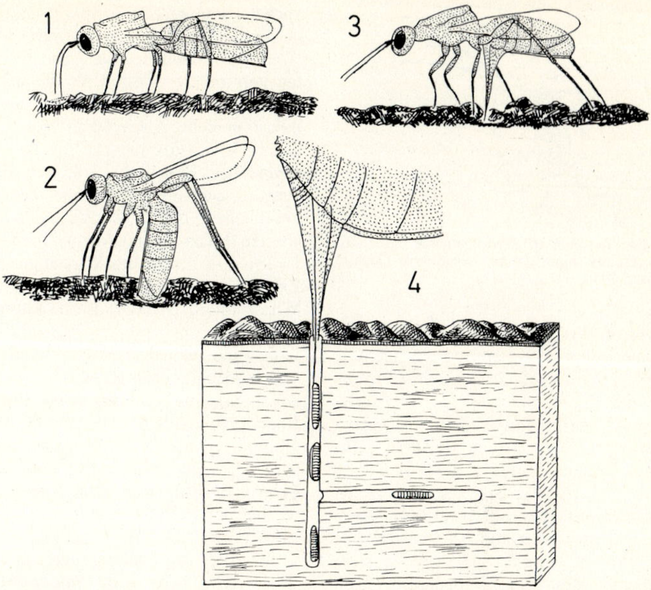

Abb. I-2: ***Ibalia leucospoides.*** Eiablage mit dem sehr dünnen, zum Bohren im Holz nicht geeigneten Legebohrer. 1 Aufsuchen und Prüfen der Einstichstelle des Wirtslegebohrers mit den Fühlern; 2 Prüfen der Einstichstelle mit dem Hinterleibsende; 3 Einsetzen des Legebohrers; 4 stärker vergrößert: Eiablage in die Eilarven des Wirts kurz vor oder kurz nach dem Schlüpfen. (Escherich 1923/42)

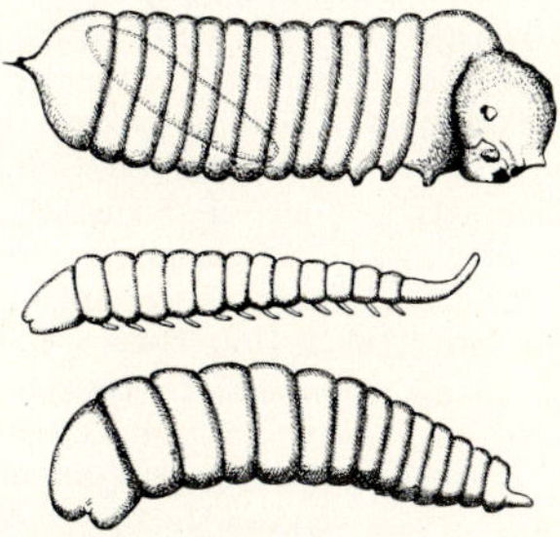

Abb. I-3: ***Ibalia leucospoides.*** Oben ***Ibalia***-Ei in Junglarve einer Holzwespe; Mitte polypode Larve 1. Stadium; Unten Larve 2. Stadium. (Escherich 1923/42)

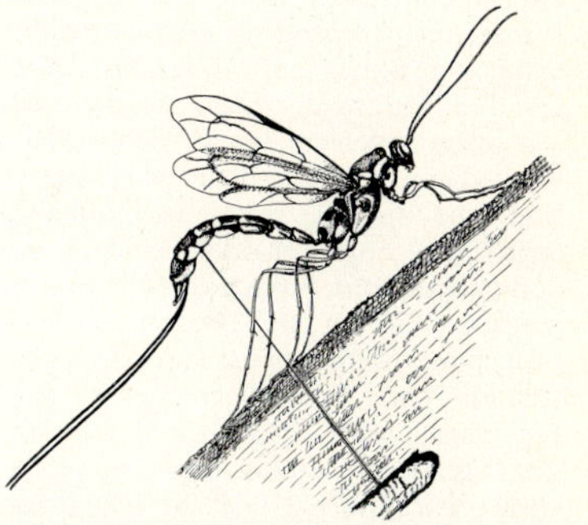

Abb. I-4: ***Rhyssa persuasoria,*** Holzschlupfwespe. Körper ohne Legebohrer ca. 30 mm. ♀ lähmt Holzwespenlarve durch Giftstich und legt Ei ab. (Bachmaier 1969)

mal zur Nahrungsgewinnung angestochenen Larvenwirte auf. Legebohrer teils sehr kurz, teils die Körperlänge übertreffend [**I-4**], zuweilen (z. B. bei ***Ophion***-Arten) als Wehrstachel ausgebildet, dessen Stiche auch für den Menschen schmerzhaft sind; häufig (stets?) Injektion von Gift in den Larvenwirt bei der Eiablage, hat mehr oder weniger lange Paralysierung des Wirtes zur Folge; Flügellosigkeit in einem oder in beiden Geschlechtern kommt vor, ist aber selten (z. B. bei den einer Ameise ähnelnden

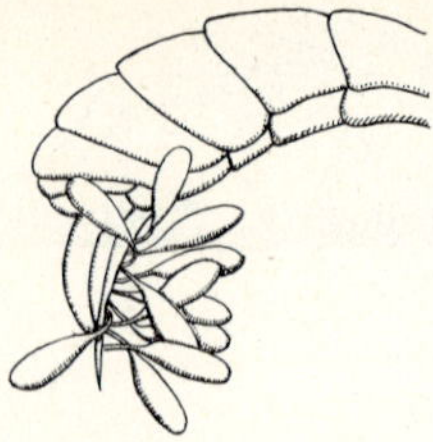

Abb. I-5: ***Tryphon*** sp. Abdomenende des ♀ mit Eiern, die mit dem Stiel am Legebohrer hängen. (Clausen 1940)

♀♀ von ***Gelis*** sp.). Beim Sichfinden der Geschlechter und Aufspüren des Larvenwirtes ist vermutlich der Geruchssinn führend; die früh schlüpfenden ♂♂ von ***Megarhyssa***-Arten (ihre Larven Schmarotzer bei Holzwespen der Gattung ***Tremex***) sammeln sich auf der Rinde dort, wo sich ein ♀ aus dem Holz herausarbeitet, registrieren möglicherweise die Nagevibrationen des ♀, das »richtige« ♀ wird dann offenbar geruchlich erkannt, Kopula sofort nach dem Erscheinen des ♀; u. U. Bedeutung von Pflanzendüften: Der Kieferntriebwickler (→ Tortricidae 5) und sein Parasit ***Pimpla ruficollis*** Grav, werden durch den Duft des ätherischen Öls von Kiefern angelockt, der Parasit erst dann, wenn die geeigneten Wirtsstadien vorhanden sind, hält sich bis dahin auf Blüten auf; ***Apechthis rufata*** Gm., ein Parasit des Eichenwicklers, belegt auch Puppen des Tannentriebwicklers, wenn diese in Eichenblätter eingewickelt sind. Die Eiablage selbst wird offenbar durch Sinnesorgane an der Spitze des Legebohrers gesteuert. Ablage der nicht selten gestielten Eier an [**I-5**] oder in den Wirt oder in Wirtsnähe, wobei je nach Art bestimmte Wirtsstadien bevorzugt werden; Eier beim Durchgleiten des u. U. sehr langen Legebohrers stark deformierbar, erreichen bei ***Rhyssa*** mit Stiel die Länge von 20 mm, sind bei manchen Arten (z. B. ***Tryphon***; [**I-5**]) vor der Ablage nur noch mit dem Stielende in die Teile des Legebohrers eingefädelt. Das Parasitenei erhält beim Gleiten durch den Legebohrer einen Überzug, der verhindert, daß es im Wirt wie ein Fremdkörper von Blutzellen abgekapselt wird; ein Ei ohne diesen Überzug wird abgekapselt. Die Larven leben als Außen- oder Innenparasiten bei verschiedenen Insekten, sehr häufig bei Schmetterlingen, auch bei Spinnen oder in Spinneneikokons, in denen dann die Eier verzehrt werden (***Gelis*** sp.); die Erstlarven sind nicht selten von anderer Gestalt als die späteren, etwa madenförmigen Stadien (Polymetabola); manche Arten leben hyperparasitisch (→ Parasitismus 11); die Larve von ***Grotea*** sp., Parasit bei solitären Bienen, verzehrt zuerst Ei bzw. Larve des Wirts, anschließend den in der Wirtszelle gespeicherten Pollen-Nektar-Vorrat. In manchen Fällen wird bereits das Wirtsei belegt, die Entwicklung jedoch erst in einem älteren Wirtsstadium beendet; Entwicklungsstillstand der Junglarve des Parasiten (Diapause) bei manchen Arten. Beispiele für verschieden schnelle Entwicklung: ***Diplazon laetatorius*** F.; das ♀ belegt Eier oder Junglarven von Schwebfliegen, der Parasit schlüpft erst aus dem Wirtspuparium; andererseits belegt die häufige ***Pimpla instigator*** F. die Puppen verschiedener Schmetterlinge und beendet noch in der Puppe die Entwicklung. Die Wirtsspezifität ist sehr verschieden stark ausgeprägt; ein breites Wirtsspektrum hat z. B. ***Pimpla alternans*** Grav.: mindestens 6 Hautflügler-, 11 Schmetterlings- und 2 Käferarten, die Zahl der Wirte ist wahrscheinlich noch bedeutend größer; andere leben bevorzugt bei einer Gruppe, z. B. viele Arten der U.-Fam. Tryphoninae bei Blattwespen, der Ophioninae bei Schmetterlingen; ausgesprochen monophage Arten sind selten; sehr merkwürdig ist das »Meßvermögen« einiger Arten (***Pimpla*** sp.; ***Itoplectis*** sp.), bei denen das ♀ in große Wirtspuppen (z. B. der Mehlmotte) besamte, in kleine Puppen unbesamte, also ♂♂ liefernde Eier ablegt. Die Larven der ***Rhyssa***-Arten sind Außenschmarotzer bei in Holz bohrenden Larven, z. B. ***Rh. persuasoria*** L., Holzschlupfwespe: Körper bis über 30 mm, Legebohrer über körperlang [**I-4**], Entwicklungsdauer ein Jahr, an Larven von Holzwespen (Siricidae); bei Holzwespen- oder Bockkäferlarven ferner Vertreter der Gattungen ***Ephialtes***, ***Nemecitis*** und ***Thalessa***, alles große auffallende Arten; das ***Rhyssa***-♀ bohrt in ca. 30 min den langen Legebohrer (ohne die Stachelscheide, die anfangs den Legestachel zwar noch umhüllt, später nur noch mit ihrem Ende umschließt und schließlich [**I-4**] nach hinten weggestreckt wird) zielsicher durch das Holz bis zu der mit dem Geruchssinn entdeckten Larve;

Orientierung und Anlockung durch Duftstoffe, die von einem Pilz ***(Amylostereum spec.)*** ausgehen, der das Fraßmehl der Larve besiedelt; die Wirkung des Lockstoffes nimmt mit steigender Feuchte zu und ist am stärksten bei einem Feuchtigkeitsgehalt, wie er in unmittelbarer Nähe der Larve herrscht; zunächst wird die Larve durch eine Giftinjektion gelähmt und dann auf ihr oder in ihrer Nähe ein Ei abgelegt; der Bohrapparat wird nach dem Herausziehen mit Hilfe der Hinterbeine wieder in der Stachelscheide untergebracht. Der → Kleptoparasit ***Pseudorhyssa sternata*** Merill beobachtet ***Rhyssa*** bei der Eiablage, benützt dann deren Bohrkanal um dieselbe Siricidenlarve mit einem Ei zu belegen; die ***Pseudorhyssa***-Larve tötet sofort nach dem Schlüpfen die Larve der Holzschlupfwespe und parasitiert dann in der Siricidenlarve. In manchen Fällen leben verschiedene Generationen einer Art bei verschiedenen Wirten oder bei verschiedenen Stadien des gleichen Wirts; aber oft leben auch beim gleichen Wirt mehrere Arten, z.B. beim Schwammspinner über 2 Dutzend, teils als Primär-, teils als Hyperparasiten. Parthenogenese ist bei einigen Arten bekannt. Verpuppung mit oder ohne Kokon, teils außerhalb des Wirts, teils in ihm; bei der Sichelwespe ***Exochilum (Therion) circumflexum*** L. steckt das Hinterende der Puppe im Innern der Wirtspuppe (z.B. Kiefernspinner, Forleule) in einem Kottopf [**I-6**], das Vorderende geschützt durch ein weitmaschiges Gespinst. Bei vielen Arten nur eine Generation im Jahr, bei anderen 2 oder mehr; Überwinterung häufig als alte Larve (kann ein Jahr überliegen) oder als begattetes ♀ (z.B. ***Ichneumon***-Arten). (Bachmaier 1969; Balduf 1963; Brauns 1964; Clausen 1940; Eichhorn 1982; Escherich 1923/42; Heatwole et al. 1962; Königsmann 1968; Salt 1966; Spradbery 1969, 1970).

Ichneumonoidea; Fam.-Gruppe der Hautflügler (Hymenoptera, Apocrita), mit den Fam.: → Ichneumonidae; → Braconidae; → Aphidiidae; → Agriotypidae.

Idiocerus; → Jassidae 2.

Igelfloh, ***Archaeopsylla erinacei*** Bouché; → Siphonaptera.

Igelkäfer; ***Hispella atra*** L.; → Chrysomelidae 19.

Ilybius; → Dytiscidae 5.

Ilyocoris; → Naucoridae.

Abb. I-6: ***Exochilum circumflexum***, Sichelwespe. Puppe in Kottopf. Unten Puppe noch in der Wirtspuppe; oben Puppe + Kottopf herausgenommen. (Bachmaier 1969)

Imaginalparasitismus; der Parasit frißt an oder in der Imago des Wirts; → Parasitismus 3.

Imago; das bei der letzten Häutung entstehende geschlechtsreife Voll-Insekt; bei manchen Urinsekten (z.B. → Collembola) häutet sich auch noch das geschlechtsreife Tier.

Immenkäfer, ***Trichodes apiarius*** L.; → Cleridae 4.

Inachis; → Nymphalidae 5.

Inaequipalpia; U.-Ordng. der Köcherfliegen → Trichoptera.

Incurvaria; → Incurvariidae.

Incurvariidae, Miniersackmotten, Fam. der Schmetterlinge (Lepidoptera); kleine Falter mit gut ausgebildetem Saugrüssel, fliegen oft tagsüber; Raupen häufig im ersten Stadium minierend (Abdominalfüße mehr oder weniger rückgebildet), später frei und bisweilen in einem Sack aus Pflanzenmaterial; von über 100 bekannten Arten etwa 30 in M-Eur.i.e.S., manche bei Massenauftreten schädlich; Auswahl: **1.** ***Incurvaria koerneriella*** Zll., Schildkrötenmotte; die Raupe zunächst minierend in

Abb. I-7: ***Incurvaria koerneriella***, Schildkrötenmotte. Birkenblatt, Löcher von Raupen ausgeschnitten. (Escherich 1923/42)

den Blättern von Birke [**I-7**], Buche, Linde, schneiden dann ein rundliches Stück aus dem ausgehöhlten Blatt, das sie weiterhin als schützenden Sack benutzen; fallen zu Boden, fressen hier an abgefallenen Blättern; Verpuppung im Sack. **2.** ***Inc. rubiella*** Bjk., Himbeerschabe, Himbeermotte; der Falter legt vor allem im VI ein Ei oder Eier an offene Himbeerblüten; Raupen im Fruchtboden, bohren sich aus, überwintern meist in einem Gespinst am Boden, fressen im Frühling in Blatt- und Blütenknospen, dann in der Triebspitze; Puppe (V–VI) in einem Gespinst im Trieb, außen an der Pflanze oder am Boden. **3.** ***Inc. capitella*** Cl., Johannisbeermotte; die Eier werden im Frühsommer in die jungen Früchte von Johannisbeeren manchmal auch von Stachelbeeren gelegt; die Jungraupe frißt an den Samen (Früchte fallen ab), spinnt sich im Sommer, meist am Boden, ein, überwintert, frißt im Frühling nachts an Knospen, später an Blütenanlagen; Verpuppung IV–V zwischen zusammengesponnenen Blättern an den Trieben oder am Boden. (Hannemann 1968; Sorauer 1949/57).

Indirekte Samenübertragung; der Same wird nicht während der Begattung direkt in die Geschlechtsgänge des ♀ eingeführt, sondern in Form von (oft gestielten) Samenträgern (Spermatophoren) in der Umgebung des ♀ abgesetzt, wo er zufällig oder im Verlauf eines bisweilen sehr verwickelten Liebesspiels zwischen ♂ und ♀ vom ♀ aufgenommen wird; Beispiele bei: → Diplura; → Collembola; → Archaeognatha; → Zygentoma.

Innenparasitismus; der Parasit frißt im Wirt; → Parasitismus 2.

Ino; → Zygaenidae 1.

Inocellia; Inocellidae; → Raphidioptera.

Inostemma; → Platygasteridae.

Inquilinen, Einmieter; allgemein: Tiere, die in bereits verlassene oder in den noch vom Besitzer bewohnten Aufenthaltsorten anderer Tiere (Wohnröhren, Minen, Gallen, Nestern) leben; im besonderen gebräuchlich für Insekten, die bei anderen Insekten hausen; dabei zuweilen durch Raum- bzw. Nahrungsparasitismus mehr oder weniger starke Schädigung des Wohnungs- (z. B. Gallen-) Besitzers; Abgrenzung gegen Parasitismus also schwierig.

Insecta (Hexapoda), Insekten, Kerbtiere, Kerfe; Klasse im Tierstamm Arthropoda, Gliederfüßler. Mit im Augenblick etwa 1,2 Millionen beschriebenen und benannten Arten (jedes Jahr vermehrt sich deren Zahl), machen die Insekten den weitaus größten Teil (etwa $^4/_5$) der Tierwelt aus. Bei im Grunde sehr einheitlichem und von der Evolution her gesehen äußerst erfolgreichem Bauplan (seine Kenntnis wird hier vorausgesetzt; viele Einzelheiten bei den einzelnen Gruppen) imponieren sie durch die unerhörte Mannigfaltigkeit der Gestalten und der Lebensweise, so daß es kaum eine »Nische« gibt, die nicht von einer oder einigen Insektenarten besetzt wäre. Außerordentlich ist ihre Bedeutung für den Menschen, in negativem (Vernichter von Vorräten und Nutzpflanzen; Krankheitsüberträger auf Pflanzen, Tiere, Menschen; lästig bzw. schädlich als Blutsauger an Mensch und Nutztieren) und im positiven Sinne (als Räuber bzw. Parasitenvernichter anderer Schadinsekten; als Blütenbestäuber bei Nutzpflanzen). Bezeichnend ist die postembryonale Entwicklung über eine → Metamorphose. Die Klasse der Insekten wird in 6 Unterklassen mit insgesamt 35 Ordgn. gegliedert; ein Teil der Ordgn. wird (unter Berücksichtigung von Kriterien des Körperbaues und zumal der postembryonalen Entwicklung) bei verschiedenen Autoren in etwas unterschiedlicher Weise zu Überordnungen zusammengefaßt. Ordgn. im folgenden durchnumeriert. Unterklassen 1–5 mit je nur einer Ordg. (Ordgn.: 1–24 Hemimetabola; 1–4

Monokondylia; 1–3 Entognatha). **1. U.-Kl., 1. Ordg. Diplura,** Doppelschwänze; **2. U.-Kl., 2. Ordg. Protura,** Beintastler; **3. U.-Kl., 3. Ordg. Collembola,** Springschwänze; (4 und ff: Ectognatha); **4. U.-Kl., 4. Ordg. Archaeognatha,** Felsenspringer; (5. Ordg. u. ff: Dicondylia); **5. U.-Kl., 5. Ordg. Zygentoma,** Fischchen; (U.-Kl. 1–5 Apterygota, primär ungeflügelte, sog. Urinsekten); alle folgenden: **6. U.-Kl., Pterygota** (primär geflügelte Insekten); **6. Ordg. Ephemeroptera,** Eintagsfliegen (Archipterygota; Ordgn. 7–35 Metapterygota); **7. Ordg. Odonata,** Libellen; (8–35 = Neoptera); **8. Ordg. Plecoptera,** Steinfliegen; **9. Ordg. Embioptera,** Embien; (10 bis 17 früher = Orthoptera, Geradflügler; 10–13 = Blattopteroidea); **10. Ordg. Dermaptera,** Ohrwürmer; **11. Ordg. Mantodea,** Fangschrekken; **12. Ordg. Blattariae** Schaben; **13. Ordg. Isoptera,** Termiten; (14–17 = Orthopteroidea, Heuschreckenartige Geradflügler); **14. Ordg. Notoptera** (Vertreter in Nordamerika und Asien); **15. Ordg. Phasmida** (Cheleutoptera), Gespenstschrecken; (16 und 17 = Saltatoria, Springschrecken); **16. Ordg. Ensifera,** Langfühlerschrecken; **17. Ordg. Caelifera,** Kurzfühlerschrecken; (18–35 = Eumetabola); (18–24 = Parametabola). **18. Ordg. Zoraptera,** Bodenläuse (artenarme Gruppe kleiner Tropenbewohner; Stellung im System umstritten; hier nicht behandelt); (19–24 = Acercaria; 19 und 20 = Psocodea); **19. Ordg. Psocoptera** (Copeognatha, Corrodentia) Holzläuse, Staubläuse, Flechtlinge; **20. Ordg. Phthiraptera,** Tierläuse; (21–24 = Condylognatha); **21. Ordg. Thysanoptera,** Fransenflügler, Blasenfüße; (22–24 = Rhynchota, Hemiptera, Schnabelkerfe; 22 und 23 = Homoptera, Pflanzensauger); **22. Ordg. Auchenorrhyncha,** Zikaden; **23. Ordg. Sternorrhyncha,** Pflanzenläuse; **24. Ordg. Heteroptera,** Wanzen; (25–35 = Holometabola. Insekten mit sog. vollkommener Verwandlung; 25–27 = Neuropteroidea); **25. Ordg. Megaloptera,** Großflügler, Schlammfliegen; **26. Ordg. Raphidioptera** (Raphidides), Kamelhalsfliegen; **27. Ordg. Planipennia,** Netzflügler i.e.S.; **28. Ordg. Coleoptera,** Käfer; **29. Ordg. Strepsiptera,** Fächerflügler; **30. Ordg. Hymenoptera,** Hautflügler; **31. Ordg. Siphonaptera** (Aphaniptera, Suctoria), Flöhe; (32–35 = Mecopteroidea, Mecopteria); **32. Ordg. Trichoptera,** Köcherfliegen; **33. Ordg. Lepidoptera,** Schmetterlinge; **34. Ordg. Mecoptera,** Schnabelfliegen; **35. Ordg. Diptera,** Zweiflügler.

Iphiclides; → Papilionidae 2.

Ipidae; → Scolytidae.

Ips; → Scolytidae 11, 14, 16, 18.

Iridomyrmex; → Dolichoderidae 3.

Irisblattwespe, ***Rhadinoceraea micans*** Kl.; → Tenthredinidae.

Ischnocera; Fam.-Gruppe der Läuslinge; → Mallophaga.

Ischnopsyllus; → Siphonaptera.

Ischnorhynchus; → Lygaeidae.

Ischnura; → Coenagrionidae 4.

Isonychia; → Siphlonuridae.

Isoperla; → Perlodidae.

Isophya; → Phaneropteridae 3.

Isoptera, Termiten; Ordnung der Insekten; nahe verwandt mit den Schaben (Blattariae); Verwandlung unvollkommen (Hemimetabola); Komplexaugen, evtl. zusammen mit 2 Ocellen, bei den geflügelten Geschlechtstieren gut entwickelt, sonst bei diesen meist lichtscheuen Tieren rudimentär oder fehlend; irreführend die häufige Bezeichnung »Weiße Ameisen«; sie sind keine Ameisen und manche Formen sind dunkel pigmentiert; neben Ameisen, manchen Wespen und Bienen sind sie bekannte Vertreter staatenbildender Insekten; Polymorphismus (Kastenbildung) ist oft sehr ausgeprägt; neben den ebenfalls im Stock Arbeiten verrichtenden Larven sind unterscheidbar: I. Fortpflanzungsfähige Formen, u.zw. a) zeitweilig geflügelte primäre Geschlechtstiere, ♂♂ und ♀♀, Flügel nach dem kurzen Hochzeitsflug abgeworfen; anschließend »Liebesspaziergang«, meist das ♂ hinter dem ♀, vermutlich geleitet durch einen Lockstoff des ♀; Aufsuchen eines Verstecks, Begattung; König und Königin bleiben nach der Nestgründung ständig beisammen, Hinterleib des ♀ durch starke Entwicklung der Ovarien bei manchen Arten riesig angeschwollen. b) Ersatzgeschlechtstiere, ♂♂ und ♀♀, treten nach Bedarf auf, Flügel fehlend oder höchstens stummelförmig. II. Nicht fortpflanzungsfähige Formen beiderlei Geschlechts: c) Arbeiter; fehlen bei manchen Arten, dann ersetzt durch niemals das Imaginalstadium erreichende Altlarven (Scheinarbeiter, Pseudergaten). d) Soldaten, meist großköpfig und mit stark sklerotisierter Kutikula; fehlen selten; treten je nach Art (seltener bei der gleichen Art) in zwei verschiedenen Formen auf; als Kiefersol-

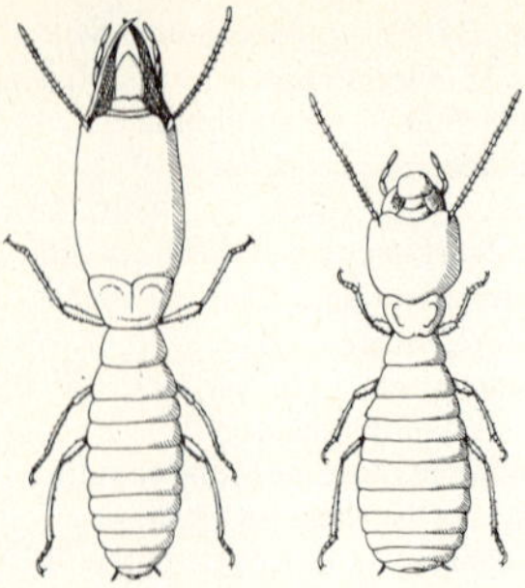

Abb. I-8: ***Reticulitermes lucifugus***, Erdholztermite. Links Soldat, bis 6 mm; rechts Arbeiter, bis 5,5 mm. (Chopard 1951)

daten mit mächtigen, zuweilen asymmetrisch ausgebildeten Mandibeln; als Drüsensoldaten, mit zuweilen riesiger, an der Stirn ausmündender Wehr- und Alarmdrüse (Stirndrüse, Frontaldrüse); Mündung bei manchen Arten an der Spitze eines Stirnzapfens (Nasuti); Wirkung des Sekrets: Alarmierung und – bei größeren Drüsen – Behindern z. B. von angreifenden Ameisen vor allem durch Verschmieren. Determination zu einer Kaste vermutlich nicht genetisch, sondern durch Einwirkung von außen bestimmt, u. a. vermutlich auch durch nach Art von Pheromonen wirkende Stoffe; Beispiel: bei der im Mittelmeergebiet verbreiteten ***Calotermes flavicollis*** Fbr. geben ♂ und ♀ einen durch Weitergeben von Kot im ganzen Volk verbreiteten Stoff ab, der das Auftreten von Ersatzgeschlechtstieren verhindert. Bei manchen Arten spielen Duftstoffe zum Spurenlegen oder für die gegenseitige Anlockung eine Rolle, bei ***Cal. flavicollis*** z. B. der vermutlich aus der Nahrung stammende, von den Larven abgegebene Alkohol Hexen-3-ol; auch das bei den großköpfigen Soldaten einiger Arten bekannte trommelnde Aufstoßen mit dem Kopf auf die Unterlage dürfte Signalfunktion haben. Hauptnahrung stets pflanzlich, bei vielen Arten vor allem Holz, dessen Aufarbeitung wesentlich unterstützt wird durch in einer Erweiterung des Enddarmes untergebrachte symbiontische Flagellaten (Polymastigina; gehen bei den Häutungen meist verloren, ersetzt durch Verfüttern von Kot); bei höheren Termiten (ohne symbiontische Flagellaten) Ernährung bekanntlich durch auf besonderen Pilzgärten (zerkautes pflanzliches Material) gezüchtete Pilze; außerordentliche Bedeutung der → Trophallaxis, d. h. der Weitergabe von ausgewürgter Nahrung und von noch verwertbarem Kot an Stockgenossen. Nester teils unterirdisch, teils in Holz, teils als die (in Europa nicht vorkommenden) bekannten oberirdisch auffallenden Hügelbauten aus Erde + Speichel + Kot. Von den etwa 2000 bekannten Arten fast alle im tropischen und subtropischen Bereich, wohl nur 2 ständig in Südeuropa, einige weitere eingeschleppte Arten zeitweilig auch in der BRD. **1.** ***Calotermes (Kalotermes) flavicollis*** Fbr., Gelbhalstermite (zu Fam. Calotermitidae; Geflügelte 6 mm); Mittelmeergebiet; die wenig volkreichen Kolonien im Holz erkrankter, aber noch nicht abgestorbener Bäume; Hinterleib der Königin nicht vergrößert; mit Kiefersoldaten; Arbeiter fehlen, ersetzt durch Scheinarbeiter (Pseudergaten); Schwärmen der Geflügelten in kleinen Gruppen während des ganzen Sommers bis in den Spätherbst. **2.** ***Reticulitermes lucifugus*** Rossi, Erdholztermite (zu Fam. Rhinotermitidae; Geflügelte: 9 mm); Mittelmeergebiet; recht volkreiche Kolonien vor allem in Kiefernstümpfen und -stämmen; eierlegende Königin mit etwas vergrößertem Hinterleib; Arbeiter vorhanden, ebenso Kiefersoldaten [**I-8**] und nicht selten auch Ersatzgeschlechtstiere; Schwärmen im Frühling und Frühsommer; Adoption des Pärchens durch eine verwaiste Kolonie möglich. **3.** ***Reticulitermes flavipes*** Koll., Gelbfußtermite; mehrere Male aus USA nach Europa eingeschleppt, jahrelang z. B. in Hamburg angesiedelt und durch Zerfressen von Balken in Gebäuden schädlich; Vermehrung hier offenbar nur durch Ersatzgeschlechtstiere; wurde auch u. a. bei Mannheim und in Österreich bei Hallein beobachtet. **4.** Tropische Arten z. B. der Gattungen ***Cryptotermes*** und ***Nasutitermes*** gelegentlich mit Pflanzen eingeschleppt, aber offenbar niemals eingebürgert. (Chopard 1951; Crome 1964; Ernst 1969; Grassé 1949; Günther 1968; Lüscher, Müller 1960; Prestwich 1984; Verron 1963; Weidner 1970; Zimmermann 1969).

Isotoma; → Isotomidae.

Isotomidae, Gleichringler; Fam. der Springschwänze (Collembola, Arthropleona); oft ungemein häufig in humosem

Boden die unpigmentierte blinde ***Folsomia fimetaria*** L.; hierher gehören auch die beiden hochalpinen, auf Schnee oder Gletschereis bisweilen häufigen Arten ***Isotoma saltans*** Nic., Gletscherfloh und ***Is. nivalis*** Carl, Schneefloh, angepaßt an das Leben bei niederen Temperaturen; günstigste Temperatur für den Gletscherfloh: 5° bis −4° C; bei Temperaturen über 8° anormal hoher O_2-Verbrauch; Hauptnahrung: vom Wind verfrachteter Blütenstaub.

Issidae; Fam. der Zikaden (Auchenorrhyncha); bezeichnend für viele Arten eine Verbreiterung der relativ kurzen und derben Vorderflügel im vorderen oder mittleren Drittel, Gestalt daher gedrungen, fast käferartig; in Mitteleuropa nicht sehr artenreich; nicht selten: ***Issus coleoptratus*** Geoffr., Käferzikade (6–7 mm); auffallend breit, graugelb; auf verschiedenen Waldbäumen.

Issoria; → Nymphalidae 12.

Issus; → Issidae.

Ithytrichia; → Hydroptilidae.

Itonididae (Cecidomyiidae), Gallmükken; Fam. der Mücken (Diptera, Nematocera); Imagines zart, klein, z. T. sehr klein [**I-17**]; Komplexaugen häufig durch Stirnbrücke miteinander verbunden [**I-9**]; Punktaugen fehlen zumeist; Mundteile kurz, nicht stechend, Kiefer- und Lippentaster gut entwickelt [**I-9**], Auflecken von offenen Säften kommt wenigstens bei manchen Arten vor; Fühler (4–32 Glieder) meist wirtelig behaart, nicht selten mit bogen- oder ösenförmigen Gebilden unklarer Bedeutung auf den von einem dünnen Stiel aus kolbenartig sich erweiternden Gliedern [**I-10**], oft bei ♂ und ♀ verschieden; Flügel zart, gestatten nur wenig ausgiebigen, oft der Winddrift ausgesetzten Flug; mehr oder weniger starke Flügelrückbildung kommt vor, bes. bei ♀♀; ♀ mit je nach Art verschieden langer, verschieden gestalteter und bewehrter, teleskopartig ausfahrbarer Legeröhre (= 9. Hinterleibssegment; [**I-11**]), ermöglicht das Ablegen der länglichen Eier, einzeln oder in Gruppen, an bzw. in Pflanzengewebe. Larven [**I-12**] gestaltlich recht verschieden, Kopfkapsel und Mundteile teilweise rückgebildet, Mandibeln bei räuberischen Arten noch erhalten; 2gliedrige, kurze – bei räuberischen Arten längere – Fühler; zwei Pigmentkörper im Halsabschnitt werden als Lichtsinnesorgane gedeutet [**I-13**]; Körper mit winzigen Dörnchen, Papillen oder Haaren besetzt; Färbung oft gelblich bis rot, bedingt durch die des durchscheinenden Fettkörpers; Atmung durch 8–10 offene Stigmenpaare; bezeichnend für das letzte (oder vorletzte) Stadium der meisten Arten die artspezifisch gestaltete Brustgräte [**I-13**], Verdickung der Kutikula an der Ventralseite des 1. Brustringes; deren Be-

Abb. I-9: ***Dasineura brassicae***, Kohlschotengallmücke. Kopf von links. Nur 3 Fühlerglieder gezeichnet. (Fröhlich 1960)

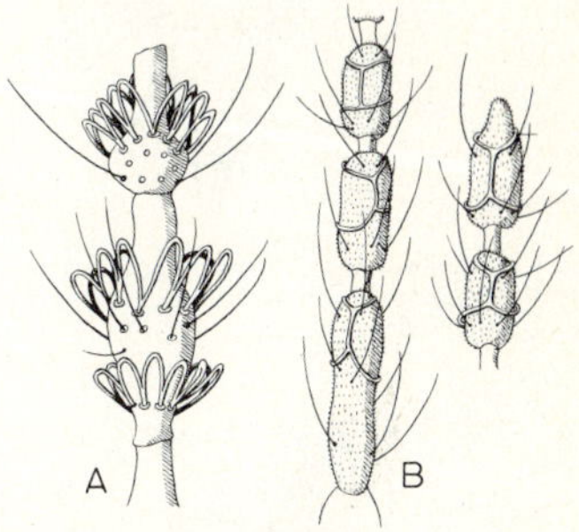

Abb. I-10: A ***Antichira caricis.*** Stück aus dem Fühler. (Rübsamen 1951); B ***Contarinia poae.*** ♀; die drei ersten und die zwei letzten Glieder der Fühlergeißel. (Fröhlich 1960)

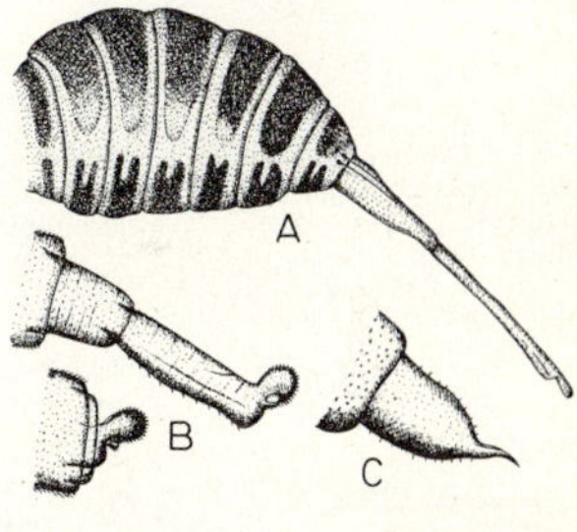

Abb. I-11: Legebohrer von A ***Dasineura brassicae.*** B ***Mayetiola destructor.*** Oben ausgefahren, unten eingezogen. C ***Cystiphora taraxaci.*** (Fröhlich 1960)

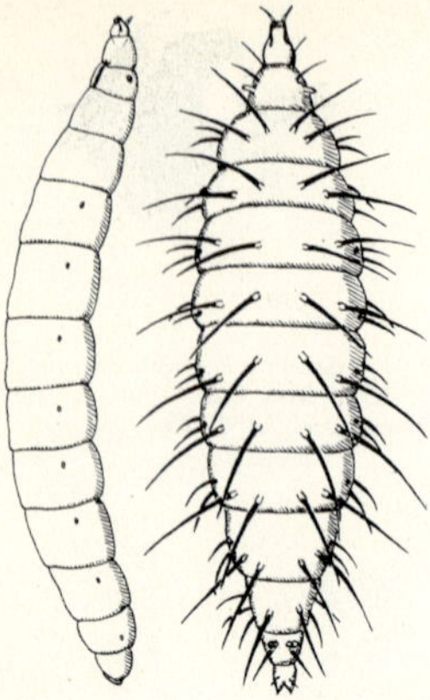

Abb. I-12: Gallmücken: 2 Larventypen; links von lateral, Brustgräte eingezeichnet; rechts von dorsal; ca. 2 mm. (Brauns 1964)

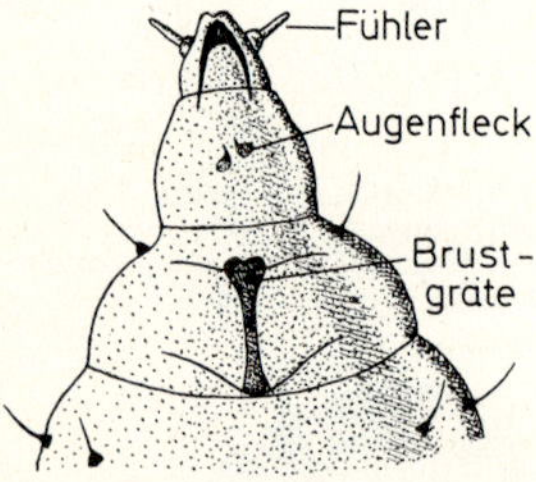

Abb. I-13: ***Dasineura brassicae.*** Kohlschotengallmücke. Vorderende der Larve von ventral, 2 mm. Augenflecken vorn dorsal durchschimmernd. (Fröhlich 1960)

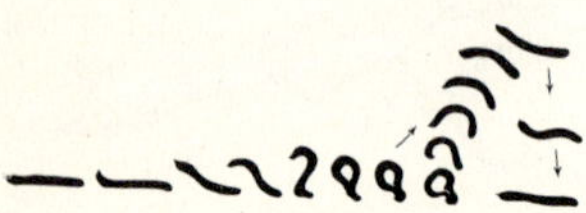

Abb. I-14: Gallmücken-Larve. Mehrere Phasen des Springens. (Séguy 1951)

deutung noch unklar, soll zum Anschneiden von Pflanzengewebe dienen und bei dem für manche Arten bezeichnenden »Springen«: Körper ringförmig gebogen, Hinterende gegen die Brustgräte gestemmt, Wegschnellen bei plötzlichem Strecken, scheint für das schnelle Aufsuchen des Verpuppungsplatzes nach Verlassen der Galle von Bedeutung zu sein [**I-14**]; wohl vor allem Aufnahme flüssiger Nahrung durch Aufsaugen, durchaus nicht ausschließlich von pflanzlichem Substrat; dabei mag Außenverdauung vor dem Munde durch Speichel (Speicheldrüsen gut entwickelt) eine Rolle spielen; nach Ort und Art des Nahrungserwerbs 3 Hauptgruppen: a) **Räuber und Parasiten,** teils außen-, teils innenparasitisch vor allem an Blattläusen und Milben; Beispiel: ***Phaenobremia aphidisuga*** Rübs., saugt von außen Blattläuse aus, die vermutlich durch ein Toxin schnell absterben; ***Endaphis***- und ***Endopsylla***-Arten in Blattläusen und Blattflöhen; an Milben z. B. ***Arthrocnodax*** und ***Acaroletes***-Arten; Einmieter (Inquilinen) in Gallen anderer Arten, können den Gallerzeuger verzehren, z. B. ***Lestodiplosis***-Arten. b) Nicht wenige Arten **in modernden Pflanzenteilen,** unter Rinde, auch an Baumsäften; Hauptnahrung vielleicht Pilzhyphen; Beispiel: ***Tekomyia populi*** Möhn. an Pappel, bringt wie die Moosmücken (→ Heteropezidae) pädogenetisch Larven hervor u.zw. aus einem als Halbpuppe bezeichneten Stadium; Pädogenese auch z. B. bei ***Mycophila*** sp. c) **An oder in frischem Pflanzengewebe,** häufig gallbildend, oft wirtsspezifisch, in verschiedenen Graden (Beispiel: ***Dasineura affinis*** Kieff. an mehreren ***Viola***-Arten, typische Gallen aber nur am Veilchen, ***Viola odorata*** L.); Feststellen der Art oft leichter möglich nach der Wirtspflanze und Gallenform als nach Merkmalen des Körperbaus; Beispiel bei Veilchengallmücken: ***Dasineura affinis*** Kieff.: Blattrandwülste an ***Viola odorata*** L. [**I-24**]; ***Dasineura violae*** F. Loew: Triebstauchungen an ***Viola tricolor***; artspezifisch ist auch in der Regel der Standort der Galle am Wirt, ferner, ob die Larven einzeln oder gesellig leben; oft Beteiligung mehrerer Pflanzenorgane an der Gallbildung, z. B. am Sproß oder an der Blüte; in manchen Fällen Symbiose mit Pilzen, deren Hyphen die Gallenwand auskleiden und verzehrt werden, sehr deutlich bei ***Lasioptera carophila*** F. Loew, Galle als Anschwellung im Zentrum der Dolde der kleinen Pimpinelle, ***Pimpinella saxifraga*** L. (auch an verschiedenen anderen Pflanzen). Puppe (Pupa obtecta; [**I-15**]) mit Prothorakalhörnern als Atmungsorgane, häufig auch mit 2 Stacheln am Scheitel, erleichtern das Herausarbeiten der Puppe aus einer Umhüllung; Verpuppung teils an der Wirtspflanze (z. B. in der Galle), teils im Boden und dann häufig in einem »Gespinst«-Kokon; dessen Entstehung noch unklar; zuweilen (z. B. ***Mayetiola***) Bildung einer verpuppungsreifen → »Scheinpuppe« (Praepupa) in der abgehobenen, erhärteten und nachgedunkelten vorletzten Larvenhaut, widerstandsfähiges Stadium, geeignet zum Überwintern oder Überliegen (wenig glücklich oft als »Tönnchen« oder »Puparium« bezeichnet); häufig aber auch Überwinterung als Larve; bei manchen Arten, abhängig von den Außenbedingungen, mehrere Generationen im Jahr. Mehrere hundert Arten in Mitteleuropa, im ganzen etwa 4000 Arten bekannt, darunter zahlreiche Schädlinge in Feld und Wald. Auswahl: **A. An Pilzen; 1. *Mycophila*-**Arten gelegentlich schädlich in Pilzzuchten; vermehren sich pädogenetisch; Generationswechsel ähnlich dem von ***Heteropeza pygmaea*** (→ Heteropezidae). **B. An Gräsern und krautigen Pflanzen; 2. *Contarinia tritici*** Kirby, Gelbe Weizengallmücke; die Imagines (1,5–2 mm; gelb) schlüpfen VI–VII, meist nachts; das ♀ fliegt nach Kopulation bei Windstille tags und abends Weizenähren an (auch Gerste; versteckt sich bei Wind), schiebt die lange dünne Legeröhre zwischen die Spelzen in der Blüte, klebt mehrere (4–8) der mit einem Stielchen versehenen Eier an die Innenseite der Spelzen; die orangenen Larven saugen an Staubgefäßen und Fruchtknoten [**I-16**], vernichten sie ganz oder weitgehend ohne Bildung einer Galle, jedoch Ersatzkornbildung möglich, verlassen erwachsen (bis 2,5 mm) die Ähre, können springen (Sprünge bis ca. 10 cm), graben sich bis ca. 10 cm in den Boden, überwintern hier im Kokon, mehrjähriges Überliegen möglich; verlassen im Frühling den Kokon, gehen bis dicht unter die Oberfläche (evtl. erneut Kokonbildung); Verpuppung; gelegentlich bereits im Herbst Verpuppung und Schlüpfen der Imagines. **3. *Sitodiplosis mosellana*** Géh. Rote (Orangerote) Weizengallmücke; Lebensweise ähnlich wie bei der vorigen Art; Unterschiede: die Imagines (Hinterleib rot; bis 2,5 mm) erscheinen einige Tage später; Legebohrer kurz, daher Eiablage nur in offenen oder abgeblühten Blüten, 1–3 Eier; die Larven (orange) saugen an dem wachsenden Korn [**I-16**], dadurch geringerer Mehl- und Klebergehalt, keine Ersatzkornbildung; die nach 3 Wochen erwachsenen Larven (können nicht springen) gehen bei feuchtem Wetter in den Boden, bilden bei trockenem Wetter eine Scheinpuppe in der Ähre, die bei Feuchtigkeit u. U. wieder verlassen wird; außer an Weizen auch an Roggen, Gerste, Hafer. **4. *Mayetiola destructor*** Say., Hessenmücke, Hessenfliege; deutscher Name nach der fälschlichen Annahme, die Art sei um 1779 durch hessische Soldaten nach Amerika eingeschleppt worden; war schon früher dort, stammt aber aus Europa; identisch mit ***M. secalis*** Boll., der europäischen Gruppe, ist mit der amerikanischen Gruppe in jeder Richtung fruchtbar kreuzbar; neigt zur Rassenbildung, z. B. hinsichtlich der Bevorzugung bestimmter Weizensorten; heute weltweit verbreitet; Hauptwirt. Weizen, daneben Gerste, Roggen und einige Wildgräser (z. B. Quecke); 2 (oder mehr) Generatio-

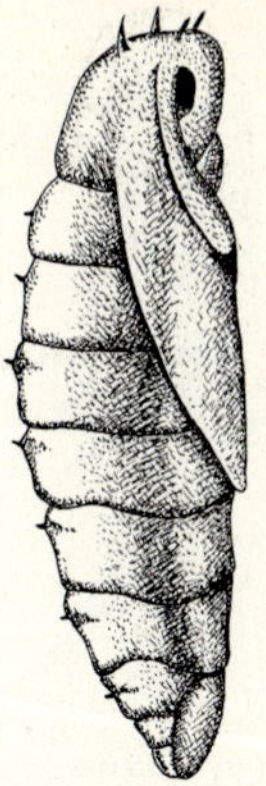

Abb. I-15: ***Contarinia medicaginis.*** Puppe 2 mm, mit Prothorakalstigmen (Stigmenhörner = die 2 Dornen rechts am Kopf) und Scheitelborsten. (Fröhlich 1960)

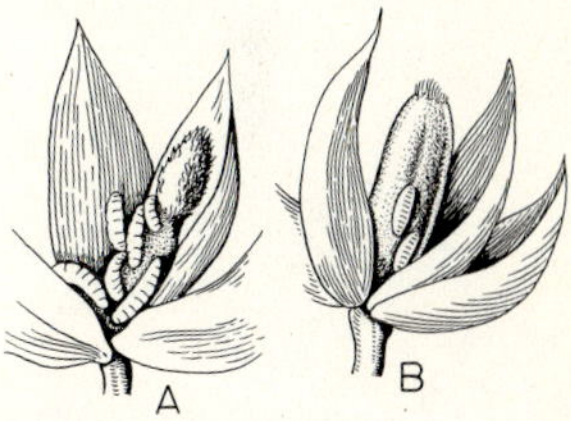

Abb. I-16: Weizenähren, befallen A von ***Contarinia tritici***, Gelbe Weizengallmücke, B von ***Sitodiplosis mosellana***, Rote W. (Fröhlich 1960)

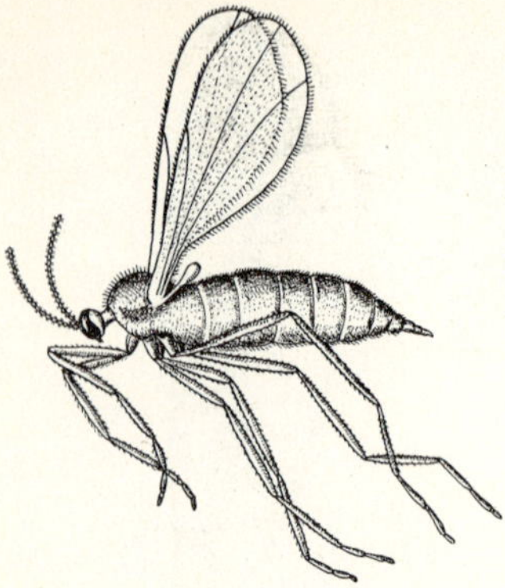

Abb. I-17: **Mayetiola destructor**, Hessenmücke. ♀, 3 mm. (Fröhlich 1960)

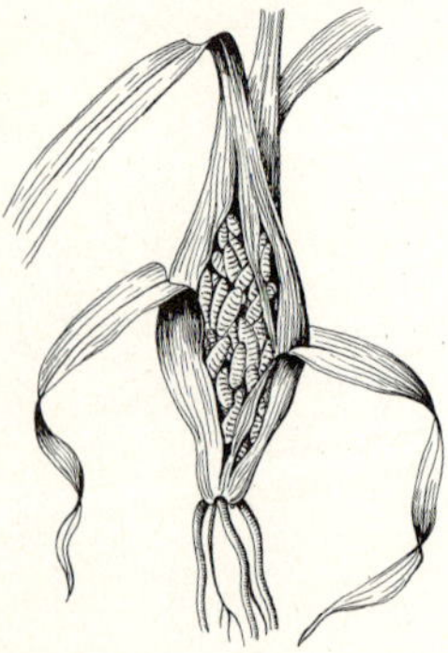

Abb. I-18: **Mayetiola destructor.** Hessenmücke. Larven (erwachsen 3 mm) in Roggenstengel. (Fröhlich 1960)

nen; Imagines [**I-17**] IV bis V aus überwinterten Scheinpuppen; Kopula kurz, ♂ anscheinend durch Lockstoff zum ♀ geführt; Hauptaktivität in der Dämmerung; Eier einzeln oder in Reihe auf die Blattoberseite gelegt, auch von mehreren ♀♀ auf das gleiche Blatt; die Larven schlüpfen nach 5–10 Tagen, kriechen abwärts, bleiben meist über dem untersten Halmknoten; Blattscheide u. U. aufgetrieben [**I-18**], jedoch keine Gallbildung; der Halm knickt hier leicht ab; erwachsene Larve ca. 3 mm; Scheinpuppe im Halm nach ca. 30 Tagen Larvenzeit im Halm, Verpuppung ca. 12 Tage vor dem Schlüpfen der 2. Generation, deren Flugzeit vor allem VIII–X; Eiablage an ausgewachsenes Getreide, Quecke, Wintersaat; Scheinpuppe überwintert; Generationsdauer stark umweltbedingt; Schaden u. U. groß. **5. *Mayetiola poae*** Bosc.; bemerkenswert unter mehreren an Rispengras vorkommenden Gallmücken-Arten durch die aus zunächst weißen, dann bräunlichen Adventivwurzeln bestehende Stengelgalle an ***Poa nemoralis*** L., dem Hainrispengras [**I-19**], die Würzelchen in gescheitelter Ordnung um den Stengel gebogen; (am gleichen Gras die ganz ähnliche, aber nicht gescheitelte Galle von ***Caulomyia radifica*** Rübs.); Imagines (4–5 mm) Anfang V, Eier in Reihe auf das Blatt abgelegt; die Larven wandern abwärts unter die Blattscheide, heften sich an dem noch wachsenden Stengel an der Seite fest, an der sich die Scheide spaltet, regen hier Gewebswucherung und Wurzelbildung an, wandern dann in die auf der Gegenseite zwischen Stengel und Blattscheide gebildete Larvenkammer ein, bilden hier ab Mitte VII eine Scheinpuppe, die in der Galle überwintert und in der im Frühling die Verpuppung stattfindet; Puppenruhe ca. 14 Tage. **6. *Contarinia merceri*** Barn., Gelbe Fuchsschwanzgallmücke und **7. *Dasineura alopecuri*** Reut., Rote Fuchsschwanzgallmücke; Larven von 6. goldgelb, von 7. rötlich; beide in den Blüten von Fuchsschwanzgras (vor allem ***Alopecurus pratensis*** L.), die Samen zerstörend; unterschiedliches Verhalten: die aus den überwinterten Larven im Frühling schlüpfenden Imagines erscheinen bei der Roten Fuchsschwanzgallmücke (= F.-G.) etwa 14 Tage früher als bei der Gelben F.-G.; die ♀♀ der Gelben F.-G. legen gegen Morgen und gegen Abend mehrere Eier stets nur an offene, die der Roten F.-G. nachmittags ein Ei (höchstens 2 Eier) stets nur an geschlossene Blüten; die Larven saugen vor allem am Fruchtknoten (bei der Gelben F.-G. bis 15 Larven an der Blüte; [**I-20**]), dadurch wird die Samenbildung verhindert; die Larven der Gelben F.-G. wandern in den Boden, überwintern hier im Kokon, die der Roten F.-G. in der (oft abfallenden) Blüte; Überliegen kommt bei beiden vor. **8. *Haplodiplosis equestris*** Wagn., Sattelmücke; außer an Weizen auch an Gerste und (vielleicht) Hafer (auch an einigen krautigen Pflanzen?); die blutroten Larven (bis 5 mm) zu mehreren (bisweilen über 300) in Anschwellungen (Doppelwulst mit sattelförmigem Längseindruck) unter den

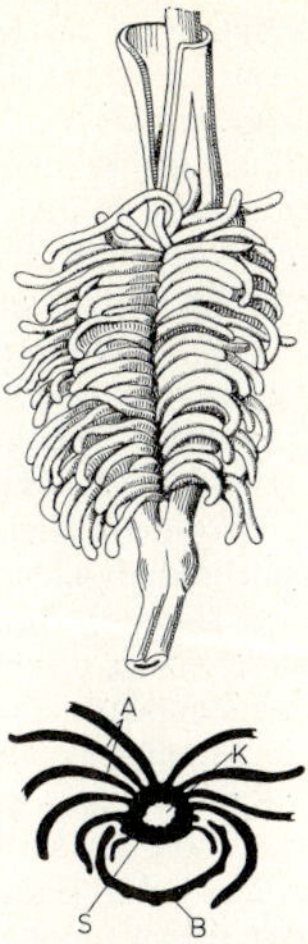

Abb. I-19: ***Mayetiola poae.*** Oben Galle am Stengel vom Hainrispengras, ***Poa nemoralis.*** Unten Querschnitt; A ***Adventivwurzeln,*** B Blattscheide, K Gallenkammer für die Larven, S Stengel. (Séguy 1951, Franz 1961)

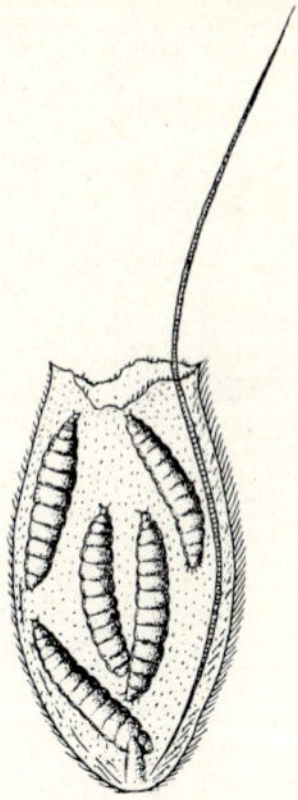

Abb. I-20: ***Contarinia merceri,*** Gelbe Fuchsschwanzgallmücke. Larven in der Blüte des Wiesenfuchsschwanzes. (Fröhlich 1960)

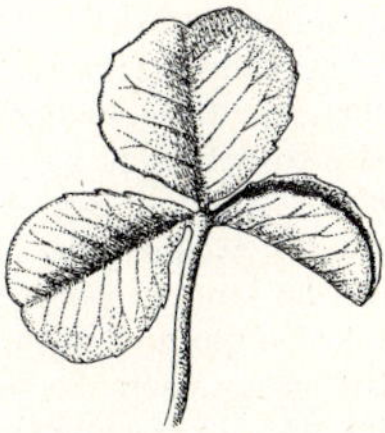

Abb. I-21: ***Dasineura trifolii,*** Kleeblattgallmücke. Befall an Weißklee. (Skuhrava 1963)

Abb. I-22: ***Dasineura ignorata,*** Rote Luzernengallmücke. Luzerne mit 2 Sproßgallen. (Fröhlich 1960)

Blattscheiden, beim Weizen meist über dem letzten Knoten, überwintern im erwachsenen Zustand im Boden in einer Höhle mit durch »Schleim« verstärkter Wand; Verpuppung im Frühling, daraus V–VI die Imagines; Eiablage an die Blätter. **9. *Dasineura trifolii*** F. Loew, Kleeblattgallmücke; mehrere Larven zwischen den nach oben zusammengeklappten, stellenweise verdickten und rötlich verfärbten Blättchenhälften verschiedener ***Trifolium***-Arten (bes. Weißklee; [**I-21**]); hier auch meist Verpuppung in einem weißen Kokon; mehrere Generationen im Jahr, die Larven der letzten Generation im Boden überwinternd; Imagines sehr kurzlebig, oft nur einige Stunden. **10. *Dasineura ignorata*** Wachtl., Rote Luzernensproßgallmücke; ab Ende V die Imagines der Frühlingsgeneration, das ♀ legt einige Eier in die Achselknospen oder Endblätter der Luzerne (oder anderer ***Medicago***-Arten); die rötlichen Larven zu mehreren in den zu zwiebelartigen, weichen und glatten Gallen (ca. 9 × 5 mm) umgebildeten Trieben [**I-22**], gehen nach 14 Tagen in den Boden, bilden einen Kokon; ein Teil bleibt so liegen bis zum nächsten Frühling, ein Teil verpuppt sich, ergibt Ende VII–VIII die Sommergeneration, deren Larven im Boden überwin-

Abb. I-23: ***Contarinia medicaginis.*** Luzernenblütenstand mit 2 normalen und 13 vergallten Blüten. (Fröhlich 1960)

Abb. I-24: ***Dasineura affinis,*** Veilchenblattrollgallmücke. Oben vergalltes Veilchen; unten Blattquerschnitt. (Fröhlich 1960)

tern; in warmen Ländern bis 7 Generationen im Jahr; Schaden: geringerer Zuwachs an Blättern und Samen. (Sehr ähnlich die Gallen von ***Das. lupulina*** Kieff., der Gelben Luzernensproßgallmücke. Hauptunterschiede: Larven gelb; Gallen härter und mehr oder weniger behaart). **11. *Contarinia medicaginis*** Kieff., Luzernenblütengallmücke; wie 10. an verschiedenen ***Medicago***-Arten; meist 3 Generationen; die ersten Imagines (1,8 mm; zuerst mehr ♂♂, dann mehr ♀♀) kommen meist vormittags Ende V bis Anfang VI aus dem Boden; das ♀ schiebt an ausgesuchten, 3–5 mm langen Blütenknospen meist 3 bis 5 Eier zwischen die Kelchzipfel bis in die Blüte; durch Saugen der Larven an Fruchtknoten und Staubblättern Gallbildung: bei unverändertem Kelch Verdickung und Verwachsen der Blüten- und Staubblätter [**I-23**]; nach Ablegen mehrerer ♀♀ an der gleichen Knospe bis zu 20 Larven in einer grünlichweißen Galle; die erwachsenen Larven (ca. 2 mm; so nach 2–3 Wochen) verlassen die später vertrocknende und abfallende Galle, können springen, gehen 3–5 cm tief in den Boden, bilden Kokon, darin Verpuppung; nach 10 Tagen Puppenruhe arbeitet sich die Puppe bis dicht unter die Oberfläche vor; Schlüpfen der besonders schädlichen 2. Generation Anfang bis Mitte VII, der 3. Generation Mitte bis Ende VIII; deren Nachkommen überwintern als Scheinpuppe im Boden; durch mehr oder weniger langes Überliegen im Boden Verschiebungen und Überschneidungen der Flugzeiten. **12. *Contarinia pisi*** Winn., Erbsengallmücke; bemerkenswert, daß die Larven mehrere Organe der Erbse befallen: Blüten, Hülsen und Endtriebe, die gallenartig verändert werden, die Hülsen durch Wandverdickung; meist 30–40 Larven beisammen, in den Hülsen bis zu 300; Verpuppung und Überwinterung im Boden; 2 Generationen. **13. *Dasineura affinis*** Kieff., Veilchenblattrollgallmücke; vor allem an ***Viola odorata*** L.; oft ganze Gruppen vor allem junger Blätter mit nach oben eingerollten, verdickten und behaarten Rändern [**I-24**], darunter mehrere Larven, die sich in der Galle in einem weißlichen Gespinst verpuppen; Blütenbildung mehr oder weniger unterdrückt; Puppenruhe 10–12 Tage; die Puppe arbeitet sich zum Schlüpfen aus dem Kokon bis an den Rand der Galle; 3–4 Generationen im Jahr; Überwinterung der Larve im Kokon in der Galle. Äußerlich von dieser Art nicht unterscheidbar und mit ähnlicher Lebensweise: ***D. violae*** F. Loew, bevorzugt jedoch als Wirt ***Viola tricolor*** L., macht hier mehr Triebstauchungen und verschiedene Blattverbildungen; ***D. affinis*** legt auch an anderen Veilchenarten ab, typische Gallen und volle Entwicklung jedoch nur an ***V. odorata.*** **14. *Dasineura brassicae*** Winn., Kohlschotengallmücke; die ersten Imagines Anfang V, bei Rapsblüte Kopula in Bodennähe; das

Rapsfeld wird vom ♀ aus bis zu 40 m Entfernung gerichtet angeflogen, gegen schwachen Wind (Duft?), kein Flug bei stärkerem Wind; Windverfrachtung ist jedoch möglich; Eiablage (pro Ablage 15–25 Stück) in die Schote wohl immer durch von anderen Insekten gebissene Löcher; manchmal über 100 Larven in einer Schote, von mehreren ♀♀ stammend; die weißlichen Larven saugen an Schotenwänden und Samen, bewirken Auftreiben der Schotenwand [**I-25**], Verkümmern der Samen, vorzeitiges Platzen der Schote; wandern in den Boden, bis ca. 5 cm Tiefe, Verpuppung in Kokon [**I-26**]; Schlüpftermin der Imagines stark temperaturabhängig; Überliegen der Larven über mehrere Jahre möglich; bei günstigen Entwicklungsbedingungen bis zu 6 Generationen im Jahr; außer an Winter- und Sommerraps an verschiedenen samentragenden Kohlsorten und wilden Kreuzblütlern; Überwinterung als erwachsene Larve im Boden. **15.** ***Contarinia nasturtii*** Kieff., Kohldrehherzgallmücke; Imagines ab Anfang VI; das ♀ legt Eihäufchen (bis 40, meist weniger Eier) zwischen den Stielen an Herzblätter von Kohl und anderen, auch wilden Kreuzblütlern (u. a. auch an Brunnenkresse); die Larven saugen vor allem am Stielgrund (u. U. auch auf der Herzblattfläche, die sich dann kräuselt), bewirken eine Verdrehung der Stiele, verhindern bei Kohl die Kopfbildung (Drehherzigkeit); nach kurzer Larvenzeit (etwa eine Woche) Abwandern der zum Springen fähigen Larven in den Boden, Kokonbildung in wenigen cm Tiefe; im Kokon Verpuppung; die Puppe verläßt den Kokon, wandert bis dicht unter die Oberfläche zum Schlüpfen der nächsten Generation; so 3–4 (5) Generationen; bemerkenswert ist, daß die für die Sommergeneration abwandernden Larven bereits 3–5 Tage nach Wanderbeginn mit dem Kokonbau beginnen, die zum Überwintern (oder Überliegen) abwandernden erst nach 3–4 Wochen. **16.** ***Diarthronomyia chrysanthemi*** Ahlb., Chrysanthemengallmücke; bemerkenswert an dieser aus Amerika stammenden, an Chrysanthemenkulturen bisweilen schädlichen Art ist die Nachtaktivität: in der Regel in der gleichen Nacht Schlüpfen, Begattung, Ablage der Eier an den Haarbesatz vor allem junger Blätter; die Imagines leben meist höchstens 24 Stunden; durch die in das Blattgewebe eindringende Larve entsteht auf der Blattoberseite eine ca. 2 mm lange, behaarte, kegelförmige Galle [**I-27**], bei starkem Befall auch an anderen oberirdischen Teilen der Wirtspflanze; Puppe in der Galle, die Puppenhaut, mit dem letzten Drittel noch in der Galle steckend, bleibt nach dem Schlüpfen der Imago sichtbar; vor allem in Gewächshäusern Folge von 5 oder mehr sich überschneidenden Generationen.

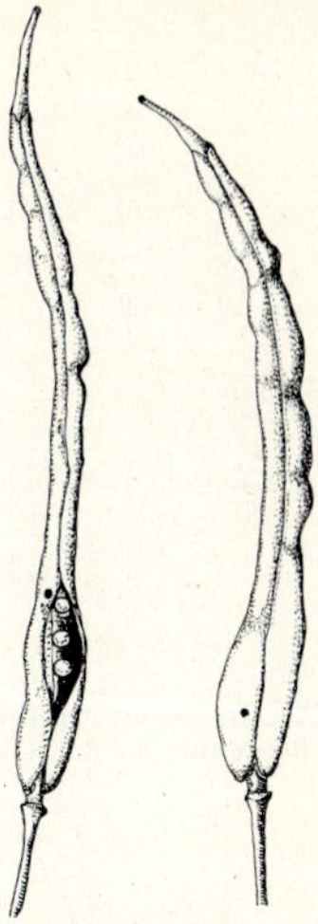

Abb. I-25: ***Dasineura brassicae***, Kohlschotengallmücke. Befallene Rapsschoten. (Fröhlich 1960)

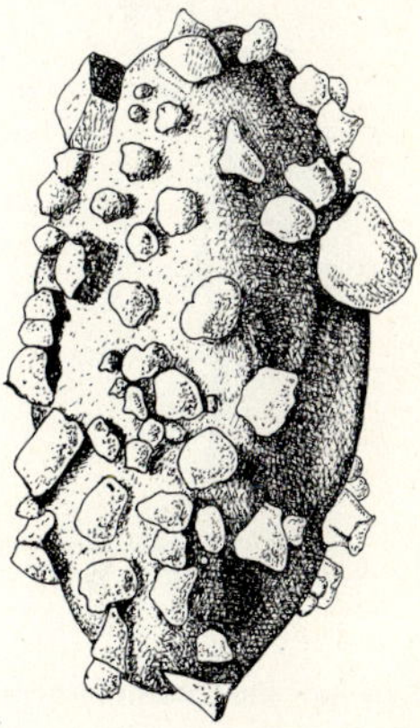

Abb. I-26: ***Dasineura brassicae***, Kohlschotengallmücke. Puppenkokon, 2,5 mm. (Fröhlich 1960)

Abb. I-27: ***Diarthronomyia chrysanthemi.*** Gallen auf einem Chrysanthemenblatt. (Fröhlich 1960)

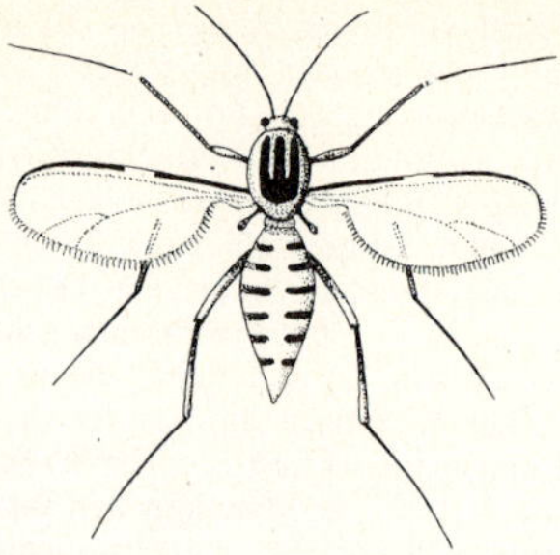

Abb. I-28: ***Lasioptera rubi,*** Brombeersaummücke. ♀, 1,5–3 mm Körperlänge. (Séguy 1951)

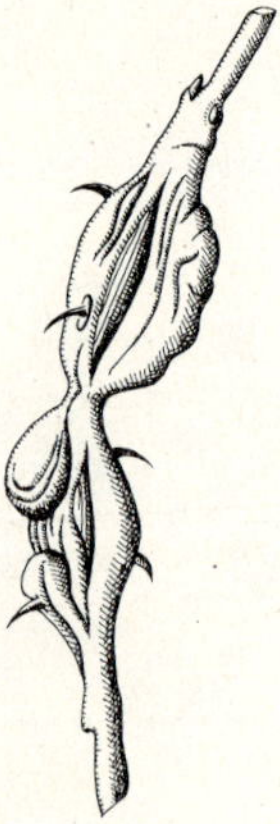

Abb. I-29: ***Lasioptera rubi,*** Brombeersaummücke. Galle an Brombeere. (Séguy 1951)

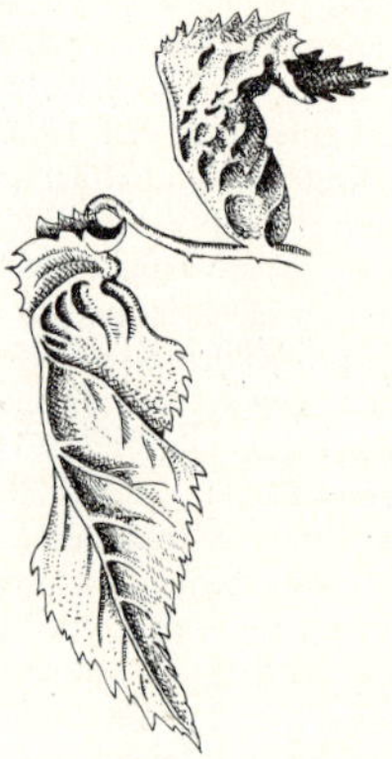

Abb. I-30: ***Dasineura plicatrix.*** Zwei durch Befall verkrumpelte Brombeerblätter. (Brauns 1964)

C. An Laubholz und Laubsträuchern; 17. ***Lasioptera rubi*** Heeg., Brombeersaummücke, Himbeergallmücke [**I-28**]; bis zu 15 rote Larven bei Brombeere und Himbeere an Stengel und Trieben in rauhrindigen, fast walnußgroßen Gallen [**I-29**], in denen sie auch überwintern; Imagines V–VII; die ♀♀ legen mehrere Eier an den Grund von Knospen und Seitentrieben. **18.** ***Dasineura plicatrix*** H. Loew, Brombeerblattgallmücke; tritt in mehreren Generationen im Jahr auf; das ♀ legt bei verschiedenen ***Rubus***-Arten Eier an die noch nicht entfalteten Blätter, die sich unter dem Einfluß der Larven verkrumpeln [**I-30**] und schwärzen; Verpuppung im Boden; Dezimierung der Larven durch die räuberische Larve der Gallmücke ***Lestodiplosis plicatricis*** Barn. **19.** ***Thomasiniana theobaldi*** Barn., Himbeerrutengallmücke; Larven nicht gallbildend, fressen unter der sich dunkel verfärbenden Rinde verschiedener ***Rubus***-Arten, sofern diese von bestimmten Pilzen befallen sind (Bedeutung des Pilzes für die Mückenlarven?); mehrere Generationen im Jahr; die Larven gehen zum Überwintern in den Boden; von Schlupfwespen parasitierte Larven bleiben im Wirt, d. h. Entfernen befallener Ruten ohne Kenntnis des Entwicklungszustandes der

Mückenlarven ist als Bekämpfungsmaßnahme unsinnig. **20. *Thomasiniana oculiperda*** Rübs., Okuliermade; an Rosen und verschiedenen Obstbäumen, an denen Veredeln durch Okulieren üblich ist (Einsetzen eines Edelreises in einen Rindenschnitt des als Unterlage dienenden Wildlings); das ♀ weiß zur Eiablage genau die Stelle zu finden, wo Wildling und Edelreis sich berühren; die Larven dringen ein, sind erwachsen zinnoberrot, fressen in dem Frischgewebe zwischen Wildling und Edelreis, aber auch im Innern des Wildlings [**I-31**]; Edelreis und Okulierstelle trocknen ein; Überwinterung und Verpuppung im Boden. Folgende 3 Arten (nebst einigen hier nicht genannten Verwandten) an Weide (an verschiedenen ***Salix***-Arten; über 40 Gallmückenarten an Weide bekannt): **21. *Rabdophaga rosaria*** H. Loew, Weidenrosengallmücke; an der Sproßspitze ein entfernt einem Lärchenzapfen ähnliches Gebilde (»Weidenrose«: [**I-32**]), entstanden durch Stauchung der Sproßachse und Anhäufung der Blätter, im Innern die blaßrote Larve (erwachsen 4–5 mm); (als Mitbewohner in der Galle gelegentlich Larven von ***Rhabd. terminalis*** H. Loew, die sonst eigene Sproßspitzengallen machen); eine Generation im Jahr, Überwinterung in der Galle. **22. *Rabdophaga salicis*** Schrk., Weidenrutengallmücke; ab V Ablage der Eier an Jungtriebe, Sproßspitzen, Knospen; die Larven dringen ein, dadurch Anschwellungen [**I-33**], im Innern gekammert, in jeder Kammer eine Larve, die in der Galle dicht unter der Oberfläche überwintert; Verpuppung im Frühling, nach dem Schlüpfen der Imago Puppenhaut häufig noch im Schlüpfloch. **23. *Helicomyia saliciperda*** Duf., Weidenholzgallmücke; an dünnen Stämmen und älteren Zweigen schwache großräumige Schwellungen, Rinde geplatzt oder (wohl durch Tätigkeit von Vögeln) abgefallen, zahlreiche Löcher von ca. 1 mm Durchmesser, Ausschlüpflöcher der Imagines, waren schon von den unter der Rinde lebenden Larven mit Hilfe der Brustgräte für Verpuppung und Schlüpfen vorbereitet; in unversehrten Schlüpflöchern nicht selten noch die leere Puppenhaut. Schadbild offenbar ganz ähnlich bei 3 weiteren, nahe verwandten Arten, unterscheiden sich z. T. nach der befallenen ***Salix***-Art, nach der Generationenfolge und nach der Form der Brustgräte bei den

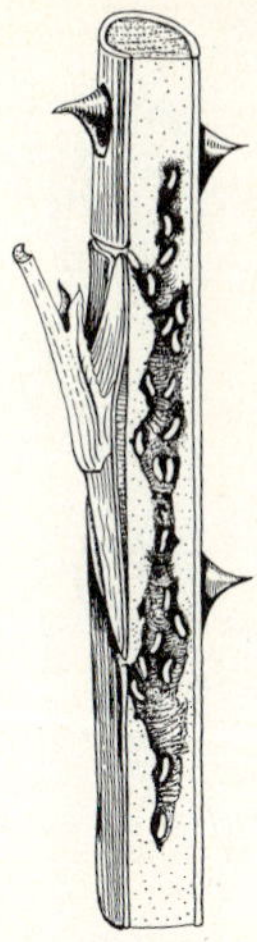

Abb. I-31: ***Thomasiniana oculiperda.*** Okuliermade. Larven in Rosenstengel. (Fröhlich 1960)

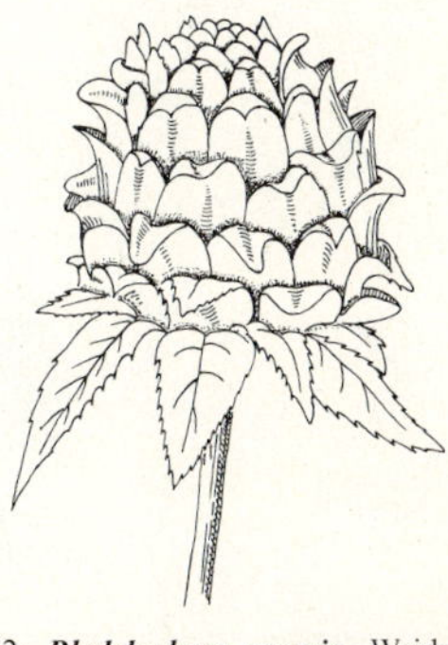

Abb. I-32: ***Rhabdophaga rosaria,*** Weidenrosengallmücke, an ***Salix purpurea.*** (Séguy 1951)

Larven. **24. *Contarinia pirivora*** Ril., Birnengallmücke; nur an Birne, bestimmte Sorten bevorzugt, z. B. Zwerg- und Spalierobst; Imagines ab IV; das ♀ legt mit dem langen Legebohrer Eigruppen in noch geschlossene Blütenknospen, an oder in die Nähe von Staubgefäßen und Stengel [**I-34**]; die gelbweißen Larven gehen noch vor dem Aufblühen in den Fruchtknoten, zerstören die Samenanlagen; die Frucht schwillt vorzeitig an [**I-35**], wird innen schwarz, fällt früh ab; Larven nach 4–6 Wochen erwachsen, wandern ab in den Boden (ca. 5 cm), überwintern im Kokon; hier Verpuppung im Frühling; Überliegen

Abb. I-33: ***Rhabdophaga salicis***, Weidenrutengallmücke. Gallen an Weidentrieb. (Schimitschek 1955)

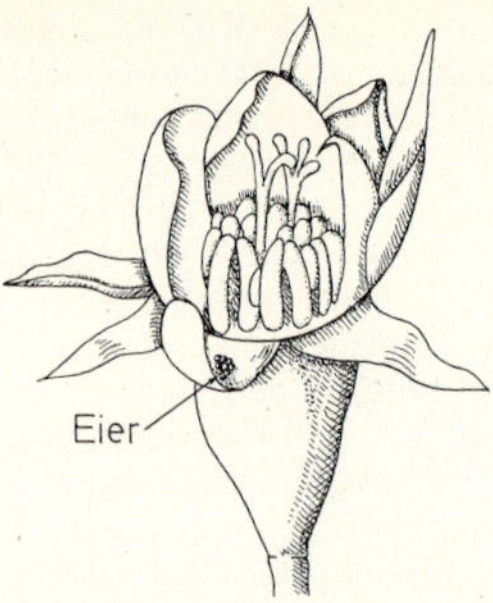

Abb. I-34: ***Contarinia pirivora***, Birnengallmücke. Gelege an noch ungeöffneter Birnenblüte. (Séguy 1951)

Abb. I-35: ***Contarinia pirivora***, Birnengallmücke. Blüten vom Birnbaum, die mittlere befallen. Rechts junge Birne aufgeschnitten mit zahlreichen Larven. (Séguy 1951)

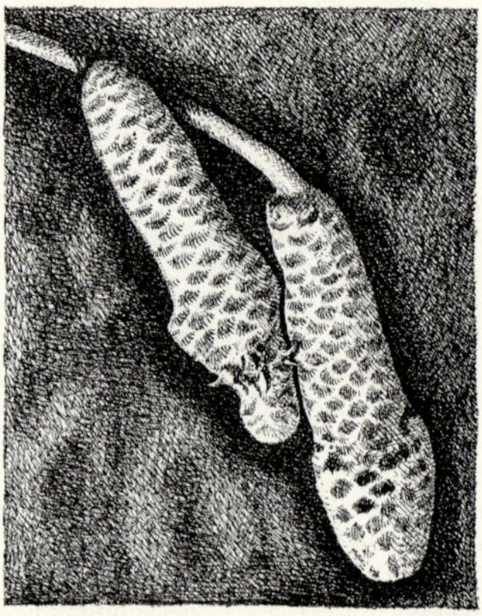

Abb. I-36: ***Contarinia corylina.*** Vergallte Haselkätzchen. (Skuhrava 1963)

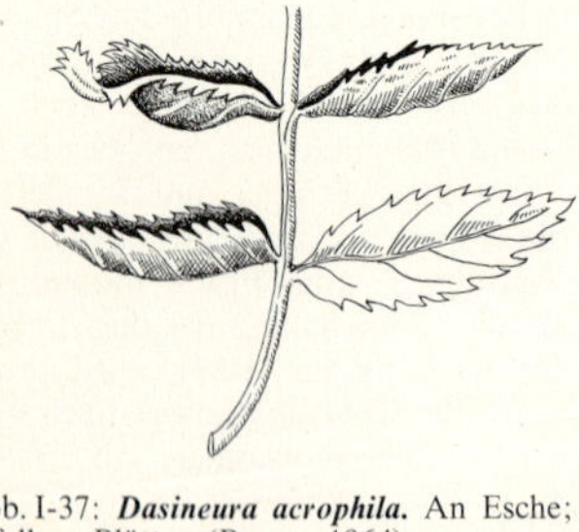

Abb. I-37: ***Dasineura acrophila.*** An Esche; drei befallene Blätter. (Brauns 1964)

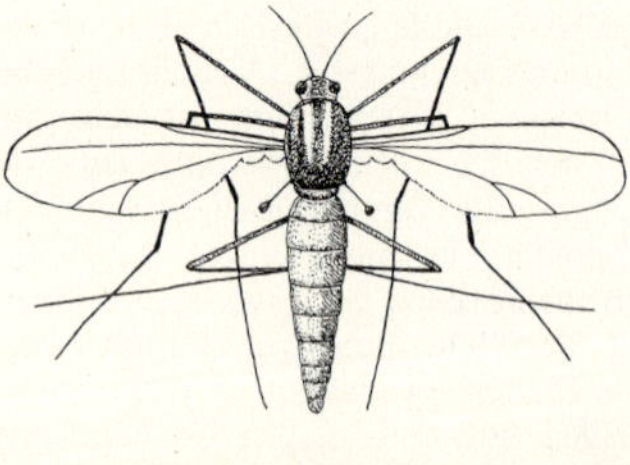

Abb. I-38: ***Mikiola fagi***, Buchenblattgallmücke. ♀, 1,5–2 mm. (Séguy 1951)

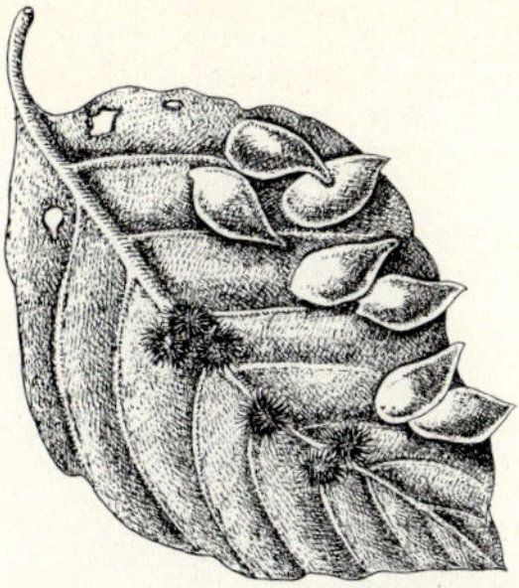

Abb. I-39: Buchenblattoberseite mit 7 Gallen von ***Mikiola fagi,*** Buchenblattgallmücke, und, entlang der Mittelrippe, 6 behaarten Gallen von ***Hartigiola annulipes.*** (Amann 1960)

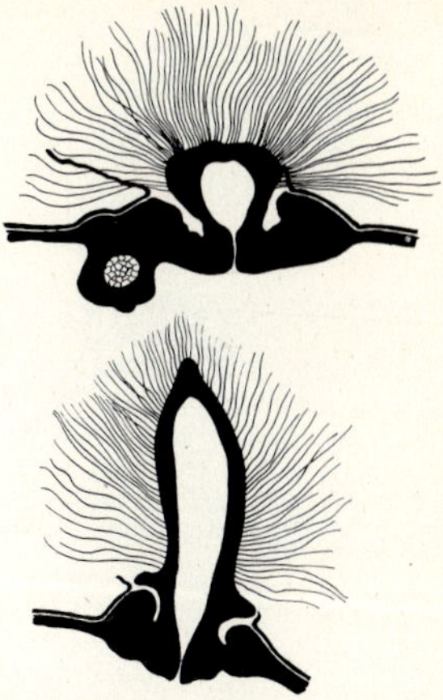

Abb. I-41: ***Hartigiola annulipes.*** Schnitt durch eine junge (oben) und alte (unten) Galle. (Ross, Hedicke 1927)

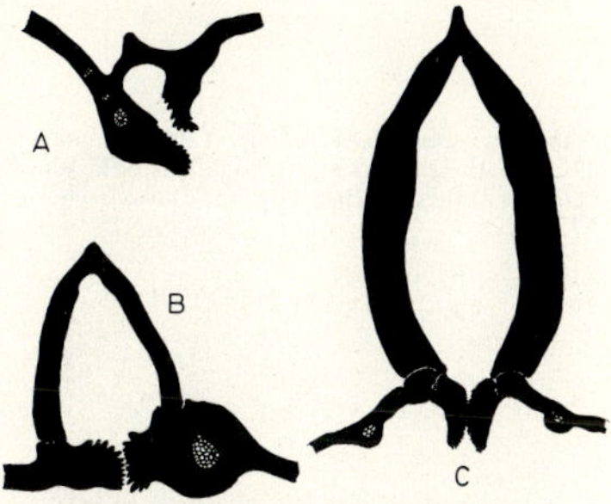

Abb. I-40: ***Mikiola fagi,*** Buchenblattgallmücke. A und B Entwicklungsstadien der Galle im Längsschnitt; C Längsschnitt durch erwachsene Galle. (Escherich 1923/42; Ross, Hedicke 1927)

Abb. I-42: An Eiche: Links ***Macrodiplosis dryobia,*** Blattzipfel auf die Blattunterseite geklappt; rechts ***M. volvens,*** Ränder zur Blattoberseite eingerollt. (Brauns 1964)

der Larven kommt vor; Schaden u. U. beträchtlich. **25.** ***Contarinia corylina*** F. Loew; an Haselstrauch; die männlichen Kätzchen werden aufgetrieben [**I-36**] durch die Larven, die sich, nach Eiablage im V, zwischen die Kätzchenschuppen drängen, im Herbst in den Boden gehen, hier überwintern und sich verpuppen. **26.** ***Dasineura acrophila*** Winn.; an Esche nicht selten schotenartig nach oben zusammengeklappte Blättchen [**I-37**], Blattfläche und Blattgrund mehr oder weniger angeschwollen, darin bis 30 Larven, wandern bereits V–VI in den Boden, hier Überwinterung und dann Verpuppung; Imagines ab Ende IV bis Anfang V. **27.** ***Mikiola fagi*** Htg., Buchen(blatt)gallmücke; Imagines bereits IV [**I-38**], Ablegen der roten Eier (0,3 mm) einzeln oder zu mehreren in die Buchenknospen, in die die Larven eindringen und in der Nähe der Rippen an den jungen Blättchen zu saugen beginnen; dadurch Entwicklung der auf der Oberseite entfalteter Blätter oft ungemein häufigen, mehr oder weniger rötlich verfärbten, bis 10 mm langen Gallen mit Öffnung auf der Blattunterseite [**I-39, I-40**]; in jeder Galle nur eine Larve; die Galle fällt im Herbst in der Regel entlang einer Trennschicht ab; Gallenöffnung von der Larve mit Gespinst verschlossen; Verpuppung in der Galle bereits im Herbst oder erst im Frühling; bei Massenbefall Wachstumsschäden an Jungbuchen. **28.** ***Hartigiola annulipes*** Htg., ebenfalls an Buche; Lebensweise ähnlich der vorigen Art; Galle meist nahe der Mittelrippe, mit bräunlichen Haaren besetzt, auf der Blattoberseite [**I-39, I-41**]. **29.** An den Blättern der Stiel- und Traubeneiche zwei nahe verwandte Arten: ***Macrodiplosis dryobia*** F. Loew und ***M. volvens*** Kieff., die sich jedoch durch die Art der Gallbildung am Blattrand unterscheiden [**I-42**]; mehrere Larven in der Galle, gehen

Abb. I-43: ***Taxomyia taxi,*** Eibengallmücke. Zwei Gallen an der Sproßspitze. (Brauns 1964)

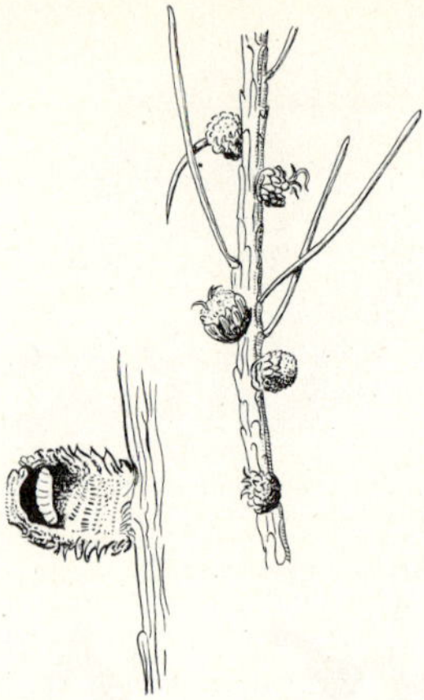

Abb. I-46: ***Dasineura laricis,*** Lärchenknospengallmücke. Rechts 5 Knospengallen; links Knospengalle aufgeschnitten. (Brauns 1964; Escherich 1923/42)

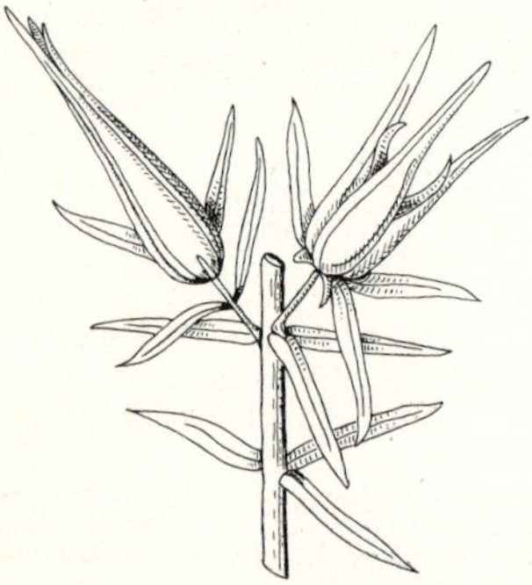

Abb. I-44: ***Oligotrophus panteli.*** Gallen, sog. Kickbeeren, an ***Juniperus communis,*** Wacholder. (Séguy 1951)

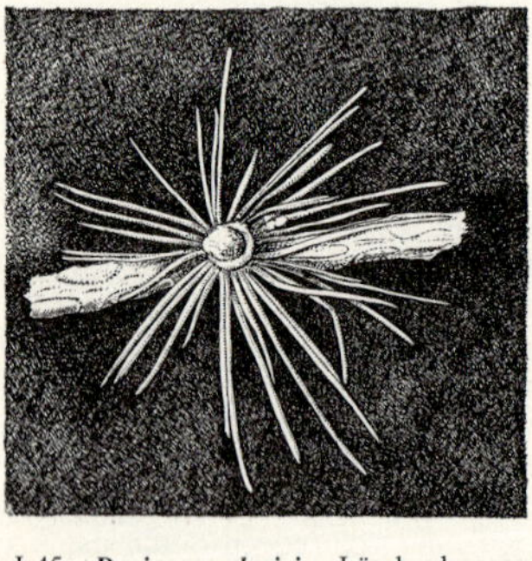

Abb. I-45: ***Dasineura laricis,*** Lärchenknospengallmücke. Befallener Kurztrieb mit Harzklümpchen. (Skuhrava, Skuhravy 1963)

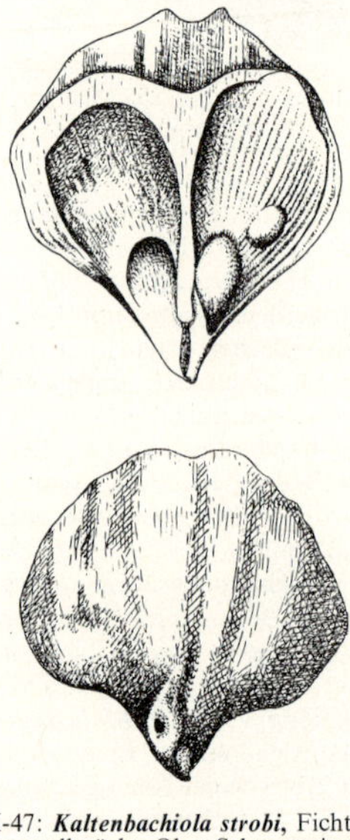

Abb. I-47: ***Kaltenbachiola strobi,*** Fichtenzapfenschuppengallmücke. Oben Schuppe eines Fichtenzapfens, rechts mit Samenflügel und Kokon, von ventral; unten Dorsalansicht der Schuppe mit Schlupfloch der Imago. (Escherich 1923/42)

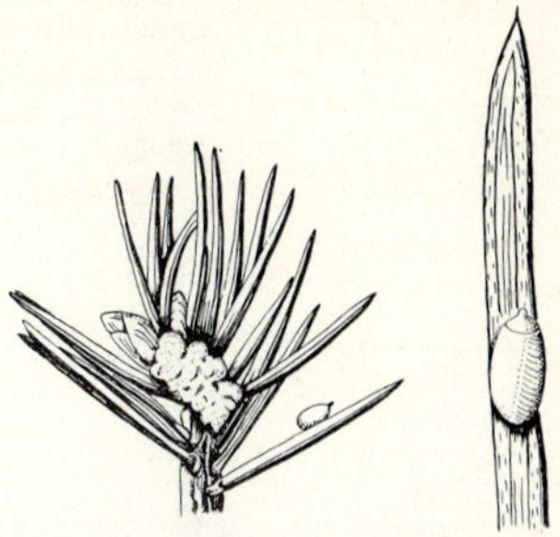

Abb. I-48: ***Cecidomyia pini***, Kiefernharzgallmücke. Fichtentrieb mit Harzklümpchen als Folge des Saugens der Larven; rechts unten und, stärker vergrößert, rechts Harzkokon (ca. 3 mm), in dem die Larve überwintert. (Escherich 1923/42; Brauns 1964)

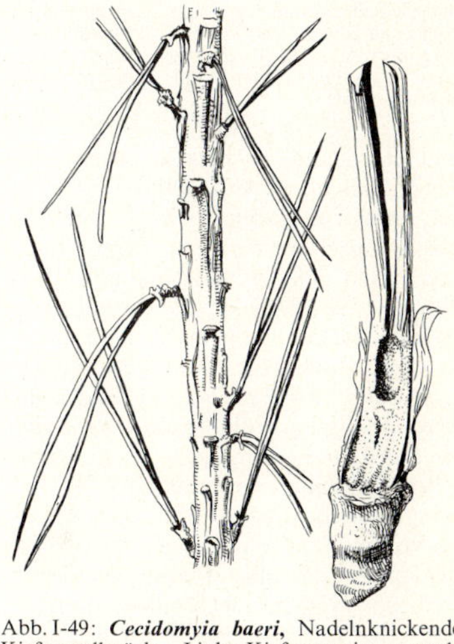

Abb. I-49: ***Cecidomyia baeri***, Nadelnknickende Kieferngallmücke. Links Kiefernzweig, gesunde Nadeln aufrecht und grün, befallene Nadeln abwärts geneigt und braun; rechts Nadelbasis aufgeschnitten mit Gallenkammer. (Brauns 1964)

bei beiden Arten bereits im Sommer zum Überwintern in die Erde. **D. An Nadelholz. 30.** ***Taxomyia taxi*** Inchb., Eibengallmücke; die schopfartig umgebildete Sproßspitze mit schuppenartig sich deckenden kleinen Nadeln [**I-43**] beherbergt eine rötliche Larve. **31.** Am Wacholder (***Juniperus communis*** L.) gallbildend mehrere ***Oligotrophus***-Arten (z. B. ***O. juniperinus*** L. und ***O. panteli*** Kieff., [**I-44**]); im Frühling Ablage eines Eies an die Knospe einer Sproßspitze; die Larve bewirkt die sog. »Kickbeere«: die an der Basis mehr oder weniger verdickten äußeren Nadeln umschließen den inneren Nadelschopf mit der Gallenkammer; Verpuppung im Frühling in der Galle. **32.** ***Dasineura laricis*** F. Loew, Lärchenknospengallmücke; Imagines IV–V; das Ei wird mit der langen Legeröhre an der Basis von Blattknospen der Kurztriebe oder auch zwischen die schon etwas vortretenden Nadeln, auch an Blütenknospen abgelegt; die (erwachsen orangerote) Larve dringt in die Knospe ein, die dann anschwillt und Harz absondert, so daß die umgebenden Nadeln strahlenförmig abstehen [**I-45**]; im Innern die Gallenkammer [**I-46**]; Überwinterung der Larve in der Galle in einem Kokon, ca. 2,5 mm lang; Verpuppung im Frühling; beim Schlüpfen der Imago wird am Kokon ein Deckel abgehoben, am Zweig bleibt die schwarzbraune, oben geöffnete Galle zurück; nicht selten beträchtlicher Schaden. **33.** ***Kaltenbachiola (Dasineura) strobi*** Winn., Fichtenzapfenschuppengallmücke; die Larve lebt in den Samenschuppen der Fichte, verursacht Schwellungen am Schuppengrund [**I-47**], verpuppt sich hier in einem weißen Kokon, aus dem im V aus dem abgefallenen Zapfen die Imago schlüpft, wobei im Schlüpfloch die Puppenhaut zurückbleiben kann (Beachte: in den Samen selber frißt, meist 3 Jahre lang, die Larve von ***Plemeliella abietina*** Seitn., Fichtensamengallmücke; der Samen wird deformiert und verkümmert, Puppe meist im Samen, seltener im Boden). **34.** ***Cecidomyia pini*** Deg., Kiefernharzgallmücke; auffallend der frei an der Kiefernnadel befestigte Überwinterungskokon der Larve [**I-48**], 2-schichtig: äußere Schicht aus einer harzartigen Substanz, innere Schicht feinfaserig (Gespinst? Kokonbildung unklar); Verpuppung im Frühling im Kokon; die Imago schlüpft, den Kokondeckel abstoßend, im V (Puppenhaut bleibt in der Kokonöffnung); Eiablage unterseits an frische Maitriebe, hier Harzfluß durch Saugen der Larven [**I-48**], keine Gallbildung; stellenweise anscheinend 2 Generationen im Jahr. **35.** ***Cecidomyia baeri*** Prell, Nadelnknickende Kieferngallmücke; über die Imago wenig bekannt, schlüpft wohl Mitte bis Ende V; die Larve (mit Brustgräte; Gegensatz zu Nr. 36) saugt innerhalb der Nadelscheide meist an der Flanke eines ausgewachsenen Nadelpaares, auch zwischen den Nadeln

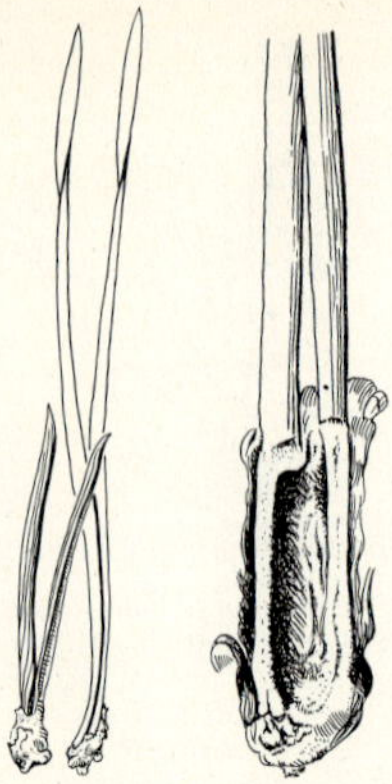

Abb. I-50: ***Thecodiplosis brachyntera,*** Kiefernnadelscheidengallmücke. Links normales, langes Kiefernnadelpaar und durch Befall verkürztes, vergilbtes Paar. Rechts Basis eines Kiefernnadelpaares, aufgeschnitten mit Gallenkammer. (Brauns 1964)

und bildet dann hier zuweilen eine hochliegende Gallenkammer [**I-49**]; bis zu 5 Larven an einem Nadelpaar beobachtet; Ergebnis: durch verminderten Turgor an der Basis senkt sich das Nadelpaar abwärts [**I-49**], die Nadelscheide dabei umbiegend (»Krückstockkrankheit«); die Nadeln werden braun, fallen ab; vermutlich Überwinterung der Larve am oder im Boden und Verpuppung im Frühling. **36. *Thecodiplosis brachyntera*** Schwaegr., Kiefernnadelscheidengallmücke, Nadelkürzende Kieferngallmücke; Imago (2,5–3 mm) Anfang bis Mitte V, Eier (einzeln oder mehrere) mit der langen Legeröhre zwischen gerade austreibende Nadeln oder in die Nähe abgelegt; die Larve (ohne Brustgräte; vgl. Nr. 35) dringt in die Nadelscheide ein, bringt die Basis der Nadeln zum Verwachsen, macht hier die Gallenkammer [**I-50**], mit meist nur einer Larve, selten mit mehreren; Ergebnis: die Nadeln bleiben in der Regel kurz, werden gegen Herbst braun, fallen spätestens im Frühling ab, die Larve überwintert in der Regel außerhalb der Gallenkammer, auch an der Rinde und am Boden, in einem Kokon; hier im Frühling auch Verpuppung; bisweilen beträchtlicher Schaden an der gemeinen Kiefer, an Schwarz- und Bergkiefer. (Barnes 1958; Bollow 1955; Braun, Riehm 1957; Brauns 1964; Escherich 1923/42; Franz 1940; Fröhlich 1960; Godan 1962, 1966; v. Lengerken 1932; Nicolei 1961; Postner 1982; Schumann 1968; Skuhravy 1963; Sorauer 1949/57; Stokes 1955; Ulrich H. et al. 1972).

Itoplectis; → Ichneumonidae.

J

Jagdfliegen; → Asilidae.

Jägerhütchen, ***Bena prasinana*** L.; → Noctuidae 4.

Jakobskreuzkrautbär, ***Thyria jacobaeae*** L.; → Arctiidae 12.

Janus; → Cephidae 2.

Japygidae; Fam. der Doppelschwänze; → Diplura.

Japyx; → Diplura-Japygidae.

Jaspidea; → Noctuidae 23.

Jassidae, (jetzt meist Cicadellidae), Zwergzikaden; artenreiche Fam. der Zikaden (Auchenorrhyncha); von etwa 8500 bekannten Arten über 300 in Mitteleuropa; meist recht klein; Geschlechtsdimorphismus nicht selten (z. B. Kurzflügeligkeit der ♀♀, Färbungsunterschiede); je nach Art eine oder mehrere Generationen im Jahr (Saisondimorphismus bei ***Euscelis plebejus*** Fall; vgl. → Auchenorrhyncha); Überwinterung meist als Ei, bei manchen Arten als Larve oder Imago; mehrere Arten schädlich an Kulturpflanzen, auch als Virusüberträger. Kleine Auswahl: **1. *Cicadella (Tettigella, Tettigoniella) viridis*** L. (ca. 7 mm); weitgehend grün, Vorderflügel der ♂♂ dunkelblau; vor allem an Sumpfpflanzen (z. B. ***Juncus, Scirpus***), vor allem die Imagines, aber auch an sehr vielen anderen Pflanzen; gelegentlich schädlich an Obstbäumen durch Einstiche für Eiablage; eine Generation, die Eier überwintern. **2. *Idiocerus populi*** L. (5–6 mm); Gesicht beim ♀ grün, beim ♂ gelb bis orange; häufig, an Weide und Pappel, Eiablage in Seitenäste, Larven an Knospen, Blättern und Stamm saugend, zuweilen schädlich; eine Generation, die Eier überwintern. **3. *Typhlocyba rosae*** L., Rosenzikade (ca. 3 mm), blaß-gelb oder grün, Vorderflügel gelbweiß; vor allem auf der Blattunterseite von Rosen, (Blätter dann gelb gescheckt), aber auch an Obstbäumen; meist 2 Generationen, Überwinterung als Ei (stammt von der Sommer-Herbstgeneration) unter der Rinde junger Zweige. **4.** ***Macrosteles laevis*** Rib. (***Cicadula sexnotata*** Fall.), Zwergzikade (2–4 mm); gelblich, auf dem Kopf (meist) 6 dunkle Flecken; an Gräsern, oft auch an Getreide schädlich durch Saftsaugen; geht auch an Rüben, Kartoffeln und andere Pflanzen; Überwinterung als Ei unter der Blattoberhaut von Gräsern, (Larve [**D-48**]); je nach Wetter 2–3 Generationen. In gleicher Weise an Getreide schädlich: **5.** ***Deltocephalus striatus*** L., Streifenzikade (3–4 mm); Vorderbrust und Vorderflügel dunkel längsgestreift. (Strümpel 1983).

Jochkäfer; → Helodidae.

Johannisbeerglasflügler, ***Synanthedon tipuliformis*** Cl.; → Aegeriidae 5.

Johannisbeerläuse; → Aphididae 25, 26, 27.

Johannisbeermotte, ***Incurvaria capitella*** Cl.; → Incurvariidae 3.

Johannishaarmücke, ***Bibio johannis*** L.; → Bibionidae.

Johanniswürmchen; → Lampyridae.

Johnstonsches Organ; ein bei den meisten Insekten im 2. Fühlerglied (Pedicellus) liegendes, mit stiftführenden Sensillen (Scolopidien) ausgestattetes Sinnesorgan, erregt durch Wechsel in der Stellung und Schwingung des Fühlers; verschiedene Funktionen, z. B.: Steuerung und Regelung der Fluggeschwindigkeit, z. B. bei Bienen und Fliegen; Ausweichen von Hindernissen beim Schwimmen der Taumelkäfer (→ Gyrinidae); Regeln der Körperhaltung beim Schwimmen bei Wasserwanzen (→ Notonectidae); Hörorgan bei den ♂♂ von Stechmücken (→ Culicidae).

Jugatae, Jugum; → Lepidoptera.

Julikäfer, ***Anomala aenea*** Deg.; → Scarabaeidae 15.

Jungfern, Virgines; bei Blattläusen ganz allgemein die parthenogenetisch entstandenen und sich ebenso fortpflanzenden Nachkommen der Stammutter (Fundatrix); im besonderen bei Arten ohne Wirtswechsel; → Aphidina.

Jungfernbär, ***Callimorpha (Panaxia) dominula*** L.; → Arctiidae 10.

Jungfernkind, Jungfernsohn, ***Archiearis parthenias*** L.; → Geometridae 1.

Jungfernzeugung; → Parthenogenese.

Junikäfer, ***Amphimallon solstitiale*** L.; → Scarabaeidae 12.

Juvenilhormon, Neotenin; das in den Corpora allata gebildete Hormon, das, als Gegenspieler des Metamorphosehormons, bei den Häutungen die Fortdauer des larvalen Zustandes bedingt; → Metamorphose.

K

Kabinettkäfer, ***Anthrenus*** sp.; → Dermestidae 4.

Käfer; → Coleoptera.

Käfermilbe, ***Parasitus coleoptratorum*** L.; → Scarabaeidae 2.

Käferzikade, ***Issus coleoptratus*** Geoffr. → Issidae; vgl. auch → Tettigometridae.

Kaffeebohnenkäfer, ***Araecerus fasciculatus*** Deg.; → Anthribidae 3.

Kahlfraß; alle Blätter bzw. Nadeln sind weggefressen, höchstens deren dicke Mittelrippe bleibt stehen.

Kahnkäfer; → Scaphidiidae.

Kahnspinner, Kleiner, ***Hylophila prasinana*** L.; → Noctuidae 4.

Kairomone; Sammelbezeichnung für alle von Lebewesen ausgehenden flüchtigen oder wasserlöslichen Substanzen, die Räubern ermöglichen ihre Beute, Pflanzennutzern ihre oder von ihren Larven genutzten Pflanzen, und Parasiten ihre Wirte zu finden. Bei einem Großteil der Kairomone handelt es sich um → Pheromone oder → Allomone, also um Substanzen, die primär der innerartlichen Kommunikation (Pheromone) oder dem Schutz (Allomone) dienen. (Brown, Eisner, Whittaker 1970).

Kaisermantel; ***Argynnis paphia*** L.; → Nymphalidae 13.

Kaiserzikade, ***Pomponia imperatoria*** Westw.; → Auchenorrhyncha.

Kaiwurm, Larve des Apfelblütenstechers; → Curculionidae 17.

Kakaomotte, ***Ephestia elutella*** Hbn.; → Pyralididae 11.

Kakerlak, ***Blatta orientalis*** L.; → Blattidae 1.

Kakothrips; → Thripidae.

Kälberauge; ***Coenonympha pamphilus*** L.; → Satyridae 9.

Kälberkropfspanner, ***Odezia atrata*** L.; → Geometridae 2.

Kalifornische Schildlaus, ***Quadraspidiotus perniciosus*** Comst.; → Diaspididae 5.

Kalotermes; → Isoptera 1.

Kaltenbachiola; → Itonididae 33.

Kamelhalsfliegen; → Raphidioptera.

Kamelspinner, ***Lophopteryx camelina*** L.; → Notodontidae 7.

Kammschnaken, ***Ctenophora*** sp.; → Tipulidae.

Kaninchenfloh, ***Spilopsyllus cuniculi*** Dale; → Siphonaptera.

Kaninchenlaus, ***Haemodipsus ventricosus*** Den.; → Haematopinidae.

Kapuzinerkäfer, ***Bostrychus capucinus*** L.; → Bostrychidae 1.

Kardinäle; → Pyrochroidae.

Karmin; → Coccina.

Karminbär, ***Thyria jacobaeae*** L.; → Arctiidae 12.

Kartoffelbohrer, ***Hydraecia micacaea*** Esp.; → Noctuidae 42.

Kartoffelerdfloh, ***Psylliodes affinis*** Payk.; → Erdflöhe 5.

Kartoffelgalle, Galle von ***Biorhiza pallida*** Ol.; → Cynipidae 2.

Kartoffelkäfer, ***Leptinotarsa decemlineata*** Say; → Chrysomelidae 8.

Kartoffelknollenlaus, ***Rhopalosiphoninus latysiphon*** Dav.; → Aphididae 35.

Kartoffelmotte, ***Gnorimoschema operculella*** Zell.; → Gelechiidae 6.

Kartoffelschorfmücke, ***Pnyxia scabiei*** Hopk.; → Sciophilidae.

Käsefliege, ***Coenomyia ferruginea*** Scop.; → Erinnidae; ***Piophila casei*** L.; → Piophilidae.

Kastanienwickler, ***Laspeyresia splendana*** Hbn.; → Tortricidae 2.

Kasten, die nach Gestalt und Verhalten verschiedenen Formen bei staatenbildenden Insekten; → Formicoidea; → Apidae; → Vespidae; → Isoptera.

Katzenfloh, ***Ctenocephalides felis*** Bouché; → Siphonaptera.

Kaudallamellen; → Odonata.

Kegelbienen, ***Coelioxys*** sp.; → Megachilidae 7.

Kegelköpfe; → Conocephalidae.

Keiljungfern, ***Gomphus*** sp.; → Gomphidae.

Kellerlaus, ***Rhopalosiphoninus latysiphon*** Dav.; → Aphididae 35.

Kellerspanner, ***Triphosa dubitata*** L.; → Geometridae.

Kempia; → Heleidae.

Kerbtiere, Kerfe; → Insecta.

Kermes, Kermeslaus; → Kermidae.

Kermidae; Fam. der Schildläuse (Coccina); die mehrere mm langen ♀♀ mit stark sklerotisiertem Chitinpanzer, Fühler und Beine mehr oder weniger rückgebildet; fast ausschließlich an Eichen; ***Kermes quercus*** L., Eichenschildlaus, an Stämmen und Ästen von Eichen; bisweilen schädlich, wegen Honigtau von Ameisen besucht; eine Generation im Jahr, die Larve überwintert; ♀ mit 3, ♂ mit 5 Stadien einschließlich Imago; das ♀ bildet bei der Eiablage unter der harten Rückenhaut einen 2-kammerigen Brutraum; die beiden ersten Larvenstadien leben unter einer fädigen, mit Kot beschmierten »Sekrethülle«, die ♂♂-Nymphen in einem ähnlichen Puparium. Kermeslaus, ***Kermes vermilio*** Planch., Mittelmeergebiet, wurde früher als Lieferant eines roten Farbstoffes (»Kermes«) verwertet; → auch Coccina. (Strümpel 1983).

Kernkäfer, ***Platypus*** sp. → Platypodidae.

Keulenhornwespen; → Cimbicidae.

Keulenkäfer; → Clavigeridae.

Keulenschrecken; → Acrididae 9, 10.

Keulenwespen; → Sapygidae.

Keulhornbienen, ***Ceratina*** sp.; → Anthophoridae 10.

Keulhornblattwespen; → Cimbicidae.

Khaprakäfer, ***Trogoderma granarium*** Ev.; → Dermestidae 3.

Kickbeere; → Itonididae 31.

Kieferläuse; → Mallophaga.

Kiefernblattkäfer, Gelber, ***Cryptocephalus pini*** L.; → Chrysomelidae 6.

Kiefernblattwespe, Täuschende, ***Strongylogaster lineata*** Chr.; → Tenthredinidae 5.

Kiefernblütenstecher, ***Anthonomus varians*** Payk.; → Curculionidae 20.

Kiefernborkenkäfer; → Scolytidae 11, 12.

Kiefernbuschhornblattwespe, Gemeine, ***Diprion pini*** L., **Rote,** ***D. sertifer*** Geoffr.; → Diprionidae 2B.

Kieferneule, ***Panolis flammea*** Schiff.; → Noctuidae 1.

Kieferngallmücken; → Itonididae 34, 35, 36.

Kieferngespinstblattwespe, Große, ***Acantholyda posticalis*** Mats. → Pamphiliidae 7.

Kiefernharzbeulenzünsler, ***Dioryctria splendidella*** H.-S.; → Pyralidae 9.

Kiefernharzgallenwickler, ***Petrova resinella*** L.; → Tortricidae 8.

Kiefernharzgallmücke, *Cecidomyia pini* Deg.; → Itonididae 34.

Kiefernholzwespe, Schwarze, *Xeris spectrum* L.; → Siricidae.

Kiefernknospentriebmotte, *Exoteleia dodecella* L.; → Gelechiidae 3.

Kiefernknospentriebwickler, *Rhyacionia buoliana* D. u. Dch.; → Tortricidae 5.

Kiefernknospenwickler, *Blasthetia turionella* L.; → Tortricidae 7.

Kiefernkulturrüßler, *Pissodes notatus* Fbr.; → Curculionidae 25.

Kiefernnadelmotte, *Ocnerostoma piniariella* Zll.; → Yponomeutidae 8.

Kiefernnadelrüsselkäfer, *Brachyderes incanus* L.; → Curculionidae 15.

Kiefernnadelscheidengallmücke, *Thecodiplosis brachyntera* Schwaegr.; → Itonididae 36.

Kiefernnadelwickler, *Archips piceana* L.; → Tortricidae 9.

Kiefernprachtkäfer, *Chalcophora mariana* L.; → Buprestidae 1.

Kiefernprozessionsspinner, *Thaumetopoea pinivora* Tr.; → Thaumetopoeidae.

Kiefernquirlwickler, *Rhyacionia duplana* Hbn.; → Tortricidae 6.

Kiefernrindenwanze, *Aradus cinnamomeus* Panz; → Aradidae.

Kiefernsaateule, *Scotia (Agrotis) vestigigalis* Hufn.; → Noctuidae 3.

Kiefernschonungsgespinstblattwespe, Stahlblaue, *Acantholyda erythrocephala* Chr.; → Pamphiliidae 8.

Kiefernschwärmer; *Sphinx pinastri* L.; → Sphingidae 7.

Kiefernspanner; → Geometridae 34, 35.

Kiefernspinner, *Dendrolimus pini* L.; → Lasiocampidae 10.

Kieferntriebwickler; a) *Rhyacionia buoliana* D. u. Dch.; → Tortricidae 5; b) *Rhyac. duplana* Hbn.; → Tortricidae 6.

Kiefernwollaus, *Pineus pini* L.; → Adelgidae 4.

Kiefernzapfenrüßler, *Pissodes validirostris* Gyll.; → Curculionidae 25.

Kiefernzweigbock, *Pogonochaerus fasciculatus* Deg.; → Cerambycidae 24.

Kiefersoldaten; → Isoptera.

Killer Bee; → Mörderbiene.

Kirschblütenmotte, *Argyresthia ephippella* Fbr., → Yponomeutidae 5.

Kirschenblattwespe, Schwarze, *Eriocampoides limacina* Retz.; → Tenthredinidae 8.

Kirschenläuse; → Aphididae 9, 10, 11

Kirschfliege, *Rhagoletis cerasi* L.; → Trypetidae 2.

Kirschkernstecher, *Anthonomus rectirostris* L.; → Curculionidae 21.

Kittharz; → Propolis.

Klauenkäfer; → Dryopidae.

Kleeblattgallmücke, *Dasineura trifolii* F. Loew; → Itonididae 9.

Kleefalter, *Colias* sp.; → Pieridae 6.

Kleeluzernerüssler, *Otiorhynchus ligustici* L.; → Curculionidae 13.

Kleesamenwespe, *Bruchophagus gibbus* Boh.; → Eurytomidae.

Kleespinner, *Pachygastria trifolii* Schiff.; → Lasiocampidae 6.

Kleewurzelborkenkäfer, *Hylastinus trifolii* Müll.; → Scolytidae 19.

Kleezierlaus, *Pterocallidium trifolii* Monell; → Callaphididae 7.

Kleiderlaus, *Pediculus humanus* L.; → Pediculidae; → Anoplura.

Kleidermotte, *Tineola bisselliella* Hum.; → Tineidae 1.

Kleidocerys; → Lygaeidae.

Kleinbären; → Nolidae.

Kleinbock, *Gracilia minuta* Fbr.; → Cerambycidae 8.

Kleiner Eichenkarmin, *Catocala promissa* Esp.; → Noctuidae 14.

Kleiner Eisvogel, *Limenitis camilla* L.; → Nymphalidae 2.

Kleine Erdbeerlaus, *Cerosipha forbesi* Weed.; → Aphididae 33.

Kleiner Bunter Eschenbastkäfer, *Hylesinus varius* Fbr.; → Scolytidae 5.

Kleiner Espenbock, *Saperda populnea* L.; → Cerambycidae 27.

Kleine Essigfliege, *Drosophila fasciata* Meig. (= *Dr. melanogaster* Meig.); → Drosophilidae.

Kleiner Feuerfalter, *Lycaena phlaeas* L.; → Lycaenidae 5.

Kleine Fichtenblattwespe, *Pristiphora abietina* Christ.; → Tenthredinidae 28.

Kleine Fichtenquirlschildlaus, *Physokermes hemicryphus* Dalm.; → Lecaniidae 5.

Kleine Flechteneule, *Bryophila perla* F.; → Noctuidae 28.

Kleiner Frostspanner, *Operophthera brumata* L.; → Geometridae 22.

Kleiner Fuchs, *Aglais urticae* L.; → Nymphalidae 4.

Kleiner Gabelschwanz, *Harpyia hermelina* Goeze; → Notodontidae 3.

Kleiner Heufalter, *Coenonympha pamphilus* L.; → Satyridae 9.

Kleine Himbeerlaus, *Aphis idaei* v.d.G.; → Aphididae 29.

Kleiner Holzbohrer, *Xyleborus saxeseni* Ratz; → Scolytidae 8.

Kleine Johannisbeerlaus, *Aphis schneideri* CB.; → Aphididae 25.

Kleines Johanniswürmchen, *Phausis splendidula* L.; → Lampyridae 3.

Kleiner Kahnspinner, *Bena prasinana* L.; → Noctuidae 4.

Kleiner Kletterlaufkäfer, *Calosoma inquisitor* L.; → Carabidae 3.

Kleine Kohlfliege, *Phorbia brassicae* Bché.; → Anthomyiidae 5.

Kleiner Kohlweißling, *Pieris rapae* L.; → Pieridae 2b.

Kleine schwarze Lärchenblattwespe, *Pristiphora laricis* Htg.; → Tenthredinidae 27.

Kleine Mistbiene, *Syritta pipiens*; → Syrphidae.

Kleine Moosjungfer, *Leucorrhinia dubia* v.d.L.; → Libellulidae 2.

Kleines Nachtpfauenauge, *Eudia pavonia* L.; → Saturniidae 1.

Kleine Narzissenfliege, *Eumerus* sp.; → Syrphidae 2.

Kleines Ochsenauge, *Hyponephele lycaon* Rott.; → Satyridae 8.

Kleiner Ohrwurm, *Labia minor* L.; → Dermaptera.

Kleiner Pappelbock, *Saperda populnea* L.; → Cerambycidae 27.

Kleiner Pappelglasflügler, *Paranthrene tabaniformis* Rott.; → Aegeriidae 2.

Kleine Pechlibelle, *Ischnura pumilio*; → Coenagrionidae 4.

Kleiner Perlmutterfalter, *Issoria lathonia* L.; → Nymphalidae 12.

Kleine Pflaumenlaus, *Brachycaudus helichrysi* Kalt.; → Aphididae 14.

Kleinste Rosenblattwespe, *Blennocampa pusilla* Klg.; → Tenthredinidae 7c.

Kleiner Rosenkäfer, *Phyllopertha horticola* L.; → Scarabaeidae 16.

Kleine Rosenschildlaus, *Aulacaspis rosae* Bché.; → Diaspididae 9.

Kleiner Brauner Rüsselkäfer, *Hylobius pinastri* Gyll.; → Curculionidae 28.

Kleine Schildmotte, *Heterogenea asella* Schiff.; → Cochlidiidae 2.

Kleiner Schillerfalter, *Apatura ilia* Schiff.; → Nymphalidae 1.

Kleiner Schwamm, Gelege des Goldafters; → Lymantriidae 6.

Kleine Spargelminierfliege, *Melanagromyza simplex* Loew.; → Agromyzidae 3.

Kleine Stachelbeerlaus, *Aphis grossulariae* Kalt.; → Aphididae 28.

Kleiner Stinkkäfer, *Pedinus femoralis* L.; → Tenebrionidae 4.

Kleine Stubenfliege, *Fannia canicularis* L.; → Anthomyiidae.

Kleiner Tannenborkenkäfer, *Cryphalus piceae* Ratz.; → Scolytidae 17.

Kleine Wachsmotte, *Achroia grisella* Fbr.; → Pyralidae 3.

Kleiner Waldgärtner, *Blastophagus minor* Htg.; → Scolytidae 10.

Kleiner Waldportier, *Hipparchia alcyone* Schiff.; → Satyridae 3.

Kleiner Weidenblattkäfer, *Phyllodecta vitellinae* L.; → Chrysomelidae 13.

Kleiner Weinschwärmer, *Deilephila porcellus* L.; → Sphingidae 10.

Kleiner Wespenbock, *Caenoptera minor* L.; → Cerambycidae 12.

Kleiner schwarzer Wurm, *Xyleborus monographus* Fbr.; → Scolytidae 1.

Kleinlibellen; → Zygoptera; → Odonata.

Kleinschaben; → Ectobiidae.

Kleinzikaden, oft gebrauchte Bezeichnung für die Masse der meist kaum mittelgroßen Zikaden, d. h. für die Vertreter aller Fam. mit Ausnahme der Singzikaden; → Auchenorrhyncha.

Kleistermotte, *Endrosis lacteella* Schiff.; → Oecophoridae 5.

Kleptoparasitismus; Diebstahl oder Verzehr von Sammelgut oder Beute anderer Tiere; Beispiele: → Panorpidae; → Apidae; → Ichneumonidae.

Kletterlaufkäfer, *Calosoma* sp.; → Carabidae 2, 3.

Klopfkäfer; → Anobiidae.

Klosterfrau, *Panthea coenobita* Esp.; → Noctuidae 2.

Knalldrüse, Pygidialdrüse der Bombardierkäfer; → Carabidae 7.

Knopfhornblattwespe; → Cimbicidae.

Knospenwickler, Grauer, *Hedya nubiferana* Haw.; **Roter,** *Spilonota ocellana* Haw.; → Tortricidae 21, 22.

Knotenameisen; → Myrmicidae.

Knotenwespen, *Cerceris* sp.; → Sphecidae 8.

Knötericheule, *Mamestra persicariae* L.; → Noctuidae 45.

Köcherfliegen; → Trichoptera.

Ködermücke; in manchen Gegenden bei Anglern übliche Bezeichnung für die bisweilen in Massen auftretende Eintagsfliege

Oligoneuriella rhenana Imh.; → Oligoneuriidae.

Kohlblattlaus, Mehlige, *Brevicoryne brassicae* L.; → Aphididae 34.

Kohldrehherzgallmücke, *Contarinia nasturtii* Kieff.; → Itonididae 15.

Kohlerdflöhe, *Phyllotreta* sp.; ***Haltica oleracea*** L.; → Erdflöhe 1 bzw. 8.

Kohleule, *Mamestra brassicae* L.; → Noctuidae 43.

Kohlfliegen, *Phorbia* sp.; → Anthomyiidae 5, 6.

Kohlgallenrüßler, *Ceutorhynchus pleurostigma* Marsh.; → Curculionidae 32.

Kohllaus, *Brevicoryne brassicae* L.; → Aphididae 34.

Kohlschabe, *Plutella xylostella* L. (= ***Maculipennis*** Curt.); → Plutellidae 1.

Kohlschnake, *Tipula oleracea* L.; → Tipulidae.

Kohlschotengallmücke, *Dasineura brassicae* Winn.; → Itonididae 14.

Kohlschotenrüßler, *Ceutorhynchus assimilis* Payk.; → Curculionidae 34.

Kohltriebrüßler, Großer, *Ceutorhynchus napi* Gyll.; → Curculionidae 33.

Kohlwanze, *Eurydema oleraceum* L.; → Pentatomidae.

Kohlweißlinge; → Pieridae 2.

Kohlzünsler, *Evergestis forficalis* L.; → Pyralidae 16.

Kolbenflügler; → Strepsiptera.

Kolbenkäfer, *Necrobia* sp.; → Korynetidae 2.

Kolbenwasserkäfer, *Hydrous* sp.; → Hydrophilidae 1.

Koloniale Insekten; → soziale Insekten; → Apoidea.

Kolumbatscher Mücke, *Melusina columbaczense* Sch.; → Melusinidae.

Kommafalter, *Hesperia comma* L.; → Hesperiidae 4.

Kommaschildlaus, *Lepidosaphes ulmi* L.; → Diaspidiidae 7; vergl. → Coccina.

Kommensalen; Tiere (hier: zumeist Insekten oder andere Gliedertiere), die mit einer anderen, in der Regel größeren und oft als Wirt bezeichneten Tierart zusammenleben, mitessen von der Nahrung des Wirtes, ohne diesen (wesentlich) zu schädigen; Abgrenzung gegen Schmarotzertum manchmal schwierig; Beispiele: manche Ameisengäste (→ Formicoidea).

Königinsubstanz; → Apidae 3.

Königslibelle, Große, *Anax imperator* Leach; → Aeschnidae 2.

Kopfhornschröter, *Sinodendron cylindricum* L.; → Lucanidae 6.

Kopfkäfer, *Broscus cephalotes* L.; → Carabidae 6.

Kopflaus, *Pediculus capitis* L.; → Pediculidae; → Anoplura.

Korkmotte, *Tinea cloacella* Hw.; → Tineidae 4.

Körnerwarze, *Carabus cancellatus* Illig.; → Carabidae 1.

Kornkäfer, *Calandra granaria* L.; → Curculionidae 30.

Kornmotte, *Nemapogon (Tinea) granellus* L.; → Tineidae 3; **Französische K., *Sitotroga cerealella*** Oliv.; → Gelechiidae 1.

Kornwurm, Schwarzer, *Calandra granaria* L.; → Curculionidae 30; **K. Weißer, *Sitotroga cerealella*** Oliv.; → Gelechiidae 1 und ***Nemapogon granellus*** L.; → Tineidae 3.

Korynetes; → Korynetidae.

Korynetidae; nahe mit den Buntkäfern (Cleridae) verwandte (oft als U.-Fam. dazu gerechnete) Fam. der Käfer (Coleoptera, Polyphaga); von den insgesamt etwa 500 Arten kaum 10 in M-Eur.i.e.S.; klein bis mittelgroß; Käfer und Larven gehen meist räuberisch auf andere Insekten und deren Larven aus, aber angeblich auch an Vorräte tierischer Herkunft, an Schinken, Fett, Felle, Knochen, Leim u. dgl., stellen jedoch wahrscheinlich auch anderen an diesen Stoffen fressenden Insekten und ihren Larven nach; manche Arten durch den Handel weltweit verbreitet. **1. *Korynetes coeruleus*** Deg., Fellkäfer (3–6 mm); metallisch blau. **2.** Gattung ***Necrobia***, Schinkenkäfer, Kolbenkäfer, mit mehreren Arten, z.B. ***N. violacea*** L. (4–5 mm).

Kotfliegen; → Cordyluridae.

Kotfliegenblumen; → Ekelblumen.

Kotfresser, *Onthophagus* sp.; → Scarabaeidae 4.

Kotmaske, Gebilde aus Larvenhäuten und Kot, von Larven z.B. der Schildkäfer an dorsalen Fortsätzen des letzten Hinterleibsringes über dem Rücken getragen; → Chrysomelidae 20.

Kotsackgespinstblattwespen → Pamphiliidae.

Kotschleuder; → Membracidae.

Kotwanze, *Reduvius personatus* L.; → Reduviidae 1.

Kotwespe, *Mellinus arvensis* L.; → Sphecidae 5.

Krähenschnaken, *Pales* sp.; → Tipulidae.

Kratochviliana; → Eulophidae.

Kräuterdieb, ***Ptinus fur*** L.; → Ptinidae 3.

Kreiselkäfer, → Gyrinidae.

Kreiselwespe, ***Bembix rostrata*** L.; → Sphecidae 6.

Kremaster; → Cremaster.

Kreuzdornlaus, ***Aphis nasturtii*** Kalt.; → Aphididae 24.

Kreuzflügel, ***Alsophila aescularia*** Schiff.; → Geometridae 20.

Kriebelmücken; → Melusinidae.

Kropfsammler; → Apoidea.

Krötenfliege, ***Lucilia bufonivora*** Mon.; → Calliphoridae.

Krötenschrecken; → Pamphagidae.

Krummzähniger Tannenborkenkäfer, ***Pityokteines (Ips) curvidens*** Germ.; → Scolytidae 16.

Küchenschabe, ***Blatta orientalis*** L.; → Blattidae 1.

Kuckucksbienen, leben bei anderen Bienen als Brutparasiten; → Apidae 2; → Apoidea; → Anthophoridae 1, 2, 3; → Megachilidae 7, 8; → Halictidae 5.

Kuckucksgrabwespen, ***Nysson*** sp.; → Sphecidae 10.

Kuckucksrüßler, ***Rhynchites sericeus*** Hrbst.; → Curculionidae 11.

Kuckucksspeichel, der wässerige Schaum, in dem die Larven der Schaumzikaden, Pflanzensaft saugend, leben; → Cercopidae.

Kuckuckswespen, Wespen, die ihre Eier in die Nester anderer Wespen einschmuggeln und deren Larven auf der Basis der für die Wirtslarven vorgesehenen Nahrung heranwachsen; → Pompilidae; → Vespidae 5; → Sphecidae 10.

Kugelfliegen; → Cyrtidae.

Kugelkäfer; → Liodidae; → Ptinidae 1; → Sphaeriidae.

Kugelschwimmer, ***Hyphydrus*** sp.; → Dytiscidae 9.

Kugelspringer; → Sminthuridae; → Symphypleona.

Kugelwanzen; → Plataspidae.

Kuhauge, ***Maniola jurtina*** L.; → Satyridae 8.

Kümmelmotte, Kümmelpfeifer, ***Depressaria nervosa*** Haw.; → Oecophoridae 3.

Kundekäfer, ***Callosobruchus chinesis*** L.; → Bruchidae 7.

Kupferglucke, ***Gastropacha quercifolia*** L.; → Lasiocampidae 9.

Kupferroter Pflaumenstecher, ***Rhynchites cupreus*** L.; → Curculionidae 4.

Kupferstecher, ***Pityogenes chalcographus*** L.; → Scolytidae 15.

Kurzdeckenböcke; → Cerambycidae 12.

Kurzflügler, Kurzflügelkäfer; → Staphylinidae.

Kurzfühlerschrecken; → Caelifera.

Kurzkopfwespen, ***Paravespula*** und ***Vespula*** sp.; → Vespidae 4 bzw. 5.

Kurzlibellen; → Libellulidae.

Kurzschröter, ***Aesalus scarabaeoides*** Panz.; → Lucanidae 5.

Kurzspringer; → Hypogastruridae.

Kurzstielsandwespen, ***Podalonia*** sp.; → Sphecidae 3.

Küstenspringer, ***Halomachilis maritimus*** Latr.; → Archaeognatha.

Küstenwaldschabe, ***Ectobius panzeri*** Steph.; → Ectobiidae 3.

L

Labiduridae, Labidura; → Dermaptera.

Labiidae, Labia; → Dermaptera.

Labkrautblattkäfer, ***Timarcha*** sp.; → Chrysomelidae 22.

Laccifer; → Lacciferidae.

Lacciferidae, Lackschildläuse; Fam. der Schildläuse (Coccina); Beispiel: ***Laccifer (Tachardia) lacca*** Kerr., Ostasien, aus dem Lackdrüsensekret wird Schellack gewonnen.

Laccophilus; → Dytiscidae 7.

Lachesilla; → Lachesillidae.

Lachesillidae; Fam. der Staubläuse (Psocoptera); in M-Eur.i.e.S. nur 3 geflügelte Arten der Gattung ***Lachesilla***; im Spätsommer und im Herbst insbesondere an mit Flechten bewachsenen Eichen sehr häufig die dunkelbraune ***L. pedicularia*** L. (ca. 1,7 mm).

Lachnidae, Baumläuse, Rindenläuse; Fam. der Blattläuse (Aphidina); ohne Wirtswechsel, meist holozyklisch; z.T. recht große Tiere mit auffallend langem Rüssel, keine langen Rückenröhren auf dem Hinterleib, höchstens knopfförmige Höcker [**L-1**]; hauptsächlich auf Holzgewächsen, am Stamm, Ästen, Zweigen, Nadeln von Nadelholz, auch an den Wurzeln krautiger Pflanzen; Wirtsspezifität bisweilen sehr ausgeprägt; Wachsausscheidung, falls vorhanden, schwach, meist puderartig; einige Arten, zumal an Nadelholz, starke Honigtauerzeuger, von Ameisen und Honigbienen besucht (Gewinnung von Waldhonig); Vertreter der U.-Fam. Cinarinae an Nadelbäumen, der Lachninae an Laubbäumen; manche Arten bei Massenauftreten unmittelbar durch Saftsaugen schädlich, z.B. ***Cinara pini*** L. an Jungkiefern; Vermehrung mancher Arten durch starken Besuch honigtausammelnder Ameisen angeregt, u.U. zum Schaden der Bäume. Einige Arten: ***Cinara (Lachnus) pinicola*** Kaltb., Haupthonigtauerzeuger an Fichte; ***Cinaria laricis*** Walk., Gefleckte Lärchenrindenlaus, Honigtau reich an Melezitose; → Honigtau; ***Buchneria pectinatae*** Nördl., grünweiß gezeichnet, zwischen den Nadeln an der Weißtanne ***(Abies pectinata)***, Waldhoniglieferant; ***Lachnus roburis*** L., dunkelbraun, an Eichenzweigen ***(Quercus robur*** und ***sessilis)***, Honigtauerzeugerin; ***Stomaphis quercus*** L., bis über 7 mm (größte heimische Blattlaus), in Rindenritzen von Eichenstämmen, Rüssel der Jungfern von fast doppelter Körperlänge, ♂♂ ohne Rüssel; von Ameisen besucht; ***Protrama ranunculi*** d.Gu., an den Wurzeln von ***Artemisia*** und ***Ranunculus***, anscheinend rein anholozyklisch. Arten der Gttg. ***Trama*** unterirdisch an zahlreichen Korbblütlern. (Brauns 1964; Pesson 1951; Steffan 1972).

Lachnus; → Lachnidae.

Lackschildläuse; → Lacciferidae.

Lacon; → Elateridae 1.

Laelaps; Gattung der Milben; ***L. oophilus*** Wasm., Gast bei Ameisen der Gattung ***Formica***; → Formicoidea.

Laelius; → Bethylidae.

Laemobothriidae, Laemobothrion; → Mallophaga, Amblycera.

Laemophloeus; → Cucujidae 2.

Lagria; → Lagriidae.

Lagriidae; Fam. der Käfer (Coleoptera, Polyphaga); mit mehreren Hundert vor allem tropischen Arten; in M-Eur.i.e.S. nur wenige, am häufigsten ***Lagria hirta*** L., Wollkäfer (schwarz, mit gelbbraunen, ziemlich lang gelblich behaarten Flügeldecken [**L-2**]; vor allem auf Gebüsch, frißt an verschiedensten Pflanzen, bei Massenauftreten gelegentlich schädlich (zB. an Trieben von Jungfichten); Eiablage in Bodenstreu; dort auch die behaarten Larven, fressen verrottendes Pflanzenmaterial, überwintern; Verpuppung ohne Kokon im Frühling im Boden, alsbald Schlüpfen der Imago; symbiontische Microorganismen vorhanden, bei der Larve in 3 unpaaren geschlossenen Bläschen dorsal in Mittel- und Hinterbrust sowie im 1. Hinterleibssegment; ferner beim ♀ in Taschen am Legeapparat (Wanderung der Symbionten dorthin während der Metamorphose nicht bekannt); beim Eierlegen Beschmieren der Eioberfläche mit Symbionten, die durch die Mikropyle unter die Eihaut dringen; bei der Embryonalentwicklung Einwandern der Symbionten in die als Außenhauteinstülpungen entstehenden 3 Bläschen. (Buchner 1953; Hieke 1968; Kaszab 1969).

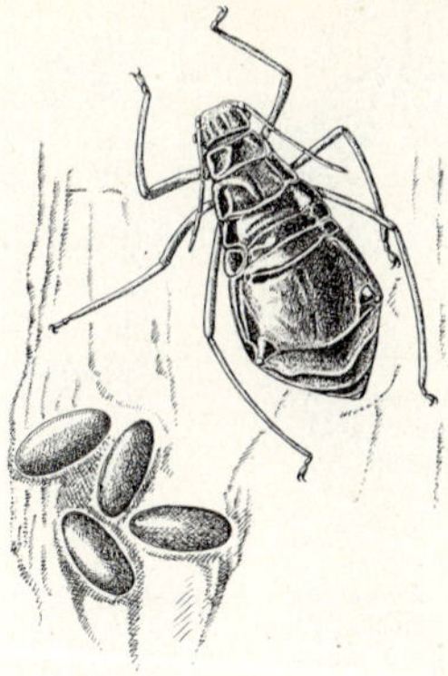

Abb. L-1: ***Schizodryobius pallipes***, Buchenrindenlaus. Ca. 4 mm; daneben 4 Wintereier. (Rietschel 1969)

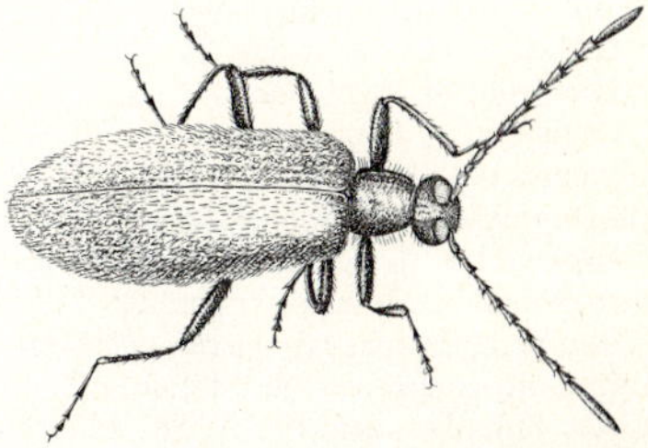

Abb. L-2: ***Lagria hirta***, Wollkäfer. (Hieke 1969)

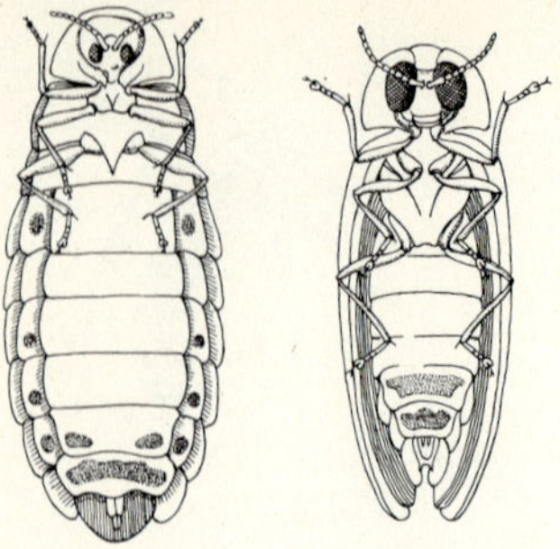

Abb. L-3: *Lamprohiza splendidula*, Kleines Johanniswürmchen. Links ♀, rechts ♂; Unterseite. Leuchtorgane punktiert. (Eidmann 1941)

Lamellicornia, Blatthornkäfer; früher, oft auch noch heute übliche Bezeichnung für eine Fam.-Gruppe von Käfern; allen gemeinsam: blattartige seitliche Verbreiterung der 3–7 letzten Fühlerglieder; hierher die Fam. → Lucanidae, → Scarabaeidae (und die in Europa nicht heimischen Passalidae).

Lamia; → Cerambycidae 20.

Lampetia; → Syrphidae.

Lampides; → Lycaenidae 8.

Lampra; → Buprestidae 3.

Lamprohiza; → Lampyridae 3.

Lampyridae, Leuchtkäfer, Glühwürmchen, Johanniswürmchen; Fam. der Käfer (Coleoptera, Polyphaga), durch Leuchtvermögen ausgezeichnet; in M-Eur.i.e.S. 3 düster bräunlich gefärbte Arten; Flügeldecken und Flügel bei den ♂♂ gut oder doch deutlich ausgebildet, bei den larvenähnlichen ♀♀ bis auf geringe Reste oder vollkommen verschwunden; Halsschild breit, der Kopf fast ganz darunter verborgen. **1.** ***Phosphaenus hemipterus*** Geoffr. (♂ 6–8 mm, ♀ 10 mm), ♂ Flügeldecken klaffend und nur bis zum Hinterrand des 2. Abdominaltergits reichend, Flügel stark reduziert, ♀ ganz flügellos; Imagines und Larven mit einem Paar von kleinen Leuchtorganen ventral am vorletzten Hinterleibsring; dämmerungsaktiv, Biologie im übrigen weitgehend unbekannt; recht selten (hier weiterhin vernachlässigt). **2.** ***Lampyris noctiluca*** L., Großes Johanniswürmchen; ♂ (10–12 mm) geflügelt, flugfähig, 2 kleine, schwer erkennbare Leuchtflecken am 7. Sternit; ♀♀ (15–20 mm) ganz flügellos, Leuchtorgane ventral auf dem 6., 7. (je eine Leuchtplatte) und 8. (zwei Leuchtpunkte) Hinterleibsring; ausstülpbare Schläuche am Hinterleibsende ermöglichen Festhaften am Substrat; verbreitet aber nicht häufig. **3.** ***Lamprohiza (Phausis) splendidula*** L., Kleines Johanniswürmchen, [**L-3**]; ♂ (8–10 mm), geflügelt und flugfähig, mit 2 querliegenden Leuchtorganen ventral am 6. und 7. Hinterleibsring, Halsschild über den Augen glasartig durchscheinend; ♀ (8–10 mm) mit Resten klaffender, höchstens die Mitte des 1. Abdominaltergits erreichende Flügeldecken, Leuchtorgane ähnlich wie beim ***Lampyris***, jedoch andere Anordnung der Leuchtflecken (häufig 3 Paare) auf einer individuell wechselnden Zahl von Hinterleibsringen. Bei den einheimischen Arten gleichmäßiges, nicht rhythmisch unterbrochenes Leuchten (wie z.B. bei ♂♂ und ♀♀ der südeuropäischen Art ***Luciola lusitanica*** Charp.) am Spätabend und nachts für etwa 3 Stunden mit abnehmender Leuchtintensität; Leuchtbeginn ausgelöst durch die Helligkeitsabnahme; Leuchtaktivität gehorcht einem 24Stundenrhythmus, ist im Experiment durch eine veränderte Phasenlage des Hell-Dunkelwechsels maximal um 6 Stunden früher auszulösen (nachgewiesen bei ***L. noctiluca***); die ♂♂ suchen die ♀♀ aktiv im Flug auf, geleitet durch die durch Verdrehen des Hinterleibs deutlich vorgezeigten Leuchtorgane des ♀; die Leuchtmuster sind bei ***L. noct.*** u. ***L. splen.***-♀ verschieden. Das ♂ spricht auf das artspezifische ♀-Leuchtmuster an (Versuche mit Leuchtattrappen), bes. deutlich bei ***Lampyris***; ältere noch nicht begattete ♀♀ winken beim Leuchten mit dem Hinterleib, wirken so besonders anziehend auf die ♂♂; die Bedeutung des Leuchtens der ***Lamprohiza***-♂♂ ist vorerst noch unklar. Das Leuchten der Leuchtkäfer ist nicht bakteriell; beim Leuchtvorgang beteiligte Stoffe: d-Luciferin (Aufbau bekannt, Synthese gelungen), das Enzym Luciferase, ATP und O_2; l-Luciferin ergibt kein Leuchten; Mechanismus des Lichtanaus ist ungeklärt. Ernährung: die Imagines fressen nicht; die Larven fressen Nackt- und Gehäuseschnecken; folgen der Schleimspur (darf nicht älter als 2 Tage sein; geruchlich?); sie können das Vorderende der Schnecke geruchlich erkennen; Töten der Beute durch Giftbiß (Mandibeln mit an der Spitze mündendem Längskanal); keine Verdauung vor dem Munde. Eiablage im Sommer am Boden (die Eier leuchten bereits im Ovar); die halberwachsene Larve überwintert hier; 5 Larvenhäutungen, Verpuppung im nächsten Frühling, nach 8–11 Tagen Schlüpfen die Imagines. (Dreisig 1974, 1978; Freude et al. 1965/83; Geisthardt 1974, 1979; Korschevsky 1951; McElroy, Seliger 1962; Schaller, Schwalb 1961; Schwalb 1961).

Lampyris; → Lampyridae 2.

Landkärtchen, ***Araschnia levana*** L.; → Nymphalidae 8.

Landwanzen, Geocorisae (Gymnocerata); → Heteroptera.

Langbeinfliegen; → Dolichopodidae.

Langelandia; → Colydiidae.

Langfühlerschrecken; → Ensifera.

Langhornbienen, ***Eucera*** sp.; → Anthophoridae 7.

Langhornblattminiermotten; → Lyonetiidae.

Langhornböcke, ***Monochamus*** sp.; → Cerambycidae 21.

Langhornmotten; → Adelidae.

Langhornmücken; → Macroceridae.

Langkopfwespen, ***Dolichovespula*** und ***Pseudovespula*** sp.; → Vespidae 3 und 5.

Längsroller; → Curculionidae.

Langwanzen; → Lygaeidae.

Laothoë; → Sphingidae 2.

Laphria; → Asilidae.

Lapplandschabe, ***Ectobius lapponicus*** L.; → Ectobiidae 1.

Lappenrüßler, ***Otiorhynchus*** sp.; → Curculionidae 13.

Lärchenblasenfuß, ***Taeniothrips laricivorus*** K. u. F.; → Thripidae.

Lärchenblattwespen, ***Pristiphora*** sp.; → Tenthredinidae 26, 27.

Lärchenborkenkäfer, Großer, ***Ips cembrae*** Heer; → Scolytidae 18.

Lärchengallenwickler, ***Laspeyresia zebeana*** Ratz; → Tortricidae 17.

Lärchengespinstblattwespe, ***Cephaleia alpina*** Klug.; → Pamphiliidae 6.

Lärchenkäfer, ***Laricobius erichsoni*** Ros.; → Derodontidae.

Lärchenknospengallmücke, ***Dasineura laricis*** F. Loew; → Itonididae 32.

Lärchenminiermotte, ***Coleophora laricella*** Hbn.; → Coleophoridae 2.

Lärchenrindenlaus, Gefleckte, ***Cinaria laricis*** Walk.; → Lachnidae; → Honigtau.

Lärchenrindenwickler, ***Laspeyresia zebeana*** Ratz.; → Tortricidae 17.

Lärchensamenfliege, ***Phorbia laricicola*** Karl; → Anthomyiidae 2.

Lärchenspanner, ***Ectropis bistortata*** Goeze; → Geometridae 19.

Lärchentriebmotte, ***Blastotere (Argyresthia) laevigatella*** H.S.; → Yponomeutidae 7.

Lärchenwickler, Grauer, ***Zeiraphera (Semasia) diniana*** Guen.; → Tortricidae 18.

Lärchenzapfenfliege, ***Phorbia laricicola*** Karl; → Anthomyiidae 2; vgl. auch → Lonchaeidae 3.

Laricobius; → Derodontidae.

Lariophagus; → Pteromalidae 3.

Larra; → Sphecidae.

Larvaevoridae; → Tachinidae.

Larvalhormon; → Juvenilhormon.

Larvenparasitismus; → Parasitismus 3.

Larven-Puppen-Parasitismus; → Parasitismus 3.

Lasiocampa; → Lasiocampidae 6.

Lasiocampidae, Glucken, Wollraupenspinner; Fam. der Schmetterlinge (Lepidoptera); deutscher Name wohl nach dem gluckenartigen Sitzen, z.B. das ♀ auf dem oft mit Wollhaaren des Hinterleibsendes (Afterwolle) bedeckten Eigelege (→ Schwamm), dabei ist der Vorderrand der Hinterflügel nicht selten vorgezogen [**L-10**]. Fühler beim ♂ stark, beim ♀ schwach gefiedert; bei mehreren Arten Anlockung der ♂♂ durch einen Sexuallockstoff der ♀♀ bekannt; Rüssel mehr oder weniger rückgebildet; Körper relativ dick, Flügel breit; die ♀♀ meist etwas größer, manchmal auch anders gefärbt als die ♂♂; bei manchen Arten Färbung und Zeichnung recht variabel. Raupen mehr oder weniger stark behaart, mit 5 Abdominalfußpaaren, verpuppen sich in einem oft mit Haaren durchsetzten Gespinstkokon (»Spinner«); die Raupen einiger Arten bei Massenvermehrung an Obst- und Waldbäumen und -büschen, auch an niederen Pflanzen, schädlich. Von den etwa 1000 bekannten Arten in M-Eur.i.e.S. nur 20; Auswahl: **1.** ***Malacosoma neustria*** L.; Ringelspinner; kleinere, unscheinbar gezeichnete Art [**L-4**], zusammen mit einigen anderen Schmetterlingsarten ausgezeichnet durch die Form des überwinternden Geleges: Eizeile in enger Spirale um einen dünnen Zweig der Futterpflanze abgelegt [**L-4**], Eier mit lackartigem Kitt überzogen und befestigt, die Raupen mit weißem Rückenstreif, seitlich mit rotbraunem, blauem oder schwarzem Längsstreif; Kopf

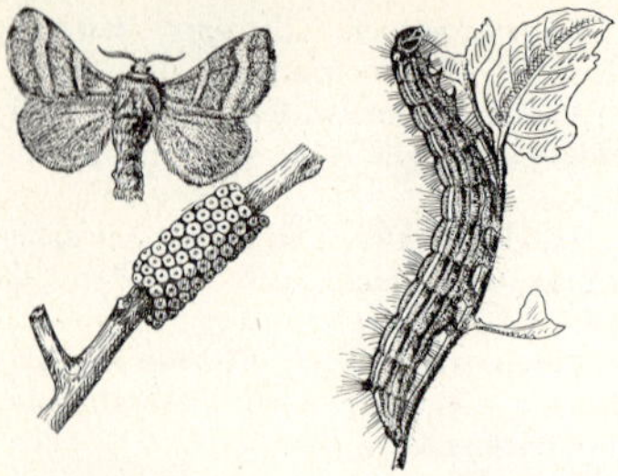

Abb. L-4: ***Malacosoma neustria,*** Ringelspinner. ♂, Raupe (beide $^{2}/_{3}$ nat. Gr.) und Gelege (ca. 2 ×). (Forster, Wohlfahrt 1954/81; Amann 1960)

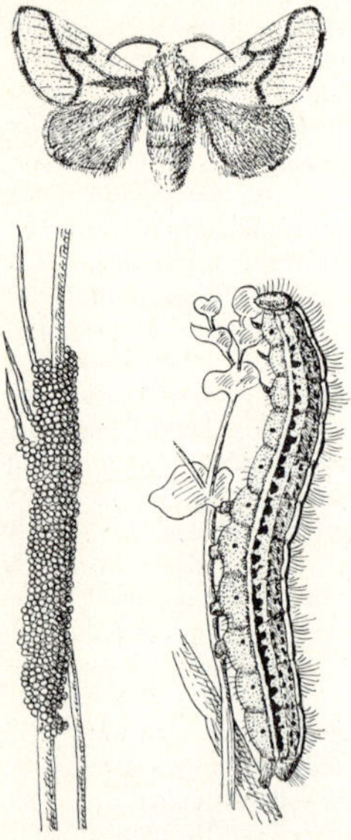

Abb. L-5: ***Malacosoma castrensis.*** Wolfsmilchspinner. ♂, Raupe (beide nat. Gr.) und Gelege. Raupe: weißer Rückenstreif, daneben rötlich mit schwarzen Punkten, darunter blau und schwarzgelblicher Flankenstreif, Bauch grau, Bauchfüße rötlich. (Forster, Wohlfahrt 1954/81)

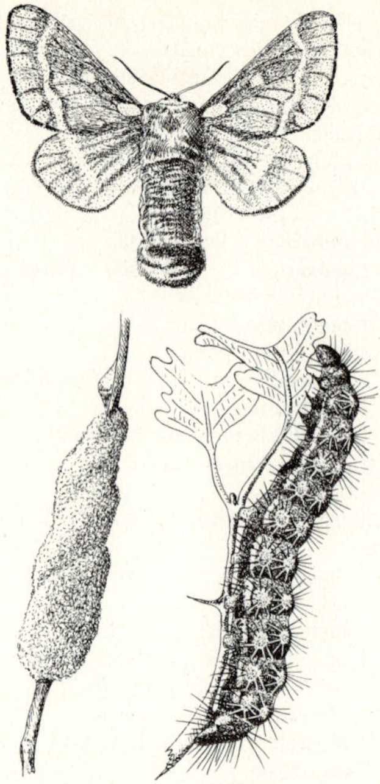

Abb. L-6: ***Eriogaster lanestris,*** Wollfalter. ♀, Gelege und Raupe. Alles nat. Gr. (Forster, Wohlfahrt 1954/81; Amann 1960)

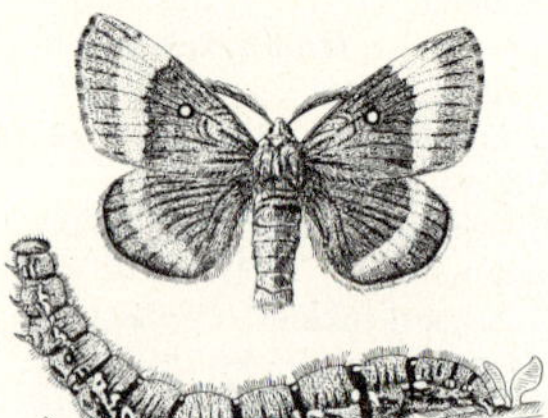

Abb. L-7: ***Lasiocampa quercus,*** Eichenspinner. ♂ und Raupe. $^{1}/_{2}$ nat. Gr. (Forster, Wohlfahrt 1954/81; Eckstein 1913/33)

bläulich mit dunkler Zeichnung [**L-4**], polyphag an verschiedenen Laubbäumen, bei uns vor allem an Obstbäumen; fressen zunächst gesellig von Gespinstnestern aus, hier auch gemeinsame Häutung; sitzen gern dicht beieinander ruhend als sog. »Raupenspiegel« auf der Futterpflanze; im letzten Stadium einzeln; bemerkenswert das Auftreten von 2 Raupentypen, sogar aus dem gleichen Gelege: einem lichtstrebigen aktiveren und einem mehr passiven Typ, könnte als Auslesefaktor u. U. wichtig sein; Verpuppung im VI in weißlichem Kokon zwischen Blättern oder an der Rinde; bisweilen an Obstbäumen schädlich. **2.** ***Malacosoma castrensis*** L., Wolfsmilchspinner; Vorderflügel des ♂ hell mit dunklen Querbinden [**L-5**]; Gelege [**L-5**] ähnlich wie beim Ringelspinner, jedoch mit zahlreicheren Spiralen, überwintert; Raupen [**L-5**] fressen außer an Wolfsmilch ***(Euphorbia)*** auch an Flockenblume ***(Centaurea)*** und Heidekraut ***(Calluna)***; weißliches Verpuppungsgespinst zwischen Blättern. **3.** ***Trichiura crataegi*** L., Weißdornspinner; Falter im Sommer – Herbst; das langgestreckte spindelförmige, mit Haaren bedeckte Gelege überwintert an der Futterpflanze; die sehr bunten Raupen (blauschwarz, mit roten Warzen und weißgelber Querbinde pro Segment, gelblich behaart) einzeln fressend vor allem an Weißdorn und Schlehen, aber auch an vielen anderen Laubhölzern; Puppengespinst blaugrau, zäh-pergamentartig, Puppe überliegt oft mehrere Jahre. **4.** ***Poecilocampa populi*** L., Kleine Pappelglucke (vgl. auch ***Leucoma salicis*** L.: → Lymantriidae 3); Falter fliegt spät, im Herbst bis XII, oft erst nach den ersten Frösten; Eier einzeln oder in Gruppen an der Rinde, überwintern; die Raupen fressen einzeln an verschiedensten Laubhölzern (deutscher Name irreführend); Verpuppung VII bis VIII in einem mit Erdteilchen besetzen Gespinstkokon am Boden. **5.** ***Eriogaster lanestris*** L., Wollafter, Birkenwollafter; die aus der überwinterten Puppe geschlüpften Falter [**L-6**] fliegen im zeitigen Frühling (vereinzelt schon im Herbst); das mit grauer Afterwolle bedeckte Gelege [**L-6**] wird mehr oder weniger deutlich spiralig um einen Zweig herum befestigt; die behaarten Raupen (schwarz mit gelbroten Flecken [**L-6**]) bauen vom Gelege aus gemeinsam ein weißes, außen glattes, später beutelartiges Gespinst mit einigen Ausgängen, hier Häutungen und Aufenthalt tagsüber, nachts Wandern zum Freßplatz; beim Hin- und Rückweg Spinnen und Befestigen eines ununterbrochenen Seidenfadens auf der Unterlage; die Seidenfäden und gleichzeitig abgesonderte Pheromone dienen der Orientierung; alte Wege können zudem von neugesponnenen unterschieden werden; an verschiedenen Laubhölzern: Weißdorn, Schlehen, Birken, Obstbäumen u. a., gelegentlich schädlich; Puppenkokons ab etwa VIII einzeln am Boden, die Puppe überliegt nicht selten mehrere Jahre. **6.** ***Lasiocampa quercus*** L., Eichenspinner, Quittenvogel; Färbung sehr variabel, basale Flügelhälfte beim ♂ [**L-7**] bedeutend dunkler braun als bei dem größeren gelb-

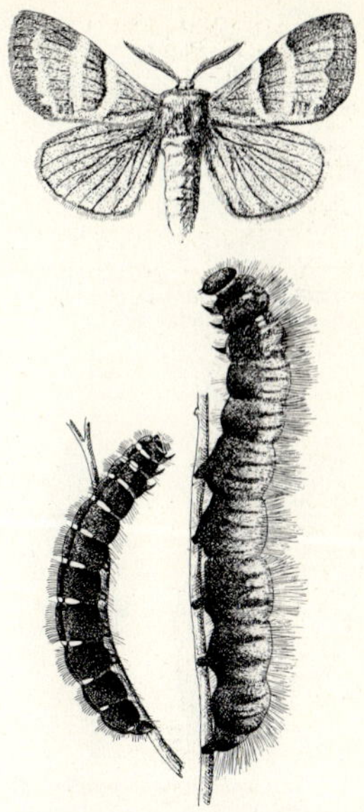

Abb. L-8: ***Macrothylacia rubi***, Brombeerspinner. ♂ und Raupe. Links junge Raupe mit gelben Segmenteinschnitten, rechts erwachsene Raupe schwarz bis braun. $^{2}/_{3}$ nat. Gr. (Forster, Wohlfahrt 1954/81, Eckstein 1913/33)

lich-braunen ♀; Falter VI–VIII, das ♂ sucht fliegend tagsüber das im Gras sitzende ♀, dieses fliegt im Dunkeln, um die Eier einzeln abzulegen; verschiedenste Futterpflanzen: Laubbäume und Sträucher, keineswegs nur Eiche, auch niedere Pflanzen wie Heidekraut, Heidelbeere; die junge Raupe überwintert (selten zweimal), frißt dann bis etwa V, ist erwachsen stattlich (ca. 7 cm [**L-7**]), gelbbraun, behaart, mit dunklen Einschnitten; Puppe in der Erde in einem braunen Gespinstkokon, überliegt z. B. im Hochgebirge nicht selten einen oder zwei Winter. (Ähnlich nach Aussehen und Lebensweise ***Pachygastria trifolii*** Schiff., Kleespinner; Raupen vor allem an Kleearten.). **7.** ***Macrothylacia rubi*** L., Brombeerspinner; die Falter fliegen im Frühsommer, die ♂♂ [**L-8**] auch tagsüber; Gelege an Steinen oder zylindrisch um den Stiel einer niederen Pflanze; die Raupen in der Jugend schwarz mit gelben Einschnitten, erwachsen unten schwarz, oben braun, lang und dicht behaart [**L-8**], fressen an verschiedensten krautigen und strauchar-

Abb. L-9: ***Philudoria potatoria***, Grasglucke. ♀, $^{2}/_{3}$ nat. Gr. (Forster, Wohlfahrt 1954/81)

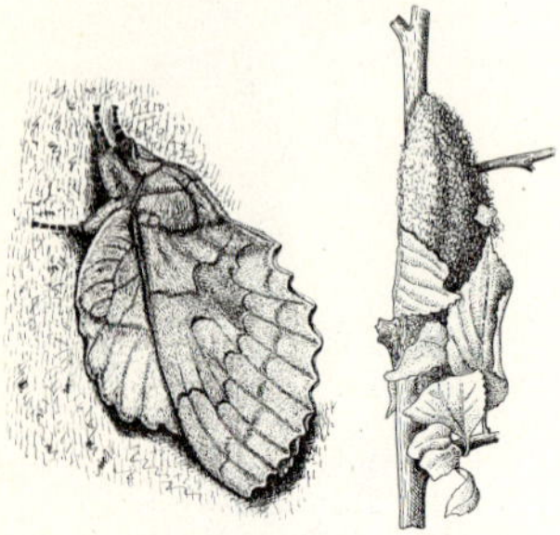

Abb. L-10: ***Gastropacha quercifolia***, Kupferglucke. ♀, Ruhestellung; rechts Puppenkokon. $^{1}/_{2}$ nat. Gr. (Eckstein 1913/33)

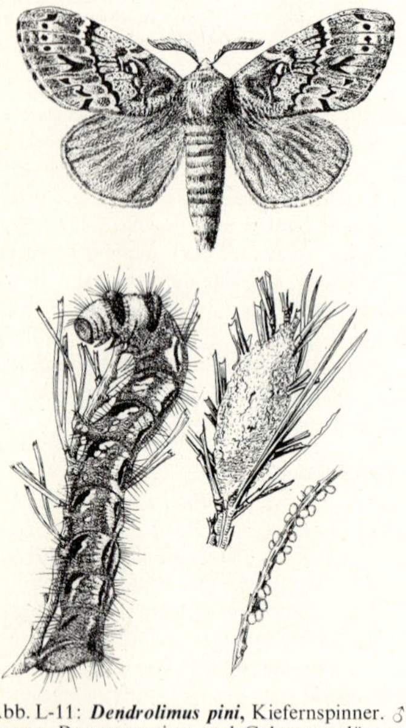

Abb. L-11: ***Dendrolimus pini***, Kiefernspinner. ♂, Raupe, Puppengespinst und Gelege an dünnem Zweig. Gespinnst $^{1}/_{2}$, sonst $^{2}/_{3}$ nat. Gr. (Forster, Wohlfahrt 1954/81; Brauns 1964; Amann 1960)

tigen Pflanzen (keineswegs nur an Brombeere), lassen sich bei Störung fallen, fest zusammengerollt; in dieser Haltung auch Überwinterung, nachdem sie zuvor auf der Suche nach einem Versteck umherwanderten; Verpuppung im Frühling ohne erneutes Fressen in einem länglichen Gespinst. **8.** ***Philudoria potatoria*** L., Grasglucke, Trinkerin; Falter [**L-9**] im Sommer, das ♂ fliegt auch am Tage; Eier einzeln oder in kleinen Gruppen abgelegt, vor allem an Pflanzen auf Sumpf- oder feuchten Waldwiesen; Raupen (schwarzbraun mit helleren Flekken, lange braune Behaarung, ferner schwarze und weiße Haarbüschel) fressen, nach der 3. Häutung überwinternd, an harten Gräsern (z.B. ***Carex***, ***Luzula***), trinken gern an Wassertropfen; Verpuppung etwa VI in einem weißlichen Gespinstkokon, an Gräsern dicht über dem Boden. **9.** ***Gastropacha quercifolia*** L., Kupferglucke [**L-10**]; auffallend der gezackte Flügelrand und die kupferrote Färbung, oft mit bläulichem Metallschimmer; die stattlichen Falter fliegen abends und nachts, bei uns nur in einer Generation im Sommer (weiter südlich 2 Generationen); Eier einzeln oder in kleinen Gruppen an der Blattunterseite der Futterpflanze; die Raupen etwas abgeflacht, düster-grau oder braun, vorn-dorsal (2. und 3. Ring) mit 2 blauen Querflecken, Kegelhöcker auf dem 11. Ring; dorsal lang schwarz, seitlich braun bis weiß behaart, an verschiedensten Laubhölzern (z.B. Schlehen, Obstbäume), überwintert frei sitzend auf der Rinde, verpuppt sich im VI in einem grauen Gespinst (durchsetzt mit Haaren; [**L-10**]) an Zweigen der Futterpflanze. (Sehr ähnlich ***Gastropacha populifolia*** Esp., Große Pappelglucke; Raupe an Pappeln und Weiden). **10.** ***Dendrolimus pini*** L., Kiefernspinner; Färbung und Zeichnung relativ bunt [**L-11**], variiert stark; Falter im Sommer; Eier in Gruppen an die Rinde vor allem dünnerer Zweige [**L-11**], selten auch an Nadeln abgelegt, insgesamt bis über 300; die Raupe (5 mm) schlüpft nach etwa 14 Tagen, frißt zunächst die Eischale, dann an den Nadeln; Fraßpflanze in erster Linie Kiefer, seltener (wohl bei Nahrungsmangel) Fichte; die Raupe [**L-11**] überwintert nach der 2. oder 3. Häutung eingerollt in der Bodenstreu, baumt im Frühling wieder auf, frißt mit rasch wechselndem Appetit bis Anfang VI, erreicht eine Länge von 80 mm; etwa im VI Verpuppung in einem mit Haaren durchsetzten bräunlichen Gespinst im Gezweig der Krone [**L-11**], am Stamm oder im Unterwuchs; in Nordeuropa Entwicklungsdauer 2 Jahre; bei Massenvermehrung zuweilen gewaltiger Schaden, vor allem durch den Frühjahrsfraß, zumal an trockenen Standorten; Futterbedarf einer Raupe insgesamt etwa 900 Nadeln. (Brauns 1964; Fitzgerald, Gallagher 1976; Forster, Wohlfahrt 1954/81; Jacobson 1965; Laux, Franz 1962; Weyh, Maschwitz 1978).

Lasioderma; → Anobiidae 5.

Lasioglossum; → Halictidae.

Lasioptera; → Itonididae 17.

Lasiopticus; → Syrphidae.

Lasiorhynchites: → Curculionidae 11.

Lasius; → Formicidae 3.

Laspeyresia; → Tortricidae 2, 3, 11, 12, 17, 19, 24, 32, 33.

Laternenträger; → Fulgoridae.

Lathridiidae, Moderkäfer; Fam. der Käfer (Coleoptera, Polyphaga); von 1000 bekannten Arten etwa 50 in M-Eur.i.e.S.; durchweg sehr kleine (1 bis 3 mm) bräunliche Käfer [**L-12**], die sich, wie auch die Larven, in erster Linie von Pilzen oder Schleimpilzen ernähren, daher häufig unter modernder alter Baumrinde, im Baummulm, an schimmelndem Getreide, im Falllaub und in alten Vogelnestern; einige weltweit verbreitete Arten in Gebäuden, immer da wo Lebensmittel, Drogen, Herbarien oder Insektensammlungen verschimmeln; schädlich ist jedoch immer nur der Pilz, nie der Käfer, der sich ausschließlich von den Pilzhyphen und Sporen ernährt. **1.** Gttg. ***Cartodere,*** Hefekäfer, mehrere Arten, z.B. ***C. filiformis*** Gyll. (1,2–1,3 mm) und ***C. filum*** Aubé, u.a. in Preßhefe. **2.** Gattung ***Holoparamecus,*** mehrere Arten, an Reis, getrockneten Pilzen u.dgl. **3.** ***Corticaria pubescens*** Gyll. (2,5–3 mm) durch massenhaftes Auftreten zuweilen in Häusern lästig, ebenso ***Enicmus minutus*** L. (1,2–2,4 mm) und ***Lathridius bergrothi*** Reitt. (2–2,2 mm). (v. Peez 1967).

Lathridius; → Lathridiidae 3.

Lattichfliege, ***Phorbia gnava*** Meig.; → Anthomyiidae 7.

Laubfalter, ***Pararge aegeria*** L.; → Satyridae 7.

Laubheuschrecken, ***Tettigonoidea;*** → Ensifera.

Laubkäfer; → Chrysomelidae; → Scarabaeidae 13, 14, 16, 17.

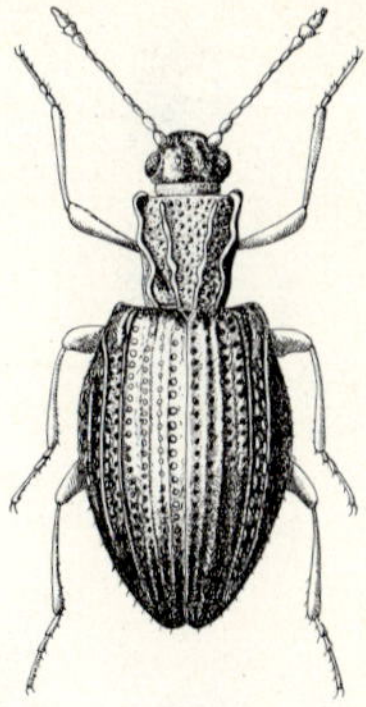

Abb. L-12: ***Lathridius angusticollis.*** 2 mm. (Bechyně 1954)

Laubnutzholzborkenkäfer, ***Xyloterus domesticus*** L. → Scolytidae.

Laubwurm; Raupe des Springwurmwicklers, ***Sparganothis pilleriana*** D. u. Sch.; → Tortricidae 28.

Lauchmotte, ***Acrolepia assectella*** Zell.; → Plutellidae 4.

Lauer, ***Tibicen haematodes*** Scop.; → Cicadidae.

Laufkäfer; → Carabidae.

Laufspringer; → Entomobryidae.

Läuse; → Anoplura.

Lausfliegen; → Pupipara; Fam.-Gruppe cyclorrhapher Fliegen, heute 3 Fam. zugeordnet: → Hippoboscidae; → Nycteribiidae; → Streblidae.

Lauxania; → Lauxaniidae.

Lauxaniidae (Sapromyzidae); Fam. der cyclorraphen Fliegen (Diptera, Brachycera); die kleinen bis mittelgroßen (2–7 mm), gelblich, grau oder düster gefärbten Imagines gern an feuchten, schattigen Stellen, träge Flieger, verstecken sich bei Störung eher laufend (z.B. auf der Blattunterseite); die Larven an zerfallenden pflanzlichen Stoffen, auch unter Rinde, z.T. auch minierend in abgefallenen Blättern. Weltweit 1500, in Mitteleuropa mehrere Dutzend Arten; Beispiel: ***Lauxania (Halidayella) aenea*** Fall. [**L-13**]; (3–5 mm); Larven in faulenden Blättern minierend, am Wurzelhals von ausgewintertem Klee, in dem dann gallenartig anschwellenden Fruchtknoten von Veilchen und Stiefmütterchen.

Läuslinge; → Mallophaga.

Leberegel; Ameisen als Zwischenwirt: → Formicoidea.

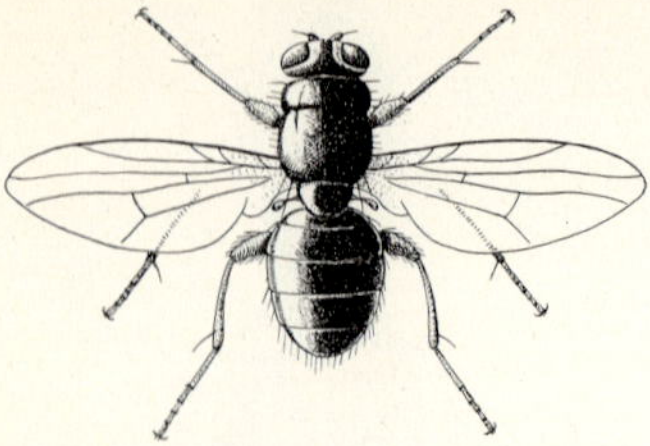

Abb. L-13: ***Lauxania aenea.*** ♂, 3–5 mm. (Séguy 1951)

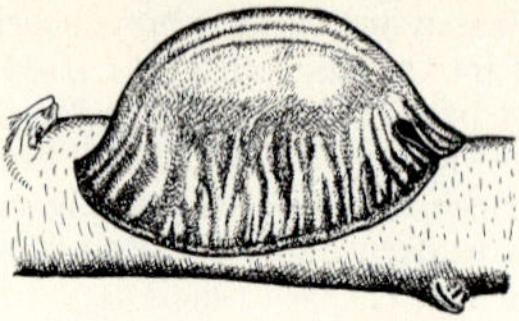

Abb. L-14: ***Eulecanium corni,*** Gemeine Napfschildlaus. 4 mm. (Krause 1950)

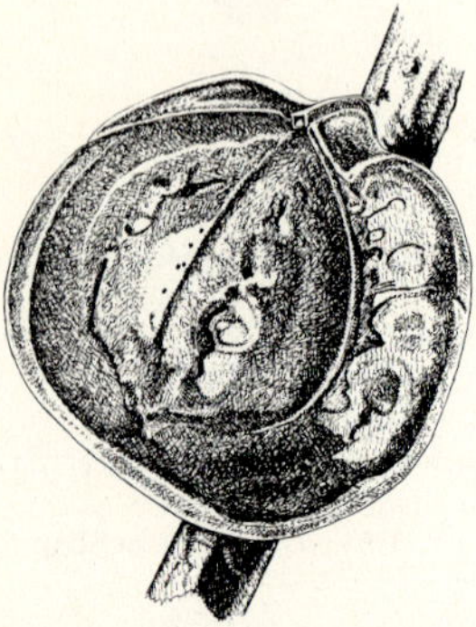

Abb. L-15: ***Eulecanium coryli,*** Haselnußschildlaus. 6 mm, gelbbraun. (Rietschel 1969)

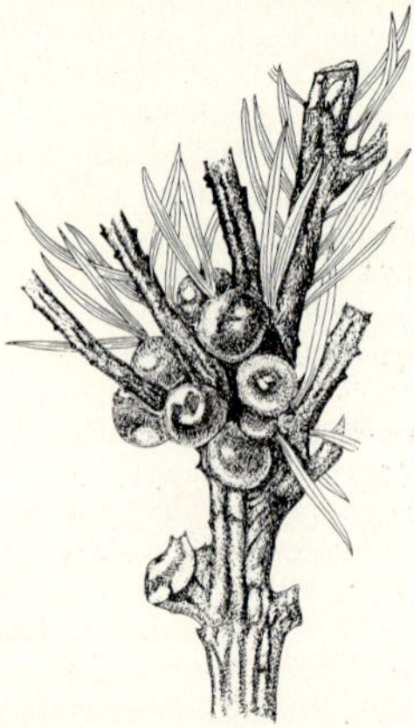

Abb. L-16: ***Physokermes piceae,*** Große Fichtenquirlschildlaus. Mehrere Weibchen auf Fichtenquirl. Bis erbsengroß. (Amann 1960)

Lebia; → Carabidae 11.

Lecaniidae (Coccidae), Napfschildläuse; Fam. der Schildläuse (Coccina); die ♀♀ nicht selten hochgewölbt, mit glasigem Sekret bedeckt, Beine meist vorhanden; der eintrocknende ♀-Körper bedeckt die Eier; oder die Eier liegen in einem von Wachs umhüllten Eisack; oder Eier und ♀ unter einer lackartigen Hülle; die ♂♂ geflügelt, entwickeln sich unter einem durchscheinenden Schild (vom 2. Larvenstadium gefertigt); einschließlich Imago bei ♀♀ meist 3, bei ♂♂ 5 Entwicklungsstadien. Über 900 Arten, in M-Eur.i.e.S. etwa 40, nicht wenige schädlich; Hauptfeinde einheimischer Arten: manche Marienkäfer, sowie die Larven von Breitrüsselkäfern (→ Anthribidae; insbes. ***Anthribus nebulosus*** Forst.), die die Eier unter dem ♀ fressen. **1. *Eulecanium (Parthenolecanium) corni*** Bché., Gemeine Napfschildlaus, Zwetschgennapfschildlaus; ♀ (ca. 3–6 mm; [**L-14**]) mehr oder weniger bräunlich hochgewölbt; an verschiedensten Laubbäumen und Sträuchern (z.B. Zwetschge, Wein, Stachel- und Johannisbeere, Aprikose), nicht selten sehr schädlich durch Saftsaugen; 2. Larvenstadium überwintert; Fortpflanzung zweigeschlechtlich und parthenogenetisch; bis 3000 Eier unter dem Schild (erhärtete Rückenhaut); auf Eibe ***(Taxus baccata)*** lebende Tiere einer eigenen Rasse zugeordnet (***E.c. crudum*** Green). **2. *Eulecanium coryli*** L., Haselnußschildlaus, Große kugelige Napfschildlaus; ♀ (3,5–6,5 mm [**L-15**]) fast kugelig, bräunlich; ähnlich wie vorige Art an verschiedenen Laubbäumen und Sträuchern, keineswegs nur an Haselnuß, vor allem an jungen Zweigen; keine Parthenogenese. **3. *Pulvinaria vitis*** L., Wollige Napfschildlaus, Wollige Rebenschildlaus; ♀ (4–7 mm) bräunlich, überwintert; im Frühling mit schneeweißem wolligem Eisack; Fortpflanzung zweigeschlechtlich und parthenogenetisch; an verschiedensten Laubbäumen und Sträuchern, nicht nur an der Rebe. **4. *Coccus hesperidum*** L.; tropisch-subtropische Art, bei uns häufig in Gewächshäusern an verschiedensten Pflanzen; ♀ (2 bis 5 mm) ziemlich flach, oval, bräunlich bis gelbgrün; ♂♂ selten, hauptsächlich parthenogenetische Fortpflanzung. **5. *Physokermes hemicryphus*** Dalm., Kleine Fichtenquirlschildlaus, und **6. *Phys. piceae*** Schrk., Große Fichtenquirlschildlaus, Fichtennapfschildlaus [**L-16**], vor allem an Fichten, seltener an Tannen; Überwinterung im 2. Larvenstadium; eine Generation im Jahr; ♀♀: glänzend braun, fast kugelig, entwickeln sich unter den Knospenschuppen vor allem vorjähriger Zweigquirle, erwachsen bis ca. 5 mm; besonders bei ***Ph. hemicryphus*** sehr starke Honigtauabscheidung (von Bienen eingetragen, Waldhonig), dadurch auch starke Entwicklung von Rußtaupilzen; Eier in dem Luftraum unter dem ♀; die ♂♂ entwickeln sich auf der Unterseite der Nadeln, geflügelt (ca. 1 mm); Hauptunterschiede der beiden Arten (früher als eine Art betrachtet): ♀ kleiner ***(Ph. hemicryphus)*** bzw. größer ***(Ph. piceae)***; Fortpflanzung bei ***Ph. hemicryphus*** hauptsächlich parthenogenetisch, bei ***Ph. piceae*** zweigeschlechtlich. (Amann 1960; Brauns 1964; Günther 1968; Krause 1950; Rietschel 1969; Schmutterer 1952 a, b, 1953, 1972; Strümpel 1983; Zahradnik 1968).

Lederlaufkäfer, *Carabus coriaceus* L.; → Carabidae.

Lederwanzen; → Coreidae.

Ledra; → Ledridae.

Ledridae; Fam. der Zikaden (Auchenorrhyncha; bisweilen als U.-Fam. Tetigoniinae der Jassidae betrachtet); einzige mitteleuropäische Art: ***Ledra (Tetigonia) aurita*** L., Ohrzikade (ca. 15 mm [**L-17**]); braun, Kopf flach, Vorderbrust oben-seitlich mit »ohrartigen« flachen Erhebungen; Larven flach, graubraun, rindenfarbig; auf der Rinde verschiedener Waldbäume (vor allem Eichen); Überwinterung als Larve unter toten Blättern und Steinen; Entwicklungszyklus nicht sicher bekannt (2jährig?).

Lehmwespen, *Odynerus* sp., → Eumenidae 2.

Leishmania; → Psychodidae.

Lema; → Chrysomelidae 4.

Lemnaphila; → Ephydridae 2

Lemonia; → Lemoniidae.

Lemoniidae; Fam. der Schmetterlinge (Lepidoptera); mittelgroße, spinnerartige, bei Tage fliegende Falter, Saugrüssel ver-

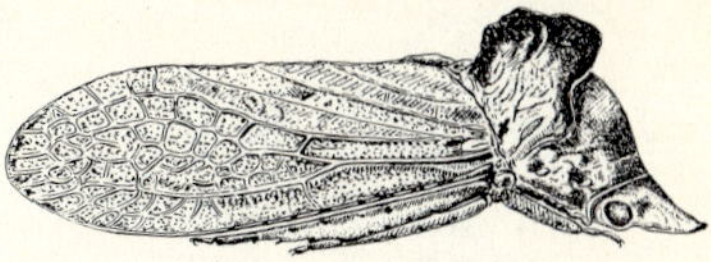

Abb. L-17: ***Ledra aurita***, Ohrzikade. 13 bis 17 mm. (Haupt 1935)

Abb. L-18: ***Lemonia dumi***, Habichtskrautspinner. ♂, nat. Gr. (Forster, Wohlfahrt 1954/81)

Abb. L-19: Ei des Distelfalters, ***Vanessa cardui***, 0,8 mm hoch. (Danesch u. Dierl 1965)

kümmert; in M-Eur.i.e.S. nur 2 Arten der Gattung ***Lemonia: L. taraxaci*** Esp., Löwenzahnspinner; ***L. dumi*** L., Habichtskrautspinner [**L-18**]; die mit behaarten Warzen besetzten Raupen fressen an Korbblütlern, vor allem an Löwenzahn und Habichtskraut, verpuppen sich ohne Gespinst an oder in der Erde; Überwinterung als Ei.

Lepidoptera, Schmetterlinge; Ordnung der Insekten; Verwandlung vollkommen (Holometabola). Die Entwicklung beginnt fast stets aus den vom ♀ einzeln oder in artspezifisch geformten Gelegen an oder in der Nähe der Futterpflanze der Raupen abgesetzten Eiern; (Ausnahme: Lebendgebären bei einigen Vertretern der Tineoidea und Pieridae); Eischale (Chorion), gebildet von den Zellen der Eischlauch-(Ovariolen-) wand, oft mit feiner, regelmäßiger Oberflächenskulptur [**L-19**], am einen Ende mit

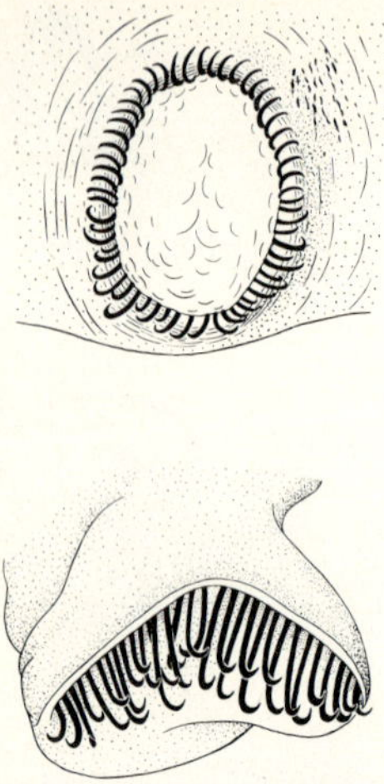

Abb. L-20: Abdominalbeine von Schmetterlingsraupen. Oben Kranzfuß ***(Cossus cossus)***, unten Klammerfuß ***(Eudia pavonia)***. (Henning 1948/52)

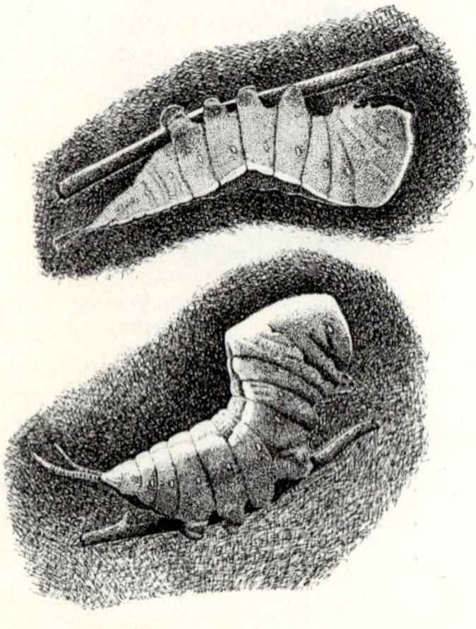

Abb. L-21: Raupe des Großen Gabelschwanzes, ***Cerura vinula.*** Oben in natürlicher Stellung und Beleuchtung; unten in »falscher« Stellung zum Licht. (de Ruiter 1956)

feinen Kanälchen zum Durchtreten der Samenfäden versehen (Mikropylenapparat). **Larve (Raupe** [z. B. **L-8**]) meist walzenförmig; am Kopf fast stets kräftige Kaumandibeln, die übrigen Mundteile, auch die Fühler, nur kurz und schwach (vgl. jedoch → Zeugloptera); an jedem der 3 Brustringe mit einem kurzen Beinpaar; Hinterleib mit einer wechselnden Zahl von meist ungegliederten Afterfüßen, meist am 3.–6. und als Nachschieber am 10. Ring, Zahl der Afterfüße jedoch oft geringer (bei den → Geometridae nur am 6. und 10. Ring); gänzlich fußlos z. B. manche im Inneren von Pflanzen minierende Raupen; Afterfüße am Ende mit Häkchen als Klammerapparat, bei einigen niederen Gruppen kranzförmig geordnet (Kranzfüße, Pedes coronati [**L-20**]), bei den meisten etwa als Halbkranz (Klammerfüße, Pedes semicoronati [**L-20**]); gegliederte und bekrallte Afterfüße bei den → Zeugloptera. Außerordentlich verschieden, aber für die Art bezeichnend, die nicht selten sehr bunte Färbung (chemisch sehr verschiedenartige Pigmente, teils in der Kutikula, teils in der Hypodermis, teils auch im Blut), sowie die Ausstattung mit Höckern, Warzen und Haaren; nicht selten verschiedene Raupenstadien der gleichen Art verschieden gefärbt; Verbergtrachten in manchen Gruppen sehr ausgeprägt, z. B. in der Zweigähnlichkeit vieler Spannerraupen (→ Geometridae); oder in der Anwendung des Prinzips der → Gegenschattierung [**L-21**], die bei richtiger Einstellung der Raupe (in manchen Fällen auch der Puppe) zum Licht deren Körper nicht walzenförmig, sondern flächenhaft erscheinen läßt; relative Schutzwirkung der Verbergtracht gegenüber natürlichen Feinden (z. B. Vögeln) experimentell nachgewiesen, ebenso die Schutzwirkung einer auffälligen Warntracht in Verbindung mit schlechtem Geschmack z. B. bei den Raupen von ***Thyria jacobaea*** L. (→ Arctiidae 12) und von → Zygaenidae. Hautdrüsen verbreitet, verschieden nach Lage und (keineswegs immer bekannter) Funktion; Beispiele: die Rückendrüsen bei manchen in Ameisennestern hausenden Bläulingsraupen (→ Lycaenidae), sondern ein Sekret ab, das von den Ameisen aufgeleckt wird; Gabelschwanzraupen (→ Notodontidae) spritzen bei Störung aus einer Brustdrüse ein essigsäurehaltiges Sekret; verbreitet mit Giftdrüsen in Verbindung stehende, leicht abbrechende, oft mit Widerhaken versehene Brennhaare rufen auf der Haut des Menschen Entzündungserscheinungen hervor, am bekanntesten bei den Raupen der Prozessionsspinner (→ Thaumetopoeidae) und beim Schwammspinner (→ Lymantriidae);

Raupen der → Papilionidae stülpen bei Störung im Nackenbereich einen gegabelten, drüsigen Schlauch (Nackengabel, Osmeterium, [**L-22**]) aus, an dessen Oberfläche Buttersäure als Wehrsekret abgesondert wird; schwach oder auch stark toxische, cyanhaltige Verbindungen (z. B. β-Cyanalanin) enthält das Wehrsekret und die Haemolymphe von Raupen der → Zygaenidae. Allgemein verbreitet sind Spinndrüsen (= Labialspeicheldrüsen), die als 2 Schläuche in Windungen den Körper durchziehen und auf einem Zapfen der Unterlippe unpaar ausmünden, rudimentär oder fehlend bei den Raupen der Schwärmer (→ Sphingidae) und mancher Eulen (→ Noctuidae) und Bärenspinner (→ Arctiidae); Raupen mit Spinndrüsen ziehen in vielen Fällen (immer?) einen Spinnfaden beim Laufen; Herstellen von Gespinstnestern bei zeitweilig oder ständig gesellig lebenden Raupen; in einigen Gruppen werden körperfremde Stoffe zu einem köcherartigen Gebilde zusammengesponnen, in dem die Raupe haust (z. B. → Psychidae; → Coleophoridae; → Incurvariidae); ein hormonaler Einfluß auf das Spinnverhalten ist nachgewiesen z. B. bei der großen Wachsmotte (→ Pyralidae 2): die Raupe baut unter dem Einfluß des Juvenilhormons (aus den Corpora allata) typische larvale Wohnröhren, unter dem Einfluß des Verpuppungshormons (Ecdyson; aus den Prothorakaldrüsen) den Puppenkokon (s. u.); bei manchen Raupen mit schwachem oder fehlendem Spinnvermögen ist die Wand der in einer Erdhöhle liegenden Puppe durch eine sekretartige Flüssigkeit (Herkunft?) verhärtet. Ernährung fast ausschließlich pflanzlich; Nahrungsspezialistentum bisweilen sehr ausgeprägt, bedingt (immer?) durch die Vorliebe für bestimmte Inhaltsstoffe der Futterpflanze (vgl. z. B. → Pieridae); es kommt vor, daß die Raupen einer Art in verschiedenen Teilen des Verbreitungsgebietes verschiedene Futterpflanzen bevorzugen; das Finden der richtigen Futterpflanze ist den Raupen oft weitgehend abgenommen durch die Wahl des ♀, das die Eier an oder in der Nähe der Futterpflanze ablegt (vgl. u. a. → Pieridae); als Futter dienen in der Regel nur bestimmte Teile der Futterpflanze; die Raupen befressen die Pflanze meist von außen, in manchen Gruppen im Innern, z. B. minierend in Blättern (z. B.

Abb. L-22: ***Papilio machaon***, Schwalbenschwanz. Vorderende der Raupe mit ausgestülpter Nackengabel.

→ Nepticulidae), oder in der Rinde (manche → Gracilariidae), oder in Knospen (manche → Yponomeutidae und → Coleophoridae), oder Wurzeln (z. B. → Hepialidae); an untergetauchten Wasserpflanzen leben die Raupen einiger Zünsler (→ Pyralidae); verschiedene Generationen der gleichen Art fressen manchmal in verschiedenen Teilen der Futterpflanze. Ernährung von tierischen Stoffen kommt teils mehr gelegentlich (sog. Mordraupen mancher Eulenfalter und Bläulinge überfallen mitunter andere Raupen oder auch Puppen), teils regelmäßig: z. B. bei den Raupen der Kleidermotte (→ Tineidae) und der Wachsmotten (→ Pyralidae) vor; die Raupen von Eulen der Gattung ***Thalpochares*** fressen Schildläuse; manche in Ameisennestern lebende Raupen von Bläulingen scheinen Larven und Puppen ihrer Wirte zu verzehren; einzigartig die Raupen der auf Hawaii heimischen Geometriden-Gttg. ***Eupithecia:*** sie lauern in starr gestreckter Haltung regungslos auf landende Insekten, schlagen mit den dornenartig bewehrten Thoraxbeinen blitzschnell zu und verzehren die Beute dann restlos. Die Raupe ist ausgesprochenes Freßstadium, mit meist raschem Wachstum zwischen den Häutungen; die Zahl der Häutungen ist artspezifisch verschieden, 2–10, häufig 4–5, wechselt zuweilen auch individuell, oder ♀-Raupen häuten sich öfter als ♂ Raupen; vor der Häutung wird das Fressen eingestellt, in manchen Fällen ein eigenes Häutungsgespinst hergestellt; die durch die Gestaltung des Enddarms bedingte Form der Kotballen ist oft kennzeichnend für die Art; auch die Dauer des Raupenlebens wechselt je nach Art, z. T. auch bei verschiedenen Generationen der gleichen Art; nicht selten Überwinterung im Raupenstadium. Zur **Verpuppung** wird oft ein vom Freßplatz

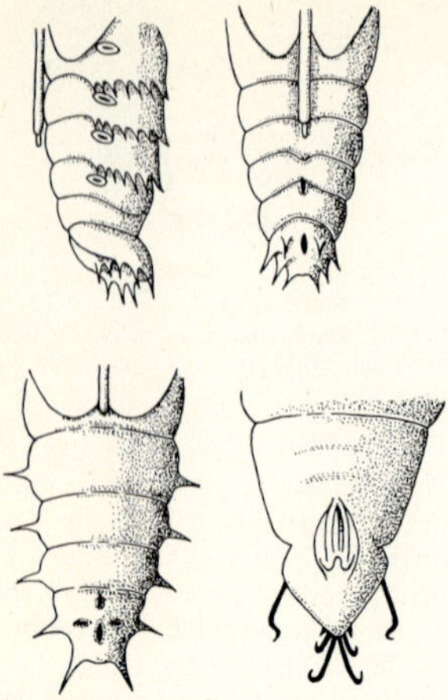

Abb. L-23: Cremaster von ***Zygaena filipendulae*** (oben), ***Polia dentina*** (unten links) und ***Selene bilunaria*** (unten rechts). (Forster, Wohlfahrt 1954/81)

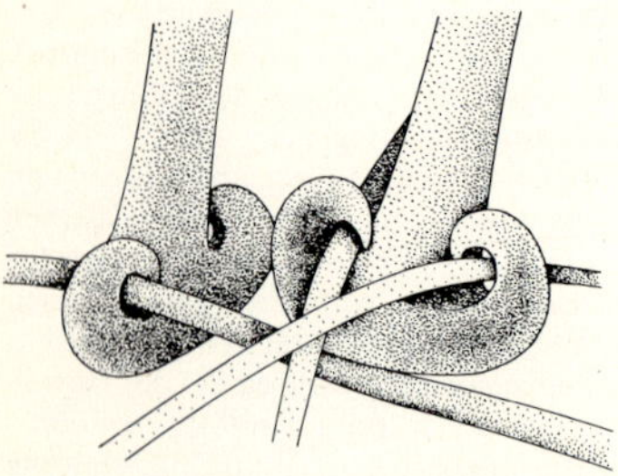

Abb. L-24: Anker vom Cremaster der Puppe eines neotropischen Falters mit in die Ösen eingefädelten Gespinstfäden. 2000 ×. (Schremmer 1978)

der Raupe u. U. weit entfernter Platz aufgesucht und mit Spinnfäden, zuweilen unter Verwendung von Fremdmaterial, hergerichtet, nicht selten als sehr kunstvoller Gespinstkokon; die Gespinstseide, hergestellt von den zu Spinndrüsen differenzierten Labialdrüsen der Raupe, besteht aus dem Protein Serofibroin (aufgebaut aus den Aminosäuren Alanin, Glycin und Tyrosin); 5 Grundtypen des Gespinstaufbaus: a) reine Serofibroingespinste (z. B. Seidenspinner), b) Serofibroingespinste mit Einschlüssen von Fremdkörpern (Steinchen, Pflanzenteilen, Haaren; z. B. ***Dasychira***, → Lymantriidae) , c) Kokons mit kristallinen Einlagerungen (→ Zygaenidae), d) Kokons mit amorphen Einlagerungen und e) Gespinste mit einer nachträglichen Auflagerung von Kristallsubstanzen auf die einzelnen Fäden (bei ***Malacosoma***, → Lasiocampidae); vor der Häutung zur Puppe tritt zuweilen eine Farb- und Gestaltveränderung auf, auch ein Kleinerwerden durch Abgabe von Kot; auffallend ist die Farbanpassung der frei hängenden Gürtelpuppe des Kohlweißlings (→ Pieridae) an den Untergrund, bewirkt durch das über die Augen wirkende Licht bei der verpuppungsreifen Raupe. Die **Puppe** ist in den meisten Gruppen eine typische Mumienpuppe (Pupa obtecta): die Scheiden für die imaginalen Extremitäten und für die Flügel sind mit dem Rumpf verkittet, mäßige Beweglichkeit im Bereich zumal des 5. und 6. Hinterleibsringes; bei einigen Gruppen (z. B. → Hepialidae, → Cossidae, → Aegeriidae, → Zygaenidae) stecken manche imaginale Körperanhänge noch in nicht mit dem Rumpf verklebten Scheiden (Pupa semilibera), die etwas stärkere Beweglichkeit des oft mit Dornen besetzten Hinterleibs ermöglicht ein Herausschieben der Puppe aus dem Puppenlager; Scheiden der Körperanhänge frei und die noch mehr oder weniger gut ausgebildeten Mandibeln auch in der Puppe beweglich (Pupa dectica) bei einigen sehr primitiven Gruppen (→ Zeugloptera, → Eriocraniidae); auffallend der Silber- oder Goldglanz mancher Nymphaliden- und Danaidenpuppen, insbesondere der tropischen Gttg. ***Euploea*** (Danainae); der Metalleffekt kommt ausschließlich durch Interferenz an der feingeschichteten Kutikula zustande (bis zu 250, jeweils nur 0,15 µm dicke Doppellagen aus Chitinarthropodin bzw. Wasser; nach der Häutung oder dem Tod der Puppe verschwindet mit dem Verdunsten des Wassers der Farbeffekt). Bezeichnendes Puppenorgan: der Cremaster am Hinterleibsende [**L-23, L-24**], ein in der Regel artspezifisch gestaltetes System von Borsten, Stacheln oder Widerhaken, dient häufig der Verankerung im Verpuppungsgespinst; (→ Gürtelpuppe [**L-25**]; → Stürzpuppe [**L-26**]). Geschlechtsunterschiede sind schon bei der Puppe an der Lage der als Furchen angedeuteten Geschlechtsöffnungen erkennbar, zuweilen auch an der Größe (♀ > ♂) und an der Gestalt der Fühler- und Flügelanlagen. Dauer des

Puppenlebens artspezifisch (z.T. auch bei der gleichen Art) verschieden, wenige Tage bis mehrere Jahre, zumal, wenn die Puppe mehrere Winter »überliegt« (→ Diapause; → Überliegen); zuweilen deutlicher Einfluß von Kurz- bzw. Langtagsbedingungen auf die Entwicklung (→ Nymphalidae 8). Bei Verpuppung im Kokon wird dieser u.U. kurz vor der letzten Häutung schon von der beweglichen Puppe verlassen (z.B. → Zygaenidae), meist aber durch den frisch geschlüpften Falter, teils durch Aufweichen des Gespinstes mit Vorderdarmflüssigkeit, teils durch vorgebildete Öffnungen (z.B. → Saturniidae) oder Bruchstellen (→ Cochlidiidae). Bei der Häutung zum Falter wird die Puppenhaut an vorgebildeten Nähten an Kopf und Vorderkörper gesprengt [**L-27**]; die Schlüpfzeit ist bei manchen Arten tageszeitlich gebunden, gegen Morgen (z.B. Forleule) bzw. gegen Abend (z.B. Mehlmotte). **Imago:** kurz nach dem Schlüpfen Abgabe eines bisweilen durch Ommochrome lebhaft rot gefärbten »Puppenharns« (Meconium); das Strecken der zunächst noch gefalteten Flügel dauert meist weniger als eine halbe Stunde, das anschließende Erhärten meist einige Stunden. Wesentliche Kennzeichen: a) die meisten Mundteile weitgehend oder ganz rückgebildet mit Ausnahme der 3gliedrigen Lippentaster und des bisweilen außerordentlich langen Saugrüssels, geeignet zum Aufsaugen auch verborgenen Blütennektars, gebildet von den je als Halbrohr gestalteten, sich zu einem Saugrohr ergänzenden Außenladen (Galeae) der Maxillen; bei den primitiven → Zeugloptera (ähnlich bei den → Eriocraniidae) sind noch funktionierende Mandibeln und typisch gestaltete Maxillen vorhanden, sind die Außenladen noch nicht zum Saugrüssel verlängert; die Gliederung der Saugrüsselkutikula gestattet das spiralige Einrollen zur Ruhelage (bedingt durch die Elastizität der Kutikulastrukturen) und das Strecken zur Sauglage (bedingt durch Muskelgruppen im Rüssel, vielleicht zugleich durch Blutdruck); in manchen Gruppen ist der Rüssel stark verkürzt oder fehlt ganz (z.B. → Hepialidae), dann keine Nahrungsaufnahme; (einige tropische Arten können den Rüssel zum Blutsaugen sogar in die Wirbeltierhaut einstechen). b) Beschuppung der meist gut ausgebildeten Flügel; die Schuppen sind flach (gleichsam flachgedrückte

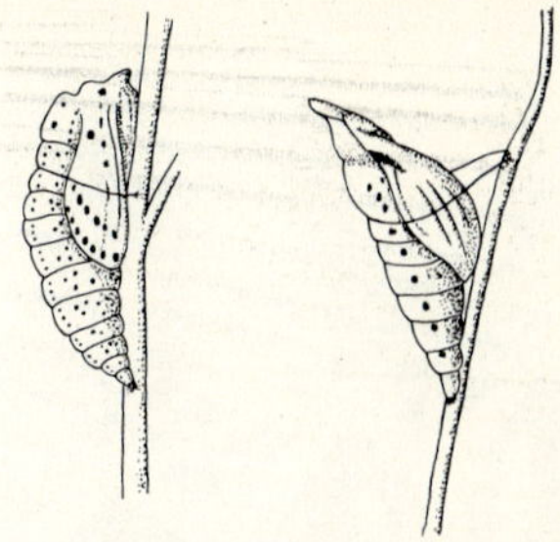

Abb. L-25: Gürtelpuppen vom Baumweißling, ***Aporia crataegi*** (links) und Zitronenfalter, ***Gonepteryx rhamni*** (rechts). (Forster, Wohlfahrt 1954/81)

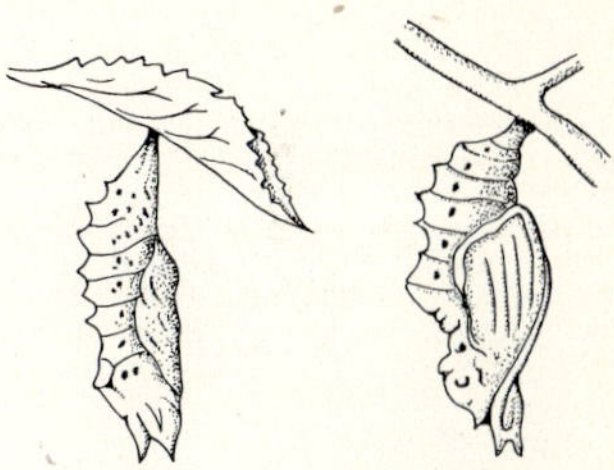

Abb. L-26: Stürzpuppen vom Kleinen Fuchs, ***Aglais urticae*** (links) und Kaisermantel, ***Argynnis paphia*** (rechts). (Forster, Wohlfahrt 1954/81)

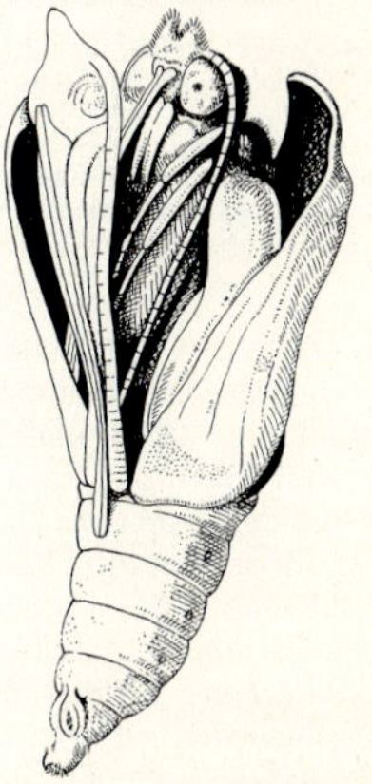

Abb. L-27: ***Pieris brassicae***, Kohlweißling. Falter schlüpft. (Forster, Wohlfahrt 1954/81)

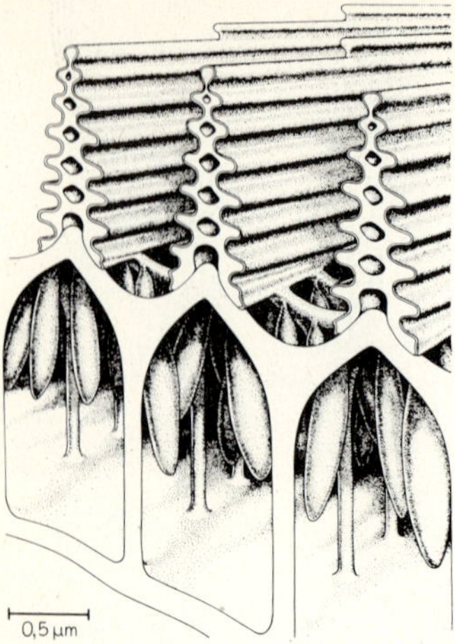

Abb. L-28: Teil einer Ultraviolett reflektierenden Schuppe von ***Eurema lisa.*** Die gerillten Leisten wirken wie ein Interferenzfilter und sind für die UV-Reflexion verantwortlich. Die flaschenförmigen Gebilde im lufterfüllten basalen Hohlraum der Schuppe sind Pigmentkörner, die die Gelbfärbung des Falters bedingen. (Ghiradella et al. 1972)

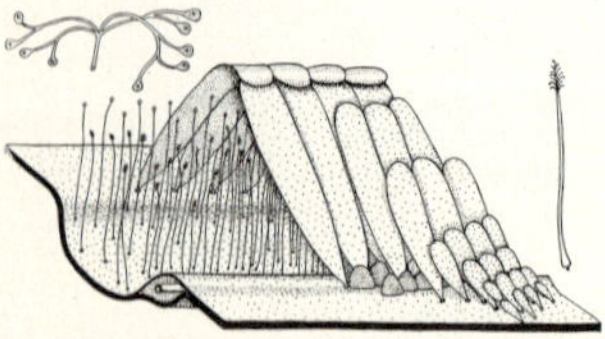

Abb. L-29: ***Argynnis paphia,*** Kaisermantel. ♂, Vorderflügel; schematischer Schnitt durch den mit Duftschuppen besetzten Teil, überdacht von Deckschuppen. Teilansicht. Rechts einzelne Duftschuppe. Links oben stark vergrößertes verzweigtes Ende einer Duftschuppe mit offenen Poren. (Bourgogne 1951)

Haare), auf Ober- und Unterseite der Flügel gelenkig eingesetzt; die Schuppe ist also ein Hohlgebilde, mit Ober- und Unterseitenlamelle, beide sind durch Säulchen miteinander verbunden; zumal die Oberseitenlamelle zeigt oft eine verwickelte Skulptur und ist durchlöchert; die so bezeichnende artspezifische Färbung und Zeichnung der Flügel ist weitgehend bedingt durch die Verteilung verschieden gefärbter bzw. gestalteter Schuppen (oft Deckschuppen über einer Lage von Tiefenschuppen); danach unterscheidbar Pigment- und Strukturfarben; Pigmentfarben sind bedingt durch in den Schuppen abgelagerte Farbstoffe sehr verschiedenen chemischen Aufbaus, z. B. Melanine und Ommochrome (gelbbraun bis schwarz), bei den Pieridae verschieden getönte Pterine, gelegentlich Flavone, Anthocyane und Carotinoide (wohl aus der Pflanzennahrung der Raupen); die Pigmente werden aus Vorstufen in den Schuppen synthetisiert; typische Strukturfarben sind die Schillerfarben durch Interferenz an feinster Schichtung der Kutikula teils der Ober-, teils der Unterseitenlamelle von → Schillerschuppen; die verbreitete Reflexion von UV ist gebunden an Pigmente oder hervorgerufen durch Interferenz an Strukturen der Schuppenoberfläche [**L-28**]. Mit Duftstoffen liefernden Drüsenzellen in Verbindung stehende → Duftschuppen [**L-29**] sind verbreitet vorhanden, einzeln zerstreut oder in Gruppen vereinigt, zumal auf den Flügeln der ♂♂ mancher Tagfalter. Das Zeichnungsmuster auf den Flügeln ist oft untersuchtes Modell für biologische Musterbildung überhaupt, ein vielfach abgewandeltes Familienmuster ist feststellbar z. B. bei den → Nymphalidae, → Noctuidae und manchen → Geometridae. Zuweilen bleiben Teile der Flügelfläche unbeschuppt und glasartig durchsichtig (→ Aegeriidae, einige → Sphingidae); die bei manchen Arten bzw. Artgruppen so auffallenden Augenfleckenmuster können, bei Störung plötzlich vorgezeigt, auf manche natürliche Feinde, z. B. Vögel, abschreckend wirken (→ Nymphalidae 5; → Sphingidae 3); nicht selten sind ♂ und ♀ verschieden gefärbt, oder auch die Frühjahrsgeneration anders als die Sommergeneration (→ Saisondimorphismus); Melanismus: in der Regel wohl erblich bedingtes Auftreten mehr oder weniger stark verdunkelter Exemplare einer Art; bekannte Beispiele: Birkenspanner (→ Geometridae 18), dunkle ♀♀ des Kaisermantels (→ Nymphalidae 13); seltener ist der Ausfall dunkler Pigmente (Albinismus), so domestikationsbedingt bei der Zuchtform des Seidenspinners (→ Bombycidae). Mehr oder weniger starke Flügelrückbildung bei den ♀♀ kommt in mehreren Fam. vor (→ Psychidae; → Geometridae; → Lymantriidae). Die Beschuppung ist zum mindesten in manchen Fällen auch für das Fliegen von Bedeutung, sie verbessert die aerodynamischen Eigenschaften der Flügel. c) Bindevorrichtungen zwischen Vorder- und Hinterflügeln, wodurch beide Flügelpaare zu einer funktionellen Einheit werden; sie fehlen bei manchen Gruppen ganz (→ Saturniidae; → Lasiocampidae; → Lemoniidae; Tagfalter); ansonst zwei Haupttypen; Jugatae: Hinterrand der Vorderflügel mit lappenartigem Fortsatz (Jugum [**L-30**] oben), wird in der Ruhe nach vorn unter den Flügelrand geschlagen, legt sich im Flug auf den Vorderrand des Hinterflügels (→ Hepialidae), wird in manchen Fällen (→ Zeugloptera; → Eriocraniidae) hier verankert an einem Borstenbündel (Frenulum [**L-30**] oben links); Frenatae: eine Borste oder ein Borstenbündel am Vorderrand des Hinterflügels (Frenulum), greift hinter einen hakenartigen Lappen (♂) oder ein Haarbüschel (♀) auf der Unterseite des Vorderflügels (Retinaculum [**L-30**] unten). Die Vorderbeine sind bei vielen Tagfaltern (z.B. → Nymphalidae; → Satyridae; → Lycaenidae) mehr oder weniger verkürzt zu sog. Putzpfoten, in beiden Geschlechtern oder (Lycaenidae) nur beim ♂; die im deutschen Namen liegende Bedeutung ist vermutlich falsch; die Putzpfoten spielen als Sinnesorganträger u.U. offenbar eine Rolle beim Auffinden des richtigen Eiablageplatzes. Hörorgane (Tympanalorgane) treten bei Vertretern sehr verschiedener Gruppen auf, jedoch vor allem bei solchen, die vorwiegend in der Dämmerung oder nachts fliegen; sie liegen teils im hinteren Brustring (→ Notodontidae; → Lymantriidae; → Noctuidae; → Arctiidae; → Thaumetopoeidae), teils im ersten Hinterleibsring (→ Pyralidae; → Geometridae) und ermöglichen das Ausweichen vor den Ultraschallpeillauten der Fledermäuse; bei den Augenfaltern (→ Satyridae) liegt ein Tympanalorgan in der Basis der Vorderflügel. Die Fähigkeit und Neigung zum Fliegen ist außerordentlich verschieden, zuweilen auch bei ♂ bzw. ♀; es gibt alle Übergänge zwischen dem rasanten Flug z.B. der Schwärmer (Sphingidae; schlanke, am Vorderrand versteifte Vorderflügel), dem mehr flatternden Flug der Tagfalter (breite Flügel) und dem rudernden Flug der Kleinformen (Flügel am Rande oft behaart, zuweilen auch zerschlissen); der Wind wirkt oft hemmend auf die Neigung zum Fliegen; Aufheizen vor dem Start durch Muskelzittern, bei Tagfaltern durch »Adsorptionssonnen« (entweder in Seitenstellung bei zusammengeklappten, oder in Rückenstellung bei seitlich ausgebreiteten Flügeln), oder durch »Reflexionssonnen« (bei dem die nach oben in Sonnenrichtung ± weit auseinandergeklappten, ein breites oder enges V bildenden Flügel, die Wärmestrahlen ein- oder einigemale reflektieren, bis sie schließlich zum Körper gelangen). Nach der Tagesaktivität sind 2 Hauptgruppen unterscheidbar: a) Tagflieger: hierher gehören alle Tagfalter (Rhopalocera alter Systematik), ferner die → Hesperiidae, die → Zygaenidae sowie viele Vertreter verschiedener anderer Familien; b) Dämmerungs- und Nachtflieger; hierher gehören die meisten anderen Gruppen; führende Sinnesorgane sind bei den Tagfliegern die Augen, bei den Dämmerungs- und Nachtfliegern die auf den Fühlern gelegenen Riechorgane. Der Nahrungsflug der Tagfalter auf die Blüten wird optisch durch die Blütenfarbe gesteuert; auch Rot wird (im Gegensatz zu Bienen) von manchen Tagfaltern, z.B. Weißlingen, als Farbe gesehen; auffallend ist die spontane Vorliebe für Gelb und Blau, z.B. bei Nymphaliden, von Rot und Purpur z.B. bei Pieriden. Bemerkenswert ist der Sitz von Geschmacksorganen, außer im Bereich der Mundteile, an den Fußgliedern bei manchen Tagfaltern, sie erleichtern das Auffinden freiliegender süßer Pflanzensäfte und salzhaltigen Wassers; Saugen an feuchtem Sand, an flachen, oft jauchigen Pfützen zumindest bei Tagfaltern, z.B. bei Weißlingen, Ritterfaltern und Bläulingen nicht selten; attraktiv wirken im Wasser gelöste Natriumsalze; die Aufnahme von Natrium ist vermutlich die biologische Bedeutung dieses Saugens. Die Ruhehaltung der Flügel ist gruppenspezi-

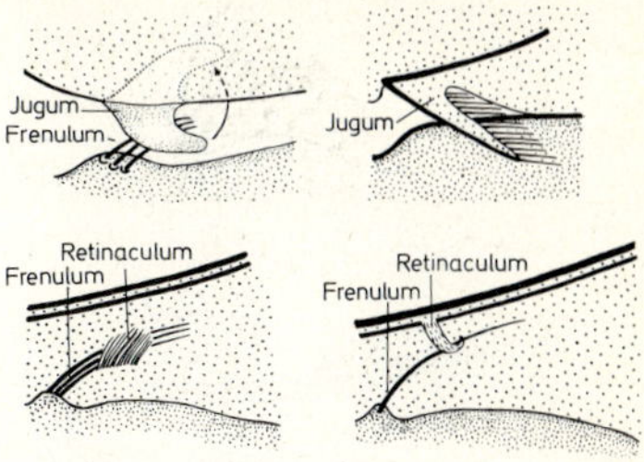

Abb. L-30: Bindevorrichtungen zwischen Vorder- und Hinterflügel. Vorderflügel jeweils oben. (Hennig 1964)

Abb. L-31: ***Polyommatus icarus***, Hauhechelbläuling. Ruhehaltung. (Forster, Wohlfahrt 1954/81)

Abb. L-32: ***Cidaria albicillata.*** Ruhehaltung auf Rinde. (Brauns 1964)

fisch verschieden; Tagfalter und einige Spanner: die Flügel sind über dem Rücken hochgeklappt, dann wird die nicht selten tarnfarbige Flügelunterseite sichtbar [**L-31**]; ähnlich die Dickköpfe (→ Hesperiidae); sehr häufig sind die Flügel mehr oder weniger steil dachförmig auf den Rücken gelegt, zuweilen (manche Mottenartige) geradezu um den Leib gewickelt, selten werden die Vorderflügel seitlich abgestreckt, die Hinterflügel darunter geborgen (→ Pterophoridae [**P-83**]; etwas nach hinten gezogen flachliegend bei den Spannern (Geometridae [**G-12**], wobei sich dann die Oberseitenmuster der Vorder- und Hinterflügel zu einem Gesamtmuster ergänzen. Erstaunlich bei Vertretern verchiedenster Gruppen das zuweilen hervorragende Passen des Gesamtmusters zu dem der Umgebung (Schutzfärbung [**L-32**]). Im Gegensatz dazu steht die sehr auffallende Färbung z.B. der → Zygaenidae, die durch schlechten Geschmack vor manchen durch Erfahrung gewitzten Feinden geschützt sind; (Warnfärbung; vgl. auch → Mimikry). Lautäußerungen kommen bei Vertretern verschiedener Fam. vor; Bedeutung der Laute und Mechanismus der Lauterzeugung nicht immer bekannt; Bärenfalter (→ Arctiidae) stören durch Ultraschallaute das Ortungssystem der sie jagenden Fledermäuse, ♂♂ von ***Thecophora fovea*** (→ Noctuidae) und die einiger → Pyralidae locken (und stimulieren ?) die ♀♀ durch Stridulationslaute; vermutlich als Ausdruck des Gestörtseins zu deuten ist beim begatteten ♀ von ***Parnassius mnemosyne*** L. (→ Papilionidae) das lauthafte Kratzen der Hinterbeine über dic Unterseite der Hinterflügel [**P-16**]; ebenso das bei Insekten wohl einmalige Fiepen des Totenkopfschwärmers (→ Sphingidae 4 [**S-72**]) durch Ausstoßen und Einsaugen von Luft aus dem bzw. in den Schlund. Fortpflanzung in der Regel zweigeschlechtlich; in einzelnen Gruppen jedoch auch gelegentlich oder regelmäßig Entwicklung unbesamter Eier (Parthenogenese; z.B. → Psychidae). Sichfinden der Geschlechter bei den Tagfliegern, insbesondere bei den Tagfaltern hauptsächlich durch das Auge; dabei kann die Hauptflügelfarbe (→ Satyridae, → Pieridae), auch das Muster der UV-Reflexion (→ Pieridae 2), u.U. auch das Flügelmuster des von dem ♂ angeflogenen ♀ eine Rolle spielen (→ Nymphalidae 13), nicht selten auch das Muster oder die Größe Ultraviolett reflektierender Flügelteile (→ Pieridae). Bei Dämmerungs- und Nachtfliegern wird sehr häufig das ♂ durch den Geruchssinn zum ♀ geführt (in manchen Fällen vielleicht auch durch Infrarotstrahlung, erzeugt durch das Wärme hervorbringende Arbeiten der Flugmuskulatur des ♀); damit im Zusammenhang sind zuweilen (z.B. manche Spinner und Spanner) die ♂♂ mit gefiederten, also mit mehr Riechorganen ausgestatteten Fühlern versehen [**G-26**]. Die ♀♀ aber besitzen am Hinterleib, zwischen dem 8. und 9. Segment, Drüsen, die oft nur wenige Tage nach dem Schlüpfen, bei manchen Arten (z.B. Schwammspinner) bis zum Lebensende als Sexuallocksstoffe wirkende Pheromone absondern; in der Lockstellung wird häufig das Hinterleibsende angehoben, nicht selten auch die Drüsen ausgestülpt (z.B. beim Seidenspinner), wobei die Lockstoffabgabe durch Haarbüschel an der Drüsenmündung (größere Verdunstungsoberfläche) unterstützt sein kann; der chemische Aufbau der schon in außerordentlicher Verdünnung wirksamen, oft aus mehreren Komponenten bestehenden Lockstoffe ist von etwa 200 (meist schädlichen) Arten bekannt; fast durchweg handelt es sich um mono- oder polyolefinische Alkohole (mit 7–21 Kohlenstoffatomen), deren Estern oder Aldehyden; der Lockstoff wirkt auf die nach dem ♀ suchenden ♂♂ (und nur auf diese und nicht auch auf die für den eigenen Lockstoff unempfindlichen ♀♀) stark erregend; die ♂♂ fliegen dann gegen den Wind (nicht entlang einem Duftgefälle), gelangen dabei u. U. aus einer Entfernung von einigen Kilometern zum ♀ und begatten es; chemisch und in ihrer Wirkung auf die ♂♂ sind die Lockstoffe teils streng artspezifisch, teils auch gruppenspezifisch: Versuchen, ♀-Sexuallockstoffe zum Bekämpfen von Pflanzenschädlingen (z.B. Nonne, Schwammspinner, → Lymantriidae; Traubenwickler, → Tortricidae) zu verwenden (Anlocken und Abtöten der ♂♂), blieb bisher ein durchschlagender Erfolg versagt. Seltener sind die ♂♂ die Lockstoffbildner; Duftorgane an den verschiedensten Körperstellen, auf den Flügeln (Duftschuppen), an den Antennen, den Beinen, dem Thorax und dem Abdomen, nicht selten sind es große, komplex gebaute, am Abdomenende ausstülpbare Pinsel oder haarbesetzte Schläuche (Coremata; → Arctiidae; → Danaidae); die männlichen Sexualphermone wirken anlockend und/ oder erregend (als »Aphrodisiaka«) auf die ♀♀ (→ Arctiidae; → Danaidae; → Hepialidae; → Nymphalidae; → Pieridae; → Pyralidae; → Satyridae); ihre genaue Funktion ist meist noch unbekannt; chemisch gehören sie verschiedenen Stoffklassen an; die Lockwirkung der ♀♀ kann nach der Verpaarung durch qualitative oder geringfügige quantitative Veränderungen in der Zusammensetzung des Lockstoffes in das Gegenteil umschlagen, die ♂♂ werden nun durch das Pheromon vom ♀ ferngehalten (z.B. → Coleophoridae 2); bei verwandten Arten wirken die Sexuallockstoffe auf die ♂♂ der jeweils anderen Art nicht selten abschreckend (z.B. → Lymantriidae 5). Bei manchen Tagfaltern kommt es zu einer ausgedehnten Balz des ♂ am ♀ und zu einem Zusammenspiel beider Partner bei der Begattung (→ Nymphalidae; → Satyridae). Das ♀ wird in der Regel nur einmal begattet; Begattungsstellung fast immer mit abgewandten Köpfen. Bemerkenswert ist die Neigung mancher Arten, und zwar Vertreter verschiedenster Gruppen, als → Wanderfalter bedeutende Entfernungen zu überwinden, z.B. aus dem Mittelmeerbereich über die Alpen nach Norden; hier ist auf die Dauer Fortpflanzung jedoch meist nicht möglich. Überwinterung ist in allen Stadien möglich, bezeichnend für die Art, aber auch bei nahe verwandten Arten zuweilen in verschiedenen Stadien. Viele Arten, Vertreter verschiedenster Fam. werden durch Raupenfraß schädlich an Kulturpflanzen im Garten, Feld und Wald, an Vorräten, z.T. auch an Stoffen tierischer Herkunft; sie werden jedoch dezimiert durch eine Unzahl von Feinden, zumal aus dem Reich der Insekten selbst (Schlupfwespen, Raupenfliegen). Von den über 150000 bisher bekannten Arten über 3000 in M-Eur.i.e.S., die einer großen Zahl von Fam. zugeordnet werden, diese wiederum, von verschiedenen Forschern freilich in verschiedener Weise, zu übergeordneten Kategorien zusammengefaßt (die alte grobe Einteilung in Groß- und Kleinschmetterlinge ist unbrauchbar); auf die Benennung der höheren Kategorien ist hier wegen der Uneinheitlichkeit der Auffassungen verzichtet; Auswahl: → Micropterygidae (Stellung umstritten; von manchen Forschern ganz aus der Ordng. Lepidoptera herausgenommen und als eigene Ordng. → Zeugloptera, näher den Trichoptera, betrachtet; oder auch als U.-Ordng. der Lepidoptera); → Eriocraniidae; → Hepialidae; → Nepticulidae; → Incurvariidae; → Adelidae; → Tischeriidae; → Heliozelidae; → Cossidae; → Tineidae; → Euplocamidae; → Plutellidae; → Gracilariidae (Lithocolletidae); → Phyllocnistidae; → Aegeriidae (Sesiidae): → Glyphipterygidae; → Psychidae; → Tortricidae; → Yponomeutidae; → Lyonetiidae; → Epermeniidae; → Heliodinidae; → Orneodidae; → Ochsenheimeriidae; → Oecophoridae: → Gelechiidae; → Elachistidae; → Momphidae; → Douglasiidae; → Scythrididae; → Coleophoridae; → Pteryphoridae; → Thyrididae; → Zygaenidae; → Hesperiidae; → Pyralidae; → Endromididae; → Lasiocampidae; → Bombycidae; → Lemoniidae; → Saturniidae; → Papilionidae; → Pieridae; → Satyridae; → Nymphalidae; → Danaidae; → Riodinidae (Erycinidae); → Lycaenidae; → Geometridae; → Drepanidae; → Thyatiridae (Cymatophoridae); → Syssphingidae; → Sphingidae; → Cochlidiidae (Limacodidae); → Heterogynidae; → Thaumetopoeidae; → Endrosidae; → Syntomididae (Amatidae); → Arctiidae; → Lymantriidae; → Nolidae; → Notodontidae; → Noctuidae. (Arms et al. 1974; Bestmann, Vostrowsky 1982; Blest 1957; Boppré 1984b; Bourgogne 1951; Bückmann 1959; Callaham 1966; Dierl 1969; Dumortier 1963; Eisner, Meinwald 1965; Eisner et al. 1969; Escherich 1923/42; Forster, Wohlfahrt 1954/81; Friedrich 1983; Ghiradella 1974: Ghiradella, Radigan 1976; Ghiradella et al. 1972; Hannemann 1956, 1968; Heinrich 1971; Heinrich, Bartholomew 1972; Ilse 1966; Jacobson 1965; Kawamoto et al. 1978; Kingsolver 1983, 1985; Kugler 1955; Montgomery, Sisson 1983; Nachtigall 1965a, 1967, 1977; Naumann 1977; Niehaus 1981; Nijhout 1980b; Portmann 1956; Priesner 1968, 1973b, 1984; Roeder 1966; de Ruiter 1956; Schwenke 1972/86; Schwink 1954; Schneider D. 1984; Schremmer 1978; Steinbrecht 1985; Wickler 1968; Wiedbrauk 1955; Witthohn, Naumann 1984).

Lepidosaphes; → Diaspididae 7; → Coccina.

Lepidostoma; → Sericostomatidae.

Lepismatidae; Lepisma; → Zygentoma 1.

Leptidae, Leptis; → Rhagionidae.

Leptidea; → Pieridae 7.

Leptinidae, Pelzflohkäfer; Fam. der Käfer (Coleoptera, Polyphaga); in M-Eur. i.e.S. nur 2, schwach pigmentierte, stets in Gesellschaft von Säugetieren lebende, augenlose und ungeflügelte Arten. ***Leptinus testaceus*** Müll., Mäusefloh (2 mm); augenlos; in Nestern von Mäusen, Maulwurf, zuweilen von Hamstern und Kaninchen, auch in alten Mäusegängen angelegten Hummelnestern und in Höhlen an Fledermauskot; Imagines gelegentlich im Fell der Mäuse, auf diese Weise verschleppt; Ernährung kaum bekannt, auch nicht die der Larven; nicht als Parasit der Mäuse zu bezeichnen, fressen wahrscheinlich verschiedenste organische Stoffe. Sehr selten ist der ähnliche aber etwas kleinere ***L. seriatus*** Dodero. Der früher hier eingereihte ***Platypsyllus castoris*** nun einer eigenen Fam. zugeordnet: → Platypsyllidae. (Freude 1971; Zahradnik 1985).

Leptinotarsa; → Chrysomelidae 8.

Leptinus; → Leptinidae.

Leptoceridae; Fam. der Köcherfliegen (Trichoptera); etwa 40 Arten in Mitteleuropa; die Imagines zart, häufiger an stehenden als an Fließgewässern; die ♂♂ mancher Arten in Schwärmen über dem Wasser, warten auf die dann bald nach dem Schlüpfen begatteten ♀♀; die eruciformen Larven, teils mit [**T-88,2**], teils ohne Kiemen, in der Regel in leicht gebogenen Köchern aus Sand, seltener aus Pflanzenteilen; die Larven mancher Arten (z.B. ***Triaenodes*** [**T-92,3**] mit den langen, behaarten Hinterbeinen zu hüpfendem Schwimmen fähig; häufig u.a.: ***Leptocerus aterrimus*** Steph. (Flsp. bis 22 mm, Larve [**T-88**]); ***Mystacides nigra*** L. (Flsp. bis 20 mm); ***Triaenodes bicolor*** Curt. (Flsp. bis 20 mm).

Leptogaster; → Asilidae.

Leptometopa; → Milichidae.

Leptophlebia; → Leptophlebiidae.

Leptophlebiidae; Fam. der Eintagsfliegen (Ephemeroptera); artenreich, kosmopolitisch. Mit 3 Schwanzfäden. Larven in stehenden und langsam fließenden Gewässern, im Bewuchs oder am Boden kriechend, nicht selten mit Sand oder Schlamm getarnt, oder auch schwimmend; mit 5–7 Paar blatt- bis fiederförmigen Kiemen. ***Leptophlebia marginata*** L. an Fließgewässern der Ebene; ***Habroleptoides modesta*** Hagen an Mittelgebirgsbächen.

Leptophyes; → Phaneropteridae 2.

Leptopterna; → Miridae 1.

Leptothorax; → Formicoidea.

Leptura; → Cerambycidae 11.

Leria; → Helomyzidae.

Lestes; → Lestidae.

Lestidae; Fam. der Libellen (Odonata, Zygoptera); in M-Eur.i.e.S. 2 Arten der Gattung ***Sympecma*** (Überwinterung als Imago; Paarung nach Überwinterung im Frühjahr) und 6 Arten der Gattung ***Lestes*** (Überwinterung als Ei); Körper der Imagines braun ***(Sympecma)*** oder metallisch grün ***(Lestes)***; Imagines und Larven an bzw. in kleinen stehenden Gewässern. Larven am Boden oder an Wasserpflanzen, träge; Dauer des Larvenlebens ca. 2 Monate, Gesamtentwicklungszeit ca. 1 Jahr; Zahl der Larvenstadien auch bei gleicher Art u.U. verschieden, bei ***Lestes sponsa***

Hans. z.B. 9, 10 oder 11, geringere Zahl bei günstigen Bedingungen. Mehrere ***Lestes***-Arten können zugleich am gleichen Platz fliegen; keine Fehlkopulationen, obwohl paarungswillige ♂♂, wenig wählerisch, auch falsche Partner anfliegen (♂♂ der gleichen Art, ♂♂ und ♀♀ anderer Arten) und mit den Zangen am Hinterleibsende oben zwischen Vorder- und Mittelbrust packen [**O-6**]. Greifzangen am Hinterleibsende der ♂♂ (insbesondere das untere Paar) artspezifisch verschieden gestaltet; das untere Zangenpaar liegt beim Griff auf dem Nacken des ♀; ein kopulationswilliges ♀ lehnt ein falsches ♂ ab, aber auch ein artgleiches ♂, dem die unteren Zangen abgeschnitten sind (nachgewiesen bei ***L. sponsa*** Hans. und ***L. virens*** Charp.); taktile Reize beim Zangengriff ermöglichen offenbar dem ♀ die richtige Entscheidung. Die ♂♂ der großen Binsenjungfer ***(Lestes viridis*** v.d.L.***)*** besetzen um die Mittagszeit als (halbkugelförmige) Reviere von ca. 0,5 bis 1,5 m Durchmesser Zweigspitzen von ufernahen Büschen und Bäumen, wobei die Ranghöhe der Revierinhaber (in kurzen Kommentkämpfen festgelegt) von unten nach oben zunimmt; die ♀♀ erscheinen nach der Stabilisierung der Reviere einzeln in 10 bis 15 m Höhe fliegend. Mehrere ♂♂ der höchsten Reviere starten gleichzeitig, verfolgen das ♀, bis es von einem gefaßt werden kann. Eiablage meist in Begleitung des ♂, das den Zangengriff beibehält, meist in Pflanzenteile über Wasser (***Lestes viridis***: fast stets in über Wasser hängende Zweige von Holzgewächsen, vor allem Weiden), seltener unter Wasser; Eier mit Legebohrer in das Substrat eingeschoben [**L-33**]. (Dreyer 1978; Loibl 1958; Robert 1959).

Lestodiplosis; → Itonididae 18.

Lethrus; → Scarabaeidae 5.

Leuchtkäfer; → Lampyridae.

Leuchtzirpen; → Fulgoridae.

Leucoma; → Lymantriidae 3.

Leucopomyia *(Leucopis)*; → Chamaemyiidae.

Leucorrhinia; → Libellulidae 2.

Leucospidae (= Leucospididae); Fam. der Hautflügler (Hymenoptera, Apocrita, Chalcidoidea); verhältnismäßig große, schwarz-gelb gezeichnete Arten, ausgezeichnet durch stark verdickte, bedornte Hinterschenkel und durch einen über den Rücken des Abdomens nach vorn gebogenen Legebohrer; Vorderflügel wie bei den Faltenwespen in Ruhe längs gefaltet; in M-Eur.i.e.S. nur 3 seltene, in Süd-E. häufigere Arten. Beispiel: ***Leucospis gigas*** [**L-34**], Parasit der Mörtelbiene ***Chalicodoma***; die ***Leucospis***-♀♀ erscheinen im Juni, nachdem die Mörtelbienen ihre Bautätigkeit abgeschlossen haben, landen, nach Suchflügen, auf den Bauten, betrillern deren Oberfläche Quadratmillimeter für Quadratmillimeter mit den Fühlern, suchen dabei geruchlich geleitet nach feinsten (bis zum Inneren der Zellen durchgängigen ?) Spalten, fahren, fündig geworden, den langen Legestachel aus (der Legeapperat ist äusserst kompliziert) und führen ihn im Verlauf von 20–60 min bis zu seiner Basis ein, sitzen dann zur Eiablage weitere 10–20 min auf dem ***Chalicodoma***-Bau; vor der Ablage oft Raufereien zwischen ♀♀, wobei versucht wird, die Konkurrentin mit den bewehrten Hinterbeinen zu fassen; während der Ablage bleiben die ***Leucospis***-♀♀ ungestört; ♂♂ in Europa äußerst selten, bisher nur einige aus Südfrankreich und eines aus Istrien bekannt; Entwicklung somit (fast) ausschließlich parthenogenetisch; die anfangs sehr bewegliche Larve verspeist im Verlauf von 17 Tagen die Wirtslarve (gegebenenfalls auch Eier und Larven der eigenen Art); die Imagines können (im IV und V des nächsten Jahres) erst nach den unparasitierten Mörtelbienen, die sich im selben Bau entwickelten, das Nest verlassen, da ihre Mundwerkzeuge zum Herausarbeiten aus der Tiefe des harten Mauerwerks ungeeignet sind. (Bergland 1934;

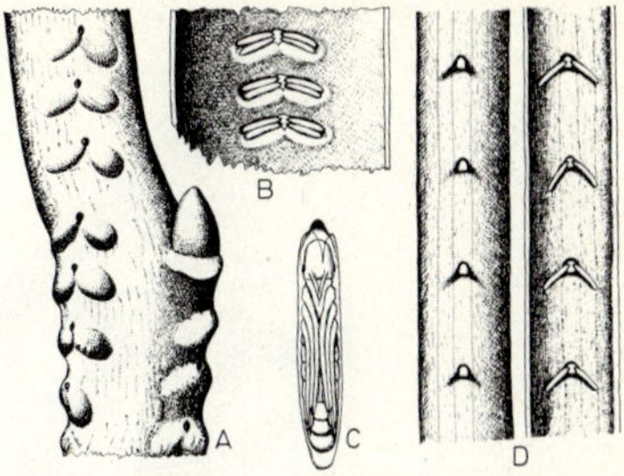

Abb. L-33: Gelege von Lestidae. A–C ***Lestes viridis***; A mehrere Gelege in einem Weidenzweig; B 3 Gelege auf der Innenseite der Rinde, Ei ca. 1,5 mm; C Prolarve noch im Ei; D ***Lestes sponsa***; Gelege in einem Schachtelhalm, links von außen, rechts von innen.

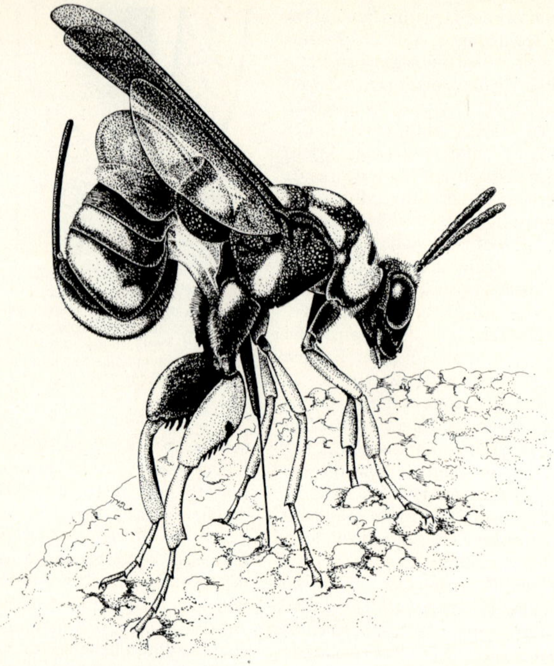

Abb. L-34: ***Leucospis gigas*** beim Einfahren des Legestachels in einen Mörtelbienenbau. (M.R.)

Domenichi 1953; Mühlenberg 1974; Renner 1988).

Leucospis; → Leucospidae.

Leuctra; → Leuctridae.

Leuctridae; Fam. der Steinfliegen (Plecoptera, Arctoperlaria-Euholognatha); in M-Eur.i.e.S. 23 kleine bis mittelgroße Arten, in beiden Geschlechtern mit gut ausgebildeten Flügeln; Flugzeit artspezifisch verschieden, ebenso die von den Larven bevorzugten Gewässer; mehrere Arten alpin, Larven dann sogar in Gletscherbächen; die fast wurmförmig schlanken Larven von ***Leuctra major*** Brinck bis zu 90 cm Tiefe im kiesigen Bodengrund von Bächen; häufig: ***L. inermis*** Kemp. (4–7 mm), stellenweise massenhaft.

Libellen; → Odonata.

Libellula; → Libellulidae 1.

Libellulidae, Segellibellen, Kurzlibellen (Larven gedrungen); Fam. der Libellen (Odonata, Anisoptera); in M-Eur.i.e.S. 22 Arten, einige davon sehr häufig; Abdomen teils gedrungen, breit, teils schlank; Legeapparat reduziert, ♂♂ ohne »Öhrchen«; **1.** Gattung ***Libellula,*** bei uns mit 3 stellenweise häufigen und recht stattlichen Arten mit relativ breitem und flachen Hinterleib; z. B. ***L. quadrimaculata*** L., Vierfleck, mittelgroß (Flsp. bis 8,5 cm), an jedem Flügel in der Mitte vorn ein dunkler Fleck, Hinterleib verhältnismäßig breit und flach; Überträger der Larve eines Saugwurms ***(Prosthogonimus)*** auf Hühner, lebt hier im Eileiter; Folge: Legen von Windeiern; Infektion durch Fressen von frischgeschlüpften oder kältestarren Imagines. Larve am Boden stehender Gewässer (z. B. Torfstiche), Entwicklungsdauer 2 Jahre; neigt zur Bildung von Wanderschwärmen. ***L. depressa*** L., Plattbauch, der vorigen ähnlich, blaue Wachsbereifung alter ♂♂ sehr auffallend; Gelege [**O-13**]; die Larven in Bachtümpeln eingegraben im Boden, Entwicklungsdauer 2 Jahre, 13 Larvenstadien; bei beiden Arten Kopulation in wenigen sec im Flug. **2.** Gattung ***Leucorrhinia,*** Moosjungfern; fliegen vor allem in moorigem Gelände, die

Imagines ausgezeichnet durch weißes Gesicht, fliegen bereits im Frühling oder Frühsommer, manche Arten noch nördlich des Polarkreises; Eiablage durch Auftupfen des Hinterleibes auf die Wasseroberfläche, ohne begleitendes ♂; die Larven vor allem in Torfgewässern, zum mindesten bei manchen Arten an saures Wasser gebunden; Gesamtentwicklungsdauer wohl meist 2 Jahre; 5 Arten in M-Eur.i.e.S.; Beispiel ***L. dubia*** v.d.L., Kleine Moosjungfer (Flsp. bis 6 cm). **3.** Gattung ***Orthetrum*,** Blaupfeile; der verhältnismäßig schmale Hinterleib bei alten ♂♂ oben stark blau bereift, schwach zuweilen auch bei alten ♀♀; Lebensweise, Eiablage und Entwicklung, soweit bekannt, ähnlich wie bei ***Leucorrhinia*,** fliegen jedoch später, im Sommer; höchstens 4 Arten in M-Eur.i.e.S.; Beispiel: ***O. cancellatum*** L., Großer Blaupfeil (Flsp. bis 9 cm). **4.** Gattung ***Sympetrum*,** Heidelibellen; fliegen im Spätsommer bis Herbst; das ♂ behält das ♀ auch bei Eiablage (Auftupfen des Hinterleibs auf die Wasseroberfläche [**O-11**]) mehr oder weniger lange im Zangengriff; spät abgelegte Eier überwintern, sonst die Larven, die sich vor allem zwischen Wasserpflanzen aufhalten; Gesamtentwicklungsdauer ein Jahr; in M-Eur.i.e.S. 9 z.T. sehr häufige Arten; Beispiel: ***S. pedemontanum*** All., Gebänderte Heidelibelle (Flsp. bis 5,5 cm), ausgezeichnet durch eine dunkle Mittelbinde quer über beide Flügel. (Rietschel 1969; Robert 1959; Schiemenz 1953).

Libelluloidea; von manchen Autoren so benannte Üb.-Ordng. der Insekten; einzige Ordng. → Odonata, Libellen.

Liburnia; → Delphacidae.

Lidmücken; → Blepharoceridae.

Lieschgrasfliegen, ***Amaurosoma*** sp.; → Cordyluridae 3.

Ligusterlaus, ***Myzodes ligustri*** Mosl.; → Aphididae 20.

Ligusterschwärmer, ***Sphinx ligustri*** L.; → Sphingidae 6.

Lilienhähnchen, ***Lilioceris lilii*** Scop. und ***L. merdigera*** L.; → Chrysomelidae 2.

Lilioceris; → Chrysomelidae 2.

Limacodidae: → Cochlidiidae.

Limenitis; → Nymphalidae 2.

Limnebius; → Hydraenidae.

Limnephilidae; artenreiche Fam. der Köcherfliegen (Trichoptera); weltweit über 800, in M-Eur. ca. 120, die Gattung ***Limnephilus*** allein mit gut 30 z.T. häufigen Arten;

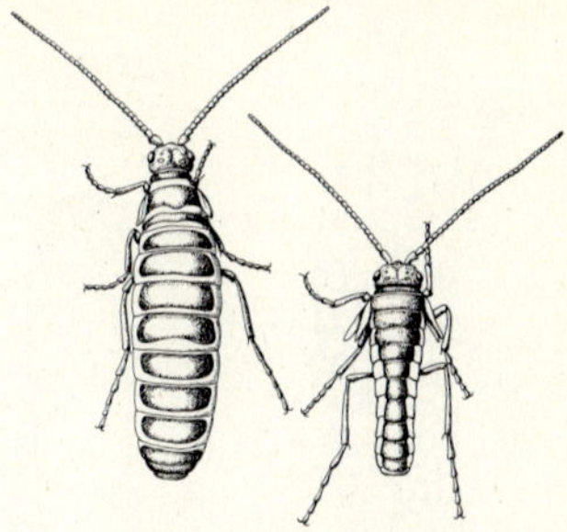

Abb. L-35: ***Enoicyla pusilla.*** ♀, links vor (8 mm), rechts nach (5 mm) der Eiablage. (Brauns 1964)

Eiablage über Wasser oder in der Nähe von Wasser, in das die stets köchertragenden eruciformen Larven dann eingespült werden bzw. einwandern; Tracheenkiemen stets vorhanden; sehr verschiedenes Köcherbaumaterial, manchmal auch bei der gleichen Art [**T-92, T-93, T-94**]; bei manchen Arten im Laufe des Larvenlebens regelmäßig Wechsel des Baumaterials (z.B. ***Potamophylax latipennis*** Curt.: zuerst Pflanzenmaterial, dann Steinchen); sehr häufig u.a.: ***Limnephilus flavicornis*** Fbr. (Flsp. bis 37 mm); ***Anabolia nervosa*** Leach. (Flsp. bis 34 mm); bezeichnend die Belastungsstäbchen am Köcher [**T-93,2**]; ***Stenophylax stellatus*** Curt. (Flsp. bis 45 mm); hierher auch die (in Europa 3) Vertreter der Gattung ***Enoicyla*,** bei uns am häufigsten ***E. pusilla*** Burm.; bemerkenswert einerseits durch den starken Geschlechtsunterschied (♂ normal geflügelt, Flsp. ca. 12 mm; ♀ mit Flügelstummeln [**L-35**]); andererseits durch das Leben der Larven außerhalb des Wassers, in der Bodenschicht von Laubwäldern, wo die Larven (evtl. auch die Eier?) in der unteren Grasschicht überwintern; Köcher [**L-36**] aus Sandkörnchen mit eingebauten Pflanzen- und Kotteilchen; fressen vor allem Fallaub, auch Baumflechten und Moos; offenbar Hautatmung, keine Kiemen, Tracheensystem geschlossen; larvale Sommerruhe im hinten verschlossenen Köcher, Verpuppung VII bis IX in einer Höhle in ca. 5 cm Tiefe, zuvor Köcher auch vorne verschlossen, wie bei den im Wasser lebenden Verwandten; IX–X: Puppe arbeitet sich an die Oberfläche vor, dann Häutung zur Imago; das flugfähige ♂ sucht (wie angelockt?) das ♀ auf, Kopula; Eiballen (30–90 Eier in Gallerte)

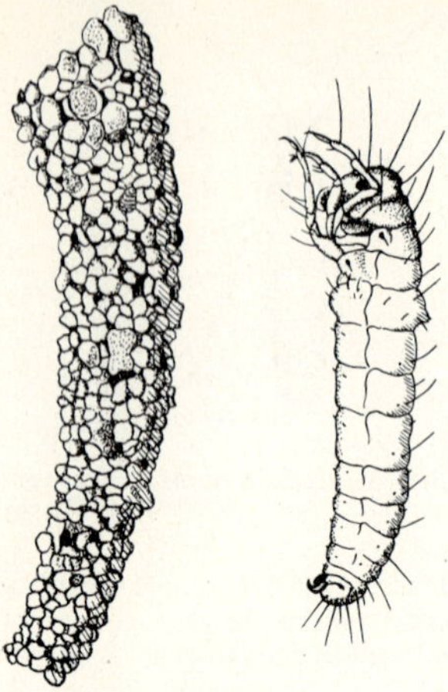

Abb. L-36: ***Enoicyla pusilla,*** Köcher, 8 mm und Larve, 6 mm. (Brauns 1964)

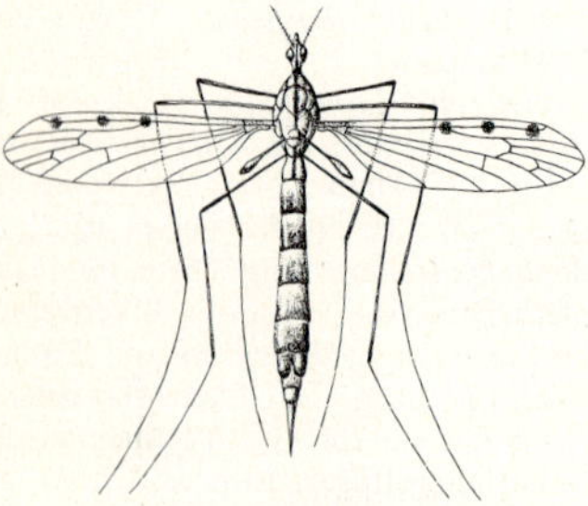

Abb. L-37: ***Limnobia tripunctata,*** eine Stelzmücke. ♀, ca. 11 mm. (Séguy 1951)

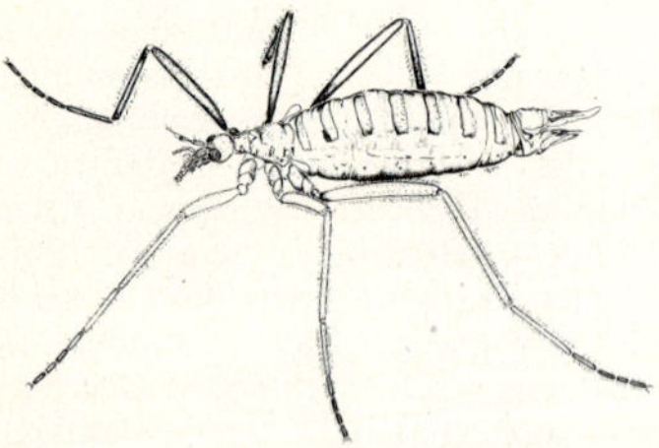

Abb. L-38: ***Chionea lutescens,*** »Schneemücke«; ♀. 7,5 mm. (Original Bürgis 1987)

Abb. L-39: ***Dicranota bimaculata.*** Larve, ca. 20 mm. (Wesenberg-Lund 1943)

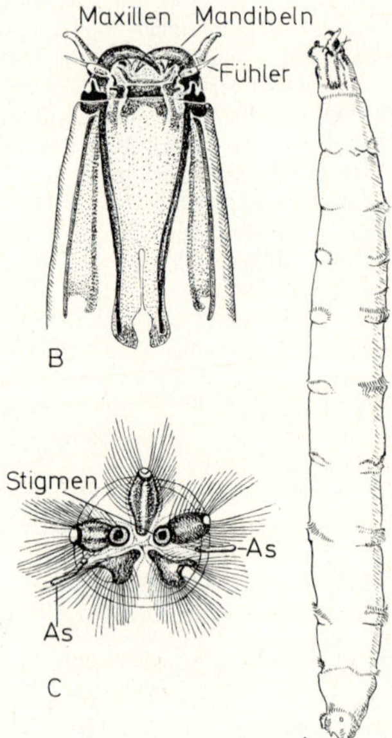

Abb. L-40: Limoniiden-(Stelzmücken-)Larven. A terrestrische Form, 8 mm; B Kopf einer Larve, hemicephal; C Hinterende mit behaarten Lappen um die beiden Stigmen herum (metapneustisch), As zwei Analschläuche. (Brauns 1954)

Abb. L-41: ***Pedicia rivosa.*** Larve. 2 ×. (Hynes 1970)

in der oberen Humusschicht. (Engelhardt 1955; Günther 1968; Kelner, Pillault 1960; Mey 1983; Wesenberg-Lund 1943; Zintl 1970).

Limnephilus: → Limnephilidae.

Limnia; → Sciomyzidae.

Limnobiidae; → Limoniidae.

Limnophora; → Muscidae 7.

Limnoxenus; → Hydrophilidae.

Limonia; → Limoniidae.

Limoniidae, (Limnobiidae), Stelzmükken, Sumpfmücken; Fam. der Mücken (Diptera, Nematocera; manchmal als U.-Fam. der → Tipulidae betrachtet); Habitus schnakenähnlich [**L-37**]; erreichen bisweilen stattliche Größe (***Pedicia rivosa*** L.: bis 25 mm); Flügel in Ruhe wie die Messer einer geschlossenen Schere übereinander auf dem Rücken; manche Arten (z.B. ***Dicranomyia***) zeigen »in Ruhe« ein ständiges Zittern; niemals blutsaugend, lecken wohl Pflanzensäfte auf; tanzen zuweilen in Schwärmen, manche Arten auch an warmen Wintertagen (»Wintermücken«; → auch Petauristidae). In beiden Geschlechtern flügellos (aber mit Schwingkölbchen; Flugmuskeln zurückgebildet) die kleinen langbeinigen »Schneefliegen« (besser »Schneemücken«) der Gattung ***Chionea*** [**L-38**], Imagines IX–IV, gelegentlich auf Schnee, Temperaturoptimum nahe 0°; Ernährung unbekannt; Eiablage wohl ähnlich wie bei den Schnaken, teils im Wasser, teils in den Boden. Recht verschiedenartig nach Gestalt und Lebensweise die Larven [**L-39**]; nicht selten reine Hautatmung, in der Regel aber das hinterste Stigmenpaar offen und von 5 (oder 4) manchmal behaarten Fortsätzen umgeben ([**L-40**]; bei den Larven der → Tipulidae meist 6 Fortsätze), jedoch kommen Rückbildungen vor; die ebenfalls vorhandenen Analschläuche dienen (wohl) der Osmoregulation (→ Chloridepithel); behaarte Kriechwülste, zuweilen auch mit Häkchen besetzte Füßchen vorhanden; die Larven mancher Arten terrestrisch, befressen die sich zersetzenden Pflanzenstoffe in der Laubstreu, unter Rinde, in Stubben (zuweilen je nach Art bestimmte Hölzer bevorzugt); andere in Baumschwämmen (z.B. ***Limonia quadramaculata*** L.); im Sand von Quellen und Bächen die bis 40 mm langen Larven von ***Pedicia rivosa*** L. [**L–41**] mit blasenartig schwellbarem Hinterende zum Verankern beim Graben im Sand; die Larven einiger Arten gesellig in gemeinsamem Gespinst; in rieselndem Quellwasser die Larve von ***Thaumastoptera calceata*** Mik., in einem aus Pflanzenteilchen zusammengesponnenen Köcher ähnlich einem Brillenfutteral, weidet den Algenbelag ab, im Köcher auch Verpuppung [**L-42**]; die Larven vieler Arten im Wasser, in der Schlammschicht, teils Detritusfresser, teils räuberisch, z.B. die mit kräftigen Mandibeln versehene Larve von ***Dicranota bimaculata*** Schumm. [**L-39**], die im Schlamm von klaren Bächen, sich mit 5 Füßchenpaaren geschickt bewegend, vor allem auf Würmer (***Tubifex***) Jagd macht; die Hinterstigmen dorsal an der Basis der beiden schlanken Körperfortsätze; (ob das bei den schlammbewohnenden Larven jederseits am Endsegment vorhandene bläschenförmige, eingestülpte Organ wirklich die Funktion einer Statozyste hat, bedarf wohl einer weiteren Untersuchung); die nicht selten recht beweglichen Puppen in der Regel am Fraßplatz der Larven; meist wohl eine Generation im Jahr. Einige hundert Arten in Mitteleuropa. (Brauns 1954, 1964; Bürgis 1982; Engelhardt 1955; Hynes 1970; Lindner 1959; Schumann 1968; Séguy 1951; Strübing 1958a; Wesenberg-Lund 1943).

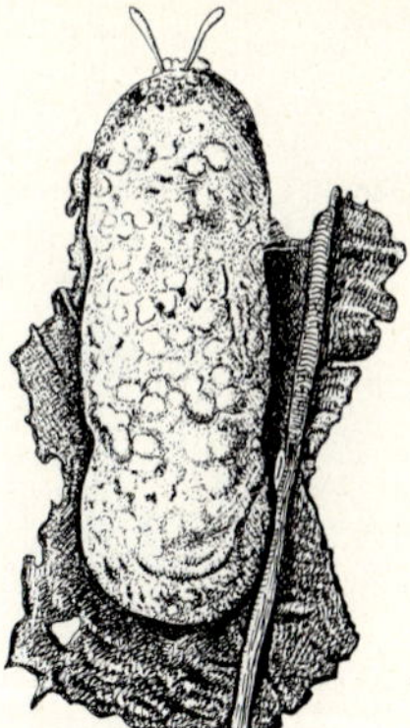

Abb. L-42: ***Thaumastoptera calceata.*** Puppengehäuse einer Stelzmücke auf Buchenblatt, 5 bis 6 mm, zwei Atemhörnchen. (Brauns 1964)

Limothrips; → Thripidae.

Lindenblattwespen, *Caliroa* sp.; → Tenthredinidae 25.

Lindenius; → Sphecidae.

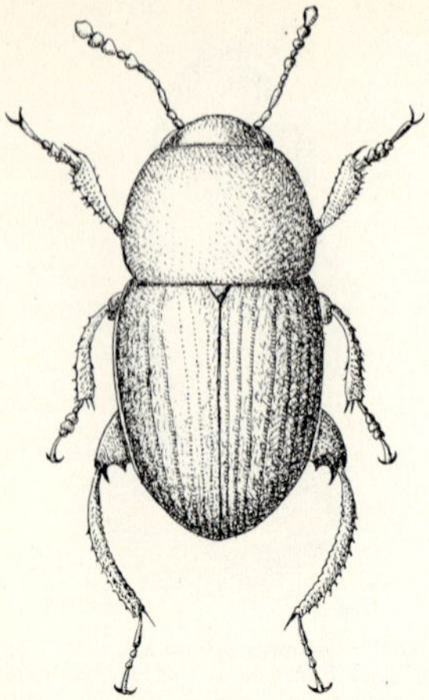

Abb. L-43: ***Liodes cinnamomea***, Trüffelkäfer. 5 mm. (Bechyně 1954)

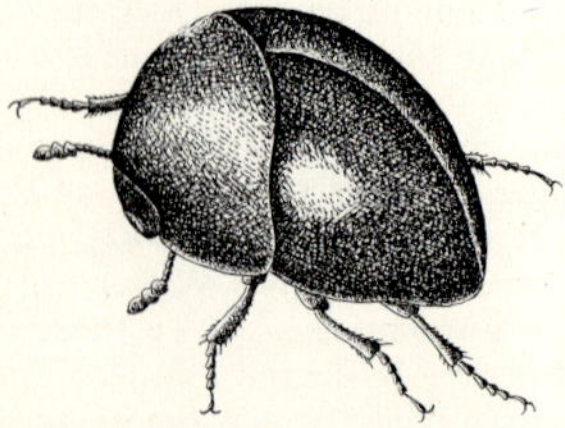

Abb. L-44: ***Agathidium seminulum***, Kugelkäfer. Ca. 2,5 mm. Dunkelbraun. (Reitter 1908/16)

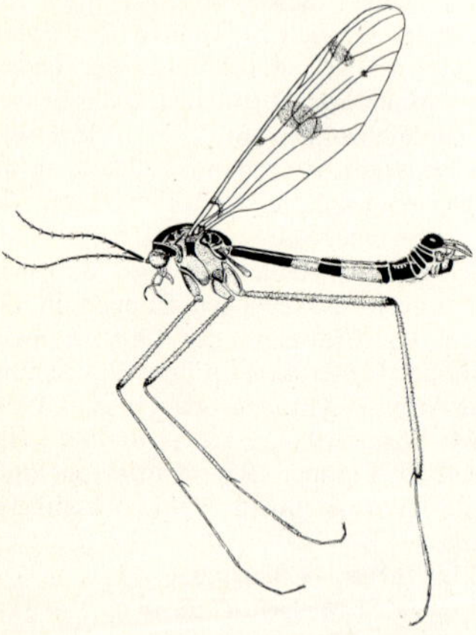

Abb. L-45: ***Liriope contaminata.*** Faltenschnake. ♂, Länge ca. 10 mm. (Lindner 1923 ff.)

Lindenprachtkäfer, ***Lampra rutilans*** F.; → Buprestidae 3.

Lindenschwärmer, ***Mimas tiliae*** L.; → Sphingidae 1.

Lindenzierlaus, ***Eucallipterus tiliae*** L.; → Callaphididae 6.

Linienböcke, ***Oberea*** sp.; → Cerambycidae 28.

Linienschwärmer, ***Celerio lineata*** F.; → Sphingidae 13.

Linognathus; → Haematopinidae.

Linsenkäfer, ***Bruchus lentis*** Fröl.; → Bruchidae 3.

Liocola; → Scarabaeidae 18.

Liodes; → Liodidae.

Liodidae, Trüffelkäfer; Fam. der Käfer (Coleoptera, Polyphaga); klein bis höchstens mittelgroß, bräunlich; Larven und Imagines fressen Mycelien von Pilzen und deren Fruchtkörper; unterirdisch: (und dann mit Grabbeinen ausgestattet) z. B. ***Liodes cinnamomea*** Panz. (ca. 5 mm [**L-43**]), anscheinend spezialisiert auf Trüffel (offenbar durch Geruchssinn entdeckt); oberirdisch (auch an Baumpilzen): z. B. die winzigen Kugelkäfer der Gttg. ***Agathidium*** (ca. 2 mm [**L-44**]), rollen sich beunruhigt nach Art einer Rollassel ein und sind dann schwer zu entdecken. (v. Peez 1971).

Liogma; → Cylindrotomidae.

Liosomaphis; → Aphididae 1, 21.

Lipara; → Chloropidae 1.

Liparus; → Curculionidae 29.

Lipeuridae; → Mallophaga, Ischnocera.

Liphyra; → Lycaenidae.

Liponeura; → Blepharoceridae.

Lipoptena; → Hippoboscidae 2.

Liposcelidae, ***Liposcelis***; → Troctidae.

Liriomyza; → Agromyzidae 4.

Liriopeidae, Liriope; → Liriopidae.

Liriopidae (Liriopeidae, Ptychopteridae, Ptychoptera), Faltenmücken, Faltenschnaken; Fam. der Mücken (Diptera, Nematocera); die mittelgroßen (ca. 10 mm) Imagines oft mit recht bunten Körpern und gefleckten Flügeln, langbeinig, mit kurzem, dickem Rüssel [**L-45**]; stechen nicht, Blütenbesucher; Flügel in Ruhe ausgebreitet und entlang einer rückgebildeten Ader längsgefaltet; Eier einzeln in stehendes Wasser abgelegt; die sehr schlanken eucephalen Larven mit Kriechwülsten am Hinterrand der Segmente [**L-46**], mit hinterem Atemrohr, an dessen Spitze dicht nebeneinander die allein offenen Hinterstigmen liegen; außerdem mit 2 schlauchförmigen

Tracheenkiemen; in flachem Wasser in senkrechter Haltung, Kopf in Sand oder Schlamm (Nahrung vor allem wohl Kieselalgen), Spitze des Atemrohres an der Wasseroberfläche, durch Ein- und Ausfahren des Rohres der Wassertiefe anpaßbar; Kalkteilchen in der Haut (vgl. → Stratiomyidae); Puppe ebenfalls im Wasser im Bodenschlamm, meist aufrecht, so daß ein stark verlängertes, als geschlossene Röhrenkieme ausgebildetes Prothorakalhorn die Wasseroberfläche erreichen kann (das zweite ist wohl als rudimentär zu bezeichnen); Spitze der Röhrenkieme schwach aufgetrieben, geschlossen, Tracheen im Inneren der zahlreichen bläschenförmigen Erweiterungen, von denen immer einige den Wasserspiegel berühren und an deren dünnhäutiger Oberfläche vermutlich der Gasaustausch stattfindet [**L-47, L-48**]. Nur etwa ein Dutzend Arten in Mitteleuropa; Beispiel: ***Liriope contaminata*** L. [**L-45**]. (Engelhardt 1955; Lindner 1923ff.; Séguy 1951; Wesenberg-Lund 1943).

Liris; → Sphecidae.

Lispa; → Anthomyiidae.

Lithina; → Geometridae.

Lithocolletidae, Lithocolletis; → Gracilariidae.

Lithosia; → Arctiidae 1, 2.

Lithotanytarsus; → Chironomidae.

Litomastix; → Encyrtidae.

Lobesia; → Tortricidae 27.

Löcherbiene, *Heriades truncorum* L.; → Megachilidae 4.

Lochfraß; Fraßspur an Blättern in Form von Löchern; z.B. → Chrysomelidae.

Lochmaea; → Chrysomelidae 18.

Locusta; → Acrididae 4.

Locustinae; → Acrididae A.

Locustoidea; → Ensifera.

Löffelfliegen; *Lispa* sp.; → Anthomyiidae.

Lomechusa; → Staphylinidae 13.

Lonchaea; → Lonchaeidae 2, 3.

Lonchaeidae; Fam. der cyclorrhaphen Fliegen (Diptera, Brachycera); Imagines durchwegs klein (3–4 mm), metallisch blau bis grün, oder gelblich, mit oft wippend bewegten gefleckten Flügeln; treiben sich auf Blättern und Blüten, gerne aber auch auf sich zersetzendem Pflanzenmaterial herum; Lebensweise der Larven (erwachsen meist 6–8 mm) sehr verschiedenartig, fressen teils pflanzliches, teils tierisches Material, frisches und sich zersetzendes; die Larven mancher Arten fressen im Inneren von Pflanzen, einige sind Gallbildner (z.B. ***Lonchaea parvicornis*** Meig. und ***L. latifrons*** Meig. an Gräsern); im Mittelmeergebiet richtet die Larve von ***Carpolonchaea aristella*** Beck., Schwarze Feigenfliege, durch Fraß in Feigen Schaden an; andere treten gelegentlich als sekundäre Schädlinge an faulenden Feldfrüchten auf

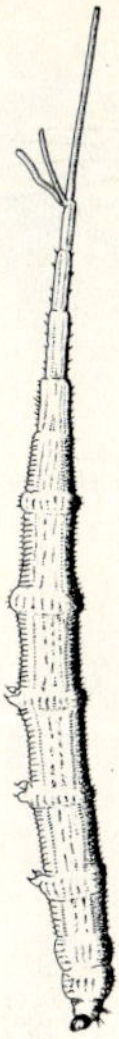

Abb. L-46: ***Liriope*** sp. Larve einer Faltenschnake. 70 mm. (Engelhardt 1955)

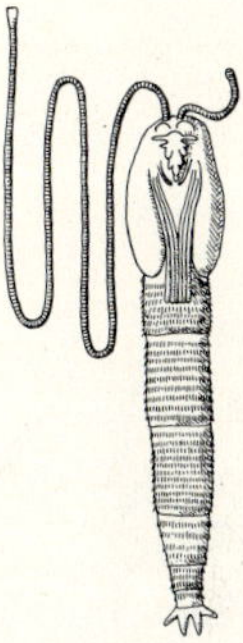

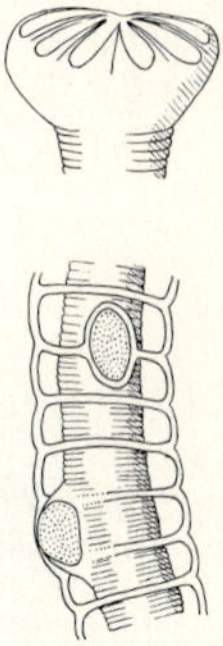

Abb. L-47 (links): ***Liriope*** sp. Puppe einer Faltenschnake. (Lindner 1923ff.)

Abb. L-48 (rechts): ***Liriope contaminata.*** Unten Stück aus der langen Röhrenkieme der Puppe, oben Ende der Röhrenkieme. (Séguy 1951)

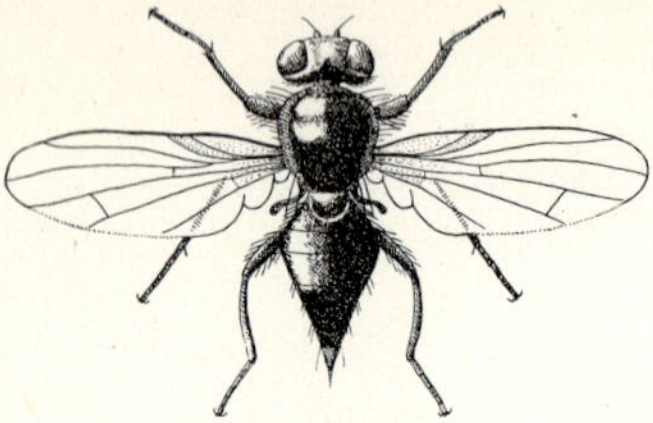

Abb. L-49: ***Lonchaea chorea.*** ♀, 3–5 mm. (Séguy 1951)

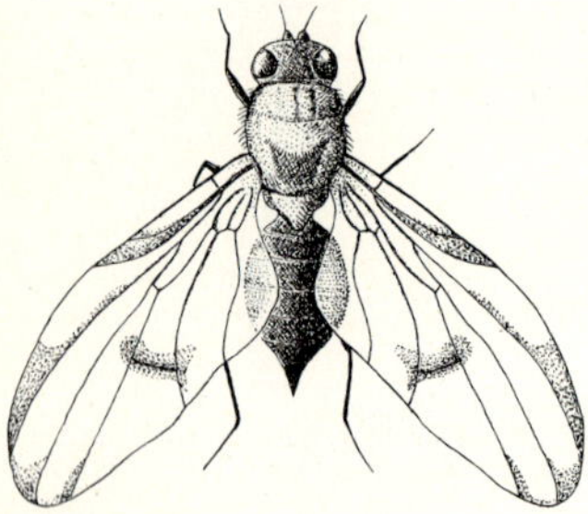

Abb. L-50: ***Palloptera usta.*** 5 mm. (Escherich 1923/42)

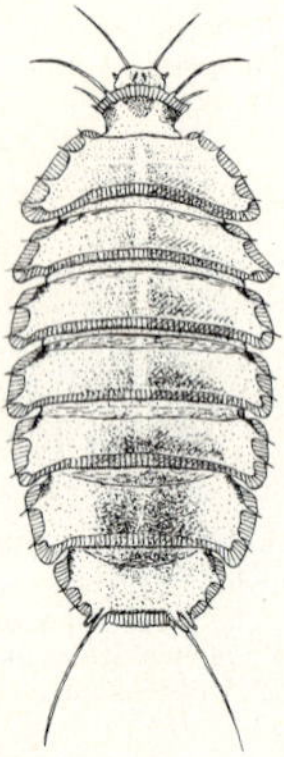

Abb. L-51: ***Lonchoptera*** sp. Larve, 4 mm. (Brauns 1954)

(z. B. ***Lonchaea chorea*** Fbr. [**L-49**] und ***Spermatolonchaea flavipennis*** Zett. an angegangenen Rüben oder Spargeln). Für den Forstmann von gewisser Bedeutung sind folgende Arten: **1.** ***Earomyia impossibile*** Morge; das ♀ legt im V die Eier nahe der Spitze der aufrecht stehenden Zapfen der Weißtanne ***(Abies alba*** Mill.) ab; die Larven dringen ein, wandern abwärts, fressen dabei die Samenanlagen aus; Verpuppung meist im Boden, seltener im Zapfen; Schaden u. U. beträchtlich, da oft viele Larven im gleichen Zapfen fressen. **2.** ***Earomyia viridiana*** Meig.; Larven fressen in den reifenden Zapfen der Lärchen ***(Larix decidua)*** und zerstören dabei die Samenanlagen. **3.** ***Palloptera usta*** Meig. [**L-50**] und ***Lonchaea seitneri*** Hend.; Larven unter Baumrinde, stellen hier den Larven, Puppen und Imagines von Borkenkäfern nach; gilt auch vielleicht für die unter Rinde lebenden Larven anderer Arten. **4.** ***Lonchaea inquilinia*** Hend.; die Larve verzehrt die in den Lärchenzapfen die Samenanlagen ausfressenden Larven der Lärchenzapfenfliege ***(Phorbia laricicola*** Karl; → Anthomyiidae 2. (Brauns 1964; Escherich 1923/42; Kühlhorn 1982; Sorauer 1949/57).

Lonchoptera; → Lonchopteridae.

Lonchopteridae (Musidoridae); Fam. der cyclorrhaphen Fliegen (Diptera, Brachycera); aus verschiedenen Gründen zu dieser Gruppe gestellt, obwohl die Imago das Puparium durch einen T-förmigen Spalt verläßt; kleine Fliegen (2–4 mm), recht langbeinig, gute Läufer; vor allem auf feuchtem Waldboden, an Rändern von Gewässern, halten sich gern auf den Blattunterseiten auf; die flachen, asselförmigen Larven (erwachsen ca. 2–4 mm [**L-51**]) träge, am Boden, in der Schicht abgefallener Blätter, an denen sie fressen, auch im Kot von Pflanzenfressern; Puparium im Boden. In Mitteleuropa ein knappes Dutzend Arten; Beispiel: ***Lonchoptera lutea*** Panz., häufig.

Longicaudus; → Aphididae 30.

Longitarsus; → Erdflöhe 4.

Lophopteryx; → Notodontidae 7.

Lophyridae, Lophyrus; → Diprionidae.

Lorbeerschildlaus, ***Aonidia lauri*** Bché.; → Diaspididae 6.

Loricula; → Loriculidae.

Loriculidae (Microphysidae); Fam. der Landwanzen (Heteroptera, Geocorisae); in M-Eur.i.e.S. nur etwa ein halbes Dutzend Arten; sehr klein (höchstens 2,5 mm); die ♂♂ stets mit voll entwickelten Flügeln, verhältnismäßig schlank; die ♀♀ mit breiterem, etwa ovalem Körper, meist mit verkürzten Flügeln (z. B. ***Loricula elegan-***

tula Baer [**L-52**]); bei ***Myrmedobia coleoptrata*** Fall. (ca. 1,5 mm) die Vorderflügel als Deckflügel den ganzen Hinterleib bedekkend [**L-53**]; Lebensweise wenig bekannt; hauptsächlich an der von Moosen und Flechten bedeckten Rinde alter Bäume, manche ***Myrmedobia***-Arten häufig in der Nähe von Ameisen; saugen wahrscheinlich kleine Insekten aus.

Löwenzahnbär, ***Diacrisia sannio*** L.; → Arctiidae 8.

Löwenzahnspinner, ***Lemonia taraxaci*** Esp.; → Lemoniidae.

Loxostege; → Pyralidae 19.

Lozogramma; → Geometridae.

Lucanidae, Schröter; Fam. der Käfer (Coleoptera, Polyphaga; → auch Lamellicornia); die ♂♂ in der Regel größer als die ♀♀ und zuweilen mit starken, monströs vergrößerten Mandibeln; die (3–6) seitlich verbreiterten Fühlerendglieder kaum gegeneinander beweglich; die Imagines lekken vor allem an aus Rindenwunden fließenden Baumsäften mit den unteren pinselförmigen Mundteilen. Die Larven engerlingsähnlich, in vermoderndem Holz vor allem von Laubbäumen, Helfer beim Aufarbeiten von Stubben; Entwicklungsdauer oft mehrere Jahre. Verpuppung in einer aus Nagsel und Mulm bereiteten Puppenwiege. Von den etwa 900 bekannten Arten nur 6 in M-Eur.i.e.S. **1.** ***Lucanus cervus*** L., Hirschkäfer; bemerkenswert die offenbar vor allem von den Nahrungsbedingungen der Larve abhängenden starken individuellen Größenunterschiede; (Riesen-♂♂ bis fast 9 cm lang); ferner die beim ♂ zu riesigen, hirschgeweihähnlichen Gebilden vergrößerten Mandibeln; die Mandibeln des ♀ viel kürzer, aber kräftig und z.B. zum Bearbeiten von Rinde (bes. an Eichen) geeignet, um Saftfluß zum Ablecken zu erzeugen. Fortpflanzung: Sichtreffen von ♂ und ♀ am Saftfluß, dieser wird vor allem zuerst vom ♀ aufgesucht (evtl. selbst eröffnet); das ♀ leckt, spritzt Kot weg, dadurch werden die ♂♂ aktiviert und wohl angelockt (Duftstoffe?); Anflug der ♂♂ vor allem in der Abenddämmerung; u.U. mehrere ♂♂ bei einem ♀, Kampf der ♂♂ gegeneinander, suchen sich mit den großen Mandibeln zu packen und wegzuhebeln, vom Baumstamm zu stoßen; der Sieger stellt sich über das ♀, Köpfe sind gleich gerichtet [**L-54**]; das ♂ bleibt so u.U. mehrere Tage, verteidigt die Leckstelle und das ♀ gegen andere ♂♂ und ♀♀; leckt selber, indem es seine Leckzunge zwischen den bogenförmigen ♀-Mandibeln hindurchsteckt [**L-54**]. Nach der Begattung Eiablage in der Erde am Wurzelstock vor allem von anbrüchigen Eichen, aber auch von Buchen und anderen Laubbäumen, die Larve frißt 5–8 Jahre, kann eine Länge von über 10 cm erreichen. Verpuppung in einer bis faustgroßen Puppenwiege, von der ♂-Larve größer angelegt als von der ♀-Larve; Mandibel-Anlagen der Puppe ventralwärts eingeschlagen. In

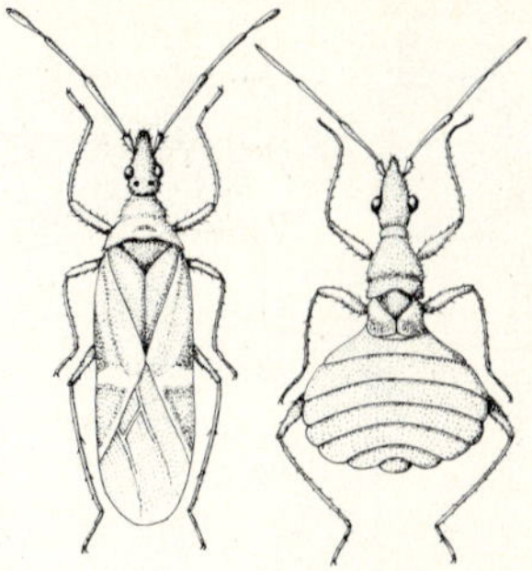

Abb. L-52: ***Loricula elegantula.*** Links ♂, 2 mm; rechts ♀, 1,5 mm. (Jordan 1962)

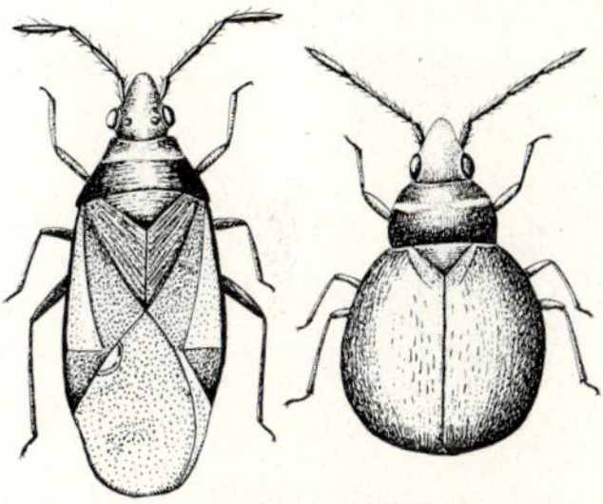

Abb. L-53: ***Myrmedobia coleoptrata.*** Links ♂, 1,8 mm; rechts ♀, 1,4 mm (Jordan 1962)

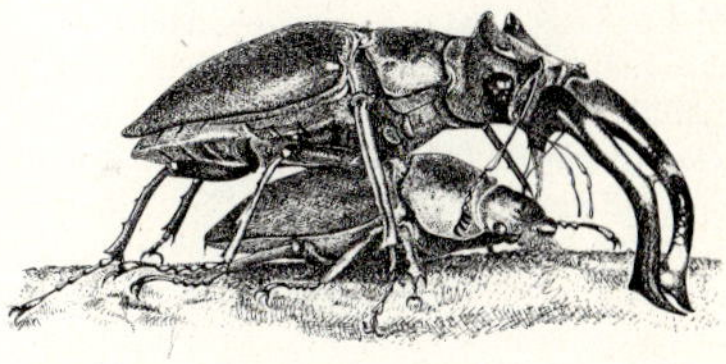

Abb. L-54: ***Lucanus cervus.*** Hirschkäferpärchen. ♀ an einer Leckstelle, ♂ steht darüber. (Brüll 1952)

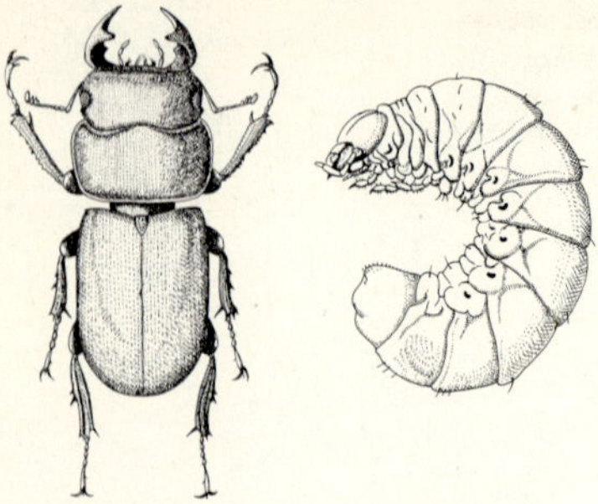

Abb. L-55: *Dorcus parallelopipedus*, Balkenschröter. 19–32 mm; Larve ca. 35 mm. (Brauns 1964; Bechyně 1964)

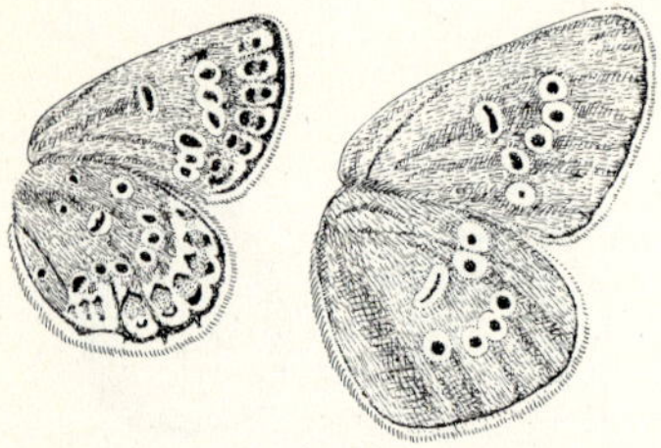

Abb. L-56: Lycaenidae: Flügelunterseiten. Links *Plebejus argus* ♂; rechts *Cyaniris semiargus*, ♂. (Forster, Wohlfahrt 1954/81)

M-Eur.i.e.S. stark zurückgegangen, weil die Lebensbedingungen (anbrüchige alte Laubbäume) mehr und mehr ausfallen. **2.** ***Dorcus parallelopipedus*** L., Balkenschröter, Zwerghirschkäfer [**L-55**]; mattschwarz, Mandibeln des ♂ nur wenig länger als die des ♀; Lebensweise der Larve ähnlich 1, gelegentlich auch in eichenem Grubenholz beobachtet. **3.** ***Platycerus (Systenocernus) caraboides*** L., Rehschröter (10–14 mm); Unterschied zwischen ♂ und ♀ gering; oben metallisch blau oder grün, Ähnlichkeit mit einem Laufkäfer; Larve in anbrüchigem Holz von Laubbäumen, aber auch von Kiefern; der Jungkäfer überwintert in der Puppenwiege, frißt im Frühling an Knospen, vor allem an Eichen. **4.** ***Ceruchus chrysomelinus*** Hochw., Rindenschröter (12 bis 15 mm; schwarz); Mandibeln des ♂ deutlich länger als die des ♀; Larve in Berggegenden in anbrüchigem Buchenholz. **5.** ***Aesalus scarabaeoides*** Panz., Kurzschröter (5–7 mm; dunkelbraun); auffallend breit, einem kleinen Mistkäfer ähnlich; die Larve lebt ähnlich 4. **6.** ***Sinodendron cylindricum*** L., Baumschröter, Kopfhornschröter (12–16 mm); schwarz, Körper zylindrisch; ♂ mit langem, ♀ mit kurzem Horn auf dem Kopf (Bedeutung?); Larve in anbrüchigem Holz verschiedener Laubbäume (bes. Buche); Überwinterung als Larve, Puppe und Imago möglich. (Brüll 1952; Hieke 1968; Horion 1949; Machatschke 1969).

Lucanus; → Lucanidae 1.

Luchsfliegen; → Therevidae.

Lucilia; → Calliphoridea 3.

Luciola; → Lampyridae 3.

Ludovicius; → Dolichopodidae.

Ludovix; → Curculionidae.

Luzernefloh, ***Sminthurus viridis*** L.; → Sminthuridae.

Luzernemarienkäfer, ***Subcoccinella vigintiquattuorpunctata*** L., → Coccinellidae 6.

Luzernenblütengallmücke, ***Contarinia medicaginis*** Kieff.; → Itonididae 11.

Luzernensproßgallmücke, Gelbe, ***Dasineura lupulina*** Kieff.; **Rote,** ***D. ignorata*** Wachtl.; → Itonididae 10.

Lycaeides; → Lycaenidae.

Lycaena; → Lycaenidae 5.

Lycaenidae; Bläulinge; Fam. der Schmetterlinge (Lepidoptera); höchstens mittelgroße Tagfalter, Vorderbeine für die Fortbewegung und beim Sitzen benützt, nur beim ♂ die Tarsen nach Länge und Klauenzahl schwach rückgebildet; ♂♂ und ♀♀ oft verschieden gefärbt oder gezeichnet; die ♂♂ (manchmal auch die ♀♀) vieler, aber keineswegs aller Arten ausgezeichnet durch blauen Metallglanz der Flügeloberseite, bedingt durch → Schillerschuppen; bei den ♂♂ auf der Flügeloberseite zwischen Normalschuppen verteilt, zuweilen auf einem mittleren Flügelfeld gehäuft, die anders gestalteten Androconien, ihre Basis mit einer Drüsenzelle verbunden, wohl richtig als Duftschuppen gedeutet (Abgabe eines auf die ♀♀ gemünzten Pheromons); Flügeloberseite in der Regel ganz anders gefärbt und gezeichnet als die meist hellere, und ein zierliches Fleckenmuster zeigende Unterseite [**L-56**]. Die Falter fliegen meist in einer, bei manchen Arten in 2–3 Generationen. Bezeichnend die Neigung mancher Arten, in Gesellschaft, kopfabwärts dicht beisammen an einer Pflanze sitzend zu übernachten und – bisweilen in Massen – am Rand von (jauchigen) Pfützen zu saugen (→ Lepidoptera). Eier einzeln oder in Gruppen an die Futterpflanze abgelegt; viele Arten bevorzugen, poly-, oligo- oder sogar monophag Schmetterlingsblütler, die Gruppe um den Dukatenfalter ***(Heodes virgaureae*** L.***) Rumex-*** und ***Polygonum-***Arten, manche Zipfelfalter ***(Thecla, Strymon)*** Bäume und Sträucher. Die Raupen sind asselförmig, gedrungen, vorn und hinten verjüngt; der Kopf ist auffallend klein, in das 1. Brustsegment zurückziehbar; mit kurzen Füßen; oft mit Warzen, mit feiner kurzer Behaarung; verborgene Lebensweise; die Raupen einiger Arten fressen in den ersten Stadien oder überhaupt im Inneren der Futterpflanze. Auffallend sind bei manchen Arten die fakultativen oder obligatorischen Beziehungen zu Ameisen (Myrmekophilie); damit in Zusammenhang sind in der Regel besondere dorsale Hautdrüsen vorhanden (myrmekophile Organe), die ein von den Ameisen gerne verzehrtes Sekret absondern; ferner u. U. Übergang zu einer anderen Ernährung: Fütterung durch die Ameisen, Verzehren von Ameisenbrut. Myrmekophile Organe: a) über den Rücken der Raupe verstreut kleine Hautdrüsen, z. b. bei ***Lysandra coridon*** Poda; b) die sog. »Honigdrüse« (Newcomersche Drüse; das Sekret enthält bei ***Lysandra hispana*** H.-S. insgesamt zu etwa 14% die Zucker Fructose, Saccharose, Glucose und Trehalose) dorsal auf dem 7. Abdominalsegment, mit einem Querspalt ausmündend [**L-57**], mit (z. B. bei ***Scolitantides orion*** Fall.) 4 mit Sekretreservoiren versehenen Drüsenzellen; das Sekret ist durch Blutdruck nach Bedarf auspreßbar, die Drüsenmündung wird dabei vorgestülpt, ist durch Muskeln rückziehbar; die Drüse ist, je nach Art, frühestens nach der 1., bisweilen erst nach der 2. oder 3. Häutung voll ausgebildet, dementsprechend das Auftreten des Ameisenbesuches; c) die beiden sog. »Duftorgane«, 2 durch Blutdruck ausstülpbare, mit Haaren besetzte Zapfen auf dem 8. Abdominalsegment [**L-57**], durch Muskeln rückziehbar, nicht selten (aber nicht immer) neben der »Honigdrüse« vorhanden; Drüsenzellen unter jedem Haar; die Zapfen werden, u. U. links und rechts unabhängig voneinander, vor allem in Gegenwart von Ameisen ausgestülpt; ihre Funktion als Duftorgan offenkundig, jedoch nicht sicher nachgewiesen, sie dienen bei manchen Arten auch

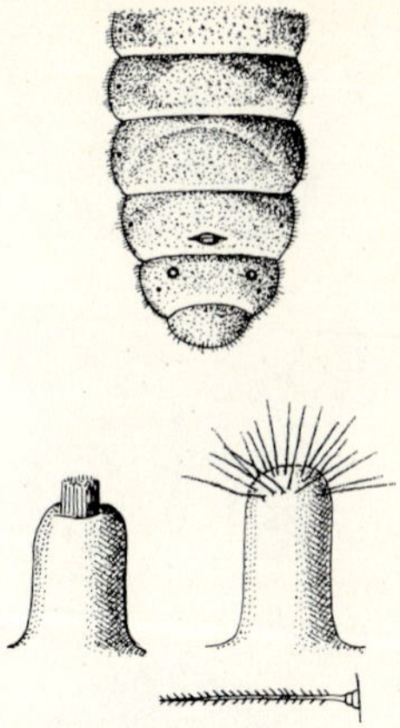

Abb. L-57: Hinterende einer Raupe mit »Honigdrüse« mitten auf dem 7. Segment, die beiden vorstülpbaren Duftorgane auf dem 8. Segment. Unten halb und ganz ausgestülptes Duftorgan von ***Lycaena pseudargiolus.*** (Wheeler 1960)

wohl zur Abwehr (Ausstülpen und schlagende Bewegung bei Störung); ihre postembryonale Entwicklung ist artspezifisch verschieden, vor, gleichzeitig mit oder nach der »Honigdrüse«. Die Beziehungen zwischen Ameisen und Raupen sind von verschiedener Art; nicht alle Raupen mit »Honigdrüse« und »Duftorgan« scheinen myrmekophil zu sein (Beispiel: ***Everes argiades*** Pall.), jedoch sind weitere Untersuchungen nötig; 2 Hauptgruppen: a) Die Raupen bleiben auf der Futterpflanze, gelangen höchstens zur Verpuppung in ein Ameisennest, werden mehr oder weniger regelmäßig von Ameisen, und zwar von bestimmten Arten besucht, Entwicklung auch ohne Ameisen möglich; Beispiel: ***Lycaeides idas*** L.: das Ei überwintert, die Raupen auf verschiedenen Schmetterlingsblütlern, werden hier sehr regelmäßig von ***Lasius niger*** L. und ***Formica-***Arten besucht, die das Sekret der »Honigdrüse« auflecken; Sekretabgabe u. U. durch Fühlertrillern der Ameisen ausgelöst. b) Die Raupen leben anfangs auf der Futterpflanze, in den letzten Stadien im Ameisennest, ernähren sich hier von der Brut des Wirts; (die Raupen gewisser afrikanischer Bläulinge erbetteln Futter vom Wirt); hierher die Arten der Gattung ***Maculinea;*** Beispiel: ***M. arion*** L.: Eiablage im VI am

Abb. L-58: ***Heodes virgaureae***, Dukatenfalter. ♂ (oben) und ♀; nat. Gr.; Raupe 1,3 ×. (Amann 1960)

blühenden Thymian, und zwar anscheinend bevorzugt von Pflanzen in Nähe des Nestes der Wirtsameisen (ausschließlich ***Myrmica***-Arten); die Raupe frißt zunächst an der Pflanze, neigt zum Kannibalismus, wandert nach der 3. (letzten) Häutung umher, wird, immer noch auffallend klein (3–4 mm), von einer Ameise ins Nest geschleppt, (dringt vielleicht auch selber ein), frißt Ameisenbrut, wächst schnell, dabei immer wieder Abgabe von Sekret aus der erst nach der 3. Häutung voll entwickelten »Honigdrüse«; Überwinterung im Wirtsnest, hier im Frühling auch Verpuppung; der Falter verläßt sofort das Nest, breitet erst im Freien die Flügel voll aus. (Die Raupe der indo-australischen Art ***Liphyra brassolis*** Westw. lebt ständig räuberisch im Nest der Weberameise ***Oecophylla smaragdina*** F., ohne myrmekophile Organe, geschützt durch einen schildartigen Kutikula-Panzer). Vorteil des Zusammenlebens mehr auf seiten der Bläulingsraupen, die durch den Ameisenbesuch auf den Futterpflanzen auch einen gewissen Schutz genießen; (»fremde« Ameisen betrachten die Raupen u. U. als willkommene Beute). Verpuppung als → Gürtelpuppe (Gürtel bei manchen Arten allerdings rudimentär), teils an der Futterpflanze, teils am oder im Boden bzw. Ameisennest (manche Arten in einem schwachen Gespinst). Überwinterungsstadium ist bei den meisten Arten die Raupe; die überwinternde erwachsene Raupe frißt im Frühling nicht mehr, trinkt höchstens Wasser (Beispiel: ***Everes argiades*** Pall.); echte Eiüberwinterung gibt es nur beim Nierenfleck (***Thecla betulae*** L.), nicht selten aber überwintert das bereits im Herbst fertig entwickelte Räupchen in den Eihüllen, selten die Puppe, ganz vereinzelt auch die Imago. Insgesamt über 1000 Arten bekannt; Auswahl der etwa 45 in M-Eur.i.e.S. vertretenen Arten, von denen viele nur schwer unterscheidbar sind: **1. *Thecla quercus*** L., Eichenzipfelfalter; zusammen mit verwandten Arten ausgezeichnet durch einen zipfelförmigen Anhang der Hinterflügel; Falter im Kronenbereich der Eichen, die Eier überwintern mit bereits fertig entwickelten Räupchen; die Raupe frißt zunächst im Inneren der Triebe, dann an den Blättern, ist gelblich bis rötlichbraun mit dunkleren Schrägstreifen; Puppe am Boden. **2. *Strymonidia pruni*** L., ein in einer Generation fliegender Falter (VI–VIII); Eier einzeln an Schlehen und Pflaumenbäume abgelegt; die Raupen verpuppen sich im V an der Futterpflanze als → Gürtelpuppen, Herstellen des Gürtels nach einem von dem der Pieriden- und Papilioniden-Raupen etwas abweichenden Verfahren. Die verwandte Art ***Strymonidia w-album*** Knoch, Weißes W, ist ausgezeichnet durch ein weißes W-Abzeichen auf der Unterseite der Hinterflügel; die Raupe frißt an den Blättern alter Ulmen. **3. *Callophrys rubi*** L. Brombeer(zipfel)falter; das Zipfelchen an den Hinterflügeln ist jedoch nur sehr schwach ausgeprägt; auffallend die leuchtend grüne Flügelunterseite, Oberseite düsterbraun; die Falter fliegen meist nur in einer (IV–VII), in günstigen Bereichen in 2 Generationen; die Raupen außer an Brombeeren z. B. auch an Ginster, Goldregen, ***Vaccinium***, Porst; die Puppe überwintert am Boden, unter Laub, kann Zirplaute von sich geben (Mechanismus und Bedeutung unklar). **4. *Heodes (Chrysophanus) virgaureae*** L., Dukatenfalter, Großer Feuerfalter, Feuervogel [**L-58**]; die dunkel gesäumten Flügel des ♂ oben leuchtend goldrot, beim ♀ auf goldrotem Grund dunkel gefleckt, Flugzeit VI–VIII, Eiablage an ***Rumex***-Arten; die Raupe schlüpft im Frühling aus, Verpuppung im VI; nur eine Generation; dies im Gegensatz zu: **5.** ***Lycaena (Chrysophanus) phlaeas*** L., Kleiner Feuerfalter (Grundfarbe des Vorderflügels und Saumbinde des Hinterflügels gelbrot), der in 2 (V–VI, VII–VIII), unter günstigen Bedingungen sogar in 3 sich überschneidenden Generationen fliegt; Eiablage und Raupe (überwintert) ebenfalls an ***Rumex***, auch an Dost; gelegentlich Überwinterung als Larve im Ei oder Imago. **6.** ***Cupido minimus*** Fuessl., Zwergbläuling, kleinste der bei uns heimischen Arten (Flsp. ca. 23 mm); 2(–3) Generationen (V, VI, VII), in den Hochalpen (geht bis 3000 m Höhe), nur eine Generation; Eiablage und Raupen an verschiedenen Schmetterlingsblütlern, oft an Wundklee; die Puppe überwintert. **7.** Von den übrigen 30 Arten mit typischem Bläulingshabitus hier nur 3 häufige genannt: a) ***Plebejus argus*** L. (in Mitteleuropa eine Generation; Larve überwintert im Ei; Raupe myrmekophil, an verschiedenen Schmetterlingsblütlern); b) ***Polyommatus icarus*** Rott., Hauhechelbläuling, (2 Generationen; Raupe myrmekophil; an verschiedenen Schmetterlingsblütlern; überwintert). c) ***Cyaniris semiargus*** Rott., Waldbläuling (eine Generation, Raupe ebenfalls an verschiedenen Schmetterlingsblütlern, vor allem an den Blüten, überwintert, mit »Honigdrüse« und »Duftorgan«, also vermutlich myrmekophil; [**L-56**] zeigt als Beispiel das Fleckenmuster auf der Flügelunterseite von 2 Arten, ein bisweilen wesentliches Unterscheidungsmerkmal. **8.** ***Lampides boeticus*** L. (Flsp. ca. 30 mm), mit dünnem Zipfel hinten an den Hinterflügeln; Heimat altweltliche Tropen und Subtropen, als Wanderfalter jedoch gelegentlich weit nach Norden vorstoßend. (Dierl 1969; Hannemann 1968; Malicky 1969; Maschwitz et al. 1975, 1984; Schwab 1963).

Lycastes; → Zygaenidae.

Lycidae, Rotdeckenkäfer; Fam. der Käfer (Coleoptera, Polyphaga); von den etwa 3500 Arten nur 8 in M-Eur.i.e.S.; diese mittelgroß, flach, oben ganz oder größtenteils blutrot; im Sonnenschein nicht selten auf Blüten, jagen andere Insekten (alle Arten ?); Larven flach [**L-59**], unter Baumrinden oder in morschen Baumstümpfen, leben räuberisch von Insekten und deren Larven; z.B. ***Dictyoptera aurora*** Herbst (7–13 mm); ***Lygistopterus sanguineus*** L.

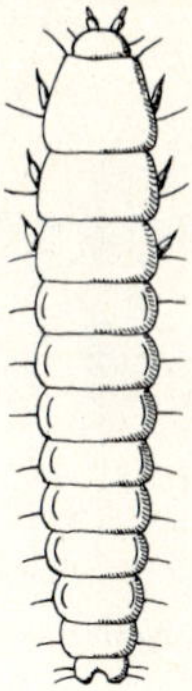

Abb. L-59: ***Dictyopterus*** sp. Larve eines Rotdeckenkäfers. 13 mm. (Reitter 1908/16)

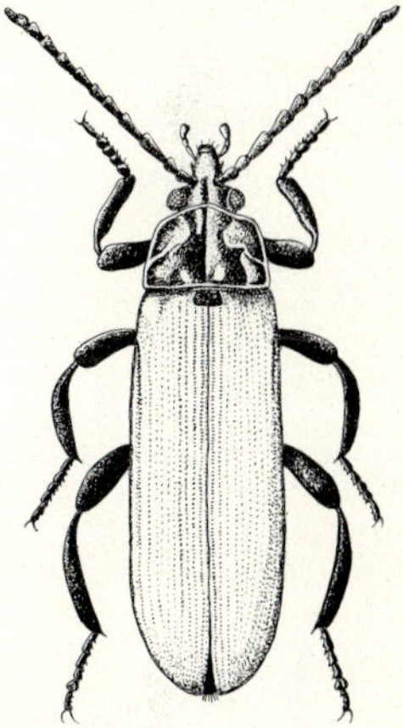

Abb. L-60: ***Lygistopterus sanguineus***, ein Rotdeckenkäfer; 6 bis 12 mm. (Bechyně 1954)

[**L-60**]; ***Pyropterus nigroruber*** Deg. (7–10 mm).

Lycoperdina; → Endomychidae.

Lycoria; → Lycoriidae.

Lycoriidae (Sciaridae), Trauermücken; Fam. der Mücken (Diptera, Nematocera); Imagines klein, meist düster gefärbt (Name; [**L-61**]); Komplexaugen häufig über den Fühlern durch eine Brücke verbunden; Flügelrückbildung verschiedenen Ausmaßes kommt vor (z.B. ***Epidapus***, auch ohne Halteren, [**L-62**]; zuweilen unterschiedlicher Grad der Rückbildung bei Vertretern der gleichen Art); bevorzugt an feuchten,

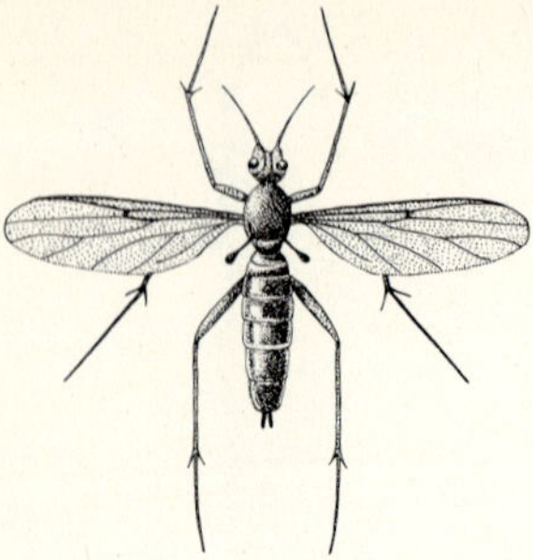

Abb. L-61: ***Sciara thomae.*** ♀. 5–6 mm. (Séguy 1951)

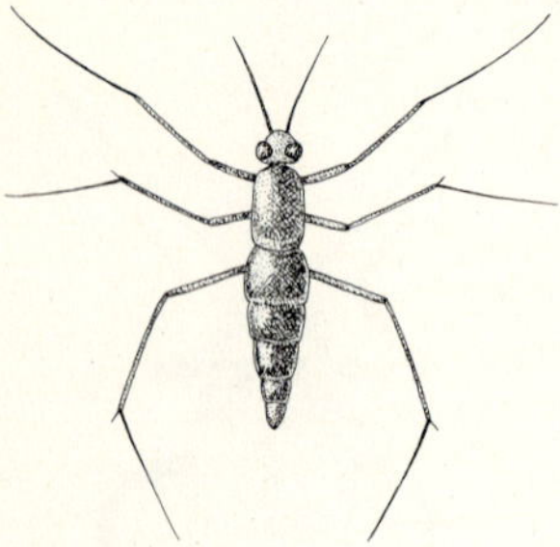

Abb. L-62: ***Epidapus atomarius,*** ♀, 1–2 mm. Das ♂ ist geflügelt. (Séguy 1951)

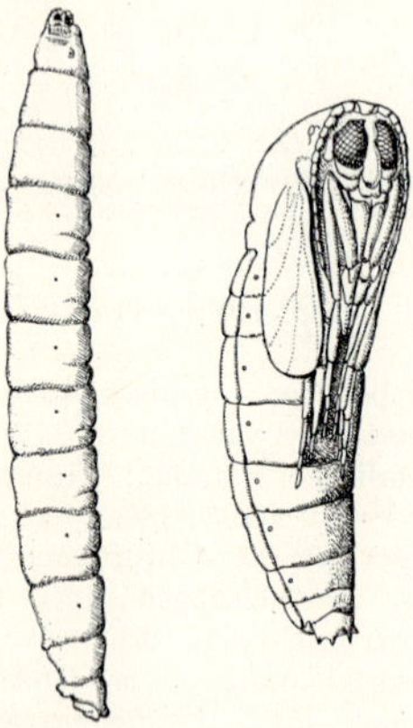

Abb. L-63: Lycoriidae, Trauermücken: Links Larve unbekannter Art, 7 mm, rechts ***Lycoria auripilia,*** Puppe, 4 mm. (Brauns 1954)

schattigen, windstillen Stellen, manche Arten in Höhlen; stechen nicht; Eier meist in Schnüren oder Ballen abgelegt. Die schlanken, eucephalen Larven an der Vorderbrust mit großen, am Hinterleib mit winzigen, vielleicht nicht mehr funktionierenden Stigmen [**L-63**], Kriechwülste kaum angedeutet; verzehren im Boden, unter Rinde, in Pilzen (→ Pilzmückenblumen), in Baumstubben usw. vor allem zerfallende Pflanzenteile, bisweilen unter dem Schutz einer schleimigen Gespinstschicht; manche gehen auch an gesunde Pflanzen von außen als Minierer, werden gelegentlich in Pilzzuchten, an Kartoffeln, Zwiebeln, an und in Wurzeln mancher Kulturpflanzen schädlich (z.B. ***Lycoria pectoralis*** Staeg.; ***L. auripilia*** Winn.); man findet die Larven von ***L. flavicauda*** Zett. auch in Borkenkäferfraßgängen, andere in Höhlen, in Nestern von Vögeln und Kleinsäugern, von Ameisen; die Larven leben nicht selten in Massen beisammen, neigen bei einer Reihe von Arten im Sommer (VII, VIII) bei feuchtem Wetter und vor allem nachts dazu, sich in riesiger Zahl zu Wandergesellschaften (»Heerwurm«) zu vereinigen; am bekanntesten bei ***Lycoria (Sciara) militaris*** Now., bei der der Heerwurm, im Durchschnitt ca. 4 m lang, über 10 m Länge und 15 cm Breite erreichen kann, bei einer Wandergeschwindigkeit von ca. 1 m pro Stunde; er besteht aus (weitgehend) erwachsenen Larven (ca. 10 mm); Bedeutung unklar, am wahrscheinlichsten: Aufsuchen eines geeigneten Verpuppungsplatzes; Puppen [**L-63**] in der Regel am Fraßplatz der Larven; bei manchen Arten wohl mehrere Generationen im Jahr. In Mitteleuropa ca. 100 Arten. (Brauns 1954, 1964; Escherich 1932/42).

Lyctidae, Splintholzkäfer, Schattenkäfer, Holzmehlkäfer; Fam. der Käfer (Coleoptera, Polyphaga); mit knapp 100 Arten, kaum ein halbes Dutzend in M-Eur.i.e.S., manche durch Verschleppung weltweit verbreitet; Käfer klein (bis etwa 5 mm); Eiablage und Larven ähnlich wie bei den Bostrychidae und Anobiidae; die Larven bohren Gänge, vor allem in trockenem Holz von Laubbäumen, manche auch an Drogen, können dadurch sehr schädlich werden; sie leben nicht vom Holz selbst, sondern von Zucker und Stärke im Splint; zwei verschiedene Formen von symbiontischen Mikroorganismen bei Larve und Imago in zwei in der Leibeshöhle gelegenen Mycetomen; Übertragung auf die Nachkommen durch Einwandern der Symbionten (durch Lücken zwischen Follikelzellen) in die Eizellen im Ovar, Bildung der Mycetome im Laufe der Embryonalentwicklung. In verschiedenen Hölzern, vor allem in Eichenholz, nicht selten ***Lyctus linearis*** Goeze, Parkettkäfer und ***L. brunneus*** Steph. (2,5–5 mm). (Buchner 1953; Cymorek 1969, 1974).

Lyctocoris; → Anthocoridae.

Lyctus; → Lyctidae.

Lycus; → Cerambycidae.

Lydidae; → Pamphiliidae.

Lydus; → Meloidae 1.

Lygaeidae (Myodochidae), Langwanzen, Bodenwanzen; Fam. der Landwanzen (Heteroptera, Geocorisae); klein bis mittelgroß, keineswegs immer besonders schlank, einige Arten (z. B. ***Spilostethus*** = ***Lygaeus***) bunt mit Rot und Schwarz; die meisten Arten sind gute Läufer; Kurz- und Langflügeligkeit, auch bei der gleichen Art, häufig; bei manchen Arten Lautapparat und Lautäußerungen bekannt (aber nicht mit Sicherheit Hörorgane); z. B. bei ***Kleidocerys (Ischnorhynchus) resedae*** Panz. in der Weise, daß eine geriefte Ader auf der Unterseite der Hinterflügel über eine scharfe Kante oben auf der Hinterbrust gestrichen wird; die nahe verwandten Arten ***Kl. resedae*** Panz. und ***Kl. ericae*** Horw. unterscheiden sich im Gesang der ♂♂ durch die Zahl der Einzelstöße pro sec; trockene Böden von vielen Arten bevorzugt; teils Pflanzensaftsauger (manche auf bestimmte Kulturpflanzen spezialisiert, z. B. ***Kleidoceris resedae*** Panz. auf Birken, saugt an den Kätzchen, die dann abfallen), teils räuberisch; einige fremdländische Pflanzensaftsauger an Kulturpflanzen schädlich, z. B. ***Blissus leucopterus*** Say. in Amerika an Mais, Reis, Zuckerrohr, Hafer, Weizen; Überwinterung meist als Imago, bei manchen Arten als Ei; ♀ mit Legebohrer. Weltweit über 2000, in M-Eur.i.e.S. über 100 Arten. Beispiele: **1. *Lygaeus (Spilostethus) equestris*** L. [**L-64**] und ***Sp. saxatilis*** Scop., Ritterwanzen (ca. 11 mm), beide lebhaft schwarz, rot und weiß gezeichnet (Halsschild bei ***equestris*** rot, vorn und hinten schwarz, bei ***saxatilis*** schwarz mit roten Längsstreifen); gern auf Blüten, ***equestris*** oft auf ***Vincetoxicum***; Kopulation dauert bis zu 24 Stdn. **2. *Geocoris grylloides*** L. (3 bis 5 mm [**L-65**]); schwarz, mit hellen Rändern um Halsschild und um die verkürzten Deckflügel, schneller Läufer, am Boden und an niederen Pflanzen. **3. *Gastrodes abietum*** Bergr. [**L-66**] »Tannenwanze« und ***G. grossipes*** Deg. (beide ca. 7 mm), beide an Nadelbäumen; Überwinterung der Imagines unter den Schuppen alter Fichtenzapfen, auch unter Rindenschuppen; Eiablage im Frühling unter den Schuppen von Fichtenzapfen ***(abietum)***, von Fichten- und Kiefernzapfen oder auch an den Nadeln ***(grossipes)***; Larven und Imagines tags in den Zapfen, nachts an den

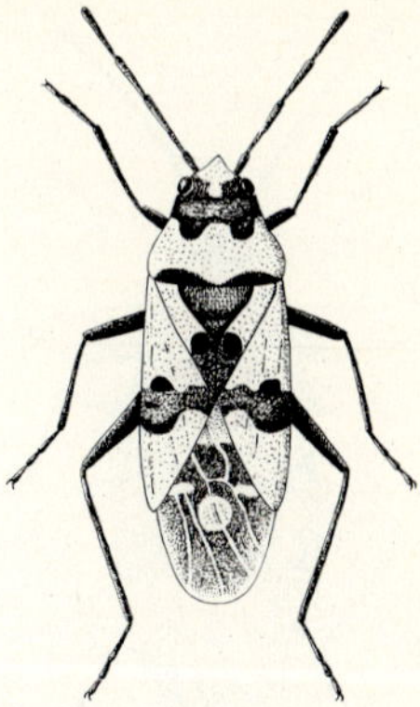

Abb. L-64: ***Spilosthetus equestris.*** 10–12 mm. (Hedicke 1935)

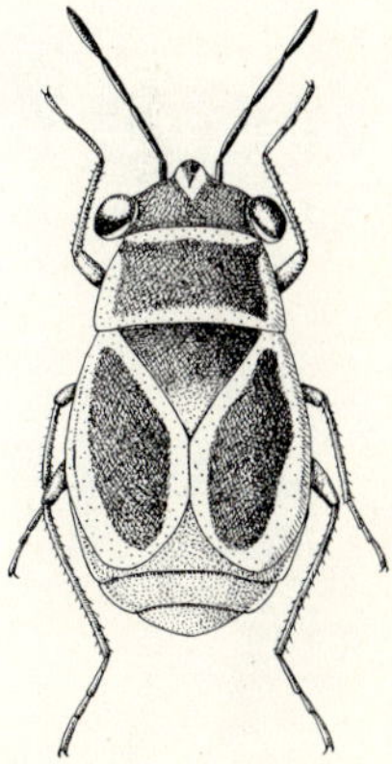

Abb. L-65: ***Geocoris grylloides.*** 4 mm. (Jordan 1962)

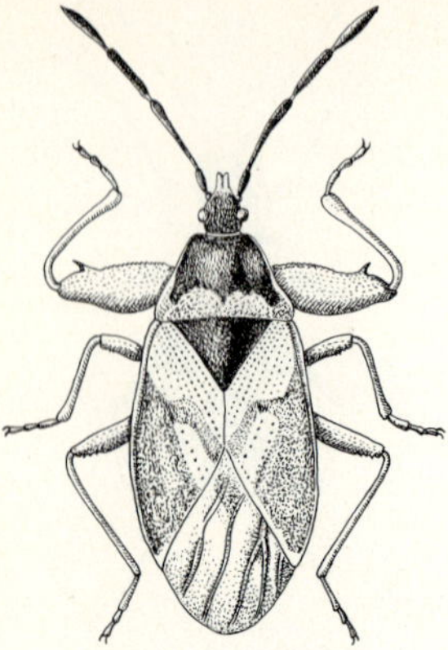

Abb. L-66: ***Gastrodes abietum*,** »Tannenwanze«. 7 mm. (Brauns 1964)

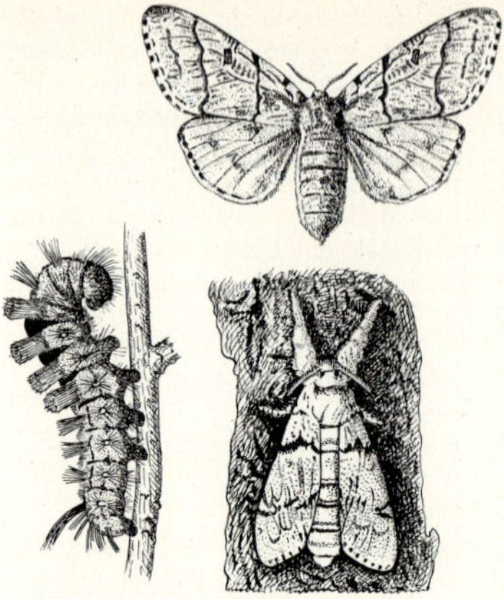

Abb. L-67: ***Dasychira pudibunda*,** Rotschwanz. ♀, unten in Ruhehaltung, und Raupe $^2/_3$ nat. Gr. (Forster, Wohlfahrt 1954/81)

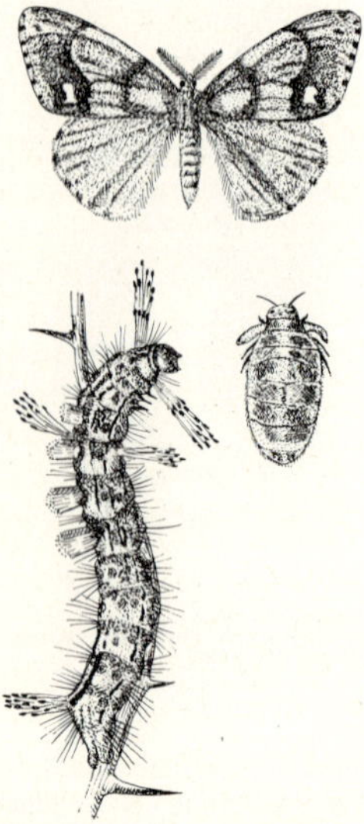

Abb. L-68: ***Orgyia recens*,** Schlehenspinner. ♂ (oben), ♀ und Raupe. Nat. Gr. (Amann 1960)

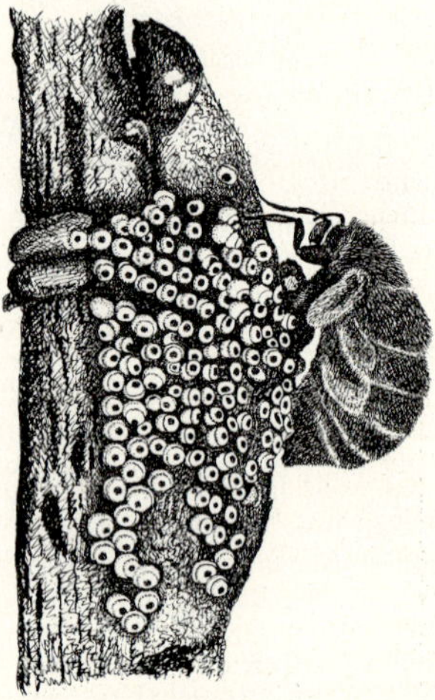

Abb. L-69: ***Orgyia recens*,** Schlehenspinner. ♀, ca. 14 mm, bei der Eiablage auf seinem Kokon. (Bourgogne 1951)

Nadeln saugend; kaum schädlich; Hauptfeinde: Larven von Kamelhalsfliegen (→ Raphidioptera). (Günther 1968; Hoberlandt 1972; Poisson 1951; Sillén-Tullberg 1981; Weber 1930).

Lygaeonematus; → Tenthredinidae 27, 28.

Lygaeus; → Lygaeidae 1.

Lygistopterus; → Lycidae.

Lygocerus; → Ceraphronidae.

Lygris; → Geometridae 7.

Lygus; → Miridae 3, 4.

Lymantria; → Lymantriidae 4, 5.

Lymantriidae, Trägspinner, Schadspinner, Wollspinner; Fam. der Schmetterlinge (Lepidoptera); keine der deutschen Bezeichnungen ist für die Vertreter ausschließlich dieser Gruppe bezeichnend; Falter mittelgroß bis stattlich, Saugrüssel weitgehend oder ganz rückgebildet; Tympanalorgan jederseits am Metathorax; zuweilen starker Geschlechtsunterschied: stärker (doppelt) gekämmte Fühler beim ♂, damit im Zusammenhang: Anlockung der ♂♂ durch das Sexual-Pheromon abdominaler Duftdrüsen der ♀♀ bei einer Reihe von Arten nachgewiesen; ♀ zuweilen bedeutend größer als ♂; stärkere dunkle Pigmentierung bei den ♂♂ mancher Arten; bei den Vertretern einiger Gattungen (z. B. ***Orgyia***) sind die Flügel der ♀♀ weitgehend rückgebildet, oder tragen die ♀♀ eine besonders starke Behaarung am Hinterleibsende (Afterwolle); Eier in mehr oder weniger geschlossenen, manchmal mit Afterwolle bedeckten Gelegen (Eispiegel) abgesetzt. Die Raupen stets mit insgesamt 8 Fußpaaren, mehr oder weniger stark behaart (z. B. [**L-67, L-72**]), teils sternförmig auf Warzen, teils als »Bürstenraupe« mit bürstenartig dichten Haarbüscheln auf den mittleren Körperringen, bisweilen auch noch vorn und hinten mit pinselartigen Büscheln von geknöpften Spezialhaaren, die einen mit Proteinen erfüllten Hohlraum aufweisen; die »Brennhaare« der Raupen mehrerer Arten (z. B. Schwammspinner, Goldafterarten, in den USA der Douglastannenschädling ***Orgyia pseudotsugata***) erzeugen, durch Kontakt mit den Raupen oder durch den Wind auf die Haut gebracht, einige Tage anhaltende, brennend nesselnde allergische Reaktionen, eingeatmet Hustenreiz und asthmatische Anfälle; was diese pathologischen Reaktionen letztlich auslöst, ist noch nicht sicher geklärt; nachgewiesen wurden bis jetzt Histamin, Esterasen und Proteinasen, und Histamin freisetzende Substanzen; bei einer ausgedehnten Schwammspinnerkalamität in den USA erkrankten 42% der Bevölkerung des Befallsgebietes an der Raupen-Urticaria; bei den Raupen mancher Arten dorsal auf dem 6. und 7. Hinterleibsring ein aus- und einstülpbares drüsiges Organ, dessen Sekret mit Kopf (und Mund?) verteilt wird und anscheinend dem Versteifen und Abspreizen der Haare dient (z. B. Goldafter). Die Jungraupen können mehr oder weniger lange gesellig beisammen bleiben, zuweilen in einem gemeinsamen Gespinst; sie sind durchweg polyphag, die Raupen einiger Arten bei Massenauftreten berüchtigte Schädlinge in Wald und Garten. Verpuppung in einem mehr oder weniger dichten, oft mit Raupenhaaren durchsetzen Gespinst, an den Futterpflanzen oder am Boden; die Puppen nicht selten mit Haarbüscheln. Überwinterung je nach Art als Ei, Raupe oder Puppe. Von den etwa 3000 beschriebenen Arten nur 25 in Europa, 17 in M-Eur.i.e.S.; Auswahl: **1.** ***Dasychira pudibunda*** L., Streckfuß, Rotschwanz [**L-67**]; die stark behaarten Vorderbeine in der bezeichnenden Ruhehaltung vorgestreckt; die Falter fliegen V–VI nachts, vor allem in Laubwäldern; Gelege scheibenförmig, vorzugsweise an der Rinde von Buchen; die Raupen, gelblich bis bräunlich, hinten mit rötlichem Haarbusch, mit 4 gelben Haarbürsten, dazwischen tiefschwarz; sie sitzen nach dem Ausschlüpfen einige Tage als »Raupenspiegel« beisammen, fressen dann sehr verschwenderisch an Buchen und anderen Laubbäumen; Puppenkokon im Herbst in Bodennähe, die Puppe überwintert. **2.** ***Orgyia recens*** Hbn. ***(antiqua*** **L.)**, Schlehenspinner, Bürstenbinder [**L-68**]; 1–3, meist 2 Generationen; die flugtüchtigen ♂♂ (Flugzeit V–VII und VII–IX) suchen tagsüber nach den stummelflügeligen ♀♀, die, mit ausgestülpten abdominalen Duftdrüsen, häufig auf dem Puppenkokon sitzend, die Partner anlocken; auch Eiablage oft auf dem Kokon [**L-69**]. Die bunten und sehr beweglichen Bürstenraupen (mit roten behaarten Warzen, vorn und hinten mit »geknöpften« Haarpinseln, die 4 Bürsten bei ♂-Raupen gelb, bei ♀-Raupen bräunlich) sehr polyphag, gelegentlich schädlich an Laub- oder Nadelbäumen (Name »Schlehenspinner« also irreführend); der dichte Puppenkokon zwischen Blättern und Zweigen; Überwinterungsstadium: die Eier der letzten Generation. **3.** ***Leucoma (Stilpnotia) salicis*** L., Pappelspinner, Weidenspinner, Atlas, Ringelfuß [**L-70**]; die glänzend weißen Falter (»Atlas«), mit schwarz-weiß geringelten Beinen, fliegen VI–VII, die ♂♂ (vor allem in der Abenddämmerung fliegend) angelockt durch den Sexuallockstoff der trägeren ♀♀; Eispiegel durch schaumigen Sekretüberzug weißlich (»weißer Schwamm«), an Rinde oder Blättern von Weide oder Pappel, an denen die Raupen fressen; Überwinterung als Ei oder Raupe, diese einzeln oder in Gruppen in Rindenritzen; Raupen behaart, aber ohne

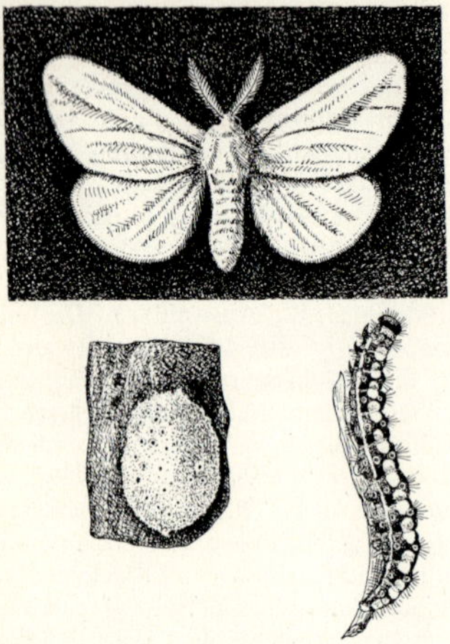

Abb. L-70: ***Leucoma salicis,*** Pappel- oder Weidenspinner. ♂, Raupe und Gelege (»Eischaum«). $^4/_5$ nat. Gr. (Forster, Wohlfahrt 1954/81; Amann 1960)

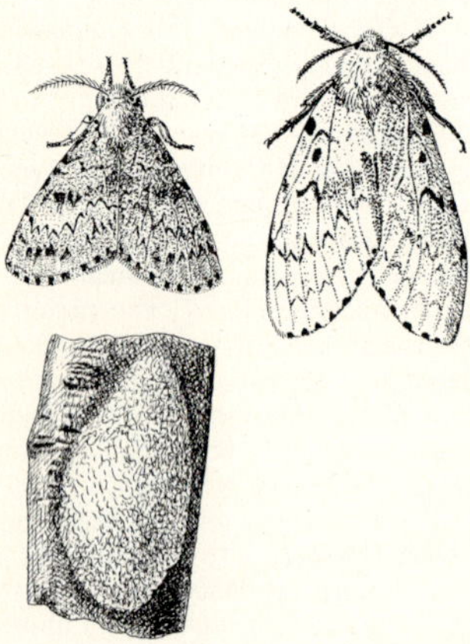

Abb. L-71: ***Lymantria dispar,*** Schwammspinner. Links ♂, rechts ♀, Ruhestellung. Unten Gelege. $^4/_5$ nat. Gr. (Brauns 1964; Amann 1960)

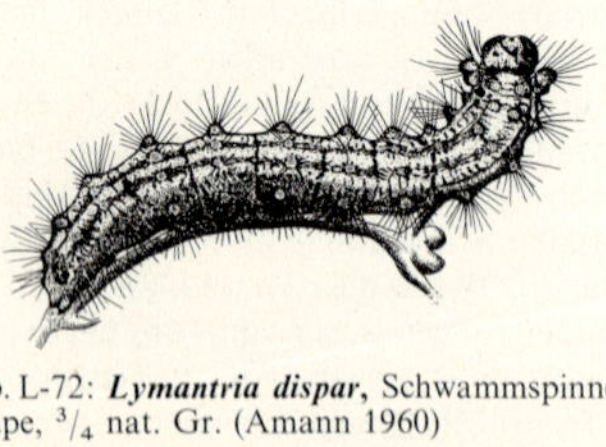

Abb. L-72: ***Lymantria dispar,*** Schwammspinner. Raupe, $^3/_4$ nat. Gr. (Amann 1960)

Bürsten oder Pinsel, mit roten Warzen und nackten gelblichen oder weißen Rückenflecken, bei Massenauftreten Kahlfraß, zumal an Pappeln; Puppenkokon zwischen Blättern. Die beiden folgenden nahe verwandten Arten berüchtigt als Wald- oder Gartenschädlinge: **4.*Lymantria dispar*** L., Schwammspinner [**L-71**]; das ♂ bedeutend dunkler graubraun und kleiner als das gelblichweiße ♀ (Flsp. beim ♂ ca. 45 mm, beim ♀ ca. 70 mm); Flugzeit VII–IX, die ♂♂ schlüpfen einige Tage früher als die ♀♀; das ♀ ist sehr flugträge, legt nur zur Eiablage kurze Strecken zurück, ist dabei orientiert auf senkrechte Konturen, lockt mit dem Disparlure (2-Methyl-7,8-Epoxioctadecan) benannten Lockstoff (und zwar mit dem (+)-Enantiomer) aus abdominalen Duftdrüsen (Legeröhre ausgestreckt und windend bewegt), das zuweilen auch bei Tage fliegende ♂ nachweislich noch aus 3,8 km Entfernung an; das ♂ fliegt dabei gegen den Wind (vgl. auch → Bombycidae); frisch geschlüpfte ♀♀ sind nur schwach anlockend, die Lockwirkung (Bildung des Lockstoffes) nimmt schon im Laufe des ersten Tages nach dem Schlüpfen außerordentlich zu, dann nicht mehr, ist also am größten bei jungen jungfräulichen ♀♀, nur noch schwach bei älteren ♀♀ nach Kopulation und Eiablage. Aufsuchen des Ablegeplatzes optisch gesteuert: Anflug auf Baumstammsilhouetten; das an Rinde befestigte und mit brauner Afterwolle bedeckte Gelege (»großer Schwamm«) überwintert; Eiablage (insgesamt bis 2000 Eier) vor allem nachts, das ♀ stirbt kurz danach; die im Frühling schlüpfenden behaarten Raupen ([**L-72**]; vorn mit blauen, hinten mit roten Warzen) bleiben zunächst gesellig; die frisch geschlüpften Eiräupchen haben für die Windverfrachtung nützliche lange Haare, Verfrachtung bis zu 21 km nachgewiesen, (ähnlich bei der Nonne); die Raupen fressen später einzeln (nachts, tagsüber ruhend), an verschiedensten Laub-, seltener Nadelbäumen (Gerbstoffe in der Pflanze regen zum Fressen an), werden im Heimatgebiet gelegentlich schädlich, wurden dies aber in stärkstem Ausmaß in Nordamerika (1869 eingeschleppt), vor allem an Obstbaum- und Eichenbeständen, da die natürlichen Feinde fehlten, die sie im Heimatland kurz hielten; beachtlicher Bekämpfungserfolg durch nachträgliche Einfuhr von Räubern und

Parasiten aus Europa. Dünnes Puppengespinst vor allem in Rindenspalten, Puppe mit gelblichen Haarbüscheln. **5.** ***Lymantria monacha*** L., Nonne [**L-73**]; der deutsche Name wohl bedingt durch das Schwarz-Weiß-Muster; nach Aussehen und z.T. auch Lebensweise dem Schwammspinner ähnlich, jedoch kleiner (Flsp. beim ♂ bis ca. 40 mm, beim ♀ ca. 50 mm); die Färbung variiert beträchtlich, besonders bei den ♂♂ zuweilen starke Verdunklung (forma ***eremita*** O.); die Falter fliegen VI–VIII in der Abenddämmerung und nachts; das ♂ durch ♀-Duftstoff aktiviert und angelockt; Lockstoff ist, wie beim Schwammspinner, Disparlure, hier allerdings in einer Mischung der beiden Enantiomere aus 10% (+)- und 90% (−)-Disparlure; nur die (+)-Komponente lockt die eigenen ♂♂ an, die (−)-Form kann von ihnen nicht wahrgenommen werden, wohl aber von den ♂♂ des verwandten Schwammspinners, die es aber nicht lockt, sondern abstößt; die ♂♂ des Nonnenfalters aber werden (im Experiment), wie nicht anders zu erwarten ist, auch von dem (+)-Disparlure der Schwammspinnerfrau angelockt; warum das im Freien nicht zu Störungen oder gar Fehlverpaarungen führt, ist noch ungeklärt. Die Eier werden in Gruppen ohne Belag mit Afterwolle in Rindenritzen abgelegt, überwintern mit den schon entwickelten Räupchen darin, sind erstaunlich widerstandsfähig gegen tiefe Temperaturen; Eizahl bis über 300, u.a. auch bedingt durch die Nahrung der Raupe: z.B. mehr Eier nach Fressen an Eiche als an Tanne. Die frisch geschlüpften Eiräupchen (IV–V) bleiben zunächst als »Raupenspiegel« beisammen, je nach Wetter einige Stunden bis einige Tage, dann Wanderung in die Baumkrone; die Räupchen besitzen lange »Schwebehaare« [**L-74**], neigen dazu, sich schon bei leichten Erschütterungen (z.B. bei nicht zu starkem Wind) abzuspinnen oder einfach fallen zu lassen (mittlere Sinkgeschwindigkeit ca. 70 cm/sec); Verbreitung also schon durch mäßigen Aufwind möglich; starker Wind (mehr als 2,5 m/sec) löst dagegen Anklammern aus; vom Boden aus werden pfahlartig senkrecht stehende dunkle Gebilde vor hellem Grund oder deren Randkonturen angelaufen. Spätere Stadien variieren stark in Färbung und Zeichnung, auffallend ist ein heller Rückenfleck (Sattelfleck, [**L-73**]), auf den

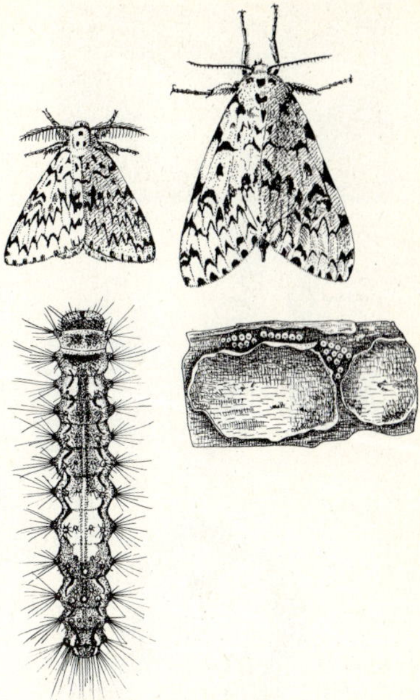

Abb. L-73: ***Lymantria monacha***, Nonne. ♂ (links), ♀, erwachsene Raupe, und Gelege in Rindenritze. 4/5 nat. Gr. (Brauns 1964; Amann 1960)

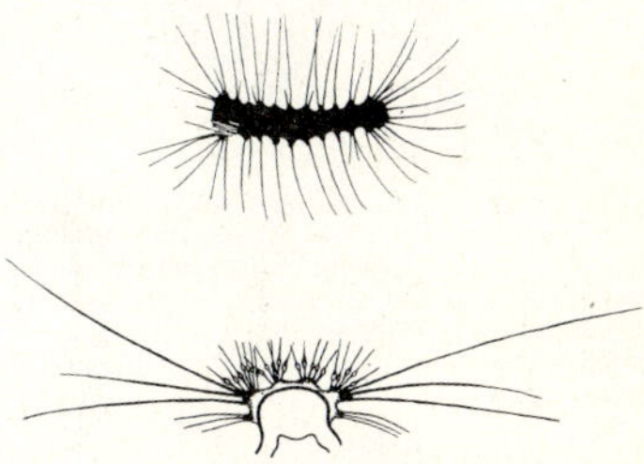

Abb. L-74: ***Lymantria monacha***, Nonne. Oben Eiräupchen; unten Querschnitt durch ein Abdominalsegment; die kleinen Haare sind vielleicht Sinnesorgane zur Wahrnehmung der Windstärke. (Hundertmark 1938)

beiden Ringen dahinter je eine rote ausstülpbare Warze; Zahl der Häutungen verschieden, häufig 5 Stadien bei ♂-, 6 Stadien bei ♀-Raupen (kann auch umgekehrt sein); die Raupen sind sehr polyphag, Hauptfutterpflanze ist Fichte, in reinen Beständen sind bei Massenvermehrung schon außerordentliche Schäden aufgetreten; durch-

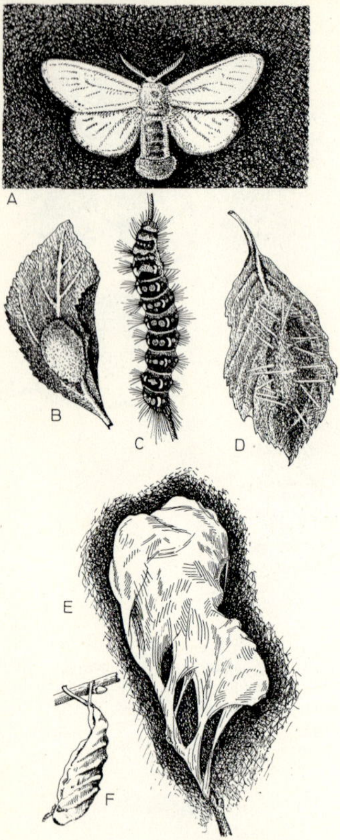

Abb. L-75: ***Euproctis chrysorrhoea***, Goldfalter. A ♀; B Gelege gelbbraun; C Raupe; D Puppenkokon; E »Großes Raupennest« als Überwinterungsgespinst; F Einzelblatt, zum Überwintern an den Rändern zusammengesponnen und an Gespinstfaden aufgehängt. $^4/_5$ nat. Gr. (Eckstein 1913/33; Amann 1960)

schnittlicher Nahrungsbedarf einer Raupe: über 1000 Fichtennadeln; etwa ebensogroß der Nadelverlust durch einfaches Abbeißen. Meist im VII Verpuppung in Rindenritzen; die braun-bronzefarbenen Puppen unter nur wenigen Gespinstfäden, mit Büscheln weißlicher oder gelblicher Haare, vorne mit 4 blauschwarzen Büscheln; Puppenruhe etwa 20 Tage; die ♂♂ schlüpfen 1–2 Tage früher als die ♀♀. Zusammenbruch einer Massenvermehrung (meist nach etwa 5 Jahren) vor allem bedingt durch Raubfeinde, parasitische Insekten, Pilz- und Virus-Krankheiten; (»Wipfelkrankheit«: Virus-Polyeder in den Zellkernen, die Raupen neigen dazu, Zweigwipfel zu erklettern, sterben hier oft in Massen beisammen). **6. *Euproctis chrysorrhoea*** L., Goldafter [**L-75**]; Flügel weiß, die des ♂ zuweilen mit schwarzen Pünktchen; in beiden Geschlechtern mit goldbrauner Behaarung am Hinterleib, beim ♀ als dicker Schopf (»Afterwolle«) ausgebildet; Flugzeit VI–VIII, Anlockung der ♂♂ durch ♀-Lockstoff noch aus 3 km Distanz nachgewiesen; das mit Afterwolle bedeckte Gelege (»kleiner Schwamm«) unterseits auf den Blättern der Futterpflanzen (verschiedenste Laubbäume); die bräunlich behaarten Raupen mit orangefarbenen Fleckenpaaren auf dem Rücken, flankiert von weißen Flecken, leben zunächst im gemeinsamen Gespinst, überwintern in ihm, manchmal auch in an Gespinstfäden aufgehängten eingerollten Blättern, bleiben auch im Frühling im Gespinstnest, befressen von dort aus Knospen, Blüten, Blätter, junge Früchte, können an Obstbäumen, auch an Eichen beachtlichen Schaden anrichten; die »Brennhaare« der Raupen bewirken, vermutlich rein mechanisch, beim Menschen Entzündungen der Haut; das Sekret aus ausstülpbaren Drüsengruben auf dem 6. und 7. Hinterleibsring soll, auf den Haaren verteilt, diese versteifen. Die mit hellen Haarbüscheln besetzten Puppen einzeln im Kokon zwischen Blattresten. **7. *Porthesia similis*** Fuessl., Schwan [**L-76**]; dem Goldafter sehr ähnlich, auch in der Lebensweise; Unterschiede: nur das Hinterleibsende der Falter goldgelb behaart; Flügel in Ruhe steil dachförmig; Raupen mit »Buckel« auf dem 1. und 8. Hinterleibsring, überwintern einzeln an geschützten Stellen unter einem schwachen Gespinst; gelegentlich an Obstbäumen schädlich. (Adlung 1957; Beaucher, Farnham 1982; Brauns 1964; Collins, Potts 1932; Franz 1961; Gäbler 1952; Hannemann 1968; Hansen et al. 1983; Hundertmark 1936, 1937; Jacobson 1965; Kawamoto et al. 1978, 1979; Maschwitz, Kloft 1971; Schröter, Lange 1975; Schwerdtfeger 1963; Schwinck 1954; Thorsteinson 1958; Wellenstein 1978; Wirtz 1984).

Lymexylon; → Lymexylonidae 1.

Lymexylonidae, Werftkäfer; Fam. der Käfer (Coleoptera, Polyphaga); kleine Fam. mit insgesamt etwa 70 Arten, davon 3 in M-Eur.i.e.S.; schlank, mittelgroß, gelb-

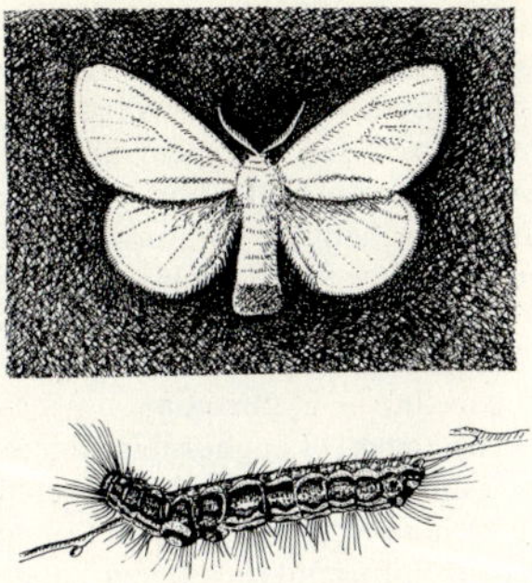

Abb. L-76: ***Porthesia similis***, Schwan. ♀ und Raupe. $^4/_5$ nat. Gr. (Eckstein 1913/33)

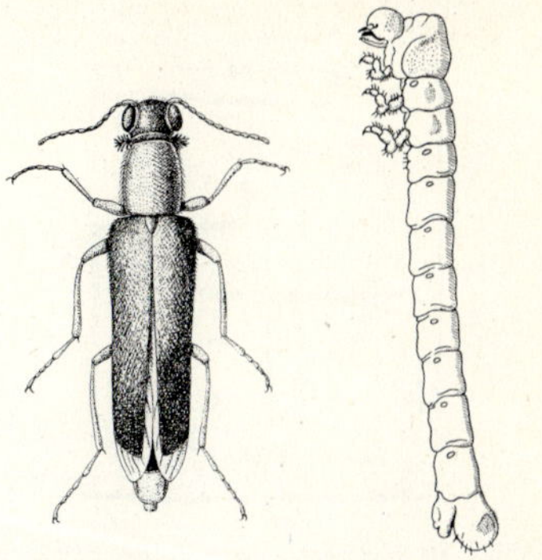

Abb. L-78: ***Lymexylon navale***, Schiffswerftkäfer. ♂ 7–12 mm, Larve (seitlich), 15 mm. (Brauns 1964)

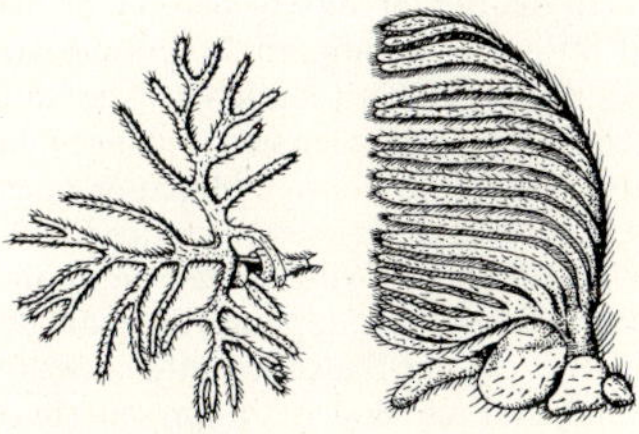

Abb. L-77: Taster von ***Lymexylon navale***, ♂ (links) und von ***Hylecoetus dermestoides*** ♂. (Escherich 1923)

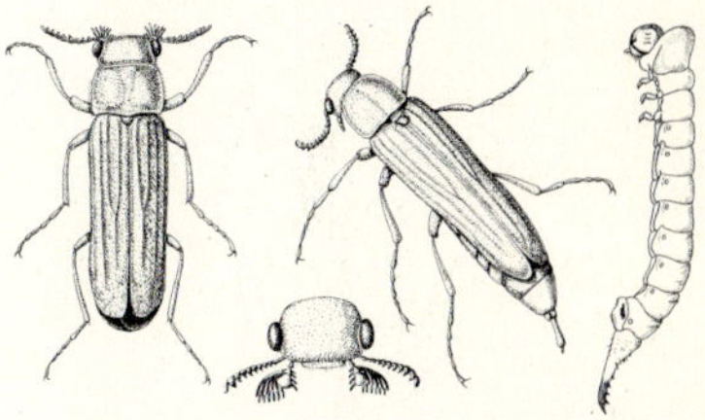

Abb. L-79: ***Hylecoetus dermestoides***, Bohrkäfer. Links ♂; mitte ♀, 8–18 mm; Kopf von vorn mit den lamellösen Kiefertastern; rechts Larve, 20 mm. (Reitter 1908/16; Brauns 1964)

braun, mit verhältnismäßig weichen, hinten etwas klaffenden Flügeldecken; ♂ mit buschig gegliederten Kiefertastern, dicht besetzt mit Riechsensillen [**L-77**]. **1. *Lymexylon navale*** L., Schiffswerftkäfer (7–13 mm [**L-78**]; das ♀ legt im Frühsommer Eier vor allem an rindenlose Stellen von Eichen (geschlagene oder noch stehende anbrüchige alte Bäume); die Larven [**L-78**] fressen weithin schnurgerade horizontale, ganz mit Bohrmehl erfüllte Gänge in das Holz; die Junglarven sind sehr dünn (Haarwürmer), ihre Gänge haarfein; Ernährung der Larven (im Gegensatz zu 2) anscheinend von Holz bzw. von dessen Inhaltsstoffen; Verpuppung in dem erweiterten Gangstück ähnlich 2; früher recht schädlich in dem auf Werftplätzen lagernden Eichenholz. **2. *Hylecoetus dermestoides*** L., Bohrkäfer, Sägehörniger Werftkäfer; die Käfer [**L-79**] (Lebensdauer nur 2–4 Tage) fliegen im Frühling; Eiablage in Rindenritzen, vor allem von Eichen und Buchen, aber auch von anderen Laubbäumen, auch Nadelholz, an sterbenden oder gefällten Bäumen; die Larven (Vorderbrust oben mit Buckel, Hinterleibsende bei jungen Larven stumpf, bei älteren lang zugespitzt [**L-79**]) bohren horizontale, unregelmäßig gewundene Gänge in das Holz [**L-80**]; Bohrmehl mit Extremitäten und Hinterleibsende aus dem Gang gestoßen; Ernährung der Larven durch Abweiden eines auf und in der Oberflächenschicht der Gangwand bei ausreichendem Wassergehalt des Holzes wachsenden, sehr glykogenreichen Pilzrasens (fraglich, ob ***Endomyces hylecoeti***); das ♀ hat 2 mit Pilzsporen gefüllte Taschen neben dem Eilegeapparat, Eier beim Ablegen oberflächlich mit den Sporen beschmiert und mit einer schleimigen Masse umhüllt; die Junglarven wälzen sich u. U. tagelang in diesem Sporenschleim, beschmieren sich damit, bohren sich dann ein, infizieren die

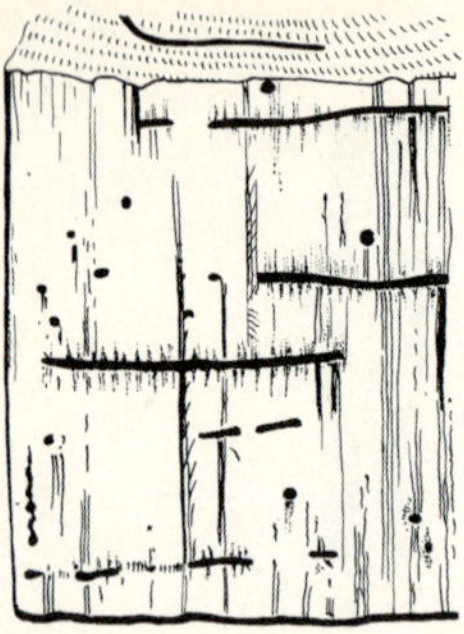

Abb. L-80: ***Hylecoetus dermestoides,*** Bohrkäfer. Larvenfraßgänge in Weißtanne. (Brauns 1964)

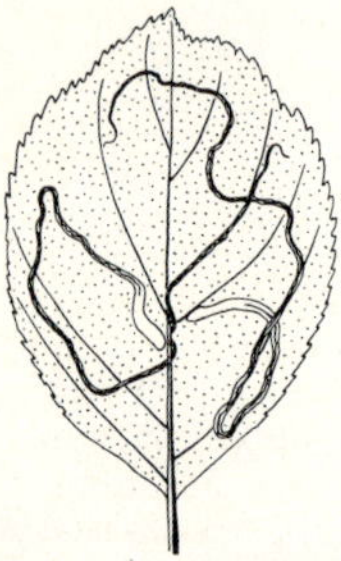

Abb. L-81: ***Lyonetia clerkella,*** Schlangenminiermotte. Mine in Birnenblatt. (Hering 1953)

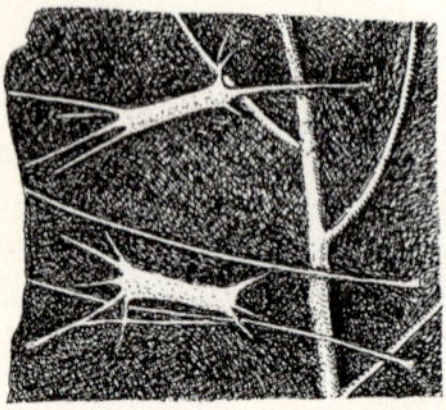

Abb. L-82: ***Lyonetia clerkella.*** Zwei Puppenwiegen an der Unterseite eines Kirschblattes. (Sorauer 1949/57)

Gangwand mit dem Pilz; die Larve überwintert (Gangöffnung mit Bohrmehl verschlossen), erneuter Fraß im Frühling des 2. Jahres; dann alsbald Verpuppung in einer Erweiterung des Anfangsganges dicht unter der Oberfläche, und zwar so, daß der Puppenkopf nach außen zeigt (Mundteile des Käfers zu schwach, um sich über längere Strecken herauszuarbeiten); die Pilzsporen kommen über den Larvenafter in die Puppe und damit in die Infektionstaschen des ♀; Puppenzeit 7 Tage; Wand der Bohrgänge durch den Pilz mehr oder weniger geschwärzt; im Wald und an Lagerholz bisweilen schädlich. (Brauns 1964; Buchner 1953; Hieke 1968; Lohse 1979; Slifer et al. 1975).

Lynchia; → Hippoboscidae 8.

Lyonetia; → Lyonetiidae.

Lyonetiidae, Langhornblattminiermotten; Fam. der Schmetterlinge (Lepidoptera); kleine Falter mit Fühlern fast so lang wie die Vorderflügel, kurzem Saugrüssel; Raupen meistens minierend, Puppen in Gespinst; wenige Arten in M-Eur.i.e.S.; Beispiel: ***Lyonetia clerkella*** L., Schlangenminiermotte; Falter (7 mm Flsp.) der 2. Generation überwintert; im Frühling Eiablage an die Blätter verschiedenster Bäume und Sträucher, häufig an Apfel und Kirsche; Raupe im Blatt minierend; die Mine ist ein langer, schmaler sich schlängelnder Gang [**L-81**], oft mehrere Minen in einem Blatt; beim späteren Vergilben des Blattes bleiben oft von der Mine umgebene »grüne Inseln« stehen; Verpuppung außerhalb der Mine, oft auf der Blattunterseite (auch am Stamm und am Boden); Puppe in einem zierlichen, weißen, röhrenartigen Gespinstkokon, der hängemattenartig an einigen Spannfäden aufgehängt ist [**L-82**]; daraus die Falter, die die Sommergeneration der Raupen hervorbringen; u. U. 3–4 Generationen. (Hannemann 1968).

Lysandra; → Lycaenidae.

Lytta; → Meloidae 3.

M

Macaria; → Geometridae 34.

Machilidae, Machilis; → Archaeognatha.

Macrocephalidae; → Phymatidae.

Macrocera; → Macroceridae.

Macroceridae, Langhornmücken; Fam. der Mücken (Diptera, Nematocera; zuweilen als Unterfam. den → Fungivoridae zugeordnet); die Imagines klein, mit auffallend langen, bis über körperlangen 16-

gliedrigen Fühlern [**M-1**]; die schlanken Larven mit reicher sekundärer, die eigentlichen Segmentgrenzen verwischender Gliederung [**M-1**], eucephal, mit gut ausgebildetem Tracheensystem, jedoch geschlossenen Stigmen (Hautatmung), mit gelblichem Fettkörper in der hinteren Körperhälfte; unter Steinen, Laub, Rinde, in Stubben, unter Gespinst, rollen sich bei Störung zusammen, fressen kleine Tierleichen und Pilzmyzelien; nur einige Dutzend Arten der Gattung ***Macrocera.*** (Brauns 1954; Séguy 1951).

Macrocheles; → Muscidae 1.

Macrodiplosis; → Itonididae 29.

Macroglossum; → Sphingidae 11.

Macropis; → Melittidae 3.

Macroplea; → Chrysomelidae 1.

Macrosiagon; → Rhipiphoridae 2.

Macrosiphon; → Aphididae 31.

Macrosteles; → Jassidae 4.

Macrothylacia; → Lasiocampidae 7.

Maculinea; → Lycaenidae.

Magenbremsen, Magendasseln, Magenfliegen; → Gasterophilidae.

Magicicada; → Auchenorrhyncha.

Maigalle; die von der Fundatrix der Reblaus bewohnte Blattgalle der Rebe; → Phylloxeridae.

Maigallenlaus; die in der Maigalle lebende Fundatrix der Reblaus; → Phylloxeridae.

Maikäfer, ***Melolontha*** sp.; → Scarabaeidae 10.

Maiskäfer, ***Sitophilus zeamais*** Motsch.; → Curculionidae 31.

Maiszünsler, ***Ostrinia nubilalis*** Hbn.; → Pyralidae 18.

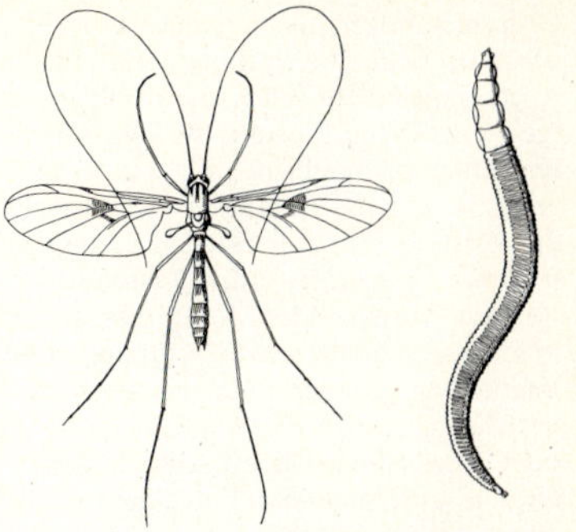

Abb. M-1: ***Macrocera centralis***, Langhornmücke. ♀, Körper 6 mm. Rechts ***Macrocera*** sp. Larve, schematisiert, 20 mm. (Brauns 1954, Séguy 1951)

Maiwürmer; die flugunfähigen, oft über 30 mm langen ♀♀ von ***Meloë***-Arten, mit langem Hinterleib und kurzen Flügeldekken; im Frühling im Gras umherkriechend; → Meloidae.

Malachiidae, Zipfelkäfer, Warzenkäfer; Fam. der Käfer (Coleoptera, Polyphaga); von den fast 3000 bekannten Arten in M-Eur.i.e.S. nur knapp 30; klein bis mittelgroß (höchstens 7 mm), weichhäutig, nicht selten sehr bunt; im Sommer gern auf Blüten; Ernährung: teils Pollenfresser (manche Arten besonders an Gräsern), teils Räuber, oft wohl beides zugleich, fressen z.T. auch tote Insekten. Bemerkenswert die in art- oder gruppenspezifisch verschiedener Weise bei den ♂♂ vieler Arten als Gruben oder ausstülpbare Häute ausgebildeten »Excitatoren«, an denen

Abb. M-2: Balz beim Zipfelkäfer ***Anthocomus coccineus.*** ♀ (links) knabbert am Excitator des ♂. (Matthes 1971)

Drüsen münden; die Organe werden bei der Balz dem ♀ dargeboten, das in der Regel hineinbeißt oder daran knabbert (geschmackliche Reizung [**M-2**]), so mehrere Male, bis bei beiden die Erregung so groß ist, daß die Begattung erfolgt. Lage der Organe sehr verschieden; selten an bestimmten Fühler- oder Tastergliedern oder auf Vorder- oder Mittelbrust, an den Mittel- oder Hinterschienen; häufiger (bei den bisher genauer untersuchten Arten) vorn an der Stirn die Kopfgrubenorgane oder die zusammen eine Einheit bildenden Organe am Ende der Flügeldecken; die Form dieser bilateralsymmetrischen Organe ist so, daß sämtliche Geschmackssinnesorgane der Mundteile des ♀ beim Knabbern mit dem Sekret Kontakt bekommen. Sichtreffen der Geschlechter durch Zufall; Erkennen des Artgenossen (soweit bekannt) optisch, des Geschlechtspartners durch den chemischen Sinn. Bewegungen bei der oft recht langen Balz weitgehend durch die Lage der Excitatoren bestimmt: ***Troglops albicans*** L. (3 mm): das ♂ bietet die Stirnorgane dem ♀ zum Hineinbeißen, das ♂ rennt zum Hinterende des ♀, prüft dessen Paarungsbereitschaft, geht bei Ablehnung wieder vor das ♀ usw., bis schließlich die Begatttung erfolgt. ***Axinotarsus pulicarius*** Fbr. (3,5 mm): ♂ und ♀ treffen sich, das ♂ wendet sich um 180°, das ♀ beißt in den Excitator am Ende der Flügeldecken, das ♂ wendet sich wieder zum ♀; im fortgeschrittenen Zustand der langen Balz dann: das ♀ wendet sich um 180° (beide stehen End gegen End), auch das ♂ wendet sich, so daß es jetzt die Hinterpartie des ♀ zur Prüfung berührt, evtl. Begattung. Eiablage wohl allgemein in Spalträumen. Ernährung der in den Rindenritzen und Fraßgängen anderer Insekten lebenden Larven anscheinend vor allem räuberisch, sie sollen zweimal überwintern. Auf Blüten überall häufig: ***Malachius aeneus*** L. (6–7 mm). (Matthes 1962, 1971; Matthes, Schicha 1966).

Malachiteule, ***Staurophora celsia*** L.; → Noctuidae 23.

Malachius; → Malachiidae.

Malacosoma; → Lasiocampidae 1, 2.

Malaria; → Culicidae.

Malaxieren; das bei vielen räuberischen Wespen, insbesondere bei denen, die paralysierte Beute als Larvenfutter eintragen (z. B. → Sphecidae) verbreitetes Durchkneten des Beutetiers; dient bisweilen, durch Auspressen des Darminhaltes der Ernährung (z. B. ***Epibembex, Mellinus, Philanthus)***; alle sonstigen Deutungen (atavistisches Verhalten, Hineinmassieren des beim Stechen eingespritzten Giftes) unbewiesen.

Mallophaga, Beißende Läuse, Haarlinge, Federlinge, Kieferläuse, Läuslinge; (U.-Ordng. der Phthiraptera, Tierläuse; manchmal auch als eigene Ordng. aufgefaßt); mit den beiden Fam.-Gruppen Amblycera und Ischnocera (s. unten); Verwandlung unvollkommen (Hemimetabola). Kleine (selten über 6 mm), stets flügellose Außenparasiten vor allem bei Vögeln (Federlinge), seltener bei Säugetieren (Haarlinge); Fühler kurz, 3–5gliedrig, bei den ♂♂ mancher Ischnocera zu ± hochspezialisierten Klammerorganen umgebildet (Packen des ♀ bei der Begattung); Beine mehr oder weniger gut als Klammerbeine gebaut zum Festhalten im Haar- bzw. Federkleid; manche Amblycera mit Haftballen an den Klauen, leben mehr auf der Hautoberfläche; bei den Ischnocera ohne solche, aber mit kräftigeren Krallen, bei Federlingen 2 (die größere einklappbar), bei Haarlingen meist eine ebenfalls einklappbare Kralle, leben angeklammert im Feder- bzw. Haarkleid selbst; als Hilfshaftapparat finden sich bei manchen Ischnocera polsterartige Gebilde an der Unterseite des Kopfes. Komplexaugen stark rückgebildet oder fehlend, keine Ocellen; Färbung meist in braunen Tönen; Federlinge nicht selten entsprechend dem Federkleid des Wirtes gefärbt, z. B. weiß bei einem Schwan-Federling, gelb bei einem Pirol-Federling, schwarz bei Bläßrallen-Federlingen. Mundteile meist kauend mit kräftigen, oft asymmetrischen Mandibeln, einfachen (bei den Ischnocera tasterlosen) Maxillen und mehr oder weniger rückgebildetem Labium, dieses wohl stets mit eingliedrigen Tastern; aktive Absorption von Wasserdampf aus der Luft mit spezialisiertem Hypopharynx ab einer relativen Feuchte von 43–52 %; Bau der beteiligten Organe und ihre Funktion wie bei → Psocoptera. Nahrung: Horn von Haaren oder Federn [**M-3**] und von der Körperoberfläche, nebst anhaftenden Stoffen; zuweilen auch Blut, aus kleinen, schon vorhandenen oder mit den in manchen Gruppen durch mehr stilettförmige Mundteile erschlossenen Wunden. Federn können durch Benagen beschädigt werden; Eindringen in den Federschaft und Ausfressen der Federseele ist für manche Arten kennzeichnend (z.B. ***Menacanthus*** sp. beim Haushuhn); bemerkenswert ***Piagetiella*** sp. beim Pelikan: Eier am Kopfgefieder, Einwandern der Larven in den Kehlsack und den Schlund, hier bei Massenauftreten Wundbildung. Bei vielen Ischnocera intracelluläre Symbionten in Zellen des Fettkörpers; Übertragung auf die Nachkommen durch Einwandern der Symbionten in die Eier. Fortpflanzung meist zweigeschlechtlich (in einigen Fällen parthenogenetisch); Begattung: wenig bekannt; ♂ teils gerade oder schief auf dem ♀ (bei allen Amblycera), teils unter dem ♀ (Ischnocera; ♀ mit den Klammerantennen festgehalten). Eier an Federn bzw. Haaren des Wirts festgekittet ([**M-4**]; ähnlich wie bei den echten Läusen; → Anoplura), dabei sind nicht selten bestimmte Hautbezirke bevorzugt; Eizahl verhältnismäßig gering meist unter 100. Embryonal- und Postembryonalentwicklung bei der Warmblütigkeit der Wirte verhältnismäßig schnell, wenige Wochen, also mehrere Generationen im Jahr; meist wohl 3 Larvenstadien. Entfernt vom Wirt sind sie nur wenige Tage lebensfähig, gehen beim Tod des Wirts meist zugrunde; die Wirtsspezifität ist meist sehr ausgeprägt, die sinnesphysiologische Grundlage (Geruchssinn?) freilich durchaus unklar; manche Arten leben nur auf einer Wirtsart oder auf einigen verwandten Wirtsarten, jedoch oft verschiedene Arten auf dem gleichen Wirt, allerdings in verschiedenen Regionen; von der Beute auf Raubsäuger oder Raubvögel übergewanderte Mallophagen können hier wohl immer nur kurze Zeit leben; Übertragung innerhalb der Wirtsart in der Regel durch Berührung (im Nest, bei Begattung), seltener durch Phoresie: Festklammern z.B. an Stechmücken oder Lausfliegen, die von Wirt zu Wirt fliegen; der Jungkuckuck übernimmt nicht die Federlinge seiner Zieheltern, erwirbt die kuckuckseigenen Federlinge bei der Begattung; in einzelnen Fällen sind Rückschlüsse aus der Verwandtschaft der Parasiten auf die Verwandschaft der Wirte möglich. Bei Massenbefall sind zumal schwächliche Wirtstiere (z.B. Jungvögel) stark beeinträchtigt. Von den etwa 3000 Arten in M-Eur.i.e.S. etwa 500 auf Vögeln, etwa 20 auf Säugetieren. 1. Fam.-Gruppe: **Amblycera** (mit

Abb. M-3: Fraßspur des Taubenfederlings ***Columbicola columbae.*** (Eichler 1956)

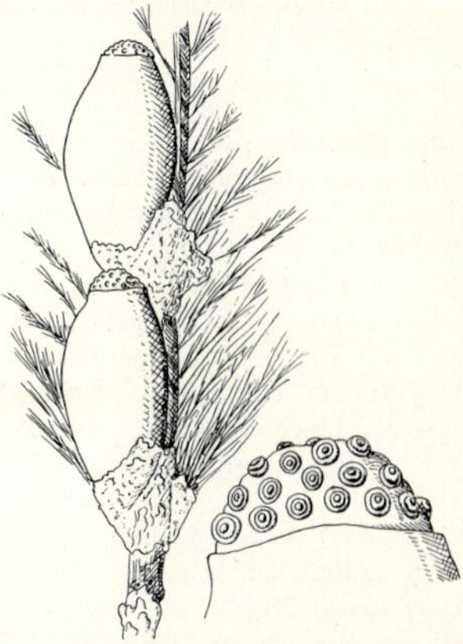

Abb. M-4: ***Incidifrons pertusus.*** Eier an Federn der Bläßralle. Rechts unten Eideckel. (Eichler 1956)

4gliedrigen Maxillartastern; Fühler kurz); in M-Eur.i.e.S. mit (z.T. eingeschleppten) Vertretern aus mehreren Fam.; Beispiele: Fam. Menoponidae, mit u.a. ***Trimenopon hispidum*** Ni. (1,7 mm); Fam. Gyropidae, mit u.a. ***Gyropus ovalis*** Ni. (1,1 mm); Fam. Gliricolidae, mit u.a. ***Gliricola porcelli*** Schrk., alle 3 genannten Arten auf dem Meerschweinchen, mit diesem aus Südamerika eingeschleppt; Fam. Menoponidae, auf Vögeln; zahlreiche Gattungen und Arten, z.B. ***Menopon gallinae*** L. und ***M. pallescens*** Ni. (2 mm) auf Haushühnern, ***Trinoton anserinum*** Fbr. (5–6 mm) auf Grau- und Hausgans, ***Colpocephalum zebra*** Ni. auf dem Weißstorch; Fam. Ricinidae, ausschließlich auf Singvögeln; z.B.

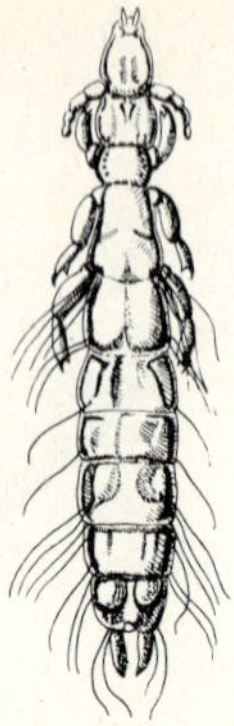

Abb. M-5: ***Columbicola columbae***, Taubenfederling. 2 mm. (Rietschel 1969)

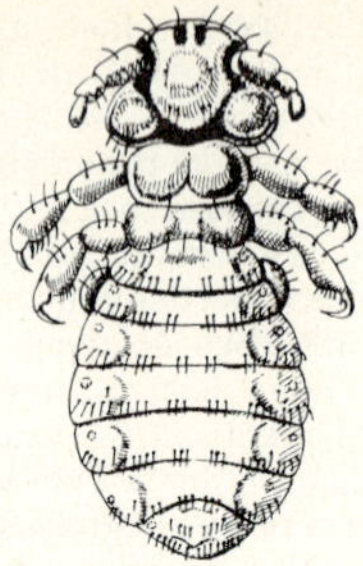

Abb. M-6: ***Trichodectes canis***, Hundehaarling. 1,5 mm. (Rietschel 1969)

Ricinus fringillae Deg. (ca. 3 mm) auf Buchfink, der gelbgrüne ***Ric. dolichocephalus*** Sop. auf Pirol; Fam. Laemobothriidae, große Arten, bis 10 mm, vor allem auf Greifvögeln und Rallen z. B. ***Laemobothrion tinnunculi*** L. (ca. 8 mm) auf Turmfalken, ***L. atrum*** Ni. auf Bläßrallen. 2. Fam.-Gruppe: **Ischnocera** (ohne Maxillartaster; Fühler länger, bei ♂♂ zuweilen zu Klammerorganen spezialisiert); hierher zwei Drittel aller Arten, mehrere Fam.; in M-Eur.i.e.S. Vertreter der Fam. Philopteridae, mit zahlreichen Arten auf Vögeln; z. B. ***Philopterus atratus*** Ni. auf der Saatkrähe, ***Phil. merulae*** De. auf der Amsel; Fam. Goniodidae, ebenfalls auf Vögeln, z. B. ***Goniodes colchicus*** De. auf dem Fasan; Fam. Lipeuridae, z. B. ***Columbicola columbae*** L. [**M-5**], auf Haustauben, ***Anaticola anseris*** L. auf Grau- und Hausgans; Fam. Trichodectidae, auf Säugetieren; z. B. ***Trichodectes canis*** Deg. [**M-6**], an Wolf und Hund, Überträger des Gurkenkernbandwurms, ***Dipylidium caninum*** L.; ***Felicola subrostratus*** Burm. auf der Hauskatze, ***Fel. hercynianus*** Kél. auf der Wildkatze; Fam. Bovicolidae, z. B. ***Bovicola equi*** De. auf Pferd und Esel, ***B. bovis*** L. auf dem Hausrind, ***B. alpinus*** Kél. auf der Gemse, ***Cervicola meyeri*** Tschbg. auf dem Reh. (Beier 1928; Eichler 1956; Frank 1976; Hiepe 1981/85; Kéler 1963b, 1969; Rudolph 1983; Rudolph, Knülle 1982; Schumann 1968; Séguy 1951).

Mallota; → Syrphidae.

Malthodes; → Cantharidae 4.

Malvendickkopf, ***Pyrgus malvae*** L.; → Hesperiidae 2.

Mamestra; → Noctuidae 43–46.

Mania; → Noctuidae 22.

Manica; → Myrmicidae.

Maniola; → Satyridae 8.

Manna; eingedickter zuckerhaltiger Saft: 1) aus Einschnitten in der Rinde verschiedener Bäume, insbesondere der Mannaesche, Mittelmeergebiet; 2) eingedickte Exkremente besonders an Tamarisken saugender Schildläuse, wohl vor allem der Gattung ***Naiococcus*** (→ Pseudococcidae, → Coccina), Vorderasien.

Mannazikade, ***Tettigia orni*** L.; → Cicadidae.

Mansakia; → Thelaxidae 2c.

Mansonia; → Culicidae.

Mantibaria; → Scelionidae.

Mantidae, Mantis; → Mantodea.

Mantispa; → Mantispidae.

Mantis-Parasit; ***Rielia*** sp.; → Scelionidae.

Mantispidae, Fanghafte; Fam. der Netzflügler (Planipennia), mit den Eigenschaften dieser Ordnung, jedoch die Imagines ausgezeichnet durch die Umwandlung der Vorderbeine zu hochspezialisierten Fangbeinen [**M-7; M-8**] und durch entsprechende Verhaltensweisen. Von den etwa 400 beschriebenen Arten die meisten tropisch und subtropisch, in M-Eur.i.e.S. nur ***Mantispa pagana*** Fbr., (= ***M. styriaca*** Poda; Körper etwa 17, Flsp. etwa 33 mm [**M-7**]), Vorderbrust verlängert, schmal, an ihr die Fangbeine (ähnlich denen der Gottesanbeterin, ***Mantis***): Kopf mit großen Augen und sehr beweglich; Fangbeine: Hüften sehr stark verlängert, Schiene und schma-

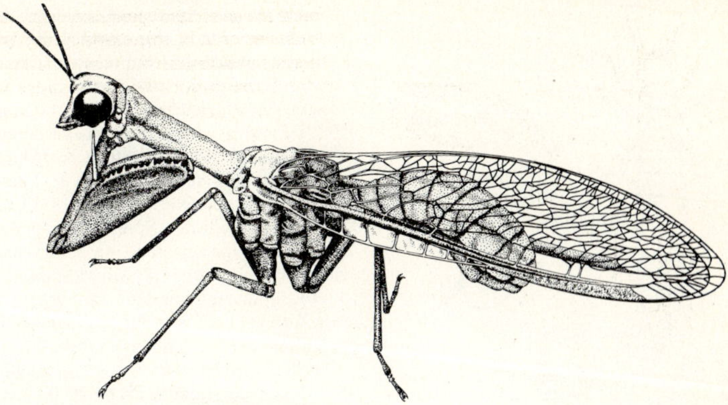

Abb. M-7: ***Mantispa pagana,*** ♀. Ruhehaltung. (M.R.)

ler Fuß klappmesserartig gegen den dicken, bedornten Schenkel einklappbar. Die 4 reich geäderten Flügel in Ruhe dachförmig auf dem Rücken. Nahrung: kleinere Insekten, wohl vor allem Fliegen, erbeutet mit blitzschnellem Zugriff der Fangbeine, mit den kräftigen Kiefern zerkleinert. Begattung: paarungsbereites ♀ hebt Abdomen und Flügel steil an, stülpt dorsal am Abdomen zwischen 6. und 7. Segment eine Blase weit aus (vermutlich Absondern eines Sexuallockstoffes); nach dem sich nähernden ♂ wird erst ein paarmal mit den Fangbeinen geschlagen, dann abwechselnd Senken und Heben der Flügel und Wippen mit dem Abdomen (1–2 mal/sec), ♂ schlägt ebenfalls zu ohne zu greifen, das alles mehrmals, das ♀ dreht sich schließlich abrupt um 180°, steht dann seitlich neben dem ♂, hebt Flügel und streckt Abdomen teleskopartig lang aus, sucht und findet Kontakt mit dem Genitalapparat des ♂, Vereinigung, dann Rückdrehen des ♀, Kopulation mit voneinander abgewandten Köpfen [**M-9**]; Dauer 30 min. Im Sommer werden mehrere tausend winzige (0,4 mm lange) Eier, jedes auf einem kurzen Stiel aus erhärtetem Sekret von Anhangsdrüsen des Geschlechtsapparates an vor Regen und Sonnenbestrahlung geschützten Stellen an alten anbrüchigen Bäumen abgelegt; Stielchen sind wenig

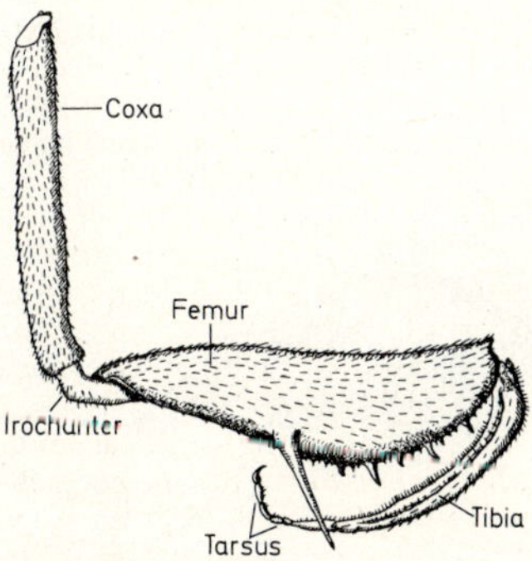

Abb. M-8: ***Mantispa pagana.*** Linkes Vorderbein. Praetarsus mit nur einer Kralle. (Aspöck 1969)

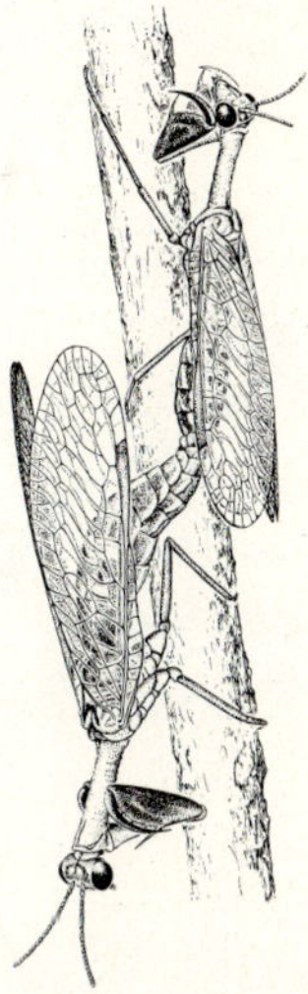

Abb. M-9: ***Mantispa pagana.*** Paarung. ♀ oben. (M.R.)

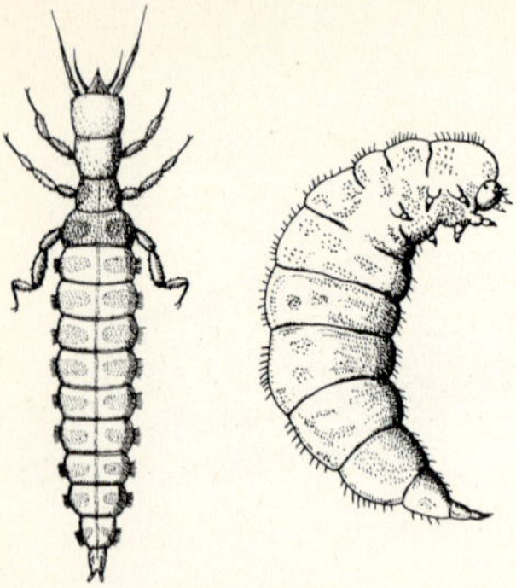

Abb. M-10: ***Mantispa pagana.*** Larvenstadien; links erstes, rechts zweites (letztes) Larvenstadium. Zweites Larvenstadium 9 mm. (Aspöck 1969)

tragfähig, Eier hängen herab; das daraus schlüpfende 1. Larvenstadium [**M-10**] mit Augen und gut ausgebildeten Beinen, sehr beweglich, mit Saugzangen, überwintert, sucht im kommenden Frühling den Eikokon von Wolfsspinnen (von ***Lycosa inquilina*** Koch, auch wohl von anderen Arten, welchen ?) auf; macht mit den Mundteilen einen kleinen Spalt, dringt ein, zuweilen mehrere in einem Spinnengelege, doch wird sich nur eine Larve entwickeln; frißt wohl meist zunächst nicht, vermutlich erst, wenn die Spinneneier ein bestimmtes Entwicklungsstadium erreicht haben; nach einiger Zeit Häutung zum ganz anders gestalteten Stadium 2 [**M-10**]: madenartig, Kopf klein, mit 2 kleinen 6teiligen Augen, kurzen Saugzangen, sehr kurzen Beinen (→ Polymetabolie), frißt den Spinnenkokon weitgehend leer; (anscheinend nur 2 Larvenstadien); Verpuppung innerhalb des Spinnenkokons in einem von der Larve gesponnenen Kokon (aus Sekret der Malpighigefäße) innerhalb der Larvenhaut (Puppe also von 3 Hüllen umgeben); im Sommer schließlich Schlüpfen der Imago. (Südamerikanische ***Trichoscelia***-Arten schmarotzen in Wespennestern). (Aspöck H. u. U. 1964, 1969; Bauer 1869; Bernard, Grassé 1951; Günther 1968; Renner 1988; Schremmer 1959a; Ulrich 1965).

Mantodea, Fangschrecken; Ordng. der Insekten; Verwandlung unvollkommen (Hemimetabola). Zahlreiche (etwa 1800) Arten in warmen Gebieten; in M-Eur.i.e.S. nur ***Mantis religiosa*** L., Gottesanbeterin [**M-11**]. Stattlich (bis 75 mm, ♀ größer als ♂),

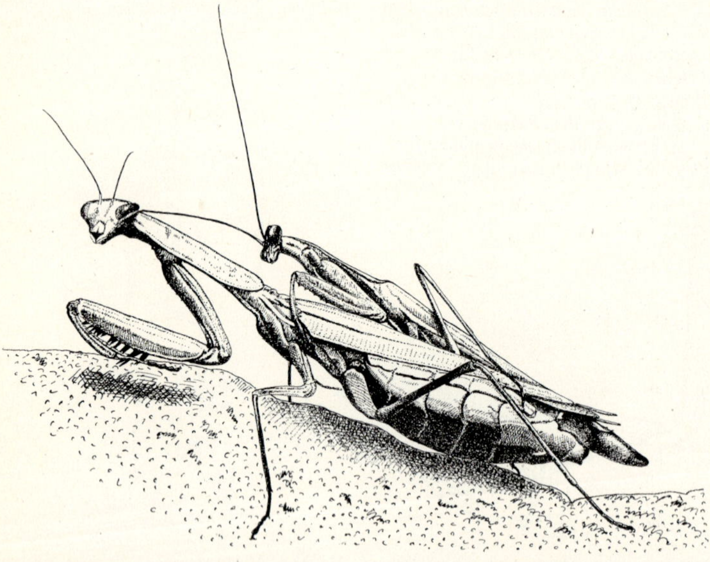

Abb. M-11: ***Mantis religiosa,*** Gottesanbeterin. Kopula. ♀ ca. 70 mm. (Harz 1960)

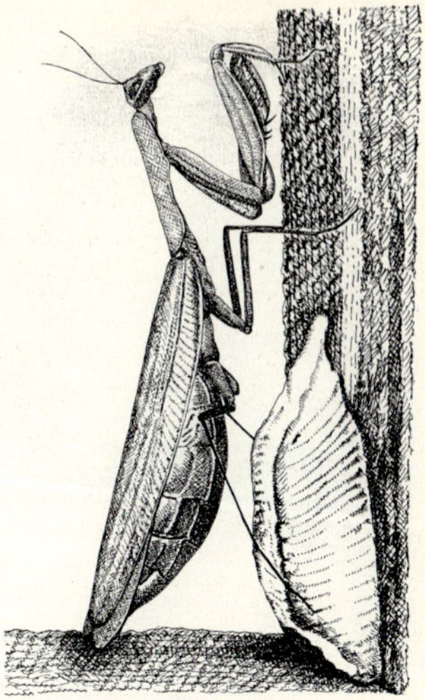

Abb. M-12: ***Mantis religiosa,*** Gottesanbeterin. ♀ neben Eigelege. (Weber 1958)

Vorderbrust schlank, stark verlängert, gegen die Mittelbrust beweglich; gelbbraun oder grünlich, beide Farbformen nebeneinander am gleichen Platz; gelbliche bzw. grünliche Larven, lange genug in grünen bzw. gelben Käfigen gehalten, färben sich nach der ersten Häutung auf grün bzw. gelblich um. Hochspezialisierter tagaktiver Räuber; Vorderbeine = Fangbeine: die Hüfte ist stark verlängert, die bedornte Schiene ist klappmesserartig gegen den ebenfalls bedornten Schenkel einklappbar; (die an der Schiene hängenden 5 dünnen Fußglieder gehören nicht zum Fangapparat); in Lauerstellung sind die Vorderbeine «wie zum Gebet« gehalten; die Beute (hauptsächlich Insekten) wird optisch wahrgenommen (Kopf und Hals gut beweglich), sie wird, evtl. nach vorsichtigem Anschleichen auf die richtige Distanz mit einem blitzschnellen Zugriff (ein- oder beidseitig) geschlagen; das Zuschlagen (Dauer: kaum $^{1}/_{10}$ sec) wird vor allem durch Bewegung der Beute ausgelöst. Zerkleinerung mit den kräftigen kauenden Mundteilen. Beide Flügelpaare sind gut ausgebildet, jedoch selten nur zur Flucht benutzt. Bei Störung Droh- bzw. Schreckreaktion: Vorderflügel zur Seite, Hinterflügel senkrecht gehalten, der angehobene, am Ende spiralig eingerollte Hinterleib wird plötzlich gesenkt, wobei die steif zur Seite gehaltenen Cerci mit zischendem Geräusch (wie Schlangenzischen) über das Hinterflügelgeäder gleiten. Einzigartig bisher im Tierreich: ein unpaares Gehörorgan am Thorax, ventral mitten zwischen den Hüften der Hinterbeine; es registriert Ultraschall (25–45 khz) und ermöglicht fliegenden Fangschrecken mit abrupten Änderungen der Flugrichtung auf die Ortungslaute jagender Fledermäuse zu reagieren. Paarung: das ♂ schleicht äußerst vorsichtig, bei Bewegung des (zunächst auf Beutefang eingestellten) ♀ erstarrend, das ♀ an, nähert sich von hinten, springt auf, umklammert die ♀-Flügel, streichelt mit den Fühlern; Kopulation [**M-11**]: das ♂-Abdomen wird rechts an dem ♀ vorbei, nach links gedreht (Kopulationszangen des ♂ asymmetrisch); Dauer ca. 2 Std., dabei Einschieben einer Spermatophore in die Geschlechtsöffnung des ♀; der Samen wandert in den Samenbehälter des ♀; die Spermatophore wird nach der Kopulation ausgestoßen; bisweilen, aber keineswegs immer, wird das ♂ bei oder nach der Kopulation vom ♀ gefressen, Freßbeginn beim Kopf; auch der ♂-Torso kann noch kopulieren, da durch das Wegfressen des Kopfes das im Abdomenende gelegene nervöse Zentrum für die Kopulationsbewegungen enthemmt wird; das vom Gehirn kontrollierte Hemmungszentrum liegt im Unterschlundganglion; diese Beobachtungen wurden (wohl immer) an gekäfigten Tieren gemacht; fraglich, ob dieser sexuelle Kannibalismus auch unter natürlichen Bedingungen vorkommt, bei der diesbezüglich genau untersuchten Chinesischen Gottesanbeterin, ***Tenodera aridifolia sinensis*** jedenfalls geschieht er nicht; der Paarung geht hier ein Balztanz des ♂ voraus, auf den das paarungswillige ***Tenodera***-♀ mit Heben des Abdomens und Strecken der Fangbeine reagiert. Eiablage (100 bis 300) mehrere Tage nach der Begattung in einem von erhärtetem schaumigen Drüsensekret (aus Anhangsdrüsen des Geschlechtsapparates) gebildeten, auf einer Unterlage befestigten Kokon [**M-12**]; (bis 4 cm lang und 2 cm breit); die Eier überwintern, 5 oder mehr Larvenhäutungen, beim ♀ mehr als beim ♂. Wärme- und trockenheitsliebend; in der Bundesrepublik nur am Kaiserstuhl und im Saarland. Mehrere wei-

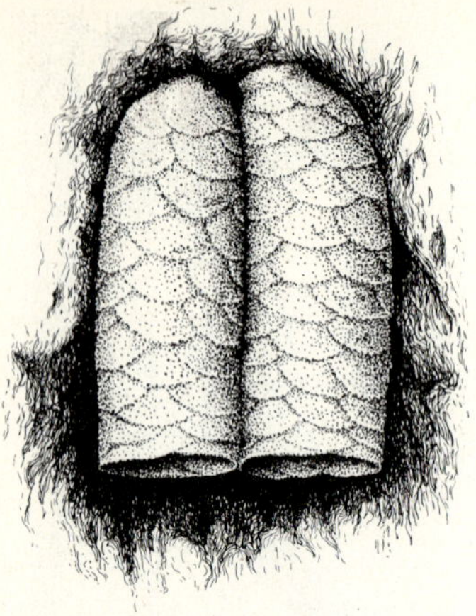

Abb. M-13: ***Celonites abbreviatus.*** Zweizelliges Nest vor der Maskierung mit Erde. (Bellmann 1983)

tere Arten im Mittelmeergebiet z. B. ***Empusa pennata*** Thunb. (45–65 mm; Fam. Empusidae), ausgezeichnet durch einen langen Stirnzapfen; ♂ recht flugfreudig, fliegt abends ans Licht, wird nach der Begattung niemals vom ♀ verzehrt; die Larven überwintern, bleiben aber auch im Winter aktiv, bezeichnend ist der ständig angehobene Hinterleib. 8 z.T. sehr artenreiche Familien. (Beier 1968; Davis, Liske 1985; Günther 1968; Harz 1957; Kaltenbach 1987; Liske, Davis 1984, 1987; Roeder 1935; Rossel 1983; Yager, Hoy 1986).

Margarodes; → Margarodidae.

Margarodidae (Monophlebidae); Fam. der Schildläuse (Coccina); ca. 250 Arten; ähnlich wie bei den ebenfalls noch primitiven Röhrenschildläusen (→ Ortheziidae) bei vielen Arten noch alle Stadien, auch die ♀♀, beweglich, mit gut ausgebildeten Beinen und Fühlern. Nicht wenige Arten unterirdisch, das vordere Beinpaar dann oft besonders kräftig, mit Grabklaue; bei manchen ***Margarodes***-Arten und Verwandten das 2. Larvenstadium als Ruhestadium beinlos und von einer Sekrethülle umgeben (enzystiert), kann so lange Trockenperioden überdauern; 3. Stadium wieder beweglich. Wachsbildung verbreitet; Eier entweder frei abgelegt und mit Wachswolle bedeckt, oder das ♀ trägt die Eier hinten in einem mit Wachsplatten bedeckten Eisack. Meist Bewohner warmer Länder. Hierher die größte bekannte Schildlaus: ***Aspidoproctus maximus*** Lounsbg., Südafrika, das ♀ bis 3,5 cm. ***Icerya purchasi*** Mask., Australische Wollschildlaus, Orangenschildlaus, (ohne Eisack 8–10 mm), Heimat: Australien, heute weltweit verbreitet, an verschiedensten Pflanzen, an manchen (z. B. ***Citrus***-Arten) schädlich, bei uns gelegentlich in Gewächshäusern; bemerkenswert: ♂♂ sehr selten (entstehen aus unbesamten haploiden Eiern); die ♀♀ sind zwittrig; Hauptfeind: der australische Marienkäfer ***Rodolia cardinalis*** Muls., vermag, in anderen Ländern ausgesetzt, die schädliche Schildlaus kurz zu halten (biologische Schädlingsbekämpfung). (Günther 1968; Pesson 1951; Rietschel 1969; Strümpel 1983; Weber 1930; Zahradnik 1968).

Marienkäfer; → Coccinellidae.

Marienprachtkäfer, ***Chalcophora mariana*** L.; → Buprestidae 1.

Markeulen; → Noctuidae 42.

Markusfliege, Märzfliege, ***Bibio marci*** L.; → Bibionidae.

Marokkanische Wanderheuschrecke, ***Dociostaurus maroccanus*** Thunb.; → Acrididae 8.

Masaridae; Fam. der Hautflügler (Hymenoptera, Apocrita, Vespoidea); nahe verwandt mit den echten Faltenwespen (→ Vespidae), von ihnen unterschieden durch kurze, am Ende keulig verdickte Fühler, durch mäßig ausgeprägte oder fehlende Längsfaltung der Vorderflügel in der Ruhelage, durch Eintragen von Pollen und Nektar als Futter für die Larven. Von den etwa 80 Arten nur eine in Thüringen und im Süden der BRD: ***Celonites abbreviatus*** Vill., 6–7 mm; baut röhrenförmige, sehr dünnwandige (0,3–0,4 mm), etwa 10 mm lange Zellen von 4 mm Durchmesser, aus feinsten Erd- oder Lehmpartikeln in einer Reihe nebeneinander, meist senkrecht, mit nach unten weisender Versorgungsöffnung an Steine und Felsen, seltener an Pflanzenstengel [**M-13**]; nach Fertigstellen der Zelle Eiablage und dann Eintragen des Pollen-Nektar-Breies, der rundum an dünnen Ausziehungen an der Zellwand aufgehängt ist; dann Verschließen der Zelle; zuletzt werden die nebeneinander angeordneten Zellen mit einer gemeinsamen Hülle versehen; Zunge verhältnismäßig lang, auf ihr ein langes, in Ruhelage als Schleife in die Kopfkapsel zurückgelegtes feines Rohr (zum Gewinnen von schwer zugänglichem

Nektar?; oder für Funktion beim Zellenbau?); Pollen mit der reichen Stirnbehaarung in den Blüten abgenommen, mit den Beinen abgestreift, verschluckt und wie der Nektar im Kropf heimgebracht. (Schremmer 1959b; Bellmann 1984).

Maskenbienen, ***Hylaeus*** sp.; → Colletidae 2.

Maskenläuse; → Thelaxidae.

Mauerbienen, ***Osmia*** sp.; → Megachilidae 1.

Mauerfuchs, ***Dira megera*** L.; → Satyridae 7.

Mauerseglerlausfliege, ***Crataerhina pallida*** Latr.; → Hippoboscidae 5.

Maulbeerseidenspinner, ***Bombyx mori*** L.; → Bombycidae.

Mauliksches Organ; → Erdflöhe.

Maulwurfsfloh, ***Hystrichopsylla talpae*** Curt.; → Siphonaptera.

Maulwurfsgrille, ***Gryllotalpa*** sp.; → Gryllotalpidae.

Mäusefloh, ***Leptinus testaceus*** Müll., ein Käfer; → Leptinidae.

Mäuseläuse, ***Polypylax*** sp., ***Holopleura*** sp.; → Haematopinidae.

Mausgrauer Sandschnellkäfer, ***Lacon murinus*** L.; → Elateridae 1.

Mausspanner, ***Minoa murinata*** Scop.; → Geometridae 5.

Mayetiola; → Itonididae 4, 5.

Meconema; → Meconemidae.

Meconemidae, Eichenschrecken; Fam. der Langfühlerschrecken (Ensifera, Tettigonoidea); in M-Eur.i.e.S. nur 2 Arten; **1.** ***Meconema thalassinum*** Deg., Eichenschrecke; 13–15 mm lange Laubheuschrekke [**M-14**], hellgrün bis gelblich; Halsschild mit gelbem Streifen und (hinten) 2 braunen Flecken; Cerci der ♂♂ dünn, leicht nach innen gebogen; nachtaktiv; nur auf Laubbäumen, vor allem auf Eichen; fliegt selten; Nahrung kleine Insekten; Eiablage in Rindenritzen, Überwinterung als Ei; ♂ mit Hörorganen, aber ohne sonst bei Laubheuschrecken üblichem Lautapparat, bringt jedoch nachts durch Aufstoßen der Tarsen mal des einen, mal des anderen Hinterbeins auf die Unterlage einige sec dauernde, etwa 1 m weit hörbare Serien von Trommelgeräuschen hervor, wohl zum Anlocken des ♀, Kopula: das ♂ hebt die Flügel an, das ♀ beleckt den Rücken des ♂, das ♂ faßt von unten das Abdomen des ♀ mit den Cerci, macht einen Purzelbaum, faßt das Ende der Legeröhre des ♀ mit den Mandibeln;

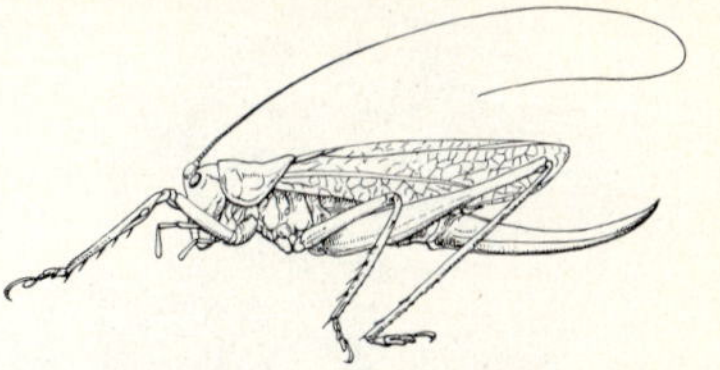

Abb. M-14: *Meconema thalassinum*, Eichenschrecke, ♀, bis 15 mm (ohne Legestachel). (Chopard 1951)

Dauer ca. 15 min. **2.** ***M. meridionale*** Costa, Südl. Eichenschrecke; ähnlich ***M. th.*** jedoch stummelflügelig; mediterran; bei uns nur im Raum Freiburg/Breisgau. (Bellmann 1985; Harz 1957, 1969).

Meconium; der kurz nach dem Schlüpfen aus der Puppe aus dem After abgegebene insbesondere bei Schmetterlingen oft auffallend gefärbte Darminhalt. Abfallprodukt des Stoffwechsels während der Puppenreife.

Mecoptera (Panorpatae), Schnabelfliegen; Ordng. der holometabolen Insekten; die meist mittelgroßen Imagines ausgezeichnet durch den rüsselartig verlängerten Vorderteil des Kopfes [**B-9, B-27, P-9**], Basalteile von Unterkiefer (Maxille) und Unterlippe (Labium) ebenfalls verlängert; Oberkiefer (Mandibeln) bleiben meist relativ kurz, zum Kauen oder dolchförmig mehr zum Stechen geeignet; die Larven mehr oder weniger raupenähnlich; Verpuppung im Boden als Pupa dectica (→ Pupa). Die fast 500 Arten mehreren Fam. zugeordnet; in M-Eur.i.e.S. nur Vertreter der Fam. → Panorpidae, → Bittacidae und → Boreidae. (Byers, Thornhill 1983; Grassé 1951; Günther 1968; Kaltenbach 1978; Wundt 1969).

Mecopteroidea; von manchen Forschern aufgestellte Ü.-Ordng. der holometabolen Insekten, mit den Ordngn.: → Mecoptera, → Trichoptera, → Lepidoptera, → Diptera, → Siphonaptera.

Mecostethus; → Acrididae 3.

Medetera; → Dolichopodidae.

Mediansegment; → Mittelsegment.

Meerwasserläufer, ***Halobates*** sp.; → Gerridae.

Meerrettichzünsler, ***Evergestis forficalis*** L.; → Pyralidae 16.

Meerschweinchenhaarlinge, ***Trimenopon*** sp., ***Gyropus*** sp., ***Gliricola*** sp.; → Mallophaga.

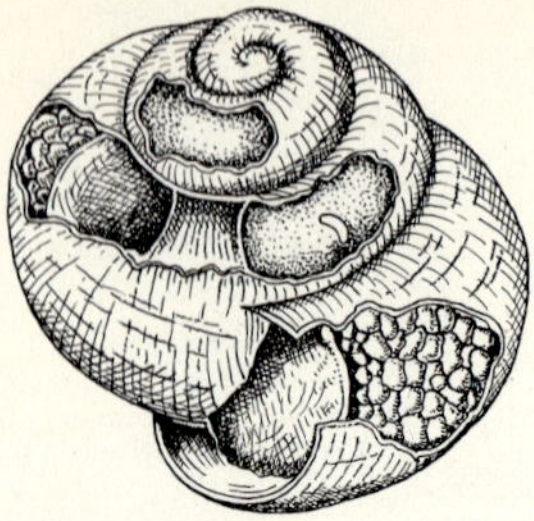

Abb. M-15: ***Osmia aurulenta***, Mauerbiene. Nestanlage in Schneckenhaus. (v. Frisch 1969)

Megachile; → Megachilidae 2, 3.

Megachilidae; Fam. der Hautflügler (Hymenoptera, Apocrita, Apoidea); solitäre, höchstens kolonial siedelnde Bienen; alle nichtparasitischen Formen Bauchsammler; mehrere Gttgn. und zahlreiche, allein in M-Eur.i.e.S. über 90 Arten; bezeichnend die Verwendung von herbeigetragenem Material (mit den Mandibeln herausgeschnittene Blattstückchen oder zerkaute Blätter, Pflanzenfasern, Harz, Schlamm, Sand, Steinchen) zum Bau der Zellwände, deren Auskleidung oder wenigstens der Trennwände zwischen den Zellen; Puppenkokon mit einem mit Zapfen versehenen Deckel. Auswahl: **1. *Osmia*,** Mauerbienen (37 Arten in M-Eur.i.e.S.); nicht selten beim Nestbau mit Speichel vermischter Lehm und Sand oder zerkaute, mit Speichel vermengte Blattstücke (»Pflanzenzement«) mörtelartig verwendet; Nester jedoch sehr vielgestaltig. Beispiele: ***O. papaveris*** Latr., Mohnbiene; baut Einzelzellen im Boden, kleidet sie aus mit Ausschnitten von Blütenblättern meist der gleichen Blüte, häufig vom Mohn ***(Papaver)***, wo dieser fehlt, auch von anderen Blüten, z.B. von der blauen Kornblume, aus der sie in manchen Gegenden weitgehend Pollen und Nektar bezieht; oberer Verschluß der Einzelzelle: Blütenblatt-Tapete eingeschlagen, Sand darüber. ***O. perezi*** Fert., Südeuropa, sammelt vor allem an Winden ***(Convolvulus)*** und tapeziert mit deren Blütenblättern. ***O. villosa*** Schenck. benutzt zum Austapezieren der in Gruppen beisammenstehenden Zellen Blätter verschiedener Blüten. ***O. cornuta*** Latr. und ***O. rufa*** L. legen gerne in schon vorhandenen Hohlräumen (hohle Stengel, Altbauten anderer solitärer Bienen) hintereinander eine Reihe von durch Mörtel voneinander getrennter Zellen an, oder bauen, wie z.B. ***O. caementaria*** Gert., überhaupt Mörtelzellen in kleinen Felsnischen. ***O. bicolor*** Schrk. legt 1, selten 2 Zellen in leeren Schneckenhäusern (von ***Cepaea***-Größe) an; nach der Verproviantierung Eiablage; Verschluß durch eine Wand aus »Pflanzenzement«, dann Auffüllen der nächsten halben Schneckenhauswindung mit Steinchen, Erde, Holzstückchen, dann weitere Querwand, so. u.U. mehrmals; das ausgebaute Schneckenhaus wird schließlich so gedreht, daß es mit der Mündung dem – wenn erforderlich, bearbeiteten – Boden dicht aufliegt und zuletzt mit einer bis faustgroßen Tarnschicht aus Halmen, dürren Kiefernnadeln u. dgl. zugedeckt; ähnlich ***O. rufohirta*** Latr., rollt nach dem Verschließen das Schneckenhaus in ein Versteck; ***O. aurulenta*** Panz. baut mehrzellige Nester in größere Schneckenhäuser ***(Helix*, *Cepaea*** [**M-15**]***)***; als Verschluß eine oder einige luftgefüllte Kammern; ***O. emarginata*** Lep. errichtet die in Gruppen zusammenstehenden Zellen ganz aus zerkauten grünen Pflanzenteilen, wobei die peripheren Zellen (als Schutz gegen Schmarotzer?) leer bleiben; ***O. maritima*** Friese nistet an den Küsten der Nord- und Ostsee in den Südhängen von Dünen; die ♂♂ kontrollieren und verteidigen Flugbahnen im Bereich der Nester und der Proviantpflanzen der ♀♀. **2. *Megachile*;** Blattschneiderbienen (in M-Eur.i.e.S. 22 Arten); ♂♂ häufig mit auffallend weit verbreiterten, behaarten Tibien der Vorderbeine; Bedeutung unklar; Nester teils im Boden, teils in Holz oder in hohlen Stengeln; die meist in Reihen angeordneten Zellen werden oft wie ein Fingerhut aus ausgeschnittenen Stückchen grüner Blätter geformt, nach Eintragen des Larvenfutters und Belegen mit einem Ei mit passend ausgeschnittenen runden Blattstücken verschlossen [**M-16**]; u.U. Benutzen verschiedenen Materials bei der gleichen Art, z.B. ***M. analis*** Nyl. Eichenblätter oder auch Birkenrinde, ***M. rotundata*** Fbr. Ausschnitte aus Blütenblättern (vgl. ***Osmia***); Zellen aus Erdmörtel und Pflanzenharz bei ***M. ericetorum*** Lep. **3. *Chalicodoma parietina*** Fourcroy (= ***Megachile parietina*** Fourcroy = ***Chalicodoma muraria*** Fbr.), Mörtelbiene (bis16 mm); ♀♀ tief schwarz mit blauschillernden Flügeln, ♂♂ braun; Nest aus mehreren (bis ca. 16) zylindrischen, neben-,

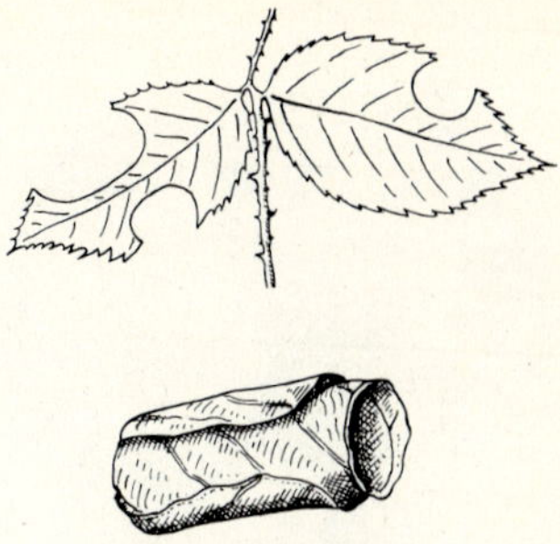

Abb. M-16: ***Megachile*** sp., Blattschneiderbiene. Oben Ausschnitte an Blättern; unten Blatt-Tapete der Zelle. (v. Frisch 1969)

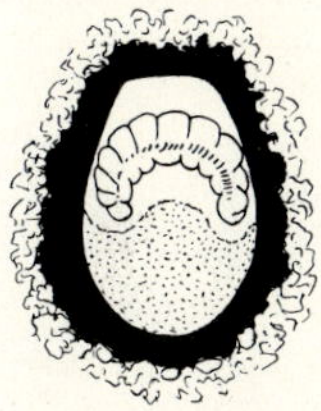

Abb. M-17: ***Anthidium caturigense.*** Schnitt durch eine Zelle. Wand aus Harz (schwarz) und Pflanzenfasern. Made auf Futtervorrat. (Bernard 1951)

über- und aufeinander angeordneten, nach oben orientierten und nacheinander errichteten Zellen aus einem sehr fest werdenden Gemisch aus Sand, Steinchen und Sekret (bei ***M. sicula*** Rossi aus langkettigen Kohlenwasserstoffen) der Labialdrüsen an Felsen, Steinmauern, oft in Vertiefungen; Material vornehmlich auf Sandstraßen gesammelt, schon beim Sammeln mit Speichel vermischt, in Kugelform mit den Mandibeln befördert, mit Mandibeln und Vorderbeinen verarbeitet; Ablauf: Bau der Zelle, Verproviantierung mit Nektar und Pollen, Eiablage (Ei schwimmt auf dem honigzähen Futter), Verschluß der Zelle; so nacheinander im Verlauf von Wochen Zelle an Zelle, dazwischen vermörteln von Nischen zwischen den Zellen, schließlich das Ganze mit 2–3 cm dicker Mörtellage bedeckt, so daß äußerlich keine Einzelzellen mehr zu erkennen sind; Imaginalhäutung im frühen Herbst, Überwintern als Imago in den Zellen, Herausarbeiten im April mit den Mandibeln. Häufige Brutschmarotzer: Kegelbienen ***(Coelioxys)***, ***Leucospis gigas*** (→ Leucospidae) und ***Spongostylum tripunctatum*** (→ Bombyliidae). **4. *Heriades*** und ***Chelostoma***, 2 bzw. 4, meist recht kleine Arten in M-Eur.i.e.S.; benutzen als Niststätten gerne die Bohrlöcher anderer Insekten in Holz, auch hohle Stengel (z. B. Schilfrohr von Hausdächern) oder leere Erdbauten; Zellen hintereinander, durch Wände aus Lehm oder auch Baumharz voneinander getrennt, z. B. ***H. truncorum*** L., Löcherbiene (bis 8 mm). **5. *Anthidium***, Wollbienen, Harzbienen (in M-Eur.i.e.S. 8 Arten); wespenartig schwarz-gelb gezeichnet, oft stattlich, bis etwa Honigbienengröße; fliegen schnell, oft im Schwebeflug über dem Nest oder der Blüte; ♂♂ aller einheimischen Arten mit kräftigen, spitzen Dornen an den letzten Abdominalsegmenten; verschiedene Arten von Nestbau: entweder mit den Kiefern von behaarten Pflanzen abgeschabte »Pflanzenwolle« (z. B. von ***Verbascum***) eingetragen in Erdgänge, in Ritzen in Stein oder Holz, in alte Eichengallen von Gallwespen, z. B. in die von ***Cynips quercus tozae*** (→ Cynipidae), in leere Schneckenhäuser und darin die Zellen ausgeformt (mit Speichel ?); oder die Zellen aus eingesammeltem Pflanzenharz geformt; oder beide Materialien zusammen verbaut; letzteres z. B. bei ***A. caturigense*** Gir. (Südeuropa), Einzelzellen im sandigen Boden, außen eine Woll-, innen eine Harzschicht [**M-17**]. ♂♂ der häufigen Art ***A. manicatum*** L. (und vermutlich auch die anderer (aller ?) ***Anthidium***-Arten) verteidigen Gruppen benachbarter Blüten als Paarungsterritorium gegen artgleiche ♂♂ und attackieren artfremde, Nektar oder Pollen suchende, auch viel größere Insekten (Honigbienen, Hummeln u. a.) indem sie sie mit nach vorn gekrümmtem Abdomen mit der Dornbewehrung grob rammen und häufig schwer, bisweilen tödlich verletzen. ***Anthidium*** (= ***Anthidiellum***) ***strigatum*** Panz. baut freistehende, ca. 10 mm lange, nach unten orientierte Zellen aus Harz, dem nicht selten Rindenstückchen beigemengt sind; Verschluß retortenschnabelförmig ausgezogen [**M-18**]. **6. *Trachusa byssina*** Panz., bis 12 mm; baut einen Stollen in sandigem Boden, kleidet ihn mit grünen Blattstreifen aus, die sich spiralig gegen die Wand legen, verschmiert die Blatt-Tapete mit Baumharz. **7. *Coelioxys***, Kegelbienen, Hinterleib der ♀♀ kegelförmig zugespitzt, der der ♂♂ mit kräftigen Enddornen unbe-

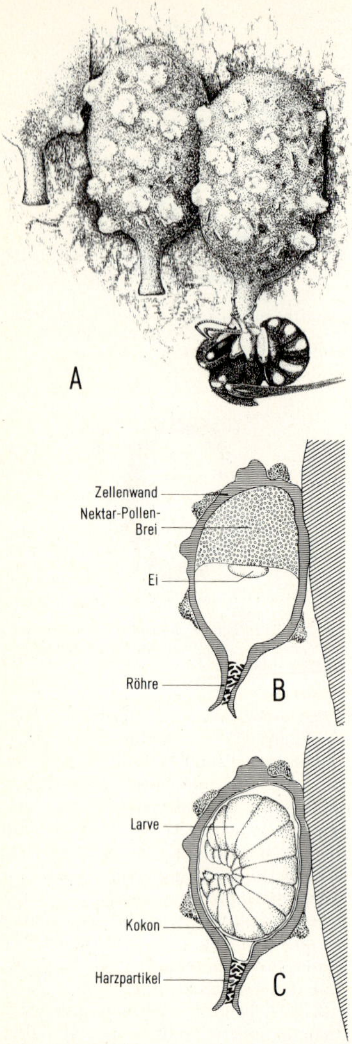

Abb. M-18: ***Anthidium strigatum***, Harzbiene. A zwei Brutzellen (Länge 10 mm) und Biene beim Formen der Verschlußröhre. B und C Zellen im Längsschnitt, B nach der Eiablage, C mit Kokon und letztem Larvenstadium. (A nach einem Dia von H. Bellmann, B, C Bellmann 1977)

kannter Funktion; 13 heimische Arten; Kuckucksbienen bei Anthophoridae und Megachilidae. **8. *Stelis***, Düsterbienen; 10 Arten in M-Eur.i.e.S.; oft düster gefärbt, die gelbgezeichneten Arten von ***Anthidium*** schwer zu unterscheiden; Brutschmarotzer bei ***Osmia***, ***Heriades***, ***Chalicodoma*** und ***Anthidium*** (s. oben) und bei ***Ceratina*** (→ Anthophoridae). (Bellmann 1977, 1981b, 1983; Bernard 1951; Haeseler 1982; Hohmann 1978; Königsmann 1968; Kronenberg, Hefetz 1984; Markl 1969; Wirtz et al. 1986).

Megalodontes; → Megalodontidae.

Megalodontidae; Fam. der Hautflügler (Hymenoptera, Symphyta, Megalodontoidea); in M-Eur.i.e.S. kaum ein halbes Dutzend mittelgroße, schwarzgelb gezeichnete, den echten Blattwespen ähnliche Arten (z. B. ***Megalodontes spissicornis*** Klug; etwa 12 mm); Larven (ohne Bauchfüße) nach Gestalt und Lebensweise ähnlich denen der Gespinstblattwespen (→ Pamphiliidae), fressen im gemeinsamen Gespinst an krautigen Pflanzen; die Larven von ***M. spissicornis*** auf den Blättern von ***Laserpitium latifolium***, verpuppen sich im Boden. (Bachmaier 1969; Königsmann 1968).

Megalodontoidea; Fam.-Gruppe der Hautflügler (Hymenoptera, Symphyta), mit den Fam. → Pamphiliidae und → Megalodontidae.

Megaloptera, Großflügler, Schlammfliegen; Ordng. der holometabolen Insekten (Ü.-Ordng. Neuropteroidea); insgesamt über 100 Arten bekannt, in M-Eur.i.e.S. nur einige wenige Vertreter der Fam. Sialidae, Gattung ***Sialis*** [**M-19**]; häufige Art: ***S. flavilatera*** Kolbe (= ***S. lutaria*** L.; 10–15 mm), ferner die sehr ähnliche ***S. fuliginosa*** Pict. Die Imagines im Frühling und Frühsommer häufig auf Pflanzen in Wassernähe, mit 2 großen, reich geäderten, bräunlichen, in der Ruhe dachförmig zusammengelegten, den Körper nach hinten überragenden Flügelpaaren; fliegen selten und nicht weit, sind nur in der Sonne recht lebhaft, lecken dann auch auf Blüten frei liegenden Nektar auf, Nahrungsaufnahme jedoch meist nur gering. Fortpflanzung: ♂♂ und ♀♀ suchen und verständigen sich durch nicht hörbare, artspezifische Vibrationssignale, die durch Auf-Abschwingen des Abdomens hervorgebracht und über die Beine auf die Unterlage übertragen werden; Wahrnehmung mit in den Beinen (wo?) liegenden Sinnesorganen; neben diesen hochfrequenten (100 bis 200 Hz) Vibrationen spielen bei ***S. flavilatera*** niederfrequente (ca. 30 Hz), hörbare Klopfsignale,

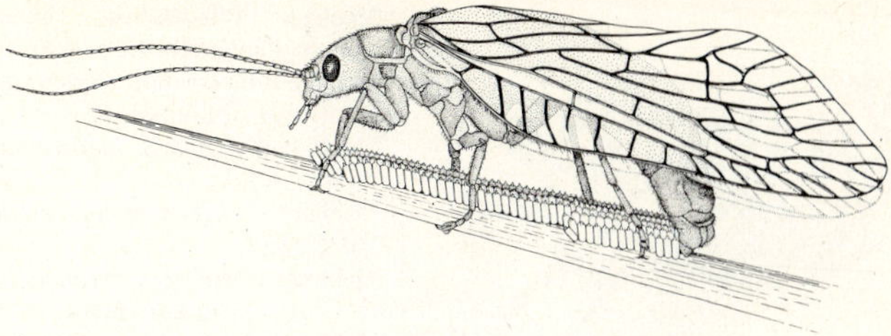

Abb. M-19: ***Sialis*** sp. Schlammfliege bei der Eiablage. (Nach Foto von Pfletschinger 1980)

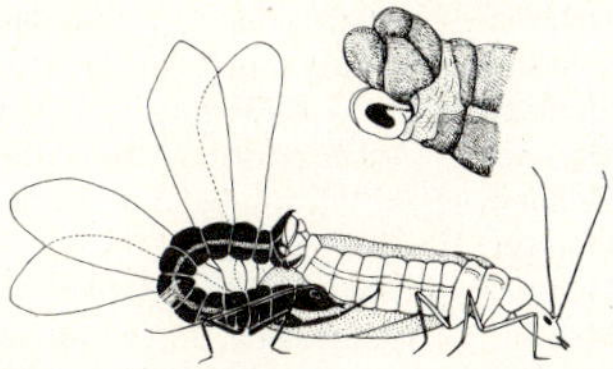

Abb. M-20: ***Sialis flavilatera***, Schlammfliege. Unten Kopula, ♂ schwarz, ♀ hell; linker ♀-Flügel punktiert, rechter weggelassen. ♂ hat den Kopf unter den ♀-Flügeln. Rechts oben Hinterleibsende des ♀ nach Kopula, mit der hell gezeichneten Spermatophore. (Du Bois, Geigy 1935)

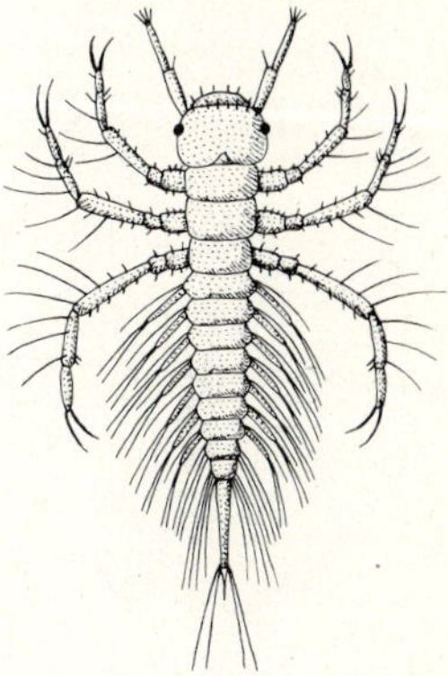

Abb. M-21: ***Sialis flavilatera***, Schlammfliege. Jungarve, ca. 1 mm. (Franz 1940)

die durch Aufschlagen des Abdomens und der Flügel auf die Unterlage erzeugt werden, beim Paarungsverhalten als Antwort des ♂ auf die ♀-Signale eine Rolle; das ♂ läuft schließlich hinter dem ♀ her, wahrscheinlich nun durch den Geruchssinn geleitet (Duftorgane auf den Flügeln des ♀), drängt den Kopf unter die Flügel des ♀; ein begattungswilliges ♀ hält still (das nicht begattungswillige ♀ fliegt weg); das ♂ schiebt den Kopf unter den Hinterleib des ♀, hält es mit den Vorderbeinen fest, krümmt den Hinterleib etwas seitlich hoch, ebenso das ♀; das ♂ drückt die Geschlechtsöffnung an die des ♀ (Klammerhilfe der Cerci des ♂), setzt ein Samenpaket (Spermatophore) ab (Dauer 15–30 Min. [**M-20**]), geht dann weg; die Spermatophorenwand löst sich auf, die Samenfäden wandern in den Samenbehälter; das ♂ muß, damit die Begattung glückt, gerade so weit unter das ♀ kriechen, daß die Geschlechtsöffnungen auf gleicher Höhe sind; hierbei ist offenbar die Bedeckung des ♂-Kopfes durch die ♀-Flügel wichtig; nach Stutzen der ♀-Flügel kriecht das ♂ zu weit vor, die Begattung mißlingt; das ♂ ist nach Entfernen der Antennen und bestimmter nur ihm eigener Sinnesorgane an der Unterseite des Labrums vollkommen gleichgültig gegen das ♀. Die Eier, mehrere Hundert bis 2000 in einer dicht gepackten Schicht nebeneinander [**M-19**], werden auf Pflanzen abgelegt, häufig auf Schilf, stets über dem Wasserspiegel; zuweilen 2 Ablagen; die alsbald ausschlüpfenden Eilarven ([**M-21**] etwa 1 mm) lassen sich ins Wasser fallen. Larve [**M-22**]: Entwicklung am Grunde auch schlammiger Gewässer (Schlammfliege), mit 7 Paar fädiger gegliederter Tracheenkiemen an den 7 vorderen Hinterleibsringen (ableitbar von Hinterleibsextremitäten); hinten mit einem Endfaden (Terminalfilament); Mundteile kräftig, ernährt

Abb. M-22: *Sialis* sp., Schlammfliege; Larve erwachsen ca. 40 mm. (Günther 1969)

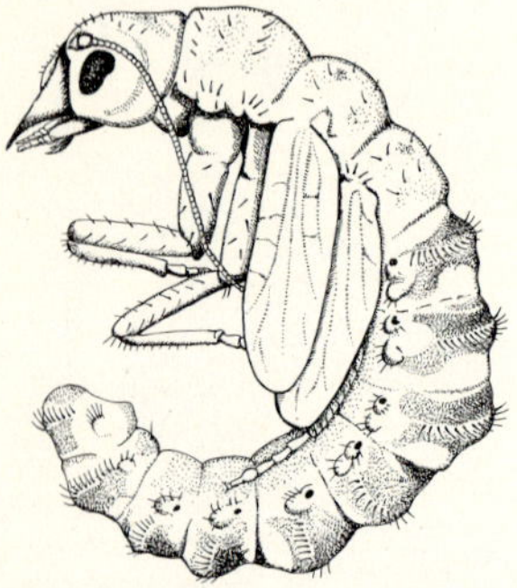

Abb. M-23: *Sialis flavilatera*, Schlammfliege; Puppe, ♂, 16 mm. (Du Bois, Geigy 1935)

sich räuberisch von Insektenlarven, Würmern, kleinen Muscheln; 10 Larvenstadien, erste Überwinterung als 7., zweite als 10. Stadium; die Junglarven können mit Beinhilfe und Schlängeln recht gut schwimmen; die erwachsene Larve (etwa 2 cm) geht im Frühling an Land zur Verpuppung; die Puppe (Pupa dectica; → Pupa und [**M-23**]), liegt wenige cm tief an Land in lockerer Erde; Puppenruhe etwa 1 Woche; dann Häutung zur Imago, die sich aus der Erde herausarbeitet. (DuBois, Geigi 1935; Geigi, Dubois 1935; Günther 1968; Pfletschinger 1980; Rupprecht 1975).

Megarhyssa; → Ichneumonidae.

Megaselia; → Phoridae.

Megastigmus; → Torymidae.

Megoura; → Aphidina.

Mehlige Birnenlaus, ***Sappaphis piri*** Mats.; → Aphididae 8.

Mehlige Kohllaus, ***Brevicoryne brassicae*** L.; → Aphididae 34.

Mehlige Möhrenlaus, ***Semiaphis dauci*** F.; → Aphididae 37.

Mehlige Pfirsichlaus, ***Hyalopterus amygdali*** Blanch.; → Aphididae 17.

Mehlige Pflaumenlaus, ***Hyalopterus pruni*** Geoff.; → Aphididae 15.

Mehlkäfer, ***Tenebrio molitor*** L.; → Tenebrionidae 2.

Mehlmotte, ***Ephestia kuehniella*** Zell.; → Pyralidae 11.

Mehlschwalbenfloh, ***Ceratophyllus hirundinis*** Curt.; → Siphonaptera.

Mehlwurm; Larve des → Mehlkäfers.

Mehlzünsler, ***Pyralis farinalis*** L.; → Pyralidae 14.

Melanagromyza; → Agromyzidae 4.

Melanargia; → Satyridae 2.

Melandryidae; → Serropalpidae.

Melanophila; → Buprestidae.

Melanophora; → Calliphoridae 5.

Melasis; → Eucnemidae.

Melasoma; → Chrysomelidae 11.

Meldenwanzen; → Piesmidae.

Melecta; → Anthophoridae 5.

Meligethes; → Nitidulidae 3.

Melinda; → Calliphoridae 5.

Melitaea; → Nymphalidae 9.

Melitta; → Melittidae 1.

Melittidae; Fam. der Hautflügler (Hymenoptera, Apocrita, Apoidea); mittelgroße solitäre Bienen, Beinsammler, z.T. mit auffallender Spezialbehaarung für den Pollentransport an den Hinterbeinen; die recht lange Zunge geeignet auch für das Gewinnen von verborgenem Nektar, bei manchen Arten bestimmte Blüten bevorzugt. Mehrere Gattungen. **1. *Melitta*,** Sägehornbienen; die Fühler der ♂♂ sehen durch einseitige Verdickung der Glieder oft wie gesägt aus; Bodennister; in M-Eur. i.e.S. 6 Arten; Beispiel: ***M. leporina*** Panz. (bis 12 mm). **2. *Dasypoda*,** Hosenbienen; in M-Eur. i.e.S. 3 Arten, z.B. ***D. plumipes*** Panz; mit sehr langer fuchsroter Behaarung an Schiene und Fersenglied der Hinterbeine (»Hosen«), ein sehr leistungsfähiger Sammelapparat; etwa 7 Transportflüge bringen ca. 300 mg Pollen, genug für die Versorgung einer Zelle; Sandbodenbrüter, Gang von ca. 50 cm in die Tiefe, der ausgegrabene Sand wird dabei vor dem Eingangsloch, rückwärtsschreitend, mit den Vorderbeinen unter dem Körper hindurch nach hinten geschleudert und dann mit den »Hosen« zur Seite gekehrt; am Gangende traubenartig mehrere Zellen, jede mit einem auf 3 Füßchen stehenden Pollen-Nektar-Klumpen, darauf das Ei [**M-24**]; an günstigen Stellen oft zahlreiche Nester beisammen. **3. *Macropis*,** Schenkelbienen; Hinterschenkel der ♂♂ verdickt, im Gesicht mit Gelb; heimisch nur 2 Arten, ***M. europaea*** Warncke (= ***M. labiata*** Fbr.), bis 9 mm, und ***M. fulvipes*** Fbr., ca. 10 mm, (in S-Eur. ***M. frivaldskyi*** Mocs.); ♀♀ sammeln ausschließlich an ***Lysimachia***-Arten (Gilbweiderich, Pfennigkraut u.a.), deren Blüten keinen Nektar bereitstellen, deren Staubfäden jedoch dicht mit Öl absondernden Drüsenhaaren (→ Elaiophor) besetzt sind; beim Blütenbesuch werden zur Ölaufnahme die mit einem Saugpolster aus gezähnten Spatelhaaren ausgestatteten Innenflanken der Vorder- und Mittelbeine alternierend den Drüsen angedrückt; gleichzeitig wird mit der behaarten Unterseite des Abdomens Pollen geerntet (und zudem die Bestäubung durchgeführt); im Flug höselt die Biene dann Pollen und Öl in den Sammelapparat der Hinterbeine; allein dieses Pollen-Öl-Gemisch dient der Brut als Nahrung; Nektar saugen ♀♀, und ♂♂, zur Eigenernährung an anderen Blumen. Die ♂♂ halten sich zeitlebens auf oder in unmittelbarer Nähe der ***Lysimachia*** auf; auf den Blüten sammelnde ♀♀ werden angeflogen, die ♂♂ jedoch oft abgewehrt; Kopulation beginnt in der Blüte, endet am Boden (Dauer 1–2 sec); beide Geschlechter produzieren in Kopfdrüsen (Mandibeldrüsen?), die ♀♀ zudem noch in abdominalen Drüsen, Pheromone; eine Komponente des Kopfdrüsensekrets ist vermutlich ein Alarmstoff, eine zweite, sie enthält Undecalacton, wirkt in der Nähe anlockend auf ♂♂ und ♀♀ und dient zur Markierung besuchter Blüten; die abdominalen Drüsen

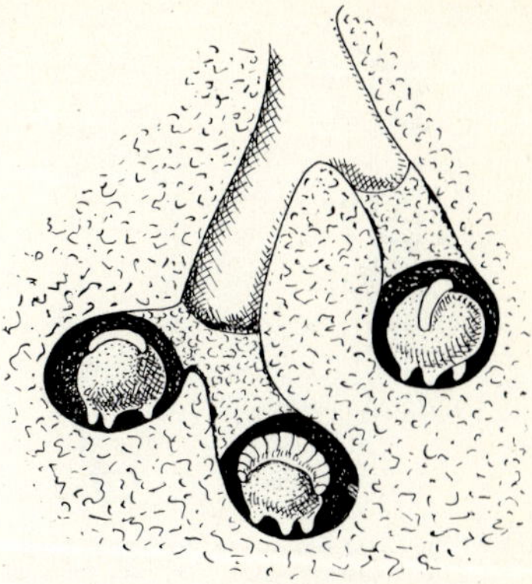

Abb. M-24: ***Dasypoda argentata*,** Hosenbiene. Teil der Nestanlage im Boden, Eier und Larven auf den mit Füßchen versehenen Futterballen. (v. Frisch 1955)

der ♀♀ sondern ebenfalls Undecalacton ab, außerdem aber ein farnesolähnliches, die ♂♂ stark stimulierendes Sexualpheromon. Nester im Boden [**M-25**], Nestwand verfestigt mit einem unlöslichen, wasserabweisenden, spröden Material unbekannter Herkunft. Brutschmarotzer: ***Epeoloides coecutiens*** F., → Anthophoridae 3. (Königsmann 1968; Kullenberg 1956; Markl 1969; Vogel 1974, 1976, 1981, 1986).

Melittobia; → Eulophidae.

Melitturga; → Andrenidae 2.

Mellinus; → Sphecidae 5.

Meloë; → Meloidae 1.

Meloidae, Ölkäfer, Blasenkäfer, Pflasterkäfer; Fam. der Käfer (Coleoptera, Polyphaga); mit über 2500 Arten, davon in

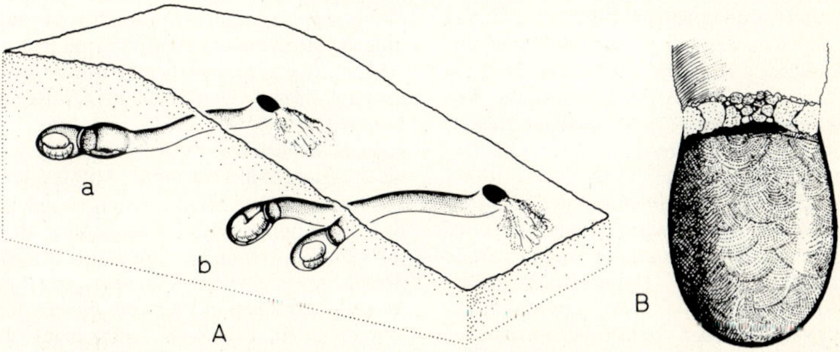

Abb. M-25: ***Macropis fulvipes*,** Schenkelbiene. A zwei Nester in Hanglage mit Auswurf. B verdeckelte Brutzelle, Inhalt entfernt; man erkennt die Streichspuren der Wandimprägnierung. (Vogel 1986)

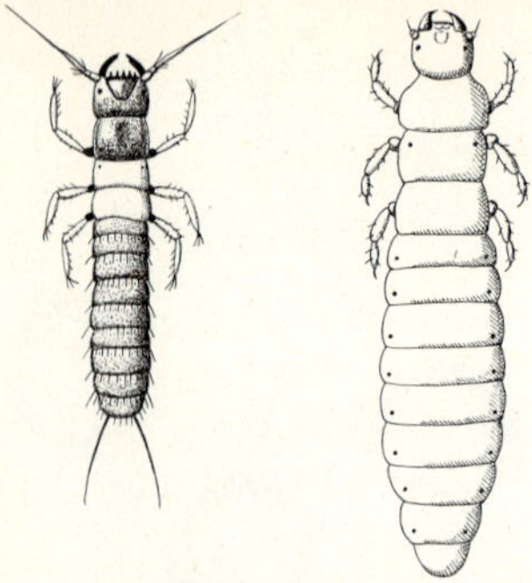

Abb. M-26: ***Lytta vesicatoria***, Spanische Fliege. Links Triungulinus (7 mm), die zwei hinteren Brustsegmente weißlich; rechts 2. Larve (12 mm). (Brauns 1964)

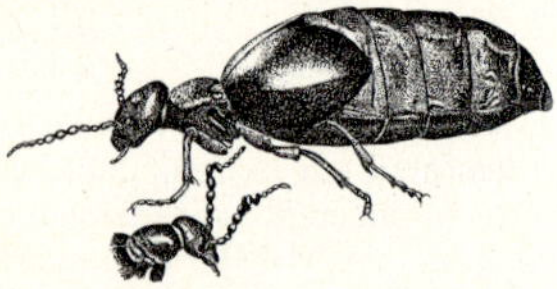

Abb. M-27: ***Meloe proscarabaeus***, Ölkäfer, Maiwurm. ♀, bis 32 mm. Darunter ♂-Kopf mit geknieten Fühlern. (Hieke 1969)

Europa etwa 140, in M-Eur.i.e.S. 16 Arten. Die Imagines meist mittelgroß, z.T. stattlich; die ***Meloë***-Arten mit (beim ♀ verkürzten) Flügeldecken, jedoch ohne Flugflügel; andere Arten (z.B. ***Lytta***) flugfähig, nicht selten auf Blüten. Verbreitet die Fähigkeit (wie bei Marienkäfern), bei Störung vor allem aus Poren in den Beingelenken Blut austreten zu lassen; bei vielen Arten das hochgiftige, von den Käfern selbst synthetisierte Cantharidin im Blut; schützt nur gegen einen Teil der Freßfeinde (Ameisen, Laufkäfer z.B.; siehe auch unten bei ***Lytta***), andere, wie z.B. der Blumenkäfer ***Notoxus monocerus*** (→ Anthicidae) fressen mit Vorliebe cantharidinhaltige Ölkäfer. Auffallend die hohe Eizahl (2000–10000 pro ♀); hängt zusammen mit der hochspezialisierten parasitischen Lebensweise der Larven; damit verbunden postembryonale Entwicklung als Hypermetamorphose (→ Hypermetabolie); die Larvenstadien von verschiedener Gestalt, bei verschiedenen Arten auch von verschiedener Zahl; das 1. Stadium ist der Triungulinus (Dreiklauer [**M-26**]), klein, sehr beweglich, am letzten Fußglied 3 klauenartige Gebilde (1 Klaue + 2 klauenartige Borsten), gelangt aktiv oder passiv (durch Phoresie, d.h. festgeklammert an ein Trägerinsekt) in das Nest des Wirts, meist Bienen der Gttgn. ***Colletes***, ***Halictus*** und ***Megachile***; die weiteren Stadien [**M-26**] sind mehr madenartig, ihre Beine mehr oder weniger rückgebildet, kaum beweglich; eingeschaltet ist ein larvales Ruhestadium (Scheinpuppe); schließlich folgt ein richtiges Puppenstadium, oft eingeschlossen in der letzten Larvenhaut. Die Imagines einiger Arten werden bei Massenauftreten durch Fraß an Pflanzen schädlich. Beispiele: **1.** Gattung ***Meloë***, mehrere Arten; die ♂♂ mittelgroß, 8–12 mm, Flügeldecken etwa so lang wie der Hinterleib; die ♀♀ [**M-27**] bis über 30 mm lang, mit langem, dickem, nur z.T. durch die kurzen Flügeldecken bedecktem Hinterleib, im Frühling an grasigen Hängen (Maiwürmer), fressen an Pflanzen; die Eier werden zu mehreren in mit den Beinen gegrabene und später auch wieder zugescharrte Erdhöhlen abgelegt; der Dreiklauer (ca. 2 mm) klettert auf Blüten, frißt hier vermutlich nicht, wartet auf anfliegende Insekten, klammert sich an diese (bei manchen Arten werden Stacheln vorn am Kopf des Dreiklauers in die Häute zwischen den Gelenken des Traginsekts eingebohrt); Weiterentwicklung nur im Nest solitärer Bienen möglich (z.B. bei ***Anthophora***, ***Andrena***); da der Dreiklauer auch auf »falsche« Trägerinsekten übersteigt, treten starke Verluste auf; im richtigen Wirtsnest frißt der Dreiklauer das Wirtsei, häutet sich zu einer kurzbeinigen, augenlosen, madenartigen Larve, die den Pollennektarbrei im Wirtsnest frißt; (weitere Häutungen?); dann Abwandern in das umgebende Erdreich, Häutung zum Ruhestadium (Scheinpuppe, bleibt in der Larvenhaut liegen), jetzt wohl in der Regel Überwinterung; schließlich Häutung zu einer madenartigen, nicht fressenden Larve, die sich alsbald verpuppt. Abwandlungen bei manchen ***Meloë***-Arten möglich: das Scheinpuppenstadium kann wegfallen oder 2mal auftreten. Die Dreiklauer einiger ***Meloë***- sowie gewisser ***Cercoma***- und ***Lydus***-Arten dringen aktiv in die Nester der Wirtstiere ein (→ auch Anthicidae). **2.** Gattung ***Sitaris (Apalus)***; Eiablage im August am Eingang von Pelzbienennestern

(Anthophora); der Dreiklauer überwintert, klammert sich im Frühling an die zuerst schlüpfenden ***Anthophora***-♂♂, wechselt bei der Begattung der Bienen auf das ♀ über; sonst wie ***Meloë***. **3.** ***Lytta vesicatoria*** L., Spanische Fliege [**M-28**]; metallisch grün, flugfähig; früher in getrocknetem Zustand (insbesondere die Flügeldecken) benutzt zum Herstellen cantharidinhaltiger Extrakte für medizinische Zwecke (z.B. blasenziehende Pflaster), nicht zu selten auch für Giftmorde (im Altertum auch als Exekutionsmittel); etwa 0,03g des Giftes sind für den Menschen tödlich, während es eigenartigerweise Igeln, Fledermäusen, Hühnern, Schwalben und Fröschen, die alle Spanische Fliegen fressen, nicht schadet; nur die ♂♂ können das Hämolymphgift synthetisieren; die ♀♀ erhalten »ihr« Cantharidin von den ♂♂ während der Paarung aus → Ektadenien; die Imagines können bei Massenauftreten durch Blattfraß schädlich werden, z.B. an Eschen, Robinien, Flieder, Ölbäumen. Eigenartig die Balz: das ♂ besteigt das ♀, erfaßt mit bogenförmigen Aussparungen der 1. Tarsalglieder der Vorderbeine die Fühler des ♀, streckt seinen Hinterleib weit und schlägt damit das ♀ mal rechts mal links in die Flanken; ♀ dadurch schließlich stimuliert, hebt Abdomenende, Kopulation; ♂ steigt dann ab, wendet sich, die Partner bleiben aber noch, voneinander abgewendet, bis zu 20 Std. vereint; Ablage der Eier in Portionen von 50 bis 200 Stück in Erdlöcher wie bei ***Meloë***; der Dreiklauer sucht anscheinend aktiv das Nest der Wirtsbiene (z.B. ***Colletes, Megachile, Halictus)*** auf. **4.** Bei manchen ***Cerocoma***-Arten läßt sich der Dreiklauer von Grabwespen der Gattungen ***Tachytes*** und ***Tachysphex*** in deren Nest tragen; die Larve verzehrt die von den Grabwespen eingetragenen paralysierten Heuschrecken oder Gottesanbeterinnen. Eigenartig die »Fächelbalz« bei dem auf Blüten mit einem entsprechend gebauten Rüssel Nektar saugenden, wohl auch Pollen fressenden ***Cerocoma schaefferi*** L. (ca. 10 mm); Fühler und Kiefertaster des ♂ [**M-29**] anders gestaltet als beim ♀, mit zahlreichen einzelligen Drüsen im 3. Fühler- bzw. 2. Tasterglied, die Fußglieder und Schienen der Vorderbeine stark behaart; ein ♀ wird bei Begegnung von vorn richtig als solches erkannt; das ♂ steigt auf das ♀, die Köpfe gleichgerichtet (versehentliche Falschstellung wird schnell vom ♂ korrigiert), bewegt die Vorderbeine (zuweilen syndrom) sehr schnell fächelnd aufab; in einer Fächelpause streift ein Vorderbein an dem drüsigen Fühler- oder Tasterglied vorbei, wird vermutlich mit Duftstoff beladen; das Fächeln wird dann fortgesetzt, offenbar olfaktorische Einstimmung des ♀, das gleichwohl nicht selten flieht, oder aber seine Kopulationsbereitschaft durch Andrücken des

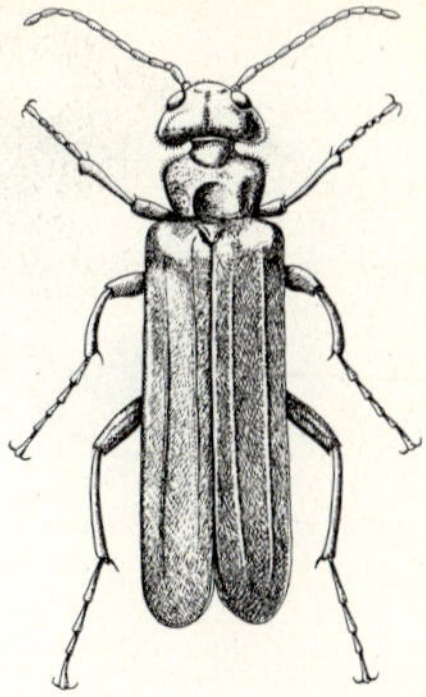

Abb. M-28: ***Lytta vesicatoria***, Spanische Fliege. 12–21 mm. (Brauns 1964)

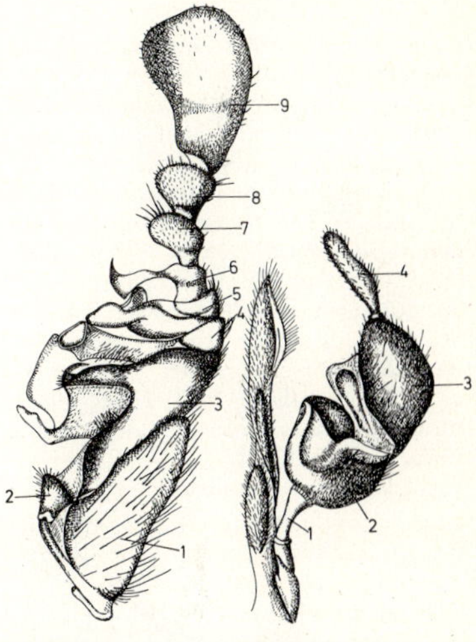

Abb. M-29: ***Cerocoma schaefferi***. ♂, links rechter Fühler, rechts rechter Kiefertaster. 1–9 bzw. 1–4 die einzelnen Fühler- und Tasterglieder. (Matthes 1969)

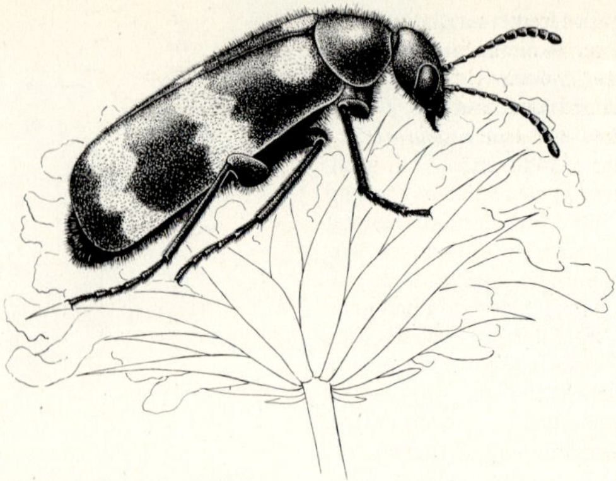

Abb. M-30: ***Mylabris variabilis*** beim Blütenbesuch. (M.R.)

Kopfes an das Substrat anzeigt. **5. *Mylabris variabilis*** Pall. (7–16 mm [**M-30**]), Flügeldecken variabel gelbrot und schwarz gefleckt; im Süden häufig auf Blüten; Larven, auch die der anderen Arten der Gttg., ernähren sich von den in die Erde abgelegten Eigelegen von Heuschrecken. **6. *Epicauta rufidorsum*** Goeze (10–19 mm), Körper schwarz; Kopf rot; bisweilen, in Osteuropa vor allem, schädlich an Klee, Kartoffeln und Zuckerrüben; Larven wie ***Mylabris*** an Heuschreckengelegen. (Carrel, Eisner 1974; Greathead 1962; Hieke 1968; Horion 1949; Kaszab 1969; Matthes 1969, 1970a, b, 1972, 1982b).

Melolontha; → Scarabaeidae 10.

Abb. M-31: ***Simulium hirtipes***, Kriebelmücke. ♀, Körper ca. 3 mm. (Lindner 1923ff.)

Melophagus; → Hippoboscidae 3, 4.

Melusina; → Melusinidae.

Melusinidae (Simuliidae), Kriebelmücken (manchmal auch Gnitzen genannt); Fam. der Mücken (Diptera, Nematocera). Imagines klein (2–6 mm), schwärzlich, gedrungen, in Seitenansicht buckelig [**M-31**], ähnlich kleinen Fliegen; Komplexaugen der ♂♂ größer als die der ♀♀, oben mit größeren Facetten als unten (Funktion: Orientierung im Schwarmflug, s.u., und Erkennen der ♀♀; die Schirmpigmente des Augenoberteils absorbieren nur kurzwelliges Licht, daher durchscheinend); Mundteile bei manchen Arten rückgebildet, in der Regel aber komplett, stechend-saugend; beide Geschlechter fliegen, vermutlich olfaktorisch geleitet, Pflanzen mit offenen Nektarien an (z.B. Weide, Efeu, Pastinak) und nehmen Pflanzensäfte auf; die ♀♀ sind in der Regel Blutsauger, wobei manche Arten Vögel, andere Säugetiere bevorzugen, andere beide annehmen; die Blutmahlzeit ist notwendig zur Entwicklung der Eier; Orientierung zum Blutwirt olfaktorisch (CO_2) und optisch, Anlockung durch dunkle Gegenstände und solche bestimmter Farben; auch durch Wärme; auch Attrappen sind wirksam; nach Kontakt mit dem Wirt erfolgt Probestich; neben anderen im Blut vorhanden Stoffen lösen vor allem ATP und ADP Vollsaugen aus; Orientierung am Wirt artspezifisch verschieden, z.B. bevorzugt ***Wilhelmia (Simulium) equina*** L. die Ohrmuscheln, ***Boophthora (Simulium) erythroce-***

phala Deg. die Bauchhaut der Großsäuger; Angriff auch auf den Menschen; Stich meist schmerzhaft und durch den (bei verschiedenen Arten in verschiedenem Ausmaß) giftigen (und vielleicht pathogene Viren enthaltenden) Speichel nicht selten von nachhaltiger, auch das Allgemeinbefinden ± beeinträchtigender Wirkung; kann bei Massenbefall zum Tod von Weidetieren führen (in dieser Hinsicht berüchtigt: ***Melusina columbaczense*** Sch., die Kolumbatscher Mücke der balkanischen Donauländer). Stichwirkung: Verhinderung der Blutgerinnung, Hämolyse, Blutergüsse; (in Afrika und Amerika durch mehrere Arten Übertragung von Filarien auf den Menschen: Onchozerkose, kann Erblinden bewirken). Die ♂♂ bilden Schwärme; Bedingung: wenigstens 5000 Lux, Wind nicht stärker als 10 m/sec; ***(Wilhelmia equina*** L., ***Boophthora erythrocephala*** Deg.); der Standort der Schwärme wird optisch gewählt; aus dem Suchflug heraus wird ein größerer dunkler Gegenstand (z.B. Baum) angesteuert; die Einstellung erfolgt dann so, daß eine optische Marke (z.B. ein Zweig, oder im Versuch eine Attrappe) einige Dezimeter über dem Schwarm von dem dorsalen Komplexaugenteil festgehalten wird; Kopf gegen den Wind, bewegt sich jedes ♂ wenige cm hin und her, wobei der Individualabstand etwa konstant bleibt; keine Mischschwärme, auch wenn mehrere Arten im selben Bereich vorkommen, unbekannt, wie sich die Artgenossen erkennen. Kopula: ein ♀ fliegt den gleichen Baum an, wird bei Überfliegen des Schwarmes von einem ♂ angeflogen, Beginn der Kopula in der Luft, Ende nach wenigen sec am Boden, wobei das ♂ zuletzt in Rückenlage hinten am ♀ hängt; die Begattung ist auch bei und am Blutwirt möglich; das ♂ setzt in der Geschlechtsöffnung des ♀ eine Spermatophore ab, es vermag zu unterscheiden (rein optisch?, z.T. auch geruchlich?) zwischen ♂ (indifferentes Verhalten der ♂♂ zueinander im Schwarm), Feind (z.B. Raubwespe; Flucht) und ♀ (wird angeflogen); Parthenogenese kommt bei einigen Arten vor. Die Eier, mehrere Hundert pro ♀, werden stets an oder in fließendes Wasser abgelegt, teils im Flug, mit Auftupfen des Hinterleibes auf die Wasseroberfläche, selten tauchend am Substrat befestigt, häufig auf Wasserpflanzen am Ufer in Höhe des Wasserspiegels, wo dann zuweilen viele mit einer gallertigen Substanz bedeckte Gelege beisammen liegen; ***Boophthora erythrocephala*** Deg. legt auf die Unterseite von auf dem Wasser schwimmenden Blättern ab. Die Larven [**M-32**] (erwachsen ca. 15 mm) sind an Fließwasser gebunden (bei manchen Arten wird eine bestimmte Fließgeschwindigkeit bevorzugt); dicht hinter dem Kopf der Larven liegt ventral ein unpaares, kontraktiles (vorderes), terminal am Hinterende ein ähnliches (hinteres) [**M-33**] Füßchen; beide sind mit mehreren hundert radiär angeordneter Reihen feinster, 10–20 µm langer Häkchen bewehrt; die des hinteren Füßchens sind z.T. gezähnt; die erstaunlich wirksame Befestigung an Pflanzen oder Steinen (auch tote Tiere haften noch) erfolgt mit den terminalen

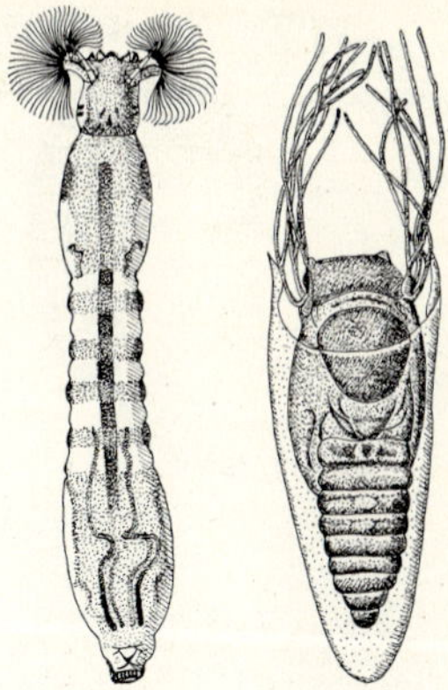

Abb. M-32: ***Simulium*** sp., Kriebelmücke, Larve (links, 12 mm), Puppe (8 mm). (Lindner 1923 ff.)

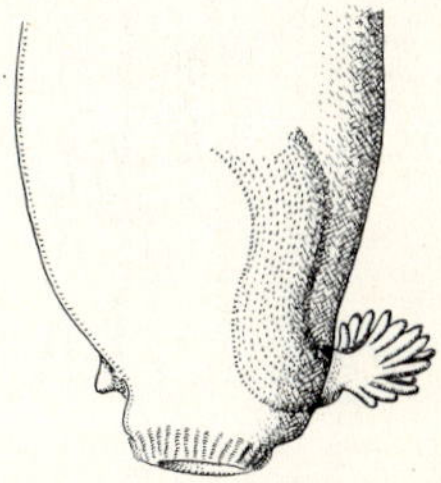

Abb. M-33: ***Simulium*** sp. Hinterende der Larve. Darm (punktiert angedeutet) mit ausgestülpten Darmkiemen. Häkchenreihe um das saugnapfartige Hinterende. (Wesenberg-Lund 1943)

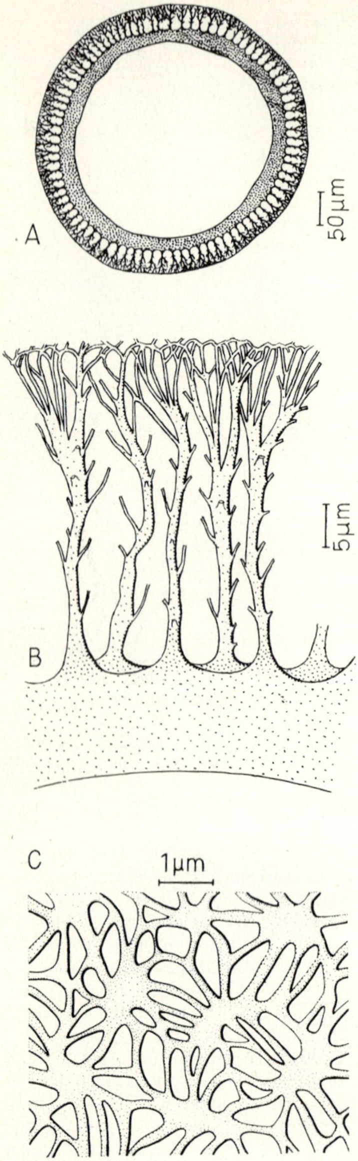

Abb. M-34: ***Simulium variegatum.*** Röhrenkieme. A quer. B Plastronhaare der Röhrenkiemenwand in stärkerer Vergrößerung. C Aufsicht auf das Netzwerk der miteinander verschmolzenen Haarenden. (B und C nach Hinton 1976)

Füßchen an flächig (nicht fädig), in Form von winzigen Polstern aufgetragener, elastischer Seide, die vom Vorderfüßchen von der labialen Drüsenmündung abgenommen und der Unterlage angeklebt wird; der Körper flottiert dann frei in der Strömung; Ortsveränderung geschieht nach Art der Spannerraupen; Sklerite und ausgeklügelte Muskulatur gestatten ein rasches Setzen und Lösen der Füßchen. Nahrungserwerb: auf der Oberlippe stehen 2 einen Haarfächer tragende, ein- und ausklappbare, von einem zähen Schleim überzogene Fortsätze; sie filtrieren, gegen den Strom gestellt, treibende Detritusteilchen oder Algen aus dem Wasser; zum Abstreifen der Beute werden die Fächer eingeklappt, mundwärts geführt und von Haarbürsten an den Mandibeln abgekämmt. Hautatmung, die Haut ist mit feinen Tracheenästen unterlegt; ausstülpbare präanale Papillen [**M-33**] mit → Chloridepithel zur Ionenaufnahme; die Larven sitzen oft in Massen beisammen, sind zuweilen (bei nicht zu starker Strömung) an frei im Wasser flottierenden Spinnfäden angeheftet; 6 Larvenhäutungen. Puppen [**M-32**] in einem von der erwachsenen Larve gesponnenen, am Substrat befestigten tütenförmigen Gehäuse, das strömungsabwärts gerichtete offene Ende (vor der Puppenhäutung noch geschlossen) gibt die an der Vorderbrust der Puppe entspringenden hohlen, mit einem Plastron(-mantel) umkleideten Röhrenkiemen frei; Zahl der Röhren und Feinstruktur des Plastrons artspezifisch verschieden, ebenso die Form des Gehäuses, in dem die Puppe mit Spinnfäden und darin sich verfangenden Häkchen am Hinterleib befestigt ist; Feinbau der Atemröhren und des Plastrons [**M-34**]: die Wand der ausschließlich kutikularen Röhren ist außen besetzt mit zahlreichen feinsten (ca. 50 µm langen und 2–3 µm dicken), senkrecht abstehenden Stützen, deren überaus reiche periphere Verzweigungen eine dichte Geästlage bilden, die außen mit einer ca. 10 nm dicken, epikutikularen Lage abschließt; der zentrale Hohlraum der Röhren hat durch je eine Öffnung nahe der Basis des Stammes Verbindung mit der Umgebung; er ist wassererfüllt. Der konzentrische Röhrenmantelhohlraum enthält Luft und kommuniziert über eine Kammer mit dem Tracheensystem; dazwischen ein Verschlußmechanismus (Funktion?); in dem

Maße, in dem Sauerstoff veratmet wird, diffundiert er aus dem Wasser in den konzentrischen Luftraum nach; durch Erhöhung der Fließgeschwindigkeit des luftgesättigten Wassers an der Röhrenkiemenoberfläche und der dadurch bedingten Druckerniedrigung kommt es zur erleichterten Diffusion und zur Bildung feinster Luftbläschen, die durch winzige Öffnungen der Plastrondecke ebenfalls aufgenommen werden. Die Imago, beim Schlüpfen von einer Luftschicht umhüllt, steigt wie ein Ballon hoch und fliegt sofort ab. Zuweilen nur eine (z.B. bei ***Melusina columbaczensis*** Sch.), oft mehrere Generationen im Jahr; Überwinterung als Ei, Larve oder Puppe möglich. In Europa etwa 30 z.T. schwer unterscheidbare Arten; bei manchen (z.B. bei ***Boophthera erythrocephala*** Deg.) unterscheidet sich die Frühjahrsgeneration deutlich von den Tieren der Sommergeneration (Saisondimorphismus). (Barr 1984; Bradbury, Bennett 1974; Hinton 1968, 1976b; Komnick 1977; Messner, Gräfner 1983; Nohel 1973; Pulikovsky 1927; Rietschel 1969; Rühm 1971; Schumann 1968; Wenk 1965; Wesenberg-Lund 1943).

Melyridae, (Dasytidae); Fam. der Käfer (Coleoptera, Polyphaga); von den etwa 1500 bekannten Arten knapp 25 in M-Eur.i.e.S.; nahe verwandt mit den → Malachiidae und → Cleridae; die einheimischen Arten klein bis höchstens mittelgroß, meist 3–5 mm, mit weichen Flügeldecken, oft metallisch grün oder blau; die Käfer vor allem auf Blüten, manche auf Baumrinde, vermutlich räuberisch, ebenso die Larven, die sich unter der Rinde oder in sich zersetzendem Pflanzenmaterial aufhalten. (Lohse 1979).

Membracidae, Buckelzirpen; Fam der Zikaden (Auchenorrhyncha); Vorderbrust oft hochgewölbt, oben mit mehr oder weniger bizarren Fortsätzen, nach hinten zumal, oft auch nach vorn, nach oben, nach den Seiten, in erstaunlicher Mannigfaltigkeit vor allem bei den zahlreichen Arten des tropischen Amerikas; insgesamt etwa 3000 Arten bekannt, in M-Eur. nur 3 Arten: **1.** ***Centrotus cornutus*** L., Dornzikade (8–10 mm); dunkelbraun, Vorderbrust mit einem großen Fortsatz nach hinten und 2 Dornen vorn-seitlich; an Stauden ***(Cirsium, Urtica, Vincetoxicum,*** hier häufig) und Gebüschen ***(Rubus, Salix)***; Ablage mehrerer Eier in einen mit dem Legebohrer hergestellten Schlitz in Pflanzengewebe; Larven halbsessil, in Bodennähe am Stengel der Wirtspflanzen; Hinterleibssegmente 9–10 zur sog. Kotschleuder differenziert, röhrenförmig, teleskopartig zusammenschiebbar, bei der Kotabgabe ausgefahren, ragt das letzte Röhrchen frei nach außen, wird um die basale, manschettenartige Intersegmentalmembran wirbelnd bewegt, den zuckerhaltigen, klebrigen Kot weit wegschleudernd. **2.** ***Gargara genistae*** F. (5–6 mm); dunkelbraun, Vorderbrust hochgewölbt, mit Fortsatz nach hinten; auf Ginster ***(Genista, Cytisus)*** zuweilen in beträchtlichen Mengen; wird wegen des zuckerhaltigen Kotes von Ameisen besucht. Überwinterung der beiden Arten als Ei; in der Regel 1 Generation im Jahr. **3.** ***Stictocephala bisonia*** Kopp u. Yonke ***(= Ceresa bubalus)***, Büffelzikade; Anfang des Jahrhunderts aus Nordamerika eingeschleppt nun im südlichen M-Eur. und S-Eur., in der BRD im Kaiserstuhl, polyphag an Obst- und anderen Bäumen, bisweilen sehr schädlich. (Günther 1968; Müller H.J. 1972, 1984; Pesson 1951; Strümpel 1983).

Menacanthus; → Mallophaga.

Mengeidae; → Strepsiptera.

Mengenillidae; → Strepsiptera.

Mengeoidea; → Strepsiptera.

Menoponidae, Menopon; → Mallophaga.

Menschenfloh, *Pulex irritans* L.; → Siphonaptera.

Menschenläuse; → Pediculidae.

Meoneura; → Carnidae.

Merodon; → Syrphidae 2.

Meromyza; → Chloropidae 4.

Mesapamea; → Noctuidae 34.

Mesembrina; → Muscidae 4.

Mesembrynus; → Zygaenidae 2.

Mesoacidalia; → Nymphalidae 10.

Mesocerus; → Coreidae.

Mesosa; → Cerambycidae 22.

Mesovelia; → Mesoveliidae.

Mesoveliidae, Hüftwasserläufer; Fam. der Landwanzen (Heteroptera, Geocorisae); in M-Eur.i.e.S. nur eine Art: ***Mesovelia furcata*** Muls. u. Rey. (ca. 3 mm); olivgrün, meist ganz ungeflügelt, selten mit Flügeln; Geflügelte brechen sich mit den Hinterbeinen die Flügelenden ab (Erleichterung für die Begattung?); auf Wasserpflanzen stehender Gewässer, häufig mehrere beisammen, auch auf der freien Wasserfläche, auf der sie bei Störung sehr schnell davonlaufen; Überwinterung als Imago in Verstecken an Land; (auch Überwinterung als Ei wird angegeben); Fortpflanzung im Spätfrühling; ♂ bei Begattung auf dem Rücken des ♀; Eier in Wasserpflanzen eingeschoben; bei Schlüpfen unter Wasser schwimmen die Larven mit alternierenden Beinbewegungen an die Oberfläche; 5 Larvenstadien; Nahrung: Kleintiere aller Art, vor allem geschwächte, auch tote. (Günther 1968; Wesenberg-Lund 1943).

Messingeule, ***Plusia (Phytometra) chrysitis*** L.; → Noctuidae 24.

Messingkäfer, ***Niptus hololeucus*** Fald.; → Ptinidae 2.

Messor; → Myrmicidae 3.

Metajapyx; → Japygidae.

Metamorphose, Metabolie, Verwandlung; der bekannte rhythmisch gegliederte, hormonal gesteuerte postembryonale Entwicklungsgang, der, beginnend mit der aus dem Ei schlüpfenden Junglarve, über eine (bisweilen sogar bei der gleichen Art) wechselnde Zahl von Häutungen und entspr. wechselnde Zahl von Larvenstadien schließlich nach einer letzten Häutung zur geschlechtsreifen Imago führt. 2 Haupttypen: 1. **Hemimetabolie** (Heterometabolie), sog. unvollkommene Verwandlung, bei der von Häutung zu Häutung gewisse imaginale Merkmale (am deutlichsten meist die Flügelanlagen) mehr und mehr in Erscheinung treten (→ Hemimetobola). 2. **Holometabolie,** bei der die Larvenstadien meist gleich gestaltet sind und zwischen die letzte Larve und die Imago als äußerliches Ruhestadium (mit freilich gewaltigem inneren Umbau in Richtung Imago) die Puppe (→ Pupa) eingeschaltet ist (→ Holometabola). In jedem der beiden Haupttypen sind Untertypen unterscheidbar. Steuerungsprinzip: Neurosekrete, abgesondert von Zellen der Pars intercerebralis des Vorderhirns, nehmen über die Corpora cardiaca Einfluß auf 2 Hormondrüsenkomplexe: a) auf die paarigen Corpora allata (als unpaariger dorsaler Komplex eingebaut in die Ringdrüse der cyclorrhaphen Fliegen), die das eine Häutung zur Larve bedingende Juvenilhormon (Neotenin) absondern; b) auf die zumeist ebenfalls paarigen Prothorakaldrüsen, die das die Häutung zur Puppe bzw. Imago bedingende Metamorphosehormon (Ecdyson, ein chemisch bekanntes Steroid-Hormon) absondern; bei unvollkommener Verwandlung allmählich, bei vollkommener Verwandlung plötzlich sich steigernde Gegenwirkung des Metamorphosehormons gegen das Juvenilhormon. (Seifert 1970).

Metamorphosehormon, Ecdyson; → Metamorphose 2.

metapneustisch nennt man ein Insekt, bei dem nur das hinterste Stigmenpaar offen ist; alle anderen durch eine Stigmennarbe verschlossen.

Metapterygota; alle primär geflügelten Insekten (Pterygota), bei denen ein flugfähiges, aber noch häutungsfähiges Stadium (wie die Subimago der Eintagsfliegen) fehlt; hierher gehören alle Pterygota mit Ausnahme der Eintagsfliegen (Ephemeroptera).

Methocha; → Methochidae; vgl. auch → Cicindelidae.

Methochidae; Fam der Hautflügler (Hymenoptera, Apocrita, Scolioidea); einzige Art: ***Methocha (Methoca) ichneumonides*** Latr.; (früher zu den Tiphiidae gestellt); Parasit der Sandlaufkäfer (→ Cicindelidae); ♀ (ca. 6 mm) flügellos, ameisenähnlich, sehr schlank, von der ***Cicindela***-Larve zwar mit den Kiefern gepackt, wegen Schlankheit nicht verletzt, paralysiert die mit der »Beute« in den Kiefern den Kopf hebende ***Cicindela***-Larve durch Stich in die Kehle, schlüpft dann in die Röhre, bringt weitere Stiche an, legt ein Ei an die Larve; die ausschlüpfende Parasitenlarve saugt die Cic.-Larve von außen her aus, verpuppt sich nach etwa 4 Wochen daneben in einem Kokon. (Rathmayer 1969).

Meteorus; → Braconidae 3.

Metoecus; → Rhipiphoridae 1.

Metopia; → Calliphoridae 5; → Sphecidae 1.

Metopolophium; → Aphididae 32.

Metrioptera; → Tettigoniidae 4.

Miastor; → Heteropezidae.

Microcoryphia; → Archaegnatha.

Microdon; → Syrphidae.

Microgaster; → Braconidae.

Micronecta; → Corixidae.

Micronematus; → Tenthredinidae 11b.

Micropezidae, Micropeza; → Tylidae.

Microphysidae; → Loriculidae.

Microplectron; → Eulophidae.

Micropterygidae; → Zeugloptera.

Microptila; → Hydroptilidae.

Microtendipes; → Chironomidae.

Microtonus; → Braconidae 3.

Microvelia; → Veliidae 2.

Migrantes; bei Blattläusen mit Wirtswechsel diejenigen geflügelten Formen, meist die parthenogenetisch entstandenen Nachkommen der Stammutter (Fundatrix), die vom Hauptwirt auf den Nebenwirt überwandern; → Aphidina.

Mikiola; → Itonididae 27.

Mikrogynen; bei manchen Ameisen (→ Formicoidea) auftretende auffallend kleine ♀♀.

Milesiinae; → Syrphidae.

Milichidae; Fam. der cyclorrhaphen Fliegen (Diptera, Brachycera); etwa 4 Dutzend (von etwa 300) Arten dieser kleinen bis sehr kleinen Fliegen in Europa; die Imagines mancher Arten saugen als Kommensalen mit an den Beutetieren von Spinnen und räuberischen Insekten (so z.B. ***Desmometopa*** sp.; ca. 1 mm); die Larven teils in zerfallendem Pflanzengewebe, in Kot (z.B. ***Leptometopa*** = ***Hypaspistomyia latipes*** Meig., ca. 2 mm, in Menschenkot), in Nestern von Ameisen (z.B. ***Phyllomyza***- und ***Neophyllomyza***-Arten), von solitären Bienen, von Vögeln. (Schumann 1968).

Miltogramma; → Calliphoridae 5.

Mimas; → Sphingidae 1.

Mimesa; → Sphecidae.

Mimese, Mimikry; beiden Erscheinungen gemeinsam ist die täuschende Nachahmung seltener unbelebter, häufiger lebender Objekte bzw. bestimmter Merkmale lebender Objekte; anders ausgedrückt: Darbieten von täuschenden (nachahmenden) Signalen durch einen Signalsender, die bei einem Signalempfänger (z.B. Freßfeind, Beute, Geschlechtspartner) ein bezeichnendes Verhalten auslösen und dem Signalsender einen gewissen Vorteil bieten. Die Signale können den Gesichts-, Hör-, Geruchs- oder auch Tastsinn des Empfängers ansprechen. Beispiele: Aasgeruch mancher Pflanzen lockt Fliegen an; manche bunte Fangschrecken täuschen optisch Blüten vor, was den Beutefang erleichtert; manche Orchideen der Gattung ***Ophrys*** täuschen den Sexuallockstoff von Bienen- oder Wespen-♀♀ vor, locken so die betr. ♂♂ an, die dann die Bestäubung vornehmen; täuschende Nachahmung von »Umgebung« oder »Hintergrund«, Tarnung im üblichen Sinne, d.h. Sichunsichtbarmachen. Mimikry als Sonderfall der Mimese: täuschende Nachahmung eines in der Regel optisch auffallenden (Warnfärbung), zugleich für den Freßfeind schlecht schmeckenden oder wehrhaften Insekts (»Vorbild«) durch ein sehr ähnliches, jedoch ohne Nachteil verzehrbares (»Nachahmer«), wobei der Nachahmer aus der schlechten Erfahrung des Freßfeindes mit dem Vorbild einen gewissen Nutzen ziehen kann. Wesentlich für ein »Mimikrysystem« sind also die 3 Komponenten »Vorbild«, »Nachahmer« und Signalempfänger (Freßfeind), wobei dem »Vorbild« und dem »Nachahmer« ein Signal und ein Signalempfänger gemeinsam sind; notwendig ist auf jeden Fall die experimentelle Nachprüfung der Wirksamkeit eines vermuteten Mimikry-Systems, was in mehreren Fällen gelungen ist. Beispiel: ein unerfahrener Freßfeind (Vogel) meidet nach negativen Erfahrungen mit dem schlecht schmeckenden Monarch-Falter (***Danaus***; Fam. → Danaidae) auch dessen sonst durchaus angenommenen Nachahmer (***Limenitis*** sp.; Fam. Nymphalidae). (Wickler 1968).

Mindarus; → Thelaxidae 1, 2.

Minen (Nomien, Hyponomien); die durch die Fraßtätigkeit in der Regel von Larven im Innern verschiedener Pflanzenteile entstandenen Fraßgänge meist kleinen Kalibers; eine genaue Abgrenzung gegen dann meist nicht mehr als Minen bezeichnete Fraßgänge größeren Kalibers ist nicht möglich; die die M. erzeugenden Insekten = Minierer; sie sind in verschiedenen Ordnungen zu finden, am häufigsten bei Käfern, Hautflüglern, Schmetterlingen und Zweiflüglern, und zwar zumal bei den kleinen Arten; recht selten treten Imagines als Minierer auf, so manche Käfer (z.B. → Bostrychidae; → Scolytidae). Am bekanntesten, weil am auffallendsten, sind die Blattminen; selten verlaufen sie in der Ober- oder Unterhaut des Blattes, meist bleiben gerade die beiden Epidermen unverletzt und bilden Boden und Decke der Mine, gefressen wird allein das Blattgrün enthaltende Gewebe, das Palisaden- und das Schwammparenchym; bes. diese M. zeichnen sich hell von der grünen Blattspreite ab; für den betr. Minierer bezeichnend (und daher für das Bestimmen wichtig) sind: die Art des befallenen Gewebes, Gestalt des Fraßganges und sein Verlauf im Blatt, Anordnung des Kotes im Minengang und die befallene Pflanzenart; vom schmalen Beginn sich zunehmend verbreiternde, ± mäandrisch gewundene Ausnagungen

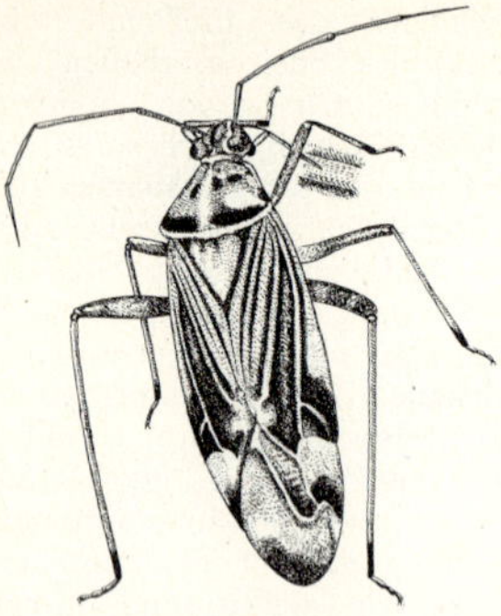

Abb. M-35: ***Calocoris ochromelus*** saugt an einer Blattrippe. (Günther 1969)

werden als Gangminen, ± rundliche, flächige als Platzminen, Übergänge zwischen beiden als Gangplatzminen bezeichnet; da nicht wenige Minierer Nahrungsspezialisten sind hinsichtlich der befallenen Pflanzenart oder des befallenen Pflanzenteils, sind (wie bei Gallen) die Bestimmungsbücher häufig nach den befallenen Pflanzen geordnet. Bezeichnend für die minierenden Larven ist, offenbar als Anpassung an den knappen Raum, die oft weitgehende oder völlige Rückbildung der Beine; zudem sind die Mundteile in der Regel nach vorn gerichtet (prognath). Verpuppung in der Mine oder, nach dem sich die Larve ins Freie gebohrt hat, außerhalb der Mine; nicht selten wird nach Erreichen einer bestimmten Größe der Minenraum verlassen und außen weiter gefressen. (Hering 1935/37, 1953, 1957).

Minierfliegen; → Agromyzidae.

Miniermotten; → Gracilariidae.

Miniersackmotten; → Incurvariidae.

Minoa; → Geometridae 5.

Minois; → Satyridae 6.

Minucia; → Noctuidae 15.

Mira; → Encyrtidae.

Miramella; → Catantopidae 2.

Miridae (Capsidae), Weichwanzen, Schmalwanzen, Blattwanzen, Blindwanzen [**M-35**]; Fam. der Landwanzen (Heteroptera, Geocorisae); sehr artenreich, von etwa 6000 bekannten Arten in M-Eur.i.e.S. über 300. Klein bis mittelgroß, oft bunt; Färbung zuweilen bei der gleichen Art recht variabel; schwach sklerotisiert; ohne Ocellen; die Flügel bisweilen in einem oder in beiden Geschlechtern verkürzt; bei einigen springenden Formen die Hinterbeine (Sprungbeine) mit verdickten Schenkeln; Nahrung: bei den meisten Arten Pflanzensäfte, bei einigen tierische Säfte (kleine Insekten, vor allem Blattläuse), bei manchen beides (gemischte Kost); Nahrungsspezifität bei vielen Pflanzensaftsaugern wenig ausgeprägt (polyphage Arten), bei einigen stärker (z.B. manche Arten nur an Nadelbäumen); Beschränkung auf eine (oder ganz wenige) Nahrungspflanzen selten (z.B. ***Pantilius tunicatus*** Fbr., vielleicht ausschließlich auf Haselnuß); manchmal besteht ein bezeichnender Nährpflanzenwechsel in der Form, daß die aus den überwinterten Eiern stammende Frühlingsgeneration krautige, die dann folgende Sommergeneration aber holzige Pflanzen bevorzugt; manche Arten sind zum Teil schädlich an Kulturpflanzen, durch Saftsaugen (bes. ***Camptozygum aequale*** Villers an Kiefern und anderen Nadelbäumen) oder auch als Überträger von Bakterien- und Viruskrankheiten; Eiablage an oder in die Pflanzen (♀ mit Legebohrer), auch bei den räuberischen Arten; Überwinterung bei den meisten Arten als Ei, bei einigen als Imago; eine oder mehr Generationen im Jahr. Auswahl: **1. *Miris (Leptopterna) dolobratus*** L., Graswanze (7–8 mm), häufig an Gräsern, auch an Getreide; kurz- und langflügelige Formen bei den ♀♀. **2. *Stenodema virens*** L. (6–8 mm), bemerkenswert dadurch, daß sie sich außer an Gräsern häufig auch auf Nadelbäumen, insbesondere Kiefern, aufhält. **3. *Lygus pratensis*** L., Gemeine Wiesenwanze (5–7 mm); die Imago überwintert unter Rinde oder am Boden, saugt im Frühling an Knospen und Trieben verschiedenster (auch Kultur-) Pflanzen; Eiablage V–VI in geschlossene Blüten, junge Früchte u. dgl.; bis 3 Generationen; an Obstbäumen u. U. sehr schädlich. **4. *Lygus pabulinus*** L., Grüne Futterwanze (6–7 mm); überwinterndes Ei in der Rinde von Holzgewächsen; Larven ab V, saugen an verschiedensten Krautgewächsen, in die die Imagines (VI–VII) Eier ablegen; die Imagines der 2. Generation fliegen zur Eiablage (IX) auf Holzgewächse; die Blätter (z.B. von Johannisbeeren) werden durch die Saugstiche fleckig, dann löcherig. **5. *Calocoris fulvomaculatus*** Deg., Hopfenwanze (6 mm); nicht nur an Hopfen, Saugflecken an den Blättern; Eier zum Überwintern auch in hölzerne Hopfenstangen abgelegt. **6.** ***Calocoris norvegicus*** Gmel., Zweipunktige Grünwanze (6–7 mm; Halsschild oben oft mit 2 dunklen Flecken); kann ebenfalls an Hopfen, vor allem auch an Kohlgewächsen und einigen Zierpflanzen schädlich werden. **7.** ***Plesiocoris rugicollis*** Fall., Grüne Apfelwanze (4–6 mm); ursprünglich auf Weiden und Erlen, seit einigen Jahrzehnten vor allem in Nordeuropa übergegangen auf Apfel, hier bisweilen sehr schädlich; die in dem Bast von Ästen überwinternden Eier liefern im Frühling die Larven, die an den jungen Blättern saugen; Imagines ab Ende VI, legen dann die überwinternden Eier ab. **8.** Gattung ***Halticus***, Springwanzen; kleine Arten (2,5–3,5 mm), bei der gleichen Art zuweilen kurz- und langflügelige Exemplare: springen bei Störung wie Kohlflöhe weg (Hinterschenkel verdickt); ***H. saltator*** Geoffr., wohl aus dem Mittelmeergebiet, hin und wieder in Mistbeeten schädlich. **9.** ***Myrmecoris gracilis*** Shlb., Ameisenwanze (4–6,5 mm); die Larven und die meist sehr kurzflügeligen Imagines einer roten Waldameise sehr ähnlich; (vgl. → Nabidae [**N-2**]); im freien Gelände räuberisch, auch an Blattlauskolonien; durch Gestalt, Duft, Bewegungsweise vor Angriffen der Ameisen geschützt? (Günther 1968; Hoberlandt 1972; Jordan 1962; v. Lengerken 1932; Rietschel 1969; Weber 1930).

Miris; → Miridae 1.

Miscophus; → Sphecidae.

Mistbiene, Kleine, ***Syritta pipiens*** L.; → Syrphidae.

Mistfliegen; → Cordyluridae.

Mistkäfer, ***Geotrupes*** sp.; → Scarabaeidae 2.

Mittelmeerfruchtfliege, ***Ceratitis capitata*** Wied.; → Trypetidae.

Mittelmeerstabschrecke, ***Bacillus rossii*** Fabr.; → Phasmida.

Mittelsegment, Mediansegment, Propodeum, Epinotum; das bei den apocriten Hymenopteren mit dem Metathorax verschmolzene Tergum des 1. Abdominalsegments (das 1. Abd.-Sternum ist reduziert), an das sich das zum Hinterleibsstiel (Petiolus) verengte, die Wespentaille bedingende, 2. Abdominalsegment ansetzt.

Mittlerer Perlmutterfalter, ***Fabriciana niobe*** L.; → Nymphalidae 11.

Mittlerer Weinschwärmer, ***Deilephila elpenor*** L.; → Sphingidae 9.

Mochlonyx; → Culicidae.

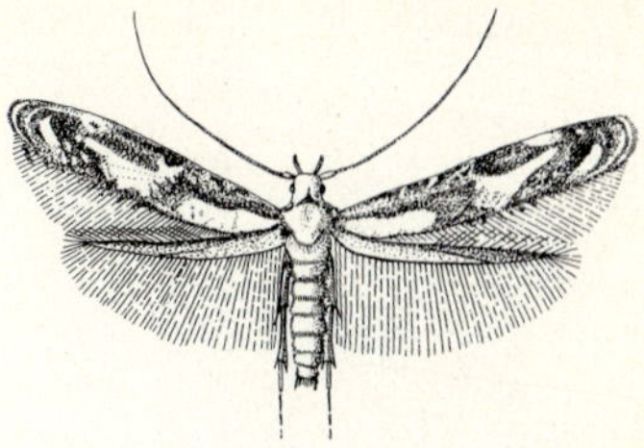

Abb. M-36: ***Blastodacna putripennella***, Apfeltriebmotte. Flsp. 10 mm. (Sorauer 1949/57)

Moderholz, Gemeines, ***Xylena exsoleta*** L.; → Noctuidae 27.

Moderkäfer; → Lathridiidae; → Staphylinidae 1.

Möhrenblattfloh, ***Trioza apicalis*** Först.; → Psyllina 4.

Mohnbiene, ***Osmia papaveris*** Latr.; → Megachilidae 1.

Mohrenfalter, ***Erebia*** sp.; → Satyridae 1.

Möhrenfliege, ***Psila rosae*** Fbr.; → Psilidae.

Möhrenlaus, ***Semiaphis dauci*** F.; → Aphididae 37.

Möhrenschabe, ***Depressaria nervosa*** Haw.; → Oecophoridae 3.

Molanna; → Molannidae.

Molannidae; Fam. der Köcherfliegen (Trichoptera); etwa ein halbes Dutzend Arten in Mitteleuropa; die suberuciformen Larven in zuweilen flach-schildförmigen Köchern aus Sand, in stehenden oder langsam fließenden Gewässern; häufige Art: ***Molanna angustata*** Curt. (Flsp. –31 mm; [**T-93,3**]).

Mompha; → Momphidae.

Momphidae, Fransenmotten; Fam. der Schmetterlinge (Lepidoptera); Falter meist klein (ca. 10 mm Flsp.), einige Arten mittelgroß (bis ca. 20 mm Flsp.), mit gut entwickeltem Saugrüssel, die schmalen Hinterflügel mit langen Fransen [**M-36**], Vorderflügel nicht selten mit lebhafter, z.T. metallisch glänzender Zeichnung; Raupen (5 Bauchfußpaare) minierend in Blättern, Stengeln (verursachen dann zuweilen gallenartige Anschwellungen, z.B. ***Mompha***-Arten bei ***Epilobium***) oder Wurzeln; oder in Samenkapseln bzw. Schoten; oder frei in Gespinströhren oder zwischen zusammengesponnenen Blättern; die Raupen mancher Arten der Gattung ***Batrachedra*** fressen tote oder auch lebende Insekten, die

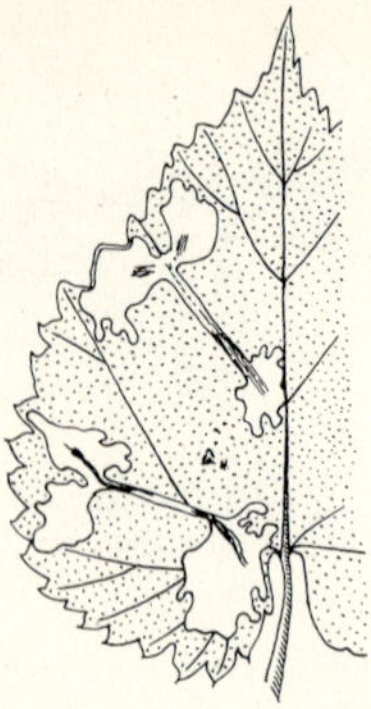

Abb. M-37: ***Cosmopteryx eximia,*** Hopfenminiermotte. Minen in Hopfenblatt. (Hering 1953)

von ***B. lederiella*** Zell. (Südfrankreich), z. B. Schildläuse, Borkenkäferlarven; Verpuppung bei manchen Arten in der Mine, sonst frei in einem Gespinstkokon, aus dem sie sich vor dem Schlüpfen des Falters nicht vorschieben. In M-Eur.i.e.S. ca. 35 Arten. **1.** ***Batrachedra praeangusta*** Hw., die Raupen fressen an Samenkätzchen von Pappeln, spinnen die Samenwolle zusammen; auch zwischen Blättern. **2.** ***Cosmopteryx eximia*** Haw., Hopfenminiermotte; die junge Raupe frißt von der in einer Blattrippe liegenden Mine aus nach den Seiten in die Blattfläche hinein [**M-37**], Altraupe unter dem umgeschlagenen Blattrand, hier überwinternd. **3.** ***Eustaintonia pinicolella*** Dup.; Raupe an Fichte (Rottanne, ***Picea abies*** L.), dringt von einem kothaltigen Gespinst am Zweig aus in die Basis der Nadel ein, höhlt diese aus; Verpuppung in einer mit Rindenteilchen getarnten Gespinströhre meist nahe am Freßplatz; 2 Generationen, zuweilen schädlich. **4.** ***Blastodacna putripennella*** Zell., Apfeltriebmotte, Apfelmarkschabe [**M-36**]; das ♀ legt im Sommer Eier einzeln an Blätter und Triebe von Apfel (auch Birne), die Jungraupe dringt in Knospen ein (Knospen sterben ab, Rinde an der Knospenbasis krebsig), überwintert hier, macht im Frühling einen Bohrgang im Mark der Jungtriebe oder Blütenquirle; Verpuppung im Frühsommer im Bohrgang oder zwischen Blättern; manchmal schädlich, besonders in Baumschulen. (Bourgogne 1951; v. Lengerken 1932).

Monarch, ***Danaus plexippus*** L.; → Wanderfalter; → Danaidae.

Mönch, ***Panthea coenobita*** Esp.; → Noctuidae 2; ***Cucullia verbasci*** L.; → Noctuidae 40.

Mondeule, ***Minacia lunaris*** Schiff.; → Noctuidae 15.

Mondfleck, Mondvogel, ***Phalera bucephala*** L.; → Notodontidae 8.

Mondfleckiger Erbsenwickler, ***Grapholitha (Laspeyresia) dorsana*** Fbr.; → Tortricidae 33.

Mondhornkäfer, ***Copris lunaris*** L.; → Scarabaeidae 8.

Monochamus; → Cerambycidae 21.

Monocondylia; unter den Insekten diejenigen Formen, deren Mandibeln mit nur einem Gelenkhöcker am Kopfrumpfstück bzw. Kopf gelenken; gilt für die Vertreter folgender U.-Klassen: Diplura; Protura; Collembola; Archaeognatha.

Monoctenus; → Diprionidae 1.

Monodontomerus; → Torymidae.

Monogynie, Haplometrose; bei staatenbildenden Insekten (z. B. Ameisen; → Formicoidea) der Zustand, daß nur ein ♀ (Königin) im Nest ist.

Monomorium; → Myrmicidae 6.

Monophagie; ein Tier- oder Pflanzenfresser, Pflanzensaftsauger oder Parasit ist auf eine bestimmte Tier- oder Pflanzenart als Nahrungsspender angewiesen; kommt verhältnismäßig selten vor; vgl. auch → Parasitismus.

Monophlebidae; → Margarodidae.

Monopis; → Tineidae 5.

Monotoma; → Cucujidae.

Monotylota; → Embioptera.

monoxen; Bezeichnung für einen Parasiten, der für die Vollendung seines Entwicklungszyklus nur einer Wirtstierart bedarf; → Parasitismus.

Moorameise, Schwarze, ***Formica picea*** Nyl.; → Formicidae 5c.

Moorgelbling, ***Colias palaeno*** L.; → Pieridae 6.

Moorweichkäfer, ***Dascillus cervinus*** L.; → Dascillidae.

Moosjungfern, ***Leucorrhinia*** sp.; → Libellulidae 2.

Moosknopfkäfer, ***Atomaria linearis*** Steph.; → Cryptophagidae.

Moosmücken; → Cylindrotomidae; → Heteropezidae.

Mordella; → Mordellidae.

Mordellidae, Stachelkäfer; Fam. der Käfer (Coleoptera, Polyphaga); von den über 1500 Arten in M-Eur.i.e.S. etwa 50; die seitlich etwas zusammengedrückten, oft düster gefärbten, wärmeliebenden Käfer (meist 2–5 mm, selten bis 9 mm) am Hinterleibsende (Pygidium) in der Regel mit mehr oder weniger langem, stachelartigem Fortsatz [**M-38**]; häufig auf Blüten, fliehen bei Berührung mit purzelnden Bewegungen, fliegen gern; die Larven bohren in anbrüchigem, verpilztem Holz oder in Baumschwämmen, zuweilen auch in grünen Pflanzenteilen, einige gallenbildend in Euphorbien; manche Arten gelegentlich schädlich durch Larvenfraß, z. B. ***Mordella fasciata*** Fbr. (6–9 mm) in Ästen und Stämmen von Pflaumenbäumen; ***Mordellistena parvula*** Gayll. (2–3 mm) in Stengeln von Sonnenblumen und Hanf, Überwinterung der Larve in den Stoppeln; ***Mordellistena cattleyana*** Champ., Orchideenstachelkäfer (3 mm), Heimat Südamerika, in Europa in Gewächshäusern, die Larven minieren zu mehreren in den grünen Blättern von Cattleya, hier auch Verpuppung. (Ermisch 1969; Hieke 1968).

Mordellistena; → Mordellidae.

»Mörderbienen«, »Killerbienen«, vom Sensationsjournalismus geprägte, überzogene, und falsche Vorstellungen induzierende Bezeichnung – insbesondere – für eine in Afrika heimische Honigbienenrasse ***(Apis mellifica scutellata,*** früher ***adansonii)*** und deren Kreuzungen mit ursprünglich europäischen Rassen (***A. m. mellifica*** und ***A. m. ligustica***; → Apidae 3) in Brasilien; ***A. m. scutellata*** bringt, zumindest in tropischen und subtropischen Klimaten, sehr viel reichere Honigerträge als ihre europäischen Verwandten, ist jedoch aggressiver als diese, reagiert auf Störungen rascher, anhaltender und heftiger und mit hoher Stechaktivität; die Variationsbreite des Verteidigungsverhaltens ist allerdings groß, neben relativ friedsamen Völkern gibt es solche, die, nach fast blitzartiger Alarmierung nahezu aller Stockgenossinnen, Störenfriede und alles, was sich in Nestnähe herumtreibt, anfallen, und oft Hunderte von Metern weit verfolgen; die Toxizität ihres Giftes ist nicht höher als bei den anderen Rassen; trotzdem soll es, Presseberichten zufolge, nach Masssenattacken zu Todesfällen gekommen sein; medizinische Belege, daß es sich dabei nicht um Tod durch anaphylaktischen Schock bienengiftallergischer Menschen (→ Apidae 3) handelte, fehlen allerdings. Um sie

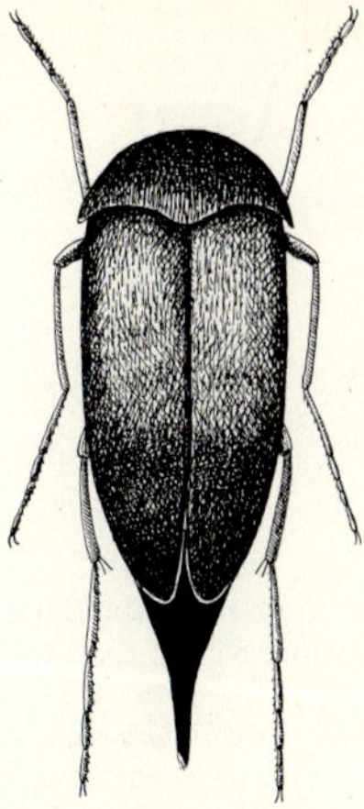

Abb. M-38: ***Mordella aculeata,*** Stachelkäfer. 6 mm. (Bechyně 1954)

zur Züchtung einer reichen Honigernte garantierenden, aber weniger aggressiven Biene, mit europäischen Rassen zu kreuzen, hat man 1956 eine Anzahl ***scutellata***-Völker nach Brasilien (São Paulo) gebracht; durch ein Fehlverhalten entkamen im Jahr darauf 26 Schwärme der vitalen »Afrikanerin«; rasche Ausbreitung seither (im Süden bis nach Argentinien und Uruguay, im Norden bis nach Mexiko und den Süden der USA) und Kreuzung mit den europäischen Rassen; die genetisch uneinheitlichen Kreuzungsprodukte werden als Afrikanisierte Bienen bezeichnet; sie bringen in Brasilien weit höhere Erträge an Honig und Wachs als die »Europäer«, und werden, trotz der – vor allem in den nördlichen Provinzen – immer noch größeren Aggressivität von den meisten Imkern bevorzugt, die mit ihnen umzugehen lernten. (Collins et al. 1982; Conçalves 1987; Fletcher 1978; Kröner 1980; Michener 1975; Stort 1974).

Mordfliegen, *Laphria* sp.; → Asilidae.

Mordraupen; sich räuberisch ernährende Schmetterlingsraupen; → Lepidoptera; → Noctuidae; → Tineidae.

Mormo; → Noctuidae 22.

Mormonia; → Noctuidae 13.

Mormoniella; → Pteromalidae 2.

Morphen; die verschiedenen, im Körperbau, z.T. auch in der Lebensweise voneinander abweichenden Gestalten einer Art,

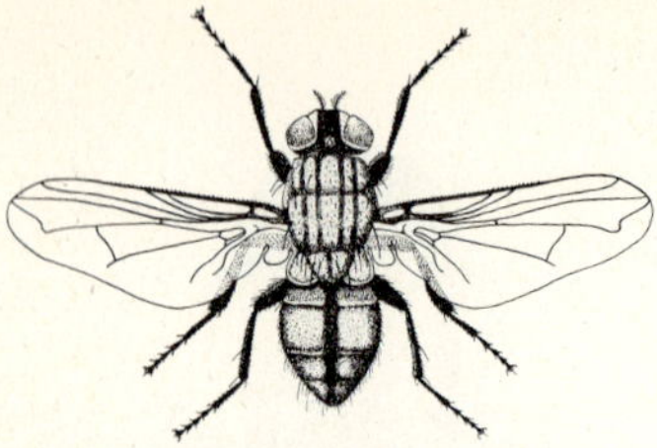

Abb. M-39: ***Musca domestica***, Stubenfliege. ♀. (Hewitt 1914)

z. B. bei Blattläusen (→ Aphidina), Ameisen (→ Formicoidea) und Termiten (→ Isoptera).

Mörtelbiene, ***Chalicodoma parietina*** Fourcroy; → Megachilidae 3.

Mörtelgrabwespen, ***Sceliphron*** sp.; → Sphecidae.

Mosaikjungfer, Braune, ***Aeshna grandis*** L., → Aeshnidae 1.

Moschusbock, ***Aromia moschata*** L.; → Cerambycidae 13.

Motten i.e.S.; → Tineidae.

Mottenläuse; → Aleurodina.

Mottenmücken; → Psychodidae.

Mottenschildläuse; → Aleurodina.

Mottenspinner; → Heterogynidae.

Mücken; → Nematocera.

Mückenhafte; → Bittacidae.

Mückenwanze, ***Empicoris vagabundus*** L.; → Reduviidae 3.

Müller, ***Polyphylla fullo*** L.; → Scarabaeidae 11.

Mulmbock, ***Ergates faber*** L.; → Cerambycidae 2.

Multiparasitismus → Coparasitismus; → Parasitismus 9.

Mumienpuppe, ***Pupa obtecta*;** → Pupa 2b.

Murmidius; → Colydiidae.

Musca; → Muscidae 1, 2.

Muscidae; gelegentlich wenig glücklich als »Echte Fliegen« bezeichnet; Fam. der cyclorrhaphen Fliegen (Diptera, Brachycera). Sehr artenreiche, systematisch keineswegs geklärte Gruppe (meist) unscheinbarer, mittelgroßer Fliegen; mehrere Hundert Arten in Mitteleuropa; kleine Auswahl: **1.** ***Musca domestica*** L. [**M-39, M-47**], Große Stubenfliege; bekanntester, weltweit verbreiteter Vertreter; durch die Entwicklung der Larven vor allem in den Exkrementen von Haustieren stark an den Menschen gebunden; Geschlechtsunterschied: Hinterleibsbasis beim ♀ gelb und Abstand der Augen auf der Stirn doppelt so groß wie beim ♂; vermag mit den mit Pseudotracheen versehenen polsterförmigen Labellen des Labiums ausschließlich flüssige (evtl. durch Speichel verflüssigte, z. B. Zucker) Nahrung aufzunehmen; das Finden der Nahrung (vor allem zuckerhaltige Stoffe; zur Reifung der Ovarien werden zusätzlich Proteine benötigt) ist durch verschiedene Sinne geleitet: Geruchssinn (keine Spezialisierung auf bestimmte Nahrungsduftstoffe), Wärme- und Feuchtigkeitssinn (beider Sitz auf den Antennen), tarsaler Geschmackssinn; ferner der Gesichtssinn insofern, als Fliegen sich gegenseitig optisch anlocken: Herdentrieb (»wo Fliegen sind, kommen Fliegen hin«), Fliegenfängereffekt; fliegt gezielt als neu erkannte Objekte an (z. B. einen Menschen, der ein Zimmer betritt) und prüft diese u. a. mit Tarsalrezeptoren (lästig, »Neugierverhalten«). Das Interesse erlischt meist nach ca. 20 min; allgemein bekannt ist die Fähigkeit der Stubenfliege (und vieler anderer Dipteren) auf glatten Flächen, sogar auf Glas in jedem Neigungswinkel, selbst mit dem Rücken nach unten, laufen zu können; ermöglicht durch nur 10 µm lange und 1 µm dicke, an ihrem Ende sohlenartig verbreitete Hafthaare, die zu je 5000 auf den Pulvilli sitzen, und einem lipophilen Sekret [**D-27**]. Das Feststellen geeigneter Nahrung ist erleichtert durch Fermente im Speichel, die Polysaccharide zerlegen, und durch ein von den Tarsen abgegebenes, Stärke abbauendes Ferment; auf Nahrungsquellen, die keine Fernwirkung haben (z. B. Zucker), werden attraktiv wirkende Stoffe deponiert (»fly factor«). Das Sichfinden der Geschlechtspartner wird teils olfaktorisch, teils optisch gesteuert; bei der Nahorientierung spielen Sexuallockstoffe (Sexualpheromone) eine wesentliche Rolle, das der ♂♂ wirkt anlockend auf jungfräuliche ♀♀ und erhöht deren Paarungsbereitschaft, die 4 Lockstoffe reifer ♀♀ wirken anlockend auf die ♂♂; ein ♀-Pheromon wirkt abweisen auf Geschlechtsgenossinnen; in ♀-Nähe werden Zuwendung und Aufsprung des ♂ vor allem optisch gelenkt, wobei (Attrappenversuche) Abhebung vom Hintergrund, Gliederung (am Rand, nicht auf dem Rumpf), in biologisch sinnvollen Grenzen

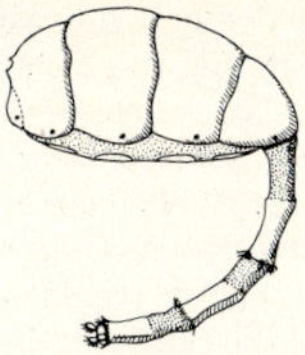

Abb. M-40: ***Musca domestica***, Stubenfliege. ♀, Hinterleib mit ausgestülpter Legeröhre. (Martini 1952)

Abb. M-41: ***Musca domestica***, Stubenfliege. Gelege, Eilänge 1 mm. (Hewitt 1914)

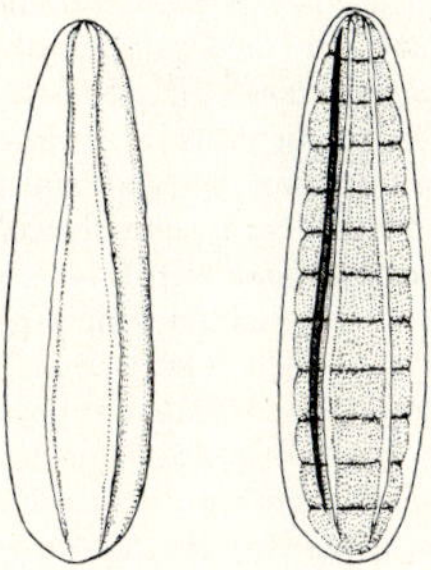

Abb. M-42: ***Musca domestica***, Stubenfliege. Ei (1 mm), links von dorsal mit zwei Längsrippen; rechts kurz vor dem Schlüpfen der Larve, durch den dunklen Längsspalt. (Hewitt 1914)

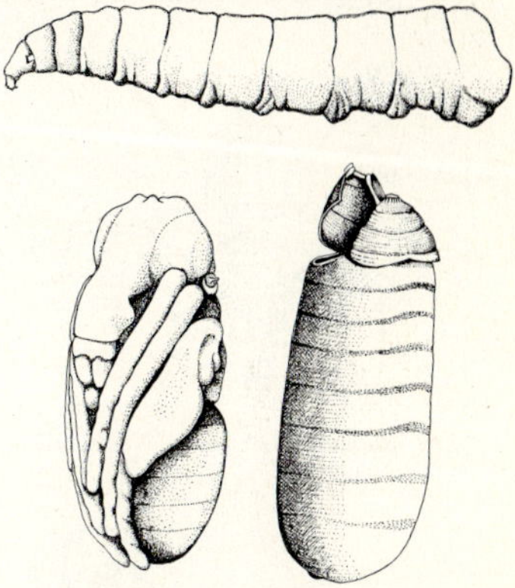

Abb. M-43: ***Musca domestica***, Stubenfliege. Oben Larve (12 mm), links Puppe, ca. 30 Stdn. nach der Verpuppung; rechts Puparium nach dem Schlüpfen der Imago (6 mm). (Hewitt 1914)

auch Größe und Form eine Rolle spielen. Für das Mißglücken des bekannten Fliegenfanges mit der hohlen Hand sind ebenfalls ausschließlich optische Eindrücke wichtig, was die Bedeutung des Lichtsinnes unterstreicht. Bekannt ist das häufige Sichputzen (übrigens auch im Dunkeln); Hauptinstrumente sind die Vorderbeine (putzen sich gegenseitig und den Kopf) und die Hinterbeine (putzen die Flügel, den Hinterleib und sich gegenseitig); die Mittelbeine werden nicht gegeneinander abgeputzt, meist wird ein Mittelbein (selten beide zugleich) zwischen den Vorder- oder Hinterbeinen abgerieben; in Grenzen kann ein amputiertes Putzbein ersetzt werden, z. B. ein Vorder- durch ein Mittelbein, wobei der Amputationsstumpf koordiniert »mitputzt«; oder das allein vorhandene Vorder- bzw. Hinterbein putzt für sich ins Leere; große Bedeutung taktiler Reize: ein passend angebotenes amputiertes Vorderbein (oder eine Attrappe) wird vom erhaltenen Vorderbein geputzt. Absetzen der Gelege, wobei das ♀ die Legeröhre weit hinausschiebt ([**M-40**] pro ♀ insgesamt bis 2000 Eier [**M-41, M-42**]) vor allem an sich zersetzendem pflanzlichen Material (Mist, bevorzugt Kälbermist), in dem die Entwicklung [**M-43**] unter günstigen Bedingungen schon fast in einer Woche beendet sein kann, daher mehrere Generationen (in Ställen 10–15) im Jahr; in 1 kg Pferdemist können sich bis 8000, in der gleichen Menge Schweinekot bis zu 15000 Maden entwickeln; Lebensdauer in Ställen und Wohnungen: ♂ bis 60, ♀ bis 70 Tage, im Freiland sehr viel kürzer; obwohl die Mehrzahl der für den Menschen krankheitserregenden Keime im Darm der Larve zugrunde geht, und die Imago praktisch keimfrei aus der Puppe schlüpft, spielen die Imagines durch das Hin- und Herfliegen zwischen Infektionsquellen und Menschen-

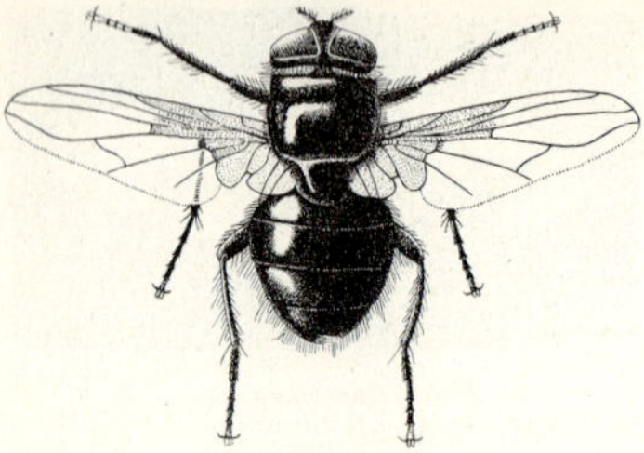

Abb. M-44: ***Mesembrina meridiana.*** ♂, 9–12 mm. (Séguy 1951)

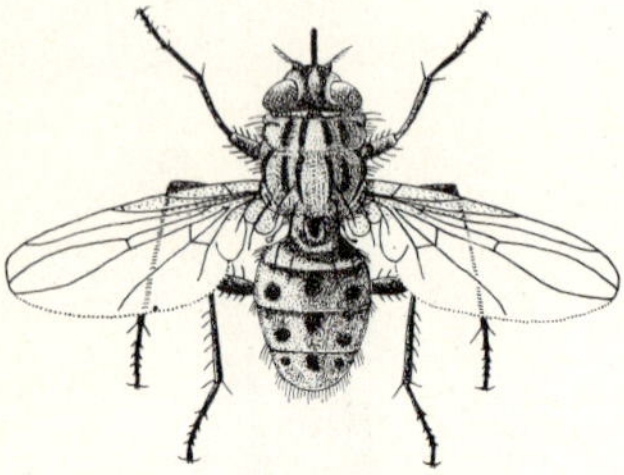

Abb. M-45: ***Stomoxys calcitrans,*** Wadenstecher. ♀, 5–8 mm. (Séguy 1951)

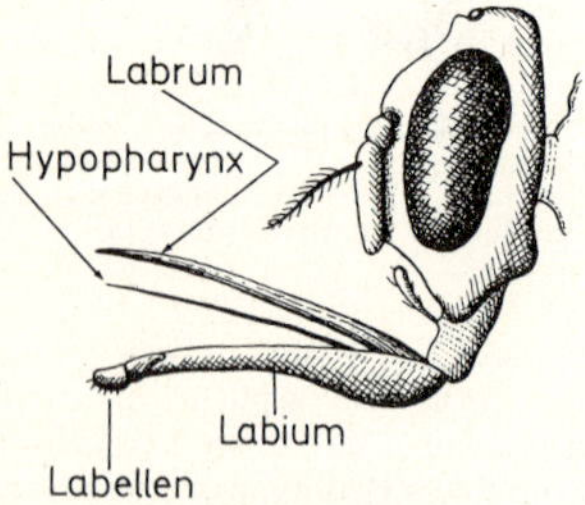

Abb. M-46: ***Stomoxys calcitrans,*** Wadenstecher. Kopfprofil von links. (Weber 1954)

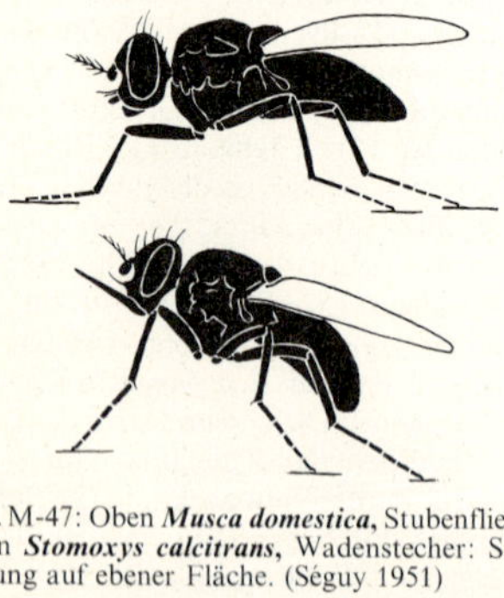

Abb. M-47: Oben ***Musca domestica,*** Stubenfliege; unten ***Stomoxys calcitrans,*** Wadenstecher: Sitzstellung auf ebener Fläche. (Séguy 1951)

nähe, zumal durch das Verlieren ausgewürgter Nahrungströpfchen als Keimüberträger eine beachtliche Rolle. Hohe Resistenz gegen Insektizide bei vielen Stämmen. Auf der Stubenfliege häufig die Milbe ***Macrocheles muscaedomescidae;*** schädigt diese nicht; Fliegen scheiden Substanz aus, die für die Milbe hochattraktiv ist; Eier und 1. Larvenstadium werden von der Milbe getötet. **2. *Musca autumnalis*** De G., Gesichtsfliege, Augenfliege; häufig besonders am Kopf von Rindern, vor allem in Augennähe, Tupfen Sekret auf; Entwicklung in Kuhfladen, die meist im frischen Zustand mit Eiern belegt werden; kann im Herbst auf der Suche nach Überwinterungsplätzen massenhaft in Gebäude eindringen. **3. *Muscina stabulans*** Fall., Hausfliege, Stallfliege; Larve ebenfalls in zerfallenden organischen Stoffen, gelegentlich auch räuberisch auf andere Insektenlarven; **4. *Mesembrina meridiana*** L. [**M-44**], eine stattlichere, nicht so sehr an das Haus gebundene Art; Larven machen im Pferde- und Rinderdung Jagd auf andere Fliegenmaden. Bei einer Reihe von Musciden-Arten Übergang zum Blutsaugen durch stärkere Sklerotisierung des Rüssels und raspelnde Bewegung der mit feinen Zähnchen besetzten Labellen; bis zum voll entwickelten Stechrüssel und Stechverhalten hin entwickelt z.B. bei dem im Habitus der Stubenfliege sehr ähnlichen **5. *Stomoxys calcitrans*** L., Wadenstecher [**M-45**]; Kennzeichen: in Ruhe nach vorn gestreckter dünner Stechrüssel [**M-46, M-47**], Vorderkörper im Sitzen meist nach oben gewandt und etwas angehoben [**M-47**]; beide Geschlechter stechen; wird dem Menschen besonders im Spätsommer und Herbst lästig, Pflanzenfresser jedoch bevorzugt; Stechregion bei Pferd und Rind sind Rücken, Flanken und Mittelfuß, beim Menschen die Beine (Orientierung optisch?); Anlockung zum Wirtstier hin durch mit Hautduft geschwängerte Lufbewegung, am Tier Anregung zum Stechen auch durch Wärme- und Geschmacksreize; die Aggressivität ist beträchtlich, kann z.B. bei Pferden und Rindern zu beachtlicher Leistungsminderung führen; Kopulation meist 4–5 Tage nach dem Schlüpfen; Eiablage nach mehreren Blutmahlzeiten vor allem in Stallmist mit Gelegen von 60–100 Eiern, insgesamt bis ca. 600 Eier pro ♀; Anwesenheit des ♂ stimuliert die Eiablage; der Wadenstecher ist Überträger bzw. Zwischenwirt verschiedener pathogener Bakterien, Protozoen, Nematoden, ferner des Geflügelbandwurms ***Hymenolepis capillaris*** Rud. **6.** An Rindern sitzt zuweilen in Massen die kleine (5 mm) Stechfliege, ***Haematobia (Siphona) irritans*** L., Hornfliege; mit Stechrüssel; auf oder in der Nähe von Weidevieh, auch nachts, saugt am Rücken, den Flanken und an der Hornbasis (Name!) der Rinder, sticht (selten) in deren Nähe auch den Menschen; Larven in Rindermist. **7.** Eigenartig die – als einzige der heimischen Musciden – räuberisch in fließendem Wasser lebenden Larven der Gttgn. ***Limnophora*** und ***Calliophrys***: Hinterende (auch das der Puparien) mit 2 ventralen, hakenförmigen Fortsätzen zur Verankerung im Substrat und 2 ebensolchen ins stark strömende Wasser gehaltenen dorsalen Fortsätzen mit je einem von winzigen Dornen (Luftbläschenfänger?) umstandenen Stigma an ihrer Spitze [**M-48**]. (Bauchhenß, Renner 1977; Carlson et al. 1971; Dijkgraaf 1947; Heinz 1948; Hennig 1973; Hiepe 1981/85; Hynes 1970; Jacobson 1965; Krijgsman 1930; Künast 1982; Martine 1952; Rietschel 1969; Russ 1953; Schlein, Galun 1984; Schlein et al. 1981; Skidmore 1985; Schumann 1968; Séguy 1951; Vogel 1957; Walker et al. 1985; Weidner 1982; Wiesmann 1960, 1962).

Muscina; → Muscidae 3.

Museumskäfer, ***Anthrenus museorum*** L.; → Dermestidae 4.

Musidoridae; → Lonchopteridae.

Mutilla; → Mutillidae.

Mutillidae, Spinnenameisen, Bienenameisen, Ameisenwespen; Fam. der Hautflügler (Hymenoptera, Apocrita, Scolioidea); von den über 2000 Arten nur etwa 8 in M-Eur.i.e.S., diese klein bis mittelgroß; bemerkenswert der Geschlechtsunterschied: die ♂♂ fast stets geflügelt, mit großen Komplexaugen und Punktaugen, die ♀♀ stets ungeflügelt, mit kleinen Komplexaugen und ohne Punktaugen; die ♂♂ sind oft größer und anders gefärbt als die ♀♀; bei manchen Arten beide Geschlechter mit Zirporgan: ein Schrillfeld auf dem 3. Hinterleibs-Rückenschild wird gegen eine Kante des 2. Schildes bewegt; Bedeutung des Zirpens unbekannt; die ♀♀ können auch den Menschen schmerzhaft stechen. Begattung bei vielen Arten im Flug, wobei das ♀ vom ♂ getragen wird; das ♀

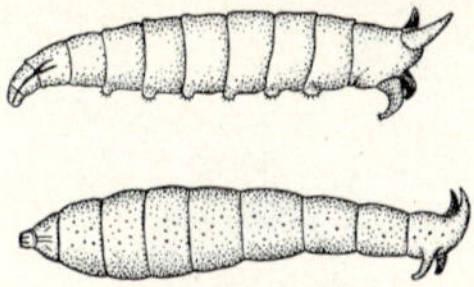

Abb. M-48: ***Limnophora*** sp. Larve (oben) und Puppe. (Hynes 1970)

Abb. M-49: ♀ der Spinnenameise ***Mutilla europaea.*** (Yeo, Corbet 1983)

dringt grabend in das vermutlich mit dem Geruchssinn aufgespürte Nest solitärer oder sozialer Bienen oder Wespen (Falten-, Weg- und Grabwespen) ein, legt Eier hinein; die Larven nähren sich von den (mindestens bei manchen Arten zuvor durch Stich paralysierten) Larven oder Puppen des Wirtes oder auch von den vom Wirt für seine Brut eingesammelten Futtervorräten; Verpuppung stets in einem selbstgesponnenen Kokon in den Zellen oder Kokons des Wirts. Die häufige ***Mutilla europaea*** L. (10–16 mm; [**M-49**]) ist, ebenso wie die seltenere ***M. marginata*** Baer, Parasit in Nestern verschiedener Hummelarten. ***Smicromyrme rufipes*** Fbr. schmarotzt bei Grabwespen der Gattungen ***Oxybelus, Astata, Tachysphex.*** Einige afrikanische Arten sind Schmarotzer in den Puppen von Tse-Tse-Fliegen; auch Parasiten bei Schmetterlingen und Käfern sind bekannt. (Brothers 1972; Königsmann 1968; Olberg 1959).

Mycetaea; → Endomychidae.

Mycetangien; an verschiedenen Körperstellen bei Imagines und/oder Larven mancher pilzfressender Insekten (→ Scolytidae; → Siricidae) ausgebildete Taschen, in denen – in Drüsensekret eingebettet – als »Saatgut« Sporen oder Hyphen des Nahrungspilzes befördert werden.

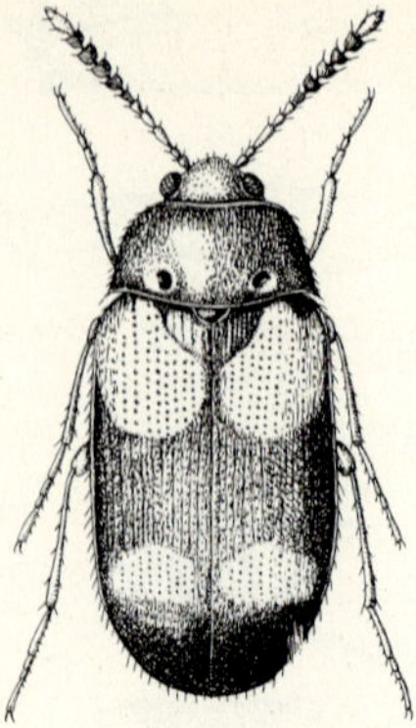

Abb. M-50: ***Mycetophagus quadripustulatus.*** 5–6 mm. (Bechyně 1954)

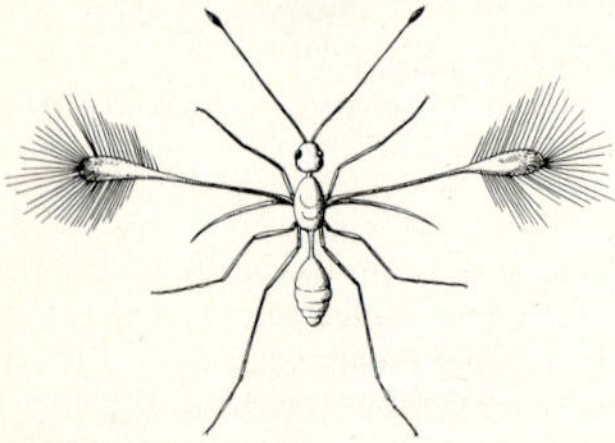

Abb. M-51: ***Mymar regalis.*** ♀, Körperlänge 1,2 mm. (Bischoff 1922)

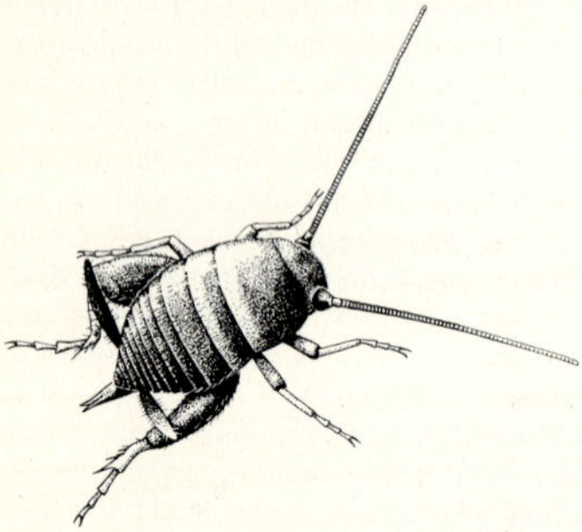

Abb. M-52: ***Myrmecophila acervorum,*** Ameisengrille. ♀: ca. 3 mm. (Bellmann 1985)

Mycetaulus; → Piophilidae.

Mycetobia; → Phryneidae.

Mycetochara; → Alleculidae.

Mycetocyten; Zellen, die intracelluläre Symbionten beherbergen (z. B. im Fettkörper von Schaben, → Blattariae); häufig mehrere solcher Zellen zu einem besonderen Organ, einem Mycetom, vereinigt; bisweilen (z. B. bei Zikaden) im gleichen Tier mehrere Mycetome für verschiedene Symbionten; sehr unterschiedliche Mechanismen sichern die Weitergabe der Symbionten an die Folgegeneration.

Mycetom; → Mycetocyten.

Mycetophagidae, Baumschwammkäfer, Myzelfresser, Schimmelkäfer; Fam. der Käfer (Coleoptera, Polyphaga); von den gut 200 bisher bekannten Arten etwa 15 in M-Eur.i.e.S.; Käfer (höchstens mittelgroß [**M-50**]) und Larven der meisten Arten in Pilzen, auch als Pilzfresser unter Rinde; an schimmeligen Vorräten verschiedener Art der weltweit verbreitete Schimmelkäfer ***Typhaea stercorea*** L. (2,5–3 mm), überwintert als Puppe. (Vogt 1967).

Mycetophilidae; → Fungivoridae.

Mycophila; → Itonididae 1.

Mydas; → Diptera.

Myelophilus; → Scolytidae 9, 10.

Mylabris; → Meloidae 5.

Myloblax; → Canaceidae.

Mymaridae, Zwergwespen; Fam. der Hautflügler (Hymenoptera, Apocrita, Chalcidoidea); winzige geflügelte Formen, die schmalen Flügel mit langen Wimperhaaren [**M-51**]; (hierher das vielleicht kleinste geflügelte Insekt, ***Allaptus*** sp., mit 0,21 mm Länge); die Larven leben als Eiparasiten, und zwar vor allem in noch nicht in Entwicklung begriffenen Eiern anderer Insekten; einige auch in den Eiern von Wasserinsekten, z. B. Arten der Gattung ***Anagrus*** in Libelleneiern; das ♀ legt direkt in das wohl mit dem Geruchssinn aufgespürte Wirtsei ab; in der Regel entwickelt sich nur eine Larve pro Wirtsei, bei manchen Arten parthenogenetisch; entsprechend dem Entwicklungszyklus des Wirtes oft nur eine Generation im Jahr, bei manchen Arten indes 4–5; Überwinterung als frühe oder erwachsene Larve im Wirtsei, Kurztagbedingungen können offenbar bei manchen Arten den Eintritt der Larve in die Winterruhe auslösen. Mehrere hundert Arten bekannt, einige sehr nützlich durch Kurzhalten von Schadinsekten. Durch die Lebensweise bemerkenswert: ***Polynema natans*** Lubb. (kaum 1 mm); die Larven in Eiern z.B. von Libellen, vom Rückenschwimmer, je nach Wirtseigröße eine oder mehrere Larven im Ei; ♂ und ♀ bewegen sich, mit den Flügeln schwimmend, im

Wasser, auch die Begattung findet im Wasser statt. (Berland 1951; Clausen 1940; Jackson 1961; z. Strassen 1970).

Myodochidae; → Lygaeidae.

Myopa; → Conopidae.

Myrientomata; → Protura.

Myrmecocystus; → Formicoidea.

Myrmecophila; → Myrmecophilidae.

Myrmecophilidae, Ameisengrillen; Fam. der Langfühlerschrecken (Ensifera, Grylloidea); klein (2–4 mm [**F-10, M-52**]), Komplexaugen klein, ohne Flügel, ohne Laut- und Hörorgane; in M-Eur.i.e.S. nur eine Art: ***Myrmecophila acervorum*** Panz.; dunkelbraun, Hinterrand der Mittel- und Vorderbrust gelbbraun, relativ lange, kräftige Cerci; Larven und Imagines in Nestern verschiedener Ameisen (insbes. ***Myrmica*** und ***Lasius***), fressen bei diesen mit, gelegentlich auch Eier und Larven des Wirts; ♂♂ äußerst selten, Fortpflanzung bei uns ausschließlich parthenogenetisch; schützen sich durch genaues Nachahmen des Verhaltens der Wirtsameisen, sowie durch äußerst flinkes Vermeiden genauer Kontrolle durch den Wirt; Eiablage teils mit (dem kurzen) Legebohrer in den Boden, teils frei; Entwicklung zweijährig; vermutlich 5 Larvenstadien; Überwinterung als Larve oder als Imago; Überwandern in das Nest einer anderen Wirtsart kommt vor. (Bellmann 1980; Harz 1969; Hölldobler K. 1953).

Myrmecoris; → Miridae 9.

Myrmecoxenus; → Colydiidae.

Myrmedobia; → Loriculidae.

Myrmedonia; → Staphylinidae 8.

Myrmekochorie; Verschleppen und Verbreiten von Samen durch Ameisen, besonders von Samen mit ölhaltigen Anhängseln (Elaiosomen), die von den Ameisen verzehrt werden; z.B. Veilchen, Schöllkraut, Lerchensporn, Wolfsmilcharten.

Myrmekophilie; Bezeichnung für das sehr verschiedenartige Zusammenleben zwischen Ameisen und Ameisengästen; → Formicoidea. (Kistner 1982).

Myrmeleon; → Myrmeleonidae.

Myrmeleonidae, Ameisenlöwen (Larven), Ameisenjungfern (Imagines); Fam. der Netzflügler (Planipennia), mit den Merkmalen dieser Ordnung; von den 2000 Arten nur 4 oder 5 in M-Eur.i.e.S., am häufigsten ***Myrmeleon formicarius*** L. (Körper etwa 35 mm, Flsp. 60–80 mm [**M-53**]). Die stattlichen Imagines libellenähnlich, jedoch mit über kopflangen, am Ende keulig verdickten Fühlern; Flügel in Ruhe dachförmig auf dem Rücken, bei manchen Arten mit dunklen Flecken; fliegen im Sommer vor allem in der Dämmerung und nachts (»Nachtlibelle«), ruhen bei Tage (daher wohl ihre Lebensweise recht wenig bekannt); Ernährung räuberisch (kräftige, beißende Kiefer), fressen in Gefangenschaft kleine Raupen und Blattläuse (im Freiland?). Paarung noch nicht beobachtet. Eier angeblich einzeln in Sand abgelegt. Die Larven mancher Arten bekannt durch den Bau von Sandtrichtern zum Beutefang; Trichterbau jedoch nur bei dem kleineren Teil der Arten, die Larven der meisten Arten jagen, vorwärtslaufend, frei am Boden, so von heimischen Arten die Larven von ***Acanthaclisis occitanica*** Vill., ***Distoleon (Formicaleon) tetragrammaticus*** Fbr., ***Dendroleon pantherinus*** Fbr. (letztere vor allem auf und im Mulm vermodernden Holzes); Trichterbauer (sie laufen stets rückwärts): ***Myrmeleon formicarius*** L. [**M-53**] und ***Euroleon nostras*** Four. (= ***Myrmeleon europaeus*** McLach.); Trichterbau: in lockerem Sand, oft an etwas geschützten Stellen, z. B. unter etwas überhängenden Wegböschungen oder Felsen, aber zuweilen auch vollkommen frei; die reich beborstete Larve (Borsten vor allem in der hinteren Körperhälfte schräg nach vorn gerichtet) dringt stets rückwärtsgehend meist in zunächst oberflächlicher Kreisbahn in den Sand, zieht so einen Graben, schleudert weiterhin den inneren Sandkegel nach und nach durch Schnicken mit dem oben flachen Kopf nach außen, das Schleudern ausgelöst durch Sandkörner auf dem Kopf; Variationen im Ablauf des Trichterbauens kommen vor; unter günstigen Verhältnissen ist der Trichter in 15–30 min fertig; Böschungswinkel des Trichters durch die Art des rollenden Sandmaterials bedingt; die Larve (Lauerjäger) sitzt schließlich schräg aufwärts im Trichtergrund, der Körper im Sand, durch Borsten leidlich fixiert; der Vorderteil des Kopfes mit den großen, oft zugriffbereit gespreizten Saugzangen ist frei, der Kopf meist vom Licht (Wärme) abgewandt, d.h. die Larve ändert an sonnigen Tagen ihren Sitz von West über Nord nach Ost; jederseits am Kopf liegt auf einem kurzen Stiel eine Gruppe von 6 Einzelaugen, ihre Achsen nach vorne, seitwärts, oben und hinten

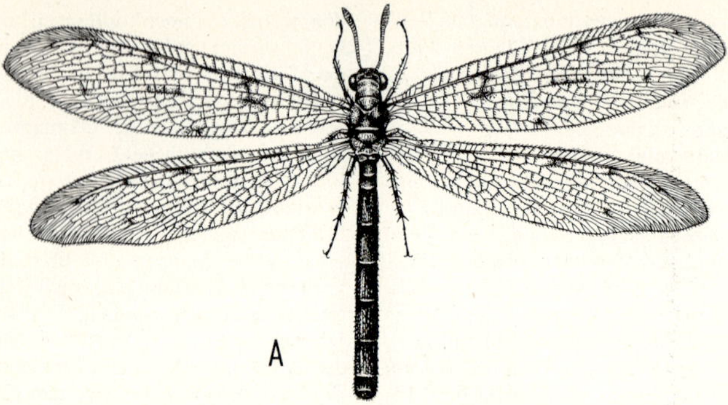

gerichtet; ein rudimentäres 7. Einzelauge schaut nach unten; die Larve ist sehr empfindlich gegen Erschütterungen; zufällig in den Trichter geratene Insekten (keineswegs nur Ameisen) werden mit den Zangen gepackt, durch Einspritzen eines giftigen Sekretes betäubt, schließlich (u. U. nach Griffwechsel der Zangen) nach Verdauen vor dem Munde ausgesaugt; der leere Rest wird durch Kopfschleudern entfernt; die Flucht nicht sofort ergriffener Beute wird häufig verhindert durch freilich nicht genau gezieltes Hochschleudern von Sand, dadurch u. U. erneutes Herunterpurzeln der Beute an der Trichterwand; die Beutefanghandlung ist durch häufiges Wiederholen ermüdbar, Erholung in 1–2 Tagen; die Larve überwintert (in der Regel) zweimal; sie ist trotz ihrer Wehrhaftigkeit verschiedenen Schlupfwespen ausgeliefert; das ♀ von ***Hybothorax graffi*** Ratz. (Chalcididae) z. B. läßt sich zusammengekugelt in den Trichter rollen, ist so dem Biß der Saugzangen entzogen und weiß den Stich des Legebohrers anzubringen. Das 3. Stadium verpuppt sich im Frühling im Sand, in einem außen mit Sand beklebten, kugeligen Gespinstkokon (Sekret aus den Malpighigefäßen [**M-53 D**]); die Puppe öffnet mit ihren beweglichen Mandibeln den Kokon, schiebt sich z. T. heraus und entläßt die

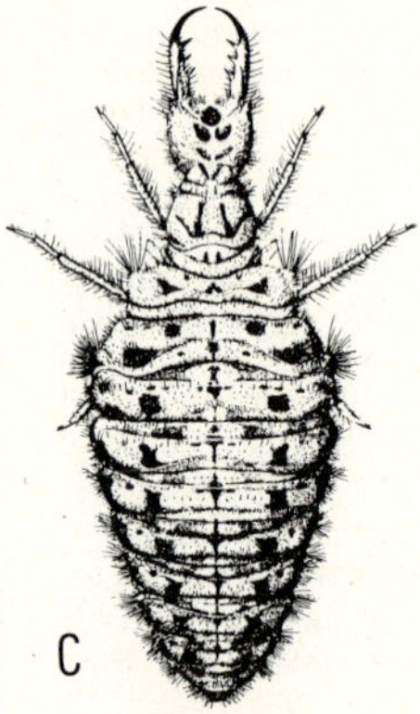

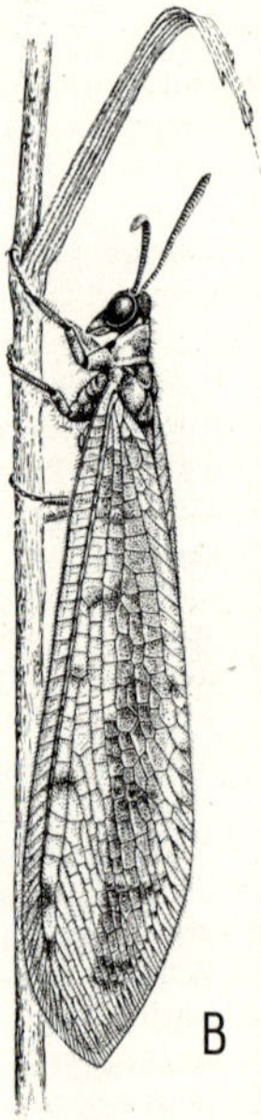

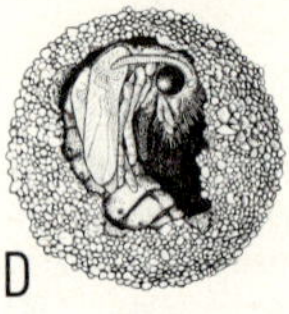

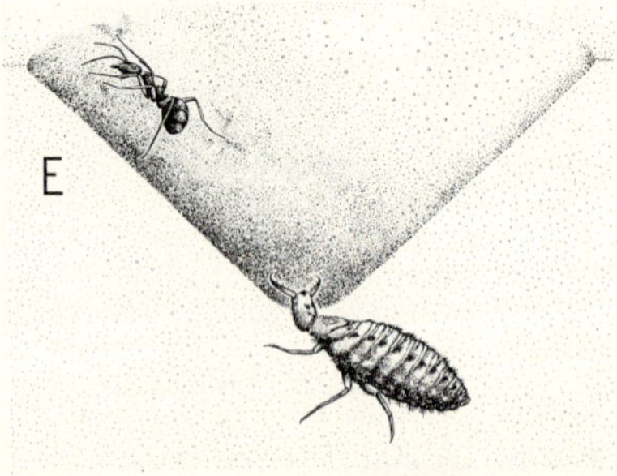

Abb. M-53: Ameisenlöwe. ***Euroleon nostras***, Imago (= Ameisenjungfer) A mit ausgebreiteten Flügeln und B in normaler Sitzhaltung, Flsp. 60–70 mm. C Larve (= Ameisenlöwe) von ***Myrmeleon inconspicuus***, 3. Stadium, 10–13 mm. D ***Myrmeleon*** sp., Puppenkokon geöffnet mit Puppe, Durchmesser ca. 15 mm. E Sandtrichter eines Ameisenlöwen im Schnitt (Tiere und Trichter nicht maßstabsgerecht). (C aus Matthes 1982; M.R.)

Imago. (Aspöck 1964, 1969; Berland, Grassé 1951; Geiler 1966; Heinrich, Heinrich 1984; Jockusch 1967; Matthes 1982a; Plett 1964; Stäger 1941; Steffan 1961).

Myrmeleotettix; → Acrididae 8.

Myrmica; → Myrmicidae 1, 2.

Myrmicidae, Stachelameisen, Knotenameisen; Fam. der Hautflügler (Hymenoptera, Apocrita, Formicoidea); ♀ und ☿ mit meist noch gut entwickeltem Stachelapparat; der Stich ist bei manchen Arten auch für den Menschen unangenehm; das Stachelgift (***Myrmica ruginodis*** Nyl.) enthält keine Ameisensäure, als hauptsächlich wirksame Bestandteile vielmehr mehrere Proteine; zwischen Brust und dickem Hinterleib (Gaster) ein Stielchen aus 2 knotenförmigen Gliedern [**F-14b**]; Bau und Funktion des bei manchen Arten vorhandenen Lautorgans → Formicoidea; Duftspuren werden mit dem Stachelgift (z.B. ***Tetramorium***), dem Sekret der Dufourschen (z.B. ***Solenopsis***) oder der Tibialdrüse (z.B. ***Cremastogaster***) gelegt; bei manchen Arten überwintern auch die Larven. Hierher gehört fast die Hälfte der heimischen Arten (insges. über 3000 Arten bekannt). Auswahl: **1. *Myrmica laevinodis*** Nyl., Rotgelbe Knotenameise, sehr häufig; ☿ 4–5 mm, ♀ bis 7 mm, die braunen bis schwarzen ♂♂ ca. 5 mm; Erdnest häufig unter Steinen oder frei mit niedriger Erdkuppel, zuweilen auch in hohlen Bäumen; unabhängige Nestgründung (→ auch Formicoidea); Pflanzenlauspflege mäßig ausgeprägt; Stich auch für den Menschen unangenehm. **2. *Manica (Myrmica) rubida*** Latr., größer als die vorige Art (☿ 5–9 mm, gelb bis rotbraun; ♀ bis 13 mm, Färbung wie ☿; ♂ bis 10 mm, meist glänzend schwarz), mit ähnlicher Lebensweise; Stich sehr schmerzhaft. **3. *Messor,*** Ernteameisen, Getreideameisen; artenreiche Gttg.; im Mittelmeergebiet sehr häufig, nur in besonders warmen Gebieten (z.B. Oberrhein) nördl. der Alpen und nur ***M. structor*** Latr. (oder ***M. rufitarsus*** F.?); bauen Erdnester in leichten Böden, Eingang dann oft kraterartig von einem Sandwall umgeben; beachtliche Unterschiede bei den ☿☿, namentlich in der Kopfgröße; sammeln als Nahrung vor allem Pflanzensamen ein, dabei gehen oft Samen verloren, die entlang der Straße keimen; Nestgründung unabhängig. **4. *Anergates atratulus*** Schenk. [**M-54**], ☿-loser Brutparasit; ♂♂

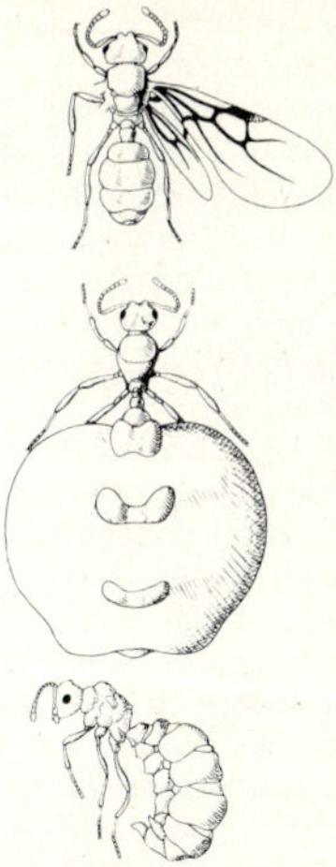

Abb. M-54: ***Anergates atratulus.*** Oben jungfräuliches ♀; Mitte eierlegendes ♀; Unten ♂. (Wheeler 1951)

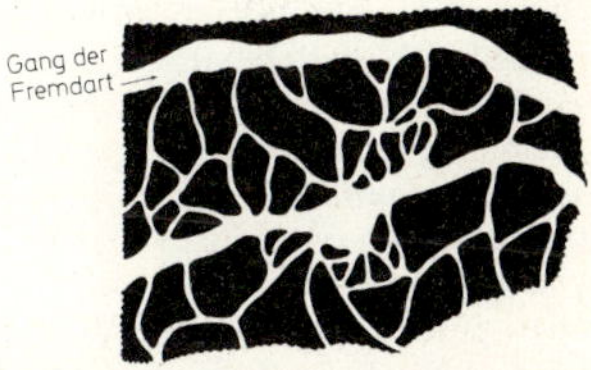

Abb. M-55: ***Diplorhoptrum (Solenopsis) fugax.*** Teil eines Nestsystems im Bau einer anderen Art. (Wasmann 1898)

flügellos, ♀♀ zunächst geflügelt, später flügellos, Stachel rudimentär; Mundteile bei ♂ und ♀ nur mäßig ausgebildet; Wirt: die Rasenameise ***Tetramorium caespitum*** L.; das ***Anergates***-♀ wird im Wirtsnest von den Brüdern begattet, fliegt aus, dringt in ein anderes Wirtsnest ein, das weisellos ist (?) oder dessen Königin vom Parasiten, vielleicht auch von den eigenen Stockgenossen getötet wird; starke Entwicklung der Ovarien, dadurch Anschwellen des Hinterleibs beim Parasiten-♀ ([**M-54**]; Physogastrie); seine Brut wird von den Wirts-☿☿ gepflegt; die Wirtskolonie und damit auch der Rest der Parasitenbrut geht schließlich zugrunde. **5. *Solenopsis fugax*** Latr., Diebsameise; ☿☿ gelb bis braun, winzig, 1,4–3 mm; ♀ schwarz bis schwarzbraun, bis 6,5 mm; ♂ schwarz, bis 5 mm; Nest in der Regel in den Bauten verschiedenster anderer größerer Ameisenarten [**M-55**], zwischen deren

Gängen, in die die feinen Diebsameisengänge münden; Nahrung vor allem tierisch, in beachtlichem, zuweilen verheerendem Ausmaß auf Kosten des »Wirtes«, z.T. auch von dessen Brut; außerdem Honigtau von unterirdisch lebenden Blatt- und Schildläusen; im Freien nur selten zu beobachten; Nestgründung (wahrscheinlich) unabhängig. **6. *Monomorium pharaonis*** L., Pharaoameise; sehr kleine (☿☿ 2–2,5 mm), aus Indien eingeschleppte Art, heute weltweit verbreitet; bei uns wohl ausschließlich in Häusern und dort dann meist außerordentlich lästig, durch Zerstören von Nahrungsmitteln, durch Einnisten in Gebrauchsgegenständen; durch ihre Kleinheit und oft verborgenen Neststand schwer auszurotten; als Schutz vor Gefahr ist wohl zu deuten, daß die Leiche eines Artgenossen oder auch nur deren Duftspur erschrecken und Weglaufen auslöst; stets viele ♀♀ im Nest; Geflügelte im Spätsommer–Herbst; Kopulation schon im Nest? Koloniegründung wohl in der Regel durch Ableger (begattetes ♀ + ☿☿) eines größeren Nestes, vielleicht gelegentlich unabhängig durch ein begattetes ♀. **7. *Formicoxenus nitidulus*** Nyl., Glänzende Gastameise; kleine Art, ☿☿ ca. 3 mm; legt ihre wenig volkreichen Nester am Rande der oberirdischen Nestteile der Waldameisen (***Formica rufa*** L., ***F. truncorum*** Fbr.) an; leben, vergleichbar der Diebsameise, hauptsächlich auf Kosten des Wirtes, den sie durch Fühlerbetrillern um Nahrung anbetteln; seltener eigener Nahrungserwerb; stellt sich bei gelegentlichen Angriffen durch den Wirt tot und droht mit dem Stachel; Geschlechtstiere im Sommer, ♀♀ geflügelt, ♂♂ ungeflügelt (Begattung der Geschwister im Nest?); Nestgründung: ein begattetes ♀ dringt vermutlich in das Nest der Wirtsameise ein. **8. *Tetramorium caespitum*** L., Rasenameise; ☿☿ ca. 3 mm. Färbung variabel gelbrot bis (meist) schwarz, manchmal in der gleichen Kolonie; ♂♂ und ♀♀ geflügelt; zuweilen sehr volkreiche Erdnester, oft unter Steinen, aber auch mit oberirdischem Hügelbau aus Erde; nicht selten verlustreiche Kämpfe zwischen benachbarten Kolonien; Nahrung meist tierisch, jedoch auch Pflege von Wurzelblattläusen, gelegentlich auch Pflanzensamen; Geschlechtstiere im Sommer, Koloniegründung unabhängig; Wirt von ***Anergates*** (4) und ***Strongylognathus*** (9); über die Beziehung zu Blattläusen vgl. → Eriosomatidae 13. **9. *Harpagoxenus sublaevis*** Nyl. → Formicoidea. **10. *Strongylognathus testaceus*** Schenk., Säbelameise; mit schmalen, ungezähnten, säbelförmigen Mandibeln [**F-9**]; ☿☿ gelb- bis dunkelbraun, ca. 3 mm; auch Geschlechtstiere (beide geflügelt) nur wenig größer; lebt (fast) ausschließlich bei den Rasenameisen (8), die vermutlich das begattete ♀ bei sich aufnehmen, pflegen und dessen Nachkommenschaft aufziehen, wobei jedoch in der dann gemischten Kolonie der ***Strongylognathus***-Anteil wohl meist unter 20% bleibt, die Wirtsart jedoch die Aufzucht eigener Geschlechtstiere vernachlässigt; ***Strongylognathus***-☿☿ wenig kämpferisch, bei der Teilnahme an den Kämpfen des Wirtes die säbelförmigen Kiefer wenig wirkungsvoll (Gegensatz zur Amazonenameise ***Polyergus***; → Formicidae 4). (Hierher gehören auch die pilzzüchtenden Blattschneiderameisen Mittel- und Südamerikas. Von den Arbeiterinnen mit den Mandibeln abgeschnittene Blätter und Blatteile werden eingetragen, zu einem Brei zerkaut, reichlich mit Speichel und Kot vermischt und in den unterirdischen, bisweilen 1 m langen und 30 cm breiten Pilzgärten ausgebreitet. Der Blattbrei dient als Nährboden für das Myzel eines Schlauchpilzes. Knollenartige, nährstoffreiche Anschwellungen der Pilzschläuche bilden die alleinige Nahrung der Ameisen. Bei der Nestgründung bringt die junge Königin in besonderen Mundtaschen Pilzmyzel aus dem alten Nest mit, um damit zerkautes Blattmaterial zu beimpfen. Jede Blattschneiderameisenart züchtet ihre eigene Pilzart. Absonderungen von im Metathorax der Arbeiterinnen gelegenen Drüsen (Indolessigsäure, Phenylessigsäure und L-β-Hydroxydecensäure) regulieren das Wachstum des Zuchtpilzes und hemmen die Entwicklung von Bakterien ***(Escherichia coli*** und ***Staphylococcus aureus)*** und Fremdpilzen, z.B. ***Penicillium glaucum***. **11. *Pheidole pallidula*** Nyl.; einziger in Eur. und zwar im südlichen M-Eur. und im Mittelmeergebiet heimischer und weit verbreiteter Vertreter einer artenreichen, tropischen und subtropischen Gttg.; die winzigen Arbeiterinnen (2,2 mm) mit kleinen, die Soldaten (ca. 4 mm) mit großen Köpfen (keine Zwischenformen); Geschlechtstiere wesentlich größer, ♀ 7–8 mm, ♂ 4,5–5 mm; in der ungünstigen

Jahreszeit werden die Soldaten – wie bei vielen anderen Ameisenarten auch – umgebracht und verspeist; Nester unter Steinen, in Felsen- und Mauerritzen; Vorkommen auch noch in der Spritzwasserzone der Felsküsten und dort für Sonnenhungrige bisweilen lästig als Ausbeuter mitgebrachter Nahrungsmittel. (Brian 1957; Cammaerts et al. 1977; Hahn u. Maschwitz 1980; K. Hölldobler 1965; Jentsch 1969; Markl 1969; Maschwitz et al. 1970; Nachtwey 1963; Petersen, Buschinger 1971; Sudd 1957).

Mystacides; → Leptoceridae.

Myzelfresser; → Mycetophagidae.

Myzodes; → Aphididae 18, 20.

Myzus; → Aphididae 9, 10, 18.

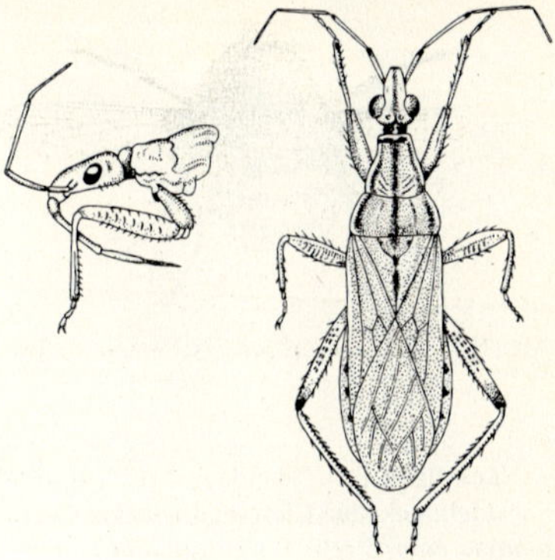

Abb. N-1: ***Nabis ferus***, Sichelwanze. Links Kopf in Seitenansicht.

N

Nabidae, Sichelwanzen; Fam. der Landwanzen (Heteroptera, Geocorisae); mittelgroße, schlanke, fast ausschließlich räuberisch von anderen Insekten lebende Arten (Rüssel sichelartig gekrümmt, viergliedrig, vorstreckbar); von manchen ***Nabis***-Arten werden Larven von Zikaden, auch Schaumzikaden als Beute bevorzugt; gelegentlich Kannibalismus; die Beute wird eifrig gesucht oder aus Lauerstellung angesprungen, beim Saugen oft mit den Vorderbeinen gehalten; selten auch Saugen von Pflanzensäften; bei manchen Arten neben lang- auch kurzflügelige Formen; Lautorgane und Lautäußerungen nicht eindeutig bekannt (unsicher, ob das Anreiben der linken oder rechten Hinterschienen an eine Haarreihe des Hinterleibsendes beim ♂ mancher Arten ein Singen oder ein Sichputzen ist); ♀ mit Legebohrer, Eiablage in pflanzliches Gewebe; Überwinterung als Ei oder Imago. In M-Eur.i.e.S. etwa 15 Arten; häufig: ***Nabis ferus*** L. [**N-1**], hell-graubraun, Flügel lang. Bemerkenswert: ***Nabis myrmecoides*** Costa (und andere ***Nabis***-Arten): die 3 ersten Larvenstadien sehr ameisenähnlich [**N-2**], vor allem in Seitenansicht; Hinterleibsvorderende jederseits weißlich, Vortäuschen der engen Ameisentaille, saugen Kleininsekten (z.B. Blattläuse u. dgl.) aus; die Imagines sind meist kurzflügelig, nicht ameisenähnlich. (Günther 1968; Jordan 1962, 1972; Rietschel 1969).

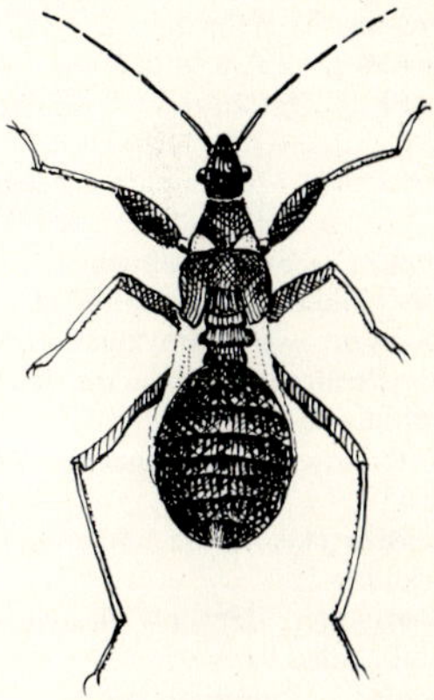

Abb. N-2: ***Nabis lativentris.*** Larve. (Weber 1930)

Nabis; → Nabidae.

Nachmieter; Insekten, die vom ursprünglichen Besitzer verlassene Bauten oder Gallen als Wohnsitz annehmen; → Inquilinen.

Nachtlibelle; → Myrmeleonidae.

Nachtpfauenaugen; → Saturniidae.

Nachtschwalbenschwanz, ***Ourapteryx sambucaria*** L.; → Geometridae 12.

Nachtviolenmotte, ***Plutella porrectella*** L.; → Plutellidae 2.

Nackenstecher, ***Anthonomus rubi*** Hrbst.; → Curculionidae 19.

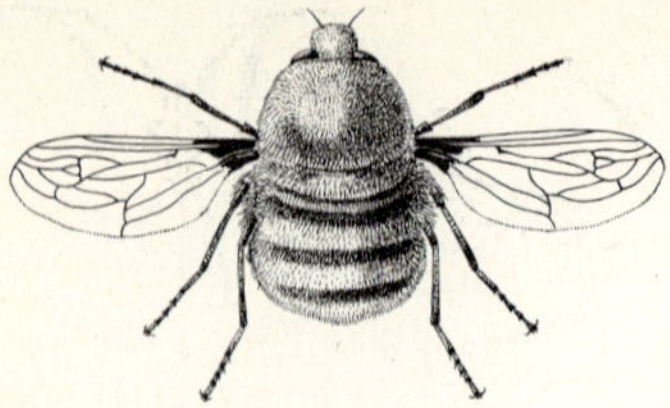

Abb. N-3: *Fallenia fasciata.* ♂, 9 mm. (Séguy 1951)

Nacktfliegen; → Psilidae.

Nadelknickende Kieferngallmücke, ***Cecidomyia baeri*** Prell.; → Itonididae 35.

Nadelkürzende Kieferngallmücke, ***Thecodiplosis brachyntera*** Schwaegr.; → Itonididae 36.

Naeogeus; → Hebridae.

Nagekäfer; → Anobiidae.

Nagelfleck, ***Aglia tau*** L.; → Syssphingidae.

Naiococcus; → Coccina; → Pseudococcidae.

Nanodes; → Springbohnen.

Napfschildläuse; → Lecaniidae.

Napomyza; → Agromyzidae 3.

Narzissenfliegen, ***Lampetia, Eumerus;*** → Syrphidae 2.

Nasenbremsen, Nasendasseln; → Oestridae 17.

Nasenschrecke, ***Acrida hungarica*** Herbst; → Acrididae 5.

Nashornkäfer, ***Oryctes nasicornis*** L.; → Scarabaeidae 9.

Nasonia; → Pteromalidae 2.

Nasonoffsche Drüse; → Apidae 8.

Nasuti; → Isoptera.

Nasutitermes; → Isoptera 4.

Naucoridae, Schwimmwanzen; Fam. der Wasserwanzen (Heteroptera, Hydrocorisae); einzige heimische Art: ***Ilyocoris (Naucoris) cimicoides*** L.; mittelgroß (ca. 16 mm), schwimmkäfer-ähnlich; geschickte Schwimmer (Rücken oben), Hinterbeine, in geringerem Ausmaß auch Mittelbeine, mit Schwimmhaaren besetzt; Stigmen offen; Luftschöpfen an der Wasseroberfläche durch Berühren mit dem Hinterrücken; Ernährung räuberisch (Schnabelstiche für den Menschen schmerzhaft); Vorderbeine sind Raubbeine: Schenkel verdickt, Schiene und Fuß klappmesserartig anklappbar; Überwinterung als Imago; Fortpflanzung im Frühling; die ♂♂ zirpen, Zirporgane anscheinend dorsal zwischen 6. und 7. Hinterleibsring; Eiablage mit Legebohrer in Pflanzen; 5 Larvenstadien; vermutlich eine Generation im Jahr. (Jordan 1958; Rietschel 1969; Weber 1930; Wesenberg-Lund 1943).

Naucoris; → Naucoridae.

Nausinoe; → Pyralidae 20.

Nebenwirt; → Sekundärwirt.

Nebliger Schildkäfer, ***Cassida nebulosa*** L.; → Chrysomelidae 20.

Necrobia; → Korynetidae 2.

Necrophorus; → Silphidae 1.

Necydalis; → Cerambycidae 12.

Neelidae, Zwergspringer; Fam. der Springschwänze (Collembola, Symphypleona); kleine, meist nur etwa 0,5 mm lange blinde Arten; unter moderndem Holz und in humosem Boden.

Nehalennia; → Coenagrionidae 3.

Neididae, Neides; → Berytidae.

Nektarraub: Aufbeißen der langen Blütensporne ursprünglich bei uns nicht heimischer (Vogel-) Blumen und Nektarentnahme z. B. durch Hummeln; ihr Rüssel ist zu kurz, um ihnen die Trachtausbeute über den Blüteneingang zu ermöglichen; die Pflanze wird beim N. nicht bestäubt; → Apidae 1; → Anthophoridae 9.

Nelkeneulen; → Noctuidae 38.

Nemapogon; → Tineidae 3.

Nematocera, Mücken; U-Ordng. der Zweiflügler; → Diptera.

Nematus; → Tenthredinidae 26.

Nemeobius; → Riodinidae.

Nemeritis; → Ichneumonidae.

Nemestrinidae, Netzfliegen; Fam. der orthorrhaphen Fliegen (Diptera, Brachycera); meist recht stattliche, robuste, stark behaarte Fliegen, z.T. mit Netzgeäder nahe der Flügelspitze (deutscher Name) [**N-3**]; verbreitet vor allem in warmen Trockengebieten; fliegen mit hohem Summton, können nach Art der Wollschweber (→ Bombyliidae) rüttelnd aus den Blüten Nektar saugen; der Rüssel erreicht bei manchen Arten das 4-fache der Körperlänge; Eiablage in Spalten an Holz oder am Boden; die winzigen Junglarven [**N-4**] können offenbar vom Wind weggeblasen werden, müssen dann den für ihre parasitische Lebensweise geeigneten Wirt finden, in den sie eindringen. Nur eine Art in M-Eur.i.e.S.: ***Hirmoneura obscura*** Wied. (13–15 mm); ihre Larve parasitisch bei der Larve des Junikäfers ***(Amphimallus solstitialis*** L.***)*** in

Wiesenböden (Wirtsfindung?), vielleicht auch bei anderen Insektenlarven; die Larven mancher mediterraner Arten parasitieren in Heuschrecken. (O. v. Frisch 1965; Rietschel 1969; Schumann 1968).

Nemobius; → Gryllidae 3.

Nemosoma; → Ostomidae 1.

Nemotois; → Adelidae.

Nemoura; → Nemouridae.

Nemouridae; Fam. der Steinfliegen (Plecoptera, Arctoperlaria-Euholognatha); in M-Eur.i.e.S. 28 meist kleine (4–10 mm), düster gefärbte Arten, oft Rot am Hinterleib; Reste der larvalen Tracheenkiemen sind bei den Imagines mancher Arten noch erhalten, z.B. ventral an der Vorderbrust von ***Protonemura*** sp.; Generation einjährig; die ***Protonemura***-Larven vor allem in Gebirgs- und Quellbächen, die der artenreichen Gattung ***Nemoura*** in verschiedensten z.T. sogar in stehenden Gewässern. Beispiele: ***Protonemura lateralis*** Pict. (5–7 mm), an Gebirgsbäche oberhalb von etwa 700 m gebunden; ***Nemoura cinerea*** Retz. (6–9 mm), häufigste heimische Steinfliege.

Neodiprion; → Diprionidae 2c.

Neogonatopus; → Dryinidae.

Neometabola; Insekten mit unvollkommener Verwandlung (Hemimetabola); kennzeichnend das verspätete Auftreten äußerer Flügelanlagen erst in den beiden letzten oder im letzten, dann als Pronymphe und Nymphe bezeichneten Larvenstadien; manchmal puppenähnliche larvale Ruhestadien; in dieser Gruppe werden in der Regel unterschieden: 1. **Homometabola;** nur ein Nymphenstadium; geflügelte ♀♀ der Adelgidae und Phylloxeridae. 2. **Remetabola;** mit Pronymphe und Nymphe; Thysanoptera. 3. **Parametabola;** mit beweglicher oder unbeweglicher Pronymphe und Nymphe, die keine Nahrung aufnehmen; ♂♂ der Coccina. (Zuweilen werden als Parametabola = Paraneoptera zusammengefaßt: Psoraptera, Psocoptera, Phthiraptera, Thysanoptera, Homoptera, Heteroptera). 4. **Allometabola;** alle Larven ohne äußere Flügelanlagen, aus dem letzten (4.) Stadium schlüpft die geflügelte Imago; Aleurodina. (Hennig 1964; Weber 1954).

Neophilaenus; → Cercopidae.

Neophyllomyza; → Milichidae.

Neoptera; diejenigen Ordngn. geflügelter Insekten, bei denen durch entsprechende Umbildung des Flügelgelenks in der Ruhe die Flügel flach zurückgelegt werden können.

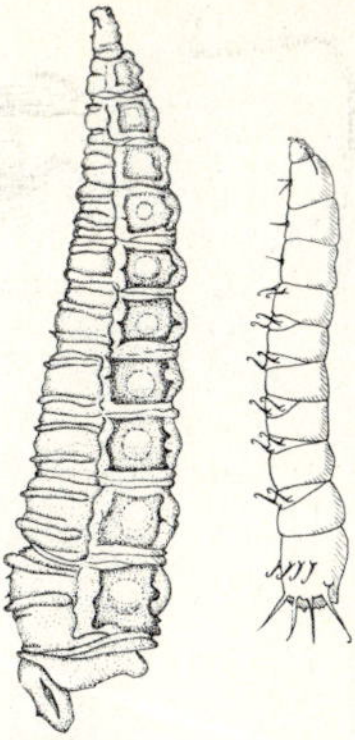

Abb. N-4: ***Hirmoneura obscura.*** Rechts junge Larve (ca. 1,5 mm), ventral-seitlich; links erwachsene Larve. (Brauns 1954, 1964)

Neotenie; verfrühtes Auftreten der Geschlechtsreife, also auf Stadien mit noch mehr oder weniger deutlichen larvalen, bisweilen auch pupalen Merkmalen, vor allem bei ♀♀; kann sich nicht nur in larvenähnlichen ♀-Formen, sondern auch in einer geringeren Häutungszahl bei der ♀-Entwicklung äußern, (vgl. u.a. → Coccina; → Strepsiptera). Sonderfall: Paedogenese, parthenogenetische Fortpflanzung auf dem Larvenstadium, so bei den → Heteropezidae.

Neotenin; → Juvenilhormon; → Metamorphose 2a.

Neottiophilidae; Fam. der cyclorrhaphen Fliegen (Diptera, Brachycera); nur 2 mittelgroße (8–10 mm), gelblich gefärbte, ziemlich seltene Arten, beide auch in Mitteleuropa: ***Neottiophilum praeustum*** Meig. und ***Actenoptera hilarella*** Zett.; beide bemerkenswert durch die Lebensweise ihrer fast nackten Larven, die, in Nestern vor allem von Singvögeln lebend, an den Nestlingen Blut saugen; bei starkem Befall (zuweilen über 100 Larven in einem Nest) können die Jungvögel zugrunde gehen.

Neottiophilum; → Neottiophilidae.

Nepa; → Nepidae.

Nepidae, Skorpionswanzen; Fam. der Wasserwanzen (Heteroptera, Hydrocorisae); von den insgesamt etwa 150 bekannten Arten nur 2 in M-Eur. i.e.S.: **1. *Nepa rubra*** L., Wasserskorpion (ca. 20 mm ohne

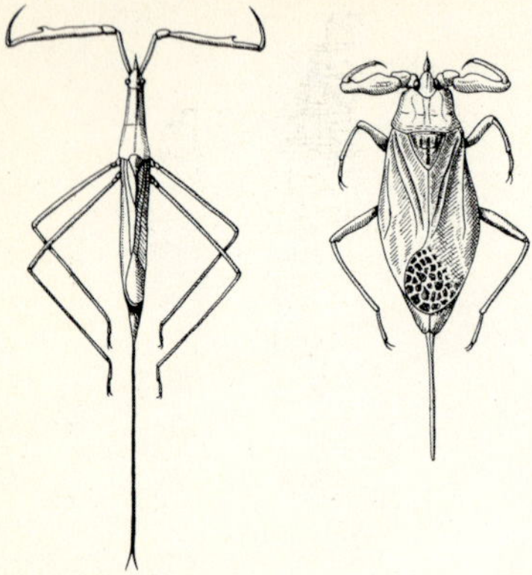

Abb. N-5: Links ***Ranatra linearis*,** Stabwanze, ca. 40 mm; rechts ***Nepa cinerea*,** Wasserskorpion, ca. 23 mm. (Eidmann 1941)

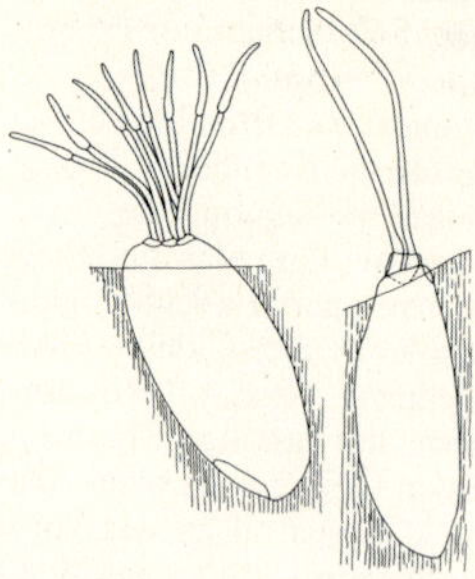

Abb. N-6: Ei von ***Nepa cinerea*,** Wasserskorpion, links, und von ***Ranatra linearis*,** Stabwanze, rechts. (Tamanini 1979)

Atemrohr [**N-5**]); flach, verhältnismäßig breit, gelblich oder bräunlich, Hinterleibsrücken rötlich. **2. *Ranatra linearis*** L., Stabwanze, Wassernadel (ca. 35 mm ohne Atemrohr [**N-5**]); sehr schlank, stabheuschrekkenähnlich, graubraun, Hinterleibsrücken ebenfalls rötlich. Bei beiden Arten viel Gemeinsames. Überwinterung als Imago, wohl häufiger im Wasser als auf dem Lande; Begattung meist im Frühling; Eier

Abb. N-7: ***Ranatra linearis*,** Stabwanze. Schema der Fanghandlung der Imago. (Cloarec 1969)

in weiches Pflanzenmaterial eingedrückt; sie tragen bei ***Nepa*** 6–9, bei ***Ranatra*** 2 frei in das Wasser ragende fadenförmige Atemanhänge; deren distales Drittel mit Plastron, steht mit einer Luftschicht der Eischale in Verbindung [**N-6**]; 5 Larvenstadien; eine Generation im Jahr. Vorderbeine = Raubbeine: Hüfte verlängert (vor allem bei ***Ranatra***), Schiene und kurzer Fußteil klappmesserartig in eine Längsrinne am Schenkel einschlagbar; Lauerräuber, fangen in erster Linie in passendem Abstand vorüberkommende andere Tiere; Beutefang bei ***Ranatra***: optisch ausgelöst durch ein sich näherndes Beutetier von best. Größe, Bewegungsform und -geschwindigkeit; Körper mit Füßen am Platz langsam auf die Beute gerichtet, blitzschneller Fangschlag ([**N-7**] ca. $^{3}/_{100}$ sec), meist mit einem Bein, Zugreifen auch des anderen Fangbeines, Beute zum Rüssel geführt, Einstechen nach Abtasten mit dem Rüssel; der Stich ist tödlich. Ähnlich ist die Fanghaltung bei ***Nepa*,** kann optisch und durch Erschütterungen ausgelöst werden; wurde nur ein Bein benutzt, kann u. U. das freie noch für sich fangen; der Rüsselstich kann auch für den Menschen schmerzhaft sein. Die Larven hinten mit einem kurzen, unpaaren, schaufelförmigen Atemrohr, Luftschöpfen an der Wasseroberfläche, die Luft geführt in 2 ventral am Hinterleib nach vorn ziehende, von je 2 Haarzeilen überdeckte Rinnen, in die die offenen Hinterleibsstigmen münden; die Luftrinnen reichen vor bis zu den offenen Bruststigmen; die Imago hinten mit einer langen, aus 2 Halbröhren, Fortsätzen des 8. Hinterleibsringes, gebildeten Atemröhre, das an die Wasseroberfläche gebrachte Ende mit wasserabstoßenden Härchen besetzt; nur das vorderste und hinterste Hinterleibsstigma und die beiden Bruststigmen sind für den Gasaustausch offen; Luftvorrat unter den Deckflügeln; wird von ***Nepa*** beim Abtauchen zum Vermindern des Auftriebs durch Auspressen verringert. Beide Flügelpaare gut ausgebildet; der Vorderflügel (Deckflügel) ist durch eine besondere Vorrichtung in der Ruhe an der Brust fixiert; ***Ranatra*** fliegt oft; bei ***Nepa*** sind die Flugmuskeln meist stark rückgebildet, Fliegen wird nur sehr selten beobachtet. Aufenthaltsort: ***Nepa*** mehr in flachem Wasser, am Boden, oft etwas von Schlamm bedeckt; ***Ranatra*** mehr zwischen Wasserpflanzen, hier durch ihre Gestalt optisch gut getarnt. Beim Laufen im Wasser werden in der Regel nur die Mittel- und Hinterbeine benutzt (bei ***Nepa*** am Land oder am Boden in tieferem Wasser auch die Vorderbeine, dabei alternierendes Bewegen der Beine eines Segments). Beide Arten sind fähig zum Schwimmen, Schienen der Mittel- und Hinterbeine bei ***Nepa*** mit schwachem, bei ***Ranatra*** mit kräftigerem Besatz von Schwimmhaaren; ***Nepa*** schwimmt selten und schlecht, ***Ranatra*** häufiger und besser; Beinbewegungen bei beiden Arten gleich: in der Regel werden die Beine des gleichen Körperabschnittes gleichzeitig und gleichsinnig bewegt, jedoch die Mittel- und Hinterbeine nacheinander (Vorderbeine meist nicht benutzt). Beide Arten mit eigenartigen Schweresinnesorganen, die das Wahrnehmen von Lageveränderungen im Raum gestatten, bei Larven und Imago verschieden; Larven: in der äußeren Haarzeile am Rande der Luftrinnen unten am Hinterleib sind Abschnitte mit Sinnesborsten eingeschaltet; beim Anheben z.B. des Vorderkörpers Verschiebung der Luftsäule in den Rinnen und dadurch im vorderen Teil der Rinnen andere Abbiegung der Sinnesborsten als im hinteren; Imago: ventral am 4.–6. Hinterleibsring 3 Paare von Sinnesorganen, neben den fast ganz geschlossenen Stigmen; schildförmige Sinnesborsten sind unterlagert von einem Luftpolster, das durch einen Stigmenschlitz mit den Haupttracheenlängsästen im Körperinneren in Verbindung steht; bei Neigung des Körpers (z.B. vorn tiefer oder höher) Verschiebung der Luftsäule in den Haupttracheen, dadurch verschiedener Druck von unten auf die Sinnesborsten der 3 Segmente. ***Ranatra*** mit Zirporgan [**N-8**]. (Cloarec 1969; Hinton 1961; Larsén 1949; Markl 1963, 1974; Nachtigall 1964b; Richard 1962; Schubert, Soldern 1967; Tamanini 1979; Wendler et al. 1985).

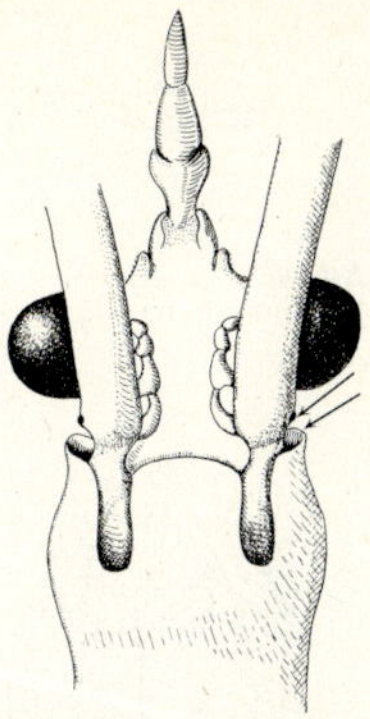

Abb. N-8: ***Ranatra*** sp. Stabwanze. Kopf und Prothorax von unten. Zirporgan: Zapfen auf der Hüfte des Vorderbeines (oberer Pfeil) wird gegen die geriefte Innenseite des Prothoraxvorderrandes (unterer Pfeil) gerieben. (Weber 1930)

Nepticula; → Nepticulidae.

Nepticulidae (Stigmellidae), Zwergmotten; Fam. der Schmetterlinge (Lepidoptera); die oft sehr schön gefärbten Falter sehr klein (kleinste Art 3 mm Flsp.); Rüssel rückgebildet; Räupchen minierend in Blättern, Samen, Rinde, bei manchen Arten gallenbildend, Beine fast oder ganz rückgebildet; Larvenzeit bei manchen Arten nur wenige Tage, Verpuppung außerhalb der Mine, meist in einem Kokon an der Rinde. Zahlreiche Arten, insbes. der Gattung ***Stigmella***, spezialisiert auf bestimmte Futterpflanzen; z.B. **1. *Stigmella (Nepticula) sericopeza*** Zell., Ahornminiermotte; 2–3 Generationen im Jahr; Lebensweise der Raupen der 1. Generation unbekannt; 2. und 3. Generation: Eier an die Samenflügel des Spitzahorns ***(Acer platanoides)*** abgelegt, Räupchen miniert in den Flügeln in Richtung Samenkammer [**N-9**], in die es eindringt, vernichtet den Samen; Frucht fällt vorzeitig ab; überwintert wird irgendwo am Baum im linsenförmigen Gespinstkokon, der dann durch einen Puppenko-

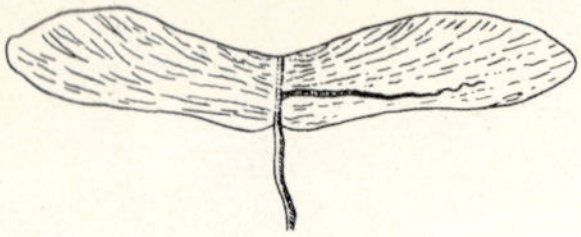

Abb. N-9: ***Stigmella sericopeza***, Ahornminiermotte. Mine in Ahorn-Samenflügel. (Hering 1953)

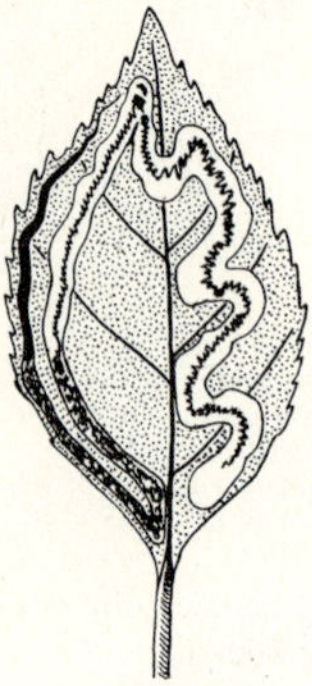

Abb. N-10: ***Stigmella anomalella***, Rosenminiermotte. Mine in Rosenblatt. (Hering 1953)

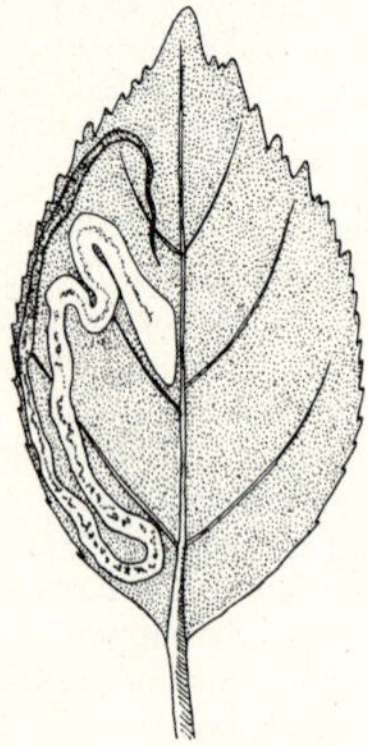

Abb. N-11: ***Stigmella centifoliella.*** Mine in Rosenblatt. (Hering 1953)

kon ersetzt wird; dieser mit Spalt, in den sich die bewegliche Puppe vor dem Schlüpfen des Falters hineinzwängt. **2.** Rosenminiermotten, minieren in den grünen Blättern; ***Stigmella (Nepticula) anomalella*** Goeze, Raupe rötlichgelb; Mine sehr lang **[N-10]**, beginnt am Eiplatz auf der Blattunterseite; ***Stig. centifoliella*** Zell.; Ei ebenfalls an der Blattunterseite; Mine **[N-11]** kürzer. (Brauns 1964; Bourgogne 1951; Dierl 1969, 1978; Hering 1957).

Nesselfalter, *Aglais urticae* L.; → Nymphalidae 4.

Nestkäfer; → Catopidae.

Netzfalter, *Araschnia levana* L.; → Nymphalidae 8.

Netzfliegen; → Nemestrinidae.

Netzflügler; → Neuroptera.

Netzmücken; → Blepharoceridae.

Netzwanzen; → Tingidae.

Neureclipsis; → Trichoptera; → Polycentropidae.

Neurónia; → Phryganeidae.

Neuroptera, Netzflügler; alte Bezeichnung a) für → Neuropteroidea; b) für → Planipennia.

Neuropteroidea, Netzflüglerartige, Netzflügler i.w.S.; Üb.-Ordg. der Fluginsekten mit den Ordgn.: → Megaloptera; → Raphidioptera; → Planipennia.

Neuroterus; → Cynipidae 4.

Neurotoma; → Pamphiliidae 3, 4.

Nierenfleck, *Thecla betulae* L.; → Lycaenidae.

Niptus; → Ptinidae 2.

Nitela; → Sphecidae.

Nitidula; → Nitidulidae 2.

Nitidulidae, Glanzkäfer; artenreiche Käferfam. (Coleoptera, Polyphaga); von den etwa 2000 Arten über 100 in M-Eur.i.e.S.; durchweg klein (2–3 mm), oft glänzend dunkelbraun oder schwarz; Lebensweise recht verschieden; bei vielen Arten Käfer und Larven in Blüten; die Imagines mancher Arten an ausfließenden Baumsäften (z.B. ***Soronia grisea*** L., 3,5–5,5 mm; ***Epurea***-Arten); ***Epurea***-Larven machen unter der Rinde Jagd auf Borkenkäfer; ***Omosita***-Arten an Knochen und Aas; ***Amphotis***-Arten suchen die Nähe von Ameisen, z.B. auch unter Rinde; die Imagines von ***Amphotis marginata*** F. (4 mm) treiben sich, vielleicht durch den Duft angelockt, an Ameisenstraßen herum, betteln mit Fühlertrillern oft mit Erfolg die Ameisen um Futter (Honigtau) an; einige Arten werden an Vorräten oder an Kulturpflanzen schädlich. **1. *Carpophilus***-Arten (z.B. ***C. hemipterus*** L., 2–4 mm, Flügeldecken lassen Hinterleibsende frei), an Getreide, Südfrüchten, Backobst, z.T. weltweit verbreitet. **2. *Nitidula bipunctata*** L., Zweigepunkteter Glanzkäfer (3–5 mm); schwarzbraun, auf jeder Flügeldecke ein rötlicher Punkt; zuweilen an Fleischwaren schädlich; die

Larve überwintert. 3. ***Meligethes aeneus*** Fbr., Rapsglanzkäfer [**N-12**], schwarz, oben mehr oder weniger metallisch-grün glänzend; der Käfer überwintert am Boden, oft in Wäldern unter Laub; im Frühling (bei Temp. von 9° und mehr) Abwanderung auf verschiedene Blüten, in ihnen Reifefraß insbes. der ♀♀ zur Entwicklung der Keimdrüsen; schließlich Abflug zu den Brutpflanzen (vor allem Raps und Rübsen, auch andere Kreuzblütler); die Käfer fressen Knospen an, die dann abfallen, später vor allem Pollen und Nektar in den Blüten; Eier einzeln in Knospen abgelegt (pro ♀ bis 400 Eier); die Larven fressen vor allem Pollen, seltener auch an jungen Schoten; 3 Larvenstadien [**N-13**], die Altlarven lassen sich zu Boden fallen, verpuppen sich in wenigen cm Tiefe im Boden in einer kleinen Höhle; Schlüpfen der Jungkäfer nach 11–12 Tagen im Sommer, fressen an verschiedensten Blüten, gehen etwa im IX in die Überwinterung; Hauptschaden am Raps durch Knospenfraß der Käfer; Schadengröße bestimmt durch Käferzahl, durch Entwicklung der Pflanze und damit auch durch Witterung; außer ***M. aeneus*** Fbr. auch andere ***Meligethes***-Arten in Rapsblüten; der sehr häufige ***Brachypterus urticae*** Fab. entwickelt sich in blühenden Nesseln. (Brandt 1957; Hieke 1968; Hölldobler 1968; Spornkraft 1967; Sorauer 1949/57).

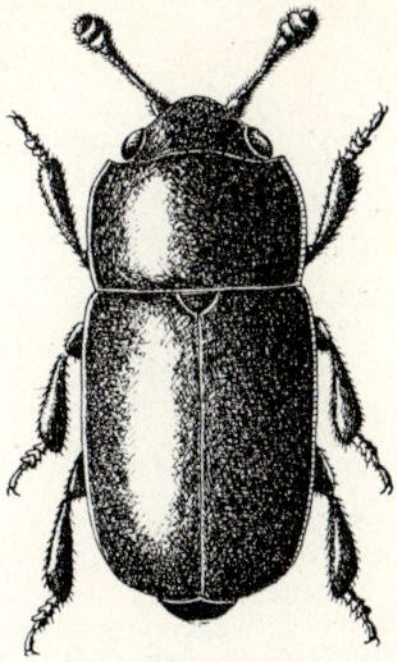

Abb. N-12: ***Meligethes aeneus***, Rapsglanzkäfer. 1,5–2,7 mm. (Bechyně 1954)

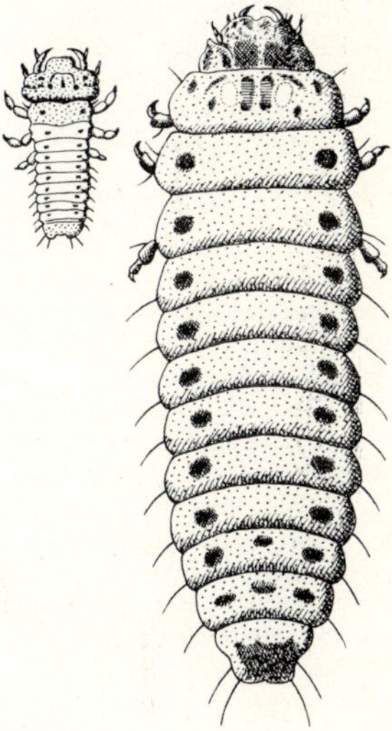

Abb. N-13: ***Meligethes aeneus***, Rapsglanzkäfer. Links Junglarve, ca. 1 mm; rechts Altlarve, 4 mm. (Nolte 1954)

Noctua; → Noctuidae 25, 26.

Noctuidae, Eulen; sehr artenreiche Fam. der Schmetterlinge (Lepidoptera), über 25000 Arten bekannt, in M-Eur.i.e.S. wohl über 500; klein bis sehr stattlich, die meisten mittelgroß mit einer Flsp. von 30–50 mm; kleinste in M-Eur.i.e.S. heimische Art: ***Porphyrinia parva*** Hbn. (Flsp. ca. 9 mm), größte Art: ***Catocala fraxini*** L., Blaues Ordensband (Flsp. fast 9 cm); größter bekannter Schmetterling: ***Thysania agrippina*** Cr., eine südamerikanische Eule, Flsp. fast 30 cm. Saugrüssel von sehr verschiedener Länge, in der Regel jedoch sehr gut ausgebildet und zum Nektarsaugen geeignet; Rückbildungen verschiedensten Grades kommen vor, bis zum vollkommenen Fehlen (z. B. ***Tholera-*** und ***Episema-***Arten), Unterschiede auch bei nahe verwandten Arten; (Sonderfall: von 2 Eulen aus Kambodscha ist bekannt, daß sie den Rüssel unter das Augenlid von Rindern schieben und offenbar nach Anstechen der Haut Blut saugen); Palpen (Lippentaster) manchmal verlängert, schnauzenartig vorstehend: Schnauzen-, Zünsler-, Palpen-, Schnabeleulen (z. B. Vertreter der Gattungen ***Herminia, Zanclognatha, Hypena***); Vorderflügel meist recht schmal, schmäler als die in der Regel deutlich kürzeren Hinterflügel (z. B. [**N-27**]); Bindevorrichtung zwischen Vorder- und Hinterflügel (Frenulum und Retinaculum) gut ausgebildet; Zeichnung der Vorderflügel durchweg lebhafter als die der Hinterflügel; auffal-

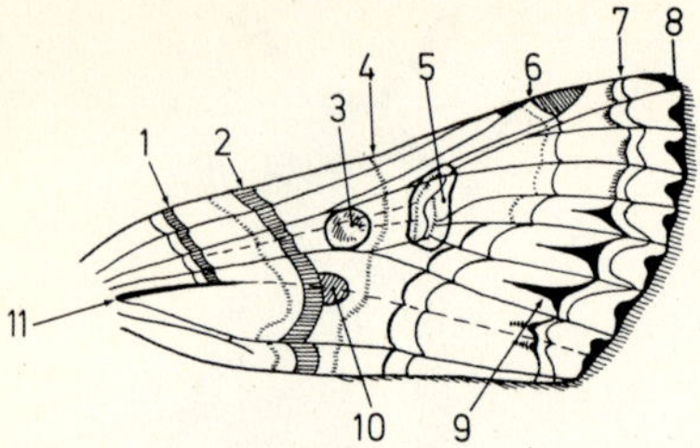

Abb. N-14: »Eulenzeichnung« des Vorderflügels (Schema). 1 basale Querlinie; 2 innere Querlinie; 3 Ringmakel; 4 Mittelschatten; 5 Nierenmakel; 6 äußere Querlinie; 7 Wellenlinie; 8 Saumfleck; 9 Pfeilflecke; 10 Zapfenmakel; 11 Wurzelstriemen. (Forster, Wohlfahrt 1954/81)

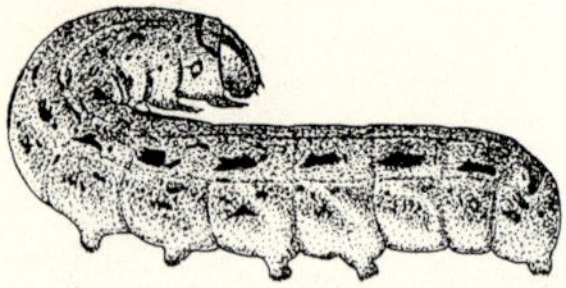

Abb. N-15: *Noctua pronuba*, Hausmutter. Raupe, 45 mm.

lende Ausnahmen: bei den Ordensbändern (Gattung ***Catocala*** [**N-25**]) Hinterflügel im Gegensatz zu den unscheinbar gemusterten Vorderflügeln, mit blauer, roter oder gelber Zeichnung; Hinterflügel schwarz und gelb bei Vertretern der Gattung ***Noctua*** [**N-27**]; vielleicht handelt es sich um ein Warnmuster, das, in Ruhe von den Vorderflügeln verdeckt, einem Störenfried plötzlich vorgezeigt wird, diesen erschreckt und somit einen Fluchtvorteil bietet. Das Zeichnungsmuster der Vorderflügeloberseite, obwohl sehr variabel, läßt sich doch nach dem mehr oder weniger konstanten Auftreten bestimmter Zeichnungselemente auf ein einheitliches »Eulenschema« [**N-14**] zurückführen; in der Regel handelt es sich um ein Tarnkleid, das den ruhenden Falter in natürlicher Umgebung fast verschwinden läßt; in manchen Gruppen gleichwohl lebhafte Färbung oder Zeichnung der Vorderflügel; Beispiele: Malachiteule, ***Staurophora celsia*** L., mit großen malachitgrünen Flecken; Goldeulen, z. B. Messingeule, ***Phytometra chrysitis*** L. und Verwandte, mit messingglänzenden Flecken. Eulen sind durchweg Dämmerungs- und Nachtflieger, doch sind manche Arten auch regelmäßig tags unterwegs (z. B. Gammaeule und Verwandte); Arten der Gttg. ***Euplusia*** fliegen im Winter bei wenig über 0 °C; Temperatur der Thoraxmuskulatur auf ca. 30 °C aufgeheizt durch Wärmezittern (gleichzeitiges Kontrahieren der Heber- und Senkermuskeln der Flügel); Wärmeverlust nach außen niedrig gehalten durch pelzartige Behaarung, nach innen (Kopf und Abdomen) durch Gegenstrom-Wärmeaustausch an zwei Aortenabschnitten und durch isolierende Tracheenblasen; das Flugvermögen ist in der Regel gut (Ausnahme: bei der hochalpinen ***Scotia fatidica*** Hbn. ist das ♀ flugunfähig, Flügel verkürzt, beim ♂ ca. 19, beim ♀ ca. 13 mm lang); manche Arten, z. B. ***Autographa (Phytometra, Plusia) gamma*** L., Gammaeule und ***Peridroma (Rhyacia) saucia*** Hbn., legen als aus dem Süden zufliegende Wanderfalter beachtliche Strecken zurück. Flügel in Ruhelage mehr oder weniger steil dachförmig auf den Rücken zurückgelegt, Hinterflügel von den Vorderflügeln bedeckt [**N-23**]; bei den Moderholzeulen (z. B. ***Xylena exsoleta*** L.) Flügel dicht am Körper, so daß das entsprechend gezeichnete Tier einem modernden Holzstückchen gleicht. Ein mit Trommelfell versehenes Hörorgan (Tympanalorgan) liegt jederseits am Ende der Brust, mit Sinneszellen, die bereits aus ca. 30 m Abstand auf die Ultraschall-Laute von Fledermäusen ansprechen; Reaktion: Flucht, Kursänderung, Sichfallenlassen, ermöglicht wenigstens einem Teil der Falter das Entkommen; bei einigen Arten vermögen die ♂♂ stridulierend Laute zu erzeugen, entweder durch Anstreichen der Beine oder Fühler an speziell strukturierten Teilen der Vorderflügel oder, bei ***Thecophora fovea*** Tr., einer erst im Oktober fliegenden Art, durch Reiben einer Schrilleiste auf dem 1. Tarsalglied der Hinterbeine an einer bei oberflächlicher Betrachtung wie eine Blase aussehenden, nach ventral vorragenden ovalen Wölbung des Hinterflügels (5 × 2 mm); die Laute dienen (vermutlich) der Anlockung oder Stimulation der ♀♀; sie werden produziert während die Paare 10–20 min lang fliegend Bäume umtanzen. Bei den ♀♀ Drüsen am Hinterleibsende, die einen Sexuallockstoff für das ♂ absondern, bei einigen Arten nachgewiesen, vermutlich allgemein vorhanden. Eier meist einzeln an den oder in der Nähe der Nährpflanzen abgesetzt, zuweilen aber auch als Gelege in bestimmter Ordnung [**N-18**]. Raupen häufig nackt [**N-15**] oder nur schwach beborstet, zuweilen mit Höckern oder Warzen, auch mehr oder weniger stark behaart (z.B. die Haareulenraupen der Gattung ***Acronycta*** [**N-16**]); bei den Raupen mancher Arten sind in den frühen Stadien oder ständig die ersten Bauchfußpaare rückgebildet (Beispiel: Gammaeule); Lebensweise nicht selten verborgen, im Boden (zuweilen tagsüber im Boden ruhend) oder im Innern von Pflanzen, Freßtätigkeit in der Regel nachts; die Ruhe am Tage zuweilen unterstützt durch ein dem Substrat angepaßtes Tarnkleid [**N-17**]; auch bunte, somatolytisch wirkende Farbmuster sind tagsüber in der Ruhestellung keineswegs in allen Fällen sehr auffallend; bei starker Störung lassen sich viele Eulenraupen, nach dem Bauch zu eingerollt, fallen, stellen sich tot; die Raupen der meisten einheimischen Arten (ca. 70%) fressen an Laubholz und zumal krautigen Pflanzen, wobei manche auf bestimmte Pflanzen bzw. Pflanzenteile spezialisiert sind; eine weitere beachtliche Gruppe (ca. 20%) an Gräsern; auffallend selten sind Nadelhölzer bevorzugt, z.B. von den Raupen der gelegentlich als Großschädling auftretenden Kieferneule ***(Panolis flammea*** Schiff.***)***. Spezialistentum zeigt sich in verschiedenster Ausprägung; Flechteneulen: Raupen an Baum- und Steinflechten (***Bryophila***-Arten); an oder in den Wurzeln und Stengeln zumal von Gräsern: z.B. ***Euxoa tritici*** L., Weizeneule; ***Scotia (Agrotis) segetum*** Schiff., Saateule; ***Scotia (Agrotis) exclamationis*** L., Gemeine Graseule; ***Mesapamea (Parastichitis) secalis*** L., Getreidewurzeleule; Gruppe der Schilfeulen: vor allem in Stengel und Wurzelstock von Schilfrohr, z.B. ***Archanara geminipunctata*** Haw.; an den Blüten, an oder in den Samenkapseln der Futterpflanzen: z.B. mehrere ***Hadena- (Harmodia-, Dianthoecia-)*** Arten an Nelkengewächsen, Eiablage an die Fruchtknoten, dabei Bestäubung der Blüten, erwachsene Raupen dann meist an den grünen Blättern; an absterbenden Pflanzenteilen z.B. ***Trisateles (Aëthia, Zanclognatha) emortualis*** Schiff.: an abgefallenen Eichenblättern; ***Parascotia fuliginaria*** L., Pilzeule: an absterbenden Baumpilzen; ***Epizeuxis calvaria*** F.: an moderndem Holz. Futterwechsel im Laufe des Raupenlebens nicht selten; an der gleichen Pflanze Wechsel des Fraßortes, z.B. zuerst in Blättern von Gräsern minierend, dann im Stengel (***Sedina büttneri*** Herg.); oder:

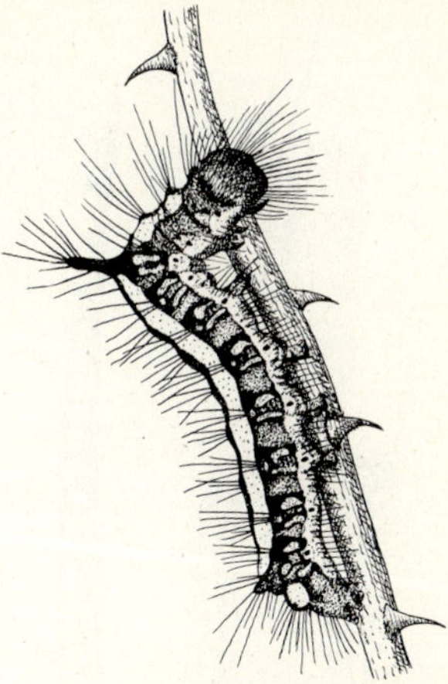

Abb. N-16: Beispiel einer warzig behaarten Eulenraupe. ***Acronycta psi***, Pfeileule, polyphag auf Rosen und vielen anderen Sträuchern, breiter gelber Rückenstreif, Flanken ± schwarz mit roten Flecken. 30–40 mm. (Aubert)

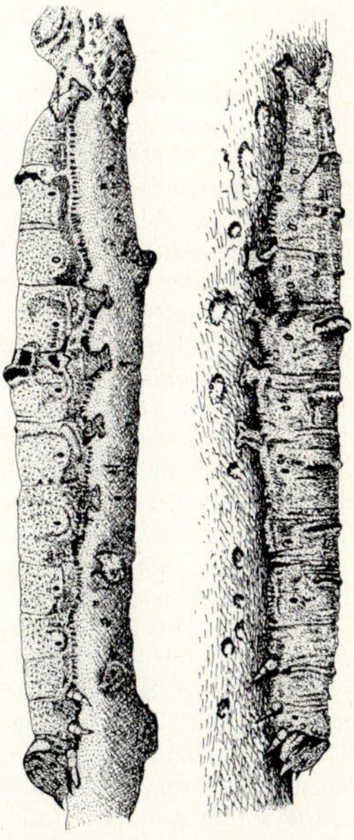

Abb. N-17: Raupen von ***Catocala fraxini***, Blaues Ordensband. 80 mm (links) und ***C. nupta***, 70 mm (rechts). (Nordström 1941)

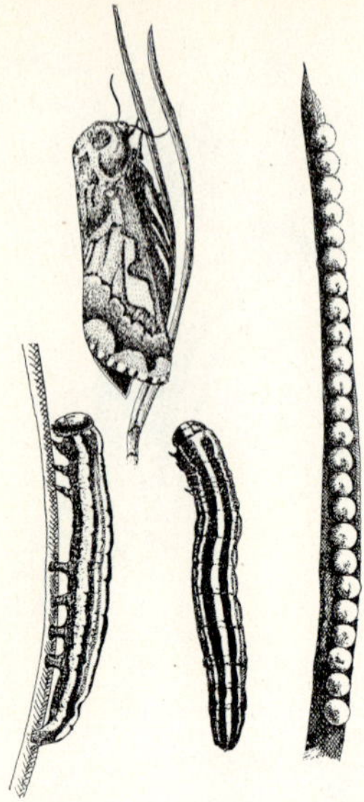

Abb. N-18: ***Panolis flammea***, Forleule. Imago, Raupe (38 mm), und Gelege in Zeilenform an Kiefernnadel. (Amann 1960; Escherich 1923/42)

zuerst an den Blüten von Doldengewächsen, dann an jungen Stengeln, dann in den Stengeln, dann im Wurzelstock, hier auch Verpuppung (***Dasypolia templi*** Thnbg.); Übergang auf andere Pflanzen: z. B. zuerst in Weidenkätzchen, dann an niederen Pflanzen (u. a. ***Chirrhia icteritia*** Hufn., Gemeine Gelbeule; ähnlich: ***Agrochola circellaris*** Hufn., Jungraupe vor allem in Pappelkätzchen); ***Conistra vaccinii*** L.: Jungraupe an verschiedenen Laubhölzern, auch an Heidelbeere, später an krautigen Gewächsen; als »Mordraupen«, die u. U. auf andere Raupen, auch der eigenen Art, besonders in Gefangenschaft, Jagd machen, sind bekannt z. B. ***Cosmia trapezina*** L., Trapezeule und ***Eupsilia (Scopelosoma) transversa*** Hufn. (= ***satellitia*** L.); die Raupe von ***Agrotis venustula*** Hbn. frißt vor allem an Blüten verschiedener Schmetterlingsblütler, verschmäht aber dort vorkommende Schildläuse nicht, ebensowenig die auf verschiedenen Laubbäumen lebende Raupe von ***Eupsilia transversa*** Hufn. die oft reichlich vorhandenen Blattläuse; die Raupen mancher Arten leben, zuweilen nur in der Jugend, verborgen zwischen zusammengesponnenen Blättern (z. B. ***Cirrhia citrago*** L., an Linde). Verpuppung je nach Art an den verschiedensten Stellen über, an oder in dem Boden, an oder in Pflanzen; nackt oder in einem Gespinst sehr verschiedener Festigkeit; bei Verpuppung im Boden kann die Wand der Erdhöhle (durch Sekret?) verfestigt sein; zuweilen ist die Lage der Puppe auch bei verwandten Arten verschieden; Beispiel: ***Archanara geminipunctata*** Haw. und ***A. neurica*** Hbn., beide in Schilfrohr, erstere (meist) mit Kopf nach oben, letztere nach unten. Bei manchen Arten trifft die Raupe Vorbereitungen für den Falterschlupf; Beispiel: ***Gortyna (Xanthoecia) flavago*** Schiff.: die Puppe ruht Kopf nach oben in den Stengeln von Klette, Disteln, Wasserdost, Pestwurz u.a., dicht darüber liegt das von der Raupe ausgefressene Schlupfloch. Bei den meisten (deutschen) Arten nur eine Generation im Jahr (ca. 85 %), sonst zwei, bei günstigen Bedingungen vielleicht noch eine dritte; Überwinterung teils als Ei (ca. 17 % der heimischen Arten), als Puppe (ca. 32 %), selten als Imago (ca. 5 %; Wintereulen), z. B. ***Conistra***-Arten; bei manchen Arten ist Überwintern in verschiedenen Stadien möglich, z. B. bei ***Ochropleura (Rhyacia) plecta*** L. als Raupe und als Puppe, bei ***Brachionycha sphinx*** Hufn. als Ei oder als Puppe, bei ***Spudea ruticilla*** Esp. als Puppe oder Imago; Überliegen (zwei- oder mehrmaliges Überwintern) kommt bei mehreren Arten vor, als Raupe oder als Puppe, z. B. überliegt die Puppe von ***Hadena irregularis*** Hufn. und von ***Calophasia lunula*** Hufn. nicht selten mehrere Jahre. Einige Arten gefürchtet wegen des Schadens durch Raupenfraß. Auswahl: A) **Raupen an Nadelholz; 1. *Panolis flammea*** Schiff., Kieferneule, Forleule ([**N-18**] Kiefer lokal = Föhre, Forle); die in der Färbung sehr variablen Imagines fliegen vor allem im IV nach Ruhe am Tage, von einem bestimmten Helligkeitsgrad ab in der Dämmerung um die Kronen der Kiefern; das ♀ nimmt meist keine Nahrung auf; Ablage der Eier in Zeile [**N-18**] an vorjährige Nadeln; die Eiräupchen verzehren zuerst die Eischale, gehen dann mit spannerartiger Bewegung (1. Bauchfußpaar noch nicht voll entwikkelt) an die jungen Nadeln der Maitriebe, erst die nächsten Stadien [**N-18**] auch an die Altnadeln, von denen kaum etwas übrig bleibt; große Schäden bei Massenvermehrung; als Notnahrung werden auch andere Nadel-, sogar Laubhölzer angenommen; Puppe in der oberen Bodenschicht, in mit Kot und Pflanzenteilchen besetztem Gespinst, überwintert, birgt den schon fast fertig entwickelten Falter, der ab Ende III schlüpft; Hauptfeinde, außer verschiedenen Räubern, mehrere Parasiten, z. B. ***Banchus femoralis*** Thoms. (Ichneumonidae) und ***Ernestia rudis*** Fall. (Tachinidae), entwickeln sich beide in der Raupe; als Eiparasit ***Trichogramma evanescens*** Westw. (Trichogrammatidae). **2.** ***Panthea coenobita*** Esp., Mönch, Klosterfrau; der nonnenähnlich gezeichnete Falter fliegt V–VII, Eiablage an Nadelbäume (Tanne, Fichte, Kiefer, Lärche), an deren Nadeln die stark und büschelig behaarte Raupe [**N-19**] frißt; kein größerer Schaden, da im allgemeinen selten; die überwinternde Puppe am (im) Boden in einem Gespinst. **3.** ***Scotia (Agrotis) vestigialis*** Hufn., Kiefernsaateule; der recht unscheinbare Falter fliegt auch tags, VI–IX, in Gegenden mit Sandboden; Eier einzeln am Boden abgelegt; die fast nackte, überwinternde Raupe frißt an den Wurzeln verschiedenster Pflanzen, keineswegs nur an Nadelholz, nachts auch an oberirdischen Pflanzenteilen, kann in Kiefernpflanzgärten empfindlich schaden [**N-20**]. B) **Raupen an Laubbäumen; 4.** ***Bena (Hylophila) prasinana*** L., Buchenkahneule, Kleiner Kahnspinner, Jägerhütchen; Vorderflügel grün mit helleren verwaschenen Schrägstreifen, Hinterflügel beim ♂ gelblich, beim ♀ weißlich, Flügel in Ruhe dachförmig zurückgelegt (»Jägerhütchen«-Form); fliegt V–VI; Eiablage an verschiedene Laubhölzer, nicht nur an Buchen; die grünen, gelblich gezeichneten Raupen fressen frei an den Blättern (bei Massenauftreten besonders an Buchen schädlich), verpuppen sich auf den Blättern in einem festen, braungelben, kahnförmigen Gespinst; die Puppe überwintert auf den abgefallenen Blättern. **5.** ***Earias chlorana*** L., Weidenkahneule; nahe verwandt mit der vorigen Art, jedoch kleiner (Flsp. ca. 19 mm); Vorderflügel einfarbig grün, Hinterflügel weißlich; fliegt IV–VI; die Eier werden einzeln an die Spitze junger Weidentriebe abgelegt; die gelbgrüne, bräunlich gezeichnete Raupe lebt einzeln, verspinnt die Blätter der Triebspitze zu einem schützenden Wickel, kann bei Massenauftreten durch Vernichten der Triebspitzen zumal in Korbweidenkulturen erheblichen

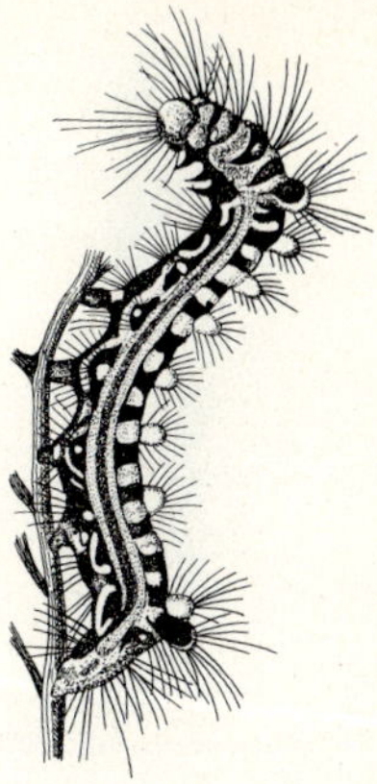

Abb. N-19: ***Panthea coenobita,*** Mönch. Raupe. (Koch 1961)

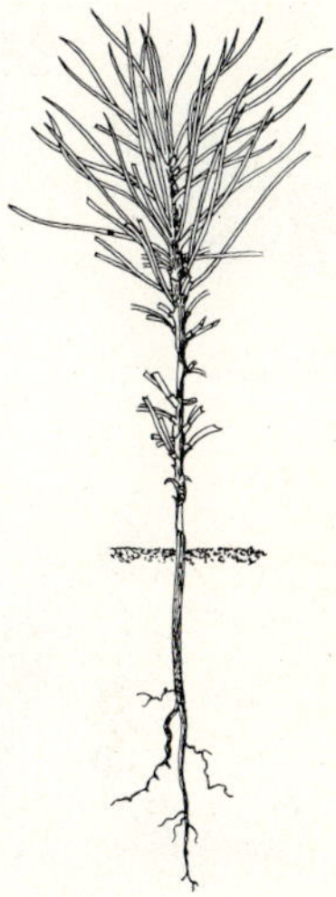

Abb. N-20: ***Scotia*** sp., Kiefernsaateule. Raupenfraß an Nadelholz-Jungpflanze. (Schimitschek 1955)

Schaden anrichten; die zweite (bisweilen unvollständige) Generation fliegt VII–VIII; die Puppe überwintert in einem weißen, kahnförmigen Kokon an Zweigen und Blättern. **6.** ***Colocasia (Demas) coryli*** L., Haseleule, Spinnereule; die etwa fleischfarbenen Raupen mit dunkler Zeichnung, behaart, mit teils rötlichen, teils dunklen Haarbüscheln, fressen außer an Hasel an ver-

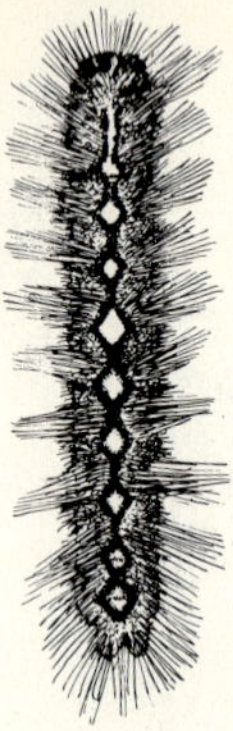

Abb. N-21: ***Acronicta aceris***, Ahorneule. Raupe. Nat. Gr. (Nordström 1941)

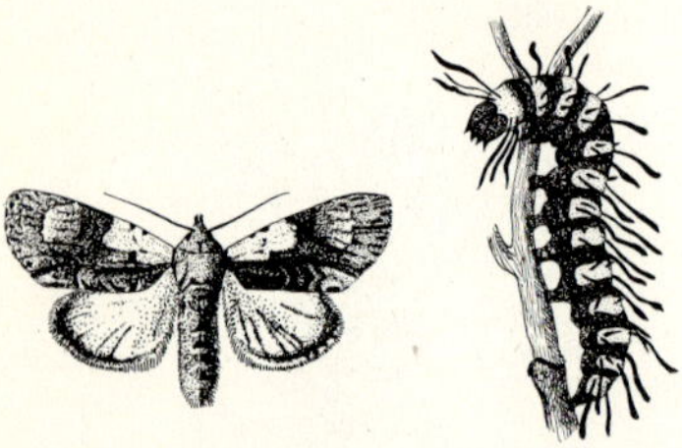

Abb. N-22: ***Acronicta alni***, Erleneule. ♂, Flsp. 37 mm, Körper 18 mm. Raupe schwarzbraun und gelb. (Nordström 1941)

Abb. N-23: ***Scoliopteryx libatrix***, Zimteule. Nat. Gr. (Aubert)

schiedenen anderen Laubhölzern zwischen zusammengesponnenen Blättern; die Puppe überwintert in einem grauen Gespinst zwischen Blättern oder am Boden; der Falter fliegt V–VI, ruht kopfaufwärts an den Stämmen, Flügel flach-dachförmig; Eiablage an die Futterpflanzen. Die beiden folgenden Arten mit auffallenden Raupen: **7.** ***Acronicta (Apatele) aceris*** L., Ahorneule, Roßkastanieneule; Raupe mit langen gelben Haarbüscheln, auf dem Rücken mit leuchtend weißen, schwarz eingesäumten Rautenflecken [**N-21**], die sehr deutlich hervortreten, wenn sie sich bei Störung einrollt, sitzt aber sonst fest am Substrat; frißt außer an Ahorn und Roßkastanie auch an anderen Laubhölzern; die Puppe überwintert am Fuß des Fraßbaumes in einem mit Pflanzenteilchen vermischten Gespinst, überliegt zuweilen; Falterflug V–VI; Eier in Rindenritzen abgelegt. **8.** ***Acronycta (Apatele) alni*** L., Erleneule [**N-22**]; die auf Erlen und einigen anderen Laubhölzern fressenden Raupen sind erwachsen schwarz-gelb gezeichnet, mit am Ende verbreiterten, segmental angeordneten langen Haaren [**N-22**]; Lebensweise sonst wie vorige Art. **9.** ***Griposia (Agriopis) aprilina*** L., Aprileule, Grüne Eicheneule; Vorderflügel und Brust oben auf grünlichem Grunde reich dunkel gezeichnet; Flugzeit VIII–X; Eier einzeln vor allem an Eichenrinde abgelegt, überwintern; ab Frühling fressen die tagsüber sich in Rindenritzen verbergenden fast nackten Raupen außer an Eiche selten auch an anderen Laubbäumen, verpuppen sich im Sommer in einem lockeren Gespinst im Boden. **10.** ***Scoliopteryx libatrix*** L., Zimteule, Zackeneule [**N-23**]; Grundfarbe der Vorderflügel etwa zimtfarben; fliegt ab VI in zwei sich überschneidenden Generationen; die Falter der 2. Generation überwintern, nicht selten in Kellern; die grüne, gelblich gestreifte Raupe an Weiden und Pappeln; Puppe zwischen zusammengesponnenen Blättern. **11.** ***Cosmia (Calymnia) trapezina*** L., Trapezeule; auf dem gelblichen bis rötlichen Vorderflügel ein trapezförmiges dunkleres Mittelfeld; Flugzeit VI–IX; aus den überwinternden Eiern schlüpft im Frühling die an verschiedenen Laubbäumen fressende Raupe (grün mit gelblichen Längsstreifen, schwach beborstet), zwischen zusammengesponnenen Blättern, vergreift sich, zumal in Gefangenschaft, auch an Artgenossen (Mordraupe); Puppe im Boden in einem dünnen Gespinst. **12.** ***Diloba (Episema) caeruleocephala*** L., Blaukopf; deutscher Name nach der auf verschiedenen Laubbäumen fressenden recht bunten Raupe: Kopf bläulich mit zwei schwarzen Flekken, Körper ebenfalls bläulich bis grünlich, breiter Rücken- und schmaler Seitenstreif gelb, viele kleine schwarze Borstenwarzen;

schlüpft im Frühling aus den überwinterten Eiern, frißt an Knospen, Blüten und Blättern, gelegentlich Kahlfraß; Puppe in einem recht festen, mit Pflanzenteilchen besetzten Kokon an Rinde, an Steinen oder am Boden; Falter VII bis Anfang XI; Gelege an den Futterpflanzen, mit Haaren bedeckt. C) **Gruppe der Ordensbänder;** durchweg sehr stattliche Falter, ausgezeichnet durch die z.T. sehr lebhaft farbigen Hinterflügel, mit schwarzer Zeichnung, in Ruhe verdeckt durch die unscheinbar rindenähnlich gemusterten Vorderflügel; Hinterflügelmuster, bei Störung plötzlich freigelegt, wahrscheinlich als Warn- oder Schrecksignal zu deuten; bei mehreren Arten Grundfarbe der Hinterflügel rot (rote Ordensbänder im weiteren Sinn; dunkle Mittelbinde der Hinterflügel artspezifisch verschieden gestaltet), bei anderen mehr gelblich (gelbe O.); die tagsüber dicht an den Zweig angedrückt ruhenden Raupen mit zweigähnlicher Zeichnung und z.T. an den Flanken mit Fransen [**N-17**], die den Übergang vom Raupenkörper zum Zweig verschleiern; Überwinterung meist als Ei (Ausnahme: ***Minacia***); Flugzeit in der Regel (VI) VII bis (VIII) IX (X); Puppe in einem leichten Gespinst an oder über dem Boden. Die folgenden 3 Arten bevorzugt an Eiche (z.T. auch Edelkastanie). **13.** ***Astiodes (Mormonia, Catocala) sponsa*** L., Großer Eichenkarmin [**N-24**]; Flsp. ca. 60 mm; Hinterflügel mit Rot. **14.** ***Cotocala promissa*** Esp., Kleiner Eichenkarmin; Flsp. ca. 55 mm; Hinterflügel mit Rot. **15.** ***Minucia (Pseudophia) lunaris*** Schiff., Braunes Ordensband, Mondeule; Vorderflügel und Hinterflügel braun bis graubraun, die ersteren mit hellen Querlinien, die letzteren in der körperfernen Hälfte dunkler braun; Flsp. ca. 50 mm; (steht etwas abseits von den echten Ordensbändern); der aus der überwinterten Puppe schlüpfende Falter fliegt Ende IV–VI; die in der Jugend grüne, später braune Raupe befrißt vor allem die jungen weichen Eichenblätter; Puppen in einem Gespinst am Boden. Die folgenden 5 Arten bevorzugt an Pappeln und/oder Weiden; **16.** ***Catocala fraxini*** L., Blaues Ordensband [**N-25**]; größte heimische Eule, Flsp. bis ca. 90 mm, Hinterflügel mit blauer Mittelbinde. Die folgenden 4 Arten mit Rot auf den Hinterflügeln; **17.** ***Catocala nupta*** L., Rotes Ordensband (i.e.S.; Flsp. ca. 70 mm), wohl die häufigste Art. **18.** ***Catocala electa*** Bkh., Weidenkarmin, Flsp. ca. 65 mm, nur im Süden der BRD stellenweise häufig. **19.** ***Catocala elocata*** Esp., Pappelkarmin, (Flsp. ca. 70 mm). **20.** ***Catocala pacta*** L., Salweidenkarmin, (Flsp. ca. 50 mm); ausgesprochen polyphag. **21.** ***Ephesia (Catocala) fulminea*** Scop., Gelbes Ordensband, Grundfarbe der Flügel gelb, (Flsp. ca. 50 mm); Raupen an Schlehe, Pflaume, Traubenkirsche, vielleicht auch an Eiche und Weißdorn. D) **Raupen vor allem an niederen Pflanzen,** manche an Kulturpflanzen u.U. schädlich; hier mehrere Gruppen (unabhängig vom System). I. Arten von besonderer Größe und Färbung (Nrn.: **22–27**). **22.** ***Mormo (Mania) maura*** L., Schwarzes Ordensband [**N-26**], nicht verwandt mit den ***Catocala***-Arten (13–21); stattlich, (Flsp. ca. 70 mm); Flugzeit VII–VIII; Hinterflügel dunkel, besonders die äußere hell gesäumte Hälfte (Name); die nackte, gelbgrau mit weißlicher Rückenlinie und dunklen Flecken gezeichnete Raupe vor allem an verschiedensten krautigen Pflanzen (auch an Erle und Weide?), überwintert, Puppe im Frühling in einem dich-

Abb. N-24: ***Astiodes sponsa,*** Großer Eichenkarmin. Helle Teile der Hinterflügel rot. Nat. Gr. (Amann 1960)

Abb. N-25: ***Catocala fraxini,*** Blaues Ordensband. Helle Binden der Hinterflügel blau. Vorderflügel 42 mm. (Amann 1960)

Abb. N-26: ***Mormo maura,*** Schwarzes Ordensband. Nat. Gr. (Forster, Wohlfahrt 1954/81)

Abb. N-27: ***Noctua pronuba,*** Hausmutter. ♂. 4/5 nat. Gr. (Forster, Wohlfahrt 1954/81)

Abb. N-28: ***Noctua fimbriata,*** Gelbe Bandeule. ♂. 4/5 nat. Gr. (Forster, Wohlfahrt 1954/81)

ten Kokon am Boden. **23.** ***Staurophora (Calotaenia, Jaspidea) celsia*** L., Malachiteule; der Falter ausgezeichnet durch zwei große, malachitgrüne Flecken auf den Vorderflügeln, fliegt, nur stellenweise häufig, VII–X; aus den überwinterten Eiern schlüpft im Frühling die gelblich-weiße, kurz beborstete Raupe, frißt an den untersten Teilen der Halme verschiedener Gräser, verpuppt sich auch im Boden in einem weichen Gespinst. **24.** ***Plusia (Phytometra) chrysitis*** L., Messingeule; Mittelfeld der Vorderflügel eingesäumt von messingglänzenden Bändern; fliegt, teilweise mit einer 2. Generation, V–VI (VII) und VII–IX; die grünliche, hell gestreifte Raupe an den verschiedensten krautigen Pflanzen, verpuppt sich nach Überwinterung in einem lockeren Gespinst; gehört zu einer Gruppe nahe verwandter Arten, von denen viele durch messing- oder silberglänzende Abzeichen auffallen (z.B. auch die Gammaeule; Nr. 47); viele von ihnen sind auch tagsüber unterwegs. **25.** ***Noctua (Triphaena, Agrotis) pronuba*** L., Hausmutter [**N-27**] und **26.** ***Noctua fimbriata*** Schreb. ***(Triphaena, Agrotis fimbria*** L.***)***, Gelbe Bandeule [**N-28**]; bei beiden sind die Vorderflügel unscheinbar gezeichnet, die Hinterflügel dagegen gelb mit schwarzem Saum (Saumeulen); die Hausmutter ist sehr fruchtbar, hat bis über 1000 Eier im Gelege; sie verbirgt sich gern am Boden unter Blättern, wobei nur der Kopf herausschaut; die nackten Raupen beider Arten fressen, überwinternd, nachts an verschiedenen krautigen Pflanzen, die von ***N. fimbriata*** auch an Brom- und Himbeeren; Puppe im Boden in einer Höhle mit schwach verhärteter Wand; die Hausmutter ist möglicherweise stellen- oder zeitweise Wanderfalter. **27.** ***Xylena (Calocampa) exsoleta*** L., Gemeines Moderholz; ähnelt mit den entsprechend gezeichneten, in Ruhe eng an den Körper gelegten Flügeln einem modernden Holzstückchen; Flugzeit VIII bis (Überwinterung) V; Raupe (Grundfarbe Grün, rote Seitenstreifen, auf dem Rücken weiße, tief schwarz umrandete Fleckenpaare) an den verschiedensten krautigen Pflanzen. II. Die Raupen der folgenden Arten (Nr. 28–37) fressen z.T. als Nahrungsspezialisten, vor allem an Sporen- und einkeimblättrigen Pflanzen, zumal Gräsern, einige werden gelegentlich schädlich an Getreide und anderen Kulturpflanzen. **28.** ***Bryophila perla*** F. (***Cryphia domestica*** Hufn.), Kleine Flechteneule; ein verhältnismäßig häufiger Vertreter der Flechteneulen, deren Raupen (überwinternd) an verschiedenen Flechten fressen; Verpuppung in einem Gespinst. **29.** ***Eriopus (Callopistria) juventina*** Cr., Adlerfarneule; die Raupen mehrerer Eulen fressen gelegentlich an Farn; diese Art scheint auf Adlerfarn spezialisert zu sein, dessen Blätter sie benagt, in einem Gespinst überwinternd; der Falter (VI–VIII) zeichnet sich durch purpurne bis lila Grundfarbe der am Außenrand gezackten Flügel aus. **30.** ***Nonagria (Phragmitiphila) typhae*** Thnbg., Gemeine Schilfeule; gehört zu einer Gruppe von Arten, deren Raupen im Innern von Pflanzenstengeln fressen, hier in Rohrkolben ***(Typha)*** und Simsen ***(Scirpus)***, sich darin auch nach Überwinterung verpuppt, in diesem Fall kopfabwärts. Die weiteren Arten meist an Gräsern, teils ausschließlich, teils zeitweilig an den Wurzeln, halten sich meist tags im Boden verborgen (Erdraupen); einzelne bevorzugen oberirdische Teile oder gehen auch an krautige Pflanzen; Überwinterung als Raupe im Boden, dort auch Verpuppung, teils mit, teils ohne Gespinst; manche bei Massenauftreten schädlich. **31.** ***Scotia (Agrotis) exclamationis*** L., Gemeine Graseule, Ausrufezeichen [**N-29**]; Name nach dunkler Zeichnung nahe der Vorderflügelwurzel; Falter V–VII. **32.** ***Euxoa (Agrotis) tritici*** L., Weizeneule; Falter VI–IX; die Raupen [**N-30**] fressen keineswegs nur an Weizen, Hauptschaden im Frühling durch die überwinterten Raupen. **33.** ***Cerapteryx (Charaeas) graminis*** L., Graseule; Raupe vor allem an den Wurzeln von Futtergräsern; Falter IV–IX. **34.** ***Mesapamea (Parastichtis) secalis*** L., Roggeneule, Getreidewurzeleule; Falter VI–VIII; Raupe vor allem an verschiedenen Getreidearten, frißt Wurzeln, Blätter und Herztrieb. **35.** ***Apamea (Parastichtis, Hadena) monoglypha*** Hufn., Wurzeleule, Wurzelfresser; Falter VI–IX; Raupen an Wurzeln verschiedener Gräser, auch an Futtergräsern. **36.** ***Parastichtis basilinea*** F., Queckeneule; Falter V–VII; Eiablage an Getreideähren; die Raupe frißt an den milchreifen Körnern, nach Überwintern an Jungpflanzen; bei der Ernte eingebracht auch an den Körnern des ungedroschenen Getreides. **37.** ***Scotia (Agrotis) segetum*** Schiff., Erdeule (i.e.S.), Saateule, Wintersaateule, Graswurzeleule; Falter in 2 Generationen V–VIII und VII–X; die Eier werden einzeln an verschiedenen Pflanzen abgelegt; die Raupen fressen zuerst oberirdisch, dann im Boden (Erdraupe), außer an Gräsern auch an den verschiedensten krautigen Wild- und Kulturpflanzen, z.B. an Rüben, Kartoffeln, ferner an Keimlingen von Waldbäumen in Pflanzgärten; Raupe untertags meist im Boden, an den Wurzeln, nachts an den oberirdischen Pflanzenteilen; besonders in trockenen Jahren zuweilen sehr schädlich. III. Die Vertreter der folgenden Gruppe (Nr. 38–46) bevorzugen als Raupenfutter krautige zweikeimblättrige Pflanzen. **38.** ***Hadena (Dianthoecia, Harmodia) compta*** Schiff., Nelkeneule; Falter: je nach Standort eine oder 2 Generationen, z.B. V–VI und VII–IX; Vertreter einer Artengruppe, deren Raupen, zumal in den frühen Stadien, an den Blüten und in den Samenkapseln von Nelkengewächsen fressen, später auch an den Blättern, tagsüber verborgen; die Raupen verwandter Arten auch im Innern von Stengel und Wurzel; die Puppe überwintert im Boden. **39.** ***Anarta myrtilli*** L., Heidekrauteule; Falter in 2 Generationen, die erste V–VIII; fliegt am Tage; Vorderflügel kontrastreich bunt gezeichnet, Hinterflügel gelb mit breitem dunklen Saum; Raupe grün mit heller Strichzeichnung, vor allem an Heidekraut ***(Erica, Calluna)***, auch an den Blüten. **40.** ***Cucullia verbasci*** L., Brauner Mönch, Wollkrauteule; Falter [**N-31**] IV–VI; Raupe [**N-31**] sehr bunt, auf bläulich-weißem Grund mit orange-gelben Flecken, frißt vor allem an Königskerze (Wollkraut, ***Verbascum***), auch an Braunwurz ***(Scrophularia)***, bleibt auch tagsüber auf der Pflanze, geht zur Verpuppung in die Erde; die Puppe überwintert in einem mit Erde verfestigten Kokon, überliegt zuweilen; Vertreter einer auch bei uns artenreichen Gattung, mehrere Arten mit auffallend bunten Raupen; die Falter ausgezeichnet durch schmale schnittige Vorder- und kurze Hinterflügel. **41.** ***Hypena rostralis*** L., Hopfeneule, V–VII und X – Überwinterung – IV; die verlängerten Lippentaster vorstehend

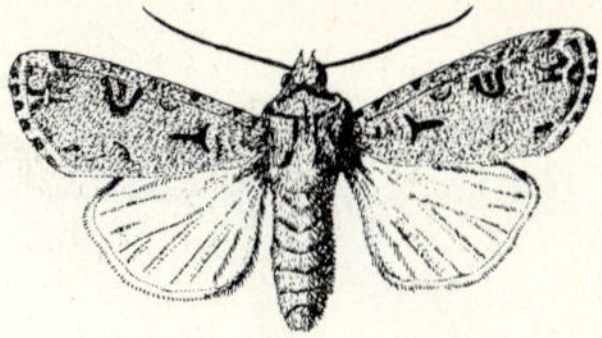

Abb. N-29: ***Scotia exclamationis***, Gemeine Graseule. ♂, nat. Gr. (Forster, Wohlfahrt 1954/81)

Abb. N-30: ***Euxoa tritici***, Weizeneule. Raupe. (Eckstein 1913/33)

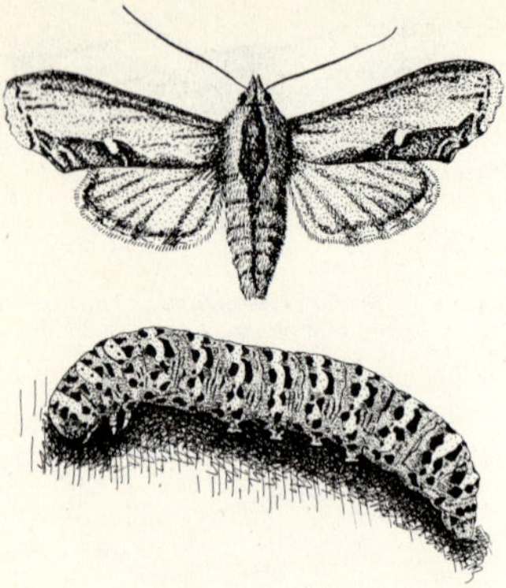

Abb. N-31: ***Cucullia verbasci***, Wollkrauteule. ♂, nat. Gr. u. Raupe. (Forster, Wohlfahrt 1954/81; Aubert)

Abb. N-34: ***Mamestra persicariae***, Schwarze Garteneule. Nat. Gr. (Eckstein 1913/33)

Abb. N-35: ***Mamestra oleracea***, Gemüseeule. Raupe. Nat. Gr. (Eckstein 1913/33)

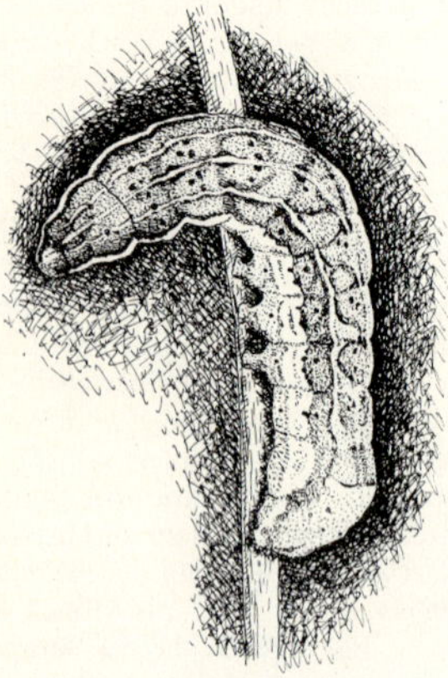

Abb. N-32: ***Mamestra brassicae***, Kohleule. Raupe (Herzwurm). Nat. Gr. (Aubert)

Abb. N-36: ***Autographa gamma***, Gammaeule. Nat. Gr. (Aubert)

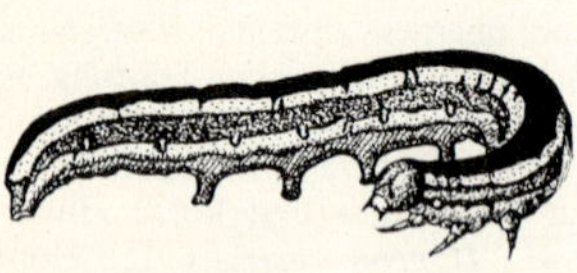

Abb. N-33: ***Mamestra pisi***, Erbseneule. Raupe. Nat. Gr. (Nordström 1941)

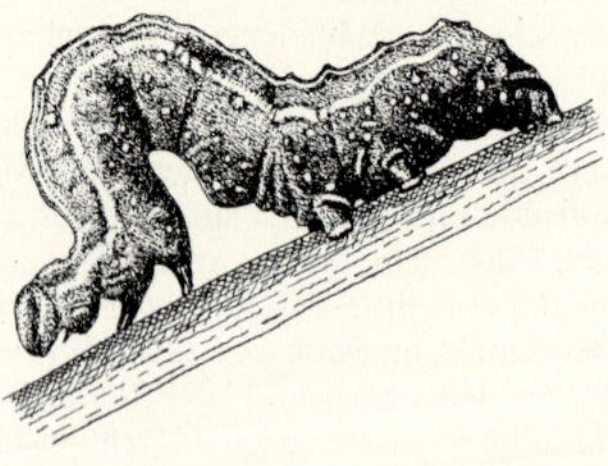

Abb. N-37: ***Autographa gamma***, Gammaeule, Raupe, drei Bauchfußpaare, spannerartige Bewegung. (Harz 1965)

(Schnauzen- oder Schnabeleule); Raupe grün, mit dunklen Pünktchen und hellen Seitenstreifen, zuerst zwischen zusammengesponnenen Blättern, dann frei, außer an Hopfen auch z. B. an Brennessel, Brombeere u. a. **42.** ***Hydraecia micacaea*** Esp., Kartoffelbohrer, Rübenbohrer; ein Vertreter der sog. Markeulen, deren Raupen im Innern von Stengeln und Wurzelstöcken fressen, bei dieser Art in verschiedenen Sumpfpflanzen, aber auch in Kartoffeln und Rüben; die Raupe schlüpft im Frühling aus dem überwinterten Ei, verpuppt sich im Boden in einer Erdhöhle (Wand durch Sekret verstärkt) dicht neben der Futterpflanze; Falter VII–X. Gruppe von nahe verwandten Arten, deren meist polyphage Raupen gelegentlich in Gärtnereien oder auf dem Felde an Gemüse und Blumen erheblichen Schaden anrichten können; Überwinterung fast stets als Puppe im Boden. **43.** ***Mamestra (Barathra) brassicae*** L., Kohleule, Herzeule; Falter in 2–3 sich überschneidenden Generationen V–IX; Eiablage an die Futterpflanze, Kreuzblütler bevorzugt; die Raupen befressen die Blätter verschiedenster Pflanzen, bes. die der 2. Generation dringen bis ins Innere der Kohlköpfe vor (Herzwurm [**N-32**]). **44.** ***Mamestra pisi*** L., Erbseneule; Falter V–VII; das ♀ legt die Eier einzeln vor allem an Schmetterlingsblütler; Raupe [**N-33**] mit auffallender Zeichnung, oben grün bis schwarz, mit 4 gelben Längsstreifen, befrißt, auch tagsüber dort bleibend, die Blätter an Erbsen, Wicken u. ähnl.; u. U. schädlich. **45.** ***Mamestra (Polia) persicariae*** L., Schwarze Garteneule, Knötericheule, Flohkrauteule, Blumeneule; Falter V–VIII (in guten Jahren unvollständige 2. Generation); Vorderflügel sehr düster; Eiablage an die Futterpflanzen; die Raupe [**N-34**] sehr polyphag an verschiedensten Pflanzen (keineswegs nur an Flohkraut oder Knöterich), richtet zuweilen an Zierpflanzen Schaden an; Überwinterung auch als erwachsene Raupe möglich. **46.** ***Mamestra (Polia) oleracea*** L., Gemüseeule; der Falter fliegt in 2 Generationen, V–VII und VIII–IX; die unscheinbar grün oder bräunlich gefärbten Raupen [**N-35**] an den verschiedensten Pflanzen, auch Gemüsepflanzen, befrißt die Blätter u. U. bis zum Kahlfraß. IV. **47.** Mehrere Eulenarten sind bekannt als → Wanderfalter, fliegen regelmäßig aus südlichen Breiten zu, so auch ***Autographa (Phytometra, Plusia) gamma*** L., Gammaeule [**N-36**]; benannt nach dem gammaähnlichen Abzeichen auf den Vorderflügeln; Tagflieger; Generationenfolge in M-Eur.i.e.S. nicht voll geklärt, vermutlich lokal wechselnd; in günstigen Bereichen auch bei uns heimisch, Überwinterung als Raupe (gelegentlich auch wohl als Falter); Raupe [**N-37**] grünlich, mit hellen warzenartigen Pünktchen und Längsstreifen; Körper nach vorn verjüngt; Bewegung ähnlich der der Spannerraupen, da die beiden vorderen Bauchfußpaare fehlen; fressen an verschiedensten niederen Pflanzen, sind gelegentlich an Kulturpflanzen (z. B. an Klee) schädlich geworden; ab V in manchen Jahren starker Einflug aus dem Süden, in manchen Jahren bis Skandinavien und England; Rückflug (einer neuen Generation?) nach Süden im Herbst ist beobachtet. **48.** ***Scotia (Agrotis) ipsilon*** Hufn. (***ypsilon*** Rott.), Ypsiloneule, benannt nach einem y-ähnlichen dunklen Abzeichen auf der äußeren Hälfte der Vorderflügel; fast über die ganze Erde verbreitet; in M-Eur. i.e.S. muß wohl unterschieden werden: eine hier stellenweise heimische Population, deren Raupen (gelegentlich vielleicht auch Puppen) überwintern, und eine ab IV aus dem Süden einfliegende Population, deren Nachkommen (?) anscheinend nach Süden zurückwandern; Eier in Gelegen abgesetzt; die braunen, dunkel gepunkteten Raupen fressen an den Wurzeln und Blättern von Gräsern und verschiedenen krautigen Pflanzen; an Kulturpflanzen (z. B. Zuckerrüben) bisweilen sehr schädlich; Puppe im Boden. **49.** ***Phlogophora (Brotolomia) meticulosa*** L., Achateule; deutscher Name nach der achatähnlichen Zeichnung der hellbraunen bis grünlichen Vorderflügel; Einflug der Falter aus dem Süden ab IV; deren Nachkommen fliegen Ende VII–XI, wandern vermutlich nach Süden zurück; erfolgreiche Überwinterung (als Falter, Raupe oder Puppe) ist in der Regel nur südlich der Alpen möglich; Jungraupen meist hellgrün, Altraupen graugrün bis braun, mit dunklem Schrägstreif an den Körperringen, frißt an den verschiedensten krautigen Pflanzen, gelegentlich auch an Kulturpflanzen; Puppe im Boden in einem dünnen Gespinst. (Brauns 1964; Davies 1959; Dierl 1969; Forster, Wohlfahrt 1954/81; Hannemann 1956, 1968; Harz, Witt-

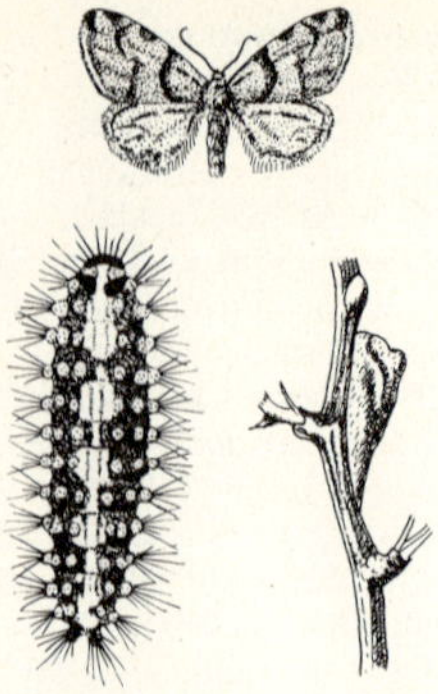

Abb. N-38: ***Nola cucullatella.*** Falter, Flsp. 19 mm, Raupe 10 mm und Puppe. (Forster, Wohlfahrt 1954/81, Nordström 1941, Eckstein 1913/33)

stadt 1957; Heinrich 1987; Heinrich, Mommsen 1985; M. Koch 1958; Merten 1967; Roeder 1966; Roeder, Treat 1967; Schwenke 1972/86; Surlykke, Gogala 1986; Weckwerth 1953).

Nola; → Nolidae.

Nolidae; Kleinbären; Fam. der Schmetterlinge (Lepidoptera); kleine, den Bärenspinnern (→ Arctiidae) und Eulen (→ Noctuidae) nahestehende Falter, in M-Eur. i.e.S. mit etwa 10 Arten vertreten; Rüssel (meist) gut ausgebildet; Fühler beim ♂ stärker bewimpert als beim ♀; Tympanalorgane am Metathorax; fliegen nachts, Flügel in Ruhe dachförmig auf dem Rücken. Die büschelig oder pelzig behaarten Raupen fressen an Blättern verschiedenster Pflanzen, skelettierend oder nur die Oberseite abschabend, bei manchen Arten an Flechten; nach der Häutung bleibt die alte Haut oft am Nacken der Raupe haften; Überwinterung meist als Raupe, bei manchen Arten als Puppe, die in einem meist an der Futterpflanze oder zwischen abgefallenen Blättern befestigten, etwa kahnförmigen Gespinst ruht. Beispiel: ***Nola cucullatella*** L. [**N-38**], verbreitet und stellenweise häufig; Raupe (überwinternd) vor allem an Obstbäumen, Schlehen, Weißdorn; Puppe häufig in einer Zweiggabel. (Forster, Wohlfahrt 1954/81; Hannemann 1968).

Nomada; → Anthophoridae 1.

Nomia; → Halictidae 2.

Nomien; → Minen.

Nonagria; → Noctuidae 30.

Nonne, ***Lymantria monacha*** L.; → Lymantriidae 5.

Nördliche gelbe Obstbaumschildlaus, ***Quadraspidiotus piri*** Licht.; → Diaspididae 4.

Nosodendridae; Fam. der Käfer (Coleoptera, Polyphaga); insgesamt kaum 40 Arten bekannt, nahe verwandt mit den Pillenkäfern (→ Byrrhidae); in Mitteleuropa lediglich ***Nosodendron fasciculare*** Ol., Saftkäfer (4–5 mm; schwarzbraun, langoval – hochgewölbt), der zusammen mit seiner etwa asselförmigen Larve an Baumsäften und hinter Rinde zu finden ist.

Nosodendron; → Nosodendridae.

Nosopsyllus; → Siphonaptera.

Notanatolica; → Trichoptera.

Noterus; → Dytiscidae.

Nothorhina; → Cerambycidae.

Notodonta; → Notodontidae 6.

Notodontidae, Zahnspinner; Fam. der Schmetterlinge (Lepidoptera); Falter meist mittelgroß, Rüssel zuweilen stark verkürzt, Fühler beim ♂ oft etwas stärker gekämmt als beim ♀; bei den ♀♀ sind wohl oft abdominale Duftdrüsen vorhanden, deren Sekret die ♂♂ anlockt; Tympanalorgan jederseits am Metathorax; Vorderflügel schlank, bei vielen Arten am Hinterrand mit langbeschupptem Fortsatz, der bei in der Ruhe dachförmig zurückgelegten Flügeln als aufrechter dorsaler »Zahn« erscheint (deutscher Name! [**N-45**]); Färbung und Zeichnung häufig so, daß der ruhende Falter (dabei die behaarten Vorderbeine nach vorn gestreckt) in natürlicher Umgebung kaum auszumachen ist (Verbergtracht); die meist nackten, selten schwach behaarten Raupen bei manchen Arten von bizarrer Gestalt, meist mit 5 Abdominalfußpaaren; »Gabelschwanzraupen«: Hinterleibsende durch Umbildung der Nachschieber gabelförmig (s.u.); Verpuppung in einem mehr oder weniger festen, bei manchen Arten mit Holzteilchen verstärkten Kokon, an Rinde, zwischen Blättern, an oder im Boden; Überwinterung in der Regel als Puppe, selten als Ei (***Ptilophora plumigera*** Esp.) oder als Raupe (***Clostera anastomosis*** L., überwintert z.T. auch als Puppe). Hier einige von den etwa 35 mitteleuropäischen Arten: **1.** ***Cerura (Dicranura) vinula*** L., Großer Gabelschwanz [**N-39**]; der stattliche Falter fliegt Ende IV bis Ende VII; Eier in kleinen Gruppen (oft als Zweiergruppe) auf der Oberfläche vor allem von Pappelblättern abgelegt, auch an Weiden; Raupe: typische

Abb. N-39: ***Cerura vinula,*** Großer Gabelschwanz. ♀. $^4/_5$ nat. Gr. (Forster, Wohlfahrt 1954/81)

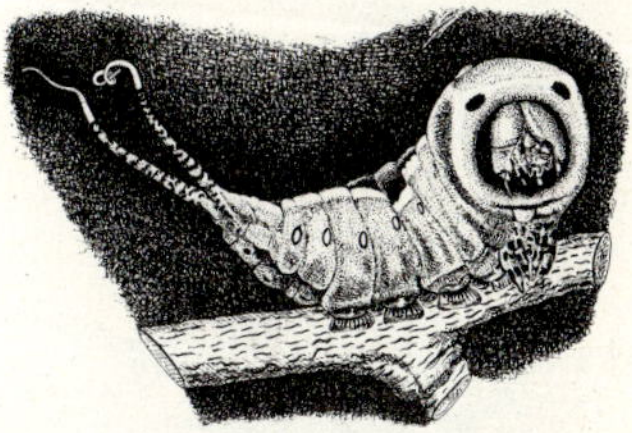

Abb. N-40: ***Cerura vinula,*** Großer Gabelschwanz. »Drohgesicht« der gestörten Raupe. Körper grün mit hell abgesetztem, dunklen Sattelfleck auf dem Rücken; Vorderkörper angehoben, Kopf eingezogen, umgeben von schwarzem, weiter außen rotem Ring, in diesem oben 2 schwarze »Augen«; Ausspritzen von Essigsäure aus ventraler Brustdrüse bis ca. 20 cm; züngelnde Schwanzfäden. (Pfletschinger 1969)

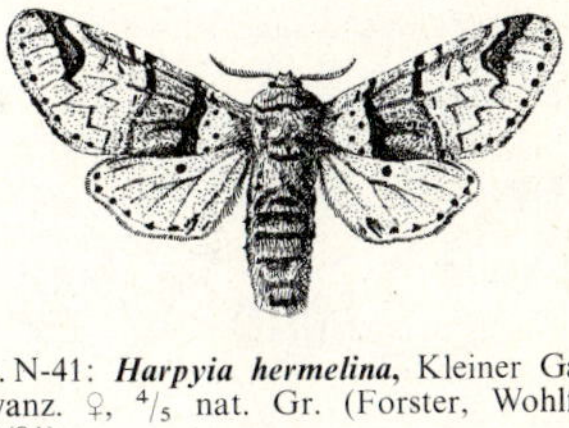

Abb. N-41: ***Harpyia hermelina,*** Kleiner Gabelschwanz. ♀, $^4/_5$ nat. Gr. (Forster, Wohlfahrt 1954/81)

Gabelschwanzraupe [**N-40**], Jungraupe schwärzlich, erwachsen grün (durch grünes Blut), mit rötlich braunem Kopf und seitlich weiß abgesetztem, braunviolettem Sattelfleck; die Raupen bleiben zunächst recht ortsfest, meist am gleichen Zweig, ein Gespinstteppich ist wichtig zum Anklammern bei Wind; die Eiräupchen machen Fensterfraß, spätere Stadien Randfraß; die Raupen der Stadien 1–4 sitzen gewöhnlich mit dem Rücken nach oben; die erwachsene Larve des 5. Stadiums neigt dagegen dazu, in der Ruhe (schwerkraftbedingt) mit dem Rücken nach unten zu sitzen, so daß dann eine an das Hypodermispigment gebundene, erst jetzt voll ausgebildete doppelte Gegenschattierung zum Zuge kommt [**L-21**]: flächenhafter, kein plastischer Eindruck des Raupenkörpers; in »richtiger« Stellung (Licht von oben, Rücken unten) sitzende Raupen werden von Vögeln seltener gefunden, als wenn sie »falsch« sitzen; Verhalten der Raupe bei Störung [**N-40**]: Hinwendung zum Störenfried, aus jedem Ende der über den Rücken erhobenen Schwanzgabel tritt »züngelnd« ein feiner rötlicher Schlauch, Vorderkörper mit eingezogenem Kopf angehoben, Ausspritzen eines ca. 20 % Essigsäure enthaltenden Sekretes aus einer vornventral am Prothorax mündenden Drüse, auf mehrere cm Distanz; das Spritzen kann einige Male wiederholt werden; Verpuppung im IX in einem mit Holzteilchen verfestigten Kokon; schon kurz vorher Beginn einer sich in wenigen Stunden abspielenden hormongesteuerten Umfärbung der Raupe nach Rot (Ommochrom-Bildung in der Hypodermis); die eben fertig eingesponnene Raupe ist dunkelrot, blaßt aber vor der Puppenhäutung wieder ab; die Puppe überwintert. **2. *Cerura (Dicranura) erminea*** Esp., Hermelinspinner; der vorigen Art nach Aussehen und Lebensweise sehr ähnlich; Schwanzgabel der Raupe kürzer, Farbe des Falters heller weiß. **3. *Harpyia hermelina*** Goeze (***Cerura bifida*** Hb.), Kleiner Gabelschwanz [**N-41**]; kleinere Art, Flügel mit dunkler Querbinde; Futterpflanze der Raupe ebenfalls Pappel und Weide; in günstigen Bereichen bzw. Jahren 2 Generationen. **4. *Stauropus fagi*** L., Buchenspinner [**N-42**]; bemerkenswert ist vor allem die VI-IX außer an Buche auch an anderen Laubbäumen fressende braune, kurz und fein behaarte Raupe [**N-42**]: die mittleren und hinteren Brustbeine sind stark verlängert (kommt unter den einheimischen Faltern nur bei dieser Art vor); Rücken mit 6 Höckerpaaren, Nachschieber umgestaltet zu fühlerartigen Gebilden am verdickten letzten Segment; beim Laufen werden die langen Brustbeine ganz normal gebraucht; Ruhehaltung: Vorder- und Hinterende angehoben, die verlängerten Beine, sich überkreuzend, etwas angezogen nach vorn ge-

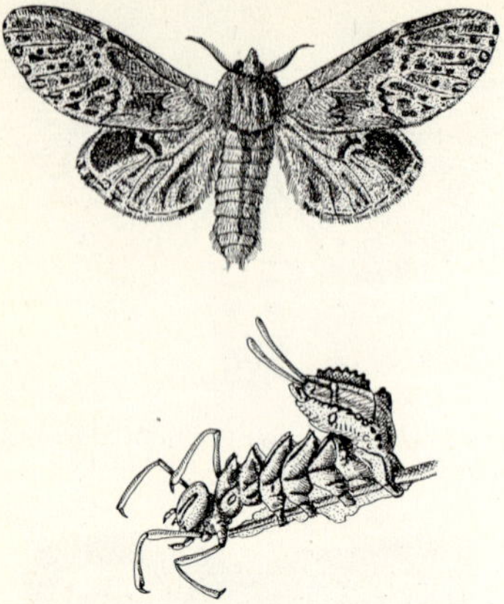

Abb. N-42: ***Stauropus fagi*****,** Buchenspinner. ♂ und Raupe; $^4/_5$ nat. Gr. (Forster, Wohlfahrt 1954/81)

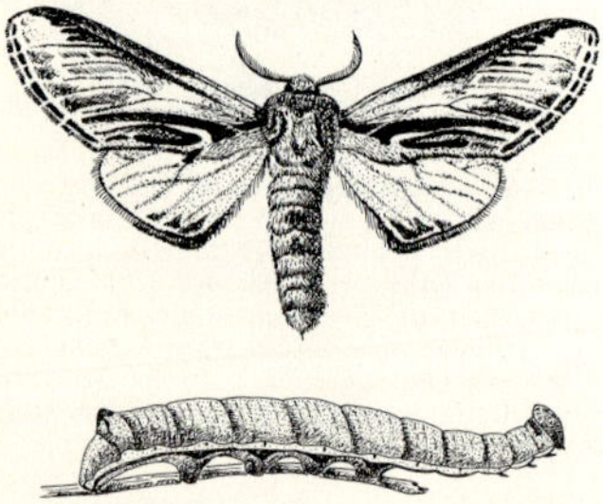

Abb. N-43: ***Pheosia tremula*****,** Pappelzahnspinner. ♂ und Raupe; $^4/_5$ nat. Gr. (Forster, Wohlfahrt 1954/81; Eckstein 1913/33)

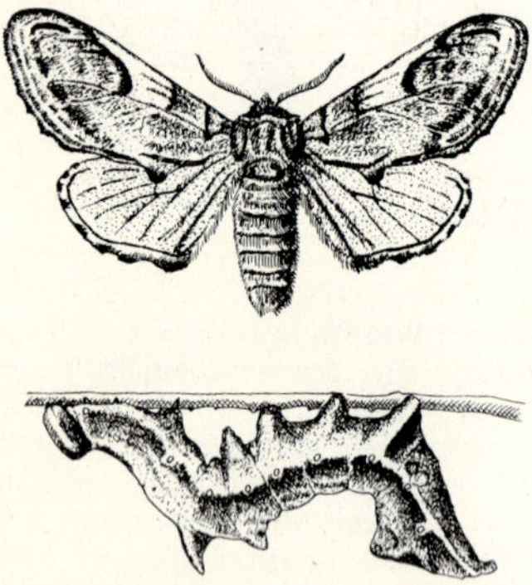

Abb. N-44: ***Notodonta ziczac*****,** Zickzackspinner. ♂ und Raupe, nat. Gr. (Forster, Wohlfahrt 1954/81; Süffert 1932)

streckt; Verhalten bei Störung (z.B. Erschütterung): Vorder- und Hinterende sehr stark angehoben, Abspreizen der langen Brustbeine, ein faltenartiges Organ an den Flanken des 1. und 2. Hinterleibsringes wird entfaltet (Bedeutung unbekannt; scheint nicht drüsig zu sein), besonders an der gereizten Seite, der sich auch das Vorderende zuwendet; Verpuppung im Herbst in einem feinen Gespinst zwischen zusammengesponnenen, dann zu Boden fallenden Blättern; die Puppe überwintert. **5. *Pheosia tremula*** Cl., Pappelzahnspinner, Porzellanspinner [**N-43**]; der Falter fliegt durchweg in 2 Generationen, Ende IV–VI und VII–VIII; Eier in kleinen Gruppen an der Unterseite der Blätter (vor allem an Pappeln, auch an Weiden und Birken); Puppen im Gespinst am oder im Boden, die der 2. Generation überwintern. **6. *Notodonta ziczac*** L., Zickzackspinner [**N-44**]; der Falter fliegt wie die vorangehende Art, häufig in 2 Generationen; Eiablage an die Blätter von Pappeln und Weiden; Raupe [**N-44**] gelbgrau bis rötlichbraun, mit Rükkenhöckern, im letzten Stadium mit auf Bauchlicht zugeschnittener doppelter Gegenschattierung; bezeichnende gebuckelte Ruhe- und Freßhaltung, Körper beim Wandern gestreckt; bei Störung Abgabe eines säurehaltigen Tropfens ähnlich wie bei der Gabelschwanzraupe; Verpuppung im Gespinst im oder am Boden; die Puppe (meist die der 2. Generation) überwintert. **7. *Lophopteryx camelina*** L., Kamelspinner; deutscher Name: ruhender Falter mit Buckel [**N-45**], bedingt durch den Zahn am Hinterrand der Vorderflügel; meist 2 Generationen (in höheren Lagen und im Norden des Verbreitungsgebietes nur eine); Flugzeit wie bei der vorigen Art; Eier in kleinen Gruppen unterseits an die Blätter der Futterpflanzen: verschiedene Laubbäume, vor allem an Birke und Linde, abgelegt; Raupe [**N-45**] grün bis rötlich sehr variabel; die Jugendstadien fressen gesellig; Vorderkörper in der Ruhehaltung angehoben; Verpuppung in einem leichten Kokon am oder im Boden. **8. *Phalera bucephala*** L., Mondfleck, Mondvogel; Falter (Flugzeit V–VI); meist nur eine Generation, manchmal zwei; am Ende der sonst hellgrau in grau gezeichneten Vorderflügel auffallender, großer, gelbweißer Fleck ([**N-46**] deutscher Name), wickelt in der Ruhe die Flügel eng um den Leib, täuscht dann ein

Abb. N-45: ***Lophopteryx camelina*,** Kamelspinner. Oben sitzend, unten Raupe; nat. Gr. (Forster, Wohlfahrt 1954/81)

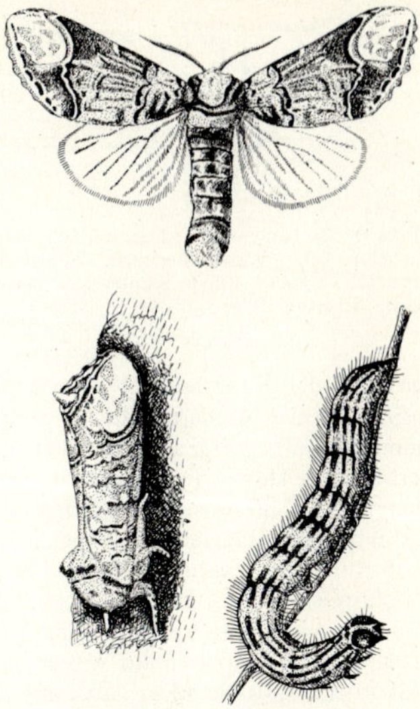

Abb. N-46: ***Phalera bucephala*,** Mondfleck. ♂, links unten Ruhestellung, rechts Raupe; 4/5 nat. Gr. (Forster, Wohlfahrt 1954/81; Amann 1960)

frischabgeschnittenes Zweigende vor; das ♀ lockt das ♂ mit dem Sekret einer Duftdrüse, die in der Intersegmentalhaut zwischen dem 8. und 9. Hinterleibssegment liegt; Eier in Gruppen an die Blattunterseite verschiedener Laubbäume abgelegt (oft an Linde); die auffallend schwarz-gelb gezeichneten Raupen [**N-46**] in der Jugend gesellig, können bei Massenauftreten schädlich werden; bei Störung heben die Jungraupen das Vorder- und Hinterende an; die Puppe überwintert, fast ohne Kokonbildung, im Boden, zuweilen zweimal. **9. *Clostera (Pygaera) curtula*** L., Erpelschwanz (schwach zweiteiliger Haarbuschen am Hinterleibsende [**N-47**]); durchaus häufig, Falter fliegt in 2 Generationen Ende IV–VI bzw. VII–VIII; Ruhehaltung: Vorderbeine vorgestreckt, Flügel dicht an den Körper gelegt, Hinterleibsspitze angehoben; ♀ mit abdominalem Duftorgan zum Anlocken des ♂; Futterpflanze der Raupen (grau, fein rot-braun gefleckt, kurz behaart) Pappel und Weide, fressen zwischen zusammengesponnenen Blättern; die in einem Kokon überwinternde Puppe ebenfalls zwischen Blättern. (Bourgogne 1951; Brauns 1964; Bückmann 1967; Dierl 1969; Forster, Wohlfahrt 1954/81; Hannemann 1968; Komnick 1977; Roth, Eisner 1962; de Ruiter 1955; Süffert 1932).

Notonecta; → Notonectidae.

Notonectidae, Rückenschwimmer, Wasserbienen; Fam. der Wasserwanzen (Heteroptera, Hydrocorisae); von den etwa 170 bekannten Arten nur 6 in M-Eur. i.e.S., am häufigsten ***Notonecta glauca*** L. (ca. 15 mm); mittelgroß, Rücken dachförmig; schwimmen sehr geschickt mit Hilfe der langen, an Schiene und Fuß mit Schwimmhaaren besetzten Hinterbeine; ca. 3700 Haare an jedem Hinterbein, spreizen sich beim Ruderschlag automatisch ab; Schwimmen in optisch orientierter Rückenlage (Bauch wird dem stärksten Lichteinfall zugewendet) und nicht deswegen bauch-

Abb. N-47: ***Clostera curtula*,** Erpelschwanz. ♂; nat. Gr. (Forster, Wohlfahrt 1954/81)

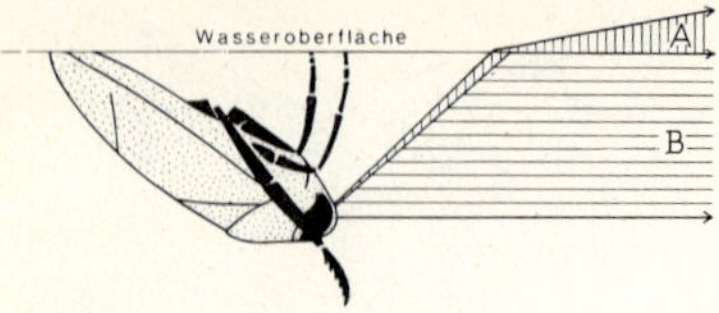

Abb. N-48: Die beiden Zonen höchster Sehschärfe eines unter der Wasseroberfläche hängenden Rückenschwimmers, A über, B unter dem Wasserspiegel. (Schwind 1985)

oben, weil der Hauptteil der beim Luftschöpfen an der Wasseroberfläche aufgenommenen Luft ventral am Hinterleib in 2 jederseits mit Haarzeilen besetzten Luftrinnen haftet; Luftvorrat außerdem an der Brust unter den Flügeln; der Körper stützt sich in Ruhe- und Lauerstellung und beim Luftschöpfen mit Vorder- und Mittelbeinen sowie mit der Hinterleibsspitze (hier Luftaufnahme) von unten am Wasserspiegel; Körperlängsachse bildet dabei mit der Wasseroberfläche genau einen Winkel von 30°; die Stigmen öffnen sich in die Lufträume, die auch als physikalische Kieme funktionieren; die Tiere sind wegen des Luftvorrates leichter als Wasser, schwimmen nach dem Luftschöpfen zunächst schräg abwärts, weiterhin je nach Schlagfolge der Ruderbeine horizontal oder schräg aufwärts, Steuerung durch Schlagvariation links bzw. rechts; die mitgenommene Gasmenge wird durch O_2-Verbrauch kleiner, ein bestimmtes Ausmaß der Auftriebabnahme löst erneutes Aufsteigen und Luftschöpfen aus; bei mäßig zusätzlicher Belastung des Körpers wird mehr Luft mit in die Tiefe genommen; wegen des (positiven) Auftriebs Schweben in einer bestimmten Wassertiefe bei europäischen Rückenschwimmern nicht möglich, wohl aber bei den Arten einer nordamerikanischen ***(Buenoa)*** und einer neuseeländischen ***(Anisops)*** Gattung, bei denen der Luftmantel nicht als O_2-Vorrat, auch nicht als physikalische Kieme, sondern zur Einstellung eines neutralen Auftriebs dient; O_2 wird bei diesen Arten intrazellulär gespeichert in hämoglobinhaltigen Zellen des Fettkörpers; aus diesem Reservoir wird bei längerem Tauchen O_2 nicht nur für den Atemstoffwechsel bereitgestellt, sondern, sofern zur Auftriebsregulation erforderlich, auch an die außen am Körper haftende Luftblase abgegeben. Osmoregulation durch Chloridzellen am Kopf und Pronotum. Das Wahrnehmen von Lageveränderungen ist (vermutlich) über die kurzen, 4gliedrigen Fühler möglich: die Fühler liegen auf einem Luftpolster, das sich bei Lageänderung bewegt und damit zugleich die Fühler, deren Verlagerung wohl durch die Chordotonalorgane (Johnstonschen Organe) im 2. Fühlerglied registriert wird (bedarf der Überprüfung). Flügel gut ausgebildet; Flugvermögen gut. Start nach schnellem Ruderschlag von der Wasseroberfläche oder vom trockenen Land weg, Landen im Wasser, angelockt vom von der blinkenden Wasseroberfläche abgestrahlten linear polarisierten UV-Licht (dessen e-Vektor horizontal ausgerichtet ist), gesehen mit bestimmten ventralen Bereichen der Komplexaugen. Nahrungserwerb räuberisch; gefressen werden hauptsächlich auf die Wasseroberfläche fallende und sich bewegende, aber auch am Boden aufgejagte Insekten, Kaulquappen, kleine Fische, ergriffen und gehalten mit den beiden vorderen Beinpaaren, vor allem mit dem ersten; Wahrnehmung und genaue Ortung der Beute, von Lauerstellung aus, weitgehend durch von den Beutetieren hervorgerufenen Oberflächenwellen des Wassers; Artgenossen, auch Larven (mit Ausnahme des 1. Stadiums) werden als solche erkannt und nicht angegriffen; Vibrationssinnesorgane an den Gelenken der Vorder- und Mittelbeine und – in Form von Sensillen – an der Hinterleibsspitze; Erkennen und Anschwimmen der Beute auch über den Gesichtssinn; Komplexaugen groß, in sich differenziert in Abschnitte mit verschiedenen Hauptfunktionen (z.B. Farbensehen, Empfindlichkeit, Sehwinkel); optische Umgebung in Lauerstellung in 3 Zonen unterteilt [**N-48**]: a) Zone, die ein Erkennen von Objekten außerhalb des Wassers ermöglicht (= Zone des »durchsichtigen Fensters«), b) Zone der total reflektierenden Wasseroberfläche und c) Zone des Untergrundes; diesen Zonen lassen sich 3 verschiedene Augenbereiche zuordnen; zwei von ihnen erlauben (wegen der dort sehr dicht stehenden Ommatidien) ein besonders scharfes Erkennen von Objekten, die sich auf bzw. knapp unter dem Wasserspiegel befinden; gerade dort halten sich die meisten Beutetiere der Rückenschwimmer auf; die Beute wird mit dem Rüssel angestochen, dabei offenbar auch mit dem chemischen Sinn geprüft, Injektion eines giftig wirkenden Speichels; wird dann ausgesogen; der Stich ist auch für den Menschen sehr schmerzhaft (Wasserbiene); der Kot wird an der Wasseroberfläche in die Luft gespritzt. Überwinterung bei den verschiedenen Arten verschieden, entsprechend auch die Hauptfortpflanzungszeiten; als Imago: ***N. glauca*** L., ***N. viridis*** Delc., ***N. obliqua*** Gall.; als Ei: ***N. lutea*** Müll.; als Imago oder Ei: ***N. maculata*** Fbr.; die Begattung dauert mehrere Stunden, ♂ und ♀ hängen dabei schief nebeneinander am Wasserspiegel. Die Eier (bis 200 Stück) werden meistens mit dem kurzen Legebohrer einzeln in Pflanzengewebe eingestochen, bei manchen Arten (z. B. bei ***N. maculata*** Fbr.) an Steine geklebt; die Imagines sterben nach der Fortpflanzung; 5 Larvenstadien; nehmen weniger Luft mit in die Tiefe, da die Flügel noch fehlen und die Haarzeilen am Bauch noch schwächer sind, Rückenlage beim Schwimmen durch Licht-Bauchreflex gesichert; bei jeder Häutung (in Atemstellung) Zuwachs von Ommatidien am Vorderrand des Komplexauges, damit verbunden ein Funktionswechsel der Einzelaugen entsprechend den verschiedenen Aufgaben bestimmter Teile der Komplexaugen. (Adis 1969; Baerends 1939; Günther 1968; Lang 1980; Lüdtke 1940; Markl 1974; Markl, Wiese 1969; Murphey, Mendenhall 1973; Nachtigall 1964b; Poisson 1951; Rabe 1955; Rietschel 1969; Schenke 1965; Schwind 1984, 1985; Weber 1930; Wells et al. 1981; Wesenberg-Lund 1943; Wolda 1961).

Notoptera (Grylloblattodea), Grillenschaben; Ordng. der hemimetabolen Insekten; eine Fam., Grylloblattidae, mit nur 12 Arten; in alpinen Regionen Nordamerikas und Asiens; ursprünglich anmutende, 20–30 mm große, flügellose Tiere mit fadenförmigen, vielgliedrigen Fühlern; Komplexaugen reduziert oder fehlend, Abdomen mit 10 Segmenten, mit Cerci; ♀ mit orthopteroidem Legeapparat; leben unter Steinen und im Moos von pflanzlicher und tierischer Kost; aktiv schon bei wenig über 0 °C; das ♂ wird nach der Begattung vom ♀ gefressen; ***Grylloblatta campodeiformes*** Walker: Larve schlüpft erst ein Jahr nach der Eiablage; 8 Häutungen im Verlauf von 5 Jahren; Lebensdauer der Imago zwei Jahre.

Notorhina; → Cerambycidae.

Notoxus; → Anthicidae.

Nußbohrer, *Curculio* sp.; → Curculionidae 22–24.

Nycteribia; → Nycteribiidae.

Nycteribiidae, Fledermausfliegen, Spinnenfliegen; Fam. der cyclorrhaphen Fliegen (Diptera, Brachycera); gehören mit den → Streblidae und → Hippoboscidae zu der oft als Lausfliegen (i.w.S.; → Pupipara) bezeichneten Gruppe, bei der die ♀♀ verpuppungsreife Larven zur Welt bringen; klein (wenige mm lang), stets flügellos (aber Halteren vorhanden); Beine lang, Hüften weit dorsal angesetzt, spinnenähnliche Haltung (»Spinnenfliegen«); sehr eigenartig die Ruhehaltung des vorn-dorsal am Thorax ansetzenden Kopfes, ist in eine Rinne des Thorax nach hinten zurückgeklappt; Augen weitgehend oder ganz rückgebildet; am Körper zahlreiche Borsten, auch Borstenkämme, in artspezifischer Anordnung, begünstigen das Haften im Haarkleid des Wirtes; Haut relativ weich, aber außerordentlich zäh, Zerdrücken der Tiere mit den Fingern kaum möglich; ausschließlich Außenparasiten im Fell von Fledermäusen; Wirtsspezifität wenigstens bei manchen Arten stark, bei anderen weniger ausgeprägt; nicht selten mehrere Arten auf dem gleichen Wirt (z. B. auf ***Miniopterus schreibersii*** Kuhl); Blutsaugen oft wiederholt; Absetzen der relativ früh geborenen Larven stets abseits vom Wirt in dessen Aufenthaltsräumen, wodurch das notwendige aktive Aufsuchen des Wirtes durch die Imagines erleichtert wird. Von den insgesamt ca. 60 bekannten Arten etwa ein Dutzend in Europa. Beispiel: ***Nycteribia pedicularia*** Latr., bevorzugt, aber nicht

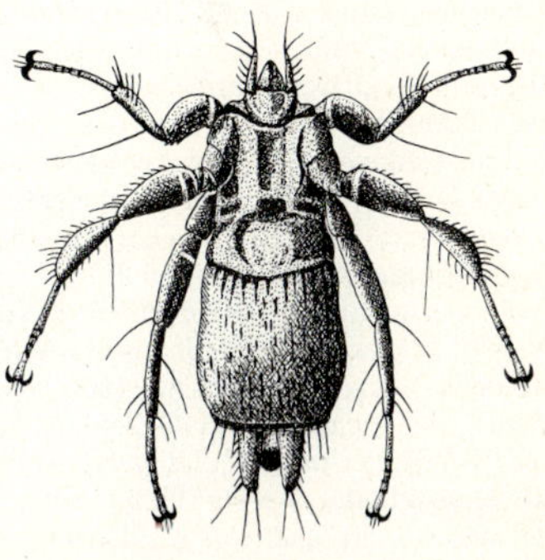

Abb. N-49: ***Nycteribia pedicularia.*** ♀, 3 mm; auf Fledermäusen. (Séguy 1951)

ausschließlich, auf ***Myotis*** (= Mausohr-) Arten [**N-49**]; nach Überwinterung eifriges Bemühen des wenig wählerischen ♂ um das ♀ (Versuche an falschen Objekten nicht selten); Kopulation (dauert zuweilen mehrere Stunden) meist »im Laufschritt«, wobei das Pärchen Purzelbäume nach rückwärts schlagen kann, ♂ dabei durch Mittelbeine und Borsten fixiert, auf dem Rücken des ♀, unterstützt mit den Hinterbeinen das Laufen; eine Begattung reicht aus für mehrere Larvengeburten. (Ryberg 1939; Schumann 1968).

Nycteribosca; → Streblidae.

Nycterosea; → Geometridae.

Nymphalidae; Edelfalter; Fam. der Schmetterlinge (Lepidoptera), artenreich-

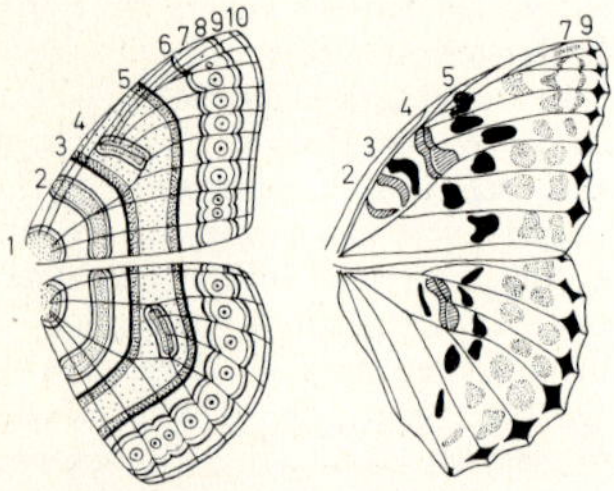

Abb. N-50: Grundschema der Nymphalidenzeichnung. 1 Wurzelbinde; 2 Hohlbinde; 3 Proximalbinde; 4 Discoidalfleck; 5 Distalbinde; zwischen 3 und 5 das Zentralfeld; 6 proximale Symmetriebinde; 7 Ocellenreihe; 8 distale Symmetriebinde; 6–8 ocellares Symmetriesystem; 9 und 10 Randbinden; rechts ***Argynnis paphia.*** Zuordnung der verschiedenen gekennzeichneten Musterteile zum Grundschema. (Henke 1933)

ste Fam. der typischen Tagfalter, auch in Mitteleuropa mit einer Reihe bekannter und häufiger Arten vertreten; gelegentlich allgemein (und wenig bezeichnend) auch als Fleckenfalter benannt, besser schon einzelne Gruppen: Schillerfalter (***Apatura***; Flügel beim ♂ oben violett schillernd); Eckenfalter (z. B. ***Aglais, Inachis, Nymphalis, Polygonia***: Außenrand der Flügel mit einer oder mehreren vorstehenden Ecken [**N-54**]); Scheckenfalter (z. B. ***Euphydryas, Melitaea***: Flügel oberseits mit recht feingliedrigem, gescheckten Hell-Dunkel-Muster [**N-56**]); Perlmutterfalter (z. B. ***Argynnis, Mesoacidalia, Issoria***: Unterseite, zumal der Hinterflügel, mit wie Perlmutter glänzenden Flecken [**N-57**]). Bei aller Mannigfaltigkeit ist die Flügelzeichnung doch auf ein Fam.-Grundmuster (»Nymphalidenschema« [**N-50**]) zurückführbar, aufgebaut aus mehreren unabhängig voneinander variierenden Teilsystemen; die Bildung der Augenflecke geht aus und wird gesteuert jeweils von einem Zentrum (Focus) aus etwa 300 Zellen; die im Flügelmuster verbreitet auftretenden rotbraunen Farbstoffe gehören zur Gruppe der Ommatine; die bei Ruhehaltung sichtbaren Flügelunterseiten zeigen zumal bei Eckenfaltern oft ein unscheinbares Tarnmuster. Der Saugrüssel ist gut ausgebildet; die Vorderbeine sind zu »Putzpfoten« verkürzt beim ♂ (1–2 Fußglieder) stärker als beim ♀ (4–5 Fußglieder), berühren beim Sitzen die Unterlage nicht, spielen als Sinnesorganträger beim ♀ für das Überprüfen des Eiablagesubstrates (meist die Futterpflanze der Raupe) offenbar eine Rolle (trommelndes Aufschlagen der »Putzpfoten«); die weitgehend optisch, z.T. auch geruchlich (Ansammlung von Duftschuppen auf der Oberseite der Vorderflügel bei den ♂♂ mancher Arten [**N-59**]) gesteuerte Balz ist nur bei wenigen Arten genauer untersucht (z. B. ***Argynnis paphia*** L.; Nr. 13); Eier auf die oder in der Nähe der Futterpflanze der Raupen abgelegt, in Gruppen (z. B. ***Inachis io*** L., manche ***Melitaea***-Arten) oder einzeln, dabei sind je nach Art Ober- oder Unterseite der Blätter oder bezeichnende andere Ablagestellen bevorzugt. Die Raupen der Schillerfalter ähneln einer Nacktschnecke, sind vorn und hinten verjüngt; die der anderen Arten sind walzenförmig, mit – je nach Art in verschiedener Zahl und Anordnung – behaarten warzenartigen Vorsprüngen oder behaarten bzw. verzweigten Dornen (»Dornenraupen« [**N-61**]); bei manchen Arten leben die frühen Stadien gesellig in Gespinsten (z. B. Kleiner Fuchs, Tagpfauenauge, manche Scheckenfalter); die Raupen der meisten Arten sind oligo- oder polyphag; Gruppenspezialitäten: viele Perlmutterfalter entwickeln sich auch oder ausschließlich an Veilchenarten, einige Eckenfalter (z. B. Admiral, Tagpfauenauge, Kleiner Fuchs, Landkärtchen) auch oder ausschließlich an Brennessel; Monophagie ist offenbar selten (die Raupe des im südlichen Mitteleuropa heimischen Scheckenfalters ***Melitaea trivia*** Schiff. frißt ausschließlich an ***Verbascum thapsus*** L.). Verpuppung nach Herstellen eines Verankerungsgespinstes für die

Nachschieber als → Stürzpuppe; diese mit mehr oder weniger ausgeprägten vorspringenden Ecken und Kanten [**N-61**], bei manchen Arten mit metallisch (oft gold-) glänzenden Flecken (→ Lepidoptera: Puppe). Meist eine, bei einigen Arten 2 oder 3 Generationen im Jahr; Überwinterung bei vielen Eckenfaltern als Imago, beim Landkärtchen als Puppe, bei den übrigen Arten als Raupe (meist klein oder halb erwachsen), selten als Ei mit darin bereits fertig entwickelten Räupchen (z.B. Kaisermantel). Einige Arten sind, regelmäßig aus dem Süden einfliegend, Wanderfalter, z.B. ***Vanessa atalanta*** L., Admiral, ***Vanessa cardui*** L., Distelfalter, ***Issoria lathonia*** L., Kleiner Perlmutterfalter. Auswahl aus den etwa 55 in Mitteleuropa heimischen Arten: **1. *Apatura iris*** L., Großer und ***A. ilia*** Schiff., Kleiner Schillerfalter; beide stattlich, in der Größe kaum unterschieden (Flsp. 60–65 mm); Grundfarbe der Flügel oberseits schwarzbraun, Vorderflügel mit weißlichen Flecken, Hinterflügel mit weißer Mittelbinde; eine hellere, gelblich gefleckte Form, ***clytie*** Schiff., Rotschiller, von ***A. ilia*** ist stellenweise sehr häufig, besonders im Süden des Verbreitungsgebietes; beiden gemeinsam ist der Blauschiller auf der Flügeloberfläche der ♂♂, je nach Neigung der Flügelfläche zum Beobachter bzw. Lichteinfall deutlich oder fehlend, am besten sichtbar bei Betrachten des Flügels von der Wurzel her; bedingt durch den Bau der Schillerschuppen: die senkrecht auf der Schuppenfläche stehenden Längsleisten mit schräg geneigter Feinstschichtung, an der Interferenz stattfindet; mit der Schichtenneigung hängt es zusammen, daß der Blauschiller nur bei einer bestimmten Beziehung zwischen Lichteinfall und Flügelneigung deutlich ist. Hauptflugzeit beider Arten Ende VI bis Anfang VIII, zumal auf Waldlichtungen, sofern nur die Futterpflanzen der Raupen in der Nähe sind, vormittags oft in Bodennähe (durch Duft von Exkrementen, auch Aas, angelockt), später mehr im Kronenbereich der Bäume; Eier einzeln an die Futterpflanzen abgelegt, ***A. iris*** vor allem an Weiden (bes. Salweiden; aber auch Pappeln), ***A. ilia*** an verschiedenen Pappelarten. Die Raupen beider Arten sind einander sehr ähnlich, ohne Dornen, vorn und hinten verjüngt, am Kopf mit 2 hornartigen Fortsätzen ([**N-51**]; fehlen noch den Eiräupchen), in der

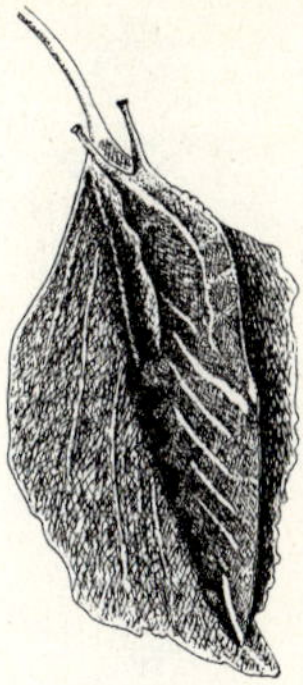

Abb. N-51: ***Apatura ilia***, Kleiner Schillerfalter. Raupe in natürlicher Stellung auf Pappelblatt.

Jugend hellgrün mit braunem Kopf, erwachsen grün; einzeln lebend, in Ruhe mitten auf dem Blatt auf der Lichtseite sitzend, Kopf nach oben, Vorderkörper von der Unterlage abgehoben, Längsachse fast senkrecht, Pigmentverteilung im Sinne einer der besonderen Sitzweise (Licht von vorn–oben) angepaßten Gegenschattierung in Längsrichtung des Körpers, Aufhellung zum Hinterende hin: Einflächeneffekt; auf Weide fressende ***A. ilia***-Raupen erreichen nicht die normale Größe; die Raupen überwintern nach der 2. Häutung, festgesponnen an einer Knospe oder einem Astwinkel. Die grünliche Stürzpuppe (VI, VII) hängt an der Mittelrippe auf der Blattunterseite, Bauchseite zur Blattfläche gewendet; dazu passend, im Gegensatz zur Raupe, Aufhellung zum Kopf hin, die Gegenschattierung läßt in normaler Umgebung die Puppe flächenhaft erscheinen; bei beiden Arten in M-Eur.i.e.S. nur eine Generation im Jahr. **2. *Limenitis populi*** L., Großer Eisvogel; nach Größe, Färbung, Zeichnung, Vorkommen und Lebensweise der Falter dem Schillerfalter ähnlich, jedoch ohne Blauschiller; die Dornenraupe (Dornenpaar des 2. Körperringes besonders lang [**N-52**]) frißt nach Überwinterung (im 3. Larvenstadium in einem gerollten, versponnenen und am Zweig befestigten Blatteil) an Zitterpappel (auch an anderen Pappelarten); Stürzpuppe auf der Blattoberfläche. Nahe verwandt der bedeutend kleinere ***Limenitis camilla*** L., Kleiner Eisvogel (Flsp. ca. 50 mm); dessen typische Dornenraupe frißt jedoch an Geißblatt

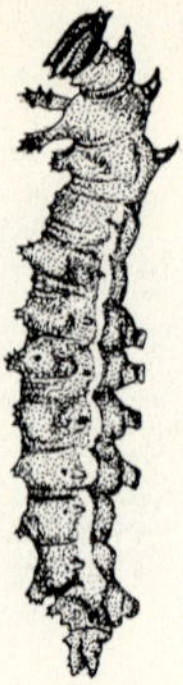

Abb. N-52: ***Limenitis populi***, Großer Eisvogel; Raupe. Nat. Gr. (Nordström 1941)

Abb. N-53: Vorderflügel von ***Vanessa atalanta***, Admiral, ♂ (oben) und ***V. cardui***, Distelfalter, ♂ (unten); die rotbraunen Teile punktiert. (Forster, Wohlfahrt 1954/81)

(***Lonicera***-Arten). **3. *Vanessa atalanta*** L., Admiral und ***Vanessa cardui*** L., Distelfalter; beide ähneln sich in vielen Dingen: in der Flügelzeichnung, besonders an der Spitze der Vorderflügel [**N-53**]; bei beiden werden die Eier einzeln an die Futterpflanze abgelegt; beide mit typischen Dornenraupen, diese einzeln lebend zwischen zusammengesponnenen Blättern, beide an Brennessel und Distel, wobei der Admiral Nessel (anscheinend nur gelegentlich Distel), der Distelfalter Distel bevorzugt (daneben einige andere krautige Pflanzen); Unterschiede: Grundfarbe der erwachsenen Raupen des Admirals schwarz bis düster-olivgrün; die des Distelfalters stets olivgrün; Blattgespinst der Admiralsraupe geschlossen, das der Distelfalterraupe teilweise offen; Stürzpuppe beider Arten an den verschiedensten Stellen, zuweilen zwischen zusammengesponnenen Blättern; das Admiral-♂ bezieht zur Fortpflanzungszeit u. U. für mehrere Tage ein gegen Eindringlinge verteidigtes Revier. Beide sind Wanderfalter, wandern jedes Jahr ab Ende IV oder V aus dem Mittelmeergebiet ein (möglicher Grund: Übervölkerung bei günstigen Entwicklungsbedingungen), der Admiral meist als Einzelflieger, der Distelfalter zuweilen in Massen, jedoch in breiter Front, nicht in eng gedrängter Schar; zweite Distelfalterwelle im VI; in M-Eur.i.e.S. Entwicklung von 2 (beim Distelfalter bis 3) Generationen; viele Falter der letzten Generation zeigen im Herbst die Neigung, in Richtung Süden zurückzuwandern (beim Admiral an markierten Tieren nachgewiesen), wobei indessen vermutlich die meisten umkommen; der Admiral saugt im Spätsommer–Herbst gerne an Fallobstsäften (Geschmacksorgane an den Fußgliedern); Überwintern von Faltern in M-Eur.i.e.S. trotz hoher Verluste beim Admiral regelmäßig (Halbruhepause, keine echte Diapause), beim Distelfalter wohl nur unter günstigen klimatischen Bedingungen möglich. **4. *Aglais urticae*** L., Kleiner Fuchs, Nesselfalter (aber auch die Raupen verwandter Arten fressen an Nessel); einer der häufigsten und bekanntesten Tagfalter mit 2–3 sich z.T. überschneidenden Generationen im Jahr; die meisten Falter der letzten (2. oder auch 3.) Generation überwintern in geeigneten Schlupfwinkeln, häufig in Gebäuden (Kulturfolger), und zwar in echter Diapause (starke Reservestoffspeicherung, Entwicklung der Keimdrüsen gehemmt), fliegen danach bereits in den ersten warmen Frühlingstagen, Paarung erst im späteren Frühling; die Eier werden in Gruppen (bis ca. 200) an den Spitzentrieben vor allem der Großen Brennessel abgelegt (dies die Hauptfutterpflanze; sehr selten daneben auch Kleine Brennessel und Hopfen); Fraß der Dornenraupen (mit gelblichen Längsstreifen auf dunklem Grunde) bis zur letzten Häutung vom gemeinsamen Gespinst aus, erst im letzten Stadium einzeln lebend; auch vom Schlüpfen an einzeln gehaltene Raupen können sich zum Falter entwickeln; sehr ausgeprägter Geselligkeitstrieb; Sitz der Raupengesellschaften an der Spitze der Futterpflanze ist mitbedingt durch negative Geo- und positive Phototaxis, das Zusammenfinden ist aber vor allem durch die fast ständig abgegebenen Gespinstfäden ermöglicht; regelmäßiges gemeinsames Ruhen zwischen den Freßperioden (diese auch nachts) im Gespinst, gemeinsames Sichhäuten in besonders dichten Häutungsgespinsten; vermutliche Bedeutung des gemeinsamen Gespinstes: relativer Schutz, vielleicht auch etwas schnellere Entwicklung durch erhöhte Temperatur im Innern des Gespinstes um 1,5–2 °C (gilt zugleich für die Raupengesellschaften des Tagpfauenauges, ebenfalls zumeist an Brennnessel); Auswahl der richtigen Futterpflanze bereits durch das den Eiablageplatz suchende ♀, Nahorientierung vermutlich vor allem durch den Geruchssinn, der auch den (vor die Wahl gestellten) Raupen das Finden des richtigen Futters erleichtert; daneben wohl auch Orientierung mit Auge und Tastsinn. Zur Verpuppung sucht die erwachsene Raupe (Stad. 5) umherwandernd einen geeigneten Verpuppungsplatz, hakelt sich mit den Nachschiebern in ein zuvor gefertigtes Gespinstpolster ein; Puppenfärbung durch wechselnde Ausbildung dunklen Pigments der Färbung der Umgebung recht gut angepaßt, Wirkung der Umgebung über die Augen der Raupe während einer sensiblen Periode nach Verlassen des Futters und vor der eigentlichen Puppenhäutung. Ausbreitung der Art gewährleistet durch den Wandertrieb eines Teils der Falter der 2. (oder 3.) Generation; er kann sie, durch Luftströmungen unterstützt, über Entfernungen von über 100 km vom Schlüpfort wegführen. **5. *Inachis io*** L., Tagpfauenauge [**N-54**]; ähnlich häufig und bekannt wie der Kleine Fuchs, auch die Lebensweise ähnlich; die gesellig an der Großen Brennessel (selten an Hopfen) fressenden Dornraupen schwarz mit weißen Pünktchen; in M-Eur. i.e.S. in der Regel nur eine, nur unter günstigen Bedingungen gelegentlich eine 2. Generation; bei uns kein Wanderfalter, in Finnland dagegen jährliche Zuwanderung aus dem Süden; bei unscheinbar gefärbter Flügel-Unterseite (in Ruhestellung sichtbar) fällt das Augenmuster der Oberseite um so mehr auf; Verhalten bei schwacher Beunruhigung: Flügel schnell auseinandergeklappt, dabei zugleich die Vorderflügel mit leise zischen-

Abb. N-54: ***Inachis io***, Tagpfauenauge. Etwa 4/5 nat. Gr.

dem Geräusch vorgezogen und dadurch auch die Hinterflügelaugen freigelegt; dies plötzliche Vorzeigen des Augenmusters vermag einen unerfahrenen Vogel auf Futtersuche so zu erschrecken, daß dem Falter Gelegenheit zur Flucht bleibt, gewährt also einen gewissen Schutz. Das Geräusch hat einen hohen Anteil an Ultraschall (20–80 kHz); Schallerzeugung an der Basis der Vorderflügel; beteiligt sind Costalader und ein Membranfeld zwischen Costa und Subcosta; das Geräusch beeinflußt Vögel nicht, wohl aber Fledermäuse (vgl. Abendpfauenauge; → Sphingidae 3); auch die Stürzpuppe sucht sich durch heftige schlagende Bewegungen gegen kleine Raubfeinde zu wehren. **6.** Gttg. ***Nymphalis***, in M-Eur. i.e.S. 2 Hauptvertreter: ***N. polychloros*** L., Großer Fuchs (Flügel oben auf rotbraunem Grund schwarz gefleckt, ähnlich wie Kleiner Fuchs), und ***N. antiopa*** L., Trauermantel (Flügel oben und unten weitgehend schwarzbraun, Randsaum hell); beide stattlich (Flsp. 60–70 mm), beide in M-Eur. i.e.S. mit nur einer Generation im Jahr, bei beiden Überwinterung als Falter (heller Flügelsaum des Trauermantels vor der Winterruhe gelblich, danach weißlich); die Dornraupen (die verästelten Dornen beim Gr. Fuchs rostbraun, beim Trauermantel schwarz) bis zur letzten Häutung gesellig an verschiedenen Laubbäumen, Spinntätigkeit nicht sehr stark. **7. *Polygonia c-album*** L., C-Falter, C-Fuchs, Weißes C; Name: auffallendes helles C-Zeichen auf der düsteren Unterseite der Hinterflügel; Außenrand der Flügel auffallend stark gezackt; eine oder (bei günstigen Bedingungen) 2 Generationen im Jahr, überwin-

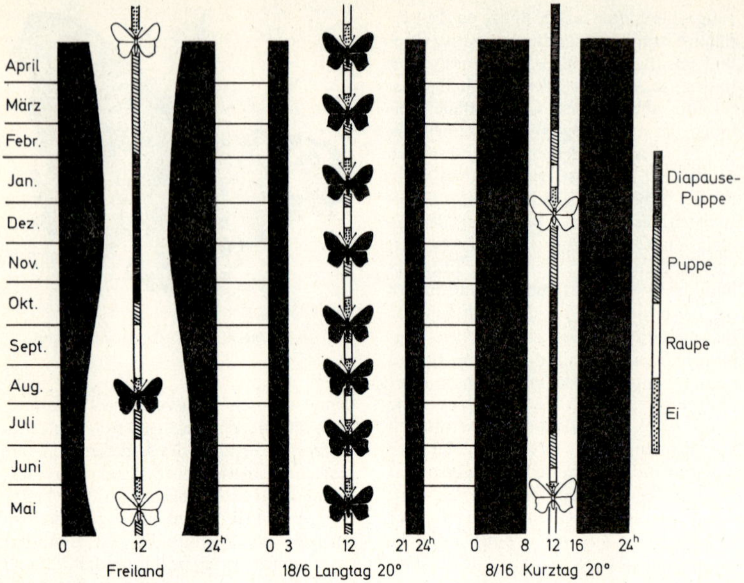

Abb. N-55: ***Araschnia levana,*** Landkärtchen. Wirkung der Tageslänge auf die Entwicklung, im Freiland und im Laborversuch; ***levana*** hell, ***prorsa*** dunkel. Siehe Text. (Müller H.J., 1959)

tert als Falter; Dornraupen (hintere Rükkenhälfte weiß, Dornen gelbrot) einzellebend, außer an Hopfen und Brennessel an verschiedenen Bäumen und Sträuchern. **8. *Araschnia levana*** L., Landkärtchen, Gitterfalter, Netzfalter; Name nach der hellen Strichzeichnung auf der rostbraunen Flügelunterseite; berühmtes Beispiel für Saison-Dimorphismus; aus den (in Diapause) überwinterten Puppen schlüpft im Frühling eine helle Form (gen. vern. ***levana*** L.; Flügel oben auf rotbraunem Grunde schwarz gefleckt); deren im Sommer fliegende, früher als eigene Art angesprochene Nachkommen (keine Puppendiapause) stark verdunkelt (gen. aest. ***prorsa*** L.; Flügel oben auf schwarzbraunem Grunde hell gefleckt); Hauptbedingung für das hormongesteuerte Auftreten der einen bzw. anderen Form die Tageslänge während der Raupenentwicklung (daneben auch die Temperatur); Raupen bei Kurztag ergeben ***levana,*** Raupen bei Langtag ***prorsa*** [**N-55**]; aus den Eiern jeder der beiden Formen sind im Belichtungsversuch ***levana-*** und ***prorsa-***Falter erzielbar; gelegentlich tritt eine 3. Generation im Herbst auf (= ***prorsa***); Zwischenformen (***porima*** O.) kommen vor; Futterpflanze der Raupe: Brennessel; das ♀ legt Eistäbe an die Blattunterseiten; die schwärzlichen Dornraupen (ein Dornenpaar auch auf dem Kopf) leben gesellig. **9. Gruppe der Scheckenfalter,** mit den Gattungen ***Euphydryas*** und ***Melitaea;*** in Mitteleuropa mit 18 einander sehr ähnlichen, oberseits reich schwarz-braun gescheckten Arten; (Beispiel: ***Melitaea cinxia*** L. [**N-56**]; weitere häufige Art: ***Melitaea athalia*** Rott.), einige nur in den Hochlagen der Alpen; Flügelzeichnung bei manchen Arten sehr variabel; fliegen meist in einer

Abb. N-56: ***Melitaea cinxia.*** ♂; nat. Gr. (Forster, Wohlfahrt 1954/81)

Generation VI–VII; die Dornraupen fressen in der Regel an niederen Pflanzen, je nach Art werden bestimmte Pflanzen bevorzugt (z. B. ***M. cinxia*** und einige weitere Arten gern an Spitzwegerich); die Raupen leben bei vielen (allen?) Arten in gemeinsamem Gespinst überwinternd (einzelne Individuen bei manchen Arten zweimal; z. B. bei ***Euphydryas maturna*** L.), bis in den Frühling gesellig, dann einzeln; Stürzpuppen. – **Gruppe der Perlmutterfalter,** die frühere Sammelgattung ***Argynnis*** ist heute in mehrere Gattungen mit 19 mitteleuropäischen Arten aufgeteilt; sie sind ausgezeichnet durch die mit perlumtterglänzenden Schuppen besetzten Flecken auf der Unterseite zumal der Hinter-, z.T. auch der Vorderflügel; die Oberseitenzeichnung ist reich schwarz und gelbbraun, ähnlich der der Scheckenfalter; der Perlmutterglanz ist bedingt durch pigmentlose Schuppen, an deren längsgeriefter Oberfläche (Gitter) und glatter Innenseite zugleich Reflektion und Interferenz des Lichtes stattfindet. Einige Arten sind weit verbreitet und häufig, andere nur lokal, z. B. in den Hochalpen (***Boloria pales*** Schiff.). Bei den ♂♂ und ♀♀ sind Duftdrüsen für Sexuallockstoffe bekannt, beim ♀ als Säckchen zwischen dem 7. und 8. Hinterleibsring, beim ♂ als Duftschuppenreihen auf mehrere Längsadern der Vorderflügel-Oberseite [**L-29**], teils freistehend, teils in einer Rinne der wulstig verdickten Adern. Eiablage teils an, teils in der Nähe der Futterpflanzen der Dorn-Raupen (vgl. Kaisermantel); viele Arten fressen auch oder ausschließlich an Veilchen; Überwinterung stets als junge (u. U. noch in der Eischale) oder halberwachsene Raupe (bei manchen Arten zweimal); Stürzpuppe. Generationenzahl im Jahr: meist eine, bei einigen Arten 2 oder 2–3. Auswahl: **10. *Mesoacidalia aglaia*** L. (***Argynnis aglaia*** L.), Großer Perlmutterfalter (Flsp. ca. 55 mm; [**N-57**]); Flugzeit (VI) VII–VIII; Raupe, tags verborgen, an verschiedenen Veilchenarten und an Wiesenknöterich. **11. *Fabriciana (Argynnis) niobe*** L., Mittlerer Perlmutterfalter (Flsp. ca. 50 mm); Aussehen und Lebensweise ähnlich der vorigen Art; stellenweise häufig die Form ***eris*** Meig., bei der die Perlmutterflecken fast oder ganz fehlen. **12. *Issoria (Argynnis) lathonia*** L., Kleiner Perlmutterfalter (Flsp. ca. 40 mm); Perlmutterflecken, auch an der Spitze der Vorderflügel, sehr deutlich ausgeprägt; je nach Lage 1–3 Generationen, überschneiden sich; vor allem in Trockengebieten, auf Ödland; Raupe hauptsächlich an Ackerstiefmütterchen; Überwinterung als Raupe, Puppe oder Falter möglich; Zuzug von Einzelwanderern aus dem Süden wird allgemein angenommen. **13. *Argynnis paphia*** L., Kaisermantel, Silberstrich; früher häufige, sehr stattliche Art (Flsp. 60 bis 65 mm; [**N-58**]); Grundfarbe der Flügel leuchtend goldbraun, Perlmutterzeichnung auf der Unterseite der Hinterflügel etwa strichförmig; meist selten, nur lokal häufiger die stark verdunkelte ♀-Form ***valesina*** Esp., eine dominante Mutante, die sich u. a. wahrscheinlich deshalb schwer durchsetzt, weil sie vom balzenden ♂ stark vernachlässigt wird (Reinzucht im Labor möglich); eine Generation im Jahr; Flugzeit VI–IX, vor allem auf Waldwiesen und Schneisen, wo sich die Falter als recht standorttreu erweisen; saugen gern an Disteln; Körpertemperatur bei Flugaktivität etwa konstant 31°C, erreicht durch Ausbreiten bzw. Zusammenklappen der Flügel bei strahlender Sonne. Ausgeprägte Balz des ♂ in mehreren Phasen: das ♂ sucht, findet das ♀

Abb. N-57: ***Mesoacidalia charlotta,*** Großer Perlmutterfalter. Nat. Gr. (Amann 1960)

Abb. N-58: ***Argynnis paphia,*** Kaisermantel. ♂, ca. 7/10 nat. Gr.

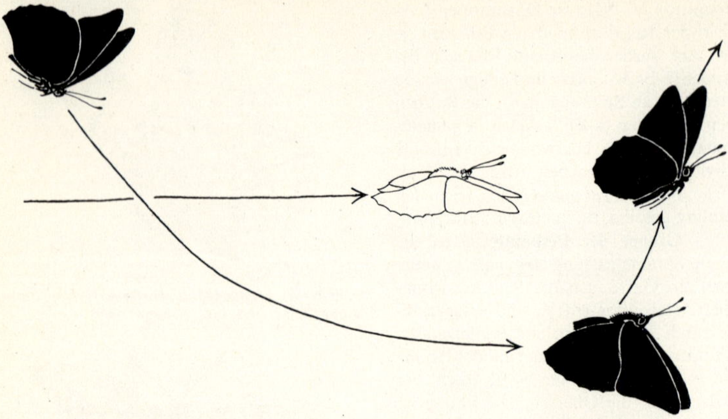

Abb. N-59: ***Argynnis paphia,*** Kaisermantel. Flugbalz; ♂ schwarz, ♀ hell. (Magnus 1950)

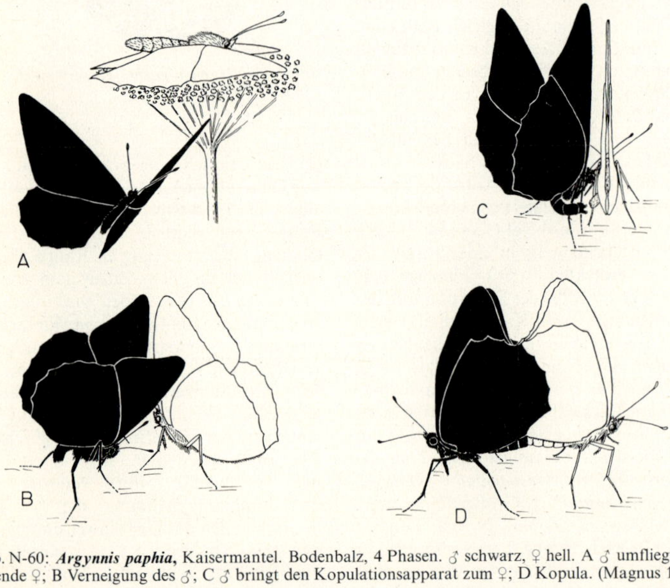

Abb. N-60: ***Argynnis paphia,*** Kaisermantel. Bodenbalz, 4 Phasen. ♂ schwarz, ♀ hell. A ♂ umfliegt das sitzende ♀; B Verneigung des ♂; C ♂ bringt den Kopulationsapparat zum ♀; D Kopula. (Magnus 1950)

optisch, fliegt es an (ein nicht paarungsbereites ♀ flieht schnell); dann Flugbalz: das paarungsbereite ♀ fliegt schwirrend geradeaus, das ♂ folgt, unterfliegt überholend das ♀ [**N-59**], wedelt bei Stellung vor dem ♀ diesem wahrscheinlich den sexuell stimulierenden Duft des Flügel-Duftorgans zu, so mehrere Male; das ♀ setzt sich schließlich; dann Bodenbalz; [**N-60**]; von dem flügelschwirrenden, ab und an den Hinterleib hebenden ♀ wird vermutlich Sexuallockstoff abgegeben; das ♂ umfliegt das ♀ in Halbkreisen, setzt sich, den Kopf zum ♀, das nun die Flügel langsam ein wenig aufab bewegt; ein hocherregtes ♀ kann dabei bereits den Hinterleib mit ausgestülpten Duftorgansäckchen gezielt dem ♂ zuwenden; das ♂ geht mit Verbeugung zum ♀, dabei jedesmal Flügelöffnen und -zuklappen (vermutlich Duftwolke zum ♀ hin); die hochgeschlagenen Hinterflügel des ♀ werden mit Antennen und Mittelbeinen betrommelt, eine Antenne bestreichelt den Kopf des ♀ oben; das ♂ biegt dann unter Flügelschwirren den Hinterleib zum ♀, das dem ♂ entgegenkommt; Kopulation mit abgewandten Köpfen; Teile der Balz, z.B. die ganze Flugbalz, können ausfallen; Attrappenversuche zeigen, daß für den Anflug des ♂ bei der Flugbalz nicht Form und Größe des ♀, auch nicht das natürliche Farbmuster des Flügels, sondern der durch den Flügelschlag des ♀ gegebene rhythmische Wechsel zwischen Auftauchen und Verschwinden der goldgelben Grundfarbe auf der Flügeloberseite ausschlaggebend ist; die dunklen ***valesina***-♀♀ üben auf das ♂ nur eine geringe Anziehungskraft aus. Eiablage einen oder mehrere Tage nach der Begattung; das ♀ hält sich zumeist im Wipfelbereich der Bäume auf, macht Suchflüge nach einem geeigneten Ablegeplatz: Lichtung mit Sonne, ohne Unterholz, Veilchen im Bodenbewuchs; Prüfen des Bewuchses beim Umhergehen, verbunden mit Trommeln der Putzpfoten (vermutlich Sinnesorganträger) auf die Pflanzen; anschließend Flug zum nächsten Baumstamm, an dem, unten beginnend, Eier einzeln hinter Rindenschuppen geschoben werden, so bis in die Wipfelregion; im Frühling Wanderung der überwinterten Jungraupen zum Boden an die Veilchen. Raupe mit Dornen [**N-61**], Puppe mit stark vorspringenden Ecken und Kanten [**N-61**]. (Blest 1957; Bückmann 1960; Dierl 1969; Fessler 1957; Forster, Wohlfahrt 1954/81; Friedrich 1983; Gentil 1964; Hannemann 1968; Harz, Wittstadt 1957; Koch, Bückmann 1985; Magnus 1950, 1954, 1958; Mohl, Miller 1976; Mosebach, Pukowski 1938; H.J. Müller 1955, 1959; Nijhout 1980; Reinhardt 1969; Roer 1959b, 1961, 1965; Süffert 1924, 1932; Tinbergen 1961; Treusch 1967; Vielmetter 1958; Zollitsch 1956).

Nymphalis; → Nymphalidae 6.

Nymphula; → Pyralidae 20, 21.

Nyssia; → Geometridae 32.

Nysson; → Sphecidae 10.

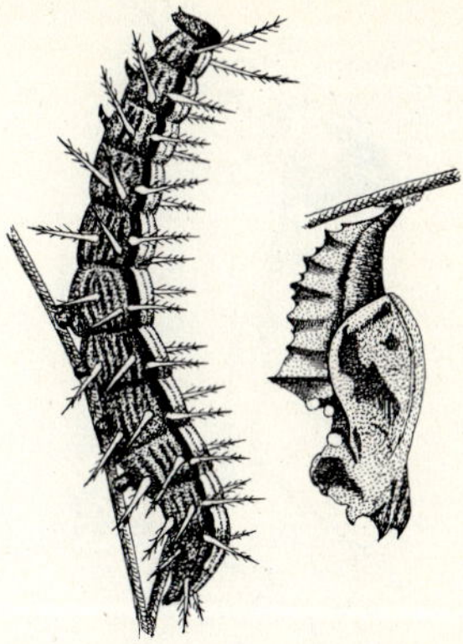

Abb. N-61: Raupe und Puppe des Kaisermantels, ***Argynnis paphia.*** Nat. Gr. (Hoffmann 1894)

O

Oberea; → Cerambycidae 28.

Obstbaumblattrippenstecher, ***Rhynchites pauxillus*** Germ.; → Curculionidae 2.

Obstbaumfrostspanner, ***Operophtera brumata*** L.; → Geometridae 22.

Obstbaumkommaschildlaus, ***Lepidosaphes ulmi*** L.; → Diaspididae 7.

Obstbaumsplintkäfer, ***Scolytus mali*** Bechst.; → Scolytidae 4.

Obstbaumzweigabstecher, ***Rhynchites coeruleus*** Deg.; → Curculionidae 3.

Obstfliegen; → Drosophilidae.

Obstmade, Larve von ***Laspeyresia pomonella*** L., → Tortricidae 19.

Ochropleura; → Noctuidae.

Ochsenauge, Großes, ***Maniola jurtina*** L.; **Kleines,** ***Hyponephele lycaon,*** Rott.; → Satyridae 8.

Ochsenheimeria; → Ochsenheimeriidae.

Ochsenheimeriidae, Bohrmotten; Fam. der Schmetterlinge (Lepidoptera); kleine Falter (Körper 5–7 mm) mit stark rückgebildetem Rüssel; Raupen durchweg in Grashalmen minierend; nur einige Arten in M-Eur.i.e.S. Beispiel: ***Ochsenheimeria taurella*** Schiff., Getreidebohrmotte; Falter im Frühsommer, Eier einzeln an verschiedene Gräser abgelegt; die Raupe frißt zunächst

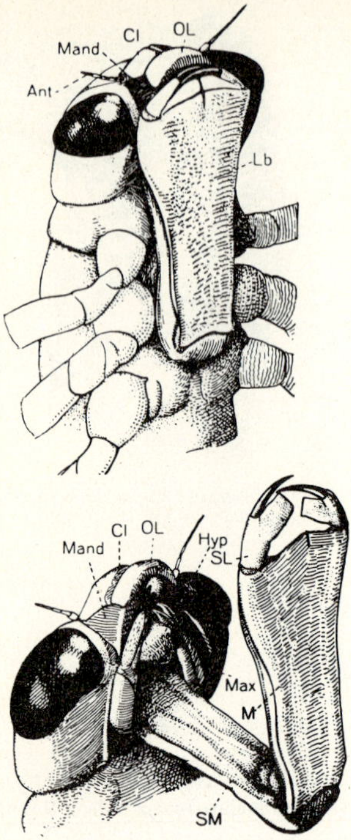

Abb. O-1: Libellenlarve: Kopf mit Fangmaske von seitlich unten. Oben Fangmaske in Ruhelage, unten halb ausgeklappt. Ant Antennen, Cl Clypeus, Lb Labium, Hyp Hypopharynx, Max Maxillen, Mand Mandibeln, M Mentum, OL Labrum, SL Zange, SM Submentum. (Weber 1933)

im Herz der Futterpflanze, überwintert, dann im Frühling im Halm; hier oder zwischen Blättern alsbald Verpuppung; zuweilen z. B. an Roggen und Weizen schädlich, Ähren werden welk, weiß und taub.

Ochthebius; → Hydraenidae.

Ochthera; → Ephydridae.

Ochthiphilidae; → Chamaemyiidae.

Ockerbindiger Samtfalter, ***Hipparchia semele*** L.; → Satyridae 4.

Ocnerostoma; → Yponomeutidae 8.

Ocyptera; → Tachinidae.

Ocypus; → Staphylinidae 1.

Odezia; → Geometridae 2.

Ödlandschrecken, ***Oedipoda*** sp.; → Acrididae 1.

Odonata, Libellen. Ordng. der Insekten mit den U.-Ordngn. Zygoptera, Kleinlibellen und Anisoptera, Großlibellen (s. unten); Verwandlung unvollkommen (Hemimetabola); große Vertreter (bis 75 cm Flsp.) schon im Karbon. **Larven:** die der heimischen Arten meist im fließenden oder stehenden Süßwasser, seltener (z. B. ***Libellula quadrimaculata*** L.) auch im Brackwasser; aus der in der Regel durch einen oben am Kopf sitzenden Eisprenger geöffneten Eischale schlüpft zunächst die sehr bewegliche, sich alsbald häutende Vorlarve; Ernährung der Larven räuberisch; bezeichnendes larvales Organ: die aus dem umgebildeten Labium entstandene, in 20 ms vorschnellbare Fangmaske; sie besteht aus 2 langen, unpaaren Gliedern, die gegen den Kopf ([**O-1**], bzw. gegeneinander beweglich sind, und einer endständigen Zange (SL); nicht selten (z. B. Libellulidae) ist das distale Glied löffelartig ausgehöhlt und bedeckt dann in Ruhestellung atemmaskenartig das Gesicht; der Mechanismus des Vorschnellens ist komplex: das Basisglied wird durch eine plötzliche, beträchtliche Erhöhung des Blutdrucks, das distale Glied durch Kontraktion von Muskeln, die sich im Labium befinden, gestreckt; die Blutdruckerhöhung ist eine Folge der Kontraktion abdominaler Muskeln; ein Klickmechanismus im Gelenk b, bestehend aus 2 Knöpfen, die in Ruhestellung in 2 Vertiefungen einrasten, erlaubt den Fangschlag erst nach dem Aufbau eines relativ hohen Blutdruckes und hoher Muskelspannung; die Freigabe erfolgt plötzlich, der Fangschlag darum mit hoher Beschleunigung; der Beutefang wird optisch und taktil gelenkt; bei Anisopterenlarven überwiegen die optischen Reize, bei Zygopteren, soweit untersucht, mechanische, und zwar mit antennalen und tarsalen Mechanorezeptoren wahrgenommene Schwingungen, die durch Bewegungen der Beute entstehen; nur sich bewegende Beute löst die Fanghandlung aus, entweder aus einer Lauerstellung heraus (wobei die Larven mancher Arten sich mit Bodensubstrat tarnen) bis sich die Beute nähert, oder durch Anschleichen auf Fangmaskenlänge; die Beute (Kleintiere verschiedenster Art, soweit sie zu bewältigen sind) wird mit den kräftigen Mandibeln und Maxillen zerkaut. Atmung: in erster Linie durch Tracheenkiemen; a) **Zygoptera** [**O-2**]: am Hinterleibsende 3 blattförmige, mit Tracheenverästelungen versehene Anhänge (Kaudallamellen, Tracheenkiemen) nach deren Verlust (sie fallen leicht ab, Autotomie, werden leicht regeneriert) zwar zuweilen die Entwicklung nicht beeinträchtigt ist, unter ungünstigen Atmungsbedingungen aber wird ihre Bedeutung für den Gasaustausch doch deutlich, nachgewiesen z.B. für Larven von ***Calopteryx***; vermutlich artspezifische Verschiedenheiten; die Ventilation des Enddarms mit Wasser dient ausschließlich der Osmoregulation: aktive Ionenaufnahme durch das → Chloridepithel des Rectums. Im Enddarm nordamerikanischer Zygopterenlarven (auch europäischer?) findet man im Winter regelmäßig große Mengen üblicherweise freilebender, einzelliger, grüner, und somit zur Photosynthese befähigter Algen (Euglenophyceae, u. zwar das unbegeißelte Palmella-Stadium); ihre Symbiontennatur wird diskutiert. b) **Anisoptera** [**O-3**]; keine äußeren Kiemen; Gasaustausch durch die mehr oder weniger reich mit lappigen Tracheenkiemen besetzte Wand des Enddarmes; dort auch ionenaktives Chloridepithel (→ oben bei Zygoptera); regelmäßiger Wasseraustausch mit Hilfe der Abdominal- und Enddarmmuskulatur durch den After; in beiden Gruppen ist bei älteren Larven unter schlechten Bedingungen Gasaustausch durch die offenen Brust-, insbesondere Mesothorakalstigmen möglich: die Larven steigen mit dem Vorderkörper aus dem Wasser. Der Bewegungsdrang ist im allgemeinen gering; schnelle Flucht ist jedoch möglich, bei Anisopteren durch kräftiges Ausstoßen von Wasser aus dem After (Vorschießen nach vorn; so manchmal auch ungestört in langsamem Tempo), bei Zygopteren durch Seitwärtsschlängeln des Abdomens, wobei die blattförmigen Anhänge am Hinterleibsende als Ruderblätter dienen (bei manchen Arten ihre Hauptfunktion?). Die Larven der Großlibellen tragen am Hinterleibsende 3 zu einer Spitzpyramide zusammenlegbare Stacheln, können damit durch schlagende Bewegungen eine sich wehrende Beute oder auch im Kampf um Futter Artgenossen empfindlich verletzen; sie verfügen ferner über die Fähigkeit zum Farbwechsel: bei Aufenthalt auf dunklem Untergrund ist die Kutikula nach der nächsten Häutung dunkler als zuvor, auf hellem Untergrund heller. Die Wohnbezirke sind artspezifisch verschieden; z.B. in kleinen Wasserlachen (manche ***Lestes***-Arten); in größeren stehenden Gewässern, teils mehr in Pflanzenwuchs, teils mehr im Schlamm (letzt. z.B. bei ***Libellula quadrimaculata*** L.); im Sand der Brandungszone von Seen (z.B. ***Gomphus vulgatissimus*** L.); ausschließlich in Fließgewässern (z.B. ***Calopteryx***-Larven). Dauer des Larvenlebens art- oder gruppenspezifisch verschieden; die Zahl der Häutungen ist nicht bei allen Arten genau bekannt, meist 10 oder mehr (***Libellula depressa*** L.; 13 Larvenstadien), ist zuweilen auch bei der gleichen Art verschieden; letzte Häutung außerhalb des Wassers meist an einem senkrecht bis waagerecht

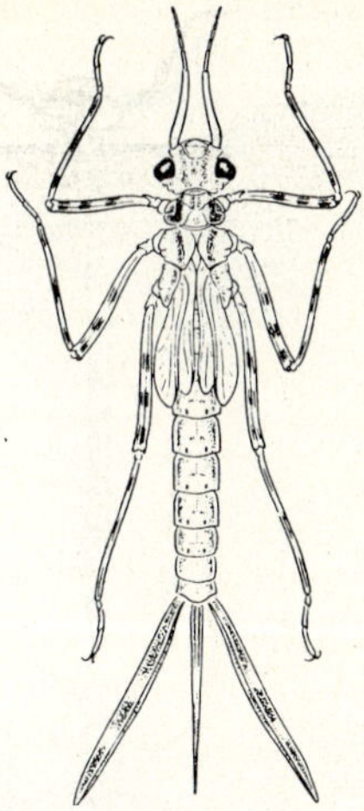

Abb. O-2: Zygopterenlarve mit drei blattförmigen Tracheenkiemen am Abdomenende. (Engelhardt 1955)

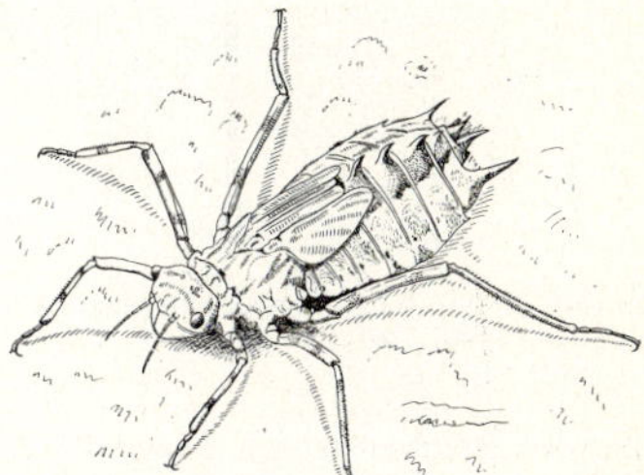

Abb. O-3: Anisopterenlarve, letztes Larvenstadium von ***Epitheca bimaculata***, Zweifleck, 27 mm. (Robert 1959)

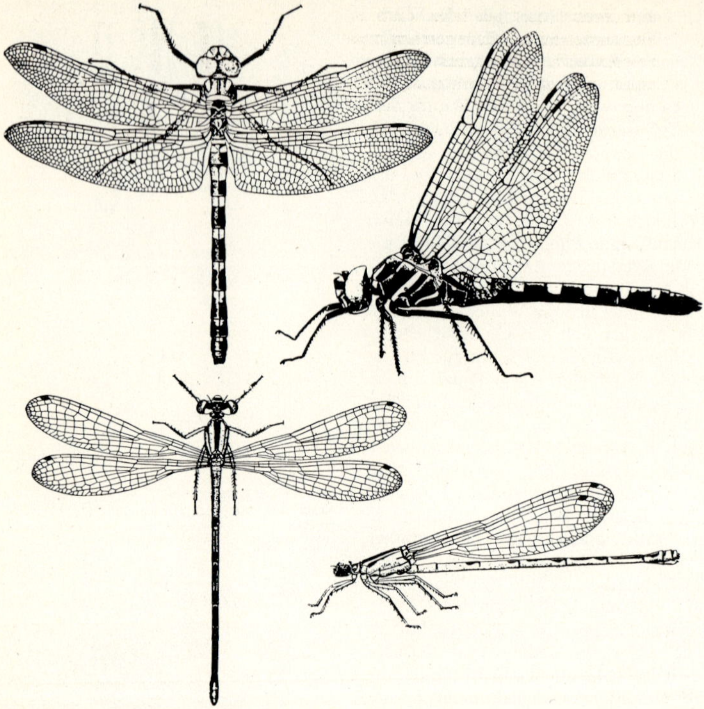

Abb. O-4: Habitusbilder von Großlibellen (Anisoptera, oben) und Kleinlibellen (Zygoptera, unten). (Wesenberg-Lund 1943)

stehenden Pflanzenstengel. **Imago [O-4]**: meist sehr schlank mit auffallend langem, oft sehr bunt gefärbtem Hinterleib; Färbung: meist Pigmentfarben, Natur der Pigmente z. T. unbekannt; oft dunkle Melanine in der Kutikula, nicht selten rotbraune Ommatine in den tieferen Gewebeschichten (z. B. bei ***Sympetrum***); nicht selten Strukturfarben, und zwar a) metallische Farben (z. B. ***Calopteryx***), durch Interferenz in der sehr fein geschichteten Kutikula. b) Blau trüber Medien; teils bedingt durch feinste, das kurzwellige Licht zerstreuende farblose Granula in der Hypodermis, oft unterlegt mit dunklen Ommatinen (z. B. Blau bei ***Aeshna*** und ***Coenagrion***); teils durch abwischbare, durch Lichtzerstreuung ebenfalls bläulich erscheinende Wachsbereifung (bei den ♂♂ vieler Arten, z. B. ***Libellula***); Kombinationen der verschiedenen Färbungsfaktoren kommen vor; Farbunterschiede zwischen ♂♂ und ♀♀ sind nicht selten; bei manchen Arten treten 2 verschieden gefärbte ♀-Formen auf, die eine (sog. homochrome) mehr ♂-ähnlich, die andere (sog. heterochrome) bezeichnend für das ♀. Kopf mit kräftigen kauenden Mundteilen, sehr kurzen Fühlern, großen, bei manchen Arten riesigen Komplexaugen, deren jedes aus bis zu 30000 Einzelaugen bestehen kann; bei Großlibellen ist der dorsale Bereich der Komplexaugen insbesondere für das Sehen in die Ferne geeignet; große, eng zusammenstehende Ocellen; der Kopf ist mit einem dünnen Hals sehr beweglich mit der Vorderbrust verbunden, Sinnesborstenfelder in diesem Bereich ermöglichen das Registrieren der relativen Lage des Kopfes zur Brust, haben also die Funktion von Gleichgewichtsorganen; zudem spielt zum mindesten bei manchen Großlibellen ein

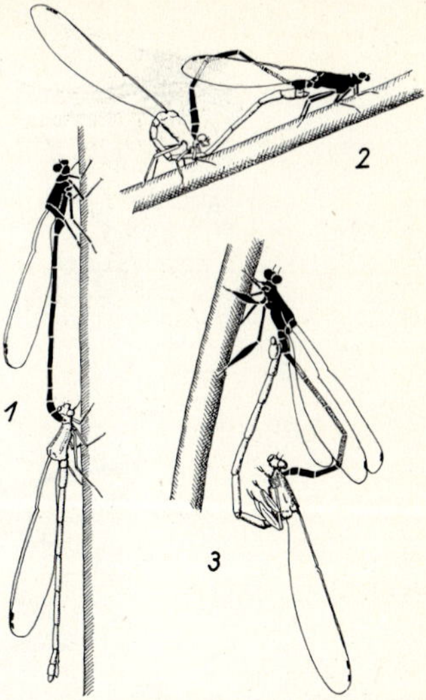

Abb. O-5: 1 ***Coenagrion puella.*** Haltung zwischen Kopula und Eiablage; 2 ***Ischnura elegans,*** Kopula; 3 ***Platycnemis pennipes,*** Kopula. ♂ schwarz. (Robert 1959)

Lichtrückenreflex, d.h. das Bestreben, das Licht von oben zu bekommen, für die Körperlage beim Fliegen eine Rolle. Beim Sitzen fassen manche Arten nur mit den beiden hinteren Beinpaaren Fuß. Zwei reich geäderte Flügelpaare, bei den Vertretern der beiden U.-Ordngn. von bezeichnend verschiedener Form [**O-4**]; ihre Ruhehaltung (dabei niemals gefaltet): bei Anisopteren nach der Seite, mehr oder weniger vorgezogen, bei Zygopteren nach Tagfalterart mehr oder weniger weit über den Rücken hochgeklappt; der Flügelquerschnitt ist zickzackförmig, die Längsadern liegen teils über, teils unter einer virtuellen Flügelebene, dadurch Versteifung der Flügelfläche; Vorder- und Hinterflügel werden im Flug gegensinnig bewegt, was die Stabilität der Fluglage erhöht (Ausnahme Imponierflug von ***Calopteryx virgo***); der lange Hinterleib verhindert als Balancierstange ein Kippen um die Querachse; bes. die Anisopteren sind äußerst geschickte und rasante Flieger; max. 40 km/h. Ernährung ausschließlich räuberisch; die Beute (verschiedenste Insekten) wird über optische Orientierung meist mit Hilfe der Beine im Flug gefangen, zuweilen auch (z.B. Blattläuse) von der Unterlage abgefressen; Verzehren schon im Flug oder sitzend; die Jagdplätze sind bei manchen Anisopteren oft weit entfernt vom Wasser, z.B. auf Waldschneisen; manchmal Verjagen von Konkurrenten. Bildung eines gegen Rivalen verteidigten Reviers zur Fortpflanzungszeit durch die ♂♂ mancher Groß- und einiger Kleinlibellen, Reviergröße artspezifisch verschieden, abhängig zumal von der Populationsdichte. Die Fortpflanzung ist in ihrer Eigenart dadurch bedingt, daß beim ♂ die Ausmündung der Hoden (ventral am 9. Hinterleibssegment) und das (in kutikularen Strukturen und Muskulatur) sehr komplexe Kopulationsorgan (ventral am 2. und 3. Hinterleibssegment) weit voneinander entfernt liegen; daher ist als besonderer Akt eine Füllung des Kopulationsorgans mit Samenzellen nötig; 3 Phasen: 1. das ♂ ergreift das ♀ nach artspezifisch verschiedenem Vorspiel (Balz; Beispiel: → Calopterygidae) zuerst mit den Beinen oben, dann mit den Zangen, die das ♂ am Hinterleibsende hat; Anisoptera: ♂ mit 3 Zangen (2 obere, eine untere); das ♀ wird dorsal hinter dem Kopf gepackt; Zygoptera: ♂ mit 2 kurzen Zangenpaaren, einem kräftigen dorsalen, einem schwächeren ventralen, das ♀ wird in Vertiefungen dorsal auf der Vorderbrust oder zwischen Vorder- und Mittelbrust gepackt; Griff-Festigkeit erhöht durch ein vom ♀ am Grunde der Vertiefung abgesondertes klebriges Sekret; Bildung eines Tandems [**O-5/1**], die Partner können so zusammen fliegen; der richtige Zangengriff setzt voraus, daß das ♂ »weiß«, wo beim ♀ vorn bzw. hinten ist (das obere Zangenpaar wohl in beiden Gruppen = Cerci). 2. Das ♂ füllt sein Kopulationsorgan durch Herumbiegen des Abdomens; Füllung zumindest bei den meisten (allen?) Arten vor dem Zugriff mit den Zangen. 3. Die eigentliche Kopulation: durch ziehende Bewegungen löst das ♂ beim ♀ Herumschlagen des Abdomens aus, Bildung des Kopulationsrades: das ♀ bringt seine Geschlechtsöffnung (ventral zwischen 8. und 9. Hinterleibsring) an das Begattungsorgan des ♂ [**O-5/2, 3**]; ergriffen wird aus dem Anflug heraus entweder ein fliegendes (so meistens bei den Anisopteren), oder ein sitzendes ♀ (so fast stets bei den Zygopteren); die Begattung selber endet, u.U. nach längerem Tandemflug, in der Regel im Sitzen, selten (z.B. bei ***Libe-***

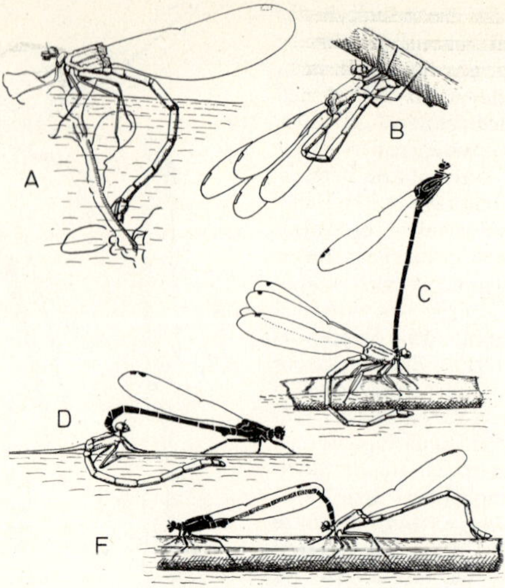

Abb. O-6: Eiablage der Zygopteren an oder über der Wasseroberfläche, ♂ schwarz. A ***Calopteryx virgo***, Ablage an Stengel von Bachehrenpreis; B ***Lestes viridis***, Ablage an Weidenzweig; C ***Platycnemis pennipes***; D ***Erythromma najas***, Ablage in Blatt von Pfeilkraut von unten; Hinterflügel des ♀ liegen auf der Wasseroberfläche; E ***Sympecma fusca***. (Robert 1959)

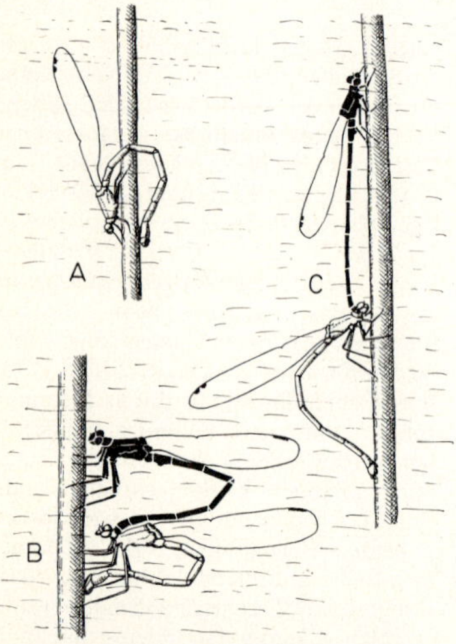

Abb. O-7: Eiablage unter Wasser, ♂ schwarz. A ***Enallagma cyathigerum***; B ***Lestes sponsa***; C ***Coenagrion pulchellum***. (Robert 1959)

lulla) im Rüttelflug; ihre Dauer ist artspezifisch verschieden, wenige sec (z.B. ***Libellula***) bis ca. zwei Stunden. Zum Problem »Vermeiden von Kopulationen zwischen falschen Partnern« → Lestidae. Eiablage bald nach der Kopulation, bei manchen Zygopteren in Begleitung des ♂ (Zangengriff bleibt, [**O-6, O-7**], oder das ♂ bewacht sitzend das ablegende ♀; bei Gruppen mit Legeapparat des ♀ (Zygoptera, Aeshnidae; Legeapparat wie bei den → Saltatoria) in – meist lebendes – pflanzliches Gewebe, Einstechen der Eier in der für die Art bezeichnenden Anordnung [**P-45, O-8, O-9**], bei manchen Zygopteren unter Wasser [**O-6, O-7**]; bei den anderen Gruppen Eiablage im Flug, häufig durch Auftupfen des Hinterleibs auf die Wasseroberfläche [**O-10**], bei ***Sympetrum***-Arten oft mit ♂ in Zangengriff [**O-11**], oder (z.B. ***Somatochlora metallica*** v.d.L.; → Corduliidae) im Aufabflug Einstechen der Eier in den Schlamm, die Eier sind bei manchen Arten durch Gallerte zu einem Gelege vereinigt (z.B. ***Cordulia***, [**O-12**]; ***Libellula***, [**O-13**]; nicht selten unterschiedliche Eiablage nicht nur zwischen Arten, sondern auch zwischen verschiedenen Populationen derselben Art; pro ♀ und Sommer einige hundert bis einige tausend Eier. Überwinterung je nach Art in verschiedenen Stadien, meist als Larve, zuweilen als Ei (z.B. ***Lestes***, die

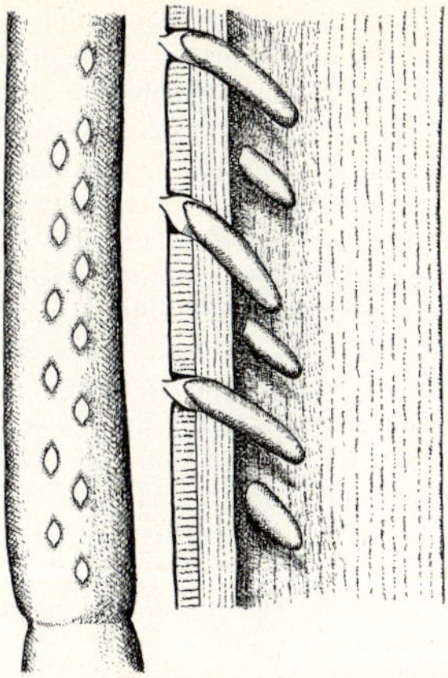

Abb. O-8: ***Anax imperator.*** Links Gelege in Laichkrautstengel, rechts Gelege in aufgeschnittenem Schilfhalm. Eilänge 1,8 mm. (Robert 1959)

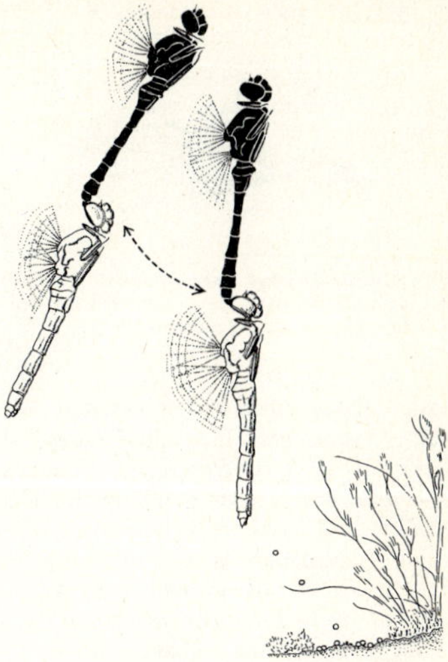

Abb. O-11: ***Sympetrum sanguineum.*** Eiablage. Etwa 2mal pro Sekunde auf-ab; Eier fallen etwa jeden 2.–3. Schlag. ♂ schwarz. (Robert 1959)

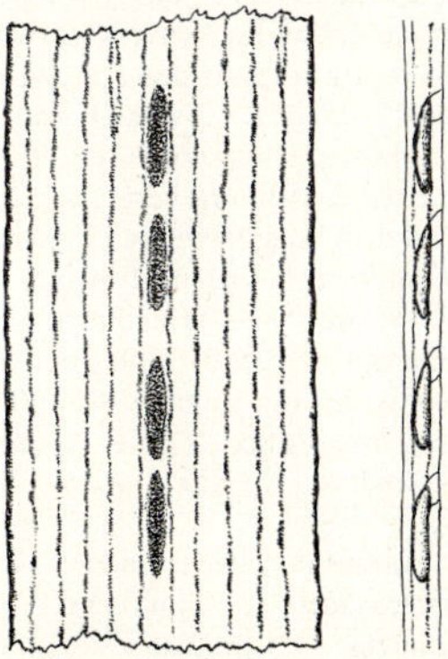

Abb. O-9: ***Aeshna juncea.*** Eier in ***Carex***-Blatt. Links Flächenansicht, rechts Blatt im Schnitt. Eilänge 1,6 mm. (Robert 1959)

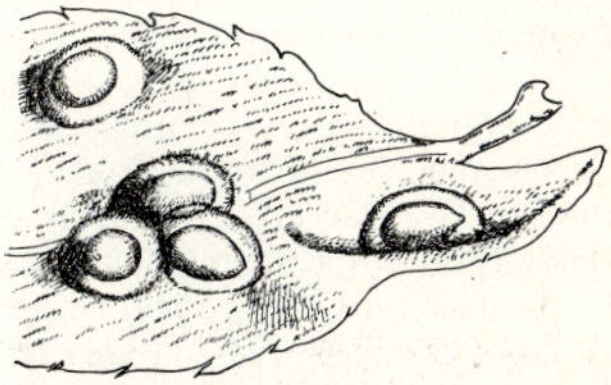

Abb. O-12: ***Cordulia aenea,*** Gemeine Smaragdlibelle. Eier (0,7 mm) in Gallerthüllen auf untergetauchtem Blatt. (Robert 1959)

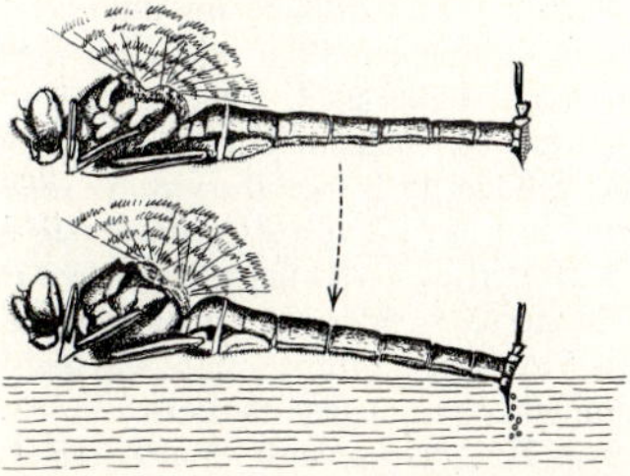

Abb. O-10: ***Somatochlora metallica.*** Glänzende Smaragdlibelle, ♀ bei Eiablage. Oben schwebend, die Eier treten aus; unten: Eier sinken beim Berühren der Wasseroberfläche einzeln im Wasser ab. (Robert 1959)

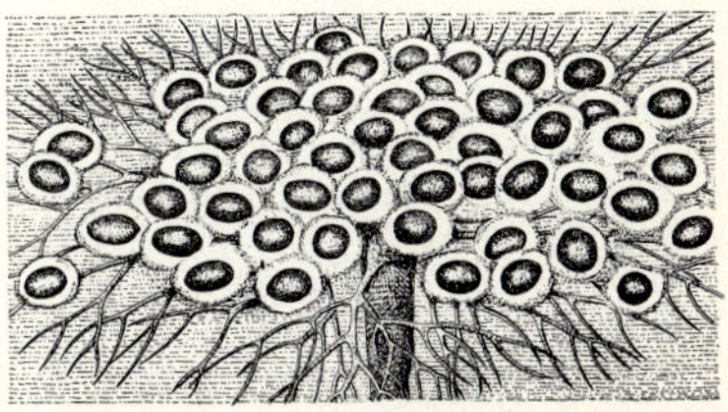

Abb. O-13: ***Libellula depressa,*** Plattbauch. Eigelege an der Wasseroberfläche auf Wasserhahnenfuß. Ei 0,7 mm × 0,4 mm in Gallerthülle von 1 mm Durchmesser. (Robert 1959)

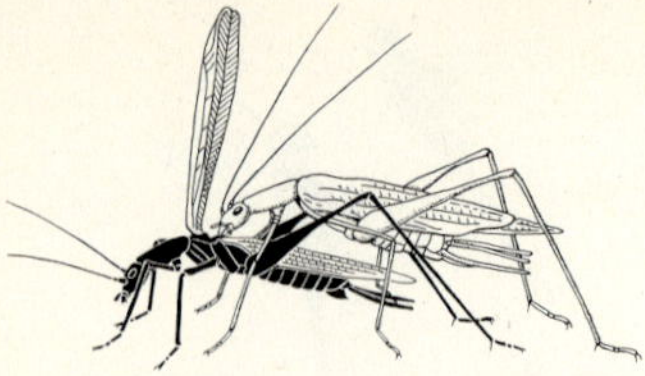

Abb. O-14: ***Oecanthus angustipennis.*** ♀ (weiß) leckt nach der Begattung Sekret aus der Rückendrüse des ♂ (schwarz). (Eidmann 1941)

meisten ***Sympetrum***-Arten), selten als Imago ***(Sympecma).*** Flugzeiten: meist (V) VI bis VIII (IX), bei ***Sympecma:*** Sommer bis Herbst und wieder Frühling. Bemerkenswert sind die weitgehend noch rätselhaften gerichteten Massenwanderungen mancher Arten, im nördlichen Mitteleuropa vor allem ***Libellula quadrimaculata*** L., nicht in dichten Scharen, mehr im Einzelflug, in ca. 2–10 m Höhe, nur tags. Von insgesamt etwa 3700 Arten 79 in M-Eur.i.e.S. in 2 U.-Ordngn.: 1. **Zygoptera,** Kleinlibellen, Wasserjungfern; Gleichflügler; mehrere Fam., z. B. → Calopterygidae (Agriidae); → Lestidae; → Coenagrionidae (Agrionidae); → Platycnemidae; 2. **Anisoptera,** Großlibellen, Drachenfliegen, Teufelsnadeln; Ungleichflügler; mehrere Fam.: → Gomphidae; → Cordulegasteridae; → Aeshnidae; → Corduliidae; → Libellulidae. (Aguilar et al. 1985; Becker 1941; Caillère 1974; Corbet 1980; Günther 1968; Heymer 1968, 1970, 1974; Hoppenkeit 1964; Krieger 1954; Pfau 1971; Pickard, Mill 1975; Quentin, Beier 1968; Pennak, McColl 1944; Robert 1959; Rosowski, Willey 1975; Rüppel 1982; Schiemenz 1953; Wichard 1979; Wichard, Komnick 1974c; Willey et al. 1970).

Odontoceriae; Fam. der Köcherfliegen (Trichoptera); in Mitteleuropa nur die im Sonnenschein aktive Art ***Odontocerum albicorne*** Scop.; die bachbewohnende eruciforme, mit büscheligen Kiemen versehene Larve in einem hinten verjüngten Sandköcher; Flsp. –39 mm.

Odontocerum; → Odontoceridae.

Odynerus; → Eumenidae.

Oecanthidae, Blütengrillen; Fam. der Langfühlerschrecken (Ensifera, Grylloidea); halten sich gern auf Gebüsch und Blüten auf; nur die Art ***Oecanthus pellucens*** Scop., Weinhähnchen, in den wärmeren Gebieten der Bundesrepublik, vor allem in Weinbaugebieten; mittelgroß (bis 15 mm), gelblich bis gelbbraun, sehr zart gebaut und wie transparent, in der Form mehr einer Laubheuschrecke als einer Grille ähnlich; Cerci des ♀ fast so lang wie der Legeapparat; der wohllautende Gesang des ♂, Elytren dabei senkrecht angehoben, beginnt abends, dauert bis nach Mitternacht, lockt ♀♀ an (auch ♂♂, die sich gegenseitig anregen); Balz: das ♂ singt am ♀, dreht sich um, stellt die Vorderflügel senkrecht hoch, sucht sich unter das ♀ zu schieben, das ♀ steigt schließlich auf, beknabbert dabei den Rücken des ♂, Kopulation, Einschieben der Spermatophore; das ♀ steigt nicht sofort ab, leckt vielmehr Sekret aus einer Drüsengrube (Hancocksches Organ) oben auf der Hinterbrust des ♂ auf **[O-14]**, während dieser Zeit (ca. 15 Min.) Übertreten des Samens in den Samenbehälter des ♀; das ♂ wird unruhig, wenn das ♀ das Lecken unterbricht; Drüsengrube ausgespült: das ♀ steigt verfrüht ab, das ♂ sucht das ♀ wieder zum Aufsteigen zu bringen; das Eigensekret ist durch süße Fremdstoffe ersetzbar; die Eier werden mit dem Legebohrer in Pflanzenstengel eingeschoben, bei jedem Einstich 1–3 Eier abgelegt; die Eier überwintern; Schlüpfen der Larven im Spätfrühling des nächsten Jahres; Nahrung: Blüten- und andere zarte Blätter, aber auch kleine Insekten und Insektenlarven. (Harz 1969; Hohorst 1937).

Oecanthus; → Oecanthidae.

Oeceoptoma; → Silphidae 6.

Oeciacus; → Cimicidae.

Oecophora; → Oecophoridae.

Oecophoridae, Faulholzmotten und Verw.; Fam. der Schmetterlinge (Lepidoptera); die Falter der bei uns mit über 100 Arten vertretenen Fam. klein bis mittelgroß, mit Saugrüssel; Flügel bei den ♀♀ mancher Arten mehr oder weniger stark rückgebildet (z. B. bei ***Dasystoma salicellum*** Hb.), bei ♀♀ von ***Pleurota***-Arten nur die Hinterflügel verkümmert; viele Arten Dämmerungs- oder Nachtflieger; Raupen mit 5 Abdominalfußpaaren, zwischen zusammengesponnenen Blättern, in morschem Holz ***(Oecophora***-Arten***)***, in und an Früchten und Samen, z. T. auch an Stoffen tierischer Herkunft (Raupe von ***Holocera pulverea*** Meyr., Indien, frißt Lackschildläuse); bei manchen Arten junge, dann

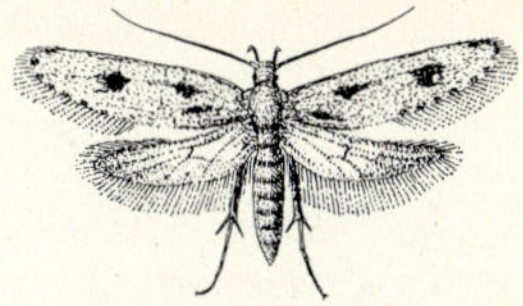

Abb. O-15: ***Hofmannophila pseudospretella,*** Samenmotte. Flspw. 20 mm. (Bollow 1958)

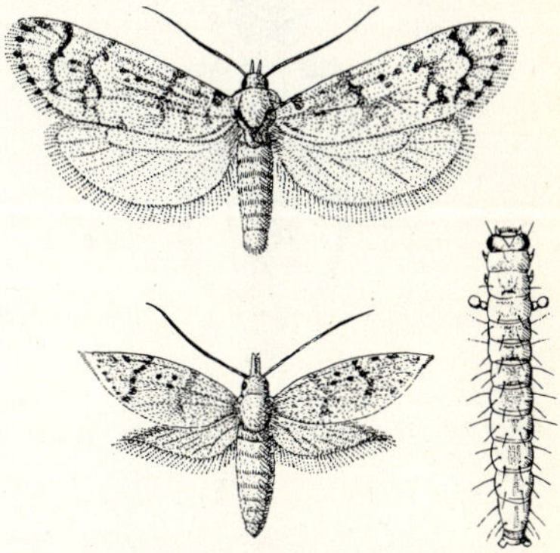

Abb. O-16: ***Chimabacche fagella.*** ♂, Flsp. 16 mm (oben), ♀, Flspw. 11 mm und Raupe. (Brauns 1964)

Abb. O-17: ***Endrosis sarcitrella,*** Kleistermotte. Flspw. 15–19 mm. (Bollow 1958)

wieder alte Stadien oder nur das letzte Stadium, dann zum Verpuppen, minierend; Puppen oft in einem Kokon am Boden; Überwinterung nicht selten als Falter (z.B. viele Vertreter der sehr artenreichen Gattung ***Depressaria.*** **1.** ***Psecadia***-Arten; die Raupen an Boraginaceen, werden von Ameisen besucht, die den beim Fressen ausfließenden Pflanzensaft auflecken. **2.** ***Hofmannophila (Borkhausenia) pseudospretella*** Stt., Samenmotte (zu Gelechiidae?); Falter [**O-15**]; im Frühling; die bis zu 20 mm langen Raupen an zusammengesponnenen Getreidekörnern, überhaupt an verschiedenen Sämereien, auch an Früchten, Drogen, Häuten, Wolle, Büchern, gelegentlich an lebenden Insekten; die Raupe überwintert; die Puppe ruht in einem Gespinst; zuweilen schädlich. **3.** ***Depressaria nervosa*** Haw., Kümmelmotte, Kümmelpfeifer, Möhrenschabe; der in geschützten Räumen überwinternde Falter fliegt im Frühling; Absetzen der Eigelege ab Ende III an Stengel und Blattstiele von Möhre, Kümmel, Petersilie, Pastinak und anderen Doldenblütlern; Raupenfraß zuerst an Stengeln, dann zu mehreren in den versponnenen Dolden, jede Raupe in einer Gespinströhre, vernichtet Blüten und Samen, bohren sich zur Verpuppung in den Stengel (Löcherreihe wie bei Pfeife); Schlüpfen des Falters nach 3–4 Wochen, geht dann ins Winterquartier; bisweilen sehr schädlich. **4.** ***Chimabacche fagella*** F., Buchenmotte, Sängerin; ♀ mit verkürzten Flügeln [**O-16**] zwischen 2 schief übereinander liegenden zusammengesponnenen Buchenblättern (auch an Eiche, Hainbuche, Birke u.a.), befrißt von hier aus nachts die Ränder benachbarter Blätter; das 3. Brustbeinpaar ist keulenförmig verdickt; die gestörte Raupe kratzt mit der Kralle dieses Beinpaares in schnellen Bewegungen mit zirpendem Geräusch über das Blatt (»Sängerin«). Bedeutung unbekannt. **5.** ***Endrosis sarcitrella*** L. (= ***lacteella*** Schiff.), Kleistermotte [**O-17**]; heute weltweit verbreitet; Raupe in etwas feuchter Umgebung mit Gespinst an Getreide, Getreideprodukten, Früchten, Pilzen, Wolle, toten Insekten; hier auch die Puppe in einem Gespinstkokon; zuweilen schädlich. (Bourgogne 1951; Hannemann 1968).

Oecophylla; → Lycaenidae.

Oedemagena; → Oestridae 14.

Oedemeridae; Fam. der Käfer (Coleoptera, Polyphaga); etwa 600 Arten, über 30 in M-Eur.i.e.S.; die Imagines mittelgroß, schlank, mit weichen, oft hinten klaffenden Flügeldecken; manche Arten metallisch grün oder blau, nicht unähnlich einem sehr schlanken Bockkäfer; die ♂♂ zuweilen mit stark verdickten Hinterschenkeln [**O-18**]; treiben sich häufig auf Blüten von krautigen Pflanzen, Bäumen und Sträuchern herum (wo sie Pollen fressen), aber auch an alten Hölzern, unter loser Rinde u. dgl.; Larven (zuweilen Bockkäferlarven sehr ähnlich) unter Rinde, in moderndem Holz oder in Stengeln krautiger Pflanzen. Ernährung vermutlich vegetarisch; stattliche heimische Art: ***Calopus serraticornis***

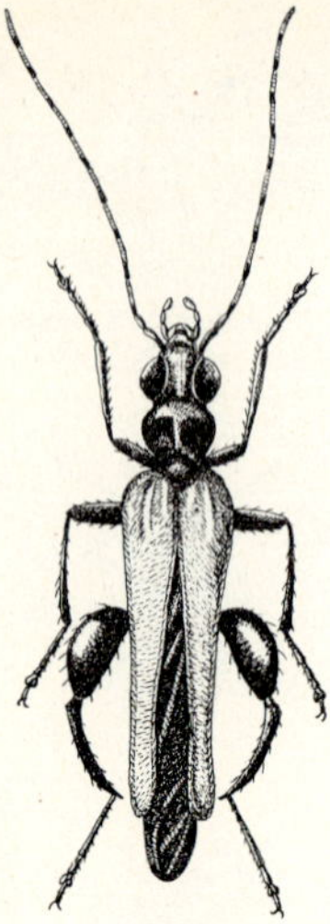

Abb. O-18: ***Oedemera femorata.*** ♂, ca. 10 mm. (Bechyně 1954)

L. (18–20 mm); die braunen bockkäferartigen Käfer fliegen im Frühling gern ans Licht, Larven in altem, morschem Holz. Einige südamerikanische Arten scheiden bei Bedrohung Cantharidin (→ Meloidae) aus. (Carell 1986; Kaszab 1969).

Oedipoda; → Acrididae 1.

Ödlandschrecken; → Acrididae 1.

Oeonistis; → Arctiidae 1.

Oestridae; Dasselfliegen, Biesfliegen; Fam. der cyclorrhaphen Fliegen (Diptera, Brachycera); Systematik dieser Gruppe umstritten, hier 3 als U.-Fam. bezeichnete Gruppen behandelt: A) Oestrinae, Nasenbremsen, Nasendasseln; B) Cephenomyiinae, Rachenbremsen, Rachendasseln; C) Hypoderminae, Hautbremsen, Hautdasseln; bisweilen werden auch die Magenbremsen (→ Gasterophilidae) als U.-Fam. einbezogen, andererseits die Rachenbremsen den → Calliphoridae zugeordnet und die Hautdasseln als eigene Fam. betrachtet. Allen Vertretern gemeinsame Merkmale: Imagines mittelgroß bis stattlich, oft mit

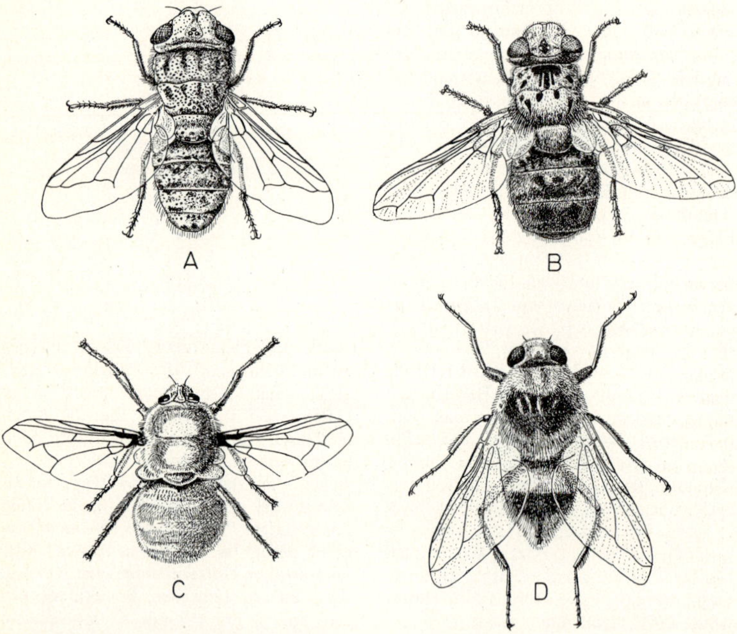

Abb. O-19: A ***Oestrus ovis,*** Schafbiesfliege, ♀, Länge 10–12 mm; B ***Pharyngomyia picta,*** ♀, 13 bis 14 mm; C ***Cephenomyia auribarbis,*** Hirschrachenbremse, ♀, ca. 17 mm; D ***Hypoderma bovis,*** Rinderdasselfliege, ♀ ca. 14 mm. (Lindner 1923 ff.)

Haarpelz; Mundteile rückgebildet, gleichwohl Aufnahme von Wasser oder Zuckerlösung bei manchen Vertretern beobachtet; Flügel und Flugvermögen gut entwickelt [**O-19**]; verbreitet die Neigung, ganz bestimmte Plätze, insbesondere erhöhte Punkte (auch Bergspitzen) anzufliegen, wo sich dann ♂♂ und ♀♀ treffen; die ♀♀ legen Eier oder setzen lebende Larven ab; der Anflug des ♀ löst beim Wirtstier häufig starke Erregung und panikartige Flucht aus (vermutlich angeborenes Verhalten); Larven stets parasitisch bei Säuge-, vor allem bei Huftieren, an gruppenspezifisch verschiedenen Körperteilen des Wirtstieres; Wirtsspezifität mitunter sehr ausgeprägt; Larven mit einer für die Art und für das Stadium bezeichnenden Bedornung [**O-20**]. Von den insgesamt ca. 100 bekannten Arten etwa ein Dutzend in Mitteleuropa. **A) Oestrinae,** Nasenbremsen, Nasendasseln; Beispiele: **1.** ***Oestrus ovis*** L., Schafbremse, Schafbiesfliege [**O-19A**]; Hauptwirte: Schaf, Ziege, mit ihnen heute weltweit verbreitet; das ♀ sitzt im Sommer nach der Begattung, während der Entwicklung der Nachkommenschaft im Ovar bzw. Uterus bis 20 Tage still, schießt dann im Flug die Larven (in kälteren Zonen die Eier?) mit einem Tröpfchen Flüssigkeit in die Nüstern, zuweilen auch in die Augen des Wirtes; das ♀ muß dann bis zu 500 Larven schnell absetzen, da es sonst von der eigenen Brut zerstört wird; die Junglarve [**O-20**] wandert, stets an der Schleimhautoberfläche bleibend, in die Nasenhöhle ein, hakelt sich fest [**O-21**], wird größer, überwintert; Hinterstigma in einer Tasche, die sich mit dem Größerwerden der Larve öffnet; Vorderstigma erst im 2. Stadium offen; endgültige Ansiedlung der Larven vor allem im Siebbeinlabyrinth; Dorsalseite der älteren Larven ohne Dornen; im Durchschnitt 50, gelegentlich über 300 Larven pro Wirt, der dann beträchtlich herunterkommt und unruhig ist (»falsche Drehkrankheit«); Nahrung: zerfallendes Gewebe und Gewebsflüssigkeit; Verlassen des Wirtes durch die Nüstern; das Puparium ruht in senkrechter Stellung 2–6 Wochen im Boden; in südlichen Breiten 2 Generationen im Jahr; gelegentlich Einspritzen von Larven in die Augen des Menschen, machen Entzündung, entwickeln sich nicht. **2.** ***Rhinoestrus purpureus*** Br., Pferdebiesfliege; Wirt: Pferd, Esel;

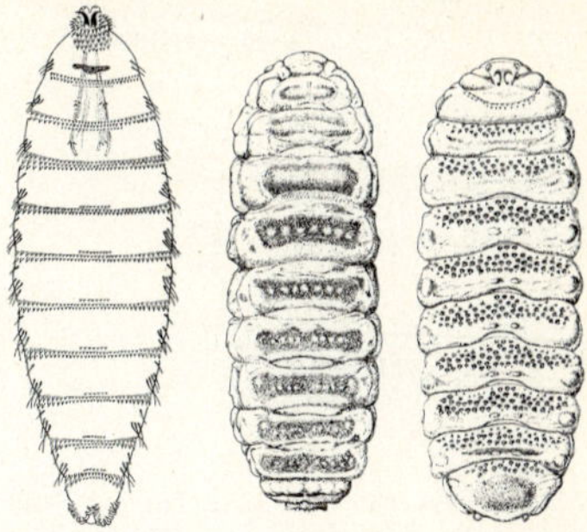

Abb. O-20: ***Oestrus ovis,*** Schafbiesfliege. Larve. Links 1. Stadium von ventral, 13 mm Länge beim Schlüpfen. Mitte und rechts 3. Stadium, Mitte dorsal (ohne Dornen), rechts ventral (mit Dornen). (Lindner 1923ff.)

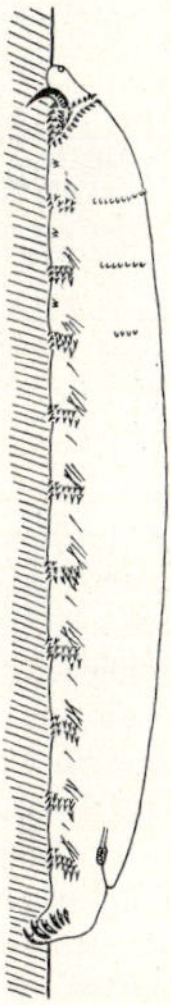

Abb. O-21: ***Oestrus ovis,*** Schafbiesfliege. Larve, 1. Stadium. Anheftung an Schleimhaut. (Lindner 1923ff.)

Lebensweise ähnlich wie bei der vorigen Art; 700–800 Larven pro ♀, oft über 100 Larven pro Pferd, von denen freilich viele zugrunde gehen; der Befall kann für den Wirt tödlich sein; Infektion der Augen des Menschen kommt ebenfalls vor. **B) Cephenomyiinae,** Rachenbremsen, Rachendasseln; das ♀ schießt (wie bei den Oestrinae), vermutlich optisch geleitet, den Kopfbewegungen des Wirts aus wenigen cm Abstand

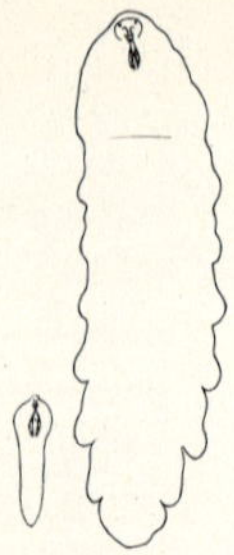

Abb. O-22: ***Pharyngomyia picta.*** Larve, 1. Stadium, links beim Schlüpfen (1,7–1,9 mm), rechts vor der 1. Häutung (ca. 6 mm). (Lindner 1923ff.)

Abb. O-23: ***Hypoderma bovis***, Rinderdasselfliege. Drehung der Larve unter der Wirtshaut. Bildung einer Hautfistel. (Lindner 1923ff.)

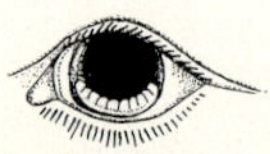

Abb. O-24: ***Hypoderma bovis***, Rinderdasselfliege. Larve 1. Stadium, in der Vorderkammer des Auges beim Menschen. (Lindner 1923ff.)

oft genau folgend, die Larven (oder Eier mit schlüpfreifen Larven) in die Nüstern des schon bei dessen Anflug beunruhigten Wirtes (in Europa verschiedene Hirscharten), der sich anschließend durch Niesen der Parasiten zu entledigen sucht; Larven im Nasen-, schließlich im Rachenraum, dringen niemals in das Gewebe ein; die Junglarve wächst bis zur 1. Häutung (nach Überwinterung im Frühling) erstaunlich heran [**O-22**]; Verlassen des Wirts in der Regel durch die Nüstern, selten durch den After; starker Befall kann den Tod des Wirtes zur Folge haben; Wirtsspezifität manchmal sehr ausgeprägt. Beispiel: **3. *Cephenomyia trompe*** Mod., Rentierrachenbremse (14–16 mm); zirkumpolar beim Rentier (gelegentlich bei Rind, Pferd, Hund, Mensch). **4. *Ceph. stimulator*** Cl., Rehrachenbremse (14–16 mm), beim Reh, oft mit Todesfolge. **5. *Ceph. ulrichi*** Br., Elchrachenbremse (17–18 mm), beim Elch. **6. *Ceph. auribarbis*** Meig., Hirschrachenbremse [**O-19C**], beim Rothirsch. **7. *Pharyngomyia picta*** Meig. [**O-19B; O-22**], bei verschiedenen Hirscharten, auch beim Reh. **C) Hypoderminae** (Hypodermatinae), Hautbremsen, Hautdasseln; ♀ mit teleskopartig ausschiebbarer Legeröhre, mit der es, auf dem Fell sitzend, im Sommer die mit Haftapparat versehenen Eier an die Haare der Wirtstiere (Nage- und Huftiere) ablegt, bei manchen Arten einzeln (z. B. ***Hypoderma bovis*** Deg., Rinderdasselfliege), bei anderen in Gruppen (z. B. ***Oedemagena tarandi*** L.; [**O-26**]; dabei werden oft bestimmte Teile des Wirtskörpers bevorzugt (Orientierung?); bemerkenswert ist, daß die ♂♂ sich in einem bestimmten Bereich immer wieder an dem gleichen Platz sammeln, an dem sich dann die ♀♀ nur für kurze Zeit einfinden; das ♀ lauert danach, mit aufgerichtetem Vorderkörper sitzend, in Wirtsnähe auf Anfluggelegenheit; panische Flucht der vom ♀ angeflogenen Wirtstiere, oft ins Wasser; die nach einigen Tagen schlüpfenden Larven bohren sich am Ablegeplatz in die Haut ein, bei manchen Arten nach Ablecken auch in die Mundschleimhaut, machen im Bindegewebe des Wirtes, besonders unter der Rückenhaut oder im Wirbelkanal, oft lange Wanderungen, zuweilen bis in tiefer liegende Organe, sogar bis in den Fötus; dabei starke Größenzunahme (bei ***Hypoderma lineatum*** DeVill. von 0,55 mm auf 17 mm beobachtet, Volumenzunahme ca. 8000fach); bei der Wanderung extraintestinale Verdauung und wohl Hautatmung; bei der Erstlarve von ***Hyp. bovis*** ist ein Kollagen auflösendes Ferment nachgewiesen; die Erstlarve erreicht nach wechselnd langer Wanderung wiederum die Haut, meist am Rücken (Orientierungsproblem), häutet sich; Larve 2 dringt, eine Fistel bildend, in die Haut, eine Öffnung nach außen ermöglicht Luftaufnahme durch das hintere Stigmenpaar [**O-23**]; die Mundhaken sind bei Larve 2 und 3 [**O-25**] stark rückgebildet; Nahrung: zerfallendes Gewebe, auch Blut; die Larve 3 [**O-25**], mit artspezifischer Bedornung verläßt im Frühling durch die Atemöffnung die Dasselbeule; Puparium im Boden; in Europa stets nur eine Generation im Jahr; bei starkem Befall Wertminderung des Wirts an Fleisch und vor allem durch die Durchlöcherung der Haut; Antikörperbildung bei Erstbefall und dadurch erworbene Immunität gegen die Parasiten kommt vor; bei manchen Arten gelegentlich auch Befall falscher Wirte, sogar des Menschen (im Auge [**O-24**]; auch unter der Haut, aber keine volle Entwicklung, da die Larve vorzeitig auswandert); 2 in der Lebensweise verschiedene Gruppen; Gruppe 1: bei Nagetieren und Hasenartigen; die Erstlarve bohrt sich in die Haut, bleibt dort; Einbohrloch = Ausschlüpfloch; Beispiel: **8. *Oestromyia leporina*** Fall. (11–13 mm); in Westeuropa an Wühlmäusen, in Osteuropa an Pfeifhasen. **9. *Oestromyia marmotae*** Ged.; beim Alpenmurmeltier. Gruppe 2: bei Paarhufern; die Erstlarve wandert im Wirtskörper, findet erst sekundär wieder in die Haut; Einbohrloch nicht = Ausschlüpfloch; Beispiel: **10. *Hypoderma bovis*** Deg., Rinderdasselfliege [**O-19D**]; beim Rind, gelegentlich beim Zebu, Wasserbüffel, Schaf, Pferd (bei diesen volle Entwicklung möglich) und Mensch (Entwicklung nicht vollendet); Kopula bald nach dem Schlüpfen; das ♀ ist bereits eine Std. danach reif zum Eierlegen; die Eier werden einzeln vor allem an der hinteren Körperhälfte des Wirts abgelegt; Erstlarve beim Schlüpfen 0,6 mm, vor der 1. Häutung 17 mm; Larve 3 fast 30 mm; panische Flucht des Wirtes vor dem ♀ schon bei unerfahrenen Kälbern, also wohl angeborenes Verhalten; durch das Wandern im Wirt sehr verschieden lange Larvenzeit, u. U. Larven verschiedener Generationen im gleichen Wirtstier. **11. *Hypoderma lineatum*** De Vill. (11–13 mm); ebenfalls beim Rind; das ♀ sucht den Wirt zu Fuß auf, löst keine Panikflucht aus; Eiablage (Eigruppe an einem Haar) bevorzugt am Vorderkörper; die Junglarven häufig in der Wand der Speiseröhre, dringen also vielleicht nach Ablecken in die Mundschleimhaut ein. **12. *Hypoderma actaeon*** Br., Hirschdasselfliege; beim Rothirsch; alte Larve: [**O-25**]. **13. *Hypoderma diana*** Br., Rehdasselfliege; außer beim Reh auch bei verschiedenen Hirscharten. **14. *Oedemagena tarandi*** L., Rentierdasselfliege (16 mm); beim zahmen und wilden Rentier; folgt, durch den Harngeruch angelockt, ein gewisses Stück wandernden Wirtsherden; das ♀ erreicht den Wirt teils im Flug, teils (bei liegendem Wirt) auch zu Fuß, geht dicht heran, dreht sich um, dann rückwärts, bis die Legeröhre das Fell berührt (Gelege: [**O-26**]). **15. *Pallasiomyia antilopum*** Pall.; bei der Saiga-Antilope; bemerkenswert: nach der starken Dezimierung des Saiga-Bestandes nach dem 2. Weltkrieg in der UdSSR ist der Parasit hier verschwunden, obwohl es jetzt wieder große Saigaherden gibt; (inzwischen erneute Zuwanderung ?). (Grunin 1964, 1966; Hiepe 1981/85; Rietschel 1969; Schumann 1968; Séguy 1951).

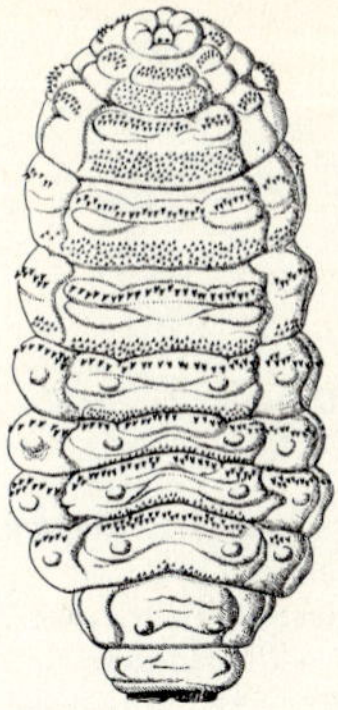

Abb. O-25: ***Hypoderma actaeon***, Hirschdasselfliege. 3. Larvenstadium, ventral. Länge 20 mm, braun. (Lindner 1923 ff.)

Abb. O-26: ***Oedemagena tarandi***, Rentierdasselfliege. Eigelege an Haar. Ei + Fortsatz 0,9 mm. (Lindner 1923 ff.)

Oestromyia; → Oestridae 8, 9.

Oestrus; → Oestridae 1.

Ofenfischchen, ***Thermobia domestica*** Pack.; → Zygentoma 2.

Ohrwürmer; → Dermaptera.

Ohrzikade, ***Ledra aurita*** L.; → Ledridae.

Okuliermade, ***Thomasiniana oculiperda*** Rübs.; → Itonididae 20.

Oleanderschildlaus, ***Aspidiotus hederae*** Vall.; → Diaspididae 1.

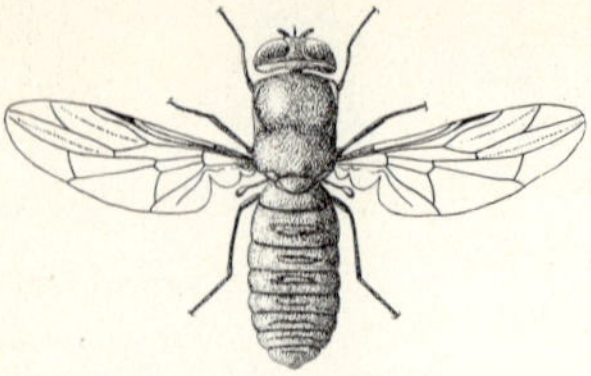

Abb. O-27: ***Omphrale fenestralis***, Fensterfliege. 5 mm. (Séguy 1951)

Oleanderschwärmer, ***Daphnis nerii*** L.; → Sphingidae 13.

Olethreutes; → Tortricidae 7.

Olibrus; → Phalacridae.

Oligarces; → Heteropezidae.

Oligogynie; → Polygynie.

Oligoneuriella; → Oligoneuriidae.

Oligoneuriidae, Büschelhafte; Fam. der Eintagsfliegen (Ephemeroptera); nur eine Art in M-Eur.i.e.S.: ***Oligoneuriella rhenana*** Imh.; Massenflüge VII–VIII, z.B. am Rhein und Nebenflüssen; »Ködermücke« der Angler, auch »Augustmücke« oder »Rheinmücke« genannt; Körper ca. 14 mm, Schwanzborsten beim ♂ ca. 12 mm; Flügel milchig, Aderung reduziert; gute Flieger, Beine ± rückgebildet und funktionslos; Larven im Fließwasser, flach, dicht an das Substrat gedrückt; Vorderbeine und Mundwerkzeuge mit Filterapparat ähnlich ***Isonychia*** (→ Siphlonuridae); 6 Paar kleine Tracheenkiemen am Hinterleib, ein Paar große, büschelige Tracheenkiemen an den Maxillen auf der Unterseite des Kopfes.

oligophag; Bezeichnung für eine Art, die sich von einigen wenigen (zuweilen nahe miteinander verwandten) Pflanzen- bzw. Tierarten ernähren kann; → auch Parasitismus 4b.

Oligoplectrum; → Trichoptera.

Oligotrophus; → Itonididae 31.

Olivenbrauner Erbsenwickler, ***Laspeyresia nigricana*** Fbr.; → Tortricidae 32.

Olivenfliege, ***Dacus oleae*** Gmel,; → Trypetidae 6.

Ölkäfer; → Meloidae.

Omocestus; → Acrididae.

Omophlus; → Alleculidae.

Omophron; → Carabidae 10.

Omosita; → Nitidulidae.

Omphrale; → Omphralidae.

Omphralidae (Scenopinidae), Fensterfliegen; Fam. der orthorrhaphen Fliegen (Diptera, Brachycera); deutscher Name: manche Arten halten sich vor allem in Wohnungen an den Fenstern auf, z.B. die häufige ***Omphrale (Scenopinus) fenestralis*** L. (6 mm; schwarz; [**O-27**]); Körper fast unbehaart; der kurze, mit breiten Labellen versehene Rüssel zum Auftupfen von Flüssigkeit geeignet, also keine räuberische Lebensweise; die Larven nach Gestalt und Lebensweise sehr ähnlich denen der Luchsfliegen (→ Therevidae), machen, soweit es sich um »Haustiere« handelt, auch Jagd z.B. auf die Raupen von Kleidermotten; andere in Pilzen, unter Rinde, in Nestern von Vögeln und Säugetieren, fressen dort wohl mehr totes organisches Material als lebende Beute; Puppen recht beweglich.

Onchozerkose; → Melusinidae.

Oncodidae; → Cyrtidae.

Onthophagus; → Scarabaeidae 4.

Onychiuidae, Blindspringer; Fam. der Springschwänze (Collembola, Arthropleona); augenlose Bodenbewohner, ohne dunkles Pigment; springen nicht, da die Springgabel weitgehend rückgebildet ist oder ganz fehlt (deutsche Bezeichnung Blind-»Springer« insofern irreführend); manche Arten in tieferen Bodenschichten; reagieren positiv auf CO_2, werden so zu zerfallenden Pflanzenstoffen geführt; Hauptgattung: ***Onychiurus,*** häufige Art: ***O. armatus*** Tullb. (–3 mm).

Onychiurus; → Onychiuridae.

Onychogomphus; → Gomphidae.

Ooencyrtus; → Encyrtidae.

Opatrum; → Tenebrionidae 3.

Operophthera → Geometridae 21, 22.

Ophrys; Ragwurzarten; bes. in S-Eur. verbreitete Orchideengattung; Blüte, zumal Lippe nach Form, Behaarung und Färbung insektenähnlich; sondern Duftstoffe ab, die den Sexuallockstoffen mancher Hautflügler (→ Andrenidae; → Anthophoridae; → Sphecidae) täuschend ähnlich sind; deren von dem Duftstoff angelockte und an den Blüten landende ♂♂ versuchen mit dem Weibchentrugbild zu kopulieren, führen dabei die Bestäubung durch; keine Nektarabsonderung! (Priesner 1973a).

Ophion; → Ichneumonidae.

Opilo; → Cleridae 3.

Opisthograptis; → Geometridae 14.

Opomyza; → Opomyzidae.

Opomyzidae, Grasfliegen; Fam der cyclorrhaphen Fliegen (Diptera, Brachycera); eine Gruppe von kleinen Fliegen, in Europa mit etwa 25 Arten vertreten; die Imagines vor allem in Röhricht und grasigem Gelände; die Larven fressen in Gräsern, die einiger Arten gelegentlich auch in Getreide, hier zuweilen schädlich; das gilt vor allem für die folgenden Arten: **1. *Opomyza florum*** Fall., Gelbe Grasfliege (3–4 mm); umstritten ist, ob (wie für die meisten Arten bezeichnend) die Larve im Halm oder dagegen das Ei im Boden überwintert; Verpuppung im befressenen Halm; vermutlich 2 Generationen. **2. *Opomyza germinationis*** L., Gestreifte Grasfliege ([**O-28**] ca. 3 mm); ähnliche Lebensweise wie vorige Art, aber nur eine Generation im Jahr.

Orangenschildlaus, ***Icerya purchasi*** Mask.; → Margarodidae; → Coccinellidae 9.

Orangerote Weizengallmücke, *Sitodiplosis mosellana* Géh.; → Itonididae 3.

Orchesella; → Collembola.

Orchestes; → Curculionidae 36, 37.

Orchideenstachelkäfer, ***Mordellistena cattleyana*** Champ.; → Mordellidae.

Ordensbänder; → Noctuidae 13–21.

Orectochilus; → Gyrinidae.

Orgyia; → Lymantriidae 2.

Orientalische Schabe, *Blatta orientalis* L.; → Blattidae 1.

Orneodes; → Orneodidae.

Orneodidae (Alucitidae), Geistchen; Fam. der Schmetterlinge (Lepidoptera); die Falter dadurch ausgezeichnet, daß Vorder- und Hinterflügel tief aufgeschlitzt sind in 6 (Vorderflügel) bzw. 6–7 (Hinterflügel) schmale, lang behaarte Zipfel; Rüssel gut ausgebildet; die Raupen teils in Blüten, teils auch minierend; der Hakenkranz an den Abdominalfüßen fehlt noch den jüngeren Stadien; Puppe in einem Gespinst am Boden oder in Rindenritzen. Wenige Arten in M-Eur.i.e.S.; Beispiel: ***Orneodes (Pteropteryx) hexadactyla*** L., Geißblattgeistchen; der Falter überwintert, die Raupen im Frühsommer in häufig zusammengesponnenen Geißblatt-***(Lonicera)***Blüten, die sie ausfressen, vermutlich zum mindesten zeitweilig minierend; ebenfalls bei ***Lonicera Orneodes dodecadactyla*** Hb., die Raupe im Inneren der Sprößlinge, die sie nahe der Triebspitze zu gallenartigen Anschwellungen bringt. (Bourgogne 1951; Dierl 1969; Hannemann 1968).

Ornithomyia; → Hippoboscidae 7.

Orphnephilidae; → Thaumaleidae.

Ortalididae, Ortalis; → Otitidae.

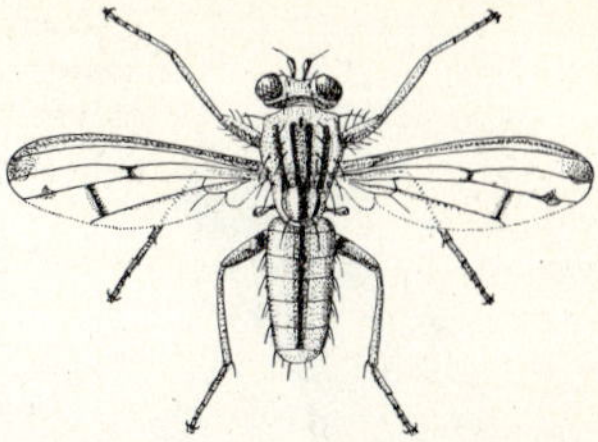

Abb. O-28: ***Opomyza germinationis***, Gestreifte Grasfliege. ♂, 2–3 mm. Larven zuweilen an Getreide schädlich, sonst an anderen Gräsern. (Séguy 1951)

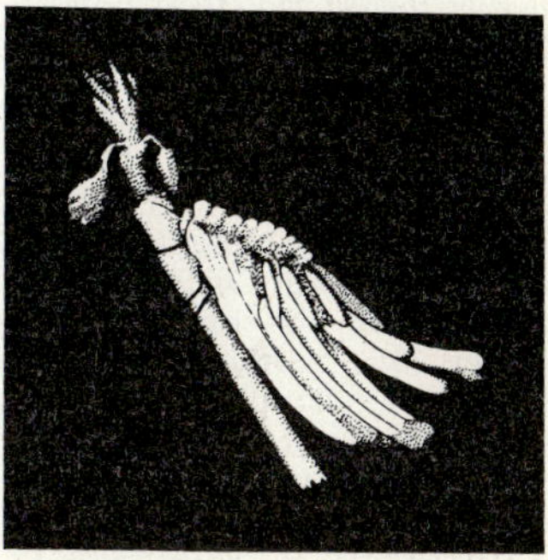

Abb. O-29: ***Orthezia*** sp., Röhrenschildlaus. ♀ mit Eisack. Einige Wachsfäden des Eisacks nach oben abgehoben. (M.R.)

Orthetrum; → Libellulidae 3.

Orthezia; → Ortheziidae.

Ortheziidae, Röhrenschildläuse; Fam. der Schildläuse (Coccina); Larven und ♀♀ in allen Stadien beweglich, mit gut ausgebildeten Beinen und Fühlern, Imago = 4. Stadium; ♂♂: geflügelt, Komplex- und Punktaugen vorhanden, Imago = 5. Stadium. Meist polyphag. Starke Wachserzeugung, Körper ober-, z.T. auch unterseits mit Wachsschüppchen bedeckt [**O-29**]; das ♀ trägt die Eier am Hinterende in einem aus Wachsplatten gebildeten Eisack, bis zum Schlüpfen der Larven ([**C-112**]). Von etwa 50 bekannten Arten nur 5 in M-Eur.i.e.S.; Beispiele: **1. *Orthezia urticae*** L., Brennesselröhrenschildlaus; Rücken des ♀ ganz mit Wachsplatten besetzt; auf verschiedenen krautigen Pflanzen, Gräsern, kleinen Sträuchern; Überwinterung in allen Stadien möglich; außer im Larvenstadium; zum mindesten stellenweise rein parthenogenetische Fortpflanzung. **2. *Orthezia insignis*** Browne, Gewächshausröhrenschildlaus; Rücken von Larven und ♀ zwischen

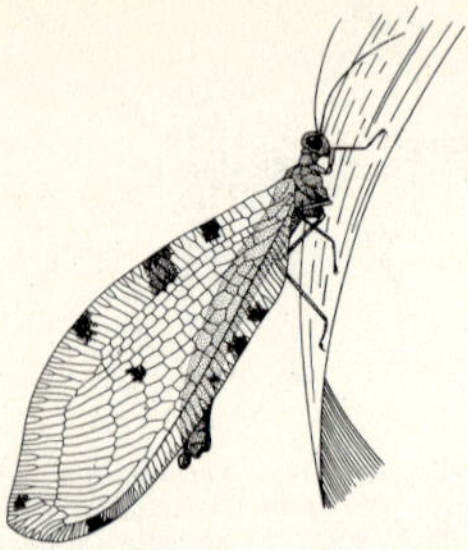

Abb. O-30: ***Osmylus fulvicephalus***, Bachhaft. ♂, Lockstellung mit ausgestülpten Duftdrüsen. Nur rechter Vorderflügel gezeichnet. 1,5 × (M.R.)

Reihen von weißen Wachsplatten mit 3 nackten, schwarzgrünen Streifen; ♀ ohne Eisack ca. 1,6 mm, mit Eisack ca. 4,5 mm; verbreitet in warmen Ländern, bei uns in Gewächshäusern an verschiedenen Pflanzen, vor allem an Buntblatt ***(Coleus)***; mehrere Generationen im Jahr, in M-Eur.i.e.S. wohl ausschließlich parthenogenetische Vermehrung. (Strümpel 1983; Zahradnik 1968).

Orthocladiinae; → Chironomidae 13.

Orthoperidae (Corylophidae), Faulholzkäfer, Schimmelkäfer; Fam. der Käfer (Coleoptera, Polyphaga); von über 400 bekannten Arten nur 13 in M-Eur.i.e.S.; Imagines sehr klein (0,5 bis kaum 2 mm), bräunlich, unter Rinde, in morschem, verschimmeltem Holz; hier auch die etwa asselförmigen Larven; Nahrung vermutlich zerfallenes pflanzliches Gewebe und Schimmel (oder räuberisch?); Beispiel: ***Sericoderus lateralis*** Gyll. (0,8–1 mm). (Freude 1971).

Orthoptera; → Geradflügler.

Orthopteroidea (Orthopteria); Heuschreckenartige Geradflügler; oft als Üb.-Ordng. bezeichnete Gruppe, mit den Ordngn.: → Notoptera; → Phasmida; → Ensifera; → Caelifera; (→ auch Geradflügler).

Orthorrhapha, Spaltschlüpfer; bisweilen gebrauchte Bezeichnung für diejenigen Zweiflügler, bei denen die Imago aus der nicht in einem Tönnchen liegenden Puppe durch einen häufig T-förmigen Spalt schlüpft; hierher wären die Mücken (Nematocera) und die niederen Fliegen (Brachycera-Orthorrhapha) zu rechnen; → Diptera; (→ auch Cyclorrhapha).

Orussidae; Fam. der Hautflügler (Hymenoptera, Symphyta, Orussoidea); von kaum 30 bekannten Arten in M-Eur.i.e.S. nur 2, am häufigsten ***Orussus abietinus*** Scop. (9–15 mm); der sehr lange Legebohrer des ♀ in Ruhe kaum sichtbar, kann jedoch bis zu doppelter Körperlänge vorgestreckt werden, liegt in einem muskulösen Sack, zieht in der Ruhelage vom Hinterleibsende zunächst dorsal nach vorn bis in die Brust, dann ventral nach hinten; für eine Pflanzenwespe durchaus ungewöhnlich die parasitische Lebensweise der Larven; Wirte der heimischen Art nicht sicher bekannt, die fußlose Larve einer amerikanischen Art lebt innenparasitisch in Larven von Prachtkäfern (→ Buprestidae); die Imago von ***O. abietinus*** schlüpft aus Baumstämmen (z.B. Erle, Buche), wo die Larve vermutlich parasitisch bei Insektenlarven lebt, die offenbar durch die Rinde hindurch mit dem Legebohrer angestochen werden. (Bachmaier 1969; Clausen 1940).

Orussoidea; Üb.-Fam. der Hautflügler (Hymenoptera, Symphyta); nur die Fam. → Orussidae.

Orussus; → Orussidae.

Oryctes; → Scarabaeidae 9.

Oryzaephilus; → Cucujidae 3.

Oscinella; → Chloropidae 2.

Osmaterium; die ausstülpbare Nackengabel der Raupen von Ritterfaltern; → Papilionidae.

Osmia; → Megachilidae 1.

Osmylidae, Bachhafte; Fam. der Netzflügler (Planipennia), mit den Eigenschaften dieser Ordnung. Von den etwa 100 Arten nur eine in M-Eur.i.e.S.: ***Osmylus fulvicephalus*** Scop. ***(= chrysops*** L.***)***, Körper: 12–17 mm ; Flsp. 40–50 mm [**O-30**]. Imago: die großen, reich geäderten beiden Flügelpaare mit einigen dunklen Flecken, in Ruhe steil dachförmig auf dem Rücken; fliegen in der warmen Jahreszeit (etwa V–VIII) in der Dämmerung am Rande von Gewässern, fressen lebende Insekten (Mundteile kauend). Beim Fortpflanzungsgeschäft ist die starke Aktivität des ♀ bezeichnend; das ♂ sitzt nachts still, hebt die Flügel an, stülpt am Hinterleibsende, dicht hinter dem 8. Rückenschild, ein Paar offenbar als Duftdrüsen zu deutende Säckchen aus; das ♀ kommt heran, betastet die bald darauf zurückgezogenen Säckchen mit den Fühlern, beide umkreisen sich, betasten sich besonders am Hals (auch hier Duftdrüsen ?); das ♂ faßt das ♀ an dem nur beim ♀ vorhandenen hakenartigen Fortsatz der Vorderhüften, beide Partner nebeneinander; das ♀ schiebt sein Hinterleibsende unter das ♂, ergreift mit zapfenförmigen Anhängen seines Geschlechtsapparates das nun austretende, etwa 4 mm lange Samenpaket (Spermatophore); das ♀ frißt schließlich, manchmal erst nach Wiederholung der Samenübertragung, die Spermatophore auf (zunächst einen »Freßanhang«; vgl. Spermatophylax der Laubheuschrecken) oder streift sie ab; inzwischen ist offenbar das Einwandern des Samens in den paarigen Samenbehälter des ♀ erfolgt. Ablegen der Eier im Laufe einiger Tage vor allem an Blättern, einzeln oder (häufiger) in Gruppen. Die Larve [**O-31**] schlüpft nach 2–3 Wochen, lebt am Rande von Gewässern, hat lange, etwas nach außen gebogene Saugzangen, saugt andere Insekten, vor allem Mückenlarven aus; sie geht zuweilen ins Wasser, ist aber eigentlich ein Landtier; sie kann sich mit einem am 10. Hinterleibsring vorstülpbaren Haftorgan (2 mit Häkchen besetzte Schläuche [**O-31**]) festhalten; sie überwintert an Land, meist im 2. oder 3. Stadium, verpuppt sich im Frühling am Land in Ufernähe in einem Gespinstkokon, Spinnsekret aus den Malpighigefäßen; bisweilen (immer?) bricht die Larve vor der Verpuppung den größten Teil der Saugzangen ab; nach knapp 2 Wochen beißt sich die Puppe durch die Kokonwand, die Imago schlüpft aus. (Berland, Grassé 1951; Stitz 1935; Wundt 1961).

Osmylus; → Osmylidae.

Osterluzeifalter, ***Zerynthia polyxena*** Schiff.; → Papilionidae 3.

Ostomidae (Trogositidae, Temnochilidae), Flachkäfer; von den über 500 Arten dieser Fam. (Coleoptera, Polyphaga) kaum ein Dutzend in M-Eur.i.e.S.; Imago höchstens mittelgroß; keineswegs alle Arten sind flach, manche haben einen zylindrischen Körper; die Imagines und Larven der meisten Arten leben räuberisch. **1.** ***Nemosoma elongatum*** L. (4–6 mm), auffallend schlank; Larve und Imago unter Rinde in den Bohrgängen von Borkenkäfern, ihrer Nahrung. **2.** ***Tenebrioides mauritanicus*** L., Schwarzer Getreidenager (6–11 mm), in Getreidespeichern, wohl nur ausnahmsweise Schädling, mehr Nützling durch Vertilgen anderer Schädlinge.

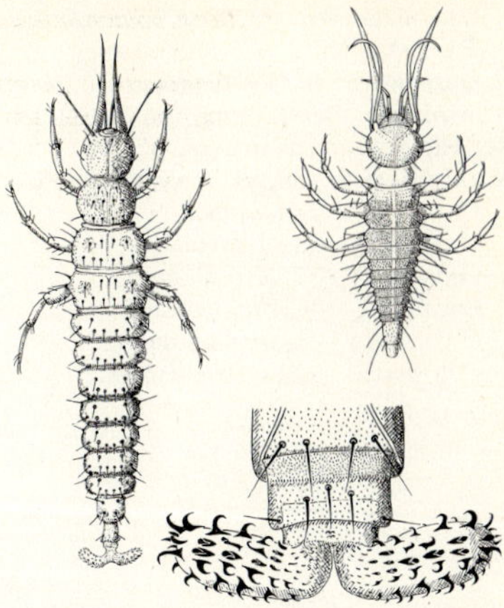

Abb. O-31: ***Osmylus fulvicephalus***. Links erwachsene Larve, ca. 20 mm, Saugzangen (2teilig) an der Basis verdickt, daneben Fühler; darunter Lippentaster (5gliedrig); rechts oben Junglarve, ca. 4 mm; unten ausgestülptes Haftorgan am Hinterleibsende. (Stitz 1931)

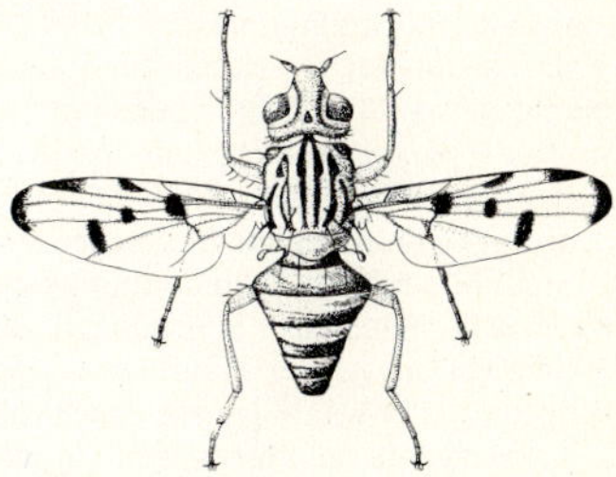

Abb. O-32: ***Ortalis formosa***, eine Schmuckfliege. ♂, 7–11 mm. (Séguy 1951)

Ostrinia; → Pyralidae 18.

Otiorhynchus; → Curculionidae 13.

Otitidae (Ortalididae), Schmuckfliegen; Fam. der cyclorrhaphen Fliegen (Diptera, Brachycera); klein bis mittelgroß, oft ausgezeichnet durch metallische Färbung des Körpers, auch durch die beim Gehen häufig vibrierend bewegten, oft lebhaft gezeichneten Flügel [**O-32**]; die Imagines mancher Arten machen Jagd auf lebende Insekten; die Larven fressen vermutlich im Inneren von Pflanzen, auch in Baumrinden oder im Dung; (z. B. die Larven von ***Physiphora*** sp. in Pferdedung); von ca. 400 beschriebenen Arten etwa 4 Dutzend in M-Eur.i.e.S.

Otternköpfchen, ***Raphidia ophiopsis*** L.; → Raphidioptera.

Ourapteryx; → Geometridae 12.

ovovivipar; Bezeichnung für ein Insekt, bei dem die Larven kurz vor, während oder kurz nach dem Ablegen ausschlüpfen.

Oxybelus; → Sphecidae.

Oxycera; → Stratiomyidae.

Oxyethira; → Hydroptilidae.

Oxymirus; → Cerambycidae.

Oxystoma; → Curculionidae 12.

Oxythyrea; → Scarabaeidae 18.

P

Pachycoleus; → Dipsocoridae.

Pachygastria; → Lasiocampidae 6.

Pachyrhina; → Tipulidae.

Pachythelia; → Psychidae.

Paederus; → Staphylinidae.

Palaeometabola; Insekten mit unvollkommener Verwandlung (Hemimetabola); primitive Formen, bei denen als spezifisch larvale Organe höchstens Gebilde auftreten, die im Grundbauplan vorgesehen sind (z. B. aus abdominalen Extremitäten ableitbare Tracheenkiemen); bezeichnend das Vorkommen imaginaler Häutungen; zwei Gruppen: 1. Epimetabola, mit den früher als → Apterygota zusammengefaßten, primär flügellosen Ordnungen; Gestaltwandel teils praktisch fehlend (→ Collembola), teils im Verlauf der Häutungen Zunahme der Zahl der Segmente am Abdomen bis zum imaginalen Stand (→ Protura). 2. Prometabola; hierher nur die Eintagsfliegen (→ Ephemeroptera); kennzeichnend: das letzte Larvenstadium häutet sich zu der flugfähigen Subimago, diese alsbald zur Imago.

Pales; → Tipulidae.

Palingenia; → Palingeniidae.

Palingeniidae; Fam. der Eintagsfliegen (Ephemeroptera); nur eine Art in M-Eur. i.e.S.: ***Palingenia longicauda*** Ol., größte heimische Eintagsfliege (Körper ca. 35 mm, Schwanzborsten beim ♂ bis 80 mm); bei uns nur an wenigen Stellen, dann aber oft massenhaft (VII–IX); in Ungarn bekannt als »Theißblüte«; Larven in selbstgegrabenen Gängen, Kiemen nach dorsal umgeschlagen, große Mandibeln, Vorderbeine zu Grabbeinen umgebildet [**P-1**]; Dauer des Larvenlebens 3 Jahre.

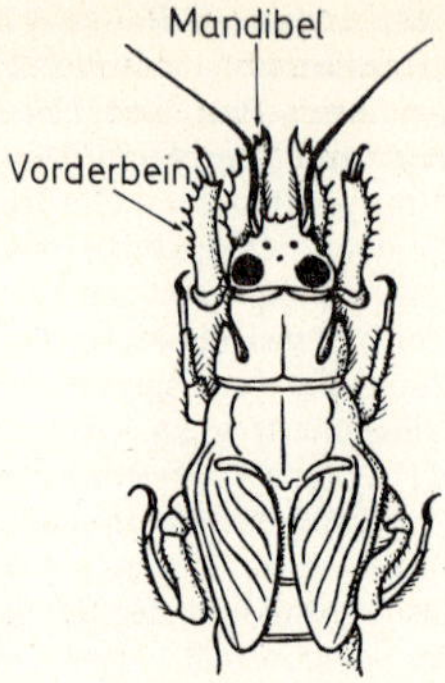

Abb. P-1: ***Palingenia*** sp., Larve, Vorderende.

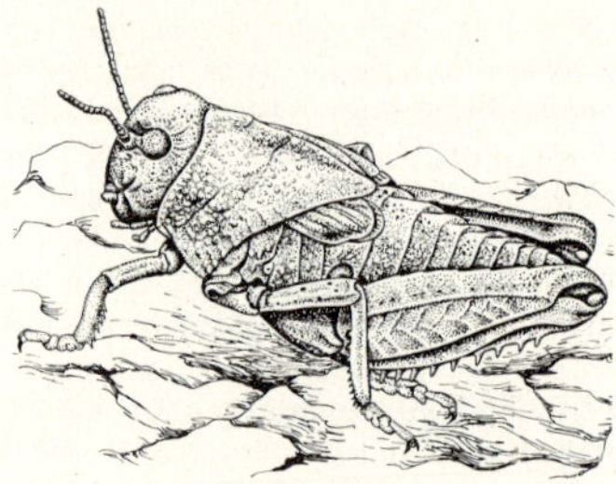

Abb. P-2: ***Prionotropis (Cuculligera) hystrix***, Elefantenschrecke. (M.R.)

Pallasiomyia; → Oestridae 15.

Palloptera; → Lonchaeidae 2.

Palomena; → Pentatomidae.

Palpeneulen → Noctuidae.

Palpenkäfer; → Pselaphidae.

Palpenmotten; → Gelechiidae.

Pamphagidae, Elefantenschrecken, Krötenschrecken; Fam. der Kurzfühlerschrekken (Caelifera); etwa 200 Arten, Mittelmeergebiet, Südafrika und Südamerika; große, dicke und plumpe, auch in der Bewegung krötenhafte Bewohner trockener bis sehr trockener Biotope; Sprungvermögen ± reduziert; flügellos oder kurzflügelig; Kutikula mit starker Körnelung und/oder Warzen, weiß, gelblich oder hell bräunlich, oft dem Untergrund in Farbe und Musterung sehr ähnlich; Lauterzeugung durch Reiben einer rauhen Platte der

Hinterschenkelinnenseite am Abdomen. Im östl. Südeuropa: ***Prionotropis (Cuculligera, Eremobia) hystrix*** Germ.; ♂ 40, ♀ bis 57 mm [**P-2**]; auf trockenem Boden, oft auf (fast) kahlen Steinhalden. (Harz 1975).

Pamphiliidae (Lydidae), Gespinstblattwespen, Kotsackgespinstblattwespen; Fam. der Hautflügler (Hymenoptera, Symphyta); von den gut 200 bekannten Arten etwa 40 in M-Eur.i.e.S., nicht wenige bei Massenvermehrung durch Larvenfraß an Wald- und Obstbäumen, an Zier- und Beerensträuchern schädlich. Larven mit relativ langen Fühlern und gegliederten, fühlerartigen Cerci, mit schwachen Brustbeinen, ohne Bauchbeine am Hinterleib [**P-5**]; ausgezeichnet durch starkes Spinnvermögem, fertigen aus Spinnseide röhrige Gehäuse, in denen sie leben, teils einzeln (solitär), teils als Geschwister eines Geleges gemeinsam (gregär) in einem mehr oder weniger ausgedehnten Gespinst (dann bisweilen ohne individuelle Wohnröhre), in dem sowohl das Fressen als auch die Häutungen stattfinden; bei manchen Arten werden Blatteile zu einer Wohnröhre eingerollt und mit Gespinst verfestigt; auffallend die starke Ansammlung von Kot in den Gemeinschaftsgespinsten mancher Arten; Generation ein- oder mehrjährig, auch bei der gleichen Art zuweilen verschieden; Überwinterung (u. U. mehrmalige) als Larve ohne Gespinst im Boden, hier auch ebenfalls (ohne Gespinstkokon) Verpuppung, zuweilen erst nach mehrjährigem Überliegen der Larve im Boden; eigentliche Puppenzeit nur wenige Wochen. Eier einzeln oder nebeneinander als Gelege äußerlich an die Futterpflanze geklebt, mit einem kleinen Fortsatz in dem mit dem schwachen Legebohrer hergestellten Schlitz befestigt. Parasiten: Schlupfwespen und Raupenfliegen. Auswahl: A) **An Laubholz: 1. *Pamphilius silvaticus*** L., (8–11 mm); Larven einzeln in einer am Blattrand von Pappeln, Weiden, Hainbuche eingerollten Röhre. **2. *Pamphilius inanitus*** Vill. (9–11 mm), Rosengespinstblattwespe; Larven an Rosen, einzeln in einem aus schuppenartig sich deckenden Blattstücken zusammengesponnenen Sack, den sie ständig mit sich tragen. **3. *Neurotoma saltuum*** L. (***flaviventris*** Retz), Gesellige Birnblattwespe (11–14 mm); vor allem an Birnen, auch an Weißdorn und Pflaumen; Eier im V–VI in Gruppen von 30–60 auf

Abb. P-3: ***Cephaleia abietis***, Gemeine Fichtengespinstblattwespe. ♀, 11–14 mm. (Escherich 1923/42)

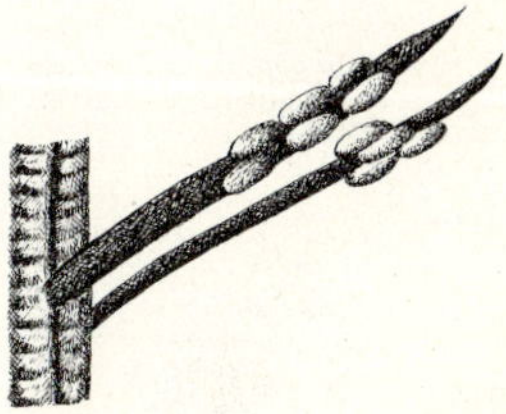

Abb. P-4: ***Cephaleia abietis***, Gemeine Fichtengespinstblattwespe. Eigelege an Fichtennadeln. Ei knapp 2 mm. (Escherich 1923/42)

die Blätter abgelegt; Larven gemeinsam im Gespinst, bauen nach Verzehren der Blätter im Gespinstbereich in der Nachbarschaft ein größeres Gespinst, so mehrere Male nacheinander; die Larven überwintern im Boden; Verpuppung im Frühling oder, nach Überliegen, im Frühling darauf im Boden. **4. *Neurotoma nemoralis*** L., Steinobstgespinstblattwespe (7–8 mm); Lebensweise ähnlich wie 3, jedoch vor allem an Steinobst, an Pfirsich, Aprikosen, Kirschen, Pflaumen, hin und wieder schädlich. B) **An Nadelholz: 5. *Cephaleia abietis*** L., Gemeine Fichtengespinstblattwespe [**P-3**]; Eier im IV–VI in Gruppen von 4–12 mit kurzem Fortsatz in einem Schlitz an vorjährigen Nadeln von Fichten befestigt [**P-4**], bis ca. 120 Eier pro ♀; Larven [**P-5**] gesellig in kotreichem Gespinst, in diesem jede Larve in einer eigenen Gespinströhre, fressen Nadeln, Überwintern in einer Höhle bis 30 cm tief im Boden; Verpuppung im Frühling nach 2–3 Jahren; gelegentlich Massenvermehrung, Schaden durch geringen Zuwachs und verstärkte Anfälligkeit der Bäume z. B. für Borkenkäfer. **6. *Cephaleia alpina*** Klug., Lärchengespinstblattwespe (9–11 mm); Vollentwicklung aus-

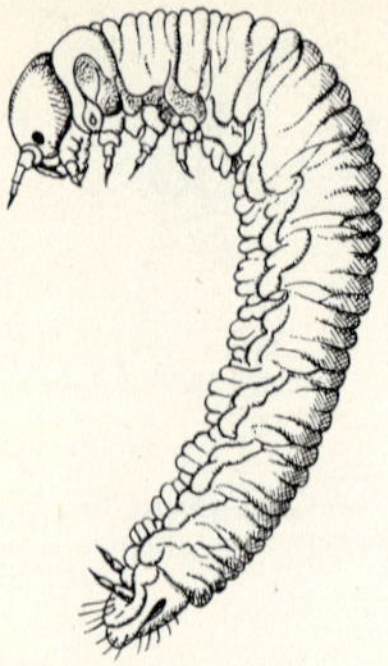

Abb. P-5: ***Cephaleia abietis,*** Gemeine Fichtengespinstblattwespe. Erwachsene Larve, 17 mm. (Schimitschek 1955)

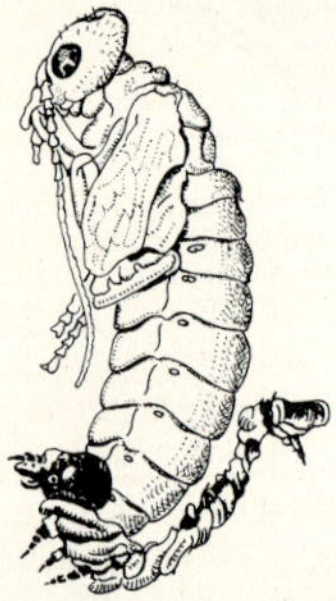

Abb. P-6: ***Cephaleia alpina,*** Lärchengespinstblattwespe. Puppe mit Larvenhaut. 12 mm. (Brauns 1964)

Abb. P-7: ***Acantholyda posticalis,*** Große Kieferngespinstblattwespe. Ei (4 mm) auf Kiefernnadel. (Escherich 1923/42)

schließlich an Lärche; Eier einzeln an Nadeln abgelegt, ähnlich wie bei 5.; jede Larve für sich in einer Gespinströhre, beißt die Nadeln an der Basis ab, zieht sie in die Röhre, verzehrt sie ganz; die erwachsenen Larven überwintern im Boden, manche Larven überliegen den nächsten Winter; Verpuppung im Frühling im Boden [**P-6**]; auch die Puppen können überliegen; anscheinend kommt Parthenogenese vor. **7.** ***Acantholyda posticalis*** Mats. (= ***nemoralis*** Thoms.), Große Kieferngespinstblattwespe (11–15 mm); vor allem an älteren Kiefern zuweilen sehr schädlich; Eier einzeln der Länge nach, runder Eipol zur Nadelspitze, an eingeritzte Nadel gelegt [**P-7**]; Larven einzeln lebend, in einer kotarmen Gespinströhre [**P-8**]; die erwachsenen Larven überwintern im Boden, überliegen meist 2 weitere Winter, ehe die Verpuppung erfolgt; Generation also in der Regel dreijährig. **8.** ***Acantholyda erythrocephala*** Chr., Stahlblaue Kiefernschonungsgespinstblattwespe (10–12 mm); mehr in Schonungen, Eier IV–VI zu mehreren in Zeile hintereinander auf die Oberseite der Nadeln gelegt; Larven gesellig in kotarmen Gespinsten, jede Larve in eigener Gespinströhre; Verpuppung im Spätsommer des gleichen Jahres im Boden, die Puppen können 1–3 Winter überliegen; gelegentlich schädlich. (Bachmaier 1969; Brauns 1964; Escherich 1923/42).

Pamphilius; → Pamphiliidae.

Panaxia; → Arctiidae 10, 11.

Panolis; → Noctuidae 1.

Panorpa; → Panorpidae.

Panorpatae; → Mecoptera.

Panorpidae, Skorpionsfliegen; Fam. der Schnabelfliegen (Mecoptera); von den über 100 Arten in M-Eur.i.e.S. nur 5; häufige Art: ***Panorpa communis*** L. (etwa 18 mm [**P-9**]); auffallend der rüsselartig verlängerte vordere Teil des Kopfes, der die kurzen gezähnten Beißmandibeln trägt, neben den in den basalen Teilen (unter dem »Schnabel«) verlängerten Maxillen und dem Labium; die 4 gleichgroßen, reich geäderten, oft dunkel gefleckten Flügel in der Ruhe flach schief nach hinten gelegt, Flug mäßig fördernd; Hinterleibsende beim ♀ zugespitzt, als Legeröhre verwendet; ♂ mit einem Paar starker, an großen Coxopoditen sitzenden Zangen am verdickten 9. und mit charakteristischen dorsalen Fortsätzen (Notal - und Postnotalorgan) am 3. und 4.

Hinterleibssegment; im verdickten Genitalsegment außerdem ausstülpbare, artspezifisches Sexualpheromon liefernde Drüse; Hinterleibsende vom ♂ meist nach oben gekrümmt getragen (deutscher Name). Die Imagines im Sommer auf Büschen, mehr im Schatten, fressen vor allem tote, verletzte oder sonstwie geschwächte, selten gesunde Insekten, zuweilen auch Nektar und den Honigtau der Blattläuse; amerikanische (auch einheimische?) Arten verspeisen häufig in Spinnennetzen gefangene Insekten (→ Kleptoparasitismus); sie vermögen geschickt auf den Netzfäden zu laufen; wenn sie sich verfangen, lösen sie mit einem hervorgewürgtem Mitteldarmsaft die Fessel. Paarungsverhalten bei den mitteleuropäischen Skorpionsfliegen gleichartig: Anlockung des ♀ aus bis zu 8 m durch das Sexualpheromon des ♂; das ♂ nähert sich dann dem ♀ mit auffallendem Flügelwinken und heftigen Aufabbewegungen des Hinterleibs; paarungswillige ♀♀ reagieren mit gleichen Bewegungen; das Flügelwinken ist ein visuelles Signal, während auf die durch die Abdomenbewegungen erzeugten Vibrationen der Unterlage Mechanorezeptoren in den Beinen ansprechen; nicht selten fliegt das zunächst ruhig sitzende ♀ ein kurzes Stück weg; das ♂ bleibt ruhig, das ♀ läuft winkend und Abdomenvibrierend umher; das ♂ nähert sich erneut dem ♀; so u. U. mehrere Male abwechselnd; das ♂ würgt dann aus den zu dieser Zeit stark entwickelten Speicheldrüsen (jederseits 3 Drüsenschläuche) einen Sekrettropfen aus, der, zu einem zylindrischen Gebilde geliert, auf der Unterlage (Blatt) abgesetzt wird und den das ♀ zu verspeisen beginnt; schließlich packt das ♂, neben dem ♀ sitzend mit den Hinterleibszangen meist von oben das Abdomen des ♀ und läßt dann die Zangen nach hinten gleiten; die Partner nun in V-Stellung nebeneinander [**P-10**], Vorderflügel des ♂ über den Flügeln des ♀; der dem Rücken des ♂ nähere Vorderflügel des ♀ wird – zur weiteren Fixation des ♀ – an seinem Vorderrand zwischen Notal- und Postnotalorgan festgeklemmt; während der meist 15–20 min dauernden Begattung werden mehrere (bis 7) Speichelkügelchen vom ♂ abgegeben und vom ♀ gefressen; jedes der eiweißhaltigen Sekretkügelchen wird vermutlich von einem anderen Speicheldrüsenschlauch geliefert; ♂♂ und ♀♀ können mehrere Male

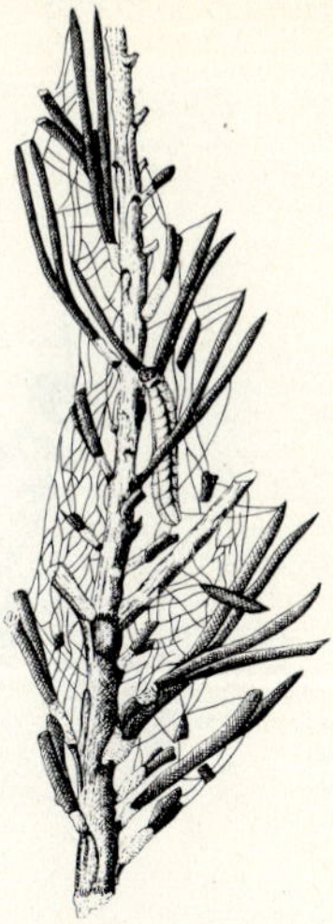

Abb. P-8: ***Acantholyda posticalis***, Große Kieferngespinstblattwespe. Larve im fast kotfreien Gespinst. (Escherich 1923/42)

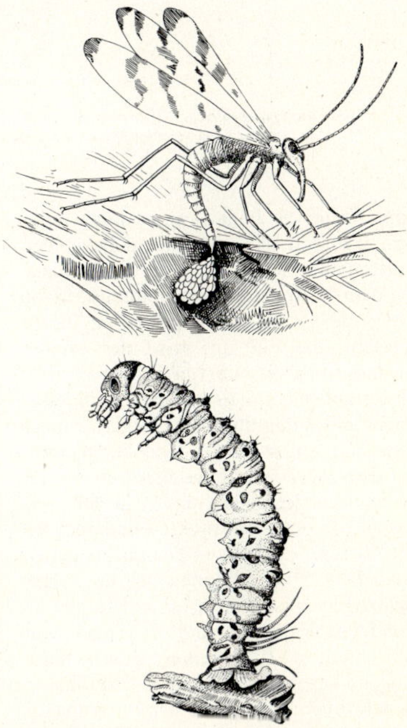

Abb. P-9: ***Panorpa communis***, Skorpionsfliege, Skorpionshaft. Oben ♀ bei der Eiablage, unten Larve. (Grassé 1951)

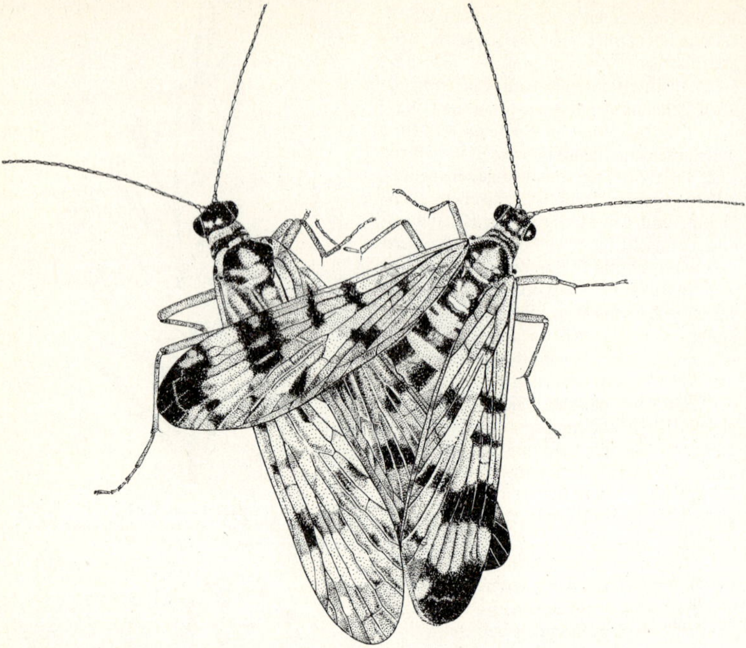

Abb. P-10: ***Panorpa communis***, Skorpionsfliege. Kopula; ♂ rechts, umklammert mit dem Notalorgan den Vorderrand des rechten ♀-Flügels. (Mickoleit 1971)

kopulieren; die Begattung ist auch möglich, während das ♀ an einem beliebigen Futter frißt. Wenige Tage darauf Eiablage mit dem gestreckten Hinterleibsende in die Erde, die Eier (12–20) werden zu Ballen verklebt, die Eiablage wird des öfteren wiederholt [**P-9**]. Larven raupenähnlich, düster gefärbt, unten an den Hinterleibsringen mit 8 Paaren kurzer fingerförmiger Füßchen, außer den 3 Brustbeinpaaren; auf dem Rücken warzige Erhebungen mit Borsten; sie leben in Gängen in der Erde vor allem von toten Insekten und anderen Kleintieren, fressen auch Fleisch, aber auch pflanzliche Stoffe; können sich mit 4 lappenartigen, aus dem After ausstülpbaren Gebilden festheften und sich senkrecht aufrichten; bei ***P. communis*** 4 Larvenhäutungen; Verpuppung in einer Erdhöhle; 2 Generationen im Jahr; Überwinterung als verpuppungsreife alte Larve. (Byers, Thornhill 1983; Grassé 1951; Günther 1968; Kaltenbach 1978; Mickoleit 1971; Rupprecht 1974; Stitz 1931; Thornhill 1976; Wundt 1969).

Panthea; → Noctuidae 2.

Pantilius; → Miridae.

Pantophagie; alles wird gefressen; → Polyphagie.

Panurgus; → Andrenidae 3.

Papatacimücke, ***Phlebotomus papatasi*** Scop.; → Psychodidae.

Papierlaus, ***Troctes divinatoris*** Müll.; → Troctidae.

Papilio; → Papilionidae 1.

Papilionidae; Ritterfalter, Ritter; Fam. der Schmetterlinge (Lepidoptera); stattliche, oft sehr bunt gefärbte Tagfalter, besonders in den Tropen mit mehreren hundert Arten, in Mitteleuropa jedoch nur mit 6, in M-Eur.i.e.S. mit 4 Arten vertreten. Die Raupen ausgezeichnet durch die durch Blutdruck ausstülpbare Nackengabel (Osmaterium [**P-11**]), in der weichen Haut zwischen Kopf und erstem Brustring; bei Reizung wird plötzlich der Vorderkörper angehoben, zugleich der Kopf gesenkt, das oft lebhaft gefärbte gabelförmige, mit Drüsenzellen besetzte Organ tritt aus, gibt ein Sekret ab, das 2-Methyl- und Isobuttersäure, beim amerikanischen ***Battus polydamas*** Sesquiterpene enthält, kann durch Rückziehmuskel wieder eingestülpt werden; die Reaktion ist mehrere Male auslösbar, erlischt dann (statt dessen Flucht), muß wohl zusammen mit der zuweilen recht bunten (Warn-?)Färbung als Abwehr gegen gewisse natürliche Feinde gedeutet werden; von der Raupe mit dem Nackengabel-Sekret beschmierte Ameisen fliehen sofort; Entfernen der Nackengabel auf dem vorletzten und letzten Stadium verhindert die Verpuppung nicht; diese findet, teils in einem schwachen Gespinst am Boden ***(Apollo)***, teils als → Gürtelpuppe statt; Herstellung des Gürtels ähnlich wie bei Weißlingen (→ Pieridae; dort genauer beschrieben). Beispiele: **1. *Papilio machaon*** L., Schwalbenschwanz; (die namengebende zipfelartige Verlängerung der Hinterflügel auch bei manchen anderen Vertretern dieser Gruppe); die Falter fliegen IV–VI (1. Generation) und wiederum VII–VIII (2. Generation; satteres Gelb, tieferes Schwarz), selten unter günstigen Bedingungen im Herbst Einzeltiere einer 3. Generation; die kugeligen Eier werden einzeln auf die Blätter der Futterpflanzen (verschiedene Doldengewächse, nicht selten an Möhre) abgelegt. Die Jungraupe ist schwarz mit hellem Rückenfleck; spätere Stadien sind grün, mit gelbrot gepunkteten schwarzen Ringeln, also sehr auffallend gezeichnet [**P-12**], die Puppe (gelb-grün bis bräunlich, vorn 2-zipfelig) der 2. Generation überwintert; sie ist an Stengeln grün, auf Steinen oder Rinde mehr weiß-grau, die Färbung bedingt durch die Art der Belichtung während einer sensiblen Periode der Raupe kurz vor der Verpuppung; sie liefert im Frühling die Falter der 1. Generation; Umherwandern der Falter im heimischen Verbreitungsgebiet wird gelegentlich beobachtet. **2. *Iphiclides podalirius*** L., Segelfalter; in den Flatterflug eingeschaltete Segelphasen sind auch bei anderen Vertretern dieser Fam. häufig; in M-Eur.i.e.S. meist eine Generation (Falterflug V–VII), nur in sehr warmen Bereichen und südlich der Alpen im VII.–VIII. auch eine 2. (Sommer-) Generation; Eier kugelig, einzeln oder zu zweit an die Blattunterseite vor

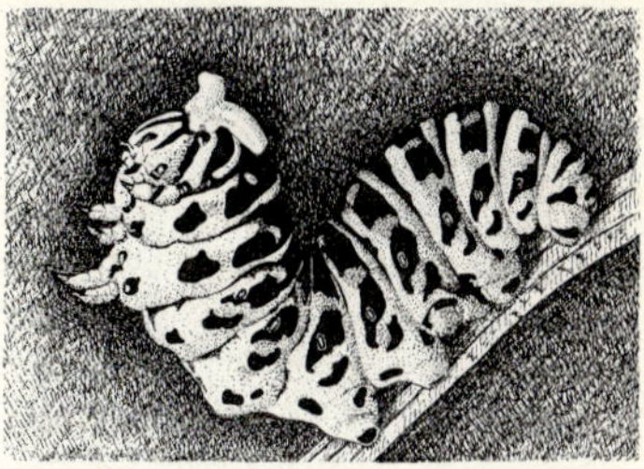

Abb. P-11: ***Papilio machaon***, Schwalbenschwanz. Raupe in Drohstellung mit teilweise ausgestülpter Nackengabel.

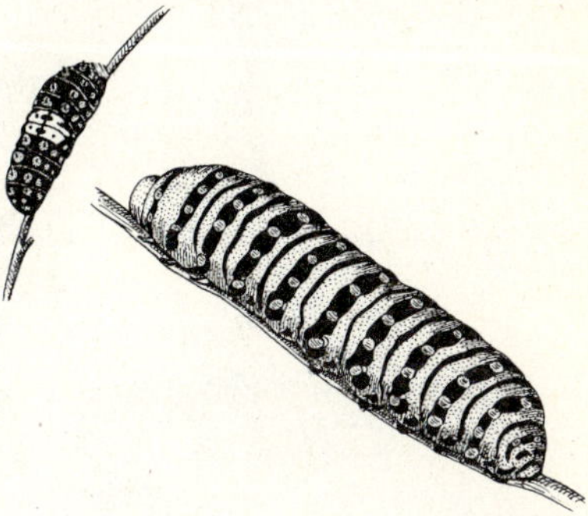

Abb. P-12: ***Papilio machaon***, Schwalbenschwanz. Jungraupe (schwarz mit roten Warzen auf weißem Rückenfleck) und erwachsene Raupe (grün und schwarz und mit gelbroten Flecken).

allem von Schlehen (auch Weißdorn und Traubenkirsche) abgelegt. Die Raupen [**P-13**] sind zunächst düster mit grünen Flekken, später grün mit gelblichen Rücken-, Seiten- und Schrägstreifen, mehr oder weniger ausgedehnt dunkel gefleckt; diese Dunkelfleckung, besonders ausgeprägt im letzten Stadium ist nahrungsbedingt, fehlt ganz oder weitgehend bei frischem Futter, wird stärker bei trockenen und welken Blättern als Futter, die Raupen sind sehr lichthungrig, sitzen tagsüber auf einem Gespinst so am Zweigende, daß das Licht schräg von vorn den Rücken trifft, passend zu der (im Sinne der einfachen Gegenschattierung) Farbstoffverteilung in der Haut, sind in dieser Stellung sehr schwer sichtbar; sie fressen von hier aus vor allem nachts; die überwinternde Gürtelpuppe [**P-13**] ist braun. Unterschiede zwischen Frühjahrs- (FG) und Sommergeneration (SG): die Falter der FG schlüpfen aus braunen, die

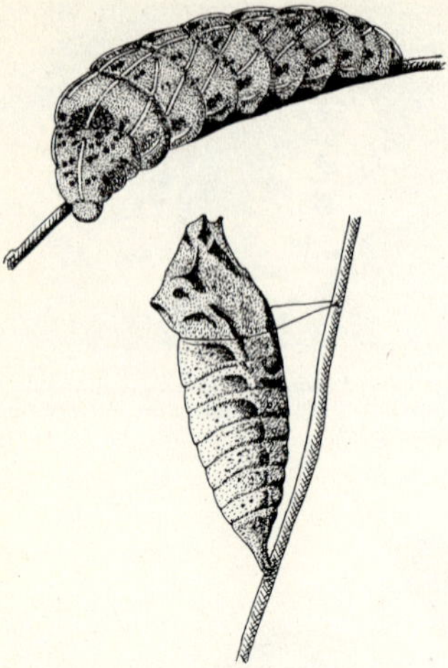

Abb. P-13: ***Iphiclides podalirius*****,** Segelfalter. Raupe und Puppe. (Eckstein 1913/33)

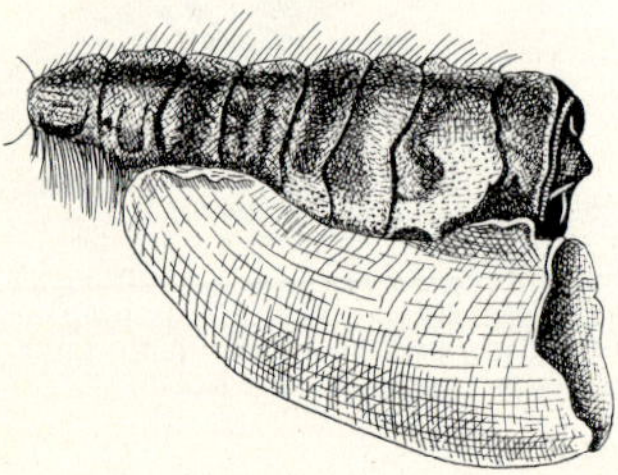

Abb. P-14: ***Parnassius mnemosyne*****,** Schwarzer Apollo. ♀ mit Sphragis; nur Abdomen gezeichnet. (Forster, Wohlfahrt 1954/81)

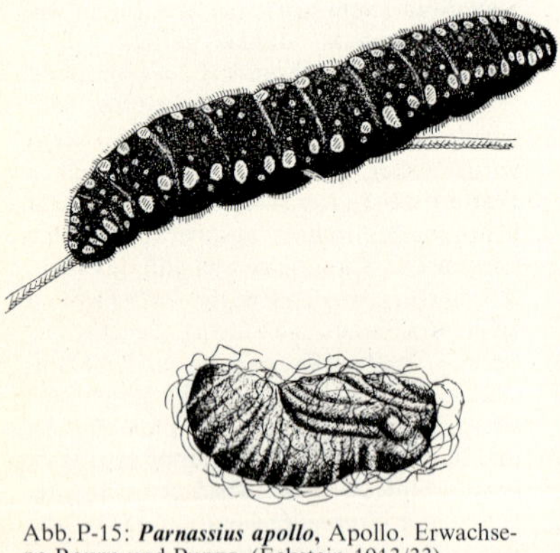

Abb. P-15: ***Parnassius apollo*****,** Apollo. Erwachsene Raupe und Puppe. (Eckstein 1913/33)

der SG aus grünen Puppen; FG-Falter: Hinterleib oben schwarz, an den Seiten mit schwarzen Längsstreifen, überhaupt intensivere Schwarzfärbung, Schwänze der Hinterflügel relativ kurz; SG: längere Schwänze, Hinterleib fast ohne Schwarz; Bedingungen für das Auftreten einer SG: relativ hohe Temperatur und Langtagbedingungen für die hierfür sensiblen älteren Raupenstadien (vgl. auch → Nymphalidae, ***Araschnia levana*** L.). Kein Wanderfalter, streicht höchstens im Verbreitungsgebiet umher. **3. *Zerynthia polyxena*** Schiff. (***hypsipyle*** Schulz), Osterluzeifalter; fliegt IV–V nur südlich der Alpen, Hinterflügel ohne Schwänzchen; die Raupe frißt an ***Aristolochia***-Arten, die Puppe überwintert. **4. *Parnassius apollo*** L., Apollo; Falter (VI–IX) ähnlich einem großen Weißling, jedoch die Flügel durch spärliche Beschuppung durchscheinend, mit Rot auf Vorder- und (als schwarz umrandete Ringmakel) Hinterflügeln; Flug sehr stürmisch, mit eingeschobenen Segelphasen; ♀ nach Begattung mit »Begattungstasche« (Sphragis [**P-14**]), gebildet aus dem erhärteten Sekret von Anhangsdrüsen des männlichen Geschlechtsapparates, (außer bei Apollos z. B. auch bei manchen Nymphaliden), ihre Gestalt ist als Ausguß der männlichen Genitalien artspezifisch verschieden; sie dient vermutlich der festeren Verbindung der Partner, vielleicht auch zum Verhindern einer weiteren Begattung des ♀; ein ♀ mit diesem Begattungszeichen wird von den ♂♂ kaum angeflogen (Duftkomponente?); die Sphragis behindert die Eiablage (durch eine zweite Geschlechtsöffnung) nicht. Vorkommen der Art nur lokal, in Berggegenden, gebunden an das Auftreten der Hauptfutterpflanze ***(Sedum album*** L.***)*** der Raupen; Futterpflanze in nördlichen Bereichen des Verbreitungsgebietes ist ***Sedum telephium*** L., wird von den mitteleuropäischen Raupen nur ungern gefressen; (Gewöhnung oder erblich bedingt?); Überwinterung meist als Ei, mit dem darin bereits fertig entwickelten Räupchen, das dann im Frühling ausschlüpft (Schlüpfen selten schon im Herbst). Raupen kurz behaart, samtschwarz, jederseits mit Reihen orangener Flecken, blaue Wärzchen auf dem Rücken [**P-15**]; fressen stets nur am Tage, in den jungen Stadien gesellig. Die rotbraune, blau bereifte (Wachs?)Puppe [**P-15**] in einem dünnen Gespinst am Boden; Dauer der Puppenruhe verschieden, bedingt so das Auftreten des Falters während des ganzen Sommers. **5.** ***Parnassius mnemosyne*** L., Schwarzer Apollo; Flügel ohne Rot; Verbreitung ähnlich dem vorigen, die gelb gefleckten Raupen fressen an Lerchensporn ***(Corydalis)***; eigenartige Reaktion des begatteten ♀ auf Störung: es kratzt, auch für das menschliche Ohr auf einige Meter hörbar mit ausgebreiteten Flügeln auf der Vegetation sitzend, mit den Hinterbeinen quer über das Geäder der Hinterflügelunterseite [**P-16**]. **6.** ***Parnassius phoebus*** F. ***(delius*** Esp.***)***, Alpenapollo; sehr ähnlich dem ***P. apollo*** L., in Mitteleuropa jedoch nur in den Hochalpen; Raupen (Flecken zitronengelb) an ***Saxifraga aizoides*** L.; (Bedingung für die Nahrungsspezifität der 3 Arten sollte untersucht werden, zumal Artkreuzungen angeblich möglich sind). Alle Apollo-Arten sind vom Aussterben bedroht; → Geschützte Insekten. (Eisner, Meinwald 1965; Eisner et al. 1971; Forster, Wohlfahrt 1954/81; Süffert 1932; Wickler 1968).

Papilionoidea; echte Tagfalter (früher: Rhopalocera); Ü.-Fam. der Schmetterlinge mit den Fam.: → Papilionidae; → Pieridae; → Lycaenidae; → Satyridae; → Nymphalidae; → Danaidae.

Pappelblattkäfer, ***Melasoma populi*** L.; Chrysomelidae 11.

Pappelblattroller, ***Byctiscus populi*** L.; → Curculionidae 6.

Pappelblattwespen; → Tenthredinidae D.

Pappelböcke, ***Saperda*** sp.; → Cerambycidae 26, 27.

Pappelglasflügler, ***Aegeria apiformis*** Cl.; → Aegeridae.

Pappelglucke, Große, ***Gastropacha populifolia*** Esp.; **Kleine,** ***Poecilocampa populi*** L.; → Lasiocampidae 9 bzw. 4.

Pappelkarmin, ***Catocala elocata*** Esp.; → Noctuidae 19.

Pappelschwärmer, ***Laothoë populi*** L.; → Sphingidae 2.

Pappelspanner, ***Biston strataria*** Hufn.; → Geometridae 18.

Pappelspinner, ***Leucoma salicis*** L.; → Lymantriidae 3.

Pappelzahnspinner, ***Pheosia tremula*** C.; → Notodontidae 5.

Parachiona; → Trichoptera.

Parachironomus; → Chironomidae A.

Paracletus; → Eriosomatidae 13.

Parametabola; → Neometabola.

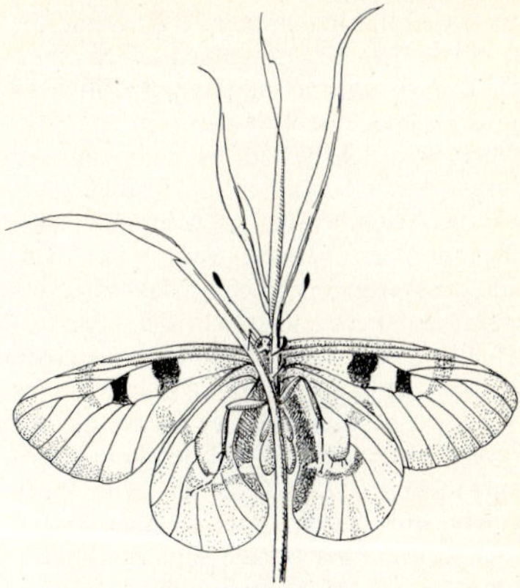

Abb. P-16: ***Parnassius mnemosyne,*** Schwarzer Apollo. ♀ beim Stridulieren. (Bourgogne 1951)

Paraneoptera; → Neometabola.

Paranthrene; → Aegeriidae 2.

Paraphaenocladius; → Chironomidae.

Paraponyx; → Pyralidae 23.

Pararge; → Satyridae 7.

Parascotia; → Noctuidae.

Parasetigena; → Tachinidae.

Parasitismus, Schmarotzertum; (hier nur bei Insekten; nicht behandelt: sog. »Schädlinge«, die an Nutztieren und Nutzpflanzen und von ihnen stammenden Produkten Schaden anrichten). Kennzeichen des Parasiten (Schmarotzers): Entwicklung in oder an meist einem einzigen Wirtsindividuum; kleiner als der Wirt, von dem er sich nährt; oft schwache oder ganz fehlende Beweglichkeit; ist der Wirt ein Insekt (bei entomophagen Parasiten), so stirbt er in der Regel; Abgrenzung gegen Räubertum: ein Räuber (Predator) benötigt (meist) mehr als ein Beutetier, ist gut beweglich und meist größer als die Beute. Formen des Parasitismus: **1.** Ektoparasitismus: der Parasit frißt außen am Wirt, der beweglich bleibt oder durch Stich bei der Eiablage paralysiert, gelegentlich sogar getötet wird. **2.** Entoparasitismus: der Parasit lebt im Wirt; (bei einigen Schlupfwespen leben die Larven zuerst ekto- dann entoparasitisch oder umgekehrt); Verpuppung inner- oder außerhalb des Wirts. **3.** Ei-, Larven-, Puppen-, Imaginal-Parasitismus: der Parasit entwickelt sich in dem betr. Stadium des Wirtsinsekts; Ei-Larven- bzw. Larven-Puppen-Parasitismus: die Entwicklung des Parasiten erfolgt in den betr. 2 Wirtsstadien. **4.** Nach den Nahrungsansprüchen kann der Parasit sein: a) monophag: Entwicklung nur über eine Wirtstierart möglich, im allgemeinen sehr selten; b) oligophag: der Parasit kann einige, oft miteinander verwandte Arten befallen; c) pleophag: zahlreichere Arten, Vertreter verwandter Fam. sind die Wirte; d) polyphag: das Wirtstierspektrum ist reich, erstreckt sich über verschiedene Ordnungen; (eine bevorzugte Wirtsart dann als Haupt-, die anderen als Nebenwirte bezeichnet; e) monoxen: der Parasit braucht für die Vollendung seines Entwicklungszyklus (z.B. im Laufe eines Jahres) nur eine Wirtsart; f) heteroxen: 2 oder mehrere Wirtsarten sind zur Vollendung des Zyklus nötig. **5.** Solitärparasitismus: nur ein Parasiten-Individuum entwickelt sich im Wirt; mögliche Gründe: der Wirt wurde nur mit einem Ei belegt; bei Ablegen mehrerer Eier: das Futter reicht nur für eine Larve, die in der Konkurrenz siegreich bleibt, oder die zuerst geschlüpfte Larve hemmt durch einen Stoff die Entwicklung der anderen. **6.** Gregärparasitismus: mehrere Larven der gleichen Art entwickeln sich in oder an einem Wirtstier, (z.B. die Larven der Brackwespe ***Apanteles glomeratus*** L. in Weißlingsraupen); manche Arten leben in kleinem Wirt solitär, in großem Wirt gregär (z.B. die Larven der Encyrtide ***Diversinervus smithi*** Comp., Parasit bei der Schildlaus ***Coccus hesperidum*** L.). **7.** Polyembryonalparasitismus: durch Polyembryonie aus einem Ei entstandene, mehr oder weniger zahlreiche Larven (bis über 2000) leben in einem Wirtstier; so bei einigen Braconidae, Encyrtidae, Platygasteridae und Dryinidae, (gehören alle zu den Hautflüglern); Eiablage meist in das Wirtsei, Schlüpfen der Imagines erst aus der alten Larve oder Puppe des Wirts. **8.** Superparasitismus: durch Zufall (z.B. Mehrfachbelegung) – nicht obligatorisch – leben mehrere Larven der gleichen Parasitenart als sonst üblich in einem Wirtstier, dann als Konkurrenten. **9.** Multiparasitismus: durch Zufall (wohl in der Regel Fehlleistung bei der Eiablage) leben 2 (oder mehr) Parasitenarten in einem Wirtstier, dann als Konkurrenten; Ergebnis: beide gehen zugrunde, oder nur einer, oder (selten) beide entwickeln sich. **10.** Primärparasitismus: der (Primär-)Parasit lebt in oder an einem nicht-parasitischen Wirt. **11.** Hyperparasitismus: der Wirt des Parasiten ist selbst Parasit (z.B. Larven bzw. Puppen von parasitischen Haut- oder Zweiflüglern); weit verbreitet; a) Sekundärparasitismus: der (Sekundär-)Parasit lebt vom Primärparasiten des – nicht parasitischen – Primärwirts; aa) direkt: der Sekundärparasit sucht direkt seinen ekto- oder entoparasitischen Wirt auf; bb) der Sekundärparasit erreicht seinen Wirt indirekt über den Primärwirt; Beispiel: ***Perilampus***-Arten (→ Perilampidae): das ♀ legt Eier auf die Futterpflanze des Primärwirts (z.B. einer Raupe), die ausschlüpfenden Planidium-Larven dringen in die Raupe ein, erwarten hier ihren Wirt, den Primärparasiten der Raupe: Sicherung der Entwicklung des Sekundärparasiten durch große Fruchtbarkeit. b) Tertiärparasitismus: der Sekundärparasit ist Wirt für den Tertiärparasiten; sehr selten und schwer erkennbar; Beispiel: die Folge ***Pleurotropis tarsalis*** Ashm. (Eulophidae) ⇒ ***Dibrachys cavus*** Walk. (Pteromalidae) ⇒ ***Apanteles***-Arten (Braconidae) ⇒ ***Lymantria dispar*** L., Schwammspinner (nach Untersuchungen in Nord-Amerika). **12.** Autoparasitismus: der Parasit lebt von Larven der gleichen Art; Beispiel: die ♂-Larven mancher → Aphelinidae nähren sich von den primär-parasitisch in Schildläusen lebenden ♀-Larven. Groß ist die Bedeutung zumal der entomophagen Parasiten für das Kurzhalten von Pflanzenschädlingen in Feld, Wald und Garten; eine der Voraussetzungen für die Wirksamkeit: das oft sehr ausgeprägte Suchvermögen des Parasiten-♀, das zum Finden des Wirtes führt; Praxis der »Biologischen Schädlingsbekämpfung«: Aussetzen von im Labor in Massen gezüchteten Parasiten (oder auch Räubern); nachgeholte Parasiten (oder Räuber) nicht selten mit Erfolg eingesetzt gegen in Fremdländer eingeschleppte Schädlinge. (Bachmaier 1958; Beckage 1985; Clausen 1940; Franz 1961; Thompson 1986).

Parasitoide; neuerdings gebräuchliche, zusammenfassende und die Art des Lebenszyklus charakterisierende Bezeichnung für jene Insekten, deren Imagines als Nektarsauger, Pollenfresser oder Räuber frei leben, deren Larven jedoch (häufig einzeln oder zu wenigen, seltener zu vielen pro Wirt) sich parasitisch ernähren und den Wirt dabei letztlich töten; typisch für → Strepsiptera, häufig bei Hymenoptera und Diptera; weltweit wohl mehr als eine viertel Million parasitoider Insekten. (Thompson 1986; Vinson 1985; Vinson, Iwantsch 1980; Waage, Greathead 1986).

Parasitus coleoptratorum L., Käfermilbe; → Scarabaeidae 2.

Parasmittia; → Chironomidae.

Parasoziale Insekten; → Soziale Insekten; → Apoidea.

Parastichtis; → Noctuidae 34, 35, 36.

Parasyndemis; → Tortricidae 10.

Paravespula; → Vespidae 4.

Parenchymsauger; diejenigen Blattläuse, die mit dem Stechborstenbündel einzelne Parenchymzellen der Wirtspflanze nacheinander anstechen und aussaugen; keine oder schwache Honigtaubildner; → Aphidina.

Parkettkäfer, ***Lyctus linearis*** Goeze; → Lyctidae; ***Plagionotus arcuatus*** L., → Cerambycidae 17.

Parnassius; → Papilionidae 4, 5, 6.

Pars stridens; → Stridulationsorgane.

Parthenogenese, Jungfernzeugung, eingeschlechtliche Fortpflanzung: Entwicklung von Eiern ohne Befruchtung; telytoke P.: aus unbesamten Eiern entstehen ♀♀; arrhenotoke P.: aus unbesamten Eiern entstehen ♂♂.

Parthenolecanium; → Lecaniidae 1.

Passalidae; → Lamellicornia.

Passaloecus; → Sphecidae.

Paurometabola; → Heterometabola.

Paururus; → Siricidae.

Paussidae, Fühlerkäfer; Fam. der Käfer (Coleoptera, Adephaga); etwa 1000, meist tropische Arten, eine Art in Südfrankreich ***(Paussus favieri*** Fairm.***)***; selten über 1 cm große, dunkelbraune, häufig klobig gebaute Käfer; Fühlerglieder zu 2 sehr großen Abschnitten verschmolzen, von denen das distale kahn- oder ohrförmig gebaut sein kann; im Innern der Fühler, aber auch an anderen Körperstellen Drüsen, die ein aromatisches Sekret absondern; alle Arten mit pygidialen Wehrdrüsen; nicht wenige mit Bombardierapparat (ähnlich ***Brachynus***, → Carabidae 7), mit Strukturen, die unter Ausnutzung eines physikalischen Effekts (Coanda-Effekt) ein sehr genaues Zielen ermöglichen; Larven und Imagines leben in Nestern von Ameisen (meist der Gttg. ***Pheidole***), von deren Brut sie sich ernähren; die Ameisen lecken gierig die Drüsensekrete der Käfer. (Crowson 1981; Eisner, Aneshansley 1982; Kistner 1982).

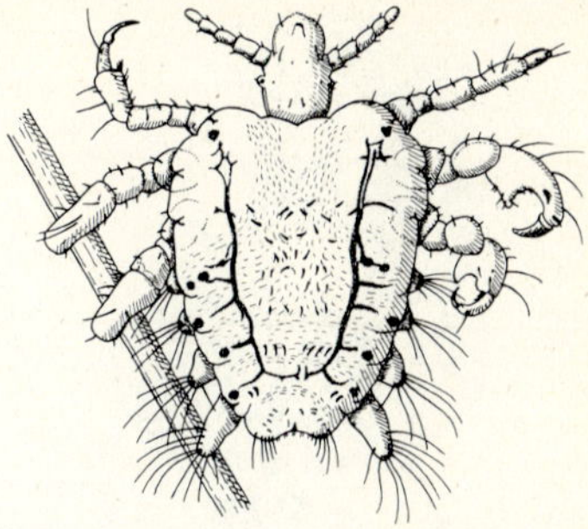

Abb. P-17: ***Phthirus pubis***, Schamlaus. 1 bis 1,7 mm. (Eidmann 1941)

Paussus; → Paussidae.

Pechlibellen, ***Ischnura*** sp.; → Coenagrionidae 4.

Pedicia; → Limoniidae.

Pediculidae, Menschenläuse, Fam. der Läuse (Anoplura); blutsaugende Außenparasiten auf Affen und Menschen; auf dem Menschen: **1.** ***Phthirus pubis*** L., Filzlaus, Schamlaus ca. 1,5 mm [**P-17**]), hauptsächlich, aber keineswegs ausschließlich in der Schambehaarung; das ♀ legt 25–30 Eier (Nisse), angeklebt an die Haare ([**A-34,1**]). **2.** ***Pediculus capitis*** L., Kopflaus und **3.** ***Ped. humanus*** L. ***(= corporis*** Deg.***)***, Kleiderlaus ([**A-30**]; → Anoplura); Unterschiede: Kopflaus: ♂ 2,4–2,6 mm, ♀ 2,6–3,1 mm; hauptsächlich am Kopfhaar; Eier (Nisse) vor allem an Haare geklebt (z.T. auch lose abgelegt); Kleiderlaus: ♂: 3,0–3,2 mm, ♀: 3,5–4,2 mm; hauptsächlich an der Körperbehaarung und der Kleidung; Eier bevorzugt an der Kleidung abgelegt (auch lose); beide Arten recht fruchtbar (bis ca. 300 Eier pro ♀); lästig durch Stiche (juckende Quaddeln), bes. bei starker Vermehrung; besonders die Kleiderlaus ist gefährlich als Überträger von Krankheiten: Fleckfieber, Flecktyphus, Erreger: ***Rickettsia prowazeki***, Übertragung wohl in erster Linie durch Einschmieren von Läusekot oder zerquetschten Läusen in die Haut; Rückfallfieber, Erreger: ***Spirochaeta recurrentis***, Übertragung durch Einschmieren zerquetschter Läuse in kleine Hautwunden; Fünftage-Fieber, Wolhynisches Fieber, Erreger: ***Rickettsia quintana***, Übertragung wohl durch Eindringen von Läusekot in Hautrisse. (Verwandte Arten auf Schimpanse und Gorilla). (Günther 1968;

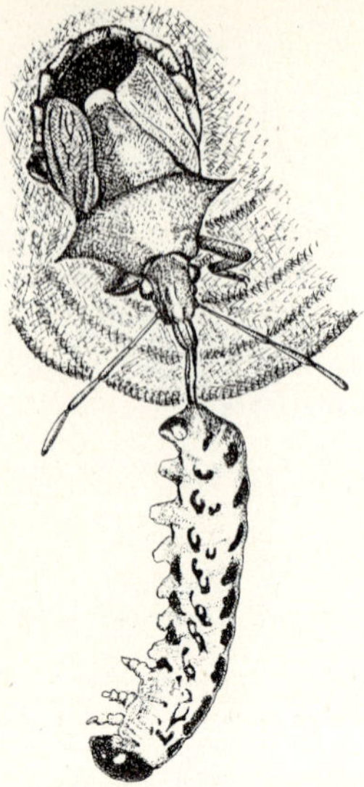

Abb. P-18: ***Picromerus bidens.*** 10–12 mm, saugt eine am Rüssel hängende Blattwespenlarve aus. (Günther 1969)

Frank 1976; Levene, Dobzhansky 1959; Martini 1952; Rietschel 1969).

Pediculus; → Pediculidae.

Pedinus; → Tenebrionidae 4.

Pegohylemyia; → Anthomyiidae 1.

Pegomyia; → Anthomyiidae 8.

Peltodytes; → Haliplidae.

Pelzbienen, ***Anthophora*** sp.; → Anthophoridae 4.

Pelzblattwespe, Große, ***Trichiosoma lucorum*** L.; → Cimbicidae 4.

Pelzflohkäfer; → Leptinidae.

Pelzkäfer, ***Attagenus pellio*** L.; → Dermestidae 2.

Pelzmotte, ***Tinea pellionella*** L.; → Tineidae 2.

Pemphigidae, Pemphigus; → Eriosomatidae.

Pemphredon; → Sphecidae.

Pentapedilum; → Chironomidae.

Pentatoma; → Pentatomidae.

Pentatomidae, Schildwanzen, Baumwanzen; Fam. der Landwanzen (Heteroptera, Geocorisae); bezeichnend das große, manchmal den ganzen Hinterkörper bedeckende Schildchen, das dorsal hinten an den Halsschild anschließt; (ähnlich bei den → Acanthosomidae, → Cydnidae, → Plataspidae); von insgesamt etwa 6000 nur gut 60 meist mittelgroße Arten in M-Eur.i.e.S.; einige sehr bunt, bei manchen regelmäßig Änderung der Färbung der Imagines im Laufe des Lebens; z. B. bei ***Eurydema ornatum*** L.: im Sommer Auftreten roter Flekken, nach der Überwinterung mehr schwarz; ähnlich ***Eur. oleraceum*** L.; ***Palomena***-Arten im Sommer grün, im Herbst Umfärbung nach Braun, im Frühling Rückfärbung nach Grün (im Herbst Auftreten, im Frühling Verschwinden eines roten Farbstoffes); manche Arten mit lebhaft, metallisch glänzenden Strukturfarben, z. B. ***Zicrona coerulea*** L., metallisch blau bis violett. Fühler meist 5gliedrig; Flügel fast stets gut entwickelt, ebenso die Stinkdrüsen, deren Sekret, zuweilen gezielt verspritzt, der Feindabwehr dient (vgl. → Heteroptera). Schrillorgane sind in manchen Gruppen vorhanden, bei ♂ und ♀, je nach Art in etwas verschiedener Ausbildung, z. B. so, daß die bedornten Hinterschienen über ein gerieftes Feld auf dorsalen oder ventralen Teilen von Hinterleibsringen streifen; bei einheimischen Arten (z. B. ***Aelia acuminata*** L., ♂; ***Carpocoris pudicus*** Poda, ♂ und ♀; ***Palomena prasina*** L. ♂ und ♀) wurden insbesondere zur Paarungszeit in artspezifisch verschiedenem Rhythmus produzierte Laute auffallend niederer Frequenz (55–198 Hz) festgestellt, gekoppelt mit dem Lautrhythmus entsprechenden Bewegungen des Hinterleibs (insbesondere: Vor- und Rückbewegung der ersten beiden Hinterleibsrückenschilder), Lautbildung jedoch nicht restlos geklärt; bei den dazu fähigen Arten tritt bisweilen ein »Wechselgesang« zwischen ♂ und ♀ vor der Begattung auf. Überwinterung in der Regel als Imago, bei manchen Arten als Larve (z. B. ***Pentatoma rufipes*** L.). ♀ mit mäßig ausgebildetem Legebohrer, Eier frei auf Blättern oder ähnlichem Substrat als pflasterartiges Gelege abgesetzt; 5 Larvenstadien; Larven, vor allem des 1. Stadiums, bleiben nach dem Schlüpfen häufig in sog. Geschwistergemeinschaften im Bereich des Geleges beisammen; Zusammenhalt durch Aggregationspheromone; bei Feindbedrohung ausgeschüttetes Alarmpheromon führt zur raschen Auflösung des Verbandes. Ernährung bei manchen Arten räuberisch (Raupen, Käferlarven u. a.), z. B. ***Picromerus bidens*** L. [**P-18**], ***Troilus luridus*** Fbr. (ca. 12 mm), ***Zicrona coerulea***

L. (ca. 6 mm), nützlich als Vertilger von Schadinsekten in Feld und Wald; manche dieser Räuber sind gelegentlich auch Pflanzensaftsauger, wie überhaupt die meisten Schildwanzen, aber auch Vegetarier betätigen sich gelegentlich räuberisch. Bei vielen Arten wurden symbiontische Bakterien in Mitteldarmkrypten festgestellt; Übertragung durch Beschmieren der Eioberfläche bei der Ablage, Aufsaugen der Symbionten durch die Junglarven. Nicht wenige Arten sind durch Saftsaugen schädlich an Kulturpflanzen; z. B. ***Aelia acuminata*** L., Getreidespitzwanze (ca. 8 mm; an Getreide u. a. Gräsern, wo sie vor allem an den noch milchigen Körnern saugen; auch an Kohl); ***Dolycoris baccarum*** L., Beerenwanze (ca. 11 mm; an vielen Pflanzen); ***Palomena prasina*** L., Grüne Stinkwanze (11–14 mm; an verschiedensten Pflanzen, auch an Getreide; zuweilen räuberisch); ***Eurydema oleraceum*** L., Kohlwanze ([**P-19**]; vor allem an Kohl und Verwandten; aber auch räuberisch); ***Eurydema ornatum*** L., Schmuckwanze (ca. 7 mm; wie vorige); ***Pentatoma rufipes*** L. (12–16 mm; an Obstbäumen; aber auch räuberisch). Bemerkenswert durch das riesige, den ganzen Hinterkörper bedeckende Schildchen: ***Eurygaster maura*** L., Gemeine Getreidewanze, und ***Eur. austriaca*** Schrk., Hottentottenwanze, Breitbauchwanze (9–12 mm, beide in warmen Ländern an Getreide schädlich); ferner ***Graphosoma italicum*** Müll. u. ***Gr. lineatum*** F. [**P-20**]; Streifenwanzen (8–11 mm; schwarz-rot längsgestreift; häufig auf Doldenblütlern). (Buchner 1953; Dumortier 1964; Günther 1968; Jordan 1962; Melber, Schmidt 1977, 1984; Remold 1962; Wilson 1976).

Penthetria; → Bibionidae.

Pergandeida; → Aphididae 22.

Pergesa; → Sphingidae 9,10.

Periclista; → Tenthredinidae 14.

Pericoma; → Psychodidae.

Peridroma; → Noctuidae.

Perilampidae; Fam. der Hautflügler (Hymenoptera, Apocrita, Chalcidoidea); meist kleine Schlupfwespen (Erzwespen), einige wohl phytophage Gallbildner, andere Primärparasiten, die meisten Hyperparasiten; Erstlarve mindestens bei vielen Arten ein → Planidium; Beispiele: **1. *Perilampus italicus*** Fbr., primärer Außenparasit bei der bereits eingesponnenen Altlarve der Rübenblattwespe ***Athalia rosae*** L. (***colibri*** Christ.). **2. *Perilampus tristis*** Mayr., Hyperparasit bei Parasiten des Kiefernblattwicklers ***Rhyacionia (Evetria) buoliana*** Schiff.; das ♀ legt zahlreiche Eier vermutlich frei auf Kiefernnadeln, das Planidium wartet auf eine zufällig vorbeikommende ***buoliana***-Raupe, klammert sich an, bohrt sich ein, bleibt unverändert; günstiger Fall: die ***buoliana***-Raupe wird von einer Raupenfliege oder Schlupfwespe als Primärparasit befallen, die ***tristis***-Larve überwintert in der Raupe neben der Larve des Primärparasiten, dringt im Frühling in diese ein,

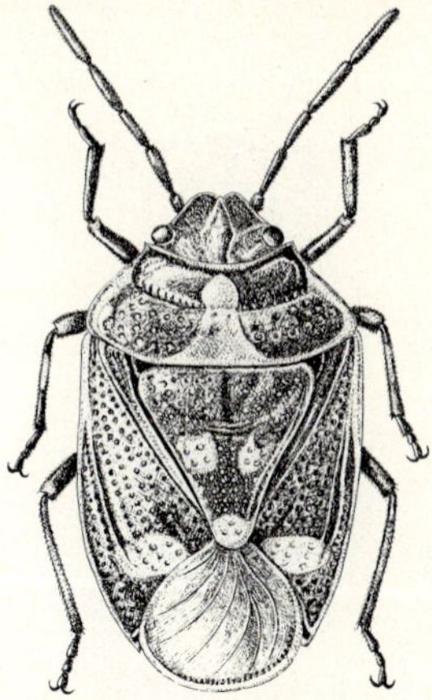

Abb. P-19: ***Eurydema oleraceum*,** Kohlwanze. Etwa 6 mm, metallisch schwarzgrün mit gelblicher oder rötlicher Zeichnung. (Rietschel 1969)

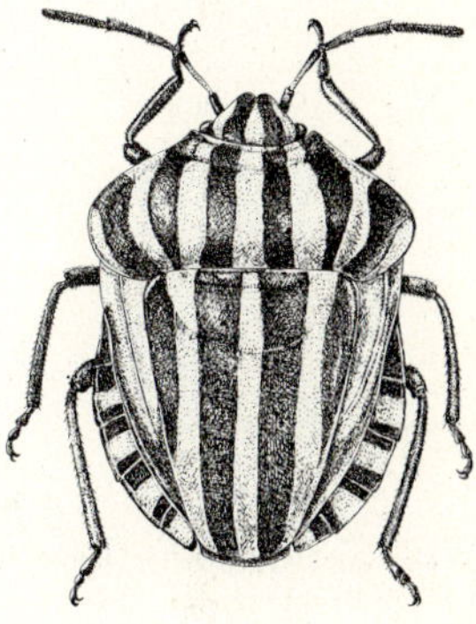

Abb. P-20: ***Graphosoma lineatum*,** Streifenwanze. Etwa 10 mm. (Rietschel 1969)

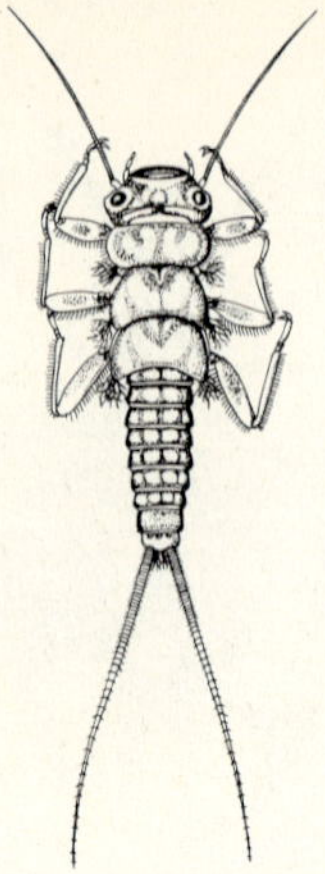

Abb. P-21: Steinfliegenlarve. ***Perla*** sp., ca. 20 mm. (Engelhardt 1955)

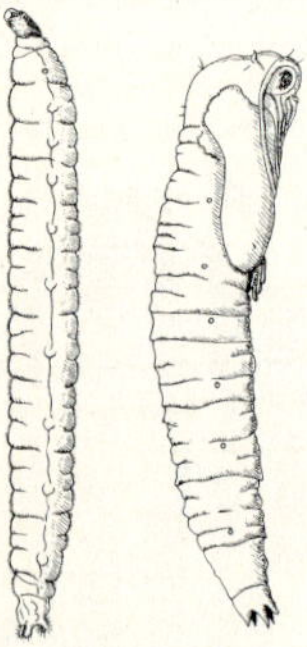

Abb. P-22: Links ***Petaurista*** sp. Larve, 8 mm; rechts ***P. hiemalis***, Puppe, 7 mm. (Brauns 1964; Lindner 1923 ff.)

beginnt jedoch erst mit Fressen und Wachstum, und zwar als Außenparasit, wenn der Primärparasit sich verpuppt hat; ungünstiger Fall: die ***buoliana***-Raupe bekommt keinen Primärparasiten, das ***tristis***-Planidium bleibt unverändert bis zum Schlüpfen der ***buoliana***-Imago, stirbt dann; (Notwendigkeit hoher Vermehrungsrate für den Hyperparasiten). (Bachmaier 1969; Clausen 1940).

Perilampus; → Perilampidae.

Perilitus; → Braconidae 3.

Periphyllus; → Chaitophoridae.

Periplaneta; → Blattidae 2, 3.

Perizoma; → Geometridae.

Perkinsiella; → Delphacidae.

Perla; → Perlidae.

Perlariae; → Plecoptera.

Perlgrasfalter, *Coenonympha arcania* L.; → Satyridae 9.

Perlidae; Fam. der Steinfliegen (Plecoptera, Arctoperlaria-Systellognatha); hierher u.a. die Gattung ***Perla*** mit der großen und an Bergbächen häufigen Art ***P. marginata*** Panz. (Körper 15–25 mm); fliegt V–VII; die räuberischen Larven erwachsen ca. 30 mm [**P-21**]; Entwicklungsdauer 3 Jahre; ♂-Larve mit zwittrigen Keimdrüsen, ♀-Anteil jedoch funktionslos.

Perlmutterfalter; → Nymphalidae 10, 11, 12.

Perlodes; → Perlodidae.

Perlodidae, Fam. der Steinfliegen (Plecoptera, Arctoperlaria-Systellognatha); von den in M-Eur.i.e.S. bekannten 21 Arten gehören allein 10 zur Gattung ***Isoperla*** (durchweg mittelgroße Formen) stattlich dagegen sind die ***Perlodes-Arten,*** z.B. ***P. dispar*** Ramb; Körper bis 20 mm; ♀ lang-, ♂ kurzflügelig, III–V an den Ufern großer Flüsse; die hell-dunkel gezeichneten räuberischen ***Perlodes***-Larven (bis 30 mm ohne Schwanzfäden) ohne Tracheenkiemen.

Perloidea; zuweilen so benannte Ü.-Ordng. der Insekten; mit den Ordngn. → Plecoptera und → Embioptera.

Pestfloh, *Xenopsylla cheopis* Rotsch.; → Siphonaptera.

Petaurista; → Petauristidae.

Petauristidae (Trichoceridae), Wintermücken; Fam. der Mücken (Diptera, Nematocera); klein (6–7 mm), Mundteile stark rückgebildet (Nahrungsaufnahme?); in ihrer Langbeinigkeit kleinen Schnaken ähnlich, ausgezeichnet durch eine gewisse Kälteunempfindlichkeit: die Tanzschwärme der ♂ auch an sonnigen Wintertagen und im zeitigen Frühling, noch über 3000 m hoch im Gebirge; Larven [**P-22**] mit Kopf (eucephal), vorderstes und hinterstes Stigmenpaar offen (amphipneustisch), im Boden unter Blattstreu, manche auch in Exkrementen, höhlenbewohnende Arten z.B. in Fledermauskot; fressen, auch im Winter, zerfallende organische Stoffe; auch die mit kurzen Thorakalhörnchen versehenen Puppen [**P-22**] im Boden, arbeiten sich vor dem Schlüpfen der Imago an die Oberfläche. Nur wenige Arten in Mitteleuropa; häufig: ***Petaurista (Trichocera) hiemalis*** Deg. (4–5 mm). (Brauns 1954; Lindner 1923 ff.).

Petiolus; → Formicoidea.

Petroleumfliege, ***Psilopa petrolei*** Coq.; → Ephydridae 4.

Petrova; → Tortricidae 8.

Pfauenspinner; → Saturniidae.

Pferdebiesfliege, ***Rhinoestrus purpureus*** Br.; → Oestridae 1b.

Pferdehaarling, ***Trichodectes*** sp.; → Mallophaga.

Pferdelaus, ***Haematopinus asini*** L.; → Haematopinidae.

Pferdelausfliege, ***Hippobosca equina*** L.; → Hippoboscidae 1.

Pferdemagenbremse, ***Gasterophilus intestinalis*** Deg.; → Gasterophilidae.

Pfirsichläuse; → Aphididae 16, 17, 18.

Pfirsichmotte, ***Anarsia lineatella*** Zell.; → Gelechiidae 7.

Pflanzenkäfer; → Alleculidae.

Pflanzenläuse; → Sternorrhyncha.

Pflanzensauger; → Homoptera.

Pflanzenwespen; → Symphyta.

Pflasterkäfer; → Meloidae.

Pflaumenbock, ***Tetrops praeusta*** L.; → Cerambycidae 30.

Pflaumenknospenwickler, ***Hedya pruniana*** Hbn.; → Tortricidae 23.

Pflaumenläuse; → Aphididae 13, 14, 15.

Pflaumensägewespen, ***Hoplocampa*** sp.; → Tenthredinidae 9.

Pflaumenspanner, ***Angerona prunaria*** L.; → Geometridae 11; ***Ectropis bistortata*** Goeze; → Geometridae 19.

Pflaumenstecher, ***Rhynchites cupreus*** L.; → Curculionidae 4.

Pflaumenwickler, ***Grapholitha funebrana*** Tr.; → Tortricidae 24.

Pflaumenzipfelfalter, ***Strymon pruni*** L.; → Lycaenidae 2.

Pfriemenmücken; → Phryneidae.

Phaenobremia; → Itonididae.

Phaenoserphus; → Proctotrupidae.

Phalacridae, Glattkäfer; von den über 300 Arten dieser Fam. (Coleoptera, Polyphaga) etwa 20 in M-Eur.i.e.S. Klein (meist unter 4 mm), gewölbt, glatt. Käfer vor allem an Blüten, manche ***Phalacrus***-Arten [**P-23**] an den von Pilzen infizierten Ährchen von Gräsern und Seggen; ***Olibrus***-Arten vor allem auf Blüten von Korbblütlern, z.B. ***O. bicolor*** Fbr. (2,2–3,2 mm), hauptsächlich an Huflattich (***Tussilago***) und Kuhblume (***Taraxacum***), hier – im Blütenboden – auch Eiablage und Entwicklung der Larven, Verpuppung in der Erde, mehrere Generationen im Jahr; ***O. millefolii*** Payk. (1,5–1,8 mm) auf Schafgarbe. (Vogt 1967).

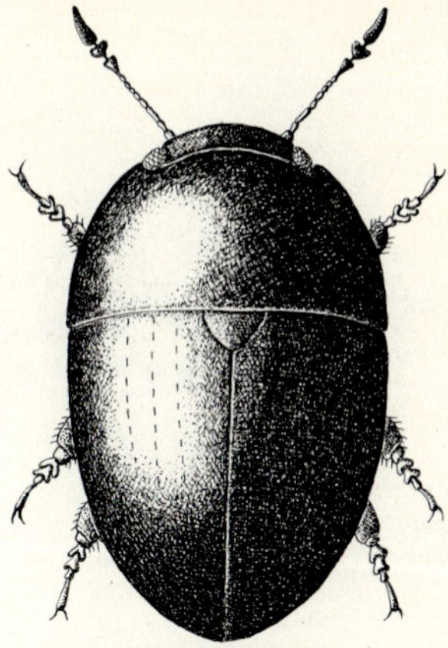

Abb. P-23: ***Phalacrus coruscus.*** 3 mm. (Bechyně 1954)

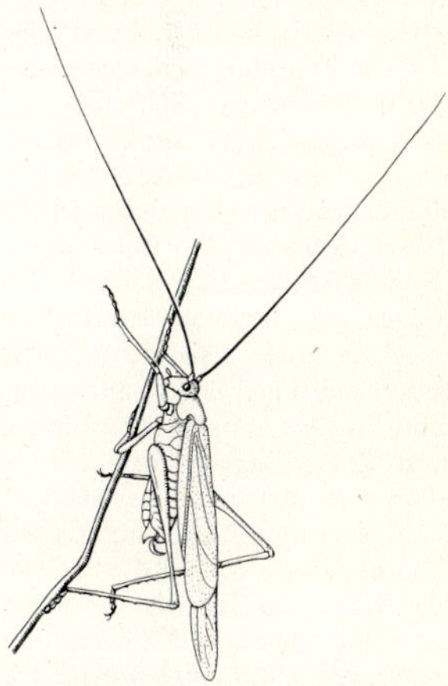

Abb. P-24: ***Phaneroptera falcata,*** Gemeine Sichelschrecke. ♂, Körper bis 20 mm. (Harz 1960)

Phalacrocera; → Cylindrotomidae.

Phalacrotophora; → Phoridae.

Phalacrus; → Phalacridae.

Phalaena; → Tortricidae 8.

Phalera; → Notodontidae 8.

Phaneroptera; → Phaneropteridae 1.

Phaneropteridae, Sichelschrecken; Fam. der Langfühlerschrecken (Ensifera); in M-Eur.i.e.S. mit 7 Arten vertreten; Legebohrer der ♀♀ meist kurz und hoch und sichelförmig gebogen [**P-25**], am Ende oft deutlich gezähnt; Flügel der meisten Ar-

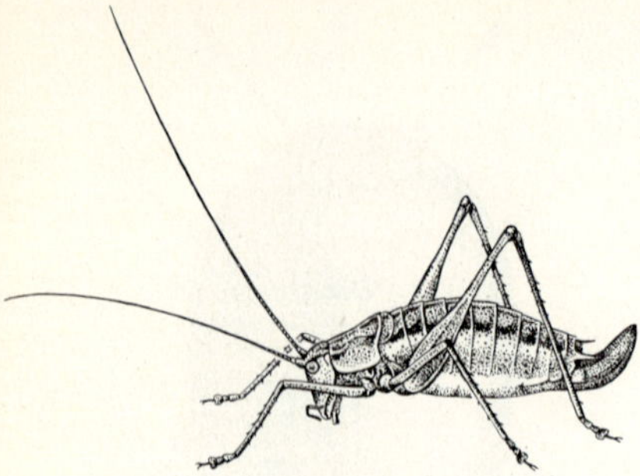

Abb. P-25: ***Leptophyes albovittata***, Gestreifte Zartschrecke. ♀, ca. 15 mm. (Bellmann 1985)

ten verkürzt, schuppenförmig, beide Geschlechter mit – bemerkenswerterweise verschiedenem – Singapparat; die artspezifischen Gesänge durchweg sehr leise; ♀♀ antworten den ♂♂ nach für die Art charakteristischem Zeitintervall; Trommelfelle in den Vorderschienen meist freiliegend; Eiablage teils an oder in Pflanzen, teils in den Boden, die Legeröhre wird dabei mit den Mandibeln geführt; hauptsächlich Pflanzenfresser. Auswahl: **1.** ***Phaneroptera falcata*** Poda, Gemeine Sichelschrecke [**P-24**]; gegenüber allen anderen bei uns heimischen Arten durch sehr gut ausgebildete Flügel (Hinterflügel länger als Vorderflügel) und ein für Laubheuschrecken bemerkenswert gutes Flugvermögen ausgezeichnet; hält sich in trockenem, heideartigen Gelände gerne auf Büschen auf; Kopula im Spätsommer; das ♀ schiebt die flachen Eier in den Rand von Blättern zwischen die beiden Epidermen ein. **2.** ***Leptophyes*** sp., Zartschrecken, z. B. ***L. punctatissima*** Bosc., Punktierte Z. (–17 mm); Larven auch tagsüber, Imagines mehr in der Dämmerung aktiv, gerne auf Büschen; Eiablage in Rindenritzen. ***Leptophyes albovittata*** Koll., Gestreifte Zartschrecke [**P-25**]; ♂ bis 12, ♀ bis 17 mm; nur in der östlichen Hälfte der BRD; auf niederen, oft aromatisch duftenden Pflanzen; Gesang sehr leise, nur ca. 20 cm weit hörbar; Eiablage in Rindenritzen und Stengel. **3.** ***Isophya pyrenaea*** Serv., Plumpschrecke (–26 mm); Vorderflügel winzig, Hinterflügel fehlen vollständig; besonders das ♀ mit plumpem Körper; das ♂ singt vor allem abends, bis in die Nacht sehr leise, ca. 1 m weit hörbar; das ♀ frißt nach der Kopula die – sehr große – weiße Spermatophore; Eiablage in den Boden. **4.** ***Barbitistes*** sp., Säbelschrecken, Sägeschwanzschrecken; das Ende des Legebohrers stark gezähnt; auffallend die S-förmigen Cerci des ♂; halten sich vor allem auf Bäumen und Büschen auf, vegetarische Ernährung; die nachtaktive Art ***B. constrictus*** Br.v.W. vornehmlich auf Nadelholz, wird gelegentlich schädlich; Eiablage in Rindenritzen und in morsches Holz, anscheinend 2jährige Entwicklung. **5.** ***Polysarcus denticauda*** Charp., Wanstschrecke (–44 mm); in M-Eur.i.e.S. nur im Süden; grün; ♂ mit sehr differenziertem Gesang, auf den das paarungswillige ♀ u. U. in metrischem, genau synchronisiertem Gesang antwortet; Eiablage in den Boden; gelegentlich Massenvermehrung und dann Entstehung einer braun gefärbten Wanderphase, die an Kulturpflanzen schädlich werden kann. (Bellmann 1985; Harz 1969; Heller, v. Helversen 1986).

Phaonia; → Anthomyiidae.

Pharaoameise, ***Monomorium pharaonis*** L.; → Myrmicidae 6.

Pharmakophagie; gezieltes Suchen nach und Aufnahme von bestimmten pflanzlichen Substanzen, die nicht der Ernährung dienen, sondern für andere, spezifische Zwecke verwendet werden. Bisher beschrieben bei Schmetterlingen, vor allem → Danaidae, bei Käfern (***Gabonia,*** Chrysomelidae), Heuschrecken (***Zonocerus,*** Caelifera) und Halmfliegen (Chloropidae). Pharmakophagie ist bei Insekten vermutlich weit verbreitet. Nicht unter den Begriff Pharmakophagie fällt die Speicherung bzw. Nutzung pflanzlicher, für andere Tiere meist giftiger Substanzen (häufig Alkaloide), wenn die Aufnahme passiv, »unbeabsichtigt«, mit der Nahrung erfolgt, und zwar auch dann, wenn die gespeicherten Giftstoffe vor dem Gefressenwerden schützen oder/und zur Biosynthese von Pheromonen erforderlich sind (***Utheteisa,*** → Arctiidae). (Boppré 1984a, 1986a).

Pharyngomyia; → Oestridae 2e.

Phasiane; → Geometridae 17.

Phasmida, (Phasmatodea, Cheleutoptera), Stab-, Gespenstschrecken; Ordng. der Insekten; ca. 2500 Arten; Verwandlung unvollkommen (Hemimetabola); hierher zahlreiche exotische Arten mit absonderlicher (»exotischer«) Gestalt, z. B. Stabschrecken mit stark gestrecktem schmalem

Körper; oder Wandelnde Blätter (Arten der Gttg. ***Phyllium***, Ostindien): Körper und Teile der Beine abgeflacht, verbreitert, das ganze Tier nach Gestalt und Färbung blattähnlich. Bei uns als Labortier gezüchtet die nächtlich aktive, Flieder- und Efeublätter fressende, in Indien beheimatete Stabschrecke ***Carausius morosus*** Br.; vermag kurzfristig, in Abhängigkeit von Helligkeit, Temperatur und Feuchte die Farbe zu ändern (physiologischer Farbwechsel), indem Pterin-, Ommochrom- und Carotinoidgranula der Epidermiszellen in basiapikaler Richtung hin- und herbewegt werden; dabei spielen vermutlich Mikrotubuli eine Rolle; Vermehrung ausschließlich parthenogenetisch; Eier reifen ohne Meiose. ***Bacillus rossii*** Fabr., Mittelmeerstabschrekke; bis 10cm; grün bis braun; mediterraner, flügelloser Gebüschbewohner; Fortpflanzung in N-Afrika zweigeschlechtlich, nördlich des Mittelmeeres parthenogenetisch. Manche Arten, z.B. ***Anisomorpha*** sp. (Amerika) können aus 2 thorakalen Drüsen gezielt einen gegen Störenfriede wirksamen Wehrstoff auf bis 30cm Distanz spritzen. (Berthold, Seifert 1977; Eisner 1965).

Phasmoptera; → Phasmida.

Phausis; → Lampyridae 3.

Pheidole; → Myrmicidae 11; → Formicoidea.

Pheidolomyia; → Phoridae.

Phenacoccus; → Pseudococcidae.

Pheosia; → Notodontidae 5.

Pheromone; chemische Botenstoffe (Signalstoffe), die von einem Individuum produziert und abgegeben und von einem anderen derselben Art (innerartliche = intraspezifische Botenstoffe), oder (seltener) einer anderen Art (zwischenartliche = interspezifische Botenstoffe) empfangen werden. Sie lösen beim Empfänger entweder ein bestimmtes Verhalten aus oder verändern dessen Hormonausschüttungen und damit die Empfangsbereitschaft für später erfolgende Signale. Die verschiedenen Typen der Pheromone werden nach ihren biologischen Funktionen benannt: z.B. Sexuallockstoffe, Rekrutierungsstoffe, Aphrodisiaka, Aggregationsstoffe, Alarmstoffe, Spurenstoffe, innerartliche Abwehrstoffe. Pheromone wirken oft in außerordentlich geringer Konzentration auf spezifisch dafür hochempfindliche Empfängerorgane. → auch Allomone und Kairomone. (Bestmann, Vostrowsky 1982; Karlson, Lüscher 1959; Karlson 1960; Kerkut, Gilbert 1985; Law, Regnier 1971; Schneider D. 1984).

Phigalia; → Geometridae 20.

Philaenus; → Cercopidae.

Philanthus; → Sphecidae.

Philea; → Endrosidae.

Philia; → Bibionidae.

Philonicus; → Asilidae.

Philonthus; → Staphylinidae 10.

Philopotamidae; Fam. der Köcherfliegen (Trichoptera); in Mitteleuropa mit nur knapp 10 Arten vertreten; die campodeiden kiemenlosen Larven ausschließlich in rasch fließenden Bächen, hauptsächlich also im Hoch- und Mittelgebirge, wohnen in Gespinströhren oder netzreusenähnlichen Gespinsten, deren Öffnung gegen den Wasserstrom gerichtet ist und mit denen die Nahrung (Plankton verschiedener Größenordnung) abgefangen wird; Puppen in einem ringsum geschlossenen Gespinstkokon; Beispiel: ***Philopotamus ludificatus*** Mcl. (Flsp. –28mm); ***Chimarra marginata*** L. (Flsp. –13mm).

Philopotamus; → Philopotamidae.

Philopteridae, Philopterus; → Mallophaga, Ischnocera.

Philosamia; → Saturniidae.

Philotrypesis; → Torymidae; → Agaonidae 4.

Philudoria; → Lasiocampidae 8.

Phylidrus; → Hydrophilidae 3.

Phlaeothripidae; Fam. der Blasenfüße (Thysanoptera, Tubulifera); mehrere Gattungen und Arten; sehr häufig und zuweilen an Getreide schädlich: ***Haplothrips aculeatus*** Fbr. (2mm); Larve vorn gelblich, hinten rot; Imago schwarzbraun, geflügelt, überwintert; wohl ebenfalls gelegentlich schädlich: ***Haplothrips tritici*** Kurdj., Weizenblasenfuß.

Phlebotomus; → Psychodidae.

Phloëmsauger; diejenigen Blattläuse, die mit ihrem Stechborstenbündel die Siebröhren erreichen und denen der Druck in den Siebröhren passiv die Nahrung zuführt; starke Honigtaubildner; → Aphidina.

Phlogophora; → Noctuidae 49.

Pholidoptera; → Tettigoniidae 2.

Phorbia; → Anthomyiidae.

Phoresie; zeitweiliges Sichfestsetzen eines Tieres auf einem anderen, in der Regel für einen schnellen und gezielten Ortswechsel; kommt bei vielen Tiergruppen vor; z.B.

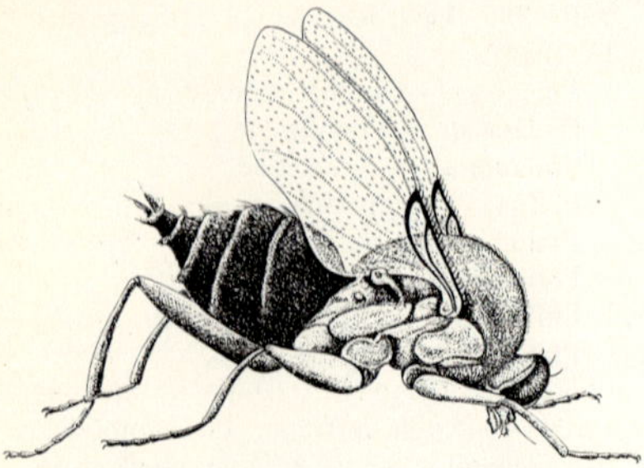

Abb. P-26: Phoridae. Buckelfliegen. Habitusbild, 4 mm. (Rietschel 1969)

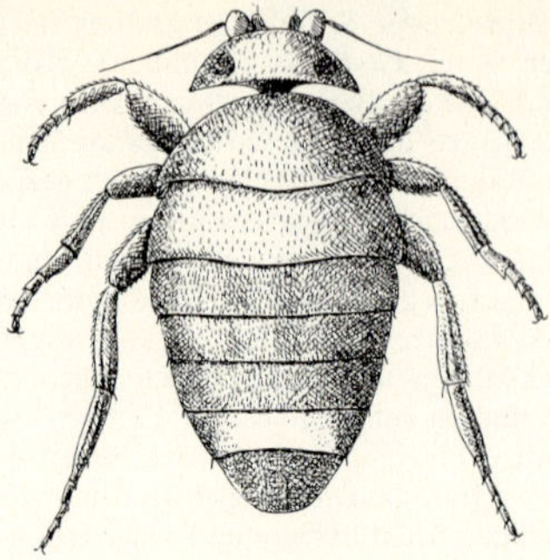

Abb. P-27: ***Aenigmatias dorni.*** ♀, 1,7 mm. Ameisengast. Winzige Flügelreste. Kopf liegt bei lebenden Tieren dicht an. (Lindner 1923 ff.)

→ Mallophaga; → Meloidae; → Scelionidae; → Clavigeridae.

Phoridae; Buckelfliegen, Rennfliegen; Fam. der cyclorrhaphen Fliegen (Diptera, Brachycera); klein bis mittelgroß (0,5– ca. 6 mm), mit verhältnismäßig hohem Thorax, daher in Seitenansicht »buckelig« [**P-26**]; meist düster gefärbt; bezeichnende Bewegungsweise: zwischen kurzen Flügen immer wieder unterbrochene, ruckige Zickzackläufe auf Blättern, Blüten (bes. Dolden); die Pausen dienen vermutlich der Orientierung; saugen gern an Säften von faulenden Pflanzen und Tieren; mehr oder weniger starke Verkürzung der Flügel, bis zur vollkommenen Flügellosigkeit, nicht selten, besonders bei den in dieser Fam. recht häufigen Ameisen- und Termitengästen (z. B. ***Aenigmatias dorni*** [**P-27**]), dann vor allem bei den ♀♀, seltener bei den ♂♂; die Flügel teils zunächst noch vorhanden, brechen dann ab (vermutlich an vorgebildeten Bruchstellen, z. B. bei ♀♀ von ***Pheidolomyia*** und ***Echidnophora)***, teils von vornherein verkleinert bis fast oder ganz fehlend, in letzterem Fall auch die Schwingkölbchen; manche Arten bilden zur Fortpflanzungszeit nur aus ♂♂ oder aus ♂♂ und ♀♀ bestehende Flugschwärme; die meist schlanken, vorn verjüngten Larven [**P-28**] im 3. (letzten) Stadium (höchstens 10 mm, meist kürzer) stets → amphipneustisch, im 1. und manchmal auch 2. Stadium → metapneustisch; Hinterleibsende bei manchen Arten zu einem Atemrohr ausgezogen, meist von Papillen umstellt [**P-28**]; meist fein bedornt und auch auf den übrigen Segmenten mit papillenartigen Fortsätzen; Lebensweise der Larven recht verschiedenartig, ernähren sich in der Regel von zerfallenden pflanzlichen oder tierischen Stoffen am oder im Boden, manche an Leichen, z. B. an toten Schnecken (z. B. ***Spiniphora***

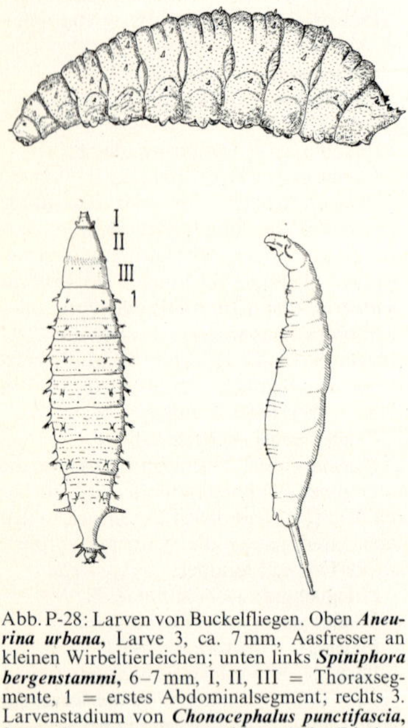

Abb. P-28: Larven von Buckelfliegen. Oben ***Aneurina urbana,*** Larve 3, ca. 7 mm, Aasfresser an kleinen Wirbeltierleichen; unten links ***Spiniphora bergenstammi,*** 6–7 mm, I, II, III = Thoraxsegmente, 1 = erstes Abdominalsegment; rechts 3. Larvenstadium von ***Chonocephalus punctifascia,*** 3 mm, Segmentgrenzen problematisch. (Lindner 1923 ff.)

sp.) und Insekten, an Leichen von Klein- und Großsäugern (***Conicera***-Arten, z.B. ***Con. tibialis*** Schmitz) oft in Massen, auch als Imago, in Särgen, in die durch feine Ritzen die im Boden geschlüpften Erstlarven eindringen; im gleichen Sarg offenbar mehrere Generationen möglich; Teil der typischen »Gräberfauna«; ***Gymnoptera*** sp., Abfallfresser in Nestern von Hummeln und Wespen; mehrere Arten in Pilzen, z.B. ***Megaselia nigra*** Meig., gelegentlich schädlich an Nutzpilzzuchten; manche Arten sehr polyphag, z.B. ***Megaselia rufipes*** Meig., deren Larven an toten, z.T. auch lebenden Insektenlarven fressen, auch an toten und lebenden Pflanzen, gelegentlich schädlich an verschiedenen Kulturpflanzen, auch an Schwarzkiefersamen; die Larven mehrerer Arten innenparasitisch in Insekten, die ♀♀ dann oft mit einer harten Legeröhre, die das Einschieben des Eies in den Wirt gestattet; Beispiele: ***Megaselia plurispinulosa*** Zett. in Larven des Rüsselkäfers ***Hylobius abietis*** L.; Eiablage vermutlich in den Boden, die Larven müssen den Wirt finden; ***Hypocera (Borophaga) incrasata*** Meig. in Larven von Haarmükken (→ Bibionidae); ***Phalacrotophora***-Arten in Larven und Puppen von Marienkäfern; ***Plastophora cuspidata*** Schmitz in Tausendfüßlern; Vertreter mehrerer Gattungen in Ameisen; das ♀ von ***Pseudacteon formicarum*** Verr. verharrt für 1–3 sec. auf dem Hinterleib der Ameise ***Lasius niger*** L., spritzt dabei vermutlich 1–3 Eier durch die Intersegmentalhaut in den Wirt; ***Aenigmatias*** sp., Parasiten von Ameisen; ♂♂ stets mit, ♀♀ immer ohne Flügel [**P-27**]; Puparien im Boden oder an ein Substrat geheftet, häufig von bezeichnender kahn- oder pantoffelförmiger Gestalt [**P-29**], mit Prothorakalhörnern als Atmungsorgane, die jedoch erst im Laufe einiger Tage im Bereich des 2. Hinterleibssegmentes durchbrechen; Schlüpfen der Imago durch Kopfschub (nicht Stirnblase), dabei Abheben von 1–3 Platten entlang vorgebildeter Trennlinien [**P-29**]. Oft 2 oder 3 Generationen im Jahr; Überwintern oft als Puppe, auch als Imago, im Boden, unter Moospolstern; manche Arten vermutlich auch als Larve; mehrere hundert Arten in Mitteleuropa. (Brauns 1954, 1964, Escherich 1923/42; Lindner 1923ff.; Müller P.L. 1979; Rietschel 1969; Schumann 1968; Séguy 1951).

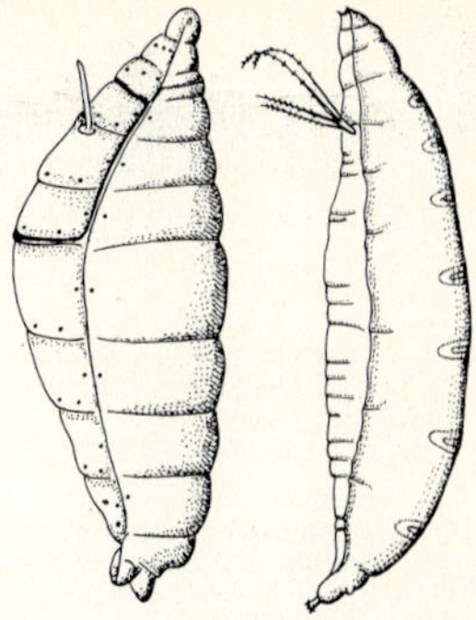

Abb. P-29: Puparien von Buckelfliegen. Links ***Megaselia ruficornis*** von rechts (Dorsalseite links), nur rechtes Prothorakalhorn gezeichnet; rechts ***Chonocephalus punctifascia***, von rechts (Dorsalseite links). (Lindner 1923ff.)

Phormia; → Calliphoridae.
Phorodon; → Aphididae 36.
Phosphaenus; → Lampyridae 1.
Phosphuga; → Silphidae 4.
Phragmatobia; → Arctiidae 5.
Phragmitiphila; → Noctuidae 30.
Phronia; → Fungivoridae.
Phrosia; → Cordyluridae 2.
Phryganea; → Phryganeidae.

Phryganeidae; Fam. der Köcherfliegen (Trichoptera); → [**T-82**]; ein knappes Dutzend Arten in Mitteleuropa, darunter die größte und durchaus häufige heimische Art ***Phryganea grandis*** L., Große Köcherfliege (Flsp. bis 60 mm [**T-83**]); ebenfalls häufig z.B. ***Neuronia reticulata*** L. (Flsp. –35 mm); die suberuciformen kiementragenden Larven in stehenden Gewässern, in Köchern aus Pflanzenteilchen, z.B. Schilfstengeln, diese mitunter zierlich spiralig geordnet [**T-92,4**]; benutzen u.U. auch die Höhlung eines abgeschnittenen Schilfstengels als Wohnraum; neben pflanzlicher auch tierische Nahrung; das ♀ geht zur Eiablage ins Wasser, bleibt wegen Behaarung unbenetzt. Puppe von ***Neuronia ruficrus*** Scop. → [**T-98**].

Phryne; → Phryneidae.

Phryneidae (Rhyphidae, Anisopodidae), Fenstermücken, Pfriemenmücken; Fam. der Mücken (Diptera, Nematocera); in Europa kaum ein Dutzend Arten; verbreitet ***Phryne (Sylvicola) fenestralis*** Scop. [**P-30**], mit gefleckten, in Ruhe flach aufeinandergelegten Flügeln, häufig an Fenstern,

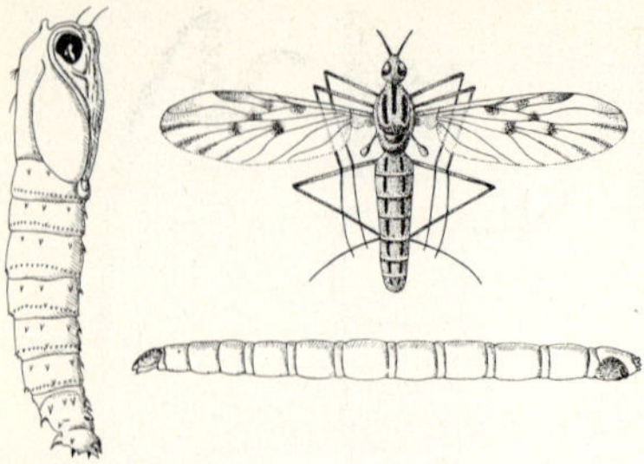

Abb. P-30: Imago (♂, 6–8 mm) und Puppe (7 mm) von ***Phryne fenestralis*** und Larve von ***Ph. punctata*** (10 mm). (Brauns 1954; Lindner 1923ff.; Séguy 1951)

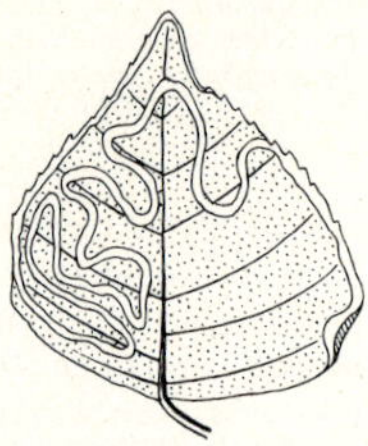

Abb. P-31: ***Phyllocnistis suffusella.*** Mine in Pappelblatt. (Hering 1957)

da sich die bis 14 mm langen weißlichen Larven ([**P-30**]; »weißer Drahtwurm«) oft in faulenden Kartoffeln oder Rüben in den Wohnungen entwickeln; die ♂♂ bilden an schattigen Stellen kleine Schwärme, in die die ♀♀ zur Begattung einfliegen, stechen nicht; die Larven ausgezeichnet durch einen Afterschild mit offenem vordersten und hintersten Stigmenpaar; an den verschiedensten zerfallenden pflanzlichen Substraten, auch in Baumsäften, gelegentlich sogar in Bienenstöcken; die kräftig bedornten Puppen ([**P-30**]; Dornen hilfreich beim Herausarbeiten aus dem Substrat) mit kurzen Atemhörnchen, davor 2 lange Borsten; wohl mehrere Generationen im Jahr; mit ähnlicher Lebensweise die Larven der kleinen ***Mycetobia pallipes*** Meig. (bisweilen einer eigenen Fam. zugeordnet), vor allem in Baumflüssen, in mit Wasser gefüllten Astlöchern, auch Detritus fressend, z. B. in Borkenkäfergängen. (Brauns 1954; Lindner 1923ff.; Rietschel 1969; Schumann 1968; Séguy 1951).

Phryxe; → Tachinidae.

Phthiraptera, Tierläuse; Ordng. der Insekten; Verwandlung unvollkommen (Hemimetabola); Lebensweise bei Larven und Imagines gleich; Außenparasiten stets flügellos, teils Verzehrer von Stoffen der Körperoberfläche (Mallophaga), teils Blutsauger (Anoplura); Mundteile entsprechend verschieden gebaut; Wirtsspezifität bisweilen sehr ausgeprägt; ca. 12000 Arten, in M-Eur. 1000. 2 Hauptgruppen: 1. U.-Ordng. → Mallophaga, Haarlinge, Federlinge, Kieferläuse; 2. U.-Ordng. → Anoplura, Läuse, Echte Läuse; (beide Gruppen zuweilen als eigene Ordngn. aufgefaßt).

Phthirus; → Pediculidae 1.

Phthorimaea; → Gelechiidae 5, 6.

Phycita; → Pyralidae 7.

Phyllaphis; → Callaphididae 1.

Phyllium; → Phasmida.

Phyllobius; → Curculionidae 14.

Phyllocnistidae, Saftschlürfermotten, Schneckenmotten; Fam. der Schmetterlinge (Lepidoptera); sehr kleine Falter; Raupen beinlos, ähnlich kleinen Nacktschnekken, Minierer in der Ober- oder Unterschicht der Blätter, fressen den Saft der zerbissenen Epidermiszellen; in M-Eur. i.e.S. nur wenige Arten; Beispiel: ***Phyllocnistis suffusella*** Zell., die Raupe frißt eine gewundene Mine in den Blättern von Pappeln [**P-31**].

Phyllocnistis; → Phyllocnistidae.

Phyllodecta; → Chrysomelidae 13.

Phyllomyza; → Milichiidae.

Phyllopertha; → Scarabaeidae 16.

Phyllotoma; → Tenthredinidae 17, 24.

Phyllotreta; → Erdflöhe 1, 2.

Phylloxera; → Phylloxeridae 2, 3.

Phylloxeridae, Zwergläuse; Fam. der Blattläuse (Aphidina); klein, ohne Rückenröhren, meist ohne Wachsdrüsen; Sexuales ohne Rüssel; Flügel in Ruhe flach auf dem Rücken; kein After, keine Honigtaubildung; alle ♀♀-Formen eierlegend, das begattete Sexuales-♀ legt nur ein Ei; ausschließlich auf Laubbäumen und -sträuchern, manche Arten gallenbildend; meist ohne Wirtswechsel. Auswahl: **1. *Acanthochermes quercus*** Koll.; ohne Wirtswechsel an der Stiel- und Traubeneiche; bemerkenswert durch kurze Generationenfolge; Fundatrix auf der Blattunterseite in einem Ringwulst aus Blattgewebe, kriecht dann auf die Rinde. **2. *Phylloxera coccinea*** v. Heyd., Eichenzwerglaus (und einige sehr ähnliche verwandte Arten); lebt ohne Wirtswechsel ebenfalls an Stiel- und Traubeneiche; die Fundatrix sitzt unterseits am Blattrand, ein Blattrandstückchen klappt sich zur Tasche über die Laus, die nächste Generation (kleine orangenfarbene Läuse) lebt zerstreut auf der Blattunterseite (Saugstellen gelbfleckig); weiterhin Auftreten der Sexuparae, meist geflügelt (Ausbreitungsform), z.T. ungeflügelt, erzeugen die Sexuales (aus kleinen Eiern ♂♂, aus größeren ♀♀); Winterei an der Rinde. **3.** ***Viteus (Dactylosphaera) vitifolii*** Fitsch ***(= Phylloxera vastatrix*** Plan.), Reblaus; sehr schädlich für den Weinbau; Mitte des 19. Jahrhunderts aus Amerika nach Europa verschleppt. In Amerika und in warmen Gebieten Europas holozyklisch mit Wirtswechsel zwischen ober- und unterirdischen Teilen der Rebe; die Wurzelläuse (Radicicolae) erzeugen im Spätherbst geflügelte Sexuparae, die in die Höhe wandern (Ausbreitungsformen) und an die Rinde der oberirdischen Rebenteile kleine ♂-Eier und größere ♀-Eier ablegen; daraus schlüpfen die Sexuales (ohne Flügel und Rüssel), Begattung; jedes begattete ♀ legt ein Winterei in eine Rindenritze; daraus schlüpft im Frühling die Fundatrix, erzeugt an Blättern bestimmter Rebsorten (an Amerikaner-Reben) eine erbsengroße Galle (Maigalle, auf der Blattunterseite vorgewölbt, Öffnung auf der Blattoberseite durch Haarreuse geschlossen; Fundatrix = Maigallenlaus); die Fundatrix und ihre ebenfalls in Gallen lebende Nachkommenschaft = Gallicolae; 2 Formen von Fundatrix-Kindern: a) die einen bilden erneut Blattgallen (auch auf Europäer-Reben); b) die anderen, von den vorigen auch gestaltlich etwas verschieden, wandern an die Wurzel; mit jeder Gallicolae-Generation entstehen mehr solche, die in die Tiefe gehen, bis schließlich alle an der Wurzel sind; die Wurzelläuse machen hier gallenartige Wucherungen; deren Entstehung ist einerseits bedingt durch den u.a. ein Gemisch von Aminosäuren enthaltenden Speichel der Reblaus, andererseits durch die Art des Pflanzengewebes, mit dem der Speichel reagiert; Hauptschaden durch das Absterben der Wurzeln nach Zerfall des Gallengewebes; die ständige parthenogenetische Vermehrung der Wurzelläuse ist möglich durch überwinternde Larven (Hiemales). In M-Eur.i.e.S. treten fast ausschließlich anholozyklische Wurzelgenerationen auf, ohne zweigeschlechtliche Fortpflanzung; geflügelte Sexuparae kommen in M-Eur.i.e.S. kaum je zur Fortpflanzung, außer im klimatisch günstigen SW. Die Schädlichkeit verschiedener Reblausrassen ist auf verschiedenen Rebsorten durchaus verschieden, auch abhängig von Bodenbeschaffenheit; manche Amerikaner-Reben sind wenig anfällig gegen Wurzelläuse, daher werden häufig Pfropfreben verwendet: Europäerreis auf Amerikanerwurzel. (Anders 1961; Günther 1968; Maillet 1957; F.P. Müller 1955; Rietschel 1969; Schäller 1963; Steffan 1972).

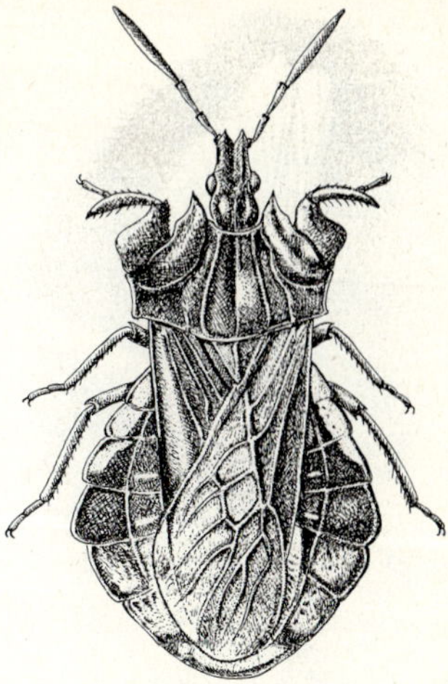

Abb. P-32: ***Phymata crassipes.*** 8 mm. (Rietschel 1969)

Phymata; → Phymatidae.

Phymatidae (Macrocephalidae); Fam. der Landwanzen (Heteroptera, Geocorisae); in M-Eur.i.e.S. nur 2 Arten; Beispiel: ***Phymata crassipes*** Fbr. ([**P-32**]; rotbraun); räuberisch, Vorderbeine = Raubbeine: Schiene und winziger Tarsus in einer Rinne des verdickten Schenkels einklappbar; jagt auf Büschen und Blüten auf andere Insekten; Lautorgan vorhanden: quergeriefte Rille ventral an der Vorderbrust, angestrichen mit der Rüsselspitze.

Physikalische Kieme; jede bei Wasserinsekten an Teilen der Körperoberfläche haftende oder auf irgendeine Art festgehaltene Luftschicht, die mit Stigmen in Verbindung steht, funktioniert zeitweise oder (→ bei Plastron-Atmern) dauernd als physikalische Kieme, weil über sie ein Gasaustausch

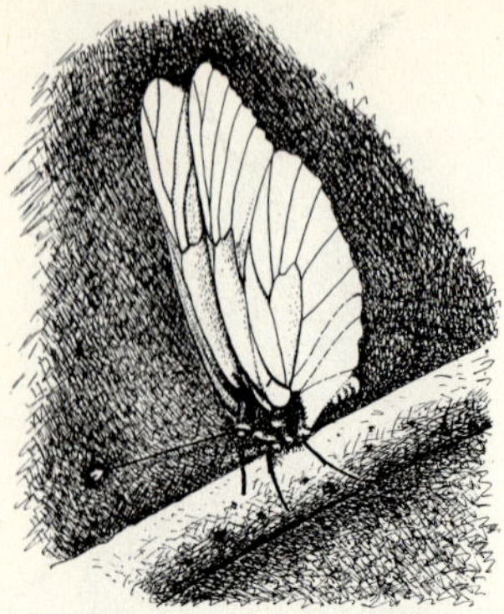

Abb. P-33: ***Aporia crataegi***, Baumweißling.

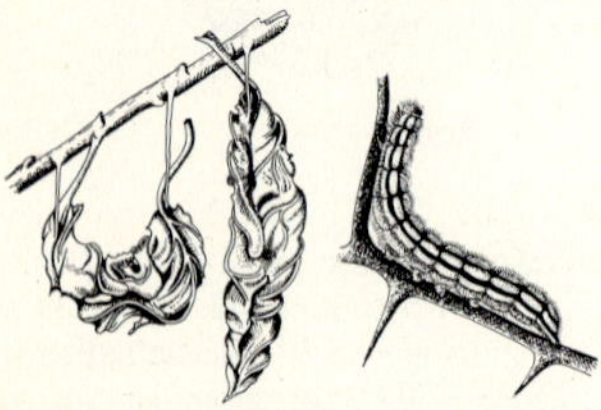

Abb. P-34: ***Aporia crataegi***, Baumweißling. Rechts Raupe, links Überwinterungsplätze der Raupe, jedes Blatt ist an einem oder an zwei Gespinstfäden aufgehängt, in der Gespinsthöhle eine oder seltener mehrere Raupen. (Grassé 1951)

mit dem Wasser (O_2 diffundiert aus dem Wasser in die Blase, sobald in ihr der O_2-Partialdruck niedriger ist als der des Wassers) und somit ein Ersatz verbrauchten Sauerstoffs möglich ist.

Physiphora; → Otitidae.

Physogastrie; Aufgeblähtheit des Hinterleibes bei manchen Ameisen oder Ameisengästen (auch Termitengästen), bedingt durch Nahrungsspeicherung im Kropf oder starke Entwicklung von Ovarien oder Drüsen; → Formicoidea.

Physokermes; → Lecaniidae.

Physopoda; → Thysanoptera.

Phytobia; → Agromyzidae.

Phytocecidien; durch pflanzliche Erreger hervorgerufene → Gallen.

Phytodecta; → Chrysomelidae.

Phytoecia; → Cerambycidae 29.

Phytometra; → Noctuidae 24, 47.

Phytomyza; → Agromyzidae.

Piagetiella; → Mallophaga.

Picromerus; → Pentatomidae.

Pieridae, Weißlinge, Gelblinge; Fam. der Schmetterlinge (Lepidoptera); benannt nach der oft vorherrschenden Grundfarbe der Flügel, bedingt vor allem durch verschiedene, in den Schuppen abgelagerte Pterine, u.a. Leucopterin (weiß), Xanthopterin (gelb), Erythropterin (rot); optische Auslösung des Anfluges der ♂♂ beim Sichfinden der Geschlechter in dieser Gruppe sehr deutlich zu beobachten, z.B. durch an einer Angelschnur befestigte und bewegte ♀♀- oder ♂♂-Attrappen; bemerkenswert die Fähigkeit, Rot als Farbe zu sehen, im Gegensatz zu wohl fast allen anderen Insekten; alle Beine normal entwickelt. Die kurz behaarten, meist grün gefärbten Raupen stets mit 8 Beinpaaren; meist mehr oder weniger polyphag, vor allem an Kreuz- bzw. Schmetterlingsblütlern, einige Arten bisweilen schädlich an Kulturpflanzen; Verpuppung stets als → Gürtelpuppe; Gürtel bei manchen Arten schwach entwickelt. Von über 1500 bekannten Arten die meisten im tropischen Bereich, in Europa 38, in M-Eur.i.e.S. etwa 15 Arten; hierher gehört eine Reihe der bekanntesten Tagfalter; Auswahl: **1.** ***Aporia crataegi*** L., Baumweißling [**P-33**]; der Falter auffallend durch die dünn beschuppten, etwas durchscheinenden Flügel und durch die an das Geäder gebundene, aparte dunkle Zeichnung; Flugzeit VI–VII; Eihaufen auf der Blattoberseite der Futterpflanzen (Weißdorn, Schlehe, Apfel, Birne); die Raupen düster mit orangefarbigen Längsstreifen [**P-34**]), fressen zunächst gesellig, überwintern als wenige mm lange Jungraupe, einzeln oder zu mehreren in einem zusammengerollten, meist an einem Spinnfaden aufgehängten, im Winde pendelnden Blatt (»Kleines Raupennest«; »Kleines Winternest« [**P-34**]); im Frühling zunächst von hier aus, dann von größeren Gespinstnestern aus Fraß an Knospen, Blüten und Blättern, bei Massenauftreten bis zum Kahlfraß; die an den Zweigen befestigte Gürtelpuppe (gelblich mit schwarzen Flekken) ab VI; am gleichen Platz in manchen Jahren äußerst selten, in anderen massenhaft und dann zum Abwandern neigend; in letzter Zeit sehr selten geworden. **2.** Mehrere in M-Eur.i.e.S. häufigere Arten der Gattung ***Pieris***: a) ***P. brassicae*** L., Großer Kohlweißling [**P-35**]; ***P. rapae*** L., Kleiner Kohlweißling, Rübenweißling [**P-35**]; c) ***P. napi*** L., Rapsweißling, Rübsaatweißling,

Grünaderweißling, Heckenweißling [**P-35**]; d) ***P. bryoniae*** O.; Bergweißling [**P-35**], dieser nur im Gebirge, in der typischen Form schon in den Nordalpen von 1000 m Höhe an aufwärts. Allen Arten gemeinsam ist ein – für das menschliche Auge – nicht sehr auffallender Geschlechtsunterschied nach Färbung und Zeichnung, jedoch spielt die bei den ♂♂ und ♀♀ unterschiedliche UV-Reflexion der Flügelflächen (→ Lepidoptera) für die Arterkennung und beim Sexualverhalten der Weißlinge eine wichtige Rolle; der Geruchssinn ist von untergeordneter, bei ***P. rapae*** und bei ***Colias***-Arten ohne Bedeutung; gegenüber den anderen Pieridae auffallend mehr dunkles Pigment in den Schuppen der Vorder- und Hinterflügel besonders bei den ♀♀ des Bergweißlings; dieser ist sicher sehr nahe verwandt mit ***P. napi***, wurde von diesem erst in jüngster Zeit als eigene Art abgegrenzt, ist in manchen Teilen des Verbreitungsgebietes (z. B. Skandinavien) wohl noch als Unterart von ***P. napi*** aufzufassen; die ♂♂ beider Arten sind einander sehr ähnlich, auch offenbar die für das Sichfinden der Geschlechter wichtigen Sexuallockstoffe; die ♀♀ duften (aus abdominalen Duftdrüsen) nach modrigem Heu, die von ***P. bryoniae*** besonders stark; die ♂♂ duften am Körper »pflanzenartig«, an den Flügeln (Duftschuppen) nach Zitronenschale (Citral ?); keine Unterschiede in den Genitalien; Paarungen zwischen ***bryoniae*** und ***napi*** im Freien kommen vor; im Versuch ergibt die Kreuzung fruchtbare Bastarde; Hauptunterschiede zwischen Raps- und Bergweißling: a) die Grundfarbe der ***napi***-♀♀ ist weiß, der ***bryoniae***-♀♀ gelblich; die Dunkelzeichnung ist bei den ***bryoniae***-♀♀ oft sehr stark; b) nach dem Standort: ***napi*** fliegt im typischen Fall mehr in niederen Lagen, ***bryoniae*** in Berglagen; (es gibt für beide Arten Ausnahmen); c) Generationenfolge: typische ***napi*** haben meist 2–3 Generationen, typische ***bryoniae*** nur eine Generation im Jahr. d) Eiablage: bei ***napi*** an verschiedenen Kreuzblütlern, bei der typischen ***bryoniae*** fast ausschließlich auf ***Biscutella*** (im Labor auch auf anderen Kreuzblütlern); die Balz ist bei beiden Arten sehr ähnlich; der Anflug der ♂♂ wird bei beiden Arten vor allem durch Weiß (Fernwirkung) ausgelöst, nur schwach durch Gelb; das ***bryoniae***-♀ ist also fernoptisch für das eigene ♂ wenig anziehend; die

Abb. P-35: Weißlinge, links ♂, rechts ♀. Von oben nach unten ***Pieris brassicae***, Großer Kohlweißling; ***P. rapae***, Kleiner Kohlweißling; ***P. napi***, Rapsweißling, und ***P. bryoniae***, Bergweißling. $^2/_3$ nat Gr. (Forster, Wohlfahrt 1954/81)

Bedeutung des ♂-Weiß bzw. der ♂-Zeichnung für das ♀ ist bisher nicht bekannt; Suchflüge des ♂ sind bei ***bryoniae*** häufiger als bei ***napi***, sie fördern das Finden der ♀♀ durch den Geruchssinn, der für die Nahorientierung wichtig ist; Flugbalz: das ♀ fliegt 20–40 m hoch, das ♂ folgt; das ♀ geht dann zu Boden, das ♂ setzt sich daneben, biegt den Hinterleib zum ♀, berührt es, das ♀ öffnet den Genitalapparat, Kopula, das ♂ macht eine Wendung, so daß die Köpfe entgegengesetzt gerichtet sind; Kopulationsdauer temperaturabhängig, oft 1–3 Stunden, zuweilen viel länger; die Isolie-

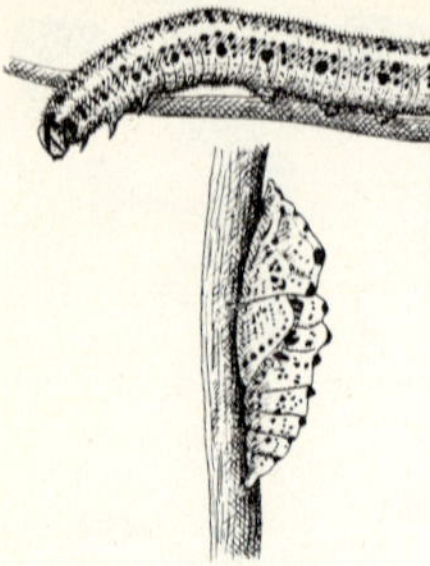

Abb. P-36: ***Pieris brassicae*****,** Großer Kohlweißling. Raupe und Puppe. (Eckstein 1913/33)

rung im Freien fördernde Hauptfaktoren: a) Standortverschiedenheit; b) hohe Sterblichkeit der Bastard-♀♀ nach der Winterdiapause. Die Bevorzugung von Kreuzblütlern als Nahrungspflanzen durch die Weißlingsraupen ist bedingt durch den Gehalt an Senfölen (lösen über den Nahgeruchssinn Anbeißen aus) bzw. Senfölglykosiden (lösen über den Geschmackssinn Weiterfressen aus); senfölhaltige, nicht zu den Kreuzblütlern gehörige Pflanzen werden ebenfalls angenommen (Beispiel: ***Tropaeolum***); die verschieden starke Bevorzugung von Senfölpflanzen ist wohl bedingt durch verschiedene Dosierung der erwähnten Reizstoffe in Verbindung mit anderen für die Pflanzenart spezifischen Faktoren; damit im Zusammenhang: Gewöhnung an eine der Raupe zuerst gebotene Futterpflanze kann zur Ablehnung anderer durchaus geeigneter Pflanzen führen; Senföle und ihre Abkömmlinge sind für die Ernährung offenbar bedeutungslos. Futterpflanzenwahl primär durch das ♀, das die Eier nur an senfölhaltige Pflanzen ablegt; dabei ist unmittelbarer Kontakt mit der Pflanze nötig (alternierendes Trommeln mit den Vorderbeinen auf dem Substrat); der Duft nach Senföl löst allein noch nicht die Eiablage aus, wohl aber der Kontakt z.B. mit dem Senfölglykosid Sinigrin; Trommelbereitschaft und Neigung zur Eiablage außerdem abhängig von der Farbe des Substrates; bevorzugt wird der Spektralbereich zwischen grün (Eiablage) und gelbgrün (Trommeln), in Wellenlängen: zwischen 510 und 585 nm; Eiablage meist auf der Blattunterseite, beim Großen Kohlweißling in Gelegen (bis ca. 150 Stück), bei anderen Arten einzeln; die Raupen sind grün mit gelblicher Rücken- und Seitenlinie, bei ***P. brassicae*** [**P-36**] mit schwarzer Fleckenzeichnung; die letzteren sind zumal in den jüngeren Stadien und bei Häutungen zu Gesellschaften vereinigt. Bei allen 4 Arten Überwinterung als Gürtelpuppe [**P-36**], Puppenruhe bei ***P. brassicae*** induziert durch Kurztagbedingungen; die Puppe von ***P. brassicae*** ist oft sehr gut der jeweiligen Umgebung angepaßt durch wechselnde Verteilung von hellem (in den Hautzellen) und dunklem (in der Kutikula) Pigment, vermittelt über die Lichteinwirkung auf die Augen in einer sensiblen Periode des letzten (5.) Raupenstadiums kurz vor der Verpuppung. Ab und an Massenauftreten, vor allem des großen Kohlweißlings in der zweiten (Sommer-)Generation, mit mehr oder weniger ausgedehnten Wanderungen, z.T. über mehrere hundert Kilometer (z.B. 1955 von Österreich nach Bayern und Thüringen); die Raupen dieser Generation sind zuweilen sehr schädlich, Kahlfraß an Kohl, ergeben wegen der sehr starken (regional durch z.T. verschiedene Arten bedingten) Parasitierung jedoch nur wenige Falter im nächsten Frühling; Hauptparasiten: ***Apanteles glomeratus*** L., mehrere Larven in einer Raupe, verlassen diese, verpuppen sich in einem gelblichen Kokon auf der abgestorbenen Raupe (→ Braconidae 2); ***Pteromalus puparum*** L., Puppenparasit (→ Pteromalidae 1). **3. *Pontia daplidice*** L., Resedafalter; ähnlich ***Pieris***; ♀ auf der Flügeloberseite stärker dunkel gefleckt als ♂; Hinterflügel unterseits mit grünlichen Flecken; 2–3 Generationen, 1. Generation aus der (in M-Eur.i.e.S. nur bei günstigen Bedingungen) überwinterten Puppe; Raupe außer an ***Reseda*** (senfölhaltig) auch an Kreuzblütlern; in M-Eur.i.e.S. wohl jedes Jahr Zuzug von Faltern aus den südlichen Teilen des Verbreitungsgebietes. **4. *Anthocaris cardamines*** L., Aurorafalter; auffallender Geschlechtsunterschied: nur beim ♂ ist die äußere Hälfte der Flügeloberseite orangefarben; Hinterflügel bei ♂ und ♀ unten mit gitterartiger grünlicher Zeichnung, Farbeindruck Grün entstanden durch ein Mosaik von gelben und fast schwarzen Schuppen; die schon sofort nach dem Schlüpfen kopulationsbereiten ♀♀ erwarten mit mäßig aufgeklappten Flügeln die ♂♂ am Boden, werden offenbar optisch entdeckt; die grünliche, fein dunkel gepunktete Raupe [**P-37**] auf Kreuzblütlern; die Gürtelpuppe [**P-37**] kann zweimal überwintern; stets nur eine Generation. **5.** ***Gonepteryx rhamni*** L., Zitronenfalter; allgemein bekannt durch die beim ♂ intensive (nach der Überwinterung etwas abgeblaßte), beim ♀ blassere Gelbfärbung der in eine Spitze ausgezogenen Flügel, rötlicher kleiner Fleck auf der Flügelmitte; besonders lang dauerndes Imaginalstadium: der Falter schlüpft im VII aus der Gürtelpuppe, fliegt einige Tage, geht in Sommerruhe, fliegt wieder, geht bereits ab VIII ohne besonderes Versteck am Boden in Winterruhe, fliegt wieder im Frühling, erst jetzt Fortpflanzung; Balz: das ♂ wird angelockt durch das fliegende ♀, beide gehen in die Höhe (bis 200 m beobachtet), dann tiefer, u. U. erneut in die Höhe; dann geht das ♀ zu Boden, das ♂ setzt sich daneben; es kommt schnell zur Kopula, wenn das ♀ begattungswillig ist; zuweilen auch Anflug auf ein am Boden sitzendes ♀, das dann schnell die Flügel flachlegt und den Hinterleib unter Ausstülpen von Dufthaarbüscheln anhebt; das ♂ kriecht unter und auf den Flügeln des ♀ umher, es kommt schließlich zur Kopula, meist für 1–3 Stunden; gelegentlich Flug während der Kopula, wobei meist das ♀ führend ist. Wenige Tage danach werden die Eier einzeln an Knospen oder Blätter vor allem von ***Rhamnus***-Arten abgelegt; die gelblichen Eiräupchen sitzen meist auf der Blattunterseite, die späteren grünlichen Stadien auf der Blattoberseite, älteste Raupen auch auf den Zweigen, stets in strenger Einstellung mit Rücken zum Licht; eine doppelte Gegenschattierung für diese Stellung ist sehr gut ausgeprägt; bei Seitenlicht Hinwenden zum Licht (Hautlichtsinn) durch Neigen um die Längsachse; grünes Pigment in den Zellen der Haut. Auch die an schrägen Zweigen fast horizontal aufgehängte → Gürtelpuppe zeigt doppelte Gegenschattierung, eingestellt jedoch auf Licht von der Bauchseite. **6.** Vertreter der Gattung ***Colias***, Gelblinge, Heufalter, Kleefalter, ausgezeichnet durch z.T. leuchtend gelbe oder orangene Pterine in den Flügelschuppen, die, in Verein mit dunkler Randzeichnung, diese Falter zu schönen und auffallenden Gestalten machen; Überwinterung in der Regel als Raupe des 3. Stadiums (6–9 mm), frei an der Pflanze oder am Boden; Flugzeit der Falter daher später als bei den als Falter oder Puppe überwinternden anderen Vertretern der

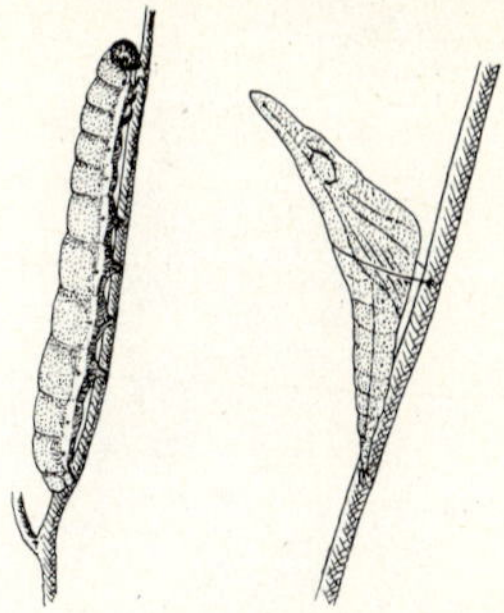

Abb. P-37: ***Anthocaris cardamines***, Aurorafalter. Raupe und Puppe. Nat. Gr. (Eckstein 1913/33)

Fam., etwa ab Ende V–VI (Heuernte); die Raupen der meisten Arten mehr oder weniger polyphag an Schmetterlingsblütlern. In M-Eur.i.e.S. 5 oder 6 Arten; Auswahl: a) ***Colias palaeno*** L., Moorgelbling, Hochmoorgelbling, Zitronengelber Heufalter; ♂ zitronengelb, ♀ gelblichweiß; bezeichnend für Moore, hier die Futterpflanze der Raupe ***(Vaccinium uliginosum*** L., Rauschbeere***)***, an die das ♀ auf der Blattoberseite einzeln Eier ablegt. b) ***C. hyale*** L., Goldene Acht, Gelbe Acht, Gemeiner Heufalter, auch hier ist das ♂ leuchtender gelb als das ♀, auf den Hinterflügeln eine einer 8 ähnliche gelbe Doppelringzeichnung; Raupe an verschiedenen krautigen Schmetterlingsblütlern; 2(–3) Generationen. Dieser Art sehr ähnlich und erst neuerdings abgetrennt: c) ***C. australis*** Vrty., eine mehr südliche Form, auf trockenem Gelände; Raupe wohl ausschließlich auf Hufeisenklee ***(Hippocrepis comosa*** L.***)***; 2–3(–4) Generationen. d) ***C. croceus*** Fourc. ***(edusa*** F.***)*** Posthörnchen, Postillon (gelbrote Grundfarbe!), Wandergelbling; eine in mancher Hinsicht bemerkenswerte Art; das ♀ tritt in 2 Formen auf: einer orangenen (wie das ♂) und einer weißlichen; die grünliche Raupe an Luzerne und anderen Schmetterlingsblütlern, vom 3. Stadium ab mit gut ausgeprägter doppelter Gegenschattierung (weißliche Seitenlinien) eingestellt auf Licht vom Rücken her, dazu passend die Sitzgewohnheiten der ruhenden Raupe: 1.–4. Stadium längs der Mittelrippe auf der Blattoberseite, 5. Stadium am Stengel; doppelte Gegenschattierung auch bei der schräg aufwärts am Stengel hängenden Gürtelpuppe, hier jedoch eingestellt

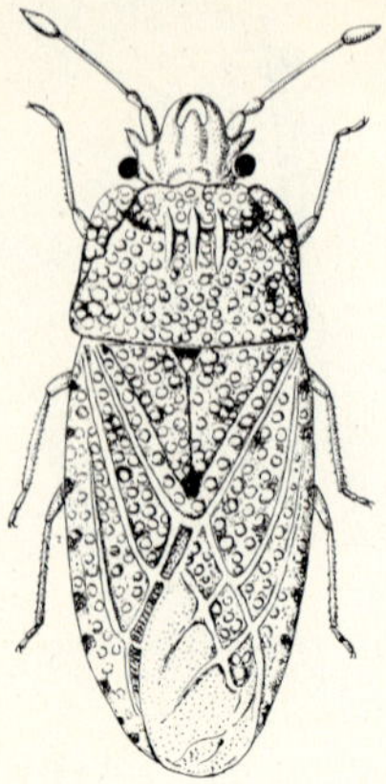

Abb. P-38: ***Piesma quadrata*,** Rübenwanze. 3 mm. (Jordan 1962)

auf Licht vom Bauch her. In Deutschland 2(–3) Generationen zu beobachten; die spärliche 1. Generation Ende V wohl ausschließlich Einwanderer aus den Mittelmeerländern; 2. Generation (VII–IX) in oft zahlreichen Exemplaren, teils Nachkommen der 1. Generation, teils erneute Zuwanderer (besonders stark in heißen Jahren; bis Finnland); nur unter günstigen Bedingungen Ansatz zu einer im Land entstandenen 3. Generation; Überwinterung gelingt bei uns wohl nur selten. **7. *Leptidea sinapis*** L., Senfweißling, Tintenfleck; kleine weiße Art, nur das ♂ oberseits an der Flügelspitze mit dunklem Fleck; weicht im Flügelgeäder durch die Kleinheit der Mittelzelle von den übrigen bei uns heimischen Weißlingen ab; 2(–3) Generationen; deutscher Name irreführend, die Raupe frißt an verschiedenen Schmetterlingsblütlern ***(Lathyrus, Lotus, Trifolium)*;** die Gürtelpuppe überwintert. (Claret 1966; Harz, Wittsadt 1957; Lederer 1941; Nolte 1949; Petersen 1952, 1963; Petersen et al. 1952, 1957; Petersen, Tenow 1954; Roer 1959b; Süffert 1932; Terofal 1965; Thomson 1960).

Pieris; → Pieridae 2.

Piesma; → Piesmidae.

Piesmidae, Meldenwanzen; Fam. der Landwanzen (Heteroptera, Geocorisae); wenig artenreich, insges. ca. 30, davon 4 in M-Eur.i.e.S.; am wichtigsten ***Piesma quadrata*** Fieb., Rübenwanze (ca. 3 mm; [**P-38**]); Färbung der Imagines sehr verschieden: grün, grau, braun, dunkel gefleckt; Vorderflügel von wechselnder Länge, Hinterflügel voll entwickelt. Saugen in der Regel Siebröhrensaft (Kot zuckerhaltig, Honigtau) an verschiedenen krautigen Pflanzen, insbes. an Chenopodiaceen (Melde, Spinat, Mangold, Zucker- und Runkelrüben); schädlich durch Saftsaugen und Übertragen des Virus der Kräuselkrankheit; die Imago überwintert; im Frühling Flug zu den Futterpflanzen; die ♂♂ singen (gerippte Ader der Hinterflügel angestrichen an vorstehender Kante am Rücken des 1. Hinterleibssegments), locken sich dadurch offenbar gegenseitig und durch einen rhythmisch etwas abgewandelten Gesang die ♀♀ an (Hörorgane jedoch nicht eindeutig festgestellt); Eiablage nur an frisch-grüne Pflanzen, Eier vor allem an die Blattunterseite längs der Adern geklebt; 5 Larvenstadien (gelbgrün bis grün); in warmen Sommern kann eine 2. Generation hochkommen. (Erhardt, Schmutterer 1965; Günther 1968; Hoffmann, Schmutterer 1983; Jordan 1962).

Pillendreher, Pillenwälzer; → Scarabaeidae 5, 6.

Pillenkäfer; → Byrrhidae.

Pillenwespen, *Eumenes* sp.; → Eumenidae 1.

Pilophylla; → Trypetidae 5.

Pilzeule, *Parascotia fuliginaria* L., → Noctuidae.

Pilzkäfer, *Mycetaea hirta* Marsh.; → Endomychidae.

Pilzmücken; → Fungivoridae.

Pilzmückenblumen; Pflanzen feuchtschattiger Bodenschichten mit bodennahen, urnen- oder kesselförmigen, auf dunkelbraunem Grund meist hell gemusterten, scheinbar duftlosen oder pilz- oder moschusartig riechenden Blüten. An Blütenblättern, Achsen, oder Hochblättern oft (nässende) Auswüchse, die auffallende Ähnlichkeit mit Fruchtkörpern (oder Teilen davon) von Pilzen haben. Durch Duft und Aussehen der Pilzmückenblumen fehlgeleitete Pilz- und Trauermücken (→ Fungivoridae; → Lycoriidae) führen bei der Eiablage am falschen Ort die Bestäubung der Blüten durch. Eier und Larven gehen noch vor dem Abblühen zugrunde. Beispiele: ***Asarum europaeum*,** Haselwurz und ***Arum maculatum*,** Aronstab. (Vogel 1978).

Pilzspritze; → Siricidae.

Pimpla; → Ichneumonidae.

Pineus; → Adelgidae 4, 7.

Pinienprozessionsspinner, ***Thaumetopoea pityocampa*** Schiff., → Thaumetopoeidae 3.

Pinselkäfer, ***Trichius*** sp.; → Scarabaeidae 19.

Pionea; → Pyralidae 16.

Piophila; → Piophilidae.

Piophilidae; Fam. der cyclorrhaphen Fliegen (Diptera, Brachycera); kleine (max. 5 mm), meist düster gefärbte Arten, in M-Eur.i.e.S. ein gutes Dutzend; hierher die häufige, weltweit verbreitete, glänzend bronzebraune oder schwarze Käsefliege, ***Piophila casei*** L. ([**P-39**]; ca. 4 mm); das ♀ legt, sicherlich geruchlich angelockt, Eihäufchen außer an Käse an die verschiedensten, manchmal sich zersetzenden, organischen Stoffe, in denen die schlanken, weißlichen, erwachsen ca. 10 mm langen, hinten mit 2 kurzen bräunlichen Atemstutzen versehenen Larven fressen und bei Massenauftreten an Lebensmitteln lästig werden; können sich, gelegentlich vom Menschen mit der Nahrung aufgenommen, im Darm weiterentwickeln (auch Larven verwandter Arten?); bemerkenswert das Springvermögen älterer Larven: Körper stark eingekrümmt [**P-40**] und plötzlich gestreckt; Verpuppung außerhalb des Nährsubstrates; in Häusern alle Stadien zu jeder Jahreszeit, im Freien Überwinterung als Larve oder als Puppe. Ähnlich die Lebensweise anderer Arten; die ***Mycetaulus***-Larven in Vogelnestern; durch auffallende Behaarung bemerkenswert: ***Amphipogon spectrum*** Wahlbg. ([**P-41**]; 4–5 mm).

Pipiza; → Syrphidae.

Pipunculidae, Pipunculus; → Dorylaeidae.

Pirus-Austernschildlaus, ***Quadraspidiotus piri*** Licht.; → Diaspididae 4.

Pissodes; → Curculionidae 25–27.

Pityogenes; → Scolytidae 12, 15.

Plagiodera; → Chrysomelidae 12.

Plagionotus; → Cerambycidae 17.

Plagodis; → Geometridae 13.

Planidium; bezeichnende Junglarvenform einiger Schlupfwespen (→ Eucharitidae; → Perilampidae); der oft bedornte, etwa spindelförmige Körper segmentiert [**H-49**], hinten mit Saugscheibe; erwartet frei beweglich den Wirt.

Planipennia, Hafte, Netzflügler i.e.S.; Ordng. der holometabolen Insekten (Üb.-Ordng. Neuropteroidea); die Imagines klein bis sehr stattlich, mit 2 Paaren reichgeäderter Flügel, die in Ruhe dachförmig auf dem Rücken liegen; Flug in der Regel träge (Ausnahme: Schmetterlingshafte) und wenig ausgedehnt; mit beißenden

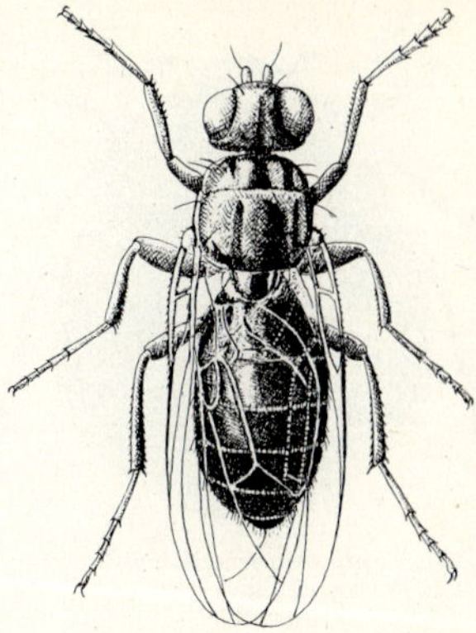

Abb. P-39: ***Piophila casei,*** Käsefliege. 5 mm. (Bollow 1958)

Abb. P-40: ***Piophila casei,*** Käsefliege. Larve, 8 mm, links gestreckt, rechts vor dem Springen. (Séguy 1951)

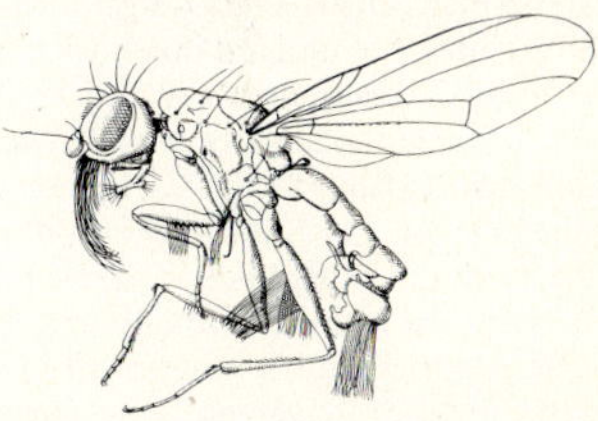

Abb. P-41: ***Amphipogon spectrum.*** ♂. Körper 4–5 mm. (Seguy 1951)

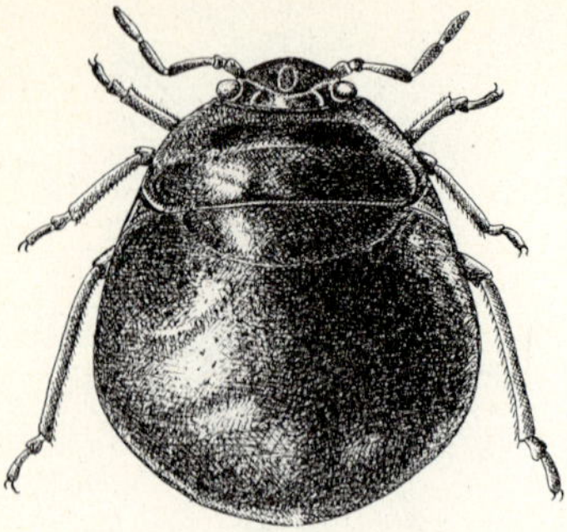

Abb. P-42: ***Coptosoma scutellatum***, Kugelwanze. Ca. 4 mm. (Rietschel 1969)

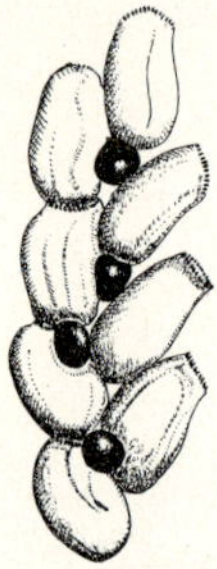

Abb. P-43: ***Coptosoma scutellatum***, Kugelwanze. Gelege; schwarz: die Kapseln mit Symbionten. (Koch 1962)

Mundteilen, räuberisch auch die Larven, teils auf dem Lande, teils im Wasser; Teile der Mundteile als Saugzange ausgebildet: die Mandibeln (Oberkiefer) zangenförmig; an ihrer Unterseite und mit ihnen verzahnt ein ebenfalls verlängerter Teil des Unterkiefers (Maxille, teils als Innenlade, Lacinia, teils als Außenlade, Galea, gedeutet); zwischen beiden das Nahrungsrohr, durch das die, nach Einschlagen der Zangen in die Beute, vor dem Munde verdaute und verflüssigte Nahrung aufgesaugt wird; Larvendarm nicht durchgängig, kurz vor der Mündung der Ausscheidungsorgane (Malpighische Gefäße) verschlossen, Unverdautes am Ende des Mitteldarms gespeichert oder nach vorn ausgewürgt; 3 Larvenstadien; Verpuppung stets an Land, als Pupa dectica (gut bewegliche Puppe, auch die Mandibeln der alten Puppe beweglich und zum Beißen geeignet), meist im Boden in einem Kokon aus Spinnseide, die aus den Malpighischen Gefäßen stammt; Austreten der Seide aus dem oft tubenartig verengten Hinterleibsende der alten Larve. Die bisher bekannten etwa 5000 Arten mehreren Fam. zugeordnet, von diesen in M-Eur.i.e.S.: → Coniopterygidae; → Sisyridae; → Osmylidae; → Mantispidae; → Chrysopidae; → Hemerobiidae; → Myrmeleonidae; → Ascalaphidae. (Aspöck, Aspöck 1964, 1969; Berland, Grassé 1951; Günther 1968; Steitz, Stengel 1984; Stitz 1931; Wundt 1969).

Planococcus; → Pseudococcidae 6.

Plastophora; → Phoridae.

Plastron-Atmung; bei manchen (fast ausschließlich in fließendem oder zumindest bewegtem Wasser) ständig untergetaucht lebenden Insekten mit offenen Stigmen der Gasaustausch zwischen Wasser und Plastron: einer durch zahllose feinste, massive und nicht benetzbare haarförmige Gebilde der Exokutikula festgehaltenen Gasschicht, in die die Stigmen münden; ermöglicht dauernden Aufenthalt unter Wasser ohne zwischenzeitliches Auftauchen zur Lufterneuerung, da im Wasser gelöster Sauerstoff in den Gasraum diffundiert, sobald dessen O_2-Partialdruck unter den des im Wasser gelösten Sauerstoffs sinkt; nicht selten auch durch das Plastron auffangen von kleinsten, im fließenden Wasser mitgeführten, oder durch Unterdruck am Plastron entstandenen Luftbläschen; das Plastron funktioniert als → physikalische Kieme; z. B. → Aphelocheiridae; → Chrysomelidae; → Dryopidae; → Melusinidae. (Hinton 1968, 1976c; Messner 1982a, 1986).

Plataspidae, Kugelwanzen; Fam. der Landwanzen (Heteroptera, Geocorisae); etwa 400 Arten, vor allem in wärmeren Ländern (einige durch Saftsaugen an Kulturpflanzen schädlich); in M-Eur.i.e.S. nur ***Coptosoma scutellatum*** Geoffr. (ca. 4 mm; [**P-42**]); schwarz, schwach blau oder grün schimmernd; das hinten an den Halsschild anschließende Schildchen den ganzen Hinterkörper bedeckend, darunter die Flügel; Vorderflügel sehr lang, hinterer Teil quer unter das Schildchen geklappt; Pflanzensaftsauger, hauptsächlich an Schmetterlingsblütlern, insbesondere an Kronwicke (***Coronilla varia*** L.); das ♀ legt 2zeilig Eier auf das Wickenblatt [**P-43**], am Grunde zwischen beiden Zeilen kleine dunkle Kapseln, gefüllt mit symbiontischen Bakterien; die Junglarven saugen nach dem Schlüpfen den Inhalt der Kapseln auf [**P-44**], infizieren sich so mit den Symbionten; Bildung der Kapseln (= Symbiontenballen, von Drüsensekret umhüllt) im hinteren, hierfür besonders eingerichteten Teil des Mitteldarms; weitere Besonderheiten im Darmbau: Mitteldarm nicht durchgängig, kurz hinter dem blasenförmig erweiterten vorderen Teil unterbrochen; der anschließende längere Teil des Mitteldarms mit Symbiontenkrypten besetzt, mündet beim ♀ im After aus (hier Abgabe der Symbiontenkapseln); ♂: hinterer Teil des Mitteldarms blind endigend, nur durch Tracheen mit dem kurzen Enddarm verbunden. (Buchner 1953; Jordan 1962).

Plateumaris; → Chrysomelidae 1.

Plattbauch, *Libellula depressa* L.; → Libellulidae 1.

Plattfüßer; → Clythiidae.

Plattkäfer; → Cucujidae.

Plattwanzen; → Cimicidae.

Platycampus; → Tenthredinidae 23.

Platycerus; → Lucanidae 3.

Platycnemididae, Federlibellen; Fam. der Libellen (Odonata, Zygoptera); zarte Schlanklibellen; bei ♂ und ♀ Mittel- und Hinterschienen flach, verbreitert. Bei uns nur ***Platycnemis pennipes*** Pall., Federlibelle; ♂ Abdomen blau mit schwarzer Zeichnung, ♀ blaugrün mit wenig Schwarz; Eiablage (meist VII–VIII) unmittelbar nach der Begattung, ♂-Griff noch fest [**O-6**], häufig in Laichkraut und Teichrose [**P-45**]; das ♀ taucht dabei höchstens mit dem Hinterleib ein; die Larven schlüpfen nach 2–3 Wochen, halten sich vor allem im Bodenschlamm auf, sehr träge.

Platycnemis; → Platycnemididae.

Platyedra; → Gelechiidae 4.

Platygaster; → Platygasteridae.

Platygasteridae; Fam. der Hautflügler (Hymenoptera, Apocrita, Proctotrupoidea); kleine, meist schwarze Schlupfwespen; das ♀ von ***Inostemma*** mit sehr langem Legebohrer, der in Ruhe in ein am 1. Hinterleibsring dorsal entspringendes gekrümmtes, kopfwärts gerichtetes hornartiges Gebilde zurückgezogen ist [**P-46**]; Larven parasitisch hauptsächlich bei den Larven von Gallmücken, Eiablage meist schon in das Ei des Wirtes; bei manchen ***Platygaster***-Arten Entwicklung mehrerer Individuen aus einem Ei (Polyembryonie); bei an Kulturpflanzen schädlichen Gallmükken gute Hilfe durch die Schmarotzer, z. B. durch eine Anzahl von Arten als Parasiten der Hessenfliege (***Mayetiola destructor*** Say; → Itonididae 4). (Bachmaier 1969; Clausen 1940).

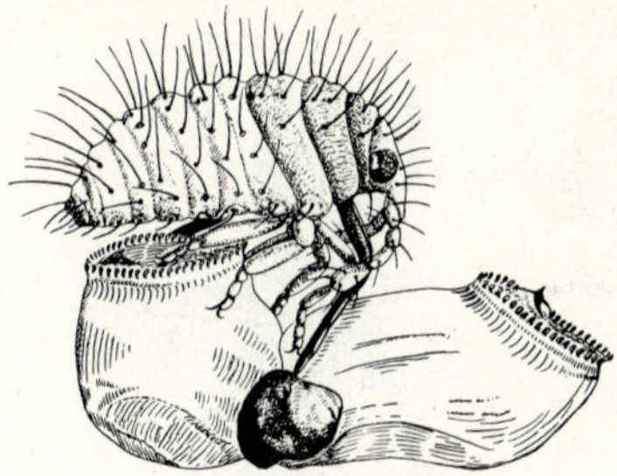

Abb. P-44: ***Coptosoma scutellatum.*** Eilarve saugt Symbionten aus der Kapsel. (Koch 1962)

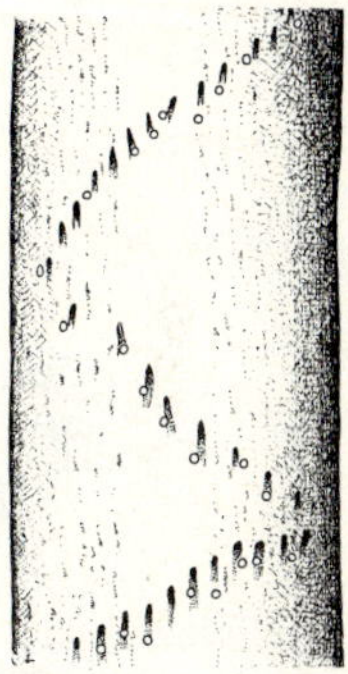

Abb. P-45: ***Platycnemis pennipes,*** Federlibelle. Gelege im Stengel der Teichrose (Ei 0,9 mm). Die meisten Eier von Schlupfwespen parasitiert. Kreise = Schlupflöcher des Parasiten. (Robert 1959)

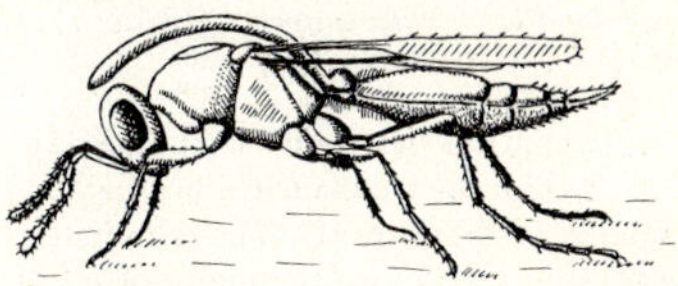

Abb. P-46: ***Inostemma*** sp. ♀, ca. 1,3 mm. (Bachmaier 1969)

Platynaspis; → Chrysomelidae.

Platyparea; → Trypetidae 4.

Platypeza, Platypezidae; → Clythiidae.

Platypodidae; Fam. der Käfer (Coleoptera, Polyphaga); über 800 Arten, die meisten in wärmeren Ländern, in M-Eur.

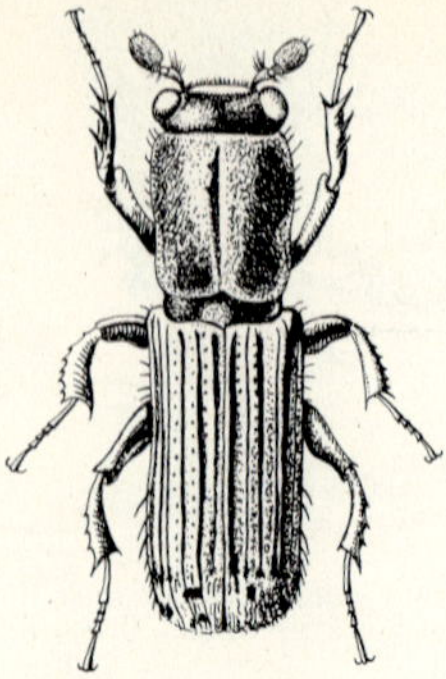

Abb. P-47: ***Platypus cylindrus***, Eichenkernkäfer. 5 mm. (Nach Brauns 1964, verändert)

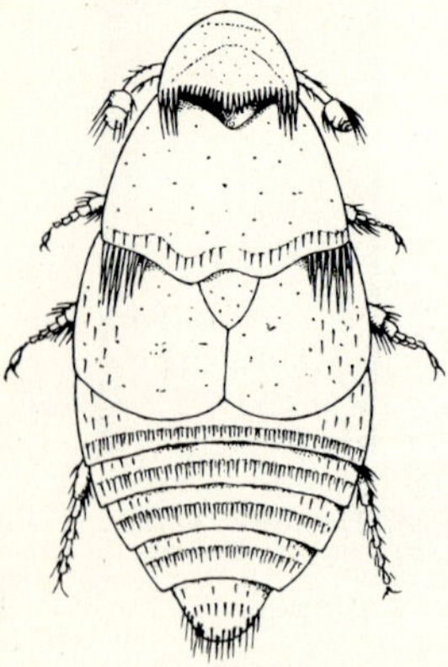

Abb. P-48: ***Platypsyllus castoris***, Biberlaus. 2–3 mm.

i.e.S. nur ein Vertreter der Gattung ***Platypus***, Kernkäfer; ***Pl. cylindrus*** Fbr., Eichenkernkäfer (5–5,5 mm; [**P-47**]); zylindrisch, dunkelbraun; fliegt im Sommer vor allem Eichen an, stehende und geschlagene Stämme oder Stubben, auch Buchen, Kastanien, Eschen; das ♂ kann stridulieren durch Reiben des letzten Hinterleibsringes gegen ein Höckerfeld an der Innenseite der Flügeldecken, Bedeutung unklar; das ♂ nagt zuerst einen Gang von etwa 1 cm Tiefe, dann folgt die Begattung; die weitere Nagearbeit macht das ♀ (♀-Mandibeln kräftiger als die des ♂), das ♂ schafft vor allem das Bohrmehl hinaus; das ♀ nagt Seitengänge, dann weiter bis zur Mitte des Stammes, legt weitere Seitengänge an; stets wird das Bohrmehl entfernt; die Eier werden einzeln oder in Haufen abgelegt, etwa über das ganze Jahr hin; daher findet man in einem Bau verschiedene Stadien nebeneinander. Die Larven sind etwa walzenförmig, mit beborsteten Höckern, leben in den Muttergängen; Ernährung durch in der Gangwand gezüchtete → Ambrosiapilze; das Infektionsmaterial wird im Darm oder an der Körperoberfläche mitgebracht (die ♀♀ exotischer Arten haben vorn am Kopf Vertiefungen für den Transport von Pilzsporen); die Altlarven nagen senkrecht stehende Puppenwiegen; Entwicklung etwa einjährig; beachtlicher Holzschädling. (Brauns 1964; Buchner 1953; Postner 1974; Schedl 1981).

Platypsyllidae, Biberläuse; Fam. der Käfer (Coleoptera, Polyphaga; früher der Fam. → Leptinidae zugeordnet); nur eine Art: ***Platypsyllus castoris*** Rits., Biberlaus, Biberkäfer (2,2–3 mm; [**P-48**]); abgeflacht und schwach pigmentiert, Komplexaugen entgegen früheren Angaben vorhanden aber stark reduziert; 2. Fühlerglied (Pedicellus) distal ausgehöhlt, in der borstenumstandenen Konkavität ist die zapfenartig kurze, 7gliedrige Fühlergeißel untergebracht, Fühler kann in laterale Rinne des Kopfes eingelegt und dort arretiert werden; Kopf, Rückenschild (Pronotum) und Hinterleibsringe mit flach anliegenden Stachelborsten; Flügel fehlen, Flügeldecken erreichen gerade das 2. Hinterleibssegment; Tarsen der Vorder- und der Mittelbeine halbkreisförmig gebogen, ventral mit spatelförmigen Hafthaaren; Larve und Imago stets im Fell des europäischen und amerikanischen Bibers; keine Parasiten, wie man bisher glaubte, sondern Räuber, jagen auf dem Biber parasitierende Milben; auch beim Tauchen ist genügend Atemluft im Fell des Bibers vorhanden; Eiablage nicht am Wirt selbst, sondern in dessen Behausung. (Freude 1971; Winter 1979).

Platypsyllus; → Platypsyllidae.

Platyptilia; → Pterophoridae 3.

Platypus; → Platypodidae.

Platyrrhinus; → Anthribidae 1.

Platystoma; → Platystomidae.

Platystom(at)idae; Fam. der cyclorrhaphen Fliegen (Diptera, Brachycera); klein bis mittelgroß, nicht selten die Flügel bräunlich mit hellen Fensterflecken [**P-49**]; bei manchen tropischen Arten ist der Kopf durch seitliche Zapfen, die die Komplexaugen tragen, stark verbreitert; treiben sich vor allem auf Gebüsch, ***Rivellia*** gerne auf Wiesen herum; »Melken« von Blattläusen (Honigtaugewinnung) durch Bestreichen mit den Vorderbeinen bei ***Rivellia viridulans*** R.D.; über die Larven wenig bekannt, wohl hauptsächlich im Boden als Fresser von Pilzfäden und sich zersetzenden pflanzlichen Stoffen; die Larven von ***Platystoma seminationis*** F. gelegentlich in von Pilzen befallenen Spargelwurzeln. Mehrere Dutzend Arten in M-Eur.i.e.S.

Platystomus; → Anthribidae 2.

Platyuridae; → Fungivoridae.

Plea; → Pleidae.

Plebejus; → Lycaenidae 7.

Plecoptera (Perlariae), Steinfliegen, Uferfliegen, Uferbolde [**P-50**]; Ordng. der Insekten; Verwandlung unvollkommen (Hemimetabola); recht altertümliche Formen, schon aus dem Perm bekannt. **Larven** im Süßwasser, fast nur in kälteren, sauerstoffreichen, schnellfließenden Bächen und Flüssen, auch in Gletscherbächen (→ Leuctridae); Indikatoren für hohe Wassergüte; wenige nur in der Uferregion von Seen; am Hinterleibsende stets nur 2 gegliederte Anhänge (Cerci); Mundteile kauend; teils allgemeine Hautatmung, teils (größere Formen) mit schlauchförmigen Tracheenkiemen an verschiedenen Körperstellen: ventral an Kopf oder Brust, am Aftergebiet, seltener seitlich an den Hinterleibssegmenten; viele Arten sind empfindlich gegen Sauerstoffmangel; auf den Kiemen oder der Körperoberfläche osmoregulatorisch tätige → Chloridzellen; Körper flach (Fließwasserform); kleine Formen und Junglarven oft zwischen Wasserpflanzen, sonst vor allem an und unter Steinen, ***Leuctra major*** Brinck bis 90 cm Tiefe im grobkörnigen Bodengrund von Bächen, einige Arten im Bodenwasser auch seitlich der Fließgewässer; meist recht träge, entschließen sich selten zum Schwimmen, dann mit alternierenden Bewegungen der Beine (die bei großen Larven mitunter Schwimmhaare tragen), nicht selten unterstützt durch seitliches Schlängeln des Hinterleibes. Nahrung bei kleinen Arten und Junglarven zerfallende organische Teilchen, Algen; bei mittelgroßen Arten dazu noch Kleintiere; bei großen Arten (z.B. ***Perla***) lebende Beute verschiedenster Art. Dauer des Larvenlebens bei großen Arten (z.B. ***Perla***) ca. 3 (zahlreiche, z.T. über 20 Häutungen), bei

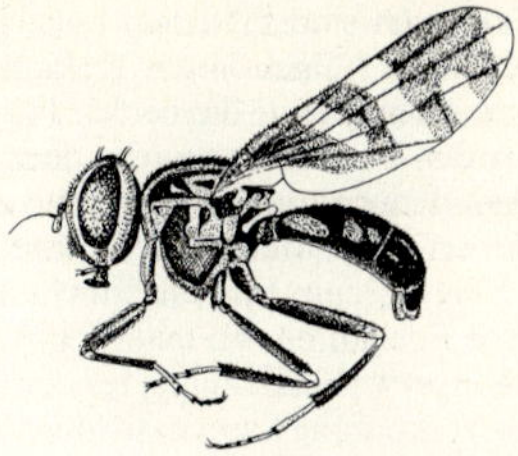

Abb. P-49: ***Rivellia frondescentia.*** ♀, Länge 3 mm. (Lindner 1923ff.)

Abb. P-50: ***Perla marginata***, Steinfliege. Etwa 20 mm. (Rietschel 1969)

mittelgroßen Arten (z.B. ***Perlodes***) ca. 2, bei kleinen Arten ca. 1 Jahr (vielleicht bei einigen kleinen Arten 2 Generationen im Jahr); bei Bewohnern niemals zufrierender Bäche geht das Wachstum auch im Winter weiter; die Altlarven kriechen zur letzten Häutung an Land. **Imagines**: die ♂♂ häufig kleiner als die ♀♀; Flugzeit je nach Art III bis XI, meist die ♂♂ früher als die ♀♀; die Vertreter einer Art halten die für sie in einem bestimmten Bereich bezeichnende Flugzeit auffallend »pünktlich« ein; Mundteile zwar vorhanden, aber stark rückgebildet, ermöglichen wohl nur bei Arten mit noch leidlich ausgebildeten Kiefern eine Nahrungsaufnahme (Algen, Flechten, Fall laub, Moos), so insbesondere bei Vertretern der Euholognatha. Reste der larvalen

Tracheenkiemen sind bisweilen noch vorhanden; 2 Paar Flügel, in der Ruhe flach auf den Rücken gelegt; die beiden Flügelpaare an der Basis weit voneinander getrennt, kein Koppelungsmechanismus zwischen Vorder- und Hinterflügel; meist nur geringe Neigung zum Fliegen; Flucht häufiger durch Fortlaufen; bei manchen Arten sind die Flügel verkürzt, zumal bei den ♂♂; Grad der Verkürzung kann individuell verschieden sein, z. B. bei der stattlichen ***Perlodes microcephala*** Pict. gibt es kurz- und langflügelige ♂♂ nebeneinander (alle Übergänge); zuweilen auch kurz- bzw. langflügelige ♂♂ in verschiedenen Teilen des Artbereiches. Kopulation bald nach dem Schlüpfen, meist am Boden, selten im Flug; manchmal (z. B. ***Nemoura*** sp.) sind die sonst gegliederten fühlerartigen Cerci der ♂♂ zu kurzen, zum Festhalten des ♀ bei der Begattung geeigneten Klammerorganen umgebildet; das ♂ sitzt auf oder neben dem ♀, bei manchen Arten, Vertretern verschiedener Fam. (z. B. ***Capnia bifrons*** Newm., ***Isoperla grammatica*** Poda, ***Dinocras cephalotes*** Curt., ***Perla marginata*** Pz., ***Leuctra pseudosignifera*** Aubert), schlagen ♂♂ und ♀♀ in einem artspezifischen Rhythmus mit dem Hinterleib trommelnd auf die Unterlage, wobei stets die ♂♂ beginnen und nur unbegattete ♀♀ antworten; das über Sinnesorgane in den Beinen (Subgenualorgan) wahrgenommene Trommeln wirkt aktivierend und dient dem Sichfinden der Geschlechtspartner; bei den ♂♂ vieler trommelnder Arctoperlaria ventral im Bereich des Abdomenendes Anhangsorgane, entweder die sog. Bauchblase oder der (manchmal auch in Zwei- oder Dreizahl vorhandene) sog. Hammer; sie dienen der Kontrolle der Körperhaltung beim Trommeln; wo sie fehlen übernimmt die sog. Bauchbürste diese Funktion; kopulationswillige ♂♂ versuchen bisweilen auch artfremde Partner zu begatten, das gelingt jedoch nie. Wenige Tage nach der Kopulation Austreten des Eiballens beim ♀, der einige Zeit getragen wird (je nach Art 100–400 Eier); dann Ablage meist durch Eintauchen des Hinterleibs ins Wasser; selten ist Eiablage im Flug mit eingetauchtem Hinterleib, so bei ***Isoperla*** sp.; bei manchen Arten (z. B. ***Nemoura***-Arten) verteilt sich die Hüllsubstanz der Eier bei Berührung mit Wasser plötzlich auf der Oberfläche, die Eier sinken einzeln ab. Sonderfall: die ♂♂-Larven von ***Perla marginata*** Panz. haben zwittrige Keimdrüsen, der ♀-Anteil ist jedoch funktionslos. Lebensdauer der Imagines ca. 2–5 Wochen. Mehr als 2000 Arten, davon etwa 100 in M-Eur.i.e.S. Die bisherige Gliederung in die beiden U.-Ordngn. Filipalpia und Setipalpia ist heute aufgegeben zugunsten der neuen Einteilung in die U.-Ordng. **Antarctoperlaria** (4 Familien, nur in der Südhemisphäre; hier nicht behandelt) und U.-Ordng. **Arctoperlaria** mit 11 Familien: Fam.-Gr. Euholognatha mit insg. 6, davon 4 heimischen Familien kleiner bis mittelgroßer Arten (4 bis ca. 12 mm): → Taeniopterygidae; → Nemouridae; → Leuctridae; → Capniidae; Fam.-Gr. Systellognatha mit insg. 5, davon 3 heimischen Familien mit kleinen bis sehr großen Arten: → Perlodidae; → Perlidae; → Chloroperlidae. (Despax 1949; Engelhardt 1985; Günther 1968; Illies 1955; Rietschel 1969; Rupprecht 1968, 1976, 1977; Wesenberg-Lund 1943; Wichard, Komnick 1973b, 1974a; Zwick 1980).

Plectrocnemia; → Polycentropidae.

Plectrum; → Stridulationsorgane.

Pleidae, Zwergrückenschwimmer; Fam. der Wasserwanzen (Heteroptera, Hydrocorisae); einzige heimische Art: ***Plea leachi*** McGreg. u. Kirk.; klein (2 bis 3 mm), meist gesellig zwischen Wasserpflanzen und an der Unterseite von Schwimmblättern; sehr hochrückig (jüngste Larven noch abgeflacht), schwimmen mit dem Rücken nach unten, recht flink, obwohl die nur schwach behaarten Hinterbeine keine typischen Ruderbeine sind; Luftschöpfen an der Wasseroberfläche, Luftvorrat am Bauch im Haarfilz und unter den gewölbten Vorderflügeln; offene Stigmen; Hinterflügel mehr oder weniger stark verkürzt, die stark sklerotisierten Elytren durch besondere Verzahnungsvorrichtungen miteinander und mit Brust und Hinterleib verbunden, bilden so den Vorratsraum für die Atemluft. Räuberisch, Nahrung: kleine Wassertiere, z. B. Daphnien; die Adulti verlassen in Abständen das Wasser um mit den Beinen den Körper zum Schutz vor Mikroorganismen sorgfältig mit einem Wasserstoffperoxid haltigen (10–15 %) Sekret der Metathorakaldrüse einzureiben; die Imagines überwintern zweimal unter Wasser; Fortpflanzung Ende Frühling schon nach der ersten Überwinterung; das ♀ legt Eier mit dem Legebohrer in Wasserpflanzen; vermutlich

6 Larvenstadien; ♂ und ♀ mit Zirporganen ventral an der Brust: scharfe Kanten der Vorderbrust werden durch nickende Bewegungen an einem gerieften Bereich der Mittelbrust gerieben [**P-51**]; ein »Trommelfell« jederseits an der Mittelbrust wird als Teil eines Hör-(Tympanal-)Organs gedeutet: Bedeutung des Zirpens noch nicht vollständig geklärt, dient vielleicht der Schwarmbildung zur Fortpflanzungszeit, jedenfalls werden die Tiere durch das Zirpen in Kopulationsstimmung versetzt. (Gaumont, Moreau 1961; Jordan 1950; Maschwitz 1971; Melber, Schmidt 1984; Weber 1930; Wesenberg-Lund 1943).

Plemeliella; → Itonididae 33.

Pleometrose; → Polygynie.

pleophag; Bezeichnung für einen Parasiten, der verschiedene Wirte, Vertreter mehrerer Familien der gleichen Ordnung, befällt; → Parasitismus; gilt analog für Pflanzenfresser.

Plesiocoris; → Miridae 7.

Pleurota; → Oecophoridae.

Pleurotropis; → Eulophidae.

Plodia; → Pyralidae 12.

Ploearia; → Reduviidae 3.

Ploiariola; → Reduviidae 3.

Plumpschrecke, *Isophyes pyrenaea* Serv.; → Phaneropteridae 3.

Plusia; → Noctuidae 24, 47.

Plutella; → Plutellidae 1, 2.

Plutellidae, Schabenmotten; Fam. der Schmetterlinge (Lepidoptera); mottenartige kleine Falter mit gut entwickeltem Saugrüssel; die Raupen mit relativ langen Kranzfüßen, teils minierend, teils frei in einem schwachen Gespinst; die Puppen in einem lockeren, zuweilen sehr kunstvollen Kokon; die Raupen einiger Arten sehr schädlich an Kulturpflanzen. 18 Arten in M-Eur.i.e.S. Auswahl: **1. *Plutella xylostella*** L. (= ***maculipennis*** Curt.), Kohlschabe, Schleiermotte [**P-52**]; der Falter durch die Zeichnung der in Ruhe steildachförmig gelegten Flügel auffallend; die Puppe überwintert in einem zierlich durchbrochenen Kokon oft an der Blattunterseite der Nahrungspflanze (wilde oder angebaute Kreuzblütler, senfölhaltige Pflanzen wirken anlockend); die ersten Falter im V, Eier (bis zu 200 am Tag) einzeln oder in kleinen Gruppen an den Blattstiel oder die Blattunterseite abgelegt; das erste Raupenstadium miniert im Blatt, die späteren leben frei auf der Blattunterseite, fressen die

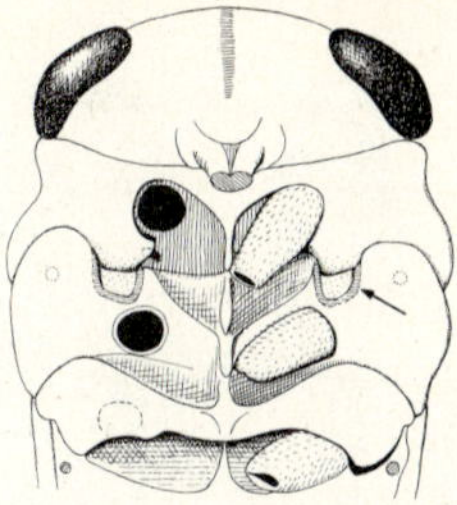

Abb. P-51: ***Plea leachi***, Zwergrückenschwimmer. Vorderkörper, ventral, Zirpapparat: jederseits Zapfen des Prothorax in Grube mit geriefter Wand (Pfeil). (Weber 1930)

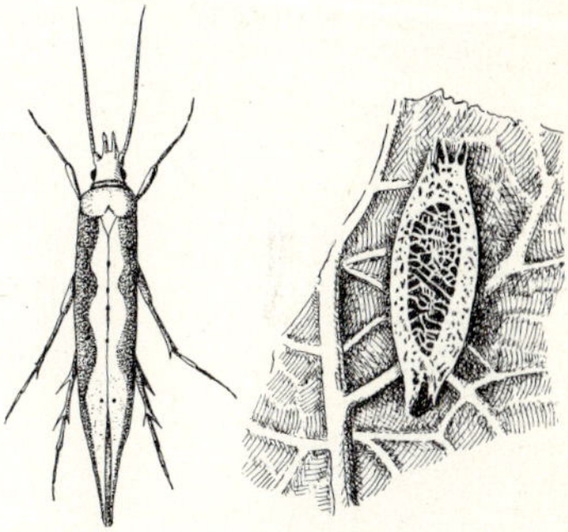

Abb. P-52: ***Plutella xylostella***, Kohlschabe, Schleiermotte. Links Imago in Ruhehaltung von oben; rechts Puppengespinst an Blatt. (Sorauer 1949/57; Lengerken 1932)

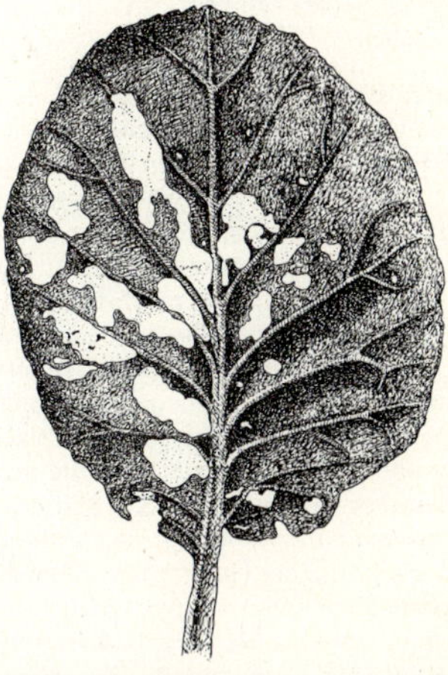

Abb. P-53: ***Plutella xylostella***, Kohlschabe. Kohlblatt mit Raupenfraß. (Braun, Riehm 1957)

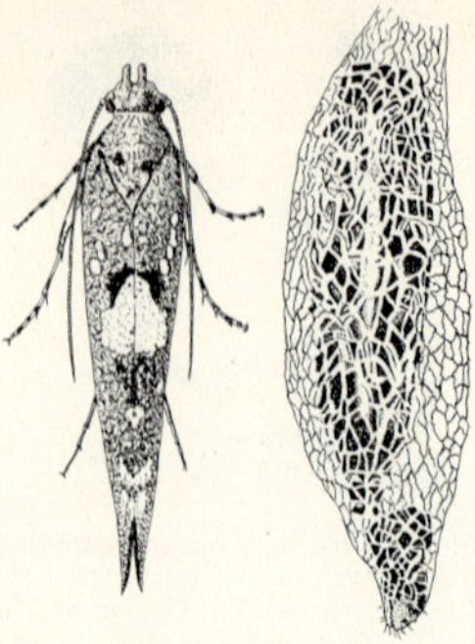

Abb. P-54: ***Acrolepia assectella***, Lauch- oder Zwiebelmotte. Links sitzender Falter, ca. 6 mm; rechts Puppengespinst, Länge 5 mm. (Sorauer 1949/57)

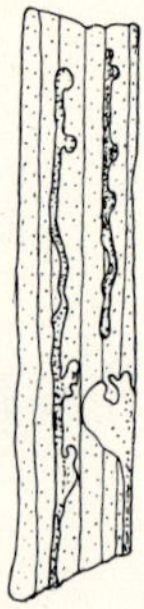

Abb. P-55: Minen der Lauchmotte ***Acrolepia assectella*** in ***Allium***-Blatt. (Hering 1957)

unteren Blattschichten (das Oberhäutchen bleibt wie ein weißlicher Schleier stehen; [**P-53**], alte Raupen fressen Löcher; Verpuppung meist auf der Blattunterseite [**P-52**]; 2. Generation im Sommer, bisweilen noch eine 3. Generation im Herbst; heute weltweit verbreitete Art, nicht selten große Schäden an Kohl. **2. *Plutella porrectella*** L., Nachtviolenmotte; die überwinterten Raupen fressen im Frühling an zusammengesponnenen Blütenknospen der Nachtviole und anderer Kreuzblütler, die der 2. Generation im Sommer an den Blättern. **3. *Cerostoma parenthesella*** L.; die grünliche Raupe frißt auf der Unterseite von Buchenblättern, auch an Keimlingen, hängt oft an einem Faden vom Blatt herab. **4. *Acrolepia assectella*** Zell., Lauchmotte, Zwiebelmotte [**P-54**]; das überwinterte ♀ legt im Frühling Eier an Blätter oder den Zwiebelhals von ***Allium***-Arten; die Jungraupen, zuerst von außen fressend, minieren dann im Innern [**P-55**], vor allem gern in den Herzblättern, auch in der Zwiebel, die der 2. Generation im Sommer auch in den Blütenköpfen, zerstören Blüten und Samen; an Lauch und Zwiebeln zuweilen sehr schädlich. (Gupta, Thornsteinson 1960; Hannemann 1968; Hoffmann, Schmutterer 1983; Lengerken 1932; Schwenke 1978; Sorauer 1949/57).

Pnyxia; → Sciophilidae.

Pochkäfer; → Anobiidae.

Pockenläuse; → Asterolecaniidae.

Podagrion; → Torymidae.

Podalonia; → Sphecidae 3.

Podas Waldschabe, *Ectobius silvestris* Poda; → Ectobiidae 2.

Podisma; → Catantopidae 2.

Podura; → Poduridae.

Poduridae; Fam. der Springschwänze (Collembola, Arthropleona); dunkel pigmentierte Arten mit langer Springgabel; häufig auf der Oberfläche mit Wasserpflanzen besetzter Gewässer: ***Podura aquatica*** L., Schwarzer Wasserspringer (–1,5 mm); Liebesspiel: das ♂ umkreist das ♀, drängt es so zu den ringsum abgesetzten gestielten Samentröpfchen.

Poecilocampa; → Lasiocampidae 4.

Poecilopsis; → Geometridae 31.

Pogonochaerus; → Cerambycidae 24.

Polia; → Noctuidae 45, 46.

Polietes; → Anthomyiidae.

Polistes; → Vespidae 1.

Pollenia; → Calliphoridae 5.

Polycentropidae; Fam. der Köcherfliegen (Trichoptera); ein gutes Dutzend Arten in Mitteleuropa; die campodeiden Larven, teils in fließenden, teils in stehenden Gewässern, ohne Köcher, ohne Kiemen [**T-87, T-89, T-90**], in Gespinstwohnröhren, an die sich aus Spinnfäden gefertigte Fangnetze anschließen, deren Öffnung bei Fließwasserformen gegen den Strom gewendet ist, und auf deren Wand sich Partikel verschiedenster Art, auch Planktonorganismen verfangen, die dann abgeweidet werden; Beispiel: ***Neureclipsis bimaculata*** L.; die Larve vermag nur im Fließwasser richtige Netze zu bauen [**P-56**], diese aber, in bestimmten aufeinanderfolgenden Bauphasen, in geschickter Weise den gegebenen Baubedingungen anzupassen (Verankerung, Strömungsrichtung; [**P-57**]). Ähn-

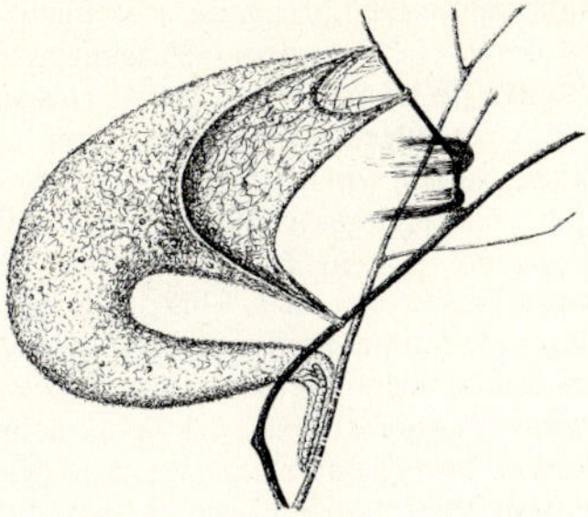

Abb. P-56: ***Neureclepsis bimaculata.*** Fangnetz mit Larve. Öffnungsdurchmesser bis ca. 9 mm. (v. Frisch 1952)

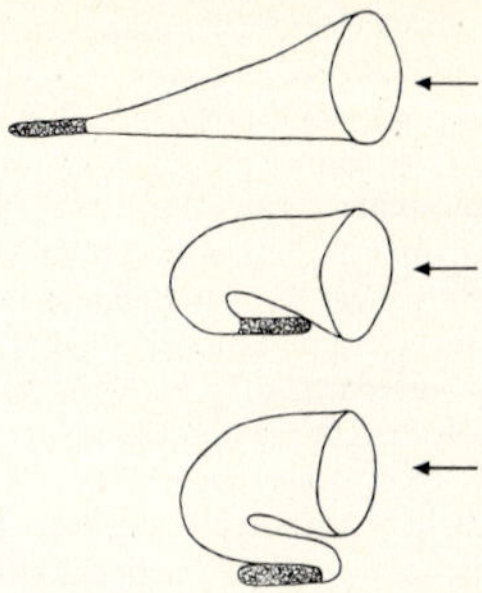

Abb. P-57: ***Neureclepsis bimaculata.*** Verschiedene Formen des Fangnetzes. Pfeil: Richtung des Wasserstromes, dunkel Wohnröhre. (Brickenstein 1955)

liche Fangnetze, ebenfalls in Fließwasser, bei ***Plectrocnemia***- und ***Polycentropus***-Arten, immer passend gegen die Strömung gerichtet, die Wohnröhre der Larve möglichst verborgen am Boden oder im Pflanzengewirr; der Wohnröhre vorgebaute, mit »Stolperfäden« besetzte Fangtrichter zwischen Pflanzen oder auf Blättern auch bei Bewohnern stehender Gewässer, z. B. der Gattung ***Cyrnus*** und ***Holocentropus*** [**P-58**]; die Larven stürzen beim Erschüttern der Trichterfäden aus der Wohnröhre vor, bei Gefahr blitzschnell zurück. ***Plectrocnemia conspersa*** fängt in ihrem Netz hauptsächlich Zuckmückenlarven und Oligochaeten; die Orientierung und Bewegung zur Beute geschieht umso schneller, je mehr die durch die Beute ausgelösten Vibrationen 0,3 Hz überschreiten. (Brickenstein 1955; Engelhardt 1955; Günther 1968; Malicky 1974; Tachet 1977; Wesenberg-Lund 1943; Wundt 1969).

Polycentropus; → Polycentropidae.

Polychrosis; → Tortricidae 27.

Polyctenidae; → Heteroptera.

Polyembryonalparasitismus; → Parasitismus 7.

Polyembryonie; Entstehen zahlreicher Larven aus einem Embryo durch Zerfall auf frühem Entwicklungsstadium (ungeschlechtliche Vermehrung); → Schlupfwespen; → Encyrtidae.

Polyergus; → Formicidae 4.

Polygonia; → Nymphalidae 7.

Polygynie, Pleometrose; bei staatenbildenden Insekten (z. B. Ameisen; → Formicoidea) der Zustand, daß mehrere bis viele ♀♀ (Königinnen) im Nest sind. Bei rel. wenigen ♀♀ spricht man von Oligogynie.

Polymetabola; Insekten mit vollkommener Verwandlung (Holometabola), bei denen Larvenformen von zuweilen sehr verschiedener Gestalt und Lebensweise auftreten; häufig unterscheidet sich insbesondere die Junglarve stark von den älteren Stadien; so bei zahlreichen Schlupfwespen (z. B. → Perilampidae), bei manchen Käfern (z. B. ***Lebia,*** → Carabidae 11; ***Aleochara,*** → Staphylinidae 4), bei den Fächerflüg-

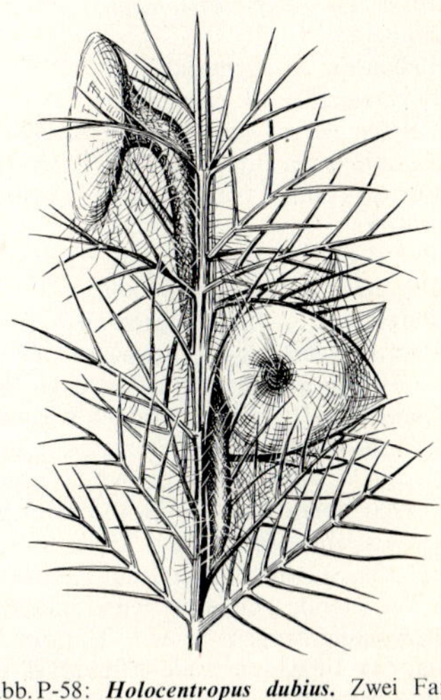

Abb. P-58: ***Holocentropus dubius.*** Zwei Fangtrichter (Durchmesser etwa 2,5 cm) mit anschließendem Larvengang. (Despax 1951)

lern (→ Strepsiptera), bei manchen Dipteren (z.B. ***Acrocera, Oncodes,*** → Cyrtidae; ***Spongostylum,*** → Bombyliidae) und bei ***Mantispa*** (→ Mantispidae).

Polymitarcidae; Fam. der Eintagsfliegen (Ephemeroptera); nur eine Art in M-Eur. i.e.S.: ***Polymitarcis (= Ephoron) virgo*** Ol.; Flügel weißlich (Körper 12–18 mm, Schwanzborsten beim ♂ bis über 30 mm); fliegt VIII–IX; oft massenhaft an größeren Flüssen, tote Tiere: »Uferaas«, »Weißwurm«, beliebt als Angelköder oder Fischfutter; die Larven in U-förmigen, selbstgegrabenen Gängen mit nach oben geschlagenen Kiemen und langen Mandibelfortsätzen.

Polymitarcis; → Polymitarcidae.

Polymorpha; → Zygaenidae 5.

Polymorphismus, Vielgestaltigkeit (in erster Linie im Körperbau, d.h. entwicklungsphysiologisch, aber auch im Verhalten) der Individuen einer Art, bei Insekten in sehr verschiedener Ausprägung; als Geschlechtsunterschied; als Kasten-Unterschied bei sozialen Arten, z.B. Ameisen (→ Formicoidea), Bienen (→ Apidae), Termiten (→ Isoptera); als Unterschiede in der Gestalt verschiedener und/oder auf verschiedene Weise entstandener Generationen, z.B. bei Blattläusen (→ Aphidina); als Unterschiede zwischen der Winter- und der Sommergeneration einer Art (Saisondimorphismus; → Auchenorrhyncha; → Nymphalidae 8.

Polynema; → Mymaridae.

Polyommatus; → Lycaenidae 7.

Polyphagie; polyphag sind Tiere, die sich von zahlreichen Pflanzen- bzw. Tierarten ernähren können (vgl. auch → Parasitismus 4d).

Polyphylla; → Scarabaeidae 11.

Polyplax; → Haematopinidae.

Polysarcus; → Phaneropteridae.

Pomeranzenfarbiger Frostspanner, *Erannis aurantiaria* Hbn.; → Geometridae 24.

Pompilidae (Psammocharidae), Wegwespen; Fam. der Hautflügler (Hymenoptera, Apocrita, Pompiloidea); von den sicherlich gut 3000 Arten fast 100 in M-Eur.i.e.S.; leben ausschließlich solitär. Meist mittelgroß, schwarz oder schwarz mit Rotbraun am Vorderende des Hinterleibs, mit verhältnismäßig langen Beinen; Hauptnahrung der Imagines: süße Pflanzensäfte; laufen geschickt und rastlos, dazwischen kurze Flugstrecken, die ♀♀ (unter Führung des Geruchssinnes?) auf der Suche nach Nahrung für die Larven, die ausschließlich aus durch Stich mit dem Giftstachel paralysierten Spinnen besteht; eine Beutespezifität ist im allgemeinen wenig ausgeprägt, jedoch werden von manchen Arten gewisse Spinnengruppen bevorzugt; Beispiele: ***Batozonellus lacerticida*** Pall. (12–16 mm, schwarzgelb gezeichnet, Flügel orangefarben) jagt Radnetzspinnen; ***Episyron rufipes*** L. vor allem Kreuzspinnen; ***Psammochares (Pompilus) cinctellus*** Spin., hauptsächlich Springspinnen, bringt sie in Mauerritzen unter; häufig vorhandene und daher oft erbeutete Spinnen können Spezifität vortäuschen. Stets dient nur eine mit einem Ei belegte Spinne als Nahrung für eine Larve; die Beute wird mehr oder weniger weit, meist am 3. oder 4. Bein gepackt, im Rückwärtsgang (seltener im Vorwärtsgang) zu einem geeigneten Nestplatz geschleppt, oft einfach im Sand vergraben oder bei manchen Arten (z.B. bei ***Priocnemis***- und ***Deuteragenia***-Arten) in bereits vorhandene Höhlen (u.U. in der Wohnhöhle der Spinnen), auch in hohlen Pflanzenstengeln untergebracht, wobei an einem günstigen Platz u.U. mehrere durch Wände voneinander getrennte Spinnen eingetragen werden; bei grabenden Arten haben die ♀♀ oft einen das Graben fördernden Tarsenkamm; Besonderheit der ***Pseudagenia-(Aupoplus-)***Arten: das ♀ baut aus Lehmmörtel eine zylindrische Zelle an geschützter Stelle, transportiert die Spinne an den Spinnwarzen, auch im Vorwärtsgang, die Beine der Spinne werden meist vorher ganz oder z.T. abgebissen. Nestbau teils vor, teils (so meistens) nach der Spinnenjagd; die Spinne wird während des Nestbaues (Sand mit Beinen weggescharrt) in der Nähe versteckt niedergelegt, ab und an inspiziert, u.U., besonders bei Anwesenheit von Ameisen, umgebettet, wenn sie wieder mobil wurde, auch erneut gestochen; schließlich in die Höhle gezogen, dabei wohl stets an den Spinnwarzen gepackt (die Wespe »kennt« die Anatomie der Spinne); dann Eiablage und Nestverschluß, bei manchen Arten Feststampfen des Sandes mit dem Hinterleib. Brutschmarotzertum bei manchen Arten (fraglich, ob immer, oder nur gelegentlich): Diebstahl einer von einer anderen Wespe abgelegten oder schon vergrabenen Spinne; oder: ein fremdes Nest wird aufgegraben, das fremde Ei verzehrt, ein eigenes Ei an die Spinne gelegt, das Nest wieder geschlossen; Kukkuckswespen (immer?) sind z. B. ***Pompilus aculeatus*** Thoms. und ***P. campestris*** Wesm., ***Anoplius infuscatus*** Lind. Überwinterung meist als erwachsene, schon eingesponnene Larve, bisweilen als begattetes ♀. Die ♂♂ amerikanischer (auch heimischer?) Arten besetzen in Baumkronen Reviere, die sie verteidigen und in deren Bereich sie sich mit zufliegenden ♀♀ verpaaren. (Alcock 1979; Königsmann 1968; Ohlberg 1959; Rathmayer 1969).

Pompiloidea; von manchen Forschern so benannte Fam.-Gruppe der Hautflügler (Hymenoptera, Apocrita), mit den Fam. → Pompilidae und → Ceropalidae.

Pompilus; → Pompilidae.

Pomponia; → Auchenorrhyncha.

Ponera; → Poneridae.

Poneridae, Stechameisen; Fam. der Ameisen (Formicoidea); das Segment hinter dem Hinterleibsstielchen vom folgenden durch eine deutliche Einschnürung getrennt [**P-59**]; Stachelapparat gut ausgebildet. Bewohner warmer Bereiche; in M-Eur.i.e.S. nur die aus dem Mittelmeergebiet stammenden ***Ponera coarctata*** Latr. und ***Hypoponera punctatissima*** Roger; ☿☿ gelb bis schwarzbraun, ***P.c.*** 2,7–3,5 mm, ***H.p.*** 2,4–3 mm; Kolonien unter Steinen, Moos, Baumrinde, meist nur scheinbar individuenarm, da Lebensweise weitgehend unterirdisch; Nahrung vor allem tierisch; ***Ponera:*** Larven mit kräftigen Mandibeln, geflügelte Geschlechtstiere im Spätsommer, Nestgründung unabhängig (vgl. → Formicoidea); ***Hypoponera*** mit ergatoiden ♂♂.

Pontania; → Tenthredinidae 13.

Pontia; → Pieridae 3.

Porphyrinia; → Noctuidae.

Porthesia; → Lymantriidae 7.

Porzellanspinner, ***Pheosia tremula*** Cl.; → Notodontidae 5.

Posthörnchen, Postillon, ***Colias croceus*** Fourc.; → Pieridae 6d.

Potamanthidae, Gelbhafte; Fam. der Eintagsfliegen (Ephemeroptera); nur eine Art in M-Eur.i.e.S.: ***Potamanthus luteus*** L.; Körper gelblich (ca. 12 mm, Schwanzborsten beim ♂ bis 19 mm); im Sommer an größeren Flüssen, zuweilen massenhaft; Larven mit gespaltenen und gefiederten Tracheenkiemen, an und unter Steinen, Körper oft mit Detritusteilchen bedeckt.

Potomanthus; → Potomanthidae.

♀
♀♂
♂

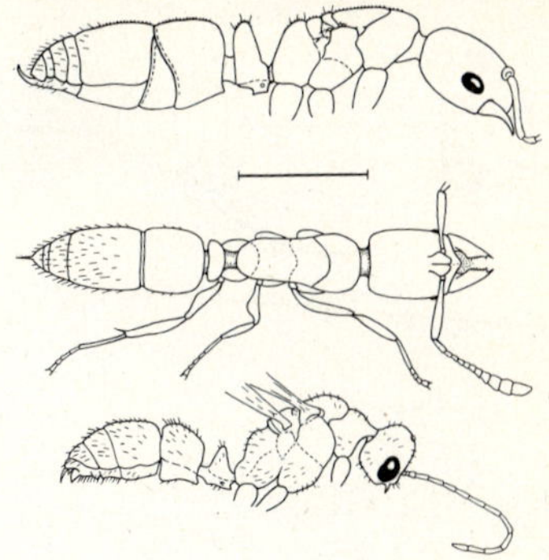

Abb. P-59: ***Ponera coarctata.*** Königin, Arbeiterin und Männchen. Balken 1 mm. (Kutter 1977)

Potamophylax; → Limnophilidae.

Potosia; → Scarabaeidae 18.

Prachtkäfer; → Buprestidae.

Prachtlibellen; → Calopterygidae.

Prädatoren, Prädonen; → Predatoren.

Praecopula; manchmal gebrauchte Bezeichnung für den Zustand, wenn sich die Geschlechtspartner einander schon vor der (direkten oder indirekten) Samenübertragung mit Zugriff bemächtigt haben; Beispiele: ***Sminthurides*** unter den Springschwänzen (→ Collembola); ferner vor allem die Libellen (→ Odonata).

Praon; → Aphidiidae.

Präsoziale Insekten; → Soziale Insekten.

Prays; → Yponomeutidae 1.

Predatoren (Prädatoren, Prädonen); heute oft gebrauchte Bezeichnungen für Räuber.

Prestwichia; → Trichogrammatidae.

Primärparasitismus; → Parasitismus 10.

Primärwirt, Hauptwirt, Winterwirt; bei wirtswechselnden Blattläusen die Pflanze, auf der die aus dem besamten, meist überwinterten Ei entstandene Stammutter (Fundatrix) und ihre parthenogenetisch entstandenen Nachkommen saugen; → Aphidina; (vgl. auch → Parasitismus).

Priocnemis; → Pompilidae.

Prionotropis; → Pamphagidae.

Prionus; → Cerambycidae 1.

Pristiphora; → Tenthredinidae 6, 12, 26, 27, 28.

Prociphilus; → Eriosomatidae 8.

Procris; → Zygaenidae 1.

Proctotrupidae (Serphidae); Fam. der Hautflügler (Hymenoptera, Apocrita, Proc-

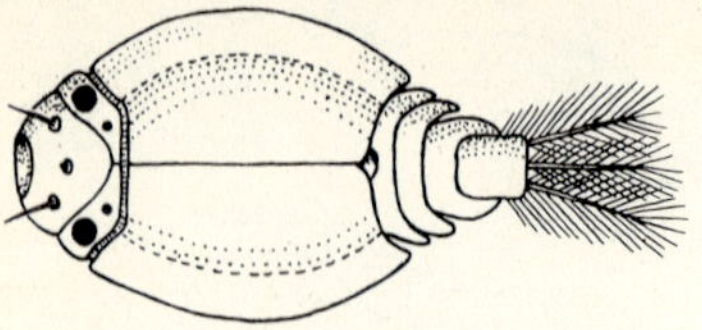

Abb. :P-60: ***Prosopistoma*** sp., Schildhaft. Larve. (Grassé 1949)

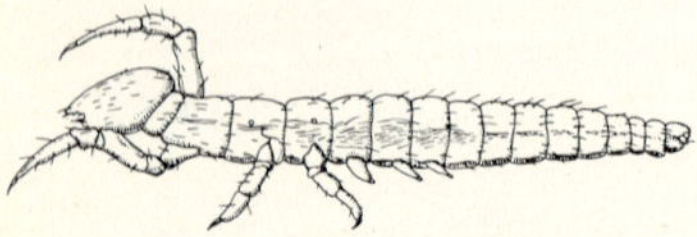

Abb. P-61: ***Eosentomon*** sp. 1,5 mm. (Sedlag 1953)

totrupoidea); kleine Schlupfwespen, deren Larven vor allem bei Käferlarven schmarotzen; z.B. 30 oder mehr Larven von ***Phaenoserphus viator*** Hal. innenparasitisch bei den Larven verschiedener Laufkäfer; Verpuppung ohne Kokon so, daß der größte Teil der Puppe außerhalb, nur noch das Hinterleibsende innerhalb der Wirtslarve ist.

Proctotrupoidea (Serphoidea); Fam.-Gruppe der Hautflügler (Hymenoptera, Apocrita); meist (und oft zusammen mit den → Chalcidoidea) als Zehrwespen bezeichnet; durchweg kleine bis sehr kleine, nicht metallisch glänzende Schlupfwespen; Parasiten nicht nur bei Insekten, manche bei Spinnen und Tausendfüßlern; die über 4000 Arten, unter denen es auch flügellose Formen gibt, mehreren Fam. zugeordnet: → Scelionidae; → Heloridae; → Proctotrupidae; → Diapriidae; → Ceraphronidae; → Platygasteridae. (Bachmaier 1969; Clausen 1940; Königsmann 1968).

Proformica; → Formicoidea.

Progredientes; Formen im Entwicklungszyklus gewisser Blattläuse, insbes. der Tannenläuse; → Adelgidae.

Prometabola; → Palaeometabola 2.

propneustisch nennt man ein Insekt, bei dem nur das vorderste, auf den Prothorax verschobene Stigmenpaar offen ist; alle anderen durch eine Stigmennarbe verschlossen.

Propodeum; → Mittelsegment.

Propolis, Kittharz; pflanzliches, wohl meist von klebrigen Knospenüberzügen stammendes, grünlich-braunes, angenehm riechendes und in Petroläther lösliches Harzgemisch, das von Honigbienen gesammelt, wie Pollen eingetragen (→ Apidae 3), und, zur Verarbeitung mit Drüsensekreten vermischt, als rasch erhärtender Bau- und Abdichtungsstoff dient. (Zander, Weiß 1964).

Prosena; → Tachinidae [**T-9**].

Prosopis; → Colletidae 2.

Prosopistoma; → Prosopistomatidae.

Prosopistomatidae, Schildhafte; Fam. der Eintagsfliegen (Ephemeroptera); nur eine Art, ***Prosopistoma foliaceum*** Fourc.; Beine reduziert, funktionslos; ♀ bleibt im Subimaginalstadium; Larve schildförmig [**P-60**], Tracheenkiemen verdeckt im Kiemenraum unter dem verbreiterten Pro- und Mesothorax; in schnell fließenden Gewässern an der Unterseite von Steinen; bei Störung Flucht durch schnelles Schwimmen.

Prosthogonimus; → Libellulidae.

Protentomidae, Protentomon; → Protura.

Protocalliphora; → Calliphoridae 2.

Protonemura; → Nemouridae.

Protophormia; → Calliphoridae.

Protrama; → Lachnidae.

Protura (Myrientomata), Beintastler; U-Klasse und Ordng. der Entognatha; Gruppe der primär ungeflügelten Urinsekten (Apterygota); zart und klein (bis ca. 2 mm), hell, ohne Hautfarbstoffe; ohne Fühler und ohne Augen [**P-61**], Fühler dann wohl funktionell ersetzt durch das verlängerte, angehoben getragene vordere Beinpaar; die sog. Pseudoculi am Kopf sind (Chemo-, Hygro- und/oder Thermo-) Sinnesorgane; Laufen nur mit den beiden hinteren Beinpaaren, also mit einer bei Insekten sonst selten (→ Mantodea; → Mantispidae; → Nepidae) üblichen Bewegungskoordination; Mundteile stechend-saugend, in eine Tasche versenkt; volle Segmentzahl (12) des Hinterleibs erst nach dem Ausschlüpfen aus dem Ei (mit 8 Abdominalsegmenten) im Laufe einiger Häutungen erreicht; Extremitätenreste am 1.–3. Hinterleibsring; Tracheensystem nur bei den Eosentomidae vorhanden, mit Stigmen am 2. und 3. Brustring; über die Lebensweise kaum etwas bekannt; sehr feuchtigkeitsliebend, unter Steinen, Rinde, Moos; in der oberen Bodenschicht bis ca. 10 cm Tiefe, Tiefenformen kurzbeiniger als Oberflächenformen; Ernährung: bei manchen Arten Aussaugen von Pilzfäden beobachtet, die oft angenommene räuberische Lebensweise also fragwürdig; über Fortpflanzungsverhalten nichts bekannt; Überwinterung in verschiedensten Entwicklungsstadien. Etwa 200 Arten bekannt, in M-Eur.i.e.S. ca. 15, zugeordnet den Fam. Acerentomidae (z. B. ***Acerentomon doderoi*** Silv.); Eosentomidae (z. B. ***Eosentomon ribagai*** Berl.) und Protentomidae (z. B. ***Protentomon thienemanni*** Strzk.). (Denis 1949; Günther 1968; Haupt 1972; Schaller 1969).

Prozessionsspinner; → Thaumetopoeidae.

Prunkbär, *Utetheisa pulchella* L.; → Arctiidae 4.

Psammocharidae, Psammochares; → Pompilidae.

Psammophila; → Sphecidae 3.

Psecadia; → Oecophoridae 1.

Psectrocladius; → Chironomidae.

Pselaphidae, Fam. der Käfer (Coleoptera, Polyphaga); kleine (meist 1–2 mm), gelbbraune bis düsterbraune Käfer, Flügeldecken ± verkürzt, lassen Hinterleibsende frei [**P-62**]; Kiefertaster 4gliedrig, bisweilen so lang wie die Fühler, Endglieder oft auffallend gestaltet, verdickt oder verbreitert; zahlreiche Arten vor allem in den Tropen, in M-Eur. ca. 150 Arten. **1.** U.-Fam. Pselaphinae, Palpenkäfer; Larven und Imagines räuberisch vor allem von Milben lebend in Moos, faulenden Pflanzenstoffen, unter Laub und Rinde, immer an Feuchtigkeit gebunden; mehrere Arten in Ameisennestern; Beispiele: ***Pselaphus heisei*** Herbst, [**P-62**], ca. 2 mm, häufig in Moos, Laub und verrottenden Pflanzen; in ähnlichen Biotopen, aber auch in Kompost und Mist und unter Rinde und Brettern häufig: ***Euplectus karsteni*** Reichb., 1–1,4 mm; ***Trichonyx sulcicollis*** Reichb. (2,5–3 mm) in morschem und vermoderndem Holz, manchmal bei ***Lasius brunneus***; die etwa 20 Arten der Gttg. ***Bythinus*** in Laub, Moos und unter Steinen in Gewässernähe; bei den ♂♂ mancher ***Bythinus***-Arten 2, 3 oder 4 Formen, die sich durch die unterschiedliche Größe und Gestalt des 2. Fühlergliedes unterscheiden. **2.** U.-Fam. Clavigerinae, Keulenkäfer, klein (2–2,5 mm; [**P-63**]); Deckflügel kurz, Hinterflügel fehlen, Hinterleib mit nur 3 deutlichen Segmenten; ausschließlich in Ameisennestern. In M-Eur.i.e.S.: ***Claviger testaceus*** Prey. ([**P-63**]; vor allem bei ***Lasius flavus*** Deg.) und (seltener) ***Cl. longicornis*** Müll.; über die Larven ist kaum etwas bekannt; die Imagines betteln durch Fühlertrillern die Ameisen an, werden dann gefüttert, fressen aber zuweilen auch Ameisenlarven. Jederseits vorn am Hinterleib, dicht hinter den Flügeldecken münden unter einem gelben Haarbüschel (Trichom) Drüsen; sie sondern ein Sekret ab, das sich in einer Grube auf dem Hinterleibsrücken sammelt und von den Ameisen begierig aufgeleckt wird, offenbar nicht als Nahrungs-, sondern als

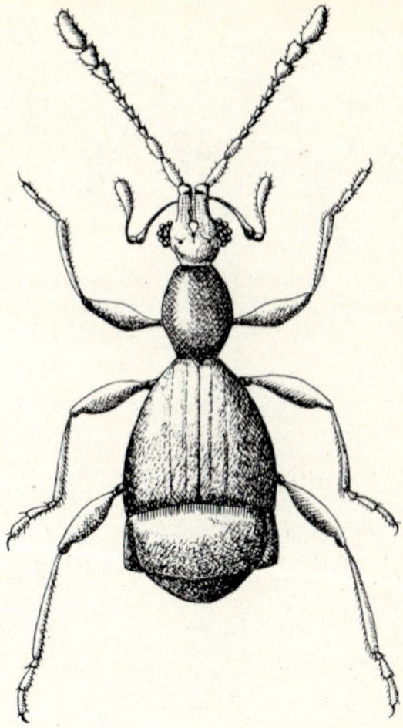

Abb. P-62: ***Pselaphus heisei***, Palpenkäfer. Etwa 1,8 mm. (Bechyně 1954)

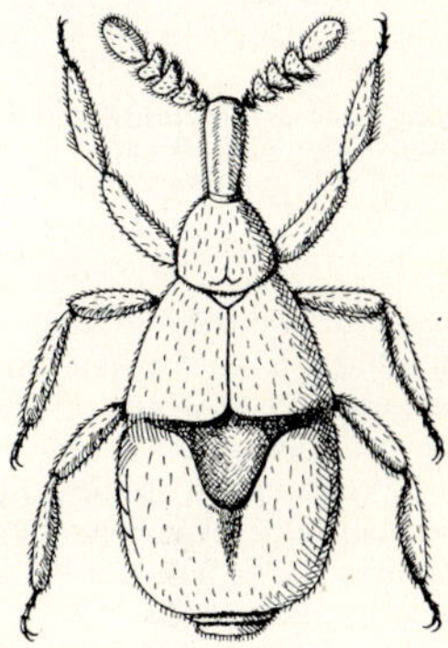

Abb. P-63: ***Claviger testaceus***, Keulenkäfer, 2–2,5 mm (zur Strassen 1969)

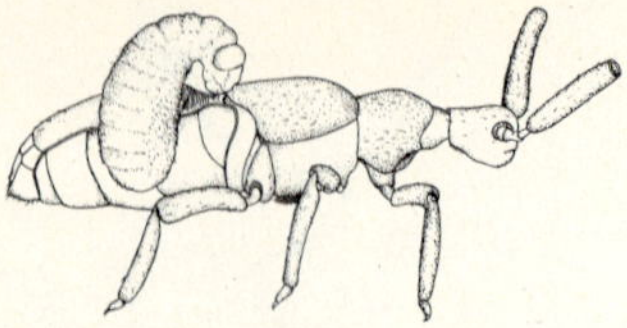

Abb. P-64: ***Adranes taylori***, ein parasitischer Palpenkäfer mit Ameisenlarve, die am Trichom Drüsensaft leckt. (Kistner 1982, verändert)

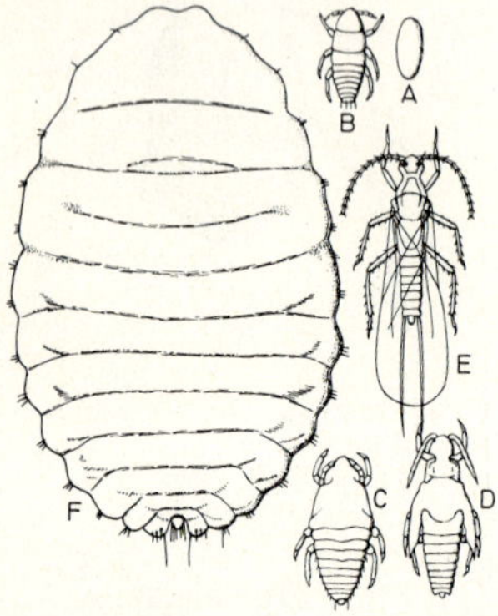

Abb. P-65: ***Pseudococcus citri***, Zitronenschmierlaus. Entwicklung. A Ei; B Larve; C und D ♂-Nymphen; E ♂; F ♀ (etwa 5 mm). (Weber 1930)

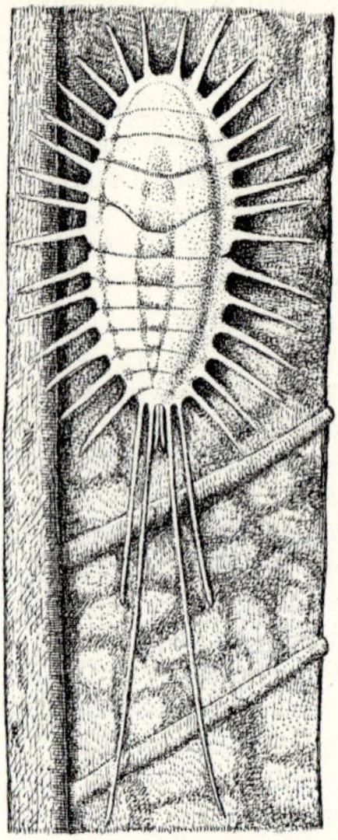

Abb. P-66: ***Pseudococcus adonidum.*** ♀ auf ***Citrus*** mit Wachsfortsätzen und mit Wachspuder. (Weber 1930)

»Genuß«-mittel, [**P-64**]; die Käfer werden bei Beunruhigung von den Ameisen an den Fühlern gepackt und weggeschleppt; Verbreitung der Käfer wahrscheinlich durch Phoresie: Anklammern an die geflügelten Geschlechtstiere der Ameisen. (Akre, Hill 1973; Crowson 1981; Besuchet 1974; Hieke 1968; Horion 1949; Kistner 1982).

Pselaphus; → Pselaphidae 1.

Psenulus; → Sphecidae.

Pseudacteon; → Phoridae.

Pseudagenia; → Pompilidae.

Pseudaphia; → Noctuidae 15.

Pseudergaten; → Isoptera.

Pseudocellen; → Collembola.

Pseudochermes; → Pseudococcidae 3.

Pseudochrysis; → Chrysididae 4.

Pseudoclavellaria; → Cimbicidae 3.

Pseudoclerops; → Cleridae 2.

Pseudococcidae, Schmierläuse, Wolläuse; Fam. der Schildläuse (Coccina); Beine bei den in der Regel ovalen ♀♀ meist gut ausgebildet, das ♀ bleibt also meist beweglich; nicht selten auf dem Rücken ein vorderes und ein hinteres Paar von spaltförmigen Öffnungen (Ostiolen) vorhanden zum Austritt einer schmierigen, zellhaltigen Körperflüssigkeit, geeignet, einem kleinen Raubfeind die Mundteile zu verschmieren; oft starke Wachsproduktion, in Form von Pulver, von wollig gekräuselten oder von dickeren steifen Fäden; Entwicklung der ♂♂: unter einer Wachsdecke häutet sich das 2. Larvenstadium zur Pronymphe, dann zur Nymphe, beide wenig beweglich, ohne Mundteile, aber mit deutlichen Flügelanlagen; ♂♂ mit 5, ♀♀ mit 3 oder 4 Stadien insgesamt. Unter den über 1000 bekannten Arten zahlreiche Schädlinge, in M-Eur. i.e.S. über 60 Arten; Auswahl: **1.** ***Cryptococcus fagi*** Bär., Buchenwollaus, Buchenschildlaus; Larven und ♀♀ auf der Rinde der Rotbuche, ♀ ca. 1 mm, gelblich, unter viel weißer Wachswolle zuweilen in Massen; Vermehrung parthenogenetisch (♂♂ nicht bekannt); eine Generation im Jahr; Überwinterung als (Ei oder) Larve; Verbreitung durch Wind, Insekten, Vögel;

manchmal schädlich, vor allem in Zusammenhang mit ungünstigen klimatischen Bedingungen und Pilzkrankheiten. **2.** ***Eriococcus spurius*** Mod. (= ***Gossyparia ulmi*** L.) Ulmenschildlaus; an Ulmen; ♂♂ teils stummel- teils vollflügelig; ♀ (ca. 3 mm) heller oder dunkler rötlich bis dunkelbraun, nur am Rande mit Wachswolle; die Larven schlüpfen wenige Stunden nach der Eiablage, saugen an Blättern und Zweigen; ♀ am Stamm und Ästen; eine Generation im Jahr; Überwinterung im 2. Larvenstadium. ***E. insignis*** News. (ca. 3 mm), blaßgelb; an warmen Standorten auf Blättern von Gräsern. **3.** Am Stamm und Ästen von Esche: ***Pseudochermes (Fonscolombia) fraxini*** Kalt., Eschenwollaus (ca. 1 mm), mit viel Wachswolle; eine Generation im Jahr. **4.** An Apfel, Birne, Ahorn und anderen Laubhölzern: ***Phenacoccus aceris*** Sign., Ahornschmierlaus, Gemeine Schmierlaus; junge Larven an Blättern verschiedener Laubbäume und Büsche; das 3. Larvenstadium überwintert in Rindenritzen oder am Boden; ♀ (ca. 5 mm) an der Rinde, mit Wachspuder, weißer Eisack 5 bis 10 mm. **5.** An Reben (auch z.B. an Platanen, Robinien) ***Phenacoccus hystrix*** Bär., (***Heliococcus bohemicus*** Sulc), Rebenschmierlaus; ähnlich wie vorige, aber mit längeren Wachsfäden; manchmal schädlich. **6.** In warmen Ländern an verschiedensten Pflanzen, auch an ***Citrus***-Früchten, bei uns an Gewächshauspflanzen: ***Pseudococcus (Planococcus) citri*** Risso, Zitronenschmierlaus, Gewächshausschmierlaus (♀ 3–5 mm, [**P-65**], mit nur kurzen Wachsstäben seitlich und hinten) und ***Pseudococcus adonidum*** L. (♀ ähnlich, aber Wachsstäbe seitlich, vor allem aber hinten länger, hinterstes Paar fast körperlang; [**P-66**]); hierher ferner ***Naiococcus serpentinus*** Green, Vorderasien, vermutlich einer der Erzeuger des biblischen Manna. (Günther 1968; Pesson 1951; Stresemann 1976; Strümpel 1983; Weber 1930; Zahradnik 1968, 1972).

Pseudococcus; → Pseudococcidae 6.

Pseudofundatrix; Fundatrix-ähnliche Form gewisser Blattläuse, nicht aus einem Winterei, sondern parthenogenetisch entstanden; → Adelgidae.

Pseudogonalos; → Trigonalidae.

Pseudogynen; → Formicoidea.

Pseudolynchia; → Hippoboscidae 8.

Pseudomicrella; → Chaitophoridae.

Pseudopanthera; → Geometridae 15.

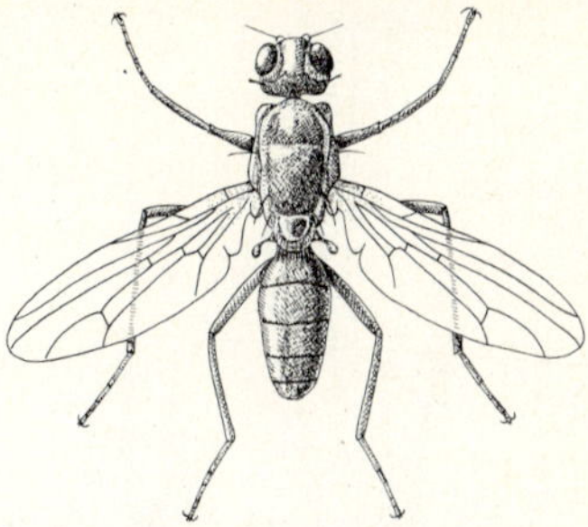

Abb. P-67: ***Psila fimetaria***, eine Nacktfliege. ♂, 8–9 mm. (Séguy 1951)

Pseudophia; → Noctuidae 15.

Pseudorhyssa; → Ichneumonidae.

Pseudo-San-José-Schildlaus, ***Quadraspidiotus piri*** Licht.; → Diaspididae 4.

Pseudosmittia; → Chironomidae.

Pseudotomoides; → Tortricidae 12.

Pseudovespula; → Vespidae 5.

Psila; → Psilidae.

Psilidae, Nacktfliegen; Fam. der cyclorrhaphen Fliegen (Diptera, Brachycera); meist kaum mittelgroße, schlanke, fast nackte Fliegen (***Psila fimetaria*** L., 8–9 mm; [**P-67**]; gelblich), deren Larven wohl alle im Innern von Pflanzen fressen, hier ab und an auch gallenbildend auftreten (z.B. ***Chyliza permixta*** Rdi. in den Zweigen von ***Spiraea***); von den etwa 30 europäischen Arten als gelegentlicher Schädling bemerkenswert: ***Psila rosae*** Fbr., Möhrenfliege; Imago (ca. 5 mm) glänzend schwarz mit gelblichen Beinen, schlüpft V/VI aus den im Boden überwinterten Puppen; das ♀ fliegt die Futterpflanze an (keineswegs nur Möhren, auch Pastinak, Sellerie, Petersilie, Kümmel, Dill, auch Raps und Rüben; Pflanzen geruchlich erkannt?), läuft am Stengel herab, Eiablage in Bodenritzen dicht an der Pflanze; die Larven gehen in den Boden, dringen nahe der Spitze in die Wurzel ein; oft zahlreiche, bräunliche Fraßgänge ([**P-68**]; »Eisenmadigkeit«); erwachsene Larve ca. 8 mm; die Wurzel fault, die Blätter welken; Verpuppung im Boden; bei uns 2 Generationen, Imagines der 2. Generation Ende VIII; Überwinterung als Larve oder Puppe. (Braun, Riehm 1957).

Psilopa; → Ephydridae 4.

Psithyrus; → Apidae 2.

Psocida; U.-Ordng. der Staubläuse; → Psocoptera; → Psocidae.

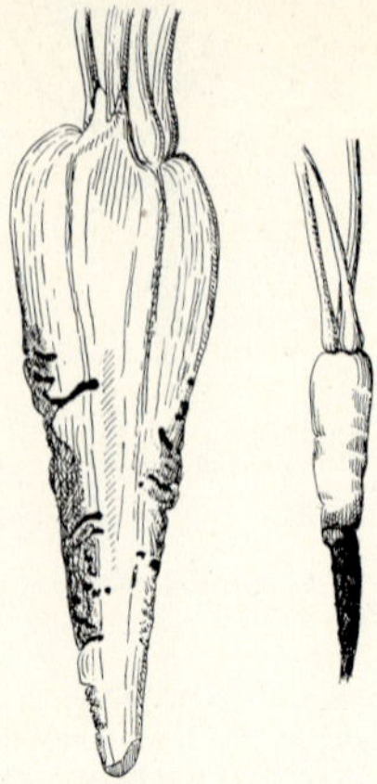

Abb. P-68: ***Psila rosae***, Möhrenfliege. Fraß- und Schadbild an älterer und junger Möhre. (Lengerken 1932)

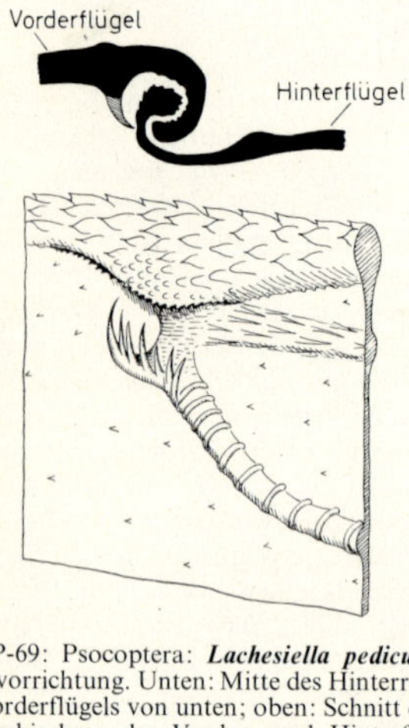

Abb. P-69: Psocoptera: ***Lachesiella pedicularia.*** Bindevorrichtung. Unten: Mitte des Hinterrandes des Vorderflügels von unten; oben: Schnitt durch die Verbindung des Vorder- und Hinterflügels beim Flug.

Psocidae; Fam. der Staubläuse (Psocoptera, Psocida); in M-Eur.i.e.S. knapp 20 geflügelte Arten, meist auf der Rinde von Laub- und Nadelholz; hierher die größte heimische Art ***Psococerastis gibbosus*** Sulz, (♂: 5 mm; ♀: 6–7 mm; Flsp. 11–15 mm).

Psococerastis; → Psocidae.

Psocodea; Gruppe der Ordngn. → Psocoptera und → Phthiraptera.

Psocomorpha; → Psocoptera.

Psocoptera (Copeognatha, Corrodentia), Flechtlinge, Rindenläuse, Staubläuse, Bücherläuse; Ordng. der Insekten; Verwandlung unvollkommen (Hemimetabola); Lebensweise von Larven und Imagines gleich. Kleine Landinsekten (kaum je über 5 mm); heller oder dunkler bräunlich; im Freien meist an Pflanzen, an der Stammrinde von Bäumen (besonders viele Arten an Eiche), andere mehr auf frischen oder abgestorbenen Zweigen, auch Reisig; nicht wenige Arten in Häusern. Komplexaugen manchmal stark rückgebildet; Mundteile kauend, jedoch spezialisiert; die Maxillen, und zwar die Lacinien, stilettartig, vorstoßbar; Nahrung: hauptsächlich Pilze, Algen, Flechten, in Häusern: Abweiden von Schimmelpilzrasen, aber auch an verschiedenstem organischen Material; bei Massenauftreten lästig, aber kaum wirklich schädlich (zuweilen in Insektensammlungen); Bevorzugung bestimmter Nahrung selten. Alle Psocoptera sind fähig aktiv Wasserdampf der Luft zu absorbieren, sobald eine (für jede Art charakteristische, zwischen 58 und 85 % liegende) bestimmte relative Feuchte überschritten ist; zur Wasseraufnahme werden zwei glattwandige paarige Sklerite der Hypopharynxunterseite bei weit geöffnetem Mund zwischen Labrum und Labium (wie eine zwischen den Zähnen vorgewölbte menschliche Zunge) aufgestellt und der Umgebung exponiert; die Außenfläche dieser Sklerite ist von einem feinen Film einer hygroskopischen Flüssigkeit überzogen, die (vermutlich) von den dorsalen Labialdrüsen geliefert wird; die mit Wasser angereicherte Flüssigkeit sammelt sich in flachen Vertiefungen der Sklerite und wird von da in sklerotisierten, feinsten Röhren durch die Tätigkeit einer vor dem Pharynxeingang liegenden (Cibarial-)Pumpe abgesaugt und dem Darm zugeführt; die Pumpe wurde früher als ein der Nahrungszerkleinerung dienender »Mörser« gedeutet. Flügel, falls vorhanden (Vorderflügel größer als Hinterflügel), im Flug durch Bindevorrichtung verbunden [**P-69**]; die verdickte Vorderwand der Hinterflügel greift unter den an einer Stelle umgeschlagenen Hinterrand der Vorderflügel; Ruhelage: dachförmig über dem Rücken; Flügel bisweilen mehr oder weniger rückgebildet (bes. bei den ♀♀), bei manchen Arten vollständig; Neigung

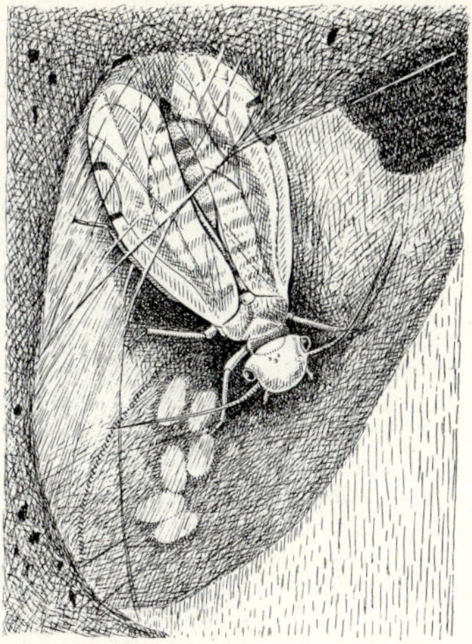

Abb. P-70: ***Ectopsocus briggsi.*** ♀ überspinnt Gelege von 6 Eiern. Über dem Tier ein weiteres, lockeres Gespinst, das Kotballen enthält. (Weber 1922)

Abb. P-71: ***Ectopsocus briggsi.*** Drei Phasen des Schlüpfens. Eizahn in den beiden ersten Phasen dunkel. (Weber 1922)

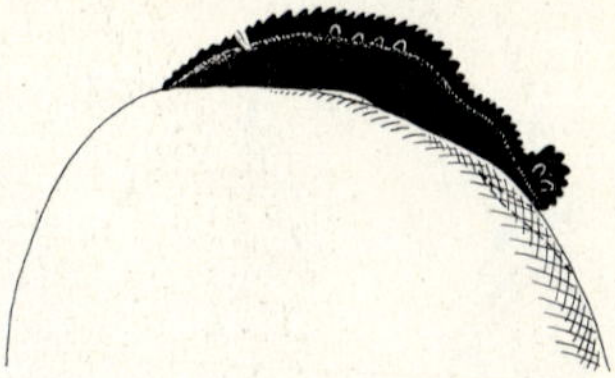

Abb. P-72: ***Ectopsocus briggsi.*** Eizahn (schwarz). (Weber 1922)

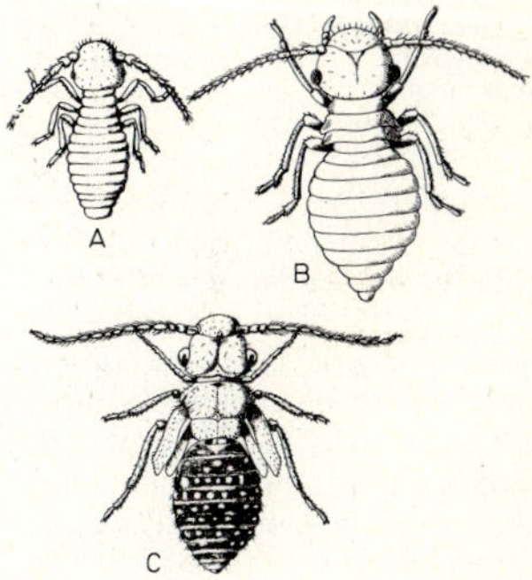

Abb. P-73: ***Ectopsocus briggsi.*** A Stadium 1 (0,6 mm); B Stadium 3 (1 mm); C Stadium 6 (1,7 mm). (v. Kéler 1953)

zum Fliegen auch bei Vollgeflügelten gering, jedoch wurden bei manchen Arten Flugwanderungen beobachtet. Weit verbreitet sind Spinndrüsen (Teile der Labialdrüsen, münden am Grunde des Labiums aus) und die Neigung zum Herstellen von Gespinsten, besonders durch die ♀♀ zum Zudecken der Eier [**P-70**]; manche Arten leben dauernd unter einem Gespinst, auch die Larven und/oder mehrere Imagines gesellig unter gemeinsamem Gespinst. Die Fortpflanzung gleicht sich bei mehreren Arten: das ♂ sucht aufgeregt nach dem ♀, scheint dies am Geruch zu erkennen (Larven bleiben ungestört); das ♂ »tanzt« vor dem ♀, Kopf zugewandt, Körper hinten hoch, Flügel halbhoch und zuweilen schwirrend; das begattungswillige ♀ bleibt stehen; das ♂ baut sich vor ihm auf, dreht sich dann um, drängt sich rückwärts unter das ♀, Kopulation; Dauer artspezifisch verschieden, z. T. wenige sec; ***Trogium:*** ca. 4 Std. Eiablage entweder einzeln (z. B. ***Liposcelis***) oder in Gelegen, mit Kittsubstanz aus dem After auf der Unterlage festgeklebt, oft mit Kitt und Teilchen der Unterlage, bei manchen Arten auch mit Spinnfäden bedeckt; Ovoviviparie (Schlüpfen der Larven gleich nach Eiablage) kommt vor (z. B. bei ***Cerobasis guestfalicus*** Ko.). Bei manchen Arten sind ♂♂ selten oder unbekannt; Parthenogenese (unbesamte Eier ergeben ♀♀) tritt bisweilen neben zweigeschlechtlicher Fortpflanzung auf. Die Junglarve öffnet die Eihülle mit einem sägeförmigen »Eizahn« am Vorderkopf [**P-71, P-72**]; Zahl der Larvenstadien [**P-73**] 5 (z. B. bei ***Cerobasis guestf.***), 6 (z. B. bei ***Lachesilla pedicularia*** L.), vielleicht bei manchen Arten mehr; oft nur eine Generation im Jahr, bei anderen 2 oder mehr (z. B. ***Lachesilla ped.***); Überwinterung meist als

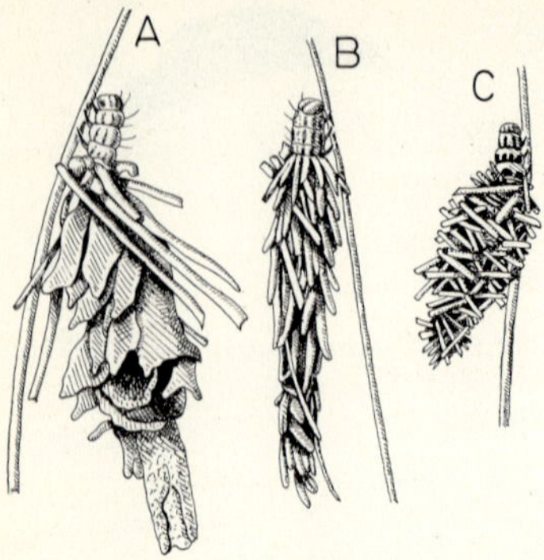

Abb. P-74: Psychidenraupen mit Sack. A ***Canephora unicolor*** ♂; B ***Canephora unicolor*** ♀; C ***Psyche viciella.*** (Eckstein 1913/33)

Ei, selten als Larve oder Imago. Von den über 1000 bekannten Arten etwa 100 in M-Eur.i.e.S., früher in der Regel auf 3 (Trogiomorpha; Troctomorpha; Psocomorpha), neuerdings auf 2 U.-Ordngn. mit einer je nach Auffassung wechselnden Zahl von Fam. verteilt. 1. U.-Ordng.: **Atropida;** Vorderbrust gut ausgebildet; Fam. (Auswahl): → Troctidae; → Psyllipsocidae; → Trogidae. 2. U.-Ordng.: **Psocida;** Vorderbrust stark rückgebildet; Fam. (Auswahl): → Caeciliidae; → Lachesillidae; → Psocidae. (Günther 1968; v. Kéler 1953, 1963, 1964; Rudolph 1982a, b; Rudolph, Knülle 1982; Weidner 1972).

Psophus; → Acrididae 2.

Psyche; → Psychidae.

Psychidae, Sackträger; Fam. der Schmetterlinge (Lepidoptera); für die meisten Arten, insbesondere für alle einheimischen ist bezeichnend: ♂♂ geflügelt, ♀♀ flügellos, Mundteile rückgebildet, kein Rüssel; ferner: die Raupen in einem aus pflanzlichen Material oder Sand zusammengesponnenen (bei manchen südländischen Arten äußerst kunstvollen), meist nicht sackartigen Gehäuse (ähnlich dem der Köcherfliegenlarven; [**P-74**]). Die ♂♂ klein bis mittelgroß, mit düster beschuppten, mehr oder weniger durchscheinenden Flügeln, Zeichnung nicht oder nur schwach ausgeprägt, Fühler oft einfach oder doppelt kamm- oder sägeförmig, Körper pelzig behaart; oft sehr kurzlebig, fliegen je nach Art am Tage oder in der Dämmerung, suchen die ♀♀ auf, die einen die ♂♂ erregenden und anlockenden Duftstoff absondern; der Hinterleib der ♂♂ kann bei der Begattung mehr oder weniger weit teleskopartig verlängert werden. Bei den flügellosen ♀♀ (in beiden Geschlechtern geflügelte Arten, die neuerdings dieser Fam. zugeordnet werden, sind hier nicht berücksichtigt) sind bei manchen Arten Fühler, Augen und Beine noch vorhanden (z.B. bei ***Talaeporia***), bei anderen sind auch diese Organe fast oder ganz rückgebildet; Hinterleib mit mehr oder weniger weit vorstülpbarer Legeröhre, zuweilen bis zu doppelter Körperlänge. Die Raupen mit gut ausgebildeten Mundteilen und Brustbeinen, Abdominalfüße (Kranzfüße) jedoch mehr oder weniger verkümmert; leben ständig, schon vom ersten Stadium ab, in einem Sack, befressen, den Sack mitschleppend, die Futterpflanze; selten am Anfang vom Sack aus in der Pflanze minierend, z.B. ***Cochliotheca crenulella*** Brd.; viele Arten polyphag an verschiedensten Pflanzen, andere auf bestimmte Pflanzengruppen spezialisiert, z.B. auf Flechten ***(Talaeporia, Solenobia)***. Säcke nach Baumaterial, Form, Größe artspezifisch verschieden, vorn und hinten offen, hintere Öffnung zum Ausstoßen von Raupenhäuten und Kot. Herstellen des Sackes bei ***Psyche viciella*** Schiff.: etwa 20 kleine Pflanzenteilchen werden zu einer Kette versponnen, die Raupe kriecht darunter, vervollständigt die Kette zu einem Ring im Brustbereich; dieser wird nach vorn zu einer körperlangen Röhre verlängert, innen mit Spinnfäden tapeziert, wiederum vorn verlängert; dann werden abgeschnittene Stäbchen pflanzlichen Materials quer zur Köcherlängsachse von außen angesponnen, und zwar von in die Grundköcherwand geschnittenen Spalten aus; Köchererneuerung und Ausbessern ist in allen Stadien möglich, u.U. auch Annahme von Fremdköchern; ♂-Sack bei manchen Arten mit Gespinströhre am Hinterende; die Raupe überwintert im Sack, bei manchen Arten einmal, bei manchen zweimal; (bei ***Psyche viciella*** Schiff, ist beides möglich). Verpuppung stets im Sack; dieser wird mit der vorderen Öffnung festgesponnen, oft entfernt von der Futterpflanze, zuweilen die der ♂♂ etwas tiefer als die der ♀♀, die später vom höheren Platz aus besser ihren Sexuallockstoff verbreiten können (z.B. ***Pachythelia villosella*** O.); die Raupe dreht sich im Sack um; die sehr beweglichen Puppen der ♂♂ drängen sich vor dem Schlüpfen des Falters weit aus dem Hinterende des Sackes hervor, die der ♀♀ nicht immer [**P-78**]. Bei Arten mit madenförmigen beinlosen ♀♀ bleibt das ♀ im Sack, der an dem Ende, wo der Kopf ist, eröffnet wurde, Begattung des ♀ im Sack, möglich durch den teleskopartig sich verlängernden Hinterleib des ♂; ♀♀ mit noch gut ausgebildeten Beinen (z.B. ***Talaeporia, Solenobia***) verlassen den Sack, bleiben auf ihm sitzen, erwarten das ♂; Anflug der ♂♂ unter der Wirkung des Sexualpheromons zunächst geradlinig gegen den Wind (aus Entfernungen von mindestens 400 m nachgewiesen), dann, die letzten Meter, im Pendelflug; in ♀-Nähe Schwirrlauf und schließlich Kopulation; bei Arten, bei denen die ♀♀ im Gehäuse bleiben: Ertasten der Gehäuseöffnung und des ♀ mit dem Hinterleibsende; keine Verpaarung mit ♀♀ außerhalb der Köcher; Eiablage stets in den Sack, oder in die im Sack bleibende Puppenhülle; Parthogenese kommt bei manchen Arten bzw. bei bestimmten Rassen einer Art vor. Von den insgesamt etwa 800 bekannten Arten in M-Eur.i.e.S. ca. 30; Auswahl: **1. *Cochliotheca crenulella*** Brd., kleine Art, ♂ ca. 12 mm Flsp.; die Raupen in einem schneckenförmigen, mit Sandkörnchen besetzten, braunen bis grauen Sack von ca. 5 mm Durchmesser [**P-75**], fressen an verschiedensten Pflanzen, zunächst vom Sack aus minierend, später von außen; Verpuppung der ♀♀ an Steinen oder Stämmen in höchstens Manneshöhe, der ♂♂ höher an Baum- oder Buschwipfeln; pflanzt sich südlich der Alpen zweigeschlechtlich fort, nördlich der Alpen (forma ***helix*** Sieb.) anscheinend rein parthenogenetisch (niemals ♂♂ vorhanden?); Verhaltensverschiedenheiten der ♀♀: das parthenogenetische ♀ beginnt sofort nach dem Schlüpfen mit der Eiablage in den Sack, die andere Form erst nach der Begattung. **2. *Talaeporia tubulosa*** Retz.; die Raupe in einem schlanken, mit sehr feinem Sand und Pflanzenmaterial besetzten Sack (2 mm Durchmesser, bis 17 mm lang), der im hinteren Teil, zuweilen in der ganzen Länge, dreikantig ist, Hinterende mit 3 Klappen; sie frißt Flechten an Baumstämmen oder Felsen, überwintert am Boden im Moos; Verpuppung im Frühling an Baumstämmen; die Puppe auch des ♀ schlängelt sich weit hinaus zur hinteren

Abb. P-75: ***Cochliotheca crenulella,*** Raupensack. Durchmesser etwa 5 mm. (Hofmann 1894)

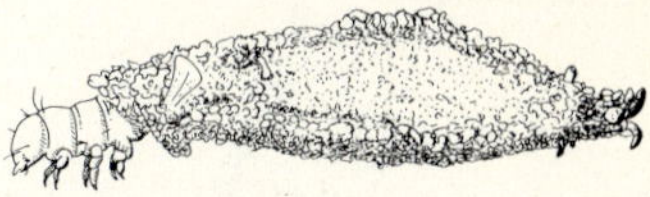

Abb. P-76: ***Solenobia triquetrella.*** Raupe mit Sack von der Seite.

Sacköffnung; die ♂♂ schlüpfen nachmittags bis abends, die ♀♀ morgens vor Sonnenaufgang; das ♀ wartet (wie ***Solenobia***; s.u.), mit ausgestreckter Legeröhre auf dem Sack sitzend, auf das ♂; sofortige Begattung, wenn ein ♂ in die Nähe kommt, unmittelbar anschließend Eiablage; auch das unbegattete ♀ kann Eier legen, sie entwickeln sich jedoch nicht; Entwicklung manchmal mehrjährig. **3. *Solenobia triquetrella*** Hbn.; die Raupe frißt ebenfalls an Flechten; der Sack ist dreikantig. Bauch- und Rückenseite sind deutlich unterschieden, vorn und hinten verjüngt, hinten mit 3 zipfelförmigen Klappen, mit feinem Sand, mit rauheren Teilen (z.B. auch mit Stückchen von Insektenpanzern) an den Längskanten besetzt [**P-76**]; bemerkenswert verschieden ist die Art der Fortpflanzung; es sind 3 verschiedene Rassen bekannt: a) bisexuelle Rasse; Ausschlüpfen der ♂♂ nachmittags bis nachts, sind am nächsten Tag begattungsbereit; Ausschlüpfen der ♀♀ aus der ebenfalls aus dem Hinterende des Sackes vorgeschobenen Puppe frühmorgens, ausgelöst durch Licht (Abdunkeln verzögert Schlüpfen); das ♀ [**P-77**] sitzt auf dem Sack, stülpt sofort die Legeröhre aus (Duftabgabe, [**P-78**]), zieht sie, wenn ein ♂ anfliegt, ein. Begattung (einige min), Lösen vom ♂; das ♀ schiebt die Legeröhre zwischen Puppenhülle und Sackwand, legt alle Eier ab, bedeckt sie mit Haaren des Hinterleibsendes, stirbt nach 2–3 Stunden; kommt kein ♂, Wiederholung des Anlockens am nächsten Morgen, evtl. noch an den folgenden Tagen; stirbt bei Ausbleiben der Begattung nach 3–6 Tagen; kein oder nur sehr spärliches Ablegen von Eiern, die sich wohl hin und wieder zu Raupen, aber

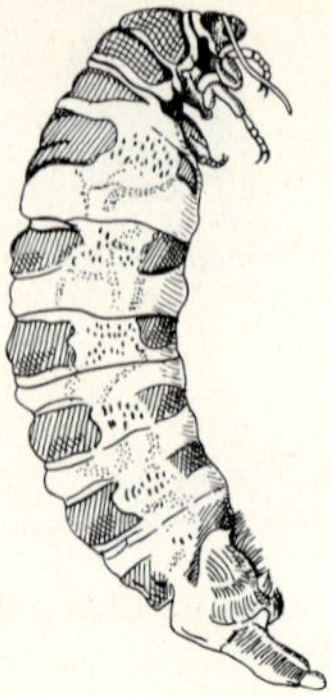

Abb. P-77: ***Solenobia triquetrella.*** ♀. (Forster, Wohlfahrt 1954/81)

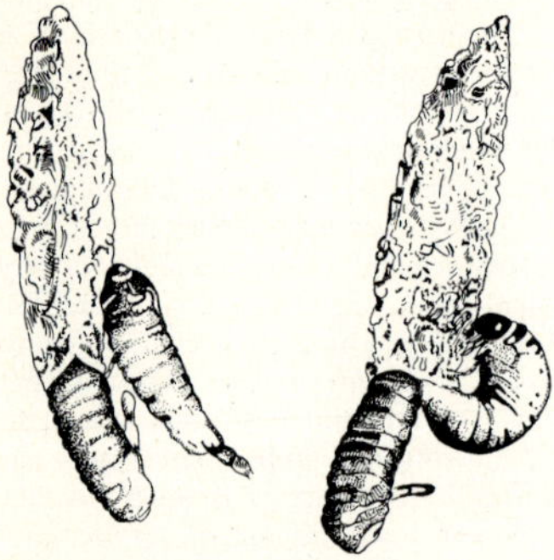

Abb. P-78: ***Solenobia triquetrella.*** Links bisexuelle, rechts parthenogetische Rasse. Puppenhaut aus dem Sack vorgeschoben. (Bourgogne 1951)

nie bis zum Falter entwickeln; Kreuzung mit anderen ***Solenobia***-Arten ist im Labor möglich (Bastarde jedoch nicht fortpflanzungsfähig), ist im Freien in der Regel vermieden, weil die ♂♂ offenbar nur durch den Duft des arteigenen ♀ angeregt werden; Ausnahme: Kreuzung zwischen den offensichtlich nahe verwandten ***S. triquetrella*** und ***S. seileri*** Saut., Duftstoffe der ♀♀ beider Arten anscheinend weitgehend identisch; die bisexuelle ***triquetrella***-Rasse ist relativ selten, in der Schweiz in der Randzone der Gletscher sowie entfernt davon auf einzelnen Gipfeln (Nunataks). b) diploid-parthenogenetische Rasse; das ♀ biegt in der Regel sofort den Hinterleib zur Eiablage ([**P-78**], rechts), bisweilen streckt es nach dem Schlüpfen für einige Zeit die Legeröhre aus, wie zum Anlocken eines ♂; Nachkommenschaft: fast ausschließlich ♀♀, ganz selten ♂♂ (die dann den bisexuellen ♂♂ gleichen); bewohnt in der Schweiz die Jura-Züge, z.T. zugleich mit der bisexuellen Rasse; c) tetraploid-parthenogenetische Rasse, weit verbreitet innerhalb und außerhalb der Alpen; das ♀ beginnt meist alsbald nach dem Schlüpfen mit der Eiablage, selten zuvor kurzes Vorstülpen der Legeröhre wie zum Anlocken des ♂; die Nachkommen sind ausschließlich ♀♀. Offenbar sind die parthenogenetischen Rassen aus der bisexuellen entstanden, und zwar in der Reihenfolge: bisex. ⇒ dipl. parth. ⇒ tetrapl. parth., wobei letztere mit ihrer weiten Verbreitung sich als besonders lebenskräftig erweist. Auch bei anderen ***Solenobia***-Arten, z.B. bei ***S. lichenella*** L., kommen bisexuelle und parthenogenetische Rassen nebeneinander vor. **4. *Fumea casta*** Pall., eine überall häufige Art; die ♂♂ (Flsp. ca. 13 mm) fliegen V–VI; ♂♂ schlüpfen gegen Abend, ♀♀ in der Frühe; Begattung auf dem ♀-Sack, in den – und zwar in die Puppenhaut – das ♀ dann sofort die Eier ablegt; die Raupen besonders an Gräsern, ihr Sack der Länge nach mit Grasstückchen besetzt; Überwinterung der Raupe im Sack nach der 3. oder 4. Häutung, Weiterfressen im Frühling, insges. 6–7 Häutungen; zuweilen zweimalige Überwinterung; Verpuppung mäßig hoch an Baumstämmen, bei ♂-Raupen etwas früher als bei ♀-Raupen, dafür Puppenzeit bei ♂♂ 4, bei ♀♀ 2 Wochen. Kreuzung dieser Art mit der sehr nahe verwandten ***F. crassiorella*** Brd. ist möglich; Ergebnis: ausschließlich (wahrscheinlich sterile) ♂♂. (Dierl 1964, 1969, 1979; Forster, Wohlfahrt 1954/81; Gromysz 1960; Seiler 1921, 1939, 1943, 1946, 1967; Seiler, Puchta 1956).

Psychoda; → Psychodidae.

Psychodidae, Schmetterlingsmücken, Mottenmücken; Fam. der Zweiflügler (Diptera, Nematocera). Imagines sehr klein (1–5 mm), Körper und Flügel meist stark behaart; die verhältnismäßig großen Flügel in Ruhe leicht angehoben dachförmig über dem Rücken, was den Tierchen das Aussehen winziger Schmetterlinge gibt; oft durch den Wind verfrachtet, vermögen jedoch sehr wohl, auch über längere Strecken, zielsicher z.B. dunkle Schlupfwinkel anzusteuern und plötzlich auftretenden Hindernissen auszuweichen; die ♂♂

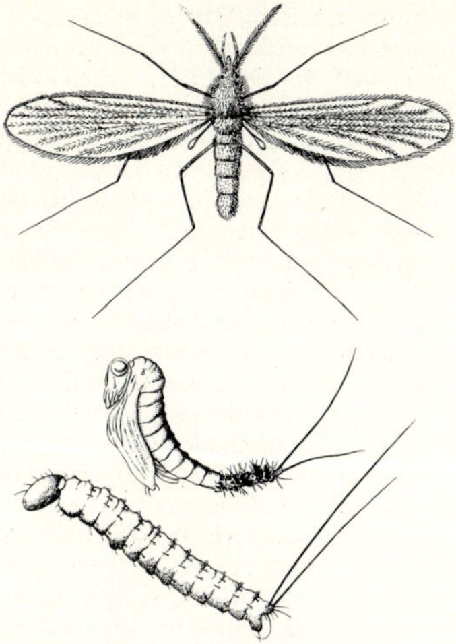

Abb. P-79: ***Phlebotomus papatasi***, Papatacimücke. Oben ♀ 2 mm; Mitte Puppe, hinten mit Resten der Larvenhaut; unten erwachsene Larve, ca. 5 mm. (Martini 1952)

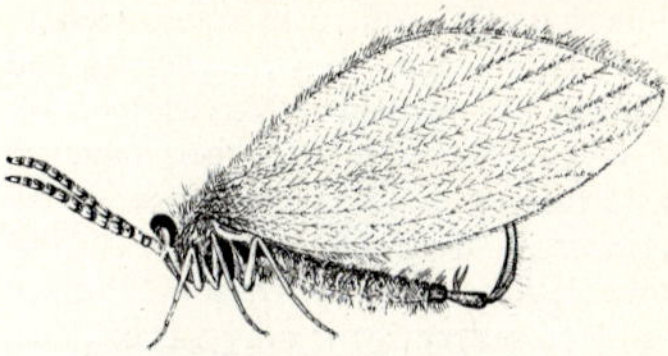

Abb. P-80: ***Psychoda phalaenoides.*** ♂, Länge 2 mm. (Lindner 1923ff.)

Abb. P-81: ***Pericoma ocellaris.*** Larve (4 mm) bedeckt mit Erdteilchen. (Brauns 1954)

Abb. P-82: ***Telmatoscopus*** sp. Larve (4 mm) mit vorderem Stigma, Atemröhre (hinten) und dorsalen Chitinplättchen. (Brauns 1954)

gegenüber den ♀♀ oft ausgezeichnet durch kontrastreiche Haarfärbung und durch kompliziert gebaute, auffallende Anhänge z. B. der Mittelbrust, die als Pheromonlieferanten bei der Balz eine Rolle spielen; vielleicht auch Lockstoffabgabe durch die ♀♀: das ♂ wirkt unmittelbar nach der Kopula anlockend auf andere ♂♂. Die meisten Arten stechen nicht, saugen, insofern sie überhaupt Nahrung aufnehmen, Nektar und andere Pflanzensäfte; Ausnahme die ♀♀ der Gttg. ***Sycorax*** (saugen an Fröschen) und vor allem die gelblich gefärbten Sandmücken der Gttg. ***Phlebotomus,*** letztere mit Vertretern in den Tropen und Subtropen, z. B. die Papatacimücke, ***Phl. papatasi*** Scop. [**P-79**] bereits in Südeuropa, lästig auch für den Menschen, gefährlich zugleich als Überträger des Papataci-Fieber- (3-Tage-Fieber-) Virus; eine Reihe weiterer Krankheiten wird durch andere ***Phlebotomus***-Arten übertragen (Orientbeule und Kala Azar, erregt durch ***Leishmania***-Arten); Blutspender der ***Phlebotomus***-Arten können alle landlebenden Wirbeltiere sein; bei der Futteraufnahme entlassen die ***Phlebotomus***-♀♀ ein (von Zellen der Palpen produziertes) Aggregationspheromon. Die winzigen Eier teils einzeln, teils in Gelegen abgesetzt, meist in Wassernähe; die ♀♀ der häufigen ***Psychoda phalaenoides*** L. [**P-80**] (und verwandter Arten) werden durch kot- und harnähnliche Düfte angelockt (»Abortfliegen«), finden sich nicht selten zu Tausenden in den ähnlich duftenden Blüten des Aronstabs (vgl. auch ***Culicoides***; → Heleidae), besorgen hier die Bestäubung. Die Larven (klein, bis ca. 4 mm; 4 Stadien) sind meist schlank, seltener ***(Sycorax)*** asselförmig; mit deutlich abgesetztem Kopf; manchmal mit zahlreichen Fortsätzen, zwischen denen sich tarnende Detritusteilchen festsetzen können (z. B. ***Pericoma***, [**P-81**]), bei Arten, die in kalkreichem Wasser leben, auch mit Kalkkrusten; andere Larvenformen sind platt, mit verstärkten Rückenteilen (z. B. ***Telmatoscopus***, [**P-82**]); Nahrung: zerfallende organische Stoffe verschiedenster Art und daher wichtige Destruenten; am Rande stehender Gewässer, in Jauchegruben, auf überrieselten Felsen, in Bächen, in sauberen sowohl als auch in organisch verunreinigten, in kleinsten Rinnsalen, auch in Siphonen von Ausgüssen und Waschbecken, häufig einige auch in sauberen Toiletten (die Imagines dann am Fenster); die Larven der »Abortfliegen« (z. B. ***Psychoda alternata*** Say.) in Fäkaliengruben, Kläranlagen und unsauberen Badezimmern u. dgl., andere im Waldboden, in Pilzen, in feuchtem Moos; vorderstes und hinterstes Stigmenpaar offen, letzteres oft auf einem Atemröhrchen; bei manchen Wasserformen sind »Analkiemen« beschrieben; sind jedoch vermutlich der Osmoregulation dienende Organe. Puppen meist frei, seltener ganz oder nur mit dem Hinterende in der letzten Larvenhaut; Atemhörnchen können fehlen. Je nach Entwicklungsort und vor allem Temperatur haben manche Arten sicher mehrere Generationen im Jahr; Überwinterung als Larve oder Imago. Von insgesamt einigen tausend Arten etwa 400 in Mitteleuropa. (Brauns 1954; Elger 1979; Martini 1952; Rietschel 1969; Schlein 1984; Schumann 1968; Seifert et al. 1985; Wagner 1977, 1979; Wesenberg-Lund 1943).

Psychomyidae; Fam. der Köcherfliegen (Trichoptera); kaum 20 Arten in Mitteleuropa; die kiemenlosen campodeiden Larven im Fließwasser, aber auch besonders im Brandungsbereich stehender Gewässer, bauen mit Sandkörnchen bedeckte, etwas gewundene galerieartige Gespinströhren z.B. auf Steinen, deren Aufwuchs sie abschaben; sehr seßhaft; Verpuppung in mit Sand bedecktem Gespinst, darin befestigt ein Kokon mit einer durchlöcherten Wand für die Puppe; häufige Arten z.B.: ***Tinodes waeneri*** L. (Flsp. –18 mm); ***Psychomyia pusilla*** Fbr. (Flsp. –12 mm).

Psychomyia; → Psychomyidae.

Psylla; → Psyllina 1, 2.

Psyllidae; → Psyllina.

Psyllina (Psylloidea), Blattflöhe; U.-Ordng. der Pflanzenläuse (Sternorrhyncha); nur eine Fam.: Psyllidae (mit mehreren U.-Fam., die zuweilen als eigene Fam. betrachtet werden). Klein, meist 2–4 mm; gutes Springvermögen der Imagines (mit Hinterbeinen, Hauptsprungmuskeln vom Körperinnern zum Schenkelring); beide Flügelpaare gut ausgebildet, die kleineren Hinterflügel beim Fliegen durch wenige, am Vorderrand stehende Häkchen mit dem umgeschlagenen Rand der Vorderflügel verbunden; meist nur kleine Flugstrecken; bei manchen Arten Flug der Imagines von den Nährpflanzen zu anderen Überwinterungspflanzen; Flügel in Ruhe dachförmig auf dem Rücken. Wachsdrüsen insbesondere bei Larven und ♀♀ verbreitet, vor allem um den After herum, die Wachsfäden verhindern Beschmieren des Körpers mit Kot; bei manchen Arten (z.B. ***Trioza*** sp.) ist der Larvenkörper ringsum mit einem Saum von Wachsfäden umgeben. Nahrung: mit dem Stechsaugrüssel gewonnene Pflanzensäfte, bei den Imagines in geringerem Ausmaß als bei den Larven; Nahrungsspezialistentum besonders bei den Larven vieler Arten mehr oder weniger ausgeprägt, jedoch ist strenge Monophagie (Saugen auf einer einzigen Pflanzenart) wohl seltener als meist angenommen; die richtige Futterpflanze findet offenbar das ♀ für die Eiablage (vermutlich) durch den Geruchssinn; der Kot ist, wie bei vielen Blattläusen, zum mindesten bei manchen Arten zuckerhaltig (Honigtau); nicht wenige Arten sind bei Massenauftreten an Kulturpflanzen schädlich; durch das Saugen entstehen nicht selten gallenartige Veränderungen an der Pflanze, z.B. Umrollungen und Verdickungen am Blattrand. Intrazelluläre symbiontische Mikroorganismen sind stets vorhanden in besonderen, oft gelblich gefärbten Mycetomen; sie liegen, unpaar oder paarig, im Hinterleib ventral vom Darm mit 2 verschieden gestalteten Symbiontenformen; Übertragung auf die Nachkommen durch Einwandern in die Eizellen im Ovar. Überwinterung häufig als Imago, bei manchen Arten als Ei oder auch als junge Larve. Bei der Begattung (öfters wiederholt) stehen die Partner schief nebeneinander; Eier mit mehr oder weniger langem fadenförmigen Anhang, nur dieser wird durch den Legebohrer in das Pflanzengewebe versenkt, und zwar in der Regel an der Nährpflanze; 5 Larvenstadien, das 1. beweglich, die anderen weitgehend festsitzend; Flügelanlagen vom 3. Stadium ab deutlich. Bei mehreren Arten wurden bei beiden Geschlechtern Lautäußerungen beschrieben; Mechanismus und Bedeutung noch unklar. Bei uns meist eine Generation im Jahr, bei manchen Arten oder bei günstigen Außenbedingungen 2 oder mehr. In M.Eur.i.e.S. fast 100 Arten (insgesamt etwa 1250); Auswahl: **1. *Psylla mali*** L., Apfelblattsauger, Apfelsauger, Apfelfloh (ca. 4 mm); die Larven vor allem an Apfelbäumen, an Stielen von Jungblättern, dann an Blüten und an der Unterseite von Blättern; zuweilen sehr schädlich; die Imagines auch an anderen Pflanzen; Eiablage im Herbst vor allem an die Rinde dünner Apfelbaumzweige; die Eier überwintern; nur eine Generation. **2.** Birnblattsauger; 3 Arten: ***Psylla piri*** L. (ca. 4 mm; mehrere Generationen; Überwinterung der Imago); ***Psylla piricola*** Först., Gefleckter Birnblattsauger (ca. 3 mm; meist 2–3 Generationen, mit Saisondimorphismus: Sommergeneration mit kürzeren Flügeln als die Wintergeneration; die Imago überwintert); am schädlichsten wird ***Psylla pirisuga*** Först. (ca. 4 mm; Blätter durch Saugen verkrüppelt und deformiert; eine Generation; die Imago fliegt im Sommer auf Nadelhölzer, wird dunkler, überwintert hier, fliegt im Frühling zurück auf Birnbäume, hier Eiablage). **3.** ***Psylla buxi*** Geoffr. (3–5 mm), am Buchsbaum, vor allem an dann schalen- oder löffelförmig nach oben gebogenen Blättern der Triebspitzen. **4.** ***Trioza apicalis*** Först. ***(viridula*** Zell.), Möhrenblattfloh (kaum 2 mm); die Imago überwintert vor allem an Nadelbäumen, Larven und Erwachsene im Frühling und Sommer u. U. sehr schädlich an Möhren, bewirken grünbleibende Blattkräuselungen, die Jungpflanzen sterben; eine Generation. **5.** ***Homotoma ficus*** L.; im Mittelmeergebiet an Kaprifeigen. (Günther 1968; Heslop, Harris 1961; Leng 1932; Rietschel 1969; Sorauer 1949/57; Strümpel 1983; Weber 1930).

Psylliodes; → Erdflöhe 5, 6.

Psyllipsocidae; Fam. der Staubläuse (Psocoptera, Atropida); bisher nur 3 Arten in M-Eur.i.e.S. bekannt; z. B. ***Psyllipsocus ramburi*** S.-L. (2,3 mm), bemerkenswert durch die offenbar rein parthenogenetische Vermehrung und durch den Flügelpolymorphismus: Übergänge zwischen lang- und sehr kurzflügeligen Exemplaren; verbreitet in Häusern.

Psyllipsocus; → Psyllipsocidae.

Psylloidea; → Psyllina.

Pteromalidae; Fam. der Hautflügler (Hymenoptera, Apocrita, Chalcididea); sehr artenreiche Fam. (über 5000 Arten bekannt), meist kleinere Erzwespen (→ Schlupfwespen), ihre Larven als Schmarotzer (Primär- oder Hyperparasiten) bei den verschiedensten Insekten, manche Arten sehr polyphag bei Vertretern mehrerer Gruppen; teils Innen-, teils Außenparasiten, nicht selten viele Schmarotzerlarven an oder in einem Wirt; im Falle von Doppelbelegung eines Wirtes bringt zuweilen eine junge Parasitenlarve eine ältere Konkurrentin um; bei manchen Arten wird der Wirt durch den Stich mit dem Legebohrer paralysiert, die austretende Körperflüssigkeit dann vom ♀ aufgeleckt (zusätzliche Eiweißnahrung); bei nicht unmittelbar zugänglichem Wirt wird ein »Steigrohr« aus erhärtendem Sekret von Anhangsdrüsen des Legebohrers gebildet, in dem der Körpersaft des angestochenen Wirts aufsteigt und so genutzt werden kann; die ♀♀ einiger Arten saugen auf diese Weise als Eiräuber Insekteneier aus. Beispiele: **1.** ***Pteromalus puparum*** L., oft viele Parasiten in der Puppe von Großschmetterlingen, z. B. von Weißlingen; überwintert in der Puppe, schlüpft im Frühling, die Puppenhaut des Wirts erscheint dann wie durchsiebt. **2.** ***Nasonia (Mormoniella) vitripennis*** Walk., Puppenparasit bei Fliegen, auch bei Stubenfliegen; die Fliegentönnchen werden durch den Geruchssinn gefunden, wobei auch der Duft von am Puparium haftender Fliegenlarvennahrung wichtig sein kann; nur Puparien mit lebendem Inhalt (offenbar Prüfung durch den Legebohrer) werden mit einer Anzahl Eier belegt; ♂ balzt indem es, auf dem ♀ sitzend, in rhythmischen Abständen Nickbewegungen ausführt und dabei Pheromone abgibt, die das ♀ zur Paarungsbereitschaft stimulieren. **3.** ***Lariophagus distinguendus*** Först. außenparasitisch bei verschiedenen Käfern; einer der Wirte ist die im Kokon bereits eingesponnene Altlarve, Vorpuppe oder Puppe des Brotkäfers (***Stegobium paniceum*** L.); das ♀ vermag, offenbar durch den Geruchssinn, aus Tausenden von gesunden Getreidekörnern die herauszufinden, in denen sich der für die Larve geeignete Wirt befindet; eine aus dem Kokon herausgenommene Wirtslarve bzw. -puppe wird nicht angestochen; der Wirt wird durch den Stich mit dem Legebohrer paralysiert, jedoch das Ei außen an den Wirt geheftet, meist ein Ei pro Wirt. **4.** Mehrere Arten z. B. der Gattungen ***Pteromalus*** und ***Rhopalicus*** sind als Parasiten bei Borkenkäferlarven Helfer des Forstmannes. **5.** ***Dibrachys cavus*** Walk. parasitiert bei ***Apanteles*** (Braconidae); → auch Eulophidae. (Assem, Vernel 1979; Bachmaier 1969; Clausen 1940; Edwards 1954; Kaschef 1959, 1964).

Pteromalus; → Pteromalidae 1, 4.

Pteronidea; → Tenthredinidae 6, 12.

Pterophoridae, Federmotten (bisweilen auch Geistchen genannt; → Orneodidae); Fam. der Schmetterlinge (Lepidoptera);

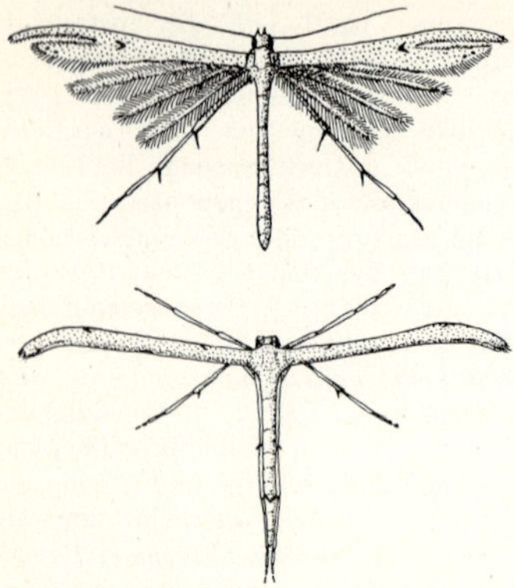

Abb. P-83: ***Pterophorus monodactylus***, Federmotte. Flsp. ca. 25 mm. Unten Flügel in Ruhehaltung. (Bourgogne 1951)

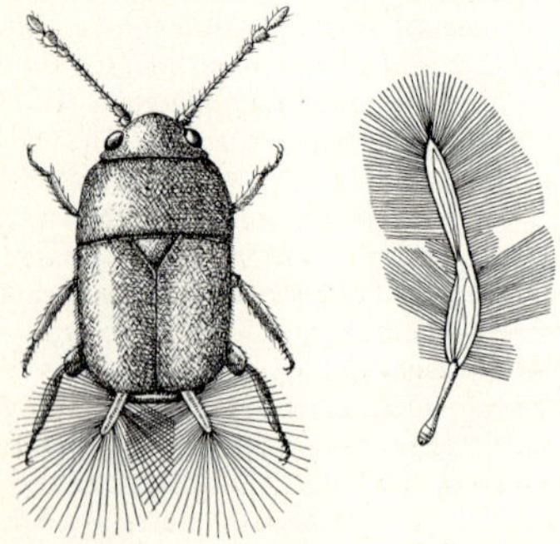

Abb. P-84: Links ***Acrotrichis sericans.*** 0,7 mm, Flügel ragen über die Flügeldecken hinaus; rechts einzelner Flügel. (zur Strassen 1969)

die Falter kaum mittelgroß, mit schlankem Körper und relativ sehr langen Vorderflügeln; die Flügel in der Regel vom Außenrand her mehr oder weniger tief geschlitzt, und zwar die Vorderflügel in 2(–4), die Hinterflügel in 3(–4) Lappen; die Flügel werden in der Ruhe seitwärts gehalten, dabei sind die Hinterflügel unter den der Länge nach eingeklappten Vorderflügeln geborgen, die Tiere im Habitus dann schnakenähnlich; die Fiederung der Flügel bringt, nach neueren Untersuchungen, flugtechnisch keine Vorteile; biologische Bedeutung der für die Fam. charakteristischen, keulenförmigen Duftschuppen auf den Adern der Hinterflügelunterseite ist noch ungeklärt; Saugrüssel gut entwickelt; die verhältnismäßig plumpen Raupen mit langen Haaren, mit Kranzfüßen, fressen meist außen, z.T. aber auch im Innern der Futterpflanze; Puppen teils in Gespinst, teils frei, in waagrechter oder senkrechter Lage mit dem Cremaster in einem Gespinstpolster befestigt; Überwinterung teils als Ei, teils als Raupe oder auch als Falter. Von insgesamt gut 600, in M-Eur.i.e.S. ca. 50 Arten; Auswahl: **1.** ***Pterophorus pentadactylus*** L., Falter schneeweiß, Vorderflügel mit 2, Hinterflügel mit 3 »Federn«; die überwinternde Raupe an Klee und Winden. **2.** ***Pterophorus monodactylus*** L. [**P-83**], Falter ledergelb, überwintert; die Raupe an Ackerwinde. **3.** ***Platyptilia ochrodactyla*** Hb.; die Raupe frißt im Herztrieb von Rainfarn ***(Tanacetum).*** **4.** ***Eucnemidophorus rhododactylus*** F.; die Raupe frißt Rosenknospen aus, die sie mit Spinnfäden am grünen Blatt befestigt; Verpuppung frei an den Blättern. (Dierl 1969; Hannemann 1968; Norberg 1972; Wasserthal 1974).

Pterophorus; → Pterophoridae 1, 2.

Pteropteryx; → Orneodidae.

Pterostichus; → Carabidae 9.

Pterygota; Fluginsekten; 6. Unterklasse der Insekten, deren Imagines als primär geflügelt gelten: Ephemeroptera und alle weiteren Ordnungen (→ Insecta); sekundäre Rückbildung der Flügel nicht selten. (vgl. → Apterygota).

Ptiliidae, Federflügler; Fam. der Käfer (Coleoptera, Polyphaga); sehr klein, meist unter 1 mm (hierher die kleinste bekannte Käferart, 0,25 mm, Nordamerika); bezeichnend für einige Arten das ruckartige Laufen; Elytren oft nicht den ganzen Hinterleib bedeckend; Hinterflügel mit schmaler Achse, besetzt mit langen Härchen [**P-84**], in Ruhelage an 2 Stellen geknickt, Verbreitung der durchaus fluglustigen Käfer vor allem durch die bewegte Luft; Imagines und Larven in feuchten zerfallenden pflanzlichen Stoffen; Nahrung: Pilzsporen von Schimmelpilzen und manchen höheren Pilzen; einige Arten bekannt als Ameisengäste, z.B. ***Ptilium myrmecophilum*** Alib. (0,5 mm), in Nestern von ***Formica***-Arten, andere in Nestern von Kleinsäugern und Vögeln; über Lebensweise der Larven kaum etwas bekannt. Von den gut 500 bekannten Arten etwa 60 in M-Eur.i.e.S.; bei manchen Arten der Gattung

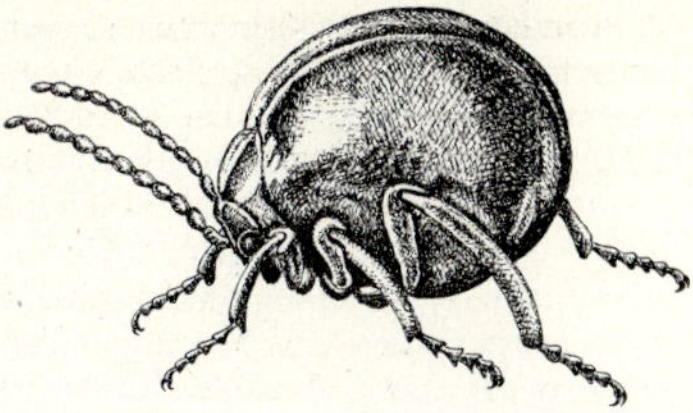

Abb. P-85: ***Gibbium psylloides***, Kugelkäfer. 3 mm. (zur Strassen 1969)

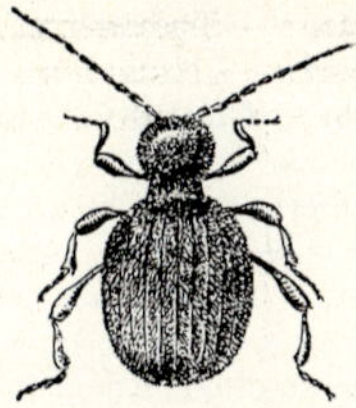

Abb. P-86: ***Niptus hololeucus***, Messingkäfer. 3-4,5 mm. (Weidner 1971)

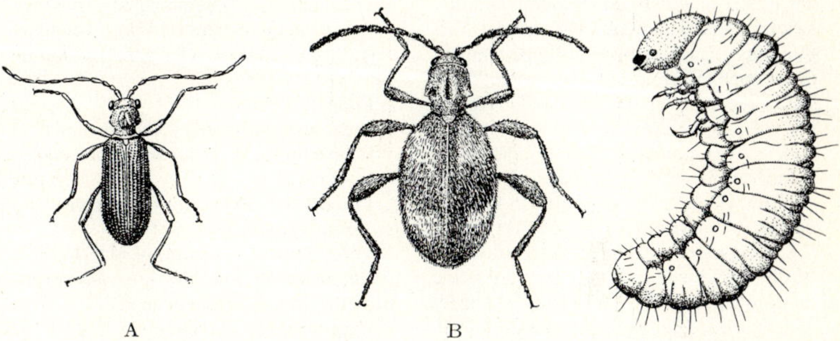

A B

Abb. P-87: ***Ptinus fur***, Kräuterdieb. 2–4 mm. A ♂ (4 ×), B ♀ (6 ×) und Larve (3–4,5 mm). (Bollow 1958)

Ptinella gibt es neben einer sehenden geflügelten auch eine blinde ungeflügelte Form, eine bisher nicht deutbare Erscheinung. (Freude, Harde, Lohse 1965/83; Hieke 1968; Horion 1949).

Ptilium; → Ptiliidae.

Ptilocolepus; → Hydroptilidae.

Ptilophora; → Notodontidae.

Ptinella; → Ptiliidae.

Ptinidae, Diebskäfer; Fam. der Käfer (Coleoptera, Polyphaga); von den etwa 500 Arten knapp 3 Dutzend in M-Eur. i.e.S., manche von ihnen lästig oder schädlich an pflanzlichen oder tierischen Vorräten; manche Arten heute weltweit verbreitet; Käfer durchweg klein, bisweilen hochgewölbt; Larven meist gelblichweiß, höchstens kurz behaart; Verpuppung in einem aus einigen Spinnfäden oder aus zusammengesponnenem Material der Umgebung gebildeten Kokon; einige Arten parasitisch (z.B. ***Ptinus vaulogeri*** Pic., Nordafrika, an den Larven von solitären Bienen der Gattung ***Osmia***); Überwinterung in der Regel als Larve; bei Hausbewohnern ist u.U. der Rhythmus verwischt und Entwicklung das ganze Jahr über. **1.** ***Gibbium psylloides*** Czemp., Kugelkäfer, Buckelkäfer (2–3 mm; [**P-85**]), auffallend hochgewölbt, glasigbraun. **2.** ***Niptus hololeucus*** Fald., Messingkäfer (3–4,5 mm); durch feine gelbe Behaarung messing-glänzend [**P-86**]; Heimat: Vorderasien, seit längerer Zeit auch in Mitteleuropa; treten eigenartigerweise häufig nach Renovierungsmaßnahmen in alten Häusern auf; gelegentlich Massenentwicklung der Larven in Häusern an Getreideresten u. dgl., Käfer durch Benagen von Textilien lästig; Puppen in Höhlungen von morschem Holz u. dgl. **3.** Gattung ***Ptinus*** [**P-87**]; mehrere, z.T. importierte Arten gelegentlich schädlich an Vorräten, z.B. der heimische ***P. fur*** L., Kräuterdieb (2–4,3 mm; [**P-87**]); Name: früher schädlich in Apotheken; auch an Käse, Hundekuchen und dgl. (Bollow 1958; Hieke 1968; Horion 1949; Weidner 1982).

Ptinus; → Ptinidae 3.

Ptychopteridae, Ptychoptera; → Liriopidae.

Pulex; → Siphonaptera.

Pulicidae; → Siphonaptera.

Pulvinaria; → Lecaniidae 3.

Punktbär, ***Utetheisa pulchella*** L.; → Arctiidae 4.

Punktkäfer; → Clambidae.

Pupa; Puppe, Chrysalis; das für die Insekten mit vollkommener Verwandlung (→ Holometabola) bezeichnende vorimaginale Ruhestadium, in dem, nach Ausstülpen der Anlagen für die Körperanhänge (z. B. Fühler, Flügel, Beine) schon vor der Häutung der Puppe, der Umbau der larvalen in die imaginalen Organe stattfindet. Letztes Larvenstadium kurz vor der Verpuppung bisweilen bereits puppenähnlich (Vorpuppe, Propuppe). Die Puppe nicht selten in einem von der Altlarve hergestellten Gespinst (Kokon), bisweilen mit puppeneigenen Organen (z. B. → Cremaster bei Schmetterlingen; Dornenarmierung bei → Bombyliidae). Puppenformen: **1.** Pupa dectica; Mandibeln kräftig, funktionsfähig, geeignet den Puppenkokon zu durchbrechen; Scheiden für Flügel und Beine nicht mit dem Körper verklebt; Beispiele: → Eriocraniidae; → Megaloptera; → Mecoptera; → Planipennia; → Trichoptera; → Zeugloptera. **2.** Pupa adectica; ohne funktionsfähige Mandibeln. a) Pupa exarata; Scheiden der Körperanhänge bleiben frei, nicht mit dem Körper verklebt; häufigste Form: aa) Pupa libera, freie Puppe; Beispiele u. a.: meiste → Coleoptera; meiste → Hymenoptera; → Siphonaptera; Sonderform bei den → Cyclorrhapha unter den Fliegen: bb) Pupa coarctata, Tönnchenpuppe: die freie Puppe liegt in der nicht abgeworfenen, sklerotisierten und dunkel pigmentierten vorletzten + letzten Larvenhaut, im Tönnchen, das Ganze = Puparium. b) Pupa obtecta, Mumienpuppe; die Scheiden der Körperanhänge sind durch erhärtete Häutungsflüssigkeit an den Körper geklebt; Beispiele: → Coccinellidae; → Nematocera; viele → Brachycera; fast alle → Lepidoptera; bei letzteren die Sonderformen: Pupa cingulata, → Gürtelpuppe, und Pupa suspensa, → Stürzpuppe. c) Pupa semilibera, Mumienpuppe, bei der ein Teil der Scheiden der Körperanhänge nicht mit dem Körper verklebt ist; so bei einigen Fam. der Schmetterlinge.

Puparium; → Pupa.

Pupipara, Lausfliegen; früher als eigene systematische Kategorie aufgestellte Gruppe von cyclorrhaphen Fliegen, nahe verwandt mit den → Muscidae; da ein gemeinsamer Ursprung fraglich ist, heute 3 Fam. zugeordnet: → Hippoboscidae, → Nycteribiidae und → Streblidae; allen gemeinsam: Entwicklung der Larven in dem als Uterus funktionierenden Eileiter des ♀, hier ernährt durch das Sekret sog. »Milchdrüsen«, bis zur Verpuppungsreife; Verpuppung unmittelbar nach der Geburt der Larve; (bei den nicht hierher gehörenden Tsetsefliegen der Gattung ***Glossina*** entwickeln sich die Larven ebenso); Blutsauger an Vögeln und Säugetieren; im Zusammenhang mit der parasitischen Lebensweise Flügel bei manchen Arten teilweise oder ganz rückgebildet.

Puppe; → Pupa.

Puppenparasitismus; → Parasitismus.

Puppenräuber, ***Calosoma sycophanta*** L.; → Carabidae 2.

Purpurbock, ***Purpuricenus kaehleri*** L.; → Cerambycidae 18.

Purpuricenus; → Cerambycidae 18.

Purpurwidderchen, ***Mesembrynus purpuralis*** Brünn.; → Zygaenidae 2.

Pycnopogon; → Asilidae.

Pygaera; → Notodontidae 9.

Pyralidae (Pyralididae), Zünsler; Fam. der Schmetterlinge (Lepidoptera); von den insgesamt gut 10000 bekannten Arten in M-Eur. i. e. S. etwa 300, mehreren (heute oft als eigene Fam. aufgefaßten) U.-Fam. zugeordnet. Die meist nachts oder in der Dämmerung fliegenden Falter klein bis höchstens mittelgroß, mit schmal-dreieckigen Vorder- und breit-dreieckigen Hinterflügeln [**P-94**]. Rückbildung der Flügel kommt bei den ♀♀ einiger Arten vor [**P-103**]. Flügelhaltung in Ruhe: flach- oder steil-dachförmig, sie sind bisweilen geradezu um den Leib gewickelt, oder auch sich überdeckend flach nach der Seite gestreckt; Saugrüssel manchmal rückgebildet; Lippentaster bei vielen Arten lang, rüsselartig vorstehend (»Schnauzenfalter«; [**P-88**]); am 1. Hinterleibsring jederseits ein Tympanalorgan; Lauterzeugung nur von wenigen Arten bekannt; die ♂♂ von ***Achroia grisella*** locken die ♀♀ durch (bisweilen sehr intensive) Stridulationslaute an; jeweils das andere Geschlecht erregende Sexuallockstoffe bei einer Anzahl von Arten bekannt; die Drüsen bei den ♀♀ am Abdomenende, bei den ♂♂ auf den Flügeln; das ♂ des afrikanischen Zuckerrohrbohrers (***Eldana saccharina*** Wlk.) außerdem mit ausstülpbaren

Duftpinseln am Abdomenende (→ Coremata); das dort abdiffundierende Pheromon wirkt als Aphrodisiakum auf das durch das Flügelpheromon angelockte ♀ und macht es paarungsbereit. Die Raupen mit 3 Brust- und 5 als Kranzfüße ausgebildeten Bauchbeinpaaren; Ernährung meist mehr oder weniger nahrungsspezifisch vegetarisch (einige sind z. B. Moosfresser), fressen häufig in Gespinsten (z. B. zwischen zusammengesponnenen Blättern oder von Gespinströhren aus), bohren bei manchen Arten im Innern der Futterpflanze; nicht wenige Arten bei Massenvermehrung schädlich an pflanzlichen Vorratsstoffen, einige auch an Stoffen tierischer Herkunft und dann gelegentlich sogar räuberisch; die Raupen mehrerer Arten sind mehr oder weniger weitgehend an das Leben im Wasser angepaßt; Überwinterung nicht selten als erwachsene Raupe; Verpuppung wohl immer in einem Gespinstkokon. Die Vielfalt der von den Zünslern bzw. ihren Raupen besiedelten Lebensräume ist erstaunlich; hier eine Auswahl einiger durch ihre Lebensweise, z. T. auch als Vorrats- bzw. Pflanzenschädlinge bekannter Arten. **1.** ***Eupoecilia (Clysia) ambiguella*** Hbn., Einbindiger Traubenwickler; meistens zu den Wicklern gerechnet und dort behandelt; (→ Tortricidae 26). **2.** ***Galleria mellonella*** L., Große Wachsmotte, Bienenwolf, Rankmade (Raupe); (Flsp. 25–30 mm); Saugrüssel nur schwach entwickelt; ♂♂ mit Duftdrüsen an den Flügeln, deren für die menschliche Nase stark aromatisch duftendes Pheromon (ein Gemisch aus n-Nonanal und n-Undecanal) die ♀♀ anlockt. Der Falter fliegt in 2 oder mehr Generationen von V–IX; das ♀ sucht abends Bienenstöcke auf, legt die Eier in Haufen vor allem im Stockinnern in Ritzen u. dgl. ab; die Raupen (Rankmaden) schlüpfen nach 2–4 Tagen, befressen von Gespinströhren aus zunächst den Bodenmull, dann von mit Gespinst ausgekleideten Gängen aus die alten, später auch die belegten Waben; Hauptnahrung: Pollenreste, aber auch Wachs, für das sie ein Verdauungsferment haben und das sie für das Heranwachsen benötigen; Schaden nicht nur am Wachs, auch z. B. durch Festspinnen von Bienenpuppen in den Zellen; Verpuppung in einem spindelförmigen Gespinstkokon, vor allem an den Wabenrähmchen, dort meist gesellig, sich gegenseitig berührend, Nachbarkokons mit gemeinsamer Wand; das Herstellen des Raupen- bzw. Verpuppungsgespinstes steht unter dem Einfluß des Juvenil- bzw. Metamorphose-Hormons, die Spinnbewegungen im einzelnen sind vom Gehirn gesteuert; Herbsteier bzw. -raupen überwintern; heute weltweit verbreitet. **3.** ***Achroia grisella*** Fbr., Kleine Wachsmotte; Falter kleiner als 2 (Flsp. ca. 20 mm; Vorderflügel einfarbig gelblichgrau), Lebensweise ähnlich, jedoch ist die Entwicklung auch ohne Wachsnahrung möglich; ♂♂ locken durch Stridulieren ♀♀ an; Puppenkokons einzeln, nicht gesellig beieinander. **4.** ***Aphomia sociella*** L.; bemerkenswert durch die Lebensweise der polyphagen Raupen, die vor allem in Hummel- und Wespennestern zu finden sind (»Hummelnestmotte«), wo sie sich von Abfall, aber auch räuberisch von der Brut ernähren, auch in Nistkästen von Vögeln; Puppenkokons oft zu vielen in gemeinsamem Gespinst; die Falter fliegen VI–IX. **5.** Zahlreiche Arten der Gattung ***Crambus*** und Verwandte, mit einer Reihe von bei uns sehr häufigen Arten (z. B. ***Crambus pascuellus*** L.); sitzen gern mit etwas um den Körper gerollten Flügeln kopfabwärts im Grasbewuchs [**P-88**]; die Raupen sind zumeist Grasfresser (bei einigen Arten Moosfresser), leben in mehr oder weniger mit Erde und Pflanzenresten besetzten Gespinströhren [**P-89**] in der Grasnarbe, befressen von hier aus nachts Blätter und Stengel, können bei Massenauftreten Schaden anrichten. **6.** Mehrere Arten der Gat-

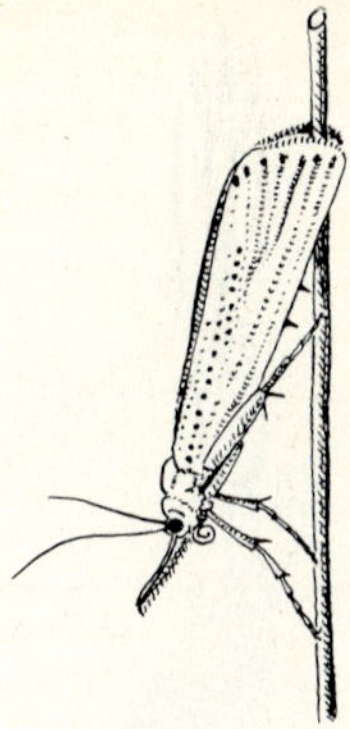

Abb. P-88: ***Crambus pascuellus.*** 12 mm, Ruhehaltung. (Brauns 1964)

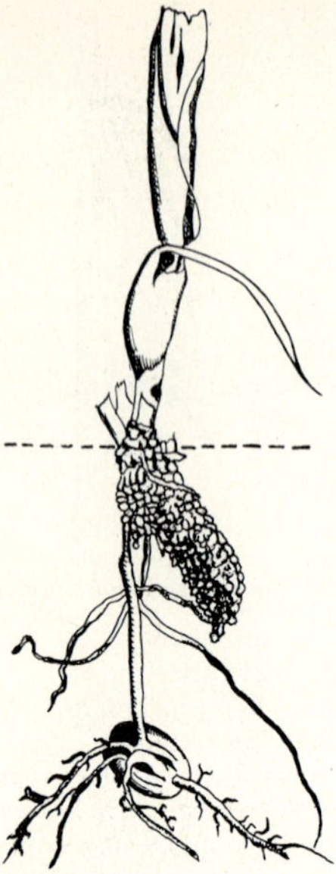

Abb. P-89: ***Crambus*** sp. Raupensack an einer jungen Maispflanze. (Soraurer 1949/57)

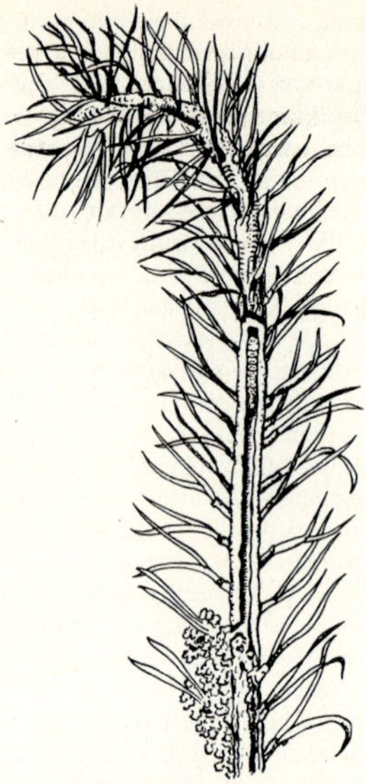

Abb. P-91: Vom Fichtenzapfenzünsler, ***Dioryctria abietella***, befallener Wipfeltrieb, z. T. aufgeschnitten, im Inneren die Raupe, unten Ausstoßloch für den Kot. Länge des Triebs 25 cm. (Brauns 1964)

tung ***Acrobasis***, Eichentriebzünsler, deren Raupen teils einzeln, teils gesellig (zwischen zusammengesponnenen Blättern, z. B. ***A. tumidella*** Zinck.) im Spätsommer und, nach Überwinterung, wiederum im Frühling zumal an den Gipfelblättern von Eichen skelettierend fressen; vielleicht auch Überwinterung der Eier; Puppenkokon im Freßgespinst oder auch am Boden oder an Rinde. **7. *Phycita spissicella*** Fbr., Apfelbaumzünsler; der Falter fliegt VI–VII; Überwinterung als Raupe; die Raupen fressen vor allem im Frühling skelettierend an röhrenartig durch Gespinst zusammengezogenen Blättern, bevorzugt

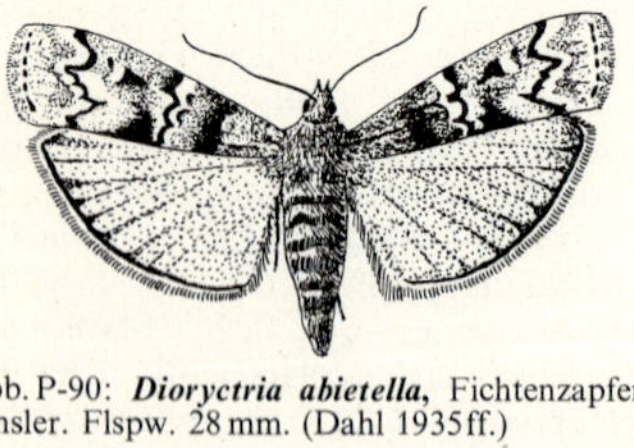

Abb. P-90: ***Dioryctria abietella***, Fichtenzapfenzünsler. Flspw. 28 mm. (Dahl 1935ff.)

an Eichen, aber auch an Apfel und Birne; der mit Sandkörnchen bedeckte Puppenkokon am Boden. **8. *Dioryctria abietella*** D. u. Sch., Fichtenzapfenzünsler, Fichtentriebzünsler [**P-90**]; an verschiedenen Nadelhölzern, nicht nur an Fichte; Falter VI–VII, die Raupen ab VIII, teils an oder in grünen, dann vorzeitig sich bräunenden Zapfen, oft zu mehreren, außen Gespinst und Kotballen; teils im Innern von den dann dürr werdenden und sich krümmenden Wipfeltrieben [**P-91**], zuweilen beachtlicher Schaden; teils auch in ***Chermes***-Gallen (→ Adelgidae 1, 2, 3) oder an verharzten oder verpilzten Stammteilen; die erwachsene Raupe überwintert in einem Gespinst am Boden, Verpuppung im Frühling. **9. *Dioryctria splendidella*** H.-S., Harzzünsler, Kiefernharzbeulenzünsler; die Raupen ab VIII, überwinternd, unter der Rinde vor allem von Kiefer, seltener von Fichte, vor allem an von dem Pilz ***Peridermium*** befallenen Stellen, hier dann starker Harzausfluß [**P-92**], mit Kot durchsetzt; die erwachsene Raupe frißt vor der Verpuppung ein Ausflugloch für den Fal-

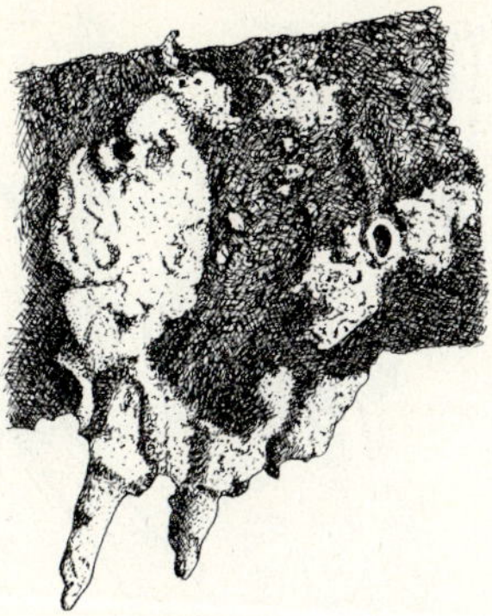

Abb. P-92: »Stalaktiten« aus Harz (teilweise überzogen vom ***Peridermium***-Pilz) nach Raupenfraß von ***Dioryctria splendidella***, Harzzünsler an einem Zweig der Weimutskiefer. (Escherich 1923ff.)

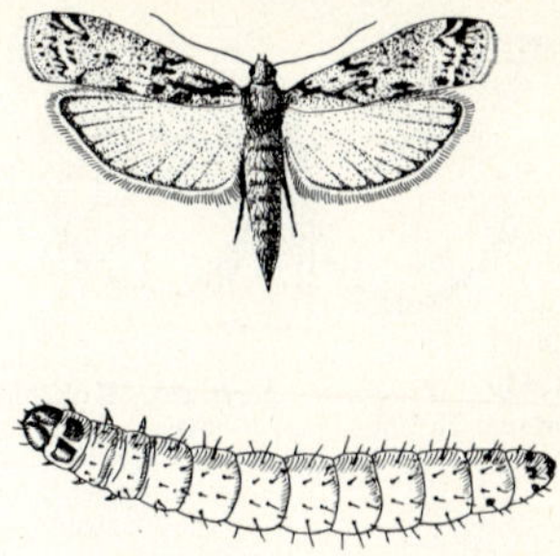

Abb. P-93: ***Ephestia kuehniella***, Mehlmotte. Falter (Flspw. 22 mm) und Raupe (erwachsen ca. 20 mm). (Dahl 1935ff.)

Abb. P-94: ***Pyralis farinalis***, Mehlzünsler. ♂, Flspw. ca. 24 mm. (Dahl 1935ff.)

Abb. P-95: ***Hypsopygia costalis***, Heuzünsler. ♂, Flspw. 18 mm. (Dahl 1935ff.)

ter, verschließt es mit einem leichten Gespinst; Verpuppung am Fraßplatz **10. *Zophodia convolutella*** Hbn., Stachelbeerzünsler; der Falter schlüpft im Frühling aus der überwinterten Puppe; die Eier werden einzeln an die Zweige von Stachel- und Johannisbeere abgelegt, die Raupen befressen die mit Blättern und untereinander versponnenen unreifen Beeren; der braune papierartige Puppenkokon im Boden. **11.** Gattung ***Ephestia*** mit mehreren, einander nach Aussehen und Lebensweise ähnlichen Arten; ihre Raupen leben an pflanzlichen Vorräten verschiedener Art, werden durch Fraß und durch Gespinst nicht selten sehr schädlich, heute z.T. weltweit verbreitet; z.B. ***E. elutella*** Hbn., Heumotte, Kakao-Motte, Graue Dörrobst-Motte; ***E. cautella*** Walk., Dattelmotte; am bekanntesten (auch als Objekt für genetische Untersuchungen): ***E. kuehniella*** Zell., Mehlmotte [**P-93**]; die Raupen hausen in Gespinstgängen in Mehl und anderen Vorräten; Puppenkokons in Ritzen und ähnlichen Verstecken; je nach den Temperaturbedingungen 2 oder mehr Generationen. **12. *Plodia interpunctella*** Hbn., Kupferrote Dörrobstmotte; Lebensweise ähnlich wie die der Mehlmotte; die Raupen gehen auch an tote Insekten; Puppenkokon am Fraßort. **13. *Aglossa pinguinalis*** L., Fettzünsler; Eiablage z.B. an fetthaltige Aasreste; die Raupe frißt von Gespinströhren aus ab VII, überwintert, frißt dann bis V an verschiedensten pflanzlichen, z.T. auch tierischen Stoffen (z.B. Leder, tote Insekten, jedoch wohl kaum an Fettvorräten); Saugrüssel des Falters rückgebildet. **14. *Pyralis farinalis*** L., Mehlzünsler [**P-94**]; Lebensweise wie bei Dörrobst- und Mehlmotte; die Raupen an verschiedensten pflanzlichen Vorratsstoffen; Puppenkokon mit Nahrungsresten besetzt. **15. *Hypsopygia costalis*** Fbr., Heuzünsler [**P-95**]; Falter V–VII, zur Zeit der Heuernte; die Eier gelangen mit in die Scheunen; die Raupen fressen, überwinternd, an den Heuvorräten, aber auch in Nestern von Vögeln und

Abb. P-96: ***Evergestis forficalis***, Kohlzünsler. Flspw. ca. 26 mm. (Dahl 1935 ff.)

Abb. P-97: ***Evergestis extimalis***, Rübsaatpfeifer. Falter (Flspw. 24 mm) und Raupenfraßlöcher an Kohlschoten. (Dahl 1935 ff.; v. Lengerken 1932)

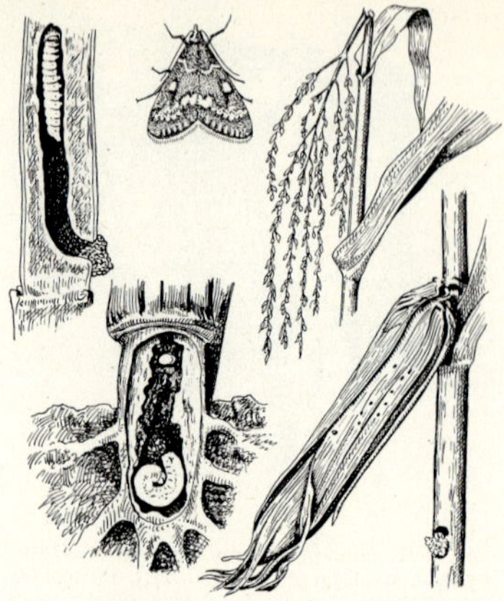

Abb. P-98: ***Ostrinia nubilalis***, Maiszünsler. Falter in Ruhestellung (Länge ca. 14 mm). Links oben Raupe in Bohrgang in Mais, Kot am Bohrloch; links unten Raupe im Winterquartier in Maisstumpf; rechts oben ♂-Blütenstand geknickt; rechts unten Kolben mit Bohrlöchern junger Raupen, am Stiel Bohrloch mit Kot. (Sorauer 1949/57)

Kleinsäugern; Verpuppung im Frühling in einem Kokon am Fraßplatz. **16. *Evergestis (Pionea) forficalis*** L., Kohlzünsler, Meerrettichzünsler [**P-96**]; der Falter fliegt in 2 Generationen V–IX; bis 25 Eier werden in Haufen an Kohl, Meerrettich, Sellerie u. anderen Gartenpflanzen, auch an Gräser abgelegt; die Raupen fressen von einem Gespinst aus an der Blattunterseite, bes. in der 2. Generation, werden zuweilen schädlich (fressen das Herz des Kohls); die verpuppungsreife Raupe überwintert in einem Kokon im Boden, verpuppt sich im Frühling. **17. *Evergestis extimalis*** Scop., Rübsaatpfeifer [**P-97**]; Falter ab VI, Raupen ab VII, oft zu mehreren in einem Gespinst an verschiedenen Kreuzblütlern, fressen nachts durch Löcher in den Schoten die unreifen Samen, werden dadurch an Kulturpflanzen (Raps, Rettich) schädlich; die im Boden überwinternde Raupe verpuppt sich im Frühling. **18. *Ostrinia (Pyrausta) nubilalis*** Hbn., Maiszünsler, Hirsezünsler [**P-98**], Gliedwurm (Raupe); Falter (in M-Eur. i. e. S. in einer Generation) im VI u. VII, legt Haufen von dachziegelartig sich deckenden Eiern (etwa 15–35) meist an die Blattunterseite verschiedenster Pflanzen (vor allem an Mais, Hopfen, Hanf, Hirse); das ♀ ist enorm fruchtbar, legt bis über 1000 Eier, muß regelmäßig trinken; Fraß der nach dem Schlüpfen herumwandernden Jungraupen zuerst äußerlich, sie bohren sich dann ein (z. B. in die Hüllblätter der Maiskolben; bei Hopfen meist in die Blattachseln), fressen im Innern (Folge z. B. Abknicken der Blütenstände); Austritt von Bohrmehl aus dem Bohrloch; schließlich Überwinterung der erwachsenen Raupe meist in den durch Gespinst und Nagsel geschützten unteren Teilen der Fraß- oder einer anderen Pflanze, auch in Ritzen oder unter der Rinde der Hopfenstangen; hier Verpuppung im Frühling so, daß das Vorderende der Puppe einem vorbereiteten Schlupfloch für den Falter zugewandt ist; trotz hoher Sterblichkeit der Jungraupen Schadwirkung bisweilen groß.

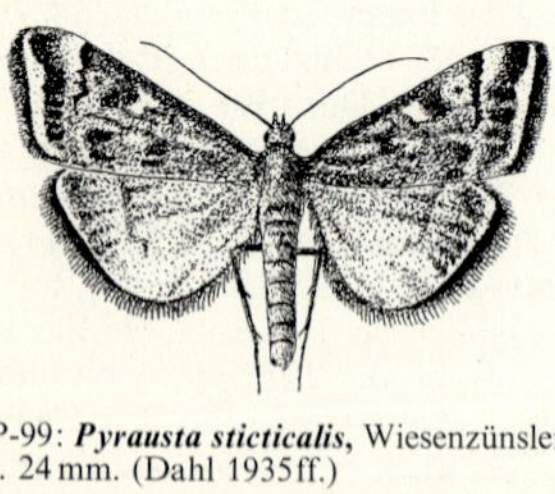

Abb. P-99: ***Pyrausta sticticalis***, Wiesenzünsler. ♀, Flspw. 24 mm. (Dahl 1935 ff.)

19. ***Pyrausta (Loxostege) sticticalis*** L., Wiesenzünsler, Rübenzünsler [**P-99**]; die Falter fliegen, zuweilen in 2 sich z.T. überschneidenden Generationen, im Sommer, machen in wärmeren Steppenbereichen (z.B. in der UdSSR) u.U. längere Wanderungen; Eiablage an den verschiedensten Kultur- und Wildpflanzen; die bis ca. 20 mm langen Raupen befressen die Blätter, entwickeln sich aber nicht auf allen Futterpflanzen gleich gut, überwintern erwachsen im Kokon, 4–8 cm tief im Boden, verpuppen sich im Frühling; durch Raupenfraß ab und an beachtliche Schäden, u.a. an Rüben, Luzerne, Klee, Tabak, Hanf, Sonnenblumen; seit Mitte vorigen Jahrhunderts auch in Nordamerika. **20.** ***Nymphula (Nausinoë, Hydrocampa) nymphaeata*** L. [**P-100**]; die Falter fliegen in der Regel in 2 Generationen VI–VIII abends an stehenden oder ruhig fließenden Gewässern; starke Bindung an das schwimmende Leichkraut (***Potamogeton natans*** L.); ♂ beim Dämmerungs-Suchflug durch Duftstoff des ♀ angelockt; am Tag nach der Begattung Eiablage an der Unterseite von Laichkraut-Schwimmblättern bestimmter Größe; die vom Wasser benetzbaren Jungraupen fressen an der Blattunterseite, manche zeitweilig minierend, decken sich gerne mit Pflanzenstückchen (z.B. Wasserlinsen) zu, bauen später einen flachen Köcher aus 2 ausgeschnittenen und zusammengesponnenen Blattstücken [**P-100**], der Köcher ist mit Wasser gefüllt; ihr Tracheensystem ist geschlossen, Atmung durch die benetzbare Haut; Überwinterung der noch benetzbaren Raupen der 2. Generation im Innern von Laichkrautstengeln; im Frühling erneutes Fressen an der Wasseroberfläche, Bau neuer, größerer Köcher entsprechend dem Wachstum (größter Köcher etwa 4 × 2 cm); vom 3. oder 4. Stadium ab ist die Kutikula der Raupe durch einen feinen Wachsüberzug (aus der Nahrung stammend?) unbenetzbar, ist der Köcher mit Luft gefüllt, die Stigmen sind jetzt offen, Luftatmung, Lufterneuerung durch öfteres Vorstrecken des Körpers über die Wasseroberfläche; im Sommer Verpuppung 5–10 cm unter Wasser, der luftgefüllte Puppenköcher ist festgesponnen an Wasserpflanzen; dann tritt auch Luft unter der Puppenhaut auf; mit dieser Luft unter den Flügeln steigt der geschlüpfte Falter, durch ein Kleid von haarförmigen Schuppen ge-

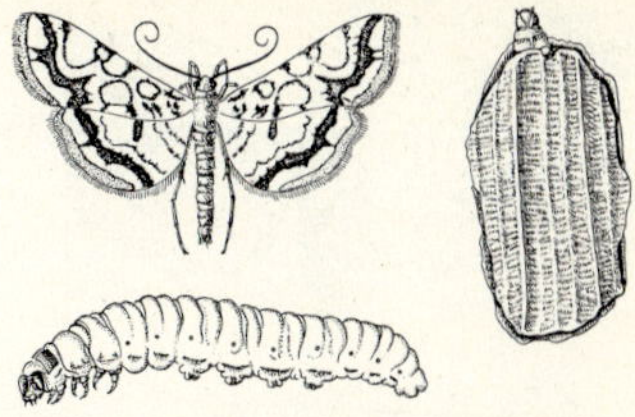

Abb. P-100: ***Nymphula nymphaeata.*** Falter (Flspw. 21–26 mm), Raupe, bis 25 mm, ohne Köcher und Raupe mit Köcher (ca. 32. mm). (Engelhardt 1955)

Abb. P-101: ***Cataclysta lemnata.*** ♀, Flsp. 22 mm. (Dahl 1935 ff.)

gen Benetzung geschützt, sehr schnell an die Wasseroberfläche, läuft auf ein Blatt oder ans Ufer. **21.** ***Nymphula (Hydrocampa) stagnata*** Don.; Falter ähnlich dem der vorigen Art; die Raupe frißt vor allem an Igelkolben ***(Sparganium)*** miniert zuerst an Blättern und Stengel, überwintert hier; lebt im Frühling in einem Köcher aus Blattstücken, an der Wasseroberfläche flottierend, frißt von hier aus; Puppe in einem Gespinstkokon, festgesponnen an einem Schwimmblatt. **22.** ***Cataclysta lemnata*** L. [**P-101**]; Falter im Sommer; Eier an Wasserpflanzen, vor allem Wasserlinsen ***(Lemna)***, meist an deren Unterseite; die Raupen leben zunächst frei (Hautatmung), dann in einem Köcher an der Wasseroberfläche, meist aus Wasserlinsen, überwintern in dem dann stets mit Luft gefüllten Köcher, lassen sich, ohne Schaden zu nehmen, im Eis einfrieren; im Sommer Verpuppung, Kokon oft in einem Schilfhalm oder in dem luftgefüllten, mit ***Lemna*** besetzten flottierenden Köcher; (anscheinend minieren manche Raupen auch in Wasserpflanzen). **23.** ***Paraponyx stratiotata*** L. [**P-102**]; die Raupen fressen hauptsächlich an Krebsschere ***(Stratiotes)***, leben, mit zahlreichen Tracheenkiemen atmend, in einem aus Pflanzenteilen zusammengesponnenen

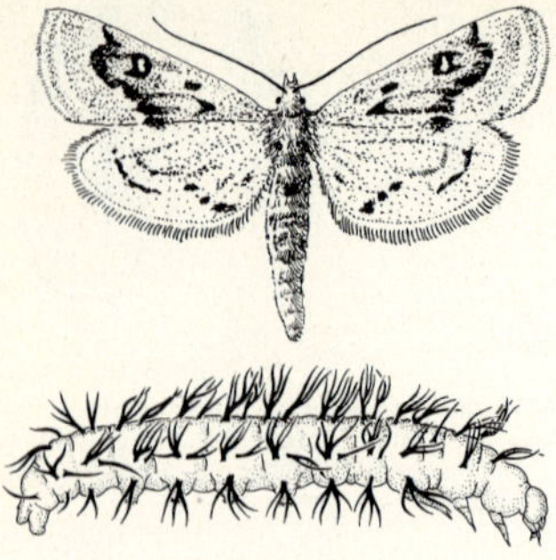

Abb. P-102: ***Paraponyx stratiotata.*** Falter (Flsp. 20 mm) und Raupe (15 mm), Tracheenkiemen schwarz. (Dahl 1935ff.; Bourgogne 1951)

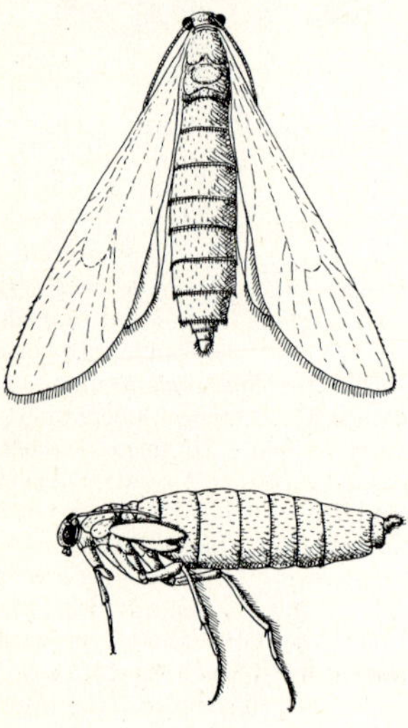

Abb. P-103: ***Acentropus niveus.*** ♀, lang- und kurzflügelig. Körper 6 mm. (Berg 1941)

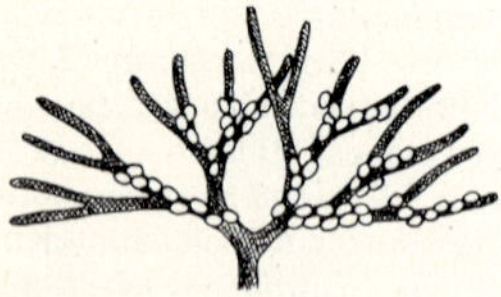

Abb. P-104: ***Acentropus niveus.*** Eier an Wasserhahnenfuß. Ei etwa 0,7 mm lang. (Berg 1941)

Köcher, sind also stark an das Leben im Wasser angepaßt; Wassererneuerung im Köcher durch wedelnde Körperbewegungen; Überwinterung der Raupe im Köcher; Verpuppung im Sommer in einem eigenen, auch mit Pflanzenteilen besetzten Puppenköcher, das Gespinst im Innern ist mit Luft gefüllt, die vielleicht aus angebissenem Pflanzengewebe stammt. **24.** ***Acentropus (Acentria) niveus*** Ol.; die fast ganz weißen Falter fliegen V–IX; die ♂♂ sind stets geflügelt; es gibt 2 ♀♀-Formen [**P-103**]; geflügelte und solche mit kurzen Flügelstummeln; die geflügelten ♀♀ sind Lufttiere, sie kopulieren vermutlich normal; die ungeflügelten bleiben ständig im Wasser, schwimmen mit syndromen Bewegungen der mit Schwimmhaaren besetzten Mittel- und Hinterbeine, Rücken nach oben (meist), strecken zur Kopulation das Hinterleibsende über den Wasserspiegel (♂ vermutlich durch Duft angelockt); Eiablage durch die kurzflügeligen ♀♀ unter Wasser an Wasserpflanzen [**P-104**]; ungeklärt bleibt vorerst, unter welchen Bedingungen (Umweltfaktoren?) kurz- bzw. langflügelige ♀♀ auftreten; die langflügeligen sind in weiten Teilen des Verbreitungsgebietes sehr selten, sollen aber z.B. in England ausschließlich vorkommen (Generationswechsel zwischen beiden Formen?); Raupen [**P-105**] ohne Tracheenkiemen, minieren zuerst in Wasserpflanzen, leben später in einem wassergefüllten Köcher aus Pflanzenstücken; Hautatmung; die Raupe überwintert; Verpuppung in einem mit Luft gefüllten und mit einigen Pflanzenstücken kaschierten Kokon [**P-105**], Letztlarve, Puppe und submers lebende ♀♀ sind → Plastron-Atmer. (Berg 1941; Bourgogne 1951; Brauns 1964; Dahm et al. 1971; Dierl 1969; Gross 1960; Gwynne, Edwards 1986; Hannemann 1968; Hoffmann, Schmutterer 1983; Jacobson 1965; Leyrer, Monroe 1973; Matschek 1978; Messner et al. 1987; Reichholf 1970, 1978; Sorauer 1949/57; Spangler et al. 1984; Wesenberg-Lund 1943; Wiedbrauk 1955; Zagatti 1981).

Pyralis; → Pyralidae 14.

Pyrausta; → Pyralidae 18, 19.

Pyrgus; → Hesperiidae 2.

Pyrochroa; → Pyrochroidae.

Pyrochroidae, Feuerkäfer, Feuerfliegen, Kardinäle; Fam. der Käfer (Coleoptera, Polyphaga); von etwa 150 bekannten Arten in M-Eur.i.e.S. nur 3 Vertreter; nicht selten: ***Pyrochroa coccinea*** L., Feuerfliege (14–18 mm; [**P-106**]), unten schwarz, Halsschild und Flügeldecken rot; mit paarigen abdominalen Wehrdrüsen zwischen 5. und 6. Sternit; die Imagines gerne an Waldrändern auf Blüten, an liegenden Stämmen und an dürrem Holz; die Larven hell gelbbraun, langgestreckt, sehr flach, Mundteile nach vorn gerichtet, hinten mit 2 dornenartigen Gebilden nebeneinander [**P-106**]; leben räuberisch unter der Rinde von Stubben oder anbrüchigen Bäumen, jagen vor allem auf Larven von Bock- und Prachtkäfern. Lebensweise der beiden anderen, weniger häufigen Arten, ähnlich. Entwicklungsdauer 2–3 Jahre. (Brauns 1964; Dettner 1984; Hieke 1968; Kaszab 1969).

Pyropterus; → Lycidae.

Pyrrhalta; → Chrysomelidae 15.

Pyrrhocoridae; Fam. der Landwanzen (Heteroptera, Geocorisae); mit mehreren 100 oft lebhaft rot-schwarz gefärbten Arten weltweit verbreitet; (***Dysdercus***-Arten in warmen Ländern durch Saftsaugen an Baumwolle und anderen Kulturpflanzen schädlich); in M-Eur.i.e.S. häufig ***Pyrrhocoris apterus*** L., Feuerwanze (ca. 10 mm), auffallend schwarz-rot ([**P-107**]; weniger häufig und unscheinbar bräunlich ***P. marginatus*** Ko.); Färbung und Zeichnung variieren stark, abhängig von verschiedenen Außenbedingungen (u.a. Temperatur), die vor allem auf das Ausmaß der Bildung des dunklen, in der Kutikula gelegenen Pigments einwirken (sehr wenig auf das in den Hautzellen gelegene gelbrote Pigment); meist kurzflügelig, aber nicht flügellos, seltener langflügelig (dazwischen Übergänge); Überwinterung als Imago; Kopulation im Frühling und Frühsommer; ♂ erkennt ♀ an einem auf kurze Distanz (1–2 cm) wirksamen Sexualpheromon, nähert sich dem ♀, reitet auf, betrillert mit den Fühlern rasch und intensiv die weibliche Kopf- und Fühlerregion, rutscht – nun heftig mit dem ganzen Körper vibrierend – seitlich etwas ab, berührt mit der Spitze seines ausgestülpten Begattungsorganes, weiterhin fühlertrillernd und vibrierend, die weibliche Valvula; begattungsbereite ♀♀ gestatten dann die Vereinigung, die, im folgenden mit voneinander abgewandten Köpfen, 10–30 Stdn. andauert; Eiablage (ca. 100) meist in mit den Beinen gegrabene Erdhöhlen, zuweilen auch zwischen abgefallenem

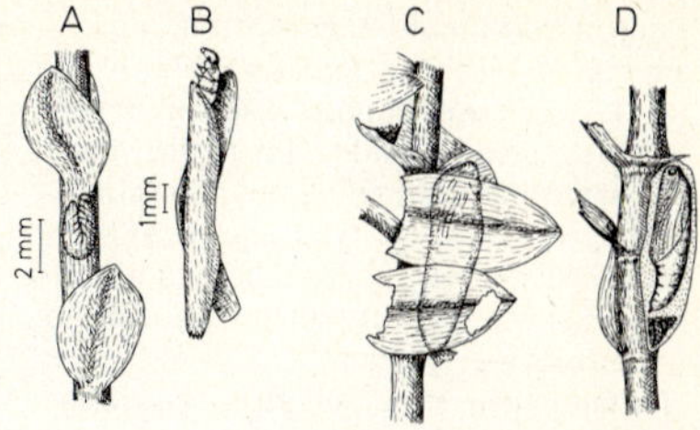

Abb. P-105: ***Acentropus niveus.*** A Jungraupe im Inneren von ***Elodea;*** B Raupe mit Köcher; C Puppenkokon; D Puppenkokon geöffnet. (Berg 1941)

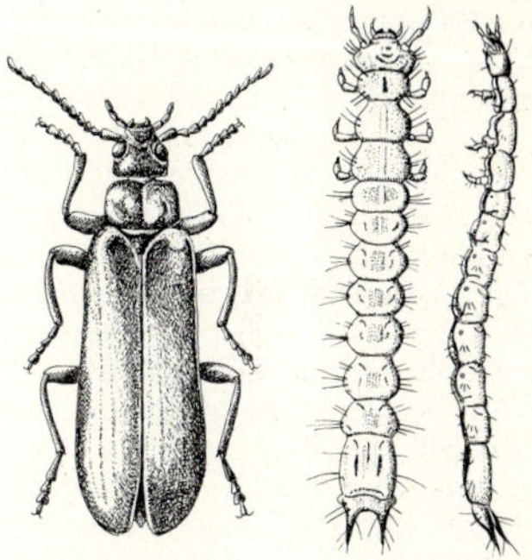

Abb. P-106: ***Pyrochroa coccinea,*** Feuerfliege. Käfer (15 mm) und Larve von dorsal und seitlich (35 mm). (Brauns 1964)

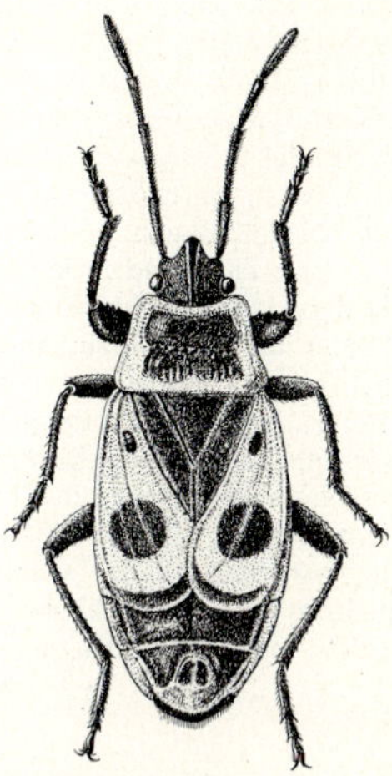

Abb. P-107: ***Pyrrhocoris apterus,*** Feuerwanze. 10 mm. (Rietschel 1969)

Laub; Larven und Imagines oft in Massen am Fuß insbesonders von Linden (anscheinend ortsstet bestimmte Linden bevorzugt), saugen an Lindensamen, aber auch an Samen anderer Pflanzen, im Mittelmeergebiet z.B. an Malvensamen; vielleicht auch gelegentlich räuberisch an anderen Insekten bzw. Insekteneiern, auch an toten Insekten; ein von ♂♂, ♀♀ und Larven gleichermaßen abgesondertes, vermutlich den 1. und 2. dorsoabdominalen Drüsen entstammendes Pheromon fördert und stabilisiert Aggregationen, in deren Zentrum die Temperatur über jener der Umgebung liegt; das Sekret der 3. dorsoabdominalen Drüse der Larven und das der metathorakalen Drüsen der Imagines löst Alarm- und Fluchtverhalten aus; im Langtag aufgewachsene Tiere verpaaren sich etwa 5 Tage nach der Imaginalhäutung, die ♂♂ bleiben paarungsbereit, die Willigkeit der ♀♀ schwankt mit der periodischen Eiablage; im Kurztag aufgewachsene Feuerwanzen werden erst nach einer Diapause geschlechtsreif. ♀♀ mit Bakterien im Lumen des vorderen Mitteldarmabschnittes, sonst keine spezifischen symbiontischen Einrichtungen. (Günther 1968; Jordan 1962; Melber 1982; Rietschel 1969; Seifert 1978; Stein 1967; Žďárek 1970).

Pyrrhocoris; → Pyrrhocoridae.

Pyrrhosoma; → Coenagrionidae 2.

Pythidae, Scheinrüssler; Fam. der Käfer (Coleoptera, Polyphaga); in M-Eur.i.e.S. etwa 20 Arten; Käfer klein bis höchstens mittelgroß, laufkäferähnlich, Körper abgeflacht, Kopf vorne mehr oder weniger deutlich rüsselartig vorgezogen; die Imagines vieler Arten unter loser Rinde von Laub- und Nadelbäumen, in dürren Ästen und morschem Holz und in Gängen von Borkenkäfern, hier auch Eiablage und Entwicklung der langgestreckten, deutlich abgeflachten Larven (Entwicklung mehrjährig?), sowie der Puppen; Imagines und Larven ernähren sich von Borkenkäfern und ihren Larven und von anderen holzfressenden Käfern; z.B. ***Rhinosimus ruficollis*** L., besonders in den Gängen von Borkenkäfern der Gttg. ***Xyleborus.*** (Escherich 1923ff.; Hieke 1968; Kaszab 1969).

Q

Quadraspidiotus; → Diaspididae 3, 4, 5.

Quaken; → Apidae 8.

Quasisoziale Verbände; → Soziale Insekten; → Apoidea.

Queckeneule, *Parastichtis basilinea* F.; → Noctuidae 36.

Queen-substance; → Apidae 3.

Quelljungfern; → Cordulegasteridae.

Querroller; → Curculionidae.

Quieszenz; → Dormanz.

Quittenvogel, *Lasiocampa quercus* L.; → Lasiocampidae 6.

R

Rabdophaga; → Itonidae 21, 22.

Rachenbremsen, Rachendasseln; → Oestridae B.

Radicicolae; die an der Rebenwurzel lebenden Formen der Reblaus; → Phylloxeridae.

Ragwurz; → Ophrys.

Raife, Cerci; die mehr oder weniger langen, zu häufig mehrgliedrigen, fühler- oder zangenartigen Gebilden umgewandelten Extremitäten des 11. Hinterleibssegmentes; kommen vor allem bei niederen Insekten vor.

Rainfarnblattkäfer, *Galeruca tanaceti* L.; → Chrysomelidae 14.

Rammelkammer; bei mehrweibigen (polygamen) Borkenkäfern die vom ♂ hergestellte Höhle, in der in der Regel die Begattungen stattfinden; → Scolytidae.

Ranatra; → Nepidae 2.

Randwanzen; → Coreidae.

Rankmade; Raupe der Großen Wachsmotte, ***Galleria mellonella*** L.; → Pyralidae 2.

Raphidia, Raphididae; → Raphidioptera.

Raphidioptera (Raphidides), Kamelhalsfliegen [**R-1**]; Ordng. der holometabolen Insekten (Üb.-Ordng. Neuropteroidae); auf die nördliche Hemisphaere beschränkt; etwa 100 Arten bekannt, meist alle der Fam. Raphididae zugeordnet; in M-Eur. i.e.S. etwa ein Dutzend Arten, vor allem der Gattung ***Raphidia*** (meist ca. 15 mm).

Deutscher Name nach dem bezeichnenden Körperprofil der Imago: der sehr bewegliche Kopf abgewinkelt in der verlängerten schmalen, ebenfalls beweglichen, oft schräg-aufwärts getragenen Vorderbrust, an der die Vorderbeine weit hinten angesetzt sind; die vier durchsichtigen, reich geäderten großen Flügel liegen in Ruhe dachförmig auf dem Rücken; langsame Flieger; an schattigen Orten, in Wäldern; ernähren sich räuberisch, wobei der Kopf durch Senken der Vorderbrust blitzschnell vorgeschnellt wird, vor allem von Insekten, auch toten und verletzten, gelegentlich auch von Artgenossen, sehr häufig von Blattläusen; Begattung im Frühsommer. Sichfinden der Partner vermutlich geruchlich (Sexuallockstoffe bisher jedoch nicht eindeutig nachgewiesen) und optisch; nach einem Vorspiel, wobei sich die Partner unter Betasten mit den Fühlern zeitweilig gegenüberstehen, schiebt sich das ♂ von hinten unter das davonlaufende ♀, das seine Paarungswilligkeit in der Haltung der Flügel (etwas abgespreizt) und des Hinterleibes (etwas angehoben) anzeigt, das ♂ hängt bei der Begattung, Rücken nach unten, frei am Geschlechtsapparat des ♀, verankert am ♀ mit zahnartigen Klammerorganen ventral am 9. Hinterleibsring, kann sich dabei mit den Beinen an dem langen Legebohrer des ♀ festhalten. Dieser Legeapparat hat fast Hinterleibslänge: 2 paarige, dorsal miteinander verbundene Legescheiden (Gonapophysen) des 9. Segments (terminal mit Sinnesorganen) umscheiden die zu einem Rohr verschmolzenen Gonapophysen des 8. Segments; Legeapparat ist sehr beweglich, abbiegbar (Mechanismus?); Eier in Haufen in Rindenritzen abgelegt; der Ovopositor wird dabei bis zur Basis eingesenkt. Die Larven sind schlank, laufen flink, auch rückwärts, heften sich dabei mit einem ausgestülpten Stück Enddarm fest; Ernährung räuberisch; von Forstleuten geschätzt als Vertilger der Eier und Larven von Forstschädlingen, z.B. Nonneneiern, von Borken- und Bockkäferlarven; 9–13, auch innerhalb der Arten unterschiedlich viele Häutungen; Überwinterung als Larve in einer selbstangelegten, außen mit Rindenspänen bedeckten Rindenhöhle, hier im Frühling Verpuppung. Die Puppe, deren Scheiden für Flügel und Körperanhänge frei sind, liegt zunächst in der Höhle fast bewegungslos, wird kurz vor der Häutung

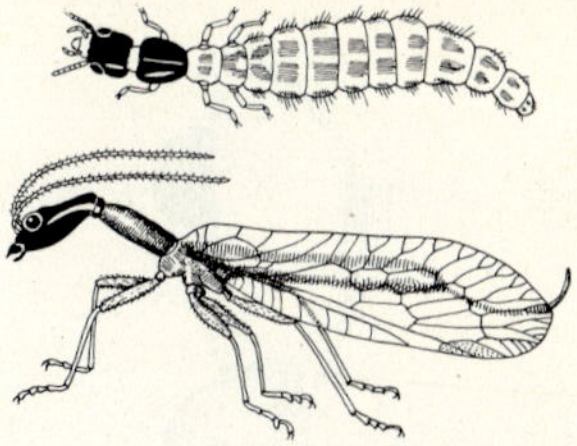

Abb. R-1: ***Raphidia oblita***, Kamelhalsfliege. Oben erwachsene Larve, unten ♀. (Eidmann 1941)

zur Imago jedoch sehr beweglich, kann die Kiefer gebrauchen, klettern und laufen, klammert sich fest (Pupa dectica); die Imago schlüpft aus einem dorsalen Längsspalt der Puppenhaut; bei manchen Arten zweijährige Entwicklung, d.h., die Larve überwintert zweimal. Häufige Arten: ***Raphidia ophiopsis*** L., Otternköpfchen, Schlangenäugige Kamelhalsfliege; ***Inocellia crassicornis*** Schumm. (***Inocellia***-Arten manchmal einer eigenen Fam. Inocellidae zugeordnet). (Aspöck H. u. U. 1964, 1969, 1971; Günther 1968).

Rapserdfloh, ***Psylliodes chrysocephala*** L.; → Erdflöhe 6.

Rapsglanzkäfer, ***Meligethes aeneus*** Fbr.; → Nitidulidae 3.

Rapsweißling, ***Pieris napi*** L.; → Pieridae 2.

Raptiformica; → Formicidae 5a.

Raschkäfer, ***Elaphrus*** sp.; → Carabidae 13.

Rasenameise, ***Tetramorium caespitum*** L.; → Myrmicidae 8.

Rattenfloh, ***Nosopsyllus fasciatus*** Bosc.; → Siphonaptera.

Rattenlaus, ***Polyplax spinulosa*** Burm.; → Haematopinidae.

Rattenschwanzlarven; → Syrphidae 3.

Raubameise, Blutrote, ***Formica sanguinea*** Latr.; → Formicidae 5a.

Raubfliegen; → Asilidae.

Raubkäfer; → Staphylinidae.

Raubwanzen; → Reduviidae.

Rauchschwalbenfloh, ***Ceratophyllus rusticus*** Wagn.; → Siphonaptera.

Raupenfliegen; → Tachinidae.

Raupennest, Kleines; → Pieridae.

Rebenfallkäfer, ***Adoxus obscurus ssp. villosulus*** Schrk.; → Chrysomelidae 7.

Rebenschildlaus, ***Pulvinaria vitis*** L.; → Lecaniidae.

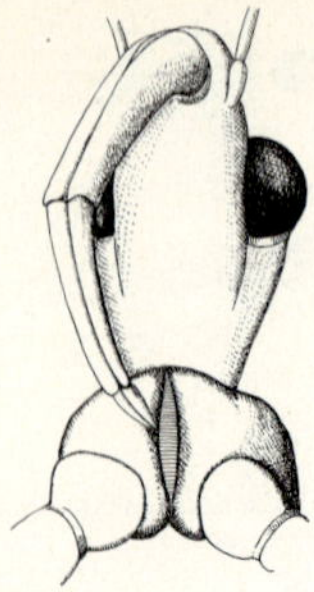

Abb. R-2: ***Coranus subapterus.*** Kopf und Prothorax von unten. Rüsselspitze streicht über das quergeriefte Plectrum. (Weber 1930)

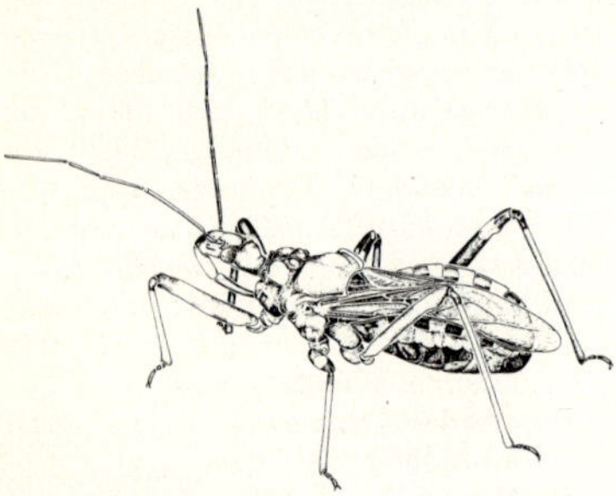

Abb. R-3: ***Rhinocoris iracundus.*** ♀, 14–17 mm. (Orig. Bürgis 1987)

Rebenschmierlaus, ***Phenacoccus hystrix*** Bär.; → Pseudococcidae.

Rebenstecher, ***Byctiscus betulae*** L.; → Curculionidae 5.

Reblaus, ***Viteus vitifolii*** Fitsch.; → Phylloxeridae.

Rebschneider, ***Lethrus apterus*** Laxm.; → Scarabaeidae 5.

Receptaculum seminis, Spermatheca, Samenkapsel; bei den ♀♀ häufig vorhandener Behälter für das Sperma; mündet mit engem Gang in die Vagina oder in die Begattungstasche; fehlt parthenogenetisch sich fortpflanzenden Blattläusen.

Reduviidae, Raubwanzen; Fam. der Landwanzen (Heteroptera, Geocorisae); mittelgroße bis stattliche Arten, zuweilen mit lebhafter schwarz-roter Zeichnung; Flügel bei den heimischen Arten meist gut entwickelt, bei manchen fremdländischen Rückbildung verschiedenen Grades; Rüssel, in Ruhe sichelförmig gebogen unter dem Kopf, kann vorgestreckt werden; viele Arten mit einer Vertiefung (fossula spongiosa) an der Innenseite der Schienen der Vorder- und bisweilen auch der Mittelbeine, die mit einem Flaum feinster Haare besetzt ist, und die zum Festhalten der Beutetiere dienen soll; räuberisch, saugen andere Insekten aus (bei wenigen fremdländischen Arten gelegentlich auch Aufnahme von Pflanzensäften beobachtet); die Beute wird durch Giftwirkung offenbar des Speichels schnell gelähmt, stechen bei unvorsichtigem Anfassen auch den Menschen schmerzhaft; (manche südamerikanische ***Triatoma***-Arten sind Blutsauger auch beim Menschen, übertragen im Kot die die Chagas-Krankheit erregenden Trypanosomen); häufig findet sich bei älteren Larvenstadien und Imagnes (♂ und ♀) ein Lautapparat [**R-2**]: eine quergeriefte Längsfurche ventral an der Vorderbrust, wird angestrichen mit der Schnabelspitze, wohl aber nur nach Störung durch Berühren; Bedeutung unklar, Hörorgane nicht sicher bekannt (Hörhaare ?). Über 3000 Arten, vor allem in den Tropen, in M-Eur.i.e.S. jedoch nur ca. 10; Auswahl: **1.** ***Reduvius personatus*** L., Große Raubwanze, Kotwanze (16–18 mm), schwarzbraun bis schwarz, oft auch in Häusern; die Larven stets, die Imagines seltener mit einer Staub- oder Schmutzschicht im Haarkleid der Körperoberseite; das Material wird mit den Beinen zusammengekratzt und an den Körper geworfen; vor allem im Dunkeln aktiv, saugt verschiedenste Insekten aus (auch Bettwanzen); sticht bisweilen auch den Menschen; Überwinterung als ältere Larve (wohl 4. Stadium; gelegentlich soll zweimalige Überwinterung als jüngere und ältere Larve vorkommen). **2.** ***Rhinocoris (Harpactor) annulatus*** L. (bis ca. 16 mm); Körper, auch die Beine rot und schwarz; stellt auf Gebüsch und Blüten anderen Insekten nach. Nach Aussehen und Lebensweise sehr ähnlich, bevorzugt jedoch wärmere, trockene Biotope: ***Rhinocoris iracundus*** Poda [**R-3**]. **3.** U.-Fam. Emesinae. Auffallend schlanke, im Habitus mückenähnliche, kleine bis mittelgroße Wanzen mit dünnen, langen Antennen; Vorderbeine typische, hochdifferenzierte Raubbeine mit langen Coxen, Mittel- und Hinterbeine lang und dünn; nachtaktiv, mit Vorliebe an dunklen und feuchten Stellen; ***Empicoris (Ploiariola) vagabundus***, Mückenwanze (ca. 7 mm), bräunlich, Mittel- und Hinterbeine hell-

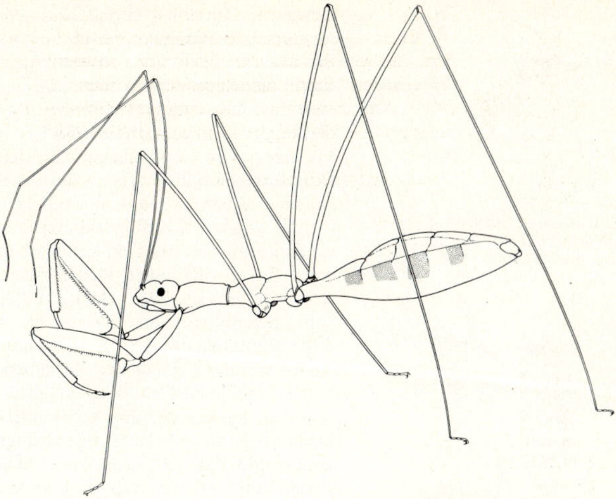

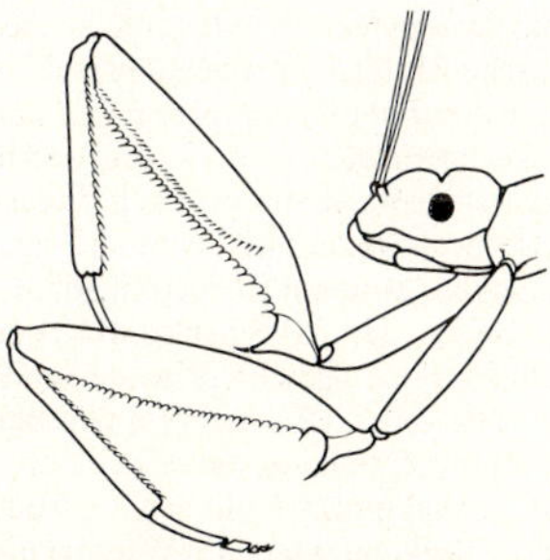

Abb. R-4: ***Ploearia domestica.*** ♀, 8 mm. Fangbeine 13 ×. (M.R.)

dunkel geringelt; jagt vor allem auf Gebüsch und Bäumen, aber auch in Wohnungen kleine Insekten; Überwinterung als Imago. Ähnlich, aber die Beine nicht geringelt: ***Ploearia domestica*** Scop. [**R-4**]; flügellos; nicht selten – insbesondere die Larven – in Gewölben und (alten) Wohnungen; erbeutet Mücken und Fliegen. (Günther 1968; Hiepe 1982; Jordan 1962,1972; Poisson 1951; Rietschel 1969).

Reduvius; → Reduviidae 1.

Regenbremse, *Chrysozona pluvialis* L.; → Tabanidae.

Rehdasselfliege, *Hypoderma diana* Br., → Oestridae 13.

Rehrachenbremse, *Cephenomyia stimulator* Cl.; → Oestridae 4.

Rehschröter, *Systenocerus caraboides* L.; → Lucanidae 3.

Reifungsfraß; Fressen der Imago vor der bzw. bis zur Vollausbildung der Keimdrüsen.

Reiskäfer, *Calandra oryzae* L.; → Curculionidae 31.

Reismehlkäfer, *Tribolium* sp.; → Tenebrionidae 8.

Remetabola; → Neometabola.

Remigrantes; bei Blattläusen mit Wirtswechsel bisweilen gebrauchte Bezeichnung für die geflügelten Formen, die vom Nebenwirt auf den Hauptwirt zurückfliegen; → Aphidina.

Rennfliegen; → Empididae; → Phoridae.

Rentierdasselfliege, *Oedemagena tarandi* L.; → Oestridae 14.

Rentierrachenbremse, *Cephenomyia trompe* Mod.; → Oestridae 3.

Resedafalter, *Pontia daplidice* L.; → Pieridae 3.

Resilin; ein hochelastisches Protein aus 13 Aminosäuren; die unregelmäßig gewundenen Proteinketten durch stabile Querverbindungen dreidimensional vernetzt; es übertrifft an Elastizität alle bisher bekannten Stoffe: gibt nach Deformation bei Rückkehr zum Ausgangszustand 96% der gespeicherten Energie wieder frei. Resilin findet sich als Hauptbestandteil der Kutikula an den Stellen, die hoher elastischer Beanspruchung ausgesetzt sind, z.B. an den Flügelgelenken, in den Sehnen von Flugmuskeln, im Pumpenkolben der Spei-

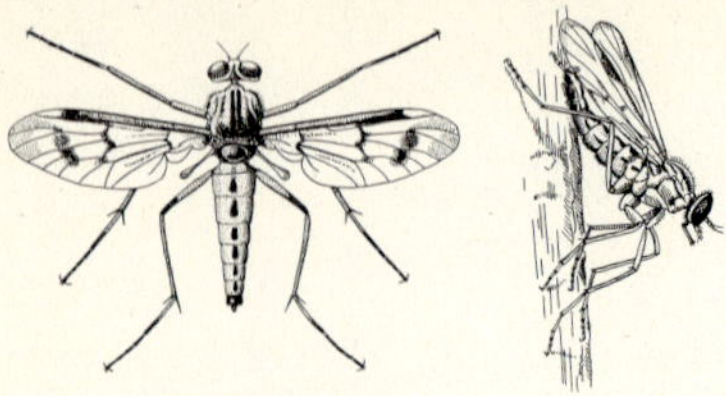

Abb. R-5: ***Rhagio scolopacea*****,** Schnepfenfliege. ♂, 15 mm. Hinterleib gelblichbraun. Rechts in typischer Haltung an Baumstamm. (Séguy 1951; Brauns 1964)

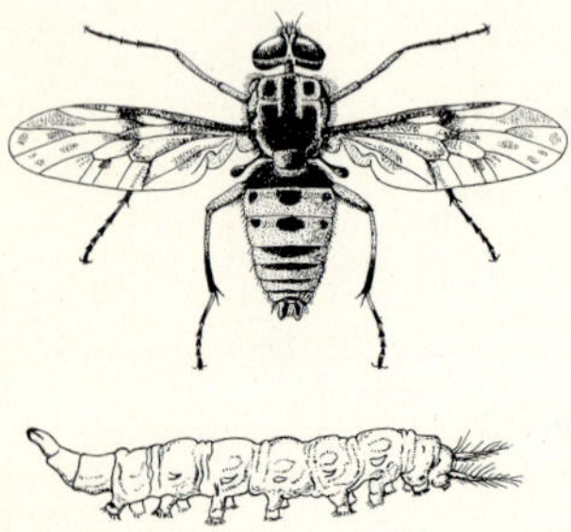

Abb. R-6: ***Atherix ibis*****.** ♂, Körperlänge 8–10 mm. Unten Larve. (Séguy 1951; Escherich 1923/42)

chelspritze von Wanzen (→ Heteroptera; → [**A-67**]), als Basis der Zapfen von Schrilleisten (→ Stridulationsorgane), im Sprungapparat der Flöhe (→ Siphonaptera), in abdominalen Intersegmentalhäuten (Atembewegung!). (Andersen, Weis-Fogh 1964; Wainwright et al. 1976; Weis-Fogh 1960).

Reticulitermes; → Isoptera 2, 3.

Retinaculum; → Lepidoptera.

Rhabdophaga; → Itonididae 21, 22, 23.

Rhadinoceraea; → Tenthredinidae.

Rhagionidae (Leptidae), Schnepfenfliegen; Fam der orthorrhaphen Fliegen (Diptera, Brachycera); meist mittelgroß, Hinterleib bei einigen häufigen Arten auf gelblichem Grund dunkel gezeichnet, auch die Flügel oft dunkel gefleckt; der mittellange Rüssel kräftig, mit Mundteilen wie bei Bremsen (→ Tabanidae), könnte auf räuberische Lebensweise schließen lassen; diese wird auch der häufigen ***Rhagio (Leptis) scolopacea*** L. [**R-5**] zugeschrieben, deren ♂♂ im Frühsommer in bezeichnender Kopfabwärtshaltung wie lauernd (auf ♀♀?) an Baumstämmen sitzen [**R-5**], ist jedoch umstritten; nimmt vielleicht außer Wasser nur Honigtau und Pflanzensäfte auf; (die ♀♀ einiger ausländischer Arten sind jedoch Nektarsauger); manche ***Atherix***-Arten sollen ausschließlich an Fröschen saugen; Eier in der Regel einzeln an den Boden, in Mist oder morsches Holz abgelegt; Besonderheit der Ibisfliege (***Atherix ibis*** Fbr.; [**R-6**]): Ablage an Gegenständen (Sträucher, Brückenpfeiler) über fließendem Wasser; wo ein ♀ beginnt, alsbald, angeblich olfaktorisch angelockt, Zuflug weiterer ♀♀, die ebenfalls ablegen, auf dem sich bildenden, etwa die Größe eines kleinen Bienenschwarms erreichenden klebrigen Klumpen hängenbleiben und sterben; hier bereits Schlüpfen der Larven, die sich zunächst von den Leichen der Mütter ernähren, sich schließlich ins Wasser fallen lassen. Die Larven der am und im Boden (zwischen Moos, Laubstreu), in Mist, unter Rinde und dgl. lebenden Arten langgestreckt mit unvollständiger Kopfkapsel und aus Mandibeln + Maxillen gebildeten »Mundhaken«, mit schwachen Kriechwülsten, fressen zerfallende pflanzliche und tierische Stoffe, z.T. auch räuberisch (die Larve von ***Rhagio scolopacea*** L. geht gerne an Regenwürmer); abweichend in Gestalt und Lebensweise die grünliche Larve der Ibisfliege [**R-6**]: mit kurzen seitlichen und 2 gefiederten hinteren Körperanhängen (Vergrößerung der Oberfläche für Hautatmung? Stigmen geschlossen), mit 8 Paaren am Ende mit 2 Häkchengruppen bewehrten Stummelfüßchen, die rasche Bewegung und Festklammern ermöglichen; Nahrung: kleine Insektenlarven und Würmer, die mit Gift getötet werden und deren Körperinhalt durch das Sekret der großen Speicheldrüse extraintestinal verdaut und dann eingesaugt wird. Sehr bemerkenswert und hochspezialisiert die Lebensweise des Wurmlöwen, der Larve von Vertretern der Gattung ***Vermileo*** (nicht in M-Eur.i.e.S.; in Südeuropa z.B. ***Vermileo vermileo*** Deg.); die vorn verjüngte Larve baut sich einen ganz ähnlichen Sandtrichter wie der Ameisenlöwe (→ Myrmeleonidae); die Trichter beider Arten in geeignetem Gelände nebeneinander, die von ***V. vermileo*** jedoch kleiner und mehr an regengeschützten Stellen; Trichterbau schon bei der jüngsten Larve, nur nachts; dabei wird das Vorderende zum Sandaufnehmen ösenförmig gebogen und dann mit dem Sand hochgeschleudert, bis die für die Larvengröße passende Trichtertiefe und -weite erreicht ist; die im Trichter-

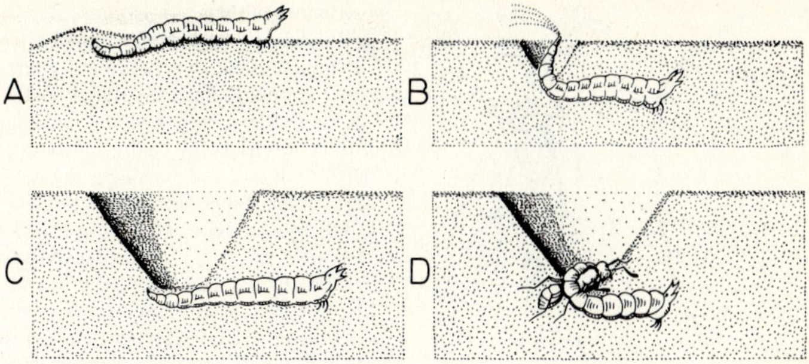

Abb. R-7: ***Vermileo comstocki*,** Wurmlöwe. Larve. A im Begriff, sich einzugraben; B beim Bau des Fangtrichters; C auf Lauer im Trichtergrund; D beim Ergreifen einer Ameise, die dann in den Sand gezogen, paralysiert und ausgesogen wird. (Séguy 1951)

grund regungslos lauernde Larve liegt auf dem Rücken (die schwach entwickelten Augen liegen ventral, ebenso ein vorstreckbarer Fußstummel am 1. Hinterleibsring), nur das vordere Körperende ist sichtbar, Verankerung im Sand durch das dickere, beborstete Hinterende [**R-7**]; Beutetiere sind bei der Junglarve winzige Insekten, bei älteren Larven vor allem Ameisen; die Beute wird mit dem gekrümmten Vorderende umfaßt (bei schlechtem Griff wiederholt, aber einer fliehenden Ameise kein Sand nachgeschleudert), mit den Mundhaken angebohrt, durch Gift (Speichel?) gelähmt, vor dem Mund verdaut und ausgesogen; keine Kotabgabe, da keine Verbindung zwischen Mittel- und Enddarm; der Beuterest wird meist nachts beim Überholen des Trichters entfernt; ausgegrabene Larven verfallen, haarnadelförmig gekrümmt, einer ± lang anhaltenden Starre und werden dann beim Durchmustern des Sandes leicht übersehen; Puppe, wie auch bei anderen Schnepfenfliegen im Boden [**R-8**], bei ***Vermileo*** mit Sand beklebt, mit Dornenkränzen, beweglich, arbeitet sich vor dem Schlüpfen der Imago bis an die Oberfläche hoch; Überwinterungsstadium ist wohl in der Regel die Larve; die Entwicklung soll bei ***Vermileo*** bei schlechter Ernährung bis zu 3 Jahre dauern. Mehrere Dutzend Arten in Mitteleuropa. (Buchner 1940; Mainx 1976; Rietschel 1969; Schumann 1968).

Rhagium; → Cerambycidae 9.

Rhagoletis; → Trypedidae 2, 3.

Rhagonycha; → Cantharidae 13.

Rhamphomyia; → Empididae.

Abb. R-8: ***Rhagio*** sp., Puppe, 8 mm. (Brauns 1964)

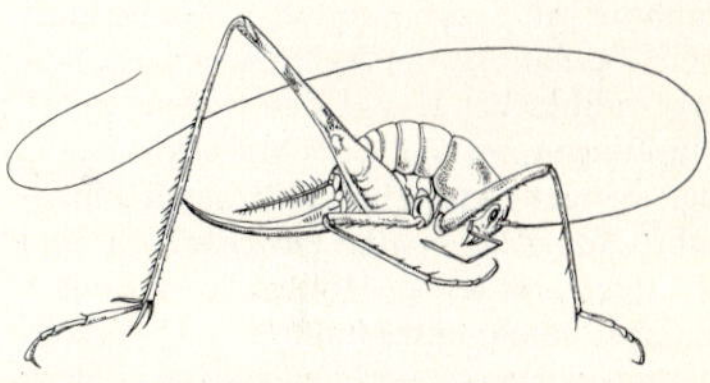

Abb. R-9: ***Tachycines asynamorus*,** Gewächshausschrecke, ♀. (Chopard 1951)

Rhantus; → Dytiscidae.

Rhaphidophoridae, Höhlenschrecken, Buckelschrecken; Fam. der Langfühlerschrecken (Ensifera, Gryllacridoidea); flügellos und ohne Gehörorgane; Fühler, Beine, Taster und Cerci stark verlängert; in M-Eur.i.e.S. nur die wohl aus Zentralchina stammende, wärmeliebende, heute weltweit verbreitete, bei uns nur in Gewächshäusern vorkommende Gewächshausschrecke ***Tachycines asynamorus*** Adel.; bräunlich, mittelgroß (bis 19 mm; [**R-9**]);

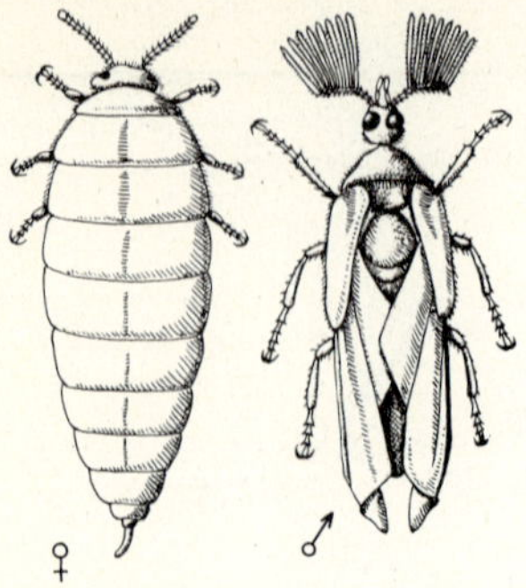

Abb. R-10: ***Rhipidius quadriceps.*** Schabenfächerkäfer. 5 mm. (zur Strassen 1969)

Körper seitlich etwas zusammengedrückt; in der Dämmerung und nachts mobil, untertags versteckt und schwer zu finden, bei Störung rasche Flucht, kann über einen Meter weit springen; Nahrung kleine Insekten, junge Pflanzen und Früchte; früher gelegentlich schädlich, heute wegen intensiver Bekämpfung eher selten; das ♂ balzt lautlos vor dem ♀ mit Vor- und Rückwärtsschwingen des Körpers, dreht sich um 180°, schiebt sich (ähnlich wie die Feldgrille) rückwärts unter das ♀, das bei der Begattung vor allem den Hinterleibsrücken des ♂ beleckt (Drüsen?); das ♂ setzt die Spermatophore mit Spermatophylax ab, die nach der Kopulation vom ♀ gefressen wird; Ablage zahlreicher Eier in den Boden; ca. 11 Häutungen. Im südlichen Mitteleuropa die der vorigen Art sehr ähnlichen Höhlenschrecken ***Troglophilus cavicola*** Koll. und ***Tr. neglectus*** Kr. in Höhlen, ausgefaulten Baumstubben, unter Laub u. dgl.; verkleinerte Augen noch vorhanden; ♂ mit 2 Paar ausstülpbaren Rückendrüsen zwischen 5. und 6., sowie 6. und 7. Hinterleibsring, ihr Sekret wird vom ♀ bei der Begattung aufgeleckt. (Bellmann 1985; Harz 1969).

Rheinmücke; im Rheingebiet gebrauchte Bezeichnung für die nicht selten in Massen auftretende Eintagsfliege ***Oligoneuriella rhenana*** Imh.; → Oligoneuriidae.

Rheinschnaken, ***Aëdes vexans*** Meig. und ***A. sticticus*** Meig.; → Culicidae.

Rheotanytarsus; → Chironomidae.

Rhingia; → Syrphidae.

Rhinocoris; → Reduviidae 2.

Rhinoestrus; → Oestridae 2.

Rhinosimus; → Pythidae.

Rhinotermitidae; → Isoptera 2.

Rhipidius; → Rhipiphoridae 3.

Rhipiphoridae, Fächerkäfer; Fam. der Käfer (Coleoptera, Polyphaga; nahe verwandt mit den → Meloidae); mittelgroß, Fühler, insbes. beim ♂ lang, einseitig gefiedert durch seitliche Verlängerung der Glieder; Flügeldecken mehr oder weniger verkürzt und klaffend, Hinterflügel in Ruhelage nicht unter den Flügeldecken verborgen [**R-10**]; die Imagines gern auf Blüten. Die Larven verschiedener Stadien von verschiedener Gestalt (Hypermetamorphose, ähnlich den → Meloidae), soweit bekannt, parasitisch bei anderen Insekten. Über 400 Arten, davon in Europa etwa ein Dutzend, in M-Eur.i.e.S. nur 3. Auswahl: **1.** ***Metoecus paradoxus*** L., Wespenkäfer (8–12 mm); Eiablage im Boden; Junglarve sehr beweglich (Triungulinus-ähnlich), Endglied der Füße mit großen Haftlappen, sucht wahrscheinlich aktiv ein Wespennest auf, läßt sich vielleicht auch von einer Wespe eintragen, dringt in eine Larve ein, häutet sich zur madenartigen 2. Larve mit stark rückgebildeten Beinen, die dann aus der Wespenlarve herauskommt und sie von außen her verzehrt; nach einer weiteren Häutung schließlich Verpuppung in der Wespenzelle; gelegentlich über 100 Käfer in einem Wirtsnest. **2.** ***Macrosiagon***-Arten schmarotzen bei Faltenwespen der Gattung ***Odynerus***, auch bei solitären Bienen; Eiablage in die Nähe von Pflanzen, die vom Wirt besucht werden, die Junglarve klettert auf die Pflanze, läßt sich vom Wirt ins Nest tragen, wartet hier, bis die Wirtslarve erwachsen ist, dringt ein, häutet sich zur Freßlarve, die dann außen an der Vorpuppe des Wirtes frißt und sich im Wirtskokon verpuppt. **3.** ***Rhipidius***-Arten, Schabenfächerkäfer [**R-10**], parasitieren bei Schaben (z. B. bei ***Blattella*** oder ***Ectobius***); die Junglarve beißt sich an einer Gelenkhaut der (geruchlich?) gefundenen Schaben-Junglarve fest, dringt zuerst nur mit dem Kopf, dann ganz in den Wirt ein, häutet sich zu einer madenähnlichen Larve, macht Winterruhe im Wirt, häutet sich im Frühling noch zweimal zu einer nun wieder mit Beinen versehenen Larvenform, wächst stark heran, verläßt den Wirt an dessen Hinterleibsende, verpuppt sich am Boden oder an Baumrinde; Imagines im V–VI; ♂ normal, ♀ larvenähnlich ohne Flügel [**R-10**], legt über 2000 Eier ab; Beispiel: ***Rh.***

pectinicornis Thbg. bei ***Blattella germanica*** L. (Hieke 1968; Horion 1949; Lengerken 1925).

Rhithrogena; → Ecdyonuridae.

Rhizopertha; → Bostrychidae 2.

Rhizophagidae, Rindenglanzkäfer; artenarme Fam. der Käfer (Coleoptera, Polyphaga; bisweilen als U.-Fam. den → Nitidulidae angegliedert); in Deutschland etwa ein Dutzend Arten der Gattung ***Rhizophagus***; kleine (etwa 2 bis 5 mm; [**R-11**]), schlanke braune Käfer, die samt ihren Larven unter Baumrinden den Borkenkäfern nachstellen; anscheinend sind manche ***Rhizophagus***-Arten auf bestimmte Borkenkäferarten als Beute spezialisiert (sinnesphysiologische Grundlage dieses Spezialistentums bleibt zu klären); einige Beispiele: ***Rh. grandis*** Gyll. (4,5–5,5 mm) bei ***Dendroctonus micans*** Kug.; ***Rh. dispar*** Payk. (3–4 mm) und ***Rh. parvulus*** Payk. (2–2,8 mm) bei ***Hylurgops palliatus*** Gyll.; ***Rh. cribratus*** Gyll. (3–3,5 mm) bei ***Ips typographus*** L.; manche ***Rhizophagus***-Arten weniger spezialisiert bei mehreren Borkenkäferarten. (Brauns 1964; Hieke 1968).

Rhizophagus; → Rhizophagidae.

Rhizotrogus; → Scarabaeidae 12.

Rhodites; → Cynipidae 1.

Rhododendronwanze, ***Stephanitis rhododendri*** Horv.; → Tingidae 4.

Rhodometra; → Geometridae.

Rhodostrophia; → Geometridae.

Rhogogaster; → Tenthredinidae.

Rhopalicus; → Pteromalidae.

Rhopalocera; alte Bezeichnung für → Papilionoidea; bisweilen auch für Papilionoidea + Hesperidae. → auch Diurna.

Rhopalomyzus; → Aphididae 39.

Rhopalosiphon; → Aphididae 12.

Rhopalosiphoninus; → Aphididae 35.

Rhopalum; → Sphecidae.

Rhyacia; → Noctuidae.

Rhyacionia; → Tortricidae 5, 6, 34.

Rhyacophila; → Rhyacophilidae.

Rhyacophilidae; Fam. der Köcherfliegen (Trichoptera); etwa 40 Arten in Mitteleuropa, davon gut 30 Vertreter der Gattung ***Rhyacophila***; ausschließlich an schnellfließenden Gewässern; die campodeiden, meist mit Tracheenkiemen ausgestatteten Larven vieler Arten in kalten Gebirgsbächen; die Larven der meisten Arten ohne Wohnröhre und Köcher, die Beine und Nachschieber mit kräftigen Klauen; die geschickten Bewegungen, bei denen ständig fühlerartig die Taster spielen, gesichert durch Spinnfäden am Substrat, als Räuber frei vagabundierend; bei einigen Arten, z. B. der Gattung ***Glossosoma*** und ***Agapetus***, jedoch auch Bau von Köchern aus kleinen Steinchen [**T-95**], unten flach, oben gewölbt, seitlich größere Steinchen, verankert mit den vorn bzw. hinten aus dem Köcher vorgestreckten Beinen bzw. Nachschiebern; Köcher immer mit einer Sekretschicht bedeckt, diese jedoch mit Löchern für den Wasserdurchtritt; in diesem Fall wird für jedes Stadium ein neuer Köcher gebaut; Ernährung durch Abschaben des Aufwuchses auf dem steinigen Substrat; Verpuppung auch bei den freilebenden Larven in einem dann eigens hergestellten Köcher aus Steinchen, in dem die Puppe in einem ringsum geschlossenen Gespinstkokon ruht; häufige Arten u. a.: ***Rhyacophila nubila*** Zett. (Flsp. –29 mm); ***Agapetus fuscipes*** Curt. (Flsp. –10 mm). (Günther 1968; Ulmer 1925; Wesenberg-Lund 1943).

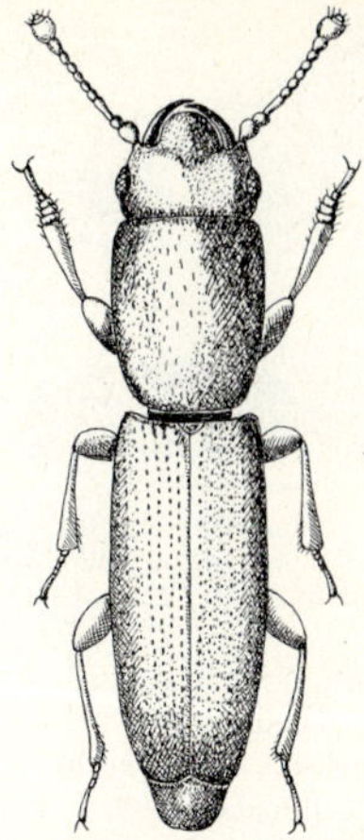

Abb. R-11: ***Rhizophagus dispar***. 3–4 mm. (Bechyně 1954)

Rhynchaenus; → Curculionidae 36, 37.

Rhynchites; → Curculionidae 1–4, 11.

Rhynchota; auch heute noch zuweilen gebrauchte Bezeichnung für → Hemipteroidea.

Rhyphidae; → Phryneidae.

Rhyssa; → Ichneumonidae.

Ribagasches Organ; → Cimicidae.

Ricinidae, Ricinus; → Mallophaga, Amblycera.

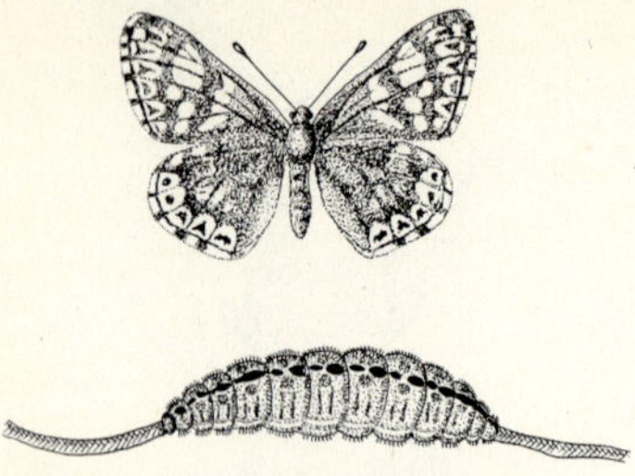

Abb. R-12: *Nemeobius lucina*, Frühlingsscheckenfalter. Falter (Flspw. 28 mm) und Raupe. (Forster, Wohlfahrt 1954/81; Eckstein 1913/33)

Rickettsia; → Pediculidae.

Rielia; → Scelionidae.

Riesenameise, ***Camponotus ligniperda*** Latr.; → Formicidae 2.

Riesenbastkäfer, ***Dendroctonus micans*** Kug.; → Scolytidae 13.

Riesenbock, ***Cerambyx cerdo*** L.; → Cerambycidae 6.

Riesenholzwespe, ***Urocerus gigas*** L.; → Siricidae.

Riesenkäfer, ***Dynastinae*****;** → Scarabaeidae 9.

Rindenbrüter; die zwischen Rinde und obersten Holzschichten brütenden Borkenkäfer; → Scolytidae A.

Rindenglanzkäfer; → Rhizophagidae.

Rindenkäfer; → Colydiidae.

Rindenläuse; → Psocoptera; → Lachnidae.

Rindenschnellkäfer, ***Corymbites*** sp.; → Elateridae 2.

Rindenschröter, ***Ceruchus chrysomelinus*** Hochw.; → Lucanidae 4.

Rindenwanzen; → Aradidae.

Rindenwickler, ***Enarmonia formosana*** Scop.; → Tortricidae 20.

Rinderbremse, ***Tabanus bovinus*** L.; → Tabanidae.

Rinderdasselfliege, ***Hypoderma bovis*** Deg.; → Oestridae 7.

Rinderhaarling, ***Bovicola bovis*** L.; → Mallophaga.

Rinderläuse, ***Linognathus*** sp.; ***Haematopinus*** sp.; → Haematopinidae.

Ringelfuß, ***Leucoma salicis*** L.; → Lymantriidae 3.

Ringelhörnler; → Tomoceridae.

Ringelschnake, ***Theobaldia annulata*** Schr.; → Culicidae.

Ringelspinner, ***Malacosoma neustria*** L.; → Lasiocampidae.

Ringelwidderchen, ***Amata phegea*** L.; → Syntomididae 1.

Riodinidae (Erycinidae), Scheckenfalter, Würfelfalter; Fam. der Schmetterlinge (Lepidoptera); in außereuropäischen Ländern zahlreiche (ca. 1500) Arten, in Mitteleuropa nur eine Art: ***Nemeobius lucina*** L., Frühlingsscheckenfalter [**R-12**]; fliegt IV–VI, mehr im Süden der BRD und der DDR, im Habitus sehr ähnlich den ***Melitaea***-Arten (→ Nymphalidae 9); Hauptfutterpflanze der bräunlichen, vorn und hinten verjüngten Raupe [**R-12**] ***Primula elatior*** L.; Puppe fein behaart, frei schief aufwärts am Substrat befestigt; mit Gürtelfaden mehr am Hinterende; zuweilen 2 Generationen im Jahr; (die Raupen mancher ausländischen Arten sind Ameisengäste; die der kolumbianischen Art ***Hamearis erostratus*** Westw. sondern nach Fühlerbetrillern durch Ameisen an ausstülpbaren Schläuchen ein Sekret ab, das von den Ameisen als »Genußstoff« begierig aufgeleckt wird). (Schremmer 1978).

Rispenfalter, ***Dira maera*** L.; → Satyridae 7.

Rithrogena; → Ecdyonuridae.

Ritterfalter, Ritter; → Papilionidae.

Ritterwanzen, Lygaeus sp.; → Lygaeidae 1.

Rivellia; → Platystomidae.

Rodolia; → Coccinellidae 9.

Roepkea; → Aphididae 11.

Roesels Beißschrecke, ***Metrioptera roeselii*** Hgb.; → Tettigoniidae 4.

Roggeneule, ***Mesapamea secalis*** L.; → Noctuidae 34.

Röhrenläuse; → Aphididae.

Röhrenschildläuse; → Ortheziidae.

Röhrenwurm; Larve des Rosentriebbohrers; → Tenthredinidae 7a, b.

Rohrkäfer, Arten der Gttgn. ***Donacia, Plateumaris, Macroplea***; → Chrysomelidae 1.

Rollenschröter, ***Spondylis buprestoides*** L.; → Cerambycidae 3.

Roller; → Curculionidae 6–11.

Rollfliegen; → Clythiidae.

Rollwespen; → Tiphiidae.

Rondania; → Tachinidae.

Rosalia; → Cerambycidae 14.

Rosenblasenfuß, ***Thrips fuscipennis*** Hal.; → Thripidae.

Rosenblattwespen, ***Ardis, Blennocampa*** sp. u. and.; → Tenthredinidae 7.

Rosenbürsthornwespe, Gelbe, ***Arge rosae*** L.; → Argidae.

Roseneule, ***Thyatira batis*** L.; → Thyatiridae 2.

Rosengallwespe, Gemeine, ***Diplolepis rosae*** L.; → Cynipidae 1.

Rosengespinstblattwespe, ***Pamphilius inanitus*** Vill.; → Pamphiliidae 2.

Rosenkäfer, ***Cetonia*** sp. u. and.; → Scarabaeidae 16, 18.

Rosenläuse; → Aphididae 30, 31, 32.

Rosenminiermotten, ***Stigmella (Nepticula)*** sp.; → Nepticulidae 2.

Rosenschabe, ***Coleophora gryphipennella*** Bché.; → Coleophoridae 1.

Rosenschildlaus, ***Aulacaspis rosae*** Bché.; → Diaspididae 9.

Rosentriebbohrer, ***Ardis brunniventris*** Htg.; → Tenthredinidae 7a, b.

Rosenzikade, ***Typhlocyba rosae*** L.; → Jassidae 3.

Rosige Apfellaus, ***Sappaphis mali*** Fer.; → Aphididae 4.

Roßameisen, ***Camponotus*** sp.; → Formicidae 2.

Roßkäfer, ***Geotrupes*** sp.; → Scarabaeidae 2.

Roßkastanienbohrer, ***Zeuzera pyrina*** L.; → Cossidae 2.

Roßkastanieneule, ***Acronycta aceris*** L.; → Noctuidae 7.

Roßkastanienfrostspanner, ***Alsophila aescularia*** Schiff.; → Geometridae 20.

Roßkastanienmaikäfer, ***Melolontha hippocastani*** Fbr.; → Scarabaeidae 10.

Rostbär, ***Phragmatobia fuliginosa*** L.; → Arctiidae 5.

Rostbinde, ***Hipparchia semele*** L.; → Satyridae 4.

Rotbandspanner, ***Rhodostrophia vibicaria*** Cl.; → Geometridae.

Rotbrauner Getreideerdfloh, ***Crepidodera ferruginea*** Scop.; → Erdflöhe 3.

Rotbrauner Laubkäfer, ***Serica brunnea*** L.; → Scarabaeidae 17.

Rotbrauner Waldgärtner, ***Blastophagus minor*** Htg.; → Scolytidae 10.

Rotdeckenkäfer; → Lycidae.

Roter Blasenfuß, ***Aptinothrips rufus*** Gmel.; → Thripidae.

Rote Fichtengallenlaus, ***Adelges laricis*** Vall.; → Adelgidae 1.

Rote Fuchsschwanzgallmücke, ***Dasineura alopecuri*** Reut.; → Itonididae 7.

Rote Kiefernbuschhornblattwespe, ***Diprion sertifer*** Geoffr.; → Diprionidae 2c.

Roter Knospenwickler, ***Spilonota ocellana*** Fbr.; → Tortricidae 21.

Rote Luzernensproßgallmücke, ***Dasineura ignorata*** Wachtl.; → Itonididae 10.

Rote Ordensbänder, ***Catocala*** sp.; → Noctuidae 13, 14, 17–20.

Rote Waldameisen, ***Formica*** sp.; → Formicidae 5d.

Rote Weizengallmücke, ***Sitodiplosis mosellana*** Géh.; → Itonididae 3.

Rote Wespe, ***Paravespula ruta*** L.; → Vespidae 5.

Rotfleckige Erlenblattwespe, ***Eriocampa ovata*** L.; → Tenthredinidae 20.

Rotgelbe Knotenameise, ***Myrmica lavinodis*** Nyl.; → Myrmicidae 1.

Rothals, ***Atolmis rubricollis*** L.; → Arctiidae 3.

Rothalsiger Weidenbock, ***Oberea oculata*** L.; → Cerambycidae 28.

Rötliche Goldwespe, ***Hedychrum intermedium*** Dhlb.; → Chrysididae 5; → Sphecidae 1.

Rotrandbär, ***Diacrisia sannio*** L.; → Arctiidae 8.

Rotschiller, ***Apatura ilia f. clytie*** Schiff; → Nymphalidae 1.

Rotschwanz, ***Dasychira pudibunda*** L.; → Lymantriidae 1.

Rübenaaskäfer, ***Blitophaga*** sp.; → Silphidae 7.

Rübenblattwespe, ***Athalia rosae*** L.; → Tenthredinidae 2.

Rübenbohrer, ***Hydraecia micacaea*** Esp.; → Noctuidae 42.

Rübenderbrüßler, ***Bothynoderes punctiventris*** Germ.; → Curculionidae 16.

Rübenfliege, ***Pegomyia hyoscyami*** Panz.; → Anthomyiidae 8.

Rübenlaus, ***Aphis fabae*** Scop.; → Aphididae 42.

Rübenmotte, ***Scrobipalpa (Gelechia) ocellatella*** Boyd.; → Gelechiidae 5.

Rübenwanze, ***Piesma quadrata*** Fieb.; → Piesmidae.

Rübenweißling, ***Pieris rapae*** L.; → Pieridae 2b.

Rübenzünsler, ***Pyrausta sticticalis*** L.; → Pyralidae 19.

Rübsaatpfeifer, ***Evergestis extimalis*** Scop.; → Pyralidae 17.

Rübsaatweißling, ***Pieris napi*** L.; → Pieridae 2c.

Rückenröhren; → Siphunculi.

Rückenschwimmer; → Notonectidae.

Ruderwanzen; → Corixidae.

Rundstirnmotten; → Glyphipterygidae.

Rundtanz; → Apidae 3.

Runkelfliege, ***Pegomyia hyoscyami*** Panz.; → Anthomyiidae 8.

Runzelbock, ***Cerambyx scopolii*** Laich.; → Cerambycidae 7.

Ruspolia; → Conocephalidae 3.

Rüsselkäfer, Rüßler; → Curculionidae.

Russen, ***Blattella germanica*** L.; → Blattellidae.

Russischer Bär, ***Euplagia (Panaxia) quadripunctaria*** Pd.; → Arctiidae 11.

Russische Halmfliege, ***Meromyza saltatrix*** L.; → Chloropidae 4.

Rüsternblasenlaus, ***Byrsocrypta ulmi*** L.; → Eriosomatidae 11.

S

Saateule, ***Agrotis segetum*** Schiff.; → Noctuidae 37.

Saatschnellkäfer, ***Agriotes lineatus*** L.; → Elateridae 3.

Säbelameise, ***Strongylognathus testaceus*** Schenk.; → Myrmicidae 9.

Säbeldornschrecke, ***Tetrix subulata*** L.; → Tetrigidae.

Säbelschrecken, ***Barbitistes*** sp.; → Phaneropteridae 4.

Sacchiphantes; → Adelgidae 2, 3.

Sackkiefer; → Entognatha.

Sackmotten; → Coleophoridae.

Sackträger; → Psychidae.

Saftkäfer, ***Nosodendron fasciculare*** Ol.; → Nosodendridae.

Saftschlürfer; → Syrphidae.

Saftschlürfermotten; → Phyllocnistidae.

Saga; → Sagidae.

Sägebock, ***Prionus coriarius*** L.; → Cerambycidae 1.

Sägehornbienen, ***Melitta*** sp.; → Melittidae 1.

Sägekäfer; → Heteroceridae.

Sägeschrecken; → Sagidae.

Sägeschwanzschrecken, ***Barbitistes*** sp.; → Phaneropteridae 4.

Sagidae, Sägeschrecken; Fam. der Langfühlerschrecken (Ensifera, Tettigonoidea); große, räuberisch lebende Arten; Flügel verkürzt; Vorder- und Mittelbeine stark bedornt, werden beim Beutefang als Fangkorb benützt; insgesamt 40 Arten; im südl. M-Eur. (auf Wärmeinseln) und mediterran nur: ***Saga pedo*** Pall. (= ***S. serrata*** Fbr.), Sägeschrecke; ♀ flügellos, mit langem Legebohrer [**S-1**], bis 115 mm; ♂ unbekannt (Literaturangaben über ♂♂ beruhen auf Fehlbestimmungen); Fortpflanzung parthenogenetisch; Eier werden im IX–X, bis zu 7 Stück auf einmal, in den Boden versenkt. Dämmerungs- und nachtaktiver Pirschjäger; Heuschrecken, bis zur eigenen Körpergröße, werden bevorzugt geschlagen und verzehrt; tagsüber meist unbeweglich im niederen Bewuchs trockenwarmer Biotope; durch morphologischen Farbwechsel getarnt. (Harz 1969; Kaltenbach 1967, 1970, 1987).

Saisondimorphismus; Bezeichnung für das an bestimmte Jahreszeiten gebundene Auftreten von zwei oder mehreren Generationen einer Art, die sich nach Form und/oder Farbe charakteristisch unterscheiden.

Salatfliege, ***Phorbia gnava*** Meig.; → Anthomyiidae 7.

Salatsamenwickler, Grauer, ***Eucosma conterminana*** H.S.; → Tortricidae 31.

Salatschnellkäfer, ***Agriotes sputator*** L.; → Elateridae 3.

Salatwurzellaus, ***Pemphigus bursarius*** L.; → Eriosomatidae.

Salda; → Saldidae.

Saldidae, Springwanzen, Uferwanzen, Fam. der Landwanzen (Heteroptera, Geocorisae); meist dunkel gefärbt, höchstens mittelgroß (2–7 mm). Körperumriß mehr oder weniger oval, Komplexaugen stark hervortretend; ♀ mit Legeapperat, schnelle Läufer; die Imagines (keineswegs auch immer die Larven) springen gut, fliegen über kurze Strecken; bei manchen Arten Hinterflügel mehr oder weniger stark verkürzt, z. B. bei der an Meeres- oder Salzseeküsten häufigen ***Salda litoralis*** L.; auch andere Arten gerne an Ufern von Gewässern; ernähren sich vor allem (immer?) räuberisch, gelegentlich kannibalisch; Überwinterung teils als Ei, teils als Imago, auch bei nahe verwandten Arten verschieden. In M-Eur.i.e.S. ca. 25 Arten; häufig an Gewässern: ***Saldula saltatoria*** L., saugt gerne Springschwänze (→ Collembola) aus; an Ufern ebenfalls häufig ***Saldula pallipes*** F. (–5 mm [**S-2**]); Begattung bei ***Salda litoralis*** L.: das ♂ folgt dem optisch ausgemachten ♀, springt blitzschnell zur Kopula auf; Eiablage in den Sand. Am Strand der atlantischen Küste in der Über-

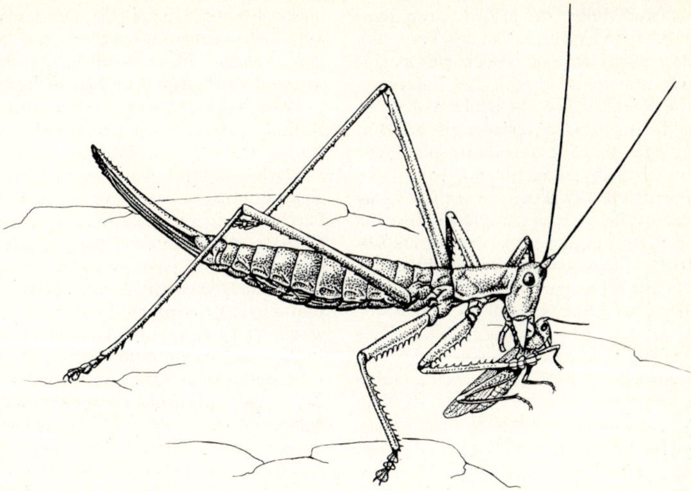

Abb. S-1: ***Saga pedo,*** Sägeschrecke, mit Beute. (Chopard 1946)

flutungszone unter Steinen: ***Aepophilus bonnairei*** Sign.; saugt Algen und kleine Tiere aus. (Günther 1968; Jordan 1962, 1972; Jordan, Wendt 1938).

Saldula; → Saldidae.

Saltatoria, Springschrecken; die heuschrecken- und grillenartigen Geradflügler; früher oft als eigene Ordng. der Insekten mit unvollkommener Verwandlung (Hemimetabola, Paurometabola) betrachtet, heute in der Regel aufgeteilt auf die beiden Ordngn.: → Ensifera, Langfühlerschrecken und → Caelifera, Kurzfühlerschrecken. Gemeinsame Merkmale: die mehr oder weniger stark verlängerten Hinterbeine sind als Sprungbeine ausgebildet, Hauptsprungmuskulatur in den stark verdickten Schenkeln; Flügel in Ruhe flach oder dachförmig zurückgelegt, wobei die stärker sklerotisierten Vorderflügel ungefaltet bleiben, unter ihnen die längsgefalteten, breiteren Hinterflügel; Flügelrückbildung verschiedensten Ausmaßes ist nicht selten, bisweilen Kurz- bzw. Langflügeligkeit bei verschiedenen Individuen der gleichen Art; bei den (noch) kurzen Flügelanlagen der Larven überdecken die fächerförmig verbreiterten Anlagen der Hinterflügel die der Vorderflügel. Bezeichnend für die meisten Arten ist die Fähigkeit zur Lauterzeugung, meist mit für die Vertreter verschiedener Gruppen bezeichnend gebauten Schrillorgane, die bei den Langfühlerschrecken (Laubheuschrecken und Grillen) meist an der Basis der beiden Vorderflügel, bei den Kurzfühlerschrecken (Feldheuschrecken) meist an den Hinterschenkeln und Vorderflügeln liegen und durch

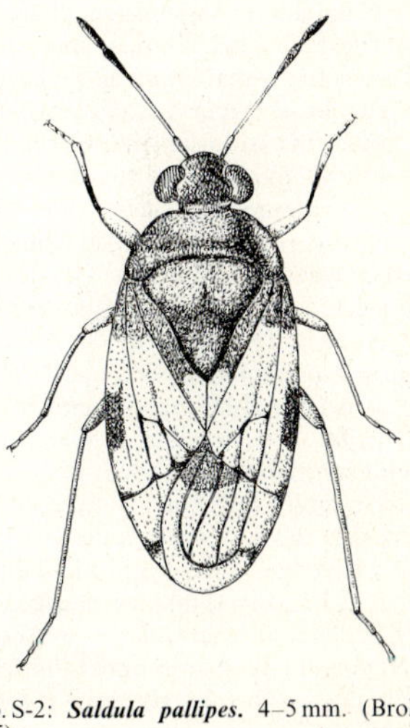

Abb. S-2: ***Saldula pallipes.*** 4–5 mm. (Brohmer 1935)

Aneinanderreiben der beiden Vorderflügel bzw. der Hinterschenkel an den Vorderflügeln betätigt werden; jedoch gibt es eine Fülle weiterer Methoden der Lauterzeugung; → Caelifera; → Ensifera. Korrespondierend zum Singvermögen ist das Hörvermögen mit Hilfe von Hörorganen (Tympanalorganen) die, stets paarig bei ♂♂ und ♀♀ vorhanden (wichtig für das Orten der Schallquelle), bei den Langfühlerschrecken in den Vorderschienen, bei den Kurzfühlerschrecken jederseits im ersten Hinterleibsring liegen; sie können bei stummen Arten fehlen! Bei Grillen Eingang der Schallwellen in das Gehörsystem auch über die Stigmen der Vorderbrust, von denen Tracheen in die Tibien der Vorderbeine, und so zu den Tympanalorganen ziehen; die tympanalen Eingänge in den Vorderschienen sind für die Lokalisation von Schallquellen und für die anschließenden Reaktionen jedoch von größerer Bedeutung. Die stets artspezifischen Gesänge, ausschließlich oder hauptsächlich von den ♂♂ vorgetragen, dienen, von den zugehörigen ♀♀ angeborenermaßen richtig verstandenen, hauptsächlich dem Sichfinden der Geschlechtspartner, sind so zugleich für im gleichen Biotop lebenden, nahe verwandten, u. U. noch miteinander kreuzbaren Arten ein wichtiger Isolierfaktor, um Fehlpaarungen zu verhindern. Bei manchen Ensifera reicht das Hörvermögen weit in den Ultraschallbereich; da jedoch die meisten Laute Geräuschcharakter haben, d.h. ein breites Frequenzband enthalten, spielt ein bei einigen Arten in geringem Ausmaß vorhandenes, meist aber wohl fehlendes Frequenzunterscheidungsvermögen für das Erkennen des Partnergesanges keine, oder höchstens eine untergeordnete Rolle, wohl aber die artspezifische rhythmische Gliederung, insbesondere die Tonpuls- und Versfolge des Gesanges. Die Struktur der Gesänge ändert sich nicht unerheblich mit der Temperatur; bei Kurzfühlerschrecken wird der Gesang der ♂♂ von den arteigenen ♀♀ jedoch auch dann verstanden, wenn diese sich in anderer Umgebungstemperatur befinden, d.h. das Lautschema der Acridier-♀♀ ist weitgehend temperaturunabhängig; bei den Langfühlerschrecken dagegen ändert sich das Lautschema der ♀♀ in Abhängigkeit von der Temperatur ebenso wie der Gesang der ♂♂; bei der Hausgrille ***Acheta domestica*** verringert jegliche Änderung des spektralen und zeitlichen Musters des Werbegesanges seine Lockwirkung auf paarungswillige ♀♀. Das Sichfinden der Partner wird – vor allem bei Feldheuschrecken – dadurch gefördert, daß das begattungswillige ♀ auf den Gesang des ♂ antwortet; für das Erkennen des arteigenen Gesanges einerseits und für die Lokalisation des singenden bzw. antwortenden Partners andererseits sind verschiedene Elemente des Gesanges verantwortlich; vor einem nicht oder nicht sofort paarungswilligen ♀ – die Kopulationsbereitschaft hängt von dem hormonal gesteuerten Entwicklungszustand der Gonaden ab – kann es zu einer langen, von einem besonderen Werbegesang begleiteten Balz kommen. Bei der Begattung wird ein nicht selten kompliziert gebautes Samenpaket (Spermatophore) in die Geschlechtsöffnung (genauer: in den Gang des → Receptaculum seminis) des ♀ geschoben. Eiablage meist in den Boden, seltener in pflanzliches Substrat mit dem bezeichnend gebauten »orthopteroiden« Legeapparat, der bei den Langfühlerschrecken aus langgestreckt säbelartigen, bei den Kurzfühlerschrecken dagegen aus kurzen, zangen- oder pinzettenartigen → Gonapophysen (Legescheiden, Legeklappen) besteht. (Bailey, Broughton 1970; Boyd, Lewis 1983; Doolan, Pollack 1985; Elsner, Huber 1973; Faber 1928, 1953b; Harz 1969/75; Harz, Kaltenbach 1976; v. Helversen 1972; v. Helversen D. u. O. 1983; Hoy 1978; Huber 1975; Jacobs 1953; Michelsen 1974; Popov, Shuvalov 1977; Renner 1952; Schmitz et al. 1982, 1983, 1985; Stout et al. 1983).

Salticella; → Sciomycidae.

Salweidenkarmin, ***Catocala pacta*** L.; → Noctuidae 20.

Salzfliegen, Salzseefliegen; → Ephydridae.

Salzwassermücken; → Culicidae.

Samenkäfer; → Bruchidae.

Samenmotte, ***Hofmannophila pseudospretella*** Stt.; → Oecophoridae 2.

Samtfalter, ***Hipparchia semele*** L.; → Satyridae 4.

Sandbienen, ***Andrena*** sp.; → Andrenidae 1.

Sanddornschwärmer, ***Celerio hippophaes*** Esp.; → Sphingidae.

Sandfloh, ***Tunga penetrans*** L.; → Siphonaptera.

Sandlaufkäfer; → Cicindelidae.

Sandmücken, ***Phlebotomus*** sp.; → Psychodidae.

Sandohrwurm, ***Labidura riparia*** Pall.; → Dermaptera 1.

Sandschnellkäfer, ***Lacon murinus*** L.; → Elateridae 1.

Sandwespen, Gattungen ***Ammophila*** und ***Podalonia (Psammophila)***; → Sphecidae 2 bzw. 3.

Sängerin, ***Chimbacche fagella*** F.; → Oecophoridae 4.

San-José-Schildlaus, ***Quadraspidiotus perniciosus*** Comst.; → Diaspididae 5.

Saperda; → Cerambycidae 26, 27.

Sappaphis; → Aphididae 4, 8.

Sapromyzidae; → Lauxaniidae.

Sapyga; → Sapygidae.

Sapygidae, Keulenwespen; Fam. der Hautflügler (Hymenoptera, Apocrita, Vespoidea); von den etwa 60 bekannten Arten nur 4 in M-Eur.i.e.S.; klein bis mittelgroß, fein behaart, düster, oft mit hellen Abzeichen; Fühler am Ende keulig verdickt; die Larven als Schmarotzer in Nestern solitärer Bienen (bei Bauchsammlern), ernähren sich wahrscheinlich von den Eiern, den Junglarven und dem Pollen-Nektarbrei in den Zellen; z. B. ***Sapyga clavicornis*** L. (8–9 mm) bei Bienen der Gattung ***Eriades (Heriades)***; ***S. quinquepunctata*** Fbr. (8–9 mm) bei ***Osmia***-Arten.

Sarcophaga; → Calliphoridae 4.

Satellitia; → Noctuidae.

Sattelmücke, ***Haplodiplosis equestris*** Wagn.; → Itonididae 8.

Sattelschrecke, ***Ephippiger ephippiger*** Fieb.; → Ephippigeridae.

Saturnia; → Saturniidae 2.

Saturniidae, Augenspinner, Pfauenspinner; Fam. der Schmetterlinge (Lepidoptera); der deutsche Name weist auf die bei den meisten Arten sehr ausgeprägten Augenflecken auf den Flügeln hin, über deren Bedeutung (bei plötzlichem Vorzeigen abschreckende Wirkung z. B. gegenüber Vögeln?) nichts Sicheres bekannt ist; Flügel in Ruhe flach seitwärts gehalten, zuweilen auch nach Art der Tagfalter über den Rücken hochgeklappt; Rüssel stark rückgebildet; Fühler doppelt gekämmt, beim ♂ mit langen, beim ♀ mit kurzen Seitenästen; die ♀♀ sind flugträge, die ♂♂ flugtüchtig, suchen aktiv die mit abdominalen Duftdrüsen ausgestatteten ♀♀ auf, wobei sich viele ♂♂ um ein duftaktives unbegattetes ♀ sammeln können. Die bei den großen Arten sehr stattlichen Raupen oft mit absonderlich geformten warzigen Fortsätzen; der Kokonspinnfaden einiger Arten als Naturseide verwertbar (Tussahseide von ***Antheraea*** sp.); Überwinterung als Puppe in einem meist an Rinde, aber auch am Boden oder unter Steinen befestigten, etwa birnenförmigen Kokon, mit Ausschlüpföffnung, die mit einem feinen, reusenartigen Gespinst verschlossen ist [**S-3**]; die Puppe kann mehrere Winter überliegen. Über 1200 zumeist tropische, z.T. sehr stattliche Arten (Atlasspinner der Gattung ***Attacus*** erreichen 25 cm Flsp.); in Mitteleuropa nur ein halbes Dutzend Arten, darunter der mit der Futterpflanze der Raupe, dem Götterbaum aus Ostasien eingeführte, südlich der Alpen fliegende Ailanthus-Spinner ***Philosamia cynthia*** Drury. (Flsp. bis 15 cm), sowie, ebenfalls aus Ostasien (Japan), ***Antheraea yamamai*** Guèr. (Flsp. ca. 14 cm). Der Ailanthus-Spinner fliegt in einer Sommergeneration und in einer aus der überwinterten Puppe schlüpfenden Frühjahrsgeneration; die Unterschiede im Bau der Winter- bzw. Sommerkokons sind weitgehend dadurch bestimmt, ob die Raupen unter Lang- bzw. Kurztagbedingungen aufwachsen. Weitere Beispiele: **1.** ***Eudia pavonia*** L., Kleines Nachtpfauenauge [**S-4**], einziger Vertreter der Fam. in M-Eur.i.e.S.; Geschlechtsdimorphismus im Verhalten: das ♀ fliegt nur nachts, das ♂ am Tage etwa zwischen 10 und 17 Uhr auf der Suche nach dem jetzt stillsitzenden ♀; Raupe [**S-4**] grün mit rötlich-gelben schwarz beborsteten Knopfwarzen und wechselnd stark ausgebildeten Querbinden; frißt V–VII an verschiedenen Bäumen, Sträuchern

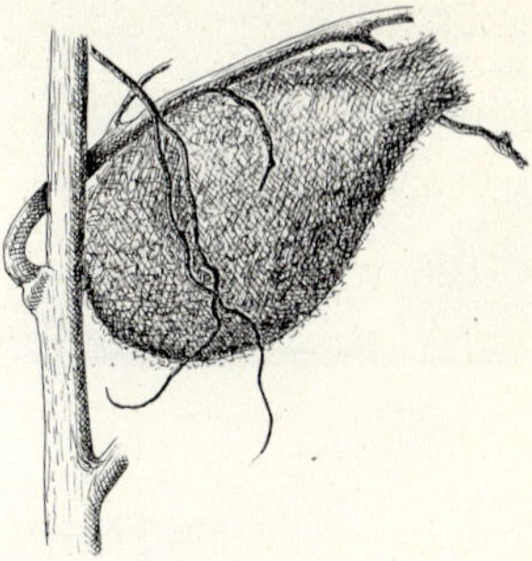

Abb. S-3: ***Eudia pavonia***, Kleines Nachtpfauenauge. Kokon. (Eckstein 1913/33)

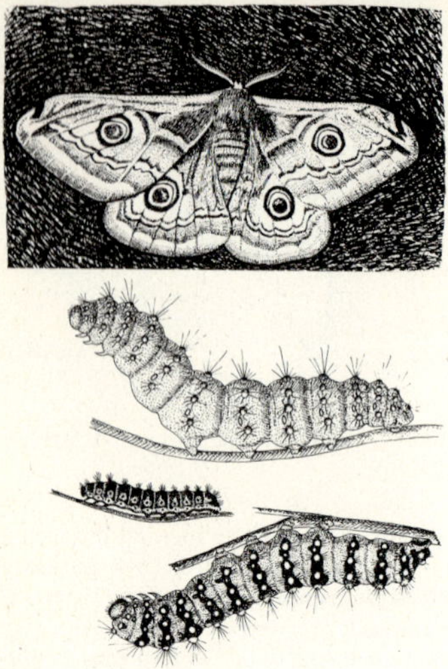

Abb. S-4: ***Eudia pavonia,*** Kleines Nachtpfauenauge. Falter (Flspw. 28–40 mm) und Raupe, Mitte Jugendstadium, oben und unten erwachsen, grün mit bzw. ohne schwarz; Warzen rotgelb. (Eckstein 1913/33)

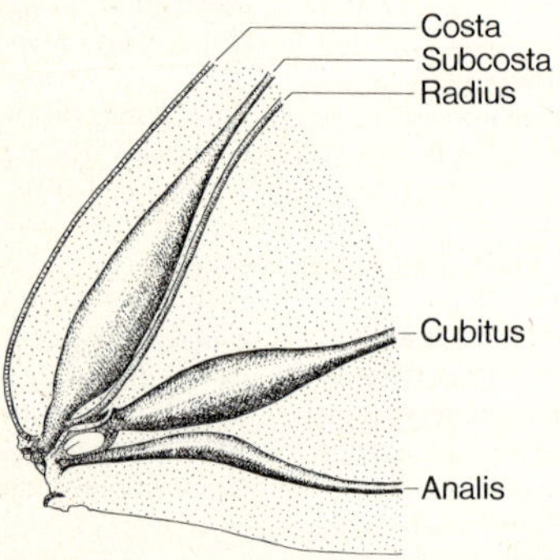

Abb. S-5: ***Maniola jurtina,*** Großes Ochsenauge. Basis des linken Vorderflügels von unten mit zwei stark und einer schwach verdickten Ader. Tympanum unpunktiert.(Bourgogne 1951)

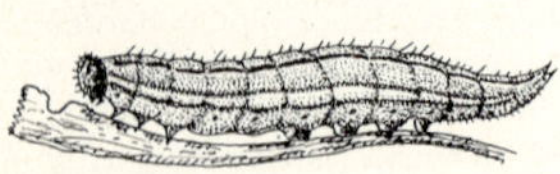

Abb. S-6: ***Agapetes galathea,*** Damenbrett. Raupe, ca. 30 mm, sandfarben oder grün. (Amann 1960)

und Kräutern. **2. *Saturnia pyri*** Schiff., Großes Wiener Nachtpfauenauge; größter in Mitteleuropa heimischer Falter (Flsp. bis 14 cm); südliche Art, nördlich bis Niederösterreich und Elsaß; klassisches Versuchstier des französischen Entomologen J. H. Fabre über die Anlockung der ♂♂ durch den Sexuallockstoff des ♀; die Raupe frißt an verschiedenen Obstbäumen, kann bei Massenauftreten schädlich werden. (Vgl. auch → Syssphingidae). (Dierl 1969; Forster, Wohlfahrt 1954/81; Hannemann 1968; Pammer 1966; Priesner 1968).

Satyridae, Augenfalter; Fam. der Schmetterlinge (Lepidoptera); kleine bis stattliche Tagfalter; in den äußeren Hälften der oft düster gefärbten Flügel ober- und/oder unterseits meist ein oder mehrere kleine Augenflecken; ein bei manchen Arten recht auffallender Augenfleck unterseits auf der Vorderflügelspitze, bei Ruhehaltung unter dem Hinterflügel verborgen, wird bei Störung durch leichtes Vorziehen der Vorderflügel plötzlich sichtbar, vermag wohl einen Feind zu irritieren; Flügelmuster der ♀♀ oft etwas kontrastreicher als das der ♂♂; Unterseite häufig mit unscheinbarer Tarn-Musterung; die ♂♂ mit Duftschuppenfleck oben auf den Vorderflügeln; 1–3 Adern an der Basis der Vorderflügel mehr oder weniger deutlich blasig verdickt [**S-5**], vielleicht in Beziehung zu einem an der Flügelbasis gelegenen Chordotonal- bzw. Tympanalorgan [**S-5**]; Bedeutung eines evtl. Hörvermögens hier unklar; Vorderbeine beider Geschlechter zu »Putzpfoten« verkürzt, werden beim Sitzen nicht aufgestützt; über die bisweilen recht verwickelte Balz vgl. ***Hipparchia semele*** L. (Nr. 4). Raupen nach hinten verjüngt [**S-6**], ihr Hinterleibsende durch Umbildung der Nachschieber zweispitzig; fressen meist an Gräsern; Verpuppung teils als Stürzpuppe, teils nackt oder in einem schwachen Gespinst am Boden. Überwinterung in der Regel als Raupe im Boden (manchmal zweimal) bei manchen Arten als Puppe (so zuweilen bei ***Pararge aegeria*** L.) oder als Ei mit weitgehend entwickeltem Räupchen; meist eine, selten 2–3 Generationen im Jahr oder (manche Gebirgsformen) nur alle zwei Jahre eine Generation. Von etwa 1500 bekannten Arten in M-Eur. i. e. S. über 30, davon allein etwa 15 verschiedene Mohrenfalter. Auswahl: **1.** Gattung ***Erebia,*** Mohrenfalter [**S-7**]; nur eine Vorderflügelader blasenartig verdickt; die Flügel oben meist düster schwarzbraun, eine hellere Randbinde mit kleinen Augenflecken mehr oder weniger deutlich ausgeprägt; Hauptverbreitung in den Alpen, wo verschiedene Arten verschiedene Höhenstufen besetzen (Beispiele: ***E. aethiops*** Esp., Waldteufel, in der Ebene, im Gebirge bis 1700 m; ***E. pronoe*** Esp. ab etwa 500 m; ***E. euryale*** Esp. über 1100 m; ***E. melampus*** Fuessl., über 1800 m; ***E. pluto*** Prun., über 2000 m); Entwicklung der in den Hochlagen lebenden Arten nicht selten zweijährig; die Raupen fressen meist nachts, manche Arten sind wohl auf bestimmte Gräser spezialisiert. **2. *Agapetes (Melanargia) galathea*** L., Damenbrett, Schachbrett; eine sehr häufige Art, ausgezeichnet durch das auffallende, fast weißlingsartige Hell-Dunkel-Muster der Flügel, an denen eine Ader aufgeblasen ist; breitete sich erst im Laufe der letzten 100 Jahre von Süden her über ganz Mitteleuropa aus; Eiablage auf dem Boden, nicht an der Futterpflanze; Raupe **[S-6]** grün oder braun, frißt (nachts) und überwintert (bis V) an verschiedenen Gräsern; Puppe frei im Boden; Falter VI–VIII; die ♀♀ schlüpfen nach den ♂♂; Suchflüge der ♂♂ dicht über dem Gras schon ab dem frühen Morgen; vorher Aufheizen der Körpertemperatur auf 30°C; Anflug des ♀ optisch gesteuert, Erkennen durch olfaktorische Reize. **3. *Hipparchia fagi*** Scop. ***(Satyrus hermione*** L.), Großer Waldportier; 2 Adern der Vorderflügelbasis stark, eine dritte schwach aufgeblasen; stattliche Art (Flsp. ca. 70 mm), im südlichen Mitteleuropa heimisch, Nordgrenze etwa Thüringen; Falter VII–IX, an Waldrändern, auf Lichtungen, setzt sich häufig an Baumstämme; eine Generation; die Raupe überwintert, frißt vor allem an Honiggras ***(Holcus)***. Ähnlich: ***Hipp. alcyone*** Schiff. ***(aelia*** Hffmgg.), Kleiner Waldportier; ***Brintesia (Satyrus) circe*** F., Weißer Waldportier, stattlich (Flsp. bis 70 mm), mit auffallender heller Flügelbinde. **4. *Hipparchia (Satyrus) semele*** L., Ockerbindiger Samtfalter, Rostbinde, Heidefalter; bei dieser stellenweise häufigen mittelgroßen Art (Flsp. ca. 50 mm; Flugzeit VII–IX) sind die ♀♀ auf der Flügeloberseite deutlich kontrastreicher gezeichnet als die ♂♂; die Tarnzeichnung der Hinterflügelunterseite kommt zum Zuge, wenn sich der Falter nach hastigem Fluge sehr plötzlich setzt, dann

Abb. S-7: Oben ***Erebia*** sp., Mohrenfalter, unten ***Hipparchia semele***, Ockerbindiger Samtfalter, hebt, beunruhigt, die Vorderflügel an und zeigt das Augenmuster ihrer Unterseite. (Tinbergen 1943)

anscheinend verschwunden ist; bei schwacher Störung: Flügel schnell auf- und zugeklappt; bei etwas stärkerer Störung: Freilegen einer auffallenden Augenzeichnung durch blitzschnelles Vorziehen der Vorderflügel **[S-7]**; Nahrungssuche: nach Aktivierung durch Blütenduft, werden die Blüten optisch geleitet angeflogen, Gelb und Blau spontan bevorzugt. Balz: das ♂ fliegt pfeilschnell ein ♀ (auch andere Falter) an; für diesen Anflug sind Farbmuster und Form des ♀ ohne Bedeutung (Versuche mit ♀-Attrappen); bevorzugter Anflug auf dunkle, nach ♀-Art bewegte, in Beziehung zum Abstand nicht zu große und nicht zu kleine Attrappen. Normaler Ablauf: das ♂ fliegt das ♀ an, verfolgt es, das ♀ setzt sich, das ♂ ebenso, stellt sich vor dem ♀ auf, öffnet und schließt in schnellem Wechsel ein wenig die Vorderränder der Vorderflügel (dabei bezeichnende Drehbewegung der Fühler), spreizt dann unter »Verbeugung« **[S-8]** die Flügel auseinander, zieht die Vorderflügel weit vor, klappt sie langsam zu, fängt dabei meist die Fühler des ♀ ein, das dadurch mit der »Nase« auf den Duftschuppenfleck des ♂ »gestoßen« wird; das ♂ geht schließlich, Kopf zum ♀, um dieses herum, krümmt das Abdomen ♀-wärts, hakt den Begattungsapparat ein, steht schließlich hinter dem ♀;

Abb. S-8: *Hipparchia semele*, Ockerbindiger Samtfalter. Balz: »Verbeugung« des ♂ (links) vor dem ♀. (Tinbergen 1943)

Köpfe abgewandt; Dauer der Kopula $^3/_4$ bis 2 Std. Eier einzeln an Gräser abgelegt; Raupe häufig an ***Aira***, überwintert; Verpuppung VI. **5. *Chazara (Satyrus) briseis*** L., Berghexe; mehr im Bergland der südlichen BRD und DDR; die Raupe überwintert; Verpuppung im Boden. **6. *Minois (Satyrus) dryas*** Scop., Blaukernauge, Blauäugiger Waldportier; der stattliche Falter (Flsp. bis 70 mm) ausgezeichnet durch 2 Vorderflügel-Augenflecke mit blauem Kern, fliegt VI–IX; das ♀ läßt die Eier einfach fallen; die überwinternde Raupe vor allem an Pfeifengras ***(Molinia)***; Puppe frei am Boden. **7. *Dira (Pararge) megera*** L., Mauerfuchs; 2 Adern der Vorderflügelbasis aufgeblasen; der Falter fliegt meist in 2 Generationen (V–VI; VII–IX), setzt sich im Sonnenschein gerne an Mauern und Felsen, ist hier, wie der Samtfalter, durch die Tarnzeichnung der Hinterflügelunterseite schwer zu sehen; die Raupe frißt an verschiedenen Gräsern, überwintert. Ähnliche Lebensweise bei der häufigen, etwas größeren ***Dira maera*** L., Braunauge, Rispenfalter. Bei der verwandten ***Pararge aegeria*** L., Laubfalter, scheint in der Regel die Puppe, z.B. unter Steinen angeheftet, zu überwintern. **8. *Maniola (Epinephele) jurtina*** L., Kuhauge, Großes Ochsenauge; 2 stark aufgeblasene Adern an der Vorderflügelbasis; Vorderflügel im Bereich der Spitze mit einem deutlichen Augenfleck, ober- und unterseits, beim ♀ in einer der Ausdehnung nach stark variierenden rostgelben Binde; fliegt VI–VIII, meist sehr häufig; Eier einzeln an Gräsern, oft an ***Poa***; die Raupe überwintert; eine Generation. Ähnlich: ***Hyponephele lycaon*** Rott., Kleines Ochsenauge; das ♀ jedoch meist mit 2 Augenflecken auf den Vorderflügeln. **9. *Coenonympha pamphilus*** L., Kleiner Heufalter, Kälberauge, Wiesenvögelchen; 3 aufgeblasene Adern an der Vorderflügelbasis; der kleine Falter (Flsp. knapp 30 mm) fliegt überall häufig auf Wiesen in 2–3 sich überschneidenden Generationen; Augenfleck an der Spitze der Vorderflügel unterseits deutlich, oberseits schwach ausgeprägt; Raupe an verschiedenen Gräsern, überwintert. Ähnlich: ***C. tullia*** Müll. (***typhon*** Rott.), Großer Heufalter und ***C. arcania*** L., Perlgrasfalter (Raupe nicht nur an Perlgras), beide Arten jedoch mit nur einer Generation im Jahr. Die ***Coenonympha***-Puppen als Stürzpuppen an Grashalmen befestigt. (Dierl 1969; Forster, Wohlfahrt 1954/81; Hannemann 1968; M. Koch 1963; Sonntag 1981; Tinbergen et al. 1942).

Satyrus; → Satyridae 3, 4, 5, 6.

Saubohnenkäfer, *Bruchus rufimanus* Boh.; → Bruchidae 5.

Sauerkirschenlaus, *Myzus cerasi* F.; → Aphididae 9.

Sauerwurm, Raupe der 2. Generation der Traubenwickler; → Tortricidae 26 u. 27.

Saxesens Holzbohrer, *Xyleborus saxeseni* Ratz.; → Scolytidae 8.

Sayomyia; → Culicidae.

Scaeva; → Syrphidae.

Scaphidiidae (Scaphiidae), Kahnkäfer; Fam. der Käfer (Coleoptera, Polyphaga); meist kleine und düster gefärbte Käfer mit kahnförmigem Körper; Larven und Imagines vor allem an Pilzen, in von Baumschwämmen durchsetztem Holz; nur 7 Arten in M-Eur.i.e.S., häufig: ***Scaphosoma agaricinum*** L. (1,5–2 mm); nicht selten auch ***Scaphidium quadrimaculatum*** Ol. (ca. 5 mm; [**S-9**]).

Scaphidium; → Scaphidiidae.

Scaphosoma; → Scaphidiidae.

Scaptomyza; → Drosophilidae 5.

Scarabaeidae; sehr artenreiche Fam. der Käfer (Coleoptera, Polyphaga); über 20000 Arten bekannt, davon in Europa über 700, in M-Eur.i.e.S. etwa 150; (→ auch Lamellicornia); die letzten Fühlerglieder (3–7, Zahl art- oder geschlechtsspezifisch verschieden) seitlich blattartig verbreitert, durch Blutdruck auseinander spreizbar. Flügeldecken in manchen Gruppen beim Fliegen nicht abgespreizt, dann mit mehr oder weniger deutlicher Aussparung am Seitenrand für die freie Bewegung der Flugflügel (***Onthophagus***-Arten, ***Sisyphus***, ***Gymnopleurus***, Rosenkäfer). Geschlechtsunterschiede nicht selten beträchtlich; die ♂♂ mancher Arten mit mehr Fühlerblättern als die ♀♀, oder mit hornartigen Fortsätzen am Kopf oder Halsschild. Grabvermögen im Zusammenhang mit Nahrungserwerb und Brutpflege meist sehr ausgeprägt, vor allem die Vorderschienen mehr oder weniger verbreitert, am Außenrand gezackt; die Vordertarsen zuweilen stark verkümmert. Die Larven mehr oder weniger engerlingsähnlich, häufig unterirdisch; meist 3 Larvenstadien; Dauer des Larvenlebens artspezifisch verschieden, knapp 3 Wochen bis 5 Jahre. Ernährung von Käfer und Larven teils von frischen, teils von vermodernden Pflanzenteilen, nicht selten von Mist (bisweilen Spezialistentum, damit in Zusammenhang Aufenthalt mancher Arten in den Nestern der Mistspender), seltener von Aas; ausgeklügelte morpho-funktionelle Anpassung der Mundwerkzeuge an die verschiedene Konsistenz der Nahrung; bei den zellulosereiche Nahrung aufnehmenden Larven (Engerlingen) vieler Arten sind Erweiterungen von Mittel- oder Enddarm (Gärkammern) vorhanden, mit Zellulose vergärenden Bakterien; Hauptgewinn für die Larven: Eiweiß durch Verdauen überschüssiger Bakterien. Brutfürsorge ist bei einer Reihe von Arten, insbesondere bei Mistfressern, sehr ausgeprägt. Die Fähigkeit zu Lautäußerungen ist, sowohl bei den Imagines wie bei den Larven einer Reihe von Arten vorhanden, bei durchaus verschiedener Lage der Zirporgane; man kennt zwar häufig die Situationen, bei denen gezirpt wird (bei Störung oder während des Paarungsverhaltens z.B.), jedoch ist weder über die Bedeutung der Laute noch über das Hörvermögen (Hörhaare?) Sicheres bekannt. Manche Frischpflanzenfresser werden zuweilen schädlich in Wald, Feld und Garten. Auswahl: **1.** Gattung ***Aphodius***, Dungkäfer; sehr artenreich, insgesamt 300 Arten bekannt, davon allein in M-Eur.i.e.S. etwa 60; meist 4–6 mm, eine der größten Arten ist ***A. scrutator*** Hrbst., (10–15 mm). Die überwinterten Imagines fliegen im Frühling Dung an; im Sommer sind manche Arten häufig in Kuhfladen, lecken wohl in erster Linie Dungsaft auf; der Käferreichtum eines Fladens ist stark abhängig von verschiedensten Faktoren, z.B. von Belichtung, Feuchtigkeit, Fladenalter; keine besondere Brutfürsorge, die Eier werden einzeln oder in Gruppen an Dung abgelegt; die Larven fressen im Dung, verpuppen sich im Dung oder in der Erde darunter; die Larven mancher hochalpiner Arten sind auch Humus- und Wurzelfresser. Bemerkenswert ist die Vorliebe mancher Arten für Dung bestimmter Tiere; reine Monophagie (Fressen nur einer Dungsorte) ist allerdings selten; Beispiele für Bevorzugung: ***A. fossor*** L., ***A. rufipes*** L. und ***A. fimetarius*** L.: Kuhdung; ***A. nitidus*** Fbr., ***A. obscurus*** Fbr.: Schafdung; ***A. nemoralis*** Er., ***A. corvinus*** Er.: Hirsch- und Rehdung; ***A. piceus*** Gyll.: Menschenkot; Raubtierkot wird gemieden; (***A. troglodytes*** Hub., Florida, frißt im Kot der in Erdhöhlen lebenden Schildkröte ***Gopherus polyphemus***). Einzelne Arten werden gelegentlich in Mistbeeten oder auf Feldern durch Wühlen und Fraß der Larven an Kulturpflanzen schädlich. **2.** Gattung ***Geotrupes***, Mistkäfer, Roßkäfer; die mittelgroßen (10–25 mm), düster gefärbten, zuweilen metallisch blau oder grün glänzenden Käfer sind allgemein bekannt, sie sind am Bauch oft mit zahlreichen Milbenlarven, den Deutonymphen von ***Parasitus coleoptratorum*** L., der Käfermilbe, besetzt, die die Käfer als Transportmittel aus dem für ihre Entwicklung zu trocken gewordenen Mist an frischen Mist (z.B. Pferdemist) benutzen (Phoresie), häuten sich hier zum geschlechtsreifen Stadium. In M-Eur.i.e.S. ein halbes Dutzend Mistkäfer-Arten, legen zur Fortpflanzungszeit (♂ und ♀ dann in Einehe) je nach Art etwas verschieden gestaltete Brutbaue an, ***G. stercorarius*** L. im Spätsommer-Herbst, ***G. vernalis*** L., der Frühlingsmistkäfer und ***G. silvaticus*** Panz., der Waldmistkäfer im Frühling bis Frühsommer, der Waldmistkäfer ausschließlich im Wald; Hauptnahrung des

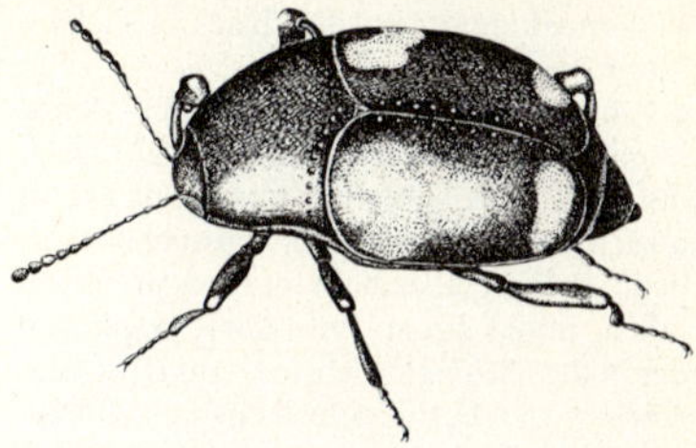

Abb. S-9: ***Scaphidium quadrimaculatum***, Kahnkäfer. 5 mm. (Hieke 1969)

Waldmistkäfers: Pilze, Insektenleichen, Menschenkot; Finden des Mistes: Flug gegen den mit Mistduft beladenen Wind; (Anemotaxis, positive Reaktion auf stark duftende Eiweißabbauprodukte wie Skatol und Indol); läßt sich bei schwächer werdendem Duft, also dicht hinter dem Fladen fallen, findet ihn zu Fuß; das ♀ beginnt in der Nähe geeigneten Mistes (von ***G. stercorarius*** wird z.B. Pferdemist bevorzugt) Stollen in die Erde zu graben, Herausstoßen der Erde Kopf voran; Unterstützung durch das ♂: es verteilt die Erde am Eingang, schafft bei größerer Stollentiefe die vom ♀ unterwegs in einem mehr horizontalen Stollenteil abgelagerte Erde hinaus; Hauptstollen mehrere Dezimeter tief, von ihm abgehend Nebenstollen; diese werden mit einer gut 10 cm langen Dungwurst gefüllt; Hauptarbeit beim Dungeinbringen (Dung mit Vorderbeinen gefaßt, Rückwärtsgang) durch das ♀, das ♂ kann beim Heranschaffen helfen; niemals transportieren ♂ und ♀ gemeinsam ein Dungstück; Einstampfen des Mistes in den Brutstollen wohl ausschließlich durch das ♀ (gelegentliche Fehlleistung, bes. in der Nähe menschlicher Behausungen: Eintragen von mit Menschenkot beschmiertem Papier oder ähnlich ungeeignetem Material); das ♀ wühlt sich dann in die Dungwurst ein, legt ein Ei in eine Höhle im Endteil des Vorrats; (bei jederseits 6 Eiröhren werden immer nur 2 Eier gleichzeitig reif); anschließend wird der Seitenstolleneingang mit Sand verschlossen; die engerlingsähnliche Larve frißt, überwintert, verpuppt sich im Dungrest im Sommer des nächsten Jahres; der Jungkäfer schlüpft, gelangt durch den Hauptgang nach außen, wird aber erst nach Überwinterung geschlechtsreif. Tagesrhythmik bei manchen Arten sehr ausgeprägt: ***G. silvestris*** ist bei Licht, ***G. stercorarius*** im Dunkeln aktiv. Bei manchen Arten werden Futtervorräte in besonderen kurzen Nahrungsröhren für die eigene Ernährung der Imagines angelegt, z.B. bei Frühlings- und Waldmistkäfer; dabei keine Zusammenarbeit der Geschlechter. Das 3. Beinpaar der Larve ist stark verkürzt zu einem Singbein: die Fußspitze streicht über eine rauhe Stelle an der Hüfte des 2. Beinpaares. **3. *Typhoeus typhoeus*** L., Dreihornmistkäfer, Stierkäfer (15–20 mm); ♂ auf dem Halsschild mit 3 nach vorn gerichteten Hörnern; besonders auf Sandboden in Heidelandschaft; Lebensweise ähnlich wie bei ***Geotrupes***; Brutstollen zuweilen bis in eine Tiefe von über 1,5 m; bevorzugt wird Kaninchen-, Schaf- und Hirschdung; die Hörner werden nicht zum Transport oder Zerkleinern des Dungs verwendet, helfen höchstens mit beim Hinausschieben von Sand, ihre sonstige Bedeutung bleibt unklar; Eiablage einige mm vor der Spitze der Brutkammer in einer dann mit Sand aufgefüllten Höhle, erst anschließend Einbringen des Dungvorrats (vgl. ***Lethrus***); Seitenstollen (bis 15 Stück) mit Sand verschlossen; Verpuppung meist erst im nächsten Sommer; die Jungkäfer erscheinen im Herbst, bleiben in milden Winterperioden mobil. Manche Vertreter der verwandten Gattung ***Bolboceras*** finden mit dem Geruchssinn ihre Spezialnahrung: gewisse unterirdisch wachsende Pilze. **4.** Gattung ***Onthophagus***, Kotfresser, etwa 12 Arten in M-Eur.i.e.S.; die ♂♂ oft mit Kopfhorn; Flügeldecken beim Flug nicht ausgebreitet; Beispiel: ***O. nuchicornis*** L. (6–9 mm; Flügeldecken braun); Begattung wahrscheinlich im Frühling; das ♀ beginnt dicht neben einem Dungfladen (von Rind oder Schaf) mit dem Graben eines 5–11 cm tiefen Ganges mit den Vorderbeinen, Herausschaffen mit Kopf voran, baut am Gangende die erste ovale Bruthöhle (etwa 2,4 × 1,3 cm), füllt sie ballenweise mit feuchtem, von Halmen befreitem Dung, rückwärts schreitend, hat dabei den Dung mit den Vorderbeinen »im Arm«; der Dung wird in der Höhle festgestampft, das Ei in einer besonderen Höhle im oberen Teil der Brutpille abgelegt, die Wand der Eihöhle mit »Sekret« unbekannter Herkunft ausgeschmiert, ihre Öffnung zum Gang hin mit etwas Dung verschlossen; der Gangteil über diesem ersten Brutballen wird mit Sand gefüllt, meist aus einer etwas darüber gegrabenen Höhle für den zweiten Brutballen; so entsteht eine wechselnde Anzahl von Brutballen entlang dem Hauptstollen und einiger Nebenstollen; Mithilfe des wohl stets anwesenden ♂: Verteilen des vom ♀ herausgeschafften Sandes, Loslösen von Dung und Übergabe an das ♀ im Stollen; 3 Larvenstadien; Larvenhäute und Kot an die Wand der Höhle gedrückt; Beschädigungen der Höhlenwand werden mit eigenem Kot und mit Dung ausgebessert; Verpuppung kopfunter im unteren Teil der Dungpille in einer mit Kot (und

Mundsekret?) ausgeschmierten Höhle; der Jungkäfer gräbt sich nach außen, überwintert im Boden. **5. *Lethrus apterus*** Laxm., Rebschneider (10–20 mm; schwarz); südosteuropäisch, bis Südösterreich; flugunfähig, Flügeldecken verlötet, Flugflügel rückgebildet; schneidet mit den sehr kräftigen Mandibeln lebende Pflanzenteile (nicht nur von Reben) ab, bringt sie in Erdröhren, teils als Eigenfutter (jedes Individuum mit eigener Röhre), teils für die Nachkommen; Rückkehr zum Bau auf dem kürzesten Weg, dabei Orientierung nach der Sonne und nach dem Polarisationsmuster des blauen Himmels; ♂ und ♀ arbeiten als Paar zusammen; das ♂ sucht einen ♀-Bau auf, verteidigt ihn gegen andere ♂♂ (der Baubesitzer bleibt meist Sieger), säubert den Platz vor dem Baueingang (Mandibeln des ♂ mit einem hierfür bestens geeigneten Fortsatz nach unten); das ♀ gräbt einen Seitenstollen, der mit einer taubeneigroßen Höhle endigt, legt ein Ei in den Sand vor dem blinden Ende der Höhle; anschließend Einbringen grüner Pflanzenteile in die Höhle: das ♂ bringt sie rückwärtsgehend herbei, das ♀ nimmt sie ab und stampft sie ein; der Seitenstollen wird mit Erde aufgefüllt, ein neuer Seitenstollen angelegt; Verpuppung in der Nahrungshöhle, hier auch Überwintern der Jungkäfer; das ♀ ist auf die Hilfe des ♂ angewiesen, eine Witwe allein ist hilflos; ein Witwer sucht sich ein neues ♀. Gruppe der Pillenwälzer (meist weniger gut »Pillendreher« genannt); bezeichnend: Zurechtkneten, Wegwälzen und Eingraben von rundlichen Dungpillen geeigneter Größe; der Dung ist so vor schnellem Austrocknen geschützt; (***Deltochilum gibbosum*** F. in den USA macht Pillen aus Haaren und Federn, überdeckt sie nur schwach mit Erde); hierher die Gattungen ***Scarabaeus***, ***Sisyphus*** und ***Gymnopleurus***. **6.** Gattung ***Scarabaeus***, Pillendreher; nicht in M-Eur.i.e.S., mehrere Arten im Mittelmeergebiet und Nordafrika, z.B. ***Sc. sacer*** L., der »Heilige Pillendreher« der alten Ägypter; Steinnachbildungen als Siegel und Amulett, als Bringer der Wiedergeburt, des Glückes überhaupt; Lebensweise verhältnismäßig einheitlich bei verschiedenen Arten; genauer untersucht: ***Sc. semipunctatus*** Fbr. (etwa 23 mm). Herstellen der Pillen aus Dung verschiedener Tiere (Durchmesser der Futterpillen bei ***Sc. semipunctatus*** im Mittel 2 cm), und zwar Futterpillen (für eigene Ernährung) und Brutpillen (für die Ernährung der Larven); Hauptarbeiten: Kneten (z.B. aus mehreren Schafdungbollen, oder Herausschneiden aus einem größeren Dunghaufen), Wegwälzen (nach rückwärts, Vorderbeine auf dem Boden machen Rückwärtsgang, Hinterbeine auf der Pille machen Vorwärtsgang). Futterpillen: von ♂ und ♀ hergestellt, jedes für sich, werden (fast stets) weggerollt, eingegraben, verzehrt. Verhalten von Artgenossen zueinander: beide ohne Pille: keine Reaktion; der eine hat Pille (Futterpille): ein Artgenosse kommt in die Nähe, der Pillenbesitzer macht Abwehrstellung, der Ankömmling »Duckstellung« (Haut zwischen Vorder- und Mittelbrust sichtbar), der Pillenbesitzer nimmt offenbar Witterung, Erfolg: ein Ankömmling gleichen Geschlechts wird fortgeschleudert, einer anderen Geschlechts geduldet; zuweilen gibt es Kampf um die Futterpille, und zwar ♂ gegen ♂ bzw. ♀ gegen ♀, wobei der Stärkere Sieger bleibt; ein pillenrollendes ♀ begegnet einem ♂: das ♂ übernimmt die Pille, rollt sie weiter, gräbt sie (meist durch Unterwühlen) ein (auch das ♀ allein kann eingraben), die Pille wird gemeinsam gefressen; jetzt vermutlich Begattung. Brutpillen: sie werden wohl vor allem aus Schafmist allein vom ♀ geknetet, weggerollt und vergraben, liegen in einer geräumigen Höhle, werden zu einer aufrecht stehenden, oben verjüngten Brutbirne geformt, im oberen Teil die Eikammer mit einem Ei (Größe der Pille bei ***Sc. semipunctatus***: etwa 4,5 × 3 cm); das ♀ geht weg, macht eine neue Brutpille; so etwa 6 Stück. Verpuppung in der von der Larve ausgefressenen Höhle in der Brutbirne, die Puppe ist vollkommen starr; der Jungkäfer schlüpft im Spätsommer, kommt heraus, frißt, überwintert im Boden. Bemerkenswert ist die geringe Fruchtbarkeit des ♀: nur ein Ovar mit einer Eiröhre vorhanden (!); so auch bei anderen Brutfürsorge treibenden Mistkäfern (z.B. ***Onthophagus***, ***Copris***). Eifriges Sichputzen: stark beschmutzte Beine werden im Sand abgewischt; gründliches Putzen in Rückenlage, dabei werden immer wieder die Vorderbeine durch die Mundteile gezogen, Flüssigkeitstropfen aus dem Mund durch Weitergeben von Bein zu Bein verschmiert. **7. *Sisyphus schaefferi*** L. (8–10 mm) und ***Gymnopleurus geoffroyi*** Fuessl.

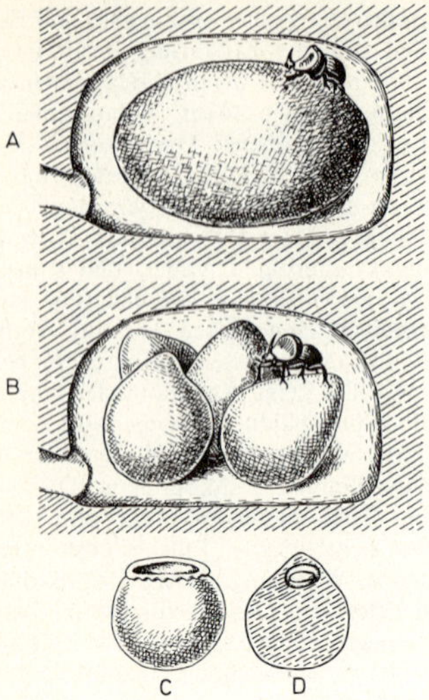

Abb. S-10: ***Copris hispanus.*** A ♀ in Höhle mit Mistkuchen, aus dem es (B) 4 Brutpillen formt; C Brutpille, mit oberer Öffnung für das Ei; D Längsschnitt durch fertige Brutpille mit Eihöhle und Ei. (Eidmann 1941)

(12–16 mm), beide südeuropäisch, höchstens in sehr warmen Teilen der BRD; Hinterbeine bei beiden Geschlechtern recht lang und nach innen gekrümmt. Lebensweise ähnlich wie bei ***Scarabaeus***, jedoch gewisse Unterschiede; nur ***Sisyphus*** macht Futterpillen, frißt daran unterirdisch, ***Gymnopleurus*** oberirdisch an Dunghaufen; ♂ und ♀ können, jedes für sich oder beide zusammen, Brutpillen machen. Wegwälzen: oft durch ♂ und ♀ gemeinsam, dabei steht ein Tier (oft das ♂) mit den Vorderbeinen auf der Pille, zieht nach rückwärts, der Partner schiebt (stößt) gegenüber, Hinterbeine auf der Pille, Vorderbeine am Boden; Transport durch Einzeltier: ***Sisyphus*** (♂ oder ♀): teils ziehend, teils stoßend, ***Gymnopleurus***: ♀ nur stoßend, ♂ meist ziehend, zuweilen stoßend. Bei ***Gymn.*** beginnt stets das ♀ mit dem Eingraben, bei ***Sis.*** meist das ♂, durch Unterwühlen und Vorbeidrücken der Erde an der Brutpille, zunächst nur stets durch den Beginner allein, später hilft der Partner durch Weitertransport der Erde über die Pille mit; die Brutbirne wird in der Brutkammer allein vom ♀ geformt, die fertige Brutbirne für immer verlassen. Daß Imagines und Larven dieser beiden und anderer Pillendreher in ihrem Darm einen symbiontischen Pilz beherbergen, der Zellulose abbauen soll, bedarf der Bestätigung. **8. *Copris lunaris*** L., Mondhornkäfer (17–23 mm), ♂ auf der Stirn mit langem Horn; braucht Pferde-, Rinder- oder Schafdung; legt im Spätfrühling einen Dungvorrat z. B. unter einem Kuhfladen in einer Höhle an für die Selbstverpflegung; das ♂ dringt schließlich in eine ♀-Höhle ein, fressen gemeinsam, andere ♂♂ werden vertrieben; Arbeitsteilung: das ♂ transportiert beim Ausbau der Bruthöhle die Erde hinaus, bringt dann Dungportionen herbei, die vom ♀ zusammengebracht und schließlich von beiden zu einem »Dungbrot« geformt werden (50 bis 180 g); nach etwa 8 Tagen werden allein vom ♀ mehrere Brutbirnen geformt (höchstens 5), jede mit einem Ei versehen, vom ♀ ständig gepflegt (Verhindern von Verpilzung), etwa 4 Monate lang (das ♀ hungert derweilen), bis die Jungkäfer schlüpfen; das ♀ macht nur eine Bruthöhle, das ♂ kann anwesend bleiben oder wird vertrieben; eifriges Zirpen beider Geschlechter bei Störung [**S-10**]. **9. *Oryctes nasicornis*** L., Nashornkäfer, 25–43 mm), stammt aus dem Mittelmeergebiet; in M-Eur.i.e.S. der einzige Vertreter der U.-Fam. Dynastinae, Riesenkäfer, die meisten, z. T. sehr großen Arten in Mittel- und Südamerika, (z. B. ***Dynastes herculeus*** L., Herkuleskäfer, bis über 15 cm); das ♂ mit stattlichem, das ♀ mit kleinem Horn auf der Stirn; Größe individuell recht verschieden; Begattung im Sommer (VI, VII); die Eier werden einzeln in eine kleine Höhle im Fraßsubstrat der engerlingsähnlichen Larven abgelegt: in sich zersetzenden Pflanzenstoffen, früher oft in faulender Gerberlohe, heute z. B. in Mistbeeten, Komposthaufen, morschem Eichenholz u. dgl.; die hier herrschende etwas erhöhte Temperatur ist günstig für die Entwicklung der Larve; sie hat im Darm eine reiche Bakterienflora, darunter auch Zellulose abbauende Formen; die verdauten Bakterien sind wichtig als Larvennahrung; 3 Larvenstadien, das letzte Stadium wird bis über 10 cm lang; Entwicklungsdauer je nach Temperatur 1–5 Jahre; Verpuppung in einer Höhle mit fester Wand (zusammengedrücktes Substrat und von der Larve abgegebenes erhärtendes »Sekret«) anscheinend sowohl im Herbst wie im Frühling möglich; Lebensdauer der Imagines höchstens wenige Monate, fliegen in den Sommermonaten in der Dämmerung und nachts; Ernährung unbekannt, lecken vielleicht an ausfließenden Baumsäften. **10.** Gattung ***Melolontha*****,** Maikäfer (♂ mit 7 längeren, ♀ mit 6 kürzeren Fühlerblättern); in M-Eur.i.e.S. 3 Arten: ***M. melolontha*** L., Feldmaikäfer; ***M. hippocastani*** F., Wald- oder Roßkastanienmaikäfer; ***M. pectoralis*** Germ., (selten und ohne wirtschaftliche Bedeutung; alle 20–25 mm; Halsschild bei ***M. melolontha*** meist schwarz; selten bräunlich, bei ***M. hippocastani*** umgekehrt); Feld- und Waldmaikäfer, vor allem der erstere, sind wichtige Kulturschädlinge, durch Laubfraß der Imagines, vor allem aber durch Wurzelfraß der Larven (Engerlinge) an den verschiedensten Pflanzen, auch an Waldbäumen. Entwicklung des Feldmaikäfers: der bereits im Herbst aus der Puppe geschlüpfte Jungkäfer kommt im Frühling bei sich erwärmendem Boden in die oberen Schichten bis dicht unter die Oberfläche; Ausfliegen im Frühling, sobald die Lufttemperatur hoch genug ist (20°C), nur abends, wenn die Dämmerung ein bestimmtes Ausmaß erreicht hat (Licht hemmt vollständiges Ausgraben); Ausfliegen manchmal in Schwärmen; sie fliegen zunächst in Bögen und Spiralen, dann alsbald gerichtet auf eine hohe Horizontsilhouette (z.B. Hügel, Baumgruppe); die Silhouette ist jedoch nur Anpeilpunkt, beim Flug selbst ist sie nicht mehr wichtig, die beim Anpeilen einmal festgelegte Richtung wird stur eingehalten (auch bei Änderung der Umgebung, auch bei unsichtbarem natürlichen Horizont, auch nach tagelanger Unterkühlung; Ergebnis zahlreicher Versuche); so auch in umgekehrter Richtung bei Flug des ♀ vom Futterplatz zum Eiablageplatz, anschließend wiederum die Erstrichtung beim zweiten Flug zum Futterplatz; Orientierung beim Flug durch einen »Himmelskompaß«, (ob dabei Orientierung nach dem polarisierten Himmelslicht, wie bei den Bienen, eine Rolle spielt, ist unklar), der dem Käfer das Einhalten der konstanten Richtung gestattet; doch scheint auch eine Orientierung nach elektrischen und magnetischen Feldern eine Rolle zu spielen. Falls der erste Anflug nicht zum geeigneten Futterplatz führte (Nahorientierung vermutlich auch mit Hil-

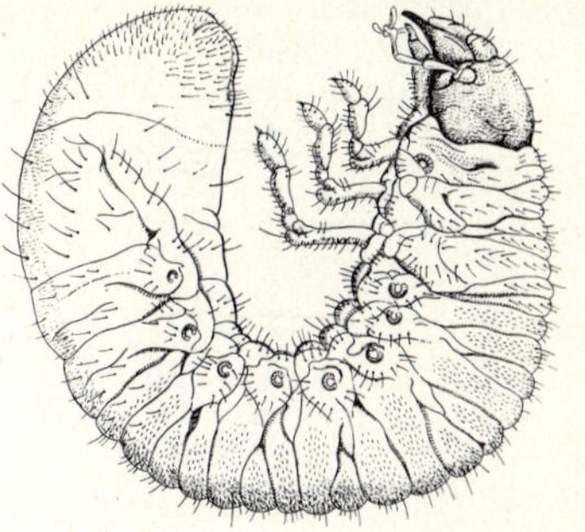

Abb. S-11: ***Melolontha melolontha*****,** Feldmaikäfer. Engerling, etwa 45 mm. (Schimitschek 1955)

fe des Geruchssinnes), ist Neuorientierung nötig und möglich. Fraßbäume: verschiedene Laubbäume (Eichen bevorzugt; sehr selten Nadelbäume), hier findet die Begattung meist schon innerhalb 24 Stunden nach dem Ausfliegen statt; gerichteter Rückflug (s. oben) der ♀♀ zum Eierlegen (aber auch vieler ♂♂); dabei olfaktorische und/oder optische Nahorientierung; Stellen mit Löwenzahnbewuchs werden – im Experiment – bevorzugt; das ♀ wühlt sich in lockeren, feuchten Boden (bis ca. 40 cm tief), legt Eihaufen von 10–30 Eiern ab; danach sterben etwa $^2/_3$ der ♀♀, der Rest fliegt gerichtet zurück zum Fraßplatz; 1–2 weitere Eiablagen möglich; neben den Eiern wird viel Kot abgesetzt, wird von den Larven aufgenommen, infizieren sich dabei mit den symbiontischen Mikroorganismen. Die Eier brauchen zur Entwicklung 100% Feuchte; Schlüpfen der Engerlinge **[S-11]** nach 4–6 Wochen; sie fressen zunächst Mulm und feinste Würzelchen, überwintern dicht unter der Frostschicht, fressen weiterhin an Wurzeln ([**S-12**]; Anlockung durch von den Wurzeln ausgeschiedenes CO_2), halten sich dabei in einer gewissen Feuchtigkeit, gehen bei Trockenheit tiefer, steigen nach Regen höher; in M-Eur.i.e.S. meist Verpuppung im 4. Freßsommer der Engerlinge in einer Höhle im Boden (bis in 1 m Tiefe), in der der nach 4–6 Wochen schlüpfende Jungkäfer bis zum nächsten Frühling bleibt; d.h.: bei einer durch günstige Entwicklungsbedingungen in Gang gekommenen Massenvermehrung (dann u.U. weit über 100 Engerlinge pro m^2) gibt es alle 4 Jahre ein »Maikäferjahr«, in wärmeren Gebieten auch alle 3, in kühleren alle

Abb. S-12: ***Melolontha melolontha***, Feldmaikäfer. Engerlingsfraß an der Wurzel einer Nadelholz-Jungpflanze. (Schimitschek 1955)

5 Jahre. Waldmaikäfer: er tritt im Frühling etwas früher auf, kommt abends etwas früher aus dem Boden, frißt etwas häufiger auch an Nadelbäumen, Entwicklungsdauer meist 4–5 Jahre. Selbstregulierung der Population: bei zu hoher Besiedlungsdichte stirbt ein Teil der Engerlinge. Natürliche Feinde: Vögel (Saatkrähe, Möwen), Maulwurf, parasitische Fliegen, gewisse Pilze; Bekämpfung, insbesondere der Engerlinge, schwierig. Den Maikäfern ähnlich, etwas größer, aber schlanker: ***Anoxia villosa*** Fbr., in manchen Gegenden der südl. BRD in Sandgebieten, Weinbergen und Obstgärten zuweilen nicht selten; Generation 3 jährig. **11.** ***Polyphylla fullo*** L., Walker, Müller (24–38 mm); sehr stattlich, mit weißlichen Flecken auf dunkelbraunem Grund, das ♂ mit 7 stark verbreiterten, das ♀ mit 5 auffallend kurzen Fühlerblättern; Lebensweise ähnlich wie Maikäfer, jedoch nur in sandigen Gebieten, vor allem im Dünengebiet von Küsten; Engerling an den dort vorkommenden Pflanzen, zumal Gräsern, bisweilen schädlich, in manchen Gegenden auch an Rebstöcken; die Imagines vor allem an Kiefern; Entwicklung 3jährig. – Mehrere z. T. sehr häufige Arten, die durch Fraß der Käfer und zumal der Engerlinge sehr schädlich werden können: **12.** Vertreter der Gttgn. ***Rhizotrogus*** (z. B. ***Rh. aestivus*** Oliv., Brachkäfer; 12–18 mm) und ***Amphimallon*** (z. B. ***A. solstitialis*** L., Junikäfer, Sonnenwendkäfer; 14–18 mm); fliegen im Frühsommer (VI/VII) gegen Abend, aber auch frühmorgens; Engerlinge mehr an den Wurzeln von Wiesen- und Feldpflanzen, auch an zumal jüngeren Waldbäumen (Aufforstungen); Entwicklungsdauer: 2–3 Jahre, Verpuppung im Frühling. Ähnlich einige andere Arten der gleichen Gattungen. **13.** Gattung ***Anisoplia***, z. B. ***A. segetum*** Hbst., Getreidelaubkäfer (10–12 mm); die Käfer fressen an Blüten und unreifen Körnern von Gräsern, auch an Getreide; Entwicklung 2jährig. **14.** Gattung ***Hoplia***, z. B. ***H. farinosa*** L. (9–11 mm), oben und unten dicht besetzt mit silbrig-grünlich-gelblich schillernden Schuppen, häufig auf niederen Pflanzen, auch Bäumen; Engerlinge klein, kaum 2 cm. Ähnlich: ***H. graminicola*** Fbr., Graslaubkäfer (6–7 mm); der Käfer oben nur locker mit metallisch glänzenden Schuppen besetzt; die Engerlinge außer an verschiedenen niederen Pflanzen u. U. im Wald schädlich, z. B. an Saatbeeten von Kiefern; Entwicklungsdauer? **15.** Gattung ***Anomala***, z. B. ***A. aenea*** Deg., Julikäfer (12–15 mm; mit blauem oder grünem Metallglanz); der Käfer im Sommer an Getreide und verschiedenen Bäumen, auch an Kiefern; Entwicklungsdauer in M.-Eur. 2 Jahre. **16.** ***Phyllopertha horticola*** L., Gartenlaubkäfer, Kleiner Rosenkäfer (9–12 mm), meist ungemein häufig auf Büschen und Bäumen, in Blüten, (nicht nur von Rosen); die dicht über dem Boden schwärmenden ♂♂ finden schnell die auskriechenden ♀♀, Begattung; das ♀ geht sofort zur Eiablage in den Boden, kommt öfters zu erneuter Begattung und wiederum Eiablage hervor; später gemeinsamer Flug und Freßperiode von ♂ und ♀, u. U. erneute Eiablage; die Engerlinge (bis 3 cm) an den Wurzeln vor allem von Gräsern, auch von Getreide und Klee; Verpuppung der überwinterten Larve im Frühling; Entwicklung 1–2jährig. **17.** ***Serica brunnea*** L., Rotbrauner Laubkäfer (8–10 mm; Körper überall hell rotbraun); fliegt im Sommer (VI/VII) vor allem nachts; der Engerling (erwachsen etwa 17 mm) an den Wurzeln verschiedener Pflanzen, vor allem an jungen Fichten zuweilen schädlich; Verpuppung im Frühling; Entwicklung wohl 2jährig. **18.** Gruppe der Rosenkäfer, mit Vertretern der Gattung ***Cetonia*** (z. B. ***C. aurata*** L., Gemeiner Rosenkäfer, Goldkäfer; 14–20 mm; metallisch grün mit hellen Querflecken auf den Flügeldecken), ***Potosia***,

Liocola, Tropinota, Oxythyrea; allen gemeinsam: Flügeldecken beim Flug geschlossen, mit seitlichem Randausschnitt für die Bewegung der Flugflügel; die Käfer ab und zu an ausfließenden Baumsäften, vor allem aber auf Blüten, im Süden vor allem an Rosen durch Fressen der Staubgefäße schädlich; ***Tropinota hirta*** Poda, der Zottige Blütenkäfer (8–12 mm; düster, zottig weißlich behaart) auch an jungen Getreideähren; die Engerlinge fressen vor allem zerfallende pflanzliche Stoffe (z. B. Holzmulm, Humus u. dgl.), die von ***Tropinota*** und ***Oxythyrea*** auch Wurzeln lebender Pflanzen; die Larven der größeren Arten nicht selten in den Randbezirken der Haufen von Roten Waldameisen (***Formica***-Arten), wo sie vom Nestmaterial und »Kolonieabfall« fressen; hier auch zuweilen die Eiablage; Entwicklung wohl meist mehrjährig (2jährig bei den Larven in Ameisennestern); Verpuppung wohl meist im Spätsommer oder im Herbst in einer kokonartigen Höhle (Wand mit Kot und Sekret aus den Malpighigefäßen verfestigt), hier Überwinterung des Jungkäfers. **19.** Gattung ***Trichius***, Pinselkäfer (z. B. ***T. fasciatus*** L.; 10–13 mm); lebhaft schwarzgelb gefärbt; die Käfer vor allem auf Blüten (Pollenfresser), auch an Baumsäften; die Larven in vermoderndem Holz verschiedener Bäume. Ähnlich ist die Lebensweise der verwandten ***Gnorimus***-Arten. (Birukow 1958; Bürgis 1981, 1982, 1984, 1986 a, b, c; Burmeister 1964; Couturier 1962; Couturier, Robert 1957, 1958; Danzer 1956 a, b; Frantsevich et al. 1977; Hata, Edmonds 1983; Hauss, Schütte 1978; Henschel 1962; Hieke 1968; Klingler 1957, 1958; v. Lengerken 1954; Milne 1960; Prasse 1957, 1958 a, b; Reichholf 1979; Rommel 1961; Rössler 1961; Scheerpeltz 1950; F. Schneider 1963; Schwenke 1972/86; Steiner 1953; Teichert 1956, 1957, 1959; Tippmann 1964; Warnecke 1966; Winking-Nikolay 1975).

Scarabaeus; → Scarabaeidae 6.

Scardia; → Tineidae 5.

Scatomyza; → Cordyluridae.

Scatophaga, Scatophagidae; → Cordyluridae.

Scatopse; → Scatopsidae.

Scatopsidae, Dungmücken; Fam. der Mücken (Diptera, Nematocera); kleine, entsprechend dem Aufenthaltsort der Larven vieler Arten, in der Nähe von Dungstätten und Aborten nicht seltene Mücken; z. B. ***Scatopse notata*** L. [**S-13**], kosmopolitisch, nicht selten in Wohnungen an den Fensterscheiben; stechen nicht; manche Arten häufig auf Doldenblüten; die oft geselligen trägen Larven [**S-14**] ausgezeichnet durch die auf längeren Röhren stehenden Hinterstigmen; außer in Dung auch unter Rinde, in Baumstubben, Pilzen, in der Boden-Laubschicht; einige auch in Ameisennestern, z. B. ***Holoplagia transversalis*** Loew bei ***Formica***-Arten; die Larven von ***Scatopse notata*** L. gelegentlich in auf Grundlage von Pferdemist gehaltenen Pilzzuchten schädlich; der größte Teil der Puppe von der letzten Larvenhaut umgeben, die prothorakalen Atemröhrchen verzweigt [**S-15**]; einige Dutzend Arten in Europa. (Brauns 1954; Lindner 1923 ff.; Séguy 1951).

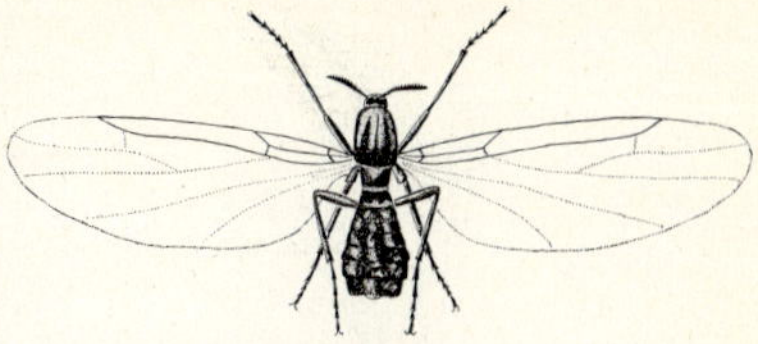

Abb. S-13: ***Scatopse notata***, Dungmücke. ♀, Länge 2,5 mm. (Lindner 1923 ff.)

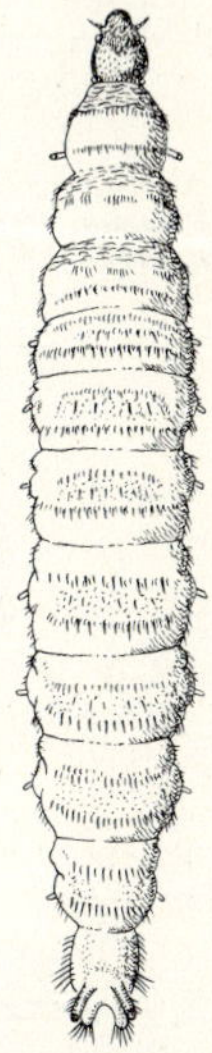

Abb. S-14: ***Scatopse*** sp., Larve, 5 mm, Stigmen vorragend. (Brauns 1954)

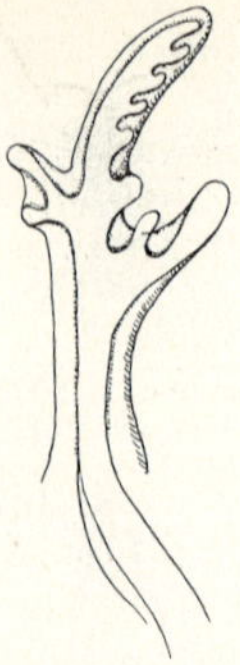

Abb. S-15: ***Scatopse notata.*** Verzweigtes Atemröhrchen der Puppe. (Séguy 1951)

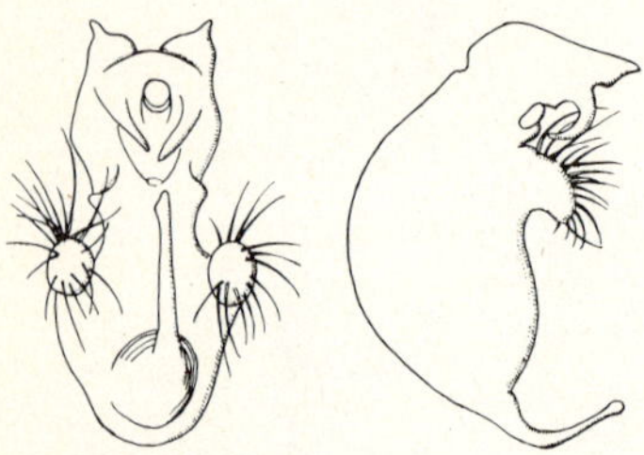

Abb. S-16: ***Teleas*** sp., Junglarve, Ventral- und Seitenansicht. (Bernard 1951)

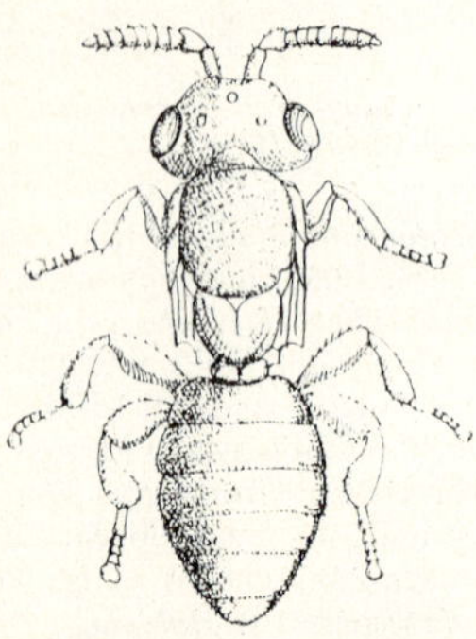

Abb. S-17: ***Rielia manticida***. ♀. (Bernard 1951)

Scelio; → Scelionidae.

Scelionidae; Fam. der Hautflügler (Hymenoptera, Apocrita, Proctotrupoidea); kleine → Schlupfwespen, manche Arten flügellos; ihre Larven parasitisch in den Eiern verschiedener Insekten, vor allem von Wanzen und Schmetterlingen, auch von Feldheuschrecken und Spinnen; manche Arten gezüchtet und gegen Kulturschädlinge eingesetzt; Erstlarve von bezeichnender Gestalt; mit seitlichen Borstenhöckern und spitz ausgezogenem Hinterende [**H-49, S-16**]; Wirtsspezifität zuweilen ausgeprägt. Auswahl: **1.** ***Rielia (Mantibaria) manticida*** Kief.; geflügelte ♀♀ setzen sich gleich nach dem Schlüpfen auf ♂ oder ♀ der Gottesanbeterin fest, verlieren die Flügel [**S-17**], ernähren sich u. U. monatelang außenparasitisch von den Körpersäften des Wirts; Parasiten auf ***Mantis***-♂♂ gehen mit diesen zugrunde; auf ***Mantis***-♀: unmittelbar nach Herstellen des ***Mantis-Geleges*** begibt sich das ***Rielia***-♀ darauf, belegt je ein ***Mantis***-Ei mit eigenem Ei, sucht sich möglichst wieder auf dem ***Mantis***-♀ festzusetzen. **2.** Arten der Gttg. ***Scelio*** entwickeln sich in den Eiern von Heuschrecken (***Chortippus parallelus*** und ***Ch. brunneus***); unbekannt ob noch andere Feldheuschrecken von Scelionidae parasitiert werden. (Bachmaier 1969; Bernard 1951; Brown 1983; Clausen 1940).

Sceliphron; → Sphecidae.

Scenopinidae, Scenopinus; → Omphralidae.

Schabefraß; Blattfläche von außen so befressen, daß die Epidermis und ein Teil des Parenchyms schabend entfernt wird.

Schaben; → Blattariae.

Schabenfächerkäfer, ***Rhipidius*** sp.; → Rhipiphoridae 3.

Schachbrett, ***Agapetes galathea*** L.; → Satyridae 2.

Schadspinner; → Lymantriidae.

Schafbremse, Schafbiesfliege, ***Oestrus ovis*** L.; → Oestridae 1.

Schaflausfliege, »Schafzecke«, ***Melophagus ovinus*** L.; → Hippoboscidae 3.

»Schafzecke«; → Hippoboscidae 3.

Schamlaus, ***Phthirus pubis*** L.; → Pediculidae.

Scharlachkäfer, ***Cucujus*** sp.; → Cucujidae 1.

Schattenkäfer; → Lyctidae.

Schaufelläufer, ***Cychrus*** sp.; → Carabidae 4.

Schaumzikaden; → Cercopidae.

Scheckenfalter; → Riodinidae; → Nymphalidae 9.

Scheckhornböcke, ***Agapanthia*** sp.; → Cerambycidae 25.

Scheckiger Eschenbastkäfer, ***Hylesinus fraxini*** Panz.; → Scolytidae 5.

Scheckiger Pochkäfer, ***Xestobium rufovillosum*** Deg.; → Anobiidae 3.

Scheibenböcke, ***Callidium*** sp.; → Cerambycidae 15.

Scheinarbeiter; → Isoptera.

Scheinpuppe; puppenähnliches larvales Ruhestadium; → Hypermetabola.

Scheinrüßler; → Pythidae.

Schellack; → Lacciferidae.

Schenkelbienen, ***Macropis*** sp.; → Melittidae 3.

Schenkelfliege, ***Meromyza saltatrix*** L.; → Chloropidae 4.

Schenkelsammler; → Apoidea.

Schenkelwespen; → Chalcididae.

Schiefkopfschrecke, ***Homorocoryphus nitidulus*** Scop.; → Conocephalidae.

Schienenkörbchensammler; → Apoidea.

Schienensammler; → Apoidea.

Schiffswerftkäfer, ***Lymexylon navale*** L.; → Lymexylonidae 1.

Schildhafte; → Prosopistomatidae.

Schildkäfer, ***Cassida*** sp.; → Chrysomelidae 20.

Schildkrötenmotte, ***Incurvaria koerneriella*** Zll.; → Incurvariidae 1.

Schildlausbreitrüßler, ***Brachytarsus*** sp.; → Anthribidae 4.

Schildläuse; → Coccina.

Schildmotten; → Cochlidiidae; → Aleurodina.

Schildwanzen; → Pentatomidae.

Schilfeulen; → Noctuidae 30.

Schilfkäfer; → Chrysomelidae 1.

Schillerfalter, ***Apatura*** sp.; → Nymphalidae 1.

Schillerfarben; die bei Vertretern verschiedenster Ordngn. verbreiteten metallisch glänzenden Farben sehr variabler Tönung; sie entstehen durch Interferenz an Feinstschichtungen der Kutikula: Folge von Schichten mit verschiedener Lichtbrechung; »Farben dünner Blättchen«; in der Regel Einlagerung von feinsten Luftschichten zwischen die Kutikulaschichten; gebunden teils an ausgedehnte Kutikulabereiche (z. B. auf den Flügeldecken vieler Rosen- und Blattkäfer), teils an Differenzierungen der Kutikula (→ Schillerschuppen). Schillerfarben sind Strukturfarben, im Gegensatz zu den an die Einlagerung von Farbstoffen gebundenen Pigmentfarben. (Vgl. auch → »Blau trüber Medien«).

Schillerschuppen; (zu finden u.a. bei manchen Käfern, vor allem aber auf den Flügeln vieler Schmetterlinge) sind durch Feinstschichtung für das Auftreten von Interferenzfarben spezialisierte Schuppen. Schuppen sind gleichsam flachgedrückte Hohlgebilde, haben eine Ober- und eine Unterseiten-Lamelle. Nach der Lage der Feinstschichtung (Luftschichten zwischen Kutikulaschichten; Schichtung elektronenmikroskopisch nachgewiesen) Unterscheidung von 2 Haupttypen: 1. Schichtung in der Unterseiten-Lamelle (***Urania***-Typ; nach Vertretern der Gattung ***Urania***); zu diesem Typ gehören auch die Schillerschuppen der Bläulinge (→ Lycaenidae); bei ***Urania*** ist das Schuppenlumen ganz verschwunden. 2. Schichtung in Längsleisten der Oberseiten-Lamelle (***Morpho***-Typ); die Schillerschuppen bei den ♂♂ der heimischen Schillerfalter (→ Nymphalidae 1) sind nach dem ***Morpho***-Typ gebaut. (Dierl 1969; Forster, Wohlfahrt 1954/81; Gentil 1963, 1964; Lippert, Gentil 1959; Süffert 1924).

Schimmelkäfer; → Orthoperidae; → Mycetophagidae; → Cryptophagidae.

Schinkenkäfer, ***Necrobia sp.***; → Korynetidae.

Schistocerca; → Acrididae 4.

Schizaspidia; → Eucharitidae.

Schizodrybius; → Lachnidae [L-1].

Schizoneura; → Eriosomatidae 9, 10.

Schizophora; oft gebrauchte Bezeichnung für diejenigen cyclorrhaphen Fliegen, bei denen das Aufsprengen des Puppentönnchens durch die Stirnblase geschieht, bei denen auf der Stirn also auch eine Bogennaht (entstanden durch Einstülpen der Stirnblase) vorhanden ist; → Diptera.

Schlafapfel, Galle der Gemeinen Rosengallwespe; → Cynipidae 1.

Schlammfliegen; → Syrphidae 3; → Megaloptera.

Schlammschwimmer; → Dytiscidae 5; → Hygrobiidae.

Schlangenäugige Kamelhalsfliege, ***Raphidia ophiopsis*** L., → Raphidioptera.

Schlangenminiermotte, ***Lyonetia clerkella*** L.; → Lyonetiidae.

Schlanklibellen; → Coenagrionidae.

Schlehdornspanner, ***Lygris prunata*** L.; → Geometridae 7.

Schlehenspanner, ***Angerona prunaria*** L.; → Geometridae 11.

Schlehenspinner, ***Orgyia recens*** Hbn.; → Lymantriidae 2.

Schleiermotte, ***Plutella xylostella L.*** (= ***maculipennis*** Curt.); → Plutellidae 1.

Schleusenmotte, ***Nemapogon (Tinea) cloacellus*** Hw.; → Tineidae 4.

Schlupfwespen; Sammelname (kein systematischer Begriff) für mehrere Fam. der Hautflügler (Hymenoptera, Apocrita); ausgezeichnet durch parasitische Lebensweise der Larven; die ♀♀ mit kürzerem oder längerem Legebohrer; im engeren Sinne gehören hierher die Fam.: → Trigonalidae, → Ichneumonidae, → Braconidae, → Aphidiidae; im weiteren Sinne auch: → Evaniidae, → Aulacidae, → Gasteruptiidae, manche → Cynipidae, → Ibaliidae, → Torymidae, → Chalcididae, → Aphelinidae, → Perilampidae, → Pteromalidae, → Encyrtidae, → Eulophidae, → Trichogrammatidae, → Mymaridae, → Proctotrupidae, → Platygasteridae, → Dryinidae, → Bethylidae. Sie sind nach Körperform und Lebensweise außerordentlich verschieden; Riesen: manche Ichneumonidae, z. B. ***Rhyssa persuasoria*** L., ♀ mit Legebohrer ca. 7 cm; oder Zwerge: z. B. die Eiparasiten der Fam. Mymaridae, die kleinsten Arten 0,2 bis 0,3 mm. Nahrung der Imagines: teils süße Pflanzensäfte, auch Honigtau, teils Körpersäfte der angestochenen oder angebissenen Wirtstiere. Zur Frage der Wirtsspezifität und der Formen des Schmarotzertums vgl. → Parasitismus. Wirtsfindung in erster Linie durch das ♀, das, geleitet offenbar vor allem durch den Geruchssinn, die Eier in der Nähe des Wirtes (angelockt u. U. durch den spezifischen Duft der Pflanze, an der der Wirt frißt; → Ichneumonidae), häufiger jedoch mit dem Legebohrer an oder in dessen Körper legt; es bleibt im einzelnen zu klären, auf welche spezifischen Duftkomponenten das ♀ offenbar angeborenermaßen anspricht; das zuweilen beobachtete Nichtbelegen eines bereits parasitierten Wirtes dürfte in manchen Fällen durch Wahrnehmen der Duftspuren der Vorgängerin bedingt sein, in anderen Fällen auch durch Sinnesorgane am Ende des Legestachels; bei frei lebendem Wirt ist Leitung durch den Gesichtssinn nicht von vornherein auszuschließen; definitive Wirtswahl u. U. durch die bewegliche Parasitenlarve, die den vorbeikommenden Wirt annimmt (Beispiel: Hyperparasit ***Perilampus tristis*** Mayr; → Perilampidae); oder der Wirt infiziert sich, indem er die zufällig getroffenen Eier frißt (Beispiel: ***Pseudogonalos hahni*** Spin.; → Trigonalidae). Das Anstechen des Wirtes kann bedeuten: a) unmittelbare Eiablage in den Wirt; b) Paralysieren oder Töten des Wirtes, erst anschließend Eiablage in der Nähe oder außen am Wirt; c) Setzen einer Wunde zum Gewinnen von Nahrung. Die Parasitenlarven sind häufig madenförmig, ohne Beine, mit mehr oder weniger rückgebildeten Mundteilen; in manchen Gruppen jedoch ist insbesondere das 1. Larvenstadium von abweichender Gestalt und nicht selten recht beweglich, erst die späteren Stadien werden madenartig (Vielgestaltigkeit der Larven; Polymetabolie). Fraß am Wirt teils außen (ektoparasitisch), teils innen (entoparasitisch), bei manchen Arten zunächst innen, dann außen; Nahrung: teils Körperflüssigkeit, teils auch (zunächst vergleichsweise entbehrliches) Wirtsgewebe, so daß der Wirt am Leben bleibt. Zuweilen wehrt sich der Wirt erfolgreich gegen frühe Entwicklungsstadien des Parasiten, z. B. Isolierung durch eine von Blutzellen gebildete Kapsel. Parasitische Lebensweise einzelner Arten bei sonst phytophagen Gruppen (z. B. → Cynipidae), bzw. pflanzliche Ernährung bei sonst parasitischen Gruppen (z. B. → Torymidae) kommt vor. (Bachmaier 1969; Clausen 1940; Franz 1961; F. Schneider 1950, 1951).

Schmalbienen; → Halictidae.

Schmalböcke, ***Strangalia*** sp.; → Cerambycidae 11.

Schmalwanzen; → Miridae.

Schmarotzer; → Parasitismus.

Schmarotzerbienen; → Apoidea.

Schmarotzerfaltenwespen; → Vespidae 5.

Schmarotzerfeldwespen, ***Sulcopolistes*** sp.; → Vespidae 1.

Schmarotzerhummeln, ***Psithyrus*** sp.; → Apidae 2.

Schmeißfliegen; → Calliphoridae.

Schmetterlinge; → Lepidoptera.

Schmetterlingshafte; → Ascalaphidae.

Schmetterlingsläuse; → Aleurodina.

Schmetterlingsmücken; → Psychodidae.

Schmiede; → Elateridae.

Schmierläuse; → Pseudococcidae.

Schmuckbienen, ***Epeolus*** sp.; → Anthophoridae 2; → auch Colletidae 1.

Schmuckfliegen; → Otitidae.

Schmuckwanze, ***Eurydema ornatum*** L.; → Pentatomidae.

Schnabeleulen; → Noctuidae 41.

Schnabelfliegen; → Mecoptera.

Schnabelgrille, ***Boreus hiemalis*** L.; → Boreidae.

Schnabelkerfe; → Hemipteroidea.

Schnaken; → Tipulidae.

Schnarrschrecke, ***Psophus stridulus*** L.; → Acrididae 2.

Schnauzeneulen; → Noctuidae 41.

Schnauzenfalter; → Pyralidae.

Schnauzenmücken; → Tipulidae.

Schneckenmotten; → Phyllocnistidae.

Schneckenräuber; → Drilidae.

Schneeballblattkäfer, ***Pyrrhalta viburni*** Payk.; → Chrysomelidae 15.

Schneefliege, ***Chionea*** sp.; → Limoniidae.

Schneefloh; 1. ***Boreus hiemalis*** L.; → Boreidae; 2. ***Isotoma nivalis***; → Isotomidae.

Schneeinsekten; im Winter (manche sogar auf Schnee) aktive Insekten; → Boreidae; → Collembola; → Cynipidae; → Geometridae; → Limoniidae; → Petauristidae. (Strübing 1958a).

Schneespanner, ***Phigalia pedaria*** F.; → Geometridae 29.

Schneewürmer, Larven von Weichkäfern; → Cantharidae.

Schneiderbock, ***Monochamus sartor*** Fbr.; → Cerambycidae 21.

Schnellkäfer; → Elateridae.

Schnellschwimmer, ***Agabus*** sp.; → Dytiscidae 6.

Schnepfenfliegen; → Rhagionidae.

Schönbär, ***Callimorpha (Panaxia) dominula*** L.; → Arctiidae 10.

Schönschrecke, ***Calliptamus italicus*** L.; → Catantopidae 1.

Schopfstirnmotten; → Tischeriidae.

Schrecken; → Saltatoria.

Schreiber, ***Adoxus obscurus*** ssp. ***villosulus*** L.; → Chrysomelidae 7.

Schrillorgane; →Stridulationsorgane.

Schröter; → Lucanidae.

Schuppenameisen; → Formicidae.

Schusterbock, ***Monochamus sutor*** L.; → Cerambycidae 21.

Schüttekrankheit; das zuweilen massenhafte Abfallen von Pflaumen, bedingt durch die Larven der Pflaumensägewespen (***Hoplocampa*** sp.); → Tenthredinidae 9.

Schwaben; → Blattariae.

Schwalbenlausfliege, ***Stenopteryx hirundinis*** L.; → Hippoboscidae 6.

Schwalbenschwanz, ***Papilio machaon*** L.; → Papilionidae 1.

Schwalbenwanze, ***Oeciacus hirundinis*** Jen.; → Cimicidae.

Schwamm; bisweilen gebrauchte Bezeichnung für das mit Haaren bedeckte Gelege mancher Schmetterlinge; → Lymantriidae; → Lasiocampidae.

Schwammbreitrüßler, ***Platyrrhinus resinosus*** Scop.; → Anthribidae 1.

Schwammfliegen; → Sisyridae.

Schwammfresser; → Cisidae.

Schwammspinner, ***Lymantria dispar*** L.; → Lymantriidae 4.

Schwan, ***Porthesia similis*** Fuessl.; → Lymantriidae 7.

Schwänzeltanz; → Apidae 3.

Schwärmer; → Sphingidae.

Schwarmmücken; → Chironomidae.

Schwarzer Apollo, ***Parnassius mnemosyne*** L.; → Papilionidae 5.

Schwarze Birnenblattwespe, ***Micronematus abbreviatus*** Htg.; → Tenthredinidae 11 b.

Schwarze Bohnenlaus, ***Aphis fabae*** Scop.; → Aphididae 42.

Schwarze Feigenfliege, ***Carpolonchaea aristella*** Beck.; → Lonchaeidae.

Schwarze Fliege, ***Heliothrips haemorrhoidalis*** Bou.; → Thripidae.

Schwarze Garteneule, ***Mamestra persicariae*** L.; → Noctuidae 45.

Schwarzer Getreidenager, ***Tenebrioides mauritanicus*** L.; → Ostomidae 2.

Schwarze Holunderlaus, ***Aphis sambuci*** L.; → Aphididae 19.

Schwarze Holzameise, ***Lasius fuliginosus*** Latr.; → Formicidae 3a.

Schwarze Kiefernholzwespe, ***Xeris spectrum*** L.; → Siricidae.

Schwarze Kirschenblattwepe, ***Eriocampoides limacina*** Retz.; → Tenthredinidae 8.

Schwarze Kirschenlaus, ***Myzus cerasi*** F.; → Aphididae 9.

Schwarzer Kohlerdfloh, ***Phyllotreta atra*** Fbr.; → Erdflöhe 1

Schwarzer Kolbenwasserkäfer, ***Hydrous*** sp.; → Hydrophilidae.

Schwarzer Kornwurm, ***Sitophilus granaius*** L.; → Curculionidae 30.

Schwarzer Moderkäfer, ***Staphylinus olens*** Müll.; → Staphylinidae 1.

Schwarze Moorameise, ***Formica picea*** Nyl.; → Formicidae 5c.

Schwarzes Ordensband, ***Mormo maura*** L.; → Noctuidae 22.

Schwarze Pflaumensägewespe, ***Hoplocampa minuta*** Chr.; → Tenthredinidae 9.

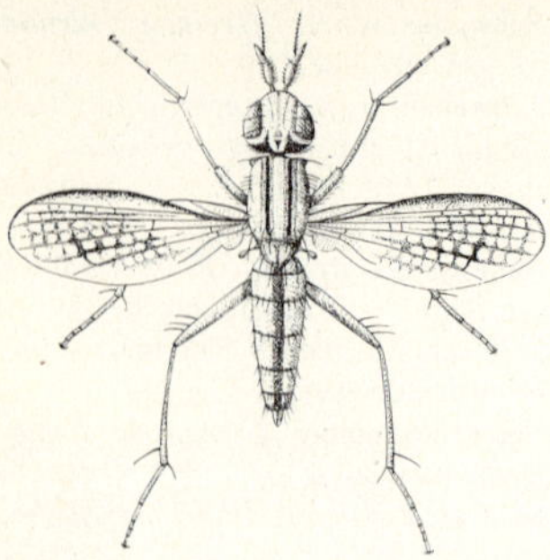

Abb. S-18: ***Limnia unguicornis***, Hornfliege. ♀, 5–7 mm. (Séguy 1951)

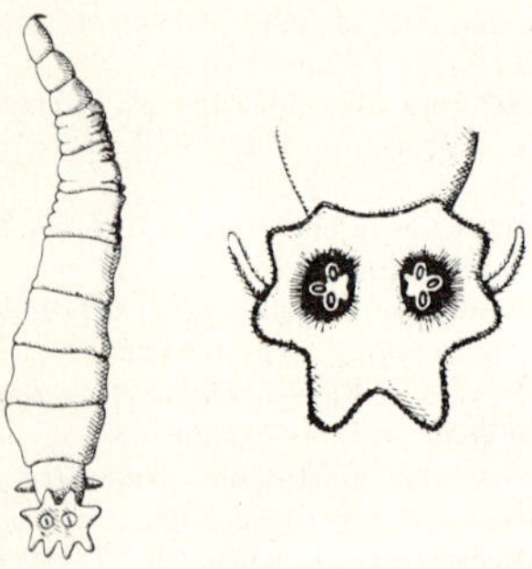

Abb. S-19: Links ***Tetanocera***, Larve, 10 mm; rechts ***Sepedon***, Larvenhinterende mit Stigmen. (Karny 1934)

Schwarzer Rübenaaskäfer, ***Blitophaga undata*** Müll.; → Silphidae 7.

Schwarze Stachelbeerblattwespe, ***Pristiphora pallipes*** Lep.; → Tenthredinidae 6.

Schwarze Süßkirschenlaus, ***Myzus cerasi pruniarium*** CB.; → Aphididae 9.

Schwarzer Wasserspringer, ***Podura aquatica*** L.; → Poduridae.

Schwarzer Wurm, ***Xyleborus monographus*** Fbr.; → Scolytidae 1.

Schwarzgefleckte Pfirsichlaus, ***Appelia schwartzi*** CB.; → Aphididae 16.

Schwarzgraue Wegameise, ***Lasius niger*** L.; → Formicidae 3b.

Schwarzkäfer; → Tenebrionidae.

Schwarzköpfiger Wurm, Raupe des Einbindigen Traubenwicklers, ***Eupoecilia ambiguella*** Hbn.; → Tortricidae 26.

Schwarzspanner, ***Odezia atrata*** L.; → Geometridae 2.

Schwarzweiße Erdwanze, ***Sehirus bicolor*** L.; → Cydnidae.

Schwebebienen, ***Melitturga*** sp.; → Andrenidae 2.

Schweber; → Bombyliidae.

Schwebfliegen; → Syrphidae.

Schwefelkäfer, ***Cteniopus sulphureus*** L.; → Alleculidae.

Schweinelaus, ***Haematopinus suis*** L.; → Haematopinidae.

Schwertschrecken; → Conocephalidae.

Schwertwespen; → Xiphydriidae.

Schwimmkäfer; → Dytiscidae.

Schwingfliegen; → Sepsidae.

Schwirrfliegen; → Syrphidae.

Sciara, Sciaridae; → Lycoriidae.

Sciomyzidae (Tetanoceridae), (Steck-) Hornfliegen; Fam. der cyclorrhaphen Fliegen (Diptera, Brachycera); die meist kaum mittelgroßen Imagines mit auffallend vorgestreckten Fühlern (deutscher Name), häufig mit hellen, dunkelgefleckten oder mit bräunlichen, hellgefleckten Flügeln ([**S-18**]; ***Limnia unguicornis*** Scop.); meist in der Nähe von Gewässern, aber auch in mittelfeuchten Wäldern; ruhen kopfunter an Pflanzen; Ernährung: Pollen, Nektar, tote Insekten, Insekteneier und Schleim von lebenden Schnecken; die Eier werden auf Schnecken oder – oft in deren Nähe – auf Pflanzen abgelegt; die ventral etwas abgeflachten Larven leben ausschließlich von Mollusken, die meisten von Wasser- und Landschnecken, wenige von Muscheln; a) als Räuber, die selbst mehrfach größere Wasserschnecken angreifen und töten; b) als sog. → Parasitoide von Landgehäuse- und Nacktschnecken und von Muscheln, die von außen, z.B. von der Mantelhöhle her, oder von innen an ihrem Wirt fressen, ihn schließlich – mitunter durch Gift – töten und nach Verzehr der Leiche als Räuber weitere Schnecken anfallen oder sich im Haus schon der ersten verpuppen; c) als Verzehrer von Schneckeneiern und Embryonen; Wirtsspezifität unterschiedlich ausgeprägt, einige Arten sind streng monophag, z.B. ***Calobaea bifasciella*** Fall. bei der Kleinen Schlammschnecke, ***Lymnaea truncatula*** Müll. [**S-21**], ***Ctenulus pectoralis*** Zett., bei der Tellerschnecke ***Planorbis vortex*** L. [**S-20**], die Mehrzahl wohl ist weniger wählerisch; ***Ctenulus punctatus*** Lundb. z.B. befällt ***Lymnaea*** und ***Planorbis***; bemerkenswert die Arten der räuberischen Gattung ***Sepedon***, deren aquatische

Larven Luft in den Vorderdarm schlucken und so genügend Auftrieb haben, um selbst mit erbeuteten und getöteten Schnecken sich unmittelbar unter der Wasseroberfläche aufhalten zu können; aktive Fortbewegung dabei durch 2 völlig verschiedene Schwimmbewegungen; der Aufenthalt an der Wasseroberfläche, auch anderer aquatischer Larven, erleichtert durch 4 (bei ***Sepedon***-Larven), bzw. 8 (bei ***Tetanocera***-Larven) unbenetzbare, die offenen Hinterstigmen umgebende Papillen, die beim Luftschöpfen weit gespreizt dem Oberflächenhäutchen aufliegen [**S-19**]; die dickliche ***Sepedon***-Puppe (ca 7 mm) hinten mit 2 mit kurzen Härchen besetzten Atemröhren, berührt damit im Spülicht des Ufersaums die Wasseroberfläche, überwintert hier; Verpuppung der ***Tetanocera***-Larven an Land, z. B. in Moos, Larven von ***Calobaea***, ***Ctenulus*** [**S-20**], ***Salticella*** im Haus der zuletzt verzehrten Schnecke, in der Körperform bisweilen der Windung angepaßt (***Calobaea***, [**S-21**]); weltweit etwa 300 Arten. Nicht wenige Schneckenarten, vor allem der Tropen und Subtropen, sind Zwischenwirte von z. T. sehr gefährlichen Parasiten von Mensch und Nutztieren; zur (biologischen) Bekämpfung dieser Schnecken erlangen die Sciomyzidae zunehmend Bedeutung. (Berg, Knutson 1978; Karny 1934; Schumann 1968; Séguy 1951; Wesenberg-Lund 1943).

Sciophilidae; Fam. der Mücken (Diptera, Nematocera); verwandt mit den Pilzmücken (→ Fungivoridae), diesen durchweg in der Lebensweise ähnlich; die Larven [**S-22**] ohne Kriechwülste, mit winzigen abdominalen Stigmen, oft in Gespinstschläuchen auf einem hellen Schleimband gleitend; bei einigen ist das Gespinst mit oxalsäurehaltigen Speicheltröpfchen bedeckt, deren Berührung auf andere Kleininsekten tödlich wirkt; diese werden dann von den Larven verzehrt; (sollte nachgeprüft werden); in dem Gespinst dann auch Verpuppung. Über 100 Arten in Mitteleuropa; als Schädling bemerkenswert: ***Pnyxia scabiei*** Hopk., Kartoffelschorfmücke; Imago winzig (1–2 mm), ♀ ohne Flügel und Schwingkölbchen; Larven (bis 4 mm) an unterirdischen Teilen verschiedener Pflanzen, bei Kartoffeln in der Regel zusammen mit der als Kartoffelschorf bezeichneten Krankheit. (Brauns 1954).

Scolia; → Scoliidae.

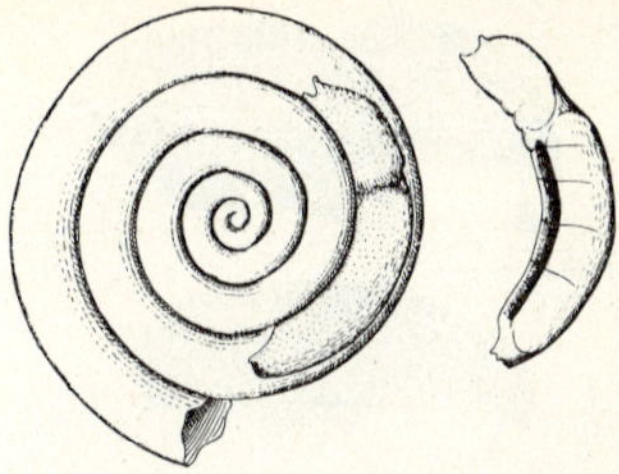

Abb. S-20: ***Ctenulus pectoralis.*** Puparium in ***Planorbis vortex*** und (rechts daneben) herausgenommen. (Wesenberg-Lund 1943)

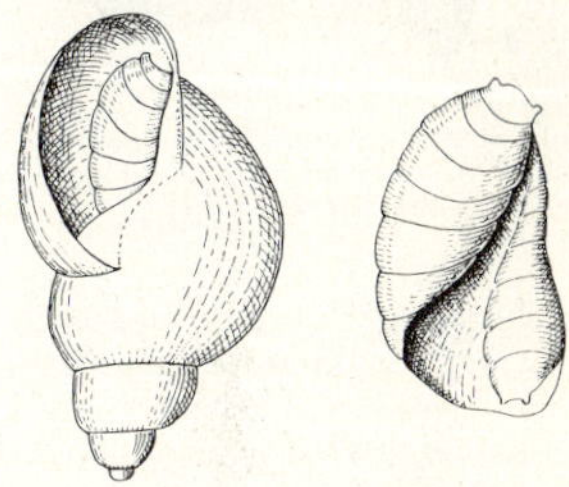

Abb. S-21: ***Calobaea bifasciella.*** Puparium in ***Lymnaea truncatula*** und (rechts daneben) herausgenommen. (Wesenberg-Lund 1943)

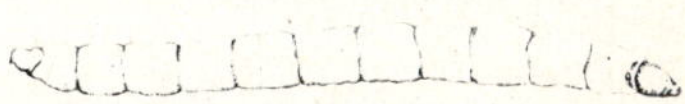

Abb. S-22: Sciophilidae: Larve unbekannter Art und Gattung. (Brauns 1954)

Scoliidae, Dolchwespen; Fam. der Hautflügler (Hymenoptera, Apocrita, Scolioidea); von etwa 1000 z. T. sehr stattlichen Arten nur 2 mittelgroße in M-Eur. i.e.S.: ***Scolia (Discolia) hirta*** Schrk. (10–20 mm), und ***S. quadripunctata*** Fbr. (9–14 mm); Imagines häufig auf Blüten Nektar leckend; das ♀ geht zur Eiablage in die Erde, sucht den Engerling eines Blatthornkäfers (z. B. ***Anomala***, ***Anisoplia***, ***Cetonia***; → Scarabaeidae), paralysiert ihn durch Stich mit dem Giftstachel und belegt ihn (bei manchen Arten erst nach Abschleppen des Opfers an eine passende Stelle in der Erde) von außen mit einem Ei; die Larve frißt sich mehr und mehr in die Wirtslarve hinein, verpuppt sich schließlich in einem Kokon, oft in der Haut des Opfers; Überwinterung vermutlich als erwachsene Larve im Kokon. In Südeuropa verbreitet ***Scolia***

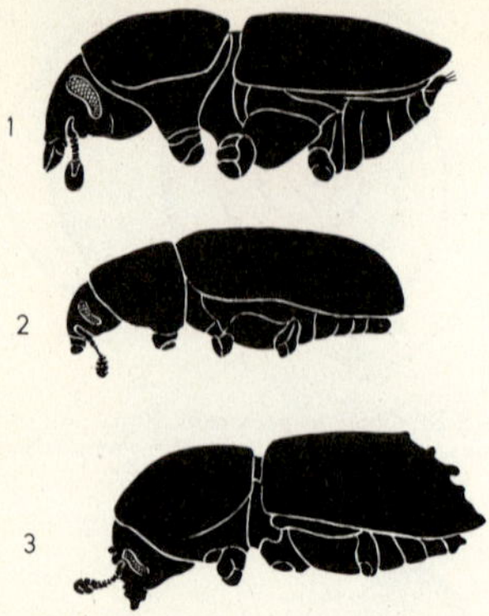

Abb. S-23: Silhouetten von 1 ***Eccoptogaster scolytus***, 5 mm; 2 ***Myelophilus piniperda***, 3 mm; 3 ***Ips typographus***, 4 mm. (Brauns 1964)

hirta Schrank. (10–20 mm), Entwicklung in den Larven von ***Anomalia-*** und ***Cetonia-***Arten und – zunehmend seltener werdend – die bis fast 50 mm lange ***Scolia flavifrons*** Fbr., größter Hautflügler Europas; Larve an den Engerlingen von Nashorn- und Hirschkäfer.

Scolioidea; Fam.-Gruppe der apocriten Hautflügler (Hymenoptera, Apocrita), mit den Fam. → Scoliidae; → Tiphiidae; → Mutillidae; → Methochidae.

Scolioneura; → Tenthredinidae 18.

Scoliopteryx; → Noctuidae 10.

Scolitantides; → Lycaenidae.

Scolytidae (Ipidae), Borkenkäfer; von den fast 5000 Arten dieser Fam. (Coleoptera, Polyphaga) etwa 100 in M-Eur. i.e.S.; meist klein (größte heimische Art: ***Dentroctonus micans*** Kug., etwa 9 mm); Körper etwa zylindrisch, jedoch bei verschiedenen Vertretern im Profil bezeichnend verschieden [**S-23**]; Flügeldecken gerade verlaufend, zum Hinterende bogig abfallend oder (häufig) am Ende auffallend abgestutzt, Absturz oft muldenartig vertieft und bei den ♂♂ häufig gezähnt (dient im Rückwärtsgang als »Schaufelbagger« beim Herausschaffen des Bohrmehls aus den Gängen; [**S-24**]); obwohl nahe verwandt mit den Rüsselkäfern, rüsselförmige Verlängerung des Kopfes kaum bemerkbar; meist gute Flieger, bei einigen Arten die ♂♂ flugunfähig; bei einer Reihe von Arten Zirpvermögen nachgewiesen; mehrere Typen von Lautorganen und dazu

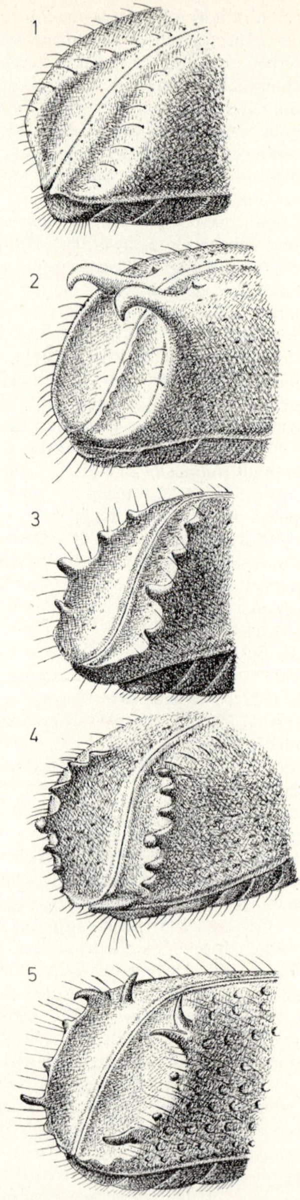

Abb. S-24: Flügelabstürze. 1 ***Pityophthorus micrographus***; 2 ***Pityogenes bidentatus***; 3 ***Ips typographus***; 4 ***Ips sexdentatus***; 5 ***Pityokteines curvidens***. (Escherich 1923/42)

passende Singbewegungen bekannt; bei manchen *Scolytus*-Arten und vielen Arten der Gttg. ***Ips*** Zirpen durch Kopfnicken, wobei eine scharfe Kante ventral an der Vorderbrust über Querriefen an der Kopfunterseite ***(Scolytus)*** bzw. eine dorsal an der Vorderbrust befindliche Kante an Querriefen des Scheitels streicht; bei einer Reihe anderer Arten Zirpen durch Längspumpen des Hinterleibs, wobei Rauhigkeiten oder Dornen auf den letzten Rückenschildern über feine Querriefen auf der Unterseite der Flügeldecken gleiten, meist (immer?) nur in einem Geschlecht (♂ oder ♀); gezirpt wird in Streßsituationen (wohl zur Abwehr, und zur Auslösung der Abgabe von Ablenkpheromon (s. unten) beim Sozialpartner), bei der Balz, bei Rivalenkämpfen und zur Regulation der Besiedlungsdichte in der Wirtspflanze, jeweils mit situationsspezifischen Zirplauten; über die Art der Wahrnehmung dieser Signale ist nichts bekannt. Ernährung ausschließlich vegetarisch (Käfer und Larven), nur wenige Arten sind streng monophag, nur an eine Nahrungspflanzenart gebunden, nicht wenige, ebenfalls als monophag bezeichnete Borkenkäfer befallen verschiedene Arten derselben Pflanzengattung, bei den oligophagen ist das Spektrum der Wirtspflanzen auf Arten derselben Fam. oder Ordg. ausgedehnt, die polyphag sich ernährenden Scolytidae schließlich, befallen entweder die verschiedensten Laub- oder die verschiedensten Nadelbaum-Arten; nur wenige Arten extrem polyphager Borkenkäfer können sowohl Laub- als auch Nadelholz nutzen; Fressen im Inneren der Pflanzen in fast ausschließlich vom ♀ und den Larven angelegten Fraßgängen (♂♂ helfen beim Entfernen des Bohrmehls), Fraßbild artspezifisch verschieden, keineswegs nur dicht unter der Borke von Holzgewächsen, manche Arten auch in krautigen Pflanzen (deutscher Name der Fam. nur bedingt richtig); artspezifisch verschieden oft auch der Bereich (Stammteile mit dicker oder dünner Rinde, Äste, Zweige, Wurzeln) der befallenen Pflanze sowie ihr physiologischer Zustand (gesund, kränkelnd, tot); am häufigsten werden kränkelnde, in ihrem Wasserhaushalt gestörte Bäume oder gar totes Holz befallen, seltener gesunde oder nur wenig geschwächte Bäume, regelmäßig z. B. durch den Kleinen Waldgärtner ***(Blastophagus minor)***, ausnahmsweise, z. B. bei Massenvermehrung, durch den Buchdrukker ***(Ips typographus)***. Bei einer Reihe von Arten symbiontische Mikroorganismen aufgefunden, teils in Mitteldarmzellen, teils in dem Darm aufliegenden Zellgruppen, ferner in den Endkammern der Eiröhren. Nahrung: a) bei den meisten Rindenbrütern (phloeophage Borkenkäfer) Zellinhalte der Rindengewebe und des äußeren Splintholzes (verschiedene Zucker, Stärke, Hemizellulose; Lignin und Zellulose werden nicht verdaut); b) bei einigen Rinden- und allen Holzbrütern (xylo-mycetophage B.): in der Gangwand rasenartig sprossende, mit ihren Hyphen in das Holz eindringende Pilze (»Ambrosia«); Infektion des Holzes mit den weitgehend art- bzw. gattungsspezifischen Pilzen durch Mycel- oder Sporen, die in → Mycetangien transportiert werden; diese meist nur bei den ♀♀ an den verschiedensten Körperstellen ausgebildet, bei ***Xyloborus monographus*** z. B. in den Mandibeln, bei ***Ips acuminatus*** im vorderen Teil der Mundhöhle, bei ***Xyleborus dispar*** als Einsenkung der Intersegmentalhaut dorsal zwischen Vorder- und Mittelbrust; Sekrete von Hautdrüsen schützen und konservieren die Keime bis sie zur Infektion gebraucht werden; die Fraßgänge der Larven der Ambrosiafresser sind, im Gegensatz zu denen der Rindenbrüter, nur kurz. Bei der Besiedlung geeigneter Wirtsbäume sowohl als auch beim Finden der Geschlechter, beim Paarungs- und beim Aggressionsverhalten, und bei der Regulation der Besiedlungsdichte spielen chemische und akustische Signale eine Rolle, deren Art und/oder Kombination von Spezies zu Spezies verschieden ist; beim Anflug an die Wirtspflanze ist bisweilen die optische Orientierung wichtig: Stammsilhouetten wirken lockend; bedeutungsvoller sind baumeigene Lockstoffe; bei Koniferen sind es vor allem im Harz enthaltene leichtflüchtige Bestandteile des Terpentinöls (z. B. α-Pinen, Camphen, Limonen u.a.), auf die Nadelholzborkenkäfer ansprechen, an der Ulme lockt Vanillin den Kleinen Ulmensplintkäfer ***(Scolytus multistiatus*** Marsh.), bei der Esche Fraxinidin den Bunten Eschenbastkäfer ***(Leperisinus varius*** F.) und bei der Buche Äthylalkohol (+ Stammsilhouette) den Buchennutzholzborkenkäfer ***(Xyloterus domesticus)***, diese von den Bäumen ausgehende, und von den Käfern durch das Verletzen von Leitungsbahnen bzw. Harzgängen laufend erhöhte **primäre Lockwirkung** wird erheblich verstärkt durch Pheromone, die von den bereits eingefallenen und im Holz nagenden Käfern im Enddarm gespeichert und mit dem Kot dem Fraßmehl (engl. frass) beigemischt werden; es sind leicht flüchtige, niedermolekulare Verbindungen (max. 10 C-Atome), die durch Oxidation von Harzinhaltsstoffen gebildet werden, häufig bizyklische Ketale oder Alkohole und deren Ketone; über die Art der Aufnahme der Harzbestandteile und den Ort der Synthese der Pheromone ist man nur unzureichend unterrichtet; vermutlich werden sie meist mit dem abgenagten Holz aufgenommen und nach dem Umbau (im Fettkörper?) über die Malpighischen Gefäße dem Darm zugeführt; beim Buchdrucker ***(Ips typographus*** L.) gelangt α-Pinen mit den Harzdämpfen über das Tracheensystem in den Körper, wird zu cis-Verbenol oxidiert und über die Malpighischen Gefäße in den Darm geleitet; das ♀ des Douglasienborkenkäfers ***(Dentroctonus pseudotsugae*** Hopk., der Käfer befällt in den USA und Kanada Douglastannen) produziert fünf, einander strukturell ähnliche Pheromone, das bizyklische Ketal Frontalin (Dimethyldioxabicyclooctan), trans-Verbenol, Verbenon, Methylcyclohexenol und Methylcyclohexenen (MCH); die – artspezifischen – Buketts der Pheromone, sie entfalten ihre maximale Attraktivität zusammen mit den baumeigenen Lockstoffen, wirken – als **Populations-Lockstoffe** – auf ♂♂ und ♀♀ gleichermaßen attraktiv; diese **sekundäre Anlockung** führt zu raschem, oft massenhaftem Befall geeigneter Brutbäume; bei monogamen Arten (s. unten), deren ♀♀ sich vor den ♂♂ in die Rinde einbohren, produzieren diese die Populationslockstoffe, bei den polygamen Arten sind es die zuerst anfliegenden und die Rammelkammer anlegenden ♂♂; pheromonale Lockstoffe einer Art wirken (als → Allomone) nicht selten anflughemmend auf konkurrierende Borkenkäferarten, (als → Kairomone) auf spezifische Parasiten jedoch attraktiv; nach optimaler Besiedlung eines Wirtsbaumes wird weiterer Anflug von Artgenossen gehemmt durch Einstellung der Abgabe der Populationspheromone, durch bestimmte akustische Signale und/oder Ausscheiden von sog. **Ablenkstoffen,** Pheromonen, die als Antilockstoffe abstoßen und vertreiben; nicht selten wird diese Wirkung durch einfache Änderung der Konzentration eines der Bukett-Pheromone erreicht, das MCH-Pheromon des Douglasborkenkäfers z. B. wirkt nur in geringer Konzentration attraktiv, in hoher stößt es ab, ebenso das α-Pinen, das auf den Schwarzen Kiefernbastkäfer (***Hylastes ater*** Payk.) in geringen Dosen anlockend, in hohen abstoßend wirkt (auf den konkurrierenden Gelbbraunen Fichtenbastkäfer, ***Hylurgops palliatus*** Gyll., wirkt es in jedem Fall abstoßend); da die Populationspheromone beide Geschlechter anlocken, funktionieren sie natürlich auch als Sexuallockstoffe, daneben gibt es spezielle Sexualpheromone, die beim Paarungsverhalten die Attraktivität des einen oder anderen Partners erhöhen. Nach der Wohnstätte in Holzgewächsen 2 Haupttypen: A) **Rindenbrüter**: Fraßgänge unter der Rinde im Bast oder Splint; typischer Lebensablauf eines Rindenbrüters: Imagines überwintern, bei Sonnenschein im Frühling Anflug an den für die Art bezeichnenden Fraßbaum; weiterer Verlauf verschieden: a) Monogame (einweibige) Arten: 1♂ + 1♀ zusammen; Begattung meist schon auf der Rinde (ein- oder mehrere Male, je nach Art, bisweilen Kämpfe der ♂♂ um ein ♀); das ♀ nagt (fast stets schräg aufwärts, Nagsel fällt leicht heraus) einen Gang durch die Rinde, anschließend (ohne Beteiligung des ♂) den »Muttergang«; in diesem Eiablage, teils lose in Gruppen oder einzeln, teils in ausgenagten Einischen **[S-38]** für je 1 Ei, mit Bohrmehl oder einem Häutchen aus sekretartigem Stoff verschlossen; vom Muttergang ausgehend die sich in der Regel niemals überschneidenden, sich allmählich verbreiternden Fraßgänge der fußlosen Larven (z. B. **[S-31]**), an deren Ende Verpuppung in einer »Puppenwiege« **[S-31]**, aus der sich der Jungkäfer durch Nagen eines Ausflugloches entfernt; zuweilen (z. B. bei ***Dendroctonus micans*** Kug.) gemeinsamer Larvenfraß in einer größeren Höhle. b) Polygame (mehrweibige) Arten: 1♂ + mehrere ♀♀: das ♂ nagt einen kurzen Gang, anschließend die »Rammelkammer«, hier Begattung und von hier ausgehend soviel Muttergänge, wie ♀♀ vorhanden sind **[S-36]**. Fraßbilder (Muttergang bzw. -gänge + Larvengänge) artspezifisch verschieden, ermöglichen oft leicht das Erkennen der Art; Haupttypen: Längsgänge (in Stammlängsachse), ein- oder zweiarmig; Quergänge, ein- oder zweiarmig; Sterngänge (mehrere Gänge mehr oder weniger radial von einer kleinen Höhle, z. B. von der Rammelkammer weg, bisweilen mehr als Längs- oder als Quergänge); Platzgänge (mehr oder weniger große Höhle) mit oder ohne davon ausgehende eigene Larvengänge. Imagines recht langlebig, ein ♀ kann mehrere Bruten machen. B) **Holzbrüter:** die Fraßgänge gehen bis in oberflächliche oder tiefere Schichten des Holzes; hierher gehören nur verhältnismäßig wenige Arten; a) Gangsystem bis ins Holz stammt entweder ausschließlich vom ♀ (z. B. ***Anisandrus dispar*** Fbr.; ***Xyleborus***-Arten; [**S-25**]; kein eigener Gangfraß der Larven; b) die Larven fressen von den Einischen aus kurze leitersprossenartige Gänge, in ihnen Verpuppung mit Kopf zum Muttergang ([**S-26**]; ***Xyloterus lineatus*** Oliv.); oder die Larven (und Jungkäfer) fressen gemeinsam einen größeren Platz (Familiengang) aus (z. B. ***Xyleborus saxeseni*** Ratz.); Tätigkeit der ♂♂: höchstens Auswerfen von Bohrmehl; Tätigkeit der ♀♀: außer Herstellen und Sauberhalten des Mutterganges Pflege des in die Gangwand ausgesäten, zur Ernährung der Larven dienenden Pilzrasens (Gangwand durch den Pilz oft geschwärzt, »Bläuepilze«); Ausjäten »falscher« Pilze; die Jungkäfer verlassen den Bau durch das primäre Einbohrloch. Bei Arten mit flugunfähigen ♂♂ (z. B. ***Xyleborus***-Arten) Begattung schon im Geburtsbau (dann unter den Geschwistern) oder in Nachbarbauten; das abfliegende ♀ arbeitet dann ganz allein den Neubau aus. Manche Arten mit einer, andere mit 2 Generationen im Jahr, Generationenzahl kann bei der gleichen Art regional verschieden sein, in wärmeren Gebieten mehrere, in Hochlagen und im Norden immer nur eine Generation; die Entwicklung der Generationen überschneidet sich zuweilen so, daß in großen Teilen der Brutzeit verschiedenste Stadien vorhanden sind. Weitere Fraßspuren, im Anschluß an das typische Fraßbild oder anderswo, durch Reifungsfraß der Jungkäfer, zur Entwicklung der Keimdrüsen, oder durch Regenerationsfraß des Altkäfers, z. B. vor Anlegen eines weiteren Mutterganges; Jungkäfer machen nach Verlassen des Mutterbaues im Herbst zuweilen einen Überwinterungsfraß. Manche sehr kleine Arten beginnen ihren Brutbau

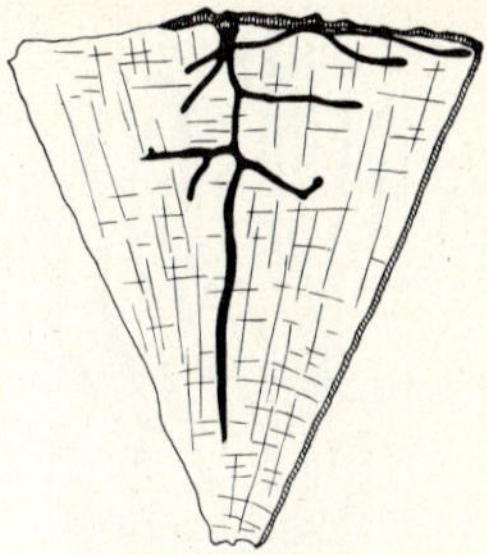

Abb. S-25: ***Xyleborus monographus***, Eichenholzbohrer. Fraßgang. (Schimitschek 1955)

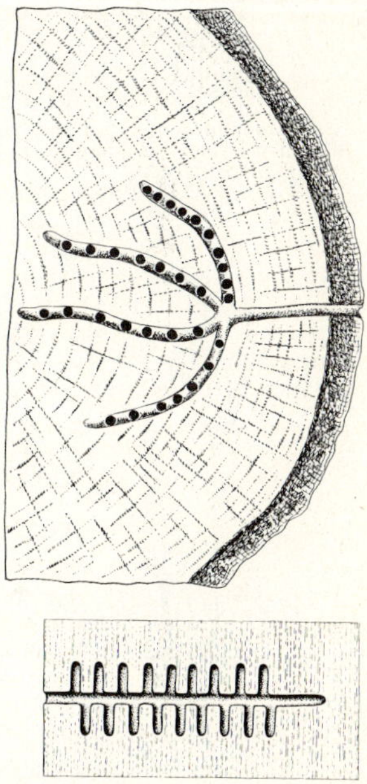

Abb. S-26: ***Xyloterus domesticus***, Buchennutzholzborkenkäfer. Fraßgang, schwarz die Eingänge in die Leitersprossen der Larven. Unten Längsschnitt durch Fraßgang mit Leitersprossen. (Escherich 1923/42, verändert)

von den Gängen größerer Arten aus. Viele Arten sind bei Massenvermehrung in Wald und Garten außerordentlich schädlich. Natürliche Feinde: außer Spechten eine Reihe räuberischer Insekten (vgl. z. B. → Cleridae) und Schlupfwespen. Auswahl einiger Arten: **I. Nur an Laubholz. 1. *Xyleborus***

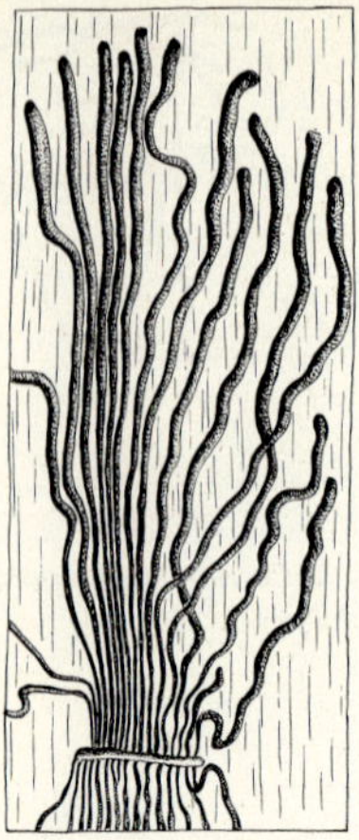

Abb. S-27: ***Scolytus intricatus***, Eichensplintkäfer. Teil des Brutfraßbildes an Eiche. Länge des Holzstückes 11,5 cm. (Brauns 1964)

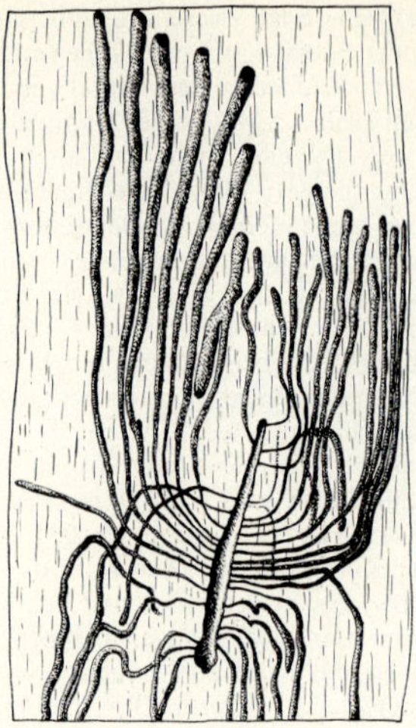

Abb. S-29: ***Scolytus mali***. Großer Obstbaumsplintkäfer. Brutfraß. (Escherich 1923/42)

Abb. S-28: ***Scolytus intricatus***, Eichensplintkäfer. Reifungsfraß an Eichentrieb. (Escherich 1923/42)

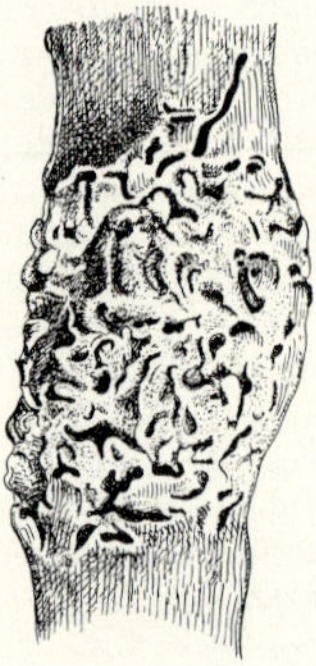

Abb. S-30: ***Hylesinus fraxini***, Kleiner bunter Eschenbastkäfer. »Eschenrose« durch Ernährungsfraß des Käfers. Holzstück ca. 6 cm lang. (Brauns 1964)

monographus Fbr., Eichenholzbohrer, Kleiner Schwarzer Wurm (2–3 mm); vor allem an Eiche, daneben an Buche, Ulme, Kastanie u.a.; pilzzüchtender Holzbrüter, vor allem an frisch geschlagenem Holz; ♂ flugunfähig; ♀-Gang **[S-25]** unterschiedlich weit, manchmal bis tief ins Holz, spalierbaumartig verzweigt; Eier in Haufen in den Seitengängen abgelegt, ältere Larven hintereinander in ihnen, nagen nicht im Holz, fressen ausschließlich den Pilzbelag; Übertragung des Pilzes in Mandibulartaschen des ♀; 2 Generationen, Flugzeiten III/IV und VI/VII. **2. *Xyloterus domesticus*** L., Buchennutzholzborkenkäfer, Laubnutzholzborkenkäfer (3–3,5 mm); außer an Buche an verschiedenen anderen Laubbäumen; monogamer pilzzüchtender Holzbrüter; Übertragung des Ambrosiapilzes in prothorakalen Taschen (»Öldrüsen«) des ♀;

Muttergang sich verzweigend, bis tief ins Holz [**S-26**]; das ♂ hilft beim Sauberhalten; Eier in Einischen abgelegt, die Larven fressen kurze Leitersprossen, in ihnen Verpuppung, dabei Verschluß gegen den Muttergang durch Spänchen und Kot; 1 Generation, Flugzeit ab III. **3.** ***Scolytus (Eccoptogaster) intricatus*** Ratz., Eichensplintkäfer (3–3,5 mm); außer an Eiche an verschiedenen anderen Laubhölzern; monogamer Rindenbrüter; Muttergang: einarmiger Quergang, in Splint einschneidend, bis 3 cm lang, Larvengänge bis 15 cm [**S-27**]; die Käfer fressen (Reifungs- und Regenerationsfraß) an der Basis junger Triebe, der Zweig fällt ab [**S-28**]; eine oder auch 2 Generationen. **4.** ***Scolytus (Eccoptogaster) mali*** Bechst., Großer Obstbaumsplintkäfer (3–4 mm); an Obst- und anderen Laubbäumen; monogamer Rindenbrüter; Muttergang: mit Erweiterung beginnender einarmiger Längsgang (bis 12 cm; (**S-29**]); Reifungsfraß der Käfer in den Achseln von Blättern und Zweigen; 2 Generationen. **5.** ***Hylesinus varius*** Fbr. ***(fraxini*** Panz.), Kleiner bunter (scheckiger) Eschenbastkäfer (3 mm; oben scheckig beschuppt); an Esche und anderen Laubbäumen monogamer Rindenbrüter; Muttergang: zweiarmiger Quergang, oft bis ins Holz, an Stamm und Ästen; Reifungs-, Regenerations- und Überwinterungsfraß der Käfer in minenartigen Gängen an grüner Rinde, die dann grindig wird (»Eschenrosen«; [**S-30**]); eine Generation. **6.** ***Scolytus (Eccoptogaster) scolytus*** Fbr., Großer Ulmensplintkäfer (4–6 mm); vor allem an Ulmen; monogamer Rindenbrüter; Muttergang: einarmiger, bis 3 cm langer Längsgang [**S-31**]; wichtig als Verbreiter des durch den Pilz ***Ceratocystis ulmi*** bedingten Ulmensterbens: Pilzsporen außen am Körper des Käfers und im Kot. **II. An Laub- und Nadelholz. 7.** ***Xyleborus (Anisandrus) dispar*** Fbr., Ungleicher Holzbohrer; Geschlechtsunterschied: ♂ 2 mm, flach, flugunfähig; ♀ 3–3,5 mm [**S-32**]; mehr an verschiedensten Laub- als an Nadelbäumen; pilzzüchtender Holzbohrer; Übertragung des Ambrosiapilzes durch das ♀ in intersegmentalen Taschen dorsal zwischen Pro- und Metathorax; ♀ bohrt bis 6 cm lange Eingangsröhre und von dieser ausgehend, ungefähr den Jahrringen folgend Brutröhren 1. Ordnung; von diesen zweigen in unregelmäßiger Anordnung parallel zur Stammachse nach oben und unten sekundäre Brutröhren ab [**S-33**]; Eiablage in Häufchen; Larven fressen keine eigenen Gänge; Begattung am Entwicklungsort;

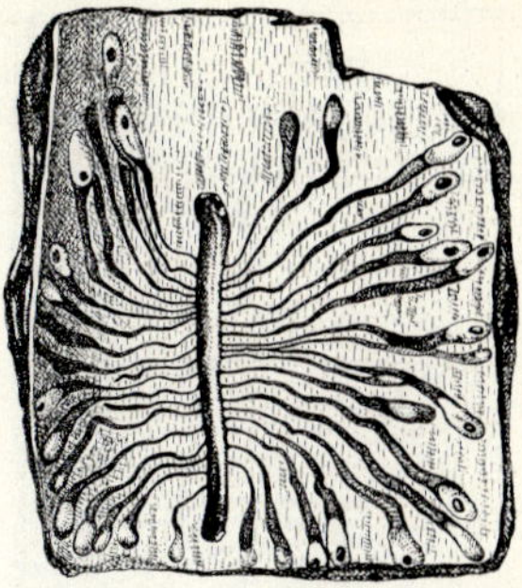

Abb. S-31: ***Scolytus scolytus***, Großer Ulmensplintkäfer. Fraßbild in Ulmenrinde, Innenseite. (Amann 1960)

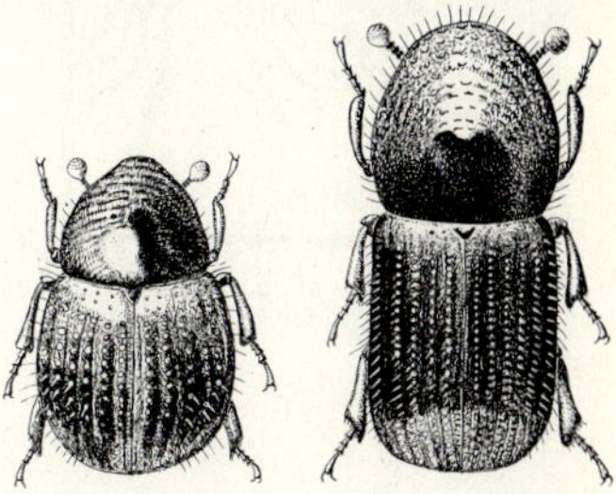

Abb. S-32: ***Xyleborus dispar***, Ungleicher Holzbohrer. Links ♂, ca. 2 mm; rechts ♀, ca 3 mm. (Brauns 1964)

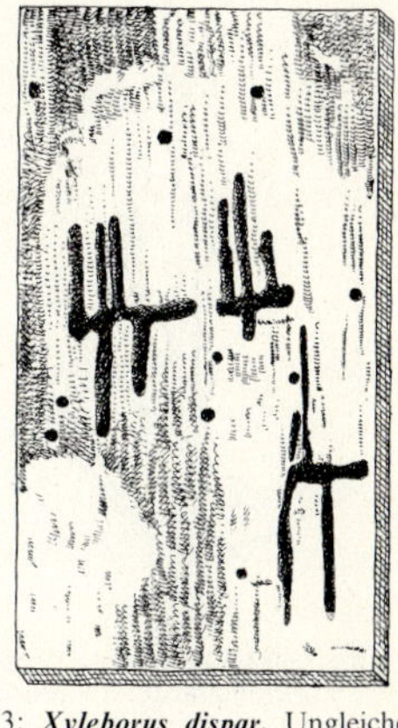

Abb. S-33: ***Xyleborus dispar***, Ungleicher Holzbohrer. Gabelgänge. (Schimitschek 1955)

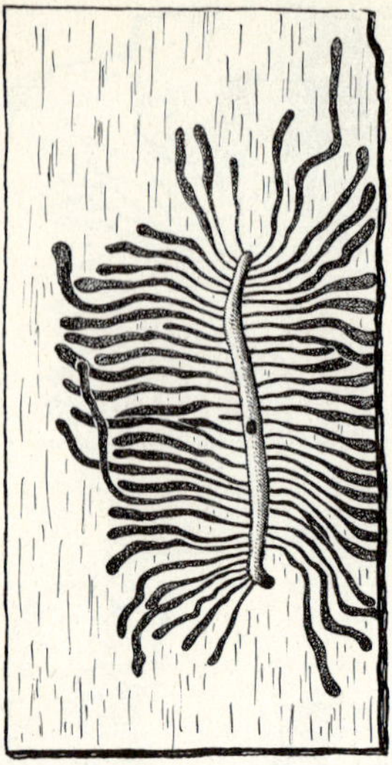

Abb. S-34: ***Blastophagus piniperda***, Großer Waldgärtner. Kiefernrinde, Innenseite; Brutbild.

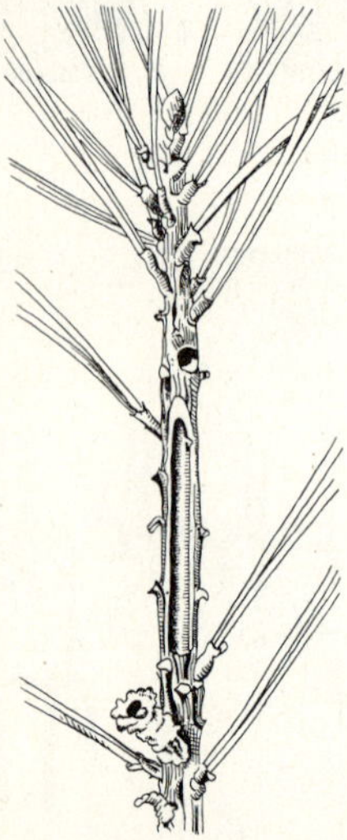

Abb. S-35: ***Blastophagus piniperda***, Großer Waldgärtner. Käfer, Reifungsfraß in Kiefernmaitrieb. (Schimitschek 1955)

eine Generation; in Obstgärten oft schädlich. **8. *Xyloborus saxeseni*** Ratz., Saxesens Holzbohrer, Kleiner Holzbohrer; deutlicher Geschlechtsunterschied: ♂ 1,5–1,8 mm, flugunfähig; ♀ 2–2,4 mm; außerordentlich polyphag, über 80 Wirtspflanzen bekannt; pilzzüchtender Holzbrüter; Übertragung der Pilze durch das ♀ in einer von Drüsenhaaren umstellten und Sekret enthaltenden Grube am Vorderrand der Flügeldecken; Muttergang bis ins Holz, wird von Larven und Jungkäfern zu flachen, in Holzfaserrichtung stehenden umfangreichen Plätzen erweitert; dort auch Begattung der ♀♀ durch die weit weniger zahlreichen ♂♂; Larven und vor allem Jungkäfer helfen beim Sauberhalten der Höhle; nicht selten Verschmelzen benachbarter Familienplätze zu sehr volkreichen Gemeinschaften (in einem Fall über 2300 Tiere festgestellt). Vermutlich nur 1 Generation im Jahr; in M-Eur. bisweilen schädlich (nur) in Obstgärten, in Südosteuropa auch in Laubwäldern. III. **Nur an Nadelholz. 9. *Blastophagus (Myelophilus) piniperda*** L., Großer (Gefurchter) Waldgärtner (3,5–4,8 mm); fast nur an Kiefern (am Stamm), selten an Fichte und Lärche; monogamer Rindenbrüter; Einbohrloch oft mit Harztrichter; Muttergang: einarmiger Längsgang, mit 2–3 »Luftlöchern«; bis 16 cm [**S-34**], bei Befall liegender Stämme oft Anfangsteil krückstockartig nach unten gebogen, so leichterer Abfluß von Bohrmehl; bei starkem Befall entwickelt sich nur ein Teil der Brut (Nahrungsmangel?); Reifungsfraß der Jungkäfer im Inneren einjähriger Triebe, die dürr werden und im Herbst abfallen (Hauptschaden! deutscher Name! [**S-35**]); Überwinterung unten am Stamm in kurzen, dafür hergestellten Fraßgängen; eine Generation. **10. *Blastophagus (Myelophilus) minor*** Htg., Kleiner (Rotbrauner) Waldgärtner (3,5–4 mm); Lebensweise ähnlich 9, jedoch Muttergang als zweiarmiger Quergang höher am Stamm in Bereichen mit dünner Rinde; reiches Wachstum von holzverfärbenden Bläuepilzen im Brutsystem; Übertragung der schleimumhüllten Pilzsporen außen am Körper, im Darmtrakt und (seltener) in → Mycetangien; symbiontische Beziehung noch nicht geklärt. **11. *Ips sexdentatus*** Boern., Großer (Zwölfzähniger) Kiefernborkenkäfer (5,5–8 mm); jederseits 6 Zähne am Flügelabsturz, [**S-24,4**]); in Europa fast nur an Kiefer, am unteren Stammteil; polygamer Rindenbrüter; von der Rammelkammer aus je nach Zahl der ♀♀ 2–4 sehr lange Mutterlängsgänge vor allem nach oben und unten [**S-**

36], mit Luftlöchern; Larvengänge (bis 9 cm) zweigen rechtwinkelig von den Muttergängen ab, am Ende mit napfförmiger Puppenwiege; Reifungsfraß der Jungkäfer von der Puppenwiege, Regenerationsfraß der Altkäfer von den Muttergängen aus; Überwinterung unter der Rinde, bisweilen als Larve; in M-Eur. meist 2, im Mittelmeergebiet 4–5 Generationen. **12.** ***Pityogenes bidentatus*** Hrbst., Hakenzähniger (Zweizähniger) Kiefernborkenkäfer (2–2,8 mm); Flügeldeckenabsturz oben mit 2 großen hakenförmigen Zähnen [**S-24,2**]; hauptsächlich an Kiefer (bes. an der Gemeinen Föhre, ***Pinus silvestris)***, seltener an anderen Nadelbäumen, und zwar in dünner Rinde von Ästen und Stamm kränkelnder Bäume; polygamer Rindenbrüter; von der Rammelkammer aus 3–7 sternförmig abgehende Muttergänge, von ihnen bzw. von den Puppenwiegen aus Regenerations- bzw. Reifungsfraß der Käfer; meist 2 Generationen; Überwinterung als Larve, Puppe oder Imago möglich; u.U. sehr schädlich. **13.** ***Dendroctonus micans*** Kug., Riesenbastkäfer (5,5–9 mm); größter europäischer Borkenkäfer; auf Fichte am unteren Stammende (seltener auf Tanne oder Kiefer); monogamer Rindenbrüter; eigenartiges Fraßbild: Muttergang (ohne Bohrmehl, oft mit Luftlöchern; am Einbohrloch mit großem mit Bohrmehl vermischtem Harztrichter) und Eilager (mit Bohrmehl), in letzterem die Eier zu wenigen oder in Haufen; die Larven fressen gemeinsam in Front nebeneinander unregelmäßig gestaltete Familienplatzgänge aus; ein Teil der Larven drückt »hinten« Fraßmehl und Kot zu einer Platte fest, Austausch mit den »an der Front« fressenden; Verschmelzen, auch verschiedenaltriger, benachbarter Familien möglich; Verpuppung einzeln in der Bohrmehlplatte; meist eine Generation, in Höhenlagen im Laufe von 2 Jahren; Überwinterung in verschiedenen Stadien möglich, da wegen langer Eierlegeperiode alle Stadien nebeneinander vorkommen können; sehr schädlich, greift auch gesunde Bäume an. **14.** ***Ips typographus*** L., Buchdrucker, Großer achtzähniger Borkenkäfer (4–5,5 mm); jederseits am Flügeldeckenabsturz 4 Zähnchen; [**S-37; S-24,3**]); hauptsächlich an Fichte (und an anderen ***Picea***-Arten), am Stamm; polygamer Rindenbrüter, meist 1–3 ♀♀, entsprechend die Zahl der mit 2–4 Luftlöchern versehenen,

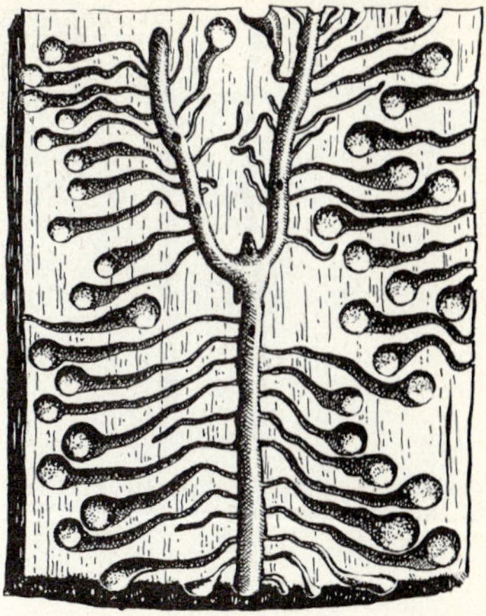

Abb. S-36: ***Ips sexdentatus***, Großer Kiefernborkenkäfer. Brutfraßbild: Hochzeitskammer (in der Mitte), Larvengänge und schüsselförmige Puppenlager. (Brauns 1964)

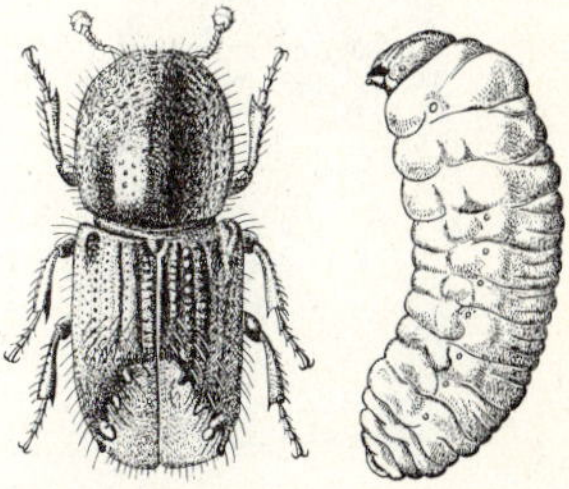

Abb. S-37: ***Ips typographus***, Buchdrucker. Links Imago; rechts Larve; beide ca. 4 mm. (Brauns 1964)

oft bis 15 cm langen Längsmuttergänge (am häufigsten 2, seltener 4–7), die große Rammelkammer in der Rinde; 30–60 Eier von einem ♀ in Einischen abgelegt, dazu mehrmalige Begattung nötig; das ♂ hilft beim Herausschaffen des Bohrmehls mit dem Flügelabsturz; Larvengänge 5–7 cm lang; Regenerationsfraß des ♀ durch Verlängerung oder Erweiterung des Mutterganges, hier keine Eier; Reifungsfraß der Jungkäfer von der Puppenwiege aus, ihre Fraßgänge hirschgeweihförmig; im Fraßbaum, in Stubben oder im Boden Überwinterung der Jungkäfer (vielleicht gelegentlich auch der Puppen oder Larven); Frühlingsanflug der Brutbäume nach Reifungs-

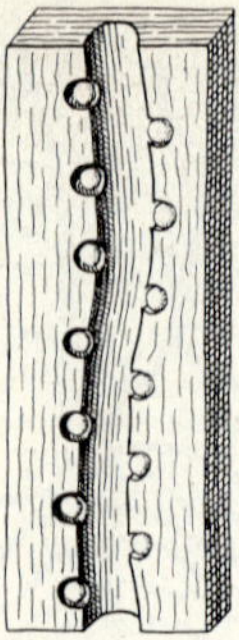

Abb. S-38: ***Pityogenes chalcographus***, Kupferstecher. Muttergang mit Einischen. (Eidmann 1941)

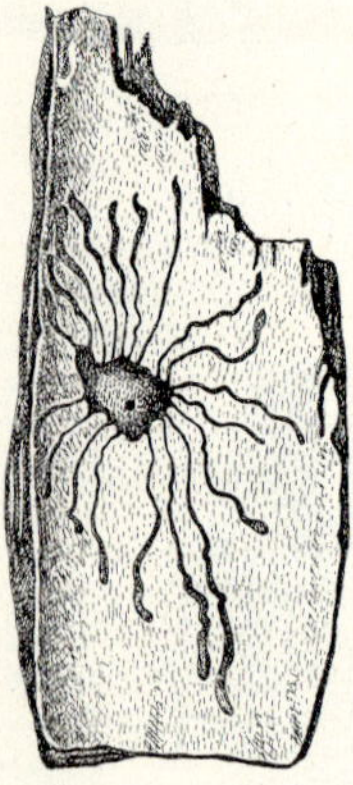

Abb. S-39: ***Cryphalus piceae***, Kleiner Tannenborkenkäfer. Fraßbild an der Innenseite von Tannenrinde. (Amann 1960)

fraß Mitte IV–V und nochmal VI–VII; Entwicklungsdauer bis zum Jungkäfer 2 Monate und mehr; das gleiche ♀ kann eine 2. Brut beginnen; in der Regel 2, selten 3 Generationen; einer der schädlichsten Borkenkäfer, bei Massenbefall mehrere hundert Brutplätze pro m² Rinde, geht vor allem an kränkelnde, aber bei starker Vermehrung auch an gesunde Bäume höheren Alters, vermag große Waldflächen zu zerstören; bei starkem Befall reicht der Harzfluß eines gesunden Baumes nicht aus, den Käfer zu unterdrücken. **15. *Pityogenes chalcographus*** L., Kupferstecher, Sechszähniger Fichtenborkenkäfer (1,8–2 mm; Flügeldeckenabsturz jederseits mit 3 Zähnen); vor allem an Fichte im oberen Stammbereich, oft am gleichen Baum wie der Buchdrucker (13); polygamer Rindenbrüter, von der Rammelkammer aus 3–6 Muttergänge [**S-38**], mehr oder weniger sternförmig; auch Larven können überwintern; meist 2 Generationen. **16. *Pityokteines (Ips) curvidens*** Germ., Krummzähniger (Weiß-) Tannenborkenkäfer (2,7–3,3 mm; Flügeldeckenabsturz des ♂ jederseits mit 3 größeren gebogenen und 2 kleinen Zähnen, ([**S-24,5**]; beim ♀ jederseits nur 3 Kegel); vor allem an Weißtanne und anderen ***Abies***-Arten; polygamer Rindenbrüter: typisches, freilich oft abgewandeltes Fraßbild: liegendes H, d.h. von der Rammelkammer aus nach oben und nach unten je ein U-förmig sich verzweigender Muttergang (Hersteller: 2 ♀♀); Reifungsfraß in der Umgebung der Puppenwiege oder an frischen Stämmen; überwinterte Käfer fliegen schon im III die Tannen an, vor allem die Gipfelregion; meist 2, bisweilen 3 Generationen; oft sehr schädlich. **17. *Cryphalus piceae*** Ratz, Kleiner Tannenborkenkäfer (1,1 bis 1,8 mm); vor allem an Weiß- und Nordmanntannen; an dünnrindigen Teilen, Stangenholz; monogamer Rindenbrüter; Eier lose in der platzartigen Mutterkammer, Larvengänge von hier sternförmig abgehend [**S-39**], überwintert in oberen Teilen älterer Bäume; meist 2 Generationen; sehr schädlich. **18. *Ips cembrae*** Heer., Großer (Achtzähniger) Lärchenborkenkäfer (5–6 mm; Flügeldeckenabsturz jederseits mit 4 Zähnen); vor allem an Lärche und Zirbelkiefer; polygamer Rindenbrüter; von der Rammelkammer aus 2–4 Muttergänge, hauptsächlich längs; Larvengänge bis 8 cm lang, sehr geradlinig; Reifungsfraß im Anschluß an das Puppenlager oder (sehr schädlich) an dünnen Zweigen und Trieben; Überwinterung auch im Boden; 1 oder 2 Generationen. **IV. In krautigen Pflanzen. 19. *Hylastinus obscurus*** Marsh., Klee(wurzel)borkenkäfer (2–2,5 mm); monogam in den Wurzeln krautiger und strauchiger Schmetterlingsblütler (Klee, ***Cytisus*** sp., Stechginster u.a.); formloses Fraßbild. (Amann 1960; Bakke 1967; Barr 1969; Beroza 1970; Brauns 1964; Coulson 1979; Crowson 1981, Escherich 1923/42; Grüne 1979; Horion 1941/74; Postner 1974; Rudinsky 1963, 1966; Rudinsky, Ryker 1980; Ryker 1984; Schedl 1981; Schimitschek 1955; Vité, Francke 1976).

Scolytus; → Scolytidae 3, 4, 6.

Scopelosoma; → Noctuidae.

Scopeuma; → Cordyluridae 1.

Scotia; → Noctuidae 3, 31, 37, 48.

Scraptia; → Scraptiidae.

Scraptiidae, Seidenkäfer; Fam. der Käfer (Coleoptera, Polyphaga); von den etwa 200 Arten wohl nur ***Scraptia fuscula*** Müll. in M-Eur.i.e.S.; die seidig behaarten Käfer (2,5 mm) düsterbraun, auf Gebüsch, die Larven in morschem Holz.

Scrobipalpa; → Gelechiidae.

Scydmaenidae, Ameisenkäfer (manche Arten entfernt ameisenähnlich; [**S-40**]); Fam. der Käfer (Coleoptera, Polyphaga); meist sehr kleine (–2 mm), düsterbraun gefärbte Käfer mit hochgewölbtem ovalen Körper; Larven und Imagines räuberisch in Moos, Rasen, unter Laub und Rinde, auch in Mist und faulendem Holz, einige Arten nur in Ameisennestern; Larven und Imagines machen vor allem Jagd auf Milben; die Larve z.B.von ***Cephennium thracicum*** Müll.-Kze. rollt sich nach Asselart um die Milbe, beißt sie an, spuckt Verdauungssaft hinein, saugt sie aus. In M-Eur. i.e.S. etwa 50 Arten. (Freude et al. 1965/83; Schuster 1966).

Scymnus; → Coccinellidae.

Scythrididae, Ziermotten; Fam. der Schmetterlinge (Lepidoptera); die Falter klein (Flsp. meist unter 15 mm, erreicht selten 20 mm); Vorderflügel oft mit metallisch glänzenden Flecken; viele Arten Tag-, andere Dämmerungsflieger; Raupen teils frei an den Blättern, oder in lockerem Gespinst (manche Arten gesellig), oder nach Wicklerart in umgeklappten und zusammengesponnenen Blättern, oder von Gespinstgängen aus fressend, selten minierend; manche Arten Samenfresser an Doldengewächsen, einige an Moosen; in M-Eur.i.e.S. ca 50 Arten; Hauptgattung: ***Scythris***; Beispiel: ***Sc. chenopodiella*** Hb.; Raupen im Frühling und Frühsommer gesellig in Gespinst an Gänsefuß ***(Chenopodium)*** und Melde ***(Atriplex)***.

Scythris; → Scythrididae.

Scythropia; → Yponomeutidae 2.

Sechszähniger Fichtenborkenkäfer, *Pityogenes chalcographus* L.; → Scolytidae 15.

Sedina; → Noctuidae.

Seehundlaus, *Echinophthirius horridus* Olf.; → Echinophthiriidae.

Segelfalter, *Iphiclides podalirius* L.; → Papilionidae 2.

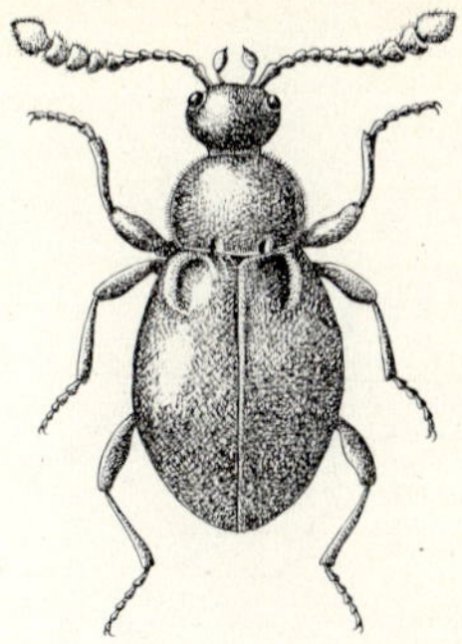

Abb. S-40: ***Euconnus wetterhali.*** 1,3 mm. (Reitter 1908/16)

Segellibellen; → Libellulidae.

Sehirus; → Cydnidae.

Seidelbastprachtkäfer, *Agrilus integerrimus* Ratz.; → Buprestidae 5.

Seidenbienen, *Colletes* sp.; → Colletidae 1.

Seidenkäfer; → Scraptiidae.

Seidenspinner; → Bombycidae.

Sekundärparasitismus; → Parasitismus 11 a.

Sekundärwirt, Nebenwirt, Sommerwirt; bei wirtswechselnden Blattläusen die Pflanze, auf der die vom Hauptwirt übergewanderten Formen leben; → Aphidina 4.

Selandria; → Tenthredinidae 1.

Selleriefliege, *Pilophylla heraclei* L.; → Trypetidae 5.

Semasia; → Tortricidae 15, 18.

Semiaphis; → Aphididae 37.

Semiothisa; → Geometridae 17, 34.

Semisoziale Insekten; → Soziale Insekten; → Apoidea.

Senfweißling, *Leptidea sinapis* L.; → Pieridae 7.

Senotainia, → Calliphoridae 5: → Sphecidae 1.

Sepedon; → Sciomyzidae.

Sepsidae, Schwingfliegen; Fam. der cyclorrhaphen Fliegen (Diptera, Brachycera); Imagines meist klein und düster, etwa ameisenähnlich; treiben sich nicht selten in Mengen auf sich zersetzenden tierischen und pflanzlichen Stoffen, auch auf Doldenblüten herum; ♂♂ und ♀♀ machen beim Laufen mit den halb angehobenen Flügeln rhythmisch-schwingende Bewegungen (ähnlich z.B. → Lonchaeidae; Bedeutung?); der Duft nach Melisse bei beiden Geschlechtern mancher Arten stammt vom Sekret

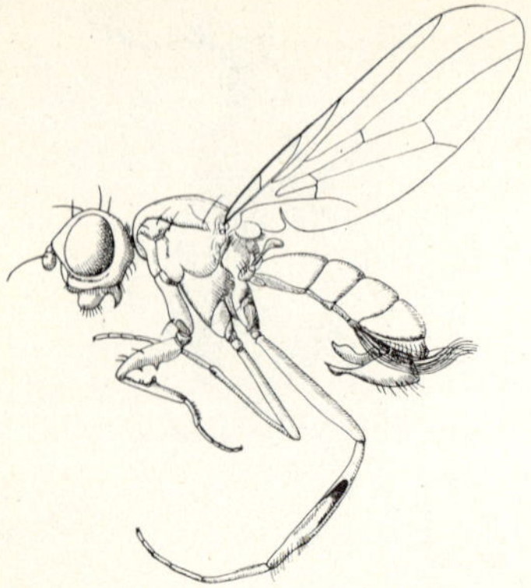

Abb. S-41: ***Themira putris.*** ♂, 4,5–6 mm mit einem Haarbüschel am Abdomen. Beim ♂ auf den Hinterschienen ein als Duftorgan gedeutetes Organ. (Séguy 1951)

zweier Duftdrüsen, die in den Enddarm münden; zudem haben die ♂♂ Duftdrüsen an den Hinterschienen, die ein offenbar als Sexualreiz- bzw. -lockstoff wirkendes Sekret absondern; bei manchen Arten gibt es Schwarmflüge im Schatten dicht über dem Boden; die Vorderbeine der ♂♂ sind Greifbeine mit stark verlängerten Hüften und Dornen an der Unterseite der Schienen (z. B. ***Themira putris*** L.; [**S-41**]. Eiablage, oft mit dem ♂ auf dem Rücken: das Ei wird in das halbfeste Substrat (s. u.) gedrückt, ein fadenförmiger Anhang der Eihülle (mit Plastron?), durch Vorziehen und Anheben der Legeröhre hochgezogen, dient der O_2-Versorgung bei der Embryonalentwicklung. Die mit feinen Dörnchen besetzten Larven leben in Exkrementen, jauchigen Flüssigkeiten, sich zersetzendem Pflanzenmaterial. (Schumann 1968; Séguy 1951).

Serica; → Scarabaeidae 17.

Sericoderus; → Orthoperidae.

Sericostomatidae; Fam. der Köcherfliegen (Trichoptera); über 30 Arten in Mitteleuropa; die Imagines meist an, die Larven in rasch fließenden Gewässern; Köcher aus Pflanzenmaterial (z. B. ***Lepidostoma***; [**T-92,2**], häufiger aus Steinchen (z. B. ***Sericostoma***; [**T-92,1**]; hierher auch ***Helicopsyche***, deren Larven mit spiralig gewundenem Köcher [**T-93,1**]. (Engelhardt 1955; Ulmer 1925; Wesenberg-Lund 1943).

Serphidae; → Proctotrupidae.

Serphoidea; → Proctotrupoidea.

Serromyia; → Heleidae.

Serropalpidae (Melandryidae), Düsterkäfer; Fam. der Käfer (Coleoptera, Polyphaga); in M-Eur.i.e.S. etwa 40 Arten; klein bis mittelgroß, braun oder düster, gestaltlich oft Schnell- oder Prachtkäfern ähnlich; starten bei Gefahr schnell und purzelnd zum Flug; Käfer und Larven vieler Arten in verpilztem Holz, unter loser Rinde oder in Baumschwämmen; ***Serropalpus barbatus*** Schall. (8–18 mm; braun; auffallend das verbreiterte Endglied der Kiefertaster): Imago bei Tage versteckt, in der Nacht sehr mobil; Eiablage wohl in Rindenritzen von frisch gefällten oder auch leicht anbrüchigen stehenden Stämmen, vor allem von Weißtannen, auch von Fichten; Larven mehlwurmähnlich, aber weicher, fressen gewundene mit Bohrmehl gefüllte Gänge in das Holz; Verpuppung im Holz in Nähe der Oberfläche, der ausgeschlüpfte Käfer frißt sich nach außen durch; fraglich, ob ein- oder zweimalige Überwinterung während der Entwicklung; Holzentwertung durch die Larvengänge. ***Tetratoma fungorum*** F. (4 mm): Entwicklung nur im Birkenschwamm (***Polyporus betulorum***); Eiablage im Herbst in Rindenritzen der Birke, die Larven wandern in den dann gegen Winterende abfallenden Schwamm, verpuppen sich im Boden. (Brauns 1964; Kaszab 1969; Paviour, Smith 1965).

Serropalpus; → Serropalpidae.

Serviformica; → Formicidae 5 b.

Sesiidae; → Aegeriidae.

Setipalpia; U.-Ordng. der Steinfliegen; → Plecoptera.

Setodes; → Trichoptera.

Sexuales; bei Blattläusen die ♂♂ und die der Begattung bedürftigen, stets eierlegenden ♀♀; → Aphidina.

Sexuallockstoffe; Sekrete von Duftdrüsen der ♂♂ und/oder ♀♀ einer Art, dienen dem Anlocken und/oder Stimulieren des Geschlechtspartners, u.U. auch über eine beträchtliche Distanz; verbreitet bei den Vertretern verschiedener Ordngn.; die Lage der Drüsen ist nicht in jedem Fall genau geklärt. Die chemische Zusammensetzung der S. ist bei mehreren hundert Arten bekannt, z.T. ist die Synthese gelungen; Beispiel: Bombykol (→ Bombycidae). Weit verbreitet und gut untersucht sind Sexuallockstoffe bei Schmetterlingen, und zwar bei Vertretern verschiedener Fam., bei denen die Lockdrüsen der ♀♀ wohl stets am Hinterleibsende liegen, die der ♂♂ dagegen an verschiedenen Stellen, häufig als Duftschuppen auf den Flügeln; (vgl. z. B. → Arctiidae; → Bombycidae; → Danaidae; → Hepialidae; → Lycaenidae; → Lymantriidae; → Nymphalidae; → Pyralidae; → Saturnidae; → Satyridae). Lockstoffe spielen ferner eine beachtliche Rolle bei den Schaben (→ Blattariae), bei Borkenkäfern (→ Scolytidae) und bei Bienen (→ Apoidae). (Jacobson 1965; Schneider D. 1984; Tamaki 1985; Wilson 1971; Wood et al. 1970).

Sexuparae; bei Blattläusen die parthenogenetisch entstandenen Formen, die ebenfalls parthenogenetisch ♂♂ und der Begattung bedürftige ♀♀ (Sexuales) erzeugen; → Aphidina.

Sialidae, Sialis; → Megaloptera.

Sichelflügler; → Drepanidae.

Sichelschrecken; → Phaneropteridae.

Sichelwanzen; → Nabidae.

Sichelwespe, ***Exolochilum circumflexum*** L.; → Ichneumonidae.

Siebenpunkt, ***Coccinella septempunctata*** L.; → Coccinellidae 2.

Siebzehnjahreszikade, ***Magicicada (Tibicen) septendecim*** L.; → Cicadidae.

Sigara; →Corixidae.

Silberfischchen, ***Lepisma saccharina*** L.; → Zygentoma 1.

Silbermundwespen, ***Crabro*** sp.; → Sphecidae 7.

Silberstrich, ***Argynnis paphia*** L.; → Nymphalidae 13.

Silo; → Goeridae.

Silpha; → Silphidae 2.

Silphidae, Aaskäfer; Fam. der Käfer (Coleoptera, Polyphaga); meist mittelgroße, abgeflachte, häufig düster gefärbte Käfer; Spitze des Hinterleibs bei manchen frei, nicht von den Flügeldecken bedeckt; bei Störung geben manche Arten aus dem After ammoniakhaltigen Kot ab, andere spritzen aus dem After von Rektaldrüsen produzierte Wehrstoffe (Terpene, organische Säuren) bisweilen gezielt auf Angreifer; viele von ihnen als Imago und als Larve an Aas fressend, manche auch räuberisch; Beute: lebende Insekten oder Schnecken und Würmer; einige mit vegetarischer Ernährung; manche Arten (z.B. ***Necrophorus***) mit Milben besetzt, die sich an der Mahlzeit des Käfers beteiligen; Larven häufig breit und flach, asselförmig, die der

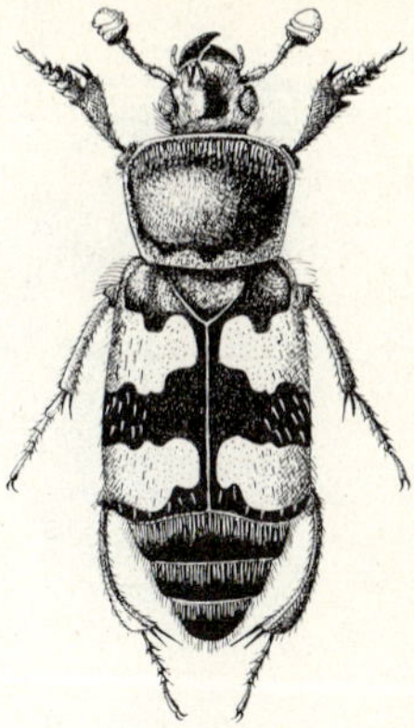

Abb. S-42: ***Necrophorus vespillo,*** Aaskäfer, Totengräber. Bis 22 mm. (Bechyně 1954)

Totengräber von etwa raupenähnlicher Gestalt. Von insgesamt über 300 bekannten Arten 26 in M-Eur.i.e.S.; Auswahl: **1.** Gattung ***Necrophorus,*** Totengräber; 8 Arten in M-Eur.i.e.S., die meisten mit 2 rostbraunen Querbinden auf den Flügeldecken; ihr Verhalten weitgehend gleichartig, jedoch bevorzugen verschiedene Arten verschiedene Biotope; z.B. hält sich ***N. vespilloides*** Hrbst. mehr im Wald, ***N. vespillo*** L. [**S-42**] mehr außerhalb des Waldes auf; beide Geschlechter können zirpen: gegen eine scharfe Kante hinten unten an den Flügeldecken werden zwei mit Querriefen versehene Felder oben auf dem 5. Hinterleibsring gerieben; die Käfer reagieren antwortend aufeinander mit diesen Lauten, wobei offen bleibt, ob sie als Luftschall oder Bodenerschütterungen wahrgenommen werden; den Junglarven dienen die Laute der Imagines zur Orientierung. Die Brutpflege ist zum mindesten bei manchen Arten hoch entwickelt; Fortpflanzung im Frühling und Sommer; das Aas wird durch den Geruchsinn gefunden; auf den verbreiterten Endgliedern der Fühler liegen haarartige Sinnesorgane, die auf verschiedene Duftstoffe, insbesondere aber auf den Duft von faulendem Fleisch ansprechen; ist ein einzelnes ♂ der Finder, so klettert es nach einiger Zeit hoch, macht zuweilen stundenlang mit dem hochgehobenen Hinterleib windende Bewegungen, es »sterzelt«; dabei vermutlich Abgabe eines Lockstoffes für das ♀; die Grabarbeit beginnt nur am Aas

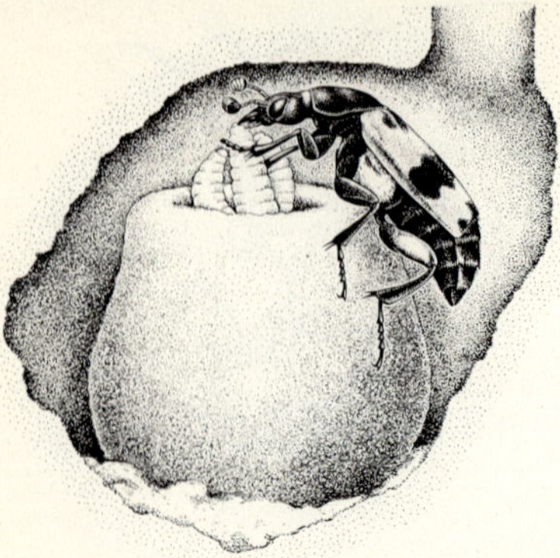

Abb. S-43: ***Necrophorus vespillo***, Totengräber, füttert Larven. (L.J. u. M. Milne 1976)

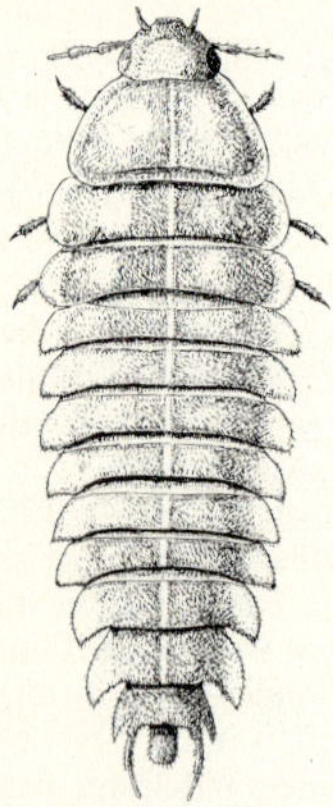

Abb. S-44: ***Silpha carinata***, Aaskäfer. Larve, bis 20 mm. (Horion 1949)

von für die betr. Art geeigneter Größe; meist finden sich mehrere Käfer, ♂♂ und ♀♀ ein; zunächst Sattfressen am Aas, danach gegenseitiges Betrillern mit den Fühlern zur Feststellung des Geschlechts, Kopulation, mehrmals und mit verschiedenen Partnern; vor und nach der Paarung stridulieren ♂♂ und ♀♀; nach Abschluß der Paarungen erlischt die Tolerierung anderer Individuen, es kämpfen ♀♀ gegen ♀♀ und ♂♂ gegen ♂♂ bis ein Paar übrig bleibt; auch dabei wird, vor und nach den Kommentkämpfen (Verletzungen kommen allerdings bisweilen vor), heftig striduliert; nun gemeinsames Vergraben des Aases zunächst durch Unterwühlen, dann durch Hineinpressen in einen schief in die Erde führenden Gang: das Aas wird mehr und mehr zusammengefaltet und abgerundet, liegt schließlich, nach mehrstündiger Grabarbeit in einer Erdhöhle (Krypta), je nach Art kaum eine bis mehrere Handbreit tief; alsbald Eiablage (bis etwa 24 Stück), nicht am Aas, sondern in die Wand eines von der Höhle ausgehenden Ganges; während der Empryonalentwicklung (5 Tage) Pflege der Aaskugel durch das ♀; Herstellen einer trichterförmigen Öffnung auf dem Gipfel der Kugel, das ♀ frißt etwas, schließt und öffnet den Trichter mehrere Male (gibt wahrscheinlich Verdauungssaft in den Trichter); das ♀ öffnet den Trichter kurz vor dem Schlüpfen der Larven, wandert umher; die Junglarven wandern zum Aas (durch Laute angelockt?), sammeln sich im Trichter, fressen aber nicht vom Aas; das ♀ kommt zu den Larven, diese recken den Kopf zu den Mandibeln des ♀, werden von ihm mit vorher aus dem Trichter aufgeschlürftem Aassaft gefüttert [**S-43**]; die Larven suchen aktiv das Vorderende des ♀, so etwa 5–6 Stunden lang, beginnen dann selbst vom Aas zu fressen; erneute Fütterung durch das ♀ in den ersten Stunden nach der 1. und 2. Häutung; ohne Fütterung durch das ♀ ist zwar die Verpuppung möglich, jedoch nur selten ein Schlüpfen des Käfers; das ♂ kann ebenfalls die Larven füttern (so besonders häufig bei ***N. vespilloides*** Hrbst.). Larvenzeit 7 Tage, das 3. (letzte) Larvenstadium frißt in der Tiefe der Aaskugel; Verpuppung in der Erde in der Umgebung der Krypta; Schlüpfen des Käfers bei manchen Arten noch im gleichen Jahr; der Jungkäfer überwintert z.B. bei ***N. vespillo*** L., ***N. germanicus*** L., ***N. vespilloides*** Hrbst.; bei anderen Arten Überwinterung der Larve, Verpuppung und Schlüpfen des Käfers im nächsten Frühjahr (z.B. bei ***N. interruptus*** Steph.). **2.** Gattung ***Silpha*** (mehrere mittelgroße Arten); die asselförmigen Larven [**S-44**] und die düsteren Imagines vor allem an Aas, aber auch gelegentlich auf Insekten, Würmer und Schnecken jagend. **3.** ***Xylodrepa quadripunctata*** L., Vierpunktaaskäfer (12–14 mm; Flügeldecken gelblich, vorn und hinten mit je einem dunklen Punkt; [**S-45**]); Imagines auf Gebüsch und Bäumen, stellen anderen Insekten, vor allem Raupen nach (z.B. von Nonne, Prozessionsspinner, Eichenwickler); die Larven räuberisch am Boden; das ♂ hält, wie auch andere Aaskäfer der U.-Fam. Silphini, während des Paarungsverhaltens das ♀ mit den Mandibeln für längere Zeit an einem Fühler fest. **4.** ***Thanatophilus sinuatus*** F. (12 mm); Käfer und Larven an Aas; Paarungsverhalten wie 3.; durch Fühlerbiß und Koppelung der Genitalorgane wird die Übernahme des ♀ durch konkurrierende ♂♂ vor der Eiablage verhindert. **5.** Vertilger von Würmern und vor allem von Schnecken: ***Phosphuga atrata*** L. (10–16 mm) und ***Ablattaria laevigata*** Fbr. (12–18 mm); beide mit schmalem Kopf (Cychrisierung); Finden der Schnecke durch Geruchssinn (Schleimspur?); der Käfer zwingt die Schnecke durch Beißen, sich in das Haus zurückzuziehen, rückt trotz starker Schleimabsonderung (vermutlich Giftwirkung des Bisses) nach ***(Ph. atrata*** frißt auch den Schleim); zum mindesten bei ***A. laevigata*** wohl Verdauung vor dem Munde; auch die Larven beider Arten sind Schneckenfresser. **6.** ***Oeceoptoma thoracica*** L. (12–16 mm; düster, Halsschild und Kopf rötlich); außer an Aas auch an Kot und faulenden Pilzen, Ernährung also teilweise vegetarisch. **7.** Gattung ***Blitophaga,*** Rübenaaskäfer, mit den beiden Arten ***B. undata*** Müll. (11–15 mm), Schwarzer R. und ***B. opaca*** L. (9–12 mm), Brauner R.; Käfer und Larven Pflanzenfresser, an verschiedensten Pflanzen, vor allem an Chenopodiaceen, zuweilen durch Blattfraß an Rüben schädlich; eine Generation im Jahr; der Jungkäfer überwintert. (Boeckh 1962; Brauns 1964; Eisner, Meinwald 1982; v. Lengerken 1954; Milne, Milne 1976; Niemitz 1972, 1980; Niemitz, Krampe 1971, 1972; Schildknecht, Weis 1962 a, b, c; Schumacher 1973; Westiner, Peschke 1986).

Silvanidae; → Cucujidae 3.

Simaethis; → Glyphipterygidae.

Simuliidae, Simulium; → Melusinidae.

Singschrecken; → Tettigoniidae.

Singzikaden; → Cicadidae.

Sinodendron; → Lucanidae 6.

Siobla; → Tenthredinidae 4.

Siphlonuridae, Stachelhafte; Fam. der Eintagsfliegen (Ephemeroptera); mehrere Gattungen und Arten; z.B. ***Siphlonurus***; klein bis mittelgroß, nur 2 Schwanzborsten bei der Imago, Mittelborste sehr klein; Eiablage im Flug; Larven in Fließgewässern, gern im Pflanzenwuchs, die letzten

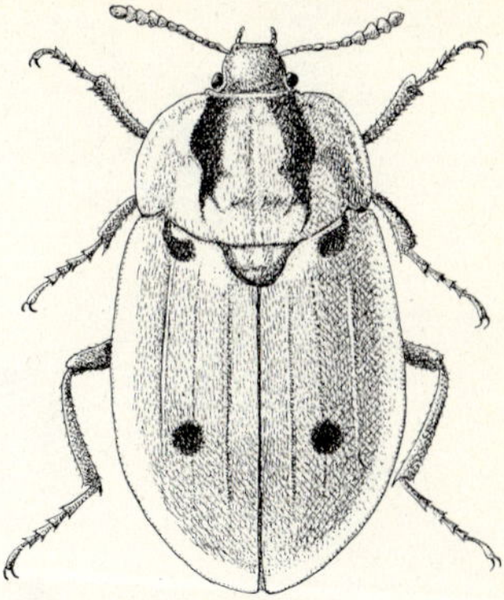

Abb. S-45: ***Xylodrepa quadripunctata,*** Vierpunktaaskäfer. Etwa 12 mm. (Horion 1949)

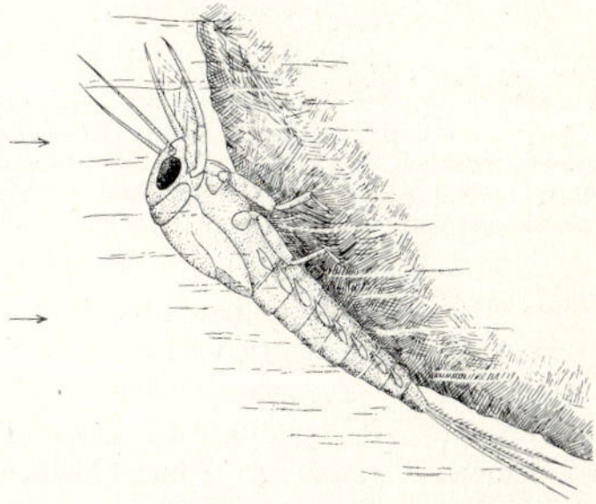

Abb. S-46: ***Isonychia*** sp. Larve stellt den Haarreusenapparat gegen den Wasserstrom (Pfeile). (Meritt, Wallace 1981)

Hinterleibsringe hinten mit Stacheln; Vorderbeine der Larven von ***Isonychia- (Chirotonetes-)*** Arten mit nach vorn gerichteten, langen, feinbehaarten Borsten; wirksamer Filterapparat zum Abfangen von Kleinlebewesen (bis unter 1 µm); in Arbeitsstellung wird die Mikroreuse bei ausgestreckten Vorderbeinen gegen den Wasserstrom gehalten [**S-46**]; die abgefangenen Nahrungspartikel werden von den ebenfalls behaarten Maxillen ausgekämmt und dem Mund zugeführt; an der Basis von Vorderbeinen und Maxillen zusätzliche Kiemenbüschel.

Siphon; → Aphidina.

Siphlonurus; → Siphlonuridae.

Siphona; → Muscidae 6.

Siphonaptera (Aphaniptera, Suctoria),

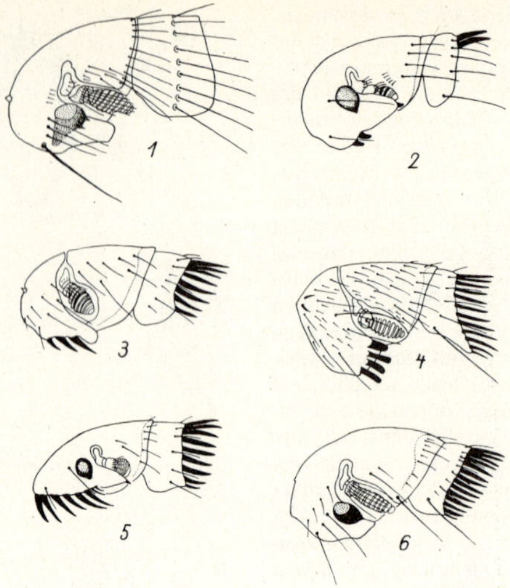

Abb. S-47: Köpfe der ♀♀ verschiedener Floharten, Ansicht von links, die verschiedene Ausbildung der Augen, Haare und Ctenidien zeigend. 1) ***Chaetopsylla trichosa***, Dachs, Fuchs u. a.; 2) ***Archaeopsylla erinacei***, Igel, Iltis, Fuchs u. a.; 3) ***Ctenophthalmus argyrtes***, verschiedene Kleinsäuger; 4) ***Leptopsylla seguis***, Hausmaus u. a. Nager, Spitzmäuse; 5) ***Ctenocephalides felis***, Katze, Mensch, Hund u. a.; 6) ***Ceratophyllus gallinae***, verschiedene Vögel. (Peus 1953)

Flöhe; Ordng. der holometabolen Insekten; Habitus dieser kleinen, als Imagines an Warmblütlern Blut saugenden, stets flügellosen Insekten, früher allgemein bekannt [**S-53**]; meist 2–3 mm, die ♂♂ meist kleiner als die ♀♀; größte Art in M-Eur.i.e.S.: ***Hystrichopsylla talpae*** Curt, an Maulwurf und Kleinsäugern, ♀ bis 5,5 mm [**S-54**]; durch starke seitliche Abflachung des Körpers [**S-53**], schiffsbugartig gekielten Kopf, glatte Überlappung der Segmente, stets nach hinten gerichtete Behaarung zum Durchschlüpfen des Haar- bzw. Federkleides bestens geeignet; die kräftigen Krallen mit Nebenkrallen; reiche Behaarung, kammartige, artspezifisch verschieden ausgebildete Stachelkämme (Ctenidien [**S-47**]) aus stachelartigen Kutikularfortsätzen (ohne basales Gelenk) ermöglichen zugleich ein sehr gutes Haften in der Körperbedeckung des Wirts; die für das Bestimmen wichtige, so verschiedene Verteilung der Stachelkämme am Körper ist in ihrem besonderen Vorteil für die betr. Art vorerst kaum deutbar; Mechanismus des Sprunges ausgeklügelt; außer den Hinterbeinen mit ihrer kräftigen Muskulatur sind dabei Muskeln beteiligt, die bei geflügelten (pterygoten) Insekten der Flügelbewegung dienen, und außerdem ein paariges, metathorakales Skelettelement (Pleuralbogen) aus → Resilin, das mechanisch sehr beanspruchten Teilen des Flügelgelenkes pterygoter Insekten homolog ist; Sprungvorbereitung: Kontraktion mehrerer Muskeln führt zur elastischen Verspannung kutikularer Teile des Metathorax und zum Zusammenpressen des Resilinpolsters; darauf Arretierung dieses Zustandes durch Einrasten eines Zapfens des mesothorakalen Sternums in eine Vertiefung der Pleuralplatte des Metathorax; Sprung: Lösen der Arretierung führt zur plötzlichen Entspannung der verformten Skelettelemente und zur Freigabe der gespeicherten Energie; die Abstoßkraft wirkt über stabförmige skelettale Versteifungen über den Trochanter auf die Unterlage; gleichzeitiges Strecken von Femur und Tibia verstärkt die Wirkung; Absprungbeschleunigung liegt bei dem 140fachen der Erdbeschleunigung, maximale Sprungweite 30 cm; Neigung und Fähigkeit zum Springen jedoch durchaus verschieden; Fledermausflöhe z. B. finden den Wirt am Ruheplatz begreiflicherweise besser laufend als springend; die »schlechten« Springer ohne Resilinpolster; Besonderheiten am Kopf: Fühler je nach Art verschieden deutlich gegliedert, in Gruben einklappbar, manchmal bei ♂ und ♀ verschieden gestaltet [**S-48**], was wohl mit der Haltefunktion des ♂-Fühlers bei der Begattung zusammenhängt; bei manchen Arten sind die Fühlergruben über die Stirn weg durch eine Furche verbunden, dadurch ist die Kopfkapsel gegliedert (Caput fractum; [**S-47,** 3 u. 4]); viele Arten ohne Augen, bei anderen steht jederseits vor den Fühlern ein Einzelauge, es gestattet vermutlich Wahrnehmen von Lichtrichtung und Beleuchtungsschwankungen. Drei in der Regel nach hinten-unten gerichtete Stechborsten ermöglichen das Gewinnen der Blutnahrung, nach heutiger Auffassung gebildet vom unpaaren Epipharynx (an dessen Rückseite das Nahrungsrohr für das mit der Schlundpumpe aufgesaugte Blut) und den beiden an der Spitze gezähnten Innenladen (Laciniae) der Maxillen [**S-49**], jede Lacinia mit Längsrinne für den Speichel; ferner vorhanden 4gliedrige Maxillartaster und Labialtaster (mit je nach Art wechselnder Gliederzahl), letztere in der Ruhe das Stechborstenbündel umschließend, beim Stich [**S-55**] jedoch zurückgeklappt. Flöhe können lange hungern; bei dem meist nur zeitweiligen, seltener (z.B. Fledermausflöhe) ständigen Aufenthalt auf dem Blutspender wird jedoch oft und ausgiebig getrunken, ungestört zuweilen einige Stunden lang, so daß nach dem Kot alsbald auch Blut abgegeben wird, das schnell eintrocknet und wohl bei vielen Arten wichtige Nahrungsquelle für die Larven ist; die Blutmahlzeit ist bei den ♀♀ wichtig für die Eiproduktion (s.u.); fraglich ist, welche Sinnesorgane beim Sichfinden der Geschlechtspartner alsbald nach dem Schlüpfen aus dem Puppenkokon führend sind und in welcher Rangfolge (Tastsinn? Erschütterungssinn? Riechvermögen? Hören? bei manchen Arten wurden Stridulationsorgane an den Hinterhüften beschrieben); fördernd ist sicherlich das zuweilen massenhafte Vorkommen am Wirt oder im Wirtsnest; bezeichnend für die allermeisten Arten ist die Begattungsstellung [**S-50**]: das ♂ unter dem ♀, wobei das ♀ vom ♂ mit den Fühlern und mit den zangenartigen Anhängen am Hinterleibsende gehalten wird; (Ausnahme z.B. ***Tunga penetrans*** L., der Sandfloh der Tropen und Subtropen; Begattung des ♀ erst, nachdem es sich in die Haut des Wirts eingebohrt hat, nur noch mit dem Hinterleibsende herausragend); Ablegen der relativ großen Eier (ca. 0,5 mm)

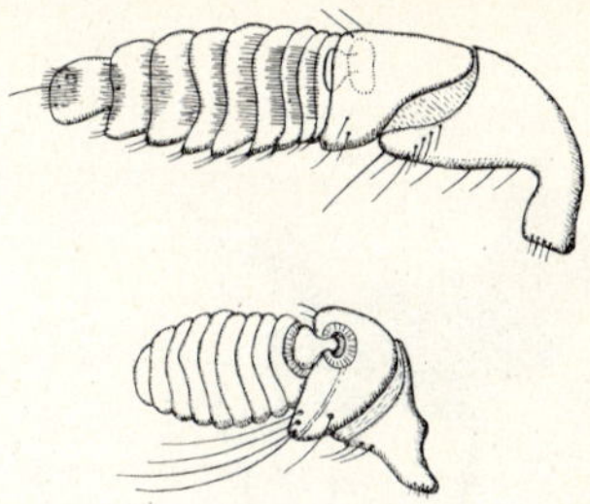

Abb. S-48: ***Ceratophyllus gallinae.*** Fühler, oben ♂ unten ♀. (Séguy 1951)

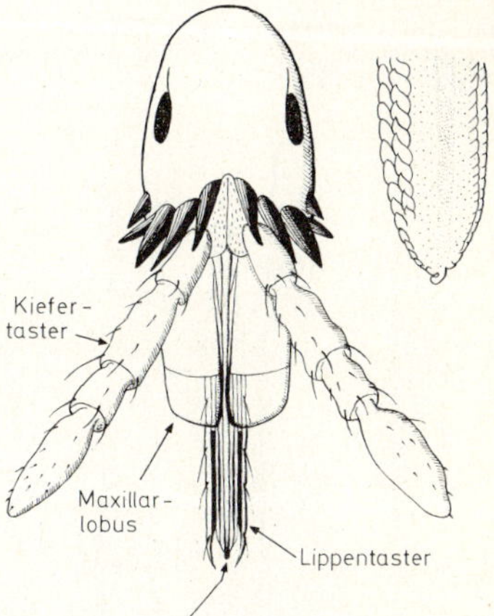

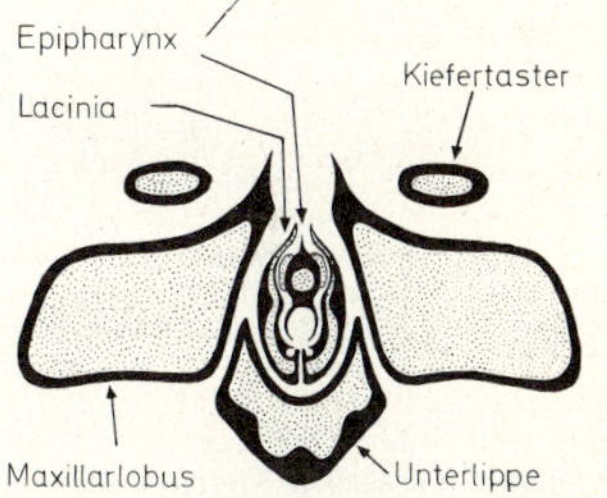

Abb. S-49: ***Ctenocephalides canis,*** Hundefloh. Oben links Kopf von vorn; oben rechts gezähnte Spitze der Lacinia; unten Schnitt durch die Mundwerkzeuge nahe der Kopfkapsel. Epipharynx mit Nahrungsrohr, Lacinien mit Speichelkanal. (Wenk 1953)

Abb. S-50: ***Ceratophyllus*** sp. Kopulationsstellung, vereinfacht. ♂ schwarz, ♀ hell. Bedornung nur angedeutet. (Séguy 1951)

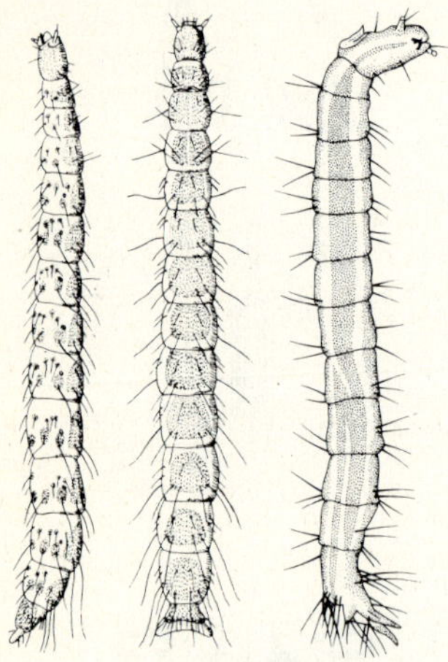

Abb. S-51: Larven von ***Ctenophthalmus bisbidentatus*** (links von lateral, Mitte von oben), in Maulwurfnestern und (rechts) von ***Pulex irritans***, Menschenfloh. (Beier 1922)

in Schüben von jeweils 8–10 (entsprechend etwa der Zahl der Eischläuche), dazwischen Blutmahlzeit, so im Laufe u. U. einiger Monate mehrere hundert (Menschenfloh: bis über 400); die weißen Eier kleben bei manchen Arten einige Zeit am Haar- bzw. Federkleid des Wirts oder fallen sofort zu Boden, d.h. häufig in das Nest des Wirts, wo die Larven beste Entwicklungsbedingungen finden. Die gelblichen schlanken Larven ([**S-51**]; erwachsen bei den meisten Arten ca. 5 mm) sind augenlos (aber lichtempfindlich) und fußlos, bewegen sich ähnlich Spannerraupen mit Mundteilen und Nachschiebern; ernähren sich mit den kauenden Mundteilen von organischen Stoffen am Boden bzw. im Nest des Wirts, wobei Kotteilchen der Eltern wichtig sein können; die Larven des Katzenflohs, ***Ctenocephalides felis***, ernähren sich ausschließlich vom bluthaltigen Kot der Imagines, die weit über den eigenen Bedarf hinaus Blut saugen; (regionale Seltenheit des Menschenflohs bedingt durch Vernichten der Lebensbedingungen der Larven: fugenlose Fußböden; Staubsauger); 3 Larvenstadien; Verpuppung in einem mit dem Sekret der Speicheldrüsen hergestellten und mit Fremdteilchen besetzten, daher nur schwer erkennbaren Gespinnstkokon. Bei den Puppen mancher Arten an Mittel- und Hinterbrust auftretende Hautfalten sind, entgegen früherer Meinung, keine reduzierten Flügelanlagen; die Larve ruht wenige Tage als Vorpuppe im Kokon, dann Verpuppung; Puppenruhe ca. 4 Tage [**S-52**]; die Imago kann aber u. U. monatelang im Kokon bleiben, hier auch überwintern; zuweilen ist auch ohne Beziehung zum Überwintern langes Überliegen der Imagines im Kokon möglich (z. B. Menschenfloh); das Verlassen des Kokons beim Auftauchen eines Wirts wird durch – in der Regel vom Wirt verursachte – Erschütterungen ausgelöst. Entwicklung von Ei, Larve und Puppe also nicht am Blutspender; Ausnahme: beim Polarfuchs findet die ganze Entwicklung im Fell des Wirtes statt.

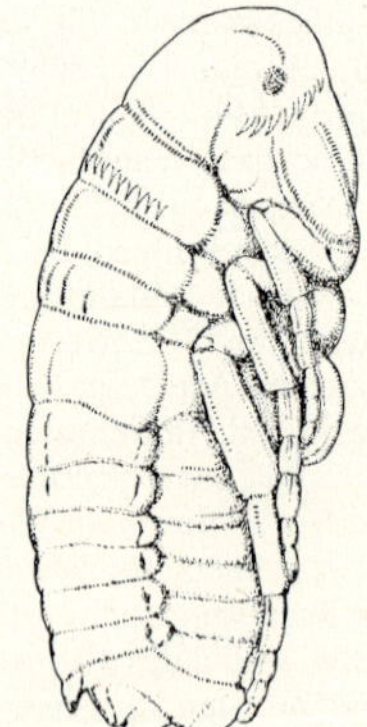

Abb. S-52: ***Ctenocephalides canis***, Hundefloh. Puppe. (Séguy 1951)

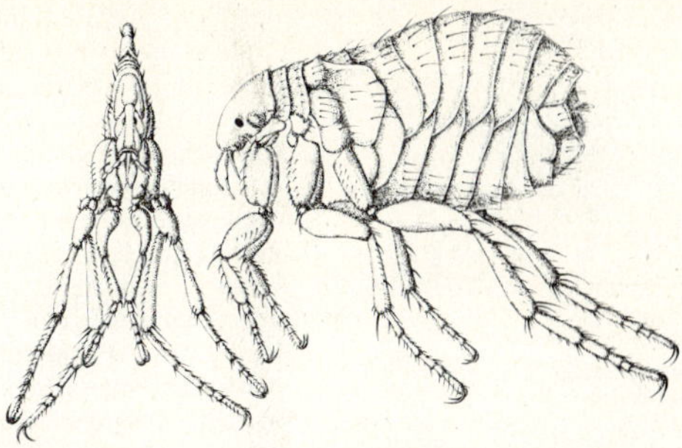

Abb. S-53: ***Pulex irritans***, Menschenfloh. ♀, 3 mm. Von vorn und von der Seite. (Zumpt 1969, verändert)

Durch die Namensgebung (Menschenfloh, Hundefloh, Katzenfloh usw.), wird eine oft nicht so ausgeprägte Wirtsspezifität vorgetäuscht; der kosmopolitische, ursprünglich vielleicht auf dem Dachs heimische Menschenfloh (***Pulex irritans*** L., [**S-53**]) saugt auch an vielen Säugetieren, der heute ebenfalls kosmopolitische Hundefloh (***Ctenocephalides canis*** Curt.) häufig auch am Menschen, daneben zuweilen auch der Katzenfloh (***Ctenocephalides felis*** Bouché) und manche Geflügelflöhe; (im Laborversuch sogen über 40 Arten am Menschen); gleichwohl gibt es einen Hauptwirt, zumal wenn dieser ein Nest hat, in dem die Flohlarven gute Bedingungen finden; d.h. die Spezifität bezieht sich mehr auf das Nest als auf den Blutspender (Menschenfloh: Wohnung = »Nest«), so daß es über Nestspezifität zu einer (relativen) Wirtsspezifität kommen kann. Beispiele: ***Ceratophyllus styx*** Rotsch., Uferschwalbenfloh (fehlt auf dem Balkan); ***C. rusticus*** Wagn., Rauchschwalbenfloh (gelegentlich auch bei Mehlschwalben); ***C. hirundinis*** Curt, Haus-, Mehlschwalbenfloh (oft in Massen in einem Nest, in dem die schlüpfenden Flöhe überwintern); ***Echidnophaga gallinacea*** Westw., Hühnerkammfloh, an Hühnern, Enten, Schwein und anderen Haustieren; ***Leptopsylla segnis*** Schönherr, an Hausmaus und anderen Kleinsäugern; ***Archaeopsylla erinacei*** Bouché, Igelfloh, oft massenhaft auf dem Wirt; ***Ctenophthalmus orientalis*** Wagn., Zieselfloh (saugt auch am winterschlafenden Wirt); im gleichen Nest oft mehrere Floharten (z.B. beim Maulwurf); die gleiche Art bei verschiedenen Wirten mit ähnlichem Nest (z.B. der Maulwurfsfloh ***Hystrichopsylla talpae*** Curt., [**S-54**]); nicht selten Übergang vom Beutetier (z.B. Kleinsäuger, Kleinvogel) auf den Räuber (z.B. Marder, Greifvögel); auf fremde Nestbewohner (z.B. Kaninchenfloh, ***Spilopsyllus cuniculi*** Dale, auch bei in Kaninchenbauen nistenden Sturmvögeln); bei langem Hungern Auswandern und Befall eines erreichbaren Blutspenders; mehrere Arten bei den nestlosen Fledermäusen, in deren Kothäufungen jedoch die Flohlarven gute Entwicklungsbedingungen finden (z.B. alle Arten der Gattung ***Ischnopsyllus***); Flöhe ansonsten selten oder fehlend bei nestlosen Säugern, z.B. bei Huftieren und Affen. Nicht voll geklärt ist, welche Sinnesorgane bei der Wirtsfindung, die im Nest sicher einfacher ist als im Freien, beteiligt sind; führend ist anscheinend der Erschütterungssinn (haarförmige Trichobothrien am Hinterleibsende sind vermutlich die verantwortlichen Sinnesorgane), bei den mit Augen versehenen Arten auch wohl der Licht-

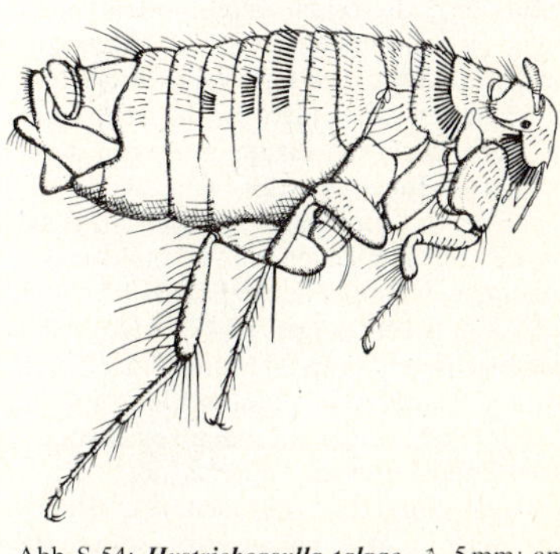

Abb. S-54: ***Hystrichopsylla talpae.*** ♂, 5 mm; am Maulwurf. (Séguy 1951)

Abb. S-55: ***Ctenocephalides felis***, Katzenfloh in Saugstellung. (Wenk 1953)

sinn; vielleicht sind auch Temperatur- und Geruchssinn beteiligt. Auffallend ist die Empfindlichkeit von Flöhen für bestimmte Veränderungen am Wirt: schnelles Abwandern bei dessen Tod. Die Beziehungen zwischen Blutspender und Floh sind zuweilen sehr verwickelt; bei manchen Arten (z.B. bei den Vogelflöhen ***Ceratophyllus gallinae*** Schr. und ***C. hirundinis*** Curt.) sind die ♂♂ beim Schlüpfen voll entwickelt (Samenleiter durchgängig) und, wie auch die ♀♀, ohne Blutmahlzeit kopulationsfähig; bei den ♂♂ anderer Arten sind die Geschlechtsgänge beim Schlüpfen noch verschlossen (z.B. beim Pestfloh, ***Xenopsylla cheopis*** Rotsch.), beim europäischen Rattenfloh, ***Nosopsyllus (Ceratophyllus) fasciatus*** Bosc., sie benötigen eine Blutmahlzeit zum Reifen, wobei die Art des Blutspenders nicht ganz gleichgültig ist. Die Bedeutung von Blutfaktoren wird besonders deutlich beim Kaninchenfloh, ***Spilopsyllus cuniculi*** Dale (außer an Wildkaninchen auch an verschiedenen anderen Säugern, auch auf Raubtieren und Eulen gefunden); die frisch geschlüpften, noch nicht geschlechtsreifen Flöhe sitzen zunächst an Schnauze und Wangen des Kaninchens zwischen den Tasthaaren, dann bis zum Herbst in Gruppen an der dünn behaarten Innenseite des Ohrs, über Winter an der dichter behaarten Außenseite; sie werden nur auf trächtigen ♀♀, an denen sie besonders während der 10 letzten Trächtigkeitstage heftig saugen und Kot abgeben, geschlechtsreif; etwa 24 Stunden nach dem Werfen wandern die meisten Flöhe auf die Nestjungen, saugen an ihnen vor allem an den Flanken und nahe der Schwanzwurzel; alsbald Kopulation auf den Kaninchennestlingen und Eiablage; vom etwa 10. Tage nach dem Werfen an, Rückwandern der Flöhe auf die Kaninchenmutter (viele ♂♂ sind inzwischen gestorben); die Ovarien der Floh-♀♀ beginnen sich rückzubilden, aber es ist erneute Reifung auf trächtigen Kaninchen möglich; Entwicklungsdauer der neuen Flohgeneration 30–35 Tage, das Nest ist jetzt bereits von der Kaninchenmutter und den Jungen verlassen; Kaninchen-♂♂ scharren gern an diesen alten Nestern, nehmen dabei vermutlich die Flöhe der neuen Generation auf; die Reifung der Flöhe (vermutlich über deren Hormonsystem) ausgelöst durch Corticosterone und Oestrogene, deren Spiegel im Blut von trächtigen ♀♀ und Nestlingen des Wirts besonders hoch ist; Reifung kann im Versuch auch auf Kaninchen-♂♂ erreicht werden, wenn deren Blut mit den betr. Hormonen angereichert ist, oder wenn die Flöhe mit ihnen besprüht werden; anscheinend ist auch im Urin der sehr jungen Kaninchennestlinge der durch Luft übertragbare Faktor vorhanden, der Reifung und Kopulationsverhalten bedingt. (Es ist lange bekannt, daß Menschenflöhe bevorzugt an Frauen saugen, sie reagieren positiv auf deren Ovarialhormone). Die Bedeutung mancher Flöhe als Krankheitsüberträger ist beachtlich; so insbesondere als Überträger der ursprünglich in der Nagetierbevölkerung (Ratten) heimischen Pest (Erreger das Bakterium ***Pasteurella pestis***) auch auf den Menschen, eben wegen der geringen Wirtsspezifität, durch mehrere Floharten (bekanntester Überträger: der Pest- oder Rattenfloh ***Xenopsylla cheopis*** Rotsch.); Hundefloh (***Ctenocephalides canis*** Curt.) und Katzenfloh (***Ct. felis*** Bouché, **[S-55]** sind Überträger des Bandwurms ***Dipylidium caninum*** auf den Hund: die Larve nimmt (mit der Nahrung) Bandwurmeier auf, Finne im Floh, wird vom Hund nach Bearbeiten des Flohs mit den Zähnen verschluckt. Die Generationenzahl im Jahr ist abhängig zumal von den Entwicklungsbedingungen der Larven; bei manchen Arten nur eine Generation, bei anderen mehrere, bei Kulturfolgern (z.B. Menschenfloh) u.U. ununterbrochene Generationenfolge; die individuelle Lebensdauer ist unter sehr günstigen Bedingungen erstaunlich, beim Menschenfloh (im Versuch) fast eineinhalb Jahre, bei einem ukrainischen Zieselfloh fast 6 Jahre. Von den über 2000 bisher bekannten, z.Z. 16 Fam. zugeordneten Floharten etwa 70 in M-Eur.i.e.S.; die

Stellung der Ordng. im System der Insekten ist umstritten, heute meist in die Nähe der Mecoptera gestellt. (Bernotat-Danielowski, Knülle 1986; Frank 1976; Hiepe 1981/85; Peus 1938; Rothschild 1975; Rothschild et al. 1973, 1975; Rudolph, Knülle 1982; Schumann 1968; Strenger 1973; Stresemann 1976; Wenk 1953; Zumpt 1969).

Siphonen; → Siphunculi.

Siphoninus; → Aleurodina.

Siphorella; → Chloropidae.

Siphunculata; → Anoplura.

Siphunculi, Rückenröhren, Siphonen; 2 bei vielen Blattläusen dorsal auf dem 5. oder 6. Hinterleibssegment stehende Röhren, je nach Art von verschiedener Länge; am Ende mit einer Öffnung, aus der bei Störung Blutzellen mit wachsartigem Inhalt austreten, wohl zum Verschmieren der Mundteile kleiner Feinde; → Aphidina.

Sirex; → Siricidae.

Siricidae, Holzwespen; Fam. der Hautflügler (Hymenoptera, Symphyta, Siricoidea; vgl. auch → Xiphydriidae); die Imagines mittelgroß bis sehr stattlich, düster oder auffallend schwarzgelb gefärbt, zuweilen Färbungsunterschiede zwischen ♂ und ♀; Körper walzenförmig; beim ♀ das letzte Rückensegment, beim ♂ das letzte Bauchsegment mit dornartigem, seitlich gezähntem Fortsatz unbekannter Funktion; individuelle Größenunterschiede zuweilen beträchtlich; Nahrung ausschließlich Baumsäfte; das ♀ mit kräftigem, das Hinterleibsende ± überragenden Legebohrer; über die Begattung kaum etwas bekannt, sie findet in den Baumkronen statt; Eiablage je nach Art in Laub- oder Nadelholz, in stehende, gefällte oder geschädigte Stämme, auch in Stubben; eingestochen wird nur der senkrecht auf das Substrat gesetzte dreiteilige eigentliche Bohrer (unpaare Stechborstenrinne, an ihr ventral mit Nut und Falz geführt die beiden Stechborsten, ihr Ende sägeartig), ohne die paarige Stachelscheide; die Stechborsten werden abwechselnd links-rechts vorgestoßen, etwa 6–10 mm tief, bis die Stachelbasis das Substrat berührt [S-56]; in jeden Stichkanal werden meist mehrere Eier abgelegt; Gesamtdauer von Einstechen, Ablegen, Herausziehen 10–15 min, gelegentlich länger, bis zu 2 Std.; vergebliche Probestiche kommen vor; das Ablegen wird oft wiederholt, beachtliche Eizahl, pro ♀ mehrere hundert.

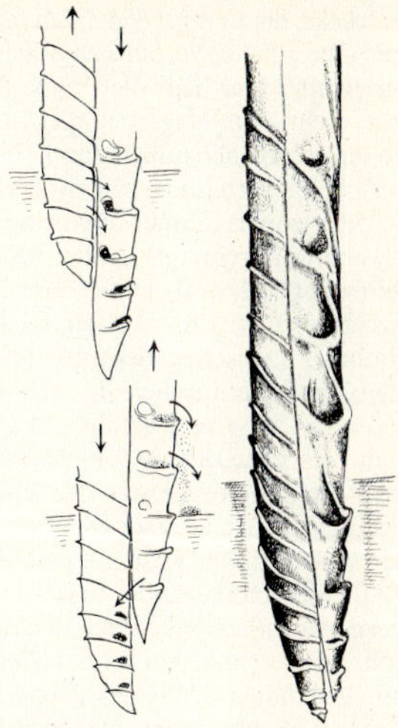

Abb. S.56: ***Paururus juvencus***, Gemeine Holzwespe. Rechts Ende des Legebohrers beim Eindringen in das Holz, links ist dorsal; links Phasen des Einbohrens, dabei dienen die Ventral-Stechborsten zugleich als Schaufeln, zum Herausschaffen des Bohrmehls. (Escherich 1923/42)

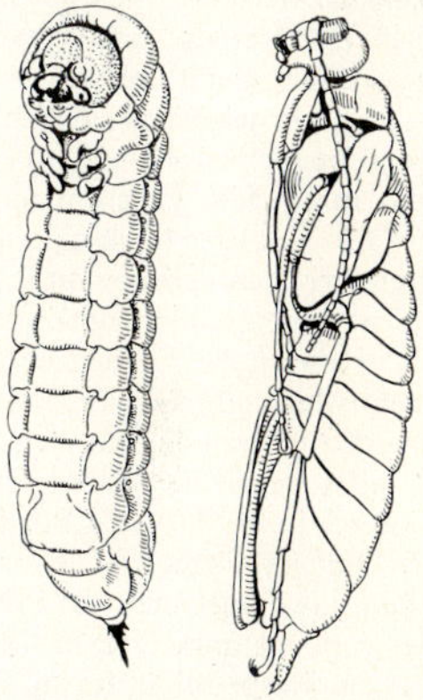

Abb. S-57: ***Urocerus (Sirex) gigas***, Riesenholzwespe. Larve, ca. 30 mm, und Puppe. (Schimitschek 1955; Brauns 1964)

Die Larven (gelblich-weiß, walzenförmig, augenlos, mit kurzen Brustbeinen, ohne Bauchfüße am Hinterleib, hinten mit Borstenspitze, [S-57]) nagen mit kräftigen Kiefern Gänge in das Holz, zunächst mehr peripher, dann auch in den Kern, das Bohrmehl wird mit dem Hinterleibsende fest gedrückt; der Gang wendet sich schließlich zur Oberfläche, Verpuppung dicht unter der Rinde; hier liegt die Puppe [**S-57**] frei, ist nicht von Nagsel umgeben. Die Imago nagt sich nach außen durch, bisweilen aus bereits verbautem Nutzholz (Linoleum- oder sogar dünner Bleibelag wird ohne weiteres durchnagt). Außer bei ***Xeris*** Symbiose der Holzwespen mit Pilzen (Basidiomyceten): das ♀ hat an der Basis des Legebohrers (zwischen dem 10. und 11. Segment) paarige Taschen in Verbindung mit je einer Drüse und gefüllt mit Oidien (das sind als Dauerkeime funktionierende Hyphenstücke); aus diesen Pilzbehältern (Mycetangien, auch »Pilzspritzen« genannt) werden bei der Eiablage die Eier mit Sekret und Oidien beschmiert oder es werden (bei ***Urocerus***-Arten) zwischen den in eine Ablageröhre eingeschobenen Eiern kleine Portionen des Oidien-Schleimes plaziert; der Pilz wächst in das später von der Larve gefressene Holz; beide, Pilze und Holz dienen der Ernährung; die Lignin und Zellulose abbauenden Enzyme stammen allerdings (zumindest in überwiegendem Maße) aus den Pilzzellen (nachgewiesen bei ***Sirex cyaneus***); verschiedene Pilze bei verschiedenen Holzwespen; sichere systematische Zuordnung der Pilze schwierig, da sie meist keine Fruchtkörper bilden; auch die älteren weiblichen Larven (nicht die ♂-Larven) mit tiefen, paarigen und von je einem Drüsenpolster hinterlagerten Taschen, nun zwischen dem 1. und 2. Abdomensegment; während des letzten Larvenstadiums sondern die Drüsenzellen eine wachsartige Masse ab, aus der – mit Hilfe komplexer Strukturen der Taschenwand – winzige, plättchenartige Wachsetuis, die für die (wie?) in die larvalen Pilztaschen gelangten Oidien geformt werden; nach der Puppenhäutung findet man die Plättchen frei in der Puppenkammer; sie bleiben dort liegen bis die Wespe schlüpft; die Wachsumhüllung schützt die Pilzkeime vor dem Austrocknen; ebenfalls unbekannt wie die Oidienetuis in die Mycetangien der frischgeschlüpften weiblichen Imagines gelangen. Entwicklungsdauer auch bei der gleichen Art sehr verschieden, meistens wohl drei Jahre, selten nur ein Jahr, zuweilen bis zu 6 Jahren; Überwinterung als Larve; Vertilger: außer Spechte eine Reihe von Schlupfwespen, die mit langem Legebohrer durch das Holz hindurchstechen und ihr Ei an die Holzwespenlarve legen (***Rhyssa***-, ***Thalessa***-, ***Ephialtes***-Arten; → Ichneumonidae, → Ibaliidae). Von den etwa 100 bekannten Arten 8 in M-Eur.i.e.S.; ausschließlich oder doch vorwiegend in Nadelholz z.B. ***Urocerus (Sirex) gigas*** L., Riesenholzwespe (12–40 mm; schwarz und gelb, [**S-58**]), ***Paururus juvencus*** L., Gemeine Holzwespe (15–30 mm; blau-schwarz), ***Xeris spectrum*** L., Schwarze Kiefernholzwespe (15–30 mm; Legebohrer fast körperlang); in verschiedenen Laubhölzern, besonders in Stümpfen zwei ***Tremex***-Arten. (Bachmaier 1969; Brauns 1964; Eichhorn 1982; Escherich 1942; Francke-Gossmann 1957b, 1967; Kuker, Martin 1983; Seybold 1976).

Siricoidea, Holzwespen; Fam.-Gruppe der Hautflügler (Hymenoptera, Symphyta); mit den Fam. → Siricidae und → Xiphydriidae.

Sistentes, Formen im Entwicklungszyklus gewisser Blattläuse, insbes. Tannenläuse; → Adelgidae.

Sisyphus; → Scarabaeidae 7.

Sisyra; → Sisyridae.

Sisyridae, Schwammfliegen; Fam. der Netzflügler (Planipennia), mit den Eigenschaften dieser Ordng.; höchst eigenartig die Ernährung der im Wasser lebenden Larven [**S-59**]: sie saugen mit den langen dünnen Saugzangen (jede für sich beweglich) Säfte aus den Geweben von Süßwasserschwämmen und Moostierchen, auch wohl von Algen; an den ersten 7 Hinterleibsringen unten gegliederte Anhänge [**S-60**], Tracheenkiemen, zum Erzeugen eines Atemwasserstromes vibrierend bewegt; das letzte der 3 Larvenstadien geht im Herbst ans Ufer, überwintert z.B. in Rindenritzen in einem aus dem Sekret der Malpighigefäße gesponnenen doppelwandigen Kokon [**S-61**]; Verpuppung im Frühling; die Imago (oder die Puppe und anschließend die Imago) beißt sich durch die Kokonwand durch. Imago (Körper gut 7 mm, Flsp. 11–13 mm) mit dunklem Körper und bräunlichen Flügeln, mit kräftigen Kaumandibeln (Ernährung?), auf Gebüsch am Ufer der Gewässer; das ♂ setzt bei der Begattung (3–5 min) ein Samenpaket (Spermatophore) an der Geschlechtsöffnung des ♀ ab; die Eier werden in mit Gespinstfäden überzogenen Grüppchen nachts an Gegenständen, die aus dem Wasser ragen, abgelegt, so daß die schlüpfen-

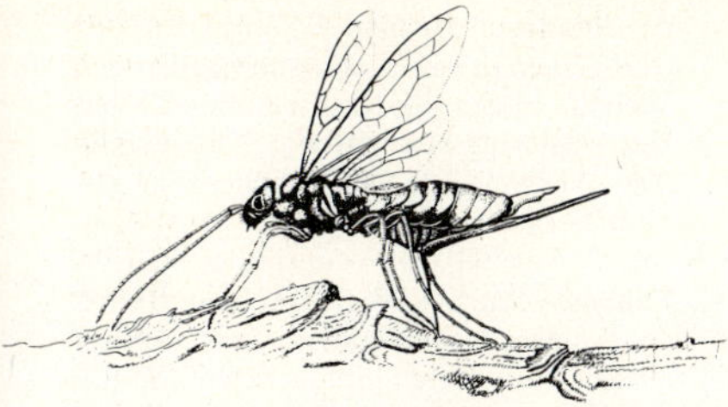

Abb. S-58: ***Urocerus gigas***, Riesenholzwespe. ♀ bei der Eiablage, 35 mm. (Bachmaier 1969)

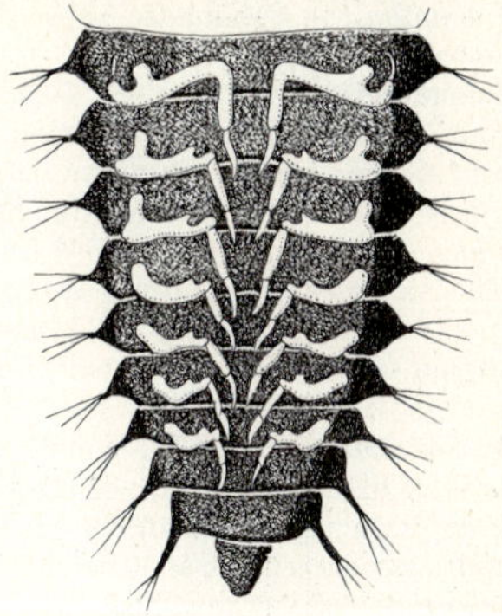

Abb. S-60: ***Sisyra*** sp., Schwammfliege. Abdomen einer Larve, ventral mit Tracheenkiemen; (hell); werden vibrierend bewegt. (Stitz 1931)

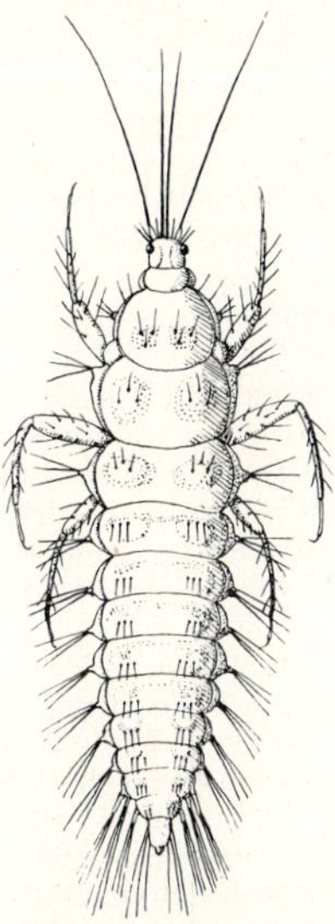

Abb. S-59: ***Sisyra*** sp., Schwammfliege. Larve, ca. 5 mm. Zwischen den Fühlern die beiden Saugröhren, aus Labrum und Teilen der Maxillen.

Abb. S-61: Larve einer Schwammfliege beim Spinnen des Außenkokons. (Wundt 1969)

den Larven ins Wasser fallen; mit Beinen und Hinterleib rudernd streben sie dann solchen schwachen Strömungen zu, wie sie für den Wasserausstoß aus den Oscula der Schwämme typisch sind. Von den etwa 50 Arten 3 in M-Eur.i.e.S., am häufigsten: ***Sisyra fuscata*** Fbr. (Günther 1968; Stitz 1931).

Sitaris; → Meloidae 2.

Sitkalaus, *Elatobium abietinum* Walk.; → Aphididae 1.

Sitobium; → Aphididae 40.

Sitodiplosis; → Itonididae 3.

Sitodrepa; → Anobiidae 6.

Sitophilus; → Curculionidae 30, 31.

Sitotroga; → Gelechiidae 1.

Skabiosenschwärmer, *Hemaris tityus* L.; → Sphingidae 12.

Skatoconche, die oft kunstvoll aus Kot aufgebaute Hülle um die Eier mancher Blattkäfer; → Chrysomelidae 5, 6.

Skelettierfraß, Fraßspur an Blättern: Gewebe mit Ausnahme der Rippen entfernt.

Sklavenameise, Grauschwarze, *Formica fusca* L.; → Formicidae 5b.

Skorpionsfliegen; → Panorpidae.

Skorpionswanze; → Nepidae.

Smaragdlibellen; → Corduliidae.

Smerinthus; → Sphingidae 3.

Smicromyrme; → Mutillidae.

Sminthuridae, Kugelspringer; Fam. der Springschwänze (Collembola, Symphypleona); Körper mehr oder weniger kugelig; auf der Wasseroberfläche häufig: ***Sminthurides aquaticus*** Bourl. (0,5–1,0 mm); ernährt sich hier vor allem von Wasserlinsen; zeitweilige Paarbildung: das kleinere ♂ packt mit seinen Greifantennen die Fühler des ♀, wird längere Zeit vom ♀ getragen [**C-124**]. ***Sminthurus viridis*** L. (–3 mm), gelb, grün oder bläulich gefärbt, vor allem auf Wiesen, benagt grüne Pflanzen, bei Massenauftreten gelegentlich an Luzerne schädlich (Luzernefloh); ♂ kann Spermatophore auch ohne ♀ absetzen, ♀ nimmt Sperma jedoch nur nach einer einfachen Werbezeremonie auf; Eier von Analsekret umhüllt, werden meist zu Eipaketen anderer ♀♀ gelegt. (Betsch-Pinot 1976).

Sminthurides; → Sminthuridae.

Sminthurus; → Sminthuridae.

Sohlenfliegen; → Clythiidae.

Soldaten; oft gebrauchte Bezeichnung für besonders große und großköpfige Arbeiter bei Termiten (→ Isoptera; hier beiderlei Geschlechts) und Ameisen (→ Formicoidea).

Soldatenkäfer; → Cantharidae.

Solenobia; → Psychidae 3.

Solenopsis; → Myrmicidae 5.

Solitäre Bienen; → Apoidea.

Solitäre Insekten; → soziale Insekten.

Solitärparasitismus; → Parasitismus 5.

Somatochlora; → Corduliidae 2.

Sommerwirt; → Sekundärwirt.

Sonnenkälbchen; → Coccinellidae.

Sonnenmotten; → Heliodinidae.

Sonnenwendkäfer, ***Rhizotrogus sostitialis*** L.; → Scarabaeidae 12.

Soronia; → Nitudulidae.

Soziale Bienen; → Apidae; → Halictidae.

Soziale Faltenwespen; → Vespidae.

Soziale Insekten; im weiteren Sinne alle Insekten, bei denen Kontakte mit Artgenossen sich nicht nur auf das Sexualverhalten beschränken; im engeren Sinne (und im allg. Sprachgebrauch) versteht man darunter jedoch nur die staatenbildenden Insekten (»echte« soziale = eusoziale Insekten), bei denen die Kaste der Geschlechtstiere (♂ und ♀ oder nur das ♀) und deren unmittelbare (meist nicht oder nur eingeschränkt fortpflanzungsfähige) Nachkommen (die Arbeiterkaste) in einem ± komplexen Nest (Bau) einen zuweilen Jahre überdauernden Verband bilden, in dem Brutpflege, Nestbau, Nahrungsbeschaffung, Verteidigung usw. ausschließlich der Arbeiterkaste obliegt; bekannte Beispiele: Termiten (→ Isoptera), Ameisen (→ Formicoidea), manche Faltenwespen (→ Vespidae) und Bienen (→ Apidae, → Halictidae). Neben diesen eusozialen Insekten gibt es zahlreiche Arten, deren soziale Organisation einfacher ist; man stellt sie als präsoziale Insekten den eusozialen gegenüber; je nach Höhe der sozialen Organisation unterscheidet man bei ihnen folgende Stufen: a) subsozial: die Adulti (ein ♀ und ein ♂ oder ein ♀ allein) versorgen und pflegen ± lang die Brut (z. B. → Silphidae; manche → Embioptera; → Staphylinidae 6; → Spercheidae; → Scarabaeidae 8; → Sphecidae 2, 6; die meisten eusozialen Insekten während der Nestgründungsphase); b) kommunal: mehrere ♀♀ derselben Generation bewohnen gemeinsam ein Nest, versorgen jedoch jeweils nur die eigene Brut (z. B. manche → ***Halictus***-Arten); c) quasisozial: wenige, derselben Generation angehörende ♀♀ bauen und versorgen gemeinsam ihre Brutzellen; d) semisozial: unfruchtbare ♀♀ versorgen die Brut eines oder einiger gleichaltriger fruchtbarer ♀♀. Als präsozial eingestuft werden außerdem die Gemeinschaften der Prozessionsspinner- (→ Thaumetopoeidae) und Gespinstmottenraupen (→ Yponomeutidae), die der Larven der Gespinstblattwespen (→ Pamphiliidae), sowie die mancher Borkenkäfer (→ Scolytidae) und schließlich die Aggregationen der Feuerwanzen (→ Pyrrhocoridae). Bei den solitären Insekten ist – im Gegensatz zu den sozialen – der innerartliche Kontakt auf ± kurzzeitige sexuelle Beziehungen zwischen ♂ und ♀ beschränkt. (Wilson 1971).

Sozialsekrete; Stoffe, die für die Beziehungen zwischen Artgenossen, zuweilen auch (z. B. bei dem Ameisengast ***Atemeles***) zwischen Wirt und Schmarotzer von Bedeutung sind; → Pheromone; Excitatoren der → Malachiidae; → Staphylinidae 7.

Spaltschlüpfer; → Orthorrhapha.

Spanische Flagge, ***Panaxia quadripunctaria*** Pd.; → Arctiidae 11.

Spanische Fliege, ***Lytta vesicatoria*** L.; → Meloidae 3.

Spanner; → Geometridae.

Sparganothis; → Tortricidae 28.

Spargelfliege, ***Platyparea poeciloptera*** Schrk.; → Trypetidae.

Spargelhähnchen, Spargelkäfer, ***Crioceris*** sp.; → Chrysomelidae 3.

Spargelminierfliege, Kleine, ***Melanagromyza simplex*** Loew; → Agromyzidae 4.

Speckkäfer, ***Dermestes*** sp.; → Dermestidae 1.

Speichelscheide; die von erhärtetem Speichel gebildete Auskleidung des Stichkanals der Mundteile, insbes. bei Blattläusen (→ Aphidina) und Schildläusen (→ Coccina).

Speisebohnenkäfer, ***Acanthoscelides obtectus*** Say.; → Bruchidae 6.

Spercheidae; Fam. der Käfer (Coleoptera, Polyphaga); in M-Eur.i.e.S. nur die Art: ***Spercheus emarginatus*** Schall. (zuweilen zu den Hydrophilidae gestellt); mittelgroßer (5–7 mm) gedrungener hochgewölbter bräunlicher Wasserkäfer, in Gewässern mit viel Pflanzenwuchs, kriecht träge, meist Bauch nach oben (Luftschicht auf der Bauchseite, wie bei den Hydrophilidae mit Hilfe der Fühler erneuert; der Käfer ist stets leichter als Wasser) im Pflanzenwuchs dicht unter der Oberfläche umher; schwimmt selten und ungeschickt, Hinterbeine nicht als Schwimmbeine ausgebildet; Zirporgan (bei ♂ und ♀): Höcker jederseits am 3. Hinterleibsring, gestrichen über ein Höckerfeld an der Unterseite der Flügeldecken, bei Beunruhigung und zur Fortpflanzungszeit; Bedeutung des Zirpens unklar; Brutpflege: das ♀ trägt im Frühsommer unter dem Hinterleib einen Gespinstsack mit ca. 60 Eiern [**S-62**], bis die Larven schlüpfen (Spinnapparat wie bei den → Hydrophilidae); Gespinst körbchenartig, am Hinterrand der Hinterschenkel befestigt, mit festem ventralem Boden, auf dem, in lockeres Gespinst eingebettet, die Eier liegen; der Eisack wird bei Beunruhigung durch Druck der Hinterschienen gegen die Bauchseite hochgedrückt, hängt in Ruhe etwas nach unten durch; das ♀ macht mehrere Eisäcke hintereinander; Larve [**S-63**]; düster, mit gewölbtem Rücken und flachem Bauch, kriecht, Bauch nach oben (Tracheenlängsstämme mehr ventral gelegen) unter dem Wasserspiegel; vermutlich Hautatmung durch die Seitenlappen der Hinterleibsringe; (letztes Stigmenpaar offen?); Kopf sehr groß; Nahrung: alles, was an der Wasseroberfläche zu finden ist,

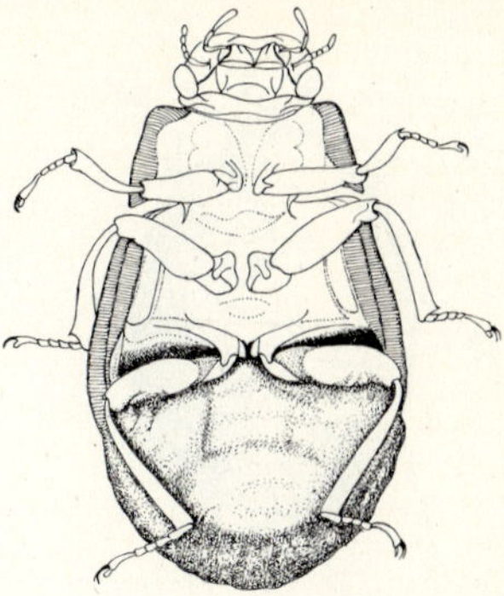

Abb. S-62: ***Spercheus emarginatus.*** ♀ mit Eikokon am Bauch. (v. Lengerken 1954)

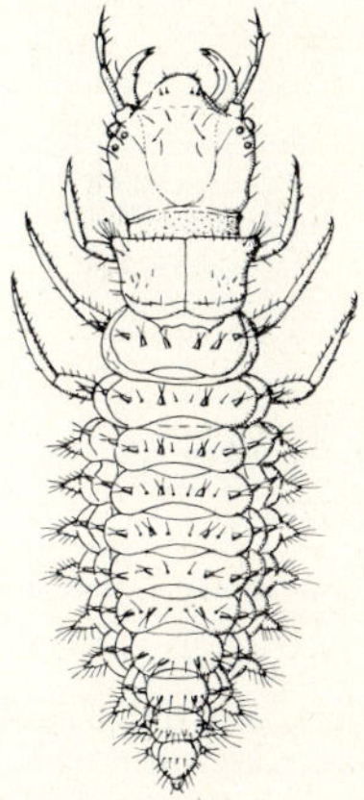

Abb. S-63: ***Spercheus emarginatus.*** Larve, 9 mm. (Horion 1949)

auch kleine Krebschen; Verpuppung in einem selbstgesponnenen, mit Fremdkörpern durchsetzten Kokon an Land; der Käfer schlüpft alsbald und überwintert. (Laabs 1940; v. Lengerken 1954; Wesenberg-Lund 1943).

Spercheus; → Spercheidae.

Spermatolonchaea; → Lonchaeidae 1.

Spermatophylax; Gebilde aus Drüsensekret am hinteren Rand der Spermatophoren von Laubheuschrecken-♂♂, ragt nach der Kopulation aus der Geschlechtsöffnung des ♀, wird von diesem gefressen; während der Freßzeit Übertreten der Spermatozoen in den Samenbehälter (Receptaculum seminis) des ♀; → Ensifera.

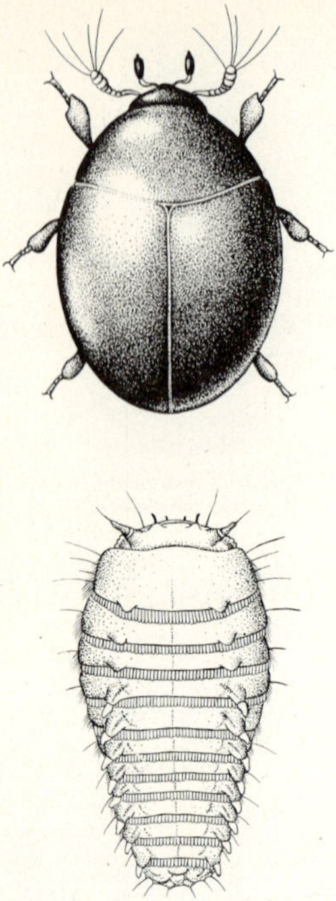

Abb. S-64: ***Sphaerius ovensis.*** Imago und Larve. (Klausnitzer 1984)

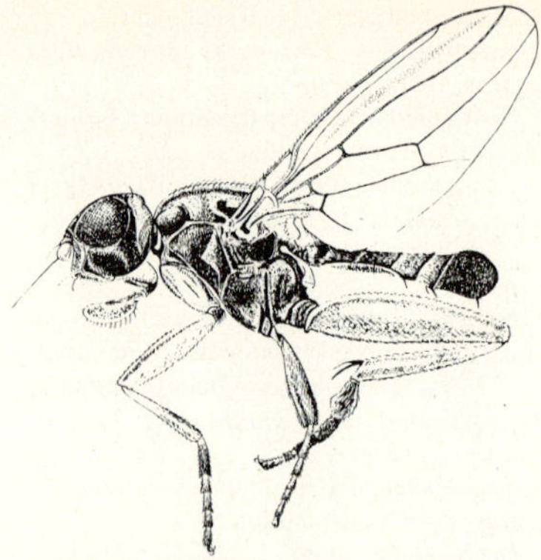

Abb. S-65: ***Sphaerocera curvipes,*** eine Dungfliege. 3 mm. (Lindner 1923 ff.)

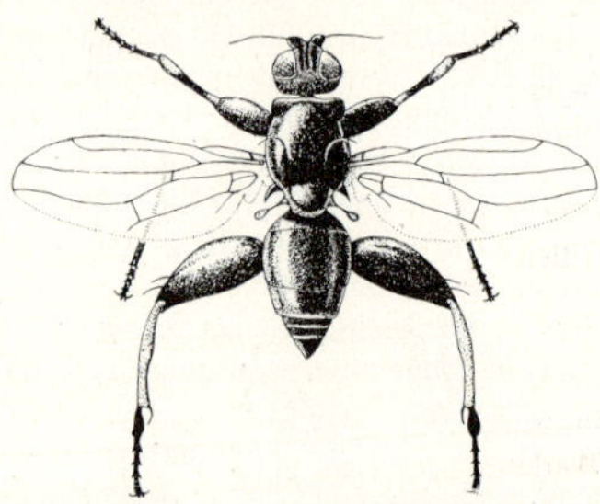

Abb. S-66: ***Sphaerocera subsultans,*** eine Dungfliege. ♀, 3–4 mm. Larven in Mist. (Séguy 1951)

Sphaeridium; → Hydrophilidae.

Sphaeriidae, Kugelkäfer; Fam. der Käfer (Coleoptera, Polyphaga); in M-Eur.i.e.S. nur die Art: ***Sphaerius acaroides*** Waltl., ein winziges (0,7 mm) halbkugeliges, glänzend schwarzes oder bräunliches Käferchen, am Rande von Gewässern in Sand oder unter Genist, auch in Torfböden und Torfmoos ***(Sphagnum)*;** Lebensweise der Käfer kaum, die der Larven nicht bekannt; vermutlich ähnlich der australischen Art ***Sp. ovensis*** Oke, [**S-64**]. (Klausnitzer 1984).

Sphaerius; → Sphaeriidae.

Sphaerocera; → Sphaeroceridae.

Sphaeroceridae (Cypselidae, Borboridae), Dungfliegen; Fam. der cyclorrhaphen Fliegen (Diptera, Brachycera); mit etwa 130 meist kleinen Arten in Europa vertreten; die Imagines mancher Arten oft an Dung, in dem, wie überhaupt in zerfallenden pflanzlichen oder tierischen Stoffen, sich auch die Larven entwickeln; ***Sphaerocera curvipes*** Latr. [**S-65**] z. B. in Mistbeetkästen, ähnlich ***Sph. subsultans*** Fbr. [**S-66**]; auch in Nestern von Kleinsäugern, Vögeln und Insekten, andere am Meeresstrand; viele Arten schnelle Flieger, andere geschickte Läufer mit eingeschalteten Sprüngen; bei ***Apterina pedestris*** Meig. (ca. 3 mm; in feuchten Grasbüscheln) die Flügel weitgehend, bei ***Aptilotus paradoxus*** Mik. vollständig rückgebildet, bei manchen Höhlenbewohnern auch Verkleinerung der Augen; ***Ceroptera*** sp. auf Pillenwälzern der Gattung ***Scarabaeus*** (Mittelmeerländer; → Scarabaeidae), passen die Möglichkeit der Eiablage auf der Brutpille des Käfers ab. (Lindner 1923 ff.; Schuhmann 1968; Séguy 1951).

Sphecidae (Sphegidae), Grabwespen; Fam. der Hautflügler (Hymenoptera, Apocrita, Sphecoidea); die nun einmal eingeführten deutschen Bezeichnungen Grab- bzw. Wegwespen für die Sphecidae bzw.

Pompilidae sind wenig glücklich; viele, aber nicht alle Vertreter beider Fam. graben ihre Nester in den Boden, zuweilen auch auf Wegen; beiläufig 5000 (von manchen Autoren auf mehrere Fam. verteilte) Arten bekannt, davon über 260 in M-Eur. i.e.S.; leben ausschließlich solitär; Tracht: teils schwarzgelb, teils schwarz oder Schwarz mit Rotbraun; gedrungen bis sehr schlank, meist mittelgroß; das ♀ bringt, wie bei den Wegwespen, wohl fast stets durch Stich mit dem Giftstachel paralysierte Beutetiere als Larvennahrung in das Nest; erstaunlich ist jedoch, im Gegensatz zu den stets nur Spinnen jagenden Wegwespen, die Vielfalt der Beutetiere in der ganzen Gruppe einerseits, die oft strenge Spezifität der einzelnen Arten andererseits; Beispiele (gelten oft nur für bestimmte Arten der genannten Gattungen); links: Beutetiere, rechts: Gattungsnamen

Spinnen	***Trypoxylon*, *Miscophus*, *Sceliphron***
Heuschrecken	***Sphex*, *Tachysphex***
Grillen	***Tachytes*, *Ampulex*, *Stizus***
Schaben	***Dolichurus***
Wanzen oder Wanzenlarven	***Crabro (Lindenius)*** ***Astata*, *Dinetus***
Zikaden	***Alysson*, *Gorytes*, *Mimesa*, *Didineus*, *Stizus***
Eintagsfliegen	***Crabro (Crossocerus)***
Maulwurfsgrillen	***Larra***
Gottesanbeterinnen	***Tachysphex***
Holzläuse	***Crabro (Rhopalum)***
Blattläuse	***Nitela*, *Diodontus*, *Pemphredon*, *Passaloecus*, *Psenulus*, *Stigmus***
Blasenfüße	***Spilomena***
Blattwespenlarven	***Ammophila*** z.B. ***A. campestris*** Latr.
Ameisen	***Crabro (Tracheliodes)***
Honigbienen	***Philanthus***
Kleinschmetterlinge	***Crabro (Ceratocolus)***
Käfer (bes. Rüsselkäfer)	***Cerceris***
Schlupfwespen	***Crabro (Lindenius)***
solitäre Bienen	***Cerceris***
Raupen	***Ammophila*** z.B. ***A. pubescens*** Curt.
Mücken	***Crabro (Cuphopterus)***
Fliegen	***Bembix*, *Mellinus*, *Oxybelus*, *Crabro***

Zuweilen ganz verschiedene Beute bei nahe verwandten Arten: z.B. ***Cerceris rybyensis*** L.: solitäre Bienen der Gattungen ***Halictus*, *Andrena*, *Panurgus***; ***Cerc. arenaria*** L.: Rüsselkäfer, in Norddeutschland vor allem ***Brachyderes incanus*** L.; ***Ammophila pubescens*** Curt.: nackte oder schwach behaarte Schmetterlingsraupen; ***Amm. campestris*** Latr.: Blattwespenlarven; ***Stizus (Bembecinus) tridens*** F.: Zikaden; ***St. fasciatus*** F.: Heuschrecken; ***St. errans***: Grillen. Die Spezialisierung erstreckt sich in der Regel auf eine Gruppe von Beutetieren, seltener auf eine Art (***Philanthus triangulum*** F. scheint in M-Eur.i.e.S. nur Honigbienen einzutragen) oder auf ein bestimmtes Beutetierstadium (***Dinetus pictus*** F. jagt das letzte Larvenstadium von Wanzen, z.B. von ***Nabis***-Arten). Über das Problem des Erkennens der »richtigen« Beute ist wenig bekannt, einiges bei ***Philanthus*** (s.u.). Das Beutetier wird in der Regel sehr schnell durch einen oder mehrere Stiche mit dem Giftstachel paralysiert; der Stich wird in der Regel an der Bauchseite des Opfers angebracht, mehr oder weniger gezielt in die Nähe eines Ganglions bzw. der Extremitätenmuskulatur (s.u. ***Philanthus***); nach dem Stich erfolgt nicht selten Kneten der Beute mit den Mandibeln (Malaxieren), Bedeutung: zuweilen zum Gewinnen von dann aufgeleckten Körpersäften (Blut?, Darminhalt?), vermutlich auch zum Verteilen und dadurch verbesserten Wirksamkeit des Giftes (s.u. ***Philanthus***); bei manchen Blattlausjägern fehlt anscheinend das Paralysieren durch Stich, statt dessen Immobilisieren durch Bearbeiten mit den Kiefern; u.U. Stapeln von toten Beutetieren; Transport der Beute zum Nest meistens im Flug, bisweilen auch mit relativ großen Beutetieren (z.B. ***Philanthus***); oder je nach Schwere der Beute teils fliegend, teils zu Fuß, dann aber wohl stets im Vorwärtsgang (z.B. ***Podalonia*, *Ammophila***); die Beute wird beim Transport in einer für die Art bezeichnenden Weise gehalten, oft mit den Beinen (z.B. ***Philanthus***), oder auch bzw. allein mit den Mandibeln (***Mellinus arvensis*** L. hält die paralysierte Fliege stets mit den Kiefern am Rüssel); Besonderheit bei ***Oxybelus*** (Fliegenspießwespen): die Beutefliege wird meist am Hüftansatz gestochen, sie wird im Flug oder zu Fuß an dem nicht aus der Wunde zurückgezogenen Stachel hängend transportiert, dabei u.U.

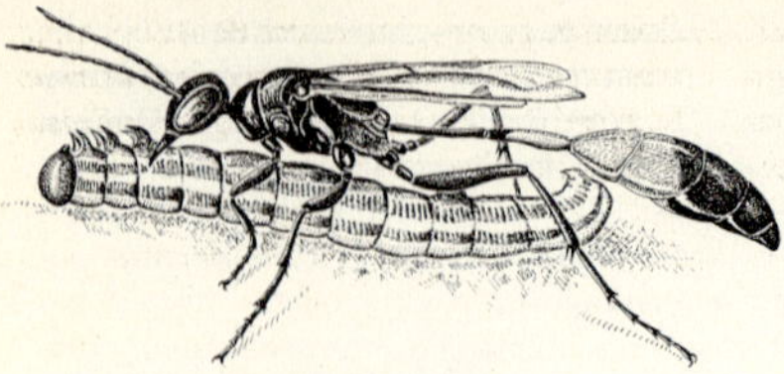

Abb. S-67: ***Ammophila*** sp., eine Sandwespe. ♀ (ca. 20 mm) bringt Spannerraupe zum Nest. (Rathmayer 1969)

mit den Hinterbeinen gestützt; manche Arten entfernen die sperrigen Flügel und Beine der Beute. Wiederfinden des Nestes wohl in erster Linie (ausschließlich?) optisch nach Geländemarken; Beteiligung des Geruchssinnes ist nicht von vornherein auszuschließen. Das Einbringen der Beute ins Nest ist artspezifisch verschieden, teils im Vorwärtsgang (z. B. ***Oxybelus***), teils rückwärts (z. B. ***Ammophila*** [**S-67**], ***Mellinus***; s. u.), dabei wird oft eine bestimmte Handlungsfolge eingehalten. In der Regel enthält jede Zelle mehrere Beutetiere; Eiablage selten in das noch leere Nest (z. B. ***Stizus tridens*** F., manche ***Bembix***-Arten), meist an ein Beutetier, an das erste (z. B. ***Ammophila***) oder an eines der letzten bzw. das letzte (z. B. ***Philanthus***); Anheften des Eis zuweilen an einer ganz bestimmten Stelle des Beutetierkörpers; dies, sowie das Bevorzugen bestimmter Einstichstellen am Opfer und dessen Transport in bestimmter Haltung (vgl. z. B. ***Philanthus***, ***Ammophila***; das ♀ von ***Liris nigra*** v.d.L. schleppt die paralysierte Grille am Fühler ab, auch wenn die Fühler am Hinterende der Grille befestigt sind) zeigt eine gewisse »Kenntnis« der Anatomie des Beutetieres an. Die Nestanlage ist nach dem Substrat, nach Zahl und Anordnung der Zellen (ein- oder mehrzellig) artspezifisch, manchmal auch bei der gleichen Art, verschieden; meist wird schon vor dem ersten Beutefang die erste Zelle angelegt, häufig in den Boden gegraben (Vorderbeine dann mit Grabkamm, zumal am ersten Fußglied, z. B. bei ***Ammophila***, ***Mellinus***, ***Philanthus***, ***Bembix***), oder in morsches Holz bzw. markhaltige Pflanzenstengel (z. B. ***Trypoxylon***); dann liegen zuweilen mehrere durch Wände voneinander getrennte Zellen hintereinander; nicht selten werden schon vorhandene Gänge oder Hohlräume benutzt, von Blattlausjägern z. B. im Schilfrohr die alten Gallen der Zigarrenfliege, ab und an auch noch von den Gallenerzeugern bewohnte (Eichen-) Gallen; die stattlichen, Spinnen jagenden südeuropäischen ***Sceliphron***-♀♀ bauen mehrzellige Lehmnester (Mörtelgrabwespen). In der Regel wird jede Zelle in einem Zuge voll verproviantiert und nach der Eiablage endgültig verschlossen; bei einigen Arten aber wird nach Bedarf nachverproviantiert (vgl. ***Bembix***, ***Ammophila***). Verpuppung in einem Gespinstkokon in der Zelle; meist eine, seltener 2 Generationen im Jahr; Überwinterung meist als verpuppungsreife Dauerlarve. Ausschlüpfen der Imagines im Frühling oder Frühsommer, häufig die ♂♂ vor den ♀♀; Verteidigung eines Reviers in Nestnähe durch das ♂ kommt zuweilen vor. Häufig (immer?) sind Duftstoffdrüsen vorhanden, bei den ♀♀ am Hinterleib, bei den ♂♂ im Kopfbereich (Mandibeldrüsen?); das ♂ von ***Crabro cribarius*** L. kann an Pflanzen eine auf beide Geschlechter anlockend wirkende Duftmarke setzen. Nahrung der Imagines: Pflanzensäfte, Honigtau, bei den ♀♀ mancher Arten durch Kneten herausgepreßter Darminhalt oder Körpersäfte von Beutetieren. Brutparasitismus kommt vor (vgl. ***Nysson***). Zahlreiche Feinde, z. B. Schlupfwespen, Goldwespen (→ Chrysididae), Spinnenameisen (→ Mutillidae), parasitische Fliegen. Einige Arten: **1.** ***Philanthus triangulum*** F., Bienenwolf; Imagines etwa ab Mitte VI, schwarzgelb, stattlich, etwas größer als die Honigbiene, die in M-Eur. i.e.S. anscheinend das alleinige Beutetier ist; (der südeuropäische, nahe Verwandte ***Ph. coronatus*** trägt solitäre Bienen der Gattungen ***Andrena*** und ***Halictus*** ein). Die Beute wird zunächst mit dem Auge ausgemacht, wird dann durch Rütteln in Lee im Abstand von wenigen Dezimetern geruchlich geprüft; der rasante Angriff erfolgt nur auf ein Objekt mit »Bienenduft«, z. B. auch auf ein mit Bienenduft beschmiertes Holzklötzchen passender Größe; dann Packen des Opfers mit den Beinen, Krümmen des Abdomens so, daß der sofort anschließende Stich wohl fast stets die weiche Haut hinter dem 1. Beinpaar trifft; die Biene ist nach wenigen Sekunden bewegungslos, Giftwirkung zunächst peripher auf die Beinmuskeln; dann wird die Beute so gefaßt, daß sie bei gleichgerichteten Köpfen Bauch an Bauch liegt; durch Abwärtskrümmen des Hinterleibsendes wird der Hinterleib der Biene so zusammengestaucht, daß Honigmageninhalt ausfließt und aufgeleckt werden kann; anschließend Malaxieren: Betrommeln der Membran nahe der Einstichstelle mit der unteren Kopfspitze, dadurch offenbar Förderung der Giftverbreitung; Transport zum anscheinend ausschließlich optisch wiedergefundenen Nest in der gleichen Haltung. Nest: in Sandboden, häufig an einem abfallenden Hang, aber auch auf ebenem Gelände; Graben mit Mandibeln und Vorderbeinen, Hinausschieben des Sandes mit dem Hinterleibsende, Verteilen des Sandes; der Hauptgang verläuft waagrecht oder schräg, wird u. U. bis fast 1 m lang; die erste etwa taubeneigroße Zelle liegt am Ende eines leicht absteigenden Seitenganges nahe dem Hauptgang. Verproviantierung mit 2 oder mehr Bienen (für die ♂-Larve 2–4, für die ♀-Larve 3–6); dann werden weitere Seitengänge mit Zelle angelegt; bis über 30 Zellen in einem Nest mit insgesamt über 100 Bienen wurden beobachtet; Eizeit 3–4, Larvenzeit (die Larve dringt in den Bienenkörper ein) ca. 4–5 Tage; dann wird der flaschenförmige Kokon frei schwebend an der senkrechten Zellwand befestigt; Verpuppung erst im nächsten Frühling; die ♂♂ erscheinen 14 Tage früher als die ♀♀; Begattung; dann Nestbaubeginn allein durch die ♀♀. In der BRD überall zu selten um für die Imkerei schädlich zu sein. Wie bei anderen Grabwespen, zahlreiche Brutschmarotzer; Auswahl: Die Larven der Rötlichen Goldwespe, ***Hedychrum intermedium*** Dhlb., saugen die ***Philanthus***-Larven aus; die Fleischfliegen ***Senotainia (Sphegapata) albifrons*** Rondani, ***S. conica*** Fall. und ***Metopia leucocephala*** Rossi warten im Nestbereich, folgen – als »Trabantenfliegen« – dem mit Beute heimkehrenden Bienenwolf im Abstand von mehreren Zentimetern in allen seinen Bewegungen, wie mit einem Stäbchen daran befestigt, um im geeigneten Moment blitzschnell ihr Ei an die Biene zu heften; die Fliegenlarve frißt an den Bienen, schädigt die Wirtslarve durch Verdrängung. **2. *Ammophila*,** Sandwespen [**S-67, S-68**]; auffallend schlank, die ersten beiden Hinterleibssegmente stielartig; düster, Hinterleib z. T. rotbraun. 3 Arten in M-Eur.i.e.S.; bemerkenswerte Verschiedenheiten des Verhaltens bei den beiden genauer untersuchten Arten. a) ***A. pubescens***

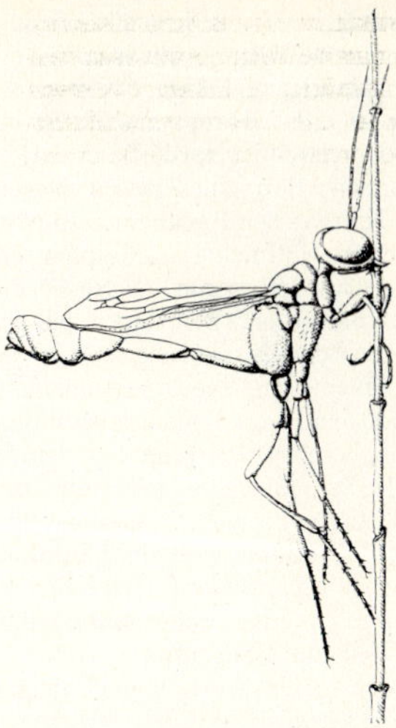

Abb. S-68: ***Ammophilia*** sp., Sandwespe. Schlafstellung des ♂. (Rathmayer 1969)

Curt. (bei Baerends als ***A. campestris*** bezeichnet); die Dauerlarve überwintert im Boden, Verpuppung im Frühling, zuerst Schlüpfen der ♂♂, dann der ♀♀; Begattung; dann Beginn des Nestbaues: es wird ein einzelliges Nest in sandigem Boden hergestellt; Graben mit Mandibeln und Vorderbeinen, der Sand wird im Flug, unter dem »Kinn« getragen, verstreut; nach Fertigstellen des Nestes Verschluß mit einem gut passenden Hauptverschlußsteinchen und kleinerem Material darüber. Flug zum Beutefang; Beute: nackte Schmetterlingsraupen verschiedener Arten; Paralysieren durch viele Stiche in die Bauchseite, dann Kneten (Malaxieren) der Raupe mit den Kiefern; Transport zum Nest, Bauch gegen Bauch, Köpfe gleichgerichtet, je nach Raupengröße im Flug oder zu Fuß, dabei offenbar rein optische Orientierung nach der vorher erworbenen Kenntnis des Geländes; die Wespe verschafft sich zuweilen einen Überblick durch Erklettern eines hohen Geländepunktes (z. B. Bäumchen). Die Raupe wird in Nestnähe abgelegt, das Nest geöffnet (dabei wird das Hauptverschlußsteinchen neben den Nesteingang gelegt, später wieder benutzt); das ♀ schlüpft ins Nest, kommt heraus, packt die Raupe (dabei Hinterleibsspitze am Nesteingang), zieht sie rückwärts ins Nest, eine ziemlich starre

Handlungskette, wird z.B. genau wiederholt, wenn man die Raupe etwas vom Nest entfernt niederlegt; Eiablage; Nestverschluß, wobei das Hauptverschlußsteinchen wiederverwendet wird. Bald darauf wird mit dem Bau eines neuen Nestes begonnen; dazwischen Rückkehr zum Nest 1 ohne Raupe, Öffnen, Einschlüpfen, erneutes Verschließen; wenn im Nest 1 die Larve geschlüpft ist, Beibringen einiger Raupen (Zwischenverproviantierung), jedesmal Öffnen, Einziehen, Verschließen; Weitermachen an Nest 2; nach raupenloser Inspektion bei Nest 1 erfolgt bei diesem schließlich Schlußverproviantierung mit mehreren Raupen schnell hintereinander, endgültiger Verschluß, wobei der Sand im Kopfstand mit dem Kopf festgestampft wird; (einige amerikanische ***Ammophila***-Arten packen zum Feststampfen ein Steinchen mit den Kiefern,Werkzeuggebrauch!). Zwischendurch wird Nest 2 weiterversorgt, u.U. ein Nest 3 begonnen. Das bei jedem Nest situationsgemäß richtige Handeln wird ausgelöst durch den Befund beim raupenlosen Besuch, der den Charakter einer Inspektion hat (nachgewiesen durch Ändern des Nestinhalts an vom ♀ angenommenen Kunstnestern). Gesamtfutterbedarf einer Larve etwa 7 mittelgroße Raupen; das letzte Larvenstadium spinnt einen Kokon, und zwar stets so (durch Ertasten des Nestdaches), daß das Vorderende der Larve dem Nesteingang zugewandt ist. b) ***A. campestris*** Latr.; Unterschiede gegenüber ***A. pubescens***: zum provisorischen Nestverschluß wird Sand aus einer Grube neben dem Nesteingang auf das Hauptverschlußsteinchen gescharrt; beim Öffnen wird der Sand wieder in diese Grube gescharrt, in die auch das Hauptverschlußsteinchen gelegt wird; Beutetiere: (hauptsächlich) Blattwespenlarven; Verproviantierung des Nestes in einem Zuge bis zum endgültigen Verschluß; es werden also nicht mehrere Nester gleichzeitig betreut. **3. *Podalonia (Psammophila)*,** Kurzstielsandwespen (Hinterleibsstiel kurz); z.B. ***P. affinis*** Kirby; Verhalten ähnlich wie bei ***Ammophila***, aber: zuerst Jagd auf eine große Raupe, z.B. auf eine im Boden lebende, durch Geruchssinn gefundene (?) Erdeulenraupe; diese wird durch Stiche paralysiert, malaxiert, verschleppt, versteckt; erst dann Nestbau (Sand im Flug oder zu Fuß verstreut); Aufsuchen und Einziehen der Raupe in das offen gebliebene Nest, Eiablage, endgültiger Verschluß des Nestes, in das wohl in der Regel nur eine große Raupe eingebracht wird. **4. *Sphex maxillosus*** L., Heuschreckensandwespe; sehr stattliche Art (–25 mm), Nest in Sandboden; bei kolonieartiger Häufung von Nestern in günstigem Gelände durchaus Verträglichkeit der Individuen, ein ♀ kann in mehrere Nester schlüpfen, ohne daß es zu Kämpfen kommt; im beobachteten Falle wurden ausschließlich mittelgroße Larven von Laubheuschrecken eingetragen, dicht an der offen gebliebenen Nestöffnung abgelegt, am Fühler gepackt, blitzschnell im Rückwärtsgang eingezogen; Vollverproviantierung mit etwa 5 Beutetieren; dann nur Andeutung von Verschließen durch Sandscharren, Anlage einer neuen Nestkammer vom alten Gang weg. Andere ***Sphex***-Arten bauen oberirdisch, z.B. in hohlen Stengeln; ***S. paludosus*** Rossi, Mittelmeergebiet, macht ein mit Pflanzenhaaren gepolstertes Nest aus Grasähren. **5. *Mellinus arvensis*** L., Kotwespe (–15 mm); mittelgroßer schwarzgelber Jäger von mittelgroßen Fliegen verschiedener Arten; findet sich oft, wohl geruchlich angelockt, auf menschlichem Kot zum Fliegenfangen; die ♂♂ erscheinen einige Tage früher als die ♀♀, finden diese zur Begattung rein optisch, oft auch Versuche am falschen Objekt; Nest: eine 10–30 cm lange Röhre wird in die Erde gegraben. Mit Mandibeln und Vorderbeinen, das Material wird rückwärts rausgeschafft, um den Eingang angehäuft bzw. (an steil abfallender Wand) ausgeworfen; vom Hauptstollen werden mehrere Seitenstollen gebaut mit je einer mit 1–8 Fliegen versorgten Brutkammer, diese werden dann gegen den Hauptstollen verschlossen; während der Verproviantierung bleiben Haupt- und Nebenstollen offen. Orientierung zum Nest durch Orientierungsflüge. Jagd: an Baumstämmen (oder auf Kot); das ♀ sucht herum, Anvisieren des Opfers optisch ausgelöst, dann langsames Anpirschen auf 1 bis 3 cm, Ansprung (oft vergeblich), Packen der Fliege mit Beinen und Mandibeln, sofort Stich in die Bauchdecke (wohl des Thorax nahe dem Hinterleib); die Beute ist meist nach 5 sec bewegungslos; Angriff zuweilen auch auf fliegenähnliche andere Insekten, wird jedoch bald eingestellt (geruchliches oder taktiles Erkennen?); bald nach dem Stich oder später wird die Fliege manchmal so heftig mit den Mandibeln geknetet, daß sie verletzt wird: »Hypermalaxieren«; Bedeutung unklar (Übersprunghandlung? Ernährung durch Saftlecken?); die Fliege wird dann verworfen. Beim Transport zum Nest (fliegend) wird die Beute stets mit den Mandibeln am Rüssel gehalten (oft zugleich mit Vorder- und Mittelbeinen), Landung in Nestnähe; man geht zu Fuß zum Nest; dicht am Nest Umdrehen, ohne den Rüsselgriff zu lokkern, und Rückwärts-Einziehen. Besonders gegen Ende der Brutsaison kann für kürzere oder längere Zeit ein fremdes Nest übernommen und versorgt werden. **6.** ***Bembix (Bembex, Epibembex) rostrata*** L., Kreiselwespe (–25 mm); stattlicher schwarzgelber Fliegenjäger, Labrum schnabelartig vorgezogen; Nest im Sand, durch Scharren gegraben (Kiefer sehr klein), wobei der Sand im Bogen weggeschleudert wird; Beute: mittelgroße Fliegen; die Larve wird fortlaufend mit Futter versorgt, das Nest nach jedem Besuch verschlossen; die Fliege wird beim Nestöffnen nicht abgelegt; die vor den ♀♀ schlüpfenden ♂♂ patroullieren im Nestbereich, graben manchmal im Boden nach sich herausarbeitenden ♀♀, versuchen zu kopulieren, immer wieder auch mit schon nestgrabenden ♀♀; junge und jungfräuliche ♀♀ werden bevorzugt; die Lockwirkung geht vom Abdomen aus; die ♀♀ verpaaren sich wahrscheinlich nur einmal. **7.** ***Crabro,*** Silbermundwespen; artenreiche Sammelgattung; in M-Eur.i.e.S. etwa 60 Arten; Oberseite des breiten Labrums mit silbrig glänzenden Haaren besetzt; je nach Art sehr verschiedene Beutetiere (vgl. Tabelle); bei einigen Arten werden Beutetiere aus verschiedenen Ordnungen eingetragen, z.B. ***C. (Lindenius) albilabris*** F.: Wanzen (Capsiden) und kleine Fliegen; Nester oft in schon vorhandenen Höhlen oder in Pflanzenstengeln nach Entfernen des Marks. **8.** Gattung ***Cerceris,*** Knotenwespen; Name: Hinterleibssegmente durch Einschnürungen knotenartig gegeneinander abgesetzt; 10 Arten in M-Eur.i.e.S.; Beutetiere teils solitäre Bienen (z.B. ***C. rybyensis*** L.), teils Käfer (heimische Arten nur Rüsselkäfer; z.B. ***C. arenaria*** L.); Nester in Sand, dieser wird mit dem Hinterleibsende (Pygidialfeld) hinausgeschoben, zuweilen als Häufchen um den Nesteingang angehäuft. **9.** Sammelgattung ***Gorytes,*** in M-Eur.i.e.S. etwa 20 Arten; Zikadenjäger, die früher als die ♀♀ erscheinenden ♂♂ mancher Arten befliegen die nektarlosen Blüten von Orchideen der Gattung → ***Ophrys,*** insbesondere die ♂♂ von ***G. mystaceus*** L., auch von ***G. campestris*** Müll., ***Ophrys insectifera,*** und zwar angelockt durch den Blütenduft schon auf mehrere Meter, zudem noch optisch; das ♂ setzt sich auf die Unterlippe, Kopf zum Blüteninnern (dabei Aufnehmen von Pollinien bzw. Bestäubung); die Behaarung der ***Ophrys***-Unterlippe ähnelt der Behaarung des ***Gorytes***-♀, bewirkt bestäubungsgerechte Orientierung des ♂ an der Blüte, die mit ihrem Duft auch chemisch den Sexuallockstoff des ***Gorytes***-♀ kopiert; das ♂ drückt sich flach an die Unterlippe, macht u.U. Begattungsbewegungen, jedoch keine Samenabgabe. (»Fetischwespen«). Andere ***Ophrys***-Arten werden von den ♂♂ solitärer Bienen der Gattungen ***Eucera*** und ***Andrena*** besucht, der lockende Duft dürfte also bei verschiedenen ***Ophrys***-Arten verschieden sein. **10.** Gattung ***Nysson,*** Kukkucksgrabwespen; mehrere Arten, schmarotzen vor allem bei ***Gorytes***-Arten; das ***Nysson***-♀ dringt in das Wespennest ein, legt sein Ei an die Wirtsbeute (bei ***Gorytes***: Zikaden), oft unter den Flügel, zerstört das Wirtsei nicht; erst die ***Nysson***-Larve beseitigt es (oder die bereits geschlüpfte Wirtslarve?); zuweilen Wirtsspezifität, z.B. ***Nysson maculatus*** F. bei ***Gorytes tumidus*** Pz., ***N. dimidiatus*** Jur. bei ***G. tumidus*** Pz. und ***G. elegans*** Lep. (Baerends 1941; Berland 1951; A. Huber 1961; Königsmann 1968; Kullenberg 1956, 1961; Lin 1963; Meyer 1964; Njio, Piek 1979; Olberg 1952, 1959; Rathmayer 1962, 1969; Schöne, Tengö 1981; Schremmer 1985; A. Steiner 1958; Tinbergen 1932, 1961).

Sphecodes; → Halictidae 5.

Sphecoidea; bisweilen so benannte Fam.-Gruppe der Hautflügler (Hymenoptera, Apocrita); einzige Fam.: → Sphecidae.

Sphegapata; → Calliphoridae 5; → Sphecidae 1.

Sphegidae; → Sphecidae.

Sphex; → Sphecidae 4.

Sphingidae, Schwärmer; Fam. der Schmetterlinge (Lepidoptera); die Imagines der z.T. sehr stattlichen Arten ausgezeichnet durch ein hervorragendes Flugvermögen, das auch Flüge über weite Distanzen gestattet (mehrere → Wanderfalter in dieser Gruppe); Vorderflügel meist schmal und schnittig, hart, mit verstärkten

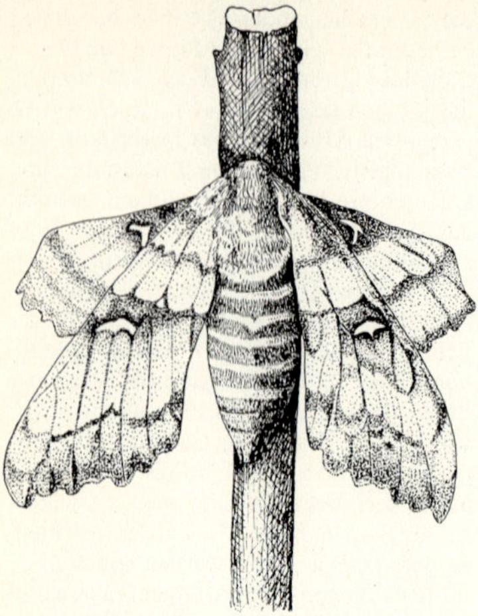

Abb. S-69: ***Laothoë populi.*** Pappelschwärmer. Ruhehaltung. Nat. Gr. (Forster, Wohlfahrt 1954/81)

Adern am Vorderrand; Seitenrand bei einigen Arten mäßig gezackt; Hinterflügel stets bedeutend kleiner als Vorderflügel, mit diesem durch Haftborsten (Frenulum) verbunden; die starke Flugmuskulatur gestattet einen rasanten Flug über längere Strecken oder von Blüte zu Blüte; vorher Aufheizen der Thoraxtemperatur durch Vibrieren der Flugmuskeln (und Flügel) auf ca. 38°C (die des Abdomens bleibt auf Umgebungstemperatur); bei der Nahrungsaufnahme wird der bei den »Schwärmerblumen« oft tief verborgene Nektar mit dem meist sehr langen Saugrüssel im Rüttelflug vor der Blüte gewonnen, meist in der Dämmerung oder nachts, bei einigen Arten auch tags; Flügel in der Ruhe dachförmig, bei manchen Arten flach seitwärts gehalten; die oft auffallend gefärbten Hinterflügel und Körperflanken dann von den oberseits meist unscheinbar, etwa rindenartig gezeichneten Vorderflügeln verdeckt. Keine Tympanalorgane. Duftdrüsen kommen wohl bei den meisten (allen?) Arten in beiden Geschlechtern vor, beim ♂ jederseits an der Hinterleibsbasis, beim ♀ am Hinterleibsende; das Sekret dient der Stimulation und Anlockung des Geschlechtspartners. Die Eier werden einzeln oder auch in kleinen Gruppen meist an die Blattunterseite der Futterpflanze abgelegt. Die z.T. stattliche Größe erreichenden Raupen sind ausgezeichnet durch einen meist hornförmigen Fortsatz dorsal auf dem 11. Segment (fehlt bei einigen Arten; Bedeutung unbekannt); stets sind 8 Fußpaare vorhanden; die Färbung und Zeichnung ist zuweilen recht bunt, bei manchen Arten in den älteren Stadien als einfache oder doppelte Gegenschattierung ausgeprägt, abgestimmt auf Beleuchtung vom Bauch her, dazu passend die Ruhehaltung; die Raupen der meisten Arten sind mehr oder weniger polyphag; Spezialistentum kommt vor (z.B. ***Celerio hippophaes*** Esp., Sanddornschwärmer, auf Sanddorn); Häutungen auf der Futterpflanze; die Raupen mancher Arten fressen nachts, verstecken sich tagsüber; bei Störung nehmen die Raupen mancher Arten eine bezeichnende »Sphinxstellung« ein: Vorderkörper angehoben, Kopf eingezogen [**S-73**]; hormongesteuerte Verhaltensänderung am Ende des Raupenlebens: Wanderung abwärts, Verpuppung am oder im Boden, ohne oder mit schwachem Gespinst; die Rüsselscheide steht bei manchen Arten frei vom Puppenkörper ab; Überwinterung in der Regel als Puppe; Überliegen der Puppe kommt vor. Von rund 1000 bekannten Arten etwa 30 in Mitteleuropa, einige nur mehr oder weniger regelmäßig aus Afrika zuwandernd, andere nur in den südlichen Bereichen heimisch; Auswahl: **1.** ***Mimas (Dilina) tiliae*** L., Lindenschwärmer; Falter nach Zeichnung und Färbung der Vorderflügel sehr variabel; Flugzeit V–VI; Flügel in Ruhe ähnlich gehalten wie beim Pappelschwärmer; die Raupen grün, mit 7 gelblichen, vorn rötlichen Schrägstreifen an den Seiten, mit schwach ausgebildeter Gegenschattierung (Bauch dunkler als Rücken); außer an Linde auch an Ulmen und anderen Laubbäumen; sitzen in Ruhe stets auf der beschatteten Blattunterseite; Verpuppung im Herbst, in lockerem Gespinst, am oder im Boden, oft am Fuße des Baumstammes. **2.** ***Laothoë (Amorpha) populi*** L., Pappelschwärmer [**S-69**]; Nachtflieger, V–VI, (in günstigen Bereichen eine 2. Generation VII–IX); Raupen (grün, mit gelben Schrägstreifen und roten Seitenflecken in 2 Reihen) an Pappeln, auch an Weiden, ohne Gegenschattierung, sitzen auf der Unterseite der Blätter; Verpuppung im Herbst in der oberen Bodenschicht. **3.** ***Smerinthus ocellata*** L., Abendpfauenauge [**S-70**]; Falter (Flugzeit V bis VII, nachts;

selten eine 2. Generation) ausgezeichnet durch das in der Ruhehaltung verborgene Augenmuster auf der Oberseite der Hinterflügel; dies wird bei mäßiger Störung durch Vorziehen der Vorderflügel plötzlich freigelegt [**S-70**], wodurch z.B. manche Kleinvögel so erschrecken, daß sie die Falter meiden, obwohl sie, wie andere Beobachtungen zeigen, nicht durch schlechten Geschmack geschützt sind; bei starker Störung wird durch rhythmisches Beugen und Strecken der Beine, also durch Schaukeln, das »Augenpaar« dem Störenfried noch besonders eindringlich vorgezeigt; (ähnliche, aber schwächere Abwehrbewegung beim nahe verwandten Pappelschwärmer, der jedoch keine Augenflecken hat und keine Schaukelbewegung, statt dessen rhythmisches Hochklappen der Flügel bei starker Störung; fast keine Abwehrbewegung beim Lindenschwärmer, bei starker Störung Fortlaufen oder Flügelwippen). Ein noch jungfräuliches ♀ vermag durch Duftstoff ♂♂ anzulocken; Kreuzung mit dem Pappelschwärmer ist möglich, die Bastarde sind unfruchtbar. Raupe an Weiden, Pappeln, Schlehen, Obstbäumen (VII–IX); Grundfarbe grün (Grünton weitgehend übereinstimmend mit dem der Futterpflanze) mit hellen seitlichen, die Körperform auflösenden Schrägstreifen; die Färbung ist an die Hypodermis und die Kutikula gebunden; inverse Gegenschattierung (Bauch dunkler als Rücken) vom 3. Stadium an deutlich; dazu passend die normale Sitzweise der ruhenden Raupe des 4. und 5. Stadiums: an Zweigen Bauch nach oben [**S-71**]; Verpuppung im Herbst am oder im Boden. **4. *Acherontia atropos*** L., Totenkopfschwärmer; stattlichster in Mitteleuropa auftretender Schwärmer (Flsp. bis 13 cm); deutscher Name nach der totenkopfähnlichen Zeichnung dorsal auf der Brust; Hinterflügel und Körperflanken auffallend schwarzgelb gezeichnet, Vorderflügeloberseite unscheinbar rindenähnlich; Rüssel kurz und kräftig; seit langem bekannt die Fähigkeit, bei Störung einen auffallend lauten, piepsenden Laut von sich zu geben, und zwar (äußerst selten bei Insekten) mit Hilfe eines Luftstroms: durch rhythmisches Erweitern und Verengen des Pharynx wird durch den Rüssel Luft eingesaugt und ausgestoßen, wobei der klappenartige Epipharynx in Schwingungen gerät [**S-72**]; so entsteht ein rhyth-

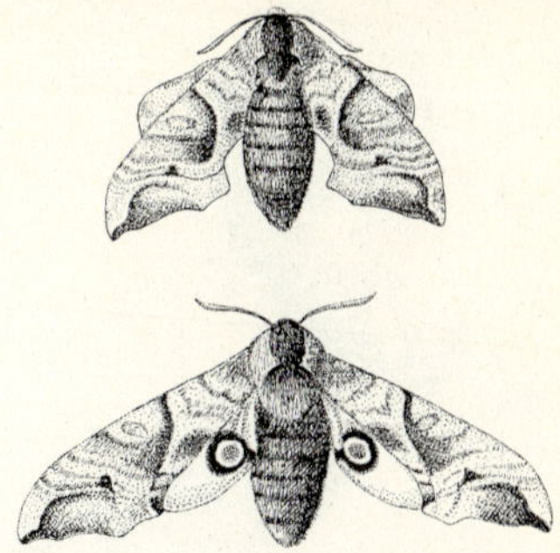

Abb. S-70: ***Smerinthus ocellata***, Abendpfauenauge. Oben in Ruhe, unten Abwehr bei Störung. Etwa 1/2 nat. Gr. (De Ruiter 1952)

Abb. S 71: ***Smerinthus ocellata***, Abendpfauenauge. Erwachsene Raupe in Ruhehaltung. (De Ruiter 1955)

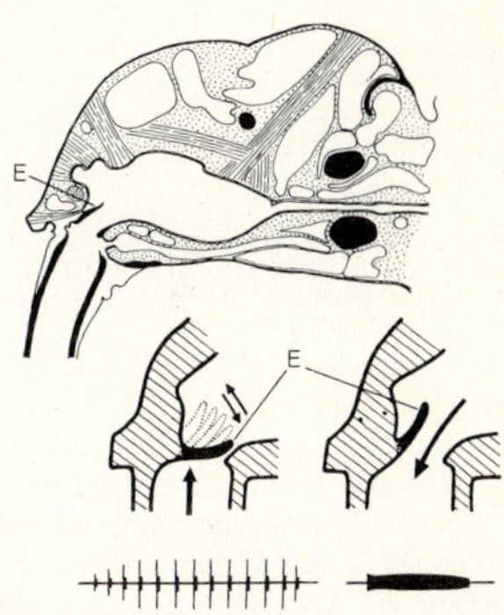

Abb. S-72: ***Acherontia atropos***, Totenkopf. Oben Längsschnitt durch den Kopf des Falters; an der Rüsselbasis, der in die Schlundhöhle ragende Epipharynx; zwischen zahlreichen Tracheenblasen die Hauptmuskelstränge, die an der Schlundwand ansetzen; Teile des ZNS schwarz. Unten Schema der Wirkungsweise des Epipharynx, darunter, nach Oszillogramm, der Charakter der Laute, links beim Einsaugen, rechts beim Ausstoßen der Luft. E Epipharynx. (Prell 1920; Dumortier 1964)

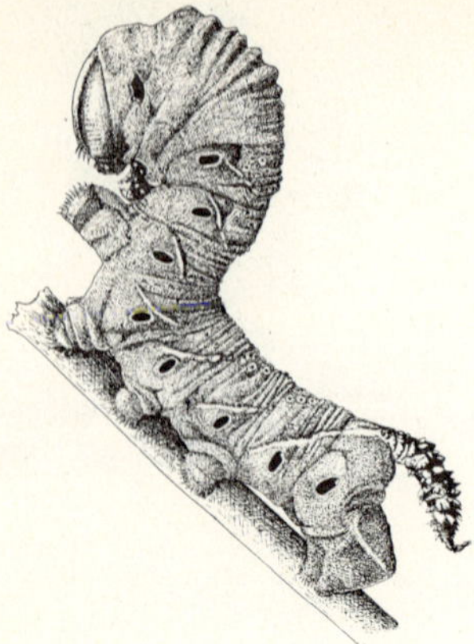

Abb. S-73: ***Acherontia atropos***, Totenkopf. Raupe, Abwehrstellung.

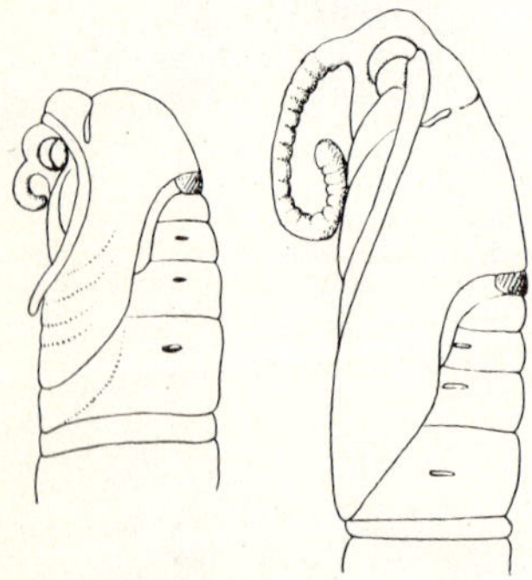

Abb. S-74: ***Herse convolvuli***, Windenschwärmer. Entwicklung der Rüsselscheide. Links unmittelbar nach Verpuppung, rechts fertig, $2^1/_2$ Stunden danach. (Bilek 1970)

misch wiederholter Doppellaut mit langsamer Stoßfolge beim Einziehen (40–50 Stöße in ca. 16 sec), mit sehr schneller Stoßfolge (pfeifend, Dauer $^1/_{16}$ sec) beim Ausstoßen der Luft (Frequenzen: 5000–15000 bzw. 3500–20000 Hz); Bedeutung unklar, tritt gelegentlich auch spontan auf. Der Falter dringt zuweilen als Honigräuber in Bienenstöcke ein, kann mit dem Rüssel den Zelldeckel durchstoßen, wird, falls er hier verunglückt, von den Bienen mit einer Wachsschicht bedeckt. Die Art gehört im Grunde nicht zur europäischen Fauna; Heimat tropisches Afrika, fliegt jedes Jahr (IV–VIII) über die Wüste und das Mittelmeer hinweg nach Europa ein, bis Schweden, Finnland, in manchen Jahren in beträchtlicher Zahl (z.B. 1964); Eiablage an verschiedenen Nachtschattengewächsen, vor allem an Kartoffeln, auch im Einwanderungsgebiet. Die Raupe [**S-73**] ist grünlich mit 7 blauen bis dunkelviolettbraunen Schrägstreifen an den Flanken; Horn mit körnigen Warzen; erwachsen 12–13 cm lang; bei Störung »Zähneknirschen« mit den Mundteilen; sie frißt höchstens erwachsen auch tagsüber, sonst nur nachts, geht zur Verpuppung bis 20 cm tief in den Boden; die Puppe (ca. 7,5 cm lang; Scheide des Rüssels nicht frei) liegt in einer etwa hühnereigroßen Erdhöhle, deren Wand mit einer aus dem Mund der Raupe stammenden Flüssigkeit durchtränkt ist; sie kann auch in Mitteleuropa bereits im Herbst den Falter ergeben oder überwintern, überlebt jedoch im Gebiet nördlich der Alpen nicht; die ♀♀ der Herbstgeneration mit unterentwickelten Ovarien, in Einzelfällen wurde jedoch Kopula und Eiablage bei gekäfigten Tieren beobachtet; fraglich, ob die Herbstfalter nach Süden zurückwandern. **5. *Herse convolvuli*** L., Windenschwärmer, Windig; wie der Totenkopf ein Zuwanderer aus dem Süden; sehr stattlich (Flsp. ca. 12 cm), rasanter Flieger, der mit seinem überkörperlangen Rüssel in der Dämmerung an Winden, gerne auch an Phlox saugt, auch an Stechapfel; beim Saugen an ***Datura inoxia*** Mill. (Mittelmeergebiet) setzt er sich auf die bis 20 cm lange Blüte, dringt in die Blütenkrone ein, um den tiefliegenden Nektar dieser typischen Schwärmerblume zu erreichen. Die Raupen der in Mitteleuropa entstehenden Generation an Winden, vor allem an Ackerwinde, treten in einer grünen und einer braunen bis schwarzbraunen Variante auf, beide sind durchaus verschieden gezeichnet; fressen nachts, sind tagsüber im Versteck; Puppe mit frei abstehender Rüsselscheide [**S-74**], liegt in einer Erdhöhle. Die in Mitteleuropa heranwachsende Generation übersteht den Winter höchstens unter besonders günstigen Bedingungen, die dann schlüpfenden ♀♀ sind vermutlich steril. Rückflug nach Süden noch fraglich, aber vermutet. **6. *Sphinx ligustri*** L., Ligusterschwärmer; Dämmerungs- und Nachtflieger, V–VIII; die Raupe ist grün, hat seitlich 7 weiße und violette

Schrägstreifen [**S-75**]; frißt vor allem an Liguster und Flieder, aber auch z.B. an Esche und Schneebeere, verpuppt sich im IX im Boden. **7.** ***Sphinx (Hyloicus) pinastri*** L., Kiefernschwärmer, Tannenpfeil; der auf beiden Flügeln und am Körper unscheinbar grau in grau gemusterte Falter (Flsp. bis knapp 80 mm) fliegt V–VII abends und nachts, saugt z.B. an Geißblatt und Linde, setzt sich gern an Nadelholzstämmen zur Ruhe, ist dann schwer auszumachen; Eier einzeln oder in Gruppen an die Nadeln der Futterpflanze abgelegt, vor allem an Kiefer, daneben auch an Fichte, Tanne und Lärche [**S-76**]; die Raupe [**S-77**] ist in verschiedenen Stadien verschieden gefärbt; die jungen Raupen, grün mit hellen Längsstreifen, sitzen auf den Nadeln, die erwachsenen (–8 cm), rotbraun mit hell gesäumtem Rücken und gelben Seitenstreifen sitzen auf der braunen Rinde der Triebe; alle Stadien sind demnach durch Färbung und dazu passende Sitzweise optisch gut geschützt; die Raupen werden durch Nadelfraß nur bei einer selten auftretenden Massenvermehrung schädlich; Verpuppung meist in der Moosschicht am Fuße der Stämme; die Puppe kann 2 Winter überliegen. **8.** ***Celerio (Deilephila) euphorbiae*** L., Wolfsmilchschwärmer; Namen nach den Futterpflanzen der Raupen: Wolfsmilcharten, bevorzugt Zypressenwolfsmilch, an denen die V–VII in der Dämmerung fliegenden Falter Eier ablegen; unter günstigen Bedingungen im Sommer eine 2. Generation. Die schwarz aus dem Ei schlüpfenden Raupen werden schon nach der ersten Häutung bunt, sind erwachsen ausgezeichnet durch rote Rückenstreifen und zahlreiche kleine gelblichweiße Pünktchen auf düstergrünem Grund und größere gelbliche Seitenflecken [**S-78**]; der Milchsaft der Futterpflanze ist offenbar wichtig für die Futterannahme, Ablehnung nach Saftentzug. Puppe an oder dicht unter der Bodenoberfläche in einem leichten Gespinst, kann mehrere Winter überliegen. Die Falter neigen zu kürzeren Wanderungen; unbekannt ist, ob Falter aus Südeuropa einfliegen. **9.** ***Deilephila (Pergesa) elpenor*** L., Mittlerer Weinschwärmer (Flsp. ca. 65 mm); der auf Körper und Flügeln ausgedehnt karmesinrote Falter ist V–VII ein durchaus nicht seltener Dämmerungsflieger. Die Raupe frißt vor allem an Weidenröschen und Labkraut,

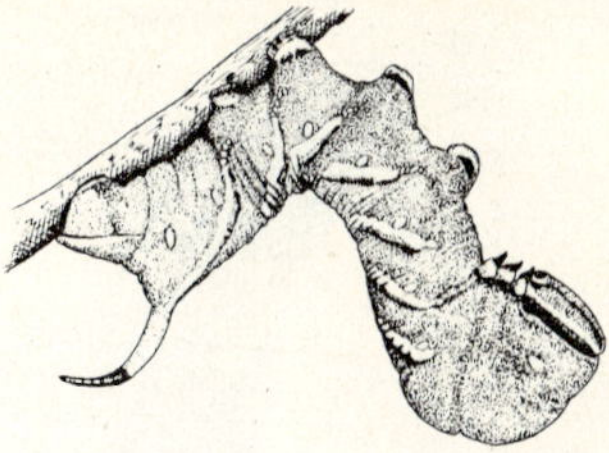

Abb. S-75: ***Sphinx ligustri***, Ligusterschwärmer. Raupe in typischer Sitzhaltung.

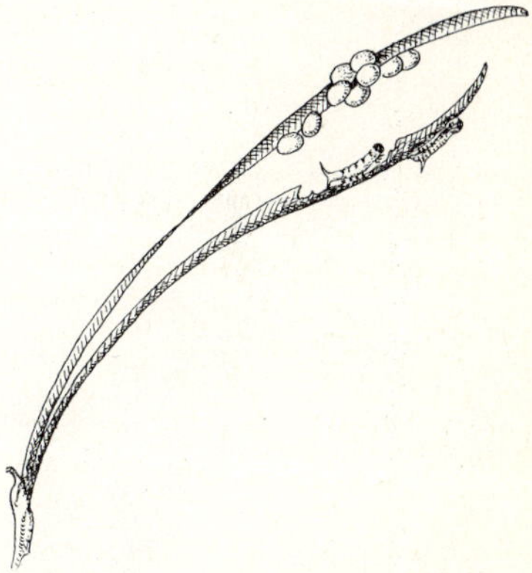

Abb. S-76: ***Sphinx pinastri***, Kiefernschwärmer. Gelege und Jungraupen. (Amann 1960)

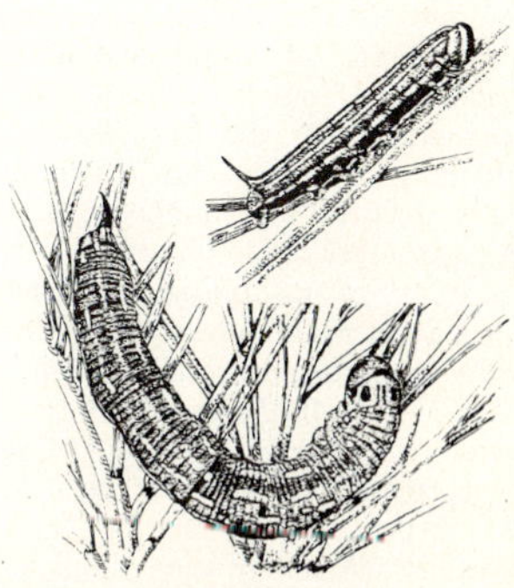

Abb. S-77: ***Sphinx pinastri***, Kiefernschwärmer. Raupe: 4. und 5. (= letztes) Stadium.

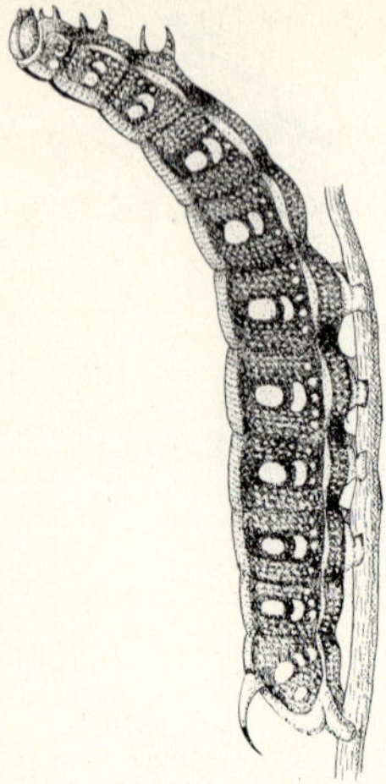

Abb. S-78: ***Celerio euphorbiae***, Wolfsmilchschwärmer. Erwachsene Raupe. 6 cm. (Graf 1961)

Abb. S-79: Oben: ***Deilephila porcellus***, Kleiner Weinschwärmer. Raupe; Horn reduziert. Unten: ***Deilephila elpenor***, Mittlerer Weinschwärmer, Raupe. (Eckstein 1913/33)

Abb. S-80: ***Macroglossum stellatarum***, Taubenschwänzchen, vor einer Blüte, Rüssel halb gestreckt. (Eisenbeis 1965)

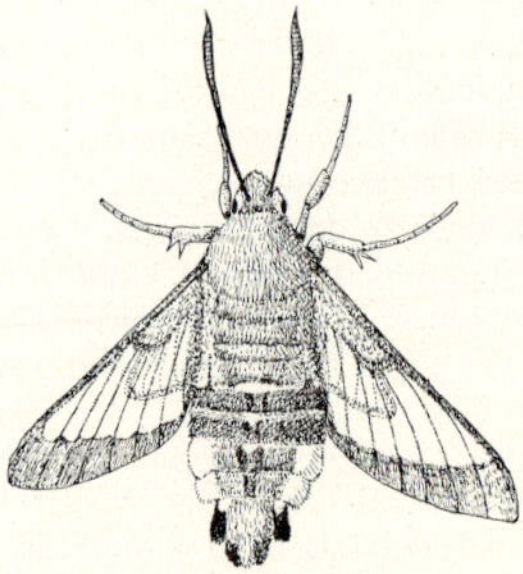

Abb. S-81: ***Hemaris fuciformis***, Hummelschwärmer. Nat. Gr.

auch an echtem und wildem Wein und anderen niederwüchsigen Pflanzen; sie ist grün bis braun; auffallend sind am 3., deutlicher am 4. und 5. Segment Augenfleckenpaare [**S-79**], die, bei Störung in Drohhaltung vorgezeigt, auf den Störenfried abschreckend wirken mögen; sie versteckt sich tagsüber, frißt abends und nachts. Puppe in einem lockeren Gespinst zwischen Blättern am Boden; einzelne Falter schlüpfen unter günstigen Bedingungen schon im Herbst. **10. *Deilephila (Pergesa) porcellus*** L., Kleiner Weinschwärmer (Flsp. ca. 50 mm); nach Vorkommen, Aussehen und Lebensweise, auch der Raupe, dem Mittleren Weinschwärmer ähnlich [**S-79**]; die Raupe trägt an Stelle des Horns nur einen kleinen Höcker. **11. *Macroglossum stellatarum*** L., Taubenschwänzchen; diese mittelgroße Art (Flsp. kaum 50 mm) ist Tagflieger und beim Saugen im Schwirrflug vor den Blüten (z. B. an Phlox) leicht zu beobachten; fliegt mit einer Geschwindigkeit von ca. 60 cm/sec an, bremst in ein bis drei diskreten Schritten in Nähe der Blüten scharf ab; Hinterleibsende mit breiten dunklen Haarbüscheln (deutscher Name, [**S-80**]); überall häufig, jedoch in M-Eur. i.e.S. nicht heimisch, wandert ab Ende V bis Herbst aus dem Süden zu; die Raupen der Ersteinwanderer (grün oder bräunlich, mit feinen hellen Pünktchen und heller Seitenlinie) fressen auch am Tage, z. B. an Labkraut, Sternmiere, verpuppen sich in einem dünnen Gespinst am Boden; die dann im VIII–IX schlüpfenden Falter überstehen höchstens in sehr geschützten Verstecken den Winter, die meisten gehen, ebenso evtl. überwinternde Puppen, zugrunde; vermutlich wandert im Herbst ein Teil nach Süden zurück; zahlreiche Falter sind im Winter im Mittelmeerbereich zu finden. **12.** ***Hemaris (Haemorrhagia) tityus*** L. (***scabiosae*** Z.), Skabiosenschwärmer, und ***Hem. (Haem.) fuciformis*** L., Hummelschwärmer [**S-81**]; gemeinsam ist diesen mittelgroßen Arten (Flsp. ca. 45 mm) der unbeschuppte Mittelteil der beiden Flügelpaare (Schuppen in der Puppe noch angelegt, fallen frühzeitig ab); beide besuchen V–VII in der prallen Mittagssonne die Blüten; die das Schwärmerhorn tragenden Raupen des Skabiosenschwärmers fressen vor allem an Skabiosen und Knautien, die des Hummelschwärmers an Geißblatt und Schneebeere; Verpuppung der beiden Arten in einem dünnen Gespinst am Boden; unter günstigen Bedingungen fliegen im Spätsommer geschlüpfte Falter einer 2. Generation. **13.** Außer den bereits erwähnten Wanderfaltern fliegen folgende Arten mehr oder weniger häufig aus dem Süden ein: a) ***Daphnis nerii*** L., Oleanderschwärmer; Raupen im Mittelmeergebiet (gelegentlich auch in Mitteleuropa) an Oleander und Immergrün; die Puppen überstehen im nördlichen Bereich nicht den Winter. b) ***Hippotion (Chaerocampa) celerio*** L., Großer Weinschwärmer; er fliegt selten aus Afrika und dem Mittelmeerbereich über die Alpen ein; die Raupen vor allem an echtem Wein, daneben an Labkraut. c) ***Celerio (Deilephila) lineata*** F., Linienschwärmer; Vorderflügel mit hellem, an die Adern gebundenen Linienmuster; die in Afrika und im Mittelmeergebiet heimischen Falter kommen in manchen Jahren in beträchtlicher Zahl über die Alpen, bis nach Schweden; im Heimatgebiet entsteht durch Raupenfraß an verschiedensten Kulturpflanzen zuweilen Schaden; im Zuwanderungsgebiet gehen meist schon die vor allem an Lab- und Leinkraut fressenden, gegen zu große Feuchtigkeit empfindlichen Raupen ein, ergeben selten Puppen (am Boden zwischen zusammengesponnenen Blättern) oder gar Falter. (Blest 1957; Brauns 1964; Busnel, Dumortier 1960; Dierl 1969; Dumortier 1964; Forster, Wohlfahrt 1954/81; Friedrich 1983; Hannemann 1968; Harz 1965; Harz, Wittstadt 1957; Heinrich, Bartholomew 1971; Jacobson 1965; M. Koch 1964; Kugler 1971; Nachtigall 1968; Priesner 1968; de Ruiter 1952b, 1956; Varju, Pfaff 1985).

Sphingonotus; → Acrididae.

Sphinx; → Sphingidae 6, 7.

Sphragis; Begattungszeichen beim ♀ der Apollofalter; → Papilionidae 4.

Spießbock, *Cerambyx cerdo* L.; → Cerambycidae 6.

Spilarctia; → Arctiidae 6.

Spilomena; → Sphecidae.

Spilomyia; → Syrphidae.

Spilonota; → Tortricidae 21.

Spilopsyllus; → Siphonaptera.

Spilosoma; → Arctiidae 7.

Spilostethus; → Lygaeidae 1.

Spinatmotte, *Heliodines roesella* L.; → Helionidae 2.

Spiniphora; → Phoridae.

Spinnenameisen; → Mutillidae.

Spinnenfliegen; → Cyrtidae; → Nycteribiidae.

Spinnenspringer; → Dicyrtomidae.

Spinnereule, *Colocasia coryli* L.; → Noctuidae 6.

Spinnfüßler; → Embioptera.

Spiralgallenlaus, *Pemphigus spirothecae* Pass.; → Erisomatidae 2.

Spiralhornbienen, *Systropha* sp.; → Halictidae 3.

Spirochaeta; → Pediculidae.

Spitzmäuschen, *Apion* sp.; → Curculionidae 12.

Spitzmauslaus, *Polyplax reclinata* Ni.; → Haematopinidae.

Splintholzkäfer; → Lyctidae.

Spondylis; → Cerambycidae 3.

Spongostylum; → Bombyliidae.

Springbohnen, Hüpfbohnen; ohne erkennbare Ursache wackelnde, rollende oder springende Samenkapseln verschiedener Pflanzen; allgemein bekannt die Fruchtkapseln mexikanischer Wolfsmilcharten der Gttg. ***Sebastiana*;** in ihnen entwickeln sich die Raupen des Wicklers ***Carpocapsa saltitrans*;** durch Umherwandern im Innern der leergefressenen, abgefallenen und mit einer Gespinstschicht austapezierten Kapsel, wird diese zum Wackeln, Rollen, oder, wenn die mit dem Hinterende im Gespinst verankerte Raupe mit dem Kopf gegen die Kapselwand schlägt, zum Springen gebracht; vermutliche biologische Bedeutung: Erreichen eines für die Entwicklung der Raupe geeigneten Temperaturbereiches. Weitere Springbohnenbewohner (anderer Pflanzenarten): die Raupen des Zünslers ***Audeoudia haltica***, die Larven des Rüsselkäfers ***Nanodes tamarisci*** und die Larven einiger weiterer Kleinschmetterlinge und Rüsselkäfer → auch Tortricidae 34 und Tenthredinidae 24. (Herter 1953).

Springkrautblattwespe, ***Siobla sturmi*** Klg.; → Tenthredinidae 4.

Springschrecken; → Saltatoria.

Springschwänze; → Collembola.

Springwanzen; → Saldidae; → Miridae 8.

Springwurmwickler, ***Sparganothis pilleriana*** D. u. Sch.; → Tortricidae 28.

Spudea; → Noctuidae.

Spurbienen; → Apidae 3.

Stabschrecken; → Phasmida.

Stabwanzen; → Berytidae; → Nepidae.

Stachelameisen; → Myrmicidae.

Stachelbeerblattwespen; → Tenthredinidae 6.

Stachelbeerlaus, ***Aphis grossulariae*** Kalt.; → Aphididae 28.

Stachelbeerspanner, ***Abraxas grossulariata*** L.; → Geometridae 8.

Stachelbeerzünsler, ***Zophodia convolutella*** Hbn.; → Pyralidae 10.

Stachelhafte; → Siphlonuridae.

Stachelkäfer; → Mordellidae; → Chrysomelidae 19.

Stachelwasserkäfer, ***Hydrophilus caraboides*** L.; → Hydrophilidae 2.

Stahlblaue Kiefernschonungsgespinstblattwespe, ***Acantholyda erythrocephala*** Chr.; → Pamphiliidae 8.

Stahlmotte, ***Lithosia quadra*** L.; → Arctiidae 1.

Stallfliege, ***Muscina stabulans*** Fall.; → Muscidae.

Stammutter; → Fundatrix.

Staphylinidae, Kurzflügler, Raubkäfer; Fam. der Käfer (Coleoptera, Polyphaga); sehr artenreich, über 25000 Arten bekannt, in M-Eur.i.e.S. etwa 1300; kennzeichnend sind die stark verkürzten Flügeldecken, die den größeren Teil des Hinterleibs freilassen, unter ihnen, in Ruhe nach bestimmtem Muster zusammengefaltet, die meist normal langen, bei manchen Arten jedoch mehr oder weniger rückgebildeten Flugflügel; das Entfalten der Flügel zum Flug nach Anheben der Flügeldecken geschieht zum mindesten bei manchen Arten unter Mithilfe der Mittel- und/oder Hinterbeine, oder auch des Hinterleibs; dabei werden kammartige Gebilde hinten am vorletzten Hinterleibsring über die Flügelunterseite gezogen; das Einfalten nach dem Flug wird unterstützt durch Stöße des angehobenen Hinterleibs; Körper meist sehr schlank, ebenso der der Larven; meist flinke, wendige, behende Läufer. Fast alle Arten mit 1 Paar, seltener 2 Paaren, oft sehr großer abdominaler Wehrdrüsen, die in Afternähe an für die U.-Fam. typischen Stellen dorsal (als sog. Tergaldrüsen), terminal (Analdrüsen) oder ventral (Sternaldrüsen) münden; die Mannigfaltigkeit der synthetisierten Wehrstoffe ist groß (viele verschiedene Chinone, Acetate mannigfacher Art, Carbonsäuren und ihre Ester u.a.m.); sie werden bei Störung, oft verbunden mit gleichzeitigem Heben des Abdomens, ausgespritzt, tropfenweise abgegeben oder (z.B. bei Vertretern der U.-Fam. Staphylininae) durch Aus- und Umstülpen der Drüsenreservoire zur Wirkung gebracht; bei ***Philonthus***-Arten wird bei starker Reizung zudem ein Säckchen, dessen spezifisch strukturierte Oberfläche ein besonders rasches Verdunsten des Wehrsekretes gewährleistet, dem Angreifer entgegengestreckt; Aus- und Umstülpen von Reservoiren und Säckchen durch Hämolymphdruck, Zurückziehen durch spezielle Muskeln; der Abwehreffekt der oft farbigen (hellgelb über rot bis dunkelbraunen), bisweilen von uns riechbaren Wehrsekrete ist, wo immer man ihren Einsatz beobachtete oder überprüfte, deutlich; die Gttg. ***Deleaster*** mit 2 Paar Tergaldrüsen, deren entleerte Sekrete (wie ein 2-Komponentenkleber) sofort polymerisieren und Mundwerkzeuge, Antennen und u.U. auch Beine der Angreifer verkleben; bei den myrmekophilen (s. unten) Staphyliniden sind die Wehrdrüsen mehr oder weniger bis völlig zurückgebildet, wo noch vorhanden, produzieren sie keine Chinone, sondern Polysaccharide (Funktion?); Arten der Gttg. ***Paederus*** speichern in der Hämolymphe mehrere giftige Amine, die allerdings nur nach Verletzung der Käfer nach außen gelangen; auf die Haut gebracht führen sie zu Blasenbildung und Ausschlägen (bei tropischen Formen im Auge zur Erblindung); Ernährung von Larven und Imagines meist räuberisch, hilfreich: die kräftigen, oft gezähnten Kiefer; viele Arten an verrotteten pflanzlichen oder verfaulenden tierischen Stoffen, stellen vor allem den hier lebenden anderen Insekten nach; einige Arten jedoch sind gelegentlich oder hauptsächlich Verzehrer pflanzlicher Stoffe: Pollen, Pilze (z.B. die winzigen ***Gyrophaena***-Arten), Algen; Lebensräume sehr verschieden, feuchte Orte jedoch in der Regel bevorzugt; manche Arten nur in Nestern von Vögeln oder Säugetieren; Bewohner tiefer Bodenschichten ohne Augen; insgesamt über 300 Arten bekannt, die myrmekophil sind, d.h. in Beziehung zu Ameisen stehen, häufig in deren Nestern leben; (zahlreiche Arten auch bei Termiten). Besondere Fürsorge des ♀ für Eier oder Larven kommt vergleichsweise selten vor (vgl. z.B. ***Bledius***, Nr. 6); ***Tachinus*** und ***Tachyporus***-Arten, die ihre Eier in den Boden ablegen, beschmieren das noch frei am Hinterleib hängende Ei mit Erde; Viviparie bzw. Ovoviviparie (Schlüpfen der Larven bei oder kurz nach der Ablage) kommt vor; fast stets 3 Larvenstadien; Verpuppung meist in einer einfachen Erdhöhle, deren Wand zuweilen wie poliert aussieht; selten liegt die Puppe in einem Kokon aus sandigem Material. Viele Arten sind sehr klein (1 wenige mm); Auswahl: **1. *Staphylinus (Ocypus) olens*** Müll., Schwarzer Moderkäfer [**S-82**], bis über 30 mm, größte heimische Art, schwarz; der Käfer ist nicht selten auch tagsüber unterwegs; in der gleichen Gattung einige weitere stattliche Arten, z.B. ***St. caesareus*** Ced. mit braunen Flügeldecken und schönen messinggelben Haarflecken oben auf den Hinterleibsringen; Drohgebärde der Imagines bei Störung (auch bei anderen Kurzflüglern): Kopf mäßig angehoben, Mandibeln gespreizt, Hinterleib mit windenden Bewegungen über den Vorderkörper hochgeklappt; die Larven überfallen aus kurzen Erdröhren heraus ihre Beutetiere. **2. *Emus hirtus*** L., Zottiger Raubkäfer, (–28 mm); stattliche bunte, zottig behaarte Art; Kopf, Vorderbrust und Hinterleibsende gelb, sonst düster, Flügeldecken weitgehend grau; gerne an Mist, besonders Kuhmist, stellt hier anderen Insekten nach; mehr im Mittelmeergebiet beheimatet; die nördlich der Alpen heimische Population erhält vielleicht immer wieder Nachschub aus dem Süden. **3. *Velleius dilatatus*** Fbr., Hornissenkurzflügler (–24 mm; schwarz), in oder in nächster Nähe von Hornissennestern, lecken gern an ausfließenden Baumsäften, fressen Abfälle im Hornissennest, überfallen aber auch lebende Insekten, Fliegenmaden, Tausendfüßler u. dgl.; die Larven (blaßgelb, vorn und hinten rosenrot [**S-83**] ebenfalls bei Hornissen, sollen Futterabfälle und tote Tiere fressen, dagegen keine lebenden Hornissenlarven; Larve 3 überwintert in einer provisorischen Höhle, baut diese im Frühling in eine kokonartige Puppenwiege um, in der sie sich nach einigen Wochen verpuppt. **4.** Gattung ***Aleochara***, in M-Eur.i.e.S. etwa 3 Dutzend kleine bis höchstens mittelgroße Arten; größte heimische Art: ***A. curtula*** Goeze (5,5–8 mm); die Imagines fressen in Kadavern Fliegenmaden; an den Kadavern auch Treffpunkt

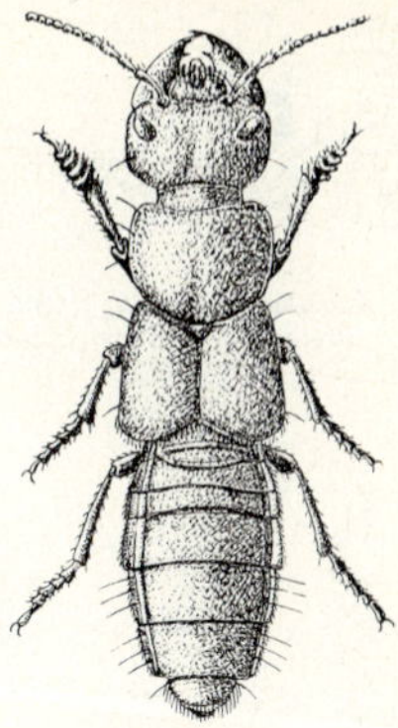

Abb. S-82: ***Staphylinus olens***, Schwarzer Moderkäfer. 25 mm. (Horion 1949)

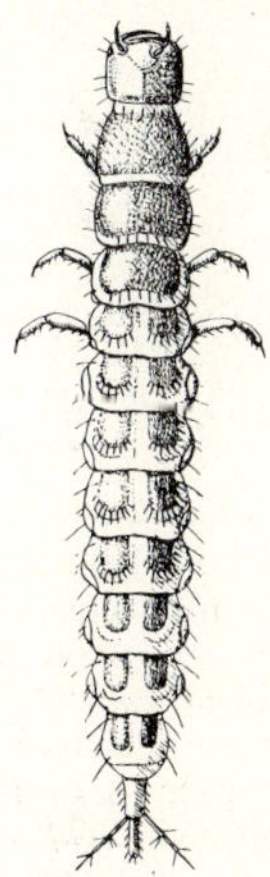

Abb. S-83: ***Velleius dilatatus***, Hornissenkurzflügler. Larve, ca. 35 mm. (Reitter 1908/16)

Abb. S-84: ***Aleochara curtula.*** 8 mm. Paarungsverhalten: ♂ (links) greift mit zangenartigen Parameren nach dem ♀. (Peschke 1987)

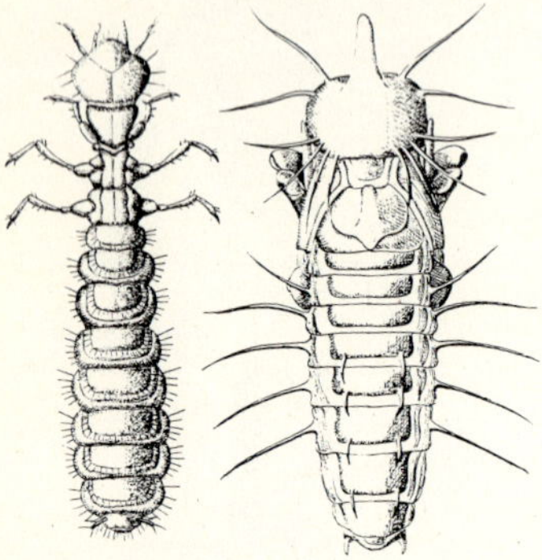

Abb. S-85: ***Bledius tricornis.*** Larve 8 mm. Puppe 7 mm. (Reitter 1908/16)

der Geschlechter und Verpaarung; ♀♀ werden im engsten Nahbereich am Sexualpheromon erkannt, zur Kopulation mit zangenartigen Parameren ergriffen [**S-84**]; begattete ♀♀ lehnen durch Schlagen mit dem Abdomen Kopulationsversuche der ♂♂ ab; junge, hungernde oder nach mehrfachen Kopulationen nicht paarungsbereite ♂♂ produzieren ebenfalls das weibliche Sexualpheromon und sind durch diese chemische Weibchenmimikry vor Aggressionen anderer territorialer Geschlechtsgenossen geschützt; zur Eiablage verlassen die ♀♀ den Kadaver und suchen in der näheren Umgebung Schlupfwinkel auf, die zur Verpuppung für Fliegenmaden geeignet sind; die 3 Larvenstadien sind von verschiedener Gestalt (Polymetabolie); die 1. Larve ist sehr beweglich, mit gut ausgebildeten Beinen, mit Augen; sie dringt in das Hinterende des Pupariums von Fliegen (z. B. von ***Calliphora***) ein, angelockt durch einen hier aus den Wirtsstigmen austretenden Stoff, frißt außen an der Wirtspuppe, häutet sich zur 2. Larve; diese ist madenartig, Beine kurz, ohne Augen, frißt die Fliegenpuppe auf; sie häutet sich zur 3., wieder besser beweglichen Larve, mit Augen und gut ausgebildeten Beinen, verläßt das Tönnchen, verpuppt sich in der Erde. Ein etwas anderes Orientierungsverhalten zeigen die Junglarven von ***A. bilineata*** Gyll. und ***A. bipustulata*** L., die von der Dorsalseite aus in das Puparium der Kohlfliege eindringen und dann das Einbohrloch mit Kot verschließen. **5.** Gattung ***Anthobium***; 2 Dutzend Arten, klein (meist 2–3 mm), zuweilen in Massen in den Blüten verschiedener Pflanzen, fressen dort anscheinend (immer?) Pollen und andere Blütenteile; z. B. ***A. minutum*** Fbr.; gelegentlich an Erdbeeren und Obstbäumen schädlich. **6.** Gattung ***Bledius***; in M-Eur.i.e.S. 3 Dutzend kleine Arten (meist etwa 3–6 mm), leben in vor allem mit den Kiefern selbstgegrabenen Gängen im Ufersand am Meer, an (zumal salzigen) Binnenseen und an Flüssen; fressen Algen; manche Arten legen einen Futtervorrat für die eigene Ernährung an. Bemerkenswerte Brutfürsorge, z. B. bei ***Bl. tricornis*** Hrbst.: das ♀ gräbt einen einige Dezimeter langen Gang senkrecht in den Sand, deponiert in einer oberen Erweiterung Algen als Futtervorrat für die Junglarven, baut darunter radiär angeordnet die Eikammern, mit je einem Ei; am Röhrengrund ist der Lagerplatz für den Kot des Käfers; ähnlich verhalten sich andere Arten, aber das Gangsystem ist artspezifisch verschieden angelegt; bei ***Bl. arenarius*** Payk. fehlt der Algenvorrat als Larvenfutter; die Eier sind in den Eikammern ohne Wandberührung auf einem Träger (aus Kot, Sekret) befestigt. Die Junglarven leben zunächst zusammen mit der Mutter im Muttergang, später in eigenen Gängen [**S-85**]; Verpuppung in einer besonderen Kammer im Sand [**S-85**]. Hauptfeinde von ***Bledius*** sind Laufkäfer der Gattung ***Dyschirius*** (→ Carabidae 5). **7.** Gattung ***Stenus***; in M-Eur.i.e.S. mit fast 100 durchweg kleinen (2–7 mm) Arten vertreten, vor allem in der Nähe von Gewässern; Hauptnahrung: Springschwänze, die (ähnlich wie bei den Libellenlarven) mit dem verlängerten, durch Blutdruck vorgeschleuderten, durch Muskeln zurückziehbaren, schlauchförmigen Labium gefangen werden; jederseits im Kopf liegende Klebstoffdrüsen münden auf der Labiumspitze an den Nebenzungen (Paraglossae) auf beborsteten Klebepolstern; die Beute wird also festgeklebt (Klebfangapparat), dann mit den

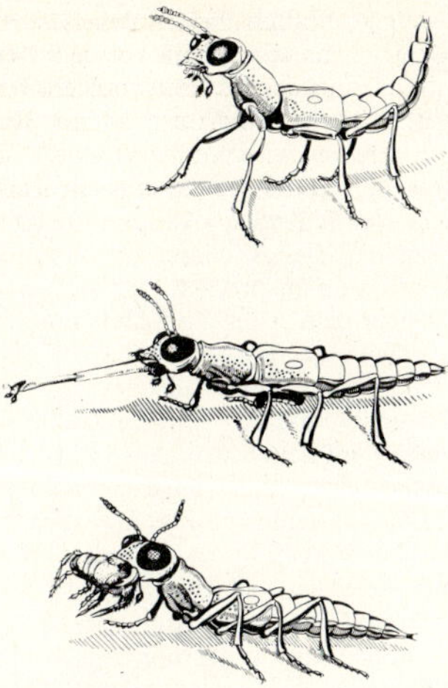

Abb. S-86: ***Stenus bipunctatus*** beim Beutefang. (Weinreich 1968)

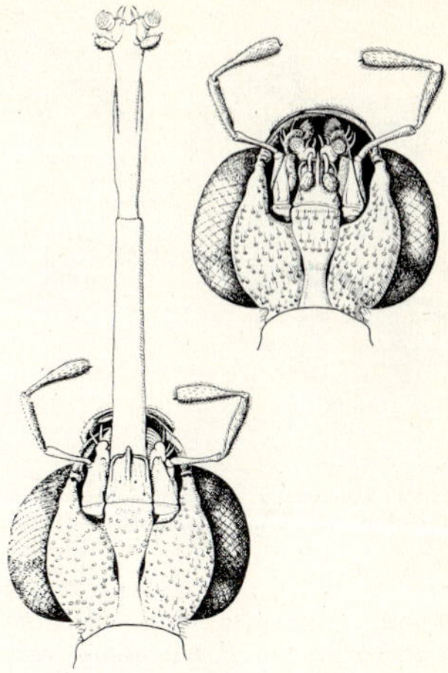

Abb. S-87: ***Stenus bipunctatus.*** Kopf von unten; links Fangapparat ausgestreckt, rechts eingezogen. (Weinreich 1968)

Mandibeln zerkleinert [**S-86; S-87**]; der Fangschlauch ist in Ruhe bis in die Vorderbrust zurückgezogen; die optisch wahrgenommene Beute wird mehr oder weniger schnell, zuletzt durch Anschleichen auf Fangapparatlänge (ca. 3 mm) erreicht und durch dessen blitzschnelles Ausschleudern in der Mehrzahl der Fälle auch gepackt; der Fangapparat wird nach der Mahlzeit geputzt. Schnelle Rettung ans Ufer, falls der Käfer auf die Wasseroberfläche gerät, durch Entspannungsschwimmen [**S-88**]: Abgabe eines die Oberflächenspannung vermindernden Sekrets der beiden Analdrüsen, das sich auf der Wasseroberfläche ausbreitet und den Käfer viel schneller als durch Laufbewegungen gleichsam vor sich herschiebt; diese Anwendung des primär wohl der Feindabwehr dienenden Drüsensekrets ist vor allem bei Flucht zu beobachten. – Einige Beispiele für die zahlreichen in mehr oder weniger engen Beziehungen zu Ameisen lebenden Arten: **8.** ***Zyras-(Myrmedonia-)***Arten leben, ohne selbst verfolgt zu werden, in und bei Nestern vor allem von ***Lasius fuliginosus*** Latr.; die größeren Arten (5–6 mm) sind ausgesprochene Ameisentöter, spritzen die Ameisen mit Analdrüsensekret an, fressen die betäubten auf mit Ausnahme des Kopfes; die kleineren Arten (3–4 mm) sind mehr Abfallfresser. **9.** ***Dinarda dentata*** Grav. (3,8–4,5 mm) lebt in Nestern verschiedener ***Formica***-Arten; der Käfer ist durch Kleinheit, harten Panzer, schnelle Bewegungen für die Ameisen kaum greifbar; der ursprüngliche Wirt ist wohl ***F. sanguinea*** Latr.; bei verschiedenen ***Formica***-Arten haben sich verschiedene ***Dinarda***-Rassen entwickelt; der Käfer frißt Abfall, tote Ameisen, auf Ameisen lebende Milben, gelegentlich Ameisenlarven und vom Wirt ausgewürgtes Futter; ähnlich wohl die ***Din-***

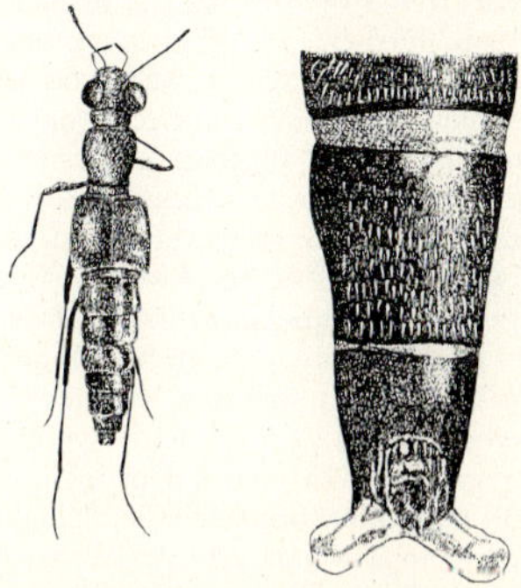

Abb. S-88: ***Stenus*** sp., Links Haltung beim Entspannungsschwimmen; rechts ausgestülpte Hinterleibsdrüsen. (Linsenmaier 1963)

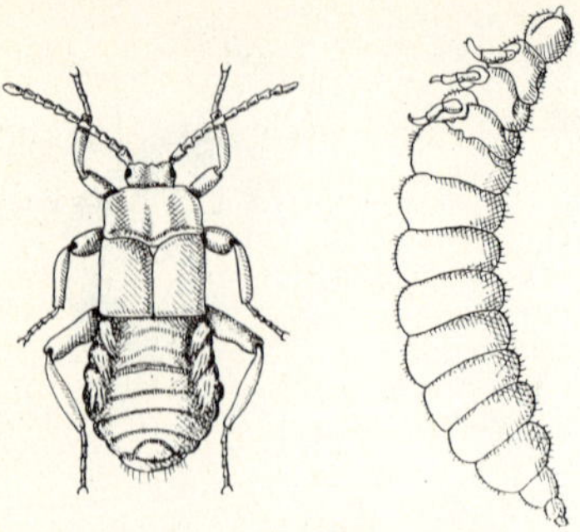

Abb. S-89: ***Lomechusa strumosa***, Büschelkäfer. Imago (6 mm) und Larve. (Wheeler 1960)

arda-Larve. **10.** Die Arten der umfangreichen und verbreiteten Gttg. ***Philonthus*** meist glatt-glänzend, ***P. laminatus*** Creutz. (8–10 mm), besonders in Wäldern unter Steinen. **11.** ***Deleaster dichrous*** Grav., ca. 8 mm, schwarz, Halsschild und Flügeldecken ziegelrot, an sandigen Ufern, fliegt nachts häufig ans Licht; Wehrsekret der ***D.***-Arten s. oben. **12.** Gttg. ***Paederus*** mit 10 auffallend gefärbten Arten (Halsschild hellrot, Flügeldecken metallisch blau), meist an sandigen Ufern, laufen dort bei Sonnenschein herum, aber auch auf Lehmboden und im Bodenstreu alter Kiefern; Giftwirkung s. oben. **13.** Büschelkäfer, ***Lomechusa strumosa*** F. (5,5–6,5 mm, [**S-89**]) und ***Atemeles*** (3 Arten in M-Eur.i.e.S.; 4–5 mm); Beispiel: ***A. pubicollis*** Bris.; die Imagines und die Larven der Büschelkäfer leben in besonders engen Beziehungen zu ihren Wirtstieren; die Imagines tragen an den vorderen Hinterleibsringen oben-seitlich von Drüsen unterlagerte gelbliche Haarbüschel, das Sekret wird von den Wirtsameisen begierig aufgeleckt; die Käfer fressen teils von angebettelten Ameisen ausgewürgtes Futter, teils Eier und Brut der Ameisen, ohne von diesen verfolgt zu werden; ***Lomechusa*** lebt bei ***Formica***-Arten, Hauptwirt ist ***F. sanguinea*** Latr. Für ***Atemeles*** ist ein Wirtswechsel bezeichnend: Fortpflanzung im ***Formica***-Nest (bes. ***F. polyctena*** Först); die ♀♀ sind vivi- bzw. ovovivipar; 6–9 Tage nach dem Schlüpfen verläßt der Käfer, nunmehr die Helligkeit suchend und sehr laufaktiv, das Wirtsnest, findet, vom Geruchssinn geleitet, ein ***Myrmica***-Nest (z. B. von ***M. laevinodis*** Nyl.); er vermag den ***Myrmica***-Duft ausgezeichnet von den Nestdüften anderer Ameisenarten zu unterscheiden; er bleibt vor dem ***Myrmica***-Nest sitzen, wird dann von dem Winterwirt adoptiert und ins Nest getragen; das Eintragen wird ausgelöst durch das Sekret der an den abdominalen Haarbüscheln mündenden »Adoptionsdrüsen«, auf das nur die als Winterwirt dienenden Ameisenarten ansprechen; das Sekret von dicht über dem After des Käfers mündenden Pygidialdrüsen wirkt offenbar allgemein besänftigend auf Ameisen; gegen Angriffe unerwünschter Ameisen kann sich ***Atemeles*** mit dem Sekret von Wehrdrüsen (zwischen dritt- und viertletztem Hinterleibsring) verteidigen. Da ***Myrmica*** mit Brut überwintert, findet ***Atemeles*** bis zur Winterruhe hier viel gutes Futter (durch Betteln und durch Verzehren von Larven). Im Frühling Rückwanderung zum ebenfalls mit dem Geruchssinn gefundenen ***Formica***-Nest, in das der Käfer aktiv eindringt; hier findet weiterhin der Käfer für sich und seine Brut beste Entwicklungsbedingungen. Die Käferlarven werden von den Wirtsameisen noch intensiver gepflegt und gefüttert als deren eigene Larven, täuschen den Wirt durch intensives Imitieren der Bettelbewegungen und durch einen in dorsalen Hautdrüsen an Kopf und den 11 Körpersegmenten gebildeten, Brutpflegeverhalten auslösenden Stoff (zwischenartlich wirkendes Pheromon); die Käferlarven sind somit starke Nahrungskonkurrenten für die Ameisenbrut. (Vgl. → Clavigeridae). (Burmeister 1964; Dettner 1987; Fuldner 1960, 1968; Fuldner, Pfennig 1973; Harz 1965; Hieke 1968; Hölldobler 1967, 1970, 1971; v. Lengerken 1954; Linsenmair, Jander 1963; Lipkow 1966; Pasteels et al. 1983; Peschke 1978, 1983, 1985 a, b, 1986 a, b, 1987; Peschke, Fuldner 1977; zur Strassen 1957; Topp 1974; Weinreich 1968).

Staphylinus; → Staphylinidae 1.

Stathmopoda; → Heliodinidae 2.

Staubhafte; → Coniopterygidae.

Staubkäfer, *Opatrum* sp.; → Tenebrionidae 3.

Staubläuse; → Psocoptera; → Trogiidae.

Staurophora; → Noctuidae 23.

Stauropus; → Notodontidae 4.

Stechameisen; → Poneridae.

Stechende Läuse; → Anoplura.

Stecher; → Curculionidae 1–5.

Stechmücken; → Culicidae.

Stegobium; → Anobiidae 6.

Stegomyia; → Culicidae.

Steinflechtenbärchen, ***Philea irrorella*** Cl.; → Endrosidae.

Steinfliegen; → Plecoptera.

Steinhummel, ***Bombus lapidarius*** L.; → Apidae 1.

Steinobstgespinstblattwespe, ***Neurotoma nemoralis*** L.; → Pamphiliidae 4.

Steinobstsamenwespe, ***Eurytoma amygdalis*** End.; → Eurytomidae.

Stelis; → Megachilidae 7.

Stelzfliegen; → Tylidae.

Stelzmücken; → Limoniidae.

Stenobothrus; → Caelifera.

Stenocranus; → Delphacidae.

Stenodema; → Miridae 2.

Stenolechia; → Gelechiidae 2.

Stenomax; → Tenebrionidae.

Stenophylax; → Limnophilidae.

Stenopteryx; → Hippoboscidae 6.

Stenus; → Staphylinidae 7.

Stephanitis; → Tingidae 3, 4.

Sternorrhyncha, Pflanzenläuse; Ordng. der hemimetabolen Insekten; (vgl. → Homoptera; → Rhynchota); meist kleine Arten, ausschließlich Landtiere; Lebensweise der Larven und Imagines weitgehend gleich; Pflanzensaftsauger, wobei teils Siebröhren (primäres Verhalten?) teils die Parenchymzellen (abgeleitetes Verhalten?) angezapft werden (Phloem- bzw. Parenchymsauger); beide Typen konvergent in verschiedenen Gruppen entwickelt; Bau und Funktion des Saugrüssels ähnlich wie bei Wanzen (→ Heteroptera) und Zikaden (→ Auchenorrhyncha), sein Ursprung jedoch weit nach hinten, bis zwischen die Vorderhüften verschoben; Mundteile zuweilen rückgebildet (z.B. ♂♂ der Schildläuse); Komplexaugen meist vorhanden, selten ganz rückgebildet (z.B. ♀♀ vieler Schildläuse); Beine (mit 1–2 Fußgliedern) meist vorhanden, in manchen Gruppen die Hinterbeine als Springbeine; Flügel, wenn vorhanden, dünnhäutig, in Ruhe flach oder dachförmig auf den Rücken gelegt; Hinterflügel bei den ♂♂ der Schildläuse zu schwingkölbchenähnlichen Gebilden verkleinert; Flügellosigkeit als Kennzeichen eines Geschlechts oder (zumal bei Blattläusen mit Generationswechsel) als Kennzeichen bestimmter Generationen nicht selten. Hautdrüsen sind weit verbreitet, z.B. als Wachsdrüsen, bei einigen tropischen Schildläusen als Lackdrüsen. Darm häufig mit → Filterkammer für die schnellere Wasserabgabe (fehlt den meisten Blattläusen); sehr regelmäßig sind symbiontische Mikroorganismen vorhanden, als Vitaminspender, bei manchen Schildläusen (→ Pseudococcidae) auch als Stickstoffbinder, teils frei im Blut, oder im Fettkörper, oder in → Mycetomen. Fortpflanzung zweigeschlechtlich, häufig auch parthenogenetisch, beide Formen z.B. bei vielen Blattläusen in einem Generationswechsel (Heterogonie) miteinander gekoppelt, zuweilen zugleich mit einem Wirtswechsel verbunden; Wirtsspezifität (Saugen an einer bestimmten Pflanze) nicht selten sehr ausgeprägt; viele Arten an Kulturpflanzen schädlich, unmittelbar durch Saftsaugen, oder als Überträger (Vektoren) von pflanzlichen Viruskrankheiten. Zahlreiche Fam. in 4 U.-Ordngn.: 1. → Psyllina; 2. → Aleurodina; 3. → Aphidina; 4. → Coccina. (Buchner 1953; Günther 1968; Hennig 1964; Kunkel 1967; Rietschel 1969; Strumpel 1983; Weber 1954).

Sterrha; → Geometridae.

Sterzeln; → Apidae 3; → Silphidae.

Stethorus; → Coccinellidae 8.

Stictocephala; → Membracidae 3.

Stierkäfer, ***Typhoeus typhoeus*** L.; → Scarabaeidae 3.

Stigmella, Stigmellidae; → Nepticulidae 1, 2.

Stigmus; → Sphecidae.

Stilettfliegen; → Therevidae.

Stilpnotia; → Lymantriidae 3.

Stinkfliege, ***Coenomyia ferruginea*** Scop.; → Erinnidae; vgl. auch → Chrysopidae.

Stinkkäfer, ***Pedinus femoralis*** L.; → Tenebrionidae 4.

Stinkwanze, ***Palomena prasina*** L.; → Pentatomidae.

Stirndrüse; → Isoptera; → Heteroptera.

Stizus; → Sphecidae.

Stomaphis; → Lachnidae.

Stomorhina; → Calliphoridae 5.

Stomoxys; → Muscidae 5.

Stoßwasserläufer; → Veliidae.

Strahlenmücke, ***Philia febrilis*** L.; → Bibionidae.

Strangalia; → Cerambycidae 11.

Stratiomyia; → Stratiomyidae.

Stratiomyidae, Waffenfliegen; Fam. der orthorrhaphen Fliegen (Diptera, Brachycera); die Imagines mittelgroß, z.T. deutlich über Stubenfliegengröße, nicht selten auffallend schwarzgelb oder metallisch ge-

Abb. S-90: ***Stratiomys chamaeleon,*** Chamäleonfliege. ♀, 14–16 mm. (Séguy 1951)

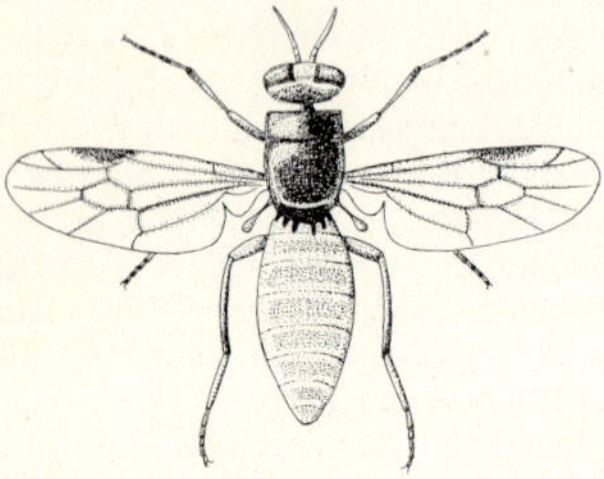

Abb. S-91: ***Beris vallata.*** ♀, ca. 6 mm, Hinterleib schmutzig-gelbrot. (Séguy 1951)

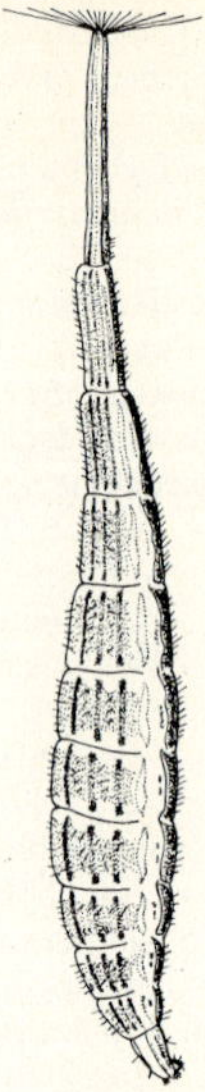

Abb. S-92: ***Stratiomys*** sp., Larve einer Waffenfliege, kopfunter am Wasserspiegel hängend. Etwa 50 mm. (Engelhardt 1955)

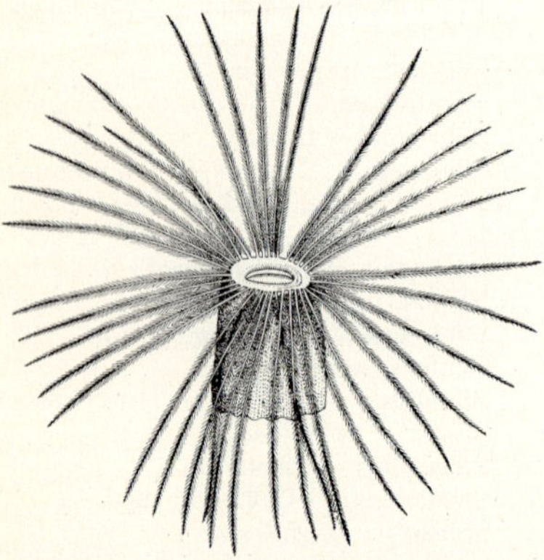

Abb. S-93: ***Stratiomys*** sp., Stigmen mit umgebendem Härchenkranz am Hinterende der Larve. (Séguy 1951)

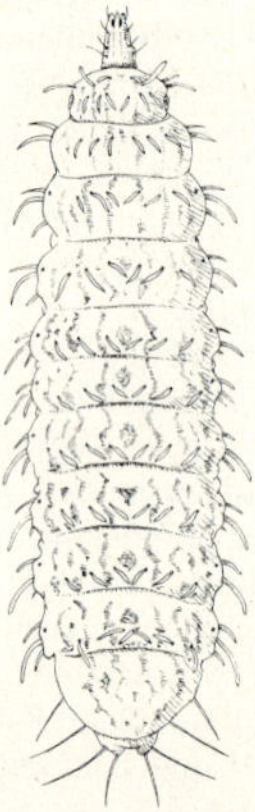

Abb. S-94: Terrestrische Waffenfliegenlarve. (Brauns 1954)

färbt; der abgeflachte Hinterleib oft relativ breit, über die in der Ruhe flach aufeinandergelegten Flügel seitlich hinausragend; so bei der häufigen schwarzgelben Chamäleonfliege ***Stratiomys (Stratiomyia) chamaeleon*** L. [**S-90**]; viele Arten dorsal am Ende des Brustabschnitts mit 2 oder mehr spitzen Dornen ([**S-90, S-91**]; deutscher Name), die, von vorerst unklarer Bedeutung, sicherlich nicht als »Waffen« zu deuten sind; häufig auf Blüten, fressen Pollen und Nektar, gelegentlich auch Mist; besonders gern in Nähe von Wasser die Arten, deren Larven sich in Wasser oder doch in feuchtem Boden entwickeln; sehr verschiedene Art der Eiablage, teils einzeln auf den Boden, auf sich zersetzenden Pflanzen, auf der Wasseroberfläche; bei manchen Arten mit in Wasser lebenden Larven (z.B. ***Stratiomys***, [**S-92**]) auch 2–3-schichtige Gelege auf Pflanzen, ganz ähnlich denen mancher Bremsen (→ Tabanidae). Die eucephalen Larven sind mehr oder weniger ausgeprägt spindelförmig, am deutlichsten bei den im Wasser lebenden (z.B. von ***Stratiomys***; ***Oxycera***-Larven auch in Salzwasser), deren Hinterende zu einer Art Atemröhre verschmälert [**S-92**] und verlängert ist; an deren Ende liegen die beiden einzigen offenen Stigmen, umgeben von einem unbenetzbaren zierlichen Härchenkranz [**S-93**]; ungestört hängen die Larven kopfunter am Wasserspiegel, auf dem der Härchenkranz ausgebreitet ist, die Luft einlassend in die beiden starken Tracheenlängsstämme, deren jeder sich hinten zu einer »Respirationskammer« erweitert; oft schlängelnde Bewegungen; bei Störung Absinken: der Härchenkranz wird zusammengeklappt, umschließt (manchmal nach Ablassen von Luft aus den Tracheenlängsstämmen) ein Luftbläschen, das bei der Rückkehr zur Oberfläche alsbald platzt, wobei der Härchenkranz sich ausbreitet; am Boden wie auch in der Hängelage kann die Larve den Aufwuchs auf Steinen und Wasserpflanzen mit den Kiefern abweiden. Die Larven mancher Arten finden sich auch in kleinen Wasseransammlungen (z.B. in ausgefaulten Stubben), oder auf von Wasser überspülten, von Pflanzen bewachsenen Felsen, in Quellen (z.B. ***Hermione***-Arten), dann oft mit kürzerem »Atemrohr«, das bei im Boden, in Mulm, unter Rinde oder Mist (z.B. ***Geosargus***) lebenden Larven kaum angedeutet ist; ein Besatz mit Härchen, Borsten, Klammerhaken oder stäbchenartigen Gebilden ist mehr oder weniger ausgeprägt; alle Stigmen der terrestrischen Larven [**S-94**] sind offen, die am Prothorax besonders groß; Nahrung: wohl vor allem zerfallende pflanzliche und tierische Stoffe; allen Larven gemeinsam ist die derbe Haut, die mit oft in bezeichnender Weise angeordneten Kalkkörnchen inkrustiert und dadurch sehr widerstandsfähig ist (Kalkteilchen aus den malpighischen Gefäßen?). Verpuppung in der harten, zu einem Puparium erstarrten letzten Larvenhaut, die bei ***Stratiomys*** horizontal auf der Wasseroberfläche oder im Ufergenist zu finden ist; in ihr, sie bei weitem nicht ausfüllend, liegt die freie Puppe; die Imago verläßt das Puparium durch einen vorderen, T-förmigen Spalt. Überwinterung in der Regel als Larve. Von beiläufig 1500 bekannten Arten etwa 100 in M-Eur.i.e.S. (Brauns 1954; Rietschel 1969; Rozkošný 1983; Schumann 1968; Wesenberg-Lund 1943).

Stratiomys; → Stratiomyidae.

Streblidae, Fledermausfliegen; Fam. der cyclorrhaphen Fliegen (Diptera, Brachycera); gehören wie die Hippoboscidae und Nycteribiidae zu der oft als Lausfliegen (im weiteren Sinn; → Pupipara) bezeichneten Gruppe, bei der die ♀♀ verpuppungsreife Larven zur Welt bringen; leben außenparasitisch blutsaugend ausschließlich auf Fledermäusen (Wirtsspezifität?), die meisten der ca. 80 Arten in den Tropen und Subtropen, vor allem in Amerika, nur ***Nycteribosca kollari*** Frfld. (3 mm) auch in Südeuropa; klein, nur wenige mm lang, Kopf normal gestellt (im Gegensatz zu den → Nycteribiidae), Komplexaugen stark rückgebildet oder fehlend, keine Ocellen; Flügel gut entwickelt oder mehr oder weniger stark rückgebildet, Halteren meist vorhanden; (wie wird der Wirt gefunden?); bemerkenswert die extreme Anpassung an die parasitische Lebensweise des ♀ von Vertretern der Gattung ***Ascodipteron*** (Australien, Indien, Afrika): ♀ (und ♂) zunächst voll geflügelt, wirft auf dem Wirt die Flügel und Beine ab, bohrt sich mit Hilfe der mit starken Zähnen besetzten Labellen in die Haut des Wirtes ein, verwandelt sich in ein sackartiges Gebilde, das nur noch am Einbohrloch mit dem Hinterende die Außenluft erreicht und hier die Larven abgibt. (Lindner 1923ff.; Rietschel 1969; Schumann 1968; Séguy 1951).

Streckfuß, ***Dasychira pudibunda*** L.; → Lymantriidae 1.

Streckhornfliegen; → Sciomyzidae.

Streckschwanz, ***Dasychira pudibunda*** L., → Lymantriidae 1.

Streifenwanze, ***Graphosoma italicum*** Müll.; → Pentatomidae.

Streifenzikade, ***Deltocephalus striatus*** L.; → Jassidae 5.

Strepsiptera, Fächerflügler, Kolbenflüg-

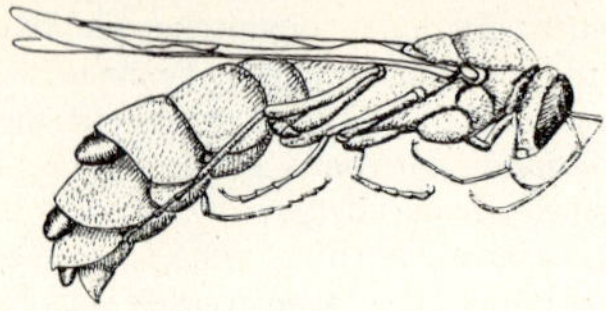

Abb. S-95: Stylopisierte Feldwespe, ***Polistes gallicus.*** (Ulrich 1927)

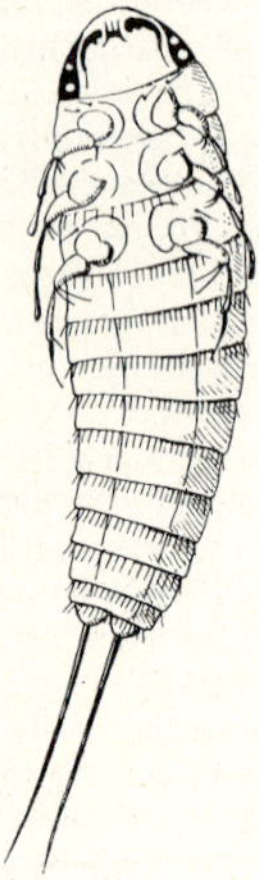

Abb. S-96: ***Stylops melittae.*** Etwa 0,3 mm. Primärlarve. (Ulrich 1927)

ler [**S-97**]; Ordng, der holometabolen Insekten; systematische Stellung ungeklärt; über 400 Arten, davon etwa 60 in Mitteleuropa, nur 8 in M-Eur.i.e.S.; sie sind höchst bemerkenswert durch die weitgehend innenparasitische Lebensweise der meisten Entwicklungsstadien und durch den starken Geschlechtsunterschied; lebendgebärend; Larvenstadien gestaltlich verschieden (Polymetabolie); Wirtstiere: ausschließlich andere Insekten verschiedenster Gruppen: Zikaden, Weg-, Grab- und Faltenwespen, solitäre Bienen; bei fremdländischen Arten auch Silberfischchen, gewisse Orthopteren, Wanzen, Ameisen und Bremsen; Wirtspezifität wohl nicht sehr streng ausgeprägt, beide Geschlechter werden befallen. 2 U.-Ordngn.: Mengenillidia (nur 1 Fam.: Mengenillidae) und Stylopidia (mit Stylopidae und 6 weiteren Fam.). **1. Mengenillidae** (= Mengeidae; nicht in M-Eur.i.e.S.); nur wenige primitive Arten; außer dem 1. Larvenstadium, der ♂-Puppe und dem geflügelten ♂, in der ♀-Linie auch das 3. Larvenstadium, die Puppe und die blattlausähnliche ungeflügelte Imago außerhalb des Wirtes; Parthenogenese kommt vor; Parasiten von Silberfischchen (→ Zygentoma), Beispiel: ***Eoxenos laboulbenei*** Payer., Mittelmeergebiet. **2. Stylopidae,** Elenchidae und Hylecthridae; es parasitieren z.B. ***Stylops***-Arten bei Bienen der Gttg. ***Andrena***; ***Halictoxenos***-Arten bei Bienen der Gattung ***Halictus***; ***Xenos***-Arten bei Faltenwespen der Gattung ***Polistes***, z.B. ***Xenos vesparum*** Ross.; ***Elenchus***-Arten bei Kleinzikaden der Fam. Delphacidae; »stylopisiert«: Bezeichnung für ein von einem Fächerflügler befallenes Insekt, insbesondere für eines, bei dem das Vorderende des Parasiten-♀ von außen sichtbar ist (nach der relativ häufigen Gattung ***Stylops***; [**S-95**]). Nur das 1. Larvenstadium [**S-96**] und das geflügelte ♂ freilebend. ♂: klein (bis etwa 5 mm), mit großen Komplexaugen und mehr oder weniger stark gekämmten Fühlern; Mundteile schwach entwickelt, keine Nahrungsaufnahme; Vorderflügel als nach Form und vermutlich auch Funktion zu schwingkölbchenartigen Gebilden entwickelt (wie die Hinterflügel der → Diptera); Hinterflügel groß und breit, wie ein Fächer zusammenfaltbar, gestatten schnellen Flug zum Aufsuchen des ♀ (fliegen abends nicht selten ans Licht); Lebensdauer meist nur wenige Stunden, ausreichend für ♀-Suche und Begattung. ♀: mit sackförmigem dünnhäutigen, weißlichen Hinterleib und schmalem, stark sklerotisierten dunkelbraunen Kopfbruststück, alles umgeben von 2 Häuten, der letzten Larven- und Puppenhaut; Mundteile rückgebildet, Mund vorhanden, aber Darm hinten blind geschlossen; ohne Augen, Fühler, Beine, Flügel; am aus dem Körper des Wirtes zwischen den Hinterleibsringen herausschauenden Kopfbruststück ein Paar Stigmen, ferner vornventral die Mündung des Brutraumes, der sich ventral zwischen Körperoberfläche und Larven-Puppenhaut hinzieht; in ihn münden 1–5 unpaare Kanäle aus der Leibeshöhle, in der die zu frei flottierenden Eizellen aufgelösten Ovarien liegen. Das ♂ sucht aktiv das ♀ auf, in der Nähe offenbar angelockt durch den vom Kopfbruststück des ♀ abgegebenen Duft; Begattung: der Penis wird in die Mündung des Brutkanals eingeführt, durchsticht dessen Wand, Injektion der Samenfäden in die Leibeshöhle; Embryonalentwicklung in der Leibeshöhle, führt zu zahlreichen (bis 1000 und mehr) winzigen (ca. $^1/_4$ mm), beweglichen, triungulinus-ähnlichen Primärlarven mit Punktaugen und Beinen; manche Larven sind springfähig mit Hilfe von Borsten am Hinterleibsende; bei ***Halictoxenos*** wurde Entstehen mehrerer Larven aus einer Eizelle beobachtet (Polyembryonie); die Primärlarven verlassen das ♀ durch den Brutspalt, werden z.B. von dem Wirt auf Blüten gebracht, gelangen an andere Wirtsindividuen, werden in die Wirtsnester getragen, bohren sich in die junge Wirtslarve ein; einfacher ist die Infektionsmöglichkeit bei Arten (z.B. der Gattung ***Elenchus***), die in Kleinzikaden parasitieren: aktives Aufsuchen von Zikadenlarven. Entwicklung im Wirt: die eingedrungene Primärlarve häutet sich zum madenartigen 2. Stadium (Beine, Augen, Mundteile weitgehend rückgebildet), bei der sich allmählich der je nach Geschlecht verschiedene weitere Entwicklungsgang bemerkbar macht; »2. Larvenstadium«: Sammelbezeichnung für gestaltlich verschiedene »Phasen«, bei ***Elenchus*** z.B. 4 Phasen, dabei eine weitere Häutung zwischen Phase 3 und 4 festgestellt. ♂: in der letzten Phase des 2. Larvenstadiums bereits Bildung von After, Anlagen von Mundteilen, Beinen und Flügeln, das Kopfbruststück durchbricht die Haut zwischen den Hinterleibsringen des inzwischen zur Imago gewordenen Wirtes; Häutung zur Puppe, die innerhalb des Wirts in der Larvenhaut liegen bleibt; weitere Häutung zur Imago, die durch einen Spalt am Vorderende der Puppe ausschlüpft. ♀: in der letzten Phase des 2. Larvenstadiums wird das Kopfbruststück ausgebildet, das sich dann zwischen den Hinterleibsringen der Wirtsimago nach außen bohrt; innerhalb der Larvenhaut Häutung zu einer gestaltlich nicht veränderten »Puppe«; die »Puppenhaut« (+ darüber liegende Larvenhaut) wird jedoch nur ventral abgehoben (Rest einer Häutung zur Imago), dadurch entsteht der Brutraum zwischen der Haut der Imago und der »Puppe«; (bei der ♀-Entwicklung ein Stadium weniger als bei der ♂-Entwicklung; Neotenie). Lage der Imago im Wirt stets so, daß ihre Ventralseite der Außenseite des Wirtskörpers zugewandt ist. Der Parasit schont die Hauptorgane des Wirts, der ja das Imaginalstadium erreichen muß; bisweilen mehrere Parasiten in einem Wirtstier, zumal in Zikaden. Wechselnd starker Einfluß des Parasiten auf den Wirt; z.B. bei Kleinzikaden durch ***Elenchus***: Rückbildung der Wirtskeimdrüsen in sehr verschiedenen Graden, Verkürzung der äußeren Geschlechtsorgane; bei stylopisierten Hautflüglern (z.B. bei ***Andrena***): die Hoden bleiben unbeeinflußt; Rückbildungen am Eierstock (zuweilen vollkommene, parasitäre Kastration), am Pollensammelapparat, Änderungen an der Körperbehaarung, an der Färbung, auch im Verhalten (geringere Aktivität des Wirtes). Überwinterung des Parasiten in dem hierfür geeigneten Wirtsstadium, als Larve in einer Wirtslarve z.B. ***Hylecthrus*** (Hylecthridae) bei der solitären Biene ***Prosopis***, oder als bereits im Herbst begattetes ♀ in der Wirtsimago (z.B. ***Xenos*** **[S-97]** bei ***Polistes***). Manchmal 2 (oder gar mehr?) Parasitengenerationen im Jahr, z.B. ***Elenchus*** bei Kleinzikaden, die ebenfalls 2 Generationen haben. (Crome 1964; Hieke 1968; Kinzelbach 1969, 1971; W. Ulrich 1927, 1943, 1956).

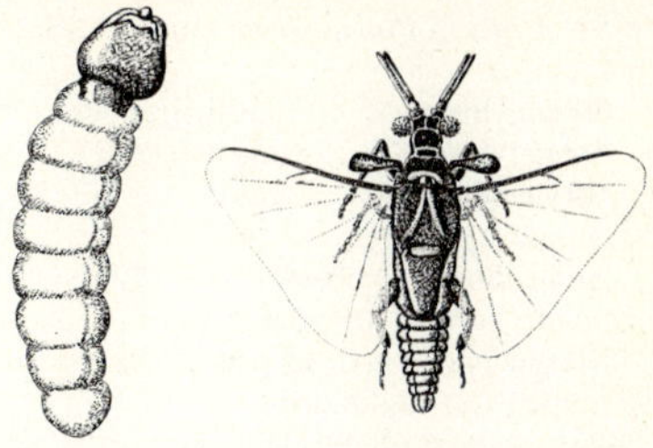

Abb. S-97: ***Xenos vesparum***. Wirt: ***Polistes gallicus***. Links aus dem Wirt herauspräpariertes ♀ (ca. 10 mm); rechts ♂ (ca. 2 mm).

Stridulationsorgane, Zirporgane, Schrillorgane; für viele Arten bezeichnende Lautorgane, bei denen eine mit Vorragungen (Höckern, Zäpfchen, Leisten) besetzte kutikulare Schrilleiste oder Schrillfläche und eine scharfe Kante (Schrillkante) oder eine mit Borsten besetzte Fläche gegeneinander bewegt werden, u. zw. beide Teile gegeneinander bewegt (selten) oder nur ein Teil (dann oft als Pars stridens bezeichnet) wird am anderen, unbewegten (Plectrum) gerieben; Lage der Organe zuweilen schon bei verwandten Formen außerordentlich verschieden.

Strobenlaus, ***Pineus strobi*** Htg.; → Adelgidae 6.

Strongylogaster; → Tenthredinidae 5.

Strongylognathus; → Myrmicidae 9.

Strymonidia; → Lycaenidae 2; → Gürtelpuppe.

Stubenfliegen; *Musca:* → Muscidae; *Fannia:* → Anthomyiidae.

Stürzpuppe, Pupa suspensa; für einige Gruppen von Tagfaltern (z. B. → Nymphalidae; viele → Satyridae) bezeichnende Puppenform; die Puppe hängt kopfunter, mit dem → Cremaster befestigt in einem Gespinstpolster; Vorbereitung zur Verpuppung: Einstellen des Fressens, Aufsuchen eines geeigneten Verpuppungsplatzes, Entleerung des Darmes, Herstellen eines in der Mitte polsterartig verdickten Gespinstes, in das die Nachschieber eingehakt werden; die Raupe hängt dann 1–3 Tage allein an den Nachschiebern, kopfunter, Vorderkörper krückstockartig eingekrümmt; die Häutung beginnt durch einen dorsalen Längsspalt dicht hinter dem Kopf, die Raupenhaut wird durch windende Bewegungen nach hinten (oben) geschoben; ein Herausfallen der Puppe aus der Nachschieberhaut ist verhindert durch die Fischersche Membran, die, Teil der Raupenhaut, den Ansatz der Nachschieber mit dem proximalen Cremasterteil verbindet; der Cremaster wird über die bauchseits vor dem Hinterende der Puppe zusammengeschobene Raupenhaut vorgeschoben, zum Gespinstpolster hin gestreckt, in das Polster eingehakt, mit heftigen Bewegungen; dabei reißt die Fischersche Membran, die Raupenhaut fällt ab; die Puppe hängt fest im Gespinstpolster [**L-26**]; Entwicklung auch nach Mißglücken des Aufhängens möglich. (Söllner 1951).

Stutzkäfer; → Histeridae.

Stylopidae, Stylopidia, Stylops; → Strepsiptera 2.

stylopisiert; Bezeichnung für ein von Fächerflüglern befallenes Insekt; → Strepsiptera 2.

Subcoccinella; → Coccinellidae 6.

suberuciform; Bezeichnung für raupenförmige, köchertragende Larven der → Trichoptera, bei denen die Mundteile nach vorn-unten zeigen; (zwischen eruciform und campodeid).

Subimago; die aus dem letzten Larvenstadium schlüpfende geflügelte und flugfähige Form bei Eintagsfliegen, häutet sich alsbald noch einmal zur geschlechtsreifen Imago; → Ephemeroptera.

Suctoria; → Siphonaptera.

Südliche (Groß-) Schabe, ***Periplaneta australasiae*** Fbr.; → Blattidae 3.

Suillia; → Helomyzidae.

Sulcopolistes; → Vespidae 1.

Sumpffliegen; → Ephydridae.

Sumpfmücken; → Limoniidae.

Sumpfschrecke, ***Mecostethus grossus*** L.; → Acrididae 3.

Supella; → Blattellidae 2.

Superparasitismus; → Parasitismus 8.

Süßkirschenlaus, ***Myzus cerasi prunarium*** CB; → Aphididae 9.

Sycorax; → Psychodidae.

Syllestium; → Synechthrie.

Sylvicola; → Phryneidae.

Symbiocladius; → Chironomidae.

Sympecma; → Lestidae; → Odonata.

Sympetrum; → Libellulidae 4.

Sympherobius; → Hemerobiidae.

Symphilie; symbiontisches Zusammenleben mehrere Arten mit gegenseitigem Nutzen, z. B. zwischen Ameisen und manchen Ameisengästen; → Formicoidea.

Symphypleona, Kugelspringer; U.-Ordng. der Springschwänze; → Collembola.

Symphyta, Pflanzenwespen; U.-Ordng. der Hautflügler; → Hymenoptera A.

Symydobius; → Callaphididae 2.

Synanthedon; → Aegeriidae 3, 4, 5.

Synechthrie, Syllestium; Bezeichnung für durchaus feindliche Beziehungen zwischen insbesondere (Termiten und) Ameisen und ihren »Gästen«; → Formicoidea.

Synergus; → Cynipidae 6.

Synökie; indifferentes Zusammenwohnen mehrerer Arten, z. B. von Ameisen und Ameisengästen; → Formicoidea; → Staphylinidae.

Syntomaspis; → Torymidae.

Syntomididae (Syntomidae, Amatidae), Widderbären, Fleckenschwärmerchen; Fam. der Schmetterlinge (Lepidoptera); die kaum mittelgroßen Falter ähneln im Habitus z. T. sehr den Widderchen (→ Zygaenidae), so in der Schlankheit der oft auffallend gefleckten Vorderflügel, der Kleinheit der Hinterflügel [**S-98**], auch in der flach dachförmigen Ruhehaltung der Flügel und als Tagflieger; zu prüfen wäre, ob auch hinsichtlich Ekelgeschmack; sie stehen jedoch den Bärenspinnern (→ Arctiidae) nahe, denen sie zuweilen zugeordnet werden; Rüssel gut entwickelt; die behaarten Raupen unserer Arten sind polyphag und überwintern; Verpuppung in einem Gespinst; vor allem in den Tropen verbreitet; in Mitteleuropa kaum ein halbes Dutzend, in M-Eur.i.e.S. 2 Arten. **1.** ***Amata (Syntomis) phegea*** L., Weißfleckenwidderchen, Ringelwidderchen [**S-98**]; Bezeichnung als Widderchen also irreführend; große Ähnlichkeit mit dem echten Widderchen ***Burgeffia ephialtes*** L. (→ Zygaenidae 5), von dem es sich jedoch durch die Anordnung der Flecken auf den schwarzblauen Flügeln und durch die rein gelbe Zeichnung am 1. und 5. Hinterleibsring unterscheidet (Nachahmung des durch Ekelgeschmack geschützten echten Widderchens?); Flugzeit VI–VII; die ♀♀ sitzen gern träge im Gras, hier auch Ablage der Eierhäufchen; die mittellang büschelig rostgrau behaarten Raupen [**S-98**] haben rötlichen Kopf und Beine, fressen gesellig an verschiedenen krautigen Pflanzen, überwintern auch gemeinsam (sollen im Winter Fallaub fressen); Verpuppung ebenfalls gemeinsam im Frühling in einem mit eingewirkten Haaren versehenen Gespinst, dicht über oder am Boden. **2.** ***Dysauxes ancilla*** L., Braunwidderchen [**S-99**]; der kleine, VII–VIII fliegende Falter hat durchscheinende helle Flecken auf den graubraunen Vorderflügeln, das ♀ auf den Hinterflügeln eine gelbliche Binde; die Raupen außer an krautigen Pflanzen auch an Flechten und Moosen; Lebensweise sonst ähnlich der vorigen Art. (Dierl 1969; Forster, Wohlfahrt 1954/81; Hannemann 1968).

Syntomis; → Syntomididae.

Syntretus; → Braconidae 5.

Syritta; → Syrphidae.

Syromastus; → Coreidae.

Syrphidae, Schwebfliegen, Schwirrfliegen, Saftschlürfer; Fam. der cyclorrhaphen Fliegen (Diptera, Brachycera); mittelgroße bis stattliche Fliegen von sehr verschiedenem Habitus, nackt oder pelzig behaart, gedrungen oder sehr schlank; viele Arten auffallend gezeichnet, nicht selten wespenartig hell-dunkel, oder unscheinbar bienenartig (***Eristalis*** sp.) oder hummelartig (***Volucella bombylans*** L.); die Wespen- oder Bienenähnlichkeit kann gegenüber manchen natürlichen Feinden (z.B. Kleinvögeln, Kröten) einen gewissen Schutz bieten, wenn diese mit den wehrhaften und schlecht schmeckenden Vorbildern ihre Erfahrung gemacht haben. Augen der ♂♂ größer als die der ♀♀, stoßen oben zusammen, der Lichtsinn ist also wohl führend beim Finden der ♀♀; die Komplexaugen der ♂♂ von ***Syritta pipiens*** L. mit einer nach vorn gerichteten Region vergrößerter Facetten; das Auflösungsvermögen ist hier auf das 2–3fache erhöht; Vordergesicht bei manchen Arten zapfenartig vorgezogen, extrem bei ***Rhingia rostrata*** L. [**S-100**]; Mundteile gut entwickelt, gestatten die Aufnahme von Nektar und von ganzen (unzerriebenen), in Flüssigkeit suspendierten Pollenkörnern; Labellen mit ungezähnten Pseudotracheen und dazwischen verlaufenden weichhäutigen Leisten; eifriger, für das Bestäuben wichtiger Blütenbesuch;

Abb. S-98: ***Amata phegea***, Weißfleckenwidderchen. ♀ und Raupe. Nat. Gr. (Eckstein 1913/33)

Abb. S-99: ***Dysauxes ancilla***, Braunwidderchen. ♀; etwa $1^1/_2$ nat. Gr. (Forster, Wohlfahrt 1954/81)

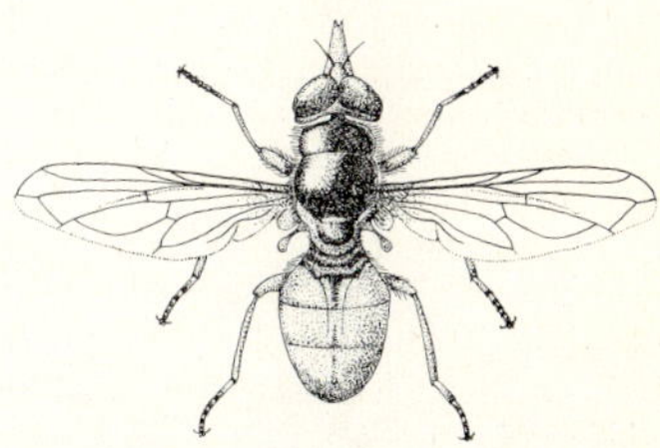

Abb. S-100: ***Rhingia rostrata.*** ♂, 9–10 mm. Larven sind Kotfresser.

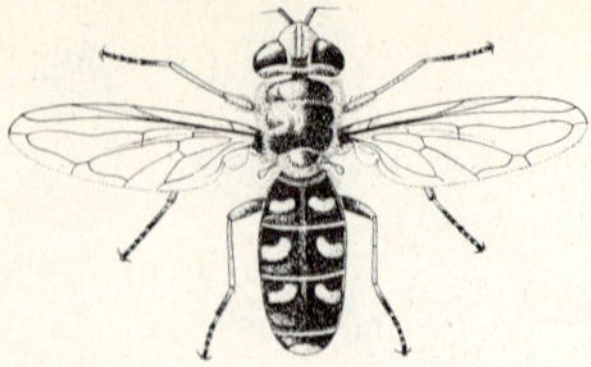

Abb. S-101: ***Scaeva pyrastri.*** ♀, 11–13 mm. Larven sind Blattlausfresser.

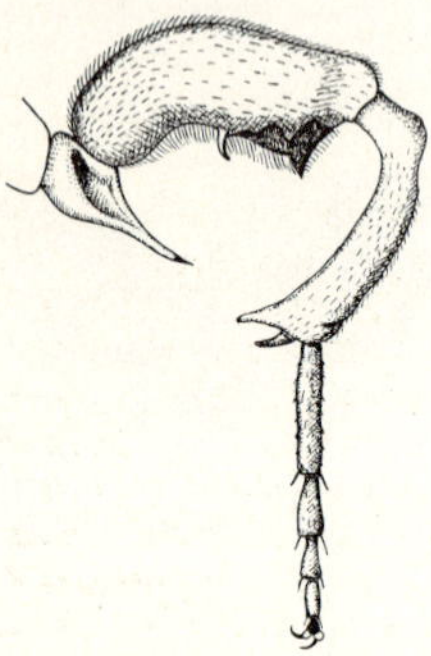

Abb. S-102: ***Lampetia armipes,*** Narzissenfliege. ♂. Hinterbein = Klammerbein. (Keilbach 1954)

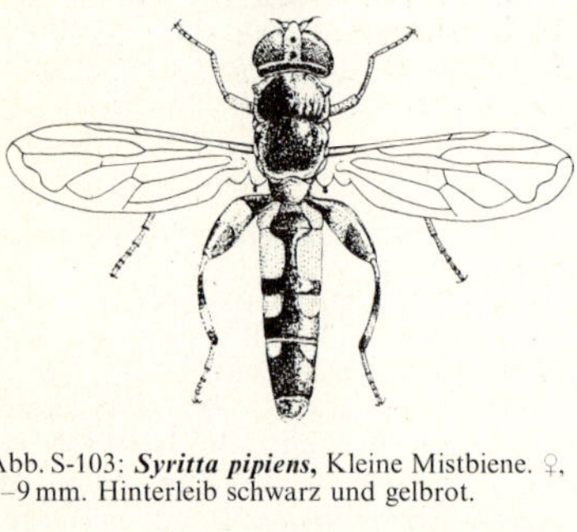

Abb. S-103: ***Syritta pipiens,*** Kleine Mistbiene. ♀, 7–9 mm. Hinterleib schwarz und gelbrot.

Lenkung vor allem optisch, Farbensinn für manche Arten nachgewiesen, spontane Bevorzugung von Gelb; manche Arten mit recht langem (***Rhingia:*** 12 mm) zum Aufsaugen auch verborgenen Nektars geeigneten Rüssel; Pollenaufnahme für die Gonadenentwicklung der bei einigen Arten (z. B. ***Scaeva (Lasiopticus) pyrastri*** L., [**S-101**]. ***Sc. seleniticus*** Meig., ***Epistrophe balteata*** Deg.) überwinternden begatteten ♀♀ wichtig. Deutscher Name nach der bekannten Eigenart insbesondere der ♂♂ vieler Arten, im Schwirrflug (Schlagfrequenz ca. 300 Hz) am Ort zu verweilen, vergleichbar einem Hubschrauber; blitzschneller Ortswechsel möglich; Beschleunigung dabei (bei ***Epistrophe balteata)*** das 1–3(–4)fache der Erdbeschleunigung; die ♂♂ stürzen sich zum mindesten bei manchen Arten aus dem Rüttelflug auf das optisch ausgemachte ♀, stehen rüttelnd darüber, dann evtl. Begattung (bei ***Syritta pipiens*** L. nur 3–5 sec); gelegentlich Luftkämpfe der ♂♂; andere fliegen das ♀ vom Sitzplatz aus an; die ♂♂ manchmal mit besonderen Vorrichtungen zum Festhalten des ♀, z. B. Hinterbeine = Klammerbeine bei der Narzissenfliege ***Lampetia*** [**S-102**]. Eiablage in der Nähe des sehr verschiedenartigen Nährsubstrates der Larven, wobei vielleicht der Geruchssinn führend ist; das ablegewillige ♀ von ***Eristalis tenax*** L. spricht auf Jauchegeruch an, bringt die Eier in Gruppen am Rand jauchiger Pfützen unter; Arten mit blattlausfressenden Larven legen die Eier in die Nähe von Blattläusen, vor allem also an die Blattunterseite; auch nachweislich legebereite ♀♀ tun das im Versuch jedoch nur bei Anwesenheit von sehr wahrscheinlich geruchlich und taktil wahrgenommenen Blattläusen; eine Spezialisierung bestimmter Arten auf bestimmte Blattläuse ist wenig ausgeprägt, höchstens so, daß eine Gruppe (z. B. ***Pipiza, Cnemodon***) wachsabscheidende Läuse bevorzugt, eine andere Gruppe (z. B. ***Syrphus***) diese meidet; dabei ist unbekannt, woran die ♀♀ der einen bzw. der anderen Gruppe auch bei der Eiablage die passende Blattlausgruppe erkennen. Die Larven sind außerordentlich verschiedenartig nach Körperform und Lebensweise, teils gedrungen, teils schlank, mit oder ohne Scheinfüßchen oder Bedornung, mit oder ohne ein hinteres Atemrohr als Träger der Hinterstigmen; man kann 3 Hauptgruppen von Larven unterscheiden, wobei die Grenzen z. T. verwischt bleiben: A) Fresser von zerfallenden pflanzlichen Stoffen, von Pflanzensäften oder (im Wasser) von Detritus und Schlamm; hierher zahlreiche Arten; z. B. die Larven von ***Chrysogaster*** (in feuchter Erde), ***Rhingia*** (in Säugetierkot), ***Syritta pipiens*** L. [**S-103**], Kleine Mistbiene (in Dung), ***Microdon, Chrysotoxum, Mallota, Cerioides, Zelima*** [**S-104**], ***Spilomyia, Ferdinandea*** (in feuchtem Holzmulm, z. T. auch unter Rinde); die

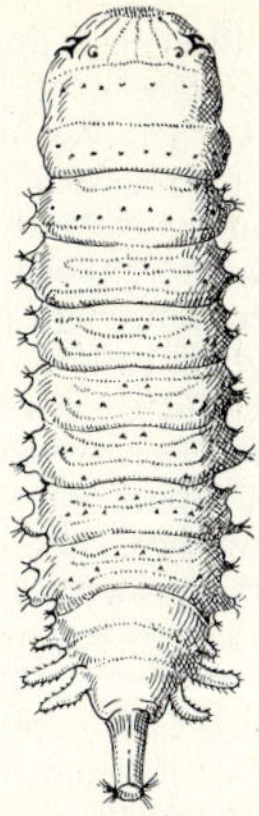

Abb. S-104: ***Zelima nemorum.*** Larve, 15 mm, mit Haken am Prothoraxende. (Stammer 1933)

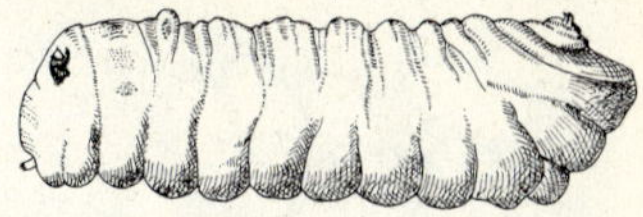

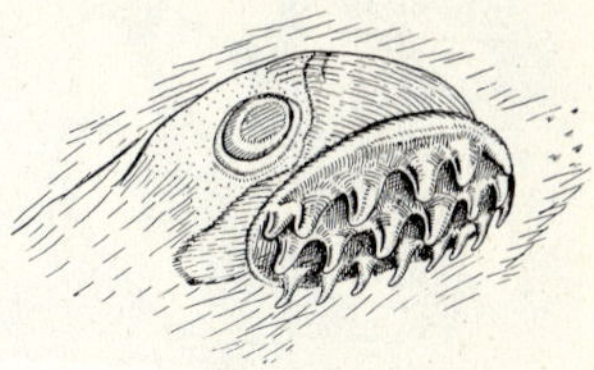

Abb. S-105: ***Temnostoma vespiforme.*** Oben Larve von der Seite, 15 mm; unten eine der beiden Bohrplatten am Hinterende des Prothorax, Größe der Platten $1^1/_2 \times 2$ mm. (Stammer 1933)

gedrungene, walzenförmige Larve von ***Temnostoma vespiforme*** L. [**S-105**] bohrt mit Hilfe zweier raspelartiger Gebilde am Vorderende [**S-105**], dicht neben den Vorderstigmen, Gänge in anbrüchige Birken, frißt den so erzeugten Holzmulm; nacktschneckenartig sind die Larven der ***Microdon***-Arten (z. B. ***M. mutabilis*** L., [**S-106**]), sie halten sich wohl stets in der Nähe (unter Rinde) oder gar in den Nestern von Ameisen ***(Formica, Lasius)*** auf, sind hier geduldete oder einfach »übersehene« Abfallfresser. Bezeichnend für viele schon in sehr feuchter Erde, in Baumsäften (z. B. ***Brachyopa bicolor*** Fall.) und vor allem im Wasser lebende Arten ist die Ausbildung eines bei verschiedenen Arten verschieden langen abdominalen Atemrohres, das am Ende die beiden Hinterstigmen trägt und u. U. stark verlängert und verkürzt werden kann (»Rattenschwanzlarven«; vgl. unten Nr. 3 und [**S-116, S-117**]); viele von ihnen sind typische Schlammfresser, z. B. die in Jauchegruben häufige Larve der bienenähnlichen »Schlammfliege« ***Eristalis tenax*** L. [**S-116**], mit Filterapparat im Schlund zum Abseihen des Wassers von dem dann ballenweise verschluckten Schlamm. B) Verzehrer frischen pflanzlichen Gewebes, mit Gruppe A durch Übergangsformen verbunden; sie minieren in verschiedenen Pflanzenteilen, reißen mit den Mundhaken das Gewebe an, nehmen wohl in erster Linie den austretenden Saft auf (»Saftschlürfer«); hierher gehören z. B. die Narzissenfliegen (s. unten) und die Fichtenharzfliege ***Cheilosia morio*** Zett., deren Larve, Harzfluß verursachend, im Kambium von Nadelhölzern bohrt, vor allem am Rande von Rindenwunden. C) Räuber: Eine Übergangsform von Gruppe A bilden die in Hummel- und Wespennestern lebenden Larven der stattlichen ***Volucella***-Arten (s. u. Nr. 1); die Larven mehrerer Arten gehen an vergleichsweise große Beute (von dem nicht seltenen Kannibalismus unter Artgenossen ganz zu schweigen); so saugen die Larven von ***Xanthandrus comptus*** Harr. wohl vor allem Raupen des Kiefern-

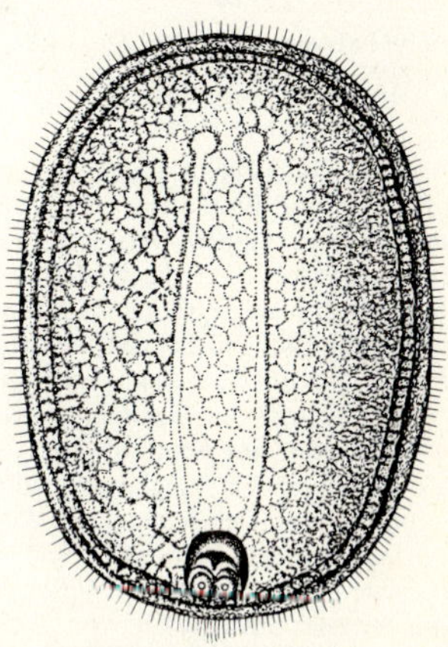

Abb. S-106: ***Microdon mutabilis.*** Larve , 6 mm. (Brauns 1954)

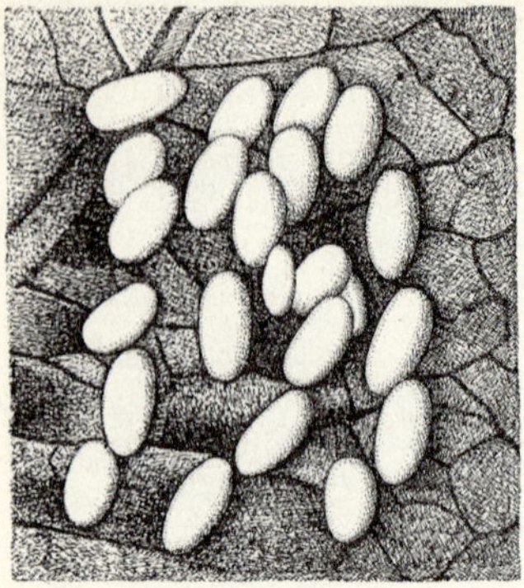

Abb. S-107: ***Syrphus nigritarsis.*** Zwei Eier (die kleineren in der Mitte) in dem Teil eines Geleges von ***Melasoma vigintipunctata.*** (Schneider F. 1952)

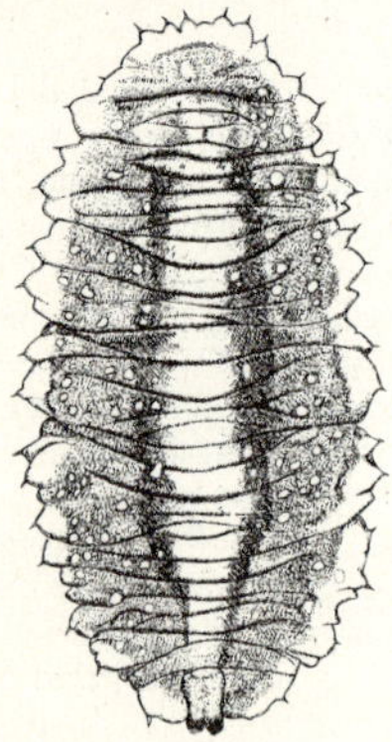

Abb. S-108: ***Syrphus nitidicollis.*** Alte Larve, ca. 10 mm, grün mit hellerem Mittelstreif. Die reife Larve überwintert. Blattlausfresser.

prozessionsspinners aus, daneben auch andere Raupen und Blatkäferlarven ***(Melasoma)***, die von ***Syrphus tricinctus*** Fall. außer Blattläusen auch die Kiefernspannerraupen. Ein ausgeprägtes Nahrungsspezialistentum scheint bei ***Syrphus nigritarsis*** Zett. vorzuliegen; das ♀ legt einige Eier in das Gelege des Blattkäfers ***Melasoma vigintipunctata*** Scop. [**S-107**]; die alsbald schlüpfenden Junglarven nähren sich zunächst von den Käfereiern, das 2. und 3. Stadium von den stets von der Ventralseite her angefallenen Käferlarven, ausnahmsweise auch noch von Eiern; (Wirtsfindung geruchlich?). Das Hauptkontingent der Räuber stellen die Blattlausvertilger, allein in Europa etwa 100 Arten; die durch Höcker oft unregelmäßig konturierten Larven sind meist grünlich oder gelblich gefärbt, bedingt teils durch die aufgenommene Nahrung, teils durch den pigmentierten Fettkörper; sie sind so in der Regel der Umgebung gut angepaßt; das letzte Stadium ist nicht selten anders gefärbt als die früheren. Die meistan Arten sind polyphag, auf eine gewisse Spezialisierung einiger Gruppen auf wachsabscheidende Läuse war bereits bei den Eiablagegewohnheiten hingewiesen. Hauptfreßzeit, der nach Art von Egeln mit Hilfe von Kriechsohlen sehr beweglichen Larven, in der Dämmerung (und nachts?), tagsüber sitzen sie auf der Blattunterseite oder in schattigen, gegen Austrocknung schützenden Verstecken. Beim suchenden Kriechen (auf einer selbst produzierten Schleimspur) wird der Vorderkörper pendelnd bewegt; Handlungen beim Treffen auf eine Laus: Einschlagen der gut ausgebildeten Mundhaken, Hochreißen der Beute, wobei sich die Larve fast nur noch mit dem letzten Körperdrittel festhält, sofortiges Aussaugen unter rhythmischen Bewegungen der Mundteile; dadurch wird die Laus vollkommen entleert, ihre mit Speichel überzogene Haut wird am Substrat abgestreift und bleibt dort kleben; sofort erneuter Beutefang. Der Bedarf besonders des 2. und 3. Stadiums an lebenden Beutetieren (Erstlarven saugen, wo es sich bietet, vor allem Eier aus) ist oft beträchtlich, bis zu 100 Läuse pro Tag; eine Larve von ***Syrphus corollae*** Fbr. fraß in den 8 Tagen ihres Larvenlebens ca. 700 ***Aphis fabae*** Scop.; die dezimierende Wirkung auf Blattlauskolonien ist oft beträchtlich und besser als die von Insektiziden, gegen die die Larven sehr empfindlich sind. Larvenzeit kurz, 8–14 Tage; Verpuppung in der sich zu einer tropfenartigen Form verkürzenden und verhärtenden letzten Larvenhaut im Boden oder in anderen passenden Verstecken (z. B. Stubben). Bei Arten mit nur einer Generation im Jahr (z. B. ***Epistrophe bifasciata*** Fbr., ***Syrphus nitidicollis*** Meig., [**S-108**]) folgt im Anschluß an die Freßzeit eine lange Sommer- und Winterdiapause der Larve im Versteck, Verpuppung im Frühling; andere Arten (z. B. ***Epistrophe balteata*** Deg., ***Ep. auricollis*** Meig., ***Scaeva (Lasiopticus) pyrastri*** L., [**S-101**]) mit mehreren (bis 5) Generationen im Jahr haben keine Larvendiapause, es überwintern die begatteten ♀♀; bei ***Syrphus ribesii*** L., [**S-109**] kommt es, in Abhängigkeit von Außenbedingungen, zu 2 oder 3 Generationen, teils ohne, teils mit Diapause. Von den über 4500 bekannten Schwebfliegen-Arten allein 500 in Europa, knapp 300 in Deutschland; oft aufgeteilt auf 2 U.-Fam.: **Milesiinae** (die Larven durchweg Fresser von frischen, häufiger zerfallenden pflanzlichen Stoffen oder Detritus); **Syrphinae** (Larven räuberisch, vor allem auf Blattläuse). – Hinweis auf einige Gruppen: **1.** Gattung ***Volucella,*** mit mehreren stattlichen heimischen Vertretern (z.B. ***V. bombylans*** L. [**S-110**]; ***V. pellucens*** L. [**S-111**]; ***V. zonaria*** L.; ***V. inanis*** L.); hummelähnlich; pelzig behaart die Hummelfliege ***V. bombylans*** L., deren Larven in den Nestern verschiedener Hummel- (und Wespen-) Arten leben, fressen vermutlich Abfall, gelegentlich auch wohl räuberisch die Larven des Wirts; bemerkenswert, daß die Imagines in der jeweiligen Wirtsart leidlich angepaßten Farbvarianten auftreten, deren Zustandekommen und Bedeutung, wie auch, wodurch die Larven vor den Wirten geschützt sind, vorerst noch ungeklärt ist. Die übrigen heimischen ***Volucella***-Arten sind schwach behaart, ihre Larven leben wenig wirtsspezifisch bei verschiedenen sozialen Faltenwespen, die Junglarven außenparasitisch an den Wirtslarven, die älteren Larven im Nestboden von Abfall, vor allem wohl von toten Wespen; Überwinterung als Vorpuppe außerhalb des Nestes im Boden; Eiablage an der äußeren Hülle des Nestes, in das die Junglarven einwandern. **2.** Durch Larvenfraß werden bisweilen an Kulturpflanzen recht schädlich: a) ***Lampetia (Merodon) equestris*** Fbr., Große Narzissenfliege; pelzig behaart (ca. 14 mm); die Eier werden einzeln in den Boden in der Nähe der Futterpflanze abgelegt; die Larven [**S-112**] in den Zwiebeln verschiedener (nicht nur Narzissen) Pflanzen [**S-113**], fressen lange, Überwinterung wohl stets als Larve, Verpuppung im Frühling. b) ***Eumerus strigatus*** Fall. und die sehr ähnliche ***Eum. tuberculatus*** Rond., Kleine Narzissenfliege, Zwiebelmondfliege (ca. 7 mm); die Larven außer in verschiedenen Zwiebelpflanzen auch z.B. in Kartoffeln, Möhren; in unseren Breiten 2 Generationen, die Puppe der 1. Generation in der Futterpflanze, die der 2. Generation im Boden; Überwinterung als erwachsene Larve, seltener als Puppe. **3.** Gruppe der Arten mit im Wasser lebenden »Rattenschwanzlarven«; häufiger Vertreter: ***Eristalis (Erista-***

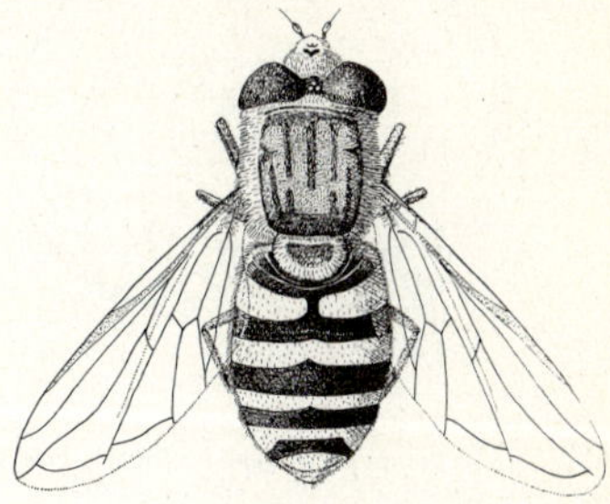

Abb. S-109: ***Syrphus ribesii.*** ♀, 12 mm. (Lindner 1923ff.)

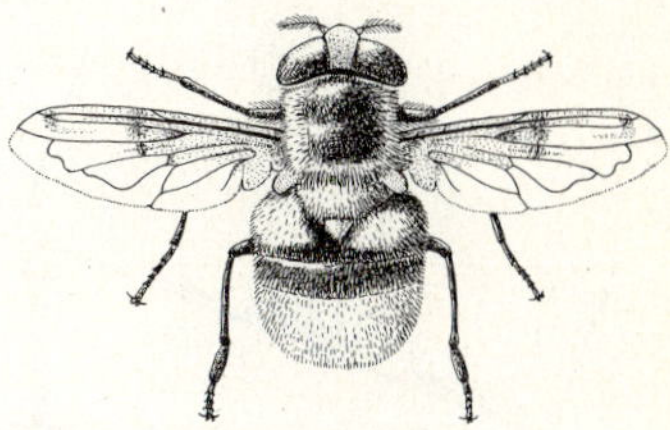

Abb. S-110: ***Volucella bombylans,*** Hummelfliege. ♀, 11–15 mm. Larven in Hummel- und zuweilen auch in Wespennestern.

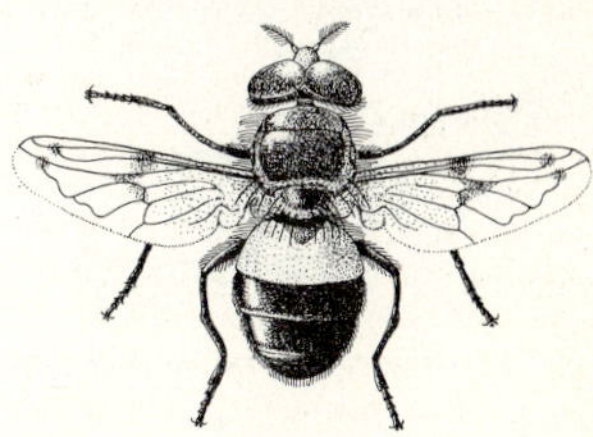

Abb. S-111: ***Volucella pellucens.*** ♂, 12–15 mm. Larve in Wespennestern.

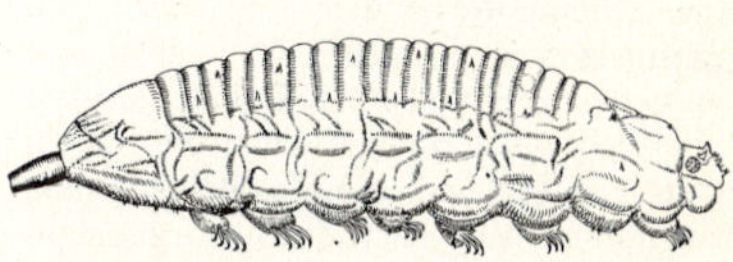

Abb. S-112: ***Lampetia equestris,*** Große Narzissenfliege. Erwachsene Larve, 17 mm. (Lindner 1949)

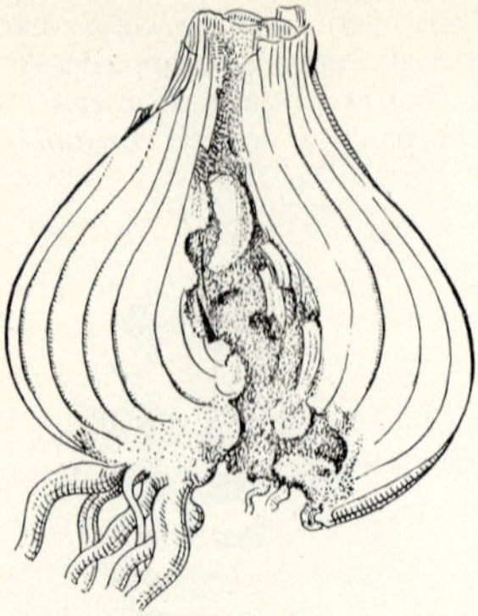

Abb. S-113: ***Lampetia equestris***, Große Narzissenfliege. Larve in Zwiebel. (Bollow 1960)

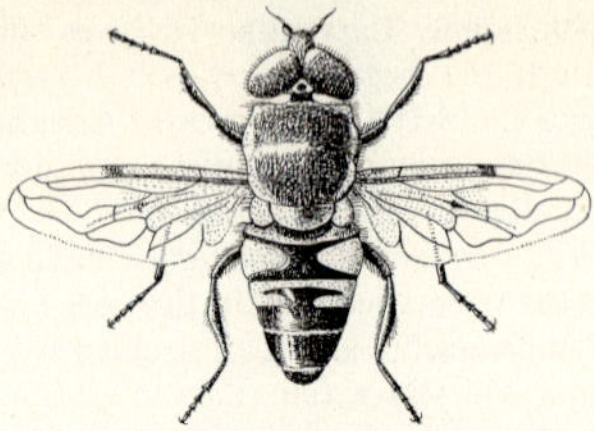

Abb. S-114: ***Eristalis tenax***, Schlammfliege. ♂, 11–15 mm. Hinterleib schwarz und gelbrot.

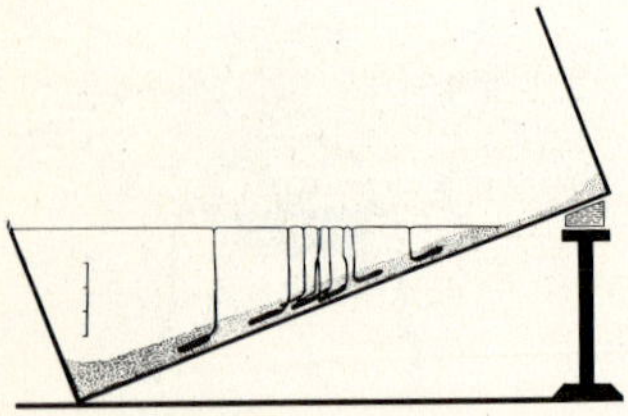

Abb. S-115: ***Eristalis-(***Schlammfliegen). Larven in verschiedener Wassertiefe. Links Maximum, rechts Minimum, Mitte Optimum. Maßstab 3 cm. (Wesenberg-Lund 1943)

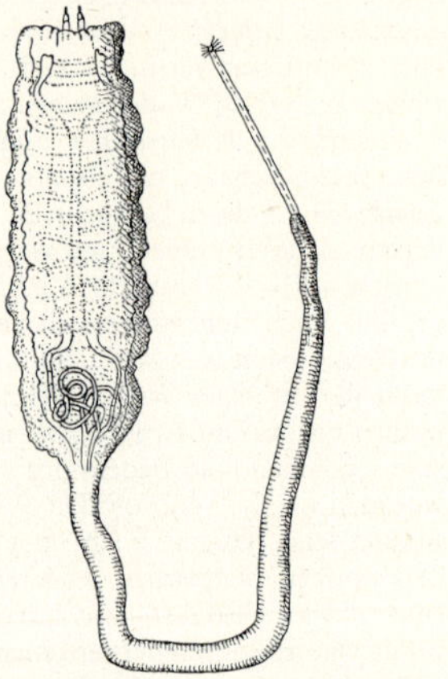

Abb. S-116: ***Eristalis tenax***, Schlammfliege. Larve; Teile des Tracheensystems sichtbar, vorne die Fühler. Länge ohne Atemrohr 20 mm. (Brauns 1954)

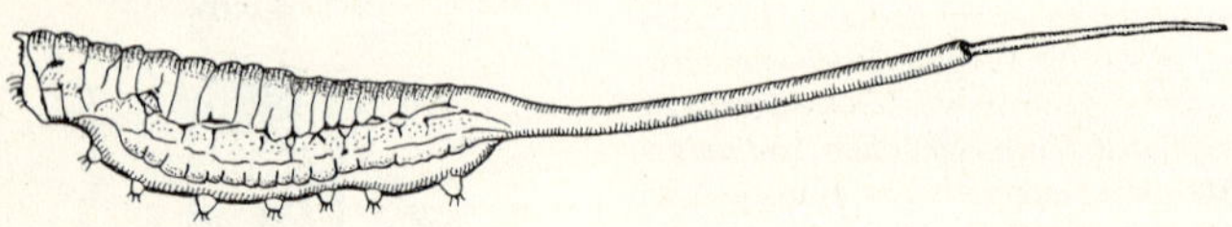

Abb. S-117: ***Myathropa florea.*** Larve. Länge ohne Atemrohr etwa 17 mm. (Lindner 1923ff.)

lomyia) tenax L. [**S-114**]; zur Bienenähnlichkeit der Imagines s. o.; bezeichnend für die schlammfressenden, erwachsen ca. 20 mm langen, in Jauche, aber auch ab und an in Salzwasser lebenden Larven (s. o.) ist vor allem das terminale Atemrohr, das in dem jauchigen Milieu, unter Bevorzugung bestimmter Wassertiefe die Versorgung mit Luft gewährleistet [**S-115, S-116**]; Hautatmung dürfte, vor allem bei den jungen Stadien, auch eine Rolle spielen; die Larven halten sich meistens in Schlamm auf, können sich aber auch, durch den starken Luftgehalt der Tracheenlängsstämme überkompensiert, kümmerlich schwimmend an der Wasseroberfläche bewegen; sie sind ventral mit 7 Paar bedornten Kriechhöckern ausgestattet [**S-117**]; das 3teilige Atemrohr ist durch Muskeln (Ansatz zwischen Teil 2 und 3) weit in den Körper hinein einziehbar, wobei sich die dünnen, zu den am Rohrende liegenden

Hinterstigmen führenden Tracheenäste in Schlingen legen; Ausfahren des Atemrohres durch Blutdruck bis auf 4 cm Länge bei Altlarven; die Hinterstigmen sind von 8 unbenetzbaren Fiederborsten umstellt [**S-118**], die unter Wasser, ein Luftbläschen umschließend, zusammenklappen (vgl. → Stratiomyidae); bei den Larven des 3. Stadiums sind 2 kleine Stigmenhörnchen vorhanden, als Notatmungsorgane. Ausstülpbare dünnwandige Afterschläuche (bei verschiedenen Arten in wechselnder Zahl und Anordnung) dienen der Osmoregulation (wohl auch der CO_2-Abgabe aber vermutlich nicht der O_2-Aufnahme), fehlen dem letzten Stadium, bei dem dann in 2 stark verdickten malpighischen Gefäßen kohlensaurer Kalk abgelagert wird; ein Teil davon wird bei der außerhalb des Wassers erfolgenden Verpuppung in die vorn für den Durchtritt der 2 pupalen Prothorakalhörner (Atmungsorgane [**S-119**]) durchbrochene Pupariumhaut (letzte Larvenhaut) eingelagert. Die Larve überwintert etwa in Höhe des Wasserspiegels im Schlamm oder Boden. Ähnlich: ***Eristalis pertinax*** Scop.; im Gegensatz zu ***E. tenax*** Aristae der Fühler befiedert. (Bishop 1974; Brauns 1954; Collett, Land 1975; Gruhl 1924; Keilbach 1954; Kugler 1950; Morge 1969; Nachtigall 1968, 1983; Schenk 1963; Schneider F. 1958; 1969; Schremmer 1962; Schumacher, Hoffmann 1982; Schumann 1968; Steiniger 1937; Wichard, Komnick 1974b; Wickler 1968).

Syrphus; → Syrphidae.

Syssphingidae; Fam. der Schmetterlinge (Lepidoptera); zahlreiche Arten in aller Welt, in Mitteleuropa nur eine Art: ***Aglia tau*** L., Nagelfleck [**S-120**]; der Falter schlüpft im Frühling aus der am Boden in einem lockeren Gespinst überwinternden Puppe; Rüssel stark rückgebildet; Fühler des ♀ sehr schwach, des ♂ doppelt gekämmt; das ♀ ist wenig flugtüchtig, es erwartet das ♂ in typischer Hängehaltung, lockt es mit dem Lockstoff seiner am 8. Hinterleibssegment liegenden Duftdrüsen an; das ♂ fliegt IV–V in raschem Zickzackflug ziemlich niedrig in Buchenhochwald oder Mischwald; Kopula bei Sonnenschein, tagsüber; Eiablage an der Blattunterseite, vor allem von Buchen, der Hauptfutterpflanze der Raupen, zumal an die Blätter der Kronenregion; daneben auch an verschiedene andere Laubbäume;

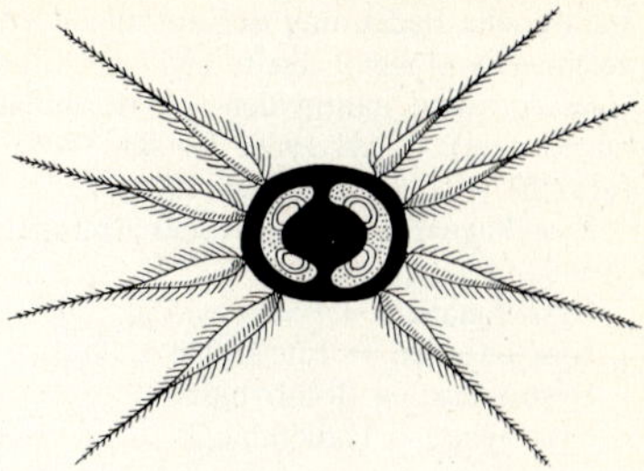

Abb. S-118: ***Eristalis tenax***, Schlammfliege. Larve, Ende des Atemrohres. (Keilbach 1954)

Abb. S-119: ***Eristalis tenax***, Schlammfliege. Puppe, Körper 13 mm. (Keilbach 1954)

Abb. S-120: ***Aglia tau***, Nagelfleck. ♂, $^2/_3$ nat. Gr. (Forster, Wohlfahrt 1954/81)

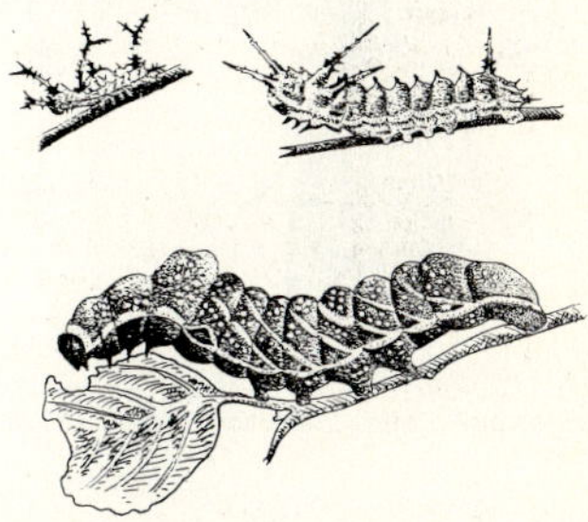

Abb. S-121: ***Aglia tau***, Nagelfleck. Raupenstadien 1, 3 und 5. Grundfarbe grün; rote Flecken und Dornen schwarz gezeichnet. (Amann 1960; Brauns 1964)

Grundfarbe der Raupen grün, Raupen der frühen Stadien mit auffallenden, rotgezeichneten, im frühesten Stadium gegabelten dornigen Fortsätzen [**S-121**]; Verpuppung im Spätsommer; in manchen Bereichen fliegt eine stark verdunkelte Mutante;

biologische Bedeutung der auffallend gezeichneten Flügeloberseite nicht bekannt. (Die Art wird häufig den → Saturniidae zugeordnet). (Dierl 1969; Forster, Wohlfahrt 1954/81; Hannemann 1968).

Systellognatha; Fam.-Gr. der Arctoperlaria; → Plecoptera.

Systellonotus; → Formicoidea.

Systenocerus; → Lucanidae 3.

Systoechus; → Bombyliidae.

Systropha; → Halictidae 3.

T

Tabakkäfer, *Lasioderma serricorne* Fbr.; → Anobiidae 3.

Tabanidae, Bremsen; Fam. der orthorrhaphen Fliegen (Diptera, Brachycera). Mittelgroß bis sehr stattlich, unter ihnen die größte mitteleuropäische Fliegenart: *Tabanus sudeticus* Zell., bis 25 mm; hierher

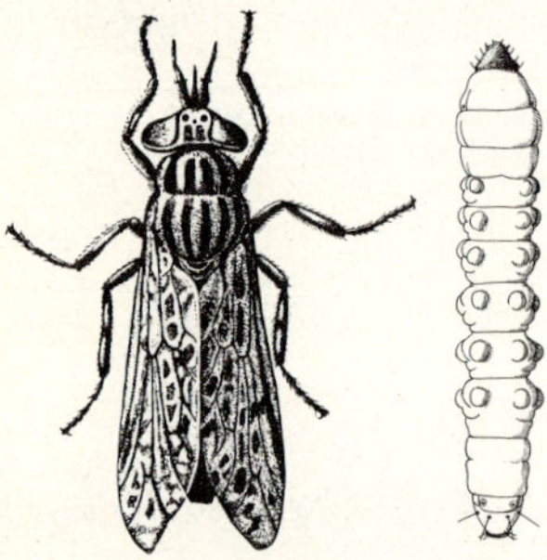

Abb. T-1: *Chrysozona pluvialis*, Regenbremse. Imago; bis 12 mm, Larve ca. 14 mm. (Rietschel 1969)

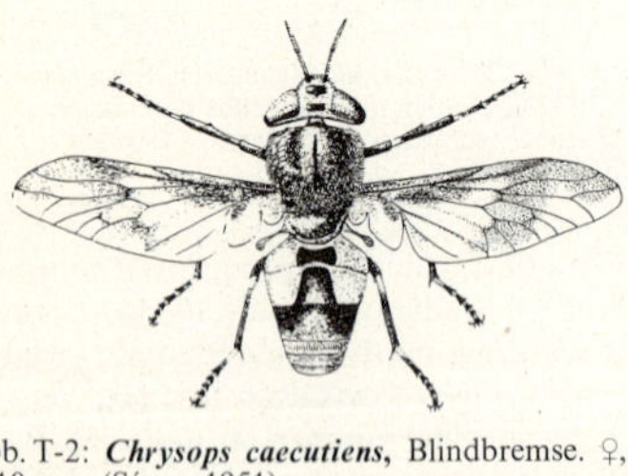

Abb. T-2: *Chrysops caecutiens*, Blindbremse. ♀, 6–10 mm. (Séguy 1951)

einige der bekanntesten und durch das Blutsaugen der ♀♀ für Mensch und Tier (Huftiere zumal; ausländische Arten gehen auch an Reptilien) lästigsten Fliegen, z. B. ***Chrysozona (Haematopota) pluvialis*** L., Regenbremse, Gewitterfliege, Blinde Fliege ([**T-1**]; wegen der getrübten »blinden« Flügel; Regenbremse, das ♀ läßt sich bei schwülem Gewitterwetter auch durch leichten Regen nicht am Stechen hindern), Arten der Gattungen ***Chrysops*** ([**T-2**]; ebenfalls mitunter als Blindfliegen bezeichnet wegen der falschen Annahme, der Stich mache blind) und ***Tabanus*** (z. B. ***T. bovinus*** L., Rinderbremse; [**T-3**]). Typischer Bremsenhabitus: Kopf bei Ansicht von oben bedeutend breiter als lang [**T-1, T-2, T-3**]; Haltung der in der Ruhe nach hinten gelegten Flügel bei ***Tabanus*** schwach, bei ***Chrysozona*** stärker dachförmig; Augen bei ***Chrysops*** leuchtend goldgrün, bei ***Tabanus*** oft mit den schönsten farbigen Streifenmustern durch Interferenz an der feingeschichteten Epikutikula der Cornea; dadurch vermutlich eine Erhöhung des Kontrastes farbiger Gegenstände vor andersfarbigem Hintergrund; besonders die ***Tabanus***-Arten sind geschickte und schnelle Flieger; Anflug bei ***Chrysozona*** fast lautlos; der Stich ist schnell und wirksam, ermöglicht durch die bei den ♀♀ messerartig ausgebildeten Mandibeln [**T-4**], unterstützt durch die Außenladen der Maxillen, Hypopharynx und Labrum; das umhüllende weiche Labium nicht mit eingestochen; Stichwunde verhältnismäßig groß, blutet oft nach, da beim Stich ein die Blutgerinnung hemmender Stoff eingespritzt wird (das nachfließende Blut ist oft Nahrung für die auf Haustieren häufigen nicht stechenden Fliegen; → Muscidae); bei den blütenbesuchenden ♂♂ (auch ♀♀ saugen gelegentlich Nektar) sind die Mandibeln rückgebildet; eigenartige Balz (nach Beobachtungen an der amerikanischen Art ***Tabanus bishoppi*** Stone): die ♂♂ fliegen in den Morgenstunden auf einer kleinen Waldlichtung, rütteln dabei oft am Ort, Kopf gegen den Wind, verfolgen sich gegenseitig; die ♀♀ erscheinen einige Minuten später am Balzplatz (Orientierung optisch? akustisch?); ein ♀ wird von mehreren ♂♂ verfolgt, in Kürze von einem ♂ auf dem Rücken ergriffen, beide gehen zu Boden; Kopula ca. 5 min, wobei das ♀ oft frei am ♂ hängt, das irgendwo Fuß gefaßt hat; beide

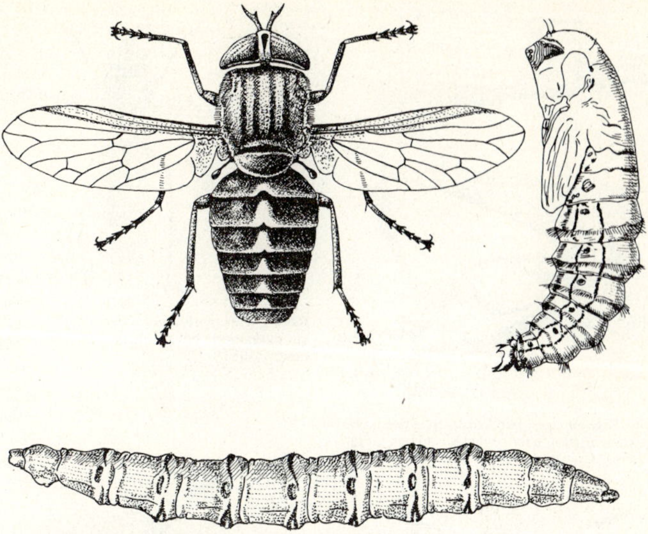

Abb. T-3: ***Tabanus bovinus***, Rinderbremse. ♀ (18–25 mm); ***T. tropicus*** Puppe (16 mm); ***T.*** sp., Larve (30–40 mm). (Lindner 1923ff.; Séguy 1951; Engelhardt 1955)

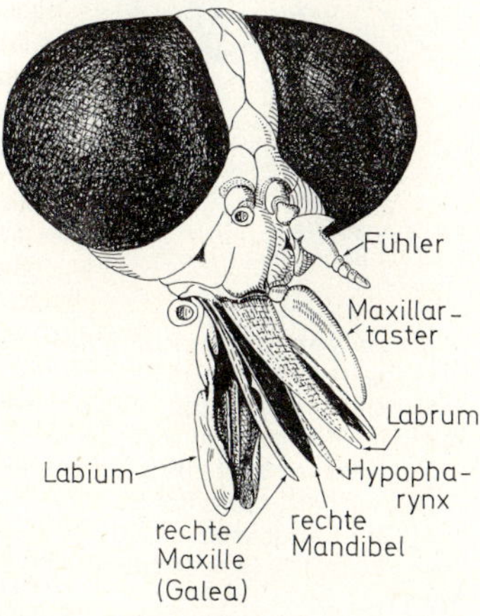

Abb. T-4: Kopf einer weiblichen Bremse mit auseinandergelegten Mundteilen; rechte Fühler und Taster entfernt. (Weber 1933)

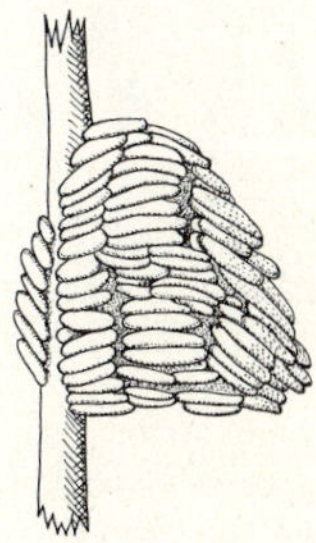

Abb. T-5: ***Tabanus quatuornotatus.*** Gelege. (Séguy 1951)

fliegen nach der Kopula weg vom Balzplatz; Auffinden der Blutspender durch die ♀♀: Orientierung zunächst optisch; stark anlockend wirken auf die meisten Arten dunkle oder rötliche, unten konvexe größere Gegenstände, in der Nähe offenbar auch Wärme; sicher gibt es noch weitere Orientierungsmöglichkeiten, da z. B. ***Chrysops*** beim Menschen mehr die Kopfregion, ***Chrysozona*** mehr Gliedmaßen bevorzugt; Eier meist in geschichteten Gelegen [**T-5**], häufig auf Pflanzen, auch am Boden, meist in Wassernähe, da die Larven sich in feuchtem Boden oder im Wasser entwickeln; (keine Tabaniden in wüstenartigem Gelände). Die Larven [**T-3**] langgestreckt, weiß bis gelbbraun, mit beweglichen Kriechwarzen, mit offenen Vorder- und Hinterstigmen; jedoch dürfte Hautatmung überwie-

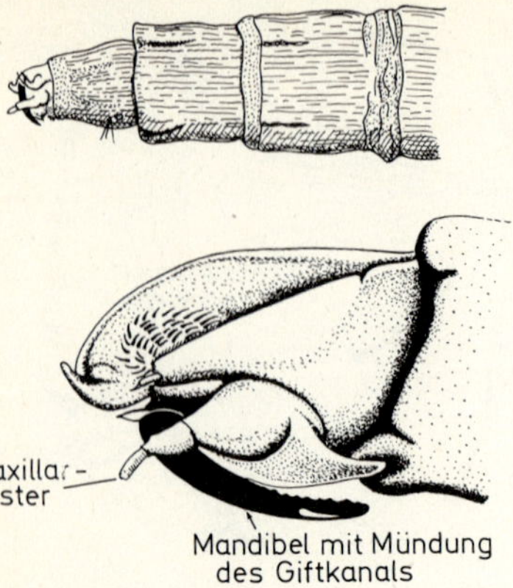

Abb. T-6: ***Tabanus*** sp., oben Vorderende der Larve mit der sichelförmig gebogenen Mandibel; unten Kopf allein. (Brauns 1954)

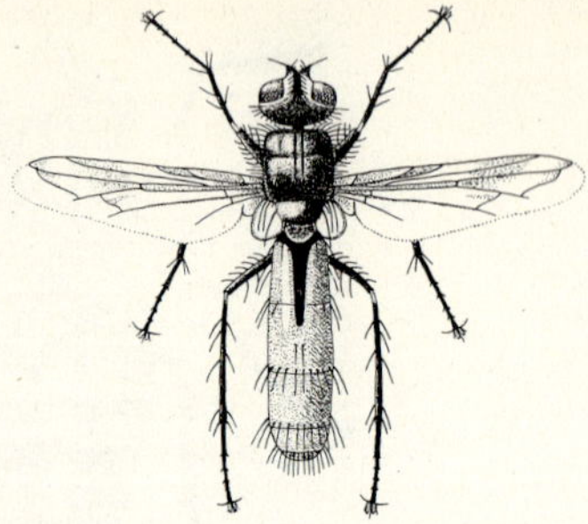

Abb. T-8: ***Ocyptera brassicaria.*** ♂, 8–12 mm. Larve parasitiert bei Wanzen. Hinterleib orange. (Séguy 1951)

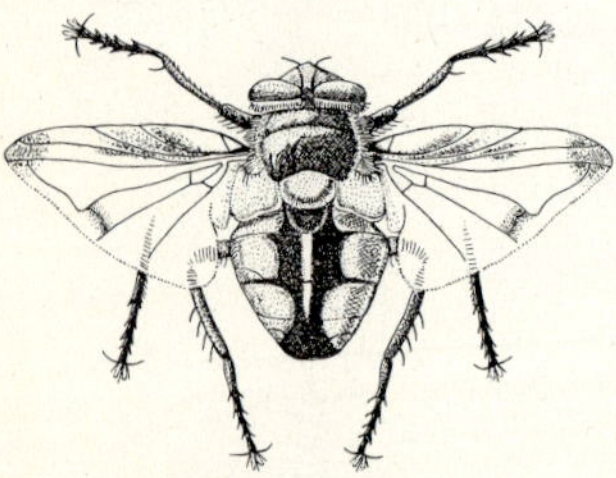

Abb. T-7: ***Allophora hemiptera.*** ♂, 8–12 mm. Parasit bei Wanzen. Eiablage in den Wirt. (Séguy 1951)

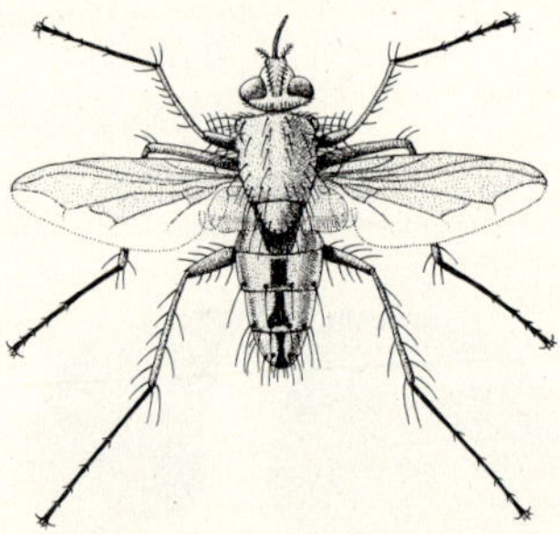

Abb. T-9: ***Prosena sybarita.*** ♀, 8–12 mm. Sitzt gerne auf Baumstubben. (Séguy 1951)

gen, da wasserbewohnende Larven wochenlang die Oberfläche meiden können; Hauptnahrung, neben sich zersetzenden organischen Stoffen: lebende Kleintiere verschiedenster Art bis zu erwachsenen Kaulquappen und eben metamorphosierte Frösche (auch Kannibalismus), die durch eingespritztes Gift (Giftkanal in den kräftigen Mandibeln; [**T-6**]) schnell abgetötet werden; vielleicht auch Einspritzen von Verdauungssaft; Verpuppung im Boden, bisweilen in einem kokonartigen Gebilde; aus der Mumienpuppe [**T-3**] schlüpft die Imago durch einen Querspalt am Kopf. Meist eine Generation im Jahr, bei ***Chrysops*** und ***Chrysozona*** vielleicht 2, in warmen Bereichen auch mehrere. Schadwirkung: bei starkem Auftreten an Wild und Weidevieh durch Beunruhigung und Blutverlust; in warmen Ländern ferner durch Übertragung von krankheitserregenden Bakterien, Trypanosomen und Fadenwürmern; in Mitteleuropa wohl an die 100 Arten. (Bernard 1971; Blickle 1959; Bracken et al. 1962, 1965; Brauns 1954; Hinton 1976a; Jackman et al. 1983; Kniepert 1983; Rietschel 1969; Schumann 1968; Wesenberg-Lund 1943).

Tabanus; → Tabanidae.

Tachardia; → Lacciferidae.

Tachinidae (Larvaevoridae), Raupenfliegen (Diptera, Brachycera); artenreiche, durch die zumal bei Insekten (keineswegs nur bei Raupen) parasitierenden Larven für den Land- und Forstwirt hilfreiche Gruppe meist mittelgroßer Fliegen von recht verschiedener Gestalt [**T-7, T-8, T-9**]; viele Arten ausgezeichnet durch starke Beborstung [**T-10**]; die leckendsaugenden Mundteile gut ausgebildet, gestatten Saftaufnahme aus Blüten (namentlich Dolden), von Honigtau, Aas und Kot; Kopula in der Regel bald nach dem häufig in den frühen Morgenstunden stattfindenden Schlüpfen, dauert bei manchen Arten einige Stunden; für die zuweilen in kleinen Schwärmen auftretenden ♂♂ dürften außer optischen Reizen (Augen der ♂♂ meist größer als die der ♀♀) auch Sexuallockstoffe von Bedeutung sein (begattete ♀♀ werden seltener angeflogen als unbegattete, z.B. bei ***Parasetigena silvestris*** R.D.); nach der Begattung (z.T. wohl erst dadurch ausgelöst) Entwicklung der bei manchen Arten sehr zahlreichen Eier [**T-11**]. Abgesetzt werden Eier (manchmal auch solche, aus denen sofort die Larve schlüpft: Ovoviviparie; z.B. ***Ernestia rudis*** Fall.) oder Larven (z.B. manche ***Dexia***-Arten). Nach der Art der Ei- bzw. Larvenablage und Wirtsfindung zwei Hauptgruppen: A) Ablage direkt an oder in den Wirt, dann u.U. mit einem harten, perforierenden Legebohrer (z.B. ***Compsilura*** bei Raupen und Blattwespenlarven); Eizahl in dieser Gruppe meist relativ gering; Problem der Wirtsfindung (optisch?, olfaktorisch?) weitgehend ungeklärt; (***Euphasiopteryx ochracea,*** eine amerikanische Art, fliegt zur Ablage ihrer Junglarven – phonotaktisch – singende Grillenmännchen an); Ablage außen am Wirt kann Verluste bei der Häutung des Wirtes bringen; manche Arten kennen sich an dem Wirt sehr genau aus, bevorzugen bestimmte Körperteile beim Ablegen; Beispiele: ***Cystogaster globosa*** Fbr.: Eier von der Seite unter die Flügel des Wirtes (Schildwanze ***Aelia***) geschoben; ***Degeeria luctuosa*** Meig.: das ♀ setzt sich auf den Rücken des Wirtes (div. Blattkäfer), der beunruhigt die Flügeldecken anhebt, unter deren Endsaum dann das Ei geklebt wird; ***Rodania dimidiata*** Meig.: das ♀ nähert sich dem Wirt (div. Rüsselkäfer; [**T-12**]) von vorn, schiebt mit der langen Legeröhre das kleine hartschalige Ei zwischen die Kiefer des fressenden Käfers, das Ei wird verschluckt. B) Ablage in Wirtsnähe am Boden oder an der Futterpflanze des Wirtes; Eizahl bei Vertretern dieser Gruppe hoch; die Eier sind vor allem bei den Arten, bei denen sie mit dem Futter aufgenommen werden, klein und hartschalig; die als solche abgesetzten oder sofort aus dem Ei

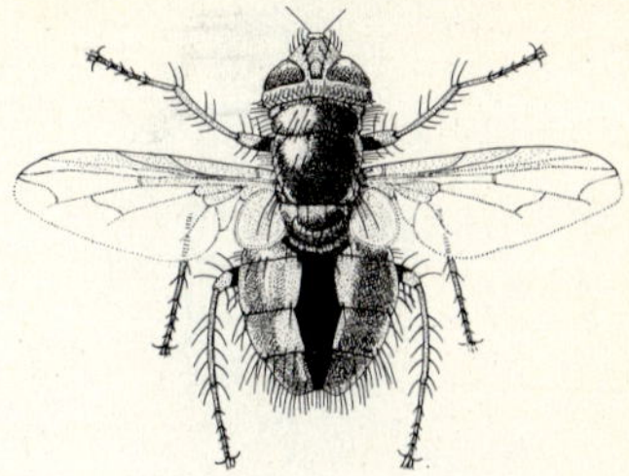

Abb. T-10: ***Echinomyia fera.*** ♂. 8–16 mm. Larve parasitiert bei Raupen, z. B. ***Griposia, Lymantria.*** (Séguy 1951)

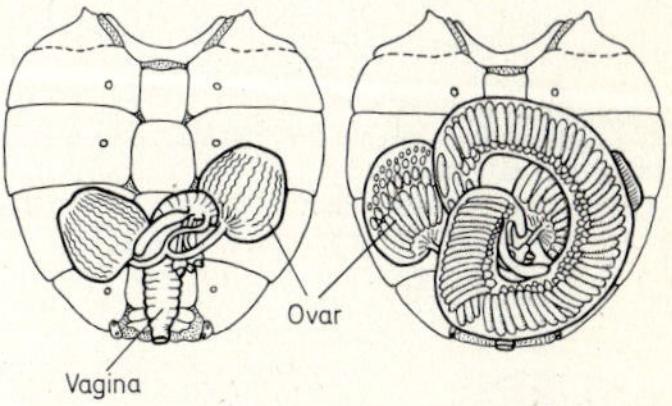

Abb. T-11: ***Ernestia rudis.*** ♀. Links frisch geschlüpft, Vagina leer; rechts altes trächtiges ♀, viele Eier in der Vagina. Geschlechtsorgane stark umrandet. (Eidmann 1941)

Abb. T-12: ***Rondania dimidiata.*** ♀ bringt mit langer Legeröhre das Ei zwischen die Mundteile eines fressenden ***Brachyderes incanus.*** (Escherich 1923/42)

Abb. T-13: ***Ernestia rudis.*** Larven auf Kiefernnadel. (Escherich 1923/42)

schlüpfenden Larven erwarten entweder einen vorbeikommenden Wirt (z.B. ***Ernestia rudis*** Fall.; die Larven machen bei Nahen eines Wirtes, noch in den Eischalenresten sitzend, winkende Suchbewegungen; [**T-13**]; Wartezeit begrenzt, Tod nach

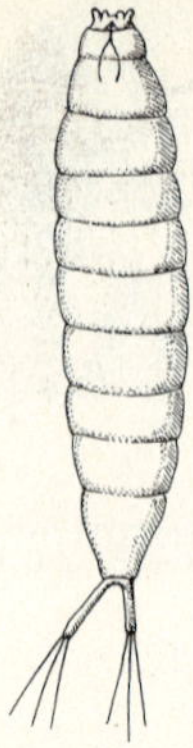

Abb. T-14: ***Billaea pectinata.*** Junglarve, am Abdomenende mit zwei langen Stigmenträgern und Dornen zum Fortschnellen. Sucht aktiv Käferlarven als Wirt auf. (Escherich 1923/42)

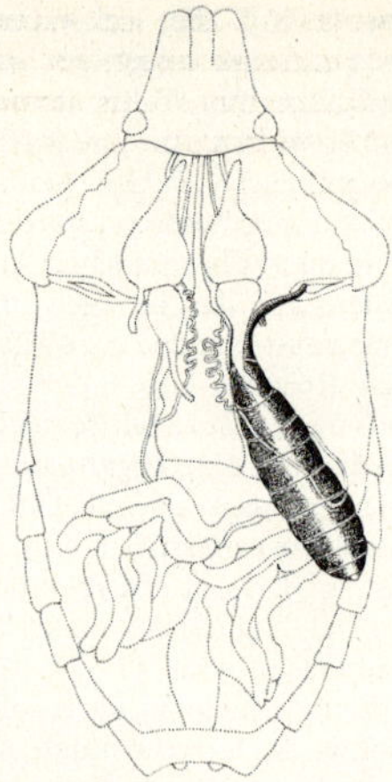

Abb. T-16: Die Larve von ***Gymnosoma rotundatum*** (dunkel gezeichnet) parasitiert in der Schildwanze ***Rhaphigaster griseus***; sie hat, mit ihrer Atemöffnung, Anschluß an das rechte Metathorakalstigma des Wirts. (Séguy 1951)

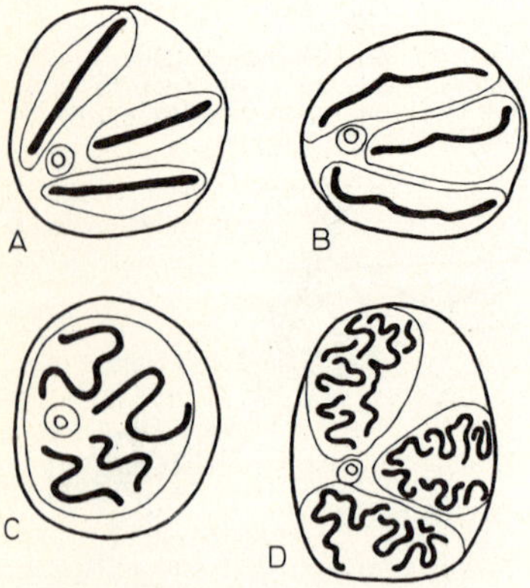

Abb. T-15: Verschiedene Ausgestaltung der Hinterstigmen der Larve III von Tachinidae; Atemschlitze schwarz; kleiner Kreis = Stigmennarbe. A ***Hübneria affinis***; B ***Ernestia rudis***; C ***Phryxe longicauda***; D ***Carcelia laxifrons.*** (Hertin 1960)

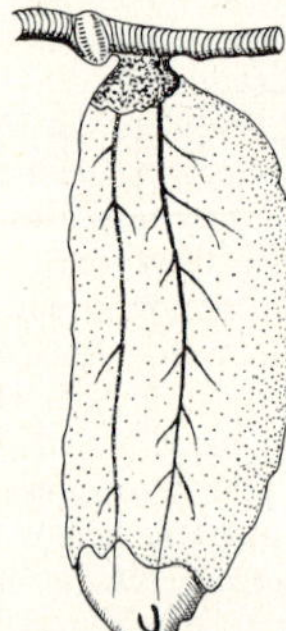

Abb. T-17: Die Larve von ***Hyria tibialis*** hat Anschluß an eine Trachee des Wirtes (***Vanessa***-Raupe) gefunden, und ist zum Teil eingehüllt in einen vom Wirt stammenden Chitinmantel und Trichter. (Séguy 1951)

einigen Tagen), oder suchen, planidiumähnlich von Gestalt und zu Ortsbewegung fähig [**T-14**], aktiv den Wirt auf (z. B. ***Dexia rustica*** F., die Larve findet, vielleicht olfaktorisch geleitet, Maikäferengerlinge im Boden); Wirtsfindung u. U. dadurch erleichtert, daß das ♀, optisch oder olfaktorisch geleitet, zur Ablage die Futterpflanze des Wirtes aufsucht (z. B. ***Actia pilipennis*** Fall., die Lärche). Die Junglarve dringt entweder durch die Darmwand oder von außen ein (z. B. durch die Basis des angeklebten Eies; bei ***Ernestia rudis*** Fall., nachdem die Larve sich durch ein aus dem Mund abgegebenes Flüssigkeitströpfchen an der Wirtshaut angeklebt hat); 3 Larvenstadien; zunächst Hautatmung; später fast stets durch die bei verschiedenen Arten verschieden ausgebildeten [**T-15**] Hinterstigmen Anschluß an die Luft, entweder am Einbohrloch oder an

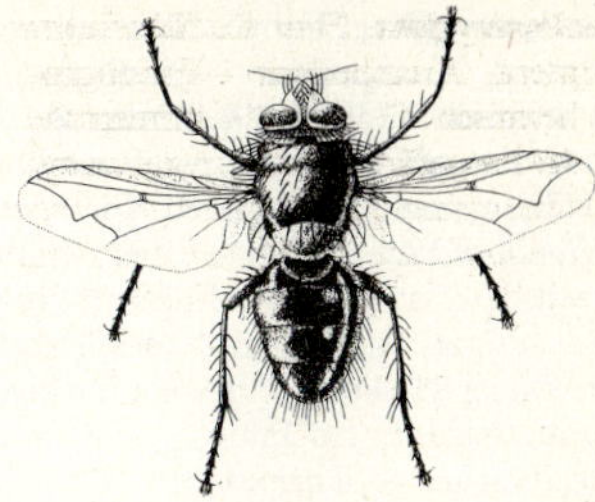

Abb. T-18: ***Ernestia rudis.*** ♂, 11–12 mm. Parasitiert in Forleule. (Séguy 1951)

einem Stigma [**T-16**], oder einem großen Tracheenast des Wirtes, wobei das Hinterende in einem vom Wirt hergestellten Trichter oder Sack sitzt [**T-17**]; Hauptnahrung: Hämolymphe des Wirtes; zunächst Schonung der lebenswichtigen Wirtsgewebe, die aber schließlich, vielleicht unterstützt durch abgegebene Verdauungsfermente, ebenfalls angegriffen werden; die Larven mancher Arten ohne Mundhaken, können nur flüssige Nahrung aufnehmen; der Wirt stirbt in der Regel, entweder bereits als Larve oder erst als Puppe oder gar Imago; Mehrfachbelegen des gleichen Wirtstieres kommt vor, durch die gleiche oder gar durch mehrere Parasitenarten, da manche Wirtsarten von zahlreichen Raupenfliegen heimgesucht werden (z.B. Schwammspinner von ca. 30, Nonne von ca. 20 Arten); u.U. Konkurrenzkampf der Parasiten im Wirt, oft für einige mit tödlichem Ausgang; Wirtsspezifität: die meisten Arten sind polyphag, bisweilen in extremem Ausmaß (z.B. mehr als 100 Wirtsarten für ***Compsilura concinnata*** Meig. bekannt); Monophagie, falls sie überhaupt vorkommt, ist selten (Beispiel: ***Cyzenis albicans*** Fall., Wirt: Frostspanner der Gattung ***Operophthera***, insbesondere ***Operophthera (Cheimatobia) brumata*** L.); Wirtswechsel in der Generationenfolge kommt vor (Beispiel: ***Phryxe vulgaris*** Fall., Wirt der 1. Generation Spannerraupen, der 2. Generation Raupen von Eulen und Spinnern). Verpuppung selten im Wirt, meistens außerhalb des Wirtes im Boden; Überwinterung in der Regel als Puppe, aber bei manchen Arten auch als Larve im Wirt, dessen Diapause mitmachend; meist nur eine Generation im Jahr, seltener 2 oder mehr; wichtig ist das physiologische und das zeitlich-generationsmäßige Zusammenpassen von Wirt und Parasit. Hyperparasitismus: Tachinidenlarven werden u.U. im Wirt von Schlupfwespenlarven (→ Perilampidae) oder von Wollschweberlarven der Gattung ***Hemipenthes*** (→ Bombyliidae) befallen. Bei Massenvermehrung von Schadinsekten sind Raupenfliegen wichtige Helfer, vermehren sich stark, fördern den Zusammenbruch der Kalamität. Mehrere tausend Arten bekannt, gegen 500 in Europa; manche Arten morphologisch kaum, wohl aber in ihrer Lebensweise verschieden; Beispiel: ***Phryxe vulgaris*** Fall., in mehreren Generationen beim Kiefernschwärmer und anderen Schmetterlingen; ***Ph. erythrostoma*** Htg. in vermutlich nur einer Generation ausschließlich beim Kiefernschwärmer; (Nachprüfen erwünscht). Kleine Auswahl: **1. *Ernestia rudis*** Fall. [**T-18**]; Larve in verschiedenen Raupen, vor allem in der Forleule (→ Noctuidae 1); das eigenartige Verhalten der Larven wurde oben beschrieben. **2. *Ceromasia inclusa*** Htg., Parasit bei Larven von Buschhornblattwespen (→ Diprionidae); Puppe in dem noch von der Wirtslarve hergestellten Kokon, der von der Stirnblase der Fliege an dem wegen des Parasitenbefalls der Wirtslarve nur locker gesponnenen oberen Kokonende gesprengt wird. **3. *Tamiclea glubula*** Meig.; Wirt: Königin der Ameise ***Lasius niger*** L., frißt im Abdomen den Fettkörper, bewirkt Rückbildung der Eierstöcke, der Wirt stirbt jedoch nicht, baut noch eine Nestmulde, betreut das im Frühling außerhalb des Wirts gebildete Puparium des Parasiten wie die eigene Brut, bleibt noch wochenlang am Leben. (Brauns 1964; Cade 1975; Escherich 1960; Franz 1961; Rietschel 1969; Schumann 1968).

tachiniert; in der Regel Bezeichnung für ein Wirtstier, das äußerlich sichtbar mit Eiern von Raupenfliegen belegt ist (→ Tachinidae); aber oft auch benutzt im Sinne von:

Tachinose; das Wirtstier beherbergt eine Tachinen-Larve.

Tachinus; → Staphylinidae.

Tachycines; → Rhaphidophoridae.

Tachydromyia; → Empididae.

Tachypeza; → Empididae.

Tachyporus; → Staphylinidae.

Tachysphex; → Sphecidae.

Tachytes; → Sphecidae.

Taeniopterygidae, Fam. der Steinfliegen (Plecoptera, Arctoperlaria – Euholognatha); heimisch 13 oder 14 mittelgroße, meist düster gefärbte Arten, zuweilen mit Flügeldimorphismus; Beispiel: ***Brachyptera trifasciata*** Pict. (♂ bis 8, ♀ bis 12 mm); Flugzeit III–V, an größeren Flüssen; Flügel beim ♀ normal lang, beim ♂ verkürzt, die Vorderflügel stärker als die Hinterflügel; Generationsdauer ein Jahr.

Taeniothrips; → Thripidae.

Taghafte; → Hemerobiidae.

Tagpfauenauge, ***Inachis io*** L.; → Nymphalidae 5.

Tamiclea; → Tachinidae 3.

Tangfliegen; → Coelopidae; → Anthomyiidae (***Fucellia*** sp.).

Tannenborkenkäfer, ***Pityokteines*** sp., ***Cryphalus*** sp.; → Scolytidae 16, 17.

Tannengalläuse; → Adelgidae.

Tannenhonig, Waldhonig; → Honigtau.

Tannenknospenwickler, ***Epinotia nigricana*** H.S.; → Tortricidae 14.

Tannenläuse; → Adelgidae.

Tannennadelmotte, ***Argyresthia fundella*** F.R.; → Yponomeutidae 6.

Tannennadelnestwickler, ***Choristoneura murinana*** Hbn.; → Tortricidae 16.

Tannennadelwickler, ***Epinotia subsequana*** Haw.; → Tortricidae 15.

Tannenpfeil, ***Sphinx pinastri*** L.; → Sphingidae 7.

Tannenrindenlaus, Gefährliche, ***Dreyfusia*** sp.: → Adelgidae 9.

Tannenrüsselkäfer, Grauer, ***Brachyderes incanus*** L.; → Curculionidae 15.

Tannenspanner, ***Boarmia bistorta*** Goeze; → Geometridae 19.

Tannenstammlaus, ***Dreyfusia piceae*** Ratz.; → Adelgidae 10.

Tannentrieblaus, ***Dreyfusia nordmannianae*** Eckst.; → Adelgidae 9.

Tannentriebwickler, ***Choristoneura murinana*** Hbn.; → Tortricidae 16.

Tannenwanze, ***Gastrodes abietum*** Gergr.; → Lygaeidae 3.

Tannenwickler, Grüner, ***Choristoneura murinana*** Hbn.; → Tortricidae 16.

Tannenwurzellaus, ***Prociphilus fraxini*** Htg.; → Eriosomatidae 8.

Tanypodinae, Tanypus; → Chironomidae.

Tanzfliegen; → Empididae.

Tanzmücken; → Chironomidae.

Tapetenmotte, ***Trichophaga tapetzella*** L.; → Tineidae 6.

Tapinoma; → Dolichoderidae 2.

Taschengallenbirnenlaus, ***Anuraphis farfarae*** Koch; → Aphididae 7.

Tastermücken, ***Dixa*** sp.; → Culicidae.

Taubenfederling, ***Columbicola columbae*** L.; → Mallophaga.

Taubenlausfliege, ***Lynchia maura*** Big.; → Hippoboscidae 8.

Taubenschwänzchen, ***Macroglossum stellatarum*** L.; → Sphingidae 11.

Taubenwanze, ***Cimex columbarius*** Jen.; → Cimicidae.

Taufliegen; → Drosophilidae.

Taumelkäfer; → Gyrinidae.

Täuschende Kiefernblattwespe, ***Strongylogaster lineata*** Chr.; → Tenthredinidae 5.

Taxomyia; → Itonididae 30.

Tegula; schuppenförmiges Gebilde jederseits am Mesothorax vor der Eingelenkung des Vorderflügels; wichtiger Proprioreceptor für die Flugkoordination und vermutlich auch für die Atmung und für das Laufen; nachgewiesen bei ***Locusta migratoria.*** (Neumann 1985).

Teichläufer; → Hydrometridae.

Teichomyza; → Ephydridae 4.

Teichschwimmer, ***Colymbetes*** sp.; → Dytiscidae 4.

Tekomyia; → Itonididae.

Teleas; → Scelionidae [**S-16**].

Telmatophilus; → Cryptophagidae.

Telmatoscopus; → Psychodidae.

Temnochilidae; → Ostomidae.

Temnostoma; → Syrphidae.

Tendipedidae; → Chironomidae.

Tenebrio; → Tenebrionidae 2.

Tenebrioides; → Ostomidae 2.

Tenebrionidae, Schwarzkäfer, Dunkelkäfer; sehr artenreiche Fam. der Käfer (Coleoptera, Polyphaga), mit fast 20000 Arten, davon etwa 50 in M-Eur.i.e.S. (auffallend viele Arten in den Wüsten der Subtropen, wo sie, nicht selten auffallend langbeinig, tagsüber in Sand eingegraben sind; Wassergewinnung durch artspezifisch verschiedene Methoden aus feuchter, auch aus wasserdampfungesättigter Luft oder indem sie Nebel am Körper zum Niederschlag bringen). Die Imagines meist schwarz bzw. düster gefärbt, die heimischen Arten in der Größe zwischen 1,5–31 mm, die meisten mittelgroß; das Flugvermögen kann, bei gleichzeitiger Verlötung der Flügeldecken fehlen; weit verbreitet sind abdominale Wehrdrüsen zwischen den Sterniten 7 und 8, bzw. 8 und 9, einzelne

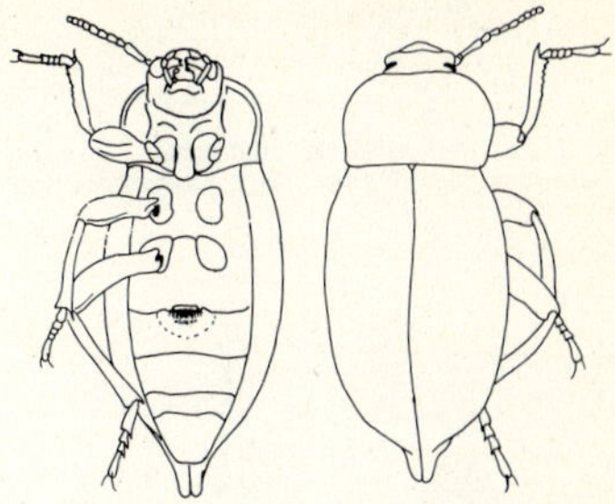

Abb. T-19: ***Blaps lethifera.*** ♂, 24 mm; links von ventral mit abdominaler Sternaldrüse. (Mauser, Peschke 1986)

Arten auch mit thorakalen Wehrdrüsen; die auch für die Nase des Menschen unangenehm stinkenden Sekrete enthalten vor allem Toluchinon, Äthylchinon und Benzochinone; die stattliche, flugunfähige nordamerikanische Art ***Eleodes longicollis*** Lec. verspritzt bei Gefahr ihr Wehrsekret aus einer Kopfstandhaltung heraus; bei ***Tribolium***-Arten Aggregations- und Sexualpheromone nachgewiesen; viele Arten sind nachts aktiv, bei Tage versteckt. Ernährung: Käfer und Larven sind zumeist Allesfresser, einige auch räuberisch; nicht wenige sind bekannt als Vorratsschädlinge. Auswahl: **1. *Blaps mortisaga*** L., Totenkäfer (20–31 mm), größte heimische Art, ganz schwarz; die hinten nahe der Naht in einem Zipfel ausgezogenen Flügeldecken miteinander verlötet; Käfer und Larven leben verborgen vor allem in menschlichen Behausungen, fressen zuweilen an Vorräten, z. B. Obst. ♂♂ von ***B. lethifera*** Marsh. beschmieren bei der Paarung das ♀ mit dem Sekret der abdominalen Sternaldrüse [**T-19**], wodurch das ♀ für weitere ♂♂ an Attraktivität verliert; ♂♂ von Arten ohne diese Drüse (z. B. ***B. mucronata*** Latr.) bewachen das ♀; beide Geschlechter erzeugen ungestört einen Versammlungsduftstoff, der aggregierend wirkt; erregt, wird Pygidialdrüseninhalt ausgespritzt, was Flucht auslöst. **2. Tenebrio molitor** L., Mehlkäfer (14–23 mm); ♂♂ produzieren ein leicht flüchtiges Sexualpheromon, das ♀♀ anlockt; Ausschüttung des Pheromons ist (juvenil-) hormongesteuert; die Larve ist der bekannte gelbliche Mehlwurm (beliebtes Futter für gekäfigte Reptilien, Vögel und ander Tiere); bisweilen an Getreidevorräten schädlich, bei Massenvermehrung alle Stadien zu allen Jahreszeiten; Populationsregulation: ein mit dem Kot der Käfer abgegebener Duftstoff bewirkt bei einer Massierung des Auftretens eine Verlangsamung der Entwicklung, schließlich sogar, daß die ♀♀ die eben gelegten Eier auffressen; die Bakterienflora im Darm des Mehlwurms ist wichtig für den Aufbau von das Wachstum fördernden Stoffen. Imagines und Larven vermögen sich im Dunkeln nach dem Erdmagnetfeld zu orientieren. ***Tenebrio*** und ***Blaps*** sind Zwischenwirte von Bandwürmern (z. B. ***Hymenolepis*** Arten bei Mensch und Nagetieren), von verschiedenen Fadenwürmern und Kratzern der Haustiere und des Menschen. **3. *Opatrum sabulosum*** L., Gemeiner Staubkäfer (7–10 mm), Larven und Käfer auf sandigen Böden durch unter- bzw. oberirdischen Fraß an verschiedenen Kulturpflanzen nicht selten sehr schädlich; Entwicklung zweijährig. **4. *Pedinus femoralis*** L., Kleiner Stinkkäfer (7–9 mm), Larvenfraß zuweilen ähnlich schädlich wie bei ***Opatrum.*** **5.** Arten der Gattung ***Boletophagus*** und andere in Baumschwämmen. **6. *Stenomax (Cylindronotus) aeneus*** Scop. (12–16 mm); Käfer an verpilzten Ästen, bisweilen durch Knospenfraß an Weinstöcken schädlich. **7. *Gnathocerus cornutus*** Fbr., Vierhornkäfer (3,5–4,5 mm), rotbraun, das ♂ mit 4 Fortsätzen am Kopf; Käfer und Larven in Speichern an mehlhaltigen Vorräten, weltweit verbreitet. **8. *Tribolium*-**Arten, Reismehlkäfer (z. B. ***Tr. confusum*** Du Val., 4 mm; nordamerikanischer Reismehlkäfer); ♂♂ und ♀♀ entlassen ein Sexualpheromon, das (nur) bei den ♂♂ die Kopulationsbereitschaft erhöht; bei Massenvermehrung schädlich an Vorräten. **9. *Alphitobius***-Arten (ca. 5 mm), Getreideschimmelkäfer; Larven und Käfer an schimmelnden Pflanzenstoffen, auch an Getreide. **10. *Hypophloeus***-Arten (z. B. ***H. pini*** Panz., 3–3,5 mm); Larven und Käfer unter Rinde in den Gängen von Borkenkäfern, fressen vielleicht Borkenkäfer (oder nur deren Bohrmehl?). (Arendse 1978; P. Buchner 1953; Dröscher 1966; Eisner 1966; Faustini et al. 1981, 1982; Hamilton, Seely 1976; Hieke 1968; Kaszab 1969; Keville, Kannowski 1975; Mauser, Peschke 1986; Menon 1976; Roth, Eisner 1962; Ryan, O'Ceallachain 1976; Sokoloff 1974; Tannert 1973; Tschinkel 1975; Tschinkel et al. 1967).

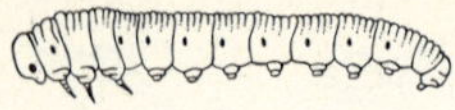

Abb. T-20: Tenthredinidae. Blattwespenlarve. Im Anschluß an den Thorax nur ein beinfreies Segment.

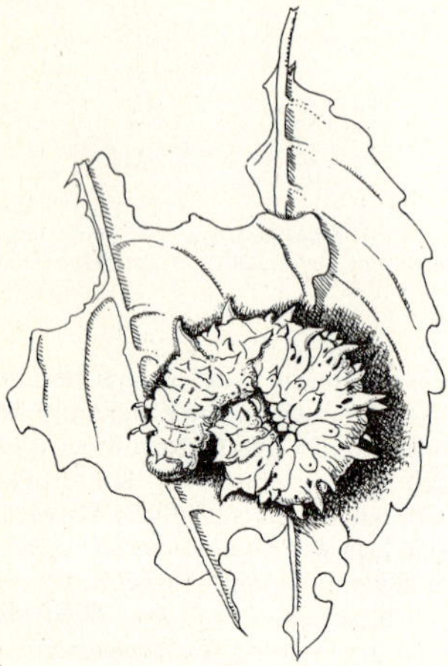

Abb. T-21: ***Siobla sturmi***, Springkrautblattwespe. Vorletztes Larvenstadium in Ruhe auf Blatt vom Springkraut; dem letzten Stadium fehlen die Fleischzapfen. (Brauns 1964)

Tenodera; → Mantodea.

Tentegia; → Curculionidae.

Tenthredinidae, Echte Blattwespen; Fam. der Hautflügler (Hymenoptera, Symphyta); sehr artenreich, von den etwa 4000 bekannten Arten allein in Eur. ca. 900, darunter nicht wenige durch Larvenfraß an Kulturpflanzen und Waldbäumen schädlich; klein bis recht stattlich; Legebohrer der ♀♀ kurz, nicht oder kaum über das Hinterleibsende hinausragend, die Imagines treiben sich nicht selten auf Blüten (zumal Doldenblüten) und an Buschwerk herum, wo einige, z.B. die häufige Grüne Blattwespe, ***Rhogogaster viridis*** L. Jagd auf andere Insekten machen. Jungfräuliche ♀♀ produzieren einen wirksamen Sexuallockstoff (nachgewiesen bei ***Nematus ribesii*** Scop.); Paarung, mit voneinander abgewandten Köpfen, dauert Minuten bis Stunden. Die Larven sind ± raupenähnlich, Afterraupen, mit 7 oder 8 Bauchfußpaaren an den Hinterleibsringen [**T-20**]; jederseits am Kopf nur ein, jedoch sehr leistungsfähiges, gut sichtbares Punktauge; Beispiel: die an Irisblättern fressende Larve der Irisblattwespe ***Rhadinoceraea micans*** Kl. vermag auch schwimmend Irisblätter zu erreichen, schwimmt sie gerichtet an (Attrappenversuche), um so bevorzugter, je höher und breiter sie sind. Fressen meist frei an der Futterpflanze, z.T. jedoch auch minierend oder in Gallen, auch in Stengeln, Rinde oder Früchten; Nahrungsspezifität nicht selten sehr ausgeprägt, bemerkenswert viele Arten z.B. an Weiden; bezeichnend für die freifressenden Larven vieler Arten ist die Schreckstellung bei leichter Störung: Aufrichten des Vorder- oder/und Hinterkörpers (gesellig lebende Arten sitzen dabei oft in Reihe hintereinander am Blattrand [**T-27**]), nicht selten verbunden mit schlagenden Bewegungen sowie mit dem Austreten eines (für die menschliche Nase zuweilen bezeichnend duftenden) Sekrets aus zwischen den Bauchfüßen liegenden vorstülpbaren Drüsen; die Larven vieler Arten rollen sich bei starker Störung zusammen und lassen sich fallen; die Zahl der Larvenstadien kann auch bei der gleichen Art verschieden sein. Verpuppung teils mit, teils ohne Gespinstkokon (letzteres z.B. bei ***Allantus***-Arten), ober- oder unterirdisch; Überwinterung je nach Art in verschiedenen Stadien; Parthenogenese nicht selten. Auswahl: A) **An krautigen Pflanzen: 1.** ***Selandria serva*** Fbr., Gräserblattwespe (7–8 mm); die grünlichen Larven in 2 Generationen an verschiedenen Gräsern, auch an ***Carex, Juncus, Scirpus*. 2. *Athalia rosae*** L. (***A. colibri*** Chr.); Rübenblattwespe (6–8 mm); die Larve frißt in 2–3 Generationen an den Blättern verschiedener Kreuzblütler, vor allem an Senf, Rübsen, Raps, auch an Rüben; die Larve überwintert. **3. *Blennocampa geniculata*** Steph., Erdbeerblattwespe (6 mm); nach Eiablage im V in den Blattrand von Erdbeeren fressen die Larven an den Blättern, überwintern im Boden; eine Generation. **4. *Siobla sturmi*** Klg., Springkraut-Blattwespe (9–11 mm); die Larven (junge Larven grün mit gelblichen Zapfen [**T-21**]; Altlarven schwarzgrün) an Springkraut, Rührmichnichtan ***(Impatiens noli-tangere)***, machen oft Kahlfraß, spritzen bei Störung aus seitlichen Poren Blut aus. **5. *Strongylogaster lineata*** Chr., Farnkrautblattwespe, Täuschende Kiefernblattwespe (8–11 mm); die dunkelgrünen Larven auf der Blattunterseite von Farnkräutern (zuweilen Kahlfraß); die erwachsenen Larven wandern ab auf Kiefernrinde, fressen in ihr Bohrgänge, am Ende des Bohrganges nach dem Überwintern (bisweilen nach 1-2maligem Überliegen) Verpuppung ohne Kokon (Puppe grün); kein Schaden für die Kiefern. B) **An Gartensträuchern: 6. *Pteronidea ribesii*** Scop., Gelbe Stachelbeerblattwespe (6–7 mm); an Stachel- und Johannisbeeren; die Eier werden auf die Blattunterseite an den Rippen in schwache Vertiefungen abgelegt, Parthenogenese kommt vor; die Larven [**T-22**] grünlich, gelb gezeichnet, machen Farbänderungen durch, fressen gesellig, zuerst schabend auf der Blattunterseite, dann die ganzen Blätter; nicht selten Kahlfraß; 2–4 Generationen im Jahr, die Larven der letzten (oder auch schon einer früheren) Generation überwintern im Kokon im Boden; Verpuppung im Gespinstkokon am oder im Boden. Ähnliche Lebensweise: ***Pristiphora pallipes*** Lep., Schwarze Stachelbeerblattwespe (4,5–5,5 mm), jedoch liegen die Kokons oberirdisch. **7.** Mehrere Arten an Rosen, zuweilen schädlich; z.B. a) ***Ardis brunniventris*** Htg., Absteigender Rosentriebbohrer (5–6 mm); Larve: Röhrenwurm; das ♀ belegt im Frühling bis Frühsommer die Triebspitzen, die Larve frißt im Innern der später sich neigenden und schließlich absterbenden Triebe 3–4 cm abwärts, geht dann in den Boden, überwintert im Kokon, Verpuppung im Frühling. b) ***Blennocampa elongatula*** Klg., Aufsteigender Rosentriebbohrer (6–8 mm); Larve: Röhrenwurm; Eiablage im Frühling bis Frühsommer an jungen Trieben im Blattstielgrund; die Larve frißt im Trieb bis etwa 10 cm aufwärts, (der Trieb stirbt meistens nicht); Verpuppung im Boden. c) ***Blennocampa pusilla*** Klg., Kleinste Rosenblattwespe (4–5 mm); Eiablage im Frühling in den Blattrand, die Blätter rollen sich nach unten ein, in der Rolle fressen die Larven, die im Boden überwintern und sich dann verpuppen. d) Die Larven mehrerer anderer Arten (z.B. ***Emphytus cinctus*** L., ***Eriocampoides aethiops*** Fbr., ***Cladius pectinicornis*** Fourc.) fressen an den Blättern. C) **An Obstbäumen: 8. *Eriocampoides (Caliroa) limacina*** Retz., Schwarze Kirschenblattwespe (5 mm); außer an Steinobst noch an verschiedenen anderen Bäumen und Sträuchern; das ♀ sticht bei der Eiablage von der Blattunterseite bis dicht unter die Oberhaut der

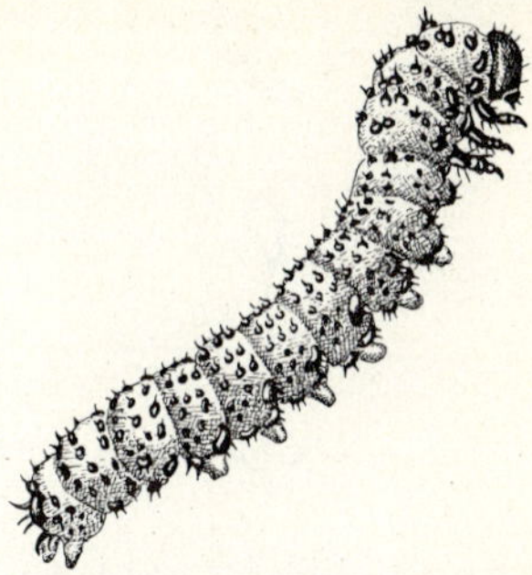

Abb. T-22: ***Pteronidae ribesii***, Gelbe Stachelbeerblattwespe. Larve, 16 mm. (Bachmaier 1969)

Oberseite; die Larven ähneln kleinen Nacktschnecken, sie sind mit einem nach Tinte riechenden schwarzen Schleim bedeckt, fressen meist skelettierend auf der Blattoberseite; 2 Generationen. **9.** Pflaumensägewespen, 2 Arten (beide 4–5 mm), ***Hoplocampa flava*** L., Gelbe Pfl., ***H. minuta*** Chr., Schwarze Pfl., Lebensweise weitgehend gleich; vor allem an Pflaumen verschiedener Sorten (sehr schädlich), auch an Kirschen und Aprikosen ***(minuta)*** und an Schlehen; das Ei wird in Kelchzipfel der Blüten abgelegt, die Larve (riecht nach Wanze) frißt im Fruchtknoten, bohrt 3–5 weitere Früchte an (die Früchte fallen mit dem Stiel ab; Schüttelkrankheit), überwintert im Kokon im Boden, Verpuppung im Frühling (evtl. nach Überliegen). **10. *Hoplocampa testudinea*** Klg., Apfelsägewespe (6–7 mm); an Äpfeln; Lebensweise ähnlich wie 9; eine oder mehrere Larven im Innern oder in einem Minengang dicht unter der Oberfläche der nicht reif werdenden Früchte. **11.** An Birnbäumen: a) ***Hoplocampa brevis*** Klg., Birnensägewespe (4–5 mm); lebt ähnlich wie 10; Fortpflanzung anscheinend rein parthenogenetisch. b) ***Micronematus abbreviatus*** Htg., Schwarze Birnenblattwespe (4–5 mm); nach Eiablage an die Blattmittelrippe befressen die gelb- bis graugrünen Larven im Frühsommer die Blätter, gehen schon im VII zur Überwinterung in den Boden. D) **An Weiden und Pappeln:** Besonders an den ersteren eine Reihe von Arten, deren Larven teils frei an den Blättern, teils in Gallen fressen. **12.** Frei an den Blättern z.B. die Larven mehrerer Arten der Gattungen ***Pristiphora***

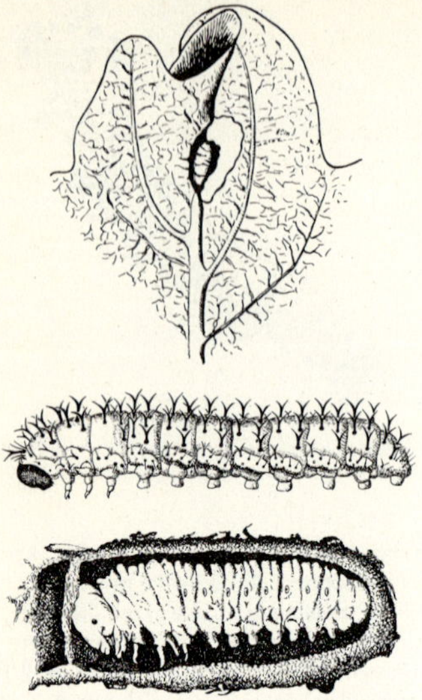

Abb. T-23: ***Periclista lineolata.*** Oben Eichenblatt mit Eigalle, entstanden durch Absterben eines Teiles des Blattgewebes in Nähe der Einische: Blattfläche verkrümmt. Mitte: Larve des vorletzten Stadiums, 15 mm. Letztes Stadium ohne Dornen; unten letzte Larve in Kokon, dessen Deckel vor dem Kokonende angebracht ist. (Schimitschek 1955; Escherich 1923/42)

und ***Pteronidea*;** bemerkenswert die artlichen Unterschiede in der Eiablage: frei an die Unterseite der Blätter geklebt (z.B. ***Pt. pavida*** Lep., ***Pt. melanaspis*** Htg.); in Eitaschen am Blattrand (z.B. ***Pr. conjugata*** Dahlbg.); in Eitaschen auf der Blattunterseite (z.B. ***Pt. salicis*** L., ***Pt. ferruginea*** Först.); Eitaschen in Doppelreihe an den Trieben (z.B. ***Pt. miliaris*** Pz.). **13.** Larven in artspezifisch verschieden geformten, oft auffallend gefärbten Gallen vor allem bei Vertretern der Gattungen ***Euura*** und ***Pontania*;** Gallen können auftreten: als Zweiganschwellungen; z.B. bei ***Eu. atra*** Jur. (Anschwellung länglich, in ihr Überwinterung und Verpuppung der Larve; diese hat vorher ein Schlupfloch für die Imago in die Gallenwand gefressen), und bei ***Eu. amerinae*** L. (Galle ähnlich einer Dörrbirne, in ihr mehrere Larven; bei allen anderen Gallblattwespen nur jeweils eine Larve in der Galle; überwintern hier in dünnen Kokons, im Frühling Verpuppung); als Knospengallen: z.B. ***Eu. saliceti*** Fall., Weidenknospenblattwespe (Knospen vergrößert; die ausgewachsene Larve überwintert im Kokon im Mark abgeschnittener Zweige, hier im Frühling Verpuppung); als Anschwellungen des Blattstieles: z.B. ***Eu. testaceipes*** Brisch., ***Eu. venusta*** Zadd.; als durch Wachstum umgerollter Blattrand: mehrere ***Pontania***-Arten; (ältere Larven fressen auch außerhalb der Galle am Blattrand; Verpuppung im Kokon im Boden); als kugelige, oft rotbackige runde Galle auf der Blattunterseite: z.B. ***Pont. viminalis*** L.; (vor allem an der Purpurweide; 1–2 Generationen; Verpuppung im Boden oder im Mark der Weidenruten); als doppelseitige, das Blatt nach oben und unten durchsetzende Galle: z.B. ***Pont. capreae*** Lep.; (meist mehrere Gallen auf einem Blatt, mit Loch zum Ausstoßen des Kotes; Verpuppung im Kokon in der Galle oder am bzw. im Boden). E) **An Eiche:** mehrere Arten; z.B.: **14. *Periclista lineolata*** Kl. (6–7 mm); Eiablage auf der Blattunterseite in einer Eitasche meist neben einer Rippe **[T-23]** bewirkt Krümmung und Zerreißen der Blattfläche; die Larven **[T-23]** sind mit verzweigten Dornen besetzt, fressen an den Blättern; die erwachsene Larve überwintert im Boden in einem Kokon, der Kokondeckel sitzt nicht in der Kokonoberfläche, sondern ist nach innen versetzt **[T-23]**; Verpuppung im Frühling. **15. *Emphytus (Allantus) braccatus*** Gmel. (8–10 mm); die Eier werden im Herbst einzeln in die Zweigrinde abgelegt, wo sie überwintern; die Larven fressen an den Blättern; Verpuppung ohne Kokon im Boden. **16.** Die nacktschneckenartigen, mit Schleim überzogenen Larven mehrerer ***Caliroa***-Arten fressen, zuweilen gesellig, auf den Blättern. F) **An Birke:** Eine Reihe von Arten, am auffallendsten sind diejenigen, deren Larven im Innern der Blätter minieren und bei denen damit im Zusammenhang (Platzmangel) Brustbeine und Bauchfüße am Hinterleib verkürzt sind und die Mundteile mehr nach vorn zeigen; z.B. **17. *Phyllotoma nemorata*** Fall. (5 mm); Eitasche am Blattrand, die Larve frißt einen größeren Platz aus (Platzmine), schiebt den Kot durch die Öffnung am Blattrand nach außen, spinnt im Herbst in der Mine einen scheibenförmigen Kokon, überwintert im abgefallenen Blatt; Verpuppung im Frühling. **18. *Scolioneura betulae*** Zadd. (4–5 mm); Platzmine ähnlich wie bei der vorigen Art, aber der Kot bleibt in der Mine; die

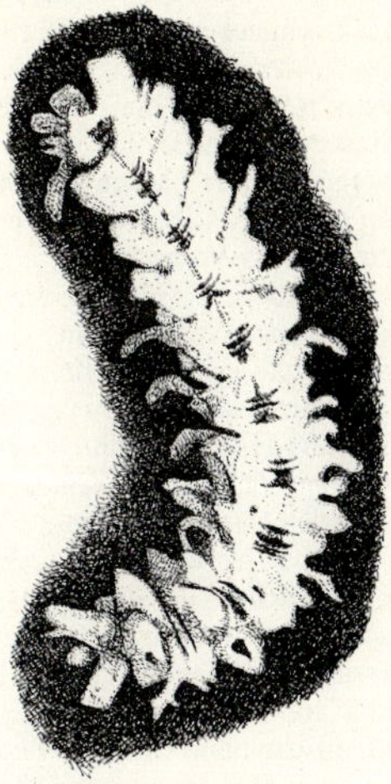

Abb. T-24: ***Eriocampa ovata***, Rotfleckige Erlenblattwespe. Larve mit Wachsflocken, 15 mm. (Sedlag 1954)

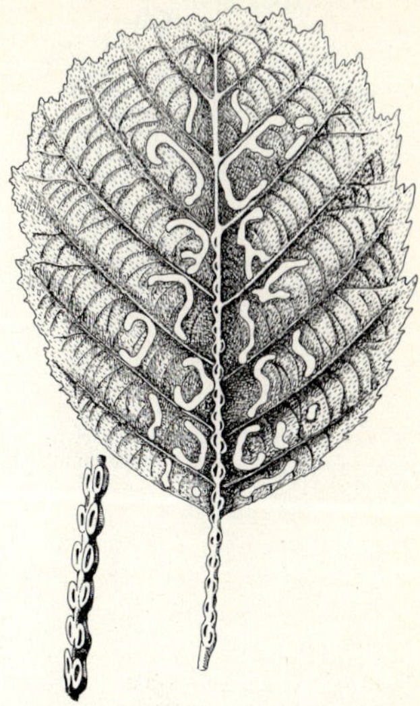

Abb. T-25: Erlenblatt mit Eitaschen von ***Hemichroa crocea*** in Blattstiel und Mittelrippe und mit Fraß-»Figuren« der Larven. Links Eitaschen am Stiel, vergr. (Escherich 1923/42)

erwachsene Larve bohrt sich aus der Mine, läßt sich zu Boden fallen, überwintert in einem Kokon aus zusammengesponnenen Erdteilchen, verpuppt sich im Frühling. **19.** ***Fenusa pumila*** Klg. (besonders kleine Art, 2,5–3 mm); Eiablage in der Achsel von Blattnerven; Minen, oft mehrere in einem Blatt, meist zwischen zwei Blattnerven, der Kot bleibt in der Mine; Verpuppung im Boden. G) **An Erle:** Eine Reihe von Arten, die Larven teils minierend, teils frei an den Blättern und dann bei Massenauftreten zuweilen schädlich; frei an den Blättern z. B.: **20.** ***Eriocampa ovata*** L., Rotfleckige Erlenblattwespe (5–7 mm; schwarz, ♀ oben auf der Mittelbrust rot); die Eier werden in Reihe hintereinander auf der Blattoberseite von der Seite her in die Mittelrippe eingeschoben; die Larven fressen so, daß die Haupt- und Seitenrippen sowie große Teile des Blattrandes stehenbleiben, Fraß stets nur auf der Blattunterseite; die Larven sind durch Wachsflocken weißlich [**T-24**]; u. U. 2 Generationen; vermutlich auch Parthenogenese, da ♂♂ sehr selten auftreten. Ähnliche Lebensweise: ***E. umbratica*** Klg. (5–7 mm; auch ♀ ganz schwarz). **21.** ***Hemichroa crocea*** Geoffr. (5–7 mm; gelb-rot); Eiablage ein- oder zweizeilig in Blattstiel und Mittelrippe [**T-25**]; die Junglarven fressen schriftzeichenartige Löcher zwischen den Seitenrippen [**T-25**], die Altlarven fressen dagegen vom Blattrand her, sitzen hier gerne hintereinander mit S-förmig angehobenem Hinterende, Verpuppung im Boden im Kokon; wohl vor allem parthenogenetische Vermehrung; (auch an Birke). Bei der verwandten ***H. alni*** sind die Larven nicht gesellig, es wird immer nur ein Ei in den Blattstiel abgelegt. **22.** ***Croesus septentrionalis*** L. ([**T-26**]; auch an Birke

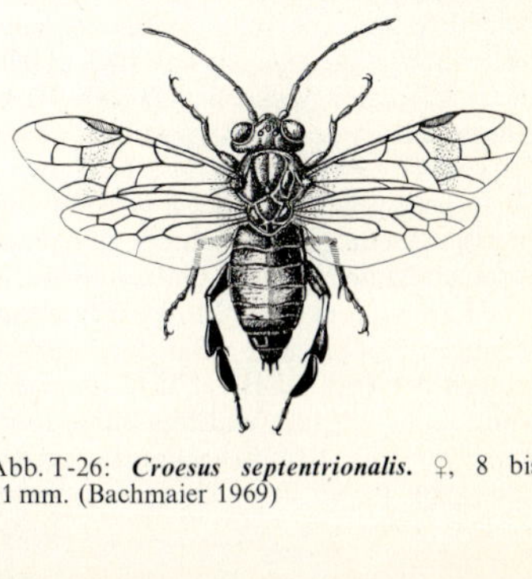

Abb. T-26: ***Croesus septentrionalis.*** ♀, 8 bis 11 mm. (Bachmaier 1969)

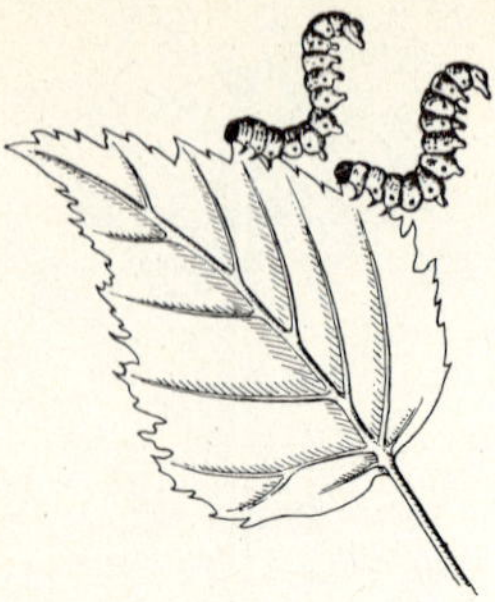

Abb. T-27: ***Croesus septentrionalis.*** Schreckstellung der Larven (ca. 20 mm) am Blattrand. (Bachmaier 1969)

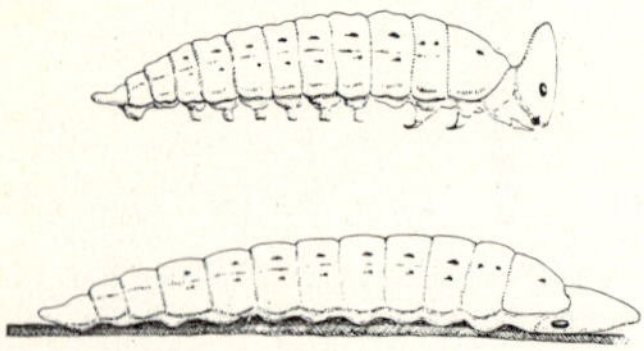

Abb. T-28: ***Platycampus luridiventris.*** Larve, 7 mm; oben Bewegungshaltung; unten Ruhehaltung. (Escherich 1923/42)

und anderen Holzgewächsen); die Larven fressen ebenfalls gesellig, oft in der bezeichnenden S-Haltung (schlagende Bewegungen mit dem Hinterleib) vom Blattrand her [**T-27**]; die Eier werden oft in großer Zahl in die Rippen auf der Blattunterseite eingeschoben. **23.** Höchst sonderbar die asselförmigen, sehr fest und durch grünliche Färbung geschützt auf der Blattunterseite sitzenden Larven von ***Platycampus luridiventris*** Fall. (5–7 mm; der nach oben helmförmig verlängerte Kopf der Larve ist beim Fressen senkrecht gestellt, in Ruhe nach unten eingeschlagen, so daß der Helm in der Körperlängsachse liegt [**T-28**]). H) **An Ahorn: 24.** In den Blättern minierend die Larve von ***Phyllotoma aceris*** Kaltenb. (4 mm), ausgehend von der Eitasche an der Blattunterseite; meist mehrere der platzförmigen Minen in einem Blatt, die erwachsene Larve spinnt in der Mine einen linsenförmigen Kokon, der, wohl durch Bewegungen der Larve, aus der sich öffnenden Mine zu Boden fällt und hier zum Hochschnellen (bis 10 mm) gebracht werden kann; die Larve überwintert im Kokon, Verpuppung im Frühling; weitgehend parthenogenetische Vermehrung. J) **An Linde** (aber auch z. B. an Weide, Birke, Eiche): **25.** Die nacktschneckenähnlichen, mit hellem Schleim überzogenen Larven von ***Caliroa annulipes*** Klg. (5–6 mm), schlüpfen aus den Eitaschen (in jeder nur ein Ei) auf der Blattunterseite; die Larven skelettieren die Blätter (Adern bleiben stehen) von der Unterseite her; Verpuppung im Kokon; meist im Boden; 2 Generationen. K) **An Lärche:** mehrere Arten, können durch Larvenfraß verhängnisvoll werden, insbesondere in künstlichen Anbaugebieten der Lärchen; die Hauptschädlinge: **26.** ***Pristiphora (Nematus, Holcocneme) erichsoni*** Htg., Große Lärchenblattwespe (8,5–9,5 mm); die Eier werden in Reihe hintereinander in die Rinde der jungen Längstriebe eingeschoben; die Larven graugrün mit schwarzem Kopf, fressen gesellig vor allem an den Nadeln der Kurztriebe; 3–5 Häutungen, anscheinend regional verschieden; die Larven sind nach etwa 4 Wochen erwachsen, lassen sich fallen, spinnen einen Kokon in der Bodenstreu, überwintern darin, Verpuppung im Frühling; Überliegen der Altlarve über mehrere Winter kommt vor, ebenso offenbar Parthenogenese (stets starker ♀♀-Überschuß). **27.** ***Pristiphora (Lygaeonematus) laricis*** Htg., Kleine schwarze Lärchenblattwespe (5–6 mm); Eiablage in die Schmalkante einer jungen Nadel des Kurztriebes (♀ dabei mit dem Kopf zur Nadelbasis), meist nur ein Ei pro Nadel; die Larven grün mit weißlichen Seitenstreifen, fressen an den Nadeln der Kurz- und dann der Langtriebe; die Altlarven spinnen einen Kokon, meist in der Bodenstreu, jedoch nur bei sehr hoher (fast 100 %) relativer Feuchte; nicht selten liegen die Kokons in Klumpen beieinander; Verpuppung bei einem Teil der Larven sofort (alsbald schlüpfende Imagines = 2. Generation), bei anderen erst nach Überwintern; aus unbesamten Eiern kommen nur ♂♂ (arrhenotoke → Parthenogenese). L) **An Fichte:** 10 Arten genauer bekannt, Hauptschädling: **28.** ***Pristiphora (Lygaeonematus) abietina*** Christ., Kleine Fichtenblattwespe (5–6 mm); Eiablage an jungen, bereits knospenschuppenfreien Jungtrieben (deren Duft lockt die ♀♀ zum Ablegen), bei denen die Nadeln noch nicht auseinandergespreizt sind; das Ei wird im Mittelteil einer Jungnadel an deren Schmalkante mit

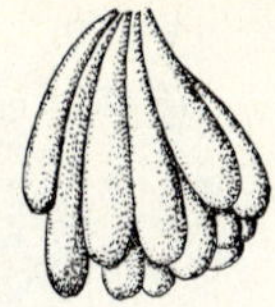

Abb. T-29: *Tetrix tenuicornis.* Gelege. Ei ca. 2 mm. (Dahl 1935 ff.)

Abb. T-30: *Tetrix subulata.* ♀, 15 mm. (Dahl 1935 ff.)

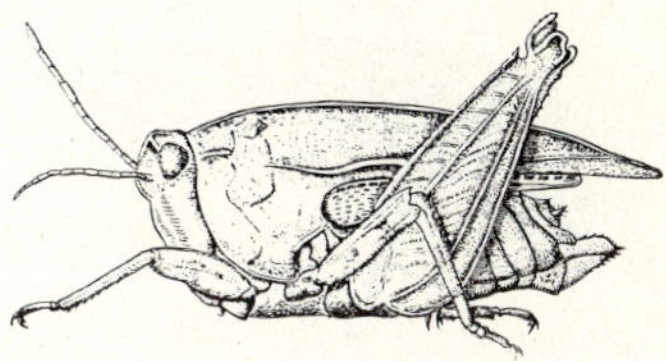

Abb. T-31: *Tetrix tenuicornis.* ♀, 11 mm. (Dahl 1935 ff.)

dem Legebohrer eingeschoben, dabei etwa zur Hälfte versenkt; die Larven, hellgrün, mit etwas hellerem Kopf, befressen nur junge Nadeln, schließlich bis auf einen Reststumpf; meist eine Generation im Jahr; die erwachsenen Larven gehen schon im Frühsommer in den Boden, überwintern hier im Kokon, Verpuppung im Frühling; mehrjähriges Überliegen der Altlarven ist möglich; arrhenotoke → Parthenogenese kommt vor. (Bachmaier 1959; Brandt 1957; Brauns 1964; Escherich 1942; Königsmann 1968; v. Lengerken 1932; Longhurst, Baker 1980; Pschorn-Walcher 1982; Sägesser, Lüscher 1959).

Tenthredinoidae, Blattwespen i. w. S.; Fam.Gruppe der Hautflügler (Hymenoptera, Symphyta), umfangreichste Gruppe der Pflanzenwespen; ♀♀ mit kurzem Legebohrer, mit gesägten Gonapophysen zum Anschneiden des Pflanzengewebes und Versenken des Eies; Larven meist raupenähnlich; im Gegensatz zu den Raupen der Schmetterlinge mit (meist) 7 Bauchfußpaaren und einem Paar Nachschieber und mit nur einem, meist sehr deutlichen Stemma (Einzelauge) jederseits am Kopf [**T-20**]; → Xyleidae; → Pamphiliidae; → Diprionidae, → Megalodontidae; → Argidae; → Cimbicidae; → Tenthredinidae.

Tephritidae; → Trypetidae.

Teppichkäfer, ***Anthrenus scrophulariae*** L.; → Dermestidae 4.

Terebrantes; früher übliche Bezeichnung für eine Gruppe von Hautflügler-Fam., mit Wespentaille, ♀ mit kürzerem oder längerem Legebohrer; Schlupfwespen im weiteren Sinne; → Hymenoptera B.

Terebrantia; → Thysanoptera A.

Termiten; → Isoptera.

Termitoxeniidae; → Cryptometabola.

Tertiärparasitismus; → Parasitismus 11 b.

Tetanocera, Tetanoceridae; → Sciomyzidae.

Tetigonia, Tetigoniinae; → Ledridae.

Tetralonia; → Anthophoridae 8.

Tetramorium; → Myrmicidae 8.

Tetraneura; → Eriosomatidae 4c.

Tetranychus; → Coccinellidae 8.

Tetratoma; → Serropalpidae.

Tetrigidae, Dornschrecken; Fam. der Kurzfühlerschrecken (Caelifera [**T-30, T-31**]); klein (bis 13 mm), Vorderbrust oben-hinten zu einem Dorn ausgezogen, zuweilen über das Hinterleibsende hinaus; Vorderflügel zu kleinen Schuppen rückgebildet, Hinterflügel bei flugfähigen Arten lang, bei anderen, auch bei der gleichen Art, mehr oder weniger stark verkürzt; keine Laut- und Hörorgane bekannt; führend beim Sichfinden der Geschlechtspartner ist offenbar der Gesichtssinn; vermutlich als auf den Partner gemünzte Ausdrucksbewegung zu deuten ist das vor allem bei den ♂♂ mehrerer Arten beobachtete Flügellupfen auch bei kurzflügeligen Arten. Nahrung: Gräser, Moos, Flechten. Eiablage in den Boden [**T-29**]; als Zahl der Häutungen werden für die ♂♂ 5, für die ♀♀ 6 angegeben; Überwinterung in unseren Breiten als alte Larve oder Imago. Von den über 1000 bekannten Arten in M-Eur.i.e.S. 6 Vertreter der Gttg. ***Tetrix***; Beispiel: ***T. subulata*** L., Säbeldornschrecke (7–10 mm; [**T-30**]); häufig in Gewässernähe; mit langen Flügeln, sehr gut flugfähig; das ♂ geht, optisch geleitet, auf das ♀ zu, zwischendurch schaukelnde Fixierbewegungen, Füße am Platz mit dem ganzen Körper, bisweilen ganz langsames Anschleichen an das ♀, auf dessen Bewegungen das ♂ sehr genau achtet. ***T. tenuicornis*** Sahlb., Bewohner trockener Biotope [**T-31**]. (Harz 1975; Oschmann 1969).

Abb. T-32: *Tettigometra obliqua.* Flachzikade, 4 mm. (Brohmer 1935)

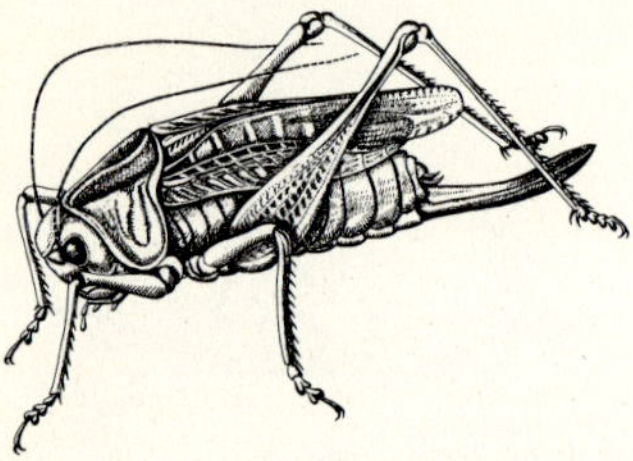

Abb. T-33: ***Decticus verrucivorus,*** Warzenbeißer. ♀, bis 35 mm (ohne Legescheide). (Rietschel 1969)

Tetrix; → Tetrigidae.

Tetropium; → Cerambycidae 5.

Tetrops; → Cerambycidae 30.

Tettigella; → Jassidae 1.

Tettigometra; → Tettigometridae.

Tettigometridae, Käferzikaden; Fam. der Zikaden (Auchenorrhyncha); artenarme Gruppe, hauptsächlich in der gemäßigten Zone; in M-Eur.i.e.S. nur 8 recht seltene Arten der Gattung ***Tettigometra;*** kleine Tiere; einige Arten unterirdisch oder unter Steinen, saugen an Pflanzenwurzeln, leben in Gesellschaft von Ameisen, die den offenbar zuckerhaltigen Kot vor allem der Larven schätzen (z.B. ***Tettigometra fusca*** Fieb., ca. 5 mm, und ***T. atra*** Hagenb., 3 mm; beide dunkelbraun); ***Tettigometra obliqua*** Panz., Flachzikade (ca. 5 mm [**T-32**]), gelegentlich schädlich an Getreide.

Tettigonia; → Tettigoniidae 1.

Tettigoniella; → Jassidae 1.

Tettigoniidae, Singschrecken, Laubheuschrecken; Fam. der Langfühlerschrecken (Ensifera, Tettigonoidea); (→ auch Ensifera); Ernährung teils räuberisch (kleine Insekten), teils vegetarisch; Überwinterung als Ei; Körperoberfläche der Larven und Imagines dicht mit feinsten Tröpfchen besetzt; vermutlich Verdunstungs- und Überhitzungsschutz. Von bisher über 5000 bekannten Arten nur 13 in M-Eur.i.e.S., Auswahl: **1. *Tettigonia viridissima*** L., Großes grünes Heupferd; stattlich (–35 mm), die Flügel überragen weit die Hinterschenkel; häufig, auf Wiesen, Getreidefeldern, in Gebüsch, auf Bäumen; sie suchen nachts, den sich abkühlenden Bodenschichten ausweichend, höhere Schichten, z.B. die Baumkronen auf; die ♂♂ singen, ziemlich standortfest, laut und ausdauernd, bis in die Nacht hinein, so noch im X, wobei sich mit abnehmender Temperatur die Stoßfolge im Vers verlangsamt, der Einzelvers also länger wird (→ Saltatoria). Fängt (mit den bedornten Vorderbeinen) und frißt vor allem Insekten, gelegentlich auch Blätter; geringe Neigung zum Fliegen, aufgeschreckt meist nur über geringe Distanzen; das ♀ legt mit dem Legesäbel bis etwa 100 Eier in den Boden [**T-34**]. Nahe verwandt: ***Tett. cantans*** Fuessly, Zwitscherschrecke (20–30 mm); Flügel kürzer, etwa bis Hinterschenkelende; kommt in manchen Teilen M-Eur. neben der vorigen Art vor, vertritt sie in anderen Teilen; Gesang: unter gleichen äußeren Bedingungen kürzere Verse als bei Nr. 1, klingen im Sonnenschein laut zwitschernd (schnellere Stoßfolge); mehr in niederem Bewuchs. **2. *Pholidoptera aptera*** Fbr., Braune Alpenschrecke; schwarzbraun mit hellen Abzeichen (–25 mm), Flügel stark verkürzt; häufig präziser Wechselgesang zweier ♂♂: a b a b ... (wie bei der Feldheuschrecke ***Chorthippus brunneus*** Thunb. → Acrididae), klassisches Objekt für den Nachweis der Tympanalorgane als Hörorgane; im Alpen- und Voralpengebiet auf niedrigem Gebüsch. **3. *Decticus verrucivorus*** L., Warzenbeißer (♀ –35 mm [**T-33**]; das beim Beißen in die Hand hervorgewürgte Verdauungssekret soll – so glaubte man – Warzen zum Verschwinden bringen); körpernaher Teil der Hinterschenkel stark verdickt; Färbung sehr verschieden, häufig grün mit dunklen Abzeichen; auf Wiesen und Äckern; singt nur tagsüber, hauptsächlich vormittags, bei Sonnenschein, mit scharfen »zri«-Lauten, zunächst einzeln, bei Sonnenschein gereiht vorgetragen; Nahrung wie bei ***Tettigonia viridissima;*** das ♀ legt etwa 50 Eier in den Boden.

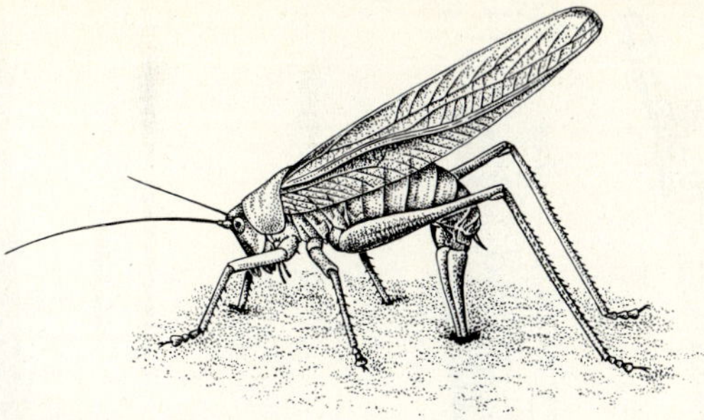

Abb. T-34: ***Tettigonia viridissima,*** Großes grünes Heupferd, beim Einstechen der Legescheide zur Eiablage. (Nach Foto von H. Pfletschinger 1980)

Decticus verr. und die folgende Art hier genannt als Vertreter der in M-Eur. mit mehreren Arten heimischen Beißschrecken. **4.** ***Metrioptera roeselii*** Hgb., Roesels Beißschrecke (–19 mm); Flügeldecken und Flügel normal, kaum mittellang, das Hinterleibsende bei weitem nicht erreichend, jedoch treten manchmal langflügelige Exemplare auf; Gesang der ♂♂: ein hohes, feines langgezogenes Sirren; haupsächlich Pflanzenfresser; in niederem, dichtem Pflanzenwuchs stellenweise sehr häufig. Eiablage in den Stengel verschiedener Pflanzen. (Harz 1957, 1969; Nielsen 1938; Regen 1908; Zippelius 1949).

Tettigonoidea, Laubheuschrecken i.w.S.; Fam.-Gruppe der Langfühlerschrecken; → Ensifera.

Teufelsnadeln; → Odonata, Anisoptera.

Thalessa; → Ichneumonidae.

Thalpochares; → Lepidoptera.

Thamastes; → Trichoptera.

Thanaos; → Hesperiidae 1.

Thanatophilus; → Tenebrionidae 4.

Thanasimus; → Cleridae 1.

Thaumalea; → Thaumaleidae.

Thaumaleidae (Orphnephilidae), Dunkelmücken; Fam. der Mücken (Diptera, Nematocera); kleine (ca. 4 mm) Tiere mit kurzen Fühlern und langen Tastern, Bewohner alpiner Regionen, stechen nicht; die schlanken, oben graugrünen Larven [**T-35**) in Quellwasser, vor allem auf überrieselten Felsen, halten sich mit beweglichen unpaaren Scheinfüßchen ventral am 1. Körpersegment und mit Nachschieber, sowie mit den am Körper verteilten Borsten im Bewuchs fest, den sie partikelfressend abweiden; langsame Bewegung: Vorderkörper U-förmig gebogen festgehakelt, Hinterkörper vorgezogen, Vorderkörper vorgeschnellt usf.; vorderstes und hinterstes Stigmenpaar offen; am After 4 »Blutkiemen«, dienen vermutlich der Osmoregulation; Puppe im Trockenen neben dem Larvenwohnraum, unter Felsen und Blättern; von den über 60 Arten Mitteleuropas nur 7 weiter verbreitet, der Rest Endemiten; häufig: ***Thaumalea testacea*** Ruthe. (Schumann 1968; Vaillant 1978; Wagner 1981; Wesenberg-Lund 1943).

Thaumastoptera; → Limoniidae.

Thaumatomyia; → Chloropidae.

Thaumetopoea; → Thaumetopoeidae.

Thaumetopoeidae; Prozessionsspinner; Fam. der Schmetterlinge (Lepidoptera); mittelgroße, ziemlich dickleibige Falter, Rüssel vollkommen rückgebildet; Tympanalorgane am Metathorax; Nachtflieger; Flügel in Ruhe dachförmig auf dem Rükken; Eier in für die Art bezeichnenden Gelegen an der Futterpflanze abgelegt [**T-36**], sie überwintern, entlassen im Frühling die durch ihre Lebensweise in doppelter Hinsicht besonders interessanten behaarten und gesellig in Gespinsten lebenden, auch gesellig fressenden Raupen [**T-39**]. a) Besitz von »Gifthaaren«; zweierlei Behaarung [**T-37**]: längere borstenartige Haare, stehen in Büscheln auf Warzen, ohne Wirkung auf die menschliche Haut; dorsal auf

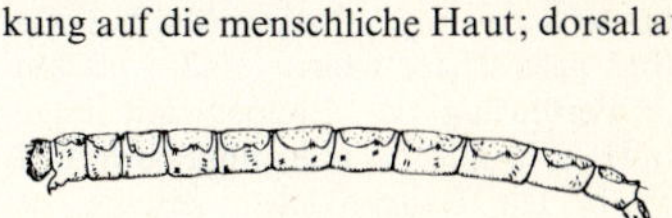

Abb. T-35: ***Thaumalea testacea.*** Larve 15 mm. (Brauns 1954)

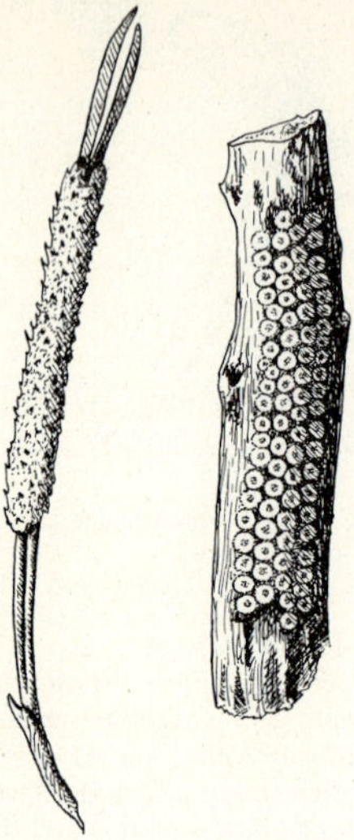

Abb. T-36: Gelege von ***Thaumetopoea pinivora***, Kiefernprozessionsspinner (links) und ***Th. processionea***, Eichenprozessionsspinner (rechts). (Amann 1960)

Abb. T-37: ***Thaumetopoea pityocampa***, Pinienprozessionsspinner. Raupenhaare: rechts Teil eines langen Borstenhaares, links zwei Brennhaare. (Gäbler 1954)

den Hinterleibsringen 1–8 sog. »Spiegelfelder« [**T-38**], vom 3. Stadium an in wechselnder Ausdehnung mit samtartiger Behaarung, bestehend aus den winzigen, sich leicht ablösenden bzw abschleuderbaren, auch vom Winde vertragenen »Gifthaaren« (»Brennhaaren«); geschätzte Zahl bei einer erwachsenen Raupe über 600000; Länge 0,1–0,2 mm, z.T. noch kürzer; Dicke 0,003–0,006 mm; bei Beunruhigung wölbt die Raupe die Spiegelfelder etwas vor; die Brennhaare erzeugen auf der Haut des Menschen und (bei Massenauftreten der Raupen) des Weideviehs eine mehrere Tage anhaltende $\pm$ stark brennende Entzündung, vermutlich eine allergische Reaktion auf in den Haaren enthaltene Proteine (und einer leicht flüchtigen Substanz?); auch von Augenentzündungen und Atembeschwerden wird berichtet; auch Haare aus alten Nestern und ebenso mit Alkohol oder Äther gewaschene Haare sind wirksam. Die Berührung der Raupen mit ungeschützten Händen ist unbedingt zu vermeiden! b) Die Raupen leben gesellig, bei manchen Arten in bis über kindskopfgroßen Gespinstnestern; die höhere Temperatur im gemeinsamen Nest ist wohl fördernd, ist jedoch keine Bedingung für die Entwicklung, Aufzucht isolierter Raupen bis zur Imago ist möglich; die Raupen marschieren »in Prozession« vom Nest zum Fraßplatz und zurück (Kiefern- und Eichenprozessionsspinner) bzw. vom Nest zum Verpuppungsplatz im Boden (Pinien- und Kiefernprozessionsspinner); Wanderzug einreihig oder (Eichenprozessionsspinner) auch mehrreihig (20–30 nebeneinander), entlang dem beim Marsch von jeder Raupe gezogenen Spinnfaden; eine Prozession kann 8–10 m lang sein und mehrere hundert Raupen umfassen; für den Zusammenhalt wichtig ist Berührung zwischen »Vorder- und Hintermann«; nicht jede beliebige Raupe kann die Spitze einnehmen; das Leittier (bzw. das Ersatzleittier, nach Tod oder experimenteller Entfernung des Anführers) geht aus einer erst knäuelförmigen, dann tellerartig flachen, rotierenden Ansammlung der Raupen hervor, u.zw. ist der erste »Ausreißer« das (neue) Leittier; berühmt und eindrucksvoll die Gebundenheit in erblich festgelegtem Wanderverhalten aufzeigend der Versuch von J.H. Fabre mit Raupen des Prozessionsspinners: auf dem Rand einer Schüssel von $1^1/_2$ m Umfang geführt und hier zu einem Raupenkreis ohne Ende und Anfang geschlossen, wanderten die Raupen eine Woche lang im Kreis herum, mit Pausen in den kühlen Nachtstunden, in denen sie sich zuweilen zum Haufen ballten; einzelne Ausreißer kehrten, als sie kein Futter fanden, wieder in das Kreisgefüge zurück. Die Wandergeschwindigkeit ist gering, in dem Versuch von Fabre tagsüber 9 cm/min; bei Unterbrechung der Reihe bleibt der neue »Schlußmann« zunächst stehen (die Vorderkette zerreißt nicht, wartet sozusagen ab), der Marsch geht weiter, sobald durch Suchbewegungen des künstlichen »Vordermannes« der Kontakt wieder hergestellt ist; dieser direkte Kontakt zusammen mit dem Band der Gespinstfäden garantiert offenbar die Ordnung der Reihe; in der Regel besteht ein Wanderzug aus Geschwistern; aber Individuen aus verschiedenen Nestern können ohne weiteres miteinander eine Reihe bilden (kein isolierender »Nestgeruch«). In M-Eur.i.e.S. vor allem 2 Arten: **1.** ***Thaumetopoea (Cnethocampa) pinivora*** Tr., Kiefernprozessionsspinner [**T-39**]; Falterflug V–VII, das ♀ lebt nur 2–3 Tage; Gelege (ca. 150 Eier) meist um ein Nadelpaar herum [**T-36**] mit Drüsensekret und Haaren vom Hinterleib des ♀ bedeckt; das ♀ macht meist wohl nur ein Gelege, das überwintert; Spiegelfelder der Raupen schwarz, gelbrot umrandet; 5 Raupenstadien; kein dauerhaftes Gespinstnest, aber gemeinsames Ruhen und Häutungsgemeinschaften der Raupen; Wanderzug meist einreihig, selten mehrreihig; Futterpflanze in der Regel Kiefer, selten andere Nadel- oder sogar Laubbäume; die Raupen fressen in der Regel zu mehreren, etwa auf gleicher Höhe sitzend, an einer Nadel, im letzten Stadium häufig auch einzeln; Verpuppung VIII–IX im Boden, mehrere mit Haaren durchsetzte Gespinstkokons aufrecht nebeneinander; die Puppe überwintert, bei manchen Populationen einmal, bei anderen zweimal (oder noch öfter ?). **2.** ***Th. processionea*** L., Eichenprozessionsspinner; Falterflug VIII–IX; plattenförmiges, von Drüsensekret überzogenes Gelege an Rinde [**T-36**], mit 100–200 Eiern; diese überwintern; ab Ende IV Raupen [**T-39**], fressen nachts an den verschiedenen Eichenarten; Spiegelflecken rotbraun; Prozession in der Regel mehrreihig; die Reihen in engem seitlichen Kontakt; 6 Raupenstadien; VII–VIII Verpuppung im Kokon im Nest. **3.** ***Thaumetopoea pityocampa*** Schiff., Pinienprozessionsspinner; im Mittelmeerbereich, nördlich bis Südbaden; Falterflug Mitte VI–Ende VIII; Gelege ähnlich dem des Kiefernprozessionsspin-

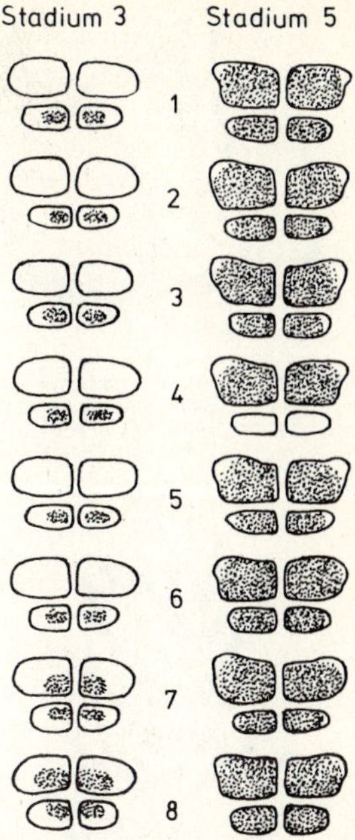

Abb. T-38: ***Thaumetopoea pinivora***, Kiefernprozessionsspinner. Verteilung der Brennhaare (schwarze Punkte) auf den Spiegelfeldern der Hinterleibssegmente 1–8 beim 3. bzw. 5. Raupenstadium. Schematisch. (Gäbler 1954)

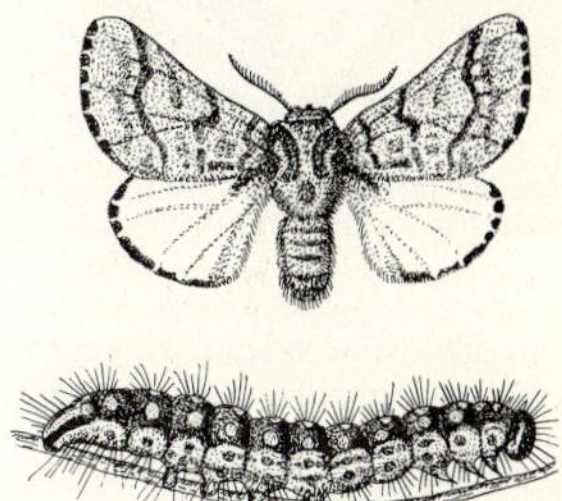

Abb. T-39: ***Thaumetopoea pinivora***, Kiefernprozessionsspinner, ♂, (oben) und ***Th. processionea***, Eichenprozessionsspinner, Raupe. Beide nat. Gr. (Forster, Wohlfahrt 1954/81; Amann 1960)

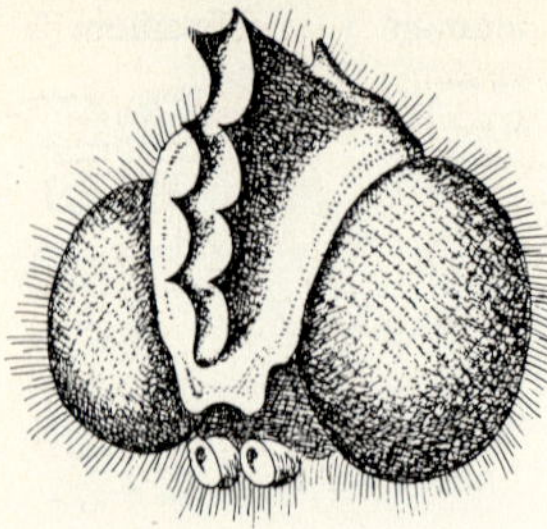

Abb. T-40: ***Thaumetopoea pityocampa***, Pinienprozessionsspinner. Kopf mit sägezahnartiger Stirnleiste. (Forster, Wohlfahrt 1954/81)

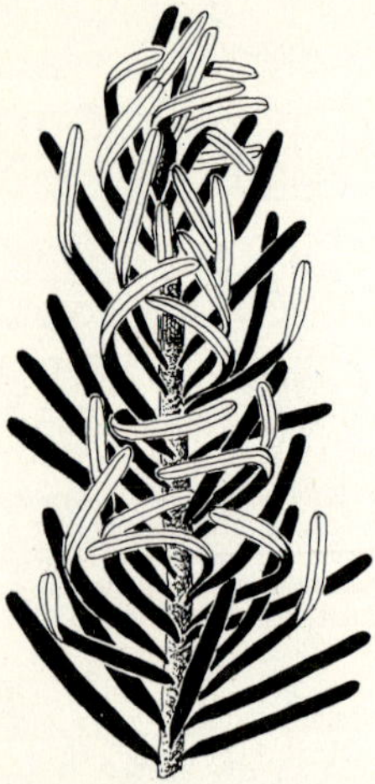

Abb. T-41: ***Mindarus abietinus***, Weißtannentrieblaus. Befallsbild. (Brauns 1964)

ners; die überwinternden Raupen (5 Stadien) fressen vor allem an verschiedenen Kiefernarten, manchmal an Fichten, im Mittelmeergebiet meist an Aleppokiefer ***(Pinus halepensis)***; die Nester sehr dauerhaft, hängen noch lange nach dem Verlassen der Raupen an den Bäumen; zuweilen leben Raupen verschiedener Größe, also verschiedene Geschwistergruppen im gleichen Nest; vermutlich neues Nest für jede Häutungsphase; Puppenkokon Ende Frühling im Boden. Falter der beiden an Nadelbäumen fressenden Arten mit »Hahnenkammfortsatz« auf der Stirn [**T-40**], dient zum Aufreißen des bei diesen Arten besonders festen Puppenkokons; die ♀♀ beginnen 2–4 Std. nach dem Schlüpfen Sexuallockstoff abzusondern; Eiablage bald nach der Kopulation. Alle 3 Arten werden bei Massenauftreten schädlich. Raupenvertilger trotz der Brennhaare: verschiedene Vogelarten (bes. Kuckuck), Puppenräuber (→ Carabidae), ferner z.B. Raupenfliegenlarven (→ Tachinidae) als Parasiten. (Brauns 1964; Dierl 1969; Fabre 1899; Forster, Wohlfahrt 1954/81; Gäbler 1954; Hannemann 1968; Mallmann 1962; Maschwitz, Kloft 1971; Maksymov 1978; Mosebach 1941; Schmidt 1982; Wirtz 1984).

Thea; → Coccinellidae 5.

Thecabius; → Eriosomatidae 7.

Thecla; → Lycaenidae 1.

Thecodiplosis; → Itonididae 36.

Thecophora; → Noctuidae.

Theißblüte; in Ungarn gebrauchte Bezeichnung für die Massenschwärme der Eintagsfliege ***Palingenia longicauda*** Ol.; → Palingeniidae.

Thelaxes; → Thelaxidae 4.

Thelaxidae, Maskenläuse; Fam. der Blattläuse (Aphidina); keine oder sehr kurze Rückenröhren; Kopf bei Ungeflügelten und Larven mit der Brust verwachsen; Seitenaugen der Ungeflügelten meist nur mit 3 Linsen; Wachsdrüsen vorhanden oder fehlend, oft die Wintereier mit Wachsstäbchen bedeckt; meist kein Wirtswechsel (Ausnahme: ***Anoecia***-Arten). Auswahl: **1.** ***Mindarus abietinus*** Koch, Weißtannentrieblaus; holozyklisch ohne Wirtswechsel, auf Weißtanne (***Abies alba***; auch an verwandten Arten); grün, mit Wachspuder (–2 mm), saugen an den Nadeln junger Zweige, die sich nach oben biegen [**T-41**]; nur 3 Generationen: Fundatrix, Sexuparae (ungeflügelt oder geflügelt), sehr kleine Sexuales; Wintereier am Grunde der Knospen und an jungen Zweigen; ähnlich: **2.** ***Mindarus obliquus*** Chol., an Fichten (***Picea***-Arten), stammt wohl aus Nordamerika. **3.** An der Birke mehrere Arten: a) ***Glyphina betulae*** Kalt., klein (ca. 2 mm), grün, holozyklisch ohne Wirtswechsel, Kolonien an den Enden junger Zweige; b) ***Hormaphidula betulae*** Mordv.; anholozyklisch (Vermehrung rein parthenogenetisch), ohne Wirtswechsel; bemerkenswert die gelblichen, wachsbepuderten, wenig beweglichen, schildlausähnlichen Ungeflügelten, Randsaum umgeben von einem Kranz von Wachsfäden, sitzen auf der Blattunterseite; Überwinterung durch junge Larven (Hiemales); Ausbreitung durch geflügelte Jungfern; c) ähnlich ***Mansakia betulina*** Horv.; die schildlausähnlichen Ungeflügelten braunviolett. **4.** ***Thelaxes dryophila*** Schrk., Eichenmaskenlaus, holozyklisch ohne Wirtswechsel an Eichen, olivgrün bis braunrot, Kolonien vor allem an den Triebspitzen junger Zweige. **5.** ***Anoecia***-Arten, z. B. ***A. corni*** F., Grüne Graswurzellaus; holozyklisch, mit Wirtswechsel; Hauptwirt (Winterwirt): Hartriegel ***(Cornus sanguinea)***, Nebenwirt (Sommerwirt): Wurzeln verschiedener Gräser (nicht an Getreide); geflügelte Sexuparae (mit dunklem Fleck auf dem Hinterleib, mit ringförmigen Rückenröhren) fliegen zurück auf den Hauptwirt; Sexuales sehr klein auf der Blattunterseite; die schwarze Fundatrix im Frühling in den Doldenblüten; (zuweilen ohne Wirtswechsel ausschließlich an Graswurzeln). (Günther 1968; F.P. Müller 1955; Steffan 1972; H. Weber 1922, 1930).

Thelytokie; diejenige Form parthenogenetischer Vermehrung, bei der alle Nachkommen ♀♀ sind.

Themira; → Sepsidae.

Theobaldia = **Culiseta;** → Culicidae.

Theophila; → Bombycidae.

Thera; → Geometridae.

Therevidae, Luchsfliegen, Stilettfliegen; Fam. der orthorrhaphen Fliegen (Diptera, Brachycera); Imagines mittelgroß, oft pelzig behaart; ähnlich den nahe verwandten Raubfliegen (→ Asilidae), aber ohne eingesenkte Stirn und vorquellende Augen [**T-42**]; gewandte Flieger; sollen zarthäutige Insekten fangen (fraglich), besuchen aber auch Blüten und Dung; sonnen sich gern auf Sandboden; hier auch die Eiablage, wenigstens bei der auf Dünen- oder Heideboden heimischen ***Thereva annulata*** Fbr.; die sehr schlanken Larven (scheinbar 19 Segmente durch sekundäre Segmentvermehrung [**T-43**]) im Boden, auch in vermodertem Holz; schlängelnde Bewegung; Allesfresser; gelegentlich schädlich z. B. an Kiefernpflanzungen (»weißer Drahtwurm«), aber wohl vor allem räuberisch auf Insektenlarven und -puppen; Überwinterung als Larve beobachtet; im Boden auch die Puppen [**T-44**]. Mehrere Dutzend Arten in Europa; (»Stilett«: Brust = Griff, Hinterleib = Klinge). (Brauns 1954; Lindner 1923ff.; Rietschel 1969; Schumann 1968).

Theria; → Geometridae 28.

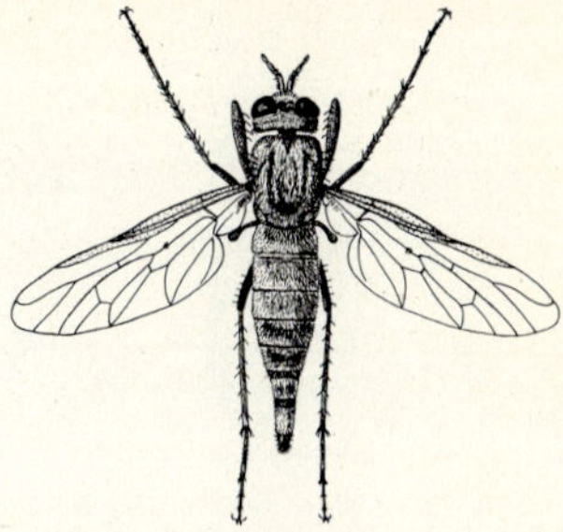

Abb. T-42: ***Thereva nobilitata***, ♀, Länge 11 mm. (Lindner 1923ff.)

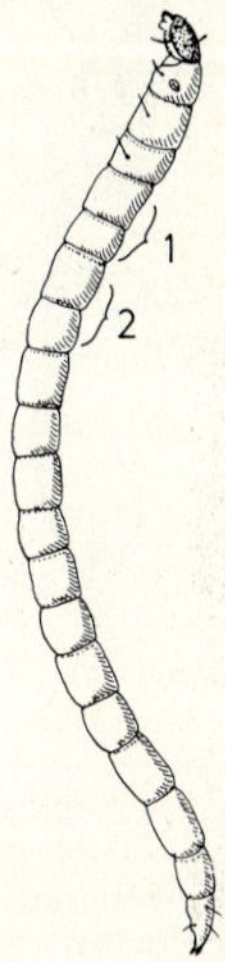

Abb. T-43: Therevidae, Luchsfliegen. Larve, 30 mm. (Brauns 1954)

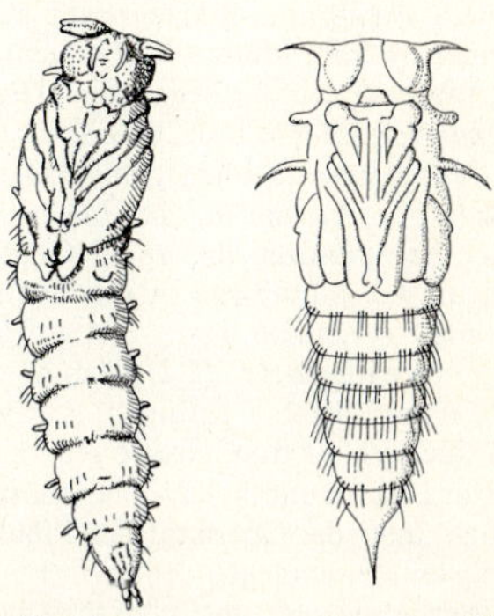

Abb. T-44: Puppen von ***Thereva subfasciata*** (rechts) und ***Thereva*** sp., 12 mm. (Séguy 1951; Escherich 1923/42)

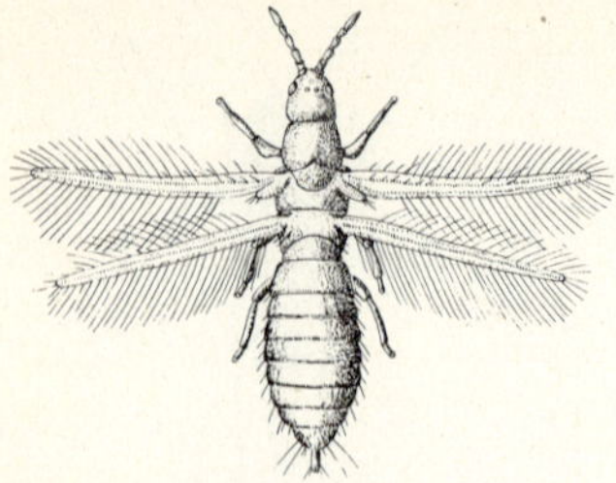

Abb. T-45: ***Limothrips cerealium***, Getreideblasenfuß. ♀, 1,4 mm. (Brandt 1957)

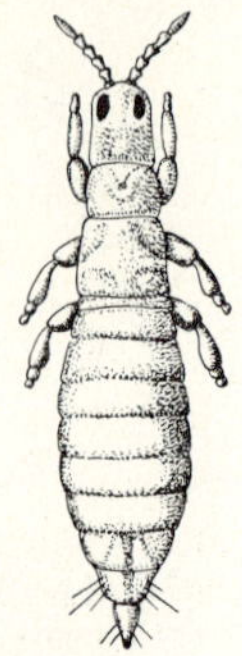

Abb. T-46: ***Aptinothrips rufus***, Roter Blasenfuß. 1 mm. (Brandt 1957)

Therion; → Ichneumonidae.

Therioaphis; → Callaphididae 7.

Thermobia; → Zygentoma 2.

Tholera; → Noctuidae.

Thomasiniana; → Itonididae 19, 20.

Thripidae; Fam. der Blasenfüße (Thysanoptera, Terebrantia); artenreiche Fam. mit einer Anzahl durch Saftsaugen an Kulturpflanzen schädlicher Arten. ***Heliothrips haemorrhoidalis*** Bou., Gewächshausblasenfuß, Schwarze Fliege; mit Flügeln, schwarzbraun; bei uns an verschiedensten Gewächshauspflanzen, bis zu 12 Generationen im Jahr, Eiablage in die Pflanze. ***Limothrips cerealium*** Hal., Getreideblasenfuß, Gewitterfliege (1,2–1,4 mm, [**T-45**]); ♂ ohne Flügel, ♀ geflügelt, schwarzbraun; nicht selten an Getreide schädlich; in M-Eur.i.e.S. vermutlich 2 Generationen; Eiablage unter die Oberhaut der Pflanze; im Spätsommer entgegen der Bezeichnung »Gewitterfliege« meist nicht bei schwülem, sondern bei sonnigem Hochdruckwetter zuweilen durch Massenauftreten für den Menschen lästig, angelockt durch die Duftstoffe im Schweiß, entsprechend auch durch Duftstoffe in bestimmten Teilen der Getreidepflanzen. ***Aptinothrips rufus*** Gmel., Roter Blasenfuß (1 mm; [**T-46**]); ♂ und ♀ flügellos, rotbraun (♂♂ sehr selten; Parthenogenese); Überwinterung als Larve und ♀-Imago; bisweilen schädlich an Wiesengräsern. ***Kakothrips pisivorus*** Westw. (= ***robustus*** Uz.), Erbsenblasenfuß (ca. 1,4 mm); Eiablage im VIII in die Staubfäden; die Larven überwintern; nicht selten schädlich; saugt an Erbsen und anderen Leguminosen. ***Taeniothrips laricivorus*** Krat. u. Far., Lärchenblasenfuß (1–1,2 mm); geflügelte Art; das ♀ überwintert an Fichtentriebspitzen (in Lärchennähe), Eiablage im Frühling in Lärchennadeln; Larven und Imagines saugen an Trieben und Nadeln der Lärchen (seltener der Fichten); Vornymphen und Nymphen tief am Stamm unter Rindenschuppen; 2 Generationen, junge ♀♀ der 2. Generation überwintern; Schaden: geringeres Wachstum der Lärchen wegen des Befalls zumal der Wipfel. ***Thrips fuscipennis*** Hal., Rosenblasenfuß (0,8–1 mm), schädlich an Rosen und anderen Gartenpflanzen. ***Thrips angusticeps*** Uz., Ackerblasenfuß (0,7–1,2 mm), Imagines dunkelbraun bis schwarz, Larven gelb oder orange; befällt Leguminosen, Getreide, Kohl; stark befallene Pflanzen sterben (teilweise) ab oder zeigen verkrüppelte Blätter. ***Thrips tabaci*** Lind. (ca. 1 mm), zuweilen sehr schädlich an Tabak, Zwiebeln und vielen anderen Pflanzen; Überwinterung als Larve und Imago; 2–3 Generationen. (Bode 1978; Brandt 1957; Günther 1968; Hoffmann, Schmutterer 1983; Holtmann 1963; Körting 1930; Lewis 1964; Schwenke 1972; z. Strassen 1969).

Thrips; → Thripidae.

Thripse; allgemeine Bezeichnung für Blasenfüße; → Thysanoptera.

Throscidae (Trixagidae) Hüpfkäfer; kleine, in M-Eur.i.e.S. mit etwa einem halben Dutzend Arten vertretene Fam. der Käfer (Coleoptera, Polyphaga); Imagines klein (höchstens 5 mm), in der Bodenstreu, an Baumstämmen, Stubben, auch auf Blüten, können springen; die Larven in sich zersetzendem Pflanzenmaterial, in Genist am Ufer von Gewässern, in ausfaulenden Baumhöhlen; häufige Art: ***Throscus (Trixagus) dermestoides*** L. (2,5–3,3 mm); Käfer mit symbiontischen Mikroorganismen in 4 → Mycetomen, Übertragung auf die Nachkommen noch unklar; die Larven von ***Drapetes biguttulatus*** Pill. machen in morschem Holz Jagd auf andere Käfer. (Buchner 1953; Hieke 1968; Lohse 1979).

Throscus; → Throscidae.

Thrypticus; → Dolichopodidae.

Thyatira; → Thyatiridae 2.

Thyatiridae (Cymatophoridae), Eulenspinner, Wollrückenspinner; Fam. der Schmetterlinge (Lepidoptera); die nachts fliegenden, mittelgroßen Falter ähneln sehr den Eulen (→ Noctuidae), von denen sie sich jedoch im Flügelgeäder unterscheiden; Flügel in Ruhe dachförmig; Rüssel gut ausgebildet; 9 einheimische Arten; häufig und durch die Flügelzeichnung auffallend: **1.** ***Habrosyne pyritoides*** Hufn. (***derasa*** L.; [**T-47**]) und **2.** ***Thyatira batis*** L., Brombeereule, Roseneule (mit Rosa-Zeichnung in den hellen Vorderflügelflecken; [**T-48**]); beiden Arten gemeinsam: die Raupen fressen an ***Rubus***-Arten; Jungraupen frei auf der Blattfläche, ähneln einem Batzen Vogelkot; ältere Raupen zwischen zusammengesponnenen Blättern, heben in der Ruhehaltung Vorder- und Hinterende hoch [**T-48**]; die (meist) überwinternde Puppe im Gespinst zwischen Blättern; ***Habrosyne*** mit einer (manche Falter schlüpfen schon im Herbst aus der Puppe), ***Thyatira*** mit 2 Generationen im Jahr. (Forster, Wohlfahrt 1954/81; M. Koch 1958).

Thyreus; → Anthophoridae 6.

Thyria; → Arctiidae 12.

Thyrididae, Fensterschwärmer; Fam. der Schmetterlinge (Lepidoptera); die Falter meist mit unbeschuppten, fensterartig durchsichtigen Flecken auf den Flügeln; die meisten Arten in den Tropen, in M-Eur. i.e.S. nur ***Thyris fenestrella*** Scop. (Flsp. etwa 14 mm; [**T-49**]); Falter mit gezacktem Flügelrand. Rüssel gut entwickelt, befliegt V–VII vor allem tagsüber gern die Blüten von Holunder und von Doldengewächsen, hebt die Flügel in Ruhe mäßig an; die bräunliche oder grünliche, mit schwarzen Punktwarzen besetzte, nach Wanze riechende Raupe vor allem (ausschließlich?) an Waldrebe ***(Clematis)*** in einer Blattrolle (Blatt von der Spitze her neben der Mittelrippe durchbissen und aufgerollt, [**T-50**]; Verpuppung im IX in lockerem Gespinst, an der Futterpflanze oder in der Erde, auch in hohlen Holunderstecken und ähnlichen Verstecken; die Puppe überwintert.

Abb. T-47: ***Habrosyne pyritoides.*** ♂, nat Gr. (Forster, Wohlfahrt 1954/81)

Abb. T-48: ***Thyatira batis,*** Brombeereule. ♂, nat. Gr. (Forster, Wohlfahrt 1954/81)

Abb. T-49: ***Thyris fenestrella.*** ♂, Flspw. 14 mm. (Forster, Wohlfahrt 1954/81)

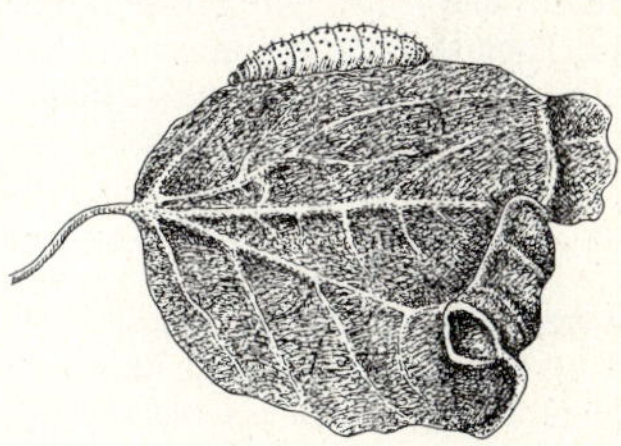

Abb. T-50: ***Thyris fenestrella.*** Raupe und Blattrolle. (Eckstein 1913/33)

Thyris; → Thyrididae.

Thysania; → Noctuidae; ***Th. agrippina*** Cr., größter bekannter Falter (Flsp. ca. 30 cm).

Thysanoptera (Physopoda), Blasenfüße, Fransenflügler, Thripse; Ordng. der geflügelten Insekten; Verwandlung unvollkommen (Hemimetabola); Lebensweise von

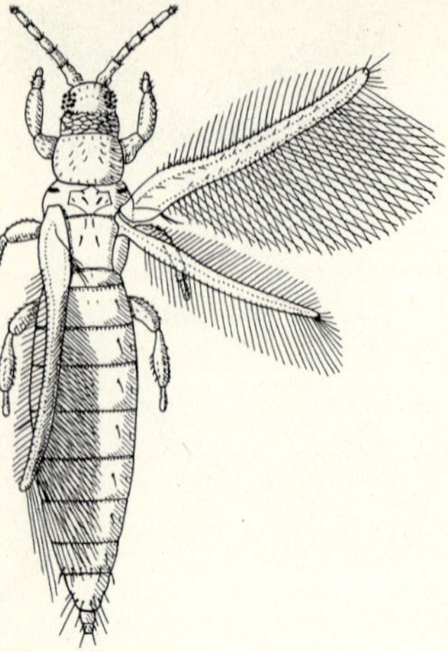

Abb. T-51: ***Anaphothrips obscurus***, Blasenfuß. ♂. (Eidmann 1941)

Larven und Imagines gleich; kleine (meist 1–2 mm, selten mehr, die kleinsten 0,5 mm), etwas abgeflachte, schlanke, mehr oder weniger dunkel gefärbte Landinsekten **[T-51]**; Komplexaugen und oft auch (bei geflügelten Formen) Ocellen vorhanden; Mundteile stechend-saugend, unten-hinten am Kopf; Labrum und Labium, kurz-kegelförmig vorragend, umhüllen 3 vorstoßbare Stechborsten, diese heute gedeutet als linke Mandibel und 2 maxillare Borsten (Innenladen, Lacinien), die zusammen ein Saugrohr bilden; Nahrung: zumeist Pflanzensäfte (gewonnen an Pollenkörnern, Blättern, Stengeln, auf und unter der Rinde, auch an Pilzfäden), auch Nektar (viele Arten häufig auf Blüten), bei den wenigen räuberischen Arten auch tierische Säfte (von Blattläusen, Schildläusen, Milben, von anderen Blasenfüßen); bei Massenauftreten sind manche Arten zuweilen dem Menschen lästig durch Aufsaugen von Schweiß (Juckreiz) oder durch Einfliegen ins Auge (→ auch Thripidae); Brust mit 3 mäßig langen Beinpaaren; letztes Fußglied mit einem als faltbares Haftorgan ausgebildeten Arolium; 2 Klauen am Fußende sind nur bei Larven gut entwickelt, sie sind bei den Imagines rudimentär oder fehlen ganz; meist sind 2 Flügelpaare vorhanden; Flügel **[T-51]** schmal, mit schwachem oder ohne Geäder, über und über mit kurzen unbeweglichen, an den Rändern mit langen, borstenförmigen beweglichen Haaren besetzt, die in wie gestreckte Achter geformte Pfannen eingelenkt sind; können in 2 Stellungen arretiert werden: a) in Ruheposition (Flügel parallel zur Körperlängsachse flach auf dem Rücken), mit der Flügelachse einen Winkel von ca. 15° bildend, b) in Flugposition (Vorder- und Hinterflügel miteinander gekoppelt), von den Flügeln ± rechtwinkelig abstehend (und dabei die wirksame Flügelfläche mehr als verdoppelnd); vor dem Abflug werden die Haare mit Hilfe abdominaler Borstenkämme in Flugposition, nach Flugende mit Hilfe tibialer Borstenkämme der Hinterbeine in Ruheposition gekämmt; Rückbildung der Flügel verschiedenen Ausmaßes kommt vor, zuweilen nur bei einem Geschlecht einer Art (♂ oder ♀), kann auch bei der gleichen Art individuell verschieden sein; die aktive Flugleistung ist gering, jedoch spielt die Windverfrachtung eine beachtliche Rolle; manche Arten können springen: der Hinterleib wird ventral eingerollt und plötzlich gestreckt. Sternaldrüsen am Hinterleib der adulten ♂♂ von → Thripidae produzieren (vermutlich) ein Sexualpheromon. Bei der Paarung sitzt das ♂ auf dem ♀; selten werden lebende Larven (oder Eier, aus denen sofort die Larven schlüpfen; Ovoviviparie) abgesetzt; die Eier werden entweder in Pflanzengewebe eingestochen (Terebrantia; ♀ mit typischem 4teiligem Legebohrer), oder frei abgelegt, meist einzeln an die Unterlage geklebt (Tubulifera; ♀ ohne Legebohrer, Hinterleibsende röhrenartig verlängert). Postembryonale Entwicklung: abgewandelte unvollkommene Verwandlung (Remetabolie); zunächst 2 Larvenstadien ohne äußere Flügelanlagen; dann die Pronymphe, bei der äußere Flügelanlagen vorhanden sind (Terebrantia) oder fehlen (Tubulifera); dann 1 (Terebrantia) oder 2 (Tubulifera) Nymphen-Stadien, mit deutlichen äußeren Flügelanlagen; Pronymphe (Vorpuppe) und Nymphe (Puppe) wenig aktiv, keine Nahrungsaufnahme, vergleichbar dem Puppenstadium der Insekten mit vollkommener Verwandlung; Häutung und »Verpuppung« bei manchen Arten in einem selbstgesponnenen Kokon; Parthenogenese nicht selten, meist arrhenotok, seltener telytok (→ Parthenogenese); zuweilen treten bei der gleichen Art 2 Rassen mit parthenogenetischer bzw. zweigeschlechtlicher Fortpflanzung auf. Überwinterung in der Regel am oder im Boden, meist als Imago, selten auch oder nur als Larve; manche Arten mit einer, andere mit mehreren Generationen im Jahr; Gallenbildung durch einige, insbesondere australische Arten; nicht wenige Arten bei Massenvermehrung durch Saftsaugen an Kulturpflanzen schädlich, oft die gleiche Art an verschiedenen Pflanzen; einige sind wirtsspezifisch auf bestimmte Pflanzen oder Pflanzengruppen eingestellt, manche wichtig als Überträger von Virus- oder Bakterienkrankheiten von Pflanzen; von über 4000 bisher bekannten Arten etwa 300 in M-Eur.i.e.S., davon einige bei uns nur in Gewächshäusern; 2 U.-Ordngn.: A) **Terebrantia:** ♀ mit Legebohrer zum Einstechen der Eier in Pflanzengewebe; Hinterleibsende des ♂ abgerundet; Hauptfam.: → Aelothripidae; → Thripidae; B) **Tubulifera:** ♀ ohne Legeapparat, Hinterleibsende bei ♂ und ♀ röhrenförmig verengt, in M-Eur.i.e.S. nur Vertreter der Fam. → Phlaeothripidae. (Ananthakrishnan 1979; Bode 1978; Bournier 1983; Ellington 1980; Günther 1968; Kirk 1984; Lewis 1973; z. Strassen 1969; Weber 1954).

Thysanopteroidea; zuweilen so benannte Üb.-Ordng. der Insekten; einzige Ordng.: → Thysanoptera, Blasenfüße.

Thysanura, Borstenschwänze; früher als eigene U.-Klasse (Ordng.) der Insekten, und zwar der → Ectognatha aufgefaßt, Gruppe der primär flügellosen Formen (→ Apterygota); heute aufgeteilt auf 2 U.-Klassen: a) → Archaeognatha (Mandibeln mit nur einem Gelenkhöcker; Monocondylia, wie auch die Entognatha); b) → Zygentoma (Mandibeln mit 2 Gelenkhöckern; Dicondylia, wie auch alle höheren Insekten). (Hennig 1964).

Tibicen; → Cicadidae, → Auchenorrhyncha.

Tichomyza; → Ephydridae 4.

Tierläuse; → Phthiraptera.

Tigerkäfer; → Cicindelidae.

Tigerlaufkäfer, ***Cicindela campestris*** L.; → Cicindelidae.

Tigermotten; → Arctiidae 6, 7.

Timarcha; → Chrysomelidae 22.

Tinagma; → Douglasiidae.

Tinea; → Tineidae 2–5.

Tineidae, Motten i.e.S., Echte Motten; Fam. der Schmetterlinge (Lepidoptera); die Falter klein bis mittelgroß, mit schmalen befransten Flügeln; Saugrüssel mehr oder weniger verkümmert; die Raupen mit Kranzfüßen, leben häufig in zuweilen transportablen Gespinströhren, ebenso die beweglichen Puppen, die sich vor dem Schlüpfen des Falters aus dem Gespinst herausschieben. Zahlreiche Arten (wohl fast 2000 bekannt, bes. in den warmen Zonen), unter ihnen nicht wenige, die durch Raupenfraß an tierischen und pflanzlichen Materialien schädlich werden und durch Verkehr und Handel weltweit verbreitet sind; Auswahl: **1.** ***Tineola bisselliella*** Hum., Kleidermotte [**T-52**]; Falter mit gelblichen ungefleckten Vorderflügeln (Flsp. ca. 16 mm); die ♂♂ fluglustig, die ♀♀ nicht, aber gute Läufer; das »lockende« jungfräuliche ♀ bewegt windend das Hinterleibsende (Duftdrüsen), das erregte ♂ kommt herbei, scheint noch selber einen auf das ♀ wirkenden Lockstoff abzugeben; die Eier werden lose am Freßsubstrat abgelegt; die weißen Raupen in beiderseits offenen Gespinströhren [**T-53**] fressen vor allem an Stoffen tierischer (Wolle, Federn, auch Insekten), seltener pflanzlicher Herkunft (Baumwolle, Seide); Gruppeneffekt: jede Raupe frißt einzeln weniger als im Verband, ♂-Raupen weniger als ♀-Raupen; zahlreiche Häutungen (bis 11); die Puppe in einem spindelförmigen, ringsum verschlossenen Kokon [**T-53**], häufig über dem Freßplatz der Raupe, mit Material aus der unmittelbaren Umgebung verkleidet und daher gut getarnt; Entwick-

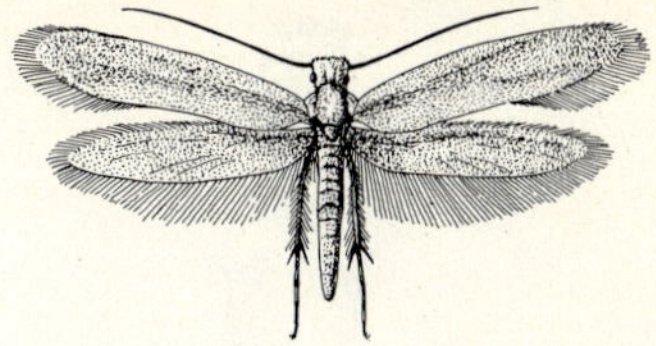

Abb. T-52: ***Tineola bisselliella,*** Kleidermotte. Flspw. ca. 14 mm. (Bourgogne 1951)

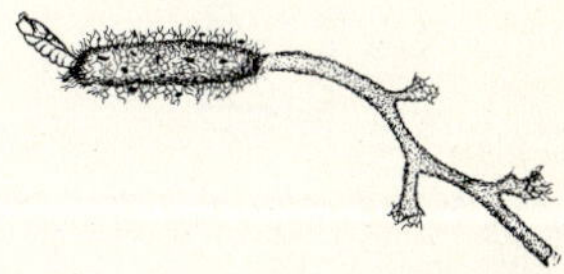

Abb. T-53: ***Tineola bisselliella,*** Kleidermotte. Gespinströhre mit Puppenkokon und Puppenhülle. (Escherich 1923/42)

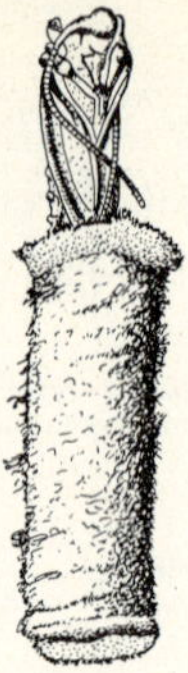

Abb. T-54: ***Tinea pellionella,*** Pelzmotte. Puppengespinst mit vorgeschobener Puppenhülle, ca. 1,3 mm. (Bourgogne 1951)

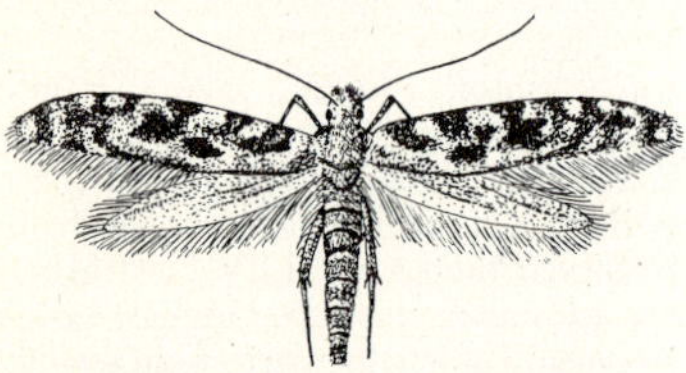

Abb. T-55:: ***Nemapogon granellus,*** Kornmotte. Flspw. ca. 13 mm. (Sorauer 1949/57)

Abb. T-56: ***Nemapogon cloacellus,*** Korkmotte. (Escherich 1923/42)

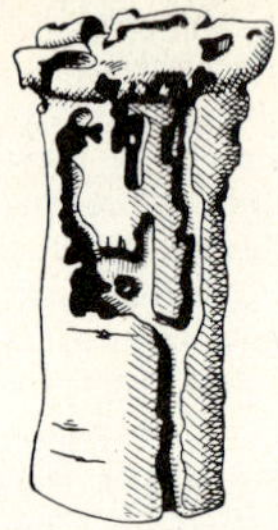

Abb. T-57: ***Nemapogon cloacellus,*** Korkmotte. Fraß der Raupe am Kork einer Weinflasche. (Escherich 1923/42)

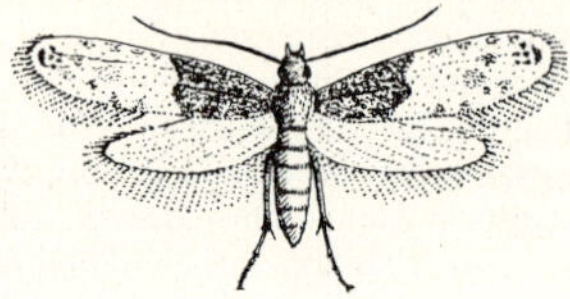

Abb. T-58: ***Trichophaga tapetzella,*** Tapetenmotte. (Bollow 1958)

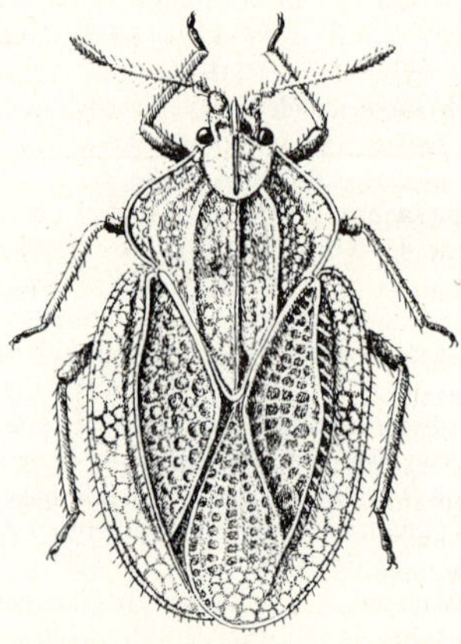

Abb. T-59: ***Tingis reticulata,*** Gitterwanze. Etwa 4,5 mm. (Rietschel 1969)

lungsdauer und demnach auch Zahl der Generationen im Jahr wechselnd je nach Temperatur und Nahrungsangebot (lange Hungerfähigkeit). **2. *Tinea pellionella*** L., Pelzmotte; Lebensweise ähnlich wie die Kleidermotte; die Raupe trägt die Gespinströhre mit sich herum, frißt vor allem an Pelzen (Wolle) und Federn; Verpuppung in einem oft an Wänden festgesponnenen Kokon [**T-54**]. **3. *Nemapogon (Tinea) granellus*** L., Kornmotte, Weißer Kornwurm [**T-55**]; die Raupe frißt außer an vermoderndem Holz und an Baumschwämmen häufig an trocken gelagertem Getreide (verspinnt die Körner), und an anderen pflanzlichen Vorräten; Puppenkokon in Ritzen, in ausgehöhlten Körnern; die Falter fliegen nachts; Eier einzeln oder in Häufchen;

(meist) mehrere Generationen; Überwinterung in allen Stadien möglich; gefürchteter Vorratsschädling. **4.** ***Nemapogon (Tinea) cloacellus*** Hw., Korkmotte, Schleusenmotte [**T-56**], nahe verwandt mit der Kornmotte; meist wohl nur eine Generation; die Raupe frißt an verschiedenen, nicht zu trockenen Vorräten, wird in Weinkellern zuweilen durch Korkfraß [**T-57**] sehr schädlich, überwintert; Verpuppung in einem Gespinst im Frühling. **5.** Die Raupen mehrerer Arten häufig in Baumschwämmen und faulendem Holz; an der Unterseite der Pilzkörper Raupenkot in Gespinströhren; z.B. ***Scardia boleti*** Fbr.; ***Tinea parasitiella*** Hb.; ***Monopis rusticella*** Hbn., Fellmotte (Raupe auch an Federn, Pelzen, Textilien). **6.** ***Trichophaga tapetzella*** L., Tapetenmotte [**T-58**]; Lebensweise ähnlich wie Kleidermotte; die Raupen in einem festgesponnenen oder frei getragenen Gespinst-Röhrchen, nicht selten auch an Eulengewöllen. (Bollow 1958; Bourgogne 1951; Brauns 1964; Jacobson 1965; Weidner 1982).

Tineola; → Tineidae 1.

Tingidae, Gitterwanzen, Netzwanzen [**T-59**]; Fam. der Landwanzen (Heteroptera, Geocorisae); klein (bis ca. 4 mm), flach, oben (Vorderbrust und Vorderflügel) mit gitter- oder netzartiger Struktur; Flügel zuweilen glasklar durchsichtig; Kurz- und Langflügeligkeit auch bei der gleichen Art nicht selten; ausschließlich Pflanzensaftsauger, sitzen dabei auf den Blattunterseiten; Wirtsspezifität manchmal sehr ausgeprägt; Gallenbildung als Befallsfolge kommt vor; einige Arten bei Massenauftreten schädlich; Überwinterung teils als Ei, teils als Imago, selten als Larve. Von den insgesamt ca. 700 bekannten Arten in M-Eur.i.e.S. etwa 70; Beispiele: **1.** ***Copium cornutum*** Thbg. (3–4 mm) und ***C. teucrii*** Host. (3 mm), an ***Teucrium***-Arten, bewirken gallenartige Aufblähung des Blütenstandes. **2.** ***Derephysia foliacea*** Fall. (3 mm), an Eichen und verschiedenen niederen Pflanzen. **3.** ***Stephanitis piri*** Fbr., Birnblattwanze (3 mm), außer an Birnen- und Apfelbäumen auch an verschiedenen anderen Bäumen und Sträuchern; an der Blattunterseite, hier auch Eiablage (Ei mit Legestachel in ein Rüsselstichloch eingeschoben); Überwinterung meist als Imago, selten als Larve; in warmen Gebieten bis zu 4 Generationen im Jahr; bisweilen schädlich. **4.** ***Stephanitis rhododendri*** Horv., Rhododendronwanze (ca. 4 mm); Heimat Japan, Anfang des 20. Jahrh. aus Amerika in Europa eingeschleppt; an Rhododendron-Arten; Eiablage an der Blattunterseite dicht neben der Mittelrippe, in Gruppen oder Reihen; nur 4 Larvenstadien; selten schädlich. (Günther 1968; Hedicke 1935; Jordan 1962, 1972; v. Lengerken 1932; Poisson 1951).

Tinodes; → Psychomyidae.

Tintenfleck, ***Leptidea sinapis*** L.; → Pieridae 7.

Tiphia; → Tiphiidae.

Tiphiidae, Rollwespen; Fam. der Hautflügler (Hymenoptera, Apocrita, Scolioidea); nur wenige Arten in M-Eur.i.e.S., deren Larven sich ähnlich wie die der Dolchwespen (Scoliidae) von paralysierten Käferlarven ernähren; z.B. die von ***Tiphia femorata*** Fbr. (7–12 mm); die Imagines im Sommer häufig auf Blüten; Nektar- oder Honigtaunahrung ist notwendig für die Eiproduktion; Larvennahrung: vor allem Engerlinge des Junikäfers (***Amphimallon solstitialis*** L.). Betreffend ***Methocha*** (oft in diese Fam. gestellt) vgl. → Methochidae. (Rathmayer 1969).

Tipula; → Tipulidae.

Tipulidae, Schnaken, Schnauzenmükken, Erdschnaken; Fam. der Mücken (Diptera, Nematocera); nahe verwandt die oft sehr ähnlichen, zuweilen als U.-Fam. der Schnaken geführten → Limoniidae; neben vielen meist mittelgroßen Arten gehören hierher die größten mückenartigen Zweiflügler, z.B. ***Tipula maxima*** [**T-66**]: das ♀ erreicht, bei fast 40 mm Körperlänge, über 50 mm Flsp., größte europäische Art. **Imago:** Untergesicht mehr oder weniger stark schnauzenartig vorgezogen, weiche Mundteile [**T-60**]; stechen nicht, können lediglich offene Säfte (Wasser, freiliegenden Nektar) aufnehmen, mit ähnlichen geschlitzten Röhrchen (Pseudotracheen) auf den Labellen (umgewandelte Lippentaster) wie z.B. die Stubenfliege; keine Ocellen; Zahl der Fühlerglieder sehr verschieden, Fühler bei den ♂♂ mancher Arten kammförmig (z.B. bei den Kammschnaken der Gattung ***Ctenophora***). Auffallend die langen dünnen, an vorgebildeten Stellen leicht abbrechenden Beine; stelzender Gang, Stelzhaltung bei der Eiablage; die langen Beine ermöglichen ein leichtes Fußfassen im Gräserwald; ab und zu sieht man ein Kompensieren des Schwankens der Gräser in den Beingelen-

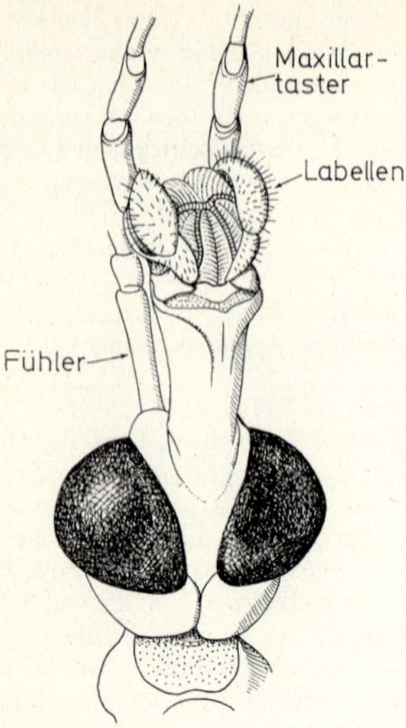

Abb. T-60: Kopf einer Tipulide von schräg unten. Labellen median mit Pseudotracheen. (Weber 1933)

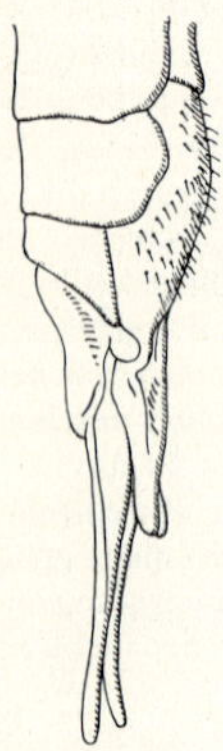

Abb. T-61: ***Tipula lateralis.*** ♀. Hinterleibsende mit Legeröhre, von rechts. Die beiden langen Fortsätze sind Cerci. (Séguy 1951)

ken, so daß der Körper in Ruhe bleibt; Bedeutung der Beine bei der Begattung s. u. Die Flügel sind nicht selten gefleckt, in Ruhe meist schräg und nach hinten gehalten, der Flug ist wenig fördernd und träge; manche Arten bilden besonders gegen Abend kleine Schwärme (Förderung des Sichfindens der Geschlechter?); bei einigen Arten sind die Flügel verkümmert; Körperfärbung meist in Grautönen; Ausnahme: Gelbzeichnung bei den Krähenschnaken (Gtg. ***Pales***, [**T-67**]); schwarze, schwarzrote, schwarzgelbe Färbung bei den Kammschnaken (***Ctenophora*** u. Verw.); das Abdomenende ist beim ♂ verdickt, mit Zangen zum Halten des ♀ bei der Begattung [**T-66**]; beim ♀ ist das Hinterleibsende spitz, zu einer Legeröhre ausgezogen, an deren Aufbau die Cerci beteiligt sind [**T-61**]. Flugzeit artspezifisch verschieden; Beispiele: ***Tipula oleracea*** L., Kohlschnake, IV bis Anfang VI und, da 2 Generationen im Jahr, wieder VIII–X; ***T. paludosa*** Meig., Wiesenschnake, VIII–IX; ***T. czizeki*** de Jong, X–XI; ***Pales (Pachyrhina) maculata*** Meig., Kammschnake, Krähenschnake, V–VI; die Unterschiede in der Flugzeit sind u. U. wichtig als isolierender Faktor, z. B. bei ***T. paludosa*** und ***T. czizeki*** die im Labor ohne weiteres miteinander kreuzbar sind. Kopula bald nach dem Schlüpfen; bei manchen Arten wird das aus der Puppe schlüpfende ♀ (woran erkannt?) bereits vom ♂ erwartet und sofort begattet. Paarung bei ***T. oleracea*** L.: die Partner berühren sich zufällig mit den Beinen, das ♂ ergreift das berührte Bein (auch eine Beinattrappe); das paarungswillige ♀ hebt die Beine an (das tut ein zufällig ergriffenes ♂ nicht), dadurch wird das Aufsteigen des ♂ ausgelöst; das ♂ drückt nun die angehobenen ♀-Beine zu Boden, sucht den Kopf des ♀, beleckt ihn, rutscht nach hinten, Berühren der Genitalien und Vereinigung; ein bereits begattetes ♀ widersetzt sich dem Herabdrücken der Beine, das ♂ steigt dann ab; Gesamtdauer $1^1/_2$ min. Auch kopulierende Pärchen können, Köpfe abgewandt, aufgestört ein Stück weit fliegen. Eiablage bald nach der Kopulation durch Einschieben des Legebohrers in das dem Lebensraum der Larven entsprechende Substrat: meist feuchter Boden, auf Wiesen, in Gewässernähe, bisweilen direkt in den Gewässerschlamm, auch in moderndes Holz (z. B. ***Ctenophora***); typischer Ablauf: das ♀ fliegt »tanzend« dicht über dem Boden, eine geeignete Stelle suchend, läßt sich auf den Tarsenspitzen nieder [**T-62**], sticht ein, meist nur wenige mm; seltener in größere Tiefe, wie z. B. bei ***Tipula scripta*** Meig. und ***T. hortorum*** L.: mit gleichzeitigen Drehbewegungen des Hinterleibs werden die hier schaufelförmigen Cerci geöffnet und geschlossen, so Herstellen einer Kammer für den Eihaufen;

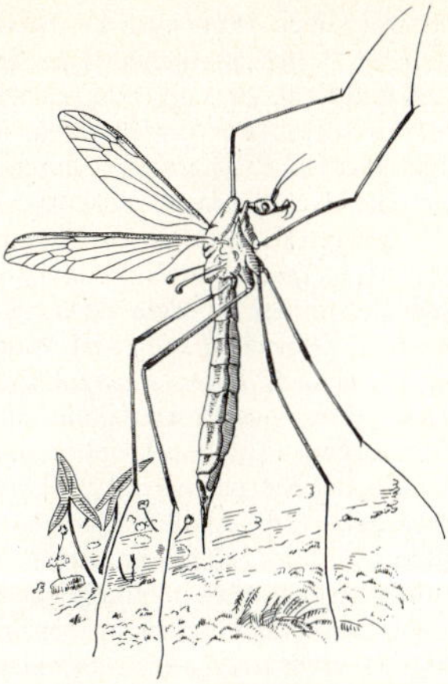

Abb. T-62: ***Tipula selene***, Erdschnake. Pose des ♀ unmittelbar vor der Eiablage. (Séguy 1951)

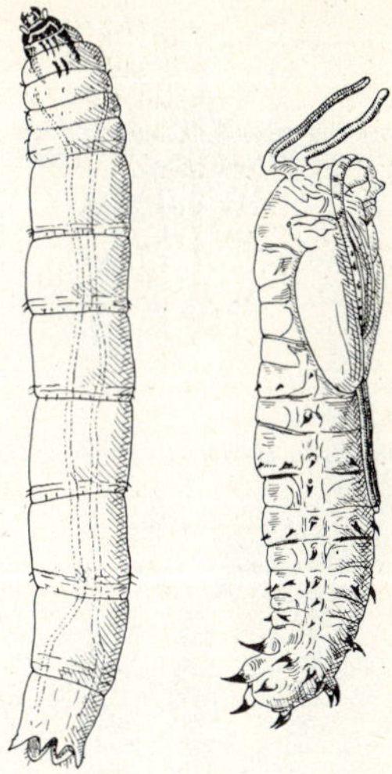

Abb. T-63: ***Tipula flaveolineata.*** Links Larve (25 mm), rechts Puppe. (Lindner 1923ff.)

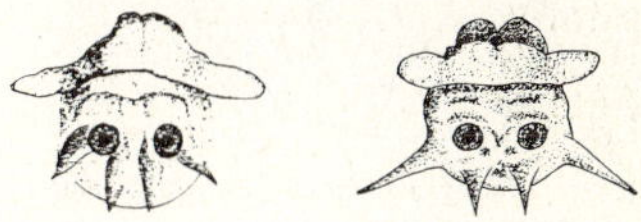

Abb. T-64: Tipulidae, Hinterende der Larven. Links ***Tipula oleracea***, rechts ***Pales maculata.*** (Escherich 1923/42)

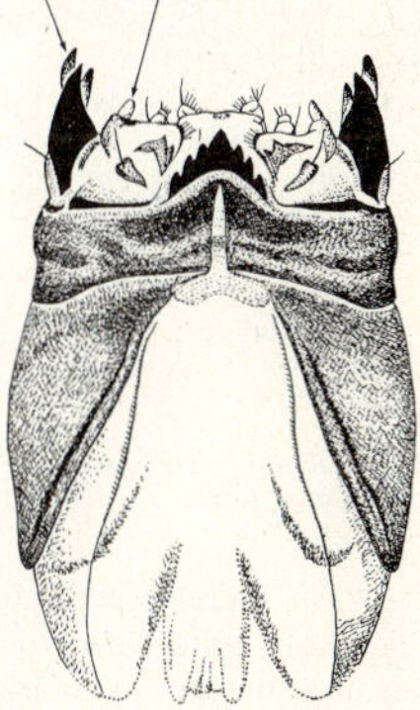

Abb. T-65: ***Tanyptera*** sp., Kopf der Larve von unten; hemicephal; hinten mit tiefem Einschnitt, z. T. membranös. (Brauns 1954)

der Hinterleib wird langsam herausgezogen, wobei der Kanal durch Bewegungen der Cerci zugeschüttet, schließlich die Mündung des Kanals noch durch Stiche in die Umgebung getarnt wird; das Ablegen wird öfter wiederholt; die ♀♀ mancher Arten produzieren mehrere hundert Eier. Die **Larven** (4 Stadien) sind walzenförmig [**T-63**], grau in verschiedenen Tönungen, hemicephal (Kopfkapsel hinten unvollständig, [**T-65**], ohne füßchenartige Bewegungsorgane; bezeichnend ist das die beiden allein offenen hintersten Stigmen umgebende Stigmenfeld, am Rande im typischen Fall besetzt mit 6 manchmal lang behaarten Stigmenfeld-Fortsätzen in artspezifischer Gestaltung (»Teufelsfratze«, [**T-64**]); Verwachsen und Rückbildung der Fortsätze kommt vor; sie werden bei in Wasser lebenden Formen unter Wasser zusammengeklappt, ein Luftbläschen umschließend; neben dem After stehen ausstülpbare Analschläuche in wechselnder Zahl; dienen der Osmoregulation (→ Chloridepithel). Die kräftigen Mandibeln [**T-65**] sind trefflich geeignet, zerfallendes und frisches pflanzliches (selten tierisches) Material zu zerkleinern; die Larven sind daher wichtig für das Aufarbeiten von Laub und Nadeln, von morschem Holz von Stubben und Ästen in feuchten bis nassen Böden oder in Süßwasser (einige marin); die ausgewachsenen, 5 cm langen Larven von ***Tipula maxima***

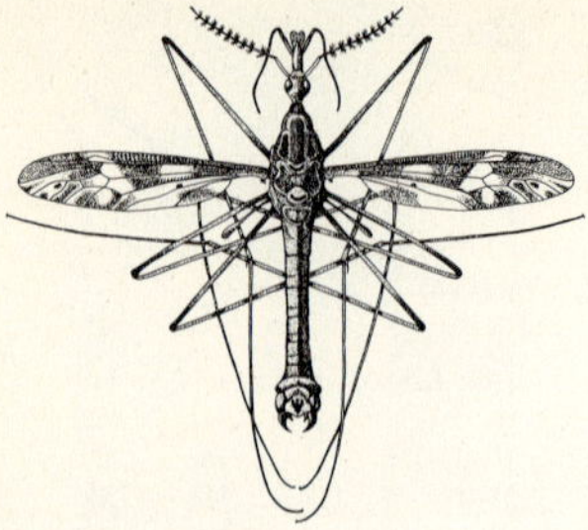

Abb. T-66: ***Tipula maxima.*** ♂. 27–40 mm. (Séguy 1951)

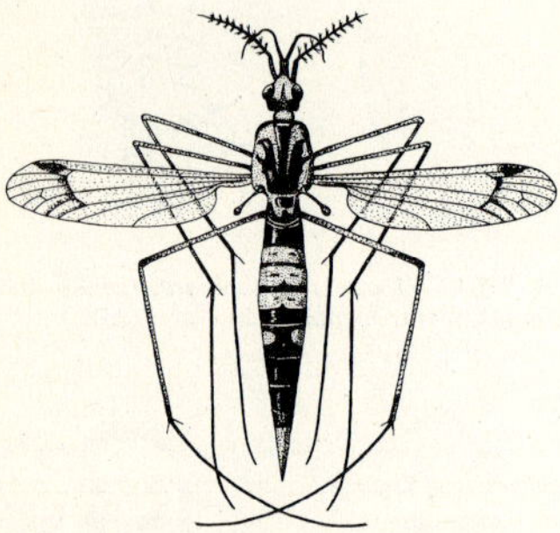

Abb. T-67: ***Pales croacata.*** ♀, schwarz-gelb, 12–18 mm. Larven in zerfallendem Holz. (Séguy 1951)

Abb. T-68: ***Tischeria complanella.*** Eichenblatt mit Minen. (Brauns 1964)

Poda verzehren Fallaub in Waldbächen; Hilfe beim Aufarbeiten der zellulosereichen Nahrung bieten als Gärkammern funktionierende, mit Bakterien gefüllte Darmanhänge. Bei Massenauftreten von Larven, die an Frischpflanzen gehen (im Extrem über 400 pro m^2 beobachtet), entsteht u.U. beträchtlicher Schaden in Garten und Feld, auch an Pflanzgärten im Wald, durch Fraß an Wurzeln, mehr noch an oberirdischen Pflanzenteilen durch Altlarven, die nachts den Vorderkörper aus den Erdgängen strecken; in Europa schädlichste Art: ***Tipula paludosa*** Meig., Wiesenschnake, ferner ***T. oleracea*** L., Kohlschnake, ***T. czizeki*** de Jong.; im Wald an Jungpflanzen mehr ***Pales-(Pachyrhina-)***Arten [**T-67**]. **Puppe** mit Prothorakalhörnchen als Atemorgane (Tracheenkiemen); oft mit Plastron); der Körper ist mit zahlreichen Dornen besetzt, die eine Bewegung in dem Verpuppungsgang zumeist im Boden, auch in anbrüchigen Stubben ermöglichen, so insbesondere vor dem Schlüpfen der Imago [**T-63**]. Überwinterung in verschiedenen Stadien möglich, je nach dem Zeitpunkt der Eiablage; z.B. ***Tipula czizeki*** de Jong als Ei, ***T. paludosa*** Meig. im 2. oder 3., ***T. oleracea*** L. im 3. oder 4. Larvenstadium. Meist nur eine Generation im Jahr, bei ***T. oleracea*** L. 2 Generationen. In Mitteleuropa ca. 180 von insgesamt über 13000 bekannten Arten. (Brauns 1954, 1964; Hemmingsen 1956; Hemmingsen, Theisen 1956; Hinton 1968; Pritchard 1983; Rietschel 1969; Schumann 1968; Stich 1963; Wesenberg-Lund 1943).

Tischeria; → Tischeriidae.

Tischeriidae, Schopfstirnmotten; Fam. der Schmetterlinge (Lepidoptera); Falter an der Stirn mit länglichen Haarschuppen, mit gut entwickeltem Saugrüssel; Raupen in der Futterpflanze minierend; wenige Arten in M-Eur.i.e.S. Beispiel: ***Tischeria complanella*** Hb., Eichenminiermotte; Falter mit dottergelbglänzenden Vorderflügeln, fliegen, bisweilen in Massen, vor allem im VI, schieben Eier mit Legeapparat in die Blätter vor allem von Jungeichen; Raupe (Beine weitgehend rückgebildet) miniert im Blatt, macht blasige Minen durch Abheben der weißlichen Blattoberhaut [**T-68**], Kot durch Spalt hinausgeschoben; überwintert und verpuppt sich dann im abgefallenen Blatt.

Titanus giganteus M. Edw., Brasilien, mit ca. 16 cm Körperlänge wohl der größte Käfer; → Cerambycidae.

Tomoceridae, Ringelhörnler; Fam. der Springschwänze (Collembola, Arthropleona); die über körperlangen Fühler an den Endgliedern deutlich geringelt; Beispiel:

Tomocerus longicornis Müll., vor allem in der Laubstreuschicht der Wälder.

Tomocerus; → Tomoceridae.

Tönnchenpuppe, Pupa coarctata; → Pupa.

Tortricidae, Wickler; Fam. der Schmetterlinge (Lepidoptera); die Falter klein bis mittelgroß; die fast viereckigen Vorderflügel ziemlich breit, in der Ruhe meist flach dachförmig gehalten, oft mit Querbindenzeichnung hin und wieder recht bunt; auch die in der Ruhehaltung von den Vorderflügeln bedeckten Hinterflügel recht breit, ohne auffallende Zeichnung; ♂ und ♀ zuweilen mit verschiedener Flügelzeichnung; Saugrüssel meist gut ausgebildet; meist Dämmerungs- und Nachtflieger, sitzen am Tag ruhig und oft versteckt; die ♀♀ mancher Arten sehr wenig fluglustig; die ♂♂ erregt und angelockt durch Sexuallockstoffe, abgegeben von Duftdrüsen am Hinterleibsende der ♀♀ (nachgewiesen zum mindesten bei mehreren Arten); die Eier werden meist einzeln an der Futterpflanze angebracht. Die Raupen mit 5 Abdominalfußpaaren (Kranzfüße), häufig in eingerollten und zusammengesponnenen Blättern (»Wickler«), aber auch im Innern von Pflanzen, auch von Früchten, manchmal auch in Gallen, sehr beweglich, ihre Färbung hauptsächlich durch Darminhalt und Körperflüssigkeit bedingt; laufen bei Störung geschwind sowohl vorwärts als auch rückwärts. Verpuppung nicht selten am Freßort der Raupen, oder in Rindenritzen oder am Boden oder auch in den Fraßgängen im Innern von Pflanzen, meist in einem Gespinstkokon, aus dem sie sich vor dem Schlüpfen des Falters häufig durch Bewegungen mit dem bedornten Hinterleib herausschieben. Überwinterung je nach Art in den verschiedensten Stadien. Allein in M-Eur.i.e.S. fast 500 von den insgesamt etwa 5000 bekannten Arten, darunter zahlreiche Schädlinge in Wald, Feld und Garten; Auswahl: **A) An Laubhölzern des Waldes. 1.** ***Tortrix viridana*** L., Eichenwickler, Grüner Eichenwickler, leicht kenntlich an den grünen Vorderflügeln, Hinterflügel grau (18–23 mm Flsp.); fast ausschließlich an Eichen, (zumal Raupenstadium 1 und 2), nur bei Nahrungsmangel auch an anderen Laub- und sogar Nadelbäumen; fliegt ab VI tags und in der Dämmerung im Baumkronenbereich; stets werden 2 flache, sich etwas überdeckende Eier zusammen abgelegt, mit kittartiger Masse überzogen, meist an Zweigen, überwintern. Die Raupen (graugrün) ab IV–V, kriechen unter die abgespreizten Schuppen der gerade schwellenden Knospen, fressen zunächst diese aus, dann an den mit Hilfe von Gespinstfäden zusammengerollten Blättern; 5 Raupenstadien; Verpuppung V–VI unter dem umgeschlagenen und mit Gespinst ausgekleideten Blattrand oder -zipfel, bei Massenauftreten auch an der Rinde oder am Boden; die Puppe schiebt sich vor dem Schlüpfen des Falters aus dem Wickel hervor; nur eine Generation im Jahr. Dauerschädling in Eichenbeständen, kann Kahlfraß machen, mindert außerdem den Fruchtansatz; natürliche Feinde außer Schlupfwespen und Raupenfliegen z.B. der Puppenräuber (→ Carabidae 2) und der Vierpunktaaskäfer (→ Silphidae 3), ferner Vögel (Nistkästen!) und die Roten Waldameisen (→ Formicidae 5d). **2.** ***Laspeyresia splendana*** Hbn., Eichelwickler, Kastanienwickler; der Falter fliegt VI–VII, die Eier werden einzeln an die jungen Eicheln (Kastanien, auch Walnüsse) gelegt; die weißliche Raupe bohrt sich ein, frißt das dann mit Kot angefüllte Innere weitgehend aus, verläßt erwachsen die gewöhnlich vorzeitig abfallenden Samen im Herbst, überwintert in einem glasigen braunen Kokon an der Rinde oder am Boden; Verpuppung im Frühling; zuweilen an Edelkastanien schädlich. **3.** ***Laspeyresia fagiglandana*** Zell. (***grossana*** Haw.), Buchenwickler; Lebensweise ähnlich der des Eichelwicklers; die Raupe frißt in Bucheckern (auch in Haselnüssen), überwintert ohne Gespinst in morschem Holz oder am Boden. **4.** ***Epinotia (Epiblema) tetraquetrana*** Haw., Birkengallenwickler; außer an Birke auch an Erle; die Raupe haust zuerst im Zweiginnern, frißt den Markkanal aus, erzeugt dadurch eine kugel- oder eiförmige Anschwellung (Galle), meist dicht unter dem Seitenzweig, verläßt den Zweig in einer Nebenzweigachsel, frißt im Herbst in einem Blattwickel oder unter dem umgeschlagenen Blattrand; Überwinterung und Verpuppung wohl am Boden. **B) An Nadelholz;** es ist erstaunlich, wie jede der vielen allein an Nadelhölzern lebenden Arten doch ihre eigene »Nische« gefunden hat, zeitlich und räumlich. **5.** ***Rhyacionia (Evetria) buoliana*** D. u. Sch., Kieferntriebwickler, Kiefernknospentriebwickler; anscheinend ausschließlich an verschiedenen Kie-

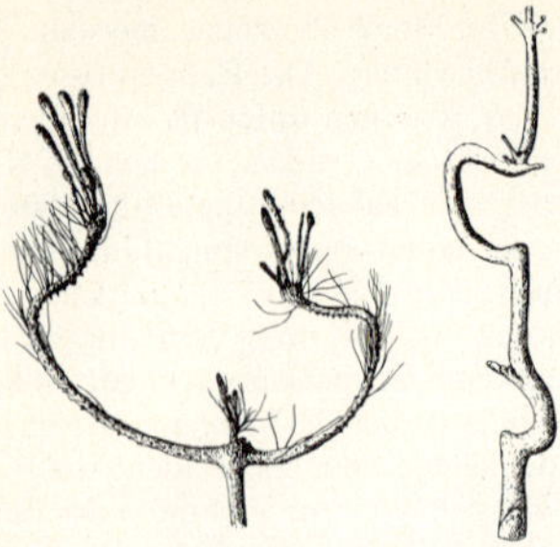

Abb. T-69: ***Rhyacionia buoliana,*** Kieferntriebwickler. »Posthorn«-Bildungen durch Raupenfraß. (Escherich 1923/42)

Abb. T-70: ***Rhyacionia duplana.*** Kiefernquirlwickler. Befallener Kiefernmaitrieb. (Schimitschek 1955)

fernarten, bevorzugt an jungen Bäumen; Dämmerungsflieger, die ♂♂ angelockt vom Sexualpheromon der erst nach der Begattung flugaktiven ♀♀; im Sommer (VI–VII) werden die Eier einzeln oder in kleinen Gruppen an die Nadelscheiden nahe der Triebspitze, auch an die End- oder Quirlknospen gelegt; die Raupe frißt an der Basis von 4–6 Spitzennadeln, dringt von dem schwachen Gespinst aus in eine Quirlknospe ein (zuweilen schwacher Herbstfraß in der Knospe; Harzfluß in das Gespinst hinein, das so zum Gehäuse wird), überwintert, frißt im Frühling mehrere Knospen aus (wobei der Harzüberzug der Knospen einen gewissen Schutz gewährt), ferner in einer Rinne am Trieb, seltener auch im Trieb; dadurch werden u.U. alle Knospen oder Triebe zerstört, Bildung von »Besen« aus Kurztrieben mit langen Nadeln; oder der noch nicht ganz zerstörte Trieb knickt um, richtet sich wieder auf, wächst weiter (Bildung der »Posthörner«, [**T-69**], bei Auswachsen von 2 Trieben »Lyra« [**T-69**]); Verpuppung im Frühsommer meist in einem Fraßgang an der Triebbasis, die Puppe schiebt sich vor dem Schlüpfen des Falters etwas vor. Schaden oft beachtlich. **6. *Rhyacionia (Evetria) duplana*** Hbn., Kieferntriebwickler, Kiefernquirlwickler; ähnliche Lebensweise wie ***Rh. buoliana*;** Unterschiede: der Falter fliegt bereits im Frühling; Eiablage zwischen die Deckschuppen der Knospen; Raupenfraß im Innern der Triebe abwärts (mehrere Triebe je Raupe), die Triebspitze hängt verdorrt herab [**T-70**]; Puppe im Kokon in den toten Trieben oder in Astwinkeln, überwintert. **7. *Blastesthia turionella*** L. (***Olethreutes turionana*** Hbn.), Kiefernknospenwickler; Lebensweise wiederum ähnlich der von ***Rh. buoliana*;** Unterschiede: Flugzeit früher als ***Rh. buoliana*,** später als ***Rh. duplana*;** die Eier werden einzeln meist in die Mittelknospen der oberen Triebe gelegt; die Raupe frißt, an der Spitze eindringend, die Knospe und oft noch einen Teil des Triebes aus, überwintert, frißt im Frühling in neuen Knospen und Trieben weiter; bezeichnend ist der im Herbst beginnende, im Frühling verstärkte Harzfluß; Verpuppung im Frühling in der mit Gespinst ausgekleideten gerade befressenen Knospe; die Puppe arbeitet sich vor dem Schlüpfen des Falters neben den Harztropfen am Knospengrund hervor. Schadwirkung beachtlich, u.a. »Besen«-Bildung am verkürzten Teil ähnlich wie bei ***Rh. buoliana*. 8. *Petrova (Phalaena) resinella*** L., Kiefernharzgallenwickler; die Eier werden V bis VI einzeln an die Maitriebe abgelegt; die Raupe macht ein Gespinst dicht unter den Endknospen, befrißt die Rinde, verstärkt das Gespinst durch Arbeit mit den Kiefern mit Harztröpfchen, ferner mit von Harz durchtränktem Kot, sowie mit weiteren Gespinstfäden, frißt sich in das Triebinnere, (ständige Verbindung des Fraßganges mit dem Inneren der bis zum Herbst erbsengroßen, einkammerigen »Harzgalle«: [**T-71**], überwintert, frißt im Frühling weiter, auf der Rinde und im

Inneren des Triebes; Ausbau der »Galle« zu einem zweikammerigen, bis zum Herbst etwa kirschengroßen Gebilde, in der einen Kammer wird vor allem Kot abgelagert; nochmalige Überwinterung der Raupe, Verpuppung dann im Frühling in der anderen Kammer der »Galle«; die Puppe arbeitet sich V–VI zur Hälfte aus der von der Sonne aufgeweichten »Galle« heraus, bleibt unbenetzt von Harz; die »Galle« besteht also nicht aus Pflanzengewebe, die Pflanze liefert nur das von der Raupe verbaute Material. **9. *Archips (Cacoecia) piceana*** L., Kiefernnadelwickler; außer an Kiefer auch an Fichte, Tanne, Lärche, Wacholder; Eiablage VI–VII an die Nadeln; die Raupe beißt ein Loch in die Nadel, frißt von hier aus minierend im Nadelinnern, spinnt dann mehrere Nadeln zu einer Röhre zusammen, befrißt in ihr die Nadeln von außen, überwintert hier, sie frißt im Frühling von einem Gespinstrohr aus an den jungen Nadeln, zuweilen auch im Innern des Triebes; Verpuppung am letzten Fraßplatz; die befressenen Triebe hängen verdorrt herab. ***Archips podana*** Scop., polyphag an Laub- und Nadelbäumen; schädlich nur an Obstbäumen; Raupen fressen zwischen versponnenen Blättern; Sexualpheromon Mischung aus Cis-11- und Trans-11-tetradecenylacetat; nur das Gemisch, nicht die Einzelverbindungen sind hoch attraktiv für die ♂♂. **10. *Parasyndemis (Cacoecia) histrionana*** Fröl., Fichtentriebwickler; meist an Fichte, gelegentlich auch an anderen Nadelhölzern (z.B. Tanne); die Eier werden im VII in Doppelreihe oder Häufchen an die Nadel gelegt, überwintern vielleicht; Raupenfraß erst im folgenden Frühling in einem Gespinst an vorjährigen Nadeln, später, auch im Gespinst an den Jungtrieben, die sich durch einseitiges Befressen krümmen; Verpuppung in einem Gespinst. **11. *Laspeyresia pactolana*** Zell. [**T-72**], Fichtenrindenwickler; an der gemeinen Fichte und an Blaufichte; Eiablage V–VI an die Stämme zwischen oder dicht unter die den Quirl bildenden Zweige, vor allem an 10–20jährigen Bäumen, deren Rinde offenbar für den Fraß besonders gut geeignet ist; (die passende Rinde älterer Bäume liegt für die übliche Flughöhe der Falter zu hoch); die Raupe frißt unter der Rinde in einem mit Gespinst ausgekleideten Gang oder größerem Platz [**T-73**]; Folge: Harzaustritt

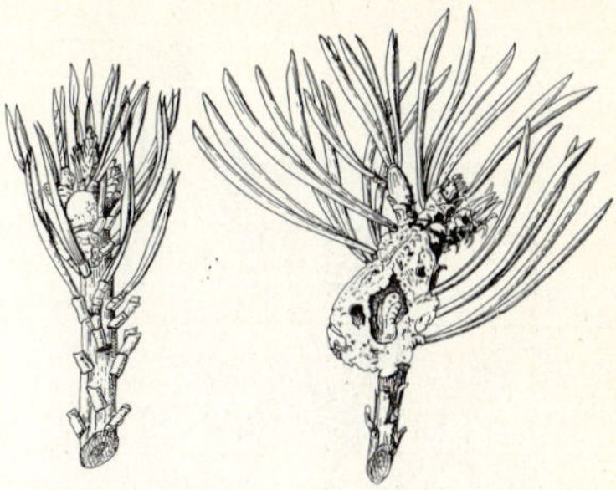

Abb. T-71: ***Petrova resinella***, Kiefernharzgallenwickler. Links einjährige Galle, rechts zweijährige Galle aufgeschnitten; etwa 1/2 nat. Gr. (Escherich 1923/42)

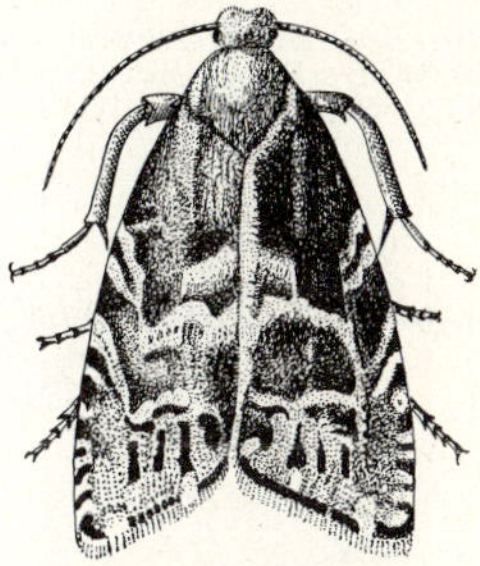

Abb. T-72: ***Laspeyresia pactolana***, Fichtenrindenwickler. Länge ca. 10 mm. (Brauns 1964)

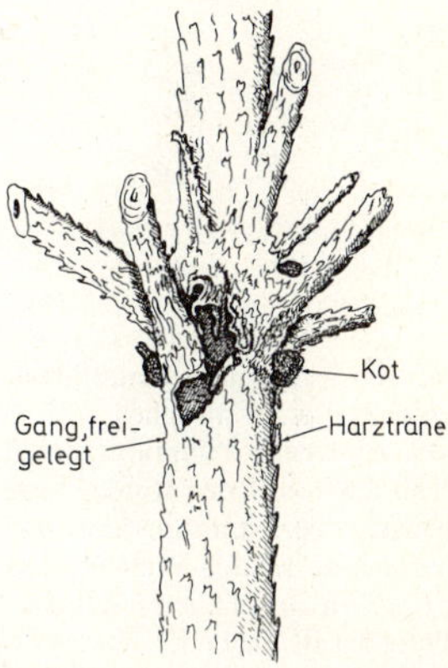

Abb. T-73: ***Laspeyresia pactolana***, Fichtenrindenwickler. Raupenfraß an Fichte. (Escherich 1923/42)

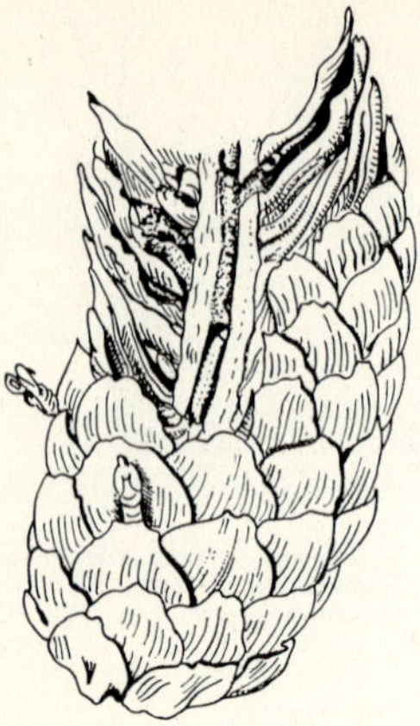

Abb. T-74: ***Laspeyresia strobilellus***, Fichtenzapfenwickler. Mehrere Raupen in der Zapfenspindel und zwei Puppenhäute. (Brauns 1964)

Abb. T-75: ***Epinotia tedella***, Fichtennestwickler. Fraßbild. (Brauns 1964)

in Form von am Stamm herabfließenden »Harztränen«; dann mischen sich Harz und Kot zu einem »Schnupftabakähnlichen« Häufchen auf der Rinde; Fraß bis zum Frost, Überwinterung der Raupen (fressen auch an milden Wintertagen), erneuter Fraß im Frühling; krebsartige Anschwellung der Rinde im Freßbereich; Verpuppung im V im Fraßgang nahe der Öffnung; die Puppe schiebt sich vor dem Schlüpfen des Falters weit aus dem Gang heraus; Schaden bei starkem Befall beträchtlich, u. U. Absterben des Baumes. **12.** ***Laspeyresia (Pseudotomoides) strobilella*** L., Fichtenzapfenwickler; Eiablage am Tage vor allem im V außen an die jungen Zapfen; die Raupen fressen zu mehreren zuerst im Mark der Zapfenspindel [**T-74**], zuletzt auch an den Schuppen und Samen, überwintern; im Frühling Verpuppung im Zapfen; die Puppen schieben sich vor dem Schlüpfen des Falters unter den Schuppen hervor; Befall zunächst äußerlich kaum sichtbar, (zuweilen Verkrümmung der Zapfen und Harzfluß), später an den Puppenhüllen. **13.** ***Epinotia (Epiblema) tedella*** Cl., Fichtennestwickler, Hohlnadelwickler; die Eier werden (V) VI–VII meist einzeln auf der Nadeloberseite abgelegt; die Raupe miniert, in einem begrenzten Zweigbereich bleibend, in der dann verblassenden, später braunen Nadel, in die sie meist am Grunde eindringt, frißt bis zur Spitze, verläßt sie meist wieder durch das Einbohrloch, nimmt eine neue Nadel an, so nacheinander 12–16 Stück; ausgefressene Nadeln, Nadelstückchen und Kot sind dann in einem Gespinst vereinigt [**T-75**]; im Herbst Abspinnen der erwachsenen Raupen zum Boden, Überwinterung in der Bodenstreu; hier Verpuppung im IV–V ohne Gespinst. **14.** ***Epinotia (Epiblema) nigricana*** H.S., Tannenknospenwickler; die Eier werden einzeln VI–VII an die Knospen abgelegt, zumal im Gipfelbereich; die Raupe frißt die Knospe aus, wandert unter dem Schutz eines Gespinstes (mit Harz durchsetzt, außen mit Rindenteilchen) zur nächsten, übernächsten usw., überwintert in der Knospe, frißt im Frühling weiter; Verpuppung selten in der Knospe, meist nach Abspinnen im Boden; Schaden beachtlich, pro Raupe 4–5 Knospen; ausnahmsweise auch an Fichte. **15.** ***Epinotia (Semasia) subsequana*** Haw., Tannennadelwickler; im V werden mehrere Eier oberseitig an die Nadeln des Vorjahres abgelegt; die Raupe miniert zunächst in den jungen Nadeln der Maitriebe, später auch in den älteren Nadeln, frißt, etwa in der Mitte beginnend, zuerst zur Spitze, dann zur Basis hin, Verlassen der Nadel meist durch das Einbohrloch; sie spinnt Nachbarnadeln an die ausgefressene, geht dann an eine neue Nadel, spinnt sich im VII zum Boden ab; verpuppt sich hier in einem weißen, mit einigen Bodenteilchen getarnten Kokon; die Puppe überwintert. **16. *Choristoneura (Cacoecia) murinana*** Hbn., Weißtannentriebwickler, Tannentriebwickler, Grüner Tannenwickler, Tannennadelnestwickler; Eier flach, dachziegelartig sich überdeckend, teils in Häufchen an Zweigen, teils 2zeilig an Nadeln im VI–VII abgelegt, zumal im Kronenbereich älterer Bäume; die Räupchen fressen zunächst nicht, überwintern nach der ersten Häutung unter einem Gespinst auf der Rinde, kommen im Frühling durch Pendeln am Spinnfaden auf die Zweige, können am Faden hängend vom Winde verfrachtet werden; Freßbeginn im Frühling aus einem röhrenförmigen Gespinst heraus an den Nadeln der Maitriebe; die oberen Teile der Nadeln hängen unverzehrt im Gespinst, pro Raupe etwa 120 Nadeln; die zerstörten Triebe sehen rostrot aus, wie bei Frostschaden; Verpuppung im VI teils im Raupengespinst, teils am Stamm, teils nach dem Abspinnen am Boden; Schaden zuweilen beachtlich, hauptsächlich an Weißtannen. **17. *Laspeyresia zebeana*** Ratz., Lärchengallenwickler, Lärchenrindenwickler; aus den im V–VI einzeln vor allem in Astwinkeln der Triebe abgelegten Eiern schlüpft die Raupe, die sich in die Rinde einbohrt und hier ähnlich wie ***Petrova resinella*** (8) frißt; die Pflanze reagiert mit einer gallenartigen Anschwellung im Bereich der befressenen Stelle und mit reichlich Harzfluß; (hier also echte Gallenbildung im Gegensatz zu ***P. resinella***); der Kot wird durch ein Loch ausgestoßen; die Raupe überwintert zweimal, das erste Mal in der etwa erbsengroßen, das zweite Mal in der etwa kirschgroß gewordenen Galle, das Kotloch wird jedesmal vorher zugesponnen; dann im 2. Frühling wiederum Lochverschluß und Verpuppung in der Galle, aus der sich die Puppe vor dem Schlüpfen des Falters herausschiebt. **18. *Zeiraphera (Semasia) diniana*** Guen., Grauer Lärchenwickler; außer an Lärche auch an anderen Nadelhölzern, wobei die an der Zirbelkiefer vorkommenden Populationen wohl als Vertreter einer eigenen Rasse aufzufassen sind; die Eier werden einzeln oder in kleinen Gruppen im Spätsommer bis Herbst mit der langen Legeröhre an dünnen Zweigen in Rindenrisse oder unter Flechten geschoben, überwintern; die Raupen fressen im Frühling (an Lärche) an jungen Nadeln von einer Gespinströhre aus, spinnen später an einem neuen Kurztrieb die inneren Nadeln trichterartig zusammen [**T-76**], fressen schließlich fast die gesamten Nadeln auf; an anderen Nadelhölzern z.T. andere Fraßform, an Fichte z.B. auch in Knospen und in Zapfen; Verpuppung im Spätsommer meist am Boden in einem mit Pflanzenresten belegten Kokon; besonders in den Alpen an Lärchen u.U. recht schädlich. **C) An Obstbäumen, Sträuchern, Reben; 19. *Laspeyresia pomonella*** L., Apfelwickler; Raupe = Obstmade; an verschiedenen Kernfrüchten, seltener an Steinfrüchten, heute weltweit verbreitet; die Falter fliegen ab Frühling mehrere Wochen in der Dämmerung, die ♂♂ angelockt durch den Sexuallockstoff der ♀♀; die Eier werden von dem mindestens eine Woche alten ♀ einzeln an die jungen, offenbar mit dem Geruchssinn entdeckten Äpfel gelegt (zuweilen auch an Blätter und Zweige), pro ♀ ca. 100 Eier; die Raupe schlüpft nach 1–2$^1/_2$ Wochen, wandert auf der Frucht umher, benagt sie ein wenig, dringt dann in die Frucht ein, oft von der Kelchgrube her, bis zum Kerngehäuse, frißt Kerne und Fruchtfleisch; der Kot wird aus dem Einbohrloch oder aus einem neuen seitlichen Loch ausgestoßen, hängt, durch Gespinstfäden gehalten, an der Öffnung, an die oft ein Blatt oder die

Abb. T-76: ***Zeiraphera diniana***, Grauer Lärchenwickler. Fraßbild der Raupen.

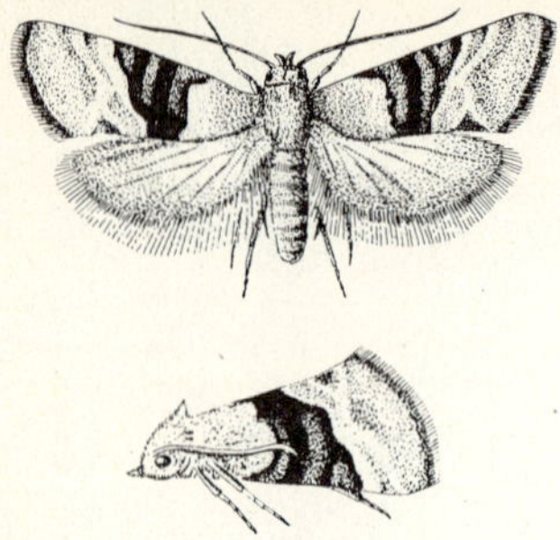

Abb. T-77: ***Eupoecilia ambiguella,*** Einbindiger Traubenwickler. Unten Ruhehaltung. (v. Lengerken 1932)

Nachbarfrucht angesponnen ist; oft Überwandern auf eine neue Frucht, meist von der Seite her; die erwachsene Raupe spinnt sich ab oder wandert aus dem Fallobst aus, nagt unter Rindenschuppen eine Grube aus, überzieht sie mit einem festen durch Holzteilchen verstärkten Gespinst, überwintert hier, falls es nur eine Generation im Jahr gibt (zweimaliges Überwintern einzelner Raupen kommt vor); erst im Frühling Verpuppung. In wärmeren Gegenden 2 (oder mehr) Generationen im Jahr, oder es ergibt wenigstens ein früh entwickelter Teil der 1. Generation im Sommer schon Falter; die Falter der 2. Generation sind weniger fruchtbar; ihre Raupen befallen die nun schon größeren Früchte meist seitlich, gelangen mit in die Lagerhäuser, überwintern hier in Wandritzen. Schaden groß, »wurmstichige« Früchte fallen meist frühzeitig ab. **20. *Enarmonia formosana*** Scop. (***woeberiana*** D. u. Sch.), Gummiwickler, Rindenwickler; Eiablage Frühling-Sommer in Rindenritzen, oft an den bereits von der Art befressenen Stellen; die Raupen fressen in Bast und Splint, die Gänge sind mit Gespinst ausgekleidet, der Kot hängt am Ausstoßloch heraus; an Steinobst ist der Fraß verbunden mit stärkerem »Gummifluß«; krebsiges Absterben der Rinde, danach eines Astes und bei durch ständige weitere Eiablage verstärktem Befall u. U. des ganzen Baumes; ständig sind verschiedene Entwicklungsstadien vorhanden; Verpuppung im Fraßgang. **21. *Spilonota ocellana*** Fbr., Roter Knospenwickler; an verschiedenen Laub-, auch Obstbäumen; Falter (V) VI–VIII; die flachen Eier werden einzeln an Knospen und Blätter abgelegt; die Raupe lebt zunächst in einem Gespinst auf der Blattunterseite, macht von hier aus Skelettierfraß, haust dann zwischen zusammengesponnenen Blättern, überwintert in einem Gespinst auf der Rinde in der Nähe junger Knospen, frißt im Frühling zunächst in den Knospen, später in büschelig zusammengesponnenen Blättern, oder in Blattrollen; hier liegt auch die Puppe in einem weißen Gespinst; kann besonders in Baumschulen durch den Knospenfraß sehr schädlich werden. **22. *Hedya nubiferana*** Haw. (***Argyroploce variegana*** Hbn.), Grauer Knospenwickler; an verschiedenen Laubbäumen, vor allem auch an Apfel und Birne; Lebensweise ähnlich wie 21; Schaden vor allem durch Fraß in Knospen, zwischen versponnenen Blüten, auch an Fruchtanlagen. **23. *Hedya (Argyroploce) pruniana*** Hbn., Pflaumenknospenwickler; an verschiedenen Laubbäumen, bes. an Kernobst; Lebensweise ähnlich wie 22 und 23. **24. *Grapholitha (Laspeyresia) funebrana*** Tr., Pflaumenwickler, Larve = Pflaumenmade; 2 Generationen im Jahr; Falter zuerst V–VI, fliegt abends und nachts; das ♀ legt 40–60 Eier einzeln an junge Früchte nahe dem Stiel; die Jungraupe kriecht einige Stunden umher, bohrt sich dann ein, frißt zuerst nahe dem Stiel, dann den Kern; viel Kot; die Früchte fallen meist früh ab; Verpuppung in einem weißen Gespinst meist am Boden, seltener an der Rinde; (ein Teil der Raupen überwintert, verpuppt sich erst im Frühling); daraus schlüpfen die Falter der 2. Generation, VII; Eiablage an die Früchte; das Räupchen dringt sofort ein, Gummifluß am Bohrloch und im Bohrgang; die erwachsene Raupe spinnt sich zum Boden ab, überwintert (meist) im Boden in einem Kokon; Verpuppung im Frühling; Schaden zuweilen beträchtlich. **25. *Epinotia tenerana*** D. u. Sch. (***Epiblema peukleriana*** F.v.H.), Haselnußwickler; auch an Erle, Ulme, Birke; der Falter fliegt von Frühling bis Herbstanfang; die Eier werden IX einzeln oder in kleinen Gruppen an Knospen abgelegt; die Raupe frißt in den Knospen, überwintert (auch in ♀-Knospen), frißt im Frühling in Kätzchen und Knospen; Verpuppung in der Erde. **26. *Eupoecilia (Clysia) ambiguella*** Hbn., Einbindiger Traubenwickler [**T-77**], Raupe: Heuwurm, Sauerwurm, Schwarzköpfiger Wurm; die Raupen sind u. U. sehr schädlich an Weinstock, befressen aber auch verschiedene andere Pflanzen (z. B. Traubenholunder, Waldrebe, Hartriegel); aus den überwinterten Puppen schlüpfen im Frühling (ab Mitte V) die Falter, zuerst die ♂♂, fliegen abends, zunächst auf Nahrung; Begattung der 3–4 Tage alten ♀♀ vorwiegend ab Mitternacht; die ♂♂ werden durch das von unbegatteten ♀♀ abgesonderte Sexualpheromon aus bis etwa 25 m Entfernung erregt und angelockt, die Lockwirkung junger ♀♀ ist besonders stark; die Eier werden mittags bis abends einzeln vor allem an Knospen und Knospenstiele abgelegt, 30–100 pro ♀; nach 6–10 Tagen schlüpfen die Raupen (Kopf und Nacken schwarz), hausen in einer Wohnröhre zwischen versponnenen Blüten, fressen nachts Blüten und Knospen aus (»Heuwurm«; Fraß zur Zeit der Heuernte); 4 Häutungen, dann Verpuppung in einem mit verschiedenen Stoffen getarnten Gespinst, meist zwischen Blüten und Blättern. Die Falter schlüpfen nach 2–3 Wochen, im VII, legen Eier an die Weinbeeren; die Raupen, in einer Gespinströhre zwischen zusammengesponnenen Beeren, fressen diese ganz oder z. T. aus, (die beschädigten Beeren werden durch Bakterien und Pilze sauer; »Sauerwurm«); das Verpuppungsgespinst wird mit Fremdkörpern getarnt, vor allem in engen Spalten an Rinde oder Holz angelegt (Wahlvermögen; die Raupen suchen Körperkontakt in den Spalten), in dem nach einigen Wochen die Verpuppung erfolgt; die Puppe überwintert. **27. *Lobesia (Polychrosis) botrana*** D. u. Sch., Bekreuzter Traubenwickler, Bunter Traubenwickler [**T-78**]; Raupe: Heu- bzw. Sauerwurm, Gelbköpfiger Wurm; Lebensweise ähnlich dem vorigen; Unterschiede: Kopf und Nacken der Raupe gelb; Falter mehr zum Fliegen geneigt; bevorzugt in trockenen warmen Lagen; in Süddeutschland oft auch 3 Generationen; auch hier Lockwirkung der unbegatteten ♀♀ durch einen Sexuallockstoff; wirkt nicht auf ***Eupoecilia***-♂♂; Kopulation vor allem in den Abendstunden. **28. *Sparganothis pilleriana*** D. u. Sch., Springwurmwickler; Raupe: Laubwurm; außer an Weinrebe auch an vielen anderen Pflanzen; der Falter (VII–IX) ruht am Tag auf der Blattunterseite, fliegt in der Dämmerung; Eigelege (bis über 100 gelbe, dachziegelartig sich deckende Eier) auf der Blattoberseite, mit

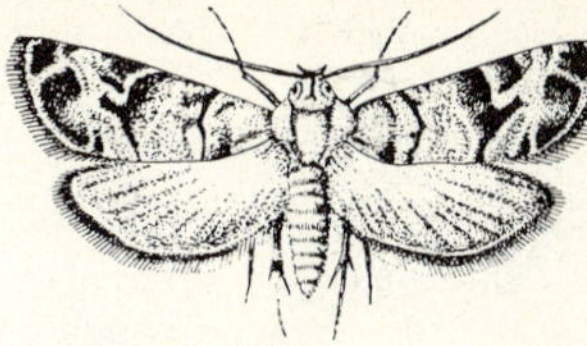

Abb. T-78: ***Lobesia botrana***, Bekreuzter Traubenwickler. (Sorauer 1949/57)

etwas weißlichem Sekret überzogen; nach 2–3 Wochen Schlüpfen der Räupchen, spinnen sich ab (keine Nahrungsaufnahme), überwintern unter weißlichem Gespinst in Rindenritzen, auch unter der obersten Rindenschicht; befressen im Frühling Knospen, in die sie eindringen, später vor allem an miteinander versponnenen Blättern (befressene Teile werden braun), zuweilen auch an Beeren; bei Störung ruckartiges Zurückschnellen (»Springwurm«), Laufen auf der Stelle und schließlich Klopfen mit den Vorderbeinen auf der Unterlage (2–13 mal pro sec), dazwischen Angehen des Kontrahenten mit geöffneten Mandibeln; dieses Verhalten auch bei Auseinandersetzungen mit Artgenossen um den Fraßplatz; einer der Kontrahenten, meist der Eindringling, flieht schließlich; nach etwa 2 Monaten Verpuppung zwischen zusammengesponnenen Blättern bzw. Blattresten; die Puppe (zuerst grün, dann rotbraun) schiebt sich nach 12–18 Tagen Puppenruhe, vor dem Schlüpfen des Falters aus dem Gespinst hervor. **D) An niederen Pflanzen. 29. *Ancylis comptana*** Fröl., Erdbeerwickler; der Falter fliegt in 2(–3) Generationen IV–V und VII–VIII; die Eier werden an die Blattunterseite abgelegt, an Erdbeere und an verschiedene andere krautige Pflanzen, auch an Him- und Brombeere; die Raupe frißt zunächst an der Blattoberseite, kurze Zeit auch minierend, dann unter dem mehr oder weniger breit umgeschlagenen Blattrand; Überwinterung teils als Raupe, teils als Puppe; an Erd-, Him- und Brombeeren ab und zu schädlich. **30. *Griselda myrtillana*** Westw. (***Epinotia vacciniana*** Zell.), Heidelbeerwickler; aus der im Boden überwinternden Puppe schlüpft V–VI der Falter; die Raupe spinnt mehrere Blätter zusammen, befrißt sie vom Innern des Gespinstes her; außer an Heidelbeere (***Vaccinium***; hier zuweilen sehr schädlich) an einer Reihe anderer Pflanzen. **31. *Eucosma conterminana*** H.S., Grauer Salatsamen-

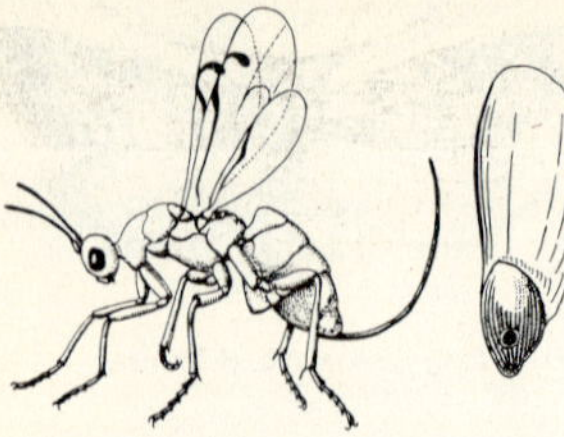

Abb. T-79: ***Megastigmus spermatophorus.*** ♀ ca. 5 mm. Douglasiensamen mit Ausschlupfloch, Samen ohne Flügel 5 mm. (Brauns 1964)

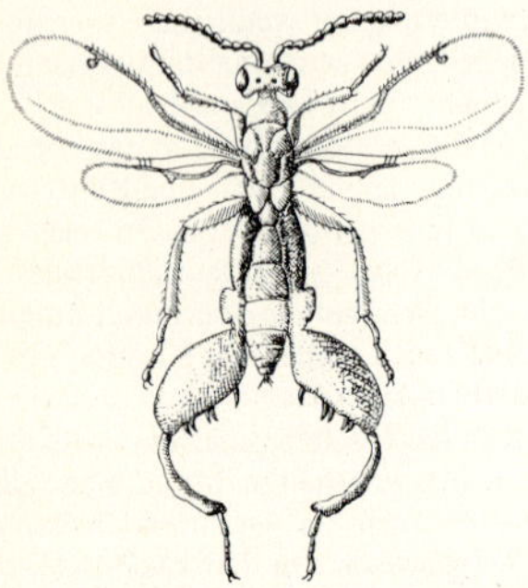

Abb. T-80: ***Podagrion bellator.*** ♂. Parasit in Eigelegen von Mantis. (Bachmayer 1969)

wickler; der im Sommer (VI–VII) fliegende Falter legt die rötlichen Eier in kleinen Gruppen an die Blütenköpfe von Salat (***Lactuca sativa*** L.); die dickliche Raupe befrißt die sich schließlich braun bis schwarz verfärbenden Blüten- und Samenköpfe, zuerst innen, später auch außen; die erwachsene Raupe überwintert im Kokon in der Erde, verpuppt sich im Frühling; kann in Salatkulturen sehr schädlich werden. **32.** ***Laspeyresia (Cydia) nigricana*** F., Olivenbrauner Erbsenwickler; Falter ab VI; Eier (flach, weißlich) meist einzeln (seltener 2 oder 3) an die Blätter (meist Unterseite), Kelchblätter oder junge Hülsen abgelegt, vor allem bei Erbse, seltener bei Wicke, Platterbse u.a.; die Raupe bohrt sich in diese ein, befrißt bis zu 4 Samen (meist nur eine Raupe in einer Hülse, eventuelle Konkurrentin wird getötet), Kot und Gespinst an Samen- und Hülsenwand; die erwachsene Raupe frißt sich ein Loch in die Hülsenwand, überwintert in einem außen mit Erde getarnten Gespinst im Boden; Verpuppung im Frühling; Schaden zuweilen beträchtlich. **33.** ***Grapholitha (Laspeyresia) dorsana*** F., Wickenwickler, Mondfleckiger Erbsenwickler; Lebensweise ähnlich dem vorigen, jedoch bevorzugt an Wicke, seltener an Erbse, Platterbse, auch Klee. (Bovey, Maksymov 1959; Brauns 1964; Dierl 1969; Escherich 1931; Franz 1940; Götz 1938, 1939 a, b; Green 1962; Hannemann 1968; Jacobson 1965; Lange, Weissinger 1972; Persoons et al. 1974; Schwenke 1978; Völlenkle 1973; Wildbolz 1958).

Tortrix; → Tortricidae 1.

Torymidae (Callimomidae); Fam. der Hautflügler (Hymenoptera, Apocrita, Chalcidoidea); kleine, oft metallisch gefärbte Erzwespen; die ♀♀ oft mit langem Legebohrer [**T-79**]; nur ein Teil der zahlreichen Arten lebt parasitisch (ihre Larven in der Regel als Außenparasiten) bei anderen Insekten, zumal bei Gallwespen und Gallmücken, z.B. ***Torymus bedeguaris*** bei der Rosengallwespe (→ Cynipidae 1); zuweilen kann die gleiche Art als Primär- und als Hyperparasit auftreten (z.B. ***Monodontomerus aerus*** Wlk.); bei einem anderen Teil leben die Larven zeitweilig oder ständig als Pflanzenfresser; zeitweilig z.B. ***Syntomaspis eurytomae*** Puz.: das ♀ legt ein Ei an die Larve von ***Eurytoma amygdalis*** End. (→ Eurytomidae) im Kern einer unreifen Pflaume, die ***Synt.***-Larve verzehrt zunächst die ***Eur.***-Larve, dann das Kerngewebe; reine Pflanzenfresser sind die Larven vieler ***Megastigmus***-Arten, und zwar in den Samen von Nadelbäumen; ein Spezialistentum ist (zumal bei nordamerikanischen Arten) oft ausgeprägt; Verschleppung mit den Futterpflanzen; in Mitteleuropa u.a.: ***M. seitneri*** Hoffmr. an Lärche; ***M. strobilobius*** Ratz. an Fichte; ***M. suspectus*** an Tanne; ***M. zwölferi*** Schef.-Im. an Weymouthskiefer; das ♀ belegt im Frühling–Sommer mit dem langen Legebohrer [**T-79**] ältere ♀-Blüten oder junge Zapfen; in jedem Samen lebt eine Larve, die hier überwintert, Verpuppung im Samen im Frühling, oder nach Überliegen, im nächsten Frühling; die Imago verläßt den Samen durch ein rundes Loch. ***Syntomaspis druparum*** Boh. entwickelt sich in den Samen von Apfel und Birne. ***Podagrion bellator*** [**T-80**] parasitiert in Eigelegen von ***Mantis. Philotrypesis caricae*** L, → Agaonidae 4. (Bachmaier 1969; Brauns 1964; Clausen 1940; Königsmann 1968; Schwenke 1982; Sellenschlo 1983).

Torymus; → Torymidae.

Totengräber, ***Necrophorus*** sp.; → Silphidae 1.

Totenkäfer, ***Blaps mortisaga*** L.; → Tenebrionidae 1.

Totenkopf, ***Acherontia atropos*** L.; → Sphingidae 4.

Totenuhr, Staublaus, ***Trogium pulsatorium*** L.; → Trogiidae; Klopfkäfer, ***Anobium punctatum*** Deg.; → Anobiidae 1.

Trabantenfliegen; → Calliphoridae 6; → Sphecidae 1.

Tracheliodes; → Sphecidae.

Trachusa; → Megachilidae 6.

Trachys; → Buprestidae.

Trägspinner; → Lymantriidae.

Trama; → Lachnidae.

Trapezeule, ***Cosmia trapezina*** L.; → Noctuidae 11.

Traubenkirschengespinstmotte, ***Yponomeuta padella*** L.; → Yponomeutidae 3.

Traubenkirschenlaus, ***Rhopalosiphon padi*** L.; → Aphididae 12.

Traubenwickler; → Tortricidae 26, 27.

Trauerbienen, ***Melecta*** sp.; → Anthophoridae 5.

Trauermantel, ***Nymphalis antiopa*** L.; → Nymphalidae 6.

Trauermücken; → Lycoriidae.

Trauerschweber; → Bombyliidae.

Trechus; → Carabidae.

Tremex; → Siricidae.

Triaenodes; → Leptoceridae.

Trialeurodes; → Aleurodina.

Triatoma; → Reduviidae.

Tribolium; → Tenebrionidae 8.

Trichiosoma; → Cimbicidae 4.

Trichiura; → Lasiocampidae 3.

Trichius; → Scarabaeidae 19.

Trichoceridae, Trichocera; → Petauristidae.

Trichodectidae, Trichodectes; → Mallophaga-Ischnocera.

Trichodes; → Cleridae 4.

Trichogramma; → Trichogrammatidae.

Trichogrammatidae; Fam. der Hautflügler (Hymenoptera, Apocrita, Chalcidoidea); sehr kleine Schlupfwespen (Erzwespen), deren Larven als Schmarotzer in den Eiern verschiedener Insekten leben; bisher sind etwa 100 z.T. weltweit verbreitete Arten bekannt. **1.** Gattung ***Trichogramma***, mehrere Arten, z.B. ***Trichogramma evanescens*** Westw. (0,3–0,9 mm), bekannt als Parasit von über 150 Wirten aus verschiedensten Insektengruppen; das ♀ meidet Eier, die bereits von einer Kollegin besucht bzw. belegt sind, wird anscheinend durch den Fußspurduft der Vorgängerin abgeschreckt (nimmt aber abgewaschene Eier wieder an), vermag auch beim Anstechen mit dem Legebohrer festzustellen, ob das Ei bereits parasitiert ist; Entwicklungsdauer kurz, bis zum Schlüpfen der Imago etwa eine Woche, daher u.U. viele Generationen im Jahr; wechselnde Zahl von Larven in einem Wirtsei, je nach dessen Größe; Verpuppung im Wirtsei. Verschiedene morphologisch kaum unterscheidbare ***Trichogramma***-Arten sind deutlich verschieden in ihren Ansprüchen an die Umgebung, an bestimmte Wirtstiere; manche können sich auch an einen dann zeitweilig bevorzugten Wirt gewöhnen. Einfluß des Wirtes auf die Entwicklung: bei ***Tr. semblidis*** Aur. (♀♀ stets geflügelt) entwickeln sich nur aus Schmetterlings-Eiern geflügelte, sonst stets ungeflügelte ♂♂. ***Trichogramma***, leicht und in Massen züchtbar z.B. in Eiern der Getreidemotte (→ Gelechiidae 1), wird, freigelassen, mit Erfolg gegen Schadinsekten eingesetzt (biologische Schädlingsbekämpfung). **2.** ***Prestwichia aquatica*** Lubb. **[T-81]** ist Eiparasit bei verschiedensten Wasserinsekten (z.B. Schwimmkäfern, Dytiscidae, u.a.); die Eiablage findet auch unter Wasser statt; beide Geschlechter bedienen sich zum Schwimmen der Beine (5 Tage Daueraufenthalt unter Wasser beobachtet); bemerkenswert ist der Polymorphismus: im typischen Fall ist das ♀ voll

Abb. T-81: ***Prestwichia aquatica.*** Oben geflügeltes ♀, unten ♂, Flügel verkümmert. (Bachmaier 1969)

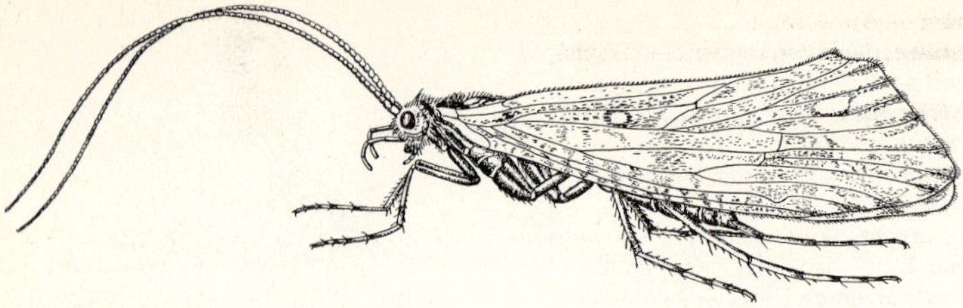

Abb. T-82: ***Phryganea*** sp., Köcherfliege. Sitzhaltung. 15–20 mm. (Engelhardt 1955)

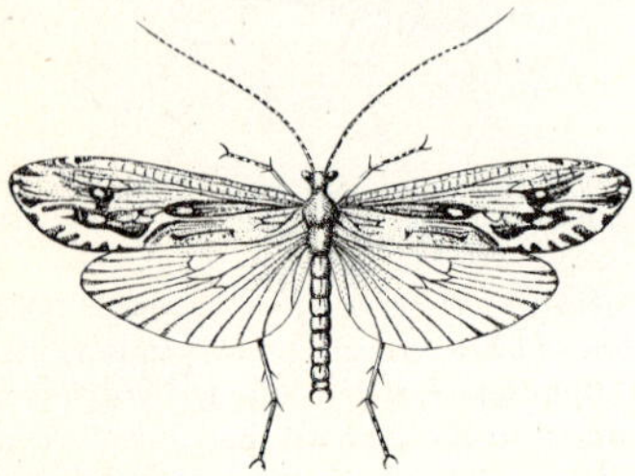

Abb. T-83: ***Phryganea grandis***, Große Köcherfliege. Flspw. bis 60 mm. (Brohmer 1935)

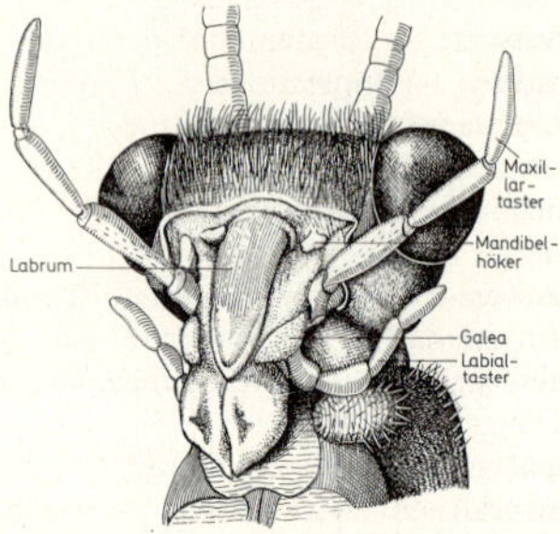

Abb. T-84: ***Phryganea*** sp., Kopf von vorn. Die Haustellumrinne wird proximal zugedeckt vom Labrum. (Handlirsch 1923ff.)

geflügelt, das ♂ jedoch hat nur Flügelstummel; manchmal aber treten auch ♀♀ mit mehr oder weniger rückgebildeten Flügeln auf. (Bachmaier 1969; Clausen 1940; Franz 1961; Königsmann 1968; Mayer, Quedman 1959; Walter 1983; Wesenberg-Lund 1943).

Trichonyx; → Pselaphidae 1.

Trichophaga; → Tineidae 6.

Trichoptera, Köcherfliegen, Haarflügler, (zuweilen auch, für viele Arten irreführend, als Frühlingsfliegen bezeichnet); in die Nähe der Schmetterlinge (Lepidoptera) gestellte Ordng. der holometabolen Insekten; bekannt ist, daß die Larven vieler Arten einen den Körper schützend umhüllenden Köcher bauen (s. u.), der gewöhnlich, fortlaufend vergrößert, für das ganze Larvenleben ausreicht, nach Umbau auch der Puppe noch als Schutz dient. **Imago:** [**T-82**] die Flügel sind meist fein und anliegend, seltener (Hydroptilidae) abstehend behaart; (den Schuppen der Schmetterlinge ähnliche Gebilde findet man z. B. auf den Vorderflügeln von ***Setodes***); die Flügel liegen in Ruhe dachförmig, seltener flach auf dem Rücken, dabei sind die meist über körperlangen, vielgliedrigen Fühler nach vorn gestreckt; klein bis stattlich (Extreme betr. Flsp.: ***Microptila minutissima*** Ris. 3–4 mm; ***Phryganea grandis*** L., Große Köcherfliege, bis 60 mm, [**T-83**], meist jedoch mittelgroß, die ♀♀ nicht selten deutlich größer als die ♂♂ (aber auch das Umgekehrte kommt vor); durchweg unscheinbar gefärbt in gelblichen bis düsteren Tönen; die Vorderflügel zuweilen mit markantem Muster. Die mäßig entwickelten Mundteile [**T-84**] nur zum Auflecken von Flüssigkeiten (Wasser, Nektar) geeignet, sofern überhaupt Nahrung aufgenommen wird; die Mandibeln (bei Larven und Puppen gut entwickelt) meist zu kurzen Höckern rückgebildet; jederseits eine Außenlade (Galea) der Maxillen und meist 5gliedrige Kiefertaster; diese sind bei den ♂♂ mancher Arten besonders gestaltet, ihr stark verdicktes Endglied wird z. B. bei ***Sericostoma*** und Verwandten wie eine Maske vor dem Gesicht getragen [**T-85**]; bezeichnend für die meisten Arten ist das vorne mit einer vom Labrum zugedeckten Rinne versehene Haustellum als weichhäutiges Leckorgan, entstanden aus dem Hypopharynx und dem Praementum (des Labiums), jederseits mit dem meist 3gliedrigen Lippentaster; (einige exotische Arten haben statt des Haustellums einen durch Verlängerung der Galea entstandenen kurzen Saugrüssel). Komplexaugen gut ausgebildete Superpositionsaugen, selten beim ♂ größer als beim ♀ (z.B. ***Hydropsyche exocellata*** Duf.); die Punktaugen fehlen in einigen Gruppen; häufig unmittelbar neben den Komplexaugen einige aus dem Larvenstadium übernommene Stemmata (larvale Punktaugen) unbekannter Funktion. Beine lang aber mäßig kräftig, ermöglichen jedoch bei optimaler Temperatur ein schnelles Laufen; bei den ♀♀ mancher Arten (aus verschiedenen Fam., so z.B. bei ***Hydropsyche, Phryganea, Oxyethira,*** also mehrmals unabhängig entstanden) sind die Mittel- seltener auch die Hinterbeine in verschiedenen Graden abgeflacht und zuweilen mit Haarsäumen besetzt, d.h. zu Schwimmbeinen umgestaltet, Hilfe bei der Eiablage unter Wasser. Flügel in der Regel gut ausgebildet, kurzflügelige Arten oder Formen einer Art (z.B. ***Acrophylax zerberus*** Brau., in der Schweiz) kommen vor, sehr selten ist weitgehende Rückbildung der Hinterflügel (bei der sibirischen ***Thamastes dipterus*** Hag.) oder beider Flügelpaare (bei den ♀♀ von ***Enoicyla***; → Limnophilidae); die Vorder- und Hinterflügel sind an der Basis durch Falten oder Borsten ähnlich wie bei den Schmetterlingen zu einer funktionellen Einheit verbunden; aber auch bei guter Ausbildung der Flügel sind Flugfähigkeit und Neigung zum Fliegen, stark temperaturabhängig, je nach Art verschieden; viele sind kaum oder nur für kurze Zeit zum Fliegen bereit, andere dagegen flinke und ausdauernde Flieger; das Temperaturoptimum der Aktivität ist ebenfalls artspezifisch verschieden; die meisten Arten sind im Sommer aktiv, andere, besonders solche mit 2 Generationen im Jahr, im Frühling bzw. im Herbst, einige sogar zuweilen auf Schnee (z.B. gewisse ***Drusus***-, ***Parachiona***- und ***Philopotamus***-Arten); die meisten fliegen in der Dämmerung oder nachts, ruhen tagsüber auf der Vegetation, nur verhältnismäßig wenige sind Tagflieger. Die Imagines der am Tanganjika-See vorkommenden flugunfähigen ***Limnoecetis tanganicae*** laufen wie Wasserläufer (→ Gerridae) auf der Wasseroberfläche oder schwimmen bauchoben wie Rückenschwimmer (→ Notonectidae) im Wasser. Bei manchen Arten kommt es zur Bildung von bisweilen außerordentlich individuenreichen Flugschwärmen, sie dienen wohl dem Sichfinden der Geschlechtspartner alsbald nach dem Schlüpfen aus der Puppe; die Schwärme bestehen bei einigen Arten nur aus ♂♂, z.B. bei ***Hydropsyche ornatula*** McLach.: abends ♂♂-Schwarm, die ♀♀ sitzen am Boden, werden vom ♂ angeflogen, von der Seite mit Vorder- und Mittelbeinen ergriffen, das ♀ hebt die Flügel etwas an, das ♂ ergreift das Hinterleibsende des ♀ mit den (bei verschiedenen Arten verschieden gestalteten) zangenartigen Genitalanhängen, dreht sich zur typischen Begattungsstellung mit abgewandten Köpfen, wobei die Flügel des ♂ die des ♀ von außen decken; ***Mystacides nigra*** L.; ebenfalls ♂♂-Schwärme, die ♀♀ fliegen tiefer, dicht über dem Wasser; das ♂ fliegt ein ♀ an, greift es im Flug mit den vergrößerten Kiefertastern, beide fliegen dann an Land zur eigentlichen Kopula; von anderen Arten sind gemischte Schwärme bekannt. Die sehr feste Kopula beginnt in der Regel im Sitzen; mehrmalige Begattung ist möglich; ob die bei den ♂♂ mancher Arten auf den Flügeln, bei ***Sericostoma***-♂♂ in den Kiefertastern und im 1. Antennenglied, bei anderen Arten im Abdomen gefundenen Gruppen von Drüsenzellen als Duftdrüsen im Dienst der Fortpflanzung stehen, bleibt zu klären. Eiablage Stunden oder Tage nach der Begattung;

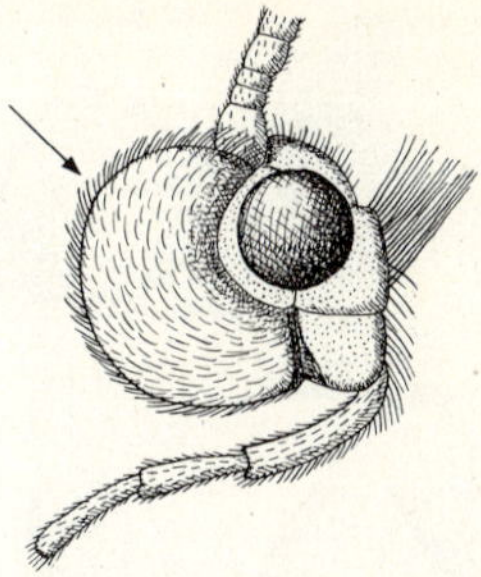

Abb. T-85: ***Sericostoma personatum.*** ♂. Kopf einer Köcherfliege von links. Pfeil weist auf das nach Art einer Maske vor das Gesicht gehaltene 3. Glied des Kiefertasters; 1. und 2. Glied sehr kurz. (Brohmer 1935)

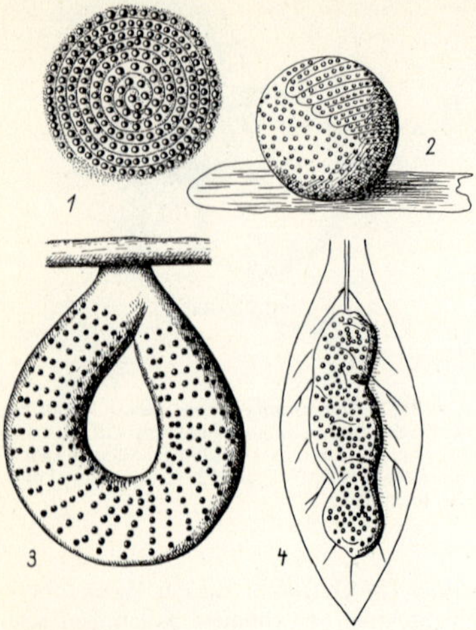

Abb. T-86: Laichformen von Köcherfliegen: 1) ***Triaenodes bicolor***; 2) ***Molanna angustata***; 3) ***Phryganea grandis***; 4) ***Glyphotaelius punctatolineatus.*** (Handlirsch 1923 ff.)

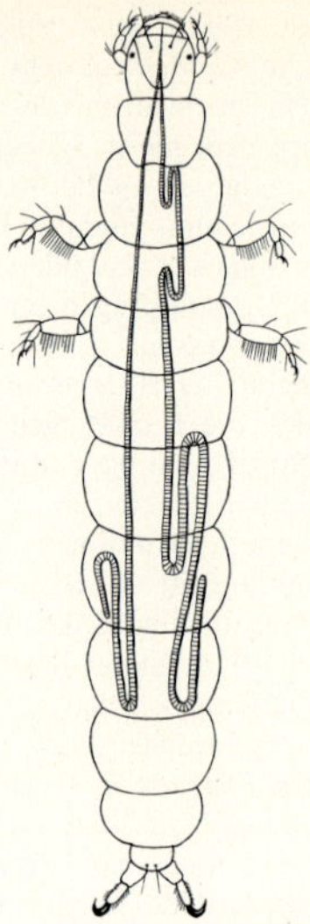

Abb. T-87: ***Neureclipsis bimaculata,*** Köcherfliegenlarve mit Spinndrüsen (= Labialdrüsen). Halbschematisch. (Brickenstein 1955)

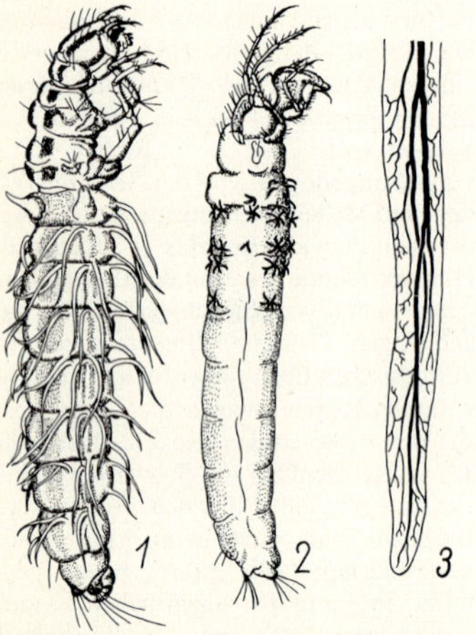

Abb. T-88: Köcherfliegenlarven: 1) ***Neuronia*** sp., 20–45 mm, suberuciform; 2) ***Leptocerus*** sp., 11 mm, eruciform; beide dem Köcher entnommen; 3) ***Phryganea varia,*** einzelne Tracheenkieme mit Tracheen. (Engelhardt 1955; Handlirsch 1923)

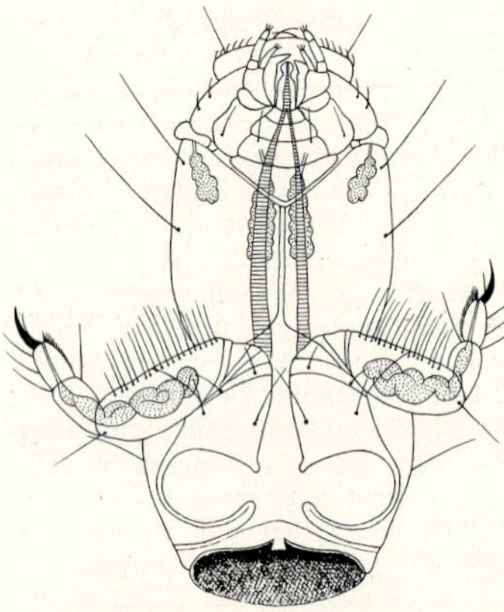

Abb. T-89: ***Neureclipsis bimaculata.*** Larve. Kopf und Vorderbrust mit Vorderbeinen von unten. Punktiert: Drüsen im Kopf: seitlich Mandibeldrüsen, median Maxillendrüsen und Spinndrüsen in den Vorderbeinen; schraffiert Labialdrüsen (= Spinndrüsen). (Brickenstein 1955)

die Eier werden selten einzeln (Rhyacophilidae), meist als nach Form, Größe, Eizahl, Ablageort für die Art bezeichnende Gelege abgesetzt [**T-86**], eingehüllt in eine kitt- oder gallertartige, oft im Wasser aufquellende Substanz, stets im oder am Wasser, in dem sich die Larven bei fast allen Arten entwickeln; Eiablage an Land, aber in Wassernähe oder an über das Wasser hinausragenden Pflanzen z. B. bei Vertretern der Limnophilidae und Sericostomatidae, bei denen dann die Junglarven ins Wasser kriechen oder fallen; die Ablage im Wasser ist selten so, daß das ♀ den Laichballen aus dem Flug fallen läßt (z.B. bei manchen Leptoceridae und Molannidae), häufiger so, daß es den Laich im Wasser am Substrat befestigt, dabei den Ablegeplatz kriechend oder schwimmend erreicht; mehrmalige Laichablage wurde bei manchen Arten beobachtet; (***Notanatolica vivipara*** W.-M., Indien, ist lebendgebärend). Ein Abtreiben von Gelegen und Larven bei Fließwasserformen wird u.U. dadurch kompensiert, daß die ♀♀ zum Eierlegen fluß- oder bachaufwärts fliegen. Die **Larven** [**T-87**] leben im Wasser (Ausnahme: ***Enoicyla***; → Limnophilidae), sind sehr verschieden nach Gestalt und Lebensweise; allen gemeinsam ist: a) ein geschlossenes Tracheensystem, Atmung häufig durch meist fingerförmige (den Junglarven noch fehlende) Tracheenkiemen [**T-88**], oder (hauptsächlich bei Arten, die keinen Köcher bauen) Hautatmung; der Wasserfluß wird zumal bei den in Köchern wohnenden Larven durch Aufabschwingen des Hinterleibs gefördert, selten auch durch schlagende Bewegungen der Kiemen selber; Limnephilidae vermögen im Verlauf von Häutungen die Anzahl der Tracheenkiemen in Abhängigkeit vom O_2-Gehalt des Wassers zu ändern; die sog. Respiratorischen Epithelien (unpaare oder/und paarige Bereiche des Abdomens mit abweichend gebauter Kutikula und Epidermis) dienen, ebenso wie die Analpapillen (aus dem After ausstülpbare Schläuche) der Osmoregulation und der Ionenaufnahme (→Chloridepithel); b) Mundteile, insbesondere die kräftigen Mandibeln, beißend, zum Packen bzw. Zerkleinern pflanzlicher oder tierischer Nahrung geeignet [**T-89**]; c) ein Paar Nachschieber am letzten (10.) Hinterleibsring, jeder mit einer Kralle bewehrt, einfach oder gegliedert, dient bei Larven ohne Köcher der Ortsbewegung, sonst zum Festhalten und zu Bewegungen (z.B. Umdrehen) im Köcher [**T-90**]; d) sehr große, schlauchförmige, paarige Spinndrüsen [**T-87**] mit unpaarem Ausführgang (umgewandelte Unterlippenspeicheldrüsen), zuweilen ist die eine stärker ausgebildet; Spinnseide aus einem Doppelstrang flacher, 1–4 µm breiter Bänder aus Bündeln von ca. 20 Å dicken Filamenten; abweichend von den anderen Sei-

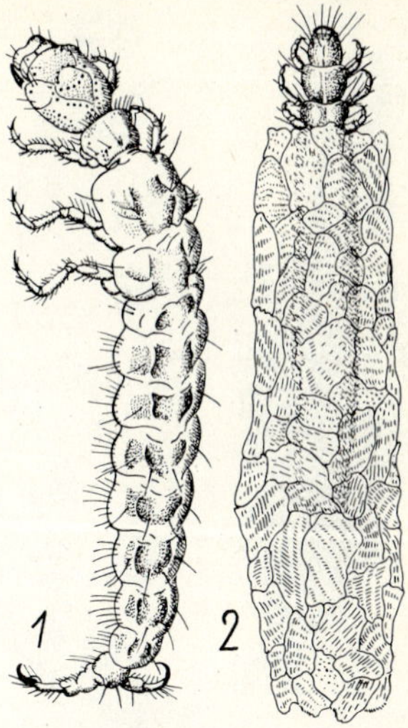

Abb. T-90: Links ***Plectrocnemia*** sp. Bis 22 mm; rechts ***Ptilocolepus granulatus.*** Köcher 8 mm. (Engelhardt 1959)

den ergibt die Analyse neben Glycin und Serin die Aminosäure Arginin; bei den Larven mehrerer Arten liegen Drüsen in den Schenkeln aller oder einzelner Beinpaare, Ausmündung an der Basis der Beinkralle, die Bedeutung des Sekretes ist wenig bekannt, bei ***Neureclipsis*** dient es dem Befestigen des Hauptspinnfadens am Substrat; für den Köcherbau ist vielleicht auch wichtig das ölige, alkohol- (nicht H_2O-) lösliche Sekret der ventral am vordersten oder an allen 3 Brustringen mündenden Gilson-Drüsen; e) Augen: jederseits maximal 6 Punktaugen, bei den räuberischen Formen (z.B. ***Rhyacophila***) weit nach vorne gerückt; nicht selten komplex gebaute Sensillen an Kopf und Thorax sind vermutlich Strömungssinnesorgane. Nach der Stellung des Kopfes 2 Larventypen: **1. Campodeide** Larven; Körper häufig etwas dorsoventral abgeflacht, ohne mit Haaren besetzte Seitenlinie; der Kopf ist so angesetzt, daß die Mundteile nach vorn zeigen; meist ohne Köcher; teils als Räuber frei lebend (z.B. ***Rhyacophila***, [**T-91, 2**]), teils in mit Sandkörnchen oder Algenfäden besetzten Gespinströhren, an die sich zierlich gebaute Netze zum Fang der dann vom Netz abgeweideten Nahrung anschließen

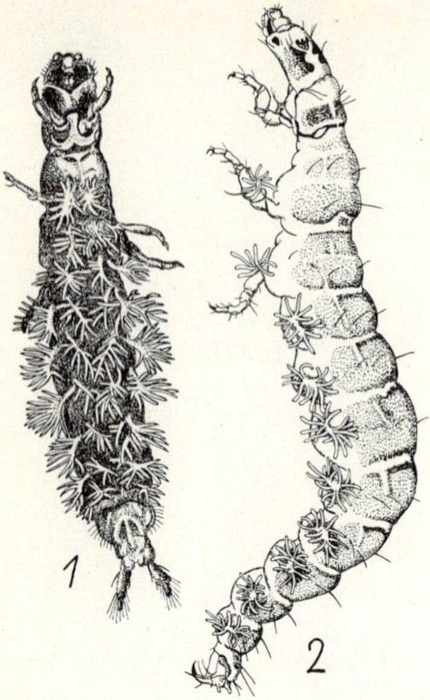

Abb. T-91: Campodeide Köcherfliegenlarven. Links ***Hydropsyche*** sp., 20 mm, Ventralansicht; rechts ***Rhyacophila*** sp., bis 25 mm. (Engelhardt 1959)

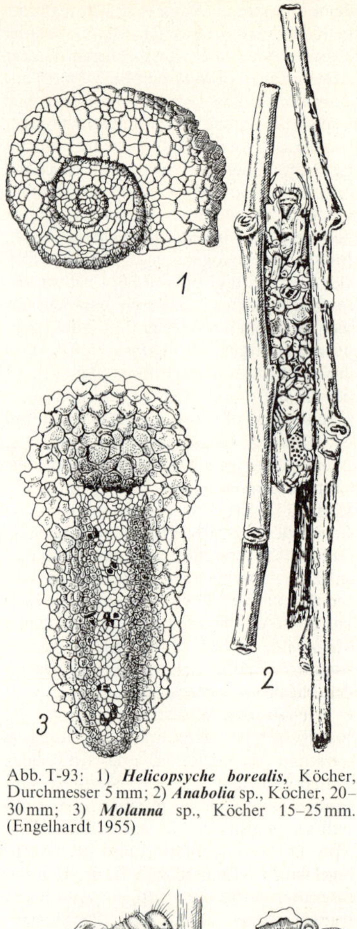

Abb. T-93: 1) ***Helicopsyche borealis,*** Köcher, Durchmesser 5 mm; 2) ***Anabolia*** sp., Köcher, 20–30 mm; 3) ***Molanna*** sp., Köcher 15–25 mm. (Engelhardt 1955)

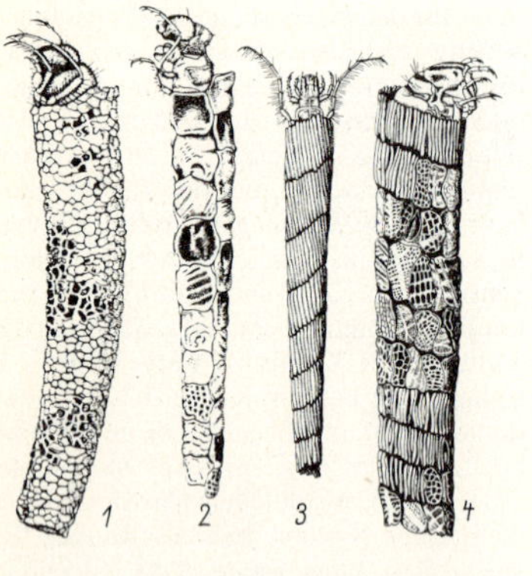

Abb. T-92: Köchertypen: 1) ***Seriocostoma*** sp., Köcher bis 15 mm; 2) ***Lepidostoma hirtum,*** Köcher bis 18 mm; 3) ***Triaenodes*** sp., Köcher 20–30 mm; 4) ***Phryganea*** sp., Köcher bis 50 mm. (Engelhardt 1955)

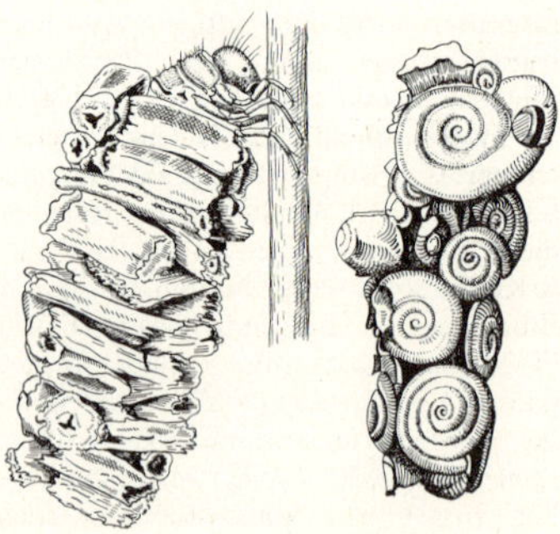

Abb. T-94: Links ***Limnephilus flavicornis.*** Köcher 30–35 mm; rechts gleiche Art, anderer Köcher. (Engelhardt 1955; Despax 1951).

können; bei einigen Arten auch Bau richtiger Köcher, teils aus reinem Spinnsekret, teils unter Verwendung von Fremdmaterial (z.B. ***Agapetus***); hierher gehören die unten unter A zusammengefaßten Fam. **2. Eruciforme** Larven; Körper meist nach Art von Raupen walzenförmig; am Hinterleib eine mit Haaren besetzte Seitenlinie, fördert bei den Atembewegungen den Wassertransport; der Kopf ist so angesetzt, daß die Mundteile nach unten gerichtet sind; Köcherbauer; Nahrung: vor allem frische oder zerfallende Pflanzenteile, aber zuweilen (z.B. bei ***Phryganea grandis*** L.) auch lebende Beute; hierher die unten unter B zusammengefaßten Fam., unter denen die Phryganeidae und Molannidae hinsichtlich der Kopfstellung zwischen den beiden Gruppen stehen, mit **suberuciformen** Larven. Besonderheiten der einen Köcher bauenden Larven: in der Regel ist das 3. Beinpaar am längsten; die Beine dienen, außer zum Schreiten, auch dem Erfassen der Nahrung und des Baumaterials für den Köcher, oft auch als Hilfsorgan beim Führen des Spinnfadens; hüpfendes Schwimmen durch den Schlag der behaarten langen Hinterbeine z.B. bei ***Setodes*** und ***Triaenodes***; in der Regel sind 3 oder 2 ausstülp- und rückziehbare Höcker am 1. Hinterleibsring vorhanden, sie dienen, wie die Nachschieber, dem Verankern des Körpers im Köcher, so insbesondere bei den Atembewegungen des Hinterleibs. Grundbaumaterial des Köchers ist stets das Spinnsekret; reine Sekretköcher sind jedoch selten, so bei einigen Vertretern der Leptoceridae und Hydroptilidae; in der Regel wird jedoch zum Köcherbau Fremdmaterial verwendet, pflanzlicher und tierischer Herkunft, häufig auch Sand oder Steinchen; erstaunlich ist die Mannigfaltigkeit in den verschiedenen Gruppen nach Art und zuweilen sehr regelmäßiger Anordnung des Baumaterials (z.B. gestreckte Bauteile quer bzw. längs verbaut; **[T-92]**; die Köcher sind im Querschnitt meist rund, seltener auch flach (z.B. ***Molanna***; **[T-93, 3]**); der flache Köcher von ***Hydroptila*** wird auf der Kante getragen, oder auch drei- bzw. vierkantig (z.B. ***Lepidostoma hirtum*** F.); der Köcher ist meist gestreckt **[T-92,2–4]**, seltener schwach gebogen **[T 92,1]** oder gar spiralig aufgerollt **[T-93,1]**. Art- und gruppenspezifisch sehr verschieden ist die Präzision der Materialauswahl; in dieser Hinsicht sind manche Vertreter der Limnophilidae wenig gebunden, nehmen nach Form und Größe sehr verschiedenes Material an **[T-94]**; das gleiche gilt für Junglarven mancher Arten im Vergleich zu den streng wählenden Altlarven; zuweilen wird auch je nach Jahreszeit verschiedenes, z.B. pflanzliches Material verwendet (manche ***Glyphotaëlius***- und ***Phryganea***-Arten); andere sind auf bestimmte, nach Art und Größe ausgewählte oder (bei pflanzlichem Material) mit den Mundteilen zurechtgeschnittene Bauelemente offenbar angeborenermaßen festgelegt; bei einigen Arten zumal der Limnephilidae (z.B. bei ***Potamophylax = Stenophylax latipennis*** Curt.) gibt es einen Baustilwechsel: die Junglarven bauen den Köcher aus ausgeschnittenen Blattstückchen, die Altlarven aus Steinchen; durchaus unklar sind noch einstweilen die den Stilwechsel bestimmenden Faktoren (kein oder nur geringer Einfluß von Hormonen?); Auswahl und Herrichten passender Bauteile setzt Verarbeiten verschiedener Sinneseindrücke, auch ein »Meßvermögen« voraus, unter Beteiligung offenbar der Mundteile und Beine; im Notfall (z.B. bei Köcherverlust) wird zunächst ein Provisorium aus gerade zur Verfügung stehendem Material hergestellt, werden evtl. auch fremde Gehäuse benutzt, um nur schnell den Körper zu schützen; provisorisch ist meist auch der erste Köcher der Kleinstlarven, diese bleiben zunächst oft noch in der Gelegegallerte; ***Brachycentrus montanus*** Klap. und ***Micrasema minimum*** McLach. bauen den Erstlingsköcher unmittelbar über der Ausschlüpföffnung auf der Gallerte aus Material, das sie der Umgebung entnehmen. Deutlich umweltbedingt ist das Belasten des Köchers mit großen Steinchen bei Bewohnern rascher Fließgewässer, konvergent bei Vertretern verschiedener Fam.; Beispiel: ***Silo*** (Sericostomatidae, **[T-95, 1]**), ***Agapetus*** (Rhyacophilidae, **[T-95, 2]**); ähnlich belastet sind die Köcher von ***Anabolia*** (Limnephilidae, in Fließgewässern, auch in Teichen und Seen); die Junglarven einiger Fließwasserformen befestigen den Köcher mit Spinnfäden am Substrat (z.B. ***Oligoplectrum, Brachycentrus***); in größeren Fließgewässern (Flüssen) ist die Verteilung der Arten nach der Strömungsgeschwindigkeit bezeichnend, wobei manche die langsamere (z.B. ***Stenophylax***-Arten), andere die schnellere

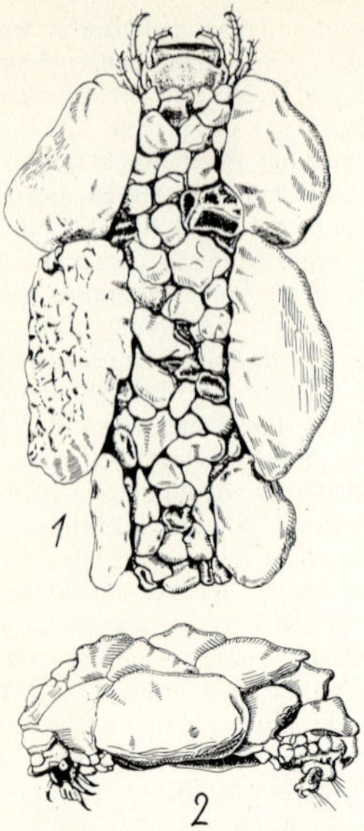

Abb. T-95: 1) ***Silo*** sp., Köcher 10–12 mm; 2) ***Agapetus*** sp. Köcher (ca. 8 mm) von links. (Engelhardt 1955)

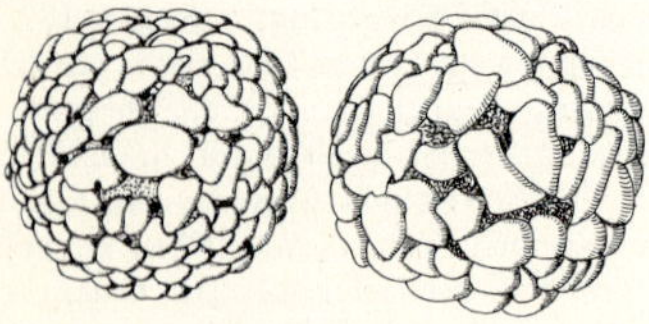

Abb. T-96: ***Ecclisopteryx guttulata.*** Verschluß des Puppengehäuses, links vorn, rechts hinten. (Despax 1955)

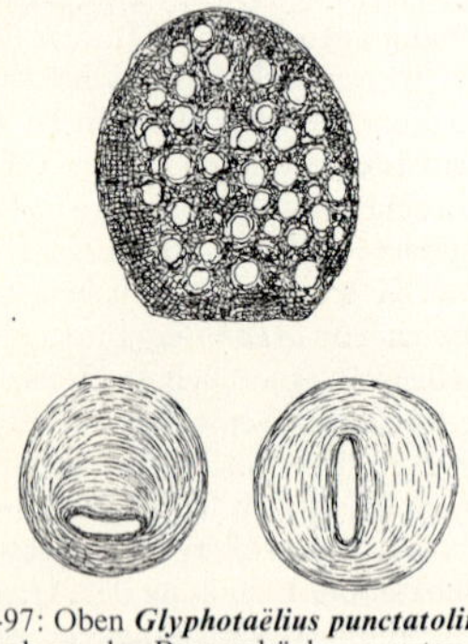

Abb. T-97: Oben ***Glyphotaëlius punctatolineatus.*** Siebmembran des Puppenköchers; unten ***Sericostoma*** sp., Spaltverschluß, links vorn, rechts hinten. (Wesenberg-Lund 1943; Ulmer 1927)

(z.B. ***Rhyacophila***) Strömung bevorzugen. Larven mancher Netzbauer stridulieren bei Auseinandersetzung um den Besitz von Wohnröhren (→ Hydropsychidae). **Verpuppung** stets in einem Puppenköcher, der je nach Art in wechselnder Ausdehnung am Substrat festgesponnen ist; er wird teils neu hergestellt (bei campodeiden Larven ohne eigenen Köcher), teils aus dem Larvenköcher umgebildet [**T-96**]; in selteneren Fällen liegt innerhalb des Puppenköchers ein ringsum geschlossener, mehr oder weniger stark im Köcher verankerter Gespinstkokon (Philopotamidae, Rhyacophilidae); bei den anderen Gruppen mit campodeiden Larven ist der Kokon vorn und hinten durchlöchert [**T-97**]; die stets mit Larvenköcher versehenen Gruppen mit eruciformen Larven bauen keinen Gespinstkokon, stellen aber einen Verschluß des bei manchen Arten zuvor verkürzten Köchers an beiden Enden her, der freilich niemals hermetisch ist, teils mit dem gleichen Material wie am Köcher, teils mit einer in verschiedenster Weise unterbrochenen Gespinstmembran; vor diesen Membranen liegt zuweilen noch ein reusenartig wirkender Pfropf aus Pflanzenmaterial (manche Limnephilidae und Phryganeidae). Somit ist in den meisten Fällen ein Wasseraustausch zwischen Puppenlager und Umgebung möglich, gefördert durch die außerordentliche Beweglichkeit der auf Atmen aus dem Wasser angewiesenen Puppe; Tracheenkiemen sind bei den meisten Gruppen mit eruciformen und einigen mit campodeiden Larven vorhanden [**T-98**]; allgemeine Hautatmung bei kiemenlosen Puppen; der Wasserdurchfluß wird auch hier gefördert durch Aufabschwingen des Hinterleibs, bei vielen Arten ist, wie bei den Larven, eine behaarte Seitenlinie und ein Fixierpunkt durch einen Fortsatz dorsal auf dem 1. Hinterleibsring vorhanden; keine Atembewegung bei Formen mit geschlossenem Gespinstkokon; die Versorgung mit Atemwasser ist gesichert durch ständiges Putzen der Löcher in den vorderen und hinteren Verschlußmembranen des Köchers, vorne durch die meist gut ausgebildeten und beweglichen Mandibeln sowie durch Haargruppen auf dem Labrum [**T-99**], hinten durch sehr verschieden gestaltete Borstengruppen bzw. Fortsätze am Hinterleibsende [**T-100**]. Zuweilen liegen die Puppen einer Art in Massen dicht beieinander (günstiges Substrat? »Herden-

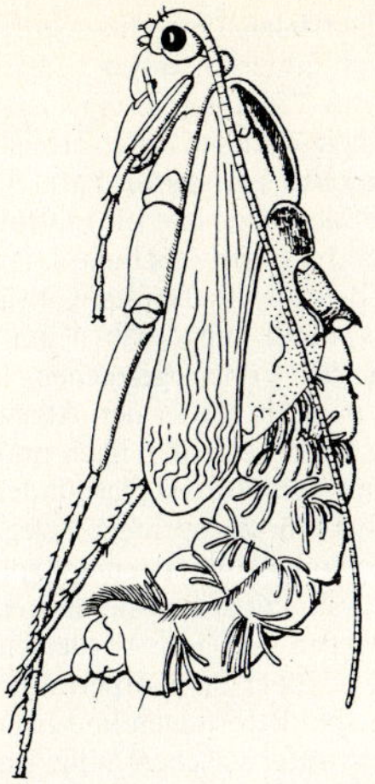

Abb. T-98: ***Neuronia ruficrus.*** Puppe mit abdominalen Tracheenkiemen. (Ulmer 1927)

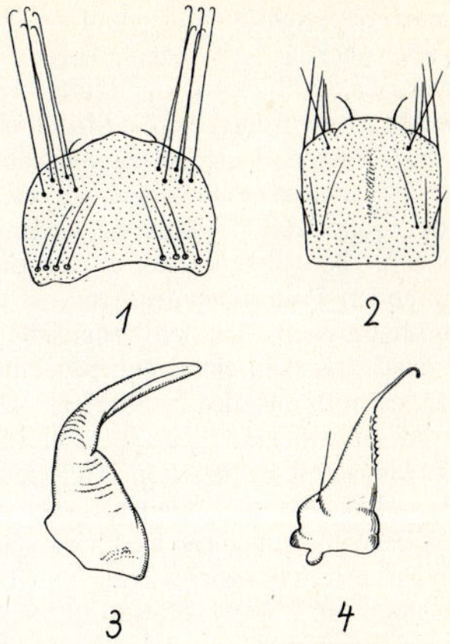

Abb. T-99: Puppen: 1 und 2 Oberlippen von 1) ***Grammotaulius atomarius***, 2) ***Phryganea striata***; 3 und 4 Mandibeln von 3) ***Phryganea striata***, 4) ***Odontocerum albicorni.*** (Ulmer 1927)

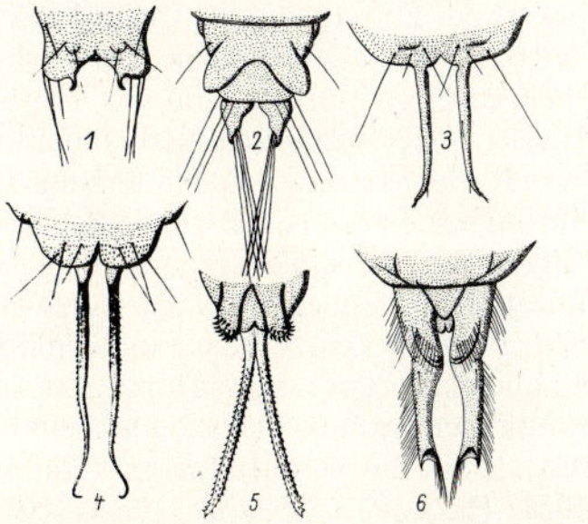

Abb. T-100: Hinterende von Puppen mit Putzanhängen. 1) ***Phryganea minor***; 2) ***Crunoecia irrorata***; 3) ***Anabolia nervosa***; 4) ***Silo pallipes***; 5) ***Micrasema minimum***; 6) ***Hydropsyche pellucidula.*** (Ulmer 1927)

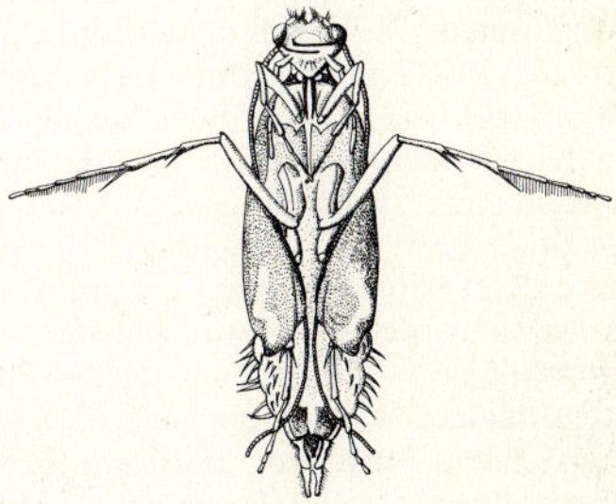

Abb. T-101: ***Rhyacophile*** sp., Puppe. (Despax 1951)

trieb?). Die Larven der nordamerikanischen Art ***Ironoquia parvula*** (Limnephilidae) leben zunächst in ephemeren Tümpeln, übersommern aber im Fallaub außerhalb des Wassers und verpuppen sich dort; ihren Puppen fehlen Putzborsten, Laterallinie und Kiemenschläuche. Dauer der Puppenzeit je nach Art wenige Tage bis einige Wochen; dann wird der vordere Verschluß mit den Mandibeln geöffnet (etwa vorhandene Putzfortsätze an ihnen brechen dabei ab); die Puppe zwängt sich durch die Öffnung, gelangt, mit Hilfe der bekrallten Beine an Wasserpflanzen hochkriechend, bei anderen Arten schwimmend an die Oberfläche; pupale Schwimmorgane: die bei verschiedenen Arten in wechselndem Ausmaß mit Haarzeilen besetzten Mittelbeine; manche Arten können beides, klettern und schwimmen [**T-101**]; die Schwimmphase dauert manchmal stundenlang; letzte Häutung unmittelbar an der Wasseroberfläche oder auf festem Substrat. Die Flugfähigkeit wird meist erst nach einiger Zeit erreicht, in manchen Fällen (z.B. bei ***Potamophylax***) jedoch bereits nach wenigen Minuten; ***Phryganea*** gleitet, bei unbenetzbarer Unterseite, alsbald nach dem Schlüpfen fluglaufend über die Wasseroberfläche, wobei die Vorderbeine über Wasser bleiben, die Hinterbeine nachschleifend eintauchen, die Mittelbeine aber im Wasser Ruderbewegungen machen. Die Schlüpfzeiten liegen vor allem abends, nachts und morgens; bei nachmittags, d.h. bei abnehmender Helligkeit schlüpfenden *Potamophylax*-Arten ist die Lichtabhängigkeit deutlich, zugleich jedoch das Mitwirken einer »inneren Uhr«: der Tagesrhythmus des Schlüpfens wird auch bei künstlichem Dauerdunkel über eine gewisse Zeit beibehalten. Meist eine, bei manchen Arten 2 Generationen im Jahr; Überwinterung meist als Larve, seltener im Eistadium (fraglich, ob bei manchen Arten auch als Puppe). Hauptflugzeit im Sommer, bei manchen Arten im Herbst bzw. Frühling. Durch Feinde verschiedenster Art gefährdet sind vor allem die Imagines, aber auch die Larven durch Freßfeinde (z.B. Fische) und Parasiten (Raupenfliegen; Schlupfwespen; → Agriotypidae). Fossile Köcher sind bereits aus der Kreidezeit bekannt. Die etwa 7000 bekannten Arten, davon fast 300 in M-Eur.i.e.S., werden z.Z. 28 Fam. zugeordnet, oft aufgeteilt auf die beiden U.-Ordngn. Aequipalpia (Kiefertaster bei ♂ und ♀ 5gliedrig) und Inaequipalpia (Kiefertaster nur beim ♀ 5gliedrig, beim ♂ 2–4gliedrig); in M-Eur.i.e.S. Vertreter folgender Fam.: A) Larven campodeid: → Rhyacophilidae; → Hydroptilidae; → Philopotamidae; → Polycentropidae; → Psychomyidae; → Hydropsychidae; B) Larven eruciform (bzw. suberuciform): → Phryganeidae; → Molannidae; → Leptoceridae; → Odontoceridae; → Limnephilidae; → Sericostomatidae; → Goeridae; → Beraeidae. (Bohle 1972; Brickenstein 1955; Despax 1951; Engelhardt 1955; Engster 1976; Günther 1968; Hansell 1968; Hynes 1970; Jansson, Vuoristo 1979; Komnick 1977; Lehmann 1970; Malicky 1974; Marstaller 1969; Merritt, Wallace 1981; Morse 1984; Nüske 1971, 1972; Nüske, Wichard 1972; Sattler 1965; Scott 1968; Tobias 1971; Ulmer 1925, 1927; Wallace, Merrit 1980; Wesenberg-Lund 1943; Wichard 1974, 1978; Wichard, Komnick 1973c; Wichard, Schmitz 1980; Wundt 1969; Zintl 1970).

Trichterroller: → Curculionidae.

Trichterwickler, ***Deporaus betulae*** L.; → Curculionidae 8.

Tridactylidae, Dreizehenschrecken; Fam. der Kurzfühlerschrecken (Caelifera); von den etwa 150 hauptsächlich in südlichen Bereichen lebenden Arten erreicht nur eine (***Tridactylus variegatus*** Latr., ♂ 5, ♀ 6,3 mm) Südeuropa; lebt oft in großer Individuenzahl in der feuchten Uferzone von stehenden und fließenden Gewässern, untertags meist eingegraben im feuchten, nachts im höher gelegenen, trockenen Sand; nagt als Futter den Algenbelag von den Sandkörnern, die, nach hinten gelegt, zu einer Art Tunnel verbunden werden, flieht bei Störung springend weg vom Tunnel; bei Sonne oft massenhaft springend im Sand; gräbt mit den vorne verbreiterten und mit Dornen besetzten Vorderschienen; die dorsal bis über die Körpermitte schwenkbaren, spindelförmigen und oft mehr oder weniger aufgeblasenen Schienen der Mittelbeine enthalten im Innern eine kräftige Trachee und eine Drüse unbekannter Funktion; vielleicht dient ihr schleimiges Sekret zur Befestigung der (Sand-) Wände der Bruthöhlen, in denen die Eier in Häufchen abgelegt werden; gerät das Tier aufs Wasser, so werden Mittel- und Hinterbeine zum Rudern benutzt; die Hinterbeine sind Sprungbeine, am Ende ihrer Schiene 2 lange Fortsätze und der kurze, eingliedrige Fuß (Name), außerdem einige kurze Dornen; Flügel verkürzt, kein Flugvermögen; ♀ ohne Legebohrer; keine Hörorgane, über Lautäußerungen nichts bekannt; überwintert als alte Larve oder Imago. (Chopard 1951; Harz 1975; Messner, 1964a, 1969).

Tridactylus; → Tridactylidae.

Triebstecher, ***Rhynchites coeruleus*** Deg.; → Curculionidae 3.

Triecphora; → Cercopidae.

Trigonalidae; Fam. der Hautflügler (Hymenoptera, Apocrita, Trigonaloidea); von den gut 70 Arten nur eine in M-Eur.i.e.S.: ***Pseudogonalos hahni*** Spin. (9–12 mm); ziemlich selten. Lebensweise: Hyperparasit bei ihrerseits parasitischen Raupenfliegen (→ Tachinidae) und Schlupfwespen (→ Ichneumonidae), z.B. der Gattung ***Ophion*** (***Ophion*** = Primärparasit; → Parasitismus); bemerkenswert: Legebohrer des ♀ stark rückgebildet, nicht geeignet zum Einstechen; Ablage sehr zahlreicher kleiner Eier (mehrere 1000) an die Unterseite von Blättern, werden vom Wirt des Primärparasiten mit der Nahrung aufgenommen; Larve zunächst innen-, am

Schluß außenparasitisch, verpuppt sich in dem Kokon des Wirtes, den dieser nach Verlassen des Hauptwirtes (z.B. Raupe) noch herstellte; wahrscheinlich eine Generation im Jahr. (Bachmaier 1969; Clausen 1940).

Trigonaloidea; Fam.-Gruppe der Hautflügler (Hymenoptera, Apocrita); einzige Fam.: → Trigonalidae.

Trigonidiidae, Käfergrillen; Fam. der Langfühlerschrecken (Ensifera, Grylloidea); in (Süd-)Europa nur ***Trigonidium cicindeloides*** Rambur; 4–6 mm; Flügeldecken hornig, parallelnervig (käferähnlich), bei ♂ und ♀ gleichartig und ohne Stridulationsorgan; Lauterzeugung indem Dornen des vorletzten Gliedes der in Vibration versetzten Maxillartaster an Dornen des letzten Gliedes reiben; das Endglied dient zugleich als Resonator; es gibt lang- und kurzflügelige Formen; nur die langflügeligen mit Tympanalorganen an den Vorderschienen; vor der Kopulation respondierendes, dem Zusammenfinden dienendes Stridulieren des ♂ und ♀; Eiablage in Binsen und Grashalme; sieben Larvenstadien (Bellmann 1985; Ingrisch 1977).

Trigonidium; → Trigonidiidae.

Trimenoponidae, Trimenopon; → Mallophaga-Amblycera.

Trimerina; → Ephydridae 4.

Trinkerin, *Philudoria potatoria* L.; → Lasiocampidae 8.

Trinoton; → Mallophaga-Amblycera.

Triogma; → Cylindrotomidae.

Trioza; → Psyllina 3.

Trioxys; → Aphidiidae [A-57].

Triphaena; → Noctuidae 25, 26.

Triphosa; → Geometridae.

Triplax; → Erotylidae.

Trisateles; → Noctuidae.

Trissocladius; → Chironomidae.

Triungulinus, Dreiklauer; die insbesondere für die Ölkäfer bezeichnende erste Larvenform; → Meloidae.

Trixagidae, Trixagus; → Throscidae.

Trochilium; → Aegeriidae 1.

Troctes; → Troctidae.

Troctidae (Liposcelidae); Fam. der Staubläuse (Psocoptera, Atropida); hierher die in beiden Geschlechtern flügellosen »Bücherläuse« (0,7–1,4 mm, [**T-102**]), mehrere schwer unterscheidbare Arten der Gattung ***Troctes***, bes. im Herbst häufig zwischen Papier; die alte Art ***Tr. (Liposcelis) divinatorius*** Müll. wird heute in mehrere Arten aufgeteilt. (Günther 1968; Rietschel 1969; Weidner 1982).

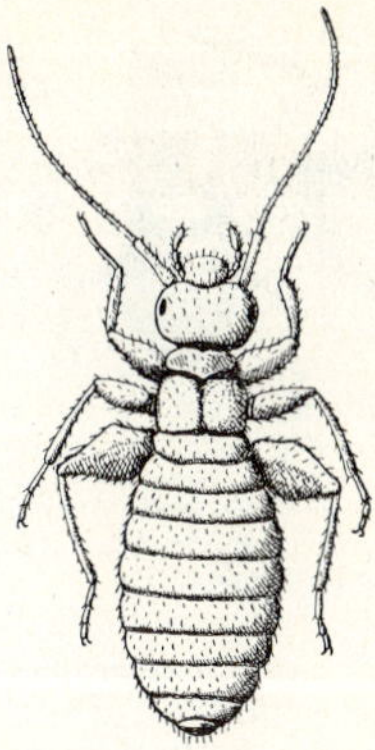

Abb. T-102: ***Troctes (Liposcelis)*** sp., Bücherlaus, 1 mm. (Rietschel 1969)

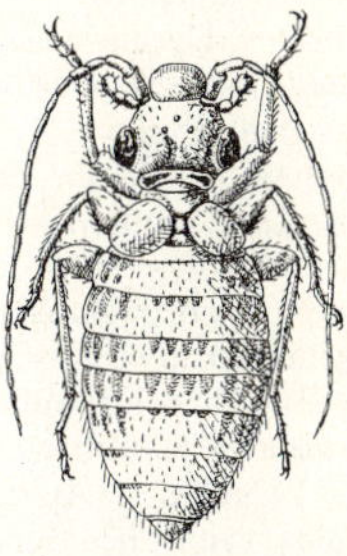

Abb. T-103: ***Trogium pulsatorium***, Totenuhr. 2 mm. (Rietschel 1969)

Troctomorpha; → Psocoptera.

Trogiidae; Fam. der Staubläuse (Psocoptera, Atropida); von den 7 in M-Eur.i.e.S. vorkommenden Arten bemerkenswert: **1. *Trogium pulsatorium*** L., Totenuhr (0,5–2 mm, [**T-103**]), gelblich-weiß, Vorderflügel zu kleinen Schüppchen rückgebildet; häufig in Häusern, in Bienenstöcken, an Bäumen; das ♀ macht Klopflaute durch Aufschlagen des Hinterleibs (knopfartige Verdickung am Bauch) auf die Unterlage, vielleicht zum Anlocken des ♂ (Hörorgane nicht bekannt; Wahrnehmen der Erschütterungen?). **2. *Cerobasis guestfalicus*** Kolbe (2 mm); Flügel ebenfalls stark rückgebildet; in Häusern, aber vor allem im Freien auf Rinde und Felsen; ovovivipar: die Larven schlüpfen sofort nach dem

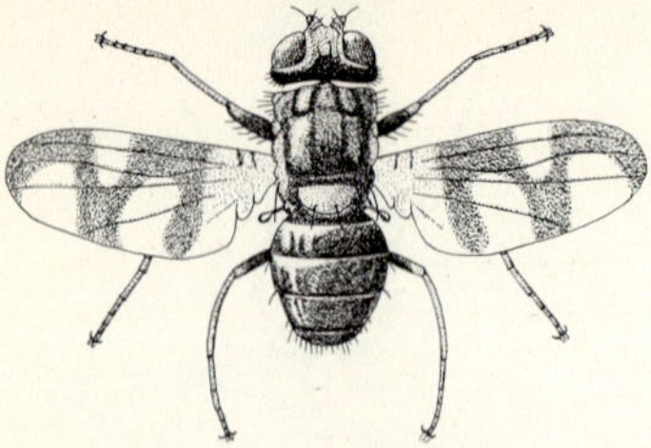

Abb. T-104: ***Urophora cardui.*** 4 mm. Larve macht Galle an den Stengeln der Ackerkratzdistel, ***Cirsium arvense*** L. (Séguy 1951)

Ablegen der Eier. (Günther 1968; Rietschel 1969; Weidner 1972).

Trogiomorpha; → Psocoptera.

Trogium; → Trogiidae 1.

Troglophilus; → Rhaphidophoridae.

Troglops; → Malachiidae.

Trogoderma; → Dermestidae 3.

Trogositidae; → Ostomidae.

Troilus; → Pentatomidae.

Trommelorgan; die für die Zikaden bezeichnenden Lautorgane; → Auchenorrhyncha.

Trophallaxis; Nahrungsaustausch zwischen Nestgenossen, auch zwischen Larven und Imagines; z. B. bei Termiten (→ Isoptera), bei sozialen Hautflüglern (→ Formicoidea; → Vespidae; → Apidae).

Trophamnion; eine bei verschiedenen Schlupfwespen auftretende zellige Hülle um die vor allem durch → Polyembryonie entstandenen Embryonen, gebildet durch Furchungszellen oder Richtungskörperchen, dient wohl dem Nahrungsaustausch; selten auch ohne Zusammenhang mit Polyembryonie; (vgl. z. B. → Encyrtidae).

Trophobiose; Beziehung zwischen zwei Insektenarten in der Form, daß die eine Art der anderen Absonderungen (Sekrete, Exkrete) zum Fressen bietet und dann von dieser u. U. einen gewissen Schutz genießt; Beispiel: Blattläuse; → Aphidina; Ameisen; → Formicoidea.

Tropideres; → Anthribidae.

Tropinota; → Scarabaeidae 18.

Trotzkopf, ***Anobium pertinax*** L.; → Anobiidae 2.

Trüffelfliege, ***Helomyza tuberiperda*** Rond.; → Helomyzidae.

Trüffelkäfer, ***Liodes cinnamomea*** Panz.; → Liodidae.

Trugameise, ***Methocha ichneumonoides*** Latr.; → Methochidae.

Trugbienen, ***Panurgus*** sp.; → Andrenidae 3.

Trugmotten; → Eriocraniidae.

Trypetidae (Tephritidae), Bohrfliegen, Fruchtfliegen; Fam. der cyclorrhaphen Fliegen (Diptera, Brachycera); meist höchstens mittelgroße, nicht selten sehr schon gefärbte Fliegen; die Flügel oft auffallend helldunkel gemustert, artspezifisch verschieden, (**[T-104, T-106]**); das Flügelmuster spielt zum mindesten bei manchen Arten (z. B. ***Urophora***, **[T-104]**) bei der Balz eine Rolle, wird durch Spreizen und Rotieren der Flügel, verbunden mit schaukelnden Körperbewegungen dem Partner vorgezeigt, wirkt aber nicht spezifisch, da Kopulationen zwischen verschiedenen Arten der gleichen Gattung durchaus möglich sind; (Verhindern von Falschkopulationen s. unten); in manchen Fällen scheinen beim balzenden ♂ auch akustische (± rhythmische Flügeltöne, z. B. bei ***Dacus***- und ***Ceratitis***-Arten) oder olfaktorische (flüchtiger Stoff, abgegeben aus ausstülpbaren Analblasen z. B. der Mittelmeerfruchtfliege, wirkt erregend auf begattungsreife ♀♀) Reize eine Rolle zu spielen; ♀ mit vorstreckbarem, stark chitinisierten, unten gezähnten Legebohrer, ermöglicht Anstechen der Wirtspflanzen für die Eiablage, ist in seinem Bau, vor allem der Länge, in manchen Gruppen (z. B. ***Urophora***) der spezifischen Wirtspflanze angepaßt. Entwicklung der Larven (fast) ausschließlich im Innern von lebenden Pflanzen, in verschiedensten Teilen, bei vielen Arten hauptsächlich in den Blütenköpfen von Korbblütlern (hier zuweilen gallbildend); bei anderen in fleischigen Früchten (z. B. Kirschfliege, Mittelmeerfruchtfliege, Olivenfliege), wo sie dann sehr schädlich werden können; Wirtsspezifität sehr verschieden ausgeprägt; manche Arten sind sehr polyphag (z. B. Mittelmeerfruchtfliege), andere fast monophag; für die Wirtsfindung und Eiablage z. B. in Früchten sind wichtig teils recht differenzierte optische Reize (z. B. Farbe, Abhebung von der Umgebung, Größe (Mittelmeerfruchtfliege), Bündelung von Früchten), teils Beschaffenheit der Oberfläche des Substrates, seine Krümmung, seine Härte, in geringerem Ausmaß auch wohl seine olfaktorischen Reize (Kirschfliege); bei den z. T. hoch wirtsspezifischen ***Urophora***-Arten (auf ***Centaurea*** und Disteln, **[T-104]**) treffen sich ♂ und ♀

auf ihrer vor allem optisch erkannten Wirtspflanze; diese wird vom ♂ verteidigt; hier finden Balz, Begattung und Eiablage statt; Isolierung gegen nahe verwandte Arten: man trifft sich nur auf der für die Art zuständigen Pflanze. Symbiontische Bakterien sind wohl stets vorhanden, im Darmlumen oder in je nach Art verschieden angeordneten Darmausstülpungen; Beispiel: Olivenfliege (***Dacus oleae*** Gmel.): bei der Larve 4 Säckchen rings um das Vorderende des Mitteldarms, bei der Imago unpaare dorsale Ausstülpung des Oesophagus im Kopf. Puppe teils am Freßort der Larve, teils im Boden, ist in der Regel Überwinterungsstadium; nicht selten, vor allem in wärmeren Landstrichen, mehrere Generationen im Jahr. Von den insgesamt ca. 2000 Arten etwa 200 in Mitteleuropa. Auswahl: **1. *Ceratitis capitata*** Wied., Mittelmeerfruchtfliege [**T-105**]; Heimat vermutlich Mittelmeerbereich, von hier aus heute weltweit verbreitet in den warmen Gebieten, gelegentlich auch mit Obsttransporten in kühlere Bereiche verschleppt, ohne sich hier auf die Dauer halten zu können; ♂♂ mit paarigen Analdrüsen, deren Sekret (auf ausstülpbaren Analampullen dargeboten) als Sexualpheromon anlockend auf die ♀♀ wirkt und – zusammen mit der optischen Wahrnehmung des ♂ – Sexualverhalten auslöst; außerordentlich polyphag, etwa 180 Befallspflanzen bekannt; an verschiedenen weichfleischigen Früchten bisweilen sehr schädlich. ♀♀ verpaaren sich nur einmal, daher biologische Bekämpfung durch Aussetzen von Millionen gezüchteter und durch Gammastrahlen steril gemachter ♂♂ vor allem im Mittelmeerraum seit Jahren recht erfolgreich; die fertilen ♂♂ der natürlichen Population kommen wegen der Überzahl der zwar begattungs- aber nicht besamungsfähigen Zuchttiere nur mehr selten zur Verpaarung; die nach der Kopula mit sterilen ♂♂ abgesetzten Eier entwickeln sich nicht; Eiablage nach Einstich als Gelege, daher in der Regel mehrere Larven in einer Frucht; Gesamtentwicklungsdauer bei 20–22° ca. 32 Tage, jedoch auch bei gleicher Temperatur nach Fruchtart variabel; Puppe im Boden. **2. *Rhagoletis cerasi*** L., Kirschfliege [**T-106**]; Entwicklung außer in Kirschen auch in verschiedenen anderen Früchten, auch in Waldfrüchten, z. B. in denen von ***Lonicera*,** wird dann wichtig, wenn Reifung

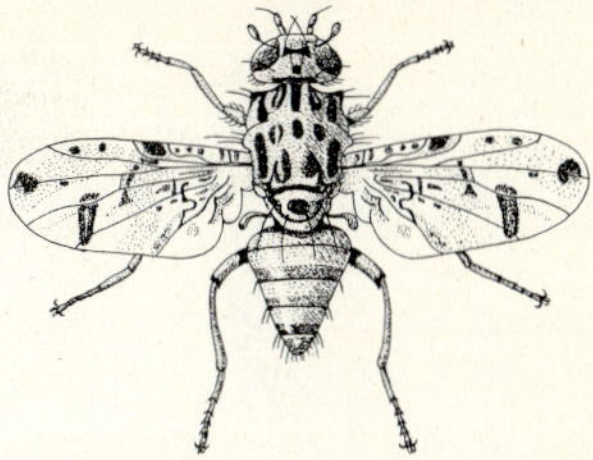

Abb. T-105: ***Ceratitis capitata*,** Mittelmeerfruchtfliege. ♂, 4–5 mm, mit 2 palettenartig verbreiterten und abgeflachten Haaren auf der Stirn. (Séguy 1951)

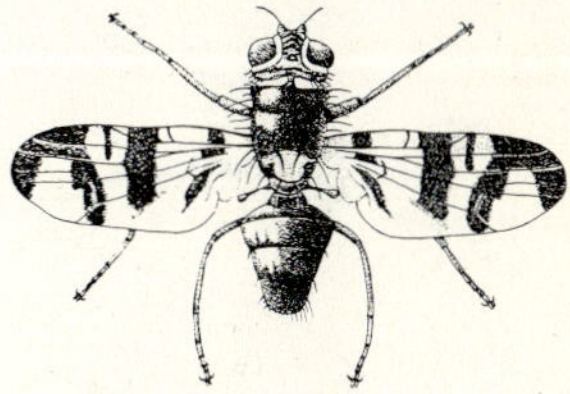

Abb. T-106: ***Rhagoletis cerasi*,** Kirschfliege. ♂, 3–5 mm. (Séguy 1951)

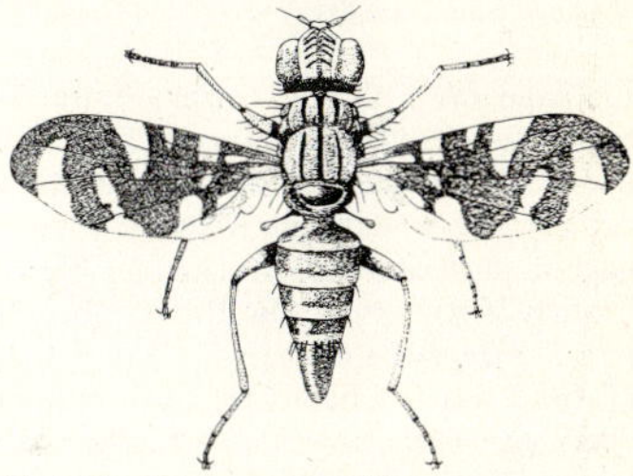

Abb. T-107: ***Platyparea poeciloptera*,** Spargelfliege. ♀, 7 mm. (Séguy 1951)

der Kirschen und Reifung der Eier im ♀ (z. B. in nördlichen Teilen des Verbreitungsgebietes) nicht zusammenfallen; bereits stark gereifte Kirschen werden nicht belegt; meist nur ein Ei pro Frucht; nach der Eiablage wie bei vielen (allen?) anderen Arten auch, Markieren der Frucht mit einem ablagehemmenden Pheromon (bekannter chemischer Zusammensetzung); Schutz vor Überbelegung! Die Larve frißt in der Kirsche in Kernnähe; Puppe im Boden, kann bis zu 3 Winter überliegen. **3. *Rhagoletis alternata*** Fall., Hagebuttenfliege; Eiablage VI–VIII, wechselnde Ei- und Larvenzahl pro Frucht; die bis etwa 6 mm langen Larven fressen im Fleisch der dann verkrüppelnden Hagebutten. **4. *Platyparea poeciloptera*** Schrk., Spargelfliege [**T-107**];

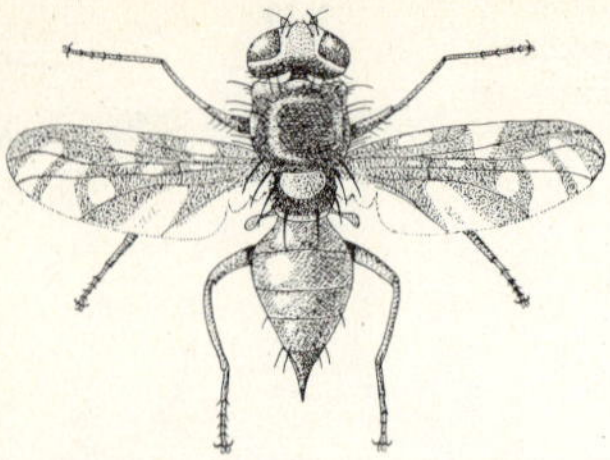

Abb. T-108: *Pilophylla heraclei*, Sellerifliege. 4–6 mm. (Séguy 1951)

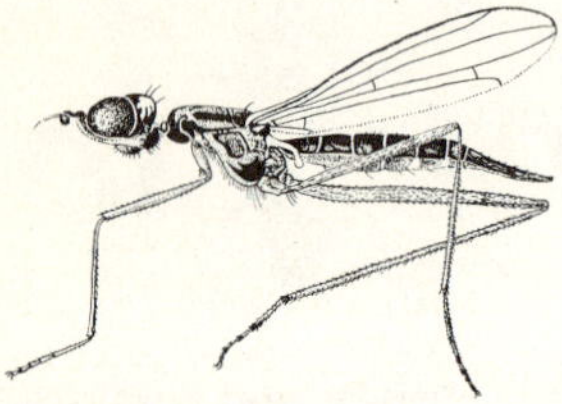

Abb. T-109: *Micropeza corrigiolata*, Stelzfliege. ♀, Länge 6 mm. (Lindner)

Eiablage im Frühling einzeln hinter die Schuppen des Triebkopfes, mehrere Eier pro Trieb; die Larven fressen zunächst an der Peripherie, dann im Mark des Triebes nach unten; nach ca. 3 Wochen im Wurzelbereich Verpuppung, die Puppe überwintert. **5. *Pilophylla heraclei*** L., Selleriefliege [**T-108**]; das ♀ schiebt das Ei in eine mit dem Legebohrer hergestellte Tasche an der Unterseite des Blattes verschiedener Doldenblütler (nicht nur vom Sellerie); die Larve miniert im dadurch zum Welken gebrachten Blatt, befällt dann ein weiteres Blatt; 2 Generationen; Verpuppung in der Regel im Boden (hier auch Überwinterung), im Sommer bisweilen auch in der Mine. **6. *Dacus oleae*** Gmel., Olivenfliege; das ♀ sticht die jungen Früchte an, in denen sich die Larven entwickeln; Puppe im Boden; Überwinterung teils als Puppe, teils als Imago; wichtiger Schädling im ganzen Anbaugebiet der Oliven. (Bauer 1986; Buchner 1953; Christenson, Foote 1960; Katsoyannos 1982; Moreth 1986; Otte 1956; Rietschel 1969; Rolli 1976; Sanders 1962, 1968; Schäfer 1986; Schumann 1968; Wiesmann 1937; Zwölfer 1969).

Tryphon; → Ichneumonidae.

Trypoxylon; → Sphecidae.

Tsetsefliegen; ***Glossina*** sp. → Diptera.

Tubulifera, U.-Ordng. der Blasenfüße; → Thysanoptera.

Tummelfliegen; → Clythiidae.

Tunga; → Siphonaptera.

Turmfalkenfederling, *Laemobothrion tinnunculi* L.; → Mallophaga.

Turmschrecke, *Acrida hungarica* Herbst; → Acrididae 5.

Tussahseide; → Saturnidae.

Tüten; → Apidae 3.

Tütenmotten; → Gracilariidae.

Tylidae, Microspezidae, Stelzfliegen; Fam. der cyclorrhaphen Fliegen (Diptera, Brachycera); in Europa ein gutes Dutzend dieser schlanken langbeinigen, etwa mittelgroßen Fliegen bekannt [**T-109**]; mäßige Flieger, an feuchten, schattigen Stellen, z. B. an Bachufern, auffallend durch das »gravitätische« Stelzen beim Gehen; die abgebildete ***Micropeza corrigiolata*** Meig. macht Jagd auf kleine, weichhäutige Insekten; über die Entwicklung nichts Genaues bekannt, Larven vielleicht an zerfallenden Pilzen.

Tymbalorgane; → Trommelorgane.

Typhaea; → Mycetophagidae.

Typhlocyba; → Jassidae 3.

Typhoeus; → Scarabaeidae 3.

U

Überliegen; über die Norm hinausgehendes mehrmaliges Überwintern.

Überparasitismus; → Hyperparasitismus; → Parasitismus.

Uferaas; in manchen Gegenden übliche Bezeichnung für die zuweilen massenhaft am Ufer von Süßgewässern liegenden Leichen von Eintagsfliegen, insbesondere der Art ***Polymitarcis virgo*** Ol.; (→ Polymitarcidae).

Uferbolde, Uferfliegen; → Plecoptera.

Uferschwalbenfloh, *Ceratophyllus styx* Rothsch.; → Siphonaptera.

Uferwanzen; → Saldidae.

Ulmenbeutelgallenlaus, *Schizoneura lanuginosa* Htg.; → Eriosomatidae 9.

Ulmenblasenlaus, *Byrsocrypta ulmi* L.; → Eriosomatidae 11.

Ulmenblattkäfer, *Galerucella luteola* Müll.; → Chrysomelidae 15, 16; → Carabidae 11.

Ulmenblattrollenlaus, ***Schizoneura ulmi*** L.; → Eriosomatidae 11.

Ulmenschildlaus, ***Eriococcus spurius*** Mod.; → Pseudococcidae.

Ulmensplintkäfer, ***Scolytus scolytus*** F.; → Scolytidae 6.

Ulmensterben; gefährliche Erkrankung der Ulmen, hervorgerufen durch den Pilz ***Ceratocystis ulmi,*** u.a. übertragen durch den Ulmensplintkäfer; → Scolytidae 6.

Ungefährliche Weißtannenlaus, ***Dreyfusia picea*** Ratz.; → Adelgidae 10.

Ungleicher Holzbohrer, ***Xyleborus (Anisandrus) dispar*** Fbr.; → Scolytidae 7.

Ungleichflügler; U.-Ordng. Anisoptera der Libellen; → Odonata.

Urinsekten; → Apterygota.

Urmotten; → Zeugloptera.

Urocerus; → Siricidae.

Urophora; → Trypetidae.

Utetheisa; → Arctiidae 4.

V

Vanessa; → Nymphalidae 3.

Veilchenblattrollgallmücke, ***Dasineura affinis*** Kieff.; → Itonididae 13.

Veilgrauer Kiefernspanner, ***Macaria liturata*** Cl.; → Geometridae 34.

Vektor; Krankheitsüberträger; Bezeichnung für Insekten, die auf Mensch, Tier oder Pflanze pathogene Viren, Bakterien oder Protozoen übertragen.

Velia; → Veliidae 1.

Veliidae, Bachläufer, Stoßwasserläufer; Fam. der Landwanzen (Heteroptera, Geocorisae); von den insgesamt etwa 200 bekannten Arten in M-Eur.i.e.S. nur 4 Vertreter der Gattung ***Velia*** und ***Microvelia.*** **1.** ***Velia*** (mittelgroß, 6–8 mm; häufige Art: ***V. caprai*** Tam.); meist flügellos, geflügelte Tiere selten; Beine mittellang, Vorderbeine nicht als spezialisierte Raubbeine ausgebildet. Gesellig in Ufernähe insbesondere von fließenden Gewässern, gerne auf kleinen Buchten mit geringer Strömung; hält sich zum Ruhen auf den Beinen der einen Seite an einem Gegenstand fest oder geht an Land; Bewegung auf dem Lande mit den bei Landinsekten üblichen alternierenden Beinbewegungen, auf dem Wasser vor allem mit den Mittelbeinen, diese jedoch oft nicht genau gleichsinnig, sondern mehr oder weniger alternierend; bemerkenswert ist das Tauchvermögen, kriechen dann meist, Bauch nach oben, dicht unter der Wasseroberfläche entlang; nach Abtreiben durch die Strömung Rückkehr entlang dem Ufer zum alten Platz beobachtet; Aktivität in der Dunkelheit stärker als tagsüber; bei der Orientierung zum Wasser hin scheint das Wahrnehmen von Luftströmung (und mit ihnen verfrachteten Duftstoffen?) eine Rolle zu spielen, möglicherweise auch die Wahrnehmung linear polarisierten Lichts (vgl. dazu → Notonectidae). Nahrungserwerb räuberisch; die Beute wird in erster Linie durch den Erschütterungssinn, oder, vom Wasserstrom herangetrieben, durch Berühren der Beine wahrgenommen (fraglich, ob durch Sinneshaare oder Chordotonalorgane); sie wird meist mit den Vorderbeinen festgehalten, mit dem Rüssel angestochen, durch Speichel betäubt, in der Regel auf festen Untergrund gebracht und ausgesogen. Die Imagines überwintern in der Ufervegetation, sie sind sehr kältehart, daher zuweilen an milden Wintertagen aktiv. Begattung im Frühling, das ♂ sitzt dabei auf dem Rücken des ♀. Eiablage an Pflanzen der Ufervegetation; 5 Larvenstadien. **2.** ***Microvelia,*** Zwergbachläufer (klein, ca. 2 mm, z.B. ***M. reticulata*** Burm.); beide Geschlechter flügellos oder geflügelt; laufen auf Wasserpflanzen und der freien Wasserfläche, mehr auf stehenden Gewässern, räuberisch. Überwinterung als Imago; vor der Paarung hüpft das ♀ auf dem Wasser auf begrenzter Fläche hin und her, scheint dadurch das ♂ zu der alsbald folgenden Begattung zu erregen; Eier an im Wasser flottierende Gegenstände geklebt; wohl 2 (oder mehr?) Generationen im Jahr. (Emeis 1959; Günther 1969; Heran 1962; Jordan 1952; Meyer, H.W. 1971; Poisson 1957; Rensing 1961, 1962; Rietschel 1969; Wesenberg-Lund 1943).

Velleius; → Staphylinidae 3.

Venilia; → Geometridae 15.

Verborgenrüßler, ***Ceutorrhynchus*** sp.; → Curculionidae 32, 33, 34.

Vermileo; → Rhagionidae.

Vespa; → Vespidae 2.

Vespidae, soziale Faltenwespen; Fam. der Hautflügler (Hymenoptera, Apocrita, Vespoidea); Hinterflügel durch Häkchen

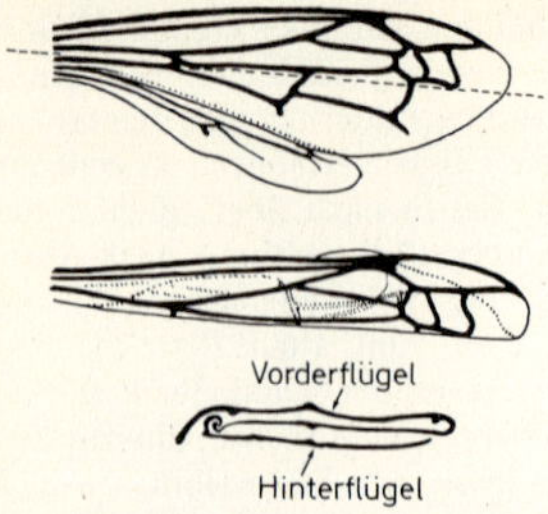

Abb. V-1: Flügel der Faltenwespen: Oben: Vorder- und Hinterflügel ausgebreitet; Mitte: Flügel längsgefaltet; unten: Schnitt durch die in Ruhelage gefalteten Flügel. (Schremmer 1962)

am Vorderrand mit dem Hinterrand der Vorderflügel dauernd verbunden, Vorderflügel in Ruhe längs zusammengefaltet [**V-1**]. Der Stachel ist Wehrstachel, Verteidigungswaffe gegen Feinde zumal, wird gelegentlich auch wohl zum schnellen Töten von Beuteinsekten benutzt; die Wirkung des Giftes ist wegen der unterschiedlichen Konzentrationen der in ihm enthaltenen Stoffe (das Peptid Kinin, die Enzyme Phospholipase A und B und Hyaluronidase und die für die Schmerzhaftigkeit verantwortlichen biogenen Amine Histamin, 5-Hydroxytryptamin (Serotonin) und – bei den Hornissen – Acetylcholin) von Art zu Art verschieden (s.u. Nr. 2); in der Giftdrüse der ***Paravespula***- und ***Dolichovespula***-, nicht aber der ***Polistes***-Arten wird ein Stoff hergestellt, der, bei Gefahr abgegeben (Giftspritzen in Richtung des Störenfrieds) die Nestgenossen zum sofortigen Angriff alarmiert. Daß der Wespenstachel, im Gegensatz zum Stachel der Honigbiene, nach dem Stich nicht in der Haut des Menschen stecken bleibt und mit ihm der gesamte Stechapparat herausgerissen wird, ist u.a. bedingt durch die Form der Widerhaken an den Stechborsten: durch die Bewegung dieser Borsten beim Stich in der Führung der Stachelrinne werden die Bindegewebsfasern, die sich an den Widerhaken verfangen, durch Scherwirkung zerschnitten, bei der Honigbiene nicht; außerdem ist der Giftapparat bei den Faltenwespen stärker als bei der Biene durch Muskeln im Abdomen befestigt. Jeden Frühling Neugründung eines Familienstaates durch ein überwintertes begattetes ♀ (Mutterfamilie). Nestbaumaterial: Ein Papier aus Pflanzenfasern (bei ***Polistes***) oder (bei den anderen Gttngn.) aus mehr oder weniger verwittertem (seltener aus frischem), fein zerkautem Holz; als Bindemittel (»Leim«) fungiert der Wespenspeichel, ein chitinhaltiges Sekret (vermutlich) der Labialdrüsen; das Abbinden erfolgt rasch und irreversibel zu einem wasserunlöslichen, hornartigen Stoff (gewisse tropische Wespen verwenden für Teile ihres Nestes nur das Bindemittel); Nestform und Neststandort artspezifisch verschieden; wer das Baumaterial heimbringt, verbaut es auch nach Aufsuchen einer passenden Baustelle; meist sind mehrere horizontale, etagenförmig untereinander angeordnete, durch Säulchen miteinander und mit der für die Temperaturregelung wichtigen, mehrschichtigen Nestumhüllungen verbundene Waben vorhanden [**V-6**]; die sechseckigen Zellen sind bei den einheimischen Arten nach unten geöffnet; die allererste Einzelzelle ist rund-napfförmig, die Zellwände am Außenrand der Wabe sind ebenfalls abgerundet; Sechskantigkeit nur im Zellverband; Vergrößern des Nestes: Materialabbau innen, Anbau außen. In den u.U. volkreichen Nestern (mehrere hundert bis mehrere tausend Insassen) sind in der Regel 3 Kasten vorhanden: a) Voll-♀ = Königin (zuweilen deren mehrere), macht als Nestgründerin zunächst allein alle Arbeiten: Nestbau, Eierlegen, Brutfürsorge; beschränkt sich später, wenn Arbeiterinnen da sind, vor allem auf Eierlegen; b) Kümmer-♀♀ = Arbeiterinnen; sie sind mit allen Brutpflege-, Nestbau- und Nestwartungsinstinkten ausgestattet, erscheinen als erste nach der Nestgründung, werden während des Sommers immer zahlreicher, wobei sich unter ihnen durchaus eine gewisse Arbeitsteilung entwickelt. c) ♂♂; sie erscheinen später im Jahr, entwickeln sich, wie bei der Honigbiene, aus unbesamten Eiern, die von der Königin, bei manchen Arten aber auch von eierlegenden unbegatteten Arbeiterinnen stammen; die ♂♂ begatten, zuweilen schon im Nest, die inzwischen herangewachsenen neuen Voll-♀♀. Bei Verlust der Königin entwickeln sich bei einem Teil der Arbeiterinnen die Eierstöcke, sie legen unbesamte Eier, aus denen ♂♂ entstehen, analog zur Drohnenbrütigkeit des Bienenvolkes; (vgl. jedoch ***Polistes***, Nr. 1). Den Schmarotzerfaltenwespen fehlt die Arbeiterinnenkaste. Ernährung der Larven hauptsächlich mit bereits zerkaut beigebrachten Insekten, der

Junglarven auch mit Speicheldrüsensekret; die Larven ihrerseits geben auf Reizung durch Betasten an die Imagines das Sekret der Unterlippenspeicheldrüsen ab, das aufgeleckt wird (Trophallaxis) und für den Bestand des Volkes von großer Bedeutung ist; es enthält außer Aminosäuren und Eiweiß ca. 9% Zucker (Trehalose u. Glukose), wird von den Arbeiterinnen an andere Stockgenossen, auch wiederum an Larven weitergegeben, ist vermutlich Hauptnahrung der ♂♂ und wichtige Nahrungsreserve zumal für die Flugwespen; 3 Larvenhäutungen. Verpuppung in der Zelle in einem Gespinstkokon; die Temperatur im Bereich der Brut wird bei allen Wespenarten reguliert; bei Gefahr einer Überhitzung wird Wasser eingetragen, in kleinen Tropfen an den Zellenrändern verteilt und durch Flügelfächeln zum Verdunsten gebracht; bei kühlem Wetter wird gewärmt, bei den ***Polistes***-Arten durch Flügelmuskelzittern; genau untersucht ist die Temperaturregulation bei den Hornissen: im Bereich der Larven wird eine Temperatur von 29,6° C weitgehend, im Bereich der Puppen, für die eine gleichmäßige Temperatur von 30° C unumgänglich zur normalen Flügelentwicklung erforderlich ist, sehr genau konstant gehalten; die Larven regulieren die Temperatur selbst, die Puppen werden von den Arbeiterinnen und – im Spätsommer – auch von den jungen Königinnen erwärmt, indem sie in engem Kontakt mit dem Zellendeckel durch frequente Muskelkontraktionen Wärme erzeugen (Erhöhen der abdominalen Atembewegungen um 100% auf ca. 200 pro min); ausgelöst wird das Wärmeverhalten durch ein von den Puppen abgesondertes (Temperaturregulierungs-) Pheromon (cis-9-Pentacosen). Nahrung der Imagines: außer gleich am Fangplatz zu einem Kügelchen zerkauten oder in handlich transportable Stücke zerschnittenen Spinnen und Insekten (in erster Linie Nahrung für die Larven) neben dem Speichelsekret der Larven (s.o.) vor allem im Herbst nach dem Ende der Brutsaison (alljährliche »Wespenplage«!) Blütennektar, süße Obst- und Baumflußsäfte und Fruchtfleisch; ausgedehnter Nahrungsaustausch auch zwischen den Imagines, wobei sich zwischen Bettler und Spender in Laufe des individuellen Lebens ein mehr und mehr »gekonntes«, eine gewisse Rangordnung bestimmendes Ritual entwickelt. Alarmierung von Neulingen nach Fund einer ergiebigen zuckerhaltigen Futterquelle bei ***Paravespula germanica*** und ***P. vulgaris*** nachgewiesen (nicht aber wie dies geschieht); die Neulinge finden die Futterquelle olfaktorisch. Im Spätsommer und Herbst sterben die dann noch vorhandenen Larven wohl wegen Nahrungsmangel ab, werden oft auch von den Arbeiterinnen aus den Zellen gerissen und aus dem Nest geworfen. Alles stirbt, mit Ausnahme der inzwischen begatteten und dann in einem Schlupfwinkel in einer bestimmten Haltung (Fühler eingeschlagen, Beine angezogen, Flügel unter dem Hinterleib) überwinternden jungen Voll-♀♀. Hauptfeinde unter den Insekten: der Wespenkäfer ***Metoecus paradoxus*** L. (→ Rhipiphoridae); Fächerflügler (→ Strepsiptera); Dickkopffliegen (→ Conopidae); Schwebfliegen der Gattung ***Volucella*** (→ Syrphidae); Raupen des Zünslers ***Aphomia sociella*** (→ Pyralidae). Von den gut 3000 bekannten Arten etwa 100 in Mitteleuropa, etwa 60 in M-Eur. i.e.S. (Eumenidae eingeschlossen). **1.** Gattung ***Polistes***, Feldwespen; mehrere Arten, am häufigsten ***P. gallicus*** L. (***foederatus*** Kohl); bis in den Norden von M-Eur.i.e.S. verbreitet ***P. bimaculatus*** Fourcr. (= ***dubius*** Kohl), ***P. nimpha*** Christ. dagegen nur im Süden; das Nest ist eine einzige hüllenlose Wabe, mit einem Stiel am Substrat (Felsen, Hauswände, Zweige, [**V-2**]) befestigt; Nestgründung nicht selten polygyn, durch mehrere überwinterte ♀♀, unter denen sich dann eine gewisse Rangordnung einstellt, für die vom Kopf und/oder Ovar ausgehende Geruchssignale von Bedeutung sind; das ranghöchste ♀ ist die Haupteierlegerin, die Hilfs-♀♀, deren Eier vom

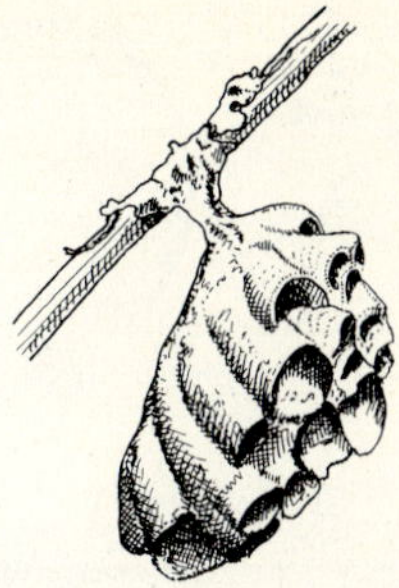

Abb. V-2: ***Polistes nimpha***, Nestwabe. (Schremmer 1962)

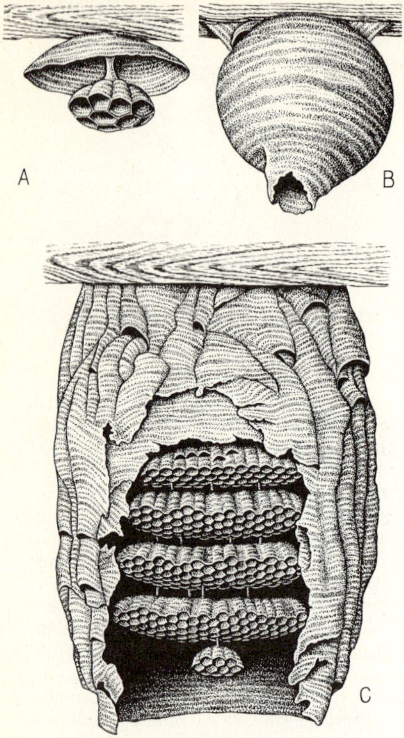

Abb. V-3: ***Vespa crabro***, Hornisse. Nest A kurz nach der Gründung; B etwas später mit erster Schutzhülle; C ein sehr großes Nest im Spätsommer, ein Teil der Hülle entfernt; Höhe ca. 40 cm. A und B etwa $^1/_2$ nat. Gr. (Kulike, Adam 1982)

Haupt-♀ gefressen werden, sind untergeordnet, hören ± mit dem Eierlegen auf, machen Nest und Außendienst, die dem Haupt-♀ rangnächsten werden häufig nach und nach vertrieben; bei Verlust des Haupt-♀ rückt ein anderes ♀ auf; Erkennen der Nestgenossinnen am vom Bau und/oder der Brut ausgehenden Nestgeruch, der in den ersten Stunden nach der Imaginalhäutung erlernt wird. Bei außereuropäischen (auch einheimischen?) Arten mit unabhängiger Nestgründung (d.h. nur durch ein ♀ allein) beschmiert die Königin den Neststiel zur wirksamen Abwehr von Ameisen mit einem Sekret aus abdominalen Sternitdrüsen. Manchmal wird ein kleiner Nektarvorrat in den Zellen angelegt, als Nahrung vor allem für die Imagines, vielleicht gelegentlich auch für die Larven; vor der Übergabe hervorgewürgter flüssiger Nahrung an die Larven trommeln die ☿☿ mit den Antennen (1 sec lang mit 29 Hz) an den Zellenrand; die Larve verringert daraufhin die Speichelsekretion; über Sexualverhalten wenig bekannt; ***P. nimpha***-♂♂ markieren etwa $^1/_3$ m^2 große, nestnahe Heckenareale mit Sexualpheromon aus abdominalen Hautdrüsen und verteidigen sie gegen andere Insekten und arteigene Geschlechtsgenossen. In S-Eur. gibt es die Schmarotzerfeldwespen der Gttng. ***Sulcopolistes***; das überwinterte Schmarotzer-♀ erobert das für die Art bezeichnende Wirtsnest, »unterwirft« durch ein spezifisches Verhalten die Wirtskönigin, legt Eier in die Wirtszellen, läßt seine Brut (nur ♂♂ und ♀♀) durch die Wirtstiere aufziehen. – Die alte Sammelgattung ***Vespa*** ist heute in mehrere Gttngn. aufgeteilt. **2. *Vespa crabro*** L., Hornisse; größte einheimische Faltenwespe, Zeichnung an der Brust rotbraun; das zuweilen sehr umfangreiche Nest meist in hohlen Bäumen, bisweilen auch in Nistkästen, Schuppen und Dachböden, (bei der im Mittelmeerraum und Asien verbreiteten ***Vespa orientalis*** L. bevorzugt im Boden), aus zerkautem morschem Holz von (meist) gelblicher bis rotbrauner Farbe [**V-3**]; Nestgründung durch überwinterte Königinnen in M-Eur. nicht vor Mitte April; im Mai/Juni schlüpfen die ersten Arbeiterinnen; die Königin fliegt dann nicht mehr aus; größte Entfaltung des Hornissenvolkes Juli bis September, meist nur mehrere hundert Tiere im Nest, sehr selten mehr als tausend; Beute: verschiedenste, oft schädliche oder lästige Insekten, aber auch Honigbienen, deren Kropfinhalt sie, nach Abbeißen des Hinterleibs, gerne auflecken; es wird auch nachts auf Nahrungssuche ausgeflogen; Stich ist schmerzhafter, aber nicht giftiger als der anderer Wespenarten oder der Stich der Honigbiene; sonstige Stichwirkung nach Zustand und Alter der Hornisse und nach Stichort verschieden; eine Gefährdung für den Menschen, selbst durch viele Hornissenstiche, besteht nach neueren Untersuchungen nicht (die LD 50 für Ratten: 154 Stiche/Kg Körpergewicht!); nur im seltenen Fall einer erworbenen Allergie kann es beim Menschen schon nach einem Stich zu einem lebensbedrohlichen Kreislaufkollaps kommen (→ auch Apidae). Paarung der jungen Geschlechts-

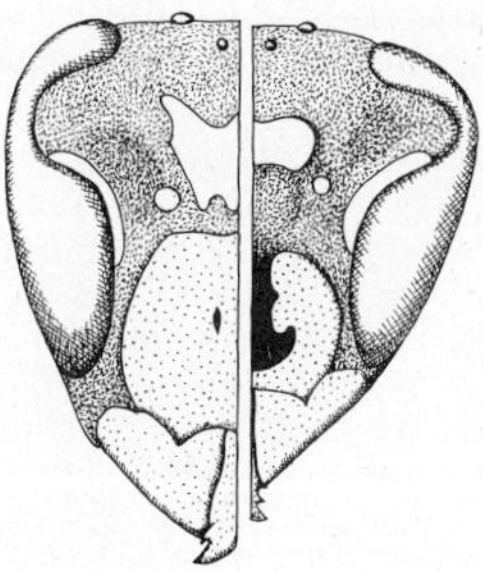

Abb. V-4: Vorderansicht des Kopfes, links von Langkopfwespe, rechts von Kurzkopfwespe. (Schremmer 1962)

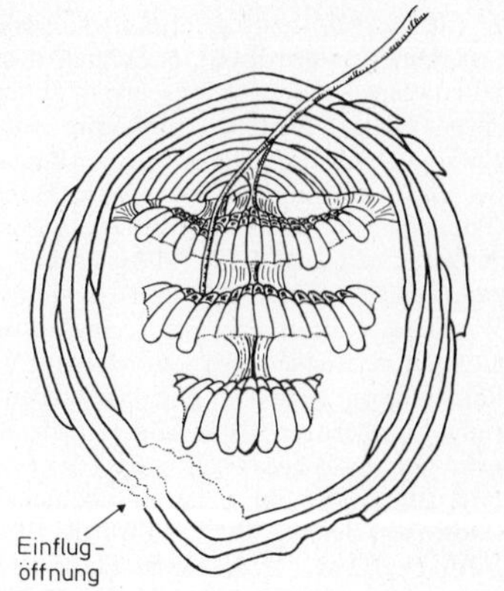

Abb. V-5: Medianschnitt durch ein Nest von ***Dolichovespula media,*** Mittlere Wespe. (Berland 1951)

tiere im Spätsommer im Bereich auffälliger Geländemarken, bei denen man sich trifft. In Hornissennestern leben nicht selten die Imagines und Larven des Hornissenkurzflüglers (***Velleius dilatatus*** F.; → Staphylinidae 3), vermutlich als harmlose Abfallfresser. **3.** Gattg. ***Dolichovespula,*** Langkopfwespen [**V-4**], mit den Arten ***D. media*** Retz (Nest gelblichweiß bis hellgrau, stets freihängend, auf Bäumen, Hecken oder Felsen, länglich oval; Nesteingang unten an der sehr kräftigen Hülle; [**V-5**]); ***D. saxonica*** F. (Nest überwiegend grau, in der Regel an Holz befestigt, in Bäumen, Schuppen, Speichern); ***D. norvegica*** F. (das hell holzfarbene Nest im Gebüsch, auf Bäumen, seltener in Gebäuden, sehr selten im Boden); ***D. silvestris*** Scop. (das graugelbe Nest über dem Boden im Gebüsch, nicht selten am oder auch im Boden). **4.** Gttg. ***Paravespula,*** Kurzkopfwespen [**V-4**] mit den Arten ***P. rufa*** L. (das graue Nest wohl ausschließlich in einer von der Wespe ausgegrabenen Erdhöhle am Ende einer längeren Eingangsröhre, z.B. eines Mäuseganges; [**V-6**]; ***P. germanica*** F. und ***P. vulgaris***

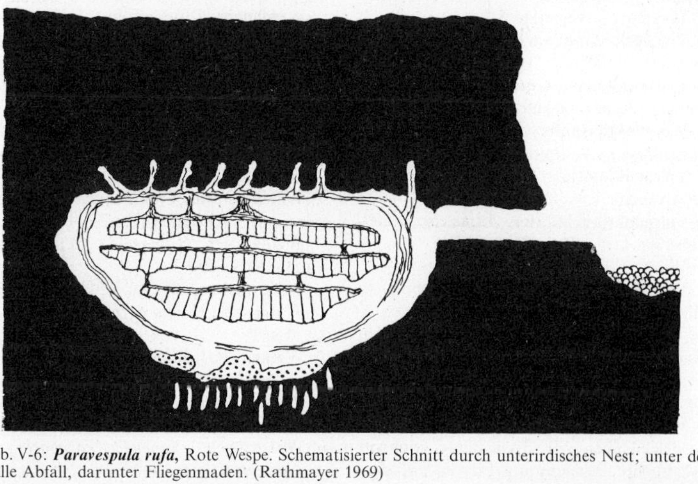

Abb. V-6: ***Paravespula rufa,*** Rote Wespe. Schematisierter Schnitt durch unterirdisches Nest; unter der Hülle Abfall, darunter Fliegenmaden. (Rathmayer 1969)

L. (die grauen, bzw. gelbbraunen Nester fast immer unterirdisch). **5.** Schmarotzerfaltenwespen, Kuckuckswespen; sie ähneln jeweils ihren Wirten; langköpfig sind: ***Pseudovespula adulterina*** Buys. (Parasit bei ***D. saxonica***) und ***Ps. omissa*** Bisch. (Parasit bei ***D. silvestris***); kurzköpfig ist: ***Vespula austriaca*** Panz. (Parasit bei ***P. rufa***); das Parasiten-♀ dringt in ein junges Wirtsnest (woran erkannt?) ein, dessen Königin vertrieben oder getötet wird; die Parasitenbrut wird von den Wirtsarbeiterinnen aufgezogen; Wirt und Parasit ähneln sich morphologisch stark, der letztere ist wohl vom ersteren abzuleiten. (Downing, Jeanne 1985; Edwards 1980; Forth et al. 1987; Gervet 1964; Habermehl 1983; Hagen 1987; Hermann 1979/82, 1984; Ishay, Ruttner 1971; Jeanne et al. 1983; Kemper, Döhrung 1967; Königsmann 1968; Kulike 1986a, b, c; Liepelt 1963; Maschwitz 1966, 1984; Maschwitz, Kloft 1971; Maschwitz et al. 1974a; Montagner 1966; Pardi 1948; Pfennig et al. 1983; Pfennig, Klahn 1985; Pratte, Jeanne 1984; Rathmayer 1969; Rietschel 1938; Roeseler et al. 1980; Scheven 1958; Schmidt 1982; Schneider V. et al. 1986; Schremmer 1962; Schremmer et al. 1985; Turillazzi, Cervo 1982; Veith, Koeniger 1978; Weyrauch 1939 a, b; Wolf 1986).

Vespoidea; Fam.-Gruppe der Hautflügler (Hymenoptera, Apocrita), mit den Fam. → Vespidae; → Masaridae; → Sapygidae; → Eumenidae.

Vespula; → Vespidae 5.

Vierfleck, ***Libellula quadrimaculata*** L.; → Libellulidae 1.

Vierhornkäfer, ***Gnathocerus cornutus*** Fbr.; → Tenebrionidae 7.

Vierpunktaaskäfer, ***Xylodrepa quadripunctata*** L.; → Silphidae 3.

Vierpunktmotte, ***Lithosia quadra*** L.; → Arctiidae 1.

Vierpunktprachtkäfer, ***Anthaxia quadripunctata*** L.; → Buprestidae 4.

Villa; → Bombyliidae.

Virgines, Jungfern; bei Blattläusen ganz allgemein die parthenogenetisch entstandenen und sich ebenso fortpflanzenden Nachkommen der Stammutter (Fundatrix); im besonderen bei Arten ohne Wirtswechsel; → Aphidina.

Virginogeniae; bei Blattläusen mit Wirtswechsel früher, z. T. auch heute noch oft gebrauchte Bezeichnung für die auf dem Nebenwirt (Sommerwirt; oft eine krautige Pflanze) saugenden Formen; bessere Bezeichnung: Exsules, Alienicolae; → Aphidina.

Viteus; → Phylloxeridae 3.

Vogelblutfliegen, ***Protocalliphora*** sp. → Calliphoridae 2.

Volucella; → Syrphidae 1.

W

Wacholderspanner, ***Thera juniperta*** L.; → Geometridae.

Wachsmotte, Große, ***Galleria mellonella*** L.; → Pyralidae 2; **Kleine,** ***Achroia grisella*** Fbr.; → Pyralidae 3.

Wadenstecher, ***Stomoxys calcitrans*** L.; → Muscidae 5.

Waffenfliegen; → Stratiomyidae.

Waldameisen, Rote, ***Formica*** sp.; → Formicidae 5d.

Waldbläuling, ***Cyaniris semiargus*** Rott.; → Lycaenidae 7c.

Waldbock, ***Spondylis buprestoides*** L.; → Cerambycidae 3.

Waldgärtner, ***Blastophagus*** sp.; → Scolytidae 9, 10; → Cleridae 1.

Waldgrille, ***Nemobius sylvestris*** Bosc.; → Gryllidae 3.

Waldhonig, Tannenhonig; → Honigtau.

Waldhummel, ***Bombus silvarum*** L.; → Apidae 1.

Waldmaikäfer, ***Melolontha hippocastani*** Fbr.; → Scarabaeidae 10.

Waldmistkäfer, ***Geotrupes silvaticus*** Panz.; → Scarabaeidae 2.

Waldmücken; → Culicidae.

Waldohrwurm, ***Chelidurella acanthopygia*** Gené; → Dermaptera 3.

Waldportier, ***Hipparchia*** sp., ***Brintesia*** sp.; → Satyridae 3.

Waldschaben; → Ectobiidae.

Waldteufel, ***Erebia aethiops*** Esp.; → Satyridae 1.

Walker, ***Polyphylla fullo*** L.; → Scarabaeidae 11.

Walnußzierlaus, Gestreifte, ***Callaphis juglandis*** Goeze; → Callaphididae 5.

Walzenbock, ***Saperda carcharis*** L.; → Cerambycidae.

Walzenhalsböcke, ***Phytoecia*** sp.; → Cerambycidae 29.

Wanderfalter; Schmetterlinge, die mehr oder weniger regelmäßig in mehr oder weniger großer Zahl jährlich Wanderungen über bisweilen beträchtliche Entfernungen machen, ausgehend von ihrem Hauptvermehrungsgebiet, manchmal nach dort zurückkehren bzw. Ansätze zum Rückflug machen. Bekanntes und berühmtes Beispiel: ***Danaus plexippus*** L., Monarch (zur Fam. → Danaidae) fliegt in Nordamerika vom südlichen Kanada jährlich im Herbst bis in den Süden der USA und Mexiko; Massenüberwinterung oft an bestimmten Stellen, an best. Bäumen; im Frühling Beginn des Rückflugs, bis schließlich vermutlich die Nachkommen der Rückwanderer die nördliche Heimat wieder erreichen. Mitteleuropa: Vertreter verschiedener Fam. fliegen aus dem Mittelmeer-(auch Nordafrika-)Bereich bis z.T. weit über die Alpen nordwärts; ständige Fortpflanzung ist hier in der Regel nicht möglich; Tendenz zum Rückwandern nach Süden wurde in einigen Fällen festgestellt. Ob der zeitweilige Mangel an Vitamin E (angeblich wichtig für die Entwicklung der Gonaden) in den südlichen Heimatgebieten durch Versiegen der Nektarquellen der Anstoß für das Abwandern nach Norden und analog für das Rückwandern in den Süden ist (Theorie von M. Koch), läßt sich vorerst generell nicht im Experiment sichern. Einige sehr regelmäßig in M-Eur. i.e.S. auftretende Wanderfalter (gelegentliche Zuwanderer und Irrgäste hier nicht erwähnt): Postillon (→ Pieridae 6); Distelfalter, Admiral (→ Nymphalidae 3); Totenkopf, Windenschwärmer, Taubenschwänzchen (→ Sphingidae 4, 5, 11); Punktbär (→ Arctiidae 4); Gammaeule (→ Noctuidae 47). Sog. Binnenwanderer, die innerhalb ihres Verbreitungsgebietes meist nur in begrenztem Ausmaß umherziehen (z.B. Großer Kohlweißling, Wolfsmilchschwärmer), werden besser nicht als Wanderfalter i.e..S. bezeichnet. (Harz, Wittstadt 1957; M. Koch 1965; Nielsen 1967).

Wandergelbling, ***Colias croceus*** Foura; → Pieridae.

Wanderheuschrecken; → Acrididae 4, 11. → Catantopidae 3.

Wanstschrecken, ***Polysarus denticauda*** Charp.; → Phaneropteridae 5.

Wanzen; → Heteroptera.

Warzenbeißer, ***Decticus verrucivorus*** L., → Tettigoniidae 3.

Warzenkäfer; → Malachiidae.

Wasserbienen; → Notonectidae.

Wasserjungfern; → Zygoptera; → Odonata.

Wasserkäfer; allgemein: ständig oder zeitweilig im Wasser lebende Käfer, als Imago und/oder als Larve; hierher Vertreter der Fam.: → Hygrobiidae; → Haliplidae; → Dytiscidae; → Gyrinidae; → Hydraenidae; → Spercheidae; → Helodidae; → Dryopidae; → Curculionidae (z.B. Arten der Gattungen ***Phytobius*** und ***Bagous***); → Chrysomelidae (Arten der Gattungen ***Macroplea, Donacia, Plateumaris***); im besonderen: → Hydrophilidae.

Wasserläufer; allgemein: häufig gebrauchte Bezeichnung für die Vertreter aller auf der Wasseroberfläche sich aufhaltenden Landwanzen der Fam. → Gerridae; → Veliidae; → Mesoveliidae; → Hydrometridae und → Hebridae; im besonderen: → Gerridae.

Wassernadel, ***Ranatra linearis*** L.; → Nepidae 2.

Wasserschneider; → Gerridae.

Wasserskorpion, ***Nepa rubra*** L.; → Nepidae.

Wasserspringer, Schwarzer, ***Podura aquatica*** L.; → Poduridae.

Wassertreter; → Haliplidae.

Wasserwanzen; U.-Ordng. Hydrocorisae der Wanzen; (→ Heteroptera).

Wasserzikaden; → Corixidae.

Webebär, ***Hyphantria cunea*** Dru.; → Arctiidae 13.

Weberameise, ***Oecophylla smaragdina*** F.; → Lycaenidae.

Weberbock, ***Lamia textor*** L.; → Cerambycidae 20.

Wegameise, Schwarzgraue, ***Lasius niger*** L.; → Formicidae 3b.

Wegwespen; → Pompilidae.

Wehrstachel; der weitgehend der Feindabwehr dienende, stets von Giftdrüsen begleitete, aus dem stark verkürzten Eilegeapparat entstandene Stechapparat der ♀♀ zahlreicher Hautflügler (Hymenoptera, Apocrita); vgl. auch → Gefahrenalarmstoffe.

Wehrstoffe; bei Vertretern verschiedener Gruppen verbreitete, in der Regel in besonderen Wehrdrüsen abgesonderte Stoffe recht wechselnder Zusammensetzung, die, der Abwehr dienend, zuweilen gezielt auf einen Angreifer gespritzt werden, kommen sowohl bei Larven wie bei Imagines vor. Beispiele: vgl. u.a. → Dermaptera; → Hemiptera; → Carabidae; → Dytiscidae; → Tenebrionidae; → Chrysomelidae *(Melasoma)*; → Cerambycidae *(Aromia)*; → Notodontidae *(Cerura)*; → Staphylinidae. Man kann zu den Wehrstoffen auch rechnen die aus den Rückenröhren von Blattläusen (→ Aphididae) austretende Flüssigkeit, sowie gewisse, im Blut gelöste schlecht schmeckende Stoffe, die dann freilich weniger dem Einzelindividuum als, nachdem der Feind schlechte Erfahrungen machte, anderen Individuen der gleichen Art, durch täuschende Ähnlichkeit (→ Mimikry) u. U. auch anderen Arten zugute kommt; (vgl. u.a. → Meloidae; → Zygaenidae); vgl. ferner: → Allomone; → Wehrstachel; → Gefahrenalarmstoffe. (Dettner 1987; Howard 1982; Posteels et al. 1983).

Weichkäfer; → Cantharidae.

Weichselkirschenläuse; → Aphididae 10, 11.

Weichwanzen; → Miridae.

Weidenblattkäfer, *Plagiodera* und *Phyllodecta* sp.; → Chrysomelidae 12, 13.

Weidenblattwespen; → Tenthredinidae D.

Weidenbock, Rothalsiger, *Oberea oculata* L.; → Cerambycidae 28.

Weidenböckchen, *Gracilia minuta* Fbr.; → Cerambycidae 8.

Weidenbohrer, *Cossus cossus* L.; → Cossidae 1.

Weidenholzgallmücke, *Rabdophaga saliciperda* Duf.; → Itonididae 23.

Weidenkahneule, *Earias chlorana* L.; → Noctuidae 5.

Weidenkarmin, *Catocala electa* Bkh.; → Noctuidae 18.

Weidenknospenblattwespe, *Euura saliceti* Fall.; → Tenthredinidae 13.

Weidenrosengallmücke, *Rabdophaga rosaria* H. Lw.; → Itonididae 21.

Weidenrutengallmücke, *Rabdophaga salicis* Schrk.; → Itonididae 23.

Weidenschaumzikade, *Aphrophora salicina* Goeze; → Cercobidae.

Weidenschildlaus, *Chionaspis salicis* L.; → Diaspididae 10.

Weidenspinner, *Leucoma salicis* L.; → Lymantriidae 3.

Weinhähnchen, *Oecanthus pellucens* Scop.; → Oecanthidae.

Weinschwärmer, Großer, *Hippotion celerio* L.; **Kleiner,** *Deilephila porcellus* L.; **Mittlerer,** *D. elpenor* L.; → Sphingidae 13b, 10, 9.

Weinzwirner, *Tibicen haematodes* Scop.; → Cicadidae.

Weiselfuttersaft; → Apidae 3.

Weißdornmotte, *Scythropia crataegella* L.; → Yponomeutidae 2.

Weißdornspanner, *Opisthograptis luteolata* L.; → Geometridae 14.

Weißdornspinner, *Trichiura crataegi* L.; → Lasiocampidae 3.

Weiße Ameisen; → Isoptera.

Weißer Bärenspinner, *Hyphantria cunea* Dru.; → Arctiidae 13.

Weißes C, *Polygonia c-album* L.; → Nymphalidae 7.

Weißer Drahtwurm; → Therevidae; → Phryneidae.

Weiße Fliegen; → Aleurodina.

Weißer Kornwurm, *Sitotroga cerealella* Oliv.; → Gelechiidae 1; *Nemapogon (Tinea) granellus* L.; → Tineidae 3.

Weißer Schwamm; Gelege des Pappelspinners; → Lymantriidae 3.

Weiße Tigermotte, *Spilosoma menthastri* Esp.; → Arctiidae 7.

Weißes W, *Strymonidia w-album* Knoch.; → Lycaenidae 2.

Weißer Waldportier, *Brintesia circe* F.; → Satyridae 3.

Weißfleckenwidderchen, *Amata phegea* L.; → Syntomididae 1.

Weißgrauer Frostspanner, *Erannis leucophaearia* Schiff.; → Geometridae 23.

Weißlicher Kiefernspanner, *Boarmia secundaria* Esp.; → Geometridae 34.

Weißlinge; → Pieridae.

Weißtannenborkenkäfer, *Ips curvidens* Germ.; → Scolytidae 16.

Weißtannenläuse, *Dreyfusia* sp.; → Adelgidae 9, 10.

Weißtannenrüssler, *Pissodes piceae* Ill.; → Curculionidae 27.

Weißtannentrieblaus, *Mindarus abietinus* Koch; → Thelaxidae.

Weißtannentriebwickler, *Choristoneura murinana* Hbn.; → Tortricidae 16.

Weißwollige Fichtenstammlaus, *Pineus pineoides* Chol.; → Adelgidae 7.

Weißwurm; in manchen Gegenden übliche Bezeichnung für tote Eintagsfliegen der Art *Polymitarcis virgo* Ol.; → Polymitarcidae.

Weizenblasenfuß, *Haplothrips triciti* Kurdj.; → Phloeothripidae.

Weizeneule, *Euxoa tritici* L.; → Noctuidae 32.

Weizengallmücken; → Itonididae 2, 3.

Wellenspanner, ***Calocalpe undulata*** L.; → Geometridae 6.

Werftkäfer; → Lymexylonidae.

Werre, ***Gryllotalpa gryllotalpa*** L.; → Gryllotalpidae.

Wespen; → Vespidae.

Wespenbienen, ***Nomada*** sp.; → Anthophoridae 1.

Wespenböcke; → Cerambycidae 12, 17.

Wespenkäfer, ***Metoecus paradoxus*** L.; → Rhipiphoridae 1.

Wickensamenkäfer, ***Bruchus atomarius*** L.; → Bruchidae 2.

Wickenwickler, ***Grapholitha dorsana*** Fbr.; → Tortricidae 33.

Wickenwidderchen, ***Polymorpha ephialtes*** L.; → Zygaenidae 5.

Wickler; → Tortricidae.

Widderbären; → Syntomididae.

Widderböcke; → Cerambycidae 17.

Widderchen; → Zygaenidae.

Wiener Nachtpfauenauge, ***Saturnia pyri*** Schiff.; → Saturniidae 2.

Wiesenameise, Gelbe, ***Lasius flavus*** Fbr.; → Formicidae 3c.

Wiesenhummel, ***Bombus pratorum*** L.; → Apidae 1.

Wiesenmücken; → Culicidae.

Wiesenschaumzikade, ***Philaenus spumarius*** L.; → Cercopidae.

Wiesenschnake, ***Tipula paludosa*** Meig.; → Tipulidae.

Wiesenvögelchen, ***Coenonympha pamphilus*** L.; → Satyridae 9.

Wiesenwanze, ***Lygus pratensis*** L.; → Miridae 3.

Wiesenzünsler, ***Pyrausta sticticalis*** L.; → Pyralidae 19.

Wilhelmia; → Melusinidae.

Wimperbock, ***Pogonochaerus fasciculatus*** Deg.; → Cerambycidae 24.

Wimperhafte; → Caenidae.

Windenschwärmer, Windig, ***Herse convolvuli*** L.; → Sphingidae 5.

Winterei; bei Blattläusen das besamte und (in der Regel) überwinternde Ei, aus dem (in der Regel) im Frühling die Stammmutter (Fundatrix) schlüpft; (→ Aphidina).

Wintereulen; → Noctuidae.

Winterhafte; → Boreidae.

Winterinsekten; → Schneeinsekten.

Wintermücken; → Petauristidae; → Limoniidae.

Wintersaateule, ***Agrotis segetum*** Schiff.; → Noctuidae 37.

Winterwirt; → Primärwirt.

Wipfelkrankheit; → Lymantriidae 5.

Wolfsfliegen, ***Dasypogon*** sp.; → Asilidae.

Wolfsmilchschwärmer, ***Celerio euphorbiae*** L.; → Sphingidae 8.

Wolfsmilchspinner, ***Malacosoma castrensis*** L.; → Lasiocampidae 2.

Wollafter, ***Eriogaster lanestris*** L.; → Lasiocampidae 5.

Wollbienen, ***Anthidium*** sp.; → Megachilidae 5.

Wollige Buchenlaus, ***Phyllaphis fagi*** L.; → Callaphididae 1.

Wollige Napfschildlaus, Wollige Rebenschildlaus, ***Pulvinaria vitis*** L.; → Lecaniidae 3.

Wollkäfer, ***Lagria hirta*** L.; → Lagriidae.

Wollkrautblütenkäfer, ***Anthrenus verbasci*** L.; → Dermestidae 4.

Wollkrauteule, ***Cucullia verbasci*** L.; → Noctuidae 40.

Wolläuse; → Pseudococcidae.

Wollraupenspinner; → Lasiocampidae.

Wollrückenspinner; → Thyatiridae.

Wollschildlaus, Australische, ***Icerya purchasi*** Mask.; → Margarodidae.

Wollschweber; → Bombyliidae.

Wollspinner; → Lymantriidae.

Würfelfalter; → Riodinidae.

Würfelmotte, ***Lithosia quadra*** L.; → Arctiidae 1.

Wurm, Gelbköpfiger, ***Lobesia botrana*** D. u. Sch.; → Tortricidae 27.

Wurm, Kleiner Schwarzer, ***Xyleborus monographus*** Fbr.; → Scolytidae 1.

Wurm, Schwarzköpfiger, ***Eupoecilia ambiguella*** Hbn.; → Tortricidae 26.

Wurmlöwe, Larve von ***Vermileo***; → Rhagionidae.

Wurzelbohrer; → Hepialidae.

Wurzeleule, Wurzelfresser, ***Apamea monoglypha*** Hufn.; → Noctuidae 35.

Wurzelläuse; die an den Wurzeln von Pflanzen lebenden Blattläuse im allgemeinen (→ Aphidina), Wurzelformen der Reblaus im besonderen (→ Phylloxeridae).

Wüstenameisen, ***Myrmecocystus*** sp.; → Formicoidea.

X

Xanthandrus; → Syrphidae.

Xanthocanace; → Canaceidae.

Xanthoecia; → Noctuidae.

Xanthospilapteryx; → Gracilariidae 2.

Xenochironomus; → Chironomidae.

Xenopsylla; → Siphonaptera.

Xenos; → Strepsiptera 2.

Xeris; → Siricidae.

Xestobium; → Anobiidae 3.

Xiphydria; → Xiphydriidae.

Xiyphydriidae, Holzwespen, Schwertwespen; Fam. der Hautflügler (Hymenoptera, Symphyta, Siricoidea); Lebensweise ähnlich wie die der übrigen Holzwespen (→ Siricidae), die Larven der etwa 6 in M-Eur.i.e.S. vorkommenden Arten jedoch ausschließlich in Laubholz; verhältnismäßig häufig: ***Xiphydria camelus*** L. (10–21 mm; Vorderbrust halsartig verlängert und verschmälert); Larve z.B. in Erle, Ulme, Birke.

Xylea; → Xyelidae.

Xyelidae; artenarme Fam. der Hautflügler (Hymenoptera, Symphyta, Xyeloidea); etwa 4 Arten in M-Eur.i.e.S., z.B. ***Xyela julii*** Breb. (etwa 5 mm); Larven den Afterraupen der echten Blattwespen (Tenthredinidae) ähnlich, mit Bauchfußpaar an jedem Hinterleibsring, leben auf Kiefer auf den männlichen Blüten; die Imagines befliegen gern die Blütenkätzchen von Birken; Legebohrer des ♀ etwa von der Länge des Hinterleibes. (Bachmaier 1969; Königsmann 1968).

Xyeloidea; Üb.-Fam. der Hautflügler (→ Hymenoptera, Symphyta); nur mit der Fam. → Xyelidae.

Xyleborus; → Scolytidae 1, 7, 8.

Xylena; → Noctuidae 27.

Xylocopa; → Anthophoridae 9.

Xylocoris; → Anthocoridae.

Xylodrepa; → Silphidae 3.

Xylophagidae; → Erinnidae.

Xyloterus; → Scolytidae 2.

Xylotrechus; → Cerambycidae 17.

Y

Yponomeuta; → Yponomeutidae 3.

Yponomeutidae (Hyponomeutidae), Gespinstmotten; Fam. der Schmetterlinge (Lepidoptera); meist kleine Falter (selten über 20 mm Flsp.), Flügel in Ruhe steil dachförmig [**Y-3**]; Saugrüssel meist gut entwickelt; Vorderflügel der ***Yponomeuta***-Arten weiß mit dunklen Punkten [**Y-3**]; Raupen mit 4 Beinpaaren am Abdomen, meist als Kranzfüße, minierend, oder in Blüten und Knospen oder sozial in umfangreichen Gespinsten (z.B. Gattung ***Yponomeuta***); Puppe in Gespinstkokon. In M-Eur.i.e.S. über 50 Arten. **1. *Prays curtisellus*** Dup., Eschenzwieselmotte ([**Y-1**]; ca. 16 mm Flsp.); erste Flugzeit im Sommer (VI), Eiablage an die Blätter von Jungeschen; Raupen zunächst minierend [**Y-2**], dann frei auf der Blattoberseite, läßt anfangs die Blattunterhaut stehen, spinnt sich dann zwischen Blättern ein, frißt Löcher (darin Spinnfäden mit Kot); Verpuppung meist am Boden in lockerem Gespinst zwischen Blättern; 2. Faltergeneration im VIII, Eiablage an die Blätter; die Räupchen minieren, dringen im Oktober in die Endknospe der Triebe ein, überwintern, fressen im Frühling die Endknospe aus, dann frei an den Blättern; können auch in den Trieb eindringen und ihn ausfressen, werfen Kot durch seitliche Löcher aus [**Y-2**]; Verpuppung an Zweigen in einem sehr lockeren Gespinst; »Zwieselbildung«: durch Zerstören der Endknospe treiben 2 Seitenknospen aus zu einer Gabel am Triebende, diese stirbt durch Ausfressen des Triebes ab. **2. *Scythropia crataegella*** L., Weißdornmotte; Raupen ähnlich ***Yponomeuta***-Arten gesellig in einem Gespinst, das ganze Büsche (Weißdorn, aber auch Kirsche, Pflaume, Pfaffenhütchen u.a.) überziehen kann; Puppen schwarz, hängen an einem Faden in kugeligen Höhlen in dem Gespinst. **3.** Gattung ***Yponomeuta (Hyponomeuta)***, mit (in Europa) etwa einem Dutzend nach Aussehen und Lebensweise einander sehr ähnlichen Arten [**Y-3**] und (mit gewissen Abwandlungen je nach Art) ähnlicher Entwicklung; Falter im Frühsommer; Eiablage in Gelegen an glatte Rinde, mit einer von Gelege zu Gelege (auch je nach Art) wechselnden Zahl von Eiern; diese sind dachziegelartig angeordnet, mit einem erhärtenden, durchsichtigen

Sekret wie von einem Schild bedeckt; die Jungräupchen überwintern unter dem Schild, verlassen ihn im Frühling, bleiben beisammen, befressen zunächst Knospen, minieren dann von der Spitze her in den jungen Blättern (mehrere Räupchen in einer Mine), befressen später unter einer Gespinstdecke einzelne Blätter von außen, wandern dann an die Zweigspitze, fressen gemeinsam in einem immer neue Blätter einbeziehenden Gespinstnest; bei Kahlfraß Überwandern auf neue Zweige mit neuem Nest; im Frühsommer Verpuppung im Gespinst, jede Puppe in eigenem Kokon; diese liegen meist gleich orientiert dicht nebeneinander; bei starkem Befall (heiße, trockene Sommer) sind ganze Büsche und Bäume von dem oft sehr zähen Gespinst überzogen. Beispiele: ***Y. padellus*** L., Zwetschgen-, Traubenkirschengespinstmotte; ursprüngliche Futterpflanze wohl Weißdorn, aber auch (besondere Rassen?) an Schlehe, Zwetschge und anderen ***Prunus***-Arten, auch an Apfel und Birne; Jungräupchen minieren nicht; Puppenkokon durchscheinend. ***Y. malinellus*** Zell., Apfelbaumgespinstmotte; sehr ähnlich der vorigen, aber doch als eigene Art betrachtet, wenn auch im Versuch noch mit ***padellus*** kreuzbar, frißt auch an den gleichen Pflanzen, bevorzugt offenbar Apfel; bei Massenvermehrung an Obstbäumen schädlich; Jungräupchen minieren in Blättern; Puppenkokon weiß. ***Y. evonymellus*** L. [**Y-3**] Faulbaum-Gespinstmotte; frißt vor allem, manchmal in Massen, an Faulbaum (***Prunus padus*** L.) und Verwandten (dagegen nicht an ***Evonymus***, Pfaffenhütchen); Raupen verschieden gefärbt, von hellgelb bis graubraun (kein Geschlechtsunterschied); nach Ausflügen in die Umgebung Rückkehr zum Nest, geleitet vor allem durch Spuren von Körpergeruch auf dem Substrat; Verhalten bei Störung (bei anderen Arten wohl ähnlich): bei leichter Störung Flucht aus der Gespinstperipherie, wo gefressen wird, ins Innere; bei starker Störung Fallenlassen am Faden, dann Hochangeln mit Hilfe der ersten beiden Vorderbeinpaare, während das 3. Beinpaar das Fadenknäuel hält und nach Fußfassen fallen läßt; Häutung im Inneren des Gespinstes bei fast allen Insassen gleichzeitig, sitzen dabei horizontal etwas zerstreut nebeneinander; hier auch Verpuppung, senkrecht dicht nebeneinander, Kopf aufwärts, in einem Gespinstko-

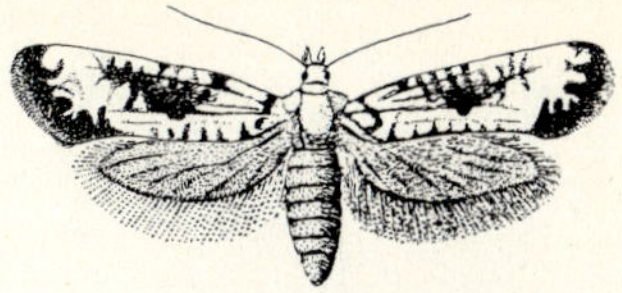

Abb. Y-1: ***Prays curtisellus***, Eschenzwieselmotte. (Escherich 1923/42)

Abb. Y-2: ***Prays curtisellus***, Eschenzwieselmotte. Befallsbild der Raupen der 2. Generation. (Brauns 1964)

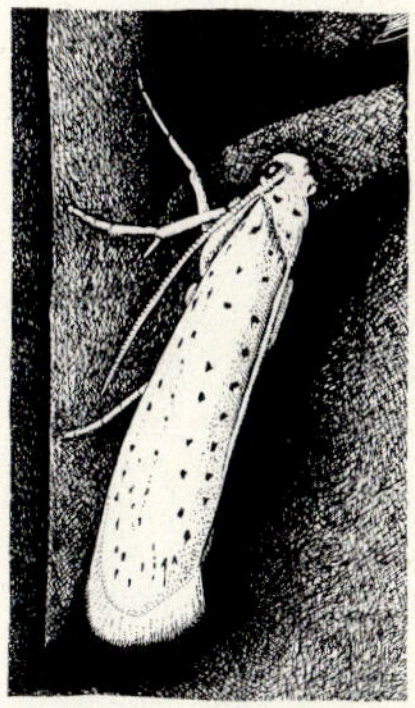

Abb. Y-3: ***Yponomeuta evonymellus***, Faulbaumgespinstmotte.

kon (in 15–20 Std. hergestellt), dabei werden benachbarte Kokons miteinander verbunden; oft verpuppt sich ein Teil der Raupen nicht, vermutlich wegen in den Ursachen nicht geklärter Störung des Hormonhaushaltes; sie wurden gelegentlich, irreführend, als »Wächter« bezeichnet, kön-

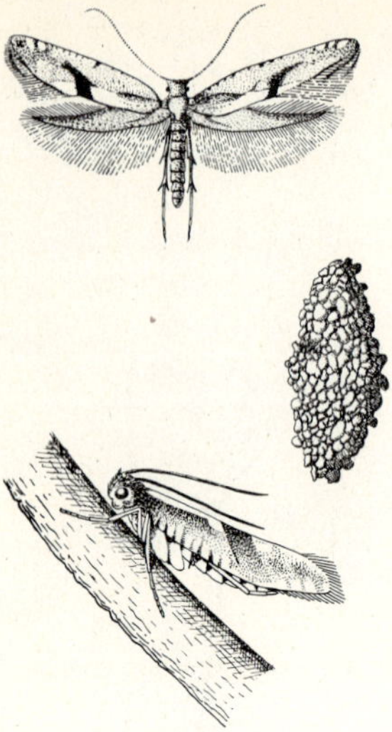

Abb. Y-4: ***Argyresthia ephippella,*** Kirschblütenmotte. Falter Flspw. 10 mm, 4 mm lang und Kokon, ca. 6 mm lang. (v. Lengerken 1932; Sorauer 1949/57)

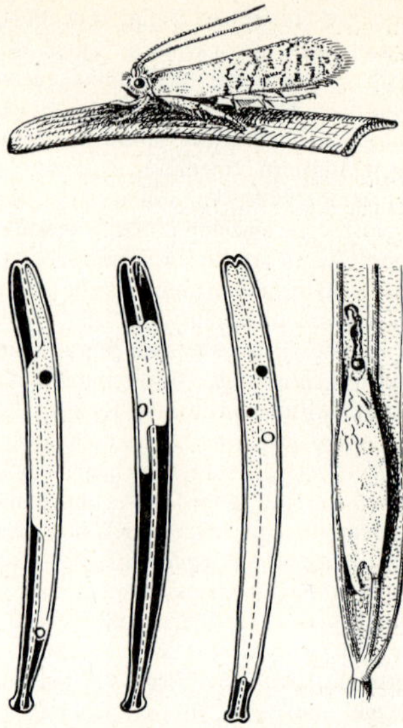

Abb. Y-5: ***Argyresthia fundella,*** Tannennadelmotte. Oben Ruhehaltung; unten Fraßbilder in 3 Nadeln der ***Abies nordmanniana,*** schematisch, Mine hell, Einbohrloch schwarz und (ganz rechts) leerer Puppenkokon an Tannennadel, oben davon Reste der letzten Raupenhaut. (Brauns 1964)

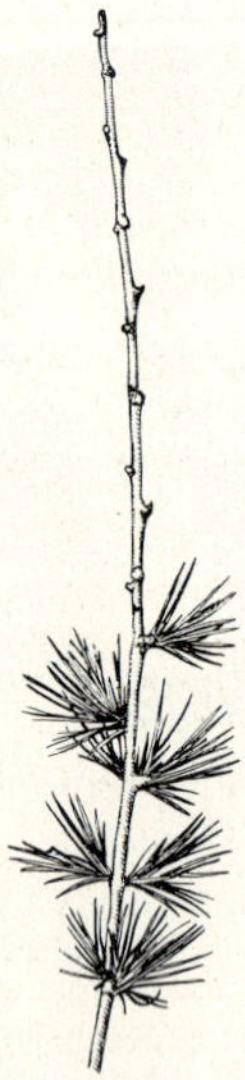

Abb. Y-6: ***Blastotere laevigatella,*** Lärchentriebmotte. Lärchentrieb durch Raupenfraß abgestorben. (Escherich 1923/42)

Abb. Y-7: ***Ocnerostoma piniariella,*** Kiefernnadelmotte. Minenfraß in einer Nadel. Oben Einbohrloch, Mine verbreitert sich, mit Kot gefüllt, im kotfreien Teil das Ausbohrloch. (Escherich 1923/42)

nen noch wochenlang leben und das Gespinst verfestigen; die Falter schlüpfen nach etwa 14 Tagen aus dem oberen Kokonende; Kopulation ab etwa 3. Tag nach dem Schlüpfen, dauert mehrere Stunden, dabei Köpfe abgewandt. (Die folgenden Arten zuweilen einer eigenen Fam. Argyresthiidae zugeordnet). **4.** ***Argyresthia conjugella*** Zell., Apfelmotte, Ebereschenmotte; das ♀ legt im Sommer an Ebereschenbeeren, zunehmend häufiger auch an junge Äpfel (auch Kirschen) etwa ein Dutzend Eier, beim Apfel vor allem in die Kelchgrube; die Räupchen minieren zuerst dicht unter der Schale (hier später bräunliche, durchlöcherte, weiß eingefaßte Flecken), später tiefer im Fruchtfleisch; meist mehrere Raupen (rot, schwarz gepunktet, 7 mm) in einem Apfel; erwachsene Raupen spinnen sich zum Boden ab, verpuppen sich hier (seltener auch schon im Apfelkerngehäuse) in einem Gespinst im Herbst oder nach Überwinterung im Frühling; die Äpfel werden ungenießbar bitter. **5.** ***Argyresthia ephippella*** Fbr., Kirschblütenmotte [**Y-4**]; an Kirsche und anderen Steinfrüchten, auch an Apfel, Birne u.a.; die Eier werden im Spätsommer meist an Zweige, einzeln oder in kleinen Gruppen, abgelegt, überwintern; die Räupchen dringen im Frühling vor allem in Blütenknospen ein, fressen sie aus, mehrere nacheinander (im Inneren Gespinst mit Kot), gehen im V, am Spinnfaden sich abseilend, zum Boden; Verpuppung meist im Boden (seltener an Rinde) in einem mit Erdkrümeln besetzten Kokon; Schaden zuweilen beträchtlich. **6.** ***Argyresthia fundella*** F.R., Tannennadelmotte [**Y-5**]; vor allem an Weißtanne *(Abies alba* Mill.); das ♀ legt V–VI ein Ei auf die Nadeloberseite; das Räupchen miniert in der Nadel, stößt einen Teil des Kotes durch das später zugesponnene Einbohrloch aus, verläßt die ausgefressene Nadel (fällt später ab) durch ein neues Loch, dringt in neue Nadel ein, überwintert in der Mine in weißem Kokon [**Y-5**], meist unterseits an einer nicht befressenen Nadel. **7.** ***Blastotere (Argyresthia) laevigatella*** H.S., Lärchentriebmotte; das ♀ legt V–VI Eier einzeln an junge Längstriebe, meist in die Achsel einer Nadel; die Raupe miniert zuerst in der Rinde in Richtung Triebspitze, dann im Holz, überwintert hier in einem dünnen Gespinst, frißt im Frühling weiter, dreht sich um, nagt weiter unten ein Schlüpfloch für den Falter, spinnt es zu, verpuppt sich dahinter Kopf nach oben, die befressene Triebspitze stirbt ab [**Y-6**]. **8.** ***Ocnerostoma piniariella*** Zll., Kiefernnadelmotte; die Eier werden im Sommer einzeln an die Spitze von Kiefernnadeln gelegt; die Raupe miniert in der Nadel, unterer Teil der Mine ohne Kot [**Y-7**], hier Überwinterung; das vorletzte Stadium verläßt die Mine, häutet sich auf einer benachbarten Nadel, frißt nicht mehr, spinnt mehrere Nadeln der Länge nach zu einer Röhre zusammen; hier Verpuppung. (Brauns 1964; Dierl 1969; Hannemann 1968; Kalkowski 1958; Reichholf 1978; Ritzer 1966; Schwenke 1978; Wildbolz, Riggenbach 1965).

Ypsiloneule, ***Scotia ipsilon*** Hufn.; → Noctuidae 48.

Z

Zabrus; → Carabidae 8.

Zackeneule, ***Scoliopteryx libatrix*** L.; → Noctuidae 10.

Zackenspanner, ***Ennomos autumnaria*** Wernb.; → Geometridae 16.

Zahnspinner; → Notodontidae.

Zanclognatha; → Noctuidae.

Zangenböcke, ***Rhagium*** sp.; → Cerambycidae 9.

Zangenlibellen, ***Onychogomphus*** sp.; → Gomphidae.

Zangenschwänze, ***Japygidae*****;** → Diplura.

Zapfengallen, → Ananasgallen.

Zapfenroller; → Curculionidae.

Zapfenspanner, ***Eupithecia pini*** Retz. und ***E. bilunulata*** Hbn.; → Geometridae 33.

Zartschrecken, ***Leptophyes*** sp.; → Phaneropteridae 2.

Zehrwespen, Hautflügler der Fam.-Gruppe Chalcidoidea (Hymenoptera, Apocrita); hierher die Fam. → Agaonidae; → Torymidae; → Chalcididae (Zehrwespen im engeren Sinne); → Perilampidae; → Pteromalidae; → Encyrtidae; → Eulophidae; → Trichogrammatidae; → Mymaridae. → auch Proctotrupoidea.

Zeiraphera; → Tortricidae 18.

Abb. Z-1: *Micropteryx thunbergella.* Flspw. 9 mm. (Eckstein 1933)

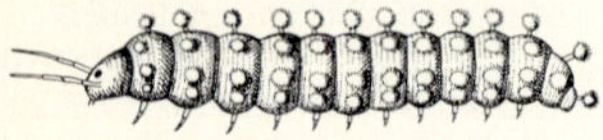

Abb. Z-2: *Micropteryx calthella*, Raupe. (Chappman)

Zelima; → Syrphidae.

Zelmiridae; → Fungivoridae.

Zerynthia; → Papilionidae 3.

Zeugloptera, Urmotten; teils als U.-Ordng. der Schmetterlinge, teils als eigene Ordng. betrachtet, etwa zwischen den Köcherfliegen und den Schmetterlingen stehend; nur eine Fam.: Micropterygidae, Urmotten [**Z-1**]; starke Unterschiede gegenüber den übrigen Schmetterlingen; Raupen [**Z-2**] mit verhältnismäßig langen Fühlern; gegliederte, mit einer Kralle endende Beinpaare an den Brustringen und an Hinterleibsringen 1–8; fressen teils Detritus, teils auch an krautigen Pflanzen, z. B. Moosen; Puppe mit beweglichen Mandibeln, Scheiden für die Körperanhänge frei vom Rumpf (→ Pupa dectica); Falter klein, meist unter 15 mm Flsp., Flügel mit Bindevorrichtung (Frenulum und kleines Jugum); Mandibeln gut entwickelt, Maxillen typisch, mit kurzer Innen- und Außenlade, kein Saugrüssel, Pollenfresser; der Pollen wird durch schnell alternierende Bewegungen der beiden fingerförmigen Maxillarpalpen aus den Staubbeuteln heraus zum Mund hin gekratzt, gekaut und verschluckt. In M-Eur.i.e.S. wenige Arten der Gattung ***Micropteryx***, z. B. ***M. calthella*** L. und ***M. thunbergella*** F. [**Z-1**]; die Imagines im Frühling auf Blüten (z. B. Sumpfdotterblume, Hahnenfuß); Eiablage (klebrige kugelige Gelege) in Bodenritzen; die Larve überwintert in einem mit Gespinst ausgekleideten Erdkokon, Verpuppung im Frühling. (Dierl 1969; Hannemann 1968; Lorenz 1961).

Zeuzera; → Cossidae 2.

Zickzackspinner, ***Notodonta ziczac*** L.; → Notodontidae 6.

Zickzackwurm, Larve des Birnbaumprachtkäfers; → Buprestidae 5.

Zicrona; → Pentatomidae.

Ziegenlaus, ***Linognathus stenopsis*** Burm.; → Haematopinidae.

Zierläuse; → Callaphidae.

Ziermotten; → Scythrididae.

Zieselfloh, ***Ctenophthalmus orientalis*** Wagn.; → Siphonaptera.

Zigarrenfliege, ***Lipara lucens*** Meig.; → Chloropidae 1.

Zigarrenwickler, ***Byctiscus betulae*** L.; → Curculionidae 5.

Zikaden; → Auchenorrhyncha; → Cicadidae.

Zikadenwespen; → Dryinidae.

Zimmermannsbock, ***Acanthocinus aedilis*** L.; → Cerambycidae 23.

Zimtbär, ***Phragmatobia fuliginosa*** L.; → Arctiidae 5.

Zimteule, ***Scoliopteryx libatrix*** L.; → Noctuidae 10.

Zipfelfalter; → Lycaenidae 1, 2, 3.

Zipfelkäfer; → Malachiidae.

Zirbelkieferwollaus, ***Pineus cembrae*** Chol.; → Adelgidae 5.

Zirpen, Zikaden; → Auchenorrhyncha.

Zirporgane; → Stridulationsorgane.

Zitronenfalter, ***Gonepteryx rhamni*** L.; → Pieridae 5.

Zitronenfarbene Austernschildlaus, ***Quadraspidiotus ostreaeformis*** Curt.; → Diaspididae 3.

Zitronengelber Heufalter, ***Colias palaeno*** L.; → Pieridae 6.

Zitronenschmierlaus, ***Pseudococcus citri*** Risso; → Pseudococcidae 6.

Zonocerus; → Pharmakophagie.

Zoocecidien; durch tierische Erreger hervorgerufene → Gallen.

Zophodia; → Pyralidae 10.

Zoraptera, Bodenläuse; Ordng. der Insekten; Verwandlung unvollkommen (Hemimetabola); nur 2–3 mm große, geflügelte, mit Ocellen und Komplexaugen ausgestattete oder flügel-, augen- und ocellenlose Bewohner vermodernder Baumstämme mit kauenden Mundwerkzeugen und 1gliedrigen Cerci. Hauptnahrung Pilzmyzel und Milben. Nur die Gttg. ***Zorotypus*** mit 24 Arten; in den Tropen und Subtropen. (Weidner 1970).

Zorotypus; → Zoraptera.

Zottelbienen, ***Panurgus*** sp.; → Andrenidae 3.

Zottiger Blütenkäfer, ***Tropinota hirta*** Poda.; → Scarabaeidae 18.

Zottiger Raubkäfer, ***Emus hirtus*** L.; → Staphylinidae 2.

Zuckergast, ***Lepisma saccharina*** L.; → Zygentoma 1.

Zuckerrohrzikade, ***Perkinsiella saccharicida*** Kirk.; → Delphacidae.

Zuckmücken; → Chironomidae.

Zünsler; → Pyralidae.

Zünslereulen; → Noctuidae.

Zweifleck, ***Epitheca bimaculata*** Charp.; → Corduliidae 3.

Zweiflügler; → Diptera.

Zweigepunkteter Glanzkäfer, ***Nitidula bipunctata*** L.; → Nitidulidae 2.

Zweigestreifte Quelljungfer, ***Cordulegaster annulatus*** Latr.; → Cordulegasteridae.

Zweipunkt, ***Adalia bipunctata*** L.; → Coccinellidae 3.

Zweipunktige Grünwanze, ***Calocoris norvegicus*** Gmel.; → Miridae 6.

Zweipunktohrwurm, ***Anechura bipunctata*** F.: → Dermaptera 3.

Zweizähniger Kiefernborkenkäfer, ***Pityogenes bidentatus*** Hrbst.; → Scolytidae 12.

Zwergbachläufer, ***Microvelia*** sp.; → Veliidae 2.

Zwergbläuling, ***Cupido minimus*** Fuessl; → Lycaenidae 6.

Zwerghirschkäfer, ***Dorcus parallelopipedus*** L.; → Lucanidae 2.

Zwergkäfer; durch geringe Größe ausgezeichnet (ca. 1 mm oder weniger); Vertreter mehrerer Fam. z. B. → Ptiliidae; → Hydroscaphidae; → Sphaeriidae; → Pselaphidae; → Scydmaenidae.

Zwergläuse; → Phylloxeridae.

Zwerglibelle, ***Nehalennia speciosa*** Charp.; → Coenagrionidae 3.

Zwergmotten; → Nepticulidae.

Zwergrückenschwimmer; → Pleidae.

Zwergschwimmer, ***Hydroporus*** sp.; → Dytiscidae 8.

Zwergspringer; → Neelidae.

Zwergwasserläufer; → Hebridae.

Zwergwespen; → Mymaridae.

Zwergzikaden; → Jassidae im allgemeinen, ***Macrosteles laevis*** Rib. im besonderen.

Zwetschgengespinstmotte, ***Yponomeuta padellus*** L.; → Yponomeutidae 3.

Zwetschgennapfschildlaus, ***Eulecanium corni*** Bché.; → Lecaniidae.

Zwiebelfliege, ***Phorbia antiqua*** Meig.; → Anthomyiidae 4.

Zwiebellaus, ***Rhopalomyzus ascalonicus*** Donc.; → Aphididae 39.

Zwiebelmondfliegen, ***Eumerus*** sp.; → Syrphidae 2b.

Zwiebelmotte, ***Acrolepia assectella*** Zell.; → Plutellidae 4.

Zwitscherschrecke, ***Tettigonia cantans*** Fuessly; → Tettigoniidae 1.

Zwölfzähniger Kiefernborkenkäfer, ***Ips sexdentatus*** Boern.; → Scolytidae 11.

Zygaena; → Zygaenidae 2–5.

Zygaenidae, (Anthroceridae), Widderchen, Blutströpfchen; Fam. der Schmetterlinge (Lepidoptera); die knapp mittelgroßen Falter ausgezeichnet durch lange schmale Vorder- und verhältnismäßig kleine Hinterflügel und die relativ langen, am Ende mehr oder weniger keulenförmig verdickten, »Widderhörnern« ähnlich getragenen Fühler; nach Färbung und Zeichnung 2 Hauptgruppen: a) Vorderflügel einfarbig metallisch grün oder blaugrün: Grünwidderchen b) Vorderflügel auf mehr oder weniger dunklem Grunde mit roten Flecken Hinterflügel rot mit dunklem Saum: Blutströpfchen; oft starkes Variieren des Fleckenmusters auch bei der gleichen Art, was zur Unterscheidung zahlreicher Unterarten geführt hat. Saugrüssel in der Regel gut ausgebildet; keine Tympanalorgane. Tagflieger, schwirrender Flug, halten sich häufig auf Blüten auf, die Flügel dachförmig zurückgelegt; sie sind träge, nicht sehr empfindlich gegen Störungen, lassen sich bei starker Störung wie tot zu Boden fallen; sie sind gegen natürliche Feinde (z. B. manche Vögel) relativ geschützt durch Ekelgeschmack (Versuche vor allem mit ***Zygaena filipendulae*** L. und ***Z. trifolii*** Esper.); der Ekelgeschmack gebunden an in der Haemolymphe (auch der Raupen und Puppen) enthaltenen Cyanverbindungen, die schwach giftigen Cyanglukoside Linamarin und Lotaustralin und das stark wirksame Nervengift β-Cyanalanin; die Annahme der Schmetterlinge als Futter wird zum mindesten von manchen Vögeln oft schon nach der ersten schlechten Erfahrung weiterhin verweigert, die auffallende (aposematische) Zeichnung ist dann also Warnsignal (die Giftstoffe jedoch auch im Blut nicht-aposematisch gezeichneter Zygaeniden); das Sichfinden der Geschlechtspartner ist erleichtert durch Sexuallockstoffe, die das ♀ aus Drüsen am Hinterleibsende abgibt. Raupen kleinköpfig, gedrungen, mit kurz

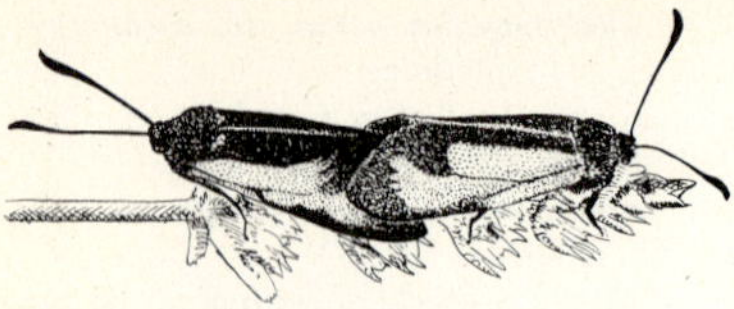

Abb. Z-3: ***Mesembrynus purpuralis***, Purpurwidderchen in Kopula.

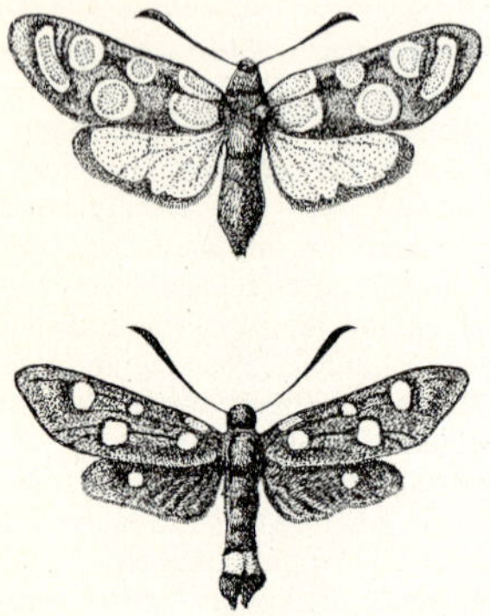

Abb. Z-4: ***Agrumenia carniolica***, Esparsettenwidderchen. ♀ und (unten) ***Polymorpha ephialtes***, Wickenwidderchen, ♂. Beide nat Gr. (Forster, Wohlfahrt 1954/81)

behaarten Warzen, auf gelblichem oder grünlichem Grunde dunkel gepunktet oder gefleckt; mit insgesamt 8 Beinpaaren; enthalten (nachgewiesen bei ***Z. trifolii***) in kutikularen Hohlräumen (»Wehrsekretbehälter«) der Rumpfsegmente, die über komplex strukturierte, verschließbare Öffnungen nach außen münden, Wehrsekrete; sie werden nach mechanischer Reizung (etwa mit einem spitzen Gegenstand) ausgepreßt; abschreckende Wirkung des Sekrets (es enthält neben den Giftstoffen der Haemolymphe Proteine), auf Spitzmäuse, Kröten und Laufkäfer ist nachgewiesen; die Raupen fressen zumeist an niederen Pflanzen, die Raupen mancher Grünwidderchen zunächst als Blattminierer, erst die älteren Stadien frei; viele Blutströpfchenraupen sind auf Schmetterlingsblütler eingeschworen, manche monophag auf eine bestimmte Art. Überwinterung bei den mitteleuropäischen Arten als Raupe die dann (bei allen Arten?) vor der Winterruhe eine besondere Überwinterungshäutung durchmacht zu einem Stadium mit kleinerer Kopfkapsel und bräunlicher Haut; erneute Häutung nach der Winterruhe; die Raupen mancher Arten überwintern, ± aufrecht in einer Gespinstunterlage ruhend, nach kurzen Freßphasen 2, 3 oder gar 4 mal; auch die Geschwister aus einem Gelege können sich in dieser Hinsicht verschieden verhalten; die Raupen der hochalpinen Art ***Lycastes (Zygaena) exulans*** Hochenw. u. Rain. verbringen 2 Winter zu 80 bis 100 in einem gemeinsamen Gespinst. Verpuppung meist in einem gelblichen spindelförmigen, pergamentartigen [**Z-5**] oder – seltener (z.B. Esparsettenwidderchen) – in einem weißlichen, eiförmigen und eischalenharten Kokon [**Z-5**]; Kokons häufig an Gräsern befestigt; die Konsistenz der Kokonwand bedingt durch Einlagerung von Calcium-Oxalat-Monohydrat (in der Modifikation Whewellit), das bei den hartschaligen Kokons in Form regelmäßig geschichteter Kristalle zwischen zwei wenigfädigen Seidenfibroingespinsten eingelagert ist; Herkunft des Minerals noch nicht eindeutig geklärt, vermutlich wird es von den Malpighischen Gefäßen produziert und über den After ausgeschieden. Von den etwa 1000 bekannten Arten in Mitteleuropa nur etwas über 30 z.T. schwer voneinander unterscheidbar. Auswahl: als Vertreter der Grünwidderchen: **1. *Procris (Ino) statices*** L., Gemeines Grünwidderchen; Flugzeit Ende V–VIII, in freiem Gelände; Eier in kleinen Gruppen; Futterpflanze der Raupen: Sauerampferarten, in deren Blättern sie zunächst minieren, fressen dann frei, überwintern; Verpuppung Ende IV, in dünnem Kokon am Boden. Als Vertreter der Blutströpfchen: **2. *Mesembrynus (Zygaena) purpuralis*** Brünn., Purpurwidderchen [**Z-3**], Flügel mit langgestreckten roten Makeln; Flugzeit VI–VIII; die zweimal überwinternde gelbliche, dunkel gefleckte Raupe frißt ausschließlich an Thymian, verpuppt sich im Frühling an Stengeln nahe am Boden. **3. *Agrumenia (Zygaena) carniolica*** Scop., Esparsettenwidderchen [**Z-4**]; fehlt in weiten Teilen Norddeutschlands und im nördlichen Alpenvorland; fliegt wie vorige Art im Sommer, ist ausgezeichnet durch die schmalgelbe Umrandung der roten Vorderflügelflecken (fehlt bei einer norddeutschen Unterart); Futterpflanzen der Raupen verschiedene Schmetterlingsblütler (z.B. Esparsette, Hornklee). **4. *Zygaena filipendulae*** L., Gemeines Blutströpfchen [**Z-5**]; häufiger Sommerflieger; die Raupen, ([**Z-5**]; Futter: Hornklee, Kronwicke, Esparsette) überwintern 1 oder 2 mal; Kokon an Stengeln [**Z-5**], unten weißlich, oben gelblich. **5.** ***Polymorpha (Zygaena) ephialtes*** L., Wickenwidderchen [**Z-4**], eine nach Färbung und Zeichnung sehr variable Art, stets jedoch mit rotem oder gelbem Gürtel dicht hinter der Hinterleibsmitte, Hinterflügel oft ohne Rot, mit 1 (selten 2) hellem Fleck; Flecken auf den metallisch blauen oder grünen Vorderflügeln weiß, gelb oder rot; in diesem Falle ist die erbliche Fixierung einzelner Merkmale der Färbung und Zeichnung nachgewiesen, z.B. ist die rote Zeichnung dominant über gelbe Zeichnung; auffallend ist die Ähnlichkeit dieser Art mit ***Amata phegea*** L., einem Vertreter einer ganz anderen Fam. (→ Syntomidae 1); die 1 oder 2 mal überwinternde Raupe frißt (überwiegend) an der Kronwicke ***(Coronilla varia*** L.). (Dierl 1969; Forster, Wohlfahrt 1954/81; Franzl, Naumann 1984, 1985; Hannemann 1968; Jones et al. 1962; Naumann 1977; Steiniger 1937; Witthohn, Naumann 1984; Wray et al. 1983).

Zygentoma; U.-Klasse der ectognathen Insekten in der Gruppe der primär flügellosen Urinsekten (Apterygota); früher und bisweilen auch noch heute mit den → Archaeognatha zur Gruppe der Thysanura, Borstenschwänze, vereinigt. Hauptunterschiede gegenüber den Archaeognatha: die Mandibeln gelenken, wie bei allen höheren Insekten mit 2 Gelenkköpfen an der Kopfkapsel (→ Dicondylia); Komplexaugen klein oder fehlend; Hüftgriffel (Styli) höchstens an den hinteren Hinterleibssegmenten; können nicht springen, aber schnell und geschickt laufen; Körper meist silbrig beschuppt: Schuppen bei ***Lepisma*** 100–250 µm lang, treten erst nach der 3. Häutung auf, sind mechanorezeptorische Sinnesorgane; vermögen mit spezialisiertem Enddarmabschnitt (Analsack) der Luft elektroosmotisch Wasser zu entziehen. Einzige Fam. ***Lepismatidae,*** Fischchen; von etwa 240 bekannten Arten kaum ein halbes Dutzend in M-Eur.i.e.S. Einige Vertreter: **1.** ***Lepisma saccharina*** L., Silberfischchen, Zuckergast (–11 mm [**Z-6**]), warmeliebend, weltweit verbreitet, in unseren Breiten daher häufig in Häusern, wo es sich als Allesfresser von den verschiedensten organischen Stoffen ernährt, bei Massenauftreten gelegentlich an Vorräten lästig wird; Putzen der Beine und der 3 Schwanzanhänge (2 fühlerartige Cerci, 1 mäßig langer Terminalfaden) unter entsprechenden Körperwendungen mit den Mundteilen. Bemerkenswert und sehr eigenartig ist die auch bei anderen Urinsekten auftretende indirekte Samenübertragung, die in diesem Fall mit Erfolg nur möglich ist, wo in einem Winkel zwei Wände senkrecht aufeinandertreffen; nach gegenseitigem Betasten mit den Fühlern, wobei sich die Partner meist Kopf gegen Kopf gegenüberstehen, läuft das ♂ am ♀ vorbei, wendet sich um, heftet einige Spinnfäden (aus Anhangsdrüsen des Geschlechtsapparates) an, schief von der senkrechten Wand zum Boden, befestigt am Boden ein Samenpaket (Spermatophore); das nachfolgende ♀ schlüpft unter den Schrägfaden, bleibt stehen, sobald es ihn mit dem angehobenen Hinterleib berührt, tastet nach der Spermatophore, die es dann in die Geschlechtsöff-

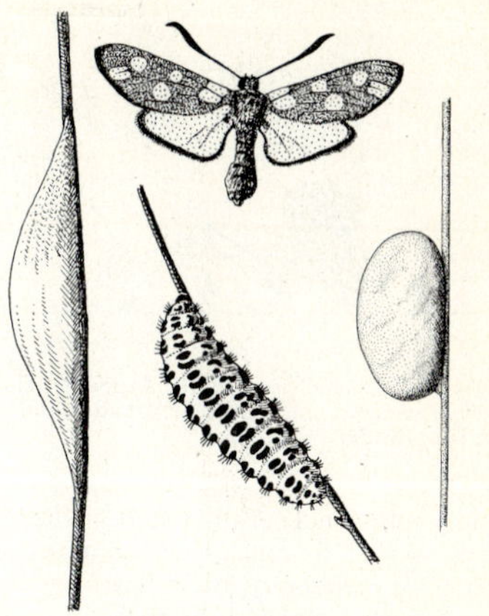

Abb. Z-5: Links und Mitte ***Zygaena filipendulae,*** Gemeines Blutströpfchen: Puppenkokon, Falter und Raupe. Rechts ***Agrumenia carniolica,*** Esparsettenwidderchen: Puppenkokon.

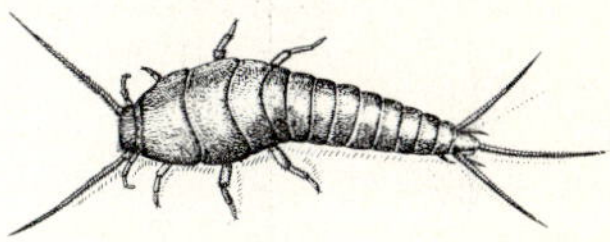

Abb. Z-6: ***Lepisma saccharina,*** Zuckergast. 10 mm. (Schaller 1969)

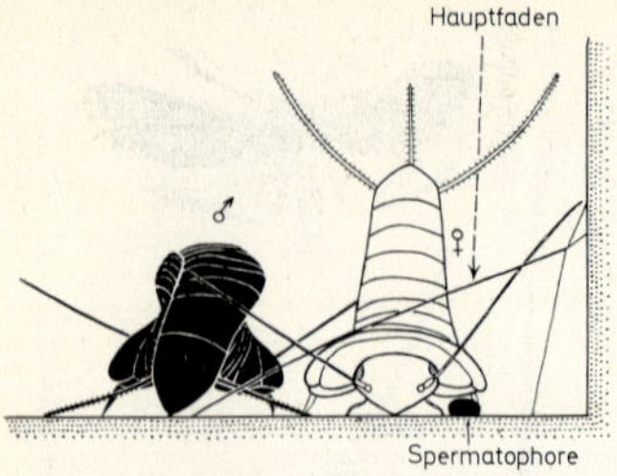

Abb. Z-7: Samenübertragung bei ***Lepisma.*** ♀ läuft am ♂ vorbei, unter dem Hauptfaden durch. S. Text. (Sturm 1955)

nung aufnimmt [**Z-7**]. Eier mit dem mäßig langen, nach Laubheuschreckenart aufgebauten Legebohrer einzeln in Ritzen eingeschoben. Zahlreiche Häutungen, auch nach dem Eintreten der Geschlechtsreife (etwa ab 10. Häutung); Lebensdauer einige Jahre. **2.** ***Thermobia domestica*** Pack., Ofenfischchen (–10 mm); Schuppenkleid schwarz-gelb; Lebensweise wie beim Zukkergast, jedoch sehr wärmeliebend (Optimum: ca. 38°C), daher in M-Eur.i.e.S. z.B. in Bäckereien und ähnlichen warmen Örtlichkeiten. **3.** ***Atelura formicaria*** Heyd. (–6 mm); metallisch glänzender, wohl vor allem von Abfällen lebender Mitbewohner in Ameisenhaufen, von den Ameisen offenbar geduldet oder durch Körperform und Bewegungsweise kaum faßbar; nascht gelegentlich bei der gegenseitigen Fütterung der Wirtsameisen mit; → [**F-11**]. (Hennig 1964; Larink 1976; Neuhaus et al. 1978; Noble-Nesbitt 1970; Plagemann et al. 1978; Richter 1962; Schaller 1962; Sturm 1965).

Zygoptera, Kleinlibellen, Wasserjungfern; U.-Ordng. der Libellen; → Odonata.

Zyras; → Staphylinidae 8.

Literatur

Ackery P.R., Vane-Wrigt, R.I.: Milkweed butterflies. London 1984.
Adis, J.: Manuskript »Jugend forscht«, 1969. (zitiert mit Erlaubnis des Verf.)
Adis, J.: Zool. Anz. Jena 193, 101, 1974.
Adlung, K.G.: Z. angew. Zool. 44, 61, 1957.
Adriaanse, A.: Behaviour 1, 1, 1947.
Aguilar, J., Dommanget, J.-L., Préchac, R.: Guide des Libellules d' Europe et d' Afrique du Nord. Paris 1985.
Aiken, R.B.: Anim. Behav. 30, 54, 1982.
Aiken, R.B.: Biol. Rev. 65, 163, 1985.
Akre, R.D., Hill, W.B.: J. Kansas Entomol. Soc. 46, 526, 1973.
Albans, K.R., Aplin, R.T., Brehcist, J.F., Moore, J.F., O' Toole C.: J. Chem. Ecol. 6, 549, 1980.
Alcock, J.: Behaviour 71, 322, 1979.
Alford, D.V.: Trans. R. ent. Soc. Sondon 120, 375, 1968.
Alford, D.V.: Bumblebees. London 1975.
Altner, H., Thies, G.: Cell Tiss. Res. 167, 97, 1976.
Amann, G.: Kerfe des Waldes. Melsungen, 1960.
Ananthakrishnan, T.N.: Ann. Rev. Entomol. 24, 159, 1979.
Anders, F.: Biol. Zbl. 80, 199, 1961.
Andersen, S.O., Weis-Fogh, T.: Adv. Insect Physiol. 2, 1, 1964.
Aneshansley, D.J., Eisner, Th., Widom, J.M., Widom, B.: Scienece 165, 61, 1969.
Antony, Cl., Jallon, J.-M.: J. Insect Physiol. 61, 341, 1983.
Anzenberger, G.: Z. Tierpsychol. 44, 337, 1977.
Anzenberger, G.: Ethology 71, 54, 1986.
Aoki, S., Akimoto, S., Yamane S.: Kontyu 49, 335, 1981.
Arendse, M.C.: Nature 274, 358, 1978.
Arms, K., Feeny, P., Lederhouse, R.C.: Science 185, 374, 1974.
Askew, R.R.: Parasitic Insects. London, 1971.
Aspöck, H. u. U.: Naturk. Jahrb. d. Stadt Linz, 1964, S. 127 u. 1969, S. 17.
Aspöck, H. u. U. 1971: in → Helmcke, Starck, Wermuth 1968ff.
Assem, J. van den, Vernel, C.: Behavior 68, 118, 1979.
Autrum, H.: Z. vergl. Physiol. 23, 332, 1936.
Autrum, H.: in Busnel, R.G.: Acoustic behaviour of animals. Amsterdam 1964.
Autrum, H.: in Grassé: Traité de Zoologie. Tome VIII, Paris 1975.
Autrum, H., Kneitz, H.: Biol. Zbl. 78, 598, 1959.
Ayre, G.L.: Entomol. exp. appl. 6, 165, 1963.
Bachmaier, F.: Beitr. z. Entomol. 8, 1958, 1.
Bachmaier, F.: in Grzimeks Tierleben, Zürich, 1969.
Baerends, G.P.: De levende Natuur 44, 11 u. 45, 1939.
Baerends, G.P.: Tijdsch. Entomol. 84, 68, 1941.
Bährmann, R.: Zool. Jb. Syst. 97, 401, 1970.
Bährmann, R.: Zool. Jb. Syst. 100, 107, 1973.
Bährmann, R.: Zool. Jb. Syst. 101, 269, 1974.
Bährmann, R.: Zool. Jb. Syst. 105, 474, 1978.
Bänsch, R.: Zool. Jahrb. Syst. 91, 271, 1964.
Bässler, U.: Z. vergl. Physiol. 41, 300, 1958.
Bailey, W.J.: J. Auster. Ent. Soc. 22, 35, 1983.
Bailey, W.J., Broughton, W.B.: J. exp. Biol. 52, 507, 1970.
Baker, P.S., Gewecke, M., Cooter, R.J.: Physiol. Entomol. 9, 247, 1984.
Bakke, A.: Z. ang. Entomol. 59,49, 1967.
Balduf, W.V.: Ann. entomol. Soc. Amer. 56, 386, 1963.
Balfour-Browne, F.: British Water Beetles, Vol III. London 1959.
Banks, C.J.: Brit. J. anim. behav. 5, 12, 1957.
Banks, C.J.: Ann. appl. biol. 50, 669, 1962.
Banks, C.J.: Macaulay, E.: Ann. appl. biol. 60, 445, 1968.
Barnes, H.F.: Z. Pflanzenkrankh. 65, 333, 1958.
Barr, B.A.: Can. Ent. 101, 636, 1969.
Barr, W.B.: Can. J. Zool. 62, 1355, 1984.
Barth, F.G.: Biologie einer Begegnung. Stuttgart 1982.
Bastock, M.: Das Liebeswerben der Tiere. Stuttgart, 1969.
Batra, W.T.: Scientific Am. Febr. 1984, 86.
Bauchhenß. E., Renner, M.: Int. J. Insect Morphol. & Embryol. 6, 225, 1977.
Bauer, C.H., Gewecke, M: in Gewecke, Wendler, G.: Insect Locomotion. Hamburg 1985.
Bauer, F.: Verh. Zool.-Bot. Ges. Wien 19, 831, 1869.
Bauer, G.: J. Animal Ecol. 55, 1, 1986.
Bauer, Th.: forma et functio 6, 177, 1973.
Bauer, Th.: Z. Tierpsychol. 42, 57, 1976.
Bauer, Th., Bath, M.: Ent. Germ. 2, 209, 1976.
Baumert, D. u. Behrisch, A.: Z. Parasitenk. 17, 430, 1957.
Beach, R.: Science 205, 829, 1979.
Beattie, A.J.: The evolutionary ecology of antplant mutualismus. Cambridge 1985.
Beaucher, W.N., Farnham, J.E.: New England J. of Medicine 306, 1301, 1982.
Bechyně, J.: Welcher Käfer ist das? Stuttgart, 1954.
Beckage, N.E.: Ann. Rev. Entomol. 30, 371, 1985.
Becker, E.: Biol. Zbl. 61, 588, 1941.
Beiderbeck, R., Koevoet, I.: Pflanzengallen am Wegesrand. Stuttgart 1979.
Beier, M.: in Schulze: Biologie der Tiere Deutschlands. Berlin, 1922ff.
Beier, M.: in Kükenthal: Handbuch der Zoologie. Berlin, 1923ff.
Beier, M.: Eos 25, 49, 1949.
Beier, M. u. Pomeisl, E.: Z. Morph. Ök. 48, 72, 1959.
Beier, M.: Schaben. Neue Brehm Bücherei 379, Wittenberg, 1967.
Beier, M., 1973: in → Helmcke, Starck, Wermuth 1968ff.
Bell, W.J., Breed, M.D., Richards, K.W., Michener, C.D.: J. Comp. Physiol. 93, 173, 1974.
Bell, W.J., Tobin, T.R.: J. Insect Physiol. 27, 501, 1981.
Bellmann, H.: Ent. Germ. 3, 356, 1977.
Bellmann, H.: Jb. Ges. Naturkde. Württemberg 135, 272, 1980.
Bellmann, H.: Kosmos 77, 48, 1981a.
Bellmann, H.: Veröff. Naturschutz u. Landschaftspflege in Baden-Württ. 53/54, 477, 1981b.
Bellmann, H.: Verh. Dtsch. Zool. Ges. 76, 245, 1983.
Bellmann, H.: Zool. Anz. Jena 212, 321, 1984.
Bellmann, H.: Heuschrecken: beobachten, bestimmen. Melsungen 1985.
Bendele, H.: Verh. Dtsch. Zool. Ges. 78, 222, 1985.
Benefield, E.F.: Ann. Entomol. Soc. Am. 65, 1324, 1972.
Bennet-Clark, H.C.: New Scientist, 47, 273, 1970a.

Bennet-Clark, H.C.: J. exp. biol. 52, 619, 1970b.
Bennet-Clark, H.C.: Sci. Prog. (Oxford) 62, 263, 1975a.
Bennet-Clark, H.C.: J. exp. Biol. 63, 53, 1975b.
Berg, C.O., Knutson, L.: Ann. Rev. Entomol. 23, 239, 1978.
Berg, K.: Biol. Medd. Dansk Vidensk. Selsk. 13, 11, 1937.
Berg, K.: Vidensk. Medd. Dansk naturh. Foren. 105, 1941, 1959.
Bergström, G. u. Löfquist, J.: J. Insect. Physiol. 14, 995, 1968.
Bergström, G. u. Löfquist, J.: Insect. Physiol. 16, 2353, 1970.
Berland, L.: Bull. Soc. Zool. de France 59, 172, 1934.
Berland, L. in Grassé: Traité de Zoologie X/1 et 2, Paris, 1951.
Berland, L., Bernard, F. in Grassé: Traité de Zoologie X, Paris, 1951.
Berland, L., Grassé, P.P.: in Grassé, Traité de Zoologie X/1, Paris, 1951.
Bernard, F.: in Grassé, Traité de Zoologie X, Paris, 1951.
Bernard, G.D.: J. Insect Physiol. 17, 2287,1971.
Bernotat-Danielowski S., Knülle, W.: Tissue a. Cell 18, 437, 1986.
Beroza, M.: Chemicals controlling Insect Behaviour, London, 1970.
Berthold, G., Seifert, G.: Ent. Germ. 3, 303, 1977.
Bertsch, A.: Blüten – lockende Signale. Ravensburg 1975.
Bestmann, H.J., Vostrowsky, O.: Naturwissenschaften 69, 457, 1982.
Besuchet, C., 1974: in → Freude, Harde, Lohse 1965–83.
Betsch-Pinot, M.-C.: Z. Tierpsychol. 40, 427, 1976.
Billen, J.: Naturwissenschaften 71, 324, 1984.
Billen, J.: Int. J. Ins. Morph. & Embryol. 15, 13, 1986.
Billen, J., Evershed, R.P., Attygalle, A.B., Morgan, E.D.,Ollett, D.G.: J. Chem. Ecol. 12, 669, 1986.
Birr, C., Wengert-Müller, M.: Angew. Chem. 18, 147, 1979.
Birukow, G.: Z. Tierpsychol. 13, 463, 1957.
Birukow, G.: Z. Tierpsychol. 15, 265, 1958.
Birukow, G.: Symp. quant. Biol. 25, 403, 1960.
Birukow, G., Busch, E.: Z. Tierpsych. 14, 184, 1958.
Bischoff, H. in: Schulze: Biol. d. Tiere Deutschlands, Berlin, 1922ff.
Bishop, L.G.: J. Comp. Physiol. 91, 267, 1974.
Blackmann, R.L.: Ann. appl. biol. 59, 331, 1967.
Blaney, W.M., Chapman, R.F.: Ent. exp. & appl. 13, 363, 1970.
Blest, A.D.: Behaviour 11, 209, 1957 und 11, 257, 1957.
Blickle, R.L.: Ann. entomol. Soc. Amer. 52, 183, 1959.
Blum, M.S. et al.: J. Insect Physiol. 9, 881, 1963.
Blum, M.S.: Ann. entomol Soc. Amer. 59, 774, 1966.
Blum, M.S., Wallace, J.B.: Ins. Biochem. 3, 353, 1973.
Blum, M.S.: J. Apic. Res. 17, 218, 1978.
Blunk, U.: Entom. Ber. 17, 184, 1921.
Bode, W.: Zoomorphol. 90, 53, 1978.
Boeckh, J.: Z. vergl. Physiol. 46, 212, 1962.
Boeckh, J.: Z. vergl. Physiol. 55, 378, 1967.
Boeckh, J. et al.: Science, 141, 716, 1963.
Bohle, H.W.: Zool. Jb.. Syst. 99, 507, 1972.
Bohn, H.: W. Roux Arch. 156, 49 u. 449, 1965.
Bohn, H.: W. Roux Arch. 165, 303, 1970.
Bollow, H.: Div. Engerlinge, Merkblatt 14d. Bayer. Landesanstalt f. Pflanzenbau und Pflanzenschutz. München. 1954.
Bollow, H.: Z. Pflanzenbau und -schutz 6, 249, 1955.
Bollow, H.: Pflanzenschutz 8, 141, 1956.
Bollow, H.: Welcher Schädling ist das? Vorrats-, Material-, Haus- und Gesundheitsschädlinge. Stuttgart, 1958.
Bollow, H.: Welcher Schädling ist das? Schädlinge und Krankheiten an Zierpflanzen. Stuttgart, 1960.
Boppré, M.: Oecologia (Berlin) 59, 414, 1983.
Boppré, M.: J. Chem. Ecol. 10, 1151, 1984a.
Boppré, M.: in Vane-Wright R.I., Ackery P.R. (eds): The Biology of Butterflies. London 1984b.
Boppré, M.: Naturwissenschaften 73, 17, 1986a.
Boppré, M.: Jhb. 1986b Akad. Wiss. Göttingen.
Boppré, M., Schneider, D.: J. Comp. Physiol. A, 157, 569, 1985.
Bott, R.: Z. Morph. Ökol. 10, 207, 1928.
Bourgogne, J.: in Grassé, Traité de Zoologie X/1, Paris, 1951.
Bournier, A.: Les Thrips. Biologie - Importance agronomique. Paris 1983.
Bovey, P., Maksymov, J.K.: Vjschr, naturf. Ges. Zürich, 104, 264, 1959.
Boyd, P., Lewis, B.: J. Comp. Physiol. 153, 523, 1983.
Braasch, H.: Z. Morph. Ökol. 49, 184, 1960.
Bracken, G.K., Hanee, W., Thorsteinson, A.J.: Can. J. Zool. 40, 685, 1962.
Bracken, G.K. u. Thorsteinson, A.J.: Entomol. exp. appl. 8, 314, 1965.
Bradbury, W.C., Bennett, G.F.: Can. J. Zool. 52, 1355, 1974.
Brandl, P. 1981: in → Freude, Harde, Lohse 1965–83.
Brandt, H.: Schmetterlinge. Heidelberg, 1953.
Brandt, H.: Welcher Schädling ist das? Landwirtsch. Kulturpfl. Stuttgart, 1957.
Braun, H. u. Riehm, E.: Krankheiten und Schädlinge der Kulturpflanzen und ihre Bekämpfung. Berlin u. Hamburg, 1957.
Brauns, A.: Terricole Dipterenlarven. Göttingen-Frankfurt-Berlin 1954.
Brauns, A.: Taschenbuch der Waldinsekten. Stuttgart, 1964.
Brian, M.V.: Insects soc. 4, 177 u. 191, 1957.
Brian, M.V.: Biol. Rev. 55, 379, 1980.
Brickenstein, C.: Abh. Bayer. Ak. Wiss. math. – naturwiss. Kl. N.F. 69, 1955.
Brinkhurst, R.O.: J. animal Ecol. 28, 211, 1959.
Brittain, J.E.: Ann. Rev. Entomol. 27, 119, 1982.
Brohmer, P.: Die Tierwelt Mitteleuropas. Leipzig, 1935.
Brothers, D.J.: Univ. Kansas Science Bull. 50, 1, 1972.
Broussal, G.: C.R. Acad. Sci. 256, 1834, 1963.
Brüll, H.: Nat. u. Volk. 82, 289, 1952.
Brown, V.K.: Grasshoppers. Cambridge 1983.
Brown, W.L., Eisner, T., Whittaker, R.H.: BioScience (Washington) 20, 21, 1970.
Buchholtz, Ch.: Z. Tierpsychol. 8, 273, 1951.
Buchholtz, Ch.: Zool. Anz. Suppl. 25, 401, 1962.
Buchner, P.: Natur u. Volk. 70, 116, 1940.
Buchner, P.: Endosymbiose der Tiere mit pflanzlichen Mikroorganismen. Basel, Stuttgart, 1953.
Buck, H.: Zool. Jahrb. 63, 153, 1952.
Bückmann, D.: Zool. Anz. Suppl. 22, 137, 1959.
Bückmann, D.: Naturwissenschaften 47, 610, 1960.
Bückmann, D.: Naturw. Rdsch. 20, 453, 1967.

Buhr, H.: Bestimmungstabellen der Gallen (Zoo- u. Phytocecidien) an Pflanzen Mittel- und Nordeuropas. Jena, 1964/65.
Bürgis, H.: Mikrokosmos 70, 99 u. 133, 1981.
Bürgis, H.: Mikrokosmos 71, 299 u. 341, 1982.
Bürgis, H.: Mikrokosmos 73, 45 u. 368, 1984.
Bürgis, H.: Nat. u. Mus. 115, 249, 1985.
Bürgis, H.: Mikrokosmos 75, 107, 327, 1986a u. b.
Bürgis, H.: Natur u. Museum 117, 12, 1987.
Burmeister, F. in: Stresemann, Exkursionsfauna von Deutschland. Berlin, 1964.
Burnett, Th., Eisner, Th.: Anpassung im Tierreich. München 1966.
Buschinger, A.: Tree 1, 155, 1986.
Buschinger, A., Maschwitz, U.: in Hermann H.R.: Defensive Mechanisms in Social Insects. 1984.
Buschinger, A., Winter, U.: Ins. Soc. Paris 24, 184, 1977.
Busnel, M.C.: Z. vergl. Physiol. 54, 232, 1967.
Busnel, R.G., Busnel, M.C., Dumortier, B.: Ann. Epiphyt. 7, 451, 1956.
Busnel, R.G.. Dumortier, B.: Bull. Sec. Entomol. France 64, 44, 1960.
Butenandt, A. u. Mitarb.: Z. Naturforsch. 14b, 283, 1959.
Byers G.H., Thornhill, R.: Ann. Rev. Entomol. 28, 203, 1983.
Cade, W.: Science 190, 1312, 1975.
Caillère, L..: Z.Tierpsychol. 35, 381, 1974.
Callahan, P.S.: Ann. entom. Soc. Amer. 58, 727, 1966.
Cammaerts, M.C., Inwood, M.R., Morgan, E.D., Parry, K., Tyler, R.C.: J. Insect Physiol. 24, 207, 1978.
Cammaerts-Tricot, M.C., Morgan, E.D., Tyler, R.C.: J. Insect Physiol. 23, 421, 1977.
Campon, R., Gautier, J.-J.: Anim. Behav. 23, 640, 1975.
Canard, M., Séméria, Y., New. T.R.: Biology of the Chrysopidae. The Hague 1984.
Cane, J.H.: J. Chem. Ecol. 7, 403, 1981.
Cane, J.H.: Animal Beh. 31, 138, 1983.
Cane, J.H.: J. Kansas Entom. Soc. 56, 199, 1983.
Cane, J.H., Tengö. J.O.: J. Chem. Ecol. 7, 427, 1981.
Carlson, D.A. et al.: Science 174, 76, 1971.
Carré, S.: Apidologie 11, 255, 1980.
Carrel, J.E.: J. Chem. Ecol. 12, 741, 1986.
Carrel, J.E., Eisner, T.: Science 183, 755, 1974.
Caspers, H.: Arch. Hydobiol. Suppl. 18, 418, 1951.
Cheng, L.: Ann. Rev. Entomol. 30, 111, 1985.
Chopard, L.: Bull. Soc. France Nr. 9, 125, 1946.
Chopard, L.: Faune de France 56, Paris, 1951.
Christenson, L.D., Foote, R.H.: Ann. Rev. Entomol. 5, 171, 1960.
Christian, E.: Zool. Jb. Physiol. 83, 457, 1979.
Chvala M., Doskocil, J., Mook, J.H., Pokorny, V.: Tijdschrift voor Entomologie 117, 1, 1974.
Claret, J.: Ann. Endocrin. 27, 311, 1966.
Clarke, C.A., Sheppard, P.M.: Nature (Lond.) 202, 215, 1964.
Clausen, C.P.: Entomophagous Insects. New York, 1940.
Clements, A.N.: The physiology of mosquitoes. Int ser. monogr. pure a. appl. Biol., Oxford, 1963.
Cleve, K.: Mitt. d. d. entomol. Ges. 27, 44, 1968.
Cloarec, A.: Behaviour 35, 84, 1969.
Cloutier, C., Dohse, L.A., Bauduin, F.: Can. J. Zool. 62, 1367, 1984.
Collett, T.S., Land, M.F.: J. Comp. Physiol. 99, 1, 1975.
Collins, A.M. et al.: Science 218, 72, 1982.
Collins, C.M., Potts, S.F.: U.S.Dept. Agr. Techn. Bull. Nr. 336, 1932.
Concalves, L.S.: Imkerfreund Januar 1987. S. 25.
Connér, W.E., Eisner, T., Vander Meer, R.K., Guerrero, A., Meinwald, J.: Behav. Ecol. Sociobiol. 9, 227, 1981.
Corbet, P.S.: Ann. Rev. Entomol. 25, 189, 1980.
Coulson, R.H.: Ann. Rev. Entomol. 24, 417, 1979.
Couturier, A.: Z. ang. Entomol. 50, 66, 1962.
Couturier, A., Robert, P.: C.R. Acad. Sci. 245, 2399, 1957.
Couturier, A., Robert, P.: Ann. Inst. nat. Rech. agr. C., 9, 257, 1958.
Crome, W. in: Stresemann, Exkursionsfauna v. Deutschland. Berlin, 1964.
Crowson, R.A.: The Biology of Coleoptera. London 1981.
Cummings, K.W.: Ann. Rev. Ecol. Syst. 10, 147, 1979.
Cymorek, S., 1969; in → Freude, Harde, Lohse 1965–83.
Cymorek, S., 1974: in → Schwenke, W. 1972–86.
Czihak, G., Langer, H., Ziegler, H.: Biologie. Berlin 1981.
Daanje, A.: Behaviour, 11, 85, 1957.
Daanje, A.: Verh. kon. ned. Akad. Wetensch., Afd. Natkd., Reihe 2, Teil 56, Nr. 1, 1964.
Dadd, R.H.: in Florkin, Scheer: Chemical Zoology. New. York 1970.
Dahl, M.L.: Die Tierwelt Deutschlands. Jena, 1935ff.
Dahl, R.G.: in Illies (Ed.): Limnofauna europaea. Jena 1967.
Dahl, M.L.: Dtsch. Entomol Z. N.F. 18, 121, 1971.
Dahm, K.H., Meyer, D., Finn, W.E., Reinhold V., Röller, H.: Naturwissenschaften 58, 265, 1971.
Daloze, D., Breakman, J.C., Pasteels, J.M.: Science 233, 221, 1986.
Danesch, E. u. O.: Kosmos 71, 232, 1975.
Danesch, O., Dierl, W.: Schmetterlinge. Stuttgart 1965.
Danzer, A.: Z. vergl. Physiol. 39, 76, 1956.
Danzer, A.: Naturwiss. 43, 476, 1956.
Davies, D.M.: Canad. entomol. 91, 548, 1959.
Davis, E.E.: J. Insect Physiol. 23, 613, 1977 und 30, 211, 1984.
Davis, N.T.: J. Insect. Physiol. 10, 947, 1964.
Davis, W.J., Liske, E.: Nat. Rdsch. 38, 223, 1985.
Dean, J.: J. Comp. Physiol. 135, 41, 1981.
Dehn, M.v.: Z. vergl. Physiol. 45, 88, 1961.
Dehn, M.v.: Naturwiss. 50, 578, 1963.
Dehn, M.v.: J. Insect. Physiol. 13, 595, 1967.
Dehn, M.v.: Z. vergl. Physiol. 63, 392, 1969.
Demelt, C.v.: in Dahl: Die Tierwelt Deutschlands, Jena, 1966.
Denis, R. in Grassé, P.P.: Traité de Zoologie IX, Paris, 1949.
Despax, R. in: Grassé, P.P.: Traité de Zoologie IX, Paris, 1949 und X/1, Paris, 1951.
Dettner, K.: Entomologica Basiliensia 9, 204, 1984.
Dettner, K.: Proc. Acad. Nat. Sciences Phil. 137, 156, 1985.
Dettner, K.: Ann. Rev. Entomol. 32, 17, 1987.
Dierl, W.: Zool. Jahrb. Syst. 91, 201, 1964.
Dierl, W. in: Grzimeks Tierleben, Zürich 1969.
Dierl, W., 1978: in → Schwenke, W. 1972–86.
Dierl, W.: Spixiana 2, 59, 1979.
Dieter, A.: Wiss. Z. Univ. Halle-Wittenberg, Jgg. 2, 509, 1952/53.
Dijkgraaf, S.: Experimentia 3, 34, 1947.
Dixon, A.F.G.: J. anim. ecol. 28, 259, 1959.

Dixon, A.F.G.: Biologie der Blattläuse. Stuttgart 1976.
Dobrzanska, J. u. Dobrzanski, J.: Insect. Soc. 7, 1, 1960.
Domenichini, G.: Boll. Zool. Agr. Bachicoltura, Parma 19, 183, 1953.
Doolan, J.M., Pollack, G.S.: J. Comp. Physiol. 157, 223, 1985.
Doormann, G.: Biol. Zbl. 40, 116, 1920.
Dordel, H.-J.: Z. Morph. Tiere 75, 165, 1973.
Downes, J.A.: Ann. Rev. Entomol. 14, 271, 1979.
Downing, H.A., Jeanne, R.L.: Z. Tierpsychol. 67, 78, 1985.
Drechsel, U., 1979: in → Freude, Harde, Lohse 1965–83.
Dreisig, H.: Ent. Scand. 5, 103, 1974.
Dreisig, H.: Behav. Ecol. Sociobiol. 3, 1, 1978.
Dreyer, W.: Odontologica 7, 309, 1978.
Dröscher, V.B.: Magie der Sinne im Tierreich, München, 1966.
Du Bois, A.M., Geigy, R.: Rev. Suisse Zool. 42, 169, 1935.
Duhr, B.: Zool. Jahrb. Physiol. 65, 387, 1955.
Dumortier, B. in Busnel (ed): Acoustic behaviour of Animals, Amsterdam 1964.
Dumortier, B., Brien, S. et Pasquinelli, F.: C.R. Ac. Sci. 244, 2315, 1957.
Dumpert, K.: Das Sozialleben der Ameisen. Hamburg 1978.
Dybas, H.S., Lloyd, M.: Ecol. Monographs 44, 279, 1974.
Eberhardt, A.J.: Z. Morph. Ökol. 43, 616, 1955.
Eberhardt, A.J., Steiner, G.: Z. Morph. Ökol. 41, 147, 1952.
Eberle, M.W., McLean, D.L.: J. Insect. Physiol. 28, 417, 1982.
Ebner, D.: Zool. Jb. Syst. 96, 453, 1969.
Eckstein, K.: Die Schmetterlinge Deutschlands. Stuttgart 1913/33.
Edwards, R.L.: Behaviour 7, 88, 1954.
Edwards, R.: Social Wasps. East Grinstead. 1980.
Ehrhardt, P.: Z. Morph. Ökol. 52, 597, 1963.
Ehrhardt, P., Schmutterer, H.: Z. ang. Entomol. 56, 41, 1965.
Eichhorn, O., 1978 u. 1982: in → Schwenke, W. 1972–86.
Eichler, W.-D.: Rübenfeind Derbrüssler, Neue Brehm Bücherei Nr. 25, Wittenberg 1955.
Eichler, W.-D.: Federlinge. Neue Brehm Bücherei Nr. 186, Wittenberg, 1956.
Eichler, W.-D.: Dtsch. Entom. Z. N.F. 10, 207, 1963.
Eickwort, G.C., Ginsberg H.S. Ann. Rev. Entomol. 25, 241, 1980.
Eidmann, H.: Z. f. angew. Entomol. 10, 353, 1924.
Eidmann, H.: Lehrbuch der Entomologie. Berlin 1941.
Eisenbeiss, G.: Kosmos 61, 59, 1963.
Eisenbeiss, G.: Kosmos 63, 61, 1965.
Eisenbeis, G.: Ent. Germ. 3, 185, 1976.
Eisenbeis, G.: J. Ins. Physiol. 28, 11, 1982.
Eisenbeis, G. Ulmer, S.: Ent. Germ. 5, 35, 1978.
Eisenbeis, G., Wichard, W.: Z. Morph. Tiere 81, 103, 1975a.
Eisenbeis, G. Wichard, W.: J. Insect Physiol. 21, 231, 1975b.
Eisenbeis, G., Wichard, W.: Atlas zur Biologie der Bodenarthropoden. Stuttgart 1985.
Eisner, Th.: J. Insect. Physiol. 2, 215, 1958.
Eisner, Th.: Science 148, 966, 1965.
Eisner, Th.: Nat. Hist. New York, 75, 1966.
Eisner, Th.: in Miller, P.L. (ed.): Insect Biology in the Future. London 1980.
Eisner, Th.: pers. Mitteilung 1986.
Eisner, Th., Aneshansley, D.J.: Science 215, 83, 1982.
Eisner, Th., Hicks, K., Eisner, M., Robson, D.S.: Science 199, 790, 1978.
Eisner, Th., Johnessee, J.S., Carrel, J., Hendry, L.B., Meinwald, J.: Science 184, 996, 1974.
Eisner, Th., Kluge, A.F., Ikeda, M.I., Meinwald, Y.C., Meinwald, J.: J. Insect Physiol. 17, 245, 1971.
Eisner, Th., Meinwald, Y.C.: Science 150, 1733, 1965.
Eisner, Th., Meinwald, J.: Science 153, 1341, 1966.
Eisner, Th., Meinwald, J.: Psyche 89, 357, 1982.
Eisner, Th., Silberglied, R.E., Aneshansley, D., Carrel, J.E., Howland, H.C.: Science 166, 1172, 1969.
Eisner, Th., Tassel, E.v., Carrel, J.E.: Science 158, 1471, 1967.
Ekblom, T.: Zool. Bidr. Uppsala 10, 31, 1926.
Ekblom, T.: Zool. Bidr. Uppsala, 12, 113, 1930.
Elger, M.: Dissertation Univ. Hannover 1979.
Ellington, C.P.: J. exp. Biol. 85, 129, 1980.
Elsner, N., Huber, F.: Z. vergl. Physiol. 65, 389, 1969.
Elsner, N., Huber, F.: Forschr. d. Zoologie 22, 1, 1973.
Emeis, D.: Z. Tierpsychol. 16, 129, 1959.
Endrödy-Younga, S.: in → Freude, Harde, Lohse 1965–83.
Engel, H.: Z. Morph. Ökol. Tiere 30, 41, 1935.
Engelhardt, W.: Was lebt in Tümpel, Bach und Weiher? Stuttgart, 1955; 1985.
Engster, M.S.: Cell Tiss. Res. 169, 77, 1976.
Erber, D.: Z. Morph. d. Tiere. 62, 245, 1968.
Ergene, S.: Zool. Anz. 158, 38, 1957.
Ermisch, K., 1969: in → Freude, Harde, Lohse 1965–83.
Ernst, E. in: Grzimeks Tierleben, Zürich, 1969.
Escherich, K.: Die Forstinsekten Mitteleuropas. Berlin, 1923/42.
Evans, M.E.G.: J. Zool. 167, 319, 1972 und 169, 181, 1973.
Evans, M.E.G.: J. Zool. (London), 181, 189, 1977.
Evans, W.G.: Ecology 47, 1061, 1966a.
Evans W.G.: Ann. Entomol. Soc. Am. 59, 873, 1966b.
Faasch, H.: Zool. Jb. Syst. 95, 477, 1968.
Faber, A.: Z. wiss. Insektenbiol., 23, 209, 1928.
Faber, A.: Jh. Ver. vaterländ. Naturk. Württemberg, Jg. 108, 71, 1953a.
Faber, A.: Mitt. Staatl. Mus. f. Natkd. Stuttgart. Nr. 287, 1953b.
Fabre, J.H.: Souvenirs entomologiques, 6. sér. 1899.
Falkenhan, H.-H.: Z. wiss. Zool. 141, 525, 1932.
Farb, P. u. Redaktion von Life: Die Insekten. 1966.
Fath, H.: Kosmos 53, 207, 1957.
Faustini, D.L., Burkholder, W.E., Laub, R.J.: J. Chem. Ecol. 7, 467, 1981.
Faustini, D.L., Post, D.C., Burkholder, W.E.: Ann. Entomol. Soc. Am. 75, 187, 1982.
Fessler, E.: Staatsexamensarbeit, München, 1957.
Fey, F.: Beitr. Entomol. 4, 180, 1954.
Finke, Chr.: Z. vergl. Physiol. 58, 398, 1968.
Finlayson, L.H.: Behaviour 2, 275, 1950.
Fittkau, E.J., Reiss, F.: in Illies: Limnofauna Europaea. Stuttgart 1978.
Fitzgerald, T.D., Gallagher, E.M.: J. Chem. Ecol. 2, 187, 1976.
Fletcher, D.J.C.: Ann. Rev. Entomol. 23, 151, 1978.
Foldi, I.: J. Morphol. 168, 159, 1981.
Forster, W.A.: Nature, 214, 1035, 1967.

Forster, W.: Knaurs Insekten-Buch. München, 1968.
Forster, W., Wohlfahrt, Th.A.: Die Schmetterlinge Mitteleuropas. Stuttgart 1954–81.
Forsyth, D.J.: Roy. Ent. Soc. London 120, 159, 1968.
Forth, W., Henschel, D., Rummel, W.: Lehrbuch für allg. u. spez. Pharmakologie u. Toxikologie. Mannheim 1987.
Francke-Grosmann, H.: Zool. Anz. Suppl. 20, 112, 1957a.
Francke-Grosmann, H.: Ber. Dtsch. Entomol. München, Berlin 8, 37, 1957b.
Francke-Grosmann, H.: Z. ang. Entomol. 52, 355, 1963.
Frank, W.: Parasitologie. Stuttgart 1976.
Frankenberg, G.v.: Natur u. Volk, 70, 79, 1940.
Frankenberg G.v.: Umschau 46, 108, 1942.
Frantsevich, L. et al.: J. Comp. Physiol. 121,253, 1977.
Frantsevich, L.I.: Zool. Jb. Anat. Ont. Tiere 106, 333, 1981.
Franz, E.: Natur u. Volk, 70, 564, 1940.
Franz, J.: Z. ang. Entomol. 27, 345, 1940.
Franz, J.: in Sorauer Handb. d. Pflanzenkrankheiten Bd. 6, Berlin, 1961.
Franz, P.U.: Verh. Dtsch. Zool. Ges. 71, 158, 1978.
Franzl, S., Naumann, C.M.: Ent. Abh. St. Mus. Tierkde. Dresden 48, 1, 1984.
Franzl, S., Naumann, C.M.: Tissue & Cell 17, 267, 1985.
Free, I.B.: Behaviour 12, 233, 1958.
Free, I.B., Simpson, I.: Z. vergl. Physiol. 61, 361, 1968.
Freeman, B.E.: J. appl. ecol. 2, 105, 1965.
Freude, H., 1971 u. 1976: in → Freude, Harde, Lohse 1965–83.
Freude, H., Harde, K.W., Lohse, G.A.: Die Käfer Mitteleuropas. Krefeld 1965–83.
Friederichs, K.: Arch. f. Nat.gesch. N.F. 3, 405, 1934.
Friedrich, E.: Handbuch der Schmetterlingszucht. Stuttgart 1983.
Friese, H.: Die europäischen Bienen. Das Leben und Wirken unserer Blumenwespen. Berlin, 1923.
Friese, R. 1981: in → Freude, Harde, Lohse 1965–83.
Frisch, K.v.: Bienenfibel, München 1955.
Frisch, K.v.: Tanzsprache und Orientierung der Bienen. Berlin, 1965.
Frisch, K.v.: Aus dem Leben der Bienen, Verständl. Wiss. Bd. 1, 8. Aufl. 1969.
Frisch, K.v.: Kosmos 73, 768, 1977.
Frisch, K.v.: Z. Tierpsychol. 47, 323, 1978.
Frisch, O.v.: Zool. Anz. 175, 368, 1965.
Fröhlich, G.: Gallmücken. Neue Brehm Bücherei, 253, Wittenberg, 1960.
Fuldner, D.: Z. Morph. Ökol. 49, 312, 1960.
Fuldner, D.: Z. vergl. Physiol. 61, 298, 1968.
Fuldner, D., Pfennig, R.: Oecologia (Berlin) 11, 99, 1973.
Fullard, J.H.: J. Comp. Physiol. 129, 79, 1979.
Funke, W.: Zool. Jb. Syst. 85, 73, 1957.
Fürsch, H.: Staatsexamensarbeit, München, 1951.
Fürsch, H., 1967: in → Freude, Harde, Lohse 1965–83.
Furth, D.G.: Spixiana, Suppl. 7, 11, 1982.
Fuzeau-Braesch, S.: C. R. Soc. Biol. 159, 1048, 1965.
Gabbutt, P.D.: J. anim. ecol. 28, 15, 1959.
Gäbler, H.: Die Nonne. Neue Brehm Bücherei, Nr. 85, Wittenberg, 1952.
Gäbler, H.: Prozessionsspinner. Neue Brehm Bücherei, Nr. 137, Wittenberg, 1954.
Gäbler, H.: Tiere an Pappel. Neue Brehm Bücherei, Nr. 160, Wittenberg, 1955.
Galil, J.: Endeavour, N.S. 1, 52, 1977.
Galil, J., Eisikowitsch, D.: New Phytol. 73, 515, 1974.
Galil, J., Neeman G.: New Phytol. 79, 163, 1977.
Galil, J., Zeroni M., Bar Shalom D.: New. Phytol. 72, 1113, 1973.
Garrett, M.A., Bradley, T.J.: J. Morphol. 182, 257, 1984.
Gaumont, R.: Bull. biol. Fr. Belg. 98, 677, 1964.
Gaumont, R., Moreau, R.: C. Rend. Acad. Sci. 253, 2404, 1961.
Gauss, R.: Z. angew. Entomol. 82, 277, 1977.
Geigy, R., Dubois, A.M.: Rev. suisse de Zoologie, 42, 447, 1935.
Geiler, H.: Z. Morph. Ökol. 56, 260, 1966.
Geisler, M.: Z. Tierpsychol. 18, 389, 1961.
Geisthardt, M.: Zool. Jb. Anat. 93, 299, 1974.
Geisthardt, M. 1979: in → Freude, Harde, Lohse 1965–83.
Gentil, K.: Kosmos 59, 380, 1961.
Gentil, K.: Naturw. Rdsch. 17, 477, 1964.
Gercken, K.: Biol. Zbl. 64, 149, 1944.
Gervet, I.: Insect soc. 11, 343, 1964a.
Gervet, I.: Ann. Sc. nat. zool. Sér XII, 6, 601, 1964b.
Gewecke, M.: Z. vergl. Physiol. 54, 121, 1967.
Gewecke, M.: J. Comp. Physiol. 80, 57, 1972.
Gewecke, M.: in Brown B. (Ed.): Experimental Analysis of Insect Behavior.: Berlin 1974.
Gewecke, M.: Verh. Dtsch. Zool. Ges. 73, 336, 1980.
Gewecke, M.: in Gewecke, Wendler: Insect Locomotion. Hamburg 1985.
Gewecke, M., Bauer, C.K.: Verh. Dtsch. Zool. Ges. 77, 282, 1984.
Gewecke, M., Heinzel, H.-G.: J. Comp. Physiol. 139, 357, 1980.
Gewecke, M., Philippen, J.: Physiol. Entomol. 3,43, 1978.
Ghiradella, H.: J. Morphol. 142, 395, 1974.
Ghiradella, H., Aneshansley, D., Eisner, Th., Silberglied, R.E., Hinton, H.E.: Science 178, 1214, 1972.
Ghiradella, H., Radigan, W.: J. Morphol. 150, 279, 1976.
Giguére, L.A.: Z. Tierpsychol. 50, 113, 1979.
Gleiß, H.: Neue Brehm Bücherei, Nr. 136, Wittenberg, 1954.
Godan, D.: Z. Parasitenk. 21, 290, 1961.
Godan, D.: Mitt. dtsch. entomol. Ges. 25, 4, 1966.
Goetsch, W.: Die Staaten der Ameisen. Berlin, 1953.
Gogala, M.: Z. vergl. Physiol. 57, 232, 1967.
Gogala, M.: Z. vergl. Physiol. 63, 379, 1969.
Gogala, M.: Z. vergl. Physiol. 70, 20, 1970.
Gogala, M., Čokl, A., Drašlar, K., Blaževič, A.: J. Comp. Physiol. 94, 25, 1974.
Golda, H., Ludwig. W.: Zool. Anz. 161, 1, 1958.
Görnitz, K.: Arb. physiol. ang. Entomol. 4, 116, 1937.
Gößwald, K.: Organisation und Leben der Ameisen. Stuttgart 1985.
Götz, G.: Z. f. Pflanzenkrankh. u. Pflanzenschutz 48, 128, 1938.
Götz, G.: Z. ang. Entomol. 26, 143, 1939.
Götz, G.: Anz. Schädlingskd. 15, 109, 1939.
Gräbner, K.-E.: Z. Morphol. Ökol. Tiere 41, 471, 1954.
Grassé, P.P.: in: Grassé, Traité de Zoologie IX, Paris, 1949 u. X/1, Paris 1951.
Greathead, D.J.: Trans. R. Ent. Soc. London 114, 437, 1962.
Green, G.W.: Canad. entomol. 94, 282, 1962.

Gromysz, K.: Fol. biol. (Krakow) 8, 199 u. 351, 1960.
Groschke, F.: Verh. dtsch. Ges. f. ang. Entomol. 12. Versammlung.
Groß, F.I.: Zool. Jb. Physiol. 68, 535, 1960.
Grüne, S.: Handbuch zur Bestimmung d. europ. Borkenkäfer. Hannover 1979.
Gruhl, K.: Z. wiss. Zool. 122, 205, 1924.
Gruhl, K.: Mitt. dtsch. entomol. Ges. 21, 8, 25, 43, 1962.
Gruhl, K.: Mitt. dtsch. entomol. Ges. 22, 88, 1963.
Gruhl, K.: Mitt. dtsch. entomol. Ges. 23, 10, 76, 1964.
Gruhl, K.: Mitt. dtsch. entomol. Ges. 26, 13, 1967.
Grunin, K.: in: Lindner, Die Fliegen der Paläarktischen Region. 64a u. 64b, Stuttgart, 1964/66.
Günther, K.: in Urania Tierreich; Insekten. Leipzig 1968, bzw. 1974 (3. Auflage).
Gupta, P.D., Thorsteinson, A.I.: Entomol. exp. appl. 3, 305, 1960.
Gwynne, D., Edwards, E.D.: Zool. J. Linn. Soc. 1986.
Haas, A.: Z. vergl. Physiol. 31, 281 u. 671, 1949.
Haas, A.: Z. Tierpsych. 17, 402, 1960.
Haas, A.: Z. Tierpsych. 22, 305, 1965.
Haas, H.: Zool. Jahrb. Physiol. 67, 323, 1957.
Habermehl, G.: Gift-Tiere und ihre Waffen. Berlin 1983.
Hackinger, A.: Zool. Informationen 1, Wien, 1950.
Hackman, W.: Notulae entomol. 44, 73, 1964.
Haeselbarth, E.: Z. ang. Entomol. 49, 233, 1962.
Haeseler, V.: Zool. Jb. Syst. 109, 117, 1982.
Hagen, H.-H.: ADIZ 21, 109, 1987.
Hahn, M., Maschwitz, U.: Naturwissenschaften 67, 511, 1980.
Hamilton, W.J. III., Seely, M.K.: Nature 262, 284, 1976.
Handlirsch: in: Kükenthal: Handbuch der Zoologie. Berlin, 1923.
Hangartner, W.: Z. vergl. Physiol. 57, 103, 1967.
Hannemann, H.-J.: in Urania Tierreich, Insekten. Jena, 1969.
Hannemann, H.J.: Dtsch. Entomol. Z. 3, 14, 1956.
Hansell, M.H.: R. C. animal. 2, 91, 1968.
Hansen, K.: J. Comp. Physiol. 150, 371, 1983.
Hansen, K., Schneider, D., Boppre, M.: Naturwissenschaften 70, 466, 1983.
Hantge, E.: Arch. Hydrobiol. 58, 309, 1962.
Happ, G.M., Eisner, Th.: Science 134, 329, 1961.
Harde, K.W. 1966, 1979: in → Freude, Harde, Lohse 1965–83.
Harnisch, O.: Zool. Anz. 161, 291, 1958.
Harz, K.: Die Geradflügler Mitteleuropas. Jena, 1957.
Harz, K.: Geradflügler oder Orthopteren, in: Dahl, F.: Die Tierwelt Deutschlands, Jena, 1960.
Harz, K.: Orthopterologische Betr. III. Nachrbl. Bayer Ent. 9, 81, 1960.
Harz, K.: Atalanta 1, 89, 121, 1965.
Harz, K.: Die Orthopteren Europas Vol. I. The Hague 1969.
Harz, K.: Die Orthopteren Europas Vol. II. The Hague 1975.
Harz, K., Kaltenbach, A.: Die Orthopteren Europas. Vol. III. The Hague 1976.
Harz, K., Wittstadt, H.: Wanderfalter. Neue Brehm Bücherei, Nr. 191, Wittenberg, 1957.
Hase, A.: Naturwiss. 11, 801, 1923.
Hase, A.: Natur u. Volk, 82, 160, 1952.
Hashimoto, H.: Sci. Rep. Tokyo Kyoiku Daigaku, Sect B. 8, 177, 1957.
Haskell, P.T.: Insect sounds. London, 1961.
Haße, A.: Naturwissenschaften 61, 81, 1974.
Hata, K., Edmonds W.D.: Int. J. Insect Morphol. a. Embryol. 12, 1, 1983.
Haupt, H.: Zikaden, in: Brohmer: Die Tierwelt Mitteleuropas. Leipzig, 1935.
Haupt, J.: Z. Zellforschung 135, 539, 1972.
Hauschteck, E.: Chromosoma 13, 163, 1962.
Hauss, R., Schütte, F.: Z. angew. Ent. 86, 167, 1978.
Hayashi, K.: Behav. Ecol. Sociobiol. 16, 301, 1985.
Heatwole, H., Davis, D.M., Wenner, A.M.: Z. Tierpsych. 10, 652, 1962.
Hecker, E.: Verh. 11. Int. Kongr. Entomol. 3, 69, 1960.
Hedicke, H.: Wanzen, in Brohmer: Die Tierwelt Mitteleuropas. Leipzig, 1935.
Heimbach, U.: ADIZ 11, 344, 1983.
Heinrich, B.: J. exp. Biol. 54, 153, 1971.
Heinrich, B.: Am. Scientist 64, 384, 1976a.
Heinrich, B.: J. exp. Biol. 64, 561, 1976b.
Heinrich, B.: Bumblebee Economics. Cambridge, Mass. 1979a.
Heinrich, B.: Science 205, 1269, 1979b.
Heinrich, B.: J. exp. Biol. 85, 61, 1980a.
Heinrich, B.: J. exp. Biol. 85, 73, 1980b.
Heinrich, B.: Spektrum Mai 1987, S. 106, 1987a.
Heinrich, B.: J. exp. Biol. 127, 313, 1987b.
Heinrich, B., Bartholomew, G.A.: J. exp. Biol. 55, 223, 1971.
Heinrich, B., Bartholomew, G.A.: Sc. Am. 226 (6), 71, 1972.
Heinrich, B., Heinrich, M.J.E.: Behav. Ecol. Sociobiol. 14, 151, 1984.
Heinrich, B., Mommsen, Th.P.: Science 228, 177, 1985.
Heinrich, B., Vogt, F.D.: Behav. Ecol. Sociobiol. 7, 179, 1980.
Heinz, H.-I.: Z. Tierpsychol. 6, 330, 1948.
Held, H.: Staatsexamensarbeit, München, 1955.
Hell, K.-G., Helversen, D.v.: Behav. Ecol. Sociobiol. 18, 182, 1986.
Hellrigl, K. 1974: in → Schwenke, W. 1972–86.
Helmcke, J.-G., Starck, D., Wermuth, H.: Handbuch der Zoologie. Bd. 4. Berlin 1968ff.
Hemmingsen, A.M., Theisen, F.: Vidensk. Medd. Dansk Naturhist. For. 118, 243, 1956.
Helversen, D.v.: J. Comp. Physiol. 81, 381, 1972.
Helversen, D. u. O.v.: in Huber, F., Markl, H.: Neuroethology and Behavioral Physiol. Heidelberg 1983.
Hendel, F., Beier, M.: Diptera-Fliegen, in: Kükenthal Handbuch der Zoologie, Bd. 4/2, Berlin, 1936/38.
Henke, K.: Z. Morph. Ök. 12, 240, 1928.
Hennig, W.: Diptera, Zweiflügler, in: Sorauer: Handbuch der Pflanzenkrankheiten. 5. Aufl., Hamburg-Berlin, 1949–1957.
Hennig, W.: Die Larvenformen der Dipteren. Berlin, 1948/52.
Hennig, W.: Taschenbuch der Zoologie. Leipzig, 1965.
Hennig, W.: Die Stammesgeschichte der Insekten. Frankfurt/M. 1969.
Hennig, W.: Taschenbuch der Speziellen Zoologie. Wirbellose II. Thun, Frankfurt 1972.
Hennig, W., 1973: in → Helmcke, Starck, Wermuth 1968ff.
Henry, C.S.: Ann. Entomol. Soc. Am. 72, 68, 1979.
Henschel, H.: Der Nashornkäfer. Neue Brehm Bücherei, 301, Wittenberg, 1962.
Heran, H.: Z. vergl. Physiol. 46, 129, 1962.
Heran, H.: Naturw. Rdsch. 22, 1, 1969.
Hering, M.: Biologie der Schmetterlinge. Berlin, 1926.

Hering, M.: Blattminen. Neue Brehm Bücherei, Nr. 91, Wittenberg, 1953.
Hering, M.: Bestimmungstabellen der Blattminen von Europa. Berlin, 1957.
Hering, M.: Die Blattminen Mittel- und Nord-Europas. Neubrandenburg 1935–37.
Hermann, H.R. (Ed.): Social Insects. London 1979–82.
Hermann, H.R. (Ed.): Defense Mechanisms in Social Insects. New York 1984.
Herrebout, W.M., Kuyten, P.I., de Ruiter, L.: Arch. néerl. Zool. 15, 315, 1963.
Herter, K.: Natur & Volk, 83, 23, 1953.
Herter, K.: Zool. Beitr. N.F. 8, 297, 1963.
Herter, K.: Zool. Jahrb. Syst. 92, 405, 1965.
Herting, B.: Biologie der west-paläarktischen Raupenfliegen. Monogr. ang. Entomol. Nr. 16, 1960.
Heslop-Harrison, G.: Ann. Mag. nat. Hist., Sér. 13, 3, 633, 1961.
Hesse, G. u. Mitarb.: Z. ang. Entomol. 37, 239, 1955.
Heumann, L.: Z. vergl. Physiol. 31, 58, 1948.
Hewitt, G.G.: The house-fly. Cambridge, 1914.
Heymer, A.: Z. Tierpsychol. 25, 829, 1968.
Heymer, A.: Am. Soc. ent. Fr. N. S. 6, 637, 1970.
Heymer, A.: Fortschr. d. Verhaltensfschg. 11, 1, 1974.
Heymons, R., Lengerken, H. v.: Z. Morph. Ökol. 14, 531, 1929.
Hiecke, H.: in: Urania Tierreich, Insekten. Jena, 1969.
Hiepe, Th.: Lehrbuch der Parasitologie. Stuttgart 1981/85.
Hiepe, Th., Ribbeck, R.: in → Hiepe, Th.: Lehrbuch der Parasitologie, Bd. 4. Stuttgart 1982.
Hierholzer, O.: Z. Tierpsych. 7, 588, 1950.
Hill, D.S.: New Scientist a. Science 50, 144, 1971.
Hill, K.G., Boyan, G.S.: Nature 262, 390, 1976.
Hinton, H.E.: J. Insect. Physiol. 7, 224, 1961.
Hinton, H.E.: Adv. Ins. Physiol. 5, 65, 1968.
Hinton, H.E.: in Hepburn, H.R.: The Insect Integument. Amsterdam 1976a.
Hinton, H.E.: J. Insect Physiol. 22, 1061, 1529, 1976b.
Hoberlandt, L., 1972: in → Schwenke, W. 1972–86.
Hodek, J.: Biology of Coccinellidae. Prag 1973.
Hoffmann, A.: in: Faune de France 44, Paris, 1945.
Hoffmann, G.M., Schmutterer, H.: Parasitäre Krankheiten und Schädlinge an landwirtschaftlichen Kulturpflanzen. Stuttgart 1983.
Hofmann, E.: Die Großschmetterlinge Europas. Stuttgart, 1894.
Hohmann, H.: Veröff. Überseemuseum Bremen A, 5, 123, 1978.
Hohorst, W.: Z. Morph. Ökol. 32, 227, 1937.
Hohorst, W., Lämmler, G.: Z. f. Tropenmed. Parasit. 13, 377, 1962.
Hölldobler, B.: Z. ang. Entomol. 49, 337, 1962.
Hölldobler, B.: Z. vergl. Physiol. 52, 430, 1966.
Hölldobler, B.: Z. vergl. Physiol. 56, 1, 1967.
Hölldobler, B.: Naturwissenschaften 55, 397, 1968.
Hölldobler, B.: Science 166, 757, 1969.
Hölldobler, B.: Z. vergl. Physiol. 66, 215, 1970.
Hölldobler, B.: Scient. American, 224, Nr. 3, 86, 1971.
Hölldobler, B.: J. Comp. Physiol. 90, 205, 1974.
Hölldobler, B.: Ber. Phys.-Med. Ges. Würzburg N.F. 84, 1, 1976.
Hölldobler, B.: Science 210, 86, 1980.
Hölldobler, B., Engel, H.: Psyche 85, 285, 1978.
Hölldobler, B., Maschwitz, U.: Z. vergl. Physiol. 50, 551, 1965.
Hölldobler, B., Tranielle, J.: Naturwissenschaften 67, 360, 1980.
Hölldobler, K.: Naturwissenschaften 40, 34, 1953.
Hölldobler, K.: Mitt. schweiz. entomol. Ges. 38, 71, 1965.
Hörmann-Heck, S. v.: Z. Tierpsych. 14, 137, 1957.
Holtmann, H.: Z. ang. Entomol. 51, 285, 1963.
Honk, C. v., Velthuis, H., Röseler, F.-P., Malotaux, M.: Ent. exp. appl. 28, 191, 1980.
Honk, V. v., Röseler, F.-P., Velthuis, H., Malotaux, M.: Apidologie 12, 57, 1981.
Hoppenkeit, M.: Zool. Anz. 172, 216, 1964.
Hoppenkeit, M.: Z. wiss. Zool. 170, 309, 1964.
Horion, A.: Käferkunde für Naturfreunde, Frankfurt, 1949.
Horion, A.: Faunistik der mitteleuropäischen Käfer 1941–74.
Horn, E., Bischof, H.-J.: J. Comp. Physiol. 150, 93, 1983.
Hornung, U.: Biol. Zbl. 93, 289, 1974.
Houk, E.J., Griffiths, G.H.: Ann. Rev. Entomol. 25, 161, 1980.
Howard, A., Wiemer, D.F.: Naturwissenschaften 70, 202, 1983.
Hoy, R.R.: Fed. Proc. 37, 2315, 1978.
Huber, A.: Zool. Jb. Syst. 89, 43, 1961.
Huber, F.: Naturwissenschaften 42, 566, 1955.
Huber, F.: Z. vergl. Physiol. 44, 60, 1960.
Huber, F.: Naturw. Rdsch. 18, 143, 1965.
Huber, F.: in: Galun, R., Hillmann, P., Parnas I., Wermann, R. (eds.): Sensory Physiol. a. Behaviour. New York 1975.
Huber, F.: Leopoldina 3, 21, und 189, 1975.
Hudson, J.C.: Scientific Am. 238 (6), 112, 1978.
Hundertmark, A.: Z. Angew. Entomol. 24, 42, 563, 1937.
Hynes, H.B.N.: The Ecology of Running Waters. Liverpool. 1970.
Ickert, G.: Entomol. Abhdg. Dresden 36, 123, 1968.
Illies, J. 1968: in → Helmcke, Starck, Wermuth 1968ff.
Illies, J.: Plecoptera, in: Dahl, Die Tierwelt Deutschlands. Jena, 1955.
Ilse, D.: Zool. Anz. Suppl. 29, 306, 1966.
Imms, A.D., Richards, O.W., Davies, R.G.: A general Textbook of Entomology, London, 1960.
Ingrisch, S.: Ent. Germ. 3, 324, 1977.
Ishay, J., Ruttner, F.: Z. vergl. Physiol. 72, 423, 1971.
Ishii, S., Kuwahara, Y.: Experientia, 24, 88, 1968.
Jackman, R., Nowicki, S., Aneshansley, D.J., Eisner, Th.: Science 222, 515, 1983.
Jackson, D.J.: Nature 192, 823, 1961.
Jacobs, W.: Arch. Hydrobiol. 39, 432, 1943.
Jacobs, W.: Z. Tierpsychol. Beiheft 1. 1953.
Jacobs-Jessen, U.F.: Z. vergl. Physiol. 41, 597, 1959.
Jacobson, M.: Insect Sex Attractants, New York, 1965.
Jakovlev, V.: Z. Morph. Ökol. 48, 89, 1959.
Jander, R.: Z. vergl. Physiol. 40, 162, 1957.
Jansson, A.: Behaviour 46, 1, 1973.
Jansson, A.: Ann. Zool. Fennici 16, 105, 1979.
Jansson, A., Vuoristo, T.: Behaviour 71, 167, 1979.
Jantz, O.K., Rudinsky, I.A.: Canad. Entomol. 79, 935, 1965.
Janvier, H.: Bull. soc. entomol. Fr. 68, 140, 1963.
Jeanne, R.L., Downing, H.A., Post, D.C.: Zoomorphol. 103, 149, 1983.

Jeannel, R.: in: Grassé, Traité de Zoologie IX, Paris, 1949.
Jentsch, J.: Naturw. Rdsch. 21, 346, 1968.
Jentsch, J.: Z. ang. Zool. 56, 327, 1969.
Jermy, T.: Entomol. exp. appl. 1, 197, 1958.
Jessen, K., Maschwitz, U.,Hahn, M.: Zoomorphol. 94, 49, 1979.
Jewett, D.M., Matsumura, F., Coppel, H.C.: Science 192, 51, 1976.
Jokusch, B.: Z. vergl. Physiol. 56, 171, 1967.
Johnson, B.: J. Insect. Physiol. 3, 367, 1959.
Jones, D.A., Parsons, J., Rothschild, M.: Nature 193, 52, 1962.
Jones, J.C., Pilitt, D.: Biol. Bull. 145, 127, 1973.
Jordan, K., Wendt, A.: Stett. entomol. Ztg. 99, 273, 1938.
Jordan, K.H.C.: Wasserwanzen. Neue Brehm Bücherei, Nr. 23, Leipzig, 1950.
Jordan, K.H.C.: Wasserläufer. Neue Brehm Bücherei, Nr. 52, Leipzig, 1952.
Jordan, K.H.C.: Beitr. Entomol. 8. 385, 1958.
Jordan, K.H.C.: Zool. Anz. 161, 130, 1958.
Jordan, K.H.C.: Landwanzen. Neue Brehm Bücherei, Nr. 294, Wittenberg, 1962.
Jordan, K.H.C.: in: Stresemann, Exkursionsfauna von Deutschland, Wirbellose. Berlin, 1964.
Jordan, K.H.C. 1972: in → Helmcke, Starck, Wermuth 1968ff.
Josephson, R.K., Young, D.: J. exp. Biol. 91, 219, 1981.
Jung-Hoffmann, J.: Z. Bienenforschung 8, 296, 1966.
Kaestner, A.: Zool. Anz. 108, 1, 1934.
Kaestner, A.: Lehrbuch der Speziellen Zoologie. Stuttgart 1973.
Kaib, M.: J. Comp. Physiol. 95, 105, 1974.
Kaiser, P.: Zool. Jahrb. Physiol. 75, 17, 1970.
Kaiser, H.: Z. Tierpsychol. 34, 398, 1974.
Kaiser, H.: Behav. Ecol. Sociobiol. 18, 1, 1985.
Kaissling, K.E., Renner, M.: Z. vergl. Physiol. 59, 357, 1968.
Kaissling, K.E., Priesner, E.: Naturwissenschaften 57, 23, 1970.
Kalkowski, W.: Fol. biol. (Krakau) 6, 245, 1958.
Kaltenbach, A., 1968 und 1978: in → Helmcke, Starck, Wermuth 1968ff.
Kaltenbach, A.: Beitr. Ent. 17, 3, 1967.
Kaltenbach, A.: Zool. Beitr., Berlin, N.F. 16, 155, 1970.
Kaltenbach, A.: Pers. Mittlg. 1987.
Kangas, E.: Anz. Schädlingsk., Pflanzensch. 41, 177, 1968.
Kangas, E., Perttunen, V., Oksanen, H., Rinne, M.: Acta entomol. fenn. 22, 1, 1967.
Karlson, P.: Ergebn. Biol. 22, 212, 1960.
Karlson, P., Lüscher, M.: Naturwissenschaften 46, 63, 1959.
Karny, H.: Biologie der Wasserinsekten. Wien, 1934.
Kaschek, N.: Zool. Jb. Physiol. 88, 361, 1984.
Kashef, A.H.: Behaviour 14, 108, 1959.
Kashef, A.H.: Behaviour 23, 31, 1964.
Kaszab, Z., 1969: in → Freude, Harde, Lohse 1965–83.
Katsoyannos, B.L.: Z. ang. Entomol. 94, 187, 1982.
Kaufmann, T.: Dissertation. München, 1960.
Kaufmann, T.: Ann. entomol Am. 58, 791, 1965.
Kawamoto, F., Suto, C., Kumada, N.: Jap. J. med. Sci. Biol. 31, 291, 1978.
Kawamoto, F., Suto, C., Kumada, N.: Jap. J. med. Sci. Biol. 32, 114, 1979.
Keilbach, R.: Goldaugen, Schwebefliegen und Marienkäfer. Neue Brehm Bücherei, Nr. 132, Wittenberg, 1954.
Kéler, S. v.: Staubläuse. Neue Brehm Bücherei, Nr. 110, Wittenberg, 1953.
Kéler, S. v.: Entomologisches Wörterbuch. 3. Aufl. Berlin, 1963a.
Kéler, S. v.: in: Brohmer, Die Tierwelt Mitteleuropas. 1963b.
Kéler, S. v.: Corrodentia in: E. Stresemann, Exkursionsfauna von Deutschland. Berlin, 1964.
Kéler, S. v., 1969: in → Helmcke, Starck, Wermuth 1968ff.
Kelner, S., Pillault: Ann. biol. Sér. 3, 36, 51, 1960.
Kemper, H.: Die Haus- und Gesundheitsschädlinge und ihre Bekämpfung. Berlin, 1950.
Kemper, H., Döhring, E.: Die sozialen Faltenwespen Mitteleuropas. Berlin, 1967.
Kempf, W.: Zool. Anz. 155, 30, 1955.
Kennedy, I.S.: Entomol. exp. appl. 1, 50, 1958.
Kennedy, I.S., Stroyan, H.L.G.: Ann. Rev. Entomol. 4, 139, 1959.
Keppler, E.: Z. Naturf. 13b, 280 u. 285, 1958.
Kerkut, G.A., Gilbert, L.I. (Eds.): Comprehensive Insect Physiology Biochemistry and Pharmacology. Vol. 1–13. Oxford (u.a.) 1985.
Kettlewell, H.B.D.: Heredity (London) 12, 51, 1958.
Keville, R., Kannowski, P.B.: J. Ins. Physiol. 21, 81, 1975.
Keyl, H.G.: Chromosomen 13, 464, 1962.
Kieruzel, M.: Acta Neurobiol. Exp. 36, 561, 1976.
Kingsolver, J.G.: Ecology 64, 534, 1983.
Kingsolver, J.G.: Spektrum Okt. 1985, S. 124.
Kinzelbach, R.K., 1971: in → Helmcke, Starck, Wermuth 1968ff.
Kinzelbach, R.: in: Grzimeks Tierleben, Zürich, 1969.
Kippenberg, H., 1983: in → Freude, Harde, Lohse 1965–83.
Kirchner, O.: Blumen und Insekten. Leipzig 1911.
Kirk, W.D.J.: J. Zool. London 204, 107, 1984.
Kistner, D.H.: The Social Insects Bestiary, 1982 in: Hermann H.R. (ed.): Social Insects. New York 1979–82.
Kiziroglu, I.: Z. ang. Ent. 81, 43, 1976.
Klausnitzer, B.: Marienkäfer. Wittenberg-Lutherstadt 1972.
Klausnitzer, B.: Käfer im und am Wasser. Wittenberg-Lutherstadt 1984.
Klausnitzer, B., Sander, F.: Die Bockkäfer Mitteleuropas. Wittenberg-Lutherstadt 1978.
Klein, I.F.: Kosmos 67, 529, 1971.
Kleinow, W.: Z. Morph. Ökol. 56, 363, 1966.
Klingler, J.: Mitt. schweiz. entomol. Ges. 30, 317, 1957.
Kloft, W.: Z. ang. Entomol. 41, 438, 1957.
Kloft, W.: Biol. Zbl. 78, 863, 1959.
Kloft, W.: Entomophaga, 5, 43, 1960.
Kloft, W., Hölldobler, B., Haisch, A.: Entomol. exp. appl. 8, 20, 1965a.
Kloft, W., Maurizio, A., Kaeser, W.: Das Waldhonigbuch. München 1965b.
Klots, A.B., Klots, E.B.: Knaur Tierreich in Farben, Insekten. München, 1959.
Klunzinger, C.B.: Verh. Dtsch. Zool. Ges. 16, 218, 1906.
Kniepert, F.W.: Oecologia 46, 125, 1980.
Koch, A.: Biol. Zbl. 53, 199, 1933.
Koch, A.: Mediz. Grundlagenforschung 4, 64, 1962.
Koch, M.: Wir bestimmen Schmetterlinge. Radebeul-Berlin, 1958/61.
Koch, M.: Entomol. Abh. 32, 203, 1965.
Koch, P.B., Bückmann, D.: Verh. Dtsch. Zool. Ges. 78, 260, 1985.

Kohlmeyer, I.: Beitr. Entomol. 6, 659, 1956.
Kohlmeyer, I. u. E.: Beitr. Entomol. 10, 3, 1960.
Komnick, H.: Verh. Dtsch. Zool. Ges. 70, 111, 1977.
Königsmann, E.: Urania Tierreich. Jena, 1969.
Körting, A.: Z. angew. Entomol. 16, 451, 1930.
Kolb, G., Scherer, Ch.: J. Comp. Physiol. 149, 325, 1982.
Kolb, G., Scholz, W.: Mitt. dtsch. Ges. allg. angew. Ent. 4, 184, 1985.
Korschevsky, R.: Beitr. Ent. 1, 60, 1951.
Krause, G.: Z. f. Pflanzenbau u. Pflanzenschutz 1, 1950, Sonderheft 1.
Krieger, F.: Z. vergl. Physiol. 36, 352, 1954.
Krieger, F., Krieger-Loibl, E.: Z. Tierpsych. 15, 82, 1958.
Krijgsman, B.J.: Z. vergl. Physiol. 11, 702, 1930.
Kühlhorn, F. 1982: in → Schwenke, W.: 1972–86.
Kronenberg, S., Hefetz, A.: Physiol. Entomol. 9, 175, 1984.
Kröner, F.: Imkerfreund, Nov. 1980, S. 437.
Krüger, E.: Z. Tierpsychol. 8, 61, 1951.
Kudler, J.: in → Schwenke, W. 1972/86.
Kühlhorn, F. 1982: in → Schwenke, W.: 1972–86.
Künast, Ch.: Habilitationsschrift, München-Weihenstephan 1982.
Kugler, H.: Ergebn. Biol. 19, 143, 1943.
Kugler, H.: Z. vgl. Physiol. 32, 328, 1950.
Kugler, H.: Ber. dtsch. Bot. Ges. 64, 327, 1952.
Kugler, H.: Ber. dtsch. Bot. Ges. 69, 387, 1956.
Kugler, H.: Blütenökologie. 2. Aufl. Stuttgart, 1970.
Kugler, H.: Flora 160, 511, 1971.
Kugler, H.: Blütenökologie. Stuttgart 1980.
Kühnelt, W.: Bodenbiologie. Wien, 1950.
Kuker, J.J., Martin, M.M.: Science 220, 1161, 1983.
Kulike, H.: Imkerfreund 8/1986, S. 300.
Kulike, H.: Kosmos Aug. 1986, S. 62.
Kulike, H.: pers. Mitteilung 1986.
Kullenberg, B.: Zool. Bidr. Uppsala 32, 1, 1961.
Kullenberg, B.: Zoon. Suppl. 1, 9, 1973.
Kullenberg, B., Bergström, G.: Endeavour 122, 59, 1975.
Kunkel, H.: Bonn. Zool. Beitr. 24, 105, 1973.
Kunkel, H., Mittler, T.E.: Oecologia (Berlin) 8, 110, 1971.
Kullenberg, B.: Zool. Bidr. Uppsala, 31, 253, 1956.
Kullenberg, B.: Zool. Bidr. Uppsala, 34, 1, 1961.
Kunkel, H.: Z. ang. Zool. 54, 37, 1967.
Küster, E.: Forsch. u. Fortschr. 27, 8, 1953.
Küttamethiathu, J.: Ann. Sci. nat. Zool. Ser. 11, 20, 197, 1958.
Kutter, H.: Mitt. schweiz. entomol. Ges. 23–29, 1950–1956.
Kutter, H.: Formicidae in: Insecta Helvetica. Fauna 6 und 6a. Zürich, 1977.
Kuyten, P.: Dtsch. Entomol. Z. 70, 223, 1960.
Laabs, P.A.: Z. Morph. Ökol. 36, 123, 1940.
Lampe, H.: Zool. Jb. System 102, 128, 1975.
Lampel, G.: Apidologie 8, 437, 1977.
Lang, H.H.: Behav. Ecol. Sociobiol. 6, 233, 1980.
Lange, R., Weissinger, M.: Z. angew. Entomol. 70, 365, 1972.
Langer, C., Messner, B.: Zool. Jb. Anat. 111, 155, 1984.
Larink, O.: Zool. Jb. Anat. 95, 252, 1976.
Larsén, O.: Lunds Univ. Arsskr. N.F. Bd. 45, Nr. 6, 1949.
Larsén, O.: Opusc. entomol. 15, 17, 1950.
Lau, H.: Zool. Anz. Suppl. 26, 673, 1963.
Laux, W., Franz, J.M.: Z. ang. Entomol. 50, 105, 1962.
Law, J.H., Regnier, F.E.: Ann. Rev. Biochem. 40, 533, 1971.
Lederer, G.: Die Naturgeschichte der Tagfalter II. Stuttgart, 1941.
Ledoux, A.: Ann. Sci. nat. Zool. Paris 20, 515, 1959.
Lee, R.M., Craig, D.A.: Can. J. Zool. 61, 1568, 1983.
Lehmann, U.: Oecologia 4, 163, 1970.
Lehmann, W.: Biol. Zbl. 92, 75, 1973.
Lengerken, H. v.: in: P. Schulze, Biol. d. Tiere Deutschlands, 1922ff.
Lengerken, H. v.: Das Schädlingsbuch. Leipzig, 1932.
Lengerken, H. v.: Die Brutfürsorge- und Brutpflegeinstinkte der Käfer. Leipzig, 1954.
Lenoble, B.J., Denlinger, D.L.: J. Insect Physiol. 28, 165, 1982.
Lercker, G. et al.: J. Apic. Res. 21, 178, 1982.
Leuchs, H., Neumann, D.: Verh. Dtsch. Zool. Ges. 78, 323, 1985.
Leuthold, R.H.: Psyche 75, 233, 1968.
Levene, H., Dobzhansky, Th.: Am. Natural. 93, 347, 1959.
Levinson, A.R. u. H.Z., Francke, W.: Naturwissenschaften 67, 463, 1980.
Levinson, H.Z., Bar Ilan, A.R.: Experientia 27, 102, 1971.
Levinson, H.Z., Mori, K.: Naturwissenschaften 67, 148, 1980.
Levinson, H.Z. u. A.R., Francke, W.: Mitt. dtsch. Ges. allg. angew. Ent. 2, 235, 1981.
Levinson, H.Z. u. A.R., Jen, T., Williams, J.L.D., Kahn, G.: Naturwissenschaften 65, 543, 1978.
Levinson, H.Z. u. A.R., Jen, T.L.: Naturwissenschaften 66, 472, 1979.
Levinson, H.Z. u. A.R., Maschwitz, U.: Naturwissenschaften 61, 684, 1974.
Lewis, T.: Ann. appl. Biol. 53, 165, 1964.
Lewis, T.: Thrips, their Biology, Ecology and Economic Importance. New York 1973.
Leyrer, R.L., Monroe, R.E.: J. Insect Physiol. 19, 2267, 1973.
Liche, H.: Bull. Ac. Pol. Sc. Sér. B. Sc. nat. (II) 141 u. 525, 1936.
Liepelt, W.: Zool. Jb. Physiol. 70, 167, 1963.
Lin, N.: Behaviour 20, 115, 1963.
Lindauer, M.: Fortschr. Zool. 16, 58, 1963.
Lindauer, M., Martin, H.: Z. vergl. Physiol. 60, 219, 1968.
Lindner, E.: Die Fliegen der paläarktischen Region. Stuttgart, 1923ff.
Lindner, E.: Kosmos 53, 263, 1957.
Lindner, E.: Z. Morph. Ökol. Tiere 48, 209, 1959.
Lindner, W.: Z. Morph. Ökol. 59, 341, 1967.
Linley, J.R.: Can. J. Zool. 59, 332 u. 347, 1980.
Linley, J.R., Carlson, D.A.: J. Insect Physiol. 24, 423, 1978.
Linley, J.R., Mook, M.S.: Behav. 54, 97, 1975.
Linsenmair, K.E., Jander, R.: Naturwissenschaften 50, 231, 1963.
Linsley, E.G.: Univ. Calif. Publ. Entomol. 16, 355, 1960.
Lippert, W., Gentil, K.: Z. Morph. Ökol. 48, 115, 1959.
Lipkow, E.: Pedobiologica 6, 140, 1966.
Liske, E., Davis, W.J.: Animal Behaviour 35, 1524, 1987.
Löfqvist, J.: J. Insect Physiol. 22, 1331, 1976.
Loher, W.: Z. vergl. Physiol. 53, 277, 1966.
Loher, W., Huber, F.: J. Insect. Physiol. 10, 13, 1964.
Lohse, G.A., 1979, 1983: in → Freude, Harde, Lohse 1965–83.
Loibl, E.: Z. Tierpsych. 15, 54, 1958.

Longhurst, C., Baker, R.: Naturwissenschaften 67, 146, 1980.
Lorenz, R.E.: Dtsch. entomol. Z.N.F. 8, 1, 1961.
Löser, S.: Bericht zool. Inst. Köln, 1968.
Lüdtke, H.: Z. Morph. Ökol. 37, 1, 1940.
Ludwig, W.: Z. Parasitenk. 31, 254, 1968.
Lüscher, M., Müller, R.: Naturwissenschaften 47, 503, 1960.
Machatschke, J.W.: in → Freude, Harde, Lohse 1965–83.
Magnus, D.: Z. Tierpsychol. 7, 435, 1950.
Magnus, D.: Deutscher Entomologentag, Hamburg, 1953, S. 187.
Magnus, D.: Z. Tierpsychol. 15, 397, 1958.
Maillet, P.: Ann. Sci. nat. Zool. Sér. 11, 19, 283, 1957.
Mainx, F.: Das kleine Drosophila-Praktikum. Wien, 1949.
Mainx, F.: briefl. Mitteilung, 1976.
Maisner, N. 1974: in → Schwenke, W. 1972/86.
Maksymov, J.K.: 1978: in → Schwenke 1972/86.
Malenotti, E.: Atti Accad. Agr. Sci. Lett. Verona, 1926.
Malicky, H.: T. Entom. 112, 213, 1969.
Malicky, H.: Mitt. Ent. Ges. Basel 19, 25, 1969.
Malicky, H., 1974: in → Helmcke, Starck, Wermuth 1968ff.
Mallach, N.: Z. angew. Ent. 74, 394, 1973.
Mallmann, R. de: Insect. soc. 9, 335, 1962.
Malyshev, S.I.: EOS Rev. Espanola Entomol. 11, 201, 1935.
Mamsch, E.: Z. vergl. Physiol. 55, 1, 1967.
Mandl, L.: Natur u. Volk. 88, 289, 1958.
Mani, M.S.: The ecology of plantgalls. Monogr. Biologicae 12, 1964.
Manning, A.: Drosophila and the evolution of behaviour in: Viewpoints in Biology 4, 125, 1965.
Markl, H.: Z. vergl. Physiol. 45, 475, 1962.
Markl, H.: Naturwissenschaften 50, 559, 1963.
Markl, H.: Z. vergl. Physiol. 57, 299, 1967.
Markl, H.: in: Grzimeks Tierleben. Zürich, 1969.
Markl, H.: in Kornhuber, H.H.: Hdb. Sensory Physiology Vol. VI/1. Berlin 1974.
Markl, H.: in Huber, F., Markl, H.: Neuroethology and Behavioral Physiology. Berlin 1983.
Markl, H.: in Huber, F., Markl, H.: Neuroethology and Behavioral Physiology. Berlin 1983.
Markl, H., Fuchs, S.: Z. vergl. Physiol. 76, 204, 1972.
Markl, H., Hölldobler, B. u. T.: Ins. Soc. 24, 191, 1977.
Markl, H., Hölldobler, B.: Behav. Ecol. Sociobiol. 4, 183, 1978.
Markl, H., Wiese, K.: Z. vergl. Physiol. 62, 413, 1969.
Marshall, A.T.: J. Ins. Physiol. 12, 635, 1966.
Marstaller, R.: Zool. Jb. Physiol. 75, 76, 1969.
Martin, H., Lindauer, M.: Z. vergl. Physiol. 53, 372, 1966.
Martin, H., Lindauer, M.: J. Comp. Physiol. 122, 145, 1977.
Martin, H., Lindauer, M., Martin, U.: Sitzungsber. d. Bayer. Akad. Wiss. München 1983.
Martini, E.: Lehrbuch der medizinischen Entomologie. Jena, 1952.
Maschwitz, U.: Z. vergl. Physiol. 47, 596, 1964.
Maschwitz, U.: Naturwissenschaften 57, 572, 1971.
Maschwitz, U.: Oecologia (Berlin), 16, 303, 1974.
Maschwitz, U.: in Noirot, Howse, le Masne: Pheromones and Defensive Secretions in Social Insects. Dijon 1975.
Maschwitz, U.: Dtsch. Entomol. Z.N.F. 31, 33, 1984.
Maschwitz, U., Beier, W., Dietrich, I., Keidel, W.: Naturwissenschaften 61, 506, 1974a.
Maschwitz, U., Gutmann, Ch.: Ins. Soc. (Paris) 26, 101, 1979.
Maschwitz, U., Hölldobler, B.: Z. vergl. Physiol. 66, 176, 1970.
Maschwitz, U., Hölldobler, B., Möglich, M.: Z. Tierpsychol. 35, 113, 1974b.
Maschwitz, U., Jessen, K., Maschwitz, E.: Behav. Ecol. Sociobiol. 9, 79, 1981.
Maschwitz, U., Kloft, W.: in Bucherl, Buckley: Venomous Animals and their Venoms. New York 1971.
Maschwitz, U., Koob, K., Schildknecht, H.: J. Insect Physiol., 16, 387, 1970.
Maschwitz, U., Schroth, M., Hänel, H., Tho Yow Pong: Oecologia (Berlin) 64, 78, 1984a.
Maschwitz, U., Wüst, M., Schuriam, K.: Oecologia (Berlin) 18, 17, 1975.
Maschwitz, U., Wüst, M., Schuriam, K.: Oecologia (Berlin) 64, 78, 1984b.
Maschwitz, U.W.: in: Vitamins and Hormons 24, 267, New York 1966.
Matschek, M., 1978: in → Schwenke, W. 1972–86.
Matthes, D.: Z. Morph. Ökol. 51, 375, 1962.
Matthes, D.: Zool. Anz. Suppl. 33, 316, 1966.
Matthes, D.: Verh. Dtsch. Zool. Ges. 63, 316, 1970a..
Matthes, D.: Entomol. Blätter 66, 33, 1970b.
Matthes, D.: Z. Tierpsychol. 29, 113, 1971.
Matthes, D.: Zoo. Anz. 188, 441, 1972.
Matthes, D.: Zool. Anz. Jena 192, 153, 1974.
Matthes, D.: Mikrokosmos 71 (1 u. 2), 1982a.
Matthes, D.: Kosmos 78, 56, 1982b.
Matthes, D., Guhl, W.: Protistologica 9, 349, 1973.
Matthes, D., Plachter, H.: Protistologica 11, 5, 1975.
Matthes, D., Schicha, E.: Naturwissenschaften 53, 364, 1966.
Mauser, J., Peschke, K.: Verh. Dtsch. Zool. Ges. 79, 179, 1986.
May, K.G.: J. Kansas Entom. Soc. 47, 504, 1974.
May, W.J., Breed, M.D., Richards, K.W., Michener, C.D.: J. Comp. Physiol. 93, 173, 1974.
Mayer, K.: Z. Parasitenk. 21, 257, 1962.
Mayer, K.: Dtsch. entomol. Z., N.F. 16, 115, 1969.
Mayer, K., Quedman, W.: Z. Parasitenk. 19, 35, 1959.
McElroy, W.D., Seliger, H.H.: Sci. Amer. 207, 76, 1962.
Medugorac, J., Lindauer, M.: Z. vergl. Physiol. 55, 450, 1967.
Meinwald, J., Opheim, K., Eisner, T.: Proc. Nat. Acad. Sc. USA 69, 1208, 1972.
Melber, A.: Zool. Jb. Physiol. 86, 243, 1982.
Melber, A., Hölscher, L., Schmidt, G.H.: Zool. Anz. 105, 27, 1980.
Melber, A., Schmidt, G.H.: Z. Tierpsychol. 39, 403, 1975.
Melber, A., Schmidt, G.H.: Zoologica 127, Stuttgart 1977.
Melber, A., Schmidt, G.H.: Spektrum d. Wiss. Febr. 1984, 110.
Mell, R.: Der Seidenspinner. Neue Brehm Bücherei 34, Wittenberg, 1955.
Menees, J.H.: Ann. entomol. Soc. Am. 55, 607, 1962.
Menon, M.: J. Insect Physiol. 22, 1021, 1976.
Menzel, R., Erber, I.: Scientific Am. 239, 102, 1978.
Meola, R.W., Petrall, R.S.: Science 209, 1548, 1980.
Merle, P. du: Rev. Bibliographique Annotée Bull. SROP 1975/4.
Merritt, R.W., Wallace, J.B.: Spektrum d. Wiss. Juni 1981.

Merritt, R.W., Wallace, J.B.: Scientific Am. 244, (4), 132, 1981.
Merten, H.: Zulassungsarbeit f. d. Lehramt an Volksschulen. Ludwigsburg, 1967.
Mertens, J., Bourgoignie, R.: Beh. Ecol. Sociobiol. 2, 41, 1977.
Messner, B.: Zool. Anz. 173, 274, 1964a.
Messner, B.: Ent. Ber. 1964, Ss. 97–100, 1964b.
Messner, B.: Wiss. Z. Ernst-Moritz-Arndt Univ. Greifswald 18, 93, 1969.
Messner, B.: Ent. Ber. 1972, 1–4.
Messner, B.: Wiss. Z. Univ. Greifswald 22, 31, 1973.
Messner, B.: Dtsch. Entom. Z. 29, 1, 1982a.
Messner, B.: Zool. Jb. Anat. 107, 458, 1982b.
Messner, B.: Entomol. Nachr. u. Ber. Leipzig 27, 221, 233, 1983.
Messner, B. et al.: Zool. Jb. Anat. 115, 163, 1987.
Messner, B., Gräfner, G.: Zool. Jb. Anat. 110, 373, 1983.
Messner, B., Groth, L., Taschenberger, D.: Zool. Jb. Syst. 110, 323, 1983.
Messner, B., Hegemann, M., Schmidt, M.: Zool. Jb. Physiol. 90, 13, 1986.
Messner, B., Lunk, A., Groth, I.: Zool. Jb. Anat. 105, 474, 1981.
Messner, B., Taschenberger, D.: Dtsch. Ent. Z.N.F. 28, 7, 1981.
Metzger, R.: Kamelhalsfliegen. Neue Brehm Bücherei 254, Wittenberg, 1960.
Mey, W.: Dt. Ent. Z.N.F. 30, 115, 1983.
Meyer, H.W.: Z. vergl. Physiol. 72, 260, 1971.
Meyer, F.J.: in: Jahresber. naturwiss. Ver. Wuppertal, Heft 19, 42, 1964.
Meyer-Holzapfel, M.: Z. Tierpsychol. 64, 221, 1984.
Michalk, O.: Ber. 7. Wandervers. d. Entomol. 121, 1955.
Michel, K.: Zoomorphol. 82, 63, 1975.
Michelsen, A.: Behaviour 22, 152, 1963.
Michelsen, A., Kirchner, W.H., Lindauer, M.: Behav. Ecol. Sociobiol. 18, 207, 1986.
Michelsen, A.A.: in: Keidel, W.D. u. Neff, W.D.: Hdb. of Sensory Physiol. Vol. V., Berlin 1974.
Michener, Ch.D.: The social behavior of bees. Cambridge, Mass. 1974.
Michener, Ch.D.: Ann. Rev. Entomol. 20, 399, 1975.
Michieli, S.: Verh. Dtsch. Zool. Ges. 51, 525, 1957.
Mickoleit, G.: Z. Morph. Tiere, 69, 1, 1971.
Mickoleit, G. u. E.: Zoomorph. 85, 157, 1976.
Mickoleit, G. u. E.: Ent. Gen. 5, 1, 1978.
Miller, L.A.: J. Morph. 131, 359, 1970.
Miller, L.A.: J. Insect Physiol. 21, 205, 1975.
Miller, L.A., Olesen, J.: J. Comp. Physiol. 131, 113, 1979.
Miller, L.A., McLeod, E.G.: Science 154, 891, 1966.
Miller, N.C.E.: The Biology of Heteroptera. Hampton 1971.
Miller, U.C.E.: The biology of the Heteroptera. London, 1956.
Milne, A.: Bull. entomol. res. 51, 353, 1960.
Milne, L.J. u. M.: Scientific Am. 235 (2), 84, 1976.
Miotk, P.: Zool. Jb. Syst. 106, 374, 1979.
Mitis, H.v.: Z. Morph. Ökol. Tiere 30, 479, 1936.
Mitterling, O.: Das Schnellvermögen der Elateriden. Graz, 1950, Manuskr. unveröffentl.
Möglich, M., Hölldobler, B.: J. Comp. Physiol. 101, 275, 1975.
Möglich, M., Maschwitz, U., Hölldobler, B.: Science 186, 1046, 1974.
Moericke, V.: Z. ang. Entomol. 37, 29, 1955.
Moericke, V.: Z. Pflanzenkrankh., Pflanzenschutz 64, 507, 1957.
Moericke, V.: Z. ang. Entomol. 50, 70, 1962.
Mohl, B., Miller, L.A.: J. exp. Biol. 64, 639, 1976.
Mohr, K.H., 1966: in → Freude, Harde, Lohse 1965/83.
Mohret, L.: Verh. Dtsch. Zool. Ges. 79, 414, 1986.
Mohrig: Parasitol. Schriftenreihe, Jena 1969.
Montagner, H.: Bull. Biol. Fr. Belg. 100, 187, 1966.
Montgomery, St., Sisson, L.: Nat. Geogr. Mag. 164, 219, 1983.
Mook, J.H., Bruggemann, Ch.G.: Ent. exp. appl. 11, 397, 1968.
Moore, B.P., Brown, W.V.: J. Aust. ent. Soc. 10, 142, 1971.
Morge, G.: in: E. Stresemann, Exkursionsfauna, Wirbellose II/2, Berlin, 1969.
Morse, J.C.: Proc. of the fourth intern. Sym. on Trichoptera. The Hague 1984.
Möss, D.: Z. vergl. Physiol. 73, 53, 1971.
Mosbacher, G.: Z. ang. Entomol. 54, 444, 1964.
Mosbacher, G.: Zool. Anz. Suppl. 27, 303, 1964.
Mosebach – Pukowski, E.: Z. Morph. Ök. 33, 358, 1938.
Mosebach, E.: Natur & Volk 71, 13, 1941.
Mühlenberg, M.: Z. Tierpsychol. 33, 437, 1973.
Mühlenberg, M.: Publ. Wiss. Film. Biol. 7, 444, 1974.
Mühlenberg, M.: Publ. Wiss. Film 8, 161, Göttingen 1975.
Müller, F.P.: Blattläuse. Neue Brehm Bücherei 149, Wittenberg, 1955.
Müller, F.P.: in: E. Stresemann, Exkursionsfauna, Wirbellose II/2, Berlin, 1969.
Müller, H.J.: Z. Morph. Ökol. 38, 543, 1955a.
Müller, H.J.: Naturwissenschaften 42, 134, 1955b.
Müller, H.J.: Zool. Jahrb. Syst. 85, 317, 1957.
Müller, H.J.: Die Umschau 59, 36, 1959.
Müller, H.J.: Nova Acta Leopoldina N.F. 35, 7, 1970.
Müller, H.J., 1972: in → Schwenke, W. 1972–86.
Müller, H.J.: Zool. Jb. Anat. 111, 385, 1984.
Müller, P.L.: Physiol. Entomol. 4, 361, 1979.
Müller, W.: Z. vergl. Physiol. 58, 241, 1968.
Murphey, R.K.: Z. vergl. Physiol. 72, 168, 1971.
Murphey, R.K., Mendenhall, B.: J. Comp. Physiol. 84, 19, 1973.
Murr-Danielczick, L.: Z. vergl. Physiol. 11, 210, 1930.
Murray, D.A.: Chironomidae, Ecology, Systematics, Cytology and Physiology. Oxford 1980.
Mustaparta, H.: J. Comp. Physiol. 88, 395, 1974.
Nachtigall, W.: Z. vergl. Physiol. 43, 48, 1960.
Nachtigall, W.: Z. vergl. Physiol. 44, 509, 1961a.
Nachtigall, W.: Z. vergl. Physiol. 45, 193, 1961b.
Nachtigall, W.: Int. Rev. ges. Hydrobiol. 47, 413, 1962a.
Nachtigall, W.: Z. vergl. Physiol. 45, 463, 1962b.
Nachtigall, W.: Z. vergl. Physiol. 46, 449, 1963.
Nachtigall, W.: Biol. Zbl. 83, 349, 1964a.
Nachtigall, W.: Ergebn. Biol. 27, 39, 1964b.
Nachtigall, W.: Naturwissenschaften 52, 216, 1965a.
Nachtigall, W.: Zool. Anz. Suppl. 28, 319, 1965b.
Nachtigall, W.: Z. vergl. Physiol. 54, 210, 1967.
Nachtigall, W.: Gläserne Schwingen, München, 1968.
Nachtigall, W.: Fortschr. Zool. 24, 46, 1977.
Nachtigall, W.: Zool. Jb. Anat. 110, 287, 1983.
Nachtigall, W., Bilo, D.: Z. vergl. Physiol. 50, 371, 1965.
Nachtwey, R.: Insects. soc. 10, 43, 1963.
Nault, L.R., Edwards, L.J., Styer, W.E.: Environ. Ent. 2, 101, 1973.
Nault, L.R., Montgomery, M.E., Bowers, W.S.: Science 192, 1349, 1976.

Nault, L.R., Wood, T.K., Goff, A.M.: Nature 249, 387, 1974.
Naumann, C.M.: Mitt. Münch. Ent. Ges. 67, 27, 1977.
Naumann, H.: Der Gelbrandkäfer. Neue Brehm Bücherei 162, Wittenberg, 1955.
Neindorff, U. v.: Mitt. dtsch. entomol. Ges. 19, 101, 1960.
Nelson, M.C.: J. Insect Physiol. 23, 603, 1977.
Neuhaus, G., Siebler, H., Thurm, U.: Verh. Dtsch. Zool. Ges. 71, 295, 1978.
Neumann, D.: Z. vergl. Physiol. 53, 1, 1966.
Neumann, D.: Oecologia 3, 166, 1969.
Neumann, L.: in Gewecke, M., Wendler, G.: Insect Locomotion. Hamburg 1985.
Neumann, V.: Der Heldbock. Wittenberg-Lutherstadt 1985.
Newkirk, M.R.: Ann. entomol. Soc. Am. 50, 302, 1957.
Nicklaus, R.: Z. vergl. Physiol. 50, 331, 1965.
Nicklaus, R.: Z. vergl. Physiol. 54, 434, 1967.
Niehaus, M.: J. Comp. Physiol. 145, 257, 1981.
Nielsen, E.T.: Entomol. Medd. 20, 121, 1938.
Nielsen, E.T.: Insekten auf Reisen. Berlin, 1967.
Nielsen, E.T., Nielsen, H.T.: Entomol. Medd. 32, 99, 1963.
Niemitz, C.: forma et functio 5, 209, 1972.
Niemitz, C.: Publ. wiss. Film. Biol. Ser. 13, Nr. 13, Göttingen 1980.
Niemitz, C., Krampe, A.: Naturwissenschaften 58, 368, 1971.
Niemitz, C., Krampe, A.: Z. Tierpsychol. 30, 456, 1972.
Nijhout, H.F.: Developm. Biol. 80, 267, 275, 1980.
Njio, K.D., Piek, T.: Toxicon 17, 631, 1979.
Nikolei, E.: Z. Morph. Ökol. 23, 285, 1931.
Noble-Nesbitt, J.: J. exp. Biol. 52, 193, 1970.
Nohel, J.: Angew. Parasitol. 14, 231, 1973.
Nolte, H.-W.: Der Kohlweißling. Neue Brehm Bücherei 9, Wittenberg, 1949.
Nolte, H.W.: Käfer bedrohen den Raps. Neue Brehm Bücherei 124, Wittenberg, 1954.
Norberg, R.A.: Zoologica scripta 1, 241, 1972.
Norris, D.M., Baker, J.E.: J. Insect. Physiol. 13, 955, 1967.
Nüske, H., Wichard, W.: Cytobiologie 6, 243, 1972.
Obara, Y.: Z. vergl. Physiol. 69, 99, 1970.
Oehlke, J.: Faun. Abhdlgn. (Dresden) 11, 161, 1984.
Olberg, G.: Die Sandwespen. Neue Brehm Bücherei 68, Wittenberg, 1952.
Olberg, G.: Das Verhalten der solitären Wespen Mitteleuropas (Vespidae, Pompilidae, Sphecidae). Berlin, 1959.
Olberg, G.: Natur und Museum 69, 1, 1966.
Oschmann, M.: Dtsch. Entomol. Z., N.F. 16, 277, 1969.
Oschmann, M.: Arch. Pflanzenschutz 10, 103, 1974.
Ossiannilsson, F.: Opusc. Entomol. Suppl. X, 1949.
Otte, W.: Anz. Schädlingsk. 29, 142, 1956.
Otto, D.: Die roten Waldameisen. Neue Brehm Bücherei 293, Wittenberg, 1962.
Otto, D.: Zool. Anz. Suppl. 31, 585, 1968.
Pagès, J.: Ann. Soc. entomol. Fr. N.S. 3, 715, 1967.
Pagès, J.: Bull Soc. Zool. France 103, 385, 1978.
Pajunen, V.J.: Ann. zool. fenn. 3, 201, 1966.
Palissa, A., Sedlag, U.: in: E. Stresemann, Exkursionsfauna von Deutschland. Berlin, 1964.
Pammer, E.: Z. vergl. Physiol. 53, 99, 1966.
Pardi, L.: Physiol. Zool. 21, 1, 1948.
Parker, G.A.: Behaviour 32, 291, 1968.
Parsons, M.C., Hewson, R.J.: J. Morphol. 149, 1, 1976.
Pasteels, J.M., Gregoire, J.C., Rowell-Rahier, M.: Ann. Rev. Entomol. 28, 263, 1983.
Paulus, H.P. 1979: in → Freude, Harde, Lohse 1965–83.
Paviour-Smith, K.: J. anim. Ecol. 34, 699, 1965.
Peez, A.v., 1967: in → Freude, Harde, Lohse 1965–83.
Pennak, R.W., McColl, C.M.: J. Cell. Comp. Physiol. 23, 1, 1944.
Penzlin, H.: Arch. d. dtsch. zool. Ges., Zool. Anz. Suppl. 24, 304, 1961.
Penzlin, H.: Arch. Entw. mech. 154, 434, 1964.
Perdeck, A.C.: Behaviour 12, 1, 1957.
Persoons, C.J., Minks, A.K., Voerman, S., Roelofs, W.L., Ritter, F.J.: J. Ins. Physiol. 20, 1181, 1974.
Perttunen, V.: Ant. entomol. fenn. 23, 101, 1957.
Peschke, K.: Zoomorphol. 89, 157, 1978.
Peschke, K.: J. chem. Ecol. 9, 13, 1983.
Peschke, K.: Verh. Dtsch. Zool. Ges. 78, 214, 1985a.
Peschke, K.: Naturwissenschaften 72, 274, 1985b.
Peschke, K.: Verh. Dtsch. Zool. Ges. 79, 183, 1986a.
Peschke, K.: J. Insect Physiol. 32, 687, 1986b.
Peschke, K.: 1987; im Druck.
Peschke, K., Fuldner, D.: Zool. Jb. Syst. 104, 242, 1977.
Pesson, P.: in Grassé, P.: Traité de Zool. Bd. X/2, Paris, 1951.
Petersen, B.: Transact. 9 int. Congr. Entomol. 1, 83, 1952.
Petersen, B.: Zool. Bidr. Uppsala 35, 205, 1963.
Petersen, M., Buschinger, A.: Anz. f. Schädlingsk. 44, 121, 1971.
Petersen, B., Tenow, O.: Zool. Bidr. Uppsala 30, 169, 1954.
Petersen, B., Lundgren, A., Wilson, L.: Behaviour 10, 324, 1957.
Petersen, B., Törnblom, O., Bodin, N.-O.: Behaviour 4, 67, 1952.
Peus, F.: Die Flöhe, Bau, Kennzeichen und Lebensweise. Leipzig, 1938.
Peus, F.: Neue Brehm Bücherei 22, Wittenberg, 1951.
Peus, F.: in Lindner: Die Fliegen der palaearktischen Region 17, 1, Stuttgart 1951.
Peus, F.: Angew. Zool. 62, 231, 1975.
Pfau, H.K.: Z. Morph. Tiere 70, 281, 1971.
Pfennig, D.W., et al.: Beh. Ecol. Sociobiol. 13, 299, 1983.
Pfennig, D.W., Klahn, J.E.: Z. Tierpsychol. 67, 198, 1985.
Pfletschinger, H.: Kosmos 65, 18, 1969.
Pfletschinger, H.: Tierwelt 4, 44, 1980.
Pichler, F.: Zool. Jahrb. Anat. 72, 560, 1952.
Pickard, R.S., Mill, P.J.: J. Comp. Physiol. 96, 37, 1975.
Piepho, H., Böden, E., Holz, J.: Z. Tierpsychol. 17, 261, 1960.
Pinder, A.R., Staddon, B.W.: Nature 205, 106, 1965.
Pinder, L.C.V.: Ann. Rev. Entomol. 31, 1, 1986.
Plagemann, A., Küppers, J., Thurm, U.: Verh. Dtsch. Zool. Ges. 71, 298, 1978.
Plateaux-Quénu, C.: Ann. Biol. Sér. 3, 35, 325, 1959.
Plett, A.: Zool. Anz. 173, 202, 1964.
Pliske, T.E., Eisner, Th.: Science 164, 1170, 1969.
Plowright, R.C., Laverty, T.M.: Ann. Rev. Entomol. 29, 175, 1984.

Pohlhammer, K.: Zool. J. Physiol. 74, 1, 1968.
Pohlhammer, K.: Naturwissenschaften 56, 39, 1969.
Poisson, R.: in Grassé: Traité de Zoology, Tome X. Paris 1951.
Poisson, R.: Faune de France 61, Paris, 1957.
Popham, E.J.: Arch. Hydrobiol. 60, 450, 1964.
Popov, A.V., Shuvalov, V.F.: J. Comp. Physiol. 119, 111, 1977.
Portmann, A.: Tarnung im Tierreich. Basel, 1956.
Postner, M.: Anz. f. Schädlingsk. 34, 52, 1961.
Postner, M., 1974, 1978, 1982: in → Schwenke, W. 1972–86.
Pouzat, J.: Behaviour 54, 258, 1975.
Prager, J.: J. Comp. Physiol. 110. 33, 1976.
Prager, J., Streng, R.: J. Comp. Physiol. 148, 323, 1982.
Prasse, J.: Wiss. Z. Univ. Halle-Wittenberg 6, 589 u. 1033, 1957.
Prasse, J.: Wiss. Z. Univ. Halle-Wittenberg 7, 89, 1958a.
Prasse, J.: Biol. Zbl. 77, 714, 1958b.
Pratte, M., Jeanne, R.C.: Z. Tierpsychol. 66, 177, 1984.
Prestwich, G.D.: Ann. Rev. Entomol. 29, 201, 1984.
Priesner, E.: Z. vergl. Physiol. 61, 263, 1968.
Priesner, E.: Zoon. Suppl. 1, 43, 1973a.
Priesner, E.: Fortschr. Zool. 22, 49, 1973b.
Priesner, E.: Verh. Ges. Dtschr. Naturforscher u. Ärzte 113, 207, 1984.
Prince, E.C. et al.: Trends in Biochem. Sc. 10, 99, 1985.
Pringle, J.W.S.: Nature 172, 248, 1953.
Pringle, J.W.S.: J. exp. Biol. 31, 525, 1954.
Pritchard, G.: Ann. Rev. Ent. 28, 1, 1983.
Pschorn-Walcher, H., 1982: in → Schwenke, W. 1972/86.
Pulikovsky, N.: Z. Morphol. ökol. Tiere 7, 384, 1927.
Quentin, D.St., Beier, M., 1968: in → Helmcke, Starck, Wermuth 1968ff.
Rachmann, N.: J. Comp. Physiol. 139, 59, 1980.
Rabe, W.: Z. vergl. Physiol. 35, 300, 1953.
Radcliffe, E.B.: Ann. Rev. Entomol. 27, 173, 1982.
Ramcke, J.: Zool. Anz. Suppl. 29, 106, 1966.
Ramirez, B.W.: Univ. Kansas Sci. Bull. 49, 1, 1970.
Rathmayer, W.: Z. vergl. Physiol. 45, 413, 1962.
Rathmayer, W.: in: Grzimeks Tierleben. Zürich, 1969.
Regen, J.: Sitz. Ber. Akad. Wiss. Wien, 117, 1908.
Reichholf, J.: Int. Rev. ges. Hydrobiol. 55, 687, 1970.
Reichholf, J.: Sielmanns Tierwelt 31, 1978a.
Reichholf, J.: Nachr. Bay. Entom. 27, 116, 1978b.
Reichholf, J.: Spixiana 2, 153, 1979.
Reinhardt, R.: Zool. Jb. Physiol. 75, 41, 1969.
Reinig, W.F.: Spixiana 4, 159, 1981.
Reitberger, A.: Chromosoma 1, 391, 1940.
Reitter, E.: Fauna germanica. Stuttgart, 1908–1916.
Rembold, H.: Nat. Rdsch. 26, 95, 1973.
Rembold, H.: in Schmidt: Sozialpolymorphismus bei Insekten. Stuttgart 1975.
Remmert, H.: Mitt. zool. Mus. Berlin 37, 147, 1961.
Remold, H.: Z. vergl. Physiol. 45, 636, 1962.
Rence, D., Lohor, W.: Physiol. Entomol. 2, 255, 1977.
Renner, M.: Z. Tierpsych. 9, 122, 1952.
Renner, M.: Z. vergl. Physiol. 42, 449, 1959.
Renner, M.: Z. vergl. Physiol. 43, 411, 1960.
Renner, M.: Kükenthals Leitfaden für das Zoologische Praktikum. Stuttgart 1984.
Renner, M., 1988: in Vorbereitung.
Renner, M., Baumann, M.: Naturwissenschaften 51, 41, 1964.
Renner, M., Kremer, L.: Spixiana 3, 25, 1980.
Renner, M., Vierling, G.: Behav. Ecol. Sociobiol. 2, 329, 1977.
Rensing, L.: Z. vergl. Physiol. 44, 292, 1961.
Rensing, L.: Zool. Beitr. N.F. 7, 447, 1962.
Richard, G.: Ann. Sci. nat. Zool. Sér. 12, 4, 543, 1962.
Richards, O.W., Davies, R.G.: Imm's General Textbook of Entomology. London 1979.
Richmond, C.A.: Bull. Am. Mus. Nat. Hist. 42, 1, 1920.
Richter, A.: Arch. Entw. mech. 154, 1, 1962.
Riede, K., Huber, F.: Naturwissenschaften 66, 370, 1979.
Ries, E.: Z. Morph. Ökol. Tiere 20, 233, 1931.
Rietschel, P.: Z. Morph. Ökol. 33, 313, 1938.
Rietschel, P.: Z. Morph. Ökol. 50, 239, 1961.
Rietschel, P.: in: Grzimeks Tierleben. Zürich, 1969.
Ringo, J., Kananen, M.K., Wood, D.: Z. Tierpsychol. 61, 341, 1983.
Risler, H.: Zool. Jb. Anat. 74, 478, 1955.
Risler, H., El Awady, M.B.: Zool. Jb. Anat. 92, 544, 1974.
Ritter, E.: Z. vergl. Physiol. 23, 543, 1936.
Ritzer, H.: Staatsexamensarbeit, München, 1966.
Robert, P.-A.: Die Libellen. Naturkundl. K + F-Taschenbücher, Bd. IV, Bern, 1959.
Roeder, K.D.: Biol. Bull. 69, 203, 1935.
Roeder, K.D.: Science 154, 1515, 1966.
Roeder, K.D., Treat, A.E.: J. exp. Zool. 134, 127, 1957.
Roer, H.: Z. ang. Entomol. 44, 272, 1959a.
Roer, H.: Decheniana (Bonn) 111, 141, 1959b.
Roer, H.: Beitr. Entomol. 11, 594, 1961.
Roer, H.: Neue Brehm Bücherei 348, Wittenberg, 1965.
Rolli, K.: Z. ang. Entomol. 81, 219, 1976.
Röseler, P.-F.: Zool. Jahrb. Physiol. 74, 178, 1968.
Röseler, P.-F.: in: Schmidt, G.H.: Sozialpolymorphismus bei Insekten. Stuttgart 1974.
Röseler, P.-F.: Akad. d. Wiss. Lit. Mainz 1975.
Röseler, P.-F. u. I.: Zool. Jb. Physiol. 78, 175, 1974.
Röseler, P.F. u. I., Strambi, A.: Ins. Sociaux (Paris) 27, 97, 1980.
Rössler, M.E.: Insect. Physiol. 6, 62, 1961.
Rommel, E.: Biol. Zbl. 80, 327, 1961.
Rosowski, J.R., Willey, R.L.: J. Phycol. 11, 310, 1975.
Ross, E.S.: Bull. Brit. Mus. (nat. Hist.) Entomol. London 17, 275, 1966.
Ross, H., Hedicke, H.: Die Pflanzengallen Mittel- und Nordeuropas. Jena, 1927.
Rossel, S.: Nature 302, 821, 1983.
Roth, L.M., Eisner, T.: Ann. Rev. Entomol. 7, 107, 1962.
Rothschild, G.H.L.: Parasitology 54, 163, 1964.
Rothschild, M.: Ann. Rev. Entomol. 20, 241, 1975.
Rothschild, M. et al.: Phil. Trans. Roy. Soc. London B, 271, 499, 1975.
Rothschild, M., Schlein, J.: Phil. Trans. Roy. Soc. London B, 271, 457, 1975.
Rothschild, M., Ford, B.: Proc. R. entomol. Soc. Lond. 35, 11, 1970.
Rothschild, M., Ford, B., Hughes, M.. Trans. Zool. Soc. Lind. 32, 105, 1970.
Rozkošný, R.: Series Entomol. 25. The Hague 1983.
Rudinsky, J.A.: Contr. Boyce Thompson Inst. 22, 23, 1963.

Rudinsky, J. A.: Science 152, 218, 1966.
Rudinsky, J. A., Ryker, L. C.: J. Chem. Ecol. 6, 193, 1980.
Rudolph, D.: J. Insect Physiol. 28, 111, 205, 1982a u. 1982b.
Rudolph, D.: J. Insect Physiol. 29, 15, 1983.
Rudolph, D., Knülle, W.: J. exp. Zool. 222, 321, 1982.
Rudolph, K.: Zool. Jb. Systm 101, 1, 1974.
Rudolph, P.: Z. vergl. Physiol. 56, 341, 1967.
Rühm, W.: Dtsch. entomol. Z.N.F. 18, 149, 1971.
de Ruiter, L.: Behaviour 4, 222, 1952.
de Ruiter, L.: De levende natuur 55, 121, 1952.
de Ruiter, L.: Arch. néerl. Zoo. 11, 285, 1956.
Rüppel, G.: Publ. Inst. Wiss. Film. Ser. 16, Nr. 47, Göttingen 1982.
Rüppel, G.: in Gewecke, M., Wendler, G.: Insect Locomotion, Hamburg 1985.
Rummel, H.: Dtsch. Entomol. Z.N.F. 17, 357, 1970.
Rupprecht, R.: Z. vergl. Physiol. 59, 38, 1968.
Rupprecht, R.: Experientia 30, 340, 1974.
Rupprecht, R.: J. Insect Physiol. 21, 305, 1975.
Rupprecht, R.: Zool. Jb. Anat. 95, 9, 1976.
Rupprecht, R.: Ent. Germ. 3, 333, 1977.
Russ, K.: Österr. zool. Z. Wien, 146 u. 531, 1953.
Ruttner, F., Kaissling, K.-E.: Z. vergl. Physiol. 59, 362, 1968.
Ryan, M. F., O'Ceallachain, D. P.: J. Insect Physiol. 22, 1501, 1976.
Ryberg, O.: Verh. 7, intern. Kongr. Entomol. 2, 1285, 1939.
Ryker, L. C.: Spektrum d. Wiss. Aug. 1984, 62.
Saager, F., Gewecke, M.: Verh. Deutsch. Zool. Ges. 78, 240, 1985.
Sägesser, H., Lüscher, M.: Rev. suisse Zool. 66, 343, 1959.
Sakagami, S., Akahiri, Y.: Evolution 14, 29, 1960.
Salt, G.: Naturwiss. u. Mediz. 3, 12, 1965/66.
Sanders, W.: Z. ang. Entomol. 47, 335, 1960.
Sanders, W.: Tierpsychol. 19, 1, 1962.
Sanders, W.: Z. Tierpsychol. 25, 1 u. 588, 1968.
Sattler, W.: Z. Morph. ökol. Tiere 47, 115, 1958.
Sattler, W.: Zool. Anz. 175, 378, 1965.
Schäfer, K.: Diplomarbeit Univ. München 1986.
Schäller, G.: Phytopath. Z. 46, 269, 1963.
Schäller, G.: Zool. Jahrb. Physiol. 74, 54, 1968.
Schal, C., Gautier, J.-Y., Bell, W. J.: Biol. Bull. 59, 209, 1984.
Schaller, F.: Z. vergl. Physiol. 33, 476, 1951.
Schaller, F.: Naturwissenschaften 39, 455, 1952.
Schaller, F.: Forsch. u. Fortschr. 28, 321, 1954.
Schaller, F.: Forsch. u. Fortschr. 32, 200, 1958.
Schaller, F.: Forsch. u. Fortschr. 34, 1, 1960.
Schaller, F.: Die Unterwelt des Tierreiches. Berlin, 1962.
Schaller, F.: Naturw. Rdsch. 17, 384, 1964.
Schaller, F.: Urinsekten, in: Grzimeks Tierleben. Zürich, 1969.
Schaller, F.: in Hdb. Zool. Bd. IV. Berlin 1970.
Schaller, F., Bänsch, B.: Zool. Anz. 171, 359, 1963.
Schaller, F., Schwalb, H.: Verh. dtsch. Zool. Ges. 154, 1960.
Schaller, F., Schwalb, H.: Zool. Anz. Suppl. 24, 154, 1961.
Schanz, M.: Z. vergl. Physiol. 35, 353, 1953.
Schedl, K. E., 1981: in → Freude, Harde, Lohse 1965–83.
Scheerpeltz, O.: Der Maikäfer. Neue Brehm Bücherei 16, Wittenberg, 1959.
Schenk, B.: Staatsexamensarbeit, München, 1963.
Schenke, G.: Z. Morph. Ökol. 55, 631, 1965.
Scheloske, H.-W.: Anz. Schädlingskde. Pflanzen-Umweltschutz 46, 113, 1973.
Scheloske, H.-W.: Verh. Dtsch. Zool. Ges. 67, 329, 1974.
Scherer, Ch.: Dissertation München 1985.
Scherf, H.: Nat. u. Mus. 69, 89, 1966.
Scherf, H.: Nat. u. Mus. 100, 111, 1970.
Scherney, F.: Unsere Laufkäfer. Neue Brehm Bücherei 245, Wittenberg, 1959.
Scheven, J.: Insects soc. 5, 409, 1958.
Schiemenz, H.: Beitr. z. Entomologie 3, 359, 1953.
Schildknecht, H.: Angew. Chemie 69, 62, 1957.
Schildknecht, H.: Angew. Chemie 75, 762, 1963.
Schildknecht, H.: Angew. Chemie 82, 17, 1970a.
Schildknecht, H.: Chem. Zool. 5A, 132, 1970b.
Schildknecht, H.: Angew. Chemie 88, 235, 1976a.
Schildknecht, H.: Ang. Chem. Int. Engl. 15, 214, 1976b.
Schildknecht, H.: Pont. Acad. Scient. Scripta var. 41, 59, 1977.
Schildknecht, H., Birringer, H., Krauss, D.: Z. Naturforsch. 24b, 38, 1969.
Schildknecht, H., Holonbek, K.: Angew. Chemie 69, 62, 1957.
Schildknecht, H., Holonbek, K.: Angew. Chemie 71, 524, 1959.
Schildknecht, H., Holonbek, K.: Angew. Chemie 73, 1, 1961.
Schildknecht, H., Koob, K.: Angew. Chem. 83, 110, 1971.
Schildknecht, H., Krämer, H.: Z. Naturforsch. 17b, 701, 1962.
Schildknecht, H., Weis, K.H.: Z. Naturforsch. 17b, 439, 448, 452, 1962.
Schildknecht, H., Maschwitz, U., Winkler, H.: Naturwissenschaften 55, 112, 1968.
Schildknecht, H., Reed, P. B., Reed, F. D., Koob, K.: Insect Biochem., 3, 439, 1973.
Schildknecht, H., Siewert, R., Maschwitz, U.: Angew. Chemie 78, 392, 1966.
Schildknecht, H., Weber, B., Dettner, K.: Z. Naturforsch. 38b, 1678, 1983.
Schimitschek, E.: Die Bestimmung von Insektenschäden im Walde. Hamburg, 1955.
Schimitschek, E.: Z. ang. Entomol. 40, 37, 1957.
Schimitschek, E. 1968: in → Helmcke, Starck, Wermuth 1968ff.
Schlein, Y.: J. Insect Physiol. 30, 153, 1984.
Schlein, Y., Galun, R.: J. Insect Physiol. 30, 175, 1984.
Schlein, Y., Galun, R., Ben-Eliahu, M. N.: J. chem. Ecol. 7, 285, 1981.
Schmidt, J. O.: Ann. Rev. Entomol. 27, 339, 1982.
Schmitz, B., Scharstein, H., Wendler, G.: J. Comp. Physiol. 148, 431, 1982.
Schmitz, B., Scharstein, H., Wendler, G.: J. Comp. Physiol. 152, 152, 1983.
Schmitz, B., Scharstein, H., Wendler, G.: J. Comp. Physiol. 156, 165, 1985.
Schmutterer, H.: Z. ang. Entomol. 33, 369 u. 544, 1952.
Schmutterer, H.: Z. ang. Entomol. 34, 65, 1952.
Schmutterer, H., 1972: in → Schwenke, W. 1972–86.
Schneider, D.: Naturw. Rdsch. 20, 319, 1967.
Schneider, D.: Verh. Dtsch. Zool. Ges. 76, 5, 1983.
Schneider, D.: in Bolis, L., Keynes, R. D., Maddrell, S. H. P. (Eds.) Comparative Physiology of Sensory Systems. Cambridge 1984.
Schneider, D., Boppré, M.: J. Comp. Physiol. 157, 569, 1985.
Schneider, D. et al.: Z. vergl. Physiol. 54, 192, 1967.
Schneider, F.: Vierteljahrschr. Naturforsch. Ges. Zürich 95, 22, 1950.
Schneider, F.: Z. angew. Entomol. 33, 150, 1951.

Schneider, F.: Mitt. schweiz. entomol. Ges. 25, 269, 1952.
Schneider, F.: Mitt. schweiz. entomol. Ges. 31, 1, 1958.
Schneider, F.: Ergebn. d. Biol. 26, 147, 1963.
Schneider, F.: Ann. Rev. Entomol. 14, 103, 1969.
Schneider, G.: Z. vergl. Physiol. 35, 416, 1953.
Schneider, P.: Z. wiss. Zool. 173, 114, 1965.
Schneider, P.: Naturwissenschaften 59, 168, 1972.
Schneider, P., Hermes, M.: J. Comp. Physiol. 106, 39, 1976.
Schneider, P., Hermes, M.: Zool. Jb. Physiol. 81, 273, 1977.
Schneider, V., Kulike, H., Saternus, K.-S.: Z. Rechtsmedizin 96, 79, 1986.
Schneider-Orelli, O.: Entomologisches Praktikum. Aarau 1947.
Schnetzler, I.-C. et al.: C.R. Acad. Sci. 255, 1643, 1962.
Schoeller, I.: C.R. Acad. Sci. 254, 4347, 1962.
Schöne, H., Tengö, J.: Behaviour 77, 44, 1981.
Schoenemund, E. in: Dahl, Tierwelt Deutschlands, Jena, 1930.
Schönherr, J. 1974: in → Schwenke, W. 1972–86.
Schorr, H.: Z. Morph. Ökol. 45, 561, 1957.
Schremmer, F.: Österr. zool. Z. 2, 173, 1949.
Schremmer, F.: Singzikaden. Neue Brehm Bücherei 193, Wittenberg, 1957.
Schremmer, F.: Z. Morph. Ökol. 48, 412, 1959a.
Schremmer, F.: Z. Morph. Ökol. 48, 424, 1959b.
Schremmer, F.: Sitzungsber. österr. Akad. Wiss. 1960.
Schremmer, F.: Wespen und Hornissen. Neue Brehm Bücherei 298, Wittenberg, 1962.
Schremmer, F.: Österr. bot. Z. 110, 380, 1963.
Schremmer, F.: Zool. Anz. Suppl. 27, 291, 1964.
Schremmer, F.: Encyclopaedia Cinematographica E 1868, Göttingen 1972a.
Schremmer, F.: Z. Morph. Tiere 72, 263, 1972b.
Schremmer, F.: Ent. Germ. 4, 113, 1978.
Schremmer, F.: Entom. Gen. 5, 201, 1979.
Schremmer, F.: Entomofauna, Linz, 6, 397, 1985.
Schremmer, F., März, L., Simonsberger, P.: Mikroskopie (Wien) 42, 52, 1985.
Schröter, H.-J., Lange, R.: Z. angew. Zool. 77, 337, 1975.
Schubert-Soldern, R.: Zool. Anz. 178, 195, 1967.
Schulze, P.: Biologie der Tiere Deutschlands. Berlin, 1922ff.
Schumacher, H., Hoffmann, H.: Ent. Germ. 7, 327, 1982.
Schumacher, R.: Z. Morph. Tiere 75, 65, 1973.
Schumann, H. in: Urania Tierreich, Insekten. Jena, 1969.
Schuster, R.: Naturwissenschaften 53, 439, 1966.
Schwab, W.: Bläulingsraupen und Ameisen. Staatsexamensarbeit. München, 1963.
Schwalb, H.: Zool. Jb. Syst. 88, 399, 1961.
Schwartzkopff, J.: Fortschr. d. Zool. 15, 214, 1962.
Schwenke, W.: Die Forstschädlinge Mitteleuropas. Hamburg 1972/86.
Schwenke, W, 1978, 1982: in → Schwenke, W. Die Forstschädlinge Europas. Hamburg 1972/86.
Schwerdtfeder, F.: Ökologie der Tiere, Bd. 1. Hamburg, 1963.
Schwind, R.: J. Comp. Physiol. 155, 319, 1984.
Schwind, R.: Naturwissenschaften 72, 343, 1985.
Schwinck, J.: Z. vergl. Physiol. 37, 19. 1954.
Schwinck, J.: Z. angew. Entomol. 37, 349, 1955.
Schwoerbel, J.: Fortschr. d. Zool. 20, 173, 1969.
Scott, D.: Arch. Hydrobiol. 54, 340, 1958.
Sedlag, U.: Hautflügler I. Neue Brehm Bücherei 47, Wittenberg, 1951.
Sedlag, U.: Urinsekten. Neue Brehm Bücherei 17, Wittenberg, 1953.
Sedlag, U.: Ichneumonidae. Neue Brehm Bücherei 242, Wittenberg, 1959.
Seeger, W.: Arch. Hydrobiol. 68, 400, 528, 1970.
Seeger, W.: Arch. Hydrobiol. 69, 155, 1971.
Séguy, E. La biologie des diptères. Paris 1950.
Séguy, E. in: Grassé, Traité de Zoologie X/1 u. X/2, Paris, 1951.
Seifert, G.: Entomologisches Praktikum. Stuttgart, 1970.
Seifert, K.: Dissertation Universität München 1978.
Seifert, P. Wunderer, H., Smola, U.: Zoomorphol. 105, 108, 1985.
Seiler, J.: Arch. f. Zellforsch. 15, 149, 1921.
Seiler, J.: Mitt. schweiz. entomol. Ges. 17, 1, 1939.
Seiler, J.: Arch. Jul. Klaus-Stiftg. 18, 691, 1943.
Seiler, J.: Rev. suisse Zool. 53, 529, 1946.
Seiler, J.: Chromosoma 3, 88, 1947.
Seiler, J.: Molec. Gen. 99, 274, 1967.
Seiler, J., Puchta, O.: Arch. Entw. mech. 149, 115, 1956.
Seitz, A.: Die Großschmetterlinge der Erde. Bd. 1. Stuttgart 1909.
Selander, J., Kalo, P., Kangas, E., Perttunen, V.: Ann. Ent. Fenn. 40, 108, 1974.
Sellenschlo, U., Wall, J.: Die Erzwespen Mitteleuropas. Keltern 1984a.
Sellenschlo, W.: Neue entomol. Nachr., Keltern 1984b.
Seybold, R.: Staatsexamensarbeit. München 1976.
Shearer, D.A., Boch, R.: Nature 206, 530, 1965.
Shlenova, M.F.: Zool. Z. 35, 1350, 1956. (russisch; cf. Ber. wiss. Biol. 121).
Simpson, J.: Z. vergl. Physiol. 48, 277, 1964.
Silberglied, R., Aiello, A.: Science 207, 773, 1980.
Silberglied, R.E., Taylor, O.R.: Behav. Ecol. Sociobiol. 3, 203, 1978.
Sillén-Tullberg, B.: Behav. Ecol. Sociobiol. 9, 283, 1981.
Silver, S.C., Halls, A.T.: J. Comp. Physiol. 140, 159, 1980.
Simmons, P., Young, D.: J. exp. Biol. 76, 27, 1978.
Skatulla, U., 1978: in → Schwenke, W. 1972–86.
Skidmore, P.: The Biology of the Muscidae of the World. Ser. Entomol. Dordrecht 1985.
Skrzipek, K.H., Kröner, B., Hager, H.: Z. Tierpsychol. 49, 87, 1979.
Skuhravá, M., Skuhravý, V.: Gallmücken und ihre Gallen auf Wildpflanzen. Neue Brehm Bücherei 314, Wittenberg, 1963.
Slifer, E.H., Gruenwald, T.F.J., Sekhon, S.S.J.: Morphol. 147, 123, 1975.
Smiley, J.T., Horn, J.M., Rank, M.E.: Science 229, 649, 1985.
Smith, I.B., Caron, D.M.: J. Apic. Res. 23, 171, 1984.
Söllner, E.: Staatsexamensarbeit. München, 1951.
Sokoloff, I.: The Biology of Tribolium. Oxford 1974.
Sol, R.: Leitz Mitteilg. 4, 129, 1968.
Sonntag, G.: Z. Tierpsychol. 56, 169, 1981.
Sorauer, P.: Handbuch der Pflanzenkrankheiten. 5. Aufl. Berlin, 1949–57.
Southgate, D.J.: Ann. Rev. Entomol. 24, 449, 1979.
Southwood, T.R.E., Leston, D.: Land and water bugs of the British isles. London, 1959.
Spangler, H.G., Greenfield, M.D., Takessian, A.: Physiol. Entomol. 9, 87, 1984.
Spieth, H.T.: Ann. Rev. Ent. 19, 385, 1974.
Spornkraft, K., 1967: in → Freude, Harde, Lohse 1965–83.
Spradbery, J.P.: Bull. ent. Res. 59, 291, 1969.

Spradbery, J.P.: Animal Behav. 18, 103, 1970.
Staddon, B.W.: Adv. Ins. Physiol. 14, 351, 1979.
Stäger, R.: Forschen und Schauen. Bern, 1941.
Starý, P.: in Schimitschek: Series Entomologica Vol. VI. The Hague 1970.
Steffan, A.W. 1972: in → Schwenke, W. 1972–86.
Steffan, A.W., 1979: in → Freude, Harde, Lohse 1965–83.
Steffan, J.-R.: C.R. Ac. Sci. 252, 460, 1961.
Stein, G.: Naturwissenschaften 50, 305, 1963a.
Stein, G.: Biol. Zbl. 82, 343, 1963b.
Stein, G.: Z. Zellforschg. 79, 49, 1967.
Stein, W.: Z. ang. Entomologie 55, 389, 1965.
Stein, W.: Nat. Rundschau 29, 37, 1976.
Steinbrecht, R.A.: Z. vergl. Physiol. 48, 341, 1964.
Steinbrecht, R.A.: Tissue & Cell 17, 745, 1985.
Steiner, A.: C.R. Ac. Sci. 247, 970, 1958.
Steiner, G.: Z. vergl. Physiol. 30, 1, 1942.
Steiner, G.: Naturwissenschaften 40, 514, 1953.
Steiner, P.: Z. Morph. ökol. Tiere 32, 276, 1937.
Steiniger, F.: Z. wiss. Zool. 149, 221, 1937.
Steitz, E., Stengel, G.: Die Stämme und Klassen des Tierreichs. Weinheim 1984.
Stich, H.F.: Canad. J. Zool. 41, 99, 1963.
Stitz, H. in: P. Schulze, Biologie d. Tiere Deutschlands. Berlin, 1931.
Stitz, H.: Ameisen, in: Dahl, Die Tierwelt Deutschlands. Jena, 1939.
Stock, H.: Entomon 1, 49, 1949.
Stokes, B.: Brit. J. anim. behav. 3, 154, 1955.
Stöckhert, E.: Konvaria Wien 2, 48, 145, 216, 1923.
Stort, A.C.: J. apicult. Res. 13, 33, 1974.
Stout, J.F., DeHaan, C.H., McGhee, R.W.: J. Comp. Physiol. 153, 509, 1983.
zur Strassen, R.: Z. Morph. Ök. 46, 243, 1957.
zur Strassen, R.: Käfer, in: Grzimeks Tierleben. Zürich, 1969.
Streng, R.: Z. Morph. Tiere 75, 137, 1973.
Strenger, A.: Zool. Jb. Syst. 100, 64, 1973.
Stresemann, E.: Exkursionsfauna. Berlin 1976–78.
Strickberger, M.W.: Experiments in genetics with Drosophila, 1962.
Strübing, H.: Zool. Beitr. NF. 2, 145, 1956.
Strübing, H.: Zool. Anz. Suppl. 20, 361, 1957a.
Strübing, H.: Naturwissenschaften 44, 313, 1957b.
Strübing, H.: Schneeinsekten. Neue Brehm Bücherei 220, Wittenberg, 1958a.
Strübing, H.: Zool. Beitr. N.F. 4, 15, 1958b.
Strübing, H.: Zool. Anz. Suppl. 23, 118, 1960.
Strübing, H.: Zool. Beitr. N.F. 11, 289, 1965.
Strübing, H.: Verh. Deutsch. Zool. Ges. 70, 336, 1977a.
Strübing, H.: Zool. Beitr. N.F. 23, 323, 1977b.
Strümpel, H.: Homoptera, 1983; in: Beier, M. et al. 1960ff.
Strümpel, H. 1983: in → Helmcke, Starck, Wermuth 1968ff.
Stüben, M.: Biol. Zbl. 68, 413, 1949.
Stumper, R.: Naturwissenschaften 40, 33, 1953.
Stumper, R.: Mitt. schweiz. entomol. Ges. 29, 373, 1956.
Stumper, R.: Naturwissenschaften 47, 457, 1960.
Stumper, R.: Naturwissenschaften 48, 735, 1961.
Stumper, R.: Naturwissenschaften 51, 277, 1964.
Stürkow, B.: Biol. Zbl. 78, 277, 1964.
Stürkow, B., Bodenstein, W.G.: Experientia 22, 851, 1966.
Stürkow, B., Quadbeck, G.: Z. Naturforsch. 13b, 93, 1958.
Sturm, H.: Z. Tierpsychol. 12, 337, 1955.
Sturm, H.: Z. Tierpsychol. 13, 1, 1956.
Sudd, J.H.: Nature 179, 431, 1957.
Süffert, F.: Z. Morph. Ökol. 1, 171, 1924.
Süffert, F.: Arch. Entw. 120, 299, 1929.
Süffert, F.: Z. Morph. Ökol. 26, 147, 1932.
Surlykke, A., Gogala, M.: J. Comp. Physiol. A 159, 267, 1986.
Svenson, B.G., Bergström, G.: Ins. Soc. Paris 24, 213, 1977.
Swift, M.C., Forward, R.B.J.: J. Insect Physiol. 28, 183, 1982.
Szymczakowski, W. 1971: in → Freude, Harde, Lohse 1965–83.
Tachet, H.: Z. Tierpsychol. 45, 61, 1977.
Tamaki, Y.: Sex Pheromones; in → Kerkut, G.A., Gilbert, L.I. 1985.
Tamanini, L.: Eterotteri acquatici. Cons. Naz. Ric. AQ/1/45, 1979.
Tannert, W.: Biol. Zbl. 92, 601, 1973.
Tannert, W., Hien, B.C.: Zool. Jb. Physiol. 80, 69, 1976.
Teichert, M.: Wiss. Z. Univ. Halle-Wittenberg 5, 669, 1956.
Teichert, M.: Wiss. Z. Univ. Halle-Wittenberg 6, 1045, 1957.
Teichert, M.: Wiss. Z. Univ. Halle-Wittenberg 8, 873, 1959.
Tembrock, G.: Zool. Beitr. N.F. 5, 419, 1960.
Templis, C.H.: J. Medical Entomol. 11, 635, 1975.
Tengö, J.: Acta Univ. Upsaliensis. Dissertation, Uppsala 1979.
Terofal, F.: Mitt. Münch. entomol. Ges. 55, 1, 1965.
Theiss, J.: Beh. Ecol. Sociobiol. 10, 225, 1982.
Theiss, J.: Naturwissenschaften 70, 467, 1983.
Theiss, J., Prager, J.: Physiol. Entomol. 9, 107, 1984.
Theiss, J., Prager, J., Streng, R.: J. Insect Physiol. 29, 761, 1983.
Theiss, J., Streng, R.: Verh. Dtsch. Zool. Ges. 78, 343, 1985.
Thiele, H.-U.: Z. ang. Entomol. 58, 143, 1966.
Thiele, H.-U.: Naturw. Rdsch. 21, 57, 1968.
Thienemann, A. Chironomus in: Die Binnengewässer. Bd. 20, Stuttgart, 1954.
Thienemann, A., Strenzke, K.: Zool. Anz. 132, 24, 1940.
Thompson, S.N.: Ann. Rev. Entomol. 31, 197, 1986.
Thomson, R.H.: Verh. 11. int. Kongr. Entomologie Bd. 3, 21, 1960.
Thornhill, R.: Nature 258, 709, 1976.
Thornhill, R.: Spektrum, August 1980.
Thornhill, R., Alcock, J.: The Evolution of Insect Mating Systems. Cambridge, Mass. 1983.
Thorpe, W.H.: Biol. Rev. 25, 344, 1950.
Thorsteinson, A.J.: Entomol. exp. appl. 1, 23, 1958.
Tielecke, H.T.: Der Kornkäfer. Neue Brehm Bücherei 120, Wittenberg, 1956.
Tietze, F.: Beitr. Entomol. 13, 88, 1963.
Tinbergen, N.: Z. vergl. Physiol. 16, 305, 1932.
Tinbergen, N.: Wo die Bienenwölfe jagen. Berlin, 1961.
Tinbergen, N. et al.: Z. Tierpsychol. 5, 182, 1942.
Tippmann, K.: Entomol. Blätter 60, 47, 1964.
Tischler, W.: Verh. Dtsch. Zool. Ges. 1950, 214, 1951.
Tobias, W.: Nat. u. Mus. 101, 155, 1971.
Tompkins, L., Hall, J.C.: J. Insect Physiol. 27, 17, 1981.
Topp, W.: Z. Naturforschung 29c, 308, 1974.
Torossian, C.: Insect Soc. Paris, 18, 135, 1971.
Traue, D.: Zool. Beitr. N.F. 24, 155, 1978.
Trave, R. et al.: Verh. 11. int. Kongr. Entomol. 3, 73, 1960.
Treusch, H.W.: Naturwissenschaften 54, 592, 1967.
Tschinkel, W.R.: J. Insect Physiol. 21, 753, 1975.

Tschinkel, W., Willson, C., Bern, H.A.: J. exp. Zool. 164, 81, 1967.
Tschirnhaus, M.v.: Beitr. Ent. 21, 551, 1971.
Tschirnhaus, M.v.: Spixiana, Suppl. 6, 1, 405, 1981.
Tulloch, A.P.: Bee World 61, 47, 1980.
Tuomikoski, R.: Ann. entomol. fenn. 5, 1, 1939.
Turillazzi, S., Cervo, R.: Z. Tierpsychol. 58, 174, 1982.
Tuxen, S.L.: Insektenstimmen. Verständl. Wiss. 88. Berlin-Heidelberg, 1967.
Uhrig, D.: Dissertation. München, 1970.
Ulmer, G.: in Schulze: Biol. d. Tiere Deutschlands. Berlin 1925.
Ulmer, G.: in: Brohmer-Ehrmann: Die Tierwelt Mitteleuropas VI/3, 1927.
Ulrich, H.: Verh. dtsch. Zool. Ges. 56, 139, 1962.
Ulrich, H.: Nat. u. Mus. 95, 499, 1965.
Ulrich, H., Petalas, A., Camenzind, R.: Revue Suisse Zool. 79, 75, 1972.
Ulrich, W, 1927: Strepsiptera, in → Schulze 1922ff.
Ulrich, W.: Z. Parasitk. 13, 62, 1943.
Ulrich, W.: Zool. Beitr. N.F. 2, 177, 1956.
Vaillant, F.: in Illies: Limnofauna Europaea. Stuttgart 1978.
Varju, D., Pfaff, M.: Verh. Dtsch. Zool. Ges. 78, 243, 1985.
Veith, H.J., Koeniger, N. Naturwissenschaften 65, 263, 1978.
Verron, H.: Insect, soc. 10, 167, 1963.
Viasblom, A.G., Wolvecamp, H.P.: Physiol. comp. oecol. 4, 240, 1957.
Vidari, G., Bernardt, M. de, Pavan, M., Ragozzini, L.: Tetrahedron Lett. 41, 4065, 1973.
Vielmetter, W.: J. Insect. Physiol. 2, 13, 1958.
Vierling, G., Renner, M.: Behav. Ecol. Sociobiol. 2, 185, 1977.
Viggiani, G.: Entomophaga 9, 111, 1964.
Viggiani, G.: Ann. Rev. Entomol. 29, 257, 1984.
Vinson, S.B.: The Behavior of Parasitoids. In: → Kerkut & Gilbert 1985.
Vinson, S.B., Iwantsch, G.F.: Ann. Rev. Entomol. 25, 397, 1980.
Vité, J.P., Francke, W.: Naturwissenschaften 63, 550, 1976.
Vogel, G.: Z. Tierpsychol. 14, 309, 1957.
Vogel, M.: Ber. ANL. 8, 130, 1984.
Vogel, S.: Österr. Bot. Z. 113, 302, 1966.
Vogel, S.: Ölblumen und ölsammelnde Bienen. Akad. Wiss. Lit. Mainz 1974 und 1986.
Vogel, S.: Naturwissenschaften 63, 44, 1976.
Vogel, S.: Flora 167, 329, u. 367, 1978.
Vogel, S.: Naturwissenschaften 67, 627, 1981.
Vogt, H., 1967: in → Freude, Harde, Lohse 1965–83.
Völlenkle, W.: Naturwissenschaften 60, 390, 1973.
Waage, J., Greathead, D.: Insect Parasitoids. London 1986.
Wachmann, E., Schröer, W.-D.: Zoomorphologie 82, 43, 1975.
Wagner, R.: Senckenbergiana biol. 58, 157, 1977.
Wagner, R.: Arch. Hydrobiol. Suppl. 57, 38, 1979.
Wagner, R.: Spixiana 4, 143, 1981.
Wagner, R.: Arch. Hydrobiol. 95, 491, 1982.
Wainwright, S.A., Biggs, W.D., Currey, J.D., Gosline, J.M.: Mechanical Design in Organisms. London 1976.
Walker, G., Yule, A.B., Ratcliffe, J.: J. Zool. Lond. (A) 205, 297, 1985.
Wallace, B.J., Merritt, R.W.: Ann. Rev. Entomol. 25, 103, 1980.
Walter, S.: Zool. Jb. Syst. 110, 271 und 419, 1983.
Warnecke, H.: Z. Tierpsych. 23, 513, 1966.
Warncke, K.: Mitt. Münch. Ent. Ges. 67, 39, 1977.
Wasmann, E.: Entomol. Z. 3, 1898.
Wasserthal, L.T.: Z. Morphol. Tiere 77, 127, 1974.
Waterhouse, D.F. et al.: The Insects of Australia. Carlton 1970.
Weber, F.: Zool. Jahrb. Physiol. 72, 136, 1966.
Weber, H.: in: P. Schulze, Biologie der Tiere Deutschlands. Berlin, 1922ff.
Weber, H.: Biologie der Hemipteren. Berlin, 1930.
Weber, H.: Lehrbuch der Entomologie. Jena, 1933.
Weber, H.: Grundriß der Insektenkunde, Stuttgart, 1954.
Weber, H.: Kosmos 54, 317, 1958.
Weber, H., Weidner, H.: Grundriß der Insektenkunde. Stuttgart 1974.
Weckwerth, W.: Die Kiefern- oder Forleule. Neue Brehm Bücherei 106, Wittenberg, 1953.
Wehner, R.: Ann. Rev. Entomol. 29, 277, 1984.
Weidner, H.: Entomol. Mitt. Hamburg 4, 28, 1969.
Weidner, H., 1970, in → Helmcke, Starck, Wermuth 1968ff.
Weidner, H., 1972, in → Helmcke, Starck, Wermuth 1968ff.
Weidner, H.: Bestimmungstabellen der Vorratsschädlinge und des Hausungeziefers Mitteleuropas. Stuttgart 1982.
Weidner, H., Schremmer, F.: Entomol. Mitt. Hamburg 2, 1, 1962.
Weinreich, W.: Z. Morphol. Tiere 62, 162, 1968.
Weir, J.S.: Insects. soc. 5, 97, 1958.
Weis-Fogh, T.: Phil. Trans. B. 239, 553, 1956.
Weis-Fogh, T.: J. Insect Biol. 37, 889, 1960.
Weiss, K.: Apidologia 6, 95, 1975.
Wellenstein, G., 1978, in → Schwenke, W. 1972–86.
Wellington, W.G., Sullivan, C.R.: Canad. J. Zool. 29, 339, 1951.
Wells, R.M.G., Hudson, M.J., Brittain, T.: J. Comp. Physiol. 142, 515, 1981.
Wendler, G., Dambach, M., Schmitz, B., Scharstein, H.: Naturwissenschaften 67, 99, 1980.
Wendler, G., Teuber, H., Jander, J.P.: in Gewecke, Wendler: Insect Locomotion. Hamburg 1985.
Wenk, P.: Zool. Jb. Anat. 73, 103, 1953.
Wenk, P.: Z. Morph. Ökol. 55, 656, 671, 1965.
Went, D.F.: Wilh. Roux Archiv 170, 13, 1972.
Wesenberg-Lund, C.: Biologie der Süßwasserinsekten. Berlin 1943.
Westiner, Peschke, K.: pers. Mitteilung 1986.
Westrich, P.: Cour. Forsch.-Inst. Senckenberg 66, 1, Frankfurt/M. 1984.
Weyer, F.: Bestimmungsschlüssel für die Anopheles-Weibchen und -Larven in Europa, Nordafrika und Westasien. Leipzig, 1942.
Weyh, R., Maschwitz, U.: Naturwissenschaften 65, 64, 1978.
Weyrauch, W.: Naturwissenschaften 27, 49, 1939a.
Weyrauch, W.: Naturwissenschaften 27, 73, 1939b.
Wheeler, W.M.: Ants. 3. Aufl. New York, 1960.
Whitham, T.G.: Nature 279, 324, 1969.
Whittaker, R.H., Feeny, P.P.: Science 171, 757, 1971.
Wichard, W.: Oecologia 15, 169, 1974.
Wichard, W.: Die Köcherfliegen. Wittenberg-Lutherstadt 1978.
Wichard, W.: Ent. Gen. 5, 129, 1979.
Wichard, W., Komnick, H.: Cytobiology 3, 215, 1971.
Wichard, W., Komnick, H.: Verh. Dtsch. Zool. Ges. 66, 80, 1973a.
Wichard, W., Komnick, H.: Cytobiology 7, 297, 1973b.
Wichard, W., Komnick, H.: Z. Zellf. 136, 579, 1973c.

Wichard, W., Komnick, H.: Cytobiology 8, 297, 1974a.
Wichard, W., Komnick, H.: Ent. Germ. 1, 1, 1974b.
Wichard, W., Komnick, H.: J. Insect Physiol. 20, 1611, 1974c.
Wichard, W., Schmitz, M.: Gewässer u. Abwässer 66/67, 102, 1980.
Wichmann, H.E.: Ipidae, Borkenkäfer, in: P. Schulze, Biologie der Tiere Deutschlands. Berlin, 1922ff.
Wickler, W.: Mimikry. München, 1968.
Wiedbrauck, J.: Z. Tierpsych. 12, 176, 1955.
Wiese, K.: Naturwissenschaften 56, 575, 1969.
Wiesmann, R.: Landw. Jb. Schweiz, 1937.
Wiesmann, R.: Z. ang. Zool. 47, 159, 1960.
Wiesmann, R.: Mitt. schweiz. entomol. Ges. 35, 69, 1962.
Wilbert, H.: Entomophaga 12, 127, 1967.
Wilbert, H.: Apidologie 8, 393, 1977.
Wilcox, R.S.: J. Comp. Physiol. 80, 255, 1972.
Wilcox, R.S.: Science 206, 1325, 1979.
Wildbolz, Th.: Mitt. schweiz. entomol. Ges. 31, 25, 1958.
Wildbolz, T., Riggenbach, W.: Schweiz. Z. Obst-Weinbau 101, 105, 1965.
de Wilde, J.: Entomol. exp. appl. 1, 14, 1958.
de Wilde, J.: Verh. 1. int. Kongr. Entomol. 3, 215, 1960.
Willey, R.L., Bowen, W.R., Durban, E.: Science 170, 80, 1970.
Wilson, E.O.: The insect societies. Cambridge, Mass. 1971.
Wilson, E.O.: Sociobiology. Cambridge (Mass.) 1976.
Windecker, W.: Z. Morph. Ökol. 35, 84, 1939.
Winking-Nikolay, A.: Z. Tierpsychol. 37, 515, 1975.
Winkler, I.R.: Die Buntkäfer. Neue Brehm Bücherei 281, Wittenberg, 1961.
Winter, G.: Zool. Jb. Anat. 101, 456, 1979.
Wirtz, P., Szabados, M., Plant, J.: Manuskript April 86.
Wirtz, R.A.: Ann. Rev. Entomol. 29, 47, 1984.
Witthohn, K., Naumann, C.M.: Z. Naturforschung 39c, 837, 1984.
Wohlfahrt, Th.A.: Umschau 755, 1955.
Wolda, H.: Arch. Néerl. Zool. 14, 61, 1961.
Wolf, H.: Mitt. d. Intern. Entomol. Vereins. Bd. 11, Nr. 1, 1986a.
Wolf, H.: Dortmunder Beitr. Landeskde. naturwiss. Mittlgn. 20, 65, 1986b.
Wood, D.L.: Ann. Rev. Entomol. 27, 411, 1982.
Wood, Silverstein, Nakajima: Control of Insect Behaviour by natural Products, 1970.
Wratten, S.D.: J. Anim. Ecol. 42, 785, 1973.
Wray, V., Davis, R.H., Nahrstedt, A.: Z. Naturforsch. 38c, 583, 1983.
Wundt, H.: Zool. Jb. Anat. 79, 557, 1961.
Wundt, H.: in: Grzimeks Tierleben, Zürich, 1969.
Wynn, G.G., Boudreaux, H.B.: Ann. Ent. Soc. America 65, 157, 1972.
Yager, D.D., Hoy, R.R.: Science 231, 727, 1986.
Yea, P.F., Corbet, S.A.: Solitary Wasps. Cambridge 1983.
Young, D., Josephson, R.K.: J. Comp. Physiol. 152, 183, 197, 1983.
Zagatti, P.: Behavior 78, 81, 1981.
Zahl, P.A.: Nat. Geogr. Mag. 140 (1), 45, 1971.
Zahner, R.: Int. Rev. ges. Hydrobiol. 44, 51, 1959.
Zahner, R.: Int. Rev. ges. Hydrobiol. 45, 101, 1960.
Zahradnik, J.: Schildläuse unserer Gewächshäuser. Neue Brehm Bücherei 399, Wittenberg, 1968.
Zahradnik, J.: Die Käfer Mittel- und Nordwesteuropas. Hamburg 1985.
Zahradnik, J. 1972, in → Schwenke, W. 1972–86.
Ždárek, J.: Behaviour 37, 253, 1970.
Zeil, J.: J. Comp. Physiol. 150, 379 und 395, 1983.
Ziegler, H., Ziegler, J.: Z. vergl. Physiol. 40, 549, 1958.
Ziegler, H., Penth, S.: Apidologie 8, 419, 1977.
Zimmermann, W.: Entomol. Mitt. Zool. Mus. Hamburg 4, 65, 1969.
Zintl, H.: Z. Tierpsych. 27, 129, 1970.
Zippelius, H.-M.: Z. Tierpsych. 6, 372, 1949.
Zollitsch, R.: Staatsexamensarbeit. München, 1956.
Zohren, E.: Z. ang. Entomol. 62, 139, 1968.
Zumpt, F.: in: Grzimeks Tierleben. Zürich, 1969.
Zumpt, F.: The biting flies of the world. Stuttgart, 1973.
Zwick, P.: in: → Helmcke, Starck, Wermuth 1968ff.
Zwölfer, H.: Z. ang. Entomol. 43, 1, 1958.
Zwölfer, H.: Commonw. Inst. Biol. Control Techn. Bull. Nr. 11, 105, 1969.
Zwölfer, H.: Mitt. Schweiz. Entomol. Ges. 42, 185, 1970.

Abkürzungen

A	Abdomen, Hinterleib, mit Abdominalsegmenten 1–11
An	Antenne, Fühler
Ar	Arolium, Haftlappen
As	Anus, After
Bh	Hinterbein
Bm	Mittelbein
Bv	Vorderbein
C	(Caput), Kopf
Ce	Cerci, (Raife)
Cl	Clypeus, (Kopfschild)
Cx	Coxa, Hüfte
Ep	Euplantulae, Sohlenbläschen
Fm	Femur, Schenkel
Flh	Hinterflügel
Flv	Vorderflügel
Go	Gonapophysen, Legescheiden, Legeapparat
Hh	Halshaut
Ka	Komplexauge
Lb	Labium, „Unterlippe“
Lbt	Labialtaster
Lr	Labrum, „Oberlippe“
Ma	Mandibel, „Oberkiefer“
Max	Maxille, „Unterkiefer“
Maxt	Maxillartaster
Mst	Mesothorax, Mittelbrust
Mtt	Metathorax, Hinterbrust
Oc	Ocellen, Punktaugen
Pra	Praetarsus, (Krallenglied, Klauenglied)
Prt	Prothorax, Vorderbrust
Ste	Sternit, (Bauchschild, Bauchplatte)
Sti	Stigma
Su	Subgenitalplatte
Ta 1, 2, 3	Tarsenglieder 1, 2, 3
Ta	Tarsus, (Fuß)
Te	Tergit, (Rückenschild)
Ti	Tibia, Schiene
Tr	Trochanter, (Schenkelring)
Un	(Ungues), Krallen, Klauen